电力工程设计手册

U0260388

电力工程设计手册

变电站设计

中国电力工程顾问集团有限公司
中国能源建设集团规划设计有限公司　编著

Power Engineering Design Manual

中国电力出版社

内 容 提 要

本书是《电力工程设计手册》系列手册中的一个分册，是按 110～1000kV 变电站的设计要求编写的实用性工具书，可以满足变电站工程各阶段的设计要求。主要内容包括引论，电气主接线，短路电流计算，高压电气设备选择，导体设计，无功补偿装置，过电压保护及绝缘配合，电气总平面布置及配电装置，站用电系统，接地装置，电缆选择与敷设，照明，计算机监控系统，元件保护及自动装置，操作电源系统，二次辅助系统，二次回路设计，二次设备布置，站内通信，站址选择与总布置，建筑物设计，构筑物设计，供暖、通风与空气调节，给水与排水，消防设施，环境保护与水土保持，职业安全与职业卫生，节能与节水等。

本书全面梳理了与变电站设计相关的国家标准、电力行业标准和研究成果，根据电力工程变电站设计工作的特点，系统地介绍了变电站设计的技术方案、计算公式、数据资料、图表曲线等，并列举了工程实例和算例，也体现了变电站最新科研成果以及新设备、新材料的应用情况。

本书是供电力工程变电专业设计人员使用的工具书，也可作为电力工程变电专业建设管理、施工、运行和检修等专业人员的参考书，还可供高等院校相关专业的师生参考使用。

图书在版编目（CIP）数据

电力工程设计手册. 变电站设计 / 中国电力工程顾问集团有限公司，中国能源建设集团规划设计有限公司编著. —北京：中国电力出版社，2019.6（2023.6 重印）
ISBN 978-7-5198-3064-9

Ⅰ. ①电…　Ⅱ. ①中…　②中…　Ⅲ. ①变电所－电力工程－设计－手册　Ⅳ. ①TM7-62　②TM63-62

中国版本图书馆 CIP 数据核字（2019）第 068784 号

出版发行：中国电力出版社
地　　址：北京市东城区北京站西街 19 号（邮政编码 100005）
网　　址：http://www.cepp.sgcc.com.cn
印　　刷：三河市万龙印装有限公司
版　　次：2019 年 6 月第一版
印　　次：2023 年 6 月北京第六次印刷
开　　本：787 毫米×1092 毫米　16 开本
印　　张：63.5
字　　数：2288 千字
印　　数：11501—13500 册
定　　价：390.00 元

《电力工程设计手册》
编辑委员会

《电力工程设计手册》
秘书组

序言

改革开放以来，我国电力建设开启了新篇章，经过 40 年的快速发展，电网规模、发电装机容量和发电量均居世界首位，电力工业技术水平跻身世界先进行列，新技术、新方法、新工艺和新材料得到广泛应用，信息化水平显著提升。广大电力工程技术人员在多年的工程实践中，解决了许多关键性的技术难题，积累了大量成功的经验，电力工程设计能力有了质的飞跃。

电力工程设计是电力工程建设的龙头，在响应国家号召，传播节能、环保和可持续发展的电力工程设计理念，推广电力工程领域技术创新成果，促进电力行业结构优化和转型升级等方面，起到了积极的推动作用。为了培养优秀电力勘察设计人才，规范指导电力工程设计，进一步提高电力工程建设水平，助力电力工业又好又快发展，中国电力工程顾问集团有限公司、中国能源建设集团规划设计有限公司编撰了《电力工程设计手册》系列手册。这是一项光荣的事业，也是一项重大的文化工程，彰显了企业的社会责任和公益意识。

作为中国电力工程服务行业的"排头兵"和"国家队"，中国电力工程顾问集团有限公司、中国能源建设集团规划设计有限公司在电力勘察设计技术上处于国际先进和国内领先地位，尤其在百万千瓦级超超临界燃煤机组、核电常规岛、洁净煤发电、空冷机组、特高压交直流输变电、新能源发电等领域的勘察设计方面具有技术领先优势；另外还在中国电力勘察设计行业的科研、标准化工作中发挥着主导作用，承担着电力新技术的研究、推广和国外先进技术的引进、消化和创新等工作。编撰《电力工程设计手册》，不仅系统总结了电力工程设计经验，而且能促进工程设计经验向生产力的有效转化，意义重大。

这套设计手册获得了国家出版基金资助，是一套全面反映我国电力工程设计领域自有知识产权和重大创新成果的出版物，代表了我国电力勘察设计行业的水平和发展方向，希望这套设计手册能为我国电力工业的发展作出贡献，成为电力行业从业人员的良师益友。

汪建平

2019 年 1 月 18 日

总 前 言

　　电力工业是国民经济和社会发展的基础产业和公用事业。电力工程勘察设计是带动电力工业发展的龙头，是电力工程项目建设不可或缺的重要环节，是科学技术转化为生产力的纽带。新中国成立以来，尤其是改革开放以来，我国电力工业发展迅速，电网规模、发电装机容量和发电量已跃居世界首位，电力工程勘察设计能力和水平跻身世界先进行列。

　　随着科学技术的发展，电力工程勘察设计的理念、技术和手段有了全面的变化和进步，信息化和现代化水平显著提升，极大地提高了工程设计中处理复杂问题的效率和能力，特别是在特高压交直流输变电工程设计、超超临界机组设计、洁净煤发电设计等领域取得了一系列创新成果。"创新、协调、绿色、开放、共享"的发展理念和全面建成小康社会的奋斗目标，对电力工程勘察设计工作提出了新要求。作为电力建设的龙头，电力工程勘察设计应积极践行创新和可持续发展理念，更加关注生态和环境保护问题，更加注重电力工程全寿命周期的综合效益。

　　作为电力工程服务行业的"排头兵"和"国家队"，中国电力工程顾问集团有限公司、中国能源建设集团规划设计有限公司（以下统称"编著单位"）是我国特高压输变电工程勘察设计的主要承担者，完成了包括世界第一个商业运行的 1000kV 特高压交流输变电工程、世界第一个 ±800kV 特高压直流输电工程在内的输变电工程勘察设计工作；是我国百万千瓦级超超临界燃煤机组工程建设的主力军，完成了我国 70%以上的百万千瓦级超超临界燃煤机组的勘察设计工作，创造了多项"国内第一"，包括第一台百万千瓦级超超临界燃煤机组、第一台百万千瓦级超超临界空冷燃煤机组、第一台百万千瓦级超超临界二次再热燃煤机组等。

在电力工业发展过程中，电力工程勘察设计工作者攻克了许多关键技术难题，形成了一整套先进设计理念，积累了大量的成熟设计经验，取得了一系列丰硕的设计成果。编撰《电力工程设计手册》系列手册旨在通过全面总结、充实和完善，引导电力工程勘察设计工作规范、健康发展，推动电力工程勘察设计行业技术水平提升，助力电力工程勘察设计从业人员提高业务水平和设计能力，以适应新时期我国电力工业发展的需要。

2014 年 12 月，编著单位正式启动了《电力工程设计手册》系列手册的编撰工作。《电力工程设计手册》的编撰是一项光荣的事业，也是一项艰巨和富有挑战性的任务。为此，编著单位和中国电力出版社抽调专人成立了编辑委员会和秘书组，投入专项资金，为系列手册编撰工作的顺利开展提供强有力的保障。在手册编辑委员会的统一组织和领导下，700 多位电力勘察设计行业的专家学者和技术骨干，以高度的责任心和历史使命感，坚持充分讨论、深入研究、博采众长、集思广益、达成共识的原则，以内容完整实用、资料翔实准确、体例规范合理、表达简明扼要、使用方便快捷、经得起实践检验为目标，参阅大量的国内外资料，归纳和总结了勘察设计经验，经过几年的反复斟酌和锤炼，终于编撰完成《电力工程设计手册》。

《电力工程设计手册》依托大型电力工程设计实践，以国家和行业设计标准、规程规范为准绳，反映了我国在特高压交直流输变电、百万千瓦级超超临界燃煤机组、洁净煤发电、空冷机组等领域的最新设计技术和科研成果。手册分为火力发电工程、输变电工程和通用三类，共 31 个分册，3000 多万字。其中，火力发电工程类包括 19 个分册，内容分别涉及火力发电厂总图运输、热机通用部分、锅炉及辅助系统、汽轮机及辅助系统、燃气-蒸汽联合循环机组及附属系统、循环流化床锅炉附属系统、电气一次、电气二次、仪表与控制、结构、建筑、运煤、除灰、水工、化学、供暖通风与空气调节、消防、节能、烟气治理等领域；输变电工程类包括 4 个分册，内容分别涉及架空输电线路、电缆输电线路、换流站、变电站等领域；通用类包括 8 个分册，内容分别涉及电力系统规划、岩土工程勘察、工程测绘、工程水文气象、集中供热、技术经济、环境保护与水土保持、职业安全与职业卫生等领域。目前新能源发电蓬勃发展，编著单位将适时总结相关勘察设计经验，编撰有关新能源发电方面的系列设计手册。

《电力工程设计手册》全面总结了现代电力工程设计的理论和实践成果，系统介绍了近年来电力工程设计的新理念、新技术、新材料、新方法，充分反映了当前国内外电力工程设计领域的重要科研成果，汇集了相关的基础理论、专业知识、常用算法和设计方法。全套书注重科学性、体现时代性、强调针对性、突出实用性，可供从事电力工程投资、建设、设计、制造、施工、监理、调试、运行、科研等工作的人员使用，也可供电力和能源相关教学及管理工作者参考。

《电力工程设计手册》的编撰和出版，凝聚了电力工程设计工作者的集体智慧，展现了当今我国电力勘察设计行业的先进设计理念和深厚技术底蕴。《电力工程设计手册》是我国第一部全面反映电力工程勘察设计成果的系列手册，且内容浩繁，编撰复杂，其中难免存在疏漏与不足之处，诚恳希望广大读者和专家批评指正，以期再版时修订完善。

在此，向所有关心、支持、参与编撰的领导、专家、学者、编辑出版人员表示衷心的感谢！

《电力工程设计手册》编辑委员会

2019 年 1 月 10 日

《变电站设计》是《电力工程设计手册》系列手册之一。

本书较系统地总结了我国交流变电站工程设计经验，全面梳理了与变电站设计相关的国家标准、电力行业标准和研究成果，根据电力工程变电站设计工作的特点，系统地介绍了变电站设计的工作内容、设计方法和计算内容，也体现了变电站最新科研成果以及新设备、新材料的应用情况，同时均衡把握理论性与实践性的篇幅比重，理论性内容尽量简明扼要，起引导和铺垫作用；实践性内容体现工程实际应用，辅以设计常用的技术方案、计算公式、数据资料、图表曲线及工程实例和算例。本书涵盖范围主要为 110～1000kV 变电站设计内容（含主变压器各侧电压等级及站用电系统等，不含地下、全户内及国外变电站），分为引论，电气主接线，短路电流计算，高压电气设备选择，导体设计，无功补偿装置，过电压保护及绝缘配合，电气总平面布置及配电装置，站用电系统，接地装置，电缆选择与敷设，照明，计算机监控系统，元件保护及自动装置，操作电源系统，二次辅助系统，二次回路设计，二次设备布置，站内通信，站址选择与总布置，建筑物设计，构筑物设计，供暖、通风与空气调节，给水与排水，消防设施，环境保护与水土保持，职业安全与职业卫生，节能与节水共二十八章。本书可作为电力工程变电专业工程技术人员的工具书，能满足变电站工程各阶段的设计要求，可作为从事电力工程变电专业建设管理、施工、运行和检修等专业人员的参考书，也可供高等院校相关专业的师生参考使用。

本书主编单位为中国电力工程顾问集团西北电力设计院有限公司。本书由李志刚担任主编，负责总体策划、组织协调及校审统稿工作；项力恒担任副主编，负责统筹协调并编写第一章；李学鹏编写第二章；康鹏、崔军立编写第三章；刘菲、韩志萍编写第四章；张飞、张虎、朱江编写第五章；康鹏、刘小刚编写第六章；谭海龙编写第七章；王黎彦编写第八章；马侠宁、陈奇编写第九章；牛冲宣编写第十章；程继红编写第十一章；李斌编写第十二章；马彦琴编写第十三章；冯宝华、赵福玮编写第十四章；刘昱、许玉香编写第十五章；袁泉编写第十六章；柴洪梅编写第十七章；李维达编写第十八章；王勇编写第十九章；卢洁编写第二十章；陈乐、李坤、常伟、张伟编写第二十一章；贾鹏、张玉明编写第二十二章；闻潜编写第二十三章；辛萍编写第二十四章；辛萍、张瑞编写第二十五章；马继军编写第二十六章；高文丽、武晟、赵斌编写第二十七章；曹鑫、闻潜、辛萍编写第二十八章。

在本书编写过程中，参考了西北电力设计院有限公司编纂的《电力工程电气设计手册（电气一次部分）》《电力工程电气设计手册（电气二次部分）》相关内容，在此向参加上述作品编写的人员表示由衷的感谢！编写组还对本书所列参考文献的作者表示感谢。

由于交流变电技术近年来发展较快，新型设备不断出现，加之编写人员水平有限，本书难免出现疏漏及不妥之处，恳请读者在使用中将发现的问题和错误反馈给编写组，以便再版时修正。

《变电站设计》编写组

2019 年 1 月

目　录

第一章

引 论

第一节 概 述

一、设计在工程建设中的作用

工程设计,是根据工程建设的要求,对工程建设所需的技术、经济、资源、环境等条件进行综合分析、论证,编制建设工程设计文件的活动。

设计工作是工程建设的关键环节。做好设计工作,对工程建设的工期、质量、投资和运行的安全及综合效益,起着决定性的作用,设计是工程建设的灵魂。

设计文件是工程项目获得国家核准立项和组织施工安装及调试运行的主要依据,设计是工程建设的龙头。

设计工作的基本任务是,在工程建设中贯彻国家的基本建设方针和技术经济政策,做出的工程设计符合国家的有关政策、法规,达到安全可靠、先进适用、经济合理、节能环保的要求,更好地为工程建设服务。

工程设计是对工程项目进行整体规划、体现具体实施意图的重要过程,是处理技术与经济关系的关键性环节,是确定与控制工程造价的重点阶段,更是现代社会工业文明的最重要的支柱,是工业创新的核心环节,是现代社会生产力的龙头,是一个国家和地区工业创新能力和竞争能力的决定性因素之一。持续推进工程设计水平和能力的提高是我国经济进入高质量发展阶段的必然要求。

二、变电站设计应遵守的法律法规

变电站设计首先应遵守国家的法律、法规。以下列出与变电站设计相关的法律、法规、相关部委的管理办法及指导意见(但不限于此),地方行政主管部门发布的法规内容较多且不易收集,本书不一一列出。

(1)《中华人民共和国电力法》;

(2)《中华人民共和国安全生产法》;

(3)《中华人民共和国消防法》;

(4)《中华人民共和国劳动法》;

(5)《中华人民共和国土地管理法(修正本)》;

(6)《中华人民共和国文物保护法》;

(7)《中华人民共和国森林法》;

(8)《中华人民共和国草原法》;

(9)《中华人民共和国矿产资源法》;

(10)《中华人民共和国水土保持法》;

(11)《中华人民共和国环境保护法》;

(12)《中华人民共和国环境噪声污染防治法》;

(13)《中华人民共和国节约能源法(修订版)》;

(14)《中华人民共和国水污染防治法》;

(15)《中华人民共和国大气污染防治法》;

(16)《中华人民共和国固体废物污染环境防治法》;

(17)《中华人民共和国环境影响评价法》;

(18)《中华人民共和国特种设备安全法》;

(19)《中华人民共和国可再生能源法》;

(20)《中华人民共和国建筑法》;

(21)国务院《电力安全事故应急处置和调查处理条例》;

(22)国务院《电力监管条例》;

(23)国务院《电力供应与使用条例》;

(24)国务院《电力设施保护条例》;

(25)国务院《电网调度管理条例》;

(26)国务院《建设工程安全生产管理条例》;

(27)国务院《建设工程勘察设计管理条例(2017年修正本)》;

(28)国务院《建设工程质量管理条例(2017年修正本)》;

(29)国务院《危险化学品安全管理条例(2013年修正本)》;

(30)国家发展和改革委员会《电力建设工程施工安全监督管理办法》;

(31)国家发展和改革委员会《电力监控系统安全防护规定》;

(32)《国家能源局关于防范电力人身伤亡事故的指导意见》;

（33）国家能源局关于印发《电网安全风险管控办法（试行）》的通知；

（34）国家能源局、国家安全监管总局关于印发《电网企业安全生产标准化规范及达标评级标准》的通知；

（35）国家能源局关于印发《电力行业网络与信息安全管理办法》的通知；

（36）《国家能源局关于加强电力企业安全风险预控体系建设的指导意见》。

变电站设计还应执行国家标准、行业标准，对团体标准和企业标准的执行可根据实际情况灵活处理。

三、变电站设计工序

变电站设计服务是以项目建设过程为中心的全过程服务。从项目前期可行性研究开始，配合项目核准申请报告的编制；立项后，依次完成初步设计、施工图设计及竣工图设计。设计服务按照服务过程可划分为以下几个阶段：在项目施工、安装以及调试试运行阶段，设计单位需做好工地服务；项目施工各阶段提供相应的质量监督检查报告；项目验收和启动运行阶段做好配合工作；项目移交投产 3 个月后配合提交达标投产报告；项目投产 1 年后还应组织设计回访；最后配合业主单位对建设项目开展后评价。

（一）输变电工程可行性研究

变电站设计的前期工作是输变电工程可行性研究，它是根据国家发展和改革委员会或省级发展和改革委员会关于同意开展输变电工程前期工作的通知文件进行的。输变电工程可行性研究编制的依据是：变电站接入系统设计、电力系统规划设计、输电规划设计和城网规划设计，其报告内容主要包括总论、系统一次部分、系统二次部分、变电站部分、输电线路部分、投资估算及经济评价。

变电站部分可行性研究的主要工作内容包括变电站建设的必要性、变电站接入系统方案、变电站本期和远景建设规模、变电站站址选择、变电站工程设想、节能减排措施、工程投资估算等，其中工作重点是站址选择和投资估算。

（二）项目核准

目前，我国电力体制实行项目核准制，输变电工程可行性研究等工程设计文件是项目核准申请报告最重要的支撑性文件。项目核准申请报告主要包括以下内容：

（1）项目单位情况；

（2）拟建项目情况，包括项目名称、建设地点、建设规模、建设内容等；

（3）项目资源利用情况分析以及对生态环境的影响分析；

（4）项目对经济和社会的影响分析。

项目单位在报送项目申请报告时，还需要根据国家法律法规的规定附具以下文件：

（1）城乡规划行政主管部门出具的选址意见书（仅指以划拨方式提供国有土地使用权的项目）；

（2）国土资源（海洋）行政主管部门出具的用地（用海）预审意见（国土资源主管部门明确可以不进行用地预审的情形除外）；

（3）法律、行政法规规定需要办理的其他相关手续。

（三）初步设计阶段

变电站初步设计应在建设项目核准后开展。初步设计是在输变电工程可行性研究评审后进行的，主要确定变电站各系统的设计原则、布置方案、建设标准以及工程投资概算。

（四）施工图设计阶段

施工图设计在初步设计评审后进行，是具体落实初步设计审定设计原则的阶段。提供变电站进行施工的图纸要有利和方便施工，保证工程顺利达标投产并安全运行，便于维护检修。

（五）竣工图设计阶段

竣工图设计是按照工程竣工的实际情况绘制的图纸，提供给建设单位作为运行单位运行的基础资料。竣工图的编制由项目建设单位委托，以施工图为基础，并根据建设单位提供的由设计、施工、监理、调试、建设单位审核确认的"设计变更通知单""工程联系单"、现场施工验收记录和调试记录以及设计更改的有关文件等资料编制。

（六）工地服务

工地服务需重点做好以下两个方面的工作：

（1）编制工地代表服务计划，做好现场服务。根据变电站施工进度要求，编制工地代表服务计划，适时派遣工地代表驻现场办公。工地代表要定期书面汇报现场工程建设进度、设计配合需求、处理问题的情况等，工程设总要经常深入工地了解情况，并适时组织相关专业主要设计人赴现场集中配合解决施工中存在的问题。工程设总要组织各专业参加设计图纸交底、会审和现场的有关协调会，并根据会议纪要及时组织各专业进行有关设计修改和处理。工地服务的设计人员要与建设、施工及监理单位加强合作，虚心听取他们的意见，不断改进工作，搞好各方面的关系。

（2）进行设计变更的管理。工地服务期间应依照"三标"管理体系（即质量管理体系、环境管理体系和职业健康安全管理体系）要求对设计变更进行有效管理，执行本单位关于设计变更管理的有关规定。对重大设计变更还应报送原设计审查单位重新进行审查。

（七）变电站工程质量监督汇报

电力工程质量监督在我国已经实施多年，电力建设工程质量监督机构受国家发展和改革委员会委托，代表政府行使工程质量监督职能，负责对工程建设各责任主体的质量行为和工程实体质量按照国家法律、法规及国家标准、行业标准等进行监督检查，一般在工程施工过程中，以及投运验收前进行。但是，质量监督机构对工程的监督行为不代替工程建设各责任主体的质量管理职能的责任。

变电站质量监督检查一般包括首次监督检查、地基处理监督检查、变电站主体结构施工前监督检查、变电站电气设备安装前监督检查、变电站建筑工程交付使用前监督检查、变电站投运前监督检查。其中首次监督检查与地基处理监督检查可合并进行，变电站建筑工程交付使用前监督检查和投运前监督检查可以合并进行。进行监督检查时，要求设计单位提出工程书面汇报材料，汇报材料的主要内容归纳起来有以下几方面：

（1）承担的工程勘察、设计项目与本企业资质相符。

（2）项目主要负责人已经本企业法定代表人授权，且责、权明确；专业负责人执业资格与承担设计项目相符。

（3）按计划交付图纸，能保证连续施工，施工图纸及设计变更等文件审批手续齐全，内部审核程序和责任落实清楚。

（4）无指定材料、设备生产厂家或供应商的行为。

（5）工程设计概况和技术特点。

（6）设计指导思想和工作原则。

（7）设计质量控制措施。

（8）技术供应和工地代表现场服务。

（9）发生的重大设计变更和处理结果。

（10）对工程质量与设计规定符合性的评估。

（11）遗留设计问题和处理计划。

（12）设计变更统计和原因分析及改进措施。

（13）经验教训和改进措施。

设计应依据上述要求编写本工程质量监督检查报告，并参加质量监督部门对工程的质量监督检查。

（八）工程验收和启动

变电站在分项、分部和单位工程施工完毕后都要进行验收，且要进行多次，一般不请设计单位参加。在土建工程和电气安装工程施工完毕后以及工程启动验收时，要求设计单位参加，在这个阶段，工程设总要组织有关专业人员参加相应工程的验收。在现场除了验收工作之外，还要注意观察及听取各方面对设计的意见，并且在工程启动验收会议前，要组织各专业编写工程设计总结，有时还须提出工程设计验收报告。

在工程启动时，需有关设计人员参加工程投产启动，协助处理在启动过程中出现的技术问题。

（九）工程达标投产考核评定

工程项目达标投产考核期为工程投产移交生产后的 3 个月。设计需编写达标投产自检报告，并参加工程达标投产考核。

1. 工程达标投产考核的必备条件

（1）已按设计要求完成全部建筑和安装工程。威胁工程安全稳定运行的所有重大问题都已经解决。

（2）已按现行规程和相关规定完成了工程整套启动试运行及性能试验项目等全部调整试验工作，并移交生产。

（3）工程建设及运行考核期内未发生人身死亡、3 人及以上人身重伤事故、因工程建设引发的 220kV 及以上电压等级电网非正常停运事故以及其他（如设备、设计、施工质量、火灾等）重大及以上责任事故。

（4）各分项工程质量必须全部合格，且优良率达到规程、规范（或合同规定）的要求。

（5）达标投产自检时，各考核项目的综合得分率在 80%以上。

（6）在规定的时间内完成自检和复检。

2. 工程达标投产考核的管理文件

达标投产自检工作阶段，要求各参建单位提出达标投产自检报告，设计平时要注意收集保存必要的工程管理文件，如站址审批文件，环境保护、消防、安全、卫生、抗震防灾等评价及审批文件，重要会议纪要，工程建设有关设计的管理文件，初步设计审查意见及批复文件，工程协调会纪要，设计变更通知单及设计变更业务联系单等。有时，业主还要求设计单位提交执行强制性条文的专题报告。

（十）设计回访

在工程投产 1 年后，设计单位应对工程进行设计回访，广泛听取运行单位对设计的意见，这是获取质量信息反馈的有效方式之一，以便在以后工程设计中发扬优点，改进不足。回访后，要编写设计回访报告。

（十一）建设项目后评价

近几年，为了深化投资管理，总结投资经验，提高投资决策水平，完善投资决策机制，避免无效投资，逐步开展了重点投资项目的后评价工作。

电网建设项目是固定资产投资项目，固定资产投资项目后评价一般是对已投产项目的目的、实施过程、效益、作用和影响所进行的系统客观的分析。项目后评价包括项目业主组织实施的项目自我总结与评价和委托咨询机构开展的独立后评价两部分。为避免出现"自己评价自己"，后评价报告必须委托有资质的第三方咨询机构进行。

咨询机构在进行项目后评价时，要求设计单位提供一些资料，主要包括以下内容：

（1）后评价工程设计单位情况简介。

（2）相关工程资料。主要包括可行性研究论证报告（包括工程在系统中的作用）、初步设计总说明及批复概算、施工图设计总说明及预算、初步设计及施工图设计特点、图纸交付情况等。

（3）变电站初步设计指标、施工图主要工程量对比及变动原因等。

（4）设计变更情况及重大设计变更内容及原因分析。

（5）工程优缺点及"四新"情况。

四、各岗位职责及其在变电设计中所起的作用

参与变电设计的人员主要包括工程主管总工程师、工程设总、各专业主任工程师、专业室经理、各专业主设人及各专业相关其他人员。

以下对工程设总、各专业主任工程师及各专业主设人等重点岗位人员的职责范围及重点关注问题进行概述。

（一）工程设总

工程设总是工程项目设计的具体组织者，其主要职责是全面负责本工程项目设计的综合技术、经济指标、进度和质量控制；按规定审签设计文件；组织设计综合评审、工地服务、工地回访和各阶段工程资料的归档；负责对外与顾客的沟通；负责各专业间的设计协调工作等。

工程设总的工作除了组织设计各项活动外，还要组织参加工程总结、工程投运前质量检查、工程启动验收、工程达标投产、工程报优，以及需要进行后评价时的有关工作。

工程设总在设计工作中应全面贯彻执行"三标"管理体系的有关程序文件。

为了保证工程设计质量和进度，工程设总在工程的各个设计阶段所起的作用是：组织各专业设计的准备工作，编制工程各阶段设计计划（包括设计投标、可行性研究、初步设计、设备及施工招标、施工图设计、工地服务及竣工图设计等）以指导各专业设计工作协调开展并检查其执行情况；关注和把握设计中的关键问题；做好综合技术的管理工作；及时协调专业间的综合技术问题；对主要设计方案按照岗位责任制的要求做出决策；对涉及两个及以上专业的外部接口资料进行审查等。概括起来就是组织、管理、协调、服务。

（二）各专业主任工程师

在具体工程中，各专业主任工程师负责项目本专业范围内设计技术工作，对设计质量和重大问题负管理责任；负责重要技术方案、技术措施的策划，拟定项目设计主要原则和标准，组织过程评审，初步确定专业方案；负责解决遇到的设计技术难题；协调、处理好设计和校核人在技术问题上的分歧，给出明确意见；按规定对项目设计文件的质量进行评定；负责对项目最终输出设计文件（图纸）的验证；指导专业负责人的设计工作。

（三）各专业主设人

各专业主设人在工程设总领导下，负责项目本专业设计工作的组织、计划、执行；负责本专业内、外部配合、协调；负责实施项目主任工程师确定的设计主要原则和方案；配合工程设总对项目环境因素、危险源进行辨识，并负责对本专业的环境因素、危险源进行评价和控制；对项目实施中本专业的设计进度和质量负责，包括为设计人拟定项目设计原则、设计方案、选材和布置，专业设计计划、专业设计任务书的编制和贯彻执行，指导设计人的设计；按照相关规定，验证设计成品是否符合合同要求、设计条件、设计原则，是否正确贯彻相关标准、规范和规定。

第二节　各设计阶段内容及深度

变电站的设计阶段，一般包括可行性研究、（预）初步设计和施工图设计阶段。目前仅在特高压交流工程及直流工程中有预初步设计，对一般工程只进行初步设计，不进行预初步设计。在施工图阶段中的工地服务、之后的竣工图编制及设计回访总结等内容按照相关管理规定执行即可。

一、可行性研究阶段

在可行性研究阶段，一般都是以输变电工程为单位开展的，其主要工作包括系统一次及二次设计、变电站工程选站及工程设想、送电工程选线及工程设想、输变电工程投资估算和经济评价。

变电站可行性研究设计工作的重点是解决站址选择的可行性、工程技术方案和工程投资估算问题。这个阶段的重点工作、主要设计内容及其深度要求如下：

（一）变电站接入系统设计

变电站接入系统设计主要内容包括电力系统概况、工程建设的必要性、系统一次及二次方案研究和电气计算。

该阶段应达成的主要目标是说明本工程建设的必要性、投产时间，推荐接入系统方案，工程规模及系统对有关电气参数的要求，继电保护配置要求，安全稳定配置方案及相关接口要求，运动系统配置方案，调度数据网接入方案，变电站通信方案的通道组织、设备配置要求等。必要时提出需进一步分析研究的关键问题及下一步工作建议。

（二）站址选择

这个阶段的主要内容及工作流程是室内选站、现

场踏勘、收集资料、站址初步比选意见及情况汇报、提出推荐站址、协议取得。

该阶段应达成的主要目标是结合系统论证工作，在系统规划的合理区域内，进行工程选站工作。备选站址应充分考虑地方规划、压覆矿产、工程地质及水文地质条件、进出线条件、站用水源、站用电源、交通运输、土地规划、土地用途等多种因素，重点解决站址的可行性问题，避免出现颠覆性因素。

推荐站址应从以下这些方面进行全面的技术经济比较：地理位置、系统条件、出线条件、本期及远期线路长度对比、防洪涝及排水、土地性质、地形地貌、土地分期征用情况、土地规划情况、土石方工程量、工程地质、水源条件、进站道路、大件运输、地基处理、站用电源、拆迁赔偿、生活依托条件、环境情况、施工条件等。

资料收集及必要的协议要求：说明与规划、国土、林业、地矿、文物、环保、地震、水利（水电）、通信、文化、军事、航空、铁路、公路、供水、供电等相关单位协商及资料收集情况。站址选在自然保护区、水源地、风景区等敏感区域，需取得主管部门的同意。其中规划、国土、地矿、文物等为必要协议，其他为相关协议。

（三）勘测外业

勘测外业一般包括水文气象、水文地质、工程地质和测量四个专业的内容。

水文气象条件需说明站址百年一遇洪涝水位，气象条件应收集站址附近气象观测站资料，内容包括气温、湿度、气压、风速、风向、降水量、冰雪、冻土深度等。

水文地质需说明水文地质条件、地下水埋藏条件及对基础和钢结构的影响，说明水源、水质、水量等。

工程地质需说明区域地质构造和地震活动情况，确定站址地震动参数及相应的地震基本烈度，查明站址地形、地貌特征、地层结构、时代、成因类型、分布及各岩土层的主要设计参数、场地土类别、地震液化评价、地下水类型、埋藏条件及变化规律，确定地基类型。查明站址是否存在活动断裂及不良地质现象，提出土壤电阻率。

测量：各站址方案应测量出 1:2000 的地形图。

（四）工程技术方案设想

主要内容包括电气主接线及主要电气设备选择、电气布置、电气二次、总体规划和总布置、建筑与结构、给排水、消防、采暖通风、环保、水保、降噪及辅助系统。

电气主接线及主要电气设备选择提出初步意见，如采用紧凑型、大容量或其他新技术需进行必要的技术经济比较或专题论证。

电气布置说明绝缘配合初步方案，各级电压配电装置出线走廊、出线排序，简述配电装置型式选择及防雷接地方案。

电气二次简述控制方式选择、监控系统主要设计原则，交直流电源系统配置方案，元件保护、GPS、图像监控等配置原则，主控制室、继电器室布置原则。

总体规划和总布置需说明总体规划特点、进出线方向、进站道路引接、总平面和竖向设想、站址设计标高和土石方量预估、站区防洪，明确占地面积。

建筑与结构需说明建筑物风格、总面积和结构型式、构筑物结构型式和地基处理方案。

（五）可行性研究报告编制

可行性研究报告深度应满足 DL/T 5448《输变电工程可行性研究内容深度规定》的要求，一个完整的输变电工程可行性研究报告包括总论、系统一次部分、系统二次部分、变电站部分、输电线路部分、投资估算及经济评价。

图纸（变电）部分一般包括系统现况、投产年地理接线图、远景年电网规划图、通信通道组织图、变电站地理位置图、站区总体规划图、电气总平面布置图、电气主接线图。对站址外部条件复杂，有必要用图纸表示的，可视工程具体情况增加，如输水管线规划图、大件设备运输路线图、站址出线走廊规划图等。

二、初步设计阶段

初步设计是确定变电站各系统的设计原则、布置方案、建设标准以及工程投资概算的阶段，以下从设计工作组织角度介绍初步设计阶段的重点工作、设计内容及深度要求。

（一）初步设计阶段的准备工作

在变电站站址批复以后，就具备了开展初步设计的条件，可以进行初步设计的准备工作：

（1）下达勘测任务书。在变电站站址批复以后，工程设总要尽早组织协调各专业编制勘测任务书，落实工程地质、水文地质、工程测量及水文气象报告的编制及资料的提出工作，以便保证各专业在初步设计中使用。

（2）征求业主对变电站主要设计原则的意见。根据工程的系统可行性研究评审意见，各专业提出本专业的初步设计主要原则，包括电气主接线、电气总平面、配电装置布置、总平面布置、主要建筑物房间布置、主要设备选型、主变压器保护配置、各级电压等级的系统保护配置、二次设备布置、站外备用电源、站外给排水方案、概算书编制原则等，征求建设运行单位对工程设计原则的意见。

（3）收集初步设计有关资料。在征求业主对变电站主要设计原则的意见同时，组织有关专业收集概算资料，进一步落实站外备用电源、大件运输道路、桥梁、水运码头及装卸设施等，并且到环保、消防部门了解变电站环保、消防所需的资料等。

（4）组织工程调研。根据工程具体需要，开展综合的或专题调研工作。

（5）编制工程创优计划。根据工程建设目标，编制工程创优计划，这是工程创优及设计报优的必备文件。

（二）主要设计方案的确定

（1）初步设计主要原则设计编制。主要包括电气主接线、电气总平面、配电装置布置、总平面布置、主要建筑物房间布置、主要设备选型、主变压器保护配置、各级电压等级的系统保护配置、二次设备布置、站外备用电源、站外给排水方案、概算书编制原则等意见，并了解运行单位根据本部门运行习惯和运行经验对设计的特殊要求。

（2）勘测外业。水文气象、水文地质一般可以用到初步设计阶段，应测量出 1:500 或 1:1000 的地形图。

1）工程地质条件方面的勘测要求：

a．按建（构）筑物项目或分区地段，查明地基岩土类别及其分布、岩土层的物理力学工程性质，并对各层地基土进行评价。

b．在抗震设防区应划分场地土类型、场地土类别、抗震设防烈度、地震加速度和特征周期。

c．查明和评价影响各建（构）筑物地基和地质稳定性的工程地质因素，并提出处理措施的建议，包括对不良地质条件的整治措施建议。

d．查明地下水类型和埋藏深度与其变化，水质及其对混凝土的侵蚀性，含水层渗透性，地下水存在对建筑与构筑物地基以及对施工、运行的影响。

e．探明站址可能存在的特殊土并根据相关规范作出评价，盐渍土是否具有溶陷性、盐胀性及腐蚀性，包括溶陷等级、溶陷深度、盐胀等级、腐蚀性等级及含盐类型，提出岩土工程性质描述、物理力学性质指标和特殊地基处理建议。

f．提供基坑回填土的干容重及压实系数等参数。

2）岩、土性质指标测试要求：

a．土的物理指标：颗粒级配、含水量、质量密度或重度、孔隙率、孔隙比、饱和度、黏性土可塑性指标、砂类土密度指标、渗透性。

b．土的特殊物理指标：胀缩性（盐渍土的盐溶与盐胀性）、击实性指标。

c．土的一般力学指标：压缩性指标、建筑地基承载力、一般剪切强度指标。

d．土的特殊要求指标：先期固结压力、压缩指数。

e．土的原位测试指标：静力触探指标、标准贯入击数或其他原位测试手段。

f．地基处理（含环境整治）方案论证方面的勘测要求。

g．根据站区天然土层的性质、埋深及挖填情况，若需地基处理，须对地基处理方案提出合理化建议，不少于两种方法，并提出各自的优缺点。

3）其他要求：

a．对天然建筑材料（包括灰土、砂夹石、符合设计强度要求的块石等）进行详细勘察，提出运距和价格。

b．提供挖填方的边坡建议值，推荐合理可行的边坡支挡方案。

c．提供场平压实系数 0.95 对应的最优含水量。

土壤电阻率一般要求布点不大于 50m，并进行深层土壤电阻率测量。

（3）主要设计方案设计。变电站初步设计主要设计方案有电气主接线、总平面布置和主要电气设备选择等。初步设计深度按照行业标准相关要求执行，具体要关注以下几点：

a．电气主接线要符合系统近远期规划的要求，并便于后续扩建工程的过渡；出线排列顺序避免线路发生交叉，相序应与电气总平面布置相一致。电气主接线图要经过相关专业的会签。

b．总平面布置应注意布置紧凑、节约用地，布置方案尽量减少土石方量，土方量做到就地平衡，配电装置要预留足够的扩建场地，并关注场地标高及排水。

c．组织设计单位内外对主要设计方案进行方案讨论，充分听取各方面的意见和建议，以优化设计、方便生产和施工。

d．抓好方案的技术经济比较，技术比较要全面细致，经济比较应由技经专业进行配合，使推荐方案论证清楚。

e．主要电气设备选择中，要根据国家技术和产业政策，结合变电站的特点和技术进步的需要选择设备。所选设备应满足系统远期规划短路电流水平和站址自然条件的要求。

f．控制初步设计内容深度，避免在施工图设计中，补做初步设计应完成的设计工作这一情况的发生。

（4）环境保护和节能减排。设计要根据工程特点和有关环境保护、节能减排的要求，关注环境保护防治措施、建筑物节能措施、电气设备节能措施、减少污染物排放等工作，环境保护专业与相关工艺专业进行详细配合，落实环境保护措施实施方案及相应投资概算。

（5）专题研究与技术创新。在初步设计阶段，对没有现行的规程规范可遵循的、特殊环境条件或系统条件导致的问题，且必须据此来确定的工程初步设计原则的问题，要策划开展专项科研或专题研究工作，科研或专题研究结论要经过验收、整合后用于指导工程设计。要本着安全可靠、经济适用、适度超前的原则开展技术创新以及新技术、新设备、新工艺、新材料的应用。

（6）技术经济指标和投资控制。初步设计要严格控制工程概算投资在项目核准投资的范围内。

初步设计策划文件中应明确提出控制工程造价的要求，推行限额设计控制指标，严控进口设备材料的采用（必要时要有专题论证），拔经专业要对初步设计投资概算进行投资分析，包括与工程可行性研究投资估算的对比、同类工程对比、与同口径限额设计控制指标对比等，分析本工程投资的合理性及超过控制指标的原因。

（7）外委设计项目的控制。外委设计项目一般包括站外备用电源线路（含对端变电站扩建工程）、站外道路（桥梁）和市话通信线路等。根据"主体设计单位应对其他各协作设计单位的设计内容负责、对相关工作的配合、协调和归口负责"的原则，主体设计单位要审查外委设计单位的资质并组织有关专业对外委工程的初步设计进行技术方案和投资概算的评审。

（8）组织设计评审。各专业主工要组织本专业初步设计成品的分步评审，工程设总在初步设计原则方案基本形成后，要组织对设计方案进行系统评审，并检查落实评审意见的执行情况。在报送正式评审前，一般还要参加业主单位组织的初步设计内审。

（9）初步设计文件编制。初步设计文件深度应满足 DL/T 5452《变电工程初步设计内容深度规定》的要求，文件主要包括以下五个部分：①说明书（总的部分、电力系统部分、电气部分、土建、水工及暖通消防篇、环境保护和水土保持篇、劳动安全卫生篇、施工组织大纲、防灾减灾及节能）；②图册；③主要设备材料清册；④专题报告；⑤概算书。

三、施工图设计阶段

施工图设计阶段主要是根据初步设计审批文件、主要设备技术规范和生产厂商的技术资料、设计分工接口和必要的设计资料等开展工作，其设计内容包括图纸、说明书、计算书、设备材料清册等。

施工图设计阶段是具体实施初步设计审定的设计原则的阶段，要求设计能够全面、准确、细致，不碰不漏，专业接口合理并符合规程、规范的要求。在施工图设计过程中，要进一步征求业主对施工图设计的意见，开展设计优化，协调各种设计问题，当设计输入发生变化时，要及时调整设计计划，并与外部进行协调。

在施工图设计中，要重点抓好以下几项工作：

1. 施工图设计阶段的准备工作

（1）编制施工图阶段勘测任务书。施工图开展前，组织各专业编制施工图阶段的勘测任务书，重点是工程地质、站外给排水管路地质勘测及暴雨强度等。

（2）开展科研及专题研究。在初步设计评审意见下达后，及时开展列入与本工程施工图设计有关的科研及专题研究项目，以免影响施工图设计及设计进度。

（3）编制工程施工图设计策划书。按照设计合同要求或业主要求的设计进度，编制工程施工图设计策划书，明确三标整合管理措施和工程质量目标，确定各专业设计原则，协调各专业内部接口资料和各专业卷册交付进度，并根据需要进行综合设计评审。

初步设计评审意见仅对变电站的主要设计原则进行了规定，在施工图设计中，需要对设计原则进一步具体细化，以便于各专业更好地开展工作。因此，工程设总在编制施工图设计的设计原则时，应与各专业进行协调，确定哪些写入工程设计策划书，哪些写入专业设计策划书，并落实创优项目具体内容。

在施工图设计计划中，应将初步设计评审意见和环境保护评审意见作为附件放入设计策划书中。

2. 施工图设计阶段设计组织重点工作

（1）进一步进行设计优化。在施工图设计中仍需持续进行优化设计，例如变电站电晕噪声控制优化、高压电抗器安装减震措施优化、接地端子布置优化、主控楼房间安排的合理优化布置等，尤其应落实工程创优的具体措施。

（2）关注专业间碰撞问题。解决这一问题的关键在于互提资料要与本专业图纸相一致，并经各级校核；出图时应按规定请相关专业会签；修改设计时应及时通知各相关专业。

（3）合理确定场地设计标高。合理确定场地设计标高可以优化土方平衡，确保防洪（内涝）、场地排水需要，避免雨水倒灌建筑物。

（4）落实结合本工程进行的科学研究与试验项目的应用。结合本工程进行的科学研究与试验项目的进行情况，抓好科学研究与试验成果在本工程中的应用，以提高本工程的技术经济指标。

（5）设备资料和设计联络会。组织好工程进度与设备订货及设备资料提供之间的协调配合，适时组织设计联络会，发现问题及时协调解决，各方签字的联络会纪要是有效的设计输入条件。

（6）控制变电站各项设计原则及技术经济指标不突破初步设计评审意见。在初步设计评审意见中明确的主要技术原则、变电站的主要技术经济指标如占地面积、建筑面积和批准概算等不能突破。如有改变应遵照设计变更管理办法执行。

（7）关注设计输入的变化。在施工图设计进行过程中,设计策划书要及时反映设计输入条件变化情况。

（8）组织施工图评审。根据工程具体情况,在施工图阶段应对施工图原则进行评审,也可对某些需要进行评审的专项进行专业评审。设计交付施工前,一般还要组织好参加业主委托第三方设计咨询单位进行的施工图审查。

3. 施工图卷册组织

变电站施工图设计图纸按卷册来划分,下面以表1-1 所示为示例给出了新建交流变电站各专业施工图设计卷册目录。开关站和扩建工程施工图卷册目录可参照进行删减和调整。施工图卷册目录示例仅表示施工图设计阶段的设计内容,不作为设计单位分工和卷册划分的依据,也不作为卷册编排的顺序,具体工程可根据实际情况对卷册进行增减和编排。表中有些卷册名称所表述的内容会包含多个分册,实际工程可根据表中备注栏中的说明加以拆分。变电站施工图设计阶段深度要求依据 DL/T 5458《变电工程施工图设计内容深度规定》的要求进行。

表 1-1　　新建 500kV 交流变电站各专业
施工图设计卷册目录示例

序号	卷 册 名 称	备 注
一、电气一次专业		
1	电气一次设计总的部分	
2	电气一次设备及主要材料清册	
3	500kV 屋内 GIS 配电装置及设备安装	
4	500kV 高压并联电抗器安装	
5	220kV 屋内 GIS 配电装置及设备安装	
6	35kV 屋外配电装置及设备安装	
7	主变压器及各侧引线安装	
8	35kV 并联电抗器安装	
9	35kV 并联电容器安装	
10	站用变压器安装	
11	35kV 站外电源系统接线及设备安装	
12	380V 站用电系统接线及设备安装	
13	防直击雷保护和主接地网	
14	全站屋外照明	
15	电缆敷设	
16	电缆清册	

续表

序号	卷 册 名 称	备 注
17	配合道路、围墙施工接地网布置及电气埋管图	
18	500kV GIS 室建筑电气图	
19	220kV GIS 室建筑电气图	
20	主控通信楼建筑电气图	
21	500kV 继电器室建筑电气图	
22	220kV 继电器室建筑电气图	
23	综合配电室建筑电气施工图	
24	泡沫消防间建筑电气施工图	
25	综合水泵房建筑电气施工图	
26	车库及警卫传达室建筑电气图	
二、电气二次专业		
27	二次系统施工图设计说明及设备材料清册	
28	二次系统公用部分	
29	1 号主变压器二次线及二次接线安装图	
30	2 号主变压器二次线及二次接线安装图	
31	500kV 线路 1 高压电抗器二次线及二次接线安装图	
32	500kV 线路 2 高压电抗器二次线及二次接线安装图	
33	500kV 母线设备二次线及二次接线安装图	
34	500kV 母联、分段设备二次线及二次接线安装图	
35	500kV 线路设备二次线及二次接线安装图	
36	220kV 母线设备二次线及二次接线安装图	
37	220kV 母联、分段设备二次线及二次接线安装图	
38	220kV 线路设备二次线及二次接线安装图	
39	35kV 无功补偿装置二次线	
40	35kV 无功补偿装置二次接线安装图	
41	站用电二次线	
42	直流系统及蓄电池安装图	
43	交流不停电电源（UPS）系统	
44	变电站自动化系统	

续表

序号	卷 册 名 称	备 注
45	微机"五防"操作系统订货及安装图	
46	时钟同步系统	
47	设备在线监测系统	
48	智能辅助控制系统	
49	火灾报警系统订货及安装图	
50	主变压器消防系统	
51	综合水泵房二次接线图	
三、继电保护专业		
52	220kV 线路保护原理及安装接线图	
53	行波测距原理及安装接线图	
54	故障录波原理及安装接线图	
55	相量测量装置原理及安装接线图	
56	安全稳定控制装置原理及安装接线图	
四、总图专业		
57	总图施工图总说明	
58	站区征地图及说明	
59	场地初平及边坡支挡	含站外排水设施
60	站区围墙	含降噪围墙
61	进站道路	
62	站区提前施工道路及跨道路电缆沟埋管	
63	站区总平面及竖向布置	
64	站区地下设施	
65	全站沉降观测点布置及观测要求	根据工程需要
66	围墙隔声屏钢结构	
五、建筑及结构专业		
67	建筑结构施工图总说明	
68	主控通信楼建筑	或主控通信室
69	主控通信楼结构	或主控通信室
70	500kV GIS 室建筑	
71	500kV GIS 室结构	
72	220kV GIS 室建筑	
73	220kV GIS 室结构	
74	500kV 继电器室建筑	
75	500kV 继电器室结构	

续表

序号	卷 册 名 称	备 注
76	220kV 继电器室建筑	
77	220kV 继电器室结构	
78	主变压器及 35kV 继电器室建筑	
79	主变压器及 35kV 继电器室结构	
80	综合配电室建筑	
81	综合配电室结构	或交直流配电室、开关柜室
82	警卫传达室及大门	
83	综合水泵房建筑	
84	综合水泵房结构	
85	主变压器泡沫消防室建筑	或雨淋阀室
86	主变压器泡沫消防室结构	
87	高压电抗器泡沫消防室建筑	或雨淋阀室
88	高压电抗器泡沫消防室结构	
89	500kV 构架及基础	
90	500kV 设备支架及基础	
91	500kV GIS 基础	
92	220kV 构架及基础	
93	220kV 设备支架及基础	
94	220kV GIS 基础	
95	主变压器构架基础、主变压器基础及防火墙	
96	主变压器构架	
97	主变压器进线构架及基础	
98	330kV 高压并联电抗器基础及防火墙	
99	35kV 构支架及基础	
100	35kV 并联电抗器及电容器基础	
101	站用变压器基础	380kV
102	独立避雷针	
103	主变压器事故油池	
104	高压电抗器事故油池	
105	深井泵坑	
106	雨水泵坑	
107	地埋式污水处理装置基础	
108	（工业、生活、消防）蓄水池	
109	蒸发池	

续表

序号	卷 册 名 称	备 注
110	×××桩试桩及检测任务书	×××表示桩类型，根据具体情况确定。复合地基需单列
111	×××桩基图	×××表示桩类型，根据具体情况确定
六、供水专业		
112	供水施工图总说明	
113	主要设备材料清册	
114	站区建筑物室内生活上下水（及消防管道）安装图	
115	站区室外生活（及消防）给水管道安装图	
116	综合泵房（及消防水池）安装图	
117	站区事故排油管道、雨水管道安装图	
118	站区生活污水排水管道及地埋式污水处理装置安装图	
119	主变压器泡沫消防系统安装图	
120	高压电抗器泡沫消防系统安装图	
121	站外雨水排水管道安装图	
122	站区事故油池安装图	
123	全站移动式灭火器布置图	
七、暖通专业		
124	暖通施工图总说明及材料清册	
125	主控通信楼（采暖）、通风与空调	或主控通信室
126	站区其他建筑物（采暖）通风与空调	
八、通信专业		
127	全站通信布线施工图	
128	通信电源与动环监控子站设备安装施工图	
129	调度交换系统与综合数据网络设备安装施工图	
九、远动专业		
130	电能量计量系统设备订货图	
131	电能量计量系统设备安装图	
132	调度数据网订货和安装图	
133	二次安防系统订货和安装图	
134	监控信息点表	

注　上表中未包括环保专业图纸。实际工程中，如有环保相关要求，可根据具体情况增加环保施工图卷册。

第三节　专业间协调配合

一、专业间的相互关系与协作

变电站的设计需要多专业共同协作完成，主要包括勘测、设计和技经三个大类。勘测专业包括测量、工程地质、水文地质、水文气象专业；设计专业包括电力系统一次、系统继电保护、系统通信、调度自动化、电气一次、电气二次、总图、建筑、土建结构、水工、暖通、环保专业；变电技经专业分为土建和电气安装专业。此外，变电站出线接口设计还需与送电专业配合。

设计管理多采用矩阵式管理，同一专业分级校核、层层把关，不同专业间互相配合，纵向到底、横向到边。专业间联系配合出现问题时，就会出现以下情况：

（1）当发现后进行更改，设计成品尚未完成，则将造成相关专业设计返工，影响设计进度。

（2）设计成品已经完成并且已经施工，则可能造成施工返工。

（3）当资料上的问题没能发现或更改，则影响本专业和相关专业的设计成品的质量，对施工和运行产生不利影响，严重的甚至可能发生设计质量事故。

（4）小的缺陷则影响美观或不尽合理。

以下就关联度较高的专业间的相互关系进行初步分析。

（一）勘测专业与设计专业之间的协作

勘测各专业提交的设计成品主要有：测量专业的测量说明书、站址区域控制测量成果及站址地形图；工程地质专业的工程地质勘测报告；水文地质专业的水文地质勘测报告；水文气象专业的水文气象报告及附图。

勘测各专业的成品，是设计专业的基础资料。如土建专业需要利用站址地形图进行变电站总平面及竖向布置、确定设计标高、进行土石方平衡计算、进行场地排水等各项设计；而站址的海拔、最大风速、污秽等级等环境和气象因素对电气设备选择及配电装置布置有着较大影响；工程地质勘测的地基承载力、地震烈度、最大冻土深度、地下水对基础的侵蚀性等是确定建（构）筑物结构和地基处理方案的原始资料，其地质构造分析结论是判定站址地质稳定性的依据。水文地质资料是确定变电站取水方案、水处理及接地材料选择的依据，水文气象资料中的暴雨强度是确定变电站雨水排水方案的依据，温度、湿度等气象条件是暖通专业的设计依据。最大风速是土建专业计算建（构）筑物的基础资料。实测的变电站土壤电阻率是接地设计的原始资料等。勘测各专业的工作将直接影响各专业设计的质量和工程造价。

勘测专业内部应加强设计深度核查工作，防止在地基处理方案、边坡方案、盐渍土、冻胀、湿陷性等级定性等对工程造价影响较大的设计原则方面在不同设计阶段发生重大变化的情况发生。其他专业在和勘测各专业配合时应严格执行勘测任务书评审制度及相关专业会签制度。

（二）电气专业与其他专业之间的协作

1. 电气专业与土建专业之间的协作

电气总平面的设计是土建总平面设计的基础，而电气总平面布置受土建专业的制约。如构架柱的型式和尺寸在电气设备布置时，要校验安全距离，确定合适的布置尺寸；构架的型式有时也会对配电装置布置产生影响；道路布置尺寸、道路的转弯半径、各种沟道及基础尺寸等都会对电气布置产生影响。又如配电装置的继电器室位置及尺寸的确定，需要电气一次专业进行安全距离校验等工作。

土建屋外配电装置构架、支架设计与布置，屋内配电装置、主控制室、继电器室、站用电室、蓄电池室、变压器室、电缆沟道、避雷针等设计的基础资料均由电气专业提供具体布置和安装要求。构架梁的宽度、构架柱的尺寸与根开、爬梯的设置方式、室内梁的高度等均对电气设备及配电装置布置有影响。建（构）筑物最终的布置位置及尺寸均需由电气专业校验安全距离后方可确定。

电气二次专业应向土建专业提出主控制室、计算机室、各继电器室的面积要求，向暖通专业提出房间的温、湿度要求等，在向土建专业提出屏体尺寸时，应特别注意不同专业不同屏柜的安装尺寸，以便于各继电器室预埋槽钢。

2. 电气一次专业与其他设计专业的协作

电气主接线是系统和元件保护、控制方式、二次设备布置确定的依据，是确定远动范围的依据，是系统通信设计的基础资料。电气一次专业应向电气二次及系统（系统一次、继电保护、系统通信、调度自动化）各专业提供电气主接线。电气主接线是电气一次专业提供的重要资料，应完整、准确，否则将对其他专业的设计进度、设计质量造成较大的影响。电气主接线最终图纸应由相关各专业会签。电气一次专业还应向电气二次专业提出应急照明相关配合要求等。

电气二次专业应向电气一次专业提出站用电系统回路数及负荷，互感器配置及参数，主控制室、计算机室、各继电器室布置，端子箱布置，电缆埋管要求等的资料。

各专业的站用电交流负荷要求是电气一次专业进行站用变压器和站用电接线设计的依据。

主接线设计也离不开系统各专业所提供的有关资料，如系统一次专业应向电气一次专业提出变电站本期和远期规模，归算到变电站有关电压母线的系统阻抗、母线通流容量、主变压器和无功补偿设备参数等。电气二次、系统二次专业需提出电流互感器、电压互感器配置要求等。通信专业应提出载波通道配置等。

系统一次专业在提资时，宜提前与电气一次专业沟通配合，讨论电气主接线设计的可行性、合理性和经济性，设备容量的选择、无功补偿装置的配置等，给变电专业留有根据实际情况进行优化调整的可能。

各专业提供的电缆清册是电缆敷设的设计依据。

（三）电气和土建专业与送电专业的协作

变电与送电专业的配合，主要是配电装置出线构架布置及尺寸、出线构架允许张力和允许出线偏角、进线档引下线荷重、出线构架相间和相地距离、相序等。

此外，对于出线构架避雷线与构架的连接方式，也需由变电与线路专业配合完成。

在可行性研究设计阶段，线路专业应协助变电站总布置规划完成变电站近区 3km 范围内的出线走廊规划。

（四）土建专业与水工、暖通及系统二次（继电保护、通信、自动化）专业的协作

土建专业与水工、暖通专业主要是设备布置、进出建筑物管道及户外沟、管道的配合，土建专业要进行归口协调规划，使布置合理，避免碰撞。

系统二次专业主要是向土建专业提供各建筑物及房间面积、设备布置及安装资料等。

（五）水工专业与其他专业的协作

变电站的火灾监测设计，以水工专业为主，其他有关专业配合。水工专业向电气二次专业提供火灾探测报警资料，电气二次专业完成监测、报警和联锁、控制接线。

水工工艺系统的设备要向电气二次专业提出水工工艺设备的联锁控制要求，电气二次专业进行联锁控制设计，当水工工艺拟采用成套电气控制设备时，应由双方共同研究确定。

变电站地下水源采用管井的设计，水工专业需要与水文地质专业进行配合，选择水源地最优布井方案，管井结构设计由勘测专业完成。

当变电站污水处理由环境保护专业设计时，应与水工专业明确设计分界，并互提接口参数资料。

水工专业应及时与总图、建筑、结构、电气等专业配合，向总图、建筑、结构专业提出水工建（构）筑物、相关管道系统等的要求，向电气专业提供带油设备的消防灭火系统型式。若采用水喷雾等型式时，还需向电气专业提出消防水喷头、管道等详细布置尺寸，以便电气专业核实带电距离要求。

（六）暖通专业与其他专业的协作

暖通专业应根据电气等专业提资要求，按照规程要求，对不同的建筑物采取不同的采暖及通风措施。

应配合电气专业，重视 SF₆ 电气设备室的通风设计；SF₆ 电气设备室应采用机械通风，室内空气不允许再循环。对于电缆隧道，宜采用自然通风；必要时可采用机械通风，通风系统应与消防系统联锁。

应提前与电气专业配合，将变电站的通风系统与火灾报警系统联锁，并配合消防系统进行防火隔断和排烟。

应配合电气专业，对安装在室内的干式变压器、电抗器等发热量较大的设备，设置独立的排风机，将该设备的热量直接排至室外，以降低室内温度。

（七）电气二次专业与系统二次专业的协作

系统二次专业共性的配合事宜是向电气二次专业提供屏位资料，由电气二次专业统一规划进行布置；屏位资料应包本期和远期规划，以避免建筑物因考虑不周而扩建，并且还应互相配合提出电流互感器、电压互感器参数要求和直流电源要求及远动化范围等资料。

1. 电气二次专业与系统继电保护专业的协作

电气二次专业和系统继电保护专业的联系配合较多，需要共同完成变电站的继电保护设计，并界定两个专业的设计分工。如对变电二次和系统保护合用的电流互感器、电压互感器，一般由电气二次专业负责接线设计，分界点分别位于电流互感器端子箱上和电气二次专业的保护屏上。当一端为系统保护设备，另一端为变电二次设备时，需要规定电缆谁开列的问题。

电气二次专业根据系统保护提供的跳闸和发信号的触点，进行跳闸和信号回路设计。系统保护对 110kV 及以上线路保护和母线保护所用的电流互感器和电压互感器，向电气二次专业提出技术要求，由电气二次专业统一归口提出。

2. 电气二次专业与调度自动化专业的协作

电气二次专业和调度自动化专业主要是在变电站计算机监控系统的归口设计及监控系统与信息远传、系统网络设备的联系方面存在配合事宜。

对于电气二次专业所涵盖的内容，各设计单位分工有所不同，变电电气二次专业和调度自动化专业均可进行变电站监控系统设计。

当变电站计算机监控系统由电气二次专业归口设计时，调度自动化专业需向电气二次专业提出通信规约的要求、通信通道组织和接口的设计，以及远传信息表。

当变电站计算机监控系统由调度自动化专业归口设计时，电气二次专业需向调度自动化专业提出所有单元的电流、电压、信号回路号和电缆编号等。

二、两个以上专业之间的协调配合

变电站设计涉及的专业较多，重点是做好电气等工艺专业与土建专业、电气二次专业与系统二次专业、电气一次专业与电气二次专业之间的协调。

（一）勘测任务书的协调

土建专业设计的地基处理、总图专业的竖向布置、水工专业设计的站外给排水管路等依赖于勘测专业提供的地质测量资料；土建、电气等专业需要的气象资料，土建、水工专业需要的水文资料及电气专业需要的土壤电阻率资料等，都需由勘测专业提供。各专业编写勘测任务书及相关图纸，如变电站总平面布置图，及时提供给勘测专业，勘测专业工作在组织勘测任务书评审之后进行。

在各专业施工图开始设计之前，勘测专业已完成了工程地质、水文气象和测量正式报告的编制，在施工图设计阶段各设计专业与勘测专业的协调工作较少，一般只是在变电站建、构筑物基础施工中，需要地质专业到现场进行验槽。当现场发现实际地质情况与勘测结果不一致时，需要协调地质人员到施工现场进行处理。

（二）工程进度和互提资料进度的协调

在工程项目开展之前，设总要编制设计策划书，其中主要一项协调工作是根据合同规定或业主要求的设计完成日期，协调工程进度（各专业的具体卷册交付日期）、协调联系配合的项目及提出接收日期。

在工程设计进行中，当发生外部接口资料没有按时收到，或者设计输入发生变化，或者因人力安排等原因，而影响内部接口资料的按时提出，相关卷册不能按设计计划的要求交出时，工程设总要根据变化的情况，组织有关专业进行协调，变更原来设计计划或者进行设计进度调整。当调整后的进度超过合同规定或业主要求的设计完成日期时，还要与业主进行协调，取得业主的同意，否则还要再次进行设计单位内部协调，直至协调工作全部完成。

（三）设计方案的协调

工程设总在工程设计、施工中，处理综合性问题时，需要组织有关专业进行协调；单个专业的设计需要与相关专业进行协调时，也可提请工程设总出面进行组织。

（四）设计输入发生变化的专业协调

在发生设计输入变化时，工程设总要与相关专业进行协调。

（五）专业分工协调

由于技术不断发展，设计范围及深度不断变化，设计工作越来越细化，需要根据实际情况不断地进行专业分工协调。这项工作原则上应由设计单位的主管总工程师和主管技术工作的部门负责。

三、与环保专业的协调配合

变电站的环境保护工程设计必须遵循《中华人民

共和国环境保护法》《中华人民共和国水土保持法》《中华人民共和国环境影响评价法》等有关环境保护的法律、法规、标准和规范要求。

施工图阶段，具体的防治措施需要在各工艺专业的设计中进行体现，环保专业应向工艺专业提供防治要求的资料。环保专业需向相关专业提出排水检查井、电源、仪器放置、降噪措施等方面的要求，落实劳动安全和职业卫生的相应措施。

（一）可行性研究阶段的协调配合

在可行性研究阶段，工程设总应安排环保专业参加站址选择工作。

环保专业要根据国家环境保护、水土保持和生态环境保护等相关法律法规要求，参加站址选择及方案比较工作，提出选址意见，并在可行性研究报告中专章论述项目建设的环境可行性，提出环境保护措施。

根据环保专业的需要，工程设总要组织有关专业向环保专业提供工程组成情况的有关资料，如占地、总平面布置、主要设备设施、供排水及相关协议文件等。

工程设总应参加环境影响报告书、水土保持方案报告书审查会，将审查意见落实到下一阶段设计中去。

（二）初步设计阶段的协调与配合

在初步设计中，应落实环境影响报告书、水土保持方案报告书及审批文件提出的相关要求。

环保专业要编制环境保护专篇，提出污染防治和生态保护的工程措施，同时还需编制劳动安全和职业卫生防护的措施。

环境影响报告书、水土保持方案报告书及审批文件，应作为初步设计计划的重要设计输入。工程设总在设计计划中，应根据环境保护设计、劳动安全和职业卫生设计的需要，安排有关专业提供其所需的资料，如占地、总平面布置、主要设备设施、定员、供排水及相关协议文件，污染物排放情况，污染物处理设施、排放地点，水土保持及生态保护措施，劳动安全和职业卫生防护（包括站址安全性、各专业的消防措施等）等。环保专业向技经专业提出相应的污染防治和生态保护资料。

同时，技经专业要向环保专业提供环境保护、劳动安全和职业卫生的费用，包括电磁防护、防噪声、污水处理、水土保持与生态保护、劳动安全和职业卫生防护措施以及"三同时"（即同时设计、同时施工、同时投产使用）相关费用等。

（三）施工图设计的协调与配合

在施工图设计阶段，防治污染的工程措施具体体现在各有关专业的施工图卷册中，其中大部分由有关工艺与土建专业完成。

工程设总在设计计划中，应根据初步设计的审查意见，明确环境保护的相关要求，根据专业分工，安排有关专业提供相关资料并实施会签。

环保专业在施工图设计中，要完成环境保护、劳动安全和职业卫生的总体说明，并向有关专业提出需要进行环保设计的要求，与相关专业配合，完成排水计量装置安装图。

如有特殊环保问题的工程，可安排相应的环保专业施工图卷册。

四、与技经专业的协调配合

合理控制工程造价是国家基本建设的方针政策之一，在变电站设计中要满足限额设计控制指标的要求。

各专业向技经专业提供的资料和出版的施工图设计成品，是编制估、概、预算的依据，直接影响工程造价。各专业要根据控制工程造价和限额设计控制指标的要求，结合本工程具体情况，向技经专业提出工程量。同时各专业在进行多方案的技术经济比较时，由相关专业提出比较的内容和要求，技经专业配合完成相应的经济比较。

（一）设计方案比较的协调与配合

在初步设计阶段中，对主要的技术方案要进行技术经济比较，择优提出推荐方案。工程设总需要协调技经专业与有关专业进行配合，由设计有关专业提出参与比较项目的工程量，技经专业加以核算进行比较，以全面反映技术经济比较的结果。

（二）工程进度的协调与配合

技经的概（估）算是相关设计阶段的最后一道工序，是设计成品优良的综合体现。由于各专业在设计中不断优化，往往需要修改已经提供的资料，并且技经专业还要进行投资分析，与同类工程和限额设计控制指标比较，说明投资的合理性。设计配合一方面要求设计专业认真复核工程量并做到不漏项；另一方面，要给技经专业留有足够的编制时间。

（三）外委工程的协调与配合

在初步设计过程中，发生外委工程的项目主要有站外道路、桥梁、站外备用电源、市话通信线路等。

根据有关规定，主体设计单位应对其他各协作单位内容负责，对相关工作的配合、协调和归口负责，并将主要内容及结论性意见经分析和整理后，归纳到设计文件中。因此，工程设总要与协作单位进行配合协调，将外委部分的投资概算提供给技经专业进行分析整理，归纳到初步设计概算中。必要时，工程设总应会商投资方（建设单位）组织进行初审。

（四）与运行单位的协调与配合

在初步设计过程中，工程设总一般要组织设计人员到运行单位征求意见，其中包括概算编制原则和收集概算的有关资料。有时运行单位根据本工程的特点和具体情况，要求在本工程中增加一些必要的项目。

此时，工程设总要请运行单位编制有关说明和概算，报请上级主管部门审批，审批后将资料提供给技经专业，归纳到初步设计概算中。项目的成立与否，在初步设计审查（评审）时最后确定。

（五）达标投产阶段的配合

在达标投产阶段，应编写达标投产自检报告，工程设总与技经专业的配合工作主要是核算工程投资是否超过批准概算，如工程决算超过批准概算，在必要的情况下需要请技经专业进行经济分析。此外，还需核算设计变更费用，进行相关统计工作。由于各设计单位的设计变更单内容有的包括设计变更费用，有的不包括设计变更费用，各地区的要求也不一样，当所提出的设计变更单包括设计变更费用时，工程设总可以收集工程全部的设计变更单进行统计。对没有计算出设计变更费用的，工程设总要组织各专业向技经专业提供所有的设计变更单，技经专业要进行设计变更费用计算，并将设计变更总费用和其他相关结果提交工程设总。建议在设计变更单中，包括设计变更费用。

以上简要介绍了变电站设计各专业的相互关系及配合协调情况。对于工程设总，应从可行性研究阶段开始，就注重各专业间协调配合工作，做到从全局出发，统筹考虑。对于具体设计工作中的不同意见，要积极组织各专业讨论，必要时请专业主工协调，请主管总工程师决策；同时，在工程统一规划协调时，应提醒各专业，注重工程全寿命周期管理理念，以全局效益为最终出发点，做到工程总体最优。

第二章

电 气 主 接 线

第一节 主接线设计原则

一、主接线设计的基本原则

（1）变电站主接线方式要与变电站在系统中的地位、作用相适应，根据变电站在系统中的地位、作用确定对主接线可靠性、灵活性和经济性的要求。在满足工程要求的前提下，应首先选用简单的接线方式。

（2）变电站主接线的选择不仅应考虑电网安全稳定运行的要求，还应考虑电网出现故障时应急处理的要求。

（3）电气主接线的选择应考虑所在变电站的性质、电压等级、进出线回路数、采用的设备情况、供电负荷的重要性和本地区的运行习惯等因素。

（4）电气主接线的选择还应考虑近期与远景接线相结合，以方便日后扩建。

（5）在确定变电站主接线时要进行技术经济比较。

二、主接线设计的基本要求

电气主接线应根据变电站在电力系统中的地位、变电站的规划容量、负荷性质、进出线回路数和设备特点等条件确定，并应综合考虑供电可靠、运行灵活、操作检修方便、投资节约和便于过渡或扩建等要求。

（一）可靠性

供电可靠性是电力生产和分配的首要要求，主接线设计首先应满足可靠性要求。由于电能很难储存，所以发电、输电和用电过程都在同一瞬间进行，并在任何时间都要保持着平衡。电力系统各部分之间必须紧密联系、互相协调、可靠地工作，以保证对用户不间断地供电，其中无论哪部分损坏，都将影响整体。

1. 主接线可靠性设计应注意的问题

（1）可靠性的客观衡量标准是运行实践，已投运的变电站的可靠性统计是主接线可靠性评估的主要依据。

（2）主接线的可靠性建立在各组成元件可靠性的基础上，因此，主接线设计不仅要考虑一次设备（如变压器、母线、断路器、隔离开关、互感器、电缆、线路等）的故障率以及对供电的影响，还应考虑控制保护设备及其他设备对供电可靠性的影响。各组件元件的可靠性可根据运行统计资料确定。

（3）主接线的可靠性在很大程度上取决于设备的可靠程度，采用可靠性高的电气设备可以简化接线。

（4）根据变电站在系统中的地位和作用，考虑变电站的电气主接线设计。

2. 主接线可靠性的具体要求

（1）断路器检修时，不宜影响对系统的供电。

（2）线路、断路器或母线故障时以及母线检修时，应尽量减少停运的回路数及停运的时间，并应保证对一级负荷及全部或部分二级负荷的供电。

（3）尽量避免变电站全部停运的可能性。

（4）330kV及以上变电站可靠性要求如下：

1）任何断路器检修，不应影响对用户的供电。

2）任何一台断路器检修时，另一台断路器故障或拒动，不宜切除两回以上超（特）高压线路。

3）一段母线故障（或连接在母线上的进出线断路器故障或拒动），宜将故障范围限制到不超过整个母线的1/4；当分段或母联断路器故障时，其故障范围宜限制到不超过整个母线的1/2。

4）对终端变电站、用户变电站等变电站，可适当降低可靠性要求。

（二）灵活性

主接线应满足在调度、检修及扩建时的灵活性。

（1）调度时，应可以灵活地投入和切除变压器和线路，调配电源和负荷，满足系统在故障运行方式、检修运行方式以及特殊运行方式下的系统调度要求。

（2）检修时，应可以方便地停运断路器、母线及其继电保护设备，进行安全检修而不致影响电网的运行和停止对用户的供电。

（3）扩建时，应方便从初期接线过渡到最终接线，使扩建工程量最小，同时停电范围最小。

（三）经济性

主接线在满足可靠性和灵活性的前提下要做到经济合理，经济性应主要考虑以下几个问题：

（1）投资省。主接线应力求简单清晰，以节约断路器、隔离开关、电流和电压互感器、避雷器等一次设备的投资；要优化控制保护系统，节约二次设备和控制电缆投资；合理限制短路电流，以降低设备造价；根据变电站在系统中的地位和作用，合理选择电气设备。

（2）占地面积小。主接线方式选择的优劣是配电装置能否优化布置的前提。在满足可靠性和灵活性的基础上，主接线方式应为节约用地、减少土建和安装费用创造条件。在满足运输条件前提下，应优先选用三相变压器，以简化布置。

（3）电能损失少。经济合理地选择主变压器的种类（双绕组、三绕组或自耦变压器）、容量、数量，要避免因两次变压而增加电能损失。

（四）其他要求

（1）主接线方案选择比较中，还应注意以下几点：

1）设备选择和布置、进出线方式和布置对主接线选择的影响。

2）定性或定量分析变电站运行费用对主接线选择的影响。

3）定性或定量分析故障损失费用对主接线选择的影响。

4）扩建时停电的损失费用对主接线选择的影响。

主接线方案的选择，还应该根据设备最新发布的可靠性参数以及可靠性计算评估来进行简化，应节约全寿命周期内投资。

（2）对电气主接线提供的主要资料还包括如下内容：

1）主变压器的台数、容量和型式，变压器各侧的额定电压、阻抗、调压范围及各种运行方式下通过变压器的功率潮流，各级电压母线的电压波动值和谐波含量值。

2）出线的电压等级、回路数、出线方向、每回线路输送容量和导线截面等。

3）调相机、静止补偿装置、并联电抗器、串联电容补偿装置等型式、数量、容量和运行方式的要求。

4）系统短路容量或归算的电抗值。注明最大、最小运行方式的正、负、零序电抗值，为了进行非周期分量短路电流计算，尚需系统的时间常数或电阻值 R、电抗值 X。

5）变压器中性点接地方式及接地点的选择。

6）变电站母线穿越功率及穿越电流。

7）系统内过电压数值及限制内过电压措施，断路器合闸电阻的选择及线路接地开关参数的选择。

8）最终变电站与系统的连接方式（包括系统接线和地理接线）及推荐的初期和最终主接线方案。

第二节　基本接线及适用范围

变电站中基本接线形式主要包括单母线接线、单母线分段接线、双母线接线、双母线分段接线、一个半断路器接线、双母线双断路器接线、变压器-线路单元接线、桥形接线、角形接线、环进环出接线等，具体采用何种接线形式应根据变电站在系统中的可靠性、灵活性、经济性及运行调度的要求综合比较确定。

一、单母线接线和单母线分段接线

1. 单母线接线

单母线接线示意图如图 2-1 所示，单母线接线的特点是整个配电装置只有一组母线，每个电源线和引出线都经过开关电气设备接到同一组母线上，供电电源是变压器或高压进线回路。母线既可以保证电源并列工作，又能使任一条出线回路都从母线获得电能。每回引出线回路中都装有断路器和隔离开关，靠近母线侧的隔离开关称为母线隔离开关，靠近线路侧的隔离开关称为线路隔离开关。

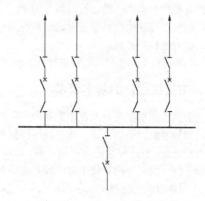

图 2-1　单母线接线示意图

（1）单母线接线的优缺点。

1）优点。接线简单清晰、设备少、操作方便，便于扩建和采用成套配电装置。

2）缺点。灵活性和可靠性差，当母线或母线隔离开关故障或检修时，必须断开它所连接的电源，与之相连的所有电力装置在整个检修期间均需停止工作。此外，在出线断路器检修期间，必须停止该回路的供电。

（2）单母线接线的适用范围。单母线接线一般适用于一台主变压器的以下三种情况：

1）6～10kV 配电装置的出线回路数不超过 5 回。

2）35～66kV 配电装置的出线回路数不超过 3 回。

3）110～220kV 配电装置的出线回路数不超过 2 回。

2. 单母线分段接线

为了克服一般单母线接线存在的缺点，提高它的供电可靠性和灵活性，可以把单母线分为几段，在每段母线之间装设一个断路器和两个隔离开关。每段母线上均接有电源和出线回路，便成为单母线分段接线，如图 2-2 所示。

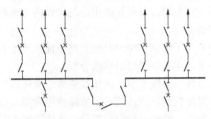

图 2-2　单母线分段接线示意图

（1）单母线分段接线的优缺点。

1）优点。用断路器把母线分段后，对重要用户可以从不同段引出两个回路，由两个电源供电；当一段母线发生故障时，分段断路器自动将故障段切除，保证正常段母线不间断供电，不发生大面积停电。

2）缺点。当一段母线或母线隔离开关故障或检修时，该段母线的回路都要在检修期间内停电；当出线为双回路时，常使架空线路出线交叉跨越；扩建时需向两个方向均衡扩建。

（2）单母线分段接线的适用范围。单母线分段接线一般适用于两台主变压器的以下三种情况：

1）6～10kV 配电装置的出线回路数为 6 回及以上时。

2）35～66kV 配电装置的出线回路数为 4～8 回时。

3）110～220kV 配电装置的出线回路数为 3～4 回时。

二、双母线和双母线分段接线

1. 双母线接线

为了避免单母线分段在母线或母线隔离开关故障或检修时，连接在该段母线上的回路都要在检修期间长时间停电而发展成双母线接线，如图 2-3 所示。这种接线具有两组母线 M1、M2，每回线路都经一台断路器和两组隔离开关分别与两组母线连接，母线之间通过母线联络断路器 QF（简称母联断路器）连接，电源与负荷平均分配在两组母线上。

（1）双母线接线的优缺点。

1）优点：

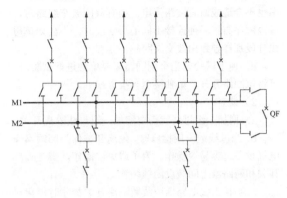

图 2-3　双母线接线示意图

a. 供电可靠。通过两组母线隔离开关的倒换操作，可以轮流检修一组母线，不致供电中断；一组母线故障后，能迅速恢复供电；检修任一回路的母线隔离开关时，只需断开此隔离开关所属的一条回路和与此隔离开关相连的该组母线，其他回路均可通过另外一组母线继续运行，但其操作步骤必须正确。例如，计划检修工作母线，可把全部电源和线路倒换到备用母线上。其步骤是：先闭合母联断路器两侧的隔离开关，再合母联断路器 QF，向备用母线充电。这时，两组母线等电位，为保证不中断供电，按"先通后断"原则进行操作，即先接通备用母线上的隔离开关，再断开工作母线上的隔离开关。完成转换后，再断开母联断路器 QF 及其两侧的隔离开关，即可使原工作母线退出运行进行检修。

b. 调度灵活。各个电源和各个回路负荷可以任意分配到某一组母线上，能灵活地适应电力系统中各种运行方式调度和潮流变化的需要。通过倒闸操作可以组成各种运行方式。例如，当母联断路器闭合时，进出线分别接在两组母线上，即相当于单母线分段运行；当母联断路器断开时，一组母线运行，另一组母线备用，全部进出线均接在运行母线上，即相当于单母线运行；两组母线同时工作，并且通过母联断路器并联运行，电源与负荷平均分配在两组母线上，即称为固定连接方式运行。这也是目前生产中最常用的运行方式，它的母线继电保护相对比较简单。

根据系统调度的需要，双母线还可以完成一些特殊功能。例如，用母联断路器与系统进行同期或解列操作；当个别回路需要单独进行试验时（如线路检修后需要试验），可将该回路单独接到备用母线上运行；当线路利用短路方式融冰时，也可用一组备用母线作为融冰母线，不致影响其他回路工作等。

c. 扩建方便。向双母线左右任何方向扩建，均不会影响两组母线的电源和负荷自由组合分配，在施工中也不会造成原有回路停电。当有双回架空线路时，可以顺序布置，使连接不同的母线段时，不会如单母线分段那样导致出线交叉跨越。

d. 便于试验。当个别回路需要单独进行试验时，可将该回路分开，单独接至一组母线上。

2）缺点：

a. 增加一组母线就需要增加一组母线隔离开关。

b. 当母线故障或检修时，隔离开关作为倒闸操作电气设备，容易误操作。为了避免误操作，需在隔离开关和断路器之间装设闭锁装置。

c. 当馈出线断路器或线路隔离开关故障时停止对用户供电。

（2）双母线接线的适用范围。当母线回路数或母线上电源较多、输送和穿越功率较大、母线故障后要求迅速恢复供电、母线或母线设备检修时不允许影响对用户的供电、系统运行调度对接线的灵活性有一定要求时采用，各级电压采用的具体条件如下：

1）6～10kV 配电装置，当短路电流较大、出线需要带电抗时。

2）35～66kV 配电装置，当出线回路数超过 8 回

时，或连接的电源较多、负荷较大时。

3）110～220kV 配电装置出线回路数为 5 回及以上时，或当 110～220kV 配电装置在系统中居重要地位，出线回路数为 4 回及以上时。

2. 双母线分段接线

当 220kV 进出线回路较多时，双母线需要分段，分段原则如下：

（1）当进出线回路数为 10～14 回时，在一组母线上装断路器分段。

（2）当进出线回路数为 15 回及以上时，两组母线均用断路器分段。

（3）在双母线分段接线中，均装设两台母联兼旁路断路器。

（4）为了限制 220kV 母线短路电流或系统解列运行的要求，可根据需要将母线分段。

双母线单分段或双分段接线克服了双母线接线存在全停可能性的缺点，缩小了故障停电范围，提高了接线可靠性。特别是双母线双分段接线，比双母线单分段接线只多一台分段断路器和一组母线电压互感器及避雷器，占地面积相同，但可靠性提高明显。表 2-1 以 12 个元件为例，列出了两种接线的故障停电范围。

表 2-1 双母线分段接线故障停电范围

接线方式	双母线单分段		双母线双分段	
接线图				
故障类型	停电回路数	停电百分数（%）	停电回路数	停电百分数（%）
出线故障、断路器拒动	3～6	25～50	3	25
母线故障	3～6	25～50	3	25
分段或母联断路器故障	6～9	50～70	3	50

从表 2-1 所列数据不难看出，双母线双分段接线具有很高的可靠性，可以做到在任何双重故障情况下不致造成配电装置全停。这种接线对系统运行也非常灵活，可通过分段断路器或母联断路器将系统分割成互不连接部分，达到限制短路电流、控制潮流、缩小故障停电范围的目的。

3. 增设旁路母线或旁路隔离开关的接线

为了保证采用单母线分段或双母线的配电装置，

在进出线断路器检修时（包括其保护装置的检修和调试），不中断对用户的供电，可增设旁路母线或旁路隔离开关。对于系统、设备可靠性高的配电装置，一般可不设置旁路母线。

三、一个半断路器接线

一个半断路器接线是一种一个回路由两台断路器供电的双重连接的多环形接线，是目前国内外大型变

电站广泛采用的一种接线方式。

一个半断路器接线示意图如图 2-4 所示，两组母线由三个断路器连接形成一串，从串中引出两个回路。这种接线具有较高的供电可靠性和运行调度灵活性。当母线发生故障时，与此母线相连接的所有断路器跳闸，而全部回路仍保留在另一组母线上继续工作；可以不停电地检修任一台断路器；隔离开关不作为操作电气设备，只用于隔离电压，减少了误操作的概率，操作检修方便。

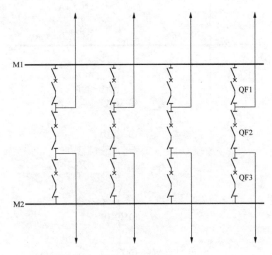

图 2-4　一个半断路器接线示意图

当有可能出现两个完整串时，进出线应配置隔离开关。

1. 一个半断路器接线的特点

（1）高度可靠性。在一个半断路器接线中，每一回路均有两台断路器供电，任何一台断路器检修，任何回路不停电。任一组母线故障，只跳开与此母线连接的所有断路器，任何回路不停电。在故障与检修相重合情况下的停电回路不会多于两回。

（2）运行调度灵活。正常运行时两组母线和全部断路器都投入工作，从而形成多环形供电，运行调度灵活。

（3）操作检修方便。隔离开关仅作为检修时用，避免了将隔离开关用作操作时的倒闸操作。检修断路器时，不需带旁路的倒闸操作；检修母线时，回路不需切换。

选用一个半断路器接线时，应注意的问题如下：

（1）由于一个回路连接着两台断路器，一台中间断路器连接着两个回路，使继电保护及二次回路复杂。

（2）接线至少应有三个串（每串为三台断路器，接两个回路），才能形成多环形，当只有两个串时，属于单环形，类同多角形接线。

2. 配串原则

为提高一个半断路器接线的可靠性，防止出现同名回路（双回路出线或主变压器）同时停电，可按下述原则成串配置：

（1）同名回路宜布置在不同串上，以免当一串的中间断路器故障（或一串中母线侧断路器检修），同时串中另一侧断路器故障时，使该串中两个同名回路同时断开。

（2）如有一串配两条线路时，宜将电源线路和负荷线路配串。

（3）对特别重要的同名回路，可考虑分别交替接入不同侧母线即"交替布置"。这种布置可避免当一串中的中间断路器检修时，合并同名回路串的母线侧断路器故障，而将配置在同侧母线的同名回路同时断开。由于这种同名回路同时停电的概率非常小，而且一个串常需占据两个间隔，可能增加构架和引线的复杂性，扩大了占地面积，因此建议对特别重要的同名回路或不增加额外占地时（如采用 GIS 配电装置等），采用交替布置。

3. 过渡接线

应根据设备质量、间隔配置位置和扩建情况，采用断路器数量少的接线。按进出线回路数，控制断路器数量如下：

（1）2 回进出线，考虑 2 台断路器；

（2）3 回进出线，考虑 3～5 台断路器；

（3）4 回进出线，考虑 4～6 台断路器；

（4）5 回进出线，考虑 5～8 台断路器；

图 2-5 和图 2-6 分别为 500kV FSH 变电站初期和终期采用的一个半断路器接线。

四、双母线双断路器接线

双母线双断路器接线如图 2-7 所示。在接线中有两条母线，每一元件经两台断路器分别接两条母线。每一元件可以方便、灵活地接在任一条母线上。断路器检修和母线故障时，元件不需要停电，当元件较多时母线可以分段。

该种接线主要特点如下：

（1）较高的可靠性。断路器检修、母线检修、母线隔离开关检修、母线故障时，元件均可不停电。在断路器停电时仅一回路停电。

（2）运行灵活。每一元件经两台断路器分别接在两条母线上，可根据系统潮流、限制短路电流、限制故障范围的需要灵活地改变接线。隔离开关不作为操作电气设备，处理事故、变换运行方式均通过断路器，操作灵活快速、安全可靠。特别是对于超高压系统中的枢纽变电站，这种灵活性有利于快速处理系统故障，增加系统的安全性。

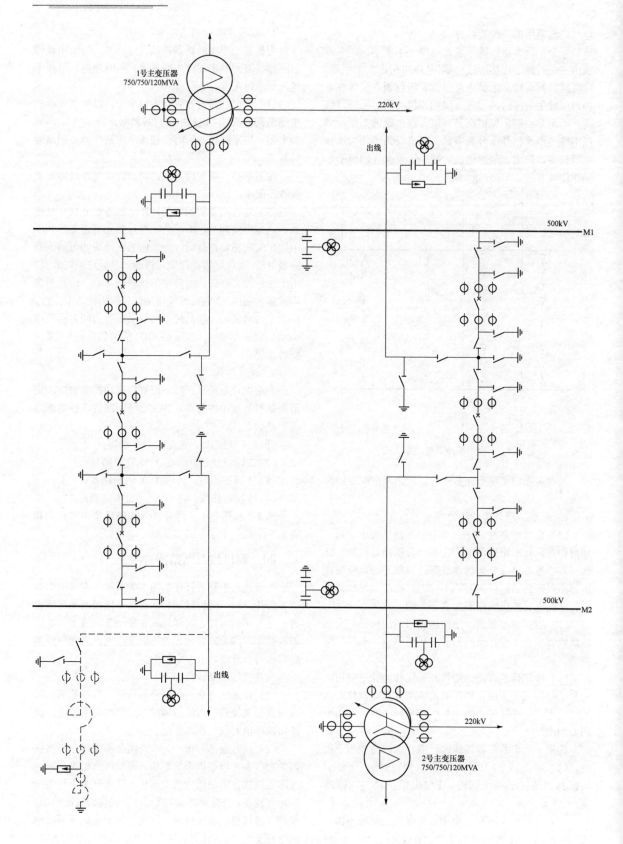

图 2-5　500kV FSH 变电站初期接线（一个半断路器）

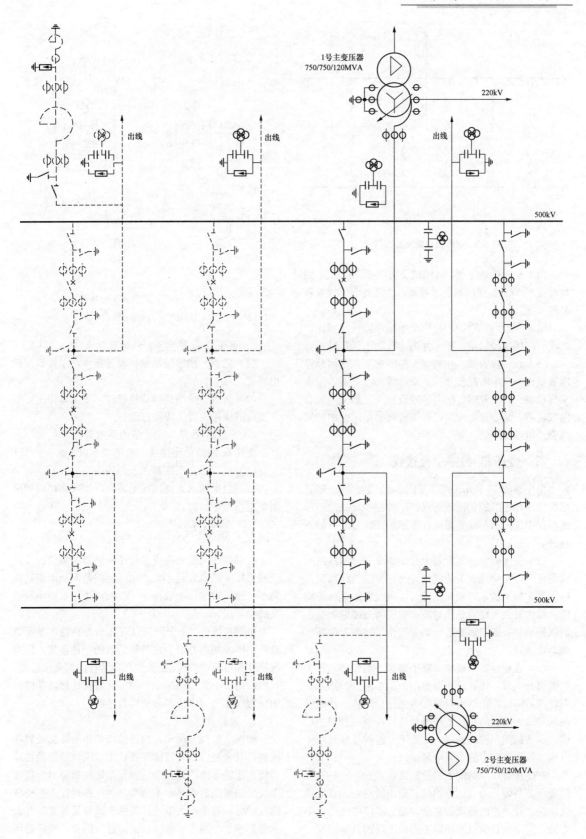

图 2-6 500kV FSH 变电站终期接线（一个半断路器）

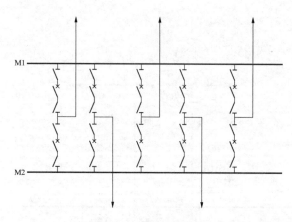

图 2-7　双母线双断路器接线

（3）分期扩建方便。可经过变压器-线路单元、四角形接线、母线-变压器组等接线，过渡到双母线双断路器接线。

（4）利于运行维护。与一个半断路器接线相比，二次回路接线较简单，单元性强，有利于运行维护。

（5）设备投资高。在相同元件情况下，使用断路器数量比一个半断路器接线及双母线接线都多。采用常规设备户外布置时，配电装置造价高。如采用组合电气设备，减少设备占地，在地价高的地区配电装置综合造价可能降低。

五、变压器-线路单元接线

变压器-线路单元接线（见图 2-8）是由变压器直接和线路相连形成的接线形式，这种接线形式没有母线，仅由变压器和线路组成。常用的接线方式有如下两种。

（1）变压器低压侧没有电源，在变压器和线路间只装设一组带接地开关的隔离开关，不装设断路器，如图 2-8（a）所示。线路故障时，由线路对侧保护动作，线路对侧断路器切除故障；变压器故障时，变压器保护动作，通过远方跳闸装置动作于线路对侧断路器切除故障。

（2）在变压器和线路间除了装设一组带接地开关的隔离开关外，还装设断路器，如图 2-8（b）所示。当线路故障时，由线路对侧和本侧保护动作，线路两侧断路器切除故障；当变压器故障时，变压器保护动作，由变压器两侧断路器切除故障。这种接线可用于变压器低压侧有电源或无电源情况。

在变压器和线路间不装设断路器，虽然节省投资，但变压器故障需通过远方跳闸装置由线路对侧装置切除，保护和二次回路接线复杂，变压器停电操作也不方便。至于是否装设断路器要根据工程的具体情况，经比较确定。

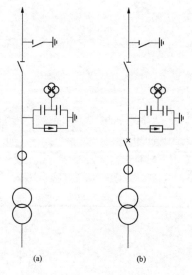

（a）　　　　　　（b）

图 2-8　变压器-线路单元接线
（a）接线方式 1；（b）接线方式 2

1. 变压器-线路单元接线的优缺点

（1）优点。接线最简单、设备最少，不需高压配电装置。

（2）缺点。线路故障或检修时，变压器停运；变压器故障或检修时，线路停运。

2. 变压器-线路单元接线的适用范围

变压器-线路单元接线一般适用于以下情况：

（1）只有一台变压器和一回线路。

（2）当电源点无高压配电装置，直接将电能送至系统枢纽变电站时。

六、桥形接线

桥形接线的最大特点是使用断路器的数量较少，一般采用断路器数目不大于出线回路数，从而使结构简单、投资较小。一般在 6～220kV 电压等级电气主接线中采用。

桥形接线中，4 个回路只有 3 台断路器，是所有接线中所需断路器最少也是最节省的一种接线，但是灵活性和可靠性较差，是长期开环运行的四角形接线，只能应用于小型变电站中。桥形接线按连接桥断路器的位置，可分为内桥和外桥两种接线。

1. 内桥接线

如图 2-9（a）所示，内桥接线的桥断路器设置在内侧，其余两台断路器接在线路上。因此线路的切除和投入比较方便，并且当线路发生短路故障时，仅故障线路的断路器断开，不影响其他回路运行。但变压器故障时，与该变压器连接的两台断路器都要断开，从而影响了一回未故障线路的运行。因此，变压器切除和投入的操作比较复杂，需切除和投入与该变压器连接的两台断路器,也影响了一回未故障线路的运行。连接桥断路器检修时,两个回路需列运行。当输电线路较长,故障概率较多,而变压器又不需经常切除时,采用内桥接线比较合适。

(1)内桥接线的优缺点。

1)优点。高压断路器数量少,4 个回路只需 3 台断路器。

2)缺点。变压器的切除和投入较复杂,需动作两台断路器,影响一回线路的暂时停运;桥断路器检修时,两个回路需要解列运行;出线断路器检修时,线路需较长时间停运。为避免此缺点,可加装正常断开运行的跨条,为了轮流停电检修任何一组隔离开关,在跨条上须加装两组隔离开关。桥断路器检修时,也可利用此跨条。

(2)内桥接线的适用范围。内桥接线适用于较小容量的发电厂、变电站,并且变压器不应常切换或线路较长、故障率较高的情况。

2. 外桥接线

如图 2-9(b)所示,外桥接线的特点与内桥接线正好相反。连接桥断路器设置在外侧,其他两台断路器接在变压器回路中,线路故障进行切除和投入操作时,需动作与之相连的两台断路器并影响一台伪故障变压器的运行。但变压器的切除和投入时,不影响其他回路运行。当线路较短,且变压器随经济运行的要求需经常切换时,采用外桥接线的方式比较合适,此外,当电网有穿越功率经过变电站时,也可采用外桥接线。这时,穿越功率仅经过连接桥上的一台断路器,而不会像采用内桥接线时那样,要经过 3 台断路器,当其中任一台断路器故障或检修时都将影响穿越功率的传送。

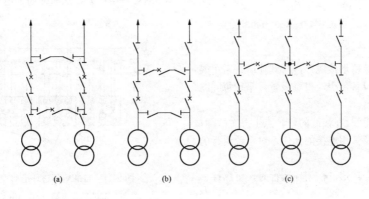

图 2-9 桥形接线
(a)内桥;(b)外桥;(c)双桥

(1)外桥接线的优缺点。

1)优点。高压断路器数量少,4 个回路只需 3 台断路器。

2)缺点。线路的切除和投入较复杂,需动作两台断路器,并有一台变压器暂时停运;桥断路器检修时,两个回路需要解列运行;变压器侧断路器检修时,变压器需较长时间停运。为避免此缺点,可加装正常断开运行的跨条。桥断路器检修时,也可利用此跨条。

(2)外桥接线的适用范围。外桥接线适用于较小容量的发电厂、变电站,并且变压器的切换较频繁或线路较短、故障率较低的情况。此外,线路有穿越功率时,也宜采用外桥接线。

3. 双桥接线

有时,根据需要也可采用 3 台变压器和 3 回出线组成双桥接线,如图 2-9(c)所示,为了检修连接桥断路器时不致引起系统开环运行,可增设并联的旁路隔离开关供检修之用,正常运行时则断开。

桥形接线虽采用设备少、接线简单清晰,但可靠性不高,且隔离开关用作操作电气设备,只适用于小容量的变电站,以及作为最终将发展为单母线分段或双母线的初期接线方式。

七、角形接线

角形接线的断路器互相连接而形成闭合的环形,是单环形接线,如图 2-10 所示。每个回路都经过两个断路器连接,实现了双重连接的原则,在角数不多的情况下,具有较高的可靠性和灵活性,而且因为断路器的数量较少,利用的也最有效,因此角形接线具有较大的经济性。为减少因断路器检修而开关运行的时间,保证角形接线运行的可靠性,以采用 3~5 角形为宜,并且变压器与出线回路宜对角对称布置。

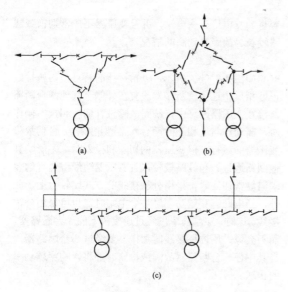

图 2-10　角形接线

（a）三角形接线；（b）四角形接线；（c）五角形接线

1. 角形接线的优缺点

（1）投资省，除桥形接线外，与其他所有常用的接线相比，其所用设备最少，投资最省，平均每回路只需装设一台断路器。

（2）没有汇流母线，在接线的任一点上发生故障，只需切除与这一点及其相连接的元件，对系统运行的影响较小。

（3）接线成闭合环形，在闭环运行时，可靠性、灵活性较高。

（4）每回路由两台断路器供电，任一台断路器检修，不需中断供电，也不需旁路设施。

（5）隔离开关只作为检修隔离之用，以减少误操作的可能性。

（6）占地面积小。多角形接线占地面积比普通中型双母线接线占地面积小，对地形狭窄地区和地下变电站布置较合适。

2. 角形接线的适用范围

角形接线适用于最终进出线为 3～5 回的 110kV 及以上配电装置，对于 330kV 以上配电装置在过渡接线中也可采用。

八、环进环出接线

当前在 110kV 变电站中，环进环出接线方式得到了越来越多的应用。110kV 变电站环进环出接线是一种连接 220kV 变电站与 110kV 变电站的接线，一般 220kV 变电站设有两个，110kV 变电站 3～4 个为一组，经环进环出接线结构与 220kV 变电站连接，环进环出接线结构为输出线路及输入线路组成循环线路结构，输出线路连接 220kV 变电站与 110kV 变电站，输入线

路连接相邻的两个 110kV 变电站。该接线方式具有可靠性高的优点，但在环线上构成多供电点方式，不利于防止发生大面积停电。正常运行时，环式电网开环运行，限制短路容量在电气设备允许范围内，形成多个较为独立的环形结构电网，每片电网电源与负荷基本平衡，正常时各自独立运行，故障时彼此互相支援。图 2-11 为一种典型的环进环出接线示意图。

1. 环进环出接线的优缺点

（1）优点。

1）与变压器-线路单元接线及角形接线方式相比，110kV 变电站采用环进环出接线方式的优势即为电源点的数量减少。电源点数量减少可使电网建设的成本大大降低。

2）110kV 变电站采用环进环出的接线方式，有利于释放 220kV 变压器到 110kV 变压器的降压容量，缓解 35kV 供电压力，从而提高了电网的经济效益。

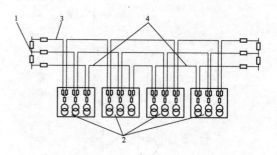

图 2-11　110kV 环进环出典型接线示意图

1—220kV 变电站；2—110kV 变电站；

3—输出线路；4—输入线路

3）110kV 变电站采用环进环出接线方式，当检修线路时，通过调整运行方式，使得 110kV 变电站的供电得到满足，提高电网供电的可靠性。

（2）缺点。虽然 110kV 变电站环进环出接线方式具有众多的优点，但是其也存在一定的不足，主要体现在以下方面：

1）采用环进环出接线方式时，因为地区变电站比较密集，同时线路的长度不够，因此，电气的联系过于紧密，使得进行后备保护整定配合时非常困难。

2）当变电站没有成环运行时，一旦需要检修电网的某一条连接的线路，就会造成一条线路向两个变电站供电的现象，从而使得变电站形成了单电源，令供电可靠性降低，如果出现故障，就会增加运行的风险，不利于电网的稳定运行。

2. 环进环出接线的适用范围

环进环出接线适用于为城市配电网供电的 110/10kV 配电系统，其电源来自周围 220kV 变电站的 110kV 配电装置。

第三节 中性点接地方式

一、电网中性点接地方式

电网中性点接地方式选择是一个综合性问题。它与电压等级、单相接地短路电流、过电压水平、保护配置等有关，其直接影响电网的绝缘水平、系统供电的可靠性和连续性以及对通信线路的干扰等。中性点接地方式主要有直接接地、不接地、经消弧线圈接地、经电阻接地和经小电抗接地。从主要运行特性划分，电网中性点接地方式分为中性点直接接地和中性点非直接接地。

（一）中性点直接接地

中性点直接接地方式下，单相短路电流很大，线路或设备需立即切除，增加了断路器负担，降低了供电连续性。但由于过电压较低，绝缘水平可下降，减少了设备造价，特别是在高压和超高压电网，经济效益显著，故适用于110kV及以上电网中。此外，在雷电活动较强的山岳丘陵地区，结构简单的110kV电网，如采用直接接地方式不能满足安全供电要求和对联网影响不大时，可采用中性点非直接接地方式。中性点直接接地适用于110～1000kV系统变压器中性点。

（二）中性点非直接接地

1. 中性点不接地

中性点不接地方式最简单，单相接地故障时，单相接地电流较小，一般达不到继电保护装置的动作电流值，故障线路不跳闸，只发出接地报警信号。根据相关运行规程，系统可带单相接地故障点运行2h，2h内排除故障可不停电，从而提高供电可靠性。此方式适用于：①35、66kV系统和不直接连接发电机的6～20kV系统，当单相接地故障电容电流大于10A时；②110kV及220kV系统中部分变压器中性点（如终端变电站）；③1000kV变压器的低压侧（110kV）等。

2. 中性点经消弧线圈接地

当接地电容电流超过允许值时，可采用消弧线圈补偿电容电流，保证接地电弧瞬间熄灭，消除弧光间隙接地过电压。此方式适用于35、66kV系统和不直接连接发电机的6～20kV系统，当单相接地故障电容电流大于10A又需在接地故障条件下运行时，补偿后系统接地故障残余电流应不大于10A。

3. 中性点经电阻接地

在6～35kV主要由电缆线路构成的配电系统、发电厂厂用电系统、风力发电场集中系统中，当单相接地故障电容电流较大时，如35kV系统接地电容电流超过100A或全电缆网时；10kV及20kV系统接地电容电流超过100～150A或全电缆网时，采用中性点经电阻接地方式。

4. 中性点经小电抗接地

中性点经小电抗接地主要用于330～1000kV系统变压器中性点，对限制单相接地短路电流效果显著。

二、变压器中性点接地方式

电网中性点的接地方式，决定了主变压器中性点的接地方式。

1. 主变压器110～1000kV侧采用中性点直接接地方式

（1）凡是自耦变压器，其中性点须直接接地或经小电抗接地。

（2）凡中、低压有电源的升压变电站和降压变电站至少应有一台变压器直接接地。

（3）变压器中性点接地点的数量应使电网所有短路点的综合零序电抗与综合正序电抗之比X_0/X_1小于3，同时，X_0/X_1尚应大于1～1.5，这样可保证单相接地短路电流不超过三相短路电流。

（4）所有普通变压器的中性点都应经隔离开关接地，这样可以在运行调度时灵活选择接地点。当变压器中性点可能断开运行时，若该变压器中性点绝缘不是按线电压设计，应在中性点装设避雷器保护。

（5）选择接地点时应保证任何故障形式都不应使电网解列成为中性点不接地的系统。双母线接线接有两台及以上主变压器时，可考虑两台主变压器中性点接地。

2. 主变压器6～110kV侧采用中性点不接地或经消弧线圈接地方式

6～110kV电网采用中性点不接地方式，但当单相接地故障电流大于30A（6～10kV电网）或10A（20～63kV电网）时，中性点应经消弧线圈接地。采用消弧线圈接地时，应注意以下几点。

（1）6～110kV电网中需要安装的消弧线圈应统筹规划，分散布置。应避免整个电网只装设一台消弧线圈，也应避免在一个变电站中装设多台消弧线圈。在任何运行方式下，电网不得失去消弧线圈的补偿。

（2）在变电站中，消弧线圈一般装在变压器中性点上，6～10kV消弧线圈也可装在调相机的中性点上。

（3）当两台变压器合用一台消弧线圈时，应分别经隔离开关与变压器中性点相连。平时运行中，闭合其中一组隔离开关，以避免在单相接地时发生虚幻接地现象。

（4）如变压器无中性点或中性点未引出，应装设专用接地变压器。接地变压器容量应与消弧线圈的容量相配合，同时还要考虑变压器的短时过负荷能力。

3. 变压器中性点抑制直流偏磁接地方式

在直流工程单极大地运行方式下，会通过接地极向大地注入持续的直流电流,直流电流会在土壤中传输。接地变压器的中性点是直流电流进入电力系统的必要途径,故增大中性点支路直流电阻或者隔断直流通路,是抑制直流电流进入电网最有效的手段。目前国内外常用的变压器中性点直流电流抑制方法如下。

(1)在变压器中性点装设串联电容,阻隔直流电流。这种方法是在接地点与中性点间加装电容隔直装置,彻底切断流入变压器绕组的直流电流,但在投切装置时会存在暂态过电压现象,且会改变电力系统的接地性能,因此还需要装设旁路装置,一方面,保证系统正常运行时的接地性能和消除过电压;另一方面,用来削弱或降低对变压器保护装置的不利影响。

(2)在变压器中性点装设电阻,抑制直流电流。这种方法是在接地点与中性点间加装串联电阻隔直装置,可以将直流电流减小到限值以下,结构简单、易于实现,但需要提前计算好治理的偏磁电流大小,才能确定电阻参数,因此电力系统运行方式改变或新直流输电工程投入运行时,还需调整治理装置的参数。

(3)在变压器中性点加装补偿电源,抵消直流电流。这种方法又称反向电流注入法,是一种有源的直流偏磁抑制方法。通过电源监控器,计算并向中性点注入一个大小相同的反向直流来抵消偏磁直流,且输出电流可改变大小和方向。

(4)在变压器中性点与接地网之间串联一个电位补偿元件,全额或部分补偿地中电流引起的各变电站接地网之间的电位差,使交流电网中各变压器中性点电位相同或相近,以有效抑制变压器中性点直流电流。

(5)变压器中性点串联阻容装置。阻容装置是由电阻器、电容器、旁路开关和控制检测系统构成的直流偏磁治理装置。采用降低阻容装置工频交流阻抗的方法,可以将电容隔直法应用到220kV交流系统。这种方法可以省略复杂的晶闸管旁路保护系统,同时兼顾隔直装置的工频阻抗、耐压水平、体积及费用等几个方面,是一种安全、高效的直流偏磁电流抑制方法。

第四节 主接线中的设备配置

一、隔离开关的配置

(1)断路器两侧一般均应装设隔离开关,以便在断路器检修时隔离电源。

(2)当无特殊要求时,安装在进出线上的避雷器、耦合电容器、电压互感器可不装设隔离开关,变压器中性点上的避雷器,不应装设隔离开关。

(3)双母线或单母线接线中母线避雷器和电压互感器,宜合用一组隔离开关。一个半断路器接线中母线避雷器和电压互感器不应装设隔离开关。

(4)在一个半断路器接线中,初期线路和变压器组成两个完整串时,各元件出口处宜装设隔离开关;当多于两个完整串时,各元件出口不宜装设隔离开关。

(5)330~750kV线路并联电抗器回路,可根据线路并联电抗器的运行方式确定是否装设隔离开关。

(6)1000kV线路并联电抗器回路,采用不装设隔离开关的接线。

(7)角形接线中的进出线应装设隔离开关,以便在进出线检修时,保证闭环运行。

(8)桥形接线中的跨条宜用两组隔离开关串联,以便于进行不停电检修。

(9)中性点直接接地的普通型变压器均通过隔离开关接地;自耦变压器的中性点则不必装设隔离开关。

二、接地开关的配置

(1)为保证电气设备和母线的检修安全,35kV及以上每段母线根据长度计算装接地开关的数量,两组接地开关间的距离应尽量保持适中。母线的接地开关宜装设在母线电压互感器的隔离开关上和母联隔离开关上,也可装于其他回路母线隔离开关的基座上。必要时可设置独立式母线接地开关。

(2)66kV及以上配电装置的断路器两侧隔离开关和线路隔离开关的线路侧宜配置接地开关。双母线接线两组母线隔离开关的断路器侧可共用一组接地开关。

(3)66kV及以上主变压器进线隔离开关的主变压器侧宜装设一组接地开关。

三、电压互感器的配置

(1)电压互感器的数量和配置与主接线方式有关,并应满足测量、保护、同期和自动装置的要求。电压互感器的配置应能保证在运行方式改变时,保护装置不得失压,同期点的两侧都能提取到电压。

(2)10~220kV电压等级的每组主母线的三相或单相上装设电压互感器,具体应视各回出线装设电压互感器的情况确定。

(3)当需要监视和检测线路侧有无电压时,出线侧的一相上应装设电压互感器。

(4)500kV及以上电压互感器按下述原则配置(330kV等级也可参照采用):

1)对双母线接线,宜在每回出线和每组母线的三相上装设电压互感器。

2)对一个半断路器接线,应在每回出线的三相上装设电压互感器;在主变压器进线和每组母线上,应根据继电保护装置、自动装置和测量仪表的要求,在一相或三相上装设电压互感器。

(5)兼作为并联电容器组泄能和兼作为限制切断

空载长线过电压的电磁式电压互感器，其与电容器组之间和与线路之间不应有开断点。

四、电流互感器的配置

（1）凡装有断路器的回路均应装设电流互感器，其数量应满足测量仪表、保护和自动装置要求。

（2）在未装设断路器的下列地点也应装设电流互感器：变压器出口及其中性点、高压并联电抗器出口及其中性点、桥形接线的跨条等。

（3）对直接接地系统，一般按三相配置。对非直接接地系统，依具体要求按两相或三相配置。

（4）采用柱式断路器的一个半断路器接线配电装置中，在满足继电保护和计量要求的条件下，每串宜装设三组电流互感器。当采用 GIS、HGIS 及罐式断路器时，宜在断路器两侧分别配置电流互感器。

五、避雷器的配置

（1）配电装置的每组母线上，一般装设避雷器，但当进出线都装设避雷器时，可通过计算确定母线是否装设避雷器。

（2）35～220kV 开关站，应根据其重要性和进线回路数，在进线上装设避雷器。

（3）自耦变压器应在其两个自耦合的绕组出线上装设避雷器，且避雷器应装设在自耦变压器和断路器之间。

（4）330kV 及以上变压器各侧应装设避雷器并应尽可能靠近设备本体。

（5）高压并联电抗器各侧应装设避雷器并应尽可能靠近设备本体；当计算满足要求时，线路用高压并联电抗器高压侧可与出线共用一组避雷器。

（6）220kV 及以下变压器到避雷器的电气距离超过允许值时，应在变压器附近增设一组避雷器。

（7）下列情况的变压器和电抗器中性点应装设避雷器：

1）有效接地系统中的中性点不接地的远期变压器，中性点采用分级绝缘且未装设保护间隙时；

2）中性点为全绝缘，但变电站为单进线且为单台变压器运行时。

3）不接地、谐振接地和高阻抗接地系统中的变压器中性点可不设保护装置，多雷区单进线变压器且变压器中性点引出时，宜装设避雷器。

4）中性点经电抗器接地时，中性点上应装设避雷器。

（8）对于 35kV 及以上具有架空或电缆进线、主接线特殊的敞开式或 GIS 变电站，应通过仿真计算确定保护方式。66kV 及以上进线有电缆段的 GIS 变电站在电缆段与架空线路的连接处应装设避雷器。

（9）变电站 10kV 配电装置的避雷器的配置应符合下列要求：

1）变电站的 10kV 配电装置，应在每组母线和架空进线上分别装设电站型和配电型避雷器。

2）架空进线全在站区内，且受到其他建筑物屏蔽时，可只在母线装设避雷器。

3）有电缆段的架空线路，避雷器应装设在电缆头附近，各架空进线均有电缆段时，避雷器与主变压器的最大电气距离可不受限制。

4）10kV 配电站，当无站用变压器时，可仅在每路架空进线上装设避雷器。

（10）当采用敞开式配电装置时，110～220kV 线路侧一般不装设避雷器，在多雷地区需通过计算确定。330～1000kV 的线路侧一般均需配置避雷器。

六、阻波器和耦合电容器的配置

阻波器和耦合电容器应根据系统通信对载波电话的规划要求配置。设计中需要与系统通信专业密切配合。

第五节 典型电气主接线示例

按变电站在电力系统中的地位和作用，一般可分为枢纽变电站、区域变电站、地区变电站、终端变电站和用户变电站等，此外，如有需要，还有开关站和串补站。

1. 枢纽变电站

枢纽变电站是处于枢纽位置、汇集多个电源和联络线或连接不同电力系统的重要变电站。

（1）特点。枢纽变电站在电力系统中的主要作用和功能是：①汇集分别来自若干发电厂的输电主干线路，并与电网中的若干关键点连接，同时还与下一级电压的电网相连接。②作为大、中型发电厂接入最高一级电压电网的连接点。③几个枢纽变电站与若干输电主干线路组成主要电网的骨架。④作为相邻电力系统之间互联的连接点。⑤作为下一级电压电网的主要电源。

枢纽变电站发生事故将破坏电力系统的运行稳定性，使相连接的电力系统解列，并造成大面积停电。由于枢纽变电站在电网中的重要性，因此对其电气主接线、电气设备、保护和安全自动装置都要求具备较高的可靠性，以避免因变电站中发生事故而影响电网的正常运行，或造成电网瓦解等严重事故。为此，在主干电网结构设计中，枢纽变电站在电网的地理位置布局要适中，同时，原则上应避免在枢变电站中集中过多的电源和输电主干线路，以免在主干电网结构上形成事故害点。

（2）电压等级。枢纽变电站的最高电压通常为220～1000kV。枢纽变电站中每台变压器的容量都较大，由高压侧向中压侧供电，低压侧通常连接并联电容器、并联电抗器、静止无功补偿装置等无功设备。枢纽变电站的高压侧出线回路较多，一般 220kV 有 8～12 回，330kV 有 6～10 回，500kV 有 6～10 回，750kV 有 6～12 回，1000kV 有 6～12 回。

（3）主变压器台数及型式。

1）一般装设两台主变压器，根据负荷增长需要分期投运，经过技术经济比较认为合理时，也可装设 3～4 台主变压器。

2）具有三种电压的变压器，如通过主变压器各侧绕组的功率达到该变压器额定容量的 15% 以上，或低压侧虽无负荷，但需装设无功设备时，主变压器一般选用三绕组变压器。

3）与两种 10kV 及以上中性点直接接地系统连接的主变压器，一般应优先选用自耦变压器。当自耦变压器第三绕组有无功补偿设备时，应根据无功功率潮流，校核公共绕组容量，以免在某种运行方式下限制自耦变压器的输出功率。

（4）接线原则。系统枢纽变电站的电气主接线，应根据变电站在电力系统中的地位，综合考虑变电站的规划容量、负荷性质、线路和变压器连接元件数、配电装置特点、设备制造和供货能力等因素，以满足供电可靠、运行灵活、检修方便、便于扩建、投资合理、节省占地的要求。

1）对于 1000kV 配电装置的最终接线方式，当线路、变压器等连接元件的总数为 5 回及以上时，宜采用一个半断路器接线。当初期线路、变压器等连接元件较少时，可根据具体的元件总数采用角形接线或其他使用断路器数量较少的简化接线型式，但在布置上应便于过渡到最终接线。当采用一个半断路器接线时，同名回路应配置在不同串内，电源回路与负荷回路宜配对成串。如接线条件限制时，同名回路可接于同一侧母线。

2）对于 750kV 和 500kV 配电装置的最终接线方式，当线路、变压器等连接元件的总数为 6 回及以上时，且变电站在系统中具有重要地位时，宜采用一个半断路器接线。因系统潮流控制或因限制短路电流需要分片运行时，可将母线分段。采用一个半断路器接线时，宜将电源回路与负荷回路配对成串，同名回路不宜配置在同一串内，但可接于同一侧母线；当变压器超过两台时，其中两台进串，其他变压器可不进串，直接经断路器接母线。

3）对于 330kV 配电装置的最终接线，可采用一个半断路器接线或双母线接线。因系统潮流控制或因限制短路电流需要分片运行时，可将母线分段。

4）330～750kV 变电站中的 220kV 或 110kV 配电装置，可采用双母线接线，技术经济合理时，也可采用一个半断路器接线。当采用双母线接线，且出线和变压器等连接元件的总数为 10～14 回时，可在一条母线上装设分段断路器；15 回及以上时，可在两条母线上装设分段断路器；当为了限制 220kV 母线短路电流或满足系统解列运行的要求时，可根据需要将母线分段。

（5）补偿装置。枢纽变电站常设有调相机、静止补偿装置、高压并联电抗器以及串联补偿装置等。

在长距离输电系统中，尚有带开关站性质的系统中间变电站，主要是把长距离输电线分段，以降低工频和操作过电压，缩小线路故障范围，提高系统稳定性。在系统中间变电站内或在线路中间装设串联补偿装置，可提高长距离线路的输电容量。建在双回路重负荷长距离输电线路上的系统中间变电站常采用出线为双断路器的变压器-母线接线，以保证长距离输电线路供电可靠性。

（6）接线示例。不同类型枢纽变电站电气主接线图如图 2-12～图 2-19 所示。

2. 区域变电站

（1）特点。区域变电站是向数个地区或大城市供电的变电站。在电力网最高电压等级的变电站中，除少数为枢纽变电站外，其余均为区域变电站。它将远处的电力转送到负荷中心，同时降压后向当地和邻近地区供电。区域变电站应结合供电区域负荷分布及电网结构情况合理布局。

区域变电站的电源线路有三种引入方式：①将一回双侧有电源的穿越线路断开接入；②将一回单侧有电源的穿越线路断开接入；③将双回线路断开接入。区域变电站发生事故时将造成大面积停电，因此对其高压电气主接线的可靠性要求较高，通常采用双母线分段接线或一个半断路器接线等。

（2）电压等级。电压等级一般为 330、500、750kV。

（3）变压器台数及型式。区域变电站一般装设两台主变压器，主变压器的型式选择同系统枢纽变电站。

（4）补偿装置。常规设调相机或静止补偿装置。

（5）接线原则。

1）区域变电站主要接线方式有双母线接线、一个半断路器接线、双母线带旁路接线、双母线分段接线等，其中双母线分段接线主要有断路器分段接线和隔离开关分段接线两种。

2）当 330～750kV 配电装置最终接线元件的总数不大于 6 个，且变电站为终端变电站时，在满足运行要求的前提下，可采用线路-变压器组、桥形、单母线或线路有两台断路器、变压器直接与母线连接的"变压器母线组"等接线。

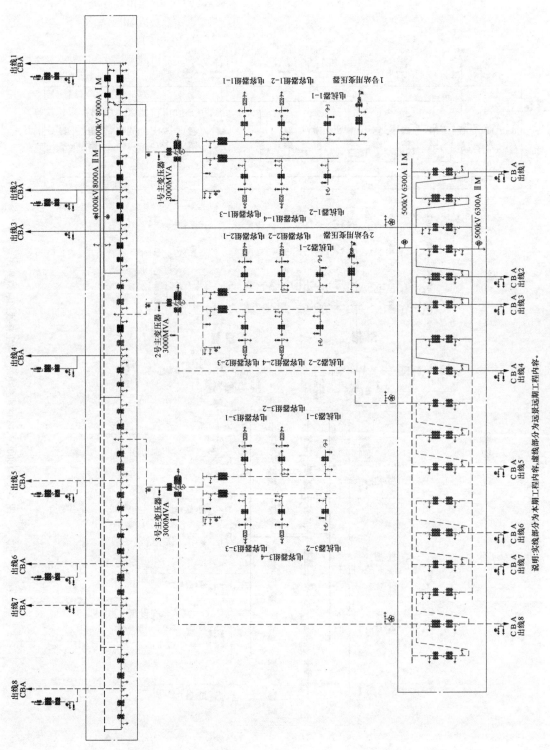

图 2-12 1000kV SZ1 枢纽变电站电气主接线图 (一字型)

说明: 实线部分为本期工程内容, 虚线部分为远景远期工程内容。

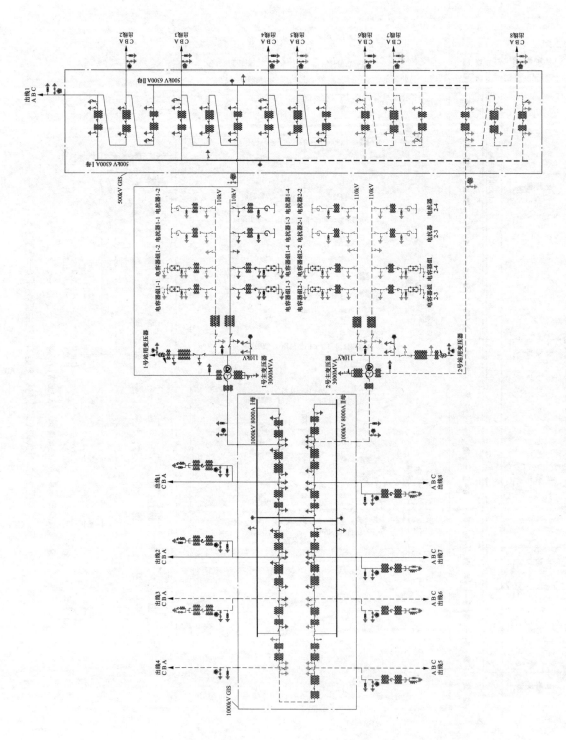

图 2-13 1000kV SZ 枢纽变电站电气主接线图（双列式）

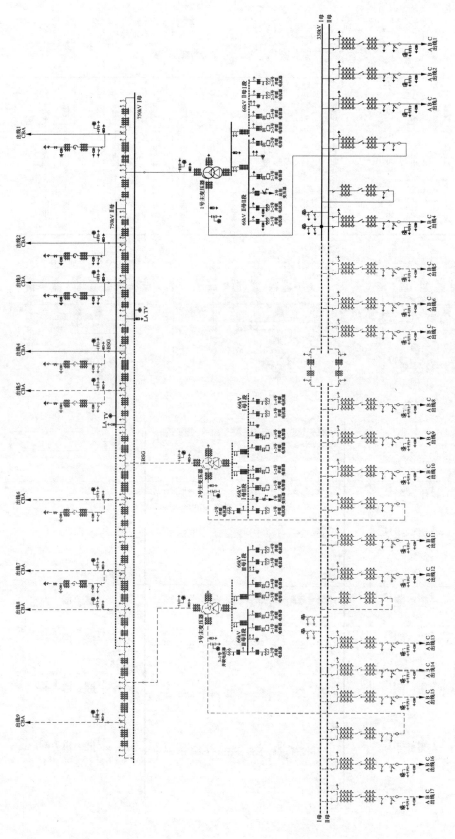

图 2-14 750kV LZD 枢纽变电站电气主接线图（一字型，GIS）

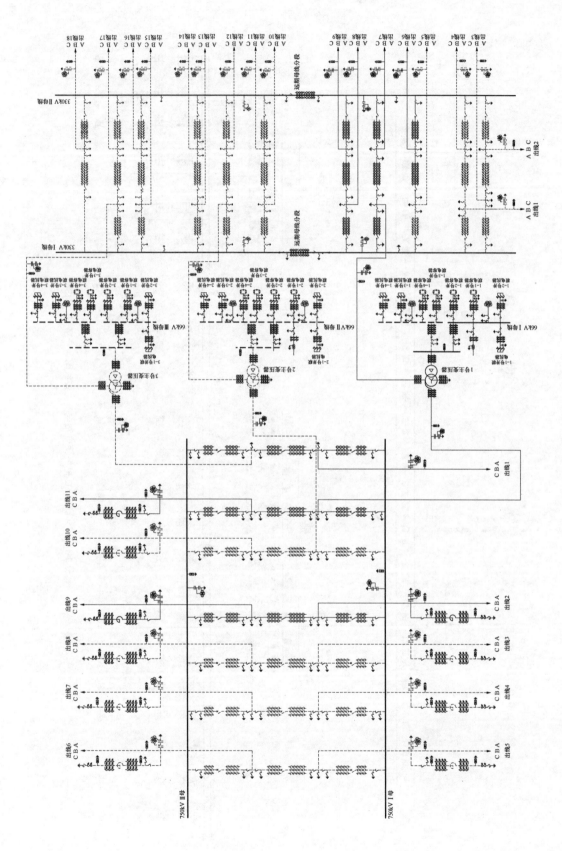

图 2-15　750kV LZD 枢纽变电站电气主接线图（敞开式）

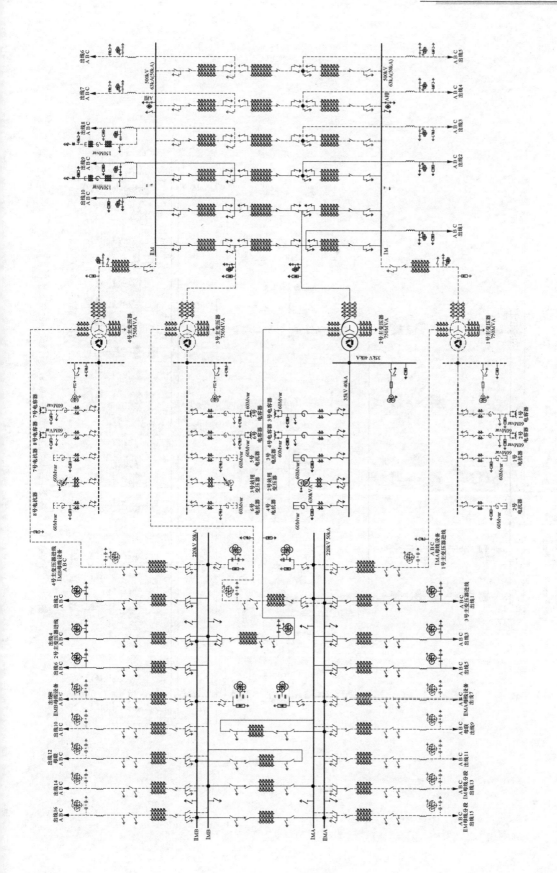

图 2-16　500kV YC 枢纽变电站电气主接线图（敞开式三列式、四台主变压器）

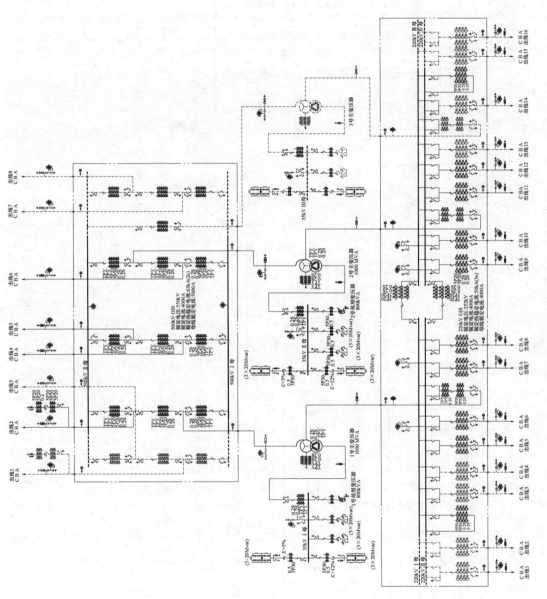

图 2-17　500kV YC 枢纽变电站电气主接线图（GIS，斜拉式三台主变压器）

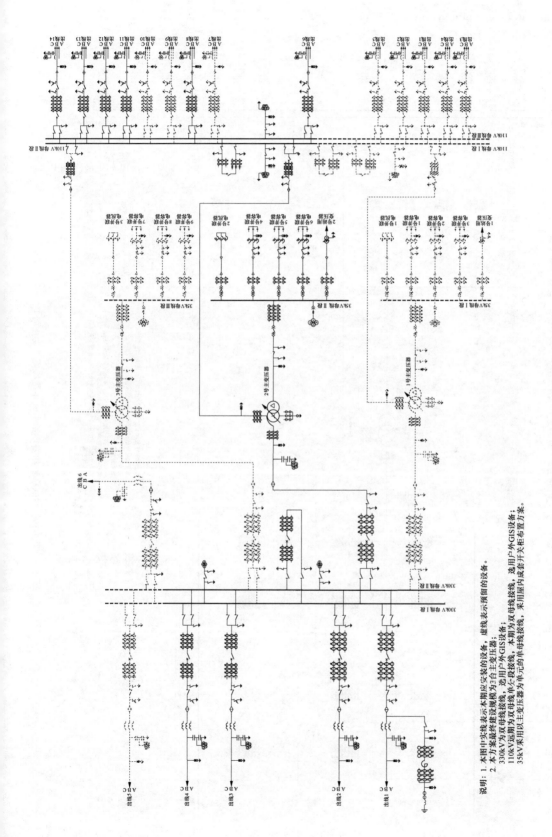

图 2-18 330kV LZD 枢纽变电站电气主接线图（GIS 双母线、常规敞开式）

说明：1. 本图中实线表示本期应实装的设备，虚线表示预留的设备。
2. 本方案最终建设规模为3台主变压器；
330kV 为双母线接线，选用户外GIS设备；
110kV 远期为双母线接线，本期为单母线分段接线，选用户外GIS设备；
35kV 采用单母线接线，本期为双母线单元接线，主变压器为单元接线，采用屋内成套开关柜布置方案。

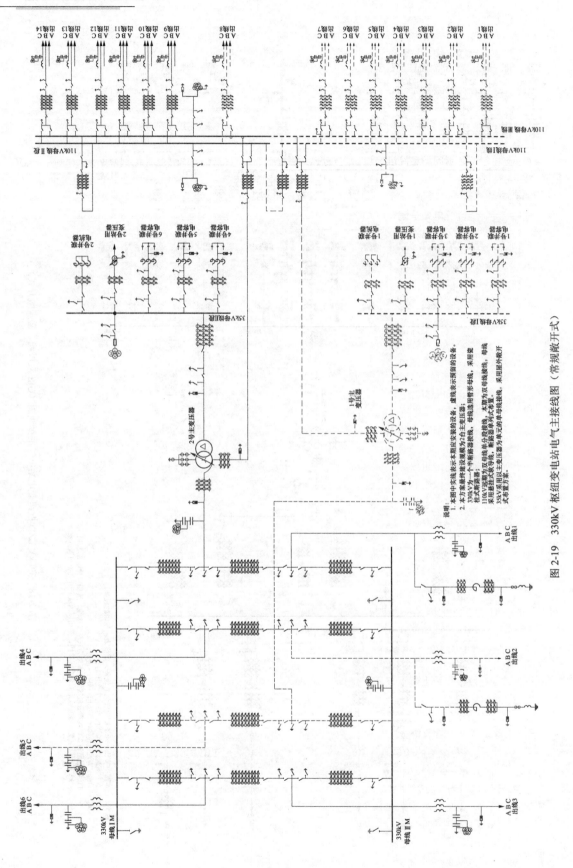

图 2-19 330kV 枢纽变电站电气主接线图（常规敞开式）

3）330~750kV 变电站中的220kV 或110kV 配电装置，可采用双母线接线，技术经济合理时，也可采用一个半断路器接线。当采用双母线接线，且出线和主变压器等连接元件的总数为10~14 回时，可在一条母线上装设分段断路器；15 回及以上时，可在两条母线上装设分段断路器；当为了限制220kV 母线短路电流或满足系统解列运行的要求时，可根据需要将母线分段。

（6）接线示例。不同类型区域变电站主接线如图2-20~图2-22 所示。

3. 地区变电站

（1）特点。地区变电站是向一个地区或大、中城市供电的变电站。地区变电站靠近负荷中心，以受电为主，有些也是终端变电站，因此高压电气主接线尽量采用断路器较少的简易接线。为提高供电可靠性，当本地区内有若干变电站时，可以采用正常时分区供电、事故时互为备用的方式。地区变电站要求有两个电源向其供电，两个电源通常从区域变电站和地区发电厂引接，也可以从同一电源的不同母线段上引接。地区变电站位置尽可能靠近负荷中心。

（2）电压等级。地区变电站一般电压等级多为110kV 和220kV。它通常从110kV 和220kV 的电网受电，降压至35kV 或66kV 及以下电压向电力负荷供电。

（3）变压器台数及型式。一般为两台主变压器，当只有一个电源时，也可以只装一台主变压器。主变压器一般为双绕组或三绕组变压器。

（4）补偿装置。一般不装设调相机或静止无功补偿装置。有些企业也在变电站内装有旨在提高功率因数的并联电容器补偿装置。

（5）接线原则。

1）一般变电站主要接线方式有双母线接线、双母线带旁路接线、双母线分段接线、单母线分段接线等。当供电回路较少时，根据负荷特性也可采用单母线接线。

2）220kV 变电站中的220kV 配电装置，当在系统中居重要地位、出线回路数为4 回及以上时，宜采用双母线接线；当出线和变压器等连接元件总数为10~14 回时，可在一条母线上装设分段断路器；15 回及以上时，在两条母线上装设分段断路器，也可根据系统需要将母线分段。

3）一般性质的220kV 变电站的220kV 配电装置，出线回路数在4 回及以下时，可采用其他简单的主接线。

4）220kV 终端变电站的配电装置，在满足运行要求的前提下，宜采用断路器较少或不用断路器的接线，如线路-变压器组或桥形接线等。当电力系统继电保护能够满足要求时，也可采用线路分支接线。

5）220kV 变电站中的110kV 和66kV 配电装置，当出线回路数在6 回以下时，宜采用单母线或单母线分段接线，6 回及以上时，可采用双母线或双母线分段接线。35kV 和10kV 配电装置宜采用单母线接线，并根据主变压器台数确定母线分段数量。

6）在采用单母线、单母线分段或双母线的35~110kV 主接线中，当不允许停电检修断路器时，可设置旁路设施。当有旁路母线时，首先宜采用分段断路器或母联断路器兼作旁路断路器的接线。当110kV 线路为6 回及以上，35~63kV 线路为8 回及以上时，可装设专用的旁路断路器。主变压器35~110kV 回路中的断路器，有条件时也可接入旁路母线。采用 SF$_6$ 断路器的主接线不宜设旁路设施。

（6）接线示例。部分地区变电站接线如图2-23~图2-27 所示。

图2-23 中，220kV 和110kV 均采用双母线接线、户外 GIS 布置方式，35kV 采用单母线分段接线、户内开关柜型式。

图2-24 中，220kV 采用变压器-线路单元接线、户内 GIS 布置方案，110kV 采用单母线分段接线、户内 GIS 布置方案，35kV 采用单母线分段接线、户内开关柜型式。

图 2-25 中，110kV 采用单母线分段接线、户内 GIS 布置方案，35kV 和10kV 采用单母线分段接线、户内开关柜方案。

图2-26 中，110kV 采用扩大桥接线，10kV 采用双受电断路器单母线四分段环形接线，远期采用双受电断路器单母线六分段环形接线。

图2-27 中，110kV 采用单母线分段接线、户外敞开式布置，35kV 采用单母线分段接线、户外半高型布置，10kV 采用单母线分段接线、户内开关柜布置。

4. 终端变电站

终端变电站是处于电力网末端，包括分支线末端的变电站。有时特指采用变压器-线路单元、不设高压侧母线、不设高压断路器的变电站。终端变电站接线简单、占地少、投资省。接线示例如图2-28 和图2-29 所示。

图2-28 中，110kV 出线：本期1 回、远期2 回本期变压器-线路单元、远期扩大内桥接线。10kV 户外开关柜。

图2-29 中，110kV 出线：本期2 回、远期3 回，本期内桥、远期内桥+变压器-线路单元接线。10kV 户外开关柜。

5. 用户变电站

用户变电站是向工矿企业，交通、邮电部门，医疗机构和大型建筑物等较大负荷或特殊负荷供电的变电站。它从电力网受电降压后直接向用户的用电设备供电。接线示例如图2-30 和图2-31 所示。

图2-30 中，66kV 出线：本期2 回、远期2 回，本期和远期采用内桥接线。10kV 户外开关柜。

图2-31 中，66kV 出线：本期2 回、远期2 回，本期和远期采用变压器-线路单元接线。10kV 户外开关柜。

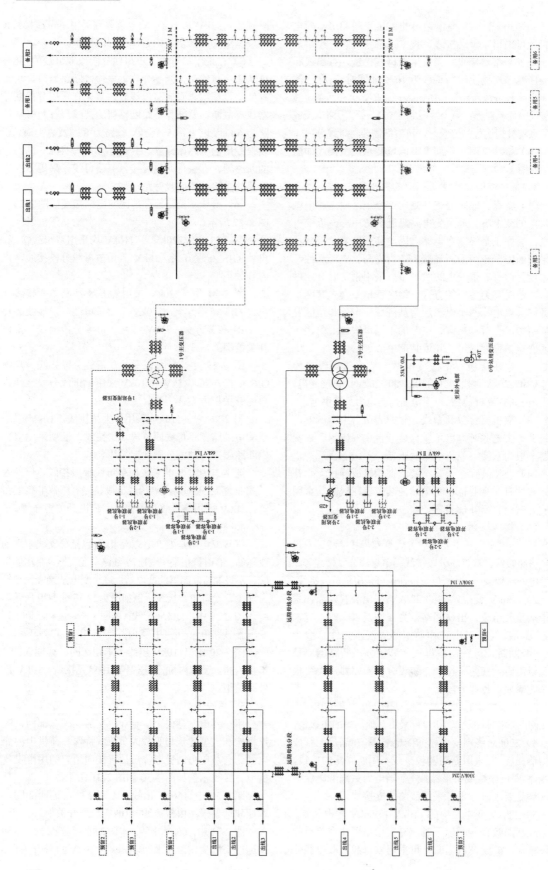

图 2-20 750kV 区域变电站主接线图（两台主变压器敞开式）

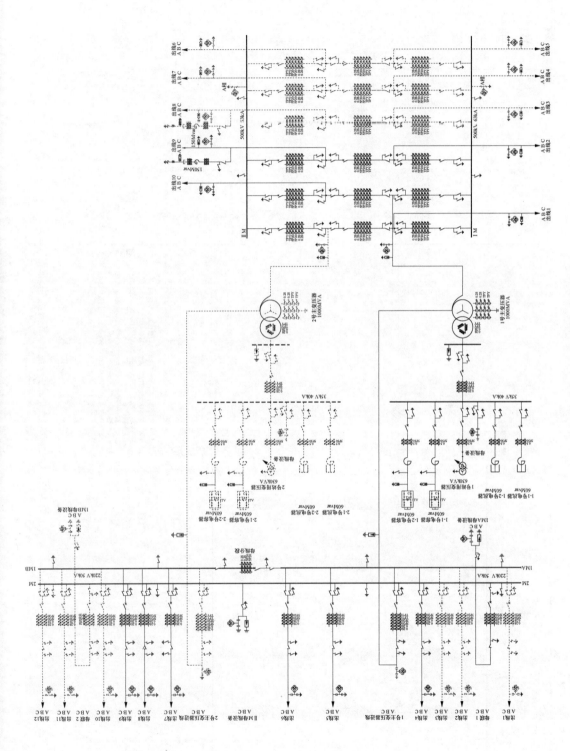

图 2-21 500kV 区域变电站主接线图（两台主变压器敞开式）

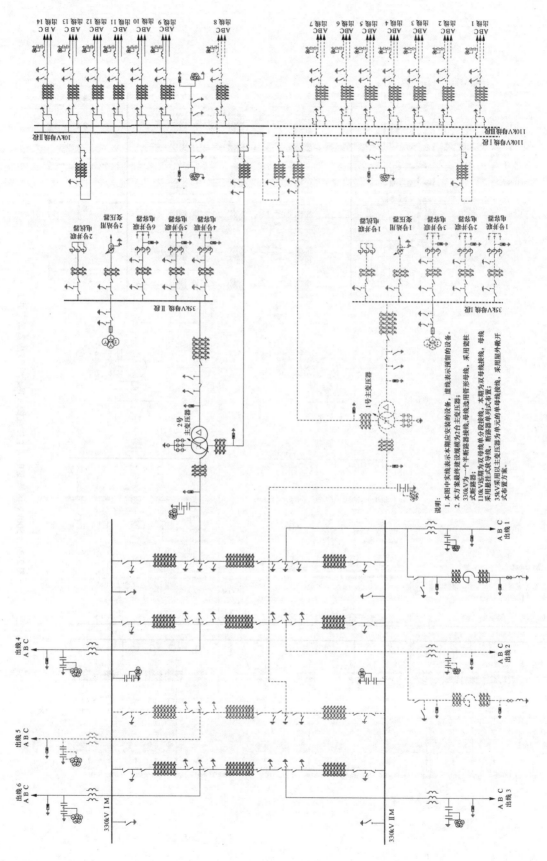

图 2-22　330kV 区域变电站主接线图（两台主变压器敞开式）

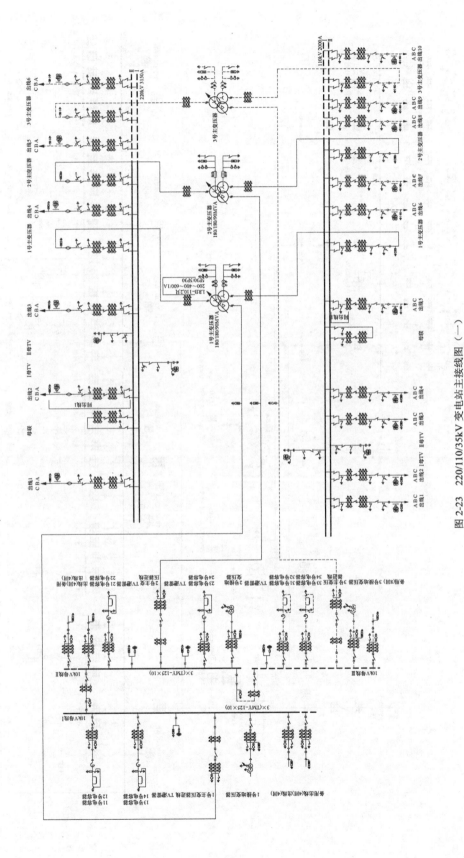

图 2-23　220/110/35kV 变电站主接线图（一）

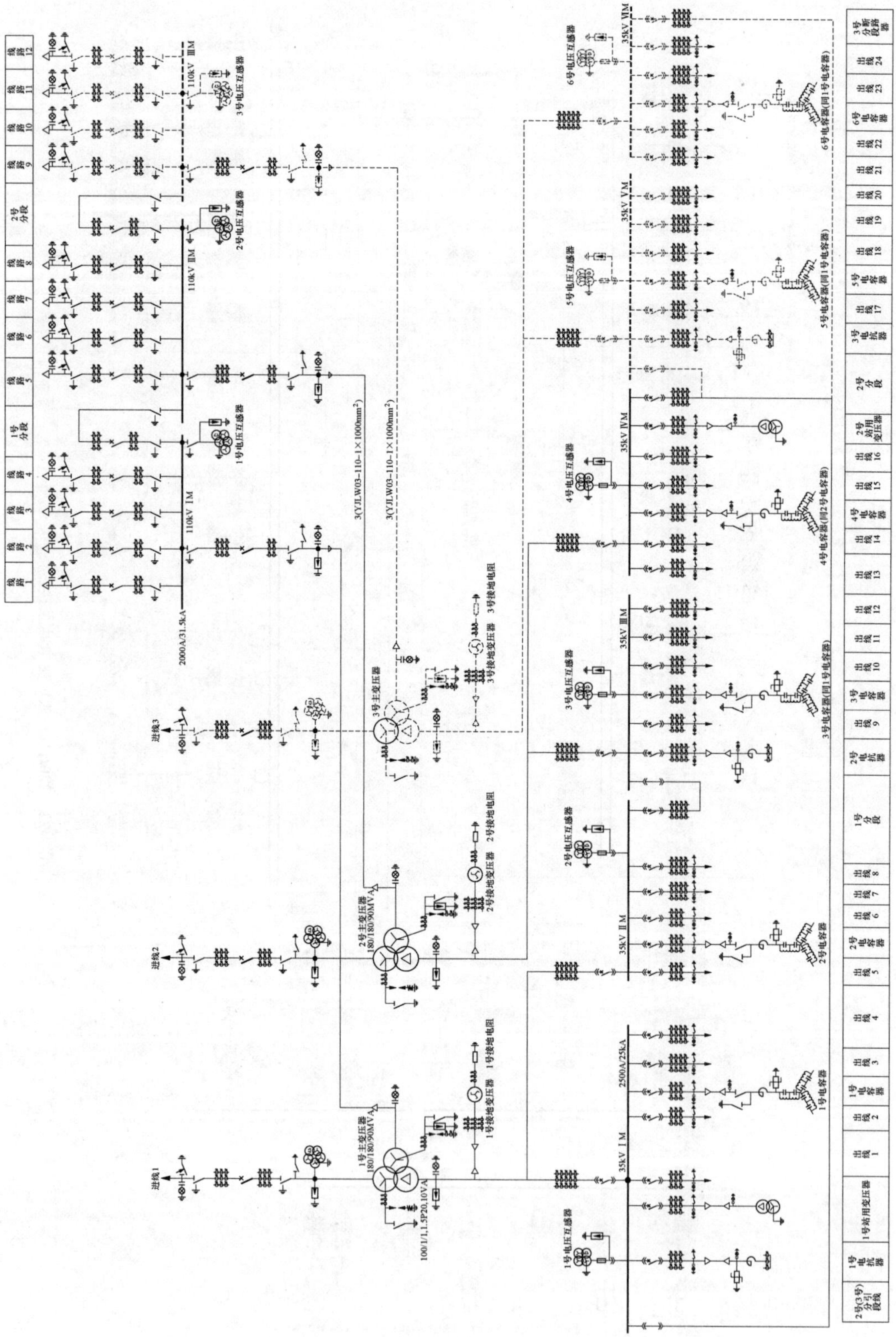

图 2-24 220/110/35kV 变电站主接线图（二）

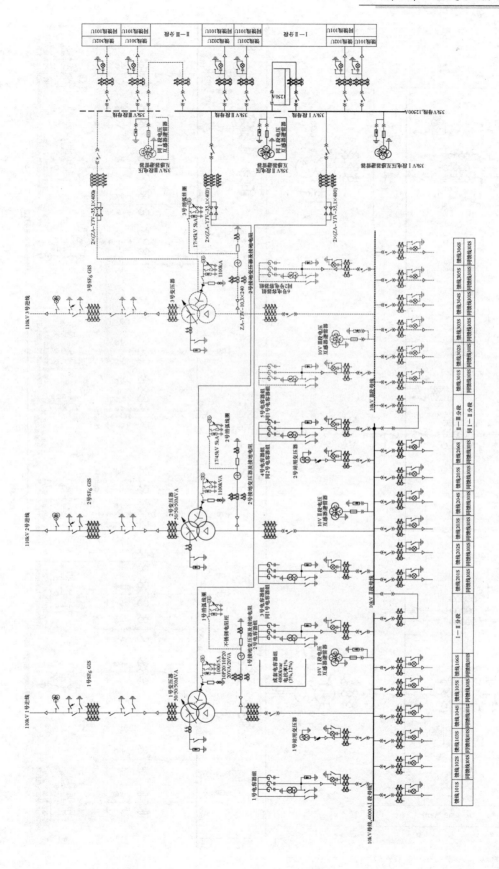

图 2-25 110/35/10kV 变电站主接线图（一）

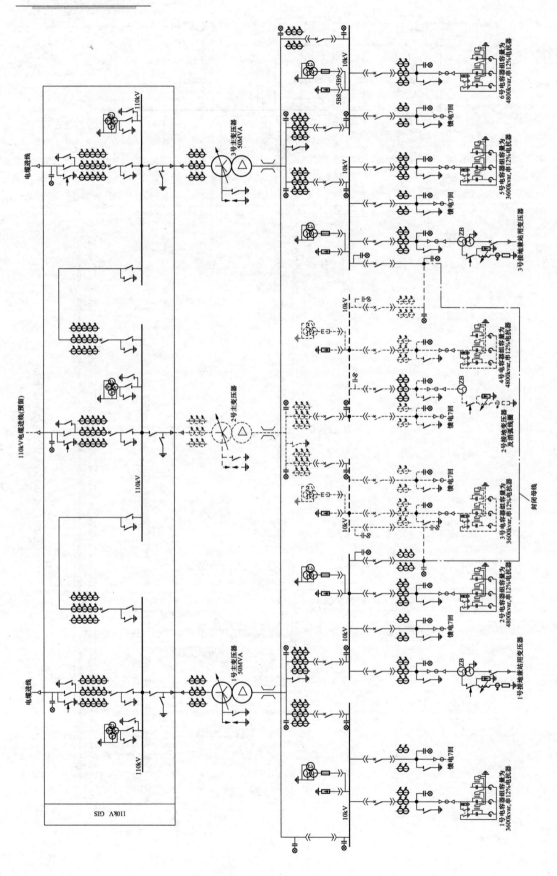

图 2-26 110/35/10kV 变电站主接线图 (二)

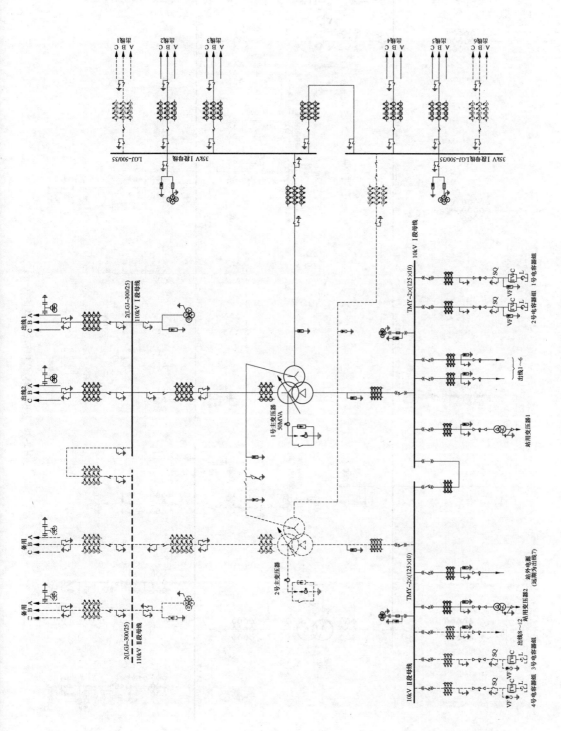

图 2-27　110/35/10kV 变电站主接线图（三）

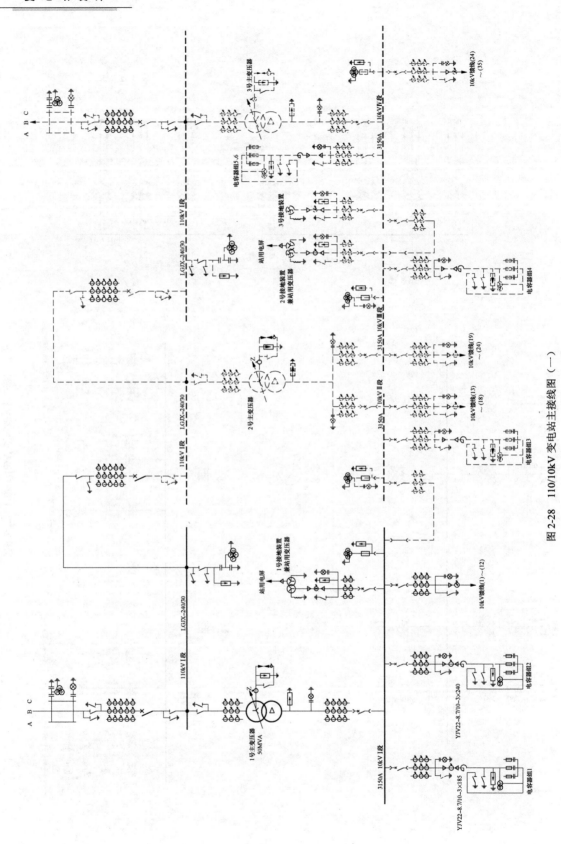

图 2-28 110/10kV 变电站主接线图（一）

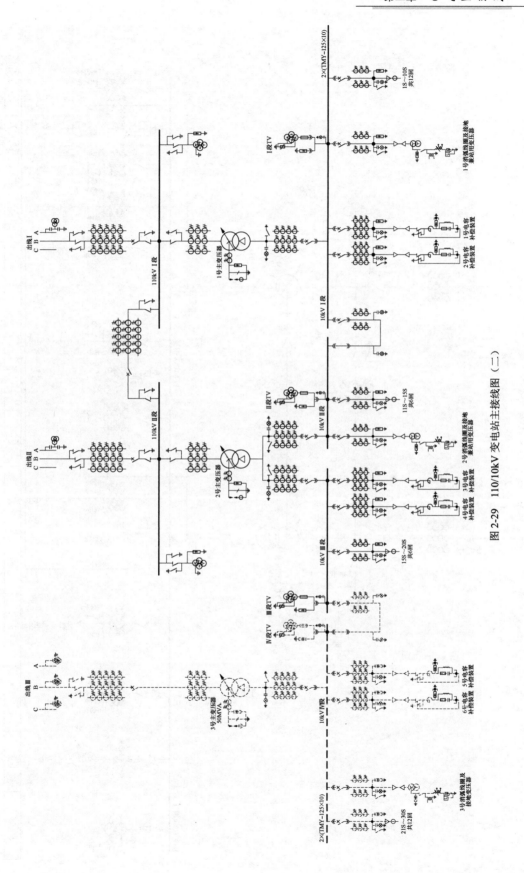

图 2-29 110/10kV 变电站主接线图 (二)

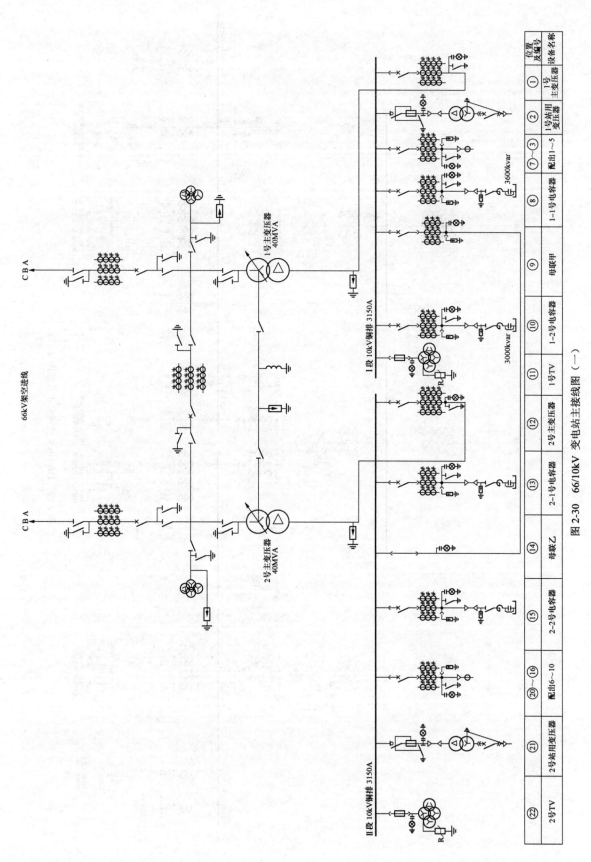

图 2-30 66/10kV 变电站主接线图（一）

位置及编号	设备名称
①	1号主变压器
②	1号站用变压器
⑦～③	配出1～5
⑧	1-1号电容器
⑨	母联甲
⑩	1-2号电容器
⑪	1号TV
⑫	2号主变压器
⑬	2-1号电容器
⑭	母联乙
⑮	2-2号电容器
⑳～⑯	配出6～10
㉑	2号站用变压器
㉒	2号TV

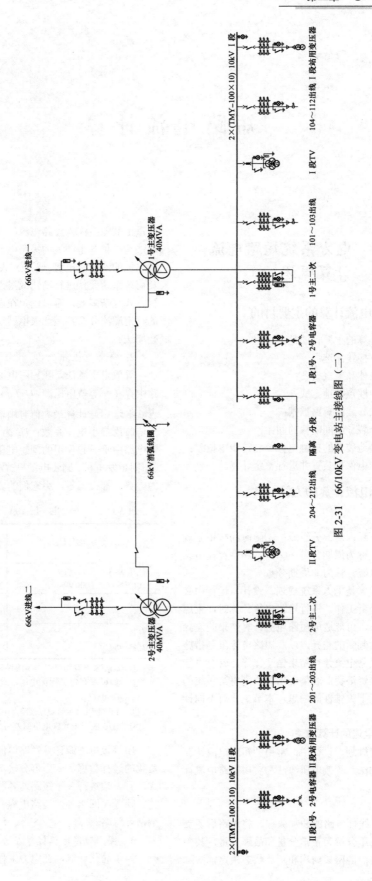

图 2-31　66/10kV 变电站主接线图（二）

第三章

短 路 电 流 计 算

第一节　电力系统短路电流计算概述

一、短路电流计算的主要目的

短路电流计算的主要目的是：

(1) 电气主接线比选；

(2) 选择导体和电气设备；

(3) 确定中性点接地方式；

(4) 计算软导线的短路摇摆；

(5) 确定分裂导线间隔棒的间距；

(6) 验算接地装置的接触电位差和跨步电位差；

(7) 选择继电保护装置并进行整定计算。

二、短路电流计算的方法

（一）概述

短路电流一般由两部分组成：①随时间按正弦规律变化的电流，称为周期分量；②因回路中存在电感而引起的自感电流，称为非周期分量。

短路电流计算是电力系统规划、设计、运行中必须进行的计算分析工作。进行短路电流计算时，采用不同的计算方法，可能造成短路电流计算结果的差异和短路电流超标判断的差异，以及短路电流限制措施的不同。如果短路电流计算结果偏于保守，就有可能造成不必要的投资浪费；若偏于乐观，则将给系统的安全稳定运行埋下灾难性的隐患。本节主要对不同计算方法进行论述。

（二）短路电流的计算方法

在电力系统规划、设计中，常用的短路电流计算方法主要为叠加法、等效电压源法和实用短路电流计算方法。

1. 叠加法

叠加法根据线性电路的叠加原理，将短路后各支路电流、节点电压分解为正常分量和故障分量，其中正常分量由短路前的网架结构和潮流状态决定，故障

分量由故障点注入短路电流的等效电源励磁产生。叠加法是一种基于潮流的短路电流计算方法，考虑每台发电机的次暂态电势，无须对发电机、变压器、线路、负荷等系统元件进行简化或搭建，但由于电网实际运行方式复杂多变，难以确定在电网造成最大短路电流的特定潮流分布，因此大电网短路电流计算较少采用叠加法。

2. 等效电压源法

等效电压源法是在短路电流计算时，假设等值电路中存在一等值电压源 $cU_n / \sqrt{3}$（c 为电压系数，根据表 3-1 选用，计算最大值时用最大电压系数，计算最小值时用最小电压系数；U_n 为系统标称电压），且它是电路中唯一一起作用的理想电压源；系统中其他电源（如同步发电机、同步电动机、异步电动机和馈电网络的电势）都视为零，用它们的内阻抗代替。

表 3-1　　　电压系数

标称电压 U_n	电压系数	
	c_{max} [1]	c_{min}
低压 100V≤U_n≤1000V	1.05 [3] 1.10 [4]	0.95
中压 1kV<U_n≤35kV	1.10	1.00
高压 35kV<U_n [2]	1.10	1.00

① $c_{max}U_n$ 不宜超过电力系统设备的最高电压 U_m。

② 如果没有定义标称电压，宜采用 $c_{max}U_n=U_m$、$c_{min}U_n=0.90 \times U_m$。

③ 1.05 应用于允许电压偏差为+6%的低压系统，如 380/400V。

④ 1.10 应用于允许电压偏差为+10%的低压系统。

用等效电压源计算短路电流时，可不考虑非旋转负载的运行数据、变压器分接头位置和发电机励磁方式，且无须进行关于短路前各种可能的潮流分布的计算。除零序网络外，线路电容和非旋转负载的并联导纳都可忽略。

3. 实用短路电流计算方法

为了简化计算，在电力工程设计中经常采用一种

实用短路电流计算方法（运算曲线法）。这种方法可以计算任意指定时刻短路电流的周期分量，其前提是必须以同步电机过渡过程的理论为基础，研究计算出适合所在电力系统情况的运算曲线，这种曲线是周期分量电流值 I_{zt} 与支路电抗 X_{js} 和时间 t 的函数关系，即 $I_{zt}=f(X_{js},\ t)$。因采用此方法计算简便、可靠，它已作为设计规程、规范，广泛应用于电力工程设计中；但需要说明的是，对于用这种方法计算出的数值，若处于所选断路器开断电流边缘状态，则应用其他更为精确的计算方法复核。

（三）工程短路电流计算方法的选用

在工程可行性研究及初步设计阶段，电力系统短路电流计算研究结论直接影响电气主设备等的设计选择，因此其计算方法要综合考虑可靠性及简便性。

在电力系统规划、设计阶段，针对大电网的短路电流计算，通常采用等效电压源法，其计算结果一般情况下具有可接受的精度。

然而考虑到变电站关注点与大电网不同，与发电厂情况也有所差异，一般计算短路电流时，均采用无限大电源模型；同时，多年来变电站短路电流计算一般均采用实用短路电流计算方法，其精度基本可以满足变电站需求，且较为简便，故本章后续章节主要就此方法用于工程实际计算进行论述，对于其他方法不再涉及。对于条件适合情况，或采用实用短路电流计算方法计算时，其结果处于边界情况时，可采用其他方法或专用计算软件进行详细计算和复核。

（四）短路电流计算软件介绍

目前我国电力系统规划、设计中普遍采用的短路电流计算软件包括 BBC、BPA、PSASP、PSS/E、NETOMAC 等程序，这些程序在进行短路电流计算时，由于程序本身设计等的差异，往往结论会有一定的不同。其原因主要是由于初始条件的不同，以及短路电流故障状态量的构成等不同，导致各程序基于初始条件的计算结果存在一些差别。

在实际应用中，可针对不同的应用，取相应的短路电流设置条件，或对短路电流计算结果进行适当的二次处理，以满足工程需求。本书对此不再深入讨论。

三、实用短路电流的计算条件

（一）基本假定

实用短路电流计算中，采用以下假设条件和原则：

（1）正常工作时，三相系统对称运行。

（2）所有电源的电动势相位角相同。

（3）系统中的同步和异步电机均为理想电机，不考虑电机磁饱和、磁滞、涡流及导体集肤效应等影响；

转子结构完全对称；定子三相绕组空间位置相差120°电气角度。

（4）电力系统中各元件的磁路不饱和，即带铁芯的电气设备电抗值不随电流大小发生变化。

（5）电力系统中所有电源都在额定负荷下运行，其中50%负荷接在高压母线上，50%负荷接在系统侧。

（6）同步电机都具有自动调整励磁装置（包括强行励磁）。

（7）短路发生在短路电流为最大值的瞬间。

（8）不考虑短路点的电弧阻抗和变压器的励磁电流。

（9）除计算短路电流的衰减时间常数和低压网络的短路电流外，元件的电阻都略去不计。

（10）元件的计算参数均取其额定值，不考虑参数的误差和调整范围。

（11）输电线路的电容略去不计。

（12）用概率统计法制定短路电流运算曲线。

（二）一般规定

（1）验算导体和电气设备动稳定、热稳定以及电气设备开断电流所用的短路电流，应按该工程的设计规划容量计算，并考虑电力系统的远景发展规划（一般为本期工程建成后5～10年）。

确定短路电流时，应按可能发生最大短路电流的正常接线方式，而不应按仅在切换过程中可能出现的并列运行的接线方式。

（2）选择导体和电气设备用的短路电流，在电气连接的网络中，应考虑具有反馈作用的异步电动机的影响和电容补偿装置放电电流的影响。

（3）选择导体和电气设备时，对不带电抗器回路的计算短路点，应选择在正常接线方式时短路电流为最大的地点。

（4）导体和电气设备的动稳定、热稳定以及电气设备的开断电流，一般按三相短路验算。中性点直接接地系统及自耦变压器等回路中的单相、两相接地短路较三相短路严重，则应按严重情况计算。

四、变电站短路电流限制措施

变电站中可以采取的短路电流限制措施一般包括：

（1）采用低压侧为分裂绕组的变压器。

（2）变压器分裂运行。

（3）采用高阻抗变压器。

（4）采用串联电抗器或其他限流设备。

（5）限制变压器中性点接地的数量。

（6）变压器中性点经小电抗接地。

（7）限制或不采用自耦变压器。

以上各项措施中，后三项主要用于限制单相短路电流。

第二节 电路元件参数的计算

一、基准值计算

高压短路电流计算一般只计及各元件（即变压器、电抗器、线路等）的电抗，采用标幺值计算。为了计算方便，通常取基准容量 $S_B=100MVA$ 或 $S_B=1000MVA$，基准电压 U_B 一般取各电压等级的平均电压，即

$$U_B=U_{av}=1.05U_N \qquad (3\text{-}1)$$

式中　U_{av}——平均电压；

U_N——额定电压。

当基准容量 S_B（MVA）与基准电压 U_B（kV）选定后，基准电流 I_B（kA）与基准电抗 X_B（Ω）便已决定，即

$$I_B = \frac{S_B}{\sqrt{3}U_B} \qquad (3\text{-}2)$$

$$X_B = \frac{U_B}{\sqrt{3}I_B} = \frac{U_B^2}{S_B} \qquad (3\text{-}3)$$

常用基准值见表 3-2。

二、各元件参数标幺值的计算

电路元件的标幺值为有名值与基准值之比，计算公式如下

$$U_* = \frac{U}{U_B} \qquad (3\text{-}4)$$

$$S_* = \frac{S}{S_B} \qquad (3\text{-}5)$$

$$I_* = \frac{I}{I_B} = I\frac{\sqrt{3}U_B}{S_B} \qquad (3\text{-}6)$$

$$X_* = \frac{X}{X_B} = X\frac{S_B}{U_B^2} \qquad (3\text{-}7)$$

采用标幺值后，相电压和线电压的标幺值是相同的，单相功率和三相功率的标幺值也是相同的，某些物理量还可以用标幺值相等的另一些物理量来代替，如 $I_* = S_*$。

从某一基值容量 S_{1B} 的标幺值化到另一基值容量 S_{2B} 的标幺值

$$X_{*2} = X_{*1}\frac{S_{2B}}{S_{1B}} \qquad (3\text{-}8)$$

从某一基值电压 U_{1B} 的标幺值化到另一基值电压 U_{2B} 的标幺值

$$X_{*2} = X_{*1}\frac{U_{1B}^2}{U_{2B}^2} \qquad (3\text{-}9)$$

已知系统短路容量 S_k''，则该系统的组合电抗标幺值为

$$X_* = \frac{S_B}{S_k''} \qquad (3\text{-}10)$$

三、变压器及分裂电抗器的等值电抗计算

双绕组变压器、三绕组变压器、自耦变压器及分裂电抗器的等值电抗计算公式见表 3-3。

表 3-2　　　　　　　　常用基准值（$S_B=100MVA$）

基准电压 U_B（kV）	3.15	6.3	10.5	15.75	18	37	63	115	162	230	345	525	765	1050
基准电流 I_B（kA）	18.33	9.16	5.50	3.67	3.21	1.56	0.916	0.502	0.356	0.251	0.167	0.11	0.075	0.055
基准电抗 X_B（Ω）	0.0992	0.397	1.10	2.48	3.24	13.7	39.7	132	262	529	1190	2756	5852	11025

表 3-3　　　　双绕组变压器、三绕组变压器、自耦变压器及分裂电抗器的等值电抗计算公式

名称	接线图	等值电抗	等值电抗计算公式	符号说明
双绕组变压器	低压侧有两个分裂绕组		低压绕组分裂 $X_1 = X_{1\text{-}2} - \frac{1}{4}X_{2'\text{-}2''}$ $X_{2'} = X_{2''} = \frac{1}{2}X_{2'\text{-}2''}$	$X_{1\text{-}2}$——高压绕组与总的低压绕组间的穿越电抗； $X_{2'\text{-}2''}$——分裂绕组间的分裂电抗
			普通单相变压器低压两个绕组分别引出使用 $X_1 = 0$ $X_{2'} = X_{2''} = 2X_{1\text{-}2}$	

名称		接线图	等值电抗	等值电抗计算公式	符号说明
三绕组变压器	不分裂绕组			$X_1 = \dfrac{1}{2}(X_{1-2} + X_{1-3} - X_{2-3})$ $X_2 = \dfrac{1}{2}(X_{1-2} + X_{2-3} - X_{1-3})$ $X_3 = \dfrac{1}{2}(X_{1-3} + X_{2-3} - X_{1-2})$	
自耦变压器					
三绕组变压器	低压侧有两个分裂绕组			$X_1 = \dfrac{1}{2}(X_{1-2} + X_{1-3'} - X_{2-3'})$ $X_2 = \dfrac{1}{2}(X_{1-2} + X_{2-3'} - X_{1-3'})$ $X_3 = \dfrac{1}{2}(X_{1-3'} + X_{2-3'} - X_{1-2} - X_{3'-3'})$ $X_{3'} = X_{3'} = \dfrac{1}{2}X_{3'-3'}$	X_{1-2}——高中压绕组间的穿越电抗；$X_{3'-3'}$——分裂绕组间的分裂电抗；$X_{1-3'} = X_{1-3'}$——高压绕组与分裂绕组间的穿越电抗；$X_{2-3'} = X_{2-3'}$——中压绕组与分裂绕组间的穿越电抗
自耦变压器					
分裂电抗器	仅由一臂向另一臂供给电流			$X = 2X_k(1 + f_0)$	X_k——其中一个分支的电抗
	由中间向两臂或由两臂向中间供给电流			$X_1 = X_2 = X_k(1 - f_0)$（两臂电流相等）	f_0——互感系数，取 $0.4 \sim 0.6$；X_3——互感电抗
	由中间和一臂同时向另一臂供给电流			$X_1 = X_2 = X_k(1 + f_0)$ $X_3 = -X_k f_0$	

三绕组变压器的容量组合有 100/100/100、100/100/50 及 100/50/100 三种方案，自耦变压器也有后两种组合方案。通常制造单位提供的三绕组变压器的电抗已经归算到以额定容量为基准的数值。但对于自耦变压器有时却未归算，在使用时应予以注意。如果制造单位提供的是未经归算的数值，则其高低、中低绕组的电抗应乘以自耦变压器额定容量与低压绕组容量的比值。

普通电抗器的电抗由每相的自感决定，等值电路用自身的电抗表示。由于电抗器绕组间的互感很小，故可看作 $X_0 = X_1 = X_2$。分裂电抗器是在绕组中部有一个抽头，将绕组分成匝数相等的两部分。出于电磁交链，

将使分裂电抗器在不同的工作状态下呈现不同的电抗值，计算时应根据运行方式和短路点的位置选择计算公式。

第三节 网 络 变 换

一、网络变换基本公式

网络变换基本方法的公式见表 3-4。

二、常用网络电抗变换公式

常用网络电抗变换的简明公式见表 3-5。

表 3-4

网络变换基本方法的公式

序号	变换名称	变换符号	变换前的网络	变换后的网络	变换后网络元件的阻抗	变换前网络中的电流分布
1	串联	+	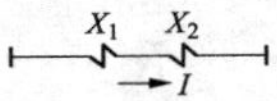	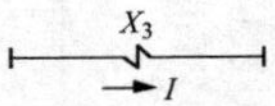	$X_z=X_1+X_2+\cdots+X_n$	$I_1=I_2=\cdots=I_n=I$
2	并联	∥	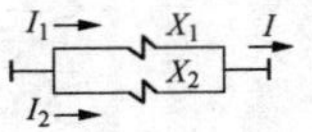	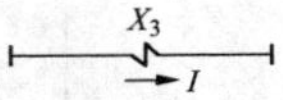	$X_z=\dfrac{1}{\dfrac{1}{X_1}+\dfrac{1}{X_2}+\cdots+\dfrac{1}{X_n}}$ 当只有两支时 $X_z=\dfrac{X_1X_2}{X_1+X_2}$	$I_n=I\dfrac{X_z}{X_n}=IC_n$
3	三角形变成等值星形	△/Y	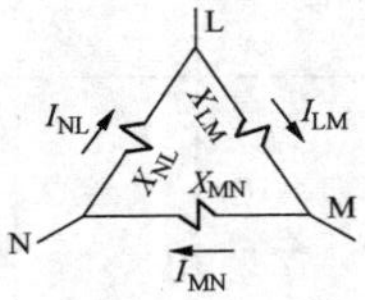	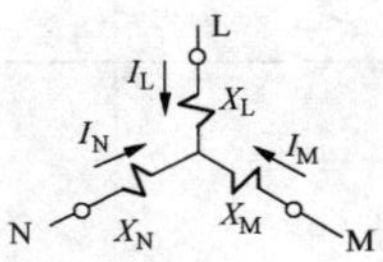	$X_L=\dfrac{X_{LM}X_{NL}}{X_{LM}+X_{MN}+X_{NL}}$ $X_M=\dfrac{X_{LM}X_{MN}}{X_{LM}+X_{MN}+X_{NL}}$ $X_N=\dfrac{X_{MN}X_{NL}}{X_{LM}+X_{MN}+X_{NL}}$	$I_{LM}=\dfrac{I_LX_L-I_MX_M}{X_{LM}}$ $I_{MN}=\dfrac{I_MX_M-I_NX_N}{X_{MN}}$ $I_{NL}=\dfrac{I_NX_N-I_LX_L}{X_{NL}}$
4	星形变成等值三角形	Y/△	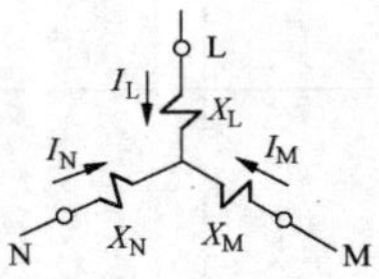	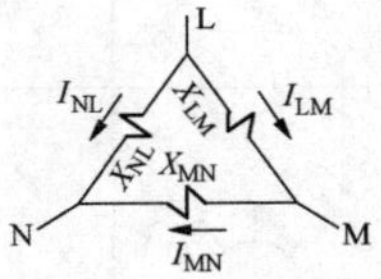	$X_{LM}=X_L+X_M+\dfrac{X_LX_M}{X_N}$ $X_{MN}=X_M+X_N+\dfrac{X_MX_N}{X_L}$ $X_{NL}=X_N+X_L+\dfrac{X_NX_L}{X_M}$	$I_L=I_{LM}-I_{NL}$ $I_M=I_{MN}-I_{LM}$ $I_N=I_{NL}-I_{MN}$
5	四角形变成有对角线的四边形	+/⊕	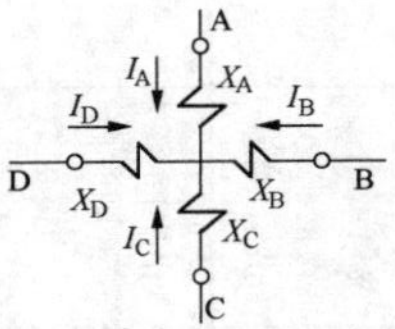	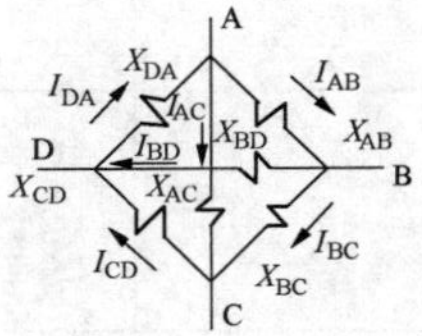	$X_{AB}=X_AX_B\Sigma Y$ $X_{BC}=X_BX_C\Sigma Y$ $X_{AC}=X_AX_C\Sigma Y$ $\cdots$ 式中 $\Sigma Y=\dfrac{1}{X_A}+\dfrac{1}{X_B}+\dfrac{1}{X_C}+\dfrac{1}{X_D}$	$I_A=I_{AC}+I_{AB}-I_{DA}$ $I_B=I_{BD}+I_{BC}-I_{AB}$ $\cdots$

续表

序号	变换名称	变换前的网络	变换后的网络	变换后网络元件的阻抗	变换前网络中的电流分布
6	有对角线的四边形变换为四角形，满足下列条件时：$y_{AB}y_{CD}=y_{AC}y_{BD}-y_{AD}y_{BC}$			$X_A=\dfrac{1}{\dfrac{1}{X_{AB}}+\dfrac{1}{X_{AC}}+\dfrac{X_{BD}}{X_{AB}X_{DA}}}$ $X_B=\dfrac{1}{\dfrac{1}{X_{AB}}+\dfrac{1}{X_{BC}}+\dfrac{X_{AC}}{X_{AB}X_{BC}}}$ $X_C=\dfrac{1}{1+\dfrac{X_{AB}}{X_{BC}}+\dfrac{X_{AB}}{X_{BD}}+\dfrac{X_{AC}}{X_{BC}}}$ $X_D=\dfrac{1}{1+\dfrac{X_{AB}}{X_{AC}}+\dfrac{X_{AB}}{X_{BD}}+\dfrac{X_{BD}}{X_{AD}}}$	$I_{AB}=\dfrac{I_AX_A-I_BX_B}{X_{AB}}$ $I_{CB}=\dfrac{I_CX_C-I_BX_B}{X_{BC}}$ ⋯
7	有对角线的四边形变换为等值网络，满足下列条件时：$y_{AB}y_{CD}=y_{AC}y_{BD}$			计算 X_A、X_B、X_C、X_D 的公式同上 $X_E=\left(\dfrac{X_{AC}X_{BD}}{X_{AD}X_{BC}}-1\right)\times\dfrac{X_{AB}}{\sqrt{\left(1+\dfrac{X_{AB}}{X_{BC}}+\dfrac{X_{AB}}{X_{AC}}\right)\left(1+\dfrac{X_{AB}}{X_{AC}}+\dfrac{X_{AB}}{X_{AD}}+\dfrac{X_{BD}}{X_{AD}}\right)}}$	计算 X_A、X_B、X_C、X_D 及 X_E 的公式同上 $I_{AB}=\dfrac{I_A(X_A+X_E)-I_BX_A+I_DX_E}{X_{AB}}$ $I_{DG}=\dfrac{I_D(X_D+X_E)+I_AX_E-I_CX_C}{X_{DC}}$ $I_{CB}=\dfrac{I_CX_C-I_BX_B}{X_{BC}}$；$I_{DA}=\dfrac{I_DX_D-I_AX_A}{X_{DA}}$ $I_{AC}=\dfrac{I_A(X_A+X_E)-I_CX_C+I_DX_E}{X_{AC}}$ $I_{BD}=\dfrac{I_BX_B-I_AX_E-I_D(X_D+X_E)}{X_{BD}}$
8	一般条件下，由有对角线的四边形变换为等值网络			计算 X_A、X_B、X_C、X_D 及 X_E 的公式同上 $X_F=\dfrac{1}{\dfrac{1}{X_{CD}}-\dfrac{X_{AB}}{X_{AC}X_{BD}}}$	计算 I_{AB}、I_{CB}、I_{DA}、I_{AC} 及 I_{BD} 的公式同上 $I_{DC}=\dfrac{I_FX_F}{X_{DC}}$

表 3-5　　常用网络阻抗变换的简明公式

序号	变换前的网络	变换后的网络	变换后网格元件的阻抗	适用接线图实例
1			$X_{1k}=X_1$ $X_{2k}=\dfrac{Y_1}{X_6+\dfrac{X_2X_5}{Y_1\Sigma Y}+\dfrac{X_4X_5}{Y_2\Sigma Y}}$ $X_{3k}=\dfrac{X_3\cdot X_5}{\dfrac{X_2X_5}{Y_1\Sigma Y}+\dfrac{X_4X_5}{Y_2\Sigma Y}}$ $X_{4k}=\dfrac{Y_2}{X_7+\dfrac{X_2X_8}{Y_1\Sigma Y}+\dfrac{X_4X_8}{Y_2\Sigma Y}}$ 其中: $Y_1=X_2X_6+X_6X_6+X_2X_5$ $Y_2=X_4X_7+X_7X_8+X_4X_8$ $\Sigma Y=\dfrac{1}{X_3}+\dfrac{X_2+X_5}{Y_1}+\dfrac{X_4+X_8}{Y_2}$	 注　1. 三绕组变压器的 $U_{kⅢ}\%=0$。 2. 对以上接线图任一母线短路均可采用。
2			$X_{1k}=X_1$ $X_{2k}=\dfrac{Y_1}{\dfrac{X_5X_9}{Y_3}+\dfrac{X_2X_5}{Y_1\Sigma Y}+\dfrac{X_4X_5}{Y_2\Sigma Y}}$ $X_{3k}=\dfrac{X_3X_3+X_6X_7}{\dfrac{X_2}{Y_1\Sigma Y}+\dfrac{X_4}{Y_2\Sigma Y}}$ $X_{4k}=\dfrac{Y_2}{\dfrac{X_7X_9}{Y_3}+\dfrac{X_2X_8}{Y_1\Sigma Y}+\dfrac{X_4X_8}{Y_2\Sigma Y}}$ 其中: $Y_1=\dfrac{X_2X_6X_9}{Y_3}+\dfrac{X_5X_6X_9}{Y_3}+X_2X_5$ $Y_2=\dfrac{X_4X_7X_9}{Y_3}+\dfrac{X_7X_8X_9}{Y_3}+X_4X_8$ $Y_3=X_6+X_7+X_9$ $\Sigma Y=\dfrac{X_3Y_3+X_6X_7}{Y_3}+\dfrac{X_2+X_5}{Y_1}+\dfrac{X_4+X_8}{Y_2}$	 注　三绕组变压器的 $U_{kⅢ}\%=0$。

续表

序号	变换前的网络	变换后的网络	变换后网格元件的阻抗	适用接线图实例
3	（桥形网络 $C1$、$C2$、$C3$、$C4$，元件 X_1～X_9、k）	（$C1$、$C2$、$C3$、$C4$，元件 X_{1k}、X_{2k}、X_{3k}、X_{4k}）	$X_{1k}=X_1$ $X_{2k}=\dfrac{Y_1}{X_6+\dfrac{X_5}{X_9\Sigma Y}+\dfrac{X_1X_5}{Y_1\Sigma Y}+\dfrac{X_1X_5}{Y_2\Sigma Y}}$ $X_{3k}=\dfrac{X_3X_5}{\dfrac{X_5}{X_9\Sigma Y}+\dfrac{X_2X_5}{Y_1\Sigma Y}+\dfrac{X_4X_5}{Y_2\Sigma Y}}$ $X_{4k}=\dfrac{Y_2}{X_7+\dfrac{X_8}{X_9\Sigma Y}+\dfrac{X_2X_8}{Y_1\Sigma Y}+\dfrac{X_4X_8}{Y_2\Sigma Y}}$ 其中： $Y_1=X_2X_6+X_6X_5+X_2X_5$ $Y_2=X_4X_7+X_7X_8+X_4X_8$ $\Sigma Y=\dfrac{1}{X_3}+\dfrac{1}{X_9}+\dfrac{X_2+X_5}{Y_1}+\dfrac{X_4+X_8}{Y_2}$	（接线图实例：G、$T1\,T2$、$T3$、$L1\,L2$、$G1$、$G2$、$G3$、k 等） （$G2$、$T2$、L、$T1\,\mathrm{III}$、$G1$、$G2$、k 等） 注　三绕组变压器的 $U_{k\mathrm{III}}\%=0$。
4	（星形网络 $C1$、$C2$、$C3$，元件 X_1～X_6、k）	（$C1$、$C2$、$C3$，元件 X_{1k}、X_{2k}、X_{3k}）	$X_{1k}=X_1$ $X_{2k}=X_2+\dfrac{X_4(X_5+X_6)}{Y_1}+\dfrac{X_4X_6(X_4X_5+Y_1X_2)}{(Y_1X_3+X_5X_6)Y_1}$ $X_{3k}=X_3+\dfrac{X_6(X_4+X_5)}{Y_1}+\dfrac{X_4X_6(X_6X_5+Y_1X_2)}{(Y_1X_2+X_4X_5)Y_1}$ 其中： $Y_1=X_4+X_5+X_6$	（接线图实例：$T1\,T2$、$L1\,L2$、$G1$、$G2$、$G3$、k 等） （G、$T1$、L、$T2$、$G1$、$G2$、k 等）

三、网络的简化

（一）对称网络的简化

在网络简化中，对短路点具有局部对称或全部对称的网络，同电位的点可以短接，其间的电抗可以略去。

例如，在图3-1中，如果G1与G2、T1与T2相同，那么计算k1与k2点短路电流时，A点和B点具有相同的电位。因此完全可以将G1与G2、T1与T2并联，将电抗器L的电抗X_L视为零，将A、B两点直接短接。

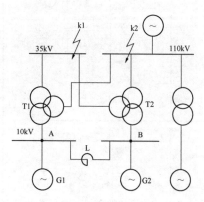

图 3-1　对称网络示例

（二）并联电源支路的合并

如图 3-2 所示的并联电源支路可按式（3-11）进行合并：

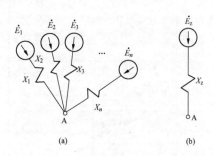

图 3-2　并联电源支路合并示例

（a）支路示意；（b）合并示意

$$E_z = \frac{E_1 Y_1 + E_2 Y_2 + E_3 Y_3 + \cdots + E_n Y_n}{Y_1 + Y_2 + Y_3 + \cdots + Y_n}$$

$$\left. X_z = \frac{1}{Y_1 + Y_2 + Y_3 + \cdots + Y_n} \right\} \quad （3\text{-}11）$$

如果只有两个电源支路，则

$$E_z = \frac{E_1 X_2 + E_2 X_1}{X_1 + X_2}$$

$$\left. X_z = \frac{X_1 X_2}{X_1 + X_2} \right\} \quad （3\text{-}12）$$

式中　　　E_z——合成电势；

　　　　　X_z——合成电抗；

Y_1、Y_2、…、Y_n——各并联分支回路的电纳，分别为各并联分支回路电抗X_1、X_2、…、X_n的倒数。

（三）合成电抗的分解

若需从总的合成电抗X_z中分出某一电抗X_1，则其余各电抗的合成电抗X_{z-1}（见图3-3）为

$$X_{z-1} = \frac{X_1 X_z}{X_1 - X_z} \quad （3\text{-}13）$$

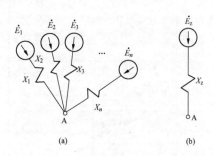

图 3-3　合成阻抗分解示例

（a）合成示意；（b）分解示意

（四）分布系数

求得短路点到各电源间的总合成电抗后，为了求出短路点到各电源的转移电抗及网络内电流分布，可利用分布系数c将短路处的总电流当作单位电流，则可求得每支路中电流对单位电流的比值，这些比值称为分布系数，用c_1、c_2、…、c_n代表。

任一电源n和短路点k间的转移电抗X_{nk}，可由该电源的分布系数c_n和网络的总合成电抗X_Σ来决定

$$X_{nk} = \frac{X_\Sigma}{c_n} \quad （3\text{-}14）$$

任一电源供给的短路电流I_k，也可由该电源的分布系数c_n和短路点的总短路电流$I_{k\Sigma}$来决定

$$I_k = c_n I_{k\Sigma} \quad （3\text{-}15）$$

现以图3-4为例，说明如下：

$$X_4 = \frac{X_1 X_2}{X_1 + X_2}$$

$$X_\Sigma = X_3 + X_4 = X_3 + \frac{X_1 X_2}{X_1 + X_2}$$

$$c_1 = \frac{X_4}{X_1} = \frac{X_2}{X_1 + X_2}$$

$$c_2 = \frac{X_4}{X_2} = \frac{X_1}{X_1 + X_2}$$

则

$$X_{1k} = \frac{X_\Sigma}{c_1} \qquad I_1 = c_1 I_k$$

$$X_{2k} = \frac{X_{\Sigma}}{c_2} \qquad I_2 = c_2 I_k$$

对于一个点，其所有支路的电流分布系数之和为1，这就很容易判别分布系数是否计算正确。

如在此例中

$$c_1 + c_2 = \frac{X_2}{X_1 + X_2} + \frac{X_1}{X_1 + X_2} = \frac{X_1 + X_2}{X_1 + X_2} = 1$$

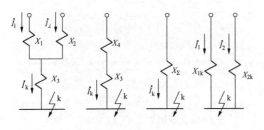

图 3-4　求分布系数示例

（五）多支路星形网络化简（$\sum Y$ 法）

若各电源点的电势是相等的，即电源点间的转移电抗中不会有短路电流流过，根据这样的概念，在网络变换中应用由多支路星形变为具有对角线的多角形公式推导出 $\sum Y$ 法，即

$$X_{nk} = X_n \sum Y \qquad (3-16)$$

在实用计算中，利用式（3-16）及倒数法（即合成电抗为各并联电抗倒数和之倒数），会使计算极为简便。

以图 3-5 为例，令

$$\left. \begin{array}{l} \sum Y = \dfrac{1}{X_1} + \dfrac{1}{X_2} + \cdots + \dfrac{1}{X_n} + \dfrac{1}{X} \\ W = X \sum Y \end{array} \right\} \qquad (3-17)$$

则 $X_{1k} = X_1 W \quad X_{2k} = X_2 W \quad X_{nk} = X_n W$

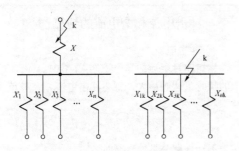

图 3-5　$\sum Y$ 法示例

（六）等值电源的归并

1. 按个别变化计算

当网络中有几个电源时，可将条件相类似的电源连接成一组，分别求出至短路点的转移电抗。

2. 按同一变化计算

当仅计算任意时间 t 的短路电流周期分量 I_{zt}，各电源型式、参数相同且距短路点的电气距离大致相等时，可将各电源合并为一个总的计算电抗，即

$$X_{Bs} = X_{*\Sigma} \frac{S_{N\Sigma}}{S_B} \qquad (3-18)$$

则

$$I_{zt} = I_{*zt} I_{N\Sigma} \qquad (3-19)$$

式中　$X_{*\Sigma}$——各电源合并后的计算电抗标幺值；
　　　　$S_{N\Sigma}$——各电源合并后总的额定容量，MVA；
　　　　I_{*zt}——各电源合并后的 ts 短路电流周期分量标幺值；
　　　　$I_{N\Sigma}$——各电源合并后总的额定电流，kA。

第四节　实用短路电流计算

一、三相短路电流周期分量计算

（一）无穷大电源供给的短路电流

当供电电源为无穷大或计算电抗（以供电电源为基准）$X_{Bs} \geqslant 3$ 时，不考虑短路电流周期分量的衰减，此时

$$\left. \begin{array}{l} X_{Bs} = X_{*\Sigma} \dfrac{S_N}{S_B} \\[2mm] I_{*z} = I_*'' = I_{*\infty} = \dfrac{1}{X_{*\Sigma}} \\[2mm] I_z = \dfrac{I_N}{X_{Bs}} = \dfrac{U_{av}}{\sqrt{3} X_{\Sigma}} = \dfrac{I_B}{X_{*\Sigma}} = I_*'' I_B \\[2mm] S_k'' = \dfrac{S_N}{X_{Bs}} = \dfrac{S_B}{X_{*\Sigma}} = I'' S_B \end{array} \right\} \qquad (3-20)$$

式中　$X_{*\Sigma}$——电源对短路点的等值电抗标幺值；
　　　　X_{Bs}——额定容量 S_N 下的计算电抗；
　　　　S_N——电源的额定容量，MVA；
　　　　I_{*z}——短路电流周期分量的标幺值；
　　　　I_z——短路电流周期分量的有效值，kA；
　　　　I_*''——0 s 短路电流周期分量的标幺值；
　　　　$I_{*\infty}$——时间为 ∞ 时短路电流周期分量的标幺值；
　　　　X_{Σ}——电源对短路点的等值电抗有名值，Ω；
　　　　I_N——电源的额定电流，kA；
　　　　U_{av}——电网的平均电压，kV；
　　　　S_k''——短路容量，MVA；
　　　　I''——0 s 周期分量，kA。

式（3-20）忽略了电阻的影响，如果回路总电阻 $R_{\Sigma} > \dfrac{1}{3} X_{\Sigma}$，电阻就对短路电流有较大的作用。此时必须用阻抗的标幺值 $Z_{*\Sigma} = \sqrt{X_{*\Sigma}^2 + R_{*\Sigma}^2}$ 来代替式（3-20）

中的 $X_{*\Sigma}$。

（二）有限电源供给的短路电流

先将电源对短路点的等值电抗标幺值 $X_{*\Sigma}$ 归算到以电源容量为基准的计算电抗 X_{Bs}，然后按 X_{Bs} 值查相应的发电机运算曲线，或查相应的发电机运算曲线数字表，从而得到短路电流周期分量的标幺值 I_{*z}。有名值为

$$\left. \begin{array}{l} I'' = I''_{*z} I_N \\ I_{zt} = I_{*zt} I_N \end{array} \right\} \quad (3\text{-}21)$$

这里的发电机相关曲线或表格，可参考发电厂电气设计相关书籍，本书不再赘述。

在电网中，如果接有同步调相机和同步电动机，应将其视作附加电源，短路电流的计算方法与发电机相同。

（三）有限电源供给短路电流的修正

当电源的发电机参数与制定运算曲线时的标准参数有较大差别，使得计算结果误差超过5%时，为提高计算精度，可对周期分量进行修正计算。这种修正一般包括时间常数所引起的修正、励磁电压顶值所引起的修正、励磁回路时间常数的修正等，可参考发电厂电气设计相关书籍，本书不再赘述。

二、三相短路电流非周期分量计算

（一）单支路的短路电流非周期分量

一个支路的短路电流非周期分量可按式（3-22）和式（3-23）计算：

起始电流值为

$$i_{fz0} = -\sqrt{2} I'' \quad (3\text{-}22)$$

t s 电流值

$$\left. \begin{array}{l} i_{fzt} = i_{fz0} e^{-\frac{\omega t}{T_a}} = -\sqrt{2} I'' e^{-\frac{\omega t}{T_a}} \\ \omega = 2\pi f = 314.16 \\ T_a = \dfrac{X_\Sigma}{R_\Sigma} \end{array} \right\} \quad (3\text{-}23)$$

式中　i_{fz0}、i_{fzt}——0 s 和 t s 短路电流非周期分量，kA；

　　　　ω——角频率；

　　　　T_a——衰减时间常数。

（二）多支路的短路电流非周期分量

复杂网络中各独立支路的 T_a 值相差较大时，可以采用多支路叠加法计算短路电流的非周期分量。

衰减时间常数 T_a 相近的分支可以归并化简。复杂网络常常能够近似地化简为具有 3～4 个独立分支的等效网络，多数情况下甚至可以化简为两支等效网络，一支是系统支路，通常 $T_a \leqslant 15$；另一支是发电机支路，

通常 $15 < T_a < 80$。

两个及以上支路的短路电流非周期分量为各个支路的非周期分量的代数和。可按式（3-24）和式（3-25）计算：

起始电流值

$$i_{fz0} = -\sqrt{2}(I''_1 + I''_2 + \cdots + I''_n) \quad (3\text{-}24)$$

t s 电流值

$$i_{fzt} = -\sqrt{2}\left(I''_1 e^{-\frac{\omega t}{T_{a1}}} + I''_2 e^{-\frac{\omega t}{T_{a2}}} + \cdots + I''_n e^{-\frac{\omega t}{T_{an}}} \right) \quad (3\text{-}25)$$

式中　I''_1、I''_2、I''_n——各支路短路电流的周期分量起始值；

　　　　T_{a1}、T_{a2}、T_{an}——各支路衰减时间常数。

（三）等效衰减时间常数 T_a

在进行各个支路衰减时间常数的计算时，在各个支路不同的 T_a 值相近的情况下，可利用极限频率法进行归并。这时，其电抗应取归并到短路点的等值电抗（归并时，假定各元件的电阻为零）；其电阻应取归并到短路点的等值电阻（归并时，假定各元件的电抗为零）。

在做粗略计算时，T_a 可直接选用表 3-6 中推荐的数值。在做精确计算时，可将式（3-25）求出的 i_{fzt} 代入式（3-23），反算 T_a 值，或采用线性回归法、图解法等方式进行精确计算。

表 3-6　不同短路点等效衰减时间常数的推荐值

短　路　点	T_a
远离发电厂的短路点	15
变电站内 500kV 及以下电压等级母线	45
变电站内 750kV 电压等级母线	75
变电站内 1000kV 电压等级母线	120

三、冲击电流和全电流的计算

（一）冲击电流

三相短路发生后的半个周期（$t=0.01$ s）内，短路电流的瞬时值达到最大，称为冲击电流 i_{ch}，其值为

$$i_{ch} = i_{z0.01} + i_{fz0} e^{\frac{0.01\omega}{T_a}} \quad (3\text{-}26)$$

当不计周期分量的衰减时

$$\left. \begin{array}{l} i_{ch} = \sqrt{2} K_{ch} I'' \\ K_{ch} = 1 + e^{-\frac{0.01\omega}{T_a}} \end{array} \right\} \quad (3\text{-}27)$$

式中　K_{ch}——冲击系数，可按表 3-7 选用。

表 3-7　　　不同短路点的冲击系数

短 路 点	K_{ch} 推荐值	$\sqrt{2}K_{ch}$
远离发电厂的地点	1.80	2.55
变电站内 500kV 及以下电压等级母线	1.77	2.5
变电站内 750kV 及 1000kV 电压等级母线	1.91	2.7

注　表中推荐的数值已考虑了周期分量的衰减。

（二）全电流

短路电流全电流最人有效值 I_{ch} 出现在三相短路后的第一个周期内，其值为

$$I_{ch} = \sqrt{I_{z0.01}^2 + i_{fz0.01}^2} \qquad (3\text{-}28)$$

当不计周期分量的衰减时

$$I_{ch} = I''\sqrt{1 + 2(K_{ch}-1)^2} \qquad (3\text{-}29)$$

四、不对称短路电流计算

（一）对称分量法的基本关系

不对称短路计算一般采用对称分量法。三相网络内任一组不对称量（电流、电压等）都可以分解为三组对称分量。由于三相对称网络中对称分量的独立性，即正序电动势只产生正序电流和正序电压降，负序和零序亦然。因此，可利用叠加原理分别计算，然后从对称分量中求出实际的短路电流或电压值。

对称分量的基本关系见表 3-8。

表 3-8　　　　　　　　　　　　　　对称分量的基本关系

	电流 I 的对称分量	电压 U 的对称分量		算子 "a" 的性质
相量	$\dot{I}_a = \dot{I}_{a1} + \dot{I}_{a2} + \dot{I}_{a0}$ $\dot{I}_b = a^2\dot{I}_{a1} + a\dot{I}_{a2} + \dot{I}_{a0}$ $\dot{I}_c = a\dot{I}_{a1} + a^2\dot{I}_{a2} + \dot{I}_{a0}$	电压降	$\Delta\dot{U}_1 = \dot{I}_1 j X_1$ $\Delta\dot{U}_2 = \dot{I}_2 j X_2$ $\Delta\dot{U}_0 = \dot{I}_0 j X_0$	$a = e^{j120°} = -\dfrac{1}{2} + j\dfrac{\sqrt{3}}{2}$ $a^2 = e^{j240°} = e^{-j120°} = -\dfrac{1}{2} - j\dfrac{\sqrt{3}}{2}$ $a^3 = e^{j360°} = 1$
序量	$\dot{I}_{a0} = \dfrac{1}{3}(\dot{I}_a + \dot{I}_b + \dot{I}_c)$ $\dot{I}_{a1} = \dfrac{1}{3}(\dot{I}_a + a\dot{I}_b + a^2\dot{I}_c)$ $\dot{I}_{a2} = \dfrac{1}{3}(\dot{I}_a + a^2\dot{I}_b + a\dot{I}_c)$	短路处电压分量	$\dot{U}_{k1} = \dot{E} - \dot{I}_{k1} j X_{1\Sigma}$ $\dot{U}_{k2} = -\dot{I}_{k2} j X_{2\Sigma}$ $\dot{U}_{k0} = -\dot{I}_{k0} j X_{0\Sigma}$	$a^2 + a + 1 = 0$ $a^2 - a = \sqrt{3}e^{-j90°} = -j\sqrt{3}$ $a - a^2 = \sqrt{3}e^{j90°} = j\sqrt{3}$ $1 - a = \sqrt{3}e^{-j30°} = \sqrt{3}\left(\dfrac{\sqrt{3}}{2} - j\dfrac{1}{2}\right)$ $1 - a^2 = \sqrt{3}e^{j30°} = \sqrt{3}\left(\dfrac{\sqrt{3}}{2} + j\dfrac{1}{2}\right)$

注　1. 表中对称分量用电流 I 表示，电压 U 的关系与此相同。

2. 1、2、0 表示正、负、零序。

3. 乘以算子 "a"，即使相量转 120°（逆时针方向）。

（二）序网的构成

将不对称分量分解为正序（顺序）、负序（逆序）和零序三组对称分量，彼此间的差别在于相序不同。其对应的网络称为序网。

1. 正序网络和负序网络

正序网络与前面所述三相短路时的网络和电抗值相同。

负序网络所构成的元件与正序网络完全相同，只需用负序电抗 X_2 代替正序电抗 X_1 即可。

若假定各元件额定电压为所在电压等级系统基准电压，则其正序电抗和负序电抗标幺值计算公式见表 3-9，U_N、I_N 和 S_N 分别为元件的额定电压、额定电流和额定容量。对于不旋转的静止电力机械元件（变压器、电抗器、架空线路、电缆线路等），其正序电抗与负序电抗相同。对于旋转电机，其负序电抗一般由制造厂提供。

表 3-9　　各元件正序电抗与负序电抗
标幺值计算公式

元件	正序电抗标幺值	负序电抗标幺值
同步电机	$X_{1*}'' = \dfrac{X_k''(\%)}{100} \cdot \dfrac{S_B}{S_N}$	$X_{2*} = \dfrac{X_2(\%)}{100} \cdot \dfrac{S_B}{S_N}$
变压器	$X_{1*} = \dfrac{U_k(\%)}{100} \cdot \dfrac{S_B}{S_N}$	$X_{2*} = \dfrac{U_k(\%)}{100} \cdot \dfrac{S_B}{S_N}$
电力线路	$X_{1*} = X_1 \dfrac{S_B}{U_B^2}$	$X_{2*} = X_2 \dfrac{S_B}{U_B^2}$
串联电抗器	$X_{1*} = \dfrac{U_k(\%)}{100} \cdot \dfrac{I_B}{I_N}$	$X_{2*} = \dfrac{U_k(\%)}{100} \cdot \dfrac{I_B}{I_N}$
并联电抗器	$X_{1*} = \dfrac{S_B}{S_N}$	$X_{2*} = \dfrac{S_B}{S_N}$

2. 零序网络

零序网络由元件的零序电抗所构成，零序电压施于短路点，各支路均并联于该点。在做零序网络时，首先须查明有无零序电流的闭合回路存在，这种回路在短路点连接的回路中至少有一个接地中性点时才能形成。设备的零序电抗由制造厂提供。若发电机或变压器的中性点是经过阻抗接地的，则必须将该阻抗增加 3 倍后再列入零序网络。

如果在回路中有变压器，那么零序电流只有在一定条件下才能由变压器一侧感应至另一侧。变压器的零序电抗 X_0 与构造及接线有关，详见表 3-10 和表 3-11。

表 3-10 双绕组变压器的零序电抗

序号	接线图	等值电抗		
		等值网络	三个单相或壳式 三相四柱	三相三柱式
1	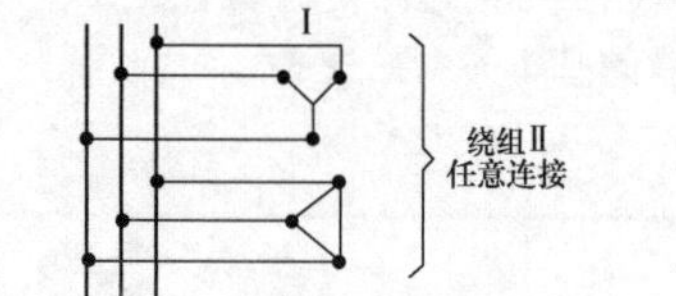	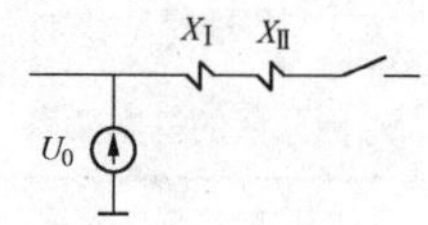	$X_0 = \infty$	$X_0 = \infty$
2	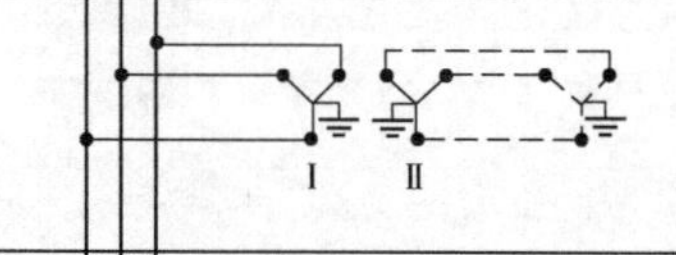	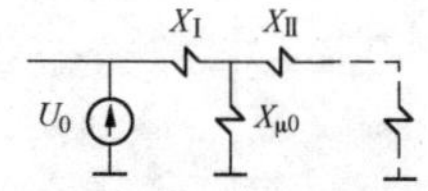	$X_0 = X_I + \cdots$	$X_0 = X_I + \cdots$
3	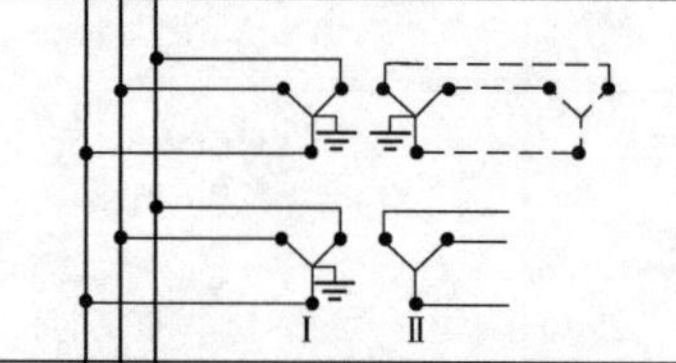	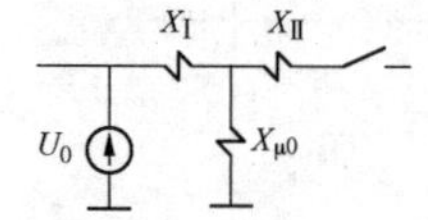	$X_0 = \infty$	$X_0 = X_I + X_{\mu 0}$
4	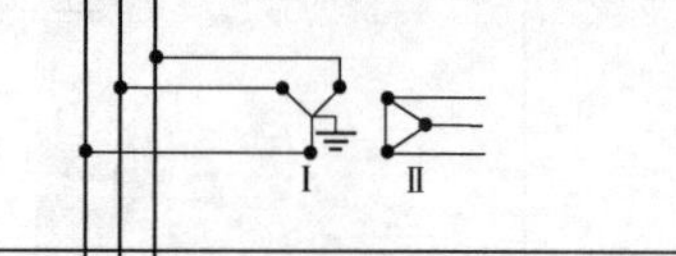	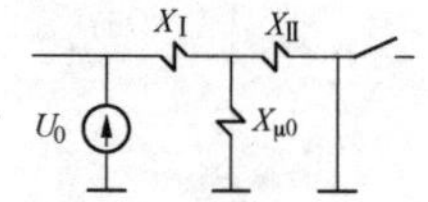	$X_0 = X_I$	$X_0 = X_I + \dfrac{X_{II} X_{\mu 0}}{X_{II} + X_{\mu 0}}$
5	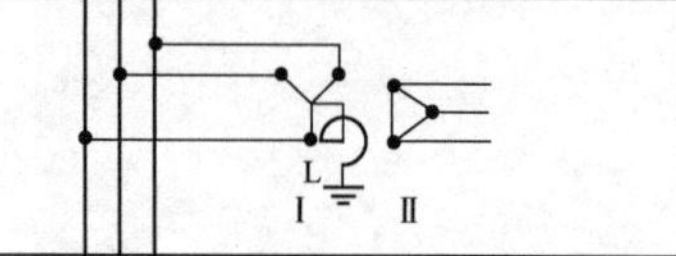	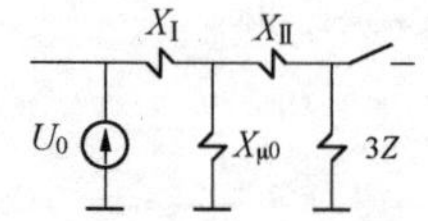	$X_0 = X_I + 3Z$	$X_0 = X_I + \dfrac{(X_{II} + 3Z) X_{\mu 0}}{X_{II} + 3Z + X_{\mu 0}}$
6	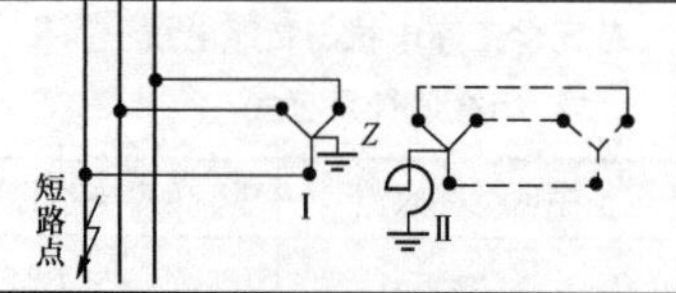	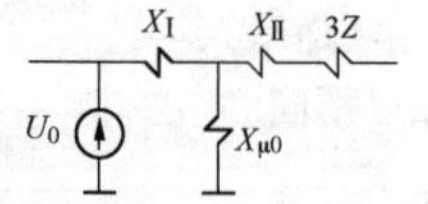	$X_0 = X_I + 3Z$	$X_0 = X_I + \dfrac{(X_{II} + 3Z + \cdots) X_{\mu 0}}{X_{\mu 0} + X_{II} + 3Z + \cdots}$

注 1. $X_{\mu 0}$ 为变压器的零序励磁电抗。三相三柱式 $X_{*\mu 0} = 0.3 \sim 1.0$，通常在 0.5 左右（以额定容量为基准）；三个单相、三相四柱式或壳式变压器 $X_{\mu 0} \approx \infty$。

2. X_I、X_{II} 为变压器各绕组的正序电抗，二者大致相等，约为正序电抗 X_I 的一半。

表 3-11 三绕组变压器的零序电抗

序号	接线图	等值网络	等值电抗
1	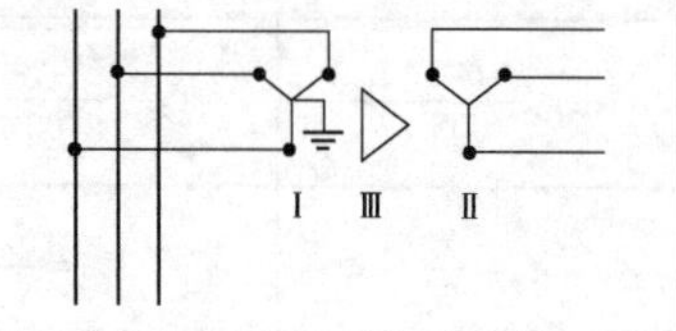	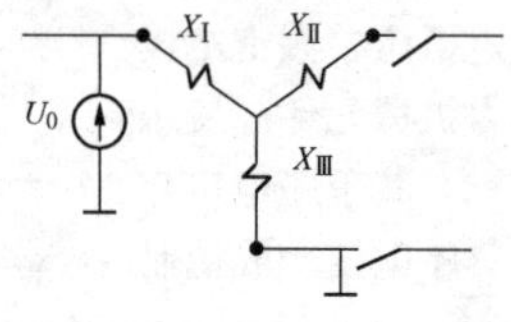	$X_0 = X_I + X_{III}$

序号	接线图	等值网络	等值电抗
2			$X_0 = X_{\mathrm{I}} + \dfrac{X_{\mathrm{III}}(X_{\mathrm{II}} + \cdots)}{X_{\mathrm{III}} + X_{\mathrm{II}} + \cdots}$
3			$X_0 = X_{\mathrm{I}} + \dfrac{X_{\mathrm{III}}(X_{\mathrm{II}} + 3Z +)}{X_{\mathrm{III}} + X_{\mathrm{II}} + 3Z + \cdots}$
4			$X_0 = X_{\mathrm{I}} + \dfrac{X_{\mathrm{II}} X_{\mathrm{III}}}{X_{\mathrm{II}} + X_{\mathrm{III}}}$

注 1. X_{I}、X_{II}、X_{III} 为三绕组变压器等值星形各支路的正序电抗,计算公式见表 3-3。
　　2. 直接接地 YNynyn 和 YNynd 接线的自耦变压器与 YNynd 接线的三绕组变压器的等值回路是一样的。
　　3. 当自耦变压器无第三绕组时,其等值回路与三个单相或三相四柱式 YNyn 接线的双绕组变压器是一样的。
　　4. 当自耦变压器的第三绕组为 Y 接线,且中性点不接地时(即 YNyny 接线的全星形变压器),等值网络中的 X_{III} 不接地,等值电抗 $X_{\mathrm{III}} = \infty$。

同步电机的零序电抗计算公式为

$$X_{0*}'' = \frac{X_0(\%)}{100} \cdot \frac{S_{\mathrm{B}}}{S_{\mathrm{N}}} \qquad (3\text{-}30)$$

电抗器的零序电抗 $X_0 = X_1$。

电力线路及电缆的零序电抗计算较为复杂,表 3-12 中给出了一些常见架空线路与电缆的零序电抗与正序电抗的关系,供设计参考。

表 3-12　架空线路和电缆零序电抗参考值

序号	元 件 名 称	X_{0*}
1	无地线的单回架空线路	$X_{0*} = 3.5 X_{1*}$
2	无地线的同塔(杆)双回架空线路	$X_{0*} = 5.5 X_{1*}$
3	有钢线地线的单回架空线路	$X_{0*} = 3 X_{1*}$
4	有钢线地线的同塔(杆)双回架空线路	$X_{0*} = 4.7 X_{1*}$
5	有良导体地线的单回架空线路	$X_{0*} = 2 X_{1*}$
6	有良导体地线的同塔(杆)双回架空线路	$X_{0*} = 3 X_{1*}$
7	6~10kV 三芯电缆	
8	20kV 三芯电缆	$X_{0*} = 3.5 X_{1*}$
9	35kV 三芯电缆	
10	110kV 和 220kV 单芯电缆	$X_{0*} = (0.8 \sim 1.0) X_{1*}$

(三)合成阻抗

计算不对称短路,首先应求出正序短路电流。正序短路电流的合成阻抗标幺值计算公式为

$$\left. \begin{array}{l} X_* = X_{1\Sigma} + X_{\Delta}^{(n)} \\[4pt] \text{三相短路}\quad X_{\Delta}^{(3)} = 0 \\[4pt] \text{两相短路}\quad X_{\Delta}^{(2)} = X_{2\Sigma} \\[4pt] \text{单相短路}\quad X_{\Delta}^{(1)} = X_{2\Sigma} + X_{0\Sigma} \\[4pt] \text{两相接地短路}\quad X_{\Delta}^{(1,1)} = \dfrac{X_{2\Sigma} X_{0\Sigma}}{X_{2\Sigma} + X_{0\Sigma}} \end{array} \right\} \quad (3\text{-}31)$$

式中　$X_{1\Sigma}$——正序网络的合成阻抗标幺值,即三相短路时合成阻抗的标幺值;

　　　$X_{2\Sigma}$——负序网络的合成阻抗标幺值;

　　　$X_{0\Sigma}$——零序网络的合成阻抗标幺值;

　　　$X^{(n)}$——附加阻抗,与短路类型有关,上角符号表示短路的类型。

计算电抗的公式为

$$\left. \begin{array}{l} X_{\mathrm{Bs}}^{(n)} = \left(1 + \dfrac{X_{\Delta}^{(n)}}{X_{1\Sigma}}\right) X_{\mathrm{Bs}}^{(3)} \\[6pt] = X_* \cdot \dfrac{S_{\mathrm{N}}}{S_{\mathrm{B}}} \end{array} \right\} \quad (3\text{-}32)$$

(四)正序电流 $I_{\mathrm{k1}}^{(n)}$

各种短路形式的正序短路电流 $I_{\mathrm{k1}}^{(n)}$ 的计算方法与三相短路电流相同,可以采用同一计算法,也可采用个别

计算法。按个别计算法计算时，各电源分配系数按正序网络求得；按同一计算法计算时，其误差 δ 将随着短路的不对称度增大越来越小，即 $\delta^{(1)} < \delta^{(2)} < \delta^{(1.1)} < \delta^{(3)}$。

当计算电抗 $X_{Bs}^{(n)} \geq 3$ 时，可按系统为无穷大计算，比照式（3-20），其标幺值为

$$I_{*k1}^{(n)} = \frac{1}{X_{1\Sigma} + X_{\Delta}^{(n)}} \qquad (3-33)$$

在有限电源系统中，按 $X_{Bs}^{(n)}$ 直接查发电机运算曲线，即得不对称短路的正序电流标幺值 $I_{*k1(t)}^{(n)}$。

正序电流的有名值为

$$I_{k1(t)}^{(n)} = I_{*k1(t)}^{(n)} I_N \qquad (3-34)$$

（五）合成电流

短路点的短路合成电流按式（3-35）计算：

$$I_k^{(n)} = m I_{k1}^{(n)} \qquad (3-35)$$

式中 m——I_k 与正序电流的比值，三相短路时 $m=1$；

两相短路时 $m = \sqrt{3}$；单相短路时 $m=3$；两相接地短路时 $m = \sqrt{3}\sqrt{1 - \dfrac{X_{2\Sigma} X_{0\Sigma}}{(X_{2\Sigma} + X_{0\Sigma})^2}}$。

在非直接接地电网中，两相接地短路电流的计算方法与两相短路的情况相同。

短路合成电流主要计算公式见表 3-13。在估算时，常取 $X_2 \approx X_1$。此时，表 3-13 所列计算公式可进一步简化。$t=0$ 时和短路点很远时的两相短路电流可简化为

$$I^{(2)} = \frac{\sqrt{3}}{2} I^{(3)} \qquad (3-36)$$

在计算非周期分量时，非周期分量的衰减时间常数，理论上是不同的，但一般取 $T_a^{(1)} \approx T_a^{(2)} \approx T_a^{(1.1)} \approx T_a^{(3)}$。

在计算不对称短路的冲击电流时，由于不对称短路处的正序电压相当大，异步电动机的反馈电流可以忽略不计。

表 3-13　　　　　　　　　　　序 网 组 合 表

短路种类	符号	序 网 组 合	$I_{k1} = \dfrac{E}{X_{1\Sigma} + X_k^{(n)}}$ 中的 $X_k^{(n)}$	$I_k = m I_{k1}$ 中的 m
三相短路	(3)		0	1
两相短路	(2)		$X_{2\Sigma}$	$\sqrt{3}$
单相短路	(1)		$X_{2\Sigma} + X_{0\Sigma}$	3
两相接地短路	(1.1)		$\dfrac{X_{2\Sigma} X_{0\Sigma}}{X_{2\Sigma} + X_{0\Sigma}}$	$\sqrt{3}\sqrt{1 - \dfrac{X_{2\Sigma} X_{0\Sigma}}{(X_{2\Sigma} + X_{0\Sigma})^2}}$

（六）各相电流及电压

为了解在不对称短路时各相电流和电压的变化，可按表 3-14 所列公式进行计算。其相量图如图 3-6 和图 3-7 所示。

在计算时，尚需注意以下三个问题：

（1）某点剩余电压的相量等于短路点电压相量 $\dot{U}_k$ 加上该点至短路点的电压降相量

$$\left.\begin{array}{l} \dot{U}_1 = \dot{U}_{k1} + j\dot{I}_1 X_1 \\ \dot{U}_2 = \dot{U}_{k2} + j\dot{I}_2 X_2 \\ \dot{U}_0 = \dot{U}_{k0} + j\dot{I}_0 X_0 \end{array}\right\} \qquad (3-37)$$

$\dot{U}_{k1}$、$\dot{U}_{k2}$、$\dot{U}_{k0}$ 计算公式见表 3-8。

（2）对 Yd 接线的变压器，常用的是 Yd11 接线方式。此时，三角形侧的正序电流和正序电压比星形侧

超前 30°，而负序电流和负序电压滞后 30°。零序电流不通，零序电压为零。电流、电压表示式如下：

$$\left.\begin{array}{l} \dot{I}_{k1} = K\dot{I}_{Y1} \angle 30° \\ \quad = K\dot{I}_{Y1}(0.866 + j0.5) \\ \dot{I}_{k2} = K\dot{I}_{Y2} \angle -30° \\ \quad = K\dot{I}_{Y2}(0.866 - j0.5) \\ \dot{U}_{k1} = \frac{1}{K}\dot{U}_{Y1} \angle 30° \\ \quad = \frac{1}{K}\dot{U}_{Y1}(0.866 + j0.5) \\ \dot{U}_{k2} = \frac{1}{K}\dot{U}_{Y1} \angle -30° \\ \quad = \frac{1}{K}\dot{U}_{Y1}(0.866 - j0.5) \end{array}\right\} \qquad (3-38)$$

式中 K——变压器变比,当用标幺值表示时,$K=1$。

（3）在 Yy 和 Dd 接线组合中,一般常用的是 Yy0、Dd0 接线方式,此时两侧电流、电压的相位一致。在 Y9yn0 的接线组合中,必须在两侧计入零序分量。

五、短路电流热效应计算

（一）基本公式

短路电流在导体和电气设备中引起的热效应 Q_t 为

$$
\left.
\begin{aligned}
Q_t &= \int_0^t i^2 \mathrm{d}t \\
&= \int_0^t \left(\sqrt{2} I_{zt} \cos \omega t + i_{fz0} \mathrm{e}^{-\frac{\omega t}{T_a}} \right)^2 \mathrm{d}t \\
&\approx Q_z + Q_f
\end{aligned}
\right\} \quad (3\text{-}39)
$$

式中 i——短路电流瞬时值,kA;

I_{zt}——短路电流周期分量有效值,kA;

i_{fz0}——短路电流非周期分量 0s 值,kA;

Q_z——短路电流周期分量引起的热效应,$\text{kA}^2 \cdot \text{s}$;

Q_f——短路电流非周期分量引起的热效应,$\text{kA}^2 \cdot \text{s}$;

t——短路持续时间。

表 3-14   **不对称短路各相电流、电压计算公式汇总表**

序号	短路处的待求量	两相短路	单相短路	两相接地短路
1	a 相正序电流 $\dot{I}_{a1} =$	$\dfrac{\dot{E}_{a\Sigma}}{\mathrm{j}(X_{1\Sigma} + X_{2\Sigma})}$	$\dfrac{\dot{E}_{a\Sigma}}{\mathrm{j}(X_{0\Sigma} + X_{1\Sigma} + X_{2\Sigma})}$	$\dfrac{\dot{E}_{a\Sigma}}{\mathrm{j}\left(X_{1\Sigma} + \dfrac{X_{2\Sigma}X_{0\Sigma}}{X_{2\Sigma} + X_{0\Sigma}}\right)}$
2	a 相负序电流 $\dot{I}_{a2} =$	$-\dot{I}_{a2}$	$\dot{I}_{a2}$	$-\dot{I}_{a1}\dfrac{X_{0\Sigma}}{X_{2\Sigma} + X_{0\Sigma}}$
3	零序电流 $\dot{I}_0 =$	0	$\dot{I}_{a2}$	$-\dot{I}_{a1}\dfrac{X_{2\Sigma}}{X_{2\Sigma} + X_{0\Sigma}}$
4	a 相电流 $\dot{I}_a =$	0	$3\dot{I}_{a2}$	0
5	b 相电流 $\dot{I}_b =$	$-\mathrm{j}\sqrt{3}\dot{I}_{a2}$	0	$\left(a^2 - \dfrac{X_{2\Sigma} + aX_{0\Sigma}}{X_{2\Sigma} + X_{0\Sigma}}\right)\dot{I}_{a2}$
6	c 相电流 $\dot{I}_c =$	$\sqrt{3}\dot{I}_{a2}$	0	$\left(a - \dfrac{X_{2\Sigma} + a^2 X_{0\Sigma}}{X_{2\Sigma} + X_{0\Sigma}}\right)\dot{I}_{a2}$
7	a 相正序电压 $\dot{U}_{a1} =$	$\mathrm{j}X_{2\Sigma}\dot{I}_{a2}$	$\mathrm{j}(X_{2\Sigma} + X_{0\Sigma})\dot{I}_{a2}$	$\mathrm{j}\left(\dfrac{X_{2\Sigma}X_{0\Sigma}}{X_{2\Sigma} + X_{0\Sigma}}\right)\dot{I}_{a2}$
8	a 相负序电压 $\dot{U}_{a2} =$	$\mathrm{j}X_{2\Sigma}\dot{I}_{a2}$	$-\mathrm{j}X_{2\Sigma}\dot{I}_{a2}$	$\mathrm{j}\left(\dfrac{X_{2\Sigma}X_{0\Sigma}}{X_{2\Sigma} + X_{0\Sigma}}\right)\dot{I}_{a2}$
9	零序电压 $\dot{U}_0 =$	0	$-\mathrm{j}X_{0\Sigma}\dot{I}_{a2}$	$\mathrm{j}\left(\dfrac{X_{2\Sigma}X_{0\Sigma}}{X_{2\Sigma} + X_{0\Sigma}}\right)\dot{I}_{a2}$
10	a 相电压 $\dot{U}_a =$	$2\mathrm{j}X_{2\Sigma}\dot{I}_{a2}$	0	$3\mathrm{j}\left(\dfrac{X_{2\Sigma}X_{0\Sigma}}{X_{2\Sigma} + X_{0\Sigma}}\right)\dot{I}_{a2}$

序号	短路处的待求量		短 路 种 类		
			两相短路	单相短路	两相接地短路
11	b 相电压	$\dot{U}_b =$	$-jX_{2\Sigma}\dot{I}_{a2}$	$j[(a^2-a)X_{2\Sigma}+(a^2-1)X_{0\Sigma}]\dot{I}_{a2}$	0
12	c 相电压	$\dot{U}_c =$	$-jX_{2\Sigma}\dot{I}_{a2}$	$j[(a-a^2)X_{2\Sigma}+(a-1)X_{0\Sigma}]\dot{I}_{a2}$	0
13	电流相量图		见图 3-6（a）	见图 3-6（b）	见图 3-6（c）
14	电压相量图		见图 3-6（d）	见图 3-6（e）	见图 3-6（f）

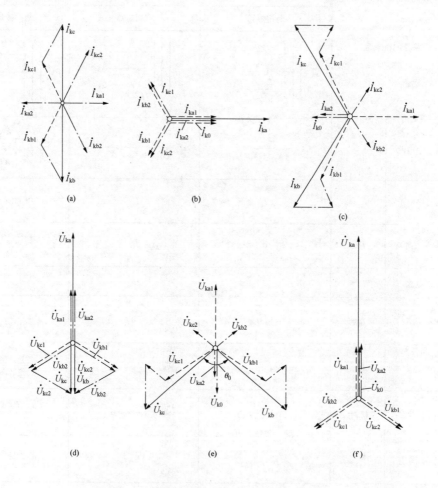

图 3-6　不对称短路在短路处的电压电流相量图

（a）两相短路电流相量图；（b）单相短路电流相量图；（c）两相接地短路电流相量图；

（d）两相短路电压相量图；（e）单相短路电压相量图；

（f）两相接地短路电压相量图

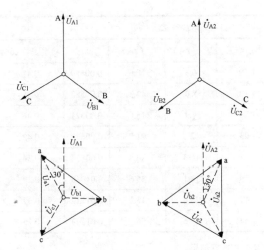

图 3-7 在 Yd11 式变压器连接中，
正序和负序电压相角的移动

（二）短路电流周期分量热效应 Q_z

短路电流周期分量引起的热效应 Q_z 的计算公式为

$$Q_z = \frac{I''^2 + 10I_{zt/2}^2 + I_{zt}^2}{12}t \qquad (3\text{-}40)$$

式中 $I_{zt/2}$——短路电流在 $t/2$ s 时的周期分量有效值，kA。

当为多支路向短路点供给短路电流时，不能采用先算出每个支路的热效应 Q_{zt} 后再相加的叠加法则。而应先求电流和，再求总的热效应。在利用式（3-40）时，I''、$I_{zt/2}$、I_{zt} 分别为各个支路短路电流之和，即

$$Q_z = \frac{(\sum I'')^2 + 10(\sum I_{zt/2})^2 + (\sum I_{zt})^2}{12}t \qquad (3\text{-}41)$$

（三）短路电流非周期分量热效应 Q_f

短路电流非周期分量引起的热效应 Q_f 的计算公式为

$$Q_f = \frac{T_a}{\omega}\left(1 - e^{\frac{2\omega t}{T_a}}\right)I''^2 = tI''^2 \qquad (3\text{-}42)$$

式中 t——等效时间，s。

为简化工程计算，对于变电站各级电压母线及出线，t 可取为 0.05s。

当为多支路向短路点供给短路电流时，仍不能用叠加法则。在用式（3-42）计算时，I'' 应取各支路短路电流之和，T_a 取多支路的等效衰减时间常数。

六、站用变压器低压系统短路电流计算

（一）一般原则

（1）按单台站用变压器电源进行计算；

（2）应计及电阻；

（3）系统阻抗宜按高压侧保护电气设备的开断容量或高压侧的短路容量确定；

（4）不考虑异步电动机的反馈电流；

（5）馈线回路短路时，应计及馈线的阻抗；

（6）不考虑短路电流周期分量的衰减；

（7）当主保护装置动作时间与断路器固有分闸时间之和大于 0.1s 时，可不考虑短路电流非周期分量的影响。

（二）计算方法

（1）三相短路电流周期分量的起始值

$$I'' = \frac{U}{\sqrt{3}\times\sqrt{(\sum R)^2 + (\sum X)^2}} \qquad (3\text{-}43)$$

式中 I''——三相短路电流周期分量的起始有效值，kA；

U——变压器低压侧线电压，取 400V；

$\sum R$——每相回路的总电阻，mΩ；

$\sum X$——每相回路的总电抗，mΩ。

（2）三相短路冲击电流

$$i_{ch} = \sqrt{2}K_{ch}I'' \qquad (3\text{-}44)$$

式中 i_{ch}——短路冲击电流，kA；

K_{ch}——短路电流的冲击系数，可根据回路中 $\sum X/\sum R$ 的比值从图 3-8 查得，或由 $k_{ch} = 1 + e^{-0.01/T_a}$ 求得，式中 $T_a = L/R$ 为回路的时间常数，s。

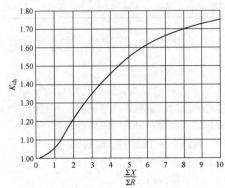

图 3-8 $K_{ch} = f(\sum X/\sum R)$ 曲线

（3）变电站经常采用的由站用变压器供电的 380V 母线三相短路电流计算结果见表 3-15 及表 3-16，供实际工程参考。

表 3-15   10/0.4kV 变压器三相短路电流计算结果

变压器参数			380V 母线短路						
S_N（kVA）	I_N（A）	U_k（%）	$\sum R$（mΩ）	$\sum X$（mΩ）	冲击系数 K_{ch}	I''（kA）	i_{ch}（kA）	T_a（s）	功率因数 $\cos\varphi$
160	231	4	23.320	39.200	1.16	5.1	8.4	0.00537	0.51

变压器参数			380V 母线短路						
S_N（kVA）	I_N（A）	U_k（%）	ΣR（mΩ）	ΣX（mΩ）	冲击系数 K_{ch}	I''（kA）	i_{ch}（kA）	T_a（s）	功率因数 $\cos\varphi$
200	289	4	17.267	32.368	1.19	6.3	10.6	0.00579	0.41
250	361	4	13.907	25.422	1.18	8.0	13.3	0.00582	0.48
310	455	4	10.593	20.724	1.20	9.9	16.8	0.00623	0.46
400	577	4	7.733	16.712	1.23	12.5	21.8	0.00688	0.42
500	722	4	4.864	13.354	1.32	16.3	30.4	0.00874	0.34
630	909	4.5	3.652	12.224	1.39	18.1	35.6	0.01066	0.29
800	1155	4.5	2.780	9.855	1.41	22.6	45.1	0.01129	0.27
1000	1443	4.5	2.132	8.095	1.44	27.6	56.1	0.01209	0.25

表 3-16   **35/0.4kV 变压器三相短路电流计算结果**

变压器参数			380V 母线短路						
S_N（kVA）	I_N（A）	U_k（%）	ΣR（mΩ）	ΣX（mΩ）	冲击系数 K_{ch}	I''（kA）	i_{ch}（kA）	T_a（s）	功率因数 $\cos\varphi$
160	231	6.5	25.195	65.230	1.30	3.3	6.1	0.00825	0.36
200	289	6.5	18.467	53.048	1.34	4.1	7.7	0.00915	0.33
250	361	6.5	14.931	41.805	1.33	5.2	9.8	0.00892	0.34
310	455	6.5	11.399	33.628	1.35	6.5	12.4	0.00940	0.32
400	577	6.5	8.333	26.900	1.38	8.2	16.0	0.01028	0.30
500	722	6.5	5.376	21.349	1.45	10.5	21.6	0.01265	0.24
630	909	6.5	4.096	17.159	1.47	13.1	27.3	0.01334	0.23
800	1155	6.5	3.055	13.709	1.50	16.4	34.7	0.01429	0.22
1000	1443	6.5	2.436	11.112	1.50	20.3	43.1	0.01453	0.21

七、大容量并联电容器装置短路电流计算

（一）一般原则

大容量并联电容器装置对其附近的短路影响较大。短路点渐远，影响将迅速减弱。下列情况可不考虑并联电容器装置对短路电流的影响：

（1）短路点在出线电抗器后。

（2）短路点在主变压器的高压侧。

（3）不对称短路。

（4）计算 ts 周期分量有效值，当 $M=\dfrac{X_s}{X_L}<0.7$ 时；对于采用 5%～6%串联电抗器的电容器装置，当 $\dfrac{Q_c}{S_k}<5\%$ 时；对于采用 12%～13%串联电抗器的电容器装置，当 $\dfrac{Q_c}{S_k}<10\%$ 时。

注：Q_c 为并联电容器装置的总容量，Mvar；S_k 为并联电容器装置安装地点的短路容量，MVA；M 为系统电抗与电容器装置串联电抗的比值；X_s 为归算到短路总的系统电抗；X_L 为电容器装置的串联电抗。

采用阻尼措施（例如在串联电抗器两端并入一个不大的电阻），使电容器组的衰减时间常数 $T_c<0.025$s 时，能够有效地抑制并联电容器组对短路电流的影响。

（二）ts 短路电流的计算

短路点的 ts 短路电流周期分量按式（3-45）计算，其中 K_{tc} 为 T_c 和 m 的函数。

$$\left.\begin{aligned} I_{zt} &= K_{tc}I_{zts} \\ T_c &= \frac{L}{R} \\ m &= \frac{X_L}{X_C} = \omega^2 CL \end{aligned}\right\} \quad (3\text{-}45)$$

式中 K_{tc}——考虑电容器助增作用的校正系数，由图 3-9 和图 3-10 查得；

        I_{zts}——系统供给的三相短路电流 ts 周期分量有效值，kA；

T_c ——电容器装置的衰减时间常数，对于铁芯
电抗器平均可取 $T_c=0.075s$，对于空心电
抗器平均可取 $T_c=0.1s$；

L ——串联电抗器的电感；

R ——串联电抗器的电阻；

m ——电容器装置的感抗与容抗之比；

X_C ——电容器组的容抗；

C ——电容器组的电容；

ω ——角频率。

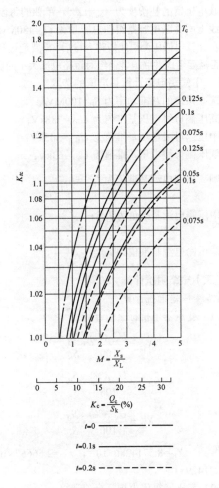

图 3-9 电容器装置助增作用的校正
系数曲线（$m=6\%$）

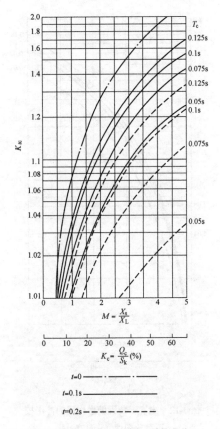

图 3-10 电容器装置助增作用的校正系数曲线（$m=12\%$）

（三）冲击电流的计算

短路点的冲击电流按式（3-46）计算，其中 $K_{ch,c}$
为 T_c 和 m 的函数。

$$i_{ch}=K_{ch,c}i_{ch,g} \qquad (3\text{-}46)$$

式中 $i_{ch,g}$ ——系统供给的冲击电流，kA；

$K_{ch,c}$ ——考虑电容器助增作用的冲击校正系数，
由图 3-11 和图 3-12 查得。

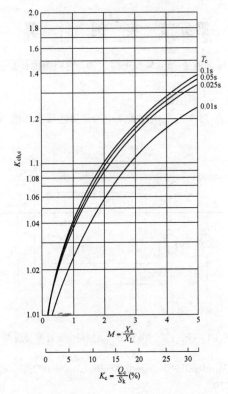

图 3-11 电容器装置助增作用的冲击校正系数曲线（$m=6\%$）

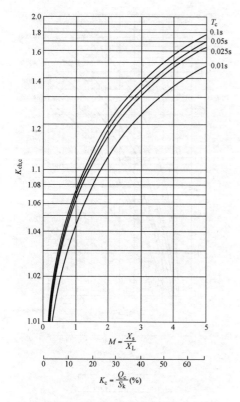

图 3-12　电容器装置助增作用的冲击校
正系数曲线（m=12%）

第五节　实　例　计　算

以国内某 750kV 变电站为例，短路电流计算过程如下。

（一）原始数据

某 750kV 变电站短路电流计算接线图如图 3-13 所示。

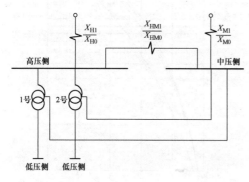

图 3-13　国内某 750kV 变电站短路电流计算接线图

X_{H1}=0.00198，X_{M1}=0.00926，X_{H0}=0.00298，X_{M0}=0.00429。

以上阻抗表达式中，下标带有 1 的表示正序阻抗，

带有 0 的表示零序阻抗。本算例中，正序阻抗与负序阻抗相等。

高压侧和中压侧之间的系统阻抗为 X_{HM1}=0.00955，X_{HM0}=0.04973。

1 号和 2 号主变压器均为自耦单相变压器，容量为 700/700/233MVA，取变压器容量为 S_N=2100MVA，变压器短路电压百分值（均为百分数）：高-中为 U_{k12}=18，高-低为 U_{k13}=56，中-低为 U_{k23}=36。

另外，对于安装在低压侧母线上的并联电容器组，其串联电抗器的补偿度为 X_{bu}=12%。单独的每段低压侧母线上所并联电容器组的总容量为 Q_c=480Mvar。

在计算出低压侧母线短路容量后，需要通过计算判断是否需要考虑并联电容器组对短路电流大小的影响。

（二）短路电流计算基准值的选取

选取系统的基准功率为 S_B=100MVA；

高压侧母线电压基准值为 U_{BH}=788kV；

中压侧母线电压基准值为 U_{BM}=345kV；

低压侧母线电压基准值为 U_{BL}=63kV；

则高压侧电流基准值为 $I_{BH} = \dfrac{S_B}{\sqrt{3}U_{BH}}$；

中压侧电流基准值为 $I_{BM} = \dfrac{S_B}{\sqrt{3}U_{BM}}$；

低压侧电流基准值为 $I_{BL} = \dfrac{S_B}{\sqrt{3}U_{BL}}$。

（三）短路阻抗计算

1. 变压器电抗计算

（1）变压器电抗标幺值计算：

$$X_{12} = \frac{U_{k12}(\%)}{100} \cdot \frac{S_B}{S_N}$$

$$X_{13} = \frac{U_{k13}(\%)}{100} \cdot \frac{S_B}{S_N}$$

$$X_{23} = \frac{U_{k23}(\%)}{100} \cdot \frac{S_B}{S_N}$$

得到　X_{12}=8.5714286×10⁻³，X_{13}=2.66667×10⁻²，X_{23}=1.71429×10⁻²。

（2）变压器等值电抗标幺值计算：

高压侧等值电抗

$$X_H = \frac{1}{2}(X_{12} + X_{13} - X_{23})$$

中压侧等值电抗

$$X_M = \frac{1}{2}(X_{12} + X_{23} - X_{13})$$

低压侧等值电抗

$$X_L = \frac{1}{2}(X_{13} + X_{23} - X_{12})$$

得到 X_H=9.047619×10⁻³，X_M=4.761905×10⁻⁴，

$X_L=1.7619\times10^{-2}$。

（3）变压器等效阻抗图如图 3-14 所示。

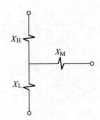

图 3-14 变压器等效阻抗图

2. 网络变换

根据系统阻抗及变压器等效阻抗值，可作出正序阻抗图和零序阻抗图，如图 3-15 和图 3-16 所示。

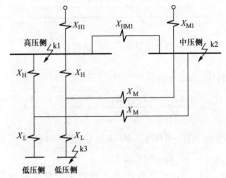

图 3-15 正序阻抗图

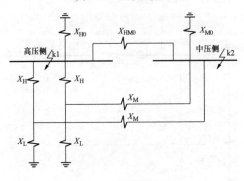

图 3-16 零序阻抗图

3. 图 3-15 所示各短路点短路时的正序阻抗计算

（1）k1 点发生三相短路。此时图 3-15 可转化为图 3-17。

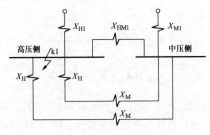

图 3-17 k1 点短路正序阻抗等效图（一）

继续进行网络变换，等效图如图 3-18 所示。

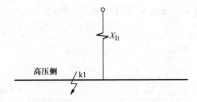

图 3-18 k1 点短路正序阻抗等效图（二）

其中

$$X_{I1}=\frac{\left(\dfrac{X_{HM1}\dfrac{X_H+X_M}{2}}{X_{HM1}+\dfrac{X_H+X_M}{2}}+X_{M1}\right)X_{H1}}{\dfrac{X_{HM1}\dfrac{X_H+X_M}{2}}{X_{HM1}+\dfrac{X_H+X_M}{2}}+X_{M1}+X_{H1}}$$

得到 $X_{I1}=1.704\times10^{-3}$，则 k1 点短路时正序阻抗为 $X_{k11}=X_{I1}$，即 $X_{k11}=1.704\times10^{-3}$。

（2）k2 点发生三相短路。此时图 3-15 可转化为图 3-19。

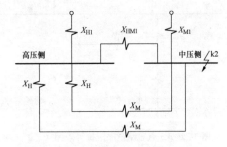

图 3-19 k2 点短路正序阻抗等效图（一）

继续变换网络，等效图如图 3-20 所示。

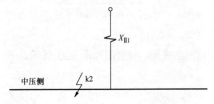

图 3-20 k2 点短路正序阻抗等效图（二）

其中

$$X_{III1}=\frac{\left(\dfrac{X_{HM1}\dfrac{X_H+X_M}{2}}{X_{HM1}+\dfrac{X_H+X_M}{2}}+X_{H1}\right)X_{M1}}{\dfrac{X_{HM1}\dfrac{X_H+X_M}{2}}{X_{HM1}+\dfrac{X_H+X_M}{2}}+X_{H1}+X_{M1}}$$

得到 $X_{III1}=3.221\times10^{-3}$，则 k2 点短路时正序阻抗为

$X_{k21}=X_{III1}$，即 $X_{k21}=3.221\times10^{-3}$。

（3）k3 点发生三相短路。此时图 3-15 可转化为图 3-21。

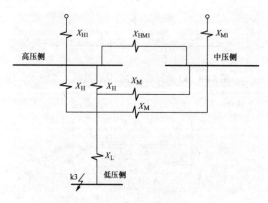

图 3-21　k3 点短路正序阻抗等效图（一）

继续变换网络，等效图如图 3-22 所示。

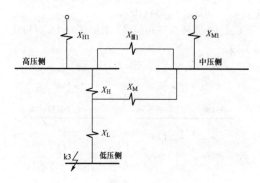

图 3-22　k3 点短路正序阻抗等效图（二）

其中

$$X_{III1}=\frac{X_{HM1}(X_H+X_M)}{X_{HM1}+X_H+X_M}$$

得到 $X_{III1}=4.517\times10^{-3}$。

继续网络变换，等效图如图 3-23 所示。

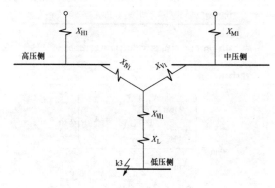

图 3-23　k3 点短路正序阻抗等效图（三）

其中

$$X_{IV1}=\frac{X_{III1}X_H}{X_{III1}+X_H+X_M}$$

$$X_{V1}=\frac{X_{III1}X_M}{X_{III1}+X_H+X_M}$$

$$X_{VI1}=\frac{X_HX_M}{X_{III1}+X_H+X_M}$$

得到 $X_{IV1}=3.123\times10^{-3}$，$X_{V1}=-1.643\times10^{-4}$，$X_{VI1}=-3.292\times10^{-4}$。

继续网络变换，等效图如图 3-24 所示。

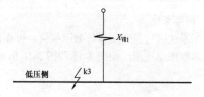

图 3-24　k3 点短路正序阻抗等效图（四）

其中

$$X_{VII1}=\frac{(X_{H1}+X_{IV1})(X_{M1}+X_{V1})}{X_{H1}+X_{IV1}+X_{M1}+X_{V1}}+X_{VI1}+X_L$$

得到 $X_{VII1}=0.021$，则 k3 点短路时正序阻抗为 $X_{k31}=X_{VII1}$，即 $X_{k31}=0.021$。

4. 图 3-16 所示各短路点短路时的零序阻抗计算

图 3-16 可转化为图 3-25。

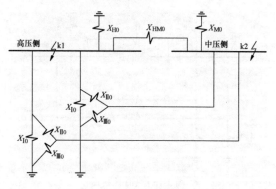

图 3-25　零序阻抗等效图

其中

$$X_{I0}=X_H+X_L+\frac{X_HX_L}{X_M}$$

$$X_{II0}=X_H+X_M+\frac{X_HX_M}{X_L}$$

$$X_{III0}=X_L+X_M+\frac{X_LX_M}{X_H}$$

得到 $X_{I0}=-0.308$，$X_{II0}=8.327\times10^{-3}$，$X_{III0}=0.016$。

（1）k1 点发生单相接地短路。图 3-25 可变换为图 3-26。

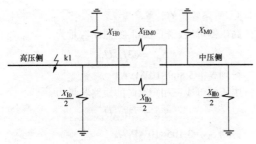

图 3-26　k1 点发生单相接地短路零序阻抗等效图（一）

继续网络变换，等效图如图 3-27 所示。

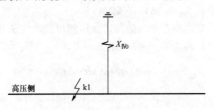

图 3-27　k1 点发生单相接地短路零序阻抗等效图（二）

其中

$$X_{IV0} = \cfrac{\cfrac{X_{H0}\cfrac{X_{I0}}{2}}{X_{H0}+\cfrac{X_{I0}}{2}}\left(\cfrac{X_{HM0}\cfrac{X_{II0}}{2}}{X_{HM0}+\cfrac{X_{II0}}{2}}+\cfrac{X_{M0}\cfrac{X_{III0}}{2}}{X_{M0}+\cfrac{X_{III0}}{2}}\right)}{\cfrac{X_{H0}\cfrac{X_{I0}}{2}}{X_{H0}+\cfrac{X_{I0}}{2}}+\cfrac{X_{HM0}\cfrac{X_{II0}}{2}}{X_{HM0}+\cfrac{X_{II0}}{2}}+\cfrac{X_{M0}\cfrac{X_{III0}}{2}}{X_{M0}+\cfrac{X_{III0}}{2}}}$$

得到 $X_{IV0}=2.085\times10^{-3}$，则 k1 点短路时零序阻抗为 $X_{k10}=X_{IV0}$，即 $X_{k10}=2.085\times10^{-3}$。

（2）k2 点发生单相接地短路。图 3-25 可转化为图 3-28。

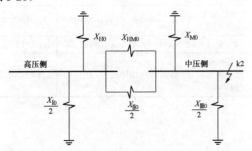

图 3-28　k2 点发生单相接地短路零序阻抗等效图（一）

继续网络变换，等效图如图 3-29 所示。

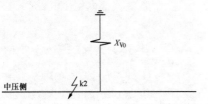

图 3-29　k2 点发生单相接地短路零序阻抗等效图（二）

其中

$$X_{V0} = \cfrac{\cfrac{X_{M0}\cfrac{X_{III0}}{2}}{X_{M0}+\cfrac{X_{III0}}{2}}\left(\cfrac{X_{HM0}\cfrac{X_{II0}}{2}}{X_{HM0}+\cfrac{X_{II0}}{2}}+\cfrac{X_{H0}\cfrac{X_{I0}}{2}}{X_{H0}+\cfrac{X_{I0}}{2}}\right)}{\cfrac{X_{M0}\cfrac{X_{III0}}{2}}{X_{M0}+\cfrac{X_{III0}}{2}}+\cfrac{X_{HM0}\cfrac{X_{II0}}{2}}{X_{HM0}+\cfrac{X_{II0}}{2}}+\cfrac{X_{H0}\cfrac{X_{I0}}{2}}{X_{H0}+\cfrac{X_{I0}}{2}}}$$

得到 $X_{V0}=1.993\times10^{-3}$，则 k2 点短路时零序阻抗为 $X_{k20}=X_{V0}$，即 $X_{k20}=1.993\times10^{-3}$。

（四）各故障点在各种情况下的短路电流

1. 高压侧母线短路情况

高压侧母线三相短路时的短路电流为

$$I_{k13}=\frac{1}{X_{k11}}I_{BH}$$

得到 $I_{k13}=43.001\text{kA}$。

高压侧母线两相短路时的短路电流为

$$I_{k12}=\frac{\sqrt{3}}{2X_{k11}}I_{BH}$$

得到 $I_{k12}=37.24\text{kA}$。

高压侧母线单相接地短路时的短路电流为

$$I_{k11}=\frac{3}{2X_{k11}+X_{k10}}I_{BH}$$

得到 $I_{k11}=40.014\text{kA}$。

高压侧母线两相接地短路时的短路电流为

$$I_{k122}=\sqrt{3}\sqrt{1-\frac{X_{k11}X_{k10}}{(X_{k11}+X_{k10})^2}}\frac{1}{X_{k11}+\frac{X_{k11}X_{k10}}{X_{k11}+X_{k10}}}I_{BH}$$

得到 $I_{k122}=41.674\text{kA}$。

2. 中压侧母线短路情况

中压侧母线三相短路时的短路电流为

$$I_{k23}=\frac{1}{X_{k21}}I_{BM}$$

得到 $I_{k23}=51.961\text{kA}$。

中压侧母线两相短路时的短路电流为

$$I_{k22}=\frac{\sqrt{3}}{2X_{k21}}I_{BM}$$

得到 $I_{k22}=49.999\text{kA}$。

中压侧母线单相接地短路时的短路电流为

$$I_{k21}=\frac{3}{2X_{k21}+X_{k20}}I_{BM}$$

得到 $I_{k21}=59.524\text{kA}$。

中压侧母线两相接地短路时的短路电流为

$$I_{k222}=\sqrt{3}\sqrt{1-\frac{X_{k21}X_{k20}}{(X_{k21}+X_{k20})^2}}\frac{1}{X_{k21}+\frac{X_{k21}X_{k20}}{X_{k21}+X_{k20}}}I_{BM}$$

得到 I_{k222}=56.906kA。

3. 低压侧母线短路情况

低压侧母线三相短路时的短路电流为

$$I_{k33} = \frac{1}{X_{k31}} I_{BL}$$

得到 I_{k33}=44.576kA。

低压侧母线两相短路时的短路电流为

$$I_{k32} = \frac{\sqrt{3}}{2X_{k31}} I_{BL}$$

得到 I_{k32}=38.604kA。

（五）全电流及冲击电流计算

1. 短路全电流最大有效值的计算（取冲击系数 K_{ch}=1.8）

高压侧母线三相短路时的短路全电流最大有效值

$$I_{1ch} = I_{k13}\sqrt{1+2(K_{ch}-1)^2}$$

得到 I_{1ch}=64.929kA。

中压侧母线三相短路时的短路全电流最大有效值

$$I_{2ch} = I_{k23}\sqrt{1+2(K_{ch}-1)^2}$$

得到 I_{2ch}=78.459kA。

低压侧母线三相短路时的短路全电流最大有效值

$$I_{3ch} = I_{k33}\sqrt{1+2(K_{ch}-1)^2}$$

得到 I_{3ch}=67.309kA。

2. 冲击电流的计算（取冲击系数 K_{ch}=1.8）

高压侧母线三相短路时的冲击电流为

$$i_{1ch} = \sqrt{2}K_{ch}I_{k13}$$

得到 i_{1ch}=109.462kA。

中压侧母线三相短路时的冲击电流为

$$i_{2ch} = \sqrt{2}K_{ch}I_{k23}$$

得到 i_{2ch}=132.27kA。

低压侧母线三相短路时的冲击电流为

$$i_{3ch} = \sqrt{2}K_{ch}I_{k33}$$

得到 i_{3ch}=113.473kA。

3. 短路容量的计算

高压侧母线三相短路时的短路容量为

$$S_{kH} = \sqrt{3}I_{k13}U_{BH}$$

得到 S_{kH}=5.869×10^{4}MVA。

中压侧母线三相短路时的短路容量为

$$S_{kM} = \sqrt{3}I_{k23}U_{BM}$$

得到 S_{kM}=3.105×10^{4}MVA。

低压侧母线三相短路时的短路容量为

$$S_{kL} = \sqrt{3}I_{k33}U_{BL}$$

得到 S_{kL}=4.864×10^{4}MVA。

此变电站在单独的每段低压侧母线上安装并联电容器组总容量为 Q_c=480Mvar

$$\frac{Q_c}{S_{kL}} = 0.009868 = 0.9868\%$$

取比值判断依据为 10%。在补偿度为 12% 的情况下，计算出的比值小于 10%，可不考虑并联电容器组对母线短路电流的影响。

（六）计算结果汇总

计算实例短路电流计算结果汇总见表 3-17。

表 3-17 计算实例短路电流计算结果汇总

	高压侧母线	中压侧母线	低压侧母线
三相短路电流（kA）	I_{k13}=43.001	I_{k23}=51.961	I_{k33}=44.576
两相短路电流（kA）	I_{k12}=37.24	I_{k22}=49.999	I_{k32}=38.604
单相短路电流（kA）	I_{k11}=40.014	I_{k21}=59.524	—
两相接地短路电流（kA）	I_{k122}=41.674	I_{k222}=56.906	—
全电流最大有效值（kA）	I_{1ch}=64.929	I_{2ch}=78.459	I_{3ch}=67.309
冲击电流（kA）	i_{1ch}=109.462	i_{2ch}=132.27	i_{3ch}=113.473
三相短路短路容量（MVA）	S_{kH}=5.869×10^4	S_{kM}=3.105×10^4	S_{kL}=4.864×10^4

第四章

高压电气设备选择

第一节　高压电气设备选择的一般规定

一、一般原则

本章主要包含主变压器、高压并联电抗器、高压断路器、高压隔离开关、互感器、避雷器、气体绝缘金属封闭开关设备、串联电抗器、高压开关柜、高压负荷开关、高压熔断器、绝缘子和套管及中性点设备的基本分类、型式及其技术参数选择。其中与避雷器相关的绝缘配合内容详见第七章；低压并联电抗器、电容器等补偿装置的选择详见第六章；站用变压器详见第九章。本章所涉及的高压电气设备选择原则如下：

（1）应贯彻国家技术经济政策，考虑工程建设条件、发展规划和分期建设的可能，力求技术先进，安全可靠，经济合理，符合国情；

（2）应满足正常运行、检修、短路和过电压情况下的要求，并适应远景发展；

（3）应满足环境条件要求；

（4）应与整个工程的建设标准协调一致；

（5）同类电气设备规格品种不宜过多；

（6）在设计中应积极慎重地选用通过试验、正式鉴定合格并具备工程运行经验的新技术、新设备。

二、技术条件

选择的高压电气设备，应能在长期工作条件下确保正常运行，在发生过电压、过电流的情况下确保所规定的功能。各种高压电气设备的一般技术条件见表 4-1。

表 4-1　　　　　　　　选择高压电气设备的一般技术条件

序号	高压电气设备名称	额定电压 (kV)	额定电流 (A)	额定容量 (kVA/kvar)	额定开断电流 (kA)	短路稳定性		绝缘水平 (kV)	机械荷载 (N)
						热稳定 (kA)	动稳定 (kA)		
1	主变压器	√		√				√	√
2	高压并联电抗器	√	√	√				√	√
3	高压断路器	√	√		√	√	√	√	√
4	高压隔离开关	√	√			√	√	√	√
5	GIS	√	√		√	√	√	√	√
6	HGIS	√	√		√	√	√	√	√
7	高压负荷开关	√	√			√	√	√	√
8	高压熔断器	√	√		√			√	√
9	电压互感器	√						√	√
10	电流互感器	√	√			√	√	√	√
11	串联电抗器	√	√	√		√	√	√	√
12	消弧线圈	√	√	√		√	√	√	√
13	避雷器	√						√	√

续表

序号	高压电气设备名称	额定电压（kV）	额定电流（A）	额定容量（kVA/kvar）	额定开断电流（kA）	短路稳定性		绝缘水平（kV）	机械荷载（N）
						热稳定（kA）	动稳定（kA）		
14	穿墙套管	√	√			√	√	√	√
15	绝缘子	√					√[①]	√	√

注 1. GIS：gas insulated switchgear，气体绝缘金属封闭开关设备。

2. HGIS：hybrid gas insulated switchgear，绝缘气体+空气绝缘金属封闭开关设备，介于 GIS 和敞开式设备之间的高压开关设备。

① 悬式绝缘子不校验动稳定。

（一）长期工作条件

1. 电压

选用高压电气设备的允许最高工作电压 U_{max} 不应低于该回路的最高运行电压 U_g，即

$$U_{max} \geqslant U_g \qquad (4-1)$$

3kV 及以上的交流三相系统电气设备的最高电压值应按照 GB/T 156—2017《标准电压》的规定选取：

（1）3kV 及以上交流三相系统的标称电压值及电气设备的最高电压值见表 4-2；

（2）开关类电气设备的额定电压应选为电气设备的最高工作电压。

表 4-2 3kV 及以上交流三相系统的标称电压值及电气设备的最高电压值

系统标称电压（kV）	电气设备的最高电压（kV）
3（3.3）	3.6
6	7.2
10	12
20	24
35	40.5
66	72.5
110	126（123）
220	252（245）
330	363
500	550
750	800
1000	1100

注 1. 表中数值为线电压；

2. 括号中数值为用户有要求时使用。

2. 电流

选用高压电气设备的额定电流 I_N 不得低于所在回路各种运行方式下的持续工作电流 I_w，即

$$I_N \geqslant I_w \qquad (4-2)$$

不同回路的持续工作电流 I_w 可按表 4-3 中所列原则计算。

表 4-3 回路持续工作电流

回路名称		回路持续工作电流	说明
	电抗器回路	电抗器额定电流	
出线	单回路	线路最大负荷电流	包括线路损耗与事故转移过来的负荷
	双回路	1.2～2 倍一回线的正常最大负荷电流	包括线路损耗与事故转移过来的负荷
	环形与一个半断路器接线回路	两个相邻回路的正常负荷电流	考虑断路器事故或检修时，一个回路加另一最大回路负荷的可能
	桥形接线回路	最大元件负荷电流	应考虑穿越功率
变压器回路		1.05 倍变压器额定电流	
		1.3～1.8 倍变压器额定电流	若要求承担另一台变压器事故或检修时转移的负荷，详见本章第二节
母线联络回路		1 个最大电源元件的计算电流	
母线分段回路		母线回路额定电流	考虑电源元件事故跳闸后仍能保证该段母线负荷；变电站应满足用户的一级负荷和大部分二级负荷的要求

由于变压器短时过负荷能力很大，双回路出线的工作电流变化幅度也较大，故其回路持续工作电流应根据实际需要确定。

高压电气设备没有明确的过负荷能力，所以在选择其额定电流时，应满足各种可能运行方式下回路持续工作电流的要求。

3. 机械荷载

所选电气设备端子的允许荷载，应大于该电气设备引线在正常运行和短路时的最大作用力。各种电气设备的允许荷载详见本章各节。

电气设备机械荷载的安全系数，由制造厂在产品制造中统一考虑。

电气设备端子、套管、绝缘子及其金具，应根据当地气象条件及不同受力组合进行力学计算，其安全系数不应小于表4-4所列数值。

表4-4　电气设备端子、套管、绝缘子及其金具的安全系数

类　别	载荷长期作用时	载荷短期作用时
电气设备端子、套管、支柱绝缘子及其金具	2.5	1.67
悬式绝缘子[①]	5.3	3.3
悬式绝缘子[②]的配套金具	4	2.5

① 悬式绝缘子的安全系数对应于机电破坏载荷。
② 悬式绝缘子的安全系数对应于1h机电试验荷载。

（二）短路稳定条件

1. 校验的一般原则

（1）用最大短路电流校验电气设备的动稳定和热稳定时，应选取系统最大运行方式下可能流经被校验电气设备的最大短路电流的短路点。系统容量应按具体工程的设计规划容量计算，并考虑电力系统的远景发展规划。

（2）用最大短路电流校验开关设备和高压熔断器的开断能力时，短路点应选在开关设备和高压熔断器的出线端子上。

（3）校验电气设备的开断电流，应按通过电气设备的最严重短路型式计算。

（4）仅用熔断器保护的电气设备可不验算热稳定。当熔断器有限流作用时，可不验算动稳定。用熔断器保护的电压互感器回路，可不验算动、热稳定。

2. 短路的热稳定条件

$$I_t^2 t > Q_{kt} \tag{4-3}$$

式中　I_t——时间 t 内设备允许通过的热稳定电流有效值，kA；

t——设备允许通过的额定短时耐受电流的时间，s；

Q_{kt}——在计算时间 t_c 内，短路电流的热效应，$kA^2 \cdot s$。

校验设备短路热稳定所用的计算时间 t_c 按式（4-4）计算：

$$t_c = t_b + t_d \tag{4-4}$$

式中　t_b——继电保护装置后备保护动作时间，s；

t_d——断路器的全分闸时间，s。

断路器的额定短时耐受电流等于额定短路开断电流，其持续时间：550～1100kV 为 2s；126～363kV 为 3s；72.5kV 及以下为 4s。

3. 短路的动稳定条件

$$i_{ch} \leqslant i_{df} \tag{4-5}$$

$$I_{ch} \leqslant I_{df} \tag{4-6}$$

式中　i_{ch}——短路冲击电流峰值，kA；

I_{ch}——短路全电流有效值，kA；

i_{df}——电气设备允许的极限通过电流峰值，kA；

I_{df}——电气设备允许的极限通过电流有效值，kA。

（三）绝缘水平

在工作电压和过电压的作用下，电气设备的内、外绝缘应保证必要的可靠性。

电气设备的绝缘水平应符合 GB/T 50064《交流电气装置的过电压保护和绝缘配合设计规范》的要求。在进行绝缘配合时，考虑所采用的过电压保护措施后，决定设备上可能的作用电压，并根据设备的绝缘特性及可能影响绝缘特性的因素，从安全运行和技术经济合理性两方面确定设备的绝缘水平。

绝缘配合的计算方法见第七章。

三、环境条件

选择电气设备时，应按当地环境条件校核。当温度、日照、风速、冰雪、湿度、污秽、海拔、地震、噪声等环境条件超出一般电气设备的基本使用条件时，应通过技术经济比较分别采取下列措施：

（1）向制造厂提出补充要求，订制符合当地环境条件的产品；

（2）在设计或运行中采用相应的防护措施，如采用屋内配电装置、减（隔）震装置等。

（一）温度

选择电气设备的环境温度宜采用表4-5所列数值。

表4-5　选择电气设备的环境温度

类别	安装场所	环境温度	
		最高	最低
电气设备	室外其他	年最高温度	年最低温度
	室内变压器和电抗器	该处通风设计最高排风温度	
	室内其他	该处通风设计温度。当无资料时，可取最热月平均最高温度加5℃	

注　1. 年最高（或最低）温度为一年中所测得的最高（或最低）温度的多年平均值。

2. 最热月平均最高温度为最热月每日最高温度的月平均值，取多年平均值。

3. 室外 SF_6 绝缘设备选择时应按照极端最低温度校验。

电气设备的正常使用环境条件为周围空气温度不高于40℃，且24h 测得的温度平均值不超过35℃。户外设备最低环境温度的优选值为–10、–25、–30、–40℃；户内设备低环境温度的优选值为–5、–15、–25℃。

当电气设备使用在周围空气温度高于+40℃（但

不高于 60℃）时，允许降低负荷长期工作，推荐周围空气温度每增高 1K，减少额定电流负荷的 1.8%；当电气设备使用在周围环境温度低于+40℃时，推荐周围空气温度每降低 1K，增加额定电流负荷的 0.5%，但其最大过负荷不得超过额定电流的 20%。

对环境空气温度高于 40℃的设备，其外绝缘在干燥状态下的试验电压应取其额定耐受电压乘以温度校正系数。温度校正系数为

$$K_t = 1 + 0.0033(T - 40) \tag{4-7}$$

式中　T——环境空气温度，℃。

在高寒地区，应选择能适应当地环境最低温度的高寒电气设备。若周围环境温度低于电气设备、仪表和继电器设备的最低允许温度，则应装设加热装置或采取保温措施。

（二）日照

屋外高压电气设备在日照影响下将产生附加温升。但高压电气设备的发热试验是在避免阳光直射的条件下进行的。如果制造厂未能提出产品在日照下额定载流量下降的数据，在设计中可暂按电气设备额定电流的 80%选择设备。

在进行试验和计算时，日照强度取 0.1W/cm²，风速取 0.5m/s。

（三）风速

高压电气设备选择时应按最大风速考虑，一般可在最大风速不大于 35m/s 的环境下使用。

选择高压电气设备时所用的最大风速为：

（1）1000kV 电气设备，宜采用离地面 10m 高，100 年一遇 10min 平均最大风速；

（2）500～750kV 电气设备，宜采用离地面 10m 高，50 年一遇 10min 平均最大风速；

（3）330kV 及以下电气设备，宜采用离地面 10m 高，30 年一遇 10min 平均最大风速。

宜按实际安装高度对风速进行换算，风压高度变化系数可参考 GB 50009《建筑结构荷载规范》。

对于最大风速超过 35m/s 的地区，应在户外配电装置的设计中采取有效防护措施，并对电气设备制造厂提出针对风速的特殊要求。

（四）冰雪

在积雪、覆冰严重的地区，应采取措施防止冰串引起瓷件绝缘对地闪络。

隔离开关的破冰厚度应大于安装场所最大覆冰厚度，一般为 10mm。当覆冰厚度可能超过 20mm 时应与制造厂协商。

（五）湿度

选择电气设备的湿度，应采用当地相对湿度最高月份的平均相对湿度（相对湿度：在一定温度下，空气中实际水汽压强值与饱和水汽压强值之比；最高月份的平均相对湿度：该月中日最大相对湿度值的月平均值）。对湿度较高的场所，应采用该处实际相对湿度。当无资料时，可取比当地湿度最高月份的平均相对湿度高 5%的相对湿度。

一般高压电气设备可使用在+20℃、相对湿度为 90%的环境中（电流互感器为 85%）。在长江以南和沿海地区，当相对湿度超过一般电气设备使用标准时，应选用湿热带型高压电气设备。

湿热带地区使用环境条件见表 4-6。

表 4-6　　湿热带地区使用环境条件

序号	环境条件		单位	有气候防护场所	无气候防护场所
1	空气温度	年最高	℃	40	40
2		年最低		−5	−5，−10①
3		日平均		35	35
4		变化率	℃/min	0.5	0.5
5	相对湿度不小于95%时最高温度		℃	28	28②
6	气压		kPa	90	90
7	降雨强度		mm/min		6③，15
8	凝露		—	有	有
9	霉菌		—	有	有
10	盐雾条件④		—	有	有
11	暴雨		—		频繁
12	有害生物		—	活动频繁	活动频繁

① 国内湿热地区低温采用10℃。

② 指年最大相对湿度不小于95%时出现的最高温度，国外湿热地区采用33℃。

③ 国内湿热地区降雨强度采用6mm/min。

④ 仅对有盐雾的地区。

（六）污秽

污秽地区内各种污秽物质对电气设备的危害，取决于污秽物质的导电性、吸水性、附着力、数量、密度、与污源的距离及气象条件。为保证空气污秽地区电气设备的安全运行，在工程设计中应根据污秽情况选用下列措施：

（1）根据当地环境污秽条件确定电气设备外绝缘的爬电距离。

（2）增大电瓷外绝缘的统一爬电比距，选用有利于防污的材料或电瓷造型，如采用硅橡胶、大小伞、大倾角、钟罩式等特制绝缘子。

（3）采用热缩增爬裙增大电瓷外绝缘的有效爬电比距。

（4）经过技术经济比较确定采用 SF₆ 气体绝缘金

属封闭开关设备（GIS）或室内配电装置。

变电站表征污秽度分级标准见表4-7。

表4-7　变电站表征污秽度分级标准

污秽等级	污秽特性
a	很轻
b	轻
c	中等
d	重
e	很重

各污秽等级电力设备的参考统一爬电比距如图4-1所示。

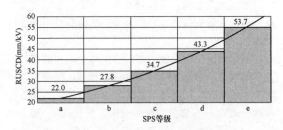

图4-1　RUSCD与SPS等级的关系

注　1. SPS等级：现场污秽度。

　　2. RUSCD：参考统一爬电比距，即就尺寸、外形和安装位置等进行矫正前对污秽现场的统一爬电比距的最初值。

　　3. 统一爬电比距：绝缘子的爬电距离除以该绝缘子上的最高运行电压（方均根值）。

　　4. 对处于污秽环境中用于中性点绝缘和经消弧线圈接地系统的电力设备，其外绝缘水平一般可按高一级选取。

（七）海拔

电气设备的一般使用条件为海拔不超过1000m。对于安装在海拔超过1000m地区的电气设备，其外绝缘应予以加强。当海拔在1000m以上、4000m以下时，设备外绝缘强度应参照GB 311.1《绝缘配合　第1部分：定义、原则和规则》中相关公式进行海拔修正：

$$K_a = e^{q\left(\frac{H-1000}{8150}\right)} \qquad (4-8)$$

式中　K_a——海拔修正系数；

　　　q——指数；

　　　H——海拔。

q取值如下：

（1）对雷电冲击耐受电压，$q=1.0$；

（2）对空气间隙和清洁绝缘子的短时工频耐受电压，$q=1.0$；

（3）对操作冲击耐受电压，q按图4-2选取。

注　指数q取决于包括在设计阶段未知的最小放电路径在内的各种参数。但是作为绝缘配合的目的，图4-2中给出了q的保守估算，可用作操作冲击耐受电压的修正。

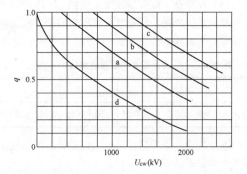

注　对于由两个分量组成的电压，电压值是各分量的和。

图4-2　指数q与配合操作冲击耐受电压的关系

a—相对地绝缘；b—纵绝缘；c—相间绝缘；

d—棒-板间隙（标准间隙）

对海拔高于4000m的电气设备外绝缘，应开展专题研究后确定。

（八）地震

地震对电气设备的影响因素主要是地震波的频率和地震振动的加速度。一般电气设备的固有振动频率和地震振动的频率很接近，应设法防止共振的发生，并加大电气设备的阻尼比。地震振动的加速度与地震烈度和地基有关，通常用重力加速度g的倍数表示。抗震设计应符合GB 50260《电力设施抗震设计规范》的要求。

（1）电力设施的抗震设防烈度或地震动参数应根据GB 18306《中国地震动参数区划图》的有关规定确定。对按有关规定做过地震安全性评价的工程场地，应按批准的抗震设防设计地震动参数或相应烈度进行抗震设防。重要电力设施中的电气设施可按抗震设防烈度提高1度设防，但抗震设防烈度为9度及以上时不再提高。

（2）电气设施的抗震设计应符合下列规定：

1）重要电力设施中的电气设施，当抗震设防烈度为7度及以上时，应进行抗震设计；

2）一般电力设施中的电气设施，当抗震设防烈度为8度及以上时，应进行抗震设计；

3）安装在室内二层及以上和室外高架平台上的电气设施，当抗震设防烈度为7度及以上时，应进行抗震设计。

（3）当电气设备有支承结构时，应充分考虑支承结构的动力放大作用；若仅作电气设施本体的抗震设计时，地震输入加速度应乘以支承结构动力反应放大系数。

（4）对于高地震烈度区且不能满足抗震要求，或对于抗震安全性和使用功能有较高要求或专门要求的电气设施，可采用隔震或减震措施。

（5）设计基本地震加速度应根据 GB 18306《中国地震动参数区划图》取电气设施所在地的地震动峰值加速度，见表 4-8。

表 4-8　设计基本地震加速度值

烈度（度）	6	7		8		9
设计基本地震加速度（g）	0.05	0.10	0.15	0.20	0.30	0.40

在电气设备选定后，电气工程设计尚需采取的抗震措施详见第八章。

（九）防风沙

风沙较大地区，沙尘对变电站设备的安全运行有较大影响，主要体现在"卡塞现象""集尘效应""打磨效应""电气绝缘性能影响""强劲大风对设备的影响"等几个方面。

（1）对于"卡塞现象"，应尽量避免采用外露部件较多的设备，例如垂直伸缩式隔离开关，若无法避免采用此类产品，可考虑采用"钟罩"式触头设计等措施，减少动、静触头接触面的积尘和卡塞的发生；同时，应加强运行维护保养。

（2）对于"集尘效应"，应考虑加强设备密封性能，必要时可采用防风沙专用继电器。

（3）对于"打磨效应"，应尽量选择不锈钢外壳的户外箱体，并对设备本体喷漆提出工艺要求。

（4）对于"电气绝缘性能影响"，应要求制造厂提高绝缘子和设备瓷套表面抗尘能力；同时，应加强变电站的清洗工作。

（5）对于"强劲大风对设备的影响"，应按照最严酷情况下折算至设备最高处的风速，对设备本体提出相关要求，并充分考虑沙暴对风压的增益作用。

电气设备订货时，应考虑防风沙措施。

四、环境保护

选用电气设备，尚应注意电气设备对周围环境的影响。根据周围环境的控制标准，对制造厂提出有关技术要求。

（一）电晕及无线电干扰

频率大于 10kHz 的无线电干扰主要来自电气设备的电流、电压突变和电晕放电。它会损害或破坏电磁信号的正常接收及电气设备、电子设备的正常运行。因此电气设备在 1.1 倍最高工作相电压下，晴天夜晚应无可见电晕。110kV 及以上电气设备在户外晴天时无线电干扰电压不应大于 500μV。

根据运行经验和现场实测结果，对于 110kV 以下的电气设备一般可不校验无线电干扰电压。

（二）噪声

为了减少噪声对工作场所和附近居民区的影响，所选高压电气设备在运行中或操作时产生的噪声水平（测试位置距声源设备外沿垂直面的水平距离为 2m，离地高度为 1～1.5m 处），不应大于下列水平：

连续性噪声水平：80dB（A）。

非连续性噪声水平：室内 90dB（A）；室外 110dB（A）。

（三）气体污染

变电站的气体污染主要考虑 SF_6 气体泄漏产生的污染。SF_6 以其优异的物化性能，已成为电力行业中广泛使用的重要熄弧及绝缘介质。同时，SF_6 气体又是一种温室效应气体，被列为需全球管制使用的 6 种气体之一。

气体封闭压力系统的密封性用每个隔室的相对漏气率来规定：对于 SF_6 和 SF_6 混合气体，标准值为每年不大于 0.5%。封闭压力系统的密封性用其预期工作寿命来规定。该值由制造厂规定，优选 20、30、40 年。为了满足预期工作寿命的要求，SF_6 系统的漏气率不应大于 0.1%。

第二节　主 变 压 器

发电机输出的电能经由变压器升压后输送到负荷中心，或经联络变压器将电能输送到其他电力系统，再由降压变压器降压后输送到工业区或生活区，最后经配电变压器将电压降到应用水平。

一、主变压器型式的选择

（一）基本分类

变压器按用途划分，可分为升压变压器、联络变压器、降压变压器和配电变压器；按铁芯结构划分，可以分为芯式变压器和壳式变压器；按绕组结构形式划分，可分为电力变压器和自耦变压器；按相数划分，可以分为单相变压器和三相变压器；按绕组数量划分，可分为双绕组变压器和三绕组变压器；按绝缘介质划分，可分为油浸式变压器和干式（空气、SF_6 或浇注绝缘）变压器；按冷却方式划分，可分为空气冷却变压器、油自然循环冷却变压器、强迫油循环冷却变压器、强迫油循环导向冷却变压器和水冷变压器。

（二）参数的选择

主变压器应按表 4-9 所列技术条件选择，并按表中使用环境条件校验。

表 4-9　　　　　　主变压器参数选择

	项目	参　　数
技术条件	正常工作条件	型式、额定容量、绕组电压、相数、短路阻抗、频率、冷却方式、联结组别、调压方式及范围、并联运行特性、机械荷载、损耗、温升限值、中性点接地方式等
	励磁特性	励磁涌流
	承受过电压能力	绝缘水平、过载能力
	套管式电流互感器	绕组数、准确级、电流比、二次容量、K_{ssc} 或 F_s 或 ALF
环境条件	环境条件	环境温度、日温差[①]、最热月平均温度、年平均温度、日照强度[①]、覆冰厚度[①]、最大风速[①]、相对湿度[②]、污秽等级[①]、海拔、地震烈度、系统电压波形及谐波含量
	环境保护	噪声水平、局部放电水平、无线电干扰水平

① 当户内布置时，可不考虑；

② 当户外布置时，可不考虑。

（三）相数的选择

1. 变电站主变压器相数的选择

主变压器采用三相或单相，主要考虑变压器的制造条件、可靠性要求及运输条件等因素。特别是大型变压器，尤其需要考察其运输可能性，保证运输尺寸不超过隧洞、涵洞、桥洞的允许通过限额，运输重量不超过桥梁、车辆、船舶等运输工具的允许承载能力。在可能的条件下，优先选用三相变压器、自耦变压器、整体运输变压器、低损耗变压器、无励磁调压变压器。对于高电压等级、大容量变压器，若采用单相仍无法满足运输条件，可考虑采用分体结构变压器。

选择主变压器的相数，需考虑如下原则：除受运输、制造水平或其他特殊制造原因限制外，应尽可能选用三相变压器；当受运输条件限制时，应综合考虑运输和制造条件，选用单相变压器或分体运输、现场组装变压器。

2. 备用相设置原则

对于 500kV 及以上变电站的单相变压器，应考虑一台变压器故障或停电检修时，对供电及系统工频过电压的影响，经技术经济论证后确定是否装设备用相。一般初期安装 1 组主变压器时，可考虑设置 1 台主变压器备用相，扩建第二组主变压器时，可将原备用相作为工作相，不再设置备用相。

对于容量、阻抗、电压等技术参数相同的两台或多台主变压器，首先应考虑共用一台备用相。当变电站之间距离较近，运输条件较为方便，且采用的变压器型式相同时，可考虑按区域设置备用相。

备用相通常采用搬运并替换故障相方案投入运行，是否采用隔离开关、切换导线等方式与工作相连

接，具体可根据备用相在替代工作相的投入过程中，是否允许较长时间停电和变电站布置条件等工程具体情况确定。

（四）绕组数量和连接方式的选择

1. 变电站主变压器绕组数量的选择

（1）在具有三种电压的变电站中，如通过主变压器各侧绕组的功率均达到该变压器容量的 15% 以上，或低压侧虽无负荷，但在变电站内需装设无功补偿设备时，主变压器宜采用三绕组变压器。

（2）对地处负荷中心，具有直接从高压降为低压供电条件的变电站，为简化电压等级或减少重复降压容量，可采用双绕组变压器。

2. 变电站主变压器绕组连接方式的选择

变压器绕组的连接方式必须和系统电压相位一致，否则不能并列运行。电力系统采用的绕组连接方式只有星形和三角形，高、中、低压三侧绕组如何组合要根据具体工程来确定。

（五）自耦变压器的选用

1. 自耦变压器的一般使用条件

自耦变压器的结构特点是一次绕组与二次绕组在电路上相连，且至少有两个绕组具有公共部分。

自耦变压器与同容量的普通变压器相比，具有很多优点，如消耗材料少，造价低；有功和无功损耗小，效率高；由于高、中压绕组的自耦联系，阻抗小，对改善系统稳定性有一定作用；可扩大变压器极限制造容量，方便运输和安装。

在 220kV 及以上变电站中，宜优先选用自耦变压器。

2. 选用自耦变压器时应注意的问题

（1）效益问题。在普通变压器中全部容量是靠电磁场从一次侧传输到二次侧的，而在自耦变压器中，有一部分能量则是不经过变换而直接传输的，如图 4-3 所示。

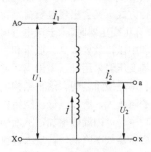

图 4-3　自耦变压器的原理接线

当不考虑自耦变压器的损耗和励磁电流时，可认为一次侧的通过容量和二次侧的通过容量相等，两者有效值的关系为

$$U_1 I_1 = U_2 I_2 = U_2 \ (I_1 + I) = U_2 I_1 + U_2 I \qquad (4\text{-}9)$$

式中 U_1——一次侧电压，V；

$\quad\quad U_2$——二次侧电压，V；

$\quad\quad I_1$——一次侧电流（串联绕组中电流），A；

$\quad\quad I_2$——二次侧电流，A；

$\quad\quad I$——公共绕组中电流，A。

从式（4-9）可以看出，自耦变压器的二次侧容量由两部分组成，一部分通过自耦变压器的串联绕组电路直接传输过来，即 U_2I_1；另一部分通过公共绕组的电磁感应传输过来，即 U_2I。

U_1I_1、U_2I_2 均称为自耦变压器的通过容量，即自耦变压器的额定容量。该容量标注在变压器的铭牌上。

U_2I 为自耦变压器公共绕组的容量，一般称为电磁容量或计算容量。自耦变压器的尺寸和材料消耗量仅取决于电磁容量。假定 K_{12} 为自耦变压器一次、二次的电压比，则由式（4-9）得出自耦变压器电磁容量和通过容量的关系为

$$U_2I = U_2I_2\left(1-\frac{1}{K_{12}}\right) = U_2I_2 K_b \quad (4-10)$$

$$K_b = 1 - \frac{1}{K_{12}}$$

式中 K_b——自耦变压器的效益系数。

K_b 永远小于 1。K_{12} 越小，K_b 就越小；K_{12} 增大，K_b 也增大。由此可见，当两个电网的电压等级接近时，采用自耦变压器的经济效益是显著的；反之电压相差很大，其经济效益就不大。因此实际应用的自耦变压器，其电压比基本在 3:1 范围内。

自耦变压器的第三绕组容量，从补偿三次谐波电流的角度考虑，不应小于电磁容量的 35%，而变压器设计时，因绕组机械强度的要求，往往要大于上述值，但最大值一般不超过其电磁容量。

（2）运行方式及过负荷保护。由于自耦变压器公共绕组的容量最大只能等于电磁容量，因此在某些运行方式下自耦变压器的传输容量不能充分利用，而在另外一些运行方式下又会出现过负荷。现分述如下：

1）用作升压变压器时。由于送电方向主要是从低压送向高压和中压，故要求高、低压和中、低压之间阻抗小。自耦变压器采用升压型结构，低压绕组布置在公共绕组和串联绕组之间。这种结构的缺点是高、中压绕组间的阻抗大，所以当低压绕组停用，高、中压之间交换功率时，因漏磁增加，从而引起大量附加损耗，自耦变压器效率降低，其最大传输容量可能要限制到额定容量的 70%～80%。因此，升压自耦变压器除了在高压、低压及公共绕组装设过负荷保护之外，还应增设特殊的过负荷保护，以便在低压侧无电流时投入。

2）用作降压变压器时。在 220kV 及以上的枢纽变电站中，变压器一般均选用自耦变压器，其送电方向主要是从高压送向中压，第三绕组一般接站用变压器或投、切并联电容器组。输送容量往往也受公共绕组（电磁容量）的限制，有时也可适当加大公共绕组容量来满足负荷的要求。一般在高压、低压及公共绕组均装设过负荷保护。

（3）调压及分接头选择。自耦变压器若采用中性点带负荷调压，则对高、中、低压都有牵连，特别是当高、低绕组间的阻抗偏大时，会给运行带来一些麻烦，选用时应予以注意。

自耦变压器中性点有载调压示意图如图 4-4 所示。从图 4-4 可以得出，调节高压侧匝数或电势时，低压侧的匝数或电势也同时发生变化。

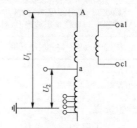

图 4-4 自耦变压器中性点有载调压示意图

当普通变压器的一次电压波动时，为了得到稳定的二次电压，一次绕组匝数作相应调整以维持每匝电势不变，即维持铁芯磁通密度不变。若高压侧电压升高，则应增加高压绕组匝数；而中性点调压的自耦变压器，则要减少匝数，以维持二次电压不变。这就导致每匝电势增加，即导致铁芯更加饱和。在低压绕组接有无功设备和站用变压器时，必须仔细核算调压前后各侧的电压关系。

（4）阻抗问题。由于自耦变压器高、中压绕组间的自耦联系，其阻抗比普通变压器小，同时其中性点要直接接地或经小电抗接地，所以使单相和三相短路电流急剧增加，有时单相短路电流会超过三相短路电流，造成高压电气设备的选择困难和对通信线路的危险干扰。因此，当采用自耦变压器时，应计算单相和三相短路电流，以便提出限制短路电流的措施。

（5）中性点接地问题。在电力系统中采用自耦变压器时，由于一次绕组和二次绕组在电路上相连，自耦变压器的中性点必须直接接地或者经小电抗接地，以免高压网络发生单相接地时，自耦变压器中压绕组出现过电压。

（6）继电保护问题。由于自耦变压器高压侧和中压侧有电的联系，有共同的接地中性点，并直接接地。因此，自耦变压器零序保护的装设与普通变压器不同。具体详见第十四章。

（7）过电压问题。自耦变压器中的冲击过电压比普通变压器要严重得多。其原因一是高、中压绕组

有电的联系，高压侧出线的过电压波能直接传到中压侧；二是从高压侧线路上进入的冲击波加在自耦变压器的串联绕组上，而串联绕组的匝数通常比公共绕组的匝数少很多，因此在公共绕组中感应出来的过电压大大超过侵入波的幅值。

过电压保护规程规定，在自耦变压器的两个自耦合绕组出线上装设避雷器。当采用氧化锌避雷器时，高压侧与中压侧的避雷器额定电压应有必要的配合，选择方法详见第七章。

二、主变压器阻抗和电压调整方式的选择

（一）主变压器阻抗的选择

变压器的阻抗实质就是绕组间的漏抗。阻抗的大小主要取决于变压器的结构和采用的材料。当变压器的电压比和结构、型式、材料确定后，其阻抗大小一般和变压器容量关系不大。

从电力系统稳定和供电电压质量考虑，希望主变压器的阻抗越小越好。但阻抗偏小又会使系统短路电流增加，各侧电气设备选择遇到困难。另外阻抗的大小还要考虑变压器并联运行的要求。主变压器阻抗的选择应结合系统短路水平、运行损耗和制造难度等因素综合考虑：

（1）各侧阻抗值的选择必须从电力系统稳定、潮流方向、无功分配、继电保护、短路电流、系统内的调压手段和并联运行等方面进行综合考虑，并应以对工程起决定性作用的因素来确定。

（2）选择变压器短路阻抗时，应根据变压器所在系统条件尽可能选用相关标准规定的标准阻抗值。

（3）为限制过大的系统短路电流，应通过技术经济比较确定选用高阻抗变压器，按电压分挡设置，并应校核系统电压调整率和无功补偿容量。

（4）对三绕组的电力变压器和自耦变压器，其最大阻抗是放在高、中压侧，还是高、低压侧，必须按上述第（1）条原则来确定。一般情况下，变压器的绕组排列顺序为自铁芯向外依次为中、低、高时，高、中压侧阻抗最大；变压器的绕组排列顺序为自铁芯向外依次为低、中、高时，高、低压侧阻抗最大。

（二）主变压器电压调整方式的选择

1. 电压质量

220kV 及以上电网的电压质量应符合以下标准：

（1）枢纽变电站二次侧母线的运行电压控制水平应根据枢纽变电站的位置及电网的电压降而定，可为电网额定电压的 1～1.1 倍。在日最大、最小负荷情况下，其运行电压控制水平的波动范围不应超过 10%；事故后不应低于电网额定电压的 95%。

（2）电网任一点的运行电压，在任何情况下严禁超过电网最高电压。变电站一次侧母线的运行电压正

常情况下不应低于电网额定电压的 95%～100%（处于电网受电端的变电站取低值）。

2. 调压方式

变压器的电压调整是用分接开关切换变压器的分接头，从而改变变压器变比来实现的。切换方式有两种：①不带电切换，称为无励磁调压，调整范围通常在 ±5% 以内；②带负载切换，称为有载调压，调整范围可达 30%。

调压方式选择的原则如下：

（1）无励磁调压变压器一般用于电压及频率波动范围较小的场所；

（2）有载调压变压器一般用于电压波动范围大，且电压变化频繁的场所。

在满足运行要求的前提下，能用无励磁调压的尽量不用有载调压。无励磁分接开关应尽量减少分接头数目。可根据系统电压变化范围只设最大、最小和额定分接。

对于 220kV 及以上的变压器，仅在电网电压可能有较大变化的情况下，采用有载调压方式。当电力系统运行确有需要时，在变电站也可装设单独的调压变压器或串联变压器。

对于 110kV 及以下的变压器，宜考虑至少有一级电压采用有载调压方式。

3. 调压绕组位置的选择

自耦变压器有载调压方式，有公共绕组中性点侧调压、串联绕组末端调压及中压侧线端调压三种方式，应根据变压器的电压、容量、运行方式要求等进行选择。

（1）中性点侧调压方式。中性点侧调压方式的优点是调压绕组及调压装置的工作电压低，绝缘水平要求较低。三相变压器可使用三相分接开关，分接抽头电流较小，因而造价低，可靠性高。但这种调压方式在调压时，第三绕组会出现电压偏移现象，当升高中压侧电压时，同时将降低低压侧电压。另外，在调压过程中，主绕组的感应电动势也随之变化，从而可能出现过励磁现象，如果第三绕组连接有电抗器、电容器等设备，就会加剧电压升高的数值，影响运行特性。

因此，中性点侧调压方式适用于容量较小、电压较高、变比较大的自耦变压器。例如，1000kV 主变压器宜采用中性点侧调压方式。

（2）串联绕组末端调压方式。在高压侧进行直接调压的串联绕组末端调压方式，也是一种保证铁芯磁通密度恒定的线端调压方式。它可以在中压侧电压不变、高压侧电压变化时，改变匝数，保证低压电压稳定。但是，随着可调电压的提高，对调压绕组和分接开关的绝缘水平要求更高，切换电流也大，结构更为

复杂，在制造技术上会遇到更大的困难。对调压绕组的空间位置、连接方式以及和其他绕组的相互位置，都要进行最佳选择，以保证调压过程中的最少电抗偏离。

因此，串联绕组末端调压适用于大容量自耦变压器，且高压侧电压变化较大的情况。

（3）中压侧线端调压方式。将有载分接开关直接接于中压侧出线端部的中压侧线端调压方式，其最大优点是在高压侧电压保持不变、中压侧电压变化时，可以按电压升高与降低相应的增加或减少匝数，保持每匝电势不变，从而保证自耦变压器铁芯磁通密度为一恒定数值，消除了过励磁现象，使第三绕组电压不致发生波动。当高压侧电压变化时，变压器的励磁状态虽然也会发生变化，影响低压侧的电压数值，但这种变化远比中性点调压方式更小，并不会大于电压波动范围。

这种调压方式在调压过程中，会引起变压器的电抗参数和效益系数的改变。在制造方面，当高压侧受到电压冲击时，对具有电气直接联系的中压侧调压绕组和切换装置，需要加强保护，其绝缘水平也要求较高，造价也随之提高。

因此，中压侧线端调压适用于中压侧电压变化较大的情况。如果自耦变压器主要是将高压侧电能向中压侧传输，由于低压侧负荷较小，高压侧电压变化时所受影响不大，也可考虑采用这种调压方式。

三、主变压器的冷却方式

变压器一般采用的冷却方式有自然风冷却、强迫油循环风冷却、强迫油循环水冷却、强迫油循环导向冷却。

小容量变压器一般采用自然风冷却；大容量变压器一般采用强迫油循环风冷却。

强迫油循环水冷却方式散热效率高，节约材料，减少变压器本体尺寸。其缺点是需要有一套水冷却系统和相关附件，冷却器的密封性能要求高，维护工作量较大。

随着变压器制造技术的发展，在大容量变压器中，采用了强迫油循环导向冷却方式。用潜油泵将冷油压入线圈、线饼之间和铁芯的油道中，故此冷却效率更高。

当变压器采用强迫油循环冷却方式时，对冷却系统的供电应可靠。一般采用分别连接在不同母线上的两路独立电源供电，并能实现自投。对各个冷却器的工作、辅助或备用等运行状态，也能根据变压器的负荷、温度等情况，自动进行调整。当冷却器因故障全停时，须经一定延时，跳开各侧断路器，使变压器退出运行。

四、主变压器的运输和组装

常规主变压器采用铁路、公路或水路方式进行整装运输。具体详见第二十章第九节。

针对部分电压等级高、容量大的主变压器，若不具备整装运输的条件，可采用主变压器解体运输、现场组装方式，具体方案可根据工程实际情况进行技术经济比较后确定。

第三节　高压并联电抗器和中性点小电抗

一、高压并联电抗器

（一）高压并联电抗器的作用

在220kV及以上高压、超高压、特高压线路侧，常需要装设同一电压等级的并联电抗器，其作用如下：

（1）削弱空载或轻负载线路中的电容效应，降低工频暂态过电压，进而限制操作过电压幅值。

（2）改善沿线电压分布，提高负载线路中的母线电压，增加系统稳定性及送电能力。

（3）改善轻负载线路中的无功分布，降低有功损耗，提高送电效率。

（4）采用电抗器中性点经小电抗接地的办法来补偿线路相间及相地电容，加速潜供电弧自灭，有利于单相快速重合闸的实现。

（5）可控高压并联电抗器主要用于解决长距离重载线路，限制过电压和无功补偿的矛盾。可控高压并联电抗器可以灵活调节系统无功，最大程度上保持电压的稳定性，保证系统在工频过电压情况下的安全性；减少系统网损，提高电网输送能力。

当变电站初期为开关站，无低压无功补偿装置时，可考虑在配电装置母线上装设并联电抗器，以补偿剩余无功。

（二）高压并联电抗器位置与容量的选择原则

（1）高压并联电抗器位置与容量的选择与很多因素有关。应首先考虑限制工频过电压的需要，并结合限制潜供电流、无功补偿等方面的要求，进行技术经济综合论证。

（2）高压并联电抗器位置与容量的选择由系统专业提出。电气专业应从限制过电压的角度予以配合，并考虑装设并联电抗器后对本专业设计的影响。

（3）工频过电压的限制措施详见第七章。通常单电源系统，并联电抗器设置在线路的末端；双电源系统，仅在一端设置并联电抗器，对另一端工频过电压的降低影响很小。并联电抗器设置在线路中段可以照顾线路两端的电压升高。当线路中段没有中间变电站或开关站的合适落点时，并联电抗器可设置在系统容量较大的一侧或分装在线路的两端。

（4）在选择并联电抗器的位置和容量时，应兼顾以下要求：

1）满足大小运行方式时无功平衡的要求，同时将降低有功损耗作为一个参考指标。仅由于此目的而装设的并联电抗器，可以选用较低的电压等级，安装在变电站的中压或低压侧。电网中，并联电抗器的位置、容量和电压等级的选择，将影响系统的运行和经济性。此工作由系统专业计算确定。

2）降低潜供电流、提高单相快速重合闸的成功率。为了提高线路输送容量和系统稳定性，在超高压、远距离输电线路上往往需要采用单相快速重合闸。为提高其动作成功率，必须对潜供电流予以限制。在并联电抗器的中性点装设小电抗，是降低接地点恢复电压、减少潜供电流，从而加速潜供电弧自灭的有效措施。因此，在选择并联电抗器时，应对其进行综合考虑。

（5）为了提高并联电抗器的补偿效果，可以采取以下措施：

1）给并联电抗器加装三角形绕组。这会使得零序阻抗大大减小，降低接地系数，从而进一步降低工频过电压的幅值。或者在工频过电压保持原有水平的情况下，减少并联电抗器的安装容量。三角形绕组还可为变电站提供备用站用电源。

2）采用自饱和或可控饱和电抗器。控制并联电抗器铁芯的饱和度，改变伏安特性，不仅可以突然增大补偿度，还可以较快地泄漏线路上的残余电荷，降低重合闸过电压。饱和的控制可以采取附加直流励磁的方式。采用此方式时，需注意研究产生谐振的条件和消谐措施。

（三）高压并联电抗器的基本分类

（1）按补偿形式分类，可分为固定并联电抗器和可控并联电抗器。主要并联于220kV及以上高压线路上，固定或阶梯调节补偿输电线路的充电功率，以降低系统的工频过电压水平，并兼有减少潜供电流，便于系统并网，以提高送电可靠性等功能。

目前工程应用于超/特高压系统的可控高压并联电抗器主要有磁控式和变压器式两大类，又根据其结构形式及原理不同，大致可分为磁控式连续可控并联电抗器、分级式高阻抗变压器型可控并联电抗器、晶闸管控制变压器型（TCT）可控并联电抗器。具体原理接线等详见第六章。

（2）按冷却方式分类，可分为自然冷却（ONAN）式和自然油循环风冷（ONAF）式两种。750kV及以下高压并联电抗器均采用自然冷却方式。

（3）按相数分类，可分为三相和单相高压并联电抗器。

（四）高压并联电抗器的参数选择

高压并联电抗器应按表4-10所列技术条件选择，并按表中使用环境条件校验。

表4-10　　高压并联电抗器参数选择

项目		参　　数
技术条件	正常工作条件	额定容量、电压、电流、电抗、频率、冷却方式、机械荷载、损耗、温升限值
	短路稳定性	动稳定电流、热稳定电流和持续时间
	励磁特性	饱和特性、过励磁能力
	承受过电压能力	高压并联电抗器绝缘水平、套管绝缘水平
	套管式电流互感器	绕组数、准确级、电流比、二次容量、K_{ssc} 或 F_s 或 ALF
环境条件	环境条件	环境温度、日温差[①]、最热月平均温度、年平均温度、日照强度[①]、覆冰厚度[①]、最大风速[①]、相对湿度[②]、污秽等级[①]、海拔、地震烈度
	环境保护	噪声水平、局部放电水平、无线电干扰水平

① 当户内布置时，可不考虑；
② 当户外布置时，可不考虑。

（五）高压并联电抗器的型式选择

高压并联电抗器可以采用三相或单相电抗器。

谐振条件并不是选用三相或单相电抗器的因素，三相或单相电抗器都有可能产生谐振过电压。在中性点加装小电抗后，对谐振过电压有抑制作用。但是，小电抗的阻抗值有可能选择不同，从而使中性点的绝缘水平不同。

三相电抗器比三个单相电抗器价格便宜。选用三相电抗器，应结合制造条件、运输条件、安装条件等综合考虑。

如果选用三相电抗器，应选用三相五柱结构，而不宜采用三相三柱结构。因为三相三柱结构有如下缺点：

（1）当采用单相重合闸时，单相断开后，另外两相的磁通通过断开相的铁芯柱，使断开相上感应一个电压，使得故障点的潜供电流加大而不利于灭弧。

（2）三相三柱式电抗器要求在中性点连接的小电抗具有较大的阻抗值，中性点的绝缘水平较高。

采用三相五柱结构的电抗器，其有绕组的三个铁芯柱磁阻很大（铁芯加隔磁材料），另外两个旁轭铁芯柱磁阻很小。单相断开时，磁通极少通过断开相铁芯柱，避免相互感应。三相五柱结构的电抗器，其零序电抗与单相电抗器的零序电抗相同。因此，可选择相同的中性点小电抗和绝缘水平。

二、中性点小电抗

（一）中性点小电抗的选择

1. 按加速潜供电弧熄灭的要求选择小电抗

超高压线路常采用单相重合闸作为提高动稳定的措施。但在发生单相接地故障时，由于线路的电容耦合和互感耦合，接地点的潜供电弧难以自熄，降低了单相重合闸的成功率。

在并联电抗器的中性点连接小电抗后，可以补偿相间电容，并部分补偿互感分量，降低潜供电流的幅值。当小电抗中附加小电阻后，还可以改变相位，从而加速潜供电流的熄灭，如图 4-5 所示。

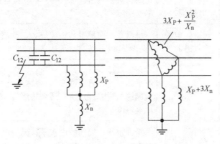

图 4-5 电抗器中性点接小电抗等值回路图

小电抗的最佳补偿与系统参数、并联电抗器的补偿度、安装位置和故障方式有关。设计时，应由系统专业对各种方案进行潜供电流和恢复电压的计算，选择最佳电抗值。潜供电流应小于 15～20A。

单从补偿相间电容的原则出发，可按式（4-11）对小电抗值进行近似估算：

$$X_0 = \frac{X_L^3}{X_{12} - 3X_L} \qquad (4\text{-}11)$$

式中　X_0——中性点小电抗的电抗值，Ω；

　　　X_L——并联电抗器的正序电抗值，Ω；

　　　X_{12}——线路的相间容抗值，Ω。

2. 按抑制谐振过电压的要求选择小电抗

为抑制工频传递谐振过电压，中性点小电抗可按式（4-12）计算：

$$X_0 = \frac{X_L^2}{X_{12} - 3X_L} + \frac{X_L - X_{L0}}{3} \qquad (4\text{-}12)$$

式中　X_{L0}——并联电抗器的零序电抗值，Ω，对单相电抗器，$X_{L0} = X_L$；对三相三柱式电抗器，$X_{L0} = X_L/2$。

因阻尼分频谐振过电压，在中性点小电抗回路中串接的电阻宜为百欧级。中性点仅安装小电抗，可以减少激发分次谐振的概率，但不能防止激发。

（二）中性点小电抗的额定电流

中性点小电抗的额定电流按下列条件选择：

（1）按 IEC 标准，潜供电流不应大于 20A。

（2）输电线路三相不平衡引起的零序电流，一般取线路工作最大电流的 0.2%。

（3）并联电抗器三相电抗不平衡引起的中性点电流，可取并联电抗器额定电流的 5%～8%。

在按故障状况校验小电抗的温升时，故障电流可取 200～300A，时间按 IEC 标准可取 10s。

（三）高压并联电抗器中性点和中性点小电抗的绝缘水平

并联电抗器中性点和中性点小电抗的绝缘水平主要取决于出现在中性点上的最大工频过电压 U_{og}，因为 U_{og} 实际上决定了避雷器的保护水平。

$$K_c = X_C / X_L \qquad (4\text{-}13)$$

式中　K_c——补偿度；

　　　X_C——串联补偿装置的容抗，Ω；

　　　X_L——被补偿线路的感抗，Ω。

由式（4-13）可知，小电抗随补偿度的增大而减小。随着小电抗阻抗值的减小，U_{og} 将相应降低。因此，绝缘水平的选择与系统所取补偿度有关，应根据系统仿真计算结果确定。

（四）中性点小电抗的参数选择

中性点小电抗的参数应按表 4-11 所列技术条件选择，并按表中使用环境条件校验。

表 4-11　　　中性点小电抗参数选择

	项目	参　　　数
技术条件	正常工作条件	额定持续电流、额定 10s 最大电流、阻抗、频率、冷却方式、机械荷载、损耗、温升限值
	短路稳定性	动稳定电流、热稳定电流和持续时间
	承受过电压能力	中性点小电抗绝缘水平、套管绝缘水平
	套管式电流互感器	绕组数、准确级、电流比、二次容量、K_{ssc} 或 F_s 或 ALF
环境条件	环境条件	环境温度、日温差[1]、最热月平均温度、年平均温度、日照强度[1]、覆冰厚度[1]、最大风速[1]、相对湿度[2]、污秽等级[1]、海拔、地震烈度
	环境保护	噪声水平、局部放电水平、无线电干扰水平

① 当户内布置时，可不考虑；
② 当户外布置时，可不考虑。

第四节　高压断路器

断路器用于在高压输配电线路中开断、关合、承载运行线路的正常电流，同时能在规定时间内承载、关合及开断规定的异常电流（如短路电流），担负电力系统的控制及保护作用。

一、基本分类

（1）按使用环境分类，可分为户内型断路器和户外型断路器两种。

（2）按灭弧室壳体的绝缘方式分类，可分为带电箱壳型断路器（例如瓷绝缘子支柱式）和接地箱壳型断路器（例如罐式）。

（3）按灭弧室介质分类，可分为 SF_6 断路器、真空断路器，此外还有油断路器、压缩空气断路器、固体产气式断路器、磁吹断路器等。

（4）为弥补隔离开关维护周期短的缺陷，推出了隔离式断路器。随着技术发展，断路器的维护周期越来越长，通常维护间隔为 15～25 年。但是，隔离开关因主触头暴露在空气中，需要定期维护，通常维护间隔为 1～2 年。隔离开关维护时，导致相邻断路器无法使用。隔离式断路器利用相同的 SF_6 绝缘触头，即可执行断路器的开断功能，又可以提供隔离开关的隔离功能，无须敞开式隔离开关，通常维护间隔为 15～25 年。隔离式断路器不但减轻了维护工作量，而且节约了占地面积，目前主要应用于 400kV 及以下变电站。

二、参数选择

断路器的参数及其操动机构应按表 4-12 所列技术条件选择，并按表中使用环境条件校验。

表 4-12　　断路器参数选择

项目		参　　数
技术条件	正常工作条件	额定电压、电流、频率、机械荷载、机械和电气寿命
	短路稳定性	动稳定电流、热稳定电流和持续时间
	承受过电压能力	对地和断口间的绝缘水平、爬电比距
	操作性能	短路开断电流、短路关合电流、操作顺序、分合闸时间及同期性、对过电压的限制、失步开断电流、特殊开断性能、操动机构
环境条件	环境条件	环境温度、日温差[①]、最热月平均温度、年平均温度、日照强度[①]、覆冰厚度[①]、最大风速[①]、相对湿度[②]、污秽等级[①]、海拔、地震烈度
	环境保护	噪声水平、局部放电水平、无线电干扰水平

① 当户内布置时，可不考虑；

② 当户外布置时，可不考虑。

（1）频率主要针对进、出口产品。

（2）断路器的额定短时耐受电流等于额定短路开断电流，其持续时间：550～1100kV 为 2s，126～363kV 为 3s，72.5kV 及以下为 4s。

如果断路器接在预期开断电流等于额定短路开断电流的回路中，过电流脱扣器整定到最大延时并按其额定操作顺序进行操作时，断路器能够在相应的开断时间内承载产生的电流，则对于自脱扣断路器不需要规定额定短路持续时间。

（3）断路器的额定短路开断电流由短路电流的交流分量有效值和直流分量百分数表征。当短路电流的直流分量不超过断路器额定短路开断电流幅值的 20% 时，额定短路开断电流仅由交流分量表征。如果短路电流的直流分量超过 20%，应与制造厂协商，并明确所要求的直流分量百分数。

（4）断路器的额定峰值耐受电流等于额定短路关合电流。在规定的使用和性能条件下，合闸状态下能承载额定短时耐受电流的第一个大半波的电流峰值。

（5）对于 110kV 以上的系统，当电力系统稳定要求快速切除故障时，应选用分闸时间不大于 0.04s 的断路器。当采用单相重合闸或综合重合闸时，应选用能分相操作的断路器。用于提高系统动稳定而装设的电气制动回路中的断路器，其合闸时间不宜大于 0.04s。

（6）当断路器两端为互不联系的电源时，设计应按以下要求校验：

1）断路器断口间的绝缘水平应满足另一侧出现反极性工频电压峰值的要求；

2）在失步下操作时的开断电流不超过断路器的额定失步开断电流；

3）断路器同极断口间的公称爬电比距与对地公称爬电比距之比一般取 1.15～1.3。

当缺乏上述技术参数时，应由制造厂进行补充试验。

三、型式选择

断路器型式的选择，除应满足各项技术参数要求和环境条件外，还应考虑便于施工和运行维护，并经过技术经济比较后确定。

35kV 及以下宜采用真空断路器或 SF_6 断路器，66kV 及以上一般采用 SF_6 断路器。

高地震烈度区、极寒地区优先选用罐式断路器。

用于切合并联补偿电容器组的断路器，应校验操作时的过电压倍数，并采取相应的限制过电压措施。3～10kV 宜用真空断路器或 SF_6 断路器，容量较小的电容器组，也可使用开断性能优良的少油断路器。

四、断路器选择的要点

（一）校验开断能力的量

在校核断路器的开断能力时，宜取断路器实际开断时间（主保护动作时间与断路器分闸时间之和）的短路电流作为校验条件。

（二）首相开断系数

三相断路器在开断短路故障时，由于动作的不同期性，首相开断的断口触头间所承受的工频恢复电压将要增高。增高的数值用首相开断系数来表征。在对三相断路器进行单相试验时，应将其工频恢复电压乘以此系数，以反映实际的开断情况。首相开断系数是指三相系统当两相短路时，在断路器安装处的完好相对于另外两相间的工频电压，与短路恢复后在同一处获得的相对中性点电压之比。

在中性点直接接地或经小电抗接地的系统中选择断路器时，首相开断系数应取 1.3；在 110kV 及以下的中性点非直接接地系统中，首相开断系数应取 1.5。

（三）重合闸

有自动重合闸装置的断路器，应考虑重合闸对额定开断电流的影响。有以下两种可供选择的额定操作顺序：

（1）O–t–CO–t'–CO。

除非另有规定，否则：

1）t=3min 不用于快速自动重合闸的断路器；

2）t=0.3s 用于快速自动重合闸的断路器（无电流时间）；

3）t'=3min。

注：取代 t'=3min 的其他值，t'=15s 和 t'=1min 也可用于快速自动重合闸的断路器。

（2）CO–t''–CO。

注：t''=15s 不用于快速自动重合闸的断路器。

其中，O 表示一次分闸操作；CO 表示一次合闸操作后立即（即无任何故意延时）进行分闸操作；t、t'、t''是连续操作之间的时间间隔。如果无电流时间是可调的，应规定调整的极限。

（四）非周期分量问题

短路点发生在下列地点，可直接用短路电流的周期分量与断路器的开断电流相比较来选择断路器，不必考虑非周期分量的影响：远离发电厂的变电站二次电压主母线处；配电网中变电站主母线处。

当计算的非周期分量大于周期分量幅值的 20%时，该值超过了断路器进行型式试验的条件，可能会影响断路器的开断性能。在此种情况下，应计算出本工程非周期分量所占实际比值，向制造厂提出要求做补充试验。当短路电流幅值（周期分量和非周期分量的代数和）小于额定开断电流幅值时，可不必采取措施直接选用。

非周期分量的计算方法见第三章。图 4-6 表示，在开断时间为 t 和回路时间常数为 T_a 时，i_{fzt} 为非周期分量短路电流所占比重，I_{dt} 为计及非周期分量后周期分量增加的倍数。

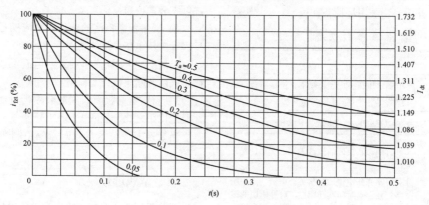

图 4-6　非周期分量的衰减曲线

（五）开断单相故障的能力

当系统单相短路电流计算值在一定条件下大于三相短路电流值时，所选择断路器的额定开断电流值不应小于所计算的单相短路电流值。

（六）特殊情况下的开断能力

1. 失步开断

额定失步开断电流是在具有表 4-13 规定的恢复电压回路中，断路器能够开断的最大失步电流。额定失步关合和开断电流的规定是非强制性的。

表 4-13　　　　失步开断试验条件

试 验 项 目		GB 1984—2014《高压交流断路器》规定条件
工频恢复电压（kV）	直接接地系统	$2U/\sqrt{3}$
	非直接接地系统	$2.5U/\sqrt{3}$
开断电流		额定开断电流的 25%

2. 近区故障开断

近区故障开断是指距离断路器数百米到数千米处发生短路故障时的开断。

对于额定电压 24kV 及以上、126kV 以下，额定短路开断电流大于 12.5kA 的 S2 级断路器［S2 级断路器指用于线路系统或者与架空线路直接连接（没有电缆）的系统］，要求具有近区故障特性；对于额定电压 126kV 及以上的断路器，要求具有近区故障特性。这些特性与中性点固定接地系统中单相接地故障的开断有关，其首开极系数等于 1.0。

（七）容性开合电流

容性开合电流可能包含断路器的部分或全部操作职能，例如空载输电线路或电缆的充电电流，或并联电容器组的负载电流。额定容性开合电流的优选值详见表 4-14。

表 4-14　　　　　　　　　　额定容性开合电流的优选值

额定电压 U_N (kV，有效值)	线路	电缆	单个电容器组	背对背电容器组		
	额定线路充电开断电流 I_L (A，有效值)	额定电缆充电开断电流 I_{ch} (A，有效值)	额定单个电容器组开断电流 I_{cbk} (A，有效值)	额定背对背电容器组开断电流 I_{bk} (A，有效值)	额定背对背电容器组关合涌流 I_e (kA，峰值)	涌流的频率 f_e (Hz)
3.6	10	10	400	400	20	4250
7.2	10	10	400	400	20	4250
12	10	25	400	400	20	4250
24	10	31.5	400	400	20	4250
40.5	10	50	400	400	20	4250
72.5	10	125	400	400	20	4250
126	31.5	140	400	400	20	4250
252	125	250	400	400	20	4250
363	315	355	400	400	20	4250
550	500	500	400	400	20	4250
800	900	—	—	—	—	—
1100	1200	—	—	—	—	—

注　本表中给出的数值出于标准化目的，如需不同的数值，可根据工程实际情况规定适当数值作为额定值。

不宜选择灭弧性能较差的断路器开断并联电容器组。断路器在开断表 4-15 所列电流时，不应发生重击穿。

表 4-15　　开断电容器组的参考容量

额定电压 (kV)	额定开断电容电流 (A)	开断电容器组的参考容量 (kvar)
10	870	1000～10000
35	750	5000～30000
63	560	10000～40000
110	1600	240000

电容器在合闸时可能产生高于运行电流数倍的合闸涌流，其大小与合闸瞬间充电电压的相位有关。110kV 电容器可采用同步继电器控制断路器在指定相角处合闸，能大幅度降低合闸操作过程中的过电流和过电压，从而提高断路器的寿命和整个电力系统的稳定性。

（八）切合小电感电流

切合小电感电流包括切合空载变压器、并联电抗器、空气断路器、SF$_6$ 断路器、真空断路器等灭弧性能较强的断路器，在强制灭弧的过程中将由于载流而产生较高的过电压。当需要采用此类断路器时，应注意辅以其他限制过电压的装置。

（九）并联电阻

为限制过电压而需要在断路器的断口间装设并联电阻时，装设原则详见表 4-16。

表 4-16　　　　断路器的并联电阻

类别	作用	常用阻值	适用范围
分闸电阻	降低恢复电压的起始陡度和幅值，增大开断能力	<1kΩ[①]	各种电压等级的断路器
	开断空载长线时，释放线路残余电荷	几千欧	220kV 及以上线路断路器
	限制开断小电感电流时产生的操作过电压	开断并联电抗器几百到几千欧；开断空载变压器几千到几万欧	220kV 及以上断路器

续表

类别	作用	常用阻值	适用范围
分闸电阻	断口均压	>10kΩ[①]	多断口高压断路器
合闸电阻	限制合闸和重合闸过电压	200~1000Ω[②]	330kV 及以上断路器

① 一般由制造厂考虑。

② 最佳合闸电阻值视工程具体条件确定，一般取 1.5~2 倍波阻抗。

五、关于低温环境 SF_6 断路器的使用问题

根据 DL/T 5222《导体和电器选择设计技术规定》、DL/T 5352《高压配电装置设计规范》等相关规程规范的明确规定，室外电气设备应按年最低温度（一年中所测得的最低温度的多年平均值）选择。但由于近些年各地多次出现极端低温现象，同时要求在该环境条件下，设备需要安全稳定运行，因此，设备选定后，应按照极端最低温度校验。

例如，20℃时，SF_6 的充气压力为 0.75MPa（断路器中常用额定工作气压），对应的液化温度为-25℃。当气温低于-25℃时，SF_6 气体出现液化问题（液化曲线见图 4-7），使得断路器内 SF_6 气体密度下降，降低了断路器的灭弧性能和绝缘水平。

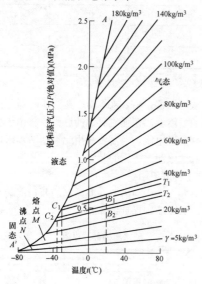

图 4-7 SF_6 气体液化曲线

（一）防止 SF_6 气体液化措施

为防止 SF_6 气体出现低温环境下的液化问题，可采取如下措施：

（1）对 SF_6 断路器的灭弧、绝缘介质进行加热。例如，在罐式断路器外壳装设加热装置。

（2）降低 SF_6 断路器气室的额定压力以降低 SF_6 气体的液化点，但是该方案需得到运行单位的认可。

（3）利用混合气体代替纯 SF_6 气体充入断路器灭弧室，以降低 SF_6 气体的液化点。

（二）针对液压机构的防低温措施

通过对液压机构增加加热装置的方法来实现抗低温能力，保证机构能在低温条件下可靠工作。

（三）针对断路器机构箱及汇控柜的防低温措施

为了保证箱体、柜体内电气设备元件在低温条件下可靠运行，除增加加热装置外，还可采用双层保温箱体、柜体。该结构可以有效地降低其内热量的散失。

六、机械荷载

断路器接线端子应能承受的静态拉力详见表 4-17。

表 4-17 断路器接线端子允许的静态拉力

额定电压范围 U_N (kV)	额定电流范围 I_N (A)	静态水平力 F		静态垂直力（垂直轴向上和向下）F_{av} (N)
		纵向 F_y (N)	横向 F_x (N)	
40.5，72.5	800~1250	500	400	500
	1250~2500	750	500	750
126	1250~2000	1000	750	750
	2500~3000	1250	750	1000
252~363	1600~4000	1500	1000	1250
550~800	2000~4000	2000	1500	1500
1100	4000~8000	4000	4000	2500

注 本表引自 GB 1984—2014《高压交流断路器》。

第五节 高压隔离开关

隔离开关是一种在分闸位置时，触头间有符合规定的绝缘距离和明显断开标志；合闸位置时，能承载正常回路电流及规定时间内异常条件下（例如短路）电流的开关设备。通常情况下，隔离开关不具有关合和开断其所承受额定工作电流和短路故障电流的能力，但当回路电流很小，或隔离开关每极两接线端间的电压在关合和开断前后无显著变化时，隔离开关应具有关合和开断回路的能力。

隔离开关在线路中，主要是满足检修和改变回路连接的一种安全、可闭合的断口。

一、基本分类

（1）按使用环境分类，可分为户内型和户外型隔离开关。

（2）按组合接地开关状况分类，可分为不接地、单接地和双接地隔离开关。

（3）按操作方式分类，可分为电动操作和手动操作隔离开关。

（4）按支柱绝缘子柱数分类，可分为单柱式、双柱式、三柱式和五柱式隔离开关。

二、参数选择

隔离开关的参数及其操动机构应按表 4-18 所列技术条件选择，并按表中使用坏境条件校验。

表 4-18　　　　隔离开关参数选择

项目		参　　数
技术条件	正常工作条件	额定电压、电流、频率、机械荷载、分闸和合闸装置及其辅助控制回路电源电压和电流、单柱式隔离开关的接触区
	短路稳定性	动稳定电流、热稳定电流和持续时间
	承受过电压能力	对地和断口间的绝缘水平、爬电比距
	操作性能	开合小电流、旁路电流和母线环流、开合感应电流、分合闸时间及速度、操动机构、分闸和合闸装置及电磁闭锁装置操作电压
环境条件	环境条件	环境温度、日温差[①]、最热月平均温度、年平均温度、日照强度[①]、覆冰厚度[①]、最大风速[①]、相对湿度[②]、污秽等级、海拔、地震烈度

续表

项目		参　　数
环境条件	环境保护	噪声水平、局部放电水平、无线电干扰水平

① 当户内布置时，可不考虑；
② 当户外布置时，可不考虑。

（1）频率主要针对进、出口产品。

（2）当安装 72.5kV 及以下隔离开关的相间距离小于设备规定的相间距离时，应要求制造厂根据使用条件进行动、热稳定试验。原则上应进行三相试验，当试验条件不具备时，允许进行单相试验。

（3）单柱垂直开启式隔离开关在分闸状态下，动静触头间的最小电气距离不应小于配电装置的最小安全净距 B_1 值。

（4）隔离开关不规定承受持续过电流的能力，当回路中有可能出现经常性断续过电流的情况时，应与制造厂协商。

（5）选定的隔离开关额定峰值耐受电流不应小于实际系统中可能出现的故障电流最大峰值（按系统时间常数的实际值来考虑）。

三、型式选择

隔离开关的型式应根据配电装置的布置特点和使用要求等因素，进行综合技术经济比较后确定。

隔离开关的型式特点见表 4-19。

表 4-19　　　　　　　　　　　　隔离开关的型式特点

序号	结构型式		简图	特　点			产品范围
				相间距离	分闸后闸刀情况	其他	
1	垂直断口	单柱式 直臂式	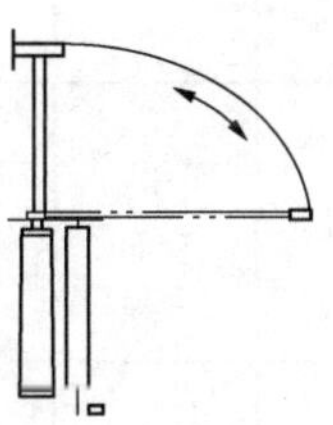	小	一侧占空间大	闸刀运动轨迹大，易于同序号 6 的图（a）通用	GW3
2		偏折式	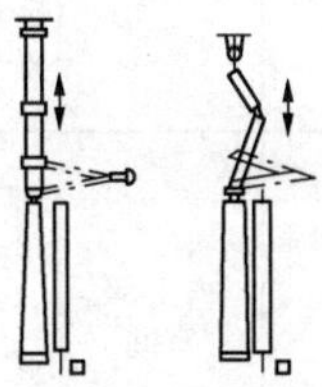 (a)　(b)	小	一侧占空间	图（a）适用于架空硬母线；图（b）适用于架空软母线	图(a)为意大利产品；图(b)为 GW6-252G、GW10-550、GW16-550 型

序号	结构型式		简图	特点			产品范围
				相间距离	分闸后闸刀情况	其他	
3	垂直断口	单柱式 对折式	 (a) (b)	小	两侧占空间	触头钳夹范围大，闸刀分闸后的宽度图（a）型大于图（b）型；图（b）型占关节多	图（a）为 GW6 型；图（b）为瑞士产品
4		双柱式 平开式（中央开断）	 (a) (b)	大	不占上部空间	瓷柱间受较大弯矩或扭矩	图（a）为 GW4 型；图（b）为 GW5 型
5	水平断口	立开式（中央开断）		小	占上部空间	每侧都有支持和操作瓷柱	日本产品
6		直臂式	 (a) (b)	小	上部占空间大	图（b）适用于较低电压级	图（a）为 GW2 型；图（b）为 GN9 型、GN3 型
7		瓷柱转动	 (a) (b)	小	图（a）占上部空间	图（a）适用于较高电压型；图（b）适用于户内型	图（a）为 GW11 型、GW12 型；图（b）为 GN21 型
8		瓷柱摆动	 (a) (b)	小	图（a）占上部空间	瓷柱受较大弯矩，适用于较低电压级	35kV 及以下电压级产品
9		瓷柱移动		小	占上部空间	底座滚动，瓷柱受较大弯矩，引线移、摆幅度大	德国产品
10	水平断口	三柱式 平开式		较小	不占上部空间	纵向长度大，瓷柱分别受弯矩和扭矩，易于作组合电器	GW7 型
11		立开式		小	占上部空间	纵向长度大，闸刀传动结构复杂，易于作组合电器	德国产品

续表

序号	结构型式		简图	特 点			产品范围
				相间距离	分闸后闸刀情况	其他	
12	水平断口	五柱式	平行式	较小	不占上部空间	纵向长度大，瓷柱分别受弯矩和扭矩，易于作组合电器	ZCW 型

四、操动机构选择

隔离开关操动机构宜采用电动操动机构并可手动，人力操作装置接到动力操动机构上时，应能保证动力操动机构的控制电源安全断开。

五、关于开断小电流

选用的隔离开关应具有一定的切合电感、电容性小电流的能力，并应能可靠切断断路器的旁路电流及母线环流。

隔离开关开断小电流的能力与被开断电路的参数情况、操作时的风速风向、开关结构型式、安装方式、相间距离、操作速度等都有很大关系。隔离开关应具有小容性电流的开合能力，其额定值：126~363kV 时为 1.0A（有效值）；550kV 及以上时为 2.0A（有效值）。小感性电流的开合能力，其额定值：126~363kV 时为 0.5A（有效值）；550kV 及以上时为 1.0A（有效值）。

用隔离开关切合空载母线或短线时，将产生较高过电压，并引起避雷器多次动作。设计时应避免这种操作或采取相应的保护措施。

六、关于接触区

单柱伸缩式隔离开关静触头的额定接触区要考虑不同方向的风荷载引起的导线水平、垂直和沿轴方向的位移。一般不应超过表 4-20 和表 4-21 所列数值。

表 4-20　隔离开关的额定接触区
（静触头由软导线支承时）

额定电压 U_N（kV）	x（mm）	y（mm）	z_1（mm）	z_2（mm）
72.5	100	300	200	300
126	100	350	200	300
252	200	500	250	450
363	200	500	300	450
550	200	600	400	500

注　1. x 为支承导线纵向位移的总幅度（温度的影响）；y 为水平总偏移（与支承导线垂直方向的偏移）（风的影响）；z 为垂直偏移（温度和冰的影响）。
　　2. 静触头由软导线固定时，z_1 值适用于短跨档，z_2 值适用于长跨档。

表 4-21　隔离开关的额定接触区
（静触头由硬导线支承时）

额定电压 U_N（kV）	x（mm）	y（mm）	z（mm）
72.5、126	100	100	100
252、363	150	150	150
550	175	175	175
800	200	200	200

注　x 为支承导线纵向位移的总幅度（温度的影响）；y 为水平总偏移（与支承导线垂直方向的偏移）（风的影响）；z 为垂直偏移（冰的影响）。

七、接地开关

（一）接地开关分类

（1）按使用环境分类，可分为户内型和户外型接地开关。

（2）按操作方式分类，可分为电动操作和手动操作接地开关。

（3）按使用特点分类，可分为接地开关和快速接地开关。

（4）按结构型式分类，可分为直臂式和折叠式接地开关。

（5）按装配方式分类，可分为独立式和附装式接地开关。

（二）接地开关的选择

为保证电气设备和母线的检修安全，每段母线上宜装设 1~2 组接地开关；72.5kV 及以上断路器两侧的隔离开关和线路隔离开关的线路侧宜配置接地开关，该接地开关的峰值耐受电流、短时耐受电流应与隔离开关保持一致。

隔离开关与附装在其上的接地开关之间应有机械联锁，并具备电气联锁的条件。隔离开关处于合闸位置时，接地开关不能合闸；接地开关处于合闸位置时，隔离开关不能合闸。机械联锁装置应有足够的机械强度、配合准确、联锁可靠。

由于长距离临近并行线路、同塔双回输电线路的相互感应问题，要求其线路侧接地开关具有切合感应电压、感应电流的能力。接地开关的额定感应电流、电压值详见表 4-22。

表 4-22　　　　　　　　接地开关的额定感应电流和额定感应电压的标准值

额定电压 U_N （kV）	电 磁 耦 合				静 电 耦 合			
	额定感应电流 （A，有效值）		额定感应电压 （kV，有效值）		额定感应电流 （A，有效值）		额定感应电压 （kV，有效值）	
	类别		类别		类别		类别	
	A	B	A	B	A	B	A	B
72.5	50	100	0.5	4	0.4	2	3	6
126	50	100	0.5	6	0.4	5	3	6
252	80	160	1.4	15	1.25	10	5	15
363	80	200	2	22	1.25	18	5	22
550	80	200	2	25	1.6	25，50	8	25，50
800	80	200	2	25	3	25，50	12	32
1100	80	360	2	30	3	50	12	180

注　1. A 类接地开关用于耦合弱或比较短的平行线路。B 类接地开关用于耦合强或比较长的平行线路。

　　2. 在某些情况（接地线路很长一段与带电线路邻近，带电线路上的负荷很大，带电线路的运行电压比接地线路高等）下，感应电流和感应电压可能高于表中的值。对这类情况，额定值应由制造厂和用户协商确定。

　　3. 对单相和三相试验。确定感应电压均相应于线对地的值。

八、机械荷载

　　户外隔离开关接线端的静态机械荷载不应大于表 4-23 所列数值。机械荷载应考虑母线（或引下线）的自重、张力、风力和冰雪等施于接线端的最大水平静拉力。当引下线采用软导线时，接线端机械荷载中不需再计入短路电流产生的电动力。但对采用硬导体分裂导线或扩径空心导线的设备间连线，则应考虑短路电动力。

表 4-23　　　　　　　　户外隔离开关接线端的静态机械荷载

额定电压 U_N （kV）	额定电流 （A）	双柱式或三柱式隔离开关		单柱式隔离开关		垂直力 F_c[①] （N）
		水平纵向负荷 F_{a1} 和 F_{a2}（N）	水平横向负荷 F_{b1} 和 F_{b2}（N）	水平纵向负荷 F_{a1} 和 F_{a2}（N）	水平横向负荷 F_{b1} 和 F_{b2}（N）	
12		500	250			300
40.5、72.5	≤1250	750	400	800	400	500
	≥1600	750	500	800	500	750
126	≤2500	1000	750	1000	750	1000
	≥3150	1250	750	1250	750	1000
252	≤1600	1500	1000	2000	1500	1000
	≥2000	1500	1000	2000	1500	1250
363	≤2500	1500	1000	2000	1500	1250
	≥3150	1500	1000	2000	1500	1500
550	≤3150	2000	1500	3000	2000	1500
	4000	2000	1500	4000	2000	1500
800	≤3150	2000	1500	3000	2000	1500
	4000	2000	1500	4000	2000	1500
1100	≥4000	5000	4000	—		5000

① F_c 是模拟由连接导线的重量引起的向下的力。软导线的重量已计入纵向或横向力中。

第六节　电流互感器

电流互感器是电力系统中提供测量和二次保护电流信号的重要设备。

一、基本分类

（1）按用途分类，可分为测量用、保护用电流互感器。测量用电流互感器分为一般用途和特殊用途（S类）两类；保护用电流互感器分为 P 类、PR 类、PX类和 TP 类，TP 类适用于短路电流具有非周期分量时的暂态情况。

（2）按使用环境分类，可分为户内、户外型电流互感器。

（3）按绝缘介质分类，可分为干式绝缘、油绝缘、浇注绝缘、气体绝缘电流互感器。

（4）按相数分类，可分为单相、三相电流互感器。

（5）按绕组个数分类，可分为双绕组、多绕组电流互感器。

（6）按结构型式分类，可分为套管式、支柱式、线圈式、贯穿式、母线式、开合式、倒立式等电流互感器。

（7）按传输信号类型分类，可分为传统型、数字型电流互感器。

二、参数选择

电流互感器的参数应按表 4-24 所列技术条件选择，并按表中使用环境条件校验。

表 4-24　电流互感器参数选择

项目		参数
技术条件	正常工作条件	额定一次电压、一次电流、二次电压、二次电流、二次侧输出功率、准确度等级、级次组合、暂态特性、机械荷载、继电保护和测量要求、温升限值、系统接地方式
	短路稳定性	动稳定倍数、热稳定倍数
	承受过电压能力	绝缘水平、爬电比距
环境条件	环境条件	环境温度、日照强度[①]、覆冰厚度[①]、最大风速[①]、相对湿度[②]、污秽等级[①]、海拔、地震烈度
	环境保护	局部放电水平、无线电干扰水平

① 当户内布置时，可不考虑；

② 当户外布置时，可不考虑。

（1）电流互感器的二次额定电流有 5A 和 1A 两种，一般弱电系统用 1A，强电系统用 5A，当配电装置距离控制室较远时，也可考虑用 1A。

（2）电流互感器额定二次负荷标准值为 2.5、5.0、10、15、20、25、30、40、50VA。为了适应使用的需要，可以选择高于 50VA 的输出值。

（3）二次级的数量取决于测量仪表、保护装置和自动装置的要求。一般情况下，测量仪表与保护装置宜分别接于不同的二次绕组，否则应采取措施，避免互相影响。

三、型式选择

3～35kV 户内配电装置的电流互感器，根据安装使用条件及设备情况，宜采用树脂浇注绝缘结构。

35kV 及以上配电装置的电流互感器，宜采用油浸瓷箱式、树脂浇注式或 SF_6 气体绝缘结构的独立式电流互感器。在有条件时，应优先采用套管式电流互感器，以节约投资、减少占地。

当采用 GIS、HGIS 配电装置时，电流互感器宜与一次设备一体化设计；当采用 AIS（空气绝缘的敞开式开关设备）配电装置且具备条件时，电流互感器可与隔离开关、断路器进行组合安装。

电流互感器的型号字母代表意义详见表 4-25。

表 4-25　电流互感器产品型号字母的代表意义

序号	类别	含义	代表的字母
1	产品	电"流"互感器	L
2	结构形式	套管式（装"入"式）	R
		支"柱"式	Z
		线"圈"式	Q
		贯穿式（"复"匝）	F
		贯穿式（"单"匝）	D
		"母"线型	M
		"开"合式	K
		倒立式	V
		非电容型绝缘	A
3	绕组外绝缘介质	变压器油	—
		空气（"干"式）	G
		"气"体	Q
		浇"注"成型固体	Z
		绝缘壳	K
4	结构特征及用途	带有"保"护级	B
		带有"保"护级（暂"态"）	BT（只用于套管式）
5	结构特征	手"车"式开关柜用	C
		"带"触头盒	D

四、关于电流互感器选择的几个问题

（一）一次额定电流的选择

（1）电流互感器一次电流标准值为 10、12.5、15、20、25、30、40、50、60、75A 以及它们的十进位倍数或小数。

（2）电力变压器中性点电流互感器的一次额定电流应按大于变压器允许的不平衡电流选择，一般情况下，可按变压器额定电流的 30%进行选择。安装在放电间隙回路中的电流互感器，一次额定电流可按 100A 选择。

（3）为保证自耦变压器零序差动保护装置各臂正常工作电流平衡，供该保护用的高、中压侧和中性点侧电流互感器，变比应尽量一致，一般按电流较大的中压侧额定电流来选择。

（4）在自耦变压器公共绕组上作过负荷保护和测量用的电流互感器，应按公共绕组的允许负荷电流选择。此电流通常发生在低压侧开断高、中压侧传输自耦变压器的额定容量时。此时，公共绕组上的电流为中压侧和高压侧额定电流之差。

（5）中性点非直接接地系统中的零序电流互感器，由二次电流及保护灵敏度确定一次回路启动电流；对中性点直接接地或经电阻接地系统，由接地电流和电流互感器准确限值系数确定电流互感器额定一次电流，由二次负载和电流互感器的容量确定二次额定电流。

按电缆根数和外径选择电缆式零序电流互感器窗口直径；按一次额定电流选择母线式零序电流互感器母线截面。选择母线式电流互感器时，应校核窗口允许穿过的母线尺寸。

（二）短路稳定校验

动稳定校验是对设备本身带有一次回路导体的电流互感器进行校验，对于母线从窗口穿过且无固定板的电流互感器（如 LMZ 型）可不校验动稳定。热稳定校验则是验算电流互感器承受短路电流发热的能力。

1. 内部动稳定校验

电流互感器的内部动稳定性通常以额定动稳定电流或动稳定倍数 K_d 表示。K_d 等于极限通过电流峰值与一次绕组额定电流 I_{IN} 峰值之比。校验按式（4-14）计算：

$$K_d \geq \frac{i_{ch}}{\sqrt{2} I_{IN}} \times 10^3 \qquad (4-14)$$

式中 K_d——动稳定倍数，由制造厂提供；

  i_{ch}——短路冲击电流的瞬时值，kA；

  I_{IN}——电流互感器的一次绕组额定电流，A。

2. 外部动稳定校验

外部动稳定校验主要是校验电流互感器出线端受到的短路作用力不超过允许值。其校验公式与支柱绝缘子相同，即

$$F_{max} = 1.76 i_{ch}^2 \frac{l_M}{a} \times 10^{-1} \qquad (4-15)$$

$$l_M = \frac{l_1 + l_2}{2} \qquad (4-16)$$

上两式中 a——回路相间距离，cm；

  l_M——计算长度，cm；

  l_1——电流互感器出线端部至最近一个母线支柱绝缘子的距离，cm；

  l_2——电流互感器两端瓷帽的距离，当电流互感器为非母线式瓷绝缘时，$l_2=0$，cm。

有的产品样本未标明出线端部允许作用力，而只给出动稳定倍数 K_d。K_d 一般是在相间距离为 40cm、计算长度为 50cm 的条件下取得的。此时可按式（4-17）进行校验：

$$K_d \cdot \sqrt{\frac{50a}{40l_M}} \geq \frac{i_{ch}}{\sqrt{2} I_{IN}} \times 10^3 \qquad (4-17)$$

3. 热稳定校验

制造厂在产品型录中一般给出 $t=1s$ 或 5s 的额定短时热稳定电流或热稳定电流倍数 K_r，校验按式（4-18）进行：

$$K_r \geq \frac{\sqrt{Q_d / t}}{I_{IN}} \times 10^3 \qquad (4-18)$$

式中 Q_d——短路电流引起的热效应，kA²·s；

  t——制造厂提供的热稳定计算采用的时间，取 1s 或 5s。

4. 提高短路稳定度的措施

当动、热稳定不够时，例如，有时由于回路中的工作电流较小，互感器工作电流选择后不能满足系统短路时的动、热稳定要求，则可选择额定电流较大的电流互感器，增大电流比。若此时 5A 元件的电流表读数太小，可选用 1~2.5A 元件的电流表。

（三）准确级次和误差限值

1. 测量用电流互感器

选择测量用电流互感器，应根据电力系统测量和计量的实际需求选择。要求在较大工作电流范围内作准确测量时，可选用 S 类电流互感器。为保证二次电流在合适的范围内，可采用复合变比或二次绕组带抽头的电流互感器。电能计量用仪表与一般测量仪表在满足准确级条件下，可共用一个二次绕组。

测量用电流互感器的准确级以该准确级在额定电流下所规定的最大允许电流误差百分数来标称。

测量用电流互感器的标准准确级为 0.1、0.2、0.5、1、3、5。特殊用途的测量用电流互感器的标准准确级为 0.2S、0.5S。

对于 0.1、0.2、0.5、1 级，在二次负荷为额定负荷的 25%～100% 之间的任一值时，其额定频率下的电流误差和相位差不应超过表 4-26 所列限值。

对于 0.2S 级和 0.5S 级，在二次负荷为额定负荷的 25%～100% 之间的任一值时，其额定频率下的电流误差和相位差不应超过表 4-27 所列限值。

对于 3 级和 5 级，在二次负荷为额定负荷的 50%～100% 之间的任一值时，其额定频率下的电流误差不应超过表 4-28 所列限值。

表 4-26　　　　测量用电流互感器（0.1～1 级）电流误差和相位差限值

准确级	在下列额定电流下的电流误差（%）				在下列额定电流下的相位差							
					(′)				(crad)			
	5%	20%	100%	120%	5%	20%	100%	120%	5%	20%	100%	120%
0.1	±0.4	±0.2	±0.1	±0.1	±15	±8	±5	±5	±0.45	±0.24	±0.15	±0.15
0.2	±0.75	±0.35	±0.2	±0.2	±30	±15	±10	±10	±0.9	±0.45	±0.3	±0.3
0.5	±1.5	±0.75	±0.5	±0.5	±90	±45	±30	±30	±2.7	±1.35	±0.9	±0.9
1.0	±3.0	±1.5	±1.0	±1.0	±180	±90	±60	±60	±5.4	±2.7	±1.8	±1.8

表 4-27　　　　　　特殊用途的测量用电流互感器电流误差和相位差限值

准确级	在下列额定电流下的电流误差（%）					在下列额定电流下的相位差									
						(′)					(crad)				
	1%	5%	20%	100%	120%	1%	5%	20%	100%	120%	1%	5%	20%	100%	120%
0.2S	±0.75	±0.35	±0.2	±0.2	±0.2	±30	±15	±10	±10	±10	±0.9	±0.45	±0.3	±0.3	±0.3
0.5S	±1.5	±0.75	±0.5	±0.5	±0.5	±90	±45	±30	±30	±30	±2.7	±1.35	±0.9	±0.9	±0.9

表 4-28　测量用电流互感器（3 级和 5 级）电流误差限值

准确级	在下列额定电流下的电流误差（%）	
	50%	120%
3	±3	±3
5	±5	±5

注　对 3 级和 5 级的相位差限值不予规定。

2. 保护用电流互感器

330kV 及以上保护用电流互感器应考虑短路暂态影响，宜选用具有暂态特性的 P 类电流互感器。若某些保护装置本身具有克服电流互感器暂态饱和影响的能力，则可按保护装置具体要求选择适当的 P 类电流互感器。

220kV 及以下保护用电流互感器可不考虑暂态影响，可采用 P 类电流互感器。对某些重要回路可适当提高所选互感器的准确限值系数或饱和电压，以减缓暂态影响。

保护用电流互感器的准确级以其额定准确限值一次电流下的最大复合误差百分数来标称，其后标以字母 "P"（表示保护用）。

保护用电流互感器的标准准确级为 5P 和 10P。标准准确限值系数为 5、10、15、20、30。

在额定频率和负荷下，其电流误差、相位差和复合误差不应超过表 4-29 所列限值。

表 4-29　　　保护用电流互感器误差限值

准确级	额定一次电流下的电流误差（%）	额定一次电流下的相位差		额定准确限值一次电流下的复合误差（%）
		(′)	(crad)	
5P	±1	±60	±1.8	±5
10P	±3	—	—	±10

五、机械荷载

电流互感器能承受的静态荷载不应大于表 4-30 所列数值。这些数值包含风力和覆冰引起的荷载。

表 4-30　　电流互感器静态承受试验荷载

| 设备最高电压 U_m（kV） | Ⅰ类荷载 | Ⅱ类荷载 |
| 72.5 | 1250 | 2500 |

续表

设备最高电压 U_m（kV）	Ⅰ类荷载	Ⅱ类荷载
126	2000	3000
252～363	2500	4000
≥550	4000	6000

注 1. 在常规运行条件下，作用荷载的总和不得超过规定承受试验荷载的 50%。
　　2. 在某些应用情况中，互感器的通电流端子应能承受很少出现的急剧动态荷载（例如短路），它不超过静态试验荷载的 1.4 倍。
　　3. 如用户另有要求，静态承受试验荷载可另行选取，但应在订货合同中注明。

六、新型互感器简介

近年来发展较快的新型互感器主要有电子式互感器、剩余电流互感器、直流互感器、组合互感器等。

（1）电子式互感器通过一次传感器（一种电气、电子、光学或其他装置）产生与一次电流（电压）相对应的信号，通过一次转换器转换成适当的信号，经过传输系统传送到二次转换器，再转换成正比于一次电流（电压）的量，供给测量仪器、仪表和继电保护控制装置。电子式互感器可以实现模拟输出，也可以实现数字输出。电子式互感器的绝缘水平、额定电压因数、局部放电水平、温升限值、无线电干扰电压、传递过电压等要求均与电磁式互感器一致。

（2）剩余电流互感器在中性点非有效接地系统中，与接地继电器设备等构成单相接地保护装置。

（3）直流互感器用于直流电测定和直流系统继电保护。

（4）组合互感器是将电流互感器和电压互感器的器身组合后置于同一外壳（如油箱或瓷箱）内的互感器。与使用单台电流互感器和电压互感器相比，组合互感器具有体积小、质量轻、使用方便、价格便宜等优势。

第七节　电 压 互 感 器

电压互感器是电力系统中提供电压测量和保护用的重要设备。

一、基本分类

（1）按用途分类，可分为测量用、保护用电压互感器。

（2）按使用环境分类，可分为户内、户外型电压互感器。

（3）按绝缘介质分类，可分为干式绝缘、油绝缘、浇注绝缘、气体绝缘电压互感器。

（4）按相数分类，可分为单相、三相电压互感器。

（5）按绕组个数分类，可分为双绕组、多绕组电压互感器。

（6）按一次绕组接法分类，可分为接地、不接地电压互感器。

二、参数选择

电压互感器的参数应按表 4-31 所列技术条件选择，并按表中使用环境条件校验。

表 4-31　　　电压互感器参数选择

项目		参　　数
技术条件	正常工作条件	额定一次电压、二次电压、二次侧输出功率、准确度等级、继电保护及测量要求、温升限值、机械荷载、兼用于载波通信时电容式电压互感器的高频特性、电压因数
	承受过电压能力	绝缘水平、爬电比距
环境条件	环境条件	环境温度、日照强度[①]、覆冰厚度[①]、最大风速[①]、相对湿度[②]、污秽等级[①]、海拔、地震烈度
	环境保护	局部放电水平、无线电干扰水平

① 当户内布置时，可不考虑；
② 当户外布置时，可不考虑。

三、型式选择

（1）3～35kV 屋内配电装置宜采用树脂浇注绝缘结构的电磁式电压互感器；35kV 屋外配电装置宜采用油浸绝缘结构的电磁式电压互感器。

（2）110kV 及以上配电装置当容量和准确度等级满足要求时，宜采用电容式电压互感器。经技术经济论证，也可采用电子式电压互感器。

（3）SF_6 气体绝缘金属封闭开关设备的电压互感器可采用电磁式或电容式。经技术经济论证，也可采用电子式电压互感器。当采用 GIS、HGIS 配电装置时，电子式互感器宜与一次设备一体化设计。

（4）用于中性点直接接地系统的电压互感器，其剩余绕组额定电压为 100V；用于中性点非直接接地系统的电压互感器，其剩余绕组额定电压为 100/3V。

电压互感器产品型号字母的代表意义详见表 4-32。

表 4-32　　　电压互感器产品型号字母的代表意义

序号	类别	含义	代表的字母
1	产品	电"压"互感器	J
2	相数	"单"相	D
		"三"相	S

续表

序号	类别	含义	代表的字母
3	绕组外绝缘介质	变压器油	
		空气（"干"式）	G
		浇"注"成型固体	Z
		"气"体	Q
4	结构特征及用途	三柱带"补"偿绕组	B
		带剩余电压绕组	X
		"五"柱三绕组	W
		"串"级式带剩余电压绕组	C
		测量和保护"分"开的二次绕组	F

续表

序号	类别	含义	代表的字母
4	结构特征及用途	SF$_6$气体绝缘配"组"合电器用	H
5	性能特征	普通型"抗"铁磁谐振	K

四、接线方式选择

在满足二次电压和负荷要求的条件下，电压互感器应尽量采用简单接线。当需要零序电压时，3～20kV宜采用三相五柱电压互感器或单个单相电压互感器。电压互感器的接线及使用范围见表4-33。

表 4-33　　　　　　　　　　　电压互感器的接线及使用范围

序号	接线图	采用的电压互感器	使用范围	备注
1	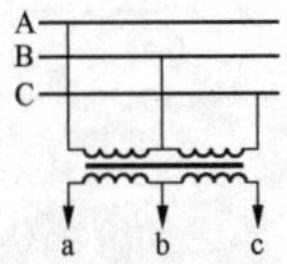	两个单相电压互感器接成Vv形	用于表计和继电器的线圈接入a-b和c-b两相间电压	
2	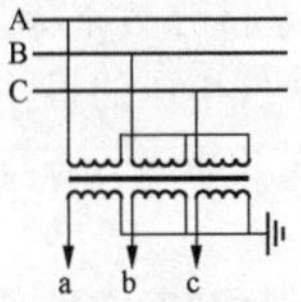	三个单相电压互感器接成星形-星形。高压侧中性点不接地	用于表计和继电器的线圈接入相间电压和相电压。此种接线不能用来供电给绝缘检查电压表	
3	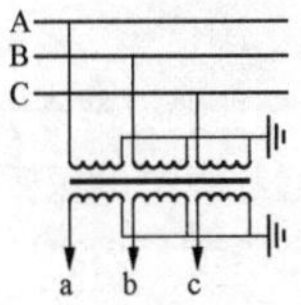	三个单相电压互感器接成星形-星形。高压侧中性点接地	用于供电给要求相间电压的表计和继电器以及供电给绝缘检查电压表。如果高压侧系统为中性点直接接地，则可接入要求相电压的测量表计；如果高压侧系统中性点与地绝缘或经阻抗接地，则不允许接入要求相电压的测量表计	
4	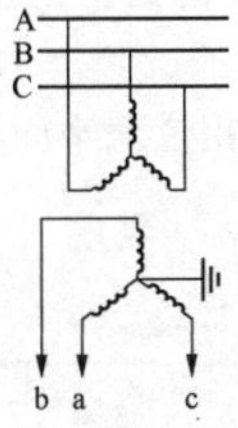	一个三相三柱式电压互感器	用于表计和继电器的线圈接入相间电压和相电压。此种接线不能用来供电给绝缘检查电压表	不允许将电压互感器高压侧中性点接地
5	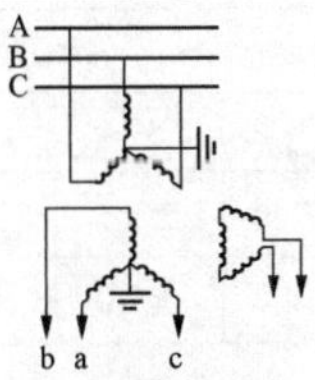	个三相五柱式电压互感器	主二次绕组连接成星形以供电给测量表计、继电器以及绝缘检查电压表，对于要求相电压的测量表计，只有在系统中性点直接接地时才能接入，附加的二次绕组接成开口三角形，构成零序电压滤过器供电给保护继电器和接地信号（绝缘检查）继电器	应优先采用三相五柱式电压互感器，只在要求容量较大的情况下或110kV以上无三相式电压互感器时，才采用三个单相三绕组电压互感器
6	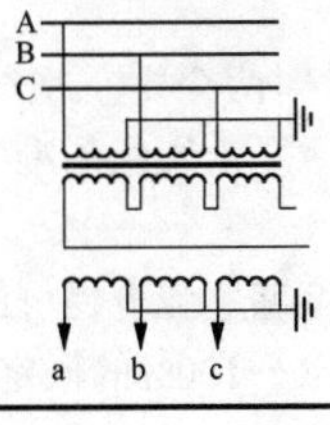	三个单相三绕组电压互感器		

五、电压选择

电压互感器的额定电压按表 4-34 选择。

表 4-34 电压互感器的额定电压选择

型式		一次电压 （V）	二次电压 （V）	第三绕组电压 （V）	
单相	接于一次线电压上（如 Vv 接法）	U_x	100	—	
	接于相电压上	$U_x/\sqrt{3}$	$100/\sqrt{3}$	中性点非直接接地系统	$100/3$、$100/\sqrt{3}$
三相		U_x	100	$100/3$	

六、准确级次和误差限值

1. 测量用电压互感器

测量用电容式电压互感器的准确级以该准确级所规定的最大允许电压误差百分数来标识，是额定电压和负荷下的误差。

测量用准确级频率的标准参考范围为额定频率的 99%～101%。

单相测量用电容式电压互感器的标准准确级为 0.2、0.5、1.0、3.0。

当温度和频率在其参考范围内的任一值下，负荷为范围Ⅰ额定负荷的 0%～100%额定值或范围Ⅱ额定负荷的 25%～100%额定值时，相应准确级的电压误差和相位差不应超过表 4-35 所列限值。

表 4-35 测量用电容式电压互感器的电压误差和相位差限值

准确级	电压（比值）误差 ε_V（%）	相位差 φ_V	
		（'）	（crad）
0.2	±0.2	±10	±0.3
0.5	±0.5	±20	±0.6

续表

准确级	电压（比值）误差 ε_V（%）	相位差 φ_V	
		（'）	（crad）
1.0	±1.0	±40	±1.2
3.0	±3.0	不规定	不规定

2. 保护用电压互感器

保护用电容式电压互感器的准确级以该准确级所规定的最大允许电压误差百分数来标识，是 5%额定电压到额定电压因数所对应电压的误差。其表示是在数值后标以字母"P"，以及相应暂态特性补充级 T1、T2 和 T3。

保护用准确级频率的标准参考范围为额定频率的 96%～102%。

保护用电容式电压互感器的标准准确级为 3P 和 6P。

在 2%和 5%额定电压及额定电压乘以额定电压因数（1.2、1.5 或 1.9）的电压下，当温度和频率在其参考范围内的任一值下，负荷为范围Ⅰ负荷的 0%～100%额定值或范围Ⅱ负荷的 25%～100%额定值时，相应准确级的电压误差和相位差不应超过表 4-36 所列限值。

表 4-36 保护用电容式电压互感器的电压误差和相位差限值

保护用准确级	在额定电压百分数下的电压（比值）误差 ε_V（%）				在额定电压百分数下的相位差 φ_V							
					（'）				（crad）			
	2%	5%	100%	X	2%	5%	100%	X	2%	5%	100%	X
3P	±6.0	±3.0	±3.0	±3.0	±240	±120	±120	±120	±7.0	±3.5	±3.5	±3.5
6P	±12.0	±6.0	±6.0	±6.0	±480	±240	±240	±240	±14.0	±7.0	±7.0	±7.0

注 $X=F_V \times 100$（额定电压因数乘以 100）。

用于电能计量，准确级不应低于 0.5 级；用于电压测量，准确级不应低于 1 级；用于继电保护，准确级不应低于 3 级。

由于超高压线路要求双套主保护，并考虑后备保护、自动装置和测量仪表的要求，电压互感器一般应具有三个二次绕组，即两个主二次绕组、一个辅助二次绕组。其中一个主二次绕组的准确级不应低于 0.5 级。

超高压电容式电压互感器应有良好的暂态特性，即在电压互感器带有 25%～100%的额定负荷情况下，一次接线端子在额定电压下发生短路时，主二次电压应在 20ms 内降到短路前峰值的 10% 以下。

电容式电压互感器的开口三角形绕组的不平衡电压较高，常影响零序保护装置的灵敏度。当灵敏度不能满足要求时，可要求制造厂装设高次谐波过滤器。

七、铁磁谐振特性和防谐措施

电容式电压互感器具有带铁芯的非线性电感和电容器。在一次电压或二次电流剧变时，将产生暂态过程和非工频铁磁谐振。因此要求制造厂采取抑制措施（例如装设谐振式阻尼器），保证铁磁谐振特性满足下列要求：在 1.2 倍额定电压且负载为零时，电压互感器二次侧短路后又突然消失短路，其二次电压峰值应在额定频率 10 个周波时间内恢复到与正常值相差不大于 10% 的数值；在 1.5 倍额定电压且相同的短路条件下，其二次电压回路铁磁谐振持续时间不应超过 2s。

电磁式电压互感器安装在中性点非直接接地系统中，且当系统运行状态发生突变时，有可能发生并联谐振。为防止此类型铁磁谐振发生，可在电压互感器上装设消谐器，并选用全绝缘，也可在开口三角形端子上接入电阻或白炽灯泡。电阻 R 可按式（4-19）选取。

$$R \leqslant X/K_{13} \qquad (4-19)$$

式中　K_{13}——一次绕组对开口三角形绕组的变比；

　　　　X——电压互感器感抗，当电网内有多台互感器时，应取并联值；

　　　　R——抑制谐振的总阻值，当分置于 n 台互感器时，每个电阻值应取 nR。

八、机械荷载

电压互感器能承受的静态荷载不应大于表 4-37 所列数值。这些数值包含风力和覆冰引起的荷载。

表 4-37　电流互感器静态承受试验荷载

设备最高电压 U_m（kV）	荷载
72.5	500
126	1000
252～363	1250
550～750	2000
1000	4000

注　如用户另有要求，静态承受试验荷载可另行选取，但应在订货合同中注明。

第八节　避　雷　器

避雷器是用来保护电力设备免受高瞬态过电压危害的一类电气设备。它可限制续流通过的时间，也常用来限制续流通过的幅值。

一、基本分类

（1）按间隙结构分类，可分为无间隙型避雷器和有间隙型避雷器。

（2）按所使用的非线性电阻片材料分类，可分为碳化硅阀式避雷器和金属氧化物避雷器，前者除了少量在用之外，已基本淘汰。

（3）按外壳材质分类，可分为瓷壳避雷器、复合外套避雷器和罐式避雷器。

（4）按标称放电电流分类，主要有 20、15、10、5、2、1kA 等。

二、参数选择

避雷器的参数应按表 4-38 所列技术条件选择，并按表中使用环境条件校验。

表 4-38　　避雷器参数选择

项目		参　　数
技术条件	正常工作条件	额定电压、持续运行电压、标称放电电流、参考电压及参考电压下的泄漏电流、持续电流、工频参考电流及电压、耐受电流、抗弯强度
	短路稳定性	短路电流试验
	承受过电压能力	各种冲击电流下残压、绝缘水平、爬电比距
环境条件	环境条件	环境温度、日照强度[①]、覆冰厚度[①]、最大风速[①]、相对湿度[②]、污秽等级[①]、海拔、地震烈度
	环境保护	局部放电水平、无线电干扰水平

①　当户内布置时，可不考虑；

②　当户外布置时，可不考虑。

三、型式选择

目前变电站内主要采用金属氧化物避雷器，其拥有优异的非线性伏安特性，残压随冲击电流波头时间的变化特性平稳，陡波响应特性好，没有间隙的击穿特性和灭弧问题；其电阻片单位体积吸收能量大，可并联使用，故在保护超（特）高压长距离输电系统和大容量电容器组时优势明显。

四、金属氧化物避雷器参数选择

1. 避雷器的持续运行电压

由于金属氧化物避雷器没有主间隙，因此正常工频相电压要长期施加在金属氧化物避雷器的电阻片上。为了保证使用寿命，应保证长期作用在避雷器上的电压不得超过避雷器的持续运行电压。

2. 避雷器的额定电压

金属氧化物避雷器的额定电压不仅要考虑安装点工频过电压的幅值，还要考虑工频过电压的持续时间，并结合避雷器的初始能量来选择。

金属氧化物避雷器的额定电压应按以下两种情况选取：

（1）中性点有效接地系统。在中性点有效接地系统中，如果单相接地故障在10s及以内切除，可以只考虑单相接地时非故障相的电压升高和部分甩负荷、长线效应引起的暂时过电压。

避雷器的额定电压通常取等于或大于安装点的最大工频暂时过电压。中性点有效接地系统避雷器的典型额定电压值见表4-39。

表4-39　中性点有效接地系统避雷器的典型额定电压值　（kV）

系统标称电压（有效值）	避雷器额定电压（有效值）	
	母线侧	线路侧
110	102	
220	204	
330	300	312
500	420	444
750	600	648
1000	828	828

（2）中性点非有效接地系统。在中性点非有效接地系统中，如果单相接地故障在10s及以内切除，可应用中性点有效接地系统中的原则；如果单相接地故障在10s以上切除，额定电压还应乘以时间系数，具体详见第七章。中性点非有效接地系统避雷器的额定电压建议值见表4-40。

表4-40　中性点非有效接地系统避雷器的额定电压建议值　（kV）

接地方式	非有效接地系统（有效值）					
	10s及以内切除故障					
系统标称电压	3	6	10	20	35	66
避雷器额定电压	4	8	13	26	42	72
接地方式	非有效接地系统（有效值）					
	10s以上切除故障					
系统标称电压	3	6	10	20	35	66
避雷器额定电压	5	10	17	34	51	90

3. 避雷器的最大雷电冲击残压、操作冲击残压

当避雷器的额定电压选定后，避雷器在流过标称放电电流而引起的雷电冲击残压和在流过操作冲击电流下的操作冲击残压便是确定的数值，应满足绝缘配合的要求，具体详见第七章。

4. 参考电压

避雷器的参考电压是指在规定的参考电流下避雷器两端的电压。参考电压通常取避雷器伏安特性曲线上拐点处的电压。避雷器的参考电压分为工频参考电压和直流参考电压，分别如下：

（1）工频参考电压。工频参考电压是避雷器在工频参考电流下测出的避雷器的工频电压最大峰值除以2。该参数一般等于避雷器的额定电压值。工频参考电压在1～10mA范围，它与避雷器电阻片的特性、直径和并联数有关。

（2）直流参考电压。直流参考电压是避雷器在直流参考电流下测出的避雷器上的电压。同样，直流参考电压的数值与避雷器电阻片的特性、直径和并联数有关。

5. 标称放电电流

避雷器的标称放电电流是具有8/20μs波形的雷电冲击电流峰值，是划分避雷器等级的参数。

（1）66～110kV系统，避雷器的标称放电电流可选用5kA；在雷电活动较强的地区、重要的变电站、进线保护不完善或进线段耐雷水平达不到规定时，可选用10kA。

（2）220～330kV系统，避雷器的标称放电电流可选用10kA。

（3）500kV系统，避雷器的标称放电电流可选用10～20kA。

（4）750kV系统，避雷器的标称放电电流可选用20kA。

（5）1000kV系统，避雷器的标称放电电流可选用20kA。

6. 长持续时间电流冲击放电能力

避雷器的长持续时间电流冲击放电能力表征了避雷器的通流容量。在标称放电电流范围以内，雷电冲击容量一般可不进行校验。

五、机械荷载

运行中的避雷器应能承受导线的最大允许水平拉力和作用于避雷器上的风压力。

（1）避雷器顶端承受导线的最大允许水平拉力 F_1，其值按表4-41选取。

表4-41　最大允许水平拉力 F_1

避雷器额定电压有效值（kV）	2.4～25	42～90	96～216	288～468	600～648	828
最大允许水平拉力（N）	147	294	490,980	980,1470	2500	4000

（2）作用于避雷器上的风压力 F_2 应按式（4-20）计算：

$$F_2 = \frac{v_0^2}{16} \alpha S \times 9.8 \qquad (4\text{-}20)$$

式中　v_0——最大风速，m/s；

　　　S——金属氧化物避雷器的迎风面积（应考虑表面覆冰厚度20mm），m^2；

　　　α——空气动力系数，依风速大小而定，当 v_0 ≤35m/s 时，α 取 0.8。

第九节　气体绝缘金属封闭开关设备

气体绝缘金属封闭开关设备是指采用绝缘气体，而不是用处于大气压力的空气作为绝缘介质的金属封闭开关设备，简称 GIS。

一、基本分类

（1）按结构形式分类，可分为单相封闭型、三相封闭型，具体详见表 4-42。

表 4-42　GIS 按结构形式分类及其结构特征和应用

类别		结构特征	应用情况
圆筒型	单相封闭型	各元件的每一相都封闭在独立的圆筒外壳中。构成同轴圆筒电极系统，电场较均匀，不会发生相间短路故障，制造方便；但外壳和绝缘隔板数量多，密封环节多，损耗较大	各电压等级广泛应用
	部分三相封闭型	一般仅三相主母线封闭在一个圆筒外壳中。分支回路中各元件仍保持单相封闭型特征，但结构简化，总体配置走线方便	363kV 及以下应用多
	全三相封闭型	各元件的三相封闭在一个圆筒外壳中，外壳数量少、运输与安装方便、损耗小；但有发生相间短路故障和三相短路的可能性，制造难度较大	广泛用于170kV 及以下
	紧凑三相封闭型	相邻元件的三相封闭在一个圆筒外壳中，功能复合化使外壳数量减少，尺寸更小，无专用主母线；但内部电场均匀程度较差，制造难度大	145kV 及以下应用较多

（2）按绝缘介质分类，可分为绝缘气体绝缘型（GIS）、绝缘气体+空气绝缘型（又称混合绝缘型，HGIS）。

（3）按主接线分类，可分为单母线、双母线、一个半断路器、桥形和环形接线 GIS。

（4）按使用环境分类，可分为户内、户外型 GIS。

二、参数选择

气体绝缘金属封闭开关设备应按表 4-43 所列技术条件选择，并按表中使用环境条件校验。

表 4-43　气体绝缘金属封闭开关设备参数选择

项　目		参　数
技术条件	正常工作条件	额定电压、相数、电流、频率、机械荷载、绝缘气体和灭弧室气体压力、漏气率、组成元件的各项额定参数、接线方式、温升限值、机械和电气寿命
	短路稳定性	动稳定电流、热稳定电流和持续时间
	承受过电压能力	绝缘水平、爬电比距
	操作性能	开断电流、短路关合电流、操作顺序、操作次数、操作相数、分合闸时间及同期性、操动机构
环境条件	环境条件	环境温度、日温差[1]、日照强度[1]、覆冰厚度[1]、最大风速[1]、相对湿度[2]、污秽等级[1]、海拔、地震烈度
	环境保护	噪声水平、局部放电水平、无线电干扰水平

[1]　当户内布置时，可不考虑。

[2]　当户外布置时，可不考虑。

与气体绝缘金属封闭开关设备在同一回路的断路器、隔离开关、接地开关之间应设置联锁装置，线路侧的接地开关应加装线路的带电指示和闭锁装置。

三、设计和结构

（一）GIS 的总体设计要求

（1）气体绝缘金属封闭开关设备价格较高，选用时应进行技术经济比较。对于 72.5kV 及以上系统：①城市内变电站；②场地特别狭窄的布置场所；③地下式配电装置；④重污秽地区；⑤严寒地区；⑥高海拔地区；⑦高地震烈度地区，以上情况宜选用气体绝缘金属封闭开关设备。

（2）气体绝缘金属封闭开关设备应与所采用的主接线和平面布置型式结合，统筹考虑，使得总体的技术、经济性合理。

（3）气体绝缘金属封闭开关设备如果考虑分期建设，宜在将来扩建的接口处装设隔离开关和独立的隔离气室，以缩短扩建时的停电时间。

（4）为防止因温度变化引起伸缩，以及因基础不均匀沉降，造成气体绝缘金属封闭开关设备漏气、操动机构失灵等问题，应在适当部分加装伸缩节。伸缩节主要用于装配调整（安装伸缩节），吸收基础间的相对位移或热胀冷缩（温度伸缩节）的伸缩量。气体绝缘金属封闭开关设备基础间允许的相对位移（不均匀沉降）应由制造厂和用户协商确定。

（5）在环境温度低于−25℃的地区，应附加电加热装置，防止 SF_6 气体低温液化。

（6）对日温差超过 25K 的地区，在电网规划阶段建议选用户外 GIS、GIL（SF_6 气体绝缘金属封闭管道母线）母线时，综合考虑日温差对设备热胀冷缩的影响，加强 GIS、GIL 母线伸缩节的优化设计，并在设备招标规范书中明确。

（7）外壳厚度应以设计压力和在下述最小耐受时间内外壳不烧穿为依据：

电流不小于 40kA 时为 0.1s；电流小于 40kA 时为 0.2s。

（二）结构特点

气体绝缘金属封闭开关设备内元件应分为若干气隔。气隔的具体划分可根据布置条件和检修要求，避免某处故障后劣化的 SF_6 气体造成 GIS 其他带电部位的闪络。同时，也应考虑检修维护的便捷性，保证最大气室气体量不超过 8h 其他处理设备的处理能力。气体系统的压力，除断路器外，其余部分宜采用相同气压。

GIS 功能单元由断路器、隔离开关、接地开关、互感器、避雷器、母线、电缆终端或套管等高压电气设备元件按主接线要求组合而成。各元件的高压带电部分彼此连通，被封闭在接地的金属外壳中，由绝缘隔板分隔开，壳体内充 SF_6 气体用以绝缘。

气体绝缘金属封闭开关设备外壳应接地。外壳、构架等的互相电气连接宜采用紧固连接（如螺栓连接或焊接），以保证电气连通。分相式气体绝缘金属封闭开关设备外壳（特别是额定电流较大的 GIS 套管处）应设置三相短接线，其截面应能承受长期通过的最大感应电流和短时耐受电流。外壳接地应从短接线上引出，与接地母线连接，其截面应满足短时耐受电流的要求。

气体绝缘金属封闭开关设备感应电压不应危及人身和设备安全。外壳和支架上的感应电压，正常运行条件不应大于 24V，故障条件不应大于 100V。

四、各元件技术要求

（一）断路器

GIS 配用的断路器应具有优良的开断性能，电寿命长、运行可靠且少维护。结构上有压气式和自能式两种，配电动储能弹簧机构、液压机构或气动机构。

断路器的灭弧室一般多为单压式，即绝缘和灭弧同采用（30～50）×10^4Pa。断口布置有两种形式：水平布置时，可以在断路器的两侧检修断口，能够减小配电装置的高度，宜在户外或对增大配电装置宽度影响不大的场所使用；垂直布置时，检修时需将灭弧室

吊出，要求一定的高度，但宽度可以缩小，特别适用于地下开关站。

（二）隔离开关

封闭式隔离开关有直动式和转动式两种，这与敞开式差别较大。隔离开关元件布置在直线段时，一般选用转动式（动触杆与操动机构成 90°布置，通过涡轮传动）；布置在直角转角段时，一般选用直动式（动触杆与操动机构布置在一条线上，直接传动）。

隔离开关和接地开关应具有表示其分、合位置的可靠、便于巡视的指示装置，如该位置指示器足够可靠，可不设置观察触头位置的观察窗。

GIS 中的隔离开关在分合空母线时，由于触头运动速度慢，开关本身的灭弧性能差，故触头间隙会发生多次重燃，这种破坏性放电引起高频振荡而形成快速的暂态过程，所产生的阶跃电压行波通过 GIS 和与之相连的设备传播，在每个阻抗突变处产生反射和折射，使波形畸变，引起陡波前过电压，即快速暂态过电压（very fast transient over-voltage，VFTO）。该电压具有上升时间短和幅值高的特点，其波形和幅值取决于 GIS 的内部结构和外部结构的配置。当 GIS 与变压器直接连接时，应预测隔离开关开合空线产生的 VFTO，当 VFTO 会损坏绝缘时，宜避免引起危险的操作方式或隔离开关加装阻尼电阻。

隔离开关是否加装阻尼电阻及阻值的选取，可通过仿真试验模拟计算后确定。

（三）负荷开关

负荷开关具有切合负荷电流的能力，用于操作频繁的回路，减少断路器的操作次数。可用于终端变电站或城市环网供电系统中代替断路器。

负荷开关应与断路器有相同的电气参数，以保证切合空线或空载变压器时产生的过电压不超过允许值。负荷开关元件在操作时应三相联动，其三相合闸不同期性不应大于 1/4 周波，分闸不同期性不应大于 1/6 周波。

（四）接地开关和快速接地开关

接地开关的设置应满足运行检修要求。与气体绝缘金属封闭开关设备连接并需单独检修的电气设备、母线和出线，均应配置接地开关。

在气体绝缘金属封闭开关设备停电回路的最先接地点（不能预先确定该回路不带电）或利用接地装置保护封闭电气设备外壳时，应选择快速接地开关，而在其他情况下选择一般接地开关。

一般情况下，出线回路的线路侧接地开关和母线接地开关应采用具有关合动稳定电流能力的快速接地开关。接地开关和快速接地开关的导电杆应与外壳绝缘。

（五）电流互感器

电流互感器有穿心式和开口式两种结构形式。穿心式结构以 SF_6 为主绝缘，可用在断路器两侧，拆装

较困难；开口式结构以电缆为主绝缘，尺寸小、质量轻、拆装方便，但只能用于电缆侧。两种结构可根据具体情况选用。由于电流互感器一次侧只有一匝，故在小电流时，其准确级不高。

在结构上，GIS 普遍采用套管型电磁式电流互感器；在布置上，电流互感器可单独安装在主回路，也可与断路器、套管或电缆等组装在一起。此外，电子式电流互感器在 330kV 及以下的 GIS 中已有应用，具有尺寸小、质量轻、线性度好、耐过电压和抗干扰能力强等优点。

（六）电压互感器

GIS 用电压互感器主要分为两种：

（1）电磁式电压互感器。其结构简单、体积小、容量大、精度高、绝缘性能稳定、能释放线路或母线上的残留电荷，且能作为现场工频耐压试验电源，一般该容量可满足一个隔位的耐压试验容量。

（2）电容式电压互感器。其绝缘原理与大气绝缘产品相同。

GIS 内的电压互感器宜选用电磁式。电压互感器在运行中，二次回路不能短路，否则二次绕组将因过热而被烧毁。

（七）避雷器

避雷器宜选择 SF_6 气体作为绝缘和灭弧介质，并做成单独气隔。根据保护需要可装在母线上或出线端。

避雷器应有防爆装置、监测压力的压力表（或密度继电器）和补气用的阀门。

（八）母线

母线有分相式和共体式。分相式的母线结构简单、相间电动力小、可避免相间短路；三相共体式的母线外壳损耗小、外壳加工量小、占地少。目前，110kV 采用共体式，500kV 及以上采用分相式，其间两种形式均有。

长母线应分成几个隔室，以便于检修和气体管理。

为了消除温度应力和分期安装的需要，在适当位置应设置伸缩节。母线分段一般是一个隔位宽度为一个单元段。

（九）引线套管与电缆终端

与架空线连接，一般用充 SF_6 气体的 SF_6 套管；与变压器直接连接，一般用 SF_6 油套管；与电缆出线连接，一般用外部充 SF_6 气体、内腔与电缆油道相通的 SF_6 电缆头。

五、SF_6 气体绝缘金属封闭管道母线（GIL）

在 GIS 配电装置中，一些长距离 GIS 管道母线开始由 GIL 替代，其与常规 GIS 管道母线的区别如下：

（1）GIL 中使用的绝缘子完全密封在金属管道中；GIS 母线的绝缘子有部分暴露在空气中，且均为盆式绝缘子。

（2）GIL 中设置微粒陷阱以削弱自由导电微粒的不良影响；GIS 母线由于单元长度短、易于检查，一般不设置微粒陷阱。

（3）GIL 具有灵活转角单元，可在 85°~178°范围内进行斜井式安装；GIS 母线一般只包含直角转向单元。

（4）GIL 外壳的连接可灵活采取法兰连接或现场无痕焊接，且组件很少通过浇铸工艺制造；GIS 母线的组件因大量采用铸造工艺，因此现场一般采用法兰连接。

（5）GIL 中使用开式绝缘子和盆、盘式绝缘子。开式绝缘子可提供气体通道，盆式、盘式绝缘子可封闭和隔断气室单元。

（6）GIL 的弯管段为焊接件，可延伸，每百米允许土建误差小于 100mm；GIS 母线的弯管段为铸造件；不可延伸，每百米允许土建误差小于 10mm。

因此，GIL 适用于大容量、高可靠性、长距离的输电需求。其优点如下：

（1）GIL 母线安全可靠性高；

（2）GIL 母线输送容量大，布置紧凑、灵活，具有有效的电磁屏蔽效果；

（3）GIL 母线的全封闭安装结构，可完全隔离外部环境影响，不存在污闪、冰闪和雷击等问题，更适于户外安装环境；

（4）节约投资 10%以上。

六、绝缘气体+空气绝缘型金属封闭开关设备

1. HGIS

HGIS 是一种介于 GIS 和 AIS 之间的高压开关设备。其结构与 GIS 基本相同，但不包括母线设备。其优点是母线不装于 SF_6 气室内，外露在空气中，因而接线清晰、简洁、紧凑，安装和维护检修较为方便。HGIS 设备参数选择同 GIS 设备。

HGIS 的优点：

（1）与 AIS 相比，将断路器、隔离开断、接地开关、互感器、避雷器集成，节约了占地面积，提高了设备可靠性；

（2）与 GIS 相比，省略了母线封闭，大大节省了费用。

HGIS 的性能和价格介于二者之间，为配电装置的选型提供了更多的选择。

2. PASS

目前，在变电站中还有一种设备形式在使用：PASS，即插接式开关装置。PASS 的结构特点是由金属壳密封，把气体绝缘的断路器、隔离开关、互感器和套管组合在一个公用的气室内，把开关间隔的全部功能统一在一个密封舱中，该密封舱根据变电实

际接线配置两个或三个绝缘套管，在保证间隔功能的前提下，高压开关装置的数量被限制到最低限，节省不必要的配置。母线不装于 SF_6 气室内，外露在空气中。

PASS 的优点：

（1）与 GIS 相比，仅将一相的断路器、隔离开关、互感器等作为一个模块集成在 SF_6 密封舱内，每一相相对独立，哪一相出现问题更换哪一相，缩小了停电范围和检修时间，可靠性、灵活性较高。

（2）与 AIS 相比，具有占地面积小、免维护、耗能少、安装更换方便等优势。PASS 目前主要用于 110kV 及以下电压等级。

第十节 串 联 电 抗 器

一、分类与作用

串联电抗器按照功能分类，主要分为串联滤波电抗器和限流电抗器两种。

（一）串联滤波电抗器

串联滤波电抗器和电容器组串联后，构成谐振滤波器，用以滤去谐波电流，使母线侧电流接近正弦波。

串联滤波电抗器在该谐振回路中所起作用如下：

（1）降低电容器组的涌流倍数和涌流频率，降低涌流暂态过程的幅值，有利于接触器灭弧；

（2）与电容器组构成全谐振回路，滤除特征次谐波；

（3）与电容器组构成偏谐振回路，抑制特征次谐波；

（4）减少电容器组向故障电容器组的放电电流，保护电容器。

（二）限流电抗器

限流电抗器一般为空心式，串联于出线端或母线间，当线路或母线发生故障时，限流电抗器可将短路电流限制在其他电气设备的动、热稳定或断路器开断能力范围内，并使母线电压不致过低。

限流电抗器的作用如下：

（1）当电力系统发生短路故障时，利用限流电抗器的电感特性，限制系统短路电流，不需提高其他电气设备的动、热稳定或断路器开断能力，节省设备投资；

（2）当电力系统发生短路故障时，利用限流电抗器的电感特性，可提高系统残压。

二、参数选择

串联电抗器设备应按表 4-44 所列技术条件选择，并按表中使用环境条件校验。

表 4-44 串联电抗器设备参数选择

项 目		参 数
技术条件	正常工作条件	额定容量、电压、电流、频率、电抗率
	短路稳定性	动稳定电流、热稳定电流和持续时间
	安装条件	安装方式、进出线端子角度
环境条件	环境条件	环境温度、日温差[①]、最热月平均温度、年平均温度、日照强度[①]、覆冰厚度[①]、最大风速[①]、相对湿度[②]、污秽等级[①]、海拔、地震烈度
	环境保护	噪声水平

① 当户内布置时，可不考虑；
② 当户外布置时，可不考虑。

普通电抗器 $X_L\% > 3\%$ 时，制造厂已考虑连接于无穷大电源、额定电压下，电抗器端头发生短路时的动稳定度。但由于短路电流计算以平均电压（一般比额定电压高 5%）为准，因此在一般情况下仍应进行动稳定校验。

三、限流电抗器的选择

（一）额定电流选择

（1）电抗器几乎没有过负荷能力，所以母线或出线回路的电抗器，应按回路最大工作电流选择，而不能用正常持续工作电流选择。

（2）变电站母线分段回路的电抗器应满足用户的一级负荷和大部分二级负荷的要求。

（二）电抗百分值选择

普通电抗器的电抗百分值应按下列条件选择和校验：

（1）将短路电流限制到要求值。此时所必需的电抗器百分值（$X_L\%$）按式（4-21）和式（4-22）计算：

$$X_L\% \geq \left(\frac{I_B}{I''} - X_{*B}\right)\frac{I_{NL}}{U_{NL}}\frac{U_B}{I_B} \times 100\% \quad (4\text{-}21)$$

或

$$X_L\% \geq \left(\frac{S_B}{S''} - X_{*B}\right)\frac{U_B I_{NL}}{I_B U_{NL}} \times 100\% \quad (4\text{-}22)$$

式中 U_B——基准电压，kV；

    I_B——基准电流，kA；

    X_{*B}——以 U_B、I_B 为基准，从网络计算至所选用电抗器前的电抗标幺值；

    S_B——基准容量，MVA；

    U_{NL}——电抗器的额定电压，kV；

    I_{NL}——电抗器的额定电流，A；

    I''——被电抗器限制后所要求的短路次暂态电流，kA；

    S''——被电抗器限制后所要求的零秒短路容量，MVA。

当系统电抗等于零时，电抗器的额定电流和电抗百分值与短路电流的关系曲线如图 4-8 所示。

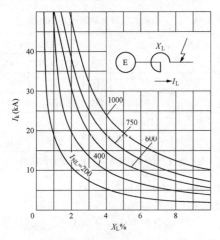

图 4-8 电抗器额定电流和电抗百分值与
短路电流的关系曲线（$X_s=0$）

（2）正常工作时电抗器上的电压损失（$\Delta U\%$）不宜大于额定电压的 5%，可由图 4-9 曲线查得或按式（4-23）计算：

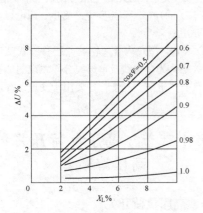

图 4-9 电抗器的电压损失曲线

$$\Delta U\% = X_{NL}\% \frac{I_w}{I_{NL}} \sin\varphi \qquad (4-23)$$

式中 I_w——正常通过的工作电流，A；

φ——负荷功率因数（一般取 $\cos\varphi = 0.8$，则 $\sin\varphi = 0.6$）。

对出线电抗器尚应计及出线上的电压损失。

第十一节 高压开关柜

高压开关柜是指除进、出线外，完全被接地金属外壳封闭的成套开关设备。在电力系统中作接收和分配电能之用。

一、基本分类

（1）按绝缘介质分类，可分为空气绝缘开关柜和气体绝缘开关柜（也称充气柜）；

（2）按柜体内部分割方式分类，可分为箱型（无隔板或隔板不满足规定的防护等级）、间隔型（主开关和其他元件具有单独的隔室，且至少一块隔板为满足防护等级要求的绝缘材料）、铠装型（主开关和其他元件具有单独的隔室，且隔板均为接地的金属隔板）开关柜；

（3）按主开关连接方式分类，可分为固定式、手车式开关柜；

（4）按用途分类，可分为进线柜、出线柜、母联柜等；

（5）按使用环境分类，可分为户内、户外型开关柜。

二、参数选择

高压开关柜应按表 4-45 所列技术条件选择，并按表中使用环境条件校验。

表 4-45　　高压开关柜设备参数选择

项目		参　　数
技术条件	正常工作条件	额定电压、电流、频率、机械荷载、温升电流、组成元件的各项额定参数、接线方式、防护等级、机械和电气寿命
	短路稳定性	动稳定电流、热稳定电流和持续时间
	承受过电压能力	绝缘水平、爬电比距
	操作性能	开断电流、短路关合电流、操作顺序、分合闸时间及同期性、操动机构
环境条件	环境条件	环境温度、日温差[①]、日照强度[①]、覆冰厚度[①]、最大风速[①]、相对湿度[②]、污秽等级、海拔、地震烈度
	环境保护	局部放电水平

① 当户内布置时，可不考虑；
② 当户外布置时，可不考虑。

三、型式选择

1. 空气绝缘开关柜、充气柜的区别和特点

高压开关柜内由若干个功能单元排列组成，功能单元内根据一次主接线需要配置断路器（或负荷开关）、隔离开关（或隔离触头）、电流互感器、电压互感器、避雷器、母线等元件。

空气绝缘开关柜柜体内用金属隔板或绝缘隔板划分成几个基本隔室，例如母线室、主开关室、电缆室等。

充气柜以低压气体作为一次主回路的绝缘或灭弧

介质，一般以真空断路器或负荷开关为主开关，所有高压带电部件置于绝缘气体中，设计压力不超过0.3MPa（相对压力）。

充气柜的主要优点是：

（1）可靠性高，不受外界环境影响。因各高压元件用绝缘气体密封，不受凝露、污秽等环境影响，故可使设备长期安全运行。

（2）小型化。由于用绝缘性能优于大气的气体（如SF_6、N_2、干燥压缩空气）作绝缘介质，高压元件尺寸得以缩小，集装程度高。以40.5kV开关柜最为明显，充气柜体积比空气绝缘开关柜小50%~60%。

（3）维护工作量减少。因各高压元件用绝缘气体密封，气室内零部件无腐蚀、生锈等现象，故需维护的工作量减少。

2. 高压开关柜选择原则

（1）选择的开关柜应能满足正常运行、检修、短路和过电压情况下的要求，同时要考虑环境条件，并适当考虑远景发展。

（2）当环境条件苛刻，例如空间狭窄、海拔高、要求可靠性不受环境条件影响时，在用户可接受的条件下，可考虑选择充气柜。

（3）当出现回路较多、需要经常分路切断进行检修维护时；当用电负荷较为重要，在断路器发生故障，要求能迅速更换断路器恢复供电时，多选用手车式开关柜。

（4）不需要迅速更换断路器时，常采用固定式开关柜。

（5）设备订货时，应要求制造厂对功能单元内部元件的布置做到便于操作、观测、维护和检修。电缆室应有较大的电缆安装高度，便于电缆的安装和维护。

（6）高压开关柜的防护等级应满足环境条件的要求。

（7）当环境温度高于+40℃时，开关柜内的电器应按照制造厂提供的降容系数降容使用，母线的允许电流可按式(4-24)计算：

$$I_t = I_{40}\sqrt{\frac{40}{t}} \qquad (4-24)$$

式中　t——环境温度，℃；

　　　I_t——环境温度 t 下的允许电流；

　　　I_{40}——环境温度为40℃时的允许电流。

（8）开关柜内应设有专用的接地导体，对于中性点直接接地系统，接地回路的短时耐受电流值不小于主回路的额定短时耐受电流值；对于中性点非直接接地系统，接地回路的短时耐受电流值不小于主回路额定短时耐受电流的87%。柜内专用接地导体宜采用铜质导体。

（9）对于空气绝缘开关柜，柜内各相导体的相间、相地净距需要符合表4-46的要求。

表4-46　开关柜内各相导体的相间、相地净距　（mm）

序号	各相导体的相间、相地净距	额定电压（kV）			
		7.2	12（11.5）	24	40.5
1	导体至接地间净距	100	125	180	300
2	不同相导体之间的净距	100	125	180	300
3	导体至无孔遮栏间净距	130	155	210	330
4	导体至网状遮栏间净距	200	225	280	400

注　海拔超过1000m时本表所列值应进行海拔修正。

3. 高压开关柜型号选择

可根据负荷等级选择高压开关柜的型号。一般情况下，一、二级负荷可选择手车式开关柜，三级负荷可选固定式开关柜。

（1）HXGN 型高压开关柜（简称环网柜），适用于配电系统、环网供电或双电源辐射供电系统，起收集、分配和保护作用，也适用于箱式变电站中。

（2）JYNI 型户内间隔式交流金属封闭开关柜，具有防止误操作断路器、防止带负荷推拉手车、防止带电挂接地线、防止带接地送电和防止误入带电间隔（简称"五防"）的功能，作为变电站受电、馈电以及站电的主要用柜。

（3）KYN 型户内金属铠装双层移开式交流金属封闭开关柜，为单母线及单母线分段系统的成套配电装置，具有"五防"功能，主要用于变电站高压配电装置。

第十二节　高压负荷开关和高压熔断器

一、高压负荷开关

高压负荷开关是一种功能介于高压断路器和高压隔离开关之间的电气设备。高压负荷开关具有简单的灭弧装置，能通断一定的负荷电流和过负荷电流，但不能断开短路电流，所以它一般与高压熔断器联合使用，可替代断路器作短路保护。

（一）基本分类

（1）按灭弧介质分类，可分为空气式、SF_6 式、真空式高压负荷开关；

（2）按操作方式分类，可分为三级联动操作式、逐级操作式高压负荷开关；

（3）按操动机构分类，可分为动力型、人力储能型高压负荷开关；

（4）按使用环境分类，可分为户内型、户外型高压负荷开关。

（二）参数选择

高压负荷开关的参数应按表 4-47 所列技术条件选择，并按表中使用环境条件校验。

表 4-47　　高压负荷开关参数选择

项目		参　　数
技术条件	正常工作条件	额定电压、电流、频率、机械荷载、机械和电气寿命
	短路稳定性	动稳定电流、热稳定电流和持续时间、额定关合电流
	承受过电压能力	对地和断口间的绝缘水平、爬电比距
	操作性能	开断和关合性能、操动机构
环境条件	环境条件	环境温度、日温差①、最热月平均温度、年平均温度、日照强度①、覆冰厚度①、最大风速①、相对湿度②、污秽等级①、海拔、地震烈度
	环境保护	局部放电水平、无线电干扰水平

① 当户内布置时，可不考虑；
② 当户外布置时，可不考虑。

配手动操动机构的负荷开关，仅限于 10kV 及以下，其关合电流不大于 8kA(峰值)。

（三）开断和关合性能

高压负荷开关主要用于切断和关合负荷电流，与高压熔断器联合使用，可替代断路器作短路保护，带有热脱扣器的负荷开关还具有过载保护性能。

40.5kV 及以下通用负荷开关每一个开合方式规定的额定值如下：

（1）额定有功负载开断电流等于额定电流；
（2）额定空载变压器开断电流等于额定电流的 1%；
（3）额定配电线路闭环开断电流等于额定电流；
（4）额定电缆和线路充电开断电流见表 4-48；
（5）额定短路关合电流等于额定峰值耐受电流，负荷开关在其额定电压下应具有成功关合两次或多次额定短路关合电流的能力。

表 4-48　　通用负荷开关的额定电缆和线路充电开断电流

额定电压（kV）	额定电缆充电电流（A）	额定线路充电电流（A）
3.6	4	0.3
7.2	6	0.5
12	10	1
24	16	1.5
40.5	21	2.1

（6）特高压交流变电站中 110kV 无功回路投切较为频繁，会产生较高过电压，因此采用专用负荷开关，主要用于无功设备的日常投切，但其不能承担在短路及故障状态下的电流开断任务。

（四）机械荷载

负荷开关应能承受制造厂规定的端子机械荷载及电动力，而不降低其可靠性及载流能力。

二、高压熔断器

高压熔断器是电力系统中过载和短路故障的保护设备，当电流超过给定值一定时间后，通过熔化一个或几个特殊设计的组件，用分断电流来断开所接入电路的器件。

高压熔断器的熔体串联在电路中，在正常工作状态下，流经熔断器的工作电流不应使熔断器动作。当流过电流一定时间后，熔断器应动作，其过程为：

（1）熔体由正常工作温度发热至熔点；
（2）熔体在液态下继续加热至沸点；
（3）熔体气化，产生间隙，间隙被电压击穿产生电弧；
（4）在一定的灭弧方式下使电弧熄灭。

（一）参数选择

高压熔断器的参数应按表 4-49 所列技术条件选择，并按表中使用环境条件校验。

表 4-49　　高压熔断器参数选择

项目		参　　数
技术条件	正常工作条件	额定电压、电流
	保护特性	断流容量、最大开断电流、熔断特性、最小熔断电流
	环境条件	环境温度、日温差①、最热月平均温度、年平均温度、日照强度①、覆冰厚度①、最大风速①、相对湿度②、污秽等级①、海拔、地震烈度

① 当户内布置时，可不考虑；
② 当户外布置时，可不考虑。

（二）型式选择

（1）高压熔断器的额定开断电流应大于回路中可能出现的最大预期短路电流周期分量有效值。

（2）限流式高压熔断器一般不宜使用在工作电压低于熔断器额定电压的电网中，以避免熔断器熔断截流时产生的过电压超过电网允许的 2.5 倍工作相电压。

当经过验算，电气设备的绝缘强度允许使用高一级电压的熔断器时，应按电压比折算，降低其额定的断流容量。

（3）高压熔断器熔管的额定电流应大于或等于熔体的额定电流。

（4）跌落式高压熔断器在灭弧时，会喷出大量的游离气体，并发出很大响声，故一般只在户外使用。跌落式高压熔断器的断流容量应分别按上、下限值校验，开断电流应以短路全电流校验。

（5）保护电压互感器的熔断器，只需按额定电压和开断电流选择即可。

（6）用于变压器回路的熔断器的选择应符合 GB/T 15166.6《高压交流熔断器 第6部分：用于变压器回路的高压熔断器的熔断件选用导则》的规定，并满足以下要求：

1）熔断器应能承受变压器的容许过负荷电流。

2）变压器突然投入时的励磁涌流不应损伤熔断器。变压器的励磁涌流通过熔断器产生的热效应可按 10~12 倍的变压器满载电流持续 0.1s 计算，当需要时也可按 20~25 倍的变压器满载电流持续 0.01s 校验。

3）熔断器对变压器低压侧的电流进行保护，熔断器的最小开断电流应低于预期短路电流。

（7）熔断器与其他开关设备组成组合电器时应采用限流型的后备熔断器。熔断器的选择应符合 GB 16926《高压交流负荷开关 熔断器组合电器》、GB/T 14808《交流高压接触器、基于接触器控制器的电动机起动器》和 GB/T 15166《高压交流熔断器》的相关规定。

（8）保护电力电容器的高压熔断器的选择应符合 GB/T 15166.4《高压交流熔断器 第4部分：并联电容器外保护用熔断器》和 GB 50227《并联电容器装置设计规范》的相关规定。

第十三节　绝缘子和套管

绝缘子的作用：一方面使导体与支架在电气上绝缘，另一方面使导体与支架在机械上相连。因此绝缘子要同时满足电气性能和机械性能两方面的要求。

一、基本分类

（1）按使用位置不同分类，可分为悬式绝缘子、支柱绝缘子、穿墙套管；

（2）按绝缘材料分类，可分为瓷绝缘子、玻璃绝缘子和复合绝缘子。

二、参数选择

绝缘子和穿墙套管的参数应按表 4-50 所列技术条件选择，并按表中使用环境条件校验。

表 4-50　绝缘子和穿墙套管参数选择

项目		绝缘子参数	穿墙套管参数
技术条件	正常工作条件	额定电压、机械荷载	额定电压、电流
	短路稳定性	支柱绝缘子的动稳定	动稳定电流、热稳定电流及持续时间
	承受过电压能力	绝缘水平、爬电比距	绝缘水平
	环境条件	环境温度、日温差[①]、最热月平均温度、年平均温度、日照强度[①]、覆冰厚度[①]、最大风速[①]、相对湿度[②]、污秽等级[①]、海拔、地震烈度	

① 当户内布置时，可不考虑；

② 当户外布置时，可不考虑。

（1）对于变电站的 3~20kV 户外支柱绝缘子和穿墙套管，当有冰雪时，宜采用提高一级电压的产品，对于 3~6kV 户外支柱绝缘子和穿墙套管，也可采用提高两级电压的产品。

（2）母线型穿墙套管不按持续电流选择，只需保证套管的型式与母线尺寸相配合即可。

（3）当周围环境温度高于+40℃但不超过+60℃时，穿墙套管的持续允许电流 I_n 应按式（4-25）修正：

$$I_n = I_N \times \sqrt{\frac{85-\theta}{45}} \qquad (4-25)$$

式中　θ——周围实际环境温度，℃；

　　　I_N——持续允许额定电流，A。

三、型式选择

（1）户外支柱绝缘子一般采用棒式支柱绝缘子，当需倒装时，宜选用悬挂式支柱绝缘子。

（2）户内支柱绝缘子一般采用联合胶装的多棱式支柱绝缘子。

（3）对于污秽等级较高的地区，应尽量选用防污盘形悬式绝缘子。

四、动稳定校验

按短路动稳定校验支柱绝缘子和穿墙套管，要求短路时作用在支柱绝缘子或穿墙套管上的力 P 可按式（4-26）计算：

$$P \leqslant 0.6 P_n \qquad (4-26)$$

式中　P_n——支柱绝缘子或穿墙套管的抗弯破坏负荷，N；

　　　P——短路时作用在支柱绝缘子或穿墙套管上的力，N，该值按表 4-51 所列公式计算，其中绝缘子上受力的折算系数 K_f 见表 4-52。

表 4-51 绝缘子和穿墙套管上所受的力

母线布置方式		计算跨中的力 F（N）	绝缘子上受力 P（N）		备注
			垂直布置	水平布置	
三相同平面	矩形母线	$1.76\times10^{-1}\times\dfrac{i_{ch}^2 l_p}{a}$	$P=F$	$P=K_f F$	
直角三角形		$1.53\times10^{-1}\times\dfrac{a_1 l_n}{a_1 a_2}i_{ch}^2$	$P=F$	$P=K_f F$	l_p——当绝缘子两侧不等跨时取平均值，对套管取 $l_p=\dfrac{l_1+l_2}{2}$，cm； K_f——见表 4-52； i_{ch}——短路冲击电流瞬时值，kA； a——回路相间距离，cm

表 4-52 绝缘子上受力的折算系数 K_f

母线排列方式	绝缘子电压（kV）			电动力着力点
	6～10	20	35	
立放	1.40	1.26	1.18	$K_f=\dfrac{H'}{H}$
四片平放（中间加宽为50mm）				$H'=H+18+\dfrac{h}{2}$
三至四片平放	1.24	1.15	1.1	
两片以下平放	1.0	1.0	1.0	$H'=H+12+\dfrac{h}{2}$
槽形 [150 及以上	1.6	1.45	1.3	

在校验 35kV 及以上电压等级水平安装的支柱绝缘子的机械强度时，应计及绝缘子自重、母线重量和短路电动力的联合作用。由于自重和母线重量产生的弯矩，将使绝缘子允许的机械强度减小。降低数值见表 4-53。

表 4-53 绝缘子水平安装时机械强度降低数值

电压（kV）	35	63	110	154	220	330
降低数值（%）	1～2	3	6	13.7	15	30

注 35kV 以下的产品，降低数值小于 1%，可不必考虑。

支柱绝缘子在力的作用下，还将产生扭矩。在校验抗弯机械强度时，还应校验抗扭机械强度。

五、悬式绝缘子片数选择

悬式绝缘子的片数选择一般考虑两种计算方法，即爬电比距法和污闪耐受电压法。爬电比距法简单易行，在工程设计中被广泛采用且经过实践的验证。但是此方法没有和绝缘子的污闪电压建立起直接的联系，而且不同绝缘子爬电距离的有效系数也还是由人工污闪电压的试验结果确定的。污闪耐受电压法是根据试验得到绝缘子在不同污秽程度下的耐污闪电压，使选定的绝缘子串的耐污闪电压大于导线的最大工作电压，并留有一定的裕度。这种方法和实际绝缘子的污耐闪能力直接联系在一起，但需要通过试验确定绝缘子的耐污特性，并且人工污秽试验结果与自然污秽下的耐污闪电压还存在着等价性的问题。

工程设计中通常采用爬电比距法。

（一）按爬电比距法选择

绝缘子串的统一爬电比距不应小于图 4-1 所示数值。绝缘子串的片数 n 按式（4-27）计算：

$$n\geq\frac{\lambda U_{lm}}{\sqrt{3}K_e L_0}\qquad(4\text{-}27)$$

式中 n——每串绝缘子片数；

U_{lm}——系统最高运行线电压，kV；

λ——统一爬电比距，cm/kV；

L_0——每片悬式绝缘子的几何爬电距离，cm；

K_e——绝缘子爬电距离的有效系数，一般取 0.95。

（二）按污闪耐受电压法选择

按污闪耐受电压法，绝缘子串的片数按式（4-28）计算：

$$n\geq\frac{K_1 U_{phm}}{U_w}\qquad(4\text{-}28)$$

式中 U_{phm}——系统最高运行相电压，kV；

U_w——单片绝缘子污闪耐受电压，kV；

K_1——按系统的重要性考虑的修正系数，取 1.1。

单片绝缘子的污闪耐受电压 U_w 按式（4-29）确定：

$$U_w = U_{i50\%}(1-3\sigma) \qquad (4-29)$$

式中 $U_{i50\%}$——在给定污秽下，绝缘子片的 50%闪络电压，kV；

σ——绝缘子污闪耐受电压的变差系数。

通过试验，得到各污秽等级下单片普通绝缘子的最大污闪耐受电压值。

（三）绝缘子串片数选择需注意的其他问题

1. 老化问题

选择悬式绝缘子除以上条件外，还需考虑绝缘子的老化问题。每串绝缘子需预留零值绝缘子：

35～220kV，耐张串 2 片，悬垂串 1 片；330kV及以上，耐张串 2～3 片，悬垂串 1～2 片。

2. 高海拔问题

在海拔为 1000～3000m 地区，当需要增加绝缘子数量来加强绝缘时，耐张绝缘子串的片数 N_H 可按式（4-30）修正：

$$N_H = N[1+0.1(H-1)] \qquad (4-30)$$

式中 N_H——修正后的绝缘子片数；

N——海拔 1000m 及以下地区绝缘子片数；

H——海拔，km。

3. 其他问题

选择 V 形悬挂的绝缘子串片数时，应考虑临近效应对放电电压的影响，取得试验数据。

在空气清洁、无明显污秽的地区，悬垂绝缘子串的绝缘子片数可比耐张绝缘子串的同型绝缘子少一片。污秽地区的悬垂绝缘子串的绝缘子片数应与耐张绝缘子串相同。

330kV 及以上电压的绝缘子串应装设均压和屏蔽装置，以改善绝缘子串的电压分布和防止连接金具发生电晕。V 形绝缘子串以加重垂带鞍型均压环较好；对于耐张绝缘子串，各种均压环效果差别不大。

六、安全系数校验

屋外配电装置的绝缘子及金具根据气象条件和不同受力状态进行计算，其安全系数不小于表 4-54 所列数值。

表 4-54　　　绝缘子的安全系数

类别	荷载长期作用时	荷载短期作用时
悬式绝缘子及金具	4	2.5

注　悬式绝缘子的安全系数对应于 1h 机电试验荷载，若对应于破坏荷载，则安全系数分别为 5.3 和 3.3。

七、复合绝缘子

复合绝缘材料与瓷绝缘材料相比，主要具有质量轻、防爆性能好、憎水性好、耐污性能优、抗震性能好、抗风沙能力强、运输安装方便、交货周期短、价格便宜等方面的优势。

变电站目前采用的主要是两种类型的复合绝缘子，一种为实心复合支柱绝缘子，以隔离开关的支柱绝缘子及独立支柱绝缘子为代表，主要为隔离开关及母线等提供对地绝缘及机械支撑；另一种为空心复合绝缘套管，其外绝缘采用高温硫化硅复合材料伞裙，以罐式断路器套管、主变压器套管、高压电抗器套管、电压互感器及避雷器的绝缘外套等为代表，其不仅提供设备对地绝缘，也提供套管内高压带电体与设备外壳之间的绝缘。根据空心复合套管内部绝缘介质的不同，可分为充 SF_6 气体空心复合套管、充油空心复合套管及环氧树脂绝缘空心复合套管。

第十四节　中 性 点 设 备

一、消弧线圈

在中性点不接地系统中，变压器中性点常通过消弧线圈接地。作用是：当三相线路的一相发生弧光接地故障时，产生电感电流，抵消由线路对地电容引起的电容电流，消除因电容电流存在而引起故障点的电弧持续，避免故障范围扩大，提高电力系统供电可靠性。

（一）安装位置选择

消弧线圈的装设条件根据中性点接地方式确定。主变压器中性点装设消弧线圈的条件见第二章。站用变压器中性点装设消弧线圈的条件见第九章。

在选择消弧线圈安装位置时，需注意以下几点：

（1）系统在任何运行方式下，应保证不失去消弧线圈的补偿。不应将多台消弧线圈集中安装在一处，应尽量避免在电网中仅安装一台消弧线圈。

（2）在变电站中，消弧线圈一般装在变压器的中性点上。

（3）安装在 YNd 接线的双绕组变压器或 YNynd 接线的三绕组变压器中性点上的消弧线圈容量，不应超过变压器三相绕组总容量的 50%，并且不得大于三绕组变压器任一绕组的容量。

（4）接于零序磁通未经铁芯闭路的 YNyn 接线的内铁芯式变压器中性点上的消弧线圈容量，不应超过变压器三相绕组总容量的 20%。

消弧线圈不应装设在零序磁通经铁芯闭路 YNyn接线的变压器中性点上（例如单相变压器组或外铁芯变压器）。

（5）如变压器无中性点或中性点未引出，应装设专用接地变压器以连接消弧线圈。其容量应与消弧线圈的容量匹配，并采用相同的额定时间。

（二）参数及型式选择

消弧线圈设备应按表4-55所列技术条件选择，并按表中使用环境条件校验。

表4-55　消弧线圈设备参数选择

项目	参　　数
技术条件	额定电压、频率、容量、补偿度、电流分接头、中性点位移电压
环境条件	环境温度、日温差[①]、日照强度[①]、覆冰厚度[①]、最大风速[①]、相对湿度[②]、污秽等级[①]、海拔、地震烈度

① 当户内布置时，可不考虑；

② 当户外布置时，可不考虑。

消弧线圈宜采用具有自动跟踪补偿功能的消弧装置。

（三）容量及分接头选择

消弧线圈的补偿容量 Q，一般按式（4-31）计算。

$$Q = K \cdot I_C \cdot U_{NI} / \sqrt{3} \qquad (4\text{-}31)$$

式中　Q——补偿容量，kVA；

　　　K——系数，过补偿取 1.35，欠补偿按脱谐度确定；

　　　U_{NI}——电网额定线电压，kV；

　　　I_C——电网电容电流，A。

消弧线圈应避免在谐振点运行。一般需将分接头调谐到接近谐振点的位置，以提高补偿成功率。为便于运行调谐，选用的容量宜接近计算值。

装在电网变压器中性点的消弧线圈应采用过补偿方式。中性点经消弧线圈接地的电网，在正常情况下，长时间中性点位移电压不应超过系统标称相电压的15%，脱谐度一般不大于 10%（脱谐度 $\nu = \dfrac{I_C - I_L}{I_C}$，其中 I_L 为消弧线圈电感电流）。

（四）电容电流选择

电网的电容电流应包括有电气连接的所有架空线路、电缆线路的电容电流，并计及母线及电气设备的影响。该电容电流应取最大运行方式下的电流，且宜考虑投产后 10 年的发展。

（1）架空线路的电容电流可按式（4-32）估算：

$$I_C = (2.7 \sim 3.3)\, U_{NI} L \times 10^3 \qquad (4\text{-}32)$$

式中　L——线路的长度，km；

　　　2.7——系数，适用于无架空地线的线路；

　　　3.3——系数，适用于有架空地线的线路；

　　　U_{NI}——电网额定线电压，kV。

同塔双回线路的电容电流为单回路的 1.3～1.6 倍。

（2）电缆线路的电容电流可按式（4-33）估算：

$$I_C = 0.1\, U_{NI} L \qquad (4\text{-}33)$$

（3）变电站增加的接地电容电流值见表4-56。

表4-56　变电站增加的接地电容电流值

额定电压（kV）	6	10	15	35	63	110
附加值（%）	18	16	15	13	12	10

（五）中性点位移校验

中性点位移电压一般按式（4-34）计算：

$$U_0 = \frac{U_{bd}}{\sqrt{d^2 + \nu^2}} \qquad (4\text{-}34)$$

式中　U_{bd}——消弧线圈投入前，电网回路中性点的不对称电压值，一般取 0.8%相电压；

　　　d——阻尼率，一般 63～110kV 架空线路取 3%，35kV 及以下架空线路取 5%，电缆线路取 2%～4%；

　　　ν——脱谐度。

二、接地变压器

（一）装设接地变压器的目的

接地变压器用在中性点绝缘的三相电力系统中，用来为此系统提供中性点。该中性点可以直接接地，也可以经过电抗器、电阻器或消弧线圈接地。接地变压器的特性要求是零序阻抗低、空载阻抗高、损失小。采用曲折形接法的变压器，能满足这些要求。

（二）接地变压器的选择及参数

当系统中性点可以引出时，宜选用单相接地变压器；当系统中性点不能引出时，应选用三相变压器；有条件时，宜选择干式无励磁调压接地变压器。

接地变压器设备应按表4-57所列技术条件选择，并按表中使用环境条件校验。

表4-57　接地变压器设备参数选择

项目	参　　数
技术条件	型式、额定容量、电流、绕组电压、频率、温升限值
承受过电压能力	绝缘水平、过载能力
环境条件	环境温度、日温差[①]、日照强度[①]、覆冰厚度[①]、最大风速[①]、相对湿度[②]、污秽等级[①]、海拔、地震烈度

① 当户内布置时，可不考虑；

② 当户外布置时，可不考虑。

接地电压器的绝缘水平应与连接系统绝缘水平一致。

第五章

导 体 设 计

第一节 导体选择的一般规定

导体选择的一般规定如下：

（1）导体应根据具体应用情况，按电流、电晕、动稳定或机械强度、热稳定、允许电压降、经济电流密度等技术条件进行选择或校验，当选择的导体为非裸导体时，可不校验电晕。

（2）导体尚应按使用环境条件（环境温度、日照、风速、污秽、海拔）校验，当在屋内使用时，可不校验日照、风速及污秽。

（3）载流导体一般选用铝、铝合金或铜材料；对持续工作电流较大且位置特别狭窄的发电机出线端部或污秽对铝有较严重腐蚀的场所宜选铜导体；钢母线只在额定电流小而短路电动力大或不重要的场合下使用。

（4）普通导体的正常最高工作温度不宜超过+70℃，在计及日照影响时，钢芯铝线及管形导体可按不超过+80℃考虑。当普通导体接触面处有镀（搪）锡的可靠覆盖层时，可提高到+85℃。特种耐热导体的最高工作温度可根据制造厂提供的数据选择使用，但要考虑高温导体对连接设备的影响，并采取防护措施。

（5）在按回路正常工作电流选择导体截面时，导体的长期允许载流量，应按所在地区的海拔及环境温度进行修正。导体采用多导体结构时，应考虑邻近效应和热屏蔽对载流量的影响。

（6）110kV及以上导体的电晕临界电压应大于导体安装处的最高工作电压。

（7）验算短路热稳定时，导体的最高允许温度，对硬铝及铝镁（锰）合金可取200℃，硬铜可取300℃，短路前的导体温度应采用额定负荷下的工作温度。

（8）导体和导体、导体和电气设备的连接处，应有可靠的连接接头。

硬导体间的连接应尽量采用焊接，需要断开的接头及导体与电气设备端子的连接处，应采用螺栓连接。

不同金属的螺栓连接接头，在屋外或特殊潮湿的屋内，应有特殊的结构措施和适当的防腐蚀措施。

金具应选用合适的标准产品。

第二节 硬 导 体

一、导体选型

本节主要介绍硬导体的导体材料、型式及相应的适用范围。

（一）导体材料的基本特性

导体是指电阻率很小且易于传导电流的物质，通常由铜、铝、铝合金及钢材料制成，各种导体材料的基本特性见表5-1。

表5-1 各种导体材料的基本特性

基 本 特 性	材 料 名 称					
	铜	铝	铝锰合金	铝镁合金	铝镁硅合金	钢
20℃时的电阻率（Ω·m）	0.0179	0.0290	0.0379	0.0458	0.030	0.1390
20℃时的电阻温度系数（℃⁻¹）	0.00385	0.00403	0.0042	0.0042	0.0041	0.00455
密度（g/cm³）	8.89	2.71	2.73	2.68	2.71	7.85
熔点（℃）	1083	653				1536
比热容[J/（g·℃）]	0.3843	0.9295				0.4522
导热系数[W/（cm·℃）]	3.8644	2.1771				0.8038
温度线膨胀系数（℃⁻¹）	16.42×10^{-6}	24×10^{-6}	23.2×10^{-6}	23.8×10^{-6}		12×10^{-6}

基 本 特 性	材 料 名 称					
	铜	铝	铝锰合金	铝镁合金	铝镁硅合金	钢
抗拉强度（N/mm²）	210～250	>120	160	300	>250	>280
伸长率（%）	>3	>3	10	24	>7	>25
最大允许应力（N/mm²）	140	70	90	170	110	160
弹性模数（N/mm²）	100000	70000	71000	70000	69000	200000
允许最高加热温度（℃）	300	200	200		200	600

用作载流的导体一般使用铜、铝或者铝合金材料。

铜导体的导电性能仅次于银，在大气中稳定性能较好，有很好的耐腐蚀性，强度和硬度较好，但铜导体的密度较高，单位导体的自重较大，价格昂贵。

纯铝成型的导体一般为矩形、槽形和管形。由于纯铝的管形导体强度稍低，110kV 及以上配电装置敞开布置时不宜采用。

铝合金导体有铝锰合金和铝镁合金两种，形状均为管形。铝锰合金导体载流量大，但强度较差，采用一定的补强措施后可以广泛使用；铝镁合金导体机械强度大，在变电站内被大量的使用。

铜导体一般在下列情况下才使用：

（1）污秽对铝有较严重腐蚀的屋外配电装置；

（2）设备出线端子处位置特别狭窄以及铝排截面太大穿过套管有困难时；

（3）持续工作电流在 4000A 以上的矩形导体，由于安装有要求且采用其他型式的导体有困难时。

钢导体只有在额定电流小而短路电动力大或不重要的场合下使用。

（二）导体型式及适用范围

硬导体除满足工作电流、机械强度和电晕的要求外，导体形状还应满足下列要求：

（1）电流分布均匀（即导体的集肤效应系数尽可能小）；

（2）机械强度高；

（3）散热性能良好（与导体的放置方式和形状有关）；

（4）有利于提高电晕起始电压；

（5）安装、检修简单，连接方便。

目前，变电站常用的硬导体型式有矩形、槽形和管形等。

1. 矩形导体

单片矩形导体具有集肤效应系数小、散热条件好、安装简单、连接方便等优点，一般适用于工作电流 $I≤2000A$ 的回路中。

多片矩形导体集肤效应系数比单片导体大，所以附加损耗更大。因此载流量不是随导体片数增加而成倍增加的，尤其是每相超过三片以上时，导体的集肤效应系数显著增大。在工程实用中多片矩形导体适用于工作电流 $I≤4000A$ 的回路中。当回路工作电流为 4000A 以上时，导体则应选用有利于交流电流分布的槽形或圆管形的成型导体。

2. 槽形导体

槽形导体的电流分布比较均匀，与同截面的矩形导体相比，其优点是散热条件好、机械强度高、安装较方便。尤其是在垂直方向开有通风孔的双槽形导体比不开孔的方管形导体的载流能力大 9%～10%；比同截面的矩形导体的载流能力约大 35%。因此在回路持续工作电流为 4000～8000A 时，一般可选用双槽形导体，大于上述电流值时，由于会引起钢构件的严重发热，因此不推荐使用。

3. 管形导体

管形导体是空心导体，集肤效应系数小，且有利于提高电晕的起始电压。户外配电装置使用管形导体，具有占地面积小、构架简明、布置清晰等优点。但导体与设备端子连接较复杂，用于户外时易产生微风振动。

110kV 及以上高压配电装置，当采用硬导体时，宜用铝合金管形导体。

二、导体截面的选择和校验

硬导体截面的选择和相应的校验，主要从回路的工作电流、经济电流密度等方面进行选择，按照电晕条件、短路热稳定、短路动稳定、机械共振条件等方面进行硬导体选择后的校验。

（一）一般要求

裸硬导体应根据具体情况，按本章第一节的一般规定分别进行选择或校验。

高压、超高压及特高压配电装置中选用的管形导体，由于跨距和短路容量的增加，其导体截面除应满足载流量和机械强度要求外，其形状应有利于提高电晕起始电压和避免微风振动。如 500～1000kV 硬导体可采用单根大直径的圆管或由多根小直径的圆管组成的分裂结构，导体固定方式可采用支持式或悬吊式。

（二）按回路持续工作电流选择

导体的长期允许载流量为

$$I_n ≥ I_w \tag{5-1}$$

式中 I_w——电流回路的持续工作电流，A；

$\quad\quad I_n$——相应于导体在某一运行温度、环境条件及安装方式下长期允许的载流量，A。

载流量取值见表 5-2～表 5-6。表中载流量是按照导体最高允许工作温度+70℃、基准环境温度+25℃、无风、无日照、海拔 1000m 及以下条件计算的。其他情况需将表中所列载流量乘以相应的校正系数，综合校正系数见表 5-7。

表 5-2   矩形铝导体长期允许载流量   （A）

导体尺寸 $h\times b$（mm×mm）	单条		双条		三条		四条	
	平放	竖放	平放	竖放	平放	竖放	平放	竖放
40×4	480	503						
40×5	542	562						
50×4	586	613						
50×5	661	692						
63×6.3	910	952	1409	1547	1866	2111		
63×8	1038	1085	1623	1777	2113	2379		
63×10	1168	1221	1825	1994	2381	665		
80×6.3	1128	1178	1724	1892	2211	2505	2558	3411
80×8	1174	1330	1946	2131	2491	2809	2863	3817
80×10	1427	1490	2175	2373	2774	3114	3167	4222
100×6.3	1371	1430	2054	2253	2633	2985	3032	4043
100×8	1542	1609	2298	2516	2933	3311	3359	4479
100×10	1728	1803	2558	2796	3181	3578	3622	4829
125×6.3	1674	1744	2446	2680	2079	3490	3525	4700
125×8	1876	1955	2725	2982	3375	3813	3847	5129
125×10	2089	2177	3005	3282	3725	4194	4225	5633

注 1. 表中导体尺寸中 h 为宽度，b 为厚度。

    2. 表中当导体为四条时，平放、竖放第 2、3 片间距皆为 50mm。

    3. 同截面铜导体载流量为表中铝导体载流量的 1.27 倍。

表 5-3   槽形铝导体长期允许载流量及计算用数据

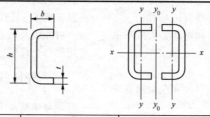

截面尺寸				双槽导体截面积 S（mm²）	集肤效应系数 K_p	导体载流量（A）	截面系数 W_y（cm³）	惯性矩 F_y（cm⁴）	惯性半径 r_y（cm）	截面系数 W_x（cm³）	惯性矩 F_x（cm⁴）	惯性半径 r_x（cm）	截面系数 W_{yn}（cm³）	惯性矩 F_{yn}（cm⁴）	惯性半径 r_n（cm）	静力矩 S_{yn}（cm³）	双槽实连时绝缘子间距	双槽不实连时绝缘子间距
h（mm）	b（mm）	t（mm）	r（mm）														共振最大允许距离（cm）	
75	35	4	6	1040	1.012	2280	2.52	6.2	1.09	10.1	41.6	2.83	23.7	89	2.93	14.1		
75	35	5.5	6	1390	1.025	2620	3.17	7.6	1.05	14.1	53.1	2.76	30.1	113	2.85	18.4	178	114
100	45	4.5	8	1550	1.02	2740	4.51	14.5	1.33	22.2	111	3.78	48.6	243	3.96	28.8	205	125
100	45	6	8	2020	1.038	3590	5.9	18.5	1.37	27	135	3.7	58	290	3.85	36	203	123
125	55	6.5	10	2740	1.05	4620	9.5	37	1.65	50	290	4.7	100	620	4.8	63	228	139
150	65	7	10	3570	1.075	5650	14.7	68	1.97	74	560	5.65	167	1260	6.0	98	252	150
175	80	8	12	4880	1.103	6600	25	144	2.4	122	1070	6.65	250	2300	6.9	156	263	147
200	90	10	14	6870	1.175	7550	40	254	2.75	193	1930	7.65	422	4220	7.9	252	285	157
200	90	12	16	8080	1.237	8800	46.5	294	2.7	225	2250	7.6	490	4900	7.9	290	283	157
225	105	12.5	16	9760	1.285	10150	66.5	490	3.2	307	3400	8.5	645	7240	8.7	390	299	163
250	115	12.5	16	10900	1.313	11200	81	660	3.52	360	4500	9.2	824	10300	9.84	495	321	200

注 表中截面尺寸，h 为槽形铝导体高度，b 为宽度，t 为壁厚，r 为弯曲半径。

表 5-4　　　　　　　　　　圆管形铝导体长期允许载流量及计算用数据

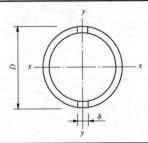

截面尺寸（mm）				导体截面 S (mm²)	惯性矩（cm⁴）		断面系数（cm³）		集肤效应系数 K_p	允许电流 I（A）		导体共振绝缘子最大允许跨距（cm）
D	d[①]	t[②]	δ		I_x	I_y	W_x	W_y		涂漆	不涂漆	
140	120	10	15	3800	739.4	866.4	105.6	123.8	1.02	5720	4890	223
140	110	15	15	5450	989.0	1165.2	141.2	166.4	1.11	6500	5520	219
210	190	10	15	5950	2869.8	3169.4	273	302	1.02	8630	7380	279
210	180	15	15	8700	3991.2	4419.2	380	421	1.11	9940	8380	276
280	260	10	25	7900	6787.6	7697.4	485	550	1.02	11230	9450	322
280	250	15	35	11730	9618.6	10936.1	678	781	1.12	13120	11000	320
350	330	10	25	10200	14005.6	15447.4	800	883	1.02	14150	11800	363
350	320	15	25	15000	19990.6	22096.1	1142	1261	1.12	16300	13600	369
420	400	10	40	12070	23619.4	26969.3	1125	1283	2.025	16600	13800	397
420	390	15	40	17900	34327.3	39234.0	1633	1866	1.120	19250	16000	394
490	470	10	40	14100	37591.4	42189.3	1534	1716	1.025	19300	15950	430
490	460	15	40	21100	56017.8	62784.0	2285	2563	1.120	22500	18550	427

① d 为内径。

② t 为壁厚。

表 5-5　　　　　　　铝镁硅系（6063）管形母线长期允许载流量及计算用数据

导体尺寸 D/d (mm)	导体截面积 (mm²)	导体最高允许温度为下值时的载流量（A）		截面系数 W (cm³)	惯性半径 r_1 (cm)	截面惯性矩 I (cm⁴)
		+70℃	+80℃			
φ30/25	216	578	624	1.37	0.976	2.06
φ40/35	294	735	804	2.60	1.33	5.20
φ50/45	373	925	977	4.22	1.68	10.6
φ60/54	539	1218	1251	7.29	2.02	21.9
φ70/64	631	1410	1428	10.2	2.37	35.5
φ80/72	954	1888	1841	17.3	2.69	69.2
φ100/90	1491	2652	2485	33.8	3.36	169
φ110/100	1649	2940	2693	41.4	3.72	228
φ120/110	1806	3166	2915	49.9	4.07	299
φ130/116	2705	3974	3661	79.0	4.36	513
φ150/136	3145	4719	4159	107	5.06	806
φ170/154	4072	5696	4952	158	5.73	1339
φ200/184	4825	6674	5687	223	6.79	2227
φ250/230	7540	9139	7635	435	8.49	5438
φ300/270	13423.5	14153	12295	925	10.09	13667

注　1. 最高允许温度+70℃的载流量，是按基准环境温度+25℃、无风、无日照、敷设散热系数与吸热系数为0.5、不涂漆条件计算的。

　　2. 最高允许温度+80℃的载流量，是按基准环境温度+25℃、日照 0.1W/cm²、风速 0.5m/s 且与管形导体垂直、海拔 1000m、敷设散热系数与吸热系数为 0.5、不涂漆条件计算的。

　　3. 导体尺寸中，D 为外径，d 为内径。

表 5-6 铝镁系（LDRE）管形母线长期允许载流量及计算用数据

导体尺寸 D/d（mm）	导体截面积（mm²）	导体最高允许温度为下值时的载流量（A）		截面系数 W（cm³）	惯性半径 r₁（cm）	截面惯性矩 I（cm⁴）
		+70℃	+80℃			
ϕ30/25	216	491	561	1.37	0.976	2.06
ϕ40/35	294	662	724	2.60	1.33	5.20
ϕ50/45	373	834	877	4.22	1.68	10.6
ϕ60/54	539	1094	1125	7.29	2.02	21.9
ϕ70/64	631	1281	1284	10.2	2.37	35.5
ϕ80/72	954	1700	1654	17.3	2.69	69.2
ϕ100/90	1491	2360	2234	33.8	3.36	169
ϕ110/100	1649	2585	2463	41.4	3.72	228
ϕ120/110	1806	2831	2663	49.9	4.07	299
ϕ130/116	2705	3655	3274	79.0	4.36	513
ϕ150/136	3145	4269	3720	107	5.06	806
ϕ170/154	4072	5052	4491	158	5.73	1339
ϕ200/184	4825	5969	5144	223	6.79	2227
ϕ250/230	7540	8342	6914	435	8.49	5438
ϕ300/270	13423.5	12918	11134	925	10.09	13667

注 1. 最高允许温度+70℃的载流量，是按基准环境温度+25℃、无风、无日照、敷设散热系数与吸热系数为 0.5、不涂漆条件计算的。

2. 最高允许温度+80℃的载流量，系按基准环境温度+25℃、日照 0.1W/cm²、风速 0.5m/s 且与管形导体垂直、海拔 1000m、敷设散热系数与吸热系数为 0.5、不涂漆条件计算的。

3. 导体尺寸中，D 为外径，d 为内径。

表 5-7 裸导体载流量在不同海拔及环境温度下的综合校正系数

导体最高允许温度（℃）	适用范围	海拔（m）	实际环境温度（℃）						
			+20	+25	+30	+35	+40	+45	+50
+70	屋内矩形、槽形、管形导体和不计日照的屋外软导线		1.05	1.00	0.94	0.88	0.81	0.74	0.67
+80	计及日照时屋外软导线	1000 及以下	1.05	1.00	0.95	0.89	0.83	0.76	0.69
		2000	1.01	0.96	0.91	0.85	0.79		
		3000	0.97	0.92	0.87	0.81	0.75		
		4000	0.93	0.89	0.84	0.77	0.71		
	计及日照时屋外管形导体	1000 及以下	1.05	1.00	0.94	0.87	0.80	0.72	0.63
		2000	1.00	0.94	0.88	0.81	0.74		
		3000	0.95	0.90	0.84	0.76	0.69		
		4000	0.91	0.86	0.80	0.72	0.65		

（三）按经济电流密度选择

经济电流密度是寻求使导体在寿命期内具有最佳经济性的截面，在选择导体时只作为参考。

除配电装置的汇流母线以外，对于全年负荷利用小时数较大、母线较长（长度超过 20m）、传输容量较大的回路，均应按经济电流密度选择导体截面，并按式（5-2）～式（5-7）计算确定。

$$S_{eco} = \frac{I_w}{I_{eco}} \tag{5-2}$$

$$I_{eco} = \frac{I_{max}}{S_{eco}} = \sqrt{\frac{A}{\dfrac{F\rho_{20}B \times [1 + \alpha_{20}(\theta_m - 20)]}{1000}}} \tag{5-3}$$

$$CT = CI + I_{max}^2 RLF \tag{5-4}$$

$$F = \frac{N_p N_c \times (\tau P + D) \times Q}{1 + i/100} \quad (5-5)$$

$$Q = \sum_1^N (r^{N-1}) = \frac{1 - r^N}{1 - r} \quad (5-6)$$

$$r = \frac{(1 + a/100)^2 \times (1 + b/100)}{1 + i/100} \quad (5-7)$$

$$R = \rho_{20} B K_1 \quad (5-8)$$

$$B = (1 + K_p + K_s)(1 + \lambda_1 + \lambda_2) \quad (5-9)$$

$$K_1 = 1 + \alpha_{20}(\theta_m - 20) \quad (5-10)$$

式中 S_{eco}——经济电流截面积，mm^2；

I_w——电流回路的持续工作电流，A；

I_{eco}——经济电流密度，A/mm^2；

A——与导体截面有关的费用的可变部分，元/（$m \cdot mm^2$）；

I_{max}——第一年导体最大负荷电流，A；

R——单位长度的视在交流电阻，Ω/m；

ρ_{20}——20℃下的直流电阻率，Ω/m；

K_p——集肤效应系数；

K_s——临近效应系数；

λ_1——金属护套的损耗系数；

λ_2——铠装的损耗系数；

K_1——温度系数；

α_{20}——导体材料20℃下电阻温度系数，$℃^{-1}$；

θ_m——平均导体运行温度，℃；

N_p——每回路相线数目；

N_c——传输同样型号和负荷值的回路数；

τ——最大负荷损耗时间，取 $0.85T$，h；

T——最大负荷利用小时数，h；

i——贴现率，%；

N——经济寿命，a；

a——负荷增长率，年；

b——能源成本增长率，%；

D——供给电能损耗的额外供电容量成本，元/（$kW \cdot a$）；

CI——导体本体及安装成本，元；

CT——导体总成本，元；

P——在相关电压水平上 1kWh 的成本，元/kWh。

铜、铝母线在 12 种电价下的经济流密度曲线见图 5-1～图 5-12，其中图 5-1～图 5-6 适用于单一制电价，图 5-7～图 5-12 适用于两部制电价［D 值取 424 元/（$kW \cdot a$）］。

各图中曲线 1 适用于共箱铝母线；曲线 2 适用于钢芯铝绞线、铝绞线、铝锰合金管母线、槽形铝母线、矩形铝母线；曲线 3 适用于扩径钢芯铝绞线、铝钢扩径空心导线；曲线 4 适用于矩形铜母线；曲线 5 适用于共箱铜母线。

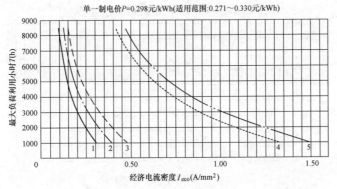

图 5-1 铜、铝母线经济电流密度（单一制电价 P=0.298 元/kWh）

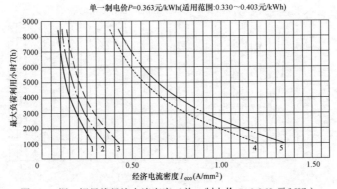

图 5-2 铜、铝母线经济电流密度（单一制电价 P=0.363 元/kWh）

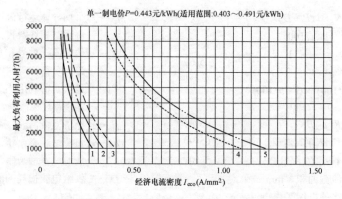

图 5-3　铜、铝母线经济电流密度（单一制电价 P=0.443 元/kWh）

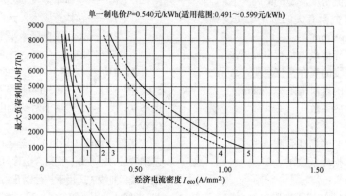

图 5-4　铜、铝母线经济电流密度（单一制电价 P=0.540 元/kWh）

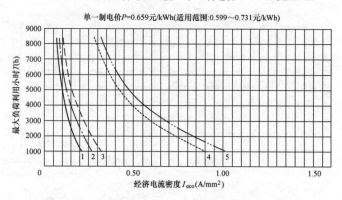

图 5-5　铜、铝母线经济电流密度（单一制电价 P=0.659 元/kWh）

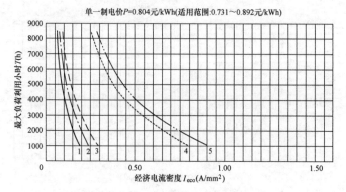

图 5-6　铜、铝母线经济电流密度（单一制电价 P=0.804 元/kWh）

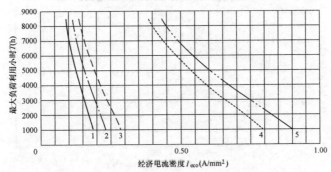

图 5-7　铜、铝母线经济电流密度（两部制电价 P=0.298 元/kWh）

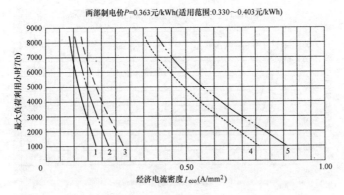

图 5-8　铜、铝母线经济电流密度（两部制电价 P=0.363 元/kWh）

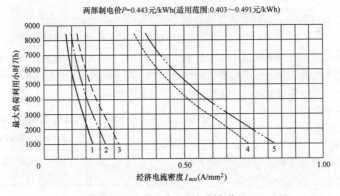

图 5-9　铜、铝母线经济电流密度（两部制电价 P=0.443 元/kWh）

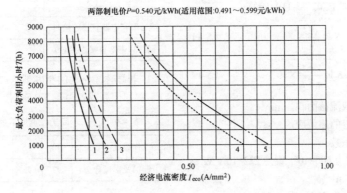

图 5-10　铜、铝母线经济电流密度（两部制电价 P=0.540 元/kWh）

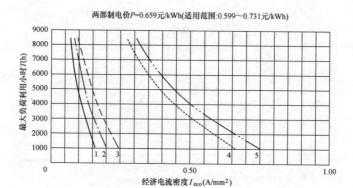

两部制电价P=0.659元/kWh(适用范围:0.599~0.731元/kWh)

图 5-11　铜、铝母线经济电流密度（两部制电价 $P=0.659$ 元/kWh）

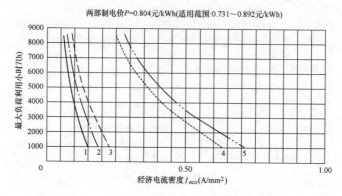

两部制电价P=0.804元/kWh(适用范围:0.731~0.892元/kWh)

图 5-12　铜、铝母线经济电流密度（两部制电价 $P=0.804$ 元/kWh）

变电站的最大负荷利用小时 T 应根据负荷的性质来确定。

当无合适规格的导体时，导体截面可小于经济电流密度的计算截面。在大电流和年运行小时数大的回路中，选择铜导体比选择铝导体更能同时满足经济性最佳和技术性合理的双重要求。

（四）导体截面的校验

1. 按电晕条件校验

对110kV及以上电压的母线应按电晕电压进行校验，具体见本章第三节。

2. 按短路热稳定校验

裸导体的热稳定性按式（5-11）验算：

$$S \geqslant \frac{\sqrt{Q_d}}{C} \tag{5-11}$$

$$C = \sqrt{K \ln\frac{\tau + t_2}{\tau + t_1} \times 10^{-4}} \tag{5-12}$$

式中　S——导体的载流截面积，mm^2；

Q_d——短路电流的热效应，$A^2 s$；

C——热稳定系数；

K——常数，铜为 500×10^6，铝为 222×10^6，W·s/（$\Omega \cdot cm^4$）；

τ——常数，铜为235，铝为245，℃；

t_1——导体短路前的发热温度，℃；

t_2——短路时导体最高允许温度，铝及铝镁（锰）合金可取200，铜导体取300，℃。

在不同的工作温度、不同材料下，C 值可取表5-8所列数值。

表 5-8　短路前导体温度为+70℃时的热稳定系数 C 值

导体材料	短路时导体最高允许温度（℃）	C
铜	300	169
铝及铝锰合金	200	89
钢（不和电器直接连接时）	400	67
钢（和电器直接连接时）	300	60

若导体短路前的温度不是+70℃，则 C 值可按式（5-12）计算或者由表5-9查得。

表 5-9　不同工作温度下的 C 值

工作温度（℃）	50	55	60	65	70	75
铜铝及铝锰合金	97	95	93	91	89	87
硬铜	179	177	174	172	169	167

续表

工作温度（℃）	80	85	90	95	100	105
铜铝及铝锰合金	85	83	81	79	76	74
硬铜	164	162	159	157	154	152

3. 按短路动稳定校验

（1）一般要求。导体短路时产生的机械应力一般均按照三相短路验算。若中性点直接接地系统中自耦变压器回路中的单相或两相接地短路比三相短路严重，则应按照严重情况验算，其验算结果应满足

$$\sigma_n > \sigma \tag{5-13}$$
$$\sigma = \sigma_{x-x} + \sigma_x \tag{5-14}$$

式中 σ——短路时导体产生的总机械应力，N/cm^2；

σ_{x-x}——短路时导体相间产生的最大机械应力，N/cm^2；

σ_x——短路时同相导体片间相互作用的机械应力，N/cm^2；

σ_n——导体材料的允许应力，其值见表 5-10，N/cm^2。

表 5-10　　　硬导体最大允许应力　　　（N/cm^2）

项目	导体材料及牌号和状态							
	铜/硬铜	铝及铝合金						
		1060 H112	IR35 H112	1035 H112	3A21 H18	6063 T6	6061 T6	6R05 T6
最大允许应力	12000/17000	3000	3000	3500	10000	12000	11500	12500

注　表中所列数值是计及安全系数后的最大允许应力。安全系数一般取 1.7（对应于材料破坏应力）或 1.4（对应于材料屈服点应力）。

（2）导体的短路电动力计算。当三相导体位于同一平面时，短路电动力计算公式为

$$F = 1.02 \times 10^{-2} \frac{2l}{a}(\sqrt{2}I'')^2[N_1 + N_2 e^{\frac{2t}{T_f}}$$
$$+ N_3 e^{-\frac{t}{T_f}} \cos\omega t + N_4 \cos 2\omega t] \tag{5-15}$$
$$= 6.037 \times 10^{-2} \frac{l}{a} i_{ch}^2 N_5$$

式中　　　　　　F——短路电动力，N；

i_{ch}——短路冲击系数，kA；

l——绝缘子间跨距，cm；

a——相间距离，cm；

T_f——短路电流的衰减时间常数，s；

t——短路持续时间，s；

N_1、N_2、N_3、N_4、N_5——与短路类型有关的系数，见表 5-11。

表 5-11　　　　　与短路类型有关的系数

短路类型	固定分力 N_1	非周期分力 N_2	周期分力（50Hz）N_3
两相短路	0.375	0.75	−1.5
三相短路、边相导线	0.375	0.808	−1.616
三相短路、中相导线	0	0.866	−1.732

短路类型	周期分力（100Hz）N_4	当 $T_f=0.05$、$t=0.01s$ 时 N_5
两相短路	0.375	2.47
三相短路、边相导线	0.433	2.67
三相短路、中相导线	0.866	2.86

因为 $I''^{(2)} < I''^{(3)}$，一般情况下，$I''^{(2)} = \frac{\sqrt{3}}{2}I''^{(3)}$，故两相短路电动力小于三相短路电动力，因此动稳定一般均应按三相短路计算，三相短路电动力计算式为

$$F = 17.248 \frac{l}{a} i_{ch}^2 \beta \times 10^{-2} \tag{5-16}$$

式中　β——导体动负荷作用下的振动系数，N。

（3）导体短路时的机械应力计算。

1）单片矩形导体的机械应力。矩形导体的机械应力计算用数据见表 5-12 和表 5-13。各种型式导体的机械应力计算均应计及动负荷作用下的振动系数 β。

对于三相导体水平布置在同一平面的矩形导体，相间应力 σ_{x-x} 为

$$\sigma_{x-x} = 17.248 \times 10^{-3} \frac{l^2}{aW} i_{ch}^2 \beta \tag{5-17}$$

式中　W——导体的截面系数，见表 5-12 及表 5-13，cm^3。

绝缘子的最大允许跨距 l_{max} 为

$$l_{max} = \frac{7.614}{i_{ch}} \sqrt{a \cdot W \cdot \sigma_n} \tag{5-18}$$

式（5-18）简化为

$$l_{max} = K' \frac{\sqrt{a}}{i_{ch}} \tag{5-19}$$

式中　K'——随导体材料和截面而定的系数，三相导体水平排列时可由表 5-12 查得。

对于三相矩形导体按照直角三角形布置时，如图 5-13 所示，短路时导体间最大的机械应力为

$$\sigma_{x-x} = 9.8 K_2 \frac{l^2}{a_x W} i_{ch}^2 \times 10^{-3} \beta \tag{5-20}$$

$$W = 0.167 b h^2 \tag{5-21}$$

式中　a_x——相间距离，根据条件可取 a_1、a_2、a_3，cm；

K_2——系数，由图 5-14 查得。

表 5-12　　矩形铝导体机械计算用数据

导体尺寸 $h\times b$ (mm×mm)	导体截面积 S (mm²)	集肤效应系数 K_p	机械强度要求最大跨距 (cm) 横放	机械强度要求最大跨距 (cm) 竖放	机械共振允许最大跨距 (cm) 竖放	机械共振允许最大跨距 (cm) 片间	机械共振允许最大跨距 (cm) 平放	片间临界跨距 l_c (cm)	片间作用应力 σ_x (N/cm²)	竖放 截面系数 W_y (cm³)	竖放 惯性半径 r_{1y} (cm)	平放 截面系数 W_x (cm³)	平放 惯性半径 r_{1x} (cm)
63×6.3	397	1.02	$406\sqrt{l_{ch}}$	$1285\sqrt{l_{ch}}$	45		143			0.417	0.182	4.17	1.821
63×8	504	1.03	$516\sqrt{l_{ch}}$	$1448\sqrt{l_{ch}}$	51		143			0.672	0.231	5.29	1.821
63×10	630	1.04	$645\sqrt{l_{ch}}$	$1620\sqrt{l_{ch}}$	57		143			1.05	0.289	6.62	1.821
80×6.3	504	1.03	$458\sqrt{l_{ch}}$	$1632\sqrt{l_{ch}}$	45		161			0.529	0.182	6.72	2.312
80×8	640	1.04	$581\sqrt{l_{ch}}$	$1838\sqrt{l_{ch}}$	51		161			0.853	0.231	8.53	2.312
80×10	800	1.05	$727\sqrt{l_{ch}}$	$2056\sqrt{l_{ch}}$	57		161			1.333	0.289	10.67	2.312
100×6.3	630	1.04	$512\sqrt{l_{ch}}$	$2040\sqrt{l_{ch}}$	45		180			0.662	0.182	10.5	2.89
100×8	800	1.05	$650\sqrt{l_{ch}}$	$2303\sqrt{l_{ch}}$	51		180			1.067	0.231	13.38	2.89
100×10	1000	1.08	$813\sqrt{l_{ch}}$	$2570\sqrt{l_{ch}}$	57		180			1.667	0.289	16.67	2.89
125×6.3	788	1.05	$573\sqrt{l_{ch}}$	$2550\sqrt{l_{ch}}$	45		201			0.827	0.182	16.41	3.613
125×8	1000	1.08	$727\sqrt{l_{ch}}$	$2873\sqrt{l_{ch}}$	51		201			1.333	0.231	20.83	3.613
125×10	1250	1.12	$908\sqrt{l_{ch}}$	$3212\sqrt{l_{ch}}$	57		201			2.083	0.289	26.04	3.613
2（80×6.3）	1008	1.18	$16.25\sqrt{a\cdot\sigma_{x-x}/l_{ch}}$	$27.86\sqrt{a\cdot\sigma_{x-x}/l_{ch}}$	86	48	161	$307.6\,1/\sqrt{i_{ch}}$	$23.9\times10^{-4}\,i_{ch}^2\cdot L_c^2$	4.572	0.655	13.44	2.312
2（80×8）	1280	1.27	$20.64\sqrt{a\cdot\sigma_{x-x}/l_{ch}}$	$31.4\sqrt{a\cdot\sigma_{x-x}/l_{ch}}$	97	54.5	161	$399\,1/\sqrt{i_{ch}}$	$12.7\times10^{-4}\,i_{ch}^2\cdot L_c^2$	7.373	0.832	17.07	2.312
2（80×10）	1600	1.30	$25.8\sqrt{a\cdot\sigma_{x-x}/l_{ch}}$	$35.1\sqrt{a\cdot\sigma_{x-x}/l_{ch}}$	108	61	161	$489.5\,1/\sqrt{i_{ch}}$	$7.94\times10^{-4}\,i_{ch}^2\cdot L_c^2$	11.52	1.04	21.33	2.312

续表

导体尺寸 $h \times b$ (mm×mm)	导体截面积 S (mm²)	集肤效应系数 K_p	机械强度要求最大跨距 (cm) 横放	机械强度要求最大跨距 (cm) 竖放	机械共振允许最大跨距 (cm) 竖放	机械共振允许最大跨距 (cm) 片间	机械共振允许最大跨距 (cm) 平放	片间临界跨距 l_e (cm)	片间作用应力 σ_x (N/cm²)	竖放 截面系数 W_y (cm³)	竖放 惯性半径 $r_{\mathrm{r}y}$ (cm)	平放 截面系数 W_x (cm³)	平放 惯性半径 $r_{\mathrm{r}x}$ (cm)
2 (100×6.3)	1260	1.26	$18.17\sqrt{a\cdot\sigma_{x-x}/i_{\mathrm{ch}}}$	$34.83\sqrt{a\cdot\sigma_{x-x}/i_{\mathrm{ch}}}$	86	48	180	$332\,1/\sqrt{i_{\mathrm{ch}}}$	$15.3\times10^{-4}\,i_{\mathrm{ch}}^2\cdot L_{\mathrm{c}}^2$	5.715	0.655	21.00	2.89
2 (100×8)	1600	1.30	$23.07\sqrt{a\cdot\sigma_{x-x}/i_{\mathrm{ch}}}$	$39.24\sqrt{a\cdot\sigma_{x-x}/i_{\mathrm{ch}}}$	97	54	180	$438\,1/\sqrt{i_{\mathrm{ch}}}$	$8.92\times10^{-4}\,i_{\mathrm{ch}}^2\cdot L_{\mathrm{c}}^2$	9.216	0.832	26.66	2.89
2 (100×10)	2000	1.42	$28.84\sqrt{a\cdot\sigma_{x-x}/i_{\mathrm{ch}}}$	$43.88\sqrt{a\cdot\sigma_{x-x}/i_{\mathrm{ch}}}$	108	61	180	$558\,1/\sqrt{i_{\mathrm{ch}}}$	$5.3\times10^{-4}\,i_{\mathrm{ch}}^2\cdot L_{\mathrm{c}}^2$	14.4	1.04	33.33	2.89
2 (125×6.3)	1575	1.28	$20.31\sqrt{a\cdot\sigma_{x-x}/i_{\mathrm{ch}}}$	$43.53\sqrt{a\cdot\sigma_{x-x}/i_{\mathrm{ch}}}$	86	48	201	$360\,1/\sqrt{i_{\mathrm{ch}}}$	$11.37\times10^{-4}\,i_{\mathrm{ch}}^2\cdot L_{\mathrm{c}}^2$	7.144	0.655	32.81	3.613
2 (125×8)	2000	1.40	$25.68\sqrt{a\cdot\sigma_{x-x}/i_{\mathrm{ch}}}$	$49\sqrt{a\cdot\sigma_{x-x}/i_{\mathrm{ch}}}$	97	54	201	$474\,1/\sqrt{i_{\mathrm{ch}}}$	$6.6\times10^{-4}\,i_{\mathrm{ch}}^2\cdot L_{\mathrm{c}}^2$	11.52	0.832	41.67	3.613
2 (125×10)	2500	1.45	$32.24\sqrt{a\cdot\sigma_{x-x}/i_{\mathrm{ch}}}$	$54.85\sqrt{a\cdot\sigma_{x-x}/i_{\mathrm{ch}}}$	108	61	201	$609\,1/\sqrt{i_{\mathrm{ch}}}$	$3.53\times10^{-4}\,i_{\mathrm{ch}}^2\cdot L_{\mathrm{c}}^2$	18.00	1.04	52.08	3.613
3 (80×8)	1920	1.44	$31.24\sqrt{a\cdot\sigma_{x-x}/i_{\mathrm{ch}}}$	$38.45\sqrt{a\cdot\sigma_{x-x}/i_{\mathrm{ch}}}$	122	54	161	$512\,1/\sqrt{i_{\mathrm{ch}}}$	$9.8\times10^{-4}\,i_{\mathrm{ch}}^2\cdot L_{\mathrm{c}}^2$	16.9	1.328	25.6	2.312
3 (80×10)	2400	1.60	$39.05\sqrt{a\cdot\sigma_{x-x}/i_{\mathrm{ch}}}$	$43\sqrt{a\cdot\sigma_{x-x}/i_{\mathrm{ch}}}$	136	61	161	$657\,1/\sqrt{i_{\mathrm{ch}}}$	$5.88\times10^{-4}\,i_{\mathrm{ch}}^2\cdot L_{\mathrm{c}}^2$	26.4	1.66	32.0	2.312
3 (100×8)	2400	1.50	$34.92\sqrt{a\cdot\sigma_{x-x}/i_{\mathrm{ch}}}$	$48\sqrt{a\cdot\sigma_{x-x}/i_{\mathrm{ch}}}$	122	54	180	$550\,1/\sqrt{i_{\mathrm{ch}}}$	$7.154\times10^{-4}\,i_{\mathrm{ch}}^2\cdot L_{\mathrm{c}}^2$	21.12	1.328	39.99	2.89
3 (100×10)	3000	1.70	$43.66\sqrt{a\cdot\sigma_{x-x}/i_{\mathrm{ch}}}$	$53.74\sqrt{a\cdot\sigma_{x-x}/i_{\mathrm{ch}}}$	136	61	180	$715\,1/\sqrt{i_{\mathrm{ch}}}$	$4.116\times10^{-4}\,i_{\mathrm{ch}}^2\cdot L_{\mathrm{c}}^2$	33.00	1.66	50.0	2.89
3 (125×8)	3000	1.60	$39.05\sqrt{a\cdot\sigma_{x-x}/i_{\mathrm{ch}}}$	$60\sqrt{a\cdot\sigma_{x-x}/i_{\mathrm{ch}}}$	122	54	201	$614\,1/\sqrt{i_{\mathrm{ch}}}$	$4.708\times10^{-4}\,i_{\mathrm{ch}}^2\cdot L_{\mathrm{c}}^2$	26.4	1.328	62.5	3.613
3 (125×10)	3750	1.80	$48.81\sqrt{a\cdot\sigma_{x-x}/i_{\mathrm{ch}}}$	$67.2\sqrt{a\cdot\sigma_{x-x}/i_{\mathrm{ch}}}$	136	61	201	$980\,1/\sqrt{i_{\mathrm{ch}}}$	$2.893\times10^{-4}\,i_{\mathrm{ch}}^2\cdot L_{\mathrm{c}}^2$	41.25	1.66	78.13	3.613
4 (100×10)	4000	2.00	$84.63\sqrt{a\cdot\sigma_{x-x}/i_{\mathrm{ch}}}$	$62\sqrt{a\cdot\sigma_{x-x}/i_{\mathrm{ch}}}$	215	61	180			124.0	4.13	66.66	2.89
4 (125×10)	5000	2.20	$94.62\sqrt{a\cdot\sigma_{x-x}/i_{\mathrm{ch}}}$	$77.6\sqrt{a\cdot\sigma_{x-x}/i_{\mathrm{ch}}}$	215	61	201			155.0	4.13	104.17	3.613

注　1. σ_{x-x} 的允许相间应力，按式 (5-14) 计算。

2. L_c 指导体垫片中心线间距离。

表 5-13　　　　　　　　　不同形状和布置的母线的截面系数及惯性半径

母线布置草图及其截面形状	截面系数 W	惯性半径 r_i
	$0.167bh^2$	$0.289h$
	$0.167hb^2$	$0.289b$
	$0.333bh^2$	$0.289h$
	$1.44hb^2$	$1.04b$
	$0.5bh^2$	$0.289h$
	$3.3hb^2$	$1.66b$
	$0.667bh^2$	$0.289h$
	$12.4hb^2$	$4.13b$
	$\sim 0.1d^3$	$0.25d$
	$\sim 0.1\dfrac{D^4-d^4}{D}$	$\dfrac{\sqrt{D^2+d^2}}{4}$

注　b、h、d 及 D 的单位为 cm。

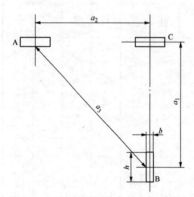

图 5-13　三相矩形导体直角三角形布置

2）多片矩形导体的机械应力。多片矩形导体的机械应力按下式计算：

$$\sigma = \sigma_{x-x} + \sigma_x \tag{5-22}$$

$$\sigma_x = \frac{F_x^2 l_e^2}{hb^2} \tag{5-23}$$

上两式中　σ_{x-x}——相间作用应力，计算公式同单片导体，N/cm^2；

σ_x——同相导体片间相互作用的机械应力，N/cm^2；

F_x——导体片间电动力，N/cm^2；

l_e——片间临界跨距，cm。

每相两片矩形导体时

$$F_x = 2.55 k_{12} \frac{i_{ch}^2}{b} \times 10^{-2} \tag{5-24}$$

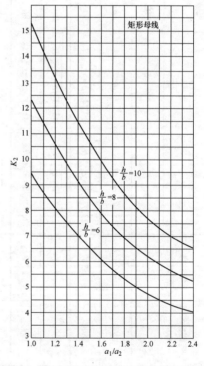

图 5-14　三相导体成直角形布置时 K_2 值的曲线

每相三片矩形导体时

$$F_x = 0.8(k_{12} + k_{13}) \frac{i_{ch}^2}{b} \times 10^{-2} \tag{5-25}$$

式中 k_{12}、k_{13}——分别为第1片与第2片导体、第1片与第3片导体的形状系数，可由图5-15（a）曲线查得。

对于片间距离等于导体厚度，每相由2～3片矩形导体组成时，式（5-24）和式（5-25）可简化为

$$F_x = 9.8 k_x \frac{i_{ch}^2}{b} \times 10^{-2} \qquad (5-26)$$

式中 k_x——形状系数，可由图5-15（b）曲线查得。

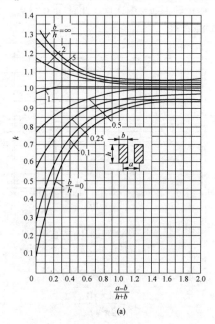

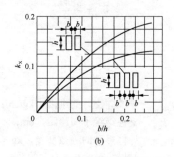

图5-15 矩形导体形状系数曲线
（a）形状系数 k 曲线；（b）形状系数 k_x 曲线

3）导体片间的临界跨距为

$$l_e = 1.77 \lambda b \sqrt[4]{\frac{h}{F_x}} \qquad (5-27)$$

式中 λ——系数，每相两片时，铝为57，铜为65；每相三片时，铝为68，铜为77。

每相导体的片间间隔垫的距离必须小于片间临界跨距 l_e。

4）槽形导体短路时的机械应力。

a）槽形导体短路时相间应力 σ_{x-x} 的计算公式与单片矩形导体相同，见式（5-17），其中，W 为槽形导体的截面系数（cm^3）。

当导体按照 ▯▯ ▯▯ ▯▯ 布置时，$W = 2W_x$；

当导体按照 ▯▯ ▯▯ ▯▯ 布置时，$W = 2W_y$；

当导体按照 ▯▯ ▯▯ ▯▯ 布置，并且在两槽间加垫片实连时，$W = W_{y0}$；

各种尺寸的槽形导体机械应力计算用数据见表5-3。

b）槽形导体短路时片间应力 σ_x 按照式（5-28）计算：

$$\sigma_x = \frac{F_x l_c^2}{12 W_y} \qquad (5-28)$$

$$F_x = 5 \times 10^{-2} \frac{l_c}{h} i_{ch}^2 \qquad (5-29)$$

$$l_c = l_c' - b_c$$

式中 l_c——导体垫片中心线间距离，对于垫片用螺栓固定时取 l_c'，焊接固定时取 l_c，如图5-16所示，cm；

h——槽形导体的高度，cm。

允许片间应力最大值为

$$\sigma_x = \sigma_n - \sigma_{x-x} \qquad (5-30)$$

允许垫片间临界距离为

$$l_e = \sqrt{\frac{12 W_y (\sigma_n - \sigma_{x-x})}{F_x}} \qquad (5-31)$$

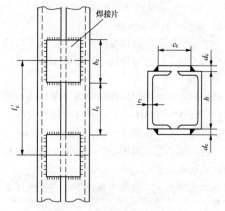

图5-16 槽形导体焊接片示意图

c）短路时导体垫板所承受的剪应力 τ 的计算。为了加大槽形导体截面系数，将两个槽组成一个整体时，一般是每隔一段距离 l_c' 焊接一个平板，如图5-16所示，此焊接平板同时也起着垫片的作用。短路时要求焊接平板所承受的剪力 τ 必须小于焊缝的允许剪力 τ_n，即 $\tau \le \tau_n$，对于铝，$\tau_n = 3920 N/cm^2$；对于铜，$\tau_n = 7840 N/cm^2$。

τ 一般由三个分力组成，即：

弯曲力矩应力 σ_{Jm} 为

$$\sigma_{Jm} = \frac{0.36 F_{x-x} S_{y0} l_c'}{I_{y0} l_m d_c} \qquad (5-32)$$

纵向力的切线应力 σ_{m1} 为

$$\sigma_{m1} = \frac{1.07 F_{x-x} S_{y0} l'_c c_c}{I_{y0} l_m d_c} \qquad (5-33)$$

导体片间相互作用的应力 σ_{m2} 为

$$\sigma_{m2} = \frac{0.71 F'_x l'_c}{l_m d_c} \qquad (5-34)$$

平均焊缝承受的总应力为

$$\tau = \sqrt{(\sigma_{m1} + \sigma_{m2})^2 + \sigma_{jm}^2}$$

或

$$\tau = 0.36 \frac{l'_c}{(b_c - 1) d_c} F_{x-x} \frac{S_{y0}}{I_{y0}} \times \sqrt{1 + \left(3 \frac{c_c}{b_c - 1} + 2 \frac{f_x}{F_{x-x} \times \frac{S_{y0}}{I_{y0}}}\right)^2}$$

$$(5-35)$$

式中　F_{x-x}——短路时一个跨距内的相间作用力，N；

　　　f_x——短路时片间所承受的力，N/cm；

　　　S_{y0}——导体截面静力矩，cm^3；

　　　I_{y0}——导体截面惯性矩，cm^4；

　　　b_c——焊接板长，一般取 $(0.5 \sim 0.75) h$，cm；

　　　c_c——焊接板宽，一般取 $5 \sim 8$，cm；

　　　d_c——焊接板厚，一般取 $0.05h$，cm；

　　　l_m——焊缝的计算长度，一般取 b_c^{-1}，cm。

4. 按机械共振条件校验

为了避免母线危险的共振，并使作用于母线上的电动作用力减小，应使母线的自振频率避开产生共振的频率范围。

对于单条母线和母线组中的各单条母线，其共振频率范围为 35～135Hz；对于多条母线组及有引下线的单条母线，其共振频率范围为 35～155Hz；槽形和管形母线，其共振频率为 30～160Hz。在以上频率范围内，振动系数 $\beta > 1$。

在上述情况下，母线自振频率可直接按照下列公式计算。

对于三相母线布置在同一平面，母线的自振频率为

$$f_m = 112 \frac{r_i}{l^2} \xi \qquad (5-36)$$

式中　f_m——母线的自振频率，Hz；

　　　l——跨距长度，cm；

　　　r_i——母线的惯性半径，其值见表 5-3、表 5-5、表 5-6、表 5-12，或者按照表 5-13 中的公式计算得到，cm；

　　　ξ——材料系数，铜为 1.14×10^4，铝为 1.55×10^4，钢为 1.64×10^4。

对于三相母线不在同一个平面内的布置者，母线的自振频率在 x 轴和 y 轴均需按照式（5-36）进行校

验，式中的 r_i 分别用 r_x 和 r_y 代入。

当母线自振频率无法限制在共振频率范围以外时，母线的受力必须乘以振动系数 β。

在单频振动系统中，假设母线具有集中质量，则系统固有频率 f_0 等于母线的固有频率 f_m。当绝缘子的固有频率大大超过导体的固有频率时，可将绝缘子看成绝对刚体，共振计算可按只有导体振动的单频振动系统计算。当绝缘子的刚度和固有频率未知时，也可近似按照单频振动系统计算。此时 $\beta = 0.35 N_m$，N_m 可由图 5-17 查得。

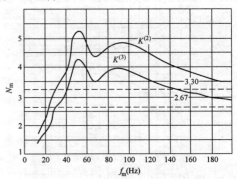

图 5-17　单频振动系统 N_m 与 f_m 的关系

$K^{(3)}$—三相短路的边相；　$K^{(2)}$—两相短路

（1）单频振动系统固有频率计算：

$$f_0 = \frac{1}{2\pi} \sqrt{\frac{W_m}{m_m}} \qquad (5-37)$$

$$W_m = \frac{384 EI}{l^3} \qquad (5-38)$$

$$m_m = \frac{384}{a^4} m_1 l \qquad (5-39)$$

$$m_1 = \frac{S\gamma}{g} \qquad (5-40)$$

式中　W_m——导体固支时的刚度，kg/cm；

　　　l——支柱绝缘子间跨距，cm；

　　　m_m——导体震动的等效质量，$kg \cdot s^2/cm$；

　　　a——与母线支撑方式有关的系数，见表 5-14；

　　　m_1——单位长度导体震动的等效质量，$kg \cdot s^2/cm^2$；

　　　S——导体截面积，cm^2；

　　　γ——密度，kg/cm^3；

　　　g——重力加速度为 981，cm/s^2；

　　　E——导体材料的弹性模数，N/m^2；

　　　I——垂直于弯曲方向的惯性矩，cm^4。

计算 f_0 时可将 N/m^2 化为 kg/cm^2。

将 W_m、m_m 值代入式（5-37）得

$$f_0 = \frac{a^2}{2\pi l^2} \sqrt{\frac{EI}{m_1}} \qquad (5-41)$$

$$f_m = \frac{a^2}{2\pi l^2}\sqrt{\frac{EI}{m_1}} \quad \text{或} \quad f_m = \frac{N_f}{l^2}\sqrt{\frac{EI}{m_1}} \qquad (5\text{-}42)$$

按表 5-14 中的 a 值计算的导体不同固定方式下的一阶和二阶频率系数 N_f 值也列于表中。

表 5-14　　导体不同固定方式下的 a 值和 N_f 值

跨数及支撑方式	一阶		二阶	
	a 值	N_f 值	a 值	N_f 值
单跨、两端简支	3.142	1.57	6.283	6.28
单跨、一端固定、一端简支两等跨、简支	3.927	2.45	7.069	7.95
单跨、两端固定多等跨简支	4.73	3.56	7.854	9.82
单跨、一端固定、一端活动	1.875	0.56	4.73	3.51

（2）双频振动系统固有频率计算。双频振动系统，即母线-绝缘子均参与振动，母线、绝缘子为两个自由度的振动系统，具有两个自由度振动频率 f_1 和 f_2。此时 $\beta = 0.35N_m$，N_m 可由图 5-18 查得。双频振动系统的固有频率按式（5-43）～式（5-47）计算：

$$f_1 = \frac{1}{2\pi}\sqrt{\frac{h - \sqrt{h^2 - 4k}}{2k}} \qquad (5\text{-}43)$$

$$f_2 = \frac{1}{2\pi}\sqrt{\frac{h + \sqrt{h^2 - 4k}}{2k}} \qquad (5\text{-}44)$$

$$h = \frac{m_m}{W_m} + \frac{m_{ju}}{W_{ju}} + \frac{m_m}{W_{ju}} \qquad (5\text{-}45)$$

$$k = \frac{m_m m_{ju}}{W_m W_{ju}} \qquad (5\text{-}46)$$

$$m_{ju} = \frac{W_{ju}}{4\pi^2 f_{ju}^2} \qquad (5\text{-}47)$$

式中　m_{ju}——绝缘子的等效质量，$kg \cdot s^2/cm$；

　　　　W_{ju}——绝缘子刚度，kg/cm；

　　　　f_{ju}——绝缘子固有频率。

m_{ju}、W_{ju} 和 f_{ju} 数据应由制造厂提供，缺乏数据时参照表 5-15 数据。

表 5-15　　克柱绝缘子的机械特性

绝缘等级	m_{ju}	W_{ju}	f_{ju}
标准级	2.47×10^{-3}	1250	113
加强级	3.77×10^{-3}	2500	130

按照计算所得的 f_1 和 f_2，可从图 5-18 查得 N_m。

三、管形导体设计的特殊问题

高压配电装置中的管形导体，由于跨度大且多为 2～4 跨的连续梁，其一阶自振频率很低，一般为 2.5Hz

以下，显示出低频特性。因此相间电动力内的工频和 2 倍工频分量很小，致使整个相间电动力比静态法计算值低很多。所以在设计中需引入一个小于 1 的振动系数 β。β 实测值见表 5-16。为了安全，工程计算一般取 $\beta = 0.58$。

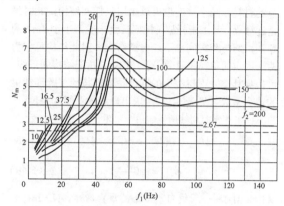

图 5-18　双频振动系 N_m 与 f_1、f_2 的关系

表 5-16　　管形母线振动系数 β 的实测值

母线一阶自振频率	<2	3	4	5
β 值	0.47	0.49	0.52	0.55

（一）管形导体的机械计算条件

1. 导体的荷载组合条件

户外管形导体的荷载组合条件见表 5-17。

根据组合条件及各种状态所取用的安全系数（见表 5-18）进行导体的机械强度校验，要求在任何状态时 $\sigma < \sigma_n$。

表 5-17　　荷 载 组 合 条 件

荷载		风速	自重	引下线重	覆冰重	短路电动力	地震力
状态	正常时	覆冰时的风速	√	√	√		
		最大风速	√	√			
	短路时	50%最大风速，且不小于 15m/s	√	√		√	
	地震时	25%最大风速	√	√			相应震级的地震力

注　√为计算时应采用的荷载条件。

表 5-18　　导 体 的 安 全 系 数

校验条件	安全系数	
	对应于破坏应力	对应于屈服点应力
正常时	2.0	1.6
短路及地震时	1.7	1.4

2. 各种荷载组合条件下母线产生的弯矩和应力计算

管形母线的机械应力与母线梁的支撑方式及连续的跨数等因素有关。一般 110～500kV 配电装置中使用的铝管母线，其支撑方式多数为简支。但有时为了节约材料和减小挠度也可以采用长托架结构，此时虽是连续梁，但由于托架（托架长度一般不小于 4m）的存在，跨与跨之间已不能传递弯矩，对此结构可作为两端固定的单跨梁计算。对于多跨无托架结构的母线，可根据具体工程母线梁的连续跨数，按照多跨连续梁的内力系数（见表 5-19），求出母线的弯矩和挠度。

（1）正常时母线所受的最大弯矩 M_{max} 和应力 σ_{max} 为

$$M_{max} = \sqrt{(M_{Cz} + M_{Cj})^2 + M_{sf}^2} \qquad (5\text{-}48)$$

$$\sigma_{max} = 100\frac{M_{max}}{W} \qquad (5\text{-}49)$$

式中　M_{Cz}——母线自重产生的垂直弯矩，N·m；

　　　M_{Cj}——母线上集中荷载产生的最大弯矩，

N·m；

　　　M_{sf}——最大风速产生的水平弯矩，N·m；

　　　W——管形母线的断面系数，cm^3。

（2）短路时母线所受的最大弯矩 M_d 和应力 σ_d 为

$$M_d = \sqrt{(M_{sd} + M'_{sf})^2 + (M_{Cz} + M_{Cj})^2} \qquad (5\text{-}50)$$

$$\sigma_d = 100\frac{M_d}{W}$$

式中　M_{sd}——短路电动力产生的母线弯矩，N·m；

　　　M'_{sf}——内过电压风速下产生的水平弯矩，N·m。

（3）地震时母线所受的最大弯矩 M_{dz} 和应力 σ_{dz} 为

$$M_{dz} = \sqrt{(M''_{sf} + M_{dx})^2 + (M_{Cz} + M_{Cj})^2} \qquad (5\text{-}51)$$

$$\sigma_{dz} = 100\frac{M_{dz}}{W} \qquad (5\text{-}52)$$

式中　M''_{sf}——地震时计算风速所产生的母线弯矩，N·m；

　　　M_{dx}——地震力所产生的水平弯矩，N·m。

表 5-19　　　　　　　　　　　　　1～5 跨等跨连续梁内力系数

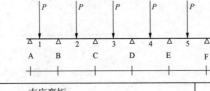

跨数	荷载	支座弯矩							跨中挠度				
		跨中			M_B	M_C	M_D	M_F	y_1	y_2	y_3	y_4	y_5
1	均布	0.125							1.3				
	集中	0.250							2.08				
2	均布	0.703			−0.125				0.521	0.521			
	集中	0.156			−0.188				0.911	0.911			
3	均布	0.08		0.025	−0.100	−0.100			0.677	0.052	0.677		
	集中	0.175		0.1	−0.150	−0.150			1.146	0.208	1.146		
4	均布	0.077		0.036	−0.107	−0.071	−0.107		0.632	0.186	0.186	0.632	
	集中	0.169		0.116	−0.161	−0.107	−0.161		1.079	0.409	0.409	1.079	
5	均布	0.078	0.033	0.046	−0.105	−0.079	−0.079	−0.105	0.644	0.151	0.315	0.151	0.644
	集中	0.171	0.112	0.132	−0.158	−0.118	−0.118	−0.158	1.097	0.356	0.603	0.356	1.097

注　1. 均布荷载弯矩＝表中系数×9.8ql^2，N·cm。

　　2. 均布荷载挠度＝表中系数×$\dfrac{ql^4}{100EI}$，cm。

　　3. 集中荷载弯矩＝表中系数×9.8ql，N·cm。

　　4. 集中荷载挠度＝表中系数×$\dfrac{ql^3}{100EI}$，cm。

　　5. q 为均布荷载（包括自重、风荷载、冰荷载、短路电动力、地震力）。

　　6. P 为集中荷载（包括引下线、单柱、隔离开关静触头）。

　　7. 计算挠度时须将 E 的单位由 N/cm² 化为 kg/cm²。

（4）母线挠度的计算。在运行中挠度主要影响铝管母线在伸缩金具中的工作状态，挠度太大，正常热胀冷缩中的铝管在滑动金具中会被顶住，引起滑动金具工作失常。根据工程中的运行经验，无冰、无风时铝管母线自重产生的跨中挠度允许值（当有滑动支持金具时）为

$$y_n \leqslant (0.5 \sim 1.0)D \qquad (5\text{-}53)$$

式中 y_n ——母线跨中挠度允许值；

D ——母线外径，cm，如为异型管形母线，则取母线高度。

大容量或重要配电装置，跨中挠度允许值以采用 $y_n \leqslant 0.5D$ 为宜。

3. 支撑管形母线计算示例

（1）计算条件。

1）气象条件：最大风速 $v_{max}=25m/s$，内过电压风速 $v_n=15m/s$，最高气温+40℃、最低气温-30℃。

2）三相短路电流峰值：$i_{ch}=53.4kA$。

3）结构尺寸：跨距 $l=12m$，支持金具长 0.5m，计算跨距 $l_c=12m-0.5m=11.5m$。相距距离 $a=3m$。GW6-220 型隔离开关静触头加金具重 15kg，装于母线跨距中央。考虑合适的伸缩量，母线结构采用每两跨设一个伸缩接头。因此，可按两跨梁进行计算。

4）地震力：按 9 度地震烈度校验。

5）导体型号及技术特性：导体选用 LF-21Y 型 $\phi100/90mm$ 铝锰合金管，导体材料的温度线膨胀系数 $a_x=23.2\times10^{-6}$（1/℃），弹性模数 $E=71\times10^5$（N/cm²）= 7.1×10^5（kg/cm²），惯性矩 $I=169$（cm⁴），导体密度 $\gamma=2.73$（g/cm³），导体截面积 $S=1491$（mm²），自重 $q_1=4.08$（kg/m），导体截面系数 $W=33.8$（cm³）。

（2）最大弯矩和弯曲应力的计算。采用计算系数法进行机械计算，在表 5-19 中列出 1～5 跨连续梁的内力系数，对所需进行计算的母线只需按连续跨数和支撑方式求出，将最大支座处及跨中的内力系数代入统一的公式即可进行计算。

1）正常状态母线所受的最大弯矩 M_{max} 和应力 σ_{max} 的计算。正常状态时母线所受的最大弯矩由母线自重产生的垂直弯矩、集中载荷（即引下线）产生的垂直弯矩组成。其计算公式如下：

a）母线自重产生的垂直弯矩 M_{Cz}。从表 5-19 查得均布荷载最大弯矩系数为 0.125，则弯矩为

$M_{Cz}=0.125q_1l_c^2\times9.8=0.125\times4.08\times11.5^2\times9.8$
$=660.98$（N·m）

b）集中荷载产生的垂直弯矩 M_{Cj}。从表 5-19 查得集中荷载最大弯矩系数为 0.188。则弯矩为

$M_{Cj}=0.118q_1l_c\times9.8=0.118\times15\times11.5\times9.8=317.8$
（N·m）

c）最大风速产生的水平弯矩 M_{sf}。取风速不均匀系数 $a_v=1$，取空气动力系数 $k_v=1.2$，最大风速为 $v_{max}=25m/s$，则风压和最大风速产生的水平弯矩为

$f_v=a_vk_vD_1\dfrac{v_{max}^2}{16}=1\times1.2\times0.1\times\dfrac{25^2}{16}=4.69$（kg/m）

$M_{sf}=0.125f_vl_c^2\times9.8=0.125\times4.69\times11.5^2\times9.8=759.8$
（N·m）

正常状态时母线所承受的最大弯矩及应力为

$M_{max}=\sqrt{(M_{Cz}+M_{Cj})^2+M_{sf}^2}$
$=\sqrt{(660.98+317.8)^2+759.8^2}$
$=1239.075$（N·m）

$\sigma_{max}=100\times\dfrac{M_{max}}{W}=100\times\dfrac{1239.075}{33.8}=3669$（N/cm²）

此值小于材料的允许应力 8820N/cm²，故满足要求。

2）短路状态时母线所受的最大弯矩 M_d 和应力 σ_d 的计算。短路状态时母线所受的最大弯矩由导体自重、集中荷载、短路电动力及对应于内过电压情况下的风速所产生的最大弯矩组成。

a）短路电动力产生的水平弯矩 M_{sd} 及短路电动力 f_d 为

$f_d=1.76\dfrac{i_{ch}^2}{a}\beta=1.76\times\dfrac{53.4^2}{300}\times0.58=9.790$（kg/m）

$M_{sd}=0.125f_dl_c^2\times9.8=0.125\times9.7\times11.5^2\times9.8=1571.5$
（N·m）

b）在内过电压情况下风速产生的水平弯矩 M_{sf}' 及风压 f_v' 为

$f_v'=a_vk_vD_1\dfrac{v^2}{16}=1\times1.2\times0.1\times\dfrac{15^2}{16}=1.69$（kg/m）

$M_{sf}'=0.125f_v'l_c^2\times9.8=0.125\times1.69\times11.5^2\times9.8=273.8$
（N·m）

短路状态时母线所承受的最大弯矩及应力为

$M_d=\sqrt{(M_{sd}+M_{sf}')^2+(M_{Cz}+M_{Cj})^2}$
$=\sqrt{(1571.5+273.8)^2+(660.98+317.8)^2}$
$=2089$（N·m）

$\sigma_d=100\times\dfrac{M_d}{W}=100\times\dfrac{2089}{33.8}=6180.5$（N/cm²）

此值小于材料短路时允许应力 8820N/cm²，故满足要求。

3）地震时母线所受的最大弯矩 M_{dz} 和应力 σ_{dz} 的计算。地震时母线所受的最大弯矩由导体自重、集中荷重、地震力及地震时的计算风速所产生的最大弯矩组成。

a）地震产生的水平弯矩 M_{dx} 为
$M_{dx}=0.125\times0.5\times4.08\times11.5^2\times9.8=330.49$（N·m）

b）地震时计算风速所产生的水平弯矩 M_{sf}'' 及风压为

$f_v''=a_vk_vD_1\dfrac{v_d^2}{16}=1\times1.2\times0.1\times\dfrac{6.25^2}{16}=0.293$（kg/m）

$M_{sf}''=0.125f_v''l_c^2\times9.8=0.125\times0.293\times11.5^2\times9.8$
$=47.5$（N·m）

地震时母线所承受的最大弯矩及应力为

$$M_{dz} = \sqrt{(M_{sf}'' + M_{dx})^2 + (M_{cz} + M_{cf})^2}$$
$$= \sqrt{(47.5+330.49)^2 + (660.98+317.8)^2}$$
$$= 1049.23 \ (\text{N} \cdot \text{m})$$

$$\sigma_{dz} = 100\frac{M_{dz}}{W} = 100 \times \frac{1049.23}{33.8} = 3150.85 \ (\text{N/cm}^2)$$

此值小于材料地震时允许应力 8820 N/cm²，故满足要求。

4）挠度的校验。

a）母线自重产生的挠度，由单跨梁力学计算公式得知，在 $x=0.4215l_c$ 处有最大挠度。

从表 5-19 查得均布荷重挠度计算系数为 0.521，按表注 2 公式，可求得

$$y_1 = 0.521\frac{q_1 l_c^4}{100EI} = 0.521 \times \frac{4.08 \times 11.5^4 \times 10^6}{100 \times 7.1 \times 10^5 \times 169} = 3.1$$
（cm）

b）荷载产生的挠度，由单跨梁力学计算公式得知，在 $x=0.4472l_c$ 处有最大挠度。

从表 5-19 查得集中荷重挠度计算系数为 0.911，则

$$y_2 = 0.911\frac{ql_c^3}{100EI} = 0.911 \times \frac{15 \times 11.5^3 \times 10^6}{100 \times 7.1 \times 10^5 \times 169} = 1.73$$
（cm）

c）合成挠度，由以上计算可知，跨中产生的挠度 y_1 与 y_2 的位置不同，但相差不远，故仍按两者位置相同的严重情况考虑。即

$$y = y_1 + y_2 = 3.1 + 1.73 = 4.83 \ (\text{cm})$$

此值小于 $0.5D_1 = 5$cm，故满足要求。

4. 倾斜悬吊式管形母线力学计算

倾斜悬吊式管形母线的力学计算参见附录 A。

（二）管形导体的微风震动

1. 微风震动的产生

母线受横向稳定的均匀风作用时，在其母线的背风面将会产生上下两侧交替按一定频率变化的卡曼旋涡（又称卡曼涡街），造成流体对圆柱两侧的压力发生交替的变化，形成圆柱体周期性的干扰力。当干扰力的周期与圆柱体结构自振频率的周期相近或一致时，就产生共振，引起横向振动。

2. 管形母线的自振频率

管形母线的自振频率及振型是由管形母线振动系统的固有特性决定的。对于多跨弹性支撑的母线梁，应计及隔离开关静触头的质量，用电子计算机求解梁的运动微分方程，图 5-19 中曲线为 1～4 跨的计算结果。隔离开关静触头分别置于跨中或距支座为 $\frac{1}{4}$ 的跨距内，图中横坐标 $u=\frac{M}{m}$ 为质量比（M 为梁的总质量，m 为一个静触头的质量），纵坐标 $r=k_g L_s$，k_g 为系数。

$$M = \rho L_s \tag{5-54}$$

$$k_g = \sqrt[4]{\frac{\rho W^2}{EI}} \tag{5-55}$$

式中　ρ——单位长度母线梁的质量，kg/cm；

L_s——伸缩节之间梁的长度，cm。

铝管母线的自振频率计算公式为

$$f_g = \frac{r^2}{2\pi L^2}\sqrt{\frac{EI}{\rho}} \tag{5-56}$$

工程计算中，根据设计的母线梁跨数及所选定的 u 值，从相应的曲线查得各阶的 r 值，代入式（5-56）即可求得各阶固有的自振频率 f_g。

当不考虑集中荷载时，铝管母线第 i 阶的自振频率 f_g' 的计算公式为

$$f_g' = \frac{\pi b_i}{2L^2}\sqrt{\frac{EI}{\rho}} \tag{5-57}$$

式中　L——跨距，m；

b_i——频率系数，见表 5-20。

计算时先按式（5-56）求出一阶的自振频率，再乘以表 5-20 中相应的系数，即得各阶的自振频率。

3. 微风振动频率计算

管形母线在外界微风的作用下发生共振的频率等于管形母线结构的各阶固有自振频率，微风振动的频率与风速成正比，与柱体迎风面的高度成反比。即

$$f = \frac{v_c k}{h} \tag{5-58}$$

式中　v_c——管形母线产生微风共振的计算风速，m/s；

k——频率系数，圆管母线可取 0.214；

h——母线迎风面的高度，m，对圆管为外径 D_1；

f——母线 n 阶固有频率。

当风速小于 6m/s 时，可采用下述措施消除微风振动。

4. 消减微风振动的措施

（1）破坏卡曼旋涡风的形成，即选择不易产生微风振动的异型管或加筋板的双管形铝合金母线。所选择的母线形状既能避免微风振动，又有利于提高电晕的起始电压，减少导体表面电场强度的集中，降低无线电干扰水平。为了便于设计时选用，表 5-21 列出某变电站管形母线选择结果，供参考。

从表 5-21 中可以看出既能避免微风振动又能提高电晕起始电压的是异型管，但造价太高，制造工艺和金具安装都比较复杂，故目前在使用上受到限制。

（2）在管内加装阻尼线。此法比较简单、经济。阻尼线的选用可按铝管母线单位质量的 15%～10% 考虑，阻尼线的材料可以是现场废旧的多股钢芯铝绞线。此法的缺点是增加了母线的挠度。

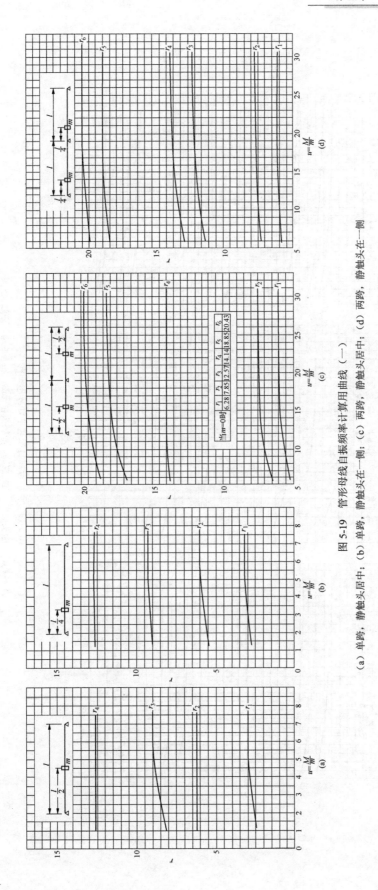

图 5-19 管形母线自振频率计算用曲线 (一)

(a) 单跨, 静触头居中; (b) 单跨, 静触头在一侧; (c) 两跨, 静触头居中; (d) 两跨, 静触头在一侧

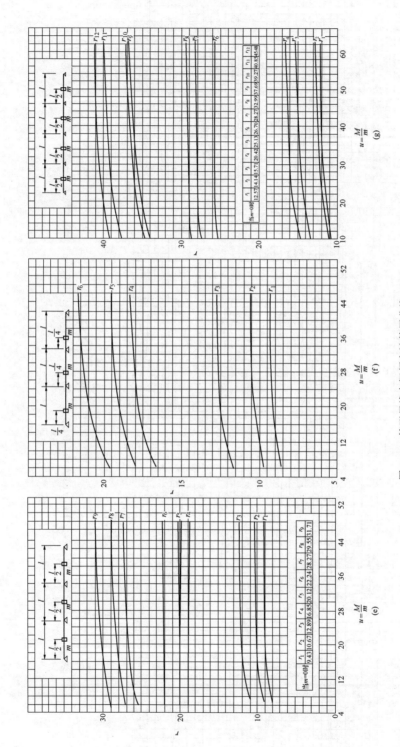

图 5-19 管形导线自振频率计算用曲线（二）

（e）三跨，静触头居中；（f）三跨，静触头在一侧；（g）四跨，静触头居中

表 5-20 多跨简支铝管母线各阶自振频率系数

阶数	跨数									
	1	2	3	4	5	6	7	8	9	10
1	1	1.000	1.000	1.000	1.000	1.000	1.000	1.000	1.000	1.000
2	4	1.563	1.277	1.167	1.103	1.082	1.061	1.041	1.041	1.041
3	9	4.000	1.877	1.563	1.393	1.277	1.210	1.167	1.124	1.103
4	16	5.063	4.000	2.014	1.743	1.563	1.440	1.346	1.277	1.235
5	25	9.000	4.538	4.000	2.103	1.877	1.690	1.563	1.464	1.393
6	36	10.560	5.590	4.345	4.000	2.128	1.954	1.788	1.662	1.563
7	49	16.000	9.000	5.063	4.240	4.000	2.179	2.014	1.877	1.743
8	64	18.150	9.790	5.850	4.770	4.145	4.000	2.188	2.060	1.934
9	81	25.000	11.310	9.000	5.385	4.583	4.115	4.000	2.216	2.103
10	100	27.500	16.000	9.510	5.970	5.063	4.438	4.095	4.000	2.222
11	121	36.000	16.800	10.580	9.000	5.590	4.840	4.345	4.080	4.000
12	144	40.100	18.700	11.680	9.360	6.020	5.285	4.668	4.270	4.055
13	169	49.000	25.000	16.000	10.140	9.000	5.730	5.063	4.538	4.230

表 5-21 管形母线结构型式选择

管 形	$d=9\text{cm}$ $D=10\text{cm}$		$H=12\text{cm}$ $D=8\text{cm}$ $d=7.1\text{cm}$
项 目	参 数		
单位长度质量（kg/m）	4.1	2.7	3
惯性矩（cm⁴）	$I_X=I_Y=168$	$I_X=160$	$I_X=161$
挠度	$<\dfrac{1}{2}D$	$<\dfrac{1}{2}H$	$<\dfrac{1}{2}H$
长期工作电流（A）	1400~1930	1350~1600	1400~1710
避免微风振动的情况	不能	能	能
造价（元/t）	7000	16500	7000
施工情况	方便	较方便	不方便
制造情况	方便	较方便	只能生产半成品
运行维护	方便	方便	有积灰、鸟害的可能
备注	一般	能提高电晕起始电压	不利于提高电晕起始电压

（3）加装动力消振器。消振器由一个集中质量的弹簧组成，它固定在铝管母线上，当合理调整消振器的参数时，能达到良好的消振效果。如对一阶振动幅值可以减少到未加消振器时的最大振幅的 1%左右，对二阶振幅可减少到原来最大振幅的 1%~5%或更低。当消振器自身固有频率调整到差不多等于被消除振动系统的某一固有频率时，对该阶的消振作用最明显。

从消振器的质量来看，质量大的比质量小的消振效果要好。

动力消振器分单环和双环两种，其消振效果两者基本相同，但单环动力消振器和铝管母线只有一个连接点，安装方式不稳定，容易左右扭转。短路时可能对剪刀式隔离开关的动触头有一个水平斥力，使动触头滑脱。此外，当出现安装误差时，可使动触头偏向圆环的一边，此时电流只能从一个方向流向动触头，这样动触头截面要按隔离开关的全电流来选择。

双环形动力消振器的特点在于与单柱式隔离开关静触头的悬吊方式结合起来,这样既能起到消振作用,又解决了静触头与管形母线的连接问题。从结构上讲,双环消振器有两个悬挂点,在大风和短路电动力作用下比单环消振器的摇晃程度小,且单柱式隔离开关的静触头与铝管母线连接处的导电性能好。另外由于双

环消振器是套在铝管母线上,与单环消振器相比可降低母线构架高度。所以,在工程设计时推荐采用双环消振器,见图 5-20。

动力消振器圆环所采用的导线截面可按隔离开关的额定电流选择。圆环的最小直径必须大于导线直径的 25 倍。

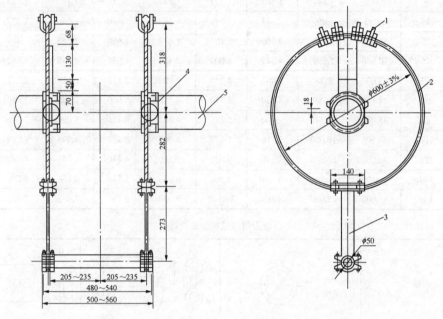

图 5-20 220kV ϕ120mm 管形母线双环阻尼动力消振器结构图(单位:mm)

1—500A,T 形线夹;2—圆环ϕ600mm,LGJ-150;3—静触头,重 9kg;

4—导流线夹ϕ120,500A;5—铝管母线 LF21-Y、ϕ120/110mm

由于圆环消振器与单柱式隔离开关静触头的悬挂方式相结合,因此,消振器在管形母线上的设置地点应由单柱式隔离开关的布置位置而定。在 220kV 及以上配电装置中,一般 B 相只能装在跨中,A、C 相只能装在 1/4 跨距的地方。

(4)采用长托架的支持方式,可以减少母线的自由跨距,提高母线的自振频率,使母线的垂直方向形成一高频系统,以避免微风振动和减少跨中挠度。

(5)消减微风振动措施的具体选用。在选用消减微风振动具体措施时,需根据铝管母线的通流容量、电压等级、配电装置的具体布置方式和规模大小等因素确定,要求达到消振效果好、经济省材的目的。

一般在母线通过电流较小,采用轻型铝锰合金管时,可选用长托架的支持方式,它能同时减少母线的挠度;而在母线通过电流较大、要求采用较大尺寸的铝锰合金管,且又采用了单柱式隔离开关时,常选用双环消振器,有利于隔离开关静触头与铝管母线的连接。

(三)管形导体的端部效应

1. 端部效应的产生

管形母线在伸出支柱绝缘子顶部不长时,其电场强度很不均匀,从而导致端部工频电晕电压起始值降低,特别是在雷电作用下,终端绝缘子顶部附近将产生强烈的游离,使终端绝缘子易于放电。因此母线端部将成为整条母线绝缘水平最薄弱的环节,如不采取任何措施则放电将集中在端部。

2. 消除端部效应的方法

(1)端部加装屏蔽电极。加装屏蔽电极,可以提高母线终端的起始电晕电压。管形母线屏蔽电极可用圆球,其最小半径为

$$r_{min} = \frac{U_{xg}}{E_{max}} \qquad (5\text{-}59)$$

式中 U_{xg} ——最高运行相电压,kV;

E_{max} ——球面最大允许电场强度,取 20kV/cm。

考虑雨雾等气候条件的影响,圆球半径还可适量取大些。对于异型管,可采用椭圆球,其最小弯曲半径不应小于式(5-59)所确定的值。

屏蔽电极可采用铝合金圆球,焊在管形母线端部,可作为端部的密封,并可防止雨雪、灰尘及小动物进入管内。

(2)适当延长母线端部。适当延长母线端部可改善电场分布,从而提高终端支柱绝缘子的放电电压。一般以延长 1m 左右为宜。

实验表明:端部加长的效果比加屏蔽电极的效果好。工程设计时在布置条件许可的情况下,母线端部可适当延长,或者将端部适当延长和加屏蔽电极同时考虑。一般延长母线端部后屏蔽电极的直径可取小些。

四、导体接头的设计和伸缩节的选择

导体接头一般分为焊接接头、螺栓连接接头和伸缩接头。一个好的母线接头,对节省有色金属、降低母线造价、安全可靠运行具有很重要的意义。无镀层接头接触面的电流密度,不应超过表 5-22 的数值。

表 5-22 无镀层接头的电流密度 (A/mm²)

工作电流 (A)	J_{Cu} (铜-铜接头)	J_{Al} (铝-铝接头)
<200	0.31	
200~2000	0.31~1.05(1~200)×10⁻⁴	$0.78J_{Cu}$
>2000	0.12	

(一)焊接接头

焊接接头主要用于矩形、槽形和管形母线段之间的实连部分,具体要求如下:

(1)母线焊接时所用的填充材料,其物理性能与化学成分应与原母线段材料一致。

(2)焊接接头的直流电阻值不得超过同长度母线段的电阻值。

(3)为了避免焊接时由于发热而造成的强度降低,应在焊接部位采取补强措施,如加补强板或管、增加补强焊点等。管形母线应采用氩弧焊,并可视具体情况决定是否采取衬管或其他补强措施。

(4)对口焊接的导体,当厚度大于 7mm 时,在焊接部位宜有 35°~40°的坡口、1.5~2mm 的钝边。

(5)焊接时焊缝的部位应满足:

1)离支柱绝缘子、母线金具边沿不得小于 50mm。

2)同一片母线宜减少对接焊缝,两焊缝间的距离不应小于 200mm。

3)同相母线直线段上不同片上的对接焊缝应错开 50mm。

(6)搭接焊接的焊缝断面一般为导体横断面的 1.2~1.5 倍,矩形导体引下线采用搭接焊接时,其焊缝的加强高度不应小于引下线导体的厚度。

(二)螺栓连接接头

螺栓连接接头主要用在母线与设备端子和母线段的可拆卸部分。要求接触面的接触电阻及发热温度尽可能低。

螺栓连接接头的接触电阻与接头发热温度、接触面的形式、接触压力等因素有关,难以得出确切的计算数值,实用设计安装时,为了防止接触面过热,一般应满足下列要求:

(1)螺栓连接时导体接头的发热温度及允许温升应满足表 5-23 的要求。

表 5-23 螺栓连接接头长期允许
最高发热温度及温升

接头处理方法	长期允许最高发热温度(℃)	环境40℃时的温升(℃)
铝-铝	80	40
铜-铜	80	40
铝镀锡-铝镀锡	90	50
铜镀锡-铜镀锡	90	50
铜镀银-铝镀银	105	65
铜镀银银层厚度大于 50μm 或镶银片	120	80

(2)导体与导体、导体与电气设备连接端的螺栓连接,应根据不同材料按表 5-24 的规定进行。

(3)螺栓连接时导体接头的处理:

1)为了降低接头的接触电阻,接头组装前必须对接触面进行适当处理,我国最常用的处理方法是涂中性凡士林。

2)清除接触表面的氧化膜,清除氧化膜的方法包括锉、轻便的机械加工或用强力的钢丝刷在中性油脂下进行刷,加工好的接头表面面积不应小于原母线段长度截面的97%。

3)为了提高母线允许运行温度,母线接头需经过镀银或镀锡处理。常用的导体材料中,以银的性能最好,它的电阻率和硬度都小,低温下不易氧化,高温下银的化合物又很容易还原成金属银,银的氧化物电阻率也低,但由于银的价格太贵,所以只能用于镀层。

锡的优点是硬度小,氧化膜的机械强度也很低,尤其是在大电流导体需要工作温度较高的情况下,在铜、铝接头上镀银或镀锡都具有现实意义。其连接原则如下:

铜-铜:在干燥的屋内可直接连接;屋外、高温且潮湿的屋内或有腐蚀性气体的屋内,接触面必须涂锡。

铝-铝:在任何情况下可直接连接,有条件时宜镀锌。

表 5-24

常用导体的螺栓连接接头

类别	图例	序号	导体尺寸 (mm)	a_1	b_1	c_1	e	a_2	b_2	c_2	螺孔直径 (mm)	扳手最小的力矩×9.8 (N·cm)
直线连接	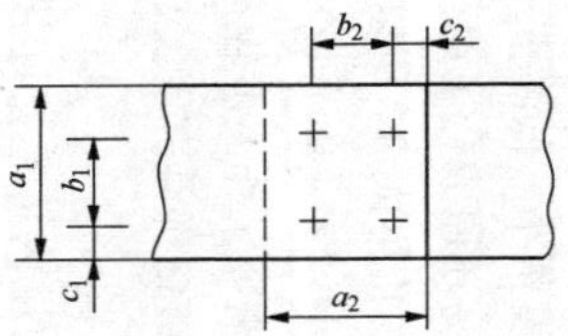	1	125 与 125	125	63	31		125	63	31	19	1000~1300
		2	100 与 100	100	50	25		100	50	25	17	700~800
		3	80 与 80	80	40	20		80	40	20	17	700~800
	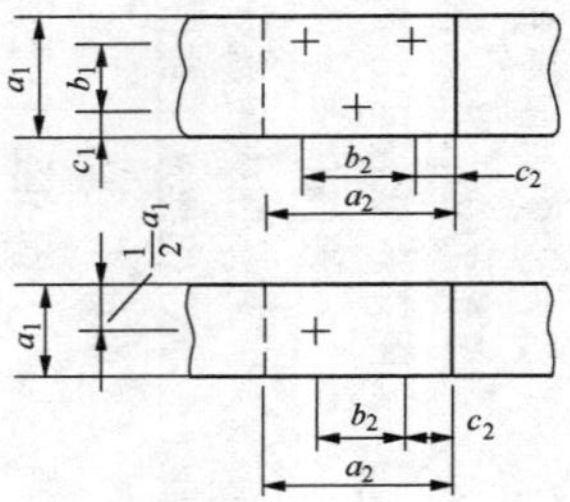	4	63 与 63	63	27	18		95	63	16	13（钢17）	300~400
		5	50 与 50	50	22	14		75	50	12.5	13（钢17）	300~400
		6	40 与 40	40				80	40	20	13（钢17）	300~400
		7	25 与 25	25				50	25	12.5	11（钢13）	167~223
垂直连接	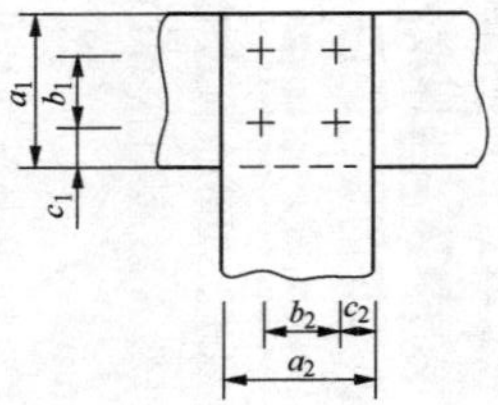	8	125 与 125	125	63	31		125	63	31	19	1000~1300
		9	125 与 100	125	63	31		100	50	25	17	700~800
		10	125 与 80	125	63	31		80	40	20	17	700~800
		11	100 与 100	100	50	25		100	50	25	25	700~800
		12	100 与 80	100	50	25		80	40	20	17	700~800
		13	80 与 80	80	40	20		80	40	20	17	700~800

续表

类别	图例	序号	导体尺寸（mm）	连接尺寸（mm）							螺孔直径（mm）	扳手最小的力矩×9.8（N·cm）
				a_1	b_1	c_1	e	a_2	t_2	c_2		
垂直连接		14	125与63、50、40	125	63	31	125	63、50、40			13（钢17）	300~400
		15	100与63、50、40	100	50	25	100	63、50、40			13（钢17）	300~400
		16	80与63、50、40	80	40	20	80	63、50、40			13（钢17）	300~400
		17	63与50、40、25	63	31	16	63	50、40、25			11	167~223
		18	50与40、25	50	25	12.5	50	40、25			11	167~223
		19	125与25	125	30	15	60	25			11	167~223
		20	100与25	100	25	12.5	50	25			11	167~223
		21	80与25	80	25	12.5	50	25			11	167~223
		22	63与63	63	27	18		63	27	18	13（钢17）	300~400
		23	50与50	50	22	14		50	22	14	13	300~400
		24	40与40、25	40				40、25				300~400
		25	25与25	25				25				167~223

钢-钢：在任何情况下接触面必须镀锡或镀锌。

铜-铝：在干燥屋内可直接连接，屋外或特别潮湿的屋内，应使用铜铝过渡接头。

钢-铝：在任何情况下钢的接触面必须镀锡。

离相封闭母线接触面应镀银。

4）为了防止接头的电镀腐蚀作用，对于暴露在高湿度气体中的导体接头必须使用保护润滑剂，对于在沿海露天以及电化腐蚀严重的其他腐蚀性较强的大气中，除了润滑剂以外还应涂抗氧化漆。

（三）伸缩接头

伸缩接头主要用于补偿导体在运行中由于温度变化、支持基础的不均匀下沉及地震力作用所引起的母线内应力增加。为了消除这一现象，需要在母线段上适当位置装设具有伸缩能力的补偿装置（即伸缩接头），一般在硬母线及发电机端子、主变压器端子以及建筑物墙壁上的穿墙套管处装设伸缩接头。对于其他电气设备，由于端子不能承受大的应力，是否装设伸缩接头，取决于电气设备端子前母线有无卡死的固定点以及电气设备端子允许承受的拉力。当无卡死的固定点时，由于母线可以自由活动，则可不装设。在地震基本烈度超过 7 度的地区，屋外配电装置的电气设备之间宜用绞线或伸缩接头连接。

硬母线长度超过 30m 时应设置一个伸缩接头，母线更长时，应每隔 30m 左右装设一个。

配电装置中的硬母线，根据导体材料伸缩量的计算结果，伸缩节安装跨数推荐采用的数值见表 5-25。

表 5-25　不同电压母线伸缩节安装跨数

电压（kV）	35	110	220	330	500～1000
伸缩节跨数	7～8	5	3	2	1

在布置的每一伸缩段母线中间应予以固定，以便向两边膨胀。伸缩节与母线两端的连接可采用焊接或螺栓连接。

伸缩节的选择应满足有足够的伸缩量，即

$$\Delta l = \alpha_x \Delta t l \qquad (5\text{-}60)$$

式中　Δl——导体材料在一定温度范围内的伸缩量，m；

α_x——导体材料的膨胀系数，℃$^{-1}$；

Δt——运行母线的温度变化范围，℃；

l——母线长度，m。

一般一个伸缩节的伸缩量以控制在±5cm 为宜。

伸缩节应尽量采用薄铜片或薄铝片，其材料软连接部分的截面不应小于所连接母线截面的 1.25 倍。

高压配电装置中管形母线选用伸缩节可用伸缩金具代替，该伸缩金具的结构型式要有利于提高电晕的起始电压和减少微风振动，具体设计时伸缩节和伸缩

金具的选择可根据金具样本选用。

五、敞露式大电流母线附近的热效应及改善措施

（一）钢构发热现象及允许温度

大电流母线的周围空间存在着强大的交变磁场，位于其中的钢铁构件，如导体和绝缘子的金具、支持母线结构的钢梁、金属管路、防护遮栏的钢柱以及混凝土中的钢筋等，将由于涡流和磁滞损耗而发热。对于由钢构组成的闭合回路，如母线支持结构和防护遮栏的钢框、混凝土中的钢筋网及接地网等，其中还可能感应产生环流而发热。钢构中的损耗和发热随着母线工作电流的增加而急剧增大。一般当母线工作电流大于 1500A 时就要考虑钢构发热，不应使每相导体支持钢构及导体支持夹板的零件（套管板、双头螺栓、压板、垫板等）构成闭合磁路。当工作电流大于 4000A 时，钢构损耗可能接近或超过导体本身的损耗，引起钢构过热，危及人身安全和电气设备的正常工作，影响装置的安全经济运行。因此，对大电流母线附近的钢构发热应采取措施。宜将钢构最热点温度控制在表5-26 规定值以下。

表 5-26　钢构允许温度

钢构位置	允许温度（℃）
人可触及的钢构	70
人不可触及的钢构	100
钢筋混凝土中的钢构	80

（二）改善钢构发热的措施

1. 一般措施

（1）合理的加大钢构与母线的距离。根据环境温度为 40℃、空气中钢构允许温度为 70℃、钢筋混凝土内的钢筋允许温度为 80℃的要求，一般母线中心至横越钢构中心的距离（mm）为母线电流（A）的 0.7 倍及以上，混凝土内钢筋的距离与母线电流数相当时，就可以不采取其他措施。

（2）合理地选择钢构与母线间的相对位置，使钢构与导体垂直，以便不产生感应电动势和环流。与母线平行的较长的钢构，应避免沿钢构长度方向有一条以上的接地线，以免产生环流。两边与母线平行的矩形框架，应改变其宽度和位置，使其环流最小，大面积钢筋混凝土中的钢筋结构，应将钢筋结构分割成不连续的小尺寸或在纵横钢筋交叉点采用包扎绝缘的方法，以减小环流。

（3）断开闭合回路，钢构回路宜用绝缘板或绝缘垫断开。设计中必须避免大电流母线附近的钢构件形成包围一相或两相的闭合回路，必要时用黄铜焊缝或

绝缘板隔断开磁路。

（4）采用非磁性材料代替钢构件，一般有：

1）塑料、石棉水泥板、酚醛布板、玻璃钢等非金属材料在交变磁场中不会产生损耗，可以用作护网或遮栏。但这些材料的机械、耐热和老化性能较差，价格较高，对散热和运行巡视有一定的影响，故只能局部采用。

2）采用非磁性的金属材料，如黄铜、铝和铝合金等，这些材料同样存在着价格较贵的缺点，故只能在局部采用。

2. 电磁屏蔽

电磁屏蔽是用高导电率材料制成的环、栅或板放置在钢构件附近适当部位，利用导体中感应电流的去磁作用削弱附近的磁场。

（1）屏蔽板（栅）。屏蔽板（栅）用铝或钢制成，放置在母线与钢构之间，两端短接，若屏蔽板沿纵向足够长，则板中电流基本上是纵向的，电流密度与纵向电动势成比例。由于三相母线磁场分布是不均匀的，故为节省材料、便于安装和散热，可用屏蔽栅代替屏蔽板。

如钢构闭合回路中的环流超过允许的数值，而回路又不易断开，则采用屏蔽栅可以得到良好的效果。屏蔽栅母线条的截面积一般可按母线电流的 25%～30%选择，并按允许电流、发热温度或经济电流密度校验。当长度大于 20m 时，屏蔽栅应装设膨胀补偿器（即伸缩节）。

（2）加装屏蔽环。屏蔽环又称短路环（或去磁环），一般由低电阻材料制成，它的作用是可以减少钢构上的发热损耗。实践证明，套在钢杆上损耗发热最严重的部位上的屏蔽环（一般是正对母线），它的屏蔽效果可使损耗减少到无环时的 $\frac{1}{2}\sim\frac{1}{4}$，温升可降到无环时的 $\frac{2}{3}\sim\frac{1}{3}$。屏蔽环中电流的大小取决于钢构表面的磁场强度，钢构中电流一般为 $I_C=(10\%\sim15\%)I_M$，所以屏蔽环的截面可按 I_C 和经济电流密度来选择，即

$$S_C=I_C/I_{eco} \tag{5-61}$$

式中　S_C——屏蔽环截面积，mm^2；

　　　I_C——钢构中电流，A；

　　　I_{eco}——经济电流密度，A/mm^2，根据图 5-1～图 5-12 可查得。

如果短路环截面太大，给安装带来困难，可以用两个小截面的并装，而不应只将短路环截面减小。试验证明如果把环的截面减小一半，钢构中电流 I_C 减少不多，而环中的损耗接近增大 4 倍。这将使经济性能降低并使短路环过热。

（3）采用封闭母线。为了防止导体附近的钢构发热，大电流导体应采用全连型离相封闭母线。离相封闭母线由于外壳的屏蔽作用，可降低母线周围的屏蔽发热，壳外磁场约减到敞露时的 10%以下，钢构损耗发热极其微小。但必须指出，在全连型离相封闭母线端部的短路板、母线转弯或分支处，由于外壳环流的分布和方向改变等原因，母线磁场没有得到很好的屏蔽，因此这些部位还需采取防止钢构发热的其他措施。

3. 其他措施

过去母线金具设计主要从强度和结构上考虑，而对损耗很少注意。由于金具经常处在强磁场中，虽然不使钢构件构成包围母线的闭合磁路，但损耗仍旧很大，有时可达到母线损耗的 1/2 左右。一般情况下金具中产生的热量通过母线和绝缘子传递，本体温度不致很高，但由于金具数量多，其总的损耗也是很可观的数值，为了减少金具中的损耗，建议金具材料采用非磁性的。

（三）钢构的热损耗计算

钢构的热损耗计算见附录 B。

第三节 软 导 线

一、一般要求

（1）配电装置中软导线的选择，应根据环境条件（环境温度、日照、风速、污秽、海拔）和回路负荷电流、无线电干扰等条件，确定导线的截面和结构型式。

（2）在空气中含盐量较大的沿海地区或周围气体对铝有明显腐蚀的场所，应尽量选用防腐型铝绞线。

（3）当负荷电流较大时，应根据负荷电流选择较大截面的导线。当电压较高时，为保持导线表面的电场强度，导线最小截面必须满足电晕的要求，可增加导线外径或增加每相导线的根数。

（4）对于 220kV 及以下的配电装置，电晕对选择导线截面一般不起决定作用，故可根据负荷电流选择导线截面。导线的结构型式可采用单根钢芯铝绞线或由钢芯铝绞线组成的复合导线。

（5）对于 330kV 及以上的配电装置，电晕和无线电干扰则是选择导线截面及导线结构型式的控制条件。扩径导线具有单位质量轻、电流分布均匀、结构安装上不需要间隔棒、金具连接方便等优点，而且没有分裂导线在短路时引起的附加张力。故 330kV 配电装置中的导线宜采用空心扩径导线。

（6）对于 500kV 及以上的配电装置，单根空心扩径导线已不能满足电晕等条件的要求，而分裂导线虽然具有导线拉力大、金具结构复杂、安装麻烦等缺点，

但因它能提高导线的自然功率和有效降低导线表面的电场强度，所以 500kV 及以上配电装置宜采用由空心扩径导线或铝合金绞线组成的分裂导线。

（7）碳纤维导线与常规导线相比，具有质量轻、抗拉强度大、耐热性能好、高温弧垂小、电导率高、线损低、载流量大等优点，但造价较高，变电站母线增容改造、新建载流量大的母线或大跨距母线时可通过技术经济比较确定是否采用。

二、导线截面的选择和校验

屋外配电装置中的软导线可按下列条件分别进行选择和校验：

1. 按回路持续工作电流选择

$$I_n \geqslant I_w \qquad (5\text{-}62)$$

式中　I_w——导体回路持续工作电流，A；

　　　I_n——相应于导体在某一运行温度、环境条件下的长期允许工作电流，其值参见附录 C。

导体所处环境条件与表中载流量计算条件不同时，载流量应乘以相应的修正系数。

2. 按经济电流密度选择

$$S_{eco} = I_w / I_{eco} \qquad (5\text{-}63)$$

式中　S_{eco}——按经济电流密度计算的导体截面积，mm^2；

　　　I_{eco}——经济电流密度，A/mm^2。

3. 按短路热稳定校验

短路热稳定要求的导线最小截面计算方法同式（5-11）。组合导线一般按经济电流密度选择，其热稳定也能满足要求，所以，一般不作此项校验。

4. 按电晕电压校验

110kV 及以上电压等级变电站导线均应以当地气象条件下晴天不出现全面电晕为控制条件，使导线安装处的最高工作电压小于临界电晕电压。即

$$U_w \leqslant U_0 \qquad (5\text{-}64)$$

$$\left.\begin{array}{l} U_0 = 84 m_1 m_2 k \delta^{\frac{2}{3}} \dfrac{n r_0}{k_0} \left(1 + \dfrac{0.301}{\sqrt{r_0 \delta}}\right) \times \lg \dfrac{a_{jj}}{r_d} \\[3mm] \delta = \dfrac{2.895 p}{273 + t} \times 10^{-3} \\[3mm] k_0 = 1 + \dfrac{r_0}{d} 2(n-1) \sin \dfrac{\pi}{n} \\[3mm] t = 25 - 0.005 H \end{array}\right\} \qquad (5\text{-}65)$$

式中　U_w——回路工作电压，kV；

　　　U_0——电晕临界电压（线电压有效值），kV；

　　　k——三相导线水平排列时，考虑中间导线电容比平均电容大的不均匀系数，一般取 0.96；

　　　m_1——导线表面粗糙系数，一般取 0.9；

　　　m_2——天气系数，晴天取 1.0，雨天取 0.85；

　　　n——每相分裂导线根数，对单根导线 $n=1$；

　　　d——分裂间距，cm；

　　　r_0——导线半径，cm；

　　　δ——相对空气密度；

　　　p——大气压力，Pa；

　　　t——空气温度，℃；

　　　H——海拔，m；

　　　a_{jj}——导线相间几何均距，三相导线水平排列时 $a_{jj} = 1.26a$；

　　　a——相间距离，cm；

　　　r_d——分裂导线的等效半径，见表 5-27，cm；

　　　k_0——次导线电场强度附加影响系数，见表 5-27。

表 5-27　分裂导线不同排列方式时的 k_0、r_d 值

排列方式	双分裂水平排列	三分裂正三角形排列	四分裂正四角形排列	八分裂正八角形排列
K_0	$1 + \dfrac{2 r_0}{d}$	$1 + \dfrac{3.46 r_0}{d}$	$1 + \dfrac{4.24 r_0}{d}$	$1 + \dfrac{5.357 r_0}{d}$
r_d	$\sqrt{r_0 d}$	$\sqrt[3]{r_0 d^2}$	$\sqrt[4]{r_0 \sqrt{2} d^3}$	$\sqrt[8]{r_0 8 \left(\dfrac{1}{2 \sin 22.5°}\right) d^7}$

高度不超过 1000m，在常用相间距离情况下，如导体型号或外径不小于表 5-28 所列数值，可不进行电晕校验。

表 5-28　可不进行电晕校验的最小导体型号及外径

电压（kV）	110	220	330	500	750	1000
软导线型号（子导线外径，mm）	LGJ-70（11.4）	LGJ-300（23.76）	LGKK-600（51）2×LGJ-300（23.76）	2×LGKK600（51）3×LGJ500（30）	4×NRLH58GKK-600（50.6）4×JLHN58GKK-600（51）	4×JLHN58K-1600（70）
管形导体外径（mm）	20	30	40	60	200	200

5. 按电晕对无线电干扰校验

变电站无线电干扰，主要是由电晕和火花放电产

生的，干扰对象主要是收音机和收信台，对电力载波也有影响。但因载波通信设计时就已考虑到电晕引起

的高频杂音，自身有效信号较强，不会成为变电站无线电干扰的控制条件。

按无线电干扰水平校验导线，当三相水平排列、干扰频率为 1MHz 时，变电站围墙外 20m 处（非出线方向）无线电干扰值不应大于 50dB。各种电气设备的综合干扰水平，距围墙 20m 处不应大于导线的干扰水平，干扰电压不应大于 2500μV。

对于分裂导线，无线电干扰的计算公式采用与标准线路相比较的对比法。标准线路导线最大表面场强为 12.2kV/cm，对于 500kV 配电装置，三相导线均采用水平布置，其中相导线的电晕无线电干扰计算公式为

$$N = (3.7E - 12.2) \pm 3 + 40\lg\frac{d}{2.53} + 40\lg\frac{h}{D_1} \quad (5\text{-}66)$$

$$\left.\begin{array}{l} E = \dfrac{18CU_\mathrm{m}k}{nr_0\sqrt{3}} \\[2mm] C = 1.07C_\mathrm{av} = 1.07 \times \dfrac{0.024}{\lg\dfrac{1.26D}{r_\mathrm{d}}} \end{array}\right\} \quad (5\text{-}67)$$

$$D_1 = \sqrt{x^2 + h^2}$$

式中　　N ——分贝数，dB；

　　　　E ——导线最大表面场强，kV/cm；

　　　　C ——导线电容，取中相值，μF/km；

　　　　U_m ——最高线电压，kV；

　　　　12.2——标准线路导线最大表面场强，kV/cm；

　　　　± 3——标准偏差；

$40\lg\dfrac{d}{2.53}$——次导线直径不同时干扰值的修正量；

　　　　d ——次导线直径，cm；

$40\lg\dfrac{h}{D_1}$——导线下测点的距离对干扰值的修正量；

　　　　D ——三相导线相间距离，cm；

　　　　x ——计算点至边相导线水平距离，cm；

　　　　h ——导线最低点对地高度，cm；

　　　　D_1 ——测点至导线斜距，cm；

　　　　k ——中相导线场强比平均场强大的系数；

　　　　C_av——导线电容的平均值，μF/km。

三、分裂导线的选择

（一）分裂导线的特点

在超高压配电装置中，如果单根软导线或扩径导线满足不了大的负荷电流及电晕、无线电干扰要求，则采用分裂导线比较经济，且比采用硬管母线的抗振能力强。分裂导线材料可选用普通的钢芯铝绞线、耐热铝合金绞线及其他型号的软导线。

分裂导线的分裂形式可根据负荷电流的大小和电压高低分为水平双分裂、水平三分裂、正三角形分裂、四分裂等。水平三分裂导线比正三角形排列载流量约低 6.5%，而比导线表面最大电场强度约高 4.5%，只是金具连接较简单。因此国外有些 500kV 配电装置只在载流量相对较小、T 接引下线较多的进出线回路中采用三分裂水平排列的方式，对于载流量较大的主母线采用三分裂正三角形排列的方式。

不同排列方式的分裂导线，由于存在邻近热效应，故分裂导线载流量应考虑其导线排列方式、分裂根数、分裂间距等因素的影响，导线实际载流量应按 n 根单导线的载流量乘以相应的邻近效应系数 B。

$$I = nI_\mathrm{n}\frac{1}{\sqrt{B}} \quad (5\text{-}68)$$

$$B = \left\{1 - \left[1 + \left(1 + \frac{1}{4}Z^2\right)^{-\frac{1}{4}} + \frac{10}{20 + Z^2}\right] \times \frac{Z^2 d_0}{(16 + Z^2)d}\right\}^{-\frac{1}{2}} \quad (5\text{-}69)$$

$$Z = 4\pi\lambda\frac{S}{\rho + 1} \quad (5\text{-}70)$$

上三式中　n ——每相导线分裂根数；

　　　　I_n ——单根导线长期允许工作电流，A；

　　　　B ——邻近效应系数；

　　　　S ——次导线计算截面积，mm²；

　　　　d_0 ——次导线外径，cm；

　　　　ρ ——绞合率，一般取 0.8；

　　　　λ ——次导线 1cm² 的电导，铝为 3.7×10^{-4}；

　　　　d ——分裂导线的分裂间距，cm。

分裂导线短路张力具有其特殊性。当分裂导线受到大的短路电流作用时，同相次导线间由于电磁吸引力作用，使导线产生大的张力和偏移。在严重情况下，其张力值可达到故障前初始张力（即静态张力）的几倍甚至十几倍。所以，设计分裂导线时，需考虑该附加张力的影响。这一附加张力带有冲击性质，作用时间不超过 1s，还会受到金具的阻尼作用，况且，构架还允许有一定的挠度，这些都会大大减轻附加张力对构架的作用。在最后向土建专业提供荷载资料时，应该考虑这些因素。

（二）分裂间距和次导线的最小直径

分裂导线的分裂间距主要根据电晕校验结果确定。500kV 配电装置的双分裂导线及正三角形排列的三分裂导线，分裂间距一般取 $d=40$cm，水平三分裂导线的分裂间距取 $d=20$cm；750kV 配电装置的四分裂导线，分裂间距一般取 $d=40$cm；1000kV 配电装置的四分裂导线，分裂间距一般取 $d=60$cm。

次导线最小直径应根据电晕、无线电干扰条件确定。根据计算，三分裂正三角形排列和双分裂水平排列，在分裂间距均为 40cm 的条件下，500kV 配电装

置次导线最小直径分别为 2.95cm 和 4.4cm。考虑到我国导线生产规格及一定的安全裕度，三分裂和双分裂的次导线最小直径宜分别取 3.02cm 和 5.1cm。四分裂导线，在分裂间距为 40cm 的条件下，750kV 配电装置次导线最小直径宜取 5.1cm。四分裂导线，在分裂间距为 60cm 的条件下，1000kV 配电装置次导线最小直径宜取 7.0cm。

（三）次档距长度的确定

次档距长度指间隔棒安装的距离，它与下列因素有关。

1. 短路张力

双分裂导线在发生短路时与单导线受力情况不同。单导线只有相间的斥力；分裂导线不但有相间的斥力，而且有同相次导线间的电磁吸引力，使次导线受到拉伸，产生弹性拉力。这种力即为分裂导线的第一最大张力。

第一最大张力是在分裂导线发生短路的瞬间产生的。它对导线、绝缘子及构架受力影响很大。分裂导线在一个次档距内的第一最大张力主要与次档距长度、短路电流大小、分裂间距及短路前导线的初始张力有关。其次是相间的斥力，这种力称为分裂导线的第二最大张力。由于这两个力的最大值产生的时间不一样，因此它们对母线系统和构架受力不必叠加。工程设计时，应以第一最大张力作为估算导线短路张力的依据。

2. 短路电流大小

由于导线在短路时引起的动态张力与短路电流的平方成正比，所以在确定次档距长度和校验动态张力时，应考虑电力系统的发展，按最大可能出现的短路电流值确定次档距长度。

3. 短路时次导线允许的接触状态

短路时，一般在发变电工程中对由扩径导线组成的分裂导线不允许次导线发生短路撞击。对于由其导线组成的分裂导线，原则上允许短路撞击，以减少间隔棒数量。但在母线引下线的连接金具处还应设置间隔棒，以防止金具对相邻导线的撞击损伤。对于气设备连接线，由于其连接线一般较短，为使第一最大张力限制在支柱绝缘子或电气设备端子的允许拉力范围内，设备连接线宜采取间隔棒密布的方式，使短路时次导线处于非接触区。

（四）分裂导线短路时动态张力计算示例

1. 计算条件

（1）假定分裂导线短路时在电磁力作用下两间隔之间的线段形状如图 5-21 所示。x 轴位于两次导线的中心线处。

（2）计算用导线参数及原始数据见表 5-29。

2. 计算步骤及方法

（1）非接触状态：假定间隔棒安装距离 $l_0=10$m，

两间隔棒之间次导线被电磁吸力相吸后呈抛物线形状，如图 5-21（a）所示。

首先，设在电磁吸力作用下两次导线最接近点的距离为 b 值，然后利用力学计算公式及电磁学计算公式分别进行电动力和导线张力计算，如果两者计算结果 $F_m=F''_m$，则表示假设的 b 值正确。反之则需要重新假设一个 b 值再进行计算，直到两种计算公式计算出的电磁力相等为止。其计算方法如下：

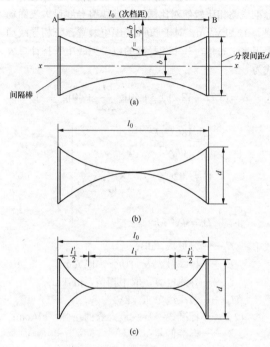

图 5-21　分裂导线在第一张力作用下的形变状态

（a）非接触状态；（b）临界接触状态；（c）接触状态

表 5-29　分裂导线（2XLGJQT-1400）计算用参数

原始数据		导线参数	
母线跨距	$l=63$（m）	导线半径	$r_a=25.5$（mm）
次导线初始张力	$\frac{T_0}{2}=11210$（N）	导线截面积	$S=1533.9$（mm²）
次导线分裂间距	$d=40$（cm）	温度线膨胀系数	$a_x=20.4\times10^{-6}$（℃⁻¹）
三相短路电流	$I_k=25$（kA）	弹性模型	$E=57300$（N/mm²）
次导线中短路电流	$I=12.5$（kA）	单位质量	$q_1=4.962$（kg/m）

1）设短路时两次导线最接近点的距离 $b=0.2973$（m）。

2）利用力学公式计算所需电磁力 F_m。

线在正常状态下长度为直线长度 l_{AB}，短路后在电磁吸力作用下伸长变为弧线长度 $l_{\widehat{AB}}$，导线变形后的长度可根据式（5-71）进行计算。

$$l_{\overset{\frown}{AB}}=l_0+\frac{8}{3}\frac{f^2}{l_0} \qquad (5\text{-}71)$$

据图 5-21（a）可知

$$f=\frac{d-b}{2}=\frac{0.4-0.2973}{2}=0.05135(\text{m})$$

则 $l_{\overset{\frown}{AB}}=10+\frac{8}{3}\times\frac{0.05135^2}{10}=10.000703(\text{m})$

该次档距内导线在电磁吸力作用下的伸长率 ε 为

$$\varepsilon=\frac{l_{\overset{\frown}{AB}}-l_{AB}}{l_{AB}}=\frac{10.000703-10}{10}=0.000070315$$

导线伸长变形后产生的附加张力 F_E 为

$F_E=ES\varepsilon=57300\times1533.9\times0.000070315=6180.159$（N）

短路后每根次导线的实际张力 T 为

$T=\dfrac{T_0}{2}+F_E=11210+6180.159=17390.159$（N）

为了产生上述张力，次导线间必须存在以下电动力：

$$F_m=\frac{8fT}{l_0}=\frac{8\times0.05135\times17390.159}{10}=714.4（\text{N}）$$

3）利用以下电动力公式计算次导线间电磁吸力 F_m，并核算 F''_m 与 F_m 是否相等。

$$F''_m=0.1504I^2l_0\sqrt{\frac{1}{b(d-b)}}\arctan\sqrt{\frac{d-b}{b}}$$

$$=0.1504\times12.5^2\times10\times\sqrt{\frac{1}{0.2973\times(0.4-0.2973)}}$$

$$\times\arctan\sqrt{\frac{0.4-0.2973}{0.2973}}=714.5(\text{N})$$

计算结果 $F_m=F''_m$，说明假设的吸引距离 $b=0.2973$m 是正确的，则对应的短路张力也是正确的。

（2）临界接触状态。如图 5-21（b）所示，求解临界接触状态的最大张力和电动力时，需根据临界接触时次导线最小的中心距离 $b=2r_d$ 不变的原则，假设临界接触状态时次档距长度为 l_0，然后分别进行电动力和导线张力计算，如果计算结果 $F_m=F''_m$，则表示假设的次档距长度正确；反之则需重新假设一个次档距长度再进行计算，直到 $F_m=F''_m$ 为止。导线参数计算如下：

1）临界接触状态时 $b=0.051$m，假设的次档距长度 $l_0=16.018$m。

2）利用力学公式计算所需的电磁力 F_m。

$$l_{\overset{\frown}{AB}}=l_0+\frac{8}{3}\frac{f^2}{l_0}$$

$$f=\frac{d-2r_d}{2}=\frac{0.4-0.051}{2}=0.1745(\text{m})$$

$$l_{\overset{\frown}{AB}}=16.018+\frac{8}{3}\times\frac{0.1745^2}{16.018}=16.023069(\text{m})$$

该次档距内导线在电磁力作用下的伸长率 ε 为

$$\varepsilon=\frac{l_{\overset{\frown}{AB}}-l_{AB}}{l_{AB}}=\frac{16.023069-16.018}{16.018}-0.000316477$$

线伸长变形后产生的附加张力 F_E 为

$F_E=ES\varepsilon=57300\times1533.9\times0.000316477$

$=27815.953$（N）

短路后每根导线的张力 T 为

$T=\dfrac{T_0}{2}+F_E=11210+27815.953=39025.953$（N）

产生上述张力时次导线间存在的电动力 F_m 为

$$F_m=\frac{8fT}{l_0}=\frac{8\times0.1745\times39025.953}{16.018}=3401.2(\text{N})$$

3）利用以下电动力公式计算次导线间电磁吸力 F_m，并核算 F''_m 与 F_m 是否相等。

$$F''_m=0.1504I^2l_0\sqrt{\frac{1}{b(d-b)}}\arctan\sqrt{\frac{d-b}{b}}$$

$$=0.1504\times12.5^2\times16.018\times\sqrt{\frac{1}{0.051\times(0.4-0.051)}}$$

$$\times\arctan\sqrt{\frac{0.4-0.051}{0.051}}=3401.5(\text{N})$$

计算结果 $F_m=F''_m$，说明假设的临界接触状态时的次档距长度是正确的，则对应的短路张力也是正确的。

（3）接触状态。如图 5-21（c）所示，求解接触状态时的最大张力和电动力时，需根据导线最小的中心距离 $b=2r_d$ 不变的原则，假设导线接触部分的长度为 l_1，即不接触部分导线长度为 $l'_1=l_0-l_1$，然后分别进行电动力和导线张力计算，如果计算结果 $F_m=F''_m$，表示假设的导线接触部分长度是正确的；反之则需重新假设一个接触长度进行计算，直到 $F_m=F''_m$ 为止。导线参数计算如下：

1）当导线次档距长度 $l_0=25$m 时，假设导线接触部分长度 $l_1=10.688$m，则导线不接触部分的长度 $l'_1=25-10.688=14.312$（m）。$2r_d=0.051$m。

2）利用力学公式计算所需电磁力 F_m。

$$f=\frac{d-2r_d}{2}=\frac{0.4-0.051}{2}=0.1745(\text{m})$$

导线在电磁吸力作用下的绝对伸长 $\Delta l'_1$。

$$\Delta l'_1=\frac{8}{3}\frac{f^2}{l'_1}=\frac{8}{3}\times\frac{0.1745^2}{14.312}=0.0056736(\text{m})$$

该次档距内导线的相对伸长 Δl 为

$$\Delta l=\frac{\Delta l'_1}{l_1}=\frac{0.0056736}{25}=0.000226944$$

短路时导线产生的附加张力 F_E 为

$F_E=ES\Delta l=57300\times1533.9\times0.000226944$

$=19946.694$（N）

短路后每根次导线的张力 T 为

$$T=\frac{T_0}{2}+F_E=11210+19946.694=31156.694（N）$$

产生上述张力所需的电磁吸力 F_m 为

$$F_m=\frac{8fT}{l_1'}=\frac{8\times0.1745\times31156.694}{14.312}=3039(N)$$

3）利用电动力公式计算电磁吸力 F_m'' 为

$$F_m''=0.1504I^2\cdot l_1'\sqrt{\frac{1}{b(d-b)}}arctan\sqrt{\frac{d-b}{b}}$$

$$=0.1504\times12.5^2\times14.312\times\sqrt{\frac{1}{0.051\times(0.4-0.051)}}$$

$$\times arctan\sqrt{\frac{0.4-0.051}{0.051}}=3039.4(N)$$

计算结果 $F_m=F_m''$，说明假设的导线接触长度正确。

3. 计算结果

本例 2×LGJQT-1400 双分裂导线短路张力计算结果列入表 5-30，所对应的次档距长度和次导线第一最大张力关系曲线如图 5-22 所示。

表 5-30　　　　2×LGJQT-1400 双分裂导线动态张力计算结果

次档距长度 l_0（m）	导线最小中心距离 b（m）	接触部分长度 l_1（m）	不接触部分长度 l_1'（m）	次导线初始张力 $\frac{T_0}{2}$（N）	短路后每根导线张力 T（N）	备注
2	0.39487			11210	11595.5	
4	0.3808			11210	12560	
6	0.3593			11210	13906	
8	0.3315			11210	15506	非接触区
10	0.2973			11210	17390	
12	0.2559			11210	19659.4	
15	0.1697			11210	25022.3	
16.018	0.051			11210	39026	临界接触区
25	0.051	10.688	14.312	11210	31156.9	
30	0.051	16.295	13.705	11210	28566.5	接触区
40	0.051	27.155	12.845	11210	25100.5	

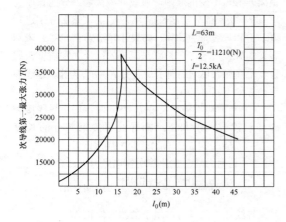

图 5-22　次档距长度和次导线第一最大张力关系曲线

第四节　共箱母线和干式绝缘母线

一、共箱母线

（一）特点和使用范围

共箱母线是将每相多片标准型母线装设在支柱绝缘子上，外用金属（一般是铝或弱磁性钢板）薄板制成罩箱来保护多相导体的一种电力传输装置。

共箱封闭母线导体采用铜铝母排或槽铝槽铜，结构紧凑、安装方便、运行维护工作量小，防护等级室外可达 IP55，可基本消除外界潮气、灰尘以及由外物引起的接地故障。外壳一般采用铝板制成，防腐性能良好，并且避免了钢制外壳所引起的附加涡流损耗，外壳电气上全部连通并多点接地，杜绝人身触电危险并且不需设置网栏，简化了对土建的要求，根据用户需要可在母排上套热缩套管、在箱体内安装加热器及呼吸器等以加强绝缘。对于大电流内封闭母线，在壳体的两侧及下部设有通风百叶窗，用来加强散热，降低温升。

共箱封闭母线包括不隔相共箱封闭母线、隔相共箱封闭母线及交直流励磁共箱母线，广泛用于 100MW 以下发电机引出线与主变压器低压侧之间或 75MW 及以上机组厂用变压器低压侧与高压配电装置之间的电流传输。在变电站设计中，共箱封闭母线主要用于变电站站用电引入母线或其他工业民用设施的电源引线。

（二）布置和安装

变电站站用电引入母线的布置一般从站用变压器

低压侧出线端子开始，通过支撑在支柱绝缘子上的硬导体（或通过支撑式共箱母线）连接至装设在站用低压配电室墙上的穿墙套管，穿墙套管室内部分连接至悬吊式共箱母线，并通过共箱母线引至进线开关柜上端，并固定在开关柜上。

根据实际工程的具体需要，站用电源共箱母线的安装可采用支撑式或悬吊式；或两者兼用（一般进入室内后为悬吊式）。

当采用支撑安装时，横梁上母线下的支撑槽钢安装位置一般应与母线内绝缘子支持槽钢的安装位置对应，悬吊式安装则通过吊杆及其连接件固定在顶部预设的钢构件上。

检修孔一般安装在罩箱底部，孔口的大小、形状和数量以能对每一绝缘子进行检修、安装为原则。目前也有新型封闭母线槽，安装维修孔可任意设置于封闭母线的上部或下部，设置灵活，检修及安装更加方便。

为便于对可拆接头处进行温度监视，应在对应位置处设置测温装置和密封式观察窗。

站用电共箱母线在配电装置穿墙处，一般应装设穿墙套管及密封隔板。在与设备连接处及在土建结构出现不同沉降的地方（如在进入站用配电室的隔墙处），母线导体间用伸缩节连接，罩箱用橡胶伸缩套连接。

二、干式绝缘母线

（一）特点和使用范围

干式全绝缘母线由电缆纸浸渍环氧树脂作固体绝缘材料，绝缘母线的导体为铜（铝）棒或铜（铝）管，接线端子为平板型，与气体柜连接的端子为插拔式端子。绝缘母线主要应用于变电站内以代替裸母线、封闭母线及电缆，最适用于紧凑型变电站、地下变电站及地铁用变电站，减少占地面积，运行可靠。

绝缘母线单根最大长度为固定长度（两端子间的直线距离），若工程所需长度大于单根固定长的母线，则用多根母线加一个或多个连接装置连接而成，连接装置用于屏蔽母线段之间连接处外露金属件的高电位。

（二）运输和安装

1. 运输

母线应用合适的包装来运输。在接收时，应即刻检查包装在运输中可能的损伤。检查是否有外部损伤，或者是否有粗糙处理过的痕迹。尤其是处理全绝缘母线连接到 SF_6 开关上时更要小心，不要在连接法兰处施加机械力。在组装前，仅可短时的打开包装。当母线带有热收缩管时，不要损伤热收缩管是特别重要的，

否则母线热收缩管的抗潮湿保护作用就不能保证。

2. 安装

（1）夹具间距离。夹具 B_f 和 B_g 之间的距离必须严格按图纸，这是因为母线存在自振，在某个距离上可能发生谐振，这样母线可能被损坏，在极端情况下母线绝缘可能被损坏。

（2）可移动的夹具。在标有 B_g 的母线夹具安装时，上下部分之间应装有足够的垫圈（见图 5-23），允许选择适合母线的垫圈数量使母线能沿着夹具滑动。

（3）固定的夹具。在标有 B_f 的母线夹具安装时，上下部分之间应装有足够的垫圈（见图 5-23），当装配时，按照母线在固定夹具中不滑动选择垫圈的数量，而且一定要装胶圈。

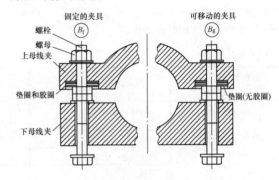

图 5-23 夹具安装示意图

第五节 软导线实用力学计算[●]

软导线力学计算的目的主要是向土建专业提供构架设计资料，向施工单位提供导线弛度和拉力数据，并对导线、绝缘子、金具的强度校验提供依据。

目前软导线实用力学计算各设计单位均采用不同的计算软件进行计算，以下为软导线力学计算的原理及方法，供实际工程参考。

一、原始条件及计算条件

1. 基本假定

（1）屋外配电装置导线的弧垂与跨度之比一般为 $1/15 \sim 1/30$，计算时可忽略导线的刚性，而认为是一抛物线。在这种情况下，当等高悬挂或高差角 $\gamma < 15°$ 时，导线荷载可假定沿水平轴线均布；当高差角 $\gamma > 15°$ 时，导线荷载可假定沿支点连线均布，将其投影到水平轴线上，按相同水平跨距的等高悬挂计算。

（2）考虑绝缘子串及引下线的影响，将绝缘子当作柔线的一部分，其区别只是单位质量的不同。引下线和组合导线的横联装置按集中荷重考虑。

[●] 考虑到计算中常用的原始数据，本节计算公式中力（荷重）的单位采用 kgf 和 N 并用但计算结果均以 N 为单位，1kgf=9.8N。

（3）不考虑状态改变所引起的绝缘子偏角及集中荷载位置的水平位移。构架挠度在一般情况也不考虑。

2. 气象条件

设计时计算所采用的气象条件，应根据当地气象资料确定，在缺乏资料时可参考表 5-31。

3. 导线安装检修条件

（1）安装检修时的荷重，见表 5-32。

（2）安装检修方法按以下原则考虑：

1）附加集中荷重及单相作业荷重应考虑其构架设计的最不利位置，否则，应对安装方法提出限制。

2）当带电检修或更换绝缘子串及耐张线夹时，绝缘子串要上人，但以靠近档距中间的引下线处上人最重。不计绝缘绳梯重量，连人带工具 330kV 及以下按 150kgf 考虑，500kV 按 350kgf 考虑，750kV 按 450kgf 考虑，1000kV 按 650kgf 考虑。

3）检修时对导线跨中有引下线的 110kV 及以上电压的构架，应考虑导线上人，并分别验算单相作业、三相作业的受力状态。当导线中部无引下线时，因为没有上导线作业项目，故不考虑导线上人到档距中央检修荷重，但仍应考虑三相同时上人到达绝缘子串根部，其每相为 100kgf 的荷重。

4）为协助导线上人检修，同时考虑构架横梁的中间作用 200kgf 的集中荷重。本项系考虑用绝缘绳梯带电作业，当用绝缘立杆或检修专用车带电作业时，此项等于零。

5）导线挂线时，应对施工方法提出要求，并限制其过牵引值。过牵引张力大小与荷重、弧垂有关，主要取决于施工时的滑轮位置。试验证明，采用上滑轮挂线方案，可减少过牵引张力。所以只要施工方法恰当，一般过牵引力不会成为构架结构的控制条件。

表 5-31   导线设计时的气象条件

计算条件编号	工作状态	气象条件及附加荷重	气象区								
			1	2	3	4	5	6	7	8	9
1	最高、最低温度	温度（℃）	+5, +40	−10, +40	−10, +40	−20, +40	−10, +40	−20, +40	−40, +40	−20, +40	−20, +40
		风速（m/s）	0	0	0	0	0	0	0	0	0
		覆冰厚度（mm）	0	0	0	0	0	0	0	0	0
		导线工作情况	正常工作，无附加荷重								
6	最大风速	温度（℃）	+10	+10	−5	−5	+10	−5	−5	−5	−5
		风速（m/s）	35	30	25	25	30	25	30	30	30
		覆冰厚度（mm）	0	0	0	0	0	0	0	0	0
		导线工作情况	正常工作，无附加荷重								
7	有冰有风	温度（℃）	—	−5	−5	−5	−5	−5	−5	−5	−5
		风速（m/s）	10	10	10	10	10	10	10	15	15
		覆冰厚度（mm）	0	5	5	5	10	10	10	15	20
		导线工作情况	正常工作，无附加荷重								
6′	安装检修	温度（℃）	0	0	−5	−10	−5	−10	−15	−10	−10
		风速（m/s）	10	10	10	10	10	10	10	10	10
		覆冰厚度（mm）	0	0	0	0	0	0	0	0	0
		导线工作情况	见表 5-32								

表 5-32   导 线 安 装 检 修 荷 重   （kgf）

荷重名称	计 算 荷 重		
	安装紧线时（导线上无人）	停电检修或安装引下线时（三相导线同时上人）	带电检修引下线时（单相导线上人）
横梁上增加的集中荷重	按单相考虑（见图 5-24）$200+Q_{1i}+T\sin\alpha$ 或 $200+Q_{1i}+T\cos\beta$	$200+W_{\gamma}\dfrac{(L-b_1)}{L}$	$200+\dfrac{W_{\gamma}(L-b_1)}{L}$
导线上增加的集中荷重		330kV 及以下取 100；500kV 每相取 200；750kV 每相取 350；1000kV 每相取 550	330kV 及以下取 150；500kV 取 350；750kV 取 450；1000kV 取 650

注 Q_{1i} 为绝缘子串自重，kgf；$T=（1.1\sim1.2）H$，$1.1\sim1.2$ 为滑轮摩擦系数，H 为导线张力；W_{γ} 为导线上增加的集中荷重，kgf；L 为跨距，m；b_1 为集中荷重至横梁支点距离，m。

6) 安装紧线时，不考虑导线上人，但应考虑安装引起的附加垂直荷载和横梁上人 200kgf 的集中荷载。常用紧线方法见图 5-24。

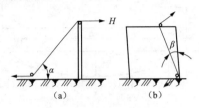

图 5-24 安装紧线图

(a) 导线安装正面紧线方式；

(b) 导线安装侧面转向紧线方式

4. 计算条件

(1) 根据表 5-31 所列荷载组合情况及设计所取高和最低气温、最大风速、有冰有风及安装检修等件进行计算。要求在任何情况下最大弧垂 f_{max} 不大于允许弧垂值 f_n。f_n 值见表 5-33。

表 5-33　　　　　　允许弧垂 f_n 值　　　　　　（m）

电压（kV）		35	110	220	330	500	750	1000
弧垂	母线	1.0	0.9～1.1	2.0	3.0	3.5	5.0	5.0
	进出线	0.7	0.9～1.1	2.0	3.0	3.5	5.0	5.0

(2) 导线的最大弧垂除了发生在最高温度和最大荷载两种状态时，还有可能出现在最大风速时，但此时弧垂的垂直投影小于前两种状态，故可不考虑最大风速的作用。

(3) 导线的最大应力可能发生在导线上人时、最大荷载时（即有冰有风时）、最大风速时及最低温度时四种情况。

二、导线、绝缘子串的机械特性及荷重计算

（一）导线各种状态下的单位荷重

1. 导线所受的风压力

$$P_f = a_f k_d A_f \frac{v_f^2}{16} \tag{5-72}$$

式中　P_f——导线上所受的风压力，kgf；

　　　a_f——风速不均匀系数，取 1；

　　　k_d——空气动力系数，取 1.2；

　　　A_f——导线受风方向的投影面积，m^2，计算分裂导线时不考虑屏蔽影响，组合线需乘以 0.8 的屏蔽系数；

　　　v_f——风速，m/s。

2. 导线的单位荷重（kgf/m）

(1) 导线自重 q_1；

(2) 导线冰重 q_2 为

$$q_2 = 0.00283b(d+b) \tag{5-73}$$

(3) 导线自重及冰重 q_3 为

$$q_3 = q_1 + q_2 \tag{5-74}$$

(4) 导线所受风压 q_4 为

$$q_4 = 0.075U_f^2 d \times 10^{-3} \tag{5-75}$$

(5) 导线覆冰时所受风压 q_5 为

$$q_5 = 0.075U_f^2(d+2b) \times 10^{-3} \tag{5-76}$$

(6) 导线无冰时自重与风压的合成荷重 q_6 为

$$q_6 = \sqrt{q_1^2 + q_4^2} \tag{5-77}$$

(7) 导线覆冰时自重、冰重与风压的合成荷重 q_7 为

$$q_7 = \sqrt{q_3^2 + q_5^2} \tag{5-78}$$

(8) 导线各状态时的比载 g_i [kgf/(m·mm^2)] 为

$$g_i = \frac{q_i}{S} \tag{5-79}$$

以上各式中　S——导线截面积，mm^2；

　　　　　　d——导线直径，mm；

　　　　　　b——覆冰厚度，mm。

各种导线的机械特性及单位荷重见附录 C。

（二）绝缘子串上的机械荷重

1. 绝缘子串上受的风压力（kgf）

$$P_i = a_{fi} k_{di} A_{fi} \frac{v_f^2}{16} \tag{5-80}$$

式中　a_{fi}——风速不均匀系数，取 1；

　　　k_{di}——空气动力系数，取 0.6；

　　　A_{fi}——绝缘子受风方向的投影面积，m^2，各种不同型号和状态下单片绝缘子及连接金具的受风面积见表 5-34，双串绝缘子受风面积为单串绝缘子的 1.6 倍。

表 5-34　　单片绝缘子及连接金具受风面积　　（m^2）

型号	无冰时	覆冰时		
		b=5mm	b=10mm	b=15mm
XP100、XWP2-100、XHP-100	0.020	0.03	0.034	0.038
单串绝缘子连接金具	0.0142			

2. 单串绝缘子的机械荷重（kgf）

(1) 绝缘子串自重 Q_{1i} 为

$$Q_{1i} = nq_1 + q_0 \tag{5-81}$$

(2) 绝缘子串冰重 Q_{2i} 为

$$Q_{2i} = nq_i' + q_0' \tag{5-82}$$

(3) 绝缘子串自重及冰重 Q_{3i} 为

$$Q_{3i} = Q_{1i} + Q_{2i} \tag{5-83}$$

(4) 绝缘子串所受风压 Q_{4i} 为

$$Q_{4i} = a_{fi} K_{di} K_{fi}(nA_i + A_0) \frac{v_f^2}{16} \tag{5-84}$$

$$= 0.0375 K_{fi}(nA_i + A_0)v_f^2$$

（5）绝缘子串覆冰时所受风压 Q_{5i} 为

$$Q_{5i} = 0.0375K_{fj}(nA_i' + A_0)v_f^2 \qquad (5\text{-}85)$$

（6）绝缘子串无冰时自重与风压的合成荷重 Q_{6i} 为

$$Q_{6i} = \sqrt{Q_{1i}^2 + Q_{4i}^2} \qquad (5\text{-}86)$$

（7）绝缘子串覆冰时，自重、冰重及风压的合成荷重 Q_{7i} 为

$$Q_{7i} = \sqrt{Q_{3i}^2 + Q_{5i}^2} \qquad (5\text{-}87)$$

以上各式中 q_i——每片绝缘子自重，kgf；

$\quad\quad q_i'$——每片绝缘子覆冰重，kgf，各种不同型号单片绝缘子及连接金具的冰重见表5-35；

$\quad\quad q_0$——金具自重，kgf；

$\quad\quad q_0'$——金具覆冰重，kgf；

$\quad\quad A_i$——无冰时单片绝缘子受风面积，m^2；

$\quad\quad A_i'$——单片绝缘子覆冰后的受风面积，m^2；

$\quad\quad A_0$——金具受风面积，m^2；

$\quad\quad n$——每串绝缘子片数；

$\quad\quad K_{fj}$——绝缘子串风压增加系数，考虑耐张串受风后产生一定偏角，同时在安装时每片绝缘子间不是很水平，以及绝缘子面积的偏差而引起的风压增加，取 1.1。

表 5-35　　单片绝缘子及连接金具的冰重　　（kgf）

型号	$b=5mm$	$b=10mm$	$b=15mm$
XP100、XWP2-100、XHP-100	0.80	1.8	2.6
35～220kV 单串耐张绝缘子连接金具	0.38	0.84	1.2

3. 绝缘子串的组合及荷重

计算绝缘子串机械荷重时，应考虑单串绝缘子的双根导线或双串绝缘子串的单、双根导线所使用的连板在各状态下的荷重。各种绝缘子串的组合及荷重见附录C。

三、计算方法及步骤

1. 列出原始资料

由表查出或计算出各状态时的导线、绝缘子串荷重，并按式（5-88）计算作用于导线上的集中荷重。

$$P_n = P_i l_i + q_g \qquad (5\text{-}88)$$

式中　P_n——集中荷重，kgf；

$\quad\quad P_i$——引下线单位荷重，kgf/m；

$\quad\quad l_i$——引下线长度，m；

$\quad\quad q_g$——线夹重，kgf。

2. 求支点（座）反力

导线在垂直荷重作用下的简支梁 A、B 两支点的

反力（见图 5-25 及图 5-26）可根据所有力对悬挂点 A、B 的力矩平衡条件得出。

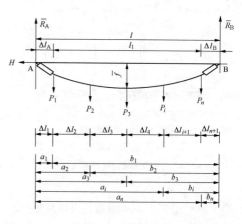

图 5-25　等高悬挂导线支点反力示意图

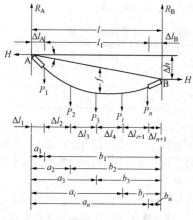

图 5-26　不等高悬挂导线支点反力示意图

$$R_A = \bar{R}_A + H\tan\gamma \qquad (5\text{-}89)$$

$$R_B = \bar{R}_B - H\tan\gamma \qquad (5\text{-}90)$$

$$\bar{R}_A = Q_{ni} + \frac{q_n l_1}{2\cos\gamma} + \sum \frac{P_i b_i}{l} \qquad (5\text{-}91)$$

$$\bar{R}_B = Q_{ni} + \frac{q_n l_1}{2\cos\gamma} + \sum \frac{P_i a_i}{l} \qquad (5\text{-}92)$$

当等高悬挂时，$\gamma = 0$，则 $R_A = \bar{R}_A$，$R_B = \bar{R}_B$，式（5-89）～式（5-92）可简化为

$$R_A = \bar{R}_A = Q_{ni} + \frac{q_n l_1}{2} + \sum \frac{P_i b_i}{l} \qquad (5\text{-}93)$$

$$R_B = \bar{R}_B = Q_{ni} + \frac{q_n l_1}{2} + \sum \frac{P_i a_i}{l} \qquad (5\text{-}94)$$

式中　Q_{ni}——状态 n 时的绝缘子串荷重，kgf；

$\quad\quad q_n$——状态 n 时的导线单位荷重，kgf/m；

$\quad\quad H$——导线水平张力，kgf；

$\quad\quad P_i$——i 点的集中荷重（包括引下线及线夹），kgf；

a_i——集中荷重 P_i 距支点 A 的水平距离，m；

b_i——集中荷重 P_i 距支点 B 的水平的水平距离，m；

γ——悬挂点连线与 A 点引出的水平线间夹角。

$$\gamma = \arctan \frac{\Delta h}{l} \qquad (5-95)$$

一般只计算出 R_A 即可求解，如为了对剪力计算进行校验，也可将 R_B 求出。

在图 5-25 和图 5-26 中，l 为跨距，Δl_0 为绝缘子串长度（m），不等高化为等高计算时以 $\Delta l_0 \cos\gamma$ 代替。在计算中把绝缘子串的质量 Q_{ni} 视为沿 Δl_0 长度内的均布荷重，即 $q_{ni} = \dfrac{Q_{ni}}{\Delta l_0}$，$l_1 = l - 2\Delta l_0$。

3．求各段剪力

依照左右两侧剪力之差 $Q_z - Q_y = q_n\Delta l$ 的规律，自左至右计算各段（荷载变化处）的剪力。

根据右侧绝缘子区段内求出的 $Q_{(n+1)y} = R_B$ 的关系可作剪力计算的校核。当荷载对称时，剪力零值应位于跨距正中；当荷载不对称时，剪力零值点位于剪力改变正负号的区段内，即位于 $Q_z(+)$（左侧剪力正值）与 $Q_y(-)$（右侧剪力负值）之间，至 $Q_z(+)$ 距离为 l_{z0} 处。

$$l_{z0} = Q_z(+)/q_n \qquad (5-96)$$

最大弧垂发生在剪力 $Q=0$ 处。

4．求各点力矩

对于受均布及集中荷载的简支梁有

$$\Delta M = \frac{\Delta}{2}(Q_z + Q_y) \qquad (5-97)$$

求得剪力零值点的位置后，其最大力矩为

$$M_{max} = \Sigma\Delta M(+) = \Sigma\Delta M(-) \qquad (5-98)$$

式中 $\Sigma\Delta M(+)$、$\Sigma\Delta M(-)$——左侧和右侧各段力矩增量的总和。

对于简支梁，各段力矩增量的总和为零（即 $\Sigma\Delta M=0$）；或者说剪力零值点位置的左或右的力矩总和相等 $[即 \Sigma\Delta M(+)=\Sigma\Delta M(-)]$，利用这个原则做中间校核。

导线各小段弧垂

$$\Delta f = \frac{\Delta M}{H} \qquad (5-99)$$

导线最大弧垂

$$f_{max} = \frac{M_{max}}{H} \qquad (5-100)$$

5．求荷载因数

各段的荷载因数

$$\Delta D = \frac{\Delta M^2}{\Delta l} + \frac{1}{12}(q\Delta l)^2 \Delta l \qquad (5-101)$$

总荷载因数

$$D = \Sigma\Delta D \qquad (5-102)$$

对于在剪力符号相反的区段内，求得零值点位置后，应分为两个区段求 D。

6．求解导线状态方程式

利用导线状态方程式计算导线在各状态时的水平应力、水平张力和导线的弧垂。

导线的状态方程式为

$$\sigma_m - \frac{\xi D_m \cos^2\gamma}{\sigma_m^2} = \sigma_n - \frac{\xi D_n \cos^2\gamma}{\sigma_n^2} - a_x E(\theta_m - \theta_n)\cos\gamma$$

$$(5-103)$$

对悬挂点等高的导线，$\cos\gamma = 1$，则有

$$\sigma_m - \frac{\xi D_m}{\sigma_m^2} = \sigma_n - \frac{\xi D_n}{\sigma_n^2} - a_x E(\theta_m - \theta_n) \qquad (5-104)$$

式中 σ_m——在条件 m 时的导线应力，N/mm²；

σ_n——在条件 n 时的导线应力，N/mm²；

D_m——在条件 m 时的导线荷载因数，N²·m；

D_n——在条件 n 时的导线荷载因数，N²·m；

θ_m——在条件 m 时的导线温度，℃；

θ_n——在条件 n 时的导线温度，℃；

a_x——导线的温度线膨胀系数，℃⁻¹；

E——导线材料的弹性模量，N/mm²；

ξ——导线的特性系数，N/（m·mm⁶）。

对于不等高悬挂

$$\xi = \frac{E\cos\gamma}{2S^2 l_1} \qquad (5-105)$$

对于等高悬挂

$$\xi = \frac{E}{2S^2 l_1} \qquad (5-106)$$

式中 S——导线截面积，mm²。

求解时，假定最大弧垂 f_{max} 发生在某状态（最高温度或最大荷载），求出此状态时的水平拉力 H 和应力 σ，作为已知条件。然后由状态方程式求解另一状态时的 H、σ 及弧垂 f。

$$\sigma = \frac{H}{S} \qquad (5-107)$$

若解得其他状态（最大风速状态除外）的弧垂均小于 f_{max}，则假定正确。否则需重新假定另一状态的 f_{max}，并进行相同的计算，直至假定正确为止。

状态方程式中令

$$C_m = \xi D_m \cos^2\gamma \qquad (5-108)$$

$$C_n = \xi D_n \cos^2\gamma \qquad (5-109)$$

$$A = \sigma_n - \frac{C_n}{\sigma_n^2} - a_x E(\theta_m - \theta_n)\cos\gamma \qquad (5-110)$$

则状态方程式可简化为

$$\sigma_m^2(\sigma_m - A) = C_m \qquad (5-111)$$

实用计算时，式（5-111）可用计算器试凑求解。

试凑的 σ_m 初值取 $\sqrt{\dfrac{C_m}{-A}}$（A 小于零），计算 $\sigma_m^2(\sigma_m - A)$

$-C_m$ 值，如该值小于零，则逐渐增加 σ_m 值，直至接近零或等于零为止。

例如，$A=-93.546$，$C_m=34.83$，σ_m 初值则为

$\sqrt{\dfrac{34.83}{93.546}} \approx 0.6$，代入式（5-111）：

$$0.6^2(0.6+93.546)-34.83=-0.93<0$$

再凑，得

$$\sigma_m=0.6+0.01=0.61$$
$$0.61^2\times(0.61+93.546)-34.83=0.205>0$$

用内插法则求得 $\sigma_m=0.608$。

四、计算实例

（一）支柱等高

1. 原始资料

导线布置与计算用数据见图 5-27、表 5-36、表 5-37。

2. 力矩 M 及荷载因数 D 的计算

M、D 的计算见表 5-38～表 5-44。

3. 状态方程求解

假设正常状态最大弧垂发生在最大荷载时，即

$$f_{\max}=2\text{m}，\quad H=\frac{M}{f_{\max}}=\frac{6014.686}{2}=3007.343(\text{N})，\quad \sigma=\frac{H}{S}=$$

$\dfrac{3007.343}{333.31}=9.0227(\text{N}/\text{mm}^2)$，得到表 5-44 的计算结果（计

算过程中已将表 5-38～表 5-43 中力的单位换算为 N）。

4. 安装曲线

支柱等高时安装曲线如图 5-28 所示。

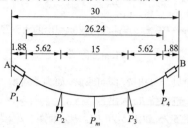

图 5-27 导线布置和集中荷重位置（支柱等高）

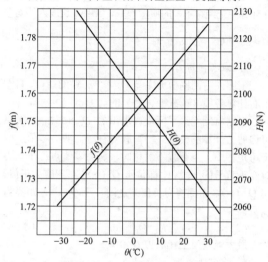

图 5-28 支柱等高时安装曲线

表 5-36   气象条件、导线与绝缘子串荷重

气象条件	导线特性	导线荷重（kgf/m）	绝缘子串荷重（kgf）（片数 10；型号 XWP2-100，长度 $l=2.244$m）
最高气温+40℃	导线型号 LGJ-300/25	$q_1=1.058$	$Q_1=90.21$
最低气温-40℃	外径 $d=23.76$（mm）	$q_4=1.6038$	$Q_{4i}=7.952$
覆冰厚度 10mm	截面积 $S=333.31$（mm²）	$q'_4=0.178$	$Q'_{4i}=0.884$
最大风速 30m/s	温度线膨胀系数 $a_x=20.5\times10^{-6}$（℃$^{-1}$）	$q_5=0.328$	$Q_5=13.15$
安装检修时风速 10m/s	弹性模量 $E=65000$（N/mm²）	$q_6=1.9213$	$Q_{6i}=90.56$
覆冰时风速 10m/s	$\zeta=\dfrac{E}{2S^2L_1}=0.01115[\text{N}/(\text{m}\cdot\text{mm}^6)]$	$q'_6=1.0729$	$Q'_{6i}=90.214$
	$a_xE=1.3325$ [N/（mm²·℃）]	$q_7=2.04$	$Q_7=101.267$

表 5-37   集 中 荷 重 表

编号	引下线型号	引下线长度（m）	不同气象条件下引下线单位荷重（kgf/m） 状态 1	状态 6	状态 6'	状态 7	夹线重（kgf）	不同气象条件下集中荷重（kgf） 状态 1	状态 6	状态 6'	状态 7
P_1	LGJ-300/25	5	1.058	1.9213	1.0729	2.04	2.49	7.78	12.0965	7.8545	12.69
P_2	LGJ-300/25	2×8	1.058	1.9213	1.0729	2.04	2×1.6	20.128	33.9408	20.3664	35.84
P_3	LGJ-300/25	2×8	1.058	1.9213	1.0729	2.04	2×1.6	20.128	33.9408	20.3664	35.84
P_4	LGJ-300/25	5	1.058	1.9213	1.0729	2.04	2.49	7.78	12.0965	7.8545	12.69
P_m	检修荷重									100 150	

表 5-38　　　　　　　　　状态 1（无冰无风）时的 M、D 计算

支点反力（kgf）	$\bar{R}_{A} = 90.21 + \dfrac{1.058 \times 26.24}{2} + \dfrac{7.78 \times 28.12 + 20.128 \times 22.5 + 20.128 \times 7.5 + 7.78 \times 1.88}{30}$ $= 90.21 + 13.881 + 27.908 = 131.999$

荷载图	ΔL（m）	1.88	5.62	7.5	7.5	5.62	1.88
	$q\Delta L$（kgf）						
	P（kgf）	90.21	5.946　7.78	7.935　20.128	7.935　20.128	5.946　7.78	90.21
剪力图	Q_z（kgf）	131.999	34.009	7.935	0	−28.063	−41.789
	Q_Y（kgf）	41.789	28.063	0	−7.935	−34.009	−131.999
	$\Delta M = \dfrac{\Delta L}{2}(Q_z + Q_Y)$（kgf·m）	163.361	174.422	29.756	−29.756	−174.422	−163.361
	$M = \Sigma\Delta M$（kgf·m）	$M = 367.539$　校验 $\Sigma\Delta M = 0$					
荷载因数	$\dfrac{\Delta M^2}{\Delta L}$（kgf²·m）	14195.05	5413.364	118.058	118.056	5413.364	14195.05
	$\dfrac{1}{12} = (q\Delta L)^2 \Delta L$（kgf²·m）	1274.929	16.558	39.3526	39.3526	16.558	1274.929
	$\Delta D = \dfrac{\Delta M^2}{\Delta L} + \dfrac{(q\Delta L)^2 \Delta L}{12}$（kgf²·m）	15469.98	5429.922	157.4086	157.4086	5429.922	15469.98
	$D = \Sigma\Delta D$（kgf²·m）	42114.63					

表 5-39　　　　　　　　　状态 6（最大风速）时的 M、D 计算

支点反力（kgf）	$\bar{R}_{A} = 90.56 + \dfrac{1.9213 \times 26.24}{2} + \dfrac{12.0965 \times 28.12 + 33.9408 \times 22.5 + 33.9408 \times 7.5 + 12.0965 \times 1.88}{30}$ $= 161.805$

荷载图	ΔL（m）	1.88	5.62	7.5	7.5	5.62	1.88
	$q\Delta L$（kgf）						
	P（kgf）	90.56　12.0955	10.798　33.9408	14.41	14.41　33.9408	10.798　12.0965	90.56
剪力图	Q_z（kgf）	161.805	59.148	14.41	0	−48.3505	−71.245
	Q_Y（kgf）	71.245	48.3505	0	−14.41	−59.148	−161.805
	$\Delta M = \dfrac{\Delta L}{2}(Q_z + Q_Y)$（kgf·m）	219.066	302.072	54.037	−54.037	−302.072	−219.066
	$M = \Sigma\Delta M$（kgf·m）	$M = 575.175$　校验 $\Sigma\Delta M = 0$					
荷载因数	$\dfrac{\Delta M^2}{\Delta L}$（kgf²·m）	25526.64	16236.17	389.34	389.34	16236.17	25526.64
	$\dfrac{1}{12} = (q\Delta L)^2 \Delta L$（kgf²·m）	1284.836	54.603	129.78	129.78	54.603	1284.836
	$\Delta D = \dfrac{\Delta M^2}{\Delta L} + \dfrac{(q\Delta L)^2 \Delta L}{12}$（kgf²·m）	26811.47	16290.17	519.12	519.12	16290.77	26811.47
	$D = \Sigma\Delta D$（kgf²·m）	87242.7					

表 5-40 　　　　　　　　　状态 6′（导线上人检修 100kg）时 M、D 计算

支点反力（kgf）	$\bar{R}_A = 90.214 + \dfrac{1.0729 \times 26.24}{2} + \dfrac{7.8545 \times 28.12 + 120.3664 \times 22.5 + 20.3664 \times 7.5 + 7.8545 \times 1.88}{30}$ $= 207.512$				

荷载图

	ΔL（m）	1.88	5.62	15	5.62	1.88
	$q\Delta L$（kgf）					
	P（kgf）	90.214　7.8545	6.0297　120.3664	16.0935	20.3664　6.0297	90.214　7.8545

剪力图	Q_z（kgf）	207.512	98.243	−16.0935	−42.4896	−73.335
	Q_Y（kgf）	117.297	92.214	−32.187	−48.5193	−163.55

$\Delta M = \dfrac{\Delta M}{2}(Q_z + Q_Y)(\text{kgf} \cdot \text{m})$	305.321	535.183	−362.104	−255.735	−222.672

$M = \Sigma \Delta M(\text{kgf} \cdot \text{m})$	M=840.504　　校验 $\Sigma \Delta M$ =−0.007				

荷载因数

	$\dfrac{\Delta M^2}{\Delta L}$（kgf$^2 \cdot$m）	49585.42	50964.63	8741.275	11637.08	26373.82
	$\dfrac{1}{12}(q\Delta L)^2 \Delta L$（kgf$^2 \cdot$m）	1275.051	17.027	323.7509	17.027	1275.051
	$\Delta D = \dfrac{\Delta M^2}{\Delta L} + \dfrac{(q\Delta L)^2 \Delta L}{12}$（kgf$^2 \cdot$m）	50860.47	50981.66	9065.026	11654.11	27648.87
$D = \Sigma \Delta D(\text{kgf}^2 \cdot \text{m})$		150210.1				

表 5-41 　　　　　　　　　状态 6′（导线上人检修 150kg）时 M、D 计算

支点反力（kgf）	$\bar{R}_A = 90.214 + \dfrac{1.0729 \times 26.24}{2} + \dfrac{7.8545 \times 28.12 + 170.3664 \times 22.5 + 20.3664 \times 7.5 + 7.8545 \times 1.88}{30}$ $= 245.012$				

荷载图

	ΔL（m）	1.88	5.62	15	5.62	1.88
	$q\Delta L$（kgf）	90.214	6.0297	16.0935	6.0297	90.214
	P（kgf）	7.8545	170.3664		20.3664	7.8545

剪力图	Q_z（kgf）	245.012	148.243	−29.4535	−69.382	−73.317
	Q_Y（kgf）	154.797	142.214	−45.547	−75.412	−163.532

$\Delta M = \dfrac{\Delta L}{2}(Q_z + Q_Y)(\text{kgf} \cdot \text{m})$	375.821	816.184	−562.504	−406.871	−222.638

$M = \Sigma \Delta M(\text{kgf} \cdot \text{m})$	M=1192.004　　校验 $\Sigma \Delta M$ =−0.008				

荷载因数

	$\dfrac{\Delta M^2}{\Delta L}$（kgf$^2 \cdot$m）	75128.21	118533	21094.031	29456.17	26365.76
	$\dfrac{1}{12}(q\Delta L)^2 \Delta L$（kgf$^2 \cdot$m）	1275.051	17.027	323.7509	17.027	1275.051
	$\Delta D = \dfrac{\Delta M^2}{\Delta L} + \dfrac{(q\Delta L)^2 \Delta L}{12}$（kgf$^2 \cdot$m）	76403.26	118550	21417.782	29473.2	27640.81
$D = \Sigma \Delta D(\text{kgf}^2 \cdot \text{m})$		273485				

表 5-42　　　　　　　　　　　　　　状态 6′（导线安装）时的 M、D 计算

支点反力	$\overline{R}_A = 90.214 + \dfrac{1.0729 \times 26.24}{2} + \dfrac{7.8545 \times 28.12 + 20.3664 \times 22.5 + 20.3664 \times 7.5 + 7.8545 \times 1.88}{30}$ $= 132.512$					

荷载图	ΔL（m）	1.88	5.62	7.5	7.5	5.62	1.88
	$q\Delta L$（kgf）	90.214	6.0297	8.047	8.047	6.0297	90.214
	P（kgf）		7.8545	20.3664		20.3664	7.8545

剪力图	Q_z（kgf）	132.512	34.443	8.047	0	−28.4131	−42.297
	Q_Y（kgf）	42.297	28.4134	0	−8.047	−34.443	−132.512

$\Delta M = \dfrac{\Delta L}{2}(Q_z + Q_Y)$（kgf·m）	164.321	176.625	30.176	−30.176	−176.625	−164.321

$M = \Sigma \Delta M$（kgf·m）	$M = 371.121$　　　　校验 $\Sigma \Delta M = 0$					

荷载因数	$\dfrac{\Delta M^2}{\Delta L}$（kgf²·m）	14362.35	5550.98	121.41	121.41	5550.98	14362.35
	$\dfrac{1}{12} = (q\Delta L)^2 \Delta L$（kgf²·m）	1275.051	17.027	40.47	10.47	17.027	1275.051
	$\Delta D = \dfrac{\Delta M^2}{\Delta L} + \dfrac{(q\Delta L)^2 \Delta L}{12}$（kgf²·m）	15637.4	5568.01	161.88	161.88	5568.01	15637.4

$D = \Sigma \Delta D$（kgf²·m）	42734.57					

表 5-43　　　　　　　　　　　　　　状态 7（有冰有风）时的 M、D 计算

支点反力（kgf）	$\overline{R}_A = 101.267 + \dfrac{2.04 \times 26.24}{2} + \dfrac{12.69 \times 28.12 + 35.84 \times 22.5 + 35.84 \times 7.5 + 12.59 \times 1.88}{30} = 176.562$					

荷载图	ΔL（m）	1.88	5.62	7.5	7.5	5.62	1.88
	$q\Delta L$（kgf）	101.267	11.465	15.3	15.3	11.465	101.267
	P（kgf）		12.69	35.84		35.84	12.69

剪力图	Q_z（kgf）	176.562	62.605	15.3	0	−51.14	−75.295
	Q_Y（kgf）	75.295	51.14	0	−15.3	−62.605	−176.562

$\Delta M = \dfrac{\Delta L}{2}(Q_z + Q_Y)$（kgf·m）	236.746	319.623	57.375	−57.375	−319.623	−236.746

$M = \Sigma \Delta M$（kgf·m）	$M = 613.74$　　　　校验 $\Sigma \Delta M = 0$					

荷载因数	$\dfrac{\Delta M^2}{\Delta L}$（kgf²·m）	29813.01	18177.72	438.919	438.919	18177.72	29813.01
	$\dfrac{1}{12}(q\Delta L)^2 \Delta L$（kgf²·m）	1606.63	61.559	146.306	146.306	61.559	1606.63
	$\Delta D = \dfrac{\Delta M^2}{\Delta L} + \dfrac{(q\Delta L)^2 \Delta L}{12}$（kgf²·m）	31419.64	18239.28	585.225	585.225	18239.28	31419.64

$D = \Sigma \Delta D$（kgf²·m）	100488.3					

表5-44　各种状态时的应力 σ_m、拉力 H 和弧垂 f 值

左侧竖排分组：上半部分（M ～ θ_m）为"原始资料"，下半部分（$\Delta\theta$ ～ f）为"状态方程求解"。

状态条件	最高温度	最大荷载	最大风速	停电检修（三相各以100kgf）		带电检修（单相以150kgf）		施工安装								
M（N·m）	3601.883	6014.686	5636.711	8236.937		11681.64		3636.987								
$C_m=D\xi$（N³/mm⁶）	45098.28	107607.5	93423.49	160851.9		292860.4		45762.15								
$a_n E$〔N³/(mm²·℃)〕	1.3325	1.3325	1.3325	1.3325		1.3325		1.3325								
C_n（N³/mm⁶）	107607.5		45098.28	45098.28		45098.28		45098.28								
a_n（N/mm⁶）	9.023		5.513	5.513		5.513		5.513								
θ_n（℃）	-5	-5	70	70		70		70								
θ_m（℃）	70		-5	-15	30	-15	30	30	20	10	5	0	-5	-15	-20	-30
$\Delta\theta=\theta_m-\theta_n$（℃）	75		-75	-85	-40	-85	-40	-40	-50	-60	-65	-70	-75	-85	-90	-100
$B=a_t E\Delta\theta$（N/mm²）	99.9375		-99.9375	-113.26	-53.3	-113.26	-53.3	-53.3	-66.625	-79.95	-86.61	-93.275	-99.9375	-113.26	-119.925	-133.25
$A=a_n-\dfrac{C_n}{\sigma_n^3}-B$（N/mm²）	-1412.74		-1378.12	-1364.8	-1424.76	-1364.8	-1424.76	-1424.76	-1411.44	-1398.11	-1391.45	-1384.79	-1378.12	-1364.8	-1358.14	-1344.81
δ_m（N/mm²）	5.639	9.023	8.209	10.813	10.586	14.571	14.266	5.656	5.683	5.709	5.723	5.737	5.75	5.778	5.792	5.821
$H=S\sigma_m$（N）	1879.535	3007.343	2736.142	3604.081	3528.42	4856.66	4754.55	1885.201	1894.201	1902.867	1907.533	1912.199	1916.533	1925.865	1930.532	1940.198
$f=\dfrac{M}{H}$（m）	1.916	2	2.060	2.285	2.334	2.405	2.457	1.929	1.920	1.911	1.907	1.902	1.898	1.888	1.884	1.875

注：1. 本表计算过程中已将表5-36～表5-43中力的单位换算为 N。

2. 假定正常状态最大弧垂发生在最大荷载时，$f_m=2\sigma_m$，$H=\dfrac{6014.686}{2}=3007.343$，$\delta=\dfrac{H}{S}=\dfrac{3007.343}{333.31}=9.023$（N/mm²）。

3. σ_m 是 $\sigma_m^2(\sigma_m-A)=C_m$ 的根。

（二）支柱不等高

1. 原始资料

导线布置及计算用数据见图 5-29、表 5-45、表 5-46。

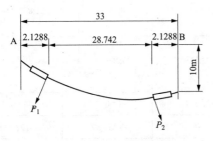

图 5-29 支柱不等高时导线布置
和集中荷重位置

2. 力矩 M 及荷载因数 D 的计算

M、D 的计算见表 5-47～表 5-53。

3. 状态方程求解

假定正常状态最大弧垂发生在最大荷载时，即

$$f_{max}=2m，\quad H=\frac{M}{f_{max}}=\frac{4736.252}{2}=2368.126 \quad （N），$$

$\sigma=\frac{H}{S}=\frac{2368.126}{451.55}=5.244$（N/mm²），得到表 5-53 的计算结果（计算过程中已将表 5-47～表 5-52 中力的单位换算为 N）。

4. 安装曲线

支柱不等高时安装曲线如图 5-30 所示。

表 5-45		气象条件、导线与绝缘子串的荷重		
气象条件	导线特性	导线单位荷重（kgf/m）	绝缘子串荷重（kgf）（片数10；型号 XWP₂-100，长度 l=1.88m，$\cos\gamma$=1.80m）
最高气温+40℃	导线型号 LGJ-400/50	$\dfrac{q_1}{\cos\gamma}=1.5785$	Q_{1i}=90.21
最低气温−40℃	d=27.63mm	$\dfrac{q'_4}{\cos\gamma}=1.9484$	Q_{4i}=7.952
覆冰厚度 10mm	S=451.55mm²	$\dfrac{q'_4}{\cos\gamma}=0.2165$	Q'_{4i}=0.884
最大风速 30m/s	a_x=19.3×16⁻⁶℃⁻¹	$\dfrac{q_5}{\cos\gamma}=0.3732$	Q_{5i}=13.15
安装检修时风速 10m/s	E=69000N/mm²	$\dfrac{q_6}{\cos\gamma}=2.5073$	Q_{6i}=90.56
覆冰时风速 10m/s	$\xi=\dfrac{E\cos\gamma}{2S^2L_1}=0.00574$N/(m·mm⁶)	$\dfrac{q'_6}{\cos\gamma}=1.5933$	Q_{6i}=90.214
	a_xE=1.3317N/（mm²·℃）	$\dfrac{q_7}{\cos\gamma}=2.7162$	Q_{7i}=101.267

表 5-46			集 中 荷 重							
编号	引下线型号	引下线长度（m）	不同气象条件下引下线单位荷重（kgf/m）				夹线重（kgf）	不同气象条件下集中荷重（kgf/m）		
			状态1	状态6	状态6′	状态7		状态1	状态6	状态6′	状态7
P_1	LGJ-400/50	4.7	1.511	2.4	1.525	2.6	3.87	10.972	15.15	11.038	16.09
P_2	LGJ-400/50	3.8	1.511	2.4	1.525	2.6	3.87	9.612	12.99	9.665	13.75
P_m										100 150	

表 5-47 　　　　　　　　　　　状态 1（无冰无风）时的 M、D 计算

支点反力（kgf）		$\bar{R}_A = 90.21 + \dfrac{1.5785 \times 29.4}{2} + \dfrac{10.972 \times 31.2 + 9.612 \times 1.8}{33} = 124.312$			
荷载图	ΔL（m）	1.8	14.65	14.75	1.8
	$q\Delta L$（kgf）	90.21	23.131	23.289	90.21
	P（kgf）		10.972	9.612	
剪力图	Q_z（kgf）	124.312	23.131	0	−32.901
	Q_Y（kgf）	34.103	0	−23.289	−123.111
	$\Delta M = \dfrac{\Delta L}{2}(Q_z + Q_Y)$（kgf·m）	142.574	169.433	−171.754	−140.41
	$M = \Sigma\Delta M$（kgf·m）	$M = 312.007$		校验 $\Sigma\Delta M = 0.157$	
荷载因数	$\dfrac{\Delta M^2}{\Delta L}$（kgf²·m）	11292.97	1959.557	1999.959	10952.79
	$\dfrac{1}{12}(q\Delta L)^2 \Delta L$（kgf²·m）	1220.677	653.186	666.653	1220.677
	$\Delta D = \dfrac{\Delta M^2}{\Delta L} + \dfrac{(q\Delta L)^2 \Delta L}{12}$（kgf²·m）	12513.65	2612.743	2666.612	12173.47
	$D = \Sigma\Delta D$（kgf²·m）	29966.47			

表 5-48 　　　　　　　　　　　状态 6（最大风速）时的 M、D 计算

支点反力（kgf）		$\bar{R}_A = 90.56 + \dfrac{2.5073 \times 29.4}{2} + \dfrac{15.15 \times 31.2 + 12.99 \times 1.8}{33} = 142.449$			
荷载图	ΔL（m）	1.8	14.65	14.75	1.8
	$q\Delta L$（kgf）	90.56	36.74	36.99	90.56
	P（kgf）		15.15	12.99	
剪力图	Q_z（kgf）	142.45	36.74	0	−49.981
	Q_Y（kgf）	51.89	0	−36.991	−140.54
	$\Delta M = \dfrac{\Delta L}{2}(Q_z + Q_Y)$（kgf·m）	174.906	269.119	−272.806	−171.469
	$M = \Sigma\Delta M$（kgf·m）	$M = 444.025$		校验 $\Sigma\Delta M = -0.25$	
荷载因数	$\dfrac{\Delta M^2}{\Delta L}$（kgf²·m）	16995.52	4943.693	5045.622	16334.22
	$\dfrac{1}{12}(q\Delta L)^2 \Delta L$（kgf²·m）	1230.162	1647.898	1681.874	1230.162
	$\Delta D = \dfrac{\Delta M^2}{\Delta L} + \dfrac{(q\Delta L)^2 \Delta L}{12}$（kgf²·m）	18225.68	6591.591	6727.495	17564.38
	$D = \Sigma\Delta D$	49109.14			

表 5-49　　　　　　　　状态 6′（导线上人检修 100kg）时的 M、D 计算

支点反力（kgf）		$\bar{R}_A = 90.214 + \dfrac{1.5933 \times 29.4}{2} + \dfrac{111.038 \times 31.2 + 9.665 \times 1.8}{33} = 219.144$			
荷载图	ΔL（m）	1.8	11.23	18.17	1.8
	$q\Delta L$（kgf）	90.214	17.895	28.954	90.214
	P（kgf）		111.038		9.665
剪力图	Q_z（kgf）	219.148	17.895	0	−38.619
	Q_Y（kgf）	128.933	0	−28.954	−128.834
$\Delta M = \dfrac{\Delta L}{2}(Q_z + Q_Y)$（kgf·m）		313.273	100.482	−263.05	−150.708
$M = \Sigma\Delta M$（kgf·m）			M=413.755　　　校验 $\Sigma\Delta M = -0.003$		
荷载因数	$\dfrac{\Delta M^2}{\Delta L}$（kgf²·m）	54522.12	899.073	3808.207	12618.21
	$\dfrac{1}{12}(q\Delta L)^2\Delta L$（kgf²·m）	1220.794	299.691	1269.402	1220.794
	$\Delta D = \dfrac{\Delta M^2}{\Delta L} + \dfrac{(q\Delta L)^2\Delta L}{12}$（kgf²·m）	55742.91	1198.764	5077.61	13839.01
$D = \Sigma\Delta D$			75858.29		

表 5-50　　　　　　　　状态 6′（导线上人检修 150kg）时的 M、D 计算

支点反力（kgf）		$\bar{R}_A = 90.214 + \dfrac{1.5933 \times 29.4}{2} + \dfrac{161.038 \times 31.2 + 9.665 \times 1.8}{33} = 266.417$			
荷载图	ΔL（m）	1.8	9.52	19.88	1.8
	$q\Delta L$（kgf）	90.214	15.17	31.679	90.214
	P（kgf）		161.038		9.665
剪力图	Q_z（kgf）	266.423	15.17	0	−41.344
	Q_Y（kgf）	176.208	0	−31.679	−131.559
$\Delta M = \dfrac{\Delta L}{2}(Q_z + Q_Y)$（kgf·m）		398.368	72.211	−314.891	−155.612
$M = \Sigma\Delta M$（kgf·m）			M=470.579　　　校验 $\Sigma\Delta M = 0.075$		
荷载因数	$\dfrac{\Delta M^2}{\Delta L}$（kgf²·m）	88164.98	547.73	4987.753	13452.91
	$\dfrac{1}{12}(q\Delta L)^2\Delta L$（kgf²·m）	1220.794	182.577	1662.584	1220.794
	$\Delta D = \dfrac{\Delta M^2}{\Delta L} + \dfrac{(q\Delta L)^2\Delta L}{12}$（kgf²·m）	89385.77	730.307	6650.338	14673.7
$D = \Sigma\Delta D$（kgf²·m）			111440.1		

表 5-51　　　　　　　　　　状态 6′（导线安装）时的 M、D 计算

支点反力（kgf）		$\overline{R}_A = 90.214 + \dfrac{1.5933 \times 29.4}{2} + \dfrac{11.038 \times 31.2 + 9.665 \times 1.8}{33} = 124.599$			
荷载图	ΔL（m）	1.8	14.65	14.75	1.8
	$q\Delta L$（kgf）				
	P（kgf）	90.214　　11.038	23.345	23.504　　9.665	90.214
剪力图	Q_z（kgf）	124.597	23.345	0	−33.169
	Q_Y（kgf）	34.383	0	−23.504	−123.384
$\Delta M = \dfrac{\Delta L}{2}(Q_z + Q_Y)$（kgf·m）		143.083	171.003	−173.345	−140.898
$M = \Sigma \Delta M$（kgf·m）		$M = 314.085$　　　　校验 $\Sigma \Delta M = -0.158$			
荷载因数	$\dfrac{\Delta M^2}{\Delta L}$（kgf²·m）	11373.66	1996.037	2037.192	11029.01
	$\dfrac{1}{12}(q\Delta L)^2 \Delta L$（kgf²·m）	1220.794	665.346	679.064	1220.794
	$\Delta D = \dfrac{\Delta M^2}{\Delta L} + \dfrac{(q\Delta L)^2 \Delta L}{12}$（kgf²·m）	12594.45	2661.383	2716.255	12249.8
$D = \Sigma \Delta D$（kgf²·m）		30221.89			

表 5-52　　　　　　　　　　状态 7（有冰有风）时的 M、D 计算

支点反力（kgf）		$\overline{R}_A = 101.267 + \dfrac{2.7162 \times 29.4}{2} + \dfrac{16.09 \times 31.2 + 13.75 \times 1.8}{33} = 157.158$			
荷载图	ΔL（m）	1.8	14.65	14.75	1.8
	$q\Delta L$（kgf）				
	P（kgf）	101.267　　16.09	39.801	40.073　　13.75	101.267
剪力图	Q_z（kgf）	157.159	39.801	0	−53.823
	Q_Y（kgf）	55.891	0	−40.073	−155.091
$\Delta M = \dfrac{\Delta L}{2}(Q_z + Q_Y)$（kgf·m）		191.745	291.546	−295.539	−188.022
$M = \Sigma \Delta M$（kgf·m）		$M = 483.291$　　　　校验 $\Sigma \Delta M = -0.271$			
荷载因数	$\dfrac{\Delta M^2}{\Delta L}$（kgf²·m）	20425.69	5081.923	5921.598	19640.21
	$\dfrac{1}{12}(q\Delta L)^2 \Delta L$（kgf²·m）	1538.262	1933.991	1973.866	1538.262
	$\Delta D = \dfrac{\Delta M^2}{\Delta L} + \dfrac{(q\Delta L)^2 \Delta L}{12}$（kgf²·m）	21963.96	7735.964	7895.463	21178.48
$D = \Sigma \Delta D$（kgf²·m）		58773.86			

表5-53

各种状态时的应力 σ_n、拉力 H 和弧垂 f 值

项目	状态条件	最高温度	最大荷载	最大风速	停电检修（三相）各上人100kg		带电检修（单相）上人150kg		施工安装								
原始数据	M（N·m）	3057.668	4736.252	4351.441	4054.794		4611.67		3078.035								
	$C_m=D\cdot\xi$（N³/mm⁶）	16519.6	32400.24	27072.38	41818.37		61433.55		16660.41								
	a_xE [N/(mm²·℃)]	1.3317	1.3317	1.3317	1.3317		1.3317		1.3317								
	C_n（N³/mm⁶）	32400.24		16519.6	16519.6		16519.6		16519.6								
	a_n（N/mm²）	5.244		3.455	3.455		3.455		3.455								
	θ_n（℃）	-5	-5	70	70		70		70								
	θ_m（℃）	70		-5	-15	30	-15	30	30	20	10	5	0	-5	-15	-20	-30
状态方程求解	$\Delta\theta=\theta_m-\theta_n$（℃）	75		-75	-85	-40	-85	-40	-40	-50	-60	-65	-70	-75	-85	-90	-100
	$B=a_x\cdot E\cdot\Delta\theta$（N/mm²）	99.878		-99.878	-113.195	-53.3	-113.195	-53.3	-53.3	-66.6	-79.9	-86.56	-93.22	-99.878	-113.195	-119.853	-133.17
	$A=a_n-\dfrac{C_n}{\sigma_n^2}-B$（N/mm²）	-1272.65		-1280.69	-1267.37	-1327.3	-1267.37	-1327.3	-1327.3	-1313.98	-1300.66	-1294.01	-1287.35	-1280.69	-1267.37	-1260.71	-1247.43
	σ_m（N/mm²）	3.597	5.244	4.589	5.731	5.601	6.943	6.786	3.538	3.556	3.574	3.583	3.592	3.602	3.621	3.63	3.649
	$H=s\cdot\sigma_n$（N）	1624.225	2368.126	2072.163	2587.833	2529.132	3135.112	3064.218	1597.584	1605.712	1613.84	1617.904	1621.968	1626.483	1635.063	1639.127	1647.706
	$f=\dfrac{M}{H}$（m）	1.883	2	2.1	1.567	1.603	1.471	1.505	1.927	1.917	1.907	1.902	1.898	1.892	1.883	1.878	1.868

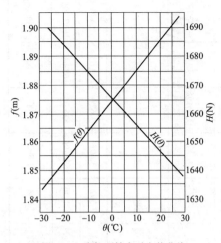

图 5-30 支柱不等高时安装曲线

五、构架土建资料

配电装置构架土建资料包括以下三方面内容。

（一）构架负荷图

以简图表示出构架高度、宽度、导线悬挂点高度（双层构架为各层导线悬挂点离地高度）、悬挂点间距离、导线偏角及构架受力情况（双侧受力还是单侧受力），并注明构架在平面布置中的位置。

（二）构架预埋件

构架预埋件指挂环、爬梯等，具体设置地点依配电装置布置要求提供。

（三）构架荷载

构架受力情况填入表 5-54。

（1）表中 R_A、R_B 是指构架左右两档导线作用于该构架的反力，组合导线、双分裂导线 H、R_A、R_B 应按计算结果的 2 倍提供。

（2）侧向风压仅求取最大风速时的数值，其他状态可忽略不计，按式（5-112）计算：

$$P_i \approx 2Q_{4i} + \frac{1}{2}q_4\left(l_{1z} + l_{1y} + \frac{1}{2}\Sigma l_1\right) \quad （5-112）$$

式中　P_i——最大风速时的侧向风压，kgf；

　　　l_{1z}——左面一档导线长，m；

　　　l_{1y}——右面一档导线长，m；

　　　Σl_1——左右两档所有引下线长，m。

（3）在构架上如挂有悬垂绝缘子串或高频阻波器设备时，对构架所增加的垂直荷重和侧向风压值还应另加。

（4）安装检修时横梁上所增加的集中荷重见表 5-32。

（5）屋外配电装置中，构架应根据最严重的实际受力情况分别按终端构架和中间构架设计。对于因扩建需要或因接线变化而将来可能成为终端构架的中间构架，应按终端构架设计。中间构架可按一侧架线、另一侧未架线的情况进行计算。若满足此条件有困难时，可考虑在安装时采取临时打拉线的措施，临时拉线与地面夹角取 60°，临时拉线所平衡掉的张力可考虑为构架安装水平张力的 30%～50%。

表 5-54　　　　　　　　　　　　　　　构 架 受 力 情 况

状　　　态		荷载			
		水平拉力	侧向风压	垂直荷重	
		H	P_i	R_A	R_B
正常状态	有冰有风	√		√	√
	最大风速	√	√	√	√
	最低温度	√		√	√
安装状态		√		√	√
检修状态	三相上人	330kV 及以下每相取 100kgf	√		√	√
		500kV 每相取 200kgf				
		750kV 每相取 350kgf				
		100kV 每相取 550kgf				
	单相上人	330kV 及以下取 150kgf	√		√	√
		500kV 取 350kgf				
		750kV 取 450kgf				
		1000kV 取 650kgf				

第六章

无功补偿装置

第一节 概　　述

一、无功补偿装置的分类与功能

无功补偿装置可分为两大类，即串联补偿装置（简称串补装置）和并联补偿装置（简称并补装置）。其详细分类与功能见表6-1。

表6-1　无功补偿装置的分类与功能

类　型		功　能
串联补偿装置	固定串联补偿装置	在110kV及以下电网中，用于减少线路电压降，降低受端电压波动，提高供电电压；在闭合电网中，改善潮流分布，减少有功损耗。在220kV及以上电网中，用于增强系统稳定性，提高输电能力
	可控串联补偿装置	
并联补偿装置	并联电容器装置	向电网提供可阶梯调节的容性无功，以补偿多余的感性无功，减少电网的有功损耗和提高电网电压；当兼顾滤波功能时，可给电网的谐波电流提供一个阻抗近似为零的通路，以降低母线谐波电压正弦波形畸变率，进一步提高电压质量
	并联电抗器装置（安装于主变压器低压侧，10～110kV）	向电网提供可阶梯调节的感性无功，以补偿电网的剩余容性无功，保证电压稳定在允许范围内
	并联电抗器装置（安装于主变压器高、中压侧母线或线路，220～1000kV）	并联于220kV及以上高压线路或母线上，固定（阶梯调节）补偿输电线路的充电功率，以降低系统的工频过电压水平，并兼有减少潜供电流、便于系统并网、提高送电可靠性等功能。按照容量是否可调，分为固定型与可控型两种
	静止无功补偿装置（SVC）	向电网提供可快速无级连续调节的容性和感性无功的同时，降低电压波动和波形畸变率，进一步提高电压质量，并兼有减少有功损耗、提高系统稳定性、降低工频过电压的功能
	静止同步补偿器（STATCOM）/静止无功发生器（SVG）	

续表

类　型		功　能
并联补偿装置	调相机	向电网提供可无级连续调节的容性和感性无功，维持电网电压；并可以强励补偿容性无功，提高电网的稳定性

需要说明的是，对110kV及以下电网的串联补偿装置来说，目前主要用于解决偏远地区、薄弱电网，特别是配电网的无功功率不足及电压质量不合格问题，设置和安装原则相对高电压等级来说，较为简单；特别是10kV及以下电压等级的小容量串联电容器组，可直接装在地面或线路电杆上，在变电站中很少应用。故本章主要对220kV及以上电压等级串联补偿装置进行论述，后续章节不再对110kV及以下电网中使用的串联补偿装置进行介绍。

二、无功补偿装置在变电站中的连接

在变电站中，无功补偿装置一般都设置于各电压等级母线或出线上。

1. 串联补偿装置

在220kV及以上电网中，一般将串补装置与线路中间的开关站或变电站合建在一起；当无中间开关站或变电站时，可将串补装置设置在线路两端的变电站中，或单独设置串补站。

2. 并联电抗器装置

10～110kV并联电抗器装置一般连接在110kV及以下电压等级母线上，安装在变电站主变压器的低压侧。

220～1000kV高压并联电抗器主要用于控制系统工频过电压幅值，一般安装于线路或母线侧。

有时在一个变电站（或开关站）中，串补装置和高压并联电抗器同时设置。

图6-1表示串补装置和高压并联电抗器同时安装在一个变电站（或开关站）中与系统的连接方式。

3. 并联电容器装置、静止无功补偿装置、静止同步补偿器和调相机

这四种装置都是直接连接或者通过变压器连接于

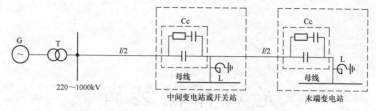

图 6-1　串补装置、高压并联电抗器与系统的连接

l—线路长度；Cc—串补装置；L—高压并联电抗器

需要补偿无功的变电站母线上；根据系统实际需求，经计算后选择合适的型式进行安装。有时也可能同时设置几种不同型式的装置。

三、设置无功补偿装置应考虑的主要因素

设置无功补偿装置时，应由系统专业根据电网电压、系统稳定性、有功分配、无功平衡、调相调压，以及限制谐波电压、潜供电流、暂时过电压等因素，提出补偿装置的设置地点、种类、型式、容量和电压等级。电气专业要从安装地点的自然环境条件，装置的接线方式、布置形式、控制保护方式，设备的技术条件，以及避免或限制补偿装置引起的操作过电压和谐振过电压等角度出发，予以配合。

1. 串补装置

串补装置应考虑以下因素：

（1）电网的电压等级。串补装置的对地绝缘应由电网的额定电压确定。

（2）电网的稳定要求。

（3）线路的额定输送容量。

（4）补偿度与强行补偿要求。

（5）装设地点的要求。

（6）避免产生谐振过电压。

2. 并联电抗器装置

并联电抗器装置应考虑以下因素：

（1）电网的电压等级。

（2）线路长度和限制工频过电压的要求。

（3）电网的无功平衡。

（4）电网联网时的并网要求。

（5）线路自动重合闸方式和加速潜供电弧自熄的要求。

（6）补偿度的要求。

（7）装设地点的要求。

（8）并联电抗器的投入方式与运行方式。

（9）避免产生谐振过电压。

3. 并联电容器装置、静止无功补偿装置、静止同步补偿器和调相机

并联电容器装置、静止无功补偿装置、静止同步补偿器和调相机应考虑以下因素：

（1）电网的电压等级和接地方式。

（2）电网的无功平衡。

（3）电网对提高功率因数、减少线路损失和提高供电电压的要求。

（4）电网的无功冲击负荷数量和对限制谐波电压幅值、保证电压质量的要求。

（5）对四种装置的选型。

（6）装设地点及对分散、集中设置的要求。

（7）避免产生谐振过电压。

第二节　无功补偿装置的型式选择

在并联补偿装置中，除 220～1000kV 高压并联电抗器之外，无功补偿装置主要用来对电网的容性或感性无功功率进行调节。补偿的装置有并联电容器装置、并联电抗器装置（10～110kV）、静止无功补偿装置、静止同步补偿器和调相机五种。其中并联电抗器装置仅提供感性无功功率，可与并联电容补偿装置组合使用。

这五种装置在型式上都各有特点，在选型时须进行技术经济比较。对其容量的选择，主要由系统专业提出，这里不再论述。

考虑到目前电网发展的实际情况，由于静止无功补偿装置（简称静补装置）的不断发展，以及系统情况的变化，调相机目前在变电站中应用较少，故本章仅对其主要原理进行介绍，不再详细论述其参数计算及布置方案等。

一、原理接线

1. 并联电容器装置、并联电抗器装置（10～110kV）

并联电容器装置、并联电抗器装置（10～110kV）原理接线如图 6-2 所示。

图 6-2（a）中并联电容器装置可与图 6-2（b）并联电抗装置组合使用，提供可阶梯调节的容性或感性无功功率。此外，需要说明的是，图 6-2（a）中每个分组均可设计成单通交流滤波器。

对图 6-2（a）来说，串联电抗器也可布置于中性点侧。

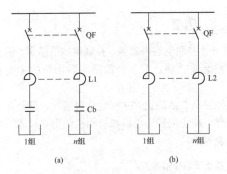

图 6-2 并联电容器装置、并联电抗器装置

（10～110kV）原理接线图

（a）并联电容器装置；（b）并联电抗器装置

Cb—并联电容器装置；L1—串联电抗器；L2—并联电抗器

2. 静止无功补偿装置

静止无功补偿装置近些年来在工程中得到了较多的应用。

静止无功补偿装置（static var compensator，SVC）的原理是由静止元件构成并联可控无功功率补偿装置，通过改变其容性或（和）感性等效阻抗来调节输出，以维持或控制电力系统的特定参数（电压、无功功率等）。

SVC 种类较多，原理各不相同，主要分为晶闸管直接控制型和利用铁磁饱和特性调节型两大类。

晶闸管直接控制型 SVC 主要包括以下几类：晶闸管控制电抗器（TCR）型、晶闸管投切电容器（TSC）型、晶闸管投切电抗器（TSR）型、晶闸管控制高阻抗变压器（TCT）型等。上述几种 SVC 既可单独使用，又可根据需要组合使用。同时，考虑到设备运行产生的谐波，需根据系统实际情况确定是否在 SVC 成套装置中安装固定滤波电容器（FC）。

变电站中，SVC 一般连接在主变压器（或专用变压器）的二次或三次侧，且宜采用专用母线的连接方式；在配电系统中，SVC 宜与被补偿负荷并联连接。FC 可根据装置的容量、支路数量，通过技术经济比较确定由一台断路器带一支路或多支路。

晶闸管直接控制型 SVC 目前应用较多，其中 TCR（TSR）与 FC 混合型是目前的主流技术。TCR（TSR）支路原则上应单独设置一台断路器，也可与 FC 支路共用断路器。TCR 的电抗器一般分成容量相同的两组线圈，每相晶闸管两侧各连接一组线圈，采用三角形接线，见图 6-3（a）。TSC 晶闸管阀一般安装于电容器和电抗器之间，也采用三角形接线，见图 6-3（b）。

FC 的形式主要有单调谐、双调谐、C 型和高通滤波器等四种，原理接线如图 6-4 所示。FC 支路宜采用单星形或双星形接线，中性点不应接地。FC 支路中电容器组的每相或每个桥臂，当有多台电容器串联组

合时，应采用先并联后串联的接线方式。

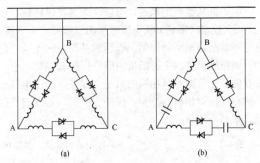

图 6-3 几种典型 SVC 装置接线示意图

（a）TCR、TSR；（b）TSC

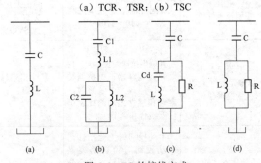

图 6-4 FC 的接线方式

（a）单调谐滤波器；（b）双调谐滤波器；（c）C 型滤波器；

（d）高通滤波器

利用铁磁饱和特性调节型 SVC 包括直流控制饱和电抗器（DCR）型、自饱和电抗器（SR）型和磁控电抗器（MCR）型等。这几种形式的 SVC 中，MCR 型由于占地小、造价低，在目前工程中有所应用，其他种类由于损耗较大、响应稍慢，目前已较少使用。

3. 静止同步补偿器

静止同步补偿器是目前较新型的一种动态无功补偿装置，已有一定的市场应用。

静止同步补偿器（static synchronous compensator，STATCOM），又称静止无功发生器（static var generator，SVG）（方便起见，本书后续章节统一称为静止同步补偿器或 STATCOM），其基本原理是将自换相桥式电路通过电抗器或者直接并联在电网上，适当地调节桥电路交流侧输出电压的相位和幅值，或者直接控制其交流侧电流，就可以使该电路吸收或者发出满足要求的无功电流（感性或容性），实现动态无功补偿的目的。

静止同步补偿器典型原理接线如图 6-5 所示。

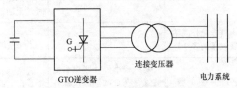

图 6-5 静止同步补偿器典型原理接线图

4. 调相机

调相机从原理上来说，可以认为是在过励磁（进相）或欠励磁（滞相）状态下运行的空载同步电动机，通过对其励磁电流的控制，以达到补偿电网无功的目的。调相机装置的主、辅机由制造厂配套供货，电气专业的设计范围为调相机的启动方式及启动用电气设备的布置，调相机的控制、保护方式等。其详细接线型式本书不再叙述。

二、选型

（一）并联电容器装置、并联电抗器装置、静止无功补偿装置、静止同步补偿器和调相机的主要技术性能

并联电容器装置、并联电抗器装置、静止无功补偿装置、静止同步补偿器和调相机的主要技术性能比较见表 6-2。

表 6-2　　　并联电容器装置、并联电抗器装置、静止无功补偿装置、静止同步补偿器和调相机的主要技术性能比较

主要技术性能	并联电容器、并联电抗器装置（10～110kV）	静止无功补偿装置（以 TCR 和 FC 混合型 SVC 为例）	静止同步补偿器（STATCOM）	调相机
无功调节范围（以额定容性无功"1"为基准单位）	并联电容器装置：1～0；并联电抗器装置：0～-1；并联电容器、电抗器装置共同组成一个装置时，容性和感性无功的比例可任置组合和调节	容性和感性无功的比例可任意组合和调节	容性和感性无功的比例可任意组合和调节	1～-0.5
装置本体的响应时间（s）	手动投切时无此指标。自动投切时为自动装置动作时间与断路器的全分闸时间之和，为 0.05～0.1s；但是一般均为按组顺序投切	0.02～0.04	<0.01	从正常无功功率至输出最大强励无功功率的时间约为 1.2s
调节性能	阶梯	无级	无级	无级
是否有短时过载能力	无	无	有	有
能否成为交流滤波装置以减少母线电压畸变	能	能	能	不能
能否有效地限制工频过电压	不能	能	能	不能
能否产生线性或非线性谐振	能，但可消除	可能，但可消除	不易与电网阻抗发生谐振	不能
能否适应三相不平衡运行	可以	能	能	不能
对系统短路电流的影响[①]	并联电容器装置增加了短路电流，并联电抗器装置不增加	容性无功设备增加了短路电流	增加	增加
端电压下降时，无功功率减少的程度	无功输出与电压平方成正比	容性无功输出与电压平方成正比，感性无功输出与晶闸管开通角 α 成非线性关系；α 等于 0°时，无功输出为 0；α 等于 180°时，无功输出为额定值	无功输出与电压平方成正比	电压下降 5%～10%时，无功输出不变；电压下降 10%以上时，无功输出与电压成正比例下降；可以强励
除电气专业外的附属设备的多少	无	少，有晶闸管冷却系统	少，有电力电子器件冷却系统	多，有油、水系统
装置的特殊问题	噪声较小。并联电容器装置存在合闸涌流及操作过电压问题	噪声较小。电容器组操作的机会较少	噪声小	噪声大，有失步及自励磁危险

主要技术性能	并联电容器、电抗器装置（10～110kV）	静止无功补偿装置（以 TCR 和 FC 混合型 SVC 为例）	静止同步补偿器（STATCOM）	调相机
基建安全	可在户外或简易厂房内安装，安装简单，易扩建	可在户外或简易厂房内安装，安装简单，易扩建	可在户外或简易厂房内安装，安装简单，易扩建	一般需要厂房及起吊设备，安装复杂，不易扩建。即使户外安装，对其基础的要求也很严格
占地	最小	较大	约为同容量 SVC 的 1/3	较大（大容量调相机占地面积比 SVC 小）
运行、维护、检修的难易度	最简单	较简单	较简单	复杂

① 并联电容器装置的短路电流计算见第三章。

（二）型式选择

无功负荷的三要素（即无功负荷变化的频率、幅值和速率），以及根据工程实际情况进行的技术经济比较结果，是选用并联电容器装置、并联电抗器装置、静止无功补偿装置、静止同步补偿器和调相机的基本判据。

一般来说，需优先选用经济性较优的低压并联电容器和低压并联电抗器；在以下情况下，可以考虑采用动态无功补偿设备（SVC、STATCOM、调相机）的可行性：

（1）当电网局部动态无功储备不足时；

（2）远距离输电系统或局部薄弱电网地区；

（3）需采用动态无功补偿设备抑制电压波动和闪变时；

（4）大规模风电场、光伏电站接入系统时。

当无功变化的频率为每小时数次，变化的幅值较小，变化的速率大于 1s（即由最小幅值变化到最大幅值需 1s 以上时间），同时需要提高系统稳定性、防止电压崩溃及装设大容量集中补偿，并且具有水冷却条件时，可选用调相机。

当无功变化的频率为每小时几十次，或变化的幅值较大（甚至无功符号改变），或变化的速率小于 1s 时，即需补偿的无功负荷成为"无功冲击负荷"时，优先选用 SVC 或 STATCOM。STATCOM 是目前技术最先进的动态无功补偿设备，但由于 STATCOM 设备造价仍然较高，故其应用尚不普遍。

总体来说，无功补偿设备的类型较多，各有其适用的范围，可参考表 6-2，根据实际工程进行技术经济比较后，选择合适的无功补偿装置类型。

第三节 并联电容补偿装置

一、并联电容器装置

下述设计原则适用于额定电压 10kV 及以上、单组额定容量 2000kvar 及以上的并联电容器装置；对于额定电压 10kV 以下、单组额定容量 2000kvar 以下的并联电容器装置可作参考。

（一）设置并联电容补偿装置后发生电网谐波放大现象分析

并联电容补偿装置投入电网后，可能会发生电网谐波放大现象，其本质原因是并联电容器投入后，等于在系统原有的等值谐波阻抗 X_{sh} 上并联了一个容性的谐波阻抗 X_{Ch}，从而使其与系统并联的综合谐波阻抗大于原系统的谐波阻抗；而谐波电流是恒定的，从而导致谐波压降增大，就会使电网谐波电压放大。

从具体计算角度讲，产生电网谐波放大现象的原因较为复杂，与系统短路阻抗、电容器容量及谐波次数均有关系，所以很难对并联电容补偿装置投入后对电网的谐波电压、电流的放大情况进行详细计算，特别是对高次谐波来说，由于系统存在寄生电感、电容的关系，更加难以计算。故通常均采用实际测量谐波的方法来对此进行评估。但是对较低次谐波来说，如 3、5、7、9 次，可以采用一定方式进行估算。

电容器组和系统的谐波阻抗值为

$$\left.\begin{array}{l} X_{Ch} = \dfrac{X_C}{h} \\ X_{sh} = hX_{sk} \end{array}\right\} \tag{6-1}$$

式中　X_{Ch}、X_{sh}——电容器组的谐波阻抗和系统的谐波阻抗；

　　　X_C、X_{sk}——电容器组的工频容抗和系统短路阻抗；

　　　h——谐波次数。

由式（6-1）可见，随着谐波次数的变大，X_{Ch} 减小，X_{sh} 增大，一般情况下对于低次谐波，如 3、5、7 次谐波，由于 X_{sh} 远远小于 X_{Ch}，故并联电容器组对谐波是放大的。而对于高次谐波，可能出现 $X_{sh} > X_{Ch}$ 的情况，并联电容器组与系统谐波阻抗的综合阻抗可能进入感性区或容性区，情况比较复杂，可引入一个并联电容器组使电网谐波放大率 k 的概念，其计算公式为

$$k = \frac{1}{\dfrac{X_{\text{Ch}}}{X_{\text{sh}}} - 1} \qquad (6-2)$$

当 $\left| \dfrac{X_{\text{Ch}}}{X_{\text{sh}}} \right| > 1$ 时，$k > 0$，处于谐波放大区；

当 $\left| \dfrac{X_{\text{Ch}}}{X_{\text{sh}}} \right| < 1$ 时，$k < 0$，处于谐波放大区；

当 $\left| \dfrac{X_{\text{Ch}}}{X_{\text{sh}}} \right| = 1$ 时，$k \to \infty$，发生谐波谐振；

当 $\left| \dfrac{X_{\text{Ch}}}{X_{\text{sh}}} \right| \to \infty$ 时，$k \to 0$，无并联电容器。

由以上分析可知，当 $X_{\text{Ch}} = X_{\text{sh}}$ 时，将出现谐波谐振情况，流过系统和电容器组中的某次谐波电流可能会很大，故需在电容器组配置前估算安装点可能会出现哪一次谐波谐振。

$$\left.\begin{array}{l} X_{\text{Ch}} = X_{\text{sh}} \\ X_{\text{Ch}} = \dfrac{U^2}{hQ_{\text{c}}} \\ X_{\text{sh}} = h\dfrac{U^2}{S_{\text{k}}} \end{array}\right\} \qquad (6-3)$$

由上式可得出

$$h = \sqrt{\frac{S}{Q}} \qquad (6-4)$$

式中　Q_{c} ——电容器组的计算容量，Mvar；

S_{k} ——电容器组装设点母线 0s 时的三相短路容量，MVA；

h ——并联电容器组安装点可能出现谐波谐振的谐波次数。

为避免并联电容补偿装置放大电网谐波现象，目前较常应用的措施是，在电容器支路中串联一个电抗器，使得电容器支路对任何谐波都呈感性，则其与系统谐波阻抗并联后的综合阻抗值将减小，从而使得系统的谐波电压减小。

（二）并联电容器装置的分组

1. 分组原则

并联电容器装置的分组可分为等容分组和不等容分组，变电站工程多数选用等容分组；分组容量主要由系统专业根据电压波动、负荷变化、谐波含量、调节灵活等因素确定，电气一次专业根据断路器投切能力等设备技术条件要求提出意见。

（1）对于单独补偿的某台设备，例如小容量变压器等用的并联电容器装置，可不必分组，一般只与该设备相连接，并与该设备同时投切。

（2）配电站装设并联电容器装置的主要目的是改善电网的功率因数。此时，为保证一定的功率因数，

各组应能随负荷的变化实行自动投切。负荷变化不大时，可按主变压器台数分组，手动投切。

（3）终端变电站的并联电容器装置，主要是为了提高电压和补偿主变压器的无功损耗。此时，各组应能随电压波动实行自动投切，投切任一组电容器时引起的所在母线电压波动不宜超过其额定电压的 2.5%。

（4）对于 110～330kV 主变压器带有载调压装置的变电站，应按有载调压范围分组，并按电压或功率因数的要求实行自动投切。

（5）对于 3 次及以上高次谐波含量较高的电网，需要在并联电容器装置的各组电容器中分别串接 4.5%～5%或 12%的串联电抗器。当谐波为 3 次及以上时，电抗率宜取 12%；当谐波为 5 次及以上时，电抗率宜取 4.5%～5%，也可采用 4.5%～5%和 12%两种电抗率混装方式；为限制合闸涌流而设置时，电抗率宜取 0.1%～1%。投切过程中，不应发生谐波放大现象。

（6）每组电容器的容量应保证做到：电容器分组装置在不同组合方式下投切时，不得引起高次谐波谐振和有危害的谐波放大；与串联电抗器的额定参数相匹配；使断路器能够正常开断，并尽量不发生重击穿；当避雷器动作后，通过避雷器的电容器组放电能量不得超过其允许的通流容量值；当一台电容器故障时，本组电容器中健全电容器向故障电容器的放电能量不得超过单台电容器外壳所允许的爆裂能量值；使通过放电线圈的放电能量不得超过其允许的放电容量值；使各组容量之和应等于或略大于预想的并联电容器装置的容量，即电网需要补偿的最大容性无功量等。

2. 分组方式

并联电容器装置的分组方式有图 6-6 所示的几种方式。

（1）图 6-6（a）为等容量分组方式。分组断路器不仅要满足频繁切合并联电容器组的要求，还需满足开断短路的要求。这种分组方式是应用较多的一种。

（2）图 6-6（b）为等差容量分组方式。分组断路器的要求与图 6-6（a）中所用路器相同。由于其分组容量之间成等差级数关系，从而使并联电容器装置可按不同投切方式得到多种容量组合，即可用比图 6-6（a）所示方式少的分组数目，达到更多种容量组合运行的要求，从而节约了回路设备数。但是它在改变容量组合的操作过程中，会引起无功功率较大的变化，并可能使分组容量较小的分组断路器频繁操作，使断路器的检修间隔时间缩短，从而使仅电容器组退出运行的可能性增加，因而应用范围有限。

（3）图 6-6（c）与图 6-6（a）、图 6-6（b）与图 6-6（d）所示的组合方式相同，只是分组断路器 QF1～QF4 只作为投切并联电容器组的操作电器，而由并联电容器装置的总断路器 QF 作为短路保护电路。这样，

总断路器就可以不必满足频繁操作的要求。但是,当某一并联电容器组因短路故障而切除时,将造成整个并联电容器装置退出运行。故该分组方式适用于采用操作性能较好、开断容量偏小的断路器（例如真空断路器）的并联电容器装置,以及容量较小的并联电容器装置。

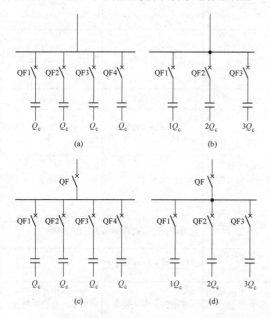

图 6-6　并联电容器组的分组方式
(a) 等容量分组;(b) 等差容量分组;(c) 带总断路器的等容量分组;(d) 带总断路器的等差容量分组
QF1～QF4—分组断路器;QF—总断路器

3. 常用的分组容量

并联电容器装置常用的额定分组容量一般选用的档次为:10kV 选 1000、2000、3000、3600、4800、6000、8000、10000kvar;20kV 选 6000、9000、12000kvar;35kV 选 10000、20000、30000、40000、60000kvar;66kV 选 60000kvar、90000kvar、120000kvar;110kV 选 180000、210000、240000kvar。

（三）并联电容器装置的接线

并联电容器装置的接线是指电容器每组的接线。

1. 并联电容器组基本接线类型

并联电容器组的基本接线分为星形（Y）和三角形（△）两种。经常采用的还有由星形（Y）派生出的双星形（双 Y,每个"Y"称为一个"臂"。两个臂的电容器规格及数量应相同,在安装时,应使两个臂的实际容量尽量相等）接线。

在某种场合下,也有采用由三角形（△）派生出的双三角形（双△,每个"△"称为一个"臂"。两个臂的电容器规格及数量应相同,在安装时,应使两个臂的实际容量尽量相等）接线。并联电容器组的接线类型如图 6-7 所示。

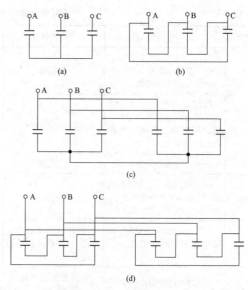

图 6-7　并联电容器组的接线类型
(a) 星形（Y）;(b) 三角形（△）;(c) 双星形（双 Y）;
(d) 双三角形（双△）

单相供电电网的并联电容器组接线为三相的特殊形式,仅为一相,无 Y 与△之分。

在 20 世纪 80 年代以前,10kV 电压并联电容器组的接线方式绝大多数为三角形,这种接线方式在技术上存在问题,也可以说是当时电容器产品的额定电压造成了这种接线方式,因为当时电容器产品种类少,又没有设计标准可遵循,工矿企业中的并联电容器组大量采用三角形接线,单串联段的三角形接线并联电容器组,发生极间全击穿的机会是比较多的,极间全击穿相当于相间短路,注入故障点的能量,不仅有故障相健全电容器的涌放电流,还有其他两相电容器的涌放电流和系统的短路电流。这些电流的能量远远超过电容器油箱的耐爆能量,因而油箱爆炸事故较多。在当时,全国各地发生了不少三角形接线电容器组的爆炸起火事故,损失严重。而星形接线电容器组发生全击穿时,故障电流受到健全相容抗的限制,来自系统的工频电流大大降低,最大不超过电容器组额定电流的 3 倍,并且没有其他两相电容器的涌放电流,只有来自同相的健全电容器的涌放电流,这是星形接线电容器组油箱爆炸事故较少的技术原因之一。对于低压并联电容器,根据其结构性能和实际应用结果,其出现事故的主要原因并不是接线方式,故低压并联电容器组采用星形接线和三角形接线均属于正常接线。

综上所述,目前高压并联电容器组推荐的接线方式是星形接线。并联电容器组各种接线类型的技术比较见表 6-3。

表 6-3 并联电容器组各种接线类型的技术比较

序号	比 较 项 目	三角形接线	双三角形接线	星形接线	双星形接线
1	由于三相容抗的实际不平衡,是否会影响各相电容器组承受的工作电压	不影响	不影响	会影响	会影响
2	按满足电容器允许耐受的工频过电压倍数的要求,确定的电容器组最少并联台数的数量	比星形接线少	比星形接线少	比三角形接线多	比三角形接线多
3	是否可补偿不平衡负荷	可以	可以	不可以	不可以
4	是否可构成 $3n$ 次谐波通路,以有利于消除电网中 $3n$ 次谐波和减轻对通信的干扰	可以	可以	YN 接线将对通信造成干扰	对电网通信不会造成干扰
5	单台电容器全击穿时,故障电容器通过短路电流的大小	短路电流大,熔断器难选,电容器允许爆裂能量要大	短路电流大,熔断器难选,电容器允许爆裂能量要大	电流小	电流小
6	对串联电抗器的动、热稳定的要求	串联电抗器不论接在三角形前还是三角形中,都可能承受系统短路电流,对串联电抗器的要求高		串联电抗器接在中性点处,承受的最大电流仅为电容器组的合闸涌流,所以要求低	
7	对避雷器通流容量的要求	电容器两端间的分闸操作过电压倍数较高,因此对避雷器通流容量要求高		比三角形接线要求低	
8	电容器内部故障的继电保护方式	可供选用的继电保护方式较少	利用故障相两臂间的容抗差引起的差电流,容易组成横差保护	继电保护方式较多	继电保护方式更多、更简单,而且可靠、灵敏度都高
9	布置	布置困难、不清晰,占地多	比三角形接线更困难、更复杂	容易布置且较清晰	布置稍比星形接线复杂
10	适用范围	(1)装设于线路上的杆式并联电容器组;(2)6kV 以下的并联电容器组;(3)对称 $3n$ 次谐波交流滤波器;(4)补偿不平衡负荷的并联电容器组	缺点最多,无推广价值,对于 10kV 母线,短路容量小于 100MVA 的 3000kvar 以下并联电容器组,才允许采用双三角形接线	(1)6kV 及以上的并联电容器组;(2)大部分大容量交流滤波器($3n$ 次除外)	(1)10kV 及以上的大容量并联电容器组;(2)大部分大容量交流滤波器($3n$ 次除外)

2. 并联电容器组每相内部接线方式

当单台并联电容器的额定电压不能满足电网正常工作电压要求(或者其他设计上考虑的要求)时,需由两台或多台并联电容串联后(串联台数一般称为串联段数)达到电网正常工作电压的要求,为达到要求的补偿容量,又需要用若干台并联电容并联才能组成并联电容器组。并联电容器组每相内部的接线方式如图 6-8 所示。

图 6-8(a)为先并后串接线方式。该接线方式的优点在于,当一台故障电容器由于熔断器 FU 熔断退出运行后,对该相的容量变化和与故障电容器并联的电容器上承受的工作电压的变化影响较小;同时,熔断器 FU 的选择只需考虑与单台电容器相配合。故工程中普遍采用,并为规程所肯定。需要注意的是,为了抑制电容器故障爆破,规程强制性条文要求每个串联段的电容器并联总容量不应超过 3900kvar。

图 6-8(b)为先串后并接线方式。该接线方式的缺点为,当一台故障电容器由于熔断器 FU 熔断退出运行后,导致故障电容器所在的电容器串整个退出运行,对该相的容量变化和剩余串电容器上承受的工作电压的变化影响较大,同时,该接线方式的熔断器 FU 的断口绝缘水平应等于电网的绝缘水平,致使熔断器选择不易,故工程中已不采用这种接线方式。

3. 中性点接地方式

星形(双星形)接线的并联电容器组有中性点直接接地和不接地两种。中性点直接接地时,星形接线可称为 YN 接线。

(1)YN 接线除表 6-3 所阐述的星形接线的优缺点外,还有一条优点,即当电网发生单相接地故障时,继电保护装置不会发生误动作。

（2）YN 接线与星形接线相比有如下区别：

1）对并联电容器的电极与外壳间绝缘水平要求较低，只需按电网相电压考虑。因目前国内主要生产极壳间绝缘水平按电网线电压考虑的并联（交流滤波）电容器产品，所以没有必要采用 YN 接线。

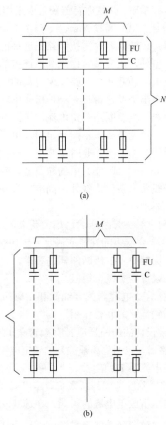

图 6-8 并联电容器组每相内部的接线方式

（a）先并后串（有均压线）接线方式；（b）先串后并
（无均压线）接线方式

FU—单台保护熔断器；C—单台电容器；M—电容器组
中电容器并联台数；N—电容器组中电容器串联段数

2）YN 接线可大幅度地增大母线对地电容值，使得配电装置的行波保护水平相应提高。

3）电容器组两端间的分闸操作过电压倍数较低，易于满足避雷器通流容量的要求，有利于电容器组的运行。

4）在中性点直接接地系统中，YN 接线由于不产生中性点位移，所以当某相电容器组发生故障时，两健全相电容器承受的工作电压不受影响。但由于故障相故障电容器通过系统短路电流，致使电容器和单台保护熔断器的要求要严格一些；当系统发生单相接地时，继电保护动作，切除电容器组，增加了运行的复杂性。

5）在中性点非有效接地系统中，当某相电容器组发生故障时，中性点接地点发生电压位移，致使地电位升高，对设备及运行均不利。

（3）在中性点非有效接地系统中，10～110kV 并联电容器装置接线应采用星形接线或双星形接线，即中性点不接地运行；在中性点有效接地系统中，换流变压器交流侧的 220～1000kV 的并联电容器装置一般采用 YN 接线。

4. 并联电容器组接线示例

应用于中性点非有效接地系统中，包括附属设备的并联电容器组的典型接线如图 6-9 所示。图中串联电抗器的串接位置应根据电容器装置的接线方式、电抗器的动热稳定电流、绝缘水平及母线短路容量等由技术经济比较确定，串联电抗器装设在电源侧时，既有抑制谐波和合闸涌流的作用，又能在电抗器短路时起限制短路电流的作用，应选用干式空心电抗器或加强型油浸式电抗器，并注意核算其耐受短路电流的能力。安装在中性点侧时，其在正常运行时承受的对地电压低，可不受短路电流的冲击，对耐受短路电流的能力要求低，减少了事故的发生，使设备运行更加安全，可以采用价格较低的普通油浸式电抗器和干式铁芯电抗器。

如果电容器配置外熔断器保护，则应采用电容器专用熔断器，应为每台电容器配置一个，严禁多台电容器公用一个喷射式熔断器。电容器的外壳直接接地时，保护单台电容器的熔断器应接于电源侧；电容器装设于绝缘框（台）架上且串联段数为 2 段及以上时，至少应有一个串联段的外熔断器串接于电容器的电源侧。

为了确保检修人员的人身安全，电容器组的电源侧及中性点侧宜装设接地开关，同时设置电气或机械联锁；当中性点侧装设接地开关有困难时，也可以采用其他检修接地措施。

由于电容器组投切时产生过电压是无法避免的，为了降低过电压幅值，保护回路设备的安全，应装设抑制操作过电压的避雷器，避雷器连接应采用相对地方式，接入位置应紧靠电容器组的电源侧。

变电站只装一组电容器时，一般涌流不大。当母线短路容量不大于 80 倍电容器组额定容量时，涌流倍数不超过 10。根据国内多方面运行经验，20 倍以内的合闸涌流一般不会对回路设备造成损害，因此，一般可以不为限制涌流倍数而设置串联电抗器。当两组及以上的电容器组并列运行，通过计算确认涌流倍数超过回路设备允许值时（一般均超过），应在每组回路中设置限制涌流倍数的串联电抗器。

为限制合闸涌流倍数，国内部分工程 6～35kV 电容器组采用了"阻尼式限流器"代替图 6-9 中的串联电抗器，其电抗值为电容器组额定容抗值的 0.1%～2%，阻尼电阻取 1～3Ω，原理接线如图 6-10 所示。

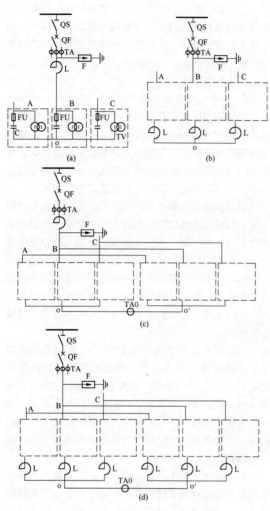

图 6-9　并联电容器组的典型接线

（a）串联电抗器前接法的 Y 接线；（b）串联电抗器后接法的
Y 接线；（c）串联电抗器前接法的双 Y 接线；

（d）串联电抗器后接法的双 Y 接线

FU—单台保护熔断器；C—电容器组；F—氧化锌避雷器；

TV—放电线圈；TA0—中性点电互感器

注：（b）、（c）、（d）、（e）图中虚线框中内容与（a）图中虚线
　　框中内容相同。

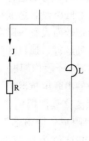

图 6-10　电感、电阻型限流器原理接线图

L—小电感空芯电抗器；J—火花间隙；R—阻尼电阻

（四）设备选择

1. 断路器

（1）操作电容器组的断路器应采用真空式 SF₆ 断路器，并符合下述一般要求：

1）当操作电容器组的断路器的遮断容量不能满足系统短路容量时，并联电容器装置应采用图 6-6（c）或（d）的分组方式，需设置一台专门用于短路保护用的总断路器。该断路器除需按断路器选择的一般技术条件进行选型外，还应具有切除其所连接的全部电容器组的额定电流和开断总回路短路电流的能力，而对其能否发生重击穿及是否具有频繁操作电容器的能力不作严格要求。当总回路额定电流、短路开断能力、恢复电压上升速度等要求不能满足时，可采用较高电压等级断口的断路器，必要时可装设相位控制装置。

2）图 6-6（a）或（b）中的断路器，除应按断路器选择的一般技术条件选型外，尚应符合操作电容器的以下特殊要求：

a）合闸时触头弹跳应满足相关要求。

b）开合电容器组的性能应满足 GB 1984《高压交流断路器》标准中 C2 级断路器的要求，且分闸时不应重击穿，或重击穿概率很低。

c）应有承受电容器关合涌流和工频短路电流以及电容器高频涌流的联合作用。

d）经常投切的断路器应具有频繁操作的能力。

e）断路器（包括隔离开关）的额定电流，不应小于装置额定电流的 1.3 倍。

f）断路器除应考虑开断系统短路电流外，还需考虑并联电容器组放电电流的影响。在选其动稳定电流时应叠加电容器的放电冲击电流值。在选择其遮断容量时，应叠加电容器相应的放电衰减电流值。

（2）晶闸管投切的并联电容补偿装置，实际上与用断路器自动投切的并联电容补偿装置的作用相同，只不过是将断路器换成晶闸管开关。

2. 并联电容器

（1）并联电容器结构型式。现代的并联电容器按结构型式分为三大类，分别为电容器单元、集合式电容器、箱式电容器。

1）电容器单元。电容器单元也称为单台电容器或壳式电容器，是电力系统中应用最为广泛、数量最多的电力电容器，它通常为油浸式，是将一个或多个电容器元件、绝缘件、连接件、内放电电阻、出线套管组装于同一个薄钢板制成的矩形外壳中的组装体；电容器单元外形及内部结构如图 6-11 所示。与集合式和箱式高电压并联电容器相比，电容器单元单台容量、体积和质量均较小，可根据实际需要组成不同容量、不同电压等级的框架式并联电容器组。另外，其质量轻、体积小，电容器中各种零部件标准化程度高，适

合于批量生产，且质量稳定、经济性好，是目前国内外高压并电容器的主流结构型式。

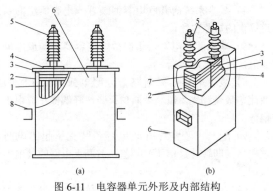

图 6-11 电容器单元外形及内部结构

（a）内部元件立放结构；（b）内部元件平放结构

1—元件；2—绝缘件；3—连接件；4—放电电阻；5—套管；

6—箱壳；7—内熔丝；8—吊攀

2）集合式电容器。集合式电容器是一种只有我国大量生产和使用的将多个内部电容器单元集装于一个厚钢板制成的容器（或油箱）中构成特大容量的电容器；其结构示意图如图 6-12 所示。集合式电容器的主要特点是运行安全可靠、维护方便、投运率极高。

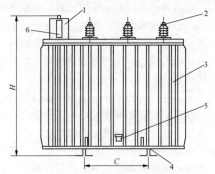

图 6-12 集合式电容器结构示意图

1—储油柜；2—出线套管；3—箱体；4—脚；

5—放油阀；6—油位计

3）箱式电容器。箱式电容器是由无内熔丝的大元件、绝缘件、紧固件组成心子，由一个或数个心子和连接件等组成的整体，装于一个油箱构成特大容量的高压并联电容器，其结构示意图如图 6-13 所示。与集合式不同的是箱式电容器内部是多个电容器芯子，而集合式内部是多个电容器单元。

箱式电容器的特点是单台容量大、电压等级高、占地面积小，较适合用于用地紧张的地区。其内部结构复杂、对原材料质量、加工工艺要求较高，相应的成本和价格较高。

（2）电容器额定电压的选择。

1）确定电容器额定电压时，应考虑的因素有：

a）不低于电容器装置接入电网的最高运行电压。

b）高次谐波引起的电网电压升高。

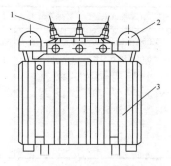

图 6-13 箱式电容器结构示意图

1—出线套管；2—油补偿器；3—箱体

c）电容器的容差（单台电容器的实测电容值与额定值之差不超过额定值的−3%～+5%。在单台三相电容器中任何两线路端子间隔测得的最大与最小电容值之比：200kvar 及以下不大于 1.05，200kvar 以上不大于 1.02。电容器组实测总电容量与各电容器额定值总和之差不超过 0%～+5%）引起各电容器间承受电压不相等。

d）装设串联电抗器后引起的电容器组运行电压升高。

e）系统电压调整和波动引起的系统工频过电压。

f）轻负荷引起的工作电压升高。

电容器和电容器元件的工频稳态过电压和相应的运行时间应符合表 6-4 的规定。

表 6-4 电容器和电容器元件的工频稳态过电压和相应的运行时间

工频过电压倍数	持续时间	说明
1.05	连续	
1.10	每 24h 中 8h	
1.15	每 24h 中 30min	系统电压调整与波动
1.20	5min	轻荷载时电压升高
1.30	1min	

2）选择电容器额定电压可由式（6-5）求出计算值，再从电容器的标准系数中选取。

$$U_{cN} \approx U_C = \frac{1.05 U_{Sn}}{\sqrt{3} N (1-A)} \qquad (6-5)$$

式中 U_C ——电容器的计算额定电压；

U_{Sn} ——电容器接入点电网的标称电压，kV；

N ——电容器组中每相串联段数；

A ——装置的调谐度（见串联电抗器选择）；

U_{cN} ——拟采用的电容器的额定电压，kV。

U_{cN} 应在并联电容器的额定电压优先值系列（见表 6-5）中选取，但是安全裕度不宜过高，以免容量亏损过多。

表 6-5　并联电容器额定电压优先值系列

结构型式	电容器单元	集合式电容器	箱式电容器
额定电压优先值（kV）	1.05、3.15、6.3/$\sqrt{3}$ 6.6/$\sqrt{3}$、6.3、6.6、10.5、11/$\sqrt{3}$、12/$\sqrt{3}$、12、19、20、21、22、24、38.5/$\sqrt{3}$、39/$\sqrt{3}$、40.5/$\sqrt{3}$、42/$\sqrt{3}$	6.6/$\sqrt{3}$、6.6、11/$\sqrt{3}$、11、12/$\sqrt{3}$、19/$\sqrt{3}$、42/$\sqrt{3}$、72/$\sqrt{3}$、79/$\sqrt{3}$	6.6/$\sqrt{3}$、6.6、11/$\sqrt{3}$、11、12/$\sqrt{3}$、19/$\sqrt{3}$、42/$\sqrt{3}$、72/$\sqrt{3}$、79/$\sqrt{3}$

（3）电容器的额定容量和并联台数的选择应根据电容器容量及每相电容器的串联段数和并联台数确定，并宜在并联电容器单台容量优先值系列（见表 6-6）中选取，注意应满足每个串联段的电容器并联总容量不应超过 3900kvar。

表 6-6　并联电容器单台容量优先值系列

并联电容器结构型式	电容器单元	集合式电容器		箱式电容器	
		单相	三相目前仅 10kV	单相	三相目前仅 10kV
单台容量优先值（kvar）	30、40、50、80、100、150、200、250、300、334、400、500、667、1000、1200、1500、1667、1800	1000、1667、2000、2667、3334、5000、6667、10000	1000、1200、1800、2400、3000、3600、5000、6000、8000、10000	1000、1667、2000、2667、3334、5000、6667、10000	1000、1200、1800、2400、3000、3600、5000、6000、8000、10000、12000

（4）电容器的稳态过电流允许值应为其额定电流的 1.3 倍；对于具有最大电容正偏差的电容器，其过电流允许值应为电容器额定电流的 1.37 倍。

（5）对于 66kV 及以下并联电容器装置，其绝缘水平与对应电压等级常规设备相同，但对于 110kV 并联电容器装置，其绝缘水平高于常规 110kV 设备，因此应采用 DL/T 1182《1000kV 变电站 110kV 并联电容器装置技术规范》规定的绝缘水平。

3. 串联电抗器

（1）串联电抗器的作用是多功能的，主要有：

1）降低电容器组的涌流倍数和涌流频率，使得易于选择回路设备及保护电容器。为避免发生"谐波牵引现象"，应要求串联电抗器的伏安特性尽量线性化。

2）电容器组容抗全调谐后，组成某次谐波的交流滤波器，可降低母线上该次谐波电压值；若处于过调谐状态，即为一种并联电容器装置，并部分地降低该次谐波电压值，提高供电质量。

3）电容器容抗在某次谐波全调谐或过调谐状态

下，可以限制高于该次数的谐波电流流入该电容器组，抑制高次谐波，保护电容器。

4）减少系统向并联电容器装置或电容器组向系统提供的短路电流值。

5）减少健全电容器组向故障电容器组的放电电流值，保护了电容器。

6）减少电容器组断路器分闸电弧重击穿时的涌流倍数及频率，以利于断口灭弧，降低操作过电压幅值。

7）削弱由于操作并联电容器装置引起的电网过电压（即转移过电压）幅值，有利于电网的过电压保护。

（2）串联电抗器选型。串联电抗器产品分为两大类，为油浸式电抗器和干式电抗器，干式电抗器又可分为干式空心电抗器、干式半芯电抗器、干式铁芯电抗器，具体应根据工程条件经技术经济比较来确定。

空心电抗器的优点是无油、噪声小、磁化特性好、机械强度高，适合室外安装，空心电抗器都做成单相，三相组合时可以垂直布置或水平排列；干式半芯电抗器和干式铁芯电抗器具有无油、体积小、漏磁弱的特点，干式铁芯电抗器可做成三相式产品，安装简单、占地少，这两种产品安装在屋内，其防电磁感应效果优于干式空心电抗器。油浸式铁芯电抗损耗小、价格便宜，通常为三相共体式结构，并具有体积小、安装简单、占地少的优点，屋内外安装均可，缺点是需要考虑其防火要求。

对于安装在户内的串联电抗器，通常要求无油化，对电气二次弱电设备影响小的场所，宜选用设备外漏磁场较弱的干式铁芯电抗器或类似产品。

（3）串联电抗器的额定端电压应等于与其配套串联组合的一相电容器额定电压的 A 倍，即

$$U_{LN} = AU_{CN} = ANU_{CN0} \qquad (6-6)$$

式中　U_{LN}——串联电抗器额定端电压，kV；

　　　A——额定电抗率；

　　　U_{CN}——配套一相电容器额定电压，kV；

　　　N——每相电容器串联台数；

　　　U_{CN0}——配套每台电容器额定电压，kV。

串联电抗器的额定端电压参数可按表 6-7 规定的条件选择。

表 6-7　串联电抗器额定端电压参数

系统额定电压（kV）	配套电容器的额定电压（kV）	每相电容器串联台数	额定电抗率下的电抗器额定端电压（kV）		
			4.5%	5%	12%
10	11/$\sqrt{3}$	1	0.286	0.318	
	12/$\sqrt{3}$				0.831

续表

系统额定电压（kV）	配套电容器的额定电压（kV）	每相电容器串联台数	额定电抗率下的电抗器额定端电压（kV）		
			4.5%	5%	12%
20	22/$\sqrt{3}$	1	0.572	0.635	
	24/$\sqrt{3}$				1.663
35	11	2	0.990	1.100	
	12				2.880
66	20		1.800	2.000	
	22				5.280

（4）串联电抗器每相额定感抗值为

$$X_{LN}=\omega L_N \qquad (6\text{-}7)$$

式中 X_{LN}——串联电抗器每相额定感抗值，Ω；

L_N——串联电抗器每相额定电感值，H，在工频额定电流下，串联电抗值的允许偏差为0%～+5%；

ω——工频角频率，为314rad/s。

（5）串联电抗器的额定电流应等于所连接的并联电容器组的额定电流，其允许过电流不应小于并联电容器组的最大过电流值。

（6）串联电抗器额定电抗率 A 一般推荐为4.5%、5%、6%、12%、13%，若仅为限制合闸涌流而设置时，A 宜取0.1%～1%，若同时尚需抑制高次谐波电压时，可根据不同的谐波次数，按表6-8选取不同的 A 值。

表6-8   按需要抑制的高次谐波
电压选取的 A 值

需抑制的高次谐波电压次数	3次及以上	5次及以上
A	12%，或4.5%～5%与12%混装	4.5%～5%

（7）串联电抗器的单相、三相额定容量为

$$Q_{LsN}=3Q_{LN}=3I_{LN}^2 X_{LN}\times10^{-3} \qquad (6\text{-}8)$$

式中 Q_{LN}——串联电抗器单相额定容量，kVA；

Q_{LsN}——串联电抗器三相额定容量，kVA；

I_{LN}——串联电抗器单相额定电流，A。

（8）串联电抗器允许的长期过电流倍数为1.35I_{LN}。

（9）铁芯串联电抗器的伏安特性在1.35I_{LN}下，应为线性，在 1.35I_{LN} 与 $\left(\dfrac{1}{\sqrt{A}}+1\right)I_{LN}$ 之间尽量保持线性。

（10）串联电抗器的绝缘水平应符合表6-9规定的数值。

表6-9   串联电抗器绝缘水平   （kV）

系统标称电压（方均根值）	额定短时施加耐受电压（干试）（方均根值）			额定雷电冲击耐受电压（峰值）
	油浸式铁芯电抗器	干式铁芯电抗器	干式空心电抗器	
10	35	35	42	75
35	85	70	100	170/200
66	140		165	–/325
110			275	650

注   斜线上方的数据适用于干式铁芯电抗器。

（11）对于"前接法"的串联电抗器将承受系统短路电流，所以其动、热稳定值与所选用的断路器有关参数相适应。而"后接法"的串联电抗器位置接近中性点，不承受系统短路电流，仅考虑合闸涌流，其动、热稳定值一般取其额定电流的10倍（对于空心电抗器）或20倍（对于铁芯电抗器）。因此，干式空心电抗器宜装设在电容器组的电源侧；铁芯电抗器宜装设在电容器组的中性点侧。

4. 熔断器

具有内熔丝的单台特大容量并联电容器，可不另设熔断器保护。如果电容器配置外熔断器保护，应采用电容器专用熔断器而不能采用其他产品替代。熔断器的配置方式，应为每台电容器配一个，以前曾有过用一个熔断器保护多台电容器的配置方式，这种方式难以达到保护电容器的目的。

保护单台电容器的熔断器，宜优先选用喷射式熔断器。其额定电压不得低于电容器的额定电压，最高工作电压应为额定电压的1.1倍，熔断器熔体的额定电流可按式（6-9）选取：

$$I_{RN}=(1.05\times1.3)\sim1.50I_{CN}=1.37\sim1.50I_{CN} \qquad (6\text{-}9)$$

式中 I_{RN}——熔断器熔体的额定电流，A；

I_{CN}——电容器的额定电流，A。

内熔丝技术与外熔断器不同的是：当电容器的元件击穿时，与其串联的熔丝动作，此元件与线路脱离，电容器只减少一只元件，电容量变化很小，并且其他电容器上的过电压增量非常小，故不会对系统造成影响。同时也避免了经常更换电容器，降低了运行和维护成本。由于电容器内部有内熔丝隔离层，故不会发生内熔丝群爆现象。采用内熔丝技术可使电容器单台容量做得很大，从而使电容器组更加紧凑，占地面积减小。因此，目前工程中已有相当多的电容器组不装设外熔断器。

5. 放电装置

电容器是储能元件，断电后两极之间的最高电压可达 $\sqrt{2}U_N$，最大储能为 CU_N^2，电容器自身绝缘电阻高，不能自行放电全安全电压，需要装设放电装置进行放电。电容器放电有两种方式，在电容器内部装设放电电阻，与电容器元件并联；在电容器外部装设放电线圈，与电容器直接并联；放电电阻和放电线圈，都能达到电容器放电的目的，但放电电阻的放电速度较慢，电容器断开电源后，剩余电压在 5min 内才由额定电压幅值降至 50V 以下；放电线圈放电速度快，电容器组断开电源后，剩余电压可在 5s 内降到 50V 以下。两种放电方式，二者必具其一，或者两种方式都具备。总之，在电容器脱离电源后，应迅速将剩余电压降低到安全值，从而避免合闸过电压，保障检修人员的安全和降低单相重击穿过电压。因此，放电线圈是保障人身和设备安全必不可少的一种配套设备。

（1）放电装置宜选用专用的放电线圈，其作为电容器的一种放电和保护器件，可靠性应高于电容器。在无专用产品时，也可用单相电压互感器代替，但其技术特性应满足放电装置的要求。

（2）放电线圈的对地绝缘应按电网的额定电压等级选择。一次绕组两端的绝缘应按所并接的电容器组或集合体的额定电压选择，并能长期承受该值的 1.1 倍电压值。放电线圈的额定绝缘水平应符合下列要求：

1）安装在地面上的放电线圈，额定绝缘水平不应低于同电压等级电气设备的额定绝缘水平。

2）安装在绝缘框（台）架上的放电线圈，其额定绝缘水平应与安装在同一绝缘框（台）上的电容器的额定绝缘水平一致。

（3）放电线圈的一次绕组的放电容量（不是该装置的额定容量，它仅表征其承受电容器放电的能力）应等于或大于所并接的电容器组或集合体的额定容量。

（4）放电线圈一般还兼测量和继电保护的功能，例如图 6-14 中的放电线圈可组成一个压差保护电路。其额定容量及二次绕组的参数选择应根据二次负荷的要求，参照同电压等级电压互感器二次绕组的参数提出。

（5）放电线圈的有功损耗不宜超过其额定容量的 1%。

（6）放电线圈的放电时间必须满足下述要求：对于手动投切的并联电容器组，应能使电容器上剩余电压在 5min 内降到 50V（峰值）；对于自动投切的并联电容器组，应在 5s 以内降到 0.1 倍电容器组额定电压（峰值）。

（7）额定容量 100kvar 及以上的电容器应选用内放电电阻的电容器，为了安全放电及继电保护的需要，装置仍需设置放电线圈。

（8）对于特大容量单台并联电容，其内附有放电线圈。如果该内附放电线圈在电容器内部已组成可

满足继电保护要求的回路，可不必另设置外部放电线圈。对于特高压变电站的 110kV 并联电容器组，电容器单元内部装设放电电阻，电容器保护多采用单（双）桥式差电流保护，如果不频繁投切，可以不采用放电线圈。当需要频繁投切时，电容器可接不带二次绕组的放电线圈。

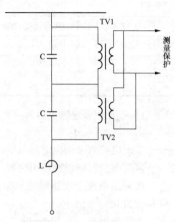

图 6-14　用两组放电线圈组成压差保护的单相原理图
L—串联电抗器；C—电容器组的一个串联段；
TV1、TV2—两组性能完全一致的放电线圈

（9）放电线圈从绝缘结构区分，可分为干式和油浸式；干式放电线圈的特点是无油、结构简单、机械强度高、维护方便，适合于 35kV 及以下户内型并联电容器装置中；油浸式放电线圈绝缘性能好、温升不高，适合于装设在户外，目前在并联电容器装置中广泛采用。油浸式放电线圈应为全密封结构，产品内部压力应满足使用环境温度变化的要求，在最低环境温度下运行时不得出现负压。

（10）放电线圈与电容器宜采用直接并联接线，严禁放电线圈一次绕组中性点接地。

6. 金属氧化锌避雷器

（1）用于并联电容器装置操作过电压保护的避雷器应采用无间隙金属氧化锌避雷器，并按下列原则进行选择：

氧化锌避雷器主要用来保护操作过电压。

并联电容器极间绝缘较弱，需要采用不重击穿的断路器，作为电容器组操作过电压的第一线保护。考虑到断路器实际存在着重击穿的概率，尚需设置氧化锌避雷器作为第二线保护，保护接线见图 6-9。

选择保护电容器组的氧化锌避雷器的基本方法，应按第七章中有关内容进行，但还应遵循以下原则：

1）持续运行电压应取电容器的额定电压（有效值）。

2）额定电压应按最大操作冲击残压折算，并按出现在电容器组两端的暂态过电压和工频耐压伏秒特性

校验。

3）最大操作冲击残压应与电容器组的极间耐压相配合。

4）通流容量应能满足电容器组放电能量的要求。

5）避雷器连接应采用相对地方式，避雷器本身的绝缘水平应按装置安装处的电网额定电压等级确定。

6）避雷器接入位置应紧靠电容器组的电源侧。

（2）电气参数选择按下列步骤进行：

1）额定电压。避雷器的额定电压是施加到避雷器端子间的最大允许工频电压有效值，按照此电压设计的避雷器，能在所规定的动作负载试验中确定的暂时过电压下正确地工作，它是表明避雷器运行特征的一个重要参数。

根据 DL/T 804《交流电力系统金属氧化物避雷器使用导则》，无间隙金属氧化物避雷器的额定电压可按式（6-10）选择：

$$U_{FN} \geq kU_t \qquad (6\text{-}10)$$

式中　U_{FN}——避雷器额定电压，kV；

　　　U_t——中性点非直接接地系统暂时过电压，kV，系统标称电压为 3～20kV 时，U_t 取 $1.1U_m$，电压为 35～110kV 时，U_t 取 U_m；

　　　k——切除单相接地故障时间系数，用于保护并联电容器的避雷器 k 一般取 1.25。

2）持续运行电压。为了保证避雷器的使用寿命，长期作用于避雷器的电压不得超过避雷器持续运行电压 U_c，金属氧化物避雷器持续运行电压一般相当于额定电压的 75%～80%。在中性点非直接接地系统中，无间隙金属氧化物避雷器的持续运行电压取值如下：3～20kV 系统中 $U_c \geq 1.1U_m$；35～110kV 系统中 $U_c \geq U_m$。

3）最大操作冲击残压。避雷器的最大操作冲击残压试验所用的操作冲击电流的波头时间为 30～100μs，其电流幅值则按不同避雷器的不同标称电流系列、不同类型及不同额定电压分别规定了不同数值。

设备的绝缘水平与避雷器的保护水平之间应有裕度，称为配合系数 k_{co}，其数值为被保护设备的绝缘水平除以避雷器的保护水平。按照 GB 311.1《绝缘配合　第 1 部分：定义、原则和规则》要求操作过电压下的绝缘配合系数 $k_{co} > 1.15$，对于电容器绝缘，考虑到国产设备材料的现实状况以及增大的保险系数，建议 k_{co} 取 1.33。

（3）避雷器通流容量。避雷器的通流能力不仅与电容器组容量有关，而且与其电压等级有关，涵盖三者之间关系的避雷器 2ms 方波电流 I_F，经验计算公式为

$$I_F = 1.6C^{0.643}\sqrt{2}U_{CN} \qquad (6\text{-}11)$$

式中　C——电容器组的额定电容量，μF；

　　　U_{CN}——电容器组的额定（相）电压，kV。

式（6-11）经长期实践检验是可靠的，避雷器的方波通流容量可按电容器组容量进行估算，在 GB/T 30841《高压并联电容器装置的通用技术要求》中明确：

1）对于 10kV 等级、容量在 4000kvar 及以下的电容器组所配用的避雷器，其 2ms 方波通流能力不应小于 300A，电容器组容量每增加 2000kvar，避雷器 2ms 方波通流能力增加值为 100A。

2）对于 35kV 等级、容量在 24000kvar 及以下的电容器组所配用的避雷器，其 2ms 方波通流能力不应小于 600A，电容器组容量每增加 20000kvar，避雷器 2ms 方波通流能力增加值为 300A。

3）对于 66kV 等级、容量在 24000kvar 及以下的电容器组所配用的避雷器，其 2ms 方波通流能力不应小于 600A，电容器组容量每增加 20000kvar，避雷器 2ms 方波通流能力增加值为 200A。

4）对于 110kV 等级、容量在 120000kvar 及以下的电容器组所配用的避雷器，其 2ms 方波通流能力不应小于 1400A，电容器组容量每增加 40000kvar，避雷器 2ms 方波通流能力增加值为 200A。

7. 导体选择

（1）电容器之间、电容器—单台保护熔断器—汇流线之间的连线一般采用软铜绞线，在绝大多数情况下，由机械强度决定导线截面汇流线，并联电容器装置主回路采用矩形铜排或铝排。其他附属设备间的连线由具体布置灵活决定导体型式，导体截面主要由机械强度决定。

（2）导体截面按发热选择时，应遵循下述原则：

1）单台电容器至熔断器或母线之间的连线应用软导线，其长期允许电流宜满足

$$I_{yd} \geq 1.5I_{cN} \qquad (6\text{-}12)$$

式中　I_{yd}——连接线的长期允许的载流量，A；

　　　I_{cN}——单台电容器额定电流，A。

2）并联电容分组回路、汇流母线、均压线、主回路导体的长期允许电流应满足

$$I_y \geq 1.3I_{\Sigma cN} \qquad (6\text{-}13)$$

式中　I_y——导体的长期允许的载流量，A；

　　　$I_{\Sigma cN}$——并联电容器装置额定电流，A。

3）双星形电容器组的中性点连接线和桥形接线电容器组的桥连接线，其长期允许电流不应小于电容器组的额定电流。

并联电容器装置的所有连接导体应满足长期允许电流的要求，并应满足动稳定和热稳定的要求。

8. 电容器不平衡保护用电流互感器、接地用隔离开关及支柱绝缘子

（1）电流互感器额定电压应按接入处的电网电压选择；额定电流不应小于最大稳态不平衡电流。

（2）10～35kV 户内电容器装置中的电流互感器多采用树脂浇筑式，户外使用的电流互感器仍以油浸绝缘结构为主。

（3）电流互感器应能耐受电容器极间短路故障状态下的短路电流和高频涌放电流，不得损坏，宜加装保护措施。考虑到双星接线两个中性点位移的电压差，在选择其中性点电流互感器时，匝间绝缘应加强，或在一次侧并联低压氧化锌避雷器保护，或在满足保护整定值的前提下，增大电流互感器的变比。

（4）电容器装置根据工程具体情况，宜装设接地用隔离开关，最好用四极隔离开关将电容器组的电源侧和星形接线的中性点同时接地，为保证检修工作开始前可靠接地，应考虑装设防止误操作的电气或机械联锁。

（5）用于并联电容器装置的支柱绝缘子，应按电压等级、泄漏距离、机械荷载等技术条件，以及运行中可能承受的最高电压选择和校验。

二、交流滤波装置

交流滤波装置实质是兼补偿容性无功和滤去电网谐波两种功能的并联电容器装置。装置中的电容器可选用并联电容器和交流滤波电容器。出于并联电容器的额定电压在制造设计时来充分考虑谐波电压的影响，装置中宜采用交流滤波电容器。

交流滤波装置一般根据需要由数组单通滤波器和一组高通滤波器组成。单通滤波器的典型接线如图6-9所示。高通滤波器的单相原理接线如图6-15所示，它与单通滤波器的本质区别就是与串联电抗器 L 并联一个并联电阻器 Rb，其他附属设备的配置方式及接线分类完全同图6-9。

（一）交流滤波装置的分组

交流滤波装置的分组实际上是决定设置几组（次）单通滤波器及是否需设置高通滤波器。

1. 分组原则

（1）应先根据电网需要滤去的谐波次数，决定滤波器的次数。一般情况下，每次谐波用一组滤波器，一般设置 3、5、7、11 次单通滤波器，以及专门滤去 13 次（13 次称为截止频率次数）及以上谐波的一组高通滤波器。

（2）当单独安装交流滤波装置时，应由电网电压波动或负荷变化的规律来决定采用手动投切方式或自动投切方式，由投切方式决定装置的分组原则，与并联电容器装置的相同。

（3）每次（组）滤波器的容量，除应遵循并联电

容器装置分组容量应遵循的原则外，尚应满足通过大量谐波电流的要求。

（4）滤波器的串联电抗器应尽量全调谐，如做不到，则不能欠调谐。

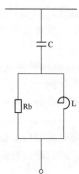

图 6-15　高通滤波器单相原理接线

C—电容器组；L—串联电抗器；Rb—并联电阻

2. 分组方式

交流滤波装置的分组方式除按如图 6-6 所示的几种方式外，还可能存在为满足谐波电流要求而采用任意容量的分组方式。

（二）交流滤波器装置的接线

交流滤波器装置的基本接线类型、每相内部接线方式、中性点接地方式及推荐意见均同并联电容器装置。

（三）设备选择

1. 断路器

交流滤波器装置用断路器的选择要点与并联电容器装置用断路器相同。但需注意，由于回路中谐波电流的实际含量，会使回路电流稍大于单台电容器允许的长期过电流，因此必须大于 $1.3\Sigma I_{\Sigma CN}$（$\Sigma I_{\Sigma CN}$ 为装置中所有滤波器额定电流之和）。

2. 电容器

单台电容器的额定电压选择基本与并联电容器装置相同，但特别要考虑高次谐波引起的电容器端电压的升高。

3. 串联电抗器

（1）串联电抗器的每相额定感抗值按式（6-14）确定。

$$X_{LN} = \omega L_N = A X_{\Sigma CN} = \frac{1}{n^2} X_{\Sigma CN} \qquad (6-14)$$

式中　X_{LN}——串联电抗器的每相额定感抗值，Ω；

　　　　ω——工频角频率，取 314rad/s；

　　　　L_N——串联电抗器每相额定电感值，H；

　　　　n——滤波器次数，当 $n=13$ 时，即为高通滤波器的截止频率次数。

为保证串联电抗器不使滤波器欠调谐，应使其电感值（感抗值）呈正误差；误差值选取时应考虑串联电抗器品质因数的选取，见式（6-15）。

$$q = \frac{nX_{LN}}{R_{LN} + R_f} = \frac{1}{\delta} = \frac{1}{\delta_\omega + \delta_L + \delta_C + \delta_{tC}} \quad (6-15)$$

式中　q——单通滤波器品质因数，当计算的最终结果不需要 R_f，即 $R_f=0$ 时，q 即为串联电抗器的品质因数，也为该单通滤波器的品质因致，q 值一般为 $30 \sim 60$；

n——滤波器次数；

R_{LN}——串联电抗器的直流电阻值，Ω；

R_f——滤波器回路中需串联的附加电阻，在设计时应尽量不串联附加电阻，Ω；

δ——滤波器参数总的变化率；

δ_ω——系统实际频率变化率的 2 倍；

δ_L——安装初调时串联电抗器额定电抗值误差；

δ_C——安装初调时电容器组额定电容值误差；

δ_{tC}——由于温度变化引起的电容器额定电容值变化，由制造厂提供。

式（6-15）中各 δ 值目前均无确切资料。国内某工程曾采用过的数值（$\delta_\omega=2.3\%$，$\delta_L=0.8\%$，$\delta_C=1\%$，$\delta_{tC}=1.2\%$）可供参考。如考虑到我国目前系统频率变化率较大以及产品误差较大的现实，δ 的范围一般在 $5\% \sim 8\%$ 之间。

如果由式（6-15）计算后，需在滤波器回路中串联附加电阻时，该附加电阻的额定容量应按式（6-16）计算：

$$\left. \begin{array}{l} P_{fN} \geq 1.82 I_{\Sigma ZN}^2 R_f \\ \text{（适用于由并联电容器组成的滤波器）} \\ P_{fN} \geq 1.08 K_f^2 I_{\Sigma ZN}^2 R_f \\ \text{（适用于由交流滤放电容器组成的滤波器）} \end{array} \right\} \quad (6-16)$$

式中　P_{fN}——附加电阻额定容量，W；

$I_{\Sigma ZN}$——滤波器额定电流，A。

（2）串联电抗器的额定容量仍按式（6-8）确定。

（3）串联电抗器允许的长期过电流倍数为 1.35。

（4）应保持在允许的长期过电流倍数范围内的线性度。即使在其范围之外 $\left(1 + \frac{1}{\sqrt{A}}\right)$ 倍之间也应接近线性，为此应尽量选用空心电抗器，而且为单相产品。

（5）串联电抗器的绝缘水平及动、热稳定的选择，同并联电容器装置中的串联电抗器。

（6）单通滤波形的串联电抗器的品质因数应按式（6-15）选取。高通滤波器的串联电抗器的品质因数 $\left(q = \frac{nX_{LN}}{R_{LN}}\right)$ 宜尽量提高。

4. 高通滤波器并联电阻的选择

（1）额定电阻值按式（6-17）选择。

$$R_b = \sqrt{X_{\Sigma CN} X_{LN}} = 13 X_{LN} = \frac{X_{\Sigma CN}}{13} \quad (6-17)$$

式中　13——高通滤波器截止频率次数；

R_b——并联电阻的额定电阻值，Ω。

（2）额定电压（即电阻对地及相间耐压与滤波器安装点的电网额定电压）。

（3）额定容量按式（6-18）确定。

$$\left. \begin{array}{l} P_{RN} \geq R_b \sum_{n=1}^{\infty} I_{Rnm}^2 \\ I_{Rnm} = I_{nm} \dfrac{n\sqrt{13^2 + n^2}}{13^2 + n^2} \\ I_{1m} = I_{\Sigma CN} \end{array} \right\} \quad (6-18)$$

式中　13——高通滤波器截止频率次数；

P_{RN}——并联电阻的额定容量值，W；

I_{Rnm}——通过并联电阻的 n 次谐波最大电流值，当 $n=1$ 时为工频（基波）最大电流值；

I_{1m}——通过高通滤波器的工频（基波）最大电流值，A；

n——通过高通滤波器的谐波电流次数；

$I_{\Sigma CN}$——高通滤波器额定电流，A；

I_{nm}——通过通过高通滤波器的 n 次谐波最大电流值，除去流向各次单通滤波器的谐波电流外，剩余次数的谐波电流按全部通过高通滤波器考虑。

5. 其他设备

回路中的其他设备，如熔断器、放电装置、氧化锌避雷器、中性点电流互感器以及接地隔离开关等的选择，基本与并联电容器装置相同，但需注意以下几点：

（1）在用式（6-9）确定熔断器的熔体电流以及其他设备的额定电流时，应考虑谐波电流的含量，将式中 I_{CN} 前的系数取得稍大些。

（2）由于滤波器在电网中往往不采用频繁投切方式，故对放电装置的放电时间要求，可仅按手动投切方式考虑。

三、布置

（一）一般要求

（1）应符合配电装置设计的基本原则及要求，并利于通风散热、运行巡视、便于维护检修和更换设备以及分期扩建。

（2）在装置安装时，应满足安装地点的自然环境条件（海拔、污秽、风速、地震烈度、温度、湿度、日照等），克服一些不利的自然因素，如鸟害、鼠害等。严寒、湿热、风沙等特殊地区和污秽、易燃、易爆等特殊环境宜采用户内布置。除电容器外的各种设备如何满足自然环境条件的要求见有关章节内容。

（3）应满足电容器标准中规定的对产品使用环境条件的限制。并联电容有关规定内容如下：

1）产品温度类别见表 6-10。

2）安装运行地区的海拔不超过 1000m。对于海拔高于 1000m 的地区，由制造厂提供高原型电容器。

3）安装场所应无有害气体及蒸汽，应无导电性或爆炸性尘埃。

4）安装场所应无剧烈的机械振动（当需将电容器安装在不符合本条规定的环境中使用时，用户应与制造厂协商）。

（4）半露天布置的装置的电容器及其他电器应选用户外型设备。

（5）湿热带地区应选用适用于温热地区的产品。

表 6-10　　并联电容器的温度类别

代号	环境温度（℃）		
	最高	24h 平均最高	年平均最高
A	40	30	20
B	45	35	25
C	50	40	30
D	55	45	35

注　1. 产品的最低环境温度有 +5、−5、−25、−40、−50℃ 五种，优先选用的标准温度类别是 −40/A、−25/A、−5/A 和 −5/C。

2. 电容器运行时的冷却空气温度不应超过相应温度类别的最高环境空气温度加 5℃，冷却空气温度是指在稳定状态条件下，在电容器组的最热区域中两单元之间中间的空气温度；如果所涉及者仅为一单元，则指在距离电容器外壳 0.1m，距离底 2/3 高处的温度。

（二）布置方式

并联电容补偿装置的布置一般包括断路器间隔、电容器组及其附属设备的布置。目前，并联电容补偿装置的额定电压一般不超过 110kV，其断路器间隔可采用户内或户外布置方案；在大多数情况下，它作为变电站相同电压等级的户内或户外配电装置中的一个间隔来进行设计，故设备选型和布置应保持一致。当户内布置时，电容器组断路器间隔的开关柜不宜与并联电容器装置布置在同一配电室。

根据电容器产品的形式，电容器组的布置可分户内式和户外式两种。按电容器的排列层次，可分为单层布置和多层布置。

1. 户内布置

（1）适用于户内变电站工程中。

（2）优点：可防止污秽、鸟害，对鼠害也容易防护。

缺点：增加土建及强制通风散热设施的投资，运行费用相应增加；运行检修感觉不便。

（3）目前，10kV 及以下的装置大部分采用户内布置。

（4）屋内并联电容器组下部地面，应采取防止油浸式电容器液体溢流措施。户内其他部分的地面和面层，可与变电站的房屋建筑设计协调一致。

2. 户外布置

（1）对户外型电容器产品，可采用户外式布置。

（2）优点：由于无厂房，采光、通风、散热方便，从而节省了投资及运行费用；运行、检修直观、方便。

缺点：较难采取防鸟害及鼠害措施。在污秽地区，必须按该地的污秽等级采用防污产品，因而增加了设备投资。

（3）在户外型电容器产品不断完善的条件下，10kV 及以上大、中型的并联电容补偿装置的发展趋势为户外布置。

（4）不推荐在户外装置上加盖石棉遮阳棚的布置（即半露天布置）方式。因为户外型电容器产品原已考虑了日照因素。不设遮阳棚可使电容器经常受到雨水冲洗，既不易污闪，又利于通风；加设石棉顶棚反而可能由于顶棚破损，损坏设备。

（5）并联电容器装置应设置安全围栏，围栏对带电体的安全距离应符合 DL/T 5352《高压配电装置设计规范》的有关规定。围栏门应采取安全闭锁措施，并应采取防止小动物侵袭的措施。

（6）并联电容器组、集合式或箱式电容器相互之间的防火间距应执行 GB 50029《火力发电厂与变电站防火标准》的有关规定。

3. 单层布置

（1）单台电容器质量在 50kg 及以上，且安装场所的面积允许时，宜采用单层布置。

（2）优点：安装、检修、更换电容器方便，散热条件好。

缺点：占地面积大。

（3）当 $N=1$ 时，单套管可横放的电容器应布置在分相的相应电网额定电压等级的绝缘平台或构架上，实现星形或三角形接线；双套管立放电容器可直接安装在接地的金属构架上或直接固定在水泥平台上，如图 6-16 所示。

当 $N>1$ 时，电容器均应布置在绝缘水平等于电网额定电压的绝缘构架或绝缘平台上，如图 6-17 所示。

4. 多层布置

（1）单台电容器单元质量在 50kg 以下，且安装场所的面积紧张时，宜采用多层布置。

（2）优点：节约占地面积。

缺点：安装、检修、更换电容器不方便，散热条件差；电容器渗漏油，造成下层电容器油污染。

（3）当 $N=1$ 时，对于 10kV 及以下的电容器组，可采用三相共用一构架的三层分相布置。单套管可横放的电容器可直接放在构架上，构架对地必须按额定电压绝缘，以实现星形接线；若电容器对构架按电网额定电压等级绝缘布置，则可以实现三角形接线。双套管电容器可直接放在接地的金属构架上。

当 $N>1$ 时，电容器均应布置在绝缘水平等于电网额定电压的绝缘构架或绝缘平台上，如图 6-18 所示。

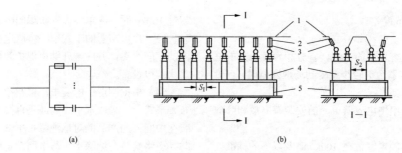

图 6-16 串联段 N=1 时，一相电容器组单层布置示意图

（a）接线图；（b）布置图

1—汇流线；2—单台电容器连接线；3—单台保护熔断器；4—双套管电容器；5—水泥平台或接地金属构架；

S_1—电容器台间距；S_2—电容器排间距

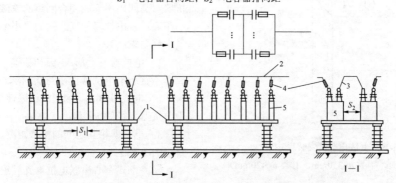

图 6-17 串联段 N=2 时，一相电容器组单层布置示意图

1—绝缘水平等于电网额定电压的绝缘平台（为了运行方便，一段设一个平台）或绝缘构架；2—汇流线；

3—单台电容器连接线；4—单台保护熔断器；5—双套管电容器；

S_1—电容器台间距；S_2—电容器排间距

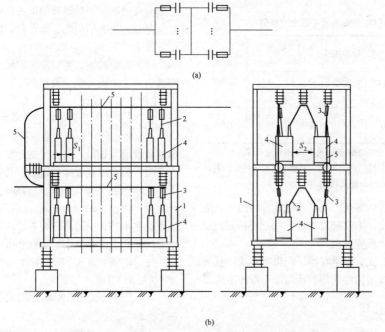

图 6-18 串联段 N=2 时，一相电容器组两层布置示意图

（a）接线图；（b）布置图

1—绝缘构架；2—单台电容器连接线；3—单台保护熔断器；4—双套管电容器；5—汇流线；

S_1—电容器台间距；S_2—电容器排间距

（三）设备布置

1. 电容器

（1）并联电容器组的布置，宜分相设置独立的框（台）架。当电容器台数较少或受到场地限制时，可设置三相共用的框架。

（2）电容器组中电容器单元的安装有立放和卧放两种形式。

并联电容器额定容量在 100kvar 及以下的标准安装尺寸如图 6-19 所示。

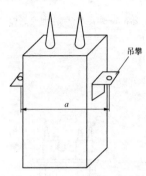

图 6-19 并联电容器安装尺寸

（小于100kvar时，Ⅰ类 a=350mm，Ⅱ类 a=420mm）

安装时，应将每排电容器的吊攀用扁铁固定连接起来，以增加每台电容器的稳固性。

（3）电容器组的安装尺寸不应小于表 6-11 所列的数值。

表 6-11　电容器组的安装尺寸最小允许值

项目	电容器之间净距		电容器底部距地面净距		装置顶部至屋顶净距
	台间距 S_1	排间距 S_2	户内布置	户外布置	
最小允许尺寸（mm）	70	100	200	300	1000

注 1. 表中 S_1 及 S_2 的示例详见图 6-16～图 6-18。
　　2. S_2 应按制造厂规定取值，无制造厂提供的数据时，可按表列出的数据取值。

（4）分层布置的 66kV 及以下电压等级的并联电容器组框（台）架，不宜超过 3 层，每层不应超过 2 排，四周和层间需设置隔板。

（5）油浸集合式并联电容器，应根据油量设置储油池或挡油墙，容器的浸渍剂和冷却油不得污染周围环境和地下水。

2. 串联电抗器

（1）根据产品的型式和布置需要，串联电抗器可分为户内布置和户外布置两种。户内布置时，应考虑通风散热及起吊设施。

（2）户内布置的油浸式铁芯串联电抗器，其油量超过 100kg 时，应单独设置防爆间隔和储油设施。

（3）户内布置的干式空心串联电抗器应加大对周围的空间距离，并应避开继电保护和微机监控等电气二次弱电设备。

（4）根据制造厂的要求，单相空心串联电抗器在布置形式上可采取水平排列或垂直排列（B 相必须安装在中间）。当产品的对地绝缘水平低于电网额定电压时，应将其装在绝缘水平与电网额定电压相一致的绝缘平台或支柱绝缘子上。

（5）干式空心串联电抗器布置与安装时，应满足防电磁感应要求。周围钢构件不应构成闭合回路。电抗器对其四周不形成闭合回路的铁磁性金属构件的最小距离以及电抗器相互之间的最小中心距离，均应满足下列要求：

1）电抗器与上部、下部和基础中的铁磁性构件距离，不宜小于电抗器直径的 0.5 倍。

2）电抗器中心与侧面的铁磁性构件距离，不宜小于电抗器直径的 1.1 倍。

3）电抗器相互之间的中心距离，不宜小于电抗器直径的 1.7 倍。

（6）干式空心串联电抗器支柱绝缘子的金属底座接地线，应采用放射形或开口环形。干式空心串联电抗器组装的零部件，宜采用非导磁的不锈钢螺栓连接。

3. 附属设备的布置

（1）单台保护熔断器应布置在通道侧，其信号指示器应安装在便于被监视的地方，并应避免熔丝熔断时引起邻近设备的损坏。单台保护熔断器一般安装在汇流线上。

（2）放电线圈、避雷器等附属设备，可布置在电容器构架上，也可独立设置。

（四）安装设计

1. 对建筑物及总体布置的要求

（1）装置的布置和安装应符合 GB 50227《并联电容器装置设计规范》的有关规定要求。

（2）装置应设置维护通道，其宽度（净距）不宜小于 1200mm。维护通道与电容器间应设置网状遮栏。装置为户内布置时，如能满足运行巡视要求，维护通道可设在室外。电容器构架与墙或构架之间设置检修走道时，其宽度不宜小于 1000mm。

注 1. 维护通道指正常运行时巡视，停电后进行检修及更换设备的通道。

　　2. 检修通道指停电后打开网门进行检修和更换设备的通道。

为防止鸟、鼠等侵害，并联电容器装置应安装金属防护网或采取其他防护措施，电容器室的进、排风口应有防止雨雪和小动物进入的措施。

（3）并联电容器装置的朝向应综合考虑减少太阳

辐射热和利用夏季主导风的散热作用。例如在户外布置时，应尽量使电容器箱壳立面的小面为南北向，大面为东西向，电容器室的朝向尽量能以吸热最小、散热最快来决定，并且压顶应采取隔热措施。

（4）并联电容器装置附近必须设置消防设施，并应设有总的消防通道。装置与其他建筑物或主要电气设备之间无防火墙时，其防火间距不应小于10m。由于条件限制，电容器室与其他生产建筑物连接布置时，其间应设防火隔墙，电容器室半露天布置的遮阳棚为丙类生产建筑物，其耐火等级应按二级考虑。遮阳棚应固定牢固。

（5）电容器室不宜设置采光玻璃窗，门应向外开启。相邻两电容器室之间的门应能向两个方向开启。

（6）并联电容器装置户外布置时，地面宜采用水泥砂浆抹面，也可铺碎石。

（7）电容器室应考虑通风散热。

1）电容器室应首先考虑自然通风，当其不满足排热要求时，可采用自然进风、机械排风的通风方式。

装置的散热源种类及其散热功率按下列公式计算：

电容器的散热功率为

$$P_C = \sum_{j=1}^{j} Q_{cNj} \tan\delta_j \quad (6-19)$$

式中　P_C——室内全部电容器的散热功率，kW；

Q_{cNj}——单台电容器的额定容量，kvar；

$\tan\delta_j$——单台电容器额定损失角的正切值，由制造厂给出，额定电压为1kV及以下的并联电容器，$\tan\delta_j$一般取0.004，额定电压为1kV以上的并联电容器，$\tan\delta_j$一般取0.003；

j——室内安装运行的电容器总台数。

串联电抗器的散热功率为

$$\left.\begin{aligned}
&P_L = 1.82 K_L Q_{LN} = 5.47 R_L I_{LN}^2 \times 10^{-3}\\
&\text{(适用于由并联电容器组成的并联电容补偿装置)}\\
&P_L = 1.08 K_i^2 K_L Q_{LN} = 3.25 K_L^2 R_L I_{LN}^2 \times 10^{-3}\\
&\text{(适用于由交流滤波电容器组成的滤波器)}
\end{aligned}\right\}$$
$$(6-20)$$

式中　P_L——串联电抗器的散热功率，kW；

K_L——串联电抗器的额定损耗倍数，为1%～2%，或由制造厂给出；

Q_{LN}——串联电抗器三相额定容量，kVA；

R_L——串联电抗器每相直流电阻，Ω；

I_{LN}——串联电抗器额定电流，A；

K_i——单台电容器允许的长期过电流倍数，并联电容器取1.3，交流滤波电容器应与制造厂协商。

附加电阻 R_f 的散热功率等于其额定容量，见式（6-16）。

并联电阻 R_b 的散热功率等于其额定容量，见式（6-18）。

装置连接线的散热功率按装置的1.35倍额定电流进行估算。

2）为了使运行人员便于监视电容器的运行温度，安装设计上应考虑给运行单位监视电容器运行温度提供方便。

2. 构架设计

（1）若电容器可横放，则构架应按横放设计。横放布置可降低构架高度，且引线方便。因横放的单套管电容器外壳是一个极板的引出线，所以不论电容器组为何种接线方式，串联多少台数，其构架的对地绝缘必须按电网的额定电压进行设计，可靠地固定在支柱绝缘子上。

（2）若电容器立放，则构架必须按立放设计。因立放电容器，一般为双套管式，所以当$N=1$时，构架一般不需对地绝缘，且应有良好的接地；当$N>1$时构架一般需按电网的额定电压进行绝缘，并可靠地固定在支柱绝缘子上。

（3）应考虑便于维护和更换电容器，有利于通风散热。

（4）10kV及以下的电容器组，可采用三相共用一构架的三层分相布置。35、66、110kV电容器组的构架应分相设置。

（5）构架应采用非燃烧材料。工程中一般采用钢构架，但应采取镀锌等防锈措施。

（6）在构架上安装的硬导体，应妥善绝缘，牢靠固定。构架和导体间的绝缘水平等级应等于电网的额定电压。

3. 导线连接

电容器套管、单台保护熔断器和汇流线之间应使用软导体连接。不得利用电容器套管支撑汇流线。汇流线及主回路一般采用硬导体。

单套管电容器组的接壳导线，应由接壳端子的连接线引出。

4. 接地端子

未安装接地开关的电容器装置，应设有挂临时接地线的母线接触面和地线连接端子。

5. 容差的调整

单台电容器产品的电容值存在着制造误差，即容差（标准容差为-5%～10%）。在组装电容器组时，必须根据制造厂在产品铭牌上给出的单台电容器实际电容值，尽量使电容器组间容差及一相电容器组各段间容差不超过5%，以减少相间和段间的电压分配不均衡。

第四节 静 补 装 置

一、概述

本节论述的静补装置主要包括静止无功补偿器 SVC 和静止同步补偿器 STATCOM 等，构成这种装置的主要元件（电容器、电抗器、晶闸管阀等）是"静止"的（相对于调相机之类的旋转设备而言），但其功能是动态无功功率补偿。

静补装置主要用于调节系统电压、保持电压稳定；控制无功潮流，增加输送能力；提高系统的静态和暂态稳定性；加强对低频振荡的阻尼等。其容量一般根据系统稳定、电压波动等要求综合进行计算选择。

目前工程中常用的晶闸管直接控制型 SVC 为 TCR 和 FC 混合型，可直接接入 66kV 及以下电压等级，当需要与更高电压等级母线相连时，需加装变压器；而利用铁磁饱和特性调节型 SVC 除 MCR 型（可直接接入 110kV 甚至更高电压等级）外，其他应用较少。对 STATCOM 来说，目前主要应用于 35kV 及以下电压等级。这几种静补装置的主要区别见本章第二节。

二、静止无功补偿器（SVC）

本章第二节对各种不同形式的 SVC 进行了介绍，本节主要以 TCR 型为例，对其原理、接线和布置等进行详细论述。

（一）电气原理

TCR 的电气原理如图 6-20 所示。它通过晶闸管开关瞬时导通和截止，来控制感性无功功率有效值的变化，如图 6-20（a）中的 I_L 值。它也是一种高次谐波源。

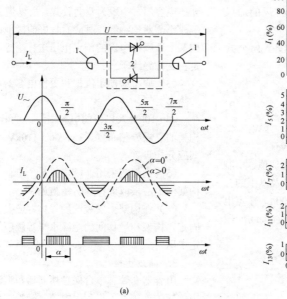

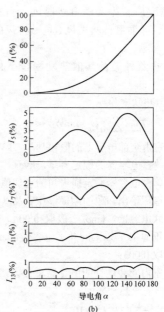

图 6-20 单相 TCR 电气原理图

（a）接线及控制原理；（b）三相三角形接线时相电流中谐波电流含量百分比

1—空心电抗器（两台的技术参数完全一样）；2—晶闸管开关

施加正弦电压时，单相相控电抗器仅产生奇次谐波。各次谐波电流的最大百分比（以基波电流为 100%）分别为：3 次，3.8%；5 次，5%；7 次，2.5%；9 次，1.6%；11 次，1%；13 次，0.7%。

由单相产品可组成星形接法或三角形接法的三相产品。三角形接法可补偿三相不平衡无功负荷，而且可以消除本身的 3 倍于基波频率的谐波电流对电网的影响。星形接法只适用于三相平衡无功负荷的补偿。

由于 TCR 在运行过程中会产生谐波，在具体工程中，一般经计算后，选择 3、5、7 次等特征谐波的滤波器（FC）与 TCR 混合使用。FC 的主要形式包括单调谐、双调谐、C 型和高通滤波器等，其接线及设备参数选择等见本章第三节。

（二）电气接线

1. 35kV SVC 电气接线

35kV SVC 成套装置主要由 TCR 电抗器回路、各滤波器分支回路、阀组、控制保护系统、冷却系统等组成。滤波器的配置根据系统的谐波情况确定。成套装置一般安装于主变压器低压侧。

根据国内目前无功补偿装置的接线情况，SVC 成套装置一般采用单母线接线形式。

在电网薄弱地区，或者初期只有一台主变压器的情况下，从安全可靠性角度出发，每组主变压器低压侧可配置两套 SVC 装置，每套容量为系统所需容量的一半。

SVC 装置采用单母线接线时，从可靠性角度出发，滤波支路及 TCR 支路均建议设置断路器。

YS 变电站 35kV SVC 电气接线如图 6-21 所示，由于该变电站位于电网较为薄弱地区，且初期只有一台主变压器，35kV SVC 按两套相同容量考虑。根据计算结果，每套 SVC 容量为−18～+18Mvar。

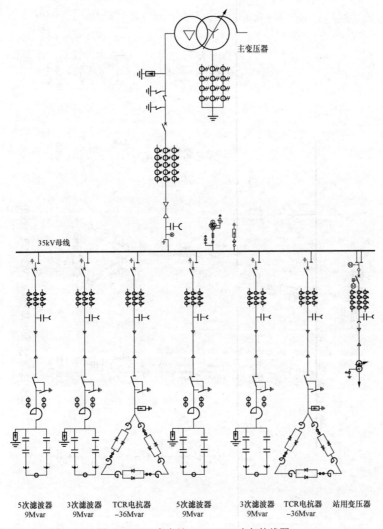

| 5次滤波器 | 3次滤波器 | TCR电抗器 | 5次滤波器 | 3次滤波器 | TCR电抗器 | 站用变压器 |
| 9Mvar | 9Mvar | −36Mvar | 9Mvar | 9Mvar | −36Mvar | |

图 6-21　YS 变电站 35kV SVC 电气接线图

2. 66kV SVC 电气接线

从原理上来讲，66kV SVC 与 35kV SVC 电气接线并没有本质的不同；只是一般而言，66kV SVC 往往容量要远大于 35kV SVC，TCR 回路产生的谐波更多，需要的滤波器组数也更多。

目前 66kV SVC 与 35kV SVC 一样，整套装置安装于主变压器低压侧。

当主变压器低压侧所接 SVC 总容量较大时，从 TCR 制造能力、开关制造能力，以及可靠性角度出发，可将 SVC 拆分为多组，采用多分支的单母线接线形式。

以 SZ 变电站为例，考虑到 TCR 和开关制造能力，以及从可靠性角度出发，一期每组主变压器低压侧安装两组 SVC，单组容量为−180～+180Mvar，采用了双分支接线。与 35kV SVC 装置相同，66kV SVC 装置采用单母线接线时，从可靠性角度出发，滤波支路及 TCR 支路均建议设置断路器。

SZ 变电站 66kV SVC 电气接线如图 6-22 所示。

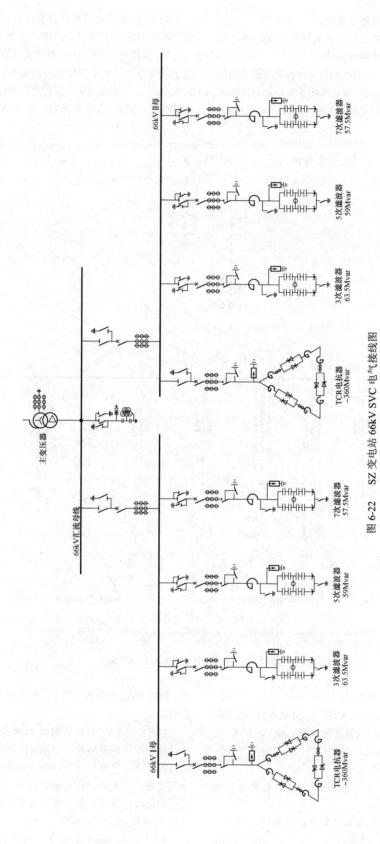

图 6-22　SZ变电站66kV SVC电气接线图

（三）设备参数选择

以下就 TCR 回路设备的主要参数选择进行论述。

1. TCR 电抗器的容量

TCR 电抗器发出感性无功，其容量由系统所需感性无功容量确定。通过调节晶闸管的触发角，可以调节其输出无功。在额定触发角 α 下，TCR 电抗器提供的无功功率 Q 为

$$Q = 3 \times \frac{2U^2}{\pi\omega L}\left[\pi - \alpha + \frac{1}{2}\sin(2\alpha)\right] \tag{6-21}$$

2. 阀组触发角的选取

通过控制晶闸管阀组的导通时间，就可以改变与其串联的电抗器中流过的电流（主要是工频基波电流），从而改变电抗器吸收电网的无功功率值。

晶闸管阀组导通时间的长短，是由其触发角决定的。对工频电压来说，晶闸管触发角的理论值为 90°（指电角度，如无特别说明，以下的度均代表电角度）～180°，与其相对应的晶闸管的导通角为 0°～180°，即晶闸管在理论上可以被控制的导通时间为 0～10ms（对应 50Hz）。

当阀组在 90°触发时，该 TCR 可以作为并联电抗器使用。但是这种情况下晶闸管无法实现自关断，阀组失去了控制能力。随着触发角的增大，电流呈现非连续脉动特性，可以通过傅里叶级数分解为不同频次的谐波分量。在提供相同容量的无功功率条件下，触发角越大，阀组的导通时间越小，由此产生的谐波电流也越大。在同容量、同电压等级条件下，电抗器的成本与电感值成正比。但是较大的触发角会带来谐波电流增加、SVC 动态可调节区间减小、调节灵敏度减低等问题。

对导通角 β 来说，当其处于 90°～140°时，基波电流曲线线性较好。以 SZ 变电站、YS 变电站为例，SVC 的额定触发角均设定为 105°，最小触发角为 165°（调节范围的增加可以提高调节精度）。

3. TCR 额定电流 I_{LN}

$$I_{LN} = \frac{Q_{TCR}}{3U_{LN}} \times 1000 \tag{6-22}$$

式中 Q_{TCR}——TCR 电抗器的额定容量；

U_{LN}——TCR 电抗器的额定电压。

4. 额定电感

由预先确定好的触发角 α（计算过程中需对单位进行换算）可以计算出导通角 β 为

$$\beta = 2(\pi - \alpha) \tag{6-23}$$

基波等效电抗值 X_L 为

$$X_L = \frac{U_{LN}}{I_{LN}} \times \frac{\beta - \sin\beta}{\pi} \tag{6-24}$$

每相电抗器的电感 L 为

$$L = \frac{X_L}{2\pi f} \tag{6-25}$$

每相主电抗器由两个电抗器组成，每个电抗器的电感为

$$L_1 = L_2 = \frac{1}{2}L \tag{6-26}$$

5. 晶闸管参数的选择

由晶闸管反并联层串联构成的 SVC 阀组串接在相控电抗器的分裂电感中间，流过晶闸管的额定电流与 TCR 电抗器相同。阀组的电流倍数计算公式为

$$\delta_i = I_{T(AV)}/(\sqrt{2}I_{VN})\pi \tag{6-27}$$

式中 δ_i——阀组的电流倍数；

$I_{T(AV)}$——晶闸管的通态平均电流；

I_{VN}——晶闸管的额定电流。

衡量阀组的另一个安全系数为电压倍数 δ_U，即

$$\delta_U = U_{DRM}(N - \delta_N)/(\sqrt{2}U_{IN}) \tag{6-28}$$

式中 U_{IN}——额定线电压；

U_{DRM}——晶闸管正向最大可重复电压峰值；

N——单相阀组的串联级数；

δ_N——单相阀组的冗余级数，要求阀组至少有 1 级冗余。

（四）冷却方式

TCR 阀组一般可采用水冷、热管自冷或风冷方案，不同冷却方案对布置影响较大。阀组的各种不同冷却方案对比见表 6-12。

表 6-12　阀组的各种不同冷却方案对比

晶闸管阀类型	水冷	热管自冷	风冷
适用阀组容量范围	适用于大、中、小容量 SVC 阀组，特别是容量较大的阀组	适用于中、小容量 SVC 阀组，特别是容量较小的阀组	适用于容量较小的阀组
冷却效率	较高	一般	较低
占地面积	小	较大	较大
有无转动部件	有冷却水循环	完全静止，无转动部件	有风机
附属外部设备	需外冷装置，如室外冷却塔或风机	阀室需加装空调	阀室需加装空调
噪声	外冷装置有一定的噪声（风机）	噪声低	外冷回路有一定的噪声（风机）
维护需求	需定期补水，并巡检监测内水循环压力、流量、电导率等	基本免维护	风机需维护

续表

晶闸管阀类型	水冷	热管自冷	风冷
设备造价	较高	一般	一般
技术成熟度	成熟	成熟	成熟

阀组选用何种冷却方式，具体工程中是需要进行综合比较才能最终确定的。对于容量较高的阀组，目前主要采用冷却效果最好的水冷方式。

（五）成套装置平面布置

TCR 型 SVC 成套装置由 TCR、FC 和晶闸管阀等组成，并且一般还需要冷却装置及控制保护装置。其布置一般为混合型。

若成套装置含断路器（断路器也可单独订货），则其一般布置在变电站的配电装置内。当需要单独布置时，10kV 及以下的断路器一般为户内布置，开关柜式；35kV 及以上的断路器可采用户内或户外布置，采用开关柜或常规敞开式设备。

FC 的布置与电容器相同，见本章第三节，这里不再叙述。

TCR 电抗器本体及其附件一般采用户外落地布置方式。对于干式空心电抗器，布置时应满足制造厂提出的三相设备之间，以及设备与周围导磁件之间的最小允许距离。一般情况下，可按照相间距离大于 $1.7D$（D 为电抗器外径），下表面与地面的距离大于 $0.5D$，电抗器中心与墙壁、围栏等的距离在 $1.1D$ 以上来考虑。在上述距离之内的构件应采用非磁性材料制造。电抗器周围不应构成闭合的导磁回路。当 TCR 电抗器电压较低、容量较小时，可将一相中两台电抗器堆叠布置，必要时也可采用三相叠装方式。

晶闸管阀及其冷却装置一般应为户内布置，房屋需要配置暖通设备，并设置电磁屏蔽措施。阀组可一字排开布置或者堆叠布置。若采用堆叠布置方案，则阀室的高度较高，土建投资增大，同时抗振性能较差；除非场地受限，一般不推荐采用堆叠布置方案。控制保护装置应靠近晶闸管阀以缩短信号传输距离，但不宜安装在阀室内。

SVC 成套装置平面布置示例等详细内容见第八章。

三、静止同步补偿器（STATCOM）

（一）电气原理

STATCOM 将自换相桥式电路通过连接电抗器（或耦合变压器），或者直接并联在电网上，适当地调节桥式电路交流侧输出电压的相位和幅值，或者直接控制其交流侧电流，从而吸收或者发出合适的无功电流，实现动态无功补偿的目的。

STATCOM 可分为电压型和电流型两种，主要区别在于直流侧采用的储能元件是电容还是电感。当直流侧为电容元件时称为电压型，当直流侧为电感元件时称为电流型。对于电压型桥式电路，需串联连接电抗器后才能并入电网；对于电流型桥式电路，需在交流侧并联吸收换相产生的过压的电抗器。由于运行效率的原因，目前投入使用的 STATCOM 大多采用电压型桥式电路。

电压型 STATCOM 以电压源变流器为核心，直流侧采用直流电容器作为储能元件，将直流侧电压转换成交流侧与电网同频率的输出电压，然后通过连接电抗器（或耦合变压器，其作用主要是将 STATCOM 与电网连接起来，减缓冲击电流）并联接入电网。由于 STATCOM 直流侧电容仅起电压支撑作用，所以相对 SVC 中的电容容量要小得多。

图 6-23 所示为一个电压型 STATCOM 装置主电路的单线图以及无功功率交换图，其中电压源变流器通过电抗器或耦合变压器与电网相连。

从原理上讲，又可将 STATCOM 分为多重化式和链式两种主要形式。

1. 多重化式 STATCOM

多重化式 STATCOM 的思路是采用降压变压器将高电压等级电网电压降低为适合单个功率单元的电压等级（一般为 550～1000V 左右），通过在变压器二次侧并联多个变流器功率单元达到大容量补偿的目的。

多重化式 STATCOM 的主要优点是技术相对简单，结构简单，体积较小；其缺点是线损大，总容量相对较小，存在谐波问题。

2. 链式 STATCOM

链式 STATCOM 采用每相串联若干个 H 桥结构的 IGBT 功率单元，使每相都可承受电网电压，由电网电压决定每相串联 IGBT 功率单元的数量。采用链式 STATCOM，可直接安装于 35kV 及以下电压等级，只不过从技术经济角度考虑，为节约造价，当容量较小时，也可采用连接变压器的方式。

链式 STATCOM 的主要优点是损耗小，具备滤波功能，占地指标小。

链式 STATCOM 的电路原理见图 6-24 和图 6-25，它主要由电压源换流器、连接变压器或电抗器及其他辅助设备（如并网开关、控制与监测设备、冷却装置等）组成。

多重化 STATCOM 是 H 桥结构的 IGBT 功率单元串联技术相对不成熟时的产品，随着技术的不断发展，目前国内及国际上普遍采用的 STATCOM 均为链式结构。以下除特殊注明外，所提及的 STATCOM 均指链式。

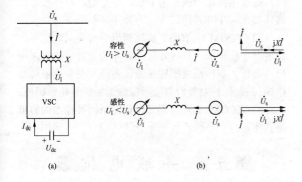

图 6-23 STATCOM 简化原理图

（a）主电路；（b）无功功率交换

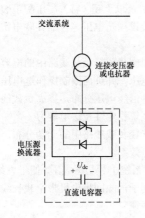

图 6-24 链式 STATCOM 接入系统原理图

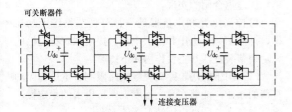

图 6-25 每相链式换流器基本电路

（二）电气接线

STATCOM 成套装置主要由启动装置、连接电抗器、IGBT 换流阀组（一般采用功率柜）、控制系统等组成，成套装置接线示意图如图 6-26 所示。成套装置一般安装于变电站主变压器低压侧。

根据国内目前无功补偿装置的接线情况，STATCOM 成套装置一般采用单母线接线形式。

在电网薄弱地区，或者初期只有一台主变压器的情况下，从安全可靠性角度出发，每组主变压器低压

侧可配置两套 STATCOM 装置，每套容量为系统所需容量的一半。

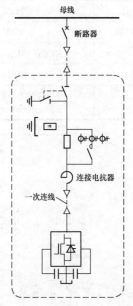

图 6-26 STATCOM 成套装置接线示意图

（虚线框内为成套装置范围）

以 YFZH 变电站为例，该工程 35kV STATCOM 成套装置的电气接线如图 6-27 所示，其中每段母线安装了两组 STATCOM。根据计算结果，每套 STATCOM 容量为-20～+20Mvar。

（三）设备参数选择

STATCOM 成套装置应满足无功功率、电压调节及功率因数等的技术要求，并根据具体工程要求进行计算，以确定各设备的主要设计参数。目前一般均采用专用软件模拟的方式实现。

以某工程为例，STATCOM 阀体的主要技术参数见表 6-13，连接电抗器的主要参数见表 6-14。

表 6-13 某工程 STATCOM 阀体主要技术参数

额定频率	50Hz
额定容量	±30Mvar
额定电压	35kV
额定电流	498.9A
容量调节范围	从额定感性容量到额定容性容量连续可调
过载能力	$1.1Q_N$（或者 $1.1I_N$）长期，$1.2I_N$ 10s
冷却方式	强制风冷
平均损耗	<1%
谐波特性	<1%I_N
暂态响应速度	不大于 10ms

表 6-14　某工程 STATCOM 连接电抗器
主要技术参数

系统额定电压	35kV
电抗器额定电压	35kV
电抗率	STATCOM 容量的 12%
额定频率	50Hz
电抗偏差	每相总偏差不超过 5%， 三相之间偏差不超过 1%

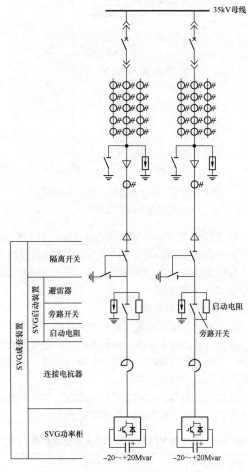

图 6-27　YFZH 工程 35kV STATCOM 成套
装置电气接线图

（四）冷却方式

STATCOM 阀体冷却系统有水冷却和空气冷却等形式，容量较大时一般宜采用密闭式水冷系统。两种冷却方式的对比与 TCR 型 SVC 类似，这里不再介绍。

（五）成套装置平面布置

STATCOM 成套装置中，启动装置可采用户外敞开式设备或户内开关柜，主要由启动电阻和旁路开关组成。上级断路器合闸前，旁路开关分闸，连接电抗器、启动电阻和功率柜串联在一起；STATCOM 正常运行时，旁路开关合闸，限流电阻被旁路。

连接电抗器一般采用干式、空心型，户外布置，具体要求与 TCR 类似。

STATCOM 中 IGBT 换流阀组一般采用功率柜，由链节串联组成，户内布置；其冷却装置一般也采用户内布置。室内需要配置暖通设备，并设置电磁屏蔽措施。控制保护装置应靠近阀组以缩短信号传输距离。

STATCOM 成套装置平面布置示例等详细内容见第八章。

第五节　并 联 电 抗 器

一、超（特）高压并联电抗器的作用

在 330kV 及以上超（特）高压配电装置某些线路侧，常需要装设同一电压等级的并联电抗器，其作用如下：

（1）削弱空载或轻负载线路中的电容效应，降低工频暂态过电压，并进而限制操作过电压的幅值。

（2）改善沿线电压分布，提高负载线路中的母线电压，增加系统稳定性及送电能力。

（3）改善轻负载线路中的无功分布，降低有功损耗，提高送电效率。

（4）降低系统工频稳态电压，便于系统同期并列。

（5）有利于消除同步电机带空载长线时可能出现的自励磁谐振现象。

（6）采用电抗器中性点经小电抗接地的办法补偿线路相间及相对地电容，加速潜供电弧自灭，有利于单相快速重合闸的实现。

可控高压并联电抗器是一种可调节系统无功功率、抑制工频过电压和潜供电流、提高系统稳定性的无功调节装置，其主要作用如下：

（1）用于解决长距离重载线路限制过电压与无功补偿的矛盾，能够在最大程度上保持电压的稳定性，保证系统在工频过电压情况下的安全性；

（2）能够减少系统的网损，对电网的弱阻尼动态稳定也有一定的改善作用，提高电网的输送能力。

（3）其作为系统无功的灵活调节手段也发挥着重要作用。

二、超（特）高压并联电抗器位置与容量的选择原则

（1）超（特）高压并联电抗器位置与容量的选择由系统专业进行。电气专业要从限制过电压的角度予以配合，并考虑安装并联电抗器后对本专业设计的影响。

（2）超（特）高压并联电抗器的位置选择和容量选择与很多因素有关。但应首先考虑限制工频过电压的需要，并结合限制潜供电流、防止自励磁、同期并列以及无功补偿等方面的要求，进行技术经济综合论证。

（3）工频过电压可以有各种限制措施（详见第七章）。在经过技术经济比较，需要为此装设并联电抗器时，其位置与容量应结合工程具体情况以及电抗器制造容量进行比较确定。通常单电源系统，并联电抗器设置在线路的末端；双电源系统，仅在一端设置并联电抗器，对另一端工频过电压的降低影响很小；并联电抗器设置在线路中段，可以照顾线路两端的电压升高。当线路中段没有中间变电站或开关站而无合适的落点时，并联电抗器可设置在系统容量较大的一侧或分装在线路的两端。

（4）并联电抗器的位置和容量一般由系统专业在调相调压和无功平衡的电气计算中确定。

（5）经过优选，最后确定的并联电抗器容量，可以用补偿度 K_f 表示：

$$K_f = \frac{Q_L}{Q_c} \qquad (6-29)$$

式中　Q_L——并联电抗器容量，MVA；

　　　Q_c——线路的充电功率，Mvar。

一般取补偿度 K_f=60%～85%，85%～100%补偿度是一相开断或两相开断的谐振区，应尽量避免采用。表 6-15 为国内外一些超高压输电线路的补偿度。

表 6-15　国内外一些超高压输电线路的补偿度

国别	中国				瑞典	加拿大	美国
电压等级（kV）	1000	750	500	330	400	735	750
补偿度 K_f（%）	～80	～80	～80	～80	75	66	70

三、超（特）高压并联电抗器的型式和伏安特性选择

（一）型式选择

超（特）高压并联电抗器一般选用单相电抗器；三相电抗器比三个单相电抗器的价格便宜。选用三相电抗器，尚应结合制造条件、运输条件、安装条件等综合考虑。

如果选用三相电抗器，应选用三相五柱结构，而不宜采用三相三柱结构。因为三相三柱式有以下两个缺点：

（1）当采用单相重合闸时，单相断开后，另外两相的磁通通过断开的铁芯柱，使断开相上感应一个电压，使得故障点的潜供电流加大而不利于灭弧。

（2）三相三柱式电抗器要求在中性点连接的小电抗具有较大的阻抗值，中性点的绝缘水平较高。

采用三相五柱式结构的电抗器，其有绕组的三个铁芯柱磁阻很大（铁芯加隔磁材料），另外两个旁轭铁芯柱磁阻做得很小。单相开断时，磁通极少通过断开相铁芯柱，避免了相互感应。三相五柱式结构电抗器的零序电抗与单相电抗器的零序电抗相同。因此，它们可选择相同的中性点小电抗和绝缘水平。

（二）伏安特性选择

并联电抗器的伏安特性可近似地用两条折线表示，如图 6-28 所示。

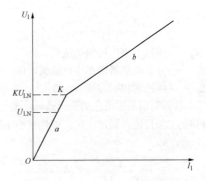

图 6-28　并联电抗器的伏安特性

工程设计应对并联电抗器的伏安特性提出要求，制造厂对铁芯磁密取值过高，如图 6-28 中饱和曲线的拐点 K 较低，b 段斜率较小，电网中容易激发非线性谐振过电压。

拐点 K 的电压应保证 KU_{LN} 大于工频过电压。若取拐点 K 以下 a 段的斜率为 1，则拐点 K 以上 b 段的斜率为 $\Delta U_{LN}/\Delta I_1$，不宜低于 a 段的 1/2，最好达到 2/3。

表 6-16 为我国高压并联电抗器的伏安特性。

表 6-16　我国高压并联电抗器的伏安特性

电压（kV）	1000	750	500	330
拐点电压（倍数）	1.4	1.4	1.4	1.4
拐点以下斜率	1	1	1	1
拐点以上斜率	≥50	≥50	≥50	≥50

注　拐点以下斜率取 1 是针对拐点以上斜率而取的相对值，实际斜率由电抗器容量确定，拐点以上斜率是针对拐点以下斜率而取的百分值，并非实际斜率。

四、中性点小电抗和绝缘水平的选择

（一）按加速潜供电弧熄灭的要求选择小电抗

超（特）高压线路常采用单相重合闸作为提高动

稳定的措施。但在发生单相接地故障时，由于线路的电容耦合和互感耦合，接地点的潜供电弧难以自熄，降低了单相重合闸的成功率。

在并联电抗器的中性点连接小电抗器后，可以补偿相间电容，并部分地补偿互感分量，降低潜供电流的幅值。当小电抗中附加小电阻后，还可以改变相位，从而加速潜供电流的熄灭。

小电抗的最佳补偿与系统参数、并联电抗器的补偿度、安装位置和故障方式有关。工程设计应由系统专业对各种方案进行潜供电流和恢复电压计算选择最佳电抗值。潜供电流应小于 $15\sim20A$。

单从补偿相间电容的原则出发，可按式（6-30）对小电抗值进行近似估算。

$$X_n = \frac{X_{L1}^2}{X_L - 3X_{L1}} \quad (6-30)$$

式中　X_n——中性点小电抗的电抗值，Ω；

　　　X_{L1}——并联电抗器的正序电抗值，Ω；

　　　X_L——线路的相间容抗值，Ω。

（二）按抑制谐振过电压的要求选择小电抗

为抑制工频传递谐振过电压，中性点小电抗可按式（6-31）计算。

$$X_n = \frac{X_L^2}{X_{L0} - 3X_L} + \frac{X_L - X_{L0}}{3} \quad (6-31)$$

式中　X_{L0}——并联电抗器的零序电抗值，Ω，对于单相电抗器，$X_{L0}=X_{L2}$，对于三相三柱式电抗器，$X_{L0}=X_L/2$。

为阻尼分频谐振过电压，在中性点小电抗回路串接的电阻宜为百欧级。中性点仅安装小电抗，可以减少激发分次谐振的概率，但不能防止激发。

（三）中性点小电抗的额定电流

中性点小电抗的额定电流按下列条件选择：

（1）根据国内相关标准，潜供电流不应大于 20A；

（2）输电线路三相不平衡引起零序电流，一般取线路最大工作电流的 0.2%；

（3）并联电抗器三相电抗不平衡引起的中性点电流，可取并联电抗器额定电流的 5%~8%。

在按故障状况校验小电抗的温升时，故障电流可取 200~300A，时间可取 10s。

（四）并联电抗器中性点和小电抗的绝缘水平

并联电抗器中性点和小电抗的绝缘水平主要取决于出现在中性点上的最大工频过电压 U_{og}，因为 U_{og} 实际上决定了避雷器的保护水平。

由式（6-31）可知，小电抗 X_n 随补偿度 K 的增大而减小。随着小电抗 X_n 的减小，U_{og} 相应降低。因此，绝缘水平的选择与系统所取补偿度有关。

中性点上出现的最大工频过电压 U_{og}，是由各种不对称故障形式决定的。其中以并联电抗器的两相分闸和空线中的不对称接地两种情况引起的最大工频过电压最高。

表 6-17 为各种情况下 U_{og} 的计算公式。一般情况下可取表 6-18 所列的标准绝缘水平。

表 6-17　并联电抗器中性点工频过电压的计算公式[①]

序号	不对称情况	计算公式	近似公式
1	运行的电抗器的单相分闸	$\dfrac{U_{xg}}{2+\dfrac{X_L}{X_0}}$	$\dfrac{\dfrac{U_{xg}}{3K_1}}{T_{k0}-1}$
2	运行的电抗器的两相分闸	$\dfrac{U_{xg}}{1+\dfrac{X_L}{X_0}}$	$\dfrac{\dfrac{U_{xg}}{3K_1}}{T_{k0}-2}$
3	运行下的单相线路开断	$\dfrac{U_{xg}}{3+\dfrac{X_L}{X_0}}$	$\dfrac{T_{k0}U_{xg}}{3K_1}$
4	空线中的单相接地	$\sqrt{2(\rho_B^2+\rho_C^2)-3}$ $\times\dfrac{K_0 U_{xg}}{3+\dfrac{X_L}{X_0}}$	$\dfrac{T_{k0}K_0 U_{xg}}{3K_1}$ $\times\sqrt{2(\rho_B^2+\rho_C^2)-3}$
5	空线中的两相接地	$\dfrac{\rho_A K_0 U_{xg}}{3+\dfrac{X_L}{X_0}}$	$\dfrac{\rho_A T_{k0}K_0 U_{xg}}{3K_1}$

注　U_{xg} 为电网最高相电压（kV）；X_L 为并联电抗器的正序电抗（Ω）；X_0 为中性点小电抗的电抗（Ω）；K_1 为并联电抗器的补偿度，$K_1=\dfrac{l}{X_L\omega C}$；$C$ 为线路的正序电容；

　　T_{k0} 为线路间电容 C_{12} 与正序电容 C_1 的比值；$T_{k0}=3C_{12}/C_1$；K_0 为电容效应系数与等效电源系数（即等效电势与 U_{xg} 之比）的乘积，ρ_A、ρ_B、ρ_C 为健全相的单相接地系数。

① 陈维贤，并联电抗器中性点和小电抗的绝缘水平《电力技术》1986 年第 4 期。

表 6-18　并联电抗器中性点和小电抗的绝缘水平

并联电抗器电压等级（kV）	330	500	750	1000
中性点和小电抗的绝缘水平（kV）	66、110	66	110	220
直接接地（kV）	35	35	35	—

五、超（特）高压并联电抗器的接线与布置

（一）超（特）高压并联电抗器的接线方式

超（特）高压并联电抗器应连接在线路断路器的线路侧。常用接线方式如图 6-29 所示。

（1）高压并联电抗器断路器的设置原则是：电网

建设初期，只要在线路上接并联电抗器投入运行，一般不允许并联电抗器退出运行，应把并联电抗器看作是线路的一部分，此时没有必要设置断路器，原则上可只装设隔离开关或者直接连接；如果在某种运行方式下，并联电抗器有被切除或操作的可能（如并联电抗器退出运行而过电压水平在允许范围内、两回线共用一组并联电抗器或者装设母线并联电抗器的主要目的是调相调压），则该回路应设置专用断路器。

设置断路器时，应考虑断路器切除电抗器产生的操作过电压，注意断路器的选型。也可用负荷开关代替断路器，此时对并联电抗器的保护跳闸，则作用于线路断路器。

（2）避雷器 F1、F2 的设置原则是：F1 是否装设，由配电装置和线路的过电压保护决定。当装设断路器 QF 时，不论有无 F1，均应装设避雷器 F2，以保护开断并联电抗器产生的过电压。当不装设断路器 QF，且并联电抗器在 F1 的保护范围之内时，可不装设避雷器 F2。

避雷器 F1/F2 应采用线路型避雷器。

避雷器 F0 的电压等级应与并联电抗器中性点电压等级一致。

（3）电流互感器 TA1、TA2 和 TA0。均可采用套管型电流互感器。TA2 应不小于 3 个次级，分别供过电流、差动和零序差动保护；TA2 应有两个次级，供测量和差动保护；TA0 应有两个次级，供测量、过电流零序差动保护。

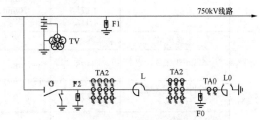

图 6-29 某工程 750kV 并联电抗器的接线方式

（二）超（特）高压并联电抗器的布置

超（特）高压并联电抗器及小电抗一般布置在配电装置的线路侧。电抗器附近应有运输道路。电抗器下应设置事故油坑，单相电抗器之间应设防火隔墙。750kV 高压并联电抗器及小电抗布置等详细内容见第八章。

（三）超（特）高压并联电抗器的技术参数示例

表 6-19 为已在国内安装的部分并联电抗器的主要技术参数。

表 6-19   并联电抗器的主要技术参数

序号	项　目	技　术　参　数		
		GZ 变电站 330kV 高压电抗器	TLF 变电站 750kV 高压电抗器	SZ 变电站 1000kV 高压电抗器
1	安装地点	GZ 变电站 330kV 高压电抗器	TLF 变电站 750kV 高压电抗器	SZ 变电站 1000kV 高压电抗器
2	型式	户外、单相、油浸自冷户外、单相、油浸自冷	户外、单相、油浸式自冷并联电抗器	户外、单相、油浸式并联电抗器
3	额定容量（Mvar）	30	140	240r
4	额定电压（kV）	$363/\sqrt{3}$	$800/\sqrt{3}$	$1100/\sqrt{3}$
5	阻抗（Ω）	1464	1523.3	1680
6	$1.05U_N$ 温升限值（K）	层油：50 绕组（平均）：60 油箱及金属结构件表面：70 铁芯：70	顶层油：43 绕组（平均）：50 油箱及金属结构件表面：68 铁芯：68 绕组热点：63	顶层油：55 绕组（平均）：60 油箱及金属结构件表面：80 铁芯：80 绕组热点：73
7	总损耗（kW）	≤75	≤212	≤480
8	噪声水平（dB）	≤70	≤74	≤75
9	箱外振动（峰-峰）平均值（μm）	≤30	≤60	≤90
10	局部放电水平（pC）	≤100	≤100	≤100
11	饱和特性	在 1.5 倍额定电压以下，磁化特性曲线应为线性，且 1.5 倍额定电压下的电流不应大于 1.5 倍额定电流的 3%；在磁化特性曲线上，对应于 1.5 倍和 1.7 倍额定电压的连线平均斜率不得小于非饱和区域磁化曲线斜率的 50%	$1.4U_N$ 下的电流不大于 1.4 倍额定电流的 3%；$1.4U_N$ 和 $1.7U_N$ 的连线平均斜率不小于初始斜率 66.7%	$1.5U_N$ 下的电流不大于 1.5 倍额定电流的 3%；$1.4U_N$ 和 $1.7U_N$ 的连线平均斜率不小于初始斜率 50%

序号	项 目	技 术 参 数					
		额定电压倍数	允许运行时间	额定电压倍数	允许运行时间	额定电压倍数	允许运行时间
12	允许过电压时间	$1.5U_N$ $1.4U_N$ $1.3U_N$ $1.2U_N$ $1.1U_N$	8s 20s 3min 20min 连续	$1.5U_N$ $1.4U_N$ $1.3U_N$ $1.2U_N$ $1.1U_N$	8s 20s 3min 20min 连续	$1.4U_N$ $1.3U_N$ $1.2U_N$ $1.1U_N$	20s 3min 20min 连续
13	绝缘水平	线端	中性点	线端	中性点	线端	中性点
	全波冲击耐压（峰值）（kV）	1175	480	2100	480	2250	650
	截波冲击耐压（峰值）（kV）	1175	—	2250	—	2400	750
	操作冲击耐压（峰值）（kV）	950	—	1550	—	1800	—
	1min 工频耐压（有效值）（kV）	510	200	800	200	1100	275
14	套管绝缘水平	线端	中性点	线端	中性点	线端	中性点
	全波冲击耐压（峰值）（kV）	1205	550	2100	550	2400	750
	操作冲击耐压（峰值）（kV）	968	—	1550	—	1950	—
	1min 工频耐压（有效值）（kV）	520	230	900	230	1200（5min）	325
	爬电距离（mm）	$\geq 9750K_d$	$\geq 3150K_d$	$\geq 20000K_d$	$\geq 3150K_d$	$\geq 27500K_d$	$\geq 6300K_d$
15	套管允许水平拉力（kN）	4	2.0	4	3.15	4	2.0
16	套管式电流互感器	150～300/1 0.5/ 5P30/5P30	150～300/1 5P30/5P30	400/1A 0.2/0.5/ 5P20/5P20	400/1A 5P20/5P20 5P20	1000/1A 0.2/5P40/ 5P40/5P40	1000/1A 0.2/0.5/ 5P40/5P40

注 上表为实际工程示例，部分参数优于标准要求。

表 6-20 为部分工程高压并联电抗器回路中性点小电抗的技术参数。

表 6-20 　　　　　　　　　　　　　**中性点小电抗的技术参数**

序号	项 目	技 术 参 数				
1	安装地点	GZ 变电站 330kV 高压电抗器中性点		TLF 变电站 750kV 高压电抗器中性点		SZ 变电站 1000kV 高压电抗器中性点
2	型式	户外、单相、油浸自冷		户外、单相、油浸、自冷		户外、单相、油浸、自冷
3	额定连续电流（A）	130		30		30
4	额定 10s 最大电流（A）	300		300		400
5	电抗（Ω）	300±10		350±10		700±10
6	极限温升（K）	顶层油：55		顶层油：45		顶层油：60
7	连续负载电流时（K）	绕组（平均）：60		绕组（平均）：50		绕组（平均）：70
8	10s 负载电流时（K）	绕组（平均）：80		绕组（平均）：70		绕组（平均）：90
9	损耗（kW）	≤50		≤11		≤18.9
10	绝缘水平	高压侧	中性点	高压侧	中性点	高压侧	中性点
	全波冲击耐压（峰值）（kV）	550	195	550	185	750	200
	操作冲击耐压（峰值）（kV）	—	—	—	—	—	—
	1min 工频耐压（有效值）（kV）	230	95	230	85	325	85

序号	项目	技术参数					
11	套管爬电距离（mm）	≥3150K_d	≥1256K_d	≥3150K_d	≥1025K_d	≥6300K_d	≥1025K_d
12	套管允许水平拉力（kN）		3.15			1.5	
13	套管式电流互感器	100～200/1A 5P/5P		50～200/1A 5P/5P		100/1A 5P25/5P25	
14	噪声水平（dB）	≤60		≤60		≤65	

注 上表为实际工程示例，部分参数优于标准要求。

六、可控高压并联电抗器的接线和布置

（一）可控高压并联电抗器的分类及原理

目前工程应用于超/特高压系统的可控高压并联电抗器主要有磁控式和变压器式两大类，又根据其结构形式及原理不同，大致可分为磁控式连续可控高压并联电抗器、分级式高阻抗变压器型可控高压并联电抗器、晶闸管控制变压器型（TCT）可控高压并联电抗器。

1. 磁控式连续可控高压并联电抗器

磁控式连续可控高压并联电抗器也称作裂芯式可控高压并联电抗器，图 6-30 为其单相铁芯结构及绕组接线示意图，网侧绕组（对应编号 1）和控制绕组（对应编号 2）均采用两分支绕组结构，分别套在分裂铁芯柱 p、q 上。网侧绕组直接与电网相连，控制绕组反极性串联于直流电源。控制绕组中的直流电流 I_k 在

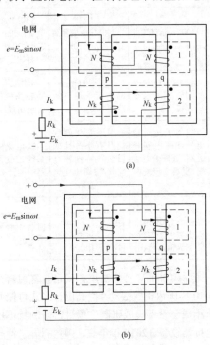

图 6-30 直流助磁式可控高压并联电抗器
单相铁芯结构及绕组接线图
（a）串联结构；（b）并联结构

p、q 两个芯柱中产生等幅反向的直流偏置磁通，该直流偏置磁通对网侧电压在 p、q 芯柱中引起的交流磁通分别形成正向和反向偏置，使得两芯柱在交流磁通的正、负半周内轮流饱和。通过改变 I_k 的大小，就可以改变主铁芯的饱和程度，变相改变铁芯磁导率进而控制电抗器的电抗值大小和工作容量。

磁控式可控高压并联电抗器容量大范围平滑连续可调，能在很短时间内从空载调节到额定功率，其稳态控制特性优良、谐波含量小，且结构简单、造价低廉、维护方便，在超/特高压电网建设中应用前景广阔。国外直流助磁可控高压并联电抗器主要在俄罗斯、白俄罗斯等国家有应用，多用作母线高压并联电抗器，电压等级为 110～750kV。目前中国已有两台磁控式可控高压并联电抗器投入应用，一台装设在峡江Ⅱ线江陵换流站侧，额定电压为 500kV，于 2007 年 9 月投运；另一台装设在青海鱼卡 750kV 开关站侧，额定电压为 750kV，于 2013 年 5 月投运。

2. 分级式高阻抗变压器型可控高压并联电抗器（分级式可控高压并联电抗器）

分级式高阻抗变压器型可控高压并联电抗器的组成结构如图 6-31 所示。

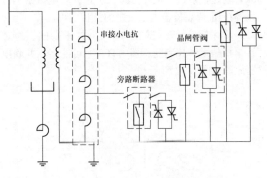

图 6-31 分级式高阻抗变压器型可控
高压并联电抗器的组成结构

主电抗器包含一次绕组和二次绕组，二次侧接有负载小电抗，通过晶闸管阀和旁路断路器改变接入小电抗的数量以分级调节容量。三相分级式可控高压并联电抗器抗采用 YNyn 接线，低压侧中性点直接接地，

作母线高压并联电抗器时高压侧绕组中性点也直接接地，作线路高压并联电抗器时高压侧绕组中性点经小电抗接地。单相分级式可控高压并联电抗器容量 S 与二次侧串接阻抗的关系为

$$S = \frac{U^2}{(X_{eq} + X_k)\left(\dfrac{N_1}{N_2}\right)^2} \qquad (6\text{-}32)$$

式中　U——一次侧相电压；

X_{eq}——额定容量下电抗器折合到二次侧的总电抗值；

X_k——串接小电抗的电抗值；

N_1、N_2——一、二次绕组匝数。

分级式可控高压并联电抗器从小容量向大容量切换时先利用晶闸管阀的高速关合能力，使大容量阀导通，随后将大容量旁路断路器合闸以承担回路中的长期短路电流，同时使大容量阀被旁路，最后退出大容量阀并打开小容量旁路断路器，实现切换；从大容量向小容量切换时，先打开大容量旁路断路器并发出小容量阀导通命令，待小容量阀导通、该组阻抗投入后闭合小容量断路器，最后将小容量阀退出，完成切换。

分级式可控高压并联电抗器原理简单，响应速度快，且晶闸管工作时处于全导通或全关断，理论上不产生谐波污染。缺点在于容量只能分级调节。考虑到成本等因素，其分级容量又不宜设置过多，故分级式可控高压并联电抗器更适合于潮流变化剧烈但具有季节负荷特性的超/特高压输电系统。目前，国内已掌握了超/特高压分级式可控并联电抗器设计和研制方面的所有核心技术，具有完全的自主知识产权，已完成了 500kV 忻州分级式可控并联电抗器示范工程和 750kV 敦煌、沙洲变电站分级式可控并联电抗器示范工程等在超/特高压输电系统中的工程应用。

3. 晶闸管控制变压器型（TCT）可控高压并联电抗器

单相晶闸管控制变压器（TCT）可控高压并联电抗器原理如图 6-32 所示。

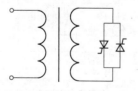

图 6-32　TCT 可控高压并联电抗器原理图

TCT 可控高压并联电抗器本质上是变压器与 TCR 的结合，利用变压器阻抗变换的特性，通过调节晶闸管的触发角，改变二次绕组等效电抗大小进而平滑地调节容量。TCT 可控高压并联电抗器往往将一、

二次绕组间漏抗设计得很大（达 100%额定阻抗）以省去 TCR 中与晶闸管串联的小电抗。

TCT 可控高压并联电抗器响应速度快，有较强的过负荷能力，既可作为线路高压并联电抗器解决无功补偿和过电压抑制间的矛盾，又可作为母线高压并联电抗器控制系统无功电压。总之，TCT 可控高压并联电抗器兼具分级式响应速度快和直流助磁式容量大范围平滑可调的优点，在风电大规模集中接入的超/特高压交流输电系统中应用独具优势。TCT 可控高压并联电抗器在国外应用较多，比较典型的如安装于大阪 Higashi-Osaka 变电站的 60Mvar、TCT 可控高压并联电抗器，加拿大 Loreatid 变电站的 735kV、450Mvar、TCT 可控高压并联电抗器以及印度 Itarsi 的 420kV、50Mvar、TCT 可控高压并联电抗器等。目前，国内 TCT 可控高压并联电抗器在装置的关键技术研究和工程应用方面尚未成熟。

三种形式的 750kV 可控高压并联电抗器技术综合比较见表 6-21。

表 6-21　750kV 可控高压并联电抗器技术综合比较

指标	TCT	分级式	磁控式
成套装置主要设备构成	本体、晶闸管阀控制系统、控制保护系统、滤波支路	本体、辅助电抗器、取能电抗器、晶闸管阀控制系统、控制保护系统	本体、整流变压器、整流器、滤波支路、控制保护系统
占地面积	300Mvar TCT 占地约 57m×42m	390Mvar 成套装置：50m×70m	330Mvar 成套装置：50m×70m～20m×20m（场地中有块空地）
冷却方式	本体采用 ONAF；晶闸管采用水冷却方式	本体采用 ONAF；晶闸管采用自然冷却方式	本体采用 ONAF；励磁系统的晶闸管采用风冷方式
适用场合	超高压交流输电长线路中间开关站、直流输电送端、受端交流变电站	潮流变化剧烈但具有季节性或日负荷特性特点的超/特高压变电站、开关站	风电集中送出系统的交流长线路中间开关站
稳态调节响应速度	从大容量到小容量小于 30ms；从小容量到大容量小于 30ms	从大容量到小容量小于 30ms；从小容量到大容量小于 100ms	75% 容量阶跃调节上升时间小于 1.65s

4. 国内 1000kV 可控高压并联电抗器的研究现状

2010 年国内正式启动"特高压分级式可控并联电抗器单相成套设备集成研制"项目，研制特可控高压并联电抗器设备。2015 年年底，国内召开"特高压分级式可控并联电抗器关键技术研究及设备研制"成果技术鉴定会。特高压分级式可控并联电抗器主要技术指标见表 6-22。

表 6-22 特高压分级式可控并联电抗器
成套装置主要技术指标

额定电压（kV）	1100
额定容量（Mvar）	600（三相）
整体结构形式	分级式
本体结构形式	高阻抗变压器式
暂态响应时间	非故障相：小于 30ms 故障相：小于 100ms
谐波电流	<0.4%I_N（无须滤波器）
控制模式	分级可调
技术实现方式	通过并联带取能电抗器的旁路断路器，确保晶闸管阀具备导通条件，无须冷却设备
晶闸管阀控系统	击穿二极管（BOD）过压、阀裕度不足等多重化保护配置，电压和电流混合取能方式，保护和自纠错设计
控制保护系统	双冗余配置，独特的抗干扰和电磁兼容设计

特高压可控并联电抗器采用分级式结构，通过并联带取能电抗器的旁路断路器结构，确保晶闸管阀具备导通条件。旁路断路器承担长期工作电流，晶闸管阀仅短时工作，无须水冷设备。电抗器谐波电流很小，无须安装滤波器，减少投资及运行成本。

特高压分级式可控并联电抗器成套装置各项性能指标与同类系统技术比较见表 6-23。

表 6-23 特高压分级式可控并联电抗器
成套装置与同类系统技术比较

指标	本产品	印度 Itarsi 变电站	俄罗斯 Baranovichi 变电站
		国内外同类本产品	
额定电压（kV）	1100	420	347
额定容量（Mvar）	600（三相）	50（三相）	180（三相）
整体结构形式	分级式，三级调节	TCT 式	磁控式
本体结构形式	双柱	单柱	单柱
响应时间	暂态响应时间 非故障相：小于 30ms 故障相：小于 100ms	30ms	700ms
谐波电流	<0.4%I_N（无须滤波器）	<2%I_N（带滤波器）	<2%I_N（带滤波器）
阀组冷却方式	自然冷却	水冷却	水冷却
阀组额定参数	额定电压：66kV 额定电流：3480A	额定电压：11kV 额定电流：1500A	—

续表

指标	本产品	印度 Itarsi 变电站	俄罗斯 Baranovichi 变电站
		国内外同类本产品	
阀控系统	采用电压和电流混合取能方式，光电触发	电磁触发	电磁触发
控制保护系统	双系统，冗余配置	单系统	单系统

通过综合比较可看出，特高压分级式可控并联电抗器成套装置在技术方案、设备结构设计等方面具有重大创新，整体达到同类技术领先水平，属于世界电压等级最高、容量最大的分级式可控并联电抗器工业样机，已经实现特高压电网无功功率补偿和降低暂态过电压等功能。

（二）可控高压并联电抗器的常用接线方式

500kV 磁控式可控并联电抗器一次电气接线如图6-33 所示。其一次系统主要由以下部分构成：

（1）可控电抗器本体部分，包括网侧绕组、控制绕组；

（2）控制绕组旁路断路器；

（3）串联电抗器；

（4）中性点小电抗器；

（5）自励磁系统，包括整流变压器、换流阀，并联电阻等；

（6）避雷器、隔离开关、接地开关等；

（7）外接电源。

750kV 分级式可控并联电抗器一次电气接线如图6-34 所示。其一次系统主要由以下部分构成：

（1）可控电抗器本体部分，包括一次侧绕组、二次侧绕组；

（2）中性点小电抗器（适用于线路高压并联电抗器）；

（3）辅助电抗器、取能电抗器；

（4）换流阀系统；

（5）断路器、避雷器、隔离开关、接地开关等。

（三）可控高压并联电抗器的布置

可控高压并联电抗器本体部分及小电抗布置与普通高压并联电抗器的要求相同，应考虑其搬运通道、油坑和相间防火墙。

分级式可控高压并联电抗器控制部分的辅助、取能电抗器宜选用干式空心电抗器，为节约占地，电抗器可上下叠加布置；为避免其在邻近导体（包括接地体）中引起严重的电磁感应发热及电动力效应，在本体布置安装设计中必须满足厂家提出的防电磁感应的空间范围要求；开关设备可按 GIS 或敞开式考虑。

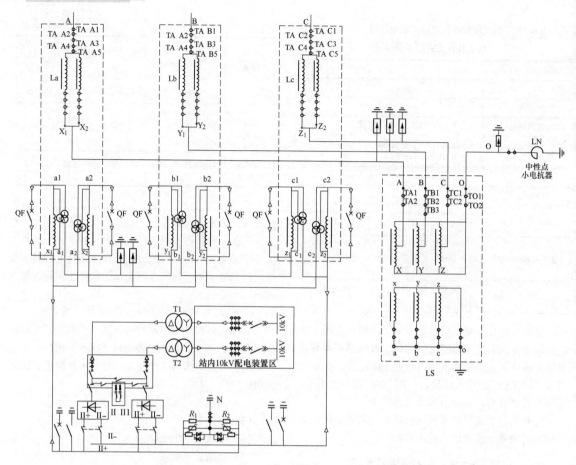

图 6-33　500kV 磁控式可控并联电抗器一次电气接线图

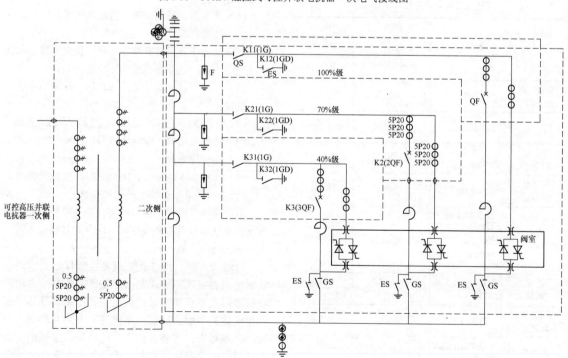

图 6-34　750kV 分级式可控并联电抗器一次电气接线图

建筑物有阀室和控制保护小室，晶闸管阀组一般采用支撑式布置在阀室内，阀室与控制保护小室宜相邻布置。控制部分设备的串并联接线可通过管形母线实现连接，室内的阀组通过穿墙套管与室外设备连接。

可控高压并联电抗器的平面布置示例等详细内容见第八章。

七、低压并联电抗器的接线与布置

（一）电气接线

为了无功平衡的目的，当高压并联电抗器的安装

容量不能满足要求时，系统方面可能要求变电站内交流部分较低电压的电抗器。电抗器的电压一般在电气主接线已有的电压中选择较低的等级或者在变压器中专门设置第三绕组。

某工程主变压器低压侧电气接线方式如图 6-35 所示。

（二）设备选型及参数

1. 型式选择

低压并联电抗器可采用干式空心、干式半心式和油浸式铁芯电抗器三种，具体工程中应通过技术经济比较以及运行单位意见进行确定。

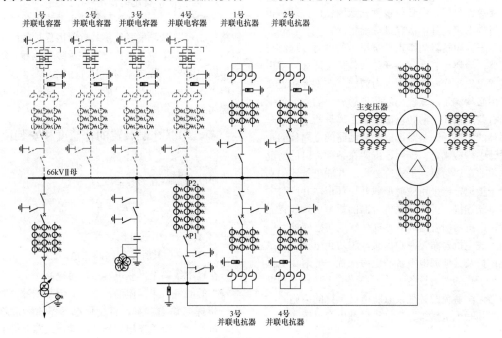

图 6-35 并联电抗器连接在主压器变低压侧接线图

干式空心电抗器的优点是无油、噪声小、磁化特性好、机械强度高，适合室外安装。由于器结构简单、价格低等优势在国内获得广泛应用，目前已有二十多年的运行历史。

干式半心电抗器具有无油、体积小、漏磁较小的特点，其防电磁感应效果优于干式空心电抗器。对安装在室内的电气一次设备通常有两点要求：无油化；对电气二次弱电设备影响小。按照这两点要求要达到无油化就要采用干式电抗器；对电气二次弱电设备影响小，就是要求电抗器本体周围漏磁小，这样只有干式半心电抗器满足要求。

油浸式铁芯电抗器损耗小、价格较高，通常为三相共体式结构，具有体积小、安装简单、占地少的优点，室内外安装均可。油浸式铁芯并联电抗器在运行稳定性、损耗、占地面积、漏磁、在线监测等多方面虽拥有较大优势，但因其造价高，初期投资大多在国

内北方地区，应用较少；往往更适合在湿度大、盐雾多的沿海地区应用。

2. 参数选择

并联电抗器额定电压、最高运行电压不应低于系统额定电压、最高运行电压。

并联电抗器额定电流由额定容量、额定电压确定。

并联电抗器感抗每相额定值偏差不大于+5%，三相间偏差不大于±2%；总损耗一般不宜大于额定容量的0.3%。

并联电抗器在外施加电压为 1.1 倍最高工作电压时，其伏安特性应仍为线性；绝缘水平应满足 GB/T 1094.3《电力变压器 第 3 部分：绝缘水平、绝缘试验和外绝缘空气间隙》的相关要求；绝缘耐热等级及温升限值应满足 GB 1094.2《电力变压器 第 2 部分：液浸式变压器的温升》和 GB 1094.11《电力变压器 第 11 部分：干式变压器》的相关要求。

（三）设备布置

为减少占地面积及便于电抗器引出线，三相干式并联电抗器宜按品字形布置方式；同时各间隔的并联电抗器可交替采用正三角和倒三角布置。也有部分工程为了与电容器组回路布置匹配，三相干式并联电抗器采用一字形布置。目前已建的特高压 110kV 并联电抗器，由于单组容量较大，每相干式并联电抗器采用两个绕组串联，布置上可采用分相一字形布置、品字形布置以及错开的品字形布置等方式。

并联电抗器组采用高位布置时，可不设围栏，以减少占地面积；采用低位布置时，抗地震能力强，并可减少支撑件投资，但必须设置安全围栏，占地面积较大，可根据工程具体情况进行确定。

由于干式电抗器的特点是绕组中的磁力线均经空气成回路，为避免它在邻近导体（包括接地体）中引起严重的电磁感应发热及电动力效应，在本体布置安装设计中必须满足厂家提出的防电磁感应的空间范围要求。有些厂家提出的防电磁感应距离有两个：一是对金属体的距离；二是对形成闭合回路的金属体的距离，设计中均应满足。围网、围栏在条件许可的情况下宜选用非金属材料。干式空心串、并联电抗器的支柱绝缘子接地，应采用放射形或开口环形，并应与主接地网可靠连接。干式并联电抗器的板型引接线宜立放布置，电抗器所有组件的零部件宜用防磁螺栓。

当干式电抗器布置在户内时，为防止电抗器对二次微机保护及其他弱电设备的电磁干扰，应避免电抗器与易受干扰的弱电设备上、下布置或水平相邻靠近布置，当无法避免时必须采取防电磁干扰的措施。

低压并联电抗器布置示例等详细内容见第八章。

第六节　串联补偿装置

串联补偿装置简称串补装置，按其调控性能可分为固定串补（FSC）和可控串补（TCSC）两种类型，在系统无连续调节要求时，宜选择固定串补；当系统需要进行连续调节时，宜选择可控串补。

一、串联补偿装置的作用

超高压、特高压远距离输电线路的感抗对限制输电能力起着重要作用。将电容器串入输电回路，利用其容抗抵消部分线路感抗，相当于缩短了线路的电气距离，从而提高了系统的稳定极限和送电能力。

1. 对提高静态稳定的作用

按照静态稳定条件计算输送功率一般为

$$P = \frac{U_1 U_2}{X_L} \sin \delta \qquad (6-33)$$

式中　P——输送功率，MW；

U_1、U_2——线路始端和末端的电压，kV；

X_L——线路感抗，Ω；

δ——U_1 与 U_2 的相角差。

当串入电容后，则为

$$P = \frac{U_1 U_2}{X_L - X_C} \sin \delta \qquad (6-34)$$

式中　X_C——串联电容的容抗，Ω。

在同一角度 δ 的情况下，增加输送功率 $\frac{X_L}{X_L - X_C}$ 倍。

2. 对提高动稳定的作用

一般情况下，输送容量往往由动稳定极限决定。线路三相短路时，串联补偿装置常因保护间隙动作而被短接，失去作用。这就要求在故障切除后，尽快投入串联电容器。若故障为不对称短路，则非故障相串联电容器的保护间隙有可能不击穿，尚能使串联补偿装置起到一定作用。

二、串联补偿装置的补偿度和安装位置

1. 补偿度

串联补偿装置的补偿度为

$$K_C = \frac{X_C}{X_L} \qquad (6-35)$$

式中　X_C——串联补偿装置的容抗，Ω；

X_L——被补偿线路的感抗，Ω。

在输电线路上串联电容后，可提高送电能力，取得较大的经济效果；但当补偿度大于某一数值时，为进一步提高输送容量，将会使电容器的容量急剧增大。每增加一个千乏电容器，而使得线路允许的输送容量提高最大时的补偿度，称为最佳补偿度，可按式（6-36）计算：

$$K_{Cj} = \frac{1 - \sin \delta}{1 + \sin \delta} \qquad (6-36)$$

式中　δ——线路送、受两端电压相量间的极限相角。

当 $\delta = 30° \sim 25°$ 时，$K_{Cj} \approx 50\% \sim 60\%$。

从技术条件要求，补偿度不能超过某一极限值。在负荷变化时，电容器两侧的电压跃升不能超过工频过电压允许的水平；短路时，线路电抗不能呈容性，以保证继电保护动作的选择性；K_C 不能接近于 1，全补偿将会使静稳定度变坏，且易发生自振荡。

极限补偿度一般不宜超过 50%～60%。

2. 安装位置

串补装置可以安装在线路的端部或中间，既可以采用集中安装的方式，也可以采用分布安装的方式。当串补装置安装在线路的端部时，可以与变电站合并建设。

采用集中电容补偿具有分布参数的线路，其补偿效果将要降低。图 6-36 表示串联补偿装置安装在不同地点时，其容抗值的修正系数。

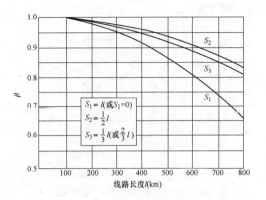

图 6-36 补偿度的修正系数

S—串联补偿装置到线路末端（或始端）的距离

由图 6-36 可知，当电容器集中一处安装时，以安装在线路中点或距始末端 1/3 处为宜；当在两处安装时，安装在 1/3 和 2/3 处有最优补偿度。

对于较长线路，串补装置的位置非常重要。对于短线路，有效性的差异不大时，也可将串补装置安装在线路端部以更好地利用变电站站址，提高运行维护的便利性。

当串补装置安装在含有高压并联电抗器的输电线路上，且串补装置的安装位置位于线路端部时，需要考虑串补装置与高压并联电抗器的相对位置，即串补装置可以装设在高压并联电抗器的线路侧，也可以装设在高压并联电抗器的母线侧。串补装置与高压并联电抗器典型配置方案及其特点如下：

（1）串补装置安装于高压并联电抗器的线路侧。该方案具有改善沿线和母线电压分布等优点。此时，为限制潜供电流的低频暂态分量，应考虑采用保护联动策略，即当线路继电保护装置发出线路断路器跳闸信号的同时，命令串补装置旁路开关按相合闸。

（2）串补装置安装于高压并联电抗器的母线侧。该方案具有限制潜供电流的低频暂态分量，便于潜供电流熄弧的优点，但不利于充分发挥串补装置改善母线和沿线电压分布的功能。

对于实际工程中串补装置与高压并联电抗器的配置方案选择，必要时需进行线路沿线电压分布、工频过电压、潜供电流、工频谐振过电压、断路器瞬态恢复电压、同塔双回线路线间感应电压和感应电流等计算分析后确定，确保串补装置与高压并联电抗器的配置可满足各种方式的运行要求。此外，串补装置的安装位置还应综合考虑系统要求、串补装置规模、站址外部条件、工程实施及其投资、运行维护等多方面因素，合理选择。

三、串联补偿装置的接线

1. 过电压保护方案

串联补偿装置随过电压保护配置方案的不同在接线上略有不同，主要采用以下四种接线方案：

（1）单一火花间隙保护方案接线（K1 型）。

（2）由两个不同设置的单一火花间隙组成的双间隙保护方案接线（K2 型）。

（3）非线性电阻器保护接线（M1 型）。

（4）带旁路间隙的非线性电阻器保护接线（M2 型）。

这几种接线方案示意如图 6-37 所示。

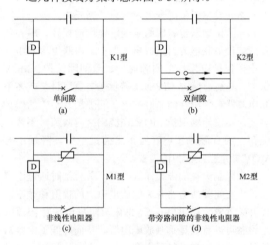

图 6-37 串联补偿装置保护接线

（a）K1 型保护接线；（b）K2 型保护接线；（c）M1 型保护接线；（d）M2 型保护接线

对于 K 型保护接线方案，当由于系统故障引起线电流过大时，间隙就会发生火花放电，电弧将一直持续到线路被开断或旁路开关闭合时；在间隙燃弧期间电容器上承受的电压峰值将不大于 U_{pl}（U_{pl} 指在电力系统发生故障期间出现在过电压保护装置上的工频电压的最大峰值）。电容器仅在间隙每次动作时受到一次短暂放电。

对于 M 型保护接线方案，非线性电阻器永久跨接在电容器的端子之间，当电容器在正常的负荷电流下运行时，仅有非常小的电流流过非线性电阻器。在线路发生外部故障的场合，一旦故障被切除，串联电容器就会自动地被再次接入。甚至在故障期间，串联电容器仍能起到一定的补偿作用。由于这个原因，在许多情况下 M 型保护装置所选取的 U_{pl} 值可以低于 K 型过电压保护装置的 U_{pl} 值。另一方面，当被补偿线路本身短路时，线路末端的断路器将被打开。非线性电阻器应能耐受在过负荷状态下和出现系统摇摆时以及由此引起的最大线路故障电流产生的热应力。一旦其线路保护失灵，则外部故障将长时间存在，这时非线性电阻器将处于过热状态。另外在被补偿线路上的短路会产生很大的电流，要按照这个电流来决定非线性电阻器的参数是不经济的。在这种情况下，为了保护非线性电阻器，可以用一个开关或强制触发火花间隙进行旁路。

目前，国内超高压及特高压串联补偿装置的接线主要采用 M2 型保护接线方案，该方案兼顾了运行的灵活性及投资的经济性。

2. 基本电气接线型式

串补装置每套为三相，为满足装置在故障时退出检修，同时保证线路的连续供电，在每相装置两端接入线路处设串联隔离开关，并设旁路隔离开关。

为防止串联电容器组承受过电压而损坏，串补装置应装设串联电容器组过电压保护。串联电容器组的过电压保护可采用单间隙保护、双间隙保护、MOV保护、晶闸管保护（TPSC）等保护方案。目前较多串联电容器组采用性能良好的火花间隙加 MOV 的保护方案，不仅能够保护 MOV 在线路区内故障时不致过负荷，而且限制了电容器组上的过电压，降低了对MOV 能量吸收能力的需要。

为限制火花间隙动作或旁路开关合闸时通过电容器、火花间隙或旁路开关的放电电流的幅值和频率，串补装置应装设阻尼装置（即限流阻尼设备）。限流阻尼设备可以有效地抑制放电电流，从而降低了电容器熔丝的要求，也减轻了电容器组、火花间隙和旁路开关的负担。典型的阻尼装置类型主要有电抗型、电抗+电阻型、电抗+间隙串电阻型与电抗+MOV 串电阻型等。其中，电抗+MOV 串电阻型阻尼回路由空心电抗器和带 MOV 的并联电阻构成，其特性是电容器放电电流的衰减特性比较好，长时间运行时阻尼回路损耗低。由于没有间隙，阻尼回路的可靠性较高。因此，750kV 和 1000kV 串补装置采用了电抗+MOV 串电阻阻尼装置，我国现有的 500kV 固定串补装置大多也采用此阻尼方案。

旁路开关与火花间隙并联，当系统区内故障，火花间隙击穿时旁路开关合闸，旁路掉火花间隙中的电流，从而保护 MOV 及火花间隙。旁路开关还用于投切串联电容器组。

串补装置的典型电气接线如图 6-38 所示。

如图 6-38 所示，一套固定式串联补偿装置一般由以下元件组成：

（1）串联电容器组。串联补偿装置的基本组成元件，由多台电容器通过串并联方式构成电容器组，其补偿容量由补偿度确定，最大负荷由短时过载能力确定。

（2）金属氧化物限压器 MOV。作为电容器组的主保护，并联在电容器组的两端，为防止线路故障和不正常运行情况下的过电压直接作用在电容器组上，以保护电容器免遭破坏。

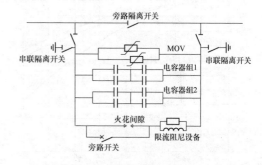

图 6-38　串补装置的典型电气接线示意图

（3）火花间隙。为降低 MOV 吸收能量的要求，与之并联一触发间隙，当 MOV 的能量和最大电流达到某一限定值时，由保护信号触发间隙将 MOV 旁路。

（4）旁路开关。与旁路隔离开关和串联隔离开关配合，作为投切电容器组的元件。或当系统故障时，为防止保护间隙燃弧时间过长，经一定时间，旁路开关合闸，将间隙短接，保证其熄弧兼作串补装置的后备保护。

（5）串联隔离开关。串补装置停运时，提供串补装置与线路一个明显断开点，既保证线路的带电运行，又可以同时对串补装置进行检修。

（6）旁路隔离开关。可根据需要旁路串补装置。旁路隔离开关安装在设备支架上，对地绝缘水平由线路电压决定；断口与电容器并联，断口绝缘水平由电容器组额定电压及极限电压决定。因此，旁路隔离开关对地与断口绝缘水平不同。对于 500kV 及以下串补装置，考虑到断口绝缘水平对设备价格及外形尺寸影响不大，且为尽量选用的标准化设备，因此旁路隔离开关选用常规隔离开关，对地及断口绝缘水平相同。但对于 750kV 及 1000kV 串补装置，旁路隔离开关断口绝缘水平对设备价格及外形尺寸影响较大，应根据电容器组电压选用合理的断口绝缘水平。

旁路隔离开关转换电流开合技术较高，因此需要采取提高转换电流开合能力的措施，这也是与常规隔离开关的最大不同。旁路隔离开关转换电流由串补装置额定电流决定，转换电压由转换电流和阻尼电抗器的感抗决定，需根据工程具体参数计算确定。

（7）限流阻尼设备。由并联的电阻和电感组成，当间隙动作和旁路断路器合闸时，阻尼元件可以限制电容器放电电流的幅值和频率，使其很快衰减，以减轻电容器、保护间隙和旁路断路器的工作条件。

（8）辅助设备。包括为满足线路重合闸和检修时人身安全而装设的电容器组放电装置，绝缘平台上的电流电压等信号传递装置、继电保护装置、电流互感器等。

（9）绝缘平台。由于电容器组串联在高电压等级线路上，因此必须将串补装置安装在与线路同一电压等级的绝缘平台上。

3. 分段方案

串补装置是否分段及分段的型式应根据系统功能特性参数、运行工况、补偿度、串补容量、设备能力和综合投资等多方面因素确定。

以 1000kV 串补装置为例，某工程中，1500Mvar 固定串补装置采用单平台设计；而 2287Mvar 固定串补装置将单相分为两段，即按双平台设计，每个串补平台按 20%补偿设置，每个平台各配置一台旁路开关，两个平台采用串联方式连接，共用一组旁路隔离开关。1000kV 串补采用单相单平台和单相双平台方案典型电气接线如图 6-39 所示。

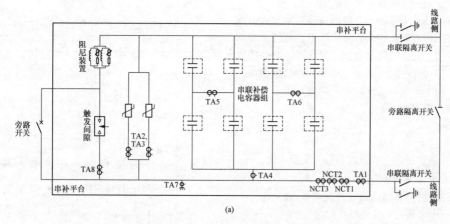

(a)

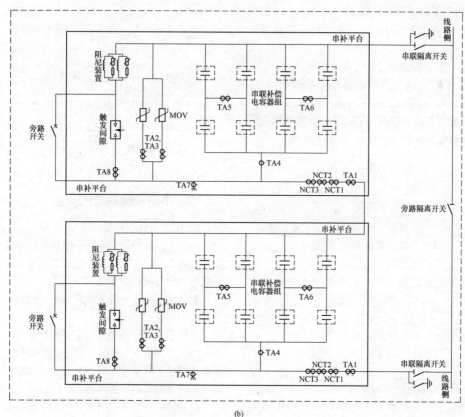

(b)

图 6-39　1000kV 串补典型电气接线图

（a）单相单平台；（b）单相双平台

4. 电容器的串、并联数

电容器是串联补偿装置的基本组成元件，由多个电容器单元通过串并联方式构成电容器组，其补偿容量由补偿度确定，最大负荷由短时过载能力确定；电容器组安装于绝缘平台上。每个电容器单元应装有放电装置，并保证使电容器的剩余电压从 $\sqrt{2}\,U_N$ 降到 75V 或更低，电容器的放电时间不超过 10min。放电回路应具备使电容器从等于 U_{pl} 的电压水平放电所要求的足够的载流能力和能量吸收能力。

串联补偿装置电容器的并联数目按正常最大负荷电流来选择。在双回路中，如果串联电容器置于线路上，则要考虑一回路故障切除后，另一回路产生的过负荷情况。不过此时应该考虑电容器允许的过负荷能力及调整负荷等措施，以便减小电容器的需要容量。

电容器的并联数 m 由式（6-37）求出。

$$m = \frac{I}{I_{CN}} = \frac{SU_{CN}}{\sqrt{3}UQ_{CN}} \qquad (6\text{-}37)$$

式中　I——通过每相电容器组的最大负荷电流，A；

　　　I_{CN}——每个电容器的额定电流，A；

　　　S——通过电容器的最大视在功率，kVA；

　　　U_{CN}——电容器的额定电压，kV；

　　　Q_{CN}——电容器的额定容量，kvar；

　　　U——设置电容器组处的线路电压，可取线路额定电压，kV。

求得 m 值后，取整数，即并联电容器台数。

电容器的串联数则由所要求的补偿度来决定。对于长度超过 300km 的输电线路，串联补偿的有效补偿度小于按铭牌计算的补偿度，应按图 6-36 乘以修正系数 β。串联的电容器个数 n 按式（6-38）计算。

$$\left.\begin{aligned}X_C &= X_L \frac{K_C}{\beta} \\ n &= \frac{X_C}{\dfrac{X_{CN}}{m}} = \frac{mX_CQ_{CN}}{U_{CN}^2}\end{aligned}\right\} \qquad (6\text{-}38)$$

式中　β——修正系数，由图 6-36 查出；

　　　X_{CN}——每个电容器的容抗。

n 应取邻近的整数。实际的三相电容器组的容量为

$$Q_C = 3mnQ_{CN} \qquad (6\text{-}39)$$

实际的串联补偿装置容抗为

$$X_C = \frac{nX_{CN}}{m} \qquad (6\text{-}40)$$

5. 串联电容器组的内部接线

串补装置宜采用内熔丝或无熔丝结构。无熔丝电容器组可采用分支型接线方式，内熔丝电容器组可采用 H 形接线方式。

串联电容器组一般采用如图 6-40（c）所示内部接

线方式。图 6-40（a）方式电容路中间无横向连接，当一支路中任一只电容器故障开断时，将使相邻各支路过电流，电容器相应承受过电压。图 6-40（b）方式横向连接太多，当某一电容器短路时，其余电容器向故障电容器的放电能量太大，可能引起电容器爆破。

图 6-40（c）方式中横向连接的数量由电容器允许的放电能量所决定。对故障电容器的放电能量不应大于电容器的耐爆能量（目前全膜电容器外壳耐爆能量为 18kJ）。

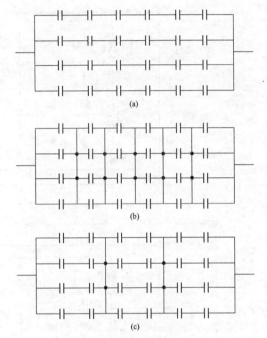

图 6-40　电容器组的内部接线方式

（a）无横向连接；（b）横向连接过多；（c）横向连接数量由放电能量决定

四、串联补偿装置的布置

1. 平台及设备布置

由于电容器的额定电压一般较低，串接在 220kV 及以上线路中，必须放置在绝缘平台上。平台对地的绝缘水平应与线路的绝缘水平相同。

串补装置平台一般需设置围栏。平台带电运行时，围栏门应闭锁。

串补平台及设备布置的主要原则如下：

（1）串补装置的接入方式有门型架接入、单塔接入或绝缘子串直接接入等，应根据工程中线路的具体情况和附近地形确定接入方式。

（2）有条件时，串补装置平台宜避开线路正下方布置。

（3）平台上的主要设备如电容器组、保护火花间隙、MOV、限流阻尼回路、互感器等宜分类集中布置。布置时除考虑带电距离和电磁干扰的要求外，还应考

虑设备的运行维护通道和空间。

（4）平台上的光纤应通过光纤绝缘柱引至平台下。

（5）平台的外缘或中间开孔处应设置护栏，以提供充分的人身保护，护栏与带电设备外廓间应保持足够的电气安全净距。

（6）串补装置平台应设置可移动的检修爬梯。

（7）平台下主要设备有旁路开关及旁路隔离开关、串联隔离开关。旁路开关一般布置在平台的端头，旁路隔离开关、串联隔离开关的布置既要便于与送电线路之间的接线，也要便于与平台之间的连接。

（8）串补装置围栏尺寸的确定原则为：满足串补带电时围栏处带电安全距离要求；满足围栏外配电装置场地内的静电感应场强水平要求，即屋外配电装置场地内的静电感应场强水平（离地 1.5m 空间场强）不宜超过 10kV/m，少部分地区可允许达到 15kV/m。

2. 总体布置

220kV 及以上串联补偿装置采用户外式，一般布置在出线的侧面，以便于导线引接和安装检修；并与配电装置毗邻，以便于运行维护。

串补装置总体布置的主要原则为：

（1）尽量节约占地；

（2）降低电晕、无线电干扰及可听噪声等环境影响；

（3）减小静电感应的影响；

（4）结构简单、布置清晰，便于主要设备与线路之间以及各设备间的连接，简化连接金具的形式；

（5）提高抗震性能，满足地震烈度的要求；

（6）具有良好的运输条件，方便运行和检修。

串联补偿装置工程应用中基本均采用以下布置方案：除旁路开关及隔离开关设备外，其他设备主要布置于绝缘平台上，与平台外设备通常采用软连接。绝缘平台采用低位布置，采用绝缘支撑件形成支撑系统，外侧设置围栏。不同工程，由于容量大小及供货方不同，其平台及围栏尺寸有所差异，但补偿装置的布置方式基本相同。

根据我国电网的运行特点，目前应用的 500、750、1000kV 串补工程布置方式一般均采用线外布置方式，即串补平台布置于线路的外侧，设备检修时不影响线路的运行。在此基础上，按串补平台与线路的相对方位关系不同，可分为垂直线路和平行线路两类布置方案。此外，国外工程中，有采用线下布置的应用，即将平台平行布置于线路下方，减少占地面积。

串补区域配电装置平面布置示例等详细内容见第八章。

五、可控串联补偿装置

（一）可控串补的作用及与固定串补比较

可控串补（TCSC）是在串联电容器旁并联一个由晶闸管阀控制的电感回路，从而产生一个叠加在电容器上的可控附加电流，实现对串联补偿电容的外部等效容抗的控制，即通过对半导体晶闸管阀的触发控制来实现对串联补偿电容的平滑调节和动态响应的控制。

1. 作用

可控串补在系统中的主要作用如下：

（1）提高电网的输电能力，节约电网投资；

（2）提高互联电网的稳定性；

（3）抑制功率振荡；

（4）防止次同步振荡；

（5）电压和无功控制；

（6）改善潮流分布，降低网损。

2. 可控串补与固定串补比较

可控串补与固定串补相比较，其优点在于：

（1）采用电子式的开关进行操作，无机械磨损；

（2）控制速度快；

（3）可连续调节；

（4）可提高系统控制的灵活性和可靠性，阻尼系统低频振荡，消除次同步振荡（SSR）风险等。

其缺点在于：

（1）技术复杂程度增加；

（2）造价高；

（3）可靠性稍低。

（二）接线及运行原理

可控串补的接线示意图如图 6-41 所示。

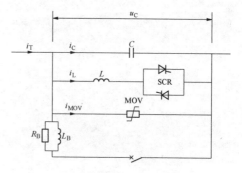

图 6-41 可控串补的接线示意图

从图 6-41 可以看出，可控串补比固定串补增加了晶闸管控制的电感回路。

可控串补稳态基波阻抗与晶闸管的触发角 α 的关系为

$$X_{\mathrm{TCSC}}(\alpha) = \frac{1}{\omega c} - \frac{A}{\pi \omega C}[2(\pi - \alpha) + \sin 2(\pi - \alpha)]$$
$$+ \frac{4A\cos^2(\pi - \alpha)}{\pi \omega C(k^2 - 1)}[k\tan(k\pi - k\alpha) - \tan(\pi - \alpha)]$$

$$(6\text{-}41)$$

其中

$$A = \frac{\omega_0^2}{\omega_0^2 - \omega^2} \qquad (6\text{-}42)$$

$$\omega_0^2 = \frac{1}{LC} \qquad (6\text{-}43)$$

$$k = \frac{\omega_0}{\omega} \qquad (6\text{-}44)$$

图 6-42 给出了阻抗 X_{TCSC} 与触发角 α 的关系曲线。由图 6-42 可以看出，当 $\alpha_{\text{crt}} \leqslant \alpha \leqslant 180°$ 时，可控串补对外呈容性；当 $90° \leqslant \alpha \leqslant \alpha_{\text{crt}}$ 时，可控串补对外呈感性；当 $\alpha = \alpha_{\text{crt}}$ 时，可控串补处于谐振状态。为了防止可控串补谐振，可设定最小容性触发角 α_{Cmin} 和最大感性触发角 α_{Lmax}，使可控串补工作在一定的范围内。

（三）设备及布置特点

可控串补的主设备及其布置方式与固定串补相差不大，主要区别在于增加了阀控系统（包括晶闸管阀组、阀控电抗器及阀组冷却装置等）。

可控串补采用的晶闸管阀主要有两种触发方式，即电触发方式和光触发方式。电触发晶闸管（electrically triggered thyristor，ETT）组成的阀，其触发方式为电触发；由光触发晶闸管（light triggered thyristor，LTT）组成的阀，其触发方式为光触发。晶闸管阀组一般布置在对地绝缘的独立平台上。

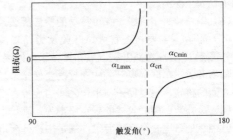

图 6-42　可控串补运行特性曲线

阀控电抗器一般采用干式空心型，可单独布置在阀组附近的户外场地上。

阀组冷却一般采用水冷系统，布置于阀组附近建筑物内。

可控串补区域配电装置平面布置示例等详细内容见第八章。

第七章

过电压保护及绝缘配合

　　系统运行中作用于设备绝缘上的电压包括正常运行时的工频持续电压及系统参数发生变化引发电磁能量振荡、积聚而产生的内过电压和来自系统外部的雷电过电压。过电压按其产生原因分类，如图7-1所示。

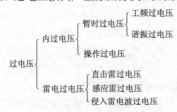

图 7-1　过电压分类示意图

　　（1）进行过电压研究，一般有以下三种方法：

　　1）解析方法。对过电压的发生进行物理分析，并用数学方法进行定量计算。这种方法对具有随机性质的内过电压，计算结果不够准确。

　　2）模拟方法。可用防雷分析仪、内过电压模拟台或瞬态分析仪进行物理模拟，也可用计算机进行数学模拟。

　　3）统计方法。对过电压幅值和绝缘的耐电强度这两种随机变量实施数理统计，并计算其出现的概率和相应的事故率。

　　（2）按最高电压把系统分为两个范围：

　　1）范围Ⅰ，$3.6\text{kV} \leqslant U_\text{m} \leqslant 252\text{kV}$；

　　2）范围Ⅱ，$U_\text{m} > 252\text{kV}$。

　　其中，U_m 为系统最高（线）电压。

　　（3）过电压的标幺值规定如下：

　　1）工频过电压的标幺值（1.0p.u.）为 $U_\text{m}/\sqrt{3}$；

　　2）谐振过电压和操作过电压的标幺值（1.0p.u.）为 $\sqrt{2}U_\text{m}/\sqrt{3}$。

第一节　雷电过电压及其保护

一、直击雷保护对象及保护措施

（一）应装设直击雷保护装置的设施

　　变电站的直击雷过电压保护，可采用避雷针、避雷线、避雷带和钢筋焊接成网等。下列设施应装设直击雷保护装置：

　　（1）屋外配电装置。

　　（2）柴油机室等建筑物。

　　（3）多雷区的牵引站。

　　（4）大型计算机房。

　　（5）雷电活动特殊强烈地区的主控制室和高压屋内配电装置室。

（二）可不装设直击雷保护装置的设施

　　（1）已在相邻保护装置保护范围内的建筑物或设备。

　　（2）露天布置的 GIS 的外壳。

　　（3）主控制室和配电装置室可不装设直击雷保护装置，强雷区除外。

（三）直击雷保护的措施

　　（1）为保护其他设备而装设的避雷针，不宜装在独立的主控制室和 35kV 及以下的高压屋内配电装置室的顶上。

　　（2）主控楼（室）或配电装置室和 35kV 及以下变电站的屋顶上直击雷的保护措施：

　　1）若有金属屋顶或屋顶上有金属结构，将金属部分接地。

　　2）若屋顶为钢筋混凝土结构，应将其钢筋焊接成网并接地。

　　3）若结构为非导电的屋顶，采用避雷带保护。该避雷带的网格为 8～10m，每隔 10～20m 设引下线接地。

　　上述的接地可与主接地网连接，并在连接处加装集中接地装置，其接地电阻不应大于 10Ω。

　　（3）峡谷地区的变电站宜用避雷线保护。

　　（4）建筑物屋顶上的设备金属外壳、电缆外皮和建筑物金属构件均应接地。

　　（5）上述需装设直击雷保护装置的设施，其接地可利用变电站的主接地网，但应在直击雷保护装置附近装设集中接地装置。

　　（6）对于气体绝缘金属封闭开关设备（GIS），不需要专门设立避雷针、避雷线，而是利用 GIS 金属外壳作为接闪器，并将其接地。对其引出线敞露部分或 HGIS 的露天母线等，则应设避雷针、避雷线予以保护。

变电站必须进行直击雷保护的对象和措施详见表 7-1。

表 7-1　变电站必须进行直击雷保护的对象和措施

序号	建、构筑物名称	建、构筑物的结构特点	防 雷 措 施
1	35kV 屋外配电装置	钢筋混凝土结构或金属结构	装设独立避雷针或避雷线；应专门敷设接地线接地
2	110kV 及以上配电装置	金属结构	在构架上装设避雷针、独立避雷针或避雷线；构架避雷针（线）可经金属构架地线接地；独立避雷针或避雷线应专门敷设接地线接地
		钢筋混凝土结构	在构架上装设避雷针或独立避雷针或避雷线，应专门敷设接地线接地
3	屋外安装的变压器		装设独立避雷针（线）
4	主控制楼（室）	金属结构	金属构架接地
		钢筋混凝土结构	钢筋焊接成网并接地
5	屋内配电装置	金属结构	金属构架接地
		钢筋混凝土结构	钢筋焊接成网并接地
6	变压器检修间、备品备件库等	金属结构	金属构架接地
		钢筋混凝土结构	钢筋焊接成网并接地

（第5、6项防雷措施栏合并：在强雷区宜有直击雷保护）

（四）有易燃物、可燃物设施的建、构筑物的保护

1. 独立避雷针保护的对象

有爆炸危险且爆炸后可能波及变电站内主设备或严重影响变电站运行的建、构筑物（如柴油机室等），应用独立避雷针保护，并应采取防止感应雷的措施。

2. 避雷针与设备间尺寸

避雷针与易燃油贮罐等罐体及其呼吸阀等之间的空气中距离，避雷针及其接地装置与罐体、罐体的接地装置与地下管道的地中距离应符合式（7-1）、式（7-2）的要求。避雷针与呼吸阀的水平距离不应小于 3m，避雷针尖高出呼吸阀不应小于 3m。避雷针的保护范围边缘高出呼吸阀顶部不应小于 2m。避雷针的工频接地电阻不宜超过 10Ω。在高土壤电阻率地区，如接地电阻难以降到 10Ω，允许采用较高的电阻值，但空气中距离和地中距离必须符合式（7-1）、式（7-2）

的要求。避雷针与 5000m³ 以上贮罐呼吸阀的水平距离不应小于 5m，避雷针尖高出呼吸阀不应小于 5m。

3. 接地要求

露天贮罐周围应设闭合环形接地体，接地电阻不应超过 30Ω（无独立避雷针保护的露天贮罐不应超过 10Ω），接地点不应少于两处，接地点间距不应大于 30m，架空管道每隔 20～25m 应接地一次，接地电阻不应超过 30Ω。如金属罐体和管道的壁厚不小于 4mm，并已接地，则可不在避雷针的保护范围内，但易燃油和天然气贮罐及其管道应在避雷针的保护范围内。易燃油贮罐的呼吸阀、易燃油和天然气贮罐的热工测量装置应进行重复接地，即与贮罐的接地体用金属线相连。不能保持良好电气接触的阀门、法兰、弯头等管道连接处应跨接。

4. 对供电电源的要求

对有易燃物、可燃物设施的供电，一律采用电缆，不允许将架空线引入建筑物。电缆的金属铠装在供电端须接地，而直接进入建筑物的电缆金属铠装则应接在接地网上，以防产生感应雷。不允许任何用途的架空导线靠近建筑物，其距离不小于 10m。

（五）避雷针、避雷线的装设原则及其接地装置的要求

（1）独立避雷针（线）的接地装置应符合下列要求：

1）独立避雷针（线）宜设独立的接地装置。

2）在非高土壤电阻率地区，其工频接地电阻不宜超过 10Ω。当有困难时，该接地装置可与主接地网连接，使两者的接地电阻都得到降低。但为了防止经过接地网反击 35kV 及以下设备，要求避雷针与主接地网的地下连接点至 35kV 及以下设备与主接地网的地下连接点，沿接地体的长度不得小于 15m。经 15m 长度，一般能将接地体传播的雷电过电压衰减到对 35kV 及以下设备不危险的程度。

3）独立避雷针不应设在人经常通行的地方，避雷针及其接地装置与道路或出入口等的距离不宜小于 3m，否则应采取均压措施，或铺设砾石或沥青地面。

（2）构架或房顶上安装避雷针应符合下列要求：

1）110kV 及以上配电装置，一般将避雷针装在配电装置的构架或房顶上，但在土壤电阻率大于 1000Ω·m 的地区，宜装设独立避雷针。装设非独立避雷针时，应通过验算，采取降低接地电阻或加强绝缘等措施，防止造成反击事故。

2）66kV 配电装置，允许将避雷针装在配电装置的构架或房顶上，但在土壤电阻率大于 500Ω·m 的地区，宜装设独立避雷针。

3）35kV 及以下高压配电装置构架或房顶不宜装避雷针，因其绝缘水平很低，雷击时易引起反击。

4）装在构架上的避雷针应与接地网连接，并应在其附近装设集中接地装置。装有避雷针的构架上，接地部分与带电部分间的空气中距离不得小于绝缘子串的长度；但在空气污秽地区，如有困难，空气中距离可按非污秽区标准绝缘子串的长度确定。

5）装设在除变压器门型构架外的构架上的避雷针与主接地网的地下连接点至变压器接地线与主接地网的地下连接点，埋入地中的接地体的长度不得小于15m。

（3）变压器门型构架上安装避雷针或避雷线应符合下列要求：

1）当土壤电阻率大于350Ω·m时，在变压器门型构架上和在离变压器主接地线小于15m的配电装置的构架上，不得装设避雷针、避雷线。

2）当土壤电阻率不大于350Ω·m时，根据方案比较确有经济效益，经过计算采取相应的防止反击措施后，可在变压器门型构架上装设避雷针、避雷线。

3）装在变压器门型构架上的避雷针应与接地网连接，并应沿不同方向引出3～4根放射形水平接地体，在每根水平接地体上离避雷针构架3～5m处应装设1根垂直接地体。

4）10～35kV变压器应在所有绕组出线上或在离变压器电气距离不大于5m条件下装设金属氧化物避雷器（MOA）。

5）高压侧电压为35kV的变电站，在变压器门型构架上装设避雷针时，变电站接地电阻不应超过4Ω。

（4）线路的避雷线引接到变电站应符合下列要求：

1）110kV及以上配电装置，可将线路的避雷线引到出线门型构架上，土壤电阻率大于1000Ω·m的地区，还应装设集中接地装置。

2）35～66kV配电装置，在土壤电阻率不大于500Ω·m的地区，允许将线路的避雷线引接到出线门型构架上，但应装设集中接地装置。

3）35～66kV配电装置，在土壤电阻率大于500Ω·m的地区，避雷线应架设到线路终端杆塔为止。从线路终端杆塔到配电装置的一档线路的保护，可采用独立避雷针，也可在线路终端杆塔上装设避雷针。

（5）装有避雷针和避雷线的构架上的照明灯电源线，均必须采用直接埋入地下的带金属外皮的电缆或穿入金属管的导线。电缆外皮或金属管埋地长度在10m以上，才允许与35kV及以下配电装置的接地网及低压配电装置相连接，以防止当装设在构架上的避雷针、避雷线落雷时，威胁人身和设备安全。

严禁在装有避雷针、避雷线的构筑物上架设通信线、广播线和低压线（符合防雷要求的照明线或其他电缆除外）。

（6）独立避雷针、避雷线与配电装置带电部分间的空气中距离，以及独立避雷针、避雷线的接地装置与接地网间的地中距离，应符合下列要求：

1）独立避雷针与配电装置带电部分和变电站电气设备接地部分、构架接地部分之间的空气中距离，应符合式（7-1）的要求。

$$S_a \geq 0.2R_i + 0.1h_j \qquad (7-1)$$

式中　S_a——空气中距离，m；

R_i——避雷针的冲击接地电阻，Ω；

h_j——避雷针校验点的高度，m。

2）独立避雷针的接地装置与变电站接地网间的地中距离，应符合式（7-2）的要求。

$$S_e \geq 0.3R_i \qquad (7-2)$$

式中　S_e——地中距离，m。

3）避雷线与配电装置带电部分和变电站电气设备接地部分以及构架接地部分间的空气中距离，应符合式（7-3）或式（7-4）的要求。

对一端绝缘另一端接地的避雷线：

$$S_a \geq 0.2R_i + 0.1(h + \Delta l) \qquad (7-3)$$

式中　h——避雷线支柱的高度，m；

Δl——避雷线上校验的雷击点与接地支柱的距离，m。

对两端接地的避雷线：

$$S_a \geq \beta' [0.2R_i + 0.1(h + \Delta l)] \qquad (7-4)$$

式中　β'——避雷线分流系数；

Δl——避雷线上校验的雷击点与最近接地支柱间的距离，m。

避雷线分流系数可按式（7-5）计算。

$$\beta' = \frac{1 + \dfrac{\tau_t R_i}{12.4(l_2 + h)}}{1 + \dfrac{\Delta l + h}{l_2 + h} + \dfrac{\tau_t R_i}{6.2(l_2 + h)}} \approx \frac{l_2 + h}{l_2 + \Delta l + 2h} = \frac{l' - \Delta l + h}{l' + 2h}$$

$$(7-5)$$

式中　l_2——避雷线上校验的雷击点与另一端支柱间的距离，m；

l'——避雷线两支柱间的距离，m；

τ_t——雷电流波头长度，一般取2.6μs。

4）避雷线的接地装置与变电站接地网间的地中距离，应符合下列要求：

对一端绝缘另一端接地的避雷线，应按式（7-3）校验。对两端接地的避雷线，应按式（7-6）校验。

$$S_e \geq 0.3\beta'R_i \qquad (7-6)$$

5）除上述要求外，对避雷针和避雷线，S_a不宜小于5m，S_e不宜小于3m。对66kV及以下配电装置，包括组合导线、母线廊道等，应尽量降低感应过电压，当条件许可时，S_a应尽量增大。

对于 1000kV 配电装置，装有避雷针和避雷线的构架与 1000kV 带电部分的空气中距离不得小于 7m。

（六）用避雷线保护的技术要求

用避雷线保护有以下技术要求：

（1）避雷线应具有足够的截面和机械强度。一般采用镀锌钢绞线，截面积不小于 35mm²。在腐蚀性较大的场所，还应适当加大截面积或采取其他防腐措施，在 200m 以上档距，宜采用不小于 50mm² 的截面积。

（2）避雷线的布置，应尽量避免断落时造成全站停电或大面积停电事故。例如尽量避免避雷线与母线互相交叉的布置方式。

（3）当避雷线附近（侧面或下方）有电气设备、导线或 63kV 及以下构架时，应验算避雷线对上述设施的间隙距离。

（4）为降低雷击过电压，应尽量降低避雷线接地端的接地电阻，一般不宜超过 10Ω（工频）。

（5）应尽量缩短一端绝缘的避雷线的档距，以便减小雷击点到接地装置的距离，降低雷击避雷线时的过电压。

（6）对一端绝缘的避雷线，应通过计算选定适当数量的绝缘子个数。避雷线一端接地相比两端接地的优点是在某些场合可以减少电能的损耗，节能意义显著。例如对于为保护敞开式配电装置的避雷线，如果两端接地，势必会有感应电流长期流过避雷线，从而产生电能损耗。

变电站一端绝缘避雷线的绝缘子片数及连接形式与输电线路的绝缘地线选择地线绝缘装置原理相同。一般来说避雷线的绝缘端一般包括绝缘子和并联间隙两部分，两者电气强度应相互配合，具体选择方法可参考输电线路地线绝缘子的选择。

（7）当有两根及以上一端绝缘的避雷线并行敷设时，为降低雷击时的过电压，可考虑将各条避雷线的绝缘末端用与避雷线相同的钢绞线连接起来，增加雷电通路，以减小阻抗，降低过电压。

二、采用折线法计算避雷针、避雷线的保护范围

折线法中避雷针（线）高度小于等于 30m 时的保护范围，是苏联早期在广泛的实验室研究基础上确定的，后来用于避雷针（线）高度扩大至 120m，并对高度影响保护范围做了修正。在我国变电站设计中一般均采用折线法来计算避雷针（线）的直击雷保护范围。对于 1000kV 特高压变电站，在采用折线法进行保护范围计算后，宜采用滚球法进行保护范围的校核。

（一）避雷针保护范围计算

1. 单支避雷针的保护范围

单支避雷针的保护范围应按下列方法确定（见

图 7-2）。

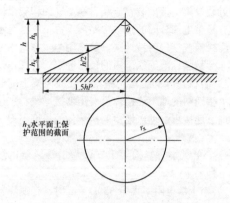

图 7-2 单支避雷针保护范围

θ—保护角（°）

（1）当 $h_x \geq \dfrac{1}{2} h$ 时

$$r_x = (h - h_x)P = h_a P \qquad (7\text{-}7)$$

式中　r_x——避雷针在 h_x 水平面上的保护半径，m；

　　　h——避雷针的高度，m；

　　　h_x——被保护物的高度，m；

　　　h_a——避雷针保护的有效高度，m；

　　　P——避雷针高度影响系数，当 $h \leq 30m$ 时 $P = 1$，当 $120m \geq h > 30m$ 时 $P = 5.5/\sqrt{h}$，当 $h > 120m$ 时 $P = 0.5$。

（2）当 $h_x < \dfrac{1}{2} h$ 时

$$r_x = (1.5h - 2h_x)P \qquad (7\text{-}8)$$

2. 两支等高避雷针的保护范围

两支等高避雷针的保护范围应按下列方法确定（见图 7-3）。

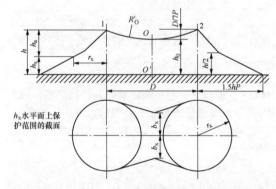

图 7-3 高度为 h 的两等高避雷针的保护范围

（1）两针外侧的保护范围按单支避雷针的计算方法确定。

（2）两针间的保护最低点高度 h_0 按式（7-9）计算。

$$h_0 = h - D/(7P) \qquad (7\text{-}9)$$

式中　h_0——两针间保护范围上部边缘最低点的高
　　　　　　度，m；

　　　D——两针间的距离，m。

（3）两针间 h_x 水平面上保护范围的一侧最小
宽度 b_x 按图 7-4 确定。当 b_x 大于 r_x 时，应取 b_x 等
于 r_x。

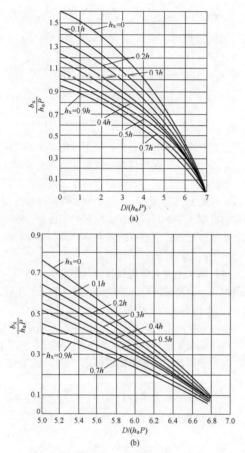

图 7-4　两等高避雷针间保护范围的一侧
最小宽度 b_x 与 $D/（h_aP）$ 的关系
（a）$D/（h_aP）$ 为 0～7；（b）$D/（h_aP）$ 为 5～7

（4）两针间距离与针高之比 D/h 不宜大于 5。

3. 多支等高避雷针的保护范围

多支等高避雷针的保护范围按下列方法确定（见
图 7-5）。

（1）三支等高避雷针所形成的三角形的外侧保
护范围应分别按两支等高避雷针的计算方法确定。在
三角形内被保护物最大高度 h_x 水平面上，各相邻避雷
针间保护范围的一侧最小宽度 $b_x \geqslant 0$ 时，全部面积才
能受到保护。

（2）四支及以上等高避雷针所形成的四角形或
多角形，可先将其分成两个或数个三角形，然后分别
按三支等高避雷针的计算方法计算。

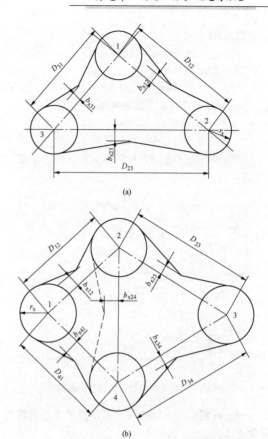

图 7-5　三支、四支等高避雷针在 h_x 水平面上的保护范围
（a）三支等高避雷针在 h_x 水平面上的保护范围；
（b）四支等高避雷针在 h_x 水平面上的保护范围

（二）避雷线保护范围计算

1. 单根避雷线的保护范围

单根避雷线在 h_x 水平面上每侧保护范围的宽度
应按下列方法确定（见图 7-6）。

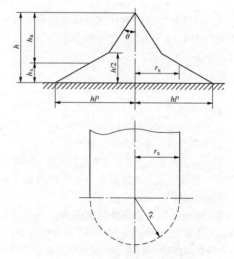

图 7-6　单根避雷线的保护范围
（$h \leqslant 30m$ 时，$\theta = 25°$）

当 $h_x \geqslant h/2$ 时

$$r_x = 0.47(h-h_x)P \quad (7\text{-}10)$$

当 $h_x < h/2$ 时

$$r_x = (h-1.53h_x)P \quad (7\text{-}11)$$

式中 r_x——每侧保护范围的宽度，m；

h——避雷线的高度，m。

2. 两根等高避雷线的保护范围

两根等高避雷线的保护范围应按下列方法确定（见图7-7）。

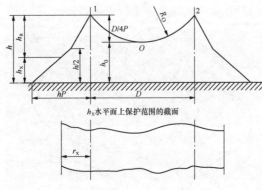

h_x 水平面上保护范围的截面

图7-7 两根等高避雷线的保护范围

（1）两避雷线外侧的保护范围按单支避雷线的计算方法确定。

（2）两避雷线间各横截面的保护范围应由通过两避雷线及保护范围边缘最低点 O 的圆弧确定。O 点的高度应按式（7-12）计算。

$$h_0 = h - D/(4P) \quad (7\text{-}12)$$

式中 h_0——两避雷线间保护范围边缘最低点的高度，m；

h——避雷线的高度，m；

D——两避雷线间的距离，m。

（3）两避雷线端部的外侧保护范围按单支避雷线的保护范围计算。两线间端部保护最小宽度 b_x 应按下列方法确定：

当 $h_x \geqslant h/2$ 时

$$b_x = 0.47(h_0-h_x)P \quad (7\text{-}13)$$

当 $h_x < h/2$ 时

$$b_x = (h_0-1.53h_x)P \quad (7\text{-}14)$$

（三）其他情况保护范围计算

1. 不等高避雷针、避雷线的保护范围（见图7-8）

（1）两支不等高避雷针外侧的保护范围分别按单支避雷针的计算方法确定。

（2）两支不等高避雷针间的保护范围应按单支避雷针的计算方法，先确定较高避雷针1的保护范围，然后由较低避雷针2的顶点，做水平线与避雷针1的保护范围相交于点3，取点3避雷针的计算方法确定避雷针2和3间的保护范围。通过避雷针2、3顶点及保护范围上部边缘最低点的圆弧，其弓高应按式（7-15）计算。

$$f = D'/(7P) \quad (7\text{-}15)$$

式中 f——圆弧的弓高，m；

D'——避雷针2和等效避雷针3间的距离，m。

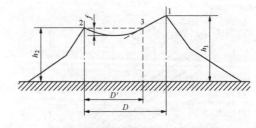

图7-8 两支不等高避雷针的保护范围

（3）对多支不等高避雷针所形成的多角形，各相邻两避雷针的外侧保护范围应按两支不等高避雷针的计算方法确定；三支不等高避雷针在三角形内被保护物最大高度 h_x 水平面上，各相邻避雷针间保护范围一侧最小宽度 $b_x \geqslant 0$ 时，全部面积可受到保护；四支以上不等高避雷针所形成的多角形，其内侧保护范围可仿照等高避雷针的方法确定。

（4）两支不等高避雷线各横截面的保护范围，应仿照两支不等高避雷针的方法，按式（7-15）计算。

2. 山地和坡地上的避雷针的保护范围

山地和坡地上的避雷针，由于地形、地质、气象及雷电活动的复杂性，避雷针的保护范围应有所减小。

（1）避雷针的保护范围可按式（7-7）和式（7-8）计算。

（2）两支等高避雷针的保护范围 b_x 按图7-4确定的 b_x 乘以系数0.75求得；上部边缘最低点高度为

$$h_0 = h - D/(5P) \quad (7\text{-}16)$$

（3）两支不等高避雷针保护范围的弓高可按式（7-17）计算。

$$f = D'/(5P) \quad (7\text{-}17)$$

（4）利用山势设立的远离被保护物的避雷针不得作为主要保护装置。

3. 避雷针、避雷线的联合保护范围

相互靠近的避雷针和避雷线的联合保护范围可近似按下列方法确定（见图7-9）。

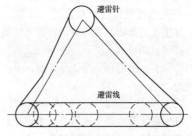

图7-9 避雷针和避雷线的联合保护范围

（1）避雷针、避雷线的外侧保护范围分别按单针、单线的保护范围确定。

（2）内侧首先将不等高针、不等高线划为等高针、等高线，然后将等高针、等高线视为等高避雷线计算其保护范围。

三、采用滚球法计算避雷针（线）的保护范围

滚球法是电气几何模型（EGM）的一种具体应用，而滚球半径（又称击距）是电气几何模型中的重要概念，它决定了避雷针（线）的保护范围。滚球半径与雷电的回击电流紧密相关，目前主要有 Love、Whitehead、Mousa 等经验公式。

GB 50057《建筑物防雷设计规范》中推荐的滚球半径计算方法公式如下：

$$S = 10I_s^{0.65} \tag{7-18}$$

式中　S——滚球半径，m；

　　　　I_s——雷电流，kA。

而在变电站设计中，目前在国际上使用较多的是 IEEE Std 998《IEEE Guide for direct lightning stroke shielding of substations》中推荐使用 Mousa 的 EGM 经验公式，具体如下：

$$S = 8kI_s^{0.65} \tag{7-19}$$

式中　S——击距（滚球半径），m；

　　　　k——利用系数。

式（7-19）中的系数 k，通常按 IEEE Std 998 的规定选取，即避雷线取 1，避雷针取 1.2。但是对于系数 k 的选取并不是一成不变的，它还受到导体高度等多种因素的影响，很多文献对此都有讨论，本书不再详述。

国际上变电站设计中普遍使用滚球法，在我国建筑行业中也采用滚球法。而在我国变电站工程中，一般都采用折线法计算避雷针（线）的保护范围，具有多年的实践经验。为了提高变电站的直击雷电过电压保护的可靠性，在 1000kV 特高压变电站的设计中宜采用滚球法进行保护范围的校核。

对于 1000kV 变电站中的主控楼、保护小室等建筑物建议按 GB 50057《建筑物防雷设计规范》选取滚球半径，而对于配电装置的滚球半径及雷电流的选取可以按 IEEE Std 998 中推荐的公式来确定滚球半径。

（一）避雷针的保护范围确定

1. 单支避雷针的保护范围

单支避雷针的保护范围应按下列方法确定（见图 7-10）。

（1）当避雷针高度 h 小于或等于 h_r 时：

1）距地面 h_r 处作一平行于地面的平行线。

2）以针尖为圆心，以 h_r 为半径，作弧线交于平行线的 A、B 两点。

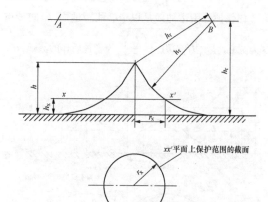

图 7-10　单支避雷针的保护范围

3）以 A、B 为圆心，以 h_r 为半径作弧线，该弧线与针尖相交并与地面相切。从此弧线起到地面止就是保护范围。保护范围是一个对称的锥体。

4）避雷针在 h_x 高度的 xx' 平面上和地面上的保护半径，按式（7-20）和式（7-21）确定。

$$r_x = \sqrt{h(2h_r - h)} - \sqrt{h_x(2h_r - h_x)} \tag{7-20}$$

$$r_o = \sqrt{h(2h_r - h)} \tag{7-21}$$

式中　r_x——避雷针在 h_x 高度的 xx' 平面上的保护半径，m；

　　　　h_r——滚球半径，m；

　　　　h_x——被保护物的高度，m；

　　　　r_o——避雷针在地面上的保护半径，m。

（2）当避雷针高度 h 大于 h_r 时，在避雷针上取高度 h_r 的一点代替单支避雷针针尖作为圆心。其余的做法同第（1）条。式（7-20）和式（7-21）式中的 h 用 h_r 代入。

2. 双支等高避雷针的保护范围

在避雷针高度 h 小于或等于 h_r 的情况下，当两支避雷针的距离 D 大于或等于 $2\sqrt{h(2h_r - h)}$ 时，应各按单支避雷针的方法确定；当 D 小于 $2\sqrt{h(2h_r - h)}$ 时，应按下列方法确定（见图 7-11）。

（1）$AEBC$ 外侧的保护范围按照单支避雷针的方法确定。

（2）C、E 点位于两针间的垂直平分线上。在地面上每侧的最小保护宽度 b_o 按式（7-22）计算。

$$b_o = CO = EO = \sqrt{h(2h_r - h) - \left(\frac{D}{2}\right)^2} \tag{7-22}$$

在 AOB 轴线上，距中心线任一距离 x 处，其在保护范围上边线上的保护高度 h_x 按式（7-23）确定。

$$h_x = h_r - \sqrt{(h_r - h)^2 + \left(\frac{D}{2}\right)^2 - x^2} \qquad (7\text{-}23)$$

该保护范围上边线是以中心线距地面 h_r 的一点 O' 为圆心，以 $\sqrt{(h_r - h)^2 + \left(\frac{D}{2}\right)^2}$ 为半径所作的圆弧 AB。

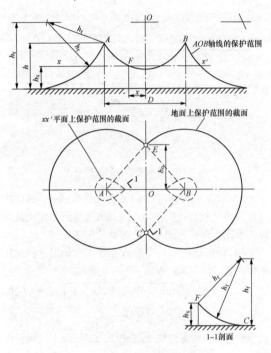

图 7-11　双支等高避雷针的保护范围

（3）两针间 $AEBC$ 内的保护范围，ACO 部分的保护范围按以下方法确定：在任一保护高度 h_x 和 C 点所处的垂直平面上，以 h_x 作为假想避雷针，按单支避雷针的方法逐点确定（见图 7-11 的 1-1 剖面图）。确定 BCO、AEO、BEO 部分的保护范围的方法与 ACO 部分的相同。

（4）确定 xx' 平面上保护范围截面的方法。以单支避雷针的保护半径 r_x 为半径，以 A、B 为圆心作弧线与四边形 $AEBC$ 相交；以单支避雷针的 $(r_0 - r_x)$ 为半径，以 E、C 为圆心作弧线与上述弧线相接。见图 7-11 中的粗线。

3．双支不等高避雷针的保护范围

在 h_1 小于或等于 h_r 和 h_2 小于或等于 h_r 的情况下，当 D 大于或等于 $\sqrt{h_1(2h_r - h_1)} + \sqrt{h_2(2h_r - h_2)}$ 时，应各按单支避雷针所规定的方法确定；当 D 小于 $\sqrt{h_1(2h_r - h_1)} + \sqrt{h_2(2h_r - h_2)}$ 时，应按下列方法确定（见图 7-12）。

（1）$AEBC$ 外侧的保护范围按照单支避雷针的方法确定。

（2）CE 线或 HO' 线的位置按式（7-24）计算。

$$D_1 = \frac{(h_r - h_2)^2 - (h_r - h_1)^2 + D^2}{2D} \qquad (7\text{-}24)$$

（3）在地面上每侧的最小保护宽度 b_0 按式（7-25）计算。

$$b_0 = CO = EO = \sqrt{h_1(2h_r - h_1) - D_1^2} \qquad (7\text{-}25)$$

在 AOB 轴线上，A、B 间保护范围上边线按式（7-26）确定。

$$h_x = h_r - \sqrt{(h_r - h_1)^2 + D_1^2 - x^2} \qquad (7\text{-}26)$$

式中　x——距 CE 线或 HO' 线的距离。

该保护范围上边线是以 HO' 线上距地面 h_r 的一点 O' 为圆心，以 $\sqrt{(h_r - h_1)^2 + D_1^2}$ 为半径所作的圆弧 AB。

（4）两针间 $AEBC$ 内的保护范围，ACO 与 AEO 是对称的，BCO 与 BEO 是对称的，ACO 部分的保护范围按以下方法确定：在 h_x 和 C 点所处的垂直平面上，以 h_x 作为假想避雷针，按单支避雷针的方法确定（见图 7-12 的 1-1 剖面图）。确定 AEO、BCO、BEO 部分的保护范围的方法与 ACO 部分的相同。

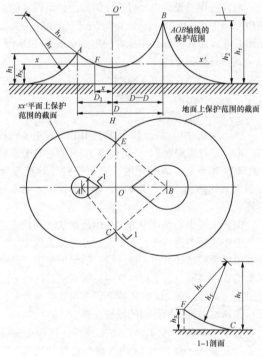

图 7-12　双支不等高避雷针的保护范围

（5）确定 xx' 平面上保护范围截面的方法与双支等高避雷针相同。

4．矩形布置的四支等高避雷针的保护范围

在 h 小于或等于 h_r 的情况下，当 D_3 大于或等于 $2\sqrt{h(2h_r - h)}$ 时，应各按双支等高避雷针的方法确定；当 D_3 小于 $2\sqrt{h(2h_r - h)}$ 时，应按下列方法确定（见图 7-13）。

（1）四支避雷针的外侧各按双支避雷针的方法确定。

（2）B、E 避雷针连线上的保护范围见图 7-13 的 1-1 剖面图，外侧部分的保护范围按单支避雷针的方法确定。两针间的保护范围按以下方法确定：以 B、E 两针针尖为圆心，以 h_r 为半径作弧相交于 O 点，以 O 点为圆心，以 h_r 为半径作圆弧，与针尖相连的这段圆弧即为针间保护范围。保护范围最低点的高度 h_0 为

$$h_0 = \sqrt{h_r^2 - \left(\frac{D_3}{2}\right)^2} + h - h_r \qquad (7\text{-}27)$$

（3）图 7-13 的 2-2 剖面的保护范围按以下方法确定：以 P 点垂直线上的 O 点（距地面的高度为 $h_r + h_0$）为圆心，以 h_r 为半径作圆弧，与 B、C 和 A、E 双支避雷针所作出在该剖面的外侧保护范围延长圆弧相交于 F、H 点。F 点（H 点与此类同）的位置及高度可按式（7-28）和式（7-29）确定。

$$(h_r - h_x)^2 = h_r^2 - (b_0 + x)^2 \qquad (7\text{-}28)$$

$$(h_r + h_0 - h_x)^2 = h_r^2 - \left(\frac{D_1}{2} - x\right)^2 \qquad (7\text{-}29)$$

（4）确定图 7-13 的 3-3 剖面的保护范围的方法与第（3）项相同。

（5）确定四支等高避雷针中间在 $h_0 \sim h$ 之间与 h_y 高度的 yy' 平面上保护范围截面的方法：以 P 点为圆心，以 $\sqrt{2h_r(h_y - h_0) - (h_y - h_0)^2}$ 为半径作圆或圆弧，与各双支避雷针在外侧所作的保护范围截面组成该保护范围截面。见图 7-13 中的粗线。

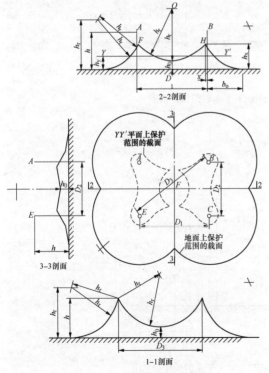

图 7-13　四支等高避雷针的保护范围

（二）避雷线的保护范围确定

1. 单根避雷线的保护范围

当避雷线的高度 h 大于或等于 $2h_r$ 时，无保护范围；当避雷线的高度 h 小于 $2h_r$ 时，应按下列方法确定（见图 7-14）。确定架空避雷线的高度时应计及弧垂的影响。在无法确定弧垂的情况下，当等高支柱间的距离小于 120m 时架空避雷线中点的弧垂宜采用 2m，距离为 120～150m 时宜采用 3m。

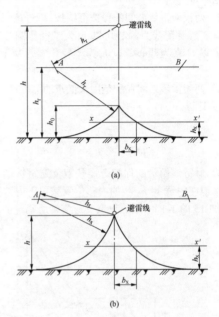

图 7-14　单根架空避雷线的保护范围

（a）当 h 小于 $2h_r$，但大于 h_r 时；（b）当 h 小于或等于 h_r 时

（1）距地面 h_r 处作一平行于地面的平行线。

（2）以避雷线为圆心、h_r 为半径，作弧线交于平行线的 A、B 两点。

（3）以 A、B 为圆心，h_r 为半径作弧线，该两弧线相交或相切并与地面相切。从该弧线起到地面止就是保护范围。

（4）当 h 小于 $2h_r$ 且大于 h_r 时，保护范围最高点的高度 h_0 为

$$h_0 = 2h_r - h \qquad (7\text{-}30)$$

（5）避雷线在 h_x 高度的 xx' 平面上的保护宽度为

$$b_x = \sqrt{h(2h_r - h)} - \sqrt{h_x(2h_r - h_x)} \qquad (7\text{-}31)$$

式中　b_x——避雷线在 h_x 高度的 xx' 平面上的保护宽度，m；

　　　　h——避雷线的高度，m；

　　　　h_r——滚球半径，m；

　　　　h_x——被保护物的高度，m。

（6）避雷线两端的保护范围按单支避雷针的方法确定。

2. 两根等高避雷线的保护范围

两根等高避雷线的保护范围应按下列方法确定：

（1）在避雷线高度 h 小于或等于 h_r 的情况下，当 D 大于或等于 $2\sqrt{h(2h_r-h)}$ 时，各按单根避雷线所规定的方法确定；当 D 小于 $2\sqrt{h(2h_r-h)}$ 时，按下列方法确定（见图 7-15）：

1）两根避雷线的外侧保护范围各按单根避雷线的方法确定。

2）两根避雷线之间的保护范围按以下方法确定：以 A、B 两避雷线为圆心，以 h_r 为半径作圆弧交于 O 点，以 O 点为圆心，以 h_r 为半径作圆弧交于 A、B 点。

3）两避雷线之间保护范围最低点的高度 h_0 按式（7-32）计算。

$$h_0 = \sqrt{h_r^2 - \left(\frac{D}{2}\right)^2} + h - h_r \qquad (7-32)$$

4）避雷线两端的保护范围按双支避雷针的方法确定，但在中线上 h_0 线的内移位置按以下方法确定（见图 7-15 的 1-1 剖面）：以双支避雷针所确定的保护范围中点最低点的高度 $h_0' = h_r - \sqrt{(h_r-h)^2 + \left(\frac{D}{2}\right)^2}$ 作为假想避雷针，将其保护范围的延长弧线与 h_0 线交于 E 点。内移位置的距离 x 也可按式（7-33）计算。

$$x = \sqrt{h_0(2h_r - h_0)} - b_0 \qquad (7-33)$$

式中 b_0 按式（7-22）确定。

（2）在避雷线高度 h 小于 $2h_r$ 且大于 h_r，而且避雷线之间的距离 D 小于 $2h_r$ 且大于 $2[h_r - \sqrt{h(2h_r - h)}]$ 的情况下，按下列方法确定（见图 7-16）。

1）距地面 h_r 处作一与地面平行的线；

2）以避雷线 A、B 为圆心，以 h_r 为半径作弧线相交于 O 点并与平行线相交或相切于 C、E 点；

3）以 O 点为圆心，以 h_r 为半径作弧线交于 A、B 点；

4）以 C、E 为圆心，以 h_r 为半径作弧线交于 A、B 点并与地面相切；

5）两避雷线之间保护范围最低点的高度 h_0 按式（7-34）计算。

$$h_0 = \sqrt{h_r^2 - \left(\frac{D}{2}\right)^2} + h - h_r \qquad (7-34)$$

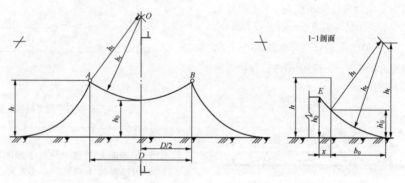

图 7-15 两根等高避雷线在 h 小于或等于 h_r 时的保护范围

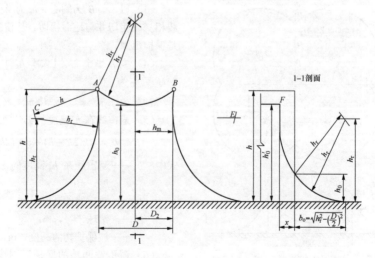

图 7-16 两根等高避雷线在高度 h 小于 $2h_r$ 且大于 h_r 时的保护范围

6）最小保护宽度 b_m 位于 h_r 高处，其值按式（7-35）计算。

$$b_m = \sqrt{h(2h_r - h)} + \frac{D}{2} - h_r \qquad (7-35)$$

7）避雷线两端的保护范围按双支高度 h_r 的避雷针确定，但在中线上 h_0 线的内移位置按以下方法确定（见图 7-16 的 1-1 剖面）：以双支高度 h_r 的避雷针所确定的中点保护范围最低点的高度 $h_0' = \left(h_r - \dfrac{D}{2}\right)$ 作为假想避雷针，将其保护范围的延长弧线与 h_0 线交于 F 点。内移位置的距离 x 也可按式（7-36）计算

$$x = \sqrt{h_0(2h_r - h_0)} - \sqrt{h_r^2 - \left(\frac{D}{2}\right)^2} \qquad (7-36)$$

（三）其他情况的保护范围

本节各图中所画的地面也可以是位于建、构筑物上的接地金属物、其他接闪器。当接闪器在"地面上保护范围的截面"的外周线触及接地金属物、其他接闪器时，各图的保护范围均适用于这些接闪器；当接地金属物、其他接闪器是处在外周线之内且位于被保护部位的边沿时，应按以下方法确定所需断面的保护范围（见图 7-17）：

（1）以 A、B 为圆心，以 h_r 为半径作弧线相交于 O 点；

（2）以 O 为圆心，以 h_r 为半径作弧线 AB，弧线 AB 就是保护范围的上边线。

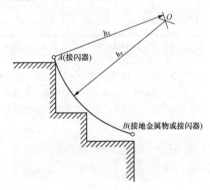

图 7-17　确定建筑物上任两接闪器
在所需断面上的保护范围

注：当接闪器在"地面上保护范围的截面"的外周线触及的是屋面时，各图的保护范围仍有效，但外周线触及的屋面及其外部得不到保护，只保护内部。

四、配电装置的雷电侵入波保护

（一）保护措施

配电装置雷电侵入波的过电压保护采用的是金属氧化物避雷器及与避雷器相配合的进线保护段等保护措施。

装设避雷器是变电站限制雷电侵入波过电压的主要措施。要使变电站内的电气设备得到有效的保护，必须正确选择避雷器的型式、参数，合理确定保护接线方式及避雷器的台数、装设位置等。避雷器动作时，其端子上的过电压被限制在可以接受的幅值内，从而达到保护电气设备绝缘的目的。此时配电装置电气设备绝缘与避雷器通过雷电流后的残压进行配合。

进线保护段的作用在于利用其阻抗来限制雷电流幅值和利用其电晕衰耗来降低雷电波陡度，并通过避雷器的作用，使之不超过绝缘配合所要求的数值。进线保护段是指临近变电站的 1～2km 的这段线路上加强防雷保护措施。当线路全线没有避雷线时，这段线路必须架设避雷线；当线路全线有避雷线时，则应使这段线路具有更高的耐雷水平，以减小进线段内绕击和反击形成侵入波的概率。这样就可以使侵入变电站的雷电波主要来自进线段以外，并且受到 1～2km 线路冲击电晕的影响，削弱了侵入波的陡度和幅值；同时由于进线段线路波阻抗的作用，减小了通过避雷器的雷电流。

对于 750kV 及 1000kV 配电装置，由于其重要性，通常还校验变电站近区雷击时的雷电侵入波过电压。

（二）范围 I 变电站雷电侵入波过电压保护

（1）变电站进线段应采取措施防止或减少近区雷击闪络。未沿全线架设避雷线的 35～110kV 架空送电线路，应在变电站 1～2km 的进线段架设地线。

220kV 架空送电线路，在 2km 进线保护段范围内以及 35～110kV 线路 1～2km 进线保护段范围内的杆塔耐雷水平应该符合表 7-2 的要求。

表 7-2　　有地线线路的杆塔耐雷水平　　（kA）

系统标称电压（kV）	35	66	110	220
单回线路	24～36	31～47	56～68	87～96
同塔双回线路	—	—	50～61	79～92

注　变电站进线保护段的杆塔耐雷水平不宜低于表中的较高数值。

（2）未沿全线架设避雷线的 35～110kV 线路，其变电站的进线段应采用图 7-18 所示的保护接线。

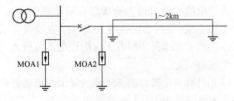

图 7-18　35～110kV 变电站的进线保护接线

在雷季，变电站 35～110kV 进线的隔离开关或断路器经常断路运行，同时线路侧又带电时，应在靠近

隔离开关或断路器处装设一组 MOA。

（3）全线架设地线的 66～220kV 变电站，当进线的隔离开关或断路器经常断路运行，同时线路侧又带电时，宜在靠近隔离开关或断路器处装设一组 MOA。

（4）为防止雷击线路断路器跳闸后待重合时间内重复雷击引起变电站电气设备的损坏，多雷区及运行中已出现过此类事故的地区的 66～220kV 敞开式变电站和电压范围 Ⅱ 变电站的 66～220kV 侧，线路断路器的线路侧宜安装一组 MOA。

（5）变电站 35kV 及以上电缆进线段，在电缆与架空线的连接处应装设 MOA，其接地端应与电缆金属外皮连接。对三芯电缆，末端的金属外皮应直接接地，如图 7-19（a）所示；对单芯电缆，应经金属氧化物电缆护层保护器（CP）接地如图 7-19（b）所示。

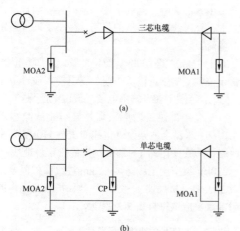

图 7-19　具有 35kV 及以上电缆段的变电站进线保护接线

（a）三芯电缆段的变电站进线保护接线；（b）单芯
电缆段的变电站进线保护接线

如电缆长度不超过 50m 或虽超过 50m，但经校验，一组 MOA 即能符合保护要求，则图 7-19 中可只装 MOA1 或 MOA2。

如电缆长度超过 50m，且断路器在雷季可能经常断路运行，应在电缆末端装设 MOA。

连接电缆段的 1km 架空线路应架设避雷线。

全线电缆-变压器组接线的变电站内是否需装设 MOA，应根据电缆另一端有无雷电过电压波侵入的可能，经校验确定。

（6）具有架空进线的 35kV 及以上变电站的敞开式高压配电装置中 MOA 的配置如下：

1）35kV 及以上装有标准绝缘水平的设备和标准特性的 MOA 且高压配电装置采用单母线、双母线或分段的电气主接线时，MOA 可仅安装在母线上。MOA

至主变压器间的最大电气距离可按表 7-3 确定。对其他设备的最大距离可相应增加 35%。MOA 与主保护设备的最大电气距离超过规定值时，可在主变压器附近增设一组 MOA。

变电站内所有 MOA 应以最短的接地线与配电装置的主接地网连接，同时应在其附近装设集中接地装置。

2）在本节第（4）条的情况下，线路入口 MOA 与被保护设备的电气距离不超过规定值时，可不在母线上安装 MOA。

3）架空进线采用同塔双回路杆塔，确定 MOA 与变压器的最大电气距离时，应按一路考虑，且在雷季中宜避免将其中一路断开。

表 7-3　MOA 至主变压器间的最大电气距离　　（m）

系统标称电压（kV）	进线段长度（km）	进 线 路 数			
		1	2	3	≥4
35	1	25	40	50	55
	1.5	40	55	65	75
	2	50	75	90	105
66	1	45	65	80	90
	1.5	60	85	105	115
	2	80	105	130	145
110	1	55	85	105	115
	1.5	90	120	145	165
	2	125	170	205	230
220	2	125（90）	195（140）	235（170）	265（190）

注　1．全线有避雷线时进线段长度取 2km，进线段长度在 1～2km 间时的距离按补插法确定。

2．标准绝缘水平指 35、66、110、220kV 变压器和电压互感器标准雷电冲击全波耐受电压分别为 200、325、480、950kV。括号内数值对应的雷电冲击全波耐受电压为 850kV。

（7）对 35kV 及以上具有架空或电缆进线、电气主接线特殊的敞开式或 GIS 变电站，应通过仿真计算确定保护方式。

（8）有效接地系统中的中性点不接地的变压器，如中性点采用分级绝缘且未装设保护间隙，应在中性点装设中性点 MOA。如中性点采用全绝缘，但变电站为单进线且为单台变压器运行，也应在中性点装设中性点 MOA。

不接地、谐振接地和高电阻接地系统中的变压器中性点可不装设保护装置，但多雷区单进线变电站且变压器中性点引出时，宜装设 MOA。

（9）自耦变压器必须在其两个自耦合的绕组出线上装设 MOA，该 MOA 应装在自耦变压器和断路器之间，并采用图 7-20 的保护接线。

（10）35～220kV 开关站，应根据其重要性和进线路数等条件，在进线上装设避雷器。

（11）与架空线路连接的三绕组变压器的第三开路绕组或第三平衡绕组的三相上各安装一支 MOA，以防止由变压器高压绕组雷电波电磁感应传递的过电压对其他各响应绕组的损坏。

（12）变电站10kV配电装置的雷电侵入波过电压保护应符合下列要求：

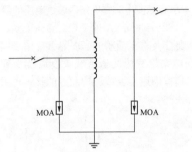

图 7-20 自耦变压器的 MOA 保护接线

1）变电站10kV配电装置应在每组母线和架空进线上分别装设电站型和配电型MOA，并应采用图7-21所示的保护接线。MOA 与主变压器的电气距离不宜大于表7-4所列数值。

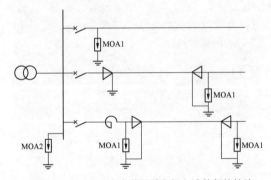

图 7-21 6～10kV 配电装置雷电侵入波的保护接线

表 7-4 **MOA 至 10kV 主变压器的最大电气距离**

雷季经常运行的进线路数	1	2	3	≥4
最大电气距离（m）	15	20	25	30

2）架空进线全部在站区内，且受到其他建筑物屏蔽时，可只在母线上装设 MOA。

3）有电缆段的架空线路，MOA 应装设在电缆头附近，其接地端应和电缆金属外皮相连。各架空进线均有电缆段时，MOA 与主变压器的最大电气距离不受限制。

4）MOA 应以最短的接地线与变电站的主接地网连接，可通过电缆金属外皮连接。MOA 附近应装设集中接地装置。

5）10kV 配电站，当无站用变压器时，可仅在每

路架空进线上装设 MOA。

（三）范围Ⅱ雷电侵入波过电压保护

（1）2km架空进线保护段范围内的杆塔耐雷水平应该符合表7-5的要求。变电站进线段应采取措施防止或减少近区雷击闪络。

表 7-5 有避雷线线路的杆塔耐雷水平 （kA）

系统标称电压（kV）	330	500	750	1000
单回线路	120～151	158～177	208～232	200～250
同塔双回线路	108～137	142～162	192～224	200～250

注 变电站进线保护段的杆塔耐雷水平不宜低于表中的较高数值。

（2）敞开式变电站采用一个半断路器主接线时，金属氧化物避雷器宜装设在每回线路的入口和每一主变压器回路上，母线较长时是否需装设避雷器可通过校验确定。

（3）采用 GIS、主接线为一个半断路器接线形式的变电站，金属氧化物避雷器宜安装于每回线路的入口处，每组母线上是否安装需经校验确定。当变压器经较长的气体绝缘管道或电缆接至 GIS 母线时以及接线复杂的 GIS 变电站避雷器的配置可通过校验确定。

（4）范围Ⅱ的变压器和高压并联电抗器的中性点经接地电抗器接地时，中性点上应装设金属氧化物避雷器保护。

（5）装设一台避雷器能够保护多大范围内的电气设备，以及避雷器与被保护设备的最大允许电气距离，一直是人们比较关心的问题。运行经验证明，对于电压等级不高、规模不大的一般变电站，按照相关标准中的规定布置避雷器是可以满足保护要求的。而对于电压等级高、规模大、接线较复杂的变电站，很难定量给出避雷器的保护距离。对于此类配电装置的雷电侵入波过电压保护用 MOA 的设置和保护方案，宜通过仿真计算确定。

（6）通过仿真计算确定 MOA 的设置和保护方案时，通常采用惯用法或统计法。惯用法较为直观，但未考虑各种幅值的雷电流和各种运行方式的出现概率；而统计法则可以考虑较多随机因素的影响，得出变电站的雷电安全运行年，对于评价变电站的防雷保护可靠性更为科学，同时又可以与运行经验相互印证。根据国内相关标准要求，变电站的雷电安全运行年不宜低于表7-6所示数值。

表 7-6 变电站的雷电安全运行年

标称电压（kV）	330	500	750	1000
雷电安全运行年（a）	600	800	1000	1500

（四）气体绝缘金属封闭开关设备（GIS）的雷电侵入波过电压保护

（1）66kV 及以上无电缆段进线的 GIS 变电站保护应符合下列要求，保护接线如图 7-22 所示。

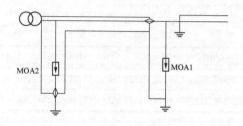

图 7-22　无电缆段进线的 GIS 变电站保护接线

1）变电站应在 GIS 管道与架空线路的连接处装设 MOA，其接地端应与管道金属外壳连接。

2）变压器或 GIS 一次回路的任何电气部分至 MOA1 间的最大电气距离对 66kV 系统不超过 50m 时，对 110kV 及 220kV 系统不超过 130m 时，或经校验装一组 MOA 即能符合保护要求时，可只装设 MOA1。

3）连接 GIS 管道的架空线路进线保护段的长度不应小于 2km，且应符合相应杆塔的耐雷水平要求。

（2）66kV 及以上有电缆段进线的 GIS 变电站的雷电侵入波过电压保护应符合下列要求：

1）在电缆段与架空线路的连接处应装设 MOA，其接地端应与电缆的金属外皮连接。

2）三芯电缆段进 GIS 变电站的保护接线，末端的金属外皮应与 GIS 管道金属外壳连接接地，如图 7-23（a）所示。

3）单芯电缆段进 GIS 变电站的保护接线，应经金属氧化物电缆护层保护器（CP）接地，如图 7-23（b）所示。

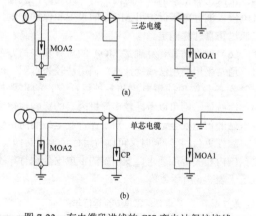

图 7-23　有电缆段进线的 GIS 变电站保护接线
（a）三芯电缆段进 GIS 变电站的保护接线；（b）单芯电缆段进 GIS 变电站的保护接线

4）电缆末端至变压器或 GIS 一次回路的任何电气部分间的最大电气距离不超第 1）款中的规定值可不装设 MOA2，当超过时，经校验装一组避雷器能符合保护要求，图 7-23 中可不装设 MOA2。

5）对连接电缆段的 2km 架空线路应架设避雷线。

（3）进线全长为电缆的 GIS 变电站内是否需装设 MOA，应视电缆另一端有无雷电过电压波侵入，经校验确定。

（五）小容量变电站雷电侵入波过电压的简易保护

（1）3150～5000kVA 的变电站 35kV 侧，可根据负荷的重要性及雷电活动的强弱等条件适当简化保护接线，变电站进线段的避雷线长度可减少到 500～600m，但其首端避雷器或保护间隙的接地电阻不应超过 5Ω（见图 7-24）。

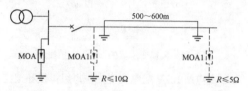

图 7-24　3150～5000kVA、35kV 变电站的简易保护接线

（2）小于 3150kVA 供非重要负荷的变电站 35kV 侧，根据雷电活动的强弱，可采用图 7-25（a）的保护接线；容量为 1000kVA 及以下的变电站，可采用图 7-25（b）的保护接线。

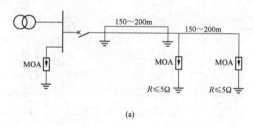

(a)

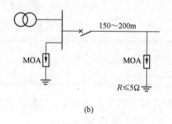

(b)

图 7-25　小于 3150kVA 变电站的简易保护
（a）采用地线保护的接线；（b）不采用地线保护的接线

（3）小于 3150kVA 供非重要负荷的 35kV 分支变电站，根据雷电活动的强弱，可采用图 7-26 的保护接线。

（4）简易保护接线的变电站 35kV 侧，避雷器与主变压器或电压互感器间的最大电气距离不宜超过 10m。

（六）配电系统的雷电过电压保护

（1）10～35kV 配电变压器的高压侧应靠近变压器装设 MOA。该 MOA 接地线应与变压器金属外壳等连在一起接地。

（2）10～35kV 配电变压器的低压侧宜装设一组 MOA，以防止反变换波和低压侧雷电侵入波击穿绝缘。该 MOA 接地线应与变压器金属外壳等连在一起接地。

（3）10～35kV 柱上断路器和负荷开关应装设 MOA 保护。经常断路运行而又带电的柱上断路器、负荷开关或隔离开关，应在带电侧装设 MOA，其接地线应与柱上断路器等的金属外壳连接，且接地电阻不宜超过 10Ω。

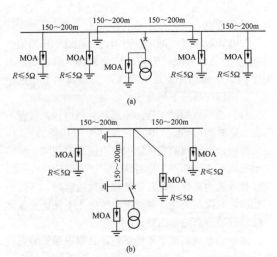

图 7-26　小于 3150kVA 分支变电站的简易保护
（a）分支线较短时的保护接线；（b）分支线较长时的保护接线

五、建筑物的防闪电感应及电涌侵入的措施保护

变电站中各类建筑物的防闪电感应及电涌侵入可按照 GB 50057《建筑物防雷设计规范》的规定执行。

变电站设计应特别注意以下方面：

（1）建筑物有电缆进出线的，应根据电缆的敷设方式在进出端将电缆外皮、钢管、金属线槽等与主接地网相连。当电缆与架空线路连接时，应装设避雷器，这与配电装置的防雷电侵入波措施一致。

（2）建筑物有低压架空线路的，应在进出线处装设避雷器。

（3）进出建筑物的架空金属管道，在进出处应就近接到主接地网。

第二节　内过电压保护

在电力系统中，由于断路器的操作或系统故障，使系统参数发生变化，在由此引起的电力系统内部能量转化或者传递的过渡过程中，系统中一般会产生过电压，即内部过电压。

系统参数变化的原因是多种多样的，因此内过电压的幅值、振荡频率、持续时间不尽相同。通常按照产生原因将内过电压分为暂时过电压、操作过电压和谐振过电压。内过电压的成因分析及限制是一个系统问题，本书仅从变电站绝缘配合角度做简要介绍，具体可查阅《电力工程设计手册　电力系统规划设计》。

一、工频过电压

（一）工频过电压的允许水平

工频过电压的允许水平应结合电网实际，通过技术经济比较合理确定。允许水平如果定得太低，就需要增加过多的并联补偿容量；如果定得太高，又会提高电网的绝缘水平，增加设备制造成本。故应权衡过电压水平、绝缘水平、保护设备性能、设备制造成本等因素，做出最佳选择。

1. 工频暂态过电压的允许水平

（1）对于范围 I 中的不接地系统，工频过电压不应大于 $1.1\sqrt{3}$（标幺值）；

（2）中性点谐振接地、低电阻接地和高电阻接地系统工频过电压不应大于 $\sqrt{3}$（标幺值）；

（3）110kV 和 220kV 系统，工频过电压不应大于 1.3（标幺值）；

（4）变电站内中性点不接地的 35kV 和 66kV 并联电容器补偿装置，系统工频过电压不应大于 $\sqrt{3}$（标幺值）；

（5）对于范围 II 系统中的工频过电压，在设计时应结合工程条件加以预测，工频过电压应符合下列要求：

——线路断路器的变电站侧的工频过电压不超过 1.3（标幺值）；

——线路断路器的线路侧的工频过电压不超过 1.4（标幺值），其持续时间不应大于 0.5s。

——当超过上述要求时，在线路上宜安装高压并联电抗器加以限制。

2. 工频稳态过电压的允许水平

工频稳态过电压在同期并列时间（15～20min）内，应小于电气设备在相应时间内的允许过电压倍数。

电气设备耐受工频过电压（标幺值）的要求及允许时间可参考表 7-7～表 7-14 选取。

表中变压器耐受电压以相应分接头下额定电压为1.0（标幺值），其余以最高工作相电压为1.0（标幺值）。

表 7-7　110～330kV 电气设备耐受暂时
过电压的要求（标幺值）

时间（s）	1200	20	1	0.1
电力变压器和自耦变压器	1.10/1.10	1.25/1.25	1.90/1.50	2.00/1.58
分流电抗器和电磁式电压互感器	1.15/1.15	1.35/1.35	2.00/1.50	2.10/1.58
开关设备、电容式电压互感器、电流互感器、耦合电容器和汇流排支柱	1.15/1.15	1.60/1.60	2.20/1.70	2.40/1.80

注　分子的数值代表相对地绝缘；分母的数值代表相对相绝缘。

表 7-8　500kV 变压器、电容式电压互感器
及耦合电容器耐受暂时过电压的要求（标幺值）

时间	连续	8h	2h	30min	1min	30s
变压器	1.1	—	—	1.2	1.3	—
电容式电压互感器	1.1	1.2	1.3	—	—	1.5
耦合电容器	—	—	1.3	—	—	1.5

表 7-9　500kV 并联电抗器耐受暂时
过电压的要求（标幺值）

时间	120min	60min	40min	20min
备用状态下投入	1.15	—	1.20	1.25
运行状态	—	1.15	—	1.20

时间	10min	3min	1min	20s	3s
备用状态下投入	1.30	—	1.40	1.50	—
运行状态	1.25	1.30	—	1.40	1.50

表 7-10　750kV 变压器耐受暂时
过电压的要求

时间	连续（空载）	连续（额定电流）	20s	1s	0.1s
标幺值	1.1	1.05	1.25	1.5	1.58

表 7-11　750kV 并联电抗器耐受暂时
过电压的要求

时间	20min	3min	1min	20s	8s	1s
标幺值	1.15	1.2	1.25	1.3	1.4	1.5

表 7-12　1000kV 变压器耐受暂时
过电压的要求（标幺值）

运行分接头下额定电压的倍数	1.05	1.10	0.25
持续时间	额定负载持续	80%额定负载持续	额定负载20s

表 7-13　1000kV 并联电抗器耐受暂时
过电压的要求（标幺值）

过电压倍数	1.15	1.20	1.30	1.40	1.50
持续时间	60min	20min	3min	20s	8s

表 7-14　1000kV 金属氧化物避雷器耐受暂时
过电压的要求（标幺值）

避雷器额定电压倍数	1.00	1.10	1.15	1.20
持续时间	20min	10s	1s	0.2s

（二）工频过电压的限制措施

限制工频过电压是一个系统问题。一般所采取的各项措施应与系统专业和继电保护专业配合，权衡比较，综合考虑。

220kV 及以下电网一般不考虑工频过电压的限制措施。但在设计时应避免 110kV 及 220kV 有效接地系统中偶然形成局部不接地系统产生较高的工频过电压，其措施应符合下列要求：

（1）当形成局部不接地系统，且继电保护装置不能在一定时间内切除 110kV 及 220kV 变压器的低、中压电源时，不接地的变压器中性点应装设间隙。当因接地故障形成局部不接地系统时，该间隙应动作；系统以有效接地系统运行发生单相接地故障时，间隙不应动作。间隙距离还应兼顾雷电过电压下保护变压器中性点标准分级绝缘的要求。

（2）当形成局部不接地系统，且继电保护装置设有失地保护可在一定时间内切除 110kV 及 220kV 变压器的三次、二次绕组电源时，不接地的中性点可装设无间隙金属氧化物避雷器，应验算其吸收能量。该避雷器还应符合雷电过电压下保护变压器中性点标准分级绝缘的要求。

330kV 及以上超高压电网一般可以采取装设并联电抗器、降低电网的零序电抗等措施限制工频过电压。

二、谐振过电压

（一）谐振过电压的性质

电网中的电感、电容元件，在一定电源的作用下，受到操作或故障的激发，使得某一自由振荡频率与外加强迫频率相等，形成周期性或准周期性的剧烈振荡，电压振幅急剧上升，出现谐振过电压。

谐振过电压的持续时间较长，甚至可以稳定存在，直到谐振条件被破坏为止。谐振过电压可在各级电网中发生，危及绝缘，烧毁设备，破坏保护设备的保护性能。

各种谐振过电压可以归纳为三种类型，即线性谐

振、铁磁谐振和参数谐振。

（二）谐振过电压及其限制

限制谐振过电压的基本方法，一是尽量防止它发生，这就要在设计中做出必要的预测，适当调整电网参数，避免谐振发生；二是缩短谐振存在的时间，降低谐振的幅值，削弱谐振的影响。变电站中谐振过电压的限制应满足下列条件：

（1）对于线性谐振和非线性铁磁谐振过电压，应采取防止措施避免其产生，或采用保护装置限制其幅值和持续时间。

（2）装有高压并联电抗器的非全相谐振过电压的限制应符合下列要求：

1）在高压并联电抗器的中性点接入接地电抗器，接地电抗器电抗值宜按接近完全补偿线路的相间电容来选择，应符合限制潜供电流的要求和对并联电抗器中性点绝缘水平的要求。对于同塔双回线路，宜计算回路之间的耦合对电抗值选择的影响。

2）在计算非全相谐振过电压时，宜计算线路参数设计值和实际值的差异、高压并联电抗器和接地电抗器的阻抗设计值与实测值的差距、故障状态下的电网频率变化对过电压的影响。

（3）范围Ⅱ的系统中，当空载线路或其上接有空载变压器时，在由电源变压器断路器合闸、重合闸或由只带有空载线路的变压器低压侧合闸、带电线路末端的空载变压器合闸以及系统解列的情况下，由这些操作引起的过渡过程的激发使变压器铁芯磁饱和、电感做周期性变化，就会产生很大的励磁涌流。此时电流波形中含有2、3、4、5……各次谐波。如果系统的自振频率与某次谐波的频率相近，则可能产生幅值相当高的谐振过电压（也称为谐波过电压）。

限制以谐波为主的高次谐波过电压的措施应符合下列要求：

（1）不宜采用产生谐波谐振的运行方式、操作方式；由于自振频率取决于系统的接线方式和结构，当系统结构有较大变化时，应注意校验，特别注意在故障时应防止出现该种谐振的接线（或操作）；当确实无法避免时，可在变电站线路继电保护装置内增设过电压速断保护，以缩短该过电压的持续时间。

（2）当带母线对空载变压器合闸出现谐振过电压时，在操作断路器上宜加装合闸电阻或选用合闸装置。限制励磁涌流过电压的合闸电阻取值范围与限制操作过电压的合闸电阻取值范围不同，需要在设计中综合考虑。

（3）系统采用带有均压电容的断路器断开连接有电磁式电压互感器的空载母线，经验算可产生铁磁谐振过电压时，宜选用电容式电压互感器。当已装设电磁式电压互感器时，运行中应避免引起谐振的操作

方式，可装设专门抑制此类铁磁谐振的装置。

（4）变压器铁磁谐振过电压限制措施应符合下列要求：

1）经验算断路器非全相操作时产生的铁磁谐振过电压，危及110kV及220kV中性点不接地变压器的中性点绝缘时，变压器中性点宜装设间隙。

2）当继电保护装置设有缺相保护时，110kV及220kV变压器不接地的中性点可装设无间隙MOA，应验算其吸收能量。该避雷器还应符合雷电过电压下保护变压器中性点标准分级绝缘的要求。

（5）10～66kV不接地系统或偶然脱离谐振的接地系统的部分，产生的谐振过电压有：

1）中性点接地的电磁式电压互感器过饱和。

2）配电变压器高压绕组对地短路。

3）输电线路单相断线且一端接地或不接地。

限制电磁式电压互感器的铁磁谐振过电压宜选取下列措施：

1）选用励磁特性饱和点较高的电磁式电压互感器；

2）减少同一系统中电压互感器中性点接地的数量，除电源侧电压互感器高压绕组中性点接地外，其他电压互感器中性点不宜接地；

3）当 X_{C0} 是系统每相对地分布容抗，X_m 为电压互感器在线电压作用下单相绕组的励磁电抗时，可在10kV及以下的母线上装设中性点接地的星形接线电容器或用一段电缆代替架空线路以减少 X_{C0}，使 X_{C0} 小于 $0.01X_m$；

4）当 K_{13} 是互感器一次绕组与开口三角形绕组的变比时，可在电压互感器的开口三角形绕组上装设阻值不大于 X_m/K_{13}^2 的电阻或其他专门消除此类铁磁谐振的装置；

5）电压互感器高压绕组中性点可接入单相电压互感器或消谐装置。

（6）谐振接地的较低电压系统，运行时应避开谐振状态；非谐振接地的较低电压系统，应采取增大对地电容的措施防止高幅值的转移过电压。

三、操作过电压

（一）操作过电压的概述

操作过电压是电力系统内过电压的一种。在发生故障或操作时，系统中的电容、电感等储能元件，由于其工作状态发生突变，将发生能量转换的过渡过程，电压的强制分量与暂态分量叠加形成操作过电压。其作用时间约在几毫秒到几十毫秒之间。幅值一般不超过4（标幺值）。

操作过电压的幅值和波形与电网的运行方式、电网结构及其参数、断路器性能等多种因素有关，具有

明显的随机性。

电力系统中常见的操作过电压主要包括：

（1）切除空载线路过电压；

（2）空载线路合闸过电压；

（3）切除空载变压器过电压；

（4）间歇电弧过电压；

（5）特快速瞬态过电压（VFTO）。

目前定量研究操作过电压的方法主要有系统实测、借助暂态网络分析仪（TNA）、计算机数字仿真等。

（二）操作过电压的允许水平

操作过电压是决定电网绝缘水平的依据之一，特别是在超高压、特高压电网中，有时起着决定性的作用。

（1）相对地操作过电压的允许水平一般不宜超过表 7-15 的要求。

表 7-15　相对地操作过电压的允许水平

最高电压范围	范围 I		范围 II				
系统额定电压（kV）	35kV 及以下低电阻接地系统	66kV 及以下非有效接地系统（不含低电阻接地系统）	110、220	330	500	750	1000
相对地操作过电压（标幺值）	3.0	4.0	3.0	2.2	2.0	1.8	1.6

（2）相间：3～220kV，宜取相对地内过电压的 1.3～1.4 倍；330kV，可取相对地内过电压的 1.4～1.45 倍；500kV，可取相对地内过电压的 1.5 倍；750kV，可取相对地内过电压的 1.7 倍。1000kV 最大相间统计操作过电压不宜大于 2.9（标幺值）。

（三）间歇电弧过电压及其限制措施

1. 间歇电弧过电压的性质

中性点不接地电网发生单相接地时流过故障点的电流为电容电流。经验表明，电网的电容电流超过一定数值时，接地电弧不易自行熄灭，常形成熄灭和重燃交替的间歇性电弧，因而导致电磁能的强烈振荡，使故障相、非故障相和中性点都产生过电压。

具有限流电抗器、电动机负荷，且设备参数配合不利的 10kV 某些不接地系统，发生单相间歇性电弧接地故障时，可能产生危及设备相间或相对地绝缘的过电压。对这种系统根据负荷性质和工程的重要程度，可进行必要的过电压预测，以确定保护方案。

2. 限制措施

（1）采用中性点直接接地方式。中性点直接接地系统发生单相接地故障时将产生很大的单相短路电

流，断路器立即跳闸将故障线路开断，经过短时间歇使故障点电弧熄灭后再自动重合。如故障消失、电弧熄灭，可恢复供电；如电弧未熄灭，断路器将再次跳闸，不会出现持续电弧现象。目前 110kV 及以上电网大都采用中性点直接接地的运行方式，不仅可以避免间歇电弧过电压，还可以降低绝缘水平，节省投资。

（2）采用中性点经消弧线圈或电阻接地方式。对 66kV 及以下的线路来说，降低绝缘水平的经济效益并不突出，故大都采用中性点非有效接地的方式，以提高供电可靠性。当单相接地流过故障点的电容电流较小时，不能维持断续电弧长时间存在，因此可采用中性点不接地（绝缘）方式。当单相接地电容电流超过限值时，可采用经消弧线圈或者电阻接地方式，以减小单相接地电流，促成电弧自熄，避免间隙电弧的出现。

（四）开断空载变压器过电压及其限制措施

1. 开断空载变压器过电压的性质

空载变压器的励磁电流很小，因此在开断时不一定在电流过零时熄弧，而是在某一数值下被强制切断。这时，储存在电感线圈上的磁能将转化成为充电于变压器杂散电容上的电能，并振荡不已，使变压器各电压侧均出现过电压。

开断空载变压器由于断路器强制熄弧（截流）产生的过电压，与断路器型式、变压器铁芯材料、绕组型式、回路元件参数和系统接地方式等有关。

2. 限制措施

对冷轧硅钢片、纠结式线圈、220kV 及以下电压等级的变压器，一般不需对开断空载变压器过电压进行保护。除此以外，均应采取保护措施。

开断空载变压器过电压的能量很小，其对绝缘的作用不超过雷电冲击波对绝缘的作用。但需注意：

（1）避雷器应接在断路器和变压器之间，在非雷雨季节也不得断开。

（2）如果变压器的高、低压侧电网中性点接地方式一致，则避雷器可在高压侧或低压侧只装一组。如果中性点接地方式不一致，而且利用低压侧的避雷器保护高压侧时，低压侧应装设操作残压较低的避雷器。考虑到一般变压器高压绕组的绝缘裕度比低压绕组低，以及限制大气过电压和其他类型操作过电压的需要，变压器高压侧总是装设有避雷器的。

（3）在可能只带一条线路运行的变压器中性点消弧线圈上，宜用避雷器限制切除最后一条线路的两相接地故障时，强制开断消弧线圈电流在其上产生的过电压。

（五）开断并联电抗器过电压及其限制措施

1. 开断并联电抗器过电压的性质

并联电抗器在超高压系统和静止补偿装置中都需

要装设。开断并联电抗器和开断空载变压器一样，都是开断感性负载，开断过程中如出现截流，就会产生过电压。但两者有以下两点不同：

（1）开断的电流为电抗器的额定电流，远比开断空载变压器的励磁电流要大。

（2）开断电流时，断路器断口间的瞬态恢复电压固有频率不同，开断变压器的频率为数百赫兹，开断电抗器的频率却为数千赫兹或更大，使断路器更难开断。

并联电抗器补偿装置合闸产生的操作过电压一般不超过 2.0（标幺值），可不采取保护措施。

2. 限制措施

（1）选用击穿概率极低的断路器或带分闸并联电阻的断路器。

（2）宜采用 MOA 或能耗极低的 R-C 阻容吸收装置作为限制断路器强制熄弧截流产生过电压的后备保护。

（3）对于范围 II 的并联电抗器开断时，也可使用选相分闸装置。

（六）线路合闸（重合闸）过电压及其限制措施

1. 线路合闸（重合闸）过电压的性质

空载线路合闸时，由于线路电感-电容的振荡，将产生合闸过电压。线路重合时，由于电源电动势较高以及线路上残余电荷的存在，加剧了这一电磁振荡过程，使过电压进一步提高。

2. 限制措施

（1）降低工频暂态过电压。这是限制工频暂态过电压的措施，也是限制关合（重合）空载长线过电压的措施。

（2）采用同步合闸装置。通过同步合闸装置，实现断路器的断口间无电压合闸，使暂态过程降低到最微弱的程度。

（3）采用带合闸电阻的断路器。这是限制合闸过电压的有效措施。应注意，合闸电阻值一般仅为数百欧（为低值电阻），大大小于分闸电阻值。

目前，我国部分 330kV 断路器上使用的合闸电阻值为 400Ω；500kV 断路器上使用的合闸电阻值为 400、500Ω；西北 750 kV 系统中的断路器采用 400～600Ω 的合闸电阻，接入时间不小于 8ms。国外 500kV 断路器并联电阻在 350～1000Ω 范围内，接入时间为 6～10ms。1000kV 系统中采用 600Ω 合闸电阻，接入时间为 8～11ms。

（4）采用 MOA。这是限制合闸过电压的有效措施。在线路首段和末端（线路断路器的线路侧）安装 MOA，当出现较高的操作过电压时，避雷器通过可靠动作，将过电压限制在允许范围内。如果通过 MOA 已经限制了空载线路的合闸过电压，相应的线路断路器就可以取消安装合闸电阻，以减少断路器的操作故障和经济投入。

DL/T 620《交流电气装置的过电压保护和绝缘配合》中，给出了 330kV 与 500kV 仅用安装于线路两端（线路断路器的线路侧）上的 MOA 限制线路合闸和重合闸过电压的参考条件，而在其他条件下或电压等级下，可否仅用 MOA 限制合闸和重合闸过电压，需经校验后确定。

（七）开断空载长线过电压及其限制措施

1. 开断空载长线过电压的性质

（1）空载长线相当于一个容性负载。在断路器开断工频电容电流过零熄弧后，便会有一个接近幅值的相电压被残留在线路上。若此时断路器触头发生重燃，则相当于一次合闸，使线路重新获得能量。电压波的振荡反射，使过电压按重燃次数依次递增。

（2）开断空载长线过电压具有明显的随机性。断路器触头的重燃、重燃后电弧熄灭的角度和断路器的同期性能等都是随机变量，因而使这种过电压难以进行定量计算，需要借助实测统计。过电压的大小尚与母线电容量、出线回路数、线路长度、电源阻抗等因素有关。

2. 限制措施

（1）对范围 II 的线路断路器，应要求在电源对地电压为 1.3（标幺值）的条件下开断空载线路不发生重击穿。

（2）对范围 I 的 110kV 及 220kV 开断架空线路该过电压不超过 3.0（标幺值）；开断电缆线路可能超过 3.0（标幺值）。

为此，开断空载架空线路宜采用重击穿概率极低的断路器；开断电缆线路应采用重击穿概率极低的断路器。

（3）对范围 I 的 66kV 及以下不接地或谐振接地系统，开断空载线路断路器发生重击穿时的过电压一般不超过 3.5（标幺值）。开断前系统已有单相接地故障，使用一般断路器操作时产生的过电压可能超过 4.0（标幺值）。6～35kV 的低电阻接地系统开断空载线路断路器发生重击穿时的过电压会达到 3.5（标幺值）。为此，选用操作断路器时，应使其开断空载线路过电压不超过 4.0（标幺值），均应选用重击穿概率极低的断路器。

（4）断路器加装分闸并联电阻（分闸电阻）、装设氧化物避雷器。

（八）开断电容器组过电压及其限制措施

1. 开断电容器组过电压的性质

开断电容器组过电压的原理与开断空载长线过电压类似，都是由于断路器重燃引起的。开断三相中性点不接地的电容器时，再加上断路器的三相不同期，会在电容器端部、极间和中性点上出现较高的过电压。过电压的幅值会随着重燃次数的增加而递增。

3～66kV 系统开断并联电容器补偿装置如断路器发生单相重击穿，则电容器高压端对地过电压可能超过 4.0（标幺值）。开断前电源侧有单相接地故障时，该电压将更高。开断时如发生两相重击穿，则电容器极间过电压可能超过 $2.5\sqrt{2}$ 倍的电容器额定电压。

如果开断电容器时母线上带有线路或其他电容器组，将会降低重燃后的初始电压，从而降低过电压幅值。减小断路器三相的不同期性，将减小中性点的位移电压，从而降低对地过电压。

2. 限制措施

（1）采用灭弧能力强的断路器。因为开断操作时该类断路器不发生重燃，将是限制这种过电压的根本措施。

（2）装设 MOA 保护。限制单相重击穿过电压宜将并联电容器补偿装置的 MOA 保护（详见图 7-27）作为后备保护。断路器发生两相重击穿可不作为设计的工况。

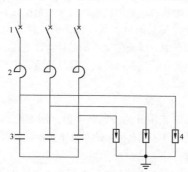

图 7-27 并联电容器补偿装置的 MOA 保护
1—断路器；2—串联电抗器；3—电容器组；4—MOA

（九）解列过电压及其限制措施

1. 解列过电压的性质

解列过电压主要发生在两个电网的超高压联络线上。一般有两种情况：

（1）线路两端电源的电势相角差因故摆开很大，超过 120° 甚至达到 180° 时，系统因失步解列，使断路器两侧电压产生振荡。线路末端的过电压和断路器触头间的恢复电压都可能超过工频暂态过电压的两倍。

（2）线路末端发生非对称接地短路，断路器断开时，也会产生类似的过电压振荡，但幅值一般不超过工频暂态过电压的 1.5～1.7 倍。

由于影响解列过电压的各种不利因素（较大的相角差、较小的电源容量、较长的线路、较远的短路点位置等）很少重叠发生，所以产生最大解列过电压的概率不大，其危险性不超过合闸过电压。

2. 限制措施

（1）安装于出线断路器线路侧的 MOA 是限制此种过电压的有效措施。

（2）装有中值分闸并联电阻的断路器可降低解列过电压。但当断路器装设了限制合闸过电压的低值合闸电阻后，则不必为限制解列过电压再另设分闸电阻，以免断路器的结构过于复杂。权衡利弊后，也可考虑分、合闸共用一个合适的并联电阻。

（3）有条件时也可采用自动化装置，在两电网的电势摆动超过允许角度前，就在指定的解列点将断路器及时断开。

（十）特快速瞬态过电压（VFTO）及其防护措施

1. VFTO 的特性

GIS 和 HGIS 中隔离开关操作或绝缘发生闪络接地故障时，可产生 VFTO。VFTO 的特点是波前时间很短（小于 0.1μs）；波前之后的振荡频率很高（大于 1MHz）、幅值很高（最大标幺值可达 2.5～3.0）。

VFTO 可能损害 GIS、HGIS、变压器和 GIS 母线电磁式电压互感器绝缘，也可能损害二次设备或对二次电路产生电磁骚扰。

变压器与 GIS 经过架空线或电缆相连时，在变压器上的 VFTO 幅值不高，波前时间降缓至雷电过电压波前时间范围内。这是由于在变压器套管处的 VFTO 幅值受到架空线的阻尼和衰减，因此波前时间变缓至雷电过电压或操作过电压波前时间范围内。然而，由于部分绕组的谐振，此频率的过电压分量仍可在变压器绕组内引起高的内部作用电压，可能有必要仔细研究其他的保护方式。

变压器与 GIS 通过油气套管相连时，在变压器上的 VFTO 较严重，可能损害变压器匝间绝缘。

2. VFTO 的防护措施

（1）对范围 II 的 GIS 和 HGIS 变电站，应结合工程对 VFTO 予以预测，提出防护措施。预测 VFTO 的计算模型时应考虑上述各影响因素，宜结合厂家在隔离开关典型 VFTO 试验回路上的试验结果和计算模型进行校验。

（2）隔离开关操作产生的 VFTO 的最有效防护措施为加装隔离开关投切电阻，或避免可能引起危险的操作方式。GIS 避雷器对 VFTO 基本无抑制作用，不能作为防护措施。

第三节 绝 缘 配 合

一、绝缘配合的目的和原则

（一）绝缘配合的目的

绝缘配合就是根据系统中可能出现的各种电压和保护装置的特性来确定设备的绝缘水平；或者根据已有设备的绝缘水平，选择适当的保护装置，以便把作用于设备上的各种电压所引起的设备损坏和影响连续运行的概率，降低到在经济上和技术上能接受的水平。

也就是说，绝缘配合是要正确处理各种电压、各种限压措施和设备绝缘耐受能力三者之间的配合关系，全面考虑设备造价、维修费用以及故障损失三个方面，力求取得较高的经济效益。

（二）绝缘配合的一般原则

（1）不同电网，因为结构不同以及在不同的发展阶段采用了不同的保护设备，所以可以有不同的绝缘水平。

（2）谐振过电压对电气设备和保护装置的危害极大，应在设计和运行中避免或消除出现谐振过电压的条件；在绝缘配合中不考虑谐振过电压。

（3）配电装置中的自恢复绝缘（绝缘子串、空气间隙）和非自恢复绝缘的绝缘强度，在过电压各种波形的作用下，均应高于保护设备的保护水平，并考虑各种因素，留有适当的裕度。不考虑各种绝缘之间的自配合。

（4）由于过电压保护的方法不同，一般不考虑线路绝缘与配电装置绝缘之间的配合问题。但绝缘水平超过标准很多的线路（如降压运行的线路），应验算变电站避雷器的电流是否超过额定配合电流。超过时，应在进线段首端采取保护措施（如装设 MOA）。

（5）污秽地区配电装置的外绝缘应按规定加强绝缘或采取其他措施。

（三）绝缘配合的方法

为确定电网的绝缘水平，采用的方法有确定性法（惯用法）、统计法和简化统计法。

1. 确定性法

绝缘配合的确定性法（惯用法）的原则是在惯用过电压（即可接受的接近于设备安装点的预期最大过电压）与耐受电压之间，按设备制造和电力系统的运行经验选取适宜的配合系数。

2. 统计法

绝缘配合的统计法旨在对设备的故障率定量，并将其作为选取额定耐受电压和绝缘设计的一个性能指标。

统计法把过电压和绝缘强度都看作是随机变量，在已知过电压幅值及绝缘闪络电压统计特性后，用计算方法求出绝缘闪络的概率来确定故障率，在技术经济比较的基础上，正确地确定绝缘水平。

这种方法不仅能定量地给出设计的安全程度，还能在设备年折旧费、年运行维修费用的基础上按照事故损失最小的原则进行优化设计，选择最佳绝缘水平。

由于在试验时设备绝缘需要施加的冲击电压次数较多，而且电压幅值可能超过额定耐受电压值，并需对系统的过电压进行广泛深入的研究，故绝缘配合统计法在实际应用上受到某些限制，但用于各种因素影响的敏感度分析是很有效的。

当降低绝缘水平具有显著经济效益，特别是当操作过电压成为控制因素时，统计法才特别有价值。因此，统计法仅用于 U_m 为 252kV 以上设备的操作过电压下的绝缘配合。

在所有电压范围内，当设备绝缘主要是自恢复型时，为检验耐受强度是否得到保证，一般只能施加有限次数的冲击（如在给定条件下施加 3 次）。因此，尚不能考虑将绝缘故障率作为定量的设计指标，统计法至今仅用于自恢复型绝缘。

3. 简化统计法

在简化统计法中，对概率曲线的形状做了若干假定（如已知标准差的正态分布），从而可用与一给定概率相对应的点来代表一条曲线。在过电压概率曲线中称该点的纵坐标为"统计过电压"，其概率不大于 2%，而在耐受电压曲线中则称该点的纵坐标为"统计冲击耐受电压"，设备的冲击耐受电压的参考概率取 90%。

绝缘配合的简化统计法是对某类过电压在统计冲击耐受电压和统计过电压之间选取一个统计配合系数，使所确定的绝缘故障率从系统的运行可靠性和费用两方面来看是可接受的。

（四）绝缘配合的波形

应采用系统分析（包括过电压防护和限制装置的选择和位置）来确定作用于绝缘上的电压和过电压的幅值、波形和持续时间。

对于每一类型的电压和过电压，系统分析用于确定代表性过电压和过电压，分析时应考虑在系统中电压和过电压波形作用下和表 7-16 中给出的标准耐受电压试验施加的标准电压波形作用下绝缘性能的差异。

表 7-16　　过电压的类型和波形、标准电压波形以及标准耐受电压试验

类别	低频电压		瞬态电压		
	持续	暂时	缓波前	快波前	特快波前
电压波形					
电压波形范围	f=50Hz $T_t \geq 3600$s	10Hz$<f<$500Hz 0.02s$\leq T_t \leq$3600s	20μs$<T_p \leq$5000μs $T_2 \leq$20ms	0.1μs$<T_1 \leq$20μs $T_2 \leq$300μs	$T_f \leq$100ns 0.3MHz$<f_1<$100MHz 30kHz$<f_2<$300kHz

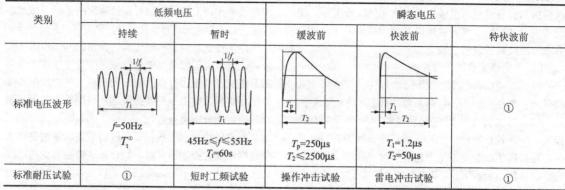

类别	低频电压		瞬态电压		
	持续	暂时	缓波前	快波前	特快波前
标准电压波形	$f=50Hz$ T_t①	$45Hz \leqslant f \leqslant 55Hz$ $T_t=60s$	$T_p=250\mu s$ $T_2 \leqslant 2500\mu s$	$T_1=1.2\mu s$ $T_2=50\mu s$	①
标准耐压试验	①	短时工频试验	操作冲击试验	雷电冲击试验	①

① 由有关技术委员会规定。

代表性电压和过电压可以用下述方式表示其特性：设定最大值；或一组峰值；或峰值的完整统计分布（此时必须考虑过电压波形的附加特性）。

（五）绝缘配合程序的一般概况

绝缘配合程序包括选取设备的最高电压以及与之相应的、表征设备绝缘特性的一组标准耐受电压。图7-28给出了程序的框图，下文描述了其步骤。选择一组最优的 U_w 可能需要反复考虑程序的某些输入数据，并重复此程序的某些部分。

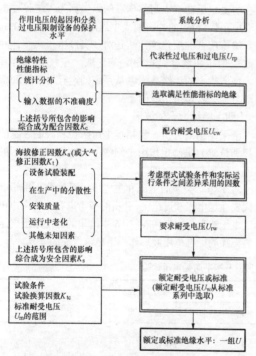

注：图中的绝缘特性是指内绝缘、外绝缘、自恢复绝缘、非自恢复绝缘、相对地绝缘、相间绝缘、纵绝缘以及绝缘介质特性等。

图7-28 确定额定或标准绝缘水平的流程图

▭ —要求输入的变量；▬ —实际步骤；▭ —获得的结果

选取额定耐受电压时，宜从标准额定耐受电压系

列数中选取。所选取的工频、冲击标准电压构成额定绝缘水平。

1. 步骤 1：确定代表性过电压（U_{rp}）

把运行中实际作用在绝缘上的过电压用具有标准波形的过电压来表示，这一过电压称为代表性过电压（U_{rp}）。代表性过电压与实际作用在绝缘上的过电压在绝缘上产生相同的电气效应，并可用一个数值、一组数值或者某种概率分布来表示。

（1）持续（工频）电压和暂时过电压的代表性过电压 U_{rp}。

代表性持续工频电压是常量且等于最高系统电压 U_s。

暂时过电压的特性由其幅值、波形和持续时间确定。所有参数均取决于过电压的起源，在过电压持续时间内，其幅值和波形可能会产生变化。

就绝缘配合的目的来说，代表性暂时过电压波形可视为标准的短时（1min）工频电压波形。其幅值可用一个值（假定最大值）、一组峰值或峰值的完整统计分布来表示。代表性暂时过电压幅值的选取应考虑：

——运行中实际过电压的幅值和持续时间；

——所考虑的绝缘的工频耐受特性（幅值/持续时间）。

如果不知道后者的特性，作为简化，幅值可取为运行中实际持续时间小于 1min 的实际最大过电压，而持续时间可取为 1min。

在特殊情况下，可以采用统计配合法，用运行中预期的暂时过电压的幅值/持续时间分布频率来表示代表性过电压。

（2）操作过电压的代表性过电压 U_{rp}。GB 311《绝缘配合》中按照过电压波形将各类操作过电压、弧光接地缓波前过电压、远方雷击架空线路导线过电压统称为缓波前过电压。代表性作用电压的特性为：

——代表性电压波形；

——代表性电压幅值，它可以是设定的最大过电压，也可以为过电压幅值的概率分布。

代表性电压波形是标准操作冲击波形［波前时间（到峰值时间）为 250μs，半峰值时间为 2500μs］；代表性电压幅值可认为是与实际波前时间无关的过电压幅值。然而，在范围Ⅱ的某些系统中会产生波前非常长的过电压，求取代表性幅值时应将波前时间对绝缘强度的影响考虑在内。

无避雷器动作时过电压的概率分布用其 2%值、偏差及其截断值来表示。尽管不是完全适用，但在 50%值和截断值之间的概率分布可用高斯分布来近似。截断值以上的值可认为不存在。作为替代，也可适用修正的维泊尔（Weibull）分布。

代表性过电压的设定最大值等于过电压截断值，或避雷器冲击保护水平，取其较低值，具体参见 GB/T 311.2《绝缘配合　第 2 部分：使用导则》。

（3）雷电过电压的典型过电压 U_{rp}。变电站的雷电过电压和它的发生概率取决于：

——与变电站相连的架空线的雷电性能；

——变电站布置、尺寸，特别是进出线数；

——（雷击瞬间）运行电压的瞬时值。

变电站设备所受雷电过电压的严重程度取决于这三个因素的组合，为了保证保护可靠，必须采取一些措施。雷电过电压幅值通常过高（未经避雷器限制的），不能以它们作为绝缘配合的基础。

通常工程中，雷电过电压的典型过电压 U_{rp} 的确定可采用估算的方法或 EMTP 行波法计算。GB/T 311.2《绝缘配合　第 2 部分：使用导则》中对代表性雷电过电压幅值的估算方法有详细介绍。

（4）VFTO 的典型过电压 U_{rp}。由于影响 VFTO 过电压的因素非常多，目前尚没有相应的标准，还不能确定其代表性过电压。同时，估计特快波前过电压对选择额定耐受电压无影响，因为按目前情况来看，抑制 VFTO 的经济有效的措施并不是提高设备的绝缘水平，而是通过加装隔离开关阻尼电阻等措施来实现。

虽然绝缘配合程序在确定设备额定耐受电压时，没有考虑 VFTO，但实际工程使用时，必须要结合工程各自特点对 VFTO 予以预测，并提出防护措施。

2. 步骤 2：确定配合耐受电压（U_{cw}）

配合耐受电压（U_{cw}）是指对每一个电压等级的设备而言，在绝缘结构满足实际运行要求的性能指标的前提下，该绝缘所能承受的过电压，即

$$U_{cw}=K_c U_{rp} \qquad (7-37)$$

式中　K_c——配合系数。

（1）持续（工频）电压和暂时过电压的配合耐受电压（U_{cw}）。持续（工频）电压下的配合耐受电压取

为（$K_c=1$）：

——相间：最高系统电压 U_s。

——相对地：$U_s/\sqrt{3}$。

存在污秽时，外绝缘对工频电压所呈现的特性变得重要并可能支配着外绝缘的设计。当表面有污秽或由于无明显冲洗作用的小雨、雪、露或雾而变湿时通常发生绝缘闪络。在 GB/T 26218.1《污秽条件下使用的高压绝缘子的选择和尺寸确定　第 1 部分：定义、信息和一般原则》中给出了每一污秽等级所对应的典型周围环境说明，在具体工程设计时应查阅工程所在地最新的污秽分布图。绝缘子应以可接受的闪络危险率在污秽条件下持续耐受最高系统电压。取配合耐受电压等于代表性过电压并根据区域的污秽严重程度选择适合的耐受污秽度，以满足性能指标。因此，长持续时间的工频配合耐受电压，对于相间绝缘子应为相应的最高系统电压，而对相对地绝缘子应为最高系统电压除以 $\sqrt{3}$。

当采用确定法时，配合短时耐受电压等于代表性暂态过电压；而采用统计法且代表性暂时过电压是以幅值/持续时间分布频率特性表示时（见 GB/T 311.2《绝缘配合　第 2 部分：使用导则》），应确定满足性能指标的绝缘，配合耐受电压的幅值应等于绝缘幅值/持续时间特性上对应于持续时间为 1min 的值。

（2）操作过电压的配合耐受电压（U_{cw}）。

对于确定性法，$K_c=K_{cd}$；对于统计法，$K_c=K_{cs}$。

对于 K_{cd} 及 K_{cs} 的取值可按照 GB/T 311.2《绝缘配合　第 2 部分：使用导则》中要求。

（3）雷电过电压的配合耐受电压（U_{cw}）。对于确定性法，取过电压的设定最大值计算配合耐受电压，确定性配合因数 $K_{cd}=1$。

对于统计法，配合耐受电压可由雷电过电压的典型过电压 U_{rp} 直接得到。

3. 步骤 3：确定要求耐受电压（U_{rw}）

要求耐受电压（U_{rw}）是指为了验证在寿命期限内绝缘性能是否满足实际运行要求而进行的标准耐受试验中绝缘所必须承受的试验电压。要求耐受电压（U_{rw}）的波形与配合耐受电压相同。

对内绝缘

$$U_{rw}=K_s U_{cw} \qquad (7-38)$$

对外绝缘

$$U_{rw}=K_a K_s U_{cw} \qquad (7-39)$$

式中　K_s——安全系数，对内绝缘 $K_s=1.15$，对外绝缘 $K_s=1.05$。

K_a——大气校正因数。

大气校正因数可根据式（7-40）计算。

$$K_a=e^{q\left(\frac{H}{8150}\right)} \qquad (7-40)$$

式中 H——超过海平面的高度，m。

q——系数，对空气间隙或者清洁绝缘子的短时工频耐受电压，取 1.0，对雷电冲击耐受电压，取 1.0，对操作冲击耐受电压，q 按图 7-29 确定。

对污秽绝缘子，q 的数值仅供参考。对污秽绝缘子的长时间试验以及短时工频耐受电压试验（当要求时），对于标准绝缘子 q 可低至 0.5，而对于防雾型可高至 0.8。

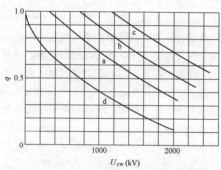

注：对于由两个分量组成的电压，电压值是各分量的和。

图 7-29 q 与配合操作冲击耐受电压的关系

a—相对地绝缘；b—纵绝缘；c—相间绝缘；

d—棒-板间隙（标准间隙）

4. 步骤 4：选择额定（标准）绝缘水平

额定绝缘水平是指由标准耐受电压中选取的一组表征设备绝缘性能的耐受电压。额定绝缘水平确保绝缘满足要求耐受电压（U_{rw}），同时也是最经济的。

为了加强标准化，利用运行经验，将设备的最高运行电压与标准耐受电压相关联，对设备的绝缘水平进行了标准化规定，称为标准绝缘水平。

选择额定（标准）绝缘水平前，需要对要求耐受电压（U_{rw}）进行换算。一般地，范围 I 中需要把要求的操作冲击耐受电压换算成短时工频和雷电冲击耐受电压；范围 II 中需要把要求的短时工频耐受电压换算成操作冲击耐受电压。

对范围 I，将要求的操作冲击耐受电压换算到短时工频耐受电压和雷电冲击耐受电压的试验换算因数见表 7-17。

短时工频耐受电压或者雷电冲击耐受电压等于要求的操作冲击耐受电压与表 7-17 中的试验换算因数的积。该因数适用于相对地、相间及纵绝缘耐受电压。

对范围 II，将要求的短时工频耐受电压换算到操作冲击耐受电压的试验换算因数见表 7-18。

操作冲击耐受电压等于要求的短时工频耐受电压与表 7-18 中的试验换算因数的积。试验换算因数也适

用于纵绝缘。

表 7-17 对范围 I 由要求的操作冲击耐受电压换算成短时工频耐受电压和雷电冲击耐受电压的试验换算因数

绝 缘		短时工频耐受电压[①]	雷电冲击耐受电压
外绝缘	空气间隙和清洁的绝缘子，干状态：		
	相对地	$0.6+U_{rw}/8500$	$1.05+U_{rw}/6000$
	相间	$0.6+U_{rw}/12700$	$1.05+U_{rw}/9000$
	清洁的绝缘子，湿状态	0.6	1.3
内绝缘	GIS	0.7	1.25
	液体浸渍绝缘	0.5	1.10
	固体绝缘	0.5	1.00

注 U_{rw} 是要求的操作冲击耐受电压，kV。

① 试验换算因数包括由峰值变换成方均根值的因数 $1/\sqrt{2}$。

表 7-18 范围 II 内由要求的短时工频耐受电压换算成操作冲击耐受电压的试验换算因数

绝 缘		操作冲击耐受电压
外绝缘	空气间隙和清洁的绝缘子，干状态	1.4
	清洁的绝缘子，湿状态	1.7
内绝缘	GIS	1.6
	液体浸渍绝缘	2.3
	固体绝缘	2.0

注 试验换算因数包括由方均根值变换成峰值的因数 $\sqrt{2}$。

设备相对地绝缘的标准耐受电压根据要求耐受电压数值在 GB 311.1《绝缘配合 第 1 部分：定义、原则和规则》给出的标准化电压系列中选取，选取的原则是最接近但要大于耐受电压数值的标准电压值。

标准额定耐受电压与设备的最高电压相关联，按 GB 311.1《绝缘配合 第 1 部分：定义、原则和规则》的要求执行。这些耐受电压仅适用于正常环境条件且已经修正到了标准参考大气条件。只有其中同一组绝缘水平才能构成标准绝缘水平。

此外，下面是相间绝缘和纵绝缘的标准化组合：

——对于范围 I 内的相间绝缘，标准额定短时工频和雷电冲击耐受电压等于相应的相对地耐受电压（按 GB 311.1《绝缘配合 第 1 部分：定义、原则和规则》）的要求执行。

——对于范围 II 内的相间绝缘，标准雷电冲击耐受电压等于相对地雷电冲击耐受电压。

——对于范围Ⅰ内的纵绝缘，标准额定短时工频和雷电冲击耐受电压等于相应的相对地耐受电压（按 GB 311.1《绝缘配合　第 1 部分：定义、原则和规则》的要求执行）。

——对于范围Ⅱ内的纵绝缘，联合耐受电压的标准操作冲击分量在 GB 311.1《绝缘配合　第 1 部分：定义、原则和规则》中给出，而反极性工频分量的峰值为 $U_m \times \sqrt{2} / \sqrt{3}$。

——对于范围Ⅱ内的纵绝缘，联合耐受电压的标准雷电冲击分量等于相应的相对地耐受电压（GB 311.1《绝缘配合　第 1 部分：定义、原则和规则》中给出），而反极性工频分量的峰值为 $(0.7 \sim 1.0) \times U_m \times \sqrt{2} / \sqrt{3}$。

考虑到不同的性能指标或过电压类型，对大多数设备的最高电压可预计到不止一种优先选用的组合。对此种优先选用的组合，只需用两种标准额定耐受电压就足以定义设备的额定绝缘水平；

（1）对于范围Ⅰ内的设备：

——标准额定雷电冲击耐受电压；

——标准额定短时工频耐受电压。

（2）对于范围Ⅱ内的设备：

——标准额定操作冲击耐受电压；

——标准额定雷电冲击耐受电压。

二、电气设备的试验电压

（一）标准绝缘水平（海拔不超过 1000m）

这里的电气设备的试验电压是指根据绝缘配合程序计算确定的电气设备的耐受电压。对于不同电压等级的电气设备已经形成了一系列的标准耐受电压值（海拔不超过 1000m），具体见表 7-19～表 7-23。

表 7-19　范围Ⅰ（$1kV < U_m \leqslant 252kV$）的标准绝缘水平　（kV）

系统标称电压 U_n（有效值）	设备最高电压 U_m（有效值）	额定雷电冲击耐受电压（峰值）		额定短时工频耐受电压（有效值）
		系列Ⅰ	系列Ⅱ	
3	3.6	20	40	18
6	7.2	40	60	25
10	12.0	60	75 / 90	30/42°；35
15	18	75	95 / 105	40；45
20	24.0	95	125	50；55
35	40.5	185/200°		80/95°；85
66	72.5	325		140
110	126	450/480①		185；200
220	252	(750)②		(325)③
		850		360
		950		395
		1050		460

注　系统标称电压 3～20kV 所对应设备系列Ⅰ的绝缘水平，在我国仅用于中性点直接接地（包括小电阻接地）系统。

① 该栏斜线下的数据仅用于变压器类设备的内绝缘。

② 220kV 设备，括号内的数据不推荐使用。

③ 该栏斜线上的数据为设备外绝缘在湿状态下的耐受电压（或称为湿耐受电压）；该栏斜线下的数据为设备外绝缘在干燥状态下的耐受电压（或称为干耐受电压）。在分号之后的数据仅用于变压器类设备的内绝缘。

表 7-20　　范围Ⅱ（$U_m > 252kV$）的标准绝缘水平　（kV）

系统标称电压 U_n（有效值）	设备最高电压 U_m（有效值）	额定操作冲击耐受电压（峰值）					额定雷电冲击耐受电压（峰值）		额定短时工频耐受电压（有效值）
		相对地	相间	相间与相对地之比	纵绝缘①		相对地	纵绝缘	相对地
1	2	3	4	5	6	7	8	9	10③
330	363	850	1300	1.50	950	850 (+295)②	1050		(460)
		950	1425	1.50			1175		(510)
500	550	1050	1675	1.60	1175	1050 (+450)②	1425	见 6.10 规定	(630)
		1175	1800	1.50			1550		(680)
		1300④	1950	1.50			1675		(740)
750	800	1425	—	—	1550	1425 (+650)②	1950		(900)
		1500	—	—			2100		(960)

续表

系统标称电压 U_n（有效值）	设备最高电压 U_m（有效值）	额定操作冲击耐受电压（峰值）					额定雷电冲击耐受电压（峰值）		额定短时工频耐受电压（有效值）
		相对地	相间	相间与相对地之比	纵绝缘①		相对地	纵绝缘	相对地
1	2	3	4	5	6	7	8	9	10③
1000	1100	—	—		1800	1675（+900）②	2250	2400（+900）②	（1100）
		1800	—				2400	2400	

注　本表引自 GB 311.1—2012《绝缘配合　第 1 部分：定义、原则和规则》中表 3。

① 绝缘的操作冲击耐受电压选取栏 6 或栏 7 的数值，取决于设备的工作条件，在有关设备标准中规定。

② 栏 7 和栏 9 括号中的数值是加在同一极对应端子上的反极性工频电压的峰值。

③ 栏 10 括号内的短时工频耐受电压值 IEC 60071-1 未予规定。

④ 表示除变压器以外的其他设备。

表 7-21　　各类设备的雷电冲击耐受电压　　　　　　　　　　　　　（kV）

系统标称电压（有效值）	设备最高电压（有效值）	额定雷电冲击耐受电压（峰值）						截断雷电冲击耐受电压（峰值）
		变压器	并联电抗器	耦合电容器、电压互感器	高压电力电缆	高压电器类	母线支柱绝缘子、穿墙套管	变压器类设备的内绝缘
3	3.6	40	40	40	—	40	40	45
6	7.2	60	60	60	—	60	60	65
10	12	75	75	75	—	75	75	85
15	18	105	105	105	105	105	105	115
20	24	125	125	125	125	125	125	140
35	40.5	185/200①	185/200①	185/200①	200	185	185	220
66	72.5	325	325	325	325	325	325	360
		350	350	350	350	350	350	385
110	126	450/480①	450/480①	450/480①	450	450	450	530
		550	550	550	550	550		
220	252	850	850	850	850	850	850	950
		950	950	950	950 1050	950 1050	950 1050	1050
330	363	1050	—	—	—	1050	1050	1175
		1175	1175	1175	1175 1300	1175	1175	1300
500	550	1425	—	—	1425	1425	1425	1550
		1550	1550	1550	1550	1550	1550	1675
		—	1675	1675	1675	1675	1675	—
750	800	1950	1950	1950	1950	1950	1950	2145
		—	2100	2100	2100	2100	2100	2310
1000	1100	2250	2250	2250	2250	2250	2250	2400
		—	2400	2400	2400	2400	2700	2560

注　1. 表中所列的 3～20kV 的额定雷电冲击耐受电压为表 7-19 中系列 Ⅱ 绝缘水平。

　　2. 对高压电力电缆是指热态状态下的耐受电压。

① 斜线上的数据仅用于该类设备的内绝缘。

表 7-22　　　　　　　　　　各类设备的短时（1min）工频耐受电压（有效值）　　　　　　　　　　（kV）

系统标称电压（有效值）	设备最高电压（有效值）	内绝缘、外绝缘（湿试/干试）				母线支柱绝缘子	
		变压器	并联电抗器	耦合电容器、高压电器类、电压互感器、电流和穿墙套管	高压电力电缆	湿试	干试
1	2	3①	4①	5②	6②	7	8
3	3.6	18	18	18/25		18	25
6	7.2	25	25	23/30		23	32
10	12	30/35	30/35	30/42		30	42
15	18	40/45	40/45	40/55	40/55	40	57
20	24	50/55	50/55	50/65	50/65	50	68
35	40.5	80/85	80/85	80/95	80/95	80	100
66	72.5	140	140	140	140	140	165
		160	160	160	160	160	185
110	126	185/200	185/200	185/200	185/200	185	265
220	252	360	360	360	360	360	450
		395	395	395	395	395	495
					460		
330	363	460	460	460	460		
		510	510	510	510	570	
					570		
500	550	630	630	630	630		
		680	680	680	680	680	
				740	740		
750	800	900	900	900	900	900	
				960	960		
1000	1100	1100③	1100	1100	1100	1100	

注　表中 330～1000kV 设备的短时工频耐受电压仅供参考。
①　该栏斜线下的数据为该类设备的内绝缘和外绝缘干耐受电压；该栏斜线上的数据为该类设备的外绝缘湿耐受电压。
②　该栏斜线下的数据为该类设备的外绝缘干耐受电压。
③　对于特高压电力变压器，工频耐受电压时间为 5min。

表 7-23　　　　　电力变压器、高压并联电抗器中性点及接地电抗器的额定绝缘耐受电压　　　　　（kV）

系统标称电压	系统最高电压	中性点接地方式	雷电全波和截波	短时（1min）工频（有效值）
110	126	不接地	250	95
220	252	直接接地	185	85
		经接地电抗器接地	185	85
		不接地	400	200
330	363	直接接地	185	85
		经接地电抗器接地	250	105
500	550	直接接地	185	85
		经接地电抗器接地	325	140
750（变压器）	800	直接接地（经接地电抗器接地）	325	140
750（高压电抗器）	800	经接地电抗器接地	480	200
1000（变压器）	1100	直接接地	325	140
1000（高压电抗器）	1100	经接地电抗器接地	550/750	230/325

注　1. 中性点经接地电抗器接地时，其电抗值与变压器或高压并联电抗器的零序电抗之比不大于 1/3。
　　2. 为了限制系统不对称短路电流，目前国内已有不少已投运 750kV 变压器的中性点由直接接地改造为经电抗器接地。如确因特殊情况需提高中性点的绝缘水平，也可向制造厂提出，但需经多方面的计算与论证。

（二）外绝缘的修正（海拔超过 1000m）

前文所述的标准绝缘水平已涵盖海拔 1000m 及以下的外绝缘要求，但对于设备安装在海拔高于 1000m 时，标准绝缘水平规定的耐受电压范围可能不满足设备外绝缘实际耐受电压的要求。此时，在进行设备外绝缘耐受电压试验时，实际施加到设备外绝缘的耐受电压应为标准绝缘水平，按式（7-41）进行海拔修正：

$$K_a = e^{q\left(\frac{H-1000}{8150}\right)} \qquad (7-41)$$

式中　H——设备安装地点的海拔，m；

　　　q——系数，对空气间隙或者清洁绝缘子的短时工频耐受电压，q 取 1.0，对雷电冲击耐受电压，q 取 1.0，对操作冲击耐受电压，q 按图 7-29 确定。

三、金属氧化物避雷器（MOA）参数的选择

金属氧化物避雷器没有主间隙，故没有灭弧电压和放电电压的特性参数。选择金属氧化物避雷器的参数，主要控制两个方面：一是避雷器应有足够的保护水平；二是避雷器自身应保证必要的使用寿命，并在工作时不损坏。

（一）避雷器的持续运行电压 U_c

避雷器的持续运行电压是允许持久地施加在避雷器端子间的工频电压有效值。

对于无间隙避雷器，运行电压直接作用在避雷器的电阻片上，会引起电阻片的劣化，为保证电阻片一定的使用寿命，避免电阻片的过热和热崩溃，长期作用在避雷器上的电压不得超过避雷器的持续运行电压。

避雷器的持续运行电压与电力系统相电压或线电压的关系如下：

（1）中性点有效接地系统。在中性点有效接地系统中，接在相对地之间的无间隙氧化物避雷器，其持续运行电压不低于电力系统的最高工作相电压，即

$$U_c \geqslant U_m / \sqrt{3} \qquad (7-42)$$

式中　U_c——金属氧化物避雷器的持续运行电压有效值，kV；

　　　U_m——系统最高工作线电压有效值，对于电容器组，应为电容器组的额定电压，kV，因为电容器组回路中串联有电抗器，它使得电容器的端电压高于系统的最高工作相电压。

（2）中性点非有效接地系统。在中性点非有效接地系统中，对于中性点不接地方式、经消弧线圈和经高阻抗接地方式的系统，为了安全供电的需要，当发生单相接地故障时，一般不会瞬间跳闸，接地故障的持续时间有时可达 2h，这时作用在健全相避雷器上的电压就等于或高于系统的线电压。在 3～20kV 系统中，中性点大多非有效接地，当零序电抗（X_0）与正序电抗（X_1）之比在 $-\infty \sim -20$ 之间，在健全相上的电压可达到线电压的 1.1 倍。在 35～66kV 系统中，中性点一般经消弧线圈接地，且在过补偿下运行，健全相上的电压一般不高于线电压。

另外，随着城市配网电缆使用的不断增多，有些中性点采用低电阻接地，单相接地故障在 10s 及以内切除，无间隙避雷器的持续运行电压的选择不应低于电力系统的最高工作相电压，即：10s 及以内切除故障时，$U_c \geqslant U_m / \sqrt{3}$；10s 以上切除故障时，$U_c \geqslant 1.1U_m / \sqrt{3}$（10～20kV 系统）；$U_c \geqslant U_m$（35～66kV）。

（二）避雷器的额定电压 U_N

避雷器的额定电压是施加到避雷器端子间的最大允许工频电压有效值，按照此电压所设计的避雷器，能在所规定的动作负载试验中确定的暂时过电压下正确地工作。它是表征避雷器运行特性的一个重要参数，但它不等于系统标称电压，也有别于其他电气设备的额定电压。

由于电力系统的标称电压是该系统相间电压的标称值，而避雷器一般安装在相对地之间，正常工作下承受的是相电压和暂时过电压，因此其额定电压与电力系统的标称电压以及其他电气设备（变压器、断路器等）的额定电压有不同的意义。

GB 11032《交流无间隙金属氧化物避雷器》规定，避雷器在 60℃ 的温度下，注入标准规定的能量后，必须能耐受相当于避雷器额定电压的暂时过电压至少 10s。

在相同的系统标称电压下，无间隙避雷器的额定电压选的越高，在运行中通过避雷器的泄漏电流就越小，对减轻避雷器的劣化有利，可以提高避雷器运行的可靠性；此外，避雷器的额定电压越高，避雷器的保护水平会相应变差，被保护设备的绝缘水平会相应提高，或者同样的绝缘水平下，设备的保护裕度会降低。在选择时，要满足被保护设备绝缘配合的要求，避雷器的额定电压可得选高一些。

1. 中性点有效接地系统

在中性点有效接地系统中，单相接地故障在 10s 及以内切除，可以只考虑单相接地时其故障相的电压升高和部分甩负荷、长线效应引起的暂时过电压。

避雷器额定电压的选取，通常取等于或大于安装处的最大工频暂时过电压，即

$$U_N \geqslant K_g \cdot U_m / \sqrt{3} \qquad (7-43)$$

式中　U_m——系统最高工作线电压有效值，kV；

K_g——工频过电压倍数，如 330、500、750kV 变电站，线路侧按 1.4（标幺值）、母线侧按 1.3（标幺值）选取。

对于 1000kV 特高压工程，为了后续工程设计中进一步降低系统过电压水平，采用断路器联动方式，使线路侧工频暂时过电压的持续时间缩短到不大于 0.2s（考虑了断路器拒动而后备保护跳闸的情况）。特高压避雷器的工频耐受时间特性表明，若线路侧避雷器的额定电压选用与母线侧相同为 828kV，在工频电压 899kV 下至少可耐受 10s。因此，在 1000kV 特高压工程中，线路侧避雷器的额定电压和母线侧避雷器的额定电压可取相同值。对于其他电压等级的工程，经相关计算研究后，也可将线路侧避雷器的额定电压和母线侧避雷器的额定电压取相同值。

高压及超/特高压中性点有效接地系统避雷器的典型额定电压值见表 7-24。

表 7-24 中性点有效接地系统避雷器的典型额定电压值　　（kV）

系统标称电压（有效值）	避雷器额定电压（有效值）	
	母线侧	线路侧
110	102	
220	204	
330	300	312
500	420	444
750	600	648
1000	828	828

另外，系统的工频暂时过电压会因工程而异，若某一工程的工频暂时过电压标幺值低于线路侧标幺值 1.4 或母线侧标幺值 1.3 时，也可考虑适当降低避雷器的额定电压。但从设备标准化来考虑建议选取典型值。

2. 中性点非有效接地系统

在中性点非有效接地系统中，如果单相接地故障在 10s 及以内切除，可应用上述中性点有效接地系统中的原则；如果单相接地故障在 10s 以上切除，额定电压还应乘以一个系数 k。

无间隙避雷器的额定电压可按式（7-44）选择。

$$U_N \geqslant kU_T \qquad (7-44)$$

式中　k——切除单相接地故障的时间系数，10s 及以内切除时取 1.0，10s 以上切除时取 1.25；

U_T——暂时过电压，kV。

暂时过电压 U_T 的推荐值见表 7-25，中性点非有效接地系统避雷器额定电压 U_N 的建议值见

表 7-26。

表 7-25 暂时过电压 U_T 的推荐值　　（kV）

接地方式	非有效接地系统（有效值）	
系统标称电压	3～20	35～66
暂时过电压 U_T	$1.1U_m$	U_m

注　暂时过电压 U_T 的推荐值是根据中性点非有效接地系统的接地故障时间系数通常不大于 1.732 来考虑得到的数值。但当接地电阻为电网总容抗的 37% 时，该接地故障时间系数可达 1.82～1.90。若 X_0/X_1 的比值在 −20～−1 之间接近谐振点 $X_0/X_1=−2$ 时，接地故障时间系数会高于 1.90，DL/T 804《交流电力系统金属氧化物避雷器使用导则》中未考虑这种特殊情况，本书也未考虑。如遇到特殊情况确需考虑时，可按 GB 311.2《绝缘配合　第 2 部分：使用导则》要求来确定避雷器安装处的接地故障时间系数 k，乘以系统最高相对地电压求得暂时过电压 U_T。

表 7-26 中性点非有效接地系统避雷器额定电压 U_N 的建议值　　（kV）

接地方式	非有效接地系统（有效值）					
	10s 及以内切除故障					
系统标称电压	3	6	10	20	35	66
避雷器额定电压	4	8	13	26	42	72
接地方式	非有效接地系统（有效值）					
	10s 以上切除故障					
系统标称电压	3	6	10	20	35	66
避雷器额定电压	5	10	17	34	51	90

注　U_N 的建议值是根据表 7-25 暂时过电压 U_T 的推荐值给出的，特殊情况下，可根据实际计算的 U_T 计算得出所需的 U_N，并根据 GB 11032《交流无间隙金属氧化物避雷器》已经给出的避雷器的额定电压标准值进行确定。

3. 中性点避雷器

这里的中性点避雷器主要指变压器中性点避雷器，发电机中性点避雷器不在此叙述。

变压器中性点绝缘为全绝缘时，变压器中性点避雷器的额定电压在有效接地系统中不应低于系统最高工作相电压，在非有效接地系统中不应低于系统最高工作电压。

（1）变压器中性点绝缘为分级绝缘时，可先按照中性点的绝缘水平确定避雷器的保护水平，然后根据避雷器电阻片的制造水平（压力）推算其额定电压；再通过暂时过电压水平的计算和工频电压耐受时间特

性曲线校核避雷器的额定电压。

（2）变压器中性点避雷器的额定电压 U_N 建议值见表 7-27。

表 7-27　变压器中性点避雷器的额定电压 U_N 建议值

中性点绝缘水平	全绝缘		分级绝缘			
系统标称电压（kV）	35	66	110	220	330	500
避雷器的额定电压（kV）	51	96	72	144	207	102
中性点雷电冲击绝缘水平（kV）	185	325	250	400	550	325

当表 7-27 中避雷器额定电压的建议值不能满足实际要求，需要另外选取避雷器的额定电压时，其直流 1mA 参考电压及相应的保护特性，可按邻近的典型额定电压推算。

GB 11032《交流无间隙金属氧化物避雷器》已经给出了避雷器的额定电压标准值，在规定的电压范围内以相等的电压级差列于表 7-28 中。

表 7-28　国家标准规定的额定电压的级差　（kV）

额定电压范围（均方根）	额定电压级差（均方根）
<3	不作规定
3～30	1
30～54	3
54～96	6
96～288	12
288～396	18
396～756	24

注　其他额定电压值也可接受，但需是 6 的倍数（电机用避雷器的额定电压除外）。

4. 其他情况

必要时，对避雷器工频电压耐受时间曲线进行校验。避雷器工频电压耐受时间曲线，即避雷器的工频电压耐受时间特性，指的是在规定条件下（具体详见 GB 11032《交流无间隙金属氧化物避雷器》的相关规定）对避雷器施加不同的工频电压，避雷器不损坏、不发生热崩溃时所对应的最大持续时间的关系曲线。GB 11032《交流无间隙金属氧化物避雷器》规定，曲线至少由 3 个点组成，时间范围为 0.1s～20min；对于无接地故障清除装置的中性点非有效接地系统，时间应扩大到 24h。

工频电压耐受时间特性是表明避雷器在运行中，

吸收了规定的过电压能量以后，耐受暂时过电压的能力。GB 11032《交流无间隙金属氧化物避雷器》规定，避雷器应耐受数值等于额定电压的暂时过电压 10s。如果暂时过电压的幅值高于或低于避雷器额定电压，而其作用时间短于或长于 10s，可以用工频电压耐受时间特性曲线校核。提高工频电压耐受时间水平可进一步降低避雷器的工频参考电压和额定电压，为进一步降低避雷器的残压水平带来益处。反之如果校验结果超过了避雷器的耐受能力，则需选择额定电压较高一挡的避雷器。

各个制造厂避雷器的工频电压耐受时间特性有所不同，必须依据制造厂提供的曲线进行校核。

在超/特高压系统中，可使用暂态网络分析仪或数值仿真对系统操作过电压和暂时过电压进行计算，得到避雷器的操作过电压吸收能量及暂时过电压的幅值和作用时间，然后用避雷器的工频电压耐受时间特性进行校核，使选用的避雷器具有足够的耐受操作过电压能量和暂时过电压的能力。前文所述 1000kV 特高压线路侧避雷器额定电压的确定即是按此进行校验后最终确定的。

（三）参考电压（U_{ref}）

避雷器的参考电压是指在规定的参考电流下避雷器两端的电压。参考电压通常取避雷器伏安特性曲线上拐点处的电压。避雷器参考电压分为工频参考电压和直流参考电压，分别如下：

（1）工频参考电压。工频参考电压是避雷器在工频参考电流下测出的避雷器的工频电压最大峰值除以 $\sqrt{2}$。该参数一般等于避雷器的额定电压值。避雷器的运行电压与工频参考电压之比为荷电率。工频参考电流在 1～10mA 范围，它与避雷器电阻片的特性、直径和并联数有关。通常工频参考电流随电阻片直径的增大而增大，由制造厂给出并在资料中公布。

（2）直流参考电压。直流参考电压是避雷器在直流参考电流下测出的避雷器上的电压。对于交流系统用避雷器，虽然直流参考电压没有实质性的物理意义，但由于直流参考电压的测量比工频参考电压更方便，且干扰小，较适合现场测量；同时，避雷器的直流参考电压与工频参考电压有一定的关系，可通过直流参考电压的测量间接掌握工频参考电压。所以，我国避雷器标准中一直保留对避雷器直流参考电压性能指标的要求。

同样，直流参考电流的数值与避雷器电阻片的特性、直径和并联数有关，由制造厂给出并在资料中公布。

（四）标称放电电流

避雷器的标称放电电流是划分避雷器等级、具有 8/20μs 波形的雷电冲击电流峰值。它关系到避雷器耐受冲击电流的能力和避雷器的保护特性，是设备额定冲击耐受电压和变电站空气间隙距离选取的依据。

按照 DL/T 620《交流电气装置的过电压保护和绝缘配合》规定，66kV 及以上的系统架空线路，绝大多数均为沿线全线架设避雷线，按远方雷击雷电侵入波的概率统计及电站的重要性，可进行以下选择：

（1）66～110kV 系统，避雷器的标称放电电流可选用 5kA；在雷电活动较强的地区、重要的变电站、进线保护不完善或进线段耐雷水平达不到规定时，可选用 10kA。

（2）220～330kV 系统，避雷器的标称放电电流可选用 10kA。

（3）500kV 系统，避雷器的标称放电电流可选用 10～20kA。

（4）750kV 系统，避雷器的标称放电电流可选用 20kA。

（5）1000kV 系统，避雷器的标称放电电流可选用 20kA。

35kV 及以下系统虽不是全线架设避雷线，但从技术经济比较考虑，有一定的设备绝缘损坏危险率是可以接受的，按照避雷器的类型和使用条件，标称放电电流可选用 5、2.5、1.5kA 等级。

近区雷击一般不作为选择标称放电电流的依据，但避雷器应具有足够大的电流冲击耐受能力。

（五）长持续时间电流冲击能量吸收能力

避雷器的能量吸收能力包括操作冲击能量吸收能力与雷电冲击能量吸收能力。对 330kV 及以上系统用避雷器，操作冲击下吸收的能量为主要考虑因素；对 220kV 及以下系统用避雷器，雷电冲击下吸收的能量是主要考虑因素。

操作冲击下的能量吸收能力主要采用长持续时间电流冲击进行考核，雷电冲击下的能量吸收能力主要采用大电流冲击进行考核。

氧化锌避雷器长持续时间电流冲击放电能力表征了避雷器的通流容量。在标称放电电流范围以内，雷电冲击容量一般可不进行校验。

对于操作冲击，目前国内避雷器的吸收能力，110kV 及以上线路分为六个等级，见表 7-29。

表 7-29　氧化锌避雷器的线路放电等级

线路放电等级	相当于系统额定电压等级（kV）	标称放电电流等级（kA）	避雷器额定电压（kV）	放电电流的视在持续时间（μs）
1	110	5，10	100	2000
2	220	5，10	200	2000

续表

线路放电等级	相当于系统额定电压等级（kV）	标称放电电流等级（kA）	避雷器额定电压（kV）	放电电流的视在持续时间（μs）
3	330	10	288～312	2400
4	500	10，20	396～468	2800
5	500	20	396～468	3200
5	750	20	600～648	3200
5	1000	20	828	3200
6	1000	20	828	6400

在线路放电等级不超过表 7-29 中所列数值时，可不进行校验。若系统条件不符合表 7-29 或对避雷器的能量吸收能力有较高要求时，可通过电磁暂态仿真计算程序（EMTP 或 ATP）来计算避雷器吸收的能量。计算得到的能量值除以避雷器的额定电压为实际的比能量，再根据该比能量在图 7-30 中找出相应的线路放电等级。

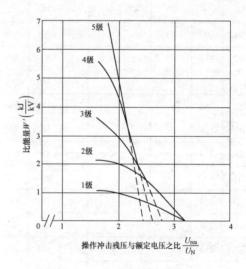

图 7-30　氧化锌避雷器的放电等级

W'—比能量，为避雷器允许通过能量与额定电压的比值，kJ/kV；U_{res}—避雷器操作冲击残压，kV；U_N—避雷器额定电压，kV

对 63kV 及以下系统用避雷器，一般不需要校验其通流能力。校验保护电容器的避雷器通流容量，按第六章有关内容进行。

（六）金属氧化物避雷器技术参数

（1）典型的变电站和配电用避雷器参数见表 7-30。

（2）其他类型避雷器参数见表 7-31～表 7-34。

表 7-30　　　　　　　　　　　典型的电站和配电用避雷器参数　　　　　　　　　　　（kV）

避雷器额定电压 U_N（有效值）	避雷器持续运行电压 U_c（有效值）	标称放电电流 20kA 等级				标称放电电流 10kA 等级				标称放电电流 5kA 等级							
		电站避雷器				电站避雷器				电站避雷器				配电避雷器			
		陡波冲击电流残压	雷电冲击电流残压	操作冲击电流残压	直流1mA参考电压	陡波冲击电流残压	雷电冲击电流残压	操作冲击电流残压	直流1mA参考电压	陡波冲击电流残压	雷电冲击电流残压	操作冲击电流残压	直流1mA参考电压	陡波冲击电流残压	雷电冲击电流残压	操作冲击电流残压	直流1mA参考电压
		（峰值）不大于			不小于	（峰值）不大于			不小于	（峰值）不大于			不小于	（峰值）不大于			不小于
5	4.0	—	—	—	—	—	—	—	—	15.5	13.5	11.5	7.2	17.3	15.0	12.8	7.5
10	8.0	—	—	—	—	—	—	—	—	31.0	27.0	23.0	14.4	34.6	30.0	25.6	15.0
12	9.6	—	—	—	—	—	—	—	—	37.2	32.4	27.6	17.4	41.2	35.8	30.6	18.0
15	12.0	—	—	—	—	—	—	—	—	46.5	40.5	34.5	21.8	52.5	45.6	39.0	23.0
17	13.6	—	—	—	—	—	—	—	—	51.8	45.0	38.3	24.0	57.5	50.0	42.5	25.0
51	40.8	—	—	—	—	—	—	—	—	154.0	134.0	114.0	73.0	—	—	—	—
84	67.2	—	—	—	—	—	—	—	—	254	221	188	121	—	—	—	—
90	72.5	—	—	—	—	264	235	201	130	270	235	201	130	—	—	—	—
96	75	—	—	—	—	280	250	213	140	288	250	213	140	—	—	—	—
100[①]	78	—	—	—	—	291	260	221	145	299	260	221	145	—	—	—	—
102	79.6	—	—	—	—	297	266	226	148	305	266	226	148	—	—	—	—
108	84	—	—	—	—	315	281	239	157	323	281	239	157	—	—	—	—
192	150	—	—	—	—	560	500	426	280	—	—	—	—	—	—	—	—
200[①]	156	—	—	—	—	582	520	442	290	—	—	—	—	—	—	—	—
204	159	—	—	—	—	594	532	452	296	—	—	—	—	—	—	—	—
216	168.5	—	—	—	—	630	562	476	314	—	—	—	—	—	—	—	—
288	219	—	—	—	—	782	698	593	408	—	—	—	—	—	—	—	—
300	228	—	—	—	—	814	727	618	425	—	—	—	—	—	—	—	—
306	233	—	—	—	—	831	742	630	433	—	—	—	—	—	—	—	—
312	237	—	—	—	—	847	760	643	442	—	—	—	—	—	—	—	—
324	246	—	—	—	—	880	789	668	459	—	—	—	—	—	—	—	—
420	318	1170	1046	858	565	1075	960	852	565	—	—	—	—	—	—	—	—
444	324	1238	1106	907	597	1137	1015	900	597	—	—	—	—	—	—	—	—
468	330	1306	1166	956	630	1198	1070	950	630	—	—	—	—	—	—	—	—
600	462	1518	1380	1142	810	—	—	—	—	—	—	—	—	—	—	—	—
648	498	1639	1491	1226	875	—	—	—	—	—	—	—	—	—	—	—	—
828	638	1782	1620	1460	114[②]	—	—	—	—	—	—	—	—	—	—	—	—

① 过渡。
② 此处直流参考电流通常为 8mA（4 柱并联结构）。

表 7-31　典型的电气化铁道用避雷器参数　（kV）

避雷器额定电压 U_N（有效值）	避雷器持续运行电压 U_c（有效值）	标称放电电流 5kA 等级			
		陡波冲击电流残压	雷电冲击电流残压	操作冲击电流残压	直流1mA参考电压
		（峰值）不大于			不小于
42	34.0	138.0	120.0	98.0	65.0
84	68	276	240	196	130

表 7-32　典型的并联补偿电容器用避雷器参数（kV）

避雷器额定电压 U_N（有效值）	避雷器持续运行电压 U_c（有效值）	标称放电电流 5kA 等级		
		雷电冲击电流残压	操作冲击电流残压	直流1mA参考电压
		（峰值）不大于		不小于
5	4.0	13.5	10.5	7.2
10	8.0	27.0	21.0	14.4
12	9.6	32.4	25.2	17.4
15	12.0	40.5	31.5	21.8
17	13.6	46.0	35.0	24.0
51	40.8	134.0	105.0	73.0
84	67.2	221	176	121
90	72.5	236	190	130

表 7-33　典型的低压避雷器参数　　（kV）

避雷器额定电压 U_N（有效值）	避雷器持续运行电压 U_c（有效值）	标称放电电流 1.5kA 等级	
		雷电冲击电流残压	直流1mA参考电压
		（峰值）不大于	不小于
0.28	0.24	1.3	0.6
0.50	0.42	2.6	1.2

表 7-34　典型的变压器中性点用避雷器参数　（kV）

避雷器额定电压 U_N（有效值）	避雷器持续运行电压 U_c（有效值）	标称放电电流 1.5kA 等级		
		雷电冲击电流残压	操作冲击电流残压	直流1mA参考电压
		（峰值）不大于		不小于
60	48	144	135	85
72	58	186	174	103
96	77	260	243	137
144	116	320	299	205
207	166	440	410	292

第四节　绝缘子串及空气间隙的绝缘配合

一、绝缘子串的绝缘配合

变电站绝缘子串的绝缘配合应同时符合下列条件：

（1）变电站每串绝缘子片数应符合相应现场污秽等级下耐受持续运行电压的要求。详见第四章。

（2）变电站操作过电压要求的变电站绝缘子串正极性操作冲击电压 50%放电电压 $u_{s.i.s}$ 应符合下式的要求：

$$u_{s.i.s} \geqslant k_4 U_{s.p} \qquad (7\text{-}45)$$

式中　$U_{s.p}$——避雷器操作冲击保护水平，kV；
　　　k_4——变电站绝缘子串操作过电压配合系数，取 1.27。

（3）变电站雷电过电压要求的变电站绝缘子串正极性雷电冲击电压波 50%放电电压 $u_{s.i.l}$ 应符合下式的要求：

$$u_{s.i.l} \geqslant k_5 U_{l.p} \qquad (7\text{-}46)$$

式中　$U_{l.p}$——避雷器雷电冲击保护水平，kV；
　　　k_5——变电站绝缘子串雷电过电压配合系数，取 1.4。

二、变电站空气间隙的绝缘配合

（一）空气间隙确定的一般步骤

配电装置中空气间隙包括 A、B、C、D 等各值。A 值是基本带电距离，称安全净距。B、C、D 值均由 A 值派生而来，具体详见第八章。

A 值的确定主要分为三步：

（1）根据计算得到空气间隙放电电压要求值，即 50%放电电压。

（2）根据变电站所在地区的海拔对 50%放电电压进行修正。

（3）对照真型塔（或仿真型塔）空气间隙或变电站典型放电电压数据，选取空气间隙最小距离。

（二）空气间隙放电电压要求值的确定

空气间隙放电电压要求值的计算详见表 7-35。

对于 1000kV 交流特高压工程，GB/Z 24842《1000kV 特高压交流输变电工程过电压和绝缘配合》提供了空气间隙要求值的两种计算方法，主要区别在于空气间隙 50%放电电压要求值的计算上。

（三）空气间隙 50%放电电压的海拔修正

变电站所在海拔高于 0m 时，应校正放电电压。修正公式为

表 7-35   空气间隙放电电压要求值的计算

分类	空气间隙放电电压	要求	备　注
相对地 （A1）	持续运行电压下风偏后导线对构架空气间隙的工频 50% 放电电压	$U_{s.\sim c} \geqslant k_2 \sqrt{2}\, U_m / \sqrt{3}$	k_2——空气间隙持续运行电压统计配合系数，取 1.13
	工频过电压下无风偏变电站导线对构架空气间隙的工频 50% 放电电压	$U_{s.\sim v} \geqslant k_6 U_{p.g}$	$U_{p.g}$——相对地最大工频过电压（kV），取 1.4（标幺值）； k_6——无风偏变电站导线对构架空气间隙的工频过电压配合系数，取 1.15
	正极性操作冲击电压 50% 放电电压	$U_{s.s.s} \geqslant k_7 U_{s.p}$	$U_{s.p}$——避雷器操作过电压保护水平； k_7——变电站相对地空气间隙的操作过电压配合系数，有风偏取 1.1，无风偏取 1.27
	正极性雷电冲击电压 50% 放电电压	$U_{s.l} \geqslant k_8 U_{l.p}$	$U_{l.p}$——避雷器雷电过电压保护水平； k_8——变电站相对地空气间隙的雷电过电压配合系数，取 1.4
相间 （A2）	工频过电压下变电站导线对构架空气间隙的工频 50% 放电电压	$U_{s.\sim p.p} \geqslant k_9 U_{p.p}$	$U_{p.p}$——母线处相间最大工频过电压（kV），取 $1.3\sqrt{3}$（标幺值）； k_9——相间空气间隙工频过电压配合系数，取 1.15
	正极性操作冲击电压 50% 放电电压	$U_{s.s.p.p} \geqslant k_{10} U_{s.p}$	$U_{s.p}$——避雷器操作过电压保护水平； k_{10}——相间空气间隙操作过电压配合系数，取 2.0
	正极性雷电冲击电压 50% 放电电压	$1.1 U_{s.l}$	

$$K_a = e^{q\left(\frac{H}{8150}\right)} \qquad (7\text{-}47)$$

式中　H——超过海平面的高度，m；

　　　q——系数，对空气间隙，q 取 1.0。

（四）典型放电电压数据

1. 220kV 变电站空气间隙放电电压

220kV 及以下变电站空气间隙的 50% 放电电压试

验曲线按图 7-31～图 7-39 确定。

对 220kV 以上变电站的空气间隙进行选择时，也可以参考此部分的曲线，但使用时应注意曲线的试验条件。

2. 330kV 变电站空气间隙放电电压

330kV 变电站空气间隙的工频 50% 放电电压、操作冲击 50% 放电电压可按图 7-40 确定。

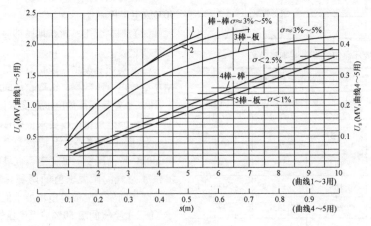

图 7-31　棒-板和棒-棒间隙的工频放电电压（峰值）和间隙距离的关系

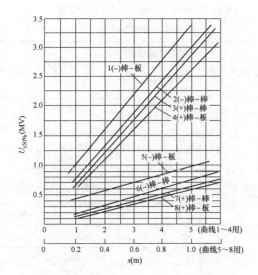

图 7-32　棒-棒和棒-板间隙的冲击（1.5/40μs）50%
放电电压（峰值）与间隙距离的关系

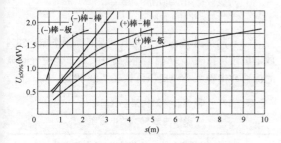

图 7-33　棒-板和棒-棒间隙在操作冲击波（500/5000μs）
下 50%放电电压（峰值）与间隙距离的关系
棒-板—10×10mm² 钢棒，地面铺 7×7mm² 钢板；棒-板—
φ50mm 钢管，上棒长 5m，下棒长 6m（σ = 4%～6%）

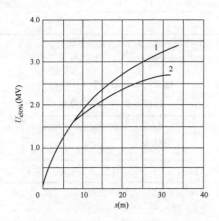

图 7-34　棒-板间隙在操作波下 50%放电电压
（峰值）与间隙距离的关系
1—正极性，波形 250/2500μs；2—正极性，
任意波形，最小 50%放电电压

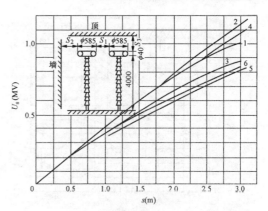

图 7-35　环-环及环-墙的工频放电电压（有效值）
与间隙距离的关系
1—环-环，一环接地，无墙无顶；2—环-环，
对称加压，无墙无顶；3—环-环，一环接地，洞内 $S_2=S_3 \approx S_1$；
4—环-环，对称加压，洞内 $S_2=S_3 \approx S_1$；
5—环-墙，洞内 $S_2=S_3$；6—环-墙，无顶

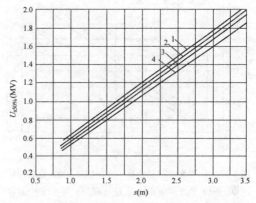

图 7-36　环-环及环-墙等冲击（+1.5/40μs）50%放电电压
（峰值）与间隙距离的关系（试验装置与图 7-35 同）
1—棒-棒，无墙无顶；2—环-环，洞内 $S_2=S_3 \approx S_1$；
3—环-墙，无顶；4—环-墙，洞内 $S_2=S_3$

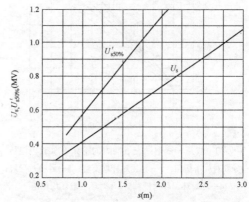

图 7-37　洞内高压电器对称加压时的相间工频放电
电压 U_s（有效值）及冲击（+1.5/40μs）放电电压 $U'_{s50\%}$
（峰值）与相间距离的关系（试验装置与
图 7-35 同，且 $S_1=S_2=S_3$；实线为环对环）

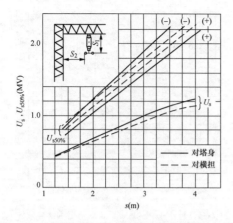

图 7-38　双分裂导线 2×LGJ-300（分裂间距 400mm）
对横担和塔身的工频放电电压 U_s（有效值）及
1.5/40μs 冲击放电电压 $U_{s50\%}$（峰值）与间隙距离的关系

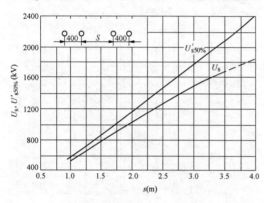

图 7-39　分裂导线对分裂导线（2×LGJ-300，分裂间距
400mm）的工频放电电压 U_s（峰值）及 50%冲击
放电电压 $U'_{s50\%}$（正极性、峰值）与间隙距离的关系

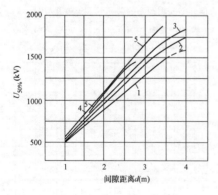

图 7-40　线路和变电站空气间隙的工频 50%放电电压
1—导线对杆塔横担；2—导线对杆塔支柱；3—导线对导线；
4—环对环、环对地；5—环对环、双环均加压

3.　500kV 变电站仿真型构架或设备在操作冲击
电压下空气间隙的放电电压

（1）二分裂软导线（ϕ51mm 间距 400mm）对构架
空气间隙的操作冲击 50%放电电压可按表 7-36 确定。

表 7-36　二分裂软导线对构架空气间隙的
操作冲击 50%放电电压

高压电极	有无均压环	对接地电极距离（m）		绝缘子悬挂方式及片数	$U_{50\%}$（kV）
		对横梁	对人字柱 d		
导线	无	3.8	2.55~6.55②	耐张串 32×XP—16	$846d^{0.33}$
导线	无	4.2	2.55~6.55②	耐张串 32×XP—16	$820d^{0.38}$
导线	无	4.2	4.20~6.20①	耐张串 32×XP—16	$1195d^{0.16}$
导线	无	4.2	5.20~3.20①	跳线风偏	$698d^{0.61}$
导线	无	4.2	5.05~3.65②	跳线风偏	$573d^{0.61}$
导线	有	4.06	3.20~6.20②	V 串 32×XP—7	$844d^{0.29}$
导线	有	3.94	2.70~6.20②	V 串 32×XP—7	$785d^{0.34}$

①　导线与人字柱侧面间隙。

②　导线与人字柱正面间隙。

（2）隔离开关对构架空气间隙的操作冲击 50%
放电电压可按表 7-37 确定。隔离开关对车辆空气间隙
的操作冲击 50%放电电压可按表 7-38 确定。

表 7-37　隔离开关对构架空气间隙的
操作冲击 50%放电电压

高压电极	隔离开关状态	对接地电极（人字柱）距离 d（m）	$U_{50\%}$（kV）
GW6 动触头	合	4.90~6.75②	$767d^{0.4}$
GW6 动触头	分	5.10~6.75②	$723d^{0.41}$
GW7 静触头	合	2.10~5.10①	$600d^{0.53}$
GW7 静触头	分	2.70~4.10①	$559d^{0.7}$

①　GW7 中心线对人字柱中心线距离为 6.0m。

②　无人检修状态。

表 7-38　隔离开关对车辆空气间隙的
操作冲击 50%放电电压

高压电极	隔离开关状态	对车辆距离 d（m）		$U_{50\%}$（kV）
		对车尾	对侧边	
GW6 动触头	合	4.2	4.99~5.67	$767d^{0.32}$

注　$\sigma_f/U_{50\%}$ 为 4.5%~6%，车辆模型的长、宽、高分别为 10.8、
2.5、3.5m。

（3）不同布置（图 7-41）方式下，无均压环的悬
吊式硬导线对构架空气间隙的操作冲击 50%放电电压
可按表 7-39 确定。有均压环时，对于间隙距离为 3.0~
4.2m 的情况，间隙距离应增加 5.5%。

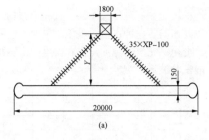

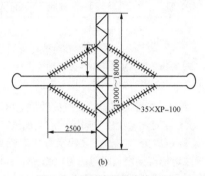

图 7-41　悬吊式硬导线的布置

（a）单 V 形串悬吊方式；（b）双 V 形串悬吊方式

表 7-39　无均压环悬吊式硬导线对构架
空气间隙的操作冲击 50%放电电压

高压电极	对接地电极距离 d（m）		绝缘子片数	$U_{50\%}$（kV）
	对横梁 Y	对人字柱		
导线	3.82	2.70～6.35	35×XP－10	$632d^{0.51}$
导线	4.30	2.70～6.35	35×XP－10	$705d^{0.46}$
导线	4.56	2.70～6.35	35×XP－10	$687d^{0.49}$
导线	4.86	2.70～6.35	35×XP－10	$754d^{0.43}$
导线	5.80	2.70～8.85	42×XP－10	$804d^{0.42}$

注　悬吊式硬导线为外 $\phi150$mm、内 $\phi136$mm 的铝管，变电站构架为由 $\phi426$mm 半圆柱两根组成的人字柱，横梁对地高 20m。

4. 750kV 变电站空气间隙放电电压

（1）750kV 变电站导线对人字架空气间隙的 50%放电电压可按图 7-42 确定。当间隙距离为 3.5～6.3m 时，操作冲击 50%放电电压的间隙系数可取 1.23。当间隙距离为 4.3～5.5m 时，雷电冲击 50%放电电压可按式（7-48）计算。

$$U_{50\%}=578d \qquad (7-48)$$

式中　d——间隙距离，m。

（2）750kV 变电站导线对构架横梁空气间隙的 50%放电电压可按图 7-43 确定。当间隙距离为 4.0～6.3m 时，操作冲击 50%放电电压的间隙系数可取 1.42。当间隙距离为 3.3～5.5m 时，雷电冲击 50%放电电压可按式（7-49）计算。

$$U_{50\%}=598d \qquad (7-49)$$

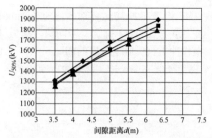

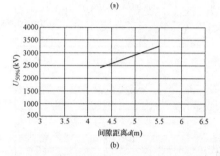

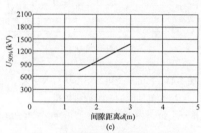

图 7-42　750kV 变电站导线对人字架空气间隙的 50%放电电压

（a）操作冲击 50%放电电压；（b）雷电冲击 50%放电电压；（c）工频 50%放电电压

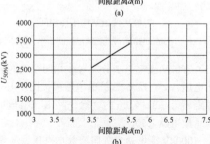

图 7-43　750kV 变电站导线对构架横梁空气间隙的 50%放电电压

（a）操作冲击 50%放电电压；（b）雷电冲击 50%放电电压

（3）750kV 变电站均压环对人字架空气间隙的 50%放电电压可按图 7-44 确定。当间隙距离为 4.1～7.1m时，操作冲击 50%放电电压的间隙系数可取 1.12。当间隙距离为 4.0～6.3m 时，雷电冲击 50%放电电压可按式（7-50）计算。

$$U_{50\%}=542d \qquad (7-50)$$

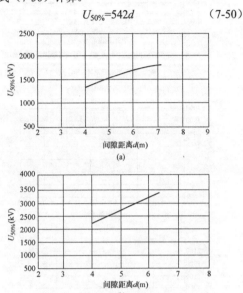

图 7-44　750kV 变电站均压环对人字架
空气间隙的 50%放电电压

（a）操作冲击 50%放电电压；（b）雷电冲击 50%放电电压

（4）750kV 变电站均压环相间空气间隙的操作冲击电压（α=0.4）50%放电电压可按图 7-45 确定。当间隙距离为 3.0～4.0m 时，操作冲击 50%放电电压的间隙系数可取 1.76。

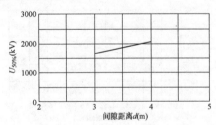

图 7-45　750kV 变电站均压环相间空气
间隙的操作冲击 50%放电电压

（5）750kV 变电站 3 分裂导线相间空气间隙的操作冲击电压（α=0.4）50%放电电压可按图 7-46 确定。当间隙距离为 3.0～4.0m 时，操作冲击 50%放电电压的间隙系数可取 1.50。

5. 1000kV 变电站空气间隙放电电压试验数据

本节所列数据引自 GB/Z 24842《1000kV 特高压交流输变电工程过电压和绝缘配合》。所列数据未加说明的均为国网电力科学研究院户外试验场的试验数据，并均已校正到标准气象条件。试验中施加的相对地的操作冲击与雷电冲击试验电压，未加说明的均为正极性。变电站空气间隙的操作和雷电冲击试验波形均为标准试验波形。

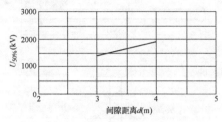

图 7-46　750kV 变电站 3 分裂导线相间
空气间隙的操作冲击 50%放电电压

（1）变电站的相对地绝缘空气间隙放电电压。

1）软导线对构架梁空气间隙的放电电压。导线中心对构架柱距离为 10.0m，导线上方构架梁离地面 35m。导线对构架梁空气间隙的雷电和操作冲击 50%放电电压曲线分别见图 7-47 和图 7-48。

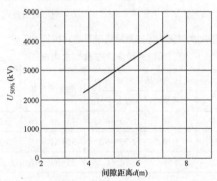

图 7-47　导线对构架梁空气间隙的
雷电冲击 50%放电电压曲线

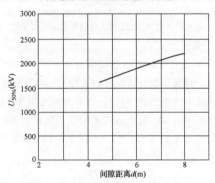

图 7-48　导线对构架梁空气间隙的
操作冲击 50%放电电压曲线

2）软导线对构架柱空气间隙的放电电压。模拟变电站的构架梁离地 35m，构架柱宽 5m；导线中心到构架梁距离为 13.5m。导线对构架柱空气间隙的雷电、操作冲击 50%放电电压和工频放电电压曲线分别见图 7-49～图 7-51。

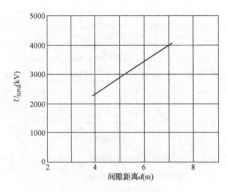

图 7-49　导线对构架柱空气间隙的
雷电冲击 50%放电电压曲线

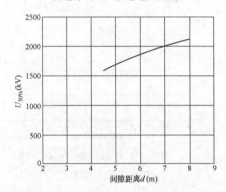

图 7-50　导线对构架柱空气间隙的
操作冲击 50%放电电压曲线

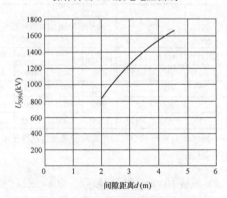

图 7-51　导线对构架柱空气间隙的
工频放电电压曲线

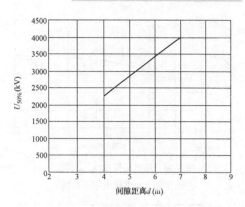

图 7-52　管形母线对构架柱空气间隙的
雷电冲击 50%放电电压曲线

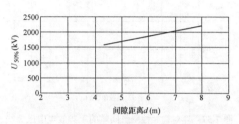

图 7-53　管形母线对构架柱空气间隙的
操作冲击 50%放电电压曲线

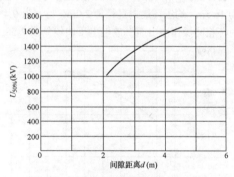

图 7-54　管形母线对构架柱空气间隙
的工频放电电压曲线

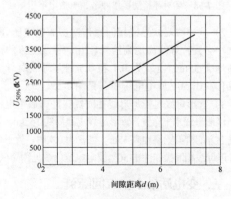

图 7-55　环对构架柱空气间隙的
雷电冲击 50%放电电压曲线

3）管形母线对构架柱空气间隙的放电电压。管形母线中心对地距离为 16.5m，管形母线上方的构架梁离地高 35m；管形母线对构架柱空气间隙的雷电、操作冲击 50%放电电压和工频放电电压曲线分别见图 7-52～图 7-54。

4）环对构架柱空气间隙的放电电压。环对地距离为 16.5m，构架柱塔宽 5m，环上方的构架梁离地高 35m。均压环对构架柱空气间隙的雷电、操作冲击 50%放电电压和工频放电电压曲线分别见图 7-55～图 7-57。

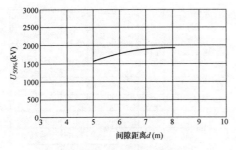

图 7-56　环对构架柱空气间隙的
操作冲击 50%放电电压曲线

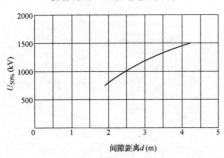

图 7-57　环对构架柱空气间隙的工频放电电压曲线

（2）变电站的相间空气间隙操作冲击放电电压。

1）环对环相间操作冲击放电电压。均压环离地高度为 16.5m，均压环最大直径为 2.0m。当 α 为 0.4 时，环对环相间操作冲击 50%放电电压曲线见图 7-58。

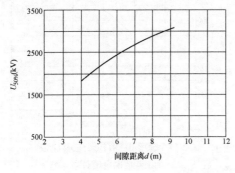

图 7-58　环对环相间操作冲击 50%放电电压曲线

2）软导线对软导线相间操作冲击放电电压。两导线水平布置，导线离地高约 21.7m，导线上方的构架梁离地高 35m。当 α 为 0.4 和 0.5 时，导线对导线相间操作冲击 50%放电电压曲线见图 7-59。

3）管形母线对管形母线相间操作冲击放电电压。两个管形母线水平布置，管形母线离地高约 16.5m，管形母线上方的构架梁离地高 35m。当 α 为 0.4 时，管形母线对管形母线相间操作冲击 50%放电电压曲线见图 7-60。

三、变电站最小空气间隙值

（1）海拔 1000m 及以下地区范围Ⅰ各种电压要求的变电站最小空气间隙应符合表 7-40 的要求。

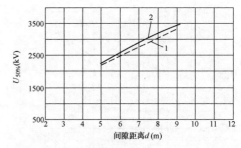

图 7-59　导线对导线相间操作冲击 50%放电电压曲线
1— α=0.5；2— α=0.4

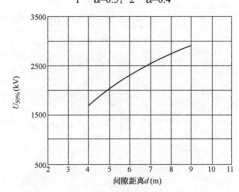

图 7-60　管形母线对管形母线相间操作冲击
50%放电电压曲线

表 7-40　海拔 1000m 及以下地区范围Ⅰ
各种电压要求的变电站最小空气间隙　　（mm）

系统标称电压（kV）	持续运行电压	工频过电压		操作过电压		雷电过电压	
	相对地	相对地	相间	相对地	相间	相对地	相间
35	100	150	150	400	400	400	400
66	200	300	300	650	650	650	650
110	250	300	500	900	1000	900	1000
220	550	600	900	1800	2000	1800	2000

注　持续运行电压的空气间隙适用于悬垂直绝缘子串有风偏间隙。

（2）海拔 1000m 及以下地区 6～20kV 高压配电装置最小相对地或相间空气间隙应符合表 7-41 的要求。

表 7-41　海拔 1000m 及以下地区 6～20kV
高压配电装置最小相对地或相间空气间隙（mm）

系统标称电压（kV）	户外	户内
6	200	100
10	200	125
15	300	150
20	300	180

（3）海拔 1000m 及以下地区范围Ⅱ各种电压要求的变电站最小空气间隙应符合表 7-42 和表 7-43 的要求。

表 7-42　海拔 1000m 及以下地区范围 II
各种电压要求的变电站最小空气间隙　（mm）

系统标称电压（kV）	持续运行电压	工频过电压		操作过电压		雷电过电压	
	相对地	相对地	相间	相对地	相间	相对地	相间
330	900	1100	1700	2000	2300	1800	2000
500	1300	1600	2400	3000	3700	2500	2800
750	1900	2200	3750	4800	6500	4300	4800

注　持续运行电压的空气间隙适用于悬垂直绝缘子串有风偏间隙。

表 7-43　海拔 1000m 及以下地区
1000kV 变电站最小空气间隙　（m）

作用电压类型	A_1 值		A_2 值
	A_1'	A_1''	
工频	4.2		6.8
操作	6.8	7.5	10.1（均压环-均压环） 9.2（四分裂导线-四分裂导线） 11.3（管形母线-管形母线）
雷电	5.0		5.5

第八章

电气总平面布置及配电装置

第一节 设计原则及要求

一、电气总平面布置总的原则和要求

电气总平面布置是将变电站内各电压等级配电装置按照电力系统规划，变电站高压、中压、低压出线规划，站区地理位置，站区环境，地形地貌等条件进行布局和设计，遵循布置清晰、工艺流程顺畅、功能分区明确、运行与维护方便、减少占地，总平面尽量规整以减少代征地面积，尽量减少站区的噪声污染，对周围环境影响小，便于各配电装置协调配合的基本原则进行。进行电气总平面布置时，应满足以下几点要求：

（1）应做到节约占地、技术先进、整齐美观、投资优化。

（2）应根据系统规划，按照变电站最终建设规模进行设计，布置方案应统筹考虑近期规模及远期规划的合理衔接。

（3）应结合变电站各电压等级出线走廊规划合理调整变电站布置方位，尽量避免各电压等级出线出现交叉跨越的情况。

（4）应加强变电站周边水土保持，避免出现水土流失影响周边环境及对变电本体安全运行造成隐患。

（5）努力控制变电站噪声、电磁干扰及减少变电站对周围环境的影响，变电站要尽量远离居民区等对噪声敏感的建筑物，厂界噪声应满足环评批复的要求，应建设与环境协调友好的变电站。变电站厂界噪声满足国家相关环境标准的要求是输变电工程设计的一个基本条件；从我国已完成的输变电工程噪声治理情况来看，在工程规划期对噪声进行预测，对合理确定变电站和线路设计参数，保证变电站和线路安全可靠运行以及降低工程建设运行成本、满足环境保护要求等均具有十分重要的意义。

（6）电气总平面布置方案的设计应按照高压配电装置、主变压器及无功补偿区域、中压配电装置、低压配电装置、站前辅助功能区域的优先顺序开展，遵循功能分区的设计原则，首先考虑合理的高压配电装置布置方案，然后依次开展其余各电压等级配电装置布置方案的选择，在对每个功能分区进行设计时，力求做到布置合理、结构简洁，在每个功能分区满足各自功能的前提下做到最小占地，各功能分区的衔接应合理、规整。

二、配电装置布置总的原则及要求

（一）概述

各电压等级配电装置是电气总平面布置的基础和前提。整体而言，配电装置可分为户内配电装置和户外配电装置两大类，每类中根据主接线方案、设备型式、母线型式、进出线方案的不同，可分为多种型式，本章中对各电压等级主要的配电装置型式进行了列举。

（二）总的原则及要求

配电装置的设计应遵循有关法律法规及规程规范，根据电力系统条件、自然环境特点、运行检修方面的要求，合理选用设备和设计布置方案，应积极慎重地采用新布置、新设备、新材料、新结构，使配电装置设计不断创新，做到技术先进、经济合理、布置清晰、运行与维护方便、减少占地。在确定配电装置形式时，必须满足以下几点要求：

（1）符合电气主接线要求，满足本期接线、适应过渡接线、远期扩建方便。应根据系统规划的要求并结合线路出线条件，对可能采用的配电装置布置方案进行比较分析，重视制约配电装置选形的因素，包括系统规划、站区可用地面积、出线条件、分期建设和扩建过渡的便利等。

（2）设备选型合理。目前各电压等级配电装置常用的断路器型式包括瓷柱式、罐式、HGIS、GIS等，设备选型应结合区域地理位置、环境条件进行，考虑设备覆冰、防阵风、抗震、耐污等性能，同时结合全寿命周期，通过详细的技术经济比较确定。

其中 GIS 为 SF_6 气体绝缘金属封闭开关设备的简称，是将断路器、隔离开关、电压和电流互感器、母线、避雷器、出线套管（或电缆终端）、接地开关等元件，按照电气主接线的要求，依次连接，组合成一个整体，全部封闭在接地的金属外壳中，壳体内充以 SF_6 气体，作为绝缘和灭弧介质，在技术经济比较合理时，GIS 宜用于下列情况的 110kV 及以上电网：深入市内的变电站、布置场所特别狭窄地区、地下式配电装置、重污秽地区、高海拔地区、高烈度地震区等。其特点为：

1）占用面积和空间小，节约占地。

2）运行可靠性高，暴露的外绝缘少，因而外绝缘事故少。

3）运行维护工作量小，设备检修周期长。

4）电磁环境好，无静电感应、电晕干扰，噪声水平低。

5）适应性较强，抗震性能好，除套管外不受外界环境影响。

HGIS 设备采用外置主母线，其余进出线设备，除电压互感器、避雷器外均采用 SF_6 气体绝缘，该类型配电装置占地较少、费用适中、布置清晰、结构简单。

（3）节约投资。应采取有效措施降低工程量，降低造价。

（4）安装和检修便利。应妥善考虑安装和检修条件。如半高型布置中要对上层母线和上层隔离开关的检修、试验采取适当的措施；根据带电检修作业要求，在布置与构架荷载方面需要为此创造条件；要考虑构件的标准化和工厂化，减少构架类型；设置设备搬运通道、起吊设施和良好的照明条件等。

（5）运行安全、巡视方便。应重视运行维护时的方便条件，如合理确定电气设备的操作位置，设置操作巡视走道等。

应能在运行中满足对人身和设备的安全要求，保证各种电气安全净距，装设防误操作的闭锁装置，采取防火、防爆和蓄油、排油措施，运行人员在正常操作和处理事故的过程中不致发生意外情况，在检修维护过程中不致损害设备。配电装置发生事故时，能将事故限制到最小范围和最低程度。

三、配电装置设计要点

（一）静电感应的场强水平及限制措施

在高压输电线路或配电装置的母线下和电气设备附近有对地绝缘的导电物体时，由于电容耦合感应而产生电压。当上述被感应物体接地时，就产生感应电流，这种感应称为静电感应。由于感应电压和感应电流与空间场强密切相关，故实用中常以空间场强来衡量某处的静电感应水平。所谓空间场强，是指离地面 1.5m 处的空间电场强度。

（1）关于静电感应的场强水平，我国标准中有明确的规定：330kV 及以上的配电装置内设备遮栏外的静电感应场强水平（离地 1.5m 空间场强），不宜超过 10kV/m，少部分地区可允许达到 15kV/m。配电装置围墙外侧（非出线方向，围墙外为居民区时）的静电静感应场强水平（离地 1.5m 空间场强），不宜超过 5kV/m。

1980 年国际大电网会议工作小组报告指出，关于电场对生物的影响，认为 10kV/m 是一个安全水平，最高允许场强在线路下可定为 15kV/m，走廊边沿为 3～5kV/m。场强分布有一定的规律性：对于母线，在中相下场强较低，边相外侧场强较高，邻跨的同名相导线对场强有增强作用，两组三相导线交叉时，同名相导线交叉角下场强较大；对于设备，在隔离开关及其引线处，以及断路器、电流互感器旁的场强较大，且落地布置的设备附近的场强比装在支架上者高。因此，电压为 330kV 及以上的配电装置内，其设备遮栏外的静电感应场强水平（离地 1.5m 高空间场强）不宜超过 10kV/m，少部分地区允许达到 15kV/m。至于配电装置围墙外侧处（非出线方向，围墙外为居民区时）的静电感应场强水平，以不影响居民生活为原则。按 330kV 以上电压等级变电站静电感应的实测试验，离带电体 30～20m 外的地区，静电感应场强水平通常已降低到 3～5kV/m 以下，此时人麻电的感觉一般已经没有或者很小。因此，围墙外静电感应场强水平（离地 1.5m 高空间场强）不宜大于 5kV/m。

（2）关于静电感应的限制措施，在设计配电装置时可作如下考虑：

1）当电气设备上方没有带电导线时，静电感应强度较小，便于进行设备检修。

2）对平行跨导线的相序排列避免或减少同相布置，尽量减少同相母线交叉与同相转角布置。因为同相附近电场直接叠加，场强增大。当相邻两跨的边相异相（ABC-ABC）时，跨间场强较低，靠外侧的边相下场强较高。当相邻两跨的边相同相（ABC-CBA）时，C 相跨间场强明显增大。

3）提高电气设备及引线的安装高度。如 500kV 配电装置，为了限制静电感应，将 C 值（导体对地面净距）取为 7.5m，这样就可使配电装置的绝大部分场强低于 10kV/m，少数部位低于 15kV/m；同理，对于 750kV 配电装置，C 值取为 12m，1000kV 配电装置，C 值取为 17.5m（管形母线）时，配电装置的绝大部分场强低于 10kV/m，少数部位低于 15kV/m。同时，模拟试验表明，500kV 及以上电压等级的配电装置按照 C 值进行设计时，设备支架附近的电场强度基本满足不大于 10kV/m 的要求，改善了运行条件。

4）控制箱等操作设备应尽量布置在较低场强区。

由于高电场下静电感应的感应界限与低电压下电击感觉界限不同，瞬时感应电流仅 $100\sim200\mu A$，未完全接触时已有放电，接触瞬间会有明显针刺感。因此，控制箱、断路器端子箱、检修电源箱、设备的放油阀门及分接开关处的场强不宜太高，以便于运行和检修人员接近。

5）在电场强度大于10kV/m且人员经常活动的地方，必要时可增设屏蔽线或设备屏蔽环等。如隔离开关引线下场强较高，在单柱式隔离开关的底座间加入少量屏蔽线后，引线下的最大场强可显著降低。又如对电流互感器，通过加装向上的环形屏蔽，其附近地面场强即可得到有效地改善；同时，当电流互感器采用正立式结构时，其一次绕组从瓷套顶部下伸到近底部，高压部离地较近，从而使地面场强提高，可通过在瓷套内部装接地屏蔽，以降低场强。

此外，接地围栏下侧的空间场强也会因受其屏蔽而减弱，虽然围栏上部边缘处的场强有所加强，但这种加强是很局限的。它随着离开围栏边缘的距离增大而很快衰减。因此，围栏的高度宜为 1.8～2.0m，以便将高场强区域限制在人的平均高度以上。如串联补偿装置附近区域内的地面场强偏高，可用 2m 高的围栏将其环绕，使围栏以外处于较低场强中。

（二）电晕无线电干扰的特性和控制

1. 干扰的特性

在高压配电装置内的设备、母线和设备间连线，由于电晕产生的电晕电流具有高次谐波分量，形成向空间辐射的高频电磁波，从而对无线电通信、广播和电视产生干扰。

电晕无线电干扰的基本特性包括横向分布特性和频谱特性两方面。横向分布特性是指随着垂直于输电线路走向距离或高压配电装置距离的增加而使电晕无线电干扰值衰减的特性，具有跳跃、衰减的性质；频谱特性是指电晕放电时所发射的各种频率干扰幅值的大小，以便确定对各类无线电通信信号的影响程度。

通过实测，频率为 0.5MHz 时的干扰值最大；当频率大于 0.5MHz 时，干扰值跳跃式的下降；当频率小于 0.5MHz 时，随着频率的增高，干扰值总的趋势是上升的。试验表明，电晕放电的频谱很窄，从无线电广播到电视的频率 0.15～330MHz 中，仅 0.15～5MHz 受电晕放电的干扰影响。所以，电晕放电一般对中波段广播的接收影响较大，对短波的影响较小，而对超短波的电视几乎没有影响。

通过对众多 110～1000kV 变电站（包括电厂升压站）的实测，测得变电站的综合干扰值及设备干扰值如下：

（1）变电站围墙外 20m 处，0.5MHz 的综合无线电干扰值在 21～55dB（A）之间，一般在围墙外 150～

200m 处趋于稳定。

如在 FG 330kV 变电站围墙四周，0.5MHz 的无线电干扰水平范围为 25.15～42.45dB（μV/m）；XJ 500kV 变电站围墙四周，0.5MHz 的无线电干扰水平范围为 20.7～33.6dB（μV/m），其中围墙外 20m 处无线电干扰水平为 20.5dB（μV/m）；FT 500kV 变电站 0.5MHz 频率下变电站周围无线电干扰测量值在 41.36～54.60 dB（μV/m）范围内；YCD 750kV 变电站 0.5MHz 频率下变电站周围无线电干扰测量值在 37.8～51.2dB（μV/m）范围内；JDN 1000kV 变电站 0.5MHz 频率下变电站周围无线电干扰测量值在 37.8～48.3dB（μV/m）范围内；NY 1000kV 开关站 0.5MHz 频率下变电站周围无线电干扰测量值在 32.2～37.7dB（μV/m）范围内；JM 1000kV 变电站 0.5MHz 频率下变电站周围无线电干扰测量值在 33.1～38.8dB（μV/m）范围内。表 8-1 给出 1000kV JDN、NY、JM 变电站的无线电干扰测量值。

表 8-1　1000kV JDN、NY、JM 变电站的
无线电干扰测量值　　　[dB（μV/m）]

测量点	JDN	NY	JM
变电站北围墙外 20m	48.3	32.2	38.8
变电站东围墙外 20m	42.0	37.6	34.6
变电站西围墙外 20m	43.1	37.7	38.4
变电站南围墙外 20m	37.8	35.4	33.1

（2）变电站内一次设备周围的干扰值最高。离设备边相中心线 4.5m 处，1MHz 的无线电干扰值在 75～90dB（A）之间，大多数在 80dB（A）以上［主变压器的无线电干扰值较小，为 50～70dB（A）］，但随着距离的增加，衰减很快，如对 ZT 变电站的 330kV 空气断路器进行测试时，离断路器 4.2m 处，测得 1MHz 的无线电干扰值为 86dB（A），而离断路器 11.2m 处则为 48dB（A），即距离增加 7m，干扰值衰减 38dB（A）。

因此，电压为 330kV 及以上的超高压配电装置应重视对无线电干扰的控制，在选择导线及电气设备时应考虑降低整个配电装置的无线电干扰水平。

2. 干扰的控制

配电装置无线电干扰的控制可以从综合干扰和设备干扰两方面考虑：

（1）高压配电装置中的导线及电气设备所产生的综合干扰水平，一般都以离变电站围墙一定距离的干扰值作为标准。考虑到 0.5MHz 时的无线电干扰最大，而出线走廊范围内也不可能有无线电收信设备，因此，我国目前在高压、超高压、特高压配电装置的设计中，无线电干扰水平的允许标准为：在晴天，配电装置围墙外 20m 处（非出线方向），对 0.5MHz 的无线电干扰值不大于表 8-2 中的要求。

表 8-2　0.5MHz、80%时间、具有 80%置
信度时无线电干扰限值

电压（kV）	110	220～330	500	750～1000
无线电干扰限值 ［dB（μV/m）］	46	53	55	55～58

由于配电装置的母线、引线、设备、构架纵横交错，导线表面的电场强度很不均匀，对导线和电气设备产生的综合无线电干扰，目前还没有成熟的计算方法，只能在选择导线时从总的干扰允许值中扣除设备产生的干扰近似值［10～15dB（μV/m）］，以此作为校核导线无线电干扰条件的标准。

配电装置母线在变电站围墙外 20m 处，0.5MHz 的无线电干扰值 N 可按式（8-1）计算。

$$N=3.5g_{max}+12r-30+33\lg（20/D）\qquad（8-1）$$

式中　N——无线电干扰值，dB（μV/m）；

g_{max}——预估电力线的边导线表面最大电位梯度，kV/cm；

r——导体半径，cm；

D——被干扰点与导线的直接距离，m。

由式（8-1）计算的是好天气的 50%无线电干扰场强值，80%时间、具有 80%置信度的无线电干扰场强值可由该值增加 6～10dB（μV/m）得到。频率为 1MHz 时，无线电干扰限值为表 8-2 中数值分别减去 5dB（μV/m）。

为了增加载流量及限制电晕无线电干扰，高压配电装置的导线采用扩径空心导线、多分裂导线、大直径铝管或组合式铝管。

（2）为了防止超高压电气设备所产生的电晕无线电干扰影响无线电通信和接收装置的正常工作，应在设备的高压导电部件上设置不同形状和数量的均压环或罩，以改善电场分布，并将导体和瓷件表面的场强限制在一定数值内，使它们在一定电压下基本不发生电晕放电，同时对设备的无线电干扰值作出规定。

对于高压电气设备及绝缘子串所产生的无线电干扰，世界各国几乎都以无线电干扰电压来表示，其单位为μV。我国标准中对电气设备的无线电干扰水平规定如下：

1）110kV 及以上的高压电气设备（除 1000kV 隔离开关外），在 1.1 倍最高工作相电压下，户外晴天夜晚应无可见电晕，晴天无线电干扰电压不应大于 500μV。

2）对于在分、合闸状态下的 1000kV 隔离开关，在 1.1 倍最高工作相电压下，户外晴天夜晚应无可见电晕，晴天无线电干扰电压不应大于 2000μV。

（三）噪声控制

1．站内主要噪声源

（1）变压器、电抗器等设备运行中铁芯磁滞伸缩、线圈电磁作用振动等产生的噪声和冷却装置运转时产生的低频噪声，特别是大型变压器及其强迫油循环冷却装置中潜油泵和风扇所产生的噪声，并随变压器容量增大而增大。

（2）在高压、超高压、特高压变电站内，高压进出线导线、高压母线和部分电气设备电晕放电所产生的高频噪声。

（3）高压断路器分、合闸操作及其各类液压、气压、弹簧操动机构储能电机运转时的声音是间断存在的噪声源。

上述变电站内主要噪声源中，变压器、电抗器等设备运行中产生的噪声对变电站噪声的贡献占主导因素，这主要是由于变压器、电抗器噪声水平［声压级不大于 75dB（A）］较高，与其他变电站内包括由于导体电晕放电而产生的噪声相比超出 20dB（A）以上；而声压级是一对数量度，具有"掩蔽"特性，即有几个邻近声源的共同效果时，不能简单地将各自产生的声压级数值算术相加，当两个邻近声源相差大于 10dB（A）时，声强较小者对总声压级的贡献可以忽略，总声压级近似等于声强较大者。因此，参考已有的噪声测试数据分析，可知变电站内主要噪声源应为变压器、电抗器等设备运行中产生的噪声。

2．设备噪声水平要求

对产生噪声的设备应优先选用低噪声产品，或向制造厂提出降低噪声的要求。对于电气设备，距外壳 2m 处的噪声水平要求不超过下列数值：

断路器：85dB（A）（连续性噪声）、110dB（A）（非连续性噪声）。

110kV 及以下电压等级变压器等其他设备：65dB（A）。

220kV 及以上电压等级电抗器、变压器等其他设备：75dB（A）。

3．厂界噪声环境

各类声环境功能区噪声标准值见表 8-3。

表 8-3　各类声环境功能区噪声标准值　［dB（A）］

声环境功能区类别		昼间	夜间
0 类		50	40
1 类		55	45
2 类		60	50
3 类		65	55
4 类	4a 类	70	55
	4b 类	70	60

4．站内声环境

变电站内各建筑物的室内连续噪声级不超过表

8-4 所列的最高限值。

表 8-4　　　　室内噪声限值　　　［dB（A）］

声环境功能区类别	A类房间[①]		B类房间[②]	
	昼间	夜间	昼间	夜间
0	40	30	40	30
1	40	30	45	35
2、3、4	45	35	50	40

① A类房间是指以睡眠为主要目的，特别需要保证夜间安静的房间，包括休息室等。

② B类房间是指主要在昼间使用，需要保证思考与精神集中、正常讲话不被干扰的房间，包括会议室、办公室等。

有人值班的生产建筑，每工作日接触噪声时间少于 8h 的噪声标准可按表 8-5 放宽。

表 8-5　　生产建筑内每工作日接触噪声
时间少于 8h 的噪声标准　　　［dB（A）］

每工作日接触噪声时间（h）	一般	最大值
8	40	50
4	43	53
2	46	56
1	49	59
噪声最高不超过	110（非连续噪声）	

5. 厂界噪声控制

配电装置设计及布置应结合变电站噪声预测及治理方案综合考虑，当邻近配电装置的环境有防噪声要求时，噪声源宜远离围墙布置，并保持足够的间距，必要时可采取降噪措施，以满足厂界噪声水平要求；同时应注意站区附近居民区等环境敏感点对噪声的要求。

（四）通用设计要求

1. 矩形母线、管形母线布置及安装

（1）矩形母线的布置应尽量减少母线的弯曲，尤其是多片母线的立弯。同一回路内相间距离变化尽量减少；同一回路内设备、绝缘子的中心线错开次数尽量减少。

（2）当前后两中心线错开很多，矩形母线的中间又必须加一个绝缘子时，中间绝缘子宜设在两个立弯的直线段上。

（3）矩形母线弯曲处至最近绝缘子的母线固定金具边缘的距离不应小于 50mm，但距最近绝缘子的中心距离不应大于该档母线跨距的 1/4。

（4）矩形母线穿过母线式套管或电流互感器时，在其前后应只有一个大弯曲，如在布置中不能避免出现两个大弯曲时，应采取措施（如母线用螺栓连接），以免母线配好后穿不过套管。

（5）母线与母线、引下线或设备端子连接时，一般按通过电流及所连接的金属材料的电流密度计算所需的接触面积，以免接头过热。导体无镀层接头接触面的电流密度，不应超过表 8-6 所列数值。

表 8-6　　无镀层接头接触面的电流密度　　（A/mm²）

接触面材料	工作电流 I（A）		
	<200	200～2000	>2000
铜-铜 J_{Cu}	0.31	$0.31-1.05(I-200)×10^{-4}$	0.12
铝-铝 J_{Al}	$J_{Al}=0.78J_{Cu}$		

矩形导体接头的搭接长度不应小于导体的宽度。当设备端子的接触面积不够时，可加设过渡端子。当母线与螺杆端子连接时，应用特殊加大的螺帽。

（6）在有可能发生不同沉陷和振动的场所，管形母线和电器连接处，应装设母线伸缩节或采取防振措施。

（7）在管形母线较长时，由于温度变化引起的硬母线伸缩，将产生危险应力。此时应加装母线伸缩节。伸缩节的总截面应尽量不小于所接母线截面的 1.25倍。伸缩节的数量按母线长度确定，见表 8-7。

表 8-7　　母线伸缩节的数量及母线长度

母线材料	一个伸缩节	两个伸缩节	三个伸缩节
	母线长度（m）		
铜	30～50	50～80	80～100
铝	20～30	30～50	50～75

（8）当母线工作电流大于 1500A 时，母线的支持钢构及母线固定金具的零件（如套管板、双头螺栓、压板、垫板等），应不使其成为包围一相母线的闭合磁路。

（9）对于工作电流大于 4000A 的大电流母线，要采取防止附近钢构发热的措施，如加大钢构与母线的间距，设置短路环等。

2. 隔离开关操动机构

操动机构的安装高度一般为 1m。

3. GIS 设备布置特点

（1）若选用水平布置的断路器，一般将断路器布置在下面，母线筒布置在最上面；若选用垂直断口的断路器，断路器一般落地布置在侧面。

（2）220kV 及以下电压等级时，因厂房面积和高度较小，投资占总投资比例也小，适宜采用户内式；330 及以上电压等级时，因厂房面积和高度较大，投资较高，适宜采用户外式。

（3）进出线套管通常暴露在空气中，其最小安全净距（*A*、*B*、*C*、*D*）应按敞开式的规定，其余带电体各元件间的距离主要是根据安装、检修、试验和运行维护等的需要而确定的。

（五）户外配电装置

1. 设备要求

（1）电气设备采用低位布置时，设备周边应设置围栏，围栏尺寸应满足相应电压等级安全净距的要求，围栏内宜做成高 100mm 的水泥地坪，以便于排水和防止长草。

（2）端子箱、操作箱的基础高度一般为 200～250mm。

（3）对高位布置的断路器操作箱，为便于检修调试，宜设置带踏步的检修平台。

（4）35～110kV 隔离开关的三相联动操动机构宜布置在边相，220～330kV 隔离开关的三相联动操动机构宜布置在中相。

（5）高频阻波器一般为悬挂安装，如因风偏过大，不能满足安全净距时，可采用 V 形绝缘子串悬吊或直接固定在相应的耦合电容器上。对于 500kV 及以上电压等级配电装置，也可采用棒形支柱绝缘子支持安装的方式。

（6）隔离开关引线对地安全净距 *C* 值的校验，应考虑电缆沟凸出地面的尺寸。

（7）为避免由于配电装置场地不均匀沉陷等因素影响三相联动设备及敞开式组合电器 GIS、HGIS 的正常运行，必要时可要求土建对上述设备采用整体基础。

2. 布置要求

（1）配电装置的结构在满足安全运行的前提下应尽量简化，减少构架类型，以达到节省工程量、提高施工标准化的目的。

（2）配电装置门型构架连续长度超过 200m 时，需按土建专业要求设置中间伸缩空隙。

（3）为便于上人检修，对构架要设置脚钉或爬梯，其位置对于单独构架可在一个支柱上设置，对于连续排架可在两相邻间隔的中间支柱上设置；同时，必须对检修人员与周围带电导体及设备的安全净距进行校验。

（4）为了消除铝管母线热胀冷缩产生的内力，支撑式铝管母线必须安装伸缩节。当最大运行温差为 100℃时，各级电压铝锰合金支撑式管形母线伸缩节的安装跨数见表 8-8。

表 8-8　支撑式管形母线伸缩节的安装跨数

电压 （kV）	35	110	220	330	500
跨数	7～8	3～5	2～3	1～2	1

（5）对备用间隔内母线引下线用的 T 形线夹，应采取一次施工，以免因扩建时长时间停电过渡，给施工造成不便。

（6）对于户外母线桥，为防止从厂房顶上掉落金属物体或因鸟害等导致母线短路，应根据具体情况采取防护措施，如采用绝缘热缩套。

（7）建设在林区的户外配电装置，应在电气设备周围留有 20m 宽的空地。

（8）配电装置的照明、通信、接地、检修电源等辅助设施应根据工程具体情况通盘考虑，并参照对户外配电装置相应设施的要求分别予以设置。

（9）大截面悬吊式管形母线的应用：

1）悬吊式管形母线的抗震性能较强，能够满足变电站按 8 度地震烈度设防的要求。

2）悬吊式铝管母线的试验表明，即使管形母线中未设置阻尼线，铝管也没有发生微风振动。

3）铝管母线对构架的水平拉力很小，在考虑风力和相间短路电动力共同作用的最严重情况下，每相母线的水平拉力仅为软母线对构架水平拉力的1/3左右。

4）应重点关注水平位移。虽然铝管母线的位移较小，但随着配电装置短路电流的增加，当母线隔离开关采用垂直开启式时，应根据工程具体条件计算管形母线的最大水平位移，确认水平位移能否满足国家标准中规定或是否需要向设备厂家提出特殊要求；如配电装置采用 ϕ250/230mm 铝锰合金管形母线、V 形绝缘子悬吊式安装，当按照 10m 高、10min 最大风速 35m/s 或风速 15m/s 加短路电流 63kA 进行计算时，管形母线跨中最大位移约为 0.77m，该值已超过 GW6-550 型单柱式隔离开关动触头可承受的水平位移0.17m，此时需要同设备厂家特殊说明。

（10）设计配电装置的最大风速，对 330kV 及以下可采用离地 10m 高、30 年一遇、10min 平均最大风速，对 500kV 和 750kV 可采用离地 10m 高、50 年一遇、10min 平均最大风速，对 1000kV 可采用离地 10m 高、100 年一遇、10min 平均最大风速；上述设计风速的取值应按实际安装高度对风速进行换算。最大设计风速超过 35m/s 的地区，在户外配电装置的布置中，宜降低电气设备的安装高度并加强其与基础的固定等。同时，对于对风载特别敏感的 110kV 及以上棒式支柱绝缘子、隔离开关及其他细高电瓷产品，可在订货时要求制造部门在产品设计中考虑阵风的影响。

（六）户内配电装置

1. 设备要求

（1）对于间隔内带油位指示器的电气设备，在布置时要考虑观察油位的便利，如设置窥视窗等；当设备正反面均带油位指示器时，尽可能在其两侧分别设置巡视通道，若无条件，可装设反光镜或采取其他措施。

（2）充油套管的贮油器（或称油封）应装设在便于监视油位和在运行中加油的地方（一般安装在楼层通道内）。

（3）充油套管应有取油样的设施，取样阀门一般装设在底层离地1.2m高处，并应防止漏油。

（4）隔离开关操动机构的安装高度一般为1m。

（5）三相电抗器采用垂直布置时，电抗器基础的动荷载，除应考虑电抗器本身重量外，尚应计算电动作用力。电抗器垂直布置时，B相必须放在中间；品字形（即两相垂直、一相水平）布置时，不得将A、C相叠在一起。

2. 布置要求

（1）相邻间隔均为架空出线时，必须考虑当一回带电、另一回检修时的安全措施，如将出线悬挂点偏移等。

（2）电抗器垂直布置时，应考虑吊装高度。若高度不够，其上方应设吊装孔。电抗器基础上固定绝缘子的铁件及其接地线，不应做成闭合的环路。

（3）对于母线型电流互感器及穿墙套管，应校核其母线夹板允许穿过的母线尺寸，如所选母线无法穿过时，应在订货时向制造厂要求提供所需尺寸的母线夹板。

（4）当汇流母线采用管形母线时，其至设备的引下线以软线为宜。

（5）户外穿墙套管的上部是否设置雨篷，可按当地运行习惯结合地震、降雨等情况予以确定。

（6）配电装置要具备良好的通风和采光设施，以改善运行检修条件。配电装置的通风一般采用自然通风和事故通风。自然通风多用百叶窗；事故通风采用排风机，为保证事故时可靠工作，该风机应能在配电装置室外合闸操作。户内配电装置尽量考虑自然采光，一般采用固定窗，并以细孔铁丝网进行保护。所设窗户还可作为断路器等设备故障爆炸时泄压用。配电装置的门窗缝隙应密封，通风孔应设防护网，以免因雨雪、风沙、污秽或小动物进入而造成污染或引起事故。

（7）配电装置的辅助措施：

1）配电装置内照明灯具的装设位置，除须保证间隔及通道内的规定照度外，还应考虑换灯具等维护工作的安全、方便。

2）配电装置内各层应设有调度电话分机，以便在操作过程中及检修、试验时与控制室进行联系。当配电装置较长时，每层可设两台共线电话分机。

3）配电装置内各层每隔1~2个间隔须设置一个临时接地端子。

4）配电装置内应考虑每隔2~3个间隔设置一个检修及试验用的交流电源插座。

四、配电装置施工、运行和检修的要求

（一）施工要求

（1）户外配电装置设置环形道路作为安装检修时的设备搬运和起吊通道。户外配电装置应设置环形道路，该道路同时应满足作为配电装置消防通道的要求。500kV及以上电压等级户外敞开式配电装置宜设置相间运输道路，道路路面的宽度一般为3m，转弯半径不小于7m；对于大型变电站中的主干道部分（大门至主控制楼、主变压器、高压电抗器运输道路等），可以适当放宽，如220kV和330kV变电站可为4~5m，500、750kV和1000kV变电站可为5.5~6m，其转弯半径可根据主变压器等大型设备的搬运方式确定。

（2）户内配电装置设置起吊装置。应在楼板下或屋顶的适当位置根据设备的起吊要求设置吊环、单轨吊车或行车。

当采用敞开式设备的户内配电装置时，应在墙上或楼板上设搬运孔等，搬运孔尺寸一般按设备外形加0.3m考虑，搬运设备通道的宽度，一般可按最大设备的宽度加0.4m，对于电抗器加0.5m。并在楼板引线孔或安装孔的两侧留出挑耳，作为搁置起吊轻型设备的横梁用。

（3）工艺布置设计应考虑土建施工误差，确保电气安全净距的要求，一般不应选用规程规定的最小值，而应留有适当裕度（5~10cm）。

（4）变压器施工的特殊考虑。

1）特高压变压器可考虑设置变压器运输轨道及牵引用地锚孔，以便于变压器的搬运及备用相的快速更换。

2）变压器在安装检修过程中若需要进行吊罩检查，一般就地采用汽车起重机起吊，而不考虑利用主变压器构架作为检修吊架。采用汽车起重机起吊主变压器钟罩时，应在设计中通盘考虑主变压器构架高度及主变压器的检修场地。

（二）运行要求

（1）各级电压配电装置之间，以及它们和各种建（构）筑物之间的距离和相对位置，应按最终规模统筹规划，充分考虑运行的安全和便利。

（2）配电装置的布置应做到整齐清晰，各个间隔之间要有明显的界限，对同一用途的同类设备，尽可能布置在同一中心线上（指户外），或处于同一标高（指户内）。

（3）架空出线间隔的排列应根据进出线走廊的规划，尽量避免出线交叉，并与终端塔的位置相配合。

（4）各级电压配电装置各回路的相序排列应尽量一致。一般为面对出线电流流出方向自左至右、由远到近、从上到下按A、B、C相顺序排列。对硬导体应涂色，色别为A相黄色、B相绿色、C相红色。对绞线一般只标明相别。

（5）配电装置内应设置供操作、巡视用的通道。

户外配电装置通道的宽度可取 0.8～1m，也可利用电缆沟盖板作为部分巡视小道。

户内配电装置各种通道的最小宽度（净距），不应小于表 8-9 所列数值。

表 8-9　　户内配电装置各种通道的
　　　　　　最小宽度（净距）　　　　（mm）

布置方式	通　道　分　类		
	维护通道	操作通道	通往防爆间隔的通道
一面有开关设备时	800	1500	1200
两面有开关设备时	1000	2000	1200

当采用成套手车式开关柜时，操作通道的最小宽度（净距）不应小于下列数值：

1）一面有开关柜时–单车长+1200mm；

2）两面有开关柜时–双车长+900mm。

户内配电装置通道的净高不应小于 1.9m。

（6）变电站的站区围墙宜采用高度为 2.2～2.5m 的实体围墙。有人值班变电站的户外配电装置周围宜围以高度不低于 1.5m 的围栏，以防止外人任意进入。

（7）配电装置中电气设备的栅栏高度不应低于 1.2m，栅栏最低栏杆至地面的净距不应大于 200mm。围栏门应装锁。

配电装置中电气设备的遮栏高度不应低于 1.7m，遮栏网孔不应大于 40mm×40mm。

（8）当户内配电装置长度超过 60m 时，应在两侧操作通道之间设置联络通道，以便于运行人员巡视和处理事故。联络通道的位置可结合配电装置室的中部出口及伸缩缝一并考虑。对于两层配电装置，尚需在中部设置楼梯。

（9）户内外配电装置均应设置闭锁装置及联锁装置，以防止带负荷拉合隔离开关、带接地合闸、带电挂接地线、误拉合断路器、误入户内有电间隔等电气误操作事故。

（10）对于油浸式电流、电压互感器，制造厂应设置泄压阀，以防止互感器的爆炸。

（11）35kV 户内油浸式电力变压器、10kV 的80kVA 及以上户内油浸式电力变压器的油量均超过100kg 时，宜安装在单独的防爆间内，并设有灭火设施。

（12）户内单台电气设备，其三相总油量在 100kg 以上时，应设置贮油设施或挡油设施。挡油设施宜按能容纳 20%油量设计，并应将事故油排至安全处，否则应设置能容纳 100%油量的贮油设施。

（13）户外充油电气设备单个油箱的油量在 1000 kg 以上时，应设置能容纳 100%油量的贮油池或 20%油量的挡油槛等。

当有容纳 20%油量的贮油池或挡油槛时，应有将

油排到安全处所的设施与之配套，且不应引起污染。当设置有油水分离的总事故油池时，其容量应按最大一个油箱的 100%油量设计。

（14）贮油池或挡油槛的长、宽尺寸，一般应比设备外形尺寸每边大 1m。

贮油池内一般铺设厚度不小于 250mm 的卵石层（卵石直径为 50～80mm）。

贮油池的深度计算公式为

$$h \geqslant 0.2G / [0.25 \times 0.9 (S_1 - S_2)] = 0.89G / (S_1 - S_2) \tag{8-2}$$

$$S_1 = (a+2)(b+2) \tag{8-3}$$

式中　h——贮油池的深度，m；

0.2——卵石层间隙所吸收 20%的设备充油量；

G——设备油重，t；

0.25——卵石层间隙率；

0.9——油的平均密度，kg/m³；

S_1——贮油池面积，m²；

S_2——贮油池中的设备基础面积，m²；

a——设备外廓长度，m；

b——设备外廓宽度，m。

为防止下雨时泥水流入贮油池内，油池四壁宜高出地面 50～100mm，并以水泥抹面。

排油管的内径不应小于 100mm。

（15）油量均为 2500kg 以上的户外油浸式变压器并联电容器组之间无防火墙时，其防火净距不得小于下列数值：35kV 及以下，5m；63kV，6m；110kV，8m；220kV 及以上，10m。

高压并联电抗器同属大型油浸式设备，故也应采取上述防火净距。

油量为 2500kg 以上的变压器并联电容器组或电抗器，与油量为 600kg 以上的本回路充油电气设备之间，其防火净距不应小于 5m。

（16）当户外油浸式变压器电抗器、并联电容器组之间防火净距不够时，要设置防火墙。防火墙的高度不宜低于变压器电抗器贮油柜的顶端高程，其长度应大于变压器贮油池两侧各 1m。对电压较低、容量较小的变压器，套管离地高度不太高时，防火墙高度宜尽量与套管顶部取齐。

考虑到变压器散热、运行维护方便及事故时的消防灭火需要，防火墙与变压器外廓的距离，以 1～2m 为宜。

防火墙应有一定的耐燃性能。根据防火规范的规定，其耐火极限不宜低于 4h。

（17）配电装置周围环境温度低于电气设备、仪表和继电器的最低允许温度时，应在操作箱内或配电装置室内装设加热装置。

在积雪、覆冰严重地区，对户外电气设备和绝缘子应采取防止由于冰雪而引起事故的措施，如采用高

1～2级电压的绝缘子，加长外绝缘的泄漏距离，避免设备落地安装等。

（三）检修要求

（1）电压为110kV及以上的户外配电装置，应视其在系统中的地位、接线方式、配电装置型式以及该地区的检修经验等情况，考虑带电作业的要求。

带电作业的内容一般有清扫、测试及更换绝缘子，拆换金具及线夹，断接引线，检修母线隔离开关，更换阻波器等。带电作业时需注意校验电气距离及构架荷载等。

带电作业的操作方法包括用绝缘操作杆、等电位法、水冲洗法等，目前一般采用等电位法。

等电位作业时人体对地和对邻相带电部分之间的安全距离见表8-10。

表8-10　等电位作业时人体对地和对邻相带电部分之间的安全距离

电压等级 （kV）	人体对地的安全距离（m）	人体对相邻带电部分之间的安全距离（m）
110	0.9	1.0
220	1.8	2.0
330	2.5	2.8
500	3.8	4.3
750	4.8	6.5
1000	7.5	10.1

按照表8-10所列的各项安全距离，考虑带电作业时人的活动范围取750mm，再加上母线金具宽度、隔离开关宽度、阻波器直径或边长以及人体高出母线或隔离开关触头的尺寸等，就可以分别确定进行各项带电作业项目时所需的最小空间距离。

等电位作业一般采用在导线上悬挂绝缘软梯的办法，所挂导线的截面积对于钢芯铝绞线不应小于120mm^2，对于铜绞线不应小于70mm^2。

管形母线不能直接上人，一般采用液压升降的绝缘高架斗臂车进行带电作业。

（2）为保证检修人员在检修电器及母线时的安全，电压为35kV及以上的敞开式配电装置，对断路器两侧的隔离开关和线路隔离开关的线路侧，宜配置接地开关；每段母线上宜装设接地开关或接地器。其装设数量主要由作用在母线上的电磁感应电压确定，一般情况下，每段母线宜装设两组接地开关或接地器。

户内配电装置间隔内的硬导体及接地线上，应留有接触面和接地端子，以便于安装携带式接地线。

关于母线电磁感应电压和接地开关或接地器安装间距的计算现分述如下：

1）母线电磁感应电压的计算。作用在停电检修母线上的电磁感应电压可分为两类：①长期工作电磁感应电压；②瞬时电磁感应电压。前者由工作母线通过正常工作电流产生作用，是长期的；后者是当工作母线发生三相或单相接地短路故障时造成的，作用是瞬时的。

假设有两组平行母线，如图8-1所示，其中母线Ⅰ运行，母线Ⅱ停电检修，三相母线分别为A1、B1、C1和A2、B2、C2。由于电磁耦合效应，在母线Ⅱ上将出现电磁感应电压。当母线Ⅰ流过三相电流时，在A2相母线上产生的电磁感应电压最大，其值为

图8-1　两组平行母线

$$U_{A2} = I\left(X_{A2C1} - \frac{1}{2}X_{A2A1} - \frac{1}{2}X_{A2B1}\right) \quad (8\text{-}4)$$

$$X_{A2C1}(X_{A2A1}, X_{A2B1}) = 0.628 \times 10^{-4}\left(\ln\frac{2L}{D_1} - 1\right) \quad (8\text{-}5)$$

式中　U_{A2}——A2相母线的电磁感应电压，V/m；

I——母线Ⅰ中的三相工作电流或短路电流，A；

X_{A2C1}——母线Ⅱ中A2相对母线Ⅰ中C1相单位长度的平均互感（X_{A2A1}、X_{A2B1}的意义以此类推），Ω/m；

L——母线长度，m；

D_1——两组母线间距，m。

在直接接地的系统中，当母线Ⅰ中C1相发生单相接地短路时，A2相上的感应电压最严重，其值为

$$U_{A2(k1)} = I_{kC1}X_{A2C1} \quad (8\text{-}6)$$

式中　$U_{A2(k1)}$——A2相母线的电磁感应电压，V/m；

I_{kC1}——母线Ⅰ中C1相的单相接地短路电流，A。

2）母线接地开关或接地器安装间距按下述原则确定：

a）按长期电磁感应电压计算。

两接地开关或接地器间的距离L_{j1}为

$$L_{j1} = 24/U_{A2} \quad (8\text{-}7)$$

接地开关或接地器与母线端部的距离L'_{j1}为

$$L'_{j1} = 12/U_{A2} \quad (8\text{-}8)$$

b）按瞬时电磁感应电压计算。

两接地开关或接地器间的距离L_{j2}为

$$L_{j2} = 2U_{f0}/U_{A2(k)} \quad (8\text{-}9)$$

$$U_{f0} = 145/\sqrt{t} \quad (8\text{-}10)$$

接地开关或接地器距母线端部的距离L'_{j2}为

$$L'_{j2} = U_{f0}/U_{A2(k)} \quad (8\text{-}11)$$

式中　U_{f0}——允许的母线瞬时电磁感应电压，V/m；

t——电击时间，即切除三相、单相短路所需

的时间，s；

$U_{A2（k）}$——当母线Ⅰ发生三相或单相短路时，A2
相母线的瞬时电磁感应电压，V/m。

接地开关或接地器间距，按以上计算结果，对 L_{j1}、
L'_{j1}、L_{j2}、L'_{j2} 进行比较，取其小者，单位为 m。

（3）GIS 设备检修要求。

1）同一间隔内相间外壳距离应满足各元件之间
拆、装法兰螺栓的距离（由拆装断路器法兰螺栓控制），
一般需 5～25cm，相间不需有维护通道。

2）不同间隔相间外壳距离应设有能进行维护的
通道，一般可取 50～60cm。若有操动机构，尚应满足
组装、操作的距离。

3）在同一间隔内，若上、下均布置元件，则元件
外壳之间的距离应满足检修元件操动机构的要求，其
尺寸按操动机构可拆元件的大小决定，一般由制造厂
提供。

4）GIS 本体外维护通道的宽度应满足搬运气体回
收小车或试验设备的宽度要求，一般取 200～300cm。

5）SF_6 气体绝缘金属封闭开关设备的元件，在吊
运过程中与其他运行元件或停电检修中的盆式绝缘
子、导电杆之间应保持一定的安全距离，一般可取
10～20cm。

五、电气总平面布置示例

各电压等级电气总平面布置方案示例如下。

（一）110kV 变电站电气总平面布置方案示例

110kV 变电站电气总平面布置如图 8-2 所示，该
设计方案的设计特点为：

（1）变电站采用半户内布置，除两台主变压器外，
站内 110kV 和 10kV 电压等级的设备均布置在生产综
合楼内，以生产综合楼和主变压器为中心，四周设置
环形道路作为消防通道；综合楼一层布置 10kV 配电
装置、并联电容器组、接地变压器等，二层布置 110kV
配电装置、二次设备间等。

（2）110kV 采用内桥接线，两回出线；10kV 采用
单母线单分段接线。

（3）110kV 电压等级配电装置采用 GIS 设备，
10kV 电压等级配电装置采用户内开关柜。每台主变压
器低压侧安装两组 10kV 并联电容器组，采用铁芯电
抗器+框架式电容器组。

（4）110kV 采用架空进线，10kV 采用电缆出线。

（二）220kV 变电站电气总平面布置方案示例

220kV 变电站电气总平面布置如图 8-3 所示，该
设计方案的设计特点为：

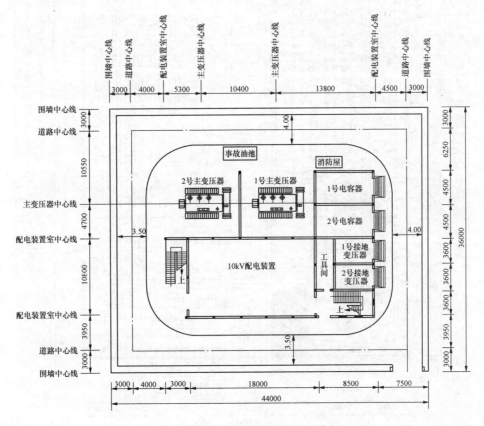

图 8-2　110kV 变电站电气总平面布置示例（单位：mm）

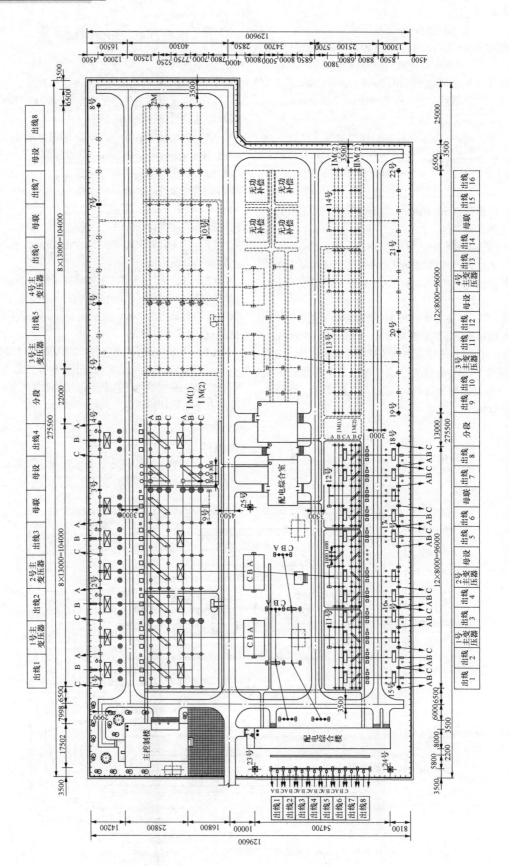

图 8-3　220kV 变电站电气总平面布置示例（单位：mm）

（1）变电站整体布局采用三列式布置方案，从北向南依次为 220kV 配电装置、主变压器及低压无功补偿装置、110kV 配电装置，35kV 配电装置布置在主变压器区域及 110kV 配电装置西侧，站前区域布置在 220kV 配电装置西侧。

（2）220kV 采用双母线单分段接线，110kV 采用双母线双分段接线，35kV 采用以主变压器为单元的单母线接线，每台主变压器低压侧接有 35kV 出线和无功补偿装置，远期 4 组主变压器。

（3）220kV 和 110kV 电压等级配电装置采用敞开式设备，35kV 电压等级配电装置采用户内开关柜。主变压器低压侧 35kV 并联电容器采用框架式。

（4）220kV 和 110kV 均采用户外分相中型配电装置，一个方向出线；35kV 采用成套开关柜、户内布置，35kV 出线采用架空和电缆出线；本期设置 35kV 配电装置楼，一层布置 35kV 开关柜，二层布置并联电容器组。35kV 配电装置采用户内布置，无功补偿装置采用户外和户内布置。

（三）330kV 变电站电气总平面布置方案示例

330kV 变电站电气总平面布置如图 8-4 所示，该设计方案的设计特点为：

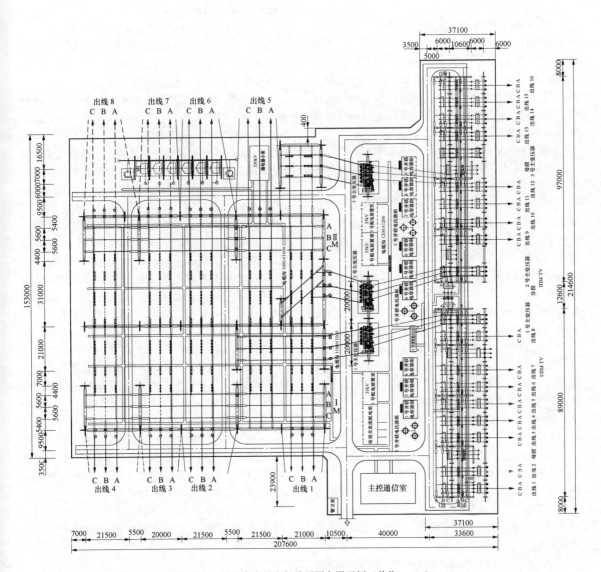

图 8-4　330kV 变电站电气总平面布置示例（单位：mm）

（1）变电站整体布局采用三列式布置方案，从西向东依次为 330kV 配电装置、主变压器及低压无功补偿装置、110kV 配电装置，站前区域布置在主变压器区域的南侧。

（2）330kV 采用一个半断路器接线，110kV 采用双母线单分段接线，35kV 采用以主变压器为单元的单母线接线；两台主变压器 330kV 进串，第 3 台主变压器接入母线。

（3）330kV 和 110kV 电压等级配电装置采用敞开式设备，35kV 电压等级配电装置采用户内开关柜。主变压器低压侧无功补偿装置采用户外设备，35kV 并联电容器采用框架式，35kV 并联电抗器采用干式空心、高位布置。

（4）330kV 采用户外中型配电装置，出线采用顺串方案；110kV 户外改进半高型配电装置，断路器单列式布置，一个方向出线；两台主变压器 330kV 侧进线分别采用高架和低架横穿的进线方案，第 3 台主变压器 330kV 侧通过断路器接入母线；35kV 配电装置采用户内布置，无功补偿装置采用户外布置。

（四）500kV 变电站电气总平面布置方案示例

500kV 变电站电气总平面布置如图 8-5 所示，该设计方案的设计特点为：

（1）变电站整体布局采用三列式布置方案，从西向东依次为 500kV 配电装置、主变压器及低压无功补偿装置、220kV 配电装置，站前区域布置在主变压器区域的南侧。

（2）500kV 采用一个半断路器接线，220kV 采用双母线双分段接线，35kV 采用以主变压器为单元的单母线接线；两台主变压器 500kV 侧进串，第 3 台主变压器 500kV 侧接入母线。

（3）500kV 电压等级配电装置采用 HGIS 设备，220kV 电压等级配电装置采用 GIS 设备，35kV 电压等级配电装置采用敞开式设备，主变压器低压侧无功补偿装置采用户外设备，35kV 并联电容器采用框架式，35kV 并联电抗器采用干式空心、高位安装。

（4）500kV 采用户外 HGIS 配电装置，出线采用顺串方案；220kV 户外 GIS 配电装置，一个方向出线；两台主变压器 500kV 侧进线采用高架横穿的进线方案，第 3 台主变压器 500kV 侧通过断路器接入母线；35kV 配电装置采用户外中型布置，无功补偿装置采用户外布置。

（5）图中 500kV 高压并联电抗器前示意有隔离

开关，可根据工程要求取消，同时适当优化该区域布置。

（五）750kV 变电站电气总平面布置方案示例

750kV 变电站电气总平面布置如图 8-6 所示，该设计方案的设计特点为：

（1）变电站整体布局采用三列式布置方案，从南向北依次为 750kV 配电装置、主变压器及低压无功补偿装置、330kV 配电装置，站前区域布置在主变压器区域的西侧。

（2）750kV 采用一个半断路器接线，330kV 采用一个半断路器双母线双分段接线，35kV 采用以主变压器为单元的单母线接线；三台主变压器 750kV 侧和 330kV 侧均进串。

（3）750、330、66kV 电压等级配电装置均采用户外敞开式设备，主变压器低压侧无功补偿装置采用户外设备，66kV 并联电容器采用框架式，66kV 并联电抗器采用干式空心、高位布置。

（4）750kV 采用户外中型配电装置，出线采用顺串方案；330kV 采用户外分相中型配电装置，出线分别采用顺串、高架横穿、低架斜拉方案；两台主变压器 750kV 侧进线分别采用拐头进线方案，第 3 台主变压器 750kV 侧采用中部横穿进线。66kV 配电装置采用户外中型布置，无功补偿装置采用户外布置。

（六）1000kV 变电站电气总平面布置方案示例

1000kV 变电站电气总平面布置如图 8-7 所示，该设计方案的设计特点为：

（1）变电站整体布局采用三列式布置方案，从南向北依次为 1000kV 配电装置、主变压器及低压无功补偿装置、500kV 配电装置，站前区域布置在主变压器区域的东侧。

（2）1000kV 采用一个半断路器接线，500kV 采用一个半断路器接线，110kV 采用以主变压器为单元的单母线接线；三台主变压器 1000kV 侧和 500kV 侧均进串。

（3）1000kV 和 500kV 电压等级配电装置均采用户外 GIS 设备；110kV 电压等级配电装置采用户外敞开式设备。主变压器低压侧无功补偿装置采用户外设备，110kV 并联电容器采用框架式，110kV 并联电抗器采用干式空心、高位布置。

（4）1000kV 和 500kV 均采用户外 GIS 配电装置；110kV 配电装置采用户外中型布置，无功补偿装置采用户外布置。

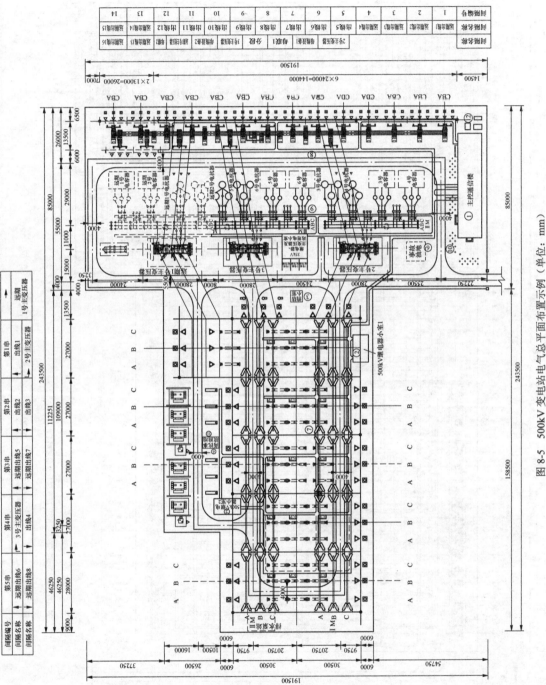

图 8-5 500kV 变电站电气总平面布置示例（单位：mm）

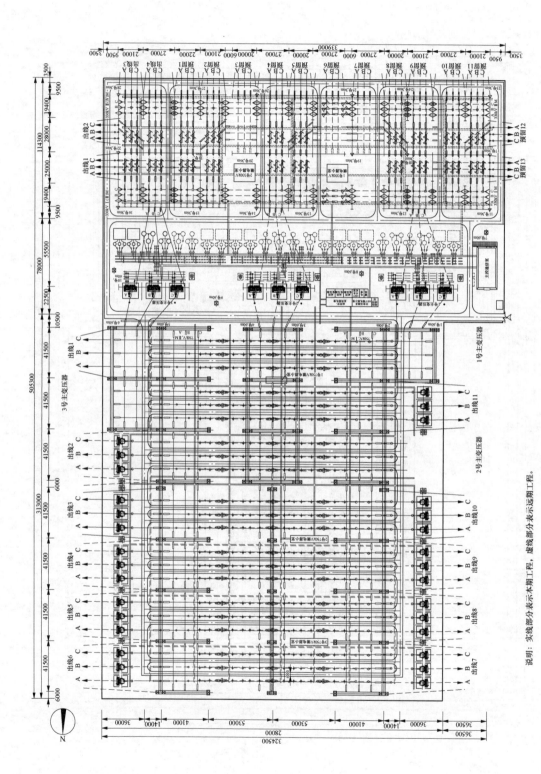

图 8-6 750kV 变电站电气总平面布置示例（单位：mm）

说明：实线部分表示本期工程，虚线部分表示远期工程。

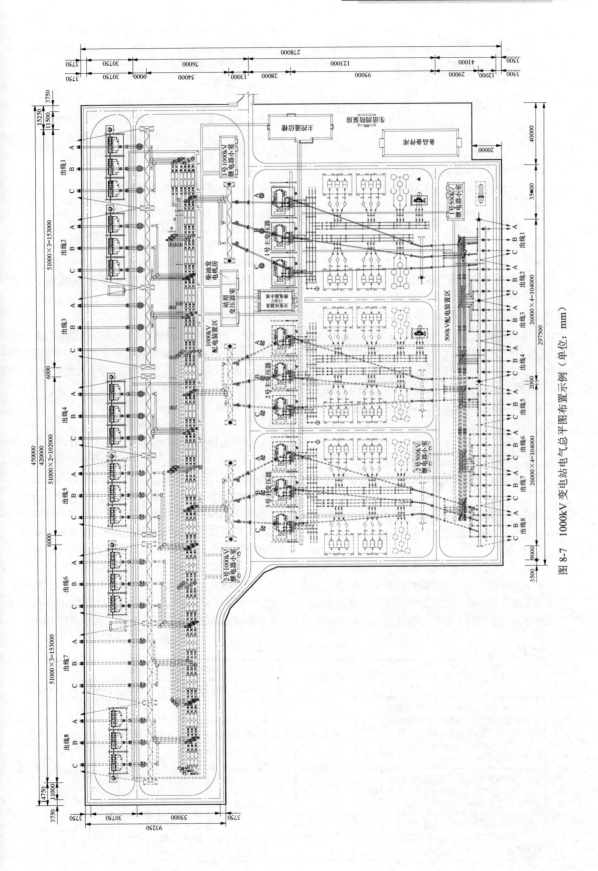

图 8-7 1000kV变电站电气总平面图布置示例（单位：mm）

第二节 配电装置安全净距及尺寸要求

一、户外配电装置 A、B、C、D 值的确定

1. A_1 值

A_1'：

（1）750kV 电压等级以下对应带电部分至接地部分之间，1000kV 对应四分裂导线和管形母线与接地部分之间；

（2）网状遮栏向上延伸线 2.5m 处与遮栏上方带电部分之间。

A_1''：

（1）1000kV 均压环与接地部分之间。

说明：750kV 电压等级工程实践中可增加 A_1'' 值，即 A_1' 对应导线和管形母线对接地部分之间，A_1'' 对应均压环对接地部分之间；与 1000kV 要求一致。

（2）网状遮栏向上延伸线 2.5m 处与遮栏上方带电部分之间。

其中带电体与接地部分之间对于 220kV 及以下该值由雷电过电压水平确定，330kV 及以上该值由操作过电压水平确定。

2. A_2 值

（1）不同相的带电部分之间。

（2）断路器和隔离开关的断口两侧引线带电部分之间。

该值对于 220kV 及以下由雷电过电压水平确定，330kV 及以上由操作过电压水平确定。

3. B_1 值

$$B_1 = A_1 + 75 \tag{8-12}$$

B_1 值主要指带电部分对栅栏的距离和运输设备的外廓至无遮栏带电部分之间的安全净距，单位为 cm。一般运行人员手臂误入栅栏时的臂长不大于 75cm，设备运输时的摆动也在 75cm 范围内。此外，导线垂直交叉且要求不同时停电检修时，检修人员在导线上下的活动范围也不超过 75cm。

4. B_2 值

$$B_2 = A_2 + 7 + 3 \tag{8-13}$$

B_2 值主要指带电部分对网栏的净距，单位为 cm。一般运行人员手指误入网栏时的指长不大于 7cm，另考虑 3cm 的施工误差。

5. C 值

（1）330kV 配电装置及以下：

$$C = A_1 + 230 + 20 \tag{8-14}$$

C 值是指无遮栏裸导体至地面之间的安全净距。即当人举手时，手与带电裸导体之间的净距不小于 A_1 值（单位为 cm），一般运行人员举手后的总高度不超过 230cm，另考虑户外配电装置场地的施工误差 20cm。在积雪严重地区，还应考虑积雪的影响，该距离可适当加大。

（2）500、750、1000kV 配电装置。C 值按静电感应场强水平确定。为将配电装置内大部分地区的地面场强限制在 10kV/m 以下，C 值按照下列取值：500kV：7.5m；750kV：12m；1000kV：17.5m。

6. D 值

$$D = A_1 + 180 + 20 \tag{8-15}$$

D 值是指两组平行母线之间的安全净距，单位为 cm。当一组母线带电，另一组母线停电检修时，在停电母线上进行作业的检修人员与相邻带电母线之间的净距不应小于 A_1 值，一般检修人员和工具的活动范围不超过 180cm，因户外条件较差，再加 20cm 的裕度。此外，要求带电部分至围墙顶部和建筑物外边沿部分之间的距离不小于 D 值，这也是考虑当有人爬到上述建（构）筑物顶部时不致触电。

户外配电装置的安全净距不应小于表 8-11 所列数值，并按图 8-8～图 8-10 进行校验。当户外电气设备外绝缘体最低部位距地小于 2.5m 时，应装设固定遮栏。

表 8-11 户外配电装置的安全净距 （mm）

符号	适用范围	图号	额定电压（kV）									
			10	35	66	110J	110	220J	330J	500J	750J	1000J
A_1'	1. 750kV 电压等级以下：带电部分至接地部分之间；1000kV 四分裂导线和管形母线与接地部分之间 2. 网状遮栏向上延伸线 2.5m 处与遮栏上方带电部分之间	8-8 8-9	200	400	650	900	1000	1800	2500	3800	4800	6800
A_1''	1. 1000kV 均压环与接地部分之间 2. 网状遮栏向上延伸线 2.5m 处与遮栏上方带电部分之间	8-8 8-9									5500①	7500
A_2	1. 不同相的带电部分之间 2. 断路器和隔离开关的断口两侧引线带电部分之间	8-8 8-10	200	400	650	1000	1100	2000	2800	4300	6500	10100（均压环-均压环）

符号	适用范围	图号	额定电压（kV）									
			10	35	66	110J	110	220J	330J	500J	750J	1000J
A_2	1. 不同相的带电部分之间 2. 断路器和隔离开关的断口两侧引线带电部分之间	8-8 8-10	200	400	650	1000	1100	2000	2800	4300	6500	9200（四分裂导线-四分裂导线） 11300（管形母线-管形母线）
B_1	1. 设备运输时，其外廓至无遮栏带电部分之间 2. 交叉的不同时停电检修的无遮栏带电部分之间 3. 栅状遮栏至绝缘体和带电部分之间③ 4. 带电作业时的带电部分至接地部分之间	8-8 8-9 8-10	950	1150	1400	1650②	1750②	2550②	3250②	4550②	5550②	8250②
B_2	网状遮栏至带电部分之间	8-9	300	500	750	1000	1100	1900	2600	3900	4900	7600
C	1. 无遮栏裸导体至地面之间 2. 无遮栏裸导体至建筑物、构筑物顶部之间	8-9 8-10	2700	2900	3100	3400	3500	4300	5000	7500	12000	17500（单根管母） 19500（四分裂导线）
D	1. 平行的不同时停电检修的无遮栏带电部分之间 2. 带电部分与建筑物、构筑物的边沿部分之间	8-8 8-9	2200	2400	2600	2900	3000	3800	4500	5800	6800	9500

注 1. 110J～1000J 指中性点直接接地电网；500kV 的 A_1 值，双分裂软线至接地部分之间可取 3500mm。

　　2. 海拔超过 1000m 时，500kV 及以下电压等级 A 值可按图 8-209 进行修正。750kV 和 1000kVA 值应通过查本章相应曲线进行确定。

　　3. 本表所列数据不适用于制造厂生产的成套配电装置。

① 750kV 电压等级工程实践中可增加 A_1'' 值，即 A_1'' 对应导线和管形母线与接地部分之间，A_1'' 对应均压环与接地部分之间；与 1000kV 要求一致。

② 带电作业时，不同相或交叉的不同回路带电部分之间，其 B_1 值可取 A_2+750mm。

③ 对于 220kV 及以上电压等级，可按绝缘体电位的实际分布，采用相应的 B_1 值进行校验。此时，允许栅状遮栏与绝缘体的距离小于 B_1 值。当无给定的分布电位时，可按线性分布计算。

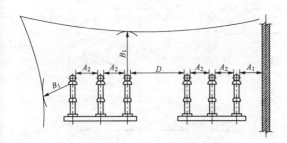

图 8-8　户外 A_1、A_2、B_1、D 值校验图

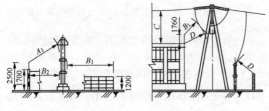

图 8-9　户外 A_1、B_1、B_2、C、D 值校验图

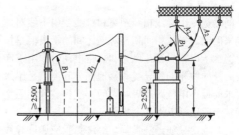

图 8-10　户外 A_2、B_1、C 值校验图

二、户外配电装置间隔尺寸确定

户外配电装置使用软导线或管形母线时，带电部分至接地部分和不同相的带电部分之间的最小电气距离，应根据下列三种条件进行校验，并采用其中最大数值：

（1）外过电压和风偏；

（2）内过电压和风偏；

（3）最大工作电压、短路摇摆和风偏。

不同条件下的计算风速和安全净距见表8-12。

表 8-12 　　　　　　　　　　不同条件下的计算风速和安全净距 　　　　　　　（mm）

条件	校验条件	计算风速（m/s）	A 值	额定电压（kV）								
				35	66	110J	110	220J	330J	500J	750J	1000J
外过电压	外过电压和风偏	10①	A_1	400	650	900	1000	1800	2400	3200	4300	5000
			A_2	400	650	1000	1100	2000	2600	3600	4800	5500
内过电压	内过电压和风偏	最大设计风速的50%	A_1	400	650	900	1000	1800	2500	3500	4800、5500②	A_1'=6800（四分裂导线和管形母线对地）A_1''=7500（均压环对地）
			A_2	400	650	1000	1100	2000	2800	4300	6500	10100（均压环-均压环）9200（四分裂导线-四分裂导线）11300（管形母线-管形母线）
最大工作电压	1. 最大工作电压、短路和风偏（取10m/s风速）2. 最大工作电压和风偏（取最大设计风速）	10 或最大设计风速	A_1	150	300	300	450	600	1100	1600	2200	4200
			A_2	150	300	500	500	900	1700	2400	3750	6800

① 在气象条件恶劣的地区（如最大设计风速为35m/s及以上，以及雷暴时风速较大的地区）用15m/s。

② 750kV电压等级工程实践中可增加 A_1'' 值，即 A_1' 对应导线和管形母线与接地部分之间，A_1'' 对应均压环与接地部分之间；与1000kV要求一致。

三、软导线及管形母线户外中型配电装置的尺寸校验

户外中型配电装置的尺寸校验包括构架高度、构架宽度和纵向尺寸三个方面，现分述如下。

（一）间隔宽度

1. 确定原则

间隔宽度由导线相间距离和跳线或引下线对地距离等来确定。导线相间和相对地之间的距离，是按跨距内绝缘子串和导线在风力和短路电动力作用下产生摇摆时，导线相间和导线与接地部分间能满足绝缘配合要求的最小电气距离等考虑的。配电装置间隔宽度的确定一般包括以下几个步骤：

（1）确定导线经济弧垂。经济弧垂应通过导线选型、构架受力、构架形式等方面综合技术经济比较后确定。

（2）导线风偏摇摆计算。分别计算内过电压风偏摇摆、大气过电压风偏摇摆、最大工作电压风偏加短路摇摆，选取其中最大值初步确定相间距离和相地距离。校验中导线的摇摆（包括绝缘子串的摇摆）按三相导线不同步摇摆考虑。

（3）对初步确定的相间距离进行临界电晕电压校验和电晕无线电干扰校验，最后确定架空软导线相间

距离。

（4）进行相间道路运输电气设备的尺寸校验。

2. 相间距离的确定

（1）进出线跨（门型构架）导线相间距离示意图如图8-11所示。

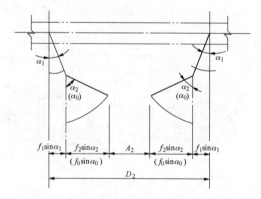

图 8-11　进出线跨（门型构架）导线相间距离示意图

门型构架时进出线跨导线相间距离校验按以下各式计算。

1）在大气过电压、风偏条件下，D_2' 为

$$D_2' \geqslant A_2' + 2(f_1'\sin\alpha_1' + f_2'\sin\alpha_2') + d\cos\alpha_2' + 2r \quad (8\text{-}16)$$

2）在内过电压、风偏条件下，D_2'' 为

$$D_2'' \geqslant A_2'' + 2(f_1'' \sin\alpha_1'' + f_2'' \sin\alpha_2'') + d\cos\alpha_2'' + 2r \quad (8\text{-}17)$$

3）在最大工作电压、短路摇摆、风偏条件下，D_2''' 为

$$D_2''' \geqslant A_2''' + 2(f_1''' \sin\alpha_1''' + f_2''' \sin\alpha_2''') + d\cos\alpha_2''' + 2r \quad (8\text{-}18)$$

式中 D_2'、D_2''、D_2'''——大气过电压、内过电压、最大工作电压所要求的最小相间距离，cm；

A_2'、A_2''、A_2'''——各种状态下不同相带电部分之间所要求的最小电气距离，cm，见表 8-12；

f_1'、f_1''、f_1'''——对应于各种状态时的绝缘子串弧垂，cm；

f_2'、f_2''、f_2'''——对应于各种状态时的导线弧垂，cm；

α_1'、α_1''、α_1'''——对应于各种状态时的绝缘子串的风偏摇摆角；

α_2'、α_2''——大气过电压、内过电压时导线的风偏摇摆角；

α_2'''——最大工作电压时在风力和短路电动力作用下导线的摇摆角，其计算方法见"软导线短路摇摆角计算"；

d——导线分裂间距，cm；

r——导线半径，cm。

f_1 及 f_2 的计算公式为

$$f_1 = f_E \quad (8\text{-}19)$$
$$f_2 = f - f_1 \quad (8\text{-}20)$$
$$E = e/(1+e) \quad (8\text{-}21)$$
$$e = 2\left(\frac{l-l_1}{l_1}\right) + \frac{Q_1}{q_i}\left(\frac{l-l_1}{l_1}\right)^2 \quad (8\text{-}22)$$

式中 f——跨距中导线和绝缘子串的总弧垂，m；

l——跨距水平投影长度，m；

l_1——跨距内导线水平投影长度，m；

Q_i——各种状态时的绝缘子串单位长度质量，kg/m；

q_i——各种状态时的导线单位长度质量，kg/m；

α_1 的计算公式为

$$\alpha_1 = \arctan\frac{0.1(l_1 + q_4 Q_4)}{l_1 q_1 + Q_1} \quad (8\text{-}23)$$

式中 q_4——导线单位长度所承受的风压，N/m；

Q_4——绝缘子串所承受的风压，N/m；

q_1——导线单位长度的质量，kg/m；

Q_1——绝缘子串的质量，kg。

α_2 的计算公式为

$$\alpha_2 = \arctan\frac{0.1 q_4}{q_1} \quad (8\text{-}24)$$

（2）母线（软导线）相间距离的校验。

1）采用 Π 型构架（见图 8-12），此时实际校验跳线风偏摇摆后对地的安全净距：

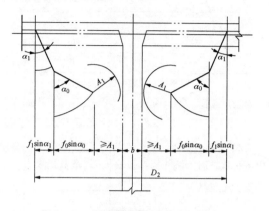

图 8-12 Π 型构架导线相间距离示意图

a. 在大气过电压、风偏条件下，D_2' 为

$$D_2' \geqslant 2(A_1' + f_1' \sin\alpha_1' + f_0' \sin\alpha_0') + d\cos\alpha_2' + 2r + b \quad (8\text{-}25)$$

b. 在内过电压、风偏条件下，D_2'' 为

$$D_2'' \geqslant 2(A_1'' + f_1'' \sin\alpha_1'' + f_0'' \sin\alpha_0'') + d\cos\alpha_2'' + 2r + b \quad (8\text{-}26)$$

c. 在最大工作电压、短路摇摆、风偏条件下，D_2''' 为

$$D_2''' \geqslant 2(A_1''' + f_1''' \sin\alpha_1''' + f_0''' \sin\alpha_0''') + d\cos\alpha_2''' + 2r + b \quad (8\text{-}27)$$

式中 A_1'、A_1''、A_1'''——大气过电压、内过电压、最大工作电压时带电部分至接地部分之间的最小电气距离，cm，见表 8-12；

f_0'、f_0''、f_0'''——对应于各种状态时跳线的导线弧垂，cm，其计算方法见式（8-28）；

α_0'、α_0''、α_0'''——对应于各种状态时跳线的风偏摇摆角，其计算方法见式（8-32）；

b——构架立柱直径，cm。

2）采用门型构架。母线采用门型构架时，示意图同图 8-11，计算公式同式（8-16）～式（8-18）。

（3）跳线（软导线）相间距离的校验。为了确定跳线的相间距离，需先求得跳线的弧垂，再求算各种状态下跳线的风偏摇摆角及其水平位移。跳线摇摆示意图如图 8-13 所示。

1）跳线弧垂的确定。跳线在无风时的弧垂 f_t' 要求大于跳线最低点对横梁下沿的距离且不小于最小电气距离 A_1 值；同时，跳线在各种状态下风偏后 f_{ty}' 的最低点与梁底的距离 f_t' 要求大于相应的 A_1'、A_1''、A_1''' 值。

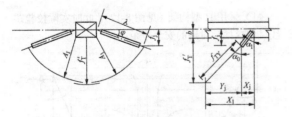

图 8-13　跳线摇摆示意图

跳线的摇摆弧垂 f_{TY} 按式（8-28）计算：

$$f_{TY} = 1.1 f'_{TY} \tag{8-28}$$

f_{TY} 为跳线弧垂摇摆的推荐值，通过式（8-29）求出各种状态时的跳线摇摆弧垂 f'_{TY}，取其最大者并考虑施工误差及留有一定裕度得到 f_{TY}。

$$f'_{TY} = \frac{f'_T + b - f_j}{\cos\alpha_0} \tag{8-29}$$

$$f_j = \lambda\sin\varphi \tag{8-30}$$

$$\varphi = \arctan\frac{l_1 q_1 + Q_1}{0.2H} \tag{8-31}$$

$$\alpha_0 = \beta\arctan\frac{0.1q_4}{q_1} \tag{8-32}$$

式中　f'_T——跳线在各种状态下风偏后 f'_{TY} 的最低点与梁底的距离，不小于 A'_1、A''_1、A'''_1 值；

　　　b——横梁高度的一半；

　　　f_j——绝缘子串悬挂点至绝缘子串端部耐张线夹处的垂直距离，cm；

　　　λ——绝缘子串的长度，cm；

　　　φ——绝缘子串的倾斜角；

　　　H——导线拉力，N；

　　　β——阻尼系数，见表 8-13。

表 8-13　Ⅰ、Ⅶ类气象区的计算风速和阻尼系数

校验状态	Ⅰ类		Ⅶ类	
	v（m/s）	β	v（m/s）	β
大气过电压	15	0.49	10	0.43
内过电压	18	0.54	15	0.49
最大工作电压	35	0.71	30	0.64

2）跳线的风偏水平位移。绝缘子串风偏水平位移 X_j 为

$$X_j \geqslant \lambda\cos\varphi\sin\alpha_1 \tag{8-33}$$

跳线风偏水平位移 Y_j 为

$$Y_j \geqslant f_{TY}\sin\alpha_0 \tag{8-34}$$

3）跳线相间距离校验公式为

$$D_2 = 2(X_j + Y_j) + A_2 \tag{8-35}$$

根据以上求得在大气过电压、内过电压、最大工作电压时跳线绝缘子串及跳线的风偏水平位移，可分别求算在各种状态时跳线的最小相间距离。

（4）管形母线相间距离的确定。

1）悬吊式管形母线相间距离。

悬吊式管形母线相间距离≥根据悬吊式管形母线位移及拉力计算确定的管形母线最大位移+不同工况下的相间距离+管形母线隔离开关静触头半径+另一相的管形母线半径。

2）支撑式管形母线相间距离。支撑式管形母线相间距离≥A_2+管形母线隔离开关静触头半径+另一相的管形母线半径。

（5）晴天不出现可见电晕所要求的相间距离及无线电干扰所要求的相间距离，可根据所选导线，按相应公式进行校验。

（6）阻波器非同期摇摆所要求的相间距离。

1）阻波器的风偏水平位移 X_1 为

$$X_1 = h\sin\alpha_1 + \frac{B}{2}\cos\alpha_1 \tag{8-36}$$

$$\alpha_1 = h\arctan\frac{0.1P_1}{Q_1} \tag{8-37}$$

$$P_1 = \frac{10Sv^2}{16} \tag{8-38}$$

式中　h——阻波器悬挂点到阻波器底部的高度，cm；

　　　B——阻波器宽度或直径，cm；

　　　α_1——阻波器的风偏摇摆角；

　　　P_1——阻波器所承受的风压，N；

　　　Q_1——阻波器的质量，kg；

　　　S——阻波器受风方向的投影面积，m²；

　　　v——风速，m/s。

2）悬挂阻波器的绝缘子串的风偏水平位移 X_2 为

$$X_2 = \lambda\sin\alpha_2 \tag{8-39}$$

$$\alpha_2 = \arctan\frac{0.1(P_1 + P_2)}{Q_1 + Q_2} \tag{8-40}$$

式中　λ——绝缘子串的长度，cm；

　　　α_2——绝缘子串的风偏摇摆角；

　　　P_2——绝缘子串所承受的风压，N；

　　　Q_2——绝缘子串的质量，kg。

3）阻波器要求的相间距离为

$$D_2 = 2(X_1 + X_2) + A_2 \tag{8-41}$$

式中　X_1——阻波器的风偏水平位移，cm；

　　　X_2——绝缘子串的风偏水平位移，cm；

　　　A_2——不同相带电部分之间的最小电气距离，cm。

（7）设备对相间距离的要求。根据制造厂提供的配电装置内各主要设备所要求的相间距离，取其最大者即起控制作用的作为设备对相间距离的要求值。

（8）相间距离的推荐值。根据以上导线及跳线在各种状态下的风偏和短路摇摆、电晕、阻波器非同期

摇摆、设备本体等所要求的相间距离，取其中最大者作为进出线相间距离的推荐值。对母线来说，需按用于 Π 型构架或门型构架，分别提出其相间距离的推荐值。

3. 相地距离的确定

（1）进出线引下线与构架支柱间的相地距离校验（见图 8-14）。

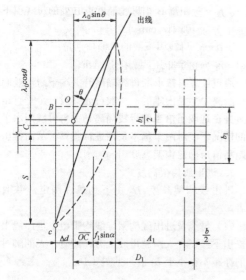

图 8-14　进出线引下线与构架支柱间的相地距离示意图

1）在大气过电压、风偏条件下，D_1' 为

$$D_1' \geqslant \overline{OC} + f_Y \sin \alpha' + A_1' + \frac{d}{2} \cos \alpha' + r + \frac{b}{2} \quad (8-42)$$

2）在内过电压、风偏条件下，D_1'' 为

$$D_1'' \geqslant \overline{OC} + f_Y \sin \alpha'' + A_1'' + \frac{d}{2} \cos \alpha'' + r + \frac{b}{2} \quad (8-43)$$

3）在最大工作电压、短路摇摆、风偏条件下，D_1''' 为

$$D_1''' \geqslant \overline{OC} + f_Y \sin \alpha''' + A_1''' + \frac{d}{2} \cos \alpha''' + r + \frac{b}{2} \quad (8-44)$$

式中　D_1'、D_1''、D_1'''——大气过电压、内过电压、最大工作电压所要求的最小相地距离，cm；

A_1'、A_1''、A_1'''——各种状态下带电部分至接地部分之间所要求的最小电气距离，cm；

f_Y——引下线的弧垂，cm；

α'、α''、α'''——对应于各种状态时引下线的风偏摇摆角；

d——导线分裂间距，cm；

r——导线半径，cm；

b——构架立柱直径，cm。

$\overline{OC}$ 的计算公式为

$$\overline{OC} = \frac{\left(S + \dfrac{b_1}{2}\right)(\Delta d + \lambda_0 \sin \theta)}{S + C + \lambda_0 \cos \theta} - \Delta d \quad (8-45)$$

式中　S——隔离开关接线端子与门型构架中心线之间的距离，cm；

b_1——引下线摇摆后距构架立柱最近点处的人字柱宽度，cm；

Δd——隔离开关接线端子与出线悬挂点之间水平投影的横向距离，cm；

λ_0——绝缘子串的长度（不包括耐张线夹），cm；

θ——出线对门型构架横梁垂直线的偏角；

C——门型构架中心线至出线悬挂点之间的距离，cm。

α 的计算公式为

$$\alpha = \beta \arctan \frac{0.1 q_4}{q_1 \cos \gamma} \quad (8-46)$$

$$\gamma = \arctan \frac{\Delta h}{\Delta l} \quad (8-47)$$

式中　γ——引下线的高差角；

Δh——隔离开关接线端子与出线引下线线夹之间的垂直高度，cm；

Δl——隔离开关接线端子与出线引下线线夹之间的水平距离，cm。

（2）软导线边相跳线与构架立柱间的相地距离校验公式为

$$D_1 \geqslant X_1 + A_1 + \frac{d}{2} \cos \alpha_0 + r + \frac{b}{2} \quad (8-48)$$

式中　X_1——跳线的风偏水平位移，cm，由绝缘子串风偏水平位移 X_j 和跳线风偏水平位移 Y_j 组成，分别按式（8-33）及式（8-34）求算；

α_0——跳线的风偏摇摆角。

（3）悬吊式管形母线相地距离的确定。

悬吊式管形母线相地距离 ≥ 根据悬吊式管形母线位移及拉力计算确定的管形母线最大位移 + 不同工况下的相地距离 + 管形母线硬跳线半径。

（4）阻波器风偏摇摆要求的相地距离为

$$D_1 \geqslant X_1 + X_2 + A_1 + \frac{b}{2} \quad (8-49)$$

式中　X_1——阻波器的风偏水平位移，cm，按式（8-36）计算；

X_2——悬挂阻波器的绝缘子串的风偏水平位移，cm，按式（8-39）计算。

（5）构架上人与带电体保持 B_1 值所要求的相地距离为

$$D_1 \geqslant B_1 + \frac{b_R}{2} + \frac{d}{2} \cos \alpha + r + s \quad (8-50)$$

式中 B_1——带电作业时带电部分至接地部分之间的最小电气距离，cm，见表 8-11；

b_R——人体宽度，取 41.3cm；

d——导线分裂间距，cm；

r——带电体（引下线、跳线或阻波器）的半径，cm；

s——带电体在构架上人时的风偏水平位移值，cm；

α——带电体的风偏摇摆角。

（6）相地距离的推荐值。根据以上引下线及跳线在各种状态下的风偏摇摆、阻波器的风偏摇摆、构架上人与带电体保持 B_1 值所要求的相地距离，取其中的最大值作为母线及进出线相地距离的推荐值。

4. 间隔宽度的确定

（1）母线及进出线门型构架的宽度为

$$S = 2(D_2 + D_1) \tag{8-51}$$

式中 D_2——相间距离的推荐值，cm；

D_1——相地距离的推荐值，cm。

（2）母线 Π 型构架的宽度为

$$S = 2D_2 \tag{8-52}$$

（二）间隔高度

1. 母线构架高度

$$H_m \geqslant H_z + H_g + f_m + r + \Delta h \tag{8-53}$$

式中 H_z——母线隔离开关支架高度，cm；

H_g——母线隔离开关本体（至端子）高度，cm；

f_m——母线最大弧垂，cm；

r——母线半径，cm；

Δh——母线隔离开关端子与母线间的垂直距离，cm。

Δh 值由以下两个基本条件校验确定（见图 8-15）：

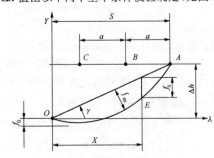

图 8-15 母线构架高度示意图

（1）母线引下线最低点离地距离不小于 C 值。其校验式为

$$H_z + H_g - f_0 \geqslant C \tag{8-54}$$

式中 f_0——母线隔离开关端子以下的母线引下线弧垂，cm。

（2）在不同气象条件下，母线引下线与 B 相母线之间的净距不小于各种状态时的 A_2 值。其校验式为

$$A \sin \gamma + f_x \cos \gamma \cos(\alpha - \gamma) - r_1 \geqslant A_2 \tag{8-55}$$

$$\gamma = \arctan \frac{\Delta h}{S} \tag{8-56}$$

式中 A——母线相间距离，cm；

γ——母线引下线两固定端连接线的倾角；

S——母线隔离开关端子与母线间的水平距离，cm；

f_x——距离 B 相母线最近点 E 处的母线引下线弧垂，cm；

α——母线引下线的风偏摇摆角；

r_1——母线引下线半径，cm。

通过计算直接求取母线隔离开关端子与母线间的垂直距离 Δh 是困难的。一般可先假设一个垂直距离 Δh，并在选取了恰当的母线隔离开关与母线间水平距离的情况下，对两个基本条件进行验算，从而推出垂直距离值来确定构架高度。

2. 进出线构架高度

进出线构架高度 H_c 由下列条件确定，并取其大者。

（1）母线及进出线构架导线均带电，进出线上人检修引下线夹，人跨越母线上方，此时，人的脚对母线的净距不得小于 B_1 值，见图 8-16。

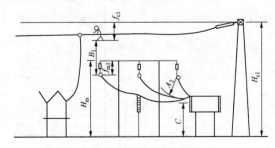

图 8-16 进出线构架示意图

$$H_{c1} \geqslant H_m - f_{m1} + B_1 + H_{R1} + f_{c1} + r \tag{8-57}$$

式中 H_m——母线构架高度，cm；

f_{m1}——进出线下方母线弧垂，cm；

H_{R1}——人体下半身高度，取 150，cm；

f_{c1}——母线上方进出线上人后的弧垂，cm；

r——母线半径，cm。

（2）母线及进出线构架导线均带电，母线构架上人检修耐张线夹，人与出线构架导线间的净距不得小于 B_1 值，见图 8-17。

$$H_{c2} \geqslant H_m - f_{m2} + B_1 + H_{R2} + f_{c2} + r_2 \tag{8-58}$$

式中 f_{m2}——出线构架导线下方母线上人检修耐张线夹时的弧垂，cm；

H_{R2}——人体上半身高度，取 100，cm；

f_{c2}——母线上方门型构架导线弧垂，cm；

r_2——门型构架导线半径，cm。

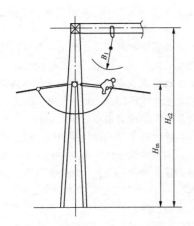

图 8-17　母线构架示意图

（3）正常运行时门型构架导线与下方母线保持交叉的不同时停电检修的无遮栏带电部分之间的安全净距不得小于 B_1 值。

$$H_{c3} \geqslant H_m - f_{m3} + B_1 + f_{c3} + r + r_2 \qquad (8\text{-}59)$$

式中　f_{m3}——出线构架边相导线下方的母线弧垂，cm；

　　　f_{c3}——门型构架导线弧垂，cm。

（4）考虑变压器搬运和电气设备检修起吊时，变压器和起吊设施顶端至进出线导线的净距不得小于 B_1 值，见图 8-18。

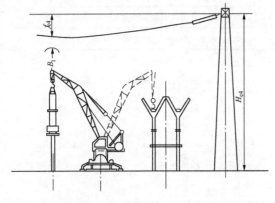

图 8-18　变压器和起吊设施顶端至进出线导线的示意图

$$H_{c4} \geqslant H + B_1 + f_{c4} + r_2 \qquad (8\text{-}60)$$

式中　H——变压器搬运高度或起吊设施（起重机）顶端高度，cm；

　　　f_{c4}——进出线最大弧垂，cm。

（5）母线构架上人伸手时，手对出线构架导线的距离不得小于 A_1 值，见图 8-19。

3. 双层构架的上层横梁对地高度

双层构架两层横梁中心线之间的距离，由下层构架上人，人对上层构架导线的跳线保持 A_1 值确定，见图 8-20。

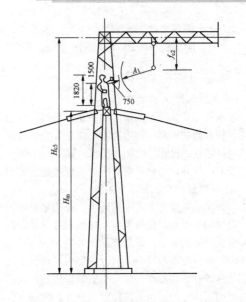

图 8-19　手对出线构架导线的距离示意图

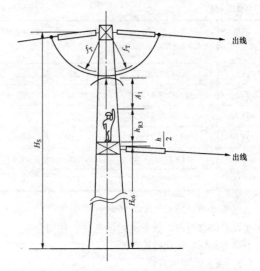

图 8-20　双层构架两层横梁中心线之间的距离示意图

$$H_S \geqslant H_{c6} + \frac{h}{2} + H_{R3} + A_1 + f_T + r_2 \qquad (8\text{-}61)$$

式中　H_S——双层构架的总高度，cm；

　　　H_{c6}——下层构架的高度，cm；

　　　h——下层构架横梁高度，cm；

　　　H_{R3}——人体举手高度，取 230，cm；

　　　f_T——上层导线的跳线弧垂，cm；

　　　r_2——跳线半径，cm。

4. 架空地线支柱高度

架空地线支柱高度为

$$h_d = h - h_0 \geqslant \frac{D}{4p} \qquad (8\text{-}62)$$

式中　h——架空地线的悬挂高度，cm；

　　　h_0——被保护导线的悬挂高度，cm；

D——两架空地线的间距，cm；

p——高度影响系数，$h\leqslant30$m，$p=1$，$30<h\leqslant120$m，$p=\dfrac{5.5}{\sqrt{h}}$。

（三）纵向尺寸

纵向尺寸是指每个间隔内的设备、道路、沟道、构架等相互间的距离，该距离除需保证安全运行外，还应满足巡视、操作、维护、检修、测试、运输等方面的要求；此外，还要考虑到配电装置扩建的方便。

1. 影响纵向尺寸的几个因素

（1）配电装置安全净距的要求。在确定纵向尺寸时，必须满足安装、检修人员及电气设备与带电部分之间安全净距的要求，其数值见表8-11。

（2）运行方面的要求。运行中要对电气设备做定期巡视并进行各项倒闸操作，必要时尚需进行消除缺陷等维护工作。为使上述工作顺利进行，考虑人体活动及携带工具所需的空间，通道的宽度以 0.8（包含 0.8m）～1.0m 为宜。

（3）设备运输的要求。在配电装置内运输设备一般采用汽车运输和滚杠运输。汽车运输所需的道路宽度一般为 3.5m。考虑车轮紧靠道路边缘行驶时，车厢比车轮的轮胎边缘每侧宽 20cm 左右，因此，汽车运输时，其车厢所要求的最小间距为 4m。

滚杠运输过程中要向前传递滚杠及垫木，同时还在两侧不断调整搬运方向，所以在设备两侧要保持传递、调整的操作空间，一般以每侧保持 0.7～1.0m 的空间为宜。

（4）设备检修起吊的要求。一般的起吊工具为履带式起重机、汽车起重机、三脚架、扒杆等，其中常用的是汽车起重机。

表 8-14 列出一些汽车起重机的主要特性供确定纵向尺寸时参考。

表8-14　　　　　　　　　　　　　　汽车起重机的主要特性

型号	外形尺寸（长×宽×高，m×m×m）	最大起重能力（t）	起升高度（m）	幅度（m）	最大起升高度时的起重能力		最小转弯半径（m）
					起升高度（m）	起重量（t）	
QY12	10×2.47×3.27	12	8.2	3	20（最长主臂）	3.4（幅度5m）	9.5
QY16	11.99×2.5×3.35	16	9.8	4	30.5（最长主臂）	3.85（幅度8m）	10
QY25	12.36×2.5×3.38	25	10.25	3.5	32.5（最长主臂）	6.5（幅度5.5m）	11
QY50	13.27×2.75×3.3	50	10.7	3	40.1（最长主臂）	7.5（幅度8m）	12
QY100	15.23×3×3.86	100	12.8	3	47.9（最长主臂）	14（幅度9m）	12
QY160	15.9×3×4	160	14.3	3	56.3（最长主臂）	15（幅度10m）	12

对于 500、750、1000kV 敞开式配电装置，因在相间设置检修道路，设备的起吊考虑在相间作业，故可不再为此增加纵向距离。

2. 纵向尺寸的校验

（1）三柱水平转动的 GW7 型隔离开关打开后，动触头对接地部分的距离按照图8-21校验，要求 S 值不得小于隔离开关一个断口的距离 L 值。

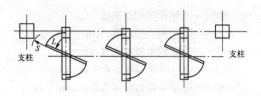

图 8-21　隔离开关动触头对接地部分的距离示意图

（2）GW4 型双柱隔离开关打开后动触头对构架支柱的安全净距不得小于 A_1 值，见图8-22。

（3）两组母线隔离开关之间或出线隔离开关与旁路隔离开关之间的距离，要考虑其中任何一组在检修状态时，对另一组带电的隔离开关保持 B_1 值的要求。

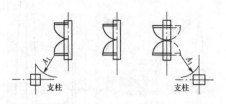

图 8-22　隔离开关动触头对构架支柱的安全净距示意图

（4）隔离开关与电流互感器之间的距离，按采用工器具将电流互感器从基础上吊下来并能运出去进行校验。如果两者之间有电缆沟，则尚需加上电缆沟的宽度，一般为 0.8～1.0m。表 8-15 给出了典型的敞开式配电装置隔离开关与电流互感器之间的距离。

表 8-15　　敞开式配电装置隔离开关与电流互感器之间的距离　　　　（m）

电压等级（kV）	35	66	110	220	330	500	750	1000
L1	2	2.8	2.5～3	4	6	10.5～11	—	—

（5）电流互感器与断路器之间的距离，按采用工

器具将断路器从基础上吊下来并能运出去进行校验。

　　当运输道路设在电流互感器与断路器之间时，其上部连线与汽车装运电流互感器顶部的安全净距按 A_1 值校验，两侧考虑运输时的晃动按 B_1 值校验。

　　（6）断路器与隔离开关之间的距离，也按采用工器具将断路器从基础上吊下来并能运出去进行校验。

　　（7）在配电装置内的道路上行驶汽车起重机时，校验宽度按前述 4m 考虑（道路宽度为 3.5m）；校验高度按 QY16 汽车起重机考虑，取 3.55m。

　　（8）各电压等级配电装置纵向尺寸可参考本章的图示。

（四）软导线短路摇摆角计算

　　当电力系统发生短路时，交变的短路电动力将使导线发生摇摆。摇摆的最大偏角和相应的水平位移距离计算按以下两种方法：①综合速断短路法；②速断、持续短路分别计算法。一般来说，对于组合导线和 $P/G \leq 2$ 的软导线用综合速断短路法计算；对于 $P/G > 2$ 的软导线用速断、持续短路分别计算法计算。通常变电站内采用速断、持续短路分别计算法进行计算：

　　（1）三相短路电动力的冲量

$$J_S = 2.04 \times 0.81 \times 10^{-7} \times \frac{1}{d} I_{\infty(3)}^2 \times (t_{jz} + t_{jf})(\text{N} \cdot \text{s/cm})$$

$$(8\text{-}63)$$

　　（2）两相短路电动力的冲量

$$J_S = 2.04 \times 0.81 \times 10^{-7} \times \frac{1}{d} I_{\infty(2)}^2 \times (t_{jz} + t_{jf})(\text{N} \cdot \text{s/cm})$$

$$(8\text{-}64)$$

式中　d——相间距离，m；

　　　t_{jz}——周期分量假想时间，s，可由图 8-23 查出，图中 $\beta'' = I''/I_\infty$。

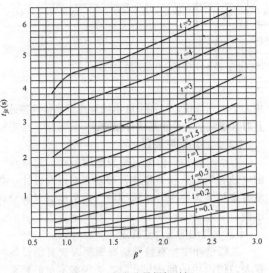

图 8-23　周期分量假想时间

　　1）速断短路时 t 值计算如下：

发电机-变压器回路：$t = t_c + 0.05$（s）

快速及中速动作的断路器：$t_c = 0.06$（s）

低速动作的断路器：$t_c = 0.2$（s）

　　2）持续短路时 t 值计算如下：

对于发电机回路：$t = 2.0$（s）

对于其他回路：$t = 0.5$（s）

　　（3）等效力

$$t_{jf} = \frac{J}{t}(\text{N/cm}) \qquad (8\text{-}65)$$

式中　t_{jf}——非周期分量假想时间，s，$t_{jf} = \beta_2''$；

　　　J——取速断短路时电动力 J_2 和持续短路时电动力 J_3 中的大者。

　　（4）线距增大的影响系数

$$K = f\left(\frac{F_0}{q}\right) \qquad (8\text{-}66)$$

式中　q——导线单位长度质量，kg/cm。

　　　K 可由图 8-24 查得。$\dfrac{F_0}{q} \to \infty$ 时，$K = 0.833$。

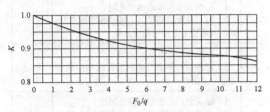

图 8-24　持续短路时 K 的平均值

　　（5）校正后的力为

$$F = KF_0(\text{N/cm}) \qquad (8\text{-}67)$$

　　（6）速断时的导线摇摆角为

$$\alpha_1 = \arccos\left(\cos\alpha - \frac{v^2}{2000f}\right) \qquad (8\text{-}68)$$

$$\alpha = \frac{360vt}{4\pi f} = 28.6\frac{vt}{f} \qquad (8\text{-}69)$$

$$v = \frac{980Ft}{10q} \qquad (8\text{-}70)$$

式中　f——导线弧垂，cm；

　　　α——未考虑导线惯性的摇摆角；

　　　v——导线的运动速度，cm/s。

　　（7）持续短路时的导线摇摆角为

$$\alpha_2 = 2\arctan\left(\frac{F}{10q}\right) \qquad (8\text{-}71)$$

　　（8）导线摇摆时的水平位移为

$$b = f\sin\alpha(\text{cm}) \qquad (8\text{-}72)$$

式中　α——取 α_1 和 α_2 中的大者。

四、户内配电装置的安全净距

户内配电装置的安全净距不应小于表 8-16 所列数值，并按图 8-25 和图 8-26 校验。

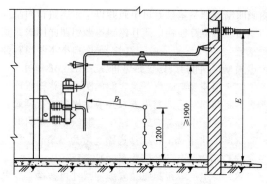

图 8-26　户内 B_1、E 值校验图

户内电气设备外绝缘体最低部位距地小于 2.3m 时，应装设固定遮栏。

配电装置中相邻带电部分的额定电压不同时，应按较高的额定电压确定其安全净距。

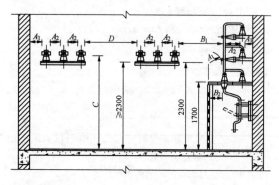

图 8-25　户内 A_1、A_2、B_1、B_2、C、D 值校验图

表 8-16　　　　　　　　　　户内配电装置的安全净距　　　　　　　　　　（mm）

符号	适用范围	图号	额定电压（kV）					
			10	35	66	110J[①]	110	220J[①]
A_1[④]	1. 带电部分至接地部分之间 2. 网状和板状遮栏向上延伸线距地 2.3m 处，与遮栏上方带电部分之间	8-25	125	300	550	850	950	1800
A_2	1. 不同相的带电部分之间 2. 断路器和隔离开关的断口两侧引线带电部分之间	8-25	125	300	550	900	1000	2000
B_1	1. 栅状遮栏至带电部分之间 2. 交叉的不同时停电检修的无遮栏带电部分之间	8-25 8-26	875	1050	1300	1600	1700	2550
B_2	网状遮栏至带电部分之间[②]	8-25	225	400	650	950	1050	1900
C	无遮栏裸导体至地（楼）面之间	8-25	2425	2600	2850	3150	3250	4100
D	平行的不同时停电检修的无遮栏裸导体之间	8-25	1925	2100	2350	2650	2750	3600
E	通向户外的出线套管至户外通道的路面[③]	8-26	4000	4000	4500	5000	5000	5500

① 110J、220J 指中性点接地电网。

② 当为板状遮栏时，其 B_2 值可取 A_1+30mm。

③ 当出线套管外侧为户外配电装置时，其至户外地面的距离，不应小于表 8-11 所列户外部分的 C 值。

④ 海拔超过 1000m 时，A 值应按图 8-208 进行修正。

五、配电装置设计通用尺寸

（一）户外配电装置

海拔 1000m 及以下时，35～750kV 中型配电装置通常采用的有关尺寸见表 8-17，330～1000kV HGIS 配电装置通常采用的有关尺寸见表 8-18，110～1000kV GIS 配电装置通常采用的有关尺寸见表 8-19。

选用出线构架宽度时，应使出线对构架横梁垂直线的偏角 θ 不大于下列数值：35kV 时 5°；110kV 时 20°；220kV 时 10°；330～1000kV 时 10°。如出现偏角大于上列数值，则需采取出线悬挂点偏移等措施，并对其跳线的安全距离进行校验。

（二）户内配电装置

本章未列举户内配电装置通用尺寸，通常户内配电装置应结合设备型式、布置方案进行设计，典型方案尺寸可参考各电压等级户内配电装置的设计示例。

（三）其他情况尺寸要求

工程设计中如有特殊情况需要改变典型设备布置及习惯沿用的间距尺寸时，必须按本章的要求重新进行计算。

表 8-17   海拔 1000m 及以下时，35～750kV 中型配电装置通常采用的有关尺寸

名称		电压等级						
		35	66	110	220	330	500	750
软导线弧垂	母线	1.0	1.1	0.9～1.1	2.0	2.0	3.0～3.5	3.5～4.0
	进出线	0.7	0.8	0.9～1.1	2.0	2.0	3.0～4.2	4.5～5.0
线间距离	Ⅱ型母线架	1.6	2.6	3.2	5.5	—	—	—
	门型母线架	1.3	1.6	2.2（软导线） 1.6（支撑管形母线） 2.0（悬吊管形母线）	3.5（支撑或悬吊管形母线）	4.5（悬吊管形母线） 5.6（软导线）	6.5（悬吊管形母线）	10.5
	进出线架	1.2，1.3	1.6	2.0～2.2	4.0	5.6	8.0	11.25
相地距离	Ⅱ型母线架	0.8	1.3	1.5（早期采用） 1.6	2.75	—	—	—
	门型母线架	1.2	1.4	1.8（软导线、管形母线）	2.5～3.0	4.4（管形母线及软导线，距独立支撑处） 6.0（管形母线，距联合构架处） 5.4（软导线，距联合构架处）	5.5（管形母线，距独立支撑处） 7.5～8.0（管形母线，距联合构架处）	9.5（软导线，距独立支撑处） 10.5（软导线，距联合构架处）
	进出线架	1.3，1.2	1.4	1.75～1.8	2.5	4.4	6.0	9.5
构架高度	母线架	5.5	7.0	7.3（软导线） 6.7（管形母线）	12.0（管形母线）	13.0（软导线） 15.0（管形母线）	20.5（管形母线）	27.0（软导线）
	进出线架	7.3	9.0	10.0～10.5	15.0、16.0	18.0	26.0（无低架横穿） 28.0（有低架横穿）	41.5
	双层架	—	12.5	13.0	21.0	—	—	—
	高架横穿	—	—	—	—	23.5	33.0（无低架横穿） 35.0（有低架横穿）	—
	低架斜钻	—	—	—	—	13.0（软导线） 15.0（管形母线）	20.5	—
构架宽度	Ⅱ型母线架	3.2	5.2	6.0	11.0	—	—	—
	门型母线架	5.0	6.0	7.6～8.0	13.0、14.0	21.0（软导线） 19.4（管形母线）	26.0、26.5（管形母线）	41.0
	进出线架	5.0	6.0	7.5～8.0	13.0	20.0	28.0	41.5

注　10kV 中型配电装置通常应用于 35/10kV 电压等级变电站中，表中未给出通用尺寸，相关平面布置方案及尺寸可参考本章 10kV 配电装置部分。

表 8-18   海拔 1000m 及以下时，330～1000kV HGIS 配电装置通常采用的有关尺寸

名称		电 压 等 级			
		330	500	750	1000
软导线弧垂或管形母线中心距梁底距离	母线	3.1（管形母线）	4.2（管形母线）	7（管形母线）	3.7～5.5（软导线）
	进出线	2.0（软导线）	1.8（软导线）	5（软导线）	6.0（软导线）
线间距离	门型母线架	4.5（悬吊管形母线）	6.5（悬吊管形母线）	10.0（悬吊管形母线）	12.0
	进出线架	5.6（软导线）	8.0（软导线）	11.75（软导线）	14.5

名称		电压等级			
		330	500	750	1000
相地距离	门型母线架	HGIS 一字型：5.5（管形母线，距出线构架支撑处）8.0（管形母线，距中间联合构架处）HGIS C 形：6.0（管形母线，距出线构架支撑处）	6.5（管形母线，距出线构架联合处）11.0（管形母线，距中间构架联合处）	8.5（管形母线，距出线构架和中间构架联合处）	16.0
	进出线架	4.4	6.0	8.5	12.0
构架高度	母线架	15.7	20.0	31	38.0
	进出线架	20.5	26.0	41.0	55.0
	高架横穿	26.0（一字形）30.0（C 形）	33.0	—	—
	低架横穿	—	—	—	38.0
构架宽度	门型母线架	22.5（一字形）36.0（两组母线一组构架）	30.5、30.5	37.0	62.0
	进出线架	20.0	28.0	40.5	53.0

注　66、110、220kV 采用 HGIS 设备的配电装置工程中略有应用，表中未给出通用尺寸，相关平面布置方案及尺寸可参考本章 66、110、220kV 配电装置部分。

表 8-19　　　海拔 1000m 及以下时，户外 110～1000kV GIS 配电装置通常采用的有关尺寸

名称		电压等级					
		110	220	330	500	750	1000
线间距离	进线架	2.2	—（利用主变压器构架）	5.0	—（利用主变压器构架）	11	13.2
	出线架	2.0，2.2	3.5	5.0	7.0	11	14.2
相地距离	进线架	1.8	—（利用主变压器构架）	4.0	—（利用主变压器构架）	9	11.3
	出线架	1.75，1.8	2.5（单回出线）3.5（双层出线）	4.0	6.0	9	11.3
间距	进出线构架间距	13.0，16.0	—	18.8（双母线接线）31.5（一个半断路器接线）	—	50.5(户外 GIS)、54.5（户内 GIS）	54.0
构架高度	进线架	11.0	—（利用主变压器构架）	18.0	—（利用主变压器构架）	31.0	41.0
	出线架	10.0	14.5	18.0	24.0	31.0	41.0
	双层架	16.0					
构架宽度	进线架	8.0[①]	—（利用主变压器构架）	18.0	—（利用主变压器构架）	40.0	51.0
	出线架	7.5、8.0	12.0（单回出线）13.0（双层出线）	18.0	26.0	40.0	49.0

注　66kV 采用 GIS 设备的配电装置工程中略有应用，表中未给出通用尺寸，相关平面布置方案及尺寸可参考本章 66kV 配电装置部分。

① 进线架宽度应根据平面布置结合导线拉力进行校核、选择，8.0 仅为可选择尺寸。

第三节　10～66kV 配电装置

一、10kV 配电装置

10kV 配电装置通常采用户内配电装置，户外配电装置主要应用在部分 35/10kV 变电站内。

（一）户外配电装置

图 8-27 给出单母线接线 10kV 配电装置平面布置图。

图 8-28 给出本期单母线、远期单母线分段接线 10kV 配电装置平面布置图。

（二）户内配电装置

当出线不带电抗器时，一般采用成套开关柜单层布置；当出线带电抗器时，一般采用三层或两层装配式布置，由于目前变电站内 10kV 出线带电抗器的方案应用较少，因此本章对三层或两层装配式布置方案不作介绍。

图 8-29 为采用 KYN-12 型手车式开关柜的单层、单母线分段、双列布置 10kV 户内配电装置。

图 8-30 为采用 KYN-12 型手车式开关柜的单层、单母线分段、单列布置 10kV 户内配电装置。

（三）箱式配电装置

箱式配电装置主要简化了户内配电装置的结构设计，箱体采用简易钢结构，外覆压型钢板。

图 8-31 给出采用 KYN-12 型手车式开关柜的 10kV 箱式配电装置，采用双列式布置。

（四）型式选择

户外配电装置的特点是采用敞开式设备，主要适用于出线回路少的变电站内；户内和箱式配电装置适应性较强，特点是采用成套开关柜，适用于出线回路多的变电站内，布置方案可采用单列式或双列式。

二、35kV 配电装置

（一）户外式布置

在现有 35kV 户外配电装置中，其布置型式多为中型，虽有采用高型、半高型及低形的，但为数甚少，故此处仅介绍中型布置。35kV 户外配电装置主要用于 35/10kV 变电站内。

图 8-32 给出 35kV 线路-变压器组配电装置布置图。

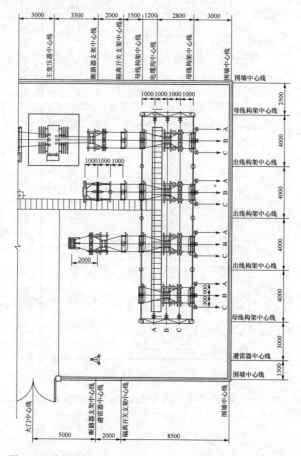

图 8-27　单母线接线 10kV 配电装置平面布置图（单位：mm）

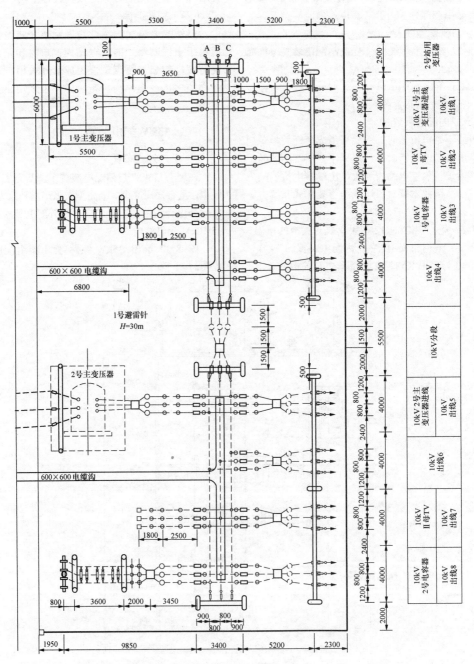

图 8-28　单母线分段接线 10kV 配电装置平面布置图（单位：mm）

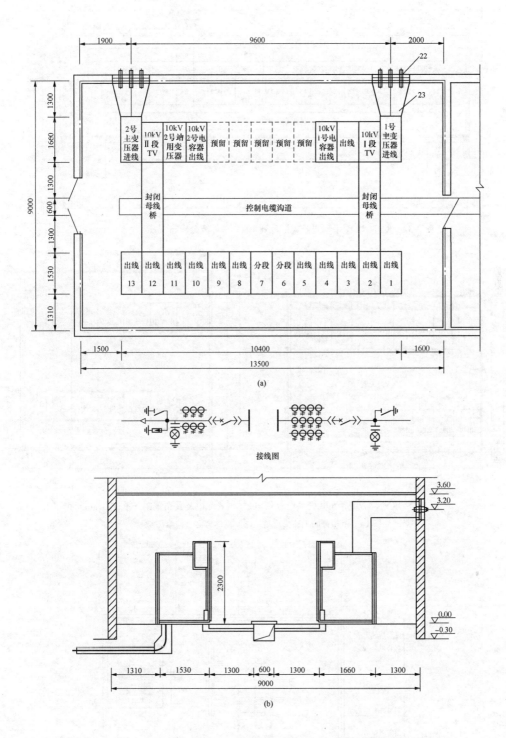

图 8-29 KYN-12 型手车式开关柜双列 10kV 单母线分段布置图和断面图（单位：mm）

（a）布置图；（b）断面图

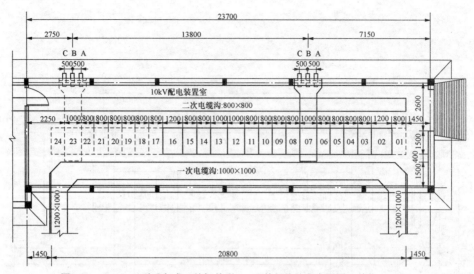

图 8-30　KYN-12 型手车式开关柜单列 10kV 单母线分段布置图（单位：mm）

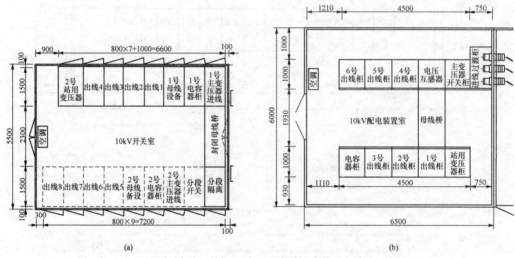

(a)　　　　　　　　　　　(b)

图 8-31　KYN-12 型手车式开关柜双列 10kV 箱式配电装置布置图（单位：mm）

（a）柜体背面无检修通道；（b）柜体背面有检修通道

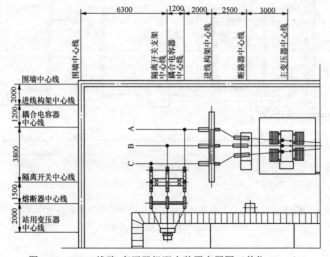

图 8-32　35kV 线路-变压器组配电装置布置图（单位：mm）

图 8-33 给出 35kV 本期线路-变压器组、远期内桥接线配电装置布置图。

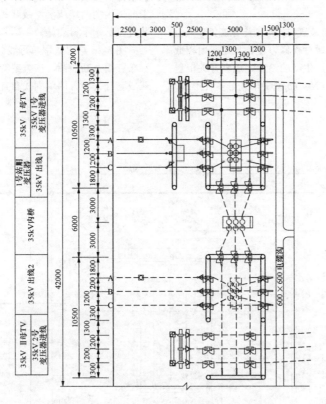

图 8-33　35kV 本期线路-变压器组、远期内桥接线配电装置布置图（单位：mm）

图 8-34 给出 35kV 单母线接线配电装置布置图。

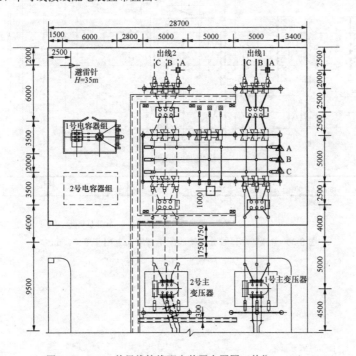

图 8-34　35kV 单母线接线配电装置布置图（单位：mm）

图 8-35 给出 35kV 单母线分段接线配电装置布置图。

（二）户内式布置

35kV 采用户内配电装置时，通常采用成套开关柜布置，具有布置清晰、运行检修方便、土建费用较低等特点。目前国内制造厂生产的 35kV 成套开关柜包括 GBC-35 型手车式、KYN-40.5 型手车式等多种形式，

包括内桥接线、单母线或单母线分段接线。早期国内主要采用的两层或多层敞开式设备的 35kV 户内配电装置已基本不再实施。

图 8-36 给出采用单母线分段接线的 35kV 配电装置布置图及断面图，该方案特点为 KYN-40.5 型手车式成套开关柜采用单列式布置。

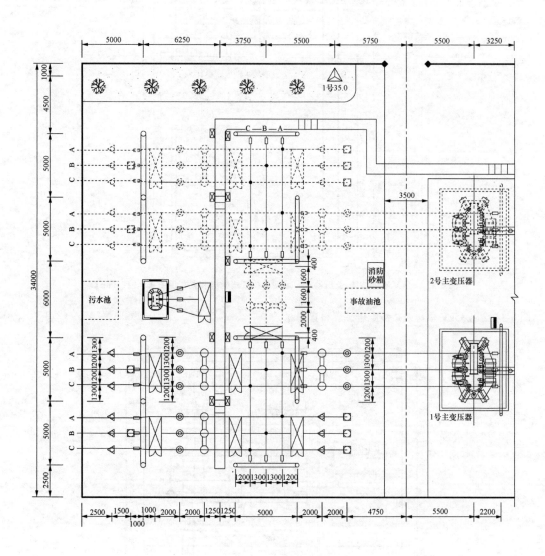

图 8-35　35kV 单母线分段接线配电装置布置图（单位：mm）

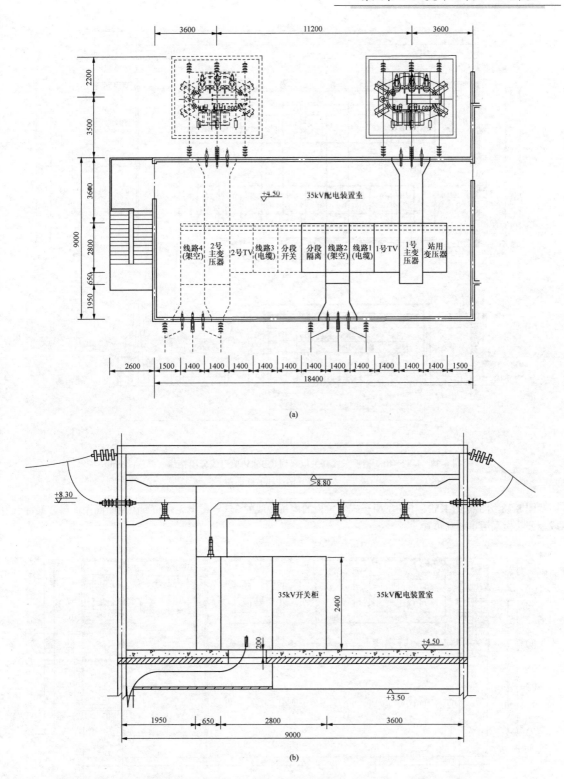

图 8-36　KYN-40.5 型手车式开关柜单列 35kV 单母线分段接线配电装置布置及断面图（单位：mm）

（a）布置图；（b）断面图

图 8-37 给出采用单母线分段接线的 35kV 配电装置平面布置图及断面图，该方案特点为 KYN-40.5 型手车式成套开关柜采用双列式布置。

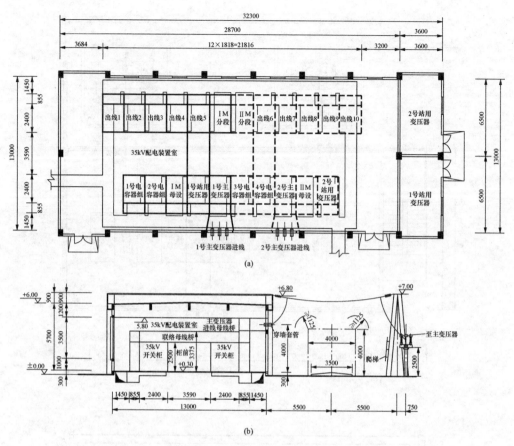

图 8-37　KYN-40.5 型手车式开关柜双列式 35kV 单母线分段接线（单位：mm）

（a）布置图；（b）断面图

图 8-38 给出采用 KYN-40.5 型手车式开关柜的内桥接线的 35kV 配电装置布置图及断面图，该方案特点为成套开关柜采用单列式布置。

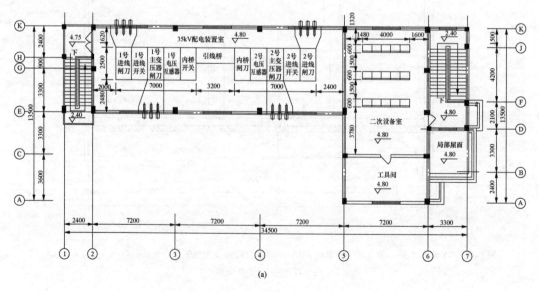

图 8-38　KYN-40.5 型手车式开关柜单列 35kV 内桥接线配电装置布置图及断面图（一）（单位：mm）

（a）布置图

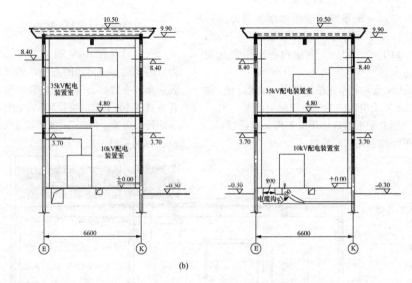

图 8-38　KYN-40.5 型手车式开关柜单列 35kV 内桥接线配电装置布置图及断面图（二）（单位：mm）

（b）断面图

（三）箱式配电装置

图 8-39 给出采用 KYN-40.5 型手车式开关柜 35kV 箱式配电装置布置图。该方案设计特点为 35kV 进线侧采用开关柜，适用于终端的 35kV 变电站。

图 8-40 给出采用 KYN-40.5 型手车式开关柜 35kV 箱式配电装置布置图。该方案设计特点为 35kV 开关柜单列布置，箱式安装。

（四）型式选择

35kV 户外配电装置具有布置清晰、结构简单、节约投资等优点，主要适用于 35kV 变电站或 330kV 和 500kV 变电站内的主变压器低压侧配电装置。

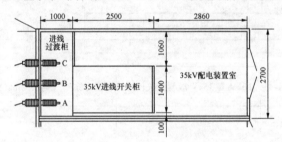

图 8-39　KYN-40.5 型手车式开关柜 35kV 单进线开关柜箱式配电装置布置图（单位：mm）

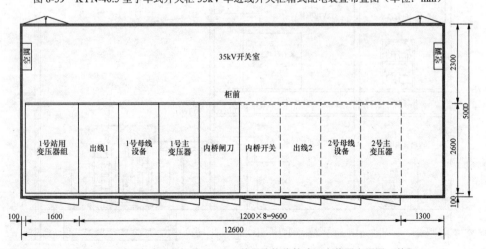

图 8-40　KYN-40.5 型手车式开关柜单列 35kV 单母线接线箱式配电装置布置图（单位：mm）

35kV 户内开关柜布置可采用两层布置方案，具有节约用地、便于运行维护、防污性能好等优点，主要适用于 110～220kV 变电站内的中压侧配电装置。

35kV 箱式配电装置布置结构简单、布置方便，适用于 110～220kV 变电站内的中压侧配电装置。

选型时应结合变电站具体环境条件、建设规模、进出线条件等经综合比较后确定。

三、10kV 与 35kV 配电装置的混合布置

在同时具有 10kV 和 35kV 两级电压的变电站中，为节约用地和进出线的方便，还可考虑将 10kV 配电装置布置在底层、35kV 配电装置布置在二层的混合布置方式或 10kV 配电装置和 35kV 配电装置均布置在底层的设计方案。此时，10kV 和 35kV 均选用成套开关柜，如图 8-41～图 8-43 所示。

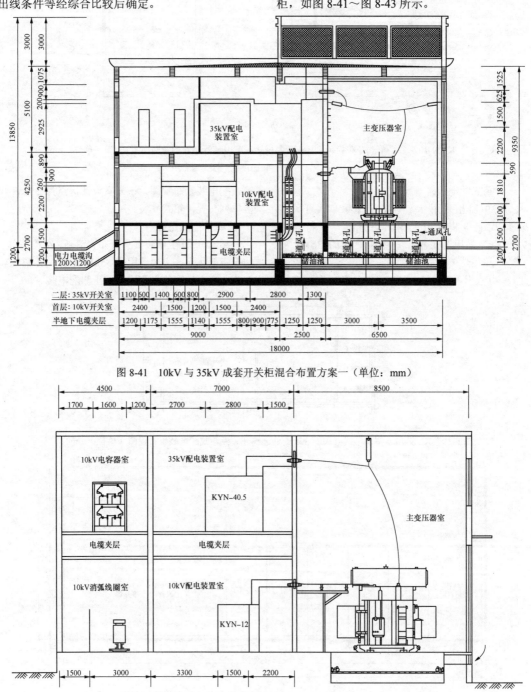

图 8-41 10kV 与 35kV 成套开关柜混合布置方案一（单位：mm）

图 8-42 10kV 与 35kV 成套开关柜混合布置方案二（单位：mm）

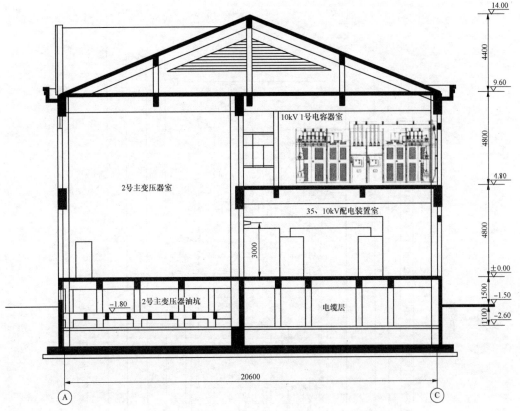

图 8-43 10kV 与 35kV 成套开关柜混合布置方案三（单位：mm）

四、66kV 配电装置

（一）户外式布置

66kV 户外配电装置的布置形式多为中型，设备型式包括敞开式设备和 GIS 设备。

1. 户外敞开式设备布置示例

图 8-44 给出 66kV 单母线分段接线配电装置平面布置图。

图 8-45 给出 66kV 内桥接线配电装置平面布置图。该方案主要用于 66kV 电压等级变电站中。

图 8-46 给出 66kV 线路-变压器组接线配电装置平面布置图。该方案主要用于 66kV 电压等级变电站中。

图 8-47 给出 66kV 双母线接线配电装置平面布置图，设备选用 HGIS。

图 8-48 给出 66kV 双母线接线配电装置平面布置图，选用瓷柱式断路器、软导线母线。

图 8-49 给出 66kV 双母线接线配电装置平面布置图，选用瓷柱式断路器、支持式管形母线。

图 8-50 给出 66kV 双母线接线配电装置平面布置图，选用罐式断路器、支持式管形母线。

2. 户外 GIS 设备布置示例

图 8-51 给出户外 GIS 66kV 双母线接线配电装置平面布置图。

（二）户内式布置

66kV 采用户内配电装置时，通常采用 GIS 设备，具有布置清晰、运行检修方便、土建费用较低等特点，包括内桥接线、单母线接线、单母线分段接线、双母线接线。

图 8-52 给出户内 GIS 66kV 双母线接线配电装置平面布置图。

图 8-53 给出户内 GIS 66kV 内桥接线配电装置平面布置图。该方案主要用于 66kV 电压等级变电站中。

图 8-54 给出户内 GIS 66kV 线路-变压器组接线配电装置平面布置图。该方案主要用于 66kV 电压等级变电站中。

（三）型式选择

户外配电装置具有布置清晰、结构简单、节约投资等优点，主要适用于 66kV 变电站或 220kV 和 500kV 变电站内的主变压器低压侧配电装置。

户内配电装置可采用两层布置方案，具有节约用地、便于运行维护、防污性能好等优点，其中线路-变压器组、内桥等适用于 66kV 变电站，双母线接线等主要适用于 220kV 变电站内的中压侧配电装置。

选型时应结合变电站具体环境条件、建设规模、进出线条件等经综合比较后确定。

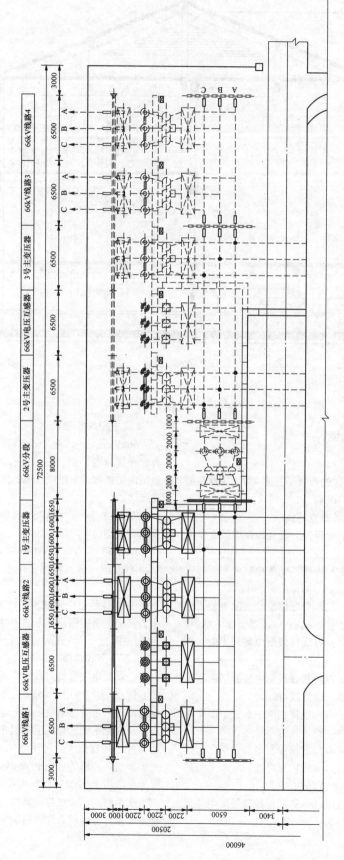

图 8-44　66kV 单母线分段接线配电装置平面布置图（单位：mm）

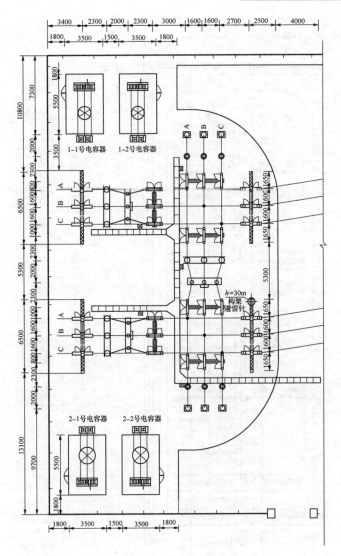

图 8-45　66kV 内桥接线配电装置平面布置图（单位：mm）

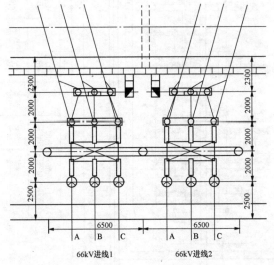

图 8-46　66kV 线路-变压器组接线配电装置平面布置图（单位：mm）

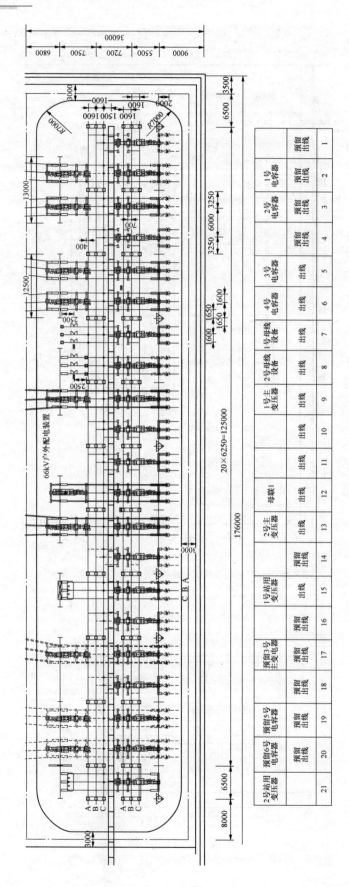

图 8-47　HGIS 66kV 双母线线接线配电装置平面布置图（单位：mm）

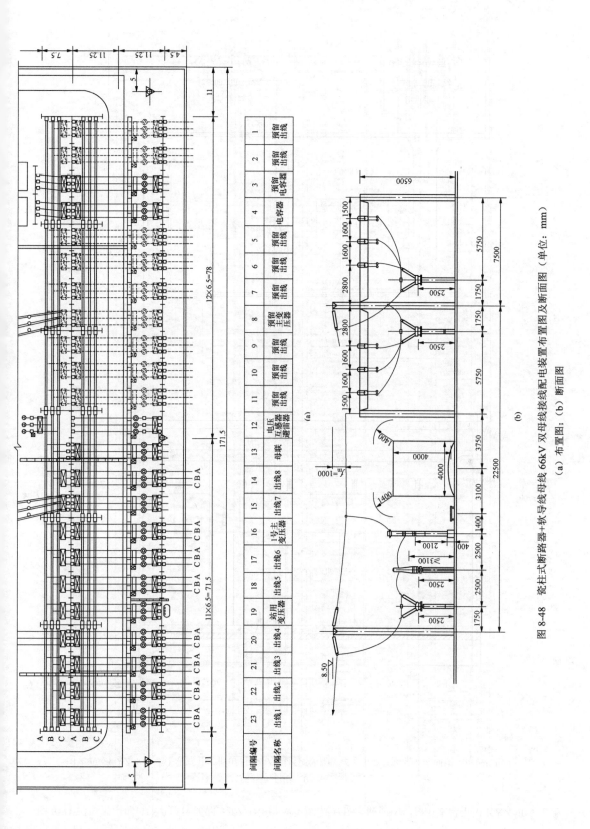

图 8-48 瓷柱式断路器 + 软导线母线 66kV 双母线接线配电装置布置图及断面图（单位：mm）

(a) 布置图；(b) 断面图

间隔编号	23	22	21	20	19	18	17	16	15	14	13	12	11	10	9	8	7	6	5	4	3	2	1
间隔名称	出线1	出线2	出线3	出线4	站用变压器	出线5	出线6	1号主变压器	出线7	出线8	母联	电压互感器避雷器	预留出线	预留出线	预留出线	预留主变压器	预留出线	预留出线	预留出线	电容器	预留电容器	预留出线	预留出线

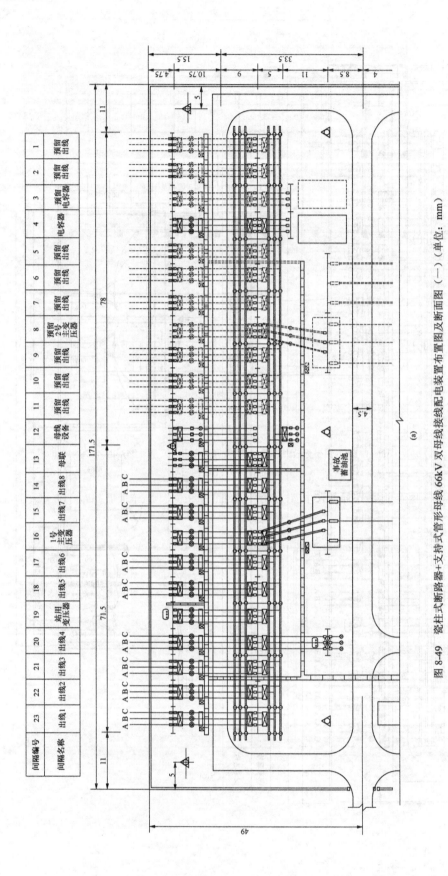

间隔编号	23	22	21	20	19	18	17	16	15	14	13	12	11	10	9	8	7	6	5	4	3	2	1
间隔名称	出线1	出线2	出线3	出线4	站用变压器	出线5	出线6	1号主变压器	出线7	出线8	母联	母线设备	预留出线	预留出线	预留出线	预留2号主变压器	预留出线	预留出线	预留出线	电容器	预留电容器	预留出线	预留出线

图 8-49 瓷柱式断路器+支持式管形母线 66kV 双母线接线配电装置布置图及断面图 (一) (单位: mm)

(a) 布置图

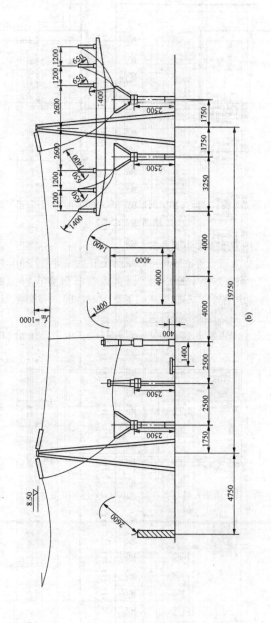

图 8-49 瓷柱式断路器+支持式管形母线 66kV 双母线接线配电装置布置图及断面图（二）（单位：mm）

(b) 断面图

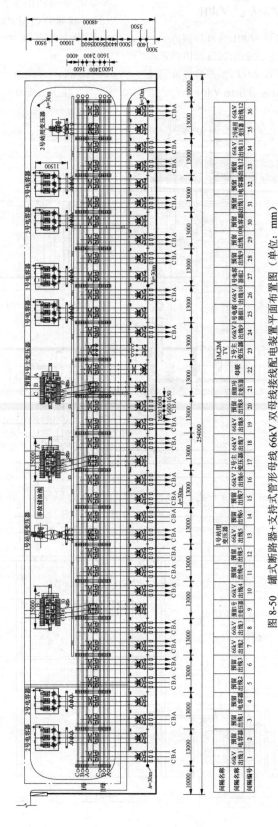

图 8-50 罐式断路器+支持式管形母线 66kV 双母线接线配电装置平面布置图（单位：mm）

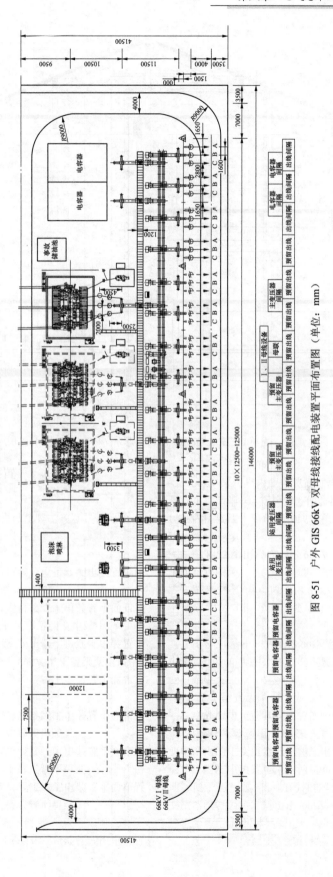

图 8-51 户外 GIS 66kV 双母线接线配电装置平面布置图（单位：mm）

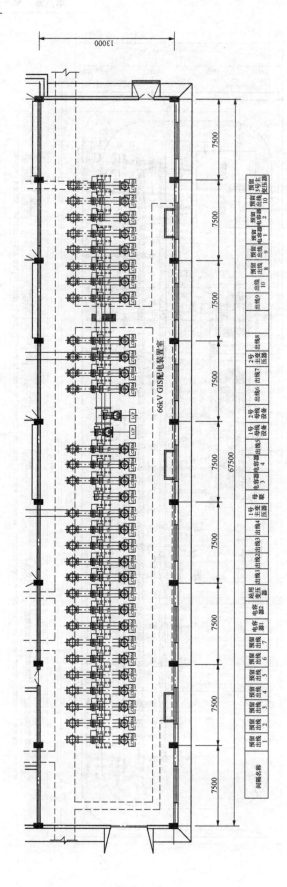

图 8-52　户内 GIS 66kV 双母线接线配电装置平面布置图（单位：mm）

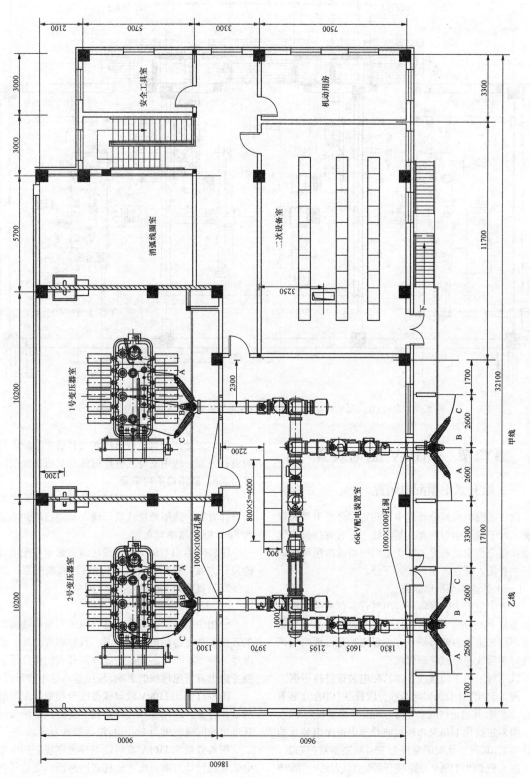

图 8-53　户内 GIS 66kV 内桥接线配电装置平面布置图（单位：mm）

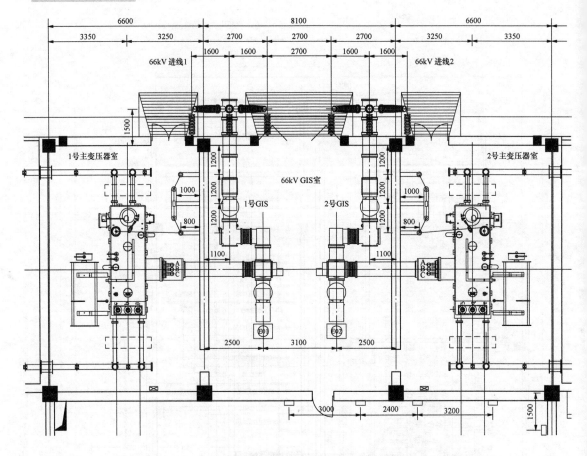

图 8-54　户内 GIS 66kV 线路-变压器组接线配电装置平面布置图（单位：mm）

第四节　110kV 配电装置

一、敞开式中型配电装置

敞开式配电装置分普通中型布置和分相中型布置两种。对于普通中型布置，其母线下不布置任何电气设备；而分相中型布置的特点是将一组或两组母线隔离开关直接安装在各相母线的下面。

（一）普通中型配电装置

普通中型配电装置将所有电气设备都安装在地面设备支架上，母线下不布置任何电气设备，具有布置清晰、检修维护方便等特点，不足之处是占地略大，母线可选用软导线或管形母线。

以下对采用不同接线方案的配电装置进行示例。

图 8-55 给出 110kV 单母线分段普通中型配电装置的设计方案，其进出线间隔宽度为 8m，断路器双列布置。

图 8-56 给出 110kV 内桥接线普通中型配电装置的设计方案，其进出线间隔宽度为 8m，断路器双列布置。

图 8-57 给出 110kV 线路-变压器组接线普通中型配电装置的设计方案，其进出线间隔宽度为 8m，断路器单列布置。

图 8-58 给出 110kV 双母线接线普通中型配电装置的设计方案，选用支持式管形母线，其进出线间隔宽度为 8m，断路器单列布置。

图 8-59 给出 110kV 双母线接线普通中型配电装置的设计方案，选用悬挂式软母线，其进出线间隔宽度为 8m，断路器单列布置。

图 8-60 给出 110kV 双母线接线普通中型配电装置的设计方案，选用悬挂式软母线+罐式断路器，其进出线间隔宽度为 8m，断路器单列布置。

（二）分相中型配电装置

分相中型布置的特点是将一组或两组母线隔离开关直接安装在各相母线的下面，具有布置清晰、节约占地等特点，不足之处是母线隔离开关的检修维护需要考虑上方带电母线的影响，母线基本选用管形母线。

图 8-61 给出 110kV 双母线接线分相中型配电装置的设计方案，选用瓷柱式断路器、支持式管形母线，其进出线间隔宽度为 8m，断路器单列布置。

图 8-62 给出 110kV 双母线双分段接线分相中型配电装置的设计方案，选用瓷柱式断路器、支持式管形母线，特点是一组隔离开关设置在母线下方。

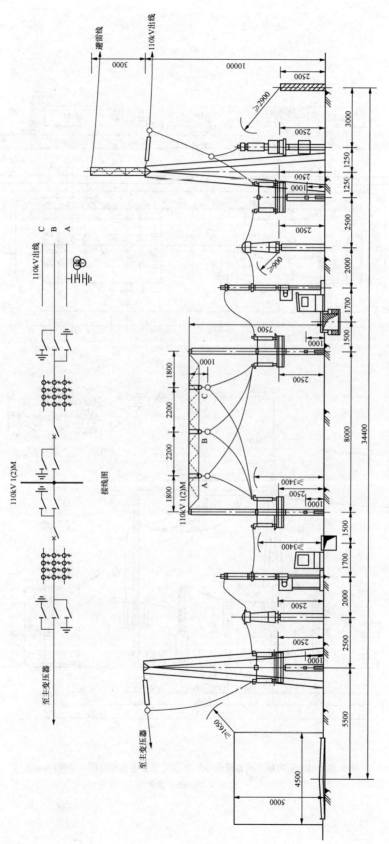

图 8-55　110kV 单母线分段普通中型配电装置断面图（单位：mm）

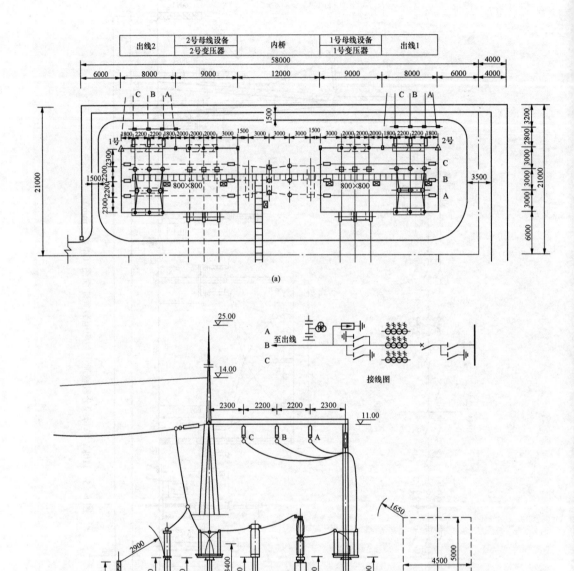

图 8-56　110kV 内桥接线普通中型配电装置布置图及断面图（单位：mm）

（a）布置图；（b）断面图

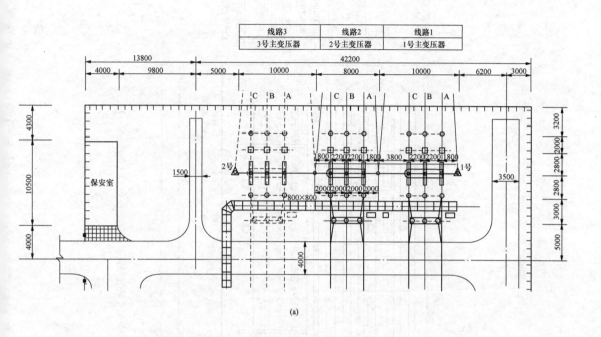

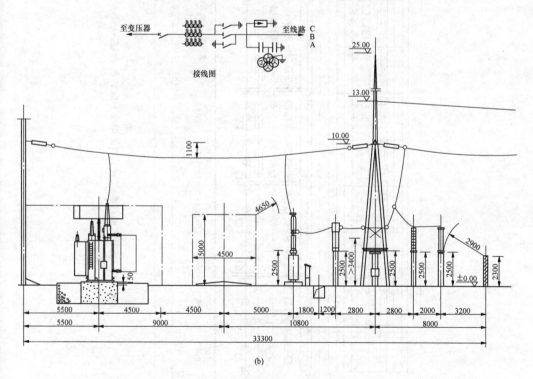

图 8-57 110kV 线路-变压器组接线普通中型配电装置布置图及断面图（单位：mm）

（a）布置图；（b）断面图

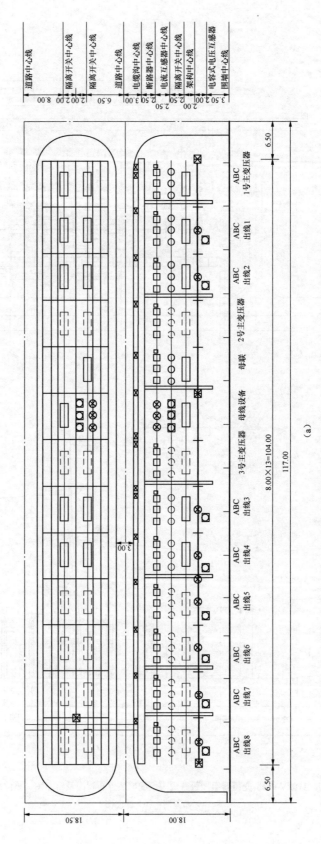

图 8-58　瓷柱式断路器+支持式管形母线 110kV 双母线接线普通中型配电装置布置图及断面图（一）（单位：mm）

（a）布置图

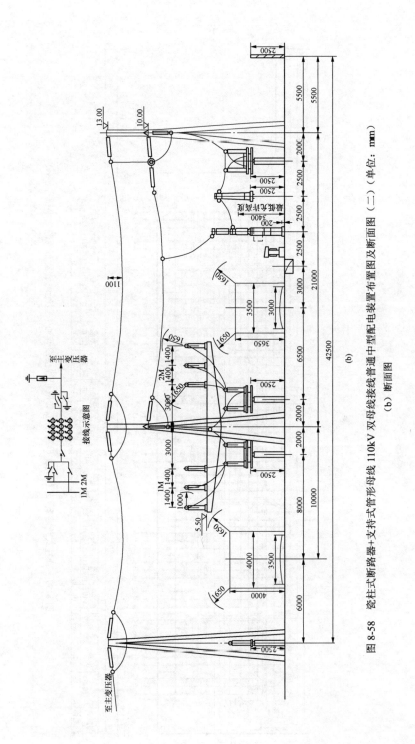

图 8-58 瓷柱式断路器+支持式管形母线 110kV 双母线接线普通中型配电装置布置图及断面图（二）（单位：mm）

(b) 断面图

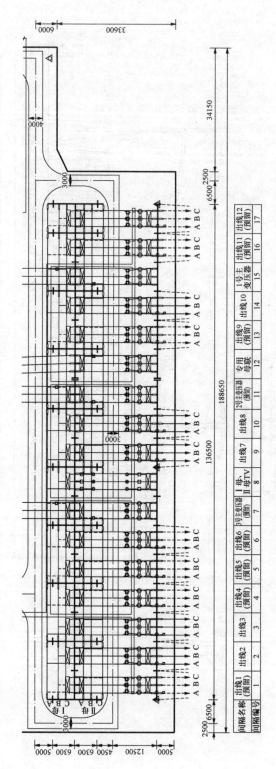

图 8-59　瓷柱式断路器+悬挂式软母线接线 110kV 双母线接线普通中型配电装置布置图（单位：mm）

间隔名称	出线1（预留）	出线2	出线3	出线4（预留）	出线5（预留）	出线6（预留）	3号主变压器（预留）	Ⅰ母、Ⅱ母TV	出线7	出线8	2号主变压器（预留）	专用母联	出线9（预留）	出线10	1号主变压器	出线11（预留）	出线12（预留）
间隔编号	1	2	3	4	5	6	7	8	9	10	11	12	13	14	15	16	17

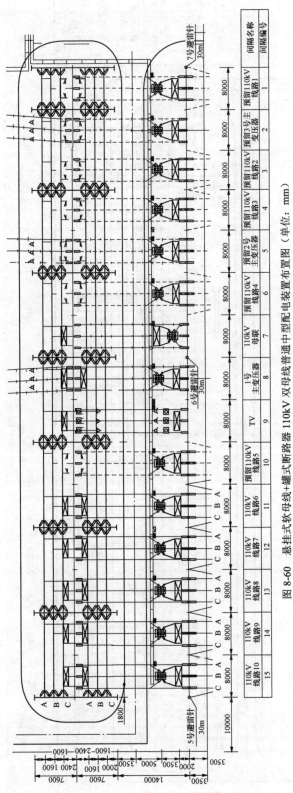

图 8-60　悬挂式软母线+罐式断路器 110kV 双母线普通中型配电装置布置图（单位：mm）

间隔编号	间隔名称
1	预留110kV 线路1
2	预留3号主变压器
3	预留110kV 线路2
4	预留110kV 线路3
5	预留2号主变压器
6	预留110kV 线路4
7	110kV 母联
8	1号主变压器
9	TV
10	预留110kV 线路5
11	110kV 线路6
12	110kV 线路7
13	110kV 线路8
14	110kV 线路9
15	110kV 线路10

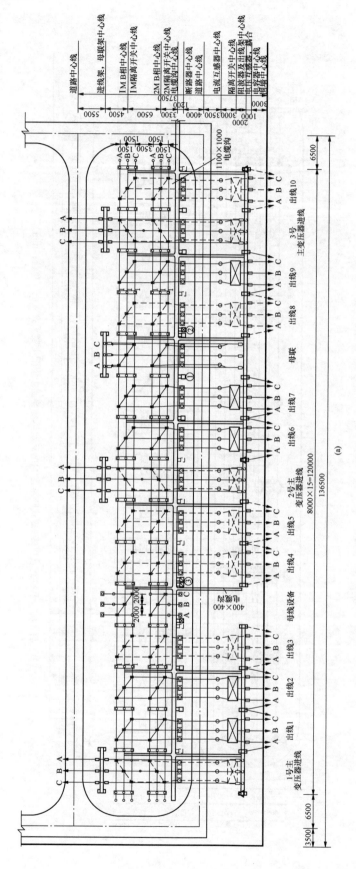

图 8-61 瓷柱式断路器+支持式管形母线 双母线接线分相中型配电装置布置图及断面图（一）（单位：mm）

（a）布置图

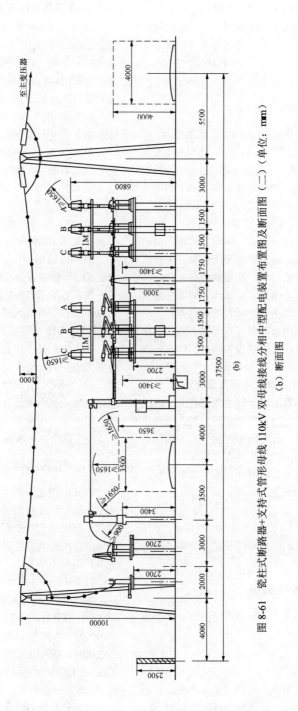

图 8-61　瓷柱式断路器+支持式管形母线 110kV 双母线接线分相中型配电装置布置图及断面图（二）（单位：mm）

(b) 断面图

图 8-63 给出 110kV 双母线双分段断路器单列配电装置设计方案。选用瓷柱式断路器、悬吊式管形母线，该配电装置母线隔离开关均采用垂直断口型，布置于母线下方，其特点是间隔纵向尺寸小、节约占地。

图 8-64 给出双母线双分段、断路器双列配电装置设计方案。该配电装置两组母线隔离开关分别采用垂直断口型和水平断口型，其特点是间隔纵向尺寸大，适用于出线回路数多的设计条件。

二、改进半高型配电装置

改进半高型配电装置是将母线抬高，将断路器、电流互感器等电气设备布置在母线的下面。该型配电装置具有布置紧凑清晰、占地少、钢材消耗与普通中型接近等特点，且除设备上方有带电母线外，其余布置情况均与中型布置相似，能适应运行检修人员的习惯与需要。

（一）改进半高型布置设计方案

该布置采用双母线接线方案，两组主母线采用错位布置，一组母线隔离开关采用水平断口型，另一组母线隔离开关采用垂直断口型，利用高位布置的母线下方设置进出线断路器及电流互感器，其间隔宽度为 8m，断路器单列布置。该方案利用母线错位布置，将进出线断路器及电流互感器等布置在母线下方，解决了高位布置隔离开关操作及检修难的问题。110kV 改进半高型配电装置断面图如图 8-65 所示。

（二）110kV 改进半高型配电装置设计特点

（1）改进半高型布置取消了高位隔离开关，两组隔离开关分别选用水平断口型和垂直断口型，提高了隔离开关的操作可靠性，运行维护便利性大大提高。

（2）配电装置结构形式简化，布置清晰。

（3）环形道路设置在断路器和电流互感器之间，便于检修、吊装和搬运设备。

三、HGIS 配电装置

图 8-66 给出 HGIS 110kV 双母线双分段接线配电装置布置图。

四、户外 GIS 配电装置

图 8-67 给出户外 GIS 110kV 单母线分段接线配电装置布置图。

五、户内配电装置

户内配电装置布置紧凑，可以缩小占地面积，但相应增加了建筑物的投资。20 世纪 90 年代中期以前，户内配电装置主要采用敞开式设备，采用将母线、隔离开关、断路器等电气设备上下重叠布置在户内的设计方案，这样在重污秽或运行条件较差地区可以改善运行和检修条件；20 世纪 90 年代中期以后，随着 GIS 设备的推广应用，从节约占地及降低土建费用等方面综合考虑，户内配电装置主要以 GIS 设备为主，敞开式设备的户内配电装置已逐渐退出运行。

（一）采用 GIS 设备的布置方案

目前采用 GIS 设备布置方案时，主要采用的接线方案包括线路-变压器组接线、内桥接线、扩大桥接线、单母线分段接线、环进环出接线等，应注意的是采用户内布置时，应在一端设置 GIS 设备的安装检修空间，其长度一般可取 2～3 个间隔宽度。

图 8-68 给出 110kV 内桥接线的户内式 SF$_6$ 气体绝缘封闭金属开关设备接线图及布置图。

图 8-69 给出 110kV 线路-变压器组的户内式 GIS 接线及布置图-电缆进出线。

图 8-70 给出 110kV 环进环出的户内式 GIS 接线及布置图-电缆进出线。

图 8-71 给出 110kV 扩大桥接线的户内式 GIS 接线及布置图-电缆进出线。

图 8-72 给出 110kV 内桥接线+线路-变压器组的户内式 SF$_6$ 气体绝缘金属封闭开关设备接线及布置图。

图 8-73 给出 110kV 扩大内桥接线+线路-变压器组的户内式 SF$_6$ 气体绝缘金属封闭开关设备接线及布置图。

（二）GIS 设备的户内配电装置设计要点

（1）GIS 设备可布置在一层或二层，布置在二层时应考虑安装检修空间。

（2）采用套管出线或电缆出线应结合场地条件及周边出线走廊情况进行选择，也可采用混合式出线方案，即一侧采用套管出线，一侧采用电缆出线。

（3）GIS 室内应设置 SF$_6$ 密度监测装置。

六、型式选择

110kV 改进半高型配电装置节约用地，能够满足施工、运行和检修的要求，各项经济指标也较先进。因此，在设计 110kV 配电装置时，除污秽地区、市区和地震烈度为 8 度及以上地区外，一般宜优先选用改进半高型配电装置。

110kV 户外中型配电装置在我国建设数量最多，具有丰富的施工、运行和检修经验，但占地面积较大，一方面在地震烈度为 8 度及以上地区或土地贫瘠地区，可考虑采用；另一方面当 110kV 配电装置作为变电站的最高运行电压时，通常进出线回路数较少、接线简单，可考虑采用。当 110kV 配电装置作为变电站的中间运行电压时，由于出线回路数较多，不建议采用户外中型配电装置。

110kV 户外 GIS 配电装置具有节约占地的优点，当征地费用较高时，可考虑采用。

110kV 户内配电装置防污效果较好，又能采用多层布置方案，可大量节约用地，重污染及用地紧张地区宜选用户内式，设备选型应考虑采用 GIS 设备。

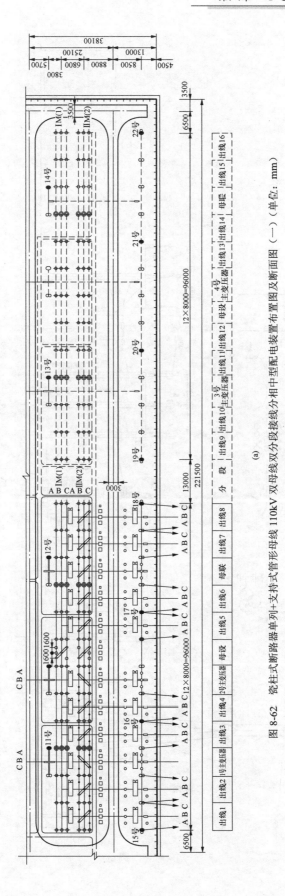

(a)

（a）布置图

图 8-62　瓷柱式断路器单列+支持式管形母线 110kV 双母线双分段接线分相中型配电装置布置图及断面图（一）（单位：mm）

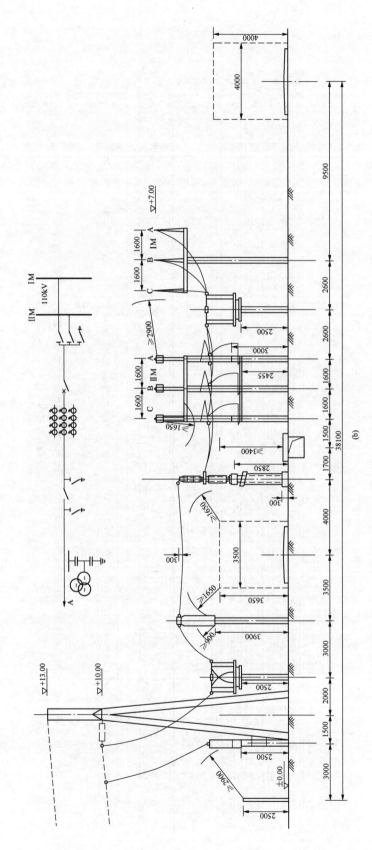

图 8-62 瓷柱式断路器单列+支持式管形母线 110kV 双母线双分段接线分相中型配电装置布置图及断面图（二）（单位：mm）

（b）断面图

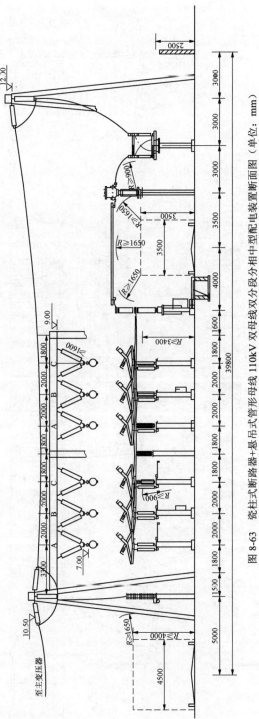

图 8-63　瓷柱式断路器＋悬吊管形母线 110kV 双母线双分段分相中型配电装置断面图（单位：mm）

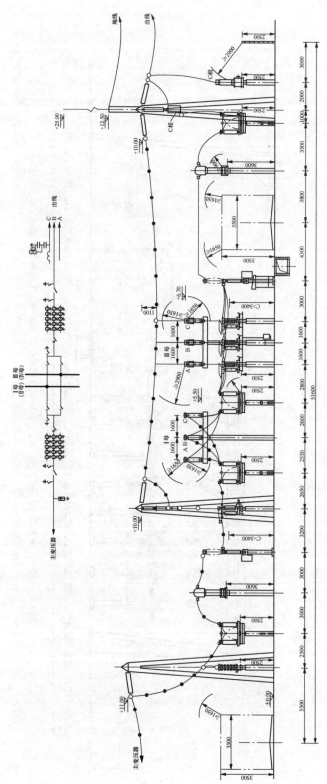

图 8-64　瓷柱式断路器双列+支持式管形母母线 110kV 双母线双分段分相中型配电装置断面图（单位：mm）

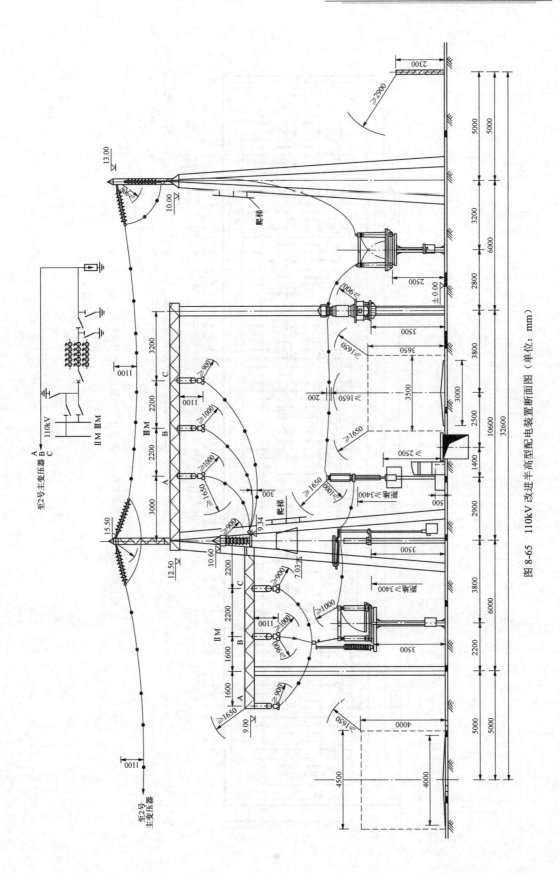

图 8-65 110kV 改进半高型配电装置断面图（单位：mm）

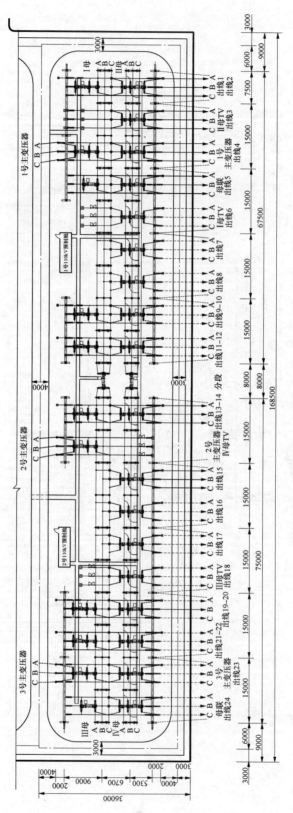

图 8-66　HGIS 110kV 双母线双分段接线配电装置布置图（单位：mm）

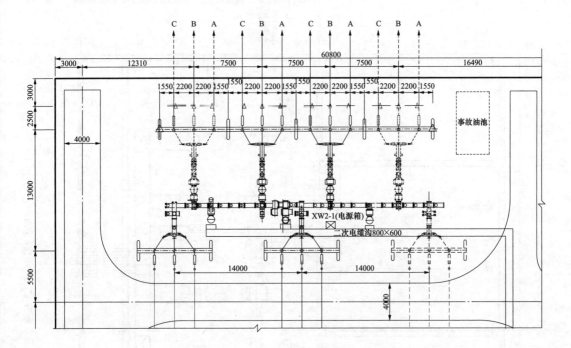

图 8-67　户外 GIS 110kV 单母线分段接线配电装置布置图（单位：mm）

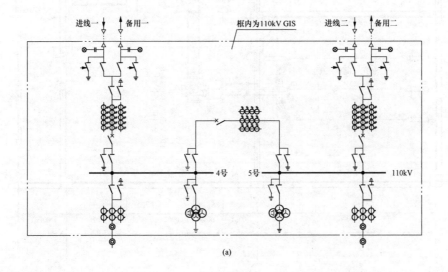

(a)

图 8-68　户内 GIS 110kV 内桥接线及布置图（一）（单位：mm）

（a）接线图

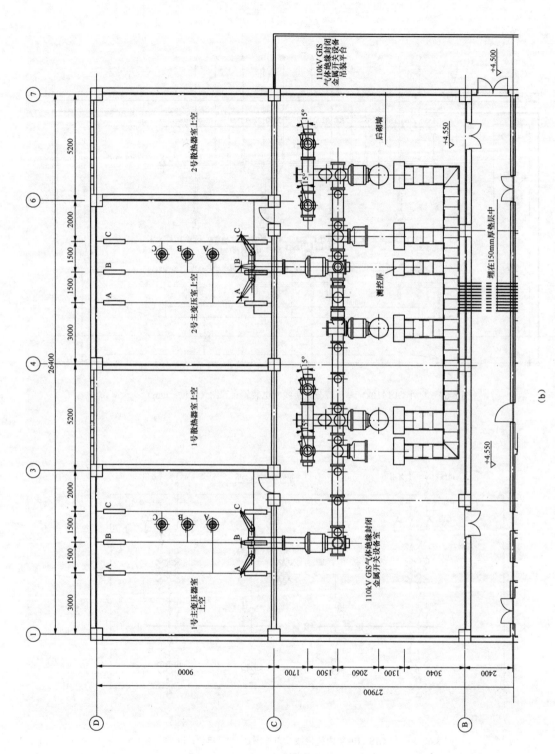

图 8-68 户内 GIS 110kV 内桥接线及布置图 (二) (单位: mm)

(b) 布置图

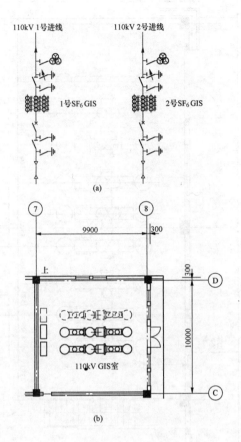

图 8-69　户内 GIS 110kV 线路-变压器组接线及布置图-电缆进出线（单位：mm）

（a）接线图；（b）布置图

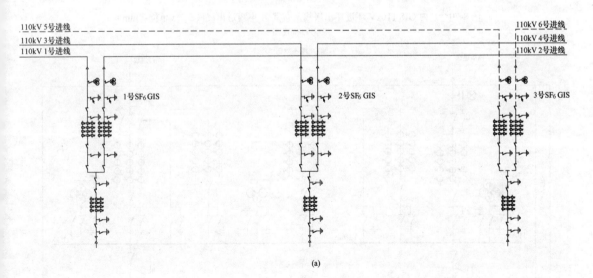

图 8-70　户内 GIS 110kV 环进环出接线及布置图-电缆进出线（一）（单位：mm）

（a）接线图

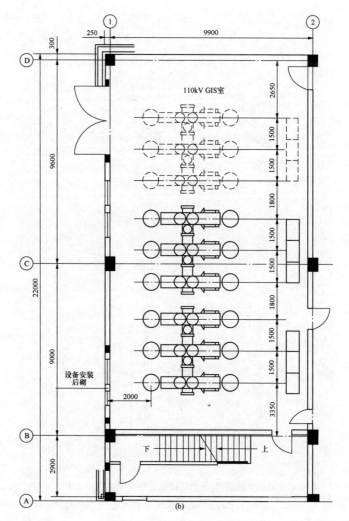

图 8-70　户内 GIS 110kV 环进环出接线及布置图-电缆进出线（二）（单位：mm）

（b）布置图

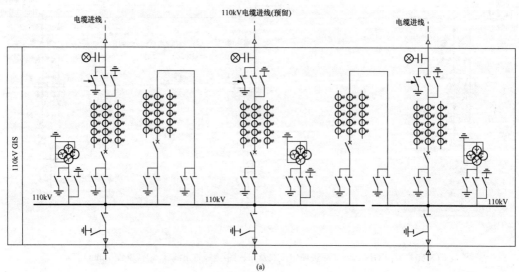

图 8-71　户内 GIS 110kV 扩大桥接线及布置图-电缆进出线（一）（单位：mm）

（a）接线图

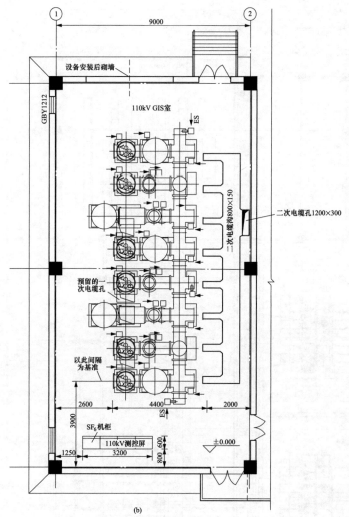

图 8-71 户内 GIS 110kV 扩大桥接线及布置图-电缆进出线（二）（单位：mm）

（b）布置图

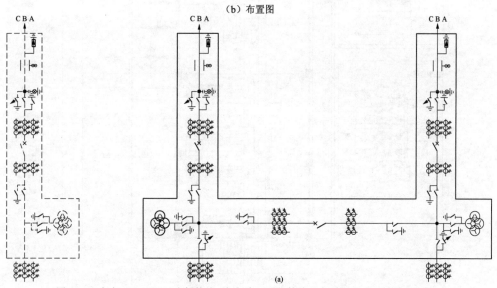

图 8-72 户内 GIS 110kV 内桥接线+线路-变压器组接线及布置图（一）（单位：mm）

（a）接线图

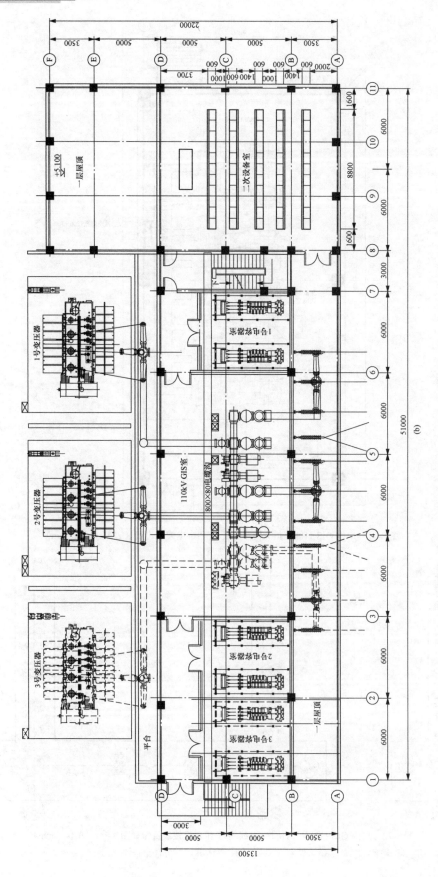

图 8-72　户内 GIS 110kV 内桥接线+线路-变压器组接线及布置图（二）（单位: mm）

(b) 布置图

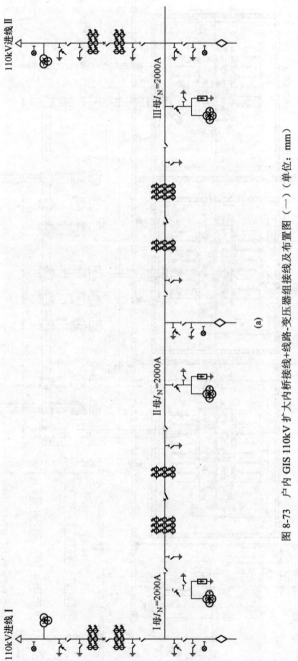

图 8-73　户内 GIS 110kV 扩大内桥接线+线路-变压器组接线及布置图（一）（单位：mm）

（a）接线图

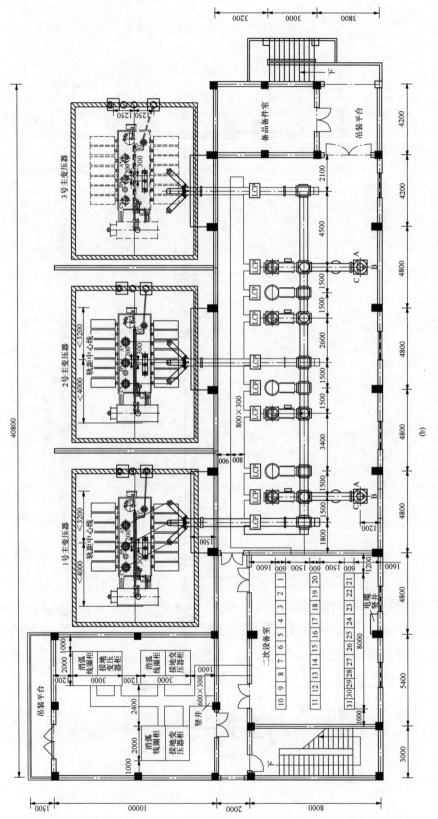

图 8-73 户内 GIS 110kV 扩大内桥接线+线路-变压器组接线及布置图（二）（单位：mm）

（b）布置图

第五节　220kV 配电装置

一、敞开式中型配电装置

220kV 敞开式配电装置主要分为普通中型布置和分相中型布置两种。其中普通中型配电装置在早期变电站中使用广泛，但占地面积较大，目前已基本不在变电站中应用。分相中型布置是目前 220kV 敞开式配电装置的主要设计方案，结合母线、设备型式的不同，可形成多种组合方案，以下分别进行说明。

（一）敞开式设备分相中型布置

敞开式设备分相中型布置是将母线隔离开关直接布置在各相母线的下方，有的仅一组母线隔离开关采用分相布置，有的所有母线隔离开关采用分相布置。隔离开关的型式有 GW4 型双柱式、GW7 型三柱式或 GW6 型单柱式。分相中型布置可以简化构架。该型配电装置占地少、布置清晰、结构简单、运行维护和安装检修均较方便，故使用比较广泛。

目前 220kV 配电装置分相中型布置方案通过总结数十年工程经验及设备制造成果，已形成标准化设计方案，规定了分相中型配电装置的典型设计方案及设计尺寸，主接线基本考虑双母线或双母线单分段、双母线双分段接线，另外除特殊气象条件（大风）外，出线间隔宽度均采用 13m，起到了规范化的作用。

主要设计方案根据母线型式的不同可分为软导线和管形母线，管形母线又可根据安装方式的不同分为支持式管形母线或悬吊式管形母线两种。

1. 母线采用软导线

图 8-74 给出软导线 220kV 分相中型配电装置设计方案，双母线接线，该设计方案考虑到大风环境下，垂直开启式隔离开关出现的合闸不到位等可能影响安全生产的因素后，母线隔离开关均采用三柱水平转动式 GW7 型隔离开关，一组采用分相布置，出线间隔宽度为 15m，主母线采用软导线。

2. 母线采用支持式管形母线

图 8-75 给出 220kV 分相中型支持式管形母线配电装置设计方案，采用双母线接线、支持式管形母线、瓷柱式断路器单列布置，一组母线隔离开关采用三柱水平转动式 GW7 型隔离开关，一组母线接地开关采用垂直开启式隔离开关布置于母线下方，出线间隔宽度为 13m。

图 8-76 给出 220kV 分相中型支持式管形母线配电装置设计方案，采用双母线接线、支持式管形母线、瓷柱式断路器单列布置，两组母线隔离开关均选用了垂直开启式隔离开关布置于母线下方，出线间隔宽度为 13m。

图 8-77 给出 220kV 分相中型支持式管形母线配电装置设计方案，采用双母线接线、支持式管形母线、瓷柱式断路器双列布置。

图 8-78 给出 220kV 分相中型支持式管形母线配电装置设计方案，采用双母线接线、支持式管形母线、罐式断路器单列布置，两组母线隔离开关均选用了垂直开启式隔离开关布置于母线下方。

3. 母线采用悬吊式管形母线

图 8-79 给出 220kV 分相中型悬吊式管形母线配电装置设计方案，采用双母线接线、悬吊式管形母线、瓷柱式断路器单列布置，两组母线隔离开关均选用了垂直开启式隔离开关布置于母线下方。

图 8-80 给出 220kV 分相中型悬吊式管形母线配电装置设计方案，采用双母线单分段接线、悬吊式管形母线、瓷柱式断路器单列布置，两组母线隔离开关均选用了垂直开启式隔离开关布置于母线下方。

图 8-81 给出 220kV 分相中型悬吊式管形母线配电装置设计方案，采用双母线双分段接线、悬吊式管形母线、瓷柱式断路器双列布置，一组母线隔离开关选用了垂直开启式布置于母线下方，一组母线隔离开关选用了水平转动式布置于母线侧面。

图 8-82 给出 220kV 分相中型悬吊式管形母线配电装置设计方案，采用双母线双分段接线，两组母线隔离开关分别选用了垂直开启式和水平转动式，设计特点是将分段断路器两侧的两组主母线采用平行布置，纵向尺寸与横向尺寸基本相当，整体布局近似正方形。

图 8-83 给出 220kV 分相中型悬吊式管形母线配电装置设计方案，采用双母线接线、悬吊式管形母线、罐式断路器单列布置，两组母线隔离开关均选用了垂直开启式隔离开关布置于母线下方。

图 8-84 给出 220kV 分相中型悬吊式管形母线配电装置设计方案，采用双母线单分段接线、悬吊式管形母线、罐式断路器单列布置，两组母线隔离开关均选用了垂直开启式隔离开关布置于母线下方。

图 8-85 给出 220kV 分相中型悬吊式管形母线配电装置设计方案，采用双母线双分段接线、悬吊式管形母线、罐式断路器双列布置，两组母线隔离开关分别选用了垂直开启式和水平转动式。

（二）敞开式半高型配电装置

220kV 半高型配电装置的特点与 110kV 电压等级相似，目前通常采用双母线接线、双母线单分段接线的改进型半高型配电装置。改进型半高型布置方案母线选用软导线，配电装置间隔宽度为 13m，进一步压缩了占地面积。

采用双母线接线的 220kV 改进半高型配电装置设计方案如图 8-86 所示；采用双母线单分段接线形式的改进半高型配电装置布置方案如图 8-87 所示。

二、HGIS 配电装置

20 世纪 90 年代中期以来，HGIS 配电装置在 220kV 及以上电压等级的配电装置中取得了广泛的应用。

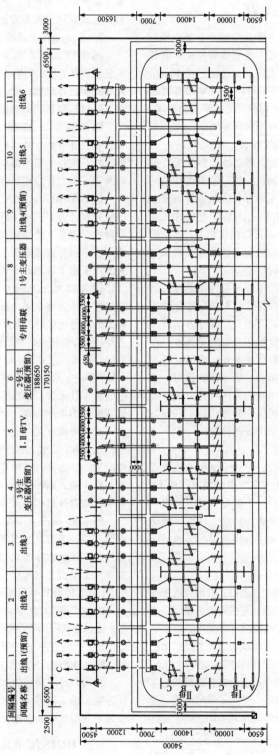

图 8-74 软导线 220kV 分相中型配电装置布置图（单位：mm）

间隔编号	1	2	3	4	5	6	7	8	9	10	11
间隔名称	出线1(预留)	出线2	出线3	3号主变压器(预留)	Ⅰ、Ⅱ母TV	2号主变压器(预留)	专用母联	1号主变压器	出线4(预留)	出线5	出线6

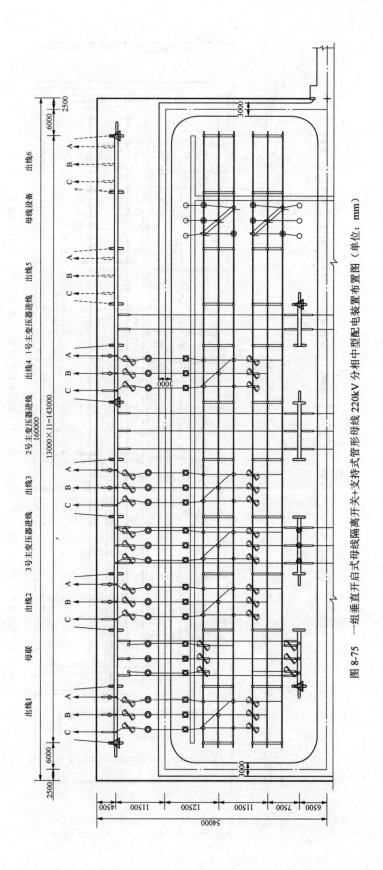

图 8-75　一组垂直开启式母线隔离开关+支持式管形母线 220kV 分相中型配电装置布置图（单位：mm）

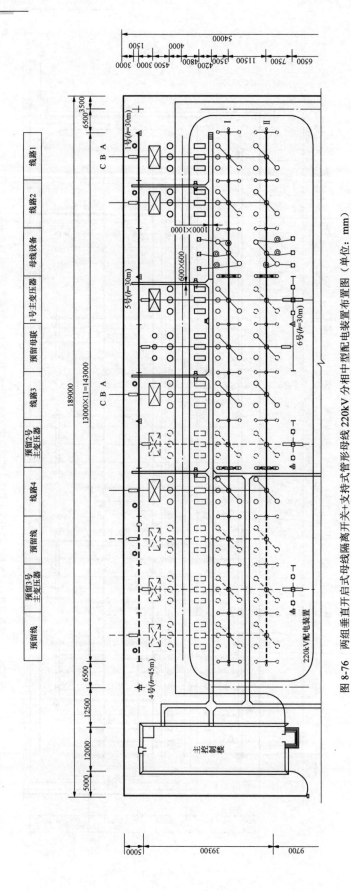

图 8-76 两组垂直开启式母线隔离开关+支持式管形母线 220kV 分相中型配电装置布置图（单位：mm）

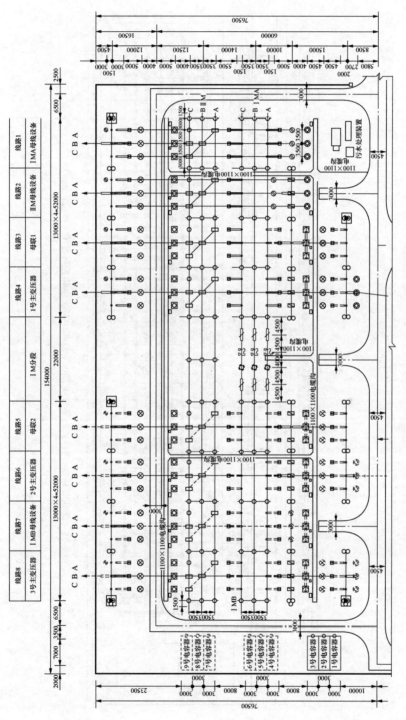

图 8-77　瓷柱式断路器双列式＋支持式管形母线 220kV 分相中型配电装置布置图（单位：mm）

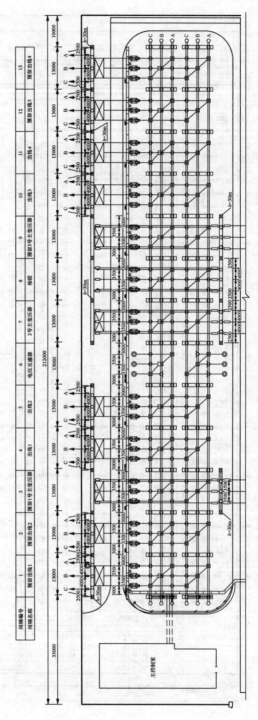

间隔编号	1	2	3	4	5	6	7	8	9	10	11	12	13
间隔名称	预留出线1	预留出线2	预留1号主变压器	出线1	出线2	电压互感器	2号主变压器	母联	预留3号主变压器	出线3	出线4	预留出线3	预留出线4

图 8-78　罐式断路器+支持管形母线 220kV 分相中型配电装置布置图（单位：mm）

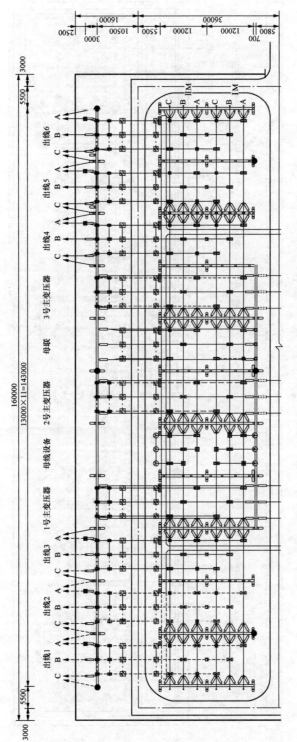

图 8-79 瓷柱式断路器+悬吊式管形母线 220kV 双母线分相中型配电装置布置图（单位：mm）

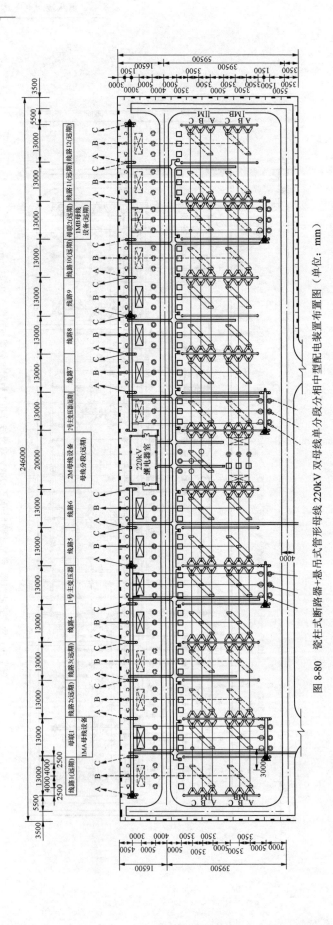

图 8-80 瓷柱式断路器+悬吊式管形母线 220kV 双母线单母线分段分相中型配电装置布置图（单位：mm）

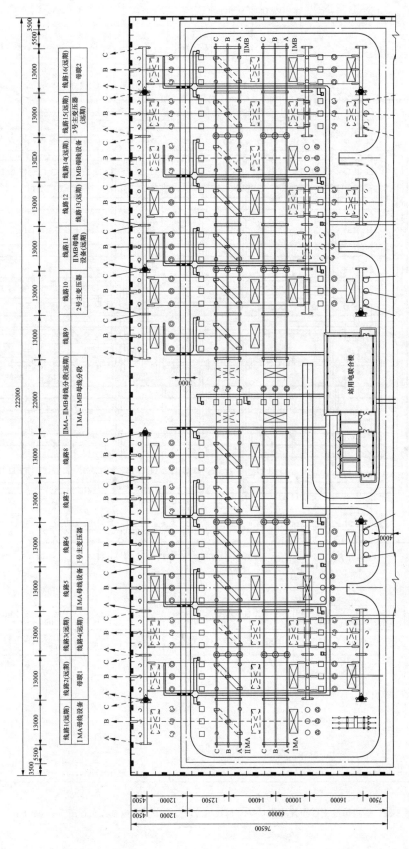

图 8-81 一组垂直开启式隔离开关母线+支持式管形母线 220kV 双母线单分段分相中型配电装置布置图（单位：mm）

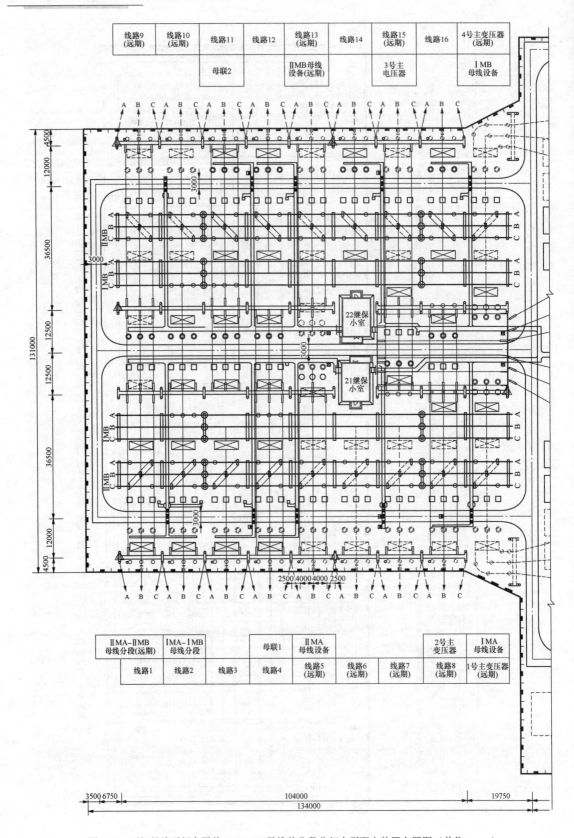

图 8-82　两组母线平行布置的 220kV 双母线单分段分相中型配电装置布置图（单位：mm）

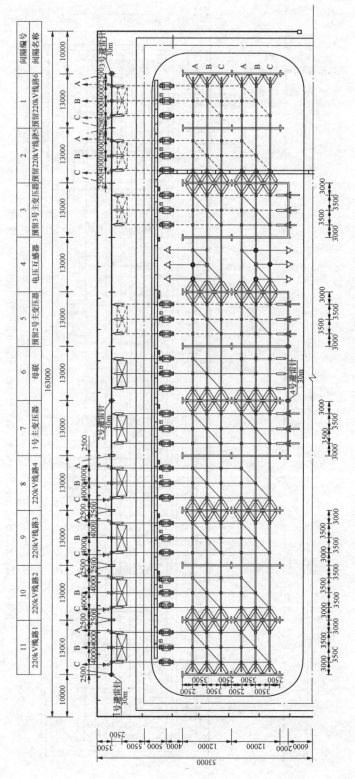

图 8-83　罐式断路器+悬吊式管形母线 220kV 双母线分相中型配电装置布置图（单位：mm）

间隔编号	间隔名称
1	预留 220kV 线路 6
2	预留 220kV 线路 5
3	预留 3 号主变压器
4	电压互感器
5	预留 2 号主变压器
6	母联
7	1 号主变压器
8	220kV 线路 4
9	220kV 线路 3
10	220kV 线路 2
11	220kV 线路 1

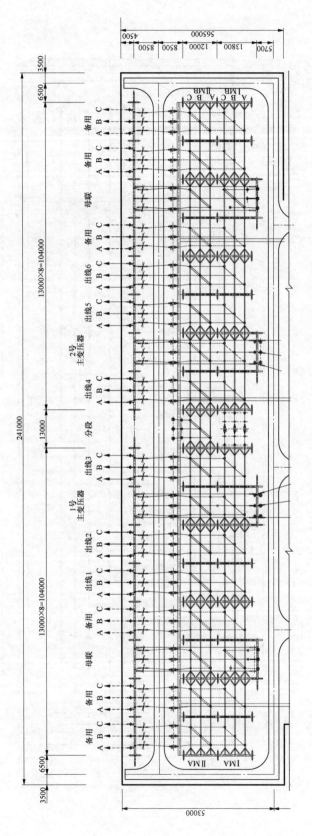

图 8-84 罐式断路器+悬吊式管形母线 220kV 双母线单分段分相中型配电装置布置图（单位：mm）

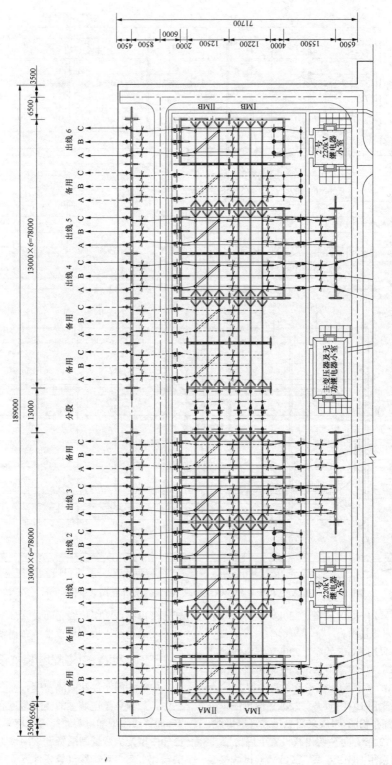

图 8-85　罐式断路器双列式+悬吊式管形母线 220kV 双母线单分段分相中型配电装置布置图（单位：mm）

间隔编号	1	2	3	4	5	6	7	8	9
间隔名称	线路1	线路2	1号主变压器	母联	2号主变压器	母线设备	3号主变压器	线路3	线路4

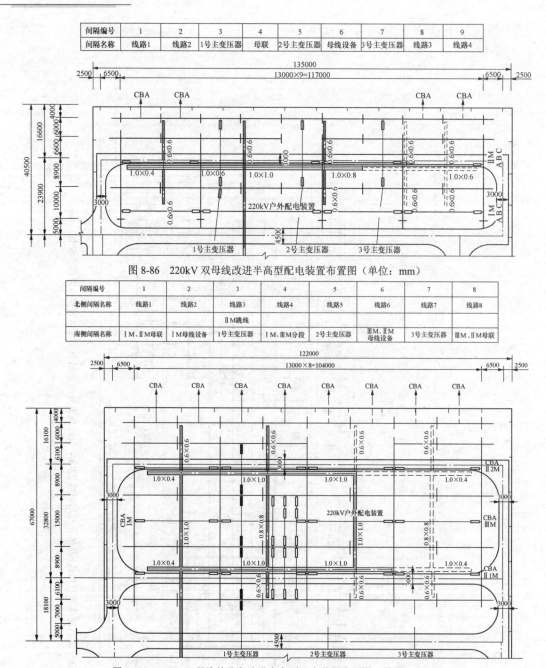

图 8-86 220kV 双母线改进半高型配电装置布置图（单位：mm）

间隔编号	1	2	3	4	5	6	7	8
北侧间隔名称	线路1	线路2	线路3	线路4	线路5	线路6	线路7	线路8
			ⅡM跳线					
南侧间隔名称	ⅠM、ⅡM母联	ⅠM母线设备	1号主变压器	ⅠM、ⅢM分段	2号主变压器	ⅢM、ⅡM 母线设备	3号主变压器	ⅢM、ⅡM母联

图 8-87 220kV 双母线单分段改进半高型配电装置布置图（单位：mm）

图 8-88 给出采用 HGIS 设备、220kV 双母线双分段接线的配电装置布置图。

图 8-89 给出采用 HGIS 设备、220kV 双母线接线的配电装置布置图。母线采用悬吊式管形母线，出线间隔宽度为 12.5m，每两跨出线设置 1 榀构架。

图 8-90 给出采用 HGIS 设备、220kV 双母线单分段接线的配电装置布置图。母线采用悬吊式管形母线，出线间隔宽度为 12.5m，每两跨出线设置 1 榀构架。

图 8-91 给出采用 HGIS 设备、220kV 双母线接线的配电装置布置图。该方案设计特点为母线采用支持

式管形母线，两组母线之间设置环形道路，间隔内未设置环形道路，横向尺寸小，布局紧凑。

三、220kV 中型配电装置设计要点

（1）相间距离和间隔宽度。在我国已运行的变电站中，220kV 配电装置的相间距离和间隔宽度种类很多，如普通中型配电装置间隔宽度采用过 14、15、16m；分相中型配电装置间隔宽度采用过 12、13、15m，目前设计方案中对特殊气象条件下（大风），母线及进出线隔离开关采用 GW4 或 GW7 型隔离开关的设计方

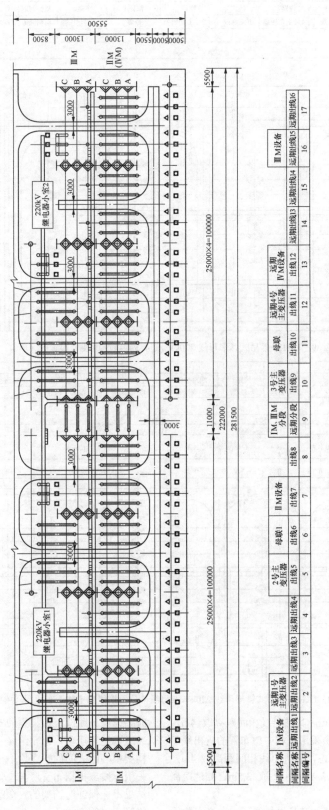

间隔名称	Ⅰ M设备	远期1号 主变压器	远期出线1	远期出线2	远期出线3	远期出线4	2号主 变压器	母联5	Ⅱ M设备	Ⅰ M、Ⅲ M 分段	3号主 变压器	母联 分段	远期4号 主变压器	远期 Ⅳ M设备	Ⅲ M设备			
间隔名称	远期出线1	远期出线2	远期出线3	远期出线4	出线5	出线6	出线7	出线8	远期分段	出线9	出线10	出线11	出线12	出线13	出线14	远期出线13	远期出线14	远期出线15	远期出线16
间隔编号	1	2	3	4	5	6	7	8	9	10	11	12	13	14	15	16	17

图 8-88 HGIS+悬吊式管形母线 220kV 双母线双分段接线配电装置布置图（单位：mm）

间隔编号	1	2	3	4	5	6	北侧间隔名称
北侧间隔名称	线路1	线路2	线路3	线路4	线路5	线路6	
南侧间隔名称	ⅠM母级	1号主变压器	ⅡM母设	2号主变压器	母联	3号主变压器	南侧间隔名称

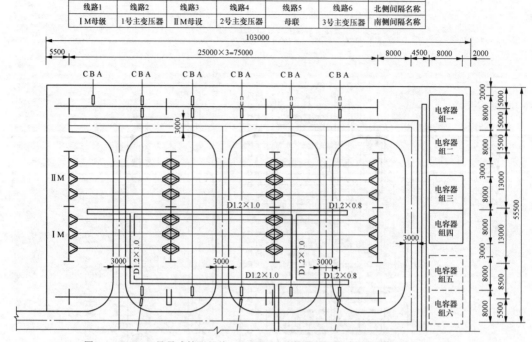

图 8-89　HGIS+悬吊式管形母线 220kV 双母线接线配电装置布置图（单位：mm）

间隔编号	1	2	3	4	5	6	7	8	9
北侧间隔名称	线路1	线路2	线路3	线路4	5	线路5	线路6	线路7	线路8
南侧间隔名称	ⅠM母设	ⅡM母设	母联	1号主变压器	分段	2号主变压器	母联	3号主变压器	ⅢM母设

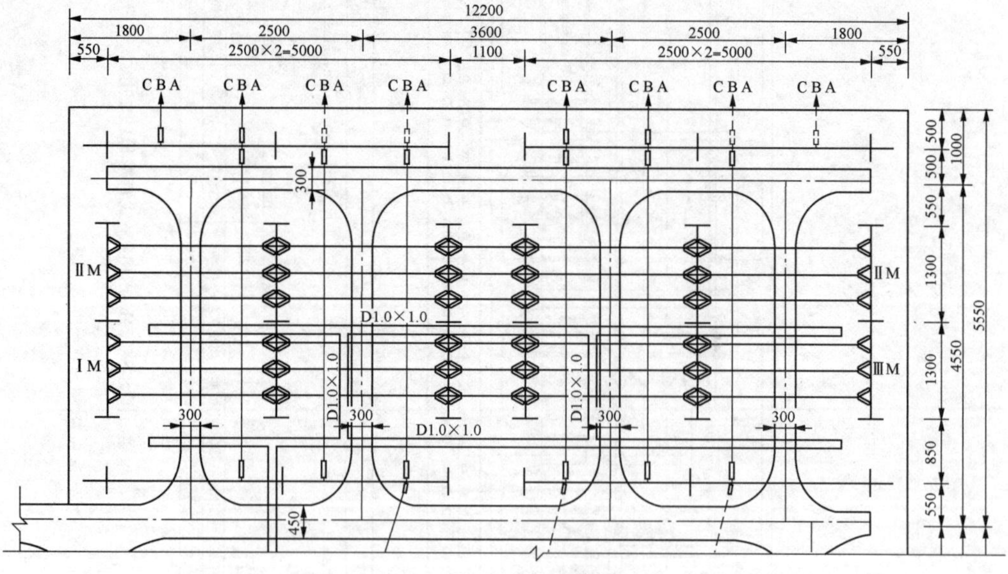

图 8-90　HGIS+悬吊式管形母线 220kV 双母线单分段接线配电装置布置图（单位：mm）

案，间隔宽度选用 15m，其进出线相间距离取 4m，相地距离取 3.5m；其余采用分相中型布置的进出线间隔宽度均按照 13m 考虑，其进出线相间距离取 4m，相地距离取 2.5m，设备相间距离取 3.5m，相地距离取 3m。

（2）跳线及引下线加装悬垂绝缘子串。当有跳线

时，为保证跳线风偏摇摆的安全距离，需在横梁上加装悬垂绝缘子串，悬垂绝缘子串的相间距离和边相对构架中心线之间的距离均不得小于 3m。进出线隔离开关引下线应根据布置情况校验其风偏摇摆值。若计算结果不能保证对构架的安全距离，也应采用加装悬垂绝缘子串的方式。

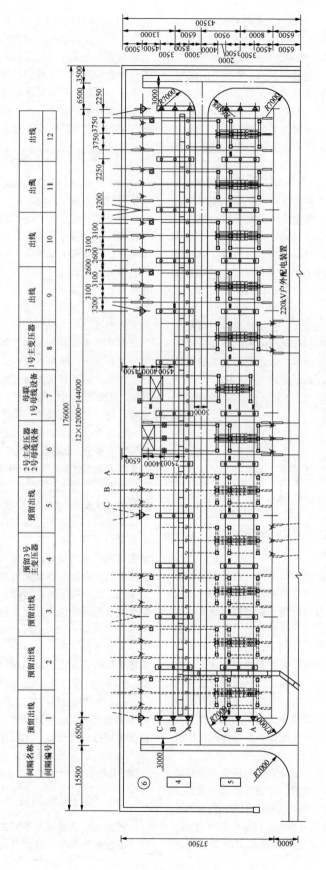

间隔名称	预留出线	预留出线	预留出线	预留3号主变压器	预留出线	2号主变压器 2号母线设备	母联 1号母线设备	1号主变压器	出线	出线	出线	出线
间隔编号	1	2	3	4	5	6	7	8	9	10	11	12

图 8-91　HGIS+支持式管形母线 220kV 双母线接线配电装置布置图（单位：mm）

（3）限制出线偏角。当间隔宽度采用 13m 时，出线偏角不宜大于 10°，若站外出线条件较为困难，偏角大于 10°，则应根据实际工程条件详细校核相间及相地距离。

（4）用 V 形绝缘子串悬挂阻波器。为缩小间隔宽度，阻波器的安装方式有支持式、悬臂梁悬挂式、V 形绝缘子串悬挂式等多种，其中以 V 形绝缘子串悬挂式较为简便。阻波器用 V 形绝缘子串悬挂后，绝缘子串基本不会再发生风偏位移，仅需考虑阻波器本身的风偏位移。以 GZ3-800-1 型阻波器为例，将其受风面积视为平板，在最大风速 35m/s 时，该阻波器的接线板最外端偏移到距悬挂点中心线 0.82m 处，按两相同时向内侧摇摆，则最大工作电压时所要求的相间距离为：2×0.82+0.9=2.54（m）；在内过电压时，取计算风速为最大风速的 50%（按 16m/s 考虑），此时要求的相间距离不小于 3m，是能够保持安全的。如一相悬挂两个阻波器，只需相邻相不再出现同样情况，则也可以满足安全距离的要求。

（5）双层构架引下线方式。在断路器单列布置方案中，主变压器进线间隔和母联间隔的门型架采用双层构架，其引下线的方案很多，但是用得较多的是悬臂梁和双串绝缘子方式，其示意图见图 8-92。

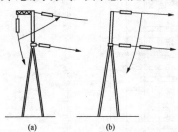

图 8-92　悬臂梁和双串绝缘子方式

(a) 悬臂梁；(b) 双串绝缘子

双串绝缘子方式虽能使构架简化，但里侧（距构架远的）一串绝缘子无法带电测试，且清扫和更换也比较困难，同时，采用双串绝缘子后下层导线的拉力增加 50% 以上；而悬臂梁方式虽然增加了土建构架的复杂性，但电气性能较好，有利于长期运行，且可以减少构架所受的拉力，故推荐采用悬臂梁方式。

（6）导线的经济弧垂。导线的经济弧垂应综合考虑导线弧垂的增加对构架拉力的减少，从而减少用钢量，导线弧垂的增加导致母线和进出线构架高度抬高后增加用钢量，综合考虑，软母线和进出线跨线的经济弧垂宜选用 2m。

（7）搬运道路的设置。220kV 配电装置一般均设有环形搬运道路，作为断路器、电流互感器等设备的搬运检修路，其早期宽度为 3～3.5m，随着消防规程的修正，要求 220kV 配电装置环形搬运道路的宽度为 4m。

分相中型布置则多设在断路器和电流互感器之

间，为了保证导线对地高度和设备搬运时的带电距离，需要将电流互感器的支架高度抬高到不小于 3.5m，并对断路器和电流互感器之间的连线采用铝管母线或以带角度的线夹向上支撑的软导线。同时，为使所搬运的设备与两侧带电设备保持足够的安全距离，并考虑不超过设备端子的允许水平拉力，断路器和电流互感器之间的连接导线长度不宜大于 10m。

四、屋外 GIS 配电装置

220kV 屋外 GIS 配电装置主要应用于污秽严重、站址用地较为紧张的地区。

图 8-93 给出屋外 GIS 220kV 双母线接线配电装置布置图，断路器双列式布置，出线间隔宽度为 12m，每两跨出线设置 1 榀构架。

图 8-94 给出屋外 GIS 220kV 双母线接线配电装置布置图，断路器双列式布置，出线间隔宽度为 12m，其中局部出线间隔上下层布置，采用 13m 间隔宽度；每两跨出线设置 1 榀构架。

图 8-95 给出屋外 GIS 220kV 双母线双分段接线配电装置布置图，断路器双列式布置，主变压器进线电压互感器、避雷器采用敞开式设备；出线间隔宽度为 12m，其中局部出线间隔上下层布置，采用 13m 间隔宽度；每两跨出线设置 1 榀构架。

图 8-96 给出屋外 GIS 220kV 双母线双分段接线配电装置布置图，断路器双列式布置，主变压器进线避雷器采用敞开式设备，放置在主变压器油坑附近，主变压器进线电压互感器采用 GIS 设备；出线间隔宽度为 12m，每两跨出线设置 1 榀构架。方案特点为横向尺寸小。

图 8-97 给出屋外 GIS 220kV 双母线双分段接线配电装置布置图，断路器双列式布置，主变压器进线避雷器采用敞开式设备，放置在主变压器油坑附近，主变压器进线电压互感器采用 GIS 设备；出线间隔宽度为 12m，其中局部出线间隔上下层布置，采用 13m 间隔宽度；每两跨出线设置 1 榀构架。

图 8-98 给出屋外 GIS 220kV 双母线双分段接线配电装置布置图，断路器单列式布置，主变压器进线避雷器采用敞开式设备，未设置主变压器进线电压互感器；出线间隔宽度为 12m，每两跨出线设置 1 榀构架。

图 8-99 给出屋外 GIS 220kV 双母线双分段接线配电装置布置图，断路器单列式布置，主变压器进线避雷器采用敞开式设备，未设置主变压器进线电压互感器；出线间隔宽度为 12m，其中局部出线间隔上下层布置，采用 13m 间隔宽度；每两跨出线设置 1 榀构架。

五、屋内配电装置

屋内配电装置采用敞开式设备时，需要建造体量较大的配电装置楼，致使建筑费用增加很多，同时，

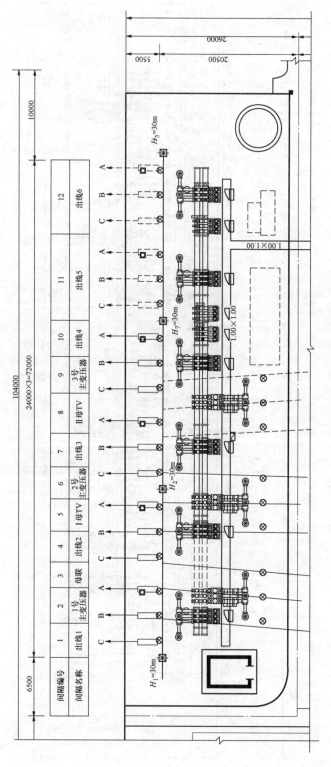

间隔编号	1	2	3	4	5	6	7	8	9	10	11	12
间隔名称	出线1	1号主变压器	母联	出线2	I母TV	2号主变压器	出线3	II母TV	3号主变压器	出线4	出线5	出线6

图 8-93　屋外 GIS 220kV 双母线接线配电装置布置图（单位：mm）

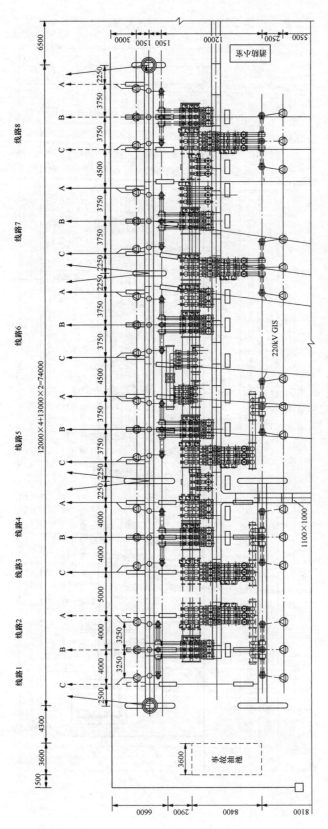

图 8-94　屋外 GIS 220kV 双母线接线配电装置布置图（局部间隔宽度 13m）（单位：mm）

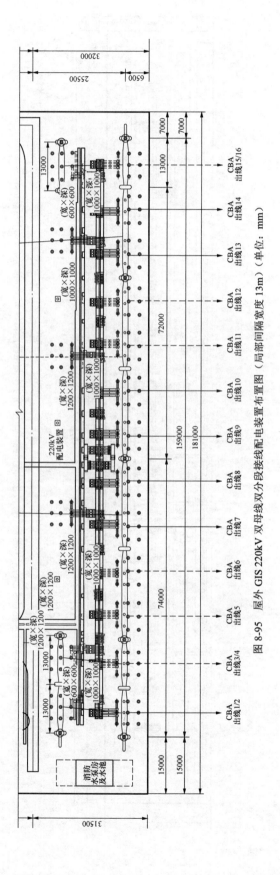

图 8-95 屋外 GIS 220kV 双母线双分段双接线配电装置布置图（局部间隔宽度 13m）（单位：mm）

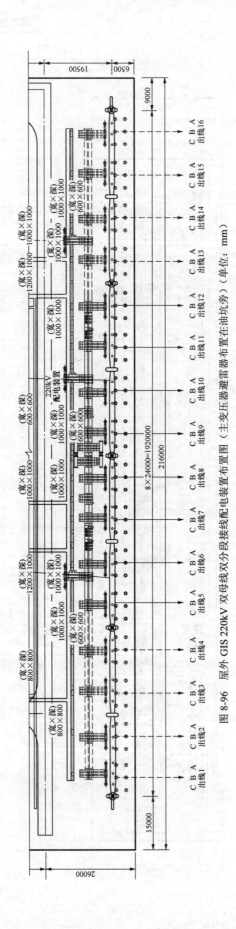

图 8-96 屋外 GIS 220kV 双母线双分段接线配电装置布置图（主变压器避雷器布置在油坑旁）（单位：mm）

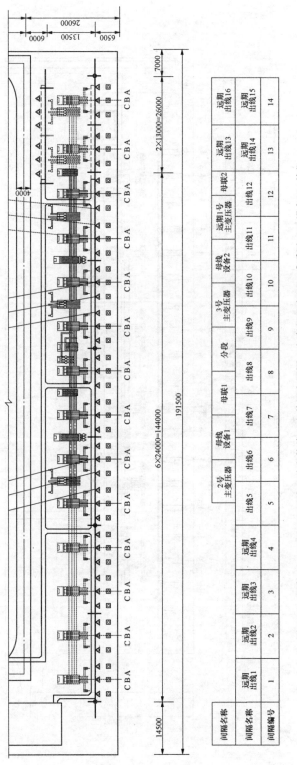

图 8-97 屋外 GIS 220kV 双母线双分段接线配电装置布置图（主变压器电压互感采用 GIS 设备）（单位：mm）

间隔名称	间隔名称	间隔编号
远期出线1	1	
远期出线2	2	
远期出线3	3	
远期出线4	4	
2号主变压器 出线5	5	
母线设备1 出线6	6	
母联1 出线7	7	
分段 出线8	8	
3号主变压器 出线9	9	
母线设备2 出线10	10	
远期1号主变压器 出线11	11	
母联2 出线12	12	
远期出线13 远期出线14	13	
远期出线16 远期出线15	14	

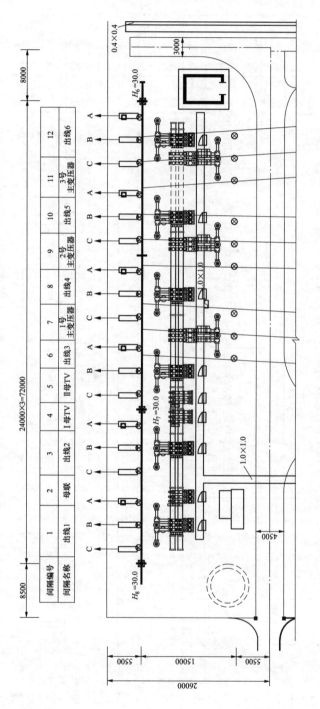

间隔编号	1	2	3	4	5	6	7	8	9	10	11	12
间隔名称	出线1	母联	出线2	I母TV	II母TV	出线3	1号主变压器	出线4	2号主变压器	出线5	3号主变压器	出线6

图 8-98　屋外 GIS 220kV 双母线双分段接线配电装置布置图（未设置主变压器电压互感）（单位：mm）

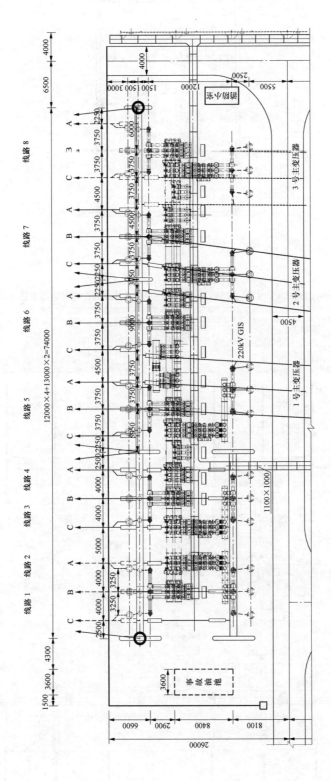

图 8-59　屋外 GIS 220kV 双母线双分段接线配电装置布置图（未设置主变压器电压互感+局部间隔宽度 13m）（单位：mm）

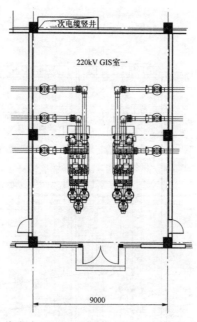

图 8-100　户内 GIS 220kV 线路-变压器组（单线路-变压器）接线配电装置布置图（单位：mm）

间隔编号	1	2	3
间隔名称	出线1 1号主变压器	出线2 2号主变压器	远期出线3 远期3号主变压器

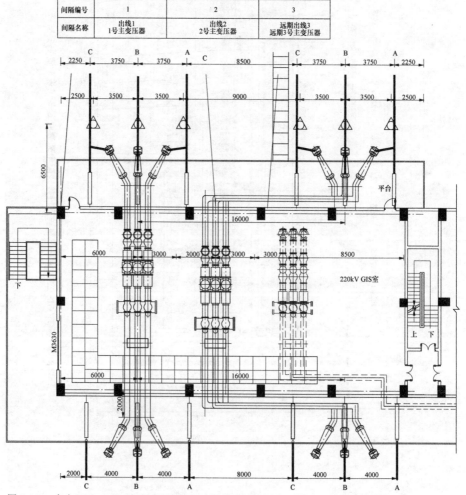

图 8-101　户内 GIS 220kV 线路-变压器组（3 回线路-变压器组）接线配电装置布置图（单位：mm）

配电装置楼内接线复杂，目前国内仅早期个别工程采用了敞开式设备的 220kV 屋内配电装置，近年来新建变电站项目均不考虑该设计方案。

220kV GIS 设备体型相对较小，占用空间也较小，并且进出线方式较为灵活，当采用屋外 GIS 配电装置仍觉得空间较为紧张时，可采用户内 GIS，一是可以利用上层空间布置站内各电压等级配电装置及生产生活房间；二是可以采用局部屋内 GIS、局部变压器外置的设计方案，具有较高的灵活性。

图 8-101～图 8-102 给出户内 GIS 220kV 线路-变压器组接线/内桥接线配电装置布置图，采用电缆进出线或电缆/套管混合出线。

间隔编号	1	2	3	4	5
间隔名称	出线1 1号主变压器	内桥1	出线2 2号主变压器	远期 内桥2	远期出线3 远期3号主变压器

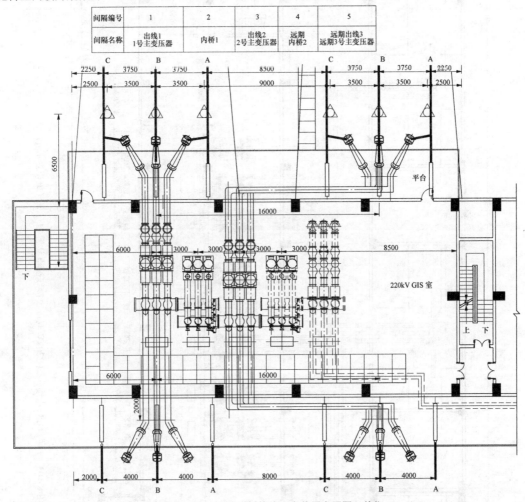

图 8-102　户内 GIS 220kV 内桥接线配电装置布置图（单位：mm）

图 8-103 给出户内 GIS 220kV 双母线接线配电装置布置图，采用电缆出线、套管架空进线。

图 8-104 给出户内 GIS 220kV 双母线接线配电装置布置图，采用电缆、套管架空混合进出线。

图 8-105 给出户内 GIS 220kV 双母线单分段接线配电装置布置图，采用电缆进线、套管架空出线。

六、型式选择

（1）220kV 屋外中型配电装置具有抗震性能好的优点，适用于征地费用较低及地震烈度较高的地区，分相中型配电装置具有布置清晰、构架简化，有利于施工、运行和检修等特点，屋外中型配电装置应首先选用分相中型，然后根据地区环境、地质条件等选择支持式管形母线、悬吊式管形母线，断路器型式可选择 HGIS、罐式、瓷柱式。

（2）220kV 屋外改进半高型配电装置能大幅度节约用地，各项经济指标较好，运行、检修条件较为便利，可根据工程条件进行选用。

（3）220kV 屋外 GIS 配电装置具有节约占地的优点，工程中应结合环境条件、进出线走廊等经技术经济比较后选择。

（4）重污秽地区以及建在大、中城市市区的 220kV 配电装置，为了节约用地，在具体工程中通过全面技术经济比较，合理时可采用屋内配电装置。

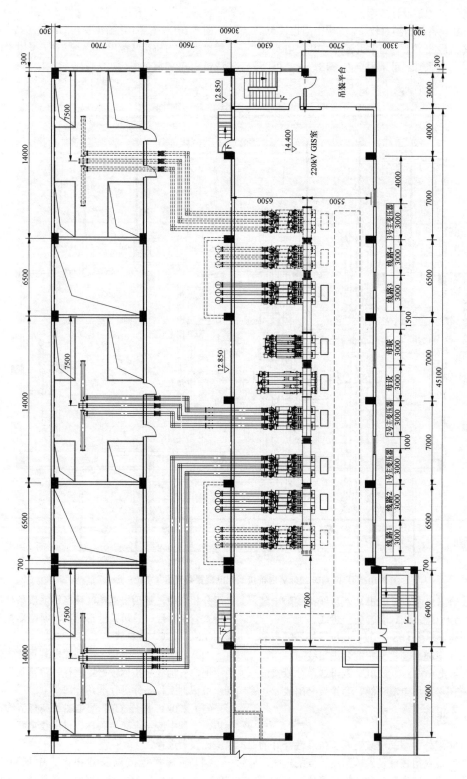

图 8-103 户内 GIS+电缆出线 220kV 双母线接线配电装置布置图 (单位: mm)

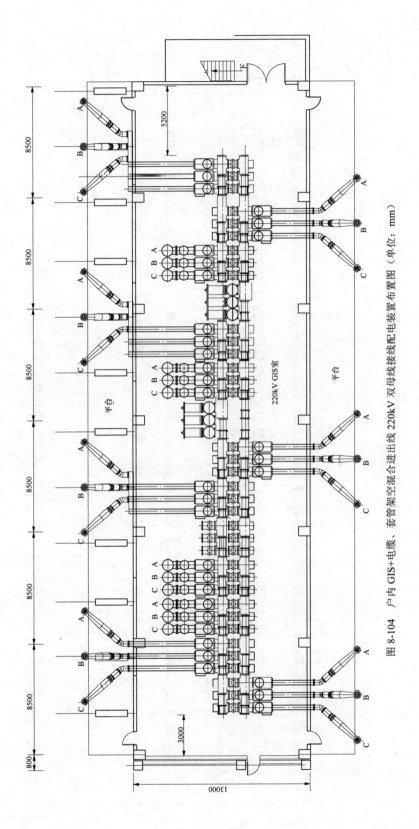

图 8-104　户内 GIS+电缆、套管架空混合进出线 220kV 双母线接线配电装置布置图（单位：mm）

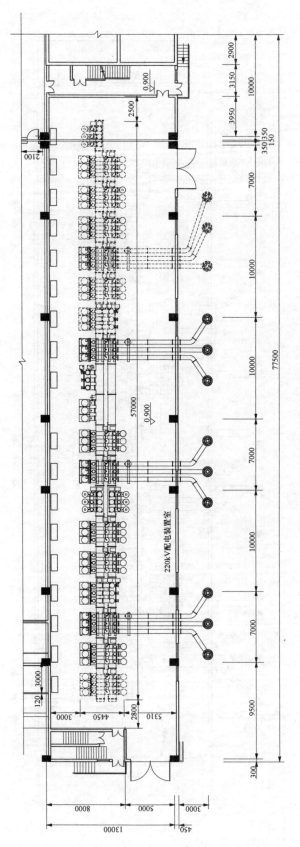

图 8-105 户内 GIS 220kV 双母线单分段接线配电装置布置图（单位：mm）

第六节　330～750kV 配电装置

一、超高压配电装置的特点及要求

330、500、750kV 超高压配电装置由于电压高、外绝缘距离大，电气设备的外形尺寸也大，使得配电装置的占地面积较大。此外，在超高压配电装置中，静电感应、电晕及无线电干扰和噪声等问题也更加突出。330～750kV 配电装置的这些共同特点，使得它们的布置可以相互借鉴。

根据上述特点，对超高压配电装置的设计提出如下要求：

（1）配电装置的型式选择与主接线方案、设备选型密切相关。

首先要根据主接线方案、设备型式确定配电装置基本的设计方案，其次应结合本期及远期建设规模、是否存在过渡接线方案、进出线回路数、场地条件、站址环境等对配电装置设计方案进行优化设计。

如某变电站内 750kV 配电装置远期 8 回出线、2 回主变压器进线，远期采用一个半断路器接线方案，选用敞开式设备，本期 4 回出线，本期主接线经比较后采用了四角形接线；此时首先按照远期建设规模确定配电装置的基本设计方案，一个半断路器接线可选的敞开式配电装置布置包括一字形布置、平环式布置、改进平环式布置、三列式布置，若采用一字形布置，则配电装置纵向尺寸达到 687m，而两组主变压器和低压无功区域纵向尺寸为 298m，330kV 配电装置纵向尺寸为 129m，明显三级配电装置之间较难协调；采用平环式布置，配电装置纵向尺寸为 535m，也显稍长；改进平环式布置纵向尺寸为 367m，三列式布置纵向尺寸为 324m，这两种方案从纵向尺寸上来讲与站内其他两级配电装置配合较为协调，可作为基础设计方案，其次结合配电装置本期采用四角形接线、远期扩建成一个半断路器接线方案，本期 4 回线为避免停电范围扩大，需要对角接入等条件，采用三列式布置方案，具有布置清晰、远期改接成一个半断路器接线改造工程量小等优点，可以确定 750kV 配电装置采用三列式布置是合理的。

（2）按绝缘配合的要求，合理选择配电装置的绝缘水平和过电压保护设备，并以此作为设计配电装置的基础。

（3）为节约用地，要重视占地面积为整个配电装置占地面积 50%～60%的母线及隔离开关的选型及布置方式。

目前 330kV 和 500kV 配电装置采用了铝管母线配单柱式隔离开关分相布置方式，对压缩配电装置的纵向尺寸有显著效果，一般可节约用地 20%～30%；至于敞开式 750kV 配电装置，母线通常为软导线，主要是由于隔离开关均为水平断口型，此时，母线选用铝管母线对节约全站用地效果有限，并且由于配电装置间隔宽度大，需要选用大截面管形母线和 V 形绝缘子串悬吊，不但绝缘子串数量增加一倍，而且母线跨中挠度不易控制。

采用敞开式 GIS、HGIS、双柱折臂伸缩式隔离开关等都能起到节约用地的作用。

对于 GIS，虽可大幅度压缩占地面积，但价格较高，故仅使用在重污秽、高海拔、强地震等环境条件特别恶劣以及场地狭窄的地区。

（4）超高压配电装置中导线和母线的载流量很大。如 330kV 配电装置一般回路的工作电流为 500～800A，母线工作电流为 800～1200A；500kV 配电装置一般回路的工作电流为 1500～2500A，母线工作电流为 2000～5000A，换流站中母线工作电流能达到 5000～6300A；750kV 配电装置一般回路的工作电流为 1500～3000A，母线工作电流为 4000～5000A，换流站中母线工作电流能达到 6300～8000A。为了达到这样大的载流量，同时又要满足电晕及无线电干扰的要求，在工程中普遍采用扩径空心导线、多分裂导线和大直径铝管。

（5）超高压配电装置中的设备都比较高大和笨重，如 330kV 设备顶部安装高度为 5.5～7m，500kV 设备顶部安装高度为 8～10m，750kV 则高达 12～13m；设备起吊单件最大质量：330kV 为 3t，500kV 为 5.3t，750kV 为 7.8t。因此，设备的安装起吊和检修搬运已不能以人工操作为主要方式，而必须采用机械化的安装搬运措施，如设置液压升降检修车，配备吊车、汽车等施工检修机械。为了使这些检修和搬运机械能顺利到达设备附近并进行作业，在配电装置中除设有横向环形道路外，还在两个间隔之间或每个间隔内的设备相间设置纵向环形道路。横向环形道路、两个间隔之间或相间纵向环形道路均是按道路两侧设备及导线带电时进行运输的原则设置的，需保证运输及检修机械对断路器等带电设备的安全净距。两个间隔之间或相间纵向环形道路的基本设置原则如下：

1）330kV 敞开式配电装置：两个间隔之间设置纵向环形道路；

2）500、750kV 敞开式配电装置：间隔相间设置纵向环形道路；

3）330、500、750kV GIS 和 HGIS 配电装置：配电装置周边设置纵向环形道路。

（6）超高压配电装置中的静电感应、电晕、无线电干扰和噪声等方面都有一些特殊要求和限制措施，详见本章第一节有关内容。

二、330kV 配电装置示例

（一）敞开式双母线接线布置

双母线接线布置主要用于终端、负荷变电站。图 8-106 给出 PC 变电站 330kV 配电装置布置。该布置采用双母线接线、悬吊式管形母线，垂直断口隔离开关分相中型布置，站址地处高海拔，空气间隙修正后配电装置间隔宽度采用 20m。

（二）敞开式一个半断路器三列式布置

进入 20 世纪 90 年代后，电网网架逐渐增强，对电网安全性、可靠性要求也提高了，同时设备制造能力稳步提升、设备价格逐步下降，一个半断路器三列式布置方案逐渐推广。

1. 敞开式设备布置方案

图 8-107 给出 330kV 配电装置设计方案，该方案采用断路器三列布置，双侧出线，采用 LF-21Y、ϕ200/180mm 铝锰合金管形母线配 GW6-330 型单柱式隔离开关的布置方式，间隔宽度为 20m，其进出线相间距离为 5.6m，相地距离为 4.4m，间隔内设备的相间和相地距离为 5m。断路器采用瓷柱式 SF$_6$ 断路器，配电装置共有 10 回进出线，接成 5 串，占用 5 个间隔。

主要特点有：

（1）配电装置为南北两侧顺串出线，断路器按南北向成三列布置，两组母线分别布置在两侧，进出线构架共 3 排，纵向尺寸为 120m；线路终端塔可采用单回路或双回路塔。

（2）母线采用 LF-21Y、ϕ200/180mm 铝锰合金管形母线，V 形绝缘子悬吊式安装，V 形绝缘子串可有效限制管形母线的风偏或短路摇摆，如按照 10m 高 10min 最大风速 35m/s 或短路电流 63kA 进行计算，则管形母线跨中最大位移不超过 0.48m，该值小于 GW6-330 型单柱式隔离开关动触头可承受的水平位移。

（3）两组主变压器分别接入两组母线，避免了一组母线检修的同时中断路器故障时主变压器进线回路全停的风险，可靠性较高，同时两组主变压器分别采用低架斜拉进线和高架横穿进线，其中低架斜拉进线减少了配电装置内构架数量，高架横穿进线增加了串的灵活性。第三台主变压器则采用经断路器接入母线的设计方案。

（4）断路器采用瓷柱式断路器，采用独立式电流互感器；母线隔离开关为单柱式分相布置，串中隔离开关采用五柱式隔离开关组合电器，进一步减少了纵向尺寸。

（5）高压并联电抗器接于线路阻波器外侧，顺向布置于出线下方。

（6）配电装置周围设置环形道路，并在第二串和第三串之间设有纵向通道，可以满足各串设备运输时车辆通行及安装检修的需要。串间纵向道路的设置满足了相邻间隔设备带电运输要求的安全净距。

图 8-108 给出 330kV 配电装置设计方案，该配电装置采用断路器三列布置，双侧出线；两组主变压器进串，第三台主变压器通过断路器接入一组母线；间隔宽度为 20m，其进出线相间距离为 5.6m，相地距离为 4.4m，间隔内设备的相间和相地距离为 5m。

主要特点有：

（1）配电装置为南北两侧顺串出线，断路器按南北向成三列布置，两组母线分别布置在两侧，进出线构架共 3 排，纵向尺寸为 120m；线路终端塔可采用单回路或双回路塔。

（2）母线采用 2（LGJ-400/35）钢芯铝绞线，单 I 串绝缘子悬挂式安装，由于采用了软导线故可实现带电检修。

（3）母线隔离开关为水平断口型中型布置，主要是考虑到部分地区由于环境条件的限制，如短时大风、沙尘等的限制，母线隔离开关若选用垂直开启时会存在位移过大、动触头合闸不到位、接触电阻过大造成导电部分过热等情况，同时串中隔离开关采用五柱式隔离开关组合电器，减少了纵向尺寸。

（4）断路器采用罐式断路器，配套管式电流互感器。

图 8-109 给出 330kV 配电装置设计方案，该配电装置采用瓷柱式断路器三列布置，双侧出线；两组主变压器进串，第三台主变压器通过断路器接入一组母线；间隔宽度为 20m，其进出线相间距离为 5.6m，相地距离为 4.4m，间隔内设备的相间和相地距离为 5m。

图 8-110 给出 330kV 配电装置设计方案，该配电装置采用罐式断路器三列布置，三侧出线；两组主变压器进串，间隔宽度为 20m，其进出线相间距离为 5.6m，相地距离为 4.4m，间隔内设备的相间和相地距离为 5m。该方案主要应用于 750kV 变电站内的 330kV 配电装置。

2. HGIS 配电装置

图 8-111 给出 HGIS 设备的 330kV 配电装置设计方案，该方案配电装置采用三侧进线，间隔宽度为 20m，其进出线相间距离为 5.6m，相地距离为 4.4m，间隔内设备的相间和相地距离为 5m。

本方案设计特点：

（1）配电装置为南北两侧顺串进出线及东侧高架横穿出线，断路器按南北向布置，两组母线分别布置在两侧，进出线构架共 3 排，为全联合构架，纵向尺寸为 61m；线路终端塔可采用单回路或双回路塔。

（2）母线采用 LF-21Y、ϕ200/180mm 铝锰合金管形母线，V 形绝缘子悬吊式安装。

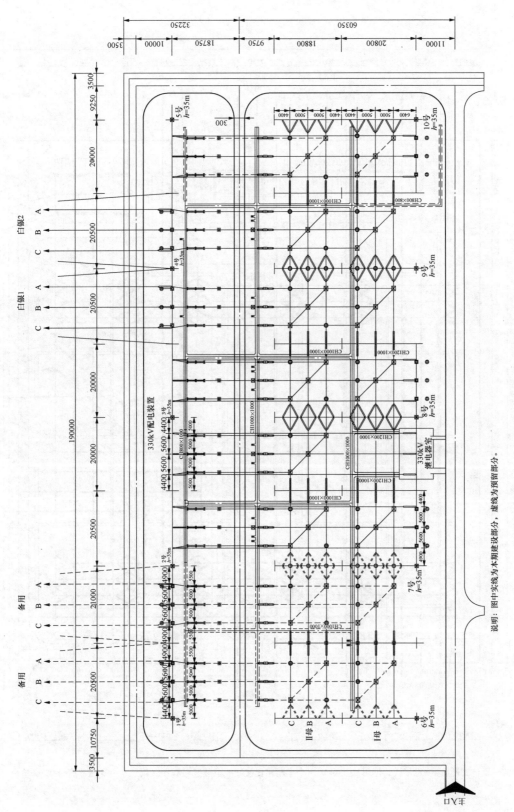

说明：图中实线为本期建设部分，虚线为预留部分。

图 8-106 PC 变电站 330kV 双母线接线配电装置布置图（单位：mm）

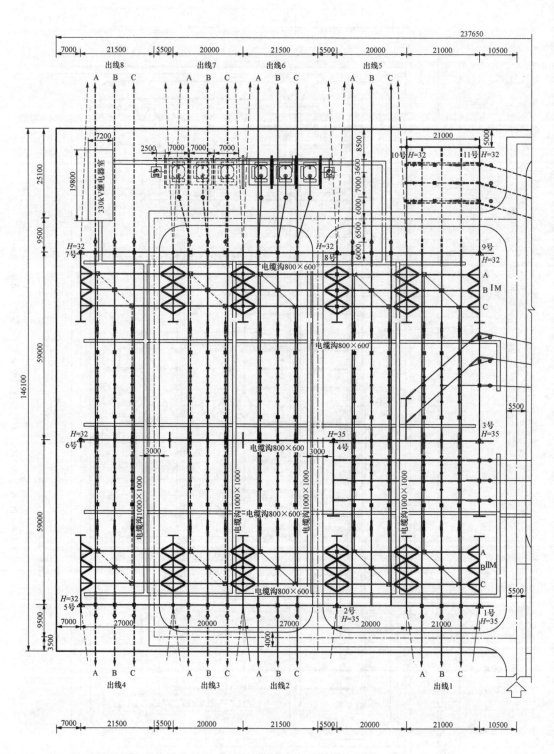

图 8-107　瓷柱式断路器+悬吊式管形母线 330kV 一个半断路器接线配电装置布置图（第三台主变压器进母线）（单位：mm）

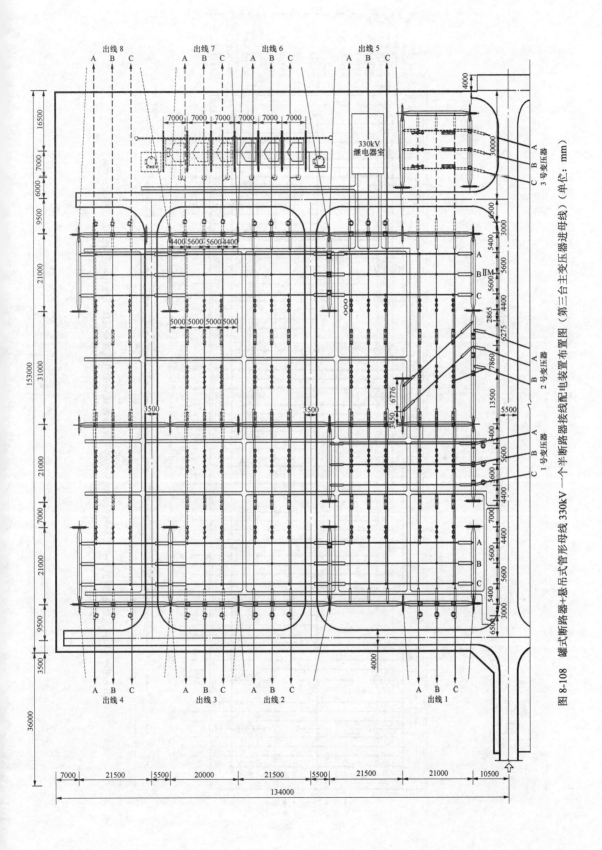

图 8-108 罐式断路器+悬吊式管形母线 330kV 一个半断路器接线配电装置布置图（第三台主变压器进母线）（单位：mm）

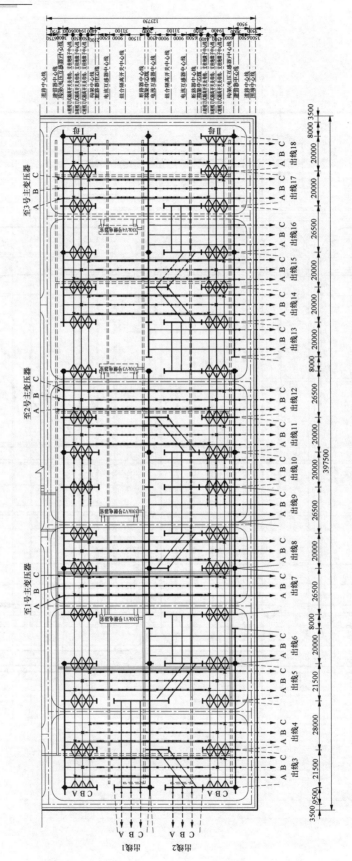

图 8-109 瓷柱式断路器+悬吊式管形母线 330kV 一个半断路器接线配电装置布置图（两组母线均分段）（单位：mm）

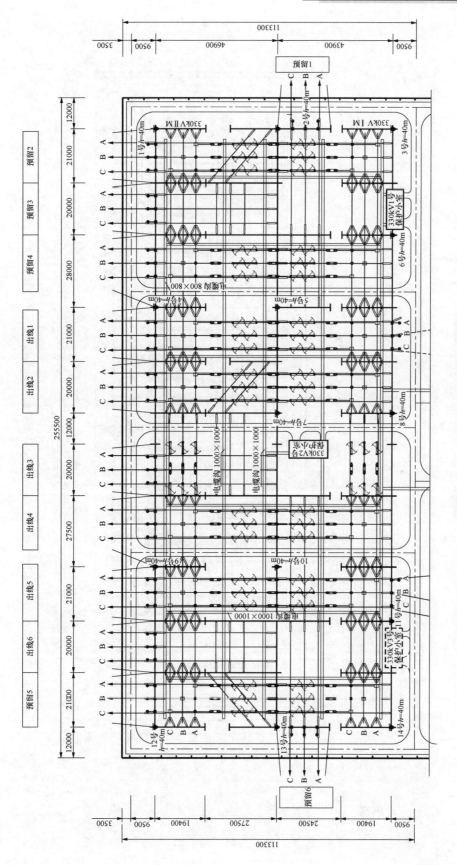

图 8-110　罐式断路器＋悬吊式管形母线 330kV 一个半断路器接线配电装置布置图（两组母线均分段）（单位：mm）

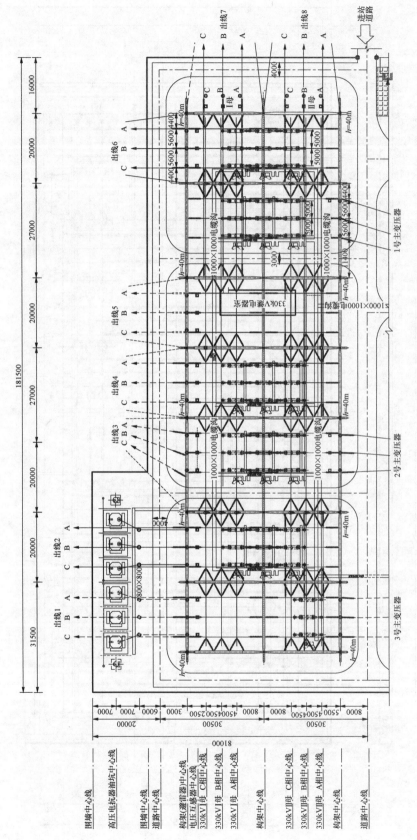

图 8-111　HGIS 设备一字形 330kV 一个半断路器接线配电装置布置图（单位：mm）

（3）三组主变压器均接入两组母线，一方面是考虑 HGIS 设备的高可靠性，故障检修概率较低；另一方面是主变压器若采用接入两组母线的方案，需要增加空间隔，占地面积大。

（4）配电装置周围设置环形道路，并在两串之间设有纵向通道，可以满足各串设备运输时车辆通行及安装检修的需要。串间纵向道路的设置满足了相邻间隔设备带电运输要求的安全净距。

图 8-112 给出 HGIS 设备的 330kV 配电装置设计方案，该方案特点为 HGIS 设备采用 C 形布置。

（三）屋外 GIS 配电装置

通常 330kV GIS 配电装置采用屋外布置，主要是考虑到 GIS 设备本体（裸露带电体套管除外）的设计条件为屋外型设备，满足日晒、风吹、雨淋、日温差、积雪、覆冰等不利环境条件对设备本体的要求。

图 8-113 给出 330kV GIS 配电装置设计方案，该方案采用双母线双分段接线，出线间隔宽度均为 18m。该方案特点为：

（1）利用出线构架作为主变压器进线跨线的挂点，每组主变压器节省了 1 榀进线构架。主变压器跨线的高度满足导线带电、下方 GIS 本体设备检修起吊的要求。

（2）GIS 配电装置四周设置有环形道路作为检修维护通道。

图 8-114 给出 330kV GIS 配电装置设计方案，该方案采用一个半断路器双母线分段接线，出线间隔宽度均为 18m。

（四）屋内 GIS 配电装置

图 8-115 给出屋内 330kV GIS 配电装置设计方案，该方案采用双母线双分段接线，出线间隔宽度均为 18m。该方案主要适用于 330kV 屋外变电站设计方案。

图 8-116 给出屋内 330kV GIS 配电装置设计方案，该方案采用双母线双分段接线，出线全部采用电缆出线。该方案主要适用于全屋内变电站设计方案。

图 8-117 给出屋内 330kV GIS 配电装置设计方案，该方案采用双母线双分段接线，出线间隔宽度均为 18m。该方案主要适用于 750kV 变电站 330kV 侧设计方案。

（五）型式选择

330kV 屋外中型配电装置适用于征地费用较低的地区，其中分相中型配电装置与普通中型布置分别选用了不同的母线、母线隔离开关及断路器型式，两种方案均具有布置清晰、构架简化，有利于施工、运行和检修等特点，应根据具体的工程条件进行选用。

330kV 屋外 HIGS、GIS 配电装置均具有节约占地的优点，工程中应结合环境条件、进出线走廊等经技术经济比较后选择。

特殊环境条件下 330kV GIS 配电装置可采用屋内布置，如昼夜温差大等。

三、500kV 配电装置示例

作为区域主干网架，500kV 配电装置通常采用一个半断路器接线方案，以下对各种型式的配电装置进行示例说明。

（一）敞开式设备一个半断路器三列式布置

图 8-118 给出 500kV 配电装置设计方案，该配电装置采用悬吊式管形母线配垂直开启式隔离开关的布置方案，采用瓷柱式断路器，共有 12 回进出线，接成 6 串；两组变压器分别采用低架斜拉和高架横穿方式引入不同串内，不另占用间隔，第三组主变压器通过断路器接入母线；出线间隔宽度为 28m。主要特点有：

（1）配电装置为南北两侧顺串出线，断路器按南北向成三列布置，两组母线分别布置在两侧，进出线构架共 3 排，纵向尺寸为 149m；线路终端塔可采用单回路或双回路塔。

（2）母线采用 LF-21Y、ϕ250/230mm 铝锰合金管形母线，V 形绝缘子悬吊式安装，应注意的是，按照 10m 高 10min 最大风速 35m/s 或短路电流 63kA 进行计算，管形母线跨中最大位移不超过 0.77m，该值已超过 GW6-550 型单柱式隔离开关动触头可承受的水平位移 0.17m，此时需要同设备厂家特殊说明。

（3）两组主变压器分别采用低架斜拉和高架横穿方式接入两组母线，第三组主变压器采用断路器接入母线。

（4）断路器采用瓷柱式断路器，采用独立式电流互感器，每台断路器两侧设置电流互感器；南北两侧出线构架之间距离为 137m，该距离比断路器单侧设置独立式电流互感器的间距 125m 增加了 12m，因此，具体工程中应征询运行要求，明确串中电流互感器设置原则。

（5）母线隔离开关为单柱式分相布置，串中隔离开关采用五柱式隔离开关组合电器，进一步减少了纵向尺寸。

（6）高压并联电抗器顺向布置于出线下方，高压电抗器与线路共用一组避雷器，未设置检修隔离开关。

（7）配电装置周围设置环形道路，并在每个间隔的相间设有相间通道，可以满足各串设备运输时车辆通行及安装检修的需要，相间道路的设置满足了相邻设备带电运输要求的安全净距。

图 8-119 给出 500kV 配电装置布置设计方案，该配电装置采用悬吊式管形母线配垂直开启式隔离开关的布置方案，采用瓷柱式断路器，两台主变压器通过断路器接入母线，两台主变压器高架横穿接入串中。该方案设计特点为：

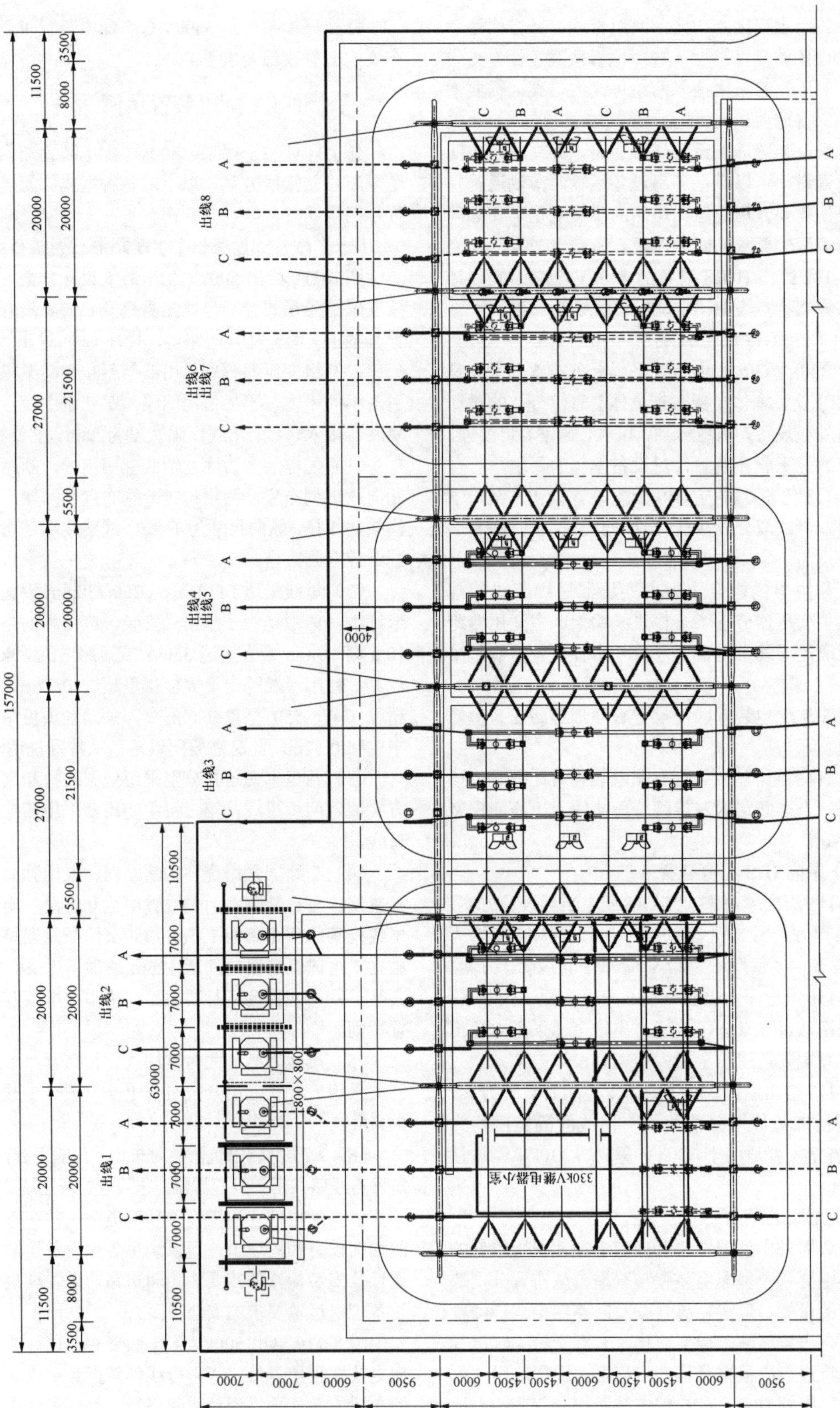

图 8-112 HGIS 设备 C 形 330kV 一个半断路器接线配电装置布置图（单位：mm）

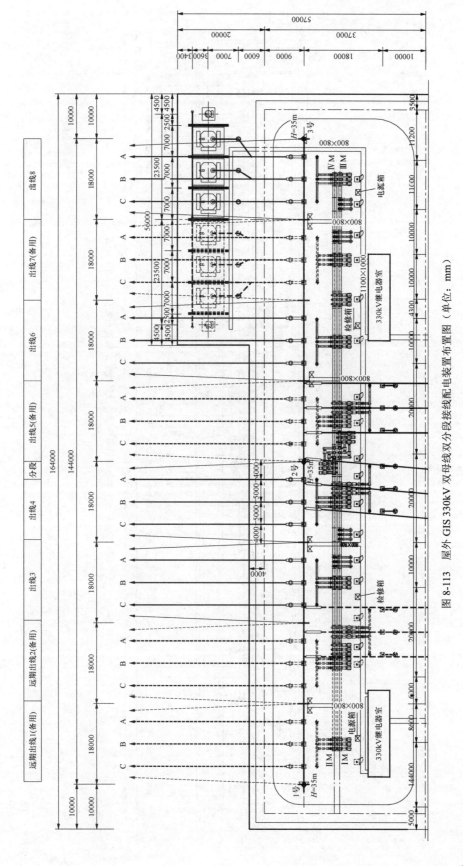

图 8-113　屋外 GIS 330kV 双母线双分段接线配电装置布置图（单位：mm）

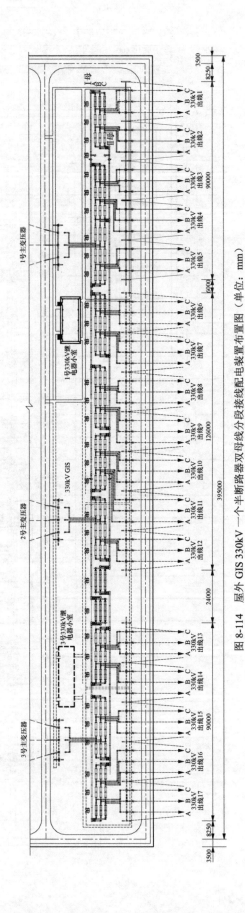

图 8-114　屋外 GIS 330kV 一个半断路器双母线分段接线配电装置布置图（单位：mm）

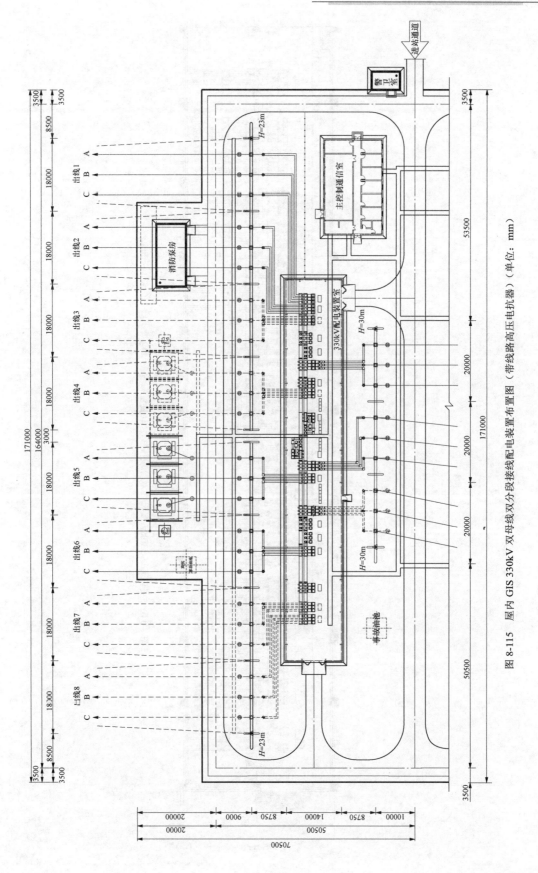

图 8-115 屋内 GIS 330kV 双母线双分段线配电装置布置图（带线路高压电抗器）（单位：mm）

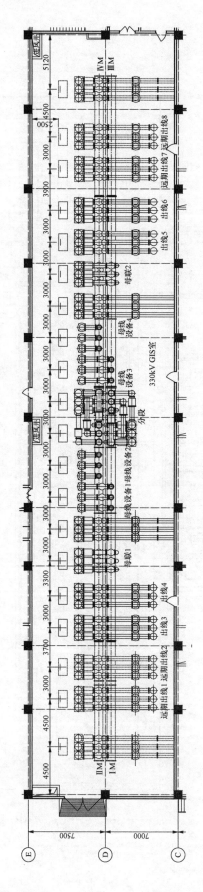

图 8-116 屋内 GIS 330kV 双母线双分段接线配电装置布置图（电缆出线）（单位：mm）

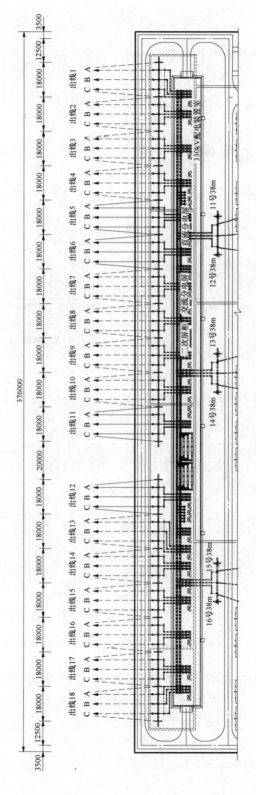

图 8-117 屋内 GIS 330kV 双母线双分段接线配电装置布置图（无线路高压电抗器）（单位：mm）

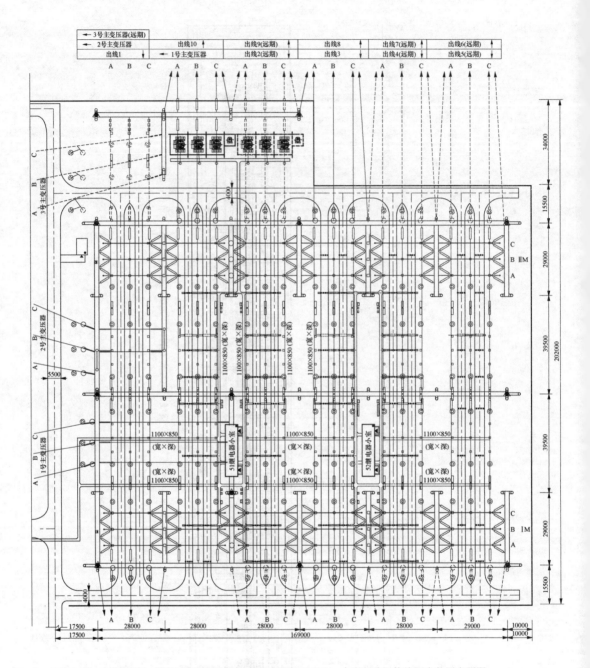

图 8-118 瓷柱式断路器+悬吊式管形母线 500kV 一个半断路器接线配电装置布置图
（第三组主变压器进母线）（单位：mm）

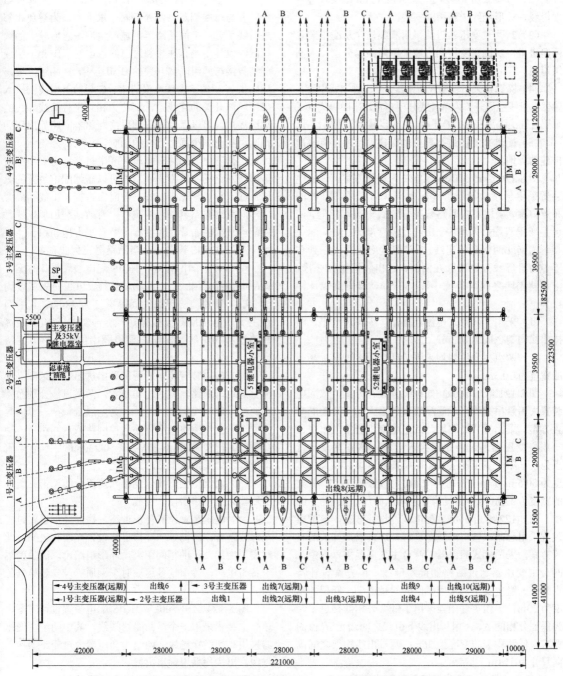

图 8-119 瓷柱式断路器+悬吊式管形母线 500kV 一个半断路器接线配电装置布置图
（两组主变压器进串+两组主变压器进母线）（单位：mm）

（1）配电装置为南北两侧顺串出线，断路器按南　　北向成三列布置，两组母线分别布置在两侧，进出线构架共 3 排，南北侧围墙间纵向尺寸为 182.5m；线路终端塔可采用单回路或双回路塔。

（2）母线采用 LF-21Y、ϕ250/230mm 铝锰合金管形母线，V 形绝缘子悬吊式安装。

（3）2 回主变压器进线采用高架横穿从配电装置西侧进串，2 回主变压器进线采用断路器分别接入两组母线。

（4）断路器采用瓷柱式断路器，采用独立式电流互感器；母线隔离开关为单柱式分相布置，串中隔离开关采用五柱式隔离开关组合电器，进一步减少了纵向尺寸。

（5）配电装置按最终规模一次建设，未留有再次扩建的场地。

图 8-120 给出 500kV 配电装置设计方案，该配电装置采用悬吊式管形母线配垂直开启式隔离开关的布置方案，采用罐式断路器附套管式电流互感器，两组主变压器均接入串中。出线间隔宽度为 28m，配电装置为南北两侧顺串出线，断路器按南北向成三列布置，两组母线分别布置在两侧，进出线构架共 3 排，南北侧围墙之间纵向尺寸为 158.5m。该方案设计特点为：

（1）采用了套管式电流互感器，纵向尺寸小，两排出线构架之间为 113m。

（2）两组主变压器均采用了高架横穿进串，高架的宽度为 30.5m。

图 8-121 给出 500kV 配电装置设计方案，该配电装置采用悬吊式管形母线配垂直开启式隔离开关的布置方案，采用罐式断路器，两组主变压器接入串中，一组主变压器通过断路器接入母线。该方案设计特点为：一组主变压器采用了高架横穿进串，高架的宽度为 30.5m；1 组主变压器采用了低架斜拉进串，低架的宽度为 33m；两排出线构架之间纵向尺寸为 115.5m。

图 8-122 给出 500kV 配电装置设计方案，该配电装置采用悬吊式管形母线配垂直开启式隔离开关的布置方案，采用罐式断路器，两台主变压器接入串中，两台主变压器通过断路器接入母线。该方案设计特点为：一组主变压器采用了低架斜拉进串，低架的宽度为 33m；一组主变压器采用了低架分相低钻进串，为保证分相的 A、B 相与出线下引线之间满足 B_1 值的要求，低钻构架的宽度为 36m；两排出线构架之间纵向尺寸为 121m。

（二）敞开式一个半断路器平环式布置

敞开式一个半断路器平环式布置适用于由于变电站站址地形条件限制，500kV 出线均为同一方向的 500kV 配电装置，要求配电装置的纵向尺寸较小，以利于站址地形相配合。一个半断路器平环式布置的基本尺寸与敞开式配电装置是一致的，不再采用图示。

采用平环式布置方案设计简述如下：

（1）配电装置母线及断路器型式根据工程条件选用。

（2）中间联络断路器回路宜与出线回路垂直布置，并与母线侧断路器处于同一水平面，为避免相邻进出线下方在中间断路器区域产生静电感应较大的同相区，设计中当存在相邻进出线进串时，B 相下引线分别直接与两组隔离开关的 B 相连接，B 相下方留出空间供 A 相的下引线交叉进串，C 相的下引线则接入串中隔离开关的连线上，则两个相邻平行跨线导线的相序相同，可以避免在中间联络断路器回路处出现同相区，从而减少静电感应的影响。

（3）若出线回路有高压并联电抗器，可采用垂直于出线回路的布置方式，这样可以压缩配电装置的纵向尺寸，与地形配合较好，同时它占据了出线间隔旁边中间联络断路器外侧的空位，有效地利用了场地，使配电装置的布置比较紧凑，节省了占地面积。

（三）HGIS 设备一个半断路器三列式布置

图 8-123 给出 500kV HGIS 配电装置设计方案，该配电装置采用一个半断路器接线，出线间隔宽度均为 27m（设置消防环路的间隔宽度为 28m），其中两组主变压器采用高架横穿进线，一组主变压器经过断路器接入母线，出线均采用顺串出线。该方案特点为：

（1）配电装置为南北两侧顺串进出线及东侧高架横穿进线，断路器按南北向布置，两组母线分别布置在两侧，进出线构架共 3 排，为全联合构架，纵向尺寸为 73m；线路终端塔可采用单回路或双回路塔。

（2）母线采用 LF-21Y、ϕ250/230mm 铝锰合金管形母线，V 形绝缘子悬吊式安装。

（3）两组主变压器分别接入两组母线，第三组变压器采用断路器接入母线。

（4）配电装置设置环形道路，横向环形道路设置在母线下方，西侧纵向环形道路设置在两相之间，此时需要增加 2m 的相间距离，环形道路可以满足间隔设备带电时，各串设备运输时车辆通行及安装检修的需要。

图 8-124 给出 500kV HGIS 配电装置设计方案，该配电装置采用一个半断路器接线，其中两组主变压器采用高架横穿进线，两组主变压器经过断路器接入母线，出线均采用顺串出线。

图 8-125 给出 500kV HGIS 配电装置设计方案，该配电装置采用一个半断路器接线，四组主变压器均进串，出线采用顺串和高架横穿出线。该方案特点是，HGIS 采用了半 C 形布置，进出线构架共 3 排，为全联合构架，进出线构架之间纵向尺寸为 54m。

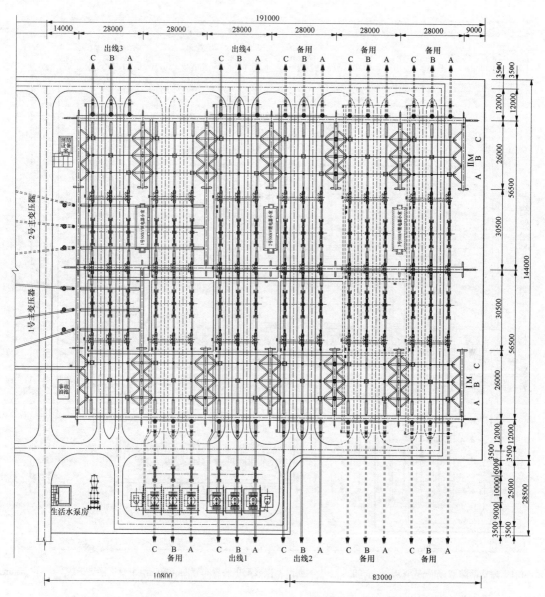

图 8-120　罐式断路器+悬吊式管形母线 500kV 一个半断路器接线配电装置布置图（单位：mm）

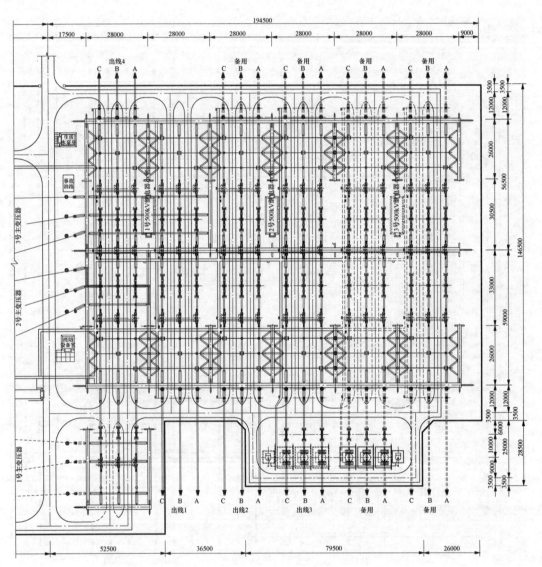

图 8-121　罐式断路器+悬吊式管形母线 500kV 一个半断路器接线配电装置布置图（第三组主变压器进母线）（单位：mm）

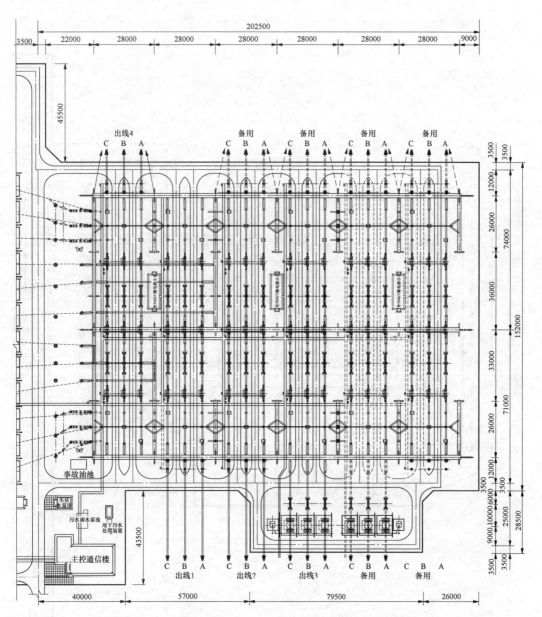

图 8-122　罐式断路器+悬吊式管形母线 500kV 一个半断路器接线配电装置布置图（两组主变压器进串+两组主变压器进母线）（单位：mm）

间隔编号	第5串		第4串		第3串		第2串		第1串		→
间隔名称	远期出线6		↑出线3		远期出线5		↑出线2		└→2号主变压器		远期3号
间隔名称	远期出线8		↑出线4		远期出线7		└→1号主变压器		↓出线1		主变压器

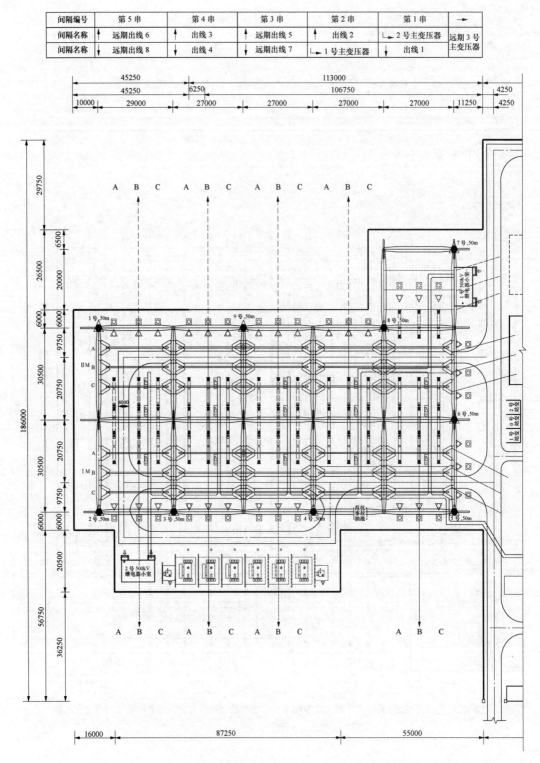

图 8-123　HGIS 500kV 一个半断路器接线配电装置布置图（第三组主变压器进母线）（单位：mm）

间隔名称	第5串		第4串		第3串		第2串		第1串		→
间隔名称	远期出线6	↑	远期出线5	↑	出线2	↑	3号主变压器	→	出线1	↑	远期4号主变压器
间隔名称	远期出线8	↓	远期出线7	↓	出线4	↓	出线3	↓	2号主变压器	→	远期1号主变压器

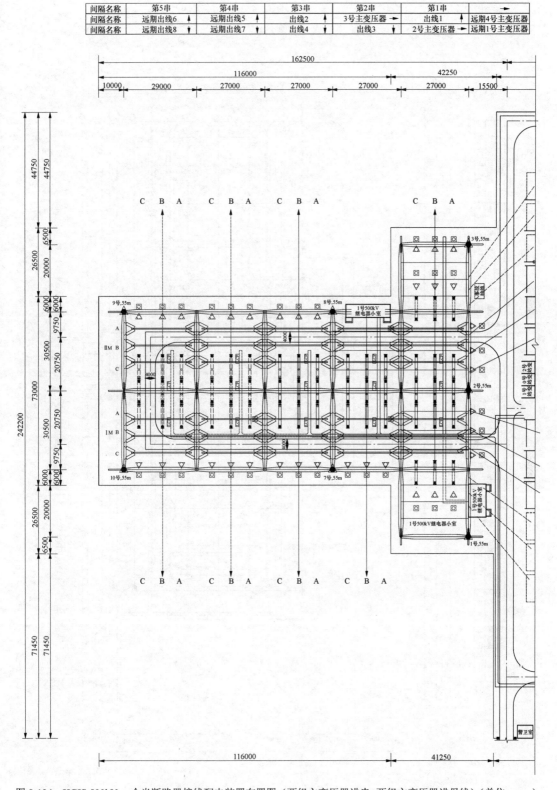

图 8-124　HGIS 500kV 一个半断路器接线配电装置布置图（两组主变压器进串+两组主变压器进母线）（单位：mm）

间隔编号	第1串		第2串		第3串		第4串		第5串		第6串	
间隔名称	出线1		出线3		出线4		远期出线5		远期出线8		出线6	
间隔名称	1号主变压器		2号主变压器		出线2		远期出线7		远期3号主变压器		远期4号主变压器	

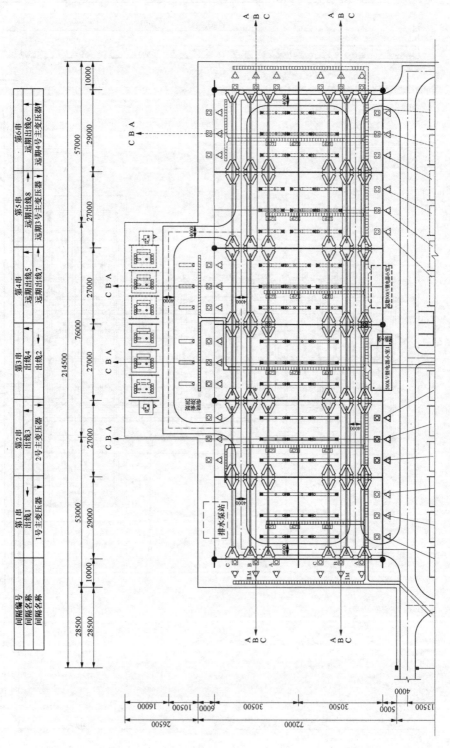

图 8-125　HGIS 500kV 一个半断路器接线配电装置布置图（三组主变压器进串）（单位：mm）

图 8-126 给出 500kV HGIS 配电装置设计方案，该配电装置采用一个半断路器接线，主变压器采用顺串进线，出线采用高架横穿及顺串出线。

图 8-127 给出 500kV HGIS 配电装置设计方案，该配电装置采用一个半断路器接线，两组主母线均设置分段开关，主变压器采用顺串进线，出线采用高架横穿及顺串出线。

（四）户外 GIS 一个半断路器一字形布置

通常 500kV GIS 配电装置采用户外布置，图 8-128 给出 500kV GIS 配电装置设计方案，该配电装置采用一个半断路器接线，间隔宽度均为 26m。该方案特点为：

（1）利用出线构架作为主变压器进线跨线的挂点，每组主变压器节省了 1 榀进线构架。主变压器跨线的高度满足导线带电、下方 GIS 本体设备检修起吊的要求。

（2）局部出线采用反向出线，局部构架采用双层构架，对应双层构架的出线塔需要采用特殊设计的同塔双回路塔。

（3）GIS 配电装置四周设置有环形道路作为检修维护通道。

图 8-129 给出 500kV GIS 配电装置设计方案，该配电装置采用一个半断路器接线。该方案特点为：一回出线采用侧向出线，节约了占地。

图 8-130 给出 500kV GIS 配电装置设计方案，该配电装置采用一个半断路器接线。该方案特点为：主变压器 500kV 进线侧电压互感器及避雷器分别布置在主变压器油坑附近及低压无功补偿区域，节约了配电装置横向尺寸。

图 8-131 给出 500kV GIS 配电装置设计方案，该配电装置采用一个半断路器接线。该方案特点为：主变压器 500kV 进线侧电压互感器布置在主变压器油坑附近，避雷器布置在 500kV 配电装置区域。

（五）户内 GIS 配电装置

户内 GIS 配电装置主要用于环境要求特殊地区，如考虑雨季施工，改善运行维护条件地区等，图 8-132 给出 TZ 工程的户内 500kV GIS 配电装置布置方案。该配电装置采用一个半断路器接线，出线间隔宽度为 26m，GIS 室宽度为 16.6m，其中 GIS 室宽度可根据设备厂家资料进行调整。该设计特点为：

（1）GIS 室一端留有故障元件放置控制，纵向尺寸按照 GIS 最大不解体元件尺寸考虑。

（2）GIS 室采用钢结构，包覆压型钢板。

（3）GIS 室内设置行车。

图 8-133 给出户内 500kV GIS 配电装置布置方案。该配电装置采用一个半断路器接线，出线间隔宽度为 26m，GIS 室宽度为 15m，其中 GIS 室宽度可根据设备厂家资料进行调整。

图 8-134 给出户内 500kV GIS 配电装置布置方案。该配电装置采用扩大桥接线，全户内布置，电缆出线，主要适用于终端站或城市中心布置。

（六）型式选择

500kV 配电装置主要有户外中型布置、户外 HGIS 布置、户外 GIS 布置、户内 GIS 布置四种型式，各种配电装置型式的适用范围不同，如场地宽敞、污秽度小于 3 级的地区适宜选用户外中型布置或户外 HGIS 布置；场地受限或污秽度严重地区适宜选用户外 GIS 布置或户内 GIS 布置，其中户内 GIS 布置方案重点在环境要求特殊地区中采用，减少了安装时不利环境条件（如持续阴雨等）对施工工期的影响，同时提高了运行、检修的便利性，但是由于设置 GIS 室，增加了土建部分的费用。

四、750kV 配电装置示例

750kV 试验示范工程建成于 2005 年，采用 GIS 配电装置，基于两方面考虑：一是当时 750kV 电压是国内最高运行电压，国内各设备制造厂开展 750kV 电压等级设备研究处于初级阶段，为确保安全可靠性，选用了国外有运行经验的 GIS 设备；二是试验示范工程的两站一线位于高海拔（海拔 2000m 以上）地区，AIS 设备（空气绝缘开关设备）制造难度较大。试验示范工程的投运促进了国内装备制造业的技术投入和更新换代，随后的 750kV 变电站设计中，敞开式 750kV 设备得到了全面应用，同时在特殊环境地区，GIS 设备和 HGIS 设备也在工程中采用，其中敞开式 750kV 设备由于 750kV 电压等级的特点，断路器均为 SF_6 罐式断路器，隔离开关采用水平断口型，包括三柱水平旋转式、双柱折臂伸缩式、双柱垂直立开式等，无独立电流互感器，避雷器采用金属氧化物避雷器，电压互感器选用电容式。750kV 电压等级作为西北主干网，主要采用一个半断路器接线，过渡接线可选用线路-变压器组等。

（一）敞开式线路-变压器组布置

线路-变压器组布置是一个半断路器布置的过渡布置方案，变电站初期一回进线和一组主变压器时采用。图 8-135 给出 YCD 变电站 750kV 配电装置布置，该布置简单清晰，占地面积较小，为 128.5 亩（1 亩=666.67m^2）。该方案设计特点为：

（1）初期采用线路-变压器组布置，终期为一个半断路器三列式布置，共 12 回进出线，接成 6 串，两组变压器为交叉连接；其中一组采用侧面进线方式拐头引入串内，不另占用间隔。

（2）配电装置采用软母线配双柱垂直立开式隔离开关的布置方案，配电装置的纵向尺寸为 291m（围墙中心线之间）。

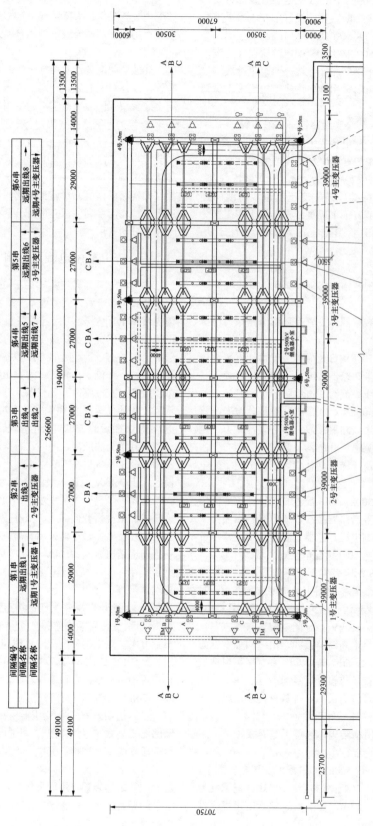

间隔编号	第1串	第2串	第3串	第4串	第5串	第6串
间隔名称	远期出线1 →	出线3	出线4	远期出线5	远期出线6	远期出线8
间隔名称	远期1号主变压器▼	2号主变压器	出线2	远期出线7 →	3号主变压器▼	远期4号主变压器▼

图 8-126 HGIS 500kV 一个半断路器接线配电装置布置图（主变压器顺串进线）（单位：mm）

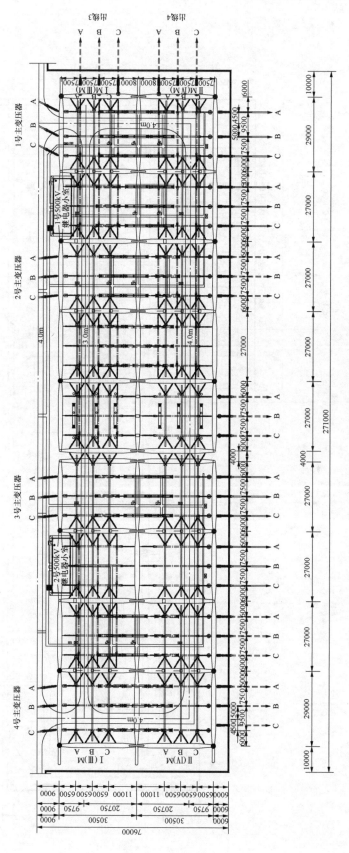

图 8-127　HGIS 500kV 一个半断路器接线配电装置布置图（两组主母线均分段）（单位：mm）

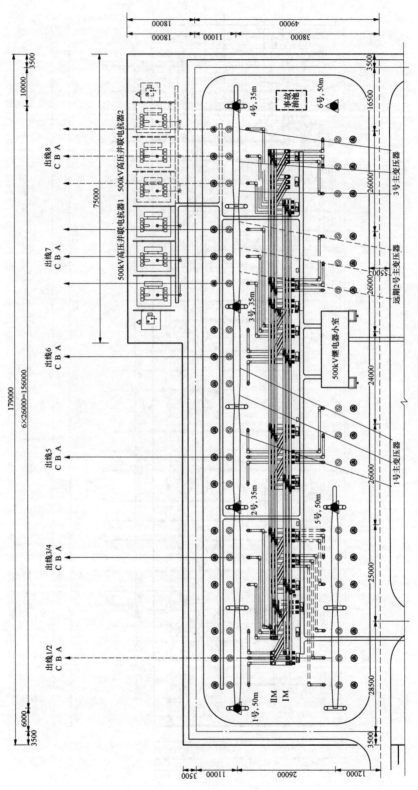

图 8-128　户外 GIS 500kV 一个半断路器接线配电装布置图（单位：mm）

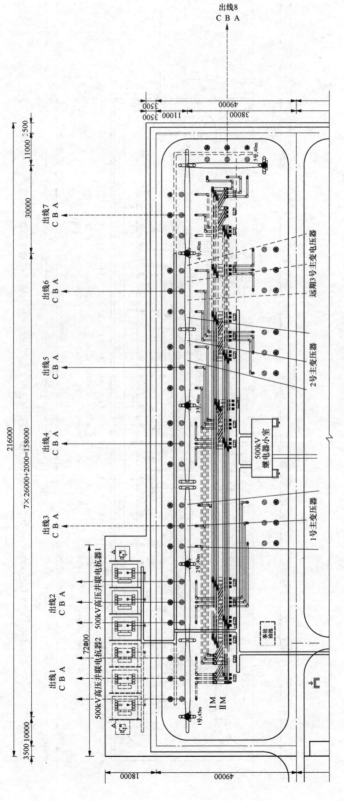

图 8-129　户外 GIS 500kV 一个半断路器接线配电装置布置图（一回线侧出）（单位：mm）

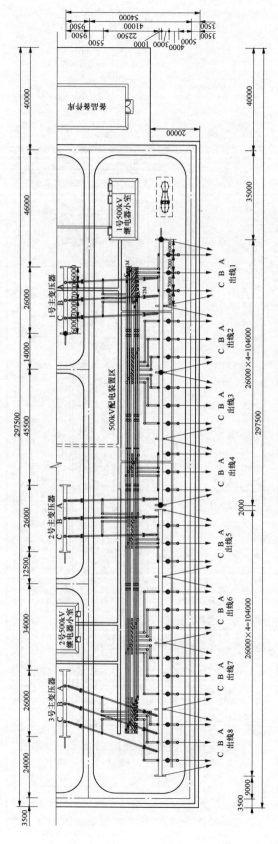

图 8-130 户外 GIS 500kV 一个半断路器接线配电装置布置图（主变压器电压互感器和避雷器靠近油坑）（单位：mm）

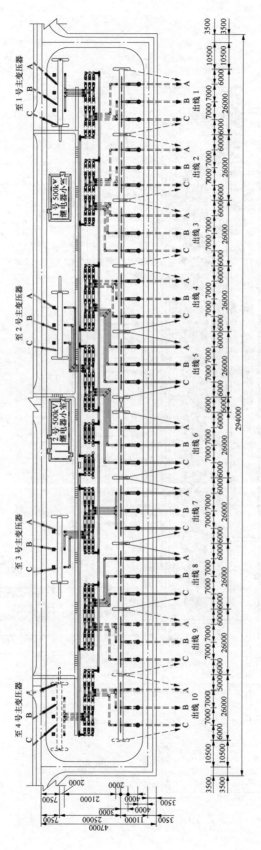

图 8-131　户外 GIS 500kV 一个半断路器接线器配电装置布置图（主变压器避雷器在配电装置）（单位：mm）

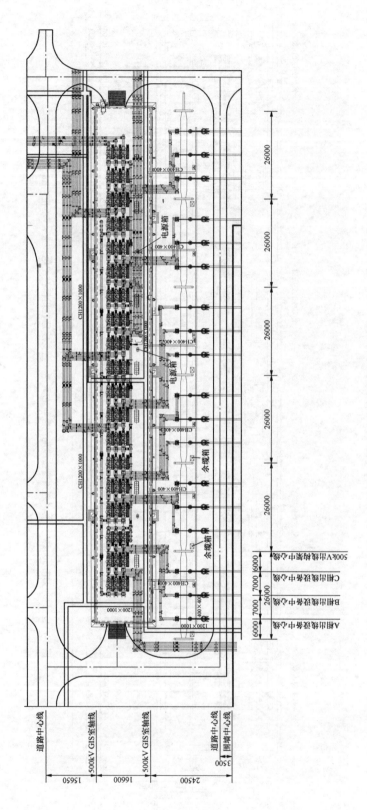

图 8-132 TZ 工程户内 500kV GIS 配电装置布置图（单位：mm）

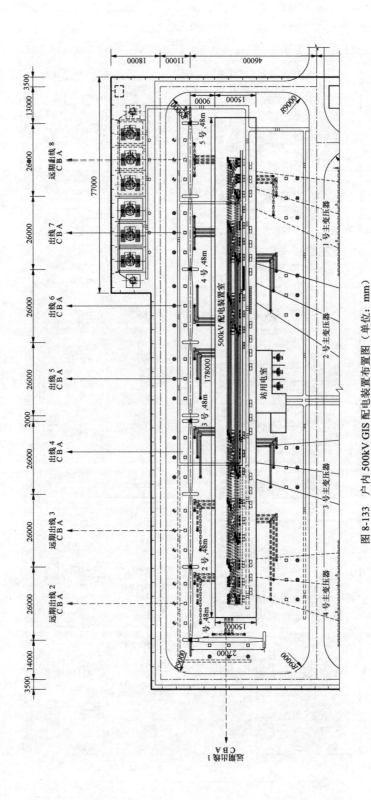

图 8-133 户内 500kV GIS 配电装置布置图（单位：mm）

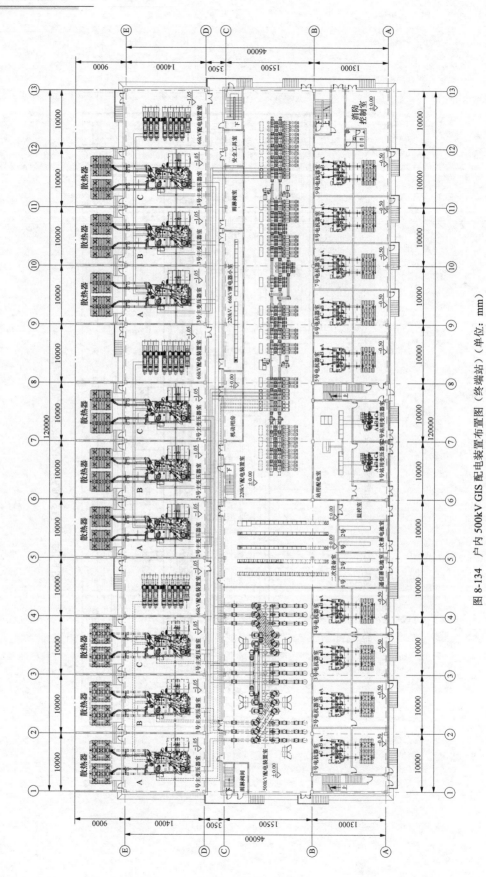

图 8-134 户内 500kV GIS 配电装置布置图（终端站）（单位：mm）

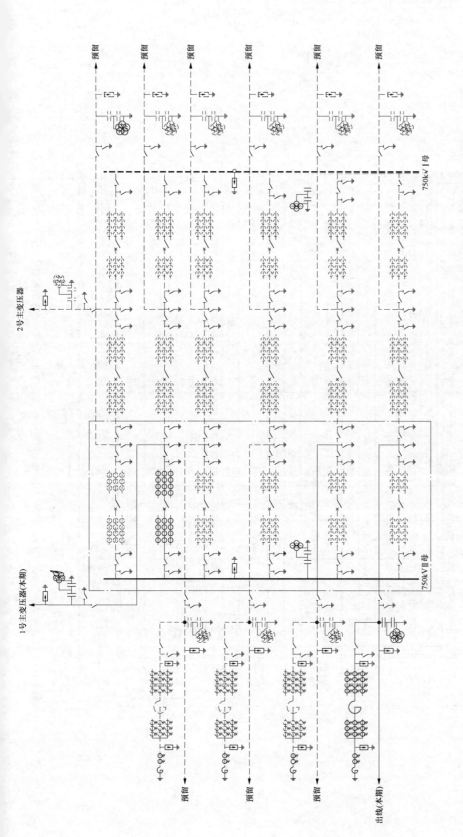

说明：1. 图中实线表示本期设备，虚线表示远期设备。
2. 图中点划线框内表示本书设计内容范围。

(a)

图 8-135　YCD 变电站 750kV 接线、布置、平面图（初期线路-变压器组、远期一个半断路器接线）（一）（单位：mm）

（a）平面图

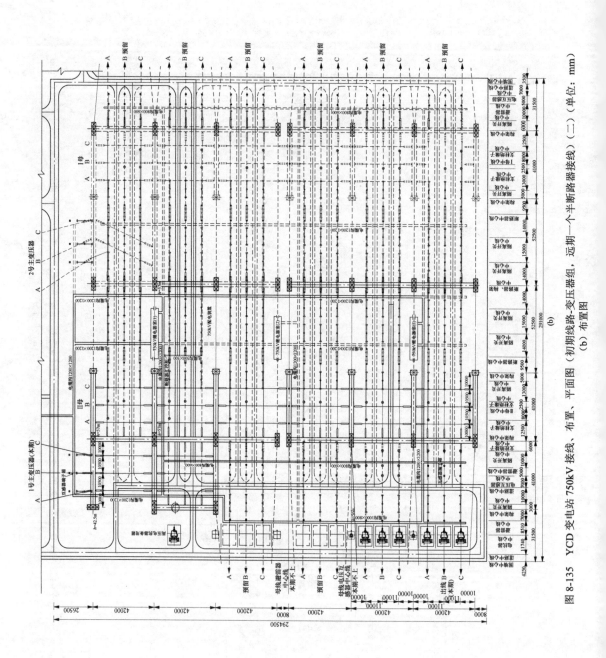

图 8-135 YCD 变电站 750kV 接线、布置、平面图（初期线路-变压器组、远期一个半断路器接线）（二）（单位：mm）

(b) 布置图

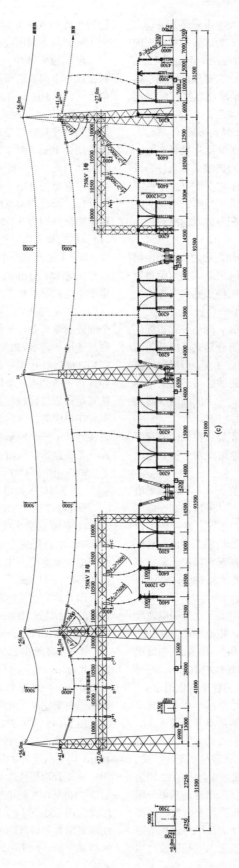

图 3-135　YCD 变电站 750kV 接线、布置、平面图（初期线路-变压器器组，远期一个半断路器接线）（三）（单位：mm）

(c) 接线图

（3）选用罐式断路器，母线及串中隔离开关均选用三柱水平旋转式独立隔离开关。为改善静电感应的影响，串内采用管形母线，母线对地距离不小于12m。

（4）配电装置按照远期规模一次建成，避免了远期将线路-变压器组改接为一个半断路器接线时一次设施施工造成的停电时间，仅需改造二次接线即可。

（二）敞开式一个半断路器三列式布置

图8-136给出QX变电站750kV配电装置布置。该配电装置采用软母线配双柱水平伸缩式和双柱垂直开启式隔离开关的布置方案，共有12回进出线，接成6串，三组变压器均接入串内，其中两组采用拐头进线，另一组采用低架横穿进线。配电装置的纵向尺寸为334.5m（围墙中心线之间）。

出线间隔宽度为42m，即相间距离为11.5m，相地距离为9.5m，母线构架宽度为41m，即相间距离为10.5m，相地距离分别为9.5m（距构架独立支撑处）和10.5m（距母线构架和出线构架联合处）。

图8-137给出JQ变电站750kV配电装置布置。该配电装置采用软母线配双柱垂直开启式隔离开关的布置方案，共有14回进出线，接成7串，两组变压器均接入串内，其中一组采用拐头进线，另一组采用局部四排架低架横穿进线。配电装置一个间隔的纵向尺寸为188m（两组出线构架中心线之间）。

站址海拔为1700m，经过修正后，出线间隔宽度为43m，即相间距离为12m，相地距离为9.5m，母线构架宽度为41.5m。

图8-138给出750kV配电装置设计方案。该配电装置采用软母线配双柱垂直开启式（或双柱水平伸缩式、三柱水平转动式）隔离开关的布置方案，共有14回进出线，接成7串，三组变压器均接入串内，其中两组采用拐头进线，另一组采用局部四排架低架横穿进线。配电装置一个间隔的纵向尺寸为188m（两组出线构架中心线之间）。

站址海拔按照不超过1000m考虑，出线间隔宽度为41.5m，即相间距离为11.25m，相地距离为9.5m，母线构架宽度为41m，即相间距离为10.5m，相地距离分别为9.5m（距构架独立支撑处）和10.5m（距母线构架和出线构架联合处）。为改善静电感应的影响，串内采用管形母线，管形母线对地距离不小于12m。

该方案按照未考虑高压电抗器隔离开关设计。

图8-139给出750kV配电装置设计方案，该配电装置采用软母线配双柱垂直开启式（双柱水平伸缩式、三柱水平转动式）隔离开关的布置方案，共有10回进出线，接成5串，两组变压器均接入串内，其中一组采用拐头进线，另一组采用分相低架横穿进线。主变压器采用分相低架横穿进线的半个间隔的母线构架距中间出线构架的间距为57m，主变压器三相进线之间的间距为11.5m和24m，导线与母线独立构架处间距为10m、与中间出线构架的间距为11.5m。

但工程实践中主变压器采用分相低架横穿进线时，该半个间隔的母线构架与中间出线构架的间距取值不一，如JJH变电站工程750kV配电装置按照55m取值，主变压器三相进线之间的间距为10.5m和23m，导线与母线独立构架处间距为9.5m、与中间出线构架的间距为12m。图8-140给出JJH变电站750kV配电装置典型设计。站址海拔按照不超过1500m考虑，出线间隔宽度为42m，即相间距离为11.5m，相地距离为9.5m，母线构架宽度为41m，即相间距离为10.5m，相地距离分别为9.5m（距构架独立支撑处）和10.5m（距母线构架和出线构架联合处）。

（三）敞开式一个半断路器平环式布置

图8-141给出PL变电站750kV配电装置布置。由于变电站站址地形条件限制，750kV出线均为同一方向，常规500kV平环式布置方案一个完整串利用三个间隔布置设备，平环式布置主要压缩纵向尺寸，横向尺寸增加较多。PL变电站场地条件是纵向尺寸略有宽裕，横向尺寸相对有些限制，如直接借用500kV平环式布置的利用三个间隔布置设备，场地横向尺寸无法满足；通过比较，将原本横向布置的断路器改为仍布置在串中的方案，即一个完整串利用两个间隔布置设备，其中一个间隔布置两台断路器，另一个间隔布置一台断路器，同时设置串间断路器过渡母线，解决了750kV出线均为同一方向且场地条件受限的情况。

（四）HGIS配电装置布置

图8-142给出TS变电站750kV HGIS配电装置布置。共有10回进出线，组成5个完整串。站址海拔接近1500m，外绝缘空气间隙按照海拔1500m修正，出线间隔构架宽度为42m，母线构架高度为30m，出线构架高度为41.5m。

图8-143给出750kV HGIS配电装置布置。该方案按照海拔不超过1000m考虑，出线间隔构架宽度为40m。

（五）GIS设备一字形布置

图8-144给出LZD变电站750kV GIS配电装置布置。共有10回进出线，组成5个完整串。站址海拔接近2000m，外绝缘空气间隙按照海拔2000m修正，出线间隔构架宽度为45m，构架高度为34m。

图8-145给出750kV GIS配电装置设计方案，设计条件为海拔不超过1000m，出线间隔构架宽度为40m，构架高度为31m。需要注意的是，LZD工程中GIS分支管形母线均采用斜向直接出线的设计方案。后期750kV GIS配电装置中，为便于串中断路器的检修及选用100t的吊车即可满足断路器的吊装，分支母线均采用直角转弯的方案，为串中断路器留出了一定的检修空间，便于吊车直接靠近设备本体。

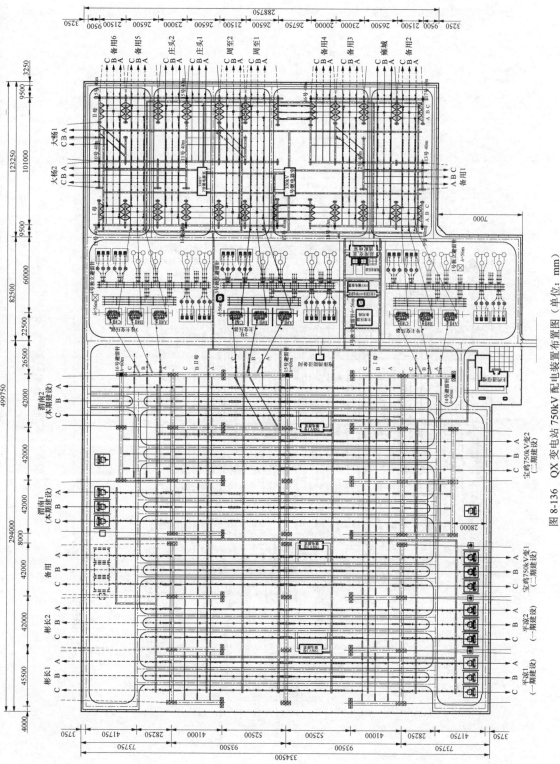

图 8-136 QX 变电站 750kV 配电装置布置图（单位：mm）

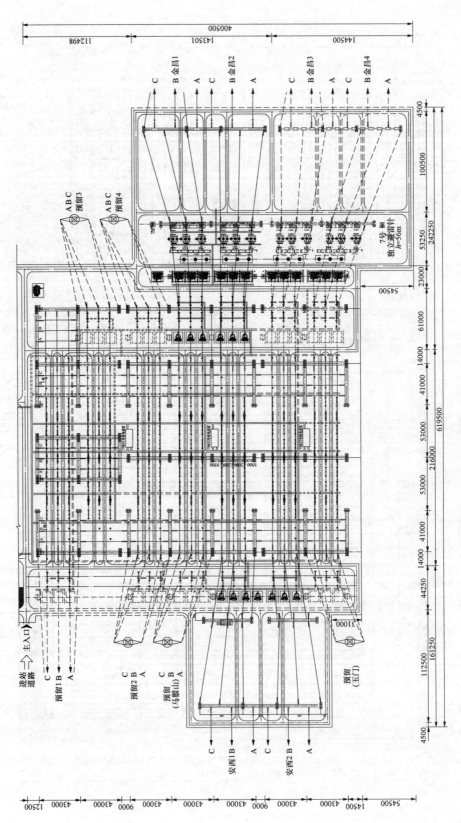

图 8-137　JQ 变电站 750kV 配电装置布置图（单位：mm）

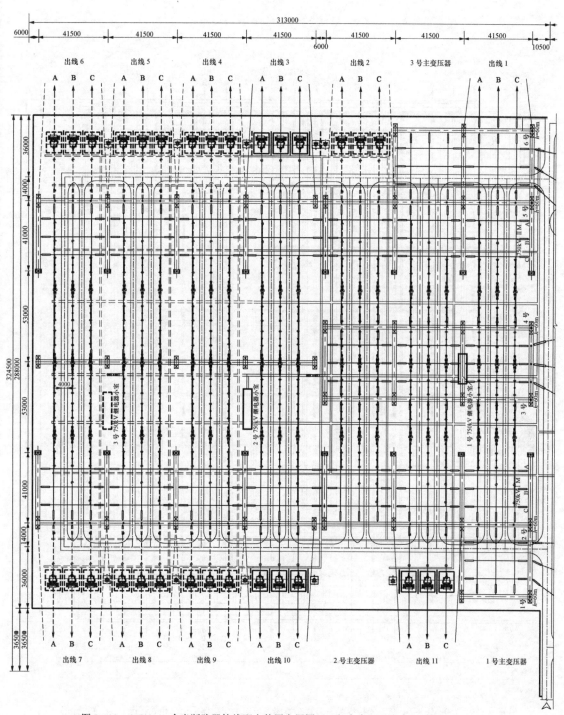

图 8-138　750kV 一个半断路器接线配电装置布置图（三组主变压器进串）（单位：mm）

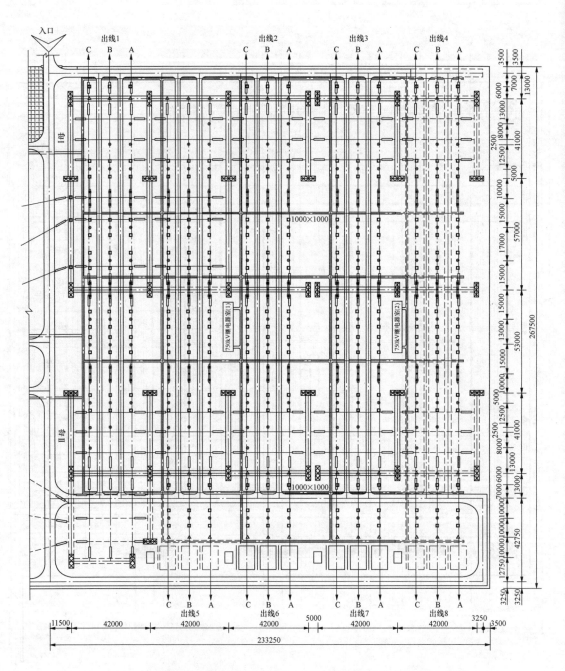

图8-139 750kV一个半断路器接线配电装置布置图（一组主变压器采用分相式进串）（单位：mm）

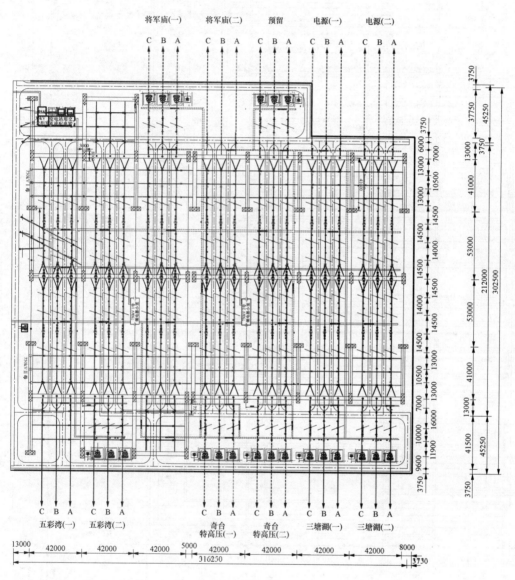

图 8-140　JJH 变电站 750kV 配电装置布置图

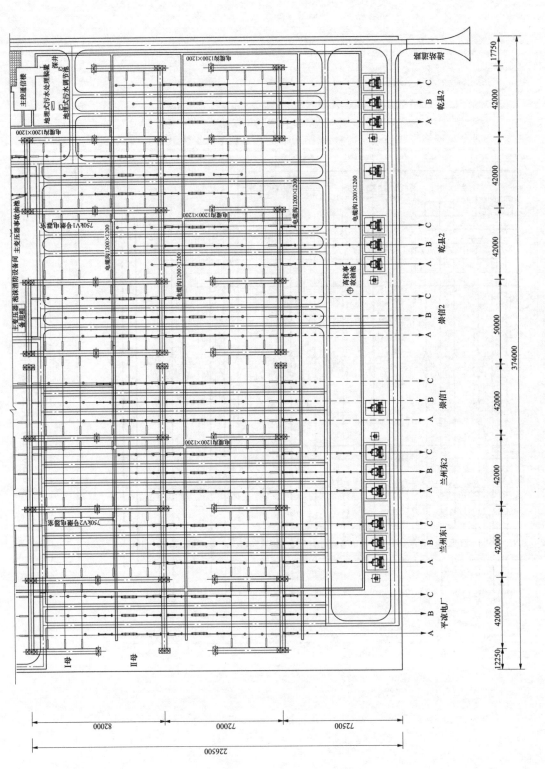

图 8-141　PL 变电站 750kV 一个半断路器平环式布置图（单位：mm）

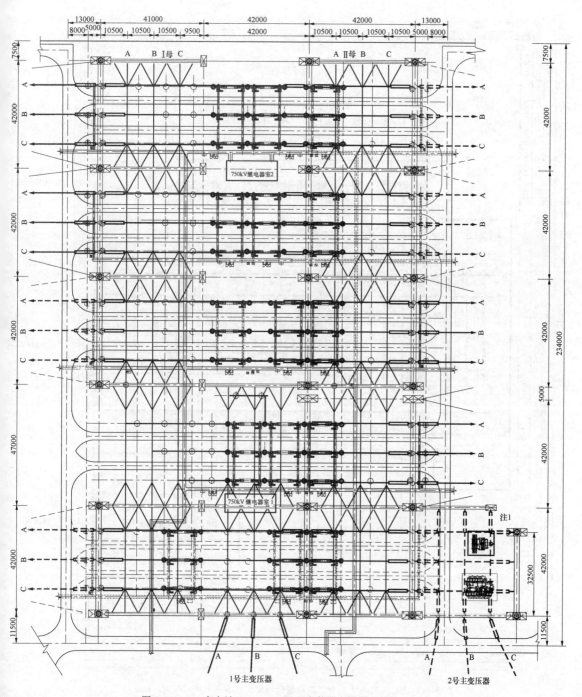

图 8-142　TS 变电站 750kV HGIS 配电装置布置图（单位：mm）

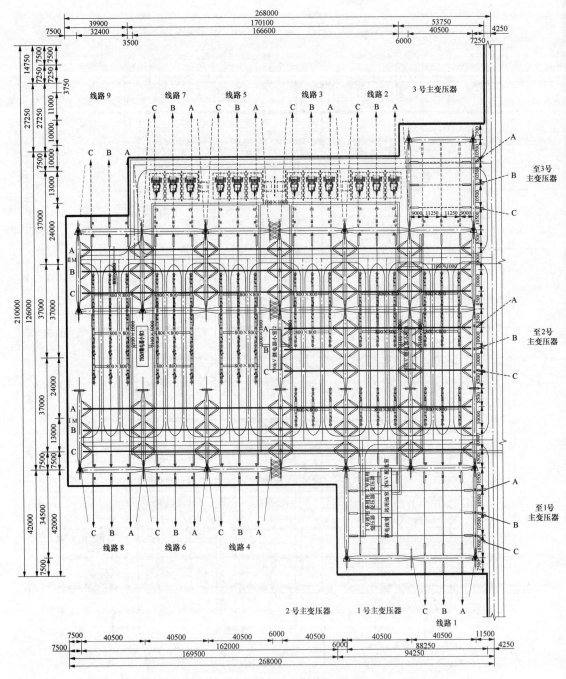

图 8-143 HGIS 750kV 一个半断路器接线配电装置布置图（单位：mm）

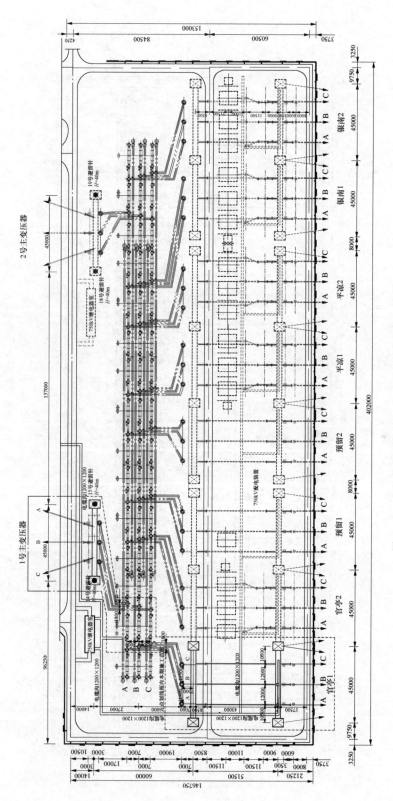

图 8-144 LZD 变电站 750kV GIS 配电装置布置图（单位：mm）

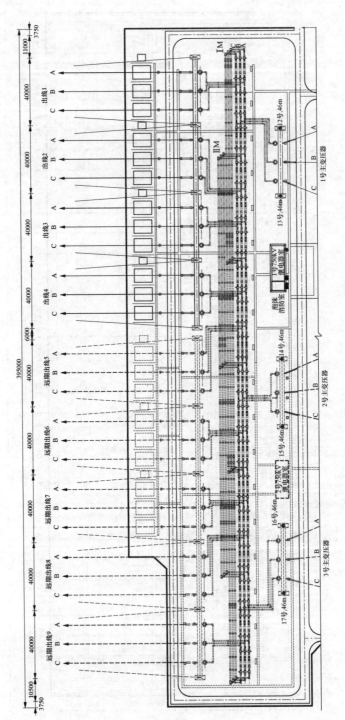

图 8-145 户外 GIS 750kV 一个半断路器接线配电装置布置图（单位：mm）

图 8-146 给出 RYS 变电站 750kV GIS 配电装置布置图。

（六）GIS 设备双列式布置

750kV GIS 一个半断路器接线一字形布置方案接线清晰、布置简洁，不足之处是主母线略长。为解决主母线长的问题，750kV 一个半断路器 GIS 接线可以采用双列式布置方案。图 8-147 给出 QX 开关站工程 750kV 一个半断路器接线 GIS 断路器双列式配电装置布置方案，750kV GIS 断路器双列式配电装置布置重点应关注以下两方面的问题。

1. GIS 管道母线跨越道路方案

GIS 采用断路器双列式布置方案，根据断路器双列式布置自身的特点，不可避免地会出现 GIL 管道母线需跨越两列断路器中间安装检修通道的问题。根据实际工程设计经验，GIL 管道母线跨越道路方案主要可分为两大类：一种为地上跨越方案，另一种为地下跨越方案。这两种方案在国内外均有较多运行经验。

地上跨越方案，即在 GIL 管道母线跨越道路处，在满足设备运输及安装检修的条件下，将管道母线局部抬高，采用从地上跨越的方式，穿过道路。该方案的优点在于母线位于地面之上，便于观测、检修、维护。需要时，可利用 SF_6 管路将密度计引至低位，解决了密度计不便于观测的问题。

地下跨越方案，是指在管道母线跨越道路处，设置专用隧道，GIL 管道母线局部降低后，通过隧道穿越道路。如 SZ 变电站 1000kV GIL 管道采用的就是地下跨越方案，1000kV GIL 管道母线比 750kV GIL 管道母线占地大，设备高度高，采用地下跨越方案通过隧道穿越道路，对经过的物体没有高度限制，不影响设备的吊装，布置形式美观，不占用地上空间；缺点是占地面积大、检修维护不方便、工程造价高等。

750kV GIL 比 1000kV GIL 尺寸小、设备高度低，不存在安装不方便问题，因此，推荐采用常规地上跨越方案。

2. 道路与 GIS 本体间纵向尺寸校验

对 750kV GIS 设备来说，其安装、检修始终是工程设计所需关注的焦点，而 GIS 设备吊装方案的选取，对 GIS 设备区域纵向尺寸有较大的影响。对于规模较大的 750kV GIS 配电装置，考虑到施工周期长，从节约安装成本考虑，一般均选择 100t 及以下型号吊车进行安装，以节约吊车租赁费用。依据吊车尺寸、设备外形等对 GIS 配电装置纵向尺寸进行校验并提出推荐值。

GIS 双列式布置方案中道路位于断路器之间，道路与进出线套管距离的设计要求是一致的，即吊车起吊距套管最近的边相主母线时，吊绳等距套管带电部分应满足均压环对地安全距离的要求，根据吊车尺寸、起吊位置、GIS 本体纵向尺寸等参数即可确定道路中心线与进出线套管的距离，以下以道路中心线与出线侧套管中心线距离为例进行计算。

（1）设备本体纵向尺寸。设备本体的纵向尺寸由厂家的结构设计决定，目前国内主要 750kV GIS 制造厂设备尺寸见表 8-20。

表 8-20　　　各 GIS 厂家布置尺寸　　　（m）

厂家	两相断路器间纵向尺寸	断路器与最近主母线间纵向尺寸	两相主母线之间纵向尺寸	纵向尺寸（边断路器至边主母线）
PG	3.00	4.0	2.30	14.6
XK	3.00	3.0	1.55	12.1
XDB	2.50	3.0	1.60	11.2

注　1. 考虑适应性，设备本体纵向尺寸取 14.6m。
　　2. 表中尺寸均为中心线距离。

（2）起吊故障边相主母线时与出线套管的距离。该距离由以下几方面因素控制：

1）吊车起吊故障边相主母线时与带电出线套管均压环满足交叉不同时停电检修距离的要求；

2）吊车支持脚间的间距；

3）基础外沿与最内侧断路器的间距；

4）吊车支持脚与 GIS 基础外沿的间距不应小于 1000mm。

此时，考虑电缆沟位于吊车支持脚与吊车本体之间，电缆沟不影响纵向尺寸。

以 100t 吊车为例，起吊故障边相主母线时与出线套管距离的纵向尺寸计算如下：

750kV 均压环对地的安全净距为 5650mm，吊车钢丝绳考虑起吊故障主母线时可能产生的摇摆 1000mm，吊车钢丝绳与出线套管均压环的裕度按 1000mm 考虑，即边相主母线与套管中心线的距离应为 7650mm。

100t 吊车支持脚间距最大为 7600mm（徐工产品），考虑吊车中心位于道路中心，即吊车支持脚与道路中心距离为 3800mm；

基础外沿与最外侧断路器中心线间距取 2050mm；

吊车支持脚与 GIS 基础外沿的间距为 1000mm；

GIS 本体纵向尺寸为 14600mm。

考虑以上因素后，可确定道路中心线与出线套管距离的纵向尺寸为 29100mm。

（七）户内 GIS 配电装置

图 8-148 给出户内 750kV GIS 一个半断路器接线配电装置布置。

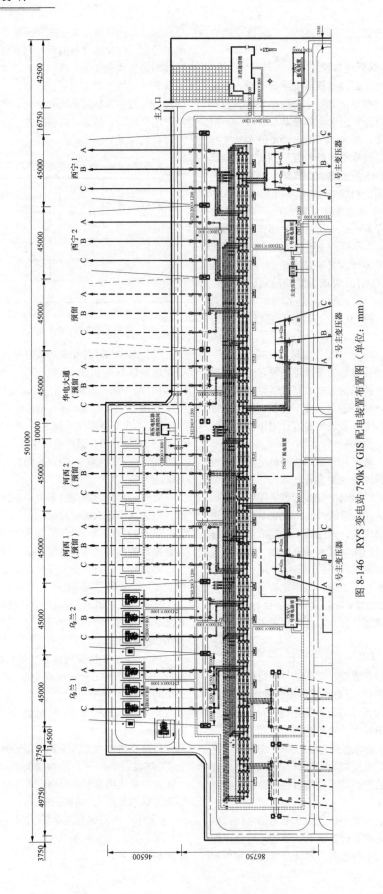

图 8-146 RYS 变电站 750kV GIS 配电装置布置图（单位：mm）

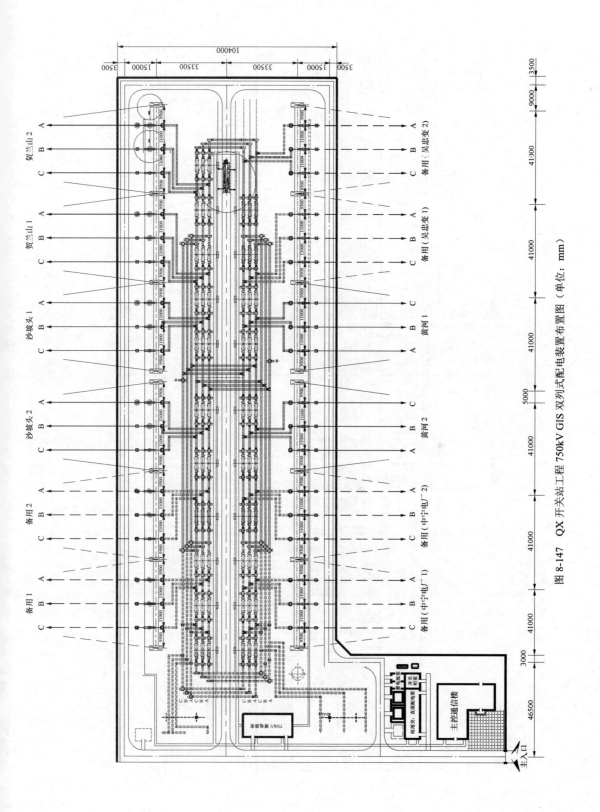

图 8-147　QX 开关站工程 750kV GIS 双列式配电装置布置图（单位：mm）

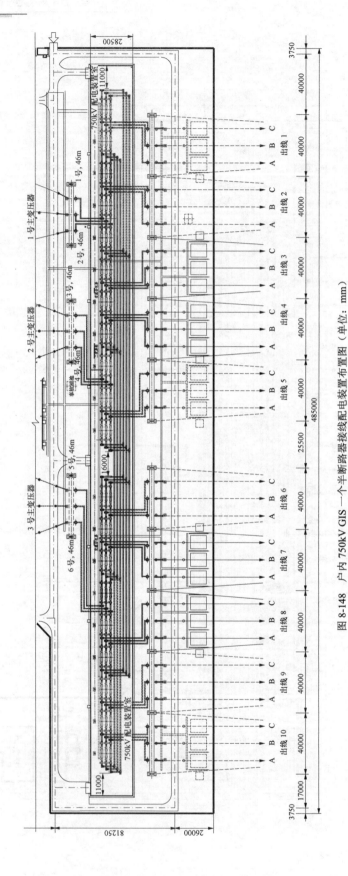

图 8-148 户内 750kV GIS 一个半断路器接线配电装置布置图（单位：mm）

（八）型式选择

750kV 配电装置主要有户外中型布置、户外 HGIS 布置、户外 GIS 布置三种型式，各种配电装置型式的适用范围不同，如场地宽敞、低地震烈度、污秽度小于 3 级的地区适宜选用户外中型布置或户外 HGIS 布置；场地受限、高地震烈度、污秽度严重地区适宜选用户外 GIS 布置。选用户外 GIS 布置方案时，可根据站址条件及出线条件等选用 GIS 一字形或双列式布置方案。

当变电站位于特殊环境地区，如昼夜温差大时，经过技术经济比较，可采用户内 GIS 配电装置。

第七节　1000kV 配电装置

交流 1000kV 及以上电压等级的输电网络称为特高压交流电网，特高压交流电网的主要优点体现在以下五个方面：

（1）节约投资，1000kV 交流输电方案的单位输送容量综合造价约为 500kV 输电方案的 73%。

（2）节约土地资源，如按输送功率 500 万 kW 考虑，一回 1000kV 电压输电线路的走廊宽度约为五回 500kV 线路走廊宽度的 40%，即输送同样的功率（如 500 万 kW），采用 1000kV 线路输电与采用 500kV 线路输电相比，可省 60% 的土地资源。

（3）节省运行费用，输电线路损耗方面，在总导线截面、输送容量均相同的情况下，1000kV 输电线路的电流是 500kV 输电线路的一半。由于线路电阻损耗与线路电流的平方成正比，所以以导线截面和输送容量均相同时，理论上 1000kV 线路的单位长度电阻损耗是 500kV 线路的 25%。

（4）减少煤电对环境污染的影响，采用特高压输电，直接把清洁的电力输送到华东、华北、广东等人口稠密的负荷中心，可以减少人口密集区的污染源，降低人口密集区的环境容量饱和的压力，另外也可以减少因铁路和公路远距离运输发电用煤所排放的废气对大气环境的污染。

（5）提高我国输变电设备制造企业的自主创新能力，提升国内设备制造水平。

一、特高压交流试验示范工程 1000kV 晋东南–南阳–荆门简介

1000kV 晋东南-南阳-荆门工程系统额定电压为 1000kV，最高运行电压为 1100kV，包含晋东南、荆门两座变电站和南阳一座开关站，起于山西省长治市境内的晋东南 1000kV 变电站，经河南省南阳市境内的南阳 1000kV 开关站，止于湖北省荆门市境内的荆门 1000kV 变电站，线路全长约 645km，其中晋东南-

南阳段线路长度约为 362km，南阳-荆门段线路长度约为 283km。本期按单回线建设，远期规划双回。晋东南-南阳-荆门 1000kV 特高压交流试验示范工程的投运，标志着我国形成了 1000/500/220/110kV 和 750/330/110kV 两个交流电压等级序列。

（一）晋东南变电站

特高压试验示范工程中的晋东南变电站 1000kV 电气接线远期为一个半断路器接线，本期为双元件双断路器过渡接线，开关采用 GIS 设备，选用母线集中外置的一字形布置形式。

（1）1000kV GIS 配电装置进、出线构架间隔宽度为 54m；架空软导线相间距离取 15m，相地距离取 12m；设备相间距离取 15.0m，相地距离取 12.0m。1100kV GIS 配电装置构架高度为 45m。

（2）1000kV HGIS 配电装置进、出线构架间隔宽度为 54m；架空软导线相间距离取 15m，相地距离取 12m；设备相间距离取 14.5m，相地距离取 12.5m。HGIS 配电装置母线构架高度取 38m，进出线构架高度为 55m。

（3）主变压器构架高度确定为 30m。

（二）南阳开关站和荆门变电站

南阳开关站和荆门变电站 1000kV 电气接线远期为一个半断路器接线，本期为双元件双断路器过渡接线，采用 HGIS 设备。根据南阳开关站及荆门变电站的实际情况，选用断路器三列式布置方案。

图 8-149 给出 NY 开关站的 1000kV 配电装置布置图。

二、1000kV 配电装置型式

结合设备制造、布置方案、施工安装要求、节约占地等方面因素，1000kV 配电装置可选用 GIS 或 HGIS 配电装置，主接线远期均为一个半断路器接线，过渡接线可选用双断路器接线等形式。以下对 1000kV 配电装置进行示例说明。

（一）1000kV HGIS 配电装置

图 8-150 给出 1000kV HGIS 配电装置设计方案。1000kV 采用一个半断路器接线，共 12 回进出线，组成 6 个完整串；配电装置采用 HGIS。配电装置主要尺寸见表 8-21。

表 8-21　构架高度、导线和设备布置尺寸一览表

序号	名称	导线悬挂点高度(m)	宽度(m)	相间距离(m)	相地中心距离(m)
1	母线架	38	62	15	16
2	主变压器过渡跨线架	38	62	15	16

续表

序号	名称	导线悬挂点高度(m)	宽度(m)	相间距离(m)	相地中心距离(m)
3	进出线架	55	53	14.5	12
4	间隔内设备	—	—	14.5	12
5	母线设备	—	—	14.5	16.5

（二）户外 1000kV GIS 配电装置

图 8-151 给出 1000kV 配电装置设计方案。1000kV 采用一个半断路器接线，共 11 回进出线，组成 5 个完整串和 1 个不完整串；设备外形按照 PG 产品，配电装置纵向尺寸满足所有设备厂家设备尺寸要求，配电装置主要尺寸见表 8-22 和表 8-23。

表 8-22　　　1000kV 配电装置纵向尺寸

序号	项　目	布置尺寸(m)
1	GIS 进出线套管间纵向尺寸	49
2	进出线构架纵向尺寸	54
3	主变压器运输道路至进线侧电容式电压互感器距离	8
4	进线侧电容式电压互感器至进线构架距离	5
5	出线构架至避雷器距离	5
6	避雷器至并联电抗器前道路距离	4
7	并联电抗器前道路至出线侧电容式电压互感器距离	4.5
8	出线侧电容式电压互感器至并联电抗器套管距离	4
9	并联电抗器套管至并联电抗器运输道路距离	22.25

表 8-23　　1000kV 配电装置构架及设备间距

序号	项　目	布置尺寸(m)
1	进出线构架宽度	49（进线）/ 51（出线）
2	进出线构架挂点高度	41
3	出线构架导线挂点相地距离	11.3
4	出线构架导线挂点相间距离	14.2
5	进出线设备相地距离	11.3
6	进出线设备相间距离	13.2（进线）/ 14.2（出线）

图 8-152 给出 1000kV 配电装置设计方案。1000kV 采用一个半断路器接线，共 12 回进出线，组成 6 个完整串；设备外形按照 PG 产品，配电装置纵向尺寸满足所有设备厂家设备尺寸要求。配电装置主要尺寸见表 8-24 和表 8-25。

表 8-24　　　1000kV 配电装置纵向尺寸

序号	项　目	布置尺寸(m)
1	GIS 进出线套管间纵向尺寸	49
2	进出线构架纵向尺寸	54
3	主变压器运输道路至进线侧电容式电压互感器距离	8
4	进线侧电容式电压互感器至进线构架距离	5
5	出线构架至避雷器距离	5
6	避雷器至并联电抗器前道路距离	4
7	并联电抗器前道路至出线侧电容式电压互感器距离	4.5
8	出线侧电容式电压互感器至并联电抗器套管距离	4
9	并联电抗器套管至并联电抗器运输道路距离	20.75

表 8-25　　1000kV 配电装置构架及设备间距

序号	项　目	布置尺寸(m)
1	进出线构架宽度	47（进线）/ 49（出线）
2	进出线构架挂点高度	41
3	出线构架导线挂点相地距离	10.3
4	出线构架导线挂点相间距离	14.2
5	进出线设备相地距离	10.3
6	进出线设备相间距离	13.2（进线）/ 14.2（出线）

图 8-153 给出 1000kV 配电装置设计方案。1000kV 采用一个半断路器接线，共 12 回进出线，组成 6 个完整串；设备外形按照 SG 产品，配电装置纵向尺寸满足所有设备厂家设备尺寸要求。

图 8-154 给出 1000kV 配电装置设计方案。1000kV 采用一个半断路器接线，共 14 回进出线，组成 7 个完整串；设备外形按照 XG 产品，配电装置纵向尺寸满足所有设备厂家设备尺寸要求。

图 8-155 给出 1000kV 配电装置设计方案。1000kV 采用一个半断路器接线，共 10 回进出线，组成 5 个完整串；设备外形按照西高产品，配电装置采用断路器双列式布置。配电装置主要尺寸见表 8-26 和表 8-27。该方案采用断路器双列式布置方案，断路器之间设置主运输吊装道路，与 750kV 断路器双列式布置方案不同的是，1000kV GIS 分支母线外形尺寸及质量均较大，采用了设置下沉式分支母线通道的方式穿越主运输吊装道路。

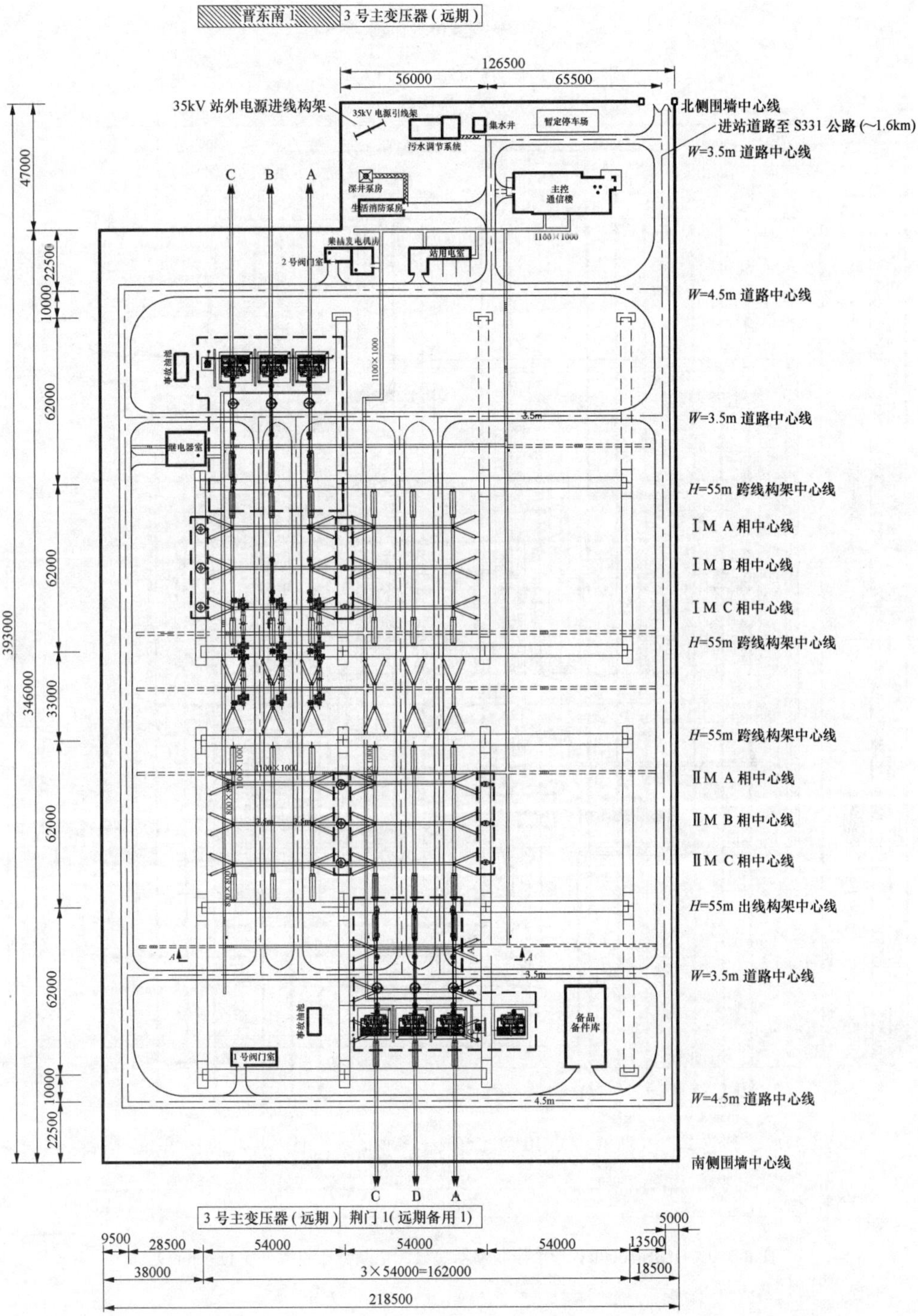

图 8-149　NY 开关站 1000kV 配电装置布置图（单位：mm）

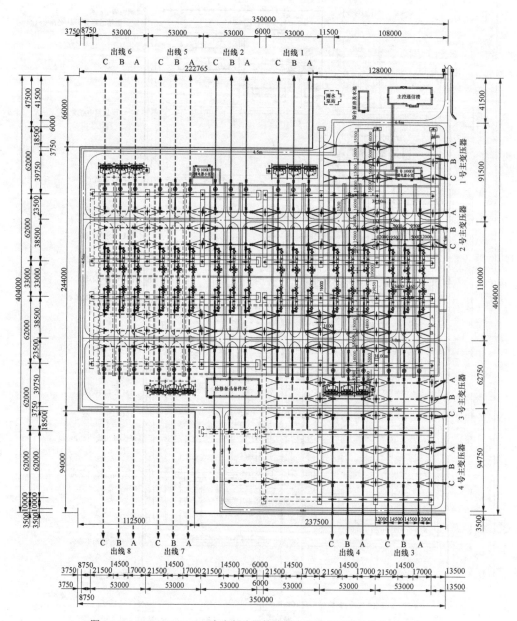

图 8-150　HGIS 1000kV 一个半断路器接线配电装置布置图（单位：mm）

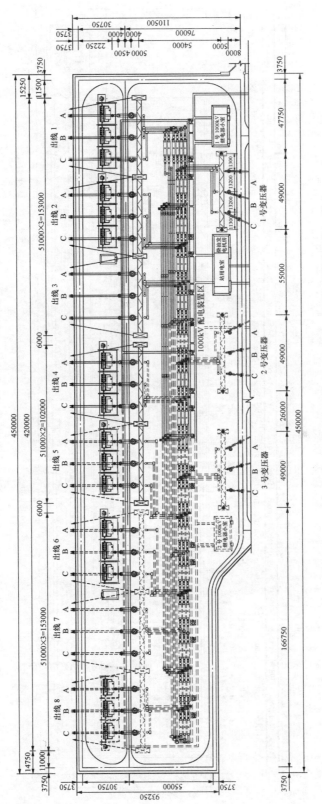

图 8-151 GIS 1000kV 一个半断路器接线配电装置布置图（PG 产品，出线架采用格构柱）（单位：mm）

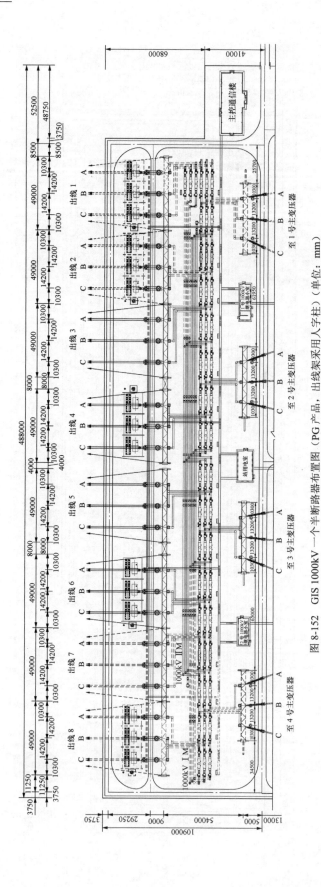

图 8-152　GIS 1000kV 一个半断路器布置图（PG 产品，出线架采用人字柱）（单位：mm）

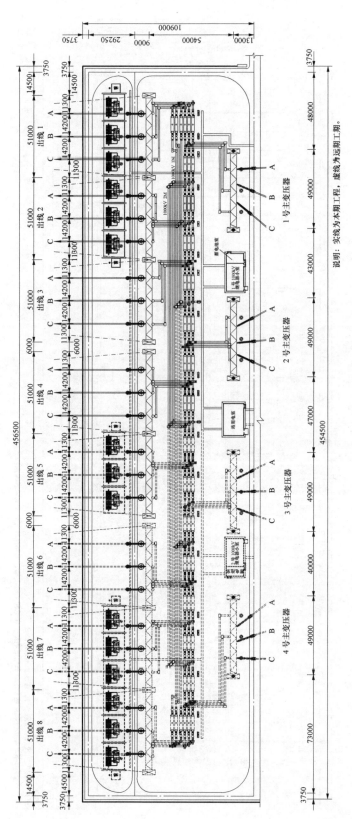

图 8-153　GIS 1000kV 一个半断路器接线配电装置布置图（SG 产品）（单位：mm）

说明：实线为本期工程，虚线为远期工程。

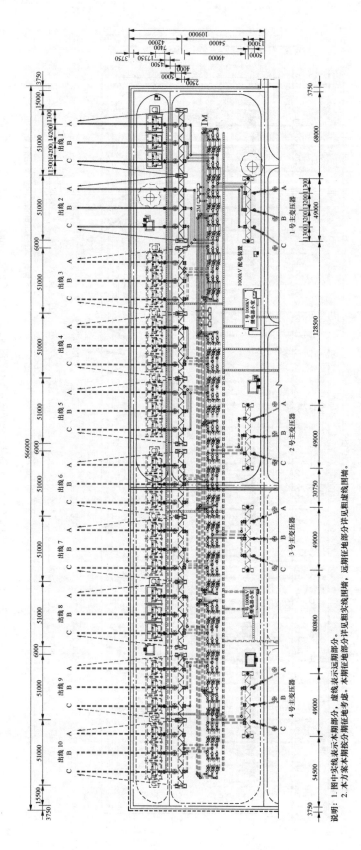

图 8-154 GIS 1000kV 一个半断路器接线配电装置布置图（XG 产品）（单位：mm）

说明：1. 图中实线表示本期部分，虚线表示远期部分。
2. 本方案本期按分期征地考虑。本期征地部分详见实线租围墙，远期征地部分详见虚线租围墙线租围墙。

表 8-26　　1000kV 配电装置纵向尺寸

序号	项　　目	布置尺寸（m）
1	GIS 运输检修道路至 GIS 出线套管间纵向尺寸	42.5
2	GIS 出线套管至出线构架间纵向尺寸	2.5
3	主变压器运输道路至电压互感器距离	8
4	电压互感器至进线套管距离	4
5	进线套管至进线构架距离	9
6	出线构架至避雷器距离	5
7	避雷器至并联电抗器前道路距离	4
8	并联电抗器前道路至电压互感器距离	4.5
9	电压互感器至并联电抗器套管距离	4
10	并联电抗器套管至其本体运输道路距离	20.75

表 8-27　1000kV 配电装置构架及设备间距

序号	项　　目	布置尺寸（m）
1	进出线构架宽度	柱间距 14.4，梁宽 26.4（进线，Π型架）/51（出线）
2	进出线构架挂点高度	32（进线）/41（出线）
3	出线构架导线挂点对地距离	11.3
4	出线构架导线挂点相间距离	14.2
5	出线设备相地距离	11.3
6	进出线设备相间距离	14.2

（三）户内 GIS 配电装置

变电站位于特殊环境条件，主要是极低温、温差

大时，可考虑选用户内 GIS 配电装置。图 8-156 给出 SL 变电站户内 1000kV GIS 配电装置设计方案，该方案采用一个半断路器接线方案。

三、1000kV 配电装置设计要点

（一）1000kV GIS 配电装置设计要点

1. 1000kV GIS 布置形式的原则

除参照常规超高压配电装置设计原则外，1000kV GIS 布置原则还应重点考虑以下几方面：

（1）设备横向尺寸与出线间隔宽度、主变压器配电装置尺寸匹配；

（2）应具有良好的运输和吊装条件，满足 GIS 设备安装（不带电）和设备检修（周围设备带电）时吊装和运输的空间活动范围要求；

（3）应避免 1000kV 出线交叉跨越。

2. 配电装置设计适应 1000kV GIS 设备厂家方案

目前 1000kV GIS 设备的主要生产厂家为 PG、SG、XK 等，其制造产品已在晋东南-南阳-荆门特高压试验示范工程和后续工程中得以应用，1000kV GIS 配电装置的布置需满足各设备厂家的产品外形。不同厂家 GIS 主要结构尺寸详见表 8-28。

考虑到适应性，1000kV 配电装置区域尺寸均可满足各厂家的双断口和四断口设计方案。设计方案考虑将现有 1000kV GIS 设备外形尽量涵盖，因此方案一、方案三中 1100kV GIS 采用 PG 双断口设备；方案二中 1100kV GIS 采用 SG 双断口设备；方案四中 1100kV GIS 采用 XK 四断口（未装设投切电阻 GL 型）设备；方案五中 1100kV GIS 采用 XK 四断口（装设投切电阻改进型）设备。

表 8-28　　　　　　　　　不同厂家 GIS 主要结构尺寸

序号	项目	PG	SG 双断口	SG 四断口	XK（未装设投切电阻 GR 型）	XK（装设投切电阻改进型）	XK（未装设投切电阻 GL 型）
1	母线相间距（m）	1.6	1.6	1.6	1.335	1.335	1.335
2	断路器相间距（m）	2.5	2.5	3.7	5.5	3.75	3.75
3	本体外廓纵向尺寸（m）	16.4	16.4	21.3	24.0	19.3	19.3
4	完整串长度（m）	74.5	72	69.4	51	64.5	66.3
5	断路器结构形式	直线形	直线形	π形	π形	π形	直线形

3. 1000kV GIS 设备吊装检修方案

1000kV GIS 设备吊装检修方案是配电装置设计的重点，应根据安装单元的质量和尺寸、吊装要求，确定吊车的型号及吊装作业范围，并在此基础上，结合考虑在相邻间隔带电和不带电情况下安装和检修，确定吊车的平面位置及吊车的作业半径需求。

（1）发电机出口断路器（GCB）单元吊装要求。

GCB 单元（含 TA）是 GIS 设备中最重的安装单元。PG GCB 单元的质量为 33t，外形尺寸为（长×宽×高）：11540mm×1892mm×3722mm；SG 双断口 GCB 单元的质量为 27t，外形尺寸为（长×宽×高）：8660mm×1440mm×3516mm；SG 四断口 GCB 单元的吊装质量为 8t，外形尺寸为（长×宽×高）：12360mm×3195mm×3415mm；XK GCB 单元的质量为 10t，外形尺寸为（长×宽×高）9800mm×2005mm×3670mm，其外形如图 8-157 所示。

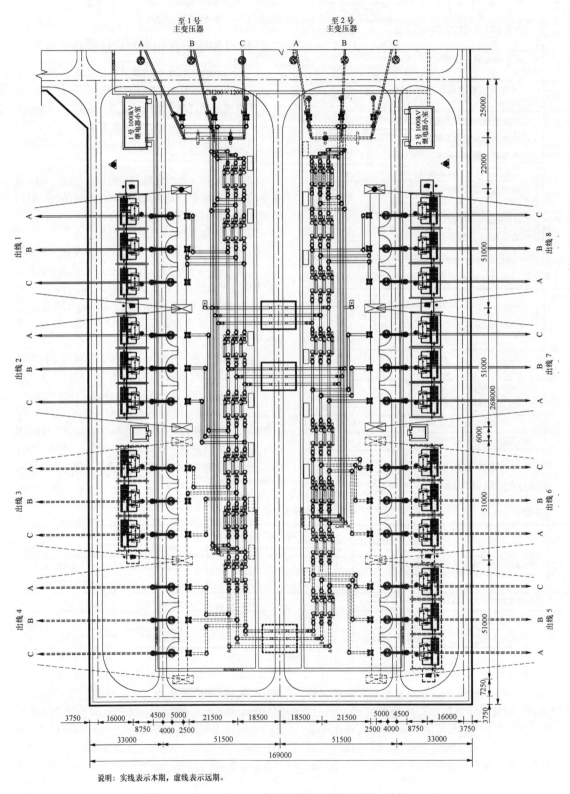

说明：实线表示本期，虚线表示远期。

图 8-155 GIS 1000kV 一个半断路器双列式布置图（单位：mm）

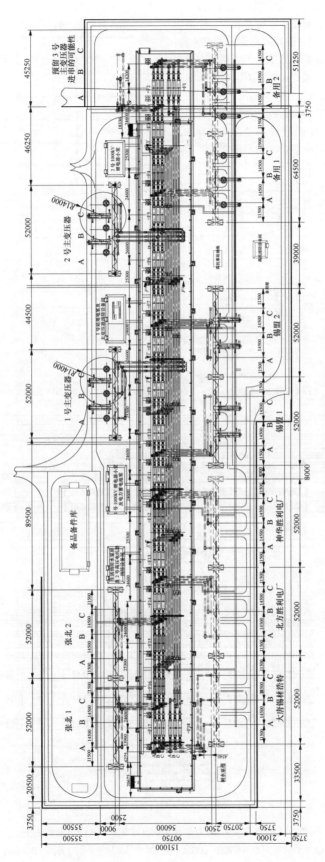

图 8-156 SL 变电站户内 1000kV GIS 配电装置布置图（单位：mm）

采用母线集中外置的断路器一字形布置、断路器双列式布置方案时，吊车均可按布置在断路器侧考虑，采用断路器一字形布置方案时吊车出入可利用主变压器运输道路；采用断路器双列式布置方案时吊车出入利用 GIS 运输检修道路。

根据各厂家 GCB 断路器的质量，结合断路器的布置，确定吊车的选型及吊车作业半径，见表 8-29。

对应各设备厂家的产品形式，吊车吊装断路器时的布置方案如图 8-158 所示。

表 8-29　各厂家 GCB 吊车选型及吊车作业半径

设备厂家	GCB 吊装质量（t）	吊车作业半径（m）	吊车选型（t）
PG	33	14	160
SG 双断口	27	16	160
SG 四断口	12	18	100
XK	10	28	160

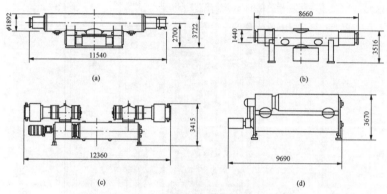

(a)　　　　　　　　　(b)

(c)　　　　　　　　　(d)

图 8-157　各厂家 GCB 单元外形图（单位：mm）
（a）PG GCB；（b）SG 双断口 GCB；（c）SG 四断口 GCB；（d）XK GCB

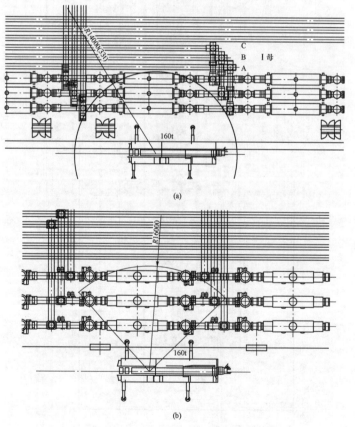

(a)

(b)

图 8-158　各厂家 GCB 吊装吊车平面布置图（一）（单位：mm）
（a）GCB 吊装吊车平面布置图（PG）；（b）GCB 吊装吊车平面布置图（SG 双断口）

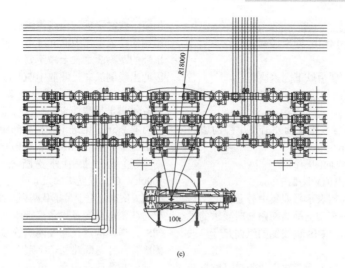

(c)

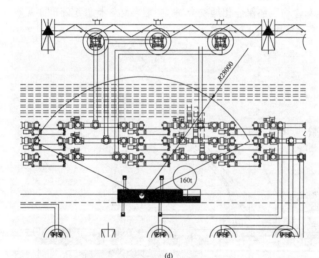

(d)

图 8-158　各厂家 GCB 吊装吊车平面布置图（二）（单位：mm）
（c）GCB 吊装吊车平面布置图（SG 四断口）；（d）GCB 吊装吊车平面布置图（XK 四断口）

（2）其他安装单元吊装要求。除 GCB 外，GIS 设备中的吊装单元还包括套管、隔离开关、母线及母线 TV。根据厂家资料，母线集中外置的断路器一字形布置、断路器双列式布置方案中各吊装单位的吊装要求汇总见表 8-30。

表 8-30　　　　　　　　　　　　　　　　GIS 各安装单元的吊装要求

安装单元	吊装质量（t）				吊车吨位（t）				最大作业半径（m）			
	PG	SG（双断口）	SG（四断口）	XK	PG	SG（双断口）	SG（四断口）	XK	PG	SG（双断口）	SG（四断口）	XK
断路器	33	27	12	10	160	160	100	160	14	16	18	28
套管	7	7	7	7	30	30	30	30	8	8	8	8
隔离开关	6.6	6.5	6.5	4.4	100	100	100	130	18	18	18	28
母线	4	1.2	1.2	3.5	100	70	70	160	30	29	29	32
母线 TV	2.5	2.5	2.5	4	25	100	100	160	16	24	24	32

4. 1000kV GIS 设备纵向尺寸确定

（1）母线集中外置断路器一字形布置方案 1000kV GIS 设备纵向尺寸。一字形布置方案 1000kV GIS 设备纵向尺寸主要取决于 GIS 的运输、吊装要求及设备本体的纵向尺寸。纵向尺寸的大小直接影响进

出线分支母线的长度，对设备造价影响较大。因此，1000kV GIS 结构尺寸的优化重点为 GIS 纵向尺寸的优化。设备本体的纵向尺寸由厂家的结构设计决定，因此 GIS 纵向尺寸的优化重点为以下两方面：

1）进线侧纵向尺寸优化，即进线套管至设备本体

距离的优化；

2）出线侧纵向尺寸优化，即出线套管至设备本体距离的优化。

进线侧纵向尺寸主要由以下因素决定：

a）吊车带电吊装时与进线高压套管均压环保证相地安全净距；

b）吊车支脚中心与本体基础外沿及电缆沟边的距离不应小于 1000mm；

c）吊车支脚间的纵向间距；

d）基础外沿与最内侧断路器的间距。

图 8-159 以 XK 为例表示母线集中外置的一字形布置方案中使用 160t 吊车带电吊装断路器时要求的进线侧纵向尺寸，最终确定 GIS 进线侧的纵向尺寸可取 18.555m。

出线侧纵向尺寸由以下因素决定：带电吊装母线或母线设备时与出线高压套管均压环保证相地安全净距。图 8-160 以 XK 为例表示使用 160t 吊车时，带电

吊装母线时要求的出线侧纵向尺寸。其中，160t 吊车吊钩摇摆范围按 1000mm 考虑；摇摆时对出线套管均压环的距离满足安全净距要求，裕度按 650mm 考虑，因此出线侧纵向尺寸取 10500mm。

综上所述，GIS 进出线套管之间的纵向尺寸取 52m 可满足吊装要求。套管与进出线构架中心线的距离可取 2.5m，则进出线构架间距可取 57m。该尺寸可适应三个厂家的 GIS 设备纵向布置。

（2）母线集中外置断路器双列式布置方案 1000kV GIS 设备纵向尺寸的优化。采用断路器双列式布置方案时，由于吊车从两列断路器中间驶入吊装，吊车与两侧电缆沟及设备基础距离较大，该距离主要受 GIS 过道路沟道尺寸及两侧管线布置尺寸限制。出线侧纵向尺寸与断路器一字形布置方式确定原则一致。

经与各厂家配合，可得出各厂家 GIS 设备出线套管与运输检修道路间距见表 8-31。

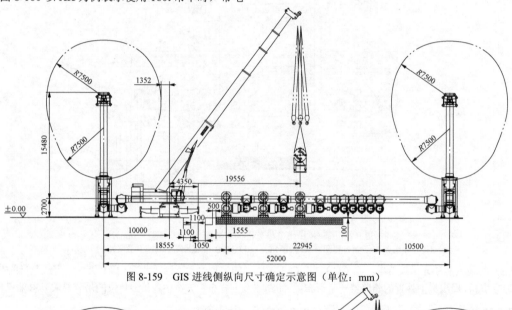

图 8-159 GIS 进线侧纵向尺寸确定示意图（单位：mm）

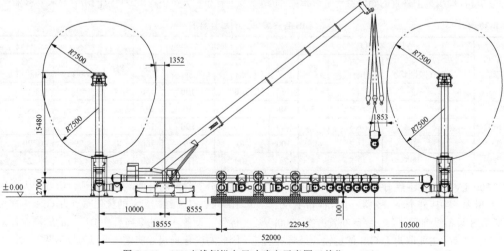

图 8-160 GIS 出线侧纵向尺寸确定示意图（单位：mm）

表 8-31 出线套管与运输检修道路间距

生产厂家	PG	新东北	新东北	西 开
设备型式	双断口	双断口	四断口	四断口
布置形式	断路器双列式布置	断路器双列式布置	断路器双列式布置	断路器双列式布置
安装检修道路中心与进出线套管间距	35.8m	36.3m	42.5m	42.5m

综上所述，当采用断路器双列式布置方案时，安装检修道路中心与出线套管间距推荐取 42.5m，可满足不同厂家不同型式断路器的布置要求。

5. 1000kV 配电装置间隔宽度

由计算可知，1000kV 配电装置间隔宽度主要受跳线的摇摆控制，跳线均为单边跳线配引下线，为减小跳线和引下线的风偏摇摆，并改善 GIS 套管端部受力，采用 V 形悬垂绝缘子串限制跳线摇摆；此时，上跨线风偏摇摆和设备均压环的尺寸成为确定进出线构架宽度的重要因素，见表 8-32。

表 8-32 1000kV 间隔宽度校验汇总

校验内容	相间距离要求值（m）	相地距离要求值（m）	校验结论
跳线和引下线风偏	采用 V 形悬垂串，不作为控制因素	采用 V 形悬垂串，不作为控制因素	满足要求
上跨线风偏（以武汉站为例，按照 100 年一遇离地 10m 高的 10min 平均最大风速为 23.4m/s 计算）	10.82	8.28	满足要求
绝缘子串均压环	2.74+10.1（均压环外缘最大尺寸+均压环之间相间距离要求值）=12.84	7.5+2.2/2+3/2+0.62/2（相地距离要求值+悬垂串均压环外缘最大尺寸的一半+构架宽度的一半）=10.41	满足要求
出线设备电气距离	3.8+10.1（避雷器均压环外缘尺寸+均压环之间相间距离要求值）=13.9	11.15（三维空间校验）	满足要求
进线设备电气距离	2.2+10.1（电压互感器均压环外缘尺寸+均压环之间相间距离要求值）=12.3	10.35（三维空间校验）	满足要求
高压电抗器及中性点小电抗布置	—	—	满足要求
临界电晕电压校验和电晕无线电干扰	—	—	满足要求

表 8-32 中相地距离是基于格构式构架计算的，进、出线均采用单钢管设计或采用钢管 Π 型架时，相地距离略有不同。

综合导线风偏摇摆计算、设备相间及相地距离校验、电晕无线电干扰校验的结论，并考虑适当的裕度，1000kV 配电装置对应不同构架型式的进出线间隔宽度按下述原则确定：

（1）进、出线构架采用格构式时，出线间隔宽度取 51m，相间距离取 14.2m，相地距离取 11.3m；进线间隔宽度取 49m，相间距离取 13.2m，相地距离取 11.3m。

（2）进、出线构架采用钢管人字柱，柱截面缩小，出线间隔宽度取 49m，相间距离取 14.2m，相地距离取 10.3m；进线间隔宽度可优化至 47m，相间距离取 13.2m，相地距离取 10.3m。

（3）进线构架采用钢管 Π 型架，柱间距 14.4m，梁宽 26.4m，相间距离取 13.2m。

6. 1000kV 构架高度的确定

（1）吊装方案。1000kV 构架有主变压器进线构架和出线构架两种，高度主要考虑 GIS 套管及高压电抗器套管的不带电吊高要求，满足高压电抗器和主变压器运输及线路对设备的交叉跨越要求。

当进出线套管带电时，若需要吊装或检修除套管之外的设备，只要吊车满足对套管的带电距离，则也能够满足对构架上导线的带电距离。同时，若需要对套管进行吊装或检修，则对应回路构架上的导线需要同时停电，而其他回路的导线和设备即使带电，在平面布置上也可以保证作业时的带电距离要求。因此，构架高度的确定只需要满足套管不带电时的施工要求即可。

套管的吊装主要有两步：

1）起立。套管由水平状态立起为竖直状态，并放置在安装台上。

2）吊装。套管改为竖直状态后，拆卸运输用保护罩，然后安装在 GIS 上。

吊车吊装套管时，要求的作业半径一般不大，选用一台 50t 和一台 25t 的吊车共同起吊即可满足要求。

（2）出线构架高度。目前各厂家的 GIS 套管升高座高度不同，按其中最高的 XK 产品 5.91m 考虑，GIS 套管长度约为 12.5m，基础高度按 0.2m 考虑，起吊高度约为 2m，起吊质量约为 7t，考虑采用一台 50t 和一台 25t 的吊车共同起吊，连接板和吊绳长度考虑约为 3m，吊车吊钩及吊索长度约为 3m，吊装套管时，绝缘子串长度取 12.5m。则 GIS 套管吊装时，当套管为完全竖直状态时，确定构架挂点最低高度不应小于 0.2m（基础高度）+5.91m（升高座高度）+2m（起吊高度）+12.5m（套管长度）+3m（连接板及吊绳长度）+3m（吊车吊钩及吊索长度）+12.5m（绝缘子串长度）=39.11m。考虑一定裕度后，构架高度取 41m 是可行的。考虑到出线构架离围墙较远，线路导线弧垂较大，线路导线高度需满足高压并联电抗器吊装套管要求的高度，同时，构架高度的确定还与线路终端塔的高度有关。因此，1000kV GIS 出线构架高度暂按 41m 考虑。

（3）进线构架高度。对于 1000kV 主变压器进线构架，为满足在主变压器进线构架下吊装 GIS 套管的要求，目前暂推荐 1000kV 主变压器进线构架推荐挂点高度与出线构架保持一致，为 41m，此高度既能满足套管吊装时吊车布置在 GIS 本体与套管之间，又能满足套管吊装时吊车布置在道路上，对于今后运行维护比较方便。

主变压器进线构架采用钢管 Π 型架，不设置悬垂绝缘子串，因此构架高度为 39.11m-12.5m（绝缘子串长度）=26.61m。考虑一定裕度，主变压器进线构架与主变压器构架高度保持一致。

需要说明的是，试验示范工程设计阶段，主变压器 1000kV 套管高度考虑约为 18m，起吊高度约为 1.5m，考虑采用一台 50t 和一台 25t 的吊车共同起吊，吊臂活动范围考虑约为 2m，吊绳长 7m，考虑一定的裕度，主变压器进线构架高度取 30m。通过对试验示范工程施工情况的调研得知，在吊装主变压器套管时存在一定的难度，因此，后续变电站方案中为了更加方便主变压器套管的吊高，考虑增加一些裕度，推荐主变压器构架高度按 32m 考虑。

（二）1000kV HGIS 设计要点

1. 1000kV HGIS 布置方案

在没有特殊地形限制的情况下，对于采用一个半断路器接线的 1000kV HGIS 配电装置，参考常规 AIS 一个半断路器接线的布置思路，采用断路器三列式布置方式。

母线采用户外软母线分相中型布置，配电装置外侧设有环行道路，间隔中间设纵向通道，满足各间隔内设备及母线运输、安装和检修方便的要求。参照 AIS 配电装置研究，在 HGIS 配电装置中主变压器垂直架空进线也选用低架横穿的方式。

2. 1000kV HGIS 间隔宽度

构架宽度的确定方法与超高压 AIS、HGIS 配电装置的方法是相同的。间隔宽度见表 8-33。

表 8-33 1000kV HGIS 配电装置间隔宽度一览表

项目	相间距离 （m）	相地距离 （m）	间隔宽度 （m）
进（出）线间隔	14.5	12	53
母线间隔	15	16	62
远期主变压器进线	15	16	62

3. 1000kV HGIS 母线构架高度

母线构架高度的确定方法与超高压 AIS、HGIS 配电装置的方法是相同的。

（1）隔离开关接线端子的对地高度由 C 值（=17.5m）决定，母线构架高度以 A 相隔离开关的连接线在下面通过 B、C 相母线时，必须与 B、C 相母线保持 B_2 值为控制条件，可以得出 1000kV 软母线构架计算高度为 34.75m。

（2）由于母线相间距离较大，母线隔离开关引线需要采用支柱绝缘子过渡，过渡引线与母线跳线之间需满足 A_2 值的要求。经实际校验，在母线弧垂取 6m 时，母线构架至少 37m 高才能满足要求。

（3）考虑到金具质量等不确定因素，母线构架高度取 38m，母线弧垂按 5.5～6m 考虑。

4. 1000kV HGIS 设备进（出）跨线构架高度

1000kV 配电装置架空进（出）跨线一般均需跨越主母线，其高度受上层进（出）跨线与下层主母线之间的最小电气距离的控制。

（1）正常运行跨线与母线垂直交叉。正常运行时上层跨线与下层母线在最靠近处应满足不同相导体最小电气距离 A_2 值的要求，采用软母线时经计算，进出线门型构架高度为 51.525m。

（2）跨线带电、母线停电检修。软母线检修，不考虑母线上人，检修人员站在升降作业车上操作，假设此时人的上半身超过母线高度，经计算，进（出）线门型构架高度为 49.675m。

（3）母线带电、跨线停电检修。母线正常运行，检修进线导线间隔棒，检修人员从门型构架上人，骑在导线上进行检修，身体下半身的高度为1m，经计算，进（出）线门型构架高度为49.675m。

（4）跨线及母线都带电，检修母线。母线、跨线都带电，母线构架上人检修耐张线夹，人与上层跨线间的净距不得小于B_2值，经计算，进出线门型构架高度为52.3105m。

（5）跨线及母线都带电，检修跨线。母线及跨线都带电，跨线上人检修引卜线夹，人跨越母线上方，人脚对母线的净距不得小于B_2值，采用软母线时经计算，进出线门型构架高度为52.8105m。

（6）母线构架横梁上人的校验。母线构架上人且伸手时，手对跨线的距离不得小于A_1值。

（7）进（出）跨线构架高度确定。上述情况得出的进（出）跨线构架计算高度结果列于表8-34中，取最严重情况确定最终的构架高度。

表8-34 各种工况要求的进（出）跨线构架高度（m）

序号	各种工况	进（出）跨线构架高度
1	正常运行、跨线与母线垂直交叉	51.525
2	跨线带电、母线停电检修	49.675
3	母线带电、跨线停电检修	49.675
4	跨线、母线都带电，检修母线	52.3105
5	跨线、母线都带电，检修跨线	52.8105
6	母线构架横梁上人	满足要求
7	最终进（出）跨线构架高度推荐值	55

5. 1000kV HGIS 配电装置纵向尺寸的确定

纵向尺寸指每个间隔内的设备、道路、沟道、构架等相互间的距离，该距离除保证安全运行外，还应满足巡视、操作、维护、检修、测试、运输等方面的要求，还应考虑配电装置扩建的方便，影响纵向尺寸有以下几个因素：

（1）配电装置安全净距的要求。必须满足安装、检修人员及电气设备与带电部分之间安全净距的要求。

（2）运行方面的要求。运行中要对电气设备做定期巡视并进行各项操作，必要时进行消除缺陷等维护工作。考虑到人体活动及携带工具所需的空间，通道的宽度以0.8（包含0.8m）～1.0m为宜。

（3）设备运输的要求。在配电装置内运输设备一般采用汽车运输和滚杆运输。汽车运输时，其车厢所要求的最小间距为6m。

滚杆运输过程中需在两侧不断调整方向，设备两侧各保持1m空间为宜。

（4）设备检修起吊的要求。起吊工具为汽车起重机。

（三）特高压变电设备与导体及金具连接方式

1. 主变压器进线回路

1000kV GIS、HGIS 与主变压器的连接方式推荐采用架空软导线，进出线侧避雷器、电容式电压互感器均采用户外敞开式设备。

以1000kV GIS 布置方案为例，断路器一字形布置方案中主变压器回路纵向尺寸（即主变压器构架与主变压器进线构架之间的距离）按照是否设置隔声屏障分别为41m（主变压器高压侧不设置隔声屏障）、43m（主变压器高压侧设置隔声屏障），详见图8-161；断路器双列式布置方案中主变压器纵向尺寸为53m，详见图8-162。

2. 1100kV HGIS 与母线连接回路

1100kV HGIS 与母线连接回路采用管形导体及软导线连接方式，管形导体一端伸入 HGIS 套管均压环中，另一端通过软导线与上层母线连接。HGIS 套管分别采用适合于四分裂导线的金具和适合于管形母线的金具，铝管母线端部与软导线的连接处采用0°终端金具，支柱绝缘子采用管形母线固定金具。

3. 1000kV 并联电抗器回路

1000kV 高压并联电抗器回路设备采用管形导体连接方式。

（1）特高压示范工程中采用支柱绝缘子与接地开关共同支撑管形母线，承担全部的管形母线垂直正压力和横向侧风压。避雷器和电容式电压互感器（CVT）与管形母线均通过软导线 T 接。接地开关侧的管形导体端部采用 0°终端金具与四分裂导线连接，1000kV 并联电抗器侧管形导体端部伸入并联电抗器套管均压环，并联电抗器套管采用适合于管形导体的金具，支柱绝缘子采用管形母线固定金具，避雷器和电压互感器采用软导线金具。

（2）目前设计方案中均采用四元件方案。不设置接地开关，高压电抗器回路连接采用 GIS 套管-避雷器-电容式电压互感器-高压电抗器套管的四元件方案。高压电抗器回路纵向尺寸（运行检修道路和运输道路中心之间的距离）按照消防方式的不同分别为 30.75m（水喷雾消防）、29.25m（泡沫消防），详见图8-163。其中高压电抗器按照不设置隔声屏障考虑，若实际工程中高压电抗器处需要设置隔声屏障，则此处纵向尺寸可适当加大。

4. 1000kV 母线过渡连接回路

1000kV 母线过渡连接回路设备采用管形导体连接方式。支柱绝缘子根据需要采用管形母线固定金具和管形母线滑动金具。

（四）型式选择

1000kV 配电装置主要有户外 GIS 布置、户外 HGIS 布置两种型式，从工程应用角度及适应性上讲，户外 GIS 布置具有节约占地、减少敞开式设备数量（主要为支柱绝缘子）、简化配电装置构架数量等优势，不足之处是设备本体费用较高，综合考虑，工程条件允许时，应优先考虑户外 GIS 布置方案。选用户外 GIS 布置方案时，可根据站址条件及出线条件等选用 GIS 一字形或双列式布置方案。

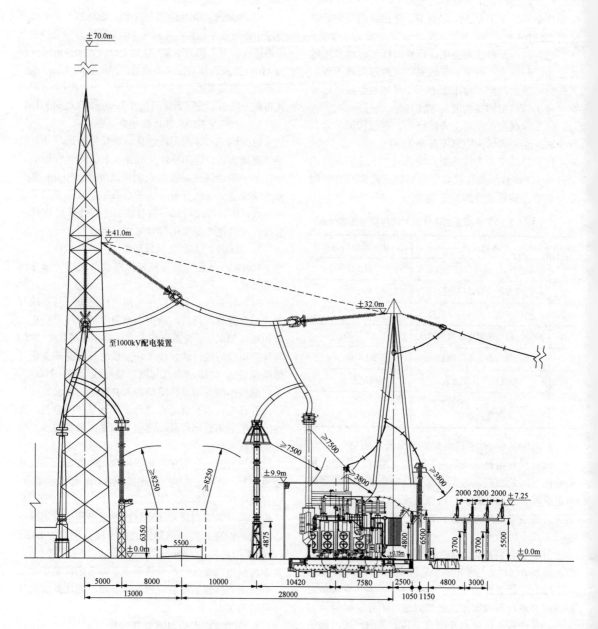

图 8-161　主变压器进线回路（断路器一字形布置方案）（单位：mm）

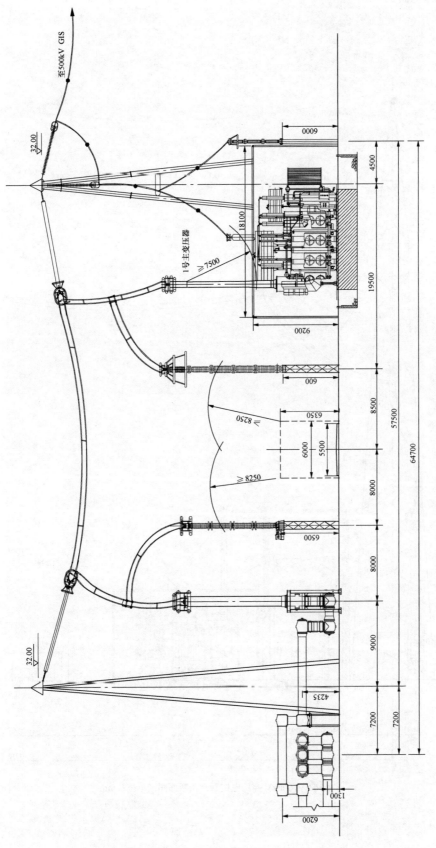

图 8-162　主变压器进线回路（断路器双列式布置方案）（单位：mm）

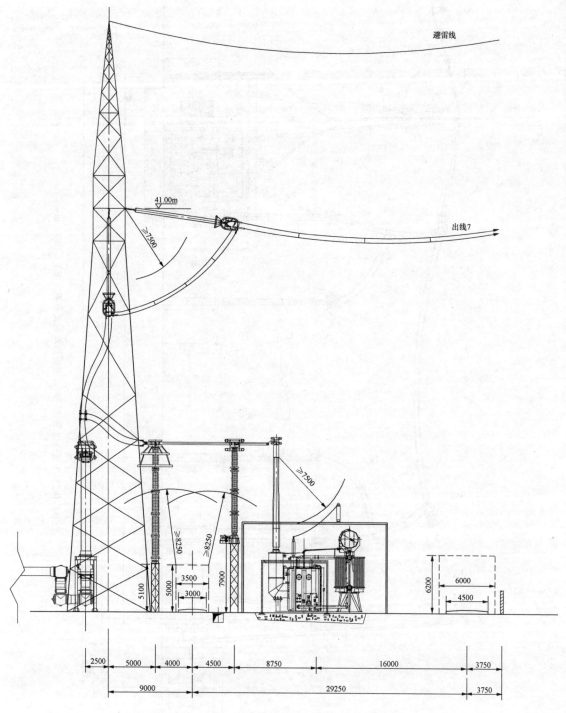

图 8-163　1000kV 高压电抗器回路断面图（单位：mm）

第八节　并联无功补偿装置

一、总的布置原则及要求

变电站内的并联无功补偿装置基本可分为以下两类：

（1）主变压器低压侧的低压无功补偿装置，包括10、35、66、110kV 电压等级的并联电抗器、并联电容器、SVC、STATCOM 等。

（2）线路上安装的高压并联补偿电抗器，包括330、500、750、1000kV 等，又可根据电抗器型式的不同，分为固定高压并联电抗器和可控高压并联电抗器。

调相机作为并联补偿装置，主要应用于换流站内，本节不再赘述。

（一）主变压器低压侧低压无功补偿装置

（1）应按照配电装置设计的基本原则及要求进行设计，并结合全站电气总平面布置统筹考虑。

（2）装置布置方案应利于通风散热、运行巡视、更换设备以及分期扩建。

（3）在装置安装时，应满足安装地点的自然环境条件（海拔、污秽、风速、地震烈度、温度、湿度、日照等），防范一些不利的自然因素，如鸟害、鼠害等。

（4）严寒、湿热、风沙等特殊地区和污秽、易燃、易爆等特殊环境宜采用户内布置。

（二）高压并联电抗器

（1）线路并联电抗器通常带小电抗，一般布置在配电装置的线路侧。

（2）母线并联电抗器通常不带小电抗，一般布置在配电装置内。

（3）电抗器附近应有运输道路，运输道路宽度宜按不小于 4m 考虑。

（4）电抗器下应设置事故油坑，单相电抗器之间应设防火隔墙。

二、基本布置要求

（一）并联电容器组

并联电容补偿装置一般包括电容器组、串联电抗器及其附属设备的布置。目前并联电容补偿装置的额定电压一般不超过 110kV。

根据电容器产品的形式，电容器组的布置可分户内式和户外式两种；按电容器的排列层次，可分为单层布置和多层布置。

1　户内布置

（1）适用于 10～66kV 并联电容器组。

（2）适用于户内式不允许太阳照射的电容器产品，可防止污秽、鸟害，对鼠害也容易防护。

（3）供电线路的开关柜不宜与并联电容器装置布置在同一配电室。

（4）电容器室的朝向尽量以吸热最小、散热最快来决定，并且压顶应采取隔热措施，电容器室应首先考虑自然通风，当其不满足排热要求时，可采用自然进风、机械排风的通风方式。

（5）电容器室不宜设置采光玻璃窗，门应向外开启。相邻两电容器室之间的门应能向两个方向开启。由于条件限制，电容器室与其他生产建筑物连接布置时，其间应设防火隔墙。电容器室宜采用水泥砂浆抹面并压光。

（6）户内并联电容器组下部地面，应采取防止油浸式电容器液体溢流的措施。户内其他部分的地面和面层，可与变电站的房屋建筑设计协调一致。

（7）装置应设置维护通道，其宽度（净距）不宜小于 1200mm，维护通道与电容器间应设置网状遮栏；装置为户内布置时，如能满足运行巡视要求，维护通道可设在室外。

（8）电容器构架与墙或构架之间设置检修走道时，其宽度不宜小于 1000mm。

（9）为防止鸟、鼠等侵害，并联电容器装置应安装金属防护网或采取其他防护措施，电容器室的进、排风口应有防止雨雪和小动物进入的措施。

（10）串联电抗器应考虑通风散热及起吊设施。

（11）油浸式铁芯串联电抗器，其油量超过 100kg时，应单独设置防爆间隔和储油设施。

（12）单相空心串联电抗器在布置形式上可采取水平排列或垂直排列（B 相必须安装在中间）。

（13）干式空心串联电抗器布置与安装时，应满足防电磁感应要求，加大对周围的空间距离，并应避开继电保护和微机监控等电气二次弱电设备。周围钢构件不应构成闭合回路。电抗器对其四周不形成闭合回路的铁磁性金属构件的最小距离以及电抗器相互之间的最小中心距离，均应满足下列要求：

1）电抗器对上都、下部和基础中的铁磁性构件距离，不宜小于电抗器直径的 0.5 倍。

2）电抗器中心对侧面的铁磁性构件距离，不宜小于电抗器直径的 1.1 倍。

3）电抗器相互之间的中心距离，不宜小于电抗器直径的 1.7 倍。

（14）干式空心串联电抗器支撑绝缘子的金属底座接地线，应采用放射形或开口环形。干式空心串联电抗器组装的零部件，宜采用非导磁的不锈钢螺栓连接。

2. 户外布置

（1）适用于 10～110VkV 并联电容器组。

（2）适用于户外式电容器产品，同时应采取一定措施防止污秽、鸟害等。

（3）并联电容器装置应设置安全围栏，围栏对带电体的安全距离应符合国家现行标准的有关规定。围栏门应采取安全闭锁措施，并应采取防止小动物侵袭的措施。

（4）并联电容器组的布置，宜分相设置独立的框（台）架，电容组中电容器单元的安装有立放和卧放两种形式。

（5）并联电容器装置的朝向应综合考虑减少太阳辐射热和利用夏季主导风的散热作用，应尽量使电容器箱壳立面的小面为南北向，大面为东西向。

（6）分层布置的 35～110VkV 电压等级的并联电容器组框（台）架，不宜超过 6 层，每层不应超过 2 排。

（7）油浸集合式并联电容器，应设置储油池或挡油墙，容器的浸渍剂和冷却油不得污染周围环境和地下水。

（8）串联电抗器通常选用干式空心，具体布置要求同户内布置时对周边空间安全净距及防磁的要求。

（9）放电线、避雷器等附属设备，可布置在电容器构架上，也可独立设置。

（10）并联电容器装置附近必须设置消防设施。装置与其他建筑物或主要电气设备之间无防火墙时，其防火间距不应小于 10m。

（11）围栏内地面宜采用水泥砂浆抹面。

（二）并联电抗器

1. 户内布置

（1）适用于 10～66kV 并联电抗器。

（2）适用于户内式不允许太阳照射的电抗器产品，可防止污秽、鸟害，对鼠害也容易防护。

（3）并联电抗器室的隔热、通风、采光、运行维护通道等设计与并联电容器室要求基本一致。

（4）并联电抗器的本体要求、防磁要求等基本与干式空心串联电抗器一致，油浸式同样应考虑设置防爆和储油设施。

2. 户外布置

（1）适用于 10～110kV 并联电抗组。

（2）适用于户外式电抗器产品，同时应采取一定措施防止污秽、鸟害等。

（3）为减少占地面积及便于电抗器引出线，三相干式并联电抗器宜按品字形布置方式；部分工程为了与电容器组回路布置匹配，三相干式并联电抗器采用一字形布置。

（4）地震烈度 7 度及以下时，宜采用高位布置，电抗器本体绝缘子采用不低于 2.5m 的高玻璃钢支柱进行支撑。

（5）地震烈度 8 度及以下时，宜采用低位布置，周围设置围栏，围栏同时应考虑防磁等方面的要求。

（6）油浸式并联电抗器，应设置储油池或挡油墙，容器的浸渍剂和冷却油不得污染周围环境和地下水。

（7）电抗器本体宜采用隔声降噪措施。

（三）SVC 成套装置

1. TCR 型 SVC 成套装置

（1）TCR 型 SVC 成套装置由 FC（滤波电容器）、TCR 和晶闸管阀等组成，并且一般还需要冷却装置及控制保护装置，布置一般采用混合型布置。

（2）成套装置一般布置在变电站的配电装置内，当需要单独布置时，10kV 及以下的断路器为户内布置，且为开关柜式；35kV 及以上的断路器可采用户内或户外布置，采用开关柜或常规敞开式设备。

（3）FC 的布置与并联电容器组基本相同，这里不再赘述。

（4）TCR 电抗器本体及其附件一般采用户外落地布置方式。对于干式空心电抗器，布置时应满足制造厂提出的三相设备之间，以及设备与周围导磁件之间的最小允许距离。一般情况下，可按照相间距离大于 1.7D（D 为电抗器外径），下表面与地面的距离大于 0.5D，电抗器中心与墙壁、围栏等的距离在 1.1D 以上来考虑。在上述距离之内的构件应采用非磁性材料制造。电抗器周围不应构成闭合的导磁回路。当 TCR 电抗器电压较低、容量较小时，可将一相中两台电抗器堆叠布置，必要时也可采用三相叠装方式。

（5）晶闸管阀及其冷却装置一般应为户内布置，房屋需要配置暖通设备，并设置电磁屏蔽措施。阀组可一字排开布置或者堆叠布置。若采用堆叠布置方案，则阀室的高度较高，土建投资增大，同时抗震性能较差；除非场地受限，一般不推荐采用堆叠布置方案。控制保护装置应靠近晶闸管阀以缩短信号传输距离，但不宜安装在阀室内。

2. MCR 型 SVC

（1）MCR 型 SVC 成套装置主要由磁控电抗器 MCR 和控制保护装置组成，此外，当装置容量较大，产生谐波较多时，可相应安装补偿滤波支路。

（2）MCR 一般安装在户外，控制保护装置安装在户内。

（3）补偿滤波支路与 TCR 型 SVC 成套装置中滤波支路基本相同。

（四）STATCOM 成套装置

（1）STATCOM 成套装置主要包括变流器、连接电抗器（或耦合变压器）、控制柜及相关附属设备等。

（2）与 SVC 各部件布置要求类似。

（五）高压并联电抗器

（1）固定高压并联电抗器采用单相式布置方案，为方便接线，宜布置在线路下方，毗邻配电装置。

（2）可控高压并联电抗器采用单相式布置方案，宜布置在线路下方，是否毗邻配电装置，与高压并联电抗器低压侧控制装置的布置位置有关。

（3）固定高压并联电抗器的运输道路通常设置在高压并联电抗器低压侧，可控高压并联电抗器运输道路设置与低压侧控制装置的布置位置有关，可设置在高压并联电抗器高压侧或低压侧。

三、布置方案示例

图 8-164 给出 10kV 并联电容器组布置方案，该方案布置特点为采用成套电容器柜。

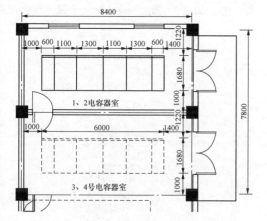

图 8-164　成套电容器柜 10kV 并联电容器组布置图（单位：mm）

图 8-165 给出 10kV 并联电容器组布置方案，该方案布置特点为采用户外框架式电容器。

图 8-166 给出 10kV 并联电容器组布置方案，该方案布置特点为采用户内框架式电容器组。

图 8-167 给出 10kV 并联电容器组布置方案，该方案布置特点为采用户内集合式电容器装置。

图 8-168 给出 10kV 并联电容器组布置方案，该

方案布置特点为采用户外集合式电容器装置。

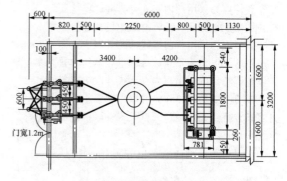

图 8-165　户外框架式 10kV 并联电容器组布置图（单位：mm）

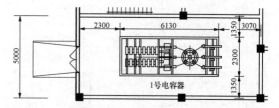

图 8-166　户内框架式 10kV 并联电容器组布置图（单位：mm）

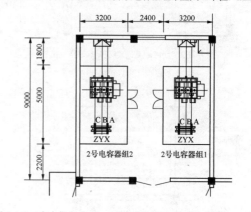

图 8-167　户内集合式 10kV 并联电容器组布置图（单位：mm）

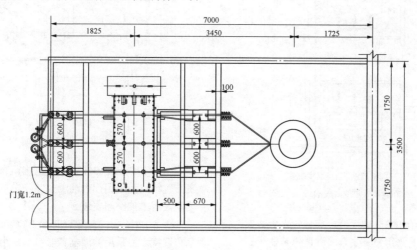

图 8-168　户外集合式 10kV 并联电容器组布置图（单位：mm）

图 8-169 给出 10kV 并联电抗器布置方案，该方案布置特点为采用户内干式空心并联电抗器。

图 8-170 给出 10kV 并联电抗器布置方案，该方案布置特点为采用户内干式铁芯并联电抗器。

图 8-171 给出 35kV 并联电容器组布置方案，该方案布置特点为采用户内框架式并联电容器。

图 8-172 给出 35kV 并联电容器组布置方案，该方案布置特点为采用户外框架式并联电容器组。

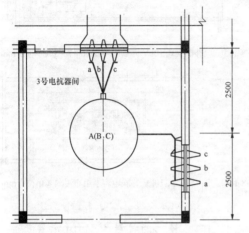

图 8-169　户内干式空心 10kV 并联电抗器
布置图（单位：mm）

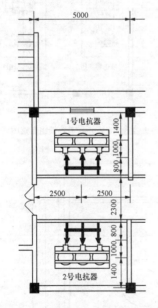

图 8-170　户内干式铁芯 10kV 并联电抗器
布置图（单位：mm）

图 8-173 给出 35kV 并联电容器组布置方案，该方案布置特点为采用户外集合式并联电容器组。

图 8-174 给出 35kV 并联电抗器布置方案，该方案布置特点为采用户外干式空心并联电抗器。

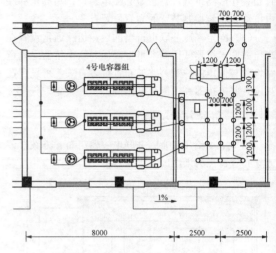

图 8-171　户内框架式 35kV 并联电容器组
布置图（单位：mm）

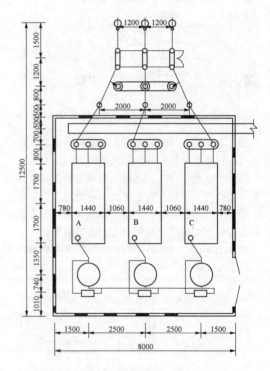

图 8-172　户外框架式 35kV 并联电容器组
布置图（单位：mm）

图 8-175 给出 35kV 并联电抗器布置方案，该方案布置特点为采用户内油浸式并联电抗器，电抗器散热器采用单独空间安装。

图 8-176 给出 35kV TCR 型 SVC 布置方案，该方案布置特点为采用滤波电容器组，采用户外框架式，TCR 电抗器采用干式空心式，毗邻阀控室布置。

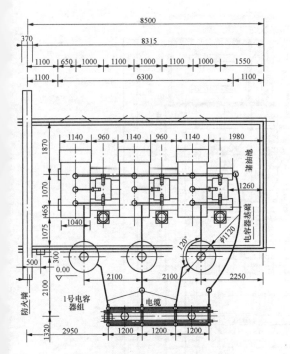

图 8-173　户外集合式 35kV 并联电容器组
布置图（单位：mm）

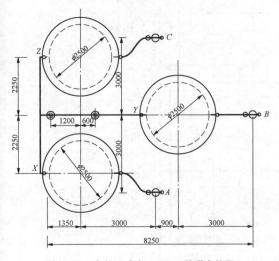

图 8-174　户外干式空心 35kV 并联电抗器
布置图（单位：mm）

图 8-177 给出 35kV MCR 型 SVC 布置方案，该方案布置特点为采用滤波电容器组，采用户外框架式，MCR 电抗器采用油浸式。

图 8-178 给出 35kV STATCOM 布置方案，该方案布置特点为采用户内布置，电抗器采用干式空心式。

图 8-179 给出 66kV 并联电容器组布置方案，该方案布置特点为采用户内框架式并联电容器组。

图 8-180 给出 66kV 并联电抗器布置方案，该方

案布置特点为采用户外干式空心并联电抗器。

图 8-181 给出 66kV 并联电容器组布置方案，该方案布置特点为采用户外框架式并联电容器组。

图 8-182 给出 110kV 并联电抗器布置方案，该方案布置特点为采用户外干式空心并联电抗器。

图 8-183 给出 110kV 并联电容器组布置方案，该方案布置特点为采用户外框架式并联电容器组。

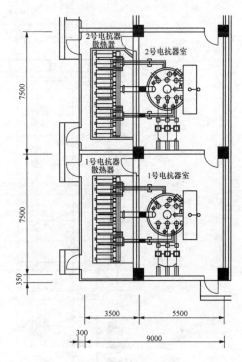

图 8-175　户内油浸式 35kV 并联电抗器
布置图（单位：mm）

图 8-184 给出 330kV 并联电抗器布置方案，该方案布置特点为采用户外、单相、油浸式、间隙铁芯并联电抗器；接于线路侧，设置有中性点小电抗；相间设置有防火墙。

图 8-185 给出 500kV 并联电抗器布置方案，该方案布置特点为采用户外、单相、油浸式、间隙铁芯并联电抗器；接于线路侧，设置有中性点小电抗；相间设置有防火墙。

图 8-186 给出 750kV 并联电抗器布置方案，该方案布置特点为采用户外、单相、油浸式、间隙铁芯并联电抗器；接于线路侧，设置有中性点小电抗；相间设置有防火墙。

图 8-187 给出 1000kV 并联电抗器布置方案，该方案布置特点为采用户外、单相、油浸式、间隙铁芯并联电抗器；接于线路侧，设置有中性点小电抗；相间设置有防火墙。

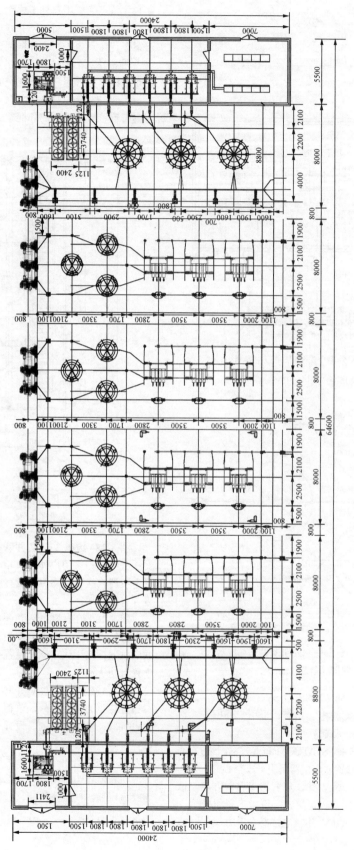

图 8-176 35kV TCR 型 SVC 布置方案（单位：mm）

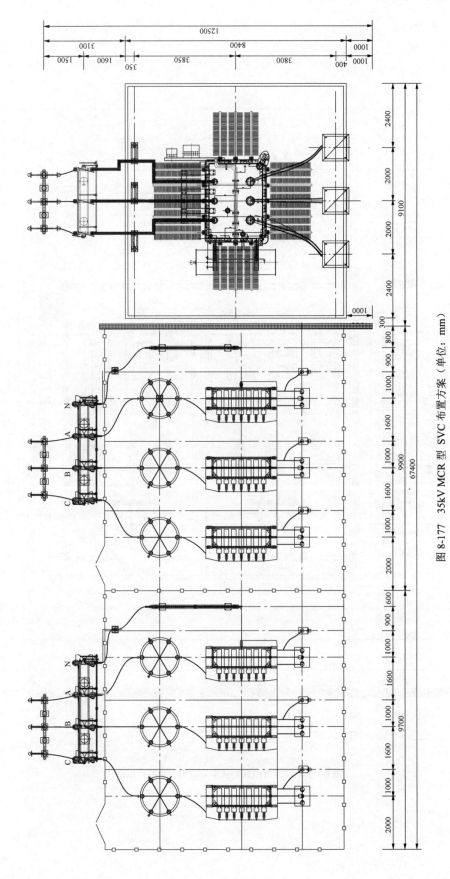

图 8-177　35kV MCR 型 SVC 布置方案（单位：mm）

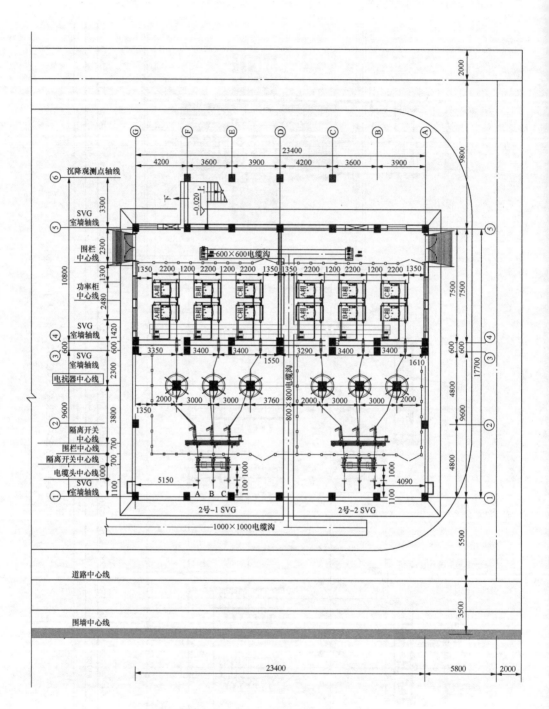

图 8-178　35kV STATCOM 布置方案（单位：mm）

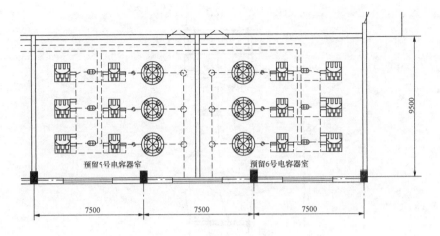

图 8-179 户内框架式 66kV 并联电容器组布置图（单位：mm）

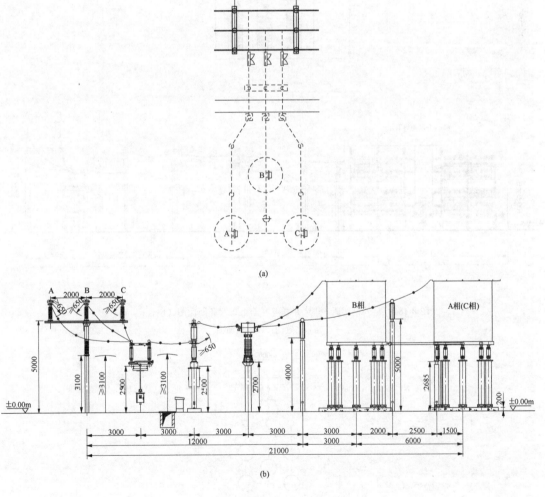

(a)

(b)

图 8-180 户外干式空心 66kV 并联电抗器布置和断面图（单位：mm）

(a) 布置图；(b) 断面图

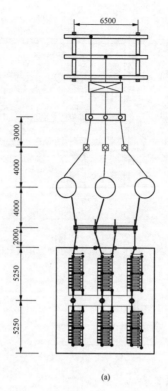

(a)

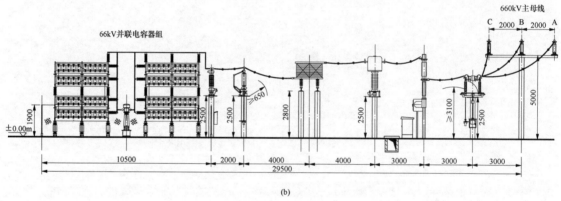

(b)

图 8-181 户外框架式 66kV 并联电容器组布置和断面图（单位：mm）

（a）布置图；（b）断面图

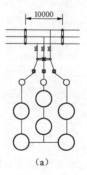

（a）

图 8-182 户外干式空心 110kV 并联电抗器布置和断面图（一）（单位：mm）

（a）布置图

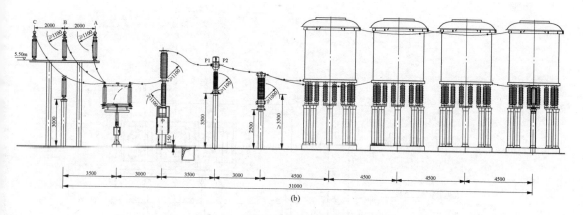

图 8-182 户外干式空心 110kV 并联电抗器布置和断面图（二）（单位：mm）

（b）断面图

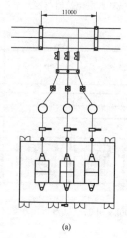

(a)

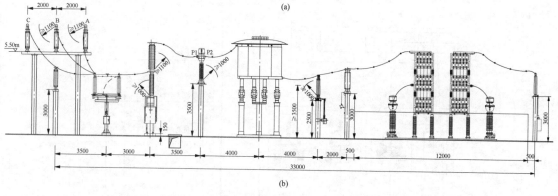

(b)

图 8-183 户外框架式 110kV 并联电容器组布置和断面图（单位：mm）

（a）布置图；（b）断面图

图 8-188 给出 500kV 磁控式可控并联电抗器布置方案，该方案布置特点为采用户外、单相、油浸式、铁芯型并联电抗器；接于线路侧，设置有中性点小电抗；相间设置有防火墙；低压侧控制装置设置在高压并联电抗器低压侧，高压并联电抗器运输道路设置在高压侧。

图 8-189 给出 750kV 分级式可控并联电抗器布置方案，该方案布置特点为采用户外、单相、油浸式、铁芯型并联电抗器；接于母线侧，未设置中性点小电抗；相间设置有防火墙；低压侧控制装置设置在高压并联电抗器低压侧，高压并联电抗器运输道路设置在低压侧。

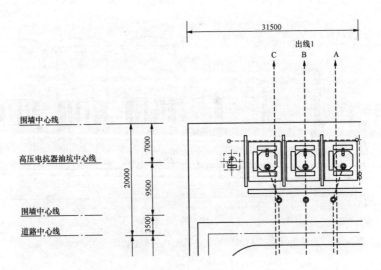

图 8-184　330kV 并联电抗器布置方案（单位：mm）

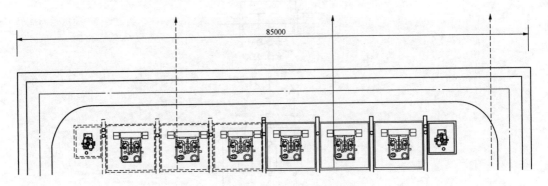

图 8-185　500kV 并联电抗器布置方案（单位：mm）

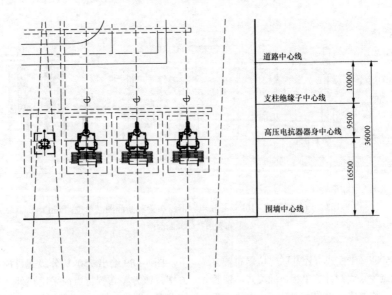

图 8-186　750kV 并联电抗器布置方案（单位：mm）

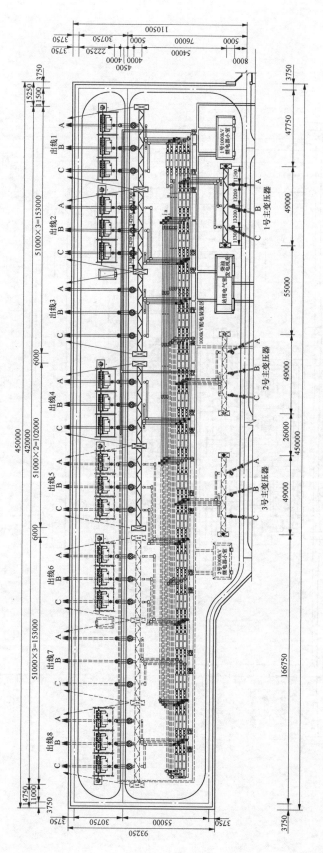

图 8-187　1000kV 并联电抗器布置方案（单位：mm）

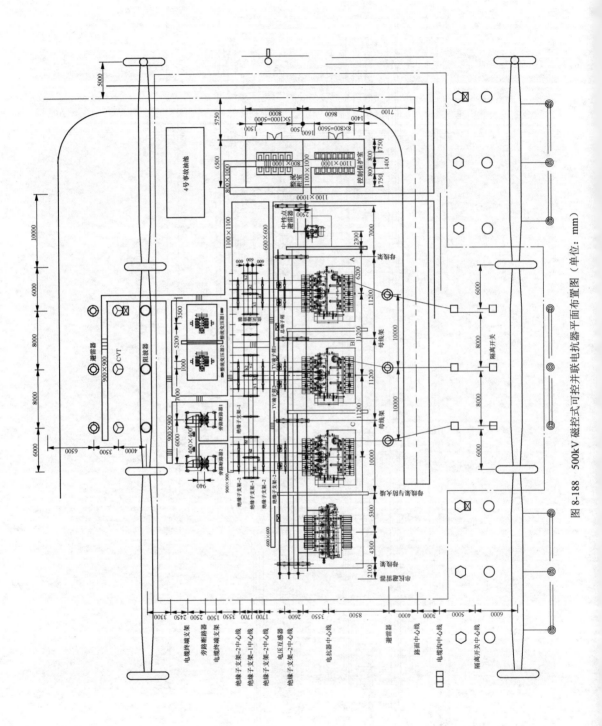

图 8-188　500kV 磁控式可控并联电抗器平面布置图（单位：mm）

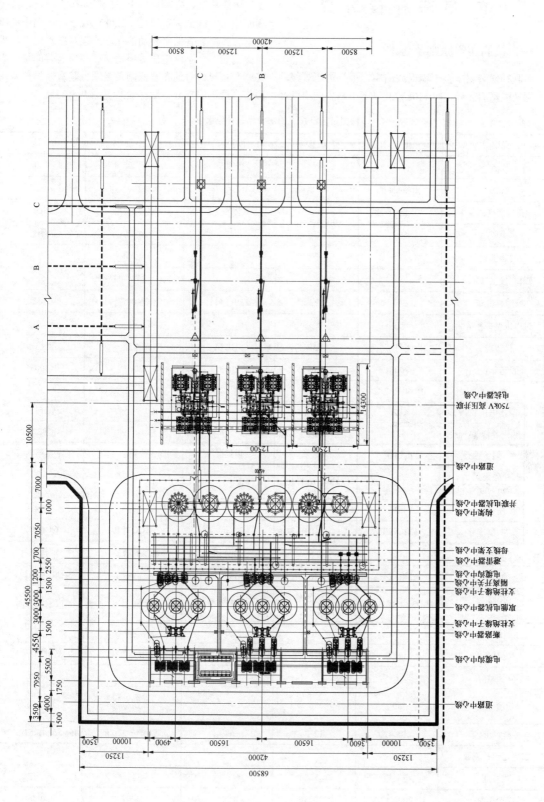

图 8-189 750kV 分级式可控并联电抗器平面布置图（单位：mm）

第九节　串联补偿装置

一、总的布置原则及要求

串联补偿装置串接于输电线路中，根据电压等级的不同功能略有差异，如110kV及以下电网中的串联电容补偿装置的主要功能在于减少线路电压降，降低受端电压波动，提高供电电压以及在闭合电网中改善潮流分布，减少有功损耗；220kV及以上电网中的串联电容补偿装置的主要功能在于增强系统稳定性，提高输电能力。不同电压等级的串联补偿装置的接线方案略有差异，总的布置原则及要求也略有差异。我国目前已投运的部分串联补偿装置见表8-35。

表 8-35　　　　　　　　　　我国目前已投运的部分串联补偿装置

站名		三堡 I、II	蔚县	万全	平果	河池
地点		徐州	河北	张家口	广西	广西
线路		阳城-淮安	大同-房山	丰万-万顺	天生桥-广州	贵州-广东
电压等级（kV）		500	500	500	500	500
类型		固定	固定	固定	可控	固定
安装组数		2	2	4	2	2
补偿度（%）		40			固定：35；可控：5	50
补偿容量/套		500	372	259；444	400	762
过电压保护系数		2.3	2.3		2.3/2.4	
供货商		西门子	ABB	NOKIA	西门子	西门子
投运年份		2000	2001	2003	2003	2003
设计参数	单元并串联	10×4×2×2×2			11×8×2；10×2×2	
	额定电压（kV）	8.826	5.96		7.3/4.98	6.615
	额定容量（kvar）	521	736.7		664/598	722
	熔丝种类	内熔丝	内熔丝	内熔丝	内熔丝	内熔丝
	外壳尺寸（mm×mm×mm）	343×178×699	343×178×1140			
	质量（kg）	62	100		82/88	94
	制造商	COOPER	ABB		COOPER	COOPER
站名		成碧	百色	三堡 III	伊冯	浑源
地点		甘肃成县	广西	徐州	冯屯	山西浑源
线路		碧口-成县	罗平-百色 马窝-百色	阳城-淮安	伊敏-冯屯	内蒙古-北京
电压等级（kV）		220	500	500	500	500
类型		可控	固定	固定	可控	固定
安装组数		1	2	1	2	8
补偿度（%）		50	50	41.4	固定：30 可控：15	34.9-46.6
补偿容量/套		95.4	1212	529	544.3；326.6	466.56×4；539.42×4
过电压保护系数		2.3		2.3	2.25/2.35	2.3
供货商		电科院	美国GE	电科院	电科院	电科院
投运年份		2004.12	2005	2006	2007	2008

续表

设计参数	单元并串联（kV）	6×2×2	6 串×10×2×2×2			
	额定电压（kV）	4.383	12.45			
	额定容量（kvar）	441	367.4			
	熔丝种类	内熔丝	无熔丝			
	外壳尺寸（mm×mm×mm）	343×178×1000				
	质量（kg）	100				
	制造商	西安 ABB	美国 GE	COOPER	NOKAIN	COOPER

站名	上承姜	奉节	越南	忻都	长-南-荆
地点	承德	重庆奉节	老街	忻都	
线路	上都-承德	万县-龙泉	老街-安沛	神木-石家庄	长治-南阳-荆门
电压等级（kV）	500	500 双回	220	500	1000
类型	固定	固定	固定	固定	固定
安装组数	2	2	2	5	4（远期 12）
补偿度（%）	45	35	70	35	20
补偿容量/套	478.3	610	97	380.54×2；297.44×3	1×960+2×720+1×600
过电压保护系数	2.3		2.3	2.3	2.3
供货商	电科院	西门子	电科院	电科院	电科院
投运年份	2008.10	2006.8	2007.5	2008	2012

设计参数	单元并串联	6×2×2				4 串 19 并
	额定电压（kV）	4.383				6.15，6.25
	额定容量（kvar）	441				558，568
	熔丝种类	内熔丝				内熔丝
	外壳尺寸（mm×mm×mm）	343×178×1000				
	质量（kg）	100				
	制造商	西安 ABB	美国 GE		桂容、西安 ABB	西安 ABB（南阳），桂林（荆门），思源（长治）

（一）10～110kV 固定串联电容补偿装置

1. 10kV 和 35kV 固定串联电容器组

（1）容量小、接线简单，直接串接于线路中，串联电容补偿装置主要由电容器组件、氧化锌组件、快速放电开关、放电阻尼器、电流电压测量互感器、取能电源和保护测控控制系统等主要组件构成，采用三相一体化结构。

（2）通常采用开关柜作为快速开关型串联电容补偿装置的安装载体，10kV 串联电容补偿装置柜体尺寸为 1500mm（高）×2200mm（宽）×1500mm（深），35kV 串联电容补偿装置柜体尺寸为 2200mm（高）×2900mm（宽）×2800mm（深）。

（3）可直接安装在室内。

2. 66kV 和 110kV 固定串联电容器组

目前该电压等级线路基本不安装串联电容器组。

3. 220、330、500kV 电压等级固定串联电容补偿装置

220、330、500kV 电压等级串联电容补偿装置由于电压高，而单台电容器的额定电压一般不超过 1kV，因此串联电容器组本体及回路中的阻尼回路设备、避雷器、保护间隙、电流互感器等必须放置在绝缘平台上，旁路断路器、旁路隔离开关等一次设备布置在平台外侧，专用的保护及控制设备安装在保护小室或简化保护小间内。基本的布置要求如下：

（1）串联电容补偿装置宜布置在线路侧方，以便于导线引接；并与配电装置毗邻，以便于运行维护。

串联电容补偿区域如布置在变电站围墙外，则串联电容补偿区域围墙高度不应低于变电站围墙。

（2）为满足串补平台的检修和串联电容补偿区域消防通道的要求，各相串补平台间设置 3m 宽相间道路，以满足相间设备检修和巡视的需要，消防通道的宽度和转弯半径的设置满足相关规范的要求。

（3）串联电容补偿装置采用围栏进行隔离，围栏内主要包括平台，围栏内带电体满足对围栏安全净距的要求，对于 750kV 和 1000kV 串补平台，围栏与平台距离同时应满足围栏处地面场强的限值要求。

（4）220kV 和 330kV 旁路设备可设置在围栏内或围栏外，500、750、1000kV 旁路设备应设置在围栏外。

（5）保护小室或简化保护小间布置在围栏外，就近设置。

图 8-190 和图 8-191 分别为 500kV 固定串联电容补偿典型平面布置图和断面图。

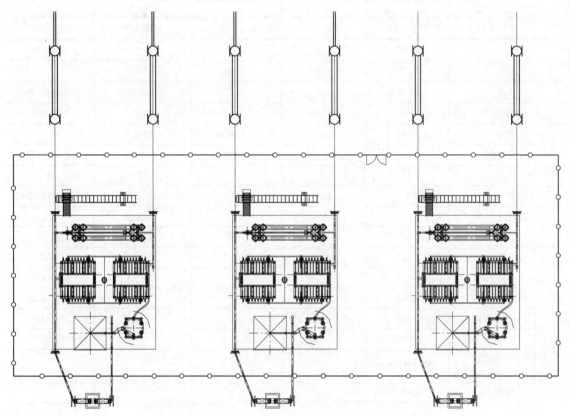

图 8-190　500kV 固定串联电容补偿单相平台典型平面布置图

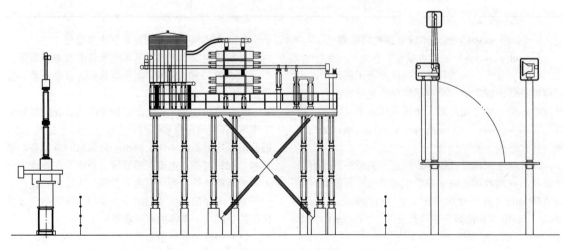

图 8-191　500kV 固定串联电容补偿单相平台典型断面图

4. 750kV 和 1000kV 固定串联电容补偿装置

750kV 和 1000kV 串联电容补偿装置容量更大、电压更高、设备均压环及导体表面电场强度更大，因此过电压及电晕控制等问题更加突出；同时，由于设备安装高度及设备重心更高，抗震性能降低。因此，750kV 和 1000kV 串联电容补偿装置布置在满足电气性能和机械特性要求的前提下，尽可能地降低对环境的影响、提高抗震性能是布置方案中应重点考虑的。

1）串联电容补偿布置方案重点考虑降低电晕、无线电干扰及可听噪声等环境影响；

2）围栏尺寸考虑静电感应的影响；

3）布置方案应做到结构简单、布置清晰，便于主要设备与线路之间以及各设备间的连接，简化连接金具的形式；

4）平台支撑绝缘子及基础考虑提高抗震性能，满足地震烈度的要求；

5）串联电容补偿装置周边具有良好的运输条件，方便运行和检修。

（二）可控串联补偿装置

可控串联补偿装置通常的设计方案为设置固定串联补偿段和可控串联补偿段，其中固定串联补偿段同固定串联补偿的设备接线及布置方案基本一致，可控串联补偿段与固定串联补偿段相比，增加了 TCR 电抗器及阀控系统（包括晶闸管阀组及阀组冷却装置等）。可控串联补偿装置的固定串联补偿段和可控串联补偿段分别设置一个电容器组平台，其中可控串联补偿段的平台增加了阀控小间，TCR 电抗器贴近围栏设置，阀冷室就近设置在围栏外。

国内目前安装有 1 套 220kV 可控串联补偿装置-CX 可控串联补偿装置，2 套 500kV 可控串联补偿装置，分别为 PG 可控串联补偿装置和 FT 可控串联补偿装置。以下对国内已建成的 220kV 及以上的可控串联补偿装置工程进行简介。

CX 220kV 可控串联补偿装置：采用容抗可调方式，额定电流为 1.1kA，电容器容量为 96Mvar，每相标称容抗为 21.7Ω，并联电抗器电抗值为 3.45Ω，基本阻抗调节范围为 1.05～2.5。

PG 500kV 可控串联补偿装置：采用 FSC+TCSC 模式，其中单回线路 FSC 的容量为 350Mvar，TCSC 的容量为 50Mvar，总串补度为 40%，其中 FSC 的串补度为 35%，TCSC 的串补度为 5%，串联补偿设备额定电流为 2kA，摇摆电流最大值为 3.69kA。

FT 500kV 可控串联补偿装置：采用 FSC+TCSC 模式，其中单回线路 FSC 的容量为 544.3Mvar，TCSC 的容量为 326.6Mvar，总串补度为 45%，其中 FSC 的串补度为 30%，TCSC 的串补度为 15%，串联补偿装置设备额定电流为 2.33kA。

图 8-192 为 CX 220kV 可控串联补偿装置电气主接线图，图 8-193 和图 8-194 分别为 PG 500kV 可控串联补偿装置和 FT 500kV 可控串联补偿装置电气主接线图。

图 8-195 为 FT 500kV 可控串联补偿装置电气平面布置图，FT 500kV 可控串联补偿装置平面图中给出了两回线上安装的可控串联补偿装置的平面布置图，每相均包括 1 个可控串联补偿平台和 1 个固定串联补偿平台，平台尺寸为宽 8000mm×17000mm，平台四周留有 3000mm 的运行检修通道设置围栏，其余旁路断路器、隔离开关等均设置在围栏外侧，其中可控串补围栏外侧还设置有高位布置的 TCR 电抗器。

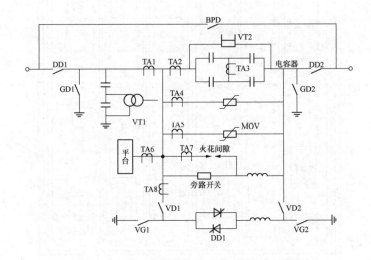

图 8-192　CX 220kV 可控串联补偿装置原理接线图

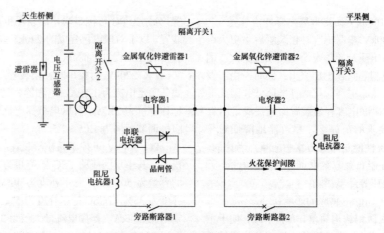

图 8-193　PG 500kV 可控串联补偿装置原理接线图

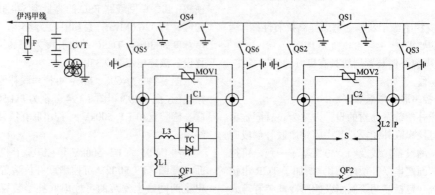

图 8-194　FT 500kV 可控串联补偿装置原理接线图

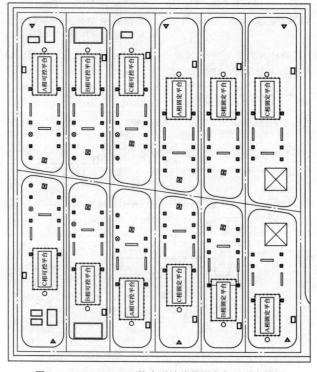

图 8-195　FT 500kV 可控串联补偿装置电气平面布置图

二、基本布置要求

（一）10kV、35kV 固定串联电容补偿装置布置

采用成套开关柜就近接于线路，可布置在变电站内。

（二）220kV 及以上固定串联电容补偿装置布置

1. 平台布置

电容器平台布置在围栏内，可采用支持式或悬吊式。绝缘平台采用低位布置，采用绝缘支撑件形成支撑系统，外侧设置围栏，从节约占地考虑，三相平台宜设置一个围栏，220kV 和 330kV 串联补偿平台相间可不设置相间道路，围栏内宜采用硬化地面便于检修维护；500kV 及以上的串联电容补偿装置两相平台之间应设置相间道路。

不同工程，由于容量大小及供货方不同，其平台及围栏尺寸有所差异，但补偿装置的布置方式基本相同。

（1）支持式布置是将电容器平台用多根支柱绝缘子加以支撑，稳定性好、施工维护检修试验较方便、占地少、布置美观清晰、节省钢材，投资可比悬吊式减少 10%～20%。但抗震性能差，对支柱绝缘子的要求高，而且需要处理好基础的不均匀沉降。

（2）悬吊式布置是将电容器主平台用悬式绝缘子串悬挂在承重钢梁框架上，抗震性能好、悬吊平台的结构较简单、基础的不均匀沉降对平台结构影响小、悬吊用悬式绝缘子的电气机械性能容易达到要求。但其他技术经济指标不如支持式好。

（3）国内外采用支持式布置方式的较多，只在地震烈度较高地区、黄土湿陷区或支柱绝缘子的电气机械性能达不到技术要求时，才考虑采用悬吊式布置。

（4）串联补偿平台上的主要设备宜分类集中布置。布置时除考虑带电距离和电磁干扰的要求外，还应考虑设备的运行维护通道和空间。

（5）串联补偿平台上主要设备既要便于与送电线路之间的接线，也要便于与平台之间的连接；平台与旁路断路器、隔离开关之间以软导线连接为宜。

（6）串联补偿平台宜采用低位布置，周围应设置围栏，500kV 及以下围栏距离平台可按照 3m 的检修维护通道考虑；750kV 和 1000kV 串联补偿平台与围栏的距离应根据围栏处地面场强限值进行确定。

（7）串联补偿平台带电运行时，围栏门应闭锁，串联补偿平台的外缘或中间开孔处应设置护栏，护栏与带电设备外廓间应保持足够的电气安全净距。

（8）串联补偿平台应设置可活动的检修爬梯，且应有联锁功能。

（9）串联补偿平台上的光纤应通过光纤绝缘柱引至平台下。

（10）串联补偿平台四周照明设施应良好；检查视频监视探头布置合理，可对串联补偿设备进行有效监视。

（11）串联补偿平台附近应配置适当数量的移动式灭火器，用于电气设备及建筑物的灭火。灭火器应根据平台高度选择灭火效能高、使用方便、有效期长、可长期存放、喷射距离远的品种。

2. 旁路设备布置

（1）旁路断路器、隔离开关等设备布置于绝缘平台外，与平台外设备通常采用软连接。

（2）隔离开关布置在靠近线路侧，包括旁路隔离开关和串联隔离开关，其中旁路隔离开关宜布置在线路下方，串联隔离开关宜在串联补偿围栏外布置，隔离开关之间通过绝缘子过渡连接。

（3）旁路断路器布置在旁路隔离开关对侧围栏外。

（三）可控串联电容补偿装置

（1）可控串联补偿每相均包括 1 个可控串联补偿平台和 1 个固定串联补偿平台，通常三相可控串联补偿平台与三相固定串联补偿平台之间毗邻布置，设置两个三相围栏；每个围栏的布置要求同固定串联补偿的布置要求，包括平台四周运行检修通道及相间道路的设置原则等。

（2）固定串联补偿平台围栏外设备布置同常规固定串联补偿的设备布置方案。

（3）可控串联补偿平台围栏外侧设备包括隔离开关、旁路断路器及 TCR 电抗器，TCR 电抗器晶闸管阀控制小间布置在平台上。由于增加了 TCR 电抗器，围栏外设备可采用以下两种布置方案：

1）旁路断路器仍采用与旁路隔离开关对侧布置的设计方案，此时将 TCR 电抗器布置在靠近线路侧，该方案平台上电容器组布置在线路对侧。

2）旁路断路器与旁路隔离开关同侧布置，此时将 TCR 电抗器布置在围栏对侧，该方案平台上电容器组布置在靠近线路侧。

（4）TCR 电抗器宜采用高位布置，下部支柱绝缘子高度以适应平台接线端子高度为宜。

（5）晶闸管阀采用水冷却方案，水冷设备间宜就近布置在围栏外。

三、布置示例

根据我国电网的运行特点，目前应用的 220、500、750、1000kV 串联补偿工程布置方式均采用线外布置方式，即串联补偿平台布置于线路的外侧，设备检修时不影响线路的运行。在此基础上，按串联补偿平台与线路的相对方位关系不同，基本可分为垂直线路或平行线路两类布置方案。

（一）500kV 及以下电压等级固定串联补偿及可控串联补偿布置示例

通常 500kV 及以下电压等级固定串联补偿每相采

用单平台布置，可控串联补偿采用分别设置固定段和可控段的设计方案，每段的每相对应一个平台。

图 8-196 给出固定串联补偿平台垂直线路布置方案，该方案平台布置方位与进出线方向垂直，平台上设备的进出线均位于平台的同侧，在均采用线外布置情况下，垂直布置方式相对占地面积较小。

图 8-197 给出固定串联补偿平台水平线路布置方案，该方案平台布置方位与进出线方向平行，平台上设备的进出线均位于平台的两侧，进出线分别位于平台的两侧。

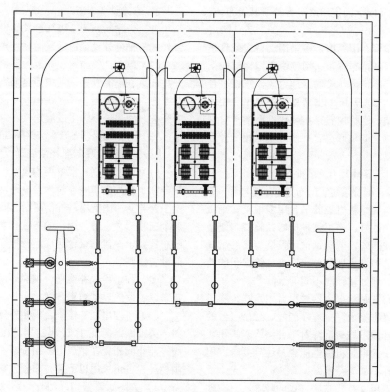

图 8-196　500kV 串联补偿平台垂直线路布置方案

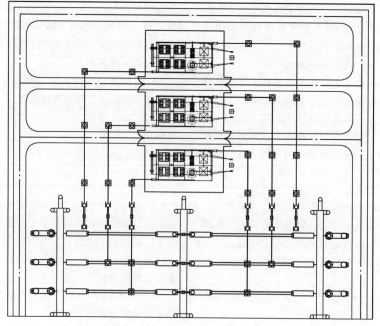

图 8-197　500kV 串联补偿平台水平线路布置方案

500kV 可控串联补偿布置示例可参考本节 FT 站的布置方案。

在部分国外工程中，串联补偿平台有采用线下布置的应用，即将平台平行布置于线路下方，减少占地面积。根据我国电网的运行情况，目前尚未有串联补偿工程采用此类布置方式。

（二）750kV 和 1000kV 电压等级固定串联补偿及可控串联补偿布置示例

750kV 和 1000kV 串联补偿设备的布置方式与 500kV 类似，但由于电压等级的提高及容量的增大，750kV 和 1000kV 串联补偿平台及围栏的设置有其自身特点，对布置有一定的影响。

（1）由于 750kV 和 1000kV 线路距离较长，串联补偿度高、串联补偿装置容量大，每相平台可能需要采用双平台串联。

（2）三相围栏尺寸由围栏处地面场强限值要求控制，如 750kV 串联补偿平台长度、宽度方向对围栏净距要求均为 4.5m；1000kV 串联补偿平台长度方向对围栏净距要求为 17m，平台宽度方向对围栏净距要求为 11m。

图 8-198 给出 750kV 固定串联补偿的平面布置图。该方案设计特点为：每相串联补偿采用单平台布置，三相平台间设置一个围栏；每个围栏内两相之间设置 3.5m 宽的相间道路。

图 8-199 给出 750kV 可控串联补偿的平面布置图。该方案设计特点为：每相串联补偿的可控段和固定段均采用双平台布置；每个可控段和固定段各设置一个围栏；每个围栏内两相之间设置 3.5m 宽的相间道路；可控段平台电容器组布置在偏离线路侧，可控段旁路断路器与固定段旁路断路器反向布置。

图 8-200 给出 JDN 工程 1000kV 串联补偿装置的布置图。该方案设计特点为：每相采用单平台布置，平台采用垂直于线路方案；三相平台设置一个围栏；围栏内两相之间设置 3.5m 宽的相间道路。

图 8-201 给出 1000kV 串联补偿装置每相双平台的布置图。该方案设计特点为：每相采用双平台布置，平台采用垂直于线路方案；串联补偿装置与线路引接采用门型构架方案；三相平台设置一个围栏；围栏内两相之间设置 3.5m 宽的相间道路。

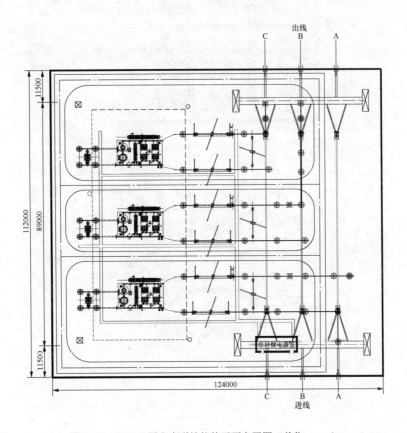

图 8-198　750kV 固定串联补偿的平面布置图（单位：mm）

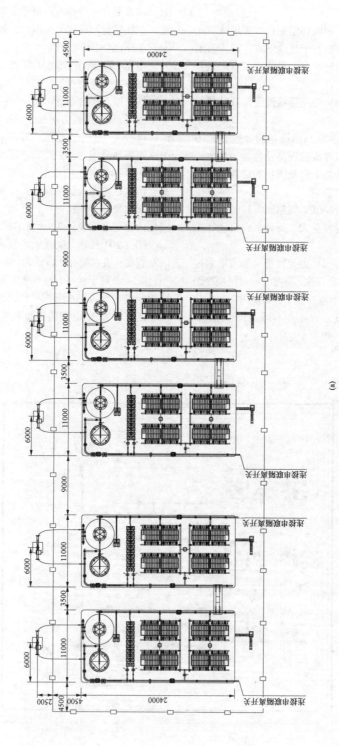

图 8-199　750kV 可控串联补偿的平面布置图（一）（单位：mm）

（a）可控串联补偿固定段

(a)

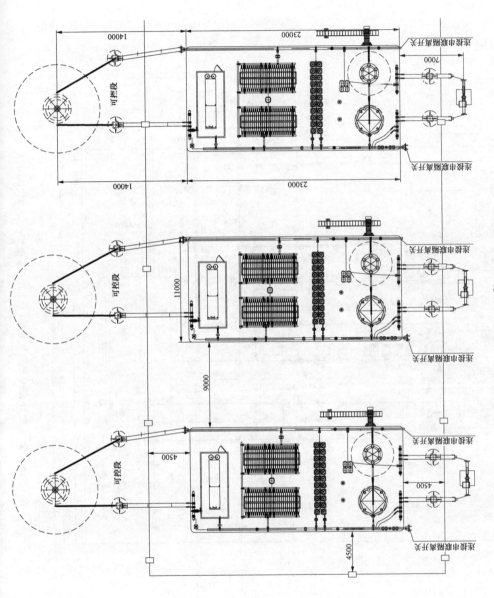

图 8-199 750kV 可控串联补偿的平面布置图（二）（单位：mm）

(b) 可控串联补偿可控段

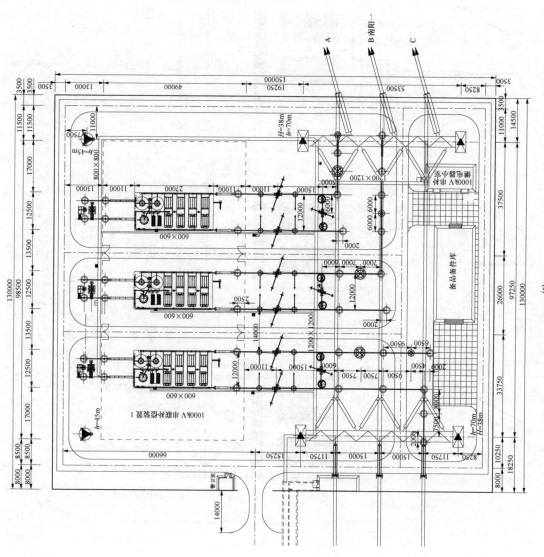

图 8-200 JDN 工程 1000kV 单相单串台平串联补偿布置图 (一) (单位: mm)

(a) 平面布置图

(a)

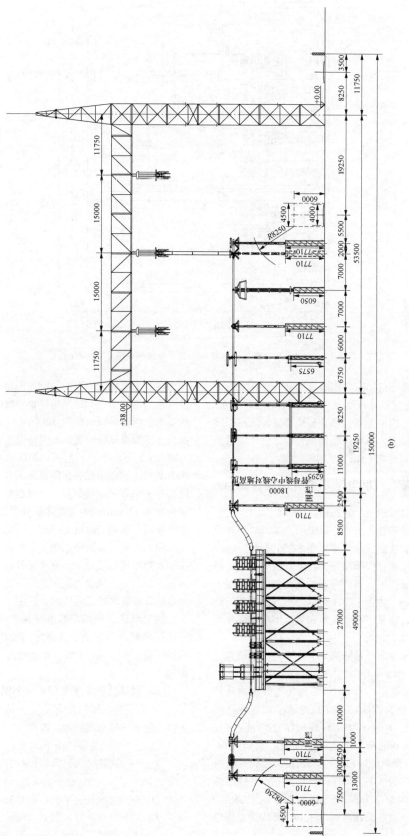

图 8-200 JDN 工程 1000kV 单相单平台串联补偿布置图（二）（单位：mm）

（b）断面布置图

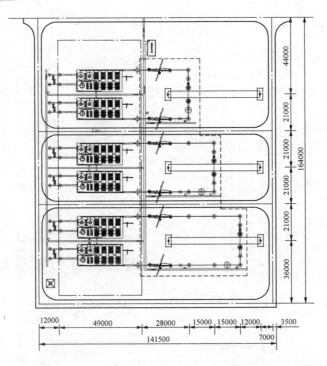

图 8-201 1000kV 串联补偿装置单相双平台的布置图（单位：mm）

图 8-202 给出 1000kV 串联补偿装置每相双平台的布置图。该方案设计特点为：每相采用双平台布置，平台采用垂直于线路方案；串联补偿装置与线路引接采用线路单相塔设计方案；三相平台设置一个围栏；围栏内两相之间设置 3.5m 宽的相间道路。

四、750kV、1000kV 串联补偿设计要点

以 1000kV 串联补偿装置各尺寸的确定进行示例，750kV 串联补偿装置各尺寸与此类似。1000kV 单相单平台串联补偿装置的设计尺寸如图 8-203 所示。

（1）同相串联补偿隔离开关布置间距的确定。根据隔离开关厂家图纸资料，旁路隔离两侧的接线端子板间距约为 13m，由图 8-203 可以看出，为方便旁路隔离开关引线，将其平行于线路布置，因此串联补偿隔离开关间距取 13m。

（2）不同相串联补偿隔离开关布置间距的确定。不同相串联补偿隔离开关的间距主要由图 8-203 中 W_1、W_2 和 W_3 值确定。W_1 和 W_2 分别为不同相串联补偿隔离开关静触头均压环和支柱绝缘子均压环之间的净距，此处用 A_2 值（均压环-均压环 10.1m）来校验，W_3 为不同相管形母线之间的净距，此处用 A_2 值（管形母线-管形母线净距 11.3m）来校验。根据厂家资料，隔离开关均压环直径约为 2m，支柱绝缘子均压环直径约为 2.5m，管形母线直径取 0.25m，综合考虑，上述设备的相间距取 13m，可均满足带电距离要求。

（3）串联补偿平台相间距的确定。1000kV 串联补偿平台的相间距应同时满足最小空气间隙及安装检修的要求。根据科研单位对 1000kV 串联补偿平台相间操作冲击放电试验结果，在两倍避雷器操作冲击残压（2920kV）下，串联补偿平台相间最小空气间隙距离约为 9.7m。同相串联补偿隔离开关和不同相串联补偿隔离开关布置间距确定后，又根据设备资料串联补偿平台宽为 12.5m，同时考虑串联补偿吊装空间的要求，串联补偿平台相间距取 13.5m。

（4）管形母线跨距的确定。管形母线跨距主要取决于管形母线挠度要求、支持元件（支柱绝缘子、隔离开关等设备）的受力限值及抗震要求。按现有设备参数验算计算，管形母线最大跨距不宜超过 15m。

综上所述，同相串联补偿隔离开关布置间距和不同相串联补偿隔离开关布置间距均取 13m，串联补偿平台相间距取 13.5m，管形母线最大跨距按 15m 控制。

（5）构架挂点高度 H 的确定如图 8-204 所示。

$$H \geqslant h_1 + h_2 + (1+5\%)f_{max} + D_1 + D_2 + r \quad (8\text{-}73)$$

式中 h_1——管母线中心线高度；

h_2——带电距离要求高度；

f_{max}——跨线最大弧垂，计算时考虑较严重情况，计入 5% 施工正误差；

D_1——跨线分裂半径，取 0.3m；

D_2——母线半径，取 0.125m；

r——跨线子导线半径，取 0.035m。

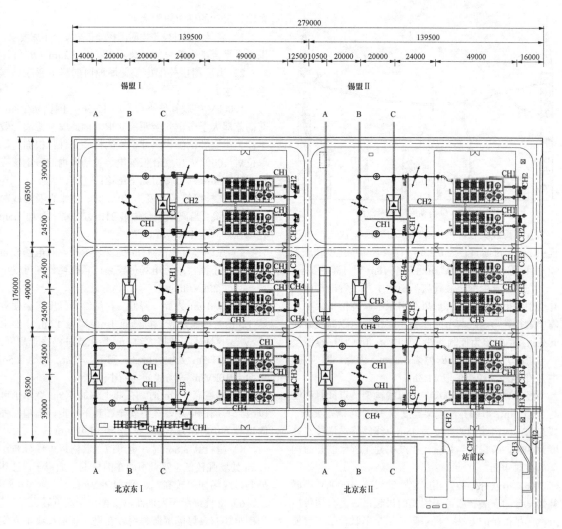

图 8-202 1000kV 串联补偿装置每相双平台的布置图（线路塔引接）（单位：mm）

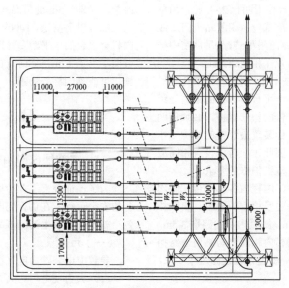

图 8-203 1000kV 单相单平台串联补偿装置设计尺寸的确定和校验（单位：mm）

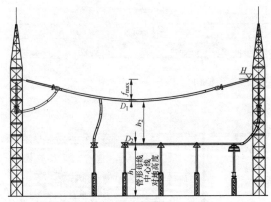

图 8-204 母线高度校验示意图

管形母线架设高度由 C 值（17.5m）决定，本工程中，管形母线直径为 0.25m，计及管母线挠度和施工误差后，管形母线中心线距址 h_1 取 18m 即可满足要求。

在串联补偿配电装置典型断面中可以看出，串联补偿引线由上跨线经管形母线引至串联补偿平台中，需要进行管形母线与上跨线的不同相带电距离校验，此处 A_2 和 B_2 值为控制条件，其中 A_2 值（管形母线至管形母线）为 11.3m，B_2 值为 8.25m，因此，图 8-204 中 h_2 带电距离校验值取 11.3m。

经计算，得出 1000kV 软母线构架挂点计算高度为 37.635m，串联补偿构架高度取 38 即可满足要求。晋东南站内出线构架高度为 45m，线路终端塔挂点高度为 48m，考虑适当裕度，中线扩建工程串联补偿构架高度取 40m。

（6）串联补偿装置相间道路的设置。1000kV 串联补偿平台的安装一般可采用龙门吊起吊、两台履带吊或汽车吊抬吊的方法，晋东南站三个串联补偿平台使用两台 300t 吊车抬吊，在空中进行平移后就位；南阳站长治 I 线三个串联补偿平台使用两台 250t 履带吊车抬吊，起吊后空中平移后下落就位；南阳站荆门 I 线 6 个串联补偿平台使用 60t 龙门吊吊装，起吊后空中平移后下落就位。吊车均需布置在相间道路上。

1000kV 串联补偿装置资料中，串联补偿平台底平面距地面高约 12m，串联补偿平台上设备的最高处距离地面约 20m。串联补偿平台的检修维护，必须借助于检修吊车。例如，串联补偿装置最经常的维护工作就是电容器的检测和更换。因此，应考虑设置相间道路以满足串联补偿平台设备检维护修的要求。

因此，中线扩建工程中，围栏内各相平台之间均设置了相间道路，以满足安装及检修的要求。串联补偿布置中，平台相间距为 13m，围栏内相间路取 3.5m，因此无须增加占地面积，围栏内相间路与站内道路相通，围栏相间位置设置网门，满足设备检修过车要求，为检修维护创造便利条件。

（7）串联补偿装置围栏尺寸的确定。串联补偿装置围栏尺寸的确定原则为：

1）满足串联补偿带电时围栏处带电安全距离要求。围栏至平台带电部分的距离不应小于 8.25m（B_1 值）；

2）满足围栏外配电装置场地内的静电感应场强水平要求。

1000kV 串联补偿平台高约 12.5m，围栏高 1.8m，其高差即大于带电安全距离要求，因此安全距离一般不作为串联补偿围栏尺寸确定的控制条件。根据科研单位对 1000kV 串联补偿配电装置场地内的静电感应场强计算结果，可得出如下结论：

1）支柱绝缘子高度为 10m 时，钢平台及母线对地场强较高，当离钢平台边沿 31m 左右时，对地 1.5m 处场强才降至 10kV/m 以下。

2）在钢平台边沿 11m 处安装围栏，对电场分布改变较小，围栏附近电场仍较高，且围栏外侧母线下场强超过 20kV/m。

3）以 10m 为界，降低支柱绝缘子高度，会使对地 1.5m 处场强升高，每降低 1m，对地 1.5m 平面上 10kV/m 等场线向外扩大约 1m；增大支柱绝缘子高度，会使对地 1.5m 处场强降低，每升高 1m，对地 1.5m 平面上 10kV/m 等场线向内缩小约 2m。

4）围栏高 1.8m 时，在其上方加 1.5m 宽罩子可以改善其周围电场，人可安全在其下行走，但围栏外侧母线下仍有电场较高处，达到 14.4kV/m。

5）围栏高 3.6m 时，也可改善其附近电场分布，1.5m 处场强较低，效果不如在围栏上方加罩子，且其外侧母线场强仍较高，达到 14.2kV/m。

6）支柱绝缘子及断路器支架由于高度较大，对其周围电场有良好的屏蔽作用，在进线管形母线下方安装支柱绝缘子后，围栏外侧母线下电场分布得到显著改善，对地 1.5m 处最高场强仅为 11.4kV/m。

综合以上结论，1000kV 串联补偿三相共围栏，且围栏至平台的水平距离在短轴方向不小于 11m、长轴方向不小于 17m，同时宜在围栏顶部适当采取屏蔽措施，可改善围栏处场强。

第十节 特殊地区配电装置

一、污秽地区配电装置

为了保证处于工业污秽、盐雾等污秽地区电气设备的安全运行，在进行配电装置设计时，必须采取有效措施，防止发生污闪事故。

（一）污染源

导致配电装置内电气设备污染的污染源主要有：

（1）火力发电厂。火力发电厂燃煤锅炉的烟囱，每天排放出大量的煤烟灰尘，特别是设有冷水塔的发电厂，其水雾使粉尘浸湿，更易造成污闪事故。

（2）化工厂。化工厂的污秽影响一般比较严重，因其排出的多种气体（如 SO_2、NO_2、Cl_2 等）遇雾形成酸碱溶液，附着在绝缘子和瓷套管表面，形成导电薄膜，使绝缘强度下降。

（3）水泥厂。水泥厂排出的水泥粉尘吸水性强，遇水结垢不易清除，对瓷绝缘有很大危害。

（4）冶炼厂。冶炼厂包括钢铁厂、铜、锌、铅冶炼厂及电解铝厂、铝氧厂等。这些冶炼厂排出的污染物对电气设备外绝缘危害很大。如铝氧厂排出的氧化钠、氧化钙，不仅量大，且具有较大的粘附性，呈碱性，遇水便凝结成水泥状物质；电解铝厂排出的氟化氢和金属粉尘具有较高的导电性，且对瓷绝缘子和瓷套管的釉具有强烈的腐蚀作用；钢铁厂及铜、锌、铅冶炼厂排出的 SO_2 气体，在潮湿气候下也会造成污闪事故。

（5）盐雾地区。在距海岸 10km 以内地区，随着海风吹来的盐雾，沉积在电气设备瓷绝缘表面。盐雾吸水性强，在有雾或毛毛雨情况下，使盐雾受潮，极易造成污闪事故。

（二）污秽等级

污秽等级主要由污染源特征、等值附盐密度，并结合运行经验确定。为了标准化的目的，定义了 5 个污秽等级，表征污秽度从很轻到很重：a-很轻；b-轻；c-中等；d-重；e-很重。

以图 8-205 和表 8-36 分别给出污秽等级的定量和定性分析。

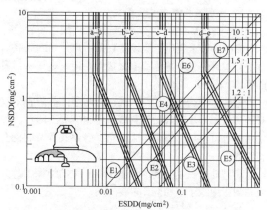

图 8-205　污秽等级表

提示：不应直接用此图确定试验室试验的污秽度。

注：E1～E7 对应表 8-36 中的 7 种典型污秽示例，a-b、b-c、c-d、d-e 为各级污区的分界线，三条直线分别为 NSDD 与 ESDD 之比为 10:1.5:1.2:1 的灰盐比线。

表 8-36 典型环境的描述

示例	典型环境的描述	示例	典型环境的描述
E1	离海、荒漠或开阔干燥的陆地大于 50km[①]； 离人为污染源大于 10km； 距大中城市及工业区大于 30km，植被覆盖好，人口密度很低（小于 500 人/km² 的地区）。 距上述污秽染距离近一些，但： 主导风不直接来自这些污秽源； 并且/或者每月定期有雨冲洗	E4	与 E3 中提到的污染源距离更远，但： 在较长（几周或几个月）干燥污秽集积季节后经常出现浓雾（或毛毛雨）； 并且/或有高电导率的大雨； 并且/或者有高的 NSDD 水平，其为 ESDD 的 5～10 倍
E2	离海、荒漠或开阔陆地 10～50km[②]； 离人为污染 5～10km； 距大中城市及工业区 15～30km，或乡镇工业废气排放强度小于 1000 万标准 m³/km² 的区域，或人口密度 500～1000 人/km² 的乡镇区域。 距上述污秽源距离近一些，但： 主导风不直接来自这些污秽源； 并且/或者每月定期有雨冲洗	E5	离海、荒漠或开阔干燥陆地 3km 以内； 离人为污染 1km 以内； 距大中城市及工业区积污期主导风下风方向 5～10km，或距独立化工或燃煤工业源 1km，或乡镇工业密集区及重要交通干线 0.2km，或人口密度大于 10000 人/km² 的居民区，或交通枢纽
E3	离海、荒漠或开阔干燥陆地 3～10km[③]； 离人为污染 1～5km； 集中工业区内工业废气排放强度 1000 万～3000 万标准 m³/km² 的区域，或人口密度 1000～10000 人/km² 的乡镇区域。 距上述污秽源距离近一些，但： 主导风不直接来自这些污秽源； 并且/或者每月定期有雨冲洗	E6	与 E5 中提到的污染源距离更远，但： 在较长（几周或几个月）干燥污秽集积季节后经常出现浓雾（或毛毛雨）； 并且/或者有高的 NSDD 水平，其为 ESDD 的 5～10 倍
		E7	与污染源的距离与重污秽区（E5）相同，且直接遭受到海水喷溅或浓盐雾； 或直接遭受高浓度污秽物（化工、燃煤等）或高浓度的水泥型灰尘，并且频繁受到雾或毛毛雨湿润； 沙和盐能快速沉积并且经常有冷凝的荒漠地区或含盐量大于 1.0% 的干燥盐碱地区

① 在风暴期间，在这样的离海距离，其 ESDD 水平可以达到一个高得多的水平。
② 相比于规定的离海、荒漠和干燥陆地距离，大城市影响的距离可能更远。
③ 取决于海岸区域地形以及风的强度。

（三）污秽地区配电装置的要求及防污闪措施

1. 尽量远离污染源

变电站配电装置的位置，在条件许可的情况下，应尽量远离污染源，并且应使配电装置在潮湿季节处于污染源的上风向。

2. 合理选择配电装置型式

10～220kV 配电装置一般选用户内配电装置。

330kV 以上电压等级设备宜采用户外 GIS 设备。

3. 增大电瓷外绝缘的有效泄漏距离或选用防污型产品

电瓷尽量选用防污型产品。防污型产品除有效泄漏距离较大外，其表面材料或造型也有利于防污。如采用复合材料、大小伞、大倾角、钟罩式等特制瓷套和绝缘子。

污秽地区配电装置的悬垂绝缘子串的绝缘子片数应与耐张绝缘子串相同。

4. 加强运行维护

加强运行维护是防止污闪事故的重要环节。除运行单位定期进行停电清扫外，在进行重污秽地区配电装置设计时，对于 220kV 以下配电装置可考虑带电水冲洗，采用移动式带电水冲洗装置或固定式带电水冲洗装置。

带电水冲洗应满足下列要求：

（1）适用于 220kV 及以下电压等级设备。

（2）冲洗用水的水电阻率要求一般不低于 100000Ω·cm。

（3）以水柱为主绝缘的大、中、小水柱，其水柱长度不应低于表 8-37 中数值。

表 8-37　　　　带电水冲洗水柱长度

喷口直径（mm）		≤3	4～7	8～10
额定电压（kV）	10～35	1.0	2.0	4.0
	66	1.3	2.5	4.5
	110	1.5	3.0	5.0
	220	2.1	4.0	6.0

（4）密封不良的电气设备禁止进行带电水冲洗。

（5）电力系统异常运行时（如母差保护停用时、倒闸操作时、带单相接地故障运行时）禁止进行带电水冲洗。

（6）冲洗前应掌握绝缘子的表面盐密，当超出表 8-38 数值时，不宜进行带电水冲洗。

表 8-38　　　绝缘子水冲洗临界盐密值

绝缘子种类	电站支柱绝缘子		线路绝缘子	
	普通型绝缘子	普通型绝缘子	普通型绝缘子	普通型绝缘子
爬电比距（mm/kV）	14～16	20～31	14～16	20～31
临界盐密（mg/cm²）	0.12	0.2	0.15	0.22

二、高烈度地震区配电装置

我国地震区分布较广泛、震源浅、烈度高。大地震使配电装置和电气设备遭受严重破坏，造成大面积长时间停电，不但给国民经济造成巨大损失，而且直接影响抗震救灾工作和灾后恢复。因此，在进行高烈度地震区的配电装置设计时，必须进行抗震计算和采取有效的抗震措施，保证配电装置和电气设备在遭受到设计烈度及以下的地震袭击时能安全供电。

（一）设防烈度

设防烈度取决于配电装置所在区域的地震烈度。地震烈度是表示地震时地面受到的影响和破坏的程度。地震烈度不仅与震级有关，还与震源深度、与震中的距离以及地震波通过的介质条件（如岩土或土层的结构、性质）等多种因素有关。我国现采用的中国地震烈度表划分为 12 度，列于表 8-39 中。

为了便于工业与民用建（构）筑物设计，我国制定了全国地震烈度区划图。区划图中给出的地震烈度为该地区的基本烈度。

在进行电气抗震设计时，一般情况下取基本烈度作为设防烈度；对于特别重要的大型发电厂和枢纽变电站，抗震烈度可比地震烈度提高一度。

表 8-39　　　　　　　　　　　　　　中国地震烈度表

I	无感		
II	室内个别静止中人有感觉		
III	室内少数静止中人有感觉	门、窗轻微作响	悬挂物微动
IV	室内多数人、室外少数人有感觉，少数人梦中惊醒	门、窗作响	悬挂物明显摆动，器皿作响

续表

V	室内普遍、室外多数人有感觉，多数人梦中惊醒	门窗、屋顶、屋架颤动作响，灰土掉落，抹灰出现微细裂缝，有檐瓦掉落，个别屋顶烟囱掉砖		不稳定器物摇动或翻倒	0.31 (0.22~0.44)	0.03 (0.02~0.04)
VI	多数人站立不稳，少数人惊逃户外	损坏-墙体出现裂缝，檐瓦掉落，少数屋顶烟囱裂缝、掉落	0~0.10	河岸和松软土出现裂缝，饱和砂层出现喷砂冒水；有的独立砖烟囱轻度裂缝	0.63 (0.45~0.89)	0.06 (0.05~0.09)
VII	大多数人惊逃户外，骑自行车的人有感觉，行驶中的汽车驾乘人员有感觉	轻度破坏—局部破坏，开裂，小修或不需要修理可继续使用	0.11~0.30	河岸出现坍方；饱和砂层常见喷砂冒水，松软土地上地裂缝较多；大多数独立砖烟囱中等破坏	1.25 (0.90~1.77)	0.13 (0.10~0.18)
VIII	多数人摇晃颠簸，行走困难	中等破坏—结构破坏，需要修复才能使用	0.31~0.50	干硬土上也出现裂缝；大多数独立砖烟囱严重破坏；树梢折断；房屋破坏导致人畜伤亡	2.5 (1.78~3.53)	0.25 (0.19~0.35)
IX	行动的人摔倒	严重破坏—结构严重破坏，局部倒塌，修复困难	0.51~0.70	干硬土上出现地方有裂缝；基岩可能出现裂缝、错动；滑坡坍方常见；独立砖烟囱倒塌	5 (3.54~7.07)	0.5 (0.36~0.71)
X	骑自行车的人会摔倒，处不稳状态的人会摔离原地，有抛起感	大多数倒塌	0.71~0.90	山崩和地震断裂出现；基岩上拱桥破坏；大多数独立砖烟囱从根部破坏或倒毁	10 (7.08~4.14)	1 (0.72~1.41)
XI		普遍倒塌	0.91~1.00	地震断裂延续很长；大量山崩滑坡		
XII				地面剧烈变化，山河改观		

注 表中的数量词："个别"为10%以下；"少数"为10%~50%；"多数"为50%~70%；"大多数"为70%~90%；"普遍"为90%以上。

（二）高烈度地震区配电装置选型

合理地选择配电装置型式是电气抗震设计的重要内容之一。在地震烈度较高的地区，必须综合考虑工程在电力系统中的重要程度、建设费用、场地条件及环境条件（如污秽等级）等的影响，进行技术经济分析，选择抗震性能较好的配电装置型式。高烈度地震区配电装置的选型，应考虑以下几点：

（1）地震烈度为8度及以上的地震区，35kV及以上电压等级的配电装置，宜优先选用户外配电装置。

根据相关震害教训，许多户内配电装置的电气设备，不是由于地震直接造成破坏，而是由于房屋倒塌砸坏电气设备而造成次生灾害。户内配电装置房屋损害后修复困难，恢复供电的周期长。户外配电装置的震害比户内配电装置轻，恢复供电的速度也较快。

（2）地震烈度为8度及以上的地震区，220kV及以上电压等级的配电装置宜优先采用分相布置的中型配电装置；对于场地特别狭窄和城市中心地区的110kV及以上电压等级的配电装置可采用 SF$_6$ 气体绝缘金属封闭开关设备或混合式配电装置。

（3）地震烈度为8度及以上的地震区，220kV及以上电压等级的配电装置不宜采用棒式支柱绝缘子支持的管形母线配电装置。当采用管形母线配电装置时，铝管母线宜采用悬吊式。

棒式支柱绝缘子的抗震性能较差，用棒式支柱绝缘子支持的管形母线在地震力作用下，将使绝缘子的内应力增加；同时，由于管形母线在地震时容易与地震波发生共振，故棒式绝缘子容易折断并造成母线损坏。

（三）电气抗震计算

电气抗震计算是电气抗震设计的重要环节之一，必须根据电气设备的结构形式、安装方式、安装地区的地震烈度，合理地确定电气抗震计算内容和计算方法。

1. 电气抗震计算的主要内容

在进行高烈度地震区配电装置设计时，电气抗震计算的主要内容有：

（1）电气设备体系（即电气设备本体及其基础、支架等组成的体系）的自振频率和振型等固有特性的计算；

（2）地震作用即作用在电气设备体系上的地震力计算；

（3）地震时，与地震作用同时作用在电气设备体系上的其他外力如导线拉力、风荷载等的计算；

（4）在地震作用及与地震作用组合的其他荷载同时作用下，电气设备体系各质点的位移、速度、加速度等动力反应计算；

（5）在地震作用及其他荷载同时作用下，电气设备体系各质点的弯矩和应力计算，重点是电气设备根部及其他危险断面处产生的弯矩和应力计算；

（6）电气设备抗震强度的验算，重点是电气设备在各种安装状态下，设备根部及其他危险断面处产生的弯矩和应力是否小于制造厂提供许用弯矩和应力值以及是否满足安全系数的要求。

2. 电气抗震计算的荷载组合

（1）地震作用；

（2）恒荷载：包括设备自重、导线拉力等；

（3）风荷载：在进行电气设备抗震计算时，取当地最大风速的25%作为抗震设计风速，计算其作用在电气设备及其体系上的风荷载。

大地震发生概率较低，且地震力的作用时间很短，一般为几秒至十几秒，在发生大地震时，最大地震力作用在电气设备上的同时发生短路故障的概率更小，故可不考虑短路电动力与地震作用的叠加。

3. 电气抗震计算步骤

电气抗震计算步骤如图8-206所示。

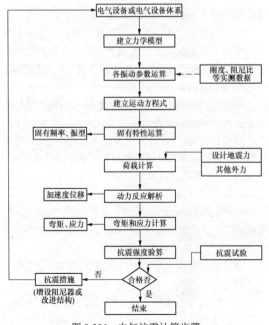

图 8-206　电气抗震计算步骤

4. 电气设备抗震强度的安全系数

以棒式支柱绝缘子或瓷套管为绝缘支柱的电气设备，其机械强度的分散性较大，同时，电瓷为脆性材料，本身没有塑性变形阶段，当外加荷载或发生应力超过允许值时，立即断裂。为了保证电瓷产品在地震时的安全运行，其抗震强度必须有一定的裕度。

电瓷产品破坏以弯曲破坏为主，在进行电气抗震设计时，其安全系数不应小于1.67。

（四）安装设计中采取的抗震措施

1. 选择抗震性能较好的电气设备

电气设备的选型是进行电气设备抗震设计的前提。目前我国尚无定型的抗震型电气设备，而现已定型的电气设备大部分抗震性能较差。为了避免或减少电气设备在地震时受到损害，应慎重进行设备选型。

（1）设备选型应根据其安装地点地基的场地土类型，尽可能选用设备的自振频率与当地场地土的地震卓越频率相距较远的电气设备，以便避免在发生地震时，设备与地震波发生共振。

（2）选用具有较高阻尼比的电气设备，以降低设备对地震作用的动力反应放大系数。

（3）选用以高强度支柱绝缘子的绝缘瓷套为绝缘支柱的电气设备。

（4）选用设备重心低、顶部重量轻等有利于抗震的结构形式的电气设备，如贮气罐式SF_6断路器等。

（5）对新试制或引进国内的电气设备，在签订设备技术协议时，应提出抗震性能的要求，一般根据地震烈度，提出当发生地震时，以设备承受的地面输入最大加速度为基准。

作用在设备上的加速度值，还应考虑设备基础和设备支架的动力放大系数。一般取设备基础、支架的动力放大系数为1.2。

导线在地震作用下摇摆，也会造成对电气设备的影响，一般取导体连接方式的影响等不定因素的影响系数为1.1。因此，输入到设备底部的最大加速度值比地面输入的最大加速度值放大了 $1.2 \times 1.1 = 1.32$（倍）。

2. 装设减震阻尼装置

现已定型的电气设备，在不改变产品结构的情况下，在电气设备底座与设备支架（或设备基础）之间，装设阻尼器等减震阻尼装置，是提高电气设备抗震性能的有效措施之一。减震阻尼装置的作用主要是改变本体的自振频率，使电气设备体系的自振频率避开安装地点场地土的地震波卓越频率，避免或减少共振。同时，还能够加大体系的阻尼比，减少设备体系动力反应放大系数，降低设备根部的应力，从而达到提高抗震能力的目的。

减震阻尼装置只相当于电气设备的一个部件，不需要改变产品的结构形式。同时，阻尼器结构简单、安装使用方便，特别是对已投入运行的电气设备，采用阻尼器来提高设备抗震能力更为方便。

3. 在布置条件允许时，适当加大设备间距离

在地震时，有的损害是因某一个设备损坏倾倒而砸坏与其相邻的设备而产生次生灾害。为了减少此类次生灾害，在布置条件允许时，宜适当加大断路器、电流互感器等重要设备之间以及重要设备与其他设备之间的距离。

4. 减少设备端子的拉力

减少电气设备端子承受的拉力，也是减少震害的措施之一。为此，设备间的连线或引下线不宜过长。当采用硬母线连接时，应有软导线或伸缩接头。对于软导线连接或引下线过长时，应增设固定支点或增设减震装置。

5. 降低设备安装高度

由于设备支架对地面输入的地震加速度有放大作用，且支架越高，动力反应放大系数就越大，作用在设备上的地震力也就越大，故安装设计时应尽量降低设备的安装高度。

6. 重视设备基础与设备支架的抗震设计

设备基础与设备支架的抗震设计，是电气设备抗震设计的重要环节之一，在提供土建设计资料时，必须注意以下几点：

（1）在进行电气设备支架设计时，要使基础和支架的自振频率与设备本体的自振频率分开，支架的自振频率应为设备自振频率的三倍以上，避免设备支架与电气设备发生共振。

（2）设备基础与设备支架的自振频率应避开地震波的频率范围 0.5～10Hz，且距离越远越好，一般应使设备基础与设备支架的自振频率大于 15Hz，防止因基础、支架与地震发生共振而产生较大的动力反应。

（3）在进行设备基础与设备支架的设计时，应进行动荷载计算，以保证支架的刚度，防止发生因基础不均匀下沉、设备支架倾倒和损坏而造成电气设备损坏的次生灾害。

7. 设备安装应牢固可靠

在进行设备安装设计时，一定要认真验算地震荷载和其他组合荷载所引起的作用在设备及其体系上的外力。安装设计中设备的固定应牢固可靠，螺栓连接或焊接的强度要高，防止地震力和其他组合外力同时作用时剪断固定螺栓或拉裂焊口而造成电气设备倾倒或摔坏。

8. 电气设备一定要有良好的接地

电气设备一定要有良好的接地，接地引线和接地干线应可靠焊接，并尽量降低接地电阻值。

地震时往往造成电力系统短路并接地，如因接地不良会造成烧坏电缆和电气设备，因此，必须注意电气设备的接地设计，以减少地震的次生灾害。

9. 充油式电气设备的事故排油设施应齐全

充油式电气设备的安装设计，应注意事故排油设计，排油管道和事故贮油设施应齐全，事故排油管道应畅通，防止地震时发生火灾或火灾扩大。

10. 消防设施应建全

大地震中常常会引起火灾事故，电气设计除符合有关规程的防火要求外，消防设施应建全，以防止发生火灾及及时扑灭火灾事故。消防用水的水源应可靠、水管道应畅通，消防龙头应可靠。同时应具备足够的化学灭火装置，防止地震时因水源或水管道损坏而使火灾事故扩大。

（五）几种主要电气设备的具体抗震措施

1. 电力变压器、消弧线圈、并联电抗器的抗震措施

（1）在地震烈度为 8 度以上地震区，宜取消电力变压器等设备的滚轮或钢轨。将变压器等设备直接安装在基础台上，并采取螺栓连接或焊接措施，防止位移。同时，电力变压器、并联电抗器等设备的基础承台应适当加宽，其宽度一般不小于 800mm。

（2）变压器套管的引线宜采用软导线，且不宜过长。当低压侧采用硬母线时，应有软导线过渡或有足够伸缩长度的伸缩接头，防止拉坏瓷套管。对 110kV 及以上的套管，其套管与法兰连接部位可增设卡固设施，防止套管错位或漏油。

（3）为防止变压器、并联电抗器本体上的冷却器、潜油泵、连接管道等附件的损害，潜油泵及连接轨道与基础台间应保持一定的距离，其最小净距为 200mm。对于集中布置的冷却器与本体的连接管道，在靠近变压器处应增设柔性接头，并在靠近变压器侧设置阀门，以便在冷却器或连接管道破裂漏油时关闭阀门，切断油路。

（4）对于柱上安装的配电变压器，除支柱的强度应满足要求外，还应将变压器牢固地固定在支柱上，在变压器的上部还应加以固定，以防止倾倒和摔坏。

2. 电瓷绝缘电气设备的抗震措施

断路器、隔离开关、电流互感器、电压互感器、避雷器、支柱绝缘子、电缆头、穿墙套管等电气设备的绝缘支柱均是以电瓷材料制成的。电气设备的瓷件在地震中损坏较多，其主要原因是：

（1）瓷质材料属脆性材料，抗弯或抗剪强度低，脆性材料无塑性变形阶段，故容易破损、折断。

（2）高压电器和电瓷产品的本体及体系的自振频率为 1～10Hz，在地震波的卓越频率范围内，地震时，

与地震波发生共振的概率较高，且这些由瓷件组成的电气设备，其阻尼比又较小，一旦发生共振，动力反应放大系数就很大，使作用在设备上的地震荷载增加。这是电瓷绝缘的电气设备在地震时易遭受到损坏的主要原因。

（3）接线端子的允许拉力较小，地震力将引起设备连线或引下线摇摆，使导线拉力增加，以致造成设备本体破坏或拉坏设备端子。

（4）部分设备本体结构又高又细，顶部重量大，造成头重脚轻，重心提高，不利于抗震。

（5）设备支架对地面输入的加速度值有放大作用，使作用在设备上的地震力加大。

在进行电瓷绝缘电气设备的安装设计时，应针对上述震害的主要原因，采取有效的抗震措施。选择抗震性能较好的电气设备、加装阻尼器、减少设备端子拉力、降低设备安装高度、重视设备支架的安装设计等抗震措施，都是针对电瓷绝缘电气设备震害原因提出的，是非常重要而有效的措施，必须认真考虑。

对于断路器的操作电源或操作气源应安全可靠，以防止因失去电源、气源造成断路器不能跳闸而使事故扩大。

3. 蓄电池和电力电容器的抗震措施

（1）对于枢纽变电站和重要变电站宜采用抗震性能较好的密封式蓄电池。

（2）密封式蓄电池安装在地震烈度小于8度的地区，可将蓄电池直接放在铺有耐酸橡胶垫的基础台上，基础台应设有护沿；8度及以上地区安装的密封式蓄电池应设栅栏进行防护。

（3）为防止蓄电池间的连线在地震时被震断和对蓄电池产生附加外力，避免一蓄电池位移影响相邻蓄电池，蓄电池间最好采用软连接方式，其端电池的引出线宜采用电缆引出。

（4）电力电容器应牢固固定在支架上，防止地震时发生位移和倾倒。

4. 高压开关柜等屏、盘的抗震措施

高压开关柜、低压配电屏、控制及保护屏等，应采取焊接或螺栓连接的固定方式，使其牢固地固定在基础上。对于地震烈度高于8度的地震区，还应将几块柜（屏）的上部连成一个整体，增加其稳定性。柜（屏）上的表计一定要固定牢，防止地震时表计摔出。

5. 特高压设备及设备支架的抗震设计

由于特高压设备及支架高度高，难以开展抗震真型试验，且单体设备抗震真型试验也无法全面反映设备连接、基础及支架的耦合作用、风载、自重和导线拉力静载荷效应等因素对抗震性能的影响，因此采用有限元法对设备连接的整体结构开展抗震计算。对多

单元相连接的结构采用有限元进行抗震校核需要解决计算精度及计算效率问题，通过研究提出了有限元与有限差分耦合技术，解决了不同单元和不同部件之间相互连接的建模问题，从而提高了有限元计算精度；同时提出了有限元建模衔接技术，解决了复杂结构有限元建模和密集特征值求解以及响应谱应力计算难题，从而提高了计算效率。

特高压交流试验示范工程中的变电站（开关站）地震基本烈度均为6度，电气设施应按7度地震烈度设防。抗震计算结果表明，无论使用何种地震波，在叠加了产品顶部水平荷载、风载荷和自重荷载产生的静应力后，结构主要部件的最大应力仍小于 GB 50011《建筑抗震设计规范》规定的许用应力。计算得到的设备支架内力、设备连接螺栓预紧力和地震时设备对基础的作用力，为支架设计提供了依据。

三、高海拔地区配电装置

（一）高海拔地区配电装置设计所采用的措施

（1）海拔高度超过1000m的地区，电气设备应采用高原型产品或选用外绝缘提高一级的产品。

（2）海拔超过1000m的高压配电装置的空气间隙应进行修正。

（3）采用 SF_6 气体绝缘金属封闭开关设备，除套管外，可避免高海拔对设备外绝缘的影响。

（4）海拔为1000～3000m地区的户外配电装置，当需要增加悬式绝缘子片数来加强绝缘时，耐张绝缘子和悬垂绝缘子片数，可参考式（8-74）进行修正。

$$N_H = N\left[1 + 0.1\left(H - 1\right)\right] \qquad (8\text{-}74)$$

式中　N_H——修正后的绝缘子片数；

　　　N——海拔为1000m及以下地区的绝缘子片数；

　　　H——海拔，km。

（5）随着海拔升高，裸导体的载流量降低，裸导体的载流量在不同海拔及环境温度下，应乘以综合修正系数。

（二）高海拔外绝缘空气间隙修正

当海拔超过1000m时，由于空气稀薄、气压低，使电气设备外绝缘和空气间隙的放电电压降低。因此，在进行高海拔地区配电装置设计时，应加强电气设备的外绝缘和放大空气间隙。

（1）外绝缘放电电压或耐受电压修正。外绝缘放电电压或耐受电压试验数据通常以标准气象条件给出，标准气象条件是：

——气压（海拔调试0m）101.325kPa；

——温度20℃；

——绝对湿度11g/m³。

注：1mmHg=133.322Pa　760mmHg=101.325kPa。

对于安装在海拔超过1000m地区的电气设备，其

外绝缘一般应予以加强。在海拔4000m及以下地区时，外绝缘放电电压或耐受电压按照式（8-75）进行修正。

$$k_a = e^{k_m[(H-1000)/8150]} \qquad (8-75)$$

式中的 k_m 值如下：雷电冲击电压，$k_m=1.0$；操作冲击电压，k_m 按图8-207选取，对于由两个分量组成的电压，电压值是各分量的和；空气间隙和清洁的绝缘子的短时工频电压，$k_m=1.0$。

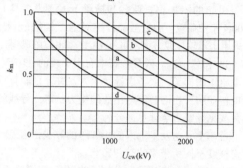

图8-207　操作冲击电压系数

a—相对地绝缘；b—纵绝缘；c—相间绝缘；

d—棒-板间隙（标准间隙）

（2）500kV及以下电压等级配电装置的 A 值修正。当海拔超过1000m时，500kV及以下电压等级配电装置的 A 值可按图8-208进行修正，其 B、C、D 值应分别增加 A_1 值的修正差值。

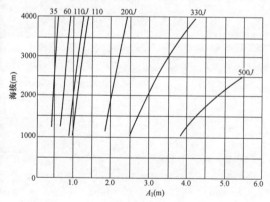

图8-208　配电装置的 A 值修正

（3）750～1000kV的 A 值修正。750～1000kV的 A 值应根据修正后的外绝缘试验电压查找对应的放电曲线进行确定。具体内容参见第七章第四节。

第十一节　配电装置设计的土建配合资料

一、户内配电装置土建资料

（1）布置资料。包括配电装置的平断面尺寸及标高；对土建结构的要求；门的位置、尺寸及门的开启方向和防火要求；对开设窗户的意见；对地（楼）面材料的建议；对操作、维护及搬运通道的要求；穿墙套管的平断面位置及对设置雨篷的要求；悬挂在墙上的导线偏角、拉环位置等。

（2）荷载资料。包括电气设备及附件（如操动机构）的净荷载和操作荷载，受力点和受力方向；母线短路时，支柱绝缘子作用在结构上的力；各层楼（地）板及通道的运输荷载、起吊荷载、安装检修的附加荷载；架空进出线及地线的拉力、偏角、安装检修荷载等。

（3）留孔及埋件资料。包括配电装置各层的各间隔和楼（地）板上的留孔、预埋铁件；配电装置各层外墙上的留孔、预埋铁件；电气设备的基础、支吊架、油槽等。

（4）网门资料。包括各间隔网门、栅栏的尺寸及开启方向，网孔大小，网门上的留孔位置及大小；操动机构和二次设备的安装要求与操作荷重。当网门由电气专业自行设计时可以不提网门资料。

（5）通风资料。包括配电装置内的母线发热功率（kW）；电抗器的数量及其损耗（kW）；对事故通风的要求等。

二、户外配电装置土建资料

（1）布置资料。包括配电装置的平断面尺寸；各型构架的布置位置；电气设备及其附件（如操动机构、端子箱等）的布置位置；对设备搬运通道及操作小道的设置要求等。

（2）构架资料。包括各型构架的结构型式、高度、宽度，导线、地线悬挂高度、间距、导线偏角，正常和安装检修状态下的荷载（包括水平拉力、垂直荷载及侧向风压）；对挂环、吊钩、爬梯、接地螺栓等埋件的要求。

（3）设备支架及基础资料。包括各类支架及基础的结构形式、高度，设备的相间距离，对设备安装孔或预埋件以及接地螺栓等的要求；设备及其附件的净荷载、所受最大风压、操作荷载、安装检修时的附加荷载、受力点和受力方向；低位布置的设备要提出对设备围栏的要求；对于有蓄油设施的设备基础，还应提出设备油量，贮油池或挡油槛的尺寸，卵（碎）石层厚度、排油管管径等。

三、对建筑物及构筑物的要求

1. 对户内配电装置建筑的要求

（1）长度大于7m的配电装置室，应有两个出口。长度大于60m时，宜在配电装置中部增添一个出口。当配电装置室有楼层时，一个出口可设在通往户外楼梯的平台处。

（2）充油电气设备间的门若开向不属配电装置范围

的建筑物内时，其门应为非燃烧体或难燃烧体的实体门。

（3）配电装置室的门应为向外开的防火门，应装弹簧锁，严禁用门闩，相邻配电装置室之间如有门时，应能向两个方向开启。

（4）配电装置室可开窗，但应采用防雨、雪、小动物、风沙及污秽尘埃进入的措施。在污秽严重或风沙大的地区，不宜设置可开启的窗，并采用镶嵌铁丝网的玻璃或以铁丝网保护。

（5）配电装置的耐火等级，不应低于二级。配电装置室的顶棚和内墙面，应作涂料处理。地面宜采用水磨石地面。特别是采用 SF_6 气体绝缘金属封闭开关设备时，应采用水磨石地面，以防止起灰。

（6）配电装置室有楼层时，其楼层应有防水措施。

（7）配电装置室应按事故排烟要求，装设足够的事故通风装置。通风机电动机应能在配电装置室外合闸操作。

（8）配电装置室内通道应保证畅通无阻，不得设置门槛，且不应有与配电装置无关的管道通过。

2. 户外配电装置构架荷载资料

（1）计算用气象条件应按当地的气象资料确定。

（2）考虑到构架的预制、组装、就位的方便和构架的标准化及扩、改建等问题，对独立构架应按终端构架设计；对于连续构架，可根据实际受力要求，并预计到将来的发展，因地制宜地确定按中间或终端构架设计。构架设计不考虑断线。

（3）构架设计应考虑正常运行、安装及检修情况的各种荷载组合。

1）正常运行情况。取设计最大风速、最低气温、最厚覆冰三种状态中的最严重者。

2）安装情况。紧线时不考虑导线上人，但应考虑安装引起的附加垂直荷载和横梁上人（带工具）的 2000N 集中荷载。导线挂线时，应对施工方法提出要求，宜采用上滑轮挂线方案，可不考虑过牵引力的要求。

3）检修情况。对导线跨中有引下线的 110kV 及以上电压的构架，应考虑导线上人，并分别验算单相带电作业和三相同时停电作业的受力状态。导线的集中荷载见导线力学计算部分。

考虑上人跨及未上人的相邻跨的导线张力差，可考虑挠度不同所带来的有利影响。

（4）高型和半高型配电装置的平台、走道及天桥，应考虑 $1500N/m^2$ 的等效均布荷载。构架横梁应考虑高位布置隔离开关及支柱绝缘子等的起吊荷载。

四、户内配电装置等建筑物的计算荷载

户内配电装置等建筑物通道及楼（地）板的计算荷载应按施工、安装、运行时的实际情况考虑确定。

第九章

站 用 电 系 统

第一节 站 用 电 源 引 接

站用电源引接按照电压等级和变电站在电网中的重要性分为以下几种基本引接方式：

（1）110～220kV 及以下变电站站用电源宜从不同主变压器低压侧分别引接 2 回容量相同、可互为备用的工作电源。变电站初期只有 1 台主变压器时，除从其引接 1 回电源外，还应从站外引接 1 回可靠电源。

（2）330～750kV 变电站站用电源应从不同主变压器低压侧分别引接 2 回容量相同、可互为备用的工作电源，并从站外引接 1 回可靠站用备用电源。变电站初期只有 1 台（组）主变压器时，除从其引接 1 回电源外，还应从站外引接 1 回可靠电源，终期需 3 回站用电源。

（3）1000kV 变电站站用电源应从不同主变压器低压侧分别引接 2 回容量相同、可互为备用的工作电源，并从站外引接 1 回可靠站用备用电源。变电站初期只有 1 台（组）主变压器时，宜再从站外引接 2 回相对独立的来自不同变电站的可靠电源，终期需 3 回站用电源。

以上为按照电压等级区分基本引接类型，变电站内其他情况接线方案补充如下：

（1）按规划需装设消弧线圈补偿装置的变电站，采用接地变压器引出中性点时，接地变压器可兼作站用变压器使用，接地变压器容量应满足消弧线圈和站用电的容量要求。

（2）串联电抗器站、串联补偿装置站、开关站或初期为开关站的变电站宜从站外引接 2 回可靠电源。当站内有高压并联电抗器时，其中 1 回可采用高压电抗器抽能电源。对于偏远地区，没有条件从站外引接可靠电源时，可采用柴油发电机等方式提供电源。

（3）根据变电站地理条件，技术经济合理时，可利用太阳能和风能等清洁能源作为站用电源的补充。

（4）对于非本变电站的用电负荷，不可随意接入本站站用电系统。

第二节 站 用 电 接 线

一、站用电系统接线原则

（1）站外电源电压可采用 10～110kV 电压等级，当可靠性满足要求时应优先采用低电压等级电源。

（2）110～750kV 变电站站用电源选用一级降压方式。1000kV 变电站站用电源应根据主变压器低压侧电压水平，选用两级降压或一级降压方式。当采用两级降压方式时，中间电压等级与站外电源的电压等级一致。高压站用电源采用独立的线路-变压器组接线方式。

（3）站用电低压系统宜采用三相四线制，系统中性点直接接地，系统额定电压为 380/220V。

室外变电站站用电低压供电系统采用三相四线制中性点直接接地方式（TN-C）；全室内变电站、建筑内及分散的检修供电可采用全部或局部三相五线制中性点直接接地方式（TN-S 或 TN-C-S）。

在变电站设计中通常采用 TN-C、TN-S 或 TN-C-S，需依据经济比较后确定。

三相四线系统（TN-C）中引入建筑的保护接地中性导体（PEN）应重复接地，严禁在 PEN 线中接入开关或隔离电器。

（4）站用电母线采用按工作变压器划分的单母线接线时，相邻两段工作母线同时供电分列运行。两段工作母线间不装设自动投入装置。当任一台工作变压器失电退出时，备用变压器应能自动快速切换至失电的工作母线段继续供电。

（5）有发电车接入需求的变电站，站用电低压母线应设置移动电源引入装置。

（6）当变电站内有高压站用电系统（10kV 及以上电压）时采用中性点不接地方式。外引高压站用电源系统（10kV 及以上电压）中性点接地方式由站外系统决定。

（7）站用电接线设计应充分考虑变电站分期建设和施工过程中站用电的运行方式，要便于过渡，尽量减少改变接线和更换设备。

二、站用电负荷供电方式

1. 负荷连接原则

互为备用的Ⅰ、Ⅱ类负荷（见表 9-1）由不同的母线段供电，一般成对的Ⅰ、Ⅱ类负荷为一个运行一个备用，接于不同母线段，相当于两个独立的电源供电，可提高该类负荷的供电可靠性。

接有Ⅰ、Ⅱ类负荷的单台就地配电屏由双电源供电，双电源从不同的母线引接，这样在一路电源失去时还有另一路电源可用。由于Ⅰ类负荷不允许中断供电，因此规定对于接有Ⅰ类负荷的就地配电屏，双电源应自动切换。针对Ⅱ类负荷允许短时中断供电的特点，为了不增加备用电源自动投入的复杂性，对于接有Ⅱ类负荷的就地配电屏，双电源可手动切换。

站用电负荷宜由站用配电屏直接供电，对于重要负荷应采用分别接在两段母线上的双回路供电方式。

当站用变压器容量大于 400kVA 时，大于 50kVA 的站用电负荷宜由站用配电屏直接供电；小容量负荷宜集中供电就地分供。

2. 主变压器（高压并联电抗器）供电方式

750kV 及以下变电站主变压器（高压并联电抗器）的供电方式：主变压器、高压并联电抗器的强迫冷却（如强油风冷）装置、有载调压装置及其带电滤油装置等负荷，宜按台（组）分别设置可互为备用的双回路电源进线，并只在冷却装置控制箱内自动相互切换。当冷却系统的电源发生故障或电压降低时，自动投入备用电源。这是根据国家标准为避免多重设置自动切换而可能引起的配合失误，只在冷却装置控制箱内进行双回路电源线路的自动切换，双回路电源线路始端操作电器上不再设自投装置。

对于由单相变压器（高压并联电抗器）组成的变压器(高压并联电抗器)组，宜按组设置双回路电源，将各相变压器的所有用电负荷（冷却器、有载调压机构及其带电滤油装置等）接在经切换后的进线上，可以大量减少站用配电屏的馈线回路数，从而压缩配电屏需要的数量。

目前 1000kV 变电站通常采用 3×1000MVA 的强迫油循环风冷变压器组，单相主变压器的电负荷大，运行电流高，当采用由中央配电屏二段母线各出 1 回供电至变压器场地总风冷控制箱，然后分供至三相变压器的方式时，供电可靠性高，但单回供电电流大；当

采用由中央配电屏二段母线各出 3 回供电至每相变压器风冷控制箱时，供电可靠性低于前一种方式，但每回供电电流较小。对于 1000kV 变压器组，这两种供电方式可根据设备条件选择按每台变压器或按变压器组设置的可互为备用的双回路电源进线。

3. 建筑物内负荷供电

220kV 及以下变电站站用电采用集中布置，仅设置站用电中央配电屏，不在建筑物内设置向就地负荷供电的专用配电屏。

330～1000kV 变电站的主控通信楼、综合楼、下放的继电器小室等建筑物多数都布置在站前区或靠近配电装置侧，而站用电设施多靠近主变压器布置。为提高供电可靠性，减少电缆长度，方便运行操作，宜在建筑物内设置向就地负荷供电的专用配电屏，由站用电中央配电屏引入互为备用的双回路向专用配电屏供电。专用配电分屏宜采用单母线接线，当带有Ⅰ类负荷回路时应采用双电源供电。

4. 配电装置负荷供电

配电装置内的断路器、隔离开关的操作及加热负荷，可采用按配电装置电压区域划分的，分别接在两段站用电母线的下列双电源供电方式：

（1）按功能区域设置环形供电网络，并在环网中间设置刀开关以开环运行。各级电压配电装置内大量设备用电负荷分别设置由站用电中央配电屏的二段母线各引一回路电源构成的断路器、隔离开关交流动力环形供电网络，能够保证供电的可靠性与灵活性，可以缩小电源线路故障时受影响的范围。解环用的刀开关可设置在配电装置的两端或中间的适当间隔，并考虑方便于间隔的扩建。

（2）双回路独立供电，在功能区域内设置双电源切换配电箱，向间隔负荷辐射供电。为了不过多增加站用电馈线回路的数量及相应的配电屏数量和电缆长度，也可分别在各级电压的配电装置内，设置引入双回路电源进线的专用配电箱，向各间隔的断路器操作负荷供电。双回路电源切换装置也可在设备本体考虑。不宜采用由中央配电屏直接以单回路向负荷辐射供电的方式。

（3）当设备控制箱内设有双电源自动切换装置时，可直接采用双回路并联供电方式。

5. 站用电源切换

站内电源应优先作为工作电源，当检测到任何相电压中断时，延时将负载从工作电源切换至备用电源。当工作电源恢复正常时，延时自动由备用电源返回至工作电源供电。当两台变压器的电压相位不满足并联运行条件时，为避免造成两台站用变压器的并列运行，应采取防止并列运行的措施。

例如，某 500kV 变电站曾发生 1 号站用工作变压

器停电维修，在进行 1 号站用变压器和 0 号备用站用变压器的切换操作过程中，出现了一台主变压器的强油冷却器全停的异常事故。经分析，系备用站用变压器的自投时间（0.57s）与主变压器冷却器自身两电源的自投时间（1.68s）不相配合，当冷却器主供电源因母线失电而跳开，其备供电源开关尚未自投成功前，主电源侧又带了电，因相互闭锁使两路电源开关均处于断开位置，冷却器失电全停。在 0 号站用变压器自投启动回路增设时间继电器延时调整为 2.5s 后，问题获得解决。据此，规定备用站用变压器的自投应带有延时，以保证负荷侧自投装置有充分时间由主供电源切换到备供电源上。

三、低压检修供电网络

变电站设置固定的交流低压检修供电网络，并在各检修现场装设专用检修电源箱，供电焊机、电动工具和试验设备等使用。检修电源的容量应按电焊机的负荷确定。

检修供电网络一般采用三相四线制按配电装置区域划分的单回路分支供电方式。

主变压器、高压并联电抗器附近和屋内外配电装置设置固定的检修电源。站内各处（包括屋内配电装置）适当多设检修电源，分布要合理，考虑到电源箱引出的电焊机的最大引线长度一般为 50m，所以检修电源的供电半径不宜大于 50m。

专用检修电源箱宜符合下列要求：

（1）配电装置内的检修电源箱至少设置三相馈线两路、单相馈线两路。内设三相及单相各一路供三相或单相电焊机使用，容量可按 21kVA 配置；或按超高压架空送电线路的参数测试，按三相电源容量（约为 60A）考虑。另设三相、单相各一路，其容量可以较小，以供其他检修负荷用。

（2）主变压器、高压并联电抗器附近检修电源箱的回路及容量宜满足滤、注油的需要。主变压器等在就地检修注油时，用电容量大，接用的回路也较多，故检修电源箱内回路容量及回路数宜予以考虑。

（3）检修网络装设漏电保护。检修网络装设漏电保护是保证安全运行的基本条件，为确保人身安全宜装设漏电保护。供电给手持式电气设备和移动式电气设备的末端线路或插座回路，切断故障回路的时间不应大于 0.4s。

（4）主控楼、综合楼各层、继电器室等配电屏、二次保护屏和用电设备集中的区域应考虑设置检修电源。

四、智能一体化电源系统

以往变电站的交流电源、UPS 电源、直流电源、通信电源分散布置、各自独立，运行维护管理不便。近年来在设计中提出了交流电源、UPS 电源、直流电源、通信电源一体化设计的优化解决方案。

智能一体化电源系统包括站用交流电源、直流电源、DC/DC 转换装置、交流不间断电源（UPS）、逆变电源（INV）、蓄电池组、监控装置等，并统一监视控制，共享直流电源的蓄电池组。智能一体化电源系统结构详见图 9-1。

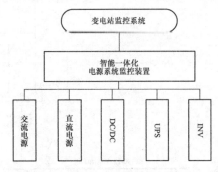

图 9-1　智能一体化电源系统结构

五、站用电接线实例

1. 110～220kV 变电站站用电系统接线实例

站用接线采用自动切换开关电器（ATS）或备自投，主要依据站用电接线形式，当采用两段母线时，多采用 ATS 投入切换，如图 9-2 所示；当采用单母线分段时，多采用备自投投入切换，如图 9-3 所示。

2. 330～750kV 变电站站用电系统接线实例

某 750kV 变电站，全站共设 3 回站用电源，其中 2 回为站内引接的工作电源，分别为 1、2 号主变压器 66kV 侧引接，另外 1 回为从站外引接的备用电源，本方案考虑从站址附近的变电站引接 35kV 电源。实际工程中，备用电源引接方案需要经过经济技术比较后论证确定。

330～750kV 变电站典型站用电接线如图 9-4 所示。

3. 500kV 变电站（1 回高压电抗器抽能、1 回柴油机）站用电系统接线实例

某 500kV 开关站，全站共设 2 回站用电源，其中 1 回为站内引接的工作电源，由站用 10/6kV 站用电源引自站内 500kV 高压电抗器抽能实现，第 2 回站用电源为柴油发电机，作为站用备用电源，其容量应满足全站 I 类负荷和部分 II 类负荷。实际工程中，备用电源引接方案需要经过经济技术比较后论证确定。

某 500kV 变电站（1 回高压电抗器抽能、1 回柴油机）站用电系统接线如图 9-5 所示。

4. 1000kV 变电站站用电系统接线实例

某 1000kV 变电站，全站共设 3 回站用电源，其中 2 回为站内引接的工作电源，分别为 1、2 号主变压器 110kV 侧引接，另外 1 回为从站外引接的备用电源，

本方案考虑从站址附近的变电站引接 35kV 电源。实际工程中，备用电源引接方案需要经过经济技术比较后论证确定。

1000kV 变电站典型站用电接线如图 9-6 所示。

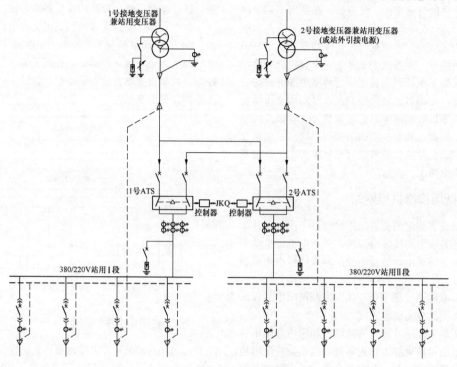

图 9-2　110～220kV 变电站站用电接线图（ATS 方案）

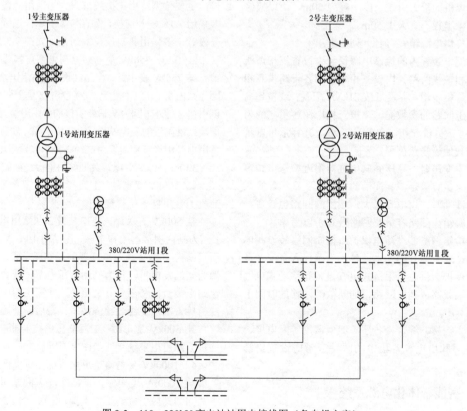

图 9-3　110～220kV 变电站站用电接线图（备自投方案）

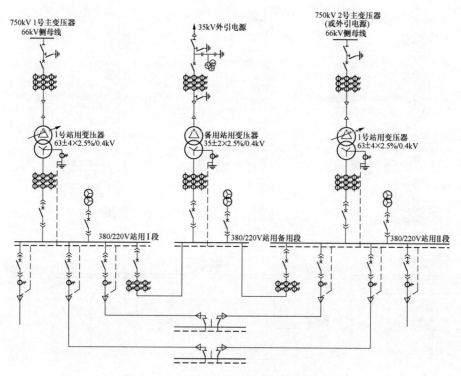

图 9-4　330～750kV 变电站典型站用电接线图

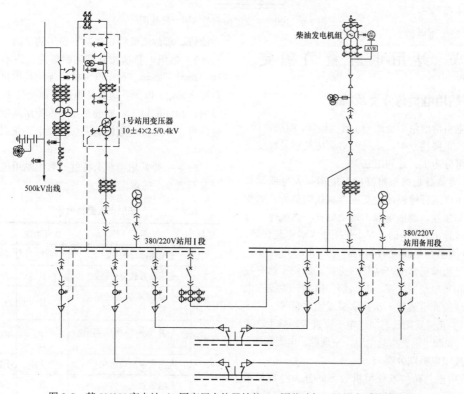

图 9-5　某 500kV 变电站（1 回高压电抗器抽能、1 回柴油机）站用电系统接线图

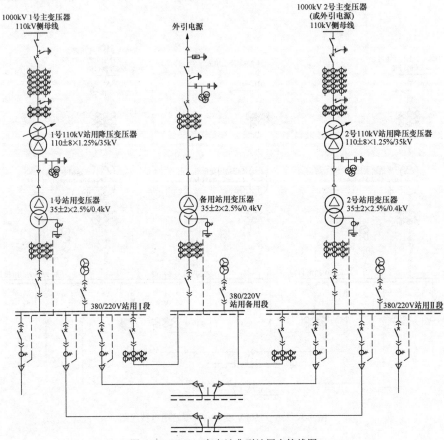

图 9-6　1000kV 变电站典型站用电接线图

第三节　站用电容量的确定

一、站用电负荷分类及特性

站用电负荷应包括全站的工作、检修、照明负荷。

（1）按重要性分类。站用电负荷按其重要程度及停电影响可分为Ⅰ、Ⅱ和Ⅲ三类：

1）Ⅰ类负荷是指短时停电可能影响人身或设备安全，使生产运行停顿或主变压器减载的负荷。如变压器强冷却装置、通信电源、远动装置、微机保护装置和检测装置电源、消防水泵、变压器水喷雾装置等。

2）Ⅱ类负荷是指允许短时停电，但停电时间过长，有可能影响正常生产运行的负荷。如变压器有载调压装置和带电滤油装置、断路器和隔离开关操作电源、蓄电池的充电装置、深井水泵或给水泵等。

3）Ⅲ类负荷是指长时间停电不会直接影响生产运行的负荷。如配电装置检修电源、空调机、电暖器等。

（2）按供电类别分类。

1）站用电负荷按其使用机会不同分为经常和不经常两种运行方式。经常是指与正常生产过程有关的，一般每天都要使用的负荷；不经常是指正常不用，只

在检修、事故或者特定情况下使用的负荷。

2）站用电负荷按其使用时间的长短不同分为连续、短时、断续三种运行方式。连续是指每次连续带负荷运转 2h 以上；短时是指每次连续带负荷运转 2h 以内，10min 以上；断续是指每次使用从带负荷到空载或停止，反复周期性地工作，每个工作周期不超过 10min。

（3）主要站用电负荷特性。常用站用电负荷特性可参照表 9-1 的规定确定。

表 9-1　　站用电主要负荷特性表

序号	名　　称	负荷类别	运行方式
1	变压器冷却装置	Ⅰ	经常、连续
2	变压器有载调压装置	Ⅱ	经常、断续
3	有载调压装置的带电滤油装置	Ⅱ	经常、连续
4	主变压器排油注氮消防电源	Ⅰ	不经常、短时
5	泡沫喷淋消防电源	Ⅰ	不经常、短时
6	充电装置	Ⅱ	不经常、连续
7	浮充电装置	Ⅱ	经常、连续

续表

序号	名　称	负荷类别	运行方式
8	断路器、隔离开关操作电源	II	经常、断续
9	断路器、隔离开关、端子箱加热	II	经常、连续
10	通风机	III	经常、连续
11	事故通风机	II	不经常、连续
12	空调机、电暖器	III	经常、连续
13	载波、微波通信电源	I	经常、连续
14	远动装置	I	经常、连续
15	微机监控系统	I	经常、连续
16	微机保护、检测装置电源	I	经常、连续
17	深井水泵或给水泵	II	经常、短时
18	生活水泵	II	经常、短时
19	雨水泵	II	不经常、短时
20	消防水泵、变压器水喷雾装置	I	不经常、短时
21	配电装置检修电源	III	不经常、短时
22	站区生活用电	III	经常、连续

注　表中所列为典型负荷类型，具体工程可依据实际调整考虑，例如 220kV 及以下变电站，主变压器冷却装置、有载调压装置及带电滤油装置均为冷却装置控制箱自动切换供电。

二、站用电负荷计算

1. 负荷计算原则

（1）连续运行及经常短时运行的设备应予计算。

（2）不经常短时及断续运行的设备，由于其运行时间较短，且又是不经常运行的，考虑到变压器的过负荷能力，故此类负荷可不予计算。

（3）由同一电源供电的互为备用设备，只计算运行的负荷部分。

（4）由不同电源供电的互为备用设备，应全部计算。

（5）站用备用变压器的容量应与工作变压器的容量相同。

（6）变电站主要站用电负荷特性参见表 9-1。

2. 负荷计算方法

站用电负荷计算一般采用换算系数法，将负荷的额定功率千瓦数换算为站用变压器的计算负荷千伏安数，电动机负荷的换算系数一般采用 0.85，电热负荷及照明负荷的换算系数取 1。照明负荷对站用变压器容量选择的影响很少，可不考虑照明的功率因数换算。

站用变压器容量计算公式为

$$S \geqslant K_1 P_1 + P_2 + P_3 \tag{9-1}$$

式中　S——站用变压器容量，kVA；

　　　K_1——站用动力负荷换算系数，取 0.85；

　　　P_1——站用动力负荷之和，kW；

　　　P_2——站用电热负荷之和，kW；

　　　P_3——站用照明负荷之和，kW。

第四节　站用变压器的选择

一、一般要求

站用变压器容量应大于全站用电最大负荷计算容量。220～1000kV 变电站站用电负荷计算和容量选择实例见表 9-2～表 9-4。

表 9-2　　　　　某 1000kV 变电站站用电负荷计算和容量选择实例

序号	名　称	额定容量（kW）	安装台数或回路数	第一段母线				第二段母线			
				台数		容量（kW）		台数		容量（kW）	
				安装	运行	安装	运行	安装	运行	安装	运行
1	主变压器冷却器	450	4	4	4	1800	1800	4	4	1800	1800
2	1000kV 高压电抗器	30	3	3	3	90	90	3	3	90	90
3	1000kV 控制负荷	50	2	2	2	100	100	2	2	100	100
4	主变压器、500kV及 110kV 控制负荷	40	2	2	2	80	80	2	2	80	80
5	UPS	20	1	1	1	20	20	1	1	20	20
6	直流充电装置	80	2	1	1	80	80	1	1	80	80
7	变频恒压给水设备	4	2	1	1	4	4	1	1	4	4
8	生活给水消毒装置	2	2	1	1	2	2	1	1	2	2
9	地埋式污水处理设备	6	1	1	1	6	6	1	1	6	6

序号	名　　称	额定容量(kW)	安装台数或回路数	第一段母线				第二段母线			
				台数		容量(kW)		台数		容量(kW)	
				安装	运行	安装	运行	安装	运行	安装	运行
10	深井泵	10	2	1	1	10	10	1	1	10	10
11	通信电源	30	2	1	1	30	30	1	1	30	30
	小计 P_1						2222				2222
1	1000kV 加热电源	100	2	1	1	100	100	1	1	100	100
2	500kV 加热电源	50	2	1	1	50	50	1	1	50	50
3	110kV 加热电源	20	2	1	1	20	20	1	1	20	20
4	空调及风机	160	2	1	1	160	160	1	1	160	160
	小计 P_2						330				330
1	1000kV 配电装置照明	40	2	1	1	40	40	1	1	40	40
2	500kV 配电装置照明	30	2	1	1	30	30	1	1	30	30
3	110kV 配电装置照明	30	2	1	1	40	40	1	1	40	40
4	屋外道路照明	20	2	1	1	20	20	1	1	20	20
5	户内照明	40	2	1	1	40	40	1	1	40	40
	小计 P_3						160				160
	变压器计算容量(kVA)										
	$S=0.85P_1+P_2+P_3$						2378.7				2378.7
	选择站用变压器容量(kVA)						2500				2500

注　表中所列为典型计算，具体工程可能不同，依工程实际确定。

表 9-3　　　　　　　　某 500kV 变电站站用电负荷计算和容量选择实例

序号	名　　称	额定容量(kW)	安装台数或回路数	第一段母线				第二段母线			
				台数		容量(kW)		台数		容量(kW)	
				安装	运行	安装	运行	安装	运行	安装	运行
1	主变压器冷却器	100	3	3	3	300	300	3	3	300	300
2	500kV 控制负荷	30	2	2	2	60	60	2	2	60	60
3	主变压器及 110kV 控制负荷	40	2	2	2	80	80	2	2	80	80
4	UPS	15	2	1	1	15	15	1	1	15	15
5	直流充电装置	21.5	2	1	1	21.5	21.5	1	1	21.5	21.5
6	生活水泵	5	2	1	1	5	5	1	1	5	5
7	地埋式污水处理设备	3	2	1	1	3	3	1	1	3	3
8	深井泵	5	2	1	1	5	5	1	1	5	5
9	通信电源	20	2	1	1	20	20	1	1	20	20
	小计 P_1						509.5				509.5
1	500kV 加热电源	80	2	1	1	80	80	1	1	80	80
2	110kV 加热电源	40	2	1	1	40	40	1	1	40	40
3	35kV 加热电源	45	2	1	1	45	45	1	1	45	45
4	空调及风机	100	2	1	1	100	100	1	1	100	100

序号	名 称	额定容量（kW）	安装台数或回路数	第一段母线				第二段母线			
				台数		容量（kW）		台数		容量（kW）	
				安装	运行	安装	运行	安装	运行	安装	运行
	小计 P_2						265				265
1	500kV 配电装置照明	30	2	1	1	30	30	1	1	30	30
2	110kV 配电装置照明	10	2	1	1	10	10	1	1	10	10
3	主控通信楼及辅助建筑物照明	20	2	1	1	20	20	1	1	20	20
4	屋外道路照明	15	2	1	1	15	15	1	1	15	15
5	户内照明	15	2	1	1	15	15	1	1	15	15
	小计 P_3						90				90
	变压器压器计算容量（kVA）										
	$S=0.85P_1+P_2+P_3$						788.1				788.1
	选择站用变压器容量（kVA）						800				800

注 表中所列为典型计算，具体工程可能不同，依工程实际确定。

表 9-4　　　　　　　　　某 220kV 变电站站用电负荷计算和容量选择实例

序号	名 称	额定容量（kW）	安装台数或回路数	第一段母线				第二段母线			
				台数		容量（kW）		台数		容量（kW）	
				安装	运行	安装	运行	安装	运行	安装	运行
1	主变压器通风控制	15	3	3	3	45	45	3	3	45	45
2	220kV 控制负荷	30	2	2	2	60	60	2	2	60	60
3	110kV 控制负荷	25	2	2	2	50	50	2	2	50	50
4	UPS	10	4	2	2	20	20	2	2	20	20
5	直流充电装置	15	2	2	1	30	15	2	1	30	15
6	直流浮充电装置	25	2	2	1	50	25	2	1	50	25
7	地埋式污水处理	5	1	1	1	5	5	1	1	5	5
8	供水设备	10	2	1	1	10	10	1	1	10	10
9	通信电源	20	2	2	1	40	20	2	1	40	20
10	35kV 操作负荷	5	2	2	1	10	5	2	1	10	5
	小计 P_1						255				255
1	220kV 加热电源	20	2	2	1	40	20	2	1	40	20
2	110kV 加热电源	20	2	2	1	40	20	2	1	40	20
3	35kV 加热电源	5	2	2	1	10	5	2	1	10	5
4	空调及风机	80	2	1	1	80	80	1	1	80	80
	小计 P_2						125				125
1	220kV 配电装置照明	20	2	1	1	20	20	1	1	20	20
2	110kV 配电装置照明	20	2	1	1	20	20	1	1	20	20
3	35kV 配电装置照明	5	2	2	1	10	5	2	1	10	5
4	屋外道路照明	5	2	1	1	5	5	1	1	5	5

序号	名　称	额定容量（kW）	安装台数或回路数	第一段母线				第二段母线			
				台数		容量（kW）		台数		容量（kW）	
				安装	运行	安装	运行	安装	运行	安装	运行
5	户内照明	5	2	1	1	5	5	1	1	5	5
	小计 P_3						55				55
	变压器计算容量（kVA）										
	$S=0.85P_1+P_2+P_3$						396.75				396.75
	选择站用变压器容量（kVA）						400				400

注　表中所列为典型计算，具体工程可能不同，依工程实际确定。

二、站用变压器电压调整

1. 一般要求

（1）在正常的电源电压偏移和站用电负荷波动的情况下，站用电各级母线的电压偏移不超过额定电压的±5%。当高压电源电压波动较大，经常使站用电母线电压偏差超过±5%时，采用有载调压变压器。

（2）当站用变压器的电源侧接有无功补偿装置时，因无功补偿装置投切造成较大的电压波动，此时宜校验站用电各级电压母线质量。

2. 分接位置及调压开关选择

（1）按电源电压最高、负荷最小、母线电压不超过允许值，选择最高分接位置。

（2）按电源电压最低、负荷最大、母线电压不低于允许值，选择最低分接位置。

（3）根据最高、最低分接位置及制造厂产品选定调压开关。

（4）分接位置计算公式为

$$n=\left(\frac{U_{g*}U_{2N*}}{U_{m*}+S_*Z_{\varphi*}}-1\right)\times\frac{100}{\delta_u\%} \tag{9-2}$$

$$U_{g*}=\frac{U_G}{U_{1N}} \tag{9-3}$$

$$U_{2N*}=\frac{U_{2N}}{U_B} \tag{9-4}$$

式中　n——分接位置，取正、负整数；

U_{g*}——电源电压标幺值；

U_G——电源电压，kV；

U_{1N}——变压器高压侧额定电压，kV；

U_{2N*}——变压器低压侧额定电压标幺值，kV；

U_{2N}——变压器低压侧额定电压，kV；

U_B——基准电压，分别取 0.38、3、6、10、35、66、110kV；

U_{m*}——站用母线允许最高或最低母线电压标幺值，一般最高取 1.05，最低取 0.95；

S_*——站用负荷标幺值（以低压绕组额定容量 S_{2N} 为基准）；

$Z_{\varphi*}$——负荷压降阻抗标幺值；

$\delta_u\%$——级电压，%。

$$Z_{\varphi*}=R_{T*}\cos\varphi+X_{T*}\sin\varphi \tag{9-5}$$

$$R_{T*}=1.1\times\frac{P_{t12}}{S_{2N}} \tag{9-6}$$

$$X_{T*}=1.1\times\frac{U_k\%}{100}\times\frac{S_{2N}}{S_N} \tag{9-7}$$

式中　R_{T*}——变压器电阻标幺值；

P_{t12}——变压器额定铜耗，kW；

$\cos\varphi$——负荷功率因数，一般取 0.8（相应 $\sin\varphi=0.6$）；

X_{T*}——变压器电抗标幺值；

$U_k\%$——变压器阻抗电压百分数。

（5）母线电压偏移计算条件为：

1）按电源电压最高、分接位置最高、负荷最小，计算站用母线最高电压，应满足 $U_{mg*}\leqslant1.05$。

2）按电源电压最低、分接位置最低、负荷最大，计算站用母线电压，应满足 $U_{md*}\geqslant0.95$。

母线电压计算公式为

$$U_{n*}=U_{0*}-S_*Z_{\varphi*} \tag{9-8}$$

$$U_{0*}=\frac{U_{g*}U_{2N*}}{1+n\times\dfrac{\delta_u\%}{100}} \tag{9-9}$$

式中　U_{0*}——母线空载电压标幺值，其他符号同式（9-2）～式（9-7）。

3. 站用变压器电压调整

（1）无励磁调压变压器。当站用变压器高压侧电压和站用电负荷正常变动时，站用电低压母线电压可按下列条件及式（9-8）计算。公式中基准容量取站用变压器额定容量 S_N，低压母线电压标幺值的基准电压取 0.38kV。

计算表明，对于 160～3150kVA 标准阻抗系列 4%～7% 的站用变压器，当高压侧的电压波动范围为站用变压器高压额定电压的±2.5%，且分接开关的参数符合下列条件时，选用无励磁调压变压器能满足低压母线±5%的允许波动范围：

1）分接开关的调压范围取 10%（从正分接到负分接）；

2）分接开关的级电压取 2.5%；

3）额定分接位置宜在调压范围的中间。

（2）有载调压变压器。低压母线电压的计算见式（9-8）和式（9-5），但应计及分接位置的可变因素。

对于 160～3150kVA 标准阻抗系列 4%～7%的站用变压器，当高压侧的电压波动超出站用变压器高压额定电压的 5%，采用无励磁调压难以满足低压母线±5%的允许波动范围时，应选用有载调压变压器，分接开关的选择应满足下列要求：

1）调压范围可采用±4×2.5%；

2）额定分接位置宜在调压范围的中间。

4. 电动机正常启动时站用电母线电压的计算

（1）最大容量的电动机正常启动时，站用母线的电压不低于额定电压的 80%。容易启动的电动机启动时，电动机的端电压不低于额定电压的 70%；对于启动特别困难的电动机，但制造厂有明确合理的启动电压要求时，应满足制造厂的要求。

（2）按照计算负荷选择站用变压器容量时，如电动机容量（kW）占变压器容量（kVA）的 20%以上，应验算最大容量的电动机正常启动时，站用电母线电压不低于额定电压的 80%，电动机的端电压不低于额定电压的70%；电动机成组自启动时，站用电母线电压不低于60%。

（3）电动机启动时母线电压的计算。单台电动机正常启动时，可用按元件电抗比例法简化导出的式（9-10）进行计算。式中标幺值的基准电压取 0.38kV，基准容量取站用变压器额定容量 S_N（kVA）。

$$U_{n*}=U_{o*}/（1+S_*X_*）\quad\quad（9-10）$$

式中　U_{n*}——电动机正常启动时的母线电压标幺值；

U_{o*}——站用母线上的空载电压标幺值，对电抗器取 1，对无励磁调压变压器取 1.05，对有载调压变压器取 1.1；

X_*——变压器或电抗器的电抗标幺值；

S_*——合成负荷标幺值。

S 可按式（9-11）计算，即

$$S^*=S_1^*+S_{st}^*\quad\quad（9-11）$$

式中　S_1^*——电动机启动前，站用母线上已有负荷标幺值；

S_{st}^*——启动电动机的启动容量标幺值。

$$S_{st}^*=K_{st}P_N/S_{2TN}\eta_N\cos\varphi_N\quad\quad（9-12）$$

式中　K_{st}——电动机的启动电流倍数；

P_N——电动机的额定功率，kW；

S_{2TN}——站用变压器的额定容量，kVA；

η_N——电动机的额定效率；

$\cos\varphi_N$——电动机的额定功率因数。

三、站用变压器容量选择

站用变压器容量按照变电站电压等级划分，建议容量如下：

（1）1000kV 变电站站用变压器容量：3150kVA或 2×2000kVA；

（2）750kV 变电站站用变压器容量：1250kVA、1600kVA、2000kVA 或 2500kVA；

（3）500kV 变电站站用变压器容量：630kVA、800kVA 或 1000kVA；

（4）330kV 变电站站用变压器容量：630kVA 或800kVA；

（5）220kV 变电站站用变压器容量：400kVA 或500kVA；

（6）110kV 变电站站用变压器容量：200kVA 或315kVA。

站用变压器选用低损耗节能型标准系列产品。站用变压器宜采用三相双绕组变压器，站用变压器型式宜采用油浸式，当防火和布置条件有特殊要求时，可采用干式变压器。地下变电站、市区变电站等防火要求高、布置条件受限制时，宜采用干式变压器。

站用变压器宜采用 Dyn11 联结组别。站用变压器联结组别的选择，宜使各站用工作变压器及站用备用变压器输出电压的相位一致。站用电低压系统应采取防止变压器并列运行的措施。

站用变压器的阻抗应按低压电器对短路电流的承受能力确定，高压侧短路电流在 40kA 以内，低压侧短路电流控制在 50kA 以内，宜采用标准阻抗系列的变压器。

站用变压器高压侧的额定电压，按其接入点的实际运行电压确定，宜取接入点主变压器相应的额定电压。

第五节　站用电气设备的选择

一、站用高压电气设备选择

站用变压器高压侧宜采用高压断路器作为保护设备。当站用变压器容量小于 400kVA 时也可采用熔断器保护。保护电器开断电流不能满足要求时，宜采用装设限流电抗器的限流措施。

站用电高压侧为中性点非有效接地系统时，保护Dyn 接线站用变压器回路的电流互感器应按三相配置。

二、站用低压电气设备选择

1. 一般原则

（1）低压电气设备应根据所处环境，按满足工作电压、工作电流、分断能力、动稳定、热稳定要求选择，并应符合现行国家标准有关规定。

（2）对于配电屏和配电箱柜内电器的额定电流选择，还应考虑不利散热的影响，可按电器额定电流乘以 0.7～0.9 的裕度系数进行修正。

（3）站用电低压配电宜采用抽屉式配电屏，也可采用封闭的固定式配电屏。当采用抽屉式配电屏时，应设有电气或机械联锁。

（4）在下列情况下，低压电器和导体可不校验动稳定或热稳定：

1）用限流熔断器或熔件额定电流为 60A 及以下的普通熔断器保护的电器和导体可不校验热稳定；

2）用限流断路器保护的电器和导体可不校验热稳定；

3）当熔件的额定电流不大于电缆额定载流量的 2.5 倍，且供电回路末端的单相短路电流大于熔件额定电流的 5 倍时，可不校验电缆的热稳定；

4）对已满足额定短路分断能力的断路器，可不再校验其动、热稳定，但另装继电保护时，应校验断路器的热稳定；

5）保护式磁力启动器和放在单独动力箱内的接触器，可不校验动、热稳定。

（5）短路保护电器应装设在回路首端。当回路中装有限流作用的保护电器时，该回路的电器和导体可按限流后实际通过的最大短路电流进行校验。

（6）短路保护电器的分断能力应符合下列要求：

1）保护电器的额定分断能力大于安装点的预期短路电流有效值；

2）当利用断路器本身的瞬时过电流脱扣器作为短路保护时，断路器的极限短路分断能力大于回路首端预期短路电流有效值；

3）当利用断路器本身的延时过电流脱扣器作为短路保护时，采用断路器相应延时下的运行短路分断能力进行校验；

4）当另装继电保护时，如其动作时间超过断路器延时脱扣器的最长延时，则断路器的分断能力按制造厂规定值进行校验；

5）当电源为下进线时，考虑其对分断能力的影响；

6）低压保护断路器的额定功率因数值低于安装点的短路功率因数值，当不能满足时，电器的额定分断能力宜留有适当裕度。

（7）保护电器的动作电流应与回路导体截面配合，并应躲过回路最大工作电流；保护动作灵敏度应按回路末端最小短路电流校验，选择配合方法见"3.保护电气设备与导体的选择校验"。

（8）低压配电保护宜优先采用低压空气断路器。三相供电回路中，三极断路器的每极均配置过电流脱扣器。分励脱扣器和失压脱扣器的参数及辅助触头的数量，满足控制和保护的要求。

（9）隔离电器满足短路电流动、热稳定的要求。

（10）进线和分段屏的电流较大、电缆选择有困难时，应采用母线排作为进线和联络线；馈线屏采用电缆出线。

2. 供电回路持续工作电流计算

（1）站用变压器进线回路

$$I_{w1} = 1.05 \times I_{2NT} = 1.05 \times \frac{S_{NT}}{\sqrt{3} \times U_{2NT}} \quad (9-13)$$

式中　I_{w1}——站用变压器进线回路工作电流，A；

　　　　I_{2NT}——站用变压器低压侧额定电流，A；

　　　　U_{2NT}——站用变压器低压侧额定电压，kV；

　　　　S_{NT}——站用变压器额定容量，kVA。

考虑 95%U_N 时变压器容量不变。对有载调压站用变压器，应按实际最低分接电压进行计算。

（2）主变压器冷却装置供电回路。单台变压器冷却装置供电回路的工作电流可按式（9-14）计算；当为三台单相变压器的供电回路时，应按式（9-14）的 3 倍计算。

$$I_{w2} = n_1 \times (I_{N1} + n_2 \times I_{N2}) \quad (9-14)$$

式中　I_{w2}——单台主变压器冷却装置供电回路工作电流，A；

　　　　n_1——单台主变压器满载运行时暂需的冷却器组数；

　　　　I_{N1}——每组冷却器中油泵电动机的额定电流，A；

　　　　I_{N2}——每组冷却器中单台风扇电动机的额定电流，A；

　　　　n_2——每组冷却器中风扇电动机的数量。

（3）断路器操作及加热电源回路

$$I_{w3} = \sum I_N + \sum I_{NK} \quad (9-15)$$

式中　I_{w3}——断路器操作及加热电源回路工作电流，A；

　　　　$\sum I_N$——回路中可能同时动作的断路器或隔离开关操作电动机额定电流之和，A；

　　　　$\sum I_{NK}$——回路中断路器、隔离开关加热器的额定电流之和，A。

当缺乏资料时，单台电动机电流可估算如下：不大于 3kW 时，取 2.5A/kW；大于 3kW 时，取 2A/kW。单相加热器应均匀分配于三相。

（4）照明回路

$$I_{w4} = \frac{3P_m(1 + \Delta P)}{\sqrt{3}U_1 \cos\varphi} \quad (9-16)$$

式中　I_{w4}——照明回路工作电流，A；

　　　　P_m——最大一相照明装置容量，kW；

　　　　ΔP——镇流元件功率损耗占灯管损耗的百分比（见表 9-5）；

　　　　$\cos\varphi$——照明器功率因数（见表 9-5）；

U_1——额定线电压，取 0.38kV。

表9-5　镇流元件功率损耗占灯管损耗的百分比

光源和镇流元件的特性	$\cos\varphi$	ΔP（%）
无补偿电容器的气体放电灯（电感镇流）	0.5	20
有补偿电容器的气体放电灯（电感镇流）	0.9	20
气体放电灯（电子镇流）、LED 灯	0.96	15

（5）直流充电装置回路。采用充电装置额定电流。

（6）检修电源回路。主变压器检修电源按主变压器检修装置（滤油、加热）长时工作电流考虑。

检修电源回路按使用单相交流电焊机考虑时

$$I_{w5}=\frac{S_N}{U_N}\times\sqrt{K_Z}\times1000 \qquad (9\text{-}17)$$

式中　I_{w5}——检修回路工作电流，A；

S_N——单相电焊机额定容量，kVA；

U_N——额定电压，V；

K_Z——交流电焊机的暂载率，国产电焊机通常为 65%。

（7）通风机、水泵电动机回路

$$I_{w6}=\sum I_N \qquad (9\text{-}18)$$

式中　I_{w6}——电动机回路工作电流，A；

I_N——单台电动机的额定电流，A。

当缺乏资料时，I_{NG} 可估算如下：不大于 3kW 时，取 2.5A/kW；大于 3kW 时，取 2A/kW。

3. 保护电气设备与导体的选择校验

（1）低压回路短路保护电气设备的动作特性要求：绝缘导体的热稳定应按其截面积校验，且应符合下列规定：

1）当短路持续时间不大于 5s 时，绝缘导体的截面积应符合式（9-19）的要求。

$$S\geqslant\frac{I}{k}\times\sqrt{t} \qquad (9\text{-}19)$$

式中　S——保护导体的截面积，mm^2；

I——通过保护电气设备的预期故障电流或短路电流有效值，A；

t——保护电气设备自动切断电流的动作时间，s；

k——导体的材料系数（见表9-6）。

表9-6　电缆芯线或与其他电缆或绝缘导体成束敷设的保护导体的初始、最终温度和系数

导体绝缘	温度（℃）		导体材料的系数 k		
	初始	最终	铜	铝	钢
70℃聚氯乙烯	70	160（140）	115（103）	76（68）	42（37）

续表

导体绝缘	温度（℃）		导体材料的系数 k		
	初始	最终	铜	铝	钢
90℃聚氯乙烯	90	160（140）	100（86）	66（57）	36（31）
90℃热固性材料	90	250	143	94	52
60℃橡胶	60	200	141	93	51
85℃橡胶	85	220	134	89	48
硅橡胶	180	350	132	87	47

注　括号内数值适用于截面积大于 $300mm^2$ 的聚氯乙烯绝缘导体。

2）短路持续时间小于 0.1s 时，校验绝缘导体截面积应计入短路电流非周期分量的影响；短路持续时间大于 5s 时，校验绝缘导体截面积应计入散热的影响。

3）当短路保护电气设备为断路器时，被保护线路末端的短路电流不应小于断路器瞬时或短延时过电流脱扣器整定电流的 1.5 倍。

4）保护选择性配合。负荷侧断路器保护瞬动，电源侧保护应延时 0.15～0.2s 动作，总电源保护宜带 0.3～0.4s 动作延时。

（2）低压回路过负荷保护电器的动作特性应符合下列公式的要求：

$$I_C\leqslant I_N\leqslant I_Z \qquad (9\text{-}20)$$
$$I_2\leqslant1.45\leqslant I_Z \qquad (9\text{-}21)$$

式中　I_C——回路计算电流，A；

I_N——断路器额定电流或整定电流，A；

I_Z——导体允许持续载流量，A；

I_2——保证保护电气设备可靠动作的电流，A。当保护电气设备为断路器时，I_2 为约定时间内的约定动作电流。

过负荷保护电气设备的特性关系如图 9-7 所示。

（3）电动机回路断路器过电流脱扣器选择校验。过电流脱扣器整定电流按表 9-7 计算。

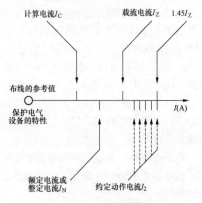

图9-7　过负荷保护电气设备的特性关系

表 9-7　　　　过电流脱扣器整定电流

单台电动机回路	馈电干线[1]	
$I_{set} \geq KI_{ast}$	成组电动机自启动	$I_{set} \geq 1.35 \times \sum I_{ast}$
	其中最大一台启动	$I_{set} \geq 1.35 \times \left(I_{st1} + \sum\limits_{2}^{n} I_{Mn} \right)$

注　I_{set} 为脱扣器整定电流，A；K 为可靠系数，动作时间大于 0.02s 的断路器一般取 1.35，动作时间不大于 0.02s 的断路器取 1.7～2；I_{st1} 为最大一台电动机的启动电流，A；$\sum\limits_{2}^{n} I_{Mn}$ 为除最大一台电动机外，其他所有电动机工作电流之和，A；$\sum I_{ast}$ 为由馈电干线供电的所有自启动电动机电流之和，A。

[1]　在两式中取大者。

满足上述条件，可不校验供电电缆的热稳定。

4. 低压电气设备组合

（1）低压电气设备组合应符合下列要求：

1）供电回路应装设具有短路保护和过负荷保护功能的电器。对于需经常操作的电动机回路还应装设操作电器；对不经常操作的回路，保护电器可兼作操作电器。

2）固定安装 4 回以上的保护电器与母线间应分组设置隔离电器。起吊设备的电源回路应增设就地安装的隔离电器。

3）用于站内消防的重要回路，宜适当增大导体截面，且应配置短路保护而不需配置过负荷保护。如配置过负荷保护也不应切断线路，可作用于信号。

4）站用电设计及设备采购应要求站内自动控制或联锁控制的电动机应有手动控制和解除自动控制或联锁控制的措施；远方控制的电动机应有就地控制和解除远方控制的措施；当突然启动可能危及周围人员安全时，应在机械旁装设启动预告信号和应急断电控制开关或自锁式停止按钮。

（2）当发生短路故障时，各级保护电器应满足选择性动作的要求。站用变压器低压总断路器宜带延时动作，馈线断路器宜先于总断路器动作。上下级熔件应保持选择性级差。其过电流脱扣器级差可取 0.15～0.2s，即负荷断路器为瞬时动作，馈电干线断路器应取短延时 0.15～0.2s，总电源断路器应延时 0.3～0.4s。对于多级配电回路，下一级断路器宜先于上一级动作。其级差配合可采用短延时加电流定值或电流定值来实现。

（3）断路器的瞬时或延时脱扣器的整定电流应按躲过电动机启动电流的条件选择，并按最小短路电流校验灵敏系数。

断路器的瞬时或延时脱扣器的整定电流按表 9-7 计算。

过电流脱扣器的灵敏度按式（9-22）进行校验：

$$\frac{I_k}{I_{set}} \geq 1.3 \qquad (9-22)$$

式中　I_k——供电回路末端或电动机端部最小短路电流，A；

　　I_{set}——脱扣器整定电流，A。

（4）在三相供电回路中，三极断路器的每极均应配置过电流脱扣器。分励脱扣器的参数及辅助触头的数量，应满足控制和保护的要求。

三、柴油发电机组的选择

1. 型式选择

（1）柴油发电机组应采用快速自启动的应急型，失电后第一次自启动恢复供电的时间可取 15～20s，机组应具有时刻准备自启动投入工作并能最多连续自启动三次成功投入的性能。

（2）柴油机的启动方式宜采用电启动。

（3）柴油机的冷却方式应采用闭式循环水冷却。

（4）发电机宜采用快速反应的励磁系统。

（5）发电机的接线采用星形连接，中性点应能引出。

2. 容量选择

柴油发电机组的负荷计算方法采用换算系数法。负荷的计算原则与站用变压器的负荷计算相同，但应考虑保安负荷的投运规律。对于在时间上能错开运行的保安负荷不应全部计算，可以分阶段统计同时运行的保安负荷，取其大者作为计算功率。

（1）计算负荷

$$S_c = K \sum P \qquad (9-23)$$

$$P_c = S_c \cos\varphi_c \qquad (9-24)$$

式中　S_c——计算负荷，kVA；

　　$\sum P$——可能同时运行的保安负荷（包括旋转和静止负荷）的额定功率之和，kW；

　　K——换算系数，取 0.8；

　　P_c——计算负荷的有功功率，kW；

　　$\cos\varphi_c$——计算负荷的功率因数，可取 0.86。

（2）发电机容量选择。

1）发电机连续输出容量应大于最大计算负荷，即

$$S_{NG} \geq S_c \qquad (9-25)$$

式中　S_{NG}——发电机的额定容量，kVA。

2）发电机带负荷启动一台最大容量的电动机时短时过负荷能力校验。

发电机在热状态下，能承受 $150\% S_{NG}$，时间为 15s，即

$$S_{NG} \geq \frac{nS_c + (1.25K_{st} - K)P_{NM,max}}{1.5} \qquad (9\text{-}26)$$

式中 $P_{NM,max}$ ——最大电动机的额定功率，kW；

K_{st} ——最大电动机的启动电流倍数。

当式（9-26）不能满足时，首先应将发电机的运行负荷与启动负荷按相量和的方法进行复校，或采用"软启动"，以降低 K_{st} 值；若再不能满足，应向制造厂索取电动机实际启动时间内发电机允许的过负荷能力。

（3）柴油机输出功率的复核。

1）实际使用地点的环境条件不同于标准使用条件时，对柴油机输出功率的修正：

$$P_x = \alpha P_t \qquad (9\text{-}27)$$

式中 P_x ——实际输出功率，kW；

P_t ——标准使用条件（海拔 0m，空气温度 20℃）下的输出功率，kW；

α ——海拔和空气温度综合修正系数，由产品制造厂提供。

2）持续 1h 运行状态下输出功率校验。设计考虑在全站停电 1h 内，柴油发电机要具有最大保安负荷的能力。柴油机 1h 允许承受的负载能力为 $1.1 P_x$，即

$$P_x \geq \frac{\alpha P_c}{1.1\eta_G} \qquad (9\text{-}28)$$

式中 P_c ——计算负荷的有功功率，kW；

η_G ——发电机的效率；

α ——柴油发电机组的功率配合系数，取 1.10～1.15。

3）柴油机的首次加载能力校验。制造厂保证的柴油发电机组首次加载能力不低于额定功率的 50%。为此，要求柴油机的实际输出功率不小于 2 倍初始投入的启动有功功率，即

$$P_x \geq 2.5K_{st}\sum P''_{ND}\cos\varphi_{st} \qquad (9\text{-}29)$$

式中 $\sum P''_{ND}$ ——初始投入的保安负荷额定功率之和，kW；

K_{st} ——启动负荷的电流倍数，宜取 5；

$\cos\varphi_{st}$ ——启动负荷的功率因数，宜取 0.4。

3. 最大电动机启动时母线上的电压水平校验

最大电动机启动时，为使保安母线段上的运行电动机少受影响，以保持不低于额定电压的 75% 为宜。由于发电机空载启动电动机所引起的母线电压降低比有载启动更为严重，因此取发电机空载启动作为校验工况。电动机启动时的母线电压为

$$U_m = \frac{S_c}{S_c + 1.25K_{st}P_{NM,max}X'_d} \qquad (9\text{-}30)$$

式中 X'_d ——发电机的暂态电抗标幺值。

柴油发电机容量选择实例见表 9-8。

表 9-8　　某变电站柴油发电机容量选择

柴油发电机负荷统计表											
序号	负 荷 名 称	成组启动的电动机容量（kW）和静止负荷的容量（kW）					单独启动的电动机容量（kW）				备注
		连续运行 PLX		短时运行 PDS							
		连接容量	运行容量	连接容量	运行容量	运行时间	连接容量	运行容量	投入时间	运行状态	投入批次
1	消防装置	2×50	50.00								
2	变频恒压给水设备	2×4	4.00								
3	生活给水消毒装置	2×2	2.00								
4	柴油发电机自用电	1×5	1.00								
5	330kV 操作负荷			4×60	120.00						
6	750kV 及主变压器操作负荷			4×30	120.00						
7	主控室主控紧急电源			2×30	30.00						
8	应急照明电源	1×30	10.00								
9	10kV 操作电源	2×5	1.00								
10	主控楼紧急生活电源	2×20	40.00								
11	逆变器及 UPS	2×50	50.00								
12	蓄电池浮充电装置	2×40	40.00								

柴油发电机负荷统计表

序号	负 荷 名 称	成组启动的电动机容量（kW）和静止负荷的容量（kW）					单独启动的电动机容量（kW）				备注
		连续运行 PLX		短时运行 PDS							
		连接容量	运行容量	连接容量	运行容量	运行时间	连接容量	运行容量	投入时间	运行状态	投入批次
13	直流充电装置	2×23	23.00								
14	通信充电装置	2×20	20.00								
	连续运行的电动机额定功率之和	$\sum P_{\mathrm{D}}=$	50.00								
	连续运行的静止负荷之和	$\sum P_{\mathrm{J}}=$	461.00								
	第一批成组启动时（需即投负荷）	$\sum P_{\mathrm{D1}}=$	328.00								
	第一批成组启动时（充电类负荷）	$\sum P_{\mathrm{J1}}=$	133.00								
	$S_{\mathrm{c}}=K\sum P_{\mathrm{ND}}$		408.80								
	$P_{\mathrm{c}}=S_{\mathrm{c}}\cos\varphi$		351.57								
	$S_{\mathrm{c1}}=K\sum P_{\mathrm{D1}}$		368.80								
	$P_{\mathrm{c1}}=S_{\mathrm{c1}}\cos\varphi$		317.17								

S_{c}	计算负荷
$\sum P_{\mathrm{ND}}$	事故停机时，可能同时运行的保安负荷的额定功率之和
K	换算系数，取 0.8
P_{c}	计算负荷的有功功率
$\cos\varphi$	计算负荷的功率因数，取 0.86

一、发电机容量的选择

（1）发电机连续输出容量应大于最大计算负荷

$S_{\mathrm{NG}}\geqslant nS_{\mathrm{c}}=$		408.80	kVA
S_{NG}	发电机的额定容量		
n	每个单元机组配置一台柴油发电机时取 1		

（2）发电机带负荷启动一台最大容量的电动机时短时过负荷能力校验

$S_{\mathrm{NG}}\geqslant\left[nS_{\mathrm{c}}+(1.25K_{\mathrm{st}}-K)\,P_{\mathrm{NM,max}}\right]/1.5=$		495.87	kVA
P_{NM}	最大电动机的额定功率	50	kW
K_{st}	最大电动机的启动电流倍数	6	

二、柴油机输出功率的复核

（1）实际使用地点的环境条件不同于标准使用条件时，对柴油机输出功率的修正

$P_{\mathrm{x}}=\alpha P_{\mathrm{t}}$			
P_{x}	实际输出功率	636.26	kW
P_{t}	标准使用条件下的输出功率（kW）	750	kW
α	海拔和空气温度综合修正系数		

柴油发电机负荷统计表

序号	负 荷 名 称	成组启动的电动机容量（kW）和静止负荷的容量（kW）					单独启动的电动机容量（kW）				备注
		连续运行 PLX		短时运行 PDS							
		连接容量	运行容量	连接容量	运行容量	运行时间	连接容量	运行容量	投入时间	运行状态	投入批次
$\alpha=k+0.7$ $(k-1)$ $(1/\eta_m-1)$				0.85							
η_m	柴油机的机械效率			0.95							
$k=$ (P/P_0) $\times 0.7\times$ (T_0/T) 2				0.85							
P	大气压力（kPa），$P=P_0-K_xH/100$			79.78			海拔 3000m 校正值				
H	当地海拔			3000			m				
K_x	每百米高度大气压变化系数			0.674			kPa/100m				
P_0	标准大气压力（kPa）			100							
T_x	当地平均环境温度			25			℃				
T	温度（绝对温度 k）$T=273+T_x$			298			K				
T_0	标准温度（K）			298			K				
（2）持续 1h 运行状态下输出功率校验											
$P_x\geqslant\alpha P_c/$ $(1.1\eta_G)=$				386.89			kW				
P_c	计算负荷的有功功率			351.57							
η_G	发电机的效率			0.95							
α	柴油发电机组的功率配合系数			1.15							
（3）柴油机的首次加载能力校验											
$P_x\geqslant2.5K_{st}\sum P'_{ND}\cos\varphi_{st}$				634.336							
$\sum P'_{ND}$	初始投入的保安负荷额定功率之和			317.168							
K_{st}	启动负荷的电流倍数			2			变电站负荷性质为馈线负荷，按照馈线类型考虑				
$\cos\varphi_{st}$	启动负荷的功率因数			0.4							
三、最大电动机启动时母线上的电压水平校验											
$U_m=S_{NG}/$ $(S_{NG}+1.25K_{st}P_{NM,max} X'_d)$				96.86%							
X'_d	发电机的暂态电抗			0.16							
四、结论											
发电机	P_t			750			kW				
	$\cos\varphi_{st}$			0.8							
	η_G			95%							
	S_{NG}			986.8			kVA				
柴油机				750			kW				
四冲程、V 式 12 缸、闭式冷却器、涡轮增压、直喷、PT 供油系统、1500r											

第六节　站用电气设备布置

一、布置原则

（1）站用电设备的布置遵循安全、可靠、适用和经济等原则，应符合电力生产工艺流程的要求，做到设备布局和空间利用合理。

（2）为变电站的安全运行和操作维护创造良好的工作环境，巡回检查道路畅通，设备的布置满足安全净距并符合防火、防爆、防潮、防冻和防尘等要求。

（3）设备的检修和搬运不影响运行设备的安全。

（4）应考虑扩建的可能和扩建过渡的方便。

（5）应考虑设备的特点和安装施工的条件。

（6）应结合各级配电装置的布局，尽量减少电缆的交叉和电缆用量，引线方便。

（7）在选择站用电设备型式时，结合站用配电装置的布置特点，择优选用适当的产品。

（8）站用配电屏室及站用变压器室内，所有通向室外或邻室（包括电缆层）的孔洞，均应以耐燃材料可靠封堵。

（9）安装在屋外的检修电源箱应有防潮和防止小动物侵入的措施。落地安装时，底部应高出地坪 0.2m 以上。

二、站用配电装置配电屏布置

1. 站用配电装置布置的一般要求

（1）站用配电装置室的位置靠近用电负荷中心，以减少连接电缆的长度和电能的损失。

（2）站用电屏除留有备用回路外，一般每段母线留有 1～2 个备用屏的位置。

（3）在一个房间内设置两个及以上低压站用电母线段的配电装置时，如在同一列，彼此之间须留出至少 0.8m 的通道，作为维护检修之用。

（4）站用配电屏及屏内回路安排应有利于减少出线电缆交叉敷设。

（5）安装站用配电屏的房间，除本室需用的管道外，不应有其他的管道通过。配电屏上、下方及电缆沟内不应敷设水、热管道。

（6）站用配电装置室内设置通信设备和检修电源等设施。

（7）屏柜的排列尽量具有规律性或对应性。

2. 站用配电屏布置位置和布置尺寸

（1）10kV 配电装置的安全净距见第八章。

（2）220～380V 屋内、外配电装置的安全净距不应小于表 9-9 所列数值。

表 9-9　　　　220～380V 屋内、外配电装置的安全净距　　　　（mm）

负荷	适 用 范 围	使用场所	
		屋内	屋外
	无遮栏裸带电部分至地面之间	2500	
A	无遮栏裸带电部分至接地和不同裸带电部分之间	20	75
B	距地 2500mm 以下裸导体至防护等级 IP2X 遮护物净距	100	175
	不同时停电检修的无遮栏裸导体之间的水平距离	1875	2000
	裸带电部分至无孔固定遮栏	50	—
C	裸带电部分至用钥匙或工具才能打开或拆除的遮栏	800	825
	出线套管至屋外人行通道地面	—	3650

注　海拔超过 1000m 时，表中负荷 A 项数值应按每升高 100m 增大 1% 进行修正，B、C 两项数值应相应加上 A 项的修正值。

（3）400V 站用配电室配电屏前后的通道最小宽度见表 9-10。

表 9-10　　　　400V 站用配电室配电屏前后的通道最小宽度　　　　（mm）

配电屏种类		单列布置			双排面对面布置			双排背对背布置			多排同向布置		
		屏前	屏后		屏前	屏后		屏前	屏后		屏间	前、后排屏距墙	
			维护	操作		维护	操作		维护	操作		维护	操作
抽屉式	不受限制时	1800	1000	1200	2300	1000	1200	1800	1000	2000	2300	1800	1000
	受限制时	1600	800	1200	2000	800	1200	1600	800	2000	2000	1600	800
固定分隔式	不受限制时	1500	1000	1200	2000	1000	1200	1500	1000	2000	2000	1500	1000
	受限制时	1300	800	1200	1800	800	1200	1300	1300	2000	2000	1300	800

注　1. 受限制时是指受到建筑平面的限制、通道内有柱等局部突出物的限制。

2. 屏后操作通道是指需在屏后操作运行中的开关设备的通道。

3. 背对背布置时屏前通道宽度可按本表中双排背对背布置的屏前尺寸确定。

4. 控制屏、控制柜、落地式动力配电箱前后的通道最小宽度可按本表确定。

5. 挂墙式配电箱的箱前操作通道宽度不宜小于1m。

（4）站用配电装置室过道上部带电导体的遮栏净高，应满足搬运设备的要求，且不低于 1.9m。

（5）站用配电装置室的门的高宽尺寸应按搬运设备中最大的外形尺寸再加 200～400mm，但门宽至少不应小于 900mm，门的高度应不得低于 2.1m。维护门的尺寸可采用 750mm×1900mm，高度不低于 1900mm。站用配电装置室的门应按照安装不同开关柜、配电屏的大小，由土建设计人员选用标准门。

（6）站用配电装置搬运设备通道的尺寸，除按表 9-10 所列数值考虑外，当扩建有可能增加开关柜或配电屏时，尚应考虑开关柜和配电屏就位转弯的要求，通道尺寸要留有适当裕度。

（7）站用配电屏室内裸导电部分对地高度不应低于 2.3m；当低于 2.3m 时，应设置不低于 GB/T 4208《外壳防护等级（IP 代码）》规定的遮栏或外护物，遮栏或外护物底部距地面的高度不应低于 2.2m。

（8）高压及低压配电设备设在同一室内，且两者有一侧柜有裸露的母线时，两者之间的净距不应小于 2m。

（9）成排布置的配电屏，其长度超过 6m 时，屏后的通道应设两个出口，并宜布置在通道的两端，当两个出口之间的距离超过 15m 时，其间尚应增加出口。

（10）手车式高压开关柜后应尽量留有通道。

（11）站用配电装置室（配电屏室）长度大于 7m 时，应设两个出口；对长度超过 60m 的站用配电装置室，宜增加一个出口；当配电室双层布置时，楼上配电室的出口应至少设一个通向该层走廊或室外的安全出口。

（12）站用配电屏室及站用变压器室内，所有通向室外或邻室（包括电缆层）的孔洞，均应以耐燃材料可靠封堵。实践证明，孔洞的可靠封堵是防止火灾蔓延和防止小动物进入配电装置造成事故的有效措施。

（13）落地式配电箱的底部应抬高，高出地面的高度室内不应低于 50mm，室外不应低于 200mm；其底座周围应采取封闭措施，并应能防止鼠、蛇类等小动物进入箱内。

3. 站用配电装置对建筑的要求

（1）站用配电装置室的地面设计标高高出室外地坪不应小于 0.3m，为方便设备搬运，可设置斜坡衔接。应采取措施防止雨水进入站用变压器室。

（2）在配电装置室上部的土建伸缩缝，应有可靠的防渗漏水的措施，并应有排水坡度。

（3）配电装置室应考虑防尘，配电装置室的建筑装修应采用不起灰的材料，顶棚不应抹灰。地面可采用不起灰的并有一定硬度的光滑的地面。

（4）站用配电装置室宜采用固定窗，并应采用钢丝网乳白玻璃或其他不易破碎能避免阳光直射的玻璃。当采用开启窗时，内侧应设纱窗或细孔钢丝网。

（5）站用配电装置室的门应为向外开的防火门，并在内侧装设不用钥匙可开启的弹簧锁。相邻配电装置室之间的门应能双向开启，此门不装锁。

（6）站用配电装置室禁止开设天窗。

（7）配电装置室内通道应畅通无阻，不得设立门槛。

（8）站用配电装置室内不应有与配电装置无关的管道或电缆通过。

（9）站配电装置室应设置事故排风机，所有进、出风口应有避免灰、水、汽、小动物进入站用配电装置室的措施。站用配电装置室内的通风，应使室温满足设备技术条件的要求。

三、站用变压器布置

（1）站用变压器应与变电站总体布置协调一致，站用变压器应尽量靠近站用配电屏室布置，以便于变压器低压 380V 引接至配电屏。

（2）屋外安装的站用变压器油量在 1000kg 及以上时，应设置贮油池或挡油设施。当设置有容纳 20%油量的贮油或挡油设施时，应有将油排到安全处所的设施，且不应引起污染危害。事故排油一律不考虑回收。当不能满足上述要求时，应设置能容纳 100%油量的贮油或挡油设施。贮油和挡油设施应大于设备外廓每边各 1000mm。应在贮油池上装设网栏罩盖。贮油设施内应铺设卵石层，其厚度不应小于 250mm，卵石直径宜为 50～80mm，卵石层的表面低于变压器进风口 75mm，油面低于网栏 50mm。当设置有总事故油池时，其容量宜按最大一个油箱容量的 100%确定。

（3）油量在 2500kg 及以上的屋外油浸式站用变压器之间的最小间距应符合表 9-11 的规定。

表 9-11　　　　屋外油浸式站用变压器
之间的最小间距　　　（m）

电压等级	最小间距
35kV 及以下	5
66kV	6
110kV	8
220kV 及 330kV	10

（4）当油量在 2500kg 及以上的屋外油浸站用变压器之间的防火间距不满足表 9-11 的要求时，应设置

防火墙。

防火墙的高度应高于变压器储油柜，其长度应大于变压器储油池两侧各 1000mm。

（5）油量在 2500kg 及以上的屋外油浸式变压器与本回路油量为600kg以上且2500kg以下的带油电气设备之间的防火间距不应小于 5000mm。

（6）站用变压器的绝缘子最低瓷裙距地面高度小于 2500mm 时，应设固定式围栏。围栏向上延伸距地面 2500mm 处与围栏上方带电部分的净距，对于设备额定电压为 10kV 时不应小于 200mm；对于设备额定电压为 35kV 时，不应小于 400mm。

（7）屋内油浸式站用变压器外廓与变压器室四壁的净距不应小于表 9-12 所列数值。对于需要就地检修的油浸站用变压器，室内高度可按吊芯所需的最小高度再加 700mm，宽度可按变压器两侧各加 800mm 确定。

表 9-12 油浸式站用变压器外廓与变压器
室四壁的最小净距　　　（mm）

变压器容量	1000kVA 及以下	1250kVA 及以上
变压器与后壁、侧壁之间	600	800
变压器与门之间	800	1000

（8）当站用变压器采用屋内布置时，油浸站用变压器应安装在单独的小间内。每台油量大于 100kg 的油浸式站用变压器，应设有贮油或挡油、排油等防火设施，当不能满足要求时，应设置能容纳 100%油量的贮油设施。排油管的内径不应小于 150mm，管口应加装铁栅栏滤网。

（9）干式变压器可以布置在站用配电屏室内。设置于室内的无壳干式变压器，其外廓与四周墙壁的净距不应小于 600mm。干式变压器之间的距离不应小于 1000mm，并应满足巡视维修的要求。全封闭型干式变压器可不受上述距离的限制，但应满足巡视维护的要求。

（10）屋内站用变压器的高、低压套管侧或者变压器靠维护门的一侧宜加设网状遮栏。

（11）油浸式站用变压器的低压硬导线穿墙处，可用阻燃绝缘板加以封闭。户内、外引线穿墙处应进行防潮处理。

（12）在油浸式站用变压器室内装设隔离电器时，应装在变压器室内维护门口处，并应加以遮护。

（13）站用变压器室等建筑内的通风，应使室温满足设备技术条件的要求。

（14）变压器室应考虑留有搬运通道，应有检修搬运的门或可拆墙。为了运行检修的方便，一般另设维

护小门。变压器储油柜一般布置在维护入口侧。搬运变压器的门或可拆墙，其宽度应按变压器的宽度至少再加 400mm，高度按变压器的高度至少再加 300mm 来确定。对于 1000kVA 及以上的变压器，在搬运时可考虑将储油柜及防爆管拆下。

（15）站用变压器装设在建筑物附近时，应保证变压器发生事故时不危及附近建筑物。变压器外廓距建筑物墙的距离不应小 800mm，距离变压器外廓在 10m 以内的墙壁应按照防火墙建筑，门窗必须用非燃性材料制成，并采取措施防止外物落在变压器上。

（16）当变压器外廓与建筑物之间的距离在 5～10m 范围时，在变压器外廓左右两侧及上方各 3m 以内的门窗必须为防火门和非燃性固定窗；当变压器外廓与建筑物之间的距离在 5m 以内时，则在上述范围内的外墙上不得开设窗和通风口。

（17）油浸式站用变压器的布置应注意考虑便于运行人员观察储油柜及调压装置油位计。

四、其他站用电设备布置

1．检修电源箱的布置

（1）配电箱安装在安全、干燥、易操作的场所，室内安装的配电箱宜设置在房间出入口附近，方便人员操作且布置在房间隐蔽处，紧凑布置，安装高度为配电箱下沿距地面约 1.5m。

（2）主变压器、高压并联电抗器、串联无功补偿装置附近、屋内及屋外配电装置内，应设置固定的检修电源。检修电源的供电半径不宜大于 50m。

2．柴油发电机组的布置

柴油发电机宜布置在通风良好的独立房间中，且进风口与排烟口应通风流畅。

（1）柴油发电机房宜靠近站用电室布置。

（2）柴油发电机组至墙壁距离应满足运输、运行、检修的需求。

（3）柴油发电机组贮油设施的设置应满足下列要求：

1）在燃料来源及运输不便时，宜在主体建筑物外设置 40～64h 耗油量的储油设施。

2）机房内应设置储油间，其总存储量不应超过 8h 耗油量，并应采取相应的防火措施。

（4）柴油发电机房的布置位置需考虑减少其噪声、排烟系统对运行人员休息及办公的影响。

五、站用电设备布置土建资料

在站用电施工图设计中，提供给土建专业的资料应准确详尽。在考虑电气设备的安装方式时，须做到既能满足电气设备本身和工艺要求，又能使土建设计

和施工方便。

1. 站用配电室土建资料

（1）低压配电屏应安装在预埋的基础槽钢上，槽钢的水平误差不应大于 1‰，全长总误差不应大于 5mm；槽钢的不直度误差不应大于 1‰，全长总误差不应大于 5mm。槽钢避免小段拼成。槽钢焊接在预埋铁件上，预埋铁件每隔 3mm 左右埋设一块。

（2）小车式开关柜的基础槽钢与室内地坪应基本持平，以利于小车进出。

（3）低压配电屏及高压开关柜的基础槽钢有立放和卧放两种。厂家无特殊要求时一般采取卧放。由于土建施工精度满足不了电气设备安装精度要求（土建误差以 cm 计，电气设备安装误差以 mm 计），故土建只预埋铁件，由电气施工人员安装基础槽钢。焊接时通过垫铁厚薄的调正，使槽钢取得较好的水平度。

（4）开关柜与配电屏的安装，可采用焊接方式固定在基础槽钢上。当考虑迁移配电屏时，则采用螺栓固定。

（5）开关柜与配电屏安装在普通地坪时，应视布置需要，在屏柜前或屏柜后开设电缆沟，不应开在屏柜下面。为方便引出电缆，应将屏柜下部挖深到相当于电缆沟的深度并与电缆沟连通。

（6）当开关柜（或配电屏）安装在隧道或楼上时，应在对准屏柜的电缆引出位置开孔。布置屏柜时，应选择合适的位置，使电缆孔不被楼板所遮住。

（7）沿墙布置的低压母线绝缘子在砖墙上安装时，一般在现场打孔；沿水泥墙安装时，则应预留孔或预埋铁件。一般不采用在土建施工时预埋开脚螺栓的办法。

2. 站用变压器室土建资料

对于油浸式站用变压器应设单独变压器室对变压器室有如下要求：

（1）变压器室的墙壁和门应按一级耐火建筑物考虑，门应为防爆门。

（2）就地检修的变压器，在变压器室屋顶应预留起吊设施（吊钩或吊环），吊钩位置设在变压器室中心楼板上，吊钩承重按最大起吊重的两倍考虑。

（3）变压器如布置在特别潮湿或有积水的房间下面，应有严密的防水措施，例如可将楼板用整块混凝土浇成。

（4）变压器的事故油坑应有防止地下水渗入的措施。当油坑布置在变压器室外侧时，应有防止地面水进入的措施。当作贮油坑困难时，可以考虑用管子把事故油排到室外安全的场所（排油管内径不得小于 100mm），但不能利用电缆道道排油。

（5）变压器贮油设施的长度尺寸应大于变压器的外轮廓。当无排油设施时，应在贮油池上设网栏罩盖，网栏上铺设不小于 250mm 厚的卵石层，卵石层的表面低于变压器进风口 75mm，油面低于网栏 50mm。

（6）当变压器下部有电缆隧道时，其地坪、油坑与隧道应严密隔开，以杜绝变压器油流入隧道。不能利用电缆隧道作为通风道。

（7）变压器均不开窗，其门应外开窗。

六、站用电设备布置实例

站用配电屏数量较少的中小变电站，站用配电屏可设置在主控制室或继电器室，这样具有巡视、操作方便的优点；对于规模较小的变电站，也可不设置专用配电屏。在大型变电站中，站用配电屏数量较多时宜设单独的站用配电屏室，单独设置的站用中央配电屏室应尽量靠近站用变压器室布置，并在站用负荷相对集中的控制楼和各级高压配电装置的继电器小室设置站用专用配电屏。

330～1000kV 敞开布置变电站中，一般是在主变压器附近设置站用变压器室及站用配电屏室，各动力电源均从此就近引出，并在主控通信楼、配电装置的继电器小室设置专用配电屏集中向附近供电。

330～1000kV 变电站的站用变压器一般靠近站用配电屏室布置，低压侧 400V 通过母线桥经穿墙套管接入站用配电屏。

例如，某 750kV 变电站站用配电屏 17 面（宽×深×高=1000mm×1000mm×2260mm），布置于站用交直流配电室，站用专用配电屏 20 面（宽×深×高=800mm×600mm×2260mm），分别布置于主控通信楼一层设备机房内 3 面，750kV 继电器室 8 面，主变压器、330kV 及 66kV 继电器室 9 面。站用配电屏室与直流屏室公用，减少变电站的建筑面积。图 9-8 为 750kV 变电站站用交直流配电室配电屏布置图。布置于主控通信楼一层设备机房内 2 面专用配电屏的供电范围包括：主控通信楼内的计算机监控系统等的二次负荷、主控通信楼内的照明负荷、采暖通风负荷、检修负荷、备品备件库用电负荷、警卫传达室用电负荷等。布置于 750kV 继电器室 8 面专用配电屏的供电范围包括：750kV 继电器室和 750kV 配电装置内设备的二次负荷、750kV 配电装置区域内的照明负荷、采暖通风负荷、检修负荷等。布置于主变压器、330kV 和 66kV 继电器室 9 面专用配电屏的供电范围包括：主变压器、330kV 和 66kV 配电装置区域内设备的二次负荷、照明负荷、采暖通风负荷、检修负荷等。

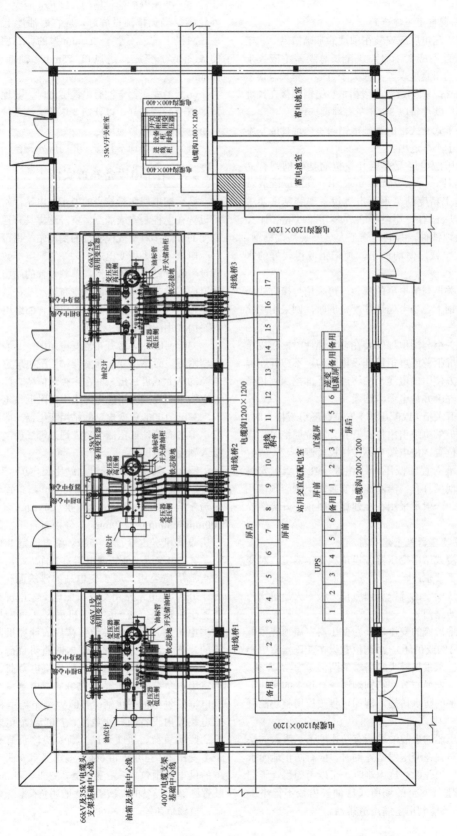

图 9-8 某 750kV 变电站站用交直流配电室布置图

第十章

接 地 装 置

第一节 一般规定和要求

一、一般规定

（1）电力系统、装置或设备应按规定接地。接地装置应充分利用自然接地极接地，但应校验自然接地极的热稳定性。接地按功能可分为系统接地、保护接地、雷电保护接地和防静电接地。

系统接地是指电力系统的一点或多点的功能性接地；保护接地是指为电气安全，将系统、装置或设备的一点或多点接地；雷电保护接地是为雷电保护装置（避雷针、避雷线或避雷器等）向大地泄放雷电流而设的接地；防静电接地为防止静电对易燃油、天然气贮罐和管道等的危险作用而设的接地。

（2）变电站内不同用途和不同额定电压的电气装置或设备，除另有规定外应使用一个总的接地网。接地网的接地电阻应符合其中最小值的要求。

（3）设计接地装置时，应计及土壤干燥或降雨和冻结等季节变化的影响，接地电阻、接触电位差和跨步电位差在四季中均应符合相关规范的要求。但雷电保护接地的接地电阻，可只采用在雷季中土壤干燥状态下的最大值。

（4）确定变电站接地装置的型式和布置时，考虑保护接地的要求，应降低接触电位差和跨步电位差，使其不超过允许值。在条件特别恶劣的场所，例如水田中，接触电位差和跨步电位差的允许值宜适当降低。

（5）低压系统接地可采用以下几种型式：

1）TN 系统。TN 系统有一点直接接地，装置的外露导电部分用保护线与该接地点连接。按照中性线与保护线的组合情况，TN 系统有以下 3 种型式：①TN-S 系统，整个系统的中性线与保护线是分开的；②TN-C-S 系统，系统中有一部分中性线与保护线是合一的；③TN-C 系统，整个系统的中性线与保护线是合一的。所有用电设备的金属外壳都应和电源变压器保护接地线连接。

2）TT 系统。TT 系统有一个直接接地点，电气装置的外露导电部分接至电气上与低压系统的接地点无关的接地装置。

3）IT 系统。IT 系统的带电部分与大地间不直接连接（经阻抗接地或不接地），而电气装置的外露导电部分则是接地的。

（6）在中性点非直接接地的低压电力网中，应防止变压器高、低压绕组间绝缘击穿引起的危险。变压器低压侧的中性线或一个相线上必须装设击穿熔断器。

在以安全电压（12、24、36V）供电的网络中，为防止高电压窜入引起危险，应将安全电压供电网络的中性线或一个相线接地；如接地确有困难，也可与该变压器一次侧的中性线连接。

（7）电气设备的人工接地极（管子、角钢、扁钢和圆钢等）应尽可能使在电气设备所在地点附近对地电压分布均匀。大接地短路电流电气设备，一定要装设环形接地网，并加装均压带。

二、保护接地的范围

（一）电力系统、装置或设备应接地部分

（1）有效接地系统中部分变压器的中性点和有效接地系统中部分变压器、谐振接地、低电阻接地以及高电阻接地系统的中性点所接设备的接地端子。

（2）高压并联电抗器中性点接地电抗器的接地端子。

（3）电机、变压器和高压电器等的底座和外壳。

（4）封闭母线的外壳和变压器、开关柜等（配套）的金属母线槽等。

（5）气体绝缘金属封闭开关设备（GIS）的接地端子。

（6）配电、控制和保护用的屏（柜、箱）等的金属框架。

（7）箱式变电站和环网柜的金属箱体等。

（8）变电站电缆沟和电缆隧道内，以及地上各种电缆金属支架等。

（9）屋内外配电装置的金属构架和钢筋混凝土构架，以及靠近带电部分的金属围栏和金属门。

（10）电力电缆接线盒、终端盒的外壳，电力电缆的金属护套或屏蔽层，穿线的钢管和电缆桥架等。

（11）装有地线（架空地线，又称避雷线）的架空线路杆塔。

（12）除沥青地面的居民区外，其他居民区内不接地、经消弧线圈接地和经高电阻接地系统中无避雷线架空线路的金属杆塔和钢筋混凝土杆塔。

（13）装在配电线路杆塔上的开关设备、电容器等电气装置。

（14）高压电气装置传动装置。

（15）附属于高压电气装置的互感器的二次绕组和铠装控制电缆的外皮。

（二）附属于高压电气装置和电力设施可不接地部分

（1）在木质、沥青等不良导电地面的干燥房间内，交流标称电压 380V 及以下、直流标称电压 220V 及以下的电气装置外壳，但当维护人员可能同时触及电气装置外壳和接地物件时除外。

（2）安装在配电屏、控制屏和配电装置上的电测量仪表、继电器和其他低压电器等的外壳，以及当发生绝缘损坏时在支持物上不会引起危险电压的绝缘子金属底座等。

（3）安装在已接地的金属构架上，且保证电气接触良好的设备，如套管等。

（4）标称电压 220V 及以下的蓄电池室内的支架。

（5）除另有规定外，由变电站区域内引出的铁路轨道。

三、接地电阻值

（一）接地阻抗

接地阻抗 Z 是在给定频率下，系统、装置或设备的给定点与参考地之间的阻抗。接地电阻 R 是接地阻抗的实部，是根据通过接地极流入地中工频交流电流求得的电阻。对于大型变电站的接地装置，接地阻抗一般为复数，除考虑实部接地电阻外，其虚部对地电位升高的影响也不可忽视；对于小型变电站一般虚部很小，可不考虑虚部的影响，一般用接地电阻统称。接地阻抗允许值见表 10-1。表中 Z 为考虑到季节变化的最大接地阻抗值。

表 10-1　　接地阻抗允许值

应用范围	电力系统特点	接地阻抗（Ω）
变电站	有效接地、经低电阻接地系统，保护接地接至变电站接地网的站用变压器的低压侧采用 TN 系统，且低压电气装置应采用（含建筑物钢筋的）保护总等电位联结系统	$Z \leqslant 2000/I_G$ [1] $Z \leqslant 5000/I_G$ [2]

续表

应用范围	电力系统特点	接地阻抗（Ω）
变电站	不接地、谐振接地和经高电阻接地系统，保护接地接至变电站接地网的站用变压器的低压侧电气装置，应采用（含建筑物钢筋的）保护总等电位联结系统	$Z \leqslant 120/I_g$ [3] $\leqslant 4$
高压配电电气装置	工作于不接地、谐振接地和经高电阻接地系统，向 1kV 及以下低压电气装置供电的高压配电电气装置	$Z \leqslant 50/I$ [4] $\leqslant 4$
	工作于经低电阻接地系统的高压配电电气装置	$Z \leqslant 2000/I_G \leqslant 4$
低压电气装置	低压 TN 系统，向低压供电的配电变压器的高压侧工作于不接地、谐振接地和经高电阻接地系统	$Z \leqslant 50/I \leqslant 4$
	低压 TN 系统，向低压供电的配电变压器的高压侧工作于经低电阻接地系统	$Z \leqslant 2000/I_G \leqslant 4$
	低压 TT 系统	$Z \leqslant 50/I_a$ [5]
	低压 IT 系统	$Z \leqslant 50/I_k$ [6]

① I_G 为设计水平年系统最大运行方式下在接地网内、外发生接地故障时，经接地网流入地并计及直流分量的最大接地故障不对称电流有效值，A。应按本章第三节确定。

② 当接地网的接地阻抗不满足 $Z \leqslant 2000/I_G$ 时，可通过技术经济比较适当增大接地阻抗，接地网的电位升高可提高至 5kV。必要时，经专门计算，且采取的措施可确保人身和设备安全可靠时，接地网地电位升高还可进一步提高，但应符合下列要求：

（1）保护接地接至变电站接地网的站用变压器的低压侧，应采用 TN 系统，且低压电气装置应采用（含建筑物钢筋的）保护等电位联结接地系统。

（2）应采用扁铜（或铜绞线）与二次电缆屏蔽层并联敷设。扁铜应至少在两端就近与接地网连接。当接地网为钢材时，尚应防止铜、钢连接产生鱼蚀。扁铜较长时，应多点与接地网连接。二次电缆屏蔽层两端应就近与扁铜连接。扁铜的截面应满足热稳定的要求。

（3）应评估计入短路电流非周期分量的接地网电位升高条件下，变电站内 10kV 金属氧化物避雷器吸收能量的安全性。

（4）可能将接地网的高电位引向站外或将低电位引向站内的设备，应采取下列防止转移电位引起危害的隔离措施：

1）站用变压器向站外低压电气装置供电时，其 0.4kV 绕组的短路（1min）交流耐受电压应比站接地网地电位升高 40%。向站外供电用低压线路应采用架空线，其电源中性点不在站内接地，改在站外适当的地方接地。

2）对外的非光纤通信设备加隔离变压器等。

3）通向站外的管道采用绝缘段。

4）铁路轨道分别在两处加绝缘鱼尾板等。

（5）设计接地网时，应验算接触电位差和跨步电位差，并应通过实测加以验证。

③ I_g 为计算用的接地网入地对称电流有效值，A。

④ I 为计算用的单相接地故障电流，谐振接地系统为故障点残余电流，A。

⑤ I_a 为保护器自动动作的动作电流，当保护器为剩余电流保护时，I_a 为额定剩余电流动作电流 $I_{\Delta n}$，A。

⑥ I_k 为相导体（线）和外露可导电部分间第一次出现阻抗可不计的故障时的故障电流，A。

计算接地网入地电流和故障电流时应考虑：

（1）工作于有效接地、经低电阻接地系统的变电站，I_G 应采用设计水平年系统最大运行方式下在接地网内、外发生接地故障时，经接地网流入地中并计及直流分量的最大接地故障不对称电流有效值。对其计算时，还应考虑系统中各接地中性点间的故障电流分配，以及避雷线中分走的接地故障电流（架空避雷线对地绝缘的线路除外）。

（2）工作于不接地、谐振接地和经高电阻接地系统的变电站，I_g 采用的是接地网入地对称电流有效值。其原因在于不接地、谐振接地和经高电阻接地系统发生单相接地故障后，虽然对地短路电流中也存在着直流分量，但因不立即跳闸，较快衰减的直流的影响可不必考虑。

谐振接地系统中，计算变电站接地网的入地对称电流时，对于装有自动跟踪补偿消弧装置（含非自动调节的消弧线圈）的变电站电气装置的接地网，计算电流等于接在同一接地网中同一系统各自动跟踪补偿消弧装置额定电流总和的 1.25 倍；对于不装自动跟踪补偿消弧装置的变电站电气装置的接地网，计算电流等于系统中断开最大一套自动跟踪补偿消弧装置或系统中最长线路被切除时的最大可能残余电流值。

（3）在中性点不接地的网络中，计算电流采用单相接地电容电流，可按式（10-1）计算。

$$I = \frac{U(35l_1 + l_j)}{350} \qquad (10\text{-}1)$$

式中　I——单相接地电容电流，A；

　　　U——网络线电压，kV；

　　　l_1——电缆线路长度，km；

　　　l_j——架空线路长度，km。

（二）冲击接地电阻

冲击接地电阻是根据通过接地极流入地中冲击电流求得的电阻（接地极上对地电压的峰值与电流的峰值之比）。冲击接地电阻允许值见表 10-2。

表 10-2　　冲击接地电阻允许值

名称	接地装置特点		接地电阻（Ω）
独立避雷针	一般电阻率地区		$R \leqslant 10$
	高电阻率地区	接地装置不与主接地网连接	R_i 不做规定，但应满足：$S_a \geqslant 0.2R_i + 0.1h_i$，且不宜小于5m；$S_e \geqslant 0.3R_i$，且不宜小于3m
		接地装置与主接地网连接	R_i 不做规定，但至35kV 及以下设备接地点沿接地极长度不得小于15m
配电装置构架、建筑物上避雷针			R_i 不做规定，但与主接地网连接处埋设集中接地装置，至变压器接地点的沿接地极长度不得小于15m

续表

名称	接地装置特点	接地电阻（Ω）
避雷器	装设在地面的支柱上	R_i 不做规定，但与主接地网连接处埋设集中接地装置，至变压器接地点的沿接地极长度不得小于15m
防静电接地		$R \leqslant 30$

注　R 为工频接地电阻，Ω；S_a 为独立避雷针与配电装置带电部分、电气设备接地部分、构架接地部分之间的空气中距离，m；S_e 为独立避雷针的接地装置与接地网之间的地中距离，m；R_i 为冲击接地电阻，Ω；h_i 为避雷针校验点的高度，m。

四、接地设计一般步骤

变电站接地网的设计一般分为以下几个步骤：

（1）掌握工程地点的地形地貌、土壤的种类和分层状况。实测站址土壤电阻率，搜集地层土壤电阻率分布资料和关于土壤腐蚀性能的数据。

（2）根据设计水平年和远景年最大运行方式下一次系统电气接线、母线连接的输电线路状况、故障时系统的电抗与电阻比值等，确定设计水平年在非对称接地故障情况下最大的不对称电流有效值。

工程初期时，应根据电网实际的短路电流和所形成的接地系统，校核初期时的接触电位差、跨步电位差和转移电位。当上述参数不满足安全要求时，应采取临时措施，保证初期变电站安全运行。

（3）根据有关建（构）筑物的布置、结构、钢筋配置情况，确定可利用作为接地网的自然接地极。

（4）计算确定流过设备外壳接地导体（线）的电流和流过接地网的最大入地电流；计算确定接触电位差和跨步电位差的限值。

（5）通过热稳定校验，确定不同材质接地导体（线）和接地极的热稳定最小截面。

（6）通过防腐蚀校验最终确定接地导体（线）和接地极的材质和相应的截面，以满足接地工程的寿命要求。

（7）根据站址土壤结构及其电阻率和要求的接地网的接地电阻值，初步拟定接地网的尺寸及结构，计算接地网的接地电阻值和地电位升高，将其值与要求的限值比较，若不满足，应因地制宜采取合适的降阻措施，修正接地网设计或采取隔离措施提高地电位升高允许值来满足要求。

（8）宜通过计算获得地表面的接触电位差和跨步电位差分布，将其值与要求的限值比较，如不满足要求，则应采取降低措施或采取提高允许值的措施予以解决。

（9）根据接地装置实测结果校验设计方案，当不满足设计要求时，应采取降阻均压措施。

第二节 接地电阻计算及测量

一、土壤和水的电阻率

土壤和水的电阻率参考值见表 10-3，表中所列电阻仅供缺乏资料时参考，工程设计应以实测的土壤电阻率为依据。

土壤电阻率在一年中是变化不定的，确定土壤电阻率值时应考虑测量时的具体条件，如季节、天气等因素，设计中采用的计算值为

$$\rho = \rho_0 \varphi \tag{10-2}$$

式中　ρ——土壤电阻率，$\Omega \cdot m$；

　　　ρ_0——实测土壤电阻率，$\Omega \cdot m$；

　　　φ——季节系数，见表 10-4。

水电阻率在不同温度时略有变化。在缺乏水电阻率的温度修正系数时，当水温在 3～35℃之间变化时，可用式（10-3）计算。

$$\rho_t = \rho_c e^{0.025(t_c - t)} \tag{10-3}$$

式中　ρ_c——水温为 t_c（℃）的水电阻率实测值，$\Omega \cdot m$；

　　　ρ_t——水温为 t（℃）的水电阻率值，$\Omega \cdot m$。

表 10-3　　　　　　　　　　　　　　　　土壤和水的电阻率参考值

类别	名　称	电阻率近似值（$\Omega \cdot m$）	不同情况下电阻率的变化范围		
			较湿时（一般地区、多雨区）	较干时（少雨区、沙漠区）	地下水含盐碱时
土	陶黏土	10	5～20	10～100	3～10
	泥炭、泥灰岩、沼泽地	20	10～30	50～300	3～30
	捣碎的木炭	40	—	—	—
	黑土、园田土、陶土	50	30～100	50～300	10～30
	白垩土、黏土	60			
	砂质黏土	100	30～300	80～1000	10～80
	黄土	200	100～200	250	30
	含砂黏土、砂土	300	100～1000	1000 以上	30～100
	河滩中的砂	300			
	煤	—	350		
	多石土壤	400	—	—	—
	上层红色风化黏土、下层红色页岩	500（30%湿度）	—	—	—
	表层土夹石、下层砾石	600（15%湿度）	—	—	—
砂	砂、砂砾	1000	25～1000	1000～2500	—
	砂层深度大于 10m	1000	—	—	—
	地下水较深的草原				
	地面黏土深度不大于 1.5m				
	底层多岩石				
岩石	砾石、碎石	5000	—	—	—
	多岩山地	5000	—	—	—
	花岗岩	20000	—	—	—
混凝土	在水中	40～55	—	—	—
	在湿土中	100～200	—	—	—
	在干土中	500～1300	—	—	—
	在干燥的大气中	12000～18000	—	—	—
矿	金属矿石	0.01～1	—	—	—

表 10-4 根据土壤性质决定的季节系数

土壤性质	深度（m）	φ_1	φ_2	φ_3
黏土	0.5～0.8	3	2	1.5
黏土	0.8～3	2	1.5	1.4
陶土	0～2	2.4	1.36	1.2
砂砾盖于陶土	0～2	1.8	1.2	1.1
园地	0～3		1.32	1.2
黄沙	0～2	2.4	1.56	1.2
杂以黄沙的砂砾	0～2	1.5	1.3	1.2
泥炭	0～2	1.4	1.1	1.0
石灰石	0～2	2.5	1.51	1.2

注 φ_1 为测量前数天下过较长时间的雨时用之；φ_2 为测量时土壤具有中等含水量时用之；φ_3 为测量时土壤干燥或测量前降雨不大时用之。

二、等值土壤电阻率的测量和选取

（一）土壤电阻率的测量

设计变电站的接地系统，必须了解站址的土壤结构，对于建造在高土壤电阻率地区的变电站，地质结构一般比较复杂，应对站址及附近的地质结构做细致的勘查。春天的土壤湿度最低，电阻率最高，宜在春季测量土壤电阻率，并调研冻土层的厚度。

土壤电阻率的测量方法一般有土壤试样分析法、三极法和四极法。

（1）土壤试样分析的原理是通过钻探得到地下不同深度的土壤试样，在实验室中进行试样分析，得到随深度变化的电阻率分布情况。一般是用已知尺寸的土壤试样相对两面间所测得的电阻值来推算试样的电阻率，这种测试方法会带来一定的误差，因为该值包含了电极与土壤试样的接触电阻和电极电阻，这些都是未知的。在实际中很少有均匀的土壤，一般测量得到的是土壤的等值电阻率或土壤的视在电阻率。

（2）三极法的原理是测量埋入地中的标准垂直接地极的接地电阻，然后利用接地电阻的计算公式反推出电阻率。改变垂直接地极的深度，得到视在土壤电阻率随深度变化的曲线。这种方法的缺点是测量的深度有限，最多在 10m 以内。

（3）四极法包括电极均布（等测量间距）和电极非均布测量方式。目前，我国接地电阻测量国家标准推荐采用的土壤电阻率测量方法是四极法，一般采用等测量间距的温纳（Wenner）四极法；在受地形地势限制时，可采用电极非均布施兰伯格（Schlumberger）四极法测量，如图 10-1（a）、（b）所示。四个测量电极沿着一条直线被打进土壤中，相隔

等距离 a，打入深度 b。然后测量两个中间电极之间的电压，用它除以两个外侧的电流极之间的电流就给出一个电阻值 R。

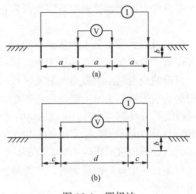

图 10-1 四极法

（a）电极均布—温纳四极法；（b）电极非均布—施兰伯格四极法

视在土壤电阻率 ρ_a 可以由测量得到的电阻值和极间距换算得到

$$\rho_a = \frac{4\pi a R}{1 + \frac{2a}{\sqrt{a^2 + 4b^2}} - \frac{a}{\sqrt{a^2 + b^2}}} \qquad (10\text{-}4)$$

式中 ρ_a——土壤的视在电阻率，$\Omega\cdot m$；

R——测量得到的电阻，Ω；

a——相邻测试电极之间的距离；

b——电极打入地中的深度。

如果 b 远小于 a，即在探头仅仅穿透地面一小段距离时，式（10-4）可简化为

$$\rho_a = 2\pi a R \qquad (10\text{-}5)$$

测量极间距较小时电流倾向于在表面流动，而大跨距时更多的电流则渗透到深层土壤中。地质勘探时近似假设：当土壤层电阻率反差不是过大时，测量得到的给定探头间距 a 的土壤率代表深度为 a 的土壤视在电阻率。因此，从每一个极间距 a 值所测得的电阻值 R，可得出对应的视在电阻率 ρ_a，将 ρ_a 与对应的 a 绘成曲线，可了解土壤电阻率随深度变化的情况。

土壤电阻率测量点的测量数据应能反映站区土壤电阻率的实际情况，110kV 及以下变电站宜在站内均匀选择两个测量点，220～330kV 变电站宜在站内均匀选择 3～5 个测量点，500kV 及以上变电站宜在站内均匀选择 6～9 个测量点。

测量路径的选择主要靠积累实践经验，测量路线不应经过地质断层地带。在垂直方向路径上应重复测量，相互校核。相同电极间距的测量结果大致相同，表明被测区域的地质层状结构接近水平，反之，土壤电阻率应按分区处理。

测量土壤电阻率时，测量电极宜采用直径为 20mm、长度为 0.5～1.0m 的圆钢作为电极，测量电流

极打入地中一般不小于20cm,有时为了增大测量电流可将电流极打入地中更深,或增加电流极的数量。测量电压极打入地中一般不小于10cm。四个测量电极应保持在一条直线上排列,并采用直流电源和直流测量仪表。

变电站站址的土壤电阻率测量最小的极间距宜为0.6~1.0m,最大的极间距不宜小于变电站区域对角线的长度,以反映变电站工频短路时散流区域的土壤特性。为得到土壤的视在土壤电阻率随极间距的变化特性,测量极间距可取1、2、5、10、20、40、75、100、150、200、250、300m…序列,大致以50m的间隔直到最大极间距。即电极间距较小时,宜相隔较小的极间距离进行测量;电极间距较大时,宜相隔较大的极间距离进行测量。

（二）土壤电阻率的选取

工程场地中不同地点和不同深度的土壤电阻率是不同的。在计算接地电阻时选取一个等值的土壤电阻率进行计算是每个工程中都要解决的问题。对于不同深度处不同的ρ值,可以选取接地极预计的埋设深度处的ρ值;对于在水平方向不同点的可以取各点的平均值。计算用土壤电阻率应在实测土壤电阻率的基础上考虑季节系数,见式（10-2）。全站区域内,均匀土壤中的等值土壤电阻率可采用水平接地极埋设深度处的各测量点的土壤电阻率平均值。典型的上/下层土壤或场地内两个区域的土壤电阻率均有明显的差异,应分别计算上/下层或两个区域内的土壤电阻率平均值,并按典型双层土壤中的接地装置计算接地电阻。

对于复杂的土壤,也可采用数值仿真计算方法,根据勘测专业测得的变电站内不同深度的土壤电阻率,软件可以自动对这些土壤电阻率值进行分析和拟合。拟合的结果是生成"单层"土壤模块或把土壤模块按深度分为土壤电阻率不同的"双层"或"多层"土壤模块。相对于视土壤为均匀土壤来说,"双层"或"多层"土壤模块更接近实际情况。目前,水平或垂直分层的多层土壤中接地网性能的数值仿真方法已经非常成熟,包括土壤分层结构、接地电阻、地电位升高分布、跨步电位差、接触电位差、地表任意点的电位等均可以计算。

时至今日,国际上在接地网接地性能分析的数值计算方法和计算软件等方面均取得了很大进展,其研究成果有接地分析软件包CDEGS、CYMGRD和TRAGSYS等。使用这些接地分析软件,在进行大面积变电站的接地设计时可以通过在对土壤电阻率进行大范围测试的基础上对土壤进行建模,并进行接地网的计算、分析和改进。这些软件虽然不能完全把接地设计中所有需要考虑的因素包含在内,但是软件采用的土壤模型为双层、多层模型或垂直分层模型,接地

计算所采用的是数值计算方法,因此其计算结果是比较准确和完善的,完全可以作为评估接地网性能的依据。

三、自然接地极接地电阻的估算

接地极为埋入土壤或特定的导电介质（如混凝土或焦炭）中与大地有电接触的可导电部分。接地极一般分为自然接地极和人工接地极。直接与大地接触的各种金属构件、金属井管、钢筋混凝土建（构）筑物的基础、金属管道和设备等用来兼作接地极的金属导体称为自然接地极。埋入地中专门用于接地的金属导体称为人工接地极,人工接地极以水平接地极为主,并辅以垂直接地极。

（一）架空避雷线

架空避雷线作为自然接地极时,接地电阻R_m为

$$n < 20 \text{ 时}, \quad R_m = \sqrt{Rr}\,\text{cth}\left(\sqrt{\frac{r}{R}}n\right) \tag{10-6}$$

$$n \geqslant 20 \text{ 时}, \quad R_m = \sqrt{Rr} \tag{10-7}$$

$$r = \frac{\rho_{bl}L}{S} \tag{10-8}$$

$$\text{cth}(x) = \frac{e^x + e^{-x}}{e^x - e^{-x}} \tag{10-9}$$

式（10-6）~式（10-9）中

$\text{cth}\left(\sqrt{\dfrac{r}{R}}n\right)$ ——双曲线函数;

R ——有避雷线的每基杆塔工频接地电阻,Ω;

n ——带避雷线的杆塔数;

r ——一档避雷线的电阻,Ω;

ρ_{b1} ——避雷线电阻率,钢线的ρ_{b1}为 $0.15 \times 10^{-6}\Omega \cdot m$;

L ——档距长度,m;

S ——避雷线截面积,mm^2。

（二）埋地管道（管道系统长度小于**2km**时）

埋地管道（管道系统长度小于2km时）作为自然接地极时,接地电阻R为

$$R = \frac{\rho}{2\pi l}\left(\ln\frac{l^2}{2rh}\right) \tag{10-10}$$

式中 ρ ——土壤电阻率,$\Omega \cdot m$;

h ——接地极几何中心埋深,m;

l ——接地极长度,m;

r ——管道的外半径,m。

（三）电缆外皮（及系统长度大于**2km**的管道）

电缆外皮（及系统长度大于2km的管道）作为自然接地极时,接地电阻R为

$$R = \sqrt{r r_1} \operatorname{cth}\left(\sqrt{\frac{r_1}{r}} l\right) K \qquad (10\text{-}11)$$

式中 r ——沿接地极直线方向每纵长 1m 的土壤扩散电阻，一般 $r=1.69\rho$（ρ 为埋设电缆线路的土壤电阻率），$\Omega \cdot m$；

l ——埋于土中电缆的有效长度，m；

K ——考虑麻护层的影响而增大扩散电阻的系数，见表 10-5，对水管 $K=1$；

r_1 ——电缆外皮的交流电阻，$\Omega \cdot m$，三芯动力电缆的电阻 r_1 见表 10-6。

表 10-5　　　　　　**系数 K 值**

土壤电阻率 （$\Omega \cdot m$）	50	100	200	500	1000	2000
K	6.0	2.6	2.0	1.4	1.2	1.05

表 10-6　电力电缆外皮的电阻 r_1（埋深 70cm）

电缆规格		1m 长铠装电缆皮的电阻（$\Omega/m \times 10^{-6}$）	
		电压（kV）	
		10	35
铠装	3×70	10.1	2.6
	3×95	9.4	2.4
	3×120	8.5	2.3
	3×150	7.1	2.2
	3×185	6.6	2.1

注　中性点接地的电力网的 r_1 按本表增大 10%～20%计算。

当有多根电缆敷设在一处时，其总扩散电阻为

$$R' = \frac{R}{\sqrt{n}} \qquad (10\text{-}12)$$

式中 R ——每根电缆外皮的扩散电阻，Ω；

n ——敷设在一处的电缆根数。

（四）基础接地

对整个建筑物的钢筋混凝土基础的工频接地电阻（基础钢筋连续焊接成网，并与站区地网多点连接），可用等效平板法计算。当土壤是均匀时

$$R = \frac{K \rho_1}{\sqrt{ab}} \qquad (10\text{-}13)$$

式中 a、b ——矩形平板的长、宽，即建筑物的长和宽，m；

ρ_1 ——顶层土壤的电阻率，$\Omega \cdot m$；

K ——系数，从图 10-2 查出。

式（10-13）适用于装配式整体式基础；对于桩基式基础，其 R 按式（10-13）算出后增加 10%。

整个站区基础接地体的工频接地电阻 R_{zh} 为

$$R_{zh} = \beta R \qquad (10\text{-}14)$$

式中 R ——变电站总平面范围内的等效平板的工频接地电阻，根据式（10-12）求出，但这时 a 和 b 分别为变电站总平面的长和宽，Ω；

β ——系数，由图 10-3 查出。

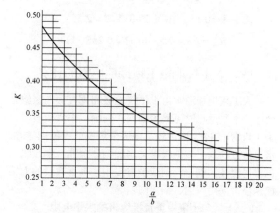

图 10-2　确定基础接地计算中 K 值的曲线

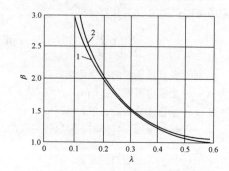

图 10-3　β 和 λ 值的关系曲线

1—土壤为均匀构造；2—土壤为不均匀构造

图 10-3 中 λ 为建筑密度的建筑系数，由式（10-15）求得：

$$\lambda = \frac{\sum\limits_1^n S_i}{S} \qquad (10\text{-}15)$$

式中 $\sum\limits_1^n S_i$ ——变电站内具有钢筋混凝土基础并采取钢筋接地措施的生产性建筑物占地面积的总和，m^2；

S ——变电站总平面的面积，m^2。

下面举例说明用等效平板法计算工频接地电阻。

（1）某变电站主控楼 $ab = 37.5 \times 17.5 (m^2)$ 代入式（10-13）得

$$R = \frac{K \rho_1}{\sqrt{ab}} = \frac{0.458 \times 80}{\sqrt{37.5 \times 17.5}} = \frac{36.64}{25.62} = 1.43 \ (\Omega)$$

其中假定

$\rho_1 = 80\Omega \cdot m$（砂质黏土）。

$a/b = 2.143$，由图 10-2 曲线查取 $K=0.456$。

（2）变电站总平面 $ab = 502 \times 258 (\text{m}^2)$

$a/b = 1.95$，由图 10-2 曲线查取 $K=0.46$，则

$$R = \frac{K\rho_1}{\sqrt{ab}} = \frac{0.46 \times 80}{\sqrt{502 \times 258}} = 0.102\ (\Omega)$$

假定 $\lambda = 0.15$，由图 10-3 查 $\beta = 2.5$

$$R_{zh} = \beta R = 2.5 \times 0.102 = 0.255\ (\Omega)$$

四、人工接地极工频接地电阻的计算

人工接地极通常由水平接地极和垂直接地极组合而成。水平敷设时可采用圆钢、扁钢；垂直敷设时可采用角钢、钢管。腐蚀较重地区采用铜或铜覆钢材时，水平敷设的人工接地极可采用圆铜、扁铜、铜绞线、铜覆钢绞线、铜覆圆钢或铜覆扁钢；垂直敷设的人工接地极可采用圆铜、铜覆圆钢等。

（一）均匀土壤中垂直接地极的接地电阻

均匀土壤垂直接地极如图 10-4 所示，当 $l \geq d$ 时，接地电阻可按式（10-16）计算，即

$$R_v = \frac{\rho}{2\pi l}\left(\ln\frac{8l}{d} - 1\right) \qquad (10\text{-}16)$$

式中　R_v——垂直接地极的接地电阻，Ω；

　　　ρ——土壤电阻率，$\Omega \cdot \text{m}$；

　　　l——垂直接地极的长度，m；

　　　d——接地极用圆导体时，圆导体的直径，m。

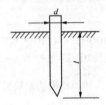

图 10-4　垂直接地极的示意图

当接地极用其他型式的导体时，如图 10-5 所示，其等效直径可按下列方法计算：

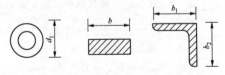

图 10-5　几种型式钢材的计算用尺寸

管状导体　　　　$d = d_1$

扁导体　　　　　$d = \dfrac{b}{2}$

等边角钢　$d = 0.84b$，$b = b_1 = b_2$

不等边角钢　$d = 0.71[b_1 \cdot b_2 \cdot (b_1^2 + b_2^2)]^{0.25}$（10-17）

（二）均匀土壤中不同形状水平接地极的接地电阻

$$R_h = \frac{\rho}{2\pi L}\left(\ln\frac{L^2}{hd} + A\right) \qquad (10\text{-}18)$$

式中　R_h——水平接地极的接地电阻，Ω；

　　　L——水平接地极的总长度，m；

　　　h——水平接地极的埋设深度，m；

　　　d——水平接地极的直径或等效直径，m；

　　　A——水平接地极的形状系数，可按表 10-7 的规定采用。

表 10-7　　水平接地极的形状系数 A 值

水平接地极形状	―	∟	人	○	＋
形状系数 A	−0.6	−0.18	0	0.48	0.89
水平接地极形状	□	⋇	✳	✳	❋
形状系数 A	1	2.19	3.03	4.71	5.65

（三）均匀土壤中水平接地极为主边缘闭合的复合接地极（接地网）的接地电阻

均匀土壤中水平接地极为主边缘闭合的接地极（接地网）的接地电阻 R_n 计算如下：

$$R_n = a_1 R_{eq} \qquad (10\text{-}19)$$

$$a_1 = \left(3\ln\frac{L_0}{\sqrt{S}} - 0.2\right)\frac{\sqrt{S}}{L_0} \qquad (10\text{-}20)$$

$$R_{eq} = 0.213\frac{\rho}{\sqrt{S}}(1+B) + \frac{\rho}{2\pi L}\left(\ln\frac{S}{9hd} - 5B\right) \qquad (10\text{-}21)$$

$$B = \frac{1}{1 + 4.6\dfrac{h}{\sqrt{S}}} \qquad (10\text{-}22)$$

式中　R_n——任意形状边缘闭合接地网的接地电阻，Ω；

　　　R_{eq}——等值（即等面积、等水平接地极总长度）方形接地网的接地电阻，Ω；

　　　S——接地网的总面积，m^2；

　　　d——水平接地极的直径或等效直径，m；

　　　h——水平接地极的埋设深度，m；

　　　L_0——接地网的外缘边线总长度，m；

　　　L——水平接地极的总长度，m。

（四）均匀土壤中人工接地极工频接地电阻的简易计算

均匀土壤中人工接地极工频接地电阻的简易计算

式见表10-8。

表10-8　人工接地极工频接地电阻简易计算式　　（Ω）

接地极型式	简 易 计 算 式
垂直式	$R \approx 0.3\rho$
单根水平式	$R \approx 0.03\rho$
复合式 （接地网）	$R \approx 0.5\dfrac{\rho}{\sqrt{S}} = 0.28\dfrac{\rho}{r}$ 或 $R \approx \dfrac{\sqrt{\pi}}{4} \times \dfrac{\rho}{\sqrt{S}} + \dfrac{\rho}{L} = \dfrac{\rho}{4r} + \dfrac{\rho}{L}$

注　1. 垂直式为长度3m左右的接地极。
　　2. 单根水平式为长度60m左右的接地极。
　　3. 复合式中，S 为大于100m² 的闭合接地网的面积；r 为与接地网面积 S 等值的圆的半径，即等效半径，m。

（五）典型双层土壤中人工接地极的接地电阻

（1）深埋垂直接地极的接地电阻，见图10-6。

$$R = \frac{\rho_a}{2\pi l}\left(\ln\frac{4l}{d} + C\right) \qquad (10\text{-}23)$$

$l < H$ 时　　$\rho_a = \rho_1$　　　　　　　（10-24）

$l \geqslant H$ 时　　$\rho_a = \dfrac{\rho_1\rho_2}{\dfrac{H}{l}(\rho_2 - \rho_1) + \rho_1}$　（10-25）

$$C = \sum_{n=1}^{\infty}\left(\frac{\rho_2 - \rho_1}{\rho_2 + \rho_1}\right)^n \ln\frac{2nH + l}{2(n-1)H + l} \qquad (10\text{-}26)$$

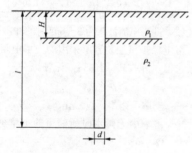

图10-6　深埋垂直接地极示意图

（2）土壤具有图10-7所示的两个剖面结构时，水平接地网的接地电阻 R 为

$$R = \frac{0.5\rho_1\rho_2\sqrt{S}}{\rho_1 S_2 + \rho_2 S_1} \qquad (10\text{-}27)$$

式中　S_1、S_2——覆盖在 ρ_1、ρ_2 土壤电阻率上的接地网的面积，m²；

　　　S——接地网总面积，m²。

（六）构筑物的接地电阻

构筑物接地装置可采用自然接地极、人工接地极

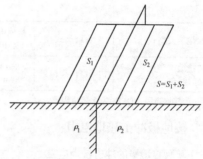

图10-7　两种土壤电阻率的接地网

或两者均有的型式，其工频接地电阻为

$$R = \frac{\rho}{2\pi L}\left(\ln\frac{L^2}{hd} + A_t\right) \qquad (10\text{-}28)$$

式中　ρ——土壤电阻率，Ω·m；

　　　L——水平接地极的总长度，可按表 10-9 取值，m；

　　　h——水平接地极的埋设深度，m；

　　　d——水平接地极的直径或等效直径，m；

　　　A_t——水平接地极的形状系数，可按表 10-9 取值。

表10-9　A_t 与 L 的意义与取值

接地装置种类	形状	参数
构架接地装置		$A_t = 1.76$ $L = 4(l_1 + l_2)$
钢筋混凝构支架放射形接地装置		$A_t = 2.0$ $L = 4l_1 + l_2$
钢筋混凝土构支架环形接地装置		$A_t = 1.0$ $L = 8l_2$（当 $l_1 = 0$ 时） $L = 4l_1$（当 $l_1 \neq 0$ 时）

各种型式接地装置工频接地电阻的计算，可采用表10-10中的简易计算式。

表10-10　各种型式接地装置的工频接地电阻简易计算式

接地装置型式	杆塔型式	接地电阻简易计算式
n 根水平射线（$n \leqslant 12$，每根长约60m）	各型构架	$R \approx \dfrac{0.062\rho}{n + 1.2}$
沿装配式基础周围敷设的深埋式接地极	构架门型构架	$R \approx 0.07\rho$ $R \approx 0.04\rho$
装配式基础的自然接地极	构架塔门型构架	$R \approx 0.1\rho$ $R \approx 0.06\rho$
钢筋混凝土构支架的自然接地极	单柱双柱	$R \approx 0.3\rho$ $R \approx 0.2\rho$

续表

接地装置型式	杆塔型式	接地电阻简易计算式
深埋式接地与装配式基础自然接地的综合	构架塔门型构架	$R \approx 0.05\rho$ $R \approx 0.03\rho$

注　R 为接地电阻，Ω；ρ 为土壤电阻率，$\Omega \cdot m$。

五、接地极冲击接地电阻

（一）单独接地极的冲击接地电阻

$$R_i = aR \qquad (10\text{-}29)$$

式中　R_i——单独接地极的冲击接地电阻，Ω；

$\quad\quad R$——单独接地极的工频接地电阻，Ω；

$\quad\quad a$——单独接地极的冲击系数。

单独接地极冲击系数 a 的计算见下列公式：

垂直接地极

$$a = 2.75\rho^{-0.4}(1.8 + \sqrt{L})[0.75 - \exp(-1.50I_i^{-0.2})] \qquad (10\text{-}30)$$

单端流入冲击电流的水平接地极

$$a = 1.62\rho^{-0.4}(5.0 + \sqrt{L})[0.79 - \exp(-2.3I_i^{-0.2})] \qquad (10\text{-}31)$$

中部流入冲击电流的水平接地极

$$a = 1.16\rho^{-0.4}(7.1 + \sqrt{L})[0.78 - \exp(-2.3I_i^{-0.2})] \qquad (10\text{-}32)$$

冲击系数的数值见表 10-11～表 10-13。

表 10-11　单独接地极的冲击系数（一）

土壤电阻率（$\Omega \cdot m$）	冲击电流（kA）			
	5	10	20	40
100	0.85～0.90	0.75～0.85	0.6～0.75	0.5～0.8
500	0.6～0.7	0.5～0.6	0.35～0.45	0.25～0.30
1000	0.45～0.55	0.35～0.45	0.25～0.30	

注　表中较大值用于 3m 长的接地体，较小值用于 2m 长的接地体。

表 10-12　　单独接地极的冲击系数（二）

土壤电阻率（$\Omega \cdot m$）	长度（m）	冲击电流（kA）				土壤电阻率（$\Omega \cdot m$）	长度（m）	冲击电流（kA）			
		5	10	20	40			5	10	20	40
100	5	0.80	0.75	0.65	0.50	1000	10	0.60	0.55	0.45	0.35
	10	1.05	1.00	0.90	0.80		20	0.80	0.75	0.60	0.50
	20	1.20	1.15	1.06	0.95		40	1.00	0.95	0.85	0.75
							60	1.20	1.15	1.10	0.95
500	5	0.60	0.55	0.45	0.30	2000	20	0.65	0.60	0.50	0.40
	10	0.80	0.75	0.60	0.46		40	0.80	0.75	0.65	0.55
	20	0.95	0.90	0.75	0.60		60	0.95	0.90	0.80	0.75
	30	1.05	1.00	0.90	0.80		80	1.10	1.05	0.95	0.90
							100	1.25	1.20	1.10	1.05

表 10-13　单独接地极的冲击系数（三）

土壤电阻率（$\Omega \cdot m$）	100			500			1000		
冲击电流（kA）	20	40	80	20	40	80	20	40	80
环直径 4m	0.60	0.45	0.35	0.50	0.40	0.25	0.35	0.25	0.20
环直径 8m	0.75	0.65	0.55	0.55	0.45	0.30	0.40	0.30	0.25
环直径 12m	0.80	0.70	0.60	0.60	0.50	0.35	0.45	0.40	0.30

注　在计算环形接地装置的冲击接地电阻 R_i 时，其工频接地电阻 R 可按稳态公式计算，计算时不考虑连线的对地电导。

表 10-11 为长 2～3m，直径 6cm 以下的垂直接地极，冲击电流波头为 3～6μs 时的冲击系数 a。

表 10-12 为宽 2～4cm 扁钢或直径 1～2cm 圆钢水平带形接地极，由一端引入雷电流，冲击电流波头为 3～6μs 时的冲击系数 a。

表 10-13 为宽 2～4cm 扁钢或直径 1～2cm 圆钢水平带形接地极，由环中心引入雷电流，引入处与环有 3～4 个连线，冲击电流波头为 3～6μs 时的冲击系数 a。

计算雷电保护接地装置所采用的土壤电阻率应取雷季中最大值，并按式（10-33）计算。

$$\rho = \rho_0\varphi \qquad (10\text{-}33)$$

式中　ρ——土壤电阻率，$\Omega \cdot m$；

$\quad\quad \rho_0$——雷季中无雨水时所测得的土壤电阻率，$\Omega \cdot m$；

$\quad\quad \varphi$——考虑土壤干燥所取的季节系数，应按表 10-14 的规定取值。

表 10-14　雷电保护接地装置的季节系数 φ

埋深（m）	φ 值	
	水平接地极	2～3m 的垂直接地极
0.5	1.4～1.8	1.2～1.4
0.8～1.0	1.25～1.45	1.15～1.3
2.5～3.0	1.0～1.1	1.0～1.1

注　测定土壤电阻率时，如土壤比较干燥，则应采用表中的较小值；如比较潮湿，则应采用较大值。

（二）复合接地极的冲击接地电阻

当接地装置由较多水平接地极或垂直接地极组成时，为减少相邻接地极的屏蔽作用，垂直接地极的间距不应小于其长度的两倍；水平接地极的间距不宜小于5m。

（1）由 n 根等长水平放射形接地极组成的接地装置，其冲击接地电阻可按式（10-34）计算。

$$R_i = \frac{R_{hi}}{n} \cdot \frac{1}{\eta_i} \qquad (10\text{-}34)$$

式中　R_{hi}——每根水平放射形接地极的冲击接地电阻，Ω；

　　　　η_i——计及各接地极间相互影响的冲击利用系数。

各种接地极的冲击利用系数 η_i 可采用表 10-15 的数值。

表 10-15　接地极的冲击利用系数

接地极型式	接地线的根数	冲击利用系数	备　注
n 根水平射线（每根长 10～80m）	2	0.83～1.0	较小值用于较短的射线
	3	0.75～0.90	
	4～6	0.65～0.80	
以水平接地极连接的垂直接地极	2	0.80～0.85	D(垂直接地极间距)=l(垂直接地极长度)=2～3 较小值用于 $\frac{D}{l}=2$ 时
	3	0.70～0.80	
	4	0.70～0.75	
	6	0.65～0.70	
自然接地极	拉线棒与拉线盘间	0.6	—
	铁塔的各基础间	0.4～0.5	
	门型、各种拉线杆塔的各基础间	0.7	

（2）由水平接地极连接的 n 根垂直接地极组成的接地装置，其冲击接地电阻可按式（10-35）计算。

$$R_i = \frac{\dfrac{R_{vi}}{n} \cdot R'_{hi}}{\dfrac{R_{vi}}{n} + R'_{hi}} \cdot \frac{1}{\eta_i} \qquad (10\text{-}35)$$

式中　R_{vi}——每根垂直接地极的冲击接地电阻，Ω；

　　　　R'_{hi}——水平接地极的冲击接地电阻，Ω。

第三节　接触电位差和跨步电位差

一、接触电位差和跨步电位差及其允许值

（一）接触电位差和跨步电位差的概念

如图 10-8（a）所示，当接地故障（短路）电流流

过接地装置时，大地表面形成分布电位，在地面上到设备水平距离为 1m 处与设备外壳、构架或墙壁离地面的垂直距离为 2m 处两点间的电位差，称为接触电位差。接地网孔中心对接地网接地极的最大电位差，称为最大接触电位差。

如图 10-8（b）所示，当接地故障（短路）电流流过接地装置时，地面上水平距离为 1m 的两点间的电位差，称为跨步电位差。接地网外的地面上水平距离为 1m 处对接地网边缘接地极的最大电位差，称为最大跨步电位差。

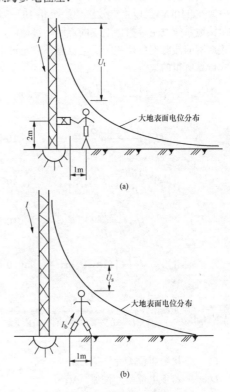

(a)

(b)

图 10-8　接地网的接触电位差和跨步电位差

（a）接触电位差；（b）跨步电位差

实际上，人体受电击时，常常是在离设备较远处接触到被接地的与接地网同电位的设备外壳、支架、操动机构、金属遮栏等物件。因此，计算接触电位差时，采用网孔电位差，即指接地网方格网孔中心地面上与接地网的电位差。对长条网孔而言，是指相当于方格网孔中心地面上的地方与接地网的电位差。接地网内的最大接触电位差，发生在边角网孔上，对长条网孔接地网而言，发生在相当于方格网孔边角孔的地方。最大跨步电位差发生在接地网外直角处，且与接地网边缘距离为（$h-0.5$）和（$h+0.5$）的两点间（h 为埋深，m）。

接地网内绝大部分地区的接触电位差都要比边角网孔的接触电位差小；在边角网孔地区，通常并没有

布置什么设备，而是作为交通道路，堆放备品，贮存材料等。因此，只要在这些边角网孔的地区，适当加强均压，或敷设高电阻率的地表层，就可以相当安全的采用次边角网孔的接触电位差，即指用边角网孔沿接地网对角线相邻的网孔电位差来设计。

对方格网孔而言，次边角网孔电位差比边角网孔电位差小 30% 左右；对长条网孔而言，小 20% 左右。

（二）接触电位差和跨步电位差的允许值

确定变电站接地网的型式和布置时，其接触电位差和跨步电位差应符合下列要求：

（1）在 110kV 及以上有效接地系统和 10～35kV 低电阻接地系统发生单相接地或同点两相接地时，变电站接地网的接触电位差和跨步电位差不应超过由下列公式计算所得的数值。

$$U_t = \frac{174 + 0.17 \rho_s C_s}{\sqrt{t_s}} \qquad (10\text{-}36)$$

$$U_s = \frac{174 + 0.7 \rho_s C_s}{\sqrt{t_s}} \qquad (10\text{-}37)$$

$$C_s = 1 + \frac{16b}{\rho_s} \sum_{n=1}^{\infty} [k^n R_{m(2nh_s)}] \qquad (10\text{-}38)$$

$$k = \frac{\rho - \rho_s}{\rho + \rho_s} \qquad (10\text{-}39)$$

$$R_{m(2nh)} = \frac{1}{\pi b^2} \int_0^b (2\pi x R_{r,z}) \mathrm{d}x \qquad (10\text{-}40)$$

$$R_{m(2nh_s)} = \frac{\rho_s}{4\pi b} \arcsin\left[\frac{2b}{\sqrt{(r-b)^2 + z^2} + \sqrt{(r+b)^2 + z^2}} \right] \qquad (10\text{-}41)$$

式中　U_t——接触电位差允许值，V；

　　　U_s——跨步电位差允许值，V；

　　　C_s——表层衰减系数，通过镜像法进行计算，也可通过图 10-9 中的 C_s 与 h_s 和 k 的关系曲线查取，其中 b 取 0.08m；

　　　ρ_s——表层土壤电阻率，$\Omega \cdot m$；

　　　ρ——下层土壤电阻率，$\Omega \cdot m$；

　　　t_s——接地故障电流持续时间，与接地装置热稳定校验的接地故障等效持续时间 t_e 取相同值，t_e 见式（10-83），s；

　　　h_s——表层土壤厚度，m；

　　　$R_{m(2nh_s)}$——两个相似、平行、相距 $2nh_s$ 且置于土壤电阻率为 ρ 的无限大土壤中的两个圆盘之间的互阻，Ω；

　　　r, z——以圆盘 1 的中心为坐标圆点时，圆盘 2 上某点的极坐标。

若工程中对地网上方跨步电位差和接触电位差允许值的计算精度要求不高（误差在 5% 以内），也可采用式（10-42）计算。

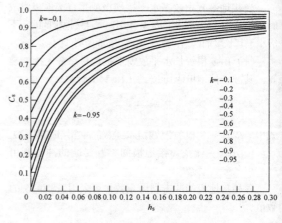

图 10-9　C_s 与 h_s 和 k 的关系曲线

$$C_s = 1 - \frac{0.09 \times \left(1 - \dfrac{\rho}{\rho_s}\right)}{2h_s + 0.09} \qquad (10\text{-}42)$$

对于体重 50kg 的人，人体可承受的最大交流电流有效值为 $I_b = \dfrac{116}{\sqrt{t_s}}$ （mA）。

对于体重 70kg 的人，人体可承受的最大交流电流有效值为 $I_b = \dfrac{157}{\sqrt{t_s}}$ （mA）。

人体的电阻 R_b（Ω）变动范围很大，我国一直采用 1500Ω。人脚站在土壤电阻为 ρ_s 的地面上时的电阻 R_g（Ω）可视为一个直径为 16cm 的金属板置于地面上的电阻，该电阻经计算为 $3\rho_s$；对于接触电位差回路，$R_g = \dfrac{3\rho_s}{2} = 1.5\rho_s$；对于跨步电位差回路，$R_g = 2 \times 3\rho_s = 6\rho_s$。对于地表敷设高电阻率表层材料，而下层仍为低电阻率土壤时，引入一个校正系数 C_s。因此，式（10-36）、式（10-37）是根据上述条件得出来的，即

$$U_t = I_b(R_b + R_g) = \frac{0.116}{\sqrt{t_s}}(1500 + 1.5\rho_s C_s) = \frac{174 + 0.17\rho_s C_s}{\sqrt{t_s}}$$

$$U_s = I_b(R_b + R_g) = \frac{0.116}{\sqrt{t_s}}(1500 + 6\rho_s C_s) = \frac{174 + 0.7\rho_s C_s}{\sqrt{t_s}}$$

如故障回路具有重合闸装置，则两次短暂电击之间的无电流时间不应计入，且间断的两次电击对人体影响的严重程度比承受一次要重，比两次连续承受要轻。因此，t_s 值可按一次电击时间并适当加大。

（2）10～66kV 不接地、谐振接地和经高电阻接地的系统，发生单相接地故障后，当不迅速切除故障时，变电站接地网的接触电位差和跨步电位差不应超过由下列公式计算所得的数值

$$U_t = 50 + 0.05\rho_s C_s \quad (10\text{-}43)$$

$$U_s = 50 + 0.2\rho_s C_s \quad (10\text{-}44)$$

（3）在条件特别恶劣的场所，例如矿井下和水田中，接触电位差和跨步电位差的允许值宜适当降低。

二、接触电位差和跨步电位差的计算

接地装置最大入地电流 I_G 会产生最严重的接触电位差和跨步电位差，是最具危害性的情况。

（一）入地短路电流的计算

1. 计算步骤

经变电站接地网的入地接地故障电流，应计及故障电流直流分量的影响，设计接地网时应按接地网最大入地电流 I_G 进行设计。根据当前和远景年最大运行方式下一次系统电气接线、母线连接的送电线路状况、故障时系统的电抗与电阻比值等，确定设计水平年在非对称接地故障情况下最大的不对称电流有效值。I_G 可按下列步骤确定：

（1）确定接地故障对称电流 I_k。

（2）根据系统及线路设计采用的参数，确定故障电流分流系数 S_k，进而计算接地网入地对称电流 I_g。

（3）变电站内、外发生接地短路时，经接地网入地的故障对称电流可分别按下列公式计算：

$$I_g = (I_{max} - I_n)S_{k1} \quad (10\text{-}45)$$

$$I_g = I_n S_{k2} \quad (10\text{-}46)$$

式中　I_{max}——变电站内发生接地故障时的最大接地故障对称电流有效值，A；

　　　I_n——变电站内发生接地故障时流经其设备中性点的电流，A；

　　S_{k1}、S_{k2}——变电站内、外发生接地故障时的分流系数。

（4）计算衰减系数 D_k，将其乘以入地对称电流 I_g，得到计及直流偏移的经接地网入地的最大接地故障不对称电流有效值 I_G，即 $I_G = D_k I_g$。

2. 故障电流分流系数 S_k 的计算

在变电站内、线路上发生接地故障时，线路上出现接地故障电流。故障电流经地线、杆塔分流后，剩余部分通过变电站的接地网流入大地。这部分电流即为接地网的入地接地故障对称电流 I_g，I_g 与接地故障对称电流 I_k 的比值为故障电流分流系数 S_k。

变电站发生不对称故障，杆塔接地电阻越小，故障电流更容易经架空地线通过杆塔流入大地，变电站接地网的分流系数越小。

架空地线的导电性能越好，变电站接地网的分流系数越小；地线的导电性能越差，则变电站接地网的分流系数越大。

随着变电站进出线路回数的增加，线路的分流也增加，即经地网流入土壤的电流减小，从而使变电站的分流系数减小。

变电站发生不对称故障，电缆出线各相都是紧凑的同轴圆柱体，其外皮的参数阻抗比架空地线的阻抗小得多，因而大多数的故障电流通过连接变电站的电缆外皮流走，导致变电站分流系数明显减小。

为减小分流系数，变电站出口2km内线路地线宜直接接地。

分流系数 S_k 计算可分为站内接地故障和站外接地故障两种情况。具体计算如下：

（1）站内接地故障时分流系数 S_{k1} 的计算。

1）对于站内单相接地故障，假设每个档距内的导线参数和杆塔接地电阻均相同，如图 10-10 所示。此时不同位置的架空线路地线上流过的零序电流可按下列公式计算：

$$I_{B(n)} = \left[\frac{e^{\beta(s+1-n)} - e^{-\beta(s+1-n)}}{e^{\beta(s+1)} - e^{-\beta(s+1)}}\left(1 - \frac{Z_m}{Z_s}\right) + \frac{Z_m}{Z_s}\right]I_b \quad (10\text{-}47)$$

$$e^{-\beta} = \frac{1 - \sqrt{\dfrac{Z_s D}{12R_{st} + Z_s D}}}{1 + \sqrt{\dfrac{Z_s D}{12R_{st} + Z_s D}}} \quad (10\text{-}48)$$

$$Z_s = \frac{3r_s}{k} + 0.15 + j0.189\ln\frac{D_g}{\sqrt[k]{a_s D_s^{k-1}}} \quad (10\text{-}49)$$

钢芯铝绞线　　　$a_s = 0.95a_0 \quad (10\text{-}50)$

有色金属线　　　$a_s = (0.724 \sim 0.771)a_0 \quad (10\text{-}51)$

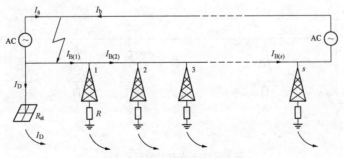

图 10-10　站内接地故障示意图

钢绞线 $\qquad a_s = a_0 \times 10^{-6.9X_{ne}}$ （10-52）

$$Z_m = 0.15 + j0.189 \ln \frac{D_g}{D_m}$$ （10-53）

单地线时 $\qquad D_m = \sqrt[3]{D_{1A}D_{1B}D_{1C}}$ （10-54）

双地线时 $\quad D_m = \sqrt[6]{D_{1A}D_{1B}D_{1C}D_{2A}D_{2B}D_{2C}}$ （10-55）

$$D_g = 80\sqrt{\rho}$$ （10-56）

式中 Z_s ——单位长度的地线阻抗，Ω/km；

$\quad Z_m$ ——单位长度的相线与地线之间的互阻抗，Ω/km；

$\quad D$ ——档距的平均长度，km；

$\quad r_s$ ——单位长度的地线电阻，Ω/km；

$\quad a_s$ ——将电流化为表面分布后的地线等值半径，m；

$\quad X_{ne}$ ——单位长度的内感抗，Ω/km；

$\quad k$ ——地线的根数；

$\quad D_s$ ——地线之间的距离，m；

$\quad D_m$ ——地线之间的几何均距，m；

$\quad D_g$ ——地线对地的等价镜像距离，m；

$\quad \rho$ ——大地等值电阻率，$\Omega \cdot m$。

2）当 $n=1$（仅有一挡分流）时，入地电流的分流系数 S_{k1} 可按式（10-57）计算。

$$S_{k1} = 1 - \frac{I_{B(1)}}{I_b} = 1 - \left[\frac{e^{\beta \cdot s} - e^{-\beta \cdot s}}{e^{\beta(s+1)} - e^{-\beta(s+1)}}\left(1 - \frac{Z_m}{Z_s}\right) + \frac{Z_m}{Z_s}\right]$$

（10-57）

3）当 $s>10$（s 为分流挡数）时，S_{k1} 可简化为

$$S_{k1} = 1 - \left[e^{-\beta} \cdot \left(1 - \frac{Z_m}{Z_s}\right) + \frac{Z_m}{Z_s}\right]$$ （10-58）

（2）站外接地故障时分流系数 S_{k2} 的计算。

1）对于站外单相接地故障，如图 10-11 所示。此时不同位置的地线上流过的零序电流可按式（10-59）计算。

$$I_{B(n)} = \left[\frac{e^{\beta(s+1-n)} - e^{-\beta(s+1-n)}}{e^{\beta(s+1)} - e^{-\beta(s+1)}}\left(1 - \frac{Z_m}{Z_s}\right) + \frac{Z_m}{Z_s}\right]I_a$$ （10-59）

2）当 $n=s$ 时，$e^{-\beta}$ 计算表达式中的 R_{st} 应更换为杆塔接地电阻 R，分流系数 S_{k2} 按式（10-60）计算。

$$S_{k2} = 1 - \frac{I_{B(s)}}{I_n} = 1 - \left[\frac{e^{\beta} - e^{-\beta}}{e^{\beta(s+1)} - e^{-\beta(s+1)}}\left(1 - \frac{Z_m}{Z_s}\right) + \frac{Z_m}{Z_s}\right]$$

（10-60）

3）当 $s>10$（s 为分流挡数）时，S_{k2} 可简化为

$$S_{k2} = 1 - \frac{Z_m}{Z_s}$$ （10-61）

由于分流系数受架空地线、地线尺寸与材质、架空线路的回数、电力电缆的回数、变电站接地电阻、架空线路另一端变电站的接地电阻和线路杆塔接地电阻等多种因素的影响，在工程设计中宜采用专用计算分析程序对其专门加以计算。

（3）故障电流衰减系数 D_k。在接地计算中，对接地故障电流中的对称分量电流引入校正系数，以考虑短路电流的过冲效应。衰减系数 D_k 为入地的接地故障不对称电流有效值 I_G 与接地故障对称电流有效值 I_g 的比值。

典型的衰减系数 D_k 值可按表 10-16 中 t_k 和 X/R 的关系确定。

表 10-16 典型的衰减系数 D_k 值

故障时延 t_k（s）	50Hz 对应的周期	衰减系数 D_k			
		$X/R=10$	$X/R=20$	$X/R=30$	$X/R=40$
0.05	2.5	1.2685	1.4172	1.4965	1.5445
0.10	5	1.1479	1.2685	1.3555	1.4172
0.20	10	1.0766	1.1479	1.2125	1.2685
0.30	15	1.0517	1.1010	1.1479	1.1919
0.40	20	1.0390	1.0766	1.1130	1.1479
0.50	25	1.0313	1.0618	1.0913	1.1201
0.75	37.5	1.0210	1.0416	1.0618	1.0816
1.00	50	1.0158	1.0313	1.0467	1.0618

（二）地电位升高的计算

在系统单相接地故障电流入地时，地电位的升高可按式（10-62）计算。

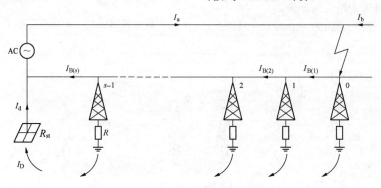

图 10-11 站外接地故障示意图

$$\varphi = I_G Z \qquad (10\text{-}62)$$

式中 φ ——接地网地电位升高，V；

　　I_G ——经接地网入地的最大接地故障不对称电流有效值，A；

　　Z ——接地网的工频接地阻抗，Ω。

（三）均匀土壤中接地网接触电位差和跨步电位差的计算

工程实际中，土壤地质结构皆具不均匀性，但在变电站面积较小或土壤地质条件相对单一的情况下，接地系统计算分析也可按均匀土壤考虑，反之则按不均匀土壤考虑。土壤结构复杂或接地网布置复杂的接触电位差和跨步电位差的计算则宜采用数值仿真分析方法计算；均匀土壤中接地网接触电位差和跨步电位差的计算如下。

1. 一般规定

（1）该计算只适用于均匀土壤中接地网接触电位差和跨步电位差的计算；且不包括均匀土壤中不规则、复杂结构的等间距布置和不等间距布置的接地网，以及分层土壤中接地网接触电位差和跨步电位差的计算。

（2）接地网接地极的布置可分为等间距布置和不等间距布置。等间距布置时，接地网的水平接地极采用 10～20m 的间距布置。接地极间距的大小应根据地面电气装置接地布置的需要决定。不等间距布置的接地网接地极从中间到边缘应按一定的规律由稀到密布置，以使接地网接地极上分布的电流均匀，达到均衡地表电位分布、降低接触电位差和跨步电位差，又可节约投资的目的。

2. 等间距布置接地网的接触电位差和跨步电位差的计算

（1）最大接触电位差。计算接触电位差时，采用接地网网孔中心地面上与接地网的电位差。网孔电压表征接地网的一个网孔内可能出现的最大接触电位差，即最大接触电位差为最大网孔电压。

1）接地网初始设计时的网孔电压可按下列公式计算：

$$U_m = \frac{\rho I_G K_m K_i}{L_M} \qquad (10\text{-}63)$$

$$K_m = \frac{1}{2\pi}\left[\ln\left(\frac{D^2}{16hd} + \frac{(D+2h)^2}{8Dd} - \frac{h}{4d}\right) + \frac{K_{ii}}{K_h}\ln\frac{8}{\pi(2n-1)}\right]$$
$$\qquad (10\text{-}64)$$

$$K_h = \sqrt{1 + h/h_0} \qquad (10\text{-}65)$$

式中 ρ ——土壤电阻率，Ω·m；

　　K_m ——网孔电压几何校正系数；

　　K_i ——接地网不规则校正系数，用来计及推导 K_m 时的假设条件引入的误差；

　　I_G ——计及直流偏移的经接地网入地的最大接地故障不对称电流有效值，A；

　　D ——接地网平行导体间距，m；

　　d ——接地网导体直径或等效直径，扁导体的等效直径为扁导体宽度 b 的 1/2；等边角钢的等效直径 d 为 0.84 b（b 为角钢边宽度）；不等边角钢的等效直径 d 为 0.71 $\sqrt[4]{b_1 b_2 (b_1^2 + b_2^2)}$（$b_1$ 和 b_2 为角钢两边宽度），m；

　　h ——接地网埋深，m；

　　K_h ——接地网埋深系数；

　　h_0 ——参考埋深，取 1m；

　　K_{ii} ——因内部导体对角网孔电压影响的校正加权系数。

2）式（10-63）～式（10-65）对埋深在 0.25～2.50m 范围的接地网有效。当接地网具有沿接地网周围布置的垂直接地极、在接地网四角布置垂直接地极或沿接地网四周及其内部布置垂直接地极时，$K_{ii}=1$。

3）对无垂直接地极或只有少数垂直接地极，且垂直接地极不是沿外周或四角布置时，K_{ii} 可按式（10-66）计算：

$$K_{ii} = 1/(2n)^{2/n} \qquad (10\text{-}66)$$

式中 n ——矩形或等效矩形接地网一个方向的平行导体数。

4）对于矩形和不规则形状的接地网的计算，n 可按式（10-67）计算：

$$n = n_a n_b n_c n_d \qquad (10\text{-}67)$$

5）式（10-66）中，对于方形接地网，$n_b = 1$；对于方形和矩形接地网，$n_c = 1$；对于方形、矩形和 L 形接地网，$n_d = 1$。对于其他情况，可按下列公式计算：

$$n_a = \frac{2L_c}{L_p} \qquad (10\text{-}68)$$

$$n_b = \sqrt{\frac{L_p}{4\sqrt{A}}} \qquad (10\text{-}69)$$

$$n_c = \left(\frac{L_x L_y}{A}\right)^{\frac{0.7A}{L_x L_y}} \qquad (10\text{-}70)$$

$$n_d = \frac{D_m}{\sqrt{L_x^2 + L_y^2}} \qquad (10\text{-}71)$$

式中 L_c ——水平接地网导体的总长度，m；

　　L_p ——接地网的周边长度，m；

　　A ——接地网面积，m²；

　　L_x ——接地网 x 方向的最大长度，m；

　　L_y ——接地网 y 方向的最大长度，m；

　　D_m ——接地网上任意两点间的最大距离，m。

6）如果进行简单的估计，在计算 K_m 和 K_i 以确定网孔电压时可采用 $n=\sqrt{n_1 n_2}$ ，n_1 和 n_2 为 x 和 y 方向的导体数。

7）接地网不规则校正系数 K_i 可按式（10-72）计算：

$$K_i = 0.644 + 0.148n \qquad (10\text{-}72)$$

8）对于无垂直接地极的接地网，或只有少数分散在整个接地网的垂直接地极，这些垂直接地极没有分散在接地网四角或接地网的周边上，有效埋设长度 L_M 按式（10-73）计算：

$$L_M = L_c + L_R \qquad (10\text{-}73)$$

式中　L_R——所有垂直接地极的总长度，m。

9）对于在边角有垂直接地极的接地网，或沿接地网四周和其内部布置垂直接地极时，有效埋设长度 L_M 按式（10-74）计算：

$$L_M = L_c + \left[1.55 + 1.22 \left(\frac{L_r}{\sqrt{L_x^2 + L_y^2}} \right) \right] L_R \qquad (10\text{-}74)$$

式中　L_r——每个垂直接地极的长度，m。

（2）最大跨步电位差。

1）跨步电位差 U_s 与几何校正系数 K_s、校正系数 K_i、土壤电阻率 ρ、接地系统单位导体长度的平均流散电流有关，可按式（10-75）计算：

$$U_s = \frac{\rho I_G K_S K_i}{L_s} \qquad (10\text{-}75)$$

$$L_s = 0.75 L_c + 0.85 L_R \qquad (10\text{-}76)$$

式中　I_G——计及直流偏移的经接地网入地的最大接地故障不对称电流有效值，A；

　　　L_s——埋入地中的接地系统导体有效长度，m。

2）变电站接地系统的最大跨步电位差出现在平分接地网边角直线上，从边角点开始向外 1m 远的地方。对于一般埋深 h 在 $0.25\sim2.5$m 范围的接地网，K_S 可按式（10-77）计算：

$$K_S = \frac{1}{\pi} \left(\frac{1}{2h} + \frac{1}{D+h} + \frac{1-0.5^{n-2}}{D} \right) \qquad (10\text{-}77)$$

三、提高接触电位差和跨步电位差允许值的措施

当人工接地网的地面上局部地区的接触电位差和跨步电位差超过允许值，因地形、地质条件的限制扩大接地网的面积有困难，全面增设均压带又不经济时，可采取下列措施：

（1）在经常维护的通道、操动机构四周、保护网附近局部增设 $1\sim2$m 网孔的水平均压带，可直接降低大地表面电位梯度，此方法比较可靠，但需增加钢材消耗。

（2）地表铺设高电阻率表层材料，用以提高地表面电阻率，以降低人身承受的电压。此时地面上的电位梯度并不改变。

地表高电阻率表层材料主要有砾石或鹅卵石、沥青、沥青混凝土、绝缘水泥。即使在下雨天，砾石或沥青混凝土仍能保持 $5000\Omega\cdot$m 的电阻率。建议在站内道路上敷设沥青或沥青混凝土，在设备周围敷设鹅卵石。

特别应当注意，普通的混凝土路面不能用来作为提高表层电阻率的措施，因为混凝土的吸水性能，在下雨天其电阻率将降至几十欧姆·米。

随着高电阻率表层厚度的增加，接触电位差和跨步电位差允许值的增加具有饱和趋势，即增加高电阻率表层厚度来提高安全水平具有饱和特性。因此不仅要使接触电位差和跨步电位差的提高满足人身安全要求，还必须将接地电阻降低到合适的值。地表高电阻率表层的厚度一般可取 $10\sim35$cm。

采用高电阻路面的措施，在使用年限较久时，若地面的砾石层充满泥土或沥青地面破裂，则不安全。因此，定期维护是必须的。

具体采用哪种措施，应因地制宜地选定。

第四节　高土壤电阻率地区的接地装置

一、接地要求及降低接地电阻的措施

在高土壤电阻率（$\rho>500\Omega\cdot$m）地区，接地装置要做到规定的接地电阻值可能会在技术经济上极不合理。因此，其接地要求可以适当放宽，但应满足表 10-1 注②的要求。

独立避雷针（线）的独立接地装置的接地电阻做到 10Ω 有困难时，允许采用较高的接地电阻值，并可与主接地网连接，但从避雷针与主接地网的地下连接点至 35kV 及以下设备的接地导体（线）与主接地网的地下连接点，沿接地极的长度不得小于 15m，且避雷针到被保护设施的空中距离和地中距离还应符合防止避雷针对被保护设备反击的要求。

在高土壤电阻率地区，应尽量降低变电站的接地电阻，其基本措施是将接地网在水平面上扩展、向纵深方向发展或改善土壤电阻率。这包括扩大接地网面积、引外接地、增加接地网的埋设深度、利用自然接地极、深埋垂直接地极、局部换土、爆破接地技术、利用接地模块、深井接地技术等。应注意各种降阻方法都有其应用的特定条件，针对不同地区、不同条件

采用不同的方法才能有效地降低接地电阻；各种方法也不是孤立的，在使用过程中必须相互配合，以获得明显的降阻效果。

降阻方法的应用效果宜结合接地系统的数值计算进行分析，特别是采用长垂直接地极时，宜结合分层土壤模型来确定合理的垂直接地极深度，做到有的放矢。

高土壤电阻率地区，为降低变电站的接地电阻，有下列措施可供选用。

（一）敷设引外接地极

如在变电站 2000m 以内有较低电阻率的土壤时，可敷设引外接地极，构建辅助接地网，以降低站内的接地电阻。引外接地极的导体一般采用两根或多根，以增加可靠性。经过公路的引外线，埋设深度不应小于 0.8m。

（二）深钻式接地极

当地下较深处的土壤电阻率较低时，可采用井式、深钻式接地极或爆破式接地技术，实现降阻的要求。深钻式接地极是通过伸长垂直接地极、加大电流在深层低电阻率土壤中的散流，从而达到降低接地电阻的目的。这种降阻方法一般适用于地下较深处有土壤电阻率较低的地质结构，也适用于冰冻土地区。该方法将平面地网改作立体地网，用下层低电阻率的地层进行降阻。

在选择深钻式接地方式时，应考虑以下几点：

1）选在地下水较丰富及地下水位较高的地方。

2）接地网附近有金属矿体，可将接地极插在矿体上，利用矿体来延长或扩大人工接地极的几何尺寸。

3）多年冻土地区，深钻式接地极可选在融区处。

4）深钻式接地极的间距宜大于 2dm，可不计互相屏蔽的影响。

5）埋设垂直接地极的深井中宜灌注长效接地降阻剂，并采用压力灌浆法进行。

深钻式接地极包含以下几种方式：

（1）垂直接地极。在高土壤电阻率地区降阻的有效方法是采用长垂直接地极，结合分层土壤模型，有效地利用地下低电阻率层，以达到要求的降阻效果。长垂直接地极不受气候、季节条件的影响，除了降阻以外，还可以克服场地窄小的缺点。增加接地极的直径（接地棒加上回填低电阻率材料）能明显降低总体接地电阻，但考虑到节省材料和灌注低电阻率材料的施工要求，垂直接地极可选择直径为 50mm、壁厚 3.5mm 的镀锌钢管，深井的孔径一般在 100～150mm 之间。如果接地极与地下水层相连，则将降低接地电阻的季节变化，同时增加电极的通流，而不导致电极过热或回填材料变干。为了减小水平接地网对垂直接地极和垂直接地极之间的屏蔽效应，提高垂直接地极

的利用系数，应采用以下措施：

1）垂直接地极宜沿变电站接地网的外围导体布置；

2）垂直接地极间的距离不小于 2 倍垂直接地极的长度。

垂直接地极的根数及实际长度的选择，可根据水平接地网接地电阻的大小和实际的降阻要求以及地质结构来确定。其基本原则是，在地中无低电阻率层时，垂直接地极的长度一般不得小于水平接地网的等效半径，垂直接地极的根数一般在 4 根以上。但应考虑如下两点：一是垂直接地极根数增加到一定值时降阻率趋于饱和；二是长垂直接地的施工费用较高。

（2）接地斜井。斜井降阻技术的基本原理是采用非开挖技术（类似于敷设电缆的顶管技术），将接地极从变电站的主接地网边沿，沿着变电站的进站道路或线路的终端塔（不允许在建筑物的保护距离区间内）引至站外电阻率较低的地区，从而达到理想的扩网效果。由于斜井的接地极一般会埋设在道路或架空线路（属于永久设施）的地下几米甚至几十米深的土壤中，因此不会遭到外部破坏和产生危险的跨步电压。

斜井技术综合了扩大接地网面积和深井接地的优点，它不仅可以起到深井接地极的作用，向纵深散流，还可以在无须征地的情况下起到扩大接地网面积的作用。变电站的地质结构以及施工器具决定了接地斜井施工的难易程度。

选择接地斜井技术作为降阻方案时，应综合考虑站区周围的环境、地质结构、施工方法及器具以及方案的经济性。

（3）深井爆破式接地技术。若变电站处在岩石较多的地区，还可采用深井爆破的方式，将深井下半部的岩石炸裂，以便使接地降阻剂能沿着裂缝渗透，进一步增大降阻效果。在采用深井接地降阻之前，必须先进行技术经济比较，否则可能造成巨大的浪费。

爆破接地技术的基本原理是采用钻孔机在地中垂直钻一定直径和深度的深孔，在孔中插入接地电极，然后沿孔的整个深度隔一定距离安放一定量的炸药来进行爆破，将岩石爆裂、爆松，接着用压力机将调成浆状的低电阻率材料压入深孔以及爆破制裂产生的缝隙中，以达到通过低电阻率材料将地下巨大范围的土壤内部沟通及加强接地电极与土壤或岩石的接触，从而达到在大范围内改良土壤的特性，实现较大幅度降低接地电阻的目的，如图 10-12 所示。

（三）填充电阻率较低的物质

1. 填充物

在水平接地极、垂直接地极周围填充电阻率较低的物质或降阻剂，可以明显改善土壤电阻率，降低接地电阻；但应确保填充材料不会加速接地极的腐蚀。

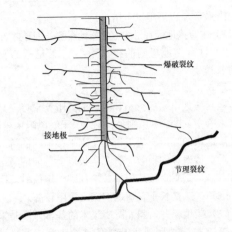

图 10-12 单根垂直接地极采用深孔爆破接地技术后
形成的填充了降阻剂的区域

（1）换土：在接地极附近利用低电阻率的黏土（$\rho \leqslant 100\Omega \cdot m$）换填高电阻率的土壤。采用此方法之前，必须对厂区周围的土壤进行勘测，明确所换土壤的电阻率值及其经济性，以免造成经济上的浪费。

（2）降阻剂：在接地极附近使用低电阻率的材料。置换材料的特征应保证：电阻率低、不易流失、性能稳定、易于吸收和保持水分、无强烈腐蚀作用，并且施工简便、经济合理。降阻剂就其降阻方式的不同可分为三种类型：

1）食盐或食盐与木炭的混合物。它是靠电解质溶液中的离子渗透到土壤的空隙中来降低土壤的电阻率。

2）化学降阻剂。化学降阻剂是一种电解质与胶凝材料结合而成的胶凝状导电物质，即用脲醛树脂、丙烯树脂之类的高分子有机化合物作为主要胶凝材料加上食盐等盐类物质作为电解质，在引发剂的作用下发生聚合反应生成的一种具有网状分子结构的高分子共聚物。它靠包围于高分子网格中的电解质导电。

3）无机降阻剂。无机降阻剂是一种以石墨为导电材料，加上石灰、水泥、石膏或水玻璃等无机材料用水调制后固结而成的固体导电物质。

单纯用食盐作电解质的降阻剂在雨水冲刷下很容易流失，再加上食盐对钢铁的腐蚀性较大，因此目前已很少采用。化学降阻剂和无机降阻剂中的导电物质不易流失，是目前工程实际中常用的两种降阻剂，这两种降阻剂也称为长效降阻剂。

2. 降阻剂的敷设

降阻剂的敷设可以采用置换法和浸渍法。置换法是用低电阻率的材料置换接地极附近小范围内的高电阻率土壤。置换材料必须磨碎，填入坑（沟）内的置换材料应分层捣紧，敷设时应保持 25%～30%的湿度；为防止可溶物流失及季节变化对材料电阻率的影响，在材料四周可填置一层低电阻率的黏土。浸渍法

是用高压泵将低电阻率的材料在凝固前压入高电阻率的地层中。

3. 填充方式

填充方式可采用人工接地坑（沟）。采用低电阻率的材料置换接地极附近小范围内的高电阻率的土石，对于减小单个或集中接地极的工频接地电阻具有显著的效果。但对于减小冲击接地电阻的效果却不大，甚至在大的冲击电流作用下，置换材料被电弧和火花放电所短路，不起作用。因此，当用于冲击接地时，在技术经济条件允许的情况下，应适当增大人工接地坑（沟）的几何尺寸。

（四）敷设离子接地极

离子接地极由陶瓷合金化合物组成，电极外表是铜合金，导电性好，外表面耐腐蚀能力强。其工作原理为：离子接地极内部含有特制的电解离子化合物，能够吸收空气中的水分，通过潮解作用，将活性电解离子不断地、有效释放到周围土壤中，从而降低接地电阻，使得周围土壤的导电性能持续保持在较高的水平，从而使故障电流可以有效地扩散到周围的土壤中，降低接地电阻，充分发挥接地系统的保护作用。敷设有离子接地极的接地网，其接地电阻值常年保持稳定，变化幅度极小，非常适合于各种系统的接地装置中作为垂直或水平接地极应用。单套接地单元分主体和离子体，主体外表采用铜合金，使用寿命可长达 30 年以上；离子体因在不同土壤性质中，离子的扩散情况不同，故其使用寿命差异较大，能否达到 30 年寿命有待进一步考证。

在恶劣的土壤环境下，因土壤中缺乏自由离子，土壤电阻率过高，金属导体的接地效果不十分理想，离子接地极用于此种场合，能有效解决自由离子缺乏的问题。离子接地极的污染性、腐蚀性、降阻效果及长效性存在争议，但为土壤电阻率较高、接地网面积不够而要降低接地电阻的变电站接地设计提供了一种选择。

（五）接地模块

接地模块是一种以碳素材料为主体的接地极，它由导电性、稳定性较好的非金属矿物质组成；接地模块按产品形状可以分为梅花型、圆柱型、方形等。接地模块自身有较强的吸湿、保湿能力和稳定的导电性；模块主体本身是抗腐蚀材料，其金属骨架采用表面经抗腐蚀处理的金属材料，抗腐蚀性能好，使用寿命达到 30 年以上；接地模块的主体材料与土壤的物理结构相似，能与土壤结合为一体，增大了接地极的有效散流面积，降低了接地极与土壤的接触电阻，达到良好的降阻效果。

（六）敷设水下接地网

（1）首先充分利用水工建筑物（水塔、水井、

水池等）以及其他与水接触的金属部分作为自然接地极。此时在水中钢筋混凝土结构物内绑扎成的许多钢筋网中，选择一些纵横交叉点加以焊接，并与接地网连接起来。当水的电阻率 $\rho=10\sim50\Omega\cdot m$ 时，位于水下的钢筋混凝土每 $100m^2$ 表面积散流电阻为 $2\sim3\Omega$。

（2）当利用水工建筑物作为自然接地极仍不满足要求或有困难时，应优先在就近的水中（河水、井水、池水）敷设引外接地装置。该人工接地装置应注意如下几点：

1）尽可能敷设于水源流速不大处或静水中，并妥为固定。在静水中可用大石压住，在动水中则需少量锚固。

2）在水域宽阔处，首先应尽可能增大占用水域的面积，其次才向水域的长度方向发展。

3）水下接地网应与自然接地极保持足够的距离，以减少相互屏蔽的影响。

4）水下接地网与岸上接地网的连接，可以利用自然接地极。有条件时，在连接处宜设置接地测量井。

5）若水中含有较严重的腐蚀物，钢材应镀锌或采取其他防腐措施。

6）当用河水时，只有含盐量较大时才有效。

（3）深水井接地技术。地下水可以填充土壤中的空隙，增大土壤的散流面积，缩短土壤的散流通道，这是地下水影响土壤电阻率的原因。土壤的湿度越大，土壤电阻率越低，含有丰富导电离子的地下水对土壤电阻率的影响更加明显。在有地下水的地区可以采用深水井接地技术来降低接地电阻，它是利用水井积水的原理制作的接地极；如图 10-13 所示，在地中挖一深井，在井壁内布置不锈钢管或热镀锌钢管接地极，钢管的直径约 5cm，钢管壁上必须留有通水孔。利用钢管内的空间作为深水井的储水空间，钢管的金属既是接地极的导体，又是深水井的井壁。另外水井的上端不能封死，必须留有通气孔以形成压力差，确保地下水分子的运动，在接地极的周围形成明显的低电阻率区，从而降低接地极的接地电阻。深水井接地技术主要适用于有一定地下水含量、透水能力强的地区。

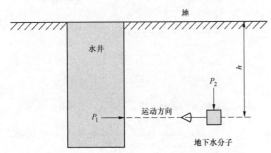

图 10-13　水井积水原理图

（七）充分利用架空线路的地线

把变电站所接线路的地线全部连接起来，电流通过地线散流，对降低接地电阻也是有效的。

（八）永冻土地区采取降低土壤电阻率的措施

多年冻土的电阻率极高，可达未冻土电阻率的数十倍。可采取以下降低其土壤电阻率的特殊措施：

（1）将接地网敷设在溶化地带或溶化地带的水池或水坑中。

（2）可敷设深钻式接地极，或充分利用井管或其他深埋在地下的金属构件作接地极，还应敷设深垂直接地极，其深度应保证深入冻土层下面的土壤至少 0.5m。

（3）在房屋溶化范围内敷设接地网。

（4）在接地极周围人工处理土壤，以降低冻结温度和土壤电阻率。

（九）季节冻土或季节干旱地区采取降低土壤电阻率的措施

（1）季节冻土层或季节干旱形成的高电阻率层的厚度较浅时，可将接地网埋在高电阻率层下 0.2m。

（2）已采用多根深钻式接地极降低接地电阻时，可将水平接地网正常埋设。

（3）季节性的高电阻率层厚度较深时，可将水平接地网正常埋设，在接地网周围及内部接地极交叉点布置短垂直接地极，其长度宜深入季节性高电阻率层下面 2m。

二、水下接地网接地电阻的估算

水下接地网一般可用不小于 20×4（mm^2）的扁钢或 $\phi10mm$ 的圆钢焊成外缘闭合的矩形网，网内用纵横连接带构成的网孔不宜多于 32 个。

当河水电阻率 ρ_s 与河床电阻率 ρ_0 之比为 1:6 时，水下接地网的接地电阻为

$$R_w = K_s \cdot \frac{\rho_s}{40} \qquad (10\text{-}78)$$

式中　K_s——接地电阻系数，可由图 10-14 曲线查得。

当河水电阻率 ρ_s 与河床电阻率 ρ_0 之比为 1:4 或 1:10 时，水下接地网的接地电阻系数可按图 10-15 或图 10-16 查得。

三、人工改善土壤电阻率后的接地电阻

（一）人工接地坑

因为最大的电位梯度发生在距垂直接地极边缘 $0.5\sim1m$ 处，并考虑到施工困难，所以人工接地坑的坑径不宜过大，一般可用上部直径 2m、下部直径 1m、坑深 3m 左右，接地极长度为 $2.5\sim3m$，埋深为 $0.6\sim0.8m$，如图 10-17 所示。

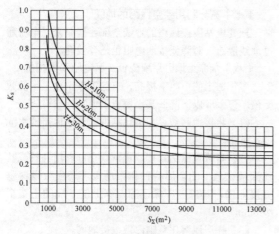

图 10-14 接地电阻系数 K_s 和接地网面积
S_Σ 关系曲线（ρ_s:ρ_0=1:6）

H—水深

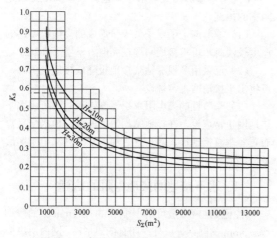

图 10-15 接地电阻系数 K_s 和接地网面积 S_Σ
关系曲线（ρ_s:ρ_0=1:4）

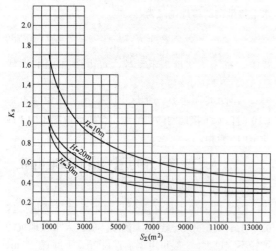

图 10-16 接地电阻系数 K_s 和接地网面积
S_Σ 关系曲线（ρ_s:ρ_0=1:10）

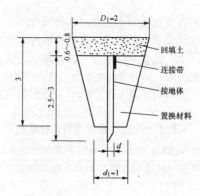

图 10-17 人工接地坑（单位：m）

人工接地坑的接地电阻一般应由现场测得到。当已知置换材料和原地层的电阻率时，可用式（10-79）估算：

$$R_k = \frac{\rho_y}{2\pi l}\ln\frac{4l}{d_1} + \frac{\rho_z}{2\pi l}\ln\frac{d_1}{d} \qquad (10\text{-}79)$$

式中　R_k——人工接地坑的接地电阻，Ω；

　　　　ρ_z——置换材料的电阻率，$\Omega\cdot m$；

　　　　ρ_y——原地层的电阻率，$\Omega\cdot m$；

　　　　l——垂直接地极长度，m；

　　　　d——垂直接地极直径，扁导体的等效直径为扁导体宽度的 1/2，等边角钢的等效直径 d 为 $0.84b$（b 为角钢边宽度），不等边角钢的等效直径 d 为 $0.71\sqrt[4]{b_1 b_2 (b_1^2 + b_2^2)}$（$b_1$ 和 b_2 为角钢两边宽度），m；

　　　　d_1——计算直径，m。

（二）人工接地沟

人工接地沟的几何尺寸，一般上部宽度 $B_1 = 1.6m$，下部宽度 $B_2 = 0.8m$，沟深 $1.1\sim1.3m$，接地极埋深 $0.6\sim0.8m$，计算直径 1m，如图 10-18 所示。

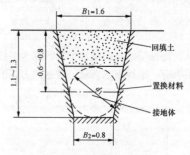

图 10-18 人工接地沟（单位：m）

人工接地沟的接地电阻可用式（10-80）估算：

$$R_g = \frac{\rho_y}{2\pi l_p}\ln\frac{2l_p}{d_1} + \frac{\rho_z}{2\pi l_p}\ln\frac{l_p}{d} \qquad (10\text{-}80)$$

式中　R_g——人工接地沟的接地电阻，Ω；

l_p——水平接地极长度，m；

d——水平接地极直径,扁导体的等效直径为扁导体宽度的 1/2,等边角钢的等效直径 d 为 $0.84b$（b 为角钢边宽度）,不等边角钢的等效直径 d 为 $0.71\sqrt[4]{b_1 b_2 (b_1^2 + b_2^2)}$（$b_1$ 和 b_2 为角钢两边宽度）,m；

d_1——计算直径（人工接地沟梯形断面的内切圆直径）,m。

四、工频反击过电压及其保护措施

在大接地短路电流系统中,高土壤电阻率地区的变电站,当接地电阻达不到规定值时,电阻允许值可以放宽,但应满足本章表 10-1 中注②的要求。

（一）工频暂态电压反击

考虑短路电流非周期分量的影响,当接地网电位升高时,变电站中所有 3~10kV 系统避雷器在工频暂态电压作用下不应发生反击。参照 NB/T 35050《水力发电厂接地设计技术导则》,要求全站接地网工频接地电阻值为

$$R \leqslant \frac{U_{gf} - U_n}{1.8 I_G} \qquad (10\text{-}81)$$

式中 U_{gf}——3~10kV 阀式避雷器工频放电电压下限值,kV；

U_n——系统标称相电压,kV；

I_G——接地故障电流中经接地网流入地中的电流最大值,包括对称的交流分量和单向的直流分量,kA。

当采用无间隙金属氧化物避雷器时,对 3、6、10kV 系统标称电压可分别按式（10-81）接地电阻允许值的 80%、85%、90% 进行估算。

该估算法考虑的工况过于严重,可能会给接地网的设计增加难度。因此,可针对接地网电压升高时对低压避雷器的反击过程,进行更精确的仿真分析,评估计入短路电流非周期分量的接地网电位升高条件下,变电站 10kV 及以下金属氧化物避雷器吸收能量的安全性,以便合理地确定接地网 GPR 的允许值。

（二）低压系统的接地方式

由于站用变压器的保护接地接至变电站接地网,且与站用变压器的低压中性点共用接地,干式变压器基本固体绝缘和附加固体绝缘应能承受暂时过电压 $U_n + 1200V$（U_n 为低压系统标称相电压）,对于 $R \leqslant 2000/I_G$,但 $R > 1200/I_G$ 的情况,为确保人身和低压电气装置的安全,低压侧（380/200V）应采用 TN 系统且低压电气装置采用（含建筑物钢筋的）保护等电位联结接地系统。低压 TN 系统发生接地故障时,

接触电压可能达到 100~150V,从人身安全考虑,也应采取保护等电位联结。

当 $R < 1200/I_G$ 时,保护接地接至接地网的站用变压器的低压接地系统的型式不予限制,但低压电气装置应采用（含建筑物钢筋的）保护等电位联结。

当提供接地网接地电阻和地电位升高允许值时,更应考虑站用变压器低压侧中性点的接地与变压器保护接地共用条件下人身和设备的安全。因此,保护接地接至变电站接地网的站用变压器的低压侧应采用 TN 系统,且低压电气装置应采用（含建筑物钢筋的）保护等电位联结。

（三）二次电缆的保护措施

变电站接地网地电位升高直接与二次系统的安全性相关。系统发生接地故障时接地网中流动的电流,将在二次电缆的芯线与屏蔽层之间、二次设备的信号线或电源线与地之间产生电位差。当此电位差超过二次电缆或二次设备绝缘的工频耐受电压时,二次电缆或设备将会发生绝缘破坏。因此,必须将极限电位升高控制在二次系统安全值之内。一般二次电缆 2s 工频耐受电压较高（≥5kV）。二次设备,如综合自动化设备,其工频绝缘耐受电压为 2kV/min。从安全出发,二次系统的绝缘耐受电压可取 2kV。

二次系统在短路时承受的地电位升高,还取决于二次电缆的接地方式。

二次电缆屏蔽层单端接地时,电缆屏蔽层中没有电流流过,接地故障时二次电缆芯线上的感应电位很小,二次电缆承受的电位差即为地电位升高。该电位差施加在二次电缆的绝缘上,因此地电位升高直接取决于二次电缆绝缘的交流耐压及二次设备绝缘的交流耐压值。

当电缆的屏蔽层双端接线至接地网时,接地故障电流注入接地网会有部分电流从电缆的屏蔽层中流过,将在二次电缆的芯线上感应较高的电位,从而使作用在二次电缆的芯与屏蔽层电位差减小。对二次电缆的不同布置方式及不同接地故障点位置,通过大量的计算表明,双端接地电缆上感应的芯—屏蔽层电位通常不到地网电位的 20%；甚至对于土壤电阻率为 50Ω·m 左右、边长大于 100m 的接地网,即使在二次电缆屏蔽层接地点附近发生接地故障,芯—皮电位也小于接地网电位升高的 40%。目前,变电站已实现保护在电气装置处就近设置,其二次电缆一般都较短,如果二次电缆的长度小于接地网边长的一半,则在最严酷的条件下,芯—屏蔽层电位差也小于 40% 甚至更小。因此,采用二次电缆屏蔽层双端接地,可以将地电位升高放宽到 2kV/（40%）=5kV。采用二次电缆屏蔽层双端接地的方式,即使短路时地电位升高达到 5kV,但作用在二次电缆芯—屏蔽层之间和二次设备

上的电位差只有 2kV，满足二次系统安全的要求。

二次电缆屏蔽层双端接地带来的一个问题是，接地故障时有部分故障电流流过二次电缆的屏蔽层。如果故障电流较大，则有可能烧毁屏蔽层。应在电缆沟中与二次电缆平行布置一根扁铜或铜绞线，且接至接地网，二次电缆与扁铜可靠连接。这样接地故障时，由于扁铜的阻抗比二次电缆屏蔽层的阻抗小得多，因此故障电流主要从扁铜中流过，而流过二次电缆屏蔽层的电流较小，可以消除屏蔽层双端接地时可能烧毁二次电缆的危险。

（四）低压线路隔离接地电位的措施

为防止高电位引向厂外，以及低电位引向厂内，对低压线路应采取隔离措施。

（1）当变电站用变压器向站外低压用户供电时，由于变压器外壳已连接至变电站接地网，为此应避免变电站接地网过高的地电位升高对站用变压器低压绕组造成反击。一般条件下，站用变压器的 0.4kV 侧的短时交流耐受电压仅为 3kV。为此，当接地网地电位升高超过 2kV 时，需要考虑：站用变压器的 0.4kV 侧绕组的短路（1min）交流耐受电压应比厂、站接地网地电位升高 40%，以确保接地网地电位升高不会反击至低压系统。而向站外供电用低压线路应采用架空线，其电源（变压器低压绕组）中性点不在站内接地，改在站外适当的地方接地，以免将接地网的高电位引出。

在站区内的水泥杆铁横担低压线路，也不宜接地。

（2）引出站区外的低压线路，如在电源侧安装有低压避雷器时，宜在避雷器前接一组 RC1A 或 RL1 型熔断器，熔体的额定电流为 5A。接地网的暂态电位升高，使避雷器击穿放电后造成短路、熔体熔断，从而隔离接地电位。

（3）采用电缆向站区外的用户供电时，除电源中性点不在站区内接地而改在用户处接地外，最好使用全塑电缆。如为铠装电缆，电缆在进入用户处，应将铠装或铅（铝）外皮剥掉 0.5～1m，或采用其他隔离或绝缘措施。

（4）与站用变压器共用电源的低压引出线路，宜在用户进线处的相线和中性线上装设自动空气开关，开关后面的相线和中性线上安装击穿熔断器。这样，当接地网的高电位引入用户、避雷器击穿放电造成短路时，利用自动空气开关的瞬时脱扣器便可迅速同中性线一并切除。

（五）管道隔离接地电位的措施

（1）直接埋在地下引出站外的水管，不需要采取隔离电位措施。实践证明，在站区外的水管上的电位，只有电流流入处电位的一小部分。

（2）架空引出站区外的金属管道，宜采用一段绝缘的管段，或在法兰连接处加装橡皮垫、绝缘垫圈和

将螺栓穿在绝缘套内等绝缘措施。

（六）通信线路的保护措施

对于与变电站连接的通信线路，也要考虑地电位升高的高电位引出及其隔离措施。目前，变电站的通信线路一般采用光缆通信线路，此问题可以不予考虑。不采用光纤通信线路时，则必须采用专门的隔离变压器，其一、二次绕组间绝缘的交流 1min 耐压值不应低于 15kV。

第五节　接地装置的布置

一、接地网的布置

（一）接地网布置的一般原则

变电站的水平接地网应符合下列要求：

（1）水平接地网应利用下列直接埋入地中或水中的自然接地极：

1）埋设在地下的金属管道（易燃和有爆炸介质的管道除外）；

2）金属井管；

3）与大地有可靠连接的建筑物及构筑物的金属结构和钢筋混凝土基础；

4）建筑物的金属结构和钢筋混凝土基础；

5）穿线的钢管、电缆的金属外皮；

6）非绝缘的架空地线。

（2）当利用自然接地极和外引接地装置时，应采用不少于两根导线在不同地点与水平接地网相连接。

（3）在利用自然接地极后，接地电阻尚不能满足要求时，应装设人工接地极。对于大接地短路电流系统的变电站，不论自然接地极的情况如何，还应敷设人工接地极。

（4）对于变电站，不论采用何种形式的人工接地极，如井式接地体、深钻式接地、引外接地等，都应敷设以水平接地体为主的人工接地网。对面积较大的接地网，降低接地电阻主要靠大面积水平接地极。它既有均压、减小接触电势和跨步电势的作用，又有散流的作用。

一般情况下，变电站接地网中的垂直接地极对工频电流散流作用不大。防雷接地装置可采用垂直接地极，用于避雷针、避雷线和避雷器附近加强集中接地和泄雷电流。

人工接地网的外缘应闭合，外缘各角应做成圆弧形，圆弧的半径不宜小于均压带间距的 1/2，接地网内应敷设水平均压带，接地网的埋设深度不宜小于 0.8m。在冻土地区应敷设在冻土层以下，或参见本章第四节的敷设措施。

（5）35kV 及以上变电站接地网边缘经常有人出

入的走道处，应铺设砾石、沥青路面或在地下装设两条与接地网相连的均压带。可采用"帽檐式"均压带；但在经常有人出入的地方，结合交通道路的施工，采用高电阻率的路面结构层作为安全措施，要比埋设"帽檐式"辅助均压带方便；具体采用哪种方式应因地制宜。

敷设"帽檐式"均压带，可显著降低跨步电压和接触电压。关于均压带的布置方式和尺寸示意图见图10-19和表10-17。采用均压网的设计示例见图10-20。

表 10-17 "帽檐式"均压带的间距和埋深

间距 b_1（m）	1	2	3
间距 b_2（m）	2	4.5	6
埋深 h_1（m）	1	1	1.5
埋深 h_2（m）	1.5	1.5	2

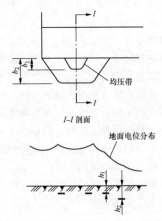

图 10-19 "帽檐式"均压带的间距和埋深示意图

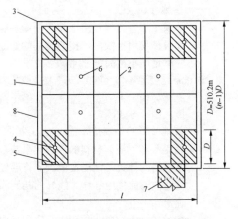

图 10-20 均压网设计示例图

1—均压带，由不小于 ϕ14mm 圆钢或 40mm×4mm 扁钢做成；2—加强均压网电路连接的接地带；3—砖石围墙；4—最大（边角孔）接触电位差计算点；5—降低最大（边角孔）接触电位差的附加均压带，或在此区内（斜线）采用高电阻率地面结构层；6—次边角孔接触电位差计算点；7—出、入口交通道路；8—围墙外缘

（6）配电变压器的接地装置宜敷设闭合环形，以防止因接地网流过中性线的不平衡电流在雨后地面积水或泥泞时造成接地装置附近的跨步电位差引起行人和牲畜的触电事故。

（7）变电站的接地网应与110kV及以上架空线路的地线直接相连，并应有便于分开的连接点。土壤电阻率不大于 500Ω·m 的地区，35kV 和 66kV 架空线路的地线允许与发电厂和变电站的构架相连接，但应设集中接地装置；土壤电阻率大于 500Ω·m 时，地线应架设到线路终端杆为止。

（二）接地装置的选择

1. 接地装置的材质及防腐蚀设计

（1）接地极、接地导体（线）一般采用钢制、铜覆钢、铜，但移动式电力设备的接地导体（线）、三相四线制照明电缆的接地芯线以及采用钢接地有困难时除外。钢质接地材料应进行热镀锌处理。

（2）由于裸铝导体易腐蚀，所以在地下不得采用裸铝导体作为接地极或接地导体（线）。

（3）在变电站中，当站区土壤具有腐蚀性或受到微生物污染和酸性物质污染时，除实测土壤电阻率外，还应进行氧化还原电位和 pH 值测试。土壤电阻率在 50Ω·m 及以下的接地网应采取防腐措施。

（4）腐蚀较重地区的330kV及以上变电站、全户内变电站、220kV及以上枢纽变电站、66kV及以上城市变电站、紧凑型变电站，以及腐蚀严重地区的110kV变电站，通过技术经济比较后，接地网可采用铜材、铜覆钢材或其他防腐蚀措施，铜覆钢材的铜层厚度不应低于0.25mm。但强酸腐蚀地区不宜采用铜接地。

（5）当接地网有两种不同的金属互相连接时（如铜材与钢材），在土壤中就构成了腐蚀电池，其中具有较正电位的金属（惰性，如铜材）将作为阴极受到保护，而具有较负电位的金属（活泼，如钢材）将作为阳极而受到强烈腐蚀；铜材和钢材相连构成的电池，电动势为 0.6～0.8V，这样大的电位差即使在土壤电阻率很高的土壤中也会产生很大的腐蚀电流，因此需要采取相应的防腐措施，避免或减轻电耦腐蚀。

防止腐蚀的主要方法有涂防护层和阴极保护两种：对于地面上的构筑物，主要靠绝缘涂层保护；对于埋于地下或浸于水中的构筑物，土壤和水中环境的腐蚀性较大，一般是采用绝缘涂层和阴极保护联合保护的方法。

阴极保护是通过降低腐蚀电位，使被保护体腐蚀速度显著减小而实现电化学保护的一种方法。变电站中阴极保护的对象为：接地网、水管、电缆沟管、金属桩基等地下金属设施。阴极保护目前在变电站中应用较少，无相关法规可循，也没有成熟的计算方法，还需进行一定的研究、测试、落实设备，积累经验，方可普遍采用。

（6）土壤不腐蚀或弱腐蚀的站区，接地网一般采用钢材，但应进行热镀锌处理；且镀层要有足够的厚度，以满足接地装置设计使用年限的要求。已有研究表明，土壤电阻率、类别、含盐量、酸碱度和含水量等因素会导致钢材质接地导体（线）、接地极的腐蚀。确定变电站站址土壤的腐蚀率是确定接地导体（线）、接地极截面尺寸的基础。接地设计应按站址当地土壤腐蚀条件选择适当的材料和防腐蚀措施。表 10-18 给出了若干土壤腐蚀情况的参考值。

表 10-18　接地导体（线）和接地极
年平均最大腐蚀速率（总厚度）

土壤电阻率（Ω·m）	扁钢腐蚀速率（mm/a）	圆钢腐蚀速率（mm/a）	热镀锌扁钢腐蚀速率（mm/a）
50～300	0.2～0.1	0.3～0.2	0.065
>300	0.1～0.07	0.2～0.07	0.065

（7）接地导体（线）与接地极或接地极之间的焊接点，应涂防腐材料。对于敷设在屋内或地面上的接地导体（线），一般均应采取防腐措施，如镀锌、镀锡或涂防火漆；这样可不必按埋于地下条件考虑，只留少量裕度即可，但对于埋于电缆沟或其他极潮湿地区的接地线，应按埋于地下的条件考虑。

（8）不得使用蛇皮管、保温管的金属网或外皮以及低压照明网络的导线铝皮作为接地导体（线）。

2. 接地装置的规格选择

（1）接地装置的最小尺寸。人工接地极水平敷设时可采用圆钢、扁钢；垂直敷设时可采用角钢、钢管。腐蚀较严重地区采用铜或铜覆钢材时，水平敷设的人工接地极可采用圆铜、扁铜、铜绞线、铜覆钢绞线、铜覆圆钢或铜覆扁钢；垂直敷设的人工接地极可采用圆铜或铜覆圆钢等。

接地网采用钢材时，按机械强度要求的钢接地材料的最小尺寸，应符合表 10-19 的要求。接地网采用铜或铜覆钢材时，按机械强度要求的铜或铜覆钢材的最小尺寸，应符合表 10-20 的要求。

表 10-19　钢接地材料的最小尺寸

种　类	规格及单位	地　上	地　下
圆钢	直径（mm）	8	10
扁钢	截面积（mm²）	48	48
	厚度（mm）	4	4
角钢	厚度（mm）	2.5	4
钢管	管壁厚（mm）	2.5	3.5/2.5

注　1. 地下部分圆钢的直径；
　　2. 地下部分钢管的壁厚，其分子、分母数据分别对应于埋于土壤和埋于室内素混凝土地坪中。

表 10-20　铜或铜覆钢接地材料的最小尺寸

种　类	规格及单位	地上	地下
铜棒	直径（mm）	8	水平接地极为 8
			垂直接地极为 15
扁铜	截面积（mm²）	50	50
	厚度（mm）	2	2
铜绞线	截面积（mm²）	50	50
铜覆圆钢	直径（mm）	8	10
铜覆钢绞线	直径（mm）	8	10
铜覆扁钢	截面积（mm²）	48	48
	厚度（mm）	4	4

注　1. 铜绞线单股直径不小于 1.7mm。
　　2. 各类铜覆钢的尺寸为钢材的尺寸，铜层厚度不小于 0.25mm。

（2）接地导体（线）的截面选择和热稳定校验。接地装置包括接地导体（线）和接地极。接地导体（线）为在系统、装置或设备的给定点与接地极或接地网之间提供导电通路或部分导电通路的导体（线）；接地极为埋入土壤或特定的导电介质（如混凝土火焦炭）中与大地有电接触的可导电部分，包括水平接地极和垂直接地极。可以根据短路电流值计算接地导体（线）的截面，从而确定接地极的截面。

根据热稳定条件，接地导体（线）的最小截面应符合式（10-82）的要求。

$$S_g \geq \frac{I'_G}{C}\sqrt{t_e} \qquad (10-82)$$

式中　S_g——接地导体（线）的最小截面积，mm^2，计及土壤、大气对接地装置的影响腐蚀和设计使用年限后，接地装置的截面仍应满足最小截面 S_g 的要求；

　　I'_G——流过接地导体（线）的最大接地故障电流有效值，A，按工程设计水平年系统最大运行方式确定；

　　t_e——接地故障的等效持续时间，与 t_s 相同，s；

　　C——接地导体（线）材料的热稳定系数，根据材料的种类、性能及最大允许温度和接地故障前接地导体（线）的初始温度确定。

在校验接地导体（线）的热稳定时，I'_G 应采用表 10-21 所列数值，接地导体（线）的初始温度一般取 40℃。各种材质接地导体（线）的热稳定系数 C 和其最大允许温度见表 10-22 所列数值。铜和铜覆钢材采用放热焊接方式时的最大允许温度，应根据土壤腐蚀的严重程度经验算分别取 900、800、700℃。爆炸危险场所，应按专用规定选取。

表 10-21 校验接地导体（线）热稳定用的 I_G' 值

系统接地方式	I_G'
有效接地	三相同体设备：单相接地故障电流 三相分体设备：单相接地或三相接地流过接地导体（线）的最大接地故障电流
低电阻接地	单相接地故障电流
不接地、谐振接地和经高电阻接地	流过接地导体（线）的最大接地故障电流
中性点直接接地的低压电力网的接地线和中性线	导电部分与被接地部分或中性线间发生短路时，流过接地导体（线）的最大接地故障电流
各种电力网中用的携带式接地线	发生各种类型短路时，流过接地导体（线）的最大接地故障电流

表 10-22 校验各类型接地导体（线）热稳定用的 C 值

接地导体（线）的材质	最大允许温度（℃）	热稳定系数 C 值
钢	400	70
铝	300	120
铜	700/800/900	249/259/268
铜覆钢绞线（导电率 40%）	700/800/900	167/173/179
铜覆钢绞线（导电率 30%）	700/800/900	144/150/155
铜覆钢绞线（导电率 20%）	700/800/900	119/124/128

热稳定校验用的时间可按下列要求计算：

1）变电站的继电保护装置配置有两套速动主保护、近接地后备保护、断路器失灵保护和自动重合闸时，t_e 可按式（10-83）取值。

$$t_e \geqslant t_m + t_f + t_o \qquad (10\text{-}83)$$

式中　t_m——主保护动作时间，s；

　　　t_f——断路器失灵保护动作时间，s；

　　　t_o——断路器开断时间，s。

2）配有一套速动主保护、近或远（或远近结合的）后备保护和自动重合闸，有或无断路器失灵保护时，t_e 可按式（10-84）取值。

$$t_e \geqslant t_o + t_r \qquad (10\text{-}84)$$

式中　t_r——第一级后备保护的动作时间，s。

变电站接地网导体的热稳定校验，应符合以下要求：

1）在有效接地系统及低电阻接地系统中，电气设备接地导体（线）的截面，应按单（两）相接地短路电流进行热稳定校验。

2）在不接地和经消弧线圈接地系统中，电气设备接地导体（线）的截面，应按单相接地短路电流进行热稳定校验。敷设在地上的接地导体（线）长时间

温度不应超过 150℃，敷设在地下的接地导体（线）长时间温度不应超过 100℃。

当按 70℃ 的允许载流量曲线选定接地导体（线）的截面时，对于敷设在地上的接地导体（线），应采用流过接地导体（线）的计算用单相接地短路电流的 60%；对于敷设在地下的接地导体（线），应采用流过接地导体（线）的计算用单相接地短路电流的 75%。

3）与架空送、配电线路相连的 6～66kV 高压电气装置中的电气设备接地导体（线），还应按两相异地短路校验热稳定，接地导体（线）的短时温度见表 10-22。

4）利用混凝土中的钢筋作接地引下线时，为避免高温破坏混凝土与钢筋间的结合力，钢筋的最大允许温升不应超过 100℃。

5）接地极的截面。根据热稳定条件，未考虑腐蚀时，接地装置接地极的截面不宜小于连接至该接地装置的接地导体（线）截面的 75%。

（三）接地检查井的设置

接地检查井的主要作用是在一部分接地装置与其他部分的接地装置需分开单独测量时使用。为了便于分别测量接地电阻，有条件时可在下列地点设接地检查井：

（1）对接地电阻有要求的单独集中接地装置；

（2）屋外配电装置的扩建端；

（3）若干对降低接地电阻起主要作用的自然接地极与总接地网连接处。

此外，为降低变电站的接地电阻，其接地装置应尽量与线路的非绝缘架空地线相连接，但应有便于分开的连接点，以便测量接地电阻。可在地线上加装绝缘件，并在地线延长与金属构架之间装设可拆的连接端子，其中属于线路设计范围的部分，应向线路设计部分提出要求。

（四）接地装置的敷设

1. 接地极的敷设

（1）为减少相邻接地极的屏蔽作用，垂直接地极的间距不应小于其长度的两倍，水平接地极的间距不宜小于 5m。

（2）接地极与建筑物的距离不宜小于 1.5m。

（3）围绕屋外配电装置、屋内配电装置、主控楼（继电器室）及其他需要装设接地网的建筑物，敷设环形接地网。这些接地网之间的相互连接不应少于两根干线。对于大接地短路电流系统的变电站，各主要分接地网之间宜多根连接。为确保接地的可靠性，接地干线至少应在两点与接地网连接。自然接地极至少应在两点与接地干线相连接，连接处一般需设置便于分开的断接卡。扩建接地网时，新、旧接地网连接应通过接地检查井多点连接。

（4）地下接地极敷设完后的土沟，其回填土内不应夹有石块和建筑垃圾；外取的土壤不得有较强的腐蚀性；在回填土时应分层夯实。室外接地回填应有100～300mm 高度的防沉层。在山区石质地段或电阻率较高的土质区段，应在土沟中至少先回填 100mm 厚的净土垫层，再敷接地极，然后用净土分层夯实回填。

（5）接地网中均压带的间距 D 应考虑设备布置的间隔尺寸，尽量减小埋设接地网的土建工程量及节省钢材。视接地网面积的大小，一般可取 5、10m。对330kV 及以上电压等级的大型接地网，也可采用20m间距。但对经常需巡视操作的地方和全封闭电器则可局部加密（如取 D=2～3m）。

（6）建筑物的防雷接地引下线利用混凝土柱内的两根ϕ16mm 主筋及混凝土灌注桩四根ϕ16mm 主筋焊接作为引下线，跨接线采用不小于 12mm 的圆钢，引下线上端与避雷带焊接，下端与接地装置焊接，相邻的两处引下线间距不大于 18m。接地装置为利用基础桩内及基础底板内主筋焊接形成的接地网，所有设备房、电气竖井、电梯井的接地干线，以及预留人工接地极的镀锌扁钢、接地端子板等与接地网可靠焊接。

2. 接地导体（线）的敷设

（1）变电站电气装置中，下列部位应采用专门敷设的接地导体（线）接地：

1）开关柜、中性点柜的金属底座和外壳，封闭母线的外壳。

2）110kV 及以上钢筋混凝土构件支座上电气装置的金属外壳。

3）箱式变电站和环网柜的金属箱体。

4）直接接地的变压器中性点。

5）变压器、高压并联电抗器中性点所接自动跟踪补偿消弧装置提供感性电流的部分、接地电抗器、电阻器或变压器等的接地端子。

6）GIS 的接地母线、接地端子。

7）避雷器、避雷针和地线等的接地端子。

（2）当不要求采用专门敷设的接地导体（线）接地时，应符合下列要求：

1）电气装置的接地导体（线）宜利用金属构件、普通钢筋混凝土构件的钢筋、穿线的钢管和电缆的铅、铝外皮等，但不得使用蛇皮管、保温管的金属网或外皮，以及低压照明网络的导线铅皮作为接地导体（线）。

2）可利用生产用的起重机的轨道、走廊、平台、电缆竖井、起重机与升降机的构架、运输皮带的钢梁、电除尘器的构架等金属结构。

3）操作、测量和信号用低压电气装置的接地导体（线）可利用永久性金属管道，但可燃液体、可燃或爆炸性气体的金属管道除外。

4）利用上述所列材料作接地导体（线）时，应保证其全长为完好的电气通路，当利用串联的金属构件作为接地导体（线）时，金属构件之间应以截面积不小于100mm² 的钢材焊接。

（3）明敷的接地导体（线）的安装应符合下列要求：

1）接地导体（线）的安装位置应合理，便于检查，无碍设备检修及运行巡视，但暗敷的穿线钢管和地下的金属构件除外。

2）接地导体（线）的安装应美观，防止因加工方式造成接地线截面减小、强度减弱、容易生锈。

3）支持件间的距离，在水平直线部分宜为 0.5～1.5m；在垂直部分宜为 1.5～3m；在转弯部分宜为0.3～0.5m。

4）接地导体（线）应水平或垂直敷设，也可与建筑物倾斜结构平行敷设；在直线段上，不应有高低起伏及弯曲等现象。

5）接地导体（线）沿建筑物墙壁水平敷设时，离地面距离宜为 250～300mm；接地导体（线）与建筑物墙壁间的间隙宜为 10～15mm。

6）在接地导体（线）跨越建筑物伸缩缝、沉降缝时，应设置补偿器；补偿器可用接地线本身弯成弧状代替。

7）明敷接地导体（线），在导体的全长度或区间段及每个连接部位附近的表面，应涂以 15～100mm宽度相等的绿色和黄色相间的条纹标识。当使用胶带时，应使用双色胶带。中性线宜涂淡蓝色标识。

（4）当敷设室内接地干线，且明敷的接地干线影响房间美观时，可酌情改为暗敷，敷设于地面或墙壁的抹面层内，敷设时将临时接地端子和设备的接地导体（线）都连好引出，并经验收合格后再隐蔽；临时接地端子外漏，并与墙保持 10～15mm 的间隙。

（5）接地导体（线）应采取防止发生机械损伤和化学腐蚀的措施。与公路、铁道或管道等交叉的地方，以及其他有可能发生机械损伤的地方，均应用钢管或角钢等加以保护；接地导体（线）在穿过墙壁、楼板和地坪处应加装钢管或其他坚固的保护套。有化学腐蚀的部位还应采取防腐措施。热镀锌钢材焊接时将破坏热镀锌防腐，应在焊痕外 100mm 内做防腐处理。

（6）在接地导体（线）引进建筑物的入口处或在检修用临时接地点处，均应刷白色底漆并标以黑色标识，同一接地体不应出现两种不同的标识。

（7）当电缆穿过零序电流互感器时，电缆头的接地线应通过零序电流互感器后接地；由电缆头至穿过零序电流互感器的一段电缆金属护层和接地线应对地绝缘。

（8）高压配电装置和静止补偿装置的栅栏门铰链

处应用软铜线连接，以保持良好接地。

（9）高频感应电热装置的屏蔽网、滤波器、电源装置的金属屏蔽外壳，高频回路中外露导体和电气设备的所有屏蔽部分和与其连接的金属管道均应接地，并宜与接地干线连接。与高频滤波器相连的射频电缆应全程伴随 $100mm^2$ 以上的铜质接地线。

（10）避雷引下线与暗管敷设的电缆、光缆最小平行距离应为 1.0m，最小垂直交叉距离应为 0.3m；保护地线与暗管敷设的电、光缆最小平行距离应为 0.05m，最小垂直交叉距离应为 0.02m。

3. 接地导体（线）的连接

变电站电气装置中，接地导体（线）的连接应符合下列要求：

（1）钢接地导体（线）使用搭接焊接方式，其搭接长度：扁钢为其宽度的 2 倍（且至少 3 个棱边焊接）；圆钢为其直径的 6 倍；圆钢与扁钢连接时，其长度为圆钢直径的 6 倍；扁钢与钢管、扁钢与角钢焊接时，为了连接可靠，除应在其接触部位两侧进行焊接外，还应焊以由钢带弯成的弧形（或直角形）卡子或直接由钢带本身弯成弧形（或直角形）与钢管（或角钢）焊接。

（2）接地导体（线）为铜（包含铜覆钢材）与铜或铜与钢的连接工艺，采用放热焊接方式时，其熔接接头应符合以下要求：被连接的导体应完全包在接头中；连接部位的金属应完全熔化，连接牢固；放热焊接接头的表面应平滑；接头应无贯穿性的气孔。

（3）当利用钢管作为接地导体（线）时，钢管连接处应保证有可靠的电气连接。当利用穿线的钢管作为接地导体（线）时，引向电气设备的钢管与电气设备之间，应有可靠的电气连接。

（4）接地导体（线）与管道等伸长接地极的连接处宜焊接。连接地点应选在近处，在管道因检修而可能断开时，接地装置的接地电阻仍能符合要求。管道上表计和阀门等处，均应装设跨接线。

（5）采用铜或铜覆钢材的接地导体（线）与接地极的连接，应采用放热焊接；接地导体（线）与电气装置的连接，可采用螺栓连接或焊接。螺栓连接时的允许温度为 250℃，连接处接地导体（线）应适当加大截面，且应设置防松螺帽或防松垫片。采用钢绞线、铜绞线等作为接地线引下时，宜用压接端子与接地体连接。

（6）电气装置每个接地部分应以单独的接地导体（线）与接地母线相连接，严禁在一个接地导体（线）中串接几个需要接地的部分。

（7）沿电缆桥架敷设铜绞线、镀锌扁钢及利用桥架构成电气通路的金属构件，如安装托架用的金属构件作为接地干线时，电缆桥架接地时应符合：电缆桥架全长不大于30m时，不应少于两处与接地干线相连；全长大于 30m 时，应每隔 20～30m 增加与接地干线的连接点；电缆桥架的起始端和终点端应与接地网可靠连接。

（8）金属电缆桥架的接地应符合：电缆桥架连接部位宜采用两端压接镀锡铜鼻子的铜绞线跨接。跨接线最小允许截面积不小于 $4mm^2$；镀锌电缆桥架间连接板的两端不跨接接地线时，连接板每端应有不少于两个有防松螺帽或防松垫圈的螺栓固定。

（五）GIS 的接地

1. 气体绝缘金属封闭开关设备外壳感应电压与均压要求

（1）气体绝缘金属封闭开关设备（GIS）的母线和外壳是一对同轴的电极，当电流通过母线时，在外壳感应电压，设备本体的支架、管道、电缆外皮与外壳连接后，也有感应电压，感应电压过高将降低设备容量，危及人身安全。在短路情况下，外壳的感应电压不应超过 24V。外壳接地点的设置应由设备制造厂提供。

（2）GIS 外部近区故障，人触摸其金属外壳时，区域专用接地网应保证触及者手－脚间的接触电位差满足：

$$\sqrt{U_{tmax}^2+(U'_{tomax})^2}<U_t \qquad (10\text{-}85)$$

式中　U_{tmax}——设备区域专用接地网最大接触电位差，由人脚下的点所决定；

U'_{tomax}——设备外壳上、外壳之间或外壳与任何水平/垂直支架之间金属到金属因感应产生的最大电压差；

U_t——接触电位差允许值。

（3）位于居民区的全室内或地下 GIS 变电站，应校核接地网边缘、围墙或公共道路处的跨步电位差。必要时，紧靠围墙外的人行道路宜采用沥青路面。

2. 气体绝缘金属封闭开关设备的接地

（1）三相共箱式设备三相导体被封闭在同一个金属外壳内，正常运行时外壳的感应电流约为零，对构架和基础不会产生发热问题。为了保证外壳可靠接地，该结构型式设备应采取多点接地方式。

（2）分相式设备宜采取多点接地方式，当回路电流不大于 4000A，同时制造厂无特殊接地要求时，一般设置专用接地母线、短接线等措施。

（3）气体绝缘金属封闭开关设备，当回路电流大于4000A时，为防止故障时人触摸金属外壳遭到电击、便于设备外壳感应电流的释放、减少开关设备操作引起的暂态电流对人员和二次设备的不良效应以及方便设备外壳接地等，应就近设置辅助接地网。辅助接地网由设备制造厂提出要求或设计。辅助接地网是具有 GIS 的变电站总接地网的一个组成部分。

（4）GIS 专用接地网与变电站总接地网的连接不应少于 4 根。对于 GIS 金属外壳接地引下线，其截面热稳定的校验电流按单相接地故障时最大不对称电流有效值取值。4 根连接线截面的热稳定校验电流，按单相接地故障时最大不对称电流有效值的 35%取值。

（5）当 GIS 置于建筑物内时，接地导体(线)及其连接应符合以下要求：

1）根据设备各回路电流大小以及制造厂要求，可设置专用的接地母线或辅助接地网，所有外壳接地引线应直接接在接地母线或辅助接地网上。

2）室内应敷设环形接地母线，与气体绝缘金属封闭开关设备区域的接地母线或辅助接地网相连接。

3）建筑物地基内的钢筋应与人工敷设的接地网相连接。建筑物立柱、气体绝缘金属封闭开关设备室的钢筋混凝土地板内的钢筋等与建筑物地基内的钢筋应相互连接并良好焊接。

（6）当 GIS 露天布置或装设在室内与土壤直接接触的地面上时，其接地开关、氧化锌避雷器的专用接地端子与 GIS 接地母线的连接处，宜装设集中接地装置。

（7）GIS 与电力电缆或变压器/电抗器直接相连时，电力电缆护层或 GIS 与变压器/电抗器之间套管的变压器/电抗器侧，应通过接地导体（线）以最短路径接到接地母线或 GIS 区域专用接地网。GIS 外壳和电缆护套之间，以及 GIS 外壳和变压器/电抗器套管之间的隔离（绝缘）元件，应安装相应的隔离保护器。

3．接地导体（线）

（1）当选用分相设备时，应设置外壳三相短接线，并在短接线上引出接地线通过接地母线接地。外壳的三相短接线的截面应能承受长期通过的最大感应电流，并应按短路电流校验。当设备为铝外壳时，其短接线宜采用铝排；当设备为钢外壳时，其短接线宜采用铜带。

（2）当 GIS 置于建筑物内时，设备区域专用接地网或辅助接地网可采用钢导体；当 GIS 置于户外时，设备区域专用接地网或辅助接地网宜采用铜导体。其截面尺寸由制造厂提供，应能承受长期通过的最大感应电流，并应按短路电流校验。GIS 置于户外时，主接地网也宜采用铜或铜覆钢材。

（六）**10kV 及以上高压电缆线路的接地**

（1）电力电缆金属护套或屏蔽层应按下列规定接地：

1）三芯电缆应在线路两终端直接接地。线路中有中间接头时，接头处也应直接接地。

2）单芯电缆在线路上应至少有一点直接接地，且任一非接地处金属护套或屏蔽层上的正常感应电压，不应超过：在正常满负荷情况下，未采取防止人员任

意接触金属护套或屏蔽层的安全措施时，50V；在正常满负荷情况下，采取能防止人员任意接触金属护套或屏蔽层的安全措施时，100V。

3）长距离单芯水底电缆线路应在两岸的接头处直接接地。

（2）交流单芯电缆金属护套的接地方式，应按图 10-22 所示部位接地和设置金属护套或屏蔽层电压限制器，并应符合：

1）线路不长，且能满足金属护套或屏蔽层感应电压时，可采用线路一端直接接地方式。在系统发生单相接地故障对临近弱电线路有干扰时，还应沿电缆线路平行敷设一根回流线，回流线的选择与设置应符合：回流线的截面选择应按系统发生单相接地故障电流和持续时间来验算其稳定性；回流线的排列布置方式，应使电缆正常工作时在回流线上产生的损耗最小。

2）线路稍长，一端接地不能满足金属护套或屏蔽层感应电压，且无法分成三段组成交叉互联时，可采用线路中间一点接地方式，并应加设回流线。

3）线路较长，中间一点接地方式不能满足金属护套或屏蔽层感应电压时，宜使用绝缘接头将电缆的金属护套和绝缘屏蔽均匀分割成三段或 3 的倍数段，按图 10-21 所示采用交叉互联接地方式。

（3）金属护套或屏蔽层的电压限制器与电缆金属护套的连接线应符合：连接线应最短，3m 之内可采用单芯塑料绝缘线，3m 以上宜采用同轴电缆；连接线的绝缘水平不得小于电缆外护套的绝缘水平；连接线截面应满足系统单相接地电流通过时的热稳定要求。

（七）**携带式和移动式电气设备的接地**

（1）携带式电气设备应用专用芯线接地，严禁利用其他用电设备的中性线接地；中性线和接地线应分别与接地装置相连接。

（2）携带式电气设备的接地线应采用软铜绞线，其截面积不小于 1.5mm²。

（3）由固定的电源或由移动式发电设备供电的移动式机械的金属外壳或底座，应与这些供电电源的接地装置有可靠连接；在中性点不接地的电网中，可在移动式机械附近装设接地装置，以代替敷设接地线，并应首先利用附近的自然接地体。

（4）移动式电气设备和机械的接地应符合固定式电气设备接地的规定，但下列情况可不接地：

1）移动式机械自用的发电设备直接放在机械的同一金属框架上，又不供给其他设备用电；

2）当机械由专用的移动式发电设备供电，机械数量不超过 2 台，机械距移动式发电设备不超过 50m，且发电设备和机械的外壳之间有可靠的金属连接。

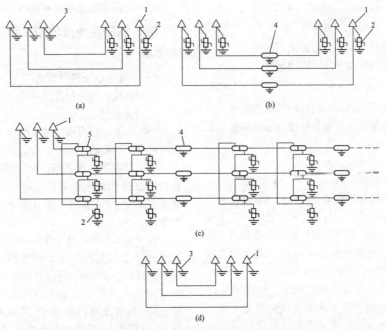

图 10-21　采用金属屏蔽层电压限制器时的接地方式

（a）一端接地方式；（b）线路中间一点接地方式；（c）交叉互联接地方式；（d）两端直接接地方式

1—电缆终端头；2—金属屏蔽层电压限制器；3—直接接地；4—中间接头；5—绝缘接头

二、雷电保护接地

（1）主控楼装设直击雷保护装置或为保护其他设备而在主控楼上装设避雷针时，应采取加强分流、设备的接地点尽量远离避雷针接地引下线的入地点、避雷针接地引下线远离电气装置等防止反击的措施。避雷针的接地引下线应与主接地网连接，并应在连接处加装集中接地装置。

主控制室、配电装置室和 35kV 及以下变电站的屋顶上如装设直击雷保护装置时，若为金属屋顶或屋顶上有金属结构，则应将金属部分接地；屋顶为钢筋混凝土结构时，则应将其焊接成网接地；结构为非导电的屋顶时，则应采用避雷带保护，该避雷带的网格为 8～10m，并每隔 10～20m 设接地引下线。该接地引下线应与主接地网连接，并在连接处加装集中接地装置。

（2）变电站有爆炸危险且爆炸后可能波及变电站内主设备或严重影响发供电的建（构）筑物（如易燃油泵房、露天易燃油贮罐等），应采用独立避雷针保护，并应采取防止雷电感应的措施。

1）避雷针及其接地装置与接地网、罐体、罐体的接地装置和地下管道的地中距离应符合式（10-86）的要求，且 S_e 不宜小于 3m。

$$S_e \geqslant 0.3R_i \qquad (10-86)$$

式中　S_e——地中距离，m；

R_i——避雷针的冲击接地电阻，Ω。

避雷针的接地电阻不宜超过 10Ω，在高土壤电阻率地区，接地电阻难以降到 10Ω，且空气中距离、地中距离满足相关规范要求时，可采用较高的接地电阻。

2）露天贮罐周围应设置闭合环形接地装置，接地电阻不应超过 30Ω，无独立避雷针保护的露天贮罐不应超过 10Ω，接地点不应小于两处，接地点间距不应大于 30m。架空管道每隔 20～25m 应设置防感应雷接地一次，接地电阻不应超过 30Ω。易燃油贮罐的呼吸阀、易燃油和天然气贮罐的热工测量装置，应用金属导体或相应贮罐的接地装置连接。不能保持良好电气接触的阀门、法兰、弯头等管道连接处应跨接。

（3）独立避雷针宜设置独立的接地装置。在非高土壤电阻率地区，接地电阻不宜超过 10Ω。避雷针接地装置与主接地网的地中距离不能满足规范要求或根据需要，可与主接地网连接，但避雷针与接地网的连接点至变压器、35kV 及以下设备接地导体（线）与接地网连接点之间，沿接地极的长度不应小于 15m，并在连接处加装集中接地装置。独立避雷针不应设在人经常通行的地方，避雷针及其接地装置与道路或出入口的距离不宜小于 3m，否则应采取均压措施或铺设砾石、沥青地面。采用沥青或沥青混凝土作为绝缘隔离层时，沥青混凝土的平均击穿强度约为土壤的 3 倍，

故隔离层的厚度 b 可由式（10-87）决定。

$$b = 0.15R_i - 0.5S \qquad (10\text{-}87)$$

式中　S——接地极之间的实际距离，m。

绝缘隔离层的深度和宽度还应满足：

$$S_1 + S_2 + b \geqslant S_d \qquad (10\text{-}88)$$

式中　S_1——隔离层边缘到主接地网的最小距离，m；

S_2——隔离层边缘到避雷针接地装置的最小距离，m；

b——隔离层厚度，m；

S_d——地中距离，m。

（4）变电站配电装置构架上避雷针（含悬挂避雷线的构架）的接地引下线应与接地网连接，并在连接处加装集中接地装置。引下线与接地网的连接点至变压器、35kV 及以下设备接地导体（线）与接地网连接点之间，沿接地极的长度不应小于 15m。

（5）装有避雷针和避雷线的构架上的照明灯电源线，必须采用直埋于地下的带金属护层的电缆或穿入金属管的绝缘导线。电缆金属外皮护层或金属管必须接地，埋地长度应在 10m 以上，方可与 35kV 及以下配电装置的接地网及低压配电装置的接地网相连。

（6）严禁在装有避雷针、线的构架上架设低压线、通信线和广播线。

（7）变电站避雷器的接地导体（线）应与接地网连接，且应在连接处设置集中接地装置。

（8）防感应雷和防静电接地可共用一个接地装置，接地阻抗应符合两种接地中较小值的要求。

三、防静电接地

变电站易燃油、可燃油等贮罐、管道等防静电接地的接地位置，接地导体（线）、接地极布置方式等，应符合下列要求：

（1）管道应在其始端、末端、分支处以及每隔 50m 处设防静电接地。

（2）净距小于 100mm 的平行或交叉管道，应每隔 20m 用金属线跨接。

（3）不能保持良好电气接触的阀门、法兰、弯头等管道连接处也应跨接。跨接线可采用直径不小于 8mm 的圆钢。

（4）易燃油、可燃油贮罐顶，应用可挠的跨接线与罐体相连，且不应少于两处。跨接线可用截面积不小于 25mm² 的钢绞线、铜绞线或铜覆钢绞线。

（5）浮动式电气测量的铠装电缆应埋入地中，长度不宜小于 50m。

（6）金属罐罐体钢板的接缝、罐顶与罐体之间以及所有管、阀与罐体之间应保证可靠的电气连接。

（7）防静电接地每处的接地电阻不宜超过 30Ω。

四、低压系统接地型式和建筑电气装置接地要求

（一）低压系统接地型式

低压系统接地的型式可分为 TN、TT 和 IT 三种。

1. TN 系统

TN 系统可分为单电源系统和多电源系统，并应分别符合下列要求：

（1）对于单电源系统，TN 电源系统在电源处应有一点直接接地，装置的外露可导电部分应经 PE 接到接地点。TN 系统可按 N 和 PE 的配置分为下列类型：

1）TN-S 系统，整个系统应全部采用单独的 PE，装置的 PE 也可另外增设接地（见图 10-22～图 10-24）。

2）TN-C-S 系统，系统中的一部分，N 的功能和 PE 的功能合并在一根导体中（见图 10-25～图 10-27）。图 10-25 中装置的 PEN 或 PE 导体可另外增设接地。图 10-26 和图 10-27 中对配电系统的 PEN 和装置的 PE 导体也可另外增设接地。

3）TN-C 系统，在全系统中，N 的功能和 PE 的功能合并在一根导体中（见图 10-28）。装置的 PEN 也可另外增设接地。

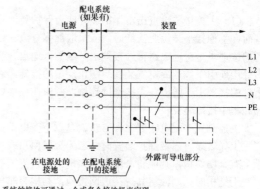

系统的接地可通过一个或多个接地极来实现

图 10-22　全系统将 N 与 PE 分开的 TN-S 系统

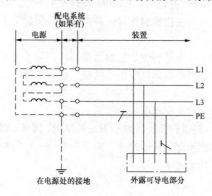

图 10-23　全系统将被接地的相导体与 PE 分开的 TN-S 系统

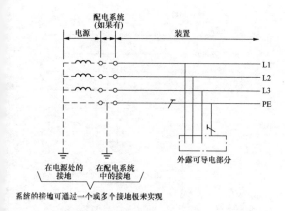

图 10-24 全系统采用接地的 PE 和未标出 N 的 TN-S 系统

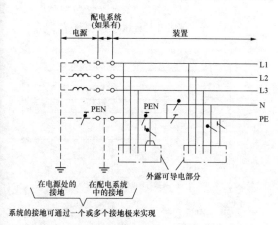

图 10-25 在装置非受电点的某处将 PEN 分离成
PE 和 N 的三相四线制的 TN-C-S 系统

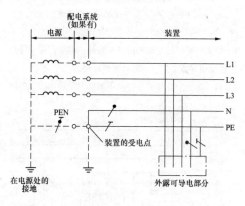

图 10-26 在装置的受电点将 PEN 分离成 PE 和
N 的三相四线制的 TN-C-S 系统

（2）对于具有多电源的 TN 系统，应避免工作电流流过不期望的路径。

对于用电设备采用单独的 PE 和 N 的多电源 TN-C-S 系统（见图 10-29），在仅有两相负荷和三相负荷的情况下，无须配出 N，PE 宜多处接地。目前，变电站主要采用的是 TN-C-S 系统。

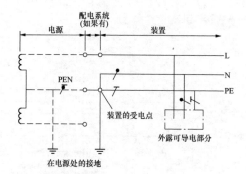

图 10-27 在装置的受电点将 PEN 分离成 PE 和
N 的单相两线制的 TN-C-S 系统

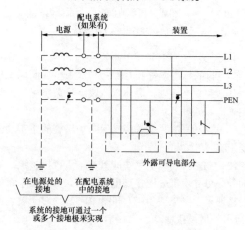

图 10-28 全系统采用将 N 的功能和 PE 的功能
合并于一根导体的 TN-C 系统

对于用电设备采用单独的 PE 和 N 的多电源 TN-C-S 系统（见图 10-29）和对于具有多电源的 TN 系统（见图 10-30），应符合下列要求：

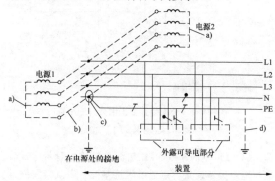

图 10-29 对用电设备采用单独的 PE 和
N 的多电源 TN-C-S 系统

1）不应在变压器的中性点或发电机的星形点直接对地连接。

2）变压器的中性点或发电机的星形点之间相互连接的导体应绝缘，且不得将其与用电设备连接。

3）电源中性点间相互连接的导体与 PE 之间，应只一点连接，并应设置在总配电屏内。

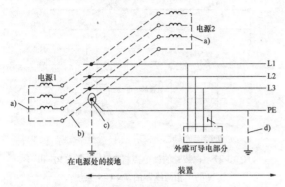

图 10-30 给两相或三相负荷供电的全系统内只有 PE
没有 N 的多电源 TN 系统

4）对装置的 PE 可另外增设接地。

5）PE 的标志应符合 GB 7947《人机界面标志标识的基本和安全规则 导体颜色或字母数字标识》的有关规定。

6）系统的任何扩展，应确保防护措施的正常功能不受影响。

（3）TT 系统。TT 系统应只有一点直接接地，装置的外露可导电部分应接到电气上独立于电源系统接地的接地极上（见图 10-31 和图 10-32）。对于装置的 PE 可另外增设接地。

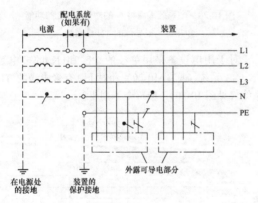

图 10-31 全部装置都采用分开的中性
导体和保护导体的 TT 系统

（4）IT 电源系统。IT 电源系统的所有带电部分应与地隔离，或某一点通过阻抗接地。电气装置的外露可导电部分，应被单独或集中接地，也可按 GB 16895.21《低压电气装置 第 4-41 部分:安全防火 电击防护》的规定，接到系统的接地上（见图 10-33 和图 10-34）。对装置的 PE 可另外增设接地，并应符合下列要求：

1）该系统可经过足够高的阻抗接地。

2）可配出 N，也可不配出 N。

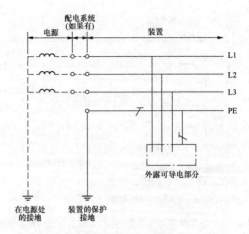

图 10-32 全部装置都具有接地的保护导体，
但不配出中性导体的 TT 系统

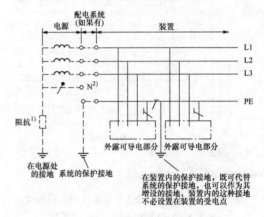

图 10-33 将所有的外露可导电部分采用
PE 相连后集中接地的 IT 系统

注 装置的 PE 导体可另外增设接地。

1）该系统可经过足够高的阻抗接地。例如，在中性点、人工中性点或相导体上都可以进行这种连接。

2）可以配出中性导体也可以不配出中性导体。

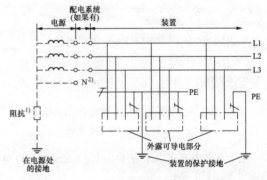

图 10-34 将外露可导电部分分组接地或独立接地的 IT 系统

注 装置的 PE 导体可另外增设接地。

1）该系统可经过足够高的阻抗接地。

2）可以配出中性导体也可以不配出中性导体。

（二）低压电气装置的接地电阻和保护总等电位联结系统

低压电气装置采用接地故障保护时，建筑物内电气装置应采用保护总等电位联结系统，如图 10-35 所示。

建筑物处的低压系统电源中性点、电气装置外露可导电部分的保护接地、保护等电位联结的接地极等，可与建筑物的雷电保护接地共用同一接地装置。共用接地装置的接地电阻，不应大于各要求值中的最小值。

（三）接地装置

（1）低压电气装置的接地装置，应符合下列要求：

1）接地配置可兼有或分别承担防护性和功能性的作用，但首先应满足防护的要求。

2）低压电气装置本身有接地极时，应将该接地极用一接地导体（线）连接到总接地端子上。

3）对接地配置要求中的对地连接，需符合：对装置的防护要求应可靠、适用；能将对地故障电流和 PE 电流传导入地；若有功能性要求，也应符合功能性的相应要求。

（2）接地极应符合下列要求：

1）对接地极的材料和尺寸的选择，应使其耐腐蚀又具有适当的机械强度。耐腐蚀和机械强度要求的埋入土壤中常用材料接地极的最小尺寸，见表 10-23。有防雷装置时，还应符合相关标准的规定。

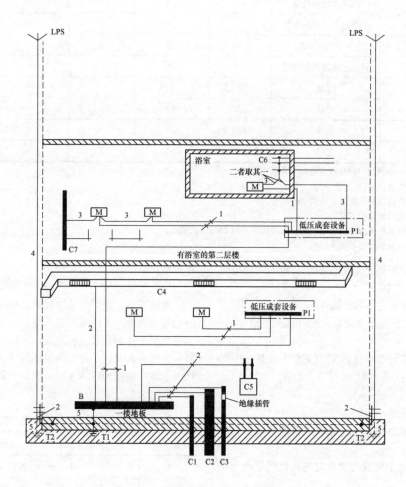

图 10-35　接地装置、保护导体和保护联结导体

M—外露可导电部分；C—外部可导电部分；C1—外部进来的金属水管；C2—外部进来的金属排弃废物、排水管道；

C3—外部进来的带绝缘插管的金属可燃气体管道；C4—空调；C5—供热系统；C6—金属水管，如浴池里的金属水管；

C7—在外露可导电部分的伸臂范围内的外界可导电部分；B—总接地端子（总接地母线）；T—接地极；T1—基础接地；

T2—LPS（防雷装置）的接地极（若需要的话）；1—保护导体；2—保护连接导体；3—用作辅助连接用的保护连接导体；

4—LPS（防雷装置）的引下线；5—接地导体

表 10-23　　　　　　　耐腐蚀和机械强度要求的埋入土壤中常用材料接地极的最小尺寸

材料	表面	形状	最 小 尺 寸				
			直径 (mm)	截面积 (mm²)	厚度 (mm)	镀层/护套的厚度（μm）	
						单个值	平均值
钢	热浸锌或不锈钢	带状	—	90	3	63	70
		型材	—	90	3	63	70
		深埋接地极用的圆棒	16			63	70
		浅埋接地极用的圆线	10	—		—	50
		管状	25		2	47	55
	铜护套	深埋接地极用的圆棒	15			2000	—
	电镀铜护层	深埋水平接地极	—	90	3	70	—
		深埋接地极用的圆棒	14			254	—
铜	裸露	带状		50	2		
		浅埋接地极用的圆线	—	25			
	—	绞线	每根 1.8	25			
		管状	20	—	2		
	镀锡	绞线	每根 1.8	25		1	5
	镀锌	带状		50	2	20	40

注　1. 热镀锌或不锈钢可用作埋在混凝土中的电极；
　　2. 不锈钢不加镀层；
　　3. 钢带为带圆边的轧制的带状或切割的带状；
　　4. 铜镀锌为带圆边的带状；
　　5. 在腐蚀性和机械损伤极低的场所，铜圆线可采用 16mm² 的截面；
　　6. 浅埋指埋设深度不超过 0.5m。

2）接地极应根据土壤条件和所要求的接地电阻值，选择一个或多个。

3）接地极可采用下列设施：

a）嵌入地基的地下金属结构网（基础接地）；

b）金属板；

c）埋在地下混凝土（预应力混凝土除外）中的钢筋；

d）金属棒或管子；

e）金属带或线；

f）根据当地条件或要求所设电缆的金属护套和其他金属护层；

g）根据当地条件或要求设置的其他适用的地下金属网。

4）在选择接地极类型和确定其埋地深度时，还需结合当地的条件，防止在土壤干燥和冻结的情况下，接地极的接地电阻增加到有损电击防护措施的程度。

5）应注意在接地配置中采用不同材料时的电解腐蚀问题。

6）用于输送可燃液体或气体的金属管道，不应用作接地极。

（3）接地导体（线）应符合下列要求：

接地导体（线）与接地极的连接应牢固，且有良好的导电性能，并应采用放热焊接、压接器、夹具或其他机械连接器连接。机械接头应按厂家的说明书安装。采用夹具时，不得损伤接地极或接地导体（线）。埋入土壤中的接地导体（线）的最小截面积应符合表 10-24 的要求。

表 10-24　埋入土壤中的接地导体（线）的最小截面积

防腐蚀保护	有防机械损伤保护	无防机械损伤保护
有	铜：2.5mm²　钢：10mm²	铜：16mm²　钢：16mm²
无	铜：25mm²　钢：50mm²	

（4）总接地端子应符合下列要求：

1）在采用保护连接的每个装置中都应配置总接地端子，并应将下列导线与其连接：保护连接导体（线）；接地导体（线）；PE（当 PE 已通过其他 PE 与总接地端子连接时，则不应把每根 PE 直接接到总接地端子上）；功能接地导体（线）。

2）接到总接地端子上的每根导线，连接应牢固可靠，应能被单独地拆开。拆开方法可与总接地端子的设置统一考虑，以便于接地电阻的测量。

（四）保护导体

（1）PE 的最小截面积应符合下列要求：

1）每根 PE 的截面积都应满足相关标准中规定的自动切断电源所要求的条件，并能承受预期的故障电流。PE 的最小截面积可按式（10-89）计算，也可按表 10-25 确定。

表 10-25　　　　　　　　PE 的最小截面积

相线截面积 S_a（mm^2）	相应 PE 的最小截面积（mm^2）	
	PE 与相线使用相同材料	PE 与相线使用不同材料
$S_a \leqslant 16$	S_a	$\dfrac{k_1}{k_2} \times S_a$
$16 < S_a \leqslant 35$	16	$\dfrac{k_1}{k_2} \times 16$
$S_a > 35$	$\dfrac{S_a}{2}$	$\dfrac{k_1}{k_2} \times \dfrac{S_a}{2}$

注　k_1 为相导体的 k 值；k_2 为 PE 的 k 值；对于 PEN，其截面积在符合中性线尺寸确定原则的前提下，才允许减少。

2）切断时间不超过 5s 时，PE 的截面积不应小于式（10-89）的要求：

$$S = \frac{\sqrt{I^2 t}}{k} \tag{10-89}$$

式中　S——截面积，mm^2；

　　　I——通过保护电器的阻抗可忽略的故障产生的预期故障电流有效值，A；

　　　t——保护电器自动切断时的动作时间，s；

　　　k——由 PE、绝缘和其他部分的材料以及初始和最终温度决定的系数。

3）不属于电缆的一部分或不与相线共处于同一外护物之内的每根 PE，其截面积不应小于下列数值：

a）有防机械损伤保护，铜为 2.5mm^2；铝为 16mm^2；

b）没有防机械损伤保护，铜为 4mm^2；铝为 16mm^2。

4）当两个或更多个回路共用一个 PE 时，其截面积应按如下要求确定：

a）按回路中遭受最严重的预期故障电流和动作时间，其截面积按式（10-89）计算；

b）对应于回路中的最大相线截面积，其截面积按表 10-25 选定。

（2）系数 k 的求取方法。式（10-89）中，系数 k 值为

$$k = \sqrt{\frac{Q_c(\beta + 20℃)}{\rho_{20}} \ln\left(1 + \frac{\theta_f - \theta_i}{\beta + \theta_i}\right)} \tag{10-90}$$

式中　Q_c——导线材料在 20℃时的体积热容量，J/（℃·

mm^3）；

　　　β——导线在 0℃时的电阻率温度系数的倒数，℃，可按表 10-26 取值；

　　　ρ_{20}——导线材料在 20℃时的电阻率，$\Omega \cdot mm$，可按表 10-26 取值；

　　　θ_i——导线的初始温度，℃；

　　　θ_f——导线的最终温度，℃。

表 10-26　　　　各种材料的参数取值

材料	β（℃）	Q_c [J/（℃·mm^3）]	ρ_{20}（$\Omega \cdot mm$）	$\sqrt{\dfrac{Q_c(\beta + 20℃)}{\rho_{20}}}$（$A\sqrt{s}/mm^2$）
铜	234.5	3.45×10^{-3}	17.241×10^{-6}	226
铝	228	2.5×10^{-3}	28.264×10^{-6}	148
铅	230	1.45×10^{-3}	214×10^{-6}	41
钢	202	3.8×10^{-3}	138×10^{-6}	78

用法不同或运行情况不同的保护导体的各种 k 值，可按表 10-27~表 10-31 选取。

表 10-27　非电缆芯线且不与其他电缆成束敷设的绝缘保护导体的 k

导体绝缘	温度（℃）		k		
			导体材料		
	初始	最终	铜	铝	钢
70℃ PVC	30	160/140	143/133	95/88	52/49
90℃ PVC	30	160/140	143/133	95/88	52/49
90℃ 热固性材料	30	250	176	116	64
60℃ 橡胶	30	200	159	105	58
85℃ 橡胶	30	220	166	110	60
硅橡胶	30	350	201	133	73

注　温度中的较小数值适用于截面积大于 300mm^2 的 PVC 绝缘导体。

表 10-28　与电缆护层接触但不与其他电缆成束敷设的裸保护导体的 k

导体绝缘	温度（℃）		k		
			导体材料		
	初始	最终	铜	铝	钢
PVC	30	200	159	105	58
聚乙烯	30	150	138	91	50
氯磺化聚乙烯	30	220	166	110	60

表 10-29　电缆芯线或与其他电缆或
绝缘导体成束敷设的保护导体的 k

导体绝缘	温度（℃）		k		
			导体材料		
	初始	最终	铜	铝	钢
70℃ PVC	70	160/140	115/103	76/68	42/37
90℃ PVC	90	160/140	100/86	66/57	36/31
90℃ 热固性材料	90	250	143	94	52
60℃ 橡胶	60	200	141	93	51
85℃ 橡胶	85	220	134	89	48
硅橡胶	180	350	132	87	47

注　温度中的较小数值适用于截面积大于 300mm² 的 PVC
绝缘导体。

表 10-30　用电缆的金属护层，铠装、
金属护套、同心导体等作保护导体的 k

导体绝缘	温度（℃）		k			
			导体材料			
	初始	最终	铜	铝	铅	钢
70℃ PVC	60	200	141	93	26	51
90℃ PVC	80	200	128	85	23	46
90℃ 热固性材料	80	200	128	85	23	46
60℃ 橡胶	55	200	144	95	26	52
85℃ 橡胶	75	220	140	93	26	51
硅橡胶	70	200	135	—	—	—
裸露的矿物护套	105	250	135	—	—	—

注　温度的数值也应适用于外露可触及的或与可燃性材料
接触的裸导体。

表 10-31　所示温度不损伤相邻
材料时的裸导体的 k

导体绝缘	初始温度（℃）	导体材料					
		铜		铝		钢	
		k	最高温度（℃）	k	最高温度（℃）	k	最高温度（℃）
可见的和狭窄的区域内	30	228	500	125	300	82	500
正常条件	30	159	200	105	200	58	200
有火灾危险	30	138	159	91	150	50	150

（3）PE 类型应符合下列要求：

1）PE 应由下列一种或多种导体组成：

a）多芯电缆中的芯线。

b）与带电线共用的外护物（绝缘的或裸露的线）。

c）固定安装的裸露的或绝缘的导体。

d）符合本条款 a）项和 b）项规定条件的金属电缆护套、电缆屏蔽层、电缆铠装、金属编织物、同心线、金属导管。

e）当过电流保护器用作电击防护时，PE 应合并到与带电线同一布线系统中，或设置在离过电流保护器最近的地方。

2）装置中包括带金属外护物的设备，其金属外护物或框架同时满足下列要求时，可用作保护导体：

a）能利用结构或适当的连接，使对机械、化学或电化学损伤的防护性能得到保护，并保护它们的电气连续性；

b）符合最小截面积的规定；

c）在每个预留的分接点上，允许与其他保护导体连接。

3）下列金属部分不应作为 PE 或保护联结导体：

a）金属水管；

b）含有可燃性气体或液体的金属管道；

c）正常使用中承受机械应力的结构部分；

d）柔性或可弯曲金属导管（用于保护接地或保护联结目的而特别设计的除外）；

e）柔性金属部件；

f）支撑线。

（4）PE 的电气连续性应符合下列要求：

1）PE 对机械伤害、化学或电化学损伤、电动力和热动力等，应具有适当的防护性能。

2）为便于检验和测试，除下列各项外，PE 接头的位置应是可接近的：

a）填充复合填充物的接头；

b）封闭的接头；

c）在金属导管内和槽盒内的接头；

d）在设备标准中，已成为设备的一部分的接头。

3）在 PE 中，不应串入开关器件，但为了便于测试，可设置能用工具拆开的接头。

4）采用接地电气监测时，不应将专用器件串接在 PE 中。

5）除本条款（3）、2）项外，器具的外露可导电部分不应用于构成其他设备保护导体的一部分。

（5）保护中性线（PEN）应符合下列要求：

1）PEN 应只在固定的电气装置中采用，考虑到机械强度原因，铜的截面积不应小于10mm² 或铝的截面积不应小于16mm²。

2）PEN 应按可能遭受的最高电压加以绝缘。

3）从装置的任一点起，N 和 PE 分别采用单独的导体时，不允许该 N 再连接到装置的任何其他的接地部分，允许由 PEN 线分接出的 PE 和 N 都超过一根以上。PE 和 N 可分别设置单独的端子或母线，PEN 应

接到为 PE 预设的端子或母线上。

（6）保护和功能共用接地应符合下列要求：

1）保护和功能共用接地用途的导体，应满足有关 PE 的要求。信息技术电源直流回路的 PEL 或 PEM，也可用作功能接地和保护接地两种共用功能的导体。

2）外界可导电部分不应用作 PEL 和 PEM。

（7）预期用作永久性连接，且所用的 PE 电流又超过 10mA 的用电设备，应按下列要求设置加强型 PE：

1）PE 的全长应采用截面积至少为 $10mm^2$ 的铜线或 $16mm^2$ 的铝线。

2）也可再用一根截面积至少与用作间接接触防护所要求的 PE 相同，且一直敷设到 PE 的截面积不小于铜 $10mm^2$ 或铝 $16mm^2$ 处，用电器具对第二根 PE 应设置单独的接线端子。

（五）保护联结导体

（1）作为总等电位联结的保护联结导体和按规定接到总接地端子的保护联结导体，其截面积不应小于下列数值：

1）铜为 $6mm^2$；

2）铜镀钢为 $25mm^2$；

3）铝为 $16mm^2$；

4）钢为 $50mm^2$。

（2）作辅助连接用的保护联结导体应符合下列要求：

1）连接两个外露可导电部分的保护联结导体，其电导不应小于接到外露可导电部分较小的 PE 的电导。

2）连接外露可导电部分和外界可导电部分的保护联结导体的电阻，不应大于相应 PE 1/2 截面积导体所具有的电阻。

3）应符合本条款（1）项的要求。

五、变电站二次系统的接地

变电站内的二次设备处于恶劣的电磁环境中，近年来随着新型电子元件和大规模、超大规模集成电路的普遍开发和广泛应用，二次电子设备日趋高速化、宽带域化和高密度化，其信号电平越来越低，对电磁干扰更加敏感，对外界电磁环境的要求更加苛刻。接地是提高电子设备电磁兼容性（EMC）的有效手段之一，合理的接地既能抑制电磁干扰的影响，又能抑制设备向外发出干扰。

（一）室内等电位地网的设置要求

（1）变电站控制室及保护小室应独立敷设与主接地网单点连接的二次等电位接地网。在保护室屏柜下层的电缆室（或电缆沟道）内，沿屏柜布置的方向逐排敷设截面积不小于 $100mm^2$ 的铜排（缆），将铜排（缆）的首端、末端分别连接，形成保护室内的等电位地网。

（2）等电位地网与主接地网的连接，要求如下：

1）室内等电位地网应与变电站主接地网一点可靠相连，连接点设置在保护室的电缆沟道入口处。为保证连接可靠，等电位地网与主接地网的连接应使用 4 根及以上，每根截面积不小于 $50mm^2$ 的铜排（缆）。二次等电位接地点应有明显标志。

2）分散布置保护小室（含集装箱式保护小室）的变电站，每个小室均应参照本节（1）要求设置与主接地网一点相连的等电位地网。小室之间若存在相互连接的二次电缆，则小室的等电位地网之间应使用截面积不小于 $100mm^2$ 的铜排（缆）可靠连接，连接点应设在小室等电位地网与变电站主接地网连接处。保护小室等电位地网与控制室、通信室等的地网之间也应按上述要求进行连接。

（二）室外专用铜排（缆）的设置要求

（1）在开关场安装二次设备或敷设二次电缆的室外，应设置室外专用铜排（缆），要求如下：

1）应在开关场电缆沟道内、沿二次电缆敷设截面积不小于 $100mm^2$ 的铜排（缆），并在交叉处互相可靠连接，形成室外专用铜排（缆）。

2）室外专用铜排（缆）不需要与安装支架绝缘。在干扰严重的场所，或是为取得必要的抗干扰效果，可在敷设专用铜排（缆）的基础上使用金属电缆托盘（架），并将各段电缆托盘（架）与专用铜排（缆）紧密连接。

（2）室外专用铜排（缆）与主接地网的连接，要求如下：

1）在各室的电缆沟道入口处、室外的二次设备屏柜（包括室外的汇控柜、智能控制柜、就地端子箱等）处及保护用结合滤波器处，应采用截面积不小于 $100mm^2$ 铜排（缆）将室外专用铜排（缆）与主接地网可靠连接。

2）由纵联保护用高频结合滤波器至电缆主沟放 1 根截面积不小于 $50mm^2$ 的分支铜导线，该铜导线在电缆沟的一侧焊至沿电缆沟敷设的截面积不小于 $100mm^2$ 的专用铜排（缆）上；另一侧在距耦合电容器接地点 3~5m 处与变电站主接地网连通，接地后将延伸至保护用结合滤波器处。

（三）继电保护等二次设备屏柜的接地要求

（1）安装继电保护等二次设备或二次电缆的屏柜（包括保护控制柜、开关柜、配电柜、汇控柜、智能控制柜、就地端子箱等，以下简称屏柜或柜），应设置 1 根截面积不小于 $100mm^2$ 的铜排（不要求与保护屏绝缘）。

（2）屏柜内所有装置、电缆屏蔽层、屏柜门体的接地端应用截面积不小于 $4mm^2$ 的多股铜线与其相连。

（3）室内屏柜的铜排应用截面积不小于 $50mm^2$ 的铜排（缆）接至室内的等电位接地网，室外屏柜的铜排应用截面积不小于 $100mm^2$ 的铜排（缆）接至室外专用铜排（缆）。

（4）安装在一次设备或其支架上的本体端子箱、机构操作箱、接线箱（盒）等，箱内二次电缆的屏蔽层在此端不接地时，箱内可不设接地铜排。

（四）二次电缆的接地要求

（1）微机型继电保护装置之间、保护装置至开关场就地端子箱之间以及保护屏至监控设备之间所有二次回路的电缆均应使用屏蔽电缆，电缆的屏蔽层两端接地，严禁使用电缆内的备用芯线替代屏蔽层接地。

（2）由一次设备（如变压器、断路器、隔离开关和电流、电压互感器等）直接引出的二次电缆的屏蔽层应使用截面积不小于 $4mm^2$ 的专用接地线仅在就地端子箱处一点接地，在一次设备的接线箱（盒）处不接地，二次电缆经金属管（或者金属盒）从一次设备的接线箱（盒）引至电缆沟，并将金属管的上端与一次设备的底座或金属外壳良好焊接，金属管的另一端应在距一次设备 3～5m 之外与主接地网焊接。

（3）一次设备本体所有二次电缆宜经就地端子箱转接，对于个别未经就地端子箱转接，而直接从一次设备本体引至保护装置的二次电缆（如变压器瓦斯保护、放电电压互感器二次回路等），则在一次设备的接线箱（盒）处将电缆屏蔽层焊接不小于 $10mm^2$ 的多股绝缘铜缆，该铜缆引至最近的室外专用铜排（缆）连接。

（4）结合滤波器中与高频电缆相连的变送器的一、二次线圈间应无直接连线，一次线圈接地端与结合滤波器外壳及主接地网直接相连；二次线圈与高频电缆屏蔽层在变送器端子处相连后用不小于 $10mm^2$ 的绝缘导线引出结合滤波器，再与本小节（二）（2）中所述与主沟截面积不小于 $100mm^2$ 的专用铜排（缆）焊接的 $50mm^2$ 分支铜导线相连；变送器二次线圈、高频电缆屏蔽层以及 $50mm^2$ 分支铜导线在结合滤波器处不接地。

（5）当使用复用载波作为纵联保护通道时，结合滤波器至通信室的高频电缆敷设应按本小节（二）（2）和（四）（4）的要求执行。

（6）保护室与通信室之间的信号优先采用光缆传输。若使用电缆，应采用双绞双屏蔽电缆，其中内屏蔽在信号接收侧单端接地，外屏蔽在电缆两端接地。

六、变电站接地网接地电阻的测量方法

（一）交流电流表–电压表法

电极的布置见图 10-36，电流极与接地网边缘之间的距离 d_{13}，一般取接地网最大对角线长度 D 的 4～

5 倍，以使其间的电位分布出现一平缓区段。在一般情况下，电压极到接地网的距离约为电流极到接地网距离的 50%～60%。测量时，沿接地网和电流极的连线移动三次，每次移动距离为 d_{13} 的 5% 左右，三次测得的电阻值接近即可。

如 d_{13} 取 4D～5D 有困难，在土壤电阻率较均匀的地区，可取 2D，d_{12} 取 D；在土壤电阻率不均匀的地区或城区，d_{13} 取 3D，d_{12} 取 1.7D。

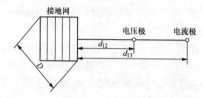

图 10-36　电极的布置

电压极、电流极也可采用图 10-37 所示的三角形布置方法。一般取 $d_{12} = d_{13} \geqslant 2D$，夹角 $\theta \approx 30°$。

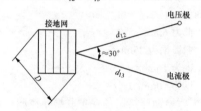

图 10-37　三角形布置

（二）电位降法

电位降法将电流输入待测接地极，记录该电流与该接地极和电位极间电压的关系。要设置一个电流计，以便向待测接地极输入电流，如图 10-38 所示。

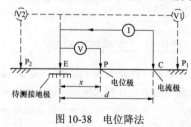

图 10-38　电位降法

流过待测接地极 E 和电流极 C 的电流 I 使地面电位变化，沿电极 C、P、E 方向的电位曲线如图 10-39 所示。以待测地极 E 为参考点测量地面电位，为方便计，假定 E 点电位为零电位。

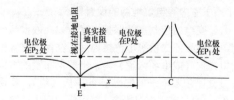

图 10-39　沿电极 C、P、E 方向的电位曲线

电位降法的内容是画出比值 $V/I=R$ 随电极间距 x 变化的曲线。电位极从待测接地极处开始，逐点向外移动，每一点测出一个视在接地阻抗值。画出视在接地阻抗随间距变化的曲线，该曲线转入水平阶段的欧姆值，即当作待测接地极的真实接地阻抗值（见图 10-40）。

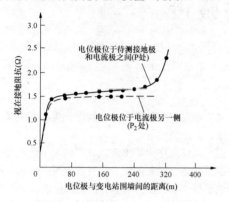

图 10-40　高阻抗接地系统实例

七、测量注意事项

（1）测量时，接地装置宜与避雷线断开。

（2）电流极、电压极应布置在与线路或地下金属管道垂直的方向上，且应远离附近的架空输电线路。

（3）应避免在雨后立即测量接地电阻。

（4）采用交流电流表-电压表法，电极的布置宜采用图 10-37 的方式，可以减小引线间互感的影响；电压极附近的电位变化较缓。

（5）应在变电站未投运前进行测量；如在投运后进行测量，则应在变电站尽可能运行在最小运行方式情况下进行测量，以降低中性点电流的干扰。

（6）对于电位降法，由于这种经验方法仅在水平段非常分明时，其结果才比较正确，因此在应用时要特别仔细。

第十一章

电缆选择与敷设

第一节 电缆的范围与分类

一、电缆范围

本章内容包含 110～1000kV 变电站设计范围内使用的 110kV 及以下电压等级电力电缆、控制电缆等。具体包括:

(1) 站用 1kV 电力电缆;

(2) 站用电系统及站内 10～110kV 高压电力电缆;

(3) 控制及保护系统的控制电缆及通信电缆、计算机电缆等。

二、电缆分类及型号

1. 电缆分类

变电站使用的电缆一般按照用途、绝缘材质、内外层护套材质、外层保护形式、线芯材质、绝缘电压等级、阻燃防火特性以及阻水特性等进行分类。

(1) 电缆按照用途可分为电力电缆、控制电缆、信号及计算机电缆、通信电缆等。

(2) 电缆按照绝缘材质可分为交联聚乙烯(XLPE)绝缘、聚氯乙烯(PVC)绝缘、橡皮绝缘等不同形式的电缆。

(3) 电缆按照内外层护套材质可分为聚乙烯内外护层、聚氯乙烯内外护层、皱纹铝套护层等不同形式的电缆。

(4) 电缆按照外层保护形式及材质不同可分为非铠装电缆、钢带铠装电缆、钢丝铠装电缆、非导磁金属带(丝)铠装电缆等。

(5) 电缆按照线芯材质可分为铜芯电缆、铝芯电缆、铝合金电缆等。

(6) 电缆按照变电站常用绝缘电压等级可分为450/750V 电缆、0.6/1kV 电缆、8.7/10kV 电缆、8.7/15kV电缆、26/35kV 电缆、50/66kV 电缆、110kV 电缆、220kV电缆、300kV 电缆、500kV 电缆等。

(7) 电缆按照阻燃防火特性可分为耐火电缆、阻燃电缆、非阻燃电缆等。

耐火电缆是在火焰燃烧或高温情况下该电缆电气回路能够保持一定时间安全运行的电缆。耐火等级根据耐火温度由高到低分为 A、B 两种级别。

阻燃电缆是在燃烧火源熄灭后,火焰沿电缆的蔓延仅在限定范围内,或火焰在限定时间内能自行熄灭的电缆。其特点是在火灾情况下可阻止火势沿电缆的蔓延,把电缆燃烧限制在局部的范围内。阻燃等级根据阻燃性能由高到低分为 A、B、C 等级别。

非阻燃电缆不具备上述耐火及阻燃特性。

(8) 电缆按照敷设环境对阻水的要求,还可增加径向及纵向阻水功能。

2. 电缆型号

电缆根据各种分类方法分成各种型号,根据不同的符号标记来区分。

电缆的各不同种类型号一般由大写英文字母及阿拉伯数字等组成的符号来表示,英文字母表示电缆的阻燃等级、用途、绝缘、内护层及线芯材料;数字表示铠装及外护层;用字母和数字的组合来表示屏蔽类型、绝缘等级、线芯截面积等参数。其标记方式一般如下:

```
×-×  ×  ×  ×  ×-×  ×-×
 │ │  │  │  │  │ │  │ │
 ① ②  ③  ④  ⑤  ⑥ ⑦  ⑧ ⑨
```

其中:

①阻燃耐火等级:阻燃型表示为 ZR,一般用 ZA、ZB、ZC、ZD 表示阻燃等级由高到低的 A、B、C、D级,标记为 ZR 表示 ZC 阻燃等级。

NH 为绝缘耐火型,一般用 NHA、NHB 表示耐火温度等级由高到低的 A、B 级。

WDZ(A、B、C、D)为无卤低烟阻燃型,WDN(A、B)为无卤低烟耐火型。

②用途:电力电缆不表示,控制电缆为 K,信号电缆为 P,通信电缆为 H,移动式软电缆为 Y 等。

③绝缘:交联聚乙烯为 YJ,聚乙烯为 Y,聚氯乙

烯为 V 等，见表 11-1。

④线芯：铜芯不表示，铝芯为 L。

⑤内护层：聚乙烯为 Y，聚氯乙烯为 V，皱纹铝护套为 LW，变电站用一般均为挤塑（包），见表 11-1。

⑥特征：铜丝编织屏蔽为 P、铜丝缠绕屏蔽为 P1、铜带绕包屏蔽为 P2，铝塑复合带屏蔽为 P3，对绞自屏蔽为 DJ，无特征不表示。

⑦铠装层：采用数字表示，见表 11-2。

⑧外护层：采用数字表示，见表 11-2。当有阻水要求时，在外护层数字后加"Z"表示具有各向阻水功能。

⑨电压等级：以数字表示，一般以 kV 为单位。

表 11-1　常用绝缘层及内护层标记

标记	绝缘层	内护层
YJ	交联聚乙烯	—
Y	聚乙烯	聚乙烯，聚烯烃
V	聚氯乙烯	聚氯乙烯
E	乙丙橡胶	
LW		挤包皱纹铝套、铝管
F	—	弹性体护套

表 11-2　铠装层及外护层标记

标记	铠装层	外护层
0	无	—
1	钢带	—
2	双钢带	聚氯乙烯
3	细圆钢丝	聚乙烯
4	粗圆钢丝	—
5	单皱纹钢带纵包、钢塑带	—
6	铝、铝合金、不锈钢等非导磁金属带	—
7	铝、铝合金、不锈钢等非导磁金属丝	—

例如，（1）ZB-KYJYP2-23-0.6/1kV-芯数×截面积，表示 B 级阻燃铜芯交联聚乙烯绝缘，聚乙烯内护层，铜带屏蔽，双钢带铠装，聚乙烯外护层 1kV 控制电缆。

（2）ZA-YJLW03Z-50/66kV 表示阻燃 A 级铜芯交联聚乙烯绝缘，皱纹铝护套内护层，聚乙烯外护层带纵向阻水功能 66kV 电力电缆。

电缆基本结构示意如图 11-1 所示。

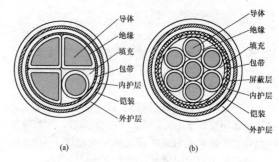

图 11-1　电缆基本结构示意图

（a）电力电缆结构示意图；（b）控制电缆结构示意图

第二节 电 缆 选 择

一、型号选择

1. 电缆导体类型选择

（1）变电站控制、信号及通信电缆应选用铜芯电缆。

（2）下列情况场所的电力电缆应选用铜芯电缆：

1）变电站站用工作及备用电源电缆。

2）蓄电池充放电回路、直流馈线电缆、电气设备交直流操作电源等其他重要回路及安全性要求高的设备、设施电源的电缆。

3）工作电流大、敷设时距离较远且截面受限的电源电缆。

4）电机励磁回路电缆。

5）振动剧烈、高温、有爆炸危险场所及对铝有腐蚀性等严酷工作环境。

6）移动电缆。

7）耐火电缆。

2. 绝缘及内护层类型选择

（1）变电站用 10kV 及以上高压电力电缆一般选用干式交联聚乙烯绝缘，聚乙烯或聚氯乙烯内护套（YJY、YJV），非导磁单芯高压电缆有阻水防护要求选择皱纹铝护套（YJLW）。

（2）1kV 及以下电力电缆一般选用交联聚乙烯或聚氯乙烯挤塑绝缘、聚乙烯或聚氯乙烯挤塑内护套（YJY、YJV、VV）。

（3）控制及信号电缆一般选用交联聚乙烯、聚烯烃、聚氯乙烯挤塑绝缘，聚乙烯或聚氯乙烯挤塑内护套，并根据屏蔽要求选用铜带绕包或铜丝编织屏蔽电缆（KYJYP、KYJYP2、KYJVP、KYJVP2、KVVP、KVVP2 等）以及对绞自屏蔽计算机电缆（DJYPYP、DJYPVP、DJYP2YP2、DJYP2VP2 等）。

（4）消防水泵、火灾报警系统及重要直流回路和保安电源电缆应根据要求选用相应等级的阻燃及耐火型电缆。

（5）变电站 60℃以上高温场所应选用交联聚乙烯、聚乙烯等耐热绝缘，聚乙烯等耐热护套电缆。

（6）变电站移动电缆应选用耐弯折、耐磨抗拉橡皮绝缘及护层等软电缆。

（7）在环境温度低于−15℃以下的低温环境，绝缘层应选用交联聚乙烯、聚乙烯、聚烯烃、耐寒橡皮绝缘电缆，内护层宜选用聚乙烯护套电缆。−15℃以下低温环境不宜选用聚氯乙烯绝缘及护层电缆。

（8）电缆的绝缘及护层还应根据阻燃或耐火等级要求选用相应等级的阻燃耐火特征。

3. 铠装及外护层选择

（1）交流系统单芯电力电缆，需要增强外抗力及机械防护力时，应选用铝合金或不锈钢、铝等非导磁金属铠装层（标记为62、63、72、73等），不得选用未经非磁性有效处理的导磁钢制铠装。

（2）敷设在 E 形支架上的电缆宜选用金属铠装电缆，对于潮湿及腐蚀场所宜选用带聚乙烯或聚氯乙烯外护套的内铠装电缆。

（3）直埋敷设的电缆应选用带聚乙烯或聚氯乙烯外护套的金属内铠装电缆（标记为22、23等）。敷设在可能发生位移的土壤或其他可能承受较大拉力破坏处等非专用电缆构筑物的电缆，钢带铠装电缆不满足其抗拉要求时，选用带外护套的细钢丝或粗钢丝内铠装及带外护层的电缆（标记为32、33、42、43等）。白蚁严重危害地区用的挤塑电缆，应选用较高硬度的外护层，也可在普通外护层上挤包较高硬度的薄外护层，其材质可采用尼龙或特种聚烯烃共聚物等，也可采用金属套或钢带铠装。

（4）除上述（1）、（2）、（3）条情况外，电缆所有敷设路径上为桥架及平滑过渡穿管敷设的封闭敷设路径等密集支撑、无尖锐棱角和大高差作用力及其他可能引起电缆绝缘护层损坏的环境下可选用无铠装电缆。

（5）在潮湿、含化学腐蚀环境或易受水浸泡的电缆，其金属层、加强层、铠装上应有聚乙烯外护层。

（6）环境温度低于−15℃以下时，电缆接触环境有强腐蚀、有低毒难燃要求的场所及地下水位较高的直埋场所，电缆宜选用聚乙烯挤塑外护层。其他场所可选用聚氯乙烯外护层。

（7）外护套材料应与电缆最高允许工作温度相适应。

（8）电缆绝缘及护层选择应考虑工程环保要求及人员密集运行区域的低烟、低毒材料的要求。在人员密集以及有低毒要求的场所，应选用交联聚乙烯或乙丙橡皮等不含卤素的绝缘电缆。有低毒要求时，不应选用聚氯乙烯电缆。

（9）用在有水或化学液体浸泡场所等的 10～

35kV 重要回路或 66kV 及以上的交联聚乙烯电缆，应具有符合使用要求的金属塑料复合阻水层、金属套（如挤包型皱纹铝护套）等径向防水构造。并应考虑根据电缆的敷设方式和环的要求选用纵向阻水特性或者全阻水抗水树绝缘、阻水填充层、阻水包带及护层。

4. 常用电缆绝缘及护层型号

（1）不同敷设条件选用的电缆绝缘及护层见表11-3。

（2）变电站常用电缆型号、名称及使用范围见表11-4。

表 11-3　变电站常用电缆绝缘及护层

敷设条件	6kV 及以上电力电缆	1kV 及以下电力电缆	1kV 及以下控制和信号电缆
桥架、平滑过渡的电缆保护管	YJV、YJY	VV、YJV、YJY	KVVP、KYJVP、KYJYP、KVVP2、KYJVP2、KYJYP2、DJYPV、DJYPY、DJYPVP、DJYPYP、DJYP2VP2、DJYP2YP2、HYA 通信电缆、SYV 同轴电缆、光缆
E 形支架、带保护盖板壕沟直埋	YJV22、YJV62*、YJY23、YJY63*、YJLW02、YJLW03	VV22、YJV22、YJY23	KVVP22、KYJVP22、KYJYP23、KVVP2-22、KYJVP2-22、KYJYP2-23、DJYPV22、DJYPY23、DJYPVP22、DJYPYP23、DJYP2VP2-22、DJYP2YP2-23
大坡度落差及存在较大位移的土质直埋	YJV32、YJV33、YJV42、YJV43、YJV72*、YJV73*	VV32、YJV32、YJY33、VV42、YJV42、YJY43	KVVP32、KYJVP32、KYJYP33、KVVP2-32、KYJVP2-32、KYJYP2-33、DJYPV32、DJYPY33、DJYPVP32、DJYPYP33、DJYP2VP2-32、DJYP2YP2-33

注　同一电缆路径上有不同敷设条件时应按照要求最高的敷设条件选择电缆类型或采取相应的保护措施。

*　高压单芯交流电力电缆需要带金属铠装护层时应采用非导磁金属铠装。

表 11-4 变电站常用电缆型号、名称及使用范围

续表

电缆型号	名称	使 用 范 围
ZR-VLV	铝芯阻燃聚氯乙烯绝缘及护套电力电缆	敷设在无环保要求,有阻燃要求的室内及电缆隧道、沟道及桥架上,电缆无外部机械防护能力
ZR-VV	铜芯阻燃聚氯乙烯绝缘及护套电力电缆	敷设在无环保要求,有阻燃要求的室内及电缆隧道、沟道及桥架上,电缆无外部机械防护能力
ZR-VV22	铜芯阻燃聚氯乙烯绝缘及内外护套钢带内铠装电力电缆	敷设在无环保要求,有阻燃要求的地下及室内外电缆构筑物内,能承受较小的外部机械力,不能承受大的拉力
ZR-VV32	铜芯阻燃聚氯乙烯绝缘及内外护套细钢丝内铠装电力电缆	敷设在无环保要求,有阻燃要求的地下及室内外电缆构筑物内,能长期承受相应的较大敷设高差。具有相应的外部机械防护能力,能承受相应的较大拉力
ZR-YJV	铜芯阻燃交联聚乙烯绝缘聚氯乙烯护套电力电缆	敷设在无环保要求,有阻燃、低温环境运行要求的室内及电缆隧道、沟道、管道及桥架上,电缆具有较小的转弯半径,无外部机械防护能力
ZR-YJV22	铜芯阻燃交联聚乙烯绝缘聚氯乙烯内外护套钢带内铠装电力电缆	敷设在无环保要求,有阻燃、低温环境运行要求的地下及室内外电缆构筑物内,电缆具有较小的转弯半径,能承受较小的外部机械力,不能承受大的拉力
ZR-YJV32	铜芯阻燃交联聚乙烯绝缘聚氯乙烯内外护套细钢丝内铠装电力电缆	敷设在无环保要求,有阻燃、低温环境运行要求的地下及室内外电缆构筑物内,电缆具有较小的转弯半径,能长期承受相应的较大敷设高差。具有相应的外部机械防护能力,能承受相应的较大拉力
ZR-YJY	铜芯阻燃交联聚乙烯绝缘聚乙烯护套电力电缆	敷设在有阻燃、环保、低温环境运行要求的室内及电缆隧道、沟道、管道及桥架上,电缆具有较小的转弯半径,无外部机械防护能力
ZR-YJY23	铜芯阻燃交联聚乙烯绝缘聚乙烯内外护套钢带内铠装电力电缆	敷设在有阻燃、环保、低温环境运行要求的地下及室内外电缆构筑物内,电缆具有较小的转弯半径,能承受较小的外部机械力,不能承受大的拉力
ZR-YJY33	铜芯阻燃交联聚乙烯绝缘聚乙烯内外护套钢带内铠装电力电缆	敷设在有阻燃、环保、低温环境运行要求的地下及室内外电缆构筑物内,能长期承受相应的较大敷设高差。具有相应的外部机械防护能力,能承受相应的较大拉力
ZR-YJV62	铜芯阻燃交联聚乙烯绝缘聚氯乙烯内外护套非导磁金属带内铠装电力电缆	敷设在有阻燃、环保、低温环境运行要求的地下及室内外电缆构筑物内的交流单芯电力电缆,能承受较小的外部机械力,不能承受大的拉力
ZR-YJY63	铜芯阻燃交联聚乙烯绝缘聚乙烯内外护套非导磁金属带内铠装电力电缆	敷设在有阻燃、环保、低温环境运行要求的地下及室内外电缆构筑物内的交流单芯电力电缆,能承受较小的外部机械力,不能承受大的拉力
ZR-YJLW02	铜芯阻燃交联聚乙烯绝缘皱纹铝内护套聚乙烯外护套电力电缆	敷设在有阻燃、低温环境运行要求的地下及室内外电缆构筑物内的交流单芯电力电缆,能承受较小的外部机械力,不能承受大的拉力
ZR-YJLW02-Z	铜芯阻燃交联聚乙烯绝缘皱纹铝内护套聚乙烯外护套纵向阻水电力电缆	敷设在有阻水、阻燃、低温环境运行要求的地下及室内外电缆构筑物内的交流单芯电力电缆,能承受较小的外部机械力,不能承受大的拉力
ZR-YJLW03	铜芯阻燃交联聚乙烯绝缘皱纹铝内护套聚乙烯外护套电力电缆	敷设在有阻燃、环保、低温环境运行要求的地下及室内外电缆构筑物内的交流单芯电力电缆,能承受较小的外部机械力,不能承受大的拉力
ZR-YJLW03-Z	铜芯阻燃交联聚乙烯绝缘皱纹铝内护套聚乙烯外护套纵向阻水铜皮电力电缆	敷设在有阻水、阻燃、环保、低温环境运行要求的地下及室内外电缆构筑物内的交流单芯电力电缆,能承受较小的外部机械力,不能承受大的拉力
ZR-PVV	阻燃聚氯乙烯绝缘及内外护套钢带内铠装铜芯电力电缆	敷设在无环保要求,有阻燃要求的室内及电缆隧道、沟道及桥架上,电缆无外部机械防护能力
ZR-PVV22	阻燃聚氯乙烯绝缘及内外护套钢带内铠装信号电缆	敷设在无环保要求,有阻燃要求的地下及室内外电缆构筑物内,能承受较小的外部机械力,不能承受大的拉力
ZR-PYV22	阻燃聚乙烯绝缘聚氯乙烯内外护套钢带内铠装信号电缆	敷设在无环保要求,有阻燃及低温环境运行要求的地下及室内外电缆构筑物内,能承受较小的外部机械力,不能承受大的拉力
ZR-KVVP	阻燃聚氯乙烯绝缘及内外护套钢带内铠装控制电缆	敷设在无环保要求,有阻燃要求的室内及电缆隧道、沟道及桥架上,电缆无外部机械防护能力
ZR-KVV22	阻燃聚氯乙烯绝缘及内外护套钢带内铠装控制电缆	敷设在无环保要求,有阻燃要求的地下及室内外电缆构筑物内,能承受较小的外部机械力,不能承受大的拉力
ZR-KVVP22	阻燃聚氯乙烯绝缘及内外护套铜丝缠绕总屏蔽钢带内铠装控制电缆	敷设在无环保要求,有阻燃、较大短路抗过载能力的屏蔽要求的地下及室内外电缆构筑物内,能承受较小的外部机械力,不能承受大的拉力

续表

电缆型号	名称	使 用 范 围
ZR-KVVP32	阻燃聚氯乙烯绝缘及内外护套铜丝缠绕总屏蔽细钢丝内铠装控制电缆	敷设在无环保要求,有阻燃、较大短路抗过载能力的屏蔽要求的地下及室内外电缆构筑物内,能长期承受相应的较大敷设高差。具有相应的外部机械防护能力,能承受相应的较大拉力
ZR-KYJVP22	阻燃交联聚乙烯绝缘聚氯乙烯内外护套铜丝缠绕总屏蔽钢带内铠装控制电缆	敷设在无环保要求,有阻燃、较大短路抗过载能力的屏蔽要求及低温环境运行要求的地下及室内外电缆构筑物内,能承受较小的外部机械力,不能承受大的拉力
ZR-KYJVP32	阻燃交联聚乙烯绝缘聚氯乙烯内外护套铜丝缠绕总屏蔽细钢丝内铠装控制电缆	敷设在无环保要求,有阻燃、较大短路抗过载能力的屏蔽要求及低温环境运行要求的地下及室内外电缆构筑物内,能长期承受相应的较大敷设高差。具有相应的外部机械防护能力,能承受相应的较大拉力
ZR-KYJYP23	阻燃交联聚乙烯绝缘聚氯乙烯内外护套铜丝缠绕总屏蔽钢带内铠装控制电缆	敷设在有环保和阻燃要求,有较大短路抗过载能力的屏蔽要求及低温环境运行要求的地下及室内外电缆构筑物内,能承受较小的外部机械力,不能承受大的拉力
ZR-KYJP33	阻燃交联聚乙烯绝缘聚乙烯内外护套铜丝缠绕总屏蔽细钢丝内铠装控制电缆	敷设在有环保及阻燃要求,有较大短路抗过载能力的屏蔽要求及低温环境运行要求的地下及室内外电缆构筑物内,能长期承受相应的较大敷设高差。具有相应的外部机械防护能力,能承受相应的较大拉力
ZR-KVVP2-22	阻燃聚氯乙烯绝缘及内外护套铜带绕包总屏蔽钢带内铠装控制电缆	敷设在无环保要求,有阻燃、短路时抗过载能力不大的屏蔽要求的地下及室内外电缆构筑物内,能承受较小的外部机械力,不能承受大的拉力
ZR-KVVP2-32	阻燃聚氯乙烯绝缘及内外护套铜带绕包总屏蔽细钢丝内铠装控制电缆	敷设在无环保要求,有阻燃、短路时抗过载能力不大的屏蔽要求的地下及室内外电缆构筑物内,能长期承受相应的较大敷设高差。具有相应的外部机械防护能力,能承受相应的较大拉力
ZR-KYJVP2-22	阻燃交联聚乙烯绝缘聚氯乙烯内外护套铜带绕包总屏蔽钢带内铠装控制电缆	敷设在无环保要求,有阻燃、短路时抗过载能力不大的屏蔽要求及低温环境运行要求的地下及室内外电缆构筑物内,能承受较小的外部机械力,不能承受大的拉力

续表

电缆型号	名称	使 用 范 围
ZR-KYJVP2-32	阻燃交联聚乙烯绝缘聚氯乙烯内外护套铜带绕包总屏蔽细钢丝内铠装控制电缆	敷设在无环保要求,有阻燃、短路时抗过载能力不大的屏蔽要求及低温环境运行要求的地下及室内外电缆构筑物内,能长期承受相应的较大敷设高差。具有相应的外部机械防护能力,能承受相应的较大拉力
ZR-KYJYP2-23	阻燃交联聚乙烯绝缘聚氯乙烯内外护套铜带绕包总屏蔽钢带内铠装控制电缆	敷设在无环保要求,有环保、阻燃、短路时抗过载能力不大的屏蔽要求及低温环境运行要求的地下及室内外电缆构筑物内,能承受较小的外部机械力,不能承受大的拉力
ZR-KYJYP2-33	阻燃交联聚乙烯绝缘聚氯乙烯内外护套铜带绕包总屏蔽细钢丝内铠装控制电缆	敷设在无环保要求,有环保、阻燃、短路时抗过载能力不大的屏蔽要求及低温环境运行要求的地下及室内外电缆构筑物内,能长期承受相应的较大敷设高差。具有相应的外部机械防护能力,能承受相应的较大拉力
ZR-DJYPV	阻燃聚乙烯绝缘聚氯乙烯护套对绞自屏蔽铜丝编织总屏蔽计算机电缆	敷设在无环保要求,有阻燃及低温环境运行要求的室内及电缆隧道、沟道、管道及桥架上,无外部机械防护能力
ZR-DJYPVP	阻燃聚乙烯绝缘聚氯乙烯护套对绞自屏蔽铜丝编织分屏蔽及总屏蔽计算机电缆	敷设在无环保要求,有阻燃及低温环境运行要求及屏蔽电缆内部各回路间的相互干扰的室内及电缆隧道、沟道、管道及桥架上,无外部机械防护能力
ZR-DJYP2V	阻燃聚乙烯绝缘聚氯乙烯护套对绞自屏蔽铜带绕包总屏蔽计算机电缆	敷设在无环保要求,有阻燃及低温环境运行要求的室内及电缆隧道、沟道、管道及桥架上,电缆具有较小的转弯半径,无外部机械防护能力
ZR-DJYP2VP2	阻燃聚乙烯绝缘聚氯乙烯护套铜带绕包分屏蔽及总屏蔽计算机电缆	敷设在无环保要求,有阻燃及低温环境运行要求及屏蔽电缆内部各回路间的相互干扰的室内及电缆隧道、沟道、管道及桥架上,无外部机械防护能力
ZR-DJYP2VP2-22	阻燃聚乙烯绝缘聚氯乙烯内外护套铜带绕包分屏蔽及总屏蔽钢带铠装计算机电缆	敷设在无环保要求,有阻燃及低温环境运行要求及屏蔽电缆内部各回路间的相互干扰的地下及室内外电缆构筑物内,能承受较小的外部机械力,不能承受大的拉力
ZR-DJYP2YP2-23	阻燃聚乙烯绝缘聚乙烯内外护套铜带绕包分屏蔽及总屏蔽钢带铠装计算机电缆	敷设在有环保、阻燃及低温环境运行要求及屏蔽电缆内部各回路间的相互干扰的地下及室内外电缆构筑物内,能承受较小的外部机械力,不能承受大的拉力

续表

电缆型号	名称	使 用 范 围
ZR-DJYP 2YP2-33	阻燃聚乙烯绝缘聚乙烯内外护套铜带绕包分屏蔽及总屏蔽钢带铠装计算机电缆	敷设在有环保、阻燃及低温环境运行要求及屏蔽电缆内部各回路间的相互干扰的地下及室内外电缆构筑物内，能长期承受相应的较大敷设高差。具有相应的外部机械防护能力，能承受相应的较大拉力

注 ZR 表示电缆有阻燃要求，可根据变电站实际综合各项因素选择阻燃等级，如 ZA、ZB、ZC（ZR）等，确定电缆无阻燃要求时取消此标记。

5. 电缆绝缘电压等级的选择

（1）电缆长期运行的额定相间电压不应低于所接入回路的额定工作线电压。

（2）交流系统中电力电缆导体与绝缘屏蔽或金属层之间额定电压的选择，应符合下列规定：

1）中性点直接接地或经低电阻接地的系统，接地保护动作不超过 1min 切除故障时，不得低于 100%的使用回路工作相电压。

2）对于单相接地故障可能超过 1min 的供电系统，不宜低于 133%的使用回路工作相电压；在单相接地故障可能持续 8h 以上，或发电机回路等安全性要求较高的情况，宜采用 173%的使用回路工作相电压。

（3）交流系统中电缆的耐压水平，应满足系统绝缘配合要求。

（4）控制电缆额定电压的选择，不得低于该回路工作电压，宜选用 450/750V。

6. 电缆芯数的选择

（1）1kV 及以下中性点直接接地交流电源，回路保护接地线与设备的外露可导电部位连接接地时，应符合下列规定：

1）保护接地线与中性线合用同一导体时，三相回路选用四芯电缆，单相回路选用两芯电缆。

2）保护接地线与中性线各自独立时，三相回路选用五芯电缆，单相回路选用三芯电缆。

3）受电设备外露可导电部位单独可靠接地或设备需要配置独立于该交流回路电源电缆中性点接地以外的电缆作保护接地线时，三相回路选用四芯电缆，单相回路选用两芯电缆。

（2）1kV 及以下交流电源三相回路用电设备不需要中性线至受电设备时，选用四芯电缆。

（3）1kV 及以下交流电源三相回路多芯电缆的单根导体截面积大于 240mm² 时，可选用相同芯数的 240mm² 及以下电缆多根并接，并合理配置电缆两端的接线端子或母排。

（4）10～35kV 交流三相供电回路的电缆芯数的选择，应符合下列规定：

1）工作电流较大的回路或电缆敷设有要求时，选用单芯电缆。

2）除上述情况外，宜选用三芯电缆；三芯电缆可选用普通统包型，也可选用 3 根单芯电缆绞合构造型。

3）三芯电缆单芯最大限制截面不满足载流量要求时也可选用多根三芯电缆并接，并合理配置回路两端的电缆终端头及母排与设备的连接。

（5）66、110kV 交流三相回路，当外部条件要求且电缆绝缘、护层、导体截面积以及电缆终端布置满足三芯电缆制造及敷设要求时可采用三芯电缆，其余情况每回三相回路宜选用单芯电缆。

（6）220kV 及以上交流三相供电回路，每相应选用单芯电缆。

（7）变电站低压直流电源馈线系统，宜选用两芯电缆；回路载流量较大时可分极选用单芯电缆相邻并列敷设。蓄电池组引出线为电缆时，单极宜选用单芯电缆，也可根据接线要求采用多芯电缆并接作为一极使用，蓄电池电缆的正极和负极不应共用一根电缆。不同直流电源回路应各自独立选用相应芯数的电缆，不得合用一根多芯电缆。

（8）变电站双重、三重化控制保护回路，每重回路应独立选用一根控制或信号电缆，不应合用一根多芯控制电缆。

（9）下列情况的回路，相互间不应合用同一根控制电缆：

1）交流电流和交流电压回路、交流和直流回路、强电和弱电回路。

2）低电平信号与高电平信号回路。

3）交流断路器双套跳闸线圈的控制回路以及分相操作的各相控制回路。

4）来自开关场电压互感器二次的四根引入线和电压互感器开口三角绕组的两根引入线均应使用各自独立的电缆。

（10）控制及信号回路的每一对往返导线，应属于同一根电缆。

（11）控制电缆、信号电缆及计算机电缆等芯数及备用芯数选择及光缆选择见第十七章相关内容，变电站直流电缆截面积的选择见第十五章。

二、电力电缆截面选择

1. 电力电缆截面的一般规定

（1）电力电缆导体截面应满足回路最大持续负荷时的持续工作电流，并应根据工作的环境温度及敷设环境条件进行校正。

（2）最大工作电流作用下的电缆导体温度，不应超过电缆长期持续工作的允许值。持续工作回路的电缆导体工作温度，应符合表 11-5 的规定。

（3）在最大短路电流和短路时间作用下的电缆导体温度，应符合表 11-5 的规定。

表 11-5　常用电力电缆导体的最高允许温度

电缆			最高允许温度（℃）	
绝缘类别	形式特征	电压（kV）	持续工作	短路暂态
聚氯乙烯	普通	≤1	70	160（140）
交联聚乙烯	普通	≤500	90	250

注　括号内的数值适用于截面积大于 300mm² 的聚氯乙烯绝缘电缆。

（4）电力电缆在设备最大持续负荷工作电流下回路的电压降，不得超过回路设备运行的允许值。

（5）电力电缆应根据实际情况按照短路热稳定、短路动稳定进行校验及选择。短路热稳定、短路动稳定校验原则及计算方法见第九章和第五章相关内容。

（6）35kV 及以上交流电力电缆截面积，一般工程设计中可参照制造厂提供的同型号电缆载流量表初步选择，必要时供货方应根据自身产品具体参数按照 JB/T 10181《电缆载流量计算》等进行计算。最终按照满足上述（1）～（5）条的要求等进行综合选择。

（7）10kV 及以下电力电缆截面积除应符合上述（1）～（5）的要求外，宜按电缆的初始投资与使用寿命期间的运行费用综合经济的原则选择或校验。电缆按经济电流密度截面校验，参照第五章相关内容。

（8）变电站电力电缆导体最小截面积，铜导体不宜小于 2.5mm²，铝导体不宜小于 4mm²。

（9）当前敷设条件要求导体承受拉力且较合理时，可按抗拉要求选择截面积。

（10）1kV 及以下电源中性点直接接地时，三相四线制系统的电缆中性线导体或保护接地中性线导体截面积，不得小于按线路最大不平衡电流持续工作所需最小截面积。

（11）1kV 及以下电源中性点直接接地时，三相五线制系统配置保护接地线系统的电缆导体截面积的选择，应满足回路保护电器可靠动作的要求，并应符合表 11-6 的规定。

表 11-6　按热稳定要求的保护接地线导体允许截面积

电缆相线导体截面积 S（mm²）	保护接地线导体允许截面积
$S \leq 16$	S
$16 < S \leq 35$	16
$35 < S \leq 400$	$S/2$
$400 < S \leq 800$	200
$S > 800$	$S/4$

（12）1kV 及以下电源中性点直接接地时，有谐波电流影响的回路，三相四线制、五线制系统的相线、中性线（或保护接地中性线）以及保护接地线系统的电缆导体截面积的选择，应符合下列规定：

1）相导体及中性导体截面积的选择均应考虑谐波电流，需要时应按照相导体截面积选择中性导体截面积。当中性导体电流大于相导体电流时，应按照中性导体电流选择电缆相导体截面积。当上述情况时四芯或五芯电缆的中性导体与相导体应选用同等截面积。例如交流电缆中三相四线制的"4×导体/（保护接地）中性导体截面积"或三相五线制的"4×导体/中性导体截面积+1×保护接地线导体截面积"。

2）气体放电灯为主要负荷的回路，中性导体截面积不宜小于相导体截面积。

3）电缆回路存在高次谐波电流，电缆中性导体与相导体应材料相同且截面相等时，电缆载流量应按表 11-7 的降低系数进行校验。

表 11-7　电缆回路存在高次谐波时载流量的降低系数校正

相电流中三次谐波分量（%）	降低系数	
	按相电流选择截面积	按中性导体电流选择截面积
0～15	1.0	—
>15 且 ≤33	0.86	—
>33 且 ≤45	—	0.86
>45	—	1.0

注　1. 当预计有显著（大于 10%）的 9、12 次等高次谐波存在时，可用一个较小的降低系数。

　　2. 当相与相之间存在大于 50% 的不平衡电流时，可以用更小的降低系数。

（13）除上述（10）～（12）条情况外，中性导体截面积不宜小于 50% 的相导体截面积，常用导体相线与中性线及保护接地线截面积可参考表 11-8。

表 11-8　常用电缆相线与中性线及保护接地线截面积　（mm²）

相线截面积	中性线及保护接地线截面积	相线截面积	中性线及保护接地线截面积
2.5	2.5	50	25
4	2.5	70	35
6	4	95	50
10	6	120	70
16	10	150	70
25	16	185	95
35	16	240	120

（14）交流供电回路由多根电缆并联组成时，各电缆宜等长，并应采用相同材质、相同截面积的导体；具有金属套的电缆，金属材质和构造截面积也应相同。

（15）电力电缆金属屏蔽层的有效截面积，应满足在可能的短路电流作用下温升值不超过绝缘与外护层的短路允许最高温度平均值。

2. 按照持续电流选择电力电缆导体截面积

（1）敷设在空气和土壤中的电缆持续允许载流量为

$$KI_{xu} \geq I_w \qquad (11-1)$$

式中　I_w——回路计算工作电流，A，其计算详见第九章相关内容；

　　　　I_{xu}——电缆参照的敷设基准条件下的 100%持续额定载流量，A；

　　　　K——不同敷设条件下的校正系数。

（2）电力电缆参照的敷设基准条件下的 100%持续额定载流量一般由电缆的材质及结构根据其基准参照环境温度、基准参照敷设介质（如空气、直埋时土壤热阻系数及水分迁移等）、基准参照敷设设施（如穿管、支架、桥架等）、基准参照的单根或多根敷设排列方式等一系列基准条件及参数，按照一定的标准通过试验、计算及论证等确定。

1）常用不同种类电力电缆100%持续额定载流量可参考表 11-9～表 11-13。

表 11-9　1kV 聚氯乙烯绝缘电缆空气中敷设时允许载流量　　（A）

绝缘类型		聚氯乙烯	
护套		无钢铠护套	
电缆导体最高工作温度（℃）		70	
电缆芯数	单芯	二芯	三芯或四芯
电缆导体截面积（mm²）	2.5	18	15
	4	24	21
	6	31	27
	10	44	38
	16	60	52
	25	95	79	69
	35	115	95	82
	50	147	121	104
	70	179	147	129
	95	221	181	155
	120	257	211	181
	150	294	242	211

续表

绝缘类型		聚氯乙烯	
护套		无钢铠护套	
电缆导体最高工作温度（℃）		70	
电缆芯数	单芯	二芯	三芯或四芯
电缆导体截面积（mm²）	185	340	246
	240	410	294
	300	473	328
环境温度（℃）		40	

注　1. 适用于铝芯电缆；铜芯电缆的允许持续载流量值可乘以 1.29。

　　2. 单芯只适用于直流。

表 11-10　1kV 聚氯乙烯绝缘电缆直埋敷设时允许载流量　　（A）

绝缘类型			聚氯乙烯		
护套		无钢铠护套			有钢铠护套
电缆导体最高工作温度（℃）			70		
电缆芯数	单芯	二芯	三芯或四芯	单芯	二芯	三芯或四芯
电缆导体截面积（mm²）	4	47	36	31		34	30
	6	58	45	38		43	37
	10	81	62	53	77	59	50
	16	110	83	70	105	79	68
	25	138	105	90	134	100	87
	35	172	136	110	162	131	105
	50	203	157	134	194	152	129
	70	244	184	157	235	180	152
	95	295	226	189	281	217	180
	120	332	254	212	319	249	207
	150	374	287	242	365	273	237
	185	424		273	410		264
	240	502		319	483		310
	300	561		347	543		347
	400	639			625		
	500	729			715		
	630	846			819		
	800	981			963		
土壤热阻系数（K·m/W）			1.2			
环境温度（℃）			25			

注　1. 适用于铝芯电缆；铜芯电缆的允许持续载流量值可乘以 1.29。

　　2. 单芯只适用于直流。

表 11-11　　　　　　　1kV 交联聚乙烯绝缘电缆空气中敷设时允许载流量　　　　　　　（A）

电缆芯数		三芯		单芯							
单芯电缆排列方式				品字形				水平形			
金属层接地点				单侧		双侧		单侧		双侧	
电缆导体材质		铝	铜	铝	铜	铝	铜	铝	铜	铝	铜
电缆导体截面积（mm²）	25	91	118	100	132	100	132	114	150	114	150
	35	114	150	127	164	127	164	146	182	141	178
	50	146	182	155	196	155	196	173	228	168	209
	70	178	228	196	255	196	251	228	292	214	264
	95	214	273	241	310	241	305	278	356	260	310
	120	246	314	283	360	278	351	319	410	292	351
	150	278	360	328	419	319	401	365	479	337	392
	185	319	410	372	479	365	461	424	546	369	438
	240	378	483	442	565	424	546	502	643	424	502
	300	419	552	506	643	493	611	588	738	479	552
	400			611	771	579	716	707	908	546	625
	500			712	885	661	803	830	1026	611	693
	630			826	1008	734	894	963	1177	680	757
环境温度（℃）		40									
电缆导体最高工作温度（℃）		90									

注　1. 允许载流量的确定，还应符合本小节下文第（6）条的要求。

　　2. 水平排列电缆相互间的中心距为电缆外径的 2 倍。

表 11-12　　　　　　　1kV 交联聚乙烯绝缘电缆直埋敷设时允许载流量　　　　　　　（A）

电缆芯数		三芯		单芯			
单芯电缆排列方式				品字形		水平形	
金属层接地点				单侧		单侧	
电缆导体材质		铝	铜	铝	铜	铝	铜
电缆导体截面积（mm²）	25	91	117	104	130	113	143
	35	113	143	117	169	134	169
	50	134	169	139	187	160	200
	70	165	208	174	226	195	247
	95	195	247	208	269	230	295
	120	221	282	239	300	261	334
	150	247	321	269	339	295	374
	185	278	356	300	382	330	426
	240	321	408	348	435	378	478
	300	365	469	391	495	430	543
	400			456	574	500	635
	500			517	635	565	713
	630			582	704	635	796
温度（℃）		90					
土壤热阻系数（K·m/W）		2.0					
环境温度（℃）		25					

注　水平排列电缆相互间的中心距为电缆外径的 2 倍。

表 11-13　10kV 三芯电力电缆允许载流量　（A）

绝缘类型	交联聚乙烯			
钢铠护套	无		有	
电缆导体最高工作温度(℃)	90			
敷设方式	空气中	直埋	空气中	直埋
电缆导体截面积（mm²） 16				
25	100	90	100	90
35	123	110	123	105
50	146	125	141	120
70	178	152	173	152
95	219	182	214	182
120	251	205	246	205
150	283	223	278	219
185	324	252	320	247
240	378	292	373	292
300	433	332	428	328
400	506	378	501	374
500	579	428	574	424
环境温度（℃）	40	25	40	25
土壤热阻系数（K·m/W）		2.0		2.0

注　1．适用于铝芯电缆，铜芯电缆的允许持续载流量值可乘以 1.29。

　　2．电缆导体工作温度大于 70℃时，允许载流量还应符合本小节下文第（6）条要求。

2）当条件具备时，电力电缆 100%持续额定载流量可参考供货的电缆制造厂提供的同类型电缆参数。

（3）电力电缆 100%持续额定载流量在各种不同敷设条件下的校正系数 K 应根据各类敷设基准条件的改变差异综合校正。电常用力电缆不同敷设条件电缆允许持续载流量的校正系数见表 11-14～表 11-19。

表 11-14　35kV 及以下电缆在不同环境温度时的载流量校正系数

敷设位置		空　气　中				土　壤　中			
环境温度（℃）		30	35	40	45	20	25	30	35
电缆导体最高工作温度（℃）	60	1.22	1.11	1.0	0.86	1.07	1.0	0.93	0.85
	65	1.18	1.09	1.0	0.89	1.06	1.0	0.94	0.87
	70	1.15	1.08	1.0	0.91	1.05	1.0	0.94	0.88
	80	1.11	1.06	1.0	0.93	1.04	1.0	0.95	0.90
	90	1.09	1.05	1.0	0.94	1.04	1.0	0.96	0.92

除表 11-14 以外的其他环境温度下载流量的校正系数 K 为

$$K = \sqrt{\frac{\theta_m - \theta_2}{\theta_m - \theta_1}} \qquad (11-2)$$

式中　θ_m——电缆导体最高工作温度，℃；

　　　θ_1——对应于额定载流量的基准环境温度，℃；

　　　θ_2——实际环境温度，℃。

表 11-15　不同土壤热阻系数时电缆载流量的校正系数

土壤热阻系数（K·m/W）	分类特征（土壤特性和雨量）	校正系数
0.8	土壤很潮湿，经常下雨。如湿度大于 9%的沙土；湿度大于 10%的沙—泥土等	1.05
1.2	土壤潮湿，规律性下雨。如湿度大于 7%但小于 9%的沙土；湿度为 12%～14%的沙—泥土等	1.0
1.5	土壤较干燥，雨量不大。如湿度为 8%～12%的沙—泥土等	0.93
2.0	土壤干燥，少雨。如湿度大于 4%但小于 7%的沙土；湿度为 4%～8%的沙—泥土等	0.87
3.0	多石地层，非常干燥。如湿度小于 4%的沙土等	0.75

注　1．适用于缺乏实测土壤热阻系数时的粗略分类，对 110kV 及以上电缆线路工程，宜以实测方式确定土壤热阻系数。

　　2．校正系数适于表 11-9～表 11-13 中采取土壤热阻系数为 1.2K·m/W 的情况，不适用于三相交流系统的高压单芯电缆。

表 11-16　土中直埋多根并行敷设时电缆载流量的校正系数

并列根数		1	2	3	4	5	6
电缆之间净距（mm）	100	1	0.9	0.85	0.80	0.78	0.75
	200	1	0.92	0.87	0.84	0.82	0.81
	300	1	0.93	0.90	0.97	0.86	0.85

注　不适用于三相交流系统单芯电缆。

表 11-17　空气中单层多根并行敷设时电缆载流量的校正系数

并列根数		1	2	3	4	5	6
电缆中心距	s=d	1.00	0.90	0.85	0.82	0.81	0.80
	s=2d	1.00	1.00	0.98	0.95	0.93	0.90
	s=3d	1.00	1.00	1.00	0.98	0.97	0.96

注　1．s 为电缆中心间距，d 为电缆外径。

　　2．按全部电缆具有相同外径条件制订，当并列敷设的电缆外径不同时，d 值可近似地取电缆外径的平均值。

　　3．不适用于交流系统中使用的单芯电力电缆。

表 11-18 电缆桥架上无间隔配置多层并列电缆载流量的校正系数

叠置电缆层数		一	二	三	四
桥架类别	梯架	0.8	0.65	0.55	0.5
	托盘	0.7	0.55	0.5	0.45

注 呈水平状并列电缆数不少于 7 根。

表 11-19 1kV 电缆户外明敷无遮阳时载流量的校正系数

电缆截面（mm²）			35	50	70	95	120	150	185	240
电压（kV）	1	三芯				0.90	0.98	0.97	0.96	0.94
	6	三芯	0.96	0.95	0.94	0.93	0.92	0.91	0.90	0.88
		单				0.99	0.99	0.99	0.99	0.98

注 运用本表系数校正对应的载流量基础值，是采取户外环境温度的户内空气中电缆载流量。

（4）10kV 及以下常用电缆按 100%持续工作电流确定电缆导体允许最小截面积，宜符合上述（1）～（3）的规定，其载流量按照下列使用条件差异影响计入校正系数后的实际允许值应大于回路的工作电流。

1）环境温度差异。

2）直埋敷设时土壤热阻系数差异。

3）电缆多根并列的影响。

4）户外架空敷设无遮阳时的日照影响。

（5）除第（4）条规定的情况外，电缆按 100%持续工作电流确定电缆导体允许最小截面积时，应经计算或测试验证，计算内容或参数选择应符合下列规定：

1）含有高次谐波负荷的供电回路电缆或中频负荷回路使用的非同轴电缆，应计入集肤效应和邻近效应增大等附加发热的影响。

2）交叉互联接地的单芯高压电缆，单元系统中三个区段不等长时，应计入金属层附加损耗发热的影响。

3）敷设于保护管中的电缆，应计入热阻影响；排管中不同孔位的电缆还应分别计入互热因素的影响。

4）敷设于封闭、半封闭或透气式耐火槽盒中的电缆，应计入包含该型材质及其盒体厚度、尺寸等因素对热阻增大的影响。

5）施加在电缆上的防火涂料、包带等覆盖层厚度大于 1.5mm 时，应计入其热阻影响。

6）沟内电缆埋砂且无经常性水分补充时，应按砂质情况选取大于 2.0K·m/W 的热阻系数计入对电缆热阻增大的影响。

（6）电缆导体工作温度大于 70℃的电缆，计算持续允许载流量时，应符合下列规定：

1）数量较多的该类电缆敷设于未装机械通风的

隧道、竖井时，应计入对环境温升的影响。

2）电缆直埋敷设在干燥或潮湿土壤中，除实施换土处理等能避免水分迁移的情况外，土壤热阻系数取值不宜小于 2.0K·m/W。

（7）电缆持续允许载流量的环境温度，应按使用地区的气象温度多年平均值确定，并应符合表 11-20 的规定。

表 11-20 电缆持续允许载流量的环境温度 （℃）

电缆敷设场所	有无机械通风	选取的环境温度
土中直埋		埋深处的最热月平均地温
水下		最热月的日最高水温平均值
户外空气中、电缆沟		最热月的日最高温度平均值
有热源设备的厂房	有	通风设计温度
	无	最热月的日最高温度平均值另加 5℃
一般性厂房、室内	有	通风设计温度
	无	最热月的日最高温度平均值
户内电缆沟	无	最热月的日最高温度平均值另加 5℃*
隧道	无	
隧道	有	通风设计温度

* 当属于本小节（6）条 1）款的情况时，不能直接采取仅加 5℃。

3. 按照电压损失校验电缆导体截面积

对供电距离较远、回路容量较大的电缆供电回路，应校验其电压损失。

电压损失的计算公式如下：

三相交流 $\Delta U\% = \dfrac{173}{U} I_{\text{w}} L(r\cos\varphi + x\sin\varphi)$ （11-3）

单相交流 $\Delta U\% = \dfrac{200}{U} I_{\text{w}} L(r\cos\varphi + x\sin\varphi)$ （11-4）

直流线路 $\Delta U\% = \dfrac{200}{U} I_{\text{w}} LR$ （11-5）

式中 U——线路工作电压，三相为线电压，单相为相电压，V；

I_{w}——计算工作电流，A；

L——线路长度，km；

r——电阻，Ω/km；

x——电缆单位长度的电抗，Ω/km；

$\cos\varphi$——功率因数。

三、电缆附件选择

1. 范围及种类

（1）1kV 及以下电缆附件主要有电缆终端头、电缆中间接头、接线端子等。

（2）10kV 及以上高压电缆附件主要有电缆终端头、电缆中间接头、应力锥、电缆接地箱、接地保护器（护层电压限制器）。

（3）电缆终端头按照环境可分为户内型与户外型。产品主要有干式瓷套式、环氧树脂树脂复合式、硅胶冷缩式、硅胶热缩式、绕包式以及封闭式 GIS 终端等。按照安装方式可分为装配型、预制件装配型、插拔型、冷收缩型、热收缩型等。

（4）电缆中间接头按照功能主要有直通中间接头、绝缘中间接头、分支接头、转换接头等，按照安装方式主要有预制式、预制件装配式、冷缩式、热缩式等。

（5）常用电缆终端及接头附件类型见表 11-21 和表 11-22。

表 11-21　35kV 及以下常用电缆附件

种类	结 构 特 征	适用范围
绕包式电缆附件	绝缘和屏蔽都是用带材绕包而成的电缆附件	适用于中低压级挤包绝缘电缆
热收缩式电缆附件	将具有电缆附件所需要的各种性能的热缩管材、分支套和雨裙（用于户外端）套装在经过处理后的电缆末端或接头处，加热收缩而形成的电缆附件	适用于中低压级挤包绝缘电缆
冷收缩式电缆附件	采用橡胶材料将电缆附件的增强绝缘和应力控制部件（如果有的话）在工厂里模制成型，再扩径加支撑物等。现场套在经过处理后的电缆末端或接头处，抽出支撑物后，收缩压紧在电缆上而形成的电缆附件	适用于中低压级挤包绝缘电缆
预制件装配式电缆附件	采用橡胶材料，将电缆附件里的增强绝缘和半导电层在工厂内模制成一个整体或若干附件，现场套装在经过处理后的电缆末端或接头处而形成的电缆附件	适用于中压（6～35kV）级挤包绝缘电缆

表 11-22　各种电缆终端及接头特性比较

对比项目			电缆附件种类			
			绕包式	热收缩式	冷收缩式	预制件装配式
适用范围	电缆种类	挤包绝缘电缆	适用	适用	适用	适用
	电压等级	35kV	可适用	可适用	适用	适用
		10kV 及以下	适用	适用	适用	适用
	电缆附件分类	终端	适用	适用	适用	适用
		直通接头	适用	适用	适用	适用
		分支接头	可适用	一般不用	一般不用	可适用

续表

对比项目		电缆附件种类			
		绕包式	热收缩式	冷收缩式	预制件装配式
结构特点	结构	简单	较复杂	简单	简单
	规格	少	少	较多	较多
现场安装	操作技术要求	较高	较高	一般	一般
	耗费工时	较多	较多	少	少
	成本	低	低	较高	较高

2. 电缆终端头及电缆接头的选择与配置

（1）电缆终端装置类型的选择，应符合下列规定：

1）电缆与 SF_6 气体绝缘金属封闭开关设备直接相连时，应采用封闭式 GIS 终端。

2）电缆与高压变压器直接相连时，宜采用封闭式终端，也可采用油浸式终端。

3）电缆与电器相连且具有整体式插接功能时，应采用插拔式终端，66kV 及以上电压等级电缆的 GIS 终端和油浸式终端宜选择插拔式。

4）除上述情况外，电缆与其他电器或导体相连时，应采用敞开式终端。

（2）电缆终端构造类型的选择，应按满足工程所需可靠性、安装与维护简便和经济合理等因素综合确定，并应符合下列规定：

1）与 SF_6 气体绝缘金属封闭开关设备相连的 GIS 终端，其接口应相互配合；GIS 终端应具有与 SF_6 气体完全隔离的密封结构。

2）在易燃、易爆等不允许有火种场所的电缆终端，应选用无明火作业的构造类型。

3）在人口密集区域、多雨且污秽或盐雾较重地区的电缆终端，宜具有硅橡胶或复合式套管。

4）66～110kV 交联聚乙烯绝缘电缆户外终端宜选用全干式预制型。

（3）电缆终端绝缘特性的选择，应符合下列规定：

1）终端的额定电压及其绝缘水平，不得低于所连接电缆额定电压及其要求的绝缘水平。

2）终端的外绝缘，必须符合安置处海拔高程、污秽环境条件所需爬电比距的要求。

（4）电缆终端的机械强度，应满足安置处引线拉力、风力和地震力作用的要求。

（5）电缆接头装置类型的选择，应符合下列规定：

1）电缆线路距离超过电缆制造及装盘运输长度，且除本条第 3）款情况外，应采用直通接头。

2）单芯电缆线路较长以交叉互联接地的隔断金属层连接部位，除可在金属层上实施有效隔断及其绝缘处理的方式外，其他应采用绝缘接头。

3）电缆线路分支接出的部位，除带分支主干电缆或在电缆网络中应设置有分支箱、环网柜等情况外，其他应采用 T 形接头。

4）三芯与单芯电缆直接相连的部位，应采用转换接头。

5）挤塑绝缘电缆与自容式充油电缆相连的部位，应采用过渡接头。

（6）电缆接头构造类型的选择，应按满足工程所需可靠性、安装与维护简便和经济合理等因素综合确定，并应符合下列规定：

1）在可能有水浸泡的设置场所，10kV 及以上交联聚乙烯绝缘电缆接头应具有外包防水层。

2）在不允许有火种场所的电缆接头，不得选用热缩式。

3）220kV 及以上交联聚乙烯绝缘电缆选用的接头，应由该型接头与电缆连成整体的标准性试验确认。

4）66～110kV 交联聚乙烯绝缘电缆线路可靠性要求较高时，不宜选用包带型接头。

（7）电缆接头的绝缘特性应符合下列规定：

1）接头的额定电压及其绝缘水平，不得低于所连接电缆额定电压及其要求的绝缘水平。

2）绝缘接头的绝缘环两侧耐受电压，不得低于所连接电缆护层绝缘水平的 2 倍。

（8）电缆终端、接头的布置，应满足安装维修所需的间距，并应符合电缆允许弯曲半径的伸缩节配置的要求，同时应符合下列规定：

1）终端支架构成方式，应利于电缆及其组件的安装；大于 1500A 的工作电流时，支架构造宜具有防止横向磁路闭合等附加发热措施。

2）邻近电气化交通线路等对电缆金属层有侵蚀影响的地段，接头设置方式宜便于监察维护。

3．电缆接地箱、接地保护器、接地电缆线

（1）电力电缆金属层必须直接接地。交流系统中三芯电缆的金属层，应在电缆线路两终端和接头等部位实施接地。

（2）交流单芯电力电缆的金属层上任一点非直接接地处的正常感应电动势应进行计算，交流系统中单芯电缆线路一回或二回的各相按通常配置排列情况下，在电缆金属层上任一点非直接接地处的正常感应电动势值为

$$E_\mathrm{S} = L \cdot E_\mathrm{SO} \qquad (11\text{-}6)$$

式中　E_S ——感应电动势，V；

　　　L ——电缆金属层的电气通路上任一部位与其直接接地处的距离，km；

　　　E_SO ——单位长度的正常感应电动势，V/km。

E_SO 的表达式见表 11-23。

表 11-23 E_SO 的 表 达 式

电缆回路数	每根电缆相互间中心距均等时的配置排列特征	A 或 C 相（边相）	B 相（中间相）	Y	a（Ω/km）	b（Ω/km）	X_s（Ω/km）
1	2 根电缆并列	IX_S	IX_S	—	—	—	—
	3 根电缆呈等边三角形	IX_S	IX_S	—	—	—	—
	3 根电缆呈直角形	$\dfrac{I}{2}\sqrt{3Y^2 + \left(X_\mathrm{s} - \dfrac{a}{2}\right)^2}$	IX_S	$X_\mathrm{s} + \dfrac{a}{2}$	$(2\omega\ln2)\times10^{-4}$	—	$\left(2\omega\ln\dfrac{S}{r}\right)\times10^{-4}$
	3 根电缆呈直线并列	$\dfrac{I}{2}\sqrt{3Y^2 + (X_\mathrm{s} - a)^2}$	IX_S	$X_\mathrm{s} + a$	$(2\omega\ln2)\times10^{-4}$	—	$\left(2\omega\ln\dfrac{S}{r}\right)\times10^{-4}$
2	两回电缆等距直线并列（相序同）	$\dfrac{I}{2}\sqrt{3Y^2 + \left(X_\mathrm{s} - \dfrac{b}{2}\right)^2}$	$I\left(X_\mathrm{s} + \dfrac{a}{2}\right)$	$X_\mathrm{s} + a + \dfrac{b}{2}$	$(2\omega\ln2)\times10^{-4}$	$(2\omega\ln5)\times10^{-4}$	$\left(2\omega\ln\dfrac{S}{r}\right)\times10^{-4}$
	两回电缆等距直线并列（但相序排列互反）	$\dfrac{I}{2}\sqrt{3Y^2 + \left(X_\mathrm{s} - \dfrac{b}{2}\right)^2}$	$I\left(X_\mathrm{s} + \dfrac{a}{2}\right)$	$X_\mathrm{s} + a - \dfrac{b}{2}$	$(2\omega\ln2)\times10^{-4}$	$(2\omega\ln5)\times10^{-4}$	$\left(2\omega\ln\dfrac{S}{r}\right)\times10^{-4}$

注　1．$\omega = 2\pi f$。

　　2．r 为电缆金属层的平均半径，m。

　　3．I 为电缆导体正常工作电流，A。

　　4．f 为工作频率，Hz。

　　5．S 为各电缆相邻之间的中心距，m。

　　6．回路电缆情况，假定 I、r 均等。

电缆线路的正常感应电动势最大值应满足下列规定：

1）未采取能有效防止人员任意接触金属层的安全措施时，不得大于50V。

2）除上述情况外，不得大于300V。

（3）交流系统单芯电力电缆金属层接地方式的选择，应符合下列规定：

1）线路不长，且能满足条要求时，应采取在线路一端或中央部位单点直接接地，如图11-2所示。

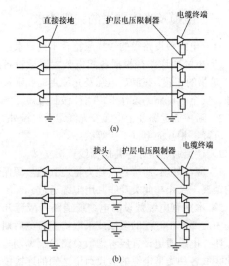

(a)

(b)

图11-2　电缆一端或中间单点直接接地

（a）线路一端单点直接接地；（b）线路中央部位单点直接接地

　　注　护层电压限制器适合66kV及以上电缆，35kV电缆需要时可以设置，10kV及以下电缆不需设置。

2）线路较长，单点直接接地方式无法满足本小节上文（2）的要求时，水下电缆、35kV及以下电缆或输送容量较小的35kV及以上电缆，可采取在线路两端直接接地，如图11-3所示。

3）除上述情况外的长线路，宜划分适当的单元，且在每个单元内按3个长度尽可能均等区段，应设置绝缘接头或实施电缆金属层的绝缘分隔，以交叉互联接地，如图11-4所示。

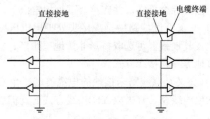

图11-3　电缆两端直接接地

（4）交流系统单芯电力电缆及其附件的外护层绝缘等部位，应设置过电压保护，并应符合下列规定：

1）35kV以上单芯电力电缆的外护层、电缆直连式GIS终端的绝缘筒，以及绝缘接头的金属层绝缘分隔部位，当其耐压水平低于可能的暂态过电压时，应添加保护措施，且宜符合下列规定：

a）单点直接接地的电缆线路，在其金属层电气通路的末端，应设置护层电压限制器。

b）交叉互联接地的电缆线路，每个绝缘接头应设置护层电压限制器。线路终端非直接接地时，该终端部位应设置护层电压限制器。

c）GIS终端的绝缘筒上，宜跨接护层电压限制器或电容器。

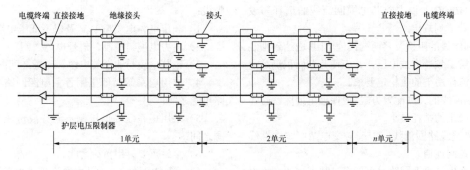

图11-4　交叉互联接地

　　注　途中护层电压限制器配置示例按照YN接线。

2）35kV单芯电力电缆金属层单点直接接地，且有增强绝缘保护需要时，可在线路未接地的终端设置护层电压限制器。

3）电缆护层电压限制器持续电压应满足GB/T 28547《交流金属氧化物避雷器选择和使用导则》的有关规定，当因短路电流过大无法满足时，宜采取增加回流线或在电缆护层电压限制器上并联Z字形变压器、饱和电抗器或间隙等降低工频感应过电压的措施。

（5）护层电压限制器参数的选择，应符合下列规定：

1）可能最大冲击电流作用下护层电压限制器的残压，不得大于电缆护层的冲击耐压被1.4所除数值。

2）在系统短路时产生的最大工频感应过电压作用下，在可能长的切除故障时间内，护层电压限制器应能耐受。切除故障时间应按 5s 以内计算。

3）可能最大冲击电流累积作用 20 次后，护层电压限制器不得损坏。

（6）护层电压限制器的配置连接，应符合下列规定：

1）护层电压限制器配置方式，应按暂态过电压抑制效果、满足工频感应过电压下参数匹配、便于监察维护等因素综合确定，并应符合下列规定：

a）交叉互联线路中绝缘接头处护层电压限制器的配置及其连接，可选取桥形非接地三角形、YN 或桥形接地等三相接线方式。

b）交叉互联线路未接地的电缆终端、单点直接接地的电缆线路，宜采取 YN 接线方式配置护层电压限制器。

2）护层电压限制器的连接回路，应符合下列规定：

a）连接线应尽量短，其截面积应满足系统最大暂态电流通过时的热稳定要求。

b）连接回路的绝缘导线、隔离开关等装置的绝缘性能，不得低于电缆外护层绝缘水平。

c）护层电压限制器接地箱的材质及其防护等级应满足其使用环境的要求。

（7）交流系统 110kV 及以上单芯电缆金属层单点直接接地时，下列任一情况下，应沿电缆邻近设置平行回流线。

1）系统短路时电缆金属层产生的工频感应电压，超过电缆护层绝缘耐受强度或护层电压限制器的工频耐压。

2）需抑制电缆邻近弱电线路的电气干扰强度。

（8）110kV 及以上单芯电缆回流线的选择与设置，应符合下列规定：

1）回流线的阻抗及其两端接地电阻，应达到抑制电缆金属层工频感应过电压，并应使其截面积满足最大暂态电流作用下的热稳定要求。

2）回流线的排列配置方式，应保证电缆运行时在回流线上产生的损耗最小。

3）电缆线路回流线应一端与变电站电源中性线接地的接地网连通。

（9）变电站重要回路且可能有过热部位的高压电缆线路，110kV 及以上高压交流电力电缆线路宜设置在线温度监测装置。

（10）采用金属层单点直接接地或交叉互联接地的 110kV 及以上高压交流电力电缆线路宜设置护层环流在线监测装置。

（11）高压交流电力电缆线路的在线监测装置技术要求，应符合 DL/T 1506《高压交流电缆在线监测系统通用技术规范》的有关规定。

第三节 电 缆 敷 设

电缆及光缆的敷设方式要因地制宜，应视变电站电气设备分布位置、出线方式、工艺设备类型及布置特点等工程要求以及地下水位高低、站区气象条件等工程环境特点结合该工程电缆类型、数量、敷设要求等因素决定，以满足可靠运行、便于维护和技术经济合理等要求选择。

一、电缆及光缆敷设的一般要求

（1）电缆敷设路径的选择应符合下列要求：

1）电缆通道路径根据各配电装置区域设备及建（构）筑物的布置，在满足电缆及光缆走向和敷设布置合理、安全、可靠的条件下，路径做到最短。

2）避免通道路径上电缆及光缆遭受机械外力、腐蚀、沉降、相互的电气干扰等破坏。

3）避免通道路径与其他管线直接交叉。

4）应与易燃、易爆物及热力管道其他热源保证规定的距离。禁止与此类管线共用电缆通道。

5）本期有电缆敷设的电缆通道路径应避开后期规划中需要施工开挖的区域或采取措施避免后期开挖的破坏；电缆通道设置应考虑敷设路径上本期与后期扩建区域各种类型电缆的敷设通道之间的连接以及相互影响，必要时应预留延伸接口。

6）电缆通道布置应考虑变电站站内及线路侧要求的不同主电源回路电缆、站间通信光缆回路等不同路径分隔敷设的要求。

（2）以下电缆尽可能分开或采取物理及防火分隔敷设：

1）高压电力电缆与 1kV 及以下低压电缆之间；

2）电力电缆与控制、信号电缆之间；

3）铠装电缆与非铠装电缆、光缆之间；

4）站用电系统高低压侧各主电源回路与备用回路电源之间；

5）站用电系统高低压侧不同分段母线主回路电源之间；

6）全站重要公用负荷之间。

（3）规定电缆构筑物及电缆设施等电缆通道的尺寸时，除应考虑远景扩建规模外，电缆通道还应考虑预留一定的可用电缆敷设空间，供后期可能出现的如增加区域系统保护、站内技改等扩容要求而增加的电缆敷设。

（4）电缆的任何敷设方式及全部敷设路径上的各个方向弯曲均应满足该型号电缆的允许弯曲半径要求。

（5）电缆的支持与固定符合下列规定：

1）直接支持电缆的普通支架（臂式支架）、吊架的允许跨距，宜符合表 11-24 所列值。

表 11-24   电缆支持点间的最大允许距离   （mm）

敷设方式	钢带铠装电缆		35kV 及以上铠装高压电缆	非铠装电缆
	电力电缆	控制电缆		
水平敷设	1000	800	1500	400*
垂直敷设	1500	1000	3000	1000

* 维持电缆较平直时，该值可增加 1 倍。

2）电缆明敷时，应沿全长采用电缆支架、桥架、挂钩或吊绳等可靠支持与固定。最大跨距应符合下列规定：

a）应满足支架件的承载能力和无损电缆的外护层及其导体的要求。

b）应保证电缆配置整齐。

c）应适应工程条件下的布置要求。

3）35kV 及以下电缆敷设时，应设置适当固定的部位，并应符合下列规定：

a）水平敷设，应设置在电缆线路首、末端和转弯处以及接头的两侧，且宜在直线段中间适当数量位置处。

b）垂直敷设应设置在每个支撑处。

c）斜坡敷设，应遵照 a）、b）款因地制宜。

d）其他可引起电缆的敷设形状发生位移的支持点处。

e）交流单芯电力电缆，还应满足按短路电动力确定所需予以固定的间距。

4） 35kV 以上高压电缆敷设时，加设固定的部位除应符合本小节 3）的规定外，尚应符合下列规定：

a）在终端、接头或转弯处紧邻部位的电缆上，应设置不少于 1 处的刚性固定。

b）在垂直或斜坡的高位侧，宜设置不少于两处的刚性固定；采用钢丝铠装电缆时，还宜使铠装钢丝能夹持住并承受电缆自重引起的拉力。

c）35kV 以上大截面电缆宜采用蛇形敷设。电缆蛇形敷设的每一节距部位，宜采取挠性固定。蛇形转换成直线敷设的过渡部位，宜采取刚性固定。

5）在 35kV 以上高压电缆的终端、接头与电缆连接部位，宜根据实际需要预留一定长度设置成伸缩节。伸缩节应大于电缆容许弯曲半径，并应满足金属护层的应变不超出容许值。未设置伸缩节的接头两侧，应采取刚性固定或在适当长度内电缆实施蛇形敷设。

6）电缆蛇形敷设的参数选择，应保证电缆因温度变化产生的轴向热应力无损电缆的绝缘，不致对电缆金属套长期使用产生应变疲劳断裂，且宜按允许拘束力条件确定。

7）固定电缆用的夹具、扎带、捆绳或支托件等部件，应具有表面平滑、便于安装、足够的机械强度和适合使用环境的耐久性。

8）电缆固定用部件的选择，应符合下列规定：

a）除交流单芯电力电缆外，可采用经防腐处理的扁钢制夹具、尼龙扎带或镀塑金属扎带。强腐蚀环境，应采用尼龙扎带或镀塑金属扎带。

b）交流单芯电力电缆的刚性固定，宜采用铝合金等不构成磁性闭合回路的夹具；其他固定方式，可采用尼龙扎带或绳索。

c）不得采用金属丝直接捆扎电缆。

9）交流单芯电力电缆固定部件的机械强度，应验算短路电动力条件，并宜满足：

$$F \geqslant \frac{2.05i^2 Lk}{D} \times 10^{-7} \qquad (11-7)$$

$$F = bh\sigma \qquad (11-8)$$

式中 F——夹具、扎带等固定部件的抗拉强度，N；

　　i——通过电缆回路的最大短路电流峰值，A；

　　D——电缆相间中心距离，m；

　　L——在电缆上安置夹具、扎带等的相邻跨距，m；

　　k——安全系数，取大于 2；

　　b——夹具厚度，mm；

　　h——夹具宽度，mm；

　　σ——夹具材料允许拉力，Pa，对铝合金夹具，取 80×10^6。

（6）电缆从地下引出地面至 2m 高处部分应采用穿金属保护管或保护罩防护，确无机械等损伤场所的铠装电缆可不加保护。

（7）电缆的金属铠装层、金属支托架及金属保护管均应可靠接地。

（8）易被干扰的信号及通信回路，采取以下抗干扰措施：

1）选用金属屏蔽电缆并将屏蔽层两端接地。

2）电缆穿金属管、带盖槽或金属罩。

3）沿控制电缆并列平行敷设专用屏蔽线。

4）将控制电缆两端备用芯接地。

5）远离平行的高压线。

6）远离电容器、电抗器及避雷器接闪器的集中接地装置。

7）不用无屏蔽的地面电缆沟槽。

8）采用专用屏蔽接地装置。

（9）明敷电缆尽可能避免太阳光等热源及紫外线辐射，必要时加装遮阳罩。

（10）明敷电缆通道宜布置在热力液体及热力气体管道下方，电缆与各种管道防火及隔热要求见本章第四节。

（11）电缆布线的基本原则为：

1）在同一电缆通道的同侧多层支、托架上敷设的多种电压等级和型号的电缆敷设，宜按照电压等级由高到低的电力电缆、强电到弱电的控制及信号电缆、通信电缆、光缆等根据支、托架的分层由上而下顺序排列。当通道中含有 35kV 及以上高压电缆或者为满足较大外径的电缆引入屏柜的电缆允许弯曲半径要求时，宜按照由下而上的顺序排列。同一工程或多层及多种电缆的通道延伸于不同工程情况均应只采用相同的上下排列顺序配置。

2）同一电缆通道电缆较多受空间限制时，35kV 及以下相邻电压等级电缆电力电缆不受回路分隔要求的限制时，可排列于同一层支架上；1kV 及以下电力电缆在同时设置耐火隔板和金属隔板时也可与强电控制及信号电缆配置在同一层支架上。

3）重要回路的工作与备用电缆需要实行防火分隔时应配置在不同层支架上。

4）同一层支、托架电缆排列以尽量少交叉为原则，一般为近处电缆靠外、远处电缆靠里，较差时尽量在电缆端头进行。

5）到相同接线单元的电缆靠近排列敷设，到不同接线单元的电缆尽量分开。

6）封闭电缆隧道及夹层等电缆构筑物的电缆及其支、托架跨越及交叉应能保证施工和维护人员及工具顺利通过。

（12）同一层支、托架上的电缆排列布置宜符合下列规定：

1）带铠装的控制和信号电缆可紧靠及多层叠置敷设。

2）不带铠装的电缆应考虑层叠敷设时接触支架处对电缆的损伤影响并采取措施。

3）除交流单芯电力电缆同一回路三相可采用品字形叠置外，对重要的同一回路多根电力电缆不宜叠置敷设。多芯电力电缆之间一般按照有间距敷设。

（13）下列场所、部位的非铠装电缆敷设时应采用具有机械强度的管、槽或罩加以保护：

1）光缆及非铠装小截面通信线缆敷设。

2）非电气人员活动的场所地面以上2m内及引入地下 0.3m 深电缆区段。

3）可能有重载设备等移至电缆上面时。

（14）交流系统用单芯电力电缆与公用通信线路相距较近时，宜维持技术经济上有利的电缆路径，必要时可采取下列抑制感应电动势的措施：

1）使电缆支架形成电气通路，且计入其他并行电缆抑制因素的影响。

2）对电缆隧道的钢筋混凝土结构实行钢筋网焊接连通。

3）沿电缆线路适当附加并行的金属屏蔽线或罩盒等。

（15）明敷的电缆不宜平行敷设在热力管道的上部。电缆与管道之间无耐火隔板防护时的允许最小净距，应符合表 11-25 的规定。

表 11-25　电缆与管道之间无耐火及隔热隔板防护时的允许最小净距　　（mm）

电缆与管道之间走向		电力电缆	控制和信号电缆
热力管道	平行	1000	500
	交叉	500	250
其他管道	平行	150	100

（16）抑制电气干扰强度的弱电回路控制和信号电缆，除电缆采取的屏蔽及接地方式外，当需要时可采取下列措施：

1）与电力电缆并行敷设时相互间距宜在可能范围内远离；对电压高、电流大的电力电缆间距宜更远。

2）敷设于配电装置内的控制和信号电缆，与耦合电容器或电容式电压互感器、避雷器或避雷针接地处的距离，宜在可能范围内远离。

3）沿控制和信号电缆可平行敷设屏蔽线，也可将电缆敷设于钢制管或盒中。

（17）在隧道、沟、浅槽、竖井、夹层等封闭式电缆通道中，不得布置热力管道，严禁可燃气体或可燃液体的管道穿越。

当因场地空间受限，可燃气体或可燃液体的管道需穿越上述封闭式电缆通道时，除应满足电缆通道敷设空间要求外，管道和电缆在穿越段不应有接头，同时还应做好管道的耐火隔热和电缆通道有效的防火隔离措施。管道的耐火隔热段长度应至少超过穿越电缆通道宽度两侧各 2m，电缆阻火段长度应至少超过管道耐火隔热层外净距各 3m。

（18）有爆炸性气体的危险场所敷设电缆，应符合下列规定：

1）在可能范围应保证电缆距爆炸释放源较远，敷设在爆炸危险较小的场所，并应符合下列规定：

a）易燃气体密度比空气大时，电缆应埋地或在较高处架空敷设，且对非铠装电缆采取穿管或置于托盘、槽盒中等机械性保护。

b）易燃气体密度比空气小时，电缆应敷设在较低处的管、沟内，沟内非铠装电缆应埋砂。

2）电缆在空气中沿输送易燃气体的管道敷设时，应配置在危险程度较低的管道一侧，并应符合下列规定：

a）易燃气体密度比空气大时，电缆宜配置在管道上方。

b）易燃气体密度比空气小时，电缆宜配置在管道下方。

3）电缆及其管、沟穿过不同区域之间的墙、板孔洞处，应采用非燃性材料严密堵塞。

4）电缆线路中不应有接头；如采用接头时，必须具有防爆性。

（19）用于下列场所、部位的非铠装电缆，应采用具有机械强度的管或罩加以保护：

1）非电气人员经常活动场所的地坪以上 2m 内、地中引出的地坪以下 0.3m 深电缆区段。

2）可能有载重设备移经电缆上面的区段。

（20）除架空绝缘型电缆外的非户外型电缆，户外使用时，宜采取罩、盖等遮阳措施。

（21）电缆敷设在有周期性振动的场所，应采取下列措施：

1）在支持电缆部位设置由橡胶等弹性材料制成的衬垫。

2）使电缆敷设成波浪状且留有伸缩节。

（22）在有行人通过的地坪、路面等人员通行通道中，电缆不得敞露敷设于地坪或楼梯走道上。变电站室内外风道中，严禁敷设敞露式电缆。

（23）电缆的计算长度，应包括实际路径长度与附加长度。附加长度宜计入下列因素：

1）电缆敷设路径地形等高差变化、伸缩节或迂回备用裕量。

2）35kV 及以上电缆蛇形敷设时的弯曲状影响增加量。

3）终端或接头制作所需剥截电缆的预留段、电缆引至设备或装置所需的长度。35kV 及以下电缆敷设度量时的附加长度，宜参照表 11-26 的规定。

表 11-26　35kV 及以下电缆敷设度量时的附加长度

项 目 名 称		附加长度（m）
电缆终端的制作		0.5
电缆接头的制作		0.5
由地坪引至各设备的终端处	设备本体接线箱（除按接线箱对地坪的实际高度外）	0.5～1
	配电屏（按柜内接线开关距地坪的实际垂直高度）	1～2*
	室内动力箱	2**

续表

项 目 名 称		附加长度（m）
由地坪引至各设备的终端处	控制屏或保护屏（除按接线端子排布线要求的水平各向纵深要求外）	2
	站变压器	3
	主变压器	5
	磁力启动器或事故按钮	2**

注　对站区引入建筑物，直埋电缆因地形及埋设的要求，电缆沟、隧道、吊架的上下引接，电缆终端、接头等所需的电缆预留量，可取图纸量出的电缆敷设路径长度的 5%。

* 考虑到配电屏内接线开关距地坪的高度不同而设定。

** 考虑到箱体底边距地 1.5m 高度的要求而设定。

（24）电缆的订货长度应符合下列规定：

1）长距离的电缆线路，宜采用计算长度作为订货长度。

对 35kV 以上单芯电缆，应按相计算；线路采取交叉互联等分段连接方式时，应按段开列。

2）对 35kV 及以下电缆用于非长距离时，宜计及整盘电缆中截取后不能利用其剩余段的因素，按计算长度计入 5%～10%的裕量，作为同型号规格电缆的订货长度。

3）水下敷设电缆的每盘长度，不宜小于直埋段的敷设长度。有困难时，可含有工厂预制的软接头或在接头段及两侧相应区域内设置便于检修维护的构筑物电缆保护敷设通道。

二、电缆构筑物的型式及选择

1. 常用电缆构筑物的类型

常用电缆构筑物有电缆隧道（包括综合管沟）、电缆沟、电缆埋管及排管、壕沟（直埋）、支吊架及桥架等，如图 11-5～图 11-10 所示。

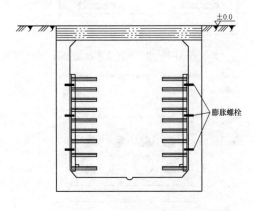

图 11-5　电缆隧道结构示意图

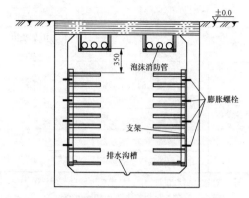

图 11-6　综合隧道结构示意图 1（单位：mm）

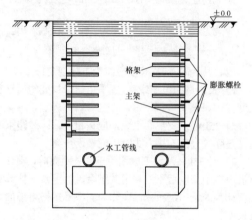

图 11-7　综合隧道结构示意图 2

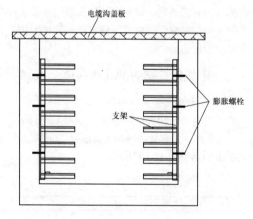

图 11-8　电缆沟及支架示意图

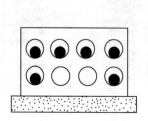

图 11-9　电缆排管

图 11-10　电缆壕沟

2. 常用电缆构筑物的特点

（1）电缆隧道能容纳大量电缆，具有敷设、检修、更换电缆方便等优点。缺点是投资较大、占用空间较大、耗材较多。当电缆隧道和其他管沟可同时布置于同一通道内时，可节省空间，节约资源及投资，因此条件允许时可采取综合管沟的设置方式。

（2）电缆沟具有容纳较多电缆、占地少、走向灵活、节约投资，但检修运维不方便等特点，还应考虑排水及积尘。

（3）电缆埋管能有效解决较少量电缆的敷设保护问题，占地少、走向灵活、节约投资，电缆排管还可作为电缆沟、电缆隧道、工井等电缆通道的延伸、接续等敷设设施。但施工复杂、检修和更换不便，应用中需考虑散热对电缆载流量的影响，还应考虑避免沉降、结冰等因素对电缆造成的损害。

（4）电缆直埋施工方便、投资省、散热条件良好，但检修及更换不便，不能防止大的外来机械损伤和水土的侵蚀。

（5）电缆桥架近年来得到推广，其主要优点如下：

1）可密集敷设大量控制电缆，有效利用有限空间。

2）托架表面光洁、支撑较密集良好，有利于电缆的保护。

3）有工厂定型成套产品，布置灵活、质量可靠、外观整洁。

4）简化了电缆通道设施，可有效解决与其他通道的交叉影响。

5）有利于封闭，封闭式槽式桥架有利于阻火、防爆、防干扰。

但桥架也有以下缺点：

1）投资与耗用材料多。

2）部分区段及桥架内密集敷设电缆时检修维护有一定难度。

3）设计及施工工作量较大。

3. 电缆敷设方式选择

（1）电缆直埋敷设方式的选择，应符合下列规定：

1）同一通路少于 6 根的 35kV 及以下电力电缆，在站区通往远距离辅助设施或站外等不易经常性开挖的地段，宜采用直埋；在站内空地区域较易翻修情况或道路边缘，也可采用直埋。

2）站区内地下管网较多的地段，以及可能有干扰破坏电缆的场所，待开发有较频繁开挖的地方，不宜采用直埋。

3）在化学腐蚀或杂散电流腐蚀的土壤范围内，不得采用直埋。

（2）电缆穿管敷设方式的选择，应符合下列规定：

1）在有爆炸危险场所明敷的电缆，露出地坪上需加以保护的电缆，以及地下电缆与道路、铁道交叉时，应采用穿管。

2）地下电缆通过房屋、广场的区段，以及电缆敷设在规划中将作为道路的地段时，宜采用穿管。

3）在地下管网较密的工厂区、城市道路狭窄且交通繁忙或道路挖掘困难的通道等电缆数量较多时，可采用穿管。

（3）下列场所宜采用浅槽敷设方式：

1）地下水位较高的地方。

2）通道中电力电缆数量较少，且在不经常有载重车通过的户外配电装置等场所。

（4）电缆沟作为变电站主要的电缆敷设方式，应考虑下列规定：

1）在载重车辆频繁经过的变电站主道路等地段且无相应可靠的结构强度，不应采用电缆沟。

2）经常有工业水溢流、容易淤积泥沙的区域内，不宜采用电缆沟。

3）在站区、建筑物内地下电缆数量较多但不需要采用隧道，人行道开挖不便且电缆需分期敷设，同时不属于上述情况时，宜采用电缆沟。

4）有防爆、防火要求的明敷电缆，应采用埋砂敷设的电缆沟或者电缆专沟。

（5）电缆隧道敷设方式的选择，应符合下列规定：

1）同一通道的地下电缆数量多，电缆沟不足以容纳时应采用隧道。

2）同一通道的地下电缆数量较多，且位于有腐蚀性液体或经常有地面水溢流的场所，或含有35kV以上高压电缆以及穿越道路、硬化广场、轨道等地段，宜采用隧道。

3）受地下通道空间条件限制或重型设备运输通过的道路、硬化广场，与较多电缆沿同一路径有非高温的水、气和通信电缆管线共同配置时，可采用在公用性隧道中敷设电缆的综合隧道管廊。但电力电缆正常和短路状态下对通信电缆的危险影响容许值应符合GB 6830《电信线路遭受强电线路危险影响的容许值》的有关规定。

（6）垂直走向的电缆，宜沿墙、柱敷设，当数量较多或含有35kV以上高压电缆时，应采用构筑物非

拆卸式竖井或封闭式可拆卸成品竖井。

（7）电缆数量较多的控制室、继电保护室等处，宜在其下部设置电缆夹层。电缆数量较少时，也可采用有活动盖板的电缆层。

（8）在地下水位较高的地方、化学腐蚀液体溢流的场所，厂房内应采用支持式架空敷设。建筑物或站区不宜地下敷设，悬挂敷设不满足结构荷重要求时，可采用支持式架空敷设。

（9）明敷且不宜采用支持式架空敷设的地方，可采用悬挂式架空敷设，但应考虑荷重对构筑物的影响。

（10）厂房内架空桥架敷设方式不宜设置检修通道，但应考虑检修空间及方式。

三、电缆构筑物的布置

1. 电缆隧道及工作井

（1）电缆隧道、工作井的尺寸应按满足全部容纳电缆的最小允许弯曲半径、施工作业与维护所需空间的要求确定，电缆的配置应无碍安全运行，并应符合下列规定：

1）电缆隧道内通道的净高不宜小于1900mm；与其他管沟交叉的局部段，净高可降低，但不应小于1400mm。

2）工作井可采用封闭式或可开启式。封闭式工作井的净高不宜小于1900mm。可开启式工作井宜为正方形，井底部应低于最底层电缆保护管管底200mm，顶面应加盖板，且应至少高出地坪100mm，设置在绿化带时，井口应高于绿化带地面300mm，底板应设有集水坑，向集水坑泄水坡度不应小于0.3%。

3）电缆隧道、封闭式工作井内通道的净宽尺寸不宜小于表11-27的规定。

表11-27　电缆隧道、封闭式工作井内
通道的净宽尺寸　　　　　　（mm）

电缆支架配置方式	开挖式隧道	非开挖式隧道	封闭式工作井
两侧	1000	800	1000
单侧	900	800	900

（2）电缆隧道、工作井内电缆支架、梯架或托盘的层间距离及敷设要求，应符合表11-28的规定。

表11-28　电缆支架、梯架或托盘的层间
距离及敷设要求　　　　　　（mm）

电缆电压等级和类型、敷设特征		普通支架、吊架	桥架
控制电缆明敷		120	200
电力电缆明敷	1kV及以下	150	250
	10kV交联聚乙烯	200	300
	35kV单芯	250	300

续表

电缆电压等级和类型、敷设特征		普通支架、吊架	桥架
电力电缆明敷	35kV 三芯	300	350
	110～220kV，每层 1 根以上	300	350
	330、500kV	350	400
电缆敷设于桥架及槽盒中		$h+80$	$h+100$

注 h 为桥架、槽盒外壳高度。

（3）水平敷设时电缆支架的最上层、最下层布置尺寸，应符合下列规定：

1）最上层支架距隧道、封闭式工作井顶部的净距允许最小值，应满足电缆引接至上侧柜盘时的允许弯曲半径要求，且不宜小于表 11-28 所列数再加 80～150mm 的和值。

2）最下层支架距隧道、封闭式工作井底部净距不宜小于 100mm。

（4）电缆隧道、封闭式工作井应满足防止外部进水、渗水的要求，当电缆隧道、封闭式工作井底部低于地下水位以及电缆隧道和工业水管沟交叉时，宜加强电缆隧道、封闭式工作井的防水处理。

（5）电缆隧道应实现排水畅通，且应符合下列规定：

1）电缆隧道的纵向排水坡度，不应小于 0.5%。

2）沿排水方向适当距离宜设置集水井及其泄水系统，必要时应实施机械排水。

3）电缆隧道底部沿纵向宜设置泄水边沟。

（6）隧道施工及检修用人孔数目及要求如下：

1）长度小于 7m 时设置一个出口。

2）长度在 100m 内应有不少于两个出口。

3）长度大于 100m 时，每两个人孔距离不大于 75m。

4）隧道首、末端无安全门时，宜在不大于 5m 处设置安全孔。

5）人孔直径不应小于 70mm。

6）安全孔内应设置爬梯，通向安全门应设置步道或楼梯等设施。

（7）高落差地段的电缆隧道中，通道不宜呈阶梯状，且纵向坡度不宜大于 15°，电缆接头不宜设置在倾斜位置上。

（8）隧道内安装及检修的人孔盖板应能用同一钥匙从外面及里面同时打开，打开后不能自动关上，盖板的重量应考虑一人能开启，人孔内应有固定的铁梯。

（9）电缆隧道的防火要求见本章第四节。

（10）对隧道防止地下水的入侵和积水措施：

1）严禁管沟水排入隧道。

2）与管沟交叉处应做可靠密封。

3）保证土建施工质量，隧道壁应有防潮层。

4）应保证有 0.5%～1% 的排水坡度，应有排水小沟将水引到排水井并排到下水道，必要时设置自动启停的排水泵。

（11）与管沟交叉的方式：

1）降低或提高隧道的标高，但应考虑好排水。

2）压缩隧道高度（不小于 1.4m 及交叉管沟高度）及支架间距（不小于 150mm）或增加隧道宽及支架长，减少支架层数。

（12）电缆隧道在转直角弯处应参考图 11-11 所示的要求设计，以满足转角处电缆支架、桥架安装后电缆敷设的转弯半径。

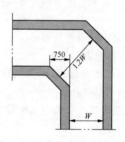

图 11-11 隧道转直角弯的要求（单位：mm）

W—隧道直段宽度

（13）站区的电缆隧道上壁顶面一般低于地面 300m，以免在土壤冻结时产生应力，当可能有重物压坏隧道时顶面及侧壁应加强。

（14）电缆隧道宜采取自然通风。当有较多电缆导体工作温度持续达到 70℃ 以上或其他影响环境温度显著升高时，可装设机械通风，但风机的控制应与火灾自动报警系统联锁，一旦发生火灾应能可靠地切断风机电源。长距离的隧道，宜适当分区段实行相互独立的通风。

（15）寒冷地区应有防冻措施。

（16）隧道内应装设 36V 或 24V 安全电压照明。

（17）隧道应提前预埋电缆支架、桥架等的固定件或根据最终固定方式采用有足够的固定强度及满足各项合理措施的方案，还应考虑隧道照明和通风、布线和安装、防火安全门的设置固定及综合管沟中其他管线的安装方法。

2. 电缆沟

（1）电缆沟的尺寸应按满足全部容纳电缆的最小允许弯曲半径、施工作业与维护所需空间的要求确定，电缆的配置应无碍安全运行，电缆沟内通道的净宽尺寸不宜小于表 11-29 的规定。

表 11-29　电缆沟内通道的净宽尺寸　　（mm）

电缆支架配置方式	具有下列沟深的电缆沟		
	<600	600～1000	>1000
两侧	300*	500	700
单侧	300*	450	600

* 浅沟内可不设置支架通道。

（2）电缆支架、梯架或托盘的层间距离，应满足能方便地敷设电缆及其固定、安置接头的要求，且在多根电缆同置于一层情况下，可更换或增设任一根电缆及其接头。电缆支架、梯架或托盘的层间距离的最小值，可采取表 11-28 所列值。

（3）水平敷设时电缆支架的最上层、最下层布置尺寸，应符合下列规定：

1）最上层支架距沟盖板的净距允许最小值，应满足电缆引接至上侧柜盘时的允许弯曲半径要求，且不宜小于表 11-28 所列数再加 80～150mm 的和值。

2）最下层支架距沟底垂直净距不宜小于 50mm。

（4）电缆沟应满足防止外部进水、渗水的要求，且应符合下列规定：

1）电缆沟底部低于地下水位、电缆沟与工业水管沟并行邻近时，宜加强电缆构筑物的防水处理。

2）电缆沟与工业水管沟交叉时，电缆沟宜位于工业水管沟的上方。

3）室内电缆沟盖板宜与地坪齐平，室外电缆沟的沟壁宜高出地坪 100mm，当需考虑厂区排水时，可在电缆沟上分区段设置现浇钢筋混凝土渡水槽，也可采取电缆沟盖板低于地坪 300mm，上面铺以细土或砂。

（5）电缆沟应实现排水畅通，且应符合下列规定：

1）电缆沟的纵向排水坡度，不应小于 0.5%。

2）沿排水方向适当距离宜设置集水井及其泄水系统，必要时应实施机械排水。

（6）电缆沟沟壁、盖板及其材质构成，应满足承受荷载和适合环境耐久的要求。可开启的沟盖板的单块质量，不宜超过 50kg。永久性盖板宜采用钢筋混凝土盖板，临时性盖板可采用花纹钢板。

（7）靠近带油设备的电缆沟盖板应密封。

（8）电缆沟的型式：

1）屋内电缆沟盖板与地平，当容易积灰、积水时用水泥砂浆做封闭电缆沟并考虑电缆施工及检修通道。

2）屋外电缆沟盖板高出地面并兼作操作步道。

3）站区电缆沟为了不影响排水，盖板可低于地面 300mm 下并做电缆施工及检修人孔。

（9）电缆沟从站区室外进入室内及与隧道连接处应设置防火墙，详见本章第四节。

（10）电缆沟盖板宜采用轻质高强度角钢边框钢筋水泥板及同等强度的轻质材料。

（11）电缆沟应考虑或提前预埋电缆支架固定件或者保证有足够强度的后期固定方案。

（12）电缆沟转直角弯处按图 11-12 的要求设计，并应考虑是否满足大截面电缆的转弯所需转角。

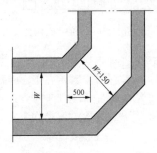

图 11-12　电缆沟转直角弯的要求（单位：mm）

（13）电缆沟与道路、铁轨交叉方式：

1）采用暗沟并做结构加固，使其能承载车辆重量；

2）改用排管，多层排管应加固，排管两端接两侧电缆沟等构筑物。

（14）电缆沟与各种管沟的交叉方式：

1）电缆沟与非压力的水管沟交叉分别见图 11-13～图 11-15，电缆外露施工及检修水管时应做好电缆保护措施，防止机械损伤及火灾。

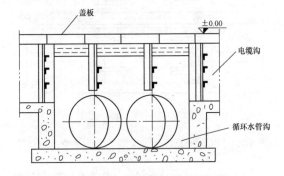

图 11-13　电缆沟与非压力的水管沟交叉图（一）

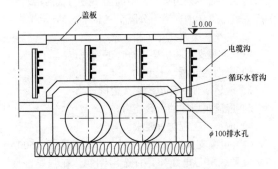

图 11-14　电缆沟与非压力的水管沟交叉图（二）

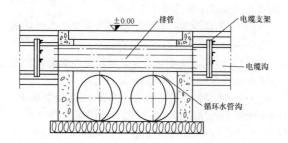

图 11-15 电缆沟与非压力的水管沟交叉图（三）

2）电缆沟与工业水管沟交叉分别见图 11-16 及图 11-17。前者管沟在上、缆沟在下，应做好该段及两侧相邻电缆沟的排水；后者工业水管直接穿越电缆沟，要求套管与沟壁连接处可靠密封。

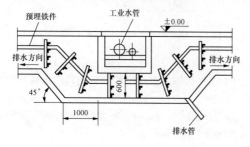

图 11-16 电缆沟与水管沟交叉图（一）（单位：mm）

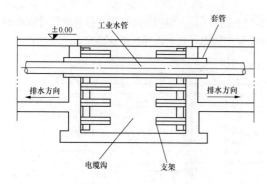

图 11-17 电缆沟与水管沟交叉图（二）（单位：mm）

3）电缆沟与生活排水管沟及其他非可燃气体、液体管沟交叉时可采用排管，电缆沟不应与生活污水管等产生可燃气体的管道无分隔交叉。

3. 电缆桥架及托支（托）架

（1）电缆支架和桥架应符合下列规定：

1）表面应光滑、无毛刺。

2）应适应使用环境的耐久稳固。

3）应满足所需的承载能力。

4）应符合工程防火要求。

（2）电缆支架、桥架除支持工作电流大于 1500A 的交流系统单芯电缆外，宜选用钢制。在强腐蚀环境，选用其他材料电缆支架、桥架，应符合下列

规定：

1）电缆沟中的普通支架（臂式支架），可选用耐腐蚀的刚性材料制作。

2）可选用满足 NB/T 42037《防腐电缆桥架》规定的防腐电缆桥架。

3）技术经济综合较优时，在碱性腐蚀环境中以及为满足建（构）筑物承重的轻量化的要求等情况下可选用铝合金制电缆桥架。

（3）钢制的电缆支架、电缆桥架应有防腐处理，且应符合下列规定：

1）大容量发电厂等密集配置场所或重要回路的钢制电缆桥架，应根据一次性防腐处理具有的耐久性，按工程环境和耐久要求，选用合适的防腐处理方式。

在强腐蚀环境，宜采用热浸锌等耐久性较高的防腐处理。

2）型钢制臂式支架、轻腐蚀环境或非重要性回路的电缆桥架，可采用涂漆处理。

（4）电缆支架的强度应满足电缆及其附件荷重和安装维护的受力要求，且应符合下列规定：

1）有可能短暂上人时，计入 900N 的附加集中荷载。

2）机械化施工时，计入纵向拉力、横向推力和滑轮重量等影响。

3）在户外时，计入可能有覆冰、雪和大风的附加荷载。

4）有抗震要求的场所应考虑抗震设计。

（5）电缆桥架的组成结构应满足强度、刚度及稳定性要求，且应符合下列规定：

1）桥架的承载能力不得超过使桥架最初产生永久变形时的最大荷载除以安全系数为 1.5 的数值。

2）梯架、托盘在允许均布承载作用下的相对挠度值，一般钢制不宜大于 1/200，铝合金制不宜大于 1/300 或者根据产品允许值进行校验，并应满足施工及验收规范的要求。

3）钢制托臂在允许承载下的偏斜与臂长比值，不宜大于 1/100。

4）有抗震要求的场所应考虑抗震设计。

（6）电缆支架型式的选择，应符合下列规定：

1）明敷的全塑电缆数量较多，或电缆跨越距离较大时，宜选用电缆桥架。

2）除上述情况外，可选用普通支架、吊架。

（7）电缆桥架型式的选择，应符合下列规定：

1）需屏蔽外部的电气干扰时，应选用无孔金属托盘加实体盖板。

2）在有易燃粉尘场所，宜选用梯架，每一层桥架应设置实体盖板。

3）高温、有腐蚀性液体或油的溅落等需防护场所，宜选用有孔托盘，每一层桥架应设置实体盖板。

4）需因地制宜组装时，可选用组装式托盘。

5）除上述情况外，宜选用梯架。

（8）金属制桥架系统应设置可靠的电气连接并接地，金属制桥架的接地应符合 CECS 31《钢制电缆桥架工程设计规范》的规定以及变电站接地系统的接地要求。采用玻璃钢桥架时，应沿桥架全长另敷设专用接地线。

（9）振动场所的桥架系统，包括接地部位的螺栓连接处，应装设弹簧垫圈。

（10）在公共廊道中无围栏防护时，水平敷设的电缆支架、桥架最上层、最下层布置尺寸，应符合下列规定：

1）最上层支架、桥架距其他设备的净距，不应小于 300mm；当无法满足时应设置耐火隔板。

2）最下层支架、桥架距地坪或楼板底部的最小净距不宜小于 1500mm。

（11）在厂房内水平敷设的电缆支架、桥架最上层、最下层布置尺寸，应符合下列规定：

1）最上层支架、桥架距构筑物顶板或梁底的净距允许最小值，应满足电缆引接至上侧柜盘时的允许弯曲半径要求，且不宜小于表 11-28 所列数再加 80～150mm 的和值。

2）最上层支架、桥架距其他设备的净距，不应小于 300mm；当无法满足时应设置耐火隔板。

3）最下层支架、桥架距地坪或楼板底部的最小净距不宜小于 2000mm。

（12）在厂房外水平敷设的电缆桥架的最下层布置尺寸，应符合下列规定：

1）当无车辆通过时，最下层桥架距地坪的最小净距不宜小于 300mm。

2）当有车辆通过时，最下层桥架距道路路面最小净距应满足消防车辆和大件运输车辆无碍通过的要求，且不宜小于 4500mm。

（13）要求防火的金属桥架，除应符合本章第四节的规定外，尚应对金属构件外表面施加防火涂层，其防火涂层应符合 GB 28374《电缆防火涂料》的有关规定。

（14）电缆桥架及其附件。电缆桥架是电缆敷设的一种较新形式，特别适用于架空敷设全塑电缆。它具有容积大、外观整洁、可靠性高、利于电缆不同要求的物理及电磁防护、安装方式灵活、便于工厂化生产等优点。可根据不同用途及使用环境选用普通型、防腐型、阻火型的梯架及槽架。材质有镀锌钢、不锈钢、玻璃钢、铝合金、复合材料等类型供不同要求的敷设环境及要求选择。桥架的结构、用途及选用分述如下：

1）桥架的结构及用途。电缆桥架由托架、支吊架及其他固定附件组成。

托架是敷设电缆的部件，按不同用途分为梯形和槽形托架（又称托盘）两种。前者形状如梯，用于敷设带铠装等自身防护性较高的电缆；后者使用一定厚度的板材加工成槽状（盘状），用于敷设各种需要阻火、隔爆等物理防护及电磁防护的电缆，如图 11-18 所示。

托架按不同要求分为直线型、变宽型、水平各角度弯、垂直弯及三通、四通等类型，其中槽架又分为无孔型和有孔型。电缆桥架安装示意如图 11-19 所示。

电缆桥架的支架及吊架是支撑桥架及敷设于其中的电缆重量的主要部件，由立柱、托臂及固定附件等组成。

立柱由型钢或异形钢等冲制而成，其固定方式有直立式、悬挂式及侧壁式。直立式是立柱底端或上下两端用底座固定于地面及顶棚，适用于电缆夹层，可单侧或双侧安装多层托架。悬挂式仅顶端用底座固定于顶棚，也可单侧或双侧安装多层托架。侧壁式是支架一侧直接用螺栓或埋件焊接固定在墙壁或立柱上，适用于沿沟道、隧道或沿墙敷设的电缆处，只能单侧装设电缆托架。

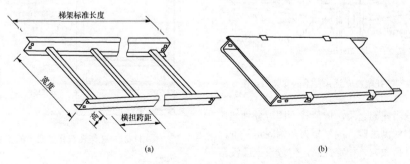

(a)　　　　　　　　　　　(b)

图 11-18　电缆托架基本外形图

（a）梯形托架；（b）槽形托架（托盘）

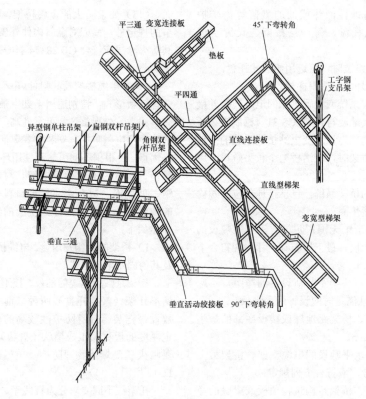

图 11-19　电缆桥架安装示意图

托臂用型钢切割或板材冲压成型,有固定式和装配式两种,固定式直接焊接于立柱上,装配式采用螺栓等附件安于立柱上,可现场根据需要调节间距。还有一种托臂无须立柱,直接采用自身底座焊接或螺栓连接于电缆通道墙上。桥架、托架在立柱托臂上的安装示意如图 11-20 所示。

电缆桥架附件包括托架、立柱托臂的固定部分、分支连接和引下等部分。

固定部分用于固定支吊架及托架,有膨胀螺栓、双头螺栓、T 形头螺栓、射钉螺栓和固定压片、固定卡、电缆夹卡等。

连接部分用于连接各种托架,有直接板、角接板、可调角铰链接板等,如图 11-21 所示。

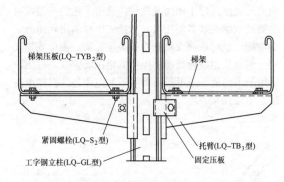

图 11-20　桥架、托架在立柱托臂上的安装示意图

吊架也为悬吊托架之用,依荷载不同可分别选用不同类型的型钢双侧吊臂,因吊架为两端固定托臂,故强度高、自身荷载大、稳定性高,但敷设电缆没有单侧开放的支撑式敷设电缆方便,且安装时应考虑桥架和电缆等荷载对顶棚的影响。

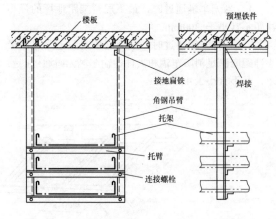

图 11-21　托架在双杆吊架上的安装示意图

引下部分为少量电缆从托架上引至分支终端设备的部件,有引接板和引线管等,如图 11-22 所示。

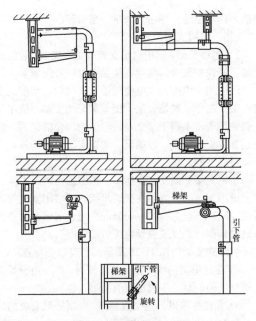

图 11-22　引线管安装示意图

2）桥架布置尺寸见表 11-30 和图 11-23。

表 11-30　桥架布置尺寸参考图　（mm）

序号	名称		符号	一般	允许值
1	托架垂直间距	梯架	m	300	≥250①
		槽架	m_R	300	≥250
2	托架垂直净距		h	150	≥120
3	托架距顶棚	梯架	C	400	≥300
		槽架	C_R	400	≥400
4	托架水平距离		A	800	≥500
5	托架宽度	吊架	B	400～800	≤1200
		双侧架	B_S	200～500	≤500

① 控制电缆可减 50，6～10kV 交联聚乙烯应加 50。

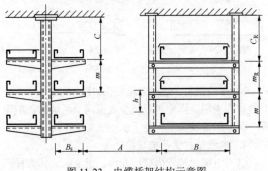

图 11-23　电缆桥架结构示意图

3）桥架层间距见表 11-30，底部与电缆构筑物底部距离与隧道及电缆沟内支架布置原则一致。当有室内吊顶且吊顶内高度及宽度允许时，可位于吊顶上部；

室外应综合考虑不与其他设备及管道布置冲突，室内外地面架空应满足电气安全净距及设备检修距离。

4）固定托架的支吊架水平距离一般不小于 1.5m，垂直间距一般不小于 2m。转弯处托架应设置固定点，固定点宜选在托架长度的 1/4 处。

5）直段桥架长度大于 30m（钢）或 15m（铝合金）时，宜设置伸缩板。

6）梯式桥架露天布置或穿越隔栅通道下方时应加盖板。

7）桥架的弯曲半径需满足电缆弯曲半径的要求，一般为 300～600mm。

8）桥架从室内穿到室外时，向下倾斜度不应小于 1%。

9）金属桥架系统应保证电气上的可靠连接并接地，当作为主接地导体时，托架每隔 10～20m 应重复接地一次。当采用非导电桥架时，应在桥架内敷设专用接地（屏蔽）线。

10）重载托架应验算其强度，除承受电缆荷载外，还应计及一个人的检修荷重（900N），此时托架挠度不应大于 0.5%或应核实是否满足托架产品标识的最大允许挠度。

11）托架的路径应考虑安装维修的方便，留出所需的检修空间。

12）水平托架上的电缆一般不必固定，为了保证电力电缆间净距，也可每隔 10m 及转弯处加以固定；垂直敷设的电缆一般每隔 2m 固定一次，要求垂直托架电缆固定杆等强度满足集中荷载要求。

13）电缆在托架上的充满度宜按照下述要求确定：动力电缆一般按照散热要求布置，即电缆之间净距不小于电缆外径，控制电缆可重叠堆放。当位置受限时，也可按照表 11-31 所示占积率敷设，但电力电缆载流量应做相应校正。

表 11-31　电缆桥架允许布置电缆的层数及占积率

名称	布置层数	占积率（%）
10kV 电力电缆	1	40～50
380V 电力电缆	2	50～70
控制电缆	3	50～70
弱电电缆	3	50～70

14）托架与散热管道的距离及防火要求见本章第四节。

15）托架的选型一般为：

a）动力电缆及控制电缆宜选用梯形桥架；当

有防火隔爆要求时可选用封闭式槽型桥架及阻火槽盒。

b）弱电电缆及光缆宜选用封闭式槽型托架；当选用带铠装屏蔽电缆时，也可选用梯形桥架。

c）室外腐蚀性场所应选用防腐性能好的桥架（如热浸镀锌、镀铝、涂防腐漆或选用铝合金、不锈钢或玻璃钢桥架等），当室内及厂房内等大面积架空桥架有满足减轻荷重的轻量化要求时，宜选用铝合金等满足强度的轻质桥架。

16）对电缆桥架及支架的一般要求如下：

a）应牢固可靠，除承受电缆重量外，还应考虑安装和维护的附加荷重（约80kg）。

b）采用非燃性材料，一般用型钢或钢板制作，但在腐蚀场所其表面应作防腐处理或选用耐腐蚀性材料。

c）表面应光滑、无毛刺。

17）桥架的选用及订货。工程设计应根据电缆电流分布确定缆道路径，选择桥架及其附件的型号规格，并分类统计出其所需数量，作为订货依据。具体步骤如下：

a）确定缆道走廊。设计应先根据电缆电流分布规划缆道走向，与电气布置、土建、总图、水暖等专业确定缆道走廊允许通过的断面尺寸，并了解缆道周围设备、管道、梁、柱、楼板等的布置。

b）确定支架固定方式。根据路径周围情况确定各段支吊架固定方式（直立式、悬吊式、侧壁式、单侧、两侧固定方式等）。

c）选择电缆托架。根据使用环境、工艺要求及缆道内各类电缆数量选择托架类型、规格及层数，并以此确定支吊架型式及规格尺寸等。

d）验算桥架强度。对电缆数量较多的重载托架应核验其机械强度；根据托架上电缆规格及数量估算桥架单位长度荷载。根据托架型号及跨距（一般为2m），查荷载曲线（根据制造厂样本）得出或规定桥架安装支撑完后的最大荷载值。其值应大于托架计算荷载（应计及检修荷载784N），如不满足则应另选强度较高的托架或适当减小支撑距离。

e）统计桥架材料。根据布置图中的支托架型号、规格、层数、支架间距及托架升降、转弯、交叉、分支等，分别统计支架、托架、连接板、水平及垂直弯、三通、四通、紧固件及其他附件等的数量。

根据环境等要求选择盖板型号、规格并统计其数量。

根据每一用电分支端电缆规格选择引下保护管型号、规格并统计其数量。

将以上统计好的托架、支吊架及其零部件等附件按照不同型号、规格分别换算成所需的量化单位。并将上述数量填写在材料汇总表及订货清单上，其内容包括名称、型号、规格、数量、重量等。

（15）电缆支架及夹头。

1）电缆支架。常用电缆支架有角钢支架、装配式支架、铸铁支架等。角钢支架易于工厂及现场加工，被广泛应用于电缆沟、电缆隧道及夹层内。装配式支架由工厂制作、现场装配，钢制装配式支架一般用于无腐蚀场所，不适于架空及较潮湿的沟和隧道内。此外还有铸铝、铸塑、玻璃钢、陶瓷支架等，均具有一定的防腐性能。

角钢支架如图11-24所示。根据使用场所不同，分隧道用支架、竖井用支架、吊架、夹层用支架等，格架层间距一般为120～400mm（当使用槽盒时还应考虑安装槽盒高度及敷设电缆所需空间）。

装配式支架如图11-25所示。它有以下特点：

a）立柱用型钢或塑钢等其他型材，格架用钢板或其他材质的型材冲压成需要的孔眼。

b）立柱孔眼以一定模数制作，根据格架需要的层间距装配成如120（控制电缆用）、150、180、240（电力电缆用）mm或根据实际要求的层间距的支架。

c）格架可以为如200、300、400mm或以50mm位增量的长度模数。

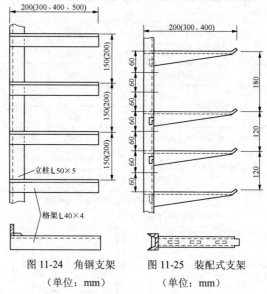

图11-24　角钢支架　　图11-25　装配式支架
（单位：mm）　　　　（单位：mm）

2）电缆夹头。常用电缆夹头如图11-26所示。各型电缆夹头用于固定单根或少数根同一通道的各型电缆，部分加工较复杂，适于工厂成批生产。

4．电缆保护管及电缆排管

（1）电缆保护管内壁应光滑、无毛刺。其选择应满足使用条件所需的机械强度和耐久性，且应符合下列规定：

1）需采用穿管抑制对控制电缆的电气干扰时，应采用钢管。

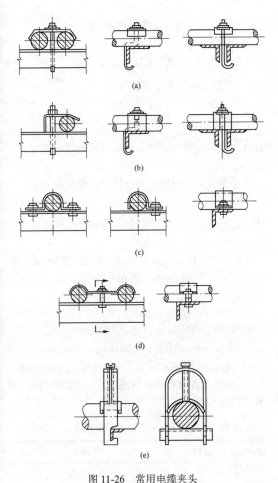

图 11-26 常用电缆夹头

（a）Ⅱ型夹头；（b）Γ型夹头；（c）Ω型夹头；

（d）M形夹头；（e）U形夹头

2）交流单芯电缆以单根穿管时，不得采用未分隔磁路的钢管。

（2）电缆管口不应有损伤电缆的尖锐棱角，管口外电缆支撑与管口有高差时宜将管口处外扩弧面喇叭口或采取其他保护措施。

（3）部分或全部露出在空气中的电缆保护管的选择，应符合下列规定：

1）防火或机械性要求高的场所，宜采用钢质管，并应采取涂漆或镀锌包塑等适合环境耐久要求的防腐处理。

2）满足工程条件自熄性要求时，可采用阻燃型塑料管。部分埋入混凝土中等有耐冲击的使用场所，塑料管应具备相应承压能力，且宜采用可挠性的塑料管。

（4）地中埋设的保护管，应满足埋深下的抗压要求和耐环境腐蚀性的要求。管枕配置跨距，宜按管路底部未均匀夯实时满足抗弯矩条件确定；在通过不均匀沉降的回填土地段或地震活动频发地区，管路纵向连接应采用可挠式管接头；同一通道的电缆数量较多时，宜采用排管。

（5）保护管管径与穿过电缆数量的选择，应符合下列规定：

1）每管宜只穿一根电缆。除发电厂、变电站等重要性场所外，对一台电动机所有回路或同一设备的低压电机所有回路，可在每管合穿不多于三根电力电缆或多根控制电缆。

2）管的内径不宜小于电缆外径或多根电缆包络外径的 1.5 倍。排管的管孔内径不宜小于 75mm。

（6）单根保护管使用时，宜符合下列规定：

1）每根电缆保护管的弯头不超过三个，直角弯不宜超过两个。

2）地中埋管距地面深度不宜小于 0.5m；距排水沟底不宜小于 0.3m。

3）并列管相互间宜留有不小于 20mm 的空隙。

（7）使用排管时，应符合下列规定：

1）管孔数宜按发展预留适当备用。

2）导体工作温度相差大的电缆，宜分别配置于适当间距的不同排管组。

3）排管顶部至地面的距离，厂房内不小于 200mm；在道路下宜位于路基垫层下且不小于 500mm；一般区域管路顶部土壤覆盖厚度不宜小于 0.5m。

4）管路应置于经整平夯实土层且有足以保持连续平直的垫块上；纵向排水坡度不宜小于 0.2%，条件允许时可加大排水坡度。

5）管路纵向连接处的弯曲度，应符合牵引电缆时不致损伤的要求。

6）管孔端口应采取防止损伤电缆的处理措施。

7）工程中采用 PVC 管、玻璃钢纤维管、热镀锌钢管排管的应用：

a）高低压电力电缆及控制电缆等排管采用 PVC 管时管径可为 150mm 或 100mm，管壁净距228mm 或 150mm；管径要求 150mm 以上时宜采用玻璃纤维管或热镀锌钢管，管距按玻璃纤维管固定件要求等合理规划。

b）每根导管管径按照所敷设电缆充满率的 40%来选择，管子数量宜考虑 50%的备用量。

c）直段排管人孔或手孔间距宜按照所穿各型号电缆中允许牵引力最小的电缆来决定，一般大不宜超过 30m，极限不宜超过式（11-9）～式（11-17）计算要求。

d）高低压电力电缆之间、电力电缆与控制和弱电电缆及光缆之间的排管宜分开，人孔或牵引手孔不应互相干扰。

e）不同站用电主电源，或不同的重要回路的馈线主电源应敷设于尽量间隔开的不同的排管组内，两组高压主回路电力电缆排管组之间保持 1.5m 的间距。

f) 高压电缆排管人孔尺寸应能满足施工及检修所需的电缆敷设弯曲及更换的设备及作业所需尺寸。

（8）较长电缆管路中的下列部位，应设置工作井：

1）电缆牵引张力限制的间距处。

2）电缆分支、接头（包括接头需预留电缆伸缩段）处。

3）管路方向较大改变或电缆从排管转入直埋处。

4）管路坡度较大且需防止电缆滑落的必要加强固定处。

（9）电缆穿管敷设时容许最大管长的计算方法如下：

1）电缆穿管敷设时的容许最大管长，应按不超过电缆容许拉力和侧压力的下列关系式确定：

$$T_{i=n} \leqslant T_m \quad 或 \quad T_{j=m} \leqslant T_m \qquad (11\text{-}9)$$

$$P_j \leqslant P_m (j = 1, 2, \cdots) \qquad (11\text{-}10)$$

式中　$T_{i=n}$——从电缆送入管端起至第 n 个直线段拉出时的牵引力，N；

　　　$T_{j=m}$——从电缆送入管端起至第 m 个弯曲段拉出时的牵引力，N；

　　　T_m——电缆容许拉力，N；

　　　P_j——电缆在 j 个弯曲段的侧压力，N/m；

　　　P_m——电缆容许侧压力，N/m。

2）水平管路的电缆牵拉力可按下列公式计算：
直线段

$$T_i = T_{i-1} + \mu CWL_i \qquad (11\text{-}11)$$

弯曲段

$$T_j = T_i \cdot e^{\mu\theta_j} \qquad (11\text{-}12)$$

式中　T_{i-1}——直线段入口拉力，起始拉力 $T_0 = T_{i-1}$（$i=$1），可按 20m 左右长度电缆摩擦力计，其他各段按相应弯曲段出口拉力，N；

　　　μ——电缆与管道间的动摩擦系数；

　　　W——电缆单位长度的质量，kg/m；

　　　C——电缆质量校正系数；

　　　L_i——第 i 段直线管长，m；

　　　θ_j——第 j 段弯曲管的夹角角度，rad。

两根电缆时，$C_2 = 1.1$，三根电缆品字形排列时

$$C_3 = 1 + \left[\frac{4}{3} + \left(\frac{d}{D-d}\right)^2\right] \qquad (11\text{-}13)$$

式中　d——电缆外径，mm；

　　　D——保护管内径，mm。

3）弯曲管段的电缆侧压力可按下列公式计算：

a. 一根电缆时

$$P_j = T_j / R_j \qquad (11\text{-}14)$$

式中　R_j——第 j 段弯曲管道内半径，m。

b. 两根电缆时

$$R_j = 1.1 T_j / 2 R_j \qquad (11\text{-}15)$$

c. 三根电缆呈品字形排列时

$$P_j = C_3 T_j / 2 R_j \qquad (11\text{-}16)$$

4）电缆容许拉力，应按承受拉力材料的抗拉强度计入安全系数确定。可采取牵引头或钢丝网套等方式牵引。

用牵引头方式的电缆容许拉力计算式为

$$T_m = k\sigma q S \qquad (11\text{-}17)$$

式中　k——校正系数，电力电缆取 1，控制电缆取 0.6；

　　　σ——导体允许抗拉强度，铜芯 68.6×10^6、铝芯 39.2×10^6，N/m²；

　　　q——电缆芯数；

　　　S——电缆导体截面积，m²。

5）电缆容许侧压力，可采取下列数值：

a. 分相统包电缆 $P_m = 2500$N/m；

b. 其他挤塑绝缘或自容式充油电缆 $P_m = 3000$N/m。

6）电缆与管道间的动摩擦系数，可取表 11-32 所列数值。

表 11-32　电缆穿管敷设时的动摩擦系数 μ

管壁特征和管材	波纹状	平滑状		
	聚乙烯	钢	聚氯乙烯	石棉水泥
μ	0.35	0.2	0.45	0.65

注　电缆外护层为聚氯乙烯，敷设时加有润滑剂。

5. 电缆竖井

（1）常用竖井型式。

1）砖砌和混凝土竖井。在有大量电缆通过处（如主控制室、机房等）采用，做成封闭式，底部与电缆隧道或沟相连。

2）固定式钢结构竖井。一般靠墙或柱安装，正面开门供敷设或检查电缆，适用于厂房或敷设面厚度受限的场所。

3）可拆卸式封闭电缆保护罩。在环境较好且无机械损伤的空间仅需将地面或楼板上一段用金属罩加以保护，适用于敷设面厚度有限的场所。

（2）竖井位置应靠墙或柱子且便于与电缆隧道或电缆沟等通道合理连通。

（3）不与周围管道或风道直接交叉。

（4）敷设检查方便，电缆路径长度合理。

（5）在多灰尘场所，应有防尘措施。

（6）非可拆卸竖井在地面或楼板处等所需检修道处应设置有门，竖井全长装设固定的金属扶梯且活

动空间不宜小于 800mm×800mm，以便从内部进行敷设检查，必要时竖井底部基础外沿应高出地面 50～100mm，防止水流进入，如图 11-27 所示。

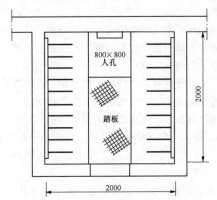

图 11-27　非拆卸式大型电缆竖井（单位：mm）

（7）钢结构及可拆卸式电缆竖井内应设有固定和绑扎电缆的支架，且宜符合下列规定：

1）沿竖井两侧应设有多个可拆卸的检修孔，检修孔之间的中心间距不应大于 1.5m，检修孔尺寸宜与竖井的断面尺寸相配合，但不宜小于 400mm×400mm。

2）竖井应利用建（构）筑物的柱、梁、地面、楼板预留钢制埋件进行固定。

（8）竖井架应考虑施工、检修时人员等的附加重量。

（9）在竖井内敷设带皱纹金属套的电缆，应具有防止导体与金属套之间发生相对位移的措施。

（10）电缆支架、桥架的层间距离，应满足能方便地敷设电缆及其固定的要求，且在多根电缆同置于一层情况下，可更换或增设任一根电缆。

竖井内电缆支架、桥架的层间距离的最小值，可采取表 11-28 所列值。

6. 电缆夹层

（1）夹层净高不应小于 2m 但不宜大于 3m。局部受限时电缆夹层局部净高可稍降低，但在电缆配置上供人员活动的短距离空间不宜小于 1400mm。

（2）夹层上层有电缆屏柜进线孔时，支架的水平方向布置应使屏上电缆引接方便，应避免屏上线架排及端子受力。

（3）支吊架最低一层格架距底边一般留出 1m 的检修通道，受限时不得低于 0.2m 并应考虑每处支吊架有合理的检修通道。检修通道穿越支吊架处宽度不宜小于 0.8m，高度空间不宜小于 1.4m，如图 11-28 所示。

（4）电缆支架、梯架或托盘的层间距离的最小值，可采取表 11-28 所列值。

（5）电缆支架、梯架或托盘的最上层距顶板或梁底的净距允许最小值，应满足电缆引接至上侧柜盘时的允许弯曲半径要求，且不宜小于表 11-28 所列数再

加 80～150mm 的和值。

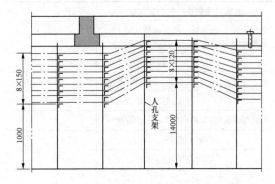

图 11-28　电缆夹层人孔支架（单位：mm）

（6）采用机械通风系统的电缆夹层，风机的控制应与火灾自动报警系统联锁，一旦发生火灾应能可靠地切断风机电源。其他管道不得随意穿过电缆夹层。

（7）电缆夹层的安全出口不应少于两个，其中一个安全出口可通往室外楼梯。

（8）夹层内的防火要求详见本章第四节。

7. 壕沟（直埋）

（1）直埋敷设电缆的路径选择，宜符合下列规定：

1）应避开含有酸、碱强腐蚀或杂散电流、电化学腐蚀严重影响的地段。

2）无防护措施时，宜避开白蚁危害地带、热源影响和易遭外力损伤的区段。

（2）直埋敷设电缆方式，应符合下列规定：

1）电缆应敷设于壕沟内，并应沿电缆全长的上、下紧邻侧铺以厚度不少于 100mm 的软土或砂层。

2）沿电缆全长应覆盖宽度不小于电缆两侧各 50mm 的保护板，保护板宜采用混凝土。

3）电缆直埋敷设时，宜在保护板上层铺设醒目标志带。

4）位于空旷地带，沿电缆路径的直线间隔 100m、转弯处或接头部位，应竖立明显的方位标志或标桩。

（3）直埋敷设的电缆，严禁位于地下管道的正上方或正下方。电缆与电缆、管道、道路、构筑物等之间的容许最小距离，应符合表 11-33 的规定。

表 11-33　电缆与电缆、管道、道路、构筑物等之间的容许最小距离　（m）

电缆直埋敷设时的配置情况		平行	交叉
控制电缆之间		—	0.5[①]
电力电缆之间或与控制电缆之间	10kV 及以下电力电缆	0.1	0.5[①]
	10kV 以上电力电缆	0.25[②]	0.5[①]
不同回路使用的电缆		0.5[②]	0.5[①]
电缆与地下管沟	热力管沟	2[③]	0.5[①]

续表

电缆直埋敷设时的配置情况		平行	交叉
电缆与地下管沟	油管或易（可）燃气管道	1	0.5①
	其他管道	0.5	0.5①
电缆与轨道	非直流电气化铁路路轨	3	1.0
	直流电气化铁路路轨	10	1.0
电缆与建筑物基础（同时应位于散水外）		0.6③	—
电缆与道路边		1.0③	
电缆与排水沟		1.0③	
电缆与树木的主干		0.7	
电缆与站外 1kV 以下架空线电杆		1.0③	
电缆与站外 1kV 以上架空线杆塔基础		4.0③	

① 用隔板分隔或电缆穿管时不得小于 0.25m；

② 用隔板分隔或电缆穿管时不得小于 0.1m；

③ 特殊情况时，减小值不得小于 50%。

（4）直埋敷设于非冻土地区时，电缆埋置深度应符合下列规定：

1）电缆外皮至地下构筑物基础，不得小于 0.3m，条件允许时宜加大与构筑物基础的距离。

2）电缆外皮至地面深度，不得小于 0.7m；当位于站外地下时，应适当加深，且不宜小于 1.0m。

（5）直埋敷设于冻土地区时，宜埋入冻土层以下，当无法深埋时可埋设在土壤排水性好的干燥冻土层或回填土中，也可采取其他防止电缆受到损伤的措施。

（6）直埋敷设的电缆与轨道、公路或排水沟交叉时，应穿于保护管，保护范围应超出路基、路面两边以及排水沟边 0.5m 以上。

（7）直埋敷设的电缆引入构筑物，在贯穿墙孔处应设置保护管，管口应实施阻水防火封堵。

（8）直埋敷设电缆的接头配置，应符合下列规定：

1）接头与邻近电缆的净距，不得小于 0.25m。

2）并列电缆的接头位置宜相互错开，且净距不宜小于 0.5m。

3）斜坡地形处的接头安置，应呈水平状。

4）重要回路的电缆接头，宜在其两侧约 1.0m 开始的局部段，按留有备用量方式敷设电缆。

（9）直埋敷设电缆采取特殊换土回填时，回填土的土质应对电缆外护层无腐蚀性。

（10）各种壕沟的断面及技术要求，如图 11-29 及表 11-34 所示。

（11）直埋电缆间，直埋电缆与各种管线、公路、铁路之间的交叉接近的距离如图 11-30～图 11-32 所示。

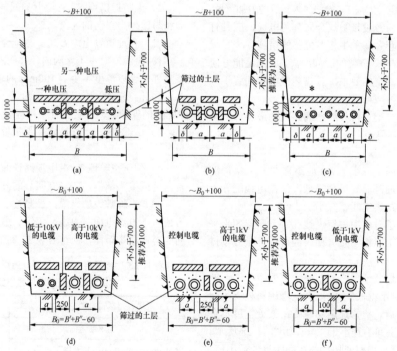

图 11-29　各种壕沟断面图（单位：mm）

（a）适用于 10kV 及以下的电力电缆；（b）适用于 10kV 以上的电力电缆；（c）适用于控制电缆（*—砖、混凝土或其他特制的保护板）；（d）适用于 10kV 以上及以下的电力电缆；（e）适用于 1kV 以上的电力电缆及控制电缆；（f）适用于 1kV 以下的电力电缆及控制电缆

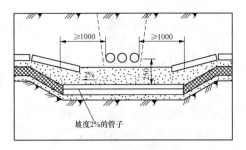

图 11-30　直埋电缆相互交叉（单位：mm）

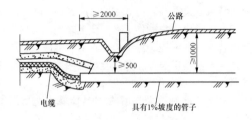

图 11-31　直埋电缆与道路交叉（单位：mm）

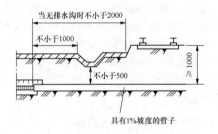

图 11-32　直埋电缆与轨道基础交叉（单位：mm）

表 11-34　　　各种壕沟尺寸　　　（mm）

顺序号	壕沟内电缆根数	尺寸		
		α	B	δ
10kV 及以下的电缆				
1	1		350	125
2	2	150	400	110
3	2	300	550	100
4	3	150	550	100
5	3	200	700	100
6	3	250	800	125
7	4	150	700	85
8	4	200	900	130
9	4	250	1100	125
10	5	150	800	75
11	5	200	1100	100
12	5	250	1300	125
13	6	150	1100	125
14	6	200	1300	125
15	6	250	1600	125
10kV 以上的电缆				
1	1		350	125
2	2	350	700	125
3	3	350	1100	125
4	4	350	1400	125

续表

顺序号	壕沟内电缆根数	尺寸		
		α	B	δ
控制电缆				
1	1～3	80	350	115～75
2	4～5	80	550	130～90
3	6～8	80	800	135～95
4	9～10	80	900	115～75
5	11～12	80	1100	100～10

注　1. 表中 a 值对于 10kV 及以下的电缆作为参考距离，10kV 以上的电力电缆作为最小允许距离。
　　2. 在不得已情况下，10kV 以上的电力电缆之间及至相邻电缆之间的距离可降低为 100mm，但其间应置隔板。
　　3. 电力电缆的壕沟与控制电缆、通信电缆及光缆不能保持 100mm 的距离时，需在其间加隔板。

第四节　电缆防火及阻止延燃

　　工程设计中应做好电缆防火工作，认真落实各项防火阻燃措施。对电缆可能着火蔓延导致严重事故的回路、易受外部影响波及火灾的电缆密集场所，应设置适当的阻火分隔，并应按工程重要性、火灾概率及其特点和经济合理等因素，结合相关强制性条文采取安全措施。

一、火灾起因

　　电缆火灾事故中，大部分是由外部火灾引起的，另一部分是由电缆自身故障引起的，变电站电缆火灾主要有以下起因：
　　（1）油路及可燃气体遇高温起火；
　　（2）带油电气设备故障起火；
　　（3）电焊火花等明火引燃；
　　（4）电缆通道中的杂质腐化产生可燃气体被明火或火花引燃；
　　（5）电缆接头及终端盒故障自燃；
　　（6）电缆受外力绝缘层被破坏引起短路引燃；
　　（7）电缆绝缘老化、受潮、过热引起短路自燃。

二、防火及阻止延燃对策

　　1. 离开热源和火源
　　（1）电缆通道尽可能避开热力及油管道，电缆与各种管道最小允许距离见表 11-35。当小于表 11-35 中的距离时则应在接近或交叉段前后 1m 处采取阻火措施或隔热及阻火保护措施。
　　（2）可燃气体及可燃液体的管沟中不应敷设电缆。无隔热措施的热力管沟中也不应敷设电缆。
　　（3）有爆炸和着火可能的场所（如油浸式变压器

室、柴油机房、蓄电池室）不应架空明敷电缆。

表 11-35　电缆与各种管道最小允许距离　（mm）

名称	电力电缆		控制电缆	
	平行	交叉	平行	交叉
蒸汽管道	1000	500	500	250
一般管道	500	300	500	250

2. 隔离电缆和易燃、易爆物

（1）在易受外部着火区段，如站用变压器室、柴油机房、蓄电池室应采用防火槽盒、带防火功能的罩管等保护电缆。

（2）带油电气设备附近的电缆沟盖或其他电缆通道保持密封。

3. 分隔不同的电气回路及系统

（1）变电站各站用工作变压器及站用备用变压器高压电力电缆应尽可能分道敷设，当只能敷设于同一缆道时，则应分别布置于有耐火分隔的不同支（托）架或缆道两侧支架上。

（2）全站性重要公用负荷（如主设备交直流电源）的同类负荷或同一负荷主备用回路不应全部集中在同一缆道内，当无法分开时，应采取以下措施：

1）沟内应用防火装置分隔或填砂；

2）另一部分电缆敷设于耐火槽盒或穿管；

3）部分电缆涂刷防火涂料或包防火带。

（3）电力与控制电缆应敷设于不同支托架上并用耐火隔板或罩盖分隔。

4. 封堵电缆孔洞

（1）通向控制室（主控、集控、网控）的电缆通道的所有孔洞，在其入口处均采用防火材料严密封堵。

（2）电缆穿越不同建（构）筑物及贯穿同一建（构）筑物的不同房间的电缆通道也应进行防火封堵。

（3）在竖井中，宜每隔 7m 或按建（构）筑物楼层设置阻火隔层，阻火隔层应密闭并能承受检修人员的荷载。

（4）所有屏、柜、箱下方的电缆进线孔均应用防火材料进行封堵。

（5）电缆沟至设备的分支电缆通道或埋管也应进行防火封堵。

5. 设置防火墙及阻火段

以下部位电缆隧道、沟及托架应设置防火隔墙或阻火段：

（1）不同建筑物交界处；

（2）室外进入室内处；

（3）配电室母线分段处；

（4）不同电压等级配电装置交界处；

（5）不同站用变压器回路及主变压器与其余配电装置缆道交界处；

（6）长距离缆道每隔不大于 100m 处或电缆隧道通风区段处；

（7）电缆隧道、沟道及桥架的分支及交叉处；

（8）站内电缆隧道的防火墙应设可开启不带锁防火门；

（9）通向站外的电缆隧道、沟道应在出站区围墙处设置防火墙，隧道应设置带锁防火门。

6. 防止电缆故障自燃

（1）防止电缆构筑物积水、淤泥及腐败物，电缆沟防火墙设置排水孔。

（2）保证电缆头制作工艺，变电站电缆沟内不宜有电缆接头。在电缆头集中处设置防火分隔板分隔不同电缆头及其他电缆，在接头盒附近两侧电缆涂刷防火涂料。

（3）电缆的绝缘及护套根据具体要求选用阻燃材料。地下变电站应选用低烟无卤阻燃电缆。

（4）在高温处选用耐热电缆，个别重要回路及在火势作用下需维持一段时间的回路，如消防、火灾报警、应急照明等部分选用耐火电缆或进行防火处理。

7. 设置火灾报警和灭火装置

在电缆夹层、电缆隧道及沟道、桥架内适当位置装设火灾报警及灭火装置，重要电缆回路设置感温电缆或探测装置。

三、防火阻燃材料及设施

主要的防火材料有涂料、包带、槽盒、隔板、堵料及砌料等，其主要特征见表 11-36。

表 11-36　防火材料名称及主要特征

名称	主要特征
防火涂料	电缆及阻火段外表层涂刷，多次涂刷干燥后厚度不小于 1mm
防火包带	厚度约 0.5mm，层叠缠绕于电缆表层不小于两层厚度，带自粘功能或采用防火胶固定
凝固型防火堵料	电缆沟道隔墙非电缆穿越区域防火主材及电缆孔洞防火填充物
固态防火砌料	电缆沟道及孔洞防火隔墙非电缆穿越区域可拆卸防火主材
非凝固型防火堵料	电缆沟道、孔洞桥架及电缆管防火隔墙电缆穿越区域周围缝隙填充用软质非凝固型堵料或防火密封胶
防火板	硬质耐火板材及耐火半硬质板
防火门	带阻火功能的活动门

主要的防火设施有阻火隔墙、阻火夹（隔）层、阻火段及阻火隔板层等，其制作要求如下。

1. 阻火隔墙

（1）电缆隧道阻火隔墙如图 11-33 所示。

1）材料可用堵料、砌料、隔板等填充密实，达到阻火隔烟的效果。

2）阻火隔墙两侧 1.5m 长电缆涂刷防火涂料多次，每次干后再涂，全干后涂刷厚度不小于 1mm。

3）堵料及砌料隔墙整体应具备一定强度以及火灾时在耐火时效内的不坍塌开裂，可采用钢型材固定。

4）阻火隔墙的每层电缆穿越区域采用非凝固型软防火堵料包覆一定区域以便更换电缆及远期扩建施工敷设电缆。

5）电缆隧道电缆阻火隔墙内侧面两侧加装 0.8m 宽通高防火隔板（可用钢制角钢框）固定在隧道两侧电缆支架上；也可在两侧电缆阻火隔墙间加装防火门。

6）电缆隧道两侧底脚或隧道排水沟处设 120mm×120mm 排水孔。

（2）电缆沟阻火隔墙如图 11-34 所示。做法与隧道相通，但无须装设分隔左右两侧的防火隔板或防火门，两侧应各涂刷不小于 1m 的防火涂料。

（3）电缆夹层阻火隔墙如图 11-35 所示。

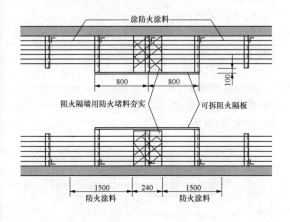

图 11-33 电缆隧道阻火隔墙（单位：mm）

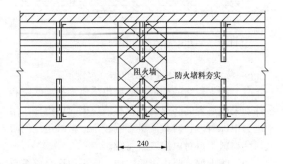

图 11-34 电缆沟阻火隔墙（单位：mm）

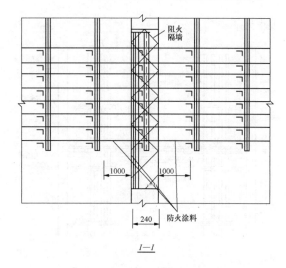

I—1

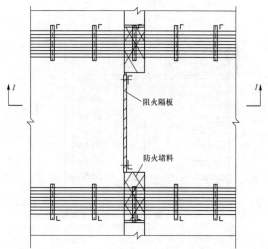

图 11-35 电缆夹层阻火隔墙（单位：mm）

2. 阻火夹层

带人孔电缆竖井阻火夹层如图 11-36 所示。不带人孔电缆竖井阻火夹层如图 11-37 所示。具体做法如下：

（1）为了施工安全方便，夹层阻火隔墙固定支架在电缆敷设之前装好。

（2）阻火夹层上下用防火隔板，中间填充防火堵料、砌料或矿棉半硬板。

（3）阻火隔板在电缆穿越处锯出条状孔，电缆敷设完毕后用软性防火堵料或矿棉密实填缝，使阻火隔墙具备阻火及隔烟效果。

（4）夹层上下 1m 处用防火涂料多次涂刷电缆及支架，防火涂料干燥后厚度不小于 1mm。

（5）人孔尺寸为 700mm×700mm，可用移动防火板及带铰链活动盖板密封人孔。

3. 架空电缆阻火段

架空电缆阻火段外形尺寸如图 11-38 所示，具体要求为：

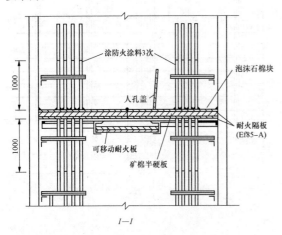

图 11-36　带人孔电缆竖井阻火夹层（单位：mm）

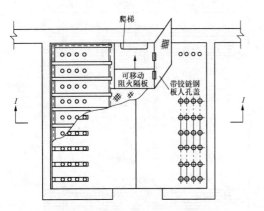

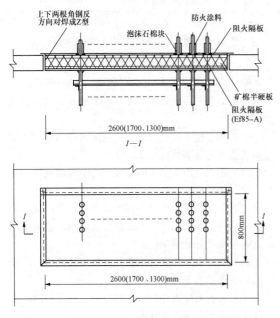

图 11-37　不带人孔电缆竖井阻火夹层（单位：mm）

（1）电缆表面多次涂刷 2m 长防火涂料或缠防火

包带，涂料干燥后厚度不小于 1mm，包带层叠缠绕总层数不小于两层。多层电缆如需要层间防火分隔，则加装防火隔板。

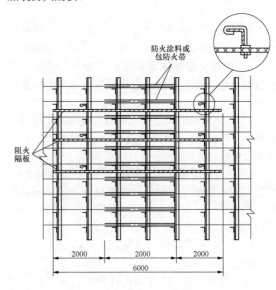

图 11-38　架空电缆阻火段外形尺寸（单位：mm）

（2）空间条件允许的直段，可采用阻火槽盒进行分段封堵。

4．阻火隔板

用于不同电压、不同系统或控制电缆、电力电缆之间的阻火分隔。

5．电缆中间接头盒阻火段

接头盒周围电缆阻火包带涂刷防火涂料，涂料干燥后厚度不小于 1mm，包带层叠缠绕总层数不小于两层，如图 11-39 所示。

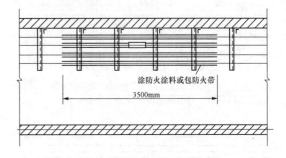

图 11-39　电缆中间接头盒阻火段（单位：mm）

6．防火设施的特性及要求

（1）防火封堵的构成，应按电缆贯穿孔洞状况和条件，采用适合的防火封堵材料或防火封堵组件；用于电力电缆时，宜对载流量影响较小；接触电缆的防火封堵材料不得对电缆造成腐蚀。

（2）防火墙、阻火段的构成，应采用适合电缆敷设环境条件的防火封堵材料，且应在正常时及可能经受积水浸泡或鼠害作用下具有稳固性和耐久可靠性。

（3）电缆防火封堵及其固定应考虑足够的强度，使之能满足火灾时火焰及灭火措施可能造成的冲击。

（4）人员工作场所的电缆通道防火设施应能满足疏散时的烟密性，防止防火分区内的烟雾通过电缆孔洞的防火封堵进行扩散。防火材料本身应具有正常时及火灾作用状况下的无毒环保性。

（5）金属件应能满足过火时的阻火时效内自身的牢固性，否则应采取涂刷包覆阻火材料等方式进行加强。单芯交流电缆穿越处电缆防火封堵设施的金属件不得构成闭合磁路。用于楼板孔、电缆竖井时，其结构支撑应能承受检修、巡视人员的荷载。

（6）电缆进出隧道的防火墙耐火极限不宜低于3.0h，防火门应采用甲级防火门（耐火极限不宜低于1.2h）且防火门的设置应符合 GB 50016《建筑设计防火规范》的有关规定。

（7）在电缆竖井中，每间隔不宜大于7m，采用耐火极限不低于3.00h的不燃烧体或防火封堵材料封堵。

（8）含油设备区域防火墙上的电缆孔洞应采用电缆防火封堵材料或防火封堵组件进行封堵，并应采取防止火焰延燃的措施，其防火封堵组件的耐火极限应为3.00h。

（9）其余电缆从室外进入室内的入口处、电缆竖井的出入口处，建（构）筑物中电缆引至电气柜、盘或控制屏、台的开孔部位，电缆贯穿隔墙、楼板的孔洞的电缆防火封堵、防火墙和阻火段等防火封堵组件的耐火极限不应低于贯穿部位构件（如建筑物墙、疏散通道、楼板等）的耐火极限，且不应低于1h，其燃烧性能、烟密性、理化性能和耐火性能应符合 GB 23864《防火封堵材料》的规定，测试工况应与实际使用工况一致。

第十二章

照　　明

第一节　照明方式与种类

一、照明方式

照明按其装设方式可分为一般照明、局部照明和混合照明。

1. 一般照明

不考虑特殊局部的要求，在整个场所假定工作面上获得基本上均匀的照度而设置的照明装置为一般照明。对于同一场所内的不同区域有不同照度要求时，应采用分区一般照明。

2. 局部照明

为增加某些特定地点（如实际工作面上）的照度而设置的照明装置为局部照明。对于局部地点要求照度高，并对照射方向及角度有一定要求时，除装设一般照明外，尚应装设局部照明。变电站装设局部照明的工作场所应符合表 12-1 的规定。

表 12-1　变电站装设局部照明的工作场所

工　作　场　所	
配电室	高低压成套配电柜内
二次屏柜室	二次屏柜内
水泵房	供水系统控制屏及测量仪表屏
配电装置	汇控柜及就地控制柜（LCP）内

注　可根据工程具体情况确定是否装设。

3. 混合照明

由一般照明和局部照明共同组成的照明装置为混合照明。对于工作位置需要较高的照度并对照射方向有特殊要求的场所，宜采用混合照明。在这种情况下，混合照明中的一般照明，其照度值应按该场所视觉工作等级混合照明照度值的 5%～10%选取，但一般不宜低于 20lx。

二、照明种类

变电站的照明种类可分为正常照明和应急照明，

应急照明包括备用照明和疏散照明。备用照明为持续性运行的应急照明，该系统的作用是与正常照明系统一起为建筑物内设备提供足够的照度。疏散照明（自带蓄电池的成套装置）在正常和应急照明系统断电的情况下，确保疏散通道能被有效地辨认。照明种类的确定应符合下列要求：

（1）工作场所应设置正常照明。在正常生产、工作情况下使用的室内外照明称为正常照明。它一般可单独使用，也可与应急照明同时使用。

（2）工作场所下列情况应设置应急照明：

1）正常照明因故障失电后，变电站内直流屏给应急照明逆变器屏供电。通过应急照明逆变器屏使电压改变为 AC 220V 后给应急照明箱供电，应急照明灯具参与正常照明。

2）应急照明灯具一般宜布置在主控制室、通信机房、继电器室等设备间内，灯具的布置应在设备通道及出入口处。

3）当正常照明因故障熄灭后，需确保正常工作或活动继续进行的场所应设置应急照明。

4）当正常照明因故障熄灭后，需确保正常人员安全疏散的出入口和通道应设置疏散照明。

（3）变电站内主控制室宜装设直流常明方式的备用照明。

（4）无人值班变电站宜装设人工开启的备用照明。

变电站装设应急照明的工作场所应符合表 12-2 的规定。

表 12-2　变电站装设应急照明的工作场所

工　作　场　所	应急照明	疏散照明
主控制室	√	
通信机房	√	
继电器室及开关柜室	√	√
屋内配电装置	√	
蓄电池室	√	
柴油发电机室	√	

续表

工 作 场 所	应急照明	疏散照明
泡沫消防间	√	
消防水泵房	√	
主控楼走廊	√	√
楼梯间	√	√
汽车库	√	
备品备件库	√	

第二节　照明供电及控制

一、照明供电

（1）照明系统的供电由正常电源系统和应急电源系统提供。

（2）照明主干线路是指照明配电箱的电源回路，包括配电柜至照明配电箱回路、两照明配电箱之间的回路。照明分支线路是指照明配电箱的出线回路。照明分支回路的电流所接灯数不宜过多，断开电路的范围不致太大，故障发生后检修维护较方便。

（3）照明主干线路供电应符合下列要求：

1）正常照明主干线路宜采用 TN 系统；

2）应急照明主干线路，当经交直流切换装置供电时应采用单相，当只由保安电源供电时应采用 TN 系统；

3）照明主干线路上连接的照明配电箱数量不宜超过 5 个。

（4）照明分支线路宜采用单相；对距离较长的道路照明与连接照明器数量较多的场所，也可采用三相。

（5）距离较远的24V 及以下的低压照明线路宜采用单相，也可采用 380/220V 线路，经降压变压器以24V 及以下电压分段供电。

（6）站区道路照明供电线路应与室外照明线路分开。建筑入口门灯可由该建筑物内的照明分支线路供电，但应加装单独的开关。

（7）每一照明单相分支回路的电流不宜超过16A，所接光源数量或发光二极管（LED）灯具数量不宜超过 25 个。

（8）对高强气体放电灯的照明回路，每一单相分支回路电流不宜超过 25A，并应按启动及再启动特性校验保护电器并检验线路的电压损失值。

（9）应急照明网络中不应装设插座。

（10）插座回路宜与照明回路分开，每回路额定电流不宜小于 16A，且应设置剩余电流保护装置。

（11）在气体放电灯的频闪效应对视觉作业有影响的场所应采用以下措施之一：

1）采用高频电子镇流器；

2）相邻灯具分接在不同相序。

二、照明控制

（1）照明控制应符合下列要求：

1）站区内的主控楼、继电器小室、主要设备间等地方的一般照明，宜在照明配电箱内集中控制，以便由运行人员专管或兼管。灯具采用手动或自动方式开关灯，也可以采用分组开关方式或调光方式控制。

2）由于小室出入口和楼梯间、走道等地方人流最低，适合采用自动调节或分组调节方式。当小室出入口、楼梯间无人时，可选用声光控开关进行自动控制。

3）每个灯开关控制的灯数宜少一些，有利于节能，也便于运行维护。

4）房间或场所装设两列或多列灯具时，通过分组控制可以关闭不需要的灯光。

5）正常照明分支线路的中性线上，不应装设开关设备。

6）集中控制的照明分支线路上，不应连接插座及其他电气设备。

（2）照明线路与保护装置的配合：

1）防止触电的安全措施有一种是在配电回路中采用漏电开关。如电暖器、空调、轴流风机等。

2）导线和电缆的允许载流量，不应小于回路上熔断器的额定电流或断路器开关脱口器的额定电流。照明线路与保护装置之间应进行必要的配合。

3）为了避免照明线路导线、电缆过热，应在电流超过导线、电缆的长期允许电流值时把电流切断，所有照明线路均应有短路保护开关。

（3）智能照明控制。智能照明控制系统替代了传统的人工控制方法。智能照明系统目前是最先进的一种照明控制方式，它采用全数字、模块化、分布式的系统结构，通过五类控制线将系统中的各种控制功能模块及部件连接成一个照明控制网络，也可通过触摸屏或计算机控制系统的通信总线，实现遥测、遥控、遥信管理等功能。

智能照明控制系统可随时对变电站站区内的户内外照明灯具进行分区域控制及管理，从而达到管理智能化、操作简单化等要求，实现高效率、低成本的管理，使变电站户内外照明系统更加简单、方便、灵活。

三、照明网络电压

（1）正常照明网络电压应为 380/220V。应急交流照明网络电压应为 380/220V。应急直流照明网络电压应为 220V 或 110V。

（2）照明灯具端电压的偏移不应高于额定电压的105%，也不宜低于其额定电压的下列数值：

1）一般工作场所为 95%；

2）远离供电电源的小面积一般工作场所难以满足（1）的要求时，可为90%。

（3）下列场所应采用24V及以下的低压照明：

1）供一般检修用携带式作业灯，其电压应为24V；

2）检修用携带式作业灯，其电压应为12V；

3）电缆隧道照明电压宜采用24V。

（4）当电缆隧道照明电压采用220V时，应有防止触电的安全措施，并应敷设专用接地线。

（5）特别潮湿的场所、高温场所、具有导电灰尘的场所、具有导电地面的场所的照明灯具，当其安装高度在2.2m及以下时，应有防止触电的安全措施或采用24V及以下电压。

（6）正常照明网络的供电方式应按以下原则设置：

1）变电站正常照明宜由动力和照明网络共用的低压站用变压器供电；

2）照明配电箱的进线应从380/400V配电屏引接；

3）室内照明与室外照明应分别设照明干线。

（7）应急照明网络供电。

1）主控制室的应急照明，除常明灯外，也可为正常时由低压380/220V站用电供电。当有事故发生时，站内直流屏给应急照明逆变器屏供电。通过应急照明逆变器屏使电压改变为AC 220V后给应急照明灯具供电，应急照明灯具参与正常照明。

2）交流应急照明应由逆变器屏供电。

3）未设置逆变器的变电站，事故时灯具电源由蓄电池直流屏供电。

4）变电站应急照明宜采用交流照明灯由直流屏系统逆变供电或采用自带蓄电池的应急照明灯具。

5）应急照明配电箱应布置在方便操作的地方。

四、照明负荷计算

照明负荷宜按下列公式计算：

照明分支线路负荷宜按式（12-1）计算：

$$P_c=\Sigma\left[P_z\left(1+a\right)+P_s\right] \qquad (12\text{-}1)$$

照明主干线路负荷宜按式（12-2）计算：

$$P_c=\Sigma\left[K_xP_z\left(1+a\right)+P_s\right] \qquad (12\text{-}2)$$

照明不均匀分布负荷宜按式（12-3）计算：

$$P_c=\Sigma\left[K_x\times3P_{zd}\left(1+a\right)+P_s\right] \qquad (12\text{-}3)$$

式中　P_c——照明计算负荷，kW；

　　　P_z——正常照明或应急照明装置容量，kW；

　　　P_s——插座负荷，kW；

　　　P_{zd}——最大一相照明装置容量，kW；

　　　K_x——照明装置需要系数，按表12-3的规定确定；

　　　a——镇流器与其他附件损耗系数，白炽灯、卤钨灯 a=0，气体放电灯、无极荧光灯 a=0.2。

表12-3　　　　照明装置需要系数

工作场所	K_x值	
	正常照明	应急照明
主控制楼、屋内配电装置	0.85	1.0
化学水处理室	0.85	—
办公室、试验室、材料库	0.8	—
屋外配电装置	1.0	—

照明变压器容量宜按式（12-4）计算：

$$S_N\geqslant\Sigma\left[K_tP_z(1+a)/\cos\varphi+P_s/\cos\varphi\right] \qquad (12\text{-}4)$$

式中　S_N——照明变压器额定容量，kVA；

　　　K_t——照明负荷同时系数，按表12-4的规定确定；

　　　$\cos\varphi$——灯具光源功率因数，白炽灯、卤钨灯 $\cos\varphi$=1，荧光灯、发光二极管、无极荧光灯 $\cos\varphi$=0.9，高强度气体放电灯 $\cos\varphi$=0.85。

表12-4　　　　照明负荷同时系数

工作场所	K_t值	
	正常照明	应急照明
主控制楼	0.8	1.0
屋内配电装置	0.3	0.3
屋外配电装置	0.3	—
辅助生产建筑物	0.6	—
办公室	0.7	—
道路及警卫照明	1.0	—
其他露天照明	0.8	—

五、照明网络接地

（1）变电站照明网络的接地形式宜采用TN-C-S系统。

（2）TN-C-S系统照明配电箱的电源线中，其中性线（N线）和保护地线（PE线）合并为保护接地中性线（PEN），可重复接地，照明配电箱以后分支线的中性线（N线）和保护地线（PE线）分开后，中性线（N线）不应再接地。

（3）照明配电柜、照明配电箱、照明变压器及其支架、电缆接线盒的外壳、导线与电缆的金属外壳、金属保护管、需要接地的灯具、照明灯杆、插座、开关的金属外壳等均应可靠接地。正常、应急照明配电箱与配电屏的保护线母线应就近接入接地网。

（4）二次侧为24V及以下的降压变压器严禁采用自耦降压变压器，其二次侧不应作保护接地。

（5）照明网络的接地电阻不应大于 4Ω。工作中性线（N 线）的重复接地电阻不应大于 10Ω。

（6）当应急照明直接由蓄电池供电或经切换装置后由蓄电池直流供电时，其照明配电箱中性线（N 线）母线不应接地。箱子外壳应接于专用接地线。

在有爆炸危险的场所，其接地应符合 GB 50058《爆炸危险环境电力装置设计规范》的规定。

（7）变电站照明网络的保护接地中性线（PEN 线）必须有两端接地，应按下列方式接地：

1）在具有一个或若干个并接进线照明配电箱的建筑物内，可将底层照明配电箱的工作中性线（N 线）、保护接地线（PE 线）与外壳同时接入接地装置；

2）当建筑物或构筑物无接地装置时，可就近设独立接地装置，其接地电阻不应大于 30Ω；

3）当建筑物与构筑物的照明配电箱进线设有室外进户线支架时，宜将保护接地中性线（PEN 线）与支架同时和接地网相连；

4）中性点直接接地的低压架空线的保护接地中性线（PEN 线），其干线和分支线的终端以及沿线每 1km 处应重复接地，重复接地宜利用自然接地体；

5）当距接地点小于 50m 时，可不重复接地。

第三节　照明灯具及其附属装置选择和布置

一、光源的种类

变电站内目前主要使用的光源基本上可分为荧光灯、气体放电灯和发光二极管（LED）三大类。在不同场所应根据其对照明的要求、使用场所的环境条件和光源的特点合理选择。照明光源的安装容量由照度计算的结果确定。

（1）荧光灯。荧光灯分为直管荧光灯、紧凑型荧光灯，是室内照明应用最广的光源，被称为第二代光源。与白炽灯相比，荧光灯具有光效高、寿命长、光色和显色性都较好的特点，因此在大部分场合取代了白炽灯。荧光灯的优点是发光效率比白炽灯高得多，在使用寿命方面也优于白炽灯；缺点是显色性较差（光谱是断续的），特别是它的频闪效应，容易使人眼产生错觉。一般情况下宜采用显色指数（Ra）大于 80 的三基色荧光灯。

（2）气体放电灯。

1）高压钠灯。由钠蒸气放电产生发光现象。与低压钠灯相比，高压钠灯工作时所需要的温度和压力都很高，显色指数对比低压钠灯有所提高。它的光谱不再是单色的黄光，而是展布在相当宽的频率范围内。通过谱线的放宽，高压钠灯发出金白色的光，这就可进行颜色的区别。特点是发光效率高、节省能源、长寿命、性能可靠、维修成本低。黄色灯光透雾性强。

2）金属卤化物灯。简称金卤灯，是气体放电灯中广泛使用的一类光源。在汞蒸气放电管中加入金属卤化物，放电时除了高压汞蒸气谱线外，还能产生其他各种颜色的光谱，其外观的光色呈白色，改善了光的显色性和光效。金属卤化物灯的最大优点是发光效率特别高，光效高达 80～120lm/W。

（3）发光二极管（LED）。LED 属于全固体冷光源，体积更小，质量更轻，结构更坚固，而且工作电压低，使用寿命长。按照通常的光效定义，LED 的发光效率并不高，但由于 LED 的光谱几乎全部集中于可见光频段，故效率可达 80%～90%。而同等光效的白炽灯的可见效率仅为 10%～20%。单体 LED 的功率一般为 0.05～1W，通过集群组合方式可以在不同的场所满足照度的要求。

二、光源的选择

在光源选择时，不只是比较光源的价格，更应进行全寿命期的综合经济分析比较，因为一些高效、长寿命光源，虽然价格较高，但使用数量减少，运行维护费用降低，在经济上是合理的。

所以光源应根据显色指数、启动时间、环境条件、高光效、长寿命、节能的特点进行选择：

（1）办公室、主控制室、继电器室等房间高度较低的场所，识别颜色要求较高或经常有人去的工作场所，一般选用荧光灯或发光二极管（LED）灯具。

（2）安装高度较高，并需大面积照明的场所，如站内道路、配电装置区域的照明光源宜采用高压钠灯、金属卤化物灯或发光二极管（LED）大功率灯具。

（3）安装高度较低的房间，宜采用荧光灯或发光二极管（LED）灯具。当房间高度在 5m 以上时，可选用金属卤化物灯具或大功率细管径荧光灯或者无极荧光灯。高、低压配电室及屋内配电装置室也可选用金属卤化物灯具。按照房间面积进行照度计算。在满足照度要求的情况下灯具可采用吸顶式安装或侧壁安装。

（4）蓄电池室选用防爆型灯具。考虑运行人员检修、维护方便，灯具采用侧壁安装。

（5）环境温度较底的场所，一般不选用荧光灯或启动困难的气体放电灯。

（6）在蒸汽浓度较大的场所，一般选用透雾能力强的高压钠灯。

（7）从直流屏直接引接的照明灯具如主控制室内

常明灯，灯具一般选取与直流电压配套的无极荧光灯或发光二极管（LED）灯具。

各种光源的适用场所及示例见表 12-5。

表 12-5 各种光源的适用场所及示例

光源名称	适用场所	示例
荧光灯、发光二极管（LED）灯具	（1）悬挂高度较低，又需要较高照度的场所。 （2）需要正确识别色彩的场所	主控制室、计算机室、会议室、阅览室、办公室、继电器小室等
高压钠灯	（1）需要照度高，对光色有特殊要求的场所。 （2）潮湿多雾场所	全年超过 1/3 雨雾天气的变电站
金属卤化物灯	较高的屋内外配电装置，对照度要求高，光色较好的场所	STATCOM 室、GIS 室、高压手车式成套配电柜、屋外配电装置区域等
混合光源	对照度要求高，光色较好的场所	35kV 及 10kV 开关柜室、高压手车式成套配电柜等

三、光源的主要附件

（1）照明灯具安装应牢固，更换光源或其他附件方便，不应将灯具及其附件安装在高温设备表面或有工业气流冲击的地方。

（2）质量超过 3kg 的灯具及其附件，安装时应采取加强保护措施。

（3）灯具及其镇流器等发热部位，当靠近可燃物表面时，应采取散热等防火措施。

（4）灯具的引入线应采用多股铜芯软线，在建筑物内时其截面积不应小于 $1mm^2$，在建筑物外时其截面积不应小于 $1.5mm^2$。温度较高灯具的引入线，宜采用耐热绝缘导线或其他措施。

（5）站区道路照明配电回路应装设短路保护，每个照明灯具还应单独安装就地短路保护。

（6）局部照明灯具的安装宜采用可拆卸方式，方便维护及检修。

（7）当采用 I 类灯具时，灯具的外露可导电部分应连接保护线（PE 线）并应可靠接地。

（8）安全特低电压供电应采用安全隔离变压器，其变压器的一、二次之间应予以隔离，二次侧不应做保护接地，避免高电压侵入到特低电压（交流 50V 及以下）侧而导致不安全。

（9）照明装置的机械性能应满足下列要求：

1）照明装置应能满足使用环境的要求。

2）灯具应强度高，做到防腐、防爆、防水。

3）室外使用的照明灯具的外壳防护等级应满足 IP≥55。

4）高强度气体放电灯不宜采用敞开式灯具。

5）安装在高空中的灯具应选用质量轻、灯具下部带透明保护罩、体积小和风载系数小的产品。

6）灯具应自带或附带调角度的指示装置。灯具锁紧装置应能承受在其灯具投影面上的最大风载荷，且灯具没有明显偏斜。

7）安装在 2m 以上的照明装置应有附加的安全保护措施。

（10）镇流器的选择：

1）采用电子镇流器，使灯管在高频条件下工作，可提高灯管光效和降低镇流器的自身功耗，有利于节能，并且发光稳定，消除了频闪和噪声，有利于提高灯管的寿命。目前我国的镇流器荧光灯大部分采用电子镇流器。

2）T8 直管荧光灯应配电子镇流器或节能型镇流器，不应配用功耗大的传统电感镇流器，以提高功效；T5 直管荧光灯（＞14W）应采用电子镇流器，因为电感镇流器不能可靠启动 T5 灯管。

3）当采用高压钠灯和金属卤化物灯时，宜配用节能型电感镇流器，它比普通电感镇流器节能；在电压偏差大的场所，采用高压钠灯和金属卤化物灯时，为了节能和保持光输出稳定，延长光源寿命，宜配用恒功率镇流器。

四、灯具分类

（1）灯具按结构分为以下几类：

1）开启型。光源与外界空间直接相通，没有包合物。

2）闭合型。具有闭合的透光罩，但灯罩内外可以自然通气。

3）封闭型。透光罩接合处加以一般封闭，但灯罩内外可以有限通气。

4）密闭型。透光罩接合处严密封闭，灯罩内外空气严密隔绝，如防水防尘灯具。

5）防爆型。透光罩及接合处加高强度支撑物，可承受要求的压力。

6）隔爆型。在灯具内部发生爆炸时，经过一定间隙的防爆面后，不会引起灯具外部爆炸。

7）安全型。在正常工作时不产生火花、电弧，或在危险温度的部件上采用安全措施，提高安全系数。

8）防振型。可安装在振动的设施上。

（2）灯具按安装方式分为以下几类：

1）壁灯。装在墙壁、庭柱上，主要用于局部照明，壁灯照明不适宜安装在顶棚上和走廊内。

2）吸顶灯。吸顶灯是将灯具吸贴在顶棚面上，主要用于没有吊顶的房间内。如继电器室雨篷下、没有吊顶的走廊、楼梯间（楼梯间高度超过 3.2m 建议在墙侧壁 2.2～2.5m 安装壁灯）。

3）防水防爆灯。防水防尘防爆灯主要安装在供水设备间、蓄电池室内。

4）嵌入式灯具。嵌入式灯具适用于有吊顶的房间，灯具是嵌入在吊顶内安装的，这种灯具能有效地消除眩光，与吊顶结合为平面。嵌入式灯具主要有方形格栅灯（600mm×600mm）、长方形格栅灯（1200mm×600mm）。

5）吊杆灯。吊杆灯是最普通的一种灯具安装方式，也是运用最广泛的一种。它主要是利用吊杆、吊链来吊装灯具，以达到不同的效果，根据房间层高，来调节灯具的高度。主要安装在没有吊顶的房间内，通常主要安装在继电器室内屏柜与屏柜之间。

6）移动式应急照明灯。方便运行人员夜间巡检使用。

五、灯具的选择与布置原则

变电站内灯具应根据所使用环境条件、强光分布、房间的用途、限制眩光、绿色节能等进行选择。在满足上述技术条件的情况下，应选用效率高、维护检修方便的灯具。

（1）按使用环境条件选择灯具应符合以下条件：

1）潮湿场所应采用相应防护等级的防水灯具。

2）有腐蚀性气体和蒸汽的场所应采用耐腐蚀材料制成的密闭式灯具；若采用开启式灯具，各部分应有防腐蚀、防水措施。

3）高温场所宜采用散热好、耐高温的灯具。

4）在建筑高度较高的场所，光源宜优先采用金属卤化物灯。电路应分散进行无功功率补偿，以提高系统的功率因数。

5）应急照明应采用能瞬时点燃的光源，如荧光灯、发光二极管（LED）和卤钨灯，宜采用不停电电源。

6）多尘埃的场所应采用防护等级不低于 IP5X 的灯具。

7）在易受机械损伤、光源自行脱落可能造成人员或财产损失的场所使用的灯具应有防护措施。

8）在有爆炸和火灾危险场所使用的灯具应符合 GB 50058《爆炸危险环境电力装置设计规范》的有关规定。

9）有酸碱腐蚀性的场所，应选用耐酸碱型灯具。

10）需防止紫外线照射的场所应采取隔紫灯具或无紫光源。

（2）在满足眩光限制和配光要求的条件下，应选择效率或效能高的灯具，并应符合下列规定：

1）直管形荧光灯灯具的效率不应低于表 12-6 的规定。

表 12-6　　直管形荧光灯灯具的效率

灯具出光口形式	开敞式	保护罩（玻璃或塑料）		格栅
		透明	磨砂、棱镜	
灯具效率	75%	75%	55%	65%

2）紧凑型荧光灯筒灯灯具的效率不应低于表 12-7 的规定。

表 12-7　　紧凑型荧光灯筒灯灯具的效率

灯具出光口形式	开敞式	保护罩	格栅
灯具效率	55%	50%	45%

3）小功率金属卤化物灯筒灯灯具的效率不应低于表 12-8 的规定。

表 12-8　　小功率金属卤化物灯筒灯灯具的效率

灯具出光口形式	开敞式	保护罩	格栅
灯具效率	60%	55%	50%

4）高强度气体放电灯灯具的效率不应低于表 12-9 的规定。

表 12-9　　高强度气体放电灯灯具的效率

灯具出光口形式	开敞式	格栅或投光罩
灯具效率	75%	60%

5）发光二极管筒灯灯具的效能不应低于表 12-10 的规定。

表 12-10　　发光二极管筒灯灯具的效能　　（lm/W）

色温	2700K		3000K		4000K	
灯具出光口形式	格栅	保护罩	格栅	保护罩	格栅	保护罩
灯具效能	55	60	60	65	65	70

6）发光二极管灯盘的效能不应低于表 12-11 的规定。

表 12-11　　发光二极管灯盘的效能　　（lm/W）

色温	2700K		3000K		4000K	
灯具出光口形式	格栅	保护罩	格栅	保护罩	格栅	保护罩
灯具效能	55	60	60	65	65	70

（3）变电站各个建筑物内装设灯具的类型宜按表 12-12 的规定选择。

表 12-12　　　　　　　　　　　　　　变 电 站 照 明 装 置

场所名称	环境特征	火灾危险性类别	爆炸危险类别	推荐灯具型式	光源	导线型号及敷设方式	控制方式	备注
控制室	正常环境	戊	—	格栅荧光灯、间接照明灯	TLD、CFG、LED	BV 穿管敷设	集中	
电子计算机室								
继电器室、电子设备间				格栅荧光灯				
不停电电源室				荧光灯			就地	
蓄电池室	有腐蚀性酸气、有爆炸性混合物	乙	ⅡC	防爆灯（ⅡCT1级）、防腐蚀灯	TLD、CFG	BV 穿管敷设	集中	开关装置门外
通信室	正常环境					BV 穿管敷设	就地	
电缆夹层	正常环境、层高低	丁	—	荧光灯		BV 穿管敷设		
电缆隧道	潮湿、有触电危险	丁	—	荧光灯	TLD、CFG	BV 穿管敷设	就地	
柴油机房	有燃油、有可能产生火灾危险	丙	ⅡA	防爆灯（ⅡAT3级）	ZJD、LED		就地	
变压器、电抗器、开关设备、出线小室	正常环境	丙	—	荧光灯、块板灯	TLD、CFG	BV 穿管敷设	就地	
维护走廊、操作走廊、母线层		丁					集中	
高、低压配电室、直流配电装置室		丁		荧光灯				
层内高压配电装置		丙		荧光灯、块板灯				
综合水泵房	潮湿、半下水建筑	戊		块板灯	NG、ZJD	BV 穿管敷设	就地	
屋外配电装置	露天环境	丙		块板灯、投光灯	NG、ZJD	电缆穿管敷设、电缆直埋或沟内敷设	集中	
站区道路		—		庭院灯、高压钠灯	NG、ZJD、LED、WJY		光控、时控	
办公室	正常环境	丙		荧光灯、筒灯	ZJD、TLD、CFG	BV 穿管敷设	就地	
浴室	特别潮湿	戊		镜前、防水防尘灯				

注　1. 具有防水、防尘、防腐蚀性能的灯具简称"三防灯"；具有防水、防尘、防腐蚀、防振性能的灯具简称"四防灯"。
　　2. 对于蓄电池室爆炸场所的照明装置应按防爆规程要求设置。
　　3. 光源代码为：TLD—荧光灯；ZJD-金属卤化物灯；CFG—紧凑型荧光灯；NG—高压钠灯；LED—发光二极管；WJY—无极荧光灯。

（4）室内照明应按室形指数选用配光合理的灯具，室内均匀布置的照明灯具的最大允许距高比和灯具的配光应符合表 12-13 的规定。

表 12-13　　　　灯具配光的选择

室形指数 RI	灯具最大允许距高比 L/H	配光种类
5～1.7	1.5～2.5	宽配光
1.7～0.8	0.8～1.5	中配光
0.8～0.5	0.5～1.0	窄配光

室形指数为

$$RI = \frac{LW}{h_{re}(L+W)} \qquad (12\text{-}5)$$

式中　RI——室形指数；

　　　L——房间长度，m；

　　　W——房间宽度，m；

　　　h_{re}——照明器至计算面高度，m。

六、室内照明灯具的布置

室内照明灯具的布置可采用均匀布置和选择性布

置两种型式。室内照明灯具布置应满足下列要求：

（1）应使整个房间或房间的部分区域内照度均匀；

（2）光线的投射方向应能满足生产工艺的要求，光线不应被设备遮挡；

（3）应限制直接眩光和反射眩光；

（4）应与建筑物协调；

（5）应便于维护和安全检修。

控制室对照度的要求很高，最低照度不应小于500lx。小型控制室及无人值班的控制室宜采用嵌入式或吸顶式荧光灯或发光二极管（LED）灯具。人、中型控制室宜采用嵌入式栅格荧光灯、发光二极管（LED）灯具或者采用荧光灯做间接照明。控制室内不应采用花式吊灯照明。在控制室的后墙壁上不宜装设壁灯。

1. 主控制室照明灯具的布置方式要求

（1）主控制室是变电站的神经中枢，所以对主控制室的照度要求很高。因此，在主控制室内灯具安装中心间距建议为 1.2～1.8m，灯具边缘距离墙边不小于0.5m。在有吊顶的房间使用平式发光二极管（LED）灯嵌入式安装或平板式荧光灯嵌入式安装（在满足照度要求的情况下，灯具也可根据现场二次装修，排版定位，达到美观、协调、统一）。无吊顶的房间使用发光二极管（LED）灯或荧光灯吸顶式安装。

主控制室内灯应避免布置在屏、柜等设备正上方，在灯具布置间距的范围内，满足重点设备和区域照明，灯具可以不等间距布置，但同一排的灯应保持一致。

（2）为了提高照明的均匀度，减轻视觉疲劳，应尽量设法提高照度的均匀度，降低室内的亮度比。为此在采用发光带均匀布置时，可参照以下原则确定灯具的布置尺寸：

1）灯具至墙布边距离宜选用（1/3～1/4）灯具间距。

2）灯具的最少排数为

$$M=A/L \qquad (12\text{-}6)$$

3）灯具的纵向个数为

$$N=L_f/L_Z \qquad (12\text{-}7)$$

4）灯具允许最大间距为

$$L=KH \qquad (12\text{-}8)$$

以上三式中　M——灯具的最少排数；

A——房间宽度，m；

L——灯具最大允许间距，m；

N——灯具的纵向个数；

L_f——房间长度，m；

L_Z——灯具的单位长度，m；

K——最大距高比，一般宜选取 0.88～1.75；

H——计算高度，m。

（3）应急灯具的选择应满足下列要求：

1）按照不同环境要求可选用开启型、防水防尘型、隔爆型灯具。

2）自带蓄电池的应急灯具放电时间，对于 750kV 及以下有人值班的变电站应按不低于 60min 计算，对于无人值班变电站、1000kV 变电站应按不低于 120min 计算。应急照明疏散指示标志，应符合 GB 50229《火力发电厂与变电站设计防火标准》的规定。

（4）照明设计时应按下列原则选择镇流器：

1）自镇流荧光灯应配电子镇流器。

2）直管荧光灯应配电子镇流器或节能型电感镇流器。

3）高压钠灯、金属卤化物灯宜配用节能型电感镇流器；在电压偏差较大的场所，宜配用恒功率镇流器；功率较小者可配用电子镇流器。

（5）改进光源的光色。控制室不宜采用白炽灯和荧光灯的混合光源，以避免产生黄色光斑。采用单一的荧光灯时灯色偏冷，不够柔和，而且容易引起视觉疲劳。推荐选用交底色温的灯具（例如色温为3500～5500K），以白色或暖色荧光灯作为主控制室的照明光源。

2. 继电器室灯具布置要求

继电器室内灯具布置，灯具应布置在屏柜之间、无遮挡处。灯具高度 3.0～3.2m。

3. 蓄电池室照明灯具布置

蓄电池室照明灯具宜采用防爆型灯具。考虑运行人员检修及维护方便，灯具侧壁安装，灯具距地高度不小于 2.5m。

4. 电缆夹层、隧道照明灯具布置

电缆夹层照明灯具，宜采用防潮防腐发光二极管（LED）或荧光灯吸顶安装。灯具布置时应避开横梁、夹层内孔洞等位置。电缆隧道照明灯具吸顶安装，灯具电压一般采用直流 24V，当电缆隧道照明灯具电压采用 220V 时，应有防止静电的安全措施，并应敷设灯具外壳专业接地线。

5. 走廊、楼梯间照明布置

走廊采用发光二极管（LED）或荧光灯，有吊顶时嵌入式安装，无吊顶时吸顶安装。灯具布置间隔2.4m 左右，走廊内居中布置。楼梯间采用环形吸顶灯安装，层高太高时，方便运行人员检修灯具采用侧壁安装，灯具高度距地 2.2～2.5m。

七、屋内配电装置照明灯具的选择和布置

屋内配电装置是用来分配电能的场所，安装位置有高压开关设备、继电保护室、GIS 室、蓄电池室、水泵房、电缆夹层及其他辅助设备室和经常处在带电

运行状态的场所。屋内配电装置的照明灯具不能安装在配电间隔和母线上方，装设照明灯具时应避开带电体，安装位置应在设备的连接头、开关设备的断开点、断路器的油位计、设备开断位置及状态位置指示器附近，也便于照明灯具的维护及检修。

1. GIS 室照明布置

GIS 室内可选择使用发光二极管（LED）或金属卤化物灯具。根据房间面积及照度要求选取灯具功率，建议为 70～150W。侧壁安装时，灯具间距建议为 5～10m，安装于与设备平行的两侧立柱或墙面上。在灯具安装间距范围内，满足对重点设备区域的照明灯具可不平均等间距布置，但两侧灯具的安装位置必须对称的要求。灯具安装高度应高于设备 0.5～1.0m，且灯具可在垂直方向 120°旋转。

2. 变压器室照明布置

变压器室内可选择使用发光二极管（LED）或金属卤化物灯具。根据房间面积及照度要求选取灯具功率，建议为 70～150W。侧壁安装时安装在房间四个对角处，对角两灯之间大于 15m 时，应在两灯具之间增加一组补充灯具照度。灯具安装应避开套管、母线桥等带电设备。灯具安装高度应高于设备 0.5～1.0m，且灯具可在垂直方向 120°旋转。

3. 开关柜室、380/220V 站用交流配电室照明布置

开关柜室、380/220V 站用交流配电室照明灯具，根据房间面积及照度要求选取灯具功率。吊杆安装灯具时建议吊杆高度为 3.0～3.2m，间距为 1.4～2.0m。侧壁安装灯具时，灯具间距建议为 5～10m，灯具功率建议为 70～150W，安装于与设备平行的两侧立柱或墙面上。在灯具安装间距范围内，满足对重点设备区域的照明灯具可不平均等间距布置，但两侧灯具的安装位置必须对称的要求。灯具安装高度应高于设备 0.5～1.0m，且灯具可在垂直方向 120°旋转。

八、屋外配电装置照明灯具的选择和布置

屋外配电装置的照明可采用集中布置、分散布置或集中与分散相结合的布置方式，当有些设备需要就地操作，有些是看对象（如油位指示、压力指示、温度计、连接端子等）所处位置较高时，灯具的眩光和阴影应尽量减少。布置方式应满足下列要求：

（1）当采用集中布置时，宜采用双面或多面照射，有条件时应利用附近高建筑物。

（2）当采用分散布置时，宜采用不锈钢灯杆或安装于地面的泛光照明方式，但应有足够的安全距离，并满足安全检修条件。

（3）照明灯具与无遮栏裸导体或带电设备的安全距离应符合 DL/T 5352《高压配电装置设计规范》的规定。

（4）站区道路照明灯具布置应与总布置相协调，宜采用单列布置；交叉路口或岔道口应有照明。

（5）布置照明灯杆时，应避开上下水道、管沟等地下设施，与消防栓的距离不应小于 2m。

（6）户外草坪灯作为辅助照明，灯杆高度为 0.7～1.0m，布置间隔为 15～20m。灯具距道路边不小于 0.5m。

（7）投光灯安装在主变压器及户外配电装置区域，作为夜间运行检修使用。根据配电装置间隔选用 250、400W 单头或双头灯具。高度建议不低于 1.5m。安装在防火墙上的灯具侧壁安装。

（8）庭院灯主要安装在站区主控楼前，作为装饰和局部照明。灯具安装高度为 2.5～3m。

九、导线截面选择

（1）变电站内照明线路导线截面应按线路计算电流进行选择，按允许电压损失、机械强度允许的最小导线截面进行校验，并应与供电回路保护设备相互配合。选择导线截面应按下列计算步骤进行：

按线路计算电流选择导线截面，可按式（12-9）计算：

$$I_{xn} \geqslant I_c \qquad (12\text{-}9)$$

式中　I_{xn}——导线持续允许载流量，可按照表 12-14、表 12-15 的规定确定，A；

I_c——照明线路计算电流，A。

导线在不同环境温度时的载流量校正系数可按照表 12-16 的规定确定。

1）单相照明线路计算电流应按式（12-10）和式（12-11）计算：

卤钨灯

$$I_c = P_c / U_{Nph} \qquad (12\text{-}10)$$

气体放电灯、发光二极管和无极荧光灯

$$I_c = P_c / (U_{Nph} \cos\varphi) \qquad (12\text{-}11)$$

式中　P_c——线路计算负荷，kW；

U_{Nph}——线路额定相电压，kV；

$\cos\varphi$——光源功率因数。

2）三相四线照明线路计算电流应按式（12-12）和式（12-13）计算：

卤钨灯

$$I_c = \frac{P_c}{\sqrt{3} U_{Nl}} \qquad (12\text{-}12)$$

气体放电灯、发光二极管和无极荧光灯

$$I_c = \frac{P_c}{\sqrt{3} U_{Nl} \cos\varphi} \qquad (12\text{-}13)$$

式中 U_{Nl}——线路额定线电压，kV。

当照明负荷为两种光源时，线路计算电流可按式（12-14）计算：

$$I_c = \sqrt{(I_{c1}\cos\varphi_1 + I_{c2}\cos\varphi_2)^2 + (I_{c1}\sin\varphi_1 + I_{c2}\sin\varphi_2)^2}$$
（12-14）

对荧光灯、发光二极管、无极荧光灯取 $\cos\varphi_1 = 0.9 \sin\varphi_1 = 0.436$；

对高强气体放电灯取 $\cos\varphi = 0.85$，$\sin\varphi = 0.527$；

卤钨灯，取 $\cos\varphi_2 = 1$，$\sin\varphi_2 = 0$。

$$I_c = \sqrt{(0.9I_{c1} + I_{c2})^2 + (0.436I_{c1})^2}$$ （12-15）

式中 I_{c1}、I_{c2}——两种光源的计算电流，A；

$\cos\varphi_1$、$\cos\varphi_2$——两种光源的功率因数。

按线路允许电压损失校验导线截面，可按下列公式计算：

1）单相线路电压损失可按式（12-16）计算：

$$\Delta U\% = \frac{200}{U_{Nl}} I_c L (R_0 \cos\varphi + X_0 \sin\varphi)$$ （12-16）

式中 R_0、X_0——线路单位长度的电阻与电抗，Ω/km；

L——线路长度，km；

$\Delta U\%$——线路的电压损失，%。

线路单位长度电抗 X_0，可按式（12-17）计算：

$$X_0 = 0.145 \lg \frac{2L'}{D} + 0.0157\mu$$ （12-17）

式中 L'——导线间的距离，对三相线路为导线间的几何均距，380V 及以下的三相架空线路，可取 $L'=0.5$，m；

D——导线直径，mm；

μ——导线相对磁导率，对有色金属 $\mu=1$，对铁导线 $\mu>1$，并均与负载电流有关。

2）三相四线平衡线路电压损失计算应按式（12-18）计算：

$$\Delta U\% = \frac{173}{U} \sum (r\cos\varphi + x\sin\varphi) I_c L$$ （12-18）

3）当线路负荷的功率因数 $\cos\varphi=1$，且负荷均匀分布时，电压损失的简化计算宜按式（12-19）计算：

$$\Delta U\% = \sum M / CS$$ （12-19）
$$\sum M = \sum P_c L$$ （12-20）

式中 $\sum M$——线路的总负荷力矩，kW·m；

S——导线截面积，mm^2；

C——电压损失计算系数，与导线材料、供电系统、电压有关，按表 12-17 的规定确定。

4）按线路允许电压损失校验线截面，可按式（12-21）计算：

$$\Delta U_\gamma\% \geqslant \Delta U\%$$ （12-21）

式中 $\Delta U_\gamma\%$——线路允许电压损失，%；

$\Delta U\%$——线路的电压损失，%。

按机械强度允许的最小导线截面进行校验，可按表 12-18 的规定确定。

导线和电缆的允许载流量不应小于回路上熔丝的额定电流或自动空气开关脱扣器的整定电流。

表 12-14　500V 单芯塑料绝缘导线的持续允许载流量　　　　（A）

截面积 （mm²）	在空气中敷设	导线穿金属管敷设时，管内穿导线的根数					导线穿阻燃塑料管敷设时，管内穿导体的根数				
		2根	3根	4根	5根	6根	2根	3根	4根	5根	6根
	铜	铜	铜	铜	铜	铜	铜	铜	铜	铜	铜
1.0	19	14	13	11	10	9	12	11	10	9	8
1.5	24	19	17	16	14	12	16	15	13	12	11
2.5	32	26	24	22	20	18	24	21	19	17	15
4	42	35	31	28	25	23	31	28	25	23	20
6	55	47	41	37	33	30	41	36	32	28	25
10	75	65	57	50	44	39	56	49	44	39	34
16	105	82	73	65	55	48	72	65	57	50	44
25	138	107	95	85			95	85	75		
35	170	133	115	105			120	105	93		
50	215	165	146	130			150	132	117		
70	265	205	183	165			185	167	185		
95	325	250	225	200			230	240	215		
120	375	290	200	230			270	240	215		
150	430	330	300	265			305	275	250		

表 12-15　500V 塑料护套线明敷时载流量　　（A）

截面积 （mm²）	BVV		
	25℃	30℃	35℃
2.0×1.5	18	17	15
2.0×2.5	25	23	21
2.0×4.0	34	31	29
2.0×6.0	45	42	38
2.0×10.0	65	60	55
3.0×1.5	16	15	13
3.0×2.5	23	22	20
3.0×4.0	36	28	25
3.0×6.0	39	26	33
3.0×10.0	59	54	50

表 12-16　导线载流量温度校正系数

线芯工作温度（℃）	环境温度（℃）								
	5	10	15	20	25	30	35	40	45
80	1.17	1.13	1.09	1.04	1.0	0.95	0.9	0.85	0.8
65	1.22	1.17	1.12	1.06	1.0	0.94	0.87	0.79	0.71
60	1.25	1.20	1.13	1.07	1.0	0.93	0.85	0.76	0.66
50	1.35	1.26	1.18	1.09	1.0	0.90	0.78	0.63	0.45

表 12-17　电压损失计算系数

线路额定电压（V）	供电系统	C 值计算式	C 值	
			铜	铝
380/220	三相四线	$10r\,U_{Nl}^2$	70	41.6
380	单相交流或直流两线系统	$5r\,U_{Nph}^2$	35	20.8
220	单相交流或直流两线系统	$5r\,U_{Nph}^2$	11.7	6.96
110			2.94	1.74
36			0.32	0.19
24			0.14	0.083
12			0.035	0.021

注　1. 线芯工作温度为 50℃。

2. U_{Nl} 为额定线电压，U_{Nph} 为额定相电压，单位为 kV。

3. r 为电导率，铜线 $r=48.5\text{m}/(\Omega\cdot\text{mm}^2)$；铝线 $r=28.8\text{m}/(\Omega\cdot\text{mm}^2)$。

表 12-18　机械强度允许的最小导线截面积

布线系统型式	线路用途	导体最小截面积（mm²）	
		铜	铝
固定敷设的电缆和绝缘电线	电力和照明线路	1.5	2.5
	信号和控制线路	0.5	—
固定敷设的裸导体	电力（供电）线路	10	16
	信号和控制线路	4	—
用绝缘电线和电缆的柔性连接	任何用途	0.75	—
	特殊用途的特低压电路	0.75	—

（2）变电站内由配电箱分支供电的插座回路上，分支回路插座数量不宜超过 15 个，插座的计算负荷应按已知使用设备的额定功率计。每个回路中性线（N 线）截面应按下列条件选择：

1）单相线路中，中性线截面应与相线截面相同；

2）TN 系统中，当负荷为白炽灯或卤钨灯时，中性线截面应按相线载流量的 50%选择；当负荷为气体放电灯时，中性线截面应满足不平衡电流及谐波电流的要求，且不小于相线截面。

（3）1kV 以下电源中性点直接接地时，三相四线制系统的电缆中性线截面，不得小于按线路最大不平衡电流持续工作所需最小截面；有谐波电流影响的回路，尚宜符合下列规定：

1）气体放电灯为主要负荷的回路，中性线截面不宜小于相线截面。

2）除上述情况外，中性线截面不宜小于 50%的相线截面。在可能分相切断的三相线路中，中性线截面应与相线截面相等，如数条线路共用一条中性线时，其截面应按最大负荷相的电流选择。

（4）应按下列工作场所环境条件选择导线种类：

1）有爆炸与火灾危险、潮湿、振动、维护不便的重要场所应采用铜芯绝缘导线；

2）高温工作场所应采用铜芯耐高温绝缘导线。

（5）不包括道路照明的照明分支回路中的保护地线（PE 线）截面的选择应与中性线截面相同。

（6）照明配电干线和分支线应采用铜芯绝缘电线或电缆，分支导体截面积不应小于 2.5mm²。

十、照明线路的敷设

照明线路的敷设要求如下：

（1）变电站内的照明分支线路宜采用铜芯绝缘导线穿管敷设。有爆炸危险及有酸、碱、盐腐蚀的场所宜采用耐火铜芯绝缘导线穿管敷设。

（2）在有爆炸危险与有可能受到机械损伤的场所，照明线路应采用耐火铜芯绝缘导线穿厚壁钢管敷设。

（3）潮湿的场所以及有酸、碱、盐腐蚀的场所，照明管线应采用阻燃塑料管或热镀锌钢管敷设。

（4）露天场所的照明线路宜采用铜芯绝缘导线穿镀锌钢管或采用铠装护套电缆敷设。

（5）照明线路穿管敷设时，包括绝缘层的导线截面积总和不应超过管子内截面积的 40%，或管子内径不应小于导线束直径的 1.4~1.5 倍。塑料绝缘导线穿管配合表可按表 12-19 的规定选择。

（6）管内敷设多组照明导线时，导线的总数不应超过 6 根。有爆炸危险的场所，管内敷设导线的根数不应超过 4 根。

（7）不同电压等级和不同照明种类的导线不应共管敷设。

（8）屋外配电装置、组合导线和母线桥上方与下方都不应有照明架空线路穿过。

（9）在引至开关、插座等部位时，明敷的照明分支线路应有防止机械损伤的保护措施。

表 12-19　500V 塑料绝缘导线穿管配合表

线芯截面积（mm²）	焊接钢管及阻燃塑料电线管管内穿导线根数					电线管管内穿导线根数				
	2	3	4	5	6	2	3	4	5	6
1.0	±5		20			15		20		25
1.5	15		20	25		20			25	
2.5	15	20		25		20			25	
4	15	20		25		20		25		32
6	20		25			20	25		32	
10	25		32			25		32		40
16	25		32		40	32			40	
25	32		40		50	32		40		
35	40	—		50		40				
50	40		50		70					
70	40		50		70					
95	50		70							
120	50		70	80						
150	50		70							
185	70	80								

注　1. 本表适用于 BV 型单芯导线。
　　2. 当管线长度等于或大于 50m，一个弯，40m，两个弯以及 20m，三个弯（弯曲角度均指 90°或 105°）时，装设接线盒，或应使用大一级的管径。
　　3. 每两个 120°、135°、150°的弯曲角度，相当一个 90°或 105°的角度。
　　4. 管径单位为 mm。

（10）层高在 5m 及以上的场所可采用金属配线槽或金属管路架空敷设。

十一、照明配电箱选择与布置

照明配电箱的选择与布置要求如下：

（1）照明配电箱应按照明种类、安装方式、电流、电压、有无进线出线开关、工作场所环境条件与控制方式进行选择。

（2）照明配电箱内操作与保护电器宜采用带热磁脱扣器的空气断路器。插座回路和交直流切换箱中的馈线回路应采用带漏电保护器的断路器。

（3）正常照明分支回路中性线上不应装设使中性线单独断开的开关设备。

（4）在有爆炸危险的场所不应装设照明配电箱，应将其装设在附近正常环境的场所，该照明配电箱的出线回路应装设双极开关（L、N 同时开闭）。

（5）多灰尘与潮湿场所应装设外壳防护等级 IP54 的照明配电箱。

（6）特别潮湿与有腐蚀气体的场所不宜装设照明配电箱。

（7）照明配电箱的布置应靠近负荷中心，并便于运行人员操作及维护。

（8）照明配电箱的安装高度宜为箱底底边距地面 1.3～1.5m。

（9）照明配电箱应留有适当的备用出线回路。

（10）集中控制的照明分支线路上不应连接插座和其他电气设备。

十二、照明开关、插座的选择及布置

照明开关和插座的选择及布置应符合下列原则：

（1）办公室、控制室等场所宜选用额定电压为 250V 的单相五孔或联体插座。电流不得小于 10A。

（2）在有爆炸、火灾的危险场所不宜装设开关及插座，当需要装设时，应选用防爆型开关及插座。

（3）防潮、多灰尘场所及屋外装设的开关及插座应选用防水防尘型。

（4）照明开关宜安装在便于操作的出入口，或经常有人出入的地方。照明开关暗装，安装高度宜为底边距地 1.3m。

（5）插座的布置不宜太过分散，应成组装设在需要的地方，每组不得少于两只。插座采用暗装，其高度为底边距地 0.3～1.3m。

（6）有酸、碱、盐腐蚀的场所不应装设插座。

（7）潮湿及易积水场所的防水防尘型插座安装高度不应小于 1.5m。

第四节　照　度　计　算

一、照度标准值

（一）变电站作业面上的照明标准值

变电站内各个建筑物、辅助设备间、交通运输通道及露天工作场所作业面上的照明标准值应符合表 12-20 和表 12-21 的规定。

（二）变电站照明的照度标准值

变电站照明的照度标准值应按以下系列分级：0.5、1、3、5、10、15、20、30、50、75、100、150、200、300、500lx。

表 12-20 变电站内建筑物及辅助建筑物的照明标准值

工 作 场 所	参考平面及其高度	照度标准值（lx）	眩光值（UGR）	均匀度	显色指数 Ra	备注
主控制室	0.75m 水平面	500	19	0.6	80	
通信机房	0.75m 水平面	300	19	0.6	80	
计算机室	0.75m 水平面	300	19	0.6	80	
继电器室	0.75m 水平面	300	22	0.6	80	
高低压配电室	地面	200	22	0.6	80	
6～500kV 屋内配电装置	地面	200	—	0.6	80	
电容器室、电抗器室、变压器室	地面	100	—	0.6	60	
蓄电池室	地面	100	—	0.6	60	
不停电电源室（UPS）、柴油发电机室	地面	200	25	0.6	60	
电缆夹层	地面	30（100）	—	0.4	60	
电缆隧道	地面	15（100）	—	0.6	60	
屋内 GIS 室	地面	200	—	0.6	60	
消防设备间、水泵房	地面	100	—	0.6	60	
办公室、资料室、会议室	0.75m 水平面	300	19	0.6	80	
食堂	0.75m 水平面	200	22	0.6	80	
浴室、厕所、休息室	地面	100	—	0.6	60	
楼梯间	地面	30	—	0.6	60	
门厅	地面	100	—	0.6	60	

表 12-21 变电站露天工作场所及交通运输线上的照明标准值

工 作 场 所	参考平面及其高度	照度标准值（lx）	炫光值 UGR	均匀度	显色指数 Ra	备注
屋外配电装置变压器气体继电器、油位指示器、隔离开关断口部分、断路器的排气指示器	作业面	20	—	—	—	
变压器和断路器的引出线、电缆头、避雷器、隔离开关和断路器的操动机构、断路器的操作箱	作业面	20	—	—	—	
屋外成套配电装置（GIS）	地面	20	—	—	—	
主干道	地面	10	—	0.4	20	
次干道	地面	5	—	0.25	20	
站前区	地面	10	—	0.4	20	

当获得基本均匀照度的一般照明时，在经常有人工作的场所，其照度值不宜低于50lx。

变电站应急照明的照度值可按一般照明照度值的10%～15%选取。主控制室、系统网络控制室的应急照明照度宜按一般照明照度值的30%选取，直流应急照明照度和其他控制室应急照明照度可分别按一般照明照度值的10%和15%选取。主要通道上疏散照明的照度值不应低于1lx。

二、室内照度计算

应用利用系数法计算平均照度应按式（12-22）进行：

$$E_c = \frac{\Phi \times N \times CU \times K}{A} \qquad (12-22)$$

式中　E_c——工作面的平均照度，lx；

Φ——光源光通量，lm；

N——光源数量，套；

K——灯具维护系数，取决于房间的污秽等级与房间和灯具的清扫周期，可按表 12-25 的规定取值；

A——工作面面积，m^2；

CU——利用系数，取决于室形指数和房间的反射情况，由灯具制造厂提供。

应用光强分布曲线的点光源照度计算应符合下列规定：

（1）点光源在水平面的照度应按式（12-23）计算：

$$E_h=I_\theta\cos\theta/R^2 \qquad (12\text{-}23)$$

式中　E_h——点光源照射在水平面上产生的照度，lx；

I_θ——照射方向的光强，cd；

R——点光源至被照面计算点的距离，m；

θ——被照面的法线与入射光线夹角；

$\cos\theta$——被照面的法线与入射光线夹角的余弦。

（2）点光源在垂直面的照度应按式（12-24）计算：

$$E_v=I_\theta\cos^2\theta\sin\theta/h^2 \qquad (12\text{-}24)$$

式中　E_v——点光源照射在垂直面上产生的照度，lx；

h——点光源距所计算水平面的安装高度，即计算高度，m；

$\sin\theta$——被照面的法线与入射光线夹角的正弦。

多个相同点光源投射到同一点时，其水平面照度应按式（12-25）计算：

$$E_{h\Sigma}=\Phi K\Sigma E/1000 \qquad (12\text{-}25)$$

式中　$E_{h\Sigma}$——多光源照射下在水平面上的点照度，lx；

Φ——光源光通量，lm；

ΣE——各光源 1000lm 时对计算点产生的水平照度之和，lx；

E——光源 1000lm 时对计算点产生的水平照度，lx，应用光强分布曲线计算时，可根据 θ 角在光强分布曲线中直接查出光源 1000lx 时的光强，按式（12-22）计算得出该点水平照度 E；

K——灯具维护系数，取决于房间的污秽等级与房间和灯具的清扫周期，见表 12-24。

应用空间等照度曲线的点光源照度计算应符合下列规定：

（1）点光源在水平面的照度应按式（12-26）计算：

$$E_h=\Phi EK/1000 \qquad (12\text{-}26)$$

（2）点光源在垂直面的照度应按式（12-27）计算：

$$E_v=E_hD/h \qquad (12\text{-}27)$$

式中　D——光源至计算点的水平距离，m。

（3）多个相同点光源投射到同一点时，其水平面照度应按式（12-28）计算：

$$E_{h\Sigma}=\Phi K\Sigma E/1000 \qquad (12\text{-}28)$$

式中　E——光源 1000lm 时对计算点产生的水平照度，lx。

应用等照度曲线计算时，可根据光源的计算高度和计算点至点光源的水平距离，在等照度曲线中查出光源在 1000lm 时的水平照度 E。

利用系数法照度计算表见表 12-22。

表 12-22　　利用系数法照度计算表

计　算　内　容		首次	备用 1	备用 2
要求照度 E_c（lx）				
房间尺寸（m）	长度 L			
	宽度 W			
	高度 H			
	$L+W$			
	$h_{re}\times(L+W)$			
	LW			
	$\dfrac{LW}{h_{re}\times(L+W)}$			
光源及照明器	光源型号及容量			
	生产厂家			
	产品编号			
室空腔高度	照明器至计算面高度（h_{re}）			
	顶棚空间高度（h_{ce}）			
	被照面高度（h_{fe}）			
室形指数 RI $RI=\dfrac{LW}{h_{re}(L+W)}$ 第一次（h_{re}）				
$RI=$ 第二次（h_{re}）　$RI=\dfrac{LW}{h_{re}(L+W)}$				
$RI=$ 第三次（h_{re}）　$RI=\dfrac{LW}{h_{re}(L+W)}$				
房间的反射比（%）	顶棚	50%		
	墙面	50%		
	地面	20%		
利用系数				
每个照明器的光通量				
维护系数				

续表

计 算 内 容	首次	备用 1	备用 2
计算照明器数量（N） $\dfrac{200}{(E_c)} \times \dfrac{2754}{(LW)}$			
$\dfrac{35000}{(\Phi)} \times \dfrac{0.55}{(CU)} \times \dfrac{0.7}{(K)}$ 对应第一次（h_{re}）			
$(\Phi) \times (CU) \times (K)$ 对应第二次（h_{re}）			
$(\Phi) \times (CU) \times (K)$ 对应第三次（h_{re}）			
$N = \dfrac{E_c(LW)}{\Phi CUK}$			
按修正后的照明器数量计算实际照度 E_c $\dfrac{35000}{(\Phi)} \times \dfrac{53}{(N)} \times \dfrac{0.55}{(CU)} \times \dfrac{0.7}{(K)}$			
$\dfrac{2754}{(LW)}$			
$E_c = \dfrac{\Phi NCUK}{LW}$			

三、户外照度计算和维护系数

鉴于变电站户外照明以投光灯为主，故本书针对投光灯进行情况计算。

（1）投光灯按单位容量法计算时，先根据单位面积容量求取总面积，再按假定的单个投光灯容量，求安装总容量。

$$P = mP_sS = 0.25P_sS \qquad (12\text{-}29)$$

其中
$$\left. \begin{aligned} P_s &= KE \\ m &= \frac{1}{cr} \end{aligned} \right\} \qquad (12\text{-}30)$$

式中　P——所需投光灯总容量，W；

　　　m——投光灯系数，一般取 0.2～0.28；

　　　P_s——单位面积照明容量（见表 12-23），W/m²。

总的照明容量　$\sum P = P_sS$

单位面积照明容量 $P_s = \dfrac{\sum P}{S}$

单个照明器容量　$P = \dfrac{\sum P}{N}$
$\qquad (12\text{-}31)$

式中　$\sum P$——总的照明容量，W；

　　　P_s——单位面积照明容量（见表 12-23），W/m²；

　　　S——房间面积，m²；

　　　P——单个照明器容量，W；

　　　N——照明器个数，W。

（2）选择投光灯时，要先对投光灯进行布置，确定投光的平面位置、数量和安装高度，然后进行照度的计算。

1）投光灯安装高度。在实际工程设计中，要先行确定投光灯的最小允许高度 H_{min}，确保投光灯光线处于观察者视线以上，以消除或避免眩光。H_{min} 值按式（12-32）计算：

表 12-23　变电站推荐采用的照明器、导线型号和单位面积照明容量

场所名称	场所环境	推荐采用型号		单位容量（W/m²）
		照明器	导线及敷设方式	
控制室	正常环境	铝合金格栅灯、LED 方灯、成套荧光灯	BVV、穿管敷设	25～50
保护小室、蓄电池室	正常环境、有腐蚀性酸气、有爆炸性混合物、较危险	嵌入式成套荧光灯、防爆灯具	BVV、穿管敷设	25～50 12～20
电缆竖井、电缆隧道	正常环境、有积水现象、潮湿、特别危险	壁灯	BVV、穿明管敷设	6～8
		荧光灯吸顶	BVV、穿管敷设	6～8
变压器、电抗器开关设备、出线小室操作及维护走廊	正常环境	壁灯、成套荧光灯、LED 灯具	BVV、穿管敷设	15～20
水泵房	潮湿、危险	壁灯或防水防潮荧光灯	BVV、穿管敷设	10～13
办公室、实验室	正常环境	成套荧光灯	BVV、穿管敷设	15～25
屋外配电装置	露天环境	投光灯	VV22、电缆沿电缆沟或穿管	3～4

$$H_{min} \geqslant \frac{\sqrt{I_{max}}}{300} \qquad (12\text{-}32)$$

式中　H_{min}——投光灯最小允许安装高度，m；

　　　I_{max}——投光灯的轴线光强最大值，cd。

2）投光灯的数量和总容量。确定投光灯的数量和总的装置容量，可按光通量法和单位容量估算法进行计算。

按光通量法计算时，先选定投光灯高度和单个投光灯容量，再求投光灯的数量。

$$N = \frac{EKS}{Fnuz} \qquad (12\text{-}33)$$

式中 N——投光灯的数量；

E——规定的照度值，lx；

K——照度补偿系数（见表 12-24）；

S——照明场所的面积，m^2；

F——选定的某一容量的投光灯光源的光通量，lm；

n——投光灯的效率，取 0.35%～0.38%；

u——利用系数（当大面积照明时 u=0.9）；

z——最小照明系数，为平均照度值（E_{av}）与最小照度值（E_{min}）之比，一般可取 0.75。

表 12-24　　　照明补偿系数 K

环境污染特征	工作场所	照明器擦洗次数（次/月）	K 值	
			白炽灯、荧光灯高强度放电灯	卤钨灯
清洁	主控制室、网络控制室、办公室、屋内配电装置、实验室、计算机室等	1	1.3	1.2
一般	水（油）处理室、水泵房等	1	1.4	1.3
室外	站前区、主道路、屋外配电装置等	1	1.4	1.3

在计算照度时，应计入表 12-25 规定的照度维护系数，以保持工作场所照度不低于规定值。

表 12-25　　　照度维护系数

环境污染特型	工作场所	照明器擦洗次数（次/年）	维护系数
清洁	系统网络控制室、辅网控制室、办公室、屋内配电装置、仪表间、实验室、计算机室等	2	0.8
一般	水（油）处理室、水泵房等	2	0.7

四、照明质量

室内照明的不舒服眩光应采用统一眩光值评价，其最大允许值宜符合本章第四节的规定。

（1）长期工作或停留的房间或场所，直接型灯具的遮光角不应小于表 12-26 的规定。

表 12-26　　　灯具最小遮光角

光源的平均亮度（kcd/m^2）	遮光角（°）	光源的平均亮度（kcd/m^2）	遮光角（°）
1～20	10	50～500	20
20～50	15	≥500	30

（2）在需要有效地限制工作面上的光幕反射和反射眩光的房间或场所应采用如下措施：

1）避免将灯具安装在干扰区内；

2）采用低光泽度的表面装饰材料；

3）限制灯具亮度；

4）墙面的平均照度不宜低于 50lx，顶棚的平均照度不宜低 30lx。

（3）投光灯的安装高度可按式（12-34）计算：

$$H \geqslant \sqrt{I_0}/300 \tag{12-34}$$

式中 I_0——单个投光灯的轴线光强，cd；

H——投光灯最小允许安装高度，m。

（4）一般照明照度小于 30lx 的房间、长度不超过照明灯具悬挂高度 2 倍的房间、人员短期停留的房间、配电室等场所照明灯具的最低悬挂高度可降低 0.5m，但不应低于 2.2m。

（5）有视觉显示终端的工作场所，在与灯具中垂线成 65°～90° 范围内灯具亮度限值应符合表 12-27 的规定。

表 12-27　　灯具平均亮度限值　　（cd/m^2）

屏幕分类	高亮度屏幕 $L > 200$	中亮度屏幕 $L \leqslant 200$
暗底亮图像	≤3000	≤1500
亮底暗图像	≤1500	≤1000

（6）室内照明光源的色表类别可按表 12-28 的规定选取。

表 12-28　　　光源的色表类别

色表类别	色表特征	相关色温（K）	适用场所举例
I	暖	<3300	车间局部照明、工厂辅助生活设施等
II	中间	3300～5300	除要求使用冷色、暖色以外的其他场所
III	冷	>5300	高照度水平、加热工车间等

（7）各工作场所工作面上的一般照明照度均匀度不应低于本章第四节的规定。

（8）作业面邻近周围的照度可低于作业面照度，但不宜低于表 12-29 的数值。

表 12-29　　　作业面邻近周围照度值

作业面照度（lx）	作业面邻近周围照度值（lx）
500	300
300	200
≤200	与作业面照度相同

注　邻近周围指作业面外 0.5m 范围之内。

（9）房间或场所内的通道和其他非作业区域的一般照明的照度值不宜低于作业区域一般照明照度值的1/3。

（10）长时间工作的房间，其表面反射比宜按表12-30确定。

表 12-30　　工作房间表面的反射比

表 面 名 称	反 射 比
顶棚	0.6～0.9
墙面	0.3～0.8
地面	0.1～0.5
作业面	0.2～0.6

（11）由于照明灯具造型较复杂等原因，当计算统一眩光值确有困难时，直接眩光的限值应符合表12-31的规定。

表 12-31　室内照明灯具的最低悬挂高度

序号	光源种类	灯具型式	灯具遮光角	光源功率（W）	最低挂高（m）
1	荧光灯	无反射罩		≤40	2.2
				>40	3.0
		有反射罩		≤40	2.2
				>40	2.2
2	金属卤化物灯	有反射罩	10°～30°	<150	4.5
				150～250	5.5
				250～400	6.5
				>400	7.5
	高压钠灯、混光光源	有反射罩带格栅	>30°	<150	4.0
				150～250	4.5
				250～400	5.5
				>400	6.5

照明节能内容及相关的参数，详见第二十八章。

第十三章

计算机监控系统

第一节　设　计　原　则

计算机监控系统是现代变电站的重要组成部分,其技术水平、运行可靠性及维护水平与电网的安全稳定、经济运行密切相关。近年来,随着变电站智能化水平不断推进,对变电站计算机监控系统也赋予了更高的要求。变电站计算机监控系统主要遵循如下设计原则:

(1)计算机监控系统的设备配置和功能要求根据变电站的电压等级及重要性按变电站少人或无人值班设计,对有人值班变电站留有远期实现变电站无人值班的接口和功能配置。

(2)计算机监控系统采用模块化、分层分布式、开放式结构,通信规约统一采用 DL/T 860《电力自动化通信网络和系统》通信协议标准。

(3)计算机监控系统与远动数据传输设备信息资源共享,不重复采集。

(4)计算机监控系统应具备防误闭锁功能。

(5)计算机监控系统配有与电力数据网的接口,软、硬件配置应能支持联网的通信技术以及通信规约的要求。

(6)计算机监控系统必须具有高可靠性和强抗干扰能力。

(7)计算机监控系统向调度端上传的保护、远动信息量应满足调度端的需求。

(8)计算机监控系统应能满足电网二次系统安全防护的相关规定。

第二节　系　统　结　构

一、概述

利用远程终端单元(remote terminal unit,RTU)装置来实现与远动调度通信的遥信、遥测、遥控、遥调,RTU 与继电保护及安全自动装置的连接通过硬触点接入或串行通信是计算机在变电站应用的最初阶段。该系统结构简单、投资少,但由于功能受限,扩展性较差,目前国内已很少使用。分布式监控始于 20 世纪 90 年代初期,按功能配置的分散式微机测控装置与保护装置独立,通过通信管理单元将信息传送到监控后台或调度端计算机,相较于 RTU 装置,应用了现场总线和网络技术,数据传输与处理速度大幅提高,但不适合大规模组网,不具备五防逻辑闭锁等功能。随着计算机技术和网络通信技术的飞速发展,20 世纪 90 年代中期计算机监控开始采用分层分布式结构,测控装置按间隔配置,间隔层控制单元负责就地数据采集、就地控制,站控层主机通过间隔层测控单元设备实现一次设备的监测和控制。分层分布式监控系统实现了信息资源共享,充分发挥和利用了计算机系统整体资源和效率,是目前监控系统的主流方式。

二、系统结构型式

随着计算机技术、网络技术、通信技术的不断发展,变电站计算机监控系统的结构也在不断地发展和更新,尤其是近年引入了 IEC 61850(DL/T 860《电力自动化通信网络和系统》)的体系结构后,基于计算机局域网技术开发的开放式、分层分布式结构,有了较快的发展和应用,目前主要有以下两种结构型式。

(一)两层系统结构

计算机监控系统采用开放式、分层分布式结构,整个系统由两层设备和一层网络组成。两层设备,即站控层和间隔层设备;一层网络,即站控层网络。

站控层设备由网络连接的"监控后台"系统(通常包括主机和/或操作员站、工程师工作站、远动通信及故障信息系统、五防工作站等功能性主站)组成,是全站设备监视、测量、控制、管理的中心,提供站内运行的人机联系界面,通过网络传输,接收间隔层设备采集的开关量、模拟量信息,并发送控制命令,实现管理控制间隔层设备等功能,通过远动通信设备与调度通信中心进行远方数据通信。

间隔层设备包括 I/O 测控装置、与站控层网络的接口和其他智能设备接口装置等；I/O 测控装置完成电流、电压及一次设备状态和故障信息等采集及控制输出功能。

两层系统结构模式为站控层网络与间隔层网络直接采用以太网连接。两层系统结构计算机监控系统示意图如图 13-1 所示。

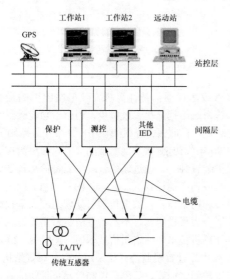

工作站1　工作站2　远动站

GPS

站控层

保护　测控　其他 IED　间隔层

电缆

TA/TV

传统互感器

图 13-1　两层系统结构计算机监控系统示意图

如图 13-1 所示，站控层设备主要提供站内运行的人机联系界面，实现管理、控制间隔层设备等功能，形成全站监控、管理中心，并与远方监控/调度中心通信。间隔层设备在站控层及网络失效的情况下，仍能独立完成就地监控功能。站控层网络主要实现间隔层设备与站控层设备、站控层设备间的信息交互，间隔层网络作为站控层网络的一部分，主要汇集就地继电器室间隔层设备的信息并传输给站控层。

（二）三层系统结构

计算机监控系统采用开放式、分层分布式结构，整个系统由三层设备和两层网络组成，三层设备，即站控层、间隔层和过程层设备；两层网络，即站控层网络、过程层网络。监控系统采用统一建模、统一组网、信息共享，通信规约统一采用 DL/T 860《电力自动化通信网络和系统》通信标准。

三层系统结构模式在两层系统结构的基础上增加了过程层设备和过程层网络。

过程层由智能终端、合并单元组成。合并单元是连接互感器与智能二次设备的设备，采用电子式互感器时合并单元是电子式互感器的一部分。智能终端是连接一次开关设备和二次保护、测控装置的智能化设备，其作用是采集一次开关设备的状态通过 GOOSE 网络传输至保护和测控装置，同时通过 GOOSE 网络接收保护和测控装置的命令对一次开关设备进行操作。

过程层网络用于连接间隔层设备与过程层设备。过程层网络有 SV 网络和 GOOSE 网络，是过程层设备和间隔层设备之间信息传输的桥梁。SV 网络主要向间隔层设备上传电流/电压互感器的采样值信息。GOOSE 网络主要向间隔层设备上传一次设备的遥信信号（开关位置、压力等），向过程层设备下送保护装置的跳、合闸命令，测控装置的遥控命令，并横向传输间隔层保护装置间 GOOSE 信息（启动失灵、闭锁重合闸、远跳等）的交互等。

为实现开关量与采样值的实时、可靠传输，间隔层设备与过程层设备之间可以是点对点方式光纤连接，也可以是以太网方式连接。考虑到当前变电站智能化应用技术（尤其是交换机网络技术）的成熟程度，对于过程层 GOOSE 网和 SV 网，可以有三种不同的组网方式。

方式 1：GOOSE 网与 SV 网分别独立组网，保护直采直跳。

考虑到保护装置是十分重要的间隔层设备，采样测量值和跳闸命令是过程层网络通信中的两类重要信息，为确保这两类信息传输的可靠性与实时性，可将保护装置的采样值及跳闸命令采用点对点传输的方式实现，即"直接采样、直接跳闸"，采样值及跳闸命令通过直连光缆传输，不通过网络传输，其余装置（如测控、录波等）则分别通过 GOOSE 网与 SV 网传输相关信息。在过程层 GOOSE 与 SV 分别单独组网的模式下，间隔层及过程层所有设备的相关 GOOSE 信息及 SV 信息均分别通过分开设置的 GOOSE 网及 SV 网传输。

方式 2：GOOSE 网与 SV 网共网，保护直采直跳。

通过网络流量的计算分析，100Mbit/s 的交换机可接入合并单元的数量为 5～6 个，除中心交换机外的其他各间隔过程层交换机只需处理本间隔数据，且保护装置的采样值及跳闸命令均采用点对点传输的方式实现，即"直接采样、直接跳闸"，采样值及跳闸命令通过直连光缆传输，不通过网络传输，其余装置（如测控、录波等）分别通过 GOOSE 网与 SV 网传输相关信息。因此，不存在因 SV 采样值信息量过大而导致交换机过负荷的问题。而 GOOSE 信息是一种高突发式、高实时、低带宽流量，在最大情况下只有 10%负荷，与 SV 采样值共网运行完全不会影响 GOOSE 的实时性传输。中心交换机汇集了来自各个间隔的采样值及 GOOSE 数据信息，当间隔数量较多时，连接至公用设备的网口带宽将会出现超出百兆的情况，此时，可通过配置尽量多口的百兆交换机或将多个交换机级联的方法来满足为公用设备分配多个百兆网口，也可以在公用设备具备千兆硬件处理能力的条件下，分配一个千兆网口承担全部带宽。

方式3：GOOSE网与SV网共网，保护网络采样、网络跳闸。

在采用高可靠性的网络设备（主要是交换机），优化网络拓扑结构，并采用VLAN及GMPR等技术对过程层网络的流量进行合理控制的前提下，可采用保护网络采样、网络跳闸，此方案在最大程度上实现了过程层的信息共享、节约资源。

采用过程层GOOSE与SV统一组网的模式时，间隔层及过程层所有设备均分别通过统一设置的过程层网络传输相关GOOSE信息及SV信息。合并单元及智能终端均直接接入过程层网络，保护、测控、录波等设备通过过程层网络获取采样值，保护及测控装置对断路器的分/合闸操作均通过过程层网络传输的GOOSE报文实现。

过程层不同组网方式的优缺点比较见表13-1。

表13-1　　　　过程层不同组网方式的优缺点比较

序号	组网方式	描　述	优　点	缺　点
方式1	GOOSE与SV分网，保护直采直跳	SV报文与GOOSE报文完全独立传输；保护装置直接采样、直接跳闸；其余设备相关信息都分别经GOOSE网与SV网传输	网络结构清晰，SV报文与GOOSE报文完全独立传输，报文传输的实时性也较高。保护装置采样信息和跳闸命令传输的可靠性与实时性均较高	交换机投资较大；信息共享程度较低；合并单元与智能终端需具备多个网口，保护装置也需具备多个网口
方式2	GOOSE与SV共网，保护直采直跳	SV报文与GOOSE报文共网传输；保护装置直接采样、直接跳闸；其余设备相关信息都经GOOSE/SV网共网传输	网络结构较简单，SV与GOOSE报文共网传输，运行简单，维护方便，交换机投资少。保护装置采样信息和跳闸命令传输的可靠性与实时性均较高	过程层网络流量较大，对交换机的数据处理能力要求较高。信息共享程度较高；合并单元与智能终端需具备多个网口，保护装置也需具备多个网口
方式3	GOOSE与SV共网，保护网络采样、网络跳闸	SV报文与GOOSE报文共网传输；保护网络采样、网络跳闸，与其他设备信息都经GOOSE/SV网共网传输	网络结构简单；信息共享程度最大化；合并单元、智能终端、保护装置网口数最少。最大程度上实现过程层的信息共享、节约资源	过程层网络流量最大，对交换机的数据处理能力要求高

通过上述比较分析可以看出，以上三种组网模式在目前技术情况下均可实现，且在工程实践中均有应用。对于方式1，报文传输的实时性高，但交换机投资较大，一般在高电压等级的变电站中可选择应用。对于方式2，GOOSE与SV共网可大大减少交换机的数量，减少合并单元、智能终端以及间隔层保护、测控等装置的网口数量，节省了投资。对于方式3，在方式2的基础上，保护网络采样、网络跳闸，与其他设备信息都经GOOSE/SV网共网传输，合并单元、智能终端、保护装置网口数最少，最大程度上实现了过程层的信息共享、节约资源。

三层系统结构计算机监控系统示意图如图13-2所示。站控层设备与间隔层设备通过站控层网络进行信息交互，站控层网络在逻辑功能上，覆盖站控层的数据交换接口、站控层与间隔层之间的数据交换接口，承载信息为MMS报文和GOOSE报文。过程层设备通过过程层网络与间隔层设备通信，过程层网络与站控层网络完全独立，在逻辑功能上，覆盖间隔层与过程层设备之间及间隔层设备之间的数据交换接口，传输SV报文和GOOSE报文。

目前，在实际工程应用中发现，配置合并单元工程的保护装置切除故障时间会有6~10ms延时，由于330kV及以上变电站是电力传输的重要节点，延时影响较大，因此330kV及以上电压等级变电站一般采用直接交流采样方式。

三、网络通信形式

（一）变电站通信网络的要求

由于数据通信在变电站计算机监控系统内的重要性，经济、可靠的数据通信成为系统的技术核心，变电站计算机监控系统内的数据网络应满足快速的实时响应能力、高可靠性、优良的电磁兼容性能和分层式结构。

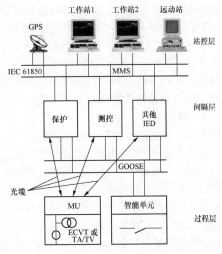

图13-2　三层系统结构计算机监控系统示意图

（二）数据通信网络的选择

变电站计算机监控系统多年的发展历程中，其通信技术的发展大致可分为简单的串行通信技术、现场总线技术和以太网技术。

在早期的变电站计算机监控系统中大多采用串行数据通信，串行数据通信主要是指数据终端设备（data terminal equipment，DTE）和数据电路终接设备（data circuit-terminating equipment，DCE）之间的通信。常用的串行数据通信接口标准有 EIA-RS-232C 和 RS-422/485。

RS-232C 采用的是单端驱动和单端接收电路，它的特点是：传送每种信号只用一根信号线，而它们的地线是使用一根公用的信号地线。这种电路是传送数据的最简单方法，因此得到广泛应用。但是 RS-232C 也存在一些不足，如数据传输速率局限于 20kbit/s；理论传输距离局限于 15m（如果合理选用电缆和驱动电路，这个距离就可能增加）；每种信号只有一根信号线，接收和发送仅有一根公共地线，易受噪声干扰；接口使用不平衡的发送器和接收器，可能在各信号成分间产生干扰。

R5-422A 标准规定了差分平衡的电气接口，即采用平衡驱动和差分的接收方法，从根本上消除了信号地线，因而抗干扰能力大大加强，传输速度和性能也比 RS-232C 提高很多。例如传输距离为 1200m 时，速率可达 100kbit/s，距离为 12m 时，速率可达 10Mbit/s。

随着大规模集成电路技术和微型计算机技术的不断发展，计算监控系统越来越多的在高电压等级变电站中得到应用，节点数和数据量大幅增加，多种冗余要求和节点数量增加使 RS-422 和 RS-485 难以胜任。现场总线能将网上所有节点连接在一起，可以方便地增减节点，且具有点对点、一点对多点和全网广播传送数据的功能。常用的有 Lon Works 网、CAN 网。两个网络均为中速网络，500m 时 Lon Works 网传输速率可达 1Mbit/s，CAN 网在小于 40m 时达 1Mbit/s，CAN 网在节点出错时可自动切除与总线的联系，Lon Works 网在监测到网络节点异常时可使该节点自动脱网，媒介访问方式 CAN 网为问答式，Lon Works 网为载波监听多路访问/冲撞检测（CSMA/CD）方式，内部通信遵循 Lon Talk 协议。

采用具有现场总线的自动化设备有明显的优越性，主要表现在：互操作性好；现场总线的通信网络为开放式网络；成本降低；安装、维护、使用方便；系统配置灵活，可扩展性好。

现场总线的应用部分地缓解了变电站自动化系统对通信的需求，但在计算机监控系统应用于超高压变电站时，系统容量变得很大，这时现场总线技术也很难满足要求，以太网及其嵌入式应用，使这一问题得到了很好的解决，因为以太网的通信速度比此前的任何一种通信方式都提高了几个数量级。

以太网为总线式拓扑结构，采用 CSMA/CD 介质访问方式，以太网的带宽高达 10Mbit/s 以上，100M 以太网也已广泛使用。传输距离可达 2.5km，物理层和链路层遵循 IEEE 802.3 协议，应用层采用 TCP/IP 协议。以太网的一个冲突域中可支持 1024 个节点，节点数小于 100 时 10M 的以太网即使负载达到 50%（500kbit/s），响应时间也小于 0.01s。

目前，变电站计算机监控系统通信网络均采用以太网技术。

（三）网络的拓扑结构

网络的拓扑结构是抛开网络电缆的物理连接来讨论网络系统的连接形式，是指网络电缆构成的几何形状，它能表示出网络服务器、工作站的网络配置和互相之间的连接。

网络的拓扑结构按形状可分为五种类型，分别是星形、环形、总线型、总线/星形及网状拓扑结构。

（1）星形拓扑结构。星形布局是以中央节点为中心与各节点连接而组成的，各节点与中央节点通过点与点方式连接，中央节点执行集中式通信控制策略，因此中央节点相当复杂，负担也重，星形拓扑结构如图 13-3 所示。

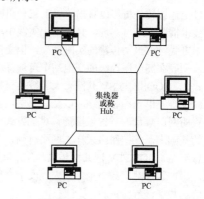

图 13-3　星形拓扑结构

以星形拓扑结构组网，其中任何两个站点要进行通信都必须经过中央节点控制。由于这种拓扑结构，中心点与多台工作站相连，为便于集中连线，目前多采用集线器（Hub）。

星形拓扑结构的特点是：网络结构简单，便于管理、集中控制，组网容易；网络延迟时间短，误码率低，网络共享能力较差，通信线路利用率不高，中央节点负担过重，可同时连双绞线、同轴电缆及光纤等多种媒介。

（2）环形拓扑结构。环形网中各节点通过环路接口连在一条首尾相连的闭合环形通信线路中，环路上任何节点均可以请求发送信息。请求一旦被批准，便可以向环路发送信息。环形网中的数据可以是单向传输也可是双向传输。由于环线公用，一个节点发出的信息必须穿越环中所有的环路接口，信息流中目的地址与环上某节点地址相符时，信息被该节点的环路接口所接收，而后信息继续流向下一环路接口，一直流回到发送该信息的环路接口节点为止。环形拓扑结构如图 13-4 所示。

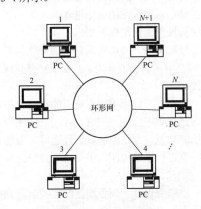

图 13-4 环形拓扑结构

环形网的特点是：信息在网络中沿固定方向流动，两个节点间仅有唯一的通路，大大简化了路径选择的控制；某个节点发生故障时，可以自动旁路，可靠性较高；由于信息是串行穿过多个节点环路接口，当节点过多时，影响传输效率，使网络响应时间变长。但当网络确定时，其延时固定，实时性强；由于环路封闭，扩充不方便。

（3）总线拓扑结构。用一条称为总线的中央主电缆，将相互之间以线性方式连接的工作站连接起来的布局方式，称为总线拓扑，其结构如图 13-5 所示。

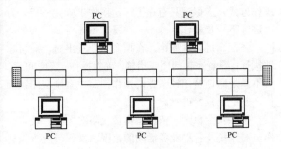

图 13-5 总线拓扑结构

在总线拓扑结构中，所有网上微机都通过相应的硬件接口直接连在总线上，任何一个节点的信息都可以沿着总线向两个方向传输扩散，并且能被总线中任何一个节点所接收。由于其信息向四周传播，类似于广播电台，故总线网络也被称为广播式网络。总线有一定的负载能力，因此，总线长度有一定限制，一条总线也只能连接一定数量的节点。

总线布局的特点是：结构简单灵活，非常便于扩充；可靠性高，网络响应速度快；设备数量少、价格低、安装使用方便；共享资源能力强，极便于广播式工作，即一个节点发送所有节点都可接收。

（四）网络传输介质

网络传输介质是网络中传输数据、连接各网络站点的实体。常见的网络传输介质有双绞线、同轴电缆、光纤等。

1. 双绞线（TP）

将一对以上的双绞线封装在一个绝缘外套中，为了降低信号的干扰程度，电缆中的每一对双绞线一般是由两根绝缘铜导线相互扭绕而成的，也因此它称为双绞线。双绞线分为非屏蔽双绞线（UTP）和屏蔽双绞线（STP）。

双绞线一般用于星形网络的布线连接，两端安装有 RJ-45 头（水晶头），连接网卡与集线器，最大网线长度为 100m，如果要加大网络的范围，在两段双绞线之间可安装中继器，最多可安装 4 个中继器，如安装 4 个中继器连 5 个网段，则最大传输范围可达 500m。

2. 同轴电缆

同轴电缆由一根空心的外圆柱导体和一根位于中心轴线的内导线组成，内导线和圆柱导体与外界之间用绝缘材料隔开。按直径的不同，可分为粗缆和细缆两种。

粗缆：传输距离长、性能好，但成本高，网络安装、维护困难，一般用于大型局域网的干线，连接时两端需终接器。

细缆：与 BNC 网卡相连，两端装 50Ω的终端电阻。用 T 形头，T 形头之间最小为 0.5m。细缆网络每段干线长度最大为 185m，每段干线最多接入 30 个用户。如采用 4 个中继器连接 5 个网段，则网络最大距离可达 925m。细缆安装较容易、造价较低，但日常维护不方便，一旦一个用户出现故障，就会影响其他用户的正常运行。

3. 光纤

光纤是由一组光导纤维组成的用来传播光束的、细小而柔韧的传输介质。应用光学原理，由光发送机产生光束，将电信号变为光信号，再把光信号导入光纤，在另一端由光接收机接收光纤上传来的光信号，并把它变为电信号，经解码后再处理。与其他传输介质相比，光纤的电磁绝缘性能好、信号衰减小、频带宽、传输速度快、传输距离大，主要用于要求传输距离较长、布线条件特殊的主干网连接。

变电站计算机监控系统网络连接可使用同轴电缆、双绞线、光纤等通信介质，也可在一个网络中混合使用，可根据需要灵活选用。

对于 220kV 及以下电压等级的变电站，二次设备一般集中布置，监控系统网络连接选用屏蔽双绞线即可满足要求。

对于330kV及以上电压等级的变电站，二次设备一般分继电器小室分散布置，小室内设备之间的网络连接可采用屏蔽双绞线，小室与主控制室的距离较远，需采用光纤作为小室与主控制室间的通信介质。主控制室内的网络通信介质可根据需要采用屏蔽双绞线或光纤。

第三节 系 统 功 能

计算机监控系统的功能是根据运行的实际需要对监控系统提出技术要求。

一、数据采集和处理功能

变电站计算机监控系统应能实现数据采集和处理功能，数据采集应满足变电站当地运行管理和调度中心及其他主站系统的数据需求。监控系统数据一般包括模拟量、开关量、电能量以及来自其他智能装置的数据。

监控系统通过I/O单元实时采集模拟量、开关量等信息量；通过智能设备接口接收来自其他智能装置的数据；通过网络通信方式采集继电保护设备、电能计量装置、UPS电源、站用直流电源、通信设备和机房动力环境等设备的运行状态信息。重要的保护信号、设备运行状态信息、无法通过通信接口输出的设备运行状态信号和报警信息等采用硬触点的方式采集。

二、控制操作与同期功能

（一）控制操作

监控系统应能实现自动调节控制和人工操作控制功能。

自动调节控制由站内操作员工作站或远方控制中心设定，它可以由运行人员投入/退出，而不影响手动控制功能的正常运行。在自动控制过程中，程序遇到任何软、硬件故障均应输出报警信息，停止控制操作，并保持被控设备的状态。自动调节控制用于电压-无功自动调节。

人工操作控制由操作员对需要控制的电气设备进行控制操作。监控系统应具有操作监护功能，允许监护人员在不同的操作员工作站上实施监护，避免误操作；当一台工作站发生故障时，操作人员和监护人员可在另一台工作站上进行操作和监护。操作遵守唯一性原则，应能根据运行人员输入的命令实现设备的远程或就地控制操作。

在有操作的情况下，在显示器上通过单线图及闪光指示显示出被控对象的变位情况。间隔级控制层的

I/O上应有电气单元的实时模拟接线状态图。

为了防止误操作，在任何控制方式下都必须采用分步操作，即选择、校核、执行，并设置操作员和线路代码口令。控制逻辑应能使所选的输出继电器保持足够时间的状态，以便命令可靠地执行。在任何操作方式下，应保证下一步操作只有在上一步操作完全完成以后才实现。同一时间，输出设备只接受一个主站的命令，禁止其他主站的命令进入。

控制与操作需满足以下要求：

（1）控制范围。对所有具备电动操作的开关（断路器）、隔离开关、接地开关、主变压器有载调压开关等实现控制。

（2）控制方式。可采用点对点的单对象控制和特定逻辑的批量顺序控制，同时，控制方式还应具备手动应急控制功能。当站控层设备停运时，应能在间隔层对断路器进行手动控制。手动应急控制应具备同期功能。

（3）控制应包括下列各级控制，控制级别由低至高的顺序为：

1）远方控制。调度或集控中心远方控制。

2）站控层当地控制。变电站的监控系统后台控制。

3）间隔层应急控制。间隔层测控屏上的手动开关对断路器进行一对一控制。

4）设备层就地控制。配电装置处的就地手动开关一对一控制。

高一级在操作时，低级操作均应处于闭锁状态，并对被闭锁的控制提供告警信息。

（4）唯一性原则。同一时间应仅允许一个控制级别、一种控制方式、一个控制对象进行控制。对任何操作方式，应保证只有在上一次操作步骤完成后，方可进行下一步操作。

（5）高可靠性原则。在控制指令发出时，应可靠地执行；要有完善的闭锁措施，确保操作正确、可靠。对不满足联锁及闭锁条件的操作，监控系统应闭锁操作，并给出报警提示。

（6）安全原则。依据操作员权限的大小，规定操作员对系统及各种业务活动的范围，操作员应事先登录，并应有密码措施；具有操作监护功能，监护人应事先登录，并应有密码措施，允许监护人员在操作员工作站上实施监护功能，防止误操作；操作应按选择、返验、五防闭锁、执行的步骤进行。

（7）监控系统提供详细的记录文件，记录操作人员和监护人员姓名、操作对象、操作内容、操作时间、操作结果等。

（二）同期功能

变电站监控系统应具有同期功能，应能检测和比

校断路器两侧 TV 二次电压的幅值、相角和频率，自动捕捉同期点，发出合闸命令，以满足断路器的同期合闸要求。

测控同期需满足以下要求：

（1）对于一个半断路器接线，应实现断路器合闸操作同期电压"近区优先"的电压选择。

（2）同期功能应可对同期电压的幅值差、相角差、频差的设定值进行修改。

（3）间隔层的手动合闸应具备同期功能的解除/投入选择。

三、防误闭锁功能

变电站监控系统应具有防误闭锁功能，所有操作控制均应经防误闭锁，并具有出错报警和判断信息输出的功能。站控层防误操作方式以综合全部信息进行逻辑判断和闭锁为主。间隔层防误操作以实时状态检测、逻辑判断和输出回路闭锁等多种方式结合，充分保证对本单元一次设备的各种安全要求。

监控系统遥控应经过五防规则校验，如果不满足五防相关规程、规范和运行要求，应提出五防规则校验结果报告，指出满足及不满足的具体规则，并禁止遥控；如果满足五防规则，监控系统下发遥控命令到装置。

四、监视和报警处理功能

（一）监视

显示的主要画面至少应包括：

（1）电气主接线图，包括显示设备实时运行状态（包括变压器分接头位置等）、各主要电气量（电流、电压、频率、有功、无功、变压器绕组温度及油温等）的实时值，并能指明潮流方向，可通过移屏、分幅显示方式显示全部和局部接线图，可按不同的详细程度多层显示。

（2）直流系统图。

（3）站用电系统状态图。

（4）交流不停电电源（UPS）系统图。

（5）趋势曲线图。对指定测量值，按特定的周期采集数据，并予以保留，保留范围 30d，并可按运行人员选择的显示间隔和区间显示趋势曲线。同时，画面上还应给出测量值允许变化的最大、最小范围。每幅图可按运行人员的要求显示某四个测量值的当前趋势曲线。

（6）棒状图。

（7）计算机监控系统运行工况图。用图形方式及颜色变化显示出计算机监控统的设备配置、连接及状态。

（8）各种统计及功能报表，包括电量表、各种限值表、运行计划表、操作记录表、系统配置表、系统运行状况统计表、历史记录表和运行参数表等。

（9）定时报表、日报表、月报表。

（10）各种保护信息及报表。

（11）控制操作过程记录及报表。

（12）事故追忆记录报告或曲线。

（13）事故顺序记录报表。

（14）操作指导及操作票、典型事故处理及典型事故处理画面。

对显示的画面应具有电网拓扑识别功能，即带电设备的颜色标识。所有静态和动态画面应存储在画面数据库内。操作员应能在任一台工作站上方便和直观地完成实时画面的在线编辑、修改、定义、生成、删除、调用和实时数据库连接等功能，并能与其他工作站共享修改或生成后的画面。

图形管理系统应具有汉字生成和输入功能，支持矢量汉字字库；应具有动态棒状图、动态曲线、历史曲线制作功能。屏幕显示、打印制表及图形画面中的画面名称、设备名称、告警提示信息等均应汉字化。

对各种表格应具有显示、生成、编辑等功能。在表格中可定义实时数据、计算数据，模拟显示并打印输出。

（二）报警处理

监控系统应具有事故、预告报警功能。事故报警包括非正常操作引起的断路器跳闸和保护装置动作信号；预告报警包括一般设备变位、状态异常信息、模拟量或温度量越限等。

事故状态时，事故报警立即发出音响报警（报警音量可调），运行工作站的显示画面上用颜色改变并闪烁表示该设备变位，同时显示红色报警条文，报警条文可召唤打印；事故报警应有自动推画面功能，可以通过手动或自动方式确认，报警一旦确认，声音、闪光即停止。报警装置可在任何时间进行手动试验，试验信息不予传送、记录。

报警应能分层、分级、分类处理，起到事件的过滤作用，能现场灵活配置报警的处理方式，告警画面应能分级显示告警信息，报警应采用不同颜色、不同音响予以区别。

采用 DL/T 860《电力自动化通信网络和系统》标准的监控系统应具备 MMS 网络通信状态和 GOOSE 网络通信状态异常告警。

五、统计计算

在线方式下，应能按照数值变换和规定时间间隔不断处理和计算下述各项内容，但不仅限于此：

（1）交流采样后计算出电气量一次值 I、U、P、Q、f、$\cos\varphi$，并计算出日、月、年最大、最小值及出现的时间。

（2）电能累计值和分时段值（时段可任意设定）。

（3）日、月、年电压合格率。

（4）功率总加，电能总加。

（5）变电站送入、送出负荷及电量平衡率。

（6）主变压器的负荷率及损耗。

（7）断路器的正常及事故跳闸次数、停用时间、月及年运行率等。

（8）变压器的停用时间及次数。

（9）站用电率计算。

（10）电压-无功最优调节计算。

（11）安全运行天数累计。

供计算的值可以是采集量、人工输入量或前次计算量，计算结果返送数据库，并能方便调用。

六、电压-无功自动控制（VQC）功能

目前变电站电压-无功自动控制功能有变电站独立 VQC 装置、监控系统 VQC 功能、远方 AVC 系统直控三种实现方式。

变电站电压-无功自动控制应满足如下功能要求：

（1）变电站电压-无功调节功能宜通过与监控系统配套的软件来实现，远方调度或站内操作员可进行 VQC 功能投退，设置的电压或无功目标值自动控制无功补偿设备，调节主变压器分接头，实现电压-无功自动控制。

（2）变电站电压-无功自动控制应具有三种模式，即闭环（主变压器分接头和无功补偿设备全部投入自动控制）、半闭环（主变压器分接头退出自动控制，由操作员手动调节，无功补偿设备自动调节）和开环（电压-无功自动控制退出，只作调节指导），可由操作员选择投入或退出。

（3）运行电压控制目标值应能在线修改，并可根据电压曲线和负荷曲线设定各个时段不同的控制参数。

（4）能自动适应系统运行方式的改变，并确定相应的控制策略。

（5）应能实现遥控/自动就地控制之间的切换，并把相应的遥信量上传到调度/集控站。

（6）电压-无功自动控制可对主变压器分接头和无功补偿设备的调节时间间隔进行设置。

（7）电压-无功自动控制可根据电容器/电抗器的投入次数进行等概率选择控制，并可限制变压器分接头开关和电容器/电抗器开关的每日动作次数。

（8）操作员可以对每台 VQC 设备（主变压器、电容器）进行启/退操作，独立控制某一设备是否参与 VQC 调节。

（9）应有完善的 VQC 动作记录可以查询，记录的内容包括操作的设备对象和性质、操作时的电压和无功、操作时的限值等。

（10）系统出现异常时应能自动闭锁。当系统输出闭锁时，应提示闭锁原因。

七、事件顺序记录及事故追忆功能

变电站内重要设备的状态变化列为事件顺序记录（SOE），至少应包括断路器的动作信号和继电保护装置、安全自动装置、备自投装置、VQC 系统等的出口动作信号。

事件顺序记录报告所形成任何信息都不可被修改，但可对多次事件中的某些记录信息进行选择、组合，以利于事后分析。事件顺序记录的时标为事件发生时刻各装置本身的时标，事件顺序记录功能的分辨率不应大于 1ms。

事故追忆范围为事故前 1min 到事故后 2min 的所有相关的遥测、遥信量，采样周期与实时系统数据刷新周期一致，根据不同的触发条件可以选择必要的模拟量进行记录，产生事故追忆表，以方便事故分析。事故追忆表可以由事故或手动产生，可以满足数个触发点同时发生而不影响可靠性，系统应能够同时存放 5 个事故追忆表。

八、显示和制表打印

监控系统中的显示器画面显示，除了完成常规监控系统中控制屏（或返回信号屏）上的系统模拟接线、指示仪表和各种光信号的功用之外，还能提供各种细部的图形显示。显示的内容包括全站生产运行需要的电气接线图、设备配置图、设备参数、整定值、运行工况图、各种信息报告、操作票及各种运行监视需要的文字、数字、曲线、棒状图等，给运行人员提供关于变电站的正常运行或事故状态的各种详细情况。

制表打印功能主要是代替值班人员编制各种日常报表，报表的种类格式必须符合运行的实际需要，报表的打印可采用召唤式或定时打印。

九、远动功能

监控系统的远动功能是将监控系统所采集的信息与远动系统所需要的信息筛选出，经监控系统的信息远传工作站传至调度中心。

监控系统的远传功能必须满足如下要求：

（1）远动通信设备应直接从间隔层测控单元获取调度所需的数据传至调度中心，实现远动信息的直采直送，信息内容应满足系统自动化的要求。

（2）远动信息的编码、时钟、规约必须与系统调度端一致，采用数据网络通道传输信息时，通信规约为 DL/T 634.5104《远动设备及系统　第 5-104 部分：传输规约　采用标准传输协议集的 IEC 60870-5-101

网络访问》协议；采用点对点通道传输信息时，通信规约为 DL/T 634.5101《远动设备及系统 第 5101 部分：传输规约 基本远动任务配套标准》协议。

（3）远动通信设备应能与多个相关调度通信中心进行数据通信，满足系统调度管理的要求。

十、时间同步功能

变电站计算机监控系统应具备与站内时间同步系统对时的功能。站控层设备通常采用网络对时方式，间隔层和过程层设备通常采用 IRIG-B 对时方式。一般情况下，I/O 数据采集单元的时间同步要求达到 1ms。采用同步相量计算功能的 I/O 测控装置时，需保证 I/O 数据采集单元的时间同步达到 1μs 精度要求。

十一、管理功能

计算机监控系统应能根据运行的实际需要，设置管理功能，包括运行操作指导、事故记录检索、在线设备管理、操作票开列、模拟操作、运行记录及交接班记录等。管理功能生成的各种文件符合生产的实际要求，并适于存储、检索、编辑、显示、打印。

十二、功能展望

随着计算机技术的不断发展，考虑到监控系统功能的实效性，计算机监控系统除完成信息采集、测量、控制、保护、计量和监测等基本功能外，还需根据工程实际需求，完成支持电网实时自动控制、智能调节、在线分析决策、协同互动等高级应用功能展望。

（一）状态检修功能

状态检修指的是基于设备状态监测的数据，以安全、可靠、环境、成本为基础，生成检修决策系统，实现变压器、组合电器等设备寿命评估及状态检修。

状态检修具体说来是指通过设备的历史运行、检修及试验状态和连续监测数据，分析其趋势，加以预测、诊断，估计设备的寿命，然后确定检修项目、频度与检修内容。

（二）智能告警及决策系统功能

智能告警及决策系统指的是能对站内各种告警信息分类、过滤，按功能分页显示，并对告警及事故信息进行决策和处理。

1. 事故告警

事故告警信息一般通过时序以平板方式进行查看，优点在于时效性佳，便于时刻关注系统实时信息；缺点在于不够直观，往往需要对照系统拓扑图才能进

行分析，并在事故时，由于其他信号的干扰影响，使运行人员集中注意力于故障间隔。智能告警系统可实时查看某测点、某设备、某间隔在某个时间段内的动作信息，也可以复合选择多个间隔、设备、测点进行查看，也可以按照设备类型、测点类型进行组合。

2. 单事件推理

对单个告警信息进行推理判断，提供原因及处理方案。

3. 告警信息预处理

智能告警系统实时监视电网运行情况，可监测开关变位、保护信号、事故总信号等故障信息，并通过对采集的相关告警信息进行分析、判断，剔除伪信息后，提炼对故障分析有用的信息并分类，如保护装置动作信息、备自投信息、开关变位信息、重合闸信息等。

（三）事故信息综合分析决策功能

事故信息综合分析决策功能考虑由专门的专家分析系统来完成。

1. 异常诊断

对短时间内连续发生、有内在关联的一组事件信息进行综合推理判断，给出原因及处理方案。实时根据当前的所有在动作状态的异常告警进行综合分析——主要在一定时间窗范围内，某厂站的某个间隔下出现多个异常告警信号，多由于同一个故障或者异常原因导致（主要针对 TV 断线故障、TV 电压消失、TA 故障、直流电压消失、控制回路断线等迁延性故障异常）。

2. 故障智能诊断

故障智能诊断是指根据电力系统故障跳闸等信号综合分析出故障的位置，主要实现监控系统告警信息的预处理、扰动类型辨识、电网故障诊断等功能。

（1）扰动类型界定。电网事故的甄别需要考虑多重因素，以避免对事故的错误认定或漏判。通过将开关遥信变位信息与保护信息相匹配，界定扰动的性质，如故障扰动、人工操作、错误信息。

（2）电网故障诊断。电网故障诊断功能为调度、值班、运行人员服务，在数据采集与监视控制系统（supervisory control and data acquisition system，SCADA 系统）的支持下，完成以下主要任务：分析开关和保护动作关系；诊断电网中发生故障的元件；筛选出需要进一步确认的报警信息。电网故障诊断软件的主要功能如下：

1）电网故障诊断启动检测。监控开关变位、保护信号、事故总信号等故障信息，并通过对相关信息和数据进行分析、判断，剔除伪信息后，作为电网是否发生事故的判断依据。

2）故障设备诊断。根据开关变位情况，通过网络拓扑分析，以及保护单元、保护装置与开关的关系分

析，判断故障停电范围及事故性质；找出因本事故而导致的其他变电站停电事故等。对于简单故障，定位到元件；对于复杂故障（开关或保护拒动、误动），定位到区域。

3）开关及保护动作评价。在接入较为完备的保护故障信息情况下，可通过保护动作信息并结合开关变位信息自动诊断故障设备，并对故障涉及的保护和开关动作情况进行评价，给运行人员提供准确的事故原因及故障设备。

4）找不到原因的报警信息及其原因分析。根据故障设备—保护—开关间的因果逻辑分析，将不能确定具体原因的动作保护或开关信息作为异常的报警信息列出来，需要值班人员再检查确认。

5）故障诊断结果显示。在故障诊断结束后，系统应自动生成电网故障诊断报告，显示给用户。并提供历史故障诊断报告的查询浏览功能。

（四）经济运行与优化控制功能

经济运行与优化控制功能指的是能将变电站的电压、无功调节设备纳入区域无功电压调节系统，进行整体策略控制，实现区域无功电压自动优化调节。

综合利用柔性交流输电系统（FACTS）、变压器自动调压、无功补偿设备自动调节等手段，支持变电站系统层及智能调度技术支持系统安全经济运行及优化控制。

系统可提供智能电压-无功自动控制（VQC）功能，可接收调度主站端或集控中心的调节策略，完成电压-无功自动控制功能。调度主站端或集控中心可以对厂站端的 VQC 软件进行启停、状态监视和策略调整的控制。

系统可提供智能负荷优化控制功能，可根据预设的减负荷策略，在主变压器过负荷时自动计算出切负荷策略，或接收调度主站端或集控中心的调节目标值计算出切负荷策略，并将切负荷策略上送给调度主站端或集控中心确认后执行。调度主站端或集控中心可以对厂站端的智能负荷优化控制软件进行启停、状态监视和调节目标值设定的控制。

（五）变电站与其他节点的交互功能

变电站应作为电网的节点，与相关调度和集控中心、相关变电站、分布式电源、大用户等实现各节点间的数据交互和协调控制，结合整个系统的潮流分布、其他变电站的运行状况来对站内设备实行自动控制，实现站内重要设备与系统的互动性。并可实现自动调整相关控制策略，提供相应的运行建议或预警。与其他节点交互示意图如图 13-6 所示。

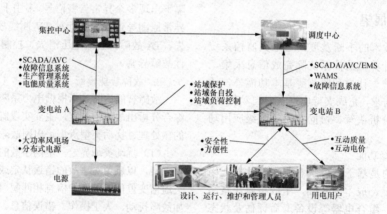

图 13-6　与其他节点交互示意图
AVC—自动电压控制系统；EMS—能量管理系统；WAMS—广域测量系统

（六）顺序控制功能

基于一体化信息平台实现准确的数据采集，包括变电站内所有实时遥信量（断路器、隔离开关、接地开关等）的位置，所有实时模拟量（电流、电压、功率等）以及其他辅助的遥信量。顺序控制功能应具有防误闭锁、事件记录等功能，应采用可靠的网络通信技术。

（七）设备状态可视化

采集主要一次设备（变压器、断路器等）状态信息，重要二次设备（测控装置、保护装置、合并单元、智能终端等）的告警和自诊断信息、二次设备检修压板信息以及网络设备状态信息，进行可视化展示并发送到上级系统，为电网实现基于状态检测的设备全寿命周期综合优化管理提供基础数据支撑。

（八）源端维护

在保证安全的前提下，在变电站中利用统一系统配置工具进行配置，生成标准配置文件，包括变电站网络拓扑等参数、智能电子设备（IED）数据模型及两者之间的联系。变电站主接线和分画面图形、图形与模型关联，应以可升级矢量图形（SVG）格式提供给调度/集控系统。

十三、维护功能和远方登录服务功能

通过继电保护、工程师工作站和主机操作员工作站对系统进行诊断、管理、维护、扩充等工作，对各种应用功能、运行状态的检测及自动控制功能进行启动、停止等。

经电话拨号 MODEM（调制解调器），允许远方维护中心工程师授权登录，进行远程故障诊断分析、维护服务。

第四节　设　备　配　置

一、硬件配置

（一）硬件配置方案

1. 站控层设备配置

站控层设备根据分散配置、资源共享、避免设备重复设置的原则，按照变电站最终规模配置。站控层设备由主机、操作员工作站、工程师工作站、数据服务器、远动通信设备、智能接口设备及网络打印机等设备构成。

（1）主机。是站控层数据收集、处理、存储及网络管理的中心。220kV 及以上电压等级变电站双套配置，同时运行，互为热备用。双机能自动均匀分配负荷，单机故障时，另一主机能带全部负荷。同时，还应具有硬件设备和软件任务模块的运行自监视功能。站控层数据库建库以及主接线图等按变电站远期规模设置参数，便于以后扩建工程的实施。主机采用多核服务器，其性能应能满足整个系统的功能要求，主机的处理能力、存储容量应与变电站的规划容量相适应。

（2）操作员工作站。220kV 及以上电压等级变电站操作员工作站为双机冗余配置。操作员工作站可以单独配置，也可采用主机兼操作员工作站的配置方式。操作员工作站是站内监控系统的主要人机界面，用于图形及报表显示、事件记录及报警状态显示和查询。运行人员可通过运行工作站对变电站各一次及二次设备进行运行监测和操作控制。操作员工作站应满足运行人员操作时直观、便捷、安全、可靠的要求，应具备五防工作站功能，应具有操作票专家系统。

（3）工程师工作站。330kV 及以上电压等级变电站可配置工程师工作站，用于整个监控系统的维护、管理，可完成数据库的定义、修改；系统参数的定义、修改；报表的制作、修改；网络维护、系统诊断等工作。对监控系统的维护仅允许在工程师工作站上进行。

（4）数据服务器。根据工程实际需要配置，用于变电站全景数据的集中存储，为站控层设备和应用提供数据访问服务。

（5）远动通信设备。双套配置，站内实时数据信息通过远动通信装置以不同的要求向调度及集控中心传送，以保证实时信息传输的可靠性。调度端 EMS 主站系统和集控中心自动化系统均按照 IEC 61970 建模，变电站自动化系统则采用 DL/T 860《电力自动化通信网络和系统》建模，变电站通过 IEC 60870-5-101 或者 IEC 60870-5-104 与主站端通信。

（6）五防工作站（选配）。根据工程需要可单独配置，也可在操作员工作站实现五防功能。在五防工作站上可进行操作预演，可检验、打印和传输操作票，并对一次设备实施五防强制闭锁。

（7）网络打印机。可在监控系统站控层设置取消装置屏上的打印机，通过网络打印机打印全站各装置的保护告警、事件、波形等。

2. 间隔层设备配置

间隔层测控装置按照 DL/T 860《电力自动化通信网络和系统》建模，具备完善的自描述功能，通过以太网与站控层设备直接通信。

测控装置具有状态量采集、交流采样及测量、防误闭锁、同期检测、就地断路器紧急操作、单接线状态及数字显示等功能，对全站运行设备的信息进行采集、转换、处理和传送，配置有 "就地/远方" 切换开关。配置过程层设备的变电站中测控装置还应支持通过 GOOSE 报文实现间隔层 "五防" 连、闭锁功能，支持通过 GOOSE 报文下行实现设备操作。在站级控制层及网络失效的情况下，仍能独立完成间隔层的监测和控制功能。

测控装置的配置原则为按每个电气单元配置，母线单元按每段母线单独配置，主变压器/高压并联电抗器单元本体单独配置，单独配置公用测控。

间隔层测控装置配置如下：

（1）一个半断路器接线测控装置采用独立装置；线路测控装置采用独立装置；高压并联电抗器测控装置单套独立配置；母线测控装置单套独立配置。

（2）双母线接线线路、母联、分段测控装置采用独立装置；母线按段配置单套测控装置。

（3）单母线接线 66kV 及以下电压等级可采用保护、测控合一装置。

3. 过程层设备配置

过程层设备包括智能终端、合并单元等。

（1）智能终端。智能终端是连接一次开关设备和二次保护、测控装置的智能化设备，其作用是采集一次开关设备的状态通过 GOOSE 网络传输至保护和测控装置，同时通过 GOOSE 网络接收保护和测控装置的命令对一次开关设备进行操作。智能终端工作原理如图 13-7 所示。

智能终端的功能包括：

1）断路器操作功能。接收保护装置分相跳闸、三相跳闸和重合闸 GOOSE 命令，对断路器实施跳合闸；支持手分、手合硬触点输入；具有分相或三相的跳合闸回路；具有跳合闸电流保持功能；具有跳合闸回路监视功能；具有跳合闸压力监视与闭锁功能；具有断路器防跳功能。

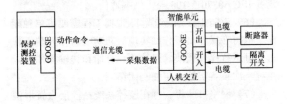

图 13-7　智能终端工作原理

2）开入、开出功能。接收测控装置遥控分合及联锁 GOOSE 命令，完成对断路器和隔离开关的分合操作；就地采集断路器、隔离开关和接地开关位置以及断路器本体的开关量信号；具有保护、测控所需的各种闭锁和状态信号的合成功能；通过 GOOSE 网络将各种开关量信息送给保护和测控装置。

智能终端应满足以下技术要求：

1）支持以 GOOSE 方式进行信息传输；

2）GOOSE 信息处理时延应小于 1ms；

3）能接入站内时间同步网络,通过光纤接收站内时间同步信号；

4）具备 GOOSE 命令记录功能，记录收到 GOOSE 命令时刻、GOOSE 命令来源及出口动作时刻等内容，并能提供查看方法；

5）有完善的闭锁告警功能，包括电源中断、通信中断、通信异常、GOOSE 断链、装置内部异常等；

6）智能终端安装处宜保留检修压板、断路器操作回路出口压板；

7）能接收传感器的输出信号，具备接入温度、湿度等模拟量输入信号，并上传自动化系统；

8）主变压器、高压电抗器本体智能终端需具有本体非电量保护、上传本体各种非电量信号的功能，非电量保护跳闸通过控制电缆直跳方式实现。

目前，采用"常规一次设备+智能终端"的方式来实现一次设备智能化。过程层的智能终端配置如下：

1）一个半断路器接线。330kV 及以上电压等级各间隔断路器智能终端双重化配置；母线智能终端单套配置；高压电抗器本体智能终端单套配置，集成非电量保护功能。

2）双母线接线:220kV 及以上电压等级按出线的一次配置，即与每回出线或主变压器进线相关的断路器双重化配置；4 套母线间隔单套配置 4 台智能终端。110kV 及以下电压等级智能终端单套配置。

3）主变压器部分:220kV 及以上电压等级主变压器各侧智能终端均双重化配置，主变压器本体智能终端单套配置，集成非电量保护功能。110kV 及以下电压等级主变压器各侧智能终端均单套配置，主变压器本体智能终端单套配置，集成非电量保护功能。

4）智能终端一般下放到户外，安装在一次设备旁，可节省大量控制电缆，降低了电缆的成本，减少了电缆沟大小，解决了信号电缆传输过程中受电磁干扰的问题，减少了现场施工、调试的工作量。

（2）合并单元。合并单元将电流、电压模拟量转化为数字量，将三相电流、电压进行合并、同步处理后以标准的物理接口及数据格式向二次设备发送数据。

合并单元有以下采样数据传输标准：

1）IEC 60044-8：点对点光纤串行数据接口。

2）IEC 61850-9-2：网络数据接口。

为了保证继电保护的可靠运行，保护采用点对点直接采样方式，测控则采用 SV 采样方式，保护装置之间的配合通过过程层 SV 网络传输信息。

合并单元的基本原理如图 13-8 所示。

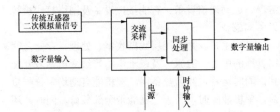

图 13-8　合并单元的基本原理

合并单元应满足以下技术要求：

1）具备交流模拟量采集功能,可通过选配不同通道类型的交流插件，采集传统电压/电流互感器输出的二次模拟信号。

2）可通过 DL/T 860.92《电力自动化通信网络和系统　第 9-2 部分：特定通信服务映射（SCSM）——基于 ISO/IEC 8802-3 的采样值》（IEC 61850-9-2）或 GB/T 20840《互感器》（IEC 60044-8）规定的报文格式接收光纤同步串口信号，能兼容 5Mbit/s 及 10Mbit/s 的编码速率。为保证合并单元装置整体采样延迟时间小于 2ms，要求前端接入的采样延迟时间小于 1ms。

3）采用 DL/T 860.92《电力自动化通信网络和系统　第 9-2 部分：特定通信服务映射（SCSM）——基于 ISO/IEC 8802-3 的采样值》（IEC 61850-9-2）或 GB/T 20840《互感器》（IEC 60044-8）规定的报文格式，向站内保护、测控等二次设备传送采样值。

4）具备多个光纤以太网口，整站采样速率宜统一，额定数据速率一般采用 IEC 61850 推荐标准。

5）具有完善的闭锁告警功能，能保证在电源中断、电压异常、采集单元异常、通信中断、通信异常、装置内部异常等情况下不误输出。

6）具备合理的时间同步机制和传输时延补偿机制，各类电子互感器信号或常规互感器信号在经合并单元输出后的相差应保持一致；合并单元可支持光纤B码、PPS秒脉冲及IEEE 1588同步方式，同步误差不小于1μs，并具有守时功能，在失去同步时钟信号10min以内的同步误差小于4μs。

7）具备电压切换或电压并列功能，宜支持以GOOSE方式开入断路器或隔离开关位置状态。

8）具备对本身的A/D采样、FLASH、工作电源等硬件环节进行自检，并能对异常事件进行记录和保存。在合并单元故障时可通过GOOSE上送告警内容，并输出告警触点。

目前，由于电子式互感器在应用中还不够成熟，变电站大多采用"常规互感器+合并单元"的方式来实现一次设备智能化。

过程层的合并单元配置如下：

1）一个半断路器接线。330kV及以上电压等级各间隔电流互感器合并单元、电压互感器合并单元、高压并联电抗器首末端电流、中性点电流合并单元均双重化配置。

2）双母线接线。220kV及以上电压等级按出线的一次设备配置，即与每回出线或主变压器进线相关的1台电流互感器与电压互感器配置1台具有电压切换功能的合并单元；4套母线电压互感器配置2台带电压并列功能的合并单元，另外配置两台电压扩展装置，扩展后的电压信号接入各间隔的合并单元，电压切换功能在各间隔合并单元中完成。

3）单母线接线。各间隔采用智能终端、合并单元一体化装置智能组件，均单套配置，对SV、GOOSE数据端口进行整合，实现一次设备过程层SV、GOOSE数据统一接口。

4）主变压器部分。220kV及以上电压等级主变压器各侧、公共绕组合并单元双重化配置。110kV及以下电压等级主变压器各侧、公共绕组合并单元单套配置。

作为互感器的对外接口，理论上合并单元的安装位置比较灵活，可安放在保护小室与保护一起组屏，也可安装在就地的GIS汇控柜或智能控制柜内。

安放在保护小室与保护一起组屏，主要考虑如下：

1）合并单元尽管为过程层设备，但是在结构上也类似于一个"二次"设备，安放在保护小室，优良的温度及电磁兼容环境对合并单元更为有利，也更方便维护、运行。

2）合并单元与间隔级设备的光纤联系更多，合并单元的数据传输采用IEC 60044-8或IEC 61850-9-2标准点对点采样数据传输方式，靠近安装有利于节省成本。

安放在户外，主要考虑如下：

1）合并单元作为过程层设备，考虑与过程层其他设备一起组柜，有利于统一的布置和管理；

2）如果站内采用电子式互感器，则合并单元作为电子式互感器的一部分，安装在就地更符合习惯；

3）从智能变电站的最终远景发展来看，所有二次设备都倾向于集成在一次设备内，因此，合并单元安装在户外，朝着向一次设备集成的方向，更符合智能变电站发展；

4）目前，户外智能柜等设备的防护等级均可达到IP55。

合并单元的布置可根据工程具体实际情况进行选择。

4. 网络设备配置

网络通信设备包括网络交换机、光电转换器、接口设备和网络连接线、电缆、光缆及网络安全设备等。

网络交换机应具备优先传输功能、有效分区功能、网络重构功能、异常告警功能、自由镜像功能等基本功能要求。

（1）站控层网络。计算机监控系统的站控层网络采用国际标准推荐的以太网，具有良好的开放性；网络拓扑结构可采用总线型或环形，也可采用星形。站控层交换机由站控层A网和站控层B网组成，两个网段在物理上相互独立。

（2）过程层网络。过程层交换机应选用满足现场运行环境要求的工业交换机，支持IEEE 1588协议，并通过电力工业自动化检测机构的测试，满足DL/T 860《电力自动化通信网络和系统》通信协议标准。

过程层交换机配置方案如下：

1）一个半断路器接线过程层交换机配置：330kV及以上电压等级根据规模双重化配置GOOSE和SV中心交换机，中心交换机单独组柜。过程层GOOSE、SV网交换机按串配置，每串过程层交换机组1面柜。

2）双母线接线过程层交换机配置：

a）330kV及以上电压等级根据规模双重化配置GOOSE和SV中心交换机，中心交换机可与母线保护柜共同组柜。过程层GOOSE、SV网交换机按间隔双重化配置，可与线路保护柜共同组柜。

b）220kV电压等级采用GOOSE与SV共网的组网方案，根据规模双重化配置GOOSE/SV中心交换机，中心交换机可与母线保护共同组柜。过程层GOOSE/SV网交换机按间隔双重化配置，每间隔过程层交换机可与线路保护共同组柜。

c）110kV及以下电压等级采用GOOSE与SV共网的组网方案，根据规模单套配置GOOSE/SV中心交换机，中心交换机可与母线保护共同组柜。过程层GOOSE/SV网交换机按间隔单套配置，每间隔过程层交换机可与线路保护共同组柜。

主变压器高压侧和中压侧设备接入相应间隔过程层交换机，主变压器低压侧采用点对点方式接入相关中压侧交换机。

（二）硬件性能的基本要求

计算机监控系统应该用标准的、网络的、分布功能和系统化的开放式的硬件结构。测控装置应满足工业级标准，采用模块化、标准化设计，容易维护更换，允许带电插拔，任何一个模块故障检修时，应不影响其他模块的正常工作。应有自检及自诊断功能，异常及交直流消失等应有告警信号，装置本身也应有 LED 信号指示，所有测控装置的部件在输入、输出回路上都必须具有电气隔离措施，一个元件故障不引起误动作，一个单元故障不影响其他单元。

计算机监控系统站控层与间隔层的通信介质应为光缆或双屏蔽双绞线，室内设备之间采用双屏蔽双绞线通信，需穿越室外电缆沟的通信媒介则采用光缆。光缆应有外保护层，能承受一定的机械应力。

计算机监控系统至少应满足以下性能指标要求：

（1）电流量、电压量测量误差不大于 0.2%，有功功率、无功功率测量误差不大于 0.5%；

（2）电网频率测量误差不大于 0.01Hz；

（3）模拟量越死区传送整定最小值不小于 0.1%（额定值），并逐点可调；

（4）事件顺序记录分辨率（SOE）：站控层不大于 2ms，间隔层测控装置不大于 1ms；

（5）模拟量越死区传送时间（至站控层）不大于 2s；

（6）状态量变位传送时间（至站控层）不大于 1s；

（7）模拟量信息响应时间（从 I/O 输入端至远动通信设备出口）不大于 3s；

（8）状态量变化响应时间（从 I/O 输入端至远动通信设备出口）不大于 2s；

（9）控制执行命令从生成到输出的时间不大于 1s；

（10）双机系统可用率不小于 99.9%；

（11）控制操作正确率 100%；

（12）站控层平均无故障间隔时间（MTBF）不小于 20000h，间隔级测控装置平均无故障间隔时间不小于 30000h；

（13）站控层各工作站的 CPU 平均负荷率：正常时（任意 30min 内）不大于 30%，电力系统故障（10s 内）不大于 50%；

（14）网络平均负荷率：正常时（任意 30min 内）不大于 20%，电力系统故障（10s 内）不大于 40%；

（15）A/D 转换器精度不大于 0.2%，模数转换分辨率不小于 16 位；

（16）画面整幅调用响应时间：实时画面不大于

1s，其他画面不大于 2s；

（17）画面实时数据刷新周期不大于 3s；

（18）双机自动切换至功能恢复时间不大于 30s；

（19）实时数据库容量：模拟量不小于 2000 点，状态量不小于 5000 点，遥控量不小于 500 点，计算量不小于 2000 点；

（20）历史数据库存储容量：历史曲线采样间隔为 1～30min（可调），历史趋势曲线、日报、月报、年报存储时间不小于 2 年，历史趋势曲线不小于 300 条。

变电站监控系统中以太网交换机不仅用于后台数据的采集，在配置过程层设备的变电站中也是控制和保护动作的信息通道，因此以太网交换机必须在变电站的环境中能够正确工作，满足可靠性、电磁兼容性、实时性、安全性等方面的要求，同时必须提供 IEC 61850 变电站所需的数据交换功能。对网络交换机的基本性能要求如下：

（1）实时性要求。变电站监控系统对数据传输的实时性有很高的要求。为了保证数据传输的实时性，要求数据在通过交换机端口传输时的时延尽可能小，并可以让实时性要求高的数据包优先传输，且能自动过滤不需要传送的数据。所以为了满足变电站自动化系统网络通信的实时性，在选择变电站监控系统中使用的以太网交换机时，应要求交换机具有下述特性：

1）支持 IEEE 802.3x 全双工以太网协议。全双工数据传输模式能同时支持两个方向的数据发送和接收，在交换机端口上不会发生信息"碰撞"，从而大大降低了数据传输时延。

2）支持 IEEE 802.1p 优先级排队协议。IEEE 802.1p 优先级排队协议是对网络的各种应用及信息流进行优先级分类的方法，每个通过交换机的数据包可被分配一个队列优先号数（优先位），有更高优先位的数据包被允许首先通过，这可确保对实时性要求高的信息流优先进行传输，从而保证变电站监控系统对实时性的要求。

3）支持 IEEE 802.1q VLAN 协议。根据变电站监控系统中的 IED 设备对实时性要求的高低不同，将其分组到不同的虚拟局域网（VLAN），可进一步改善系统安全性和带宽利用效率，从而进一步保证系统的实时性。另外，使用该技术也可提高网络隔离和安全可靠性。

4）支持 IGMP Snooping/Multicast Filtering。具有这种性能的交换机能够使广播数据帧（如 GOOSE 帧）仅与相关的端口通信，而不送到其他与其无关的端口，从而增加网络带宽，提高系统的实时性。

（2）网络结构性要求。在采用环网结构、双星形网结构或者环网和星形网的混合结构等能提供冗余链路的网络结构以提高网络可靠性时，要求以太网交机支持 IEEE 802.1w 快速生成树协议 RSTP。

（3）端口类型要求。交换机必须按端口配置要求提供足够的光网口和电网口，光网口通信介质为光纤（或光缆），电网口通信介质为双绞线。

对于 MMS 网络交换机，站控层设备接入时采用电网口，间隔层测控装置接入时可采用电网口，同一设备室的 MMS 网的级联口采用电网口，跨设备室的 MMS 网的级联口采用光网口；对于过程层 GOOSE 网与 SV 网交换机，所有接入过程层网络的设备均选用光网口。

交换机的所有光口必须是交换机本身内置光纤端口，不应采用外接光电转换器。端口的连接器采用标准见表 13-2。

表 13-2　端口的连接器采用标准

序号	介质	速率	端口类型
1	多模光纤	100Mbit/s	ST 口
2	单模光纤	100Mbit/s	ST 口
3	多模光纤	1000Mbit/s	LC 口
4	单模光纤	1000Mbit/s	LC 口
5	双绞线	10/100/1000Mbit/s	RJ45 口

（4）其他要求。对交换机而言，为了满足变电站对数据安全和实时性的要求，还应具有支持组播过滤，支持端口速率限制和广播风暴限制，支持端口配置、状态、统计、镜像、安全管理，无风扇设计，提供完善的异常告警功能，包括失电告警、端口异常等功能。

过程层网络交换机还应具备网管功能，支持二层和三层特性，用以确保关键报文传输的实时性；支持端口镜像的功能，把多个端口的报文镜像到一个端口，以满足报文监视和录波的需要。

二、软件配置

软件配置应与系统的硬件资源相适应，除系统软件、应用软件外，还应配置在线故障诊断软件，数据库应考虑具有在线修改运行参数、在线修改屏幕显示画面等功能。

（一）软件配置方案

计算机监控系统的软件由系统软件、支撑软件、应用软件和通信接口软件等组成。

1. 系统软件

站控层各工作站应采用成熟的、开放的多任务操作系统，并具有完整的自诊断程序，应易于与系统支撑软件和应用软件接口，支持多种编程语言。

间隔层采用符合工业标准的实时操作系统。操作系统能防止数据文件丢失或损坏，支持系统生成及程序装入，支持虚拟存储，能有效管理多种外部设备。

操作系统应采用高可靠性、安全性的操作系统。

2. 支撑软件

应具备足够的支撑软件，确保主操作系统的有效运转。支撑软件主要包括数据库软件和系统组态软件。

数据库软件应满足下列要求：

（1）实时性。能对数据库快速访问，在并发操作下也能满足实时功能要求。

（2）可维护性。应提供数据库维护工具，以便操作员在线监视和修改数据库内的各种数据。

（3）可恢复性。数据库的内容在计算机监控系统的事故消失后，能迅速恢复到事故前的状态。

（4）并发操作。应允许不同程序对数据库内的同一数据进行并发访问，要保证在并发方式下数据库的完整性。

（5）一致性。在任一工作站上对数据库中的数据进行修改时，数据库系统应自动对所有工作站中的相关数据同时进行修改，以保证数据的一致性。

（6）分布性。各间隔层智能监控单元应具有独立执行本地控制所需的全部数据，以便在中央控制层停运时，能进行就地操作控制。

（7）方便性。数据库系统应提供交互式和批处理两种数据库生成工具，以及数据库的转储与装入功能。

（8）安全性。对数据库的修改应设置操作权限。

（9）开放性。允许操作员利用数据库进行二次开发。

（10）标准性。采用标准商业数据库系统。

系统组态软件用于画面编程，数据生成。应满足系统各项功能的要求，为操作员提供交互式的、面向对象的、方便灵活的、易于掌握的、多样化的组态工具，应提供一些类似宏命令的编程手段和多种实用函数，以便扩展组态软件的功能。操作员能很方便地对图形、曲线、报表、报文进行在线生成、修改。

3. 应用软件

应用软件需保证实现监控系统的全部功能，采用模块化结构，具有良好的实时响应速度和稳定性、可靠性、可扩展性。具有出错检测能力，当某个应用软件出错时，除有错误信息提示外，不允许影响其他软件的正常运行。应用程序和数据在结构上应互相独立。

4. 通信接口软件

计算机监控系统有较多的通信接口驱动软件，主要是：

1）与继电保护及安全自动装置的通信接口软件；

2）与故障信息远传系统的通信接口软件；

3）与各级调度中心的通信接口软件；

4）与电能计量系统的通信接口软件；

5）与智能直流系统的通信接口软件；

6）与消防系统的接口软件；

7）与在线监测系统的接口软件；

8）与微机防误操作闭锁装置的通信接口软件；

9）与电力系统数据网的通信接口软件。

通信接口软件应实现计算机网络各节点之间的信息传输、数据共享和分布式处理等要求，通信速率应满足系统实时性要求。通信协议采用符合 DL/T 860《电力自动化通信网络和系统》(IEC 61850) 标准的各种通信协议。应完成各种通信无独有规约的转换，使计算机监控系统正确接收和发送数据。

5. 系统功能的监视和自诊断软件

能对整个系统的硬、软件实现实时监视，检查和核对整个系统运行的正确性，检查结果能显示或报警。

6. 自恢复软件

当操作系统发生故障时，能尽快自动恢复。

7. 其他工具软件

（1）系统配置工具软件。

1）对配置过程层设备的变电站计算机监控系统，应能提供独立的系统配置工具和装置配置工具，能正确识别和导入不同制造商的模型文件，具备良好的兼容性。

2）系统配置工具应支持对二次设备间的关联关系，全站的智能电子设备（IED）实例以及 IED 之间的交换信息进行配置，导出全站配置（SCD）文件；支持生成或导入变电站规范模型（SSD）文件和智能电子设备配置描述（ICD）文件，且应保留 ICD 文件的私有项。

3）装置配置工具应支持装置 ICD 文件的生成和维护，支持从 SCD 文件中提取需要的装置实例配置信息。

4）应具备虚端子导出功能，生成虚端子连接图，以图形形式来表达各虚端子之间的连接。

（2）模型校核工具软件。

1）对配置过程层设备的变电站计算机监控系统，应具备 SCD 文件导入和校验功能，可读取变电站 SCD 文件，测试导入的 SCD 文件的信息是否正确。

2）应具备合理的监测功能，包括介质访问控制（MAC）地址、网际协议（IP）地址唯一性检测和 VLAN 设置及端口容量合理性检测。

3）应具备智能电子设备实例配置（CID）文件监测功能，对装置下装的 CID 文件进行检测，保证与 SCD 导出的文件内容一致。

（二）软件性能的基本要求

（1）计算机监控系统应采用成熟稳定的、标准版本的工业软件，有软件许可，软件配置应满足开放式系统要求，各软件应有自卫能力，防止病毒侵害，站控层主机操作系统应采用安全性较高的操作系统。

（2）计算机监控系统应具有可扩充性，在变电站的最终规模和监控系统设计的功能范围内，工程扩建新单元时，不需要重新编写程序，只需维护人员通过人机接口输入或修改新单元的有关数据。

（3）计算机监控系统应采用系统组态软件，用于数据生成、图形与报表编辑等数据库建模及系统维护操作。用户能很方便的对图形、曲线、报表、报文进行在线生成。

（4）数据库的规模应能满足计算机监控系统基本功能所需的全部数据的需求，并适合所需的各种数据类型，数据库的各种性能指标应能满足系统功能和性能指标的要求。数据库应用软件应具有可维护性及可恢复性。数据库应用软件应具有实时性，能对数据库进行快速访问。

（5）计算机监控系统应具有出错检测能力，当某个应用软件出错时，除有错误信息提示外，不允许影响其他软件的正常运行。应用程序和数据在结构上应互相独立。

（6）计算机监控系统的操作系统能防止数据文件丢失或损坏，支持系统生成及用户程序装入，支持虚拟存储，能有效管理多种外部设备。

（7）计算机监控系统的网络系统应采用成熟、可靠软件，管理各个工作站和就地控制单元相互之间的数据通信，保证它们的有效传送、不丢失。

三、应用实例

【例 13-1】 某 500kV 变电站计算机监控系统结构示意如图 13-9 所示。计算机监控系统从结构上划分为站控层、间隔层两层结构，以及网络和安全防护设备。间隔层设备电气模拟量采集采用交流采样，一次设备模拟量及开关量均通过电缆连接至间隔层设备。

此工程中：

（1）站控层由主机兼操作员工作站、Ⅰ区数据通信网关机（集成图形网关机功能）、Ⅱ区数据通信网关机、Ⅲ/Ⅳ区数据通信网关机、综合应用服务器、计划管理终端及网络打印机等设备构成，提供站内运行的人机联系界面，实现管理控制间隔层、过程层设备等功能，形成全站监控、管理中心，并与远方监控/调度中心通信。不单独配置故障信息管理子站，其功能整合于监控系统中，支持 DL/T 860《电力自动化通信网络和系统》通信协议标准。

（2）间隔层设备包括继电保护装置、测控装置、故障录波装置及稳控装置等。在站控层及网络失效的情况下，仍能独立完成间隔层设备的就地监控功能。

（3）站控层网络通过相关网络设备与站控层其他设备通信，与间隔层网络通信。在逻辑功能上，覆盖站控层的数据交换接口、站控层与间隔层之间的数据交换接口。全站统一设置站控层 MMS 网，采用 100M 星形双网络结构，双网双工、热备用方式运行。站控层 A 网和站控层 B 网，两个网段在物理上相互独立，站控层设备通过两个独立的以太网控制器接入站控层双网。

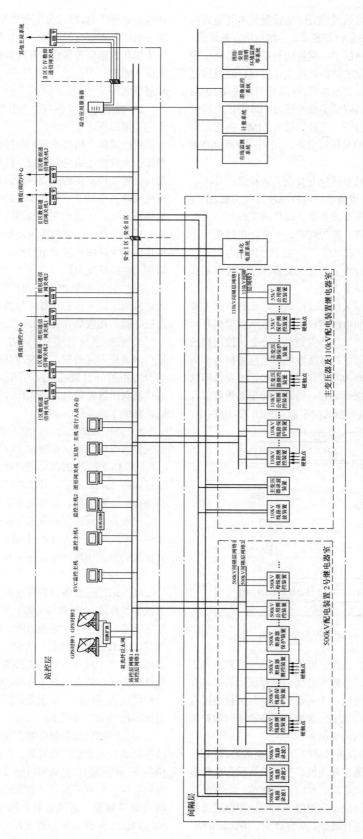

图 13-9　500kV 变电站计算机监控系统结构示意图

（4）间隔层网络通过相关网络设备与本间隔其他设备通信、与其他间隔设备通信、与站控层设备通信。间隔层网络在逻辑功能上，覆盖间隔层的数据交换接口、间隔层与站控层之间的数据交换接口、间隔层之间(根据需要)的数据交换接口。间隔层网络采用100M星形双网络结构，间隔层交换机通过100M以太网接口与站控层交换机级联，传输信息为MMS报文。监控系统内各装置间相互传输的连、闭锁信息在MMS网上传输。

（5）计算机监控系统分为安全Ⅰ区和安全Ⅱ区。

1）安全Ⅰ区的设备包括监控系统监控主机、Ⅰ区数据通信网关机、数据服务器、操作员工作站、工程师工作站、保护装置、测控装置、一体化电源系统、同步相量测量单元（PMU）等；由于一体化电源系统的实时性和重要性，本工程建议交直流一体化电源系统信息接入变电站安全Ⅰ区。

Ⅰ区数据通信网关机为双向通信，上行数据主要为调控实时数据，如电网运行信息、电网故障信号、设备监控信号等，下行数据主要包括分合闸控制和操作命令等电网控制信息；Ⅱ区数据通信网关机为单向通信，上行数据主要为非实时数据，如保护及故障录波信息、在线监测重要数据、辅助系统重要告警信号等。变电站监控系统数据流向示意图如图13-10所示。

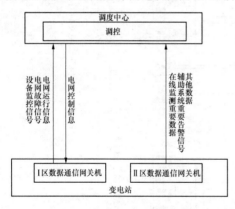

图13-10 变电站监控系统数据流向示意图

在安全Ⅰ区中，监控主机采集电网运行和设备工况等实时数据，经过分析和处理后进行统一展示，并将数据存入数据服务器。Ⅰ区数据通信网关机通过直采直送的方式实现与调度（调控）中心的实时数据传输，并提供运行数据浏览服务。

2）安全Ⅱ区的设备包括综合应用服务器、计划管理终端、Ⅱ区数据通信网关机、变电设备状态监测装置、视频监控、环境监测、安防、消防等。

在安全Ⅱ区中，综合应用服务器与输变电设备状态监测和辅助设备进行通信，采集计量、消防、安防、环境监测等信息，经过分析和处理后进行可视化展示，并将数据存入数据服务器。Ⅱ区数据通信网关机通过防火墙从数据服务器获取Ⅱ区数据和模型等信息，与调度（调控）中心进行信息交互，提供信息查询和远程浏览服务。

3）安全Ⅰ区设备与安全Ⅱ区设备之间的通信采用防火墙隔离。

Ⅰ区监控主机接收保护装置信息（保护实时信息和保护专业使用信息），监控主机中的保护设备在线监视与分析模块负责将接收到的保护装置在线监测信息形成文件（中间节点信息和保护装置记录文件已经是文件形式），并上送至主站端。Ⅱ区数据通信网关机(综合应用服务器)接收故障录波器信息。数据通信网关机作为变电站统一数据出口设备与主站端进行通信，增加变电站的安全性。

保护装置信息由Ⅰ区监控主机接收后存储在Ⅰ区。故障录波器信息由Ⅱ区数据通信网关机（综合应用服务器）接收后存储在Ⅱ区。

4）监控系统通过正反向隔离装置向Ⅲ/Ⅳ区数据通信网关机传送数据，实现与其他主站的信息传输；综合应用服务器通过正反向隔离装置向Ⅲ/Ⅳ区数据通信网关机发布信息，并由Ⅲ/Ⅳ区数据通信网关机传输给其他主站系统。

5）监控系统与远方调度（调控）中心进行数据通信应设置纵向加密认证装置。

【例13-2】某220kV变电站计算机监控系统结构示意如图13-11所示。计算机监控系统从结构上划分为站控层、间隔层、过程层三层结构，以及网络和安全防护设备。间隔层设备电气模拟量采集采用数字量采样，采用常规一次设备+智能终端、常规互感器+合并单元的方式实现一次设备的智能化。

此工程中：

（1）站控层设备由监控主机（兼操作员工作站和工程师工作站）、数据服务器、综合应用服务器、Ⅰ区数据通信网关机、Ⅰ区图形网关机、Ⅱ区数据通信网关机、Ⅲ/Ⅳ区数据通信网关机、网络记录分析仪、规约转换装置、隔离装置、防火墙等组成。站控层设备提供站内运行的人机联系界面，实现管理控制间隔层、过程层设备等功能，形成全站监控、管理中心，并与远方监控/调度中心通信。

（2）间隔层设备包括继电保护装置、测控装置、故障录波装置及稳控装置等。在站控层及网络失效的情况下，仍能独立完成间隔层设备的就地监控功能。间隔层保护装置采用直采直跳的采样和跳闸方式。间隔层测控装置、录波装置、网络记录分析装置通过SV/GOOSE网络采集并传输开关量信息。

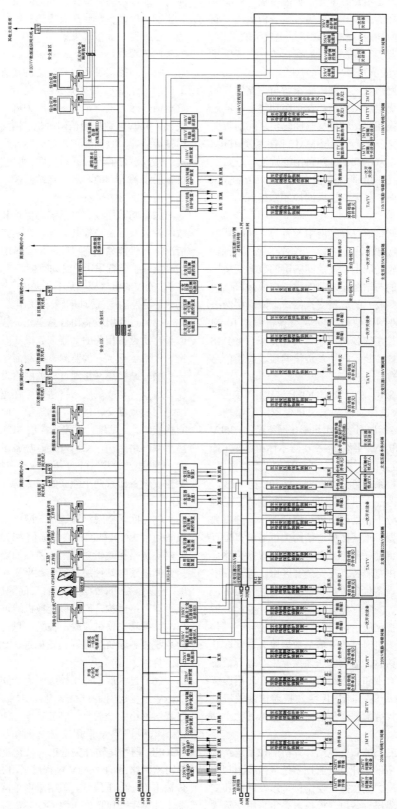

图 13-11 220kV 变电站计算机监控系统结构示意图

（3）过程层设备由合并单元、智能终端、智能单元（合并单元和智能终端一体化装置）等构成，完成与一次设备相关的功能，完成实时运行电气量的采集、设备运行状态的监测、控制命令的执行等。主变压器35kV进线采用智能单元。

（4）站控层网络通过相关网络设备与站控层其他设备通信，与间隔层网络通信。在逻辑功能上，覆盖站控层的数据交换接口、站控层与间隔层之间的数据交换接口。全站统一设置站控层MMS网，采用100M星形双网络结构，双网双工、热备用方式运行。站控层A网和站控层B网，两个网段在物理上相互独立，站控层设备通过两个独立的以太网控制器接入站控层双网。

（5）间隔层网络通过相关网络设备与本间隔其他设备通信、与其他间隔设备通信、与站控层设备通信。间隔层网络在逻辑功能上，覆盖间隔层的数据交换接口、间隔层之间的与站控层之间的数据交换接口、间隔层之间（根据需要）的数据交换接口。间隔层网络采用100M星形双网络结构，间隔层交换机通过100M以太网接口与站控层交换机级联，传输信息为MMS报文。监控系统内各装置间相互传输的连、闭锁信息在MMS网上传输。

（6）过程层采用SV与GOOSE共网的方式。220kV电压等级过程层网络采用星形双网络结构；110kV电压等级过程层网络采用星形单网络结构；35kV不设置GOOSE和SV网络；主变压器本体和主变压器低压侧GOOSE报文和SV报文接入中压侧过程层网络。

（7）全站监控系统可分为安全Ⅰ区和安全Ⅱ区。在安全Ⅰ区中，监控主机采集电网运行和设备工况等实时数据，经过分析和处理后进行统一展示，并将数据存入数据服务器。Ⅰ区数据通信网关机通过直采直送的方式实现与调度（调控）中心的实时数据传输，并提供运行数据浏览服务。在安全Ⅱ区中，综合应用服务器与输变电设备状态监测和辅助设备进行通信，采集计量、消防、安防、环境监测等信息，经过分析和处理后进行可视化展示，并将数据存入数据服务器。Ⅱ区数据通信网关机通过防火墙从数据服务器获取Ⅱ区数据和模型等信息，与调度（调控）中心进行信息交互，提供信息查询和远程浏览服务；综合应用服务器通过正反向隔离装置向Ⅲ/Ⅳ区数据通信网关机发布信息，并由Ⅲ/Ⅳ区数据通信网关机传输给其他主站系统。

【例13-3】 某750kV变电站计算机监控系统结构示意如图13-12所示。计算机监控系统从结构上划分为站控层、间隔层、过程层三层结构，以及网络和安全防护设备。间隔层设备电气模拟量采集采用交流采样，采用一次设备+智能终端方式实现一次设备的智能化，通过网络完成保护装置的跳、合闸命令、测控装置的遥控命令、一次设备的遥信信号（隔离开关位置、压力等）等信息采集。

此工程中：

（1）站控层设备由监控主机（兼操作员工作站和工程师工作站）、数据服务器、综合应用服务器、Ⅰ区数据通信网关机、Ⅰ区图形网关机、Ⅱ区数据通信网关机、Ⅲ/Ⅳ区数据通信网关机、网络记录分析仪、规约转换装置、隔离装置、防火墙等组成。站控层设备提供站内运行的人机联系界面，实现管理控制间隔层、过程层设备等功能，形成全站监控、管理中心，并与远方监控/调度中心通信。

（2）间隔层设备包括继电保护装置、测控装置、故障录波装置及稳控装置等。在站控层及网络失效的情况下，仍能独立完成间隔层设备的就地监控功能。间隔层保护装置采用直跳的跳闸方式。750kV和220kV保护、测控的电气模拟量采集采用交流采样方式。66kV保护、测控的电气模拟量采集采用数字采样方式。

（3）过程层设备由合并单元、智能终端构成，完成与一次设备相关的功能，完成实时运行电气量的采集、设备运行状态的监测、控制命令的执行等。

（4）站控层网络通过相关网络设备与站控层其他设备通信，与间隔层网络通信。在逻辑功能上，覆盖站控层的数据交换接口、站控层与间隔层之间的数据交换接口。全站统一设置站控层MMS网，采用100M星形双网络结构，双网双工、热备用方式运行。站控层A网和站控层B网，两个网段在物理上相互独立，站控层设备通过两个独立的以太网控制器接入站控层双网。

（5）间隔层网络通过相关网络设备与本间隔其他设备通信、与其他间隔设备通信、与站控层设备通信。间隔层网络在逻辑功能上，覆盖间隔层的数据交换接口、间隔层与站控层之间的数据交换接口、间隔层之间（根据需要）的数据交换接口。间隔层网络采用100M星形双网络结构，间隔层交换机通过100M以太网接口与站控层交换机级联，传输信息为MMS报文。监控系统内各装置间相互传输的连、闭锁信息在MMS网上传输。

（6）过程层按电压等级分为750kV过程层网络、220kV过程层网络、66kV过程层网络，三个电压等级过程层网络完全独立。750kV和220kV电压等级电流、电压模拟量采用交流采样，过程层网络采用GOOSE网络传输开关量输入、输出跳闸方式，采用星形双网络结构；66kV过程层采用SMV采样值网络传输电流、电压信号，采用星形单网络结构；主变压器本体和主变压器低压侧GOOSE报文接入中压侧过程层网络。

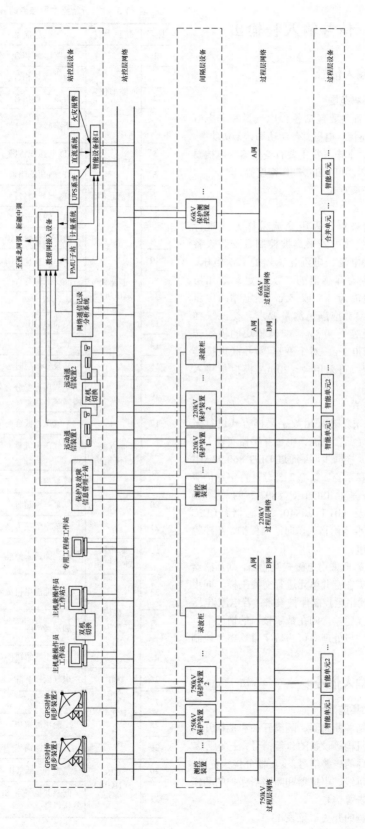

图 13-12 750kV 变电站计算机监控系统结构示意图

第五节　信号输入和输出

一、模拟量输入信号

（一）模拟量采集范围

模拟量及计算量主要包括各种电气量和非电气量。电气量主要有电流、电压、有功功率、无功功率、频率、功率因数等；非电气量主要有变压器、电抗器的油位、油温、绕组温度、SF_6气体密度等。

（二）模拟量采集方式

1. 交流采样方式

电气模拟量的采集若采用交流采样方式进行采集，应通过电缆接线方式采集被控制各安装设备电流互感器的二次电流、电压互感器的二次电压。采集回路的设计应与互感器的二次额定参数相协调，例如，额定电流为 1A 或 5A，额定相间电压为 100V，被采集参数应满足测量要求。交流采样测量值误差应小于等于 0.5%，交流模块的模数转换误差应小于等于 0.2%。对于变压器/并联电抗器的油温、绕组温度，可采用 4～20mA 模拟量接入监控系统。

2. 数字采样方式

电气模拟量的采集若采用数字采样方式进行采集，应采用合并单元配合电流、电压互感器实现二次输出模拟量的数字采样同步，并通过 DL/T 860.92《电力自动化通信网络和系统　第 9-2 部分：特定通信服务映射（SCSM——基于 ISO/IEC 8802-3 的采样值》（IEC 61850-9-2）及 GB/T 20840《互感器》（IEC 60044-8）规定的标准规约格式，向站内保护、测控等二次设备传送采样值。

若电流/电压互感器采用电磁式互感器，则互感器的二次模拟量信号需在合并单元进行交流采样、同步处理后，将数字量输出至控制保护设备；若电流/电压互感器采用电子式互感器，则在数字接口的情况下，合并单元只需完成同步处理即可将数字量输出至控制保护设备。

二、开关量输入信号

（一）开关量采集范围

开关量主要包括各断路器、隔离开关和接地开关位置信号及其操动机构等设备的告警信号；主变压器/高压并联电抗器本体的告警信号，变压器分接头位置；线路、主变压器、母线、电抗器和断路器保护的动作信号；通信设备的告警信号等。

断路器主要监测的开关量见表 13-3。

表 13-3　　断路器主要监测的开关量

序号	信息类型	信息描述	备　注
1	断路器位置	断路器 A 相合、分位	
2		断路器 B 相合、分位	
3		断路器 C 相合、分位	
4		断路器合、分位	可由监控后台根据分相位置生成
5	SF_6断路器	SF_6气压低告警	
6		SF_6气压低闭锁	
7	SF_6互感器	SF_6气压低告警	
8	断路器液压机构	油压低分合闸总闭锁	
9		油压低合闸闭锁	
10		油压低重合闸闭锁	
11		油压低告警	
12		N_2泄漏告警	
13		N_2泄漏闭锁	
14		油泵启动	
15		油泵打压超时	
16	断路器气压机构	空气压力低分合闸总闭锁	
17		空气压力低合闸闭锁	
18		空气压力低重合闸闭锁	
19		气泵启动	
20		气泵打压超时	
21		气泵空气压力高告警	
22	断路器弹簧机构	机构弹簧未储能	
23	机构异常信号	开关储能电机故障	包含电机电源故障
24		加热器故障	包含加热电源故障
25		三相不一致跳闸出口	
26	本体汇控柜	电气联锁解除	
27		加热器异常	
28		交流电源消失	
29		直流电源消失	
30	GIS（HGIS）气室	气室 SF_6低气压告警	
31		间隔其他气室 SF_6低气压告警	

续表

序号	信息类型	信息描述	备注
32	控制回路	第一组控制回路断线	
33		第一组控制电源消失	
34		第二组控制回路断线	
35		第二组控制电源消失	
36	断路器保护信号	失灵保护出口	
37		重合闸出口	
38		保护装置故障	
39		保护装置异常	
40	测控装置	防误解除	
41		通信中断	
42		装置异常	

隔离开关、接地开关主要监测的开关量见表 13-4。

表 13-4　隔离开关、接地开关主要监测的开关量

序号	信息类型	信息描述	备注
1	隔离开关位置	隔离开关合、分位	
2	隔离开关机构信号	就地控制	
3		电机故障	包含电机电源故障
4		加热器故障	包含加热电源故障

主变压器主要监测的开关量见表 13-5。

表 13-5　主变压器主要监测的开关量

序号	信息类型	信息描述	备注
1	冷却器状态	电源消失	
2		风扇故障	
3		强迫油循环故障	
4		全停告警	
5		控制器故障	
6	非电气量保护	重瓦斯出口	
7		轻瓦斯告警	
8		压力释放告警	投跳闸改出口
9		压力突变告警	
10		油温高告警	
11		绕组温度高告警	
12		油位异常告警	
13		本体保护装置故障	

续表

序号	信息类型	信息描述	备注
14	非电气量保护	冷却器全停延时跳闸出口	冷却器的冷却方式才有此信号
15		非电量保护装置异常	
16	有载调压开关	重瓦斯出口	
17		轻瓦斯告警	
18		压力释放告警	
19		油位异常告警	
20		有载调压控制器电源故障	
21		挡位 BCD 码	
22	无载开关信号	挡位 BCD 码	
23	消防控制柜	启动灭火装置	
24		灭火装置异常	
25	第一套/第二套保护	差动保护出口	
26		差动侧后备保护出口	
27		过励磁保护出口	
28		过负荷跳闸出口	
29		开关失灵联跳三侧出口	
30		过负荷告警	
31		TV 断线	
32		TA 断线	
33		过载闭锁有载调压	
34		保护装置异常	
35		保护装置故障	
36		保护装置通信中断	
37	测控装置	防误解除	
38		通信中断	
39		装置异常	

高压并联电抗器主要监测的开关量见表 13-6。

表 13-6　高压并联电抗器主要监测的开关量

序号	信息类型	信息描述	备注
1	非电气量保护	本体非电量保护出口	
2		本体重瓦斯出口	
3		本体轻瓦斯告警	
4		本体压力释放告警	投跳闸改出口
5		本体油温高告警	

续表

序号	信息类型	信息描述	备注
6	非电气量保护	本体绕组温度高告警	
7		本体油位异常告警	
8		中性点重瓦斯出口	
9		中性点轻瓦斯告警	
10		中性点压力释放告警	投跳闸改出口
11		中性点油温高告警	
12		中性点绕组温度高告警	
13		中性点油位异常告警	
14		非电量保护装置故障	
15		非电量保护装置异常	
16	第一套/第二套保护	主保护出口	
17		后备保护出口	
18		过负荷告警	
19		TV 断线	
20		TA 断线	
21		保护装置故障	
22		保护装置通信中断	
23	测控装置	防误解除	
24		通信中断	
25		装置异常	

线路、母线保护主要监测的开关量见表 13-7。

表 13-7　线路、母线保护主要监测的开关量

序号	信息类型	信息描述	备注
1	第一套/第二套线路保护	主保护出口	
2		后备保护出口	
3		保护远跳发信	
4		保护远跳收信	
5		保护 TA 断线	
6		保护 TV 断线	
7		保护通道异常	
8		保护远跳就地判别出口	
9		保护 A 相跳闸	
10		保护 B 相跳闸	
11		保护 C 相跳闸	
12		保护装置故障	
13		保护装置异常	
14		保护装置通信中断	

续表

序号	信息类型	信息描述	备注
15	第一套/第二套短引线保护	保护出口	
16		保护装置故障	
17		保护装置异常	
18	线路测控装置	防误解除	
19		通信中断	
20		装置异常	
21	第一套/第二套母线保护	母差保护出口	
22		失灵保护出口	
23		TA 断线	
24		开入异常告警	
25		保护装置故障	
26		保护装置异常	
27		保护装置通信故障	
28	母线测控装置	防误解除	
29		通信中断	
30		装置异常	
31	母线/线路 TV	保护电压空气开关跳闸	
32		测控电压空气开关跳闸	
33		计量电压空气开关跳闸	

站用电系统主要监测的开关量见表 13-8。

表 13-8　站用电系统主要监测的开关量

序号	信息类型	信息描述	备注
1	站用电本体	轻瓦斯告警	
2		本体油温高告警	
3		本体油位异常告警	
4		开关气体继电器告警	
5		开关油位异常告警	
6	保护装置	非电量告警	
7		保护动作	
8		TV 断线	
9		装置异常	
10		装置故障	
11		控制回路断线	
12		保护装置通信回路中断	
13	有载调压开关	有载调压跳闸	
14		挡位 BCD 码	
15	测控装置	防误解除	

续表

序号	信息类型	信息描述	备 注
16	测控装置	通信中断	
17		装置异常	

低压电容/电抗主要监测的开关量见表 13-9。

表 13-9   低压电容/电抗主要监测的开关量

序号	信息类型	信息描述	备 注
1	保护装置	保护出口	
2		保护装置异常	
3		保护装置故障	
4		保护装置通信回路中断	
5	测控装置	防误解除	
6		通信中断	
7		装置异常	

直流电源系统主要监测的开关量见表 13-10。

表 13-10   直流电源系统主要监测的开关量

序号	信息类型	信息描述	备 注
1	直流电源系统	电池熔断故障	
2		整流模块故障	
3		母线电压异常	
4		绝缘异常	
5		直流系统故障	
6	事故逆变系统	直流输入异常	
7		逆变输出故障	
8		交流输入异常	
9	UPS 系统	直流异常	
10		交流异常	
11		电源故障	
12		逆变异常	
13		电源过载	

其他系统主要测量的开关量见表 13-11。

表 13-11   其他系统主要测量的开关量

序号	信息类型	信息描述	备 注
1	监控系统	监控系统故障	
2		监控系统异常	
3		远动装置异常	
4		PMU 系统异常	
5	故障录波系统	装置异常	

续表

序号	信息类型	信息描述	备 注
6	行波测距系统	装置异常	
7	时间同步系统	系统异常	
8		GPS 对时装置失步	
9		北斗对时装置失步	
10	在线监测系统	装置异常	
11	图像监视系统	通信或系统设备异常告警	
12		失电告警	
13	火灾报警系统	通信或系统设备异常告警	
14		失电告警	

（二）开关量采集方式

开关状态量信号宜采用无源触点输入方式。对要进行控制的设备，其开关量信号宜采用双触点输入方式，开关量输入接口应采用光电隔离和浪涌吸收回路，对电磁环境较为恶劣的信号回路应采用强电输入方式。对于配置过程层设备的变电站计算机监控系统，开关状态量的采集采用数字量采集方式，一次设备本体信号通过电缆接到智能终端，智能终端输出数字量通过网络上送至测控装置。测控装置的告警信号通过数字量方式上送至监控后台。

三、开关量输出信号

计算机监控系统的开关量输出信号要有严密的返送校核措施，其输出触点容量需满足受控回路电流和容量的要求，输出触点数量需满足受控回路数量的要求。

开关量输出信号主要有断路器、隔离开关、接地开关的合闸、分闸；变压器有载调压分接头的升、降；各种自动装置和切换装置的投、退；高频发信机的启动；距离保护的闭锁复归。

第六节   通信及接口

一、监控系统与继电保护系统的接口

变电站原则上优先保证监控系统与保护装置采用直接连接方式，通过网络通信方式与继电保护装置进行通信，对继电保护的状态信息、动作报告、保护装置的复归和投退、故障录波的信息等实现监视。

二、监控系统与调度的接口

变电站远动系统和计算机监控系统统一考虑。站内配置双重冗余的远动通信装置，直接连在变电站站控层网络上，通过网络接口，直接采集来自间隔层或过程层的实时信息。调控中心下达的各种控制和调节命令，也由远动通信装置直接下达给间隔级的调节和控制设备。

三、系统与其他设备的信息交换

监控系统为保证变电站设备运行信息采集的完整性，应配置足够的通信接口装置，采集站内其他智能装置的运行信息，不满足 DL/T 860《电力自动化通信网络和系统》通信协议标准的应采用 RS-485 或以太网连接，通信协议推荐采用 DL/T 667《远动设备及系统 第 5 部分：传输规约 第 103 篇：继电保护设备信息接口配套标准》。至少应具备以下通信接口：交、直流电源系统监控装置、站内电能采集装置、通信机房动力环境监视系统、安全稳定控制装置、低频低压减载装置、小电流接地选线装置、电能量计费系统、图像监视系统、继电保护与故障录波信息管理子站系统、设备在线监测系统等。

第十四章

元件保护及自动装置

随着电力系统容量的增大，在电力主设备上要求装设完善的或者双重化的继电保护装置，这不但对电力系统的可靠运行有着重大的意义，而且可保护重要、昂贵的主设备，减少在各种故障和异常运行状态下所造成的损坏，在经济效益上也有着显著的效果。因此，主设备的保护设计应遵守现行的规程规范，力求达到可靠性、灵敏性、速动性和选择性的要求。本章主要包括主变压器保护、主变压器故障录波、高压并联电抗器保护、站用变压器保护及备用电源自投、无功补偿装置控制保护、串联补偿装置控制保护。

第一节　主变压器保护

一、变压器的故障类型和保护类型

电力变压器是电力系统中十分重要的供电元件，现代生产的变压器，虽然结构可靠，故障概率较小，但在实际运行中，它的故障将给供电可靠性和系统的正常运行带来严重的影响。为了保证电力系统安全连续地运行，并将故障和异常运行对电力系统的影响限制到最小范围，必须根据变压器容量大小、电压等级等因素装设必要的、动作可靠性高的继电保护装置。

（一）变压器的故障类型

变压器的内部故障可以分为油箱内和油箱外故障。油箱内的故障包括绕组的相间短路、接地短路、匝间短路以及铁芯的烧损等，对变压器而言，这些故障都是十分危险的，因为油箱内故障时产生的电弧，将引起绝缘物质的剧烈汽化，从而可能引起爆炸，因此，这些故障应尽快加以切除。油箱外的故障，主要是套管和引出线上发生相间短路和接地短路。上述接地短路均是对中性点直接接地电力网的一侧而言。

变压器的不正常运行状态主要有：由于变压器外部相间及接地短路引起的过电流和中性点过电压；由于负荷超过额定容量引起的过负荷以及由于漏油等原因而引起的油面降低。

此外，对大容量变压器，由于其额定工作时的磁

通密度相当接近于铁芯的饱和磁通密度，因此在过电压或低频率等异常运行方式下，还会发生变压器的过励磁故障。

（二）变压器的保护类型

1. 纵联差动保护

反应变压器绕组和引出线的相间短路，对变压器绕组、套管及引出线上的故障，应根据容量的不同，装设纵联差动保护。对容量为 10MVA 及以上变压器，可装设纵联差动保护。

差动保护是利用基尔霍夫电流定律中"在任意时刻，对电路中的任一节点，流经该节点的电流代数和恒为零"的原理工作的。差动保护把被保护的变压器看成是一个节点，在变压器的各侧均装设电流互感器，把变压器各侧电流互感器二次按差接线法接线，即各侧电流互感器的同极性端都朝向母线侧，将同极性端子相连，并接入差动继电器。在继电器线圈中流过的电流是各侧电流互感器的二次电流之差，也就是说差动继电器是接在差动回路上的；从理论上讲，正常情况下或外部故障时，流入变压器的电流和流出的电流（折算后的电流）相等，差动回路中的电流为零。

当变压器正常运行或外部故障（流过穿越性电流）时，各侧电流互感器的二次电流流入保护装置，通过程序的运行，各侧电流存在的相位差由软件自动进行校正，自动计算出各侧电流 $I_H-(I_M-I_L)$ 接近为零（I_H 为高压侧电流，I_M 为中压侧电流，I_L 为低压侧电流），则保护不动作。当变压器内部发生相间或匝间短路故障时，两侧（或三侧）向故障点提供短路电流，在差动回路中由于 I_M 或 I_L 改变了方向或等于零，流入差动继电器的电流 $I_H-(I_M-I_L)$ 不再接近于零；当差动电流大于差动保护装置的整定值时，保护动作，将被保护变压器的各侧断路器跳开，使故障变压器断开电源。

变压器纵联差动保护在正常运行和外部故障时，理想情况下，流入差动继电器的电流等于零。但实际上由于变压器的励磁电流、接线方式和电流互感器误差等因素的影响，变压器差动保护的不平衡电流远比

发电机差动保护的大。因此，变压器差动保护需要解决的主要问题之一是采取各种措施规避不平衡电流的影响。在满足选择性的条件下，还要保证在内部故障时有足够的灵敏系数和速动性。

（1）变压器励磁涌流所产生的不平衡电流对差动保护的影响。当变压器空载投入和外部故障切除后电压恢复时，可能出现数值很大的励磁电流，又称为励磁涌流，其值可达额定电流的 5～10 倍。大型变压器励磁涌流的倍数比中小型变压器的励磁涌流倍数小。变压器的励磁电流只流过变压器的电源侧，它通过电流互感器构成差动回路不平衡电流的部分。

按避越励磁涌流的方法不同，变压器差动保护可按不同的原理来实现。目前，国内主要应用以下几种判别励磁涌流的保护判据：

1）二次谐波制动的差动保护；

2）鉴别波形是否对称判别励磁涌流的差动保护；

3）五次谐波制动的差动保护。

另外还有鉴别间断角或波宽的差动保护；模糊识别原理的差动保护；高次谐波制动的差动保护。

为了可靠，有的保护往往采用几种原理的组合。不论采用什么原理，对差动保护的基本要求是相同的。

（2）变压器两侧的电流相位不同产生的不平衡电流。变压器通常采用 Yd 接线，对于这种变压器，其两侧电流之间有 30°的相位差，即使变压器两侧电流互感器二次电流的数值相等，但由于两侧电流存在相位差，也将在保护装置的差动回路中出现不平衡电流。为了消除这种不平衡电流的影响，传统的方法是将变压器星形接线侧的电流互感器二次侧接成三角形，或者变压器三角形接线侧的电流互感器二次侧接成星形，从而把电流互感器二次电流的相位校正过来。与集成电路式或电磁型差动保护不同，微机型变压器保护一般各侧电流互感器均可采用星形接线，在保护装置上由软件进行相位校正和平衡。

（3）两侧电流互感器型号不同和计算变比与实际变比不同引起的不平衡电流对变压器差动的影响。在实际应用中，变压器两侧的电流互感器都采用定型产品，所以实际的计算变比与产品的标准变比往往不同，而且对变压器两侧的电流互感器来说，这种差别的程度又不同，这样就在差动回路中引起了不平衡电流。为了考虑由此而引起的不平衡电流，必须适当地增大保护的动作电流，所以在整定计算保护动作电流时，引入一个同型系数 K_{cc}。当两侧电流互感器的型号相同时，取 $K_{cc}=0.5$，当两侧电流互感器的型号不同时，取 $K_{cc}=1$。

（4）变压器带负荷调整分接头产生的不平衡电流对变压器差动的影响。当变压器带负荷调节分接头位置时，由于分接头的改变，变压器的变比也随之改变，两侧电流互感器二次电流的平衡关系被破坏，产生了

新的不平衡电流。为了消除这一影响，通常在保护整定时考虑这一因素的影响。

微机型纵联差动保护原理采用比率制动原理的纵联差动算法。为了防止励磁涌流引起保护误动，增加了励磁涌流闭锁模块；另外为了防止变压器过励磁时差流过大引起差动保护误动，又增加了过励磁闭锁模块。此外，在纵联差动保护区内发生严重故障时，为防止因为电流互感器饱和而使差动保护延时动作，保护还设差电流速断辅助保护，以快速切除上述故障。

2. 分侧差动保护

分侧差动保护，就是从改变变压器差动保护的构成方式上，来解决变压器差动保护存在的若干问题，其接线如图 14-1 所示。变压器分侧差动保护方案的出发点，就是把多绕组变压器的各侧绕组及其引线，分别看作是一个独立的单元。对变压器的各侧绕组和引线分别采用纵联差动保护。

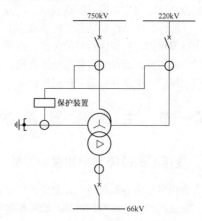

图 14-1　变压器分侧差动保护接线原理图

分侧差动保护具有以下特点：

（1）不论来自变压器哪一侧的励磁涌流，都需流过该侧差动保护的两组电流互感器，并且得到平衡，而不会流到差动回路。因此，分侧差动保护可不考虑励磁涌流的影响。

（2）当变压器过励磁时，过励磁电流只存在于变压器的某一侧，在该侧的差动回路中也是平衡的。所以，可以不考虑过励磁引起差动保护误动作的问题。

（3）各侧差动保护在该侧内达到电流平衡。当由于变压器调压而引起各侧之间的电流变化时，不会有不平衡电流流入差动回路，所以，可以不考虑变压器调压的影响。

（4）各侧差动保护的电流互感器二次侧可以采用星形接线，可提高对变压器绕组及引线单相接地短路故障的灵敏度。当被保护的绕组中性点直接接地时，保护的灵敏度与绕组的接地点位置无关，保护区间为绕组的 100%。图 14-2 给出了在变压器绕组中性点直

接接地时，分侧差动保护内发生接地短路故障，保护回路电流的分布情况。图中纵坐标为故障电流的标幺值 I，横坐标为故障点离开中性点的距离百分数 a（N 点为 0，A 点为 100%）。可以看出，在绕组上任何一点短路时，都可以保证足够的灵敏度。

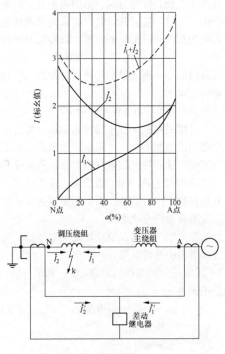

图 14-2 变压器绕组直接接地，分侧差动保护区
内故障电流 I 的分布

3. 后备保护

（1）阻抗保护。当电流、电压保护不能满足灵敏度要求或根据系统保护间配合的要求时，变压器的相间故障保护可采用阻抗保护，接地故障保护可采用接地阻抗保护。阻抗保护通常用于 330kV 及以上大型升压变压器、联络变压器及降压变压器，作为变压器引线、母线、相邻线路相间故障的后备保护。阻抗特性为具有偏移特性的阻抗圆，偏移阻抗圆方向可整定。当将反向偏移整定值整定为 100%时，阻抗保护为全阻抗保护。通常，该保护由三个相间方向阻抗元件构成。阻抗元件的接入电压和电流，取自保护安装侧 TV 二次三相电压及 TA 二次三相电流，并采用 0°接线方式。

TV 二次断线时，相应相的相间阻抗保护被闭锁，如果本侧 A 相出现 TV 断线，那么闭锁 AB 和 AC 相间阻抗，而不闭锁 BC 相间阻抗。

1）相间阻抗保护。阻抗元件动作特性如图 14-3 所示，阻抗方向指向变压器。Z_p 为阻抗元件正向阻抗，Z_n 为阻抗反向阻抗，φ 为阻抗角。

相间阻抗动作条件：

a）相间阻抗 Z_{AB}、Z_{BC}、Z_{CA} 中任一阻抗值落在阻抗圆中。

b）TV 未断线、未失压。

一般阻抗元件的动作特性为阻抗复平面上的一个偏移阻抗圆，其动作方程满足：

$$\begin{cases} Z_{ab}（或 Z_{bc} 或 Z_{ca}）\leq Z_{op} & (14\text{-}1) \\ I_{ab}（或 I_{bc} 或 I_{ca}）\geq nI_{2N} & (14\text{-}2) \end{cases}$$

$$Z_{ab}=U_{ab}/I_{ab},\ Z_{bc}=U_{bc}/I_{bc},\ Z_{ca}=U_{ca}/I_{ca}$$

式中　Z_{ab}、Z_{bc}、Z_{ca} ——相间阻抗元件；

　　　　I_{ab}、I_{bc}、I_{ca} ——TA 二次相间电流；

　　　　Z_{op} ——阻抗元件的定值阻抗；

　　　　I_{2N} ——相间阻抗保护安装侧的二次额定电流。

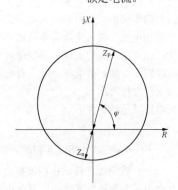

图 14-3 阻抗元件动作特性

2）接地阻抗保护。接地阻抗元件动作特性如图 14-4 所示，阻抗方向指向变压器。Z_p 为阻抗元件正向阻抗，Z_n 为阻抗反向阻抗，φ 为阻抗角。

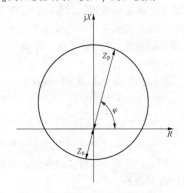

图 14-4 接地阻抗元件动作特性

一般阻抗元件的动作特性为阻抗复平面上的一个偏移阻抗圆，其动作方程满足：

$$Z_a（或 Z_b 或 Z_c）\leq Z_{op} \qquad (14\text{-}3)$$

$$I_a（或 I_b 或 I_c）\geq 0.2I_{2N} \qquad (14\text{-}4)$$

式中　Z_a、Z_b、Z_c ——接地阻抗元件，$Z_a=U_a/I_a$，$Z_b=U_b/I_b$，$Z_c=U_c/I_c$；

I_a、I_b、I_c——TA 二次单相电流;

Z_{op}——阻抗元件的定值阻抗;

I_{2N}——接地阻抗保护安装侧的二次额定电流。

接地阻抗动作条件:

a)接地阻抗 Z_A、Z_B、Z_C 中任一阻抗值落在阻抗圆中。

b)TV 未断线。

(2)复合电压过电流保护。复合电压过电流保护,实质上是复合电压启动过电流保护,它适用于升压变压器、系统联络变压器及过电流保护不能满足灵敏度要求的降压变压器。

复合电压过电流保护,由复合电压元件、过电流元件及时间元件构成,作为被保护设备及相邻设备相间短路故障的后备保护。保护的接入电流为变压器某侧 TA 二次三相电流,接入电压为变压器该侧或其他侧 TV 二次三相电压。为提高保护的动作灵敏度,三相电流一般取自电源侧,而电压一般取自负载侧。

保护的动作方程为:

在复合电压满足的条件下

$$I_{a(b,c)} > I_{set} \qquad (14-5)$$

式中 $I_{a(b,c)}$——TA 二次 a 相或 b 相或 c 相电流;

I_{set}——过电流元件动作电流整定值。

(3)复合电压方向过电流保护。复合电压方向过电流保护,也适用于升压变压器、系统联络变压器及过电流保护不能满足灵敏度要求的降压变压器。

复合电压方向过电流保护,由复合电压元件、过电流元件、方向元件及时间元件构成,作为被保护设备及相邻设备相间短路故障的后备保护。保护的接入电流为变压器保护安装侧 TA 二次三相电流,接入电压为变压器该侧或其他侧 TV 二次三相电压。

保护的动作方程为:

在复合电压和方向元件满足的条件下

$$I_{a(b,c)} > I_{set} \qquad (14-6)$$

式中 $I_{a(b,c)}$——TA 二次 a 相或 b 相或 c 相电流;

I_{set}——方向过电流元件动作电流整定值。

整定原则类似复合电压过电流保护,注意方向指向不同保护范围也不一样。

(4)零序过电流及零序方向过电流保护。电压为 110kV 及以上变压器,在大电流系统侧应设置反映接地故障的零序电流保护。有两侧接大电流系统的三绕组变压器及自耦变压器,其零序电流保护应带方向,组成零序电流方向保护。

两绕组或三绕组变压器的零序电流保护的零序电流,可取自中性点 TA 二次,也可取自本侧 TA 二次三相电流自产。零序功率方向元件的接入零序电压,可

以取自本侧 TV 三次(即开口三角形)电压,也可由本侧 TV 二次三相电压自产。在微机型保护装置中,零序电流及零序电压大多是自产,因为有利于确定功率方向元件动作方向的正确性。

对于大型三绕组变压器,零序电流保护可采用三段,其中Ⅰ段及Ⅱ段带方向,第Ⅲ段不带方向兼有总后备作用。每段一般有两级延时,以较短的延时缩小故障影响的范围或跳某侧断路器,以较长的延时切除变压器。

带方向的零序电流保护的动作方程为 $3I_0 \geq I_{opl}$ 且方向指向正确。

不带方向的零序电流保护的动作方程为 $3I_0 \geq I_{opl}$。

(5)过励磁保护。变压器过励磁运行时,铁芯饱和,励磁电流急剧增加,励磁电流波形发生畸变,产生高次谐波,从而使内部损耗增大、铁芯温度升高。另外,铁芯饱和之后,漏磁通增大,使在导线、油箱壁及其他构件中产生涡流,引起局部过热,严重时造成铁芯变形及损伤介质绝缘。

为确保大型、超高压变压器的安全运行,设置变压器过励磁保护非常必要。

1)过励磁保护的作用原理。变压器运行时,其输入端的电压为

$$U = 4.44fWSB \qquad (14-7)$$

式中 U——电源电压;

f——电源频率;

W——一次绕组的匝数;

S——变压器铁芯的有效截面积;

B——铁芯中的磁密。

由于绕组匝数 W、铁芯截面积 S 均为定数,故将式(14-7)简化成

$$B = KU/f \qquad (14-8)$$
$$K = 1/(4.44WS)$$

式中 K——常数。

由式(14-8)可以看出,运行时变压器铁芯中的磁密与电源电压成正比,与电源的频率成反比。即电源电压升高或频率降低,均会造成铁芯中的磁密增大,进而产生过励磁。

在变压器过励磁保护中,采用了一个重要的物理量,称为过励磁倍数。设过励磁的倍数为 n。它等于铁芯中的实际磁密 B 与工作磁密 B_N 之比,即

$$n = \frac{B}{B_N} = \frac{U/f}{U_N/f_N} \qquad (14-9)$$

式中 B、B_N——变压器铁芯磁密的实际值和额定值;

f、f_N——实际频率和额定频率;

U、U_N——加在变压器绕组的实际电压和额定电压。

变压器过励磁时,$n>1$,n 值越大,过励磁倍数

越高，对变压器的危害越严重。

2）动作方程。理论分析及运行实践表明：为有效保护变压器，其过励磁保护应由定时限和反时限两部分构成。定时限保护动作后作用于报警信号；反时限保护动作后去切除变压器。

动作方程是

$$n > n_{stl}, \ n > n_{sth} \qquad (14\text{-}10)$$

式中　n——测量过励磁倍数；

n_{stl}——过励磁元件动作定时限启动倍数值；

n_{sth}——过励磁元件动作反时限启动倍数值。

装置设定时限告警和反时限跳闸，反时限动作特性为八段式折线，易与过励磁动作特性曲线拟合，其反时限特性曲线上的各点，可以根据要求随意整定。其动作特性曲线如图14-5所示。

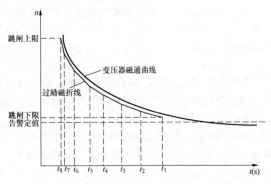

图 14-5　反时限过励磁保护动作特性曲线

（6）间隙零序过电流过电压保护。超高压电力变压器，均系半绝缘变压器，即位于中性点附近的变压器绕组部分对地绝缘比其他部位弱，中性点的绝缘容易被击穿，因而配备中性点的间隙保护。

1）原理接线。间隙保护的作用是保护中性点不接地变压器中性点的绝缘安全。

在变压器中性点对地之间安装一个击穿间隙。在变压器不接地运行时，若因某种原因变压器中性点对地电压升高到不允许值时，间隙击穿，产生间隙电流。另外，当系统发生故障造成全系统失去接地点或接地故障时母线 TV 的开口三角形绕组两端将产生很大的 $3U_0$ 电压。

变压器间隙保护用流过变压器中性点的间隙电流及 TV 开口三角形电压作为中性点安全判据。

2）动作方程。间隙保护的动作方程为

$$3I_0 \geqslant I_{0op} \qquad (14\text{-}11)$$

或

$$3U_0 \geqslant U_{0op}$$

式中　$3I_0$——流过击穿间隙的电流（二次值）；

$3U_0$——TV 开口三角形电压；

I_{0op}——间隙保护动作电流；

U_{0op}——间隙保护动作电压。

当间隙电流或 TV 开口电压大于动作值时，保护动作，经延时切除变压器。

（三）非电量保护

1. 瓦斯保护

瓦斯保护是变压器的主要保护，它可以反映油箱内的各种故障。包括油箱内的多相短路、绕组匝间短路、绕组与铁芯或与外壳间的短路、铁芯故障等。其中轻瓦斯保护动作于信号，重瓦斯保护动作于跳开变压器各电源侧断路器。瓦斯保护动作迅速、灵敏可靠且结构简单。但是它不能反映油箱外部电路（如引出线上）的故障，所以不能作为保护变压器内部故障的唯一保护装置。另外，瓦斯保护也易在一些外界因素（如地震）的干扰下误动作，对此必须采取相应的措施。

400kVA 及以上的油浸式变压器，均应装设瓦斯保护。同样对带负荷调压的油浸式变压器的调压装置，也应该装设瓦斯保护。

瓦斯保护就是利用反应气体状态的气体继电器来保护变压器内部故障的。瓦斯保护是变压器内部故障的主要保护元件，对变压器匝间和层间短路、铁芯故障、套管内部故障、绕组内部断线及绝缘劣化和油面下降等故障均能灵敏动作。当油浸式变压器的内部发生故障时，由于故障点电流和电弧的作用，将使变压器油及其他绝缘材料因局部受热分解而产生大量的气体，其强烈程度随故障的严重程度不同而不同。

以往使用的浮筒式水银触点继电器，由于浮筒的密封性不良而经常漏油，抗振性差，容易因振动而使水银流动造成误动作。目前，国内电力系统中广泛采用的气体继电器是开口杯挡板式气体继电器。

轻瓦斯继电器由开口杯、干簧触点等组成，作用于信号。重瓦斯继电器由挡板、弹簧、干簧触点等组成，作用于跳闸。

轻瓦斯动作原理：正常运行时，气体继电器充满油，开口杯浸在油内，处于上浮位置，干簧触点断开。当变压器内部故障时，故障点局部发生过热，引起附近的变压器油膨胀，油内溶解的空气被逐出，形成气泡上升，同时油和其他材料在电弧和放电等的作用下电离而产生瓦斯。当故障轻微时，排出的瓦斯气体缓慢上升进入气体继电器，使油面下降，开口杯产生的支点为轴逆时针方向的转动，使簧触点接通，发出信号。

重瓦斯动作原理：当变压器内部故障严重时，产生强烈的瓦斯气体，使变压器的内部压力突增，产生很大的油流向储油柜方向冲击，因油流冲击挡板，挡板克服弹簧的阻力，带动磁铁向干簧触点方向移动，使干簧触点接通，发出重瓦斯跳闸脉冲，跳开变压器各侧断路器。因重瓦斯继电器触点有可能瞬时接通，故跳闸回路中一般要加自保持回路。

2. 其他非电量保护

非电量保护，就是指由非电量反映的故障动作或发信的保护，一般是指保护的判据不是电量（电流、电压、频率、阻抗等）；而是非电量，如瓦斯保护（通过油动作流速整定）、温度保护（通过温度高低）、防爆保护（压力）、油位保护等。

主变压器非电量保护由保护装置、电气回路及安装在变压器上的非电量保护元件组成。保护元件包括气体继电器、压力释放阀、油压突变继电器、油位指示器、油温度控制器等。其工作原理简单来说就是利用温度、压力、流速等非电气物理量对变压器实施保护、指示、报警、控制、监测。

非电量保护配置如下：

（1）变压器本体及有载开关应装设轻瓦斯及重瓦斯保护，轻瓦斯动作于信号，重瓦斯动作于跳闸。

（2）变压器本体应设置油位保护，装设油位继电器。当油位异常时，油面过高和过低均应动作于信号。有载调压开关宜设置油位保护，油面过高和过低均动作于信号。

（3）变压器应装设温度保护，包括绕组温度保护和上层油温保护。当运行温度过高时，变压器绕组温度和上层油温均分两级（即低值和高值）；低值动作于信号，高值动作于信号或跳闸，且两级信号的设计应能让变电站值班员清晰辨别。

（4）变压器本体应安装压力释放阀保护，设置压力释放阀的个数须符合国家标准的要求，压力释放应动作于信号。压力释放阀保护是靠油箱体释放阀的微动开关来实现的。即当油浸设备内部发生事故时，油箱内的油被汽化，产生大量气体，使油箱内部压力急剧升高。当油箱压力升高到释放阀开启压力时，其微动开关迅速闭合，同时释放阀在 2ms 内迅速开启，使油箱的压力很快降低，同时其微动开关迅速闭合，接通跳闸回路，断开变压器各侧断路器。

（5）变压器设置有油压突变继电器时，动作于信号。

（6）自然油循环风冷、强迫油循环风冷变压器，应装设冷却系统故障保护，当冷却系统部分故障时应发信号。冷却器故障保护主要有失电或三相缺相；冷却器内油压—水压差偏小（水冷却器）；电机热元件动作；备用冷却器投入不成功等。

（7）对强迫油循环风冷变压器，应装设冷却器全停保护。当冷却系统全停时，延时整定出口跳闸。主变压器冷却器全停并不立即引起机组跳闸，必须满足主变压器的油温达到一定的温度和主变压器冷却器全停这两个条件才会使机组跳闸。

（8）为防止变压器冷却系统电源故障导致变压器跳闸停电，强迫油循环变压器的冷却系统必须有两个相互独立的冷却系统电源，并装有自动切换装置。

（9）对有两组或多组冷却系统（"油泵+片式散热器"方式或冷却器方式）的变压器，应具备自动分组延时启停功能。

（10）目前，有些厂家变压器可采用光纤测温。根据用户需要定制，按光纤探头布置位置不同，可实时监测绕组温度、铁芯温度和油面温度，并能够提供温度报警和温度跳闸信号。测温装置主机安装在专用支架上。

（11）智能变电站非电量保护单套独立配置，宜与本体智能终端一体化设计，采用就地直接电缆跳闸，安装在变压器本体智能控制柜内；信息通过本体智能终端上送过程层 GOOSE 网。

二、变压器保护配置原则

（一）330kV 及以上电压等级变压器保护

配置双重化的主、后备保护一体变压器电气量保护和一套非电量保护，智能站的非电量保护功能由本体智能终端实现。

1. 主保护

配置纵联差动保护；可配置不需整定的零序分量、负序分量或变化量等反映轻微故障的故障分量差动保护。

为提高切除自耦变压器内部单相接地短路故障的可靠性，可配置由高中压和公共绕组 TA 构成的分侧差动保护。

2. 高压侧后备保护

（1）带偏移特性的阻抗保护。指向变压器的阻抗不伸出中压侧母线，作为变压器部分绕组故障的后备保护，指向母线的阻抗作为本侧母线故障的后备保护。设置一段两时限，第一时限跳开本侧断路器，第二时限跳开变压器各侧断路器。

（2）复合电压闭锁过电流保护，延时跳开变压器各侧断路器。

（3）零序电流保护，保护为二段式。Ⅰ段带方向，方向指向母线，延时跳开本侧断路器；Ⅱ段不带方向，延时跳开变压器各侧断路器。

（4）过励磁保护，应能实现定时限告警和反时限特性功能，反时限曲线应与变压器过励磁特性匹配。

（5）变压器高压侧断路器失灵保护动作后跳变压器各侧断路器功能。变压器高压侧断路器失灵保护动作触点开入后，应经灵敏的、不需整定的电流元件并带 50ms 延时后跳变压器各侧断路器。

（6）过负荷保护，延时动作于信号。

（7）当高压侧为双母接线形式时，其后备保护同中压侧后备保护，此外应增加过励磁保护。

3. 中压侧后备保护

（1）带偏移特性的阻抗保护。指向变压器的阻抗不伸出高压侧母线，作为变压器部分绕组故障的后备保护，指向母线的阻抗作为本侧母线故障的后备保护。设置一段四时限，第一时限跳开分段断路器，第二时限跳开母联断路器，第三时限跳开本侧断路器，第四时限跳开变压器各侧断路器。

（2）复压闭锁过电流保护，延时跳开变压器各侧断路器。

（3）零序电流保护，保护为两段式。Ⅰ段带方向，方向指向母线，设三个时限，第一时限跳开分段断路器，第二时限跳开母联断路器，第三时限跳开本侧断路器；Ⅱ段不带方向，延时跳开变压器各侧断路器。

（4）变压器中压侧断路器失灵保护动作后跳变压器各侧断路器功能。变压器中压侧断路器失灵保护动作触点开入后，应经灵敏的、不需整定的电流元件并带 50ms 延时后跳变压器各侧断路器。

（5）过负荷保护，延时动作于信号。

（6）当中压侧为一个半断路器接线时，其后备保护同高压侧后备保护，但无过励磁保护。

4. 低压侧后备保护

（1）过电流保护，延时跳开本侧断路器；

（2）复压闭锁过电流保护，设置一段两时限，第一时限跳开本侧断路器，第二时限跳开变压器各侧断路器；

（3）过负荷保护，延时动作于信号。

5. 公共绕组后备保护

（1）零序过电流保护；

（2）过负荷保护，延时动作于信号。

6. 特高压变压器保护

应采用微机型保护。主体变压器及调压、补偿变压器电气量保护均按双重化原则配置。即信号输入回路、电源回路、跳闸回路应彼此独立。双重化配置的两套保护分别装设在两块保护屏内。

主体变压器电气量保护采用主后一体化设备，主保护和后备保护采用同一套保护装置实现。调压及补偿变压器电气量保护由单独装置实现，仅配差动保护，不配置后备保护。主体变压器和调压、补偿变压器的非电量保护各配置一套。

7. 分相式主变压器的非电气量保护

A、B、C 相非电气量分相开入，作用于跳闸的非电气量保护，三相共用一个功能压板；作用于跳闸的非电气量保护，启动功率应大于 5W，动作电压在额定直流电源电压的 55%～70%范围内，额定直流电源电压下动作时间为 10～35ms，应具有抗 220V 工频干扰电压能力。

（二）220kV 电压等级变压器保护

配置双重化的主、后备保护一体变压器电气量保护和一套非电量保护，智能站的非电量保护功能由本体智能终端实现。

1. 主保护

配置纵联差动保护；可配置不需整定的零序分量、负序分量或变化量等反映轻微故障的故障分量差动保护。

2. 高压侧后备保护

（1）复压闭锁过电流（方向）保护。保护为二段式，第一段带方向，方向可整定，设两个时限；第二段不带方向，延时跳开变压器各侧断路器。

（2）零序过电流（方向）保护。保护为二段式，第一段带方向，方向可整定，设两个时限。第二段不带方向，延时跳开变压器各侧断路器。

（3）间隙电流保护，间隙电流和零序电压二者构成"或门"延时跳开变压器各侧断路器。

（4）零序电压保护，延时跳开变压器各侧断路器。

（5）变压器高压侧断路器失灵保护动作后跳变压器各侧断路器功能。变压器高压侧断路器失灵保护动作触点开入后，应经灵敏的、不需整定的电流元件并带 50ms 延时后跳变压器各侧断路器。

（6）过负荷保护，延时动作于信号。

3. 中压侧后备保护

（1）复压闭锁过电流（方向）保护。设三时限，第一时限和第二时限带方向，方向可整定；第三时限不带方向，延时跳开变压器各侧断路器。

（2）限时速断过电流保护，延时跳开本侧断路器。

（3）零序过电流（方向）保护。保护为二段式，第一段带方向，方向可整定，设两个时限。第二段不带方向，延时跳开变压器各侧断路器。

（4）间隙电电流保护，间隙电流和零序电压二者构成"或门"延时跳开变压器各侧断路器。

（5）零序电压保护，延时跳开变压器各侧断路器。

（6）过负荷保护，延时动作于信号。

4. 低压 1（2）分支后备保护

（1）过电流保护。设一段两个时限，第一时限跳开本分支分段断路器，第二时限跳开本分支断路器。

（2）复压闭锁过电流保护。设一段三时限，第一时限跳开本分支分段断路器，第二时限跳开本分支断路器，第三时限跳开变压器各侧断路器。

（3）过负荷保护，延时动作于信号。

5. 低压侧电抗器后备保护（可选）

当 220kV 电压等级变压器低压侧有限流电抗器时，宜增设低压侧电抗器后备保护，该保护取电抗器前 TA 电流。复压闭锁过电流保护，设一段两个时限，第一时限跳开本侧两分支断路器，第二时限跳开变压器各侧断路器。

（三）110kV 电压等级变压器保护

110kV 变压器电量宜按单套配置，主、后备保护分开配置，同时配置一套非电量保护，智能站的非电量保护功能由本体智能终端实现。

1. 主保护

主变压器保护选用微机型保护装置。保护为差动保护，保护动作跳各侧断路器。

2. 后备保护

相间短路：高压侧均装设复合电压带方向与不带方向过电流保护。第一时限带方向（功率方向由主变压器指向母线）跳母联断路器，第二时限带方向（由主变压器指向母线）跳本侧断路器，第三时限不带方向跳各侧断路器；低压侧装复合电压闭锁过电流保护，第一时限跳低压侧分段断路器，第二时限跳本侧断路器，第三时限跳各侧断路器。

接地短路：高压侧中性点装设零序带方向与不带方向过电流保护。带方向的第一时限跳母联断路器，第二时限跳本侧断路器，第三时限不带方向跳各侧断路器。

此外，高压侧还装设间隙式零序过电流、零序过电压保护，用于中性点不接地运行时切除接地短路故障，保护动作后经 0.3~0.5s 跳变压器各侧断路器。

变压器设有非电量保护装置，装置根据变压器本体的非电量触点分别启动跳闸回路、信号及事件记录。

三、变压器保护接线示例

（一）1000kV 电压等级变压器保护

自耦变压器高、中压侧均为一个半接线，低压侧为双分支接线。图 14-6 所示为一套保护装置的接线，第二套保护装置与第一套相同，接入第二组 TA、TV 绕组。

（二）330~750kV 电压等级变压器保护

自耦变压器高、中压侧均为一个半接线，低压侧为双分支接线。图 14-7 所示为一套保护装置的接线，第二套保护装置与第一套相同，接入第二组 TA、TV 绕组。

自耦变压器高压侧为一个半接线，中压侧为双母线接线，低压侧为单分支接线。图 14-8 所示为一套保护装置的接线，第二套保护装置与第一套相同，接入第二组 TA、TV 绕组。

（三）220kV 电压等级变压器保护

220kV 三绕组变压器高压侧为双母线带旁路接线，中压侧为双母线带旁路接线，低压侧为双分支接线。图 14-9 所示为一套保护装置的接线，第二套保护装置与第一套相同，接入第二组 TA、TV 绕组。

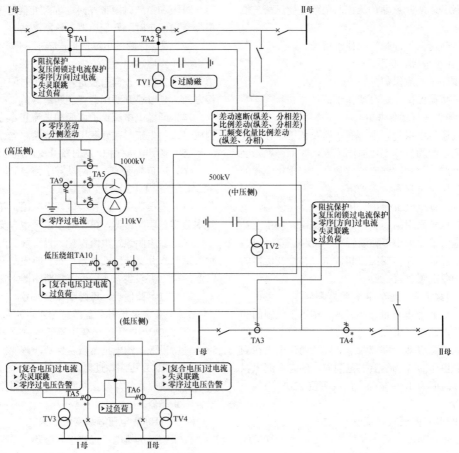

图 14-6　1000kV 主变压器保护配置图

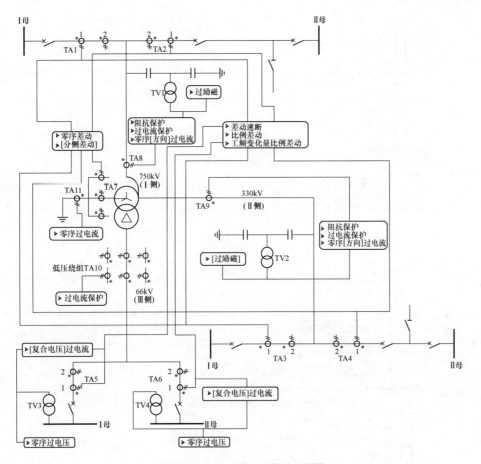

图 14-7　750kV 主变压器保护配置图

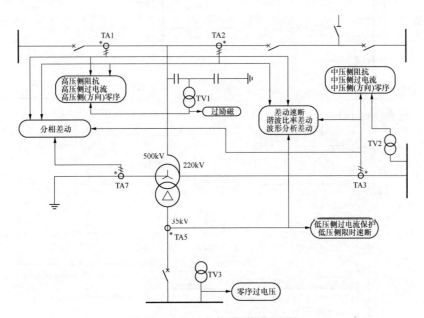

图 14-8　500kV 主变压器保护配置图

　　220kV 自耦变压器高压侧为双母线带旁路接线，中压侧为双母线带旁路接线，低压侧为双分支接线。

图 14-10 所示为一套保护装置的接线，第二套保护装置与第一套相同，接入第二组 TA、TV 绕组。

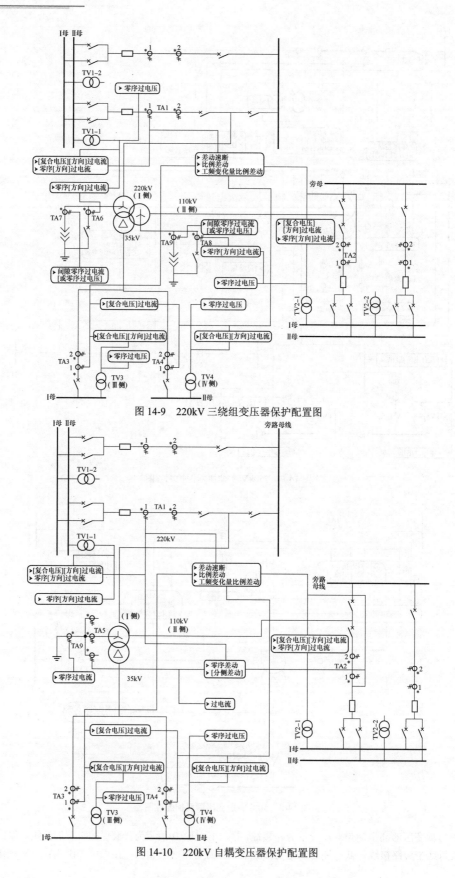

图 14-9　220kV 三绕组变压器保护配置图

图 14-10　220kV 自耦变压器保护配置图

（四）110kV 电压等级变压器保护

110kV 三绕组变压器高压侧为桥接线，中压侧为双母线接线，低压侧为双分支接线。图 14-11 所示为

一套保护装置的接线，第二套保护装置与第一套相同，接入第二组 TA、TV 绕组。

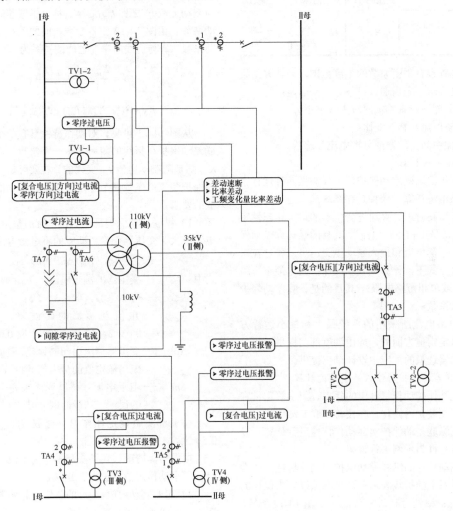

图 14-11　110kV 变压器保护配置图

四、变压器保护的整定计算

（一）变压器纵差保护

1. 变压器参数计算

（1）变压器一次额定电流计算。与纵联差动保护有关的变压器参数计算，可按表 14-1 所列的公式和步骤进行。在表 14-1 中做了如下假定：三绕组变压器；最大额定容量 S_N；绕组接法为 YNynd11。

微机型保护的各侧电流互感器二次均采用星形接线，电流相位和幅值的补偿以及变压器接地侧的减零序均通过软件实现。

（2）基本侧的选择。根据保护装置说明书要求进行选择。

（3）平衡系数的计算。根据保护装置说明书要求

进行计算。

表 14-1　变压器参数计算表（举例）

序号	名　称	各 侧 参 数		
		高压侧（H）	中压侧（M）	低压侧（L）
1	额定电压 U_N	U_{Nh}	U_{Nm}	U_{NL}
2	额定电流 I_N	$I_{Nh}\dfrac{S_N}{\sqrt3 U_{Nh}}$	$I_{Nh}\dfrac{S_N}{\sqrt3 U_{Nm}}$	$I_{Nh}\dfrac{S_N}{\sqrt3 U_{NL}}$
3	各侧接线	YN	yn	d11
4	各侧电流互感器二次接线	Y	y	y
5	电流互感器实际选用变比 n_s	n_{sh}	n_{sm}	n_{sL}

续表

序号	名 称	各 侧 参 数		
		高压侧（H）	中压侧（M）	低压侧（L）
6	各侧二次额定电流 i	$i_h = \dfrac{I_{Nh}}{n_{sh}}$	$i_m = \dfrac{I_{Nm}}{n_{sm}}$	$i_L = \dfrac{I_{NL}}{n_{sL}}$

保护装置设有平衡系数的刻度范围，若计算结果不满足刻度要求，则需通过以下方式来满足：

1）将各侧平衡系数依次放大（缩小）；

2）调整电流互感器变比；

3）增加中间变流器或更换电流互感器。

2. 短路电流计算

整定变压器纵联差动保护，一般需做两种运行方式下的短路电流计算：一种是在系统最大运行方式下变压器外部短路时，计算通过变压器的最大穿越性短路电流（通常是三相短路电流），其目的是计算差动保护的最大不平衡电流和最大制动电流；另一种是在系统最小运行方式下，计算纵联差动保护区内最小短路电流（两相或单相短路电流），其目的是计算差动保护的最小灵敏系数。

计算短路电流所采用的系统最大和最小运行方式，用于整定定值方面的，应由调度部门提供；用于保护和互感器选型的，应由设计单位提供。

3. 纵联差动保护动作特性参数的计算

纵联差动保护动作特性中的拐点、斜率等定位宜由生产厂家在装置内固化，在校验纵联差动保护灵敏度时需按照纵联差动保护实际动作特性进行计算，以下以单折线特性为示例进行说明。

比率制动特性的纵联差动保护的动作特性，通常用直角坐标系上的折线表示。该坐标系纵轴为保护的动作电流 I_{op}；横轴为制动电流 I_{res}，如图 14-12 所示。折线 ACD 的左上方为保护的动作区，折线右下方为保护的制动区。

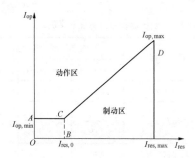

图 14-12　纵联差动保护动作特性曲线图

这一动作特性曲线由纵坐标 OA、拐点的横坐标 OB、折线 CD 的斜率 S 三个参数确定。OA 表示无制动状态下的动作电流，即保护的最小动作电流 $I_{op,min}$。

OB 表示起始制动电流 $I_{res,0}$。目前工程实用上有两种整定计算方法来确定动作特性的三个参数，现分述如下。

（1）第一种整定法。折线上任一点动作电流 I_{op} 与制动电流 I_{res} 之比 $I_{op}/I_{res}=K_{res}$ 称为纵联差动保护的制动系数。由图 14-12 中各参数之间的关系可导出，制动系数 K_{res} 与折线斜率 S 之间的关系为

$$S = \frac{K_{res} - I_{op,min}/I_{res}}{1 - I_{res,0}/I_{res}} \qquad (14\text{-}12)$$

$$K_{res} = S(1 - I_{res,0}/I_{res}) + I_{op,min}/I_{res} \qquad (14\text{-}13)$$

从图 14-12 可见，对动作特性具有一个折点的纵联差动保护，折线的斜率 S 是一个常数，而制动系数 K_{res} 则是随制动电流 I_{res} 变化的。在实际应用中，是通过保护装置的参数调节整定折线的斜率来满足制动系数的要求。

1）纵联差动保护最小动作电流的整定。最小动作电流应大于变压器额定负荷时的不平衡电流，即

$$I_{op,min} = K_{rel}(K_{er} + \Delta U + \Delta m)I_{TN} \qquad (14\text{-}14)$$

式中 I_{TN} ——变压器的额定电流；

K_{rel} ——可靠系数，取 1.3～1.5；

K_{er} ——电流互感器的比误差，10P 型取 0.03×2，5P 型和 TP 型取 0.01×2；

ΔU ——变压器调压引起的误差，取调压范围中偏离额定值的最大值（百分值）；

Δm ——由于电流互感器变比未完全匹配产生的误差，初设计取 0.05。

在工程实用整定计算中可选取 $I_{op,min} = （0.2～0.5）I_{TN}$。

根据实际情况（现场实测不平衡电流）确有必要时，最小动作定值也可大于 $0.6 I_{TN}$。

2）起始制动电流 $I_{res,0}$ 的整定。起始制动电流宜取 $I_{res,0} = （0.4～1.0）I_{TN}$。

3）动作特性折线斜率 S 的整定。纵联差动保护的动作电流应大于外部短路时流过差动回路的不平衡电流。变压器种类不同，不平衡电流计算也有较大差别，下面给出普通双绕组和三绕组变压器差动保护回路最大不平衡电流 $I_{unb,max}$ 的计算公式。

双绕组变压器：

$$I_{unb,max} = （K_{ap}K_{cc}K_{er} + \Delta U + \Delta m）I_{k,max}/n_a \qquad (14\text{-}15)$$

式中 K_{cc} ——电流互感器的同型系数，$K_{cc}=1.0$；

$I_{k,max}$ ——外部短路时，最大穿越短路电流周期分量；

K_{ap} ——非周期分量系数，两侧同为 TP 级电流互感器取 1.0，两侧同为 P 级电流互感器取 1.5～2.0；

K_{er} ——电流互感器的比误差，取 0.1。

三绕组变压器（以低压侧外部短路为例说明）：

$$I_{\text{unb,max}}=K_{\text{ap}}K_{\text{cc}}K_{\text{er}}I_{\text{k,max}}/n_{\text{a}}+\Delta U_{\text{h}}I_{\text{k,h,max}}/n_{\text{a,h}} \quad (14\text{-}16)$$
$$+\Delta U_{\text{m}}I_{\text{k,m,max}}/n_{\text{a,m}}+\Delta m_{\text{I}}I_{\text{k,I,max}}/n_{\text{a,h}}$$
$$+\Delta m_{\text{II}}I_{\text{k,IImax}}/n_{\text{a,m}}$$

式中 ΔU_{h}、ΔU_{m}——变压器高、中压侧调压引起的相对误差（对 U_{N} 而言），取调压范围中偏离额定值的最大值；

$I_{\text{k,max}}$——低压侧外部短路时，流过靠近故障侧电流互感器的最大短路电流周期分量；

$I_{\text{k,h,max}}$、$I_{\text{k,m,max}}$——在所计算的外部短路时，流过高、中压侧电流互感器电流的周期分量；

$I_{\text{k,I,max}}$、$I_{\text{k,II,max}}$——在所计算的外部短路时，相应地流过非靠近故障点两侧电流互感器电流的周期分量；

n_{a}、$n_{\text{a,h}}$、$n_{\text{a,m}}$——各侧电流互感器的变比；

Δm_{I}、Δm_{II}——由于电流互感器（包括中间互流器）的变比未完全匹配而产生的误差。

差动保护的动作电流为

$$I_{\text{op,max}}=K_{\text{rel}}I_{\text{unb,max}} \quad (14\text{-}17)$$

最大制动系数为

$$K_{\text{res,max}}=I_{\text{op,max}}/I_{\text{res,max}} \quad (14\text{-}18)$$

式（14-18）中最大制动电流 $I_{\text{res,max}}$ 的选取，因差动保护制动原理的不同以及制动线圈的接线方式不同而会有很大差别，在实际工程计算时应根据差动保护的工作原理和制动回路的接线方式而定。制动电流的选择是使外部故障时制动电流最大，而内部故障时制动电流最小。如果需要接入的电流支路数超过微机保护允许的最大支路数，则可将多个无源侧电流合并后接入某个支路，但不应将多个有源侧电流合并接入某个支路。

根据 $I_{\text{op,min}}$、$I_{\text{res,0}}$、$I_{\text{res,max}}$、$K_{\text{res,max}}$ 按式（14-12）可计算出差动保护动作特性曲线中折线的斜率 S，当 $I_{\text{res,max}}=I_{\text{k,max}}$ 时有

$$S=\dfrac{I_{\text{op,max}}-I_{\text{op,min}}}{\dfrac{I_{\text{k,max}}}{n_{\text{a}}}-I_{\text{res,0}}}$$

或 $$S=\dfrac{K_{\text{res}}-I_{\text{op,min}}/I_{\text{res}}}{1-I_{\text{res,0}}/I_{\text{res}}} \quad (14\text{-}19)$$

采用以上方法计算的比率制动系数斜率，虽然已经考虑了非周期分量和暂态过程的影响，但是根据运行经验计算偏小。但暂态过程难以准确计算，考虑即使制动斜率取 0.5，其灵敏度也是足够的，所以实际计算中往往根据经验公式，可取 $S=0.5\sim0.7$。

（2）第二种整定法。此法不考虑负荷状态和外部短路时电流互感器误差 K_{er} 的不同，使不平衡电流完全与穿越性电流成正比变化，如图 14-13 所示，比率制动特性 CD 通过原点，从而制动系数 K_{res} 为常数；当 K_{res} 和 $I_{\text{res,0}}$ 确定后，$I_{\text{op,min}}$ 随之确定，不必另作计算。

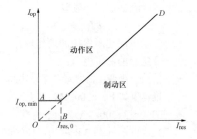

图 14-13 第二种整定法差动保护动作特性曲线图

1）按下式计算制动系数 K_{res}，即

$$K_{\text{res}}=K_{\text{rel}}（K_{\text{ap}}K_{\text{cc}}K_{\text{er}}+\Delta U+\Delta m）=S \quad (14\text{-}20)$$

式中 K_{er} 取 0.10。

2）画一条通过坐标原点斜率为 K_{res} 的直线 OD（见图 14-13），在横坐标上取 $OB=（0.4\sim1.0）I_{\text{TN}}$，此即起始制动电流 $I_{\text{res,0}}$。

3）在直线 OD 上对应 $I_{\text{res,0}}$ 的 C 点纵坐标值 OA 为最小动作电流 $I_{\text{op,min}}$。折线 ACD 即为差动保护的动作特性曲线。

上述两种整定方法中，如果 $I_{\text{op,min}}$ 和折线（CD）斜率 S 的整定不是连续调节的，则 $I_{\text{op,min}}$ 和 S 的整定值应取继电器能整定的，并略大于计算值的数值。

4. 灵敏系数的计算

纵联差动保护的灵敏系数应按最小运行方式下差动保护区内变压器引出线上两相金属性短路计算。图 14-14 为纵联差动保护灵敏系数计算说明图。根据计算最小短路电流 $I_{\text{k,min}}$ 和相应的制动电流 I_{res}，在动作特性曲线上查得对应的动作电流 I'_{op}，则灵敏系数为

$$K_{\text{sen}}=\dfrac{I_{\text{k,min}}}{I'_{\text{op}}} \quad (14\text{-}21)$$

要求 $K_{\text{sen}}\geqslant1.5$。

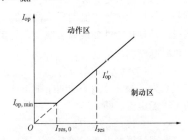

图 14-14 纵差保护灵敏系数计算说明图

5. 纵联差动保护的其他辅助整定计算及经验数据的推荐

（1）差动电流速断的整定。对 220kV 以上变压器，

差动电流速断保护是纵联差动保护中的一个辅助保护。当内部故障电流很大时，防止由于电流互感器饱和引起纵联差动保护延迟动作。差电流速断保护的整定值应按躲过变压器可能产生的最大励磁涌流或外部短路最大不平衡电流整定，一般取

$$I_{op}=KI_{TN} \tag{14-22}$$

式中 I_{op}——差动电流速断保护的动作电流；

I_{TN}——变压器的额定电流；

K——倍数，视变压器容量和系统电抗大小，K 推荐值如下：6300kVA 及以下为 7～12；6300～31500kVA 为 4.5～7.0；40000～120000kVA 为 3.0～6.0；120000kVA 及以上为 2.0～5.0；容量越大，系统电抗越大，K 取值越小。

按正常运行方式保护安装处两相短路计算灵敏系数，$K_{sen} \geqslant 1.2$。

（2）二次谐波制动比的整定。在利用二次谐波制动来防止励磁涌流误动的纵联差动保护中，谐波制动回路可以单独整定。整定值可用差电流中的二次谐波分量与基波分量的比值表示，通常称这一比值为二次谐波制动比。根据经验，二次谐波制动比可整定为 15%～20%。

（3）涌流间断角的推荐值。按鉴别涌流间断角原理构成的变压器差动保护，根据运行经验，闭锁角可取为 60°～70°。有时还采用涌流导数的最小间断角 θ_d 和最大波宽角 θ_w，其闭锁条件为 $\theta_d \geqslant 65°$；$\theta_w \leqslant 140°$。

（二）变压器分侧差动保护的整定计算

分侧差动保护将变压器的各侧绕组分别作为被保护对象，在各绕组的两端装设电流互感器，实现电流差动保护。对于单相自耦变压器，分别在高压侧、中压侧及公共绕组的三端装设电流互感器，实现电流差动保护，无须考虑绕组的励磁涌流、过励磁、调压等的影响。分侧差动保护接线简单、可靠，对相间和单相短路灵敏度高，但对匝间短路无保护作用。

分侧差动保护的整定计算：

分侧差动保护应由比率制动式或标积制动式差动继电器构成，其动作特性曲线为折线型，整定计算原则同发电机纵联差动保护。

1. 最小动作电流 $I_{op,min}$ 的计算

整定原则为：躲过分侧差动回路中正常运行情况下最大的不平衡电流，即

$$I_{op,min}=K_{rel}I_{unb,0} \tag{14-23}$$

一般可以直接根据电流互感器的二次额定值来计算最大不平衡电流，即

$$I_{op,min}=K_{rel} \times 2 \times 0.03I_{N2} \tag{14-24}$$

也可以根据变压器对应侧绕组额定电流（差动参与侧的额定电流最大值）来计算最大不平衡电流，即

$$I_{op,min}=K_{rel}(K_{ap}K_{cc}K_{er}+\Delta m)I_{TN} \tag{14-25}$$

式中 I_{TN}——变压器的额定电流；

K_{rel}——可靠系数，取 1.3～1.5；

K_{cc}——电流互感器的同型系数，同型号取 0.5，不同型号取 1.0；

K_{er}——电流互感器的比误差，取 0.1；

K_{ap}——非周期分量系数，取 1.5～2.0；

Δm——由于电流互感器（包括中间互流器）的变比未完全匹配而产生的误差，取 0.05；

I_{N2}——电流互感器的二次额定电流。

工程中一般取 $I_{op,min}=(0.2 \sim 0.5)I_{TN}$，根据实际情况（现场实测不平衡电流）确有必要时，最小动作定值也可大于 $0.5I_{N2}$。

2. 起始制动电流 $I_{res,0}$ 的整定

$$I_{res,0}=(0.5 \sim 1.0)I_{TN}/n_a \tag{14-26}$$

式中 I_{TN}——变压器的额定电流；

n_a——电流互感器的变比。

3. 动作特性折线斜率 S 的整定

首先计算最大制动系数 $K_{res,max}$，即

$$K_{res,max}=K_{rel}K_{ap}K_{er}K_{cc} \tag{14-27}$$

式中 K_{rel}——可靠系数，取 1.5；

K_{ap}——非周期分量系数，TP 级电流互感器取 1.0，P 级电流互感器取 1.5～2.0；

K_{cc}——同型系数，取 0.5；

K_{er}——电流互感器的比误差，取 0.1。

按式（14-12）或式（14-19）计算 S 值，可选用 $S=0.2 \sim 0.3$。

4. 灵敏系数计算

按最小运行方式下变压器绕组引出端两相金属性短路，灵敏系数 $K_{sen} \geqslant 2$ 校验，即

$$K_{sen}=\frac{I_{k,min}}{I'_{op}n_a} \tag{14-28}$$

式中 $I_{k,min}$——最小运行方式下，绕组引出端两相金属性短路的短路电流值；

I'_{op}——根据 $I_{k,min}$ 在动作特性曲线上查得的动作电流。

（三）变压器零序差动保护

220～500kV 变压器，单相接地短路是主要故障形式之一。特别是单相变压器组，变压器油箱内部相间短路不可能发生。变压器零序差动保护就是为保护变压器单相接地短路而设置的。

（1）最小动作电流的整定。

应躲过零序差动回路中正常运行情况下最大的不平衡电流，即

$$I_{op,min}=K_{rel}I_{unb,0} \tag{14-29}$$

一般可以直接根据电流互感器的二次额定值来计算最大不平衡电流，可取

$$I_{op,min}=K_{rel}\times2\times0.1I_{N2} \qquad (14\text{-}30)$$

也可以根据变压器对应侧绕组额定电流（差动参与侧的额定电流最大侧）来计算最大不平衡电流，计算公式为

$$I_{op,min}=K_{rel}（K_{ap}K_{cc}K_{er}+\Delta m）I_{TN} \qquad (14\text{-}31)$$

式中　I_{TN}——变压器的额定电流；

$\quad K_{rel}$——可靠系数，取 1.3～1.5；

$\quad K_{cc}$——电流互感器的同型系数，同型号取 0.5，不同型号取 1.0；

$\quad K_{er}$——电流互感器的比误差，取 0.1；

$\quad K_{ap}$——非周期分量系数，取 1.5～2.0；

$\quad \Delta m$——由于电流互感器（包括中间互流器）的变比未完全匹配而产生的误差，取 0.05；

$\quad I_{N2}$——电流互感器的二次额定电流。

在工程实用整定计算中可选取 $I_{op,min}$＝（0.3～0.5）I_{N2}。根据实际情况（现场实测不平衡电流）确有必要时，最小动作定值也可大于 $0.5I_{N2}$。

（2）制动系数定值。制动系数定值在工程实用整定计算中可取 0.4～0.5。

（3）灵敏系数校验。按零序差动保护区内发生金属性接地短路校验灵敏系数，要求不小于 1.2。500kV系统变压器中性点直接接地或经小电抗接地。

（4）零序差动保护中性点电流互感器。零序差动保护中性点侧电流宜采用三相电流互感器；如果采用外接中性点电流互感器，则中性点电流互感器应具备良好的暂态特性而适合零序差动保护使用。

（四）变压器瓦斯保护

瓦斯保护是反映变压器油箱内各种故障的主保护。当油箱内故障产生轻微瓦斯或油面下降时，瓦斯保护应瞬时动作于信号；当产生大量瓦斯时，应瞬时动作于断开变压器各侧断路器。

瓦斯保护动作于信号的轻瓦斯部分，通常按产生气体的容积整定。对于容量 10MVA 以上的变压器，整定容积为 250～300mL。

瓦斯保护动作于跳闸的重瓦斯部分，通常按通过气体继电器的油流流速整定。流速的整定与变压器的容量、接气体继电器的导管直径、变压器冷却方式、气体继电器的型式等有关。表 14-2 为动作于跳闸的瓦斯保护油流动作流速整定表。

表 14-2　瓦斯保护油流动作流速整定表

变压器容量（kVA）	气体继电器型式	连接导管内径（mm）	冷却方式	动作流速整定值（m/s）
1000 及以下	QJ-50	ϕ50	自冷或风冷	0.7～0.8

续表

变压器容量（kVA）	气体继电器型式	连接导管内径（mm）	冷却方式	动作流速整定值（m/s）
7000～7500	QJ-50	ϕ50	自冷或风冷	0.8～1.0
7500～10000	QJ-80	ϕ80	自冷或风冷	0.7～1.0
10000 以上	QJ-80	ϕ80	自冷或风冷	0.8～1.0
200000 以下	QJ-80	ϕ80	强迫油循环	1.0～1.2
200000 及以上	QJ-80	ϕ80	强迫油循环	1.2～1.3
500kV 变压器	QJ-80	ϕ80	强迫油循环	1.3～1.4
有载调压开关	QJ-25	ϕ25		1.0

（五）变压器相间短路后备保护

1. 复合电压启动的过电流保护

复合电压启动的过电流保护宜用于升压变压器、系统联络变压器和过电流保护不能满足灵敏度要求的降压变压器。

（1）电流继电器的整定计算。电流继电器的动作电流应按躲过变压器的额定电流整定，即

$$I_{op}=\frac{K_{rel}}{K_{re}}I_{TN2} \qquad (14\text{-}32)$$

式中　K_{rel}——可靠系数，取 1.2～1.3；

$\quad K_{re}$——返回系数，取 0.85～0.95；

$\quad I_{TN2}$——变压器的二次额定电流。

（2）接在相间电压上的低电压继电器动作电压整定计算。该低电压继电器应按躲过电动机自启动条件计算，即

$$U_{op}=（0.5～0.6）U_{TN2} \qquad (14\text{-}33)$$

（3）负序电压继电器的动作电压整定计算。负序电压继电器应按躲过正常运行时出现的不平衡电压整定，不平衡电压值可通过实测确定。无实测值时，如果装置的负序电压定值为相电压时

$$U_{op,2}=（0.06～0.08）U_{TN2}/\sqrt{3} \qquad (14\text{-}34)$$

如果装置的负序电压定值为相间电压时

$$U_{op,2}=（0.06～0.08）U_{TN2} \qquad (14\text{-}35)$$

式中　U_{TN2}——电压互感器二次额定相间电压。

（4）灵敏系数校验。电流继电器的灵敏系数校验为

$$K_{sen}=\frac{I_{k,min}^{(2)}}{I_{op}n_a} \qquad (14\text{-}36)$$

式中　$I_{k,min}^{(2)}$——后备保护区末端两相金属性短路时流过保护的最小短路电流。

要求 $K_{sen}\geqslant1.3$（近后备）或 1.2（远后备）。

接相间电压的低电压继电器的灵敏系数校验

$$K_{sen}=\frac{U_{op}}{U_{r,max}/n_v} \qquad (14\text{-}37)$$

式中 $U_{r,max}$——计算运行方式下，灵敏系数校验点发生金属性相间短路时，保护安装处的最高电压。

要求 $K_{sen} \geqslant 1.3$（近后备）或 1.2（远后备）。

负序电压继电器的灵敏系数为

$$K_{sen} = \frac{U_{k,2,min}}{U_{op,2} \cdot n_a} \qquad (14\text{-}38)$$

式中 $U_{k,2,min}$——后备保护区末端两相金属性短路时，保护安装处的最小负序电压值。

要求 $K_{sen} \geqslant 2.0$（近后备）或 1.5（远后备）。

2. 相间故障后备保护方向元件的整定

（1）三侧有电源的三绕组升压变压器，相间故障后备保护为了满足选择性要求，在高压侧或中压侧要加功率方向元件，其方向通常指向该侧母线。

（2）高压及中压侧有电源或三侧均有电源的三绕组降压变压器和联络变压器，相间故障后备保护为了满足选择性要求，在高压或中压侧要加功率方向元件，其方向通常指向变压器，也可指向本侧母线。

3. 相间故障后备保护动作时间的整定

变压器宜各侧均配置相间故障后备保护，变压器后备保护动作切除的原则为尽量缩小被切除的范围，一般为先断开分段、母联断路器，再断开本侧（对侧）断路器，最后断其他各侧断路器。如果不满足稳定要求或者配合原则，可以考虑先断开本侧（对侧）断路器，再断开其他各侧断路器，或者仅断开本侧断路器。

当相间后备保护方向指向母线时，可以 $t_1 = t_0 + \Delta t$（t_0 为与之配合的线路保护动作时间，Δt 为时间级差）跳开本侧分段、母联断路器，再以 $t_2 = t_1 + \Delta t$ 跳开本侧断路器，最后以 $t_3 = t_2 + \Delta t$ 跳开变压器各侧断路器。

当相间后备保护方向指向变压器时，可以以 $t_1 = t_0 + \Delta t$（t_0 为与之配合的线路保护动作时间，Δt 为时间级差）跳开对侧分段、母联断路器，再以 $t_2 = t_1 + \Delta t$ 跳开对侧断路器，最后以 $t_3 = t_2 + \Delta t$ 跳开变压器各侧断路器。

当相间后备保护不带方向时，可以 $t_1 = t_0 + \Delta t$（t_0 为与之配合的线路保护动作时间，Δt 为时间级差）跳开本侧分段断路器，再以 $t_2 = t_1 + \Delta t$ 跳开其他各侧断路器。

实际应用过程中还应考虑各地区的后备保护配合原则，用以决定后备保护的段数和时限数，以及方向的指向。

4. 低阻抗保护

当电流、电压保护不能满足灵敏度要求或根据网络保护间配合的要求时，变压器的相间故障后备保护可采用阻抗保护。阻抗保护通常用于 330kV 以上大型升压变压器、联络变压器及降压变压器，作为变压器引线、母线、相邻线路相间故障的后备保护。根据阻抗保护的配置及阻抗继电器特性的不同，可分别按以

下几种情况进行整定计算。

（1）作为本侧系统后备保护时的整定。

1）作为本侧系统后备保护时，阻抗保护的方向指向母线，其动作定值整定原则为：正方向阻抗继电器的动作值与本侧母线上与之配合的引出线阻抗保护段相配合，其值为

$$Z_{op} = K_{rel} K_{inf} Z \qquad (14\text{-}39)$$

式中 K_{inf}——助增系数，取各种运行方式下的最小值；

Z——与之配合的本侧引出线路距离保护段动作阻抗；

K_{rel}——可靠系数，取 0.8。

反方向阻抗为正方向阻抗的 3%～10%，反方向阻抗的整定值不伸出变压器其他侧母线。

2）作为本侧系统后备保护时，阻抗保护的方向指向变压器，通过反方向阻抗作为本侧后备：正方向阻抗不伸出变压器其他侧母线，按躲过本变压器对侧母线故障整定。

$$Z_{Fop,I} = K_{rel} Z_t \qquad (14\text{-}40)$$

式中 K_{rel}——可靠系数，取 0.7；

Z_t——变压器高、中侧阻抗和。

反方向阻抗整定原则为按正方向阻抗的 3%～5% 整定：

$$Z_{Bop,I} = (3\% \sim 5\%) Z_{Fop,I} \qquad (14\text{-}41)$$

或按与本侧出线 I 段（或 II 段）、纵联保护配合整定

$$Z_{Bop,I} = K_{rel} K_{inf} Z_L \qquad (14\text{-}42)$$

式中 K_{inf}——助增系数，取各种运行方式下的最小值；

Z_L——本侧出线阻抗保护 I 段（或 II 段）动作阻抗、线路阻抗（与纵联保护配合时）；

K_{rel}——可靠系数，取 0.8。

（2）作为对侧系统后备保护时的整定。作为对侧系统后备保护时，阻抗保护的方向指向变压器，其动作定值整定原则为：

1）正方向阻抗穿过变压器，整定原则如下：

按对侧母线故障有灵敏度整定：

$$Z_{Fop,II} \geqslant K_{sen} Z_t \qquad (14\text{-}43)$$

按与对侧出线阻抗保护 I 段（或 n 段）、纵联保护配合整定：

$$Z_{Fop,II} \leqslant 0.7 Z_t + 0.8 K_{inf} Z_{op} \qquad (14\text{-}44)$$

式中 Z_t——变压器高、中侧阻抗和；

K_{inf}——助增系数，取各种运行方式下的最小值；

Z_{op}——对侧出线阻抗保护 I 段（或 II 段）动作阻抗、线路阻抗（与纵联保护配合时）。

2）反方向阻抗整定原则。按正方向阻抗的 3%～5% 整定

$$Z_{Bop,II} = (3\% \sim 5\%) Z_{Fop,II} \qquad (14\text{-}45)$$

按与本侧出线 I 段（或 II 段）、纵联保护配合整定

$$Z_{Bop,II} \leqslant 0.8K_{inf}Z_L \qquad (14\text{-}46)$$

式中 K_{inf}——助增系数，取各种运行方式下的最小值；

Z_L——本侧出线阻抗保护 I 段（或 II 段）动作阻抗、线路阻抗（与纵联保护配合时）。

（3）阻抗保护动作时间的整定。当阻抗保护作为本侧系统后备时，可以以 $t_1=t_0+\Delta t$（t_0 为与之配合的线路保护动作时间，Δt 为时间级差）跳开本侧分段、母联断路器，再以 $t_2=t_1+\Delta t$ 跳开本侧断路器，最后以 $t_3=t_2+\Delta t$ 跳开变压器各侧断路器。

当阻抗保护作为对侧系统后备时，可以以 $t_1=t_0+\Delta t$（t_0 为与之配合的线路保护动作时间，Δt 为时间级差）跳开对侧分段、母联断路器，再以 $t_2=t_1+\Delta t$ 跳开对侧断路器，最后以 $t_3=t_2+\Delta t$ 跳开变压器各侧断路器。

当阻抗保护未装设振荡闭锁装置时，上述各段动作时间均应保证在振荡过程中不误动作，最小选用 1.5s 延时，或者退出本时限保护。

实际应用过程中还需考虑各地区的后备保护配合原则，来决定阻抗保护的段数和时限数，以及方向的指向。

5. 阻抗保护启动元件的整定

阻抗保护启动元件宜由保护装置自动设定，当保护装置需要整定阻抗保护启动元件时，其说明书应给出推荐的整定原则以供参考。

（六）变压器接地故障后备保护

1. 变压器接地故障后备保护整定原则

变压器接地侧宜配置接地故障后备保护，保护动作切除的原则为尽量缩小被切除的范围，一般为先断开分段、母联断路器，再断开本侧断路器，最后断开其他各侧断路器，如果不满足稳定要求或者配合原则，可以考虑先断开本侧断路器，再断开其他各侧断路器，或者仅断开本侧断路器。

当接地后备保护方向指向本侧系统时，可以以 $t_1=t_0+\Delta t$（t_0 为与之配合的线路保护动作时间，Δt 为时间级差）跳开本侧分段、母联断路器，再以 $t_2=t_1+\Delta t$ 跳开本侧断路器，最后以 $t_3=t_2+\Delta t$ 跳开变压器各侧断路器。

当接地后备保护方向指向对侧系统时，可以以 $t_1=t_0+\Delta t$（t_0 为与之配合的线路保护动作时间，Δt 为时间级差）跳开对侧分段、母联断路器，再以 $t_2=t_1+\Delta t$ 跳开对侧断路器，最后以 $t_3=t_2+\Delta t$ 跳开变压器各侧断路器。

当接地后备保护不带方向时，$t_1=t_0+\Delta t$（t_0 为与之配合的线路保护动作时间，Δt 为时间级差）跳开本侧断路器，再以 $t_2=t_1+\Delta t$ 跳开各侧断路器。

实际应用过程中还需考虑各地区的后备保护配合原则，来决定后备保护的段数和时限数，以及方向的指向。

变压器装设接地故障后备保护作为变压器绕组、引线、相邻元件接地故障的后备保护。变压器接地护方式及其整定值的计算与变压器的型式、中性点接地方式及所连接系统的中性点接地方式密切相关。变压器接地保护要与线路的接地保护在灵敏度和动作时间上相配合。

2. 中性点直接接地的普通变压器接地保护

中性点直接接地的普通变压器接地保护可由两段式零序过电流保护构成，三绕组普通变压器零序过电流可采用外接中性点电流或自产零序电流，接地保护原理图如图 14-15 所示。

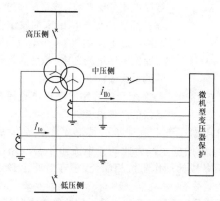

图 14-15 中性点直接接地变压器的接地保护原理图

对于高中压侧均直接接地的三绕组普通变压器，高中压侧均应装设零序方向过电流保护，方向指向本侧母线。

（1）零序电流继电器的整定。

1）I 段零序过电流继电器的动作电流应与相邻线路零序过电流保护第 I 段、第 II 段或快速主保护相配合。

$$I_{op,0,I}=K_{rel}K_{br,I}I_{op,0,II} \qquad (14\text{-}47)$$

式中 $I_{op,0,I}$——I 段零序过电流保护动作电流；

K_{rel}——可靠系数，取 1.1；

$K_{br,I}$——零序电流分支系数，其值等于线路零序过电流保护 I 段保护区末端发生接地短路时，流过本保护的零序电流与流过线路的零序电流之比，取各种运行方式的最大值；

$I_{op,0,II}$——与之相配合的线路保护相关段动作电流。

当 I 段零序过电流保护指向变压器时，还需要满足：

a）对侧母线接地故障有灵敏度

$$I_{op,0,I} \leqslant 3I_{0,min}/K_{sen} \qquad (14\text{-}48)$$

式中 $3I_{0,min}$——对侧母线接地故障时流过本保护的最小零序电流；

K_{sen}——灵敏系数，大于等于 1.3。

b）按躲过高、中压侧出线非全相时流过本保护的

最大零序电流整定

$$I_{op,0,I} \geq K_{rel} 3I_{0,F,max} \qquad (14\text{-}49)$$

式中　K_{rel}——可靠系数，取 1.2；

　　　$3I_{0,F,max}$——高、中压侧出线非全相时流过本保护
　　　　　　　　的最大零序电流。

2）Ⅱ段零序过电流继电器的动作电流应与对应配
合的零序过电流保护的后备段相配合，即

$$I_{op,0,II} = K_{rel} K_{br,II} I_{op,0,III} \qquad (14\text{-}50)$$

式中　$I_{op,0,II}$——Ⅱ段零序过电流保护动作电流；

　　　K_{rel}——可靠系数，取 1.1；

　　　$K_{br,II}$——零序电流分支系数，线路零序过电流
　　　　　　　保护后备段保护范围末端发生接地
　　　　　　　故障，流过本保护的零序电流与流过
　　　　　　　线路的零序电流之比，取各种运行方
　　　　　　　式的最大值；

　　　$I_{op,0,III}$——与之配合的线路零序过电流保护后
　　　　　　　备段的动作电流。

Ⅱ段零序过电流保护必须满足母线接地故障
$K_{sen} \geq 1.5$ 的要求，为此动作电流可不与线路接地
距离后备段的动作阻抗相配合，但在时间上必须互
相配合。

（2）灵敏系数校验。灵敏系数校验公式为

$$K_{sen} = \frac{3I_{k,0,min}}{I_{op,0} n_a} \qquad (14\text{-}51)$$

式中　$I_{k,0,min}$——Ⅰ段（或Ⅱ段）对端母线接地短路时
　　　　　　　流过保护安装处的最小零序电流；

　　　$I_{op,0}$——Ⅰ段（或Ⅱ段）零序过电流保护的动
　　　　　　　作电流。

要求 $K_{sen} \geq 1.5$。

3. 中性点可能接地或不接地运行变压器的接地
保护

对中性点可能接地或不接地运行的变压器，应配
置两种接地保护。一种接地保护用于变压器中性点接
地运行状态，通常采用两段式零序过电流保护，其整
定值及灵敏系数计算与中性点直接接地的普通变压
器接地保护所述完全相同。另一种接地保护用于变
压器中性点不接地运行状态，这种保护的配置、整
定值计算、动作时间等与变压器的中性点绝缘水平、
过电压保护方式以及并联运行的变压器台数有关，
分述如下。

（1）中性点全绝缘变压器。这种变压器的接地保
护，除了两段式零序过电流保护外，还应增设零序过
电压保护，用于变压器中性点不接地时，所连接的系
统发生单相接地故障同时又失去接地中性点的情况。
发生此种故障，对中性点直接接地系统的电气设备绝
缘将构成威胁。因此，依靠零序过电压保护切除。其
接线原理如图 14-16 所示。

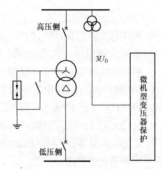

图 14-16　中性点可能接地或不接地变压器
（全绝缘）的接地保护接线原理图

零序过电压保护动作值按式（14-52）整定

$$U_{0,max} < U_{op,0} \leq U_{sat} \qquad (14\text{-}52)$$

式中　$U_{op,0}$——零序过电压保护动作值；

　　　$U_{0,max}$——在部分中性点接地的电网中发生单
　　　　　　　相接地时，保护安装处可能出现的最
　　　　　　　大零序电压；

　　　U_{sat}——用于中性点直接接地系统的电压互感
　　　　　　　器，在失去接地中性点时发生单相接地，
　　　　　　　开口三角形绕组可能出现的最低电压。

考虑到中性点直接接地系统 $X_{0\Sigma}/X_{1\Sigma} \leq 3$，建议
$U_{op,0} = 180V$（高压系统电压互感器开口三角形绕组每
相额定电压为 100V）。

在电网发生单相接地，中性点接地的变压器已全
部断开的情况下，零序过电压保护不需再与其他接地
保护相配合，故其动作时间只需躲过暂态过电压的时
间，取 0.3s。

（2）分级绝缘且中性点装放电间隙的变压器。此
类变压器除了装设两段式零序过电流保护用于变压器
中性点直接接地运行情况以外，还应增设反应零序电
压和间隙放电电流的零序电压电流保护，作为变压器
中性点经放电间隙接地时的接地保护。其接线原理如
图 14-17 所示。

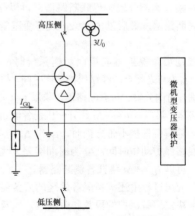

图 14-17　中性点经放电间隙接地的分级绝缘
变压器接地保护接线原理图

装在中性点直接接地回路的两段式零序过电流保护的整定计算及灵敏系数校验与中性点直接接地的普通变压器接地保护整定所述相同。

装在放电间隙回路的零序过电流保护的动作电流与变压器的零序阻抗、间隙放电的电弧电阻等因素有关，难以准确计算。根据经验，保护的一次动作电流可取 100A。

零序过电压继电器的整定同式（14-52）。

用于中性点经放电间隙接地的零序电流、零序电压保护动作后经一较短延时（躲过暂态过电压时间）断开变压器各侧断路器。

间隙零序电压保护延时可取 0.3～0.5s。间隙零序过电流保护延时可取 0.3～0.5s，也可考虑与出线接地后备保护时间配合。仅配置间隙零序电压和间隙零序过电流相互保持时，可考虑与出线接地后备保护时间配合。

（3）分级绝缘且中性点不装放电间隙的变压器。此类变压器装设两段式零序过电流保护用于中性点直接接地运行情况。电流继电器的动作电流整定及灵敏系数的校验同中性点直接接地的普通变压器接地保护整定。

4. 自耦变压器的接地保护

自耦变压器高、中压侧间有电的联系，有共同的接地中性点，并直接接地。当系统发生单相接地短路时，零序电流可在高、中压电网间流动，而流经接地中性点的零序电流数值及相位，随系统的运行方式不同会有较大变化。故自耦变压器的零序过电流保护应分别在高压及中压侧配置，宜采用高、中压侧电流互感器的自产零序电流。自耦变压器中性点回路装设的一段式零序过电流保护，只在高压或中压侧断开、内部发生单相接地短路、未断开侧零序过电流保护的灵敏度不够时才用。

由于在高压或中压电网发生接地故障时，零序电流可在自耦变压器的高、中压侧间流动，为满足选择性的要求，高压和中压侧的零序过电流保护应装设方向元件，其方向指向本侧母线。作为变压器的接地后备保护还应装设不带方向的零序过电流保护。

（1）高、中压侧的方向零序过电流保护整定计算。高压侧和中压侧的方向零序过电流保护通常设两段。

第一段动作电流与本侧母线出线的零序过电流保护的第一段或快速主保护相配合，动作电流的计算公式同式（14-49）。220kV 自耦变压器保护动作后以时限 $t_1=t_0+\Delta t$（t_0 为与之配合的线路零序过电流保护Ⅰ段的动作时间）断开本侧母联或分段断路器；以 $t_2=t_1+\Delta t$ 断开本侧断路器。对 330kV 及 500kV 自耦变压器高压侧Ⅰ段零序过电流保护只设一个时限，即 $t_1=t_0+\Delta t$ 断开本侧断路器。

第二段动作电流与本侧母线出线的零序过电流保护或接地距离保护的后备段配合，动作电流的计算公式同式（14-50）。220kV 自耦变压器保护动作后以时限 $t_3=t_{1max}+\Delta t$（t_{1max} 为线路零序过电流保护或接地距离保护后备段的动作时间）断开本侧断路器；以 $t_4=t_3+\Delta t$ 断开变压器各侧断路器。对 330kV 及 500kV 自耦变压器高压侧Ⅱ段零序过电流保护只设一个时限，即 $t_3=t_{1max}+\Delta t$ 断开变压器各侧断路器。

Ⅰ、Ⅱ段方向零序过电流保护的灵敏系数按式（14-51）计算。

（2）不带方向的高、中压侧零序过电流保护整定计算。

零序过电流保护（不带方向）的动作电流与本侧及对侧母线上线路的零序过电流保护及接地距离保护后备段相配合，必须满足母线接地短路的灵敏系数不小于 1.5。当灵敏系数不满足要求时，动作电流可不与接地距离保护后备段配合，但动作时间必须配合。动作时间应大于变压器高、中压侧方向零序过电流保护的动作时间。

作为变压器引出线的后备保护，当对侧的零序过电流保护不满足灵敏系数要求时，可校核由本侧母线电源供给本侧零序过电流保护灵敏系数是否满足 1.5。

（3）自耦变压器中性点零序过电流保护整定计算。当低压侧为三角形接线的自耦变压器高压侧或中压侧断开时，该自耦变压器就变成为一台高压侧（或中压侧）中性点直接接地的 YNd 接线的普通双绕组变压器。考虑到在未断开侧的线端装有零序过电流保护，可完成线路及母线接地故障的后备保护，故此时中性点过电流保护的作用只是作为变压器内部接地故障的后备。保护的动作电流 $I_{op,0}$ 整定为

$$I_{op,0}=K_{rel}I_{unb,0}/n_a \qquad (14-53)$$

式中　K_{rel}——可靠系数，取 1.5～2；

$I_{unb,0}$——正常运行情况（包括最大负荷时）可能在零序回路出现的最大不平衡电流。

灵敏系数 K_{sen} 为

$$K_{sen}=\frac{3I_{k,0,min}}{I_{op,0}n_a} \qquad (14-54)$$

式中　$I_{k,0,min}$——自耦变压器断开侧出线端单相接地短路，流过变压器中性点的最小零序电流。

保护的动作时间为

$$t=t_t+\Delta t \qquad (14-55)$$

式中　t_t——自耦变压器各侧零序过电流保护动作时间中的最长者。

（七）变压器过负荷保护

根据变压器各侧绕组及自耦变压器的公共绕组可

能出现过负荷情况，应装设过负荷保护。大型变压器的过负荷，通常是对称过负荷，故过负荷保护只接一相电流。

过负荷保护的动作电流应按躲过绕组的额定电流整定，即

$$I_{op} = \frac{K_{rel}}{K_{re}n_a}I_N \qquad (14\text{-}56)$$

式中　K_{rel}——可靠系数，采用 1.05；

　　　K_{re}——返回系数，取 0.85～0.95；

　　　I_N——被保护绕组的额定电流。

过负荷保护动作于信号。保护的动作时间应与变压器允许的过负荷时间相配合，同时应大于相间故障后备保护及接地故障后备保护的最大动作时间。

反时限零序过电流保护的整定方法如下：

（1）正常反时限特性方程。500kV 变压器可在高压侧、公共绕组侧设置反时限零序过电流保护，不带方向，动作于断开变压器各侧断路器。反时限零序过电流保护宜采用外接零序电流，推荐采用 IEC 标准中的正常反时限特性方程

$$t(I_0) = \frac{0.14}{\left(\frac{3I_0}{I_B}\right)^{0.02}-1}T_B \qquad (14\text{-}57)$$

（2）高压侧反时限零序过电流保护整定。

1）基准电流 I_B。根据工程经验，基准电流 I_B 的一次值取 300A。

2）时间常数 T_B。与 500kV 线路反时限零序过电流保护配合，可取 T_B=1.2s。

（3）公共绕组侧反时限零序过电流保护。

1）基准电流 T_B。根据工程经验，基准电流 I_B 的一次值取 300A。

2）时间常数 T_B。与高压侧反时限零序过电流保护配合，可取 T_B=1.5s。

（八）变压器过励磁保护

为防御变压器因过励磁损坏而装设的变压器过励磁保护，要根据变压器允许的过励磁特性整定。在整定变压器过励磁保护时，必须有变压器制造厂提供的变压器允许过励磁能力曲线。变压器过励磁保护有定时限和反时限两种。

1. 定时限变压器过励磁保护

定时限过励磁保护通常分两段，第一段为信号段，第二段为跳闸段。整定方法用图 14-18 为例说明如下。

过励磁保护的过励磁倍数一般可取为变压器额定励磁的 1.1～1.2 倍。n 的含义见式（14-9）。

第一段的动作时间可根据允许的过励磁能力适当整定。

第二段为跳闸段，可整定为 n=1.25～1.35 倍。

2. 反时限变压器过励磁保护

反时限变压器过励磁保护的保护特性应与变压器的允许过励磁能力相配合，如图 14-19 所示。图中曲线 1 为制造厂给出的变压器允许过励磁能力曲线；2 为过励磁保护整定的动作特性曲线。

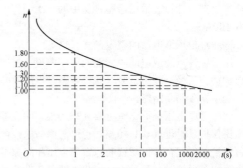

图 14-18　制造厂提供的允许过励磁能力曲线

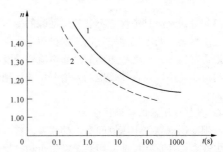

图 14-19　反时限变压器过励磁保护整定特性曲线
1—制造厂给出的变压器允许过励磁能力曲线；
2—过励磁保护整定的动作特性曲线

微机型保护中的反时限过励磁保护一般采用分段线性化的方法实现，整定时需要输入 (n_1, t_1)、(n_2, t_2)、…、(n_m, t_m) 等若干组定值来模拟反时限曲线，一般取 $m \leqslant 10$。整定时可以从制造厂家提供的变压器过励磁曲线图中提取相应数量的点，将其对应的 (n, t) 作为整定定值。可按照曲线斜率较大处，取点宜稀疏；曲线斜率较小处，取点宜密集的原则。

反时限过励磁保护定值整定过程中，宜考虑一定的裕度，可以从动作时间和动作定值上考虑裕度（两者只取其一）。从动作时间上考虑时，可以考虑整定时间为曲线时间的 60%～80%；从动作定值上考虑时，可以考虑整定定值为曲线定值除以 1.05，最小定值可以躲过系统正常运行的最大电压。

第二节　主变压器故障录波

一、主变压器故障录波装置配置原则

（1）为了分析主变压器保护的动作情况，主变压器的故障录波器宜单独配置。主变压器三侧及公

共绕组侧的录波信息应统一记录在一面故障录波装置内。

（2）主变压器的故障录波器型号宜与线路故障录波器统一，并能共同组网或直接通过以太网口经保护及故障信息管理系统子站将录波信号远传至各级调度部门。

（3）每套主变压器故障录波器的录波量配置不少于96路模拟量、128路开关量。

二、主变压器故障录波装置功能要求

（1）故障录波器应为嵌入式、装置化产品，所选用的微机故障录波器应满足电力行业有关标准。

（2）故障录波装置接口优先采用以太网口，能根据设定的条件向调度端上传有关数据和分析报告，并满足调度端对通信规约的要求。

（3）故障录波装置应具有本地和远方通信接口及与之相关的软件、硬件配置。

（4）装置不能由于频繁启动而冲击有效信息或造成突然死机。

（5）装置记录的数据应可靠、不失真，记录的故障数据有足够安全性，当故障录波装置电压消失时，故障录波装置不应丢失录波波形。

（6）故障录波装置应能完成主变压器各侧断路器、隔离开关及继电保护的开关量和模拟量的采集和记录、故障启动判别、信号转换等功能。交流电压回路接入故障录波装置时应经过空气开关隔离。

（7）要求故障录波装置能记录因故障、振荡等大扰动引起的系统电流、电压、有功功率、无功功率及系统频率全过程的变化波形。宜具有连续记录功能并保存7天以上采样数据，采样频率不低于1000Hz。

（8）故障启动方式包括模拟量启动、开关量启动和手动启动。装置可以同时由内部启动元件和外部启动元件启动，并可通过控制字整定。故障录波装置应具有记录启动次数的计数器。

（9）故障录波装置面板应便于监测和操作，应具有装置自检、装置故障或异常的报警指示并能以硬触点信号输出。

（10）故障录波装置应具有对时功能，能接受全站统一时钟信号，采用IRIG-B时码作为对时信号源。

（11）应具备病毒防范和杀毒的措施，不应因病毒感染影响故障录波装置正常录波或丢失录波信息。

（12）数字量输入与混合信号输入动态记录装置应具有SCD导入功能，支持自动解析SV控制块和GOOSE控制块的属性信息和通信配置，以及SV和GOOSE数据集的成员数目、顺序、描述和数据类型等配置信息。当SCD含SSD文件信息时，宜自动将通道与一次设备关联。

三、主变压器故障录波信息量

模拟量输入：主变压器各侧三相电流：I_a、I_b、I_c；主变压器各侧三相电压：U_a、U_b、U_c、$3U_0$；主变压器中性点零序电流：I_L、I_{Ln}；主变压器中性点间隙电流（若有）：I_L、I_{Ln}；主变压器公共绕组电流：I_a、I_b、I_c。

开关量输入：变压器主保护动作、非电量保护动作（主变压器重瓦斯、调压重瓦斯、压力释放等保护动作触点）、变压器各侧断路器位置触点。

第三节　高压并联电抗器保护

一、高压并联电抗器的故障类型和保护类型

高压并联电抗器主要有两类，一类为线路高压并联电抗器（线路电抗器），一类为接于母线的高压并联电抗器（母线电抗器）。线路电抗器通过隔离开关或直接与线路相连，母线电抗器接入系统的方式和其他电力元件相同，通常通过专门的断路器接于系统母线上。线路电抗器中性点需装设中性点接地电抗器，可补偿线路相间及相对地耦合电容，加速潜供电弧熄灭，有利于单相快速重合闸的动作成功。母线电抗器则不需要装设中性点接地电抗器。

（一）高压并联电抗器的故障类型

芯式电抗器的结构与变压器相似，主要由线圈、铁芯和油箱等部件组成。在运行中发生的问题可以分为绝缘问题、铁芯漏磁、振动噪声和渗漏油等。

1. 绝缘问题

并联电抗器只有接入电网的一次线圈，运行条件比变压器严，投运后即满负荷运行，并且经常处于高电压状态，因此运行温度高，线圈绝缘和绝缘油都容易老化。在运行中可能发生的故障有线圈绝缘对地击穿、匝间绝缘短路，三相电抗器还可能发生相间绝缘击穿故障。

2. 磁回路故障引起内部放电

磁回路出现故障的原因是多方面的，如漏磁通的过于集中引起局部过热，铁芯接地引起环流和铁芯与夹件间的绝缘被破坏，接地片的松动与熔断导致悬浮放电及地脚绝缘故障等。

（二）高压并联电抗器的保护类型

1. 差动保护

为防御并联电抗器内部线圈及引出线单相接地或相间短路故障，应装设纵联差动保护，并瞬时动作于

跳闸。并联电抗器保护电流取自并联电抗器高压侧电流互感器及中性点侧电流互感器。并联电抗器差动的两侧电流互感器的额定值相同、无转角。与变压器差动保护不同，电抗器的励磁涌流对差动保护来说是穿越性电流，原理上不会影响差动保护的正确动作；当电抗器外部发生短路时，基本也没有穿越电流。

2. 后备保护

作为差动保护的后备保护，并联电抗器应装设过电流保护，保护整定值按躲过最大负荷电流整定。保护可采用定时限或反时限特性，反时限保护与电抗器过电流反时限特性配合。保护电流取自并联电抗器高压侧电流互感器，保护经延时动作于跳闸。

当电源电压升高时会引起并联电抗器过负荷，应装设过负荷保护，保护可采用定时限或反时限特性，保护电流取自并联电抗器高压侧电流互感器，保护经延时动作于发信。

（1）匝间短路保护。电抗器的匝间短路是高压电抗器的内部故障形式，但当并联电抗器短路匝数很少时，一相匝间短路引起的三相不平衡电流很小，很难被保护装置检测出来，保护灵敏度较低。而且不管短路匝数多大，纵联差动保护不能反映匝间保护的故障，需配置专门的匝间短路保护。可采用零序功率方向原理的匝间保护，保护电流取自并联电抗器高压侧电流互感器，保护电压取自并联电抗器电压互感器，零序电压和零序电流均可为自产零序，保护经延时动作于跳闸。

零序过电流保护实质上对并联电抗器的内部匝间短路及单相接地故障只起到后备保护的作用，匝间短路主要靠瓦斯保护。

（2）非电量保护。高压并联电抗器铁芯为油浸自冷式结构。通常装有气体继电器、油面温度指示器、压力释放装置等。这些装置是检测和发现并联电抗器内部故障和异常状态的有效措施。与变压器非电量保护类似，通过非电量保护装置实现非电量保护的发信和保护跳闸功能。

本体非电量保护：并联电抗器轻瓦斯保护发信号，重瓦斯保护跳闸，油面降低发信号，油温温度过高动作于信号和跳闸；中性点电抗器轻瓦斯保护发信号，重瓦斯保护跳闸，油面降低发信号，油温温度过高动作于信号和跳闸。

3. 中性点接地电抗器保护

线路并联电抗器的中性点一般都接有一台小电抗器，主要作为限制线路单相重合闸时潜供电流之用。当系统发生单相接地或在单相断开线路期间，小电抗器会流过较大电流。为了保证小电抗器的热稳定要

求，通常配置中性点电抗的过电流保护。该保护也可作为电抗器内部接地短路故障和匝间短路故障的后备保护。

当系统发生单相接地或在单相断开线路期间，中性点电抗器会流过较大电流。装置设有中性点电抗器过负荷报警功能，用于监视电抗器的三相不平衡电流。

当并联电抗器有中性点零序电流互感器时保护取自零序电流互感器，当无零序电流互感器时保护电流由保护装置自产，保护经延时动作于发信或跳闸。

二、高压并联电抗器保护配置原则

（1）高压并联电抗器保护应配置双重化主、后备电气量保护及一套非电量保护。智能站的非电量保护功能由本体智能终端实现。

（2）中性点电抗器配置后备保护。对于母线电抗器，无中性点电抗器后备保护、中断路器相关出口和启动远方跳闸保护出口。

（3）两套完整、独立的电气量保护和一套非电量保护应使用各自独立的电源回路。

（4）高压并联电抗器非电量保护动作不应启动失灵。

（5）高压并联电抗器轻瓦斯保护动作于信号，重瓦斯保护应动作于跳闸。

（6）线路并联电抗器在无专用断路器时，保护动作除断开线路本侧断路器外，还应启动远方跳闸装置，断开线路对侧断路器。

三、高压并联电抗器保护接线示例

高压并联电抗器通常为 220kV 及以上电压等级，按照规范需配置两套完整、独立的电气量保护和一套非电量保护，如图 14-20 所示。

四、高压并联电抗器保护的整定计算

（一）差动保护动作特性参数的计算

（1）差动保护最小动作电流定值，应按可靠躲过电抗器额定负载时的最大不平衡电流整定。在工程实用整定计算中可选取 $I_{op,min}=（0.2\sim0.5）I_{LN}$ 左右，其中，I_{LN} 为电抗器额定电流，并应实测差动回路中的不平衡电流，必要时可适当放大。

（2）起始动作电流 $I_{res,0}$ 的整定。起始动作电流宜取 $I_{res,0}=（0.2\sim0.5）I_{LN}$。

（3）动作特性折线斜率 S 的整定。差动保护的制动电流应大于外部短路时流过差动回路的不平衡电流。

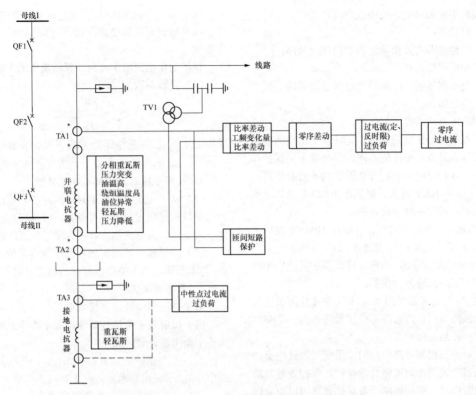

图 14-20 高压并联电抗器保护配置图

（4）差动保护灵敏系数应按最小运行方式下差动保护区内电抗器引出线上两相金属性短路计算。根据计算最小短路电流 $I_{k,min}$ 和相应的制动电流 I_{res}，在动作特性曲线上查得对应的动作电流 I_{op}，则灵敏系数为 $I_{k,min}/I_{op}$，要求灵敏系数不小于 2。

（二）差动速断保护整定

差动速断保护定值应可靠躲过线路非同期合闸产生的最大不平衡电流，一般可取 3～6 倍电抗器额定电流。

（三）后备保护整定

（1）定时限过电流保护应躲过在暂态过程中电抗器可能产生的过电流，其电流定值可按电抗器额定电流的 1.5 倍整定；瞬时段的过电流保护应躲过电抗器投入时产生的励磁涌流，一般可取 4～8 倍电抗器额定电流。

（2）反时限过电流保护上限设最小延时定值，便于与快速保护配合；保护下限设最小动作电流定值，按与定时限过负荷保护配合的条件整定。

（3）零序过电流保护按躲过正常运行中出现的零序电流来整定。也可近似按电抗器中性点连接的接地电抗器的额定电流整定，其时限一般与线路接地保护的后备段相结合。

（4）中性点过电流保护的整定应可靠躲过线路非全相运行时间。

（四）匝间保护整定

匝间保护的整定要躲过正常情况下由于三相电压不平衡引起的零序电压及三相电流互感器不一致引起的零序电流。为保证匝间保护的灵敏度，其电流定值可按电抗器额定电流的 0.2 倍整定。

第四节　站用变压器保护及备用电源自投

一、站用变压器保护

变电站站用变压器供电系统能否安全可靠的运行，不但直接关系到站内用电的畅通，而且涉及电力系统能否正常运行。站用变压器保护装置的作用是通过缩小事故范围或预报事故的发生，最大限度地保证供电系统安全、稳定、可靠的运行。

（一）站用变压器保护配置原则

对变压器的下列故障及异常运行状态，应装设相应的保护装置：

（1）绕组及其引线的相间短路和中性点直接接地或经小电阻接地侧的接地短路；

（2）绕组的匝间短路；

（3）外部相间短路引起的过电流；

（4）中性点直接接地或经小电阻接地电力网中外

部接地短路引起的过电流及中性点过电压；

（5）过负荷；

（6）中性点非有效接地侧的单相接地故障；

（7）油面降低；

（8）变压器油温、绕组温度过高及油箱压力过高和冷却系统故障。

站用变压器应装设下列保护：

（1）对站用变压器的内部、套管及引出线的短路故障，按其容量及重要性的不同，应装设下列保护作为主保护，并瞬时动作于断开变压器的各侧断路器。

1）电压在 10kV 以上、容量在 10MVA 及以上的站用变压器，采用纵联差动保护。

2）电压在 10kV 及以下、容量在 10MVA 及以下的站用变压器，宜采用电流速断保护。对于电压为 10kV 的重要站用变压器，当电流速断保护灵敏度不符合要求时可采用纵联差动保护。

3）当站用变压器采用两级降压方式且两级变压器之间无断路器时，两级降压变压器可作为一个整体配置主保护及后备保护。

（2）对外部相间短路引起的站用变压器过电流，站用变压器应装设相间短路后备保护，保护带延时跳开相应的断路器。相间短路后备保护宜选用过电流保护、复合电压启动的过电流保护或复合电流保护。

1）35～66kV 及以下中小容量的站用变压器，宜采用过电流保护。

2）110kV 站用变压器相间短路后备保护用过电流保护不能满足灵敏度要求时，宜采用复合电压启动的过电流保护或复合电流保护。

（3）站用变压器根据实际可能出现过负荷情况，应装设过负荷保护，一般情况下动作于信号。

（4）0.8MVA 及以上油浸式站用变压器应装设瓦斯保护。轻瓦斯保护动作于信号，重瓦斯保护动作于跳闸。对 0.4MVA 及以上的干式变压器，均应装设温度保护。

（5）对于从高电压等级引接的大容量站用变压器，对于油温度过高、绕组温度过高、油面过低、油箱内压力过高和冷却系统故障，应装设相应的保护，可动作于信号或跳闸。

（二）站用变压器的整定计算

1. 纵联差动保护

与本章第一节主变压器保护的整定计算方法相同。

2. 电流速断保护

（1）躲过外部短路时流过保护的最大短路电流

$$I_{op} = K_{rel}I_{k,max}^{(3)} \qquad (14-58)$$

式中　K_{rel}——可靠系数，取值 1.2～1.3；

　　　$I_{k,max}^{(3)}$——最大运行方式下变压器低压侧母线上

三相短路时，流过电流互感器的电流值。

（2）躲过变压器励磁涌流（其值应大于 3～5 倍额定电流）。

保护动作电流取上述两计算结果中的大值。

（3）灵敏系数为

$$K_{sen} = \frac{I_{k,max}^{(2)}}{I_{op}} \geqslant 2 \qquad (14-59)$$

式中　$I_{k,max}^{(2)}$——最小运行方式下保护安装处两相短路时，流过电流互感器的电流值。

3. 站用变压器高压侧过电流保护

（1）站用变压器高压侧过电流保护。高压侧过电流保护按躲过额定最大负荷整定，并保证在小运行方式下对变压器内部两相短路时有足够的灵敏度整定。

（2）站用变压器高压侧复合电压启动的过电流保护。与本章第一节主变压器保护的整定计算方法相同。

4. 零序电流保护

对于低压侧中性点直接接地系统：

（1）按躲过正常运行时变压器中性线上流过的最大不平衡电流计算，即

$$I_{op} = K_{rel}(0.2～0.5I_{TN1}) \qquad (14-60)$$

式中　K_{rel}——可靠系数，取 1.3～1.5；

　　　I_{TN1}——变压器一次侧额定电流。

（2）灵敏系数

$$K_{sen} = \frac{I_{k,min}^{(1)}}{I_{op}} \geqslant 2 \qquad (14-61)$$

式中　$I_{k,min}^{(1)}$——最小运行方式下，变压器低压侧母线上单相接地短路时，流过变压器中性线上电流互感器的电流值。

5. 过负荷保护

按变压器额定电流 I_{TN} 计算，为

$$I_{op} = \frac{K_{rel}I_{TN}}{K_{re}} \qquad (14-62)$$

式中　K_{rel}——可靠系数，取 1.05～1.1；

　　　K_{re}——返回系数，取 0.95。

二、备用电源自投

（一）概述

电力系统对变电站站用电的供电可靠性要求很高，因为变电站站用电一旦供电中断，就可能造成整个变电站停电，变电站无法正常运行，后果十分严重。因此变电站的站用电均设置有备用电源。当工作电源因故障被断开以后，能自动而迅速地将备用电源投入工作，保证变电站连续供电的装置即称为备用电源自动投入装置，简称备自投装置。

（二）对备用电源自动投入装置的要求

保护设置与整定时，应考虑备自投装置投到故障

设备上，应有保护能瞬时切除故障。

自动投入装置的功能设计应符合下列要求：

（1）应保证在工作电源断开后投入备用电源。

（2）工作电源故障或断路器被错误断开时，自动投入装置应延时功作。

（3）在手动断开工作电源、电压互感器回路断线和备用电源无电压的情况下，不应启动自动投入装置。

（4）应保证自动投入装置只动作一次。

（5）自动投入装置动作后，如备用电源或设备投到故障上，应使保护加速动作并跳闸。

（6）自功投入装置中，可设置工作电源的电流闭锁回路。

（三）备用电源自投的原理和接线

变电站站用电备用电源自动投入装置应用的一次接线方式主要有图 14-21 和图 14-22 所示的几种。

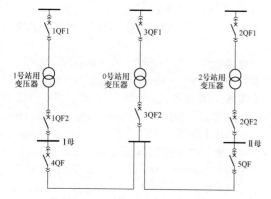

图 14-21 专用备用变压器作为明备用电源

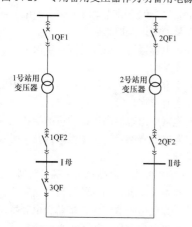

图 14-22 站用变压器作为互为备用电源

1.专用备用站用变压器明备用电源自动投入装置

图 14-21 所示是一种典型的明备用方式。备用变压器分热备用和冷备用两种。热备用：母线失压，相应主变压器低压侧断路器处于合位，在备用变压器高压侧有压情况下跳开工作变压器低压侧断路器和备用变压器低压侧断路器；当工作变压器偷跳，合备用变

压器低压侧断路器。冷备用：逻辑同热备用，通过辅助触点同时跳开工作变压器高、低压侧断路器，合备用变压器高、低压侧断路器。一般变电站采用热备用。

动作逻辑如下：

（1）充电条件（逻辑"与"）：1QF1（或 2 QF1）合位；1QF2（或 2QF2）合位；Ⅰ（Ⅱ）母线有压；备用进线有压（"线路检有压"投入，检查此条件，反之不检查）。

（2）放电条件（逻辑"或"）：1QF1（或 2QF1）分位；1QF2（或 2QF2）分位；Ⅰ（Ⅱ）母线失压；备用进线无压（"线路检有压"投入，检查此条件，反之不检查）。

（3）启动条件（逻辑"与"）：Ⅰ（Ⅱ）母线失压；备用变压器高压侧有压；4QF（或 5QF）分位。备自投启动后，经延时跳开 1QF2（或 2QF2），合上 4QF（或 5QF）。

2. 站用变压器互为备用电源自动投入装置

图 14-22 所示是一种典型的暗备用方式。正常情况母线工作在分段状态，靠分段断路器开合互为备用。如果母线发生故障，则保护动作跳开进线开关，此时闭锁备自投。备用电源自动投入装置应有判断母线故障的措施，并当母线故障时，具有闭锁其出口的功能。

正常运行时，母联断路器在断开状态，两段母线分别通过各自设备供电，当某一段母线因供电设备或线路故障跳开或偷跳时，此时若另一条进线断路器为合位，则 3QF 自动合闸，从而实现两段母线互为备用。

动作逻辑如下：

（1）充电条件（逻辑"与"）：1QF2 合位；2QF2 合位；3QF 分位；Ⅰ母有压；Ⅱ母有压。

（2）放电条件（逻辑"或"）：1QF2 或 2QF2 分位；3QF 合位；Ⅰ母和Ⅱ母同时有压。

（3）Ⅰ母失压时，启动条件（逻辑"与"）：Ⅰ母无压；进线Ⅰ无流（"线路检无流"投入，检查此条件，反之不检查）；Ⅱ母有压；2QF 合位。备自投启动后经延时跳 1QF2，合 3QF，发出动作信号。

（4）Ⅱ母失压时，启动条件（逻辑"与"）：Ⅱ母无压；进线Ⅱ无流（"线路检无流"投入，检查此条件，反之不检查）；Ⅰ母有压；1QF2 合位。备自投启动后经延时跳 2QF2，合 3QF，发出动作信号。

第五节　无功补偿装置控制保护

一、低压并联电抗器保护

低压并联电抗器的下列故障及异常运行状态，应装设相应的保护：

（1）绕组的单相接地和匝间短路；

（2）绕组及其引出线的相间短路和单相接地短路；

（3）过负荷；

（4）油面过低（油浸式）；

（5）油温过高（油浸式）或冷却系统故障。

（一）低压并联电抗器保护配置原则

（1）油浸式电抗器应装设瓦斯保护，当壳内故障产生微瓦斯或油面下降时，应瞬时动作于信号；当产生大量瓦斯时，应动作于跳闸。

（2）油浸式或干式并联电抗器应装设电流速断保护，并应动作于跳闸。

（3）油浸式或干式并联电抗器应装设过电流保护。保护整定值应按躲过最大负荷电流整定，并应带延时动作于跳闸。

（4）可装设过负荷保护，并应带延时动作于信号。

（5）双星形接线的低压干式空心并联电抗器可装设中性点不平衡电流保护。保护应设两段，第一段应动作于信号，第二段应带时限跳开并联电抗器的断路器。

（二）低压并联电抗器保护的整定计算

对于低压并联电抗器，一般只装设电流速断保护，其动作电流按下述原则整定：设电抗器引出端三相外部短路时的反馈电流 $I_{fb} \approx 0.8 U_{LN}/X_R$（$U_{LN}$ 为额定电压，电抗器每相电抗为 X_R），则电流速断保护动作电流（一次值）$I_{op} = K_{rel} I_{fb}$，可靠系数 $K_{rel} = 1.2 \sim 1.5$，灵敏度按电抗器引出端两相内部短路最小电流校验，要求灵敏系数大于或等于 2.0。

二、低压并联电容器保护

对并联补偿电容器组的下列故障及异常运行方式，应装设相应的保护：

（1）电容器内部故障及其引出线短路；

（2）电容器组和断路器之间连接线短路；

（3）电容器组中某一故障电容器切除后所引起剩余电容器的过电压；

（4）电容器组的单相接地故障；

（5）电容器组过电压；

（6）电容器组所连接的母线失压；

（7）中性点不接地的电容器组，各组对中性点的单相短路。

（一）低压并联电容器保护配置原则

（1）对电容器组和断路器之间连接线的短路，可装设带有短时限的电流速断和过电流保护，动作于跳闸。速断保护的动作电流，按最小运行方式下，电容器端部引线发生两相短路时有足够灵敏系数整定，保护的动作时限应防止在出现电容器充电涌流时误动作，过电流保护的动作电流，按电容器组长期允许的最大工作电流整定。

（2）对电容器内部故障及其引出线的短路，宜对每台电容器分别装设专用的保护熔断器，熔丝的额定电流可为电容器额定电流的 1.5～2.0 倍。

（3）当电容器组中的故障电容器被切除到一定数量后，引起剩余电容器端电压超过 110%额定电压时，保护应将整组电容器断开。为此，可采用下列保护之一：

1）中性点不接地单星形接线电容器组，可装设中性点电压不平衡保护；

2）中性点接地单星形接线电容器组，可装设中性点电流不平衡保护；

3）中性点不接地双星形接线电容器组，可装设中性点间电流或电压不平衡保护；

4）中性点接地双星形接线电容器组，可装设反应中性点回路电流差的不平衡保护；

5）电压差动保护；

6）单星形接线的电容器组，可采用开口三角电压保护。

电容器组台数的选择及其保护配置时，应考虑不平衡保护有足够的灵敏度，当切除部分故障电容器后，引起剩余电容器的过电压小于或等于额定电压的 105%时，应发出信号；当过电压超过额定电压的 110%时，应动作于跳闸。

不平衡保护动作应带有短延时，防止电容器组合闸、断路器三相合闸不同步、外部故障等情况下误动作，延时可取 0.5s。

（4）对电容器组的单相接地故障，可参照线路保护的规定装设，但安装在绝缘支架上的电容器组，可不再装设单相接地保护。

（5）对电容器组，应装设过电压保护，带时限动作于信号或跳闸。

（6）电容器应设置失压保护，当母线失压时，带时限切除所有接在母线上的电容器。

（7）电网中出现的高次谐波可能导致电容器过负荷时，电容器组宜装设过负荷保护，并带时限动作于信号或跳闸。

（二）低压并联电容器保护的整定计算

（1）对单台电容器内部绝缘损坏而发生极间短路故障保护。并联电容器组由许多单台电容器串、并联组成。对于单台电容器，由于内部绝缘损坏而发生极间短路时，由专用的熔断器进行保护。熔断器的额定电流可取 1.5～2 倍电容器额定电流。由于电容器具有一定的过载能力，一台电容器故障由专用的熔断器切除后对整个电容器组并无多大的影响。

（2）对电容器组与断路器之间连接线、电容器组内部连线上的相间短路故障保护。对电容器组与断路器之间连接线以及电容器组内部连线上的相间短路故障，应装设带短时限的过电流保护，动作于跳闸。

保护装置的动作电流按躲过电容器组长期允许的最大工作电流整定，电流互感器一般为三相星形连接，故有

$$I_{\text{set,1}} = \frac{K_{\text{rel}}}{n_a} I_{\text{N,max}} \qquad (14\text{-}63)$$

式中　K_{rel}——可靠系数，取 1.25；

n_a——电流互感器变比；

$I_{\text{N,max}}$——电容器组的最大额定电流。

过电流保护经 0.3～0.5s 延时跳闸，以躲过电容器组投入时的涌流，同时也可躲过 F-C 回路控制时熔断器的熔断时间。

保护灵敏度校验公式为

$$K_{\text{sen}} = \frac{\sqrt{3}}{2} \frac{I_{\text{k,min}}}{I_{\text{set,1}}} \geqslant 2 \qquad (14\text{-}64)$$

式中　$I_{\text{k,min}}$——保护安装处三相短路故障时流入保护的最小短路电流。

电容器组回路一般不装设电流速断保护，因为速断保护要考虑躲过电容器组合闸冲击电流及对外放电电流的影响，其保护范围和效果不能充分利用。

（3）对电容器组多台电容器故障保护。当多台电容器故障并切除之后，就可能使留下来继续运行的电容器严重过载或过电压，这是不允许的，为此需考虑保护措施。电容器组的继电保护方式随其接线方案不同而异。总的来说，尽量采用简单可靠而又灵敏的接线把故障检测反映出来。当引起电容器端电压超过110%额定电压时，保护应带延时将整个电容器组断开。

常用的保护方式有零序电压保护、电压差动保护、电桥差电流保护、中性点不平衡电流或不平衡电压保护等。

1）电容器组为单星形接线时，常用零序电压保护。保护装置接在电压互感器的开口三角形绕组中，其接线如图 14-23 所示。图中电压互感器兼作放电线圈用。

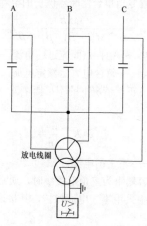

图 14-23　电容器组零序电压保护接线

零序电压保护的整定计算：

$$U_{\text{op}} = \frac{U_{\text{ch}}}{n_v K_{\text{sen}}} \qquad (14\text{-}65)$$

对有专用单台熔断器保护的电容器组：

$$U_{\text{ch}} = \frac{3K}{3N(M-K)+2K} U_{\text{CN,ph}} \qquad (14\text{-}66)$$

对未设置专用单台熔断器保护的电容器组：

$$U_{\text{ch}} = \frac{3\beta}{3N[M(1-\beta)+\beta]-2\beta} U_{\text{CN,ph}} \qquad (14\text{-}67)$$

以上二式中　U_{op}——动作电压，V；

n_v——电压互感器的变比；

K_{sen}——灵敏系数，取 1.25～1.5；

U_{ch}——差电压，V；

K——因故障而切除的电容器台数；

β——任意一台电容器击穿元件的百分数；

N——每相电容器的串联段数；

M——每相各串联段电容器并联台数；

$U_{\text{CN,ph}}$——电容器组的额定相电压，V。

由于三相电容器的不平衡及电网电压的不对称，正常时存在不平衡零序电压 U_{0unb}，故应进行校验，即

$$U_{\text{op}} \geqslant K_{\text{rel}} U_{\text{0unb}} \qquad (14\text{-}68)$$

式中　K_{rel}——可靠系数，取 1.3～1.5。

2）电容器组为单星形接线，而每相可以接成四个平衡臂的桥路，常用电桥式差电流保护，其接线如图 14-24 所示。

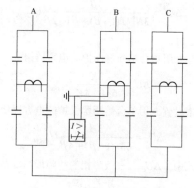

图 14-24　桥式差电流保护接线

桥式差电流保护的整定计算：

$$I_{\text{op}} = \frac{\Delta I}{n_a K_{\text{sen}}} \qquad (14\text{-}69)$$

对有专用单台熔断器保护的电容器组：

$$\Delta I = \frac{3MK}{3N(M-2K)+8K} I_{\text{CN}} \qquad (14\text{-}70)$$

对未设置专用单台熔断器保护的电容器组：

$$\Delta I = \frac{3M\beta}{3N[M(1-\beta)+2\beta]-8\beta} I_{\text{CN}} \qquad (14\text{-}71)$$

以上三式中　I_{op}——动作电流，A；

ΔI——故障切除部分电容器后，桥路中通过的电流，A；

n_a——电流互感器变比；

I_{CN}——每台电容器额定电流，A。

3）电容器组为单星形接线，但每相为两组电容器串联组成时，常用电压差动保护，其接线如图 14-25 所示。

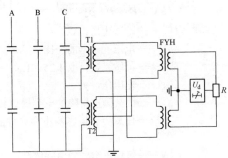

图 14-25　电容器组电压差动保护接线

电压差动保护的整定计算：

$$U_{op} = \frac{\Delta U_c}{n_v K_{sen}} \qquad (14\text{-}72)$$

对有专用单台熔断器保护的电容器组：

$$\Delta U_c = \frac{3K}{3N(M-K)+2K} U_{CN,ph} \qquad (14\text{-}73)$$

对未设置专用单台熔断器保护的电容器组：

$$\Delta U_c = \frac{3\beta}{3N[M(1-\beta)+\beta]-2\beta} U_{CN,ph} \qquad (14\text{-}74)$$

$N=2$ 时，

对有专用单台熔断器保护的电容器组：

$$\Delta U_c = \frac{3K}{6M-4K} U_{CN,ph} \qquad (14\text{-}75)$$

对未设置专用单台熔断器保护的电容器组：

$$\Delta U_c = \frac{3\beta}{6M(1-\beta)+4\beta} U_{CN,ph} \qquad (14\text{-}76)$$

以上五式中　ΔU_c——故障相的故障段与非故障段的压差，V；

$U_{CN,ph}$——电容器组的额定相电压，V。

4）电容器组为双星形接线时，通常采用中性线不平衡电流（横差）保护或中性点不平衡电压保护，其接线如图 14-26 和图 14-27 所示。

a）不平衡电压保护：

$$U_{op} = \frac{U_0}{n_v K_{sen}} \qquad (14\text{-}77)$$

对有专用单台熔断器保护的电容器组：

$$U_0 = \frac{K}{3N(M_b-K)+2K} U_{CN,ph} \qquad (14\text{-}78)$$

对未设置专用单台熔断器保护的电容器组：

$$U_0 = \frac{\beta}{3N[M_b(1-\beta)+\beta]-2\beta} U_{CN,ph} \qquad (14\text{-}79)$$

以上三式中　U_0——中性点不平衡电压，V；

M_b——双星形接线每臂各串联段的电容器并联台数。

为了躲开正常情况下的不平衡电压，应校验动作值，即

$$U_{op} \geqslant K_{rel} \frac{U_{0unb}}{n_v} \qquad (14\text{-}80)$$

式中　U_{0unb}——不平衡电压，V。

当采用星形中性点电压偏移保护时，零序电压计算公式与以上各式相同。

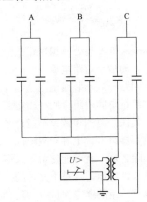

图 14-26　电容器组不平衡电压保护接线

b）不平衡电流保护：

$$I_{op} = \frac{1}{n_{TA} K_{sen}} I_0 \qquad (14\text{-}81)$$

式中　n_{TA}——中心线电流互感器变比。

对有专用单台熔断器保护的电容器组：

$$I_0 = \frac{3MK}{6N(M-K)+5K} I_{CN} \qquad (14\text{-}82)$$

对未设置专用单台熔断器保护的电容器组：

$$I_0 = \frac{3M\beta}{6N[M(1-\beta)+\beta]-5\beta} I_{CN} \qquad (14\text{-}83)$$

以上式中　I_0——中性点间流过的电流，A；

I_{CN}——每台电容器额定电流，A。

为了躲开正常情况下的不平衡电流，应校验动作值，即

$$I_{op} \geqslant K_{rel} \frac{I_{0unb}}{n_a} \qquad (14\text{-}84)$$

式中　I_{0unb}——不平衡电流，A。

5）电容器组为三角形接线时，通常只在小容量的电容器组中采用零序电流保护，其接线如图 14-28 所示。

（4）对电容器组过负荷故障保护。电容器过负荷

由系统过电压及高次谐波所引起,按照国家标准规定,电容器应能在有效值为 1.3 倍额定电流下长期运行,对于电容量具有最大正偏差的电容器,过电流值允许达到 1.43 倍额定电流。

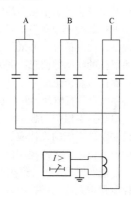

图 14-27　电容器组不平衡电流保护接线

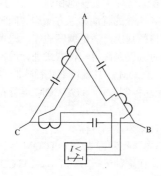

图 14-28　三角形接线的电容器组零序电流保护接线

由于按规定电容器组必须装设反映母线电压稳态升高的过电压保护,又由于大容量电容器组一般需装设抑制高次谐波的串联电抗器,故可以不装设过负荷保护。仅当该系统高次谐波含量较高或电容器组投运后经过实测,在其回路中的电流超过允许值时,才装设过负荷保护,保护带延时动作于信号。为了与电容器的过载特性相配合,宜采用反时限特性。当用反时限特性时,可与前述过电流保护结合起来。

（5）对母线电压升高故障保护。电容器组只能允许在 1.1 倍额定电压下长期运行,因此,当系统引起母线稳态电压升高时,为保护电容器组不致损坏,应装设母线过电压保护,且带时限动作于信号或跳闸。

母线过电压保护整定计算公式为

$$U_{op} = \frac{K_v(1-A)}{n_v} U_{Nm} \qquad (14-85)$$

式中　U_{op}——动作电压,V;

K_v——电容器长期允许过电压倍数;

U_{Nm}——电容器接入母线的额定电压,V;

A——电容器组每相感抗（X_L）与每相容抗（X_C）的比值。

过电压保护装置宜用反时限特性。当电容器组设有以电压为判据的自动投切装置时,可不另设过电压保护。

（6）对电容器组失压故障保护。当系统故障线路断开引起电容器组失去电源,而线路重合又使母线带电,电容器组端子上残余电压又未放电到 0.1 倍额定电压时,可能使电容器组承受高于其允许的 1.1 倍额定电压的合闸过电压而使电容器组损坏,因而应装设失压保护。失压保护接自高压电源母线电压互感器,带短延时动作于跳闸。在变电站,一般只有单电源情况下装设失压保护。

失压保护的整定计算公式为

$$U_{op} = \frac{K_{min}}{n_v} U_{hm} \qquad (14-86)$$

式中　K_{min}——系统正常运行时可能出现的最低电压系数,一般取 0.5;

U_{hm}——高压母线额定电压。

此外,并联电容器组是否装设单相接地保护,应根据电容器组所在电网的接地方式来确定。对不接地系统,电容器组中性点又不直接接地,不管电容器组放在绝缘支架上还是放在地上,都不是网络自然电容的组成部分。

（7）其他保护。微机型电容器组保护除上述保护功能外,一般还具有自动投切功能或低压自投功能。自动投切功能指的是电压偏高时自动切除电容器组,电压偏低时自动投入电容器组,以调节母线电压,该功能可由控制字设定为投入或退出。

对于电容器组中采用的串联电抗器,其容量较小,一般不装设继电保护。对于油浸自冷式电抗器,主要利用气体继电器作电抗器内部故障的保护。重瓦斯保护动作于跳闸,轻瓦斯保护动作于信号。

三、静补装置控制保护

（一）静止无功补偿器（SVC）

1. 控制功能

SVC 控制的基本原理是 SVC 控制装置从电网吸收或向电网输送无功功率,以维持或调节电网电压,并有利于电网的无功功率平衡。装置从电网吸收或向电网输送无功功率的调节控制方法分为以下两种:

（1）通过投入或退出并联电容器支路（包括晶闸管投切电容器 TSC 支路）或者并联无源滤波器支路来改变装置输出的容性无功功率。当作为控制目标的系统电压偏高时,控制系统发出退出容性支路的命令,退出容性支路后将使系统电压降低。当作为控制目标的系统电压偏低时,控制系统发出投入容性支路的命令，投入容性支路后将使系统电压升高。

（2）通过投入或退出并联电抗器支路或者调节晶闸管控制电抗器 TCR 支路的无功电流来改变装置吸收的感性无功功率。当作为控制目标的系统电压偏高时，控制系统发出投入感性支路的命令，投入感性支路后将使系统电压降低。当作为控制目标的系统电压偏低时，控制系统发出退出感性支路的命令，退出感性支路后将系统使电压升高。

2. 保护功能

保护装置应满足可靠性、选择性、灵活性和速动性的要求，保证 SVC 安全可靠运行。对 SVC 组件应按下列要求配置相应的保护：

（1）滤波器组及并联电容器组宜配备过电压、低电压、速断、过电流、差压或差流不平衡、电容器组内部故障、低频率（滤波支路）保护。

（2）电抗器组宜配备过电压、低电压、速断、过电流、过负荷保护。

（3）阀组件宜配备 BOD 动作、脉冲丢失、晶闸管故障、触发/检测通道故障、后备触发频繁动作保护。

（4）晶闸管控制电抗器（TCR）宜配备过电压、低电压、TCR 支路速断、TCR 支路过电流、TCR 支路过载保护。

（5）冷却设备的设计应保证晶闸管及辅助元件在运行期间处于允许的温度范围。冷却设备应具有独立的监控单元，检测并向上位机上传其运行参数、异常状态。冷却设备中出现一种或多种异常运行方式可能对阀产生严重危害时，应退出 TCR 支路，以保证主设备安全。冷却设备应对其自身的运行状态进行监控，同时，应对冷却介质进行监测。

3. 控制保护系统构架

SVC 控制保护系统包括控制器、监测系统、保护系统、水冷系统等，如图 14-29 所示。

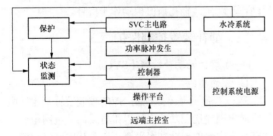

图 14-29　SVC 控制保护系统结构框图

控制系统本体宜提供 UPS 故障（若采用）、输入信号异常、电源故障、硬件故障、子系统故障等报警信息。

（二）静止同步补偿器（STATCOM）

1. 控制功能

（1）主控制保护系统采用双系统冗余配置，能够独立地控制 STATCOM 在恒无功模式、恒电压模式下运行，根据系统需要配置阻尼振荡等功能，具有交流过电压保护、交流欠电压保护、交流过电流保护、过负荷告警、相单元过电流保护、过（欠）频保护、断路器失灵保护以及子模块冗余不足等功能。

（2）阀控制保护系统采用双系统冗余配置，负责给各个功率模块下发控制信号，并采集各功率模块的电容电压、功率器件的状态等信息；同时接收各主控制系统下发的控制信号和值班信号，并将功率模块信息上送到主控制系统。具有驱动异常保护、电容电压/过欠电压保护、电源异常保护、版本保护等功能。

（3）水冷控制保护系统的设计应保证阀组在运行期间处于允许的温度范围。水冷控制保护系统应具有独立的监控单元，能实时检测并上传其运行参数、异常状态。水冷控制保护系统的保护由专用水冷控制保护系统完成。

（4）监控系统应配置就地和远方监控操作站，实现 STATCOM 系统的就地和远方操作。同时应具备和调度进行通信的功能，满足调度遥控、遥调操作的要求。在任何时刻仅允许用一种方式进行遥控。

（5）STATCOM 应具备以下几种控制方式：

1）恒无功控制方式。STATCOM 运行在给定无功功率状态，在这种运行方式下，STATCOM 将以维持控制点无功功率为控制目标。

2）稳态电压控制方式。STATCOM 运行在维持系统电压状态，在这种运行方式下，STATCOM 将以维持连接点电压为控制目标；在稳态控制下，电压不应超过电压上限和下限；无功电流输出的上下限应在规定的最大容性与最大感性无功之间；控制电压值在运行中应保持不变，直到重新设置；控制电压范围可设置，一般为 0.9~1.1（标幺值）。

STATCOM 进行电压调整补偿时，其 STATCOM 的 V/A 特性斜率的取值范围一般为 0.5%~10%，较小的斜率可获得较精确的电压稳定效果，较大的斜率影响电压稳定效果，但可减少 STATCOM 额定容量和 STATCOM 进入调节容量极限的次数。对于多个 STATCOM 运行在同一母线时，可设定适当的斜率优化各 STATCOM 无功电流输出的分配。

3）暂态控制方式。STATCOM 运行在快速无功调节状态，在稳态电压控制方式下或恒无功控制方式下，当系统电压超出预设范围或电压变化率高于设定值时，STATCOM 装置进入暂态快速无功调节控制模式。

2. 保护功能

STATCOM 系统保护应符合 STATCOM 设备安全可靠运行的要求，满足可靠性、选择性、灵敏性和快速性的要求。链式 STATCOM 装置同时采用专门的监控部件对内部元件运行状态进行实时监测，包括电量参数和非电量参数监测。

专用交流系统保护需要根据现场实际情况进行配置，一般包括母线差动保护、变压器保护、失灵保护（可集成在 STATCOM 控制保护）。专用交流保护系统、主控制保护系统、阀控制保护系统的保护范围如图 14-30 所示。交流过、欠频保护可采用高压母线电压。

3. 控制保护系统构架

控制保护系统主要包括专用交流保护系统、主控制保护系统、阀控制保护系统、水冷控制保护系统、监控系统以及故障录波器等辅助二次系统，主控制保护系统与阀控制保护系统可独立配置也可集成于同一装置。主控制保护系统与阀控制保护系统独立配置示意图如图 14-31 所示。

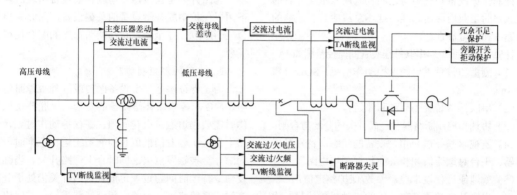

图 14-30　STATCOM 保护配置示意图

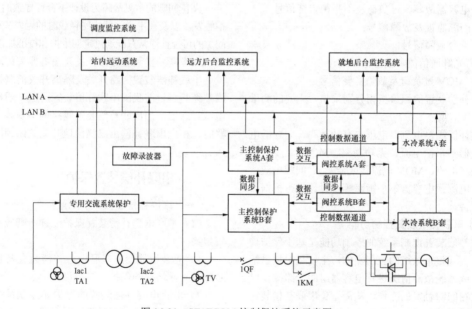

图 14-31　STATCOM 控制保护系统示意图

第六节　串联补偿装置控制保护

本节介绍串联补偿装置控制保护配置方面的内容。串联电容补偿装置的一次设备和二次设备集成通常由一个厂家来完成，在实际应用中由于生产厂家不同，串联补偿装置各种设备型式、结构特点、技术性能各不相同，其接线与布置也不尽相同。

一、串联补偿装置控制

（一）串联补偿装置监控

串联补偿装置的控制保护设备接入变电站计算机监控系统，通过以太网与站控层直接相连，完成串联补偿装置的监测、控制、信号及远传等功能。

串联补偿装置的控制保护设备通常由串联补偿装置厂家成套提供，按组双重化配置，它直接采集处理现场的原始数据，通过网络传送给站内监控后台，同时接收站控层发来的控制操作命令，经过有效性判断、闭锁检测、同步检测等，最后对设备进行操作控制。包括各组串联补偿的控制保护柜、人机界面柜、与站控层网络的接口等，以实现对串联补偿装置的全面监测、控制、闭锁、保护等功能。

就地层实现串联补偿站的数据采集和处理功能。

控制保护设备和就地层之间宜采用双重化配置的技术成熟的工业用现场总线，现场总线应具有足够的传输速率和高可靠性。

计算机监控系统对串联补偿装置的监控范围如下：

（1）测量和记录重要的保护动作信息，SOE 分辨率为 1ms；

（2）串联补偿装置的启动和停运；

（3）协调和控制断路器和隔离开关的分闸与合闸；

（4）监视串联补偿和相关设备的状态，特别是对互感器、平台对地通信和相关的数据采集电路；

（5）就地或远程设定控制参数/保护整定值；

（6）串联补偿装置旁路开关的操动机构信号、失效告警信号及动作信号；

（7）电容器故障、过负荷及不平衡告警信号；

（8）间隙监视及故障信号；

（9）平台故障信号；

（10）光纤通信故障信号；

（11）MOV 过负荷及故障告警信号。

串联补偿装置的测量按相分别采集。主要的测量范围为：

串联补偿线路电流、电压、有功功率、电容器电流、电容器不平衡电流、无功功率、MOV 温度、旁路开关回路电流、MOV 电流（或能量）、间隙电流、平台故障电流、电容器不平衡率等。设计时可根据具体工程取舍。

（二）串联补偿装置控制功能

串联补偿装置控制系统的控制功能是基于保护功能基础上实现整个系统的控制操作，主要是根据系统保护动作或系统故障情况进行电容器组的旁路操作以及进行火花间隙触发的操作，从而避免串联补偿装置在任何区内或区外故障时受到损伤。串联补偿装置控制系统的控制功能主要包括旁路开关控制功能、间隙触发控制功能、旁路开关及隔离开关联锁功能。

1. 旁路开关控制功能

旁路开关控制功能主要包括单相及三相旁路控制功能、永久旁路控制功能、闭锁旁路开关重投功能、禁止旁路开关重投功能、手动/自动重投旁路开关功能、旁路开关失灵非全相控制功能等。

在串联补偿设备正常运行过程中，旁路开关处于分闸状态；在串联补偿设备退出时，旁路开关出于合闸状态。旁路开关控制回路的特殊之处为：需要有两套独立的合闸回路，同时断路器储能机构应满足 O-t'-C-t''-O-t'-C 操作循环。

当串联补偿保护动作时均要求进行旁路开关合闸操作，根据故障的危险程度决定是单相旁路还是三相旁路，是永久旁路手动重投串联补偿设备还是延时自动重投串联补偿设备。

旁路开关是在线路及串联补偿设备出现故障情况下用以保护串联补偿设备的关键设备，因此其自身的合/分闸失灵、非全相以及与线路保护的配合显得尤为重要。

2. 火花间隙控制功能

为了保证串联补偿设备区内或区外故障时电容器组、MOV 等串联补偿设备的安全，串联补偿保护动作时需要强迫触发火花间隙。在保护动作时刻，当线路电流大于触发门槛值且控制系统运行正常时，火花间隙才会被触发点火，同时合上旁路开关。当强迫触发命令持续时间超过规定值且旁路开关仍处于分闸状态时，系统将永久旁路、闭锁旁路重投，并发出火花间隙故障信号。

火花间隙的常见故障为设计不合理导致的误触发和拒触发，以及在串联补偿线路轻载时的触发失败。火花间隙的可控性通常只能通过定期维护和校准加以提高。

3. 串联补偿装置旁路开关及隔离开关的联锁功能

串联补偿装置旁路开关及隔离开关的联锁已有较成熟经验。目前我国串联补偿装置两侧一般均安装了电压互感器；当串联补偿装置线路侧不安装电压互感器时，相应串联补偿出线侧接地开关的闭锁回路可接入验电装置。

二、串联补偿装置保护

（一）串联补偿装置保护配置

（1）串联电容补偿装置保护配置原则应符合下列规定：

1）应装设能反应串联电容补偿装置及相关设备故障及异常情况的保护。

2）串联电容补偿装置的保护和控制系统宜相对独立，保护系统应按双重化原则配置。

3）当串联电容补偿装置为独立的分段接线时，每段串联电容补偿装置的保护、控制系统应相互独立，但应能协调配合。

4）串联电容补偿装置的旁路断路器保护应与线路本侧和对侧断路器保护配合。

（2）串联电容补偿装置电气主接线形式有固定串联电容补偿（FSC）和可控串联电容补偿（TCSC）两种，应根据串联电容补偿装置的建设规模和相应的电气主接线进行保护配置。串联补偿装置的保护应双重化冗余配置，冗余配置的保护装置应采用不同的测量器件、通道及辅助电源等。

1）对 FSC 应根据主要一次元件装设相应的保护，主要包括电容器保护、间隙保护、MOV 保护、绝缘平台故障保护和旁路断路器保护。

a）对电容器故障及异常运行应装设电容器不平衡保护和电容器过负荷保护。

b）对间隙故障及异常运行宜装设间隙持续导通保护、间隙延时/拒绝触发保护及间隙自触发保护。

c）为保证在线路故障时，MOV 吸收的能量控制在允许的范围内，以免损坏 MOV，应装设 MOV 过负荷保护，MOV 过负荷保护宜包括 MOV 能量积累/温度过高、温度梯度过大和 MOV 大电流。对多支路并联接线的 MOV，对 MOV 出现不平衡故障应装设 MOV 不平衡保护。

d）对平台上的设备对平台放电故障应装设绝缘平台故障保护。

e）对旁路断路器三相状态不一致或失灵故障应装设旁路断路器三相不一致保护和旁路断路器失灵保护。

2）对 TCSC 应根据主要一次元件装设相应的保护，主要包括电容器保护、晶闸管阀保护、MOV 保护、绝缘平台故障保护和旁路断路器保护。

a）对电容器故障及异常运行应装设电容器不平衡保护和电容器过负荷保护。

b）对晶闸管阀故障及异常运行宜装设晶闸管阀过负荷保护、晶闸管阀持续导通保护、晶闸管阀拒绝触发保护及晶闸管阀不对称触发保护。

c）为保证在线路故障时，MOV 吸收的能量控制在允许的范围内，以免损坏 MOV，应装设 MOV 过负荷保护，MOV 过负荷保护宜包括 MOV 能量积累/温度过高、温度梯度过大和 MOV 大电流。

d）对平台上的设备对平台放电故障应装设绝缘平台故障保护。

e）对旁路断路器三相状态不一致或失灵故障应装设旁路断路器三相不一致保护和旁路断路器失灵保护。

（3）MOV 主回路的电流互感器宜采用具有暂态特性的 TPY 类电流互感器；其他回路电流互感器应能准确测量串联补偿装置的动态电流，可采用 P 类电流互感器；电容器不平衡保护用电流互感器宜采用测量类电流互感器。

（4）串联补偿装置宜独立配置暂态故障录波装置。故障录波系统并应独立于串联补偿控制保护系统。

（二）串联补偿装置保护类型

串联补偿装置的核心元件是电力电容器，由于各国制造水平不同，单台电容器的容量和结构差异较大，

由于串联补偿的多样性、接线与布置的差异，这就使得其保护方式的差别较大。另外，由于串联补偿装置本身的特点，单靠继电保护来实现，不能完全满足快速排除故障的要求。为此，一般均是由一次和二次两方面同时采取措施来满足对串联补偿装置的保护要求。

串联补偿装置的保护综合起来有以下几种：

（1）防御系统短路时的过电压保护；

（2）串联补偿电容器组内部故障保护；

（3）继电保护。

1. 防御系统短路时的过电压保护

当系统发生短路时，短路电流流经串联电容器组，在其两端产生很大的电位差，其最大值往往可达电容器额定电压的十几倍甚至几十倍，大大超过了电容器耐受瞬时过电压不超过 7 倍额定电压的能力。此外，由于系统发生振荡和操作等原因，也会在串联电容器组上产生过电压。

常用的过电压保护，由金属氧化物限压器（MOV）、强制触发型放电间隙（GAP）、旁路断路器、限流和阻尼元件组成，如图 14-32 所示。空气间隙与MOV 并联，间隙的触发由监测 MOV 负载能量的模拟装置控制。旁路断路器与触发空气间隙并联，在系统故障、短路电流持续通过空气间隙而线路断路器又失灵的情况下，旁路断路器闭合。旁路断路器在电容器绝缘平台需要退出运行时闭合，其控制系统允许就地或远方操作来控制串联补偿装置的投入和退出。

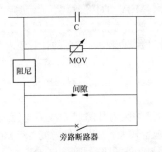

图 14-32　串联补偿的过电压保护一次接线示意图

目前，国内应用最广泛的为 MOV+并联间隙组合方式，考虑串联补偿输电系统对输送能力和系统稳定水平均有较高的要求，采用 MOV+并联间隙方式有利于满足上述要求，同时有利于减少 MOV 的安装容量，降低成本。MOV+并联间隙组合保护中 MOV 为电容器组的主保护，限制电容器电压在保护水平之内；火花间隙为 MOV 和电容器组的后备保护；旁路断路器在火花间隙动作之后合闸，防止火花间隙过度烧毁，同时也为系统检修、调度的必要装置；阻尼回路则能在火花间隙动作时抑制放电电流，防止放电过程损坏串联补偿站内的各设备。

串联补偿装置过电压保护回路动作过程：在正常

运行时，线路电流全部流过电容器组，此时，MOV和触发间隙不导通，旁路断路器断开。当系统发生故障，随着流过电容器电流的增加，电容器组两端电压升高，达到保护水平时，MOV 导通，限制电容器的过电压。

如果故障点在串联补偿线路外部，串联补偿线路通过的故障电流较小，MOV 导通保护电容器组，直到线路断路器将故障完全切除。这种情况下，电容器组过电压由 MOV 限制，触发间隙和旁路断路器不动作。当故障切除后，电容器组再瞬间重新投入，这样非常有利于系统的稳定。

如果故障点在串联补偿线路内部，先由 MOV 导通保护电容器组，但由于故障电流很大，MOV将会到达其设计容量，此时则由触发间隙击穿，将电容器组和 MOV 旁路，直到线路断路器将故障切除。

假如系统主保护和后备保护均未切除故障，则故障电流持续通过触发间隙，此时旁路断路器会自动闭合，将电容器、MOV 和触发间隙都旁路。

金属氧化物非线性电阻的选择：当装有串联补偿的系统中发生区外故障时，为提高系统的稳定输送容量，串联补偿装置仍处在运行状态。此时，MOV 中会因流过部分故障电流而吸收能量。实践表明：从故障发生到经一段时延切除故障，在故障发生的暂态过程中流过 MOV 的电流较大，故障持续过程流过 MOV的电流较小。MOV 的伏安特性一经确定，故障电流越大，MOV 吸收的能量越大；故障持续时间越长，MOV 吸收的能量也越大。实际的计算还表明 MOV 吸收的能量大小与故障发生的瞬间有关，计算 MOV 吸收能量时必须以最严重故障瞬间所得的 MOV 吸收能量为依据。

系统中发生区内故障时，故障电流较大，流过MOV 的电流也较大。如果持续时间（即 MOV 流过电流的时间）与区外故障时相同，MOV 吸收的能量就会比区外故障时大得多。为了降低 MOV 的吸收能量，限制电容器组上的过电压，触发间隙应及时动作，旁路电容器组和 MOV，使故障电流不再流过电容器组和 MOV，因此要求触发间隙应在 MOV 电流达到启动值后的 1ms 内旁路 MOV 及电容器组。在不同故障点发生不同类型的故障时，流经 MOV 的电流及所吸收的能量是不同的，必须根据系统的条件进行计算。

火花间隙的作用是将串联电容器和 MOV 旁路，以降低 MOV 吸收的能量，防止串联电容器和 MOV因过热而损坏。火花间隙作为电容器组的后备保护和 MOV 的主保护，是串联补偿中重要的过电压保护装置。

2. 串联补偿电容器组内部故障保护

目前使用的串联补偿装置的电容器组均由若干小容量电容器通过串、并联方式组成。每个单独的电容器又由若干电容元件，经熔丝并联而成，装在铁壳中，以瓷质套管引出，因而每个电容器内部任一元件故障，其熔丝自动断开，对电容器组的运行均无很大影响。

串联电容组多内部故障保护方式大体可分为两类：一类为在一次接线和布置上采取措施的方式；另一类为采用继电保护的方式。

（1）在一次接线和布置上采取措施的方式。

1）保护方式的基本出发点。在串联电容器组内部发生各种类型故障时，电容器元件极板间绝缘介质击穿和极板对箱壳绝缘间绝缘击穿，可能产生两种比较大的危险情况：一种是在绝缘击穿的地方放出的能量超过电容器能承受的动稳定能量，即爆破能量；另一种是在故障地点发生稳定性电弧，把箱壳烧穿。这两种情况都有使电容器发生爆炸的危险。因此，防止电容器组内部故障对故障点放出的能量超过爆破能量，是考虑串联电容器组内部故障的基本出发点。

2）保护回路构成。目前，国内串联补偿电容器装置普遍选用内熔丝结构电容器单元，国外串联补偿电容器装置选用内熔丝或无熔丝结构电容器单元。

内熔丝电容器单元和无熔丝电容器单元的主要差异在于内熔丝电容器的每个元件上串联了一个熔丝。为满足电容器单元电压和容量要求，电容器内部都由多个元件并联段和多个串联段组成，其结构如图 14-33所示。

熔丝保护是在一次接线及布置上采取措施，以满足爆破能量的要求。

a. 内熔丝保护。内熔丝装在电容器的内部，与原件一一对应，当某一元件击穿时，其对应的内熔丝在很短的时间内熔断，其能量来源于与其并联元件的储能放电。内熔丝方式的优点是结构紧凑，安装尺寸较小，少量内部元件损坏由内熔丝动作切除，不会造成整台单元串联电容器退出运行；缺点是存在保护死区，当出线套管闪络或内部引出线对壳击穿时会造成串联电容器短路故障，此时内熔丝又无法动作。内熔丝电容器在测量查找故障单元时比较复杂困难。

b. 无熔丝保护。就是在电容器组和电容器单元中，没有任何熔丝。随着全膜介质电容器出现，无熔丝电容器由于其结构紧凑、外形美观、运行可靠，得到了大量的推广应用。无熔丝方式的优点是无熔丝电容器单元和内部元件并联储能较小，有利于防止故障的扩大或外壳爆炸。电容器的整体损耗较低、成本较低、结构简单，有利于减少制造质量缺陷；元件容量大，数量少，生产效率较高。

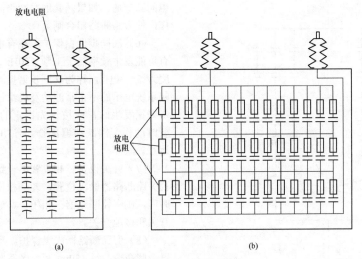

图 14-33　电容器单元结构

（a）无熔丝电容器；（b）内熔丝电容器

不管是内熔丝保护还是无熔丝保护，这种保护方式不需要启动旁路断路器，因而不会退出串联电容器组。但是当电容器组内部多台电容器故障或多个辅助平台绝缘损坏时，也会扩大影响到更多的电容器损坏，这是这种保护方式存在的不足之处。

（2）利用继电保护的方式。

串联电容器组内部接线按二次保护方式的不同，一般有桥差保护和分支路差流保护两种接线方式。

桥差保护串联电容器补偿装置一般宜选用内熔丝结构的串联电容器单元。为降低单个元件击穿造成故障电容器单元的过电压，电容器单元应先并联后串联连接。桥式差动保护由装在两侧电容器中部连线上的电流互感器或传感器以及相应的继电保护组成，正常时连线两端电位平衡，无电流通过，当某些电容器元件击穿、熔丝熔断后，两端电压不平衡，保护动作。当不平衡程度较轻，电容器上的过电压不超过额定电压的 10% 时，桥式差动保护一般只发信号；当击穿元件多、不平衡严重、电容器上的过电压超过额定电压的 10% 时，桥式差动保护合上旁路断路器，将电容器退出，如图 14-34 所示。

分支路差流保护串联电容器补偿装置一般宜选用无熔丝结构的串联电容器单元。为降低单个元件击穿造成故障电容器单元的过电流，电容器单元应先串联后并联连接，如图 14-35 所示。

3. 继电保护

（1）电容器不平衡保护。电容器不平衡保护是通过电容器桥接线的电流测量值的变化来监控电容器组的运行状况。同时，电容器熔丝熔断及电容器套管闪络引起的不平衡电流对电容器组的影响也被监测。保护有三段定值和三段时限：报警、低定值旁路、高定值旁路。报警和低定值旁路与不平衡电流和电容器电流（线路电流）有关。高定值旁路只与不平衡电流有关。报警和低定值旁路在线路低电流时自动闭锁，在低定值旁路及高定值旁路动作时分别给出永久闭锁。

（2）电容器组过负荷保护。当电容器组过负荷电流幅值及相应时间超过允许值时，过负荷保护应动作发出信号或动作于旁路断路器。过负荷应有反时限特性。

（3）MOV 过负荷保护。为防止 MOV 过负荷损坏而装设过负荷保护，保护可由电流启动、温度启动或通过 MOV 的能量启动。

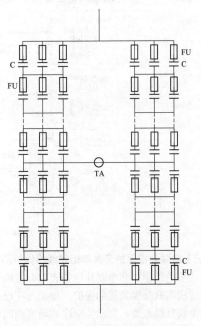

图 14-34　桥差保护串联电容器组接线图

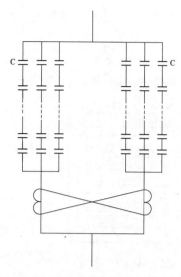

图 14-35　分支路差流保护串联电容器组接线图

（4）放电间隙过负荷保护。放电间隙非正常击穿或击穿时间过长，超过整定值时，保护发出信号或动作于旁路断路器合闸。

（5）触发回路监视。触发回路由脉冲变压器、静态开关和触发电容组成。为保证触发回路的可靠工作，采用双套冗余配置。触发电路是根据检测到的 MOV 能量而发出点火脉冲的，当注入 MOV 的能量超过 MOV 的保护水平时，发出击穿放电间隙命令，使放电间隙导通。如果两套触发回路同时故障，则保护动作，使旁路断路器合闸。

（6）次同步谐振保护。在有串联补偿的系统中，有可能发生频率低于工频（50Hz）的谐振，其频带宽度为 5～30Hz，称为次同步谐振。次同步谐振可能引起系统电压的不正常波动及机组损坏。当检测到次同步谐振发生时，应按预先设定的程序进行操作，必要时动作旁路断路器闭合，使串联补偿电容器退出运行。

（7）开关设备三相位置不一致保护。保护连续监视旁路断路器触头位置，若三相位置不一致超过规定时间，则旁路断路器三相合闸。保护也监视旁路隔离开关和接地开关。

（8）旁路断路器失灵保护。当保护发出旁路断路器合闸命令，经150ms 后，旁路断路器拒合，则保护启动远方跳闸命令，使线路两侧断路器跳闸，并发旁路断路器永久合闸命令。

（9）绝缘平台闪络保护。串联补偿设备一般都按相安装在绝缘平台上，平台由绝缘子支撑，与大地绝缘。串联补偿设备通过一个公共端与平台相连，并在连接支路上配置电流互感器。监视绝缘平台上与平台设备之间的电流，当平台与设备发生闪络，平台电流超过整定值时，延时动作于旁路断路器闭合。

串联补偿装置保护配置如图 14-36 所示。

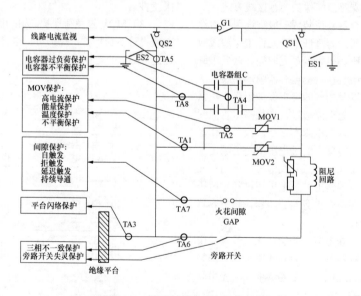

图 14-36　串联补偿装置保护配置图

（三）串联补偿保护装置与相邻线路保护的适应性

当在变电站侧加装串联补偿装置时，线路保护应采用能适应串联补偿装置的保护；如果是在已建线路中加装串联补偿装置，则应特别注意研究线路保护的适应性问题，不适应时，需要对线路保护进行改造。

串联补偿装置保护与线路保护有以下几点配合接口：

（1）串联补偿装置内部发生故障需闭合旁路开关，旁路开关失灵拒合时，串联补偿装置失灵保护动作经延时向站内线路保护的远传装置发跳闸命令，并向监控系统发出告警信号。

（2）为限制串联补偿线路断路器开断短路故障时的瞬态恢复电压（TRV）水平，两侧线路保护动作跳闸出口时同时联动串联补偿装置火花间隙击穿。两侧线路保护动作向站内远传装置传输保护动作信号，串联补偿装置收到线路保护联动信号后启动火花间隙并合闸旁路开关，退出串联补偿装置。

（3）线路保护联动串联补偿的信号采用大功率重动继电器隔离传输命令，大功率重动继电器通信接口装置安装在串联补偿保护柜内。

第十五章

操作电源系统

变电站中给控制、信号、保护、自动装置等设备供电的电源称为操作电源。操作电源有直流和交流两种，操作电源要求有高度的可靠性和稳定性，电源容量和电压质量应保证在最严重的事故情况下设备的正常工作。

第一节　直流电源系统

在变电站中应用的直流操作电源系统有电容储能式、复式整流式和蓄电池组等几种方式。经过多年实践证明，蓄电池组直流操作电源具有其他方式不可比拟的优势，在变电站中得到普遍应用。

一、直流操作电源系统的构成及分类

直流操作电源系统一般由交流配电单元、整流模块、蓄电池组、电池巡检装置、绝缘监测装置监控模块等部分组成。

从整流原理上可分为晶闸管相控电源直流系统与高频开关电源直流系统。多年工程实践证明，高频开关电源直流系统的技术性能、可靠性以及系统构造优于晶闸管相控电源直流系统，在电力行业内被广泛应用。

目前，蓄电池组应用较多的蓄电池主要有阀控式密封铅酸蓄电池、防酸式铅酸蓄电池和碱性镉镍蓄电池。

二、直流系统设计要求

变电站均设置直流操作电源系统，用于变电站内控制、保护、应急照明、UPS 等设备的可靠供电。

（一）系统电压

变电站直流电源系统电压按照用电设备类型、额定容量、供电距离和安装地点等确定。变电站直流设备一般采用控制负荷和动力负荷合并供电，对于小规模变电站，控制和动力负荷电流较小，直流系统电压一般采用 110V；对于大规模变电站，配电装置规模较大，距离控制室又远，如采用 110V 电压，需要选择大截面控制电缆，往往还不能满足压降要求，因此，推荐直流系统电压采用 220V。扩建和改建工程直流系统电压应与已有站直流系统电压一致。直流系统母线电压在正常运行的情况下为系统标称电压的 105%；在均衡充电运行的情况下，直流母线电压，不高于直流电源系统标称电压的 110%；在事故放电末期，蓄电池组出口端电压不低于直流电源系统标称电压的 87.5%。

（二）蓄电池组

1. 蓄电池型式

铅酸蓄电池具有可靠性高、容量大和承受一定的冲击负荷等优点，故在变电站广泛采用。铅酸蓄电池主要分防酸式和阀控式两类。防酸式铅酸蓄电池国内外使用历史长，比较成熟，运行中可以加液且便于监视，寿命较长，价格较低，但它存在体积大、运行中产生氢气、伴随着酸雾、对环境带来污染、维护复杂等缺点。近些年来，国内外制造的阀控式密封铅酸蓄电池，克服了一般防酸式铅酸蓄电池的缺点，其放电性能好、技术指标先进和少维护等优点突出，在变电站逐步取代防酸式铅酸蓄电池。所以变电站中推荐采用阀控式密封铅酸蓄电池。支架安装的铅酸蓄电池采用单体为 2V 的蓄电池；组柜安装的铅酸蓄电池采用单体为 2V 的蓄电池，也可采用 6V 或 12V 组合电池。

碱性镉镍蓄电池具有放电倍率高、安装方便和使用寿命长等优点。但是，它的单体电池电压低，使电池数量增加，需要设调压装置以及有爬碱等缺点。

2. 蓄电池组数

110kV 变电站可装设一组蓄电池，对于重要的 110kV 变电站也可装设两组蓄电池；220~750kV 变电站通常装设两组蓄电池；1000kV 变电站可按直流负荷相对集中配置两套直流电源系统，每套直流电源系统装设两组蓄电池。

（三）充电装置

1. 充电装置分类

从整流原理上充电装置的型式有高频开关和晶闸管两种。高频开关整流方式技术性能和指标先进、体

积小、质量轻、效率高、使用维护方便，因此应用广泛。晶闸管充电装置接线较简单，输出功率较大，同时有较成熟的运行经验。

2. 充电装置配置

对于晶闸管充电装置，原则上可配置一套备用充电装置，即一组蓄电池配置两套充电装置；两组蓄电池可配置三套。高频开关充电装置，其可靠性相对较高，整流模块可以更换，且有冗余，原则上不设整套装置的备用，即一组蓄电池配置一套充电装置；两组蓄电池配置两套充电装置，对于系统中重要的变电站也可配置三套充电装置。

（四）直流绝缘监测装置

变电站内的直流操作电源系统，其直流供电网络分布到变电站的各个设备处，支路纵横交错，发生接地的概率高，必须对其进行实时的在线监测，当某一点出现接地故障时，立即发出告警信号。故直流电源系统需配置绝缘监测装置，并通过通信方式上传至直流监控系统。

绝缘监测装置测量精度不受母线运行方式的影响；避免因本身原因造成直流母线对地电压频繁波动；当直流系统标称电压为220V时，绝缘监测装置整定值为25kΩ；当标称电压为110V时，绝缘监测装置整定值为15kΩ。当直流母线发生接地故障（正接地、负接地或正负同时接地），其绝缘水平下降到低于整定值时，设备的绝缘监测应可靠动作，能判断接地的极性和测量对地绝缘电阻值。

（五）蓄电池巡检

蓄电池巡检装置具有单只蓄电池电压、内阻和温度监测功能。对整组蓄电池具有电压和电流监测功能。整组蓄电池电压监测精度不应低于标称值的±0.5%；单只蓄电池电压监测精度不应低于标称值的±0.2%；整组蓄电池电流监测精度不应低于标称值的±2%；单只蓄电池温度监测精度不应低于±0.5℃。巡检结果通过通信方式上传至直流监控系统。

（六）直流电源监控系统

直流电源监控系统是直流电源系统的控制核心，其主要负责监控交流及电池状态等众多的物理量，获取系统中的各种运行参数和状态，根据测量数据及运行状态及时进行处理，并以此为依据对系统进行就地和远方控制，实现电源系统的全自动管理，保证其工作的连续性、可靠性和安全性。

（1）远方监测下列参数：

1）交流电源输入参数（电压、电流）；

2）蓄电池组充放电状态（浮充、均充、放电）及充放电电流；

3）蓄电池组环境温度；

4）蓄电池组输出电压、电流；

5）单只电池端电压、内阻；

6）充电装置输入电压；

7）充电装置输出电压、电流；

8）直流母线电压、电流；

9）直流系统对地电阻、对地电压；

10）直流变换电源装置输入电压；

11）交流电源供电状态；

12）馈电屏断路器位置等工作状态。

（2）远方上传下列报警信息：

1）交流电源报警信号；

2）交流进线电源异常；

3）交流母线电压异常；

4）交流馈线断路器脱扣总告警；

5）直流电源报警信号；

6）交流输入电源异常（过压、欠压、缺相、中性线故障）；

7）高频整流模块异常（输入输出保护告警或故障）；

8）直流母线电压异常（过压、欠压、窜入）；

9）直流母线绝缘异常（绝缘电阻降低或接地）；

10）蓄电池组电压异常（充电过压、欠压或放电欠压）；

11）交流电源断路器脱扣；

12）充电装置输出断路器脱扣；

13）蓄电池组输出断路器脱扣；

14）直流馈线断路器脱扣总告警；

15）支路绝缘异常；

16）单只蓄电池电压异常；

17）绝缘装置异常；

18）设备通信异常（现场智能设备与总监控装置通信故障）；

19）监控装置故障；

20）避雷器故障。

（七）直流系统网络设计

直流系统网络有环形供电和辐射形供电两种方式，其中辐射形供电方式有集中辐射形供电方式和分层辐射形供电方式。以往直流系统的供电多采用环形供电方式，但它的网络接线较复杂，容易造成供电回路的误并联，不易查找接地故障。辐射形供电方式的直流系统具有网络接线简单、可靠，易于查找接地故障点的优点，所以现在变电站多采用辐射形供电方式，但断路器储能电源、隔离开关电机电源、35kV和10kV开关柜顶可采用每段母线辐射供电方式。

220kV及以上电压等级变电站内二次设备多采用分布式布置，故站内直流系统一般采用分层辐射形供电方式。110kV电压等级变电站二次设备集中布置，一般采用集中辐射形供电方式。变电站内下列回路采用集中辐射形供电：应急照明、交流不间断电源；DC/DC 变换器；直流分电柜电源。变电站内主要电气设备的控制、信号、保护和自动装置的用电负荷及设备分布式布置时采用分层辐射形供电方式。

为保证直流分电柜的供电可靠性，直流分电柜每段母线由来自同一蓄电池组的两回直流电源供电。为了电缆维护和试验便利，电源进线应经隔离电器接至直流分电柜母线。对于要求双电源供电的负荷应设置两段母线，两段母线分别由不同蓄电池组供电，母线之间不设联络电器。公用系统直流分电柜每段母线应由不同蓄电池组的两回直流电源供电，采用手动断电切换方式。

三、直流电源系统的接线方式

直流电源系统采用单母线或单母线分段接线，不用双母线接线，系统接线更加简单，运行也更加可靠。一组蓄电池可为单母线分段或单母线；两组蓄电池设两段母线，正常独立运行，母线之间装设有联络电器，一般为刀开关，必要时也可装设保护电器。两组蓄电池正常时应分列运行，考虑到定期充、放电试验要求，为了转移直流负荷，需要短时并联运行，两组蓄电池电压相差不大，而且时间很短，对蓄电池没有大的危害是允许的。

（一）单电单充方式

由一组蓄电池、一组充电装置组成，直流母线采用单母线接线。正常运行时，充电装置经直流母线对

蓄电池充电，同时提供经常负荷电流，蓄电池的浮充或均充电压即为直流母线正常的输出电压。图 15-1 为单电单充接线方式。

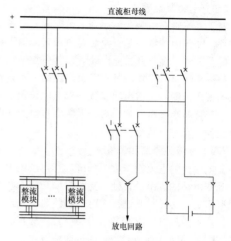

图 15-1　单电单充接线方式

（二）单电双充方式

由一组蓄电池、两组充电装置组成，直流母线采用单母线分段接线。两组充电装置接入不同母线段，蓄电池组跨接在两段母线上。正常运行时，两组充电装置互为备用，分别或同时工作经直流母线对蓄电池充电，同时提供经常负荷电流，蓄电池的浮充或均充电压即为直流母线正常的输出电压。图 15-2 为单电双充接线方式。

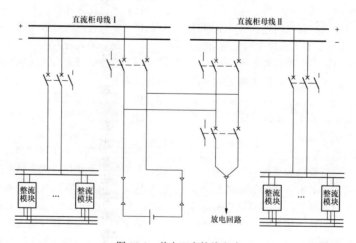

图 15-2　单电双充接线方式

（三）双电双充方式

由两组蓄电池、两组充电装置组成，直流母线采用两段单母线接线，两段直流母线之间设联络开关。正常运行时，两段直流母线分别独立运行；每组蓄电池及其充电装置分别接入相应母线段；正常运行时，联络开关断开，各母线段的充电装置经充电母线对蓄

电池充电，同时提供经常负荷电流，蓄电池的浮充或均充电压即为直流母线正常的输出电压。图 15-3 为双电双充接线方式。

（四）双电三充方式

由两组蓄电池、三组充电装置组成，直流母线采用两段单母线接线，两段直流母线之间设联络开关，

每组蓄电池及其充电装置分别接入相应母线段，第三组充电装置经切换开关可分别对两组蓄电池进行充电。正常运行时，联络开关断开，各母线段的充电装置经直流母线对蓄电池充电，同时提供经常负荷电流，蓄电池的浮充或均充电压即为直流母线正常的输出电压。图 15-4 为双电三充接线方式。

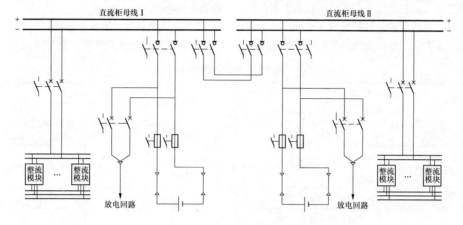

图 15-3　双电双充接线方式

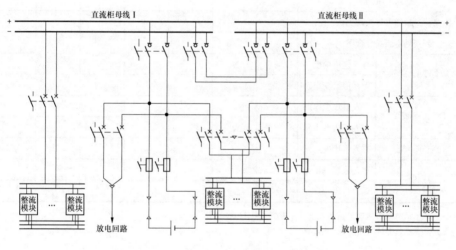

图 15-4　双电三充接线方式

四、直流系统的设备选择

（一）直流负荷分类和计算

1. 直流负荷分类

考虑到不同负荷的要求，便于设计中选择直流系统电压和蓄电池的容量，直流负荷按功能分为控制负荷和动力负荷。控制负荷主要有电气控制、信号、测量负荷及继电保护、自动装置和监控系统负荷。动力负荷主要有各类直流电动机、高压断路器、电磁操动合闸机构、交流不间断电源装置、DC/DC 变换装置、直流应急照明负荷。

为了设计中选择充电装置和蓄电池的容量，直流负荷按性质分经常负荷、事故负荷和冲击负荷。经常负荷主要有长明灯，逆变器，电气控制、保护装置等，DC/DC 变换装置。事故负荷主要有事故中需要运行的直流电动机、直流应急照明、交流不间断电源装置。冲击负荷主要有高压断路器跳闸、直流电动机启动电流。事故后恢复供电的高压断路器合闸冲击负荷应按随机负荷考虑。

2. 直流负荷分配

当变电站有两组动力和控制负荷合并供电蓄电池组时，每组负荷应按全部动力和控制负荷统计。

3. 事故停电时间

有人值班变电站，在全站事故停电时，据调查 30min 左右即可恢复站用电，为了保证事故处理有充裕时间，计算蓄电池容量时按 1h 的事故放电负荷计算。

无人值班变电站及特高压变电站，考虑配电装置规模大在事故停电时间内，很难立即处理恢复站用电，操作相对复杂以及维修人员前往变电站的路途时间可能超过 1h，故蓄电池的容量按事故停电 2h 的放电容量计算。对于地理位置特别偏远的无人值班变电站，可根据实际情况，适当延长蓄电池事故放电时间。

4. 事故初期 1min 的冲击负荷

备用电源断路器按备用电源实际自投断路器台数统计；低电压、母线保护、低频减载等跳闸回路应按实际数量统计；控制、信号和保护回路等应按实际负

荷统计，事故停电时间内，恢复供电的高压断路器合闸电流应按断路器合闸电流最大的一台统计，并应与事故初期冲击负荷之外的最大负荷或出现最低电压时的负荷相叠加。

5. 直流负荷统计计算时间

直流负荷统计计算时间见表 15-1。

表 15-1 直流负荷统计计算时间

序号	负荷名称		经常	事故放电计算时间						随机
				初期	持续时间（h）					
				1min	0.5	1.0	1.5	2.0	3.0	5s
1	信号灯、位置指示器和位置继电器	有人值班变电站	√	√		√				
		无人值班变电站	√	√				√		
2	控制、保护、监控系统	有人值班变电站	√	√	√					
		无人值班变电站	√	√				√		
3	断路器跳闸			√						
4	断路器自投（电磁操动机构）			√						
5	恢复供电断路器合闸									√
6	交流不停电电源	有人值班变电站		√		√				
		无人值班变电站		√				√		
7	DC/DC 变换装置	有人值班变电站	√	√						
		无人值班变电站	√	√				√		
8	直流长明灯	有人值班变电站	√	√						
9	应急照明	有人值班变电站		√		√				
		无人值班变电站		√				√		

注 1. 表中"√"表示具有该项负荷时，应予以统计的项目。

2. 继续工作应急照明持续时间按 3h 计算。

6. 直流负荷系数

直流负荷统计时的负荷系数详见表 15-2。

表 15-2 直流负荷统计负荷系数

序号	负 荷 名 称	负荷系数	备注	序号	负 荷 名 称	负荷系数	备注
1	信号灯、位置指示器和位置继电器	0.6		6	交流不停电电源装置	0.6	
2	控制、保护、监控系统	0.6		7	DC/DC 变换装置	0.8	
3	断路器跳闸	0.6		8	直流长明灯	1.0	
4	断路器自投（电磁操动机构）	0.5		9	应急照明	1.0	
5	恢复供电断路器合闸	1.0					

注 事故初期（1min）的冲击负荷，按如下原则统计：

1）备用电源断路器为电磁操动合闸机构时，应按备用电源实际自投断路器台数统计。

2）低电压、母线保护等跳闸回路按实际数量统计。

3）电气的控制、信号和保护回路等按实际负荷统计。

4）事故停电时间内，恢复供电断路器电磁操动机构的合闸电流（随机负荷），应按断路器合闸电流最大的 1 台统计，并应与事故初期冲击负荷之外的最大负荷或出现最低电压时的负荷相叠加。

（二）蓄电池组选择

1. 蓄电池个数选择

蓄电池个数是由单体电池正常浮充电电压值和直流母线电压确定。其中直流母线电压取 1.05 倍直流系统标称电压值，是考虑允许用电设备有 5% 的电缆压降，以保证正常运行时电压不低于额定值。计算公式如下：

$$n=1.05U_n/U_f$$

式中　　U_n——直流系统标称电压，V；

　　　　U_f——单体蓄电池浮充电电压，V；

　　　　n——蓄电池个数。

2. 蓄电池均衡充电电压选择

根据蓄电池个数及直流母线电压允许的最高值选择单体蓄电池均衡充电电压值。

对于控制负荷：$U_c \leqslant 1.10U_n/n$

对于动力负荷：$U_c \leqslant 1.125U_n/n$

对于控制负荷和动力负荷合并供电：$U_c \leqslant 1.10U_n/n$

式中　　U_c——单体蓄电池均衡充电电压，V。

3. 蓄电池均衡放电电压选择

根据蓄电池个数及直流母线电压允许的最低值选择单体蓄电池事故放电末期终止电压。

对于控制负荷：$U_m \geqslant 0.85U_n/n$

对于动力负荷：$U_m \geqslant 0.875U_n/n$

对于控制负荷和动力负荷合并供电：$U_m \geqslant 0.875 U_n/n$

式中　　U_m——单体蓄电池放电末期终止电压，V。

4. 蓄电池参数选择

蓄电池参数选择详见表 15-3～表 15-5。

表 15-3　固定型排气式铅酸蓄电池组的单体 2V 电池参数选择参考数值表

系统标称电压（V）	浮充电压（V）	2.15		2.23		2.25	
	均充电压（V）	2.30		2.33		2.35	
220	蓄电池个数	106	107	103	104	102	103
	浮充时母线电压（V）	227.90	230	229.70	231.90	229.50	231.75
	均充时母线电压（%）	110.82	111.86	110	111.10	108.96	110
	放电终止电压（V）	1.80	1.80	1.87	1.85	1.87	1.87
	母线最低电压（%）	86.73	87.55	87.55	87.45	86.70	87.55
110	蓄电池个数	52	53	51	52	50	51
	浮充时母线电压（V）	111.80	113.95	113.73	115.96	112.50	114.75
	均充时母线电压（%）	108.73	110.82	108.03	110.15	106.82	109
	放电终止电压（V）	1.83	1.80	1.87	1.85	1.87	1.87
	母线最低电压（%）	86.51	86.73	86.70	87.46	85	86.70

表 15-4　阀控式密封铅酸蓄电池组的组合 6V 和 12V 电池参数选择参考数值表

系统标称电压（V）	组合电池电压（V）	电池个数	浮充电压（V）	浮充时母线电压（%）	均充电压（V）	均充时母线电压（%）	放电终止电压（V）	母线最低电压（%）
220	6	34	6.75	104.3	7.05	109	5.7	88.1
		34+1（2V）		105.3		110	5.61	87.6
	12	17	13.50	104.3	14.10	109	11.4	88.1
		17+1（2V）		105.3		110	11.22	87.6
110	6	17+1（2V）	6.75	106.4	6.99	108	5.55	87.5
		17		104.3	7.05	109	5.7	88.1
	10	10+1（4V）	11.25	104.3	11.75	109	9.25	87.5
	12	8+1（8V）	13.50	104.3	14.10	109	11.10	87.5

表 15-5 镉镍蓄电池组的电池参数选择参考数值表

系统标称电压（V）	浮充电压（V）	1.36	1.38	1.39	1.42	1.43	1.45
	均充电压（V）	1.47	1.48		1.52	1.53	1.55
220	浮充电池个数	170	167	166	162	161	159
	母线浮充电压（V）	231.2	230.46	230.74	230.04	230.23	230.55
	均充电池个数	164	163		159	158	156
	母线均充电压（%）	109.1	109.7		109.9	109.9	109.9
	整组电池个数	180					
	放电终止电压（V）	1.07					
	母线最低电压（%）	87.6					
110	浮充电池个数	85	83		81	80	79
	母线浮充电压（V）	115.6	114.5	115.4	115	114.4	114.6
	均充电池个数	82	81		79		78
	母线均充电压（%）	109.6	109		109.2	110	110
	整组电池个数	90					
	放电终止电压（V）	1.07					
	母线最低电压（%）	87.6					

5. 蓄电池容量选择及计算

蓄电池容量的计算步骤如下：

（1）直流负荷统计；

（2）绘制负荷曲线；

（3）按照直流母线允许最低电压要求，确定单体蓄电池放电终止电压；

（4）计算容量时，根据不同蓄电池型式、终止电压和放电时间，由表 15-8～表 15-16 中查找容量换算系数。容量换算系数计算公式为

$$K_c = \frac{I_t}{C_{10}} \qquad (15-1)$$

式中　K_c——容量换算系数，h；

　　　I_t——事故放电时间 t 小时的放电电流，A；

　　　C_{10}——蓄电池 10h 放电率标称容量，Ah。

（1）蓄电池容量简化计算法。

1）直流负荷统计见表 15-6。

表 15-6 直 流 负 荷 统 计

序号	负荷名称	装置容量（kW）	负荷系数	计算电流（A）	经常负荷电流（A）	事故放电时间及放电容量（Ah）					
						初期		持续时间（h）		随机	
						1min	1～30	30～60	60～120	120～180	5s
					I_{jc}	I_{cho}	I_1	I_2	I_3	I_4	I_r
1											
2											
3											
4											
5											
	合计										

2）满足事故放电初期（1min）冲击放电电流容量要求，初期（1min）冲击蓄电池 10h（或 5h）放电率计算容量公式为

$$C_{cho} = K_{rel} \frac{I_{cho}}{K_{cho}} \qquad (15\text{-}2)$$

3）满足事故全停电状态下持续放电容量要求，不包括初期 1min 冲击放电电流，各个阶段计算容量应按下列公式计算：

第一阶段计算容量

$$C_{c1} = K_{rel} \frac{I_1}{K_{c1}} \qquad (15\text{-}3)$$

第二阶段计算容量

$$C_{c2} \geq K_{rel} \left[\frac{1}{K_{c1}} I_1 + \frac{1}{K_{c2}} (I_2 - I_1) \right] \qquad (15\text{-}4)$$

第三阶段计算容量

$$C_{c3} \geq K_{rel} \left[\frac{1}{K_{c1}} I_1 + \frac{1}{K_{c2}} (I_2 - I_1) + \frac{1}{K_{c3}} (I_3 - I_2) \right] \qquad (15\text{-}5)$$

第 n 阶段计算容量

$$C_{cn} \geq K_{rel} \left[\frac{1}{K_{c1}} I_1 + \frac{1}{K_{c2}} (I_2 - I_1) + \cdots + \frac{1}{K_{cn}} (I_n - I_{n-1}) \right] \qquad (15\text{-}6)$$

随机负荷计算容量

$$C_r = \frac{I_r}{K_{cn}} \qquad (15\text{-}7)$$

将 C_r 叠加在 $C_{c1} \sim C_{cn}$ 中最大的阶段上，然后与 C_{cho} 比较，取较大值，即为蓄电池的计算容量。

式中　C_{cho}——初期（1min）冲击蓄电池 10h（或 5h）放电率计算容量，Ah；

K_{rel}——可靠系数，取 1.40；

I_{cho}——初期（1min）冲击放电电流，A；

K_{cho}——初期（1min）冲击负荷的容量换算系数，h^{-1}；

$C_{c1} \sim C_{cn}$——蓄电池 10h（或 5h）放电率各阶段的计算容量，Ah；

$I_1 \sim I_n$——各阶段的负荷电流，A；

K_{c1}——各计算阶段中全部放电时间的容量换算系数，h^{-1}；

K_{c2}——各计算阶段中除第一阶段时间外放电时间的容量换算系数，h^{-1}；

K_{c3}——各计算阶段中除第一、二阶段时间外放电时间的容量换算系数，h^{-1}；

K_{cn}——各计算阶段中最后一个阶段放电时间的容量换算系数，h^{-1}；

C_r——随机负荷计算容量，Ah；

I_r——随机负荷电流，A；

K_{cr}——随机（5s）冲击负荷的容量换算系数，h^{-1}。

注　蓄电池的 K_{rel} 可靠系数由裕度系数、老化系数和温度修正系数构成，即

K_{rel}=裕度系数×老化系数×温度修正系数
=1.15×1.10×1.10≈1.4

当蓄电池的环境温度不满足相关要求时，应考虑调整蓄电池温度修正系数。

（2）蓄电池容量阶梯计算法。

1）直流负荷统计见表 15-7。

表 15-7　　　　　　　　直　流　负　荷　统　计

序号	负荷名称	装置容量 (kW)	负荷系数	计算电流 (A)	经常负荷电流 (A)	事故放电时间及放电电流（A）					随机
						持续时间（min）					5s
						初期 (1min)	1～30	30～60	60～120	120～180	
					I_{jc}	I_1	I_2	I_3	I_4	I_5	I_r
1											
2											
3											
4											
5											
6											
7											
8											
	合计										

2）计算步骤：

第一阶段计算容量

$$C_{c1} = K_{rel}\frac{I_1}{K_c} \quad (15\text{-}8)$$

第二阶段计算容量

$$C_{c2} \geq K_{rel}\left[\frac{1}{K_{c1}}I_1 + \frac{1}{K_{c2}}(I_2 - I_1)\right] \quad (15\text{-}9)$$

第三阶段计算容量

$$C_{c3} \geq K_{rel}\left[\frac{1}{K_{c1}}I_1 + \frac{1}{K_{c2}}(I_2 - I_1) + \frac{1}{K_{c3}}(I_3 - I_2)\right] \quad (15\text{-}10)$$

第 n 阶段计算容量

$$C_{cr} \geq K_{rel}\left[\frac{1}{K_{c1}}I_1 + \frac{1}{K_{c2}}(I_2 - I_1) + \cdots + \frac{1}{K_{cn}}(I_n - I_{n-1})\right] \quad (15\text{-}11)$$

随机负荷计算容量

$$C_r = \frac{I_r}{K_{cr}}$$

将 C_r 叠加在 $C_{c2} \sim C_{cn}$ 中最大的阶段上，然后与 C_{c1} 比较，取较大值，即为蓄电池的计算容量。

式中 K_{rel}——可靠系数，取 1.40；

$C_{c1} \sim C_{cn}$——蓄电池 10h（或 5h）放电率各阶段的计算容量，Ah；

$I_1 \sim I_{cn}$——各阶段的负荷电流，A；

K_{c1}——各计算阶段中全部放电时间的容量换算系数，h^{-1}；

K_{c2}——各计算阶段中除第一阶段时间外放电时间的容量换算系数，h^{-1}；

K_{c3}——各计算阶段中除第一、二阶段时间外放电时间的容量换算系数，h^{-1}；

K_{cn}——各计算阶段中最后一个阶段放电时间的容量换算系数，h^{-1}；

C_r——随机负荷计算容量，Ah；

I_r——随机负荷电流，A；

K_c——初期（1min）冲击负荷的容量换算系数，h^{-1}；

K_{cr}——随机（5s）冲击负荷的容量换算系数，h^{-1}。

注 蓄电池的 K_{rel} 可靠系数由裕度系数、老化系数和温度修正系数构成，即

K_{rel}=裕度系数×老化系数×温度修正系数
=1.15×1.10×1.10≈1.4

当蓄电池的环境温度不满足相关要求时，应考虑调整蓄电池温度修正系数。

表 15-8　　　　GF 型 2000Ah 及以下固定型排气式铅酸蓄电池的容量换算系数

放电终止电压（V）	不同放电时间 t 的 K_c 值															
	5s	1min	29min	0.5h	59min	1.0h	89min	1.5h	2.0h	179min	3.0h	4.0h	5.0h	6.0h	7.0h	479min	8.0h
1.75	1.010	0.900	0.590	0.580	0.467	0.460	0.402	0.400	0.330	0.260	0.260	0.220	0.180	0.162	0.140	0.124	0.124
1.80	0.900	0.780	0.530	0.520	0.416	0.410	0.354	0.350	0.300	0.240	0.240	0.190	0.170	0.150	0.130	0.115	0.115
1.85	0.740	0.600	0.430	0.420	0.355	0.350	0.323	0.320	0.260	0.210	0.210	0.175	0.160	0.140	0.122	0.107	0.107
1.90		0.400	0.330	0.320	0.284	0.280	0.262	0.260	0.220	0.180	0.180	0.165	0.140	0.125	0.114	0.102	0.102
1.95		0.300	0.228	0.221	0.200	0.192	0.180	0.180	0.166	0.130	0.130	0.124	0.110	0.108	0.100	0.088	0.088

表 15-9　　　　GFD 型 3000Ah 及以下固定型排气式铅酸蓄电池（单体 2V）的容量换算系数

放电终止电压（V）	不同放电时间 t 的 K_c 值															
	5s	1min	29min	0.5h	59min	1.0h	89min	1.5h	2.0h	179min	3.0h	4.0h	5.0h	6.0h	7.0h	479min	8.0h
1.75	1.010	0.890	0.630	0.620	0.477	0.470	0.395	0.392	0.320	0.270	0.270	0.220	0.190	0.160	0.148	0.130	0.130
1.80	0.900	0.740	0.530	0.520	0.416	0.410	0.356	0.353	0.200	0.250	0.250	0.205	0.170	0.142	0.130	0.115	0.115
1.85	0.740	0.610	0.420	0.410	0.345	0.340	0.286	0.283	0.270	0.220	0.220	0.180	0.144	0.130	0.118	0.104	0.104
1.90		0.470	0.330	0.320	0.275	0.271	0.252	0.250	0.220	0.190	0.190	0.155	0.124	0.102	0.094	0.084	0.084
1.95		0.280	0.180	0.221	0.185	0.182	0.173	0.171	0.166	0.150	0.150	0.150	0.104	0.087	0.077	0.068	0.068

表 15-10   阀控式密封铅酸蓄电池（贫液）（单体 2V）的容量换算系数

放电终止电压（V）	不同放电时间 t 的 K_c 值															
	5s	1min	29min	0.5h	59min	1.0h	89min	1.5h	2.0h	179min	3.0h	4.0h	5.0h	6.0h	7.0h	479min	8.0h
1.75	1.010	0.890	0.630	0.620	0.477	0.470	0.395	0.392	0.320	0.270	0.270	0.220	0.190	0.160	0.148	0.130	0.130
1.80	0.900	0.740	0.530	0.520	0.416	0.410	0.356	0.353	0.200	0.250	0.250	0.205	0.170	0.142	0.130	0.115	0.115
1.85	0.740	0.610	0.420	0.410	0.345	0.340	0.286	0.283	0.270	0.220	0.220	0.180	0.144	0.130	0.118	0.104	0.104
1.90		0.470	0.330	0.320	0.275	0.271	0.252	0.250	0.220	0.190	0.190	0.155	0.124	0.102	0.094	0.084	0.084
1.95		0.280	0.180	0.221	0.185	0.182	0.173	0.171	0.166	0.150	0.150	0.150	0.104	0.087	0.077	0.068	0.068

表 15-11   阀控式密封铅酸蓄电池（贫液）（单体 6V 和 12V）的容量换算系数

放电终止电压（V）	不同放电时间 t 的 K_c 值															
	5s	1min	29min	0.5h	59min	1.0h	89min	1.5h	2.0h	179min	3.0h	4.0h	5.0h	6.0h	7.0h	479min	8.0h
1.75	2.080	1.990	1.010	1.000	0.708	0.700	0.513	0.509	0.435	0.312	0.312	0.243	0.200	0.172	0.157	0.142	0.142
1.80	2.000	1.880	1.000	0.990	0.691	0.680	0.509	0.504	0.429	0.305	0.305	0.239	0.198	0.170	0.155	0.140	0.140
1.83	1.930	1.820	0.988	0.979	0.666	0.656	0.498	0.495	0.416	0.297	0.297	0.234	0.197	0.168	0.153	0.138	0.138
1.85	1.810	1.740	0.976	0.963	0.639	0.629	0.489	0.487	0.408	0.295	0.295	0.231	0.196	0.167	0.152	0.136	0.136
1.87	1.750	1.670	0.943	0.929	0.610	0.600	0.481	0.479	0.399	0.289	0.289	0.220	0.194	0.165	0.149	0.133	0.133
1.90	1.670	1.590	0.585	0.841	0.576	0.571	0.464	0.462	0.387	0.279	0.279	0.211	0.189	0.160	0.143	0.127	0.127

表 15-12   阀控式密封铅酸蓄电池（胶体）（单体 2V）的容量换算系数

放电终止电压（V）	不同放电时间 t 的 K_c 值															
	5s	1min	29min	0.5h	59min	1.0h	89min	1.5h	2.0h	179min	3.0h	4.0h	5.0h	6.0h	7.0h	479min	8.0h
1.80	1.230	1.170	0.820	0.810	0.530	0.520	0.430	0.420	0.330	0.250	0.250	0.196	0.166	0.144	0.127	0.116	0.116
1.83	1.120	1.060	0.740	0.730	0.500	0.490	0.390	0.380	0.310	0.230	0.230	0.190	0.162	0.138	0.120	0.114	0.114
1.87	1.000	0.940	0.670	0.660	0.460	0.450	0.376	0.370	0.290	0.220	0.220	0.180	0.156	0.134	0.117	0.110	0.110
1.90	0.870	0.860	0.650	0.600	0.430	0.424	0.360	0.350	0.274	0.210	0.210	0.172	0.150	0.130	0.116	0.102	0.102
1.93	0.820	0.790	0.550	0.540	0.410	0.400	0.320	0.310	0.260	0.190	0.190	0.165	0.135	0.118	0.105	0.099	0.099

表 15-13   中倍率 GNZ 型 200Ah 及以上碱性镍镉蓄电池（单体 1.2V）的容量换算系数

放电终止电压（V）	不同放电时间的 K_c 值															
	30s	1min	29min	0.5h	59min	1.0h	1.5h	119min	2.0h	2.5h	179min	3.0h	239min	4.0h	299min	5.0h
1.00	2.460	2.200	1.320	1.310	0.845	0.840	0.690	0.603	0.600	0.550	0.521	0.520	0.480	0.480	0.460	0.460
1.05	2.120	1.830	1.040	1.030	0.699	0.690	0.600	0.542	0.540	0.480	0.461	0.460	0.430	0.430	0.400	0.400
1.07	1.900	1.720	0.880	0.870	0.648	0.640	0.560	0.492	0.490	0.440	0.411	0.410	0.380	0.380	0.360	0.360
1.10	1.700	1.480	0.770	0.760	0.567	0.560	0.480	0.422	0.420	0.390	0.371	0.370	0.350	0.350	0.330	0.330
1.15	1.550	1.380	0.710	0.700	0.507	0.500	0.440	0.392	0.390	0.360	0.341	0.340	0.320	0.320	0.290	0.290
1.17	1.400	1.280	0.680	0.670	0.478	0.470	0.410	0.371	0.370	0.340	0.311	0.310	0.280	0.280	0.260	0.260
1.19	1.300	1.200	0.650	0.640	0.456	0.450	0.390	0.351	0.350	0.320	0.291	0.290	0.260	0.260	0.240	0.240

表 15-14　　　　　中倍率 GNZ 型 200Ah 以下碱性镍镉蓄电池（单体 1.2V）的容量换算系数

放电终止电压（V）	不同放电时间的 K_c 值									
	30s	1min	5min	10min	15min	20min	29min	0.5h	59min	1.0h
1.00	3.00	2.75	2.20	2.00	1.87	1.70	1.55	1.54	1.04	1.03
1.05	2.50	2.25	1.91	1.75	1.62	1.53	1.39	1.38	0.98	0.97
1.07	2.20	2.01	1.78	1.64	1.55	1.46	1.31	1.30	0.94	0.93
1.10	2.00	1.88	1.63	1.50	1.41	1.33	1.22	1.21	0.91	0.90
1.15	1.91	1.71	1.52	1.40	1.32	1.25	1.14	1.13	0.87	0.86
1.17	1.75	1.60	1.45	1.35	1.28	1.20	1.09	1.08	0.83	0.82
1.19	1.60	1.50	1.41	1.32	1.23	1.16	1.06	1.05	0.80	0.79

表 15-15　　高倍率 GNFG（C）型 20Ah 及以下碱性镍镉蓄电池（单体 1.2V）的容量换算系数

放电终止电压（V）	不同放电时间的 K_c 值					
	30s	1min	29min	0.5h	59min	1.0h
1.00	10.50	9.60	2.64	2.63	1.78	1.77
1.05	9.60	9.00	2.35	2.34	1.69	1.68
1.07	9.40	8.20	2.25	2.24	1.62	1.61
1.10	8.80	7.20	2.11	2.10	1.51	1.50
1.14	7.20	6.50	1.91	1.90	1.40	1.39
1.15	6.50	5.70	1.80	1.79	1.34	1.33
1.17	5.30	4.98	1.54	1.53	1.20	1.19

表 15-16　　高倍率 40Ah 及以上碱性镍镉蓄电池（单体 1.2V）的容量换算系数

放电终止电压（V）	不同放电时间的 K_c 值					
	30s	1min	29min	0.5h	59min	1.0h
1.00	10.50	9.80	2.65	2.64	1.85	1.84
1.05	9.80	9.00	2.37	2.36	1.71	1.70
1.07	9.20	8.10	2.26	2.25	1.61	1.60
1.10	8.50	7.30	2.06	2.05	1.50	1.49
1.14	7.00	6.40	1.91	1.90	1.38	1.37
1.15	6.20	5.80	1.81	1.80	1.33	1.32
1.17	5.60	5.20	1.69	1.68	1.21	1.20

（三）充电装置选择

充电装置需要满足蓄电池组长期连续充电和浮充电要求，具有稳压、稳流及限压、限流特性和软启动特性，有自动和手动浮充电、均衡充电及自动转换功能，充电装置交流电源输入为三相输入，额定频率为 50Hz。一组蓄电池配置一套充电装置的直流电源系统，充电装置应设置两路交流电源。一组蓄电池配置两套充电装置或两组蓄电池配置三套充电装置，每个充电装置可配置一路交流电源。

1. 充电装置额定电流选择

（1）满足浮充电要求。

铅酸蓄电池：$I_N=0.01I_{10}+I_{jc}$

镉镍碱性蓄电池：$I_N=0.01I_5+I_{jc}$

（2）满足初充电要求。

铅酸蓄电池：$I_N=1.0I_{10} \sim 1.25I_{10}$

镉镍碱性蓄电池：$I_N=1.0I_5 \sim 1.25I_5$

（3）满足均衡充电要求。

铅酸蓄电池：$I_N=（1.0I_{10} \sim 1.25I_{10}）+I_{jc}$

镉镍碱性蓄电池：$I_N=（1.0I_5 \sim 1.25I_5）+I_{jc}$

当均衡充电的蓄电池组不与直流母线连接时，$I_{jc}=0$。

式中　I_N——充电装置额定电流，A；

　　　I_{jc}——直流系统的经常负荷电流，A；

　　　I_{10}——铅酸蓄电池 10h 放电率电流，A；

　　　I_5——镉镍碱性蓄电池 5h 放电率电流，A。

2. 充电装置额定电压选择

$$U_N=nU_{cm}$$

式中　U_N——充电装置额定电压，V；

　　　n——蓄电池组单体个数；

　　　U_{cm}——充电末期单体蓄电池电压，V（防酸式铅酸蓄电池为 2.70V，阀控式铅酸蓄电池为 2.40V，镉镍碱性蓄电池为 1.70V）。

3. 充电装置回路设备选择

充电装置回路设备选择见表 15-17。

15-17　　　　　　　　　　　　充电装置回路设备选择表　　　　　　　　　　　　　　（A）

充电装置额定电流	10	20	25	30	40	50	60	80
熔断器及刀开关额定电流	63						100	
直流断路器额定电流	32		63				100	

续表

电流表测量范围	0～30		0～50		0～80		0～100	
充电装置额定电流	100	120	160	200	250	315	400	500
熔断器及刀开关额定电流	160		200		300		400	630
直流断路器额定电流	225				400		630	
电流表测量范围	0～150		0～200		0～300		0～400	0～500

4. 高频开关电源整流模块选择

高频开关电源的模块配置和数量选择按下列公式计算：

（1）每组蓄电池配置一组高频开关电源时，其模块选择应按式（15-12）计算：

$$n = n_1 + n_2 \qquad (15\text{-}12)$$

1）基本模块的数量应按式（15-13）计算

$$n_1 = \frac{I_N}{I_{mN}} \qquad (15\text{-}13)$$

2）附加模块的数量：

当 $n_1 \leqslant 6$ 时，$n_2 = 1$；

当 $n_1 \geqslant 7$ 时，$n_2 = 2$。

（2）一组蓄电池配置两组高频开关电源或两组蓄电池配置三组高频开关电源时，其模块选择应按式（15-14）计算：

$$n = \frac{I_N}{I_{mN}} \qquad (15\text{-}14)$$

上三式中 n——高频开关电源模块选择数量，当模块选择数量不为整数时，可取临近值；

n_1——基本模块数量；

n_2——附加模块数量；

I_N——充电装置额定电流，A；

I_{mN}——单个模块额定电流，A。

（四）电缆选择

（1）直流电源系统明敷电缆应选用耐火电缆或采取了规定的耐火防护措施的阻燃电缆。控制和保护回路直流电缆应选用屏蔽电缆。蓄电池组引出线为电缆时，为了提高可靠性，防止发生短路，其正极和负极的引出线不应共用一根电缆，电缆采用单芯电力电缆；当选用多芯电缆时，其允许载流量可按同截面单芯电缆数值计算。

（2）蓄电池组与直流柜之间连接电缆截面的选择。蓄电池组与直流柜之间连接电缆长期允许载流量的计算电流应大于事故停电时间的蓄电池放电率电流；电缆允许电压降宜取直流电源系统标称电压的 0.5%～1%，其计算电流应取事故停电时间的蓄电池放电率电流或事故放电初期（1min）冲击负荷放电电流二者中的较大值。

（3）高压断路器合闸回路电缆截面的选择。当蓄电池浮充电运行时，应保证最远一台高压断路器可靠合闸所需的电压，其允许电压降可取直流电源系统标称电压的 10%～15%；当事故放电直流母线电压在最低电压值时，应保证恢复供电的高压断路器能可靠合闸所需的电压，其允许电压降应按直流母线最低电压值和高压断路器允许最低合闸电压值之差选取，不大于直流电源系统标称电压的 6.5%。

（4）采用集中辐射形供电方式时，直流柜与直流负荷之间的电缆截面选择。电缆长期允许载流量的计算电流应大于回路最大工作电流；电缆允许电压降按蓄电池组出口端最低计算电压值和负荷本身允许最低运行电压值之差选取，不大于直流电源系统标称电压的 3%～6.5%。

（5）采用分层辐射形供电方式时，直流电源系统电缆截面的选择。根据直流柜与直流分电柜之间的距离确定电缆允许的电压降，不大于直流电源系统标称电压的 3%～5%，其回路计算电流应按分电柜最大负荷电流选择；当直流分电柜布置在负荷中心时，与直流终端断路器之间的允许电压降不超过直流电源系统标称电压的 1%～1.5%；根据直流分电柜布置地点，可适当调整直流分电柜与直流柜、直流终端断路器之间的允许电压降，但应保证直流柜与直流终端断路器之间允许总电压降不大于标称电压的 6.5%。

（6）直流柜与直流电动机之间的电缆截面的选择。电缆长期允许载流量的计算电流大于电动机额定电流；电缆允许电压降不大于直流电源系统标称电压的 5%，其计算电流应按 2 倍电动机额定电流选取。

（五）直流断路器的选择

直流断路器应具有瞬时电流速断和反时限过电流保护，当不满足选择性保护配合时，可增加短延时电流速断保护。直流断路器应带有辅助触点和报警触点。直流断路器的断流能力应满足安装地点直流电源系统最大预期短路电流的要求。当采用短路短延时保护时，直流断路器额定短时耐受电流应大于装设地点最大短路电流。各级断路器的保护动作电流和动作时间应满足上、下级选择性配合要求，且应有足够的灵敏系数。

（1）直流断路器的额定电压。额定电压大于或等于回路的最高工作电压。

（2）直流断路器的额定短路分断电流。额定短路分断电流应大于通过直流断路器的最大短路电流。

（3）直流断路器的额定电流。充电装置输出回路断路器额定电流按充电装置额定输出电流选择，即

$$I_N \geq K_{rel} I_{Nn} \qquad (15-15)$$

式中　I_{Nn}——充电装置额定输出电流，A；

　　　K_{rel}——可靠系数，取 1.2。

直流电机回路断路器额定电流选择，即

$$I_N \geq I_{NM} \qquad (15-16)$$

式中　I_N——直流断路器额定电流，A；

　　　I_{NM}——电动机额定电流，A。

断路器电磁操动机构的合闸回路额定电流选择，即

$$I_N \geq K_{c2} I_{c1} \qquad (15-17)$$

式中　I_N——直流断路器额定电流，A；

　　　K_{c2}——配合系数，取 0.3；

　　　I_{c1}——断路器电磁操动机构合闸电流，A。

控制、保护、信号回路额定电流选择，即

$$I_N \geq K_c (I_{cc} + I_{cp} + I_{cs}) \qquad (15-18)$$

式中　I_N——直流断路器额定电流，A；

　　　K_c——同时系数，取 0.8；

　　　I_{cc}——控制负荷计算电流，A；

　　　I_{cp}——保护负荷计算电流，A；

　　　I_{cs}——信号负荷计算电流，A。

直流分电柜电源回路断路器额定电流选择：

1）断路器额定电流按直流分电柜上全部用电回路的计算电流之和选择，即

$$I_N \geq K_c (I_{cc} + I_{cp} + I_{cs}) \qquad (15-19)$$

式中　I_{cc}——控制负荷计算电流，A；

　　　I_{cp}——保护负荷计算电流，A；

　　　I_{cs}——信号负荷计算电流，A；

　　　K_c——同时系数，取 0.8。

2）为保证保护动作选择性的要求，断路器的额定电流还应大于直流分电柜馈线断路器的额定电流，它们之间的电流级差不宜小于 4 级。

蓄电池组出口回路断路器额定电流选择：

1）断路器额定电流按蓄电池的 1h 放电率电流选择，即

$$I_N \geq I_{1h} \qquad (15-20)$$

式中　I_{1h}——蓄电池 1h 放电率电流，铅酸蓄电池可取 $5.5I_{10}$，中倍率镉镍碱性蓄电池可取 $7.0I_5$，高倍率镉镍碱性蓄电池可取 $20.0I_5$，A；

　　　I_{10}——铅酸蓄电池 10h 放电率电流，A；

　　　I_5——镉镍碱性蓄电池 5h 放电率电流，A。

2）按保护动作选择性条件，即额定电流应大于直流馈线中断路器额定电流最大的一台来选择，即

$$I_N > K_{c4} I_{N,max} \qquad (15-21)$$

式中　$I_{N,max}$——直流馈线中直流断路器最大的额定电流，A；

　　　K_{c4}——配合系数，一般可取 2.0，必要时取 3.0。

取以上两种情况中电流最大者为断路器额定电流，并应满足蓄电池出口回路短路时灵敏系数的要求。同时还应按事故初期（1min）冲击放电电流校验保护动作时间。

（4）直流断路器的保护整定。

1）过负荷长延时保护（脱扣器）：

a）按断路器的额定电流整定：

$$I_{op} \geq K_{rel} I_N \qquad (15-22)$$

b）根据下一级断路器的额定电流进行整定：

$$I_{N1} \geq K_{c1} I_{N2} \qquad (15-23)$$

$$t_1 > t_2 \qquad (15-24)$$

式中　I_{op}——保护（脱扣器）动作电流，A；

　　　K_{rel}——可靠系数，取 1.05；

　　　I_N——断路器额定电流，A；

　　　K_{c1}——上、下级断路器保护（脱扣器）配合系数，取 $K_{c1} \geq 1.6$；

　　I_{N1}、I_{N2}——上、下级断路器额定电流，A；

　　　t_1、t_2——上、下级断路器在相同电流作用下的保护动作时间。

2）短路瞬时保护（脱扣器）：

a）按断路器额定电流倍数整定：

$$I_{op} \geq K_N I_N \qquad (15-25)$$

b）按下一级断路器短路瞬时保护（脱扣器）电流配合整定：

$$I_{op1} \geq K_{c2} I_{op2} \qquad (15-26)$$

式中　I_{op}——保护（脱扣器）动作电流，A；

　　　K_N——额定电流倍数，一般取 10；

　　　I_N——断路器额定电流，A；

　　　K_{c2}——上、下级断路器瞬时保护（脱扣器）配合系数，取 $K_{c2} \geq 4.0$；

　I_{op1}、I_{op2}——上、下级断路器瞬时保护（脱扣器）动作电流，A。

当配合系数不满足要求时，可提高上级断路器额定电流，以提高断路器瞬时保护（脱扣器）动作电流。但应进行灵敏系数计算，防止断路器拒动。

当直流断路器具有限流功能时，式（15-26）可写为

$$I_{op1} \geq K_{c2} I_{op2} / K_{XL} \qquad (15-27)$$

式中　K_{XL}——限流系数，其数值应由产品厂家提供，一般可取 0.60～0.80。

c）根据各断路器安装处短路电流，校验各级断

路器的动作情况。

$$I_k = nU_o / [n(r_b + r_1) + r_j + r_k] \quad (15\text{-}28)$$

$$K_{sen} = I_k / I_{op} \quad (15\text{-}29)$$

式中 I_k——断路器安装处短路电流，A；

　　n——蓄电池组单体个数；

　　U_o——蓄电池开路电压，A；

　　r_b——蓄电池内阻，Ω；

　　r_1——蓄电池间连接条或导体电阻，Ω；

　　r_j——蓄电池组至断路器安装处连接电缆或导体电阻之和，Ω；

　　r_k——相关断路器触头电阻之和，Ω；

　　K_{sen}——灵敏系数，应不低于 1.25；

　　I_{op}——断路器瞬时保护（脱扣器）动作电流，A。

3）短路短延时保护（脱扣器）：

a）当上、下级断路器安装处较近，短路电流相差不大，引起短路瞬时保护（脱扣器）误动作时，应选用短路短延时保护（脱扣器）。

b）各级短路短延时保护（脱扣器）的时间级差应在保证选择性要求下，根据产品允许级差，选择其最小值。

（六）熔断器

为了便于在运行中对熔断器进行维护和更换，直流回路采用熔断器作为保护电器时，应装设隔离电器。蓄电池出口回路熔断器应带有报警触点，其他回路熔断器也可带有报警触点。熔断器的额定电压应大于或等于回路的最高工作电压。熔断器的额定电流应大于回路的最大工作电流，最大工作电流的选择如下：蓄电池出口回路熔断器按事故停电时间的蓄电池放电率电流和直流母线上最大馈线直流断路器额定电流的 2 倍选择，两者取较大值；高压断路器电磁操动机构的合闸回路可按 0.2～0.3 倍的额定合闸电流选择，但熔断器的熔断时间应大于断路器固有合闸时间。熔断器的断流能力应满足安装地点直流电源系统最大预期短路电流的要求。

（七）隔离开关

隔离开关的额定电压应大于或等于回路的最高工作电压。额定电流应大于回路的最大工作电流，最大工作电流的选择如下：蓄电池出口回路应按事故停电时间的蓄电池放电率电流选择；高压断路器电磁操动机构的合闸回路可按 0.2～0.3 倍的额定合闸电流选择；直流母线分段开关可按全部负荷的 60%选择。隔离开关的断流能力应满足安装地点直流电源系统短时耐受电流的要求。

（八）直流柜

直流柜与控制、保护柜的要求相一致，采用柜式结构。外形尺寸应优先采用与控制、保护柜一致的标准尺寸，即 800mm×600mm×2260mm。当柜内设备体积较大或与所在安装场所其他相关设备协调尺寸时，也可采用其他标准尺寸。同时，考虑到柜内有笨重部件和大型直流电源系统中电动力的影响，需要采用加强型结构，才能满足要求，直流柜的防护等级不低于 IP30。

直流柜内的母线及其相应回路应能满足直流母线出口短路时额定短时耐受电流的要求。当厂家未提供阀控式铅酸蓄电池短路电流时，直流柜内元件可按下列参数选择：

（1）阀控式铅酸蓄电池容量为 800Ah 以下的直流电源系统，可按 10kA 短路电流考虑；

（2）阀控式铅酸蓄电池容量为 800～1400Ah 的直流电源系统，可按 20kA 短路电流考虑；

（3）阀控式铅酸蓄电池容量为 1500～1800Ah 的直流电源系统，可按 25kA 短路电流考虑。

（九）算例

某 750kV 变电站采用三套充电装置，两台工作充电装置，一台公共备用充电装置。选用阀控式免维护铅酸蓄电池，按单个电池浮充电电压为 2.25V/个，均衡充电电压为 2.32V（25℃时），事故放电时间 2h 计算。蓄电池容量选择的计算方法按直流电源系统的设备选择中蓄电池容量阶梯计算法和负荷计算法进行计算。

1. 220V 蓄电池组选择计算

（1）蓄电池个数选择。

按浮充电运行时，直流母线电压为 $1.05U_n$ 选择蓄电池个数

$$n = 1.05U_n / U_f = 1.05 \times 220 / 2.25 = 102.67（个） \quad (15\text{-}30)$$

取蓄电池个数 $n = 104$ 个

（2）均衡充电电压选择。

$$U_c \leq 1.10U_n / n = 1.10 \times 220 / 104 = 2.327（V） \quad (15\text{-}31)$$

（3）蓄电池放电终止电压选择。

$$U_{MN} \geq 0.875U_n / n = 0.875 \times 220 / 104 = 1.851（V） \quad (15\text{-}32)$$

式中 U_{MN}——直流母线额定电压，V；

　　U_c——每个蓄电池均衡充电电压，V；

　　U_f——每个蓄电池浮充电电压，V；

　　U_m——每个蓄电池放电末期电压，取 1.89V。

（4）母线电压校验。

蓄电池浮充电运行时，蓄电池组端电压为

$$U = nU_f = 104 \times 2.25 = 234（V） = 1.064U_n \geq 1.05U_n \quad (15\text{-}33)$$

蓄电池均衡充电运行时，蓄电池组端电压为

$$U = nU_c = 104 \times 2.32 = 241.28（V） = 1.097U_n \leq 1.10U_n \quad (15\text{-}34)$$

蓄电池放电末期，蓄电池组端电压为

$$U = nU_m = 104 \times 1.851 = 192.4（V） = 0.875U_n \quad (15\text{-}35)$$

综合上述各种因素，选 104 只电池，均衡充电电

压为 2.32V，终止电压为 1.85V。

（5）蓄电池容量选择。当蓄电池终止电压为 1.85V 时，蓄电池在放电各阶段的容量换算系数 K_c 见

表 15-8～表 15-16。

采用阶梯负荷计算法进行计算，220V 系统直流负荷统计见表 15-18，阶梯负荷计算见表 15-19。

表 15-18   **直流负荷统计表（按 2h 事故放电）**

变电站直流负荷统计表   电池型号   阀控式免维护蓄电池   额定电压（V）220

序号	负荷名称	装置容量 P（kW）	负荷系数或同时率 K	计算容量 $P_c=KP$（kW）	负荷电流（A）	事故放电时间及电流（A）				随机或事故末期	备注
						初期	持续时				
						0～1min	1～30min	30～60min	60～120min		
1	UPS	15.00	0.60	9.00	40.91	40.91	40.91	40.91	40.91		
2	信号灯等经常负荷	9.20	0.60	5.52	25.09	25.09	25.09	25.09	25.09		
3	测控装置电源	1.83	0.80	1.46	6.65	6.65	6.65	6.65	6.65		
4	保护装置电源	7.30	0.60	4.38	19.91	19.91	19.91	19.91	19.91		
5	智能终端电源	3.10	0.80	2.48	11.27	11.27	11.27	11.27	11.27		
6	合并单元电源	4.38	0.80	3.50	15.93	15.93	15.93	15.93	15.93		
7	交换机电源	3.65	0.80	2.92	13.27	13.27	13.27	13.27	13.27		
8	应急照明	10.00	1.00	10.00	45.45	45.45	45.45	45.45	45.45		
9	断路器跳闸					55.00					
10	断路器合闸									5.00	
11	DC/DC 变换装置										
12											
13											
14	正常负荷				92.13						
15	电流统计（A）	本放电阶段放电电流总和				233.49	178.49	178.49	178.49	5.00	
16	容量统计（Ah）	本放电阶段的放电容量（It）					89.25	89.25	178.49		阶梯算法不填
17	容量累加（Ah）	放电开始阶段至本放电阶段末的放电容量和					89.25	178.49	356.98		阶梯算法不填
18	容量比例（电流比例）系数	容量比例实际值（C_{SX}/C_{S1}），电流比例系数实际值（I_{ch}/C_{S1}）					0.50	1.00			阶梯算法不填
19	容量比例（电流比例）系数	允许值				1.90	0.60	1.00			阶梯算法不填

说明：按 2h 事故放电计算。

表 15-19   **阶梯负荷计算结果表**

单个蓄电池最低终止电压：   V   选用蓄电池型号： $K_{rel}=1.4$

序号	负荷（A）	负荷变化（A）	放电时间（min）	放电阶段终止时间（min）	容量换算系数	选择容量（Ah）	备注
第 1 阶段							
1	I_1=233.49	I_1−0=233.49	M_1=1	T=M_1=1	K_{c1}=1.34	174.25	
选择容量合计（Ah）						174.25	

续表

序号	负荷 （A）		负荷变化 （A）	放电时间 （min）	放电阶段终止时间 （min）	容量换算系数	选择容量 （Ah）	备注
第 2 阶段								
1	I_1=233.49		I_1-0=233.49	M_1=1	$T=M_1+M_2$=30	K_{c1}=0.78	299.35	
2	I_2=178.49		I_2-I_1=−55.00	M_2=29	$T=M_2$=29	K_{c2}=0.80	−68.75	
选择容量合计（Ah）							230.60	
第 3 阶段								
1	I_1=233.49		I_1-0=233.49	M_1=1	$T=M_1+M_2+M_3$=60	K_{c1}=0.54	432.39	
2	I_2=178.49		I_2-I_1=−55.00	M_2=29	$T=M_2+M_3$=59	K_{c2}=0.56	−98.57	
3	I_3=178.49		I_3-I_2=0.00	M_3=30	$T=M_3$=30	K_{c3}=0.78	0.00	
选择容量合计（Ah）							333.82	
第 4 阶段								
1	I_1=233.49		I_1-0=233.49	M_1=1	$T=M_1+M_2+M_3+M_4$=120	K_{c4}=0.34	678.75	
2	I_2=178.49		I_2-I_1=−55.00	M_2=29	$T=M_2+M_3+M_4$=119	K_{c5}=0.35	−158.50	
3	I_3=178.49		I_3-I_2=0.00	M_3=30	$T=M_3+M_4$=90	K_{c6}=0.43	0.00	
4	I_4=178.49		I_4-I_3=0.00	M_4=60	$T=M_4$=60	K_{c7}=0.54	0.00	
选择容量合计（Ah）							520.25	
随机负荷								
R	I_R=	5.00	I_R-0=5.00	M_R=	$T=M_R$=5s	K_{cR}=1.45	3.45	

计算结果表

最大选择容量 C	—	520.25
随机负荷容量 C_R	—	3.45
最大阶段选择容量	—	523.70
第 1 阶段选择容量 C_1	—	—
最大负荷（Ah）	523.70	
可靠系数 K_{rel}	1.40	
计算结果（Ah）	733.18	
蓄电池容量（Ah）	800.00	

说明：表中容量换算系数为阀控式密封铅酸（单体 2V）蓄电池的参数，其他蓄电池型号需要进行修正。

根据负荷统计，逐段计算，随机负荷叠加在除第一段负荷外的计算容量最大的一个阶段，然后与第一阶段的计算容量比较后取大者为最大负荷。

公式：$C_c = K_{rel} [(I_1/K_{C1}) + (I_2-I_1)/K_{C2} + (I_3-I_2)/K_{C3} + \cdots + (I_n-I_{n-1})/KC_n]$

2. 充电装置选择

采用微机型高频开关电源，配置三台，两运一备（相同容量），电源采用专用备用方式。电源模块不采用 $N+1$ 的备用方式。充电器容量按满足事故放电后补充电及核对性放电后充电要求选择。

（1）充电装置额定电流选择。

按满足浮充电选择：

$$I_N = 0.01 I_{10} + I_{jc} = 0.01 C_{10}/10 + I_{jc}$$

$$= 0.01 \times 800/10 + 80.35 = 81.15（A） \quad (15-36)$$

按满足初充电要求：

$$I_N = 1.0 I_{10} \sim 1.25 I_{10}$$

$$= 1 \times 800/10 \sim 1.25 \times 800/10 = 80 \sim 100（A） \quad (15-37)$$

满足均衡充电要求，并带经常负荷：

$$I_N = (1.0 \sim 1.25) I_{10} + I_{jc}$$

$$= (80 \sim 100) + 80.35 = (160.35 \sim 180.35)（A） \quad (15-38)$$

式中 I_N——充电装置额定电流，A；

I_{jc}——直流系统的经常负荷电流，A；

I_{10}——铅酸蓄电池 10h 放电率电流，A。

综上所述：充电装置额定电流可以按照不小于 180.35A 选择。

（2）充电装置输出电压选择：

$$U_N = nU_{cm} = 104 \times 2.4 = 249.6 \text{（V）} \quad (15\text{-}39)$$

式中　U_N——充电装置的额定电压，V；

　　　n——蓄电池组单体个数；

　　　U_{cm}——充电末期单体蓄电池电压，取 2.4，V。

（3）高频开关电源模块个数选择：

$$N_1 \geqslant I_N/40 = 180.35/40 = 4.508 \quad (15\text{-}40)$$

故高频开关电源模块个数可以按 $N=5$ 选择。

综上所述：充电设备选用微机控制高频开关电源时，选用充电电源模块的额定电流为 40A/个，数量为 5 个。

3．电缆截面选择

（1）蓄电池组至直流主屏的电缆：

$$S \geqslant \rho \times 2LI_n/\Delta U \quad (15\text{-}41)$$

式中　S——计算电缆截面积，mm^2；

　　　ρ——电阻系数，铜芯取 0.0184，$\Omega \cdot mm^2/m$；

　　　I_n——回路电流，A；

　　　L——电缆长度，m；

　　　ΔU——允许电压降，取额定电压的 1%，V。

I_n 取蓄电池 1h 放电率电流或蓄电池事故放电初期 1min 冲击放电电流，两者取其大者，1h 放电率电流大约为 0.6×800（蓄电池容量），即 $I_n=480$（A）

$L=28$（m）

$\Delta U = 220 \times 1\% = 2.2$（V）

$S \geqslant \rho \times 2LI_n/\Delta U = 0.0184 \times 2 \times 28 \times 480/2.2 = 224$（$mm^2$）

故选用 $1 \times 120mm^2$ 两根单芯铜芯电缆。

（2）直流主屏至本小室直流分屏的电缆：

$$I_n = 100 \text{（A）} \quad (15\text{-}42)$$

$$S \geqslant \rho \times 2LI_n/\Delta U \text{（mm^2）}$$

式中　S——计算电缆截面积，mm^2；

　　　ρ——电阻系数，铜芯取 0.0184，$\Omega \cdot mm^2/m$；

　　　I_n——回路电流，A；

　　　L——电缆长度，取 10，m。

$\Delta U = 220 \times 1\% = 2.2$（V）

$S \geqslant \rho \times 2LI_n/\Delta U = 0.0184 \times 2 \times 10 \times 100/2.2 = 16.7$（$mm^2$）

故选用 $2 \times 25mm^2$ 双芯铜芯电缆。

（3）直流主屏至 UPS 电源屏的电缆：

$$S \geqslant \rho \times 2LI_n/\Delta U \text{（mm^2）} \quad (15\text{-}43)$$

式中　S——计算电缆截面积，mm^2；

　　　ρ——电阻系数，铜芯取 0.0184，$\Omega \cdot mm^2/m$；

　　　I_n——回路电流，A；

　　　L——电缆长度，取 40，m。

I_n 按继电器小室的最大的持续电流计算，即 $I_n = 8000/220 = 36.36$（A）

$\Delta U = 220 \times 3\% = 6.6$（V）

$S \geqslant \rho \times 2LI_n/\Delta U = 0.0184 \times 2 \times 400 \times 36.36/6.6 = 8.1$（$mm^2$）

故选用 ZR-VV-2×10 双芯铜芯电缆。

第二节　交流不停电电源系统（UPS）

一、交流不停电电源系统（UPS）配置原则

交流不停电电源系统（UPS）为变电站内的计算机监控系统主机、网络设备、远动工作站、电能量计量装置以及火灾报警装置等重要负荷提供不间断供电，其从变电站现有直流操作电源取电，不必像常规 UPS 那样需要单设蓄电池组。

变电站交流不停电电源系统（UPS）按照变电站在系统的重要等级、建设规模、二次设备布置方式、设备对 UPS 电源需求，110kV 电压等级变电站，一般配置一套，全站集中布置；220～750kV 电压等级变电站一般配置两套 UPS，全站集中布置；特高压变电站按照区域配置分散布置，按区域配置两套 UPS。

二、交流不停电电源系统（UPS）的接线方式

交流不停电电源系统（UPS）主要由输入、输出隔离变压器，整流器，逆变器，静态开关，手动维修旁路开关，馈线开关以及连接电缆等组成。系统接线如图 15-5 所示。

变电站交流不停电电源系统（UPS）由一路交流主电源、一路交流旁路电源和一路直流电源供电；为做到交流电源与 UPS 电源的隔离，UPS 应经隔离电器接入交流母线；冗余配置的两套 UPS 的交流电源由不同站用电源母线引接；双重化冗余配置的两套 UPS 分别设置旁路装置并设置隔离变压器，当输入电压变化范围不能满足负载要求时，旁路还应设置自动调压器；采用单母线接线交流不间断电源系统一般采用辐射形供电方式，也可按负荷要求设置分配电柜（箱）供电。

110kV 电压等级变电站二次设备配置简单，根据负荷要求推荐采用单机设置。220kV 及以上电压等级变电站，计算机监控系统主机、控制保护设备网络一般均为双重化配置，且供电可靠性要求高，因此其交流不间断电源系统一般采用双重化冗余方式。在已建成或在建的变电站实际工程中，两套 UPS 配置方式一般有串联冗余、并联冗余和双重化冗余三种接线方式，常用双重化冗余接线方式。常用交流不停电电源系统（UPS）如图 15-6～图 15-8 所示。

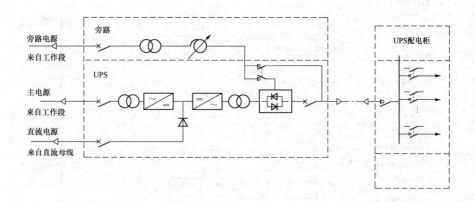

图 15-5 单台交流不停电电源系统接线图

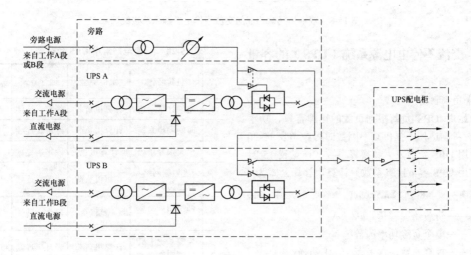

图 15-6 双机串联冗余构成的交流不停电电源系统接线图

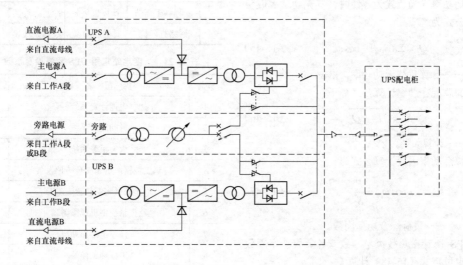

图 15-7 双机并联冗余构成交流不停电电源系统接线图

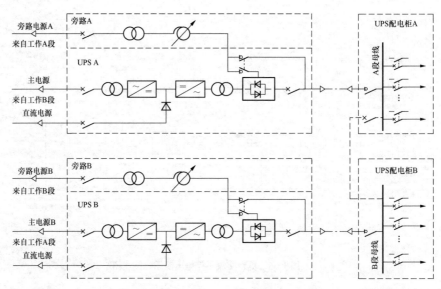

图 15-8 双重化冗余构成的交流不停电电源系统接线图

三、交流不停电电源系统（UPS）的容量计算

（一）负荷计算

变电站内 UPS 负荷根据负载的铭牌容量、功率因数（当设备制造厂不提供功率因数时可参考表 15-20 变电站常用 UPS 负荷表）和换算系数（详见表 15-21 变电站常用 UPS 容量换算系数）计算，计算公式为

$$P_c = \Sigma K S_i \cos \varphi_i \qquad (15\text{-}44)$$

式中　S_i——负载铭牌容量，kV·A；

$\cos \varphi_i$——单个负载功率因数；

K——换算系数，参考表 15-21 选择；

P_c——计算负荷有功功率，kW。

总无功功率（当负载为容性时，其无功功率取负值）计算公式为

$$Q_c = \Sigma K S_i \sqrt{1 - \cos \varphi_i^2} \qquad (15\text{-}45)$$

式中　Q_c——计算负荷无功功率，kvar。

负载的总视在功率计算公式如下：

$$S_c = \sqrt{P_c^2 + Q_c^2} \qquad (15\text{-}46)$$

式中　S_c——计算负荷，kVA。

负荷综合功率因数计算公式为

$$\cos \varphi_{av} = \frac{P_c}{S_c} \qquad (15\text{-}47)$$

式中　$\cos \varphi_{av}$——负荷综合功率因数。

当 UPS 所连接负载类型一致或各负载功率因数相近时，也可按式（15-48）计算。

$$S_c = \Sigma (K S_i) \qquad (15\text{-}48)$$

表 15-20　变电站常用 UPS 负荷表

序号	负荷名称	负荷类型	运行方式	功率因数	备注
1	电能计量系统	计算机负荷	经常、连续	0.8	
2	时间同步系统	计算机负荷	经常、连续	0.8	
3	火灾报警系统	非计算机负荷	经常、连续	0.8	
4	调度数据网络和安全防护设备	计算机负荷	经常、连续	0.95	
5	同步相量测量装置、RTU	非计算机负荷	经常、连续	0.9	
6	监控系统主机或服务器	计算机负荷	经常、连续	0.98	
7	操作员工作站	计算机负荷	经常、连续	0.9	
8	工程师工作站	计算机负荷	经常、连续	0.9	
9	网络打印机	计算机负荷	经常、连续	0.6	

表 15-21　变电站常用 UPS 容量换算系数

序号	负荷名称	换算系数
1	电能计费系统	0.8
2	时间同步系统	0.8
3	火灾报警系统	0.8
4	调度数据网络和安全防护设备	0.8
5	同步相量测量装置、RTU	0.8
6	监控系统主机或服务器	0.7
7	操作员工作站	0.7
8	工程师工作站	0.5
9	网络打印机	0.5

（二）UPS 容量计算

选择大于或等于该计算容量的 UPS 容量作为选择容量。计算公式为

$$S = K_{rel} \frac{S_c}{K_f K_d} \qquad (15\text{-}49)$$

式中　S——UPS 计算容量，kVA；

S_c——计算负荷，kVA；

K_{rel}——可靠系数，取 1.25；

K_f——功率校正系数，取 $0.8\sim1.0$，根据负荷综合功率因数，也可参考表 15-22；

K_d——降容系数，参考设备制造厂参数或表 15-23。

表 15-22　功 率 校 正 系 数 表

负荷特性	容性		阻性	感　　　　性					
负荷综合功率因数	0.80	0.90	1.00	0.95	0.90	0.85	0.8	0.7	0.6
功率校正系数 K_f	0.55	0.74	0.80	0.84	0.89	0.94	1.00	0.84	0.75

表 15-23　降 容 系 数 表

海拔（m）	1000	1500	2000	2500	3000	3500	4000	4500	5000
降容系数 K_d	1.00	0.95	0.91	0.86	0.82	0.78	0.74	0.70	0.67

四、交流不停电电源系统（UPS）的技术参数及功能要求

（一）技术参数要求

交流不停电电源系统（UPS）交流输入电压允许范围：$-15\%\sim+15\%$；直流输入电压允许范围：$-20\%\sim+15\%$；输入频率允许范围：$\pm5\%$；输入电流谐波失真不应大于 5%。

交流不停电电源系统（UPS）输出电压稳定性为稳态 $\pm2\%$，动态 5%；输出频率稳定性为稳态 $\pm1\%$，动态 2%；输出电压波形失真度非线性负载不大于 5%；输出额定功率因数为 0.8（滞后）；输出电流峰值系数不小于 3；过负荷能力不低于 125%/10min，150%/1min，200%/5s。

交流不停电电源系统（UPS）旁路切换时间不应大于 5ms；整机效率不小于 90%；噪声不大于 65dB（A）；防护等级不低于 IP30；平均故障间隔时间（MTBF）不小于 25000h。

（二）功能要求

交流不停电电源系统（UPS）交流输入侧、直流输入侧和馈线回路要求装设保护电器。各级保护装置的配置，根据其装设地点的短路电流计算结果，保证上、下级断路器或熔断器之间具有选择性。系统具有交流输入电压低、直流输入电压低、逆变器输入/输出电压异常、整流器故障、逆变器故障、静态开关故障、风机故障、馈线跳闸等故障报警及旁路运行、蓄电池放电异常等运行报警功能。交流不间断电源系统具有与变电站内计算机监控系统进行通信的功能，通信方式一般采用网络方式，重要报警信号可采用硬触点输出硬接线接入计算机监控系统。

第十六章

二 次 辅 助 系 统

第一节 时间同步系统

对电网的运行和事故系统性分析需要有描述电网暂态过程的电流、电压波形，断路器、保护装置动作时间，各种事件发生的时间顺序在电网运行和故障分析过程中起着决定性作用。全站的时间同步系统是变电站稳定运行的关键技术。

目前在国内电力系统中，时间同步系统的应用方式是接收导航卫星发送的无线标准时间信号并采用符合相应规范要求的装置作为统一时钟信号源，再由统一时钟信号源向电网中各类装置提供标准时间。

一、系统设备的设置

在一座变电站只建设一个时间同步系统，所有需要实现时间同步的设备都纳入时间同步系统统一考虑，单个设备不单独配备时间同步标准时钟。

在变电站内，时间同步系统的设备配置为：主时钟、时间信号传输通道、时间信号用户设备接口。

时间同步系统有多种组成方式，其典型方式有基本式、主从式、主备式三种。

基本式时间同步系统由一台主时钟和信号传输介质组成，为被授时设备或系统对时，如图 16-1 所示。

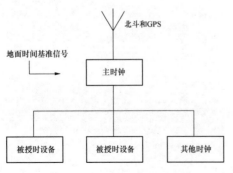

图 16-1 基本式时间同步系统

主从式时间同步系统由一台主时钟、多台时钟扩展单元和信号传输介质组成，为被授时设备或系统对时，如图 16-2 所示。

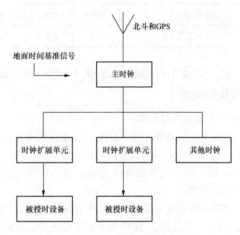

图 16-2 主从式时间同步系统

主备式时间同步系统由两台主时钟、多台时钟扩展单元和信号传输介质组成，为被授时设备或系统对时，如图 16-3 所示。

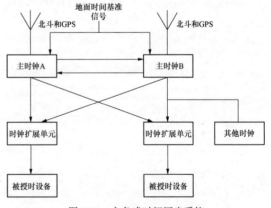

图 16-3 主备式时间同步系统

二、主时钟组成及输出信号类型

（一）组成

主时钟由时间信号接收（输入）单元、时间保持单元、时间信号输出（扩展）单元三个主要部分组成。主时钟支持北斗系统和 GPS 系统单向标准授时信号，优先采用北斗系统，并预留与地基时钟源的接口。时间同步精度和守时精度满足站内所有设备的对时精度要求。

1. 时间信号接收（输入）单元

时间信号接收（输入）单元用于接收外部时间基准信号，通过接收以无线或有线手段传递的时间信号，获得 1pps 和包含北京时间时刻和日期信息的时间报文，1pps 的前沿与世界标准时间（UTC）的时刻偏差不大于 1μs，该 1pps 和时间报文作为主时钟的外部基准时间。

（1）无线时间信号接收单元。接收 GPS 卫星或我国北斗卫星以无线手段传递的时间信号，获得满足规定要求的时间信息。

（2）有线时间信号输入单元。通过导线或光纤接收其他主时钟发送的时间信号，获得满足规定要求的时间信息。一般在主时钟内时间信号接收单元冗余配置时采用，其时间信息（IRIG-B/DCLS 时码）作为主时钟的后备外部时间基准。

（3）输入时间信号。输入的时间信号类型有 GPS/北斗时间信号；IRIG-B/DCLS 时码；原子频标；石英晶振。时间信号的电接口在电气上均应相互隔离。

2. 时间保持单元

主时钟内部的时钟，当接收到外部时间基准信号时，被外部时间基准信号同步；当接收不到外部时间基准信号时，保持一定的走时准确度，使主时钟输出的时间同步信号仍能保证一定的准确度。

内部时钟的振荡源可以根据时钟精度的要求，选用普通石英晶振、有温度补偿的石英晶振或原子频标。

3. 时间信号输出（扩展）单元

当主时钟接收到外部时间基准信号时，按照外部时间基准信号输出时间同步信号；当接收不到外部时间基准信号时，按照内部时间保持单元的时钟输出时间同步信号。当外部时间基准信号接收恢复时，自动切换到正常状态工作。

（二）主时钟输出信号类型

主时钟输出信号类型主要有：

（1）脉冲信号：1pps 脉冲信号；1ppm 脉冲信号；1pph 脉冲信号；天脉冲信号；差分信号。

（2）时码信号：IRIG-B（DC）时码；IRIG-B（AC）时码；DCLS 时码。

（3）串口时间报文。

（4）网络授时。网络授时采用客户端/服务器的工作方式。客户端通过定期访问服务器提供的时间服务获得准确的时间信息，并调整自己的系统时钟，达到网络时间同步的目的。

1）NTP（network time protocol，网络时间协议）。NTP 是用来在整个网络内发布精确时间的协议。其本身的传输基于 UDP。NTP 协议可以跨越各种平台和操作系统，用非常精密的算法，因而几乎不受网络延迟和抖动的影响，可以提供 1～50ms 精度。NTP 同时提供认证机制，安全级别很高。但是 NTP 算法复杂，对系统要求较高。

2）SNTP（simple network time protocol，简单网络时间协议）。SNTP 是 NTP 的简化版本，在实现时，计算时间用了简单的算法，性能较高。而精确度一般能达到 1s 左右，也能基本满足绝大多数场合的需要。所以 SNTP 通常用于网络中叶子节点设备的时间同步，因为通常该站点对时间精度的要求并不是非常高。

3）PTP（picture transfer protocol，网络测量和控制的精密时钟同步协议标准）。PTP 技术，即 IEEE 1588 标准，是一种高精度时钟同步技术，是基于以太网来实现的一个对时标准。

三、时间同步信号传输介质

时间信号传输通道应保证主时钟输出的时间信号传输到用户设备时能满足用户设备对时间信号质量的要求，一般可在下列几种通道中选用。

（一）同轴电缆

用于室内高质量地传输 TTL 电平时间信号，如 1pps、1ppm、1pph、IRIG-B（DC）码 TTL 电平信号，传输距离不大于 15m。

（二）屏蔽电缆

用于室内传输 RS-232C 串行口时间报文，传输距离不大于 15m。

用于传输静态空触点脉冲信号，传输距离不大于 150m。

用于传输 RS-422/485、IRIG-B（DC）码信号，传输距离不大于 150m。

（三）音频通信电缆

用于传输 IRIG-B（AC）信号，传输距离不大于 1000m。

（四）光纤

用于远距离传输各种时间信号和需要高精度对时的场合。

四、时间同步系统对时范围

时间同步系统对时范围包括监控系统站控层设备、保护及故障信息管理子站、保护装置、测控装置、故障录波装置、故障测距装置、相量测量装置、智能终端、合并单元及站内其他智能设备等。

站控层设备对时宜采用 SNTP 方式。间隔层设备对时宜采用 IRIG-B、1pps 方式。过程层设备对时采用 IRIG-B 方式。

变电站各种设备的时间同步技术要求见表 16-1。

表 16-1   变电站各种设备的时间同步技术要求

设备名称	时间同步准确度	电气接口	时间同步信号类型
安全稳定控制装置	1ms	RS-485	IRIG-B
相量测量装置	1µs	静态空触点及 RS-232	1pps 及时间报文
无功电压自动投切装置	1ms	RS-485	IRIG-B 及时间报文
行波故障测距装置	1µs	静态空触点及 RS-232	1pps 及时间报文
微机保护装置	1ms	RS-485	IRIG-B 及时间报文
故障录波器	1ms	RS-485	IRIG-B 及时间报文
测控装置	1ms	RS-485	IRIG-B 及时间报文
智能终端	1ms	RS-485	IRIG-B 及 PTP
合并单元	1µs	RS-485	IRIG-B 及 PTP
计算机监控后台系统	1s	RS-232 或 FE（RJ-45）	SNTP 及时间报文
RTU/远动工作站	1ms	RS-485	IRIG-B 及时间报文
电能量计量终端	1s	网口	SNTP 及时间报文
关口电能表	1s	网口	SNTP 及时间报文
继电保护管理子站	1s	网口	SNTP 及时间报文
设备在线监测装置	1s	网口	SNTP 及时间报文
UPS、逆变、直流电源系统	1s	网口	SNTP 及时间报文
视频监视系统	1s	网口	SNTP 及时间报文

五、时间同步设备的布置及配置

（一）变电站配置要求

（1）220kV 及以上变电站主时钟采用双重化配置，110kV 及以下变电站主时钟采用单套配置。

主时钟柜一般设置在变电站的控制中心，即主控楼内，包括标准机箱、接收模块、接收天线、电源模块、时间信号输出模块等。时间同步系统应按照 DL/T 860《电力自动化通信网络和系统》通信协议标准建模，具备完善的自描述功能，以 MMS 机制与站控层设备通信，相关自检信息经 MMS 接口直接上送到站控层设备，通过站控层 SNTP 对时端口实现 MMS 通信。

（2）根据各变电站的规模，时间同步系统内配置时间信号扩展柜，时间信号扩展柜一般设置在各继电器小室内，以提供多路脉冲输出、IRIG-B 码输出、串口输出，满足变电站内各类设备的对时要求。

（二）变电站时间同步系统的布置

（1）如图 16-4 所示，在主控制室中设置 1 套主时钟（含北斗接收器、GPS 接收器、天线、时间输出单元等），负责计算机室二次设备的对时，包括串口对时、脉冲对时、编码对时。主时钟输出口数量需考虑一定的备用容量，以 20%为宜。在分散下放的继电器小室内各设一面时间扩展柜，完成对本小室二次设备的对时以及相关配电装置区域的智能终端和合并单元的对时。

（2）如图 16-5 所示，对于控制保护等二次设备相对集中布置的变电站，一般在二次设备室设主时钟柜一面，扩展出 1pps、1ppm、1pph、IRIG-B、串行口等各种时间同步信号电接口，以满足不同设备的对时要求，对测控、保护装置优先采用 IRIG-B 时码。若主时钟输出同步信号接口的数量不足，则可在主时钟柜上增加扩展模块以满足不同使用场合的需要。

（三）其他要求

为了保证时间同步系统的运行可靠，主时钟所配天线必须保证安装地点接收信号所需灵敏度，安装位置应视野开阔，尽可能安装在屋顶，但高出屋面距离不要太大，以减少雷击危险。天线电缆长度有 30、50m 和 100m 三种，故应根据实际情况选择合适的型号，以保证时钟接收器需要的信号强度。

主时钟电源一般采用变电站的直流电源，对有冗余配置要求的，两只主时钟的电源应分别从不同的直流母线引接，以提高系统的可靠性。

主时钟故障时要输出相应的故障告警信号，如电源消失、装置故障等，若采用主备冗余配置，还应有主备运行状态信号，以便变电站运行人员监视时间同步系统的运行情况。

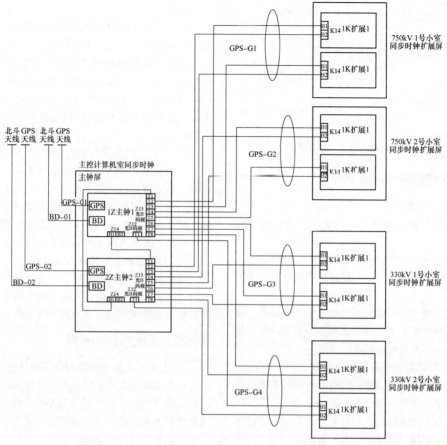

图 16-4　变电站时间同步系统示意图（一）

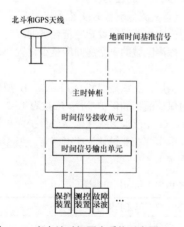

图 16-5　变电站时间同步系统示意图（二）

第二节　火灾探测报警系统

　　火灾探测报警系统是防范站内重要设备及重要建筑物免受火灾而设置的一套系统。火灾报警器的容量、性能要求及相应的接口按照变电站的最终规模考虑，各类探测器按本期规模考虑。火灾探测报警系统在火灾的早期阶段，准确地探测到火情并迅速报警，对及时组织有序快速疏通、积极有效地控制火灾的蔓延、快速灭火和减少火灾损失都具有重要的意义。

一、系统设计

　　火灾探测报警系统由火灾报警工作站、火灾报警控制器、火灾探测器、消防联动控制设备、手动火灾报警按钮、火灾报警器等设备组成，完成火灾探测报警功能。

　　火灾探测报警系统应设有自动和手动两种触发装置。

　　火灾探测报警系统应采用智能型、总线型网络结构，火灾探测报警系统总线回路应按变电站终期建设规模配置。

　　火灾探测报警系统总线上应设置总线短路隔离器，每只总线短路隔离器保护的火灾探测器、手动火灾报警按钮和模块等设备的总数不应超过 32，总线穿越防火分区时，应在穿越处设置总线短路隔离器。

　　变电站宜设置一台集中火灾报警控制器，布置在有人值守的场所。火灾报警控制器的容量应按照变电站终期建设规模配置。火灾探测器等其他设备应按照本期规模配置。

　　火灾探测报警系统原理简图如图 16-6 所示。

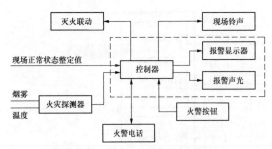

图 16-6　火灾探测报警系统原理简图

二、探测范围及区域划分

（一）探测范围

变电站火灾探测报警系统的探测范围包括下列场所：

（1）主控楼：主控制室，计算机室，通信设备室，资料室，会议室，休息室，主控楼电缆竖井、电缆夹层等。

（2）就地设备室：就地继电器小室、预制舱、蓄电池室、站用电配电室、综合水泵房、车库、警卫传达室、继电器小室电缆夹层等。

（二）报警区域和探测区域的划分

变电站火灾报警区域应根据防火分区或楼层划分。可将一个防火分区或一个楼层划分为一个报警区域。也可将发生火灾时需要同时联动消防设备的相邻几个防火分区或楼层划分为一个报警区域。

变电站火灾探测区域应按独立房间划分。一个探测区域的面积不宜超过 500m²；从主要入口能看清其内部，且面积不超过 1000m² 的房间，也可划为一个探测区域。红外光束感烟火灾探测器和缆式线型感温火灾探测器的探测区域的长度，不宜超过 100m。

三、火灾探测器的选择

（一）设置要求

（1）对火灾初期有阴燃阶段，产生大量的烟和少量的热，很少或没有火焰辐射的场所，应选择感烟火灾探测器。

（2）对火灾发展迅速，有强烈的火焰辐射和少量烟、热的场所，应选择火焰探测器。

（3）应依据保护场所可能发生火灾的部位和对燃烧材料的分析，以及火灾探测器的类型、灵敏度和响应时间等选择相应的火灾探测器，对火灾形成特征不可预料的场所，可依据模拟试验的结果选择火灾探测器。

（二）点型火灾探测器的选择

主控制室、计算机室、通信设备室、资料室、会议室、休息室、就地继电器小室、站用电配电室、综合水泵房、警卫传达室等宜选择点型感烟探测器。

蓄电池室应选择防爆类的点型感烟探测器。

车库、备餐室应选择点型感温探测器。

（三）线型火灾探测器的选择

单台容量在 125MVA 以上的主变压器和高压并联电抗器，电缆竖井、电缆夹层、电缆隧道、电缆桥架等区域宜选择缆式线型感温火灾探测器。

四、系统设备的设置

（一）火灾报警控制器和消防联动控制器的设置

有人值班的变电站的火灾报警控制器和消防联动控制器应设置在主控制室；无人值班的变电站的火灾报警控制器和消防联动控制器宜设置在变电站门厅，并应将火警信号传至集控中心。

（二）火灾探测器的设置

1. 点型火灾探测器的设置

点型火灾探测器的设置应符合下列规定：

（1）探测区域的每个房间应至少设置一只火灾探测器。

（2）感烟火灾探测器和 A1、A2、B 型感温火灾探测器的保护面积和保护半径，应按表 16-2 确定；C、D、E、F、G 型感温火灾探测器的保护面积和保护半径，应根据生产企业设计说明书确定，但不应超过表 16-2 的规定。

表 16-2　　　　感烟火灾探测器和 A1、A2、B 型火灾探测器的保护面积和保护半径

火灾探测器的种类	地面面积 S （m²）	房间高度 h （m）	一只探测器的保护面积 A 和保护半径 R					
			屋顶坡度 θ					
			$\theta \leqslant 15°$		$15° < \theta \leqslant 30°$		$\theta > 30°$	
			A （m²）	R （m）	A （m²）	R （m）	A （m²）	R （m）
感烟火灾探测器	$S \leqslant 80$	$h \leqslant 12$	80	6.7	80	7.2	80	8.0
	$S > 80$	$6 < h \leqslant 12$	80	6.7	100	8.0	120	9.9
		$h \leqslant 6$	60	5.8	80	7.2	100	9.0
感温火灾探测器	$S \leqslant 30$	$h \leqslant 8$	30	4.4	30	4.9	30	5.5
	$S > 30$	$h \leqslant 8$	20	3.6	30	4.9	40	6.3

注　建筑高度不超过 14m 的封闭探测空间，且火灾初期会产生大量的烟时，可设置点型感烟火灾探测器。

（3）感烟火灾探测器、感温火灾探测器的安装间距，应根据探测器的保护面积 A 和保护半径 R 确定。

（4）一只探测区域内所需设置的探测器数量，不应小于式（16-1）的计算值。

$$N = \frac{S}{KA} \qquad (16\text{-}1)$$

式中　N——探测器数量，N 应取整数，只；

S——该探测区域面积，m^2；

K——修正系数，变电站场所，可取 1.0；

A——探测器的保护面积，m^2。

（5）在有梁的顶棚上设置点型感烟火灾探测器、感温火灾探测器时，应符合下列规定：

1）当梁突出顶棚的高度小于 200mm 时，可不计梁对探测器保护面积的影响。

2）当梁突出顶棚的高度为 200～600mm 时，应按图 16-7 和表 16-3 确定梁对探测器保护面积的影响和一只探测器能够保护的梁间区域的个数。

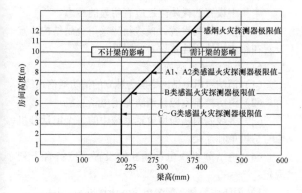

图 16-7　不同高度的房间梁对探测器设置的影响

表 16-3　按梁间区域面积确定一只探测器保护的梁间区域的个数

探测器的保护面积 A（m^2）	梁隔断的梁间区域面积 Q（m^2）	一只探测器保护的梁间区域的个数（个）
感温火灾探测器		
20	$Q>12$	1
20	$8<Q\leqslant12$	2
20	$6<Q\leqslant8$	3
20	$4<Q\leqslant6$	4
20	$Q\leqslant4$	5
30	$Q>18$	1
30	$12<Q\leqslant18$	2
30	$9<Q\leqslant12$	3
30	$6<Q\leqslant9$	4
30	$Q\leqslant6$	5

续表

探测器的保护面积 A（m^2）	梁隔断的梁间区域面积 Q（m^2）	一只探测器保护的梁间区域的个数（个）
感烟火灾探测器		
60	$Q>36$	1
60	$24<Q\leqslant36$	2
60	$18<Q\leqslant24$	3
60	$12<Q\leqslant18$	4
60	$Q\leqslant12$	5
80	$Q>48$	1
80	$32<Q\leqslant48$	2
80	$24<Q\leqslant32$	3
80	$16<Q\leqslant24$	4
80	$Q\leqslant16$	5

3）当梁突出顶棚的高度超过 600mm 时，被梁隔断的每个梁间区域应至少设置一只探测器。

4）当被梁隔断的区域面积超过一只探测器的保护面积时，被隔断的区域按式（16-1）计算探测器的设置数量。

5）当梁间净距小于 1m 时，可不计梁对探测器保护面积的影响。

（6）在宽度小于 3m 的内走道顶棚上设置点型火灾探测器时，宜居中布置。感温火灾探测器的安装间距不应超过 10m；感烟火灾探测器的安装间距不应超过 15m；探测器至端墙的距离，不应大于探测器安装间距的 1/2。

（7）点型火灾探测器至墙壁、梁边的水平距离，不应小于 0.5m。

（8）点型火灾探测器周围 0.5m 内，不应有遮挡物。

（9）房间被设备或隔断等分隔，其顶部至顶棚或梁的距离小于房间净高的 5% 时，每个被隔开的部分至少安装一只点型火灾探测器。

（10）点型火灾探测器至空调送风口边的水平距离不应小于 1.5m，并宜接近回风口安装。探测器至多孔送风顶棚孔口的水平距离不应小于 0.5m。

（11）当屋顶有热屏障时，点型感烟火灾探测器下表面至顶棚或屋顶的距离，应符合表 16-4 的规定。

表 16-4　点型感烟火灾探测器下表面至顶棚或屋顶的距离

探测器的安装高度 h（m）	点型感烟火灾探测器下表面至顶棚或屋顶的距离 d（mm）					
	顶棚或屋顶坡度 θ					
	$\theta\leqslant15°$		$15°<\theta\leqslant30°$		$\theta>30°$	
	最小	最大	最小	最大	最小	最大
$h\leqslant6$	30	200	200	300	300	500

续表

探测器的安装高度 h（m）	点型感烟火灾探测器下表面至顶棚或屋顶的距离 d（mm）					
	顶棚或屋顶坡度 θ					
	θ≤15°		15°<θ≤30°		θ>30°	
	最小	最大	最小	最大	最小	最大
6<h≤8	70	250	250	400	400	600
8<h≤10	100	300	300	500	500	700
10<h≤12	150	350	350	600	600	800

（12）锯齿形屋顶和坡度大于15°的人字形屋顶，应在每个屋脊处设置一排点型火灾探测器，探测器下表面至屋顶最高处的距离，应符合表16-4的规定。

（13）点型火灾探测器宜水平安装。当倾斜安装时，倾斜角不应大于45°。

（14）线型光束感烟火灾探测器的设置应符合下列规定：

1）探测器的光束轴线至顶棚的垂直距离宜为0.3～1.0m，距地高度不宜超过20m。

2）相邻两组探测器的水平距离不应大于14m，探测器至侧墙的水平距离不应大于7m，且不应小于0.5m。探测器的发射器和接收器之间的距离不宜超过100m。

3）探测器应设置在固定结构上。

4）探测器的设置应保证其接收端避开日光和人工光源直接照射。

5）选择反射式探测器时，应保证在反射板与探测器间任何部位进行模拟试验时，探测器均能正确响应。

2. 线型火灾探测器的设置

（1）探测器在保护电缆等类似保护对象时，应采用接触式布置。

（2）设置在顶棚下方的线型感温火灾探测器，至顶棚的距离宜为0.1m。探测器的保护半径应符合点型感温火灾探测器的保护半径要求；探测器至墙壁的距离宜为1～1.5m。

（3）设置线型感温火灾探测器的场所有联动要求时，宜采用两只不同火灾探测器的报警信号组合。

（4）与线型感温火灾探测器连接的模块不宜设置在长期潮湿或温度变化较大的场所。

（5）探测器在保护单台容量在125MVA以上的主变压器和高压并联电抗器时，应采用接触式布置。

3. 手动火灾报警按钮的设置

（1）每个防火分区应至少设置一只手动火灾报警按钮。从一个防火分区内的任何位置到最邻近的手动火灾报警按钮的步行距离不应大于30m。手动火灾报警按钮宜设置在疏散通道或出入口处。

（2）手动火灾报警按钮应设置在明显和便于操作的部位。当安装在墙上时，其底边距地高度宜为1.3～1.5m，且应有明显的标志。

4. 火灾报警器的设置

（1）火灾报警器应设置在每个楼层的楼梯口、建筑物的主要出入口、建筑内部拐角等处的明显部位，且不宜与安全出口指示标志灯具设置在同一面墙上。

（2）火灾报警器宜设置手动或自动两种控制方式。

（3）每个报警区域内应均匀设置火灾报警器，其声压级不应小于60dB；在环境噪声大于60dB的场所，其声压级应高于背景噪声15dB。

5. 模块、模块箱的设置

（1）模块的设置。每个报警区域的模块宜相对集中设置在本报警区域内金属模块箱中，不应将模块设置在配电（控制）柜（箱）内。本报警区域的模块不应控制其他报警区域的设备。

未集中设置的模块附近应有明显的标志。

（2）模块箱的设置。模块箱应采用金属结构，宜设置在箱内模块所连接设备的附近。

6. 消防专用电话的设置

（1）消防专用电话网络应为独立的消防通信系统。

（2）消防控制室应设消防专用电话总机。

（3）多线制消防专用电话系统中的每个电话分机应与总机单独连接。

（4）电话分机或电话插孔的设置，应符合下列规定：

1）消防水泵房、配变电室、计算机室、继电器室等应设置消防专用电话分机。消防专用电话分机应固定安装在明显且便于使用的部位，并应有区分于普通电话的标志。

2）设有手动火灾报警按钮或消火栓按钮等处，宜设置电话插孔，并宜选择带有电话插孔的手动火灾报警按钮。

3）电话插孔在墙上安装时，其底边距地面高度宜为1.3～1.5m。

（5）消防控制室、值班室等处，应设置可直接报警的外线电话。

五、消防控制和消防联动

消防控制和消防联动的设置要求如下：

（1）火灾探测报警系统应能实现风机、空调、消防系统的联动控制。联动设备宜通过总线模块联动，也可通过消防联动控制器对重要设备进行联动。

（2）消防联动控制系统的联动输出触点应为无源触点，触点容量应满足受控设备控制回路的要求。

（3）各受控设备接口的特性参数应与火灾报警控

制器或消防联动控制器发出的联动控制信号相匹配。

（4）需要与火灾探测报警系统联动控制的消防设备，其联动触发信号应采用两个报警触发装置报警信号的"与"逻辑组合。

六、系统布线

系统布线的设置要求如下：

（1）火灾探测报警系统的电源线、消防联动控制线应采用耐火或 A 类阻燃铜芯绝缘导线或铜芯电缆，信号线、联网线、通信线宜采用耐火或 A 类阻燃铜芯绝缘导线或铜芯电缆。

（2）不同建筑物（或户外设备）之间的火灾探测报警系统连接线缆宜采用耐火或 A 类阻燃铠装光缆，信号线、联网线、通信线和消防联动控制线的电缆还应有屏蔽功能。

（3）火灾探测报警系统传输线路穿的金属管宜采用热镀锌钢管，钢管的最小管径应满足钢管穿线根数的要求，不宜小于 20mm。

（4）建筑物内无吊顶处及墙面的火灾探测报警系统的管线应采用暗敷设，有吊顶的管线在吊顶内可明敷设。

（5）当穿管的管路长度过长或有弯曲时应加装过线盒，导线接头应在接线盒内焊接或用端子连接，管内不应有接头或扭结。

第三节 图像监视和安全警卫系统

图像监视和安全警卫系统以"智能控制"为核心，以微机技术、网络技术和多媒体技术为基础，以数字视频监控系统、安全警卫系统为核心手段，采用子系统分散配置、集中管理的分层分布式构架和面向网络的 Web 浏览模式，对站区范围进行防盗、防人为事故的监控，并对全站主要电气设备、关键设备安装地点以及周围环境进行全天候的状态监视和智能控制，以满足电力系统安全生产的要求。

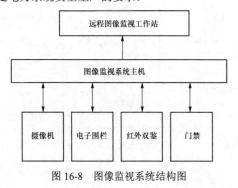

图 16-8 图像监视系统结构图

一、系统设计

（一）系统结构

变电站内的图像监视和安全警卫系统主要包括图像监视控制设备，各类的摄像机、电子围栏等，保安报警设备，以及相应的辅助设备，如图 16-8 所示。

（二）系统功能

图像监视和安全警卫系统应实现以下功能：

（1）系统以网络通信为主要手段，完成站端音视频、环境数据、门禁以及防盗报警等数据的采集和监控，并远传到站内监控中心或集中控制中心。

（2）系统实现视频监控、安全警卫门禁控制、环境监测等所有子系统在辅助系统监控平台主界面上的一体化显示和控制。

（3）各子系统设备能够脱网运行，在后台服务器故障的情况下各设备依然能够正常工作，并实现联动报警及记录、存储等功能。

（4）各子系统间除相互联动外，还应支持与站内监控系统联动，包括现场设备操作联动视频、控制保护系统告警联动二次设备室视频等。

（5）系统所有操作及报警确认，均应保留详细的日志并生成报表。

二、监测范围

变电站图像监视和安全警卫系统的探测范围包括下列场所：

（1）主控楼：主控楼入口、主控楼走廊、主控制室、计算机室、通信机房等。

（2）就地设备室：就地继电器小室、蓄电池室、站用电配电室、备品备件库、预制舱等。

（3）变电站的围墙及大门。

（4）变电站内的配电装置区域等。

三、图像监视系统设备选择

（一）图像监视系统概述

图像监视系统由前端的网络摄像机、网络交换机、网络硬盘录像机（NVR）、大屏幕显示器、图像工作站、网络设备、光缆等设备组成。采用百兆光纤以太网将编码压缩后的视频数据传输到站端监控中心，由数字视频与环境监控主机解码输出到大屏幕液晶显示器。数字硬盘录像机完成高清视频的存储与流媒体分发服务，以及现场周界报警信号采集，实现报警联动视频。

（二）图像监视系统构架

变电站图像监视系统可以分为前端信号采集处理部分、信号传输部分和后台控制部分三部分。

1. 前端信号采集处理部分

摄像机是整个图像监视系统的"眼睛",因此是图像监视系统的核心设备,变电站采用的摄像机经历了从模拟信号摄像机(简称模拟机)到数字(网络)信号摄像机(简称网络机)过渡的过程。

(1)模拟机。模拟机输出的是模拟(视频、音频、图像等)信号,经同轴电缆将信号送至硬盘录像机(DVR),硬盘录像机通过内置的 A/D 转换和编码程序将模拟信号转换成数字信号后存储;模拟系统在当前阶段,除成本较低以外,在技术参数等各个层面全面落后于网络系统,目前已逐渐被网络机替代。

(2)网络机。网络机可直接输出数字格式的(视频、音频、图像、报警)信号,经网线传输至网络硬盘录像机存储。用于变电站的网络机的形状,从大类上可分为枪式摄像机(含固定式枪机、带云台的枪机)、半球形摄像机、球形摄像机三种。

1)枪式摄像机。枪式摄像机因其造型特点而得名,简称枪机,枪机主要包括固定式枪机和带云台的枪机两种。

a)固定式枪机。

特点:因其组成结构相对于球形摄像机来说比较简单,在成像质量相近的情况下,价格相对球形摄像机便宜。摄像机的镜头部分可以现场更换,以适应不同的广角和焦距。

适用场合:一般适用于需要监控固定位置的场所,如监视变电站大门进出人员及来往车辆,由于不需要变焦和转动,故成像质量比较稳定,故障率相对较低。枪机本身的造型及结构特点决定了枪机对灰尘、雨水等的防护等级较低,故一般不推荐露天使用。

b)带云台的枪机。

特点:可理解为固定式枪机和云台的组合,价格仍比成像质量相近的球形摄像机便宜。

适用场合:适用于需要监视大于一个预置点位、对变焦要求不高的场所,但因其不具备特别的技术优势,故目前在变电站属于可被球形摄像机替代的产品。同固定式枪机一样,带云台的枪机对灰尘、雨水等防护等级较低,不推荐露天使用。

2)球形摄像机。球形摄像机属于一体化摄像机,因其将云台、滑环(轨道)、解码器、摄像头等元件均做在了同一个球壳内,故而得名。球形摄像机按照其内置的云台带动摄像头(机芯)的转动速度,一般可分为高速球、中速球、匀速球等。

特点:可实现摄像头的快速、准确定位及内置云台的旋转,对于需要跟踪的活动目标,可实现自动变焦和转速自动调整。

适用场合:可安装于变电站的户外场所,也可安装在继电器室及主控制室等位置。

3)半球形摄像机。半球形摄像机也是一种固定式摄像机,内部不设镜头滑环,与固定式枪机的区别主要是其结构特点决定了机壳的防护等级更高,且能够采用吸顶安装的方式。

适用场合:适用于需对固定的视角进行监控的场合,如楼梯间、电梯间、通道等,与固定式枪机类似。

2. 信号传输部分

基于数字(网络)技术的视频监控系统,图像处理单元、图像存储单元和云台控制单元集成在网络硬盘录像机内,解码模块由摄像机机身内部的主板集成,视频、音频信号和控制信号均通过网络线传输,如图 16-9 所示。通过一根网线即可实现上行视频信号和下行控制信号的同时传输,在网线中传输的是数字量。数字(网络)技术的视频监控系统,其网络硬盘录像机可直接对摄像机传输的数字型号进行存储,无须进行二次压缩和编码。实现网络监控,全部设备通过 TCP/IP 协议交换视频和数据信息,做到完全数字化和网络化。

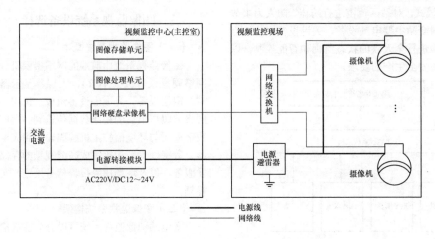

图 16-9　数字(网络)技术视频监控系统构架图

3. 后台控制部分

配置数字硬盘录像机，集中存储前端所有摄像机的数据。对于控制的权限，是由管理员针对不同人员的控制级别设置相应的控制权限和登陆范围。主控台上，调度人员可运行集中管理软件，通过它实现多画面监控到全站区内的监控图像；在远方调度中心通过IE浏览器直接访问网络摄像机实现综合监控。同时，在用户需要时也可通过计算机连接大屏幕显示器，将前端图像都设置到大屏幕上进行观看。

采用 TCP/IP 网络的数字视频监控系统是发展的必然趋势，它符合网络化、数字化的时代潮流，技术含量高，其最大的特点是传输距离不受限制，且能很方便地与其他系统互连互通，录像与事故调查都很方便，另外还可以方便地接入其他安全防范设备，并可方便地实现对温度、湿度、照度及声音等环境的监控报警；同时可以与灯光、警号、门磁等设备联动，这使得它可以方便地组成一套功能强大的安全防范系统。

（三）图像监视系统功能

1. 监控功能

（1）实时视频监控功能，显示器上的视频监视画幅大小可自由缩放，画幅数量可自由切换，以正常运行循环播放、异常状态迅速弹出的方式显示变电站现场视频图像。

（2）摄像机由用户根据需要自由分组选择，直观、方便地展示监控现场实时状态。

（3）各监控客户终端都可以选择轮视功能，监视画面自动在同一监控前端的不同摄像机之间或多个监控前端之间按序轮流切换。

（4）图像抓拍功能，可实时抓拍屏幕上显示的活动图像，存入设定路径，支持随时查看。

（5）信息查看功能，包括系统信息、用户信息、事件信息等。

（6）视频报警功能，视频报警包括视频丢失报警和视频动态触发报警两种。摄像机损坏或被窃或断线等，引起视频信号丢失，应触发报警；对于设定的视频报警区域，如有运动目标进入或图像发生变化，也应触发报警。

2. 摄像机控制功能

各摄像机应支持远程控制功能，控制中心的授权用户可方便的对变电站内摄像机作上下、左右移动及缩放的操作。当多个用户同时要控制某个摄像机时，系统可以设定优先级别。

3. 图像存储及回放功能

对于网络摄像机，其上送的视频信息可直接存储在NVR内，在视频监控工作站通过网络调取NVR的视频信息。可通过网络视频服务器选择不同的图像保存方式，如定期定时保存、报警触发保存、手工操作保存等。所有存盘的信息可方便地分别按时间、地点查询，提供录像回放编辑功能。

4. 高级应用功能

（1）警戒区域闯入报警。对于重要的带电区域，可采用固定式枪机对划定的警戒区域进行监控，当有人员闯入该入侵区域，达到触发条件时即触发报警。

（2）车牌识别。对于授权放行的车辆，登记车辆并录入系统白名单，当该车辆再次访问变电站时，识别出车牌后，与数据库已录入的车牌号进行比对，判别是否为授权车辆。

四、安全警卫系统

为防止外来人员非法入侵，对设备和人身安全产生危害，在全站设置一套安全警卫系统。安全警卫系统也称为安防系统，主要包括电子围栏、红外对射、红外双鉴、门禁、手动紧急报警装置及相关辅助设备（如声光报警器）等一系列可对以非正常方式进入变电站周界的行为进行防护和报警的设备，变电站的安全警卫系统可由上述设备的一种或几种组成。

（一）安全警卫系统构架

安全警卫系统的系统构架主要有以下方式：

（1）总线式构架。探测器（电子围栏、红外双鉴等）、紧急报警装置通过其相应的编址模块与报警控制主机之间采用报警总线相连，结构示意图见图16-10。

（2）网络式构架。探测器（电子围栏、红外双鉴等）、紧急报警装置通过现场网络传输接入设备与报警控制主机相连，公共网络可以是有线网络，也可以是有线-无线-有线，结构示意图见图16-11。

对于目前已投运的变电站，主要采用了总线式和网络式两种接线结构，在现阶段总线式结构更为普及，该结构采用 RS-485/422 接线方式，技术成熟，设备总价相对较低；网络式结构在近期新建的变电站中开始有所应用，其借助交换机实现 IP 连接，以交换机为汇集点，采用"一对多"方式的布线，拓扑结构直观，当某个探测器出现异常或故障时易于定位和排查，由于引入了网络交换机，所以设备总价相对于总线式结构的系统较高。

（二）安全警卫系统分类

1. 电子围栏

电子围栏，又称为脉冲型电子围栏，可将威慑、阻挡和报警三重功能有机结合在一起，既有高压威慑效果，又是有形的围栏，且具有多防区报警功能，是一种高效、可靠的周界安防系统。

（1）电子围栏的工作原理。电子围栏系统主要由集脉冲发射、报警于一体的控制器（主机）和前端围栏（栏线）两部分组成。电子围栏一般采用低能量和脉冲高压。由于能量极低，且作用时间极为短暂，因而对人体不会造成伤害，一旦触及，也会因有直接的触电感觉而离开。电子围栏由围栏部分和主机部分组成，主机接线图见图16-12。

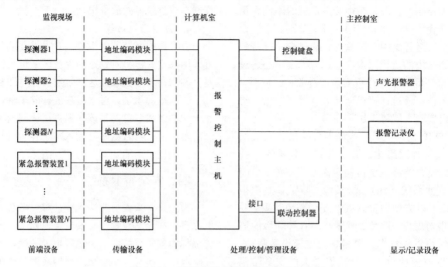

图 16-10　总线式安全警卫系统结构示意图

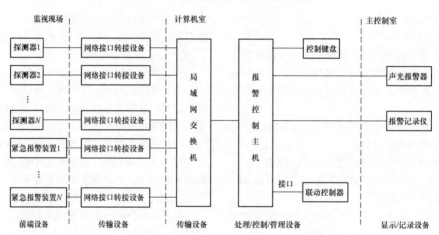

图 16-11　网络式安全警卫系统结构示意图

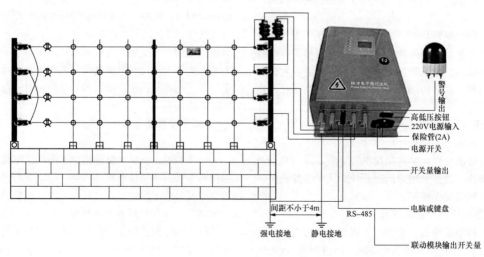

图 16-12　电子围栏主机接线示意图

变电站使用的电子围栏从防护等级上可大概分为Ⅰ、Ⅱ、Ⅲ共3个等级：

Ⅰ级：一般防护等级，采用4线围栏，防区分段不超过500m；

Ⅱ级：中等防护等级，采用4线或6线围栏，防区分段不超过200m；

Ⅲ级：高等防护等级，采用4线或6线围栏，防区分段不超过100m。

每个防区必须配置独立的脉冲发生器，具有各种独立触发报警器，可指示报警所在的防区，报警输出信号通常与视频、电话等其他系统联动。在实际使用时，防区的长度应根据周界总长度、地形和客观实际需要设定。

（2）电子围栏的警示标志。经过数年的实践检验，电子围栏已被证明是一种有效的周界安防措施，在电子围栏正常工作时，其栏线回路中通过的是脉冲电信号，不会危及人类和动物的生命，为可靠确保电子围栏的安全性，在任何时候都不能在电子围栏上接入交流电源，当主机失效或发生故障时，也应保证电子围栏不会把为主机提供工作电源的交流电带到围栏上。同时每隔10m至少悬挂一块专用的"电子围栏，禁止攀登"警示牌，警示牌悬挂在合金线上，以警告入侵者切勿触及。

2. 红外对射

红外对射报警器全名叫光束遮断式感应器，是一种主动式红外探测器，其基本的构造包括瞄准孔、光束强度指示灯、球面镜片、LED灯等。红外线作为一种不可见光，具有较强的扩散性，投射出去经过一定的距离即会形成圆锥形光束，因此红外对射不能支持很远的距离，一般为600m以内。主动式红外探测器的工作原理是利用探测器的发射端发出红外射线，由接收端接收后经电路放大比较后驱动继电器，产生报警信号，从而形成一个报警回路。

由于红外对射探测器并不能对企图入侵的对象起到有效的威慑作用，仅可以通过报警和联动相关视频监控、照明等设备对发生入侵的位置进行监视，且红外对射探测器可能受到天气、外界干扰等因素的影响发生漏报、误报的情况，故目前变电站均已不考虑在周界围墙使用红外对射探测器。

目前工程中只在变电站大门、围墙以内的建筑或重要区域考虑安装。

3. 红外双鉴

为了克服单一技术探测器的缺陷，通常将两种不同技术原理的探测器整合在一起，只有当两种探测技术的传感器都探测到人体移动时才报警的探测器称为双鉴探测器。目前安防领域常见的双鉴探测器以微波+被动红外居多，故通常也称为红外双鉴探测器，简

称红外双鉴。为尽量减少可能导致红外双鉴误告警的因素，红外双鉴探测器应避免安装在户外、空调附近、热源附近或太阳直射的地方。

目前工程中红外双鉴一般安装在主控楼、配电装置室、继电器室等的入口和一些重要的窗户附近，可采用吸顶安装或者墙壁侧装的方式。

变电站安全警卫系统的设备配置为变电站围墙周界设置的电子围栏一套，主要建筑物门厅、重要窗户设置的红外双鉴等。

五、门禁系统

门禁系统是对出入口通道进行管制的系统，它是在传统的门锁基础上发展而来的。门禁系统一般由门禁系统现场控制设备和控制中心两大部分组成。门禁系统现场控制设备由控制器、识别器和电控门锁及其他附件组成。常用的识别器有密码键盘、感应式IC卡、水印磁卡、虹膜门禁系统及指纹识别技术等。门禁系统具有安全性、方便性、易管理性等优点。

门禁系统具备可靠的延时锁止功能。具备异常报警功能，并联动声光报警器。门禁系统同时具备消防联动功能，在出现火情时门禁系统可以自动打开所有电控锁，便于房间内人员逃生。门禁开启时具备触点输出功能，以便于联动摄像机对进出人员进行视频监控。

门禁应安装在重要房间的入口处，对变电站来说，通常包括主控楼入口、主控制室、通信机房、继电器小室等。为保证门禁系统的稳定运行，其安装的具体位置需遵守以下要求：

门禁控制器安装的高度不宜超过1.45m，并宜单独接地；门禁系统的布线属于弱电型，除电源线外，其他设备用线不应与强电线缆共槽或共管敷设。

第四节　设备在线监测系统

一次设备在线监测技术是对变电站中不同电气设备进行监测，监测其介质损耗、电容量、泄漏电流、绝缘电阻等参数。对变电设备运行状况进行在线监测，准确评估设备状态，及早发现设备内部存在的潜伏性缺陷，并掌握缺陷的发展情况，以此来科学合理的制定变电站设备检修计划，提高检修的质量和效率，节省大量的人力物力。

一、在线监测的主要技术

（一）主变压器（高压电抗器）在线监测

主变压器（高压电抗器）在长期运行中，在运行电压下产生光、电、声、热等一系列的化学反应，存在绝缘的劣化及潜伏性故障。通过以下监测方法可以

实现变压器（高压电抗器）内部故障诊断。

1. 变压器（高压电抗器）油色谱在线监测

导致变压器（高压电抗器）油中产生气体的原因为局部过热（铁芯、绕组、引线连接点、夹件等）、局部放电和电弧（如匝间及层间短路、沿面放电及磁闭合回路等）。这些现象均可引起油和固体绝缘的裂解，从而产生气体。产生的气体主要有烃类气体（甲烷、乙烷、乙烯、乙炔等）、氢气、一氧化碳、二氧化碳等。目前油中溶解气体分析应用多种组分气体的在线监测技术，如6、7、8、9种气体组分，还可包括测量油中微水含量等。

变压器（高压电抗器）油色谱在线监测装置从检测功能上分为两类：第一类属于定性检测，通过监测单一组分或两种组分来监测变压器的运行状况；第二类属于定量检测，对油中多种组分的气体进行分离检测。

通过对变压器（高压电抗器）进行油色谱分析，可以发现许多早期故障及事故隐患，对预防变压器事故起了重要作用。变压器油色谱在线监测从本质上改变了变压器油监测方式，不但提高了企业管理运营效率，而且有效保障了变压器运行的安全可靠性。

2. 变压器（高压电抗器）局部放电在线检测

变压器局部放电在线监测目前有超高频法、超声波法、脉冲电流法、射频检测法等。变压器油纸绝缘中发生的局部放电，其信号的频谱很宽，放电过程可以激发数百甚至数千赫兹的超高频电磁波信号，而变电站现场的干扰信号频谱范围一般在 150MHz 以下，且在传播过程中衰减很大。采用基于超高频电磁波测量的局部放电测量技术（UHF），检测局部放电产生的数百兆赫兹以上的超高频电磁波信号，可有效地避开各种电晕等干扰信号，具有抗干扰能力强、灵敏度高、实时性好的特点，且能进行故障定位，已成为目前局部放电检测技术的主要方法。

3. 变压器（高压电抗器）套管绝缘在线监测

变压器高压套管在长期运行中因污秽、化学腐蚀、电闪、发热、机械力等环境条件变化的影响，绝缘性能逐渐下降，并可能导致严重缺陷，变压器套管绝缘性能的好坏可以由套管内部绝缘的介质损耗、末屏等效电容和末屏泄漏电流来判定。在线监测高压套管的末屏电流、介质损耗和等效电容，可以反映套管的绝缘状况变化和发展趋势，为状态检修提供可信赖的判据。

4. 变压器（高压电抗器）铁芯接地电流在线监测

有关资料统计表明，因铁芯问题造成的故障比例占变压器各类故障的第三位。因此，必须最大限度地预防变压器铁芯故障的发生，做到及时发现，及时处理，以确保整个电力系统的安全可靠运行。

变压器铁芯接地电流通过传感器反映出信号经放大后能被及时监测出来，出现异常情况时，运行人员能够及时采取调控措施或由控制系统自动处理。

5. 变压器（高压电抗器）绕组测温在线监测

传统的变压器（高压电抗器）绕组温度测量是由变压器顶层油温和变压器负荷电流合成的一个间接温度，它只能近似地反映绕组最热部分的温度，在一定程度上会受到变压器油箱内平均油温变化的影响，很难准确反映出绕组温度的变化。

使用光纤探头直接、实时测量变压器绕组温度已成为当前国际通行的测量方式，它可以直接通过放在绕组中的传感探头，实现真实、准确测量"最热点"的温度，无须校准。光纤探头要求采用非金属、非电导性的材料，并且不受高电压、高射频和强电磁场的影响，稳定性强。

（二）GIS 设备在线监测

1. SF_6 气体状态监测

SF_6 电气设备在运行时，不可避免地会发生电气设备内 SF_6 气体向外泄漏而导致电气设备内 SF_6 气体密度下降；同时电气设备外部潮气也会渗透进高压电气设备内部，引起设备内 SF_6 气体中微水含量超过规定标准，使高压电气设备存在安全隐患。

GIS 中内置 SF_6 传感器，其高精度压力、温度及湿度传感器经过 A/D 转换成数字量，再经过微处理器进行补偿运算及处理，通过 RS-485 接口将采集数据发送到 SF_6 监测单元；SF_6 监测单元通过显示器直接显示被测 SF_6 气体的温度、压力、密度和含水量。

2. GIS 局部放电在线监测

局部放电监测也是 GIS 状态监测的一个重要内容，很多故障都可以从放电量和放电模式的变化中反映出来。局部放电在线监测方法大体上可分为脉冲电流法、超声波法、射频检测法、超高频法（即 UHF 法）四类。

前面在变压器局部放电在线监测技术中已介绍了 UHF 法的原理和优点，这一方法也成为 GIS 局部放电在线监测的首选方法。GIS 局部放电在线监测能够实时、准确地了解 GIS 的运行状态，及时发现和消除故障隐患。

（三）断路器在线监测

对高压断路器实施状态监测和故障诊断，掌握其运行特性及变化趋势，对提高其运行可靠性极为重要。在线监测主要包括机械特性在线监测、触头电寿命监测等，在线监测内容有泄漏电流监测、气体密度监测、开关次数监测、累积开断电流监测、振动波形监测、分合闸线圈电流波形监测、断路器红外成像监测和操动机构油压监测等。

（四）避雷器在线监测

1. 避雷器泄漏电流监测

避雷器的保护功能通过释放电量完成，能量是以电流的形式流入大地而实现的。冲击电压消失后，避雷器恢复电压即系统的工频电压，此时，避雷器在工频电压的作用下从内部和外部向大地流过微小的泄漏电流。在工作现场对避雷器的性能检查和实验，主要就是对其施加各种电压，监视避雷器的不同泄漏电流来判断其性能好坏，所以在线监测避雷器在各种电压下的泄漏电流，有着十分重要的意义。

2. 避雷器动作次数监测

避雷器放电计数器是用来监测避雷器放电动作的一种高压电器，其构造由非线性电阻、电磁计数器和一些电子元件组成。在正常运行电压下，流过计数器的泄漏电流非常小，计数器不动作。当避雷器通过雷电波、操作波和工频过电压时，强大的工作电流从计数器的非线性电阻通过，经过直流变换，对电磁线圈放电而使计数器吸动一次，来实现避雷器动作次数的统计。

（五）容性设备绝缘在线监测

变电站内除变压器、电抗器套管外，还有高压电容式电压互感器、高压电流互感器、耦合式电容器等容性设备，其绝缘在线监测与变压器（高压电抗器）的套管绝缘监测类似，都是监测其末屏电流、介质损耗、等值电容等参数，以实时在线判断设备绝缘水平。

（六）变电站污秽在线监测

实时在线监测流过绝缘子表面的泄漏电流以及温度、湿度、雨雪等环境变量，并结合该地区的实际污秽状况，智能判断绝缘子的污秽状况，实时分析绝缘子的电气绝缘性能，在污秽过限的情况下给出报警信息。

二、变电站在线监测技术的应用

（一）主变压器在线监测应用

主变压器在线监测应用情况见表 16-5。

表 16-5　主变压器在线监测应用情况

方式	说　明
油色谱分析	包括油质、微水分监测，在工程中被广泛使用。要求变压器都预先留有接口。一般在 220kV 以上的变压器均配置多组分的油色谱分析仪
局部放电在线监测	一般在 220kV 以上变压器预留局部放电传感器，配置离线式局部放电。当局部放电采用离线监测方式时，可全站配置一套离线式局部放电检测仪
变压器绕组温升的监测（光纤测温法）	目前在国外工程中 220kV 以上变压器配置光纤绕组测温。国内工程很少采用
铁芯接地电流	

（二）高压电抗器在线监测应用

高压电抗器在线监测应用情况见表 16-6。

表 16-6　高压电抗器在线监测应用情况

方式	说　明
油色谱分析	包括油质、微水分监测。在工程中被广泛使用。要求变压器都预先留有接口。一般在 330kV 以上的高压电抗器均配置多组分的油色谱分析仪

（三）GIS 在线监测应用

GIS 在线监测应用情况见表 16-7。

表 16-7　GIS 在线监测应用情况

方式	说　明
GIS 中 SF$_6$ 气体状态的监测	包括 SF$_6$ 气体密度、微水分的在线监测
GIS 中局部放电在线监测	一般 GIS 局部放电量的测量采用内置式的探头，可采用在线式局部放电，也可采用离线式局部放电。当局部放电采用离线监测方式时，可全站配置一套离线式局部放电检测仪

（四）避雷器在线监测应用

避雷器在线监测应用情况见表 16-8。

表 16-8　避雷器在线监测应用情况

方式	说　明
泄漏电流的监测	氧化锌避雷器的总泄漏电流值的大小不能完全反映氧化锌避雷器的绝缘状况，而其阻性泄漏电流峰值的大小是表征绝缘特性优劣的重要指标，因此采用阻性电流的监测方法。一般在 220kV 以上的避雷器配置泄漏电流的监测
动作次数的监测	氧化锌避雷器的动作次数统计。一般在 220kV 以上的避雷器配置动作次数的监测

三、设备在线监测系统的构成

变电设备在线监测系统宜采用分层分布式结构，由传感器、状态监测 IED、在线监测主机构成，如图 16-13 所示。

传感器配置：根据一次设备配置的在线监测技术布置相关的传感器。

状态监测 IED 配置：状态监测 IED 宜按照电压等级和设备种类进行配置。在装置硬件处理能力允许的情况下，同一电压等级的同一类设备宜多间隔、多参量共用状态监测 IED，以减少装置硬件数量。

在线监测主机配置：应按变电站对象配置，全站应共用统一的后台系统。可配置一台专用的在线监测主机，也可与站内其他系统合用主机。在线监测主机接入变电站计算机监控系统站控层。

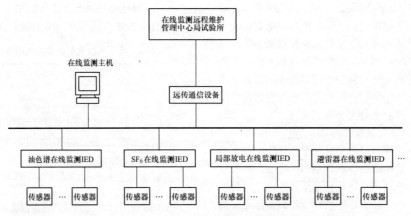

图 16-13 变电站在线监测系统图

在一次设备本体内完成各传感器的安装。传感器完成对监测设备的数据采集，将信息量送到状态监测 IED 进行集中分析、显示以及告警，传感器与状态监测 IED 间宜采用总线方式传输模拟量数据。各状态监测 IED 将数据上传到在线监测主机进行全面的监视和分析。状态监测 IED 之间或状态监测 IED 与后台系统间宜采用 DL/T 860《电力自动化通信网络和系统》通信协议标准，通信网络宜采用 100 Mbit/s 及以上高速以太网。

在线监测主机通过专用数据通道传至在线监测远程维护管理中心。远程维护管理中心结合被监测设备的结构特性和参数、运行历史状态记录以及环境因素，通过专家诊断系统横向、纵向比较、诊断、预警，从而实现设备的在线监测。

第十七章

二次回路设计

第一节　控 制 回 路

一、总体要求

变电站应采用计算机监控系统。变电站的控制方式分为有人值班和无人值班。由集中控制中心或有关调度站实现遥控、遥测、遥信和遥调。

变电站的强电控制系统电源额定电压可选用直流110V 或 220V。电气一次设备与计算机监控设备之间宜采用硬接线方式。

计算机监控系统控制的设备和元件有主变压器、高压并联电抗器、母线设备、线路设备、串联补偿电容器及消防水泵、站用变压器、无功补偿设备等。

对变电站各电压等级断路器、电动隔离开关及电动接地开关可实现就地和远方控制方式。

控制回路设计应能实现在不同地点进行控制，并满足控制权限等级管理的要求。一般控制权限分为四级：

第一级，设备本体就地操作，具有最高优先级的控制权。当操作人员将就地设备的"远方/就地"切换开关放在"就地"位置时，应闭锁所有其他控制功能，只能进行现场操作。

第二级，在间隔层测控装置上控制。具有"间隔层操作/站控层操作"的切换功能。

第三级，站控层控制，该级控制应在站内操作员站上完成，具有"远方调控/站内监控"的切换功能。

第四级，调度（调控）中心控制，优先级最低。

变电站正常的设备操作与控制优先采用遥控方式，间隔层控制和设备就地控制作为后备操作或检修操作手段。

二、断路器控制回路

（一）断路器控制回路设计的基本要求

应有对控制电源监视的回路。断路器的控制电源最为重要，一旦失电，断路器便无法操作。无论何种

原因，当断路器控制电源消失时，均发出声、光信号，并接入变电站的计算机监控系统，提示值班人员及时处理。

应监视断路器分、合闸回路的完好性。当分闸或合闸回路故障时，应发出断路器控制回路断线信号，并接入变电站的计算机监控系统。

应有防止断路器"跳跃"的电气闭锁装置，发生"跳跃"对断路器是非常危险的，容易引起机构损伤，甚至引起断路器的爆炸，故必须采取闭锁措施。"防跳"回路在断路器出现"跳跃"时，将断路器闭锁到分闸位置。宜使用路器机构本身的"防跳"回路。

分、合闸命令应保持足够长的时间，并且当分闸或合闸完成后，命令脉冲应能自动解除。断路器的机构动作需要一定的时间，分、合闸时断路器的主触头到达规定位置也有一定的行程，这些加起来就是断路器的固有动作时间及灭弧时间。命令保持足够长的时间就是保障断路器能可靠地分、合闸。为了加快断路器的动作，增加分、合闸线圈中电流的增长速度，要尽可能地减小分、合闸线圈的电感量。为此，分、合闸线圈都按短时通电设计。

对于断路器的合、分闸状态，应有明显的位置信号。断路器的位置信号应接入变电站的计算机监控系统。

断路器应能实现三相和分相操作，分相操作时应具有非全相保护。在断路器出现非全相运行情况下，会产生零序电流，可能引起网络中相邻线路零序过电流保护后备动作，导致电网无选择性跳闸，所以分相操作的断路器出现非全相状态时，非全相保护应使断路器三相跳闸。非全相保护宜由断路器本体机构实现。

断路器的操作动力消失或不足时，例如，弹簧机构的弹簧未拉紧，液压或气压机构的压力降低等，应闭锁断路器的动作，并将信息接入变电站的计算机监控系统，发出信号。断路器的本体机构需要提供两套压力闭锁触点（包括液压机构的压力和 SF_6 压力）与跳闸回路双重化配置相配合。液压操动机构的断路器，当压力降低至规定值时，应相应闭锁重合闸、合闸及

跳闸回路。弹簧操动机构的断路器应有弹簧储能与否的闭锁及信号。SF_6 气体绝缘的断路器，当 SF_6 气体压力降低而断路器不能可靠运行时，应闭锁断路器的动作并发出信号。

在满足上述要求条件下，力求控制回路接线简单，采用的设备和使用的电缆最少。

（二）断路器控制、信号回路

1. 操动机构

操动机构是断路器本身附带的跳合闸传动装置。目前比较常用的是弹簧机构、液压机构和液压弹簧机构。

2. 断路器的操作回路

（1）常规控制的基本跳、合闸回路。

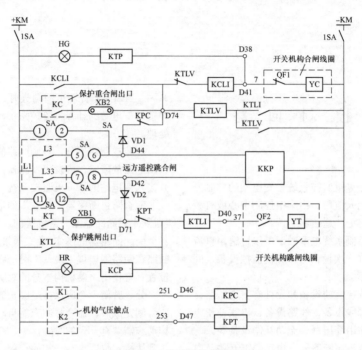

图 17-1　断路器操作回路

图 17-1 中：HG 绿灯，表示分闸状态；HR 红灯，表示合闸状态；KTP 为跳闸位置继电器；KCP 为合闸位置继电器；KCLI 为合闸保持继电器，电流线圈启动；KTLI 为跳闸保持继电器，电流线圈启动；KTLV 为跳闸保持继电器，电压线圈保持；SA 为手动跳合闸把手开关；QF1 断路器辅助动断触点；QF2 断路器辅助动合触点。

当开关运行时，QF1 断开，QF2 闭合。HR，KCP，KTLI 线圈，YT 构成回路，HR 亮，KCP 动作，但是由于各个线圈有较大阻值，使得 YT 上分的电压不至于让它动作。保护跳闸出口时，KT，KPT，KTLI 线圈，YT 直接接通，YT 上分到较大电压而动作，同时 KTLI 触点动作自保持 KTLI 线圈一直将断路器断开才返回（即 QF2 断开）。

合闸回路原理与跳闸回路相同。

在合闸线圈上并联了 KTLV 线圈回路，这个回路是为了防止在跳闸过程中又有合闸命令而损坏机构。例如合闸后合闸触点 KC 或者 SA 的 5-6 粘连，开关在跳闸过程中 KTLI 闭合，KC，KTLV 线圈，KCLI 接通，KTLV 动作时 KTLV 线圈自保持，将合闸线圈

短接（同时 KTLV 闭触点断开，合闸线圈被隔离）。这个回路叫防跳跃回路，防止开关跳跃的意思，简称防跳。

KKP 是合后继电器，通过 VD1、VD2 两个二极管的单相导通性能来保证，只有手动合闸才能让其动作，手动跳闸才能让其复归，KKP 是磁保持继电器，动作后不自动返回，KKP 又称手合继电器，其触点可以用于"备自投""重合闸""不对应"等。

KPC 与 KPT 是合闸和跳闸压力继电器，接入断路器机构的气压触点，在以 SF_6 为灭弧绝缘介质的开关中，如果 SF_6 气体有泄漏，则当气体压力降至危及灭弧时该触点 K1 和 K2 导通，将操作回路断开，禁止操作。这里应注意当气压低闭锁电气操作时，不应在现场用机械方式跳开关，气压低闭锁是因为气压已不能灭弧，此时任何将开关断开的方法性质是一样的，容易让灭弧室炸裂，正确的方法是先把该断路器的负荷去掉之后，再手动跳开关。

位置继电器 KCP、KTP 显示当前开关位置并监视跳、合线圈。在运行时，只有 YT 完好，KTP 才动作。

（2）计算机控制的跳、合闸回路。监控系统发出的分、合闸信号都是一个短时接通信号，一般接通时间为 0.2～0.8s，为保证分、合闸的可靠性，确保分、合闸继电器的触点不切断分、合闸电流，所以不仅有防跳继电器 KTL，还有合闸保持继电器 KCL。当有合闸信号来时，KCL 动作并自保持，直到合闸成功由断路器辅助触点 QF 切断合闸电流后 KCL 才返回。

（3）断路器的"防跳"闭锁回路。"跳跃"是指断路器在手动或自动装置动作合闸后，如果控制开关或自动装置的合闸触点未能及时返回（例如操作人员未松开手柄、自动装置的合闸触点粘连）而正好合闸在故障线路和设备上，此时保护动作使断路器跳闸而发生的多次"跳-合"现象。

"防跳"是指在操作接线上采取措施以防止这种"跳跃"的发生。对于电流启动、电压保持式的电气防跳回路还有一项重要功能，就是防止跳闸回路的断路器辅助触点调整不当（变位过慢）。常用防跳回路有串联式防跳回路、并联式防跳回路等。

1）串联式防跳回路。串联式防跳，即防跳继电器 KTL 由电流启动。该线圈串联在断路器的跳闸回路中。电压保持线圈与断路器的合闸线圈并联。图 17-1 中，当合闸到故障线路或设备上时，则继电保护动作，保护出口触点 KT 闭合，此时防跳继电器 KTL1 的电流线圈启动，同时断路器跳闸，KTL1 的动断触点断开合闸回路，另一对动合触点接通电压线圈并保持。若此时 SA（5-6）或 KC 触点不能返回而继电器发出合闸命令，由于合闸回路已被断开，断路器不能合闸，从而达到防跳目的。另外，当 KTL1 启动后，其并联于保护出口的动合触点闭合并自保，直到"逼迫"断路器动合辅助触点变位为止，有效地防止了保护出口触点断弧。

2）并联式防跳回路。并联式防跳，即防跳继电器 KCF 的电压线圈并联在断路器的合闸回路上（如图 17-2 所示）。当合闸脉冲发出后，断路器合闸轴转动，如果由于机构上的原因，如合闸轴未停留在合闸后位置，则机构仍旧返回到分闸状态（如机构脱扣发生偷跳），此时如果因各种原因，合闸脉冲未撤消，防跳继电器 KCF 励磁并自保持，KCF 的动断触点断开合闸回路，使开关不会再合上，直到合闸脉冲解除，KCF 继电器自保持回路解除。

目前，断路器机构均设有并联式防跳回路，操作箱设有串联式防跳回路。断路器控制回路设计时均采用断路器机构并联防跳回路。

（三）三相操作的断路器控制回路

三相操作的断路器典型控制回路见图 17-3。

（1）准备操作。合上操作电源开关 $8D_{1-2}$ 接通正电源（+KM）、$8D_{3-4}$ 接通负电源（−KM），合上电机

电源开关 $8M_{1-2}$ 接通正电源（+HM）、$8M_{3-4}$ 接通负电源（−HM），将 43LR−"远方-就地"开关打至"远方"位，$43LR_{3-4}$ 闭合接通"远方"合闸回路，$43LR_{7-8}$ 闭合接通"远方"分闸回路。

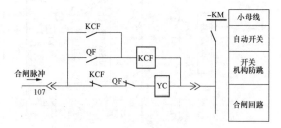

图 17-2 断路器并联式防跳接线

KCF—开关机构内防跳继电器；QF—断路器位置辅助触点；YC—合闸线圈

（2）"远方"合闸操作。"远方"合闸操作信号，经"远方-就地"开关 $43LR_{3-4}$ 防跳继电器触点 $52Y_{31-32}$、磁力开关 $88M_{21-22}$、辅助继电器 $49MX$ 动断触点 $31-32$、合闸弹簧储能信号继电器 $33HBX$ 触点 $21-22$、辅助开关触点 $1-2$、$6-5$ 接到 $52C$（合闸线圈），$63GLX_{31-32}$ 低气压闭锁继电器动断触点，接通 BN "远方"操作负电源，合闸线圈 $52C$ 受电，合闸磁铁动作，断路器合闸。

同时，断路器合闸时的机械运动，带动辅助转换开关触点转换，使 $52b/1_{1-2}$、$52b/1_{6-5}$ 切断合闸回路；使 $52a/1_{7-8}$、$52a/1_{12-11}$ 和 $52a/2_{3-4}$、$52a/2_{8-7}$ 闭合接通，为分闸做好准备。

（3）"远方"分闸操作。断路器处于合闸状态时，辅助转换开关触点 $52a/1_{7-8}$、$52a/1_{12-11}$ 和 $52a/2_{3-4}$、$52a/2_{8-7}$ 接通，当进行远方分闸操作时，分闸操作信号经"远方-就地"开关 $43LR_{7-8}$ 触点、$52a/1_{7-8}$、$52a/1_{12-11}$ 和 $52a/2_{3-4}$、$52a/2_{8-7}$ 并串触点到 $52T$（分闸线圈）。负电源 BN 经 SF_6 低气压闭锁触点 $63GLX_{31-32}$ 接到 $52T$，分闸线圈受电，分闸电磁铁动作，断路器分闸。

同时，断路器分闸时的机械转换，带动辅助转换开关触点转换，使 $52a/1_{7-8}$、$52a/1_{12-11}$ 和 $52a/2_{3-4}$、$52a/2_{8-7}$ 并串触点切断分闸回路，使 $52b/1_{1-2}$、$52b/1_{6-5}$ 闭合接通，为分闸做好准备。

（4）电气防跳跃回路。当合闸操作信号给出后，断路器合闸，转换开关转换，$52a/1^*_{39-40}$ 接通，使 $52Y$ 防跳跃继电器动作，切断回路 $52Y_{31-32}$ 触点。若合闸信号未撤出，分闸信号又给出，断路器分闸，转换开关转换，$52a/1^*_{39-40}$ 打开，防跳跃继电器回路由 $52Y_{13-14}$ 触点和 R1 自保持，合闸回路仍不通，断路器不能合闸。只有合闸信号撤出，$52Y$ 继电器复位，合闸回路 $52Y_{31-32}$ 接通后，才能进行再次合闸，防止断路器跳跃。

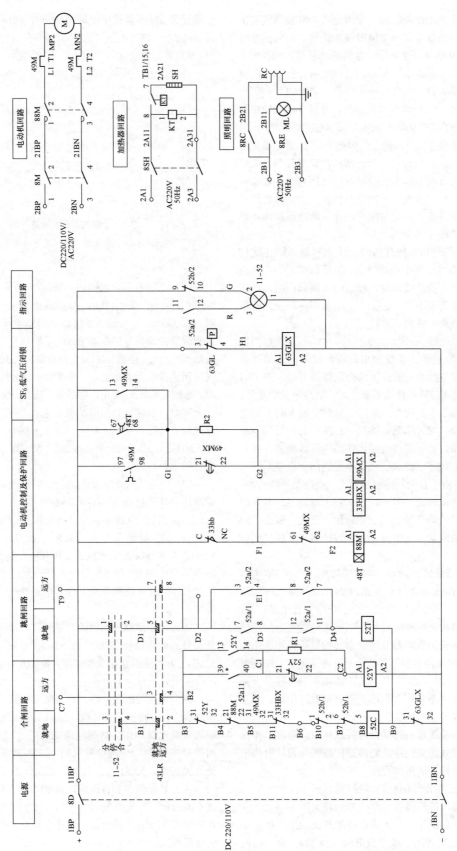

图 17-3 三相操作的断路器典型控制回路

（5）合闸弹簧储能启动、保护。合闸弹簧机械带动的限位开关 33hb 闭合启动。当弹簧未储能或弹簧能量释放后，限位开关 33hb 闭合，使控制正电源 1BP 经 8D$_{1-2}$（空气开关）、33hb$_{C-NC}$（限位开关）、49MX$_{61-62}$ 动断触点到 88M $_{A1-A2}$。磁力开关 88M 得电，使其电机回路 88M$_{1-2}$、$_{3-4}$ 闭合，接通电动机回路，合闸弹簧储能到位后，限位开关 33hb$_{C-NC}$ 打开，88M 失电，其电机回路辅助触点 88M$_{1-2}$、$_{3-4}$ 断开，储能电机失电停机。

（6）电机保护回路。

1）电动机打压时间过长，88M 内部的电动机时间继电器延时闭合触点 48T$_{67-68}$ 闭合（48T 时间整定一般为 18s±2）。

控制正电源 1BP 经 8D$_{1-2}$、48T$_{67-68}$、49MX$_{21-22}$ 延时断开触点到 49MX$_{A1-A2}$ 的 A1。控制负电源 1BN 经 8D$_{3-4}$ 到 49MX$_{A1-A2}$ 的 A2 得电。49MX$_{A1-A2}$ 得电，其触点 49MX$_{13-14}$ 闭合，49MX 自保持，49MX$_{21-22}$ 延时（在 49MX$_{13-14}$ 闭合后）断开，49MX$_{61-62}$ 断开，切断了 88M 电源，其电机回路触点 88M$_{1-2}$、$_{3-4}$ 断开，切断了电机电源，电动机停转，过时保护作用。同

时 49MX$_{43-44}$ 触点闭合，发出过电流（过热）过时故障报警。

2）电机过载（即过热）保护。当电机出现过负荷发热时，使 88M 内部的热继触点电动机回路 49$_{L1-T1}$、$_{L2-T2}$ 动断触点断开，49M$_{97-98}$ 触点闭合。

3）SF$_6$ 低气压保护。

a）断路器本体内的 SF$_6$ 气体，密度降至 0.45MPa 报警压力时，密度控制器的报警触点 63GA$_{1-2}$ 闭合，发出低气压报警信号，断路器需要补充 SF$_6$ 气体。

b）SF$_6$ 气体密度降至 0.4MPa 闭锁压力时，密度控制器的闭锁触点 63GL$_{3-4}$ 闭合。控制正电源 1BP 经 8D$_{1-2}$、63GL$_{3-4}$ 到 63GLX$_{A1-A2}$ 的 A1；控制负电源 1BN 经 8D$_{3-4}$ 到 63GLX$_{A1-A2}$ 的 A2，63GLX 接通，其触点 63GLX$_{31-32}$ 断开，切断了分、合闸控制回路，使断路器不能进行分、合闸操作。

（四）分相操作断路器控制回路

为了实现单相重合闸或综合重合闸，目前 220kV 及以上的断路器多采用分相操动机构。下面以某分相操作箱为例见图 17-4～图 17-6，来阐述分相操作断路器控制回路。

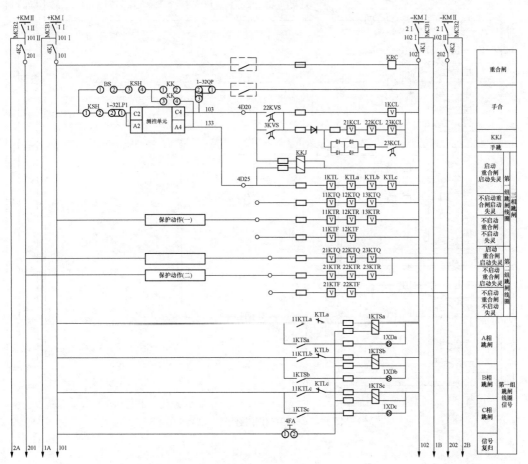

图 17-4　分相操作箱接线图（一）

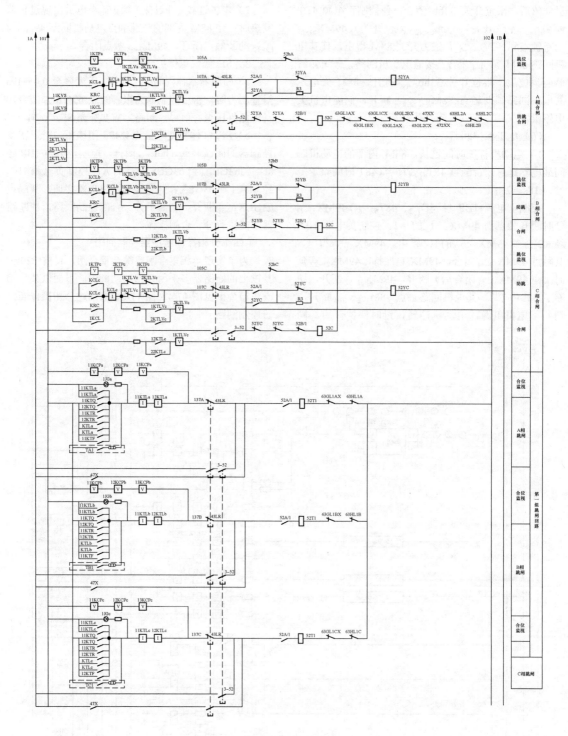

图 17-5　分相操作箱接线图（二）

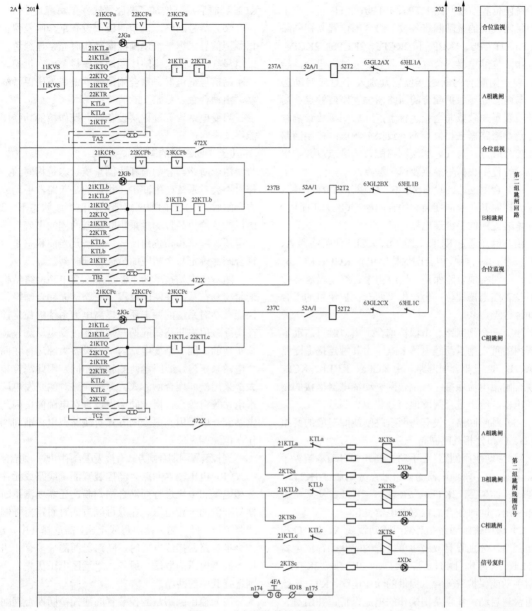

图 17-6　分相操作箱接线图（三）

　　操作箱需要外部提供两组独立的直流电，分别作为两组跳闸线圈的操作电源。由继电器 1KVS、2KVS 实现对两组电源的监视，同时自动切换可供压力闭锁回路选用的电源。手跳继电器、手合继电器、重合闸重动继电器、合闸回路及重合闸信号回路均接于第一组跳闸线圈的工作电源。

　　（1）压力闭锁回路。操作箱配置了断路器操动机构压力降低禁止跳闸、压力降低禁止重合闸、压力降低禁止合闸、压力异常禁止操作回路。

　　对于三个压力降低回路，当外接触点闭合时，相应的压力闭锁继电器绕组被短接，其动合触点打开，去闭锁手动合闸，或分别断开两组跳闸回路及各分相

合闸回路负电源，去闭锁跳、合闸，并提供有断路器在分、合操作过程中禁止闭锁的功能；其动断触点闭合，去闭锁重合闸，并给出压力降低禁止合闸、禁止重合、禁止跳闸信号触点。

　　对于压力异常回路，当外接触点闭合时，压力异常继电器动作，其三对动合触点分别接于压力降低禁分、禁合、禁重合回路，通过这三个回路实现禁止操作。由压力异常继电器给出信号触点。

　　压力闭锁回路除适用于液（气）压操动机构外，也适用于其他方式如"弹操"机构的相应闭锁功能应用。不使用压力闭锁功能时应将压力闭锁插件由装置内取出。

　　（2）断路器跳、合闸位置监视回路。装置设有断

路器跳闸位置监视回路 KTPa、KTPb、KTPc；对应于两组跳闸线圈的跳闸回路各设一组合闸位置监视回路 1KCPa、1KCPb、1KCPc 和 2KCPa、2KCPb、2KCPc。

由跳位继电器、合位继电器触点或触点组合，给出与重合闸配合的断路器位置判别及不对应启动触点；与两套高频保护配合的断路器位置停信触点；断路器位置不一致或非全相运行触点；启动事故音响触点；启动断路器三相位置不一致保护触点；控制回路断线信号触点；与 TV 切换回路配合的触点；并给出跳位、合位中央信号触点及遥信触点。

（3）合闸回路：设有 A、B、C 相分相合闸回路。由手合控制开关或同期装置的合闸触点（压力正常时）启动本装置内的手合继电器。

由其触点通过 KCLa、KCLb、KCLc 使断路器 A、B、C 三相同时合闸，由合闸保持继电器 KCLa、KCLb、KCLc 分别实现电流保持；同时由手合继电器触点使合后位置继电器置位；另送出供两套保护使用的手合后加速触点。

（4）重合闸回路。由保护重合闸出口触点启动本装置内的重合闸重动继电器 KRC，由其触点接通断路器 A、B、C 三相合闸回路，由 KCLa、KCLb、KCLc 实现合闸相电流保持；与重合闸重动继电器串接的信号继电器，给出重合闸就地信号和中央信号。

（5）跳闸回路：设有与两组跳闸线圈对应的两组 A、B、C 相分相跳闸回路。

1）手动跳闸回路：由手动控制开关启动本装置手跳继电器，由手跳继电器的多组触点分别通过 1KTLa、1KTLb、1KTLc、2KTLa、2KTLb、2KTLc 实现两组分相跳闸，同时使合后位置继电器复位。

2）保护跳闸回路：对两组跳闸线圈 A、B、C 相跳闸回路，分别设有双绕组单位置的跳跃闭锁继电器 1KTLa、1KTLb、1KTLc 与 2KTLa、2KTLb、2KTLc，利用手动或保护跳闸触点提供的动作电流，KTL 电流绕组快速启动，实现跳闸操作的电流保持；并由 1、2KCL 动断触点构成或切断该相的合闸回路，与 KTL 的电压绕组共同组成防止断路器跳跃的功能。

在 A、B、C 各相和保护跳闸回路分别串有保护跳闸信号继电器 1KTSa、1KTSb、1KTSc、2KTSa、2KTSb、2KTSc，保护跳闸时，跳闸电流启动 KTS（磁保持），给出跳闸相就地信号，分别送出两组线圈跳闸中央信号及三相出口跳闸的事件记录触点。

操作箱对两组跳闸线圈分别设有两套启动重合闸的三跳继电器 1KTQ、2KTQ 和不启动重合闸的永跳继电器 1KTR、2KTR，接于各自的直流电源回路。其触点经 KTS、KTL 实现断路器三相跳闸。并用触点启动断路器失灵保护触点及与重合闸配合的触点。在第一组保护出口继电器 1KTR 启动同时，手跳继电器

KCL 延时启动，增加了断路器三跳的可靠性。

（6）信号回路。机箱面板上设有重合闸及保护分相跳闸信号。第一组跳闸线圈动作时光字显绿色，第二组显红色，两组跳闸线圈均动作显黄色。机箱内保护跳闸信号继电器、重合闸信号继电器为磁保持继电器，由动合触点复归。

当变电站设置过程层设备时，操作箱的功能由智能终端来实现。

（五）断路器的同期

由于断路器分闸前其两侧系统状态是相同的，操作时不会对系统产生冲击，相反的是断路器手动或远方合闸时，由于合闸前断路器的两侧系统状态不一致，所以需要测控装置测量采集断路器两侧的电气量并进行电压、频率和相位角比较，以确定当前状态是否允许合闸并确定与之相应的最佳合闸时刻。

随着变电站技术的不断进步，变电站网络结构日渐紧凑，在系统并网的过程中断路器同期合闸操作不仅能减小对系统的冲击还能提高电力系统的稳定性。在实际应用中断路器同期合闸是通过变电站测控装置来实现的。同一个变电站内一次设备大都运行在同一个电网系统内，断路器两侧频率相同，因此测控装置大都采用检同期合闸方式。即使线路对侧是发电厂或水电站等电源点，由于同期点设置在电源侧，因此变电站侧一般采用无压合闸方式对线路充电，准同期工作在电源侧完成。

测控装置同期合闸方式有检无压合闸和检同期合闸。

（1）电压输入回路。测控装置测量线路或元件的三相电压和电流进行同期合闸判断，还需要测量断路器另一侧的一相电压。在双母线方式时断路器一侧为线路电压，另一侧为两组母线电压，需选择其中一组。一个半断路器接线方式时，断路器两侧最多有 4 组电压，同期电压的取法一般是以"近区电压优先"为原则选择其中的两组。

（2）输出回路。测控装置的遥控检同期合闸回路和普通遥控合闸回路可以共用一个回路。测控装置设有一路手动合闸同期闭锁回路。变电站的测控屏上装有手动操作手柄供运行人员直接操作。断路器手动合闸时，操作箱会进行相应的闭锁，防止其非同期合闸。

（六）一个半断路器的二次接线

一个半断路器接线具有运行调度灵活、可靠性高和操作检修方便等优点，故在超高压系统被广泛应用。由于每个回路连接着两台断路器，中间一台断路器连接两个回路，因此继电保护及二次接线较复杂。二次回路设计开始时，要划分安装单位，便于在回路上分组，便于设计和运行维护，减少接线错误。

1. 安装单位的划分

在通常的单母线或双母线接线时，每个间隔一台

断路器。一般把同一个间隔的保护、控制、信号和测量回路都划在一个安装单位之内。

在一个半断路器接线中，每一个完整串共划分为五个安装单位，即三台断路器各为一个安装单位，每个元件为一个安装单位，如图 17-7 所示。在线路侧接有高压并联电抗器时，电抗器单独为一个安装单位。

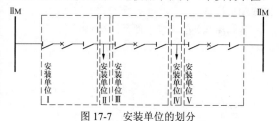

图 17-7　安装单位的划分

2．一个半断路器接线的同期回路

由于一个半断路器接线的一次系统的运行方式较多，当某一元件（线路或变压器）停运，元件回路的隔离开关也随之断开，该元件的电压互感器也退出运行。但停运元件所在串的断路器还继续保持合闸状态，每台断路器两侧同期所用的电压互感器也不是固定的。因此，一个半断路器接线的同期回路因一个半断路器的二次接线可变条件多而使得接线复杂。

在实际工程中，同期电压的取法常采用"近区电压优先"的原则。

在取同期电压时，也可根据实际情况，选择电压回路切换或不切换。也可只考虑在母线侧的断路器上进行同期操作，同期电压只取母线电压和靠近母线的线路侧电压。

三、隔离开关控制和闭锁

（一）控制回路

目前，变电站的隔离开关、接地开关大部分采用电动操动机构，易于远方控制，容易实现安全闭锁，防止误操作。

（1）隔离开关、接地开关控制接线的构成原则：

1）防止带负荷拉合隔离开关，故其接线必须和相应的断路器闭锁。

2）防止带电合接地开关，防止带地线合闸及误入有电间隔。

3）操作脉冲是短时的，并在完成操作后自动解除。

4）操作用隔离开关应有其所处状态的位置指示信号。

（2）隔离开关、接地开关控制接线的设计原则：

1）有电指示器的应用。与一次回路直接有关的隔离开关完全断开后，仍难以判定该回路是否确实无电时，例如线路侧，在有电的地方装设三相"有电指示"器。但是有电指示只是警告信号，当有电信号灯亮时，禁止操作；信号灯灭时，仍应验电设备，验明确实无

电时才能进行操作。有电指示器一般安装在成套的 GIS 设备中。

2）网门与地线的闭锁。关闭或开启网门时必须保证网门内电气设备不带电。网门开启后电气设备必须接地，网门关闭后接地线必须拆除。最简单可靠的办法是采用机械闭锁，可在配电装置处装设机械闭锁装置或者在电气回路上加入网门的联锁触点。如果是开关柜，由制造厂在结构设计时完成。

3）隔离开关防误操作接线。防误操作接线与工程的主接线、隔离开关和接地开关的配置有关。总的原则如下：

a）电动操作的隔离开关，在操作接线回路中设置电气闭锁接线；手动人工操作的隔离开关可用电磁锁或者电编码锁进行闭锁。当操作闭锁涉及设备很多或接线很复杂而影响闭锁的可靠性时，也可用微机五防或其他有效的闭锁措施。

b）隔离开关与接地开关之间有机械闭锁时，为简化接线，在它们之间可不设电气闭锁回路。

c）110kV 及以上电压等级母线的接地开关应设有电闭锁措施，当母线确无电压时，才允许操作母线接地开关。

d）分相操作的隔离开关、接地开关应设置三相联动操作按钮，可就地或远方操作。

（二）隔离开关和接地开关的闭锁接线

运行实践证明，隔离开关的误操作事故是经常发生的，且往往造成极为严重的后果。误操作事故主要是由人为和设备缺陷两方面原因造成的。在设备方面为了杜绝误操作事故，无论是远方操作或就地操作的隔离开关和接地开关，都必须配备完善的防止误操作的闭锁，能实现"五防"，即防止带负荷拉（合）隔离开关，防止误分（合）断路器，防止带电挂地线，防止带地线合隔离开关，防止误入带电间隔。为了防止隔离开关的误操作，隔离开关和其相应的断路器之间应设闭锁接线。

单母线的馈线隔离开关闭锁接线如图 17-8 所示。

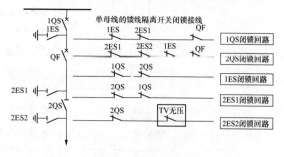

图 17-8　单母线的馈线隔离开关闭锁接线

双母线接线系统，除设置断路器检修时操作隔离开关的闭锁接线，还应设置母线侧隔离开关倒闸操作时的

由母线联络断路器及其隔离开关辅助触点串联组成的隔离开关闭锁接线。双母线的隔离开关闭锁接线见图17-9，接线图中 GBM 为母线隔离开关闭锁小母线。

1）当断路器 QF 在跳闸位置时，可以操作 3QS，也可在 2QS（或 1QS）断开的情况下操作 1QS（或 2QS）。

2）当母线联络断路器 QFm 及其两侧隔离开关 1QSm 和 2QSm 均投入时，闭锁母线 GBM 取得电源。如果 1QS 已投入，可操作 2QS；如果 2QS 已投入，

可操作 1QS。

3）QFm 断开时，允许操作 1QSm 和 2QSm。

一个半断路器接线中的隔离开关不作为操作电器，而作为检修隔离电器，操作机会少，发生误操作的可能性也小。图 17-10 仅示意一个半断路器接线的典型接线闭锁示意。图中隔离开关与接地开关均为电动操动机构。

各隔离开关的闭锁条件为：

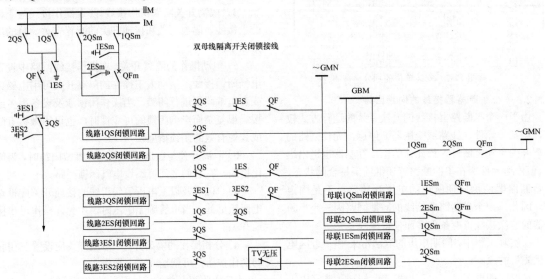

图 17-9　双母线隔离开关闭锁接线

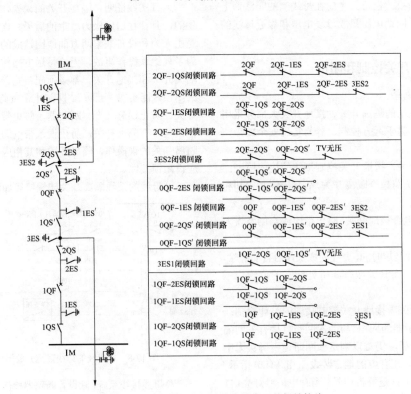

图 17-10　一个半断路器接线中隔离开关闭锁接线

断路器两侧的隔离开关必须在相应的断路器断开时才可操作。

线路或变压器回路的隔离开关必须在其两侧断路器均断开时才可操作。

线路侧或变压器回路的接地开关必须在该点无压时才可操作。

母线接地开关必须在该母线无压时才可操作。

与一次回路直接有关的隔离开关全断开后，仍难于或不便判定回路确实无电时，可在三相电压互感器二次侧装设有电闭锁继电器。当一次回路有电时，该继电器的触点闭锁有关接地开关，使其不操作。有电闭锁继电器的内部接线如图 17-11 所示。

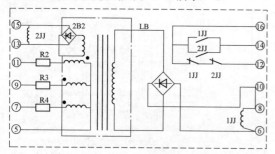

图 17-11　有电闭锁继电器的内部接线

四、变压器冷却和调压控制回路

1. 变压器冷却

（1）变压器冷却方式。变压器的冷却方式有下列几种：自然风冷却、强迫油循环风冷却、强迫油循环水冷却、强迫油循环导向冷却。

（2）变压器冷却装置二次接线。

1）自然风冷却。风扇电动机的电源由接触器 KM 供给，其启动回路有手动和自动两种方式。自动控制由变压器温度和变压器负荷电流启动。图 17-12 中，当变压器油温超过 55℃时，其温度继电器触点 KT-55℃闭合启动接触器 KM。当温度低于 45℃时，其触点 KT-45℃闭合，将接触器 KM 断开。如果变压器需按负荷电流启动，则其启动回路中并联由监视变压器电流的继电器 KBF 触点启动时间继电器 1KT 的触点，将接触器 KM 启动。

2）强迫油循环冷却二次回路的基本要求。强迫油循环风冷却和强迫油循环水冷却装置二次回路由制造厂设计，并成套提供控制箱。冷却装置的控制接线各制造厂不尽一致，但大同小异。

冷却装置的二次接线需满足下述要求：

变压器投入电网运行或退出电网运行，工作冷却器均可通过控制开关投入与停止运行；当运行中的变压器顶层油温或变压器负荷达到规定值时，能使辅助冷却器自动投入；当工作或辅助冷却器故障时，备用冷却器能自动投入运行；当冷却器全停时，变压器各侧断路器经延时跳闸；整个冷却系统采用两路独立电源供电，互为备用。当工作电源发生故障时，备用电源自动投入，当工作电源恢复时备用电源自动退出；配置变压器风扇和油泵的过载、短路及断相运行的保护装置；当冷却器系统在运行中发生故障时，能发出事故信号，告知值班人员，迅速予以处理。

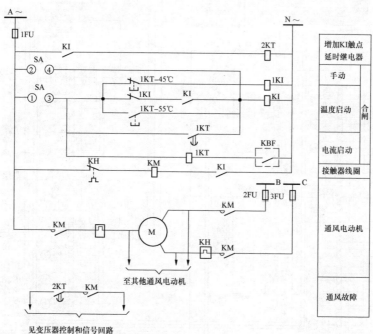

图 17-12　自然风冷却变压器通风控制回路

3）具有辅助冷却器的强迫油循环风冷却接线。图 17-13 为强迫油循环冷却二次回路，工作电源电压为 AC380/220V、三相四线制，可以控制 4～10 组冷却器。其工作原理如下：

（a）工作电源的自动控制。手动合上 Q1 空气开关，将 1 号电源接在接触器 KMS1 的前侧，有电继电器 KV1 动作。手动合上 Q2 空气开关，将 2 号电源接在接触器 KMS2 的前侧，有电继电器 KV2 动作。

若指定"I"电源工作，则将 SA 开关手柄放在"I 电源"位置。合上 Q3 空气开关，继电器 K1 动作，

K1 动合触点闭合使线圈 KMS1 励磁后，其主触点接通 I 回路工作电源，并且 KMS1 的断断触点断开，将 KMS2 线圈回路断开，KMS2 不启动，所以"II"电源不工作，处于备用状态。

在运行过程中，"I"电源由于某种原因，其中一相断开时，继电器 KV1 失电，其动合触点断开使接触器 KMS1 的线圈失电，"I"工作电源断开。中间继电器 K1 失电，使时间继电器 KT2 的线圈励磁，延时使接触器 KMS2 的线圈励磁，"II"工作电源接通。

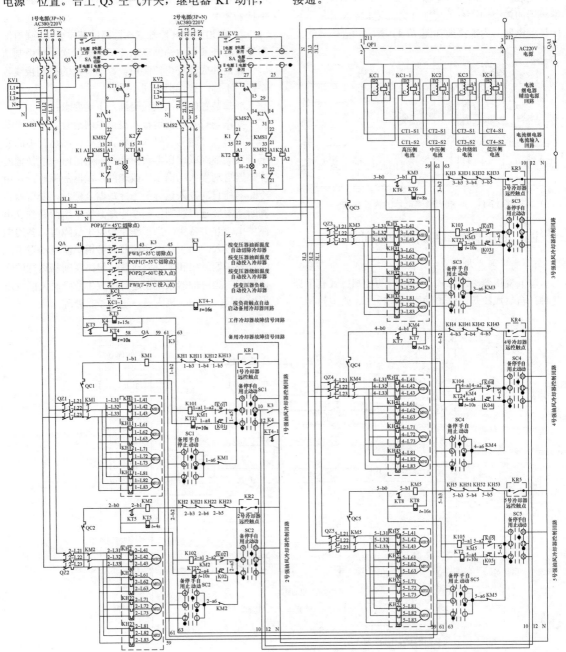

图 17-13　强迫油循环冷却二次回路（一）

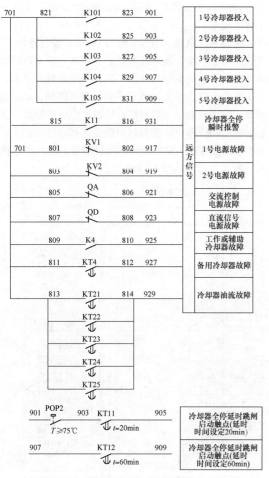

701	821	K101	823	901	1号冷却器投入
		K102	825	903	2号冷却器投入
		K103	827	905	3号冷却器投入
		K104	829	907	4号冷却器投入
		K105	831	909	5号冷却器投入

	815	K11	931		冷却器全停时瞬时报警
701	801	KV1	802	917	1号电源故障
803	KV2	804	919		2号电源故障
805	QA	806	921		交流控制电源故障
807	QD	808	923		直流信号电源故障
809	K4	810	925		工作或辅助冷却器故障
811	KT4	812	927		备用冷却器故障
813	KT21	814	929		冷却器油流故障
	KT22				
	KT23				
	KT24				
	KT25				

远方信号

901	POP2 $T \geqslant 75℃$	903	KT11 $t=20min$	905	冷却器全停延时跳闸启动触点(延时时间设定20min)
907			KT12 $t=60min$	909	冷却器全停延时跳闸启动触点(延时时间设定60min)

图 17-13 强迫油循环冷却二次回路（二）

反之亦然，指定"Ⅱ"电源工作时，将 SA 开关手柄放在"Ⅱ电源"工作位置，工作情况相同。

（b）工作冷却器控制。在投入运行前，可根据具体情况来确定各组冷却器的状态。每组冷却器可处于工作、辅助、备用、停止四种状态。

变压器运行前，将确定为工作冷却器的转换开关手柄置于"工作"位置，并将控制工作冷却器的自动开关（SC1～SC4）合上。当电源送电后，控制工作冷却器的接触器 KM1～KM4 线圈励磁，变压器油泵及变压器风扇投入运行。

当油泵或风扇发生故障时，接触器 KM1～KM4 线圈断电，工作冷却器停止工作。

当冷却器内油流速度不正常，低于规定值时，流动继电器 K01～K04 动合触点打开，使继电器 KT21～KT24 动作，发出油流故障信号，表示冷却器内部管路故障。K01～K04 的动断触点闭合，自动投入备用冷却器。

（c）辅助冷却器控制。在变压器运行前，将确定为辅助冷却器的转换开关手柄置于"辅助"位置，并将控制辅助冷却器的自动开关合上。辅助冷却器的投入有两种情况：

a）根据变压器的温度投入辅助冷却器。变压器运行中，当顶层油温上升到第一上限的规定值时，POP1$_{21-24}$ 闭合，但此时辅助冷却器不能启动。当油温上升到第二上限的规定值时，POP2$_{21-24}$ 闭合，使辅助冷却器投入运行。当顶层油温下降到稍低于第二上限定值时，PW$_{11-14}$ 断开，但这时辅助冷却器继续运行，直到顶层油温下降到稍低于第一上限的规定值时，POP2$_{11-14}$ 断开，辅助冷却器退出运行。

b）根据变压器负荷投入辅助冷却器。当变压器过负荷电流达到规定值时，电流继电器 KC 动合触点闭合，时间继电器 KT4 延时动作，投入辅助冷却器。

当辅助冷却器故障时，和工作冷却器一样，启动备用冷却器控制回路，投入备用冷却器。

c）备用冷却器控制。变压器运行前，将确定为备用冷却器的转换开关手柄置于"备用"位置，并将控制备用冷却器的自动开关合上。当工作或辅助冷却器故障时，自动投入备用冷却器。

d）冷却器全停时变压器的保护回路。当两回工作电源均发生故障时，冷却器全停，时间继电器 KT11 启动，10min（变压器容量为 120MVA 以上）或 20min（变压器容量为 120MVA 以下）后，KT11 触点闭合。此时，若变压器顶层油温达到 75℃，则 POP2 闭合，接通变压器跳闸回路。若变压器油温未到 75℃，则变压器可继续运行 60min，KT12 触点闭合，接通变压器跳闸回路（上述变压器运行时间与温度各制造厂有差异，可根据制造厂提供的数值修正）。

e）信号回路。在风冷却器控制箱内，除装设工作电源监视灯、风冷却器正常工作状态或故障的监视灯外，还设有故障信号。当运行中的工作电源、操作电源发生故障时，发就地指示灯信号和遥信信号。当运行中的工作、辅助、备用冷却器发生故障时，发就地指示灯信号和遥信信号。

f）基于 PLC 的风冷控制回路。大型油浸式电力变压器通常为强迫油循环风冷，冷却系统包含多组风机和油泵。传统的油浸式电力变压器冷却控制柜常采取继电器控制，控制回路复杂，故障率高，无通信功能，不利于变压器的安全稳定运行。随着大电网的发展，无人变电站越来越多，因此变压器冷却控制系统需要实现远程监控，以适应变电站无人化的需求，变压器冷却系统越来越多的采用基于 PLC 可编程控制器的控制回路。风冷控制采用 PLC 控制，是一种采用独特的电机保护技术，任一台电机出现故障时，系统只切除故障电机，其余油泵电机和风机电机正常运行，提高了风冷装置在高温季节的冷却能力，克服了传统继电器控制风冷装置任一台电机故障必须切除整组冷却器的缺点。工作方式分为手动控制和自动控制，可根据现场实际运行要求，将任意一组油泵或风机设置为"自动""手动"或"停止"状态。在"手动"方式下，风机、油泵和原来的继电器控制完全相同，可通过转换开关将任意一组设备在"工作""辅助""备用"之间进行切换；在"自动"方式下，系统采用可编程控制器进行控制，可准确地反映出风机的工作状态，出现故障时准确显示故障点，达到对风机实时监测和控制的目的。对每一组设备的"工作""辅助""备用"状态可以定期自动轮换（如10天、半个月或1个月），确保变压器在安全可靠的环境下

运行，延长变压器及相关设备的使用寿命，实现安全可靠供电。

控制系统组成：主控柜采集风机交流接触器状态、风机断路器状态、油泵交流接触器状态、油泵断路器状态、温度继电器触点状态、油流继电器触点状态、变压器负荷触点状态，通过手动控制回路和自动控制回路，输出控制信号给风机的电机控制保护回路，控制风机启动或停止，并对风机的工作状态进行指示，当有故障发生时，输出故障和报警信号。基于PLC的风冷控制回路参见图17-14。

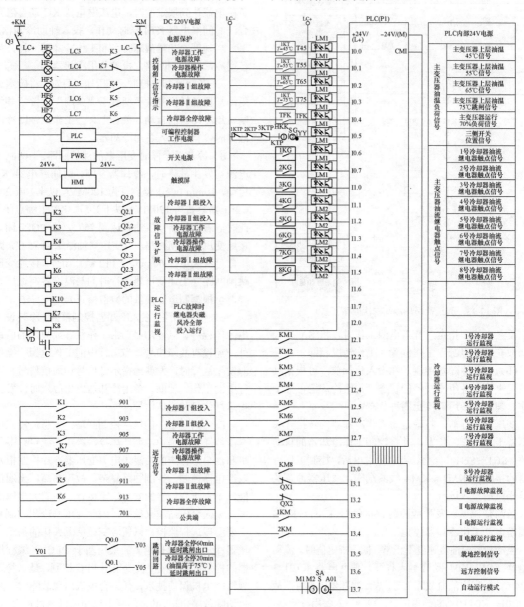

图 17-14　基于 PLC 的风冷控制回路

2. 调压控制回路

如图17-15所示，有载调压开关共分为17挡，中间挡为9B挡。9A至9C挡为触头换向时滑过的挡位，中

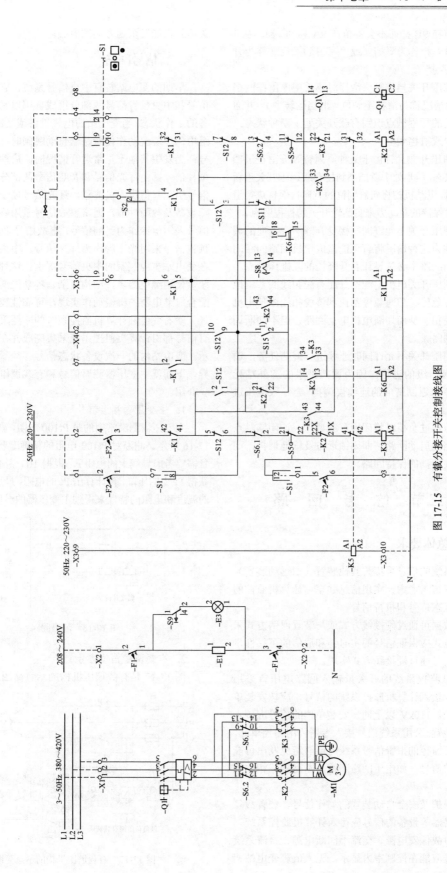

图 17-15　有载分接开关控制接线图

间挡只停留在 9B 挡而不会停留在 9A 和 9C 挡。从 1 挡滑行向 17 挡称为降挡（或"−"挡），反之称为升挡（或"+"挡）。

有载调压开关挡位触头滑行时不希望停留在两挡中间，这种情况称为滑挡不到位（滑挡运转中），并通过凸轮开关的行程触点识别有载开关处于哪种状态：滑挡运转中或滑挡到位。

有载调压开关允许由于某种原因暂时停留在滑挡不到位的状态，但当处于滑挡不到位有载调压开关重新获取电源时，电动机构将向着到位的方向自保持进行滑挡，这种自保持的驱动力来自凸轮开关的行程触点。

有载调压开关不允许同时接受升降两个方向的调挡任务。因为这种情况将有可能造成电机回路的相间短路。调挡回路中必须设计有升降挡的互排斥触点。

有载调压开关电机电源空开配有脱扣线圈。就地急停、远方急停、超时急停都接到该脱扣线圈使电机电源空开脱扣，从而切断电机电动回路，但不切断调挡的控制回路。

有载调压开关不允许同时连续进行调挡任务，调挡必须一级一级的进行。因为调挡把手的意外粘死或调挡命令未返回造成的连续误调挡，会导致电压过调节。

主变压器过负荷时将闭锁有载调压，该闭锁触点只闭锁调挡的启动回路，即闭锁远方及就地调挡，而不会去闭锁调挡的保持回路。

第二节 信 号 回 路

一、总体要求

监控系统的信息采集与其他装置（如远动装置）的信息采集统一考虑，实现信息共享。计算机监控的信号分为状态信号和报警信号。

信号数据可通过硬接线方式或与装置通信方式采集，通信方式应保证信号的实时性和通信的可靠性，装置闭锁信号通过硬接线方式实现。

计算机监控系统的开关量输入回路电压宜采用强电电压。接入计算机监控系统的信号，应按安装单位进行接线。110kV 以上同一安装单位的信号应接入同一测控装置。公用系统信号接入专用公用测控单元。

计算机监控的报警信号系统应能够避免发出可能瞬间误发的信号（如电压回路断线、断路器三相位置不一致等）。

继电保护及安全自动装置的动作信号、装置故障信号和断路器等设备的信号应接入计算机监控系统。

交流事故保安电源、交流不间断电源、直流系统的重要信号应能在控制室内显示，无人值班变电站相关信号也能发至远方集控中心。

二、信号回路

早期的变电站装有中央信号系统，它由中央事故信号和中央预告信号两部分组成，用以掌握各电气设备的工作状态。当变电站的电气设备或线路发生短路，继电保护装置动作使断路器自动跳闸时，启动事故信号；当发生其他不正常运行情况时，启动预告信号。每种信号都由灯光信号和音响信号两部分组成，音响信号引起起值班人员注意，灯光信号便于判断发生故障设备及故障性质。通常事故信号采用蜂鸣器，预告信号采用电铃作为音响信号；事故信号采用红、绿灯，预告信号采用光字牌作为灯光信号。中央信号装置装在变电站主控制室的中央信号屏上。这种中央信号系统，使用继电器多，结构复杂，各功能继电器的逻辑配合靠继电器的机械动作实现，可靠性较低。

随着变电站计算机监控系统的广泛采用，站内所有信号都由计算机监控系统采集完成并在监控后台显示。变电站内的一次设备状态信号、故障信号大同小异，下面就主变压器测温信号和有载调压挡位信号做一介绍。

1. 主变压器测温信号

主变压器测温常用的是 Pt100 电阻，测温原理如图 17-16 所示。测温对 Pt100 电阻的精度要求较高，并且需要考虑导线上的电阻 r，根据 T05+补偿回路补偿，获得 Pt 上的压降，再计算出 Pt 的电阻，最后对照 Pt100 的温度和电阻的特性来得到主变压器的温度。

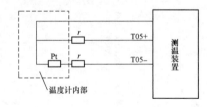

图 17-16 测温回路

2. 有载调压挡位信号

图 17-17 是有载调压机构的示意简图。升压时按

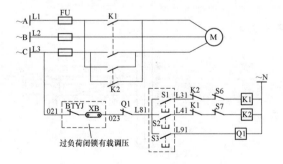

图 17-17 有载调压机构的示意简图

钮 S1 动作，K1 闭合，电机 M 正相序转动，调压机构升挡，降压时 S2 动作，K2 闭合，电机 M 反相序转动，调压机构降挡。紧急停止时 S3 闭合，Q1 动作断开操作回路。主变压器后备保护在过电流时，BTYJ 动作，闭锁调压。

有载机构的挡位显示一般有三种，一一对应方式，当前在哪个挡位就哪个挡位带电，如图 17-18 所示；BCD 码方式，按照 8421 记数方法；在 1 挡时 M1 通，在 2 挡时 M2 通，在 3 挡时 M1 和 M2 都导通，在 4 挡时 M3 导通等，如图 17-19 所示；位数方法，M11 表示十位数，带电表示 1，不带电表示 0，后面的 M1～M10 表示个位的 0～10 数字，如图 17-20 所示。

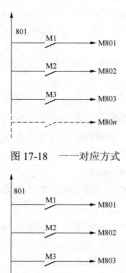

图 17-18　一一对应方式

图 17-19　BCD 码方式

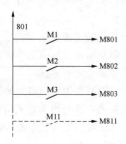

图 17-20　位数方法

第三节　测　量　回　路

计算机监控系统的模拟量测量宜采用交流采样方式。

测量回路的交流电流回路额定电流宜采用 1A。

直流、UPS 等设备在计算机监控系统内的测量可通过直流采样方式或通过数据通信方式实现。

目前二次测量回路大部分由计算机监控系统完成，但少数回路仍有测量仪表测量运行参数。电能量常见的接线如图 17-21、图 17-22 所示。

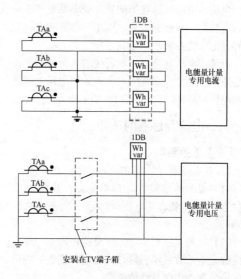

图 17-21　电能量（单表）接线

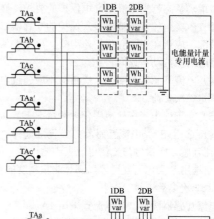

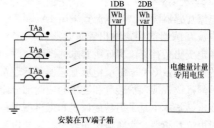

图 17-22　电能量（双表）接线

第四节　交流电流电压回路

一、总体要求

电流、电压互感器是继电保护、自动装置、电能计量和监控系统获取电气一次回路信息的器件。正确地选择和配置电流、电压互感器对继电保护、自动装置、电能计量和监控系统的准确工作,保障变电站的可靠运行十分重要。

电流、电压互感器的配置是变电站电气主接线设计的内容之一,包括电流、电压互感器装设位置和数量的确定、特性要求、型式选择等。

电流、电压互感器二次所接的负荷是继电保护和测量系统,其二次参数应与所接的继电保护和测量系统的特性相适应。

二、电流互感器的选择

(一)总的要求

1. 基本要求

(1)根据继电保护、自动装置、电能计量和测量仪表的要求来选择电流互感器二次绕组的数量和准确级。

(2)电流互感器实际二次负荷在稳态短路电流下的准确限值系数或励磁特性(含饱和拐点)应满足所接保护装置动作可靠性的要求。

(3)保护用电流互感器的选择,应根据保护特性综合考虑,暂态特性应满足继电保护的要求,必要时应选择 TP 类电流互感器。接入保护的互感器二次绕组的分配,应避免当一套保护停用时,出现被保护区内故障时的保护动作死区。

(4)电流互感器的实际二次负荷不应超过电流互感器额定二次负荷。

(5)在工作电流变化范围较大的情况下,做准确计量时可选用 S 类电流互感器,当无法选择小变比(指电流互感器一次侧与二侧电流大小的比例)的 TA 时,也可选用 S 类电流互感器以满足测量精度的要求。

2. 二次参数选择

电流互感器额定二次电流宜采用 1A。

电流互感器的额定输出容量是指在额定一次电流、额定变比条件下,保证所要求的准确度时,所能输出的最大容量(伏安数)。电流互感器负荷通常由所连接的测量仪表或保护装置和连接导线两部分组成。目前变电站基本上是采用智能仪表和微机型保护,其功耗对电流互感器二次负荷影响较小,影响电流互感器二次负荷的主要是连接电缆的长度和截面积。

(1)测量级、P 级和 PR 级额定输出值以伏安表示。额定二次电流为 1A 时,额定输出标准值有 0.5、1、1.5、2.5、5、7.5、10、15VA。

(2)TPY 级电流互感器额定电阻性负荷值以 Ω 表示。额定电阻性负荷标准值有 0.5、1、2、5、7.5、10Ω。

(3)根据互感器额定二次电流值和实际负荷需要选择电流互感器额定输出值。为满足暂态特性的要求,也可采用更大额定输出值。

3. 配置要求

根据继电保护、自动装置和测量仪表的要求选择电流互感器类型、二次绕组数量和准确级。

保护用电流互感器配置应避免出现主保护的死区。互感器二次绕组分配应避免当一套保护停用时,出现被保护区内故障的保护动作死区。

双重化的两套保护应使用不同二次绕组,每套保护的主保护和后备保护应共用一个二次绕组。目前微机型保护已广泛应用,双重化配置的微机型保护每套主后一体化保护装置可引接一个二次绕组。对于单套配置的微机型保护,当需要时,主保护与后备保护可分别引接一个二次绕组。

电流互感器二次回路不宜进行切换。

(二)测量用电流互感器选择

1. 基本要求

根据电力系统测量和计量系统的实际需要合理选择电流互感器类型。在工作电流变化范围较大情况下作准确计量时应采用 S 类电流互感器。为保证二次电流在合适的范围内,可采用变比可选的电流互感器。

电能关口计量装置应设置 S 类专用电流互感器或专用二次绕组。

2. 额定参数选择

测量用电流互感器二次负荷不应超出规定的保证准确级的负荷范围。

测量用电流互感器额定一次电流应接近但不低于一次回路正常最大负荷电流。对于指示仪表,为使仪表在正常运行和过负荷运行时能有适当指示,电流互感器额定一次电流不宜小于1.25倍一次设备的额定电流或线路最大负荷电流,对于直接启动电动机的测量仪表用电流互感器额定一次电流不宜小于 1.5 倍电动机额定电流。

为适应电力系统的发展变化或测量仪表与继电保护的不同要求,测量用电流互感器可采用较小变比互感器或二次绕组带抽头的互感器。

为在故障时一次回路短时通过大短路电流不致损坏测量仪表,测量用电流互感器宜采用具有仪表保安限值的互感器,仪表保安系数宜选择 10,也可选择 5。

3. 准确级选择

(1)测量用电流互感器准确级选择。

1)测量用电流互感器准确级,以该准确级在额定电流下所规定最大允许电流误差的百分数来标称。标准准确级宜采用 0.1、0.2、0.5、1、3、5 级;特殊用途的宜采用 0.2S 级及 0.5S 级。

2)对于 0.1、0.2、0.5、1 级测量用电流互感器,在二次负荷为额定负荷值的 25%~100% 之间的任一值时,其额定频率下的电流误差和相位误差不应超过表 17-1 所列限值。

表 17-1   测量用电流互感器（0.1～1 级）误差限值

准确级	在下列额定电流百分数时的比误差（%）				在下列额定电流百分数时的相位差							
					(′)				(crad)			
	5	20	100	120	5	20	100	120	5	20	100	120
0.1	±0.4	±0.2	±0.1	±0.1	±15	±8	±5	±5	±0.45	±0.24	±0.15	±0.15
0.2	±0.75	±0.35	±0.2	±0.2	±30	±15	±10	±10	±0.9	±0.45	±0.3	±0.3
0.5	±1.5	±0.75	±0.5	±0.5	±90	±45	±30	±30	±2.7	±1.35	±0.9	±0.9
1.0	±3.0	±1.5	±1.0	±1.0	±180	±90	±60	±60	±5.4	±2.7	±1.8	±1.8

3）对于 0.2S 级和 0.5S 级测量用电流互感器，在二次负荷为额定负荷值的 25%～100%之间的任一值时，其额定频率下的电流误差和相位误差不应超过表 17-2 所列限值。

（2）与测量仪表配套的电流互感器准确级选择。

1）测量用电流互感器在实际二次负荷下的准确等级应与配套使用的测量仪表准确等级相适应。不同用途测量仪表要求的准确等级不同，对配套的互感器的准确级也要求不同。直接接于互感器的测量仪表与配套的电流互感器准确等级应符合表 17-3 的规定。

表 17-2   测量用电流互感器（0.2S 级和 0.5S 级）误差限值

准确级	在下列额定电流百分数时的比误差（%）					在下列额定电流百分数时的相位差									
						(′)					(crad)				
	1	5	20	100	120	1	5	20	100	120	1	5	20	100	120
0.2S	±0.75	±0.35	±0.2	±0.2	±0.2	±30	±15	±10	±10	±10	±0.9	±0.45	±0.3	±0.3	±0.3
0.5S	±1.5	±0.75	±0.5	±0.5	±0.5	±90	±45	±30	±30	±30	±2.7	±1.35	±0.9	±0.9	±0.9

表 17-3   仪表与配套的电流互感器准确等级

指示仪表			计量仪表		
仪表准确等级	互感器准确等级	辅助互感器准确等级	仪表准确等级		互感器准确等级
			有功电能表	无功电能表	
0.5	0.5	0.2	0.2S	2.0	0.2S 或 0.2
1.0	0.5	0.2	0.5S	2.0	0.2S 或 0.2
1.5	1.0	0.2	1.0	2.0	0.5S
2.5	1.0	0.5	2.0	2.0	0.5S

注　1. 0.2 级电流互感器仅用于发电机计量回路。

　　2. 无功电能表与同回路的有功电能表采用同一等级的电流互感器。

2）电能计量用电流互感器，工作电流宜在其额定值的 60%以上，且不应小于 30%，对 S 级不应小于 20%。对于工作电流变化范围大的计费用电能计量仪表，应采用 S 类电流互感器。

3）对所有准确级，二次负荷功率因数应为 0.8（滞后），当负荷小于 5VA 时，功率因数应采用 1.0，且最低值为 0.5VA。

4）用于谐波测量的电流互感器准确级不宜低于 0.5 级。

5）当一个电流互感器的回路接有几种不同型式的仪表时，应按准确级最高的仪表进行选择。

4. 二次负荷选择

测量用电流互感器的二次负荷值范围应满足表 17-4 中要求。

表 17-4   测量用电流互感器二次负荷值范围

仪表准确等级	二次负荷范围
0.1、0.2、0.5、1	25%～100%额定负荷
0.2S、0.5S	25%～100%额定负荷
3、5	50%～100%额定负荷

对于额定输出值不超过 15VA 的测量级电流互感器，可规定扩大负荷范围。当二次负荷范围扩大为 1VA 至 100%额定输出时，比值差和相位差不应超过表 17-1～表 17-3 所列限值。在整个负荷范围，功率因数为 1.0。

测量用电流互感器额定二次负荷应根据计算的实际二次负荷选择，裕度过大或超过额定负荷均会影响仪表的测量精度。目前电力工程中已广泛采用智能测量仪表，其二次负荷很小，影响互感器额定二次负荷选择的主要因素是连接电缆长度和截面积大小。

（三）保护用电流互感器选择

1. 总的要求

在保护区内故障时，电流互感器应满足继电保护正确动作的要求，其误差不应影响保护装置可靠动作。

在保护区外发生最严重故障时，电流互感器误差不应导致保护误动作或无选择性动作。

当保护装置具有减缓电流互感器饱和影响的功能时，可按保护装置的要求适当降低对电流互感器暂态饱和的要求。母线差动保护由于外部故障时各支路流过的电流不等，饱和程度也可能不同，容易形成差电流而导致保护误动。这种情况很难靠改善电流互感器特性来消除，主要是由保护装置采取专门措施来解决。

2. 基本要求

保护用电流互感器应选择具有适当特征和参数的互感器，差动保护两侧电流互感器特性要一致，互感器铁芯特性不同，在发生差动保护区外故障时，两侧电流互感器的饱和程度不同，剩磁不同，可能会产生很大差流引起差动保护误动作。

当对剩磁有要求时，220kV 及以下电流互感器可采用 PR 级电流互感器。目前国内 220kV 及以下电压等级的继电保护中基本使用 P 级电流互感器。由于其对剩磁无限制，在系统严重短路故障后，互感器铁芯残留剩磁最大可达 80%，且在正常运行时剩磁难以消除，这可能导致互感器在故障后数毫秒内迅速饱和，使互感器传变特性变坏，不能准确传变故障电流，引起差动保护的误动作。PR 级电流互感器是一种限制剩磁系数的互感器，其铁芯开有小气隙，铁芯剩磁系数不超过 10%，在额定准确限值一次电流下的复合误差与 P 级电流互感器相同。PR 级互感器的重量和外形尺寸与 P 级互感器接近，费用稍高于 P 级互感器，远低于 TPY 级互感器。因此对 220kV 及以下电压等级的电流互感器，当在系统短路容量很大、互感器额定电流较小的情况下，推荐使用 PR 类电流互感器，以消除剩磁对保护的影响。

对 P 级电流互感器准确限值不适应的特殊场合，

宜采用 PX 级电流互感器。PX 级电流互感器是 IEC 标准新定义的一种电流互感器，可适用于 5P 和 10P 准确限值不适应的特殊场合，如对互感器变比和励磁特性有严格要求的高阻抗母线保护。PX 级电流互感器国外常有应用，但国内较少采用。

TPY 级电流互感器不宜用于断路器失灵保护。TPY 级电流互感器与相同尺寸和相同二次外接负荷的 TPX 级电流互感器相比，由于磁阻、储能及磁通变化量的不同，二次回路电流值较高且持续时间较长，使电流元件复归时间长，因此，断路器失灵保护电流检测元件不建议采用 TPY 级电流互感器。

3. 额定参数选择

变压器差动保护回路用电流互感器额定一次电流选择宜使各侧互感器的二次电流基本平衡。

母线差动保护用各回路电流互感器宜选择相同变比，当小负荷回路电流互感器采用不同变比时，可与制造商协商确定最小变比。

4. 准确级及误差限值选择

P 级及 PR 级电流互感器准确级以在额定准确限值一次电流下的最大允许复合误差百分数标称，标准准确级宜采用 5P、10P、5PR 和 10PR。

P 级及 PR 级电流互感器在额定频率及额定负荷下，比值、相位差和复合误差不应超过表 17-5 所列限值。

表 17-5　　P 级及 PR 级电流互感器误差限值

准确级	额定一次电流下的比值差（%）	额定一次电流下的相位差		额定准确限值一次电流下的复合误差（%）
		（′）	（crad）	
5P, 5PR	±1	±60	±1.8	5
5P, 5PR	±3	—	—	10

PR 级电流互感器剩磁系数应小于 10%，有些情况下应规定 T_s 值以限制复合误差：

变压器主回路、220kV 及以上电压线路 5P 或 5PR 级电流互感器；P 级及 PR 级保护用电流互感器应满足复合误差要求，准确限值系数可取 5、10、15、20、30 和 40。采用更大的准确限值时，可与制造部门协商。

5. 二次负荷选择

P 级电流互感器额定输出值宜根据实际计算负荷值，在规定的标准值中取值。特殊情况下，可选择高于规定最大额定值的数值。工程应用中，电流互感器所接二次负荷值应小于采用的额定输出值。为提高电流互感器抗饱和能力，即使实际二次负荷较小，电流互感器额定负荷也可选择较大的额定输出值。

TPY级电流互感器额定电阻性负荷宜根据实际计算负荷值，在规定的标准值中取值。

6. 电流互感器的工作循环

在确定电流互感器的暂态参数时，与规定的电流互感器工作循环密切相关。工作循环，即一台电流互感器从带电开始，直到完全断开电源的全过程。在工作循环的各规定通电期间内设一次电流为全偏移，并具有规定的衰减时间常数（T_p）和额定幅值。电流互感器的工作循环通常有两种，一是单次通电，二是双次通电。

单次通电：$C—t'—O$。

双次通电：$C—t'—O—t_{fr}—t''—O$

其中：

C ——合闸；

O ——分闸；

t' ——第一次电流通过时间，在 t'_{al} 时间内保持规定的准确度，$t'>t'_{al}$；

t'' ——第二次电流通过时间，在 t''_{al} 时间内保持规定的准确度，$t''>t''_{al}$；

t_{fr} ——自动重合闸的无电流时间，即在断路器自动重合闸过程中，一次短路电流从切断起到其重复出现的时间间隔；

t'_{al}, t''_{al} ——准确度限值保持时间，在此时间内电流互感器应保持规定的准确度，通常由继电保护装置的临界测量时间所确定。当继电保护装置要求在故障未切除时稳定运行，还要加入断路器切断电流的时间（包括断路器的固有动作时间和灭弧时间）。

"工作循环"中各时间参数的确定，直接影响电流互感器的造价。这些参数在订货时要根据工程的具体情况与制造厂协商确定。对 500kV 系统，通常按 20～40ms 考虑，断路器切断电流时间按 40～50ms 考虑，再加上适当的裕度，一般取 t'=100ms。t_{cr} 一般为 300～500ms，其值越小，电流互感器的制造难度越大，造价越高。t'' 通常按保护动作时间加裕度考虑，一般取 t''=60ms。

（四）电流互感器性能计算

1. 测量用电流互感器二次负荷计算

对于测量表计，应按其准确等级校验电流互感器，电流互感器的负载计算为

$$Z_2=K_{me,z}Z_{me}+K_{l,z}Z_l+Z_c \qquad (17-1)$$

式中 Z_2 ——电流互感器的全部二次负载，Ω；

Z_{me} ——测量表计线圈的内阻，Ω；

Z_c ——接触电阻，Ω，一般为 0.05～0.1Ω；

Z_l ——连接导线的电阻，Ω；

$K_{me,z}$ ——测量表计的阻抗换算系数；

$K_{l,z}$ ——连接导线的阻抗换算系数。

测量表计用电流互感器各种接线方式时的阻抗换算系数见表 17-6。

表 17-6 测量用电流互感器各种接线方式阻抗换算系数

电流互感器接线方式		阻抗换算系数		备 注
		$K_{l,z}$	$K_{me,z}$	
单相		2	1	
三相星形		1	1	
三相星形	$Z_{M0}=Z_M$	$\sqrt{3}$	$\sqrt{3}$	Z_{M0} 为零线回路中的负荷电阻
	$Z_{M0}=0$	$\sqrt{3}$	1	
两相差接		$2\sqrt{3}$	$\sqrt{3}$	
三角形		3	3	

2. 保护用电流互感器二次负荷计算

用于继电保护的电流互感器，应能满足保证继电保护保护的灵敏系数和选择性要求，在这方面，应按照电流互感器的10%误差曲线进行校验。

电流互感器的二次全负荷 Z_2 计算公式为

$$Z_2=K_{k,z}Z_k+K_{l,z}Z_l+Z_c \qquad (17-2)$$

式中 Z_k ——继电器线圈内阻，Ω；

Z_l ——连接导线的电阻，Ω；

$K_{k,z}$ ——继电器的阻抗换算系数；

$K_{l,z}$ ——连接导线的阻抗换算系数。

继电保护用电流互感器在各种接线方式时不同短路类型下的阻抗换算系数见表 17-7。

保护和自动装置电流回路功耗应根据实际应用情况确定，其功耗值与装置实现原理和构成元件有关，差别很大。工程应用中宜降低保护用电流互感器所接二次负荷，以减少二次感应电动势，避免互感器饱和。必要时，可选择额定负荷显著大于实际负荷的电流互感器，以提高抗饱和能力。

电流互感器的二次绕组配置可参考表 17-8。

表 17-7 继电保护用电流互感器在各种接线方式时不同短路类型下的阻抗换算系数

电流互感器接线方式	阻抗换算系数							
	三相短路		两相短路		单相短路		经 Yd 变压器两相短路	
	$K_{l,z}$	$K_{k,z}$	$K_{l,z}$	$K_{k,z}$	$K_{l,z}$	$K_{k,z}$	$K_{l,z}$	$K_{k,z}$
单相	2	1	2	1	2	1	—	

续表

电流互感器接线方式		阻抗换算系数							
		三相短路		两相短路		单相短路		经 Yd 变压器两相短路	
		$K_{l,z}$	$K_{k,z}$	$K_{l,z}$	$K_{k,z}$	$K_{l,z}$	$K_{k,z}$	$K_{l,z}$	$K_{k,z}$
三相星形		1	1	1	1	2	1		
两相星形	$Z_{j0}=Z_j$	$\sqrt{3}$	$\sqrt{3}$	2	2	2	2	3	3
	$Z_{j0}=0$	$\sqrt{3}$	1	2	1	2	1	3	1
两相差接		$2\sqrt{3}$	$\sqrt{3}$	4	2	—	—	3	3
三角形		3	3	3	3	2	2	3	3

表 17-8　电流互感器二次参数一览表

电压等级（kV）	750（500、330）	330	220	66（35）
主接线	一个半断路器接线	双母线（GIS）	双母线（瓷柱式）	单母线
台数	9 台/每串	3 台/间隔	3 台/间隔	3 台/间隔
二次额定电流（A）	1	1	1	1
准确级	瓷柱式： 边 TA：TPY/TPY/TPY/TPY/5P/0.2/0.2S； 中 TA：TPY/TPY/TPY/TPY/5P/0.2/0.2/0.2S/0.2S GIS、HGIS、罐式断路器： 边 TA：TPY/TPY/5P/0.2-断口-0.2S/TPY/TPY； 中 TA：TPY/TPY/5P/0.2/0.2S-断口-0.2S/0.2/TPY/TPY 主变压器 750kV 侧套管：5P	出线、主变压器进线：TPY/TPY/0.2-断口-0.2S/5P/5P； 分段、母联：5P/5P/5P/0.2-断口-5P/5P/5P 主变压器 330kV 侧套管：5P	主变压器进线：TPY/TPY/5P/5P/2S/0.2S； 出线、母联：5P/5P/5P/5P/0.2/0.2S； 分段：5P/5P/5P/5P/5P/0.2/0.2； 主变压器 220kV 侧套管：5P	电抗器、电容器及站用变压器：5P/0.5； 主变压器进线断路器或套管：0.2S/5P/TPY/TPY； 主变压器中性点：TPY/TPY/5P/0.2
二次绕组数量	边 TA：7； 中 TA：9； 主变压器 750kV 侧：2	主变压器：6； 出线：6； 母联：6； 分段：7； 主变压器 330kV 侧：2	主变压器：6； 出线：6； 母联：6； 分段：7； 主变压器 220kV 侧：2	电抗器、电容器及站用变压器：2； 主变压器：4； 主变压器中性点：4
二次绕组容量	按计算结果选择	按计算结果选择	按计算结果选择	按计算结果选择

（五）电流互感器的其他问题

当测量仪表与保护装置共用一组电流互感器时，宜分别接于不同的二次绕组。

当几种仪表接在电流互感器的一个二次绕组时，其接线顺序宜先接指示和积算式仪表，再接变送器，最后接计算机监控系统。

当几种保护类装置接在电流互感器的一个二次绕组时，其接线顺序宜先接保护，再接安全自动装置，最后接故障录波装置。

电流互感器的二次回路不宜进行切换，当需要时，应采取防止开路的措施。

电流互感器的二次回路应有且只能有一个接地点，宜在配电装置处经端子排接地。由几组电流互感器绕组组合且有电路直接联系的回路，电流互感器二次回路应在和电流处一点接地。

电流互感器如果采用两点接地，会引入地电位差电流。当几组电流互感器二次回路有电联系时，接地点应在和电流处一点接地，以避免地中电流和各电流互感器二次回路电流的耦合引起保护误动作。

三、电压互感器选择

（一）总的要求

容量和准确等级（包括电压互感器辅助绕组）应满足测量装置、继电保护装置和安全自动装置的要求；当保护、同期和测控装置不需要电压互感器剩余绕组时，也可不设电压互感器剩余绕组。

对中性点非直接接地系统，需要检查和监视一次回路单相接地时，应选用三相五柱或三个单相式电压互感器，其剩余绕组额定电压应为 100V/3。中性点直接接地系统，电压互感器剩余绕组额定电压应为 100V。

暂态特性和铁磁谐振特性应满足继电保护的要求。

（二）二次绕组选择

1. 二次绕组数量配置

对于 220kV 及以上电压等级的输电线路，电压互感器应为两套相互独立的主保护或双重化保护提供两个独立二次绕组。

对于计费用计量仪表，电压互感器宜提供与测量和保护分开的独立二次绕组。

2. 二次绕组容量

选择二次绕组额定输出时，应保证二次实际负荷在额定输出的 25%～100% 范围内。功率因数为 1 时的电压互感器额定二次绕组及剩余电压绕组输出容量标准值是额定输出标准值，即 1、2.5、5、10VA。负荷功率因数为 0.8（滞后）的电压互感器额定二次绕组及剩余电压绕组输出容量标准值是 10、25、50、100VA。对三相电压互感器而言，其额定输出值是指每相的额定输出。

在选择电压互感器的二次输出时，首先要进行电压互感器所接的二次负荷统计，计算出各台电压互感器的实际负荷，然后再选出与之相近并大于实际负荷的标准的输出容量。由于大量采用由计算机构成的继电保护和测控装置，保护和测控装置下方布置在配电装置中的保护室内，电压回路的电缆变短，电压互感器的实际负荷降低。如果选择的电压互感器二次额定输出容量太大，不仅造成输出容量的浪费，同时也加大了测量误差。当实际负荷小于 25% 额定输出容量时，误差会大于限值。所以，电压互感器的二次额定输出容量与实际负荷相比不能太大。

3. 电压互感器的准确等级

测量用电压互感器准确级应以该准确级规定的电压和负荷范围内最大允许电压误差百分数来标称。标准准确级为 0.1、0.2、0.5、1.0、3.0。

保护用电压互感器准确级应以该准确级在 5% 额定电压到额定电压因数相对应的电压范围内最大允许电压误差的百分数来标称。标准准确级为 3P 和 6P。剩余电压绕组准确级为 6P。

各种准确等级的测量和保护用电压互感器，其电压误差和相位差不应超过表 17-9 所列限值。

表 17-9 　　　　　　　　　　　　　　　　　　电压误差和相位差限值

用途	准确等级	误差限值			适用运行条件			
		电压误差	相位差		电压（%）	频率范围（%）	负荷（%）	负荷功率因数（%）
		（%）	（′）	（card）				
测量	0.1	±0.1	±5	±0.15	80～120	99～101	25～100	0.8（滞后）
	0.2	±0.2	±10	±0.3				
	0.5	±0.5	±20	±0.6				
	1.0	±1.0	±40	±1.2				
	3.0	±3.0	未规定	未规定				
保护	3P	±3.0	±120	±3.5	5～150 或 5～190	96～102		
	6P	±6.0	±240	±7.0				
剩余绕组	6P	±6.0	±240	±7.0				

注　1. 括号内数值适用于中性点非有效接地系统用电压互感器。
　　2. 当二次绕组同时用于测量和保护时，应对该绕组标出其测量和保护等级及额定输出。

测量用电压互感器准确等级应与测量仪表的准确等级相适应，不应超过表 17-10 的规定。

表 17-10　仪表与配套的电压互感器准确等级

续表

指示仪表		计量仪表		
仪表准确级（级）	互感器准确级（级）	仪表准确级（级）		互感器准确级（级）
		有功电能表	无功电能表	
0.5	0.5	0.2S	2.0	0.2
1.0	0.5	0.5S	2.0	0.2
1.5	1.0	1.0	2.0	0.5
2.5	1.0	1.0	2.0	0.5

注　无功电能表一般与同回路有功电能表共用同一等级的互感器。

（三）二次负荷选择

电压互感器二次负荷不应超过其准确级所允许的负荷范围，按负荷最重的一相进行验算。必要时，可按表 17-11 和表 17-12 列出的接线方式和计算公式进行每相负荷的计算。

表 17-11　　　　　　　　　　电压互感器接成星型时每相负荷的计算公式

负荷接线方式及相量图			电压互感器 负荷（图）	电压互感器 负荷（图）	电压互感器 负荷（图）
电压互感器每相的负荷	A	有功	$P_u = W_u \cos\varphi$	$P_u = \dfrac{1}{\sqrt{3}}[W_{uv}\cos(\varphi_{uv}-30°) + W_{wu}\cos(\varphi_{wu}+30°)]$	$P_u = \dfrac{1}{\sqrt{3}}W_{uv}\cos(\varphi_{uv}-30°)$
		无功	$Q_u = W_u \sin\varphi$	$Q_u = \dfrac{1}{\sqrt{3}}[W_{uv}\sin(\varphi_{uv}-30°) + W_{wu}\sin(\varphi_{wu}+30°)]$	$Q_u = \dfrac{1}{\sqrt{3}}W_{uv}\sin(\varphi_{uv}-30°)$
	B	有功	$P_v = W_v \cos\varphi$	$P_v = \dfrac{1}{\sqrt{3}}[W_{uv}\cos(\varphi_{uv}+30°) + W_{vw}\cos(\varphi_{vw}-30°)]$	$P_v = \dfrac{1}{\sqrt{3}}[W_{uv}\cos(\varphi_{uv}+30°) + W_{vw}\cos(\varphi_{vw}-30°)]$
		无功	$Q_v = W_v \sin\varphi$	$Q_v = \dfrac{1}{\sqrt{3}}[W_{uv}\sin(\varphi_{uv}+30°) + W_{vw}\sin(\varphi_{vw}-30°)]$	$Q_v = \dfrac{1}{\sqrt{3}}[W_{uv}\sin(\varphi_{uv}+30°) + W_{vw}\sin(\varphi_{vw}-30°)]$
	C	有功	$P_w = W_w \cos\varphi$	$P_w = \dfrac{1}{\sqrt{3}}[W_{vw}\cos(\varphi_{vw}+30°) + W_{wu}\cos(\varphi_{wu}-30°)]$	$P_w = \dfrac{1}{\sqrt{3}}W_{vw}\cos(\varphi_{vw}+30°)$
		无功	$Q_w = W_w \sin\varphi$	$Q_w = \dfrac{1}{\sqrt{3}}[W_{vw}\sin(\varphi_{vw}+30°) + W_{wu}\sin(\varphi_{wu}-30°)]$	$Q_w = \dfrac{1}{\sqrt{3}}W_{vw}\sin(\varphi_{vw}+30°)$

注　1. W—表计的负荷（VA）。

2. φ—相角差。

3. P_u、P_v、P_w—电压互感器每相的有功负荷（W）。

4. Q_u、Q_v、Q_w—电压互感器每相的无功负荷（var）。

5. 电压互感器的全负荷（VA）：$W_u = \sqrt{P_u^2 + Q_u^2}$。

表 17-12　　　　　　　　　　电压互感器接成不完整星型时每相负荷的计算公式

负荷接线方式及相量图			电压互感器 负荷（图）	电压互感器 负荷（图）$W_u = W_v = W_w = W$	电压互感器 负荷（图）
电压互感器每相的负荷	AB	有功	$P_{uv} = W_{uv}\cos\varphi_{uv}$	$P_{uv} = \sqrt{3}W\cos(\varphi+30°)$	$P_{uv} = W_{uv}\cos\varphi_{uv} + W_{wu}\cos(\varphi_{wu}+60°)$

负荷接线方式及相量图					
电压互感器每相的负荷	AB	无功	$Q_{uv} = W_{uv} \sin \varphi_{uv}$	$Q_{uv} = \sqrt{3}W \sin(\varphi + 30°)$	$Q_{uv} = W_{uv} \sin \varphi_{uv}$ $+ W_{wu} \sin(\varphi_{wu} + 60°)$
	BC	有功	$P_{vw} = W_{vw} \cos \varphi_{vw}$	$P_{vw} = \sqrt{3}W \cos(\varphi - 30°)$	$P_{vw} = W_{vw} \cos \varphi_{vw}$ $+ W_{wu} \cos(\varphi_{wu} - 60°)$
		无功	$Q_{vw} = W_{vw} \sin \varphi_{vw}$	$Q_{vw} = \sqrt{3}W \sin(\varphi - 30°)$	$Q_{vw} = W_{vw} \sin \varphi_{vw}$ $+ W_{wu} \sin(\varphi_{wu} - 60°)$

注 1. W—表计的负荷（VA）。

　　2. φ—相角差。

　　3. P_{uv}、P_{vw}—电压互感器每相的有功负荷（W）。

　　4. Q_{uv}、Q_{vw}—电压互感器每相的无功负荷（var）。

　　5. 电压互感器的全负荷（VA）：$W_{uv} = \sqrt{P_{uv}^2 + Q_{uv}^2}$，$W_{vw} = \sqrt{P_{vw}^2 + Q_{vw}^2}$。

（四）电压互感器的二次回路电压降

测量用电压互感器二次回路允许的电压降不应大于其额定二次电压的 1%～3%；Ⅰ、Ⅱ类计费用途的电能计量装置用电压互感器二次回路允许的电压降不应大于其额定二次电压的 0.2%，其他电能计量装置用电压互感器二次回路允许的电压降不应大于其额定二次电压的 0.5%。

保护用电压互感器二次回路允许的电压降应在互感器负荷最大时不大于额定二次电压的 3%。

当电压降不能满足上述要求时，测量仪表用的电压回路可由电压互感器端子箱单独用电缆引接至电能表屏；将测量仪表用的电压回路直接接至电压互感器独立的测量二次绕组。

在双母线系统中一次回路进行倒闸操作时，继电保护、自动装置和测量表计的电压回路也应进行相应的切换。

（五）电压互感器的其他问题

电压互感器的二次回路应设安全接地点，防止因一、二次绕组间击穿时在二次回路产生危险过电压。有电气联系的二次回路只允许有一个接地点。公用电压互感器的二次回路只允许在控制室内有一点接地；独立的、与其他互感器无电联系的电压互感器可分别在不同的继电器小室或配电装置内接地。为保证接地可靠，各电压互感器的中性线不得接有可能断开的开关或熔断器等。已在控制室一点接地的电压互感器二次线绕组，宜在开关场将二次绕组中性点经放电间隙或氧化锌阀片接地，其击穿电压峰值应大于 $30 \cdot I_{\max}$ V（$I_{\max}$ 为电网接地故障时通过变电站的可能最大接地电流有效值，kA）。应定期检查放电间隙或氧化锌阀片，防止造成电压二次回路多点接地的现象。

电压互感器的二次侧各相线回路应串入电压互感器一次侧隔离开关的辅助触点，确保当一次侧断开时二次回路也断开，防止二次侧反充电；一次侧无隔离开关时，在二次侧串入转换开关的触点实现防止电压反馈的目的。

电压互感器的二次侧应设完善的短路保护，保护装置的断流容量和切断时间应满足要求。

双重化保护、计量表的电压回路，应采用独立的电压互感器的二次绕组和独立的连接电压互感器的开口三角形绕组，其两根引入线均应使用独立的电缆，不得合用控制电缆。

当继电保护和仪表测量共用电压互感器二次绕组时，宜各自装设自动空气开关。

电压互感器的二次绕组配置可参考表 17-13。

表 17-13　电压互感器二次参数一览表

电压等级	330~750kV	330、220kV	110kV	66（35）kV
主接线	一个半断路器接线	双母线（双母线双单分段）	双母线（双母线双单分段）	单母线
台数	母线：单相 线路外侧：三相	母线：三相 线路外侧：三相	母线：三相 线路外侧：单相	母线：三相
准确等级	母线：0.5/3P/6P 或 0.2/0.5（3P）/0.5（3P）/6P 线路及主变压器进线：0.2/0.5（3P）/0.5（3P）/6P	母线：0.2/0.5（3P）/0.5（3P）/6P 线路外侧：0.2/0.5（3P）/0.5（3P）/6P	母线：0.2/0.5（3P）/0.5（3P）/6P 线路外侧：0.5/6P	母线：0.2/0.5（3P）/6P
二次绕组数（含平衡绕组）	母线：3（4） 线路及主变压器进线：4	母线：3（4） 线路外侧：4	母线：4 线路外侧：2	母线：3
额定变比	母线：$\dfrac{765(500,300)}{\sqrt{3}}\Big/\dfrac{0.1}{\sqrt{3}}\Big/\dfrac{0.1}{\sqrt{3}}\Big/0.1$kV 线路外侧：$\dfrac{765(500,330)}{\sqrt{3}}\Big/\dfrac{0.1}{\sqrt{3}}\Big/\dfrac{0.1}{\sqrt{3}}\Big/0.1$kV	母线：$\dfrac{330(220)}{\sqrt{3}}\Big/\dfrac{0.1}{\sqrt{3}}\Big/\dfrac{0.1}{\sqrt{3}}\Big/0.1$kV 线路外侧：$\dfrac{330(220)}{\sqrt{3}}\Big/\dfrac{0.1}{\sqrt{3}}\Big/\dfrac{0.1}{\sqrt{3}}\Big/0.1$kV	母线：$\dfrac{110}{\sqrt{3}}\Big/\dfrac{0.1}{\sqrt{3}}\Big/\dfrac{0.1}{\sqrt{3}}\Big/0.1$kV 线路外侧：$\dfrac{110}{\sqrt{3}}\Big/\dfrac{0.1}{\sqrt{3}}\Big/0.1$kV	母线：$\dfrac{35}{\sqrt{3}}\Big/\dfrac{0.1}{\sqrt{3}}\Big/\dfrac{0.1}{\sqrt{3}}\Big/\dfrac{0.1}{3}$kV
二次绕组额定容量	母线：30/30/30VA 线路及主变压器进线：10/15/15/15VA	母线：30/30/30/30VA 线路及主变压器进线：10/15/15/15VA	母线：50/50/50/50VA 线路外侧：15/15VA	母线：50/50/50VA

四、电子式互感器选择

随着光纤传感技术、光纤通信技术的飞速发展，光电技术在电力系统中的应用越来越广泛，电子式互感器就是其中之一。电子式互感器具有体积小、质量轻、频带响应宽、无饱和现象、抗电磁干扰性能佳、无油化结构、绝缘可靠，便于向数字化、微机化发展等诸多优点，将在数字化变电站中广泛应用。

（一）电子式电流互感器选择要求

（1）电子式电流互感器参数选择。电子式电流互感器额定电流应根据所属一次设备的额定电流选择；测量、计量用电子式电流互感器的准确级应以该准确级在额定电流下所规定的最大允许电流误差百分数来标称。标准准确级为 0.1、0.2、0.5、1 级，供特殊用途的准确级为 0.2S 及 0.5S 级。

保护用电子式电流互感器的准确级应以在额定准确限值一次电流下最大允许复合误差的百分数来标称。标准准确级为 5P、10P、5TPE。

（2）电子式电流互感器输出可为数字量，也可为模拟量。对数字量输出，其额定延时不宜大于 2 个采样周期 T_s。

（3）电子式电流互感器输出接口数据采样率应满足继电保护、故障录波、故障测距和测量、计量的要求。对继电保护、故障录波、测量、计量用的电子式电流互感器输出接口数据的采样率宜采用 4kHz。对特殊用途的宽频带保护（如行波测距等）用的电子式电流互感器，也可考虑配置独立的一次传感器，其输出接口数据的采样率宜大于 500kHz。

（4）计量用电流互感器一次电流传感器宜独立配置；保护用电流互感器配置应避免出现主保护死区。用于双重化保护的一次传感器应分别独立配置。不同类型的保护可共同一个一次传感器；（当测量精度满足要求时，测量和保护用的电流互感器一次传感器可合用；对特殊用途的宽频带保护用电流互感器，应配置独立的一次传感器。

（二）电子式电压互感器选择要求

（1）电子式电压互感器参数选择。电子式电压互感器的标称电压应根据所属系统的额定电压确定；测量、计量用电子式电压互感器的准确级应以该准确级在额定电压及 25%～100%额定负荷下所规定最大允许电压误差百分数来标称，标准准确级为 0.1、0.2、0.5、1、3 级；保护用电子式电压互感器准确级应以该准确级在 5%额定电压至额定电压因数相对应的电压及 25%～100%额定负荷下所规定最大允许电压误差百分数来标称，标准准确级为 3P、6P 级。

（2）电子式电压互感器一次传感器的配置。计量用电压互感器一次电压传感器宜独立配置；用于双重化保护的电压互感器一次传感器应分别独立配置；当测量精度满足要求时，测量和保护用的电压互感器一次传感器可合用；数字式保护所需的零序电压应由三相电压压自动形成，电子式电压互感器感器可不设零序电压传感器。

（三）合并单元选择要求

合并单元可作为电子式互感器一个组成件，合并单元的功能随产品方案而变动，二次转换器的部分或者全部功能均可由合并单元完成。

合并单元的采样率应与其电子式互感器输出数据的采样率相适应，同一合并单元接口的采样率宜统一。对采样率要求不同的接口应分别对应不同的一次传感器，合并单元采样的同步误差范围应为 ±1μs。

合并单元应具有完善的自检功能，并能正确及时反映自身和电子互感器内部的异常信息。合并单元的异常信息可采用网络或硬触点方式采集。

合并单元应按间隔配置；双重化保护装置对应的合并单元应分别独立配置；同一间隔的电流和电压采样值宜由同一套合并单元送出。在智能变电站，电压并列功能由母线电压合并单元实现。

合并单元之间的通信协议、光波长及接口应全站统一。合并单元宜靠近电子式互感器的一次传感器就地安装；当运行环境条件不适宜时，也可安装在保护室内。

第五节 二次回路设备选择及配置

一、控制和信号设备的选择

（1）控制开关的选择需要考虑回路需要的触点容量；操作接线及操作的操作频繁程度；回路的额定电压、额定电流、分断电流。

（2）跳、合闸回路中的中间继电器及合闸接触器的选择。

1）跳、合闸继电器的选择。跳闸或合闸中间继电器电流自保持线圈的额定电流，除因配电磁操动机构的断路器，由于合闸电流大，合闸回路中设有直流接触器，合闸继电器需按合闸接触器的额定电流选择外，其他跳、合闸继电器均按断路器的合闸或跳闸线圈的额定电流来选择，并保证动作的灵敏系数不小于 1.5。

2）跳、合闸位置继电器的选择。音响或灯光监视的控制回路，跳、合闸位置继电器的选择应满足：母线电压为 1.1 倍额定值时，通过跳、合闸绕组或合闸接触器绕组的电流不应大于其最小动作电流和长期热稳定电流；母线电压为 85%额定值时，加于位置继电器线圈的电压不应小于其额定值的 70%。

（3）防跳继电器的选择。电流启动电压自保持的防跳继电器，其电流线圈额定电流的选择应与断路器跳闸线圈的额定电流相配合，并保证动作的灵敏系数不小于 1.5，自保持电压线圈按直流电源的额定电压选择；电流启动线圈动作电流根据所选用继电器线圈额定电流的 80%整定，这样整定能保证直流母线电压降到 85%时继电器仍能可靠动作；电压自保持线圈按 80%额定电压整定为宜；在接线中应注意防跳继电器线圈的极性。

（4）断路器的跳、合闸继电器、电流启动电压保持的防跳继电器以及自动重合闸出口中间继电器的选择。电压线圈的额定电压可等于供电母线额定电压，如用较低电压的继电器串接电阻降压时，继电器线圈上的压降应等于继电器电压线圈的额定电压，串联电阻的一端应接负电源；额定电压工况下，电流线圈的额定电流的选择，应与跳合闸绕组或合闸接触器绕组的额定电流相配合，继电器电流自保持线圈的额定电流不宜大于跳、合闸线圈额定电流的 50%，并保证串接信号继电器电流灵敏度不低于 1.4；跳、合闸中间继电器电流自保持线圈的电压降不应大于额定电压的 5%；电流启动电压保持"防跳"继电器的电流启动线圈的电压降不应大于额定电压的 10%。

（5）直接跳闸继电器的选择。直接跳闸的重要回路应采用动作电压在额定直流电源电压的 55%～70%范围以内的中间继电器，并要求其动作功率不低于 5W。

二、二次回路的保护设备

二次回路的保护设备用于切除二次回路的短路故障，并作为回路检修、调试时断交、直流电源之用。二次电源回路宜采用自动开关，但当自动开关开断水平、动热稳定无法满足要求时保护设备选用熔断器。

1. 保护回路自动开关的配置

当本安装单位仅含一台断路器时，控制、保护及自动装置宜分别设自动开关；当一个安装单位含几台断路器时，应按断路器分别设自动开关；公用保护和公用自动装置及其他保护或自动控制装置按保证正确工作的条件，各回路设独立的自动开关。

对具有双重化快速主保护和断路器具有双跳闸线圈的安装单位，其控制回路和继电保护、自动装置回路应分设独立的自动开关，并由不同蓄电池组供电的直流母线段分别向双重化主保护供电。控制回路、继电保护、自动装置屏内电源消失时应有报警信号。

凡两个及以上安装单位公用的保护或自动装置的供电回路，应装设专用的自动开关。

控制回路的自动开关应有监视，可用断路器控制回路的监视装置进行监视。保护、自动装置及测控装置回路的自动开关应监视。其信号应接至计算机监控系统。

2. 电压感器回路的保护设备配置

电压互感器回路中，除接成开口三角形的剩余绕组外，其出口均装设自动开关；电能计量表电压回路宜在电压互感器出线端装设专用自动开关；电压互感器二次侧中性点引出线上，不应装设保护设备；电压互感器接成开口三角形的剩余绕组的试验芯出线端，应装设自动开关。

选择电压互感器二次侧自动开关时，其最大负荷电流应考虑到双母线仅一组运行时，两组电压互感器的全部负荷由一组电压互感器供给的可能情况。自动开关瞬时脱扣器的动作电流，应按大于电压互感器二次回路的最大负荷电流来整定。

自动开关瞬时脱扣器断开短路电流的时间应小于反应电压下降的继电保护装置动作时间，一般不应大于 20ms。自动开关的额定电压不应低于 500V。自动开关应附有动断辅助触点用于空气开关跳闸时发出报警信号。

3. 控制、信号、保护回路自动开关的选择

自动开关额定电流应按回路的最大负荷电流选择，并满足选择性的要求；干线上自动开关脱扣器的额定电流应比支线上的大 2～3 级。

三、端子排

1. 端子排的设计原则

端子排配置应满足运行、检修、调试的要求，并适当与屏上设备的位置相对应。每个安装单位应有其独立的端子排。同一屏上有几个安装单位时，各安装单位端子排的排列应与屏面布置相配合。

端子排由阻燃材料构成。端子的导电部分为铜质。安装在潮湿地区的端子排应防潮。安装在屏上每侧的端子距地不宜低于 350mm。屏内与屏外二次回路的连接，同一屏上各安装单位之间的连接以及转接回路等，均应经过端子排。屏内设备与直接接在小母线上的设备（如熔断器、电阻、刀开关等）的连接宜经过端子排。各安装单位主要保护的正电源应经过端子排。保护的负电源应在屏内设备之间接成环形，环的两端应分别接至端子排；其他回路均可在屏内连接。电流回路应经过试验端子，预告及事故信号回路和其他需断开的回路（试验时断开的仪表等），宜经过特殊端子或试验端子。每一安装单位的端子排应编有顺序号，并宜在最后留 2～5 端子作为备用。当条件许可时，各组端子排之间也宜留 1～2 个备用端子。在端子排组两端应有终端端子。正、负电源之间以及经常带电的正电源与合闸或跳闸回路之间的端子排，应以一个空端子隔开。直流端子与交流端子要有可靠的隔离。一个端子的每一端宜接一根导线，导线截面积不宜超过

6mm²。屋内、外端子箱内端子排列，也应按交流电流回路、交流电压回路和直流回路等成组排列。每组电流互感器的二次侧，宜在配电装置端子箱内经过端子连接成星形或三角形等接线方式。强电与弱电回路的端子排宜分开布置，如有困难时，强、弱电端子之间应有明显的标志，应设隔离措施。如弱电端子排上要接强电缆芯时，端子间应设加强绝缘的隔板。强电设备与强电端子的连接和端子与电缆芯的连接应用插接或螺栓连接，弱电设备与弱电端子间的连接可采用焊接。屏内弱电端子与电缆芯的连接宜采用插接或螺栓连接。

2. 端子排的排列顺序

同一安装单位的端子排一般按交流电流回路、交流电压回路、信号回路、控制回路其他回路和转接回路进行分组。

四、控制电缆

微机型继电保护装置及计算机测控装置二次回路的电缆均应使用屏蔽电缆。

变电站应采用铜芯控制电缆和绝缘导线。按机械强度要求，强电回路导体截面积不应小于 1.5mm²，弱电回路导体截面积不应小于 0.5mm²。

控制信号电缆宜采用多芯电缆，应尽可能减少电缆根数。当芯线截面积为 1.5mm² 或 2.5mm² 时，电缆芯数不宜超过 24 芯。当芯线截面积为 4mm² 及以上时，电缆芯数不宜超过 10 芯。

控制电缆应留有备用芯数。备用芯数应结合电缆长度、芯数的截面积及电缆敷设条件等因数综合考虑。

较长的控制电缆在 7 芯及以上，截面积小于 4mm² 的，应留有必要的备用芯。但同一安装单位的同一起止点的控制电缆不必在每根电缆中都留备用芯，可在同类性质的一根电缆中预留备用芯。一根电缆中的各芯线应尽量避免接至屏上两侧的端子排，若为 6 芯及以上时，应设单独的电缆。对较长的控制电缆应尽量减少电缆根数，同时也应避免电缆芯的多次转接。在同一根电缆中不宜有两个及以上安装单位的电缆芯。

对双重化保护的电流回路、电压回路、直流电源回路、双套跳闸绕组的控制回路等，两套系统不应合用一根多芯电缆。为减少强电回路对弱电回路的干扰，禁止强电回路与弱电信号回路共用一根电缆。交流回路和直流回路不应合用一根多芯电缆。

（1）测量表计电流回路用控制电缆选择。测量表计电流回路用控制电缆的截面积不应小于 2.5mm²。电缆芯的截面积按照在电流互感器上的负荷（欧姆值）不超过某一准确级下允许的负荷数值进行选择，计算公式如下（为了计算简单，电缆的电抗忽略不计）：

$$S = \frac{K_{l,z}L}{\gamma(Z_{xu} - K_{me,z}Z_{me} - Z_c)} \qquad (17-3)$$

式中　γ ——电导系数，铜取 57m/（Ω·mm²）；

　　Z_{xu} ——电流互感器在某一准确级下的允许负荷，Ω；

　　Z_{me} ——测量表计的负荷，Ω；

　　Z_c ——接触电阻，Ω，在一般情况下等于 0.05～0.1Ω；

　　L ——电缆的长度，m；

$K_{l,z}$、$K_{me,z}$ ——阻抗换算系数（见表 17-6）。

根据电流互感器需要在某一要求的准确级下运行的条件，由上述公式可求出计算控制电缆最大允许长度的公式为

$$L = \frac{S_\gamma}{K_{l,z}}(Z_{xu} - K_{me,z}Z_{me} - Z_c) \qquad (17-4)$$

根据不同的阻抗换算系数 $K_{l,z}$、截面积 S 所计算出的 K 值$\left(K = \dfrac{S_\gamma}{K_{l,z}}\right)$列于表 17-14 中，则 $L = K(Z_{xu} - K_{me,z}Z_{me} - Z_c)$。

表 17-14　不同接线系数和截面积的 K 值

S（mm²）	$K_{l,z}$				
	1	1.73	3.46	2	3
2.5	142.5	82.3	41.2	71.2	45.0
4	228	132	66	114	72.0
6	342	197	99	171	108.7
10	570	330	165	285	157.0

（2）保护装置电流回路用控制电缆选择。电流回路用控制电缆截面的选择，是根据电流互感器的 10% 误差曲线进行的。选择时，首先确定保护装置一次计算电流倍数 m，根据 m 值再由电流互感器 10%误差曲线查出其允许负载阻抗数值 Z_{xM}。在计算 m 时，在缺乏实际系统的最大短路电流值的情况下，可按断路器的遮断容量选取最大短路电流。

电缆芯的截面选择计算公式为

$$S = \frac{K_{l,z}L}{\gamma(Z_{xu} - K_{k,z}Z_k - Z_c)} \qquad (17-5)$$

式中　γ ——电导系数，铜取 57m/（Ω·mm²）；

　　Z_{xu} ——根据保护装置一次计算电流倍数 m，在电流互感器 10%误差曲线上查出电流互感器的允许负荷，Ω；

　　Z_k ——继电器的阻抗，Ω；

　　Z_c ——接触电阻，Ω，在一般情况下等于 0.05～0.1Ω；

　　L ——电缆的长度，m；

$K_{l,z}$、$K_{k,z}$——阻抗换算系数（见表 17-6）。

（3）电压回路用控制电缆选择。电压回路用控制电缆，按允许电压降来选择电缆芯截面积。电压互感器二次回路的电压降，对用户计费用的 0.5 级电能表，其电压回路电压降不宜大于 0.2%；对电力系统内部的 0.5 级电能表，其电压回路电压降可适当放宽。但不应大于 0.5%。在正常情况下，至测量仪表的电压降不应超过额定电压的 1%～3%；当全部保护装置和仪表都工作（即电压互感器负荷最大）时，至保护和自动装置屏的电压降不应超过额定电压的 3%。

电压互感器到自动调整励磁装置的连接电缆截面积也应按允许电压降来选择。当在最大负荷电流时，其电压降不应超过额定电压的 3%，但对电磁型电压校正器的连接电缆芯的截面积（铜芯）不得小于 4mm²。

计算时只考虑有功电压降，并根据下式进行计算，即

$$\Delta U = \sqrt{3} K_{l,z} \times \frac{P}{U_{2l}} \times \frac{L}{\gamma S} \qquad (17\text{-}6)$$

式中 P——电压互感器每一相负荷，VA；

U_{2l}——电压互感器二次线电压，V；

γ——电导系数，铜取 57m/（Ω·mm²）；

S——电缆芯截面积，mm²；

L——电缆的长度，m；

$K_{l,z}$——接线系数，对于三相星形接线，$K_{l,z}=1$，对于两相星形接线，$K_{l,z}=\sqrt{3}$，对于单相接线，$K_{l,z}=2$。

当不能满足上述要求时，电能表、指示仪表电压回路可由电压互感器端子箱单独引接电缆，也可将保护和自动装置与仪表回路分别接自电压互感器的不同二次绕组。

（4）控制和信号回路用控制电缆选择。控制、信号回路用的电缆芯，根据机械强度条件选择，铜芯电缆芯的截面积不应小于 1.5mm²。但在某些情况下（如采用空气断路器时），合闸回路和跳闸回路流过的电流

较大，则产生的电压降也较大。为了使断路器可靠动作，需根据电缆中允许电压降来校验电缆芯截面积。一般操作回路保证最大负荷时，按控制电源母线至被控设备间连接电缆的电压降不应超过额定二次电压的 10% 来校验电缆芯截面积。

电缆允许长度 L_{xu} 计算为

$$L_{xu} = \frac{\Delta U_{xu}\% U_N S \gamma}{2 \times 100 \times I_{max,q}} \qquad (17\text{-}7)$$

式中 $\Delta U_{xu}\%$——控制线圈正常工作时允许的电压降，取 10；

U_N——直流额定电压，取 220V；

$I_{max,q}$——流过控制线圈的最大电流，A；

S——电缆芯截面积，mm²；

γ——电导系数，铜取 57，m/（Ω·mm²）。

五、虚端子

传统变电站微机型保护测控装置设置开入、开出及交流输入端子排，通过从端子到端子的电缆连接方式来实现保护装置与一次设备间的配合。但随着数字化保护测控装置的出现，改变了传统二次设计方式。对装置本身而言，大量的继电器出口、触点开入，交流输入及开关的操作回路被过程层设备所涵盖，取而代之的是光纤接口的出现。数字化保护测控装置越来越像是一个黑盒子，保护所需的外特性能被 ICD 文件所描述，为了更方便地了解使用装置，就需要使用虚端子。虚端子包括装置虚端子，虚端子逻辑联系图表及虚端子信息流图，并有效结合网络及直采直跳光纤走向示意图，直观地反映 GOOSE、SV 信息流，可以解决由于数字化装置信息无触点、无端子、无接线带来的设计问题，达到智能变电站配置的可视化。

（1）装置虚端子。装置虚端子是源于装置的 ICD 文件，内容包括虚开入、虚开出及 MU 输入三部分。而每部分又由虚端子描述、虚端子引用、虚端子编号、GOOSE 软压板及源头（目的）装置组成。装置虚端子如图 17-23 所示。

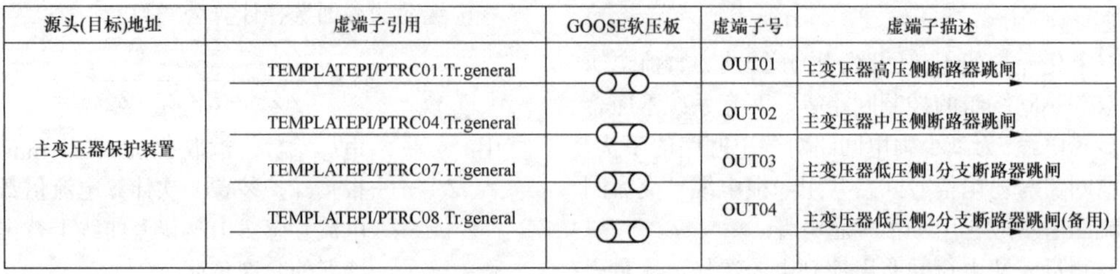

源头（目标）地址	虚端子引用	GOOSE软压板	虚端子号	虚端子描述
主变压器保护装置	TEMPLATEPI/PTRC01.Tr.general	⬭	OUT01	主变压器高压侧断路器跳闸
	TEMPLATEPI/PTRC04.Tr.general	⬭	OUT02	主变压器中压侧断路器跳闸
	TEMPLATEPI/PTRC07.Tr.general	⬭	OUT03	主变压器低压侧1分支断路器跳闸
	TEMPLATEPI/PTRC08.Tr.general	⬭	OUT04	主变压器低压侧2分支断路器跳闸（备用）

图 17-23 装置虚端子

（2）虚端子逻辑联系图。虚端子逻辑联系以装置虚端子为基础，根据继电保护原理，将全站二次设

备间以虚端子连线方式联系起来，直观反映不同间隔层设备间、间隔层与过程层设备间 GOOSE、SV

的联系。

虚端子逻辑联系图以间隔为单元进行设计，逻辑联线以某一保护装置的开出虚端子 OUTx 为起点，以另一个保护装置的开入虚端子 INx 为终点。一条虚端子连线 LLx 表示装置间具体的逻辑联系，其编号可根据装置虚端子号以一定顺序加以编排。

虚端子逻辑联系表是以装置端子表为基础，将装置间逻辑联系以表格的形式加以整理再现，包括起

点装置、终点装置、连接方式、虚端子引用及描述，对所有的逻辑联系进行系统化整理。虚端子逻辑联系如图 17-24 所示。

（3）虚端子信息流图。在具体的工程设计过程中，根据工程的具体配置情况、技术方案及继电保护原理，完成全站各电压等级的各类同隔的虚端子信息流图，共同组成了虚端子设计。220kV 线路间隔过程层设备间虚端子典型的信息流图如图 17-25 所示。

虚端子号	GOOSE开出描述	GOOSE开出引用	连接方式	关联装置	虚端子号	GOOSE开入描述	GOOSE开入引用
GOOUT1	跳高压1侧断路器	PIGO/goPTRC2.Tr.general	直跳	750kV 7511智能终端 B	GOIN111	三跳_直跳(网口2)	RPIT/GOINGGIO497.3PCS0.siVal
GOOUT2	启动高压1侧失灵	PIGO/goPTRC2.StrBF.general	GOOSE	750kV 7552断路器保护 B	GOIN11	保护三相跳闸-3	PIGO/GOINGGIO3.SPCSO3.stVal
GOOUT3	跳高压2侧断路器	PIGO/goPTRC3.Tr.general	直跳	750kV 7510智能终端 B	GOIN111	三跳_直跳(网口2)	RPIT/GOINGGIO497.SPCS0.stVal
GOOUT4	启动高压2侧失灵	PIGO/goPTRC3.StrBF.general	GOOSE	750kV 7550断路器保护 B	GOIN11	保护三相跳闸-3	PIGO/GOINGGIO3.SPCSO3.stVal
GOOUT5	跳中压1侧断路器	PIGO/goPTRC4.Tr.general	直跳	3号主变压器330kV侧智能终端 B	GOIN81	三跳_直跳(网口2)	RPIT/GOINGGIO497.SPCS0.stVal
GOOUT6	启动中压1侧失灵	PIGO/goPTRC4.StrBF.general	GOOSE	330kV Ⅱ/Ⅳ母线保护 B	GOIN157	支路4_三相启动失灵开入	PIGO/GOINGGIO79.SPCSO1.stVal
GOOUT7	跳中压侧母联1	PIGO/goPTRC6.Tr.general	GOOSE	330kV母联1智能终端 B	GOIN074	三跳_组网	RPIT/GOINGGIO452.SPCS0.stVal
GOOUT9	跳中压侧母联2	PIGO/goPTRC7.Tr.general	GOOSE	330kV母联2智能终端 B	GOIN074	三跳_组网	RPIT/GOINGGIO452.SPCS0.stVal
GOOUT11	跳中压侧分段1	PIGO/goPTRC8.Tr.general	GOOSE	330kV分段1智能终端 B	GOIN074	三跳_组网	RPIT/GOINGGIO452.SPCS0.stVal
GOOUT12	跳中压侧分段2	PIGO/goPTRC9.Tr.general	GOOSE	330kV分段2智能终端 B	GOIN074	三跳_组网	RPIT/GOINGGIO452.SPCS0.stVal
GOOUT13	跳低压1分支断路器	PIGO/goPTRC10.Tr.general	直跳	3号主变压器66kV侧智能终端 B	GOIN81	三跳_直跳(网口2)	RPIT/GOINGGIO497.SPCS0.stVal
GOOUT19	保护动作	PIGO/goGGIO16.Ind.stVal	GOOSE	3号主变压器750kV侧测控装置	GOOUT2	GO开出2	PIGO/PTRC2.Tr.general

图 17-24　虚端子逻辑联系图

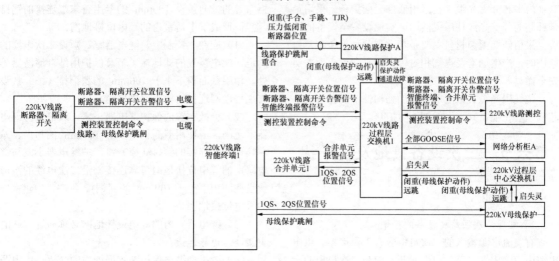

图 17-25　220kV 线路间隔过程层设备间虚端子信息流图

六、光缆

传统交流变电站以电缆连接为主，光缆仅应用在站内通信设备、纵联线路保护设备上。近年来按照 DL/T 860《电力自动化通信网络和系统》标准和构架建立的变电站将光纤通信进一步引入站内各级保护、监控、计量设备上。

一条光纤传输路径两端设备在同一屏柜内时，宜采用光纤跳线连接；在相邻或同一房间的不同屏柜内时，宜采用双端预制的室内光缆连接；在距离较远的不同房间内或一端以上为户外时，宜采用由光纤跳线、室外光缆、光纤跳线或双端预制的室内光缆构成的组合连接方式。

1. 光缆配置

光缆宜尽量减少根数，同一间隔就地控制柜内多个设备可共用一根光缆引至该间隔户内屏柜光纤配线单元，以跳线连接本屏柜内设备，以双端预制的室内尾缆连接其他屏柜内设备。

电缆连接一般是点对点的，光缆连接由于存在光纤配线单元可起到中转分配作用，可以将室外光缆集中连接至室内光纤配线单元处，再由室内尾缆分配至各屏柜和设备。采用此种方式相比同一就地设备采用多根光缆分别敷设至室内设备可显著减少室外光缆的根数。

光缆需要满足双套保护的两个独立传输路径的要求，双重化配置的保护等设备用光缆应各自独立配置。

光缆芯数预留应满足终期及备用的要求。室外光缆可采用 4、8、12、24、48 芯，备用芯不应少于 20%，最少 2 芯。光缆备用芯应熔接在光纤配线单元上。12 芯及以下光缆应熔接在同一层，24 芯光缆宜熔接在相邻的两层。光纤配线单元宜按间隔配置，布置在所在间隔屏柜内，每面屏柜上熔接的光缆芯数不宜多于 144 芯。一面屏柜内设置有双重化保护等设备时，其所用的光纤配线单元也宜按双重化配置。当变电站规模较小或二次设备按电压等级分区布置时，也可设置多间隔公用的集中光缆转接屏柜，每面集中转接屏柜上熔接的光缆芯数不宜多于 432 芯。

2. 光缆选型

保护通道光缆采用无金属、阻燃光缆。

敷设在室外的光缆，采用非金属加强构件、松套、层绞填充式阻燃室外光缆，采用聚乙烯护套。光缆可直接敷设在电缆沟内，也可敷设在专用槽盒内；当直接敷设在电缆沟内支架上时，应含金属铠装的外护层。

光缆敷设在室内时，宜采用非金属加强构件、紧套室内多芯分支光缆，宜采用低烟无卤护套。采用紧套纤芯的分支光缆使用灵活，可实现设备至设备的连接，采用低烟无卤材料主要是考虑到此种光缆在户内燃烧时，产生烟雾及毒气相对较少，有利于户内人员安全撤离。

跳线用光缆宜采用非金属加强构件、紧套室内单芯或双芯光缆，宜采用低烟无防护套。

第六节 二次设备接地及抗干扰

一、接地

1. 常规二次回路和设备的接地

有交流电源输入的二次机柜应有工作接零。供电电缆中应含中性线芯。中性线芯不应与二次机柜的金属外壳相连接。当为三相五线制交流电源向二次机柜供电时，供电电缆中应含中性线芯（N）和保护接地线（PE）芯。接地线（PE）芯应与二次机柜的金属外壳相连接。

2. 抗干扰接地

装有电子装置的屏柜，应设有供公用零电位基准点逻辑接地的总接地板。总接地板铜排的截面积不应小于 $100mm^2$。

当单个屏柜内部的多个装置的信号逻辑零电位点分别独立并且不需引出装置小箱（浮空）或需与小箱壳体连接时，总接地铜排可不与屏体绝缘；各装置小箱的接地引线应分别与总接地铜排可靠连接。

当屏柜上多个装置组成一个系统时，屏柜内部各装置的逻辑接地点均应与装置小箱壳体绝缘，并分别

引接至屏柜内总接地铜排。总接地铜排应与屏柜壳体绝缘。组成一个控制系统的多个屏柜组装在一起时，只应有一个屏柜的总接地铜排有引出地线连接至安全接地网。其他屏柜的绝缘总接地铜排均应分别用绝缘铜绞线接至有接地引出线的屏柜的绝缘总接地铜排上。

当采用没有隔离的 RS-232-C 从一个房间到另一个房间进行通信时，它们必须共用同一接地系统。如果不能将各建筑物中的电气系统都接到一个公共的接地系统，它们彼此的通信必须实现电气上的隔离，如采用隔离变压器、光隔离、隔离化的短程调制解调器。

零电位母线应仅在一点用绝缘铜绞线或电缆就近连接至接地干线上（例如控制室夹层的环形接地母线上）。零电位母线与主接地网相连处不得靠近有可能产生较大故障电流和较大电气干扰的场所，例如避雷器、高压隔离开关、旋转电机附近及其接地点。

在继电器室屏柜下层的电缆沟（夹层）内，按屏柜布置的方向敷设 $100mm^2$ 的专用首末端连接的铜排（缆），形成继电器室内的等电位接地网。

（1）应在主控制室、继电器室、敷设二次电缆的沟道、配电装置的就地端子箱及保护用结合滤波器等处，使用截面积不小于 $100mm^2$ 的裸铜排（缆）敷设与主接地网连接的等电位接地网。

（2）分散布置的保护继电器小室、通信室与继电器室之间，应使用截面积不小于 $100mm^2$ 的与厂、站主接地网相连接的铜排（缆）将保护继电器小室与继电器室的等电位接地网可靠连接。沿二次电缆的沟道敷设截面积不小于 $100mm^2$ 的裸铜排（缆），构建室外的等电位接地网。

（3）继电器室内的等电位接地网必须与厂、站的主接地网可靠连接。

（4）微机型继电保护装置屏屏内的交流供电电源（照明、打印机和调制解调器）的中性线不应接入等电位接地网。

保护和控制装置的屏柜下部应设有截面积不小于 $100mm^2$ 的接地铜排。屏柜上装置的接地端子应用截面积不小于 $4mm^2$ 的多股铜线与接地铜排相连。接地铜排应用截面积不小于 $50mm^2$ 的铜缆与保护室内的等电位接地网相连。各屏柜的总接地铜排应首末可靠连接成环网，并仅在一点引出与电力安全接地网相连。

配电装置的就地端子箱内应设置截面积不小于 $100mm^2$ 的裸铜排，并使用截面积不小于 $100mm^2$ 的铜缆与电缆沟道内的等电位接地网连接。

二、防雷

为了有效防止和减少雷电电涌过电压，减少雷电

作用下通过交流 380/220V 供电系统对电子设备的危害，在各种交直流电源输入处装设浪涌保护器，保护设备不被击穿。

三、抗干扰

控制电源馈线不宜构成闭环运行，不应使地电位差串入二次回路，电缆通道应有均压措施。

二次回路中可能产生过电压时，应设放电消弧等措施。

电子回路的导体和电缆应尽可能远离干扰源，必要时应设置干扰隔离措施。

电子装置的电源进线应设必要的滤波去耦措施。

继电器室、电子装置应有可靠屏蔽措施。

电缆的屏蔽层应可靠接地。

（1）计算机监控系统的模拟信号回路控制电缆屏蔽层，不得构成两点或多点接地，应集中式一点接地。对于双层屏蔽电缆，内屏蔽应一端接地，外屏蔽应两端接地。

（2）屏蔽电缆的屏蔽层应在开关场和控制室内两端接地。在控制室内屏蔽层宜在保护屏上接于屏柜内的接地铜排；开关场屏蔽层应在与高压设备有一定距离的端子箱接地。互感器每相二次回路经屏蔽电缆从高压箱体引至端子箱，该电缆屏蔽层在高压箱体和端子箱两端接地。

（3）电力线载波用同轴电缆屏蔽层应在两端分别接地，并紧靠同轴电缆敷设截面积不小于 100mm^2 两端接地的铜导线。

（4）传送音频信号应采用屏蔽双绞线，其屏蔽层应在两端接地。

（5）传送数字信号的保护与通信设备间的距离大于 50m 时，应采用光缆。

（6）对于低频、低电平模拟信号的电缆，如热电偶用电缆，屏蔽层必须在最不平衡端或电路本身接地处一点接地。

（7）两点接地的屏蔽电缆，宜采取相关措施防止在暂态电流作用下屏蔽层被烧熔。

第十八章

二次设备布置

第一节　二次设备的
布置原则

一、总的要求

目前国内变电站已广泛采用计算机监控系统，变电站的主控制室一般采用与计算机室或二次设备室合建或毗邻相建方式，变电站的主控制室和计算机室及二次设备室应按照设计规划容量在第一期工程中一次建成，以免在工程扩建时对电气及其他有关专业在施工及运行上造成困难。确定主控制室、计算机室及二次设备室的布置时，应与建筑、暖通、系统保护和远动通信等专业相互配合，使之建成的控制室既便于运行管理，又经济实用、美观大方。同时，设计控制室时应注意其朝向与配电装置的相对位置，以便于巡视和有良好的运行环境。配合土建及电气一次专业共同确定继电器室（预制舱）的个数及大小，尽量减少继电器室（预制舱）的数量，第一期工程中一般只建本期范围的继电器室（预制舱），未建的继电器室（预制舱）位置应注明。

（一）控制室及二次设备室的布置

屏柜和运行人员控制台的布置应结合远景规划，充分考虑分期扩建的便利，尽量紧凑成组，避免由于初期缺乏周密细致的统筹规划而使形成的排列零乱无常。控制室控制台的设计可画出控制台的大体放置位置，具体控制台的尺寸及形状可由运行单位根据当地的运行习惯结合控制台的采购确定。二次设备室的布置应注意留有适当的备用屏柜位置，避免给正常的工程扩建及因运行功能要求的提升而增加的屏柜的摆放造成困难，备用屏位一般占总屏位数的10%～15%。

（二）各电压等级变电站控制室及二次设备室的设置

按目前国内电气二次设备的技术水平，二次设备室的设置方式有集中式、分散式（继电器小室或预制舱）等。220kV及以下电压等级变电站一般采用集中式或控制室加配电装置内分散布置方式，在户外配电装置内分散布置时可采用部分预制舱式布置，也可全部采用二次预制舱式布置。330kV变电站可根据变电站的规模采用集中式或控制室加继电器小室布置；500kV及以上电压等级变电站一般采用控制室加继电器小室布置。随着国内电气二次设备的技术水平提高，各电压等级的变电站可根据各自的建设规模灵活采用集中式或分散布置于配电装置（继电器小室、预制舱）等方式来布置二次设备，也可采用这几种方式的混合形式。随着技术的发展，当一次设备与二次设备高度融合时可取消就地的二次设备室。

主控制室、计算机室电缆走线方式一般可采用活动地板加电缆沟的电缆出线方式，就地继电器室电缆走线方式一般可采用电缆沟的电缆出线方式，预制舱一般可采用电缆沟或槽盒的出线方式。

二、屏柜安装尺寸及布置要求

控制台与屏柜的布置应尽量使屏柜间及与其他设备间连接的控制电缆根数最少、长度最短、敷设时交叉最少。控制室、二次设备室及继电器室的屏柜间距离和通道宽度可参考表18-1。当房间墙壁有凸出物或柱子时，应按屏柜与这些凸出部分的实际距离校验。当继电器室的屏柜排数较多，土建专业要求在继电器室内设有立柱时，立柱的位置应与土建专业协调配合，调整立柱的位置使之落在屏柜的一排中并占据一个屏位的位置，不应占据屏柜前后的过道位置。控制室、二次设备室及继电器室一般都设有空调设备，当采用立式空调时还应考虑空调的摆放位置，以保障过道正常过人的宽度要求。计量屏柜一般应布置在二次设备室的前排或靠近门口位置以利于抄表。

表 18-1 控制室、二次设备室及
继电器室的屏柜间距离
和通道宽度 （mm）

距离名称	一般	最小
屏正面-屏正面	1800	1400
屏正面-屏背面	1500	1200
屏背面-屏背面	1000	800
屏正面-墙	1500	1200
屏背面-墙	1200	800
屏侧面-墙	1200	800
主要通道	1600～2000	1400

注 1. 直流屏、事故照明屏等动力屏的背面间距不得小于
1000mm。
2. 屏后开门时,屏背面至屏背面的通道尺寸不得小于
1000mm。

控制屏柜、继电保护屏柜及其他二次屏柜应按国家定型屏柜系列的统一规定,选用工程所需要的型式和规格,屏柜一般选宽 800mm（或者选 600mm）、深 600mm、高 2260mm（含屏眉高 60mm）的屏柜,服务器屏可选用宽 800mm、深 1000mm（或者选 900mm）、高 2260mm 的屏柜。对于由分立元件组成的屏柜,应采用嵌入式屏柜结构,各元件不应凸出柜面。尽量不采用在屏顶设小母线的方式,如必须设置则应在屏顶小母线上加设绝缘措施。

第二节 主控制室和计算机室的布置

一、220kV 及以下变电站主控制室和计算机室的布置

目前国内新建 220kV 及以下变电站不设独立的主控制室和计算机室。当一次设备采用户外配电装置时,宜集中布置二次设备室,也可根据工程条件将间隔层设备分散布置于配电装置场地,或全部采用预制舱式布置方案。在二次设备室（预制舱）内设控制台来安放计算机监控系统的主机及显示器,计算机监控系统站控层设备布置于二次设备室内。当一次设备

采用户内配电装置时,间隔层设备可分散布置于配电装置场地。

110kV 变电站二次设备室的布置示例见图 18-1。

220kV 变电站集中式二次设备室的布置示例见图 18-2。

220kV 变电站分散式二次设备室的布置示例见图 18-3。

二、330～500kV 变电站主控制室和计算机室的布置

330～500kV 变电站通常按主控制室和计算机室分别单独设置,相邻布置。规模较小的 330kV 变电站也可采用不设单独计算机室、与二次设备室合建的集中布置方式。

主控制室布置的主要设备有监控主机显示器、图像监视终端、打印机等设备。计算机室布置的主要设备有计算机监控系统站控层设备、时间同步系统主机柜、数据网接入设备柜、辅助系统控制主机柜及 UPS 柜等。

330～500kV 变电站的主控制室面积可控制在 $60m^2$ 左右,计算机室可与通信机房合建,电气二次屏位一般考虑布置 18～24 个。变电站公用二次设备室的布置示例见图 18-4,变电站主控制室和计算机室的布置示例见图 18-5。

三、750～1000kV 变电站主控制室和计算机室的布置

750～1000kV 变电站按主控制室和计算机室分别单独设置,相邻布置。主控制室布置的主要设备有监控主机显示器、图像监视终端、打印机及调度台电话等设备。计算机室布置的主要设备有计算机监控系统站控层设备、时间同步系统主机柜、同步相量测量主机柜、保护及故障录波信息主机柜、电能量计量终端柜、数据网接入设备柜、辅助系统控制主机柜、在线监测主机柜、直流分电柜及 UPS 柜等。

1000kV 变电站的主控制室面积可控制在 90～$100m^2$ 内;750kV 变电站的主控制室面积可控制在 75～$85m^2$ 内。1000kV 变电站的计算机室一般考虑布置 26～30 个屏位;750kV 变电站的计算机室可与通信机房合建,电气二次屏位一般考虑布置 26～30 个。

1000kV 变电站主控制室和计算机室的布置示例见图 18-6。

750kV 变电站主控制室和计算机室的布置示例见图 18-7。

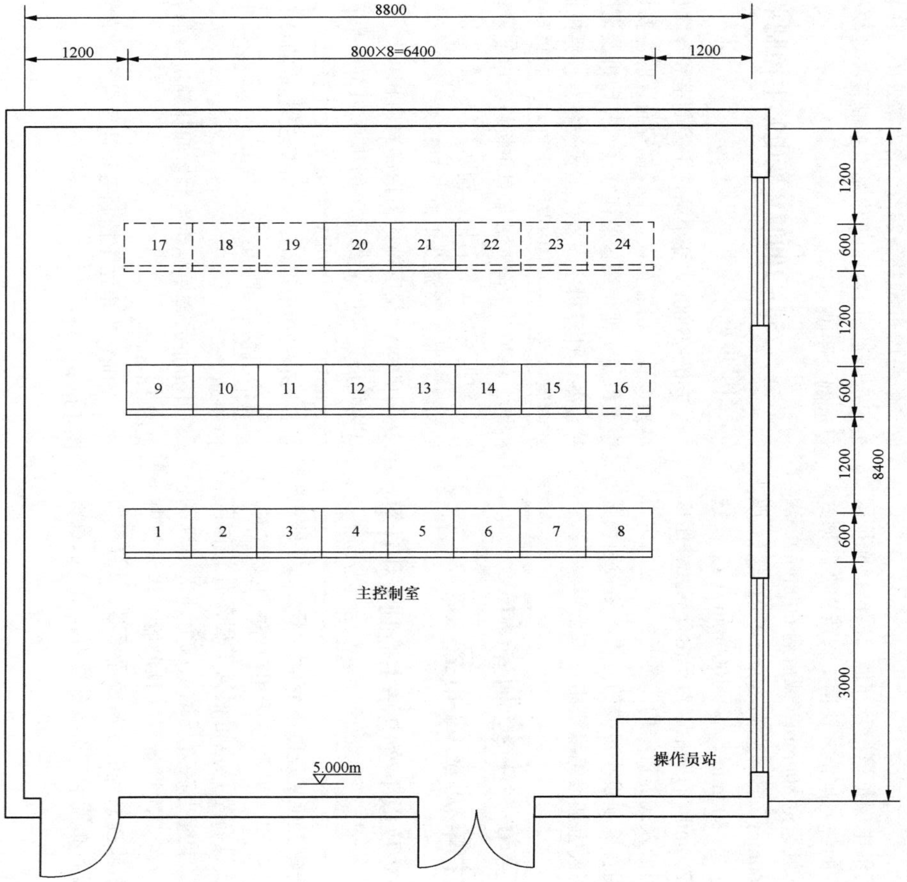

屏位表

序号	名称	型号及规范	单位	数量	备注
1	站用电屏 I	GK屏	块	1	
2	站用电屏 II	GK屏	块	1	
3~5	直流屏	200Ah,DC 110V, 免维护蓄电池	块	3	
6	综合自动化装置屏	GK屏	块	1	
7	综合自动化装置屏	GK屏	块	1	
8	消弧线圈控制屏	GK屏	块	1	
9	1号主变压器保护屏	GK屏	块	1	
10	110kV线路保护屏 I	GK屏	块	1	
11	110kV线路保护屏 II	GK屏	块	1	
12	2号主变压器保护屏	GK屏	块	1	
13	110kV线路保护屏 III	GK屏	块	1	
14	110kV线路保护屏 IV	GK屏	块	1	
15	故障录波仪屏	GK屏	块	1	
16	备用		块	1	
17	3号主变压器保护屏	GK屏	块	1	预留屏位
18	110kV线路保护屏 V	GK屏	块	1	预留屏位
19	110kV线路保护屏 VI	GK屏	块	1	预留屏位
20	110kV线路保护用光配架屏	GK屏	块	1	
21	通信屏	GK屏	块	1	
22	备用		块	1	
23	备用		块	1	
24	备用		块	1	

图 18-1 110kV 变电站二次设备室的布置示例（单位：mm）

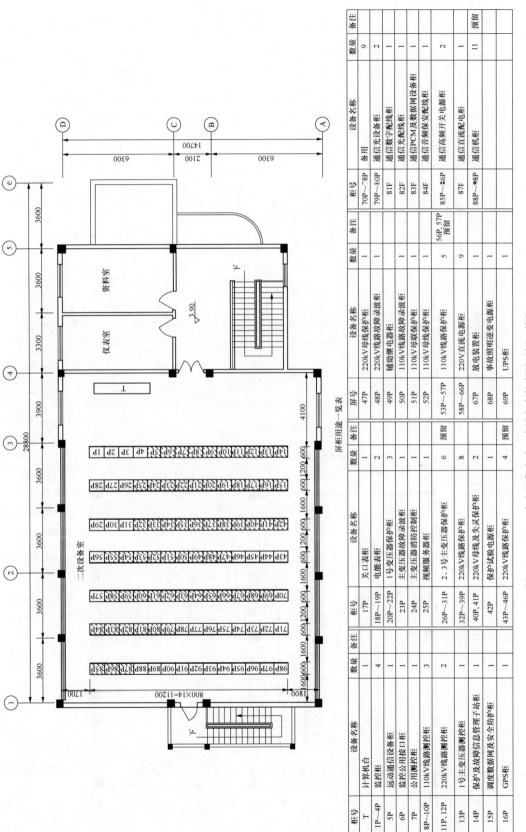

屏柜用途一览表

柜号	设备名称	数量	备注
T	计算机台	1	
1P~4P	监控柜	4	
5P	远动通信设备柜	1	
6P	监控公用接口柜	1	
7P	公用测控柜	1	
8P~10P	110kV线路测控柜	3	
11P,12P	220kV线路测控柜	2	
13P	1号主变压器测控柜	1	
14P	保护及故障信息管理子站柜	1	
15P	调度数据网及安全防护柜	1	
16P	GPS柜	1	预留

柜号	设备名称	数量	备注
17P	关口表柜	1	
18P~19P	电能表柜	2	
20P~22P	1号变压器保护柜	3	
23P	主变压器故障录波柜	1	
24P	主变压器消防控制柜	1	
25P	视频服务器柜	3	
26P~31P	2、3号主变压器保护柜	6	预留
32P~39P	220kV线路保护柜	8	
40P,41P	220kV母线及失灵保护柜	2	
42P	保护试验电源柜	1	
43P~46P	220kV线路保护柜	4	预留

屏号	设备名称	数量	备注
47P	220kV母线保护柜	1	
48P	220kV线路故障录波柜	2	
49P	辅助继电器柜	3	
50P	110kV线路故障录波柜	1	
51P	110kV母联保护柜	1	
52P	110kV母线保护柜	1	
53P~57P	110kV线路保护柜	5	56P,57P 预留
58P~66P	220V直流电源柜	9	预留
67P	放电装置柜	1	
68P	事故照明逆变电源柜	1	
69P	UPS柜	1	

柜号	设备名称	数量	备注
70P~78P	备用	9	
79P~80P	通信光设备柜	2	
81P	通信数字配线柜	1	
82P	通信光配线柜	1	
83F	通信PCM及数据网设备柜	1	
84F	通信音频保安配线柜	1	
85P~86P	通信高频开关电源柜	2	
87F	通信直流配电柜	1	
88P~98P	通信机柜	11	预留

图18-2 220kV变电站集中式二次设备的布置示例（单位：mm）

说明：粗实线为屏正面。

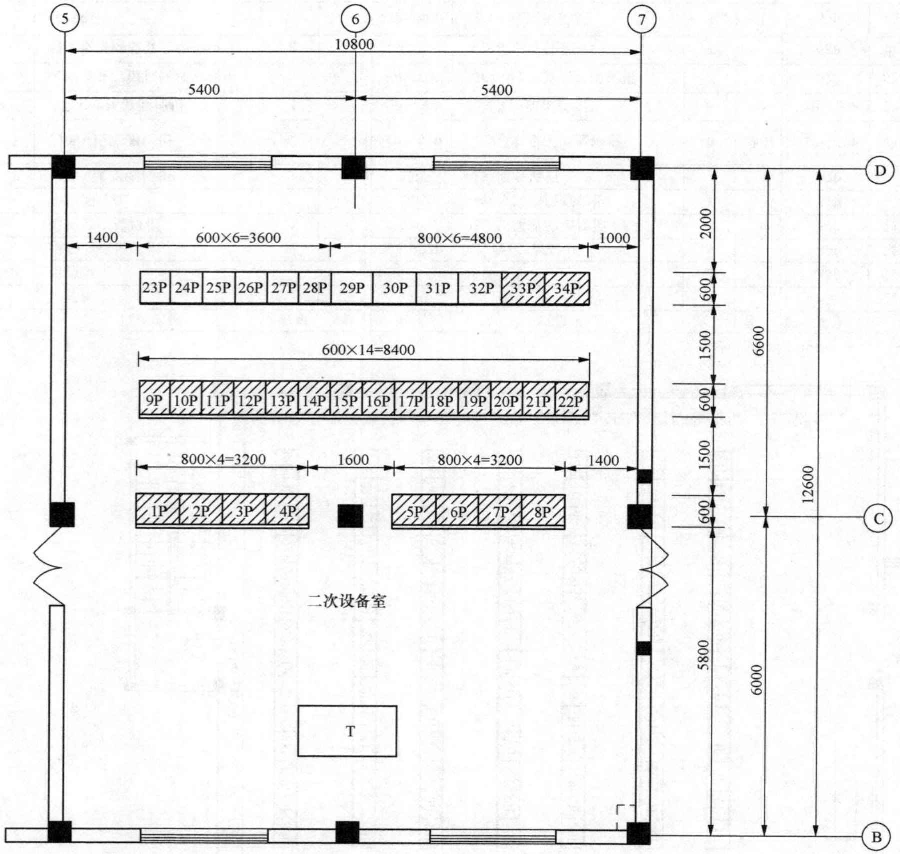

二次设备室屏柜用途一览表

柜号	设备名称	数量	备注
T	计算机台	1	
1P	视频服务器柜	1	
2P	远动柜	1	
3P	调度数据网及安全防护柜	1	
4P	远动通信设备柜	1	
5P	GPS主时钟柜	1	
6P	公用测控柜	1	
7P	监控公用接口柜	1	
8P	保护及故障信息管理子站柜	1	
9P、10P	光电转换接口屏	2	
11P	通信音频配线柜	1	
12P	通信光纤配线柜	1	
13P～15P	通信光设备柜	3	
16P	通信数字配线柜	1	
17P	通信PCM及数据网设备柜	1	
18P	通信直流配电柜	1	
19P、20P	通信高频开关电源柜	2	
21P、22P	通信蓄电池柜	2	
23P、24P	光电转换接口屏	2	预留
25P～28P	通信机柜	4	预留
29P～32P	备用	4	
33P	UPS柜1	1	
34P	UPS柜2	1	

图 18-3 220kV 变电站分散式二次设备室的布置示例（单位：mm）

说明：涂阴影的为本期所上屏柜，粗实线为以屏正面。

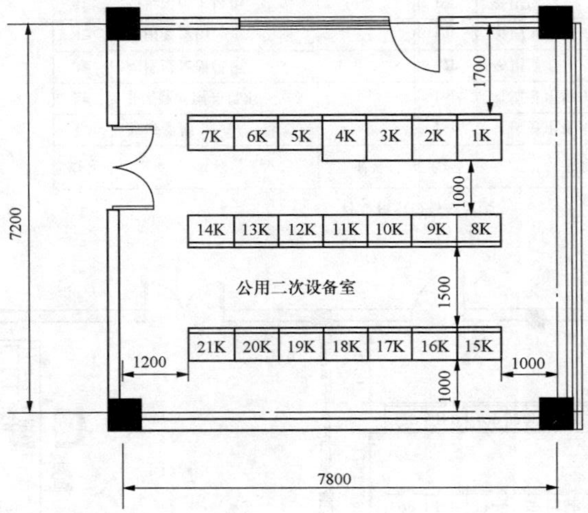

公用二次设备室设备一览表

编号	名称	数量	备注
	站控层设备		
1K	主机兼操作员站主机柜	1	主机1, 2+I区交换机
2K	数据服务器柜	1	数据服务器
3K	辅助系统主机柜	1	综合应用服务器1/2+II区交换机
4K	远动通信设备柜	1	II区数据网关机1/2+III/IV区数据网关机
5K	I区数据网关机柜	1	I区数据网关机1/2
6K	数据网接入设备	1	数据网接入设备
7K	UPS电源柜一	1	
8K	UPS电源柜二	1	
9K	UPS电源馈线柜	1	
10K	公用测控柜	1	
11K	同步对时系统主时钟柜	1	
12K	网络报文分析仪及MMS记录仪屏	1	
13K~21K	备用	8	

图18-4 变电站公用二次设备室的布置示例（单位：mm）

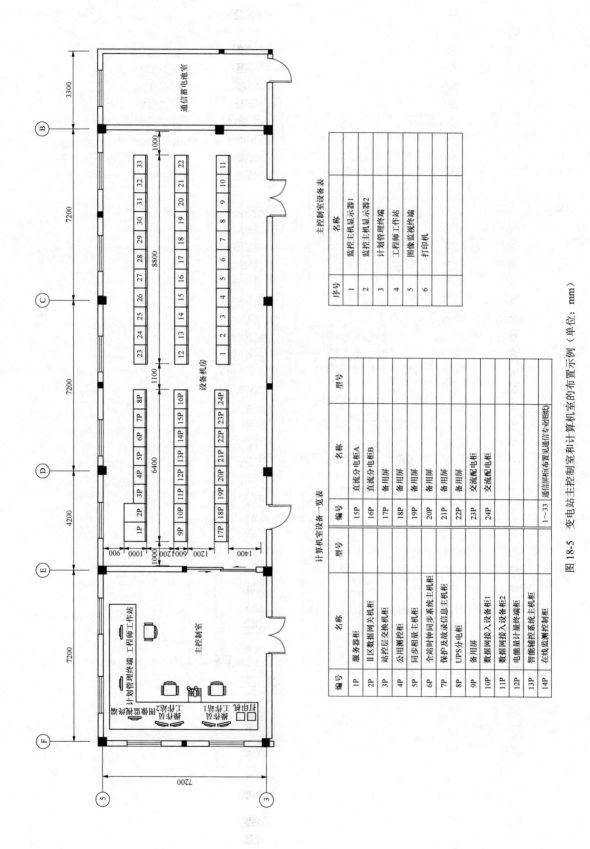

主控制室设备表

序号	名称
1	监控主机显示器1
2	监控主机显示器2
3	计划管理终端
4	工程师工作站
5	图像监视终端
6	打印机

计算机室设备一览表

编号	名称	型号	编号	名称	型号
1P	服务器柜		15P	直流分电柜A	
2P	Ⅱ区数据网关机柜		16P	直流分电柜B	
3P	站控层数据交换机柜		17P	备用屏	
4P	公用测控柜		18P	备用屏	
5P	同步相量主机柜		19P	备用屏	
6P	全站时钟同步系统主机柜		20P	备用屏	
7P	保护及故障信息主机柜		21P	备用屏	
8P	UPS分电柜		22P	备用屏	
9P	备用屏		23P	交流配电柜	
10P	数据网接入设备柜1		24P	交流配电柜	
11P	数据网接入设备柜2				
12P	电能量计量终端柜				
13P	智能辅控系统主机柜				
14P	在线监测控制柜		1~33	通信屏柜(布置见通信专业图)	

图 18-5 变电站主控制室和计算机室的布置示例（单位：mm）

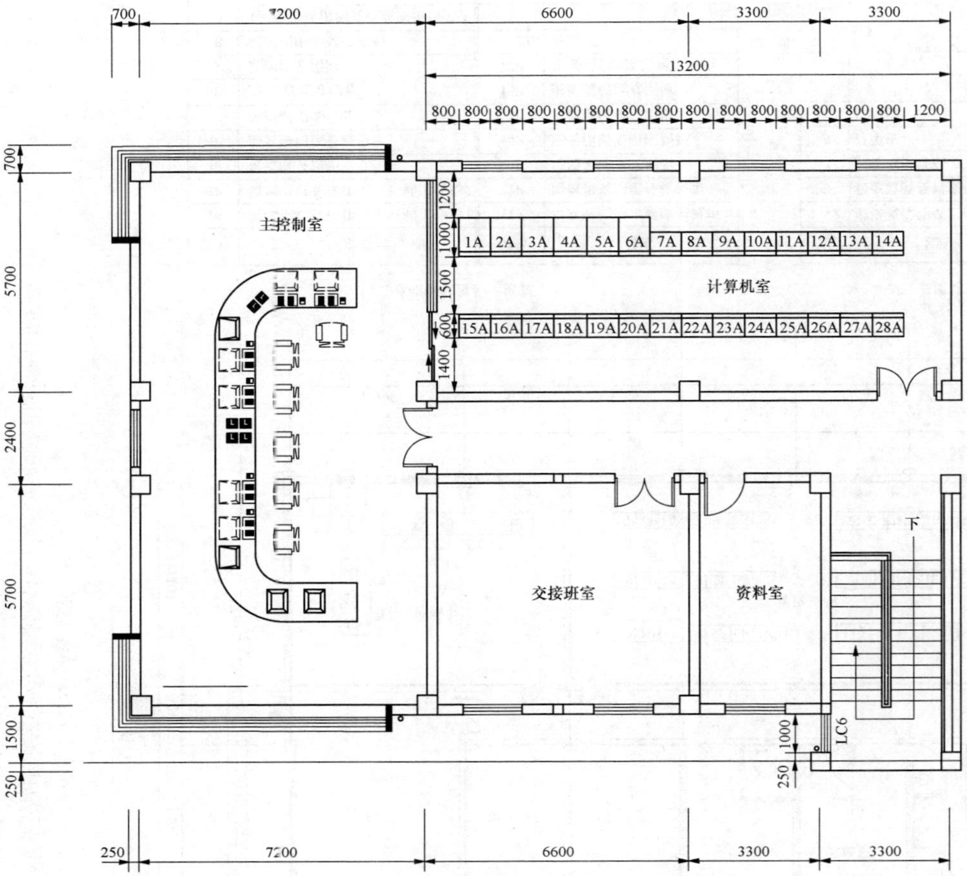

屏柜用途一览表

屏号	名称	型式	数量	备注
1A	监控系统主机柜	2260×800×1000	1	本期
2A	数据服务器柜	2260×800×1000	1	本期
3A	综合应用服务器柜	2260×800×1000	1	本期
4A	操作员工作站柜	2260×800×1000	1	本期
5A	图形网关站机柜	2260×800×1000	1	本期
6A	故障信息管理柜1	2260×800×1000	1	本期
7A	故障信息管理柜2	2260×800×600	1	本期
8A	I区网关机柜	2260×800×600	1	本期
9A	II区网关机柜	2260×800×600	1	本期
10A	III／IV区网关机柜	2260×800×600	1	本期
11A	计算机室在流分电柜	2260×800×600	1	本期
12A	国家电力调度数据网接入设备柜	2260×800×600	1	本期
13A	区域电力调度数据网接入设备柜	2260×800×600	1	本期
14A	电能量远方终端柜	2260×800×600	1	本期
15A	同步相量处理柜	2260×800×600	1	本期
16A	监控系统公用测控柜	2260×800×600	1	本期
17A	站控层网络设备柜	2260×800×600	1	本期
18A	时钟同步系统主机柜	2260×800×600	1	本期
19A	备用	2260×800×600	1	
20A	1号UPS电源柜	2260×800×600	1	本期
21A	UPS馈线柜	2260×800×600	1	本期
22A	2号UPS电源柜	2260×800×600	1	本期
23A	交直流电源信息监控装置柜	2260×800×600	1	本期
24A	视频监视系统主机柜	2260×800×600	1	本期
25A	备用		1	
26A	备用		1	
27A	备用		1	
28A	备用		1	

图 18-6　1000kV 变电站主控制室和计算机室的布置示例（单位：mm）

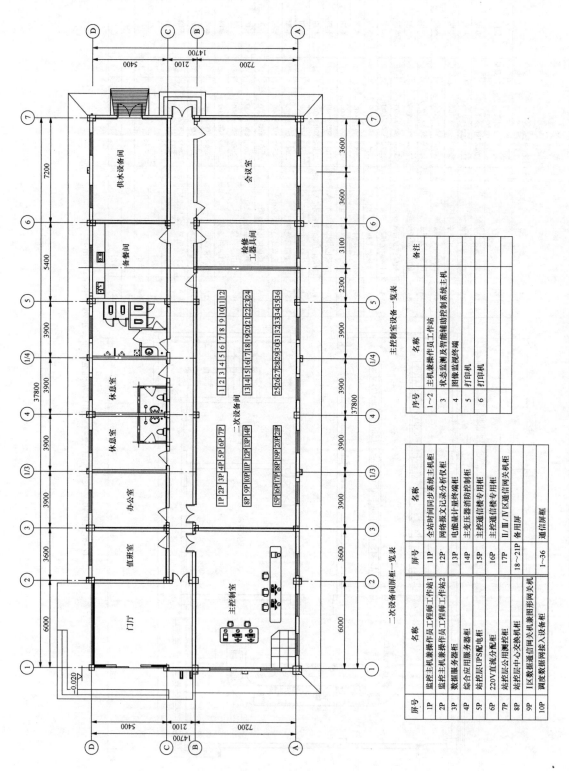

图 18-7 750kV 变电站主控制室和计算机室的布置示例（单位：mm）

二次设备间屏柜一览表

屏号	名称
1P	监控主机兼操作员工程师工作站1
2P	监控主机兼操作员工程师工作站2
3P	数据服务器柜
4P	综合应用服务器柜
5P	站控层UPS配电柜
6P	220V直流分配柜
7P	站控层公用测控柜
8P	站控层中心交换机柜
9P	I区数据通信网关机兼图形网关机
10P	调度数据网接入设备柜
11P	全站时间同步系统主机柜
12P	网络报文记录分析仪柜
13P	电能量计量终端柜
14P	主变压器消防控制柜
15P	主控通信楼专用柜
16P	主控通信楼专用柜
17P	II/III/IV区通信网关机柜
18～21P	备用屏
1～36	通信屏柜

主控制室设备一览表

序号	名称	备注
1～2	主机兼操作员工作站	
3	状态监测及智能辅助控制系统主机	
4	图像监视终端	
5	打印机	
6	打印机	

第三节　继电器小室和
预制舱的布置

一、继电器小室的布置

继电器小室应尽量布置在配电装置内的空余场地上，一般按电压等级设置。主变压器及其低压无功补偿等二次设备可单独设置继电器小室，也可根据一次设备的布置情况与主变压器的高压侧或中压侧二次设备合建继电器小室。继电器小室有单层设置和增加电缆夹层的双层设置两种方式，变电站一般采用单层设置方式。应通过调节继电器小室内屏柜的排数来改变继电器小室的尺寸以适应场地的尺寸限制要求。双排布置的继电器小室宽度一般取 5.4m（轴中心线尺寸，下同）；三排布置的继电器小室宽度一般取 7.2m；四排布置的继电器小室宽度一般取9.6m；五排布置的继电器小室宽度一般取 11.4m；继电器小室长度由所需的屏位数确定，当一排屏的数量超过 18 面时，可在屏中间设一过道。在继电器小室内的端部位置还应留有落地式空调柜的摆放位置。继电器小室室内净高一般设为 3.6m 左右。继电器小室应采取抗电磁干扰的屏蔽措施，在强风沙地区要考虑设置防风沙的门斗位置。

继电器小室应配置消防、图像监控、暖通、照明、通信及环境监控等辅助设施，使其环境满足变电站二次设备运行条件及变电站运行调试人员现场作业的要求。

继电器小室内屏柜的摆放位置应按串、母线及变压器等单元有序排列，应考虑相应配电装置的位置及电缆敷设路径，做到路径最短、交叉最少。同一保护对象的两套保护屏柜按正对屏面从左到右一二套顺序排列。三排屏布置的继电器小室的布置示例见图18-8，四排屏布置的继电器小室的布置示例见图18-9，五排屏布置含蓄电池室的继电器小室的布置示例见图 18-10。

二、预制舱的布置

预制舱采用集装箱式构造，可由一个或多个分舱体拼接而成，舱内应配置消防、图像监控、暖通、照明、通信及环境监控等辅助设施，使其环境满足变电站二次设备运行条件及变电站运行调试人员现场作业的要求。预制舱主要构件采用工厂预制形式，舱内接线及单体设备调试均在工厂内完成。

预制舱舱体尺寸应满足交通运输部令 2016 年第62 号《超限运输车辆行驶公路管理规定》中运输车辆车货总宽度不宜超过 2.5m，车货总长度不宜超过18m，车货总高度不宜超过 4.2m 的要求。标准预制舱舱体尺寸（长×宽×高）：Ⅰ型为 6200mm×2800mm×3133mm；Ⅱ型为 9200mm×2800mm×3133mm；Ⅲ型为 12200mm×2800mm×3133mm。舱体开门设置原则：Ⅰ、Ⅱ型舱按一个单开门设置，尺寸为 2350mm×900mm；Ⅲ型舱采用两个单开门，尺寸为 2350mm×900mm；原则上设置在长边的端部。

（一）舱内辅助设施配置

（1）舱内照明设正常照明和应急照明。部分正常照明灯具自带蓄电池，兼作应急照明，出口处设自带蓄电池的疏散指示标志。

（2）舱内照明灯具宜采用嵌入式 LED 灯带，各照明开关应设置于门口处，嵌入式安装，开关面板底部距地面高度为 1.3m。照明箱安装于门口处，底部距地面高度为 1.3m。

（3）舱内火灾探测及报警系统设备按Ⅱ、Ⅲ型舱舱内配 2 个火灾报警烟感探测装置、Ⅰ型舱舱内配1～2 个火灾报警烟感探测装置设置。火灾报警烟感探测装置采用吸顶布置。

（4）消防布置：舱内配置手提式灭火器 2 个，置于门口处。

（5）正常工作状态下舱内温度宜控制在 18～25℃范围内，相对湿度为 45%～75%，任何情况下无凝露。采用工业空调一体机，壁挂式安装，一用一备，当任一台空调故障时舱内温度可在 5～30℃范围内。

（6）舱内宜设置温湿度传感器，可根据需要设置水浸传感器，并将信息上传至辅助控制系统。

（7）舱内应安装视频监控，可在舱内屏柜前后各设置 1～2 台摄像头。

（8）舱内应设置有线电话，壁挂式安装。

（二）舱内布线及外部光电缆接口

预制舱内应设置配电盒、开关面板、插座等，舱内所有线缆均应采用暗敷方式；舱内宜采用下走线方式，舱底部需设置电缆槽盒；舱内与舱外光纤联系宜采用预制式光缆；对于双列布置的Ⅲ型预制舱，可设置光纤集中接口柜。

（三）预制舱接地及抗干扰要求

预制舱内应设置一、二次接地网；舱内墙面离地面 300mm 高暗敷接地干线，在接地干线上设置若干临时接地端子；预制舱可采用 40mm×4mm扁钢焊成 2m×2m 的网格，并连成一个六面体，与舱外接地网可靠连接，网格可与舱体钢结构统筹考虑。

预制舱平面布置见图 18-11。

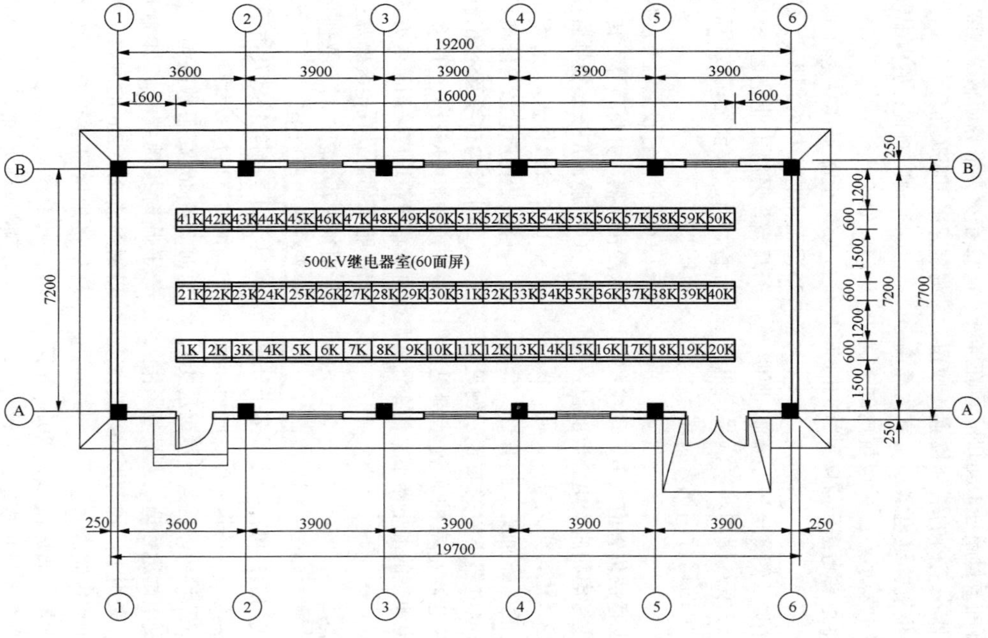

屏位宽表

编号	名称	数量	备注
1K~4K	直流电源分柜	4	
5K	二次设备交流电源柜	1	
6K	试验电源柜	1	
7K	光纤配线柜	1	
8K	时间同步装置扩展柜	1	
9K	同步相量测量及处理屏	1	
10K	500kV电能表屏	1	备用
11K	备用屏位	1	备用
12K	电能量采集装置柜	1	
13K	500kV过程层网络报文记录仪屏	1	
14K	500kV站控层网络设备柜	1	
15K	500kV公用测控柜	1	
16K~21K	备用屏位	6	备用
22K	预留500kV第一串过程层网络设备柜	6	线路保护2+短后距离电流保护+断路器保护测控3
23K~28K	预留第一串保护测控柜	6	
29K~30K	500kV母线保护柜	2	
31K	500kV第二串过程层网络设备柜	1	
32K~36K	第二串保护柜	5	线路保护+短后低电流保护+断路器保护测控3
37K	500kV第三串过程层网络设备柜	1	
38K~42K	第三串保护柜	5	线路保护2+断路器保护测控3
43K	预留03断路器保护柜	1	
44K	500kV第三串过程层网络设备柜	1	
45K~48K	第四串保护柜	4	线路保护1+断路器保护测控3
49K	500kV行波测距柜	1	
50K	500kV故障录波器柜	1	
51K	光纤配线柜	1	
52K	预留500kV第五串过程层网络设备柜	1	
53K~57K	预留第五串保护柜	5	线路保护2+断路器保护测控3
58K~60K	备用屏位	3	备用

图18-8 三排屏布置的继电器小室的布置示例（单位：mm）

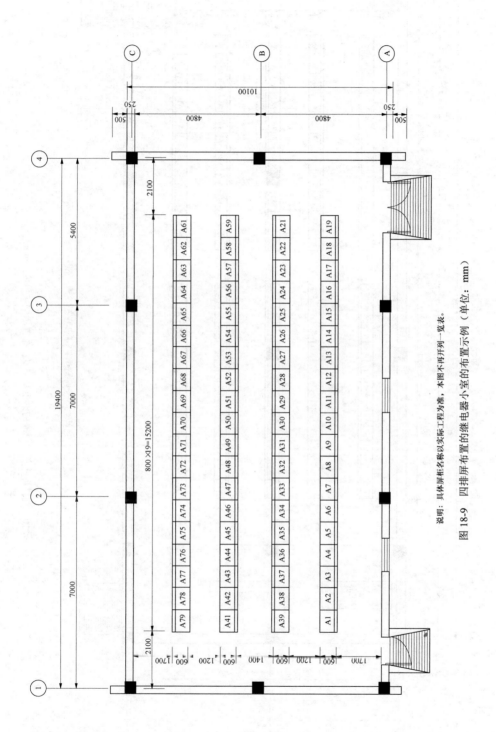

说明：具体屏柜名称以实际工程为准，本图不再开列一览表。

图 18-9 四排屏布置的继电器小室的布置示例（单位：mm）

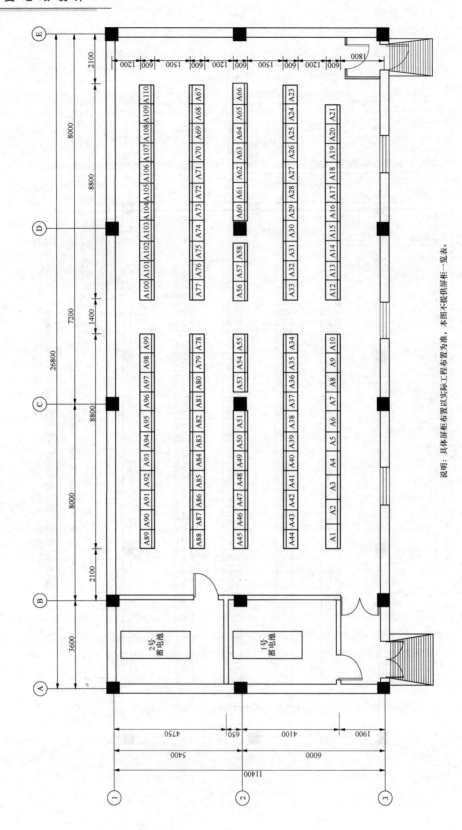

图 18-10 五排屏布置蓄电池的继电器小室的布置示例（单位：mm）

说明：具体屏柜布置以实际工程布置为准，本图不提供屏柜一览表。

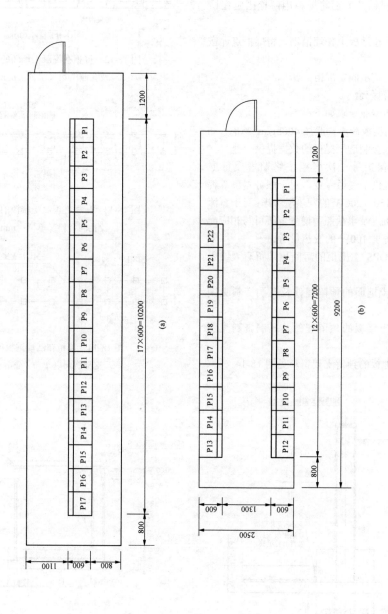

图 18-11 预制舱平面布置（单位：mm）

（a）单排布置设备舱平面示意图；（b）双排布置设备舱平面示意图

三、屏柜的安装方式及土建资料配合

（一）屏柜的安装方式

一般采用螺栓固定法和电焊法。

（1）螺栓固定法。在地板上预埋槽钢，钻孔（安装屏时在现场临时钻孔）后将屏柜用螺栓固定在槽钢上。

（2）电焊法。在地板上预埋槽钢，将屏柜点焊在槽钢上。

推荐用螺栓固定法固定屏柜。

（二）土建资料配合

对土建及暖通专业要求如下：

（1）控制室的楼板荷重一般按 $400kg/m^2$ 考虑，如有特殊要求时，应按制造厂提供的数据提供土建。

（2）控制及保护等二次屏柜按终期规模每屏 100W 的发热量提供给暖通专业，对于服务器屏等耗电较大的屏柜按 150～200W 的发热量考虑；对于直流充电屏、UPS 主机屏及事故照明逆变屏等可与相应配电屏结合统一按每屏 100W 的发热量考虑。

（3）安装有 GPS 主机柜的房间屋顶留有天线引线的穿孔。

屏柜在混凝土地面的预留埋件及孔洞资料见图 18-12。

屏柜在混凝土楼板的预留埋件及孔洞资料见图 18-13。

屏柜在活动地板的预留支架资料见图 18-14。

（4）预制舱基础形式采用条形基础，高出地面 150mm；舱体与基础采用焊接，如图 8-15 所示。

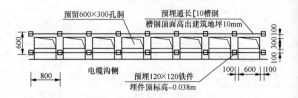

图 18-12　屏柜在混凝土地面的预留埋件及孔洞资料（单位：mm）

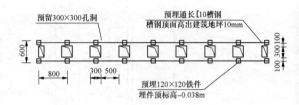

图 18-13　屏柜在混凝土楼板的预留埋件及孔洞资料（单位：mm）

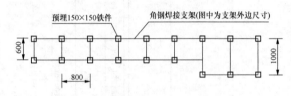

图 18-14　屏柜在活动地板的预留支架资料（单位：mm）

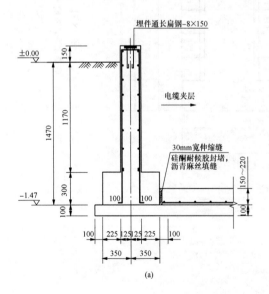

(a)

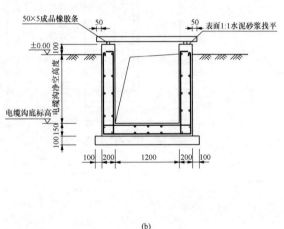

(b)

图 8-15　预制舱基础及电缆沟截面图（单位：mm）

（a）条形基础截面图；（b）预制舱下部电缆沟截面图

第四节 直流屏柜和蓄电池室的布置

一、直流屏柜的布置

直流系统的屏柜和 UPS 屏柜及事故照明逆变屏柜可按一般的二次屏柜对待，布置于二次设备间、继电器小室及预制舱内。对于设有交直流配电室的变电站，可将直流系统、UPS 系统及事故照明逆变屏柜等布置于其中，以达到靠近负荷中心及节省电缆的目的。

二、蓄电池室的布置

（一）蓄电池室布置要求

蓄电池室的位置应尽量靠近直流屏以节约电缆，同时要注意运行维护的方便、防止污染等条件，变电站的蓄电池室应布置在底层房间。

蓄电池组有组架安装在蓄电池室和组屏安装在二次设备室两种布置方式，容量小于等于 300Ah 的可采用组架安装或组屏安装，容量大于 300Ah 的应采用组架安装在蓄电池室的方式。

蓄电池组安装在专用的蓄电池室内时，一个蓄电池室至多放置两组蓄电池，放置两组蓄电池时电池组之间应采取隔挡措施。对蓄电池室的布置有以下要求：

（1）蓄电池室的开门方向应向外开启，尽量通往户外或建筑物的过道，两个蓄电池室并排布置时尽量不采用套间形式，即进入一蓄电池室需从另一蓄电池室穿过。

（2）蓄电池室地面应做防酸处理，室内严禁装设开关、插座及电炉等设施。照明应采用防爆灯具，若室内装设摄像头也应采用防爆型。

（3）蓄电池室的照明灯具及通风管道应布置在走道的上方，不要布置在蓄电池的上方。

（4）目前蓄电池广泛采用密封免维护型，考虑到蓄电池故障等极端情况，仍应装设通风设施。最简单易行的是装设排风风机，排风风机应采用防爆型。风机的排气方向应向墙外，不可向建筑物内的过道排气。

（5）蓄电池室应有良好的采暖设施，保证蓄电池室的温度在 10～30℃ 范围内。采暖设施与蓄电池的距离应大于 750mm。

（6）蓄电池室内应有运行和检修通道。通道一侧装有蓄电池时，通道宽度应在 0.8m 以上；两侧均装有蓄电池时，通道宽度应在 1m 以上。

（二）蓄电池安装要求

（1）胶体式的阀控式密封铅酸蓄电池，宜采用立式安装；贫液吸附式的阀控式密封铅酸蓄电池，可采用卧式或立式安装。

（2）蓄电池安装宜采用钢架组合结构，多层叠放。应便于安装、维护和更换蓄电池。台架的底层距地面 150～300mm，整体高度不宜超过 1600mm。

（3）蓄电池间宜采用有绝缘的或有护套的连接条连接，不紧靠在一起的蓄电池架间采用电缆连接。

（4）蓄电池组的电缆引出线应采用穿管敷设，且穿管引出端应靠近蓄电池的引出端。穿管外围应涂防酸（碱）油漆，封口处应用防酸（碱）材料封堵。弯曲半径应符合电缆敷设要求，电缆穿管露出地面的高度可低于蓄电池的引出端子 200～300mm。蓄电池导线与建筑物或其他接地之间的距离不应小于 50mm。

（三）布置及埋管预设

布置及埋管预设示例见图 18-16。

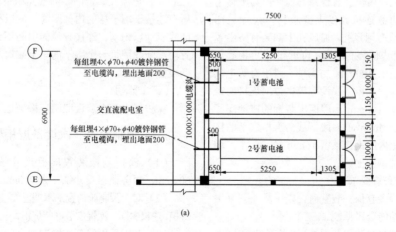

图 18-16 布置及埋管预设示例（一）（单位：mm）
(a) 蓄电池室平面布置图

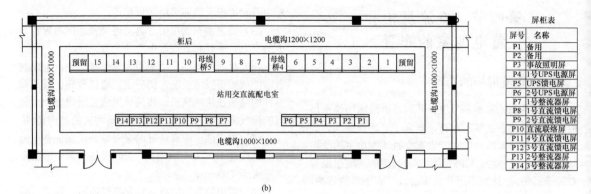

图 18-16 布置及埋管预设示例（二）（单位：mm）

（b）站用交直流配电室平面布置图

第五节 二次设备屏柜要求

屏柜采用门板内嵌式钢结构柜，冷轧板折弯焊接，静电喷涂。防护等级不低于 IP30。

屏柜尺寸通常采用 2260mm×800（600）mm×600mm（高×宽×深），柜净高 2200mm，门楣高 60mm。屏柜颜色可按用户要求确定。

一、常规屏柜要求

（一）屏柜柜体要求

屏柜上部为 60mm 高的不锈钢拉丝门楣，柜体净高 2200mm，中间大门配带有导电屏蔽功能的透明钢化玻璃，门轴在右手侧或右侧（以人面对屏柜正面为准），按当地习惯要求确定，门的下部装有气弹簧缓冲器。配有门锁（钥匙通用）。在屏柜的内面板下部有一调试孔。后门为双开门，门锁装于右后门。在左右后门下部设有通风孔，内侧装有滤网。前后门与柜体用 4mm² 透明导线可靠连接。以上要求具体尺寸见图 18-17。屏柜顶部设有通风孔，通风孔上部装有防尘罩（可拆卸），通风孔内侧装有滤网（可拆卸）。屏柜底部应设有截面积不小于 100mm² 的铜排。对于有等电位接入要求的控制保护屏柜，应设有等电位网连接的铜排，截面积不小于 100mm²。屏柜上装置的接地端子应用截面积不小于 4mm² 的多股铜线与屏柜底部的接地铜排相连。屏柜内的铜排预留φ6mm 孔 20 个，均匀分布在屏柜底部铜排上。

（二）端子排布置要求

同一屏上布置多套保护装置时，端子排布置采用按装置分区、按功能分段原则。

柜内每侧底端集中预留备用端子。每个装置区内端子排按功能段独立编号。公共端、同名出口端采用端子连线，配置足够连接端子。端子应有明显的编号，端子排间应有足够的绝缘，端子排应根据功能分段排列，屏内左右两侧各至少留有不少于 10 个的备用端子，且留有备用端子排以供设计时作转接或过渡用。各回路之间、正负电源之间、电源回路与其他端子之间要设置空端子隔离，跳、合闸引出端子与正电源至少间隔 1 个空端子。端子排间应留有足够的空间，以便于外部电缆的连接。端子排最高端子距离地面不超过 2000mm，最低端子距离地面不低于 350mm。

（三）压板相关要求

压板按装置成组布置，同一装置先布置出口压板后布置功能压板。跳闸出口压板一律采用红色标志；保护功能压板一律采用黄色标志；与失灵回路有关的压板一律采用红色标志；其他压板一律采用浅驼色标志。标签框应设置在压板下方。

（四）柜内布线要求

内部配线的额定电压为 1000V，应采用防潮隔热和防火的交联聚乙烯绝缘铜，其最小截面积不小于 1.0mm²，但电压互感器回路的截面积不应小于 1.5mm²，电流互感器回路的截面积不应小于 2.5mm²。所有连接于端子排的内部配线，应以标志条和有标志的线套加以识别。连接导线的中间不允许有接头。装置内部配线侧每一个端子的一个端口不允许连接超过两根的导线。

（五）照明

保护屏内是否装设照明灯按当地习惯确定。

二、预制舱内二次设备屏柜要求

（1）保护测控装置屏柜尺寸统一为 600mm×600mm；服务器柜尺寸统一为 900mm×600mm。

（2）对于预制舱内置于本期已安装屏柜中间的远期屏柜，建议本期一次性安装好空屏柜，并预留好相关布线。

（3）对于采用双列布置的预制舱，舱内除服务器外均应采用"前接线前显示"式二次装置。

（4）屏柜轴在右手侧（面对屏柜），屏柜门可打开至 180°。

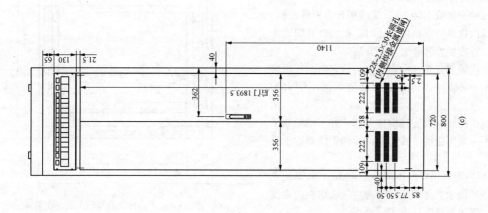

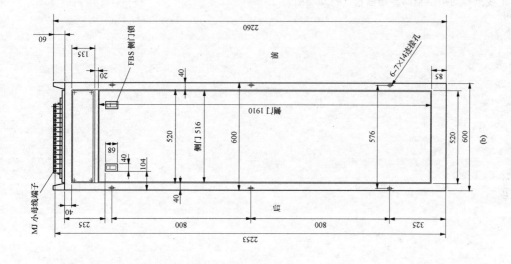

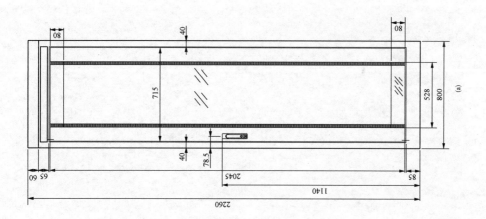

图 18-17 屏柜柜体尺寸（单位：mm）

(a) 正面；(b) 侧面；(c) 背面

（5）"前接线前显示"式二次装置安装固定点及装置前面板（液晶面板）位置应统一，以方便不同厂家设备安装与互换，装置安装尺寸见图18-18。

（6）二次装置布置在柜体右侧（面对屏柜），液晶屏可采用右轴旋转或上转方式，走线槽设在柜体左侧。

（7）二次设备厂家柜体设计时，柜门打开的宽度应尽量大，以方便整装置更换及安装。

（8）二次装置安装（固定）处与装置前面板距离为130mm，安装（固定）处至装置后部不应大于350mm。

（9）端子排统一设置在柜体下部，并采用横端子排方式，不应采用竖端子排布置。横向走线槽置于装置下部。

（10）竖向走线槽宽度不应小于40mm，并满足光纤弯曲半径的要求。竖向走线槽深度应考虑柜内走线的数量，以满足柜体内所有走线要求。

（11）走线槽等均采用金属专用盖板（材质与装置面板材质一致）封装，并方便拆装。

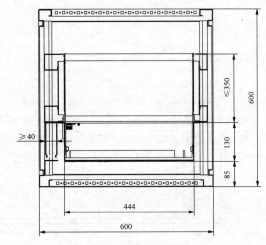

图18-18　"前接线前显示"式二次装置
组柜图（单位：mm）

第十九章

站　内　通　信

第一节　业务需求及业务通道组织

一、业务需求

1. 业务种类

变电站的主要通信业务可划分为四大类：

（1）语音业务。包括调度电话、行政电话、会议电话等。

（2）数据业务。包括系统继电保护和电网安全自动装置数据、调度自动化数据、电力市场数据、管理信息系统和办公自动化系统数据、电网动态监视和控制系统数据等。

（3）视频业务。包括会议电视、变电站视频监视等。

（4）多媒体业务。包括信息检索、科学计算和信息处理、电子邮件、Web 应用、可视图文、多媒体会议、视频点播、视频广播、电子商务等。

2. 业务通道需求

（1）调度交换机中继通道。至调度电话交换网的 2 个汇接点各需 1 个 2Mbit/s 通道。

（2）行政电话通道。

（3）调度数据网通道。调度数据网是双平面，每个平面到 2 个调度数据网汇聚点各需（1～5）×2Mbit/s 通道。

（4）综合数据网通道。至综合数据网汇聚点需 $N×2$Mbit/s 通道（通常 $N≥4$），或者 155Mbit/s 通道。

（5）保护通道。

1）线路保护通道。站间通道，每回线路两套线路主保护+失灵远跳通道，通道带宽为 2×2Mbit/s，第一套和第二套保护通道的路由、光传输设备及电源均按相互独立的原则双重化配置。

2）安全自动装置信息。站间通道，按每个出线方向配置，通道带宽为 2×2Mbit/s。

3）故障测距信息。站间通道，每回线路通道带宽

为 2Mbit/s。

（6）通信动力环境监控信息通道。通信电源及通信机房环境监控信息上传通道，通道带宽（1～2）×2Mbit/s 至通信维护部门，有些地区也会采用综合数据网通道上传。

（7）其他专用通道。在特高压变电站和其他个别变电站中二次专业会有一些其他专用通道的需求，如视频监视图像上传通道、视频会议专用通道等需求，一般为 $N×2$Mbit/s。

二、业务通道组织

通道组织应根据本期系统通信方案和相关通信网现状实施组织。通道组织的一般原则为先直达、后迂回，优先选用路由长度短的电路，长途链路应优先选用主干电路，应尽可能避免电路电接口转接。

（1）调度交换机中继通道。从变电站到调度电话交换网的 2 个不同汇接点各组织 1 个 2Mbit/s 通道作为中继通道，这 2 个 2Mbit/s 中继通道应为不同传输设备、不同路由。

（2）行政电话通道。行政电话通道组织按变电站设计的行政电话方案进行组织。

（3）调度数据网通道。调度数据网每个平面到 2 个调度数据网汇聚点各组织（1～5）×2Mbit/s 通道，2 个平面至各调度数据网汇聚点的通道应安排在不同传输设备、不同路由上。

（4）综合数据网通道。从变电站到综合数据网汇聚点组织 $N×2$Mbit/s 通道，接口根据工程实际采用 E1 接口或 155Mbit/s 光接口。

（5）保护通道。

1）线路保护通道。站间通道，组织 2 个变电站间的 1 个直达路由电路和 1 个迂回路由电路，2 个电路应安排在不同传输设备、不同路由上，通道带宽通常为 2Mbit/s。根据工程实际一般线路长度在 100km 内，且条件允许时也可采用专用光纤芯，没有光纤电路时可以组织电力线载波通道。

2）安全自动装置信息。站间通道，同线路保护通道组织。

3）故障测距信息。站间通道，组织 2 个变电站间的 1 个直达路由光纤电路，带宽为 2Mbit/s。

（6）通信动力环境监控信息通道。通信动力环境监控信息采用综合数据网方式上传时，将信息接入综合数据网交换机网络接口；通信动力环境监控信息采用专用通道时，组织变电站至通信运行维护部门的通信动力环境监控主站的（1～2）×2Mbit/s 通道。

（7）其他专用通道。根据专用通道的需求，组织变电站到所需专用通道落地点的 N×2Mbit/s 通道。

第二节 生产调度通信

一、调度交换机的组成和配置原则

调度交换机是电力系统中专用于生产调度指挥的电话交换设备，它不仅具备一般电话交换机的基本功能，还通过键盘、鼠标、触摸屏等设备提供强插、强拆、紧急呼叫、状态显示、电话会议、轮呼、点名、录音等调度指挥所需功能。

调度交换机由调度主机、调度台、录音系统和维护终端组成。

在 220kV 及以下电压等级的变电站、无人值班变电站一般不配置调度交换机，生产调度通信采用远程放号方式；330kV 及以上有人值班变电站可配置调度交换机。变电站应配置独立的调度录音系统。

二、调度交换机组网

（一）电力调度交换网网络结构

电力调度交换网由四类不同等级的汇接交换中心（站）及终端交换站连接而成，四类不同等级的汇接交换中心（站）分别是国家（南方）电网有限公司汇接交换中心（C1）、区域电网公司汇接交换中心及国家（南方）电网有限公司下一级汇接交换站（C2）、省电网公司汇接交换中心及区域电网公司下一级汇接交换站（C3）、地（市）供电公司汇接交换中心及省电网公司下一级汇接交换站（C4）、终端交换站（T）。

（1）C1 设在国家（南方）电网有限公司本部、第二汇聚节点。

（2）C2 分别设在各区域电网公司本部、第二汇接点及总部直调的厂（站）。

（3）C3 设在各省电网公司本部、备调及分部直调的厂（站）。

（4）C4 设在各地（市）供电公司本部及省电网公司直调的厂（站）。

（5）T 设在发电厂、变电站、换流站、开关站等。

电力调度交换网一般结构如图 19-1 所示。

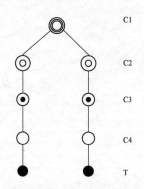

图 19-1 电力调度交换网一般结构

（二）电力调度交换网和电力行政交换网的组网关系

（1）总部、分部、省电网公司汇接交换中心、地（市）供电公司汇接交换中心及发电厂调度交换设备应独立配置，不应采用调度交换机和电力行政交换机合一方式。

（2）调度交换机可以与电力行政交换机连接，行政交换网应作为电力调度交换网备用网。调度交换机与电力行政交换机互连时，行政交换机用户呼入时应加以限制，调度交换机用户可以呼叫电力行政交换网用户，电力行政交换网用户不允许呼叫电力调度交换网的调度用户。

（三）变电站调度交换机组网方案

1. 变电站调度交换机为终端交换机

当变电站配置的调度交换机在调度交换网中为终端交换机时，调度交换机组网宜以 2Mbit/s 数字中继方式就近接入调度交换网的 2 个汇接点。变电站终端调度交换机组网示意图如图 19-2 所示。

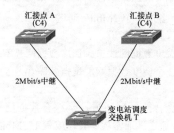

图 19-2 变电站终端调度交换机组网示意图

2. 变电站调度交换机为汇接交换机

当变电站配置的调度交换机在调度交换网中规划为汇接交换机时，调度交换机组网宜以 2Mbit/s 数字中继方式就近接入调度交换网的 2 个上一级汇接点或者 1 个上一级汇接点和 1 个同级汇接点。变电站汇接调度交换机组网示意图如图 19-3 所示。

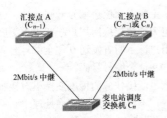

图 19-3 变电站汇接调度交换机组网示意图

（四）信令

调度交换网的信令包括用户线信令和局间信令两部分。用户线信令是用户话机和交换机间传送的信令。局间信令是交换机和交换机间传送的信令。电话交换网的局间信令由线路信令和记发器信令组成。

1. 用户线信令方式

（1）与直流脉冲按键话机有关的用户信号技术指标：

1）脉冲速度为 8～14 脉冲/s。

2）脉冲断续比为（1.3～2.5）：1。

3）脉冲串间隔不小于 350ms。

（2）双音多频话机频率组合符合电话自动交换网用户信号方式的规定。

（3）用户线条件如下：

1）最大环路电阻（包括话机电阻）为 1.8kΩ，馈电电流不小于 18mA；

2）线间绝缘电阻不小于 20kΩ；

3）线间电容不大于 0.5μF。

2. 局间信令方式

（1）随路信令方式。

1）环路中继线线路信号。环路中继线线路信号以环路低阻、高阻方式传送，环路中继线条件如下：

a）最大环路电阻（包括中继器的环路电阻）不大于 1.8kΩ；

b）线间绝缘电阻不小于 20kΩ；

c）线间电容不大于 0.5μF。

2）四线 E&M 中继线线路信号。四线 E&M 中继线线路信号技术指标要求如下：

a）阻抗特性。四线音频输入口和输出口的标称阻抗值为平衡式 600Ω，连接 600Ω 的回波损耗在 300～3400Hz 范围内不应低于 20dB。

b）对地阻抗平衡度。同二线模拟接口的要求。

c）工作状态、E&M 线的电气参数如下：最大工作电流为 50mA 及以下；最小工作电流为 5mA 及以下；承受外部电压−66V 不损坏；

E&M 线正常工作时，引线压降不大于工作电压的 10%。

3）模拟中继记发器信号。模拟中继记发器信号技术指标要求如下：

a）直流脉冲信号符合电话自动交换网用户信号方式的相关规定。

b）DTMF 信号符合电话自动交换网用户信号方式的相关规定。

c）DTMF/FSK（来电显示）信号接收符合来电显示标准的中继（只适用于环路中继）。

4）中国 1 号信令方式。中国 1 号信令方式符合电话自动交换网用户信号方式的相关规定。

（2）共路信令方式。

1）Qsig 信令方式符合电话自动交换网共路信令的相关规定。

2）DSS1 信令方式符合电话自动交换网共路信令的相关规定，部分内容和 Qsig 信令方式等效。

3）中国 7 号信令方式应符合中国国内电话网 7 号信号方式技术的相关规定。

（3）调度交换网采用的信令方式。

1）调度交换机局间的中继信令采用 Qsig 信令方式。

2）两台调度交换机采用 Qsig 中继信令时，上级交换中心（站）设定为"网络"侧，下级交换中心（站）设定为"用户"侧，同级别时，局间编号数值小的交换中心（站）设定为"网络"侧，局间编号数值大的交换中心（站）设定为"用户"侧。

3. 中继路由设置及选择

（1）路由设置。

1）连接两个交换节点间的中继电路应选用两个不同的传输路由。对于具有主、备用交换机的同一汇接交换中心，应将两个传输路由分别连接至主、备用交换机。

2）C1 至 C2、C2 至 C3、C3 至 C4 应分别设置直达路由和迂回路由。

3）C2 之间、C3 之间可以根据需要设置直达路由。

4）调度交换网内所有终端交换站调度交换机应通过两条不同的传输路由，分别与上一级的两个汇接交换中心（站）建立直达路由。

5）由总部、分部、省电网公司共同调度的厂（站）可接入 C2、C3、C4，并应采用两条不同路由连接两个交换节点。

6）调度交换网中继连接应采用 2Mbit/s 数字电路。

（2）路由选择。

1）调度交换网的呼叫按以下原则选择路由：

a）先第一路由，后迂回路由。

b）先选跨越交换节点少的路由，后选跨越交换节点多的路由。

c）先光纤路由后微波路由。

2）调度交换网的任一节点发出的呼叫，可供选择的路由数量不超过 3 个，即一个直达路由和两个迂回路由。

3）直达路由经过的中间节点数不应超过 2 个，第一迂回路由经过的中间节点数不应超过 3 个。

4）调度交换网内每个交换机的每次呼叫，自动迂回路由的选择次数不超过 2 次。

5）调度交换机路由预测要求如下：

a）调度交换网内 C1、C2、C3、C4 的调度交换机，宜具备路由的预测功能。

b）路由预测自动重选路由采用靠近故障点原则。

c）具备路由预测功能的交换机，其路由预测的定义应统一。

（3）路由限制。调度交换网应按照以下要求进行路由限制：

1）在设置自动路由迂回和路由预测重选路由时，不应由原呼出电路群返回本交换节点，也不应经多次迂回返回本交换节点或中间汇接交换点。

2）对无直接调度关系的横向呼叫，应加以限制。

3）调度交换机与电力行政交换机连接时，调度交换机用户可以呼叫电力行政交换网用户，电力行政交换网用户不允许呼叫电力调度交换网的调度用户。

4）对于变电站调度、行政合一的交换机，其用户可分为电力调度用户和生产管理用户，站内交换机与电力行政交换机连接时，站内交换机内生产管理用户应与电力调度用户分离，生产管理用户仅与电力行政交换网用户双向呼叫。

4．编号计划

编号计划遵循电力调度交换网全网统一编号规则。

（五）呼叫方式和来电显示

1．呼叫方式

（1）调度交换机本局内部呼叫采用短号码等位直拨，直拨本机用户分机号码。采用本局用户全编号方式进行的内部呼叫，应在本局内进行号码处理，禁止出局。

（2）调度交换机出局呼叫直拨被叫方 9 位全编号号码，由被叫方调度交换机对接收的号码进行变换处理。

（3）调度交换机用户呼叫电力行政交换网用户时，直拨被叫方电力行政交换网 9 位全编号号码，由被叫方电力行政交换机对接收的号码进行变换处理。

2．来电显示

（1）呼入至调度交换机用户，主叫方应向被叫方发送主叫方号码。

（2）调度交换机用户内部呼叫，发送主叫方分机短号码，被叫方显示主叫方分机短号码。

（3）调度交换机用户出局呼叫，应发送主叫方 9 位全编号号码；调度台用户出局呼叫，发送调度台全编号组号码，号码变换处理由主叫方调度交换机完成，

被叫方显示主叫方 9 位全编号号码。

（4）电力行政交换网用户呼叫电力调度交换网内生产管理用户，主叫方发送 9 位全编号号码，被叫方显示主叫方 9 位全编号号码。

（5）承担汇接任务的调度交换机对接收的号码进行全码转发，不对号码进行变换处理。

（六）网同步

1．同步方式

电力调度交换网采用准同步和主从同步并存的同步方式。

2．外同步接口

（1）2048kbit/s 接口的物理、电气参数特性应符合数字网系列比特率电接口特性的要求。

（2）2048kHz 接口的物理、电气参数特性应符合数字网系列比特率电接口特性的要求。

（3）调度交换机采用外定时方式时，可以采用 2048kbit/s 和 2048kHz 接口，优先选择 2048kbit/s 接口。

3．调度交换机定时源设定

（1）电网公司等具备综合定时供给设备（BITS）的汇接交换中心，应直接从综合定时供给设备（BITS）获取同步时钟信号，作为调度交换机第一定时源，第二定时源采用调度交换机内部时钟源。

（2）不具备综合定时供给设备（BITS）的汇接交换中心，可从上一级 SDH 光传输设备的 STM-N 线路码流同步链路提取定时信号，也可以从上一级汇接交换中心（站）或同级汇接交换中心（站）的中继电路中获取定时信号，设为调度交换机第一定时源，第二定时源可以选择调度交换机内部时钟源或者自其他路由的中继电路中提取，但不得从下级汇接交换中心的中继电路中提取。

4．线路提取定时的原则

（1）当从 SDH 2048kbit/s 业务链路的中继电路中提取定时时，必须确认该 2048kbit/s 不存在指针调整影响或已经过"再定时"的特殊处理，消除了指针调整影响。

（2）应选择从经过传输设备节点数量较少的上级或者同级汇接交换中心（站）的中继电路中提取定时。

（七）局间中继接口

局间中继分为模拟中继接口和数字中继接口。

1．模拟中继接口

模拟中继线有环路中继接口、四线 E&M 中继接口。

环路中继接口是本交换机作为上一级交换机的一个用户分机接在上一级交换机的模拟用户线上，而上一级交换机的模拟用户线接在本机中继端口的二线环路接口上。这种中继方式为半自动中继方式，外线呼入需经人工或电脑话务员转接分机；现在应用较少，

一般用于变电站调度、行政合一交换机的行政中继。

四线 E&M 中继接口是在传输设备和交换设备之间通过接收线（E 线）和发送线（M 线）进行信令信息转换的随路信令中继方式，本机的四线 E&M 中继接口通过传输设备接入汇接交换机的四线 E&M 中继接口，这种中继方式可以实现全自动中继。以前由于某些调度交换机不支持数字中继以及传输设备带宽不足等原因，这种中继方式被广泛应用，现在光纤通信带宽大，光缆网络覆盖广泛，因此调度交换网已很少使用四线 E&M 中继接口。

2. 数字中继接口

数字中继接口是利用数字信道连接两台交换机的中继端口。数字中继接口一般为 2048kbit/s（E1、30B+D）接口。可支持 Qsig 信令、中国 1 号信令、中国 7 号信令等，电力调度交换网通常采用 Qsig 信令。现阶段数字中继接口在电力调度交换网中被广泛应用。

三、调度交换机设备选型原则

（1）应选用技术先进、可靠性高、满足调度功能要求的"长市合一"型数字程控交换机，其信号方式应能兼容组网。

（2）调度交换机应采用模块化结构，调度交换机公共控制板、电源板等重要板卡采用 1+1 冗余配置，热备份方式工作，还应具有硬盘加载或 CPU 失电保护配置。

（3）调度交换机应具有强拆、强插、缩位拨号、紧急呼叫、回叫、会议、转移、保持等功能，还应具有录音功能接口。

（4）具有迂回路由、重找路由、重试路由、路由闭塞，基于服务质量和呼叫服务信息来选择路由。

（5）交换机应能为用户提供友好的界面，操作简单方便。

（6）应配备功能齐全、操作简便的智能调度台。其基本要求为：

1）调度台应有 1～2 席，可采用键盘式或触摸屏式。

2）调度台应设有功能键（优先、强拆、强插、会议、转移、保持等）、对象键、手机、扬声器和显示，并具有免提功能。

3）各种呼叫状态应有可见可闻信号显示，并具有主叫号码显示功能。

4）应具有组呼和缩位拨号功能。

5）多个调度台对象键应具有来话多重对位显示功能，能双向对应"指定呼叫"，每席可多线同时呼入显示，并能任意选择其中一个呼入键通话。

触摸屏式调度台如图 19-4 所示。

图 19-4 触摸屏式调度台

四、调度交换机配置要求

（一）容量配置

变电站调度交换机容量配置一般为 1000kV 变电站按 64 用户线考虑；330～750kV 变电站按 32～48 用户线配置。如变电站调度交换机按汇接交换机规划，则所配置的交换机交换总容量不应小于 512 端口并可扩容。

（二）板卡配置

调度交换机公用板卡应冗余配置，其他板卡根据设计需求配置。变电站调度交换机典型配置见表 19-1。

表 19-1　变电站调度交换机典型配置

序号	设备元件名称	规格型式，参数	单位	数量	备注
1	程控交换机		套	1	
1.1	冗余机框	256～512 端口	套	1	
1.2	中央处理器板		块	2	
1.3	时隙交换板		块	2	
1.4	电源板	−48V	块	2	
1.5	2Mbit/s 数字中继板	2Mbit/s 中继接口板	块	2	
1.6	2Mbit/s 数字中继板	对端扩容 2Mbit/s 中继接口板，支持 Qsig 信令、中国 1 号信令	块	2～4	注明对端设备品牌型号
1.7	数字调度用户板	8 单元	块	1～2	
1.8	普通模拟用户板	单板 16 口，支持来电显示	块	3～4	
1.9	录音接口板		块	1～2	
1.10	软件包		套	1	
2	录音系统	工控机、16 通道录音机，连续存储不少于 3000h	套	1	
3	调度台（双电源供电）	双手柄一体式调度台，带 2B+D 接口，触摸屏式	台	2	
4	电话机	双音多频	部	20	

续表

序号	设备元件名称	规格型式，参数	单位	数量	备注
5	本地维护终端	中文版操作系统，显示采用 KVM 设备	台	1	
6	机柜	2260×600×600（mm×mm×mm）	面	2	
7	交、直流配电要求	交流 PDU，AC 220V 输入电流 16A；输出分路电流允许最大值为 10A，输出不少于 6 路。直流配电根据机型配置	只	1	交流用于维护终端等供电

续表

序号	设备元件名称	规格型式，参数	单位	数量	备注
8	辅助及安装材料	含同轴电缆、音频电缆、电源线、接地线。音频电缆长度为 30m。电源线要求为阻燃、线径 16mm^2，单根长度为 30m，接地线要求为线径 35mm^2，长度共 20m	套	1	

（三）调度交换系统组屏

调度交换系统一般按 2 面屏组屏，调度交换机组 1 面屏，维护终端与录音机组 1 面屏。图 19-5 是变电站调度交换系统典型组屏图。

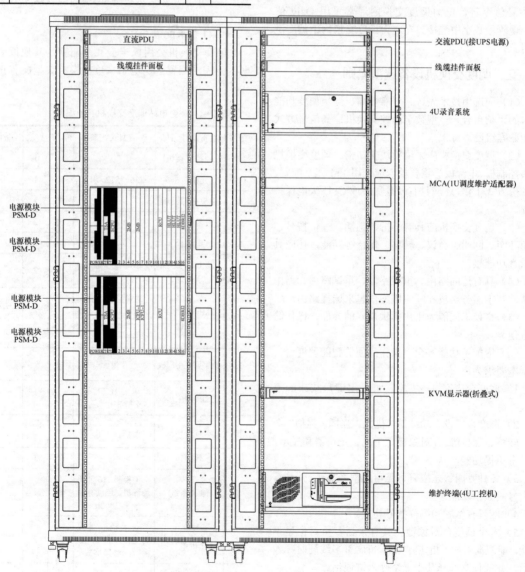

图 19-5　变电站调度交换系统典型组屏图

第三节　行政管理电话

行政管理电话是用于行政管理、保障工作和生活的语音通信电话交换网络系统，由交换设备、传输网、控制管理系统、终端设备等组成。

一、750kV 及以下变电站行政电话

750kV 及以下变电站通常不配置电力行政电话交换机，变电站内行政电话可通过接入设备（PCM 或 IAD）从远端放号，配置了调度交换机的变电站也可采用调度、行政合一交换机方式运行。

二、1000kV 变电站行政电话

1000kV 变电站除配置调度交换机外，一般还需配置行政电话交换系统。

当变电站所在地行政电话 IP 多媒体子系统（IP.multimedia subsystem，IMS 系统）未建成时，变电站可配置电路交换机，以 1 路 2Mbit/s 数字中继、采用中国 7 号信令（或与现网信令保持一致）就近接入电力行政电话交换网汇接点。变电站行政交换机典型配置见表 19-2。

表 19-2　变电站行政交换机典型配置

序号	设备元件名称	规格型式，参数	单位	数量	备注
1	程控交换机		套	1	
1.1	256 端口冗余机框		套	1	
1.2	中央处理器板		块	2	
1.3	时隙交换板		块	2	
1.4	电源板	−48V	块	2	
1.5	2Mbit/s 数字中继板	2Mbit/s 中继接口板	块	1	
1.6	2Mbit/s 数字中继板	对端扩容 2Mbit/s 中继接口板，支持 QSig 信令、中国 1 号信令等	块	1	注明对端设备品牌型号
1.7	普通模拟用户板	单板 16 口，支持来电显示	块	5～6	
1.8	软件包		套	1	
1.9	本地维护终端	中文版操作系统，显示采用 KVM 设备	台	1	可与调度机合用
2	机柜	2260×600×600（mm×mm×mm）	面	2	

续表

序号	设备元件名称	规格型式，参数	单位	数量	备注
3	交、直流配电要求	交流 PDU，AC 220V 输入电流 16A；输出分路电流允许最大值为 10A，输出不少于 6 路。直流配电根据机型配置	只	1	交流用于维护终端等供电
4	电话机	双音多频	部	60	
5	辅助及安装材料	含同轴电缆、音频电缆、电源线、接地线。音频电缆长度为 30m。电源线要求为阻燃、线径 16mm²，单根长度为 30m；接地线要求为线径 35mm²，长度共 20m	套	1	

三、电力 IMS 系统

目前电力公司新建行政交换网一般采用 IMS 技术体制，信令方式采用会话初始协议（session initiation protocol，SIP），全网采用 9 位等位编号原则，不再新建或改造电路交换和软交换设备。变电站按需配置网络电话机或综合接入设备（IAD）和模拟电话机，以综合数据通信网或者 SDH 设备的以太网板为承载网接入 IMS 系统。电力 IMS 交换网络总体架构图如图 19-6 所示。

变电站行政电话接入电力 IMS 系统的方案主要有两种，一种是采用 IP 电话机接入方式，另一种是采用 IAD 接入方式。

IP 电话机接入方式是采用 IP 电话机通过综合数据通信网接入 IMS 系统，接入组网示意图如图 19-7 所示，这种方式适用于用户数量较少的变电站，如无人值守变电站等。

IAD 接入方式是采用 IAD 设备+模拟电话机的方式，通过综合数据通信网接入 IMS 系统，接入组网示意图如图 19-8 所示，这种接入方式适用于 500、750、1000kV 变电站等用户数量较多的工程。

无人值守变电站行政电话接入设备典型配置、750kV 和 500kV 变电站行政电话接入设备典型配置、1000kV 变电站行政电话接入设备典型配置分别见表 19-3～表 19-5。

四、公网电话

变电站应配置 1～2 部公网电话，公网电话作为变电站调度电话和行政电话的备份，向当地电信运营商申请安装。

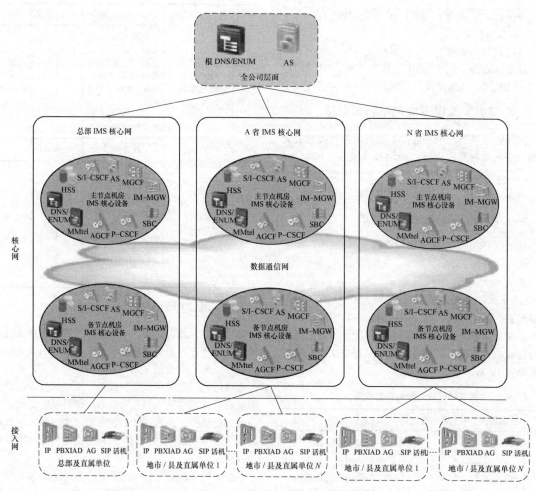

图 19-6　电力 IMS 交换网络总体架构图

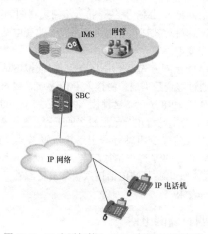

图 19-7　IP 电话机接入 IMS 系统组网示意图

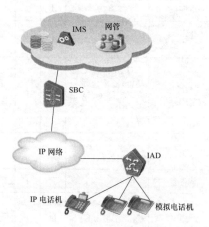

图 19-8　IAD 接入 IMS 系统组网示意图

表 19-3 无人值守变电站行政电话
接入设备典型配置

序号	设备元件名称	规格型式，参数	单位	数量	备注
1	IP 电话机	IPS	部	5	

表 19-4 750kV 和 500kV 变电站
行政电话接入设备典型配置

序号	设备元件名称	规格型式，参数	单位	数量	备注
1	IAD	32 线	套	1	
2	电话机	双音多频	部	30	

表 19-5 1000kV 变电站行政电话
接入设备典型配置

序号	设备元件名称	规格型式，参数	单位	数量	备注
1	IAD	64 线	套	1	
2	电话机	双音多频	部	60	

第四节 综合数据通信网

综合数据通信网是电力企业进行行政业务管理的内部数据网络，主要承载着企业门户、协同办公、邮件系统、综合管理、视频会议、IP 电话、视频监视等数据业务和多媒体业务。

一、综合数据通信网网络结构和接入原则

综合数据通信网简称综合数据网，由网络、传输介质、网络协议和终端四个主要部分组成，网络协议采用 TCP/IP 协议，支持 MPLS VPN，以便于实现各种业务的安全隔离、服务质量（Qos）、流量工程等。与互联网（信息外网）应物理隔离。

电力综合数据通信网为网状拓扑结构。

变电站综合数据通信网应遵循灵活接入原则，就近接入综合数据通信网的汇聚点。

二、综合数据通信网组网通道方式

综合数据通信网组网一般采用 $N\times2$Mbit/s 接口、155Mbit/s POS 口或 FE 接口，带宽根据实际需求和电网公司行政数据网络规划划分。

三、综合数据通信网接入设备的配置

变电站综合数据通信网设备主要考虑变电站内的网络交换设备和接入综合数据通信网汇聚点的设备。应根据电网公司综合数据通信网的规划以及变电站在网络中的位置确定变电站综合数据通信网的设备在数据网络中的层级，再根据规划的组网通道方式确定需配置的网络设备。变电站综合数据通信网典型屏面布

置图如图 19-9 所示。

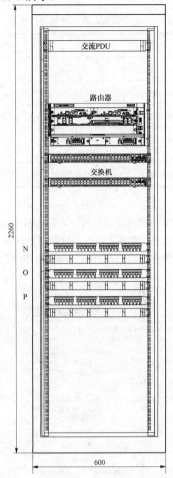

图 19-9 变电站综合数据通信网典型屏面
布置图（单位：mm）

当变电站为综合数据通信网汇聚点时，需配置中（高）端路由器（需结合规划选择合适的路由器）和三层网络交换机，路由器以两条独立路由分别就近接入不同汇聚点，接口采用 155Mbit/s 光接口。变电站为汇聚点接入示意图如图 19-10 所示。

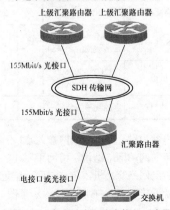

图 19-10 变电站为汇聚点接入示意图

变电站为汇聚点设备典型配置见表 19-6。

表 19-6　　变电站为汇聚点设备典型配置

序号	设备元件名称	规格型式，参数	单位	数量	备注
1	路由器	中（高）端	台	1	
2	网络交换机	24 口	台	2	
3	POS 接口板	155Mbit/s 光接口	块	2	对端用
4	机柜	2260×600×600（mm×mm×mm）	面	1	
5	安装材料	电源线等安装辅材	套	1	

当变电站为综合数据通信网接入点（配置路由器）时，根据所在网的网络结构，可配置低端路由器和三层网络交换机，组网采用 $N×2$Mbit/s 接口或 155Mbit/s 光接口，单点或两点就近接入综合数据通信网络汇聚点。变电站为接入点接入示意图如图 19-11 所示。

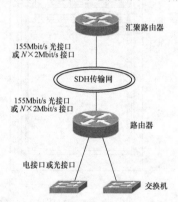

图 19-11　变电站为接入点接入示意图

变电站为接入点设备典型配置见表 19-7。

表 19-7　　变电站为接入点设备典型配置

序号	设备元件名称	规格型式，参数	单位	数量	备注
1	路由器	低端或中端	台	1	
2	网络交换机	24 口	台	2	
3	POS 接口板	155Mbit/s 光接口或 $N×2$Mbit/s 接口	块	1	对端用
4	机柜	2260×600×600（mm×mm×mm）	面	1	
5	安装材料	电源线等安装辅材	套	1	

当变电站为综合数据通信网接入点（不配路由器）时，根据所在网的网络结构，组网采用 FE 接口时，可只配置三层网络交换机，单点或两点就近接入汇聚点或其他就近接入点。FE 接口接入示意图如图 19-12 所示。

变电站为接入点设备典型配置见表 19-8。

图 19-12　FE 接口接入示意图

表 19-8　　变电站为接入点设备典型配置

序号	设备元件名称	规格型式，参数	单位	数量	备注
1	网络交换机	24 口	台	1	
2	机柜	2260×600×600（mm×mm×mm）	面	1	
3	安装材料	电源线等安装辅材	套	1	

第五节　通　信　电　源

一、通信电源的组成

变电站必须设置可靠的通信电源系统，确保对通信设备的不间断供电，尤其是在变电站发生事故的情况下，保证通信设备在一定时间内的电力供应。

通信电源一般是指给通信设备提供−48V 直流电源的系统，由交流配电部分、高频开关整流柜（DC-DC 变换模块）、蓄电池组、电池巡检仪、直流分配屏等组成。变电站通信电源通常有两种系统，一种是站用交直流一体化电源系统，另一种是独立通信电源系统。

二、站用交直流一体化电源系统

站用交直流一体化电源系统是指将站用交流电源系统、直流电源系统、逆变电源系统、通信电源系统统一设计、监控、生产、调试、服务，通过网络通信、设计优化、系统联动方法，实现站用电源安全化、网络智能化、效益最大化目标。

站用交直流一体化电源系统包括智能交流电源子系统、智能直流电源子系统、智能逆变电源子系统、智能通信电源子系统、一体化监控子系统。

智能通信电源子系统是一体化电源系统的重要组成部分，取消了独立通信电源配套的蓄电池组，从站内直流控制电源 DC 220V（DC 110V）取得直流电，经 DC-DC 变换输出满足通信设备要求的−48V

电源。DC-DC 变换器不但实现了直流输入与输出的电气隔离，而且通过模块的并联冗余，获得很高的可靠性。

一体化电源系统的采用，取消了通信电源的蓄电池组，减少了维护工作量。

三、独立通信电源系统

独立通信电源相对于站用交直流一体化电源而言，是为变电站内各种通信设备供电的–48V 直流电源系统，主要由高频开关整流柜、蓄电池组、电池巡检仪、直流分配屏等组成。

通信电源系统要保证在电力事故时，在某段时间内独立工作的能力。具体要求包括：

（1）双交流供电。从两条不同站用电源母线各引 1 路交流电源向高频开关整流柜供电，2 路交流进线间配置自动切换（必要时也可手动切换）装置。

（2）高频开关整流柜。对于具备双电源模块的通信设备，两套高频开关整流柜相互独立，对不同电源模块同时供电。

（3）通信专用蓄电池组。配置 2～4 组通信专用蓄电池组和蓄电池监测装置。蓄电池一般采用阀控式密封铅酸蓄电池。

（4）防雷模块。通信电源系统的防雷模块按耐冲击电流等级分为高、中、低三级，可以逐级减少雷击对通信设备的影响。

–48V 通信电源系统原理图见图 19-13。

四、通信电源负荷统计

通信电源主要为变电站内的调度交换机、直流供电的综合数据通信网设备、光纤通信设备、PCM 设备、载波机、通信电源监控设备以及使用直流–48V 电源的保护通信接口设备等供电。

负荷统计应根据变电站远期通信设备和保护通信接口设备进行，计算出所需的最大负荷电流。

最大负荷电流为

$$I_L = \frac{P_L}{U_L} \tag{19-1}$$

式中　P_L——所有远期通信设备和保护通信接口设备的最大功率之和；

U_L——通信电源负荷工作电压，一般取 48V。

五、变电站通信电源配置

（一）采用一体化电源

220kV 及以下电压等级新建或改建变电站通信设备宜采用一体化直流电源系统供电。当通信电源采用一体化电源供电时，–48V 通信电源只是一体化电源的一部分，一体化电源一般属变电二次专业设计，通信专业需根据式（19-1）计算的结果给电气二次专业提出以下需求资料：

（1）两路独立的直流电压为–48V、总负荷电流为 I_L 的电源；

（2）在站用交流电源断电后，220kV 变电站蓄电池供电时间不少于 4h，110kV 及以下变电站不少于 2h（特殊条件可根据相关要求确定）；

（3）每一路电源配置 1 面直流分配屏，每屏直流输出回路数量如下：330kV 及以下变电站不少于 40 路；330kV 以上变电站不少于 60 路。

以上资料供电气二次专业配置一体化电源及确定蓄电池组容量。

（二）采用独立通信电源

原则上 330～750kV 电压等级的变电站，通信电源宜采用两套独立通信电源，每套通信电源由高频开关电源和蓄电池组及直流配电柜组成，两套互为备用。

1000kV 变电站通信电源应采用独立通信电源。变电站配置两套–48V 的高频开关电源，每套高频开关电源配置 2 组蓄电池组和 1 面直流配电柜。

1. 蓄电池组容量及选型

（1）蓄电池组容量。蓄电池组的电压为–48V，电池容量根据远期通信设备的总负荷和需要电池供电的最长时间按式（19-2）来计算。蓄电池的供电时间不少于 4h，地理位置偏远的无人值班变电站不宜小于 8h。

$$C = \frac{I_L t}{K[1 + \alpha(T - 25)]} \times 1.25 \tag{19-2}$$

式中　C——蓄电池容量，Ah；

t——设计备电时间，h；

K——蓄电池放电效率（阀控式铅酸蓄电池放电效率见表 19-9）；

T——蓄电池温度；

α——电池温度系数，一般取 0.01～0.06，当放电时率不小于 10 时，取 0.006，当放电时率小于 1 时，取 0.01，当放电时率为 1～10 时，取 0.008。

式（19-2）在不考虑蓄电池温度影响的情况下可以简化为

$$C = \frac{I_L t}{K} \times 1.25 \tag{19-3}$$

阀控式铅酸蓄电池放电效率表见表 19-9。

为了便于对公式的理解，以某变电站通信蓄电池容量选择为例供参考。某变电站本期通信设备功率统计表见表 19-10。

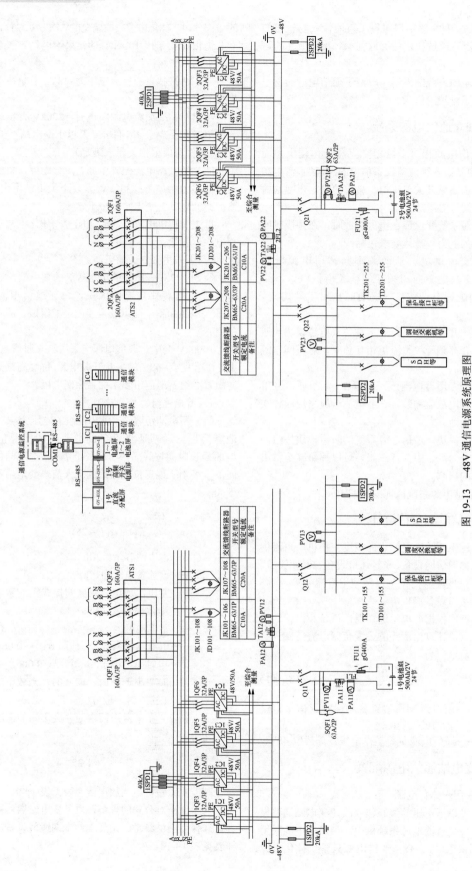

图 19-13 -48V 通信电源系统原理图

表 19-9　　　　　　　　　　　　　阀控式铅酸蓄电池放电效率

电池放电时间（h）	0.5			1			2	3	4	6	8	10	≥20
放电终止电压（V）	1.65	1.70	1.75	1.75	1.75	1.80	1.80	1.80	1.80	1.80	1.80	1.80	≥1.85
放电容量系统	0.48	0.45	0.40	0.58	0.55	0.45	0.61	0.75	0.79	0.88	0.94	1.00	1.00

表 19-10　　某变电站本期通信设备功率统计表

序号	设备名称	规格型号	功率（W）	数量（台）	合计功率（W）
1	SDH 设备	2.5G	650	3	1950
2	BA	2.5G19dB	20	3	60
3	PA	2.5G	20	3	60
4	PCM	2M	30	1	30
5	调度交换机	48用户线	300	1	300
6	路由器	接入	150	1	150
7	IP 交换机	48 口	68	3	204
8	通信电源监控		30	1	30
9	保护接口装置		25	8	200
10	总负荷		2984		

从表 19-10 中可知变电站本期通信负荷约为 3000W，远期预留负荷按本期的 50% 考虑，依据式（19-1）计算出终期最大负荷电流为

$$I_L = \frac{3000 \times 1.5}{48} = 93.75(A)$$

其中远期负荷根据通信站在通信网络中所处的位置确定，位置越重要，预留负荷就要越大，这里预留负荷取本期负荷的 50%。

在变电站中，通信用蓄电池安装在通信机房或蓄电池室内，环境温度与 25℃ 偏差不大时可以按式（19-3）计算，环境温度与 25℃ 偏差较大时应按式（19-2）计算。本例因环境温度偏差小，按式（19-3）计算出蓄电池组容量为

$$C = \frac{93.75 \times 4}{0.75} \times 1.25 = 625(Ah)$$

因此蓄电池容量选择 800Ah 的蓄电池组为宜。

（2）蓄电池选型。变电站通信用蓄电池通常有阀控式铅酸蓄电池和镍镉蓄电池。变电站工程中通信用蓄电池一般国内多选择阀控式铅酸蓄电池，安全可靠，维护工作量小；国外工程中有选用镍镉蓄电池的。

1）关于蓄电池充、放电特性的几个关键概念：电池容量、充放电倍率和时率。

电池容量是在某一放电率下于 25℃ 放电至终止电压所提供的最低限度的容量是设计与生产时规定的电池容量，这叫做某一放电时率的额定容量。

蓄电池充放电倍率是用来表示电池充放电电流大

小的比率，即

$$充放电倍率 = \frac{充放电电流}{额定容量}$$

充放电倍率通常用 C 率表示。例如额定容量为 100Ah 的电池用 20A 电流放电时，其放电倍率为 $0.2C$，称为 $0.2C$ 放电，充电倍率也是同样的道理。

时率是以放电时间表示电池的放电速率，即以某电流放电至规定终止电压所经历的时间。例如某电池额定容量是 20 时率时为 100Ah，可以表示为 $C_{20} = 100Ah$，其含义为电池在以 5A 的电流放电时，连续放电达到 20h 即为合格电池。

对于给定电池，在不同时率下放电将有不同的容量，在谈到容量时必须知道放电的时率或倍率。

2）阀控式铅酸蓄电池。阀控式铅酸蓄电池（valve regulated lead acid battery，VRLA 电池）的主要特征是使用期间不用加酸加水维护，电池为密封结构，不会漏酸，也不会排酸雾，可与设备安放在同一房间，并且可卧式安装；不用另设蓄电池室。由于安全性高、维护方便，被广泛应用在电力、通信、应急电源、化工等各种行业。阀控式铅酸蓄电池结构示意图如图 19-14 所示。

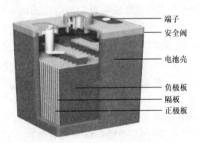

图 19-14　阀控式铅酸蓄电池结构示意图

充电特性：铅酸蓄电池在放电后应及时充电。充电时必须认真选择以下三个参数：恒压充电电压、初始电流、充电时间。不同蓄电池的充电电压值由制造厂家规定，充电电压和充电方法随蓄电池用途不同可以不同。

蓄电池在 100% 放电后用 $0.1C_{10}A$ 的电流充电，限压 2.25V（25℃）的充电特性曲线如图 19-15 所示。

放电特性：电池投入运行，是对实际负荷的放电，其放电速率随负荷的需要而定。为了分析长期使用后电池的损坏程度或为了估算市电停电期间电池的持续时间，需测试其容量。推断电池容量的放电方法，应

从以下几方面考虑：首选是放电量，即全部放电还是部分放电；其次是放电速率，即是以 10 时率还是以高放电率或低放电率放电。铅酸蓄电池不同倍率放电曲线如图 19-16 所示。

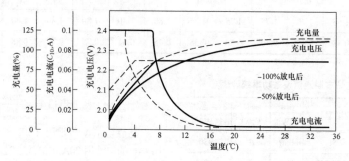

图 19-15 用 $0.1C_{10}$A 的电流充电，限压 2.25V（25℃）的充电特性曲线

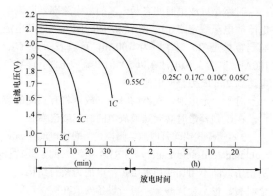

图 19-16 铅酸蓄电池不同倍率放电曲线

温度特性：特殊的电解液配方和专用活性物质配方，使电池具有良好的高低温性能，电池适用温度范围广，可在-15～45℃范围内使用，最佳使用温度范围为（25±5）℃。电池放电容量与温度曲线如图 19-17 所示。

随温度调整浮充电压对延长 VRLA 电池的寿命十分重要，不同浮充电压下电池寿命与温度的关系如图 19-18 所示。电池组的浮充电压应随环境温度的变化而相应调整。

铅酸蓄电池的主要技术参数见表 19-11。

3）镍镉蓄电池。镍镉蓄电池具有体积小、寿命长、产生腐蚀性气体少等优点，缺点是有记忆性，常因规律性的不正确使用造成性能下降。镍镉蓄电池结构示意图如图 19-19 所示。

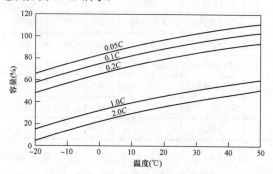

图 19-17 电池放电容量与温度曲线

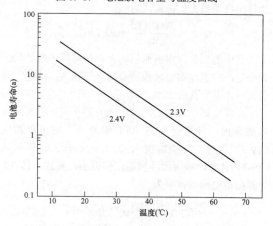

图 19-18 不同浮充电压下电池寿命与温度的关系

表 19-11 铅酸蓄电池的主要技术参数

电池型号	额定电压（V）	额定容量（Ah）			外形尺寸（mm）				质量（kg）
		C10	C3	C1	长（L）	宽（W）	高（H）	总高（TH）	
GFM-100	2	100	75	60	171	72	205	220	7
GFM-150	2	150	113	90	172	102	205	225	11
GFM-200	2	200	150	120	171	110	330	340	14
GFM-250	2	250	188	150	171	150	330	340	18
GFM-300	2	300	225	180	171	150	330	340	21
GFM-400	2	400	300	240	210	175	330	365	39

续表

电池型号	额定电压（V）	额定容量（Ah）			外形尺寸（mm）				质量（kg）
		C10	C3	C1	长（L）	宽（W）	高（H）	总高（TH）	
GFM-450	2	450	338	270	240	171	330	365	30
GFM-500	2	500	375	300	240	171	330	355	34
GFM-600	2	600	450	360	301	175	330	360	44
GFM-800	2	800	600	480	410	176	330	360	58
GFM-1000	2	1000	750	600	475	175	330	360	70
GFM-1500	2	1500	1125	900	401	350	345	380	110
GFM-2000	2	2000	1500	1200	490	350	345	380	145
GFM-3000	2	3000	2250	1800	712	350	345	380	220

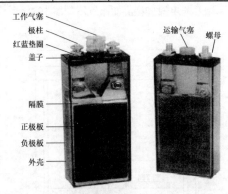

图 19-19 镍镉蓄电池结构示意图

镍镉蓄电池分为低倍率镍镉蓄电池、中倍率镍镉蓄电池、高倍率镍镉蓄电池和超高倍率镍镉蓄电池。一般划分参数为：

a）低倍率：放电倍率不大于 $0.5C$；

b）中倍率：放电倍率为 $0.5C\sim3.5C$；

c）高倍率：放电倍率为 $3.5C\sim7C$；

d）超高倍率：放电倍率大于 $7C$。

低倍率镍镉蓄电池应用较少，高倍率和超高倍率镍镉蓄电池多应用于启动电池，通信站一般采用中倍率镍镉蓄电池。容量计算可参照铅酸蓄电池。镍镉蓄电池典型充放电特性曲线如图 19-20 所示，镍镉蓄电

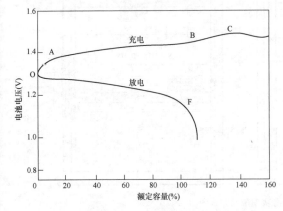

图 19-20 镍镉蓄电池典型充放电特性曲线

池不同倍率放电曲线如图 19-21 所示，镍镉蓄电池放电深度与循环寿命关系曲线如图 19-22 所示。

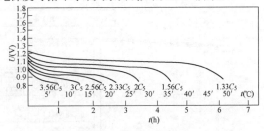

图 19-21 镍镉蓄电池不同倍率放电曲线

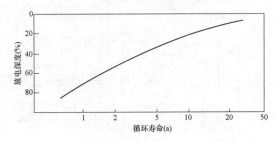

图 19-22 镍镉蓄电池放电深度与循环寿命关系曲线

GNZ 型镍镉蓄电池的主要技术参数见表 19-12。

表 19-12　　GNZ 型镍镉蓄电池的主要技术参数

电池型号	额定电压（V）	额定容量（Ah）	外形尺寸（mm）			质量（kg）
			长（L）	宽（W）	高（H）	
GNZ-50	1.2	50	139	79	291	5.00
GNZ-75	1.2	75	139	79	361	6.5
GNZ-100	1.2	100	165	105	350	9.5
GNZ-120	1.2	120	167	162	343	13.00
GNZ-150	1.2	150	167	162	343	14.50
GNZ-200	1.2	200	286	174	348	24.50
GNZ-250	1.2	250	286	174	348	26.00
GNZ-300	1.2	300	176	161	540	23.00
GNZ-500	1.2	500	291	174	501	41.00
GNZ-600	1.2	600	398	184	566	57.50
GNZ-700	1.2	700	398	184	566	61.50
GNZ-800	1.2	800	398	184	566	64.00

2. 高频开关电源配置

每套–48V 的高频开关电源容量根据远期通信设备的总负荷以及蓄电池组的均充电流（目前电力工程通常取 $0.2C_{10}$）进行计算，一般按式（19-4）计算。

$$I = I_L + I_C \qquad (19-4)$$

式中　I——高频开关电源额定输出电流；

　　　I_L——总负荷工作电流；

　　　I_C——电池均充电流。

高频开关电源的整流模块应按 $N+1$ 冗余配置，其中 N 只主用，$N \leqslant 10$ 时，1 只备用；整流模块个数大于 10 时，需按 $N+2$ 配置。高频开关电源的容量等于主用整流模块的总容量。

整流模块的额定输出有 10、20、30、40、50A 等规格。

以前述变电站为例，通信蓄电池是容量为 800Ah 的阀控式铅酸蓄电池组，按式（19-4）计算出高频开关电源额定输出电流为

$$I=93.75+0.2×800=253.75（A）$$

高频开关电源容量选择 300A，选取 50A 整流模块，按 $N+1$ 冗余配置，则高频开关电源需配置 7 个 50A 整流模块。

对重要性要求不高的站点，蓄电池组的均充电流也可以按 $0.1C_{10}$ 来计算开关电源的容量。

高频开关电源典型屏面布置图如图 19-23 所示。

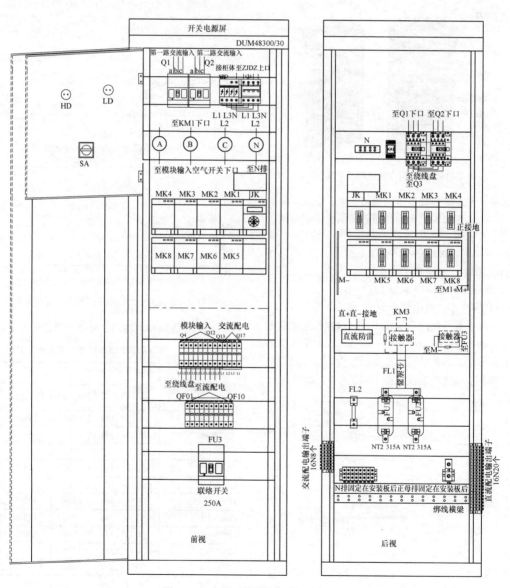

图 19-23　高频开关电源典型屏面布置图

3. 直流配电柜配置

通常按每套高频开关电源配置 1 面直流配电柜，直流回路采用直流专用空气开关，常用开关的额定电流为 10、32、50、63A，每面直流配电柜回路数以 40～60 路为宜。直流配电柜典型屏面布置图如图 19-24 所示。

4. 蓄电池组的安装

通信蓄电池组的安装一般采用柜式安装和架式安装两种方式。

蓄电池组与通信设备安装在同一机房内时必须采用柜式安装；当有专用蓄电池室时，宜采用架式安装；当蓄电池组容量大于 500Ah 时，应采用架式安装。

蓄电池组柜安装典型图如图 19-25 所示，蓄电池组架式安装典型图如图 19-26 所示。

独立通信电源系统典型配置见表 19-13；独立通信–48V 电源系统典型组屏图如图 19-27 所示。

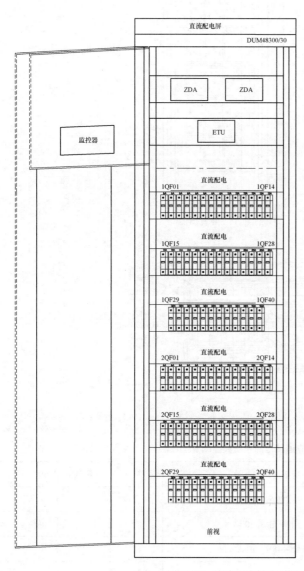
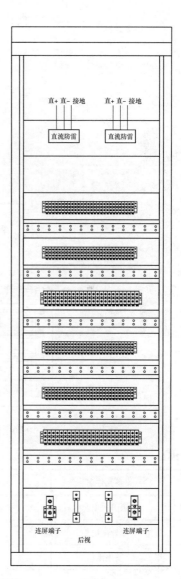

图 19-24 直流配电柜典型屏面布置图

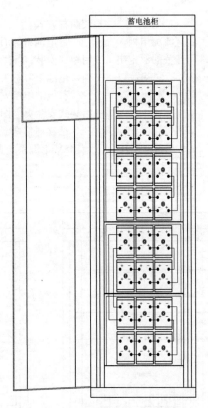

图 19-25　蓄电池组柜安装典型图

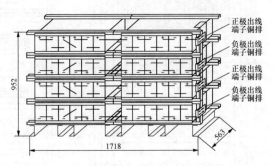

图 19-26　蓄电池组架式安装典型图（单位：mm）

表 19-13　　　　　　　　　　　　　　　　　　独立通信电源系统典型配置

序号	设备元件名称	规格型式，参数	单位	数量	备注
1	高频开关电源柜	200A/−48V	套	2	
	直流配电柜	−48V 输出 40 路	套	2	
	蓄电池组	300Ah/−48V，柜式安装	组	2	
	电池巡检仪	48V	套	2	
	安装材料	各种直流线缆、控制线缆、安装辅料等	套	2	

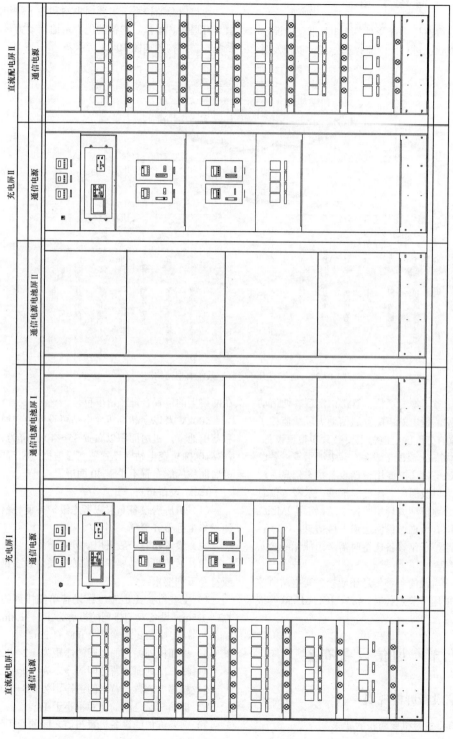

图19-27 独立通信−48V 电源系统典型组屏图

第六节 通信动力环境
监控子站

通信动力环境监控系统是对各变电站通信电源、机房空调及环境状况进行集中监控和管理，以便及时

发现故障并通过电话、手机短信、邮件等方式报告运行维护人员，以便故障得到及时处理，防止故障扩大，造成重大事故和重大损失。

通信电源监控系统主要由主站和各子站组成，要求具有遥测、遥信、遥控的能力，通信动力环境监控系统典型结构图如图 19-28 所示。

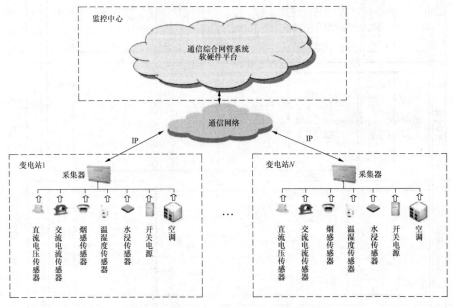

图 19-28 通信动力环境监控系统典型结构图

变电站所属省（地）通信主管部门配置有通信动力环境监控主站，变电站需配置通信动力环境监控子站，将通信电源的交流供电电源主要参数和整流设备、DC-DC 转换设备、直流配电设备、蓄电池组等设备监控信息，以及通信机房的专用空调设备状态信息、门禁系统状态信息以及温度、湿度、烟感、水浸等信息全部或部分送给通信动力环境监控主站，常用 2Mbit/s 专线通道或者综合数据通信网通道上传信息。

动力环境监控子站设备选型时需考虑能无缝接入现运行主站系统。

变电站通信电源的告警信息还应接入变电站监控系统，一般可采用干节点和 RS-485、IEC 61850 等接口接入。

第七节 通信设备布置

一、通信设备屏柜规划

（一）通信设备对机房面积的要求

330kV 及以下变电站一般不设置独立通信机房，通信设备与二次设备共用设备间，通信屏位数量在满足一期工程需要的前提下，应结合变电站远期规模和

在网络上的位置合理预留屏位。

500kV 及以上超高压变电站可设置独立通信机房和蓄电池室，机房面积以布置 35～40 面屏为宜。

1000kV 变电站应设置独立通信机房和蓄电池室，机房面积应能布置不少于 40 面屏。

（二）设备布置

（1）机房内设备布置应考虑维护方便、操作安全、便于施工且整齐美观。

（2）设备布置一般采用队列式布置。

（3）通信机柜需要正面维护的通信设备维护间隔应符合下列要求：

1）主要维护走道宽度：设备单侧排列的机房为 1.2～1.5m，设备双侧排列的机房为 1.2～1.8m。

2）次要维护走道宽度为 0.8～1.2m。

3）相邻机列面与面之间的净距为 1.2～1.5m。

4）相邻机列面与背之间的净距为 1.0～1.2m。

5）相邻机列背与背之间的净距为 0.8～1.0m。

6）机面与墙之间的净距不小于 1m。

7）需要维护的设备机背与墙之间的净距为 0.8～1.0m。

8）当不影响设备散热且机背没有维护工作时，设备可以靠墙布置。

（4）当机房条件受限时，可略小于上述规定，但仍应满足机房楼面荷载要求。

通信机房所有屏位基础宜一次完成，空屏位用钢板覆盖。750kV 变电站通信机房典型设备平面规划图如图 19-29 所示，1000kV 变电站通信机房典型设备平面规划图如图 19-30 所示。

二、通信机房的环境要求

（1）通信机房宜采用防静电活动地板，活动地板高度以 300～500mm 为宜。

（2）通信机房防静电活动地板下的地面及墙壁应刷防尘涂料，防止地面和墙面起灰。

（3）在机柜前后应各设置 1 个线槽，分别作为电源线槽和弱电线槽，线槽宜选用网格式线槽。

（4）机房长期工作温度为 16～28℃，相对湿度为 80% 以下。

（5）机房应做到严密防尘，在灰尘颗粒直径大于 5μm 时，其最大浓度应小于 $3×10^4$ 个/m^3。机房可以不设窗户或设置不可开启的窗户。

（6）机房内无线电干扰场强，在频率范围为 0.15～500MHz 时，不应大于 126dB（μV/m），磁场干扰场强不应大于 800A/m（10Oe）。

（7）机房内空间静电电压不得超过 2500V。

（8）通信机房净高不得低于 2.8m。有独立蓄电池室时，通信机房地面荷载应为 4～6kN/m^2，蓄电池室

荷载应为 12～16kN/m^2，蓄电池柜与设备同列布置时，

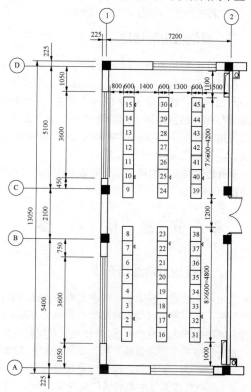

图 19-29 750kV 变电站通信机房典型设备平面规划图（单位：mm）

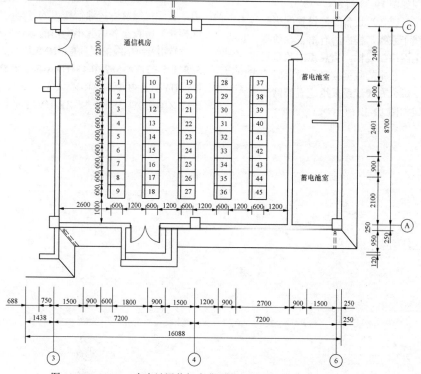

图 19-30 1000kV 变电站通信机房典型设备平面规划图（单位：mm）

通信机房地面荷载应为 12～16kN/m²。

（9）机房的照明应满足 150～200lx。

三、通信机房的接地

通信机房的接地应采用联合接地，在机房内布置环形接地汇流排，环形接地汇流排采用不小于90mm² 的铜排，建议采用 3×40mm² 铜排。环形接地汇流排与变电站接地网之间的连接不应少于 2 处，建议采用 4 根不小于 50mm² 的铜排（或多股铜绞线）连接。

所有通信设备机柜就近接至安装底座处环形接地汇流排。

第八节 通 信 布 线

一、主控通信楼通信布线

变电站主控通信楼通信布线主要有语音线和数据网络线等，在主控通信楼内宜采用综合布线方案，语音线和网络线均采用网络电缆，方便施工和检修维护。

由于变电站主控通信楼一般最多只有 3 层，330kV以下变电站多为一层建筑，因此应采用简化的综合布线系统。综合布线系统主要包括信息插座、网络电缆、网络配线设备、网络跳线、音频跳线等，以构成楼内语音和数据的连接系统，方便管理。变电站典型通信综合布线系统图如图 19-31 所示。

在通信机房（或二次设备间）设置网络配线柜，不设置垂直干线子系统，楼内所有语音、数据信息点的线缆都汇集至网络配线柜。信息点的数量根据房间功能灵活配置。办公室的数据信息点设置时应考虑双网隔离的需求。综合布线线缆采用超五类网线或六类网线。网络配线如图 19-32 所示。

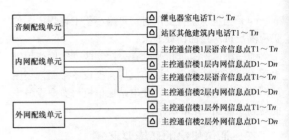

图 19-31　变电站典型通信综合布线系统图

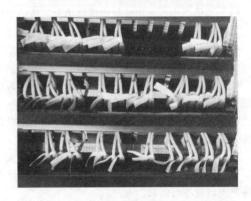

图 19-32　网络配线

在有需求时可在需要的房间布置光纤或 2Mbit/s数字同轴电缆。

二、站区通信布线

站区各小室的语音通信一般可采用 5 对音频电缆，音频电缆从主控通信楼内的音频配线柜（音频配线模块）敷设至各站区小室内的语音信息点。

常用音频电缆的型号有：HYA22-5×2×0.4、HYA22-5×2×0.5、HYA-5×2×0.4、HYA-5×2×0.5、HYAT-5×2×0.4、HYAT-5×2×0.5、ZR-HYA-5×2×0.4、ZR-HYA-5×2×0.5、ZR-HYAT-5×2×0.4、ZR-HYAT-5×2×0.5 等。

第二十章

站址选择与总布置

第一节 站 址 选 择

一、一般原则

（1）根据变电站的工程特点，变电站的站址选择宜分阶段进行，一般可分为规划选站和工程选站两阶段。

（2）站址选择必须贯彻保护耕地，合理利用土地，尽量不占或少占基本农田的基本国策，因地制宜，合理布置，节约集约用地，提高土地利用率。

（3）变电站站址选择应根据电力系统规划设计的网络结构、负荷分布、城乡规划、土地利用、出线走廊规划、环境保护和拆迁赔偿等方面的要求，结合站址自然条件按最终规模统筹规划，充分考虑出线要求，本远期结合，以本期为主。应通过技术经济比较和经济效益分析，选择最优方案。

（4）站址应具有适宜的地形和地质条件，应避开滑坡、泥石流、塌陷区和地震断裂地带等地质灾害地段；宜避开溶洞、采空区、明和暗的河塘、岸边冲刷区及易发生滚石等潜在或次生地质灾害地段，避免或减少林木植被破坏，保护自然生态环境。当不能避让时，应做专项站址安全性评估。

（5）站址应避让重点自然保护区和人文遗址，不宜压覆矿产及文物资源，否则应征得有关部门的书面同意，并做相应的专题评估。

（6）站址应按审定的本地区电力系统远景发展规划，满足出线条件要求，留出架空和电缆线路的出线走廊，避免或减少架空线路相互交叉跨越。架空线路终端塔的位置宜在站址选择规划时统一考虑。

（7）站址应尽量避开各类有严重污染的污染源，当完全避开污染源有困难时，应使变电站处在这些污染源主导风向的上风侧，并应对污染源的影响进行评估，采取相应措施。

（8）站址距离飞机场、导航台、地面卫星站、军事设施、通信设施、石油管线、输气管道、各种管道、升压站、加油站、储油库以及易燃易爆等设施的距离应符合现行国家或行业的相关标准或规定。

（9）站址应尽可能选择在已有或规划的铁路、公路、河流等交通线路附近，应有较好的交通运输条件，满足变压器等大型设备的运输要求。

（10）站址附近应有生产和生活用水的可靠水源。当采用地下水时，应进行水文地质调查或勘探，并提出报告。

（11）站址选择时宜充分利用就近城镇的生活、文教、卫生、交通、消防、给排水等公共设施，为职工生活提供便利条件。

（12）站址选择应考虑与邻近设施、周围环境的相互影响和协调，并取得相关协议。

二、特殊地质条件下的站址选择

1. 盐渍土地区

（1）位于盐渍土地基上的变电站，其总体规划应符合 GB/T 50942《盐渍土地区建筑技术规范》的要求，应选择溶陷性、盐胀性和腐蚀性小的场地，宜避开水环境变化大的地段。

（2）在盐渍土地基上的变电站，宜避开超、强盐渍土场地，以及分布有浅埋高矿化度地下水的盐渍土地区，并宜选择含盐量较低、场地条件较易于处理的地段，避开下列地段：

1）排水不利地段，低洼地段；

2）地下水位有可能上升的地段；

3）次生盐渍化程度明显增加的地段。

2. 湿陷性黄土地区

（1）位于湿陷性黄土地区的变电站，其总体规划应满足 GB 50025《湿陷性黄土地区建筑规范》的要求。

（2）场地选择应符合下列要求：

1）具有排水畅通或利于组织场地排水的地形条件；

2）避开洪水威胁的地段；

3）避开不良地质环境发育和地下坑穴集中的地段；

4）避开新建水库等可能引起地下水位上升的地段；

5）避免将重要建设项目布置在很严重的自重湿

陷性黄土场地或厚度大的新近堆积黄土和高压缩性的饱和黄土等地段；

6）避开由于建设可能引起工程地质环境恶化的地段。

3. 膨胀土地区

（1）位于膨胀土地区的变电站，其总体规划应符合 GB 50112《膨胀土地区建筑技术规范》的要求。

（2）场地选择宜符合下列要求：

1）宜选择地形条件比较简单，且土质比较均匀、胀缩性较弱的地段；

2）宜具有排水畅通或易于进行排水处理的地形条件；

3）宜避开地裂、冲沟发育和可能发生浅层滑坡等地段；

4）坡度宜小于14°并有可能采用分级低挡土结构治理的地段；

5）宜避开地下溶沟、溶槽发育、地下水变化剧烈的地段。

三、站址选择的基础资料

站址选择必须在合理与经济的基础上，做出全面技术及经济比较，在进行站址选择时，应按照表 20-1 要求收集基础资料。

表 20-1　　　搜 集 资 料 表

序号	项目名称	内 容 深 度
1	电力规划	（1）电网规划； （2）现有的电力线路主网走向及变电站出线侧电源或附近变电站的位置
2	规划资料	（1）城乡规划、土地利用总体规划、交通规划、水源地规划、防护林规划、旅游区规划等； （2）站址附近现有企业的相对位置； （3）线路走廊规划； （4）变电站出线规划方向及回路数； （5）站址附近有无有害气体、污染源及危险源等
3	地形图	（1）最新出版的省、市、区县地图，用于绘制站址地理位置图，作为踏勘站址的指引图； （2）比例尺 1:10000～1:100000 最新出版的省、市、区县地形图，用于绘制站区总体规划图，检查总体布置是否合理； （3）比例尺 1:500～1:2000 实测地形图，用于绘制站区总平面布置图，用于比较站址条件及其经济性
4	设计基础资料	（1）区域地质； （2）工程地质； （3）地震； （4）水文地质； （5）水文气象；

续表

序号	项目名称	内 容 深 度
4	设计基础资料	（6）压矿、文物； （7）地质灾害； （8）当地建筑习惯及建筑材料； （9）环保要求
5	大件运输条件	（1）铁路运输条件及换装车站选择； （2）公路运输条件及运输路径； （3）航道运输条件、卸装码头及运输路径
6	特殊设施	军事、通信、导航、文物、风景旅游及噪声敏感点等特殊设施对变电站的要求
7	拆迁赔偿	站址范围内的房屋、输电线路、通信线路、道路、坟墓、沟渠、果木、树林、经济作物等数量
8	需取协议	规划、国土、压矿、文物、水务、城建、环保

第二节 站 址 规 划

一、一般原则

（1）站区总体规划应结合站区进出线方向、外引站用电源出线方向、进站道路的引接方向、外引水源及站区排水方向、人员汇集建筑的主要朝向、主要设备和岩土工程条件等因素，按站区最终建设规模，采用远近结合、以近为主、统筹规划的原则进行全站总体规划。

（2）总体规划应根据建设规模、建设时序、设备布置和出线要求，合理规划，近远期结合，以近期为主，分期或一次征用土地。站外设施应按最终规模一次建成。当变电站因设备布置、地形条件限制，不具备分期征地时，宜按最终规模一次征地，并不宜堵死扩建的可能。

（3）变电站进行分期征地时，应结合站址地形、岩土工程条件和远景规模，确定合理的站区场地竖向设计规划，综合考虑近远期场地标高的衔接、挖填土（石）方和基槽余土的平衡，协调好取（弃）土场的位置和容量。当场地平整存在需要爆破的坚硬岩石时，应考虑远期场地平整对已投运设备安全运行的影响和采取的措施。

分期征地时，应与土地权属部门做好远期场地和线路走廊的保护工作，避免远期场地和出线走廊被占用。

（4）位于山区、丘陵等特殊地形地貌的变电站，其总体规划应考虑地形、山体稳定、边坡开挖、洪水及内涝的影响。在有山洪及内涝影响的地区建站，宜充分利用当地现有的防洪、防涝设施，如若不能满足要求，则需对站区设置必要的防洪、防涝设施，并应满足 GB 50201《防洪标准》的要求。

（5）变电站的进站道路、大件运输路径、水源、给排水设施、防排洪设施、站用外引电源、进出线走廊、终端塔位等站外设施应一并纳入变电工程的总体规划，统筹安排，合理布局。

（6）站区总体规划应结合当地气象、环境条件，避免将站址布置于产生粉尘、危险化学品等环境污染源或企业全年主导风向的下风向。

（7）变电站应具备可靠的水源，饮用水的水质应符合国家饮用水卫生标准。生产废水及生活污水应符合国家或地方排放标准及环保批复意见。

（8）站区位置及方位应充分利用自然地形，方便进站道路的引接，降低土石方工程量和边坡高度，并尽量减少拆迁赔偿和对当地设施的影响。

（9）站区距附近地埋光缆、输油管线、输气管线、铁路、高等级公路的距离应满足有关国家标准或行业标准的有关规定，并应取得相关协议。

（10）当站区位于两个地区或村镇交界处时，应查清分界线位置，尽量使站区布置在一个地区或村镇的土地范围内。

（11）站区应远离人员集中区域等噪声敏感点。

（12）在有条件时，站外供排水管线宜沿站外现有道路或进站道路布置。

（13）站区位于城市建设用地或乡镇土地总体规划要求的代征地区域时，宜将站区布置尽量规整，以减少代征地，并将代征地面积一并纳入站区总体规划，并与规划和国土部门协调好代征地的范围。

二、总体规划需考虑的因素

（1）当站区位于城乡规划、工业区规划、自然保护区规划、旅游规划区、矿区或文物规划等地方规划范围内时，如上述地方规划为经过审批的现行有效规划，则站区总体规划原则上必须满足上述地方规划要求。如上述地方规划未经过审批，或原规划已失效，或站区规划必须突破地方规划要求，则可与当地规划部门协商解决，且取得相关协议。

（2）站区附近存在已建成的其他企业设施、公路、铁路、通信线、供排水干线、输油管线、输气管线、军事或其他重要基础设施时，站区总体规划（包括站外排洪设施、边坡以及站外出线塔等）一般应按照谁先建谁优先的原则，避让已建设施，如确实避让困难，应尽量减少拆迁和改建。而上述避让主要是指站区总体规划不侵入其规划红线或征地范围。

（3）站区位置及方位的确定一般应考虑以下因素：

1）变电站长轴方向宜平行等高线布置，以减少土石方及边坡工程量。

2）站区出线应满足出线走廊规划要求，并避开重要设施。当不可避开时，应采取相关措施以满足有关规范要求。

3）站区轴线宜平行当地路网或地垄，减少对当地农田划分和已有灌溉渠系的影响，方便进站道路的引接。

4）优化站区位置，减少拆迁和赔偿。

5）当站区附近存在深谷、高坡、河流、采空区、滑坡和不良地质集中发育地段时，应查清其影响范围，并在站区总体规划中有效避让。

6）站区建（构）筑物应尽量选择地质较好的地段，且宜将重要建（构）筑物放置于挖方区。

三、施工临建

变电站的施工区按本期建设规模统筹规划，应根据站区布置、施工流程要求，妥善安排好生产性临时建筑、设备材料堆场和施工作业场地。并应符合下列要求：

（1）新建站原则上宜尽量利用站内空地和建（构）筑物合理布置使用，不另外租地，当已征场地占用率较高时，必要时可以在附近租用部分临时用地。

（2）施工场地宜设独立的排水系统。

（3）充分利用站内外现有道路和进站道路作为施工通道，一般不设施工专用道路。

（4）变电站的施工力能需保证项目建设期间施工单位顺利完成建设工作，主要包括施工用水、施工用电及施工通信等内容。

第三节 总平面布置

一、一般原则

（1）总平面布置应根据工程规模、生产流程、交通运输、环境保护，以及防火、安全、节能、施工、安装及检修、扩建等要求，结合场地自然条件，经技术经济比较后择优确定。

1）总平面布置应使工艺流程合理顺畅，布置紧凑、规整，利于运行、检修和维护。充分利用边角空地，尽量减少站区用地和代征地。并应符合下列规定：

a）功能分区内各项设施的布置应紧凑、合理。

b）功能分区及建（构）筑物的外形宜规整。

c）应按建设规模和功能分区合理地确定通道（包括道路、电缆沟、管线等）宽度。

d）在符合生产流程、操作要求和使用功能的前提下，建（构）筑物等设施宜采用集中、联合、多层布置。

2）站内建（构）筑物布置间距应符合下列要求：

a）应符合施工、安装与检修要求。

b）应符合建（构）筑物之间及电气设备对防火、安全的要求。

c）应符合各种地下管线的布置要求。

（2）总平面布置需满足站址总体规划要求，应按规划容量的建设规模统一规划，一次征地及场地平整，分期建设，不宜堵死扩建的可能。如预计扩建间隔时间较长，在充分论证的基础上，也可以分期征地及场地平整。

扩建工程应充分利用现有设施，并应避免或减少施工对运行的影响及原有建筑设施的拆迁。

（3）总平面布置的预留扩建用地应符合下列规定：

1）分期建设的变电站，近远期工程应统一规划。近期工程应集中、紧凑布置，并应与远期工程合理衔接。

2）当近、远期工程建设施工间隔很短时，可预留在站区内。反之，远期工程用地宜预留在站外。

（4）变电站的主控通信楼（室）、户内配电装置楼（室）、大型变电构架等重要建（构）筑物以及 GIS 设备、主变压器、高压电抗器、电容器等大型设备宜布置在土质均匀、地质条件较好的地段。

（5）合理布置站前区位置及主入口方向，方便进站道路的引接和大件设备运输。

（6）站址用地面积计算方法应符合下列规定：

1）站区围墙内用地面积按站区围墙轴线计算。

2）进站道路用地面积按路堤坡脚、路堑坡顶设施的外边缘 1m 计算。当设置边沟时，按边沟外 1m 计算。

3）站外供（排）水设施用地面积按设施的外边缘计算。管顶埋深大于或等于 0.8m 的可不计面积。

4）站外防（排）洪设施用地面积按设施的外边缘 1m 计算。

5）其他用地面积：凡以上各项未包括的站外用地，如边坡用地、挡土墙用地及围墙轴线外所需的保护用地等。

6）站址总用地面积为站址各项用地面积之和。

（7）可行性研究阶段需提供站区用地指标、用地分析及计算。

1）变电站需进行用地分析，站区用地指标应符合《电力工程项目建设用地指标》的要求，进站道路用地指标应符合《公路工程项目建设用地指标》的要求。

2）根据变电站电压等级、主变压器台数及容量、出线规模、高压电抗器数量、接线形式、配电装置型式等资料，与《电力工程项目建设用地指标》中的站区用地基本指标进行技术条件比对，做相应替换或者调整计算，确定变电站用地指标。

3）变电站站区用地指标按站区围墙中心线计算，不包括站外各设施用地。

4）站区用地面积按投影面积计算。

二、建筑物布置

（1）变电站的主控通信楼（室）宜布置在便于运行人员巡视检查、观察户外设备、减少电缆长度、避开噪声影响和方便连接进站大门的地段，并使主控制室方便同时观察到各个配电装置区域。主控制楼的控制室宜有较好的朝向、采光和自然通风条件。

（2）各级电压的继电器室应根据电源和负荷要求布置于配电装置区空地，合理布置，并使电缆敷设路径短和方便巡视。

（3）在站区总平面外形规整的前提下，备品备件库应充分利用站区主要建（构）筑物布置后的边缘地带进行布置，进出备品备件库道路的转弯半径满足运输最大备用设备车辆通行要求。

（4）事故油池、雨淋阀室或泡沫消防设备间等宜布置在变压器、电抗器等带油设备的附近。

（5）站内供水建（构）筑物，如深井泵房（坑）、生活消防水泵房、蓄水池等，宜按工艺流程集中布置于所服务的建筑、设备附近。

（6）当设置柴油发电机室时，其布置位置应避免对主控通信楼产生噪声和振动影响，宜靠近站用交直流配电室布置。

三、构筑物布置

（1）各级电压的配电装置应结合地形和所对应的出线方向进行优化组合，避免或减少线路交叉跨越。

（2）变电站各级配电装置相互间的相对位置应使主变压器、无功补偿装置至各配电装置的连接导线、站内道路和电缆敷设顺直短捷。

（3）变电站给排水设施宜分开布置，其最小净距应满足 GB 50015《建筑给水排水设计规范》的相关规定。埋地式生活饮用水贮水池周围 10m 以内，不得有化粪池、污水处理构筑物、渗水井、垃圾堆放点等污染源；周围 2m 以内不得有污水管和污染物。当达不到此要求时，应采取防污染的措施。

（4）地埋式生活污水处理装置（化粪池）宜就近布置在主控通信楼（室）附近隐蔽的一侧，或布置在站前区边缘地带。

（5）当站区采用强排水时，雨水泵坑宜布置在站区场地较低的边缘地带。

四、建（构）筑物间距

（1）变电站建（构）筑物的火灾危险性分类及其耐火等级见表 20-2。

表 20-2　建（构）筑物的火灾危险性分类及其耐火等级 （续表）

建（构）筑物名称		火灾危险性分类	耐火等级
主控制楼		丁	二级
继电器室		丁	二级
配电装置楼（室）	单台设备油量 60kg 以上	丙	二级
	单台设备油量 60kg 及以下	丁	二级
	无含油电气设备	戊	二级
油浸式变压器室		丙	一级
气体或干式变压器室		丁	二级
电容器室（有可燃介质）		丙	二级
干式电容器室		丁	二级
油浸式电抗器室		丙	二级
干式电抗器室		丁	二级
事故油池		丙	一级
柴油发电机室		丙	二级
检修备品仓库	有含油设备	丁	二级
	无含油设备	戊	二级
生活、工业、消防水泵房		戊	二级
水处理室		戊	二级
雨淋阀室、泡沫设备室		戊	二级
污水、雨水泵房		戊	二级

（2）变电站站内各建（构）筑物及设备的防火间距应符合 GB 50229《火力发电厂与变电站设计防火标准》的规定，见表 20-3。

表 20-3　站内各建（构）筑物及设备的防火间距　（m）

建（构）筑物、设备名称			丙、丁、戊类生产建筑 耐火等级		屋外配电装置 每组断路器油量（t）		可燃介质电容器室（棚）	事故油池	生活建筑 耐火等级	
			一、二级	三级	<1	≥1			一、二级	三级
丙、丁、戊类生产建筑	耐火等级	一、二级	10	12	—	10	10	5	10	12
		三级	12	14					12	14
屋外配电装置 每组断路器油量（t）	<1		—		10		10	5	10	12
	≥1		10							
油浸式变压器、油浸式电抗器 单台设备油量（t）	≥5，≤10		10		根据 GB 50229《火力发电厂与变电站设计防火标准》规定执行		10	5	15	20
	>10，≤50								20	25
	>50								25	30
可燃介质电容器（棚）			10		10		—	5	15	20
事故油池			5		5		5	—	10	12
生活建筑耐火等级	一、二级		10	12	10		10	6	7	
	三级		12	14	12		20	12	7	8

注　1. 建（构）筑物防火间距应按相邻建（构）筑物外墙的最近水平距离计算，如外墙有凸出的可燃或难燃构件时，则应从其凸出部分外缘算起；变压器之间的防火间距应为相邻变压器外壁的最近水平距离；变压器与带油电气设备的防火间距应为变压器和带油电气设备外壁的最近水平距离；变压器与建筑物的防火间距为变压器外壁与建筑物外墙的最近水平距离。

　　2. 相邻两座建筑较高一面的外墙如为防火墙时，其防火间距不限；两座一、二级耐火等级的建筑，当相邻较低一面外墙为防火墙且较低一座厂房屋顶无天窗，屋顶耐火极限不低于 1h，或相邻较高一面外墙的门、窗等开口部位设置甲级防火门、窗或防火分隔水幕时，其防火间距不应小于 4m。

　　3. 屋外配电装置间距应为设备外壁的最近水平距离。

（3）生产建筑物与油浸式变压器或可燃介质电容器的间距不满足表 20-3 的要求时，应符合下列规定：

1）当建筑物与油浸式变压器或可燃介质电容器等电气设备间距小于 5m 时，在设备外轮廓投影范围外侧各 3m 内的建筑物外墙上下不应设置门、窗、洞口和通风孔，且该区域外墙应为防火墙。当设备高于建筑物时，防火墙应高于该设备的高度；当建筑物外墙 5~10m 范围内布置有变压器或可燃介质电容器等电气设备时，在上述外墙上可设置甲级防火门，设备高度以上可设甲级防火窗，其耐火极限不应小于 0.90h。

2）当工艺需要油浸式变压器等电气设备有电气套管穿越防火墙时，防火墙上的电缆孔洞应采用耐火极限为 3.00h 的电缆防火封堵材料或防火封堵组件进行封堵。

（4）变电站站内道路、围墙与建（构）筑物之间的相互距离与防火要求无关，但与行车安全、地下管线敷设、建筑空间组合美观等要求相关。

1）建筑物面向道路一侧：无出入口时 1.5m；有出入口，但不通行汽车时 3.0m；有出入口，且通行汽车时根据车型及转弯半径确定。消防车道靠建筑物外墙一侧的边缘距离建筑物外墙不宜小于 5m。

2）构支架与站内道路之间的最小间距不宜小于 1m。

3）围墙与建筑物之间的间距不宜小于 5m，当条件困难时，可适当减少，但围墙两侧建筑的间距应满足相应建筑的防火间距要求。

4）围墙与站内道路之间的间距不宜小于 1m，围墙与排水明沟之间的间距不宜小于 1.5m。

以上距离中，围墙自中心线算起；建筑物自最外墙突出边缘算起；城市型道路自路面边缘算起；郊区型道路自路肩边缘算起；构支架、排水明沟都从外边缘算起。

（5）变电站内建筑物与变电站外相邻地面建筑之间的防火间距，不应小于表 20-4 的规定。

表 20-4 　　　　变电站内建筑物与变电站外相邻地面建筑之间的防火间距 　　　（m）

名　　称	单层、多层民用建筑丙、丁、戊类厂房、库房			高层民用建筑				甲、乙类厂房、库房
				一、二级				一、二级
	一、二级	三级	四级	一类		二类		
				主体	裙房	主体	裙房	
一、二级丙类生产建筑	10	12	14	20	15	15	13	25
一、二级丁、戊类生产建筑				15	10	13	10	

第四节　竖　向　布　置

一、一般原则

（1）竖向设计应与总平面布置同时进行，并应与站区外现有和规划的运输线路、排水系统、周围场地标高等相协调。竖向设计方案应根据站区防洪、防涝、防潮水、安装与检修、交通运输、排水、管线敷设及土（石）方工程等要求，结合地形和地质条件进行综合比较后确定。

（2）竖向设计应合理利用地形，降低场地平整土（石）方量和边坡工程量，减少现有设施及建（构）筑物拆迁，避免或减少带（代）征地，通过多方案技术经济比较，优化设计方案，降低工程造价，并为文明施工创造条件。

（3）竖向设计应符合下列规定：

1）站区及大门处标高应满足防洪、防涝及防潮水要求。

2）应满足安装、检修和运输要求。

3）应有利于节约用地。

4）应合理利用自然地形，减少土（石）方、建（构）筑物基础、护坡和挡土墙等工程量。

5）挖填方工程应防止产生滑坡、塌方。山区建站尚应注意保护植被，避免水土流失、泥石流等自然灾害。

6）应充分利用和保护现有排水系统。当必须改变现有排水系统时，应保证新的排水系统水流通畅。

7）分期建设的工程，在场地标高、道路坡度、排水系统等方面，使近期与远期工程相协调。

8）改建、扩建工程的竖向布置，应与原有站区竖向布置相协调，并充分利用原有的排水设施。

二、竖向分类

（1）竖向设计形式应根据场地的地形地貌、地质条件、站区布置、地下管线敷设、施工方法等因素合理确定采用平坡式或阶梯式。

1）平坡式布置，把用地处理成一个或几个坡向的平面，坡度和标高是连续变化的。站区场地平坦、自然地形坡度不超过 5%时，一般采用平坡式布置。坡向可根据场地自然地形、配电装置布置、母线方向等，选用单坡、双坡及多坡布置。场地坡度一般选用 0.5%~2%，最小坡度不小于 0.3%，最大坡度不宜大于 6%。

a）水平型平坡式，场地整平面无坡度，即场地各方向坡度均为零；

b）斜面型平坡式，分为单向斜面平坡式、双向斜面平坡式和多向斜面平坡式三种；

c）组合型平坡式，场地由多个设计平面或斜面所组成。

2）阶梯式布置，由几个标高差较大的不同整平面连接而成，连接处挡土墙或护坡。当站区场地条件受限制，并且自然地形坡度超过 5%，在兼顾运行、检修要求的前提下，可以考虑采用阶梯式布置，但在同一阶梯内，一般仍然采用平坡式布置。

（2）站区竖向布置应合理利用自然地形，尽量避免深挖厚填并确保边坡的稳定。当站区地形高差较大且有明显单一方向的等高线时，站区竖向布置宜采用阶梯式布置。台阶的划分应满足工艺功能分区、台阶上下建（构）筑物及管沟布置要求，方便设备运输、运行和检修，并宜减少台阶的数量。其划分应符合下列规定：

1）应与地形及总平面布置相适应。

2）生产联系紧密的建（构）筑物应布置在同一个台阶或相邻台阶上。

3）台阶的长边宜平行于等高线布置。

4）台阶的宽度应满足建（构）筑物、道路、管线等布置要求，以及操作、检修、消防和施工要求等需要。

5）台阶的高度应按生产要求及地形和工程地质、水文地质条件，结合台阶间的运输联系和基础埋深等综合因素确定。

6）相邻台阶之间应采用自然放坡、护坡或挡土墙等连接方式，应根据场地条件、地质条件、台阶高度、景观、荷载要求等因素，进行综合技术经济比较后确定。

7）相邻台阶之间应考虑道路交通联络，有利于运行、检修、维护，当台阶之间挡土墙或护坡长度超过 50m 时，宜在适当位置设置台阶间联络人行踏步。

（3）位于膨胀土、湿陷性黄土地区的变电站，其竖向设计应符合 GB 50112《膨胀土地区建筑技术规范》和 GB 50025《湿陷性黄土地区建筑规范》的相关要求。膨胀土地区竖向设计宜保持自然地形和植被，并宜避免大挖大填；位于湿陷性黄土地区的山前斜坡地带的变电站，站区宜尽量沿自然等高线布置，填方

厚度不宜过大。

（4）变电站常用高程系统间高程的换算关系可参考表 20-5 执行。

表 20-5　　常用高程系统间高程的换算关系

1956 黄海高程	1985 国家高程基准+0.029

（5）站区场地竖向布置表示方式如下：

1）等高线法。用地形等高线表示场地标高及排水方向，场地设计坡度大于 0.5%时，宜采用等高线法。等高距宜选择 0.05、0.10、0.25m 三种。不同区域的场地可根据坡度情况确定不同的等高距，但等高线应有明确的标高值。

2）箭头法。用标高和水流合成指向表示场地设计标高和坡向，标高标注点间距，平原地区 20~30m，丘陵山区 10~20m。场地设计坡度小于 0.5%时，宜采用箭头法。

三、设计标高的确定

（1）确定场地设计标高应符合下列规定：

1）应与站区地形、地貌及地质条件相协调。

2）必须符合站内外生产运输要求。扩建场地必须考虑与原场地的衔接。

3）应与所在城镇、相邻企业和居住区等现有和规划设施的标高相适应。

4）尽量减少站区土方、挡土墙、护坡及地基处理工程量，并使填、挖方接近平衡（力求全站平衡，并适当考虑分期平衡）。

5）站区近远期发展相结合。

6）站区大门接口处标高应满足防洪、防涝及防潮水要求，且应满足进站道路最大纵坡及综合坡度要求。

（2）站区场地设计标高应根据变电站的电压等级确定：220kV 枢纽变电站及 330kV 及以上电压等级的变电站，站址场地设计标高应高于频率为 1%（重现期、下同）的洪（潮）水位或历史最高内涝水位；其他电压等级的变电站站址场地设计标高应高于频率为 2%的洪水位或历史最高内涝水位。

（3）当站址场地设计标高不能满足上述要求时，可区别不同的情况分别采取不同的措施。当采用购土垫高或防洪（防涝）墙方案时，站区护坡或挡土墙应考虑洪水冲刷与浸泡措施。

1）购土垫高。当站区地形起伏不大，所需土方不多，周边有合适的土源且运距不是太远时，可以考虑购土垫高场地设计标高，场地设计标高不应低于洪（潮）水位或历史最高内涝水位。

2）防洪（防涝）墙。当站区周边找不到合适的土源时，可考虑采用防洪（防涝）墙（可兼作围墙或其

基础），防洪（防涝）墙等顶标高应高于上述洪（潮）水位或历史最高内涝水位标高 0.5m。沿江、河、湖、海等受风浪影响的变电站，防洪设施标高还应考虑频率为 2%的风浪高和 0.5m 的安全超高。此时进站路在站区主入口处应高于洪水位标高，或无法满足时则站内运行人员还应采取防水措施（比如堆沙袋、设置防洪挡板等）防止雨水从进站大门处倒灌进入站区。

3）架空平台。可全部或者局部采用架空平台将重要建（构）筑物和设备架空布置，架空平台标高满足防洪标准。

（4）站址场地设计标高宜高于或局部高于站外自然地面，以满足站区场地自流排水要求。当实际条件无法达到上述要求时，应有可靠的防止洪水倒灌措施。

（5）站内外道路连接点标高的确定应满足道路综合纵坡以及最大坡度要求，同时便于行车和排水。站区出入口的路面标高宜高于站外路面标高，避免雨水倒灌。否则，应有防止雨水流入站内的措施。

（6）场地设计坡度应根据自然地形、工艺布置（主要是配电装置型式）、土质条件、排水方式和道路纵坡等因素综合确定，宜为 0.5%～2%，有可靠排水措施时，可小于 0.5%，但应大于 0.3%。局部最大坡度不宜大于 6%，必要时宜有防冲刷措施。户外配电装置平行于母线方向的场地设计坡度不宜大于 1%。当屋外配电装置选用 GIS 设备时，场地沿 GIS 母线方向设计坡度应适当减小，以减小 GIS 设备基础两端地面设计高差，减少基础工程量，但同时还应满足特殊地区（湿陷性黄土、盐渍土、膨胀土）对场地综合坡度的要求。

（7）建筑物室内地坪标高的确定，应避免室外雨水流入建筑物内，同时应考虑室内外管沟连接及道路引接，室内地坪标高应高于道路引接处标高，并与相邻建（构）筑物的竖向布置相协调。

（8）建筑物室内地坪标高高出室外场地地面设计标高不应小于 0.3m。建筑物位于排水条件不良地段和有特殊防潮要求、有贵重设备、受淹后损失较大的车间和仓库，高填方、软土、湿陷性黄土及盐渍土地基地段等，均应根据需要适当加大建筑物的室内外高差。

（9）当场地竖向设计有坡度时，建筑物室内地坪标高应符合下列规定：

1）建筑物长轴宜平行等高线布置，不能避免时应充分考虑其周围散水、电缆沟、场地等标高协调一致，合理确定建筑物室内地坪标高。

2）建筑物长轴平行于竖向等高线布置时，宜将建筑物布置在道路一侧较高的场地，否则应适当增加室内外高差等措施，不使建筑物产生雨水倒灌。

（10）当场地竖向坡度较大，影响建筑物室内地坪标高确定时，可以采用如下三种方式解决：

1）建筑物周边局部区域可以采用零坡设计，其周边设计成高度较小的边坡或挡土墙。

2）如室内为一个大房间没有隔墙或有隔墙但不同房间采用同一个室内地坪标高，应按场地高点出口门处的场地设计标高来确定室内外高差不小于 0.3m，此时位于场地低点的门外应多设几个台阶（室外为台阶设计时）或加大室外坡道的坡度（室外为坡道设计时），以弥合两门之间的场地设计高差。同时，室内外高差还应兼顾协调各个门与场地的标高（不产生倒灌）、建筑物一周散水标高、建筑物散水边电缆沟布置及标高等细节关系。

3）如室内为有隔墙的房间（如继电器室、开关柜室等），且室内房间之间允许设置踏步，则各房间室内±0.00m 可以采用不同的绝对标高，室外通过设置不同高度的台阶或坡道来调整。

四、边坡与挡土墙

（1）边坡及支护结构的正常使用年限不应低于受其保护的相邻建（构）筑物的正常使用年限。

（2）山区工程建设时宜根据地质、地形条件及工程要求，因地制宜设置边坡，避免形成深挖厚填的边坡工程。对稳定性较差且坡高较大的边坡工程宜采用后仰放坡或分阶放坡方式进行治理。

（3）边坡工程的平面布置、竖向及立面设计应考虑对周边环境的影响，做到美化环境，体现生态保护要求，并符合 GB 50330《建筑边坡工程技术规范》坡面防护与绿化的相关要求。

（4）边坡工程安全等级按其损坏后可能造成的破坏后果的严重性、边坡类型和边坡高度等因素按表20-6 确定。

表 20-6　　　　边坡工程安全等级

边坡类型		边坡高度 H（m）	破坏后果	安全等级
岩质边坡	岩体类型为 I 或 II 类	H≤30	很严重	一级
			严重	二级
			不严重	三级
	岩体类型为III 或IV 类	15<H≤30	很严重	一级
			严重	二级
		H≤15	很严重	一级
			严重	二级
			不严重	三级

续表

边坡类型	边坡高度 H（m）	破坏后果	安全等级
土质边坡	10＜H≤15	很严重	一级
		严重	二级
	H≤10	很严重	一级
		严重	二级
		不严重	三级

注　此表来源于 GB 50330—2013《建筑边坡工程技术规范》。

（5）边坡支护结构形式应考虑场地地质和环境条件、边坡高度、边坡侧压力的大小和特点、对边坡变形控制的难易程度以及边坡工程安全等级等因素，按表 20-7 选定。

（6）边坡与建（构）筑物的距离应符合下列规定：

1）边坡坡脚至建（构）筑物的距离尚应满足采光、通风、排水及开挖基槽对边坡或挡土墙的稳定性要求，且不应小于 2m。

2）边坡坡顶至建（构）筑物的距离应防止建（构）筑物基础侧压力对边坡或挡土墙的影响。

位于稳定土坡坡顶上的建（构）筑物，对于条形基础或矩形基础，当垂直于坡顶边缘线的基础底面边长小于或等于 3m 时，其基础底面外边缘线至坡顶的水平距离 a（见图 20-1）应符合式（20-1）和式（20-2）的要求，且不得小于 2.5m。

表 20-7　边坡支护结构常用型式

支护结构	边坡条件	边坡高度 H（m）	边坡工程安全等级	备注
重力式挡土墙	场地允许，坡顶无重要建（构）筑物	土质边坡，H≤10 岩质边坡，H≤12	一、二、三级	土方开挖后边坡稳定较差时不应采用
悬臂式挡土墙、扶壁式挡土墙	填方区	悬臂式挡土墙，H≤6 扶壁式挡土墙，H≤10	一、二、三级	适用于土质边坡
桩板式挡土墙		悬臂式 H≤15 锚拉式 H≤25	一、二、三级	桩嵌固段土质较差时不宜采用，当对挡土墙变形要求较高时宜采用锚拉式桩板式挡土墙
板肋式或格构式锚杆挡土墙		土质边坡 H≤15 岩质边坡 H≤30	一、二、三级	边坡高度较大或稳定性较差时宜采用逆作法施工。对挡土墙变形有较高要求的边坡，宜采用预应力锚杆
排桩式锚杆挡土墙	坡顶建（构）筑物需要保护，场地狭窄	土质边坡 H≤15 岩质边坡 H≤30	一、二、三级	适用于稳定性较差的土质边坡、有外倾软弱结构面的岩质边坡、垂直开挖施工尚不能保证稳定的边坡
岩石锚喷支护		Ⅰ类岩质边坡，H≤30	一、二、三级	适用于岩质边坡
		Ⅱ类岩质边坡，H≤30	二、三级	
		Ⅲ类岩质边坡，H≤15	二、三级	
坡率法	坡顶无重要建（构）筑物，场地有放坡条件	土质边坡，H≤10 岩质边坡，H≤25	一、二、三级	不良地质段，地下水发育区、软塑及流塑状土时不应采用

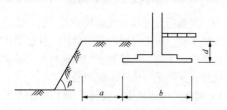

图 20-1　基础底面外边缘线至坡顶的水平距离示意

条形基础　　$a \geqslant 3.5b - \dfrac{d}{\tan\beta}$　　（20-1）

矩形基础　　$a \geqslant 2.5b - \dfrac{d}{\tan\beta}$　　（20-2）

式中　a——基础底面外边缘线至坡顶的水平距离，m；

b——垂直于坡顶边缘线的基础底面边长，m；

d——基础埋置深度，m；

β——边坡坡角，（°）。

3）当基础底面外边缘线至坡顶的水平距离不满足公式的要求时，可根据基底平均压力按 GB 50007《建筑地基基础设计规范》的有关规定确定基础距坡顶边缘的距离和基础埋深。

4）当边坡坡角大于 45°、坡高大于 8m 时，尚应按 GB 50007《建筑地基基础设计规范》中的有关规定进行坡体稳定性验算。

（7）场地挖方坡率允许值应满足 GB 50330《建筑边坡工程技术规范》的有关要求，并符合下列规定：

1）土质边坡的坡率允许值应根据工程经验，按工程类比的原则并结合已有稳定边坡的坡率值分析确定。当无经验且土质均匀良好、地下水贫乏、无不良地质作用和地质环境条件简单时，边坡坡率允许值可按表20-8确定。

表20-8　挖方土质边坡坡率允许值

边坡土体类别	状态	坡率允许值（高宽比）	
		坡高小于5m	坡高5～10m
碎石土	密实	1:0.35～1:0.50	1:0.50～1:0.75
	中密	1:0.50～1:0.75	1:0.75～1:1.00
	稍密	1:0.75～1:1.00	1:1.00～1:1.25
黏性土	坚硬	1:0.75～1:1.00	1:1.00～1:1.25
	硬塑	1:1.00～1:1.25	1:1.25～1:1.50

注　1. 表中碎石土的充填物为坚硬或硬塑状态的黏性土。
　　2. 对于砂土或充填物为砂土的碎石土，其边坡坡率允许值应按砂土或碎石土的自然休止角确定。

2）在边坡保持整体稳定的条件下，岩质边坡开挖的坡率允许值应根据工程经验，按工程类比的原则结合本地区已有稳定边坡的坡率值分析确定。对无外倾软弱结构面的边坡，其边坡坡率允许值可按表20-9确定。

3）高度较大的边坡应分级开挖放坡。分级放坡时应验算边坡整体的和各级的稳定性。

4）下列挖方边坡的坡率允许值应通过稳定性计算分析确定：

　a）有外倾软弱结构面的岩质边坡；
　b）土质较软的边坡；
　c）坡顶边缘附近有较大荷载的边坡；
　d）边坡高度超过表20-8和表20-9范围的边坡。

表20-9　挖方岩质边坡坡率允许值

边坡岩体类型	风化程度	坡率允许值（高宽比）		
		$H<8m$	$8m{\leqslant}H<15m$	$15m{\leqslant}H<25m$
I 类	未（微）风化	1:0.00～1:0.10	1:0.10～1:0.15	1:0.15～1:0.25
	中等风化	1:0.10～1:0.15	1:0.15～1:0.25	1:0.25～1:0.35
II 类	未（微）风化	1:0.10～1:0.15	1:0.15～1:0.25	1:0.25～1:0.35
	中等风化	1:0.15～1:0.25	1:0.25～1:0.35	1:0.35～1:0.50
III 类	未（微）风化	1:0.25～1:0.35	1:0.35～1:0.50	—
	中等风化	1:0.35～1:0.50	1:0.50～1:0.75	—

续表

边坡岩体类型	风化程度	坡率允许值（高宽比）		
		$H<8m$	$8m{\leqslant}H<15m$	$15m{\leqslant}H<25m$
IV 类	中等风化	1:0.50～1:0.75	1:0.75～1:1.00	—
	强风化	1:0.75～1:1.00	—	—

注　1. 表中 H 为边坡高度。
　　2. IV类强风化包括各类风化程度的极软岩。
　　3. 全风化岩体可按土质边坡坡率取值。

（8）填方区压实填土的边坡坡度允许值，应符合GB 50007《建筑地基基础设计规范》的有关要求，并符合下列规定：

位于斜坡上的填土，应验算其稳定性。对由填土而产生的边坡，当填土边坡坡度符合表20-10的要求时，可不设置支挡结构。当天然地面坡度大于20%时，应采取防止填土可能沿坡面滑动的措施，并应避免雨水沿斜坡排泄。

表20-10　压实填土的边坡坡度允许值

填料类型	边坡坡度允许值（高宽比）		压实系数 λ_c
	坡高在8m以内	坡高为8～15m	
碎石、卵石	1:1.50～1:1.25	1:1.75～1:1.50	
砂夹石（碎石、卵石占全重30%～50%）	1:1.50～1:1.25	1:1.75～1:1.50	0.94～0.97
土夹石（碎石、卵石占全重30%～50%）	1:1.50～1:1.25	1:2.00～1:1.50	
粉质黏土，黏粒含量 $\rho_c{\geqslant}10\%$ 的粉土	1:1.75～1:1.50	1:2.25～1:1.75	

注　当压实填土厚度大于15m时，需进行边坡稳定专项研究，确定边坡型式，可设计成台阶或采用土工格栅加筋等措施，演算满足稳定性要求后进行压实填土的施工。

（9）土质边坡或易于风化的岩石边坡，坡脚、坡面在场地平整后应及时采取防护措施。护坡型式应根据气候条件、土质、边坡坡度和当地材料来源等因地制宜选择，并满足环保、水保的要求。

1）砌体护坡适用于坡度缓于1:1.00的易风化的岩石和土质挖方边坡。

2）护面墙防护分为窗孔式和拱式两种，窗孔式护面墙适用于坡度缓于1:0.75的边坡，拱式护面墙适用于坡度缓于1:0.50的边坡下部岩层较完整而上部需防护的边坡。

3）喷射砂浆防护适用于边坡坡度不大于60°、中风化的易风化岩质边坡。

4）植草护坡适用于可以长草的、坡度缓于 1:1.00 的土质和严重风化的软质岩石边坡。

5）骨架植物防护适用于坡度缓于 1:0.75 的土质和全风化的岩石边坡，当坡面受雨水冲刷严重或潮湿时，坡度应缓于 1:1.00。

6）湿法喷播绿化适用于土质边坡、土夹石边坡、严重风化岩石的坡率缓于 1:0.50 的挖方和填方边坡防护。

7）客土喷播与绿化适用于风化岩石、土壤较少的软质岩石、养分较少的土壤、硬质土壤，植物立地条件差的高大陡坡面和受侵蚀显著的坡面。

（10）护坡材料及厚度应符合下列规定：

1）砌体护坡的石料强度等级不应低于 MU30，厚度不宜小于 250mm。预制块的混凝土护坡的混凝土材料强度等级不应低于 C20，厚度不小于 150mm。砌筑砂浆强度等级不应低于 M7.5。应设置伸缩缝和泄水孔。

2）护面墙的石料强度等级不应低于 MU30，混凝土强度等级不应低于 C20，墙顶宽不应小于 500mm，墙底宽不应小于 1000mm。护坡应设置伸缩缝和泄水孔。

3）喷射砂浆防护的砂浆强度等级不应低于 M20，厚度不宜小于 50mm。护面墙应设置伸缩缝和泄水孔。

4）骨架植物防护的混凝土强度等级不应低于 C20，厚度不应小于 150mm。

（11）边坡工程应根据实际情况设计坡顶、坡面和坡脚排水系统。

1）应在边坡潜在塌滑区上缘外侧设置截水沟。

2）分级且大面积边坡表面应设置地表排水系统，按汇水面积、排水路径、沟渠排水能力等因素确定。

3）不宜在边坡上或边坡顶部设置蓄水池、沉淀池等可能造成渗水的设施，必须设置时应做好防渗处理。

4）边坡坡体应设泄水孔。岩质边坡，泄水孔宜优先设置于裂隙发育、渗水严重的部位，且泄水孔宜深入至裂隙面内。

5）挖方边坡坡脚应设排水明沟。

6）有汇水的边坡，应考虑增设边坡坡顶截水沟，其截水沟尺寸应根据汇水流量确定。

（12）坡脚至雨水明沟之间，对砂土、黄土、易风化的岩石或其他不良土质，应设明沟平台，其宽度宜为 0.4～1.0m，如边坡高度低于 1m 或边坡已作防护处理，可不设明沟平台（见图 20-2）。

（13）下列边坡的设计和施工应专题研究：

1）地质和环境条件很复杂且稳定性极差的边坡。

2）地质条件复杂，邻近有重要建（构）筑物，破坏后后果严重的边坡。

3）已发生过严重事故的边坡。

4）采用新结构、新技术的安全等级为一、二级的

边坡。

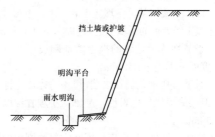

图 20-2　坡脚雨水明沟及平台示意图

5）土质边坡坡高大于 15m、岩质边坡坡高大于 30m 时，需要专题研究。

（14）边坡设计应对施工和质量验收及维护管理提出下列要求：

1）挖方边坡，要求自上而下、分段跳槽、及时支护的逆作法或部分逆作法施工。未经设计许可严禁大开挖、爆破作业。弃土应及时分散处理，不得将弃土堆置在坡顶及坡面上。开挖结束后应及时夯实或清理并进行防护处理。

2）土质或易软化的岩质边坡开挖时，应先施工好坡顶截水沟。在任何情况下，在坡脚和坡面上都不应积水。

3）填方边坡，应结合场地平整施工，要求自下而上分层碾压夯实，密实度不应小于 0.94。

4）坡顶和坡脚应设疏排水沟，有冲刷可能的边坡与排水沟之间的场地宜夯实并做混凝土防水封闭处理。

5）在施工期和使用期，应控制不利于边坡稳定的因素产生和发展。应避免随意开挖坡脚，防止坡顶超载。应避免地表水及地下水大量渗入坡体，并应对有利于边坡稳定的相关环境进行有效保护。

（15）边坡应重视坡脚稳定，坡脚前缘是耕地时，坡脚基础应适当加深加强，坡脚基底应埋置于耕种活动影响土层以下，地表周围不应有积水。

（16）站区不能自然稳定放坡时应设置挡土结构，挡土墙按受力和材料一般可分为重力式挡土墙和钢筋混凝土挡土墙两大类，其中重力式挡土墙背可分为仰斜、俯斜和垂直三种，钢筋混凝土挡土墙有悬臂式、扶壁式等。

（17）常用挡土墙材料及厚度应符合下列规定：

1）重力式挡土墙的石料强度等级不应低于 MU30，墙顶宽度不宜小于 400mm。毛石混凝土、素混凝土挡土墙的混凝土强度等级不应低于 C15，墙顶宽度不宜小于 200mm。砌筑砂浆强度等级不应低于 M5。

2）悬臂式挡土墙和扶壁式挡土墙的混凝土强度等级不应低于 C25，立板顶宽和底板厚度不应小于 200mm。扶壁的厚度不宜小于 300mm。

（18）挡土墙埋深应根据地基土质及水文资料确

定，并应符合地基强度和稳定的要求。

1）对于土质地基，应埋置于老土上，不得放在软土、松土或未经处理的回填土上，且埋深不宜小于0.5m。

2）季节性冻土地区的挡土墙基础埋置深度应在冻土深度以下不小于250mm。

3）对于岩质地基的挡土墙，可不考虑冻土深度的影响，但应清除已风化表层，基础最小埋置深度不宜小于0.30m。

4）膨胀土地区，基底应埋置在大气急剧影响深度以下。

5）挡土墙基础附近的地表土应设有效的防冲刷措施，基础受水流冲刷时，挡土墙墙趾埋深宜为计算冲刷深度以下0.5～1.0m。

（19）挡土墙土压力计算应符合下列规定：

1）计算支挡结构的土压力时，可按主动土压力计算。

2）主动土压力按式（20-3）计算：

$$E_a = \psi_c \times \frac{1}{2} \gamma H^2 K_a \qquad (20\text{-}3)$$

式中 E_a——主动土压力，kN/m^3；

ψ_c——主动土压力增大系数，土坡高度小于5m时宜取1，高度为5～8m时宜取1.1，高度大于8m时宜取1.2；

γ——填土容重，kN/m^3；

H——挡土墙高度，m；

K_a——主动土压力系数，可以参照 GB 50007《建筑地基基础设计规范》进行计算。

（20）当无具体工程资料时，挡土墙墙背填料相关参数可参考表20-11选用。

表20-11　挡土墙墙背填料参数

填料种类		内摩擦角标准值 ϕ	容重（kN/m^3）
一般黏性土	$H<6m$	35°	≥16.5
	$H>6m$	30°	≥16.5
砂类土		35°	≥16.5
碎石类土或不易风化的岩石弃渣		40°	≥19.0
不宜风化的石块		45°	≥20.0

（21）挡土墙填料的破坏棱体上的车辆设计荷载，近似地按均布荷载考虑，参照 JTG D60《公路桥涵设计通用规范》，按式（20-4）换算成等代均布土层厚度（h）计算：

$$h = \Sigma G / (Bl_0\gamma) \quad (m) \qquad (20\text{-}4)$$

式中 ΣG——布置在 Bl_0 面积范围内的车辆车轮重力，kN；

B——挡土墙的计算长度，m；

l_0——挡土墙后填料的破坏棱体长度，m，对于墙顶有填土的挡土墙，l_0 为破坏棱体范围内的路基宽度部分；

γ——土的容重，kN/m^3。

（22）挡土墙设计应进行抗滑移、抗倾覆稳定性验算、基底应力和结构内力计算。

在进行抗滑移稳定性验算时，墙背与土的摩擦角，可按表20-12选用；挡土墙底与地基岩土的摩擦系数，宜由试验确定，也可按表20-13选用。

表20-12　土对挡土墙墙背的摩擦角 δ

挡土墙情况	摩擦角 δ
墙背平滑，排水不良	$(0.00\sim0.33)\phi$
墙背粗糙，排水良好	$(0.33\sim0.50)\phi$
墙背很粗糙，排水良好	$(0.50\sim0.67)\phi$
墙背与填土间不可能滑动	$(0.67\sim1.00)\phi$

注　ϕ 为墙背填土的内摩擦角标准值。

表20-13　岩土与挡土墙底面摩擦系数 μ

岩土类别		摩擦系数 μ
黏性土	可塑	0.20～0.25
	硬塑	0.25～0.30
	坚硬	0.30～0.40
粉土		0.25～0.35
中砂、粗砂、砾砂		0.35～0.40
碎石土		0.40～0.50
极软岩、软岩、较软岩		0.40～0.60
表面粗糙的坚硬岩、较硬岩		0.65～0.75

（23）挡土墙应根据实际情况设计墙顶、墙背和墙基脚排水系统。

1）为了减少雨水和地表水下渗使挡土墙承受静水压力，墙顶宜结合地形采取有组织排水。墙顶松土应进行夯实，并根据工程情况加设灰土、黏土或混凝土封闭层。

2）墙背排水应在墙身设置泄水孔，泄水孔应沿着横竖两个方向梅花形设置，外倾坡度不宜小于5%，间距宜为2～3m，孔眼边长或直径不宜小于100mm。在裂隙发育处，地下水较多或有大股水流出处，泄水孔应加密。

3）泄水孔进水侧应设置反滤层或反滤包。反滤层厚度不应小于500mm，反滤包尺寸不应小于500mm×500mm×500mm，滤水层顶部设封闭地面、滤水层底部应设厚度不小于300mm 的黏土隔水层，并夯实。

挡土墙墙背排水示意图如图 20-3 所示。

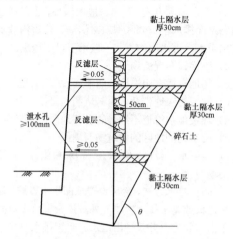

图 20-3　挡土墙墙背排水示意图（单位：mm）

4）墙趾的回填土要分层夯实做成坡度硬化或设排水沟，保证雨水及时疏散，避免影响挡土墙基础。

（24）挡土墙墙背填土，应优先选择抗剪强度高和透水性较强的填料。当采用黏性土作填料时，宜掺入不小于 30% 的石块或石渣，不应采用淤泥质土、耕植土、膨胀性黏土等软弱有害的土体作为填料。挡土墙墙背填土应分层夯实，填土质量应符合下列要求：

1）Ⅰ类，碎石土，密实度应为中密，干密度不小于 2g/cm³。

2）Ⅱ类，砂土，包括砾砂、粗砂、中砂，密实度应为中密，干密度不小于 1.65g/cm³。

3）Ⅲ类，黏土夹块石，干密度不小于 1.90g/cm³。

4）Ⅳ类，粉质黏土，干密度不小于 1.65g/cm³。

5）在季节性冻土地区，墙背填土应选用非冻胀性填料，如炉渣、碎石、粗砂等。

（25）挡土墙墙背回填土的技术要求：

1）混凝土挡土墙拆模前后应加强湿水养护，避免过早拆模。

2）在挡土墙混凝土强度达到 100% 后，方可进行墙背土方回填；墙后回填必须均匀摊铺平整，不能连续施工到顶时，应设不小于 3% 的横坡坡向远离墙背方向，以利排水，不容许向着墙背斜坡填筑。

3）应先对称分层回填挡土墙站内外侧基坑内填土，再分层回填挖方区站外侧填土、填方区站内侧填土，且填方区站外侧墙根应尽量培土夯实，并向站外一侧形成倒坡。

4）不论是挖方区还是填方区，土方回填前应确定填料的最佳含水量和最大干密度，根据碾压机具和填料性质，分层填筑压实，每层虚铺厚度不大于 250mm，压实系数不小于 0.94；墙背 1m 范围内，不得有大型机械行驶或作业，防止碰坏墙体，宜用小型压实机械

碾压。

5）回填施工过程中，应加强对墙体可能出现的倾斜的观测，发现问题立即停止回填并告知有关各方协商处理。

（26）位于膨胀土地区的挡土墙背后土的膨胀力较大，挡土墙高度应符合 GB 50112《膨胀土地区建筑技术规范》的有关要求，挡土墙高度大于 3m 时应考虑土体膨胀后抗剪强度衰减的影响，并应计算水平膨胀力的作用。

膨胀土地区挡土墙构造示意图如图 20-4 所示。

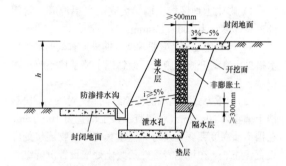

图 20-4　膨胀土地区挡土墙构造示意图

1）墙背碎石或砂卵石滤水层的宽度不应小于 500mm。滤水层以外宜选用非膨胀土回填，并应分层压实。

2）墙顶和墙角地面应设封闭层，宽度不宜小于 2m。

3）挡土墙每隔 6～10m 应设变形缝。

4）挡土墙墙身泄水孔沿横竖两个方向梅花形设置，其间距宜取 2～3m，坡度不应小于 5%，墙背泄水口下方应设置隔水层，厚度不应小于 300mm。

（27）挡土墙的抗滑、抗倾覆措施宜按以下要求执行：

1）合理选择墙身型式，以及在地面横坡较缓条件下，适当放缓墙面和墙背。

2）基底力求粗糙，对黏性土地基或潮湿土地基，宜夯填 500mm 厚砂石垫层。

3）挡土墙的基底做成逆坡，有利于抗滑稳定，但对于土质地基宜小于 1:10，对岩质地基宜小于 1:5。

4）墙趾台阶的主要作用是增大墙底面积，减少挡土墙对基底的压力，使基底压应力不超过地基承载力；同时，可以提高挡土墙的抗倾覆和抗滑稳定能力。墙趾台阶的尺寸应满足基底偏心距 $e \leqslant 0.25B$（不加墙趾前挡土墙基底宽度），墙趾台阶宽度宜大于 200mm。

5）墙背后自然地面横坡较陡时，原地面应开挖成台阶，以免基坑回填土沿开挖面滑动。

（28）挡土墙的地基应符合下列要求：

1）对于土质地基，挡土墙应置于老土或经处理后

满足要求的回填土上。

2）当基底为回填土时，应要求分层夯实，在最佳含水量时，密实度不小于0.94，并根据实验资料核查地基承载力是否符合设计要求。

3）当基底为局部性淤泥性软弱土时，可以考虑换土、抛石或桩基处理。换填厚度宜为0.50～3m，换填层顶面每边超出基础底边宜大于0.30m。换土材料应根据挡土墙基底压力要求和当地材料，选用砂石、粉质黏土、灰土、粉煤灰、矿渣、其他工业矿渣和土工合成材料。

4）膨胀土地区挡土墙基坑底应采用混凝土封闭处理，厚度宜为100～150mm。

5）挡土墙设计，应要求施工期采取有效的场地排水措施，宜避开雨季施工，做到挡土墙基坑不应出现积水。

（29）重力式挡土墙的伸缩缝间距，对条石、块石挡土墙宜为20～25m，对混凝土挡土墙宜为10～15m。在挡土墙高度突变处及与其他建（构）筑物连接处应设置伸缩缝，在地基岩土性状变化处应设置沉降缝。沉降缝、伸缩缝的缝宽宜为20～30mm，缝内应采用沥青麻丝或其他有弹性的防水材料嵌填，填塞深度不应小于150mm。

（30）挡土墙墙基纵坡陡于5%时，应沿纵向将墙基做成台阶式，台阶的宽度宜大于1m。

（31）挡土墙基槽开挖后不稳定或欠稳定的边坡，应根据地质特征和可能发生的破坏等情况，要求采取分段施工或跳槽施工，严禁无序大开挖和大爆破作业。主要生产建（构）筑物附近的挡土墙，宜采取加配钢筋提高挡土墙的刚度、调整挡土墙的基础尺寸或埋深以及采用人工地基等措施，尽量减少不均匀沉降。

（32）挡土墙和边坡工程施工时的临时排水措施应满足地下水、暴雨和施工排水要求，有条件时宜结合工程设计的排水措施采取永临结合的方式进行。

（33）滑坡治理应根据工程地质、水文地质条件、滑坡附近设施的重要程度以及施工条件等，综合分析滑坡发生及可能发展的影响因素，可采取排水、支挡、卸载、反压、清理、回避等措施。

五、站内场地排水

（1）站内场地排水应根据站区地形、地区降雨量、土质类别、站区竖向及道路布置，合理选择排水方式，宜采用地面自然散流渗排、雨水明沟、暗管排水方式。

1）自然散流渗排方式是指不设任何排水设施，利用地形坡度、地质和气象上的特点等排出雨水。自然散流渗排一般用于以下情况：

a）降雨量小、蒸发量大；

b）土壤渗水性强；

c）局部小面积地段，当雨水排入管沟有困难时。

2）雨水明沟方式，除用一般明沟外，还包括城市型道路路面排水槽、郊区型道路侧沟、建筑物散水沟等排出雨水。雨水明沟方式一般用于以下情况：

a）阶梯式布置的场地；

b）场地有适合明沟排水的地面坡度；

c）站区边缘地带及多尘易堵的地段；

d）埋设雨水管道不经济的岩石地段；

e）雨水充沛地区的建筑物四周；

f）地下水位较高、地基土为饱和粉细砂、暗管易堵塞的场地。

3）暗管排水方式，除用设置地面集水设施（如明沟、带盖板或篦子排水沟槽）外，还设有雨水算井、雨水下水道和检查井等排出雨水。暗管排水方式一般用于以下情况：

a）场地平坦不适宜采用明沟排水的场地；

b）建筑物屋面采用内排水时；

c）场地运输路线复杂的地段；

d）卫生和美观要求较高时。

（2）采用部分散流排水时，在排水侧围墙下部应留有足够的排水孔，排水孔宜设防护网，多雨地区在设有排水孔的站外侧尚应有妥善的排水和防冲刷设施。

（3）采用雨水明沟排水时，排水明沟宜平行于建筑物、道路布置，水流径路应短捷，应尽量减少与道路的交叉，当必须交叉时宜为正交，斜交时交叉角不应小于45°。明沟宜作护面处理。如采用砌石或混凝土材质时，明沟断面及型式应根据水力计算确定。明沟起点深度不应小于0.2m，且应比计算深度加深0.2～0.4m。明沟纵坡宜与道路纵坡一致且不宜小于0.3%，湿陷性黄土地区不应小于0.5%。当明沟纵坡较大时，应设置跌水或急流槽，其位置不宜设在明沟转弯处。

（4）采用雨水下水道排水系统时，雨水口应位于汇水集中的地段，雨水口型式、数量和布置应按汇水面积范围内的流量、雨水口的泄水能力、道路纵坡、路面种类等因素确定。雨水口间距宜为20～50m，当道路纵坡大于2%时，雨水口间距可大于50m；且在道路交叉口处，应增设雨水口。

（5）户外配电装置场地排水应畅通，对被高出地面的电缆沟、郊区型道路巡视小道拦截的雨水，宜采用排水渡槽、增设雨水口并敷设雨水下水道方式或在迎水面侧设排水明沟排出。

（6）站区雨水宜自流排放，当无条件自流时应设雨水泵房采用强排水。当无明显的排放河流或沟渠时，可设置蒸发池或渗水池。

六、站外排水

（1）山区变电站挖方区挡土墙或边坡坡顶应根据

需要设置截水沟（泄洪沟）或者高度适当的挡水墙，截水沟（泄洪沟）汇水面积、流量、断面选择宜与站区洪水重现期相一致。截水沟至坡顶的距离不应小于2.5m，当土质良好、边坡较低或对截水沟加固时，该距离可适当减少。截水沟（泄洪沟）不应穿越站区。截水沟（泄洪沟）位置示意图如图20-5所示。

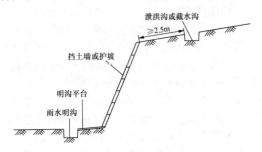

图20-5　截水沟（泄洪沟）位置示意图

（2）挖方边坡汇水面积较大时坡脚宜设排水沟。

（3）站外截水沟（泄洪沟）按常用断面可分为梯形和矩形两种明沟，一般采用梯形断面。当受用地限制或在岩石地段时，可采用矩形断面。

（4）站外截水沟（泄洪沟）按材料分为土沟、砖沟和石砌沟、混凝土沟三种类型。站外截水沟（泄洪沟）的选用，还应考虑投资省、就地取材、施工条件等因素。

1）土沟。建筑费用少，但明沟断面较大，且容易淤塞，需经常维修，不适于永久性工程。

2）砖沟和石砌沟。当土沟超过极限，以及为了减小明沟断面、减少渗水、便于清理时采用。

3）混凝土沟。当流速过大或防渗要求较高时采用。

七、土（石）方工程

（1）站区场地平整设计应考虑站区、进站道路、边坡、防排洪设施等相关设施的竖向设计及土（石）方量的关系，站区土（石）方量宜达到挖、填方总量基本平衡，其内容包括站区场地平整、建（构）筑物基础及地下设施基槽余土、站内外道路、防排洪设施等的土（石）方工程量。

当进站道路较长时，应首先考虑自身的土方平衡，尽量避免和减少土方的二次倒运。

当站区土（石）方量受条件限制不能平衡时，应选择合理的弃土或取土场地，明确弃土或取土数量、运输距离和其他弃（取）土要求，并应考虑复土还田的可能性。

当站区出现土方和石方时，应根据《岩土工程勘察报告》分别计列并列出土石比例。

（2）站区场地平整地表土处理应符合下列要求：

1）站区场地表土为耕植土或淤泥，有机质含量大于5%时，必须先挖除后再进行回填。该层地表土宜集中堆放，覆盖于站区地表用作绿化或覆土造田，可计入土方工程量。

2）当填方区地表土土质较好，有机质含量小于5%时，应将地表土碾压（夯）密实后再进行回填。

（3）场地平整填料的质量应符合有关规范要求，填料应分层碾压密实，分层厚度宜为250~300mm，压实系数不应小于0.94。当填土作为建筑地基时，应满足建筑地基填土密实度要求，依据结构类型和填土部位，密实度在0.95~0.97之间。

湿陷性黄土（膨胀土）场地，在建筑物周围6m内应平整场地，当为填方时，应分层夯（或压）实，其压实系数不得小于0.95；当为挖方时，在自重湿陷性黄土场地，表面夯（或压）实后宜设置150~300mm厚的灰土面层，其压实系数不得小于0.95。

（4）场地平整填方区域可采用强夯法和碾压法施工。强夯处理地基适用于碎石土、砂土、低饱和度的粉土与黏性土、湿陷性黄土、素填土和杂填土等地基。采用强夯法时，强夯区域应在场平图中表示。采用碾压法时，分层厚度及压实遍数，应根据所选用的压实设备，并通过试验确定，设计要求可参考表20-14执行。

表20-14　一般填土分层厚度及压实遍数

施工设备	每层铺填厚度（m）	每层压实遍数
平碾（8~12t）	0.20~0.30	6~8（矿渣10~12）
羊足碾（5~16t）	0.20~0.35	8~16
蛙式夯（200kg）	0.20~0.25	3~4
振动碾（8~15t）	0.60~1.30	6~8
插入式振动器	0.20~0.50	
平板式振动器	0.15~0.25	

（5）填土填料选用场地土，当场地土不能满足要求时，选用砾石、卵石或块石等。填土需满足JGJ 79《建筑地基处理技术规范》的相关规定。

（6）土方填方应考虑场地地表土压实后的压缩（松散）系数，压缩（松散）系数应通过现场试验或工程经验确定。填土的最优含水量宜采用击实试验确定。场地平整时，填土的含水量宜接近最优含水量。

（7）在雨季、冬季进行粉质黏土、粉土压实填土施工时，应采取防雨、防冻措施，防止填料受雨水淋湿或冻结，并应采取措施防止出现"橡皮"土。

（8）当场地土含水量过高，场平过程中出现"橡皮"土时，应根据现场实测含水量情况，按下列要求进行处理。

1）对填土进行翻松晾晒。

2）暂停使用含水量较高的填土，取用挖方区的干土。

3）上述方法不可取时，可考虑掺入一定比例的吸水掺和填料，如粉煤灰、炉渣、砂石、碎石、生石灰、水泥等。

（9）湿陷性黄土或膨胀土回填场地，不应选用粗颗粒的透水性材料作填料。

（10）场地平整施工前应完成站外截洪沟等疏排水设施的施工，并提前疏干场地上的积水。

八、站内高程与平面永久基准点及变形观测点

（一）永久水准点

（1）站区永久水准点是在站区设置的永久性的用于记录平面定位坐标及高程的控制点。永久水准点需长期保存，要求土质坚实，不会沉降，相邻水准点之间应保证两两通视良好，便于校核、扩展和寻找。

（2）永久水准点可布置于空场地上，也可布置于道路或广场的边缘地带，不易被破坏，位置应视野开阔，便于测图，并应有明显的标记，以免被破坏。

（3）全站永久水准点的数量不应少于 3 个。

（二）建筑变形测量要求及站内基准点设置

（1）建筑变形测量的平面坐标系统和高程系统应与变电站设计采用的系统协调一致，宜采用国家平面坐标系统和高程系统或所在地方使用的平面坐标系统和高程系统，也可以采用独立系统。当采用独立系统时，必须在设计文件中明确说明。

（2）变形测量的基准点应设置在变电站围墙外变形区域以外、位置稳定、易于长期保存的地方，并应定期复测。

（3）变形测量的工作基点应避开站内主干道、地下管线、松软填土、机器振动以及其他使标石、标志易遭腐蚀和破坏的地方，一般布置在站前区空地。

（4）变形观测点布设位置及数量应符合 JGJ 8《建筑变形测量规范》的相关规定。

（三）建筑场地沉降观测要求

（1）相邻地基沉降观测点可选在建筑纵横轴线或边线的延长线上，也可选在通过建筑重心的轴线延长线上。

（2）场地地面沉降观测点应在相邻地基沉降观测点布设线路之外的地面上均匀布设。

第五节 站 内 外 道 路

一、一般原则

（1）变电站道路与广场设计应根据运行、检修、消防和大件设备运输等要求，结合站区总平面布置、竖向布置、站外道路状况、自然条件、当地发展规划等因素综合确定。

（2）站内外道路的平面、纵断面及横断面设计应协调一致，相互平顺衔接。

（3）站内外道路结构层设计应考虑施工期间车辆通行时的建设工序要求，可采取临时硬化措施。

（4）站内外道路的纵坡不宜大于 6%，山区变电站或受条件限制的地段可加大至 8%。位于寒冷、积雪地区的变电站应采用增大路面摩擦系数或增加路面防滑条等技术措施和手段，改善冬季行车条件。

（5）站内道路限界应满足 GBJ 22《厂矿道路设计规范》、GB 4387《工业企业厂内铁路、道路运输安全规程》的要求，道路边线至建（构）筑外缘的距离应满足要求；站外道路限界应满足 JTG B01《公路工程技术标准》中三、四级公路的净空限制要求。

（6）位于季节性冻土地区的道路和广场结构层设计，应满足季节性冻胀土对结构层设计的要求。

（7）位于软弱土地区的道路和广场设计，应考虑地基沉降对路面和广场的破坏作用，并应采取适当的地基处理和路床加强措施。

（8）位于湿陷性黄土、膨胀土、盐渍土等特殊土地区的道路和广场地基处理应满足 JTG D30《公路路基设计规范》的要求。

（9）路面分类与路面结构层分类。

1）路面按力学特性可分为柔性和刚性两种。

刚性路面：刚度较大、抗弯拉强度较高的路面。一般指水泥混凝土路面。

柔性路面：刚度较小、抗弯拉强度较低，主要靠抗压、抗剪强度来承受车辆荷载作用的路面。一般指沥青或沥青混凝土路面。

2）路面按面层的使用品质、材料组成类型等因素可分为高级、次高级、中级和低级四种。

高级路面：水泥混凝土、沥青混凝土、厂拌沥青碎石、整齐石块或条石。

次高级路面：沥青贯入碎（砾）石、路拌沥青碎（砾）石、沥青表面处治、半整齐石块。

中级路面：泥结或级配碎（砾）石、水结碎石、不整齐石块、其他粒料。

低级路面：各种粒料或当地材料改善土，如炉渣土、砾石土和砂砾土等。

（10）变电站进站道路及站内道路路面的选择，主要考虑变电站的建设标准、道路施工条件、材料选择、运行维修条件等因素，一般采用中、高级路面，变电站常用的高级路面结构主要有水泥混凝土路面和沥青混凝土路面。

（11）冰冻地区各级公路应进行防冻厚度验算，结

构层的总厚度不应小于表 20-15 和表 20-16 的规定。如果结构层总厚度小于最小防冻厚度，应增加防冻垫层使其满足最小防冻厚度的要求。具体可参照 JTG D50《公路沥青路面设计规范》和 JTG D40《公路水泥混凝土路面设计规范》的相关规定。

表 20-15　沥青路面最小防冻厚度　　　（cm）

路基类型	道路冻深	黏性土、细亚砂土			粉性土		
		砂石类	稳定土类	工业废料类	砂石类	稳定土类	工业废料类
中湿	50～100	40～45	35～40	30～35	45～50	40～45	30～40
	100～150	45～50	40～45	35～40	50～60	45～50	40～45
	150～200	50～60	45～55	40～50	60～70	50～60	45～50
	>200	60～70	55～65	50～55	70～75	60～70	50～65
潮湿	60～100	45～55	40～50	35～45	50～60	45～55	40～50
	100～150	55～60	50～55	45～50	60～70	55～65	50～60
	150～200	60～70	55～65	50～55	70～80	65～70	60～70
	>200	70～80	65～75	55～70	80～100	70～90	65～80

其中，在 JTJ 003《公路自然区划标准》中，对潮湿系数小于 0.50 的地区，Ⅱ、Ⅲ、Ⅳ区等干旱地区防冻厚度应比表中值减少 15%～20%；对Ⅱ区砂性土路基防冻厚度应相应减少 5%～10%。

其中，冻深小或填方段，或者基层、垫层为隔温性能良好的材料，可采用低值；冻深大或挖方及地下水位高的路段，或者基层、垫层为隔温性能稍差的材料，应采用高值。冻深小于 0.50m 的地区，一般不考虑结构层防冻厚度。

表 20-16　水泥混凝土路面最小防冻厚度

路基干湿类型	路基土质	当地最大冰冻深度（m）			
		0.50～1.00	1.01～1.50	1.51～2.00	>2.00
中湿路基	低、中、高液限黏土	0.30～0.50	0.40～0.60	0.50～0.70	0.60～0.95
	粉土，粉质低、中液限黏土	0.40～0.60	0.50～0.70	0.60～0.85	0.70～1.10
潮湿路基	低、中、高液限黏土	0.40～0.60	0.50～0.70	0.60～0.90	0.75～1.20
	粉土，粉质低、中液限黏土	0.45～0.70	0.55～0.80	0.70～1.00	0.80～1.30

（12）道路结构层。

1）水泥混凝土道路。

（a）面层。

a）水泥混凝土面层应具有足够的强度、耐久性，表面抗滑、耐磨、平整。

b）面层板一般采用矩形。其纵向和横向接缝应垂直相交，纵缝两侧的横缝不得相互错位。

c）纵向接缝。一次铺筑宽度小于路面宽度时应设置纵向施工缝；一次铺筑宽度大于 4.5m 时应设置纵向缩缝。主要型式见图 20-6 及图 20-7。

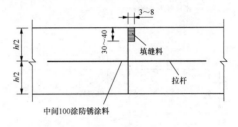

图 20-6　纵向施工缝（单位：mm）

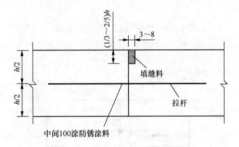

图 20-7　纵向缩缝（单位：mm）

d）横向接缝。每日施工结束或因临时原因中断施工时应设置横向施工缝，其位置应选在缩缝或胀缝处，设传力杆；横向缩缝可等间距或变间距布置，可采用设传力杆假缝型式，也可采用不设传力杆假缝型式；在邻近桥梁或其他固定构造物处或与其他道路相交处应设置横向胀缝。主要型式见图 20-8～图 20-10。

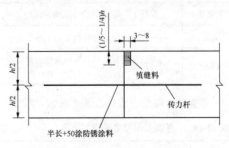

图 20-8　横向施工缝（单位：mm）

（b）基层。

a）基层应具有足够的抗冲刷能力和一定的刚度。

b）基层的宽度应比混凝土面层每侧至少宽出

300mm。

c）基层类型宜依照交通等级按表 20-17 选用。混凝土预制块面层应采用水泥稳定粒料基层。

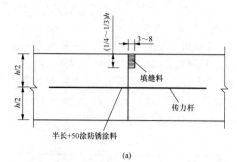

（a）

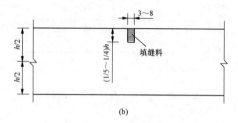

（b）

图 20-9　横向缩缝（单位：mm）

（a）设传力杆假缝型；（b）不设传力杆假缝型

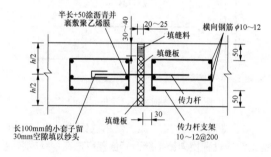

图 20-10　胀缝（单位：mm）

表 20-17　　适宜各交通等级的基层类型

交通等级	基 层 类 型
特重交通	贫混凝土、碾压混凝土或沥青混凝土基层
重交通	水泥稳定粒料或沥青稳定碎石基层
中等或轻交通	水泥稳定粒料、石灰粉煤灰稳定粒料或级配粒料基层

d）各类基层厚度的适宜范围见表 20-18。

表 20-18　　各类基层厚度的适宜范围

基 层 类 型	厚度适宜的范围（cm）
贫混凝土或碾压混凝土基层	12～20
水泥或石灰粉煤灰稳定粒料基层	15～25
沥青混凝土基层	4～6

续表

基 层 类 型	厚度适宜的范围（cm）
沥青稳定碎石基层	8～10
级配粒料基层	15～20
多孔隙水泥稳定碎石排水基层	10～14
沥青稳定碎石排水基层	8～10

（c）垫层。

a）遇有下述情况时，需在基层下设置垫层：

季节性冰冻地区，路面总厚度小于最小防冻厚度要求（表 20-15）时，其差值应以垫层厚度补足；

水文地质条件不良的土质路堑，路床土湿度较大时，宜设置排水垫层；

路基可能产生不均匀沉降或不均匀变形时，可加设半刚性垫层。

b）垫层应与路基同宽，其最小厚度为 150mm。

2）沥青混凝土道路。

（a）面层。

a）沥青混凝土面层应具有平整、密实、抗滑、耐久的品质。

b）沥青混合料的压实最小厚度与适宜厚度宜符合表 20-19 的要求。

表 20-19　　沥青混合料的压实最小厚度
与适宜厚度　　　　　（mm）

沥青混合料类型		最大粒径	公称最大粒径	压实最小厚度	适宜厚度
密级配沥青混凝土	砂粒式	9.50	4.75	15	15～30
	细粒式	13.20	9.50	20	25～40
		16	13.20	35	40～60
	中粒式	19	16	40	50～80
		26.50	19	50	60～100
	粗粒式	31.50	26.50	70	80～120
密级配沥青碎石	粗粒式	31.50	26.50	70	80～120
		37.50	31.50	120	90～150
	特粗式	53	37.50	120	120～150
开级配沥青碎石	粗粒式	31.50	26.50	80	80～120
		37.50	31.50	90	90～150
	特粗式	53	37.50	120	120～150
半开级配沥青碎石	细粒式	16	13.20	35	40～60
	中粒式	19	16	40	50～70
		26.50	19	50	60～80

续表

沥青混合料类型		最大粒径	公称最大粒径	压实最小厚度	适宜厚度
半开级配沥青碎石	粗粒式	31.50	26.50	80	80～120
	特粗式	53	37.50	120	120～150
沥青玛蹄脂碎石混合料	细粒式	13.20	9.50	25	25～50
		16	13.20	30	35～60
	中粒式	19	16	40	40～70
		26.50	19	50	50～80
开级配沥青磨耗层	细粒式	13.20	9.50	20	20～30
		16	13.20	30	30～40

（b）基层。基层按材质可分为半刚性基层、柔性基层和刚性基层三种型式。

a）水泥稳定集料类、石灰粉煤灰稳定集料类材料属于半刚性基层，适用于各级公路，具有足够的强度和稳定性、较小的收缩（温缩及干缩）变形和较强的抗冲刷能力。

b）热拌沥青碎石、贯入式沥青碎石、级配碎石、填隙碎石等属于柔性基层，适用于各级公路。

c）贫混凝土属于刚性基层，适用于重交通、特重交通及运煤、矿石、建筑材料等的公路工程。

（c）垫层。垫层材料可选用粗砂、砂砾、碎石、煤渣、矿渣等粒料以及水泥或石灰煤渣稳定类、石灰粉煤灰稳定类等。

a）防冻垫层应采用透水性好的粒料类材料。垫层厚度一般为 150～200mm，重冰冻地区潮湿、过湿路段可为 300～400mm。

b）采用碎石和砂砾垫层时，最大粒径应与结构层厚度相协调，最大粒径一般应不超过垫层厚度的 1/2。

（13）各种结构层压实最小厚度与适宜厚度应符合表 20-20 的要求。

表 20-20　各种结构层压实最小厚度与适宜厚度　　　　　（cm）

结构层名称		层位	最小厚度	结构层适宜厚度
沥青混凝土	细粒式	面层	2.5	2.5～4
	中粒式	面层	4.0	4～6
	粗粒式	面层	5.0	5～8
热拌沥青碎石	细粒式	面层、基层	2.5	2.5～4
	中粒式	面层、基层	4.0	4～6
	粗粒式	面层、基层	5.0	5～8
沥青贯入式碎（砾）石		面层、基层	4.0	4～8

续表

结构层名称		层位	最小厚度	结构层适宜厚度
沥青表面处治	单层式	面层	1.0	1.0～1.5
	双层式	面层	1.5	1.5～2.5
	三层式	面层	2.5	2.5～3.0
沥青上拌下贯式		面层	6.0	6～10
沥青砂		面层	1.0	1～1.5
水泥稳定类		基层、底基层	15.0	16～20
石灰稳定类		基层、底基层	15.0	16～20
石灰工业废渣稳定类		基层、底基层	15.0	16～20
级配碎、砾石		基层、底基层	8.0	10～15
泥结碎石		面层、基层	8.0	10～15
碎（砾）石石灰土粒料		面层	8.0	
		基层	8.0	
整齐石块		面层	10～12	
半整齐、不整齐石块		面层	10～12	
手摆大石块		基层	12～16	
填隙碎石		基层、底基层	10	10～12
混凝土面板		面层	18	18～40

（14）水泥混凝土路面和广场，路面荷载应按 JTG B01《公路工程技术标准》中公路-Ⅱ级的荷载标准（以 100kN-双轮组荷载作为设计轴载，极限状态下验算荷载以大件运输车辆作用下最重轴载进行验算）取值，混凝土面板宜采用抗弯拉强度标准值不小于 4.5MPa（相当于 C30）的混凝土，所使用的水泥宜采用抗裂性能较好的道路专用硅酸盐水泥。

（15）沥青混凝土路面的道路和广场，其面层和结构层的设计应参照 JTG D50《公路沥青路面设计规范》的要求设计，路面设计采用双轮组单轴载 100kN 为标准轴载。其道路材料、结构层宜按公路-Ⅱ级标准采用。

（16）水泥混凝土路面和广场应设置消除温度应力胀缝、缩缝和纵缝，分缝尺寸的长宽比不应大于 1.35。

（17）道路材料规格应满足 JTG D40《公路水泥混凝土路面设计规范》和 JTG D50《公路沥青路面设计规范》的要求。

（18）特殊路基的防治及加固措施。

1）特殊土（岩）、不良地质等特殊条件下的路基，应进行综合地质勘察，并进行专项设计。

2）特殊路基设计应考虑地质和环境等因素对路基的影响，以及这些因素的发展变化规律，路基病害整治应遵循以防为主、防治结合、力求根治的原则，通过综合技术经济比较，因地制宜，采取合理的整治方案和有效的工程措施。

3）存在多种特殊土（岩）或不良地质条件路基的地段应进行综合设计。

二、进站道路

（1）变电站进站道路应结合地方路网规划，充分利用现有道路。进站道路设计应根据站址所处地区的路网规划、地形地质、水文气象、环境保护与土地资源、拆迁和施工条件等基础资料，做全面地技术经济比较，优化选择道路路径以及纵断面布置，避免高路堤和深路堑，减少投资。

（2）进站道路设计应坚持节约用地的原则，不占或少占耕地，便利农田排灌，重视水土保持和环境保护。

（3）进站道路设计宜避开地质不良地段、地下活动采空区，不压或少压地下矿藏资源，并不宜穿越无安全措施的爆破危险地段。

（4）进站道路的技术标准。

1）变电站进站道路可采用郊区型或城市型。路面宽度应根据变电站的电压等级确定：

a）110kV 变电站：4m；

b）220kV 变电站：4.5m；

c）330kV 及以上变电站：6m。

当进站道路较长时，330kV 及以上变电站进站道路宽度可统一采用 4.5m，并设置错车道。

路肩宽度每边均为 0.5m。进站道路两侧根据需要设置排水沟。

2）当路基宽度小于 5.5m，且道路两端不能通视时，宜在适当位置设错车道。错车道宜设置在纵坡不大于 4%的路段，任意相邻错车道之间应能互相通视，如图 20-11 所示。

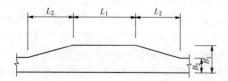

图 20-11　错车道布置图

L_1—通行车辆长度的 2 倍（不小于 20m）；L_2—渐宽长度（不小于车长的 1.5 倍）；B_1—双车道路基宽度；

B_2—单车道路基宽度

3）进站道路其余技术指标可参照 GBJ 22《厂矿道路设计规范》中四级道路标准采用，各项主要技术指标可按表 20-21 的规定执行。

表 20-21　　进站道路主要技术指标

主要技术指标	四级道路	
	平原、微丘	山岭、重丘
计算行车速度（km/h）	40	20
极限最小圆曲线半径（m）	60	15
一般最小圆曲线半径（m）	100	30
不设超高的最小圆曲线半径（m）	600	150
停车视距（m）	40	20
会车视距（m）	80	40
最大纵坡（%）	6	9

4）进站道路的最小圆曲线半径，应采用大于或等于表 20-21 所列一般最小圆曲线半径，当受地形或其他条件限制时，可采用极限最小圆曲线半径。

通过居民区或接近站区，或其平面线形受地形或其他条件限制时，可设置限制速度标志，并可按该限制速度采用相应的极限最小圆曲线半径。

进站道路的最小圆曲线半径应按运输大型设备相适应的车辆来确定。

5）进站道路的纵坡，应小于表 20-21 的规定。

在工程艰巨的山岭、重丘区，四级站外道路的最大纵坡可增加 1%。但在海拔 2000m 以上地区，不得增加；在寒冷冰冻、积雪地区，应小于 8%。

进站道路纵坡长度限制应满足表 20-22 的规定。

表 20-22　　　　进站道路纵坡长度

设计速度（km/h）		纵坡长度		
		40	30	20
纵坡坡度（%）	4	1100	1100	1200
	5	900	900	1000
	6	700	700	800
	7	500	500	600
	8	300	300	400
纵坡坡度（%）	9		200	300
	10			200

6）进站道路纵坡变更处，均应设置竖曲线。竖曲线最小半径和长度应符合表 20-23 的规定。竖曲线半径应采用大于或等于表列一般最小值；当受地形条件限制时，可采用表列极限最小值。

表 20-23 竖曲线最小半径和长度 （m）

地 形		平原微丘	山岭重丘
凸形竖曲线半径	极限最小值	450	100
	一般最小值	700	200
凹形竖曲线半径	极限最小值	450	100
	一般最小值	700	200
竖曲线最小长度		25	20

7）进站道路的竖曲线与平曲线组合时,竖曲线宜包含在平曲线之内,且平曲线应略长于竖曲线。凸形竖曲线的顶部或凹形竖曲线的底部,应避免插入小半径圆曲线,或将这些顶点作为反向曲线的转向点。在长的平曲线内应避免出现几个起伏的纵坡。

（5）进站道路宜采用与站内道路相同的路面。

（6）站区大门前的进站道路宜设直段,直段长度应根据地形条件确定。

（7）进站道路应有良好的防洪、排水措施,当有农灌渠穿越道路时,应有加固措施。

（8）站外道路的路堑或路堤边坡坡率可按表20-24～表20-26的规定采用,对高度超过20m的路堤,边坡坡率应通过稳定性分析计算确定。

表 20-24 土质路堑边坡坡率

土 的 类 别		边坡坡率
黏土、粉质黏土、塑性指数大于 3 的粉土		1:1.10
中密以上的中砂、粗砂、砾砂		1:1.50
碎石土、卵石土、圆砾土、角砾土	胶结和密实	1:0.75
	中密	1:1

表 20-25 岩质路堑边坡坡率

边坡岩体类型	风化程度	边坡坡率	
		$H<15m$	$15m\leqslant H<30m$
I 类	未风化、微风化	1:0.10～1:0.30	1:0.10～1:0.30
	弱风化	1:0.10～1:0.30	1:0.30～1:0.50
II 类	未风化、微风化	1:0.10～1:0.30	1:0.30～1:0.50
	弱风化	1:0.10～1:0.30	1:0.30～1:0.50
III 类	未风化、微风化	1:0.30～1:0.50	
	弱风化	1:0.50～1:0.75	
IV 类	弱风化	1:0.50～1:1	
	弱风化	1:0.75～1:1	

表 20-26 路堤边坡坡率

填料类别	边坡坡率	
	上部高度（$H\leqslant8m$）	下部高度（$H\leqslant12m$）
细粒土	1:1.50	1:1.75
粗粒土	1:1.50	1:1.75
巨粒土	1:1.30	1:1.50

（9）进站道路用地范围按路堤两侧排水沟外边缘（无排水沟时为护坡坡脚）以外或路堑两侧截水沟外边缘（无截水沟时为坡顶）以外 1m 的范围计算。高填深挖路段,应根据路基稳定计算确定用地范围。进站道路用地指标应按表 20-27～表 20-29 的规定采用。

表 20-27 I 类地区路基工程用地指标

参 数 项		单位	I 类地区
			双车道
主要编制条件参数	路基宽度	m	6.5
	路基平均计算高度	m	1.1
	边坡坡率	1:n	1.5
	边沟顶宽	m	2.1
	护坡道宽	m	0～2
	用地界宽	m	1
指标值		hm²/km	1.6687

表 20-28 II 类地区路基工程用地指标

参 数 项		单位	II 类地区
			双车道
主要编制条件参数	路基宽度	m	6.5
	路基平均计算（填挖）高度	m	1.2
主要编制条件参数	填方边坡坡率	1:n	1.5
	挖方边坡坡率	1:n	1.25
	填方边沟顶宽	m	1.8
	挖方边沟顶宽	m	0.8
	护坡道（碎落台）宽	m	0～2
	用地界宽	m	1
指标值		hm²/km	1.8962

表 20-29 III 类地区路基工程用地指标

参 数 项			单位	III 类地区	
				双车道	单车道
主要编制条件参数	路基宽度		m	6.5	4.5
	填方边坡高度/坡率	普通单级边坡	m/1:n	2.5/1.5	2.0/1.5
		两级边坡 第一级	m/1:n	8/1.5	8/1.25
		第二级	m/1:n	10/1.5	10/1.5

续表

参 数 项			单位	Ⅲ类地区	
				双车道	单车道
主要编制条件参数	挖方边坡高度/坡率	普通单级边坡	m/1：n	3.3/0.5	3.0/0.5
		多级边坡 第一级	m/1：n	8/0.75	8/0.75
		多级边坡 第二级	m/1：n	8/0.75	8/0.75
		多级边坡 第三级	m/1：n	6/0.75	8/0.75
		多级边坡 第四级	m/1：n	6/1.0	6/1.0
	边坡平台宽度		m	2	2
	填方边沟顶宽		m	1.8	1.8
	挖方边沟顶宽		m	0.8	0.8
	护坡道（碎落台）宽		m	0～2	0～2
	用地界宽		m	1	1
指标值			hm²/km	2.2699	1.9069

其中，Ⅰ类地区是指地形无明显起伏，地面自然坡度小于或等于3°的平原地区；Ⅱ类地区是指地形起伏不大，地面自然坡度为3°～20°，相对高差在200m以内的微丘地区；Ⅲ类地区是指地形起伏较大，地面自然坡度大于20°，相对高差在200m以上的重丘或山岭地区。

（10）平曲线要素的计算公式为

$$T=R×\tan(\alpha/2) \qquad (20-5)$$

$$L=R×\alpha×(\pi/180) \qquad (20-6)$$

$$E_0=(R/\cos\alpha)-R \qquad (20-7)$$

式中　R——圆曲线半径；

　　　T——曲线的切线长；

　　　E_0——外矢距；

　　　α——转向角；

　　　L——圆曲线长。

（11）竖曲线要素的计算公式为

$$\omega=(i_1-i_2) \qquad (20-8)$$

$$L=\omega R \qquad (20-9)$$

$$T=\frac{R}{2}|i_1-i_2|=\frac{L}{2} \qquad (20-10)$$

$$E=\frac{T^2}{2R} \qquad (20-11)$$

式中　R——竖曲线半径；

　　　i_1——ZY～JD方向的坡度，上坡取正，下坡取负；

　　　i_2——JD～YZ方向的坡度，上坡取正，下坡取负；

　　　ω——转坡角；

　　　T——曲线的切线长；

　　　E——外矢距。

（12）公路桥净空应符合以下规定：

1）通航或流放木筏的河流，桥下净空应符合通航标准及流放木筏的要求。

2）下跨桥桥下净空，应符合被交叉公路、铁路、其他道路等建筑限界的规定。

3）桥下净空还应考虑排洪、流冰、漂流物、冰塞以及河床冲淤等情况。

三、站内道路

（1）站内道路的设计要求如下：

1）应综合考虑运行、检修及消防要求；

2）应符合带电设备安全间距的规定；

3）划分功能分区，并与区内主要建筑物轴线平行或垂直，宜呈环形布置；

4）与站区竖向设计相协调，有利于场地及道路排水；

5）与进站道路连接方便、顺捷；

6）满足站内大件运输要求。

（2）站内道路应结合场地排水方式选型，可采用城市型或郊区型。当采用郊区型时，路面边宜高于场地设计标高100mm。在湿陷性黄土和膨胀土地区宜采用城市型。其路面可根据具体情况采用水泥混凝土或沥青混凝土路面。

（3）当临时施工道路与站内道路永临结合时，临时施工的水泥混凝土面层厚度宜为12～15cm。

（4）站内道路所采用的路拱型式宜为直线型，路拱坡度为1.0%～2.0%。

（5）站内主要环形消防道路路面宽度宜为4m。

站区大门至主变压器的运输道路宽度：

1）110kV变电站4m；

2）220kV变电站4.5m；

3）330kV及以上变电站5.5m。

高压电抗器运输道路宽度一般为4m，750kV及以上变电站为4.5m。

330kV及以下变电站户外配电装置内的检修道路和500kV及以上变电站的相间道路宽为3m，1000kV变电站检修道路宽为3.5m。

（6）站内道路的转弯半径应根据行车要求和行车组织要求确定，一般不应小于7m。主干道的转弯半径应根据通行大型平板车的技术性能确定，330kV及500kV变电站主干道的转弯半径为7～9m；500kV及750kV变电站高压电抗器运输道路转弯半径不宜小于12m，主变压器运输道路转弯半径不宜小于15m；1000kV高压电抗器运输道路转弯半径不宜小于18m，主变压器运输道路转弯半径不宜小于 25m。用于消防的环形道路转弯半径不小于 9m。

（7）接入建筑物的人行道宽度一般宜与建筑物坡道或台阶等宽，或为 1.5m～2.0m。

四、广场

（1）人员集中的主控通信楼（室）前应设置小型广场，方便临时停车和人员活动，广场结构层可与站内道路结构层同等设置。

（2）广场采用混凝土面层时，应设置纵向和横向分格缝，分格缝间距不宜大于 3m；采用混凝土面层时，应按照每条板宽不大于 4.5m 间隔浇筑方式设置，并按照道路胀缝、纵缝、缩缝的设置原则，合理进行分缝设计，并应按分缝尺寸和间距要求，考虑缝的美观性和对称性。

（3）变电站主变压器和高压电抗器等重型设备的安装就位侧，应设置便于安装和检修的刚性硬化场地，硬化场地的面层和基层设计承载能力应满足设备重量要求，并应按要求设置消除温度应力的纵缝、缩缝和胀缝。

第六节　站 区 管 沟

一、一般原则

（1）地下管沟布置应与站区总平面布置、竖向设计和场地处理（包括局部绿化）相结合，统一体规划。管线（沟道）之间、管线（沟道）与建（构）筑物之间、管线（沟道）与道路之间等在平面与竖向上应相互协调、紧凑合理、节约集约用地、整洁有序。同时符合下列要求：

1）满足工艺要求，路径短捷，便于施工和检修。

2）在满足工艺和使用要求的前提下应尽量浅埋，并宜与站区竖向坡度和坡向一致，避免倒坡。

3）地下管线（沟道）发生故障时，不应损害建（构）筑物基础，污水不应污染饮用水或渗入其他沟道内。

4）沟道应有排水及防小动物的措施。

（2）地下管线（沟道）宜沿道路及建（构）筑物平行布置，宜布置在道路行车部分以外。主要管线（沟道）应布置在支沟较多的道路一侧，或将管线（沟道）分类布置在道路两侧。管线综合布置宜按下列顺序，自建筑物向道路方向排列：

1）生产及生活给水管道。

2）工业废水（生产废水及生产污水）管道。

3）生活污水管道。

4）消防水管道。

5）雨水排水管道。

（3）地下管线（沟道）布置应减少自身及与道路的交叉，交叉时宜垂直相交。在困难条件下，其交叉角不宜小于 45°。

（4）地下管线布置有直埋、沟内敷设两种形式，应根据工艺要求、地质条件、管材特性、地下建（构）筑物布置等因素确定。

（5）在满足安全运行和便于检修的条件下，可将同类管线或不同用途但无相互影响的管线采用共沟布置。

（6）严寒和寒冷地区宜将给水管线埋置在最大冻深以下，必要时采取保温措施，避免冻结。

（7）通过挡土墙的管线（沟道）布置应满足工艺要求，处理方式应与挡土墙协调。

（8）分期建设的变电站，管线（沟道）布置应全面规划、近期集中、远近结合。近期管线（沟道）穿越远期用地时，不得影响远期用地的使用。

（9）扩建、改建工程应充分利用原有管线（沟道），新增管线（沟道）不应影响原有管线（沟道）的使用。

二、地下管线

（1）类别相同和埋深相近的地下管线（管沟）应集中平行布置，但不应平行重叠敷设。

（2）在避免管道内液体冻结的前提下，管线应减少埋深。

（3）地下管线（管沟）不应布置在建（构）筑物基础压力影响范围内，其间距可按图 20-12 及式（20-12）计算。同时应避免管线（管沟）在施工和检修开挖时影响已有建（构）筑物基础。

$$S = \frac{h_1 - h_2}{\tan \varphi} + \frac{b}{2} \qquad (20\text{-}12)$$

式中　S——建（构）筑物基础外缘距管道中心的距离，m；

h_1——管道敷设深度，m；

h_2——建（构）筑物基础埋置深度，m；

φ——土壤内摩擦角，(°)；

b——沟槽宽度，m。

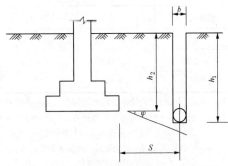

图 20-12　建（构）筑物基础至地下管线距离

（4）地下管线（管沟）不宜平行敷设在道路下，在确有困难必须敷设时，可将检修少或检修时对路面损坏小的管线敷设在路面下，并应符合现行国家标准的有关规定。

（5）地下管线在布置中产生矛盾时，应符合下列规定：

1）压力管应让自流管。

2）管径小的应让管径大的。

3）易弯曲的应让不易弯曲的。

4）临时性的应让永久性的。

5）工程量小的应让工程量大的。

6）新建的应让现有的。

7）施工、检修方便的应让施工检修不方便的。

（6）地下管线交叉布置时，应符合以下技术要求：

1）给水管道应在排水管道上面。

2）有腐蚀性介质的管道及碱性、酸性介质的排水管道应在其他管道下面。

3）电力电缆与油管道交叉时，电力电缆应在油管道下面、其他管道上面；油管道不应与电力电缆共沟敷设。

4）可燃液体、可燃气体、毒性气体和液体，以及腐蚀性介质管道，不应共沟敷设，并严禁与消防水管共沟敷设。

5）凡有可能产生相互有害影响的管线，不应共沟敷设。

（7）各种废水及污水管道应沿道路两侧布置，并与上水管道分开布置，否则二者之间应留有必要的安全防护距离。

（8）地下管线（管沟）穿越道路时，管顶或沟盖板顶覆土厚度应根据其上面荷载大小及分布、管材强度及土壤冻结深度等条件确定。管顶至道路路面结构层底的

垂直净距不应小于0.5m，当不能满足时，应加防护套管或设管沟，其两端应伸出路边不小于1m。当道路路边有排水沟时，其套管或管沟应延伸出排水沟边1m。

（9）位于湿陷性黄土、膨胀土及具有溶陷性的盐渍土地区的地下给排水管道应采取防渗措施，管道距建（构）筑物外墙基础外缘的净距不应小于3m。

（10）站内主要地下管线与建（构）筑物之间的最小水平间距宜符合表20-30的规定，并应满足管线和相邻设施的安全生产、施工和检修的要求。其中位于湿陷性黄土地区、膨胀土地区和具有溶陷性的盐渍土地区的管线，尚应符合现行国家有关设计标准的规定。

表20-30　地下管线与建（构）筑物的最小水平间距　（m）

管线名称	建筑物基础外缘	构支架基础外缘	围墙基础外缘	道路边缘	排水沟外缘	照明杆柱（中心）
压力水管	1.0~2.5	0.8~1.5	1.0	0.8~1.0	0.8	0.5~1.0
自流水管	1.5~2.5	1.2~1.8	1.0	0.8~1.0	0.8~1.0	0.8~1.2
排油管	1.0	1.0	1.0	1.0	1.0	1.0

注　1. 表列间距管线均自管壁或防护设施的外缘算起；城市型道路自路面边缘算起，郊区型道路自路肩边缘算起。

2. 表列埋地管道与建（构）筑基础外缘的间距，均指埋地管道与建（构）筑的基础埋深在同一标高或其以上时；当管线埋深大于邻近建（构）筑物的基础埋深时，应根据土壤性质计算确定，但不得小于表列数值。

3. 表列同一栏内列有两个数值者，当压力水管直径大于200mm、自流水管径大于600mm时用大值，反之用小值。

（11）站内主要地下管线之间的最小水平间距宜符合表20-31的规定。

表20-31　　　　地下管线之间最小水平间距　　　（m）

管线名称	压力水管	自流水管	电缆沟	电力电缆	通信电缆	油管
压力水管	—	0.7~1.2	0.8~1.2	0.6~1.0	0.5~1.0	0.5
自流水管	0.7~1.2	—	1.0~1.2	0.6~1.0	0.8~1.0	1.2
电缆沟	0.5	1.0~1.2	—	0.5	0.5	1.0
电力电缆	0.6~1.0	0.6~1.0	0.5		0.5	1.0
通信电缆	0.5~1.0	0.8~1.0	0.5	0.5	—	1.0
排油管	0.5	1.2	1.0	1.0	1.0	

注　1. 表列净距均自管壁、沟壁或防护设施的外缘或最外一根电缆算起。

2. 表列同一栏内列有两个数值者，当压力水管直径大于200mm、自流水管直径大于600mm时用大值，反之则用小值。

3. 表列数值是按给水管在污水管上方制定的。生活饮用水给水管与生产、生活污水排水管间的水平净距，应按表列数据增加50%。

4. 110kV及220kV电力电缆，应按表列数值增加50%。

5. 表中"—"表示间距未作规定，可根据具体情况确定。

（12）站内主要地下管线之间的最小垂直净距可参照 GB 50187《工业企业总平面设计规范》的有关规定执行。

三、电缆沟（隧）道

（1）电缆沟（隧）道布置应符合下列要求：

1）电缆沟（不包括盖板）宜高出场地设计标高不小于 100mm。

2）沟（隧）底部应设置纵、横向排水坡度，其纵向排水坡度不宜小于 0.5%，有困难时不应小于 0.3%，横向排水坡度一般为 1.5%～2%，并在沟道内有利排水的地点及最低点设集水坑和排水引出管。排水点间距不宜大于 50m，集水坑坑底标高应高于下水井的排水出口标高 200～300mm。

3）防止各类水倒灌入电缆沟（隧道）内，应设有排除内部积水的技术措施。

4）沟（隧）道底部宜采用自流排水至就近引接集水井。当集水坑底面标高低于下水道管面标高或周围无可接入的雨水管网时，可设置独立集水井采用机械排水。

5）阶梯布置的场地，沟道排水接入站区雨水管网系统时，应考虑场地高差的影响，防止倒灌。

6）穿越道路的沟（隧）道应满足工艺最小净空要求，并保证电缆沟（隧道）敷设电缆的净空要求和沟底排水要求。

7）通行和半通行隧道的顶部设检修孔时，孔壁应高出设计地面 0.15m，并应加设盖板。两人孔最大间距一般不宜超过 75m。且在隧道变断面处，不通行时，间距还应减小，一般至安装孔最大距离为 20～30m。

8）位于湿陷性黄土、盐渍土或软弱地基等特殊地质条件的地下沟（隧）道，其基础应采取相应的加固处理措施。

9）位于回填土地段的地下沟（隧）道，应采取措施防止沟（隧）道产生不均匀下沉。

（2）在寒冷和严寒地区，地下水位较低，可采用在电缆沟下增设碎（卵）石类抗冻胀变形层。

（3）地下沟（隧）道的结构型式和防水设计。

1）地下沟（隧）道的结构形式和材料的选择应根据工艺布置要求、地下水位、工程地质和气象条件等因素综合考虑确定，并符合下列规定：

a）室内外沟（隧）道可采用砌体、素混凝土或钢筋混凝土结构。但在地质条件较差、地基土不均匀地段以及严寒和寒冷地区、湿陷性黄土地区、膨胀土地区、盐渍土地区或者地下水、地基土对结构有腐蚀作用的地区，不宜采用砌体沟道。

b）砌体沟壁顶部宜设置混凝土压顶，压顶高度不宜小于 150mm。砌体侧壁预埋件处需设置混凝土块。

c）年降雨量较少、地下水位较低而地基土渗透性较好又无不良地质情况的场地，其室外电缆沟可采用无底自渗电缆沟。

d）电缆沟过道路并有车辆通行要求或沟深大于 1.20m 时，宜采用钢筋混凝土电缆沟。

e）电缆数量较少的智能变电站可采用地面电缆沟或槽盒。

2）电缆沟（隧）道的防水设计，可按以下三类地下水位的不同标高，采取不同措施：

第一类，最高地下水位标高低于沟（隧）道底面标高；

第二类，最高地下水位标高低于沟（隧）道底面标高，但沟（隧）道对防潮要求高；

第三类，最高地下水位标高高于沟（隧）道底面标高。

对于第一类可采用砖砌或混凝土结构；对于第二、三类宜采用混凝土或钢筋混凝土结构。

地下沟（隧）道的防水设计：对于第一类可按一般防潮处理，如采用防水砂浆内部抹面；对于第二类应在底板及沟壁外侧涂沥青或其他防水涂料两层，内壁抹防水砂浆；对于第三类，一般采用防水混凝土。

（4）电缆沟（隧）道不宜采用硅酸盐砖（灰砂砖），因其吸湿性强，抗冻性差。一般宜采用烧结普通砖、混凝土普通砖和混凝土砌块，强度等级不低于 MU15。砂浆一般采用水泥砂浆，砂浆强度等级不低于 M7.5，沟道中不应用石灰砂浆。

（5）根据工艺要求或施工条件，电缆沟（隧）过道路可采用下列不同的方法：

1）暗沟（隧道）。施工电缆隧道后即可施工道路路面，然后在隧道内焊接电缆支架，电缆敷设为穿越方式。

2）带盖板明沟。电缆沟为槽型结构，上口开启，并设置企口，再在沟内焊接电缆支架，沟顶按跨道路荷载设置沟盖板，沟盖板就位后施工道路路面，电缆敷设可选择明敷和穿越两种方式。

3）电缆埋管。在道路下将集中的电缆埋管与包裹混凝土同时浇筑，完成后即可施工道路路面，电缆敷设为穿越方式。

（6）电缆沟（隧）道通过站区围墙或与建筑（构）物的交接处，应设防火隔断（防火隔墙或防火门），其耐火极限不应低于 3h。穿越隔墙的电缆空隙应采用非燃烧材料密封。

（7）电缆沟（隧）道沉降缝的设置位置：

1）电缆沟（隧）道刚度较小，且荷载在突变的交界处（如汽车通行地段）。

2）电缆沟（隧）道下地基压缩性差异较大的土交界处。

3）电缆沟（隧）道与建筑物相接处。

（8）电缆沟（隧）道应根据结构类型、工程地质和气温条件设置伸缩缝，缝内应有防水、止水措施，并宜在地质条件变化处设置。各类沟（隧）道伸缩间距可按表 20-32 采用。

表 20-32 　混凝土沟道、钢筋混凝土沟（隧）道及砖沟道伸缩缝间距 　　（m）

沟（隧）道温度条件		混凝土沟道		钢筋混凝土沟（隧）道	砖砌沟道
		现浇沟道（配构造筋）	现浇沟道（无构造筋）	整体沟道	≥MU10 砖 ≥M5 砂浆
不冻土层内		25	20	30	50
冻土层内	年最高最低平均气温差 ≤35℃	20	15	20	40
	>35℃	15	10	15	30

（9）电缆沟（隧）道的最小厚度可参考表 20-33 确定。

表 20-33 　　　沟壁最小厚度

种 类	沟壁最小厚度（mm）
钢筋混凝土	100
混凝土	120
砖	240
防水混凝土	双排配筋250，单排配筋200

（10）电缆沟宜采用钢筋混凝土结构。穿越道路的地下沟道和盖板宜按公路-Ⅱ级汽车荷载设计。

（11）当土壤或地下水对沟道结构有腐蚀性时，沟壁应采用防腐措施。

（12）电缆沟盖板应符合下列规定：

1）电缆沟可采用成品沟盖板、包角钢钢丝网盖板、钢筋混凝土盖板、钢盖板、铝合金盖板或其他成熟材料的盖板。

2）预制钢筋混凝土盖板宜采用上下双面钢丝网配筋，当单面配筋时应有正反面的明显标识。

3）电缆沟盖板在沟壁支承处可以采用嵌入式或搭盖式。当采用嵌入式时，宜在沟壁企口处预埋角钢以保证盖板搁置的平整和沟壁企口的完整，搁置长度不宜小于 80mm；当采用搭盖式时，盖板每边宜伸出电缆沟外壁 30~50mm，并采取防止盖板晃动的措施。

4）钢盖板及混凝土盖板的外露铁件等均应做防腐处理。

5）嵌入式盖板一般应设有吊钩，且不妨碍人或车辆的通行。

（13）电缆沟电缆支架固定方式通常有两种，即沟壁预埋扁钢（兼接地）焊接电缆支架；采用膨胀螺栓固定电缆支架，支架上敷设接地扁钢。

第七节　站区场地地坪

一、一般原则

（1）站内裸露场地覆盖保护方式，在站区主入口、站前区宜适当绿化；在户外配电装置场地应根据站区地理位置、土质特点等采取适宜的其他覆盖保护措施。

（2）站内裸露场地覆盖保护措施应贯彻国家节地、节水、节能政策，建设资源节约、环境友好的变电工程。

（3）绿化宜根据所在地区气象条件和草种加以选择。

二、户外配电装置场地地坪

（一）户外配电装置场地地坪方式

1. 地表碎（卵）石覆盖

户外配电装置区裸露场地，可采用碎（卵）石等粒状材料进行覆盖处理，覆盖层厚度宜为 80~100mm，并在场地内均匀摊铺。其材料来源广泛，主要缺点是碎（卵）石缝隙容易被风沙填充，防风沙效果不理想，且清理维护成本大。

2. 灰土或黏性土封闭

灰土封闭可有效隔水和减少扬尘。黏性土遇水后具有微膨胀性，为良好的隔水层，且具有自我修复功能。湿陷性黄土、膨胀土以及具有溶陷性的盐渍土等特殊土场地，可采用黏性土或灰土封闭。

3. 简单绿化处理

户外配电装置区绿化可有效地抑制地面扬尘，减少污染，改善小气候，是最为环保的覆盖方案。碎（卵）石匮乏且雨水充沛地区，裸露场地可采用简单绿化方式进行覆盖保护。

4. 预制混凝土地砖硬化封闭

预制混凝土地砖硬化封闭的主要优点是方便运行，避免了地面裂缝影响美观，修复方便，能有效抑制扬尘，易于清扫，满足站区地排水要求等；缺点是工程造价较高。

（二）其他要求

（1）采用碎石、卵石等粒状材料进行覆盖的场地，宜加密场地雨水口的设置。

（2）未采用碎（卵）石覆盖保护的户外配电装置场地，应根据工艺要求在需要巡视、操作和检修的设备周围设置巡视小道和操作地坪，其铺砌材料和范围由工艺专业确定。

1）站内巡视小道、操作地坪应根据运行巡视和操作绝缘的要求，设置适宜的结构层，位于季节性冻土地区的结构层中应采取防冻胀的措施。

2）巡视小道应结合站内电缆沟进行布置，并使巡视小道与电缆沟、站内道路相互连通。

3）巡视小道路面宽度宜为 0.6～1.0m。易结冰地区的巡视小道宜设置防滑措施。

4）巡视小道、操作地坪铺砌材料的选择在满足要求的前提下，应符合经济实用、就地取材的原则。

（3）户外配电装置场地扩建、改建时，应对原铺筑场地进行保护，因施工需要毁损的原有铺筑场地应考虑施工结束后的恢复措施和费用。

三、站前区及其他场地

（1）宜利用建筑物周围、道路两侧及其他空闲场地进行适当绿化。其中站区主入口、站前区建筑物周围宜配置观赏性和美化效果好的常绿树种、花草，以美化站区环境，进出线下的绿化应满足带电安全距离要求。

（2）场地绿化应根据地区特点、土质、自然条件及植物的生态习性尽量选择抗害性强、易于成活、生长旺盛、便于维护的草种、树种或其他植物种类，并与周围环境相协调。

（3）湿陷性黄土、膨胀土以及具有溶陷性的盐渍土场地不宜大面积绿化，可根据工程具体情况在站前区和主干道旁重点绿化。局部绿化时，绿化区域 500～800mm 的深度范围内应采用熟土，其下应设置土工布、黏性土或灰土隔水层，防止绿化浇水引发地面不均匀沉降。在膨胀土场地宜避免树木吸收水分而使房屋损坏。

（4）城市变电站的绿化应与所在街区的绿化相协调，满足美化市容要求。城市地下变电站的顶部宜覆土进行绿化。

（5）扩建、改建工程应对原绿化场地进行保护，尽量保留原有的绿地、灌木，因施工需要毁损的原有绿化场地应在施工结束后恢复。

第八节　围墙及大门

一、一般原则

（1）站区围墙应根据节约用地和便于安全保卫的原则力求规整，山区或丘陵地形起伏较大的站区围墙应结合地形布置，并注重美观。

（2）站区围墙型式应根据站址位置、城市规划、环境、安全保卫及噪声防护要求等因素综合确定。

（3）站区大门应结合站址所在地气候条件、安全保障要求及使用习惯进行选型。

（4）站区大门如有标识墙及警卫传达室，可对其进行适当艺术处理，并与站前区建筑物相协调。

二、普通围墙

（一）普通围墙常用型式

1. 砂浆饰面砖墙

站区普通围墙多采用砂浆饰面砖墙，结合地方性材料优先采用蒸压灰砂砖或蒸压粉煤灰砖，否则可采用烧结多孔砖。围墙墙垛可采用砖砌或混凝土。砂浆饰面砖墙可根据业主要求在站区内侧及主入口外侧一定范围涂以合适颜色的涂料。

2. 清水砖墙

清水砖墙结合地方性材料可采用蒸压灰砂砖、蒸压粉煤灰砖或混凝土预制块，要求灰缝通顺，刮缝深度适宜、一致，棱角整齐，可避免砂浆饰面砖墙粉饰层易开裂的缺点。

3. 装配式围墙

装配式围墙立柱和围墙板均是工厂化规模生产。立柱和围墙板均采用水泥基复合材料，墙体材料也可采用清水混凝土预制板条或蒸压轻质加气混凝土板（ALC 板）。无须喷涂等后期装饰，完全清水效果，不产生裂纹，稳重大方。

（二）其他要求

（1）位于市区、城镇以外的一般变电站站区围墙，宜采用不低于 2.3m 高的实体围墙。

（2）根据 GA 1089《电力设施治安风险等级和安全防范要求》，1000kV 变电站、GB/Z 29328《重要电力用户供电电源及自备应急电源配置技术规范》中规定的向特级和一级重要电力用户供电的变电站或配电站，其站区围墙（栏）高度不应低于 2.5m 高，并应设置防穿越功能的入侵探测装置。

（3）当站区有景观要求时，站区围墙可采用装饰性围墙，围墙高度应满足城市规划和站区安全防护要求。

（4）站区砌体围墙应设变形缝。在围墙高度及地质条件变化处必须设置变形缝。

（5）围墙变形缝内采用橡胶泡沫板或沥青麻丝填充，表面采用硅酮耐候胶嵌缝。

（6）围墙有压顶时可采用预制压顶和现浇混凝土压顶两种型式。

三、降噪围墙

（1）变电站应根据噪声计算要求，合理设置降噪围墙。当降噪围墙高度不大于 5m 时，宜采用实体围墙；当降噪围墙高度大于 5m 时，5m 以上宜采用隔声屏障。

（2）当需要在围墙上安装隔声屏障或加高围墙作为降噪措施时，围墙宜采用钢筋混凝土框架结构，围墙非挡土部分可采用填充墙。隔声屏障段框架结构柱间距与隔声屏障厂家配合确定，屏障立柱宜采用 H 形钢结构，与框架结构柱顶宜采用地脚螺栓连接。

四、大门

（1）站区主入口应面向当地主要道路方向，并考虑进站道路引接的便利。城市变电站的主入口方位及处理要求应与城市规划和街景相协调。

（2）站区大门应与进站道路及站内主设备运输道路中心线对齐，门宽应满足站内大型设备的运输要求，大门高度不应低于 1.5m，并应设计便于人员出入的侧门。

（3）站区大门应根据站区所处地气候条件、安全保障要求及使用习惯，有针对性地选择实体平开大门、电动推拉大门、电动伸缩大门、电动悬臂平移大门、折叠大门（有轨、无轨）等站区大门型式。

（4）站区大门选型后，应由专业生产厂家进行深化设计、生产、安装、调试，以确保大门的质量及安全。

（5）特殊地区有安全保障需求的变电站，可采用实体大门，并应在站区大门外侧设置路障。

第九节 大件设备运输

变电站的大件设备包括变压器、高压电抗器等。大件设备运输方式可采用铁路、公路、水路或多种联合运输方式。

一、铁路运输

（1）铁路运输必须在铁路限界之内。当大件设备运输超过铁路限界时，需请有资质的单位对大件设备超限运输进行评估。

（2）超限运输应采取的技术措施如下：

1）开通超限、超重货物运输专列。

2）超限车在运行过程中，当超限货物的任何部位接近建筑物或设备时，应执行铁路部门的相关规定。

3）途中检查，落实区段负责制。

（3）铁路运输车辆的技术特点如下：

1）平车。运输质量在 60t 以下，距轨道顶面达 1200mm 以上，通常只用来运输中、小型电力设备。

2）铁路凹底车。装载面与轨道顶面的距离在 900～1000mm 之间，运输质量达 300t，是应用最广泛的一种车辆。

3）铁路落下孔车。利用设备两侧承载支座，把设备放置在框架的侧梁上，油箱底部距轨道顶面仅为 200mm 左右，运输最大质量为 360t。

4）铁路钳夹车。钳夹车由两个对称的半节车构成。运输设备时，设备被悬挂在两个钳形梁之间，使设备与钳形梁成为一个整体，目前最大运输质量约为 400t。

二、公路运输

公路运输车辆由牵引与承载两部分组成。

1. 牵引部分

牵引车的型式有全挂牵引车、半挂牵引车、自行式车组。牵引车驱动型式有 6×6、8×6、8×8 等；发动机功率为 480～610HP（353～448kW）；牵引能力为 150～300t。

2. 承载部分

承载部分可分为平板式、长货式、桥式（框架式）、凹底式、鹅颈式等。

300～400t 大件设备运输，宽度大，可采用三纵列液压平板车，车辆宽度达到 4.8m 以上；200～300t 大件设备可采用两纵液压平板车，车板宽度为 3.0～3.6m；桥式车适用于运输距离超过 100km 的长距离运输。

3. 公路运输路径

（1）公路纵断面的坡度不宜过大，纵向的坡度应小于 8%，特殊情况下结合道路条件酌情处理。

（2）公路转弯处的宽度要满足拖车的最小转弯半径，必要时尚应考虑包括牵引车在内的总转弯半径要求。

（3）选择运输路径时，要查明桥梁的技术情况、立交桥的高度限制，以及公路下面的涵洞、管道等埋设物。

三、水路运输

与公路运输和铁路运输相比，水路运输具有载重量最大、运输费用最经济（不考虑码头及装卸设备）等优点。目前具备水路运输条件的区域主要是沿海和内河运输。

海运船舶有自航式深舱船、滚装船和全甲板驳船等。

内河船舶有由拖轮拖运的或自航的深舱驳船、甲板驳船、滚装驳船等。

第二十一章

建 筑 物 设 计

第一节　一 般 原 则

一、通用部分

（1）建筑宜根据建筑物的重要性、安全等级、抗震设防烈度、场地类别、建筑层数等设计条件采用钢筋混凝土结构、砌体结构、钢结构等结构型式。

（2）建筑物结构的设计使用年限应按照 GB 50068《建筑结构可靠性设计统一标准》确定，宜采用 50 年。

（3）建筑物应根据结构破坏可能产生后果（危及人的生命、造成经济损失、产生社会影响等）的严重性，采用不同的安全等级。500kV 及以上变电站的主要结构［如主控通信楼（室）］宜采用一级，其余结构宜采用二级。一级及二级的结构重要性系数 γ_0 分别为 1.1 及 1.0。

（4）变电站建筑设计除应满足电气设备、人员运行要求外，尚应符合规划包括环境与景观、环保、节能等方面的要求以及现行国家标准的有关规定。

（5）建筑设计应合理对站区建筑物进行规划，有效控制建筑面积，提高建筑面积利用系数，尽量采用联合建筑，节省建筑占地。

（6）同一幢生产建筑物宜按远期规划要求一次建成。

（7）建筑物的设计应做到功能合理、分区明确、全站建筑风格统一，并与周围环境相协调。

（8）钢筋混凝土楼（屋）盖布置、选型要求如下：

1）楼（屋）盖结构选型要满足房屋的使用功能和建筑造型的需要，以功能房间的用途合理确定楼层的净高。

2）楼（屋）盖结构应满足承载力、刚度和裂缝宽度限制的要求，并应具有良好的整体性，有利于抗风抗震。楼（屋）盖的梁、板构件的保护层厚度尚应满足有关防火等级、防腐的要求。

3）楼（屋）盖的设计与布置还应便于施工及控制施工质量，有利于缩短工期及降低工程造价。对施工期间有堆载要求的楼盖结构，还应考虑施工堆载的影响。

4）结构选材应优先选用轻质、高强、节能的新型材料，减轻楼层的结构重量。

（9）建筑物变形缝设置应符合下列规定：

1）钢筋混凝土结构、砌体结构及钢结构温度伸缩缝最大间距应按照相应现行国家标准的规定执行。

伸缩缝应贯穿建筑物的屋面、楼（地）面、墙身及梁柱。

2）沉降缝应贯通基础和上部结构。

3）在地震区伸缩缝和沉降缝应符合抗震缝的要求。

（10）建筑物毗邻布置要求如下：

1）毗邻建筑物脱开布置时，除按规范要求设置变形缝外，基础可采用独立或联合基础；脱开布置困难时，不设变形缝，一般采用联合基础。

2）对于相邻建筑物还应注意建筑物的基础高差，同期建设时基础埋置深度应设在同一标高。

（11）钢筋混凝土结构受弯构件的最大挠度应按照荷载效应的标准组合或准永久组合进行计算，最大挠度限值应按照 GB 50010《混凝土结构设计规范》的规定执行。

（12）钢结构受弯构件的挠度容许值及预起拱应按照 GB 50017《钢结构设计标准》的规定确定。

（13）沉降观测点的布设应能全面反映建筑及地基变形特征，兼顾地质情况及建筑结构特点，点位宜选设在下列位置：

1）建筑的四角及沿外墙每 10～20m 处或每隔 2～3 根柱基上。

2）建筑后浇带和沉降缝两侧、基础埋深相差悬殊处、人工地基与天然地基接壤处、不同结构的分界处及填挖方分界处。

3）对于宽度大于等于 15m 或小于 15m 而地质复杂以及膨胀土地区的建筑，应在承重内隔墙中部设内墙点，并在室内地面中心及四周设地面点。

4）框架结构建筑的每个或部分柱基上或沿纵横轴线上。

5）筏形基础、箱型基础底板或接近基础的结构部分的四角处及中部位置。

6）重型设备基础和动力设备基础的四角、基础型式或埋深改变处以及地质条件变化处两侧。

二、建筑专用部分

（一）建筑防火与安全疏散

（1）建筑物在生产过程中的火灾危险性分类、耐火等级应详见表 20-2。

（2）各建筑物之间的防火间距应符合表 20-3 的要求。

（3）建筑面积超过 250m² 的主控通信楼（室）、配电装置室、继电器室、电容器室、阀室、电缆夹层，其疏散出口不应少于两个。

（二）建筑热工与节能

（1）建筑节能设计应遵守 GB 51245《工业建筑节能设计统一标准》的规定，应根据全国建筑热工设计分区和变电站建筑所在地区的气候条件有所侧重，见表 21-1。

表 21-1　　代表城市建筑热工设计分区

气候分区及气候子区		代表城市
严寒地区	严寒 A 区	博克图、伊春、呼玛、海拉尔、满洲里、阿尔山、玛多、黑河、嫩江、海伦、齐齐哈尔、富锦、哈尔滨、牡丹江、大庆、安达、佳木斯、二连浩特、多伦、大柴旦、阿勒泰、那曲
	严寒 B 区	
	严寒 C 区	长春、通化、延吉、通辽、四平、抚顺、阜新、沈阳、本溪、鞍山、呼和浩特、包头、鄂尔多斯、赤峰、额济纳旗、大同、乌鲁木齐、克拉玛依、酒泉、西宁、日喀则、甘孜、康定
寒冷地区	寒冷 A 区	丹东、大连、张家口、承德、唐山、青岛、洛阳、太原、阳泉、晋城、天水、榆林、延安、宝鸡、银川、平凉、兰州、喀什、伊宁、阿坝、拉萨、林芝、北京、天津、石家庄、保定、邢台、济南、德州、兖州、郑州、安阳、徐州、运城、西安、咸阳、吐鲁番、库尔勒、哈密
	寒冷 B 区	
夏热冬冷地区	夏热冬冷 A 区	南京、蚌埠、盐城、南通、合肥、安庆、九江、武汉、黄石、岳阳、汉中、安康、上海、杭州、宁波、温州、宜昌、长沙、南昌、株洲、永州、赣州、韶关、桂林、重庆、达县、万州、涪陵、南充、宜宾、成都、遵义、凯里、绵阳、南平
	夏热冬冷 B 区	
夏热冬暖地区	夏热冬暖 A 区	福州、莆田、龙岩、梅州、兴宁、英德、河池、柳州、贺州、泉州、厦门、广州、深圳、湛江、汕头、南宁、北海、梧州、海口、三亚
	夏热冬暖 B 区	
温和地区	温和 A 区	昆明、贵阳、丽江、会泽、腾冲、保山、大理、楚雄、曲靖、泸西、屏边、广南、兴义、独山
	温和 B 区	瑞丽、耿马、临沧、澜沧、思茅、江城、蒙自

（2）变电站工业建筑节能设计分类详见表 21-2。

表 21-2　　变电站工业建筑节能设计分类

类别	环境控制及耗能方式	建筑节能设计原则
一类工业建筑	供暖、空调	通过围护结构保温和供暖系统节能设计，降低冬季供暖能耗；通过围护结构隔热和空调系统节能设计，降低夏季空调能耗
二类工业建筑	通风	通过自然通风设计和机械通风系统节能设计，降低通风能耗

（3）有效控制建筑体形系数。建筑体形系数（S）是指建筑物与室外大气接触的外表面积（F_0）（不包括地面和不采暖楼梯间隔墙与户门的面积）与其所包围的建筑空间体积（V_0）的比值。建筑体形系数的计算公式为

$$S=F_0/V_0 \qquad (21-1)$$

严寒和寒冷地区一类工业建筑体形系数应符合表 21-3 的规定。

表 21-3　　严寒和寒冷地区一类工业建筑体形系数

单栋建筑面积 A（m²）	建筑体形系数
$A>3000$	≤0.3
$800<A≤3000$	≤0.4
$300<A≤800$	≤0.5

（4）围护结构热工性能要求如下：

1）一类工业建筑围护结构传热系数限值应遵循 GB 51245《工业建筑节能设计统一标准》的要求，见表 21-4～表 21-11。

表 21-4　　严寒 A 区围护结构传热系数限值

围护结构部位		传热系数 K［W/（m²·K）］		
		$S≤0.10$	$0.10<S≤0.15$	$S>0.15$
屋面		≤0.40	≤0.35	≤0.35
外墙		≤0.50	≤0.45	≤0.40
立面外窗	总窗墙面积比 ≤0.20	≤2.70	≤2.50	≤2.50
	0.20<总窗墙面积比≤0.30	≤2.50	≤2.20	≤2.00
	总窗墙面积比 >0.30	≤2.20	≤2.00	≤2.00
屋顶透光部分		≤2.50		

表 21-5　严寒 B 区围护结构传热系数限值

围护结构部位		传热系数 K [W/(m²·K)]		
		$S\leqslant0.10$	$0.10<S\leqslant0.15$	$S>0.15$
屋面		≤0.45	≤0.45	≤0.40
外墙		≤0.60	≤0.55	≤0.45
立面外窗	总窗墙面积比≤0.20	≤3.00	≤2.70	≤2.70
	0.20<总窗墙面积比≤0.30	≤2.70	≤2.50	≤2.50
	总窗墙面积比>0.30	≤2.50	≤2.20	≤2.20
屋顶透光部分		≤2.70		

表 21-6　严寒 C 区围护结构传热系数限值

围护结构部位		传热系数 K [W/(m²·K)]		
		$S\leqslant0.10$	$0.10<S\leqslant0.15$	$S>0.15$
屋面		≤0.55	≤0.50	≤0.45
外墙		≤0.65	≤0.60	≤0.50
立面外窗	总窗墙面积比≤0.20	≤3.30	≤3.00	≤3.00
	0.20<总窗墙面积比≤0.30	≤3.00	≤2.70	≤2.70
	总窗墙面积比>0.30	≤2.70	≤2.50	≤2.50
屋顶透光部分		≤3.00		

表 21-7　寒冷 A 区围护结构传热系数限值

围护结构部位		传热系数 K [W/(m²·K)]		
		$S\leqslant0.10$	$0.10<S\leqslant0.15$	$S>0.15$
屋面		≤0.60	≤0.55	≤0.50
外墙		≤0.70	≤0.65	≤0.60
立面外窗	总窗墙面积比≤0.20	≤3.50	≤3.30	≤3.30
	0.20<总窗墙面积比≤0.30	≤3.30	≤3.00	≤3.00
	总窗墙面积比>0.30	≤3.00	≤2.70	≤2.70
屋顶透光部分		≤3.30		

表 21-8　寒冷 B 区围护结构传热系数限值

围护结构部位	传热系数 K [W/(m²·K)]		
	$S\leqslant0.10$	$0.10<S\leqslant0.15$	$S>0.15$
屋面	≤0.65	≤0.60	≤0.55

续表

围护结构部位		传热系数 K [W/(m²·K)]		
		$S\leqslant0.10$	$0.10<S\leqslant0.15$	$S>0.15$
外墙		≤0.75	≤0.70	≤0.65
立面外窗	总窗墙面积比≤0.20	≤3.70	≤3.50	≤3.50
	0.20<总窗墙面积比≤0.30	≤3.50	≤3.30	≤3.30
	总窗墙面积比>0.30	≤3.30	≤3.00	≤2.70
屋顶透光部分		≤3.50		

表 21-9　夏热冬冷地区围护结构传热系数和太阳得热系数限值

围护结构部位		传热系数 K [W/(m²·K)]	
屋面		≤0.70	
外墙		≤1.10	
外窗		传热系数 K [W/(m²·K)]	太阳得热系数 SHGC（东、南、西/北向）
立面外窗	总窗墙面积比≤0.20	≤3.60	—
	0.20<总窗墙面积比≤0.40	≤3.40	≤0.60/—
	总窗墙面积比>0.40	≤3.20	≤0.45/0.55
屋顶透光部分		≤3.50	≤0.45

表 21-10　夏热冬暖地区围护结构传热系数和太阳得热系数限值

围护结构部位		传热系数 K [W/(m²·K)]	
屋面		≤0.90	
外墙		≤1.50	
外窗		传热系数 K [W/(m²·K)]	太阳得热系数 SHGC（东、南、西/北向）
立面外窗	总窗墙面积比≤0.20	≤4.00	—
	0.20<总窗墙面积比≤0.40	≤3.60	≤0.50/0.60
	总窗墙面积比>0.40	≤3.40	≤0.40/0.50
屋顶透光部分		≤4.00	≤0.40

表 21-11　不同气候区地面热阻限值和地下室外墙热阻限值

气候分区	围护结构部位		热阻 R [(m²·K)/W]
严寒地区	地面	周边地面	≥1.1
		非周边地面	≥1.1
	供暖地下室外墙（与土壤接触的墙）		≥1.1
寒冷地区	地面	周边地面	≥0.5
		非周边地面	≥0.5
	供暖地下室外墙（与土壤接触的墙）		≥0.5

2）二类工业建筑围护结构传热系数推荐值应遵循 GB 51245《工业建筑节能设计统一标准》的要求，详见表 21-12～表 21-16。

表 21-12　严寒 A 区围护结构传热系数推荐值

| 换气次数 n | 围护结构部位 | 余热强度 q（W/m³） | | | | | | |
| | | 20<q≤35 | | | | 35<q≤50 | | |
		q≤20	20<q≤25	25<q≤30	30<q≤35	35<q≤40	40<q≤45	45<q≤50
n=1	屋面	0.50	0.70	0.90	0.90	0.90		
	外墙	0.50	1.25	3.43	6.30	6.30		
	外窗	3.00	3.50	5.70	6.50	6.50		
n=2	屋面	0.50	0.50			0.50	0.90	0.90
	外墙	0.50	0.45			0.46	2.30	5.20
	外窗	2.50	3.00			3.00	5.00	6.50

表 21-13　严寒 B 区围护结构传热系数推荐值

| 换气次数 n | 围护结构部位 | 余热强度 q（W/m³） | | | | | | |
| | | 20<q≤35 | | | | 35<q≤50 | | |
		q≤20	20<q≤25	25<q≤30	30<q≤35	35<q≤40	40<q≤45	45<q≤50
n=1	屋面	0.55	0.70	0.90	0.90	0.90		
	外墙	0.60	2.53	5.38	6.30	6.30		
	外窗	3.00	5.00	6.50	6.50	6.50		
n=2	屋面	0.50	0.50			0.50	0.90	0.90
	外墙	0.60	0.45			2.42	5.28	6.30
	外窗	2.80	3.00			3.00	5.00	6.50

表 21-14　严寒 C 区围护结构传热系数推荐值

| 换气次数 n | 围护结构部位 | 余热强度 q（W/m³） | | | | | | |
| | | q≤20 | | | 20<q≤35 | | | 35<q≤50 |
		q≤10	10<q≤15	15<q≤20	20<q≤25	25<q≤30	30<q≤35	
n=1	屋面	0.60	0.65	0.90	0.90			0.90
	外墙	0.70	0.70	299	6.30			6.30
	外窗	3.00	3.00	6.50	6.50			6.50
n=2	屋面	0.60			0.50	0.90	0.90	0.90
	外墙	0.70			0.45	2.48	6.30	6.30
	外窗	3.00			3.00	3.50	6.50	6.50

表 21-15　寒冷 A 区围护结构传热系数推荐值

| 换气次数 n | 围护结构部位 | 余热强度 q（W/m³） | | | | | | |
| | | q≤20 | | | 20<q≤35 | | | 35<q≤50 |
		q≤10	10<q≤15	15<q≤20	20<q≤25	25<q≤30	30<q≤35	
n=1	屋面	0.70	0.70	0.99	0.90			0.90
	外墙	0.80	1.67	6.30	6.30			6.30
	外窗	3.00	3.50	6.50	6.50			6.50
n=2	屋面	0.70			0.90	0.90	0.90	
	外墙	0.80			2.58	6.30	6.30	6.30
	外窗	3.20			3.50	6.50	6.50	6.50

表 21-16　寒冷 B 区围护结构传热系数推荐值

| 换气次数 n | 围护结构部位 | 余热强度 q（W/m³） | | | | |
| | | q≤20 | | | 20<q≤35 | 35<q≤50 |
		q≤10	10<q≤15	15<q≤20		
n=1	屋面	0.75	0.90	0.90	0.90	0.90
	外墙	0.85	3.70	6.30	6.30	6.30
	外窗	3.00	5.00	6.50	6.50	6.50
n=2	屋面	0.75	0.75	0.90	0.90	0.90
	外墙	0.85	0.85	1.17	6.30	6.30
	外窗	3.20	3.50	4.00	6.50	6.50

（5）围护结构保温隔热材料的选择与构造措施。

1）地面热工设计。

a）防止严寒和寒冷地区变电站站区采暖建筑物的地面出现结露或结霜，建筑物直接接触土壤的周边地面应采取相应的保温措施。地面热阻是指建筑基础持力层以上各层材料的热阻之和。

b）夏热冬冷和夏热冬暖地区的建筑，为减少梅雨季节的结露，其底层地面宜采取下列措施：地面构造层热阻不小于外墙热阻的 1/2；地面面层材料的导热系数要小，使其温度易于适应室温变化；外墙勒脚部位设置可开启的小窗，加强通风降低空气温度；在底层增设 500～600mm 高地垄架空层，架空层彼此连通，并在勒脚处设通风孔及箅子，加强通风降低空气温度。

c）从提高底层地面的保温、防潮性能考虑，地面应按建筑节能设计标准，增设如挤塑聚苯板等保温材料，以加强地面热阻。

2）墙体热工设计。

a）应对建筑外墙围护结构采取相应的保温隔热措施，推荐采用外墙外保温做法；站区其他建筑物如生活水泵房、雨淋阀间（或消防泡沫设备间）、消防小室等，设计应根据站址所在地的具体气候条件确定是否采取外墙保温隔热措施。

b）外墙外保温系统构造特点和适用范围，详见表 21-17。

表 21-17　　　　　　　　　　　　外墙外保温系统构造特点和适用范围

系统名称	构造特点	适用范围		
		地区	外墙类型	外饰面
EPS 板薄抹灰系统	用胶黏剂将 EPS 保温板黏结在外墙上，表面做玻纤网增强薄抹面层和饰面层	各类气候地区	混凝土和砌体结构外墙	涂料饰面，贴面砖需采取可靠措施
现浇混凝土模板内置 EPS 保温板系统	EPS 保温板内侧开齿槽，表面喷界面砂浆，置于外模板内侧并安装锚栓，浇筑混凝土后墙体与保温板结合为一体，之后做玻纤网增强抗裂砂浆薄抹面层和饰面层	主要用于严寒和寒冷地区	现浇钢筋混凝土外墙	面砖饰面
XPS 板系统	用胶黏剂将 XPS 保温板黏结在外墙上，表面做玻纤网增强薄抹面层和饰面层，XPS 板厚小于 30mm 时宜采用条黏法	各类气候地区	混凝土和砌体结构外墙	涂料饰面，贴面砖需采取可靠措施
现场喷涂硬泡聚氨酯系统	在墙面现场喷涂聚氨酯防潮底漆和硬泡聚氨酯保温层，涂刷聚氨酯界面砂浆并抹胶粉 EPS 颗粒保温浆料找平层，表面做玻纤网增强薄抹面层和饰面涂层	各类气候地区	混凝土和砌体结构外墙	涂料饰面
胶粉 EPS 颗粒保温浆料外保温系统	胶粉 EPS 颗粒保温浆料经现场拌和后抹在外墙上，表面做玻纤网增强抗裂砂浆面层和饰面层	夏热冬冷和夏热冬暖地区	混凝土和砌体结构外墙	涂料饰面，贴面砖需采取可靠措施
岩棉板保温系统	用机械固定件将岩棉板固定在外墙上，外挂热镀锌钢丝网并喷涂界面剂，外抹 20mm 胶粉 EPS 颗粒保温浆料找平层并做玻纤网增强抗裂砂浆薄抹面层和饰面层	气候湿润地区慎用	混凝土和砌体结构外墙	涂料饰面

3）屋面热工设计。建筑物屋面应采取相应的保温隔热构造措施，可根据站址所在地的气候条件选择采用正置式屋面、倒置式屋面、坡屋面、架空通风屋面、种植屋面等做法，保温层设计应符合下列规定：

a）保温层宜选用吸水率低、密度和导热系数小，并有一定强度的保温材料。

b）保温层厚度应根据所在地区现行建筑节能设计标准，经计算确定。

c）保温层的含水率，应相当于该材料在当地自然风干状态下的平衡含水率。

d）屋面坡度较大时，应对保温层采取防滑措施。

e）封闭式保温层或保温层干燥有困难的卷材屋面，宜采取排气构造措施。

f）屋面热桥部位，当内表面温度低于室内空气的露点温度时，均应作保温处理。

g）当严寒及寒冷地区屋面结构冷凝界面内侧实际具有的蒸汽渗透阻小于所需值，或其他地区室内湿汽有可能透过屋面结构层进入保温层时，应设置隔汽层。隔汽层设计应符合下列规定：隔汽层应设置在结构层上、保温层下；隔汽层应选用气密性、水密性好的材料；隔汽层应沿周边墙面向上连续铺设，高出保温层上表面不得小于 150mm。

h）倒置式屋面保温层设计应符合下列规定：倒置式屋面的坡度宜为 3%；保温层应采用吸水率低，且长期浸水不变质的保温材料；板状保温材料的下部纵向边缘应设排水凹缝；保温层与防水层所用材料应相容匹配；保温层上面宜采用块体材料或细石混凝土做保护层；檐沟、水落口部位应采用现浇混凝土堵头或砖砌堵头，并应作好保温层排水处理。

i）常用屋面保温材料，详见表 21-18。

4）门窗热工设计。

a）严寒、寒冷地区的主控通信楼（室）的主入口门可采用红外线自动感应门、设置门斗、加装风幕机等方式；站用电室、继电器室等建筑物可不设采光窗。

b）外窗可开启面积不宜小于窗面积的30%。

c）门窗气密性应满足 GB/T 7106《建筑外门窗气密、水密、抗风压性能分级及检测方法》的有关规定。

d）门窗玻璃：应优选 K（传热系数）值低的玻璃，详见表21-19。

5）其他节能措施。

a）采用外保温时，外墙和屋面的热桥部分应采取阻断热桥措施。

b）有保温要求的建筑，变形缝应采取保温措施。

c）位于夏热冬冷地区、夏热冬暖地区的变电站建筑宜采取适当的遮阳措施，东西向宜设置活动外遮阳，南向宜设置水平外遮阳。

（三）建筑构造

1. 建筑屋面

（1）常用屋面型式有平屋面、坡屋面。

（2）常用各种材料的屋面适用坡度见表21-20。

表 21-18   常 用 屋 面 保 温 材 料

保温材料名称	表面密度（kg/m³）	抗压强度（压缩强度）[MPa（kPa）]	导热系数[W/（m·K）]	水蒸气渗透系数[ng/（Pa·m·s）]	吸水率（V/V，%）	燃烧性能分级
加气混凝土砌块	≤425	≥1.0	≤0.120	—	—	A
泡沫混凝土砌块	≤530	≥0.5	≤0.120	—	—	A
模塑聚苯乙烯泡沫塑料	≥20	（≥100）	≤0.041	≤4.5	≤4.0	B1
挤塑聚苯乙烯泡沫塑料	≥30	（≥150）	≤0.030	≤3.5	≤1.5	B1
硬质聚氯酯泡沫塑料	≥30	（≥120）	≤0.024	≤6.5	≤4.0	B1
岩棉板	≥40	—	≤0.040	—	—	A
玻璃纤维棉	≥24	—	≤0.043	—	—	A
膨胀珍珠岩制品	≤350	≥0.3	≤0.087	—	—	A

表 21-19   常 用 整 窗 K 值 表

玻　　璃		遮阳系数	K 值	普通铝窗框 $K=6.66W/（m^2·K）$			断桥铝窗框 $K=4.0W/（m^2·K）$	
				窗框窗洞面积比			窗框窗洞面积比	
种类	结构	SC	W/（m²·K）	15%	20%	30%	20%	30%
白玻中空	5mm+6A+5mm	0.89	3.2	3.7	3.9	4.2	3.4	3.4
	5mm+9A+5mm	0.89	3.0	3.5	3.7	4.1	3.2	3.3
	5mm+12A+5mm	0.89	2.0	3.4	3.4	4.0	3.0	3.2
	6mm+6A+6mm	0.87	3.2	3.7	3.9	4.2	3.4	3.4
	6mm+9A+6mm	0.87	3.0	3.5	3.7	4.1	3.2	3.3
	6mm+12A+6mm	0.89	2.8	3.4	3.6	4.0	3.0	3.2

表 21-20   常用各种材料的屋面适用坡度

屋 面 材 料		适用坡度
卷材（涂膜）屋面/刚性防水层屋面	—	2%～3%
种植屋面的平屋面	—	1%～2%
金属板屋面	压型钢板、夹芯板	≥5%
	防水卷材（基层为压型钢板）	≥3%
块瓦	由黏土、混凝土、塑料、金属材料制成的硬质屋面瓦。含平瓦、鱼鳞瓦、牛舌瓦、石板瓦、J形瓦、S形瓦、金属彩板仿平瓦等	30%

（3）屋面防水等级和设防要求见表21-21。

表21-21　屋面防水等级和设防要求

防水等级	建筑类别	设防要求
Ⅰ级	重要建筑和高层建筑	两道防水设防
Ⅱ级	一般建筑	一道防水设防

（4）屋面排水。

1）屋面排水可分为有组织排水和无组织排水，一般宜采用有组织排水。

2）有组织排水有内排水、外排水或内外排水相结合的方式。多层建筑可采用有组织外排水。屋面面积较大的多层建筑应采用内排水或内外排水相结合的方式。特别大面积的平屋面还可采用虹吸式屋面排水系统。严寒地区的高层建筑不应采用外排水。

3）每一汇水面积内的屋面或天沟一般不应少于两个水落口。当屋面面积不大且小于当地一个水落口的最大汇水面积，而采用两个水落口确有困难时，也可采用一个水落口加溢流口的方式。溢流口宜靠近水落口，溢流口底的高度一般高出该处屋面完成面150~250mm左右，并应挑出墙面不少于50mm。溢流口的位置应不致影响其下部的使用，如影响行人等。

4）天沟、檐沟的纵向坡度不应小于1%，金属檐沟、天沟的坡度可适当减小。沟底水落差不得大于200mm。

5）两个水落口的间距，一般不宜大于下列数值：有外檐天沟24m；无外檐天沟或内排水15m。

6）水落口中心距端部女儿墙内边不宜小于0.5m。

7）雨水管材料应符合下列规定：外排水时可采用U-PVC管、玻璃钢管、镀锌钢管；内排水时可采用铸铁管、镀锌钢管、U-PVC管等，内排水管在拐弯处应设清扫口；雨水管内径不得小于100mm，阳台、雨篷雨水管直径可为75mm。

8）一般情况下宜避免从高屋面往低屋面排水，当不得已从高屋面往低屋面排水时，在雨水管下端的低屋面上应设混凝土水簸箕。泄水管排水，泄水管伸出雨篷边不应小于50mm，每个雨篷的泄水管不应少于两个。当防水层为卷材时，泄水管应采用喇叭口与卷材搭接。

（5）平屋面自上而下构造做法。

1）保护层。上人屋面保护层可采用块体材料、细石混凝土等材料，不上人屋面保护层可采用浅色涂料、矿物粒料、水泥砂浆等材料。

采用块体材料做保护层时，宜设分格缝，其纵横间距不宜大于10m，分格缝宽度宜为20mm，并应用密封材料嵌填；采用水泥砂浆做保护层时，表面应抹

平压光，并应设表面分格缝，分格面积宜为1m²；采用细石混凝土做保护层时，表面应抹平压光，并应设分格缝，其纵横间距不应大于6m，分格缝宽度宜为10~20mm，并应用密封材料嵌填；采用浅色涂料做保护层时，应与防水层黏结牢固，厚薄应均匀，不得漏涂；块体材料、水泥砂浆、细石混凝土保护层与女儿墙或山墙之间，应预留宽度为30mm的缝隙，缝内宜填塞聚苯乙烯泡沫塑料，并应用密封材料嵌填。

2）隔离层。块体材料、水泥砂浆、细石混凝土保护层与卷材、涂膜防水层之间，应设置隔离层。

3）防水层。卷材、涂膜屋面防水等级和防水做法应符合表21-22的规定。

表21-22　卷材、涂膜屋面防水等级和防水做法

防水等级	防水做法
Ⅰ级	卷材防水层和卷材防水层、卷材防水层和涂膜防水层、复合防水层
Ⅱ级	卷材防水层、涂膜防水层、复合防水层

4）找平层。找平层可采用水泥砂浆或细石混凝土，并宜掺入聚丙烯或尼龙短纤维；找平层厚度在板状保温层上时，应为20~25mm。当找平层厚度大于或等于30mm时，应采用C20细石混凝土；找平层应设分格缝并嵌填密封材料，其纵横间距不宜大于6m。

5）保温层。保温层应根据屋面所需传热系数或热阻选择轻质、高效的保温材料，保温层及保温材料应符合表21-23的规定。

表21-23　保温层及保温材料

保温层	保温材料
板状材料保温层	聚苯乙烯泡沫塑料、硬质聚氨酯泡沫塑料、膨胀珍珠岩制品、加气混凝土砌块、泡沫混凝土砌块
纤维材料保温层	玻璃棉制品、岩棉、矿渣棉制品
整体材料保温层	喷涂硬泡聚氨酯、现浇泡沫混凝土

6）隔汽层。当室内空气中的水蒸气有可能透过屋面结构而渗入保温层时，应在保温层之下设置隔汽层，以防止保温层中含水量增加而降低保温性能，甚至引起冻胀等，导致保温层被破坏。

7）找坡层。当屋面坡度大于3%，且单向坡度大于9m时，宜采用结构找坡；当屋面坡度小于等于3%时，宜采用找坡层找坡。找坡层宜选用轻质材料，如陶粒、浮石、膨胀珍珠岩、炉碴、加气混凝土碎块等轻集料混凝土，找坡层的坡度宜为2%；也可利用现制保温层兼作找坡层。

（6）坡屋面。

1）瓦屋面。瓦屋面防水等级及防水做法应满足表

21-24 的规定。

表 21-24　瓦屋面防水等级及防水做法

防水等级	防水做法
Ⅰ级	瓦+防水层
Ⅱ级	瓦+防水垫层

瓦屋面应根据瓦的类型和基层种类采取相应的构造做法；瓦屋面与山墙及突出屋面结构的交接处，均应做不小于 250mm 高的泛水处理；在大风及地震设防地区或屋面坡度大于 100%时，瓦片应采取固定加强措施；严寒及寒冷地区瓦屋面，檐口部位应采取防止冰雪融化下坠和冰坝形成等措施；防水垫层宜采用自黏聚合物沥青防水垫层、聚合物改性沥青防水垫层，其最小厚度和搭接宽度应符合表 21-25 的规定。

表 21-25　防水垫层的最小厚度和搭接宽度　（mm）

防水垫层品种	最小厚度	搭接宽度
自黏聚合物沥青防水垫层	1.0	80
聚合物改性沥青防水垫层	2.0	100

2）金属板屋面。金属板屋面基本构造见表 21-26。

表 21-26　金属板屋面基本构造

构造层（由上至下）	用途及常用材料
屋面装饰层	作用：用于满足屋面造型的需要，根据具体工程需要设置。 材料：铝合金板、不锈钢板、钛合金板等
屋面面层（防水层）	作用：满足屋面防水功能要求。 材料：压型金属板（压型板或夹芯板）、柔性防水卷材
隔声层	用途：隔绝屋面外层雨噪声，根据具体工程需要设置。 材料：玻璃棉毡、纤维水泥加压板等
防水透气层或防水垫层	（1）防水透气层作用：加强保温层的气密性和水密性，起到第二道防水层作用的同时可排出保温层潮气。 材料：纺粘高分子聚乙烯膜。 （2）防水垫层作用：加强保温层的气密性和水密性，起到第二道防水作用。 材料：防水卷材等
保温层	作用：满足屋面保温及隔热功能要求。 材料：玻璃棉毡（板）、岩棉板、挤塑聚苯板、硬质聚氨酯泡沫等
隔汽层	作用：有效防止室内含水空气进入保温隔热层，避免产生冷凝水，保障保温隔热层的物理性能。 材料：聚酯膜、保温层贴面等
吸声层	作用：吸收室内反射声，根据具体工程需要设置。
吸声层	材料：玻璃棉毡、纤维水泥加压板等
屋面底板	作用：屋面系统承重板或吊顶板。 材料：压型钢板、压型金属穿孔板等

续表（表头）

（7）特殊构造措施。

1）当设备或构、支架布置在屋面上时，应对屋面做特殊处理；当设施基座与屋面结构层相连时，防水层应包裹设施基座的上部，并在地脚螺栓周围做密封处理；当屋面放置需要经常维护的设施时，则屋面应为上人屋面。

2）女儿墙的防水构造应符合下列规定：女儿墙压顶可采用混凝土或金属制品。压顶向内排水坡度不应小于 5%，压顶内侧下端应做滴水处理；女儿墙泛水处的防水层下应增设附加层，附加层在平面和立面的宽度均不应小于 250mm；低女儿墙泛水处的防水层可直接铺贴或涂刷至压顶下，卷材收头应用金属压条钉压固定，并应用密封材料封严；涂膜收头应多遍涂刷。

2．建筑墙体

（1）墙体的常用材料。

1）蒸压类。主要有蒸压加气混凝土砌块、蒸压灰砂砖、蒸压粉煤灰砖等。蒸压加气混凝土砌块强度与其干体积密度有关，干体积密度越大强度等级越高。

2）混凝土空心砌块类。主要有普通混凝土小型空心砌块。

3）多孔砖类。主要有烧结多孔砖（孔洞率不应小于25%）、混凝土多孔砖（孔洞率不应小于30%）。

4）实心砖类。主要有页岩、粉煤灰及煤矸石等品种。

5）板材类（非承重墙）。预制钢筋混凝土或 GRC 墙板、钢丝网抹水泥砂浆墙板、彩色钢板或铝板墙板、轻集料混凝土墙板、加气混凝土墙板、石膏圆孔墙板、轻钢龙骨石膏板或硅钙板等板材类、玻璃隔断等。

（2）墙基防潮。

1）当墙体采用吸水性强的材料时，应设防潮层。

2）当内隔墙的两侧室内地面有高差时，高差范围内的墙体内侧也应做防潮层。

3）当墙基为混凝土、钢筋混凝土时，可不做墙体防潮层。

4）防潮层一般设在室内地坪下 0.06m 处，做法为 20mm 厚 1:2.5 水泥砂浆内掺水泥重量 3%～5%的防水剂。

5）地面以下或防潮层以下的墙体所用材料的最

低强度等级应符合表 21-27 的规定。

表 21-27　地面以下或防潮层以下的墙体所用材料的最低强度等级

基土潮湿程度	烧结普通砖、蒸压灰砂砖		混凝土砌块	石材	水泥砂浆
	严寒地区	一般地区			
稍潮湿的	MU10	MU10	MU7.5	MU30	M5
很潮湿的	MU15	MU10	MU7.5	MU30	M7.5
含水饱和的	MU20	MU15	MU10	MU40	M10

（3）墙体防水与防潮。

1）内隔墙。石膏板隔墙用于卫浴间、厨房时，应做墙面防水处理，根部应做 C20 混凝土条基，条基高度距楼地面完成面不应低于 100mm。

2）外墙。建筑物外墙应根据当地气候条件、所采用的墙体材料及饰面材料等因素确定防水做法。

3）墙体防潮。处于高湿度环境的墙体应采用混凝土或混凝土砌块等耐水性好的材料，不宜采用吸湿性强的材料，墙面应有防潮措施。高湿度房间（如卫浴间、厨房）的墙或有直接被淋水的墙（如淋浴间、小便槽处），应做墙面防水隔离层。

3．建筑门窗

（1）有进出设备要求的门，其高度、宽度应满足设备运输及安装检修的要求。

（2）门窗的设置、尺寸、功能和质量等应符合使用和节能要求，并应满足 GB/T 7106《建筑外门窗气密、水密、抗风压性能分级及检测方法》的有关规定。

1）采用空调且无人长期工作的设备房间、风沙较大地区的设备房间应少开窗或不开窗。

2）风沙较大地区、台风地区的建筑物，其外窗的开启扇宽度不应大于 600mm。

（3）夏秋季多蚊蝇及飞蛾的地区，经常有人活动或有防小动物及防鸟害要求的房间可设置纱门和纱窗。

（4）外门窗型材选择。

1）断桥铝合金型材。断桥铝合金型材制成的门窗具有"三性"（抗风压性能、气密性能、水密性能）指标高、保温隔热效果好、隔声效果好、防火性能好、耐腐蚀能力强、结构强度高、耐候性好、使用寿命长、装饰效果好等优点。

2）钢塑共挤型材。采用钢塑共挤可以充分发挥塑料与钢材的各自优势，用钢塑共挤型材制成的门窗具有"三性"（抗风压性能、气密性能、水密性能）指标良好、保温隔热效果好、隔声效果好、耐腐蚀能力强、不易变形、使用寿命较长、价格较低廉等优点。

3）塑料型材。以 U-PVC 塑料为主要原料制成的

门窗型材，与钢塑共挤型材的最大区别为：钢塑共挤型材是以塑料与钢衬复合共挤制成的；而塑料型材完全依靠本身的强度，不增加钢衬作为加强构件。塑料门窗具有保温隔热效果好、隔声效果好、耐腐蚀能力强、价格低廉等优势。

4）铝木复合型材。以铝合金型材作为主要受力构件（承受并传递自重和荷载），并以木材作为外饰面的型材。该类门窗综合了铝合金型材强度高、木材天然纹理效果好的优点，同时具有"三性"（抗风压性能、气密性能、水密性能）指标高、保温隔热效果好、隔声效果好等优点。

4．楼梯

（1）楼梯、楼梯间的常用型式。

1）按与建筑的位置关系可分为室内楼梯、室外楼梯。

2）按楼梯、楼梯间的特点不同，常见的有开敞楼梯、封闭楼梯间、防烟楼梯间等。

开敞楼梯是指楼梯四周至少有一面敞开，其余墙面为具有相应燃烧性能和耐火极限的实体墙，火灾发生时，它不能阻止烟、火进入的楼梯间。

甲、乙、丙类多层厂房应设置封闭楼梯间或室外楼梯。封闭楼梯间是指四周用具有相应燃烧性能和耐火极限的建筑构配件分隔，火灾发生时，能防止烟、火进入，能保证人员安全疏散的楼梯间，封闭楼梯间的门为向疏散方向开启的乙级防火门。

当封闭楼梯间不能天然采光和自然通风时，应按防烟楼梯间的要求设置。防烟楼梯间是指在楼梯间入口处设有防烟前室或开敞式的阳台、凹廊等，能保证人员安全疏散，且通向前室和楼梯间的门均为乙级防火门的楼梯间。

（2）楼梯的数量、位置、宽度和楼梯间型式应满足使用方便和安全疏散的要求，楼梯间尽量采用自然通风与采光，并宜靠外墙设置。

（3）梯段设计。

1）楼梯梯段净宽是指完成墙面至扶手中心线之间的水平距离或两个扶手中心线之间的水平距离。

2）每一梯段的踏步不应超过 18 级，也不应少于 3 级。

3）疏散用室外楼梯梯段净宽不应小于 0.90m。

4）楼梯休息平台的最小宽度不应小于梯段净宽度。连续直跑楼梯的休息平台宽度不应小于 1.10m。

5）楼梯休息平台上部及下部过道处的净高不应小于 2.00m，梯段净高不宜小于 2.20m，且包括每个梯段下行最后一级踏步的前缘线 0.30m 的前方范围。

6）楼梯扶手高度不应小于 1.05m。室外楼梯临空处应设置防护栏杆，栏杆离楼面 0.10m 高度内不宜留空。临空高度在 24m 以下时，栏杆高度不应低于 1.05m；

临空高度在 24m 及以上时，栏杆高度不应低于 1.10m。疏散室外楼梯栏杆扶手高度不应小于 1.10m。

（4）楼梯踏步指标详见表 21-28。

表 21-28　　　　楼梯踏步指标　　　　（m）

楼梯类别	最小宽度 B	最大高度 H
公共建筑的楼梯	0.28	0.16
其他建筑楼梯	0.26	0.17
专用疏散楼梯	0.25	0.18

1）楼梯每一梯段的踏步高度应一致，当同一梯段首末两级踏步的楼面面层厚度不同时，应注意调整结构的踏步高度尺寸，避免出现高低不等；相邻梯段踏步高度、宽度宜一致，且相差不宜大于 3mm。

2）楼梯踏步应采取防滑措施。防滑措施的构造应注意舒适与美观，构造高度可与踏步平齐、凹入或略高（不宜超过 3mm）。

（5）楼梯间首层应设置直接对外出口或在首层采用扩大封闭楼梯间。当建筑层数不超过 4 层时，可将直通室外的安全出口设置在离楼梯间小于等于 15m 处。

（6）通向屋顶平台的疏散楼梯不应穿越其他房间，通向屋顶的门应向屋顶方向开启。

（7）地下室、半地下室的楼梯间，在首层应采用耐火极限不低于 2.00h 的不燃烧体隔墙与其他部位隔开并应直通室外，当必须在隔墙上开门时，应采用乙级防火门。

5. 台阶、坡道

（1）室内外台阶踏步宽度不宜小于 0.30m，踏步高度不宜大于 0.15m，并不宜小于 0.10m，踏步应防滑。室内台阶踏步数不应少于 2 级，当高差不足 2 级时，应按坡道设置。

（2）台阶高差超过 0.70m，当侧面临空时，应有防护设施（如设置花台、挡土墙和栏杆等措施）。

（3）坡道设计应符合下列要求。

1）室内坡道坡度不宜大于 1:8，室外坡道坡度不宜大于 1:10。

2）室内坡道水平投影长度超过 15m 时，应设休息平台，平台宽度应根据使用功能或设备尺寸所需缓冲空间而定。

3）不同位置坡道的坡度和宽度见表 21-29。

表 21-29　　　不同位置坡道的坡度和宽度

坡道位置		最大坡度	最小宽度（m）
建筑入口	有台阶的	1:12	1.20
	只设坡道的	1:20	1.20

续表

坡道位置	最大坡度	最小宽度（m）
室内坡道	1:8	1.00
室外坡道	1:10	1.50
设备房、库房的入口坡道	1:5～1:6	根据入口大小定

4）不同坡度的坡道高度与长度的规定见表 21-30。

表 21-30　　　不同坡度的坡道高度与长度的规定

坡度	1:6	1:8	1:10	1:12	1:16	1:20
高度（m）	0.20	0.35	0.60	0.75	1.00	1.50
水平长度（m）	1.20	2.80	6.0	9.0	16.0	30.0

6. 非上人屋面直爬梯及护笼

（1）高度超过 10m 的建筑物应在室外设置通向屋顶的爬梯，当梯段高度大于 3m 时，室外钢爬梯应加设护笼及防攀爬措施。

（2）室外钢爬梯起始高度距室外地面应小于 600mm，护笼起始高度距室外地面 2500mm。

7. 地面特殊构造

（1）地面防冻胀。

1）季节性冻土地区非采暖房间的地面，当土壤标准冻深大于 600mm，且在冻深范围内为冻胀土或强冻胀土时，应在地面垫层下增设防冻胀层。

2）防冻胀层的材料一般为中粗砂、砂卵石、炉渣或炉渣灰土等，炉渣灰土的配合比为炉渣、素土、熟化石灰为 7:2:1，其压实系数小于 0.85。

3）防冻胀层应有排水措施。

4）防冻胀层厚度可根据当地经验确定，也可按表 21-31 选用。

表 12-31　　　　防冻胀层厚度　　　　（mm）

土壤标准冻深	土壤为冻胀土	土壤为强冻胀土
600～800	100	150
1200	200	300
1800	350	450
2200	550	600

（2）地面防沉陷设计。滨、湖等沼泽淤泥地基，如因淤泥太厚而无法置换时，结构可做桩基承台梁，以防首层地面沉降，首层做结构零层板，板底设混凝土垫层、防潮层和 EPS 板缓冲沉降层。

自重湿陷性黄土地基上的地面，应采取下列防水措施：

1）采用加大散水宽度的方法防止雨水渗入地基，

散水宽度不小于150mm，散水外缘不宜设置排水明沟。

2）确保地面垫层的整体性、防水性。地面的缝隙应有严密的防水构造。

3）所有地面以下的有水管道，均需设防水管沟，且坡向集水坑。

8. 地下防水构造

地下室必须进行防水设计，根据工程规划、结构设计、材料选择、结构耐久性、施工工艺和工程特点，遵循"防、排、截、堵相结合，刚柔相济、因地制宜、综合治理"的原则。

（1）地下室防水等级标准见表21-32。

（2）变电站地下室防水等级一般为一级或二级。

（3）地下室防水设防标准详见表21-33。

（4）地下室上部建筑物四周应做散水，宽度不宜小于800mm，散水坡度宜为5%，散水与墙面间应采用密封材料嵌填。

（5）当地下室侧墙采用卷材防水、涂料防水时，一般防水层收头设在散水处，露明散水以上墙面再做500mm高的防水砂浆。

（6）地下室防水工程设计应遵循 GB 50108《地下工程防水技术规范》的规定。

表 21-32　　　地下室防水等级标准

防水等级	标　　准
一级	不允许渗水，结构表面无湿渍
二级	不允许漏水，结构表面可有少量湿渍； 工业与民用建筑：总湿渍面积不应大于总防水面积（包括顶饭、墙面、地面）的1/1000；任意100m²防水面积上的湿渍不超过2处，单个湿渍的最大面积不大于0.1m²。 其他地下室：总湿渍面积不应大于总防水面积的2/1000；任意100m²防水面积上的湿渍不超过3处，单个湿渍的最大面积不大于0.2m²
三级	有少量漏水点，不得有线流和漏泥沙； 任意100m²防水面积上的漏水点数不超过7处，单个漏水点的最大漏水量不大于2.5L/d，单个湿渍的最大的面积不大于0.3m²
四级	有漏水点，不得有线流和漏泥沙；整个工程平均漏水量不大于2L/（m²·d）；任意100m²防水面积上的平均漏水量不大于4L/（m²·d）

表 21-33　　　　　　　　　　　　　　　　　　　　　　地下室防水设防标准

工程部位		主体结构						施工缝							后浇带				变形缝（诱导缝）				
防水措施		防水混凝土	防水卷材	防水涂料	塑料防水板	膨润土防水材料	防水砂浆	金属防水板	遇水膨胀止水条（胶）	外贴式止水带	中埋式止水带	外抹防水砂浆	外涂防水涂料	水泥基渗透结晶型防水涂料	预埋注浆管	补偿收缩混凝土	外贴式止水带	预埋注浆管	遇水膨胀止水条（胶）	防水密封材料	中埋式止水带	外贴式止水带	可卸式止水带	防水密封材料	外贴防水卷材	外涂防水涂料
防水等级	一级	应选	应选1～2种						应选两种							应选	应选两种				应选	应选1～2种				
	二级	应选	应选一种						应选1～2种							应选	应选1～2种				应选	应选1～2种				

9. 建筑物降噪措施

应从建筑物的布局、构造和内部设计等方面采取措施。

（1）门窗隔声。门窗是隔声的薄弱环节，也是隔声降噪处理的重点部位。应选用中间带空腔的双层玻璃窗和中空双层门，采用优质胶条、塑料封口配件提高门窗隔声效果。

（2）墙体隔声。可采用吸音棉+隔音毡的隔声结构。隔音墙是在基础墙体上架龙骨，里面填充环保吸音棉，外加两层石膏板，石膏板中间加一层隔音毡，在石膏板外面再打龙骨，填充吸音棉，外面再实贴聚酯纤维吸音板。

（3）吊顶隔声。可采用吸音棉+隔音毡的隔声结构，将吸音与隔音相结合。隔声吊顶的做法是在吊顶下面安装减振吊钩，打上龙骨，里面填充环保吸音棉，再加两层石膏板，中间夹隔音毡。

（四）建筑装修

室内装修应满足 GB 50222《建筑内部装修设计防火规范》规定的建筑防火要求以及满足隔声、减噪、保温、隔热等要求。

1. 建筑楼地面装修

楼地面应平整、耐磨、防滑、耐撞击、易于清洁，满足使用要求；楼地面宜选用不燃或难燃材料。

（1）基本构造层（顺序从上往下）。

1）无地下室的底层地面：面层、垫层、地基。

2）楼层地面：面层、楼板。

3）当基本构造层不能满足要求时，可增设结合层、找平找坡层、填充层、防水层、附加垫层及防潮层等。

（2）楼地面面层。楼地面面层厚度见表21-34。

表21-34　　　楼地面面层厚度

面层名称	强度等级或配合比	厚度（mm）
细石混凝土	≥C20	≥35
水泥砂浆	1:（2～3）	20
树脂自流平		1～2
水泥基自流平		6～8
木地板		14～36
PVC板		≥3
预制水磨石板	≥C20	25
陶瓷砖	≥Mu20	10～12
耐酸砖	≥Mu55	20～65
微晶石板	≥Mu60	10～20
大理石板	≥Mu60	20～50
聚酯涂层		2～3

1）有防静电要求的楼地面，可采用架空防静电地板、防静电陶瓷砖。

2）有防酸要求的楼地面，面层一般用耐酸缸砖、耐酸瓷砖、花岗石板、石英岩板、微晶石板沥青砂浆、树脂砂浆、水玻璃混凝土。

3）有车辆行驶的地面，其面层宜采用防滑、耐磨、不易起尘的细石混凝土材料。

（3）结合层。

1）20～30mm厚1:（3～5）干硬性水泥砂浆结合层。一般用于地砖、石板或透水砖面层。

2）20～30mm厚1:（2～3）水泥砂浆结合层。用于有防水要求的地砖、石板面层。

3）6～10mm厚0.3:1:（1～2）聚合物（聚丙烯酸酯乳液）水泥砂浆结合层。用于黏结瓷板、陶瓷锦砖面层等。

4）3～5mm厚1:1沥青石英粉胶泥。用于粘贴耐酸砖、耐酸石板面层。

5）3～5mm厚1:2.5钾水玻璃、石英粉（含固化剂）胶泥。用于粘贴耐酸砖、耐酸石板面层（耐浓酸）。

（4）找平、找坡层。一般用1:3水泥砂浆，厚度为15～20mm。

（5）填充层。填充层主要作为敷设管线之用，兼有隔声、保温、找坡等功能。材料的自重不应大于$9kN/m^3$，一般厚度为30～80mm，常用材料有：

1）1:6水泥焦渣（体积比）。

2）1:1:6水泥:粗砂:轻集料（陶粒、珍珠岩等）（体积比）。

3）1:1:8水泥石灰炉渣。

4）轻集料混凝土，其强度等级不低于CL7.5，干密度不大于$1.4g/cm^3$。

（6）防水层。涂膜防水、卷材防水或刚性防水均可用作室内装修的防水层。

2. 内墙面装修

内墙面使用的材料应考虑所在室内环境对其质感、色彩、花型、饰物安装等方面的要求，满足建筑物的保温、隔热、隔声、吸声、防潮、防火等需求。

（1）清水砖墙面。砖为原本色或刷色浆，用1:1水泥砂浆勾缝。勾缝型式可采用凹缝、平缝或凸缝。

（2）抹灰涂料墙面。

1）基层处理。

砌块墙、砖墙：抹水泥砂浆、水泥石灰砂浆或石膏砂浆。

钢筋混凝土墙：刷界面剂或做拉毛，抹水泥砂浆，也可用耐水腻子刮平。

加气混凝土砌块墙：表面喷湿后，抹薄涂层外加剂专用砂浆或专用界面剂扫毛，再抹8～9mm厚1:1:6水泥:白灰膏:砂子混合灰打底，扫毛，再抹5～6mm厚1:0.5:2.5水泥:白灰膏:砂子混合砂浆罩面压光。

2）墙面涂料类别：树脂溶剂型涂料、树脂水性涂料、无机水性涂料等。

（3）面砖墙面。陶瓷面砖有彩色釉面砖、闪光釉面砖、透明釉面砖、浮雕艺术砖、通体砖等，各种抛光砖、劈离砖、陶瓷缸砖以及各种陶瓷及玻璃锦砖（马赛克）等，应选用吸水率小于21%，釉层无裂纹、无剥落，无色差的产品。

（4）石材墙面。常用的石材有花岗石、大理石、微晶石、预制水磨石等，其固定方法有粘贴法、湿挂法、干挂法等。石材弯曲强度不应小于8MPa，吸水率应小于0.8%，铝合金挂件厚度不应小于4mm，不锈钢挂件厚度不应小于3mm。

（5）吸声墙面。包括由无机纤维（玻璃棉、岩棉等）、龙骨及面板构成的吸声墙面；由木材、水泥或石膏制成的多孔板构成的吸声墙面；有机树脂喷涂而成的微孔吸声墙面；金属微孔板吸声墙面等。

（6）踢脚。应选用强度较高、不易污染、耐撞击、易清洗的材料，如水泥砂浆、陶瓷板、石板、木材、树脂板、PVC 板、金属板、水磨石等。踢脚的选材要与室内装修要求相适应。踢脚高度一般为 80～120mm，有特殊要求者可加高。

3. 外墙面装修

（1）涂料饰面。常用的外墙涂料分为合成树脂乳液涂料、溶剂型涂料、复层涂料和无机涂料。

1）合成树脂乳液涂料包括丙烯酸系列涂料、硅丙复合乳液涂料和水性氟碳涂料等。

2）溶剂型涂料包括热塑型丙烯酸酯涂料、聚氨酯改性涂料和氟碳涂料等。

3）复层涂料一般由底涂层、中间涂层（主涂层）和面涂层组成。底涂层可增强附着力，中间涂层形成装饰效果，面涂层用于着色和保护。底涂层和面涂层可采用乳液型和溶剂型涂料，中间的主涂层可采用以聚合物水泥、合成树脂乳液、反应固化型合成树脂乳液等黏结料配制的厚质涂层。

4）无机涂料是以碱金属硅酸盐及硅溶胶等无机高分子为主要成膜物质，加入适量固化剂、填料、颜料及助剂配制而成的涂料。

（2）面砖饰面。常用的墙面面砖有全陶质面砖（吸水率小于 10%）、陶胎釉面砖（吸水率为 3%～5%）、全瓷质面砖（又称通体砖，吸水率小于 1%）。

用于室外的面砖应尽量选用吸水率小的产品，北方地区外墙尽量不用陶质面砖，以免因面砖含水量高发生冻融破坏或剥落。

外墙外保温采用面砖饰面及其做法应严格执行国家及地方相关规定。

（3）石材饰面。

1）石材包括天然石材、人造石材和复合石材。天然石材有花岗石、大理石、板石、石灰石和砂岩等；人造石材有建筑装饰用微晶玻璃、水磨石、实体面材、人造合成石和人造砂岩等；复合石材有木基石材复合板、玻璃基石材复合板、金属基石材复合板（包括金属蜂窝石材复合板）、陶瓷基石材复合板等。

2）石材选用。

a）大理石一般不宜用于室外以及与酸有接触的部位。

b）干挂石材厚度，当选用光面和镜面板材时不应小于 25mm；当选用粗面板材时不应小于 28mm，单块板的面积不宜大于 1.5m²；当选用砂岩、洞石等质地疏松的石材时不应小于 30mm。

（4）金属板饰面。

1）压型钢板。是指采用热镀锌钢板或彩色镀锌钢板，经辊压冷弯成各种波形，具有轻质、高强、美观、耐用、施工简便、抗振、防火等特点。当有保温隔热要求时，可采用附加保温层（超细玻璃纤维棉或岩棉等）的措施。

2）铝镁锰板。质量轻、强度高、耐腐蚀，具有自我防锈能力；表面处理多样、美观，可进行阳极氧化、电泳、化学处理、抛光、涂漆处理。

3）铝扣板。用轻质铝板一次冲压成型，外层再用特种工艺喷涂漆料，耐久性好、不易变形，可防火、防潮、防静电，吸声隔声。铝扣板表面有冲孔和平面两种。

4）铝合金装饰板。具有质量轻、强度高、刚度好、耐腐蚀、经久耐用等优良性能。板表面经阳极氧化或喷漆、喷塑处理后，可形成装饰要求的多种色彩。

5）镜面不锈钢饰面板。板面光亮如镜，反射率、变形率与高级镜面相差无几，且耐火、耐潮、不变形、不破碎，但应防硬物划伤。

4. 顶棚装修

（1）钢筋混凝土顶棚，不宜做抹灰层，宜进行表面刮浆、喷涂或其他便于施工又牢固的装饰做法。如要抹灰，混凝土底板应做好界面处理，且抹灰要薄。

（2）潮湿房间的顶棚，应采用耐水材料；其钢筋混凝土顶板应适当增加其钢筋保护层的厚度，以减少水气对钢筋的锈蚀。

（3）吊顶系统由承力构件（吊杆）、龙骨骨架、饰面板及配件等组成，饰面板材一般有石膏板、矿棉板、硅酸钙板、铝塑复合板、铝条板、PVC 条板、不锈钢板、铝格栅板等。

（4）吊顶设计应兼顾各类灯具、火灾自动报警探测器、自动灭火系统喷洒头、空调风口、火灾警铃、扬声器等悬挂和开孔要求。

（5）吊顶内的上、下水管道应做保温隔汽处理，防止产生凝结水。

（6）吊顶应根据不同要求采用不燃材料或难燃材料。安装在钢龙骨上燃烧性能达到 B1 级的纸面石膏板、矿棉吸声板均可作为 A 级装修材料使用。

（7）吊顶上安装的照明灯具的高温部位，应采取隔热、散热等防火保护措施。灯饰所用的材料不应低于吊顶燃烧性能等级的要求。

（五）装配式建筑

由预制部品部件在工地装配而成的建筑，称为装配式建筑。装配式建筑将现场建造变为工厂制造现场组装，减少湿法作业的工作量，避免气候和天气对施工的影响，从而大大缩短施工周期，提高工程精度。

（1）装配式建筑应模数协调，采用模块化、标准化设计，将结构系统、外围护系统进行集成。

（2）装配式建筑平面几何形状宜规则平整。

（3）变电站装配式建筑维护体系包括：

1）压型钢板外墙体系。压型钢板是薄钢板经冷压或冷轧成型的钢材。具有单位质量轻、强度高、抗震性能好、施工快速、外形美观等优点，是良好的建筑材料和构件，作为外墙饰面可避免涂料、面砖墙体常见的开裂、脱落等现象，同时可避免湿作业施工。双层复合压型钢板即可兼顾保温、隔热。

2）纤维水泥板外墙体系。纤维水泥板（蒸压木浆纤维水泥平板，即 FC 板），是以纤维素纤维、砂、添加剂、水等有机、无机物质，经先进生产工艺混合、成型、加压、高温高压蒸养和特殊技术处理而制成，不含石棉及其他有害物质，具有高强度、大幅面、轻质、防火、防水等优良性能的新型环保建筑板材。常用规格为 1200mm×2400mm，厚度有 8、10、12mm。墙体系统采用两面纤维水泥板，中间用轻钢龙骨支撑，并填充适当厚度的岩棉用以保温和防火。纤维水泥板外墙体系有防火性能好、绿色环保、防水防潮、隔声效果、施工快速、轻质高强的优点。

3）蒸压轻质加气混凝土外墙板材（ALC）。以粉煤灰（或硅砂）、水泥、石灰等为主原料，再经过高压蒸汽养护后形成的多气孔混凝土成型材料，板材内有经过处理的钢筋增强，既能做墙体材料，又能做屋面板、楼板，是一种性能较好的新型环保节能建材。其主要优点有容重小、强度高、耐火性优良、施工性便捷、保温隔热性优良、抗震性优越、隔声性好、耐久性好、绿色环保、干缩性较小。主要缺点有运输路途需要加强成品保护，否则难免缺棱掉角后要现场修补。

4）装饰防火板复合外墙体系。装饰防火板是以木纤维素、添加剂、水泥等有机、无机物质，经先进生产工艺混合、成型、加压、高温高压蒸养和特殊技术处理而制成，不含石棉及其他有害物质，具有高强度、大幅面、轻质、防火、防水、耐候等优良性能的新型环保建筑板材，其表面为各种仿石材、仿面砖的图案和机理。该外墙体具有节能、防火性能好、隔声性能好、自重轻、可循环使用等优点；缺点是外观好的板材需要进口，采购期长且不方便，经济性较差。

5）发泡水泥复合外墙板体系。发泡水泥复合外墙板是由钢边框或预应力混凝土边框、钢筋桁架、发泡水泥芯材、上下水泥面层（含玻纤网）复合而成的新型建筑板材。发泡水泥复合外墙板具有承重、保温、轻质、隔热、隔声、耐火、耐久等优点。由于运输的距离与成本、非标准产品的制造限制了其广泛应用；该外墙板材电力管线基本需要全部明设，同时板墙上开孔困难。

三、结构专用部分

（一）材料及要求

1. 混凝土：C15～C60

（1）素混凝土结构的混凝土强度等级不应低于 C15；钢筋混凝土结构的混凝土强度等级不应低于 C20；采用强度等级 400MPa 及以上的钢筋时，混凝土强度等级不应低于 C25。

（2）预应力混凝土结构的混凝土强度等级不宜低于 C40，且不应低于 C30。

（3）承受重复荷载的钢筋混凝土构件，混凝土强度等级不应低于 C30。

（4）框支梁、框支柱以及一级抗震等级的框架梁、柱及节点，不应低于 C30；其他各类结构构件不应低于 C20。

（5）钢筋混凝土基础的混凝土强度等级按表 21-35 采用。

表 21-35　钢筋混凝土基础的混凝土强度等级选用表

基础类型	混凝土强度等级	基础类型		混凝土强度等级
柱下独立基础或条形基础	不应低于 C25	桩基础	灌注桩	不应低于 C25
墙下条形基础			预制桩	不应低于 C30
墙下筏形基础			预应力桩	不应低于 C40
桩筏、桩箱基础	不应低于 C30		承台	不应低于 C25

注　对处于环境类别为二 b 类严寒和寒冷地区与无侵蚀性的水或土壤直接接触的基础（包括桩），当设计使用年限为 50 年时，表中的混凝土强度等级"不应低于 C25"应改为"不应低于 C30"。

（6）防水混凝土设计抗渗等级应满足表 21-36 的规定。

表 21-36　防水混凝土设计抗渗等级

工程埋置深度 H（m）	设计抗渗等级	工程埋置深度 H（m）	设计抗渗等级
$H<10$	P6	$20 \leqslant H<30$	P10
$10 \leqslant H<20$	P8	$H \geqslant 30$	P12

用于防水混凝土的水泥、矿物掺合料、砂、石、水等各类材料要求、防水混凝土的施工配合比要求、防水混凝土当需要留设施工缝时的构造要求详见 GB 50108《地下工程防水技术规范》的相关规定。

（7）在腐蚀环境下，设计使用年限为 50 年的结构混凝土材料的基本要求见表 21-37。

表 21-37　结构混凝土材料的基本要求

项　目	腐蚀性等级		
	强	中	弱
最低混凝土等级	C40	C35	C30
最小胶凝材料用量（kg/m³）	340	320	300
最大水胶比	0.40	0.45	0.50

续表

项　　目	腐蚀性等级		
	强	中	弱
胶凝材料中最大氯离子质量比（%）	0.08	0.10	0.10
最大碱含量（kg/m³）	3.0	3.0	3.5

注　1. 预应力混凝土构件最低混凝土强度等级应按表中提高一个等级；最大氯离子含量为胶凝材料用量的0.06%。
　　2. 设计使用年限大于50年时，混凝土耐久性基本要求应按国家现行有关标准执行或进行专门研究。

（8）腐蚀环境下基础垫层的材料应符合表 21-38 的规定。

表 12-38　　腐蚀环境下基础垫层的材料要求

腐蚀性等级	垫层材料	
强	耐腐蚀材料	沥青混凝土、碎石灌沥青，聚合物水泥混凝土
中	耐腐蚀材料	沥青混凝土、碎石灌沥青，聚合物水泥混凝土
弱	素混凝土	C20 混凝土

（9）具有腐蚀性的盐渍土地区，混凝土环境等级分类、内外部防腐蚀措施应满足 GB 50942《盐渍土地区建筑技术规范》的有关规定。工程实践证明，在以氯盐为主、以硫酸盐为主或氯盐与硫酸盐并存的环境下，通过掺入矿物掺合料后，混凝土防腐蚀效果更优。

1）在以氯盐为主的环境下不宜单独采用硅酸盐或普通硅酸盐水泥作为胶凝材料配置混凝土，应加入20%～50%的矿物掺合料，并宜加入少量硅灰。水泥用量不宜少于240kg/m³。

2）在以硫酸盐为主的环境下水泥宜选用铝酸三钙含量小于 5%的普通硅酸盐水泥或抗硫酸盐水泥，配置混凝土时宜掺加矿物复合料。

3）在氯盐与硫酸盐并存的环境下，应通过适合的混凝土外加剂加以解决，可以复掺20%粉煤灰与30%磨细矿渣粉、低水胶比，采用 42.5 普通硅酸盐水泥的 C40 高性能混凝土可以满足耐久性设计要求。

（10）冻土地区混凝土材料应符合下列规定。

1）混凝土强度等级不应低于C30，并应符合 GB 50010《混凝土结构设计规范》中有关耐久性的规定。

2）多年冻土地区的基础底面下应设置由粗颗粒非冻胀性砂砾料构成的垫层，厚度不小于300mm。垫层的宽度和长度应满足 JGJ 118《冻土地区建筑地基基础设计规范》的有关规定。

2. 钢筋

（1）纵向受力普通钢筋宜采用HRB400、HRB500、HRBF400、HRBF500 钢筋，也可采用 HRB335、HRBF335、HPB300 钢筋。

（2）梁、柱和斜撑构件的纵向受力普通钢筋应采用 HRB400、HRB500、HRBF400、HRBF500 钢筋。

（3）箍筋宜采用 HRB400、HRBF400、HPB300、HRB500、HRBF500 钢筋，也可采用 HRB335、HRBF335 钢筋。

（4）梁、柱、支撑以及剪力墙边缘构件中，其受力钢筋宜采用热轧带肋钢筋；当采用 GB/T 1499.2《钢筋混凝土用钢　第 2 部分：热轧带肋钢筋》中牌号带"E"的热轧带肋钢筋时，其强度和弹性模量应按照 GB 50010《钢筋混凝土结构设计规范》的规定采用。

（5）按一、二、三级抗震等级设计的框架和斜撑构件，其纵向受力普通钢筋应符合下列要求：

1）钢筋的抗拉强度实测值与屈服强度实测值的比值不应小于 1.25；

2）钢筋的屈服强度实测值与屈服强度标准值的比值不应大于 1.30；

3）钢筋最大拉力下的总伸长率实测值不应小于 9%。

（6）盐渍土地区普通钢筋应优先选用 HRB400 钢筋，受力钢筋直径不应小于 12mm，当构件处于可能遭受强腐蚀的环境时，受力钢筋直径不应小于16mm。

（7）冻土地区普通钢筋应优先选用 HRB400 钢筋，受力钢筋直径不应小于12mm，箍筋直径不应小于 8mm。

（8）当进行钢筋代换时，除应符合设计要求的构件承载力、最大拉力下的总伸长率、裂缝宽度验算及抗震规定以外，尚应满足最小配筋率、钢筋间距、保护层厚度、钢筋锚固长度、接头面积百分率及搭接长度等构造要求。

3. 钢材

（1）钢材牌号及标准。

1）承重结构钢材宜采用 Q235 钢、Q355 钢、Q390 钢等，其质量应分别符合 GB 50017《钢结构设计标准》、GB/T 700《碳素结构钢》、GB/T 1591《低合金高强度结构钢》和 GB/T 19879《建筑结构用钢板》的规定。

2）焊接承重结构为防止钢材的层状撕裂而采用 Z 向钢时，其质量应符合 GB/T 5313《厚度方向性能钢板》的规定。

3）处于外露环境，且对耐腐蚀有特殊要求或处于侵蚀性介质环境中的承重结构，可采用 Q235NH、Q355NH、Q415NH 牌号的耐候结构钢，其质量应符合 GB/T 4171《耐候结构钢》的规定。

（2）材料选用。

1）承重结构所用钢材应具有屈服强度、断后伸长率、抗拉强度和硫、磷含量的合格保证，对焊接结构

変 电 站 设 计

尚应具有碳当量的合格保证。焊接承重结构以及重要的非焊接承重结构采用的钢材应具有冷弯试验的合格保证；对直接承受动力荷载或需验算疲劳的构件所采用钢材尚应具有冲击韧性的合格保证。

2）钢材质量等级的选用应符合表 21-39 要求。

表 21-39　　钢材质量等级选用表

		工作环境温度（℃）		
		$T>0$	$-20<$ $T\leq0$	$-40<$ $T\leq-20$
不需验算疲劳	非焊接结构	B（允许用 A）	B	B
	焊接结构	B（允许用 Q355A、Q390A）	B	B
需验算疲劳	非焊接结构	B	Q235B、Q355B、Q390C	Q235C、Q355C、Q390D
	焊接结构	B	Q235C、Q355C、Q390D	Q235D、Q355D、Q390E

注　工作环境温度是指结构在设计寿命期内，构件所在的工作环境的最低日平均温度。在室外工作的构件，其工作温度可采用当地室外的最低日平均温度，建议采用当地气象部门的统计资料或按 GB 50019《工业建筑供暖通风与空气调节设计规范》采用。对于室内工作的构件，如能确保始终在某一温度以上，可将其作为工作环境温度；否则（例如停止供暖）应采用室外环境温度。

3）工作环境温度不高于−20℃的受拉构件（含锚栓）及承重构件的受拉板材，应符合下列要求：

a）所用钢材厚度或直径不宜大于 40mm，质量等级不宜低于 C 级。

b）钢材厚度或直径不小于 40mm，质量等级不宜低于 D 级。

c）重要承重结构的受拉板材宜满足 GB/T 19879《建筑结构用钢板》的要求。

4）在工作环境温度等于或低于−30℃的地区，焊接构件不宜采用过厚的钢板，并严格控制钢材的硫、磷、氮含量。

5）采用塑性设计的结构及进行弯矩调幅的构件，所采用的钢材应符合下列要求：

a）屈强比不应大于 0.85；

b）钢材应有明显的屈服台阶，且伸长率不应小于 20%。

6）钢管结构中的无加劲直接焊接相贯节点，其管材的屈服强度比不宜大于 0.8。

7）在腐蚀环境下，钢结构材料设计应符合下列规定：

a）钢结构杆件应采用实腹式或闭口截面，闭口截面端部应进行封闭；对封闭截面进行热镀锌时，应采取开孔防爆措施。

b）腐蚀性等级为强、中时，不应采用由双角钢组成的 T 形截面或由双槽钢组成的工形截面；腐蚀性等级为弱时，不宜采用上述 T 形或工形截面。

c）当采用型钢组合的杆件时，型钢间的空隙宽度应满足防护层施工和维修的要求。

d）当腐蚀性等级为强时，重要构件宜选用耐候钢制作。

4. 螺栓及锚栓

（1）钢结构连接用 4.6 级、4.8 级、5.6 级、6.8 级及 8.8 级普通螺栓为 C 级螺栓，其性能和质量应符合 GB/T 3098.1《紧固件机械性能螺栓、螺钉和螺柱》的有关规定。C 级螺栓的规格及尺寸应符合 GB/T 5780《六角头螺栓　C 级》的有关规定。

螺栓应采用 Q235、Q355、Q390 钢，其质量和性能要求应满足 GB/T 700《碳素结构钢》、GB/T 1591《低合金高强度结构钢》及 GB/T 3098.1《紧固件机械性能螺栓、螺钉和螺柱》的有关规定。

（2）钢结构用大六角高强度螺栓应符合 GB/T 1228《钢结构用高强度大六角头螺栓》、GB/T 1229《钢结构用高强度大六角头螺母》、GB/T 1230《钢结构用高强度垫圈》、GB/T 1231《钢结构用高强度大六角头螺栓、大六角头螺母、垫圈技术条件》的有关规定。钢结构用扭剪型高强度螺栓应满足 GB/T 3632《钢结构用扭剪型高强度螺栓连接副》的有关规定。

（3）锚栓可选用 Q235、Q355、Q390 或强度更高的钢材，其质量等级不宜低于 B 级。

（4）焊条或焊丝的型号和性能应与相应母材的性能相适应，其熔敷金属的力学性能应符合设计规定，且不应低于相应母材标准的下限值。

（5）对直接承受动力荷载或需要验算疲劳的结构，以及低温环境下工作的厚板结构，宜采用低氢型焊条。

（6）常用焊条及适用条件按照表 21-40 选用。

表 21-40　　焊条选用

	I（φ）级钢筋	III（Φ）级钢筋	Q235 钢	Q355 钢
I（φ）级钢筋	E43XX	E43XX	E43XX	E43XX
III（Φ）级钢筋	E43XX	E50XX（搭接焊）E55XX（坡口焊）E60XX（窄间隙焊）	E43XX	E50XX
Q235 钢	E43XX	E43XX	E43XX	E43XX
Q355 钢	E43XX	E50XX	E43XX	E50XX

5. 焊接材料

（1）手工焊接所用的焊条应符合 GB/T 5117《非合金钢及细晶粒钢焊条》的规定，所选用的焊条型号应与主体金属力学性能相适应。

（2）自动焊或半自动焊用焊丝应符合 GB/T 14957《熔化焊用钢丝》、GB/T 8110《气体保护电弧焊用碳钢、低合金钢焊丝》、GB/T 10045《非合金钢及细晶粒钢药芯焊丝》、GB/T 17493《热强钢药芯焊丝》的规定。

（3）埋弧焊用焊丝和焊剂应符合 GB/T 5293《埋弧焊用非合金钢及细晶粒钢实心焊丝、药芯焊丝和焊丝—焊剂组合分类要求》、GB/T 12470《埋弧焊用热强钢实心焊丝、药芯焊丝和焊丝—焊剂组合分类要求》的规定。

6. 砌体

（1）承重结构的块体一般采用烧结普通砖、烧结多孔砖、蒸压灰砂普通砖、蒸压粉煤灰普通砖、混凝土普通砖等。

（2）非承重墙一般采用空心砖、轻集料混凝土砌块等。

（3）在腐蚀环境下，砌体结构的材料选择及设计应符合下列规定：

1）砖砌体宜采用烧结普通砖、烧结多孔砖，强度等级不宜低于 MU15。

2）砌块砌体应采用混凝土小型空心砌块，强度等级不宜低于 MU10。

3）砌筑砂浆宜采用水泥砂浆，强度等级不应低于 MU10。

（二）荷载及荷载效应组合

1. 荷载

作用在变电站建筑物上的荷载及分类见表 21-41。

表 21-41　建筑物荷载分类及代表值

荷 载 分 类		代表值
永久荷载	结构自重、土重、土压力及固定的设备重等	标准值
可变荷载	楼（屋）面活荷载、吊车荷载、风荷载、雪荷载、安装及检修所产生的临时荷载、地震作用、温度变化作用等	应据设计要求采用标准值、组合值、频遇值或准永久值作为代表值
偶然荷载	爆炸力、撞击力等	按建筑结构使用的特点确定其代表值

2. 荷载组合

（1）建筑结构设计应根据使用过程中在结构上可能同时出现的荷载，按承载能力极限状态和正常使用极限状态分别进行荷载组合，并应取各自的最不利的组合进行设计。

1）承载能力极限状态或正常使用极限状态按标准组合设计时，对可变荷载应按规定的荷载组合采用荷载的组合值或标准值作为其荷载代表值。可变荷载的组合值，应为可变荷载的标准值乘以荷载组合值系数。

2）正常使用极限状态按频遇组合设计时，应采用可变荷载的频遇值或准永久值作为其荷载代表值；按准永久组合设计时，应采用可变荷载的准永久值作为其荷载代表值。可变荷载的频遇值，应为可变荷载标准值乘以频遇值系数。可变荷载准永久值，应为可变荷载标准值乘以准永久值系数。

（2）屋面均布活荷载与雪荷载不同时考虑，设计时取两者较大值。

（3）对于承载能力极限状态，应按荷载的基本组合或偶然组合计算荷载组合的效应设计值，并应采用下列表达式进行设计：

$$\gamma_0 S_d \leq R_d \qquad (21-2)$$

式中 γ_0——结构重要性系数，对安全等级为一级或设计使用年限为 100 年及以上的结构构件不应小于 1.1，对安全等级为二级或设计使用年限为 50 年的结构构件不应小于 1.0，对安全等级为三级或设计使用年限为 5 年及以下的结构构件不应小于 0.9；

S_d——荷载组合的效应设计值；

R_d——结构构件抗力的设计值，应按各有关建筑结构设计规范的规定确定。

1）荷载基本组合的效应设计值 S_d 应符合 GB 50009《建筑结构荷载规范》的规定，从不同荷载组合值中取用最不利的效应设计值。

2）基本组合的荷载分项系数应按表 21-42 的规定采用。

表 21-42　基本组合的荷载分项系数

荷载分类	分 项 系 数
永久荷载	1）当永久荷载效应对结构不利时，对由可变荷载效应控制的组合应取 1.2，对由永久荷载效应控制的组合应取 1.35。 2）当永久荷载效应对结构有利时，不应大于 1.0
可变荷载	1）标准值大于 4kN/m² 的工业房屋楼面结构的活荷载，应取 1.3。 2）其他情况，应取 1.4
对结构的倾覆、滑移或漂浮验算	荷载的分项系数应满足有关的建筑结构设计规范的规定

3）荷载偶然组合的效应设计值 S_d，应符合 GB

50009《建筑结构荷载规范》的规定。

（4）对于正常使用极限状态，应根据不同的设计要求，采用荷载的标准组合、频遇组合或准永久组合，并应按下列设计表达式进行设计

$$S_d \leqslant C \tag{21-3}$$

式中　C——结构或结构构件达到正常使用要求的规定限值，例如变形、裂缝、振幅、加速度、应力等的限值，应按有关建筑结构设计规范的规定确定。

荷载标准组合、荷载频遇组合、荷载准永久组合的效应设计值 S_d 应符合 GB 50009《建筑结构荷载规范》的规定。

（5）在抗震设防地区，结构构件截面抗震验算应按 GB 50011《建筑抗震设计规范》的规定采用。

（三）地基与基础

1. 一般原则

（1）地基基础设计前必须进行岩土工程勘察，地基基础设计应详细了解土层的分布与性质，重视对岩土工程勘察资料及其评价的研究、分析和应用。了解邻近建筑物的基础状况、地下建（构）筑物的位置、标高等，使所设计的基础在施工及建筑物使用时不致对其产生不利影响。

（2）建筑物地基基础设计，应综合地质条件、上部结构及荷载类型、地下水位等因素，结合施工条件，充分利用各种有利因素，选用经济可靠的基础型式和地基处理方法。

（3）采用天然地基不能满足设计要求时，应对地基进行处理。地基处理主要包括桩基和复合地基两种类型。常用桩基型式有灌注桩、预制桩、钢桩等，常用复合地基型式有换填法、深层搅拌桩、高压旋喷桩、灰土挤密桩、夯实水泥土桩、石灰桩、挤密砂石桩、置换砂石桩、强夯及强夯置换墩等。

（4）基础设计应考虑地下水位的季节性变化的影响，对位于地下水位以下的基础重度和土体重度应按浮重度考虑。

（5）同一结构单元的基础（或桩承台），宜采用同一类型的基础，底面宜埋置在同一标高上。

（6）软土、膨胀土、盐渍土、湿陷性黄土、岩溶、填土等特殊土地基与基础设计应满足相应现行国家或行业标准要求。

2. 基础设计等级

建筑物地基基础设计等级见表 21-43。

表 21-43　建筑物地基基础设计等级

序号	建　筑　物	地基基础设计等级
1	主控通信楼（室）、配电装置楼（室）	乙级

续表

序号	建　筑　物	地基基础设计等级
2	继电器室、综合配电室、GIS 室、SVC/SVG 阀室、泵房、泡沫消防间（雨淋阀室）、警卫传达室、备品备件库、车库	丙级

注　配电装置楼（室）一般用于户内站或半户内站。

3. 地基承载力计算

（1）基础底面压力应符合下列规定：

1）当轴心荷载作用时

$$P_k \leqslant f_a \tag{21-4}$$

式中　P_k——相应于作用的标准组合时，基础底面处的平均压应力，kPa；

　　f_a——修正后的地基承载力特征值，kPa。

2）当偏心荷载作用时，除符合式（21-4）的要求外，尚应符合

$$P_{kmax} \leqslant 1.2f_a \tag{21-5}$$

式中　P_{kmax}——相应于荷载标准组合时，基础底面边缘的最大压力值，kPa。

3）基础底面的压力应符合 GB 50007《建筑地基基础设计规范》的有关规定。

4）当基础宽度大于 3m 或埋置深度大于 0.5m 时，从载荷试验或其他原位测试、经验值等方法确定的地基承载力特征值，尚应按式（21-6）修正

$$f_a = f_{ak} + \eta_b \gamma(b-3) + \eta_d \gamma_m(d-0.5) \tag{21-6}$$

式中　f_a——修正后的地基承载力特征值，kPa；

　　f_{ak}——地基承载力特征值，kPa，由载荷试验或其他原位测试、公式计算，并结合工程实践经验等方法综合确定；

　　η_b、η_d——基础宽度和埋置深度的地基承载力修正系数，按 GB 50007《建筑地基基础设计规范》的规定取值；

　　γ——基础底面以下土的重度，kN/m³，地下水位以下取浮重度；

　　b——基础底面宽度，m，当基础底面宽度小于 3m 时按 3m 取值，大于 6m 时按 6m 取值；

　　γ_m——基础底面以上土的加权平均重度，kN/m³，地下水位以下的土层取有效重度；

　　d——基础埋置深度，m，宜自室外地面标高算起。在填方整平地区，可自填土地面标高算起，但填土在上部结构施工后完成时，应从天然地面标高算起。对于地下室，当采用箱型基础或筏基时，基础埋置深度自室外地面标高算起；当采用独立基础或条形基础时，应从室内地面标高算起。

5）当偏心距 e 小于或等于 0.033 倍基础底面宽度

时，根据土的抗剪强度指标确定地基承载力特征值可按式（21-7）计算，并应满足变形要求。

$$f_a = M_b \gamma b + M_d \gamma_m d + M_c c_k \qquad (21-7)$$

式中　f_a——由土的抗剪强度指标确定的地基承载力特征值，kPa；

M_b、M_d、M_c——承载力系数均按 GB 50007《建筑地基基础设计规范》取值；

　　　b——基础底面宽度，m，大于 6m 时按 6m 取值，对于砂土小于 3m 时按 3m 取值；

　　　c_k——基底下一倍短边宽度的深度范围内土的黏聚力标准值，kPa。

6）对于完整、较完整、较破碎的岩石地基承载力特征值可按 GB 50007《建筑地基基础设计规范》岩石地基载荷试验方法确定；对破碎、极破碎的岩石地基承载力特征值，可根据平板载荷试验确定。对完整、较完整和较破碎的岩石地基承载力特征值，也可根据室内饱和单轴抗压强度按式（21-8）进行计算。

$$f_a = \psi_r \cdot f_{rk} \qquad (21-8)$$

式中　f_a——岩石地基承载力特征值，kPa；

　　f_{rk}——岩石饱和单轴抗压强度标准值，kPa，可按 GB 50007—2011《建筑地基基础设计规范》附录 J 确定；

　　ψ_r——折减系数，根据岩体完整程度以及结构面的间距、宽度、产状和组合，由地方经验确定，无经验时，对完整岩体可取 0.5，对较完整岩体可取 0.2～0.5，对较破碎岩体可取 0.1～0.2。

注 1. 以上折减系数值未考虑施工因素及建筑物使用后风化作用的继续。

　　2. 对于黏土质岩，在确保施工期及使用期不致遭水浸泡时，也可采用天然湿度的试样，不进行饱和处理。

（2）当地基受力层范围内有软弱下卧层时，应符合下列规定：

1）应按式（21-9）验算软弱下卧层的地基承载力。

$$P_z + P_{cz} \leqslant f_{az} \qquad (21-9)$$

式中　P_z——相应于作用的标准组合时，软弱下卧层顶面处的附加压力值，kPa；

　　P_{cz}——软弱下卧层顶面处土的自重压力值，kPa；

　　f_{az}——软弱下卧层顶面处经深度修正后的地基承载力特征值，kPa。

2）对条形基础和矩形基础，式（21-9）中的 P_z 值可按下列公式简化计算：

条形基础　$$P_z = \frac{b(P_k - P_c)}{b + 2z \tan\theta} \qquad (21-10)$$

矩形基础 $$P_z = \frac{lb(P_k - P_c)}{(b + 2z \tan\theta)(1 + 2z \tan\theta)} \qquad (21-11)$$

式中　b——矩形基础或条形基础底边的宽度，m；

　　l——矩形基础底边的长度，m；

　　P_c——基础底面处土的自重压力值，kPa；

　　z——基础底面至软弱下卧层顶面的距离，m；

　　θ——地基压力扩散线与垂直线的夹角，（°），可按 GB 50007《建筑地基基础设计规范》的规定采用。

4．变形计算

（1）建筑物的地基变形计算值，不应大于地基变形允许值。

（2）建筑物的地基变形允许值应按 GB 50007《建筑地基基础设计规范》的规定采用。

（四）变形与裂缝

1．混凝土结构

（1）受弯构件的最大挠度应按荷载的准永久组合，预应力混凝土受弯构件的最大挠度应按标准组合并均应考虑荷载长期作用影响进行计算，其计算值不应超过 GB 50010《混凝土结构设计规范》的有关规定。

（2）混凝土结构构件应根据结构类型和环境类别按 GB 50010《混凝土结构设计规范》的有关规定选用不同的裂缝控制等级及最大裂缝宽度限值。

2．钢结构

（1）建筑物结构或构件变形（挠度或侧移）应满足 GB 50017《钢结构设计标准》的有关规定。

（2）计算结构或构件的变形时，可不考虑螺栓孔或铆钉孔引起的截面削弱。

（3）横向受力构件可预先起拱，起拱大小应视实际需要而定，可取横荷载标准值加 1/2 活荷载标准值所产生的挠度值。当仅为改善外观条件时，构件挠度应取恒荷载和活荷载标准值作用下的挠度计算值减去起拱值。

3．砌体结构

砌体房屋伸缩缝的最大间距、防止墙体开裂措施应满足 GB 50003《砌体结构设计规范》的有关规定。

（五）抗震设计

1．一般原则

（1）建筑物抗震设计应遵守 GB 50011《建筑抗震设计规范》、GB 50260《电力设施抗震设计规范》的有关规定。

（2）建筑物抗震设防标准应符合 GB 50223《建筑工程抗震设防分类标准》的要求。建筑物抗震措施设防烈度调整见表 21-44。

表 21-44　　建筑物抗震措施设防烈度调整表

1000、750、500、330kV 变电站，220kV 重要枢纽变电站				建　筑　物	220kV 一般变电站及 110、35kV 变电站			
本地区设防烈度					本地区设防烈度			
9	8	7	6		6	7	8	9
9	9	8	7	主控通信楼（室）	6	7	8	9
9	9	8	7	配电装置楼（室）	6	7	8	9
9	9	8	7	继电器室、站用电室	6	7	8	9
9	8	7	6	备品备件库、车库、警卫传达室及水工建筑物	6	7	8	9

（3）建筑物应根据设防分类、烈度、结构类型和结构高度采用不同的抗震等级，并应符合相应的计算和构造措施要求。

丙类建筑物的抗震等级应按表 21-45 确定。乙类建筑物的抗震等级按表 21-44 确定。

表 21-45　　丙类建筑物的抗震等级

结构类型或建筑物名称		设　防　烈　度						
		6		7		8		9
钢筋混凝土框架结构	高度（m）	≤24	>24	≤24	>24	≤24	>24	≤24
	框架	四	三	三	二	二	一	一
	大跨度框架	三		二		一		一
钢筋混凝土框架-抗震墙结构	高度（m）	≤60	>60	≤60	>60	≤60	>60	≤50
	框架	四	三	三	二	二	一	一
	抗震墙	三		二		一		一
钢结构	高度（m）	≤50	>50	≤50	>50	≤50	>50	≤50	>50
	框架和支撑	四	四	三	三	二	二	一	一

（4）按 6 度设防的建筑物可不进行地震作用计算。

（5）建筑物场地为 I 类时，重点设防类（乙类）建筑物应允许仍按本地区抗震设防烈度的要求采取抗震构造措施；标准设防类（丙类）建筑物应允许按本地区抗震设防烈度降低一度的要求采取抗震构造措施，但抗震设防烈度为 6 度时仍应按本地区抗震设防烈度的要求采取抗震构造措施。

（6）多层配电装置楼不应采用单跨框架结构。

2. 抗震构造措施

（1）钢筋混凝土结构。

1）框架柱剪跨比宜大于 2；柱截面高宽比不宜大

于 3。框架柱的轴压比、框架柱的纵向钢筋配置应符合 GB 50011《建筑抗震设计规范》、GB 50010《混凝土结构设计规范》的有关规定。

2）钢筋混凝土结构中的砌体填充墙应符合下面构造要求：

a）填充墙在平面或竖向的布置，宜均匀对称，宜避免形成薄弱层或短柱。

b）砌体的砂浆强度等级不应低于 M5，实心块体的强度等级不宜低于 MU2.5，空心块体的强度等级不宜低于 MU3.5，墙顶应与框架梁密切结合。

c）填充墙应沿框架柱全高每隔 500～600mm 设 2 ϕ6mm 拉筋，拉筋伸入墙内的长度，6、7 度时宜沿墙全长贯通，8、9 度时应全长贯通。

d）墙长大于 5m 时，墙顶与梁宜有拉结；墙长超过 8m 或层高 2 倍时，宜设置钢筋混凝土构造柱；墙高超过 4m 时，墙体半高宜设置与柱连接且沿墙全长贯通的钢筋混凝土水平系梁。

e）楼梯间和人流通道的填充墙，尚应采用钢丝网砂浆面层加强。

3）对于剪跨比小于 2 的短柱，为提高其抗震性能，可采取下列措施：

a）不宜采用纯框架结构。

b）加强柱的约束，采用圆形或方形螺旋箍筋。

c）限制短柱的轴压比。

d）柱纵筋间距宜小于等于 200mm，柱全高度箍筋加密。

e）减小柱端处梁对柱的约束，梁可做成铰接或半铰接。

f）采用高强混凝土。

4）伸缩缝与沉降缝的宽度应满足防震缝的要求。缝两侧宜设置双榀框架或双墙。

（2）钢结构。

1）构件塑性耗能区采用的钢材尚应符合下列要求：

a）钢材的屈服强度实测值与抗拉强度实测值的比值不应大于 0.85。

b）钢材应有明显的屈服台阶，且伸长率不应小于 20%。

c）钢材应满足屈服强度实测值不高于上一级钢材屈服强度规定值的条件。

d）钢材工作环境温度时夏比冲击韧性不宜低于 27J。

2）钢框架结构的抗震构造措施。

（a）框架柱的长细比，一级不应大于 $60\sqrt{235/f_{ay}}$，二级不应大于 $80\sqrt{235/f_{ay}}$，三级不应大于 $100\sqrt{235/f_{ay}}$，四级不应大于 $120\sqrt{235/f_{ay}}$。

（b）框架梁、柱板件宽厚比，应符合表 21-46 的规定。

表 21-46　框架梁、柱板件宽厚比限值

板件名称		一级	二级	三级	四级
柱	工字形截面翼缘外伸部分	10	11	12	13
	工字形截面腹板	43	45	48	52
	箱型截面壁板	33	36	38	40
梁	工字形截面和箱形截面翼缘外伸部分	9	9	10	11
	箱型截面翼缘在两腹板之间部分	30	30	32	36
	工字形截面和箱型截面腹板	$(72-120N_b)$ $/Af \leqslant 60$	$(72-120N_b)$ $/Af \leqslant 65$	$(72-120N_b)$ $/Af \leqslant 70$	$(72-120N_b)$ $/Af \leqslant 75$

注　1. 表列数值适用于 Q235 钢，采用其他牌号钢材时，应乘以 $\sqrt{235/f_{ay}}$。

　　2. $N_b/(Af)$ 为梁轴压比。

（c）梁柱构件的侧向支承应符合下列要求：

a）梁柱构件受压翼缘应根据需要设置侧向支承。

b）梁柱构件在出现塑性铰的截面，上下翼缘均应设置侧向支承。

c）相邻两侧向支承点间的构件长细比，应符合 GB 50017《钢结构设计标准》的有关规定。

（d）当节点域的腹板厚度不满足 GB 50011《建筑抗震设计规范》的规定时，应采取加厚柱腹板或采取贴焊补强板的措施。补强板的厚度及其焊缝应按传递补强板所分担剪力的要求设计。

（e）框架柱的接头距框架梁上方的距离，可取 1.3m 和柱净高一半两者的较小值。上下柱的对接接头应采用全熔透焊缝，柱拼接接头上下各 100mm 范围内，工字形柱翼缘与腹板间及箱型柱角部壁板间的焊缝，应采用全熔透焊缝。

（f）梁与柱刚性连接时，柱在梁翼缘上下各 500mm 的范围内，柱翼缘与柱腹板间或箱型柱壁板间的连接焊缝应采用全熔透坡口焊缝。

（g）梁与柱的连接构造应符合下列要求：

a）梁与柱的连接宜采用柱贯通型。

b）柱在两个互相垂直的方向都与梁刚接时宜采用箱型截面，并在梁翼缘连接处设置隔板；隔板采用电渣焊时，柱壁板厚度不宜小于 16mm，小于 16mm 时可改用工字形柱或采用贯通式隔板。当柱仅在一个方向与梁刚接时，宜采用工字形截面，并将柱腹板置于刚接框架平面内。

3）单层钢结构厂房抗震构造措施。

（a）钢结构厂房的结构体系应符合下列要求：

a）钢结构厂房的横向抗侧力体系，可采用刚接框架、铰接框架、门式刚架或其他结构体系。厂房的纵向抗侧力体系，8、9 度应采用柱间支撑；6、7 度宜采用柱间支撑，也可采用刚接框架。

b）钢结构厂房内设有桥式起重机时，起重机梁系统的构件与厂房框架柱的连接应能可靠地传递纵向水平地震作用。

c）钢结构厂房屋盖应设置完整的屋盖支撑系统。屋盖横梁与柱顶铰接时，宜采用螺栓连接。

（b）当设置防震缝时，其缝宽不宜小于单层混凝土柱厂房防震缝宽度的 1.5 倍。

（c）厂房框架柱的长细比，轴压比小于 0.2 时不宜大于 150；轴压比不小于 0.2 时，不宜大于 $120\sqrt{235/f_{ay}}$。

（d）厂房框架柱、梁的板件宽厚比，应符合下列要求：

a）重屋盖厂房，板件宽厚比限值可按关于框架梁、柱板件宽厚比限值采用，7、8、9 度的抗震等级可分别按四、三、二级采用。

b）轻屋盖厂房，塑性耗能区板件宽厚比限值可根据其承载力的高低按性能目标确定。塑性耗能区外的板件宽厚比限值，可采用 GB 50017《钢结构设计标准》弹性设计阶段的板件宽厚比限值。

c）腹板的宽厚比，可通过设置纵向加劲肋减小。

（e）厂房的屋盖支撑及柱间支撑布置应满足 GB 50007《钢结构设计标准》及 GB 50011《建筑抗震设计规范》的有关规定。

（3）砌体结构。

1）砌体结构房屋层数及高度限值、建筑布置及结构体系、钢筋混凝土构造柱、圈梁、楼梯间、楼（屋）盖等均应满足 GB 50003《砌体结构设计规范》、GB 50011《建筑抗震设计规范》的有关规定。

2）丙类的多层砖砌体房屋，当横墙较少且总高度和层数接近或达到 GB 50011《建筑抗震设计规范》的规定限值时，应按规范要求采取加强措施。

3）砌体结构房屋的抗震计算可采用底部剪力法。相关的抗震计算原则应满足 GB 50003《砌体结构设计规范》、GB 50011《建筑抗震设计规范》的有关规定。

4）门窗洞处不应采用砖过梁；过梁支承长度，6～8 度时不应小于 240mm，9 度时不应小于 360mm。

5）后砌的非承重砌体隔墙，烟道、风道等应符合 GB 50003《砌体结构设计规范》有关规定。

（4）非结构构件抗震构造措施。

1）建筑结构中，设置围护墙、隔墙、女儿墙、雨篷顶棚支架等建筑非结构构件的预埋件、锚固件的部位，应采取加强措施，以承受建筑非结构构件传给主

体结构的地震作用。

2）非承重墙体的材料、选型和布置，应根据抗震设防烈度、房屋高度、建筑体型、结构层间变形、墙体自身抗侧力性能的利用等因素，经综合分析后确定。

3）各类顶棚的构件与楼板的连接件，应能承受顶棚、悬挂重物和有关电气设施的自重和地震附加作用；其锚固的承载力应大于连接件的承载力。

4）悬挑雨篷或一端由柱支承的雨篷，应与主体结构可靠连接。

（5）楼梯间抗震设计应符合下列要求：

1）突出主体建筑屋顶的楼梯间小室的角部构造柱应与下部主结构的构造柱沿竖向贯通，当贯通有困难时应将突出屋顶小间的构造柱下端锚固于主结构内，锚固长度为一个层高，顶端锚固在小间屋顶圈梁内。

2）楼梯宜采用现浇钢筋混凝土结构。

（六）结构构造要求

1. 基础

（1）基础的埋深除岩石地基外，一般不宜小于0.5m，在季节性冻土地区当地基土具有冻胀性时应大于土壤的标准冻结深度。当建筑物内墙的基础在施工或使用过程中有可能发生冻胀现象时，内外墙基础宜埋置同一深度。

（2）无筋扩展基础。

1）无筋扩展基础台阶高宽比的允许值应满足 GB 50007《建筑地基基础设计规范》的有关要求。

2）无筋扩展基础的钢筋混凝土柱纵向钢筋在柱脚内的竖向锚固长度不满足锚固要求时，可沿水平方向弯折，弯折后的水平锚固长度不应小于 $10d$ 也不应大于 $20d$（d 为柱中纵向受力钢筋的最大直径）。

（3）钢筋混凝土扩展基础。

1）扩展基础一般有锥形基础及阶梯形基础两种。锥形基础边缘的高度不应小于 200mm，且两个方向的坡度不宜大于 1:3；阶梯形基础的每阶高度，宜为 300～500mm。

2）垫层的厚度不宜小于 70mm，垫层混凝土强度等级不宜低于 C10。

3）扩展基础受力钢筋最小配筋率不应小于0.15%。

4）当柱下钢筋混凝土独立基础的边长和墙下钢筋混凝土条形基础的宽度大于或等于 2.5m 时，底板受力钢筋的长度可取边长或宽度的 0.9 倍，并宜交错布置。

5）钢筋混凝土条形基础底板在 T 形及十字形交接处，底板横向受力钢筋仅沿一个主要受力方向通长布置，另一方向的横向受力钢筋可布置到主要受力方向底板宽度的 1/4 处。在拐角处底板横向受力钢筋应

沿两个方向布置。

（4）柱下条形基础。

1）柱下条形基础梁的高度宜为柱距的 1/4～1/8。翼板厚度不应小于 200mm。当翼板厚度大于 250mm 时，宜采用变厚度翼板，其顶面坡度宜小于或等于1:3。

2）条形基础的端部宜向外伸出，其长度宜为第一跨距的 0.25 倍。

3）现浇柱与条形基础梁的交接处，基础梁的平面尺寸应大于柱的平面尺寸，且柱的边缘至基础梁边缘的距离不得小于 50mm。

4）条形基础梁顶部和底部的纵向受力钢筋除应满足计算要求外，顶部钢筋应按计算配筋全部贯通，底部通长钢筋不应少于底部受力钢筋截面总面积的 1/3。

（5）柱基之间可根据需要设置基础联系梁。联系梁的截面宽度为 $\frac{1}{20}L \sim \frac{1}{35}L$（包括 $\frac{1}{20}L$），高度为 $\frac{1}{12}L \sim \frac{1}{35}L$（包括 $\frac{1}{12}L$，L 指计算跨度）。

（6）桩基承台的构造，除应满足抗冲切、抗剪切、抗弯承载力和上部结构要求外，尚应符合下列要求：

1）柱下独立桩基承台的最小宽度不应小于500mm，边桩中心至承台边缘的距离不应小于桩的直径或边长，且桩的外边缘至承台边缘的距离不应小于150mm。考虑到墙体与承台梁共同工作可增强承台梁的整体刚度，对于墙下条形承台梁，桩的外边缘至承台梁边缘的距离不应小于 75mm，承台的最小厚度不应小于 300mm。

2）承台配筋构造应符合 JGJ 94《建筑桩基技术规范》的有关规定。

（7）桩与承台的连接构造应符合下列规定：

1）桩嵌入承台内长度：对中等直径桩不宜小于50mm，对大直径桩不宜小于 100mm。

2）混凝土桩的桩顶纵向主筋应锚入承台内，其锚固长度不宜小于 35 倍纵向主筋直径。对于抗拔桩，桩顶纵向主筋的锚固长度满足 GB 50010《混凝土结构设计规范》的有关规定。

3）对于大直径灌注桩，当采用一柱一桩时可设置承台或将桩与柱直接连接。

（8）承台与承台之间的连接构造应符合下列规定：

1）一柱一桩时，应在桩顶两个主轴方向上设置联系梁。当桩与柱的截面直径之比大于 2 时，可不设联系梁。

2）两桩桩基的承台，应在其短向设置联系梁。

3）有抗震设防要求的柱下桩基承台，宜沿两个主轴方向设置联系梁。

4）联系梁顶面宜与承台顶面位于同一标高,联系梁宽度不宜小于 250mm,其高度可取承台中心距的1/10～1/15,且不宜小于 400mm。

（9）基础后浇带设置。

1）钢筋混凝土挡土墙、箱型基础、筏型基础等后浇带一般在结构长度大于 40～60m 时宜设一道,其位置在剪力较小的柱距三等分的中间范围内,并按垂直后浇带主钢筋截面面积的一半配置加强钢筋。

2）具有独立基础的排架、框架结构,当设置伸缩缝时,其双柱基础可不断开。

2. 上部结构

（1）钢筋混凝土结构。

1）混凝土结构伸缩缝间距、框架梁柱纵筋及箍筋、钢筋锚固长度、最小配筋率、混凝土保护层等构造应符合 GB 50010《混凝土结构设计规范》的有关规定。

2）后浇带设置要求:

a）一般每隔 30～55m 设置一道。后浇带应设置在对结构受力影响较小的部位,宽度为 800～1000mm,受力钢筋宜贯通不切断,并在后浇带两侧配置适量的加强钢筋。

b）应通过建筑物的整个横断面,断开全部梁和楼（屋）面板。

c）后浇带宜采用微膨胀混凝土浇筑。

3）钢筋混凝土板上开孔洞应满足以下规定:

a）当板上圆形孔洞直径 d 及矩形孔洞宽度 b（b 为垂直于板跨度方向的孔洞宽度）不大于 300mm 时,可将受力钢筋绕过洞边,不需切断并可不设孔洞的附加钢筋。

b）当 300mm<d（或 b）≤1000mm,并在孔洞周边无集中荷载时,应在孔洞每侧配置附加钢筋,其面积不应小于孔洞宽度内被切断受力钢筋的一半。

c）当 d（或 b）>300mm,且孔洞周边有集中荷载时,应在孔洞边加设边梁。

d）当 d（或 b）>1000mm 时,应在孔洞边加设边梁。

4）板上布置有较大集中荷载或振动较大的小型设备时,设备基础应设置在梁上。板上小型设备基础宜与板同时浇筑,必要时配置板与设备基础的连接钢筋。

（2）钢结构。

1）框架柱长细比、框架梁及柱板件宽厚比、梁柱构件的侧向支承、节点域的腹板厚度、梁柱连接等应符合本节（四）抗震设计的要求。

2）C 级螺栓宜用于沿其杆轴方向受拉的连接,在下列情况下可用于受剪连接:

承受静力荷载或间接承受动力荷载结构中的次要连接。

b）承受静力荷载的可拆卸结构的连接。

c）临时固定构件用的安装连接。

3）当型钢构件拼接采用高强度螺栓连接时,其拼接件宜采用钢板。

4）高强度螺栓成孔应采用钻成孔。摩擦型连接的高强度螺栓的孔径比螺栓公称直径 d 大 1.5～2.0mm;承压型连接的高强度螺栓的孔径比螺栓公称直径 d 大 1.0～1.5mm。

5）对直接承受动力荷载的普通螺栓受拉连接应采用双螺帽或其他防止螺帽松动的有效措施。

6）钢吊车梁除满足承载力及变形要求外,尚应满足整体稳定和局部稳定的计算要求。

7）钢结构柱与基础连接。

a）多层钢结构柱的柱脚可采用埋入式柱脚、插入式柱脚、外包式柱脚,也可采用外露式柱脚;单层厂房柱刚接柱脚可采用插入式柱脚、外包式柱脚,铰接柱脚宜采用外露式柱脚。

b）柱脚锚栓埋置在基础中的深度,应使锚栓的拉力通过其和混凝土之间的黏结力传递。当埋置深度受到限制时,则锚栓应牢固地固定在锚板或锚梁上,以传递锚栓的全部拉力,此时锚栓与混凝土之间的黏结力可不予考虑。

c）外包式、埋入式及插入式柱脚,钢柱与混凝土接触的范围内不得涂刷油漆;柱脚安装时,应将钢柱表面的泥土、油污、铁锈和焊渣等用砂轮清刷干净。

d）柱脚构造要求详见表 21-47。

表 21-47　柱脚构造要求

序号	柱脚型式	构造措施
1	外露式柱脚	当采用外露式柱脚时,柱脚承载力不宜小于柱截面塑性屈服承载力的 1.2 倍。柱脚锚栓不宜用以承受柱底水平剪力,柱底剪力应由钢底板与基础间的摩擦力（摩擦系数可取 0.4）或设置抗剪键及其他措施承担
2	外包式柱脚	1）外包式柱脚底板应位于基础梁或筏板的混凝土保护层内;外包混凝土厚度,对 H 形截面柱不宜小于 160mm,对矩形管或圆管柱不宜小于 180mm,同时不宜小于钢柱截面高度的 0.3 倍;混凝土强度等级不宜低于 C30;柱脚混凝土外包高度,H 形截面柱不宜小于柱截面高度的 2 倍,矩形管柱或圆管柱宜为矩形管截面长边尺寸或圆管直径的 2.5 倍。当没有地下室时,外包宽度和高度宜增大 20%;当仅有一层地下室时,外包宽度宜增大 10%。 2）柱脚底板尺寸和厚度应按结构安装阶段荷载作用下轴心力、底板的支承条件计算确定,其厚度不宜小于 16mm。 3）柱脚锚栓应按构造要求设置,直径不宜小于 16mm,锚固长度不宜小于其直径的 20 倍。

续表

序号	柱脚型式	构造措施
2	外包式柱脚	4）柱在外包混凝土的顶部箍筋处应设置水平加劲肋或横隔板，其宽厚比应符合 GB 500017《钢结构设计标准》的有关规定。 5）当框架柱为圆管或矩形管时，应在管内浇灌混凝土，强度等级不小于基础混凝土。浇灌高度应高于外包混凝土，且不小于圆管直径或矩形管长边。 6）外包钢筋混凝土主筋伸入基础内的长度不应小于25倍直径，四角主筋两端应加弯钩，下弯长度不应小于150mm，下弯段宜与钢柱焊接，顶部箍筋应加强加密，并不应小于3HRB335级热轧钢筋。 7）柱脚在外包混凝土部分宜设栓钉，直径不宜小于19mm，长度不应小于杆径的4倍，竖向间距应大于杆径的6倍且小于200mm，横向间距不应小于杆径的4倍
3	埋入式柱脚	1）柱脚外包混凝土的厚度不应小于180mm。 2）边列柱的翼缘或管柱外边缘至基础梁端部的距离不应小于400mm，中间柱翼缘或管柱外边缘至基础梁梁边相交线的距离不应小于250mm；基础梁梁边相交线的夹角应做成钝角，其坡度不应大于1:4的斜角；在基础护筏板的边部，应配置水平 U 形箍筋抵抗柱的水平冲切。 3）柱脚端部及底板、锚栓、水平加劲肋或横隔板的构造要求应符合 GB 500017《钢结构设计标准》的有关规定。 4）圆管柱和矩形管柱应在管内浇灌混凝土，强度等级应大于基础混凝土，在基础面以上的浇灌高度应大于圆管直径或矩形管长边的1.5倍。 5）对于有拔力的柱，宜在柱埋入混凝土部分设置栓钉，直径不宜小于19mm，长度不应小于杆径的4倍，竖向间距大于杆径的6倍且小于200mm，横向间距不应小于杆径的4倍。 6）实腹式钢柱埋入深度应由计算确定，且不得小于钢柱截面高度的2.5倍
4	插入式柱脚	1）H 形钢实腹柱宜设柱底板，钢管柱应设柱底板，柱底板应设排气孔或浇注孔。 2）实腹柱柱底至基础杯口底的距离不应小于50mm，当有柱底板时，可采用150mm。 3）杯口基础的杯壁应根据柱底部内力设计值作用于基础顶面配置钢筋，杯壁厚度不小于 GB 50007《建筑地基基础设计规范》的有关规定。 4）格构式柱的插入深度，应由计算确定，其最小插入深度不得小于单肢截面高度（或外径）的2.5倍，且不得小于柱总宽度的0.5倍。 5）实腹式钢柱插入深度应由计算确定，且不得小于钢柱截面高度的2.5倍

8）钢结构的防腐与防火。

a）钢柱柱脚地面以上部分应采用强度等级较低的混凝土包裹（保护层厚度不应小于50mm），并应使包裹的混凝土高出地面不小于150mm。当柱脚底面在地面以上时，柱脚底面应高出地面不小于100mm。

b）钢结构防锈和防腐蚀采用的涂料、钢材表面的除锈等级以及防腐蚀对钢结构的构造要求等，应符合 GB/T 8923《涂覆涂料前钢材表面处理 表面清洁度的目视评定》的规定。在设计文件中应明确钢材除锈等级、所用涂料（或镀层）及其厚度。

c）钢结构的防火应符合 GB 50016《建筑设计防火规范》的要求，结构构件的防火保护层应根据建筑物的防火等级对不同的构件所要求的耐火极限进行设计。防火涂料的性能、涂层厚度及质量要求应符合 GB 14907《钢结构防火涂料》的规定。

（3）砌体结构。

1）位于地面以上的砌体承重墙，其材料强度等级：砖不应低于 MU10，混凝土砌块不应低于 MU5，石材不应低于 MU20，普通砂浆不应低于 M2.5，混凝土砌块砌筑砂浆不应低于 Mb5。

2）位于地面以下或防潮层以下的砌体和潮湿房间的墙，其所用材料的最低强度等级详见本章第一节建筑专用部分。

（七）装配式建筑结构

1. 装配式混凝土结构

（1）结构系统与外围护系统宜采用干式工法连接，其接缝宽度应满足结构变形和稳定变形的要求。

（2）结构部件的构造连接应安全可靠，接口及构造设计应满足施工安装与使用维护的要求。

（3）装配式混凝土结构的房屋最大适用高度、最大高宽比应满足 GB/T 51231《装配式混凝土建筑技术标准》的有关规定。

（4）装配整体式混凝土结构的抗震设计，应根据设防类别、烈度、结构类型和房屋高度采用不同的抗震等级，并应符合相应的计算和构造措施要求。丙类建筑装配整体式混凝土结构的抗震等级应满足 GB 50011《建筑抗震设计规范》、GB/T 51231《装配式混凝土建筑技术标准》等有关规定。

（5）混凝土、钢筋、钢材和连接材料的性能要求应符合 GB 50010《混凝土结构设计规范》、GB/T 51231《装配式混凝土建筑技术标准》等有关规定。

（6）用于钢筋浆锚搭接连接的镀锌金属波纹管应符合 JG 225《预应力混凝土用金属波纹管》的有关规定；用于机械连接的挤压套筒，其原材料及实测力学性能应符合 JG/T 163《钢筋机械连接用套筒》的有关规定；用于水平钢筋锚环灌浆连接的水泥基灌浆材料应符合 GB/T 50448《水泥基灌浆材料应用技术规范》的有关规定。

（7）装配式混凝土结构内力分析、变形验算、构件与连接设计、楼盖设计等应满足 GB 50010《混凝土结构设计规范》、GB/T 51231《装配式混凝土建筑技术标准》等有关规定。

2. 装配式钢结构

（1）装配式钢结构建筑荷载和效应的标准值、荷载分项系数、荷载效应组合、组合值系数应符合 GB 50009《建筑结构荷载规范》的规定。

（2）装配式钢结构建筑应按 GB 50223《建筑工程抗震设防分类标准》的规定确定其抗震设防类别，并应按 GB 50011《建筑抗震设计规范》进行抗震设计。

（3）装配式钢结构的结构构件设计、构件之间连接、楼板及楼梯设计均应满足 GB 50017《钢结构设计标准》、GB 50018《冷弯薄壁型钢结构技术规范》、GB/T 51232《装配式钢结构建筑技术标准》的有关规定。

（4）钢材牌号、质量等级及其性能要求应根据构件重要性和荷载特征、结构形式和连接方法、应力状态、工作环境及钢材品种和板件厚度等因素确定，并应在设计文件中完整注明钢材的技术要求。钢材性能应符合 GB 50017《钢结构设计标准》及其他有关标准的规定。有条件时，可采用耐候钢、耐火钢、高强钢等高性能钢材。

（5）装配式钢结构建筑的最大高度、高宽比应符合 GB/T 51232《装配式钢结构建筑技术标准》的规定。

（6）在风荷载后遇地震标准值作用下，弹性层间位移角不宜大于 1/250（采用钢管混凝土柱时不宜大于 1/300）。

（7）当抗震设防烈度为 8 度及以上时，装配式钢结构建筑可采用隔震或消能减震结构，并应按 GB 50011《建筑抗震设计规范》和 JGJ 297《建筑消能减震技术规程》的规定执行。

（8）装配式钢结构应进行防火和防腐设计，并应按 GB 50016《建筑设计防火规范》、GB 14907《钢结构防火涂料》及 JGJ/T 251《建筑钢结构防腐蚀技术规程》的规定执行。

第二节　主控通信楼（室）

一、主控通信楼（室）建筑

主控通信楼（室）是变电站最重要的生产建筑，内部包含主控制室、计算机室、交接班室、通信机房、交直流配电室、蓄电池室、检修工具间、劳动安全工具间、会议室、站长室、资料室、值班室、备餐间、卫生间等功能用房，以及门厅、走道、楼梯间等公共交通空间。

110～750kV 各电压等级智能变电站、110kV 常规变电站、220kV 常规变电站内主控通信室一般为单层建筑；330、500、750kV 常规变电站内主控通信楼一般为二层建筑；1000kV 常规变电站内主控通信楼一般为三层建筑。

（一）布置原则

（1）一般布置在变电站站前区，其平面布置应适合站前区场地，不宜因其平面造型需求而增加总平面占地。

（2）平面布置应根据工艺设备与总平面场地的要求，确定平面尺寸、楼层数量，并应综合考虑下列因素：

1）生产运行及生活方便，功能分区明确，并保持各自的独立性；

2）具有良好的朝向及通风条件；

3）主控制室宜具备良好的朝向及视野，便于对屋外配电装置的观察。

（3）有人值班站的主控通信楼（室）除工艺用房外，各功能房间布置宜参考以下原则：

1）交接班室宜与主控制室紧密联系，以便于值班人员使用。

2）办公室、会议室应便于站长、专工等管理人员与值班人员进行工作联系。

3）值班室是值班人员休息的场所，宜布置在主控通信楼（室）南侧，以获得充足的日照条件和良好的通风条件。

4）资料室宜布置在主控通信楼（室）北侧邻近办公室的位置，这样可以避免阳光直射，同时方便工作人员使用。

5）备餐间应避免油烟、气味对其他功能用房产生影响，宜布置在主控通信楼（室）首层，其布置方位宜在常年主导风向的下风侧或全年最小频率风向的上风侧。

6）检修工具间、劳动安全工具间、男女卫生间等，这些功能用房对日照、室内温湿度环境无特殊要求，其房间朝向可灵活选择，满足使用要求即可。

7）主控制室、通信机房、计算机室等，不应布置在卫生间、盥洗室等易积水房间的下层，也不宜有上下水管道和暖气干管通过。

（4）智能变电站主控通信楼宜采用单层布置，同时应优化结构布置、减少建筑内部交通面积、提高建筑平面利用系数、降低建筑层高。建筑物内除设置必要的运行、检修用房外，其他办公、生活用房应尽量少设或不设。

（5）主控制室、通信机房及计算机室由工艺专业确定是否设置屏蔽措施。

（二）建筑平面布置

1. 一层布置方案

总建筑面积控制在 600m² 以内。平面功能包含主控制室、二次设备间、检修器具室、安全工器具间、值班室、门卫室、卫生间、备餐室（含厨房餐厅）、办公室。

2. 二层布置方案

总建筑面积控制在800m²以内。主控通信楼一层布置检修工器具室、安全工器具间、门卫室、通信机房（当通信电源组屏布置时，电源室和通信机房合并布置）、卫生间、备餐室（含厨房餐厅）；二层布置主控制室、计算机室、值班室2~3间、办公室2~3间（含资料室）、会议室、卫生间。

3. 三层布置方案

总建筑面积控制在1800m²以内。主控通信楼一层布置通信机房、通信电源室、配电间、安全工具间、检修工具间、警卫室、厨房、餐厅、储藏室、公共卫生间、门厅等；二层布置主控制室、计算机室、站长室、资料室、办公室、公共卫生间等；三层布置办公室、值班室12~16间、会议室、公共卫生间等。

（三）剖面设计

（1）室内外高差宜为450mm。

（2）层高和室内净高，由各工艺专业的要求及结构梁高、暖通、消防管线、电气灯具等的设备综合高度决定。室内净空高度宜为3.0~3.2m，吊顶以上的空间必须充分满足结构、空调、电气、消防等专业所需。

（3）主控制室、计算机室、二次设备间可采用防静电架空活动地板，其架空高度可为450mm左右。

（4）除卫生间外，同一层平面不应存在高差。卫生间完成面应低于楼地面标高不小于20mm。

（5）非上人屋面女儿墙高度宜为600mm，上人屋面女儿墙高度宜为1500mm。

（四）防火与疏散

（1）通用部分详见本章第一节建筑防火与疏散相关内容。

（2）当主控通信楼单层面积大于400m²时应设第二个出口。

（3）楼梯的数量、位置、宽度和楼梯间型式应满足使用方便和安全疏散的要求，楼梯间尽量靠自然采光及通风。

（4）主控通信楼的楼梯应满足防火的要求采用混凝土楼梯，室外梯在特殊情况下可采用金属楼梯，但应符合防火规范有关规定。

（5）主控通信楼内配电室、通信电源室、备餐间等开向走廊的内门应采用乙级防火门，耐火极限不小于1.0h，管道井、电缆竖井检修门采用丙级防火门，耐火极限不小于0.5h。

（五）建筑构造与装修

（1）主控通信楼（室）建筑通用构造与装修参见本章第一节建筑专用部分建筑构造相关内容。

（2）主控通信楼（室）设计应满足下列要求：

1）屋面防水等级应为Ⅰ级。

2）楼（地）面应采用耐磨、不起尘、光滑、易清洁的饰面材料，室内电缆沟盖板的颜色宜与室内地面装饰面层相协调。

3）屋内电缆引至电气屏柜的开孔，电缆贯穿隔墙、楼板的孔洞应由工艺专业采用防火封堵材料进行封堵。

4）应有严防小动物进入的措施，门缝隙和各种孔洞应严密，所有百叶窗内侧应设细孔钢丝网。

（六）热工与节能

（1）通用部分详见本章第一节建筑通用部分建筑热工与节能相关内容。

（2）主控通信楼（室）朝向选择。主控通信楼（室）是变电站最重要的生产建筑，在主控通信楼（室）的具体朝向选择上，设计应主要考虑以下因素：

1）各朝向墙面和房间的日照时间和日照面积。

2）墙面接受的太阳直射的辐射热量。

3）风向因素。

（3）有效控制建筑体型系数。

1）减少建筑面宽、加大建筑进深。

2）增加建筑层数。

3）优化建筑体型。

4）合理优化功能用房布置。

（4）节能措施。

1）外墙围护结构节能技术。建筑外墙传热面占整个建筑物外围护结构总面积的50%以上，通过外墙传热所造成的能耗损失巨大。因此，在变电站站区建筑物设计中，增强建筑外墙围护结构的保温隔热性能是一项重要措施。

2）屋面围护结构节能技术。提高建筑屋面围护结构的保温隔热性能，主要可采用轻质高效、吸水率低或不吸水的可长期使用、性能稳定的保温隔热材料作为保温隔热层，以及改进屋面构造、使之有利于排除湿气等技术措施。

3）地面围护结构节能技术。当变电站位于严寒和寒冷地区时，站区建筑物直接接触土壤的周边地面应采取保温措施。

4）门窗围护结构节能技术。外墙门窗是独特的建筑构件，也是建筑围护结构的重要组成部分。门窗对建筑能耗的影响主要有两个方面：一是外门窗的热工性能影响冬季采暖、夏季空调室内外温差传热；二是外门窗的玻璃受太阳辐射影响造成的建筑室内得热。外墙门窗可采取的节能技术措施如下：

a）合理控制窗墙比。

b）采用热工性能良好的门窗。

c）采取适当的建筑遮阳措施。

（七）噪声控制

根据GB 12348《工业企业厂界噪声排放标准》及

GB 3096《声环境质量标准》的有关规定，主控通信楼（室）室内噪声控制标准不宜超过表 21-48 所列的允许噪声级。

表 21-48　变电站主要功能用房室内噪声控制标准

序号	功 能 用 房	允许噪声级 [dB（A）]
1	值班室	55
2	主控室、会议室、办公室、交接班室室内背景噪声级（A 声级）	60
3	通信室、计算机室、餐厅、资料室	70

二、主控通信楼（室）结构

（一）结构选型

主控通信楼（室）的结构型式可根据设防烈度、场地类别按表 21-49 选用。

表 21-49　主控通信楼（室）结构型式

项次	设防烈度	场地类别	结 构 型 式
1	6、7	I-IV	砌体结构、框架结构、钢结构
2	8	I-II III-IV	砌体结构、框架结构、钢结构 框架结构、钢结构
3	9	I-IV	框架结构、钢结构

注 1. 砌体结构指设有加强型钢筋混凝土构造柱和圈梁，楼屋面采用钢筋混凝土现浇板。
2. 当层高超过 3.6m 时不宜采用砌体结构。

（二）结构布置

1. 结构布置设计方案

无论采用何种结构型式，其设计方案应符合下列要求：

（1）选用合理的结构体系，各部分的质量与刚度宜均匀、连续。

（2）结构传力途径应简捷、明确，竖向构件宜连续贯通、对齐。

（3）建筑物的一个结构单元内，宜使结构的质量中心与刚度中心重合。如不能重合时，应考虑扭转所产生的不利影响。

（4）抗震设计时，同一建筑物中，不得同时采用钢筋混凝土结构与砌体结构，如必须同时应用，应以防震缝将这两种结构分开。

（5）在抗震设防的框架结构中，不得采用部分由砌体墙承重的混合形式；框架结构中的楼梯间也不得采用砌体承重墙，砌体墙只能用于填充墙。

（6）有抗震设防要求的框架结构，其局部突出屋顶的楼梯间、水箱间等应采用框架承重，不得采用砌体墙承重。

2. 钢筋混凝土结构

钢筋混凝土结构由楼（屋）面板、梁、柱及基础四种承重构件组成，梁柱刚性连接，在纵横两个方向形成空间体系，有较强的侧向刚度，承担两个主轴方向的地震作用。

3. 钢结构

钢结构宜设计成双向梁柱框架结构体系以承受纵横两个方向的地震作用或风荷载。特殊情况不能设计双向梁柱框架体系时，也可采用一个方向为框架、另一方向为铰接排架的结构体系，并在铰接方向设置柱间支撑抗侧力体系，以保证该方向的结构刚度与另一方向接近一致，避免结构出现扭转。

框架梁柱两方向均为刚性连接时，柱截面一般采用箱型截面；一个方向为刚接、另一方向为铰接时，柱截面一般采用 H 形截面。

4. 砌体结构

（1）砌体结构应优先采用横墙承重或纵横墙共同承重的结构体系。横墙在平面内布置宜均匀、对称，沿平面内宜对齐。纵墙在平面内布置宜连续贯通。

（2）砌体结构楼（屋）盖宜采用现浇钢筋混凝土楼（屋）盖。

（3）同一结构单元宜采用同一类型的基础，底面宜设置在同一标高上。当标高不同时宜将基础圈梁设在同一标高，并以较高者为准。

（4）砌体结构宜按抗震规范设置防震缝。当房屋有错层时，现浇板高差大于 750mm 时，宜考虑设缝。

（三）荷载计算

1. 活荷载

主控通信楼（室）楼（地）面均布活荷载的标准值及其组合值、频遇值和准永久值系数，按 DL/T 5457《变电站建筑结构设计技术规程》的规定执行。

2. 风荷载

主控通信楼（室）的基本风压应按工程所在地区气象站 50 年一遇的风压采用，当缺乏气象站资料时，基本风压及相关计算系数的取值应按 GB 50009《建筑结构荷载规范》中给出的风压采用，但是均不得小于 $0.3kN/m^2$。

3. 雪荷载

雪荷载的组合值系数可取 0.7；频遇值系数可取 0.6；准永久值系数应按雪荷载分区 I、II 和III的不同，分别取 0.5、0.2 和 0；雪荷载分区应按 GB 50009《建筑结构荷载规范》的规定采用。

4. 积灰荷载

不考虑积灰荷载。

（四）计算参数确定

1. 周期折减系数

周期折减是为了充分考虑框架结构和框剪结构的

填充墙刚度对计算周期的影响，其大小由结构类型和填充墙多少决定，取值见表 21-50。

表 21-50   周 期 折 减 系 数

结构类型	填充墙较多	填充墙较少
框架结构	0.6~0.7	0.7~0.8
框剪结构	0.7~0.8	0.8~0.9

注 表中填充墙是指砖填充墙。

2. 地震作用调整系数

此系数可用于放大或缩小地震作用，一般情况下取 1.0；特殊情况，为了提高或降低结构安全度，也可取其他值，取值范围为 0.85~1.50。

3. 计算振型数

振型数的多少与结构层数及结构形式密切相关，一般应大于 9；当考虑扭转耦联计算时，振型数不应小于 15；一般情况下取结构层数×3。

4. 梁端弯矩调幅系数

考虑梁在竖向荷载作用下的塑性内力重分布，通过调整使梁端负弯矩减小，相应增加跨中弯矩，使梁上下配筋均匀一些。装配整体式框架梁取 0.7~0.8，现浇框架梁取 0.8~0.9，一般工程取 0.85。框架梁端负弯矩调幅后，梁跨中弯矩按平衡条件相应增大。

5. 梁跨中弯矩放大系数

当不计算活荷载或不考虑活荷载的不利布置作用时，可通过此参数来调整梁在恒载或活载作用下的跨中弯矩，提高其安全储备。取值范围为 1.0~1.5，活荷载大时取大值，一般工程取 1.0。

6. 连梁刚度折减系数

结构设计中允许连梁开裂，开裂后连梁的刚度有所降低，为了避免连梁开裂过大，此系数一般取 0.55。

7. 梁刚度增大系数

设计中考虑现浇板对梁的作用，楼板和梁连成一体按照 T 形截面梁工作，而计算时梁截面取矩形，因此可将现浇楼面中梁的刚度放大。通常现浇楼面的边框梁取 1.5，中间框架梁取 2.0。

8. 梁扭矩折减系数

当程序没有考虑楼板对梁扭转的约束作用时，梁的计算扭矩偏大，在实际配筋时应予以适当的折减。

（五）结构分析计算控制条件

1. 自振周期

计算第一周期控制范围：

框架结构：$T_1 = 0.1 \sim 0.15N$

框剪结构：$T_1 = 0.08 \sim 0.12N$

N 为结构计算层数。

第二及第三振型的周期近似为：

$$T_2 \approx (1/3 \sim 1/5)T_1$$

$$T_3 \approx (1/5 \sim 1/7)T_1$$

此周期计算基于刚性楼板假定，且不考虑耦联分析得到的。当计算结果值偏离太远时，应调整构件截面，结构布置使计算结果趋于正常。

2. 振型曲线

对于均匀的结构，振型曲线光滑连续，不应有大进大出、大的凹凸曲折，零点位置符合一般规律，即第一振型无零点，第二振型在（0.7~0.8）H 处有一个零点，第三振型分别在（0.4~0.5）H 及（0.8~0.9）H 处有两个零点。

3. 地震力

底部剪力应符合 GB 50010《建筑抗震设计规范》的规定。当底部剪力小于上述数值时，宜适当加大截面、提高刚度，适当增大地震力以及保证安全；反之，地震力过大，宜适当降低刚度以求得合理的经济技术指标。

4. 水平位移

楼层层内最大的弹性层间位移角限值应符合表 21-51 的规定，薄弱层（部位）的弹塑性层间位移角限值应符合表 21-52 的规定。

表 21-51   弹性层间位移角限值

结 构 类 型	$[\theta_e]$
钢筋混凝土框架	1/550
钢筋混凝土框架-抗震墙、板柱-抗震墙	1/800
钢筋混凝土抗震墙	1/1000
钢筋混凝土框支层	1/1000
钢结构	1/250

表 21-52   框架弹塑性层间位移角限值

结 构 类 型	$[\theta_p]$
单层钢筋混凝土柱排架	1/30
钢筋混凝土框架	1/50
底部框架砌体房屋中的框架-抗震墙	1/100
钢筋混凝土框架-抗震墙、板柱-抗震墙	1/100
钢筋混凝土抗震墙	1/120
钢结构	1/50

5. 轴压比

（1）框架柱轴压比不宜超过表 21-53 的规定。

表 21-53   框架柱轴压比限值

结构类型	抗震等级			
	一	二	三	四
框架结构	0.65	0.75	0.85	0.90

续表

结构类型	抗震等级			
	一	二	三	四
框架-抗震墙 板柱-抗震墙及筒体	0.75	0.85	0.90	0.95
部分框支抗震墙	0.6	0.7	—	

注 表内限值适用于剪跨比大于2、混凝土强度等级不高于C60的柱；剪跨比不大于2的柱，轴压比限值应降低0.05；剪跨比小于1.5的柱，轴压比限值应专门研究并采取特殊构造措施。

（2）沿柱全高采用井字复合箍且箍筋肢距不大于200mm、间距不大于100mm、直径不小于12mm，或沿柱全高采用复合螺旋箍、螺旋间距不大于100mm、箍筋肢距不大于200mm、直径不小于12mm，或沿柱全高采用连续复合矩形螺旋箍、螺旋净距不大于80mm、箍筋肢距不大于200mm、直径不小于10mm，轴压比限值可增加0.10。

（3）在柱的截面中部附加芯柱，其中另加的纵向钢筋的总面积少于柱截面面积的0.8%，轴压比限值可增加0.05；此项措施与上述（2）的措施共同采用时，轴压比限值可增加0.15，但箍筋的体积配箍率仍可按轴压比增加0.10的要求确定。

（4）柱的轴压比限值不应大于1.05。

第三节 继电器室

一、继电器室建筑

（一）建筑布置

（1）继电器室的出入口不应少于两个，其中一个出入口应满足设备搬运要求，出入口门应采用向外侧开启的平开门。

（2）继电器室地下设施根据工艺要求可采用电缆沟或电缆夹层布置。

（3）当继电器室的电缆夹层采用（半）地下式布置时，电缆夹层的底板及四周墙体应采取可靠的防水措施。

（4）电缆夹层的出入口宜为两个，出入口应采用向疏散方向开启的复合钢板门。当门外为公共走道或其他房间时，该门应为满足1.0h耐火极限要求的钢质乙级防火门。

（二）建筑构造与装修

（1）继电器室建筑通用构造与装修参见本章第一节建筑通用部分建筑构造相关内容。

（2）继电器室设计应满足下列要求：

1）由工艺专业确定是否设置屏蔽措施。

2）屋面防水等级应为Ⅰ级。

3）楼（地）面应采用耐磨、不起尘、光滑、易清洁的饰面材料，室内电缆沟盖板的颜色宜与室内地面装饰面层相协调。

4）屋内电缆引至电气屏柜的开孔，电缆贯穿隔墙、楼板的孔洞应由工艺专业采用防火封堵材料进行封堵。

5）不设置空调的继电器室宜有良好的通风，不宜开设大面积玻璃窗。

6）应有严防小动物进入的措施，门缝隙和各种孔洞应严密，所有百叶窗内侧应设细孔钢丝网。

二、继电器室结构

（一）结构选型

（1）继电器室一般均为单层建筑，除采用钢筋混凝土结构、砌体结构、钢结构等结构型式外，也可采用预制舱代替常规继电器室。

（2）当继电器室采用框架结构时，可采用单跨结构。

GB 50011—2010《建筑抗震设计规范》对多层和高层钢筋混凝土房屋规定："甲、乙类建筑以及高度大于24m的丙类建筑，不应采用单跨框架结构"。这是针对多层和高层钢筋混凝土房屋所作的规定，继电器室虽为重点设防类（简称乙类），但为单层建筑，高度不高、跨度较小，因此继电器室采用单层单跨结构可不受此规定限制。

（二）结构布置

参照主控通信楼（室）的结构布置。

（三）荷载计算

参照主控通信楼（室）的荷载计算。

第四节 配电装置楼（室）

一、配电装置楼（室）建筑

（一）GIS室

1. GIS室建筑布置

（1）根据工艺设备及布置要求，确定平面大小、柱网尺寸，柱间尺寸一般控制在6～8m为宜。

（2）室内应根据工艺专业需求设置桁车，其主要技术参数（包括起重量、起升高度、工作速度、自重等）及台数由工艺专业确定。

（3）建筑高度由桁车起吊高度、桁车高度、屋架高度等因素确定。

（4）出入口设置应符合下列规定：

1）出入口应与站区道路相衔接，其净空尺寸应能满足最大运输单元的运输要求。

2）疏散出口设置应严格按照 GB 50229《火力发电厂与变电站设计防火标准》执行。

3）设备运输出入口大门宜采用电动卷帘门或电动推拉门；安全出口门宜采用复合钢板门，且应向室外方向开启。

2. GIS 室建筑构造与装修

建筑构造与装修参见本章第一节建筑通用部分相关内容，尚应符合下列要求：

（1）屋面防水等级宜为Ⅰ级。

（2）当采用压型钢板屋面时，屋面应采取有效的抗风防沙技术措施。

（3）室内地坪应采用耐磨、抗冲击、不起尘、光滑、易清洁的饰面材料。

（4）外墙宜设置采光窗或通风百叶窗。

（二）综合配电室

1. 建筑布置

（1）一般为单层建筑，根据工艺要求包含站用交直流配电室、开关柜室、蓄电池室、柴油发电机室（若有）。

（2）疏散出口设置应严格按照 GB 50229《火力发电厂与变电站设计防火标准》执行。

2. 建筑构造与装修

建筑构造与装修参见本章第一节建筑通用部分相关内容，尚应符合下列要求：

（1）屋面防水等级应为Ⅰ级。

（2）地面应采用耐磨、不起尘、光滑、易清洁的饰面材料，室内电缆沟盖板的颜色宜与室内地面装饰面层相协调。

（3）电缆贯穿隔墙、楼板的孔洞应由工艺专业采用防火封堵材料进行封堵。

（4）应有严防小动物进入的措施，门缝隙和各种孔洞应严密，所有百叶窗内侧应设细孔钢丝网。

（三）阀室

变电站阀室一般包括 SVC 阀室、SVG 阀室及可控高压电抗器阀室。

1. 建筑布置

（1）一般为单层建筑，平面功能主要分为阀室、控制保护室、冷却设备室三部分。

（2）疏散出口设置应严格按照 GB 50229《火力发电厂与变电站设计防火标准》执行。

2. 建筑构造与装修

建筑构造与装修参见本章第一节建筑通用部分相关内容，尚应符合下列要求：

（1）由工艺专业确定是否设置屏蔽措施。

（2）屋面防水等级应为Ⅰ级。

（3）地面应采用耐磨、不起尘、光滑、易清洁的饰面材料，室内电缆沟盖板的颜色宜与室内地面装饰面层相协调。

（4）电缆贯穿隔墙、楼板的孔洞应由工艺专业采用防火封堵材料进行封堵。

（5）控保室墙体应采用向外侧开启的钢质电磁屏蔽门。

（6）应有严防小动物进入的措施，门缝隙和各种孔洞应严密，所有百叶窗内侧应设细孔钢丝网。

（四）配电装置楼

配电装置楼一般用于户内变电站或半户内变电站，为综合性工业建筑。

1. 建筑布置

（1）主要生产用房一般设置主变压器室、散热器室、GIS 室、低压配电室、电抗器室、电抗器散热器室、电容器室、站用变压器室、二次设备室、监控室、电缆层（户内）、蓄电池室，辅助及附属房间有消防控制室、办公室、资料室、安全工具室、值班室、卫生间等。

（2）楼内的含油断路器、油浸电流互感器和电压互感器、高压电抗器，应安装在有防火隔墙的间隔内。总油量超过 100kg 的屋内油浸变压器，应安装在单独的变压器室。

2. 建筑构造与装修

建筑构造与装修参见本章第一节建筑通用部分相关内容，尚应符合下列要求：

（1）屋面防水等级宜为Ⅰ级。

（2）楼（地）面应采用耐磨、不起尘、光滑、易清洁的饰面材料，室内电缆沟盖板的颜色宜与室内地面装饰面层相协调。

（3）楼内通道应畅通无阻，不应有与配电装置无关的管道通过。墙上开孔洞的部位，应采取防止雨、雪、小动物及风沙进入的措施。

（4）配电装置楼应采用向外开启的钢门。当门外为公共走道或其他房间时，应采用向外开启的乙级防火门。

（5）穿墙套管母线引出处的上部墙面，不得设开启式窗。

（6）当电抗器室内布置时，应考虑其电磁场对敏感设备的影响。

（7）电缆贯穿隔墙、楼板的孔洞应由工艺专业采用防火封堵材料进行封堵。

3. 其他要求

剖面设计、防火与疏散、热工与节能、噪声控制参见本章第一节建筑专用部分相关内容。

二、配电装置楼（室）结构

（一）GIS 室

1. GIS 室结构型式

GIS 室可根据房屋跨度、施工环境等条件采用钢结构，也可采用钢筋混凝土框（排）架结构。

（1）门式刚架结构。

1）钢横梁与钢柱一般为刚接，柱脚与基础一般采用铰接，当室内设置有桥式吊车、檐口标高较高时，柱脚与基础宜采用刚接。

2）门式刚架的跨度宜为 9～36m，以 3m 为模数。

3）门式刚架纵向柱间距宜取为 6m，也可采用 7.5m 或 9m，一般情况下不宜大于 12m，遇工艺设备纵墙出口处可适当调整柱间距。

（2）排架结构。排架结构柱可采用钢筋混凝土柱或钢柱、屋面承重结构可采用钢屋架或实腹钢梁，钢屋架或实腹钢梁与柱顶铰接。

（3）钢筋混凝土框架结构。当房屋跨度较小（一般不大于 12m）时，GIS 室也可采用钢筋混凝土框架结构，屋面为现浇钢筋混凝土梁板结构，且屋面宜通过结构找坡。

2. 荷载

作用在 GIS 室结构上的荷载除一般建筑结构荷载外，还包括吊车竖向荷载、吊车纵横向水平荷载。

（1）风荷载。作用在刚架上的风荷载应同时满足 GB 50009《建筑结构荷载规范》、GB 51022《门式刚架轻型房屋钢结构技术规范》的有关规定。

（2）吊车荷载。吊车荷载按吊车技术规格及 GB 50009《建筑结构荷载规范》的规定计算。

1）吊车竖向荷载标准值，应采用吊车的最大轮压或最小轮压；吊车竖向荷载应乘以动力系数 1.05（吊车工作制 A1～A5）及 1.1（A6～A8 及硬钩吊车）。

2）吊车纵向水平荷载标准值，应按作用在一边轨道上所有刹车轮的最大轮压之和的 10%采用；该项荷载的作用点位于刹车轮与轨道的接触点，其方向与轨道方向一致。

3）吊车横向水平荷载应等分于桥架的两端，分别由轨道上的车轮平均传至轨道，其方向与轨道垂直，并应考虑正反两个方向的刹车情况。

4）GIS 室内吊车的工作级别一般为 A1～A3，吊车荷载的组合值系数为 0.7，频遇值系数为 0.6，准永久值系数为 0.5。

5）GIS 室结构设计时，在荷载准永久组合中可不考虑吊车荷载；但在吊车梁按正常使用极限状态设计时，宜采用吊车荷载的准永久值。

3. 柱间支撑系统

（1）厂房单元的各纵向柱列，应在厂房单元中部布置一道下柱柱间支撑；当 7 度厂房单元长度大于 120m（采用轻型维护材料时为 150m），8 度和 9 度厂房单元大于 90m（采用轻型围护材料时为 120m）时应在厂房单元 1/3 区段内各布置一道下柱支撑；当柱距数不超过 5 个且厂房长度小于 60m 时，也可在厂房

单元的两端布置下柱支撑。上柱柱间支撑应布置在厂房单元两端和具有下柱支撑的柱间。

（2）柱间支撑宜采用 X 形支撑，条件限制时也可采用 V 形、A 形及其他形式的支撑。X 形支撑斜杆与水平面的夹角、支撑斜杆交叉点的节点板厚度应符合 GB 50011《建筑抗震设计规范》的有关规定。

4. 钢结构屋盖支撑系统

GIS 室采用钢结构屋盖时，应根据结构及其荷载的不同情况设置可靠的支撑系统。在建筑物每一个温度区段或分期建设的区段中，应分别设置独立的空间稳定的支撑系统，所有横向支撑、纵向支撑和竖向支撑均应与屋架、托架等的杆件或檩条组成几何不变的桁架形式。

对抗震区，有檩屋盖及无檩屋盖的支撑系统布置宜满足 GB 50011《建筑抗震设计规范》的要求。

（1）屋盖横向支撑布置要求。一般情况下，单层钢结构厂房屋盖横向支撑应对应上柱柱间支撑布置，故其间距取决于柱间支撑。

屋架的主要横向水平支撑应设置在传递厂房框架支座反力的平面内。即当屋架为端斜杆上承式时，应以上弦横向支撑为主；当屋架为端斜杆下承式时，应以下弦横向支撑为主。

当主要横向支撑设置在屋架的下弦平面区间内时，宜对应地设置上弦横向支撑；当主要横向支撑设置在屋架的上弦平面区间内时，一般可不设置对应的下弦横向支撑。

对于有檩屋盖，宜将主要横向支撑设置在上弦平面，水平地震作用通过上弦平面传递，相应的，屋架也应采用端斜杆上承式。

（2）屋盖纵向水平支撑布置要求。屋盖纵向水平支撑的布置比较灵活。一般仅用于采用托架支承屋盖横梁、高低跨厂房、纵向柱列局部柱间采用托架支承屋盖横梁（相应的也局部而非通长设置纵向支撑）等情形。设计时，应根据具体情况综合分析，以达到合理布置的目的。但是，只要按上述前两种情形设置了沿结构单元全长的纵向水平支撑时，就应与横向水平支撑形成封闭的水平支撑体系。

5. 隅撑作用及其布置要求

（1）隅撑就是梁与柱、梁与檩条以及柱与檩条之间的支撑杆，用于保证梁受压翼缘或柱内侧翼缘的整体或局部稳定性。在墙面上的叫墙隅撑，屋面上的叫屋面隅撑。

（2）当轻型屋盖采用实腹屋面梁与柱刚性连接的刚架体系时，屋盖水平支撑可布置在屋面梁的上翼缘平面，屋面梁下翼缘应设置隅撑侧向支撑，隅撑的另一端可与屋面檩条连接。

（3）隅撑一般宜采用单角钢制作，按照轴心受压

构件设计，隅撑与被连接钢构件之间的夹角宜为45°。

6. 门式刚架构件及连接节点设计

（1）门式刚架构件主要包括刚架柱、横梁、支撑系统，应满足 GB 50017《钢结构设计标准》、GB 51022《门式刚架轻型房屋钢结构技术规范》的有关要求。

（2）横梁与柱及横梁拼接节点设计。门式刚架横梁与柱的连接，可采用端板竖放、端板平放和端板斜放三种形式，如图 21-1 所示。当用外天沟时，可将柱顶板做成倾斜的，如图 21-1 中的虚线所示。横梁拼接时宜使端板与构件外缘垂直，如图 21-1（d）所示。端板及其连接节点应符合下列规定：

1）主刚架构件的连接宜采用高强度螺栓，可采用承压型或摩擦型连接。当为端板连接且只受轴向力和弯矩，或剪力小于其实际抗滑移承载力（按抗滑移系数为 0.3 计算）时，宜采用高强度承压型螺栓连接。

2）端板连接应按所受最大内力设计。当内力较小时，应按能够承受不小于较小被连接截面承载力的一半设计。

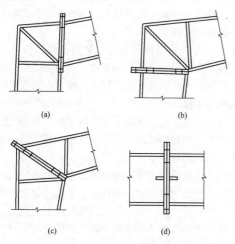

图 21-1　刚架横梁与柱的连接及横梁间的拼接

（a）端板竖放；（b）端板平放；（c）端板斜放；
（d）横梁拼接

3）端板连接螺栓应成对对称布置。在受拉翼缘和受压翼缘的内外两侧均应设置，并宜使每个翼缘的螺栓群中心与翼缘的中心重合或接近，应采用将端板伸出截面高度范围以外的外伸式连接，当螺栓群间的力臂足够大（例如在端板斜置时）或受力较小时（例如某些横梁拼凑），也可采用将螺栓全部设在构件截面高度范围内的端板平齐式连接。

4）在门式刚架中，受压翼缘的螺栓不宜少于两排。当受拉翼缘两侧各设一排螺栓尚不能满足承载力要求时，可在翼缘内侧增设螺栓。

5）刚架构件的翼缘和腹板与端板的连接应采用全熔透对接焊缝，坡口型式应符合 GB 985.1《气焊、焊条电弧焊、气体保护焊和高能束焊的推荐坡口》的有关要求。

（3）刚架柱脚。

1）外露式柱脚。门式刚架轻型房屋钢结构的柱脚，可采用平板式铰接柱脚［见图 21-2（a）、（b）］，也可采用刚性柱脚［见图 21-2（c）、（d）］。柱脚锚栓不宜用以承受柱脚底部的水平力。此水平力应由底板与混凝土之间的摩擦力（摩擦系数取 0.4）或设置抗剪键来承受。当埋置深度受到限制时，锚栓应牢固地固定在锚板或锚梁上，以传递全部拉力，此时锚栓与混凝土间的黏结力不予考虑。

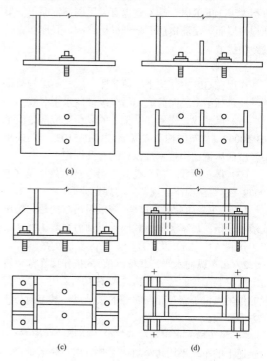

图 21-2　门式刚架柱脚型式

（a）一对锚栓的铰接柱脚；（b）两对锚栓的铰接柱脚；
（c）带加劲肋的刚接柱脚；（d）带靴梁的刚接柱脚

2）插入式柱脚。近年来将钢柱直接插入混凝土内用二次浇灌层固定的插入式刚接柱脚已经在多项单层工业厂房中应用，效果良好，并不影响安装调整。这种柱脚构造简单、节约钢材且安全可靠，可用于大跨度、有吊车的厂房中。

3）埋入式、外包式柱脚。门式刚架厂房也可采用埋入式或外包式刚接柱脚，如图 21-3 所示。

7. 钢吊车梁及其连接

（1）钢吊车梁的计算。

1）计算吊车梁的强度、稳定以及连接强度时，应采用荷载效应设计值（荷载标准值乘以分项系数），计算疲劳和正常使用状态的变形时，采用荷载标准值。

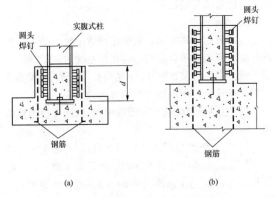

图 21-3 埋入式柱脚及外包式柱脚

（a）埋入式；（b）外包式

2）吊车的动力系数。当计算吊车梁及其连接的强度时，吊车竖向荷载应乘以动力系数。GIS 室内吊车的工作级别一般为 A1～A3，动力系数取 1.05，计算疲劳和变形时，动力荷载不乘动力系数。

3）吊车台数的取用。

a）计算吊车梁及其制动结构的疲劳和挠度时，吊车荷载应按作用在跨间内起重量最大的一台吊车确定，吊车轮压按标准值计算。

b）计算制动结构的强度时，对于边列柱的吊车梁，其制动结构应按同跨两台最大吊车所产生的最大横向水平荷载进行计算；对位于中列柱的吊车梁，其制动结构应按同跨两台最大吊车或相邻跨间各一台最大吊车所产生的最大横向水平荷载，取两者中的较大值进行计算。

（2）吊车梁下翼缘与柱的连接。

1）吊车梁下翼缘与柱一般采用普通螺栓连接。

2）当吊车梁位于非柱间支撑范围内时，此时所用的固定螺栓可按构造配置。

3）当吊车梁位于柱间支撑范围内时，连接螺栓的抗剪强度和承压强度按下列公式计算：

$$\tau = \frac{1.5(H_z + H_w)}{nd^2} \leq f_v^b \qquad (21-12)$$

$$\sigma_c = \frac{1.2(H_z + H_w)}{ntd} \leq f_c^b \qquad (21-13)$$

式中 H_z——吊车纵向水平荷载设计值；

H_w——山墙传来的风荷载设计值或地震作用；

d——螺栓的直径；

t——螺栓的厚度；

n——螺栓的数目。

（3）吊车梁上翼缘与柱的连接。

1）吊车梁上翼缘与柱之间连接板的强度及稳定，可按下列公式计算：

强度 $$\sigma = \frac{R_H}{(b-nd)t} \leq f \qquad (21-14)$$

稳定 $$\frac{R_H}{\varphi bt} \leq f \qquad (21-15)$$

式中 R_H——由吊车横向水平荷载设计值在柱一侧所产生的最大反力；

b——连接板的宽度；

t——连接板的厚度；

φ——轴心受压杆件的稳定系数。

2）连接板与柱或吊车梁上翼缘的连接，应分别按下列公式计算：

当采用焊接连接时，每一侧所需角焊缝的有效长度为（且不得大于 $40h_f$）

$$l_w = \frac{R_H}{0.7h_f f_f^w} \qquad (21-16)$$

当采用高强度螺栓连接时，每一侧所需的高强度螺栓数目为

$$n \geq \frac{R_H}{f_v^b} \qquad (21-17)$$

（二）综合配电室、阀室

综合配电室、SVC 与 SVG 等阀室一般为单层建筑，宜根据建筑物的重要性、安全等级、抗震设防烈度、场地类别等条件，采用钢筋混凝土结构、砌体结构等结构型式。其荷载及结构分析计算参见主控通信楼（室）结构部分。

（三）配电装置楼

1. 结构型式

配电装置楼楼层较高，设备荷载较大，一般采用钢筋混凝土框架结构，当地下设有电缆夹层时，地下部分可采用钢筋混凝土抗震墙。

当建筑物所处地区地震设防烈度较高，户内设备（如 GIS 设备等）难以满足相应地震加速度要求时，可对设备或建筑物采取减震隔震措施。

2. 荷载

配电装置楼内对应的设备荷载主要有电缆、电容器、继电器、配电屏柜、接地变压器、限流电抗器、GIS 设备等。

荷载及取值按 GB 50009《建筑结构荷载规范》及 DL/T 5457《变电站建筑结构设计技术规程》的有关规定取值。

3. 结构分析计算

配电装置楼荷载及结构分析计算参见主控通信楼（室）结构部分，吊车荷载的计算参见 GIS 室结构部分。

第五节 水工建筑物

一、水工建筑物功能与分类

水工建筑物是针对变电站生活及消防用水的取水、供水、加压、储水、维护等功能要求而建的土建设施，一般包括综合水泵房类建筑、泡沫消防间、消防小室、雨淋阀室等。

二、水工建筑物建筑

（一）综合水泵房

1. 建筑布置

（1）泵房的出入口宜为两个，其中一个出入口应满足设备搬运要求。综合水泵房出入口门宜采用复合钢板门，且应向室外方向开启。

（2）室内应根据工艺要求设置起吊设施。

2. 建筑构造与装修

建筑构造与装修参见本章第一节建筑通用部分相关内容，尚应符合下列要求：

（1）屋面防水等级宜为Ⅱ级。

（2）外墙宜设置采光窗或通风百叶窗。

（3）外墙内侧宜设置适当高度防水层，外墙内侧和顶棚宜采用抗菌防霉型材料饰面。

（4）楼（地）面应采用耐磨、防水、防滑、易清洁的饰面材料，楼（地）面应设置不小于 1%的排水坡度坡向排水沟或地漏，排水沟盖板的颜色宜与楼（地）面装饰面层相协调。

（二）泡沫消防间（雨淋阀室）

1. 建筑布置

一般面积较小，设置一个满足设备搬用尺寸的出入口即可满足要求。泡沫消防间（雨淋阀室）出入口门宜采用复合钢板门，且应向室外方向开启。

2. 建筑构造与装修

建筑构造与装修参见本章第一节建筑通用部分相关内容，尚应符合下列要求：

（1）屋面防水等级宜为Ⅱ级。

（2）外墙宜设置采光窗或通风百叶窗。

（3）地面应采用耐磨、防水、防滑、易清洁的饰面材料，地面应设置不小于1%的排水坡度坡向排水沟或地漏，排水沟盖板的颜色宜与地面装饰面层相协调。

三、水工建筑物结构

1. 结构型式

（1）应结合建筑物的重要性、安全等级、平面尺寸、安装检修需求及地震作用等因素，合理确定其结构型式。

（2）综合水泵房（深井、升压、生活、消防等）、

泡沫消防间、消防小室、雨淋阀室等可采用砌体结构或现浇钢筋混凝土框架结构。

（3）考虑泡沫消防罐进出房间要求，泡沫消防间宜采用框架填充墙结构。

2. 荷载

（1）根据工艺要求，泵房需设置单轨吊（电动葫芦）时，应考虑单轨吊对结构布置及受力的影响。

（2）泵房与水池采用上下结构整体布置时，整体式地下池体所承受的荷载应按以下原则考虑：

1）当地下水位低于基础埋深时，仅需考虑池体侧面土压力。

2）当地下水位高于基础埋深时，除考虑地下水的浮力外，对于池体侧面土压力应按土水压力合算（取饱和容重 r_{sat}）与土水压力分算（分别取各自容重）进行计算，取其不利情况设计。

3. 结构分析计算

水工建筑物上部结构分析与计算参见主控通信楼（室）结构部分。

第六节 车 库

一、车库建筑

（一）建筑布置

（1）车库宜与其他建筑物联合布置，也可单独布置。

（2）车库应便于车辆的出入，并通过防滑坡道与站区道路相衔接。

（3）车库的净空尺寸应综合考虑车辆外形尺寸和空间要求确定。车库门宜采用满足车辆出入要求的车库专用门或电动卷帘门。

（4）车库设计除应满足 GB 50067《汽车库、修车库、停车场设计防火规范》、JGJ 100《车库建筑设计规范》的有关规定。

（二）建筑构造与装修

建筑构造与装修参见本章第一节建筑通用部分相关内容，尚应符合下列要求：

（1）车库室内地坪应采用耐磨、防滑、易清洁的饰面材料。

（2）车库室内地坪宜设置坡度不小于1%的排水沟和相应的排水措施。

（3）车库屋面防水等级宜为Ⅱ级。

（4）车库外墙宜设置采光窗或通风百叶窗。

二、车库结构

（一）结构选型

变电站内车库一般均为单层建筑，可采用钢筋混

凝土结构、砌体结构、钢结构等。

（二）结构布置

参照主控通信楼（室）的结构布置。

（三）荷载计算

参照主控通信楼（室）的荷载计算。

第七节 备 品 备 件 库

一、备品备件库建筑

（一）建筑布置

（1）宜采用单层布置，也可局部采用两层布置。备品备件的室内空间应满足故障设备检修和备品备件存放等功能要求。

（2）跨度一般选用 12～18m，方便备品备件运输与摆放。

（3）出入口设置应符合下列要求：

1）应与站区道路自然衔接，其净空尺寸应能满足最大备品备件的起吊要求。

2）安全出口的设置应满足 GB 50016《建筑设计防火规范》对仓库安全疏散的要求；安全出口门宜采用复合钢板门，且应向室外方向开启。

3）供设备搬运的大门宜采用平开折叠门、电动卷帘门或电动推拉门。

4）室内应设置电动单梁起重机，其主要技术参数（包括起重量、起升高度、工作速度、自重等）及台数由工艺提供。

（二）建筑构造与装修

（1）建筑构造与装修参见本章第一节建筑通用部分相关内容，尚应符合下列要求：

1）屋面防水等级宜为Ⅱ级。

2）当采用压型钢板屋面时，屋面应采取有效的抗风防沙技术措施。

3）室内地坪应采用耐磨、抗冲击、不起尘、光滑、易清洁的饰面材料。

4）外墙宜设置采光窗或通风百叶窗。

二、备品备件库结构

备品备件库结构请参见 GIS 室结构部分。

第八节 警 卫 传 达 室

一、警卫传达室建筑

（一）建筑布置

（1）应结合站区围墙紧邻进站大门布置于站区内侧。

（2）宜单独设置值班室与休息室，休息室内宜设置独立卫生间。

（3）有特殊安全需求的变电站警卫传达室应增设安保器材室，警卫传达室站外侧不应设置外窗。

（二）建筑构造与装修

（1）建筑构造与装修参见本章第一节建筑通用部分相关内容。

（2）屋面防水等级宜为Ⅱ级。

二、警卫传达室结构

（一）结构选型

一般均为单层建筑，可采用钢筋混凝土结构、砌体结构、钢结构等。

（二）结构布置

参照主控通信楼（室）的结构布置。

（三）荷载计算

参照主控通信楼（室）的荷载计算。

第二十二章

构 筑 物 设 计

第一节 构支架及独立避雷针

一、一般原则

（1）构支架及独立避雷针应根据其高度、电压等级、加工制作水平、运输条件、施工条件以及当地气候条件，结合电气布置方案选用合适的结构型式，其外形应做到相互协调，支架顶板还应与上部设备底座外形相协调。

（2）根据结构破坏可能产生后果的严重性，采用不同的安全等级及结构重要性系数。构支架、独立避雷针的安全等级及结构重要性系数按表 22-1 确定。

表 22-1 构支架、独立避雷针的安全等级及结构重要性系数

构支架名称	安全等级	结构重要性系数%
500kV 及以上构支架	一级	1.1
其余构支架	二级	1.0
独立避雷针	二级	1.0

（3）设计使用年限应按照 GB 50153《工程结构可靠性设计统一标准》及 GB 50068《建筑结构可靠性设计统一标准》确定，构支架及独立避雷针的设计使用年限不宜低于表 22-2 的规定。

表 22-2 构支架、独立避雷针的最低设计使用年限 （年）

构架及设备支架类型	电压等级	
	≤220kV	330kV 及以上
一般变电站构架	25	50
枢纽变电站构架	50	50
设备支架	25	50
独立避雷针	50 年或与变电站的设计使用年限相同	

（4）构架柱宜采用 A 字形钢管柱、角钢或钢管格

构式柱，220kV 及以下电压等级的构架柱也可采用 A 字形钢筋混凝土环形杆和钢管混凝土柱等结构型式；构架梁宜采用单钢管梁、三角形或矩形断面的格构式钢梁等结构型式。

（5）设备支架宜与构架的结构型式相协调，宜采用钢管支架、角钢或钢管格构式支架、钢筋混凝土环形杆支架和钢管混凝土支架等结构型式。

（6）独立避雷针为自立式独立结构，宜采用钢结构。一般采用等锥度渐变截面单钢管或三肢、四肢角钢（钢管）格构式结构。

（7）需要进行疲劳验算的对接焊缝，受拉时应为一级，受压时应为二级；不需要进行疲劳验算的对接焊缝，受拉时不应低于二级，受压时宜为二级；凡对接焊缝均应焊透。

1）一级焊缝：插接杆外套管插接部位纵向焊缝设计长度加 200mm。

2）二级焊缝：管的环向对接焊缝及连接挂线板的对接焊缝和主要 T 接焊缝；钢管与无加劲法兰盘的上部剖口焊；钢管之间相贯焊。钢管之间相贯焊应完全焊透并对焊缝内部质量实行 20%无损检测。钢管与有加劲法兰盘间的上下角焊缝、有加劲法兰的加劲板与钢管和法兰盘间的角焊缝外观上均应符合二级焊缝质量等级。

3）三级焊缝：钢管的纵向对接焊缝及不属于一、二级的其他焊缝。

（8）结构构件分段处连接优先采用刚性法兰，也可采用柔性法兰或插接，尽可能避免现场焊接。

（9）户外构支架及独立避雷针无防火要求，但应采取可靠的防腐措施。一般环境条件下可采用镀锌或喷锌（铝）及其合金防腐，锌层厚度、均匀性及附着性应满足 DL/T 646《输变电钢管结构制造技术条件》的要求，特殊环境条件下的防腐措施应经专题研究确定。

（10）构架正常使用极限状态下的变形应采用荷载的标准组合或准永久组合计算，其变形应符合有关标准的规定，并不宜超过表 22-3 的规定。

表 22-3　　　　构 架 挠 度 限 值

序号	结构类别		挠度限值
1	构架横梁	220kV 及以下	$L/200$（跨中） $L/100$（悬臂）
		330、500kV	$L/300$（跨中） $L/150$（悬臂）
		750、1000kV	$L/400$（跨中） $L/200$（悬臂）
2	A字形 构架柱	构架平面内	$H/200$
		构架平面外（带端撑）	$H/200$
		构架平面外（无端撑）	$H/100$
3	构架单柱 （无拉线）	一般用于 500kV 及以下	$H/100$
4	格构式 构架柱	一般用于 500kV 及以上	$H/300$

注　1. 表中 L、H 分别为梁的计算跨度及柱的高度，柱的高度 H 不包含构架上的避雷针及地线柱。
　　2. 计算悬臂构件的挠度限值时，其计算跨度 L 按实际悬臂长度取用。

（11）设备支架正常使用极限状态下的变形应采用荷载的标准组合或准永久组合计算，其变形应符合有关标准的规定，并不宜超过表 22-4 的规定。

表 22-4　　　　设备支架挠度限值

序号	结构类别	挠度限值
1	隔离开关的横梁	$L/300$
2	隔离开关的支架柱	$H/300$
3	其他设备支架柱	$H/200$

注　1. 各类设备支架的挠度，尚应满足设备厂家对支架提出的特殊要求。
　　2. 表中 L、H 分别为梁的计算跨度及柱的高度。

（12）根据标准和运行检修要求设置爬梯。

1）出线构架宜间隔一个构架柱设置一个爬梯，并宜靠向道路一侧设置。敞开式布置的 500kV 及以下电压等级母线柱原则上不设爬梯；敞开式布置的 750kV 及以上电压等级出线柱爬梯应能兼顾通往母线梁走道，母线柱不设或者少设爬梯。

2）500kV 及以上电压等级构架宜采用"H"形爬梯，330kV 及以下电压等级构架宜采用"I"字形爬梯。爬梯最底一节踏棍距地面高度不应大于 450mm。爬梯底部宜设置安全防攀门。

3）750kV 及以上构架爬梯应加设护笼或者防坠落装置，每隔 8m 宜设置梯间平台。护笼设计可参照国标图集 15J 401《钢梯》执行。

4）独立避雷针顶部无挂线，可不设置爬梯。

（13）走道及栏杆设置要求如下：

1）330kV 及以下构架，采用格构式三角形梁时可不设走道及栏杆；当采用单钢管梁时应设置走道和单侧栏杆，栏杆高度不小于 1.05m。

2）500kV 构架采用格构式三角形梁时可只设走道，一般不设栏杆。

3）750kV 及以上构架采用格构式三角形或矩形梁，应同时设走道、单侧或双侧栏杆，栏杆高度不小于 1.1m。

（14）防止构支架钢管内积水的措施如下：

1）对于镀锌工艺，采用管底埋管或管内一定高度灌混凝土进行排水，参考做法见图 22-1～图 22-3。

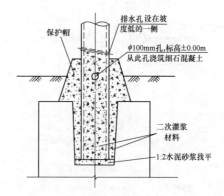

图 22-1　构架柱底设泄水孔排水方式

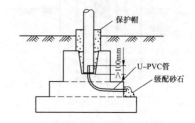

图 22-2　基础内预埋排水管排水方式（一）

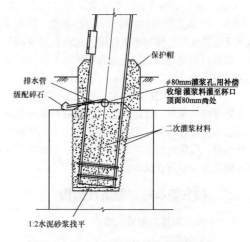

图 22-3　基础内预埋排水管排水方式（二）

2）对于喷锌工艺，在柱每个分段钢管的两端、法兰盘以内 30～50mm 处焊接 4～6mm 的挡水板，防止雨水进入柱管内。

（15）柱脚在地面以下的部分应采用混凝土包裹（保护层厚度不小于 50mm），包裹的混凝土高出室外地面不应小于 150mm，高出室内地面不宜小于 50mm，并宜采取措施防止水分残留，做法参见图 22-4；当柱脚底面在地面以上时，柱脚底面高出室外地面不应小于 100mm，高出室内地面不宜小于 50mm，做法参见图 22-5。

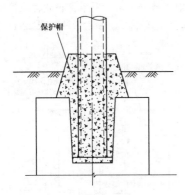

图 22-4　柱脚保护帽

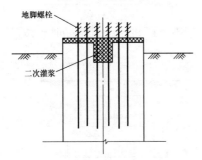

图 22-5　柱脚采用地脚螺栓

（16）变电站构支架、独立避雷针按标准设防类（简称丙类）确定抗震设防标准，即按本地区抗震设防烈度确定其抗震措施和地震作用，达到在遭遇高于当地抗震设防烈度的预估罕遇地震影响时不致倒塌或发生危及生命安全的严重破坏的抗震设防目标。

（17）为美观起见，要求加工时对于格构柱中有纵向对接焊缝的单肢钢管，应将焊缝放置在格构柱组装后的管内侧；对于 A 字形柱（包括端撑）的钢管纵向对接焊缝，应放置在 A 字形柱的内侧；单钢管梁钢管纵向对接焊缝放置在梁顶面。

二、构支架及独立避雷针结构

（一）构支架结构型式及特点

1. 构架结构型式

构架结构按材料分为钢结构和钢筋（钢管）混凝土结构；按结构型式分为对柱有格构式、单管 A 字形及单管 I 字形等型式；对梁有格构式和非格构式。

构架的型式通常主要有以下几种：①焊接普通钢管结构；②角钢（钢管）格构式结构；③（预应力）钢筋混凝土环形杆结构；④薄壁离心钢管混凝土杆结构；⑤型钢结构；⑥打拉线结构。构架主要结构型式组合一览表见表 22-5。

表 22-5　构架主要结构型式组合一览表

柱　结　构	梁结构		
	格构式结构	钢管结构	型钢结构
焊接普通钢管结构	√	√	—
角钢（钢管）格构式结构	√	—	—
（预应力）钢筋混凝土环形杆结构	√	—	—
薄壁离心钢管混凝土杆结构	√	—	—
型钢结构	—	—	—
打拉线结构	—	—	—

注　表中打"√"的组合为常用梁柱组合。

2. 构架结构特点

（1）焊接普通钢管结构由焊接普通圆形（多边形）钢管 A 字形柱或 I 字形柱和焊接普通圆形（多边形）单钢管梁或三角形断面格构式角钢（钢管）组成。

（2）角钢（钢管）格构式结构由矩形断面角钢（钢管）格构式柱和矩形断面角钢（钢管）格构式梁组成。

（3）普通或预应力钢筋混凝土环形杆结构由环形杆作为构架柱与相适应形式的构架梁组成。一般构架柱为 A 字形柱，构架梁为三角形或矩形格构式梁。

（4）薄壁离心钢管混凝土杆结构是一种钢-混凝土组合结构，内壁所衬混凝土可提高柱的承载能力和管壁稳定性，同时也是管内壁的防腐蚀措施。

（5）型钢结构是由工字钢、槽钢等组成的钢结构。

（6）打拉线结构利用拉线钢材较好的抗拉强度，一般在单侧受力结构中采用。

构架较常采用的结构型式主要为焊接普通钢管结构和角钢（钢管）格构式结构。220kV 及以下电压等级的构架柱也采用普通或预应力钢筋混凝土环形杆结构、薄壁离心钢管混凝土杆结构；型钢结构和打拉线结构在目前变电站中较少采用。

3. 支架结构型式

支架结构按材料分为钢结构、钢筋或钢管混凝土结构。按结构型式分为单钢管和格构式。

4. 支架结构特点

（1）钢结构一般为焊接普通多边形（圆形）钢管或型钢。根据电压等级、设备外形及布置特点有格构式、单柱 T 型和 ∏ 型等型式。

（2）钢筋（钢管）混凝土结构一般为普通或预应

力钢筋混凝土环形杆、薄壁离心钢管混凝土杆。根据电压等级、设备外形及布置特点有格构式、单柱T型和Π型等型式。钢筋（钢管）混凝土结构只作为支架柱，柱上横梁则采用型钢。

支架较常采用的结构型式主要为钢结构。220kV及以下电压等级的支架柱也采用钢筋（钢管）混凝土结构。

（二）构支架结构材料

1. 混凝土

（1）混凝土的选择应根据结构型式与受力、使用环境及耐久性等综合考虑。

（2）普通或预应力钢筋混凝土环形杆和薄壁离心钢管混凝土杆的混凝土强度标准值、设计值和弹性模量等应按GB 50010《混凝土结构设计规范》的规定并参考第二十一章第一节结构专用部分中关于混凝土材料的相关内容。离心混凝土的弹性模量应乘以1.2。

（3）钢筋混凝土环形构件的混凝土强度等级不宜低于C40，预应力钢筋混凝土环形构件的混凝土强度等级不宜低于C50；薄壁离心钢管混凝土构件的混凝土强度不应低于C40。

2. 钢筋

（1）钢筋的强度标准值、设计值和弹性模量应按GB 50010《混凝土结构设计规范》的规定并参考第二十一章第一节结构专用部分中关于钢筋材料的相关内容。

（2）普通受力钢筋宜采用HRB400钢筋；箍筋宜采用HPB300钢筋，也可采用HRB400钢筋。预应力筋宜采用预应力钢丝、钢绞线和预应力螺纹钢筋。

3. 钢材

（1）钢材应按GB 50017《钢结构设计标准》、GB 700《碳素结构钢》和GB/T 1591《低合金高强度结构钢》的规定，并参考第二十一章第一节结构专用部分中关于钢材的相关内容。

（2）承重结构采用的钢材应具有抗拉强度、伸长率、屈服强度和硫、磷含量的合格保证，对焊接结构尚应具有碳含量的合格保证。焊接承重结构以及重要的非焊接承重结构采用的钢材还应具有冷弯试验的合格保证。

（3）根据结构型式和受力，采用Q235B～D、Q355B～D可以满足设计要求。

（4）注意选用较易采购的钢材品种和规格。

4. 焊条

（1）焊条应按GB 50017《钢结构设计标准》、GB/T 5117《非合金钢及细晶粒钢焊条》和GB/T 5118《热强钢焊条》的有关技术规定，并参考第二十一章第一节结构专用部分中关于焊条的相关内容。

（2）钢结构中主要采用电弧焊、埋弧焊。电弧焊有手工焊、自动焊和半自动焊。

1）手工焊接所用的焊条应符合GB/T 5118《热强钢焊条》的规定。

2）自动焊或半自动焊用焊丝应符合GB/T 14957《熔化焊用钢丝》、GB/T 8110《气体保护电弧焊用碳钢、低合金钢焊丝》及GB/T 17493《热强钢药芯焊丝》的规定。

3）埋弧焊用焊丝和焊剂应符合GB/T 12470《埋弧焊用热强钢实心焊丝、药芯焊丝和焊丝—焊剂组合分类要求》的规定。

（3）钢结构的焊条或焊丝的型号和性能应与相应母材的性能相适应。

（4）两种不同强度的钢材相连接时，可采用与低强度钢材相适应的焊接材料。Q235B钢之间、Q355B钢与Q235B钢之间焊接采用E43焊条，Q355B钢之间焊接采用E50焊条。

（5）对直接承受动力荷载或需要验算疲劳的结构，以及低温环境下工作的厚板结构，宜采用低氢型焊条。

5. 螺栓

（1）螺栓应按GB 50017《钢结构设计标准》和DL/T 5154《架空输电线路杆塔结构设计技术规定》的规定并参考第二十一章第一节结构专用部分中关于螺栓的相关内容。

（2）连接螺栓可采用镀锌C级普通镀锌螺栓。法兰连接螺栓、梁柱连接螺栓一般采用8.8级双螺母双垫圈；主材与腹杆、腹杆与腹杆之间一般采用6.8级或8.8级单螺母双垫圈；爬梯、休息平台、走道板及扶手等附属构件采用4.8级单螺母单垫圈。

（3）螺栓不宜过长或过短，以拧紧后露出2～3丝扣为宜。供货时，螺栓数量应适当留有一定的备用余量。

（三）荷载及荷载组合

1. 荷载分类

根据荷载的性质，作用在变电站构架及设备支架上的荷载通常可分为永久荷载、可变荷载、偶然荷载三种类型。

（1）永久荷载，结构自重以及导（地）线自重所产生的垂直荷载和水平张力。

（2）可变荷载，风荷载、冰荷载、雪荷载、安装及检修所产生的临时性荷载等。

（3）偶然荷载，短路电动力、验算局部弯曲上人荷载、验算稀有风荷载和冰荷载等。

另外，还有温度作用和地震作用。

2. 风荷载

（1）垂直于结构及设备表面上的风荷载标准值按式（22-1）计算

$$\omega_K = \beta_Z \mu_S \mu_Z \omega_0 \qquad (22\text{-}1)$$

式中　ω_K——风荷载标准值，kN/m^2；

　　　β_Z——高度 Z 处的风振系数；

　　　μ_S——风荷载体型系数；

　　　μ_Z——风压高度变化系数；

　　　ω_0——基本风压值，kN/m^2。

（2）基本风压应按 GB 50009《建筑结构荷载规范》给出的 50 年一遇的风压采用，但不得小于 $0.30kN/m^2$。对于 1000kV 构支架，基本风压应采用 100 年一遇的风压。

（3）风荷载体型系数应根据构架及设备支架结构的体型按下列规定确定。

1）独立单杆整体风荷载体型系数 μ_S 可按表 22-6 选用。

表 22-6　独立单杆整体风荷载体型系数 μ_S

项次	结构形状	μ_S
1	→□	1.3
2	→◇	1.3
3	→○	$\mu_Z\omega_0 d^2 \leqslant 0.002$　$\mu_S=1.2$ $\mu_Z\omega_0 d^2 \geqslant 0.015$　$\mu_S=0.6$
		中间值按插值法计算

注　ω_0 以 kN/m^2 计，d 以 m 计。d 为单杆外径。

2）各类型钢及组合型钢 μ_S 取 1.3。

3）角钢或钢管格构式柱、独立避雷针整体风荷载体型系数 μ_S 可按表 22-7 选用。

表 22-7　角钢格构式结构整体风荷载体型系数 μ_S

项次	挡风系数	矩形断面			三角形断面（任意风向）
	Φ	90°风向	对角线风向		
			单角钢	组合角钢	
1	≤0.1	2.6	2.9	3.1	2.4
2	0.2	2.4	2.7	2.9	2.2
3	0.3	2.2	2.4	2.7	2.0
4	0.4	2.0	2.2	2.4	1.8
5	≥0.5	1.9	1.9	2.0	1.6

注　1. $\Phi = A_n/A$，A_n 为迎风面杆件和节点净投影面积；A 为迎风面轮廓面积；A_n 和 A 均按迎风面的一个面计算。
　　2. 主材及腹杆为圆钢或钢管时，整体体型系数 μ_S 值：
　　（1）当 $\mu_Z\omega_0 d^2 \leqslant 0.003$，则 μ_S 可按上表数值乘以 0.8 的系数取用。
　　（2）当 $\mu_Z\omega_0 d^2 \geqslant 0.02$ 时，则 μ_S 可按上表数值乘以 0.6 的系数取用。
　　（3）当 $0.003 < \mu_Z\omega_0 d^2 < 0.02$ 时，μ_S 按插值法计算。由不同类型截面杆件组成的结构，应按不同类型杆件迎风面积加权平均选用 μ_S 值。
　　（4）矩形及三角形断面格构式横梁的整体风荷载体型系数 μ_S 可按表 22-8 选用。

表 22-8　矩形横梁整体风荷载体型系数 μ_S

项次	Φ	b/h			
		≤1	2	4	≥6
1	≤0.1	2.6	2.6	2.6	2.6
2	0.2	2.4	2.5	2.6	2.6
3	0.3	2.2	2.3	2.4	2.4
4	0.4	2.0	2.1	2.2	2.3
5	0.5	1.8	1.9	2.0	2.1

注　1. 三角形断面横梁可按表中的数值乘以 0.9 的系数取用。
　　2. 当主材及腹杆为圆钢或钢管时，可按上表的数值乘以 0.8 的系数取用。
　　3. b 为横梁截面的宽度，h 为横梁截面的高度。
　　4. $\Phi = A_n/A$，A_n 为横梁的构件和节点挡风的净投影面积；A 为横梁的轮廓面积。

（4）风压高度变化系数应根据地面粗糙类别按 GB 50009《建筑结构荷载规范》及表 22-9 确定。柱身风荷载应分段计算，为简化计算，也可按等效的单一系数进行计算。

平坦或稍有起伏的地形，风压高度变化系数应按表 22-9 确定；山区地形风压高度变化系数除可按平坦地面的粗糙类别，由表 22-9 确定外，还应考虑地形条件的修正，修正系数 η 按 GB 50009《建筑结构荷载规范》的有关规定采用；远海海面和海岛地域，风压高度变化系数除可按 A 类粗糙类别，由表 22-9 确定外，还应按 GB 50009《建筑结构荷载规范》要求考虑修正系数。

表 22-9　风压高度变化系数 μ_Z

离地面或海平面高 (m)		5	7.5	10	12.5	15	17.5	20
地面粗糙度	A	1.17	1.28	1.38	1.45	1.52	1.58	1.63
	B	1.00	1.00	1.00	1.07	1.14	1.20	1.75
	C	0.74	0.74	0.74	0.74	0.74	0.79	0.84
	D	0.62	0.62	0.62	0.62	0.62	0.62	0.62

离地面或海平面高 (m)		25	30	35	40	50	60
地面粗糙度	A	1.72	1.80	1.86	1.92	2.03	2.12
	B	1.34	1.42	1.49	1.56	1.67	1.77
	C	0.92	1.00	1.07	1.13	1.25	1.35
	D	0.62	0.62	0.68	0.73	0.84	0.93

注　A 类指近海海面和海岛、海岸、湖岸及沙漠地区；B 类指田野、乡村、丛林、丘陵以及房屋比较稀疏的乡镇和城市郊区；C 类指有密集建筑群的城市市区；D 类指有密集建筑群且房屋较高的城市市区。

（5）对于基本自振周期 $T_1 > 0.25s$ 的高耸结构，应考虑风压脉动对结构产生顺风向风振的影响。风振

系数 β_Z 按 GB 50009《建筑结构荷载规范》的有关规定计算确定。为简化计算，风振系数 β_Z 也可按下列规定取用：

1）屋外变电构架：

a）带端撑的 A 字形柱门型构架，1.0；

b）A 字形柱结构，1.2；

c）格构式结构，1.7；

d）独立门型构架：单杆打拉线结构，1.5；单杆悬臂柱结构，1.7。

2）设备支架：

a）500～1000kV 设备支架，1.7；

b）220～500kV 隔离开关、电流（压）互感器及阻波器支架，1.7。

3）独立避雷针：

a）单钢管柱（$h>8$m），2.0；

b）钢筋混凝土和钢管混凝土单柱，1.7；

c）格构式结构，1.5。

3. 温度作用效应

两端设有刚性支撑的连续排架，当其总长度超过 150m；或为连续刚架，当其总长度超过 100m 时，应考虑温度作用效应的影响。

（1）在当地冬季允许露天作业的最低日平均气温条件下安装，在最高日计算平均温度条件下运行，此时的计算温度差可取 $\Delta t=+50℃$；

（2）在当地夏季允许露天作业的最高日平均气温条件下安装，在最低日计算平均温度条件下运行，此时的计算温度差可取 $\Delta t=-40℃$；

（3）在当地夏季或冬季允许露天作业的气温条件下安装，在最大风环境温度条件下运行，此时的计算温差可取 $\Delta t=+35℃$ 或 $\Delta t=-35℃$。

4. 短路电动力

对软导线一般可不考虑短路电动力对构支架的影响，但组合导线挂线点的挂线板和节点强度必须满足短路电动力的受力要求，一般可取 3 倍导线荷载标准值作为挂线板和节点的验算条件，荷载分项系数取 1.0。对硬管母线应根据电气提供的资料进行计算。

5. 荷载及作用

作用在构支架的荷载及作用分类见表 22-10。

表 22-10　作用在构架上的荷载及作用分类

代号	荷载的取值和计算原则
1	永久荷载
S_{GK}	含结构自重标准值、构架上设备自重标准值及导（地）线自重所产生的垂直荷载和水平张力
2	可变荷载
2.1	构架及导线上的风荷载

续表

代号	荷载的取值和计算原则
2.1	应分别考虑顺导线方向（构架平面外）和垂直导线方向（构架平面内）的风荷载；顺导线方向风是指风向与导线平行，风荷载作用在构架平面外；垂直导线方向风是指风向与导线垂直，风荷载作用在构架平面内
S_{Wmax}	大风气象条件下作用于构架和导线上的风荷载效应标准值，风荷载作用方向与导线垂直
S_{W10}	对应风速为 $v=10$m/s 时作用于构架和导线上的风荷载效应标准值，风荷载作用方向与导线垂直
2.2	导线荷载
S_{Q11K}	大风气象条件下的导线荷载效应标准值，对应结构风压取 S_{WMax}
S_{Q12K}	覆冰有风气象条件下的导线荷载效应标准值，对应结构风压取 S_{W10}
S_{Q21K}	安装气象条件下的紧线相导线荷载效应标准值，对应结构风压取 S_{W10}
S_{Q22K}	安装气象条件下的非紧线相导线荷载效应标准值，对应结构风压取 S_{W10}
S_{Q31K}	凡导线跨中有引下线的 220kV 及以上电压等级的软导线母线构架，应考虑三相导线同时上人停电检修时的导线（仅考虑母线）荷载效应标准值，对应结构风压取 S_{W10}
S_{Q32K}	凡导线跨中有引下线的 220kV 及以上电压等级的构架，应考虑单相导线上人检修时的导线荷载效应标准值，对应结构风压取 S_{W10}
2.3	温度作用
$S_{\Delta t}$	计算温差： 夏季安装，按最低日计算平均气温运行：$\Delta t_{-40}=-40℃$； 冬季安装，按最高日计算平均气温运行：$\Delta t_{50}=+50℃$； 夏季或冬季安装，在最大风环境温度条件下运行：$\Delta t_{35}=+35℃$ 或 $\Delta t_{-35}=-35℃$
S_{Q41K}	最低温度气象条件下的导线荷载效应标准值，对应结构风压取 S_{W10}
S_{Q42K}	最高温度气象条件下的导线荷载效应标准值，对应结构风压取 S_{W10}
3	偶然荷载
F_K	偶然工况下导线荷载作用效应标准值

注　符号及术语与 GB 50009《建筑结构荷载规范》相一致。

6. 荷载组合

（1）根据布置及受力不同，按终端构架或中间构架进行设计。对于远期有挂线的构架，应同时满足本期和远期受力要求。

1）终端构架。终端构架按下列三种承载力极限状态进行设计。

a）运行工况。取覆冰有风、最大风（其中 1000kV 构架基本风压按照 100 年一遇的风压，其他电压等级构架按照 50 年一遇的风压）、温度作用三种情况及其相应的导线拉力、自重等。

b）安装工况。构架梁上应同时考虑 2.0kN 人和工具重以及相应的风荷载、导线拉力、自重等。

c）检修工况。导线三相同时上人停电检修（作用在每相导线的绝缘子根部的人和工具重，500kV 及以上采用 2.0kN，其他电压等级采用 1.0kN）和单相跨中上人带电检修（人及工具重，500kV 及以上采用 3.5kN，其他电压等级采用 1.5kN）两种情况及其相应的风荷载、导线拉力及自重等。对档距内无引下线的情况，可不计及跨中上人。

2）中间构架。两侧均挂有导线的中间构架应按下列两种承载力极限状态进行设计。

a）在运行工况（最大风、覆冰有风、最高气温及最低气温）条件下，构架两侧导线所产生的不平衡张力。

b）在安装或检修导线条件下，构架按一侧受力而另一侧不受力计算。

（2）设备支架按下列两种承载力极限状态进行设计。

1）最大风工况。取最大风（其中 1000kV 支架基本风压按照 100 年一遇的风压，其他电压等级支架按照 50 年一遇的风压）情况下荷载及相应的引线张力、自重等。

2）操作荷载工况。取最大操作荷载及相应的风荷载条件下相应的引线张力及自重等。

（3）构支架承载能力极限状态的荷载效应基本组合。

1）正常运行工况：

a）大风气象条件

$$S=(1.0 \text{ 或 } 1.2)S_{GK}+1.3S_{Q11K}+1.4S_{Wmax} \quad (22\text{-}2)$$

b）覆冰有风条件

$$S=(1.0 \text{ 或 } 1.2)S_{GK}+1.3S_{Q12K}+1.4S_{W10} \quad (22\text{-}3)$$

c）温度作用组合。

夏季安装，按最低日计算平均气温运行，$\Delta t_{-40}=-40℃$

$$S=(1.0 \text{ 或 } 1.2)S_{GK}+1.3S_{Q41K}+1.4S_{W10}+1.0×1.0×\Delta t_{-40} \quad (22\text{-}4)$$

冬季安装，按最高日计算平均气温运行，$\Delta t_{50}=+50℃$

$$S=(1.0 \text{ 或 } 1.2)S_{GK}+1.3S_{Q42K}+1.4S_{W10}+1.0×1.0×\Delta t_{50} \quad (22\text{-}5)$$

夏季或冬季安装，按最大风运行，$\Delta t_{35}=+35℃$ 或 $\Delta t_{-35}=-35℃$

$$S=(1.0 \text{ 或 } 1.2)S_{GK}+1.3S_{Q11K}+1.4S_{WMax}+0.85×1.0$$

$$×\Delta t_{35}(\text{或 } \Delta t_{-35}) \quad (22\text{-}6)$$

2）安装工况（紧线相为任意相，主要验算构架梁）

$$S=(1.0 \text{ 或 } 1.2)S_{GK}+1.2S_{Q21K}(\text{可只考虑 B 相})+1.2S_{Q22K}(A、C 相)+1.4S_{W10} \quad (22\text{-}7)$$

3）检修工况

$$S=(1.0 \text{ 或 } 1.2)S_{GK}+1.2S_{Q31K}+1.4S_{W10} \quad (22\text{-}8)$$

注 仅母线且只考虑一个档距不考虑邻档。

$$S=(1.0 \text{ 或 } 1.2)S_{GK}+1.2S_{Q32K}(\text{只考虑 B 相})+1.2S_{Q22K}(A、C 相)+1.4S_{W10} \quad (22\text{-}9)$$

4）荷载效应的偶然组合。对于硬连接的管母构架等需要按偶然组合考虑短路电动力的作用，即

$$S=1.0×S_{GK}+1.0×F_K \quad (22\text{-}10)$$

（4）正常使用极限状态标准组合。

1）构架可取安装工况（10m/s 风速，无冰及相应的环境温度）作为变形验算条件

$$S=1.0×S_{GK}+1.0×S_{Q22K}+1.0×S_{W10} \quad (22\text{-}11)$$

2）验算以承受风荷载为主的设备支架、避雷针以及中间构架的柱顶变形时，可取最大风工况条件下风荷载标准值乘以准永久值系数 0.5，作为正常使用极限状态变形验算的荷载条件，即

$$S=1.0×S_{GK}+1.0×S_{Q11K}+0.5×1.0×S_{Wmax} \quad (22\text{-}12)$$

（四）地震作用和结构抗震验算

（1）构架应分段按多质点体系进行地震作用计算。构架地震作用效应计算简图与静力效应计算简图应取得一致，并分别验算顺导线方向和垂直导线方向的水平地震作用，且由各自方向的抗侧力构件承担。

（2）有条件时设备支架宜与设备联合按多质点、多自由度体系进行地震作用计算。当计算结构基本自振周期时，柱重力荷载可按柱自重标准值的 1/4 作用于柱顶取值；计算水平地震作用时，柱重力荷载可按柱自重标准值的 2/3 作用于柱顶取值。

（3）构支架的地震作用和荷载效应组合。

1）计算地震作用时，构架、设备支架的重力荷载代表值应取结构自重标准值及设备自重标准值 G_k（包括导线、绝缘子串、金具、阻波器及其他电气设备自重标准值）和正常运行时各可变荷载组合值之和，即

$$G_E=G_k+\varPsi_{Ci}S_{Qik} \quad (22\text{-}13)$$

式中 G_E——重力荷载代表值；

G_k——结构自重标准值及设备自重标准值；

$\varPsi_{Ci}$——可变荷载 S_{Qik} 的组合值系数，一般取 0.5；

S_{Qik}——分别对应表 22-11 正常运行工况时四种气象条件下导线张力标准值的垂直分量扣除导线自重标准值后的可变荷载标准值，其中导线自重标准值可取非紧

线相导线张力标准值的垂直分量。

表 22-11　正常运行工况时四种气象条件下的可变荷载

序号	可变荷载代号	正常运行工况下可变荷载分类
1	S_{Q1k}	大风气象条件下，导线张力标准值的垂直分量扣除非紧线相导线张力垂直分量后的可变荷载标准值，取基本风压对应的风速
2	S_{Q2k}	覆冰有风气象条件下，导线张力标准值的垂直分量扣除非紧线相导线张力垂直分量后的可变荷载标准值，取 10m/s 的风速
3	S_{Q3k}	最低气温气象条件下，导线张力标准值的垂直分量扣除非紧线相导线张力垂直分量后的可变荷载标准值，取 10m/s 的风速
4	S_{Q4k}	最高气温气象条件下，导线张力标准值的垂直分量扣除非紧线相导线张力垂直分量后的可变荷载标准值，取 10m/s 的风速

2）构架、设备支架地震作用效应和其他荷载效应的基本组合，应按式（22-14）计算

$$S=\gamma_G S_{GE}+\gamma_{Eh}S_{Ehk}+\Psi_w\gamma_w S_{wk} \qquad (22-14)$$

式中　S——结构构件内力组合的设计值，包括组合的弯矩、轴向力和剪力设计值等；

γ_G——重力荷载分项系数，一般情况应采用 1.2，当重力荷载效应对构件承载能力有利时，不应大于 1.0；

S_{GE}——重力荷载代表值的效应；

γ_{Eh}——水平地震作用分项系数，一般取 1.3；

S_{Ehk}——水平地震作用标准值的效应，尚应乘以相应的增大系数或调整系数；

Ψ_w——风荷载组合值系数，对于风荷载起控制作用的构支架应采用 0.2；

γ_w——风荷载分项系数，应采用 1.4；

S_{wk}——作用于构架、设备支架的风荷载标准值的效应（即结构风压）。

注　顺导线方向风作用时，结构风压作用在构架平面外；垂直导线方向风作用时，结构风压作用在构架平面内。除大风气象条件下取基本风压对应的风速计算结构风压外，其他气象条件应采用 10m/s 时的风速计算结构风压。

具体组合公式为

$$S=(1.0\ 或\ 1.2)S_{GE}+1.3S_{Ehk}+0.2\times1.4S_{Wmax} \qquad (22-15)$$

（4）下列构支架可不进行截面抗震验算，而仅需满足抗震构造要求。

1）6 度抗震设防时，在任何类场地的构支架。

2）小于或等于 8 度抗震设防时，Ⅰ、Ⅱ类场地的构支架。

3）抗震设防烈度小于 9 度的站区独立避雷针。

（5）结构构件的截面抗震验算，应采用下列设计表达式

$$S\leqslant R/\gamma_{RE} \qquad (22-16)$$

式中　γ_{RE}——承载力抗震调整系数，除另有规定外，应按照 GB 50011《建筑抗震设计规范》采用；

R——结构构件承载力设计值。

（五）长细比

（1）型钢结构构件的长细比，不宜超过下列数值：受压主杆及支座处受压斜杆，150；其他受压杆，220；辅助杆，250；受拉杆，400；预应力拉条，不限。

（2）钢管结构柱或格构式钢结构压弯构件的长细比不宜超过下列数值：钢管结构柱，150；格构式钢柱弦杆，120；格构式构架梁弦杆，120。

（3）钢筋混凝土环形杆、薄壁离心钢管构件的长细比不应大于下列规定数值：受压单柱，180；格构式柱主材，120；辅材，250；斜材，200。

（4）构架柱的长细比，可近似地按下列公式计算：

钢筋混凝土环形构件

$$\lambda=\frac{3.35L_0}{D} \qquad (22-17)$$

离心钢管混凝土构件

$$\lambda=\frac{3L_0}{D} \qquad (22-18)$$

钢管结构

$$\lambda=\frac{2.85L_0}{D} \qquad (22-19)$$

式中　L_0——构件的计算长度；

D——构件的外径。

（5）格构式受压构件的换算长细比、主杆和腹杆的长细比，按 GB 50017《钢结构设计标准》的规定计算确定。主杆和腹杆的长细比也可根据腹杆的布置形式按表 22-12 的规定计算确定。

表 22-12　格构式结构构件长细比

项次	简 图	主杆	腹杆
1		$\dfrac{L}{r_x}$ $\mu=1.2$	$\dfrac{L}{r_y}$ $\mu=1.0$
2		$\dfrac{L}{r_{y0}}$ $\mu=1.0$	$\dfrac{L_1}{r_{y0}}$ $\mu=1.0$

续表

项次	简 图	主杆	腹杆
3	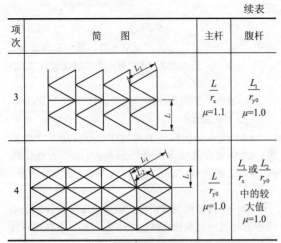	$\dfrac{L}{r_x}$ $\mu=1.1$	$\dfrac{L_1}{r_{y0}}$ $\mu=1.0$
4		$\dfrac{L}{r_{y0}}$ $\mu=1.0$	$\dfrac{L_1}{r_x}$ 或 $\dfrac{L_2}{r_{y0}}$ 中的较大值 $\mu=1.0$

注 针对角钢，r_x 为平行轴回转半径，r_{y0} 为最小轴回转半径。表中简图为展开图。

（六）计算长度的确定

（1）格构式钢结构的计算长度系数按 GB 50017《钢结构设计标准》的规定计算确定。

（2）柱脚为铰接 A 字形构架受压柱的计算长度系数可按表 22-13 的规定采用。

（3）柱脚为固接 A 字形构架受压柱的计算长度系数可按表 22-14 的规定采用。

（4）端撑受压柱，当柱脚为固接时，其计算长度系数可取 $\mu=0.7$；当为铰接时，则其计算长度系数可取 $\mu=1.0$。当端撑和边柱之间设有铰接水平横杆时，其下段的计算长度可取节间的几何长度，其上段和中间段的计算长度可取 $1.2L_i$（L_i 为节间的几何长度）。

（5）拉线构架受压柱的计算长度系数，可按表 22-15 的规定采用。其计算长度系数 μ 不得小于 0.8。

（6）格构式独立避雷针等自立式钢塔桅杆结构的构件长细比 λ 的取值，按 GB 50135《高耸结构设计规范》的有关规定并参考本章构支架结构构件长细比的数值取用。

（七）变形和裂缝的限值

（1）构架在正常使用状态下的变形限值，不宜超过表 22-3 所规定的数值。正常使用状态可取安装工况（10m/s 风，无冰及相应的环境温度）条件作为变形验算的荷载条件。

（2）在验算以承受风荷载为主的设备支架变形时，可取最大风工况条件下风荷载标准值乘以准永久值系数 0.5，作为正常使用极限状态变形验算的荷载条件。设备支架在正常使用状态下的柱顶变形，不宜超过表 22-4 所列的数值。

表 22-13　　　　　　　　　　　　柱脚为铰接 A 字形构架受压柱的计算长度系数

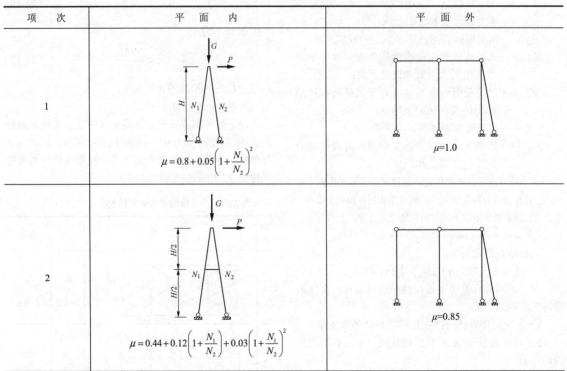

项次	平 面 内	平 面 外
1	$\mu=0.8+0.05\left(1+\dfrac{N_1}{N_2}\right)^2$	$\mu=1.0$
2	$\mu=0.44+0.12\left(1+\dfrac{N_1}{N_2}\right)+0.03\left(1+\dfrac{N_1}{N_2}\right)^2$	$\mu=0.85$

注 1. N_1 为拉杆时取 "+" 号，为压杆时取 "−" 号。

2. N_2 为承压杆，一律取 "−" 号。

表 22-14 柱脚为固接 A 字形构架受压柱的计算长度系数

项 次	平 面 内	平 面 外	
1	$\mu = 0.615 + 0.165\left(1+\dfrac{N_1}{N_2}\right)$ $+ 0.055\left(1+\dfrac{N_1}{N_2}\right)^2$	$\mu = 0.8 + 0.6\left(1+\dfrac{N_1}{N_2}\right)$ 单跨	$\mu = 0.8$ 两跨及以上
		$\mu = 0.66 + 0.17\left(1+\dfrac{N_1}{N_2}\right) + 0.1\left(1+\dfrac{N_1}{N_2}\right)^2$ 单跨	$\mu = 0.75$ 两跨及以上
		$\mu = 0.7$	$\mu = 0.7$ 两跨及以上
2	上段 $\mu = 1.00$ 下段 $\mu = 0.70$		$\mu = 0.50$ $H_0 = 0.50H$
3	上段 $\mu = 1.00$ 下段 $\mu = 0.70$		$\mu = 0.60$ $H_0 = 0.60H$
4	上段 $\mu = 1.00$ 中段 $\mu = 1.00$ 下段 $\mu = 0.70$		$\mu = 0.50$ $H_0 = 0.50H$

注 1. 项次 1 中 N_2 计算的轴压比小于 0.15 时，平面外无端撑构架柱长细比不宜大于 200。当平面外偏心率 $\varepsilon_0 \geqslant 4$ 时，可按受弯构件计算。$\varepsilon_0 = \dfrac{e_0}{r_s}$（$e_0$ 为轴力对截面重心的偏心距，r_s 为环形截面的平均半径）。

2. 项次 2、3、4 中 A 字形架平面外必须为无侧移的独立门型架或排架。

3. N_1 为拉杆时取 "+" 号，为压杆时取 "-" 号；N_2 为承压杆，一律取 "-" 号。

表 22-15 　　　　　　　　　　　拉线构架受压杆的计算长度系数

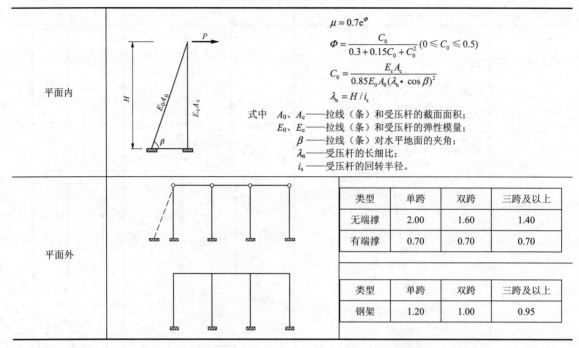

| 平面内 | $\mu = 0.7e^{\Phi}$

$\Phi = \dfrac{C_0}{0.3 + 0.15C_0 + C_0^2}\ (0 \le C_0 \le 0.5)$

$C_0 = \dfrac{E_c A_c}{0.85 E_0 A_0 (\lambda_n \cdot \cos\beta)^2}$

$\lambda_n = H / i_s$

式中　A_0、A_c——拉线（条）和受压杆的截面面积；
　　　E_0、E_c——拉线（条）和受压杆的弹性模量；
　　　β——拉线（条）对水平地面的夹角；
　　　λ_n——受压杆的长细比；
　　　i_s——受压杆的回转半径。 |

平面外

类型	单跨	双跨	三跨及以上
无端撑	2.00	1.60	1.40
有端撑	0.70	0.70	0.70

类型	单跨	双跨	三跨及以上
钢架	1.20	1.00	0.95

（3）正常使用极限状态钢筋混凝土构件的裂缝控制宽度不宜超过 0.2mm。

（八）构架根开

（1）采用 A 字形钢管结构的构架柱，A 字形柱根开宜为 1/10，不宜小于 1/14；端撑柱根开宜为 1/5，不宜小于 1/7。格构式结构的高度与根开之比不宜小于 1/17。打拉线构架平面内柱脚根开与柱高（地面至拉线点的高度）之比，不宜小于 1/5。

（2）构架梁的高跨比：格构式钢梁不宜小于 1/25；单钢管梁直径与跨度之比不宜小于 1/40。采用单钢管梁时宜采取有效措施避免微风共振，如在钢管内增设阻尼铁链等。

（九）杆件验算

（1）受弯构件、轴心受力构件、拉弯构件和压弯构件的强度、稳定性计算应按 GB 50017《钢结构设计标准》的规定执行。

（2）对于弯矩作用在两个主平面的多肢（双肢以上，不包括双肢）格构式压弯构件，应分别验算其两个主轴方向的整体稳定性，在弯矩作用平面内的整体稳定性应按下式计算

$$\sigma_x = \frac{N}{\varphi_x A} + \frac{\beta_{mx} M_x}{W_{ix}\left(1 - \varphi_y \dfrac{N}{N'_{Ex}}\right)} \le f \quad (22\text{-}20)$$

$$\sigma_y = \frac{N}{\varphi_y A} + \frac{\beta_{my} M_y}{W_{iy}\left(1 - \varphi_y \dfrac{N}{N'_{Ey}}\right)} \le f \quad (22\text{-}21)$$

$$N'_{Ex} = \pi^2 EA / (1.1\lambda_x^2) \quad (22\text{-}22)$$

$$N'_{Ey} = \pi^2 EA / (1.1\lambda_y^2) \quad (22\text{-}23)$$

式中　N——轴压力；

　　　A——格构式柱的弦杆截面积总和；

　　　φ_x、φ_y——由换算长细比确定，换算长细比按 GB 50017《钢结构设计标准》计算；

　　　M_x、M_y——所计算构件段范围内对 x 轴和 y 轴的最大弯矩；

　　　W_{ix}、W_{iy}——对应 x、y 方向最大受压纤维的毛截面抵抗矩；

　　　β_{mx}、β_{my}——对应 x、y 轴方向弯矩作用平面内的等效弯矩系数，按 GB 50017《钢结构设计标准》的有关规定取用；

　　　N'_{Ex}、N'_{Ey}——对应 x、y 轴方向的欧拉临界力除以 1.1；

　　　f——钢材的抗压强度设计值；

　　　λ_x、λ_y——分别为对应 x、y 轴方向的长细比。

除应分别验算两个主轴弯矩作用平面内的整体稳定性外，尚应按照实腹式压弯构件验算分肢的稳定性，分肢的轴力应按桁架的弦杆计算。

（3）弯矩作用在两个主平面内的双轴对称多边形或圆形截面的压弯构件，应同时按以下两式分别计算其整体稳定性

$$\sigma_x = \frac{N}{\varphi_x A} + \frac{\beta_{mx} M_x}{\gamma_x W_{ix}\left(1 - 0.8\dfrac{N}{N'_{Ex}}\right)} \le f \quad (22\text{-}24)$$

$$\sigma_y = \frac{N}{\varphi_y A} + \frac{\beta_{my} M_y}{\gamma_y W_{iy}\left(1 - 0.8\dfrac{N}{N'_{Ey}}\right)} \leqslant f \quad (22\text{-}25)$$

式中　φ_x、φ_y——对应 x、y 轴的轴心受压稳定系数；

　　　γ_x、γ_y——对应 x、y 轴的截面塑性发展系数，按 GB 50017《钢结构设计标准》的有关规定取用。

注　式（22-20）～式（22-25）适用的前提是构件在两主轴方向各自的最大挠曲点和最大弯矩点不处在同一截面位置的情况，否则应考虑平面外弯矩的影响。

（十）法兰计算

（1）有加劲法兰的螺栓，按下式计算。

1）轴心受拉作用时

$$N^b_{t\max} = \frac{N}{n} \leqslant N^b_t \quad (22\text{-}26)$$

式中　N——法兰所受的拉力；

　　　N^b_t——单个螺栓受拉承载力设计值；

　　　$N^b_{t\max}$——受力最大的一个螺栓的拉力；

　　　n——法兰盘上的螺栓数目。

2）受拉（压）力、弯矩共同作用时

$$N^b_{t\max} = \frac{M Y_1}{\sum Y_i^2} + \frac{N}{n} \leqslant N^b_t \quad (22\text{-}27)$$

式中　N——法兰所受的轴心作用力，压力时取负值；

　　　M——法兰所受的弯矩；

　　　Y_1——受力最大螺栓中心到旋转轴的距离；

　　　Y_i——螺栓中心到旋转轴的距离。

当 $\dfrac{M}{|N|} \geqslant \dfrac{d}{2}$ 时以管外壁切线为旋转轴，此时式

（22-27）可变为 $N^b_{t\max} = \dfrac{\left(M + N\dfrac{d}{2}\right)Y_1}{\sum Y_i^2} \leqslant N^b_t$（$d$ 为法兰连接的钢管外径），否则以钢管中心线为旋转轴。以受压螺栓支承法兰盘时（法兰盘之间不顶紧），应以钢管中心线为旋转轴。

（2）有加劲法兰的法兰盘厚度，应按式（22-28）计算，且不应小于 16mm，见图 22-6。

$$\delta \geqslant \sqrt{\left[0.7 - \frac{0.1363}{0.22 + (\alpha - 0.15)^2}\right] \cdot \frac{N^b_{t\max}}{\alpha \cdot f}} \quad (22\text{-}28)$$

式中　α——法兰盘宽度 L_y 与螺栓分布圆周处加劲板净距离 L_x 的比值；

　　　f——法兰盘钢材的强度设计值。

（3）有加劲法兰的加劲板，按下式计算

$$\tau = \frac{N^b_{t\max}}{h\delta} \leqslant f_v \quad (22\text{-}29)$$

$$\sigma = \frac{5 N^b_{t\max} \cdot b}{h^2 \delta} \leqslant f \quad (22\text{-}30)$$

式中　h、δ——加劲板高度和厚度；

　　　b——法兰的螺栓中心到钢管外壁的距离；

　　　f_v——加劲板钢材的抗剪强度设计值。

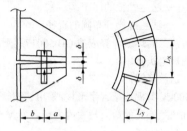

图 22-6　有加劲法兰受力简图

有加劲法兰的加劲板厚度不应小于板长（法兰盘平面径向宽度）的 1/15，并不应小于 5mm，加劲板的高厚比应满足

$$\frac{h}{\delta} \leqslant 13 \sqrt{\frac{235}{f_y}} \quad (22\text{-}31)$$

式中　f_y——加劲板钢材的屈服强度。

（4）无加劲法兰的螺栓，按下式计算。

1）轴心受拉作用时

$$N^b_{t\max} = m \cdot \frac{N}{n} \cdot \frac{a+b}{a} \leqslant N^b_t \quad (22\text{-}32)$$

式中　N——法兰所受的拉力；

　　　m——法兰盘螺栓受力修正系数，通常可取 0.65。

2）受拉（压）力、弯矩共同作用时

$$N^b_{t\max} = m \cdot \frac{1}{n}\left(\frac{4M}{d} + N\right) \cdot \frac{a+b}{a} \leqslant N^b_t \quad (22\text{-}33)$$

式中　N——法兰所受的轴心作用力，压力时取负值；

　　　M——法兰所受的弯矩；

　　　d——法兰连接的钢管外径；

　　　a——法兰的螺栓中心到法兰盘外边沿的距离。

（5）无加劲法兰的法兰板厚度，应按下式计算，且不应小于 20mm，见图 22-7。

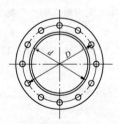

图 22-7　无加劲法兰受力简图

$$\tau = \frac{1.5 \cdot \dfrac{1}{n}\left(\dfrac{4M}{d} + N\right)\dfrac{b}{a}}{S\delta} \leqslant f_v \quad (22\text{-}34)$$

$$\sigma = \frac{5 \cdot \dfrac{1}{n}\left(\dfrac{4M}{d} + N\right)\dfrac{b}{a} \cdot \dfrac{a}{2}}{S \cdot \delta^2} \leqslant f \qquad (22\text{-}35)$$

$$S = \frac{\pi D}{n} \qquad (22\text{-}36)$$

式中　S——法兰螺栓的间距；

　　　D——法兰螺栓分布圆的直径。

（6）法兰的焊缝计算应按 GB 50017《钢结构设计标准》的规定执行。

（7）法兰算例。

一 500kV 单榀构架 A 字形柱，采用构架软件计算，得出其柱法兰处受的最大拉力内力组合为 $N = -610\text{kN}$（拉力），$M = -11.0\text{kN} \cdot \text{m}$。

1）螺栓数量的确定。根据构架设计原则，500kV 构架柱法兰可采用有加劲法兰也可采用无加劲法兰，螺栓暂定采用 M20（8.8 级）普通螺栓，根据螺栓大小，暂定法兰尺寸 $b = 40\text{mm}$，$a = 40\text{mm}$。因此螺栓的数量 n 确定如下：

a）$n \geqslant \dfrac{N}{A_\text{e} \cdot f} = \dfrac{610 \times 10^3}{245 \times 400} = 6.23$（其中 $f = 400\text{N/mm}^2$，为 8.8 级螺栓的抗拉承载设计值；$A_\text{e} = 245\text{mm}$，为 M20 螺栓的有效面积）

b）$n \leqslant \dfrac{S_1}{3.5 d_0} = \dfrac{3.14 \times (380 + 2 \times 40)}{3.5 \times 20} = 20.63$（其中 d_0 为 M20 螺栓的公称直径，S_1 为螺栓所在位置的圆周长）

根据工程经验，考虑所受弯矩的方向及大小，结合安装方便的因素，暂定螺栓数量为 12 个。

2）有加劲法兰的计算。根据螺栓数量以及法兰相关尺寸，按有加劲法兰设计时，相关螺栓数量及直径的验算、法兰板厚度及加劲板厚度的计算如下。

a）旋转轴位置的确定。

$$\frac{M}{N} = \frac{11}{610} \times 10^3 = 18(\text{mm}) \leqslant \frac{d}{2} = \frac{380}{2} = 190\text{mm}$$（其中 d 为法兰连接的钢管外径）

因此，此法兰计算时的旋转轴为管中心线。

b）螺栓验算。受力最大的一个螺栓的拉力为

$$N_\text{tmax}^\text{b} = \frac{M Y_1}{\sum Y_i^2} + \frac{N}{n} = \frac{11 \times 10^3 \times 230}{317104} + \frac{610}{12} = 58.8(\text{kN})$$

其中

$Y_1 = 190 + 40 = 230\text{mm}$

$Y_2 = 199\text{mm}$

$Y_3 = 115\text{mm}$

$\sum Y_i^2 = 2 Y_1^2 + 4 Y_2^2 + 4 Y_3^2 = 2 \times 230^2 + 4 \times 199^2$

$+ 4 \times 115^2 = 317104$（$\text{mm}^2$）

因此　$N_\text{t}^\text{b} = 245 \times 400 \times 10^{-3} = 98(\text{kN})$

因为 $N_\text{tmax}^\text{b} < N_\text{t}^\text{b}$，所以螺栓数量和直径满足要求。

c）法兰板厚度计算

$$\delta \geqslant \sqrt{\left(0.7 - \frac{0.1363}{0.22 + (\alpha - 0.15)^2}\right) \cdot \frac{N_\text{tmax}^\text{b}}{a \cdot f}}$$

$$= \sqrt{\left(0.7 - \frac{0.1363}{0.22 + (1.5 - 0.15)^2}\right) \cdot \frac{N_\text{tmax}^\text{b}}{1.5 \cdot f}}$$

$$= \sqrt{0.633 \times \frac{58.8 \times 10^3}{1.5 \times 205}} = 11$$

[其中 f 为法兰盘钢材 Q235 的强度设计值，$a = \dfrac{L_\text{y}}{L_\text{x}} = \dfrac{3.14 \times (380 + 80)/12}{80} = \dfrac{120}{80} = 1.5$]

根据要求，有加劲法兰的法兰盘厚度不应小于 16mm，因此法兰盘厚度取 16mm。

d）加劲板厚度计算。加劲板初选尺寸：$h = 150\text{mm}$，$\delta = 8\text{mm}$，材料为 Q235，$f = 215\text{N/mm}^2$，$f_\text{v} = 125\text{N/mm}^2$。

$$\tau = \frac{N_\text{tmax}^\text{b}}{h\delta} = \frac{58.8 \times 10^3}{150 \times 8} = 49(\text{N/mm}^2) \leqslant f_\text{v}$$

$$\sigma = \frac{5 N_\text{tmax}^\text{b} b}{h^2 \delta} = \frac{5 \times 58.8 \times 10^3 \times 40}{150^2 \times 8} = 65.3(\text{N/mm}^2) \leqslant f$$

3）无加劲法兰的计算。根据螺栓数量以及法兰相关尺寸，按无加劲法兰设计时，相关螺栓数量及直径的验算及法兰板厚度计算如下。

a）螺栓验算。

$$N_\text{tmax}^\text{b} = m \cdot \frac{1}{n}\left(\frac{4M}{d} + N\right) \cdot \frac{a + b}{a}$$

$$= 0.65 \times \frac{1}{12} \times \left(\frac{4 \times 11 \times 10^3}{380} + 610\right) \times \frac{40 + 40}{40}$$

$$= 0.65 \times \frac{1}{12} \times 726 \times 2 = 78.7(\text{kN})$$

$$N_\text{t}^\text{b} = 245 \times 400 \times 10^{-3} = 98(\text{kN})$$

因为 $N_\text{tmax}^\text{b} < N_\text{t}^\text{b}$，所以螺栓数量和直径满足要求。

b）法兰板厚度计算，根据构造要求，法兰盘不应小于 20mm，因此法兰板暂定厚度为 20mm，材料为 Q235，$f = 205\text{N/mm}^2$，$f_\text{v} = 120\text{N/mm}^2$。

$$\tau = \frac{1.5 \times \dfrac{1}{n}\left(\dfrac{4M}{d} + N\right) \cdot \dfrac{b}{a}}{S \cdot \delta}$$

$$= \frac{1.5 \times \dfrac{1}{12}\left(\dfrac{4 \times 11 \times 10^3}{380} + 610\right) \times \dfrac{40}{40} \times 10^3}{120 \times 20}$$

$$= \frac{0.125 \times 726 \times 10^3}{2400} = 37.8(\text{N/mm}^2) < f_\text{v} = 125\text{N/mm}^2$$

$$\sigma = \frac{5 \times \dfrac{1}{n}\left(\dfrac{4M}{d} + N\right) \cdot \dfrac{b}{a} \cdot \dfrac{a}{2}}{S \cdot \delta^2}$$

$$= \frac{5 \times \frac{1}{12} \times \left(\frac{4 \times 11 \times 10^3}{380} + 610 \right) \times \frac{40}{40} \times \frac{40}{2} \times 10^3}{120 \times 20^2}$$

$$= \frac{\frac{5}{12} \times 726 \times 20 \times 10^3}{48000} = 126 (\text{N/mm}^2) < f = 205 \text{N/mm}^2$$

其中

$$S = \frac{\pi D}{n} = \frac{3.14 \times (380 + 40 \times 2)}{12} = 120 (\text{mm})$$

根据计算结果，法兰板厚度取 20mm 满足受力要求。

4）法兰的计算还应保证焊缝的强度满足要求，在此不再详述。

（十一）构造要求

1. 节点

（1）节点承载能力不应低于被连接构件承载能力的 1.10 倍，节点刚度应与计算模型假设相适应。

（2）尽量减小连接的偏心，各构件的重心线应尽量汇交于一点，减小附加应力。

（3）主腹杆宜采用多排（二排或三排）螺栓连接，减小节点板尺寸。

（4）宜采用 6.8 级、8.8 级螺栓，减少节点连接螺栓数量和节点板尺寸。

（5）节点板的自由边长度与厚度之比不得大于 $60\sqrt{235/f_y}$。节点板尺寸较大时，宜通过加劲板增加主杆节点板平面外刚度。

（6）节点板的厚度不应小于被连接构件（腹杆）的厚度，且不应小于 6mm。

2. 杆件

（1）在矩形截面的桁架结构中，凡在挂线点和截面突变处均应设置横隔面，截面坡度不变段内的横隔面间距一般不大于平均宽度（宽面）的 5 倍，也不宜大于 4 个主材分段。

（2）腹杆与弦杆宜直接连接，也可采用节点板连接。

（3）斜材与主材之间的夹角不得小于 30°，且不宜大于 60°。

（4）用外包角钢单剪连接角钢时，包角钢的宽度比被连接角钢肢宽大一级。

（5）四肢组合构件宜用斜缀条形式，斜缀条与构件轴线间的夹角应在 40°～70°。

3. 钢管

（1）圆钢管截面压杆，其径厚比（外径与壁厚之比 D/δ）宜满足：

$$D/\delta \leqslant 100(235/f_y) \tag{22-37}$$

多边形钢管压杆，每个边宽与厚度之比值 B/δ 不应大于 $40\sqrt{235/f_y}$，同时其径厚比（外径与壁厚之比

值 D/δ）宜满足：

$$D/\delta \leqslant 80 (235/f_y) \tag{22-38}$$

式中 D——圆钢管外径或多边形钢管外表面内切圆直径；

f_y——钢材的屈服强度。

（2）钢管结构分段宜采用法兰螺栓连接，以避免或减少现场焊接。

（3）钢管结构相贯节点：主管和支管或两支管轴线之间的夹角不宜小于 30°；主管管径及壁厚大于支管管径及壁厚，支管不得穿入主管；各钢管的连接焊缝应平滑过渡；管壁厚在 6mm 及以上者均应切坡口后进行焊接。

（4）钢管构件在承受较大横向荷载部位，应验算局部稳定。

（5）法兰构造：在有加劲法兰中，主材管径小于 120mm 时，螺栓不少于 4 个；管径大于或等于 120mm 时，螺栓不宜少于 6 个。

（6）钢管变坡处及起拱处宜采用中频加热弯管机准确弯制，不宜采用火曲。

4. 焊接

（1）在搭接连接中，搭接长度不得小于焊件较小厚度的 5 倍，并不得小于 25mm。

（2）板厚大于 6mm 的对接焊缝必须打剖口，剖口的形式应便于保证焊接质量。单角钢对接的焊接接头一般可采用等强度的外包角钢或钢板拼接。

（3）桁架主腹杆通过节点板焊接连接时，主杆与腹杆、腹杆与腹杆之间的间隙不应小于 20mm，相邻角焊缝焊趾间净距不应小于 5mm；桁架杆件不用节点板连接时，相邻腹杆连接角焊缝焊趾间净距不应小于 5mm（钢管采用相贯焊除外）。

5. 螺栓连接

（1）所有构件上的开孔严禁用火焊切割，应采用机械加工成孔。主要受力构件连接螺栓的直径不宜小于 16mm，承受往复剪切力的 C 级螺栓或以变形量作为控制条件的整体结构，其螺栓孔直径不宜大于螺栓直径加 1.0mm，并宜采用钻成孔。主要承受沿螺栓杆轴方向拉力的螺栓，宜采用钻成孔螺栓，其螺栓孔直径可较螺栓直径加 2.0mm。

（2）横梁和构架柱的连接应采用螺栓连接，安装螺栓孔可采用椭圆孔。螺栓孔径在梁轴方向比螺栓直径大 4.0mm，在垂直于梁轴线方向比螺栓直径大 1.5～2.0mm。法兰连接的螺栓孔直径宜比螺栓直径大 2.0mm。

（3）单角钢主材连接接头采用单面外包角钢时，因偏心引起连接部位发生弯曲时，螺栓数量应比计算需要量增加 10%。

（4）端撑与 A 字形柱连接宜采用销轴连接。

（5）螺栓的容许距离应按 GB 50017《钢结构设计标准》的有关规定确定。

6. 钢筋混凝土环形构件

（1）混凝土环形截面的内外半径之比应大于或等于 0.5，壁厚不应小于 40mm。

（2）普通钢筋混凝土环形杆及预应力钢筋混凝土环形杆，杆端连接钢圈的高度及厚度不宜小于 140mm 及 8mm。钢圈对接采用通长剖口焊。预应力钢筋混凝土环形杆的两端，宜设置宽度为 70～100mm 的环形端板，板厚不宜小于 18mm。

（3）普通钢筋混凝土环形构件及预应力钢筋混凝土环形构件的纵向受力钢筋，宜沿截面周边均匀配置，钢筋根数不得小于 8 根。预应力钢筋不允许有接头。

（4）普通钢筋混凝土环形构件主筋直径不宜大于 $\phi16mm$，也不宜小于 $\phi10mm$，纵向钢筋之间的净距不应小于 30mm 和大于 70mm。对 $\phi300mm$ 等径杆不宜小于 $12\phi12mm$，$\phi400mm$ 等径杆不宜小于 $16\phi12mm$；对于杆段长度为 4.5m 及以下的设备支架，$\phi300mm$ 等径杆不少于 $10\phi10mm$，$\phi400mm$ 等径杆不少于 $16\phi10mm$。

（5）预应力钢筋混凝土环形构件的主筋，其直径不宜大于 $\phi12mm$，也不宜小于 5mm；纵向钢筋之间的净距不应小于 30mm，也不应大于 100mm。

（6）普通钢筋混凝土环形杆及预应力钢筋混凝土环形杆，必须设置等间距的螺旋筋和内部加强钢箍，螺旋筋的直径宜为 $\phi4mm@50～100mm$，杆段两端应加密到 50mm，其加密区段长度为 500mm，螺旋筋应缠于纵向受力钢筋之外，内部加强钢箍的直径宜为 $\phi6mm@500～1000mm$。

（7）钢筋混凝土环形构件柱头。钢筋混凝土环形 A 字形柱的柱头，可采用钢柱帽连接的方式并应符合下列要求：

1）顶板与柱端钢圈满焊。

2）顶板厚度不应小于 12mm，加劲板的厚度不应小于 6mm。

3）A 字形柱间的剪力板厚度不应小于 10mm，并应伸至环形杆连接钢圈。

4）梁与柱、支撑与柱等连接节点应进行抗震承载能力验算，地震作用效应乘以加强系数 1.2（螺栓连接）或 1.5（焊接连接）。

7. 薄壁离心钢管混凝土杆件

（1）薄壁离心钢管混凝土杆件构造要求详见 DL/T 5457《变电站建筑结构设计技术规程》相关内容。

（2）所用钢管采用直缝焊接钢管时，其构造要求同钢结构直缝焊接钢管。

（3）杆段之间的连接可采用焊接连接（内加强管或外加强管）、法兰连接（内法兰或外法兰）或套接连接（内套接或外套接），接头处必须设置加强管（短衬管），厚度不宜小于 6mm，长度不宜小于 200mm。同时，在钢管混凝土构件端部应设置挡浆圈，厚度不宜小于 5mm；当混凝土壁厚 δ 不小于 50mm 时，挡浆圈厚度不宜小于 6mm。

8. 其他要求

（1）受力构件的钢材规格，不应小于表 22-16 的规定。

表 22-16　　　钢材最小规格　　　（mm）

部件	镀锌				非镀锌			
	角钢厚度	圆钢直径	钢管壁厚	钢板厚度	角钢厚度	圆钢直径	钢管壁厚	钢板厚度
弦杆	5	16	5	4	5	18	5	5
腹杆	4	12	3	4	5	12	4	5

（2）提高寒冷地区结构抗脆断能力的要求应按 GB 50017《钢结构设计标准》的规定执行。

（十二）防止螺栓松动措施

对直接承受动力荷载的螺栓宜采用双螺帽，也可以采用其他行之有效的防止螺帽松动的措施。

（十三）避雷针结构

（1）避雷针可采用钢管结构和角钢（钢管）格式结构，其结构型式宜与构架相互协调。

（2）避雷针等悬臂独立细长杆件应根据 GB 50009《建筑结构荷载规范》校核微风共振的影响，尤其是在微风影响地区。对圆形截面的结构，应按下列规定对不同雷诺数 Re 的情况进行横风向风振（旋涡脱落）校核：

1）当 $Re<3\times10^5$ 且结构顶部风速 Q_H 大于 Q_{cr} 时，可发生亚临界的微风共振。此时，可在构造上采取防振措施，或控制结构的临界风速 Q_{cr} 不小于 15m/s。

2）当 $Re\geq3.5\times10^6$ 且结构顶部风速 Q_H 的 1.2 倍大于 Q_{cr} 时，可发生跨临界的强风共振，此时应考虑横风向风振的等效风荷载。

3）当雷诺数为 $3\times10^5\leq Re<3.5\times10^6$ 时，则发生超临界范围的风振，可不作处理。

（3）避雷针应进行构件及连接计算，其最大设计应力值不宜大于 GB 50017《钢结构设计标准》规定的钢材强度设计值的 80%；当采用单钢管（含变截面圆钢管）时，则不宜大于 70%；避雷针针管部分的设计应力在标准荷载作用下不宜超过 $80N/mm^2$。

（4）在验算以承受风荷载为主的避雷针变形时，可取最大风工况条件下风荷载标准值乘以准永久值系数 0.5，作为正常使用极限状态变形验算的荷载条件。避雷针在正常使用状态下的变形，不宜超过表 22-17 规定的数值。

表 22-17　避 雷 针 挠 度 限 值

序号	结构类别		挠度限值
1	构架柱顶避雷针（地线柱）	针尖部分	不限
		格构式	$h/100$
		单钢管	$h/70$
2	独立避雷针	针尖部分	不限
		格构式	$H/100$
		单钢管	$H/70$

注　1. 表中 H 为柱的高度，不包含构架上的避雷针及地线柱。
　　2. h 为柱顶以上避雷针或地线柱的高度。

（5）避雷针设计应充分考虑温度、风压等关键气象条件，特别是在低温寒冷和风荷载较大的地区，应注意选用冲击韧性较好的钢材，选择合理的结构形式，避免产生微风共振。

三、构支架及独立避雷针基础

（一）一般规定

（1）构支架、独立避雷针地基基础设计等级一般为丙级。

（2）根据工程地质条件、基础受力特点和大小，可采用天然地基和人工地基。

（3）一般情况下，可采用刚性基础、钢筋混凝土扩展基础，有条件地区可采用岩石锚杆基础。

（4）基础埋置深度应考虑如下因素：

1）在满足地基稳定、承载力和变形要求的前提下，基础宜浅埋，并不小于季节性冻土标准冻深的要求。

2）扩建工程应注意对相邻基础的影响。

（5）膨胀土、湿陷性黄土、冻胀土、岩溶、山区等特殊地质条件地区的基础设计尚应满足相关规范的要求。

（二）材料

1. 混凝土

（1）按 GB 50010《混凝土结构设计规范》的规定并参考第二十一章第一节结构专用部分中相关内容选用。

（2）地基土、地下水有腐蚀性时，基础应按照有关现行国家或行业标准要求采取防腐蚀措施。

（3）在严寒和寒冷地区的潮湿环境中，基础混凝土应按照有关现行国家或行业标准要求采取防冻措施。基础混凝土掺加外加剂时，其水泥、掺合料、外加剂的品种和数量、配合比及含气量等应通过试验确定。

2. 钢筋

基础钢筋的强度标准值、设计值和弹性模量应按

GB 50010《混凝土结构设计规范》的规定并参考第二十一章第一节结构专用部分中相关内容选用。

3. 地脚螺栓

地脚螺栓宜采用 Q235 钢、Q355 钢、35 号和 45 号钢，其质量应分别满足 GB/T 700《碳素结构钢》、GB/T 1591《低合金高强度结构钢》和 GB/T 699《优质碳素结构钢》的规定，有特殊要求时，可采用更高等级的钢材。

（三）柱脚连接

一般采用杯口插入式柱脚和外露式锚栓柱脚。柱脚与基础的连接（刚接或铰接）应与计算模型的假定相一致。

（四）基础计算

（1）应进行地基承载力、抗拔和抗倾覆计算，必要时尚应进行变形验算。

（2）采用杯口插入式连接时，构支架柱插入杯口深度的计算应满足下列要求：

1）受拉钢管构支架柱插入基础杯口深度为

$$h = \frac{N}{\pi \cdot D \cdot f_{cv}} \qquad (22\text{-}39)$$

式中　N——轴向力设计值；

　　　D——外径；

　　　f_{cv}——二次灌浆细石混凝土（宜高于基础混凝土强度一个等级）的抗剪强度设计值。

2）受拉钢管构支架柱插入基础杯口部分焊有不少于两道栓钉或短钢筋时，直径不得小于 16mm，水平及竖向中心距不得大于 200mm。剪切面可按杯口内壁进行计算，插入基础杯口深度为

$$h = \frac{N}{\sum S_c \cdot f_{cv}} \qquad (22\text{-}40)$$

式中　$\sum S_c$——杯口内壁平均周长。

3）钢管构支架柱脚同时传递弯矩 M 和轴向拉力 N 时，插入基础杯口深度为

$$h = \frac{\dfrac{N}{2} + \dfrac{M}{D}}{\dfrac{\pi D}{2} \cdot f_{cv}} \qquad (22\text{-}41)$$

4）不满足式（22-41）要求时，可在钢管上加焊栓钉连接件或短钢筋，半边钢管上需要的栓钉或短钢筋数为

$$n = \frac{\dfrac{N}{2} + \dfrac{M}{D/\sqrt{2}}}{[N]} \qquad (22\text{-}42)$$

式中　$[N]$——一个栓钉、短钢筋的允许抗剪承载力。

（3）地脚螺栓杆轴方向受拉的连接中，每个螺栓的承载力设计值为

$$N_t^b = \frac{\pi \cdot d_e^2}{4} \cdot f_t^a \qquad (22\text{-}43)$$

式中　d_e——螺栓在螺纹处的有效直径；

　　　f_t^a——螺栓的抗拉强度设计值。

（4）验算基础上拔及倾覆稳定时，荷载效应应取承载能力极限状态下荷载效应的基本组合，按是否考虑基础侧土作用两种情况分别采用不同的设计稳定系数 K_S 或 K_G。基础所承受的荷载不应大于两种情况下基础抗拔力或倾覆弯矩除以所对应的设计稳定系数 K_S 或 K_G。

1）K_S 是按极限土抗力作用来计算抗倾覆力矩及按锥形土体来计算抗拔力的稳定系数，其值应取 1.8。

2）K_G 是按基础自重及基础台阶上土重来计算抗倾覆力矩或抗拔力的稳定系数，其值应取 1.15。

（5）考虑基础侧土作用，按倒锥形土体计算基础的抗拔承载力时，应按式（22-44）验算：

$$T \le \frac{(V_t - V_o)\gamma_o + G}{K_s} \qquad (22\text{-}44)$$

式中　T——在荷载效应基本组合作用下基础所承受的上拔力值；

　　　V_t——基础底板上在上拔角 α 范围内土和基础的体积；

　　　V_o——在地面以下部分的基础体积；

　　　γ_o——土的重度（地下水位以下取土的浮重度）；

　　　G——基础自重标准值。

土的计算重度 γ_o 和计算上拔角 α，应根据地质勘察资料提供的土的类别和状态，按表 22-18 取用。

表 22-18　土的计算重度 γ_o 和计算上拔角 α

序号	参数	黏性土			砂　土				粉　土		
		坚硬、硬塑	可塑	软塑	粗砂、中砂	细砂	粉砂	砾砂	密实	中密	稍密
1	γ_o (kN/m³)	17	16	15	17	16	15	19	17	16	15
2	a	25°	20°	10°	28°	26°	22°	30°	25°	20°	10°

注　位于稳定地下水位以下的土的计算重度应取浮重度。

（6）不考虑基础侧土作用，按基础自重及台阶上土的自重计算基础的抗拔承载力时，应按式（22-45）验算

$$T \le \frac{G + G_0}{K_G} \qquad (22\text{-}45)$$

式中　G——基础自重标准值；

　　　G_0——基础底板上的土重标准值。

（7）不考虑基础侧土作用的基础的倾覆稳定可按下列公式计算：

$$\frac{Ne_x}{M_x} \ge K_G \qquad (22\text{-}46)$$

$$\frac{Ne_y}{M_y} \ge K_G \qquad (22\text{-}47)$$

式中　N——在荷载效应基本组合作用下基础底面以上的轴力设计值；

　　　M_x、M_y——在荷载效应基本组合作用下基础底面的 X 和 Y 方向外力矩设计值；

　　　e_x、e_y——垂直力对基础和方向基础边缘倾覆点的距离。

（8）位于边坡上的基础，应进行地基土的抗滑移稳定计算。

（9）人工地基基础的计算应符合 GB 50007《建筑地基基础设计规范》及其他有关标准的规定。

（五）基础构造

（1）插入基础杯口的深度不应小于下列规定（D 为构支架柱外径）：

1）设备支架，1.0D；

2）钢筋混凝土环形杆构架，1.25D；

3）钢管、钢管混凝土杆构架，1.5D；

4）拔梢单管独立避雷针杆构架，1.5D。

格构柱的柱肢，插入深度可取 3～5 倍柱肢钢管外径，钢管外径大于 300mm 时取上限，钢管外径小于 250mm 时取下限。

（2）采用地脚螺栓连接方式时，地脚螺栓的数量、规格应按计算确定。直径较小时，端部为半圆弯钩，弯钩长度为 5d，其锚固长度不小于 25d；直径较大时，在端部焊接平锚板，其锚固长度不小于 15d（d 为地脚螺栓直径）。地脚螺栓应采用双螺母双垫片。

第二节　设　备　基　础

一、一般原则

（1）站内主要的设备基础有 GIS 基础、主变压器及高压电抗器基础、串补平台基础及其他设备基础。

（2）基础设计应按照 GB 50007《建筑地基基础设计规范》的规定，满足承载能力极限状态和正常使用极限状态。

（3）设备基础设计等级一般为丙级。场地和地基条件复杂、变形要求较高的设备基础，可提高一级设计。

（4）基础变形应满足上部电气设备正常安全运行对沉降的要求，一般不宜大于表 22-19 的规定。

表 22-19　　　设备地基基础变形控制表

设备基础	容许沉降量（mm）	容许沉降差或倾斜
GIS 管道连接设备基础	200	0.002l
主变压器基础、高压电抗器基础		0.003l
串补平台基础	150	—

注 　1. l 为基础对应方向的长度。
　　2. 当设备有特殊要求时，应按特殊要求执行。

（5）地基土、地下水有腐蚀性时，基础应按照有关现行国家或行业标准要求采取防腐蚀措施。

（6）在严寒和寒冷地区的潮湿环境中，基础混凝土应按照有关现行国家或行业标准要求采取防冻措施。基础混凝土掺加外加剂时，其水泥、掺合料、外加剂的品种和数量、配合比及含气量等应通过试验确定。

二、GIS 基础

（1）基础一般有整体筏板、筏板外伸支墩、箱型等型式，分支母线基础也可以采用独立基础。

（2）当基础长度超过规范要求时，宜设置伸缩缝。伸缩缝位置应与 GIS 设备水平伸缩节及垂直伸缩节相对应。

（3）基础同一温度伸缩段内，可根据需要设置后浇带。后浇带设置应符合 GB 50010《混凝土结构设计规范》的有关规定。

（4）卧置于地基上的混凝土板，板中受拉钢筋的最小配筋率不应小于 0.15%。

（5）根据工艺要求，筏板式 GIS 基础需露出场地设计标高一定高度，应加强 GIS 基础周边排水设计。

（6）设备与基础之间的连接可根据设备厂家要求采用预埋铁件或后植化学螺栓的方式。基础顶面及预埋铁件的平整度等级要求应满足设备安装要求。

（7）筏板式 GIS 基础上电缆沟与基础整体设计，电缆沟顶部直角处加配 45°放射状防裂钢筋，沟深范围内宜设计成圆角；筏板外伸支墩基础上电缆沟可直接坐落在基础顶板上，电缆沟底排水宜采用干硬性混凝土找坡。

（8）基础应采取避免温度裂缝的构造措施。

1）采用中/低水化热硅酸盐水泥，加入减少水化热的外加剂。

2）外露基础表面掺入抗裂纤维。必要时在板的表面双向配置防裂构造钢筋。

3）外加剂及抗裂纤维不应影响混凝土本身的物

理力学性能。

4）基础表面设计缩缝。

（9）基础应设置沉降观测标，设置位置应与基准点相互通视。

三、主变压器及高压电抗器基础

（1）主变压器及高压电抗器一般采用大块式基础。

（2）油坑应符合下列规定：

1）池壁四周宜高出地面 100mm。

2）油坑底面应设置坡度，坡向集油坑。

3）油坑内应铺设卵石，其厚度不小于 250mm，卵石直径宜为 50~80mm。

4）为方便运行巡视，在油池顶部可铺设钢格栅板。

（3）主变压器基础宜设置沉降观测标。

四、串补平台基础

（1）根据不同工程地质条件，基础型式一般有独立基础、条形基础和筏板基础。

（2）根据工艺要求，串补平台支撑结构与基础采用预埋地脚螺栓或预埋钢板连接。

五、其他设备基础

其他设备基础主要有低压电抗器、电容器、断路器基础等。常用的基础形式有独立基础、条形基础及筏板基础。

电抗器基础内不能有闭环的金属回路，基础钢筋之间设置绝缘丝带，避免产生涡流效应。

第三节　防　火　墙

（1）防火墙可采用钢筋混凝土框架填充墙结构、砌体结构、预制柱板结构或钢筋混凝土剪力墙结构。

（2）防火墙应满足不低于 3h 的耐火极限。

（3）基础可采用独立基础、条形基础或筏板基础。

（4）防火墙顶部宜设置压顶，并设置滴水槽。

（5）现浇钢筋混凝土防火墙的抗震等级应根据抗震设防类别按照 GB 50011《建筑抗震设计规范》确定，并应符合结构受力、变形和构造措施的相关要求。

（6）主变压器及高压电抗器防火墙应根据工艺要求设置爬梯。

（7）根据工艺要求，主变压器防火墙上部一般设置构架底座，用于固定主变压器构架。高压电抗器防火墙上部或侧面一般设置固定支柱绝缘子等设备的底座。底座宜布置在防火墙的主体结构上。

第四节 水工构筑物

一、一般原则

（1）水工构筑物主要包括泵坑、蓄水池、事故油池、蒸发池及化粪池等。

（2）水工构筑物应根据结构破坏可能产生后果的严重性，采用不同的安全等级及结构重要性系数。水工构筑物的安全等级一般按二级考虑，结构重要性系数取 1.0。

（3）采用钢筋混凝土结构时，应根据 GB 50010《混凝土结构设计规范》、GB/T 50476《混凝土结构耐久性设计规范》对耐久性的具体规定，合理确定环境类别，保证水胶比、最低混凝土强度等级、氯离子含量等指标满足要求；采用砌体结构时，地面以下砌体材料的最低强度等级、有侵蚀性介质的砌体材料等均应符合 GB 50003《砌体结构设计规范》有关耐久性的规定。

（4）防水应符合 GB 50108《地下工程防水技术规范》的有关规定。

（5）防腐应满足 GB/T 50046《工业建筑防腐蚀设计标准》的有关规定。

（6）湿陷性黄土、盐渍土或膨胀土等特殊场地，应采取相应措施防止地基下陷、膨胀等不利影响。

（7）结构设计主要考虑土压力、水压力、覆土恒荷载、地面活荷载等作用的影响，应根据实际布置方式，按构筑物内有水或无水情况下的不利状态进行设计验算。

（8）地下水位高于基底埋深且基底位于透水层时，地下或半地下水工构筑物一般均应考虑整体抗浮的要求，并根据式（22-48）进行验算：

$$\frac{G_k}{N_{w,k}} \geq K_w \qquad (22\text{-}48)$$

式中　G_k——构筑物自重及压重之和，kN；

　　　$N_{w,k}$——浮力作用值，kN；

　　　K_w——抗浮稳定安全系数。

（9）地下水的浮力通过构筑物自重、上部覆土重、外挑底板上填土重或其他配重等进行平衡。必要时，可采取设置抗拔锚桩（杆）等措施解决抗浮要求高的情形。

（10）宜不设或少设施工缝，需预留施工缝时，应做好防水措施。

（11）设置必要的安全防护和警示措施。

（12）根据安装、检修及维护的需要，合理设置安装孔、检修孔和爬梯。

（13）对于有抗震设防要求的地区，管道穿墙处承受振动和管道伸缩变形或有严密防水要求的水工构筑物池壁，其套管宜选用柔性防水套管。

（14）冬季有可能产生冻结的蓄水池应考虑防冻保温措施。

（15）施工时应根据基坑开挖深度、土层特性、地下水埋藏条件及可能对周边既有设施造成的不利影响等因素，采取必要的基坑支护及施工降排水措施。

二、泵坑

（一）深井泵坑

（1）为地下箱型结构，可采用混凝土结构或钢筋混凝土结构。其顶板可采用成品盖板或现浇钢筋混凝土板，并设置检修孔和爬梯。

（2）防水等级一般可按三级考虑。

（3）严寒和寒冷地区，根据工艺要求对坑壁或顶盖采取防冻保温措施。

（二）雨水泵坑

（1）为地下箱型结构，采用现浇钢筋混凝土结构。一般采用矩形平面，也可以采用圆形平面。

（2）防水等级一般采用三级。

（3）敞口式雨水泵坑周边应设置安全护栏。封闭式雨水泵坑应设检修孔和爬梯。

（4）设置施工缝时，宜设置在底板与池壁连接的斜托上部或池壁与顶板连接的斜托下部。

三、蓄水池

（1）为敞开式或封闭式结构，一般采用封闭式现浇钢筋混凝土结构。按布置形式，可分为独立全地下式、半地下式、地面式等；根据工艺布置，也可以与泵房合建。蓄水池一般采用矩形平面，也可采用圆形平面。

（2）防水等级宜采用二级。防水混凝土结构厚度不应小于 250mm，裂缝宽度不得大于 0.2mm，并不得贯通。

（3）地下或半地下蓄水池，一般无须考虑地震作用，仅考虑蓄水池自重、水压力和土压力作用。对于地下封闭式蓄水池，按池内无水的不利状况进行设计；对于半地下蓄水池，应按照池内无水和有水分别进行设计；对于地上敞开式蓄水池，按池内有水的不利状况进行设计。

（4）根据工艺要求，设置检修孔及爬梯。敞开式蓄水池应设护栏，护栏应有足够的强度，高度不低于 1.05m。

（5）生活蓄水池内所有铁件防腐应采用无毒防腐涂层。

（6）有冻结可能的户外蓄水池，应做好防冻保温措施，一般在池体周边设置外保温或在池顶覆土，池壁保温层应做好防水处理。

（7）设置施工缝时，宜设置在底板与池壁连接的斜托上部或池壁与顶板连接的斜托下部。当蓄水池的长度超过 25m 时，混凝土的浇筑宜采用补偿收缩混凝土或在蓄水池中部设置后浇带。

（8）蓄水池混凝土达到设计强度值后宜进行闭水试验：

1）渗水量以 24h 不超过 $2L/m^2$ 为合格。

2）外表面仅允许有小面积湿润。

四、事故油池

（1）为地下封闭式现浇钢筋混凝土结构，一般采用圆形平面。

（2）防水等级宜采用二级。

（3）油池按池内无水状态进行池体的设计验算。

（4）事故油池周边地表应设置警示桩。

（5）位于上覆土层中的检修孔侧壁一般采用砌体结构，也可采用钢筋混凝土结构。

（6）圆形事故油池的顶底板配筋应按照环向、径向受力分别配置，并注意中部配筋较密集处的配筋构造措施。

五、雨水蒸发池

（1）一般布置在站外，为地下敞口式。根据工程地质条件和周边环境，采用渗排或对池底进行封闭处理。渗排蒸发池需采取池底部铺卵石等防冲刷措施。

（2）在保证有效容积的前提下，按上口尺寸大于池底尺寸设计，池壁坡率可按土体的自然休止角确定。

（3）蒸发池应按池内无水进行设计验算。

（4）敞口式蒸发池应设护栏，护栏应有足够的强度，高度不低于 1.5m。

（5）蒸发池池体外围应设置一定高度的挡水、挡沙设施。

第二十三章

供暖、通风与空气调节

第一节 供 暖

一、一般原则

供暖设计应符合 GB 50019《工业建筑供暖通风与空气调节设计规范》、GB 50736《民用建筑供暖通风与空气调节设计规范》及 DL/T 5218《220kV～750kV变电站设计技术规程》等的规定。

当站区附近有可利用余热或可再生能源供暖时，应优先采用，热媒及其参数可根据具体情况确定。

当站区附近有城市供暖热网、区域供暖热网、电厂等外部热源时，宜采用集中热水供暖；在寒冷和极寒地区，当站区供暖面积较大，在技术经济合理时，可采用电热锅炉、燃气锅炉集中热水供暖。集中热水供暖的热水供、回水温度宜采用 95/70℃。

不具备上述条件，供暖建筑物较分散、供暖负荷较小以及无人值守的变电站，宜选用分散式电热供暖。

夏热冬暖和温和地区，如果需要，冬季可利用热泵型空调设备供暖，未设置空调的工艺房间，可根据工艺要求设置分散式电热供暖。

所有供暖区域严禁采用明火取暖。

二、主控通信楼（室）供暖

主控通信楼（室）包括主控制室、计算机室、交接班室、通信机房、交直流配电室、电气及通信蓄电池室、检修工具间、劳动安全工具间和办公休息类房间，以及门厅、走道、楼梯间等公共交通空间。

根据站区热源状况，主控通信楼（室）可采用集中热水供暖或电热供暖方式。工艺设备间冬季室内设计温度应由工艺专业提出，如无明确要求时，主控通信楼（室）冬季室内设计温度可按表 23-1 选取。

表 23-1 主控通信楼（室）冬季室内设计温度

房间名称	室内设计温度（℃）	房间名称	室内设计温度（℃）
主控制室	18～22	计算机室	18～22

续表

房间名称	室内设计温度（℃）	房间名称	室内设计温度（℃）
通信机房	18～22	会议室	18
通信电源室	18	站长室	18
交直流配电室	≥5	资料室	18
防酸隔爆式蓄电池室	18	值班室	18
阀控密闭式蓄电池室	20	备餐间	18
检修、劳动工具间	16	卫生间	14
交接班室	18	门厅、走道	14

（一）设计计算

1. 热负荷计算

供暖热负荷计算分为估算和详细计算，可行性研究和初步设计阶段，可采用估算法，施工图设计阶段应进行详细计算。

（1）热负荷估算。建筑物或房间热负荷按式（23-1）和式（23-2）进行估算：

$$Q_N = aq_{n,v}V(t_{n,p} - t_w) \qquad (23-1)$$

$$Q_f = aq_{f,v}V(t_{n,p} - t_{w,f}) \qquad (23-2)$$

式中　Q_N——供暖热负荷，W；

　　　Q_f——通风热负荷，W；

　　　a——温度修正系数，按表 23-2 取值；

　　　V——建筑物或房间外轮廓体积，m^3；

$q_{n,v}$、$q_{f,v}$——供暖、通风体积热指标，W/（$m^3 \cdot$℃），按表 23-3 取值；

　　　$t_{n,p}$——室内平均计算温度，℃；

　　　t_w——供暖室外计算温度，℃；

　　　$t_{w,f}$——冬季通风室外计算温度，℃。

表 23-2 温 度 修 正 系 数

供暖室外计算温度（℃）	温度修正系数 a	供暖室外计算温度（℃）	温度修正系数 a
0	2.05	−25	1.08
−5	1.67	−30	1.00

续表

供暖室外计算温度（℃）	温度修正系数 a	供暖室外计算温度（℃）	温度修正系数 a
−10	1.45	−35	0.95
−15	1.29	−40	0.90
−20	1.17		

表 23-3　　主控通信楼（室）建筑体积热指标

[W/（m³·℃）]

房间名称	V（m³）	$q_{n.V}$	$q_{f.V}$	$t_{n.p}$
主控制室	>30	0.37	0.19	18
计算机室	>30	0.37	0.19	18
通信机房	>30	0.37	0.19	18
交直流配电室	>30	0.37	0.19	5
检修工具间	>20	0.36	0.87	5
劳动安全工具间	10~35 30~75	0.35~0.29 0.29~0.23	1.10 1.05	10
工具间	>20	0.27	1.05	5
会议室	>30	0.37	0.19	18
交接班室/站长室	>30	0.37	0.19	18
资料室	>30	0.37	0.19	18
值班室	>30	0.37	0.19	18
备餐间	>30	0.37	0.19	18
卫生间	>10	0.36	0.87	14
门厅/走廊/楼梯间	50~100 100~200	0.47~0.44 0.47~0.41	0.17~0.14 0.14~0.09	14

（2）热负荷详细计算。冬季供暖和通风系统的热负荷应根据建筑物或房间的下列耗热量和得热量确定。不经常的散热量可不计算，经常而不稳定的散热量应采用小时平均值，具体组成如下：

1）围护结构的耗热量。

2）加热由门窗缝隙渗入室内的冷空气的耗热量。

3）加热由门、孔洞及相邻房间侵入的冷空气的耗热量。

4）工艺设备散热量。

5）通风耗热量。

6）水分蒸发的耗热量。

7）加热由外部运入的冷物料和运输工具的耗热量。

8）热管道及其他热表面的散热量。

9）热物料的散热量。

10）通过其他途径散失或获得的热量。

变电站建筑物或房间冬季热负荷一般包括 1）~5）项，其中1）~3）项的计算参见 GB 50019《工业建筑供暖通风与空气调节设计规范》；4）项的电气和

通信盘柜等工艺设备散热量应由设备制造厂提供；5）项仅考虑冬季连续运行的通风系统，其耗热量按式（23-3）计算。

$$Q = 0.28cL_S\rho_S(t_s - t_c) \tag{23-3}$$

式中　Q——通风耗热量，W；

　　　c——空气比热容，取 1.01kJ/（kg·℃）；

　　　ρ_S——空气密度，kg/m³；

　　　L_S——送风量，m³/h；

　　　t_s——送风温度，℃；

　　　t_c——冬季通风室外计算温度，℃。

2. 其他计算

供暖设计其他计算如散热设备的选型计算、热水管阻力计算等参见 GB 50019《工业建筑供暖通风与空气调节设计规范》和《实用供热空调设计手册》。

（二）供暖设备

变电站常用供暖设备主要有电热供暖设备和热水供暖设备。由于种类繁多，各制造厂提供的产品，无论形式、型号或规格、尺寸，还是技术参数等都不统一，设计过程中，可查阅制造厂提供的产品样本和相关的技术资料。

（1）电热供暖设备。变电站常用电热供暖设备主要包括各种电取暖器、电热暖风机和电热风幕机。

常用的电取暖器包括采用对流或辐射散热的电取暖器、含蓄热材料的蓄热式电取暖器。

（2）热水供暖设备。变电站常用热水供暖设备主要包括热水散热器、热水型暖风机和热水型风幕机。

热水型暖风机和热水型风幕机均由热水换热器、风机及电机所组成。其功能和使用场合同电热暖风机和电热风幕机。

（三）设备及管道布置

主控通信楼（室）供暖应根据工艺设备布置、房间层高、面积、功能布置供暖设备，设备和管道布置应符合下列要求：

（1）散热器宜明装，当需要暗装时，装饰罩应有合理的气流通道、足够的通道面积，并方便维修。

（2）电取暖器不可倒置或横放，且应设置接地措施。

（3）散热器一般布置在窗台下部，布置有困难时也可靠内墙布置，进深较大的房间散热器应分散均布。

（4）门斗内不宜设置散热器。

（5）楼梯间的散热器宜布置在底层或按一定比例分配在下部各层。

（6）蓄电池室散热器与蓄电池之间的距离不应小于 0.75m。蓄电池选用散热器供暖时，室内不宜有丝扣、接头和阀门。

（7）供暖水管不宜穿越电气盘柜间、变压器室和通信设备间。

（8）供暖沟道或管道不应穿越存在有害气体的蓄

电池室底部、隔墙及楼板。

（9）蓄电池室冬季送风温度不宜高于 35℃，并应避免热风直接吹向蓄电池。

（四）设计要点

（1）热水供暖系统宜采用同程式，供暖立管应设置调节阀或关闭阀，但楼梯间立管不宜设置阀门。

（2）位于严寒地区、寒冷地区的主控通信楼（室）宜设置热风幕。

（3）蓄电池室冬季耗热量应由散热器补偿，通风耗热量应由热风装置补偿。

（4）间歇供暖时同一系统中不宜混用水容量差别较大的不同类型的热水散热器。

（5）散热器或电取暖器形式和种类要考虑外形美观、与房间尺寸相适应，并与室内装饰相协调。

（6）蓄电池室供暖设备应为防爆型，防爆等级应为ⅡCT1（即为Ⅱ类、C 级、T1 组）。

（7）在对防尘要求较高的房间，应采用易于清除灰尘的散热器或电取暖器。具有腐蚀性气体的房间，应选用耐腐蚀的散热器或电取暖器。

（8）泵房卫生间电供暖设备应选用防水型。

（9）热风供暖适用于允许循环使用室内空气的大空间，小型暖风机可以吊挂，大型暖风机落地安装。空气不能循环使用的场合，产生易燃易爆气体、纤维或粉尘等的工艺过程，对环境噪声有比较严格要求的房间均不能使用。

（10）供暖设备应设置温度传感器，可根据设定的温度范围自动启停。

（11）供暖设备与电气设备之间的距离应满足带电距离的要求。

（12）供暖房间的进风及排风口，均应设置关闭阀门。

（五）设计案例

某变电站通信机房层高为 3.6m，平面布置如图 23-1 所示。计算供暖热负荷，选择及布置供暖设备。

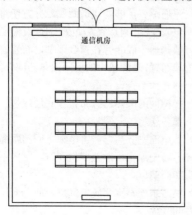

图 23-1 通信机房平面布置图

1. 计算参数及传热系数

室内外计算参数详见表 23-4。

表 23-4 室内外计算参数

室外计算参数		室内计算参数	
冬季供暖室外计算温度	−18℃	冬季室内设计温度	18℃
冬季空调室外计算温度	−20℃	冬季室内设计相对湿度	≤70%
冬季室外大气压力	956.9hPa		

维护结构传热系数如下：

（1）屋顶传热系数 K=0.58W/（m²·K）；

（2）外墙传热系数 K=0.68W/（m²·K）；

（3）外窗高度为 2m，双层真空玻璃结构，传热系数 K=3.0W/（m²·K）；

（4）外门高度为2.5m，传热系数 K=3.5W/（m²·K）。

2. 供热方式选择

由于本工程无可用于供暖的外部热源、可再生能源、废热等，也不具备设置电热锅炉和燃气锅炉的条件，因此，本工程采用分散式电热供暖方式。

3. 供暖热负荷计算

（1）各维护结构耗热量。计算方法及计算公式依据 GB 50019《工业建筑供暖通风与空气调节设计规范》，计算结果详见表 23-5。

表 23-5 计算机室热负荷计算

维护结构热负荷（W）				总热负荷（W）
屋面	外墙	外窗	外门	
1215	2336	823	658	5032

（2）设备散热量。屏柜散热量为 100×32=3200（W）。

4. 供暖设备的选择

考虑设备检修停运因素，散热器需要提供的热量为 5032W，实际运行时，散热器需要提供的热量为 5032−3200=1832（W）。

选择 4 台壁挂式电暖器，单台电暖器制热功率为 1.7kW。

5. 供暖设备布置

2 台散热器布置在窗下，由于房间进深较大，为了使温度场均匀，对侧内墙处布置 2 台散热器，具体布置见图 23-1。

三、继电器室供暖

继电器室布置电气盘柜，设计供暖时，宜采用电热供暖，冬季室内设计温度按 18℃计算。

（一）设计计算

供暖热负荷估算和详细计算参见主控通信楼（室）有关内容。供暖热负荷估算时，其体积热指标按表23-6取值。

表23-6 继电器室体积热指标 [W/(m²·℃)]

房间	V (m³)	$q_{n.V}$	$q_{f.V}$	$t_{n.p}$
继电器室	50～100 100～150 >150	0.29～0.26 0.26～0.21 0.20	1.16～1.05 1.15～0.93 0.92	18

（二）供暖设备

电热供暖设备可根据热负荷、盘柜布置、房间尺寸、室内装修等具体情况选用壁挂式电取暖器或电热暖风机。

（三）设计要点

设计要点参见主控通信楼（室）有关内容。

（四）设备及管道布置

继电器室电缆沟较多，供暖设备室不应布置在电缆沟正上方压住电缆沟盖板。其他要求参见主控通信楼（室）有关内容。

四、配电装置楼（室）供暖

配电装置楼（室）包括 GIS 室、变压器室、站用变压器室、电抗器室、电容器室、阀室、二次设备室、监控室、消防控制室、站用交直流配电室等工艺类房间和办公休息类房间。

由于配电装置楼（室）主要布置电气设备，因此宜采用电热供暖方式。工艺设备间冬季室内设计温度应由工艺专业提出，如无明确要求时，配电装置楼（室）室内设计温度可按表23-7选取。

表23-7 配电装置楼（室）冬季室内设计温度

房间名称		室内设计温度（℃）
变压器室		—
电抗器室		—
电容器室		—
电缆夹层、电缆隧道		—
二次设备室		18～20
监控室		18～20
消防控制室		18
GIS 室		依据工艺资料
值班室		18～20
资料室		16～18
阀室	SVC 室	依据工艺资料
	SVG 室	依据工艺资料

续表

房间名称		室内设计温度（℃）
阀室	可控高压电抗器阀室	依据工艺资料
综合配电室	站用交直流配电室	≥5
	开关柜室	≥5
	蓄电池室	18
	柴油发电机室	≥5
	油罐室	≥5
办公室、会议室和交接班室		18
安全工具室		≥5
卫生间		14

（一）设计计算

供暖热负荷估算和详细计算参见主控通信楼（室）有关内容。

（二）供暖设备

供暖设备参见主控通信楼（室）有关内容。

（三）设计要点

（1）变压器、电抗器、电容器运行时散热较大，一般不需要设计供暖。当设备停运且工艺要求室内仪表、消防栓等需要维持一定室温时，可设计供暖。

（2）当 GIS 设备带电伴热时，室内一般不设计供暖；当 GIS 设备不带电伴热或带电伴热但仍不满足运行温度要求时，室内应设计供暖。

（3）SVC 室、SVG 室设备运行时由于散热量较大，均不考虑供暖。风冷型阀体冬季停运检修时，需根据工艺专业要求决定是否设计供暖；水冷型阀体冬季停运检修时，应设计供暖，室内温度一般不低于10℃。电热供暖设备应选用防水型。

（4）柴油发电机室及油罐室应设计供暖，电热供暖设备应选用防爆型。

（5）电缆夹层、电缆隧道不设计供暖。

（6）其他设计要点参见主控通信楼（室）有关内容。

（四）设备及管道布置

设备及管道布置要求参见主控通信楼（室）有关内容。

五、辅助建筑物供暖

辅助建筑物包括水工建筑物、警卫传达室、车库、备品备件库等。

辅助建筑物供暖方式与主控通信楼（室）保持一致，工艺设备间冬季室内设计温度应由工艺专业提出，如无明确要求时，辅助建筑物或房间冬季室内设计温度可按表23-8选取。

表 23-8   辅助建筑物冬季室内设计温度

建筑房间名称		室内设计温度（℃）
水工建筑物	综合水泵房	≥5
	雨淋阀室	≥5
	泡沫消防间	≥5
警卫传达室		18
车库		≥5
备品备件库		≥5

（一）设计计算

供暖热负荷估算和详细计算参见主控通信楼（室）有关内容。

（二）供暖设备

供暖设备参见主控通信楼（室）有关内容。

（三）设计要点

（1）综合水泵房体积较大，宜选用暖风机供暖，暖风机宜为防水型。

（2）综合水泵房计算供暖热负荷时不考虑水泵散热量。

（3）备品间应根据室内备品的性质决定是否设计供暖以及室内设计温度，体积较大时宜选用暖风机。

（4）泡沫消防间内气罐、管道较多，供暖设备布置时应与工艺专业配合。

（5）其他要点参见主控通信楼（室）有关内容。

（四）设备及管道布置

设备及管道布置要求参见主控通信楼（室）有关部分。

第二节 通 风

一、一般原则

建筑物或房间通风系统用于排除室内工艺生产散发的各种有毒有害气体及室内余热和余湿、通风换气、事故通风、防烟和排烟。

通风设计应符合 GB 50019《工业建筑供暖通风与空气调节设计规范》、GB 50736《民用建筑供暖通风与空气调节设计规范》及 DL/T 5218《220kV～750kV变电站设计技术规程》等的规定。

防烟和排烟设计应符合 GB 50016《建筑设计防火规范》、GB 50229《火力发电厂与变电站设计防火标准》以及 GB 51251《建筑防烟排烟系统技术标准》等的规定。

变电站常用通风方式有自然通风、机械通风、事故通风和防排烟通风。机械通风分为自然进风、机械排风；机械送风、机械排风；机械送风、自然排风三种。

通风方式的选择原则如下：

（1）通风降温应优先选用自然通风。

（2）自然通风不满足要求时，可采用机械通风或机械通风与自然通风相结合的方式。

（3）当周围环境洁净时，机械通风宜采用自然进风、机械排风系统；当周围空气含尘严重或从室外自然进风困难时，应采用机械送风、机械排风系统，空气含尘严重时进风应过滤，室内应保持正压。

（4）生产房间内发生事故时突然放散大量有害物质或有爆炸危险气体时，应设置事故通风。

（5）当机械通风不满足降温要求时，在蒸发冷却效率达到80%以上的中等湿度及干燥的地区，可采用喷水蒸发冷却方式对送风进行降温，但应保证室内相对湿度。其他情况下，可采用表冷器对送风进行降温或空调降温。

（6）防烟排烟系统用于控制烟气蔓延，为人员疏散提供安全保障；在火已经被彻底熄灭且不能复燃的情况下，排除火灾房间内的烟气、异味及有害物质，以便于工作人员能进入房间抢修或恢复生产。

二、主控通信楼（室）通风

主控通信楼（室）需要设置通风的房间包括变压器室、交流配电室、蓄电池室、计算机室、通信机房等工艺类房间和运行人员工作类房间。

（一）设计计算

1. 设备散热量

（1）电气盘柜。电气盘柜的散热量一般由设备制造厂提供，当缺乏数据时，可按表23-9取值。

表 23-9   电气盘柜散热量

电气盘柜类别	散热量（W/面）
10kV 及 35kV 高压开关柜	200～300
380/220V 低压配电柜	250～350
保护、控制柜	200～250

（2）电缆散热量。电缆散热量可按下面两种方法计算：

1）详细计算法。

a）单根 n 芯电缆散热量计算式为

$$q = \frac{nl\rho_t I^2}{A} \qquad (23-4)$$

$$\rho_t = \rho_{20}(1+a_{20}t) \qquad (23-5)$$

式中 q ——单根电缆散热量，W；

ρ_t ——电缆温度 t 时的电导率，$\Omega \cdot m$；

n——单根电缆芯数；

l——电缆长度，m；

I——电缆载流量，A；

A——电缆截面积；

ρ_{20}——20℃时电缆导体的电阻系数，铜芯 ρ_{20}=1.84×10⁻⁸，铝芯 ρ_{20}=3.1×10⁻⁸，$\Omega \cdot$m；

a_{20}——20℃时电缆导体的电阻温度系数，铜芯 a_{20}=0.003931℃⁻¹、铝芯 a_{20}=0.004031℃⁻¹；

t——导线工作温度，取 t=60℃。

单根电缆散热量也可通过表 23-10、表 23-11 查得。

b）电缆总散热量计算式为

$$Q_1 = K(q_1 + q_2 + q_3 + \cdots + q_N) \quad (23\text{-}6)$$

式中　Q_1——电缆总散热量，W；

K——电流参差系数，取 0.85~0.95，电缆数量少取大值，电缆数量多取小值；

N——电缆总根数；

$q_1 \cdots q_N$——第 1 根…第 N 根电缆散热量，W。

2）估算法。

电缆散热量为

$$Q_1 = (q_1' C_1 n_1 + q_2' C_2 n_2 + q_3' C_3 n_3 + \cdots + q_N' C_N n_N) \quad (23\text{-}7)$$

式中　$C_1 \cdots C_N$——第 1 规格…第 N 规格电缆散热损失系数，根据电缆性质从表 23-12 中选择；

$n_1, \cdots, n_N$——第 1 规格…第 N 规格电缆数量；

$q_1', \cdots, q_N'$——第 1 规格…第 N 规格电缆散热量，W。

表 23-10　10kV 级及以下单根铜芯电缆的最大电流时的散热量 q 　（W/m）

电缆截面积 （mm²）	电压等级		
	3kV 以下	6kV	10kV
3×4	16.5		
3×6	18		
3×10	19	13	13
3×16	21.5	14.5	14
3×25	24.5	15	14.5
3×35	24.7	16.5	15
3×50	26	20	16
3×70	31	21	19
3×95	33.5	23	19
3×120	35.5	24	21
3×150	40.5	27	22
3×185	41	27.5	22.5
3×240	41.5	28.5	24

表 23-11　110、220kV 级电缆单根铜芯电缆的最大电流时的散热量 q 　（W/m）

电缆截面积 （mm²）	110kV	电缆截面积 （mm²）	220kV
240	30.6	630	27.8
300	29.6	800	26.2
400	26.9	1000	25.6
500	25.7	1200	24.3
630	24.0	1400	23.0
800	21.8	1600	22.1
1000	20.8	1800	21.0
1200	19.2	2000	20.5
		2200	19.4
		2500	18.6

表 23-12　电缆散热损失系数 C

序号	电缆的用途	C
1	110、220kV	0.85~0.95
2	6~10kV 发电机出线电缆	0.8~0.9
3	6~10kV 主变压器电缆	0.8~0.9
4	3~10kV 主变压器电缆	0.6~0.9
5	3（6）kV 厂用电动机馈线（200kW 以下）	0.2~0.3
6	3（6）kV 厂用电动机馈线（200~400kW）	0.4~0.6
7	引至 380V 电动机和车间动力盘的电缆	
	同一电路只一根电缆	0.6~0.8
	5~10 根电缆	0.5~0.7
	10~20 根电缆	0.4~0.6
	200 根以上电缆	0.35~0.4

2. 通风量

（1）按排除余热计算通风量。按排除室内余热计算通风量时，可按式（23-8）计算。

$$L = \frac{Q}{0.28 c \rho_{av}(t_{ex} - t_{in})} \quad (23\text{-}8)$$

式中　L——房间通风量，m³/h；

Q——设备、电缆散热量，W；

c——空气比热容，取 1.01kJ/（kg・℃）；

ρ_{av}——进排风空气平均密度，kg/m³；

t_{in}——进风温度，取室外通风计算温度，℃；

t_{ex}——排风温度，℃。

（2）按换气次数计算通风量。按房间换气次数计算通风量时，可按式（23-9）计算。

$$L=nV \qquad (23-9)$$

式中　L——房间通风量，m^3/h；

　　　n——换气次数，次/h；

　　　V——房间体积，m^3。

（3）电缆夹层和电缆隧道通风量计算。

1）电缆夹层的通风量计算。电缆夹层应按排除余热来计算其通风量，采用全淹没气体灭火系统的电缆夹层应设换气次数不少于 6 次/h 的灭火后排风装置。

电缆夹层通风量计算方法可参考本章第五节。

2）电缆隧道的通风量计算。电缆隧道应按排除余热来计算其通风量，同时满足换气次数不少于 6 次/h 的事故后换气通风要求。

电缆隧道排除余热的通风量应根据电缆发热量确定，夏季排风温度不宜超过 40℃，进风和排风温差不宜超过 10℃，计算式为

$$L=\frac{Q_1-Q_2}{0.28c\rho\Delta t} \qquad (23-10)$$

式中　L——电缆隧道的通风量，m^3/h；

　　　Q_2——围岩散热量，可按电缆散热量的 30%～40% 估算，W；

　　　c——空气比热容，取 $c=1.01kJ/（kg\cdot℃）$；

　　　ρ——进/排风密度，kg/m^3；

　　　Δt——进风与排风温差，℃。

3．其他计算

表冷器冷却降温送风量按排风干球温度和进风干球温度之差计算确定，设备制冷量则根据空气处理过程通过焓差计算确定，具体计算方法同全空气空调系统。

由于喷水蒸发冷却在变电站通风系统使用较少，在此不阐述计算方法。如在工程中遇到时，加湿耗水量和蒸发冷却效率等可查阅有关手册进行计算。

风管阻力、气流组织等计算等参见《实用供热空调设计手册》。

（二）通风设备

主控通信楼（室）常用通风设备主要包括轴流风机、离心风机、箱体式风机、耐高温排烟风机、空气处理设备（含表冷器）、蒸发冷却机组（喷水蒸发）等。

通风设备形式和数量应根据使用场合、通风量、空间尺寸、气流组织等因素进行综合比较后选择。

（三）设计要点

1．配电室通风

（1）夏季室内环境温度不宜高于 40℃，当设通风降温时，通风量应按排除室内设备散热量确定，进排风温差按不超过 15℃设计。

（2）当周围环境洁净时，宜采用自然进风、机械排风系统；当周围空气含尘严重时，应采用机械送风系统，进风应过滤。室内保持正压。送风系统的空气处理设备宜按设计风量 2×50%配置。

（3）当夏季通风室外计算温度大于或等于 30℃时，通风系统宜采取降温措施，并应符合下列要求：

1）当采用人工冷源进行空气处理时，送风温差不应超过 15℃；

2）当采用人工冷源进行空气处理且室内空气循环时，通风系统应能在过渡季节全新风节能运行；

3）当采用喷水蒸发冷却进行空气处理时，送风温差不宜低于 10℃。

（4）降温通风的计算冷负荷应按排除室内设备及母线（如有）散热量与维护结构得热量来确定。当室内与外部环境温差小于或等于 5℃时，可仅按排除室内电气设备散热量计算。

（5）配电室通风及降温（或空调）设备均应与火灾报警信号联锁，发生火灾时，运行设备应联锁关闭以防止火势蔓延或助燃。

（6）当配电室采用全淹没气体灭火系统时，灭火后通风系统的设置应符合下列要求：

1）当用于排除室内设备散热的通风系统兼作灭火后通风换气用时，宜设置可自动切换的上、下部室内吸风口，排风应直通室外。当灭火后排风系统独立设置时，室内吸风口宜设置在下部，排风应直通室外。

2）通风管道穿越消防分区或防火墙处应设置具有电动关闭功能的防火阀或电动快关型风阀，排风系统的吸风管段应设置具有电动关闭功能的防火阀和电动快关型风阀，或者吸风口采用具有电动关闭功能的防火风口，百叶窗应具有电动快关的功能。

3）电动快关型风阀及电动快关型百叶窗的控制电缆应采取耐火防护措施或选用具有耐火性能的电缆。

4）当配电装置室发生火灾时，在消防系统喷放灭火气体前，防火阀、防火风口、电动风阀及百叶窗应能自动关闭。气体灭火系统对构筑物和穿越墙体管道有一定的耐压要求，具体详见有关规范的规定。

2．蓄电池室通风

（1）当室内未设置氢气浓度检测仪时，平时通风系统排风量应按换气次数不少于 3 次/h 计算，排风机宜按 2×100%配置；事故通风系统排风量应按换气次数不少于 6 次/h 计算。排风可由两台平时通风用排风机共同保证。

（2）当室内设置氢气浓度检测仪时，事故通风系统排风量应按换气次数不少于 6 次/h 计算，风机宜按 2×50%配置，且应与氢气浓度检测仪联锁，当空气中氢气体积浓度达到 0.7%时，事故排风机应自动投入运行。

（3）当采用机械进风、机械排风系统时，排风量应比送风量大 10%。

（4）进风宜过滤，室内应保持负压。

（5）送风温度不宜高于 35℃，并应避免热风直接吹向蓄电池。

（6）排风系统不应与其他通风系统合并设置，排风应排至室外。

（7）风机及电机应采用防爆型，防爆等级不应低于氢气爆炸混合物的类别、级别、组别（ⅡCT1），通风机与电机应直接连接。风机开关应布置在蓄电池门外。

（8）风机应与火灾报警信号联锁，发生火灾时，风机应联锁关闭以防止火势蔓延或助燃。

（9）通风系统的设备、风管及其附件，应采取防爆防腐措施，选用金属风管时，风管应有防静电及接地措施。

（10）通风沟道不应敷设在蓄电池室的地下。通风管道不宜穿越蓄电池室的楼板。

3. 其他房间通风

无外窗或仅有不可开启外窗的工具间、空调房间（无空调新风）应设置自然通风、机械排风系统。卫生间不具备自然通风条件时，应设换气扇排风。

设有火灾报警的房间，发生火灾时，通风设备应联锁关闭并断电。

4. 防烟和排烟

（1）建筑的下列场所或部位应设置防烟设施：

1）防烟楼梯间及其前室；

2）消防电梯间前室或合用前室；

3）避难走道的前室、避难层（间）。

（2）建筑高度不大于 50m 的公共建筑、厂房、仓库和建筑高度不大于 100m 的住宅建筑，当其防烟楼梯间的前室或合用前室符合下列条件之一时，楼梯间可不设置防烟系统：

1）前室或合用前室采用敞开的阳台、凹廊；

2）前室或合用前室具有不同朝向的可开启外窗，且可开启外窗的面积满足自然排烟口的面积要求。

（3）厂房或仓库的下列场所或部位应设置排烟设施：

1）人员或可燃物较多的丙类生产场所，丙类厂房内建筑面积大于 300m² 且经常有人停留或可燃物较多的地上房间；

2）建筑面积大于 5000m² 的丁类生产车间；

3）占地面积大于 1000m² 的丙类仓库；

4）高度大于 32m 的高层厂房（仓库）内长度大于 20m 的疏散通道，其他厂房（仓库）内长度大于 40m 的疏散走道；

（4）地下或半地下建筑（室）、地上建筑内的无窗房间，当总建筑面积大于 200m² 或一个房间建筑面积大于 50m²，且经常有人停留或可燃物较多时，应设置排烟设施。

（5）通风、空气调节系统的风管在下列部位应设置公称动作温度为 70℃ 的防火阀：

1）穿越防火分区处；

2）穿越通风、空气调节机房的房间隔墙和楼板处；

3）穿越重要或火灾危险性大的场所的房间隔墙和楼板处；

4）穿越防火分隔处的变形缝两侧；

5）竖向风管与每层水平风管交接处的水平管段上。

当建筑内每个防火分区的通风、空气调节系统均独立设置时，水平风管与竖向总管的交接处可不设置防火阀。

（6）自然排烟窗、排烟口、送风口应由非燃烧材料制成，宜设置手动或自动开启装置，手动开关应设在距地面 0.8～1.5m 处。

（7）排烟系统为独立系统时，排烟风机要选用专用风机。

（8）机械排烟设备及阀门应电动控制，并应与消防系统联锁。

（9）送风机、排烟风机应设置在专用机房内。

（10）排烟系统的设计风量不应小于该系统计算风量的 1.2 倍。

5. 防风沙及防雨措施

（1）风沙较大地区，进风口和排风口均应考虑防风沙措施，可要求建筑专业设置沉沙井或沉沙间，然后室外空气再进入需要通风的房间，对洁净度高的工艺房间可采用正压送风并设置过滤器。

（2）进风口、排风口应采取防雨措施，并设置防止小动物、昆虫进入室内的不锈钢网或铝板网。

（四）设备及管道布置

（1）进风口应尽量设置在空气洁净、非太阳直射区。机械送风系统进风口下缘距室外地坪不宜小于 2m。

（2）室内空气宜从低热强度区向高热强度区流动，排风口宜布置在房间的高热强度区，并设在房间的上部，同时应避免进、排风短路。

（3）布置有干式变压器的交流配电室，当采用自然进风、机械排风系统时，排风口宜靠近干式变压器的排热口布置。当采用风管机械送风、机械排风系统时，应合理组织通风气流，避免干式变压器周围局部区域形成高温。

（4）蓄电池室排风系统的吸风口应设在靠近顶棚的部位，上缘与顶棚平面或屋顶的距离不应大于 0.1m，如图 23-2 所示。

（5）蓄电池室不允许吊顶，为保证通风气流通畅，应与土建专业配合，尽量保证顶棚不被结构梁分隔成多个部分，当土建结构梁不能上翻、蓄电池室的顶棚被梁分隔时，每个分隔均应设置吸风口，如图 23-3 所示。

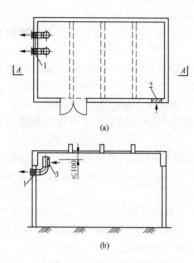

图 23-2　蓄电池室通风布置图（一）

（a）平面图；（b）A-A 剖面图

1—防腐防爆轴流风机；2—进风百叶窗；3—吸风口

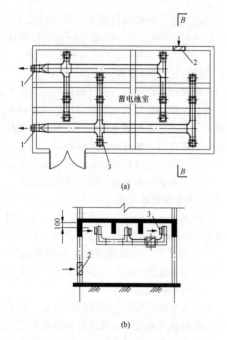

图 23-3　蓄电池室通风布置图（二）

（a）平面图；（b）B-B 剖面图

1—防腐防爆轴流风机；2—进风百叶窗；3—吸风口

（6）事故排风机的电器开关应安装在房间门外便于操作的地点。

（五）设计案例

【例 23-1】　某变电站蓄电池室长 7.9m、宽 8.5m、高 4.6m，当地夏季通风室外计算温度为 29.9℃。计算通风量，选择通风设备，布置设备和管道。

1. 排风量计算

房间体积 $V=7.9\times8.5\times4.6=316.16$（$m^3$），由于室内未设置氢气浓度检测仪，按不小于 3 次/h 计算的排风量最小值 $L=3\times316.16=948.48$（m^3/h），按不小于 6 次/h 计算的事故排风量最小值为 $1896.96m^3/h$。

2. 设备选型

选择两台防腐防爆型轴流风机，参数为 1206m³/h（风量）×44Pa（全压）×960r/min（转速），平时一台运行，事故时两台同时运行。

3. 设备及管道布置

百叶窗布置在房间下部，尺寸为 500mm×500mm（h），风机布置在房间上部，风管采用防腐型材料制作，选用金属风管时，风管设置导除静电的接地装置，设备及管道布置如图 23-3 所示。

三、继电器室通风

继电器室通常设有空调降温，设置通风系统主要是用于检修时的换气通风。继电器室大多没有外窗，平时偶尔开启排风机可改善室内空气品质。此外当继电器室发生火灾且被扑灭后，可快速清除室内烟气，使检修人员能很快进入并进行设备修理或更换，以便迅速恢复生产。

（一）设计计算

通风量按房间换气次数计算，按式（23-9）计算。

（二）通风设备

一般采用轴流风机。

（三）设计要点

（1）房间换气次数按不小于 6 次/h 计算。

（2）继电器室可不设置专门的进风百叶窗，通风时可开启外门进风。

（3）风机应与火灾报警信号联锁，发生火灾时，风机应联锁关闭以防止火势蔓延或助燃。

（4）风沙较大地区和寒冷、严寒地区，排风机应配置电动风阀，风阀与风机同时启停。

（四）设备及管道布置

风机宜布置在房间高处和非正立面，风机操作开关宜设置在大门口便于操作的地方。

四、配电装置楼（室）通风

配电装置楼（室）需要设置通风的房间包括变压器室、GIS 室、配电装置室、电抗器室、电容器室、柴油发电机室、蓄电池室、电缆夹层、二次设备室、监控室、消防控制室等工艺房间以及办公室、资料室、安全工具室、值班室、卫生间等。

（一）设计计算

1. 设备散热量

（1）电气盘柜及电缆。电气盘柜及电缆的散热量参见主控通信楼（室）有关表格和计算公式。

（2）变压器。变压器的散热量由负载功率损耗（短路损耗）和空载功率损耗两部分组成，按式（23-11）计算：

$$Q = P_{ul} + P_{lo} \qquad (23-11)$$

式中　Q——变压器散热量，W；

P_{ul}——变压器空载功率损耗，W；

P_{lo}——变压器负载功率损耗，W。

干式变压器的负载功率损耗和空载功率损耗应由设备制造厂提供，当缺乏数据时，可按第二十八章第二节电气节能中各设备性能参数取值。设置互备或专备变压器时，散热量为运行变压器的散热量与互备或专备变压器的空载功率损耗之和。

（3）电抗器。电抗器的散热量按式（23-12）计算：

$$Q = \eta_1 \eta_2 P \qquad (23-12)$$

式中　Q——电抗器散热量，W；

η_1——利用系数，取 0.95；

η_2——负荷系数，取 0.75；

P——额定功率下电抗器的功率损耗应出设备制造厂提供，当缺乏数据时，可按表 23-13 或第二十八章第二节电气节能中各设备性能参数取值。

表 23-13　　　　　　　　　　　　　　　额定功率下电抗器的功率损耗表

电抗器型号	功率损耗（W）	电抗器型号	功率损耗（W）	电抗器型号	功率损耗（W）	电抗器型号	功率损耗（W）
NKL-6-150-4	4080	NKL-6-500-4	8580	NKSL-6-150-3	2700	NKSL-10-400-5	10350
NKL-6-150-5	4680	NKL-6-500-5	9870	NKSL-6-150-4	4080	NKSL-10-400-6	14220
NKL-6-150-6	5400	NKL-6-500-6	11670	NKSL-6-150-5	4650	NKSL-10-400-8	15030
NKL-6-150-8	6690	NKL-6-500-8	17100	NKSL-6-150-6	5400	NKSL-10-500-5	16920
NKL-6-150-10	7500	NKL-6-500-10	18810	NKSL-6-150-8	6690	NKSL-10-500-6	18870
NKL-6-200-4	5200	NKL-6-600-4	8430	NKSL-6-600-5	10500	NKSL-10-500-8	22740
NKL-6-200-5	6150	NKL-6-600-5	12720	NKSL-6-600-6	11800	NKSL-10-750-5	18540
NKL-6-200-6	7050	NKL-6-600-6	14880	NKSL-6-600-8	14580	NKSL-10-750-6	20310
NKL-6-200-8	8640	NKL-6-600-8	17625	NKSL-10-150-3	4650	NKSL-10-750-8	24300
NKL-6-200-10	10020	NKL-6-600-10	20400	NKSL-10-150-4	5550	NKSL-10-800-5	16610
NKL-6-300-4	7020	NKL-6-750-5	12630	NKSL-10-150-5	6720	NKSL-10-800-6	21570
NKL-6-300-5	7740	NKL-6-750-6	15450	NKSL-10-150-6	7500	NKSL-10-800-8	25900
NKL-6-300-6	8730	NKL-6-750-8	18090	NKSL-10-150-8	8940	NKSL-10-800-10	21730
NKL-6-300-8	10860	NKL-6-750-10	20310	NKL-10-200-4	7300	NKSL-10-1000-8	25950
NKL-6-400-4	8700	NKL-10-150-3	4650	NKL-10-200-5	8700	NKSL-10-1000-10	31740
NKL-6-400-5	9990	NKL-10-150-4	5580	NKL-10-200-6	10020	NKSL-10-1500-6	25460
NKL-6-400-6	10200	NKL-10-150-5	6720	NKL-10-200-8	11970	NKSL-10-1500-8	31500
NKL-6-400-8	12150	NKL-10-150-6	7500	NKL-10-200-10	14700	NKSL-10-1500-10	35530
NKL-6-400-10	14280	NKL-10-150-8	8940	NKSL-10-200-5	6990		
NKSL-6-200-5	4890	NKSL-6-400-5	9240	NKSL-10-200-6	7760		
NKSL-6-200-6	5460	NKSL-6-400-5	9450	NKSL-10-200-8	9360		
NKSL-6-200-8	6660	NKSL-6-400-5	10900				

（4）柴油发电机组。柴油发电机组散热量按表23-14取值，柴油发电机组排气管单位长度散热量按表23-15取值，柴油发电机组室内余热为机组和排气管散热量总和。

表 23-14　柴油发电机组的散热量

柴油发电机（kW）	发电机功率（kW）	燃烧空气量（m³/h）	散入室内热量（kW）		
			柴油机	发电机	合计
52	40	350	8.96	4.07	13.03
134	120	900	18.72	14.67	33.39
246	200	1650	27.94	27.47	55.41
328	310	2200	36.65	40.30	76.95

表 23-15　柴油发电机组排气管单位长度散热量

排气支管		排气干管	
管径 DN	散热量（kW/m）	管径 DN	散热量（kW/m）
50	0.36	273	0.77
80	0.47	325	0.93
100	0.56	377	1.03
125	0.64	426	1.14
150	0.73	478	1.34
219	0.75	529	1.40

2. 通风量

（1）按排除室内余热计算通风量时，可按式（23-8）计算；按房间换气次数计算通风量时，可按式（23-9）计算。

（2）柴油发电机室排除余热所需通风量按式（23-13）计算。

$$L = \frac{Q + ql}{0.28 c \rho_{av} \Delta t} \quad (23\text{-}13)$$

$$\Delta t = t_{ex} - t_{in} \quad (23\text{-}14)$$

式中　L——通风量，m^3/h；

　　Q——柴油发电机组散热量，W；

　　q——柴油发电机组排气管单位长度散热量，W/m；

　　l——柴油发电机组排气管长度，m；

　　c——空气比热容，取值1.01kJ/（kg·℃）；

　　ρ_{av}——进排风空气平均密度，kg/m^3；

　　Δt——进排风温差，℃；

　　t_{in}——进风温度，取室外通风计算温度，℃；

　　t_{ex}——排风温度，℃。

（二）通风设备

配电装置楼（室）通风设备同主控通信楼（室）所用通风设备。

（三）设计要点

1. 变压器室

（1）变压器室应设机械通风，油浸式变压器室的排风温度不超过45℃，干式变压器室的排风温度不超过40℃，通风量应按排除室内设备散热量确定。进风和排风温差不超过15℃。

（2）变压器室通风机、风管及支吊架均应保持在电气设备或套管的安全距离之外。

（3）当无法避免在防火墙上设置风口或风管时，应设置防火阀，其耐火等级同防火墙。

（4）只有单面外墙时，在水平风管布置困难的情况下，可考虑设置排风竖井。

（5）配电室通风设计要点适用于变压器室通风，可参照执行。

2. 电抗器室

（1）电抗器室全面通风时，夏季室内环境温度不宜高于40℃，宜采用自然进风、机械排风的通风方式，通风量应按排除室内设备散热量确定。

（2）电抗器散热量大且集中，当室内空间较大时，宜采取局部通风方式。

（3）宜将室外空气直接送入电抗器底部吸热，上部排出。

（4）配电室及变压器室通风设计要点中适用于电抗器室通风的内容，可参照执行。

3. 电缆隧道和电缆夹层

电缆隧道或夹层排风温度不应超过40℃，进排风温差不超过10℃。通风设备应与火灾信号联锁，火灾发生时，通风设备应自动断电。电缆夹层当采用全淹没气体灭火系统时，宜采用机械通风方式。灭火时，风机、风口应有良好的密闭性，灭火后排风宜设上下吸风口。

4. GIS室

（1）GIS室应设置机械通风系统，室内空气不得再循环，室内空气中SF_6的含量不得超过6000mg/m^3。

（2）GIS室设置平时通风及事故通风系统，平时通风系统应按连续运行设计，其风量应按换气次数不少于4次/h计算，事故排风量应按换气次数不少于6次/h计算。

（3）与GIS室相通的地下电缆隧道（或电缆沟），应设机械排风系统。

（4）通风气流组织应均匀，避免气流短路和死角。

（5）通风设备、风管及附件应考虑防腐措施。

（6）事故排风机的电器开关应安装在门口便于操作的地点，室内宜设电源插座，作为检修时的通风电源。

（7）风机应与火灾信号联锁，当发生火灾时，风机电源应能自动切断。

（8）在寒冷和严寒地区，温度过低时会使SF_6气体液化，因此通风系统需要设置热风补偿装置。目前变电站工程中，电气专业一般会根据站区气象条件考虑设备配电加热装置，当设备带有电加热装置且不发生液化现象时，通风系统可不考虑热风补偿。

5. 电容器室

（1）电容器室室内温度控制值应由工艺专业提出，宜采用自然通风，当自然通风不满足要求时，宜采用自然进风、机械排风系统。

（2）风机应与火灾信号联锁，当发生火灾时，风机电源应能自动切断。

6. SVG 室

（1）当工艺设备选用风冷降温时，通风量应依据工艺设备的散热量计算确定。

（2）SVG 室宜采用自然进风，进风口离地面高度不宜小于 0.5m，对于灰尘大或降雨积雪严重的地区，进风口离地面高度不宜小于 1m。

（3）当自然进风口布置困难时，为了减少进风面积可采用机械送风。

（4）进、排风口需设置 2～4 目钢丝网防止异物进入风道，当室内设有供暖设施时，通向室外的通风口均可关闭。

（5）当工艺设备选用水冷降温时，暖通专业仅考虑检修换气通风。

（6）冬季 SVG 室内温度应根据工艺专业要求确定，当室内温度要求较高时，寒冷和严寒地区风口宜设置保温风阀。

（7）风机应与火灾信号联锁，当发生火灾时，风机电源应能自动切断。

7. SVC 室

（1）SVC 室温湿度环境应由工艺专业提出，应设置机械通风系统，换气次数不应小于 6 次/h，且室内应维持 5～10Pa 的微正压。

（2）SVC 室可采用空调或通风方式降温。当 SVC 室采用空调方式降温时，同时宜设置通风换气，通风量按不小于 6 次/h 计算。

（3）风机应与火灾信号联锁，当发生火灾时，风机电源应能自动切断。

8. 高压电抗器阀室

设计要点同 SVC 室。

9. 柴油发电机室

（1）柴油发电机室应设置平时通风系统，采用自然进风、机械排风系统。通风系统排风量按消除余热及稀释有害气体计算，并取大者。稀释有害气体所需风量可按发电机组每马力（hp）10～15m³/h 计算。排风机应采用直联且为防爆型。

（2）柴油发电机组燃烧所需空气量按 5m³/（h·hp）计算，柴油发电机室进风量为排风量和燃烧空气量之和。

（3）柴油发电机组应设事故通风系统，通风量按换气次数不小于 12 次/h 计算。

（4）柴油发电机组机应与火灾信号联锁，当发生火灾时，风机电源应能自动切断。

10. 防烟和排烟系统

参见主控通信楼（室）设计要点的有关内容。

11. 防风沙及防雨措施

参见主控通信楼（室）设计要点的有关内容。

（四）设备及管道布置

（1）布置通风系统的设备时，应避免通风设备、风管、风管支吊架与土建梁、柱碰撞；并应与电气专业配合，满足电气安全距离要求。变压器室通风布置参见图 23-4。

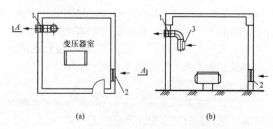

(a)   (b)

图 23-4　变压器室通风设备及管道布置图
（a）平面图；（b）A-A 剖面图
1—轴流风机；2—进风百叶；3—吸风口

（2）进风口应尽量布置在空气洁净、非太阳直射区。

（3）当采用机械送风方式时，进风口的下缘距室外地坪不宜小于 2m，送风应经过过滤处理，过滤器的布置应方便清洗、更换。

（4）通风系统应设计合理的气流组织，室内空气宜从低热强度区向高热强度区流动，排风口宜布置在房间的高热强度区，并设在房间的上部，同时应避免送风、排风短路。

（5）配电装置室通风系统的就地电源开关，应安装在便于操作的地点。

（6）GIS 室排风系统室内吸风口底部距离地面不应大于 200mm，排风口宜接至室外并高出屋面，当设置于无人员停留或无人经常通行处时，可直接排至室外。

（7）风机、风管及支吊架应满足接地、防静电要求。

（8）当配电装置楼（室）各工艺房间布置集中，外墙较少时，可以考虑在工艺设备间设置通风竖井至屋面。

（五）设计案例

【例 23-2】　某变电站电抗器室长 7.9m、宽 8.5m、高 4.6m，电抗器型号为 NKSL-10_40400-8 型，当地夏季室外通风计算温度为 26.6℃，夏季室内温度不应超过

40℃。进行排风量计算、设备选型和设备及管道布置。

1. 排风量计算

电抗器散热量

$Q=\eta_1\eta_2P=0.95\times0.75\times22740=16202.25$（W）

依据式（23-6）计算最小排风量

$L=\dfrac{16202.25}{0.28\times1.01\times1.1535(40-26.6)}=3706.58$（m³/h）

实际排风量取系数 1.2 后得 3706.58×1.2=4447.89（m³/h）

2. 设备选型

采用自然进风、机械排风的通风方式，选择两台钢制轴流风机，风量为 2230m³/h，全压为 60Pa，转速为 960r/min。

进风百叶窗迎风面风速取 3.8m/s，有效面积系数取 0.8，最小面积 $S=2230\times2/(3600\times3.8\times0.8)=0.407$（m²），选用两个防雨百叶窗，尺寸为 500mm×500mm。

如变电站在风沙地区，则进风口应设置过滤网并依据其类型确定合适的迎面风速。

3. 设备及管道布置

风机布置在外墙梁底，进风百叶窗布置在对侧外墙底部，风机和百叶窗布置详见图 23-5。

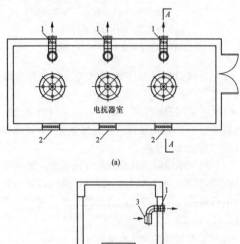

(a)

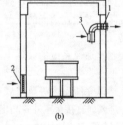

(b)

图 23-5 电抗器室通风设备及管道布置图

（a）平面图；（b）A-A 剖面图

1—轴流风机；2—进风百叶窗；3—吸风口

【例 23-3】某变电站 GIS 室长 56m、宽 13m、高 22m，当地室外供暖计算温度为–20℃。进行排风量计算、设备选型和设备及管道布置。

1. 排风量计算

房间体积 V=56（长）×22（宽）×13（高）=16016（m³），下部按不小于 4 次/h 换气计算的最小排风量

L=4×16016=64064（m³/h），上部按不小于 2 次/h 换气计算的最小事故排风量 L'=2×16016=32032（m³/h）。

2. 设备选型

选用 18 台防腐轴流风机，排风机分上下两层布置，上、下层各 9 台，平时下层 9 台和上层 3 台运行。下层每台风机风量 L_0=64064×1.2/9=5841.87（m³/h），选风机风量 5900m³/h，全压 138Pa，转速 1450r/min。上层每台风机风量 L_{10}=32032×1.2/9=4270.93（m³/h），选风机风量 4310m³/h，全压 98Pa，转速 1450r/min。

进风百叶窗迎风面风速取 4m/s，有效面积系数取 0.8，选择 9 个防雨型百叶窗，进风百叶窗最小面积 S=（5900×9+4310×9）/3600/4/0.8/9=0.88（m²），选单个进风百叶窗尺寸为 1000mm×900mm（H）。

3. 设备及管道布置

排风机出口朝向布置在人员不经常停留经过的墙体上，上层风机贴梁底布置，下层风机排风口应高出运行人员高度，底标高不宜低于 4m，两层分别用于排除室内上部热气和下部 SF_6 气体。为了气流均匀，防止短路，进风百叶窗均布置在风机对侧外墙底部。

由于 SF_6 气体密度比空气大，与 SF_6 电气设备室相通的地下电缆隧道（或电缆沟），应设机械排风系统。电缆隧道通风量应根据隧道内电缆发热量计算确定，夏季排风温度不宜超过 40℃，进风和排风温差不宜超过 10℃。同时排风量按换气量不少于 4 次/h 计算确定选取大值，通风系统设计范围只计算地下电缆隧道至室外的第一道防火墙，排风口应布置在电缆沟底部。

风机应在室内、外便于操作的地点分别设置电源开关，当发生火灾时，应能自动切断风机电源。事故通风时，18 台风机均投入运行。

GIS 室通风设备和管道布置详见图 23-6。

五、辅助建筑物通风

辅助建筑物中需要设置通风系统的建筑物包括综合水泵房、雨淋阀室、泡沫消防间、车库、备品备件库。

（一）通风量计算

辅助建筑物通风量均按房间换气次数计算，按式（23-9）计算。

（二）通风设备

综合水泵房、雨淋阀室、泡沫消防间、车库、备品备件库通风量均较小，通风设备一般选用轴流通风机。

（三）设计要点

（1）综合水泵房内水泵及电机一般布置在地下层，由于水泵功率较小，散热量也较小，在干燥地区，宜利用高、低位可开启外窗或百叶窗自然通风，在相对湿度比较大的地区，宜采用自然进风、机械排风，换气次数不宜小于 6 次/h。

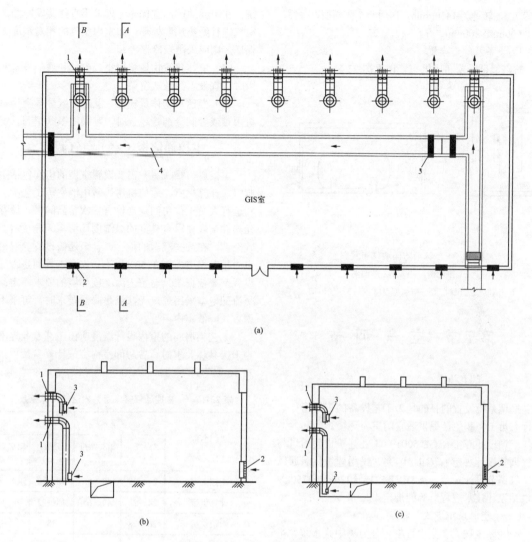

图 23-6　GIS 室通风设备及管道布置图
（a）平面图；（b）*A-A* 剖面图；（c）*B-B* 剖面图
1—防腐轴流风机；2—进风百叶窗；3—吸风口；4—电缆沟；5—防火封堵

当综合水泵房水泵设有供暖设施时，通向室外的通风口均可关闭，布置在高位的百叶窗人工开启和关闭不方便时，宜采用电动型。

（2）泡沫消防间宜采用自然进风、机械排风，当无特殊要求时，通风量可按不小于 6 次/h 计算，当室内设有供暖设施时，通向室外的通风口均可关闭。

（3）检修备品库宜利用高、低位可开启外窗、百叶窗、屋顶自然通风器自然通风，在相对湿度比较大的地区，宜采用自然进风、机械排风，换气次数不宜小于 6 次/h。

检修备品库设有供暖设施时，通向室外的通风口均可关闭，布置在高位的百叶窗、屋顶自然通风器人工开启和关闭不方便时，宜采用电动型。

（四）设备及管道布置

辅助建筑物设备及管道布置参见主控通信楼（室）有关设备及管道布置的内容。

（五）设计案例

【例 23-4】 某变电站泡沫消防间平面如图 23-7 所示，长 6.5m、宽 5.9m、层高 3.9m。进行排风量计算、设备选型和设备及管道布置。

1. 排风量计算

房间体积 V=5.9×6.5×3.9=149.565（m³），按房间换气次数不小于 6 次/h 计算的最小排风量 L=149.565×6×1.2= 1076.86（m³/h）。

2. 设备选型

选用一台钢制轴流风机，风量为 1292m³/h，全压为69.7Pa，转速为1450r/min，选用一个防雨型百叶窗，尺寸600mm×300mm（H）。

　　3. 设备及管道布置

　　防雨型百叶窗和风机布置详见图23-7。

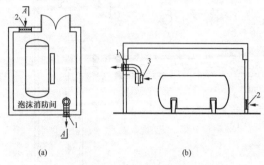

　　(a)　　　　　　　　　(b)

图23-7　泡沫消防间通风布置图

（a）平面图；（b）A-A剖面图

1—钢制轴流风机；2—防雨型百叶窗；3—吸风口

第三节　空 气 调 节

一、一般原则

　　空调系统设置的目的是为工艺设备的正常运行、运行人员工作和生活提供适宜的室内环境。

　　空调设计应符合GB 50019《工业建筑供暖通风与空气调节设计规范》、GB 50736《民用建筑供暖通风与空气调节设计规范》及DL/T 5218《220kV～750kV变电站设计技术规程》等的规定。

　　（一）空调系统形式

　　空调系统按设备集中程度可分为集中式系统、半集中式系统、分散式系统；按空气处理方式分为封闭式系统、直流式系统、混合式系统；按输送介质方式分为全空气系统、全水系统、空气-水系统、制冷剂系统。

　　（二）空调系统形式选择

　　变电站一般采用全空气集中式空调系统、空气-水集中式空调系统、多联空调系统及分散式分体空调系统。系统选择原则如下：

　　（1）空调系统的形式应根据建筑物（或房间）体积、当地气候、电气和通信设备对室内温湿度环境要求、设备布置、投资费用、运行和维护费用及便利性等因素，进行技术经济比较后确定。

　　（2）对于高温、高湿地区，单体建筑物体积较大或电气及通信设备间较多时宜采用全空气集中式空调系统；对于允许冷（热）水管进入的房间如办公室、会议室、交接班室等可设置空气-水集中式空调系统。集中式空调系统优先考虑采用天然冷源，当天然冷源不满足设计要求时，则选用人工冷源。对于全空气系

统，在干燥地区，宜优先考虑采用直接蒸发冷却，对空气进行绝热加湿处理；如室内空气的相对湿度无法保证，则应采用表冷器冷却。

　　（3）单体建筑物体积较小或电气和通信设备间较少时，宜设置分散式空调。

　　（4）当建筑物体量较大、就近布置分体空调室外机困难或者制冷剂管超长时，宜采用多联空调系统。

二、主控通信楼（室）空气调节

　　主控通信楼（室）需要设置空调的房间包括主控制室、计算机室、通信机房、蓄电池室等工艺类房间和运行人员工作房间，当设有二次备品间时，储存的元器件一般要求有良好的温湿度环境，因此也需要设置空调，在某些潮湿的地区，甚至还需设置除湿机将室内相对湿度控制在50%以下；安全工具间是否需要设置空调依据工具对室内温湿度环境的要求而定；当交流配电室采用通风无法满足降温要求时，可采用空调方式降低室内温度。

　　工艺类房间的室内设计温度应由工艺专业提出，当未提具体要求时，各房间室内空气计算参数可按表23-16取值。

表23-16　　主控通信楼（室）内空气计算参数

房间名称	夏季		冬季	
	温度（℃）	相对湿度（%）	温度（℃）	相对湿度（%）
主控制室	24～28	40～65	18～22	40～65
计算机室	24～28	40～65	18～22	40～65
通信机房	26～28	—	18	—
通信电源室	≤35	—	—	—
交流配电室	≤35	—	—	—
阀控密闭式蓄电池室	≤30	—	20	—
检修工具间、工具间、安全工器具室	≤30	—	5	—
办公室、会议室、值班室	26～28	—	18	—
交接班室、站长室	26～28	—	18	—
资料室	26～28	—	16	—

　　（一）设计计算

　　空调负荷计算按冬、夏两种工况分别计算，主要包括夏季空调冷负荷、冬季空调热负荷、夏季空调湿负荷、冬季空调湿负荷，其他计算包括水管阻力、风管阻力、送风气流组织、设备选型等。

　　1. 空调负荷

　　空调冷、热负荷均由两大部分构成：空调区域负

荷与空调系统负荷，负荷计算按照 GB 50019《工业建筑供暖通风与空气调节设计规范》的相关规定进行，电气设备散热量应由工艺专业提供，当无资料时，可参见通风章节有关设备散热量的计算内容。

（1）夏季空调冷负荷。

1）空调区域冷负荷应根据以下各项的热量进行逐时计算得出：

a）通过围护结构传入的热量。

b）外窗进入室内的太阳辐射热量。

c）人体散热量。

d）照明散热量。

e）设备散热量。

f）渗透空气带入的热量（仅对无新风的房间）。

2）空调系统冷负荷包括以下几项：

a）空调区域冷负荷。

b）新风冷负荷。

c）附加冷负荷，包括空气通过风机和风管的温升、风管的漏风量附加、制冷设备和冷水系统的冷量损失、孔洞渗透冷量损失。

（2）冬季空调热负荷。

1）空调区域热负荷仅计算围护结构的耗热量，不考虑设备散热量。

2）空调系统热负荷包括以下几项：

a）空调区域热负荷。

b）加热新风所需的热负荷。

c）附加热负荷（仅计算风管的漏风量附加）。

（3）夏季空调湿负荷。空调系统湿负荷包括人体散湿量和渗透空气带入的湿量（仅对无新风的房间）。

（4）冬季空调湿负荷。冬季室内的余湿量可以不计算。当室外新风的相对湿度较低时，则需要计算空调系统的加湿量。

2. 其他计算

水管阻力、风管阻力、气流组织、设备选型计算等参见《实用供热空调设计手册》。

（二）空调设备

1. 集中空调冷源设备

变电站主控通信楼（室）采用集中空调时，人工冷源通常由以下两种设备提供。

（1）螺杆压缩式冷水机组。螺杆式制冷压缩机属于容积式气体压缩机组，螺杆压缩式冷水机组以螺杆式制冷压缩机为动力，制取低温冷水作为空调系统的冷源，变电站一般使用风冷型机组，根据需要，机组可冬季运行并制取高温热水作为空调系统的热源。机组具有结构紧凑、运行平稳、制冷效率较高、运行调节方便、使用寿命长的优点，但与活塞式机组相比，噪声和耗电量较大。

（2）活塞压缩式冷水机组。活塞式制冷压缩机是

最传统的容积式气体压缩机组，活塞压缩式冷水机组以活塞式制冷压缩机为动力，制取低温冷水作为空调系统的冷源，变电站一般采用风冷模块式，根据需要，机组可冬季运行并制取高温热水作为空调系统的热源。机组的特点是每台机组中包含若干个单元制冷机，可根据空调系统负荷的变化情况分别投入运行，所以运行调节方便，机组备用率低，占地面积小，但模块数量有限制，与螺杆式机组相比，设备投资较高。

2. 空气处理机组

空气处理机组是全空气集中式空调系统的关键设备，机组具备的功能包括空气的加热和冷却、空气的加湿和减湿、空气的净化、空调系统的降噪、控制新风/排风/回风的比例。

空气处理机组采用功能段组合式结构，一般由回风段、排风/新风调节及回风/新风混合段、过滤段、表冷段、辅助加热段、加湿段、消声段、风机段、中间检修段、送风段等组成。按其结构可分为立式和卧式，变电站一般选用卧式机组。

3. 末端设备

末端设备主要为风机盘管及柜式空气处理机组。风机盘管的类型很多，按结构形式可分为立式、卧式、立柱式、壁挂式和顶棚（卡）式；按安装形式可分为明装和暗装；按风压大小可分为高压型和低压型。

柜式空气处理机组按结构形式可分为立式、卧式；按安装形式可分为明装和暗装；按风压大小可分为高压型和低压型。

末端设备的选型与配置应注意以下设计要点：

（1）各空调房间应根据房间平面形式、空调负荷大小、设备布置、装修、使用功能和管理要求选择合适的末端设备（形式、容量、台数）以及确定是否需要接风管送风。

（2）夏热冬冷地区，仅人员工作和休息房间需要供暖设施时，可选用带辅助电热装置的末端设备，并设置欠风保护或送风超温保护。

（3）柜式空气处理机组应配电动三通调节阀及温度控制器，风机盘管应配电动二通阀及温度控制器。

（4）除了运行人员工作类房间外，需要空调的安全工具间、备品备件间也可采用末端设备。

4. 多联空调机组

多联空调系统由室外机、室内机、制冷剂配管（管道、管道分支配件等）和自动控制器件等组成，其中室外机由压缩机、换热盘管、风机、控制设备等组成；室内机由换热盘管、风机、电子膨胀阀等组成，室内机按其外形分为壁挂式、风管天井式、吊顶落地式、一面出风嵌入式、两面出风嵌入式、四面出风嵌入式等机型。

5. 分散式空调系统

分散式空调系统利用风冷分体式空调机组承担空

调房间的冷负荷,空调机组由室外机和室内机组成。

（三）设计要点

1. 全空气集中式空调系统

（1）送风量的确定。将空调系统所担负的各空调房间的风量相加,再加上系统的漏风量即可计算出系统的送风量。

系统的漏风量可按风管漏风量和设备漏风量分别计算。风管漏风量取计算风量的 10%,设备漏风量取计算风量的 5%。

选择加热器、表冷器等设备时,应附加风管漏风量;选择通风机时应同时附加风管和设备漏风量。

（2）新风量的确定。新风量不应小于下列三项计算风量中的最大值:

1）全部设备室空调系统总送风量的 5%,加上其他人员值班和工作间空调系统总送风量的 10%。

2）满足卫生要求需要的风量,应保证每人不小于 30m³/h 的新鲜空气。

3）当电气设备室需要维持一定的正压值时,保持室内正压所需要的风量,室内正压值宜为 5Pa 左右。

（3）风道内风速。确定空调系统风管内的风速时,应综合考虑其经济性、消声要求和风管的断面尺寸限制等因素。根据变电站空调系统的特点,空调风道的设计风速可按下列数据选取:总风管和总支管为 8～12m/s;无送、回风口的支管为 6～8m/s;有送、回风口的支管为 3～5m/s。

（4）气流组织。

1）送风方式一般采用侧送、散流器平送或下送。采用侧送时应尽量采用贴附射流,回风口宜设在空调房间的下部;采用散流器送风时,回风可采用上回方式。

2）送、回风口风速取值应满足下列要求:

a）采用侧送或散流器平送时,送风的风速宜采用 3～5m/s。

b）采用散流器下送风时,送风口风速宜采用 3～4m/s。

c）回风口设在空调房间的上部时,回风口风速宜选用 4～5m/s。

d）回风口设在空调房间的下部,不靠近操作位置时,回风口的风速宜选用 3～4m/s;靠近操作位置时,宜选用 1.5～2m/s。

（5）设备制冷负荷。图 23-8 为空气处理过程焓湿图,空调设备的制冷负荷按式（23-15）计算:

$$Q_{ch} = 0.28L(h_m - h_b) \qquad (23-15)$$

式中　Q_{ch}——空调设备的制冷负荷,W;

　　　　L——空调系统的送风量,kg/h;

　　　　h_b——表面冷却器空气最终状态点的热焓,

kJ/kg;

　　　　h_m——混合空气状态点的热焓,kJ/kg。

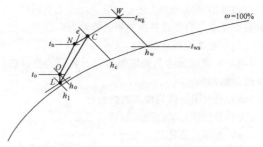

图 23-8　空气处理过程焓湿图

L—表冷器空气最终状态点;　N—室外空气状态点;

W—室内空气状态点;　C—混合空气状态点;

O—送风状态点;　t_{ws}—室外空气湿球温度

（6）空气的冷却。空调系统宜采用人工冷源。按照冷媒种类,常用的表冷器有水冷式和直接膨胀式。水冷式表冷器以水作为冷媒,通过与空气进行间接热交换,带走空气的显热和潜热,达到冷却空气的目的;直接膨胀式空气冷却器（即蒸发器）则是以制冷剂作为冷媒,通过蒸发器与空气进行间接热交换。

采用表冷器或蒸发器时,应注意以下设计要点:

1）表冷器的冷却能力应在设计工况的计算负荷基础上附加 15%～20% 的余量。

2）空气与冷媒应反向流动,表冷器或蒸发器迎风面的空气质量流速宜采用 2.5～3.5kg/（m²·s）。

3）表冷器的冷水进口温度,应比空气的出口干球温度至少低 3.5℃,冷水的温升宜至少低 2.5～6.5℃。目前常用的冷水进出口的温度为 7/12℃,管内水流速宜采用 0.6～1.5m/s。

4）表冷器的排数应通过计算确定,一般情况下宜采用 4～6 排,不宜超过 8 排。用于新风处理时,一般宜为 4～8 排,不宜少于 4 排。

5）蒸发器的冷却能力应在设计工况的基础上附加 10%～15% 的余量。

6）蒸发器的蒸发温度,应比空气的出口干球温度至少低 3.5℃,同时要考虑防止其表面结霜。

（7）空气的加热。当空调系统需要加热时,一次加热应在空气处理机组中进行,二次加热根据具体工程情况,可在空气处理机内加热,也可在风道内加热。变电站空气加热器一般采用两种空气加热器,即热水空气加热器和电加热器。

采用空气加热器时,应注意以下设计要点:

1）热水空气加热器面积应考虑积灰、结垢等因素,传热面积宜在计算面积的基础上附加 10%～20%。

2）计算热水空气加热器的压力损失时,对空气侧应考虑 1.1 的安全系数,对水侧应考虑 1.2 的安全系数。

3）电加热器的配用功率及级数,应按不同加热方式和调节方式计算确定。

4）电加热器应与风机联锁;安装有电加热器部分的金属风道,应有可靠的接地;安装电加热器处的前后 800mm 范围内的风管,应采用不导电的不燃材料进行保温,与电热段连接的风管法兰,其垫片和螺栓均应绝缘。

5）电加热器应设计超温保护装置。

(8)空气的加湿与除湿。

1)空气的加湿。通常采用高压喷雾加湿器、高压微雾加湿器、水喷淋湿膜加湿器等对空气进行加湿处理。

2)空气的除湿。常用除湿方法是利用表冷器将含湿量较高的空气进行等湿冷却至饱和状态,然后根据除湿量的大小进一步降温处理,使其在饱和状态下降低绝对含湿量,最后通过加热器升温至送风状态,达到除湿的目的。

(9)空气的净化。采用空气过滤器时,应注意以下设计要点:

1)室外新风和室内回风,在进入热湿(质)交换处理之前,必须先经过过滤处理。

2)如果周围空气环境良好,可采用初效过滤器进行净化处理;当室外空气环境较差时,宜采用初效加中效两级过滤。

3)空气通过过滤器时的风速,宜取 0.4~1.2m/s。

4)在空气过滤器的前、后,应设置压差指示装置,以便及时地更换过滤器,确保空调送风的品质。

5)过滤器选用易更换、易清洗型。

(10)噪声控制。空调设备和风道气流引起的噪声,均能通过风道等途径传入空调房间,并与其他噪声合并,形成室内复合噪声。主控通信楼(室)内有人员值班、工作的房间和设备室的噪声控制标准可参照 GB/T 50087《工业企业噪声控制设计规范》的有关规定执行,主控制室、办公室、会议室、交接班室等房间的噪声控制标准为 60dB(A),控制保护设备室、通信机房、交流配电室等的噪声控制标准为 70dB(A)。

噪声控制应注意以下方面:

1)动力设备如离心风机、轴流风机、水泵等,应选用低噪声型。

2)组合式空调机组应设计消声段,尽可能把机组产生的噪声消除或最大程度地减弱,主送、回风道上应设计风道消声器,进一步控制机组产生的噪声向空调房间扩散。

3)送、回风道,特别是主风管内的空气流速不宜太高,空调风管内的风速宜按表 23-17 选用。

4)空调送风口应选用流线型,一般可选用方形或圆形散流器。

表 23-17 空调风管内的风速

室内允许噪声级 [dB(A)]	主管风速 (m/s)	支管风速 (m/s)
25~35	3~4	≤2
35~50	4~7	2~3
50~65	6~9	3~5
65~85	8~12	5~8

(11)空调系统防火措施。空调系统防火措施包括:

1)空调防火系统宜与建筑防火分区一致。

2)通风及空调设备应与火灾信号联锁,火灾时其电源应被自动切断。

3)空调设备、风道及附件材料应采用非燃型。

4)当空调机组电加热器应采用套管式,不允许采用电阻丝或电热棒直接加热送风。

5)空调系统的风管,当符合下列条件之一时,应设置公称动作温度为 70℃的防火阀:

——穿越防火分区处;

——穿越通风、空气调节机房的房间隔墙和楼板处;

——通过重要或火灾危险性大的场所的房间隔墙和楼板处;

——穿越防火分隔处的变形缝两侧;

——竖向风管与每层水平风管交接处的水平管段上。

6)空调风管不宜穿过防火墙和非燃烧体楼板,如必须穿过,应在穿过处设置防火阀,且在防火阀两侧各 2m 范围内的风管保温材料应采用不燃材料,穿越处的空隙应采用不燃材料填塞。

2. 空气-水集中式空调系统

空气-水集中式空调系统的冷水管路宜采用两管制,其他要求详同全空气空调系统冷水管路。

运行人员工作类房间不具备自然通风条件时,应设置新风系统或机械排风系统。

3. 多联空调系统

(1)北方地区设有供暖设施的建筑物,宜选用单冷型机组用于夏季空调;夏热冬冷地区,当冬季要求供暖,且建筑物内无热水集中供暖设施时,可选用热泵型机组或带辅助电热装置的室内机。

(2)应根据建筑物房间的使用功能和使用时间的不同,以及建筑楼层和防火分区的划分情况,合理划分多联机系统,为设备区域服务的空调系统应与为人员工作和休息区域服务的空调系统分开设置。

(3)根据建筑物房间的平面形式、空调负荷大小、设备布置、装修形式、使用功能和管理要求,选择合适的室内机(形式、容量、台数)以及确定是否需要接风管送风。

(4)室内机总容量与室外机容量之比(配比系数)

宜为100%～130%。

（5）当设计条件与多联机产品样本给出的名义制冷量和名义制热量所对应的各项条件不一致时，应进行室内外机的容量修正。

（6）新风供应可采用以下几种方式：

1）室内机自吸新风。每层或整栋建筑物设置新风总管，然后通过送风支管与室内机相连，新风负荷由室内机承担。该方式因存在冬季防冻问题，不宜在寒冷地区使用。

2）采用带有全热交换器的新风机组，用排风预冷（热）新风。

3）采用专用分体式新风机组，经直接膨胀冷却处理新风后，再送入每个房间。

（7）室外机与室内机之间的高差及最远距离、室外机之间的高差、室内机之间的高差均不得超过设备生产厂家规定的限值。

（8）室内外机之间的制冷剂配管设计可参见多联机制造厂提供的技术手册。

（9）对于利用室内机集中送风的空调系统，需要进行空调房间气流组织、风量分配与风管的设计与计算。风管系统的总阻力（送风与回风管道）应小于空调机铭牌上给出的机外余压。如机外余压不足以克服管路系统的阻力，则需另设增压风机。对噪声有要求的空调房间，还需进行消声设计。

（10）电气设备间空调室内机应与火灾信号联锁，发生火灾时，应切断空调室内机电源以防止火势蔓延或助燃。

4. 分散式空调系统

（1）北方地区设有供暖设施的建筑物，宜选用单冷分体式空调机用于夏季空调；夏热冬冷地区，当冬季要求供暖，且建筑物内无热水集中供暖设施时，可选用热泵型分体式空调机或带辅助电热装置的分体式空调机。

（2）分体式空调机的数量和总制冷（热）量不应小于空调房间冷、热负荷，总风量应符合房间换气次数的要求。

（3）根据空调房间的形式、使用功能、室内设备布置、装修情况，确定空调室内机的形式（如壁挂、柜式、吊顶式等）以及是否需要接风管送风。

（4）对于利用室内机集中送风的空调系统，需要进行空调房间气流组织、风量分配与风管的设计与计算。风管系统的总阻力（含送风与回风系统）应小于空调机铭牌上给出的机外余压。如机外余压不足以克服管路系统的阻力，则需另设增压风机。对噪声有要求的空调房间，还需进行消声设计。

（5）运行人员工作类房间不具备自然通风条件时，应设置新风系统或机械排风系统。

（6）电气设备间空调机不宜选用一台，最少宜按2×75%选用。

（7）电气设备间空调室内机应与火灾信号联锁，发生火灾时，应切断空调室内机电源以防止火势蔓延或助燃。

5. 空调控制系统

（1）空调系统控制方式。

1）变电站分散式空调系统可不设置集中监控系统，均采用就地控制。

2）多联空调系统应设置集中控制器对空调室外机和室内机进行控制，此外，电气设备室及通信机房室内机应设线控器，其他房间宜设遥控器。

3）全空气集中式空调系统和空气-水集中式空调系统应采取以集中监控为主、手动控制为辅的控制方式。

4）多联空调系统集控器、全空气集中式空调系统和空气-水集中式空调系统的集中监控系统均应与全站智能辅助控制系统以通信方式连接，使运行人员能够实时监控空调系统运行状况，通信协议和通信接口应符合全站智能辅助控制系统的要求。

（2）集中监控系统组成及设计。

1）集中监控系统主要由中央管理站、集中控制柜、远程I/O站、就地控制柜、通信电缆、就地检测设备等硬件和相关软件所组成。

2）集中监控系统控制对象主要包括风冷冷（热）水机组、组合式空气处理机组、循环水泵、风机盘管、柜式空调机组、补水定压装置（如有）及自动清洗过滤器等。主要对空调系统的水温、水压、水流量、空气温度、相对湿度、室内正压等参数进行监测、显示和自动调节以及对参数超限和设备故障进行报警。

3）集中监控采用PLC或DCS方式，直流电源、传感器及控制器均冗余配置。

4）中央管理站一般设置在主控室内，在管理站上可实现对空调系统的集中监督管理及运行方案指导，并可实现设备的遥动控制，能对空调系统中的各监控点的参数、各运转设备及部件的状态、故障报警信号、系统的动态图形及各项历史资料进行显示和打印。

5）所有自动控制的设备均应设手动控制功能，以便在调试、检修或运行期间进行手动控制。

（四）设备及管道布置

1. 全空气空调系统

在北方天气寒冷地区，为了设备的防冻，空气处理机组、冷水循环泵、补水定压装置、冷水过滤装置一般布置在空调设备室。南方地区，空气处理机组及附属设备可布置在空调设备室，也可将组合式空气处理机组布置在屋面或室外地面。冷（热）水机组一般布置在室外地面或主控通信楼（室）屋面。设备及管道布置应符合下列要求：

（1）空调设备室布置。

1）应有良好的通风及采光设施。在寒冷地区，应设计供暖系统以维持室内一定的环境温度。

2）宜有一面外墙便于设置新风口和排风口。

3）室内应设地漏以及清洗过滤器的水池，地面宜有 0.005 的排水坡度。

4）应考虑空气处理机组第一次进入设备室的通道，当从外门、楼梯无法搬运时，可考虑在外墙砌筑之前先将机组搬入设备室，或在外墙上预留孔洞，待设备进入后再封闭孔洞。

（2）设备布置和管道连接应符合工艺流程，并做到排列有序，整齐美观，便于安装、操作与维修。设备与配电盘之间的距离和主要通道的宽度不应小于 1.5m；机组与维护结构之间的距离以及非主要通道的宽度不应小于 0.8m。兼作检修场地的通道宽度，应根据拆卸或更换设备部件的尺寸确定。

（3）冷（热）水机组与维护结构、电气设备以及其他障碍物之间应留有一定的距离，以利于冷（热）水机组的散热。

（4）空气处理机组冷凝水的积水盘排水点应设水封，并应考虑水封的安装空间。

（5）室外空气处理机组的顶部以及室外风管应考虑防雨措施，以免雨水进入设备或风管内。

（6）风管、水管、电缆穿屋面处的预埋管或预留孔，应配合土建做好防水设计。电缆穿屋面处应设防火封堵。

（7）布置在室外地面的冷（热）水机组、空气处理机组及辅助设备，从空调配电控制柜至各设备的电缆宜布置在电缆沟内并辅以少量预埋管；设备布置在屋面且电缆较多时，电缆宜布置在专用桥架内。

（8）布置在楼板或屋面的冷（热）水机组、空气处理机组、冷水循环泵、补水定压装置等设备应设置减振装置。

（9）新风进风口应设置在室外空气较洁净的地点，新风风口应考虑防雨措施。在风沙较大地区，新风口不应布置在主导风向，且新风口应设置防沙百叶或设置沉沙井等防沙措施。排风口也应采取防沙措施。

（10）室外配电柜面板应采用不锈钢材质，防护等级为 IP55，室外布置的电机、传感器、电动执行机构均应设置不锈钢防雨罩。当有冻结可能时，空气处理机组及辅助设备的元器件、测量表计、传感器等要采取有效的防冻及防雪措施。

（11）空气处理机组及辅助设备布置在室外地面或屋面时，应放置在混凝土基础上，基础高出地面或建筑屋面的高度宜为 0.2～0.4m。

（12）下列空气调节设备及管道应保温：

1）冷（热）水管道和冷水箱。

2）冷风管及空气调节设备。

3）室内布置的冷凝水管。

（13）设备和管道保温及保护应符合下列要求：

1）保温层的外表面不得产生冷凝水。

2）保温层的外表面应设隔汽层。

3）管道和支架之间应采取防止"冷桥"的措施。

4）明装风管及水管保温层外应设金属保护层。

（14）室外布置的冷（热）水机组、空气处理机组，应考虑设备冲洗用水龙头和检修用电源箱，并设置方便夜间巡视或故障处理的照明。

（15）寒冷和严寒地区，空气处理机组新风管上应设置电加热装置，防止室外冷风导致表冷器结冰冻裂。

（16）寒冷和严寒地区，对于室外布置的冷（热）水机组、空气处理机组和水管，宜采用在循环介质水中加入防冻液（乙二醇）用于冬季防冻，必要时，还可采用设置保温棚的方式防冻。

2. 空气-水集中式空调系统

（1）末端设备凝结水管的排水坡度不应小于 0.01。

（2）暗装设备的室内回风口宜带尼龙网式过滤器，并设置单层百叶风口，吊顶上应设置方便检修水系统阀门及软接管的检修门。

（3）为防止设备振动导致连接管断裂漏水以及拆卸检修的方便，供、回水管与设备连接处应采用软连接。

3. 多联空调系统

（1）空调室外机一般布置在屋面，并尽可能布置在视线盲区。

（2）空调室内机的布置应避免室内温度场的失衡，空调送风不应直接吹向电气盘柜，以免盘柜表面凝露，空调室内机及送风口不应布置在电气盘柜正上方。

（3）室内机及空调风口的布置应与灯具及吊顶布置密切配合，做到美观协调。

（4）空调冷凝水应收集后集中排放至室外雨水井、下水管和室内地漏、水池等排水设施，冷凝水管不应暴露在主控通信楼（室）外立面。室内布置的立管需要进行掩蔽处理或预埋在墙体内。

（5）制冷剂管穿屋面如设套管，待制冷剂管安装后，套管出口应采用防火材料进行密封。

（6）屋面室外机的制冷剂管及电缆应排列整齐，当管道和电缆较多时，宜布置在槽盒或桥架内。

（7）屋面宜设置照明和生活水管及水龙头，以方便夜间巡视、故障处理以及设备检修和清洗。

4. 分散式空调系统

（1）空调室外机一般布置在主控通信楼（室）屋面或立面，并尽可能处在视线盲区。

（2）室内外机之间连接铜管的最长距离不宜超过 15m，室内外机之间的最大允许高差有两种情况：

1）当室内机高于室外机时，不应超过 10m；

2）当室内机低于室外机时，不应超过 5m。

（3）连接室内外机的制冷剂管和冷凝水管的布置，应尽量减少对室内和外墙立面美观的影响，必要时可对沿墙面敷设的制冷剂管、冷凝水管加设槽盒或进行掩蔽处理。

（4）室外机布置在屋面时，制冷剂管穿屋面应设套管。待制冷剂管安装后，套管出口应采用防火或其他防水材料进行严密封堵。

（5）空调冷凝水应接至排水系统，不得散排，排水立管不宜布置在建筑主立面。

（6）空调室内机的布置应避免室内温度场的失衡。同时空调送风不应直接吹向电气盘柜，以免盘柜表面凝露。对于狭长房间，无法通过空调室内机的布置控制室内温度场的均衡时，宜通过风管送风形成合理的气流组织。

（五）设计案例

某变电站计算机室高 3.6m，平面尺寸如图 23-9 所示。

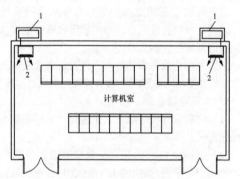

图 23-9　计算机室空调布置图
1—空调室外机；2—空调室内机

设计原始参数详见表 23-18。

表 23-18　　原 始 计 算 参 数 表

室外计算参数		室内计算参数	
夏季空调室外计算温度	32.2℃	夏季室内设计温度	26～28℃
夏季空调日平均温度	28.6℃	夏季室内设计相对湿度	55%
夏季空调室外计算湿球稳定	26.4℃	夏季室外大气压力	999.87hPa

其他已知条件如下：

1）屋顶传热系数 K=0.58W/（m^2·K）；

2）外墙传热系数 K=0.68W/（m^2·K）；

3）内门传热系数 K=3.0W/（m^2·K）；

4）外窗传热系数 K=3.0W/（m^2·K）；

5）室内布置 24 面屏柜，单面屏柜散热量 200W；

6）室内安装 6 盏 200W 明装荧光灯，开灯时间为 8：00～18：00。

1. 空调系统形式确定

主控通信楼整楼采用风冷分散式空调，故计算机室采用风冷分体空调。

2. 空调负荷计算

计算方法及计算过程依据 GB 50019《工业建筑供暖通风与空气调节设计规范》，表 23-19 为计算结果。

表 23-19　　计 算 机 室 冷 负 荷

通过维护结构传热形成的冷负荷（W）				设备及仪表散热形成的冷负荷（W）		逐时总冷负荷最大值（W）
屋面	外墙	外窗	内门	设备	照明	
4815	8336	1223	58	4800	523	19755

3. 设备选型

房间夏季最大冷负荷为 19755×1.2=23706（W），选两台风冷分体柜式空调机，单台制冷量 12000（W）。

4. 设备布置

两台风冷分体柜式空调机贴墙角布置，室外机放置在室外混凝土基础上，冷凝水排至室外雨水井。空调设备布置详见图 23-9。

三、继电器室空气调节

继电器室布置电气盘柜，为了保证设备的正常运行，全年需要维持如下温湿度标准：夏季温度 24～28℃，夏季相对湿度 40%～65%；冬季温度 18～22℃，冬季相对湿度 40%～65%。

继电器室体积较小，空调负荷也较小且分散布置在站区，所以继电器室一般采用风冷分体式空调或多联空调。

（一）设计计算

空调负荷计算参见 GB 50019《工业建筑供暖通风与空气调节设计规范》，电气盘柜散热量应由工艺专业提供，当无资料时，盘柜散热量按表 23-9 取值。

（二）空调设备

风冷分体式空调或多联空调室内机根据房间空调负荷、盘柜布置、房间尺寸、室内装修等具体情况选用合适的机型。

（三）设计要点

设计要点参见主控通信楼（室）有关多联空调和分散式空调的内容。

（四）设备及管道布置

（1）空调室内机的布置应避免室内温度场的失衡，空调送风不应直接吹向电气盘柜，以免盘柜表面凝露，空调室内机、送风口及冷凝水管均不应布置在电气盘柜正上方。

（2）选用立柜式空调室内机时，尽量避免布置在电缆沟上方。

（3）其他要求参见主控通信楼（室）有关多联空调和分散式空调布置的内容。

四、配电装置楼（室）空气调节

配电装置楼（室）需要设置空调的房间包括二次

设备室、监控室、消防控制室、蓄电池室等工艺类房间和运行人员工作类房间；当变压器室、交流配电室、开关柜室、SVC 室及 SVG 室等电气房间采用通风无法满足降温要求时，可采用空调方式控制室内温度。配电装置楼（室）一般宜用分散式空调或多联空调系统。

工艺类房间的室内温度控制值应由工艺专业提出，当未提具体要求时，各房间室内空气计算参数可按表 23-20 取值。

表 23-20　　　　　　　　　配电装置楼（室）内空气计算参数

房间名称	夏季		冬季	
	温度（℃）	相对湿度（%）	温度（℃）	相对湿度（%）
二次设备室	24～28	50±10	18～22	50±10
监控室	26～28	40～65	18～22	40～65
消防控制室	26～28	40～65	18～22	40～65
站用变压器室	≤35	—	≥5	—
交流配电室	≤35	—	≥5	—
开关柜室	≤35	—	≥5	—
蓄电池室	≤30	—	18～20	—
SVC 阀室	≤30	≤60	≥10	≤60
SVG 阀室	依据工艺资料			
高压电抗器阀室	依据工艺资料			
安全工器具室	≤30	≤60	5	≤60
办公室、会议室和交接班室	26～28		18	
值班室	26～28		18	
资料室	26～28		18	

（一）设计计算

设计计算参见主控通信楼（室）有关空调设计计算的内容。

（二）空调设备

配电装置楼（室）空调设备采用多联空调机或风冷分体式空调机组，参见主控通信楼（室）有关空调设备的内容。

（三）设计要点

（1）当配电装置楼（室）电气设备间布置集中，部分工艺设备间无外墙时，如采用风冷分体空调，室内外机之间的连接管较长，因容量衰减较大，难以保证空调效果，且冷凝水排水困难，在此情况下，配电装置楼应选用多联空调机组，空调室外机可布置在屋面，应尽可能布置在视线盲区。其他情况下，可选用风冷分体式空调机组。

（2）其他设计要点参见主控通信楼（室）有关分散式空调的内容。

（四）设备及管道布置

设备及管道布置参见主控通信楼（室）有关空调设备及管道布置的内容。

五、辅助建筑物空气调节

除了主控通信楼（室）及配电装置楼（室）外，为了保证人员的舒适环境，警卫传达室需设置空调且一般采用风冷分体式空调机，夏季室内温度控制在26～28℃左右，冬季室内温度则控制在 18℃ 左右。

警卫传达室空调负荷计算参见 GB 50019《工业建筑供暖通风与空气调节设计规范》，设计要点、设备及管道布置参见主控通信楼（室）有关分散式空调的内容。

第二十四章

给 水 与 排 水

第一节 一 般 原 则

（1）变电站给水和排水的设计应符合 GB 50013《室外给水设计规范》、GB 50014《室外排水设计规范》、GB 50015《建筑给水排水设计规范》、DL/T 5143《变电站和换流站给水排水设计规程》的要求。

（2）变电站水源应根据站址附近供水条件，经技术经济比较后确定，宜优先选用已建供水管网供水方式。

（3）变电站生活用水水质应符合 GB 5749《生活饮用水卫生标准》的规定。

（4）变电站生活污水、事故排油、生产废水和站区雨水宜采用分流制。对外排放的污水水质应符合 GB 8978《污水综合排放标准》的规定，当受纳水体有灌溉要求时，应符合 GB 5084《农田灌溉水质标准》的规定，同时应与工程环评意见协调一致。

1）生活污水应处理达标后复用或定期清理。其中城市变电站生活污水可排入城市污水系统统一进行处理。

2）变电站内应设置事故油坑和事故油池，以接收变电站突发事故时变压器、电抗器等设备的漏油和可能产生的含油污水。事故油坑、事故油池的容积需保证事故时废油和含油废水不污染环境。

（5）湿陷性黄土、盐渍土、膨胀土等特殊土地区给排水管线设计应符合相关的标准规范。

第二节 给 水 系 统

一、水量、水质和水压

1. 用水项目

变电站内用水项目包括生活、消防、生产、浇洒、绿化及未预见用水。

2. 用水量标准及计算

用水量应符合现行国家有关标准，用水量标准计算如下：

（1）变电站内工作人员生活用水量可采用 30～50L/（人·班），每班用水时间为 8h，小时变化系数采用 3.0～2.5。

（2）变电站内工作人员淋浴用水量可采用 40～60L/（人·班），其延续时间为 1h。

（3）浇洒及绿化用水一般可合并采用 1.0～2.0L/（m²·日）。

（4）消防用水量通过计算确定。

（5）设置给水处理设施时应考虑系统自用水量。

（6）管网的漏失水量及未预见用水量可合并计算，可按除消防用水以外的最高日用水量的 15%～25%计算。

3. 水质标准

（1）生活饮用水水质应符合 GB 5749《生活饮用水卫生标准》的规定。

（2）当技术经济合理时，宜采用非饮用水作为便器冲洗、浇洒、绿化等用水，其水质应符合 GB/T 18920《城市污水再生利用 城市杂用水水质》的要求。

（3）生产用水水质可参照 GB/T 30425《高压直流输电换流阀水冷却设备》的有关规定执行。

4. 水压及计算

供水管网水压应满足最不利点所需压力要求，经计算确定。水压计算遵循一般民用建筑排水系统的设计要求，应符合 GB 50015《建筑给水排水设计规范》及 GB 50013《室外给水设计规范》的要求。

5. 防水质污染

工程可行性研究阶段，拟定采用地下水或地表水作为供水水源时，其水样应及时送检，并采取相应净化处理措施。生活给水系统在工程设计、建造施工和维护管理方面应采取以下措施，防止水质污染。

（1）站区自备水源的供水管道严禁与站外给水管道直接连接（不论自备水源的水质是否符合或优于 GB 5749《生活饮用水卫生标准》。当将站外给水作为站区自备水源的备用水或补充水时，应将站外给水管道的水补入站区自备水源的贮水池（或调节池），并保证进水口最低点高出水池溢流液位的空气间隙符合规范的要求。

（2）不同给水系统（生活饮用水、直饮水、生活杂用水、循环水、回用雨水、中水等）应各自独立自成系统。生活饮用水管网（包含）严禁与中水、回用雨水等非生活饮用水管道连接，采用倒流防止器时也不允许。当需用生活饮用水作为中水、循环水等的补充水源时，应补入贮水池（或调节池），并保证进水口最低点与水池溢流液位之间具有有效的空气隔断。

（3）生活饮用水不应因管道内产生虹吸、背压回流而受污染。卫生器具和用水设备、构筑物等的生活饮用水管的配水件出水口应符合下列规定：

1）出水口不得被任何液体或杂质所淹没；

2）出水口高出承接用水容器溢流边缘的最小空气间隙不得小于出水口直径的 2.5 倍（出水口按其最低处计，溢流水位按最高溢流液位计）。

（4）生活饮用水水池（箱）的进水管口的最低点高出溢流边缘的空气间隙应等于进水管管径，但最小不应小于 25mm，管径大于 150mm 时可取 150mm。当进水管从最高水位以上进入水池（箱），管口为淹没出流时，管顶应采取防虹吸回流措施［确认不存在虹吸回流的低位水池（箱），其进水管可不采取该措施，但进水管仍宜从最高水面以上进入水池］。

（5）从生活饮用水管网向消防、中水和雨水回用水等其他用水的贮水池（箱）补水时，其进水管口最低点高出溢流边缘的空气间隙不应小于 150mm。

（6）从站区内生活饮用水管道系统上接至下列用水管道或设备时，应设置倒流防止器，且倒流防止器应经消防部门鉴定批准方可实施：

1）单独接出消防用水管道时，在消防用水管道的起端（不含室外给水管道上接出的室外消火栓）；

2）从生活饮用水贮水池抽水的消防水泵出水管上。

（7）生活饮用水管道系统上接至含有对健康有危害物质等有害有毒场所或设备时应设置倒流防止设施。

（8）从站区或建筑物内生活饮用水管道上直接接出消防（软管）卷盘（应经消防部门鉴定批准方可使用）、出口接软管的冲洗水嘴与给水管道连接处，应在这些用水管道上设置真空破坏器。

（9）严禁生活饮用水管道与大便器（槽）、小便斗（槽）采用非专用冲洗阀直接连接冲洗。

（10）生活饮用水管道应避开毒物污染区，当条件限制不能避开时，应采取防护措施。生活饮用水管不得穿越大、小便槽和贮存各种液体的池体。

（11）站区生活饮用水池（箱）应与其他用水的水池（箱）分开设置。贮水池有效容积的贮水设计更新周期不得大于 48h。当生活饮用水池（箱）内的贮水在 48h 内不能得到更新时，应设置水消毒处理装置。

（12）埋地式生活饮用水贮水池周围 10m 以内，不得有化粪池、污水处理构筑物、渗水井、垃圾堆放点等污染源；周围 2m 以内不得有污水管和污染物。当达不到此要求时，应采取防污染的措施。

（13）建筑物内的生活饮用水水池（箱）体，应采用独立结构形式，不得利用建筑物的本体结构作为水池（箱）的壁板、底板及顶盖。生活饮用水水池（箱）与其他用水水池（箱）并列设置时，应有各自独立的分隔墙。

（14）建筑物内的生活饮用水水池（箱）宜设在专用房间内，其上（方）层的房间不应有厕所、浴室、盥洗室、厨房、污水处理间等。

（15）生活饮用水水池（箱）的构造和配管，应符合下列规定：

1）人孔、通气、溢流管应有防止生物进入水池（箱）的措施；

2）进水管宜在水池（箱）的溢流水位以上接入；

3）进出水管布置不得产生水流短路，必要时应设导流装置；

4）不得接纳消防管道试压水、泄压水等回流水或溢流水；

5）泄水管和溢流管的排水不得与污废水管道系统直接连接，应采取间接排水的方式；

6）水池（箱）的材质、衬砌材料和内壁涂料，不得影响水质。

（16）在非饮用水管道上接出水嘴或取水短管时，应采取防止误饮误用的措施。如应有明显的"非饮用水"标识，并配有英文"No Drinking"。

6. 防回流污染设施

（1）空气间隙、倒流防止器和真空破坏器的选择，应根据回流性质、回流污染的危害程度及设防等级按表 24-1 确定，除特别要求外一般不重复设置。

表 24-1　　　　回流污染危险等级

回流污染危险等级	危害程度	
高	有毒污染	可能危及生命或导致严重疾病
中	有害污染	可能损害人体或生物健康
低	轻度污染	可能导致恶心、厌烦或感官刺激

（2）根据回流污染危害程度选用防回流设施。

（3）可按可能的最高危险等级选用相应的措施。

（4）生活饮用水与其连接部位、管道、设备的回流污染程度参见 GB 50015《建筑给水排水设计规范》确定。真空破坏器分为压力型、大气型、软管型；倒

変 电 站 设 计

流防止器有减压型、低阻力型和双止回阀型。防回流
设施选用可参见表24-2。

表 24-2　　　　　防回流设施选用

防回流设施	回流危害程度					
	低		中		高	
	虹吸回流	背压回流	虹吸回流	背压回流	虹吸回流	背压回流
减压型倒流防止器	可用	可用	可用	可用	可用	可用
低阻力型倒流防止器	可用	可用	可用	可用	不可用	不可用
双止回阀型倒流防止器	不可用	可用	不可用	不可用	不可用	不可用
空气间隙	可用	不可用	可用	不可用	可用	不可用
压力型真空破坏器	可用	不可用	可用	不可用	可用	不可用
大气型真空破坏器	可用	不可用	可用	不可用	可用	不可用
软管型真空破坏器	可用	不可用	可用	不可用	不可用	不可用

二、取水

变电站应有可靠水源，水源可选用自来水、地下
水或地表水方式。

（一）变电站水源及选择

1. 水源的选择要求

（1）水源选择前，结合变电站的周边环境，必须
进行水资源的勘察，并应取得相关部门的许可。

（2）在规划所允许的取水区域取水。

（3）可取水量充沛可靠。

（4）原水水质符合国家有关现行标准。

（5）施工、运行、维护方便。

（6）水源宜采用永临结合方式。

2. 地表水

（1）当采用地表水作为供水水源时，水源水质应
满足 GB 3838《地表水环境质量标准》的要求，其设
计枯水流量的保证率宜采用 90%～97%，且应设置安
全可靠的取水措施；当有水冷等生产用水时，设计枯
水流量的保证率采用 97%，当不满足要求时，应对水
源安全性进行论证后确定。

（2）水源采用地表水时，应进行取水建（构）筑
物、水处理设备等设计，按照 GB 50013《室外给水设
计规范》的有关规定执行。

（3）地表水取水构筑物的形式，应根据取水量和
水质要求，结合河床地形及地质、河床冲淤、水深及
水位变幅、泥沙及漂浮物、冰情和航运等因素以及施

工条件，在保证安全可靠的前提下，通过技术经济比
较确定。

（4）变电站用水量较小，地表水取水及维护费用
较大，一般不采用。

3. 地下水及自来水

（1）当采用地下水作为供水水源时，应有确切的
水文地质资料，水源水质应满足 GB/T 14848《地下水
质量标准》的要求，取水量必须小于允许开采量，严
禁盲目开采。

（2）水源采用地下水时，打井数量应根据工程需
水量和供水安全性要求确定。当采用多井联合供水方式
时，为避免干扰，应根据水文地质条件确定井间距离。
管井设计应符合 GB 50296《管井技术规范》的规定。

（3）水源采用地下水时，应进行取水建（构）筑
物的设计，按照 GB 50013《室外给水设计规范》的有
关规定执行。应对地下水取水建（构）筑物采取防止
地面污水和非取水层水渗入的措施。

（4）采用深井取水或自来水作为水源存在困难
时，可采用站外拉水方式。设计时应预留接入站外供
水管网的接口。

（二）地下水取水建（构）筑物

地下水取水建（构）筑物的形式有管井、大口井、
辐射井、渗渠等，其中以管井、大口井最为常见。

1. 管井

常见的管井构造由井室、井壁管、过滤器及沉淀
管所组成。当有几个含水层且各层水头相差不大时，
可用多层过滤器管井。

（1）含水层厚度及底板埋藏深度的适用性：适用
于含水层厚度大于4m,底板埋藏深度大于8m的地域。

（2）地质条件的适用性：适用于任何砂层、卵石
层、砾石层、构造裂隙、溶岩裂隙等含水层。

（3）当取自于结构稳定的岩溶裂隙水时，管井也
可不装井壁管和过滤器。

2. 大口井或辐射井

（1）含水层厚度及底板埋藏深度的适用性：适用于
含水层厚度5m 左右，底板埋藏深度小于15m的地域。

（2）地质条件的适用性：适用于砂、卵石、砾石
层，地下水补给丰富，含水层透水性良好的地段。

（3）含水层厚度大于10m 时宜采用非完整井，非
完整井由井壁和井底同时进水。

（4）在水量丰富、含水层较深时，宜增加穿孔辐
射管形成辐射井。

辐射井由集水井与若干辐射状铺设的水平或倾斜
的集水管（辐射管）组合而成。按集水井本身取水与
否，辐射井分为两种形式：一是集水井底（即井底进
水的大口井）与辐射管同时进水；二是井底封闭，仅
由辐射管集水。

3．深井泵房（坑）

管井、大口井或辐射井根据变电站气象条件和维护需要可设置地上泵房或地下泵坑。

三、输水

1．输水管线路径

输水管线路径应尽量避开农田、住户，减少植被的破坏。有条件的情况下，应选择沿现有或规划道路敷设。

2．输水管线技术要求

（1）采用一条独立的输水管线时，应有确保管线检修期间的供水安全措施。

（2）输水管线输水方式主要有重力方式、压力方式。系统运行中，应保证在各种设计工况下，管道不出现负压。输水管道压力不能满足要求时，应设置二次增压设施。

（3）输水管线沿途设置测流、测压点，并根据需要设置遥测、遥信、遥控系统。

（4）输水管线宜在起点、终点，穿越河道、铁路、公路段，以及需要事故检修的地方设置阀门及阀门井。在管线隆起点必须设置空气阀，平缓的管线上一般每隔1000m左右设置空气阀。在管道低洼处及阀门间管段低处，根据工程的需要设置泄（排）水阀门，泄（排）水阀门的设置应满足输水管线检修排水的需要。

（5）站外输水管线的管径、压力应经水力计算确定，应进行水锤分析计算。

（6）输水管线的埋深应根据外部荷载、管材性能、抗浮要求及与其他管道交叉等因素确定。冰冻地区的输水管线，管顶最小覆土厚度不宜小于土壤冰冻线以下0.30m。

（7）在输水管道进入变电站管段应设置计量装置。

（8）金属管道进站时应采取绝缘隔离措施。

3．输水管线设计流量

当站内设有蓄水池等调节用水构筑物时，应按最高日平均时用水量确定；当无调节用水构筑物时，按最高日最高时用水量确定。输水管线设计流量同时考虑消防给水时，尚应包括消防流量或消防补充流量。

四、给水处理

当水源水质不能满足变电站用水水质要求时，应针对原水进行水质分析，取得水质的全分析资料后，选用相应水处理工艺及设施。变电站常用给水处理方法有：

（1）过滤。采用粗过滤和精细过滤的防腐去除水中悬浮物，配合加药，还可去除有机物、色度、重金属等。

（2）活性炭吸附。以活性炭为滤料通过吸附和过滤，去除水中臭味、色度、有机物、余氯和重金属等。

（3）杀菌。通过紫外线光照射或投加杀菌剂，进一步杀菌。

变电站给水处理一般规模较小。处理设施多采用成套设备，系统一般采用自动控制，设备维护管理措施力求简洁。

变电站给水处理工艺流程应根据原水水质情况、处理要求等进行处理工艺选择及设备选型。常用的给水处理工艺流程如下：

（1）二次污染处理工艺流程：

原水→储水箱→消毒设施→用水点

（2）除浊度、臭味、色度、有机物的处理工艺流程：

原水→加药→砂过滤→精细过滤→活性炭过滤→消毒→用水点

（3）直饮水处理工艺流程：

原水→加药→砂过滤→精细过滤→活性炭过滤→反渗透→消毒→用水点

五、供水方式

（1）供水方式应根据水源条件和用水要求确定。当水源水量、水压、水质满足用水要求时，应采用直接供水方式；不能满足要求时，应设置相应的贮水调节、加压和给水处理装置。其中生活加压给水系统，宜采用变频调速或气压供水方式，应符合GB 50015《建筑给水排水设计规范》和CJJ 140《二次供水工程技术规程》的要求。

（2）生产给水系统、消防给水系统应独立设置；生活给水、浇洒用水、设备冲洗用水等可合并设置。

（3）采用变频调速或气压供水方式时，用于贮水调节的生活水箱（池）应符合下列要求：

1）有效容积宜按最高日生活用水量的20%～25%确定，当用水量变化较大或水源条件不稳定时水箱有效容积应适当加大。

2）生活水箱需设置消毒设备并应设置液位显示及高低液位报警装置，信号传至有人值班处。消毒设备可选择臭氧发生器、紫外线消毒器和水箱自洁消毒器等。

3）寒冷地区的生活水箱（池）和供水设施应有防冻措施。

六、给水泵房

（一）水泵选择

（1）水泵选择应符合下列规定：

1）设计流量、所需扬程是水泵选择的主要因素。考虑因磨损等原因造成水泵出力下降，可按计算所得扬程乘以1.05～1.10系数后确定。

2）应在水泵 $Q–H$ 特性曲线的高效区选择水泵。

3）水泵所配电机的电压宜相同。

4）变频调速水泵应选择特性曲线允许的最右端点，即水泵出水量最大、扬程较低点。

5）如设置备用泵，备用泵的供水能力不应小于最大一台工作水泵的供水能力，水泵宜自动切换交替运行。水箱提升泵一般以一用一备为宜；当采用多台水泵并联运行或大小水泵搭配方式时，其台数不宜过多，型号一般不宜超过两种，水泵的扬程范围应相近。

6）选择低噪声、节能型水泵。

（2）水泵宜选择自灌式，其安装高度应满足下列要求：

1）卧式泵：自灌启泵水位应高过水泵壳顶放气孔。

2）立式泵：机械密封型的自灌启泵水位应高过机械密封压盖端部放气孔；非机械密封型的自灌启泵水位应高过出水口法兰上的放气孔。

3）自灌启泵水位：对于生活、消防使用的水池，生活泵启泵水位可按消防贮水的最高水位计，但应有消防贮水量不被动用的措施。对于单独设置的生活水池，当安装最低水位计有困难时，可根据运行、补水及用水安全等因素确定一个自灌启泵水位，但应满足下列条件：

a）泵的设置高度应保证在最低水位时不会发生气蚀。

b）对于采用水泵提升直接供水而又不允许停水时，则应按最低水位为自灌启泵的控制水位。

（3）当因条件所限不能采用自灌式启泵而采用吸上式启泵时，应有抽气或灌水装置（如真空泵、底阀、水射器等）。引水时间不应超过下列规定：4kW 以下的为 3min，不小于 4kW 的为 5min。其水泵的允许安装高度应以最低水位为基准，根据当地的大气压力、最高水温的饱和蒸汽压，水泵的汽蚀余量和吸水管路的水头损失可按式（24-1）计算确定，并应有不小于 0.4m 的安全余量（一般采用 0.4～0.6m）。

$$Z_s = 0.1(H_g - H_z - H_s) \\ - \Delta h - (0.4 \sim 0.6)$$ (24-1)

式中　Z_s——卧式泵为轴中心与最低水位的高差，立式泵为基准面与最低吸水位的高差，现样本中均无泵基准面的描述，实际需要时应向生产厂家索取，m；

H_g——水泵安装处的大气压力，见表 24-3，kPa；

H_z——设计最高水温的饱和蒸汽压力，见表 24-4，kPa；

H_s——吸水管的沿程与局部水头损失之和，kPa；

Δh——水泵样本中给出的水泵汽蚀余量，一般

应按样本给出的最大值计，m。

表 24-3　不同海拔高程水泵安装处的大气压力

海拔高程（m）	-600	0	100	200	300	400	500	600	700
大气压力（kPa）	113	103	102	101	100	98	97	96	95
海拔高程（m）	800	900	1000	1500	2000	3000	4000	5000	
大气压力（kPa）	94	93	92	86	81	73	63	55	

表 24-4　设计最高水温的饱和蒸汽压力

水温（℃）	0	5	10	15	20	30	40
饱和蒸汽压力（kPa）	0.6	0.9	1.2	1.7	2.4	4.3	7.5
水温（℃）	50	60	70	80	90	100	
饱和蒸汽压力（kPa）	12.5	20.2	31.7	48.2	71.4	103.3	

（4）每台水泵宜用独立的吸水管。非自灌式水泵启动时，每台水泵必须设置独立的吸水管。

（5）生活水泵采用自灌式吸水但每台水泵又无法单独从水池吸水时，可设吸水总管，并应符合下列规定：

1）吸水总管伸入水池的引水管不应少于两条，每条引水管上均应设闸阀。当一条引水管发生故障时，另一条引水管应满足全部设计流量。

2）引水总管的流速应小于 0.8m/s。

3）每台水泵应有单独的吸水管与吸水总管连接，并应采用管顶平接或从吸水总管顶部接出。

4）引水管在池内与池壁、池底的间距与吸水管相同，但引水管管口低于最低水位可为 0.3m。

（6）每台水泵的出水管上应装设压力表、可曲挠橡胶接头、止回阀和阀门。必要时应设置水锤消除装置。水泵出水管流速宜采用 1.5～2.0m/s（管径大于 250mm 可采用 2.0～2.5m/s）。

（二）泵房

（1）泵房应根据使用要求、现场环境等条件确定单独或与其他设备用房合并设置。

（2）泵房高度按下列规定确定：

1）无起重设备的地上式泵房，净高不低于 3.0m；

2）有起重设备时，应按搬运机件底和吊运所通过水泵机组顶部 0.5m 以上的净空确定。

（3）泵房内起重设备的设置应符合下列要求：

1）起重量不超过 0.5t 时，设置固定吊钩或移动吊架；

2）起重量在 0.5～2.0t 时，设置手动或电动单轨

吊车；

3）起重量在 2.0～2.5t 时，设置手动或电动桥式吊车。

（4）泵房内应设排水沟和集水坑，地面应有 0.01 的坡度坡向排水沟，集水坑不能自流排出时可采用潜水排污泵提升排出。

（5）水泵机组的布置应遵守下列规定：

1）水泵基础的平面尺寸，应每边比水泵机组底座宽 100～150mm。

2）基础高出地面的高度应便于水泵安装，一般在 100～300mm 之间，不宜过高和过低。

3）水泵机组布置应符合下列要求：

a）水泵机组外轮廓面与墙和相邻机组间的间距见表 24-5。

表 24-5　水泵机组外轮廓面与墙和相邻机组间的间距

电动机额定功率（kW）	水泵机组外轮廓面与墙面之间的最小间距（m）	相邻水泵机组与轮廓面之间的最小间距（m）
<22	0.8	0.4
22～55	1.0	0.8
≥55～≤160	1.2	1.2

注　1. 水泵侧面有管道时，外轮廓面计至管道外壁面。
　　2. 水泵机组是指水泵与电动机的联合体，或已安装在金属座架上的多台水泵组合体。

b）水泵机组的基础端边之间或至墙面的净距应保证泵轴和电动机转子的拆卸，一般不小于 1.0m。

c）若考虑就地检修，则至少应在每个机组一侧留有大于水泵机组宽度 0.5m 的通道。

4）泵房的主要通道宽度不得小于 1.2m。

（6）水泵房内的管道布置：一般应为明设；沿地面敷设的管道，在人行通道处应设跨越阶梯；架空管道不应影响人行交通，并不得架在设备上面；暗敷管道不应直埋，应设管沟。泵房内的管道均应考虑维修

条件，管道外底距地面或管沟底的距离，当管径不大于 150mm 时，不应小于 0.2m；当管径不小于 200mm 时，不应小于 0.25m。当管段中有法兰时，应满足拧紧法兰螺栓的要求。

（7）泵房内的阀门设置应符合下列要求：

1）所选阀门、止回阀的工作压力要与水泵工作压力相匹配。

2）一般宜采用明杆闸阀或蝶阀。

3）应采用密闭性能好，具有缓闭、消声功能的止回阀。

七、配水

（一）给水系统划分原则

（1）优先利用站外自来水管线的水压直接供水。当站外自来水管线的水量、水压不足时，可集中设置贮水调节设施和加压装置供水。

（2）一般情况下，站区内生活给水系统应与消防给水系统独立设置。

（3）采用二次加压给水系统时，应根据站内使用人数、最高建筑物的高度和分布等因素确定加压站的数量、规模和水压。

（二）建筑物给水系统

1. 建筑物给水方式

（1）建筑物给水系统应根据站内建筑物性质、层数、使用要求、材料设备性能、维护管理等因素综合确定。站内建筑物常用的给水方式有直接供水、低置有（无）水池供水方式、无负压供水方式等。给水方式的特点和使用范围等见表 24-6。

（2）结合建筑物高度及外部条件，合理选择管线，可采用上行下给式或下行上给式等方式。

（3）应减少给水系统中间贮水设施，当压力不足需升压供水时，升压泵宜从站外管线中直接抽水，条件不允许时，宜优先采用吸水井方式；当站外管线不能满足室内的设计秒流量或引入管只有一条而室内又不允许停水时，应设调节水池或调节水箱。

表 24-6　给水方式的特点和使用范围

给水方式	图　示	供水方式说明	优缺点	适用范围	备注
直接供水方式	接市政管网来水	与外部给水管网直连，利用外网水压供水	供水较可靠，系统简单，投资省，安装、维护简单，可充分利用外网水压，节约能源。水压变动较大，内部无储备水量，外网停水时内部立即断水	下列情况下的单层和多层建筑：外网水压、水量能经常满足用水要求，室内给水无特殊要求	在外网压力超过允许值时，应设减压装置

给水方式	图 示	供水方式说明	优缺点	适用范围	备注
低置有水池供水方式		水泵通过调节水池(或吸水井)抽水供水,平时气压水罐维护管网压力供用水点用水,并利用气压水罐的压力变化控制水泵启停	供水可靠且卫生,不需设高位水箱。 给水压力波动较大,要注意最低处的给水配件不被损坏,能耗消耗较大,一般不宜用于供水规模大的系统	一般适用于多层建筑和不宜于设置高位水箱的建筑	为了克服气压给水系统压力波动大及能耗大的缺点,可以采用变频调速给水系统,由微机控制供水
低置无水池供水方式		利用水泵自外网直接吸水加压,利用气压水罐调节供水流量和控制水泵运行	供水可靠且卫生,不需设高位水箱,可利用外网水压。 给水压力波动较大,要注意最低处的给水配件不被损坏,能源消耗较大,一般不宜用于供水规模大的系统	一般适用于多层建筑和不宜于设置高位水箱的建筑	气压给水系统可设计成恒压式,水泵也可设计成间接抽水式。 采用变频调速给水系统克服压力波动大及能耗较大缺点
无负压供水方式		与市政给水管网经供水管(引入管)直接串接,不与外界空气连通、全封闭运行的给水方式	供水较可靠,水质安全卫生,无二次污染,可利用市政供水管网的水压,运行费用低,自动化程度高,安装、维护方便。 一台变频器通过微机控制多台水泵变频运行;也可一台水泵配一台变频器。 需增设一台气压水罐调节瞬间流量、压力波动。 无储备水量	允许直接串接市政供水管网的新建、扩建或改建的各类生活、生产加压给水系统	
图例	 倒流防止器　　止回阀　　减压阀　　水表　　水泵				

注 表中各种图式只是给水系统的主要组成示意图,实际系统中的引入管、水池、水泵、水箱、气压水罐等可能由多个方式组成,管网可能为上行式、下行式、中分式或环状式,可能与其他给水系统有共用或备用关系。

(4)建筑物水压设计应符合下列要求:

1)各分区最不利配水点的水压应满足用水水压要求。入户管或配水横管的水表进口端水压,一般不宜小于 0.1MPa。

2)水压大于 0.35MPa 的入户管或配水横管,宜设减压或调压设施。

3)各分区最低卫生器具配水点处的静水压力不宜大于 0.45MPa,特殊情况下不宜大于 0.55MPa。

2. 建筑物内管线布置方式

各种给水系统按照水平配水干管的敷设位置,可以布置成下行上给式、上行下给式、中分式和环状式四种管网方式,其特征、使用范围和优缺点见表 24-7。

表 24-7　建筑物内管线布置方式的特征、
使用范围和优缺点

名称	特征及使用范围	优缺点
下行上给式	水平配水干管敷设在底层(明装、埋设或沟敷)或地下室顶棚下。居住建筑、公共建筑和工业建筑,在利用外网水压直接供水时多采用这种方式	图式简单,明装时便于安装维修。与上行下给式布置相比,最高层配水点流出水头较低,埋地管道检修不便,立管设计应注意适当放大立管管径

名称	特征及使用范围	优缺点
		续表
上行下给式	水平配水干管敷设在顶层顶棚下或吊顶之内，对于非冰冻地区，也有敷设在屋顶上的	与下行上给式布置相比，最高层配水点流出水头稍高，安装在吊顶内的配水干管可能因漏水或结露损坏吊顶和墙面，设计时注意防结露，要求外网水压稍高一些，管材消耗也较多些
中分式	水平干管敷设在中间技术层的吊顶内，向上下两个方向供水。屋顶用作露天茶座、舞厅或设有中间技术层的高层建筑多采用这种方式	管道安装在技术层内便于安装维修，有利于管道排气，不影响屋顶多功能使用，需要设置技术层或增加某中间层的层高
环状式	水平配水干管或配水立管互相连接成环，组成水平干管环状或立管环状，在有两个引入管时，也可将两个引入管通过配水立管和水平干管相联通，组成贯穿环状。高层建筑、大型公共建筑和工艺要求不间断供水的工业建筑常采用这种方式，消防管网均采用环状式	任何管段发生事故时，可用阀门关闭事故管段而不中断供水，水流通畅，水头损失小，水质不易因滞留而变质，管网造价较高

（三）站区给水系统

1. 基本要求

（1）满足最佳水力条件。管道布置应使供水干管短而直，变电站用水量较小，且用水点较少，一般采用枝状管网。

（2）满足维修要求。室外管道宜沿道路或管沟敷设。

（3）保护管道不受破坏。埋地管应避开易受重物压坏处，管道必须穿越建（构）筑物基础时，应采取安全保护措施。

2. 站区给水管道的布置与敷设

（1）给水管网的布置应满足以下要求：

1）保证用水点有足够的水量和水压；当局部管线发生事故时，断水范围应减到最小。

2）给水管应尽量敷设在道路两边或人行道下，并使路径顺直短捷。

3）变电站分期建设时，应充分考虑扩建给水管网的布置因素。

（2）管道布置时应根据其用途、性能等合理安排，避免产生不良影响，如污水管应尽量远离生活用水管，减少生活用水被污染的可能性，金属管不宜靠近直流电力电缆，以免加重金属管的腐蚀。

（3）管道与建筑物、构筑物的平面最小水平间距见表20-30。

（4）地下管线（沟）之间最小水平间距见表20-31。

（5）各种埋地管道的平面位置，不得上下重叠，并尽量减少和避免互相间的交叉。

（6）室外给水管道与污水管道平行或交叉敷设时，应符合下列规定：

1）平行敷设。给水管在污水管的侧上面 0.5m 以内，当给水管管径不大于 200mm 时，管外壁的水平净距不得小于 1.0m；当大于 200mm 时，管外壁的水平净距不宜小于 1.5m。

给水管在污水管的侧下面 0.5m 以内时，管外壁的水平净距应根据土壤的渗水性确定，一般不宜小于 3.0m，或对给水管采取防污染保护措施。

2）交叉敷设。给水管应尽量敷设在污水管的上面且不允许有接口重叠。给水管敷设在污水管下面时，给水管应加套管或涵沟，其长度为交叉点每边不得小于 3.0m。

（7）各种管道的平面排列及标高设计发生冲突时，按照第二十章站区管沟相关规定执行。

（8）室外给水管道的覆土深度，应根据土壤冰冻深度、地面荷载、管材强度及管道交叉等因素确定，一般应满足下列要求：

1）管道不被震动或压坏。

2）管内水流不被冰冻。

当埋设在非冰冻地区时，若在道路下，一般情况金属管道覆土厚度不小于 0.7m；非金属管道覆土厚度不小于 1.0m。若在道路边缘，金属管覆土厚度不宜小于 0.3m，塑料管覆土厚度不宜小于 0.7m。

当埋设在冰冻地区时，在满足上述要求的前提下，其管道底埋深可在冰冻线下距离：非金属管道及金属管道管径 $D \leqslant 300mm$，为 $D+200mm$；管顶最小覆土深度不得小于土壤冰冻线以下 0.15m。

（9）室外埋地管道在垂直或水平方向转弯处是否设置支墩，应根据管径、转弯角度、试压标准及接口摩擦力等因素通过计算确定。当承插管管径不大于 300mm，且试压压力不大于 1.0MPa 时，在一般土壤地区的弯头，三通处可不设支墩，在松软土壤中需计算确定。支墩不应修筑在松土上，利用土体被动土压力承受推力的水平支墩后背土壤的最小厚度应大于墩底在设计地面以下深度的三倍。

（10）室外露天敷设的管道应有调节管道伸缩和防止接口脱开、被撞坏等设施，应避免受阳光直接照射。在结冻地区，应采用防冻保温措施，保温层外壳应密封防渗。在室外敷设的塑料管、铝塑复合管等应布置在不受阳光直接照射处或有遮光措施。

（11）敷设在管沟内的给水管道与各种管道之间的净距，应满足安装、操作的需要。给水管道应在热水管道的下方以及排水管的上方。

八、管材、附件和仪表

给水系统采用的管材、管件，应符合现行产品标准要求：生活饮用水给水系统所涉及的材料必须达到饮用水卫生标准；管道的工作压力不得大于产品标准允许的工作压力。

1．给水管道的管材

给水管道的管材应根据管内水质、压力、敷设场所的条件及敷设方式等因素综合考虑确定：

（1）埋地管道的管材，应具有耐腐蚀性和能承受相应地面荷载的能力。当 DN＞75mm 时可采用有内衬的给水铸铁管、球墨铸铁管、给水塑料管和复合管；当 DN≤75mm 时，可采用给水塑料管、复合管或经可靠防腐处理的钢管、热镀锌钢管。

（2）室内给水管道应选用耐腐蚀和安装、连接方便可靠的管材，一般可采用薄壁不锈钢管、钢塑复合管、给水塑料管、热镀锌钢管。管道采用明敷或嵌墙敷设。

（3）室外明敷管道一般不宜采用给水塑料管、铝塑复合管。

（4）给水泵房内的管道宜采用法兰连接的衬塑钢管及配件。

（5）水池（箱）内管道、配件的选择：

1）水池（箱）内浸水部分的管道，宜采用耐腐蚀金属管材或内外镀塑焊接钢管及管件（包括法兰、水泵吸水管、溢水管、吸水喇叭、溢水漏斗等）。

2）进水管、出水管、泄水管宜采用管内外壁及管口端塑料管；当采用塑料进水管时，其安装杠杆式进水浮球阀端部的管段应采用耐腐蚀金属管及管件，并应有可靠的固定措施，浮球阀等进水设备的重量不得作用在管道上。

3）管道的支撑件、紧固件及池内爬梯等均应经耐腐蚀处理。

4）热镀锌钢管应采用热镀锌管件。

2．不同材质给水管道的连接方法

管道的管件、配件应采用与管道材质相应的材料，管件、配件等管道附件的工作压力应与该管道系统的供水压力相一致。除铸铁管、热镀锌钢管的内螺纹连接件外，其余管道的管件均须与管道配套供应。

（1）PVC-U 管。建筑物内的管材、管件，公称压力应采用 1.6MPa 等级；管道连接宜采用承插连接，也可采用橡胶密封圈连接，应采用注射成型的外螺纹管件。管道与金属管材管道和附件为法兰连接时，宜采用注射成型带承口法兰外套金属法兰片连接。管道与给水栓连接部位应采用塑料增强管件、镶嵌金属或耐腐蚀金属管件。

（2）PP-R 管。采用公称压力不低于 1.0MPa 的管

材和管件。明敷和非直埋管道宜采用热熔连接，与金属或用水器连接，应采用丝扣或法兰连接（需采用专用的过渡管件或过渡接头）。直埋、暗敷在墙体及地坪层内的管道应采用热熔连接，不得采用丝扣、法兰连接。当管道外径不小于 75mm 时可采用热熔、电熔、法兰连接。

（3）钢塑复合管。管径不大于 100mm 时宜采用螺纹连接；管径大于 100mm 时宜采用法兰或沟槽式连接；水泵房管道宜采用法兰连接。当管道系统工作压力不大于 1.0MPa 时宜采用涂（衬）塑焊接钢管、可锻铸铁衬塑管件，螺纹连接；当管道系统工作压力大于 1.0MPa 但不大于 1.6MPa 时，宜采用涂（衬）塑无缝钢管、无缝钢管件或球墨铸铁涂（衬）塑管件，法兰连接或沟槽式连接；当管道系统工作压力大于 1.6MPa 而小于 2.5MPa 时，宜采用涂（衬）塑的无缝钢管和无缝钢管件或铸钢涂（衬）塑管件，法兰或沟槽式连接。钢塑复合管与铜管、塑料管连接及与阀门、给水栓连接时都应采用相匹配的专用过渡接头。

（4）薄壁不锈钢管。应采用卡压、卡套式或压缩式连接方式。一般不宜与其他材料的管材、管件、附件相接；若相接应采取防电化学腐蚀的措施（如转换接头等）。对于允许偏差不同的薄壁不锈钢管材、管件，不应互换使用。在引入管、折角进户管件、支管接出处，与阀门、水表、水嘴等连接，应采用螺纹转换接头或法兰连接，严禁在薄壁不锈钢管上套丝。嵌墙敷设的管道宜采用覆塑薄壁不锈钢管，管道不得采用卡套式等螺纹连接方式。

（5）热镀锌钢管。采用丝扣连接或沟槽接口。

（6）铸铁管。当管内压力不超过 0.75MPa 时，宜采用普压给水铸铁管；超过 0.75MPa 时，应采用高压给水铸铁管。铸铁管一般应做水泥砂浆衬里。管道宜采用橡胶圈柔性接口（DN≤300mm 时宜采用推入式梯形胶圈接口，DN＞300mm 时宜采用推入式楔形胶圈接口）。

3．给水系统采用的阀门

给水管道上使用的各类阀门的材质，应耐腐蚀和耐压。根据管径大小和所承受压力的等级及使用温度等要求确定，一般可采用全铜、全不锈钢、铁壳铜芯和全塑阀门。

（1）给水管道上使用的阀门，一般按下列原则选用：

1）管径不大于 50mm 时宜采用截止阀；管径大于 50mm 时宜采用闸阀、蝶阀。

2）需调节流量、水压时宜采用调节阀、截止阀。

3）要求水流阻力小的部位（如水泵吸水管上），宜采用闸板阀。

4）水流需双向流动的管段上应采用闸阀、蝶阀。

不得使用截止阀。

5）安装空间小的部位宜采用蝶阀、球阀。

6）在经常启闭的管道上宜采用截止阀。

7）口径较大的水泵出水管上宜采用多功能阀。

（2）给水管道的下列部位应设置阀门：

1）站区给水管道从市政给水管道的引入管段上。

2）站区室外环状管网的节点处，应按分隔要求设置。环状管段过长时，宜设置分段阀门。

3）从站区给水管上接出的支管起端或接户管起端。

4）水泵的出水管、自灌式水泵的吸水管。

5）水箱的进、出水管，泄水管。

6）设备（如冷却塔等）的进水补水管。

7）卫生器具（如大、小便器，洗脸盆，淋浴器等）的配水管。

8）自动排气阀、泄压阀、水锤消除器、压力表、洒水栓等前、减压阀与倒流防止器的前后等。

9）给水管网的最低处宜设置泄水阀。

（3）给水管道上的阀门设置应满足使用要求，并应设置在易操作和方便检修的场所；暗设管道的阀门处应留检修门，并保证检修方便和安全；墙槽内支管上的阀门一般不宜设在墙内。

（4）室外给水管道上的阀门，宜设在阀门井内或阀门套筒内，如图24-1和图24-2所示。

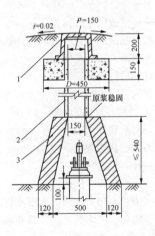

图24-1　阀门套筒（单位：mm）

1—铸铁阀门套筒；2—混凝土管；3—砖砌井

4. 止回阀

（1）一般应按其安装部位、阀前水压、关闭后的密闭性能要求和关闭时引发的水锤大小等因素选择。

1）阀前水压小时，宜选用旋启式、球式和梭式止回阀。

2）关闭后的密闭性能要求严密时，宜选用有关闭弹簧的止回阀。

3）要求削弱关闭水锤时，宜选用速闭消声止回阀或有阻尼装置的缓闭止回阀。

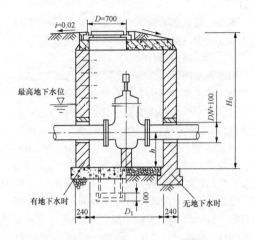

图24-2　阀门井（单位：mm）

4）止回阀的阀瓣或阀芯，应能在重力或弹簧力作用下自行关闭。

5）管网最小压力或水箱最低水位时，止回阀应开启。

6）水流方向自上而下的立管上，不能安装止回阀。

（2）给水管道的下列部位应设置止回阀：

1）当水泵的出水管直接从管网上吸水时，若有旁通管，则该管上应装设止回阀。

2）进、出水合用一条管道的水箱、水塔的出水支管段上。

3）双管淋浴器的冷热水干管或支管上。

4）装有倒流防止器的管段，不需要再装设止回阀。

5. 减压阀

（1）给水管网的压力高于配水点允许的最高使用压力时应设置减压阀。

（2）减压阀的设置安装应符合以下规定：

1）减压阀组应设置在不结冻场所，否则应采取保温措施。减压阀的公称直径应与管道管径相一致。

2）减压阀应设置在单向流动的管道上，安装时注意并表明减压阀水流方向，不得装反。

3）减压阀前后应设置阀门；减压阀前应装过滤器。

4）减压阀前后应装压力表；用于给水分区的减压阀后压力表可为电触点压力表，并配报警装置。

5）减压阀的水力计算，可参考《给水排水设计手册（第2册）建筑给水排水》。

6. 调压孔板

调压孔板可用于消除给水龙头和消火栓前的剩余水头，以保证给水系统均衡供水，达到节水、节能的目的。

水流通过孔板时的水头损失计算，可参考《给水排水设计手册（第2册）建筑给水排水》。

7. 自动水位控制阀

给水系统的调节水池（箱），除能自动控制切断进水者外，其进水管上应装设自动水位控制阀，水位控制阀的公称直径应与进水管管径相一致。

8. 倒流防止器

当给水管网存在因回流而污染生活用水的可能时，应设置倒流防止器。它必须水平安装，安装地点要环境清洁，有足够的维护空间，其自动泄水阀不得被水和杂物淹没，一般高出地面300mm。安装处应设排水设施。自动泄水的排水应通过漏水斗排至排水管系，不得与排水管道直接连接。倒流防止器前应设闸阀（蝶阀）、过滤器及可曲挠橡胶接头，其后应设闸阀（蝶阀）。

9. 管道过滤器

给水管道的下列部位应设置管道过滤器：

（1）减压阀、自动水位控制阀、温度调节阀等阀件前应设置。

（2）水加热器的进水管上、换热装置循环冷却水进水管上宜设置。

（3）入户水表前、水泵吸水管上宜设置过滤器，进水总表前应设置过滤器。

（4）过滤器的滤网应采用耐腐蚀材料，滤网网孔尺寸应按使用要求确定。

10. 压力表

水泵的出水管、压力容器及减压阀的前后应设压力表；压力表的选型应根据其服务对象与范围而定。

11. 水锤消除装置

给水加压系统应根据水泵扬程、管道走向、环境噪声要求等因素设置水锤消除装置。

12. 水表

（1）水表的选型：

1）接管直径不超过50mm时应选用旋翼式水表，接管直径超过50mm时应选用螺翼式水表。

2）通过水表的流量变化幅度很大时应选用复式水表。

3）推荐采用干式水表。

（2）水表直径的确定：

1）站内仅有生活给水系统时，可按设计秒流量不超过但接近水表的过载流量来确定水表的直径。

2）给水系统引入管的水表，当消防时，除生活用水量外尚需通过消防水量时，应以生活用水的设计秒流量叠加站内一次消防所需的最大消防流量进行校

核，校核流量不应大于水表的过载流量。

3）水表直径宜与接口管径一致。

第三节 排 水 系 统

变电站排水系统包括站区雨水、生活污水、事故排油和生产废水的排放。其中生活污水指站内运行人员在日常生活中使用过的污（废）水。站区雨水指站区围墙内场地、电缆沟、屋面等汇集的雨水等。事故排油指站内的含油设备在事故状态下，排出器身本体的含油。生产废水是指运行过程中产生的废水，在变电站工程中并不多见。

变电站排水方式与站址条件、周边环境密切相关，应满足市政排放标准及环评环保要求。本节仅对变电站有特殊要求的情况做详细说明，其他情况遵循一般民用建筑排水系统的设计要求。

一、站区雨水

变电站雨水排水主要有重力排水和压力排水两种方式。站内建筑采用雨水管重力排水方式，地面以下雨水管线采用自流或压力排水。

（一）排水要求

站区雨水排水要求如下：

（1）在靠近市政雨水管网的地区，站区雨水直接接至市政雨水管网。

（2）在远离市政雨水管网的地区，需根据变电站地理位置及相关部门的要求，合理规划设置排水点。

（3）宜考虑雨水的收集回用。

（二）设计流量

站区雨水的设计流量，应按式（24-2）计算：

$$Q_s = q\Psi F \qquad (24\text{-}2)$$

式中　Q_s——雨水设计流量，L/s；

q——设计暴雨强度，L/（s·hm²）；

Ψ——径流系数；

F——汇水面积，hm²。

需要注意的是，当有允许排入雨水管道的生产废水排入雨水管道时，应将其水量计算在内。

（三）雨水管道

1. 布置

（1）室外雨水管道布置应按管线短、埋深小、转弯少、减少管线交叉和自流排出的原则确定。

（2）雨水管道宜沿道路和建筑物的周边呈平行布置。雨水检查井间的管段应为直线。

（3）与道路交叉时，应尽量垂直于路的中心线。

（4）干管应靠近主要排水建（构）筑物，并布置在连接支管较多的一侧。

（5）应尽量远离饮用水管道。

2. 连接与敷设

（1）管道在检查井内宜采用管顶平接法，井内出水管管径不宜小于进水管管径。

（2）雨水管道转弯和交接处，水流转角不应小于90°。当管径超过 300mm，且跌水水头大于 0.3m 时可不受此限。

（3）管顶覆土厚度不宜小于 0.6m。当管道在车行道下时，管顶覆土厚度不得小于 0.7m，否则，应采取防止管道受压破损的技术措施，如用金属管或金属套管等。

（4）当冬季地下水不会进入管道，且管道内冬季不会滞留水时，雨水管道可以埋设在冰冻层内。

（四）明沟（渠）

明沟（渠）应满足以下要求：

（1）明沟底宽一般不小于 0.3m，超高不得小于0.2m。

（2）明沟与管道互相连接时，连接处必须采取措施，防止冲刷管道基础。

（3）明沟下游与管道连接处，应设格栅和挡水缓冲墙。明沟应加铺砌，铺砌高度不低于设计超高，铺砌长度自格栅算起 3～5m。如明沟与管道衔接处有跌水，且落差为 0.3～2.0m 时，应在跌水前 5～10m 处开始铺砌。

（4）明沟支线与干线的交汇角应大于 90°并作成弧形。交汇处应加铺砌，铺砌高度不低于设计超高。

（五）站区雨水回用

（1）站区雨水回用可分为直接利用和间接利用两种方式。

1）雨水直接利用是将雨水收集后经混凝、沉淀、过滤、消毒等处理工艺后，用作生活杂用水如冲厕、洗车、绿化等，或引入站区中水处理站作为中水水源之一。

2）雨水间接利用是指将雨水适当处理后回灌至地下水层或将径流经土壤渗透净化后涵养地下水。

（2）雨水利用系统设计可按照 GB 50400《建筑与小区雨水控制及利用工程技术规范》的规定执行。

二、生活污水

（1）站区生活污水包含建筑物内日常生活中排泄的粪便污水、洗涤水及备餐间含油废水等种类，各种类采用分流制、合流制或其他排水方式，需根据污水性质、污水处理方式及排放标准要求确定。

（2）备餐间废水与粪便污水宜采用分流制排出。备餐间的污水经隔油处理后，方能排入生活污水管道。

（3）生活污水系统应与站区雨水系统独立设置。

（4）生活废水、备餐间废水及粪便污水经处理后才能排至站外或再次处理达标后回收利用，处理标准

及排放要求以具体工程已审定的环评报告为设计依据。若要求回收利用，其水质应符合 GB/T 18920《城市污水再生利用 城市杂用水水质》的要求。

（5）生活污水管道布置、连接及敷设参照站区雨水管道。

（6）建筑物内生活污水管道的布置及要求遵循一般民用建筑建筑室内排水系统的设计要求。

三、事故排油

（1）当变电站需设置事故油池时，其容量应按最大一台设备油量确定，事故油池应设有油水分离设施。

（2）事故排油管道材质通常采用钢筋混凝土管、钢管等，应避免采用塑料管。

（3）排油管管径和坡度宜按 20min 将事故油排尽确定。当变压器等含油设备设有固定灭火设施时，应考虑灭火系统流量，室外布置时还应考虑雨水水量。

（4）排油系统中排油管道的布置、连接与敷设、检查井等设计要求参见站区雨水中的相关说明。

四、生产废水

当变电站内有循环冷却系统时，冷却系统的废水排放即为变电站的生产废水排水。

生产废水排放系统的管道布置、管材等具体要求可参照《电力工程设计手册 换流站设计》对循环冷却系统废水排放的设计要求执行。

生产废水的处理要求及最终排放位置以具体工程已审定的环评报告为设计依据。当与雨水管道合流排放时，应将其排水量计算在水力计算中。

循环冷却系统排水量按式（24-3）计算：

$$Q_b = \frac{Q_e}{N-1} - Q_w \qquad (24-3)$$

$$Q_b = Q_{b1} + Q_{b2} \qquad (24-4)$$

式中 Q_b——系统排污水量，m^3/h；

Q_e——蒸发损失水量，m^3/h；

Q_w——风吹损失水量，m^3/h；

Q_{b1}——强制排污水量，m^3/h；

Q_{b2}——自然排污水量，即循环冷却水处理过程中的损失水量，m^3/h；

N——浓缩倍数。

五、排水泵房（池）

（1）排水泵房（池）宜建成单独建（构）筑物，位置宜选择在地势较低处。

（2）雨水泵房（池）机组的设计流量，应按泵房雨水进水总管的设计流量计算确定。污水泵房（池）

机组的设计流量,应按泵房污水进水总管的最高日最高时流量计算确定。

(3)泵房内水泵的选择、机组布置、水泵吸水管、水泵压水管及阀门的设置等设计要求,应按 GB 50014《室外排水设计规范》的有关规定执行。

(4)集水池的设置应符合下列要求:

1)污水泵站集水池的容积,不应小于最大一台水泵 5min 的出水量。

2)雨水泵站集水池的容积,不应小于最大一台水泵 30s 的出水量。

3)水泵机组为自动控制时,集水池的容积尚应满足水泵每小时启动不得超过 6 次的要求。

4)集水池内应设置液位控制开关,排水泵的运行应根据液位的变化自动控制。

5)污水和雨水流入集水池前均应通过格栅,人工清除格栅的栅条间隙宽度宜为 25~40mm,安装角度宜为 30°~60°。

6)集水池的最低设计水位应满足排水泵吸水要求,并设有高低液位报警功能,信号传至有人值班处。

7)集水池池底应设有坡度。

(5)排水泵的设置应符合下列要求:

1)水泵宜选用同一型号,台数不应少于两台,当水量变化较大时,可配置不同规格的水泵,但不宜超过两种。

2)污水泵应设备用泵,雨水泵可不设备用泵。

3)排水泵宜采用自灌式吸水方式。

4)排水泵应选择耐腐蚀、大流通量、不易堵塞的设备。

5)每台排水泵的出水管上均应设置止回阀、闸阀。

6)根据水泵安装和检修需要设置起吊设施。

六、排水管道的材料与接口

排水管道的管材,应根据排水性质、成分、温度、地下水侵蚀性、外部荷载、土壤情况和施工条件等因素,因地制宜就地取材。建筑物内排水管道可采用塑料管道及管件或柔性接口排水铸铁管及相应管件。站区雨水、污水管道宜采用加筋塑料管、混凝土管、钢筋混凝土管、钢管及铸铁管等,并应按下列规定选用:

(1)建筑物内排水管道采用硬聚氯乙烯管时,宜采用胶黏剂黏接。

(2)重力流排水宜选用埋地塑料管,大于 500mm 的可选用混凝土管或钢筋混凝土管。

(3)站区排水管宜采用塑料排水管或钢塑复合管材。

(4)穿越电缆沟等特殊地段或过道路等局部承压的管,管段可采用钢管或铸铁管,若采用塑料管应外

加金属套管(套管直径比塑料管外径大 200mm)。

位于道路下的塑料排水管的环向弯曲刚度不宜小于 8kN/m²。

(5)排水管道接口应根据管道材料、连接形式、排水性质、地下水位和地质条件等确定。一般应符合下列规定:

1)混凝土或钢筋混凝土管承插管的沥青油膏接口或胶圈接口为柔性接口,一般用于污水及合流排水管道。

2)混凝土管或钢筋混凝土管承插管的水泥砂浆接口为刚性接口,一般用于雨水管道。

3)混凝土管或钢筋混凝土管的套环橡胶圈柔性接口或沥青砂浆和石棉水泥接口,一般用于地下水位以下的各类污水、雨水管道。

4)混凝土管或钢筋混凝土管的钢丝网水泥砂浆抹带接口,一般用于污水管道。

5)混凝土管或钢筋混凝土管的水泥砂浆接口或胶圈接口,一般用于雨水管道。

6)铸铁管可采用橡胶柔性接口或石棉水泥接口。

7)钢管采用焊接接口。

8)金属管材均应在管道的内外壁面上涂刷防腐层,做法详见 GB 50268《给水排水管道工程施工及验收规范》。

七、排水系统附属构筑物

(一)生活污水处理设施

生活污水处理设施的布置应根据站区总平面、环境卫生和运行管理要求,经济技术综合比较后确定。

(1)生活污水处理设施一般布置在站前区,应避开主控楼(室)主立面、主要通道口和重要场所,优先选择建筑边角。

(2)宜满足原水的自流引入和事故时自流排入污水管道,当不满足重力排放要求时,应设置污水泵,污水泵排水能力不应小于最大小时来水量。

(3)距离地下水取水构筑物不得小于 30m,其外壁距建筑物外墙不宜小于 5m,并不得影响建筑物基础。

(4)宜设置在便于机动车清掏的位置。

(5)应采取有效防渗措施。

外部条件允许时,变电站生活污水应经化粪池简单处理后排至站外(市政、工业园区)统一规划的生活污水管网。

无条件时,变电站生活污水一般在站内经处理后全回用,再生水回用于站内的绿化、浇洒道路、清洁等方面,实现污水的零外排,不但节约了水资源,同时落实变电站环境保护的要求,实现变电站的"两型一化"(节能型、环保型、工业化)。变电站生活污水量较小,一般采用成套埋地式污水处理设施。常用工

艺流程如图 24-3 所示，其中虚线框内为地埋式污水处理成套设备。

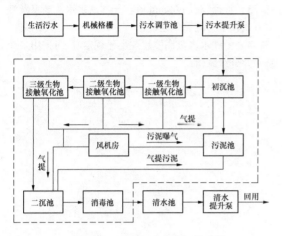

图 24-3　生活污水处理工艺流程

（二）雨水检查井

（1）雨水检查井一般设在管道（包括出建筑物支管）的交接处和转弯处、管径或坡度的改变处、跌水处以及直线管道上每隔一定距离处。

（2）雨水检查井应避免布置在建筑物主入口处。

（3）室外直线管段上的雨水检查井间的最大间距按表 24-8 采用。

表 24-8　雨水、污水检查井间的最大间距

管径（mm）	最大间距（m）	
	污水管道	雨水管和合流管道
150	30	30
200～400	40	50
500～700	60	70
800～1000	80	90

（4）雨水检查井内同高度上接入的管道数量不宜多于 3 条。

（5）室外地下或半地下式供水水池的排水口、溢流口及建筑物门口的雨水口，当其排水口处的标高低于雨水检查井处的地面标高时，不得接入雨水检查井。

（6）雨水检查井的形状、构造和尺寸可按国家标准图选用。雨水检查井在车行道上时应采用重型铸铁井盖。

（三）雨水口

1. 布置

变电站内雨水口的布置根据竖向设计、建筑物和道路的布置等因素确定，其布置宜符合下列规定：

（1）道路上的集水点和低洼处。双向坡路面应在路两边设置，单向坡路面应在路面低的一边设置。

（2）道路的交汇处和侧向支路上、能截流雨水径流处。

（3）停车场的适当位置处及低洼处。

（4）建筑物雨落管地面排水点附近，雨水口不宜设在建筑物门口。

（5）其他低洼和易积水的地段处。

2. 形式、设置与连接

（1）无路沿石的路面、广场、停车场，用平箅式雨水口；有路沿石的路面，用边沟式雨水口；有路沿石路面的低洼处且箅隙易被杂草堵塞时用联合式雨水口。

（2）道路上的雨水口宜每隔 25～40m 设置一个。当道路纵坡大于 0.02 时，雨水口的间距可大于 50m。

（3）雨水口深度不宜大于 1.0m。泥砂量大的地区，可根据需要设置沉泥（砂）槽；有冻胀影响的地区，可根据当地经验确定。

（4）平箅式雨水口长边应与道路平行，箅面宜低于路面 30～40mm，在土地面上时宜低 50～60mm。

（5）雨水口不得修建在其他管道的顶上。

（6）雨水口箅盖，一般采用铸铁箅子，也可采用钢筋混凝土箅子。雨水口的底和侧墙采用砖、石或混凝土材料。

（7）雨水口连接管的长度不宜超过 25m，连接管上串联的雨水口不宜超过两个。

（8）雨水口连接管最小管径为 200mm，坡度为 0.01，管顶覆土厚度不宜小于 0.7m。

（9）连接管埋设在路面或重载地面下时，应沿管道做基础，无重载地面以下的连接管做枕基基础。

（10）雨水口的泄水流量见表 24-9。

表 24-9　雨水口的泄水流量

雨水口形式（箅子尺寸为 750mm×450mm）	泄水流量（L/s）
平箅式雨水口单箅	15～20
平箅式雨水口双箅	35
平箅式雨水口三箅	50
边沟式雨水口单箅	20
边沟式雨水口双箅	35
联合式雨水口单箅	30
联合式雨水口双箅	50
侧立式雨水口单箅	10～15

注　表中数值为充分排水时的泄水流量，如有杂物堵塞时，泄水流量应酌减。

（四）跌水井

（1）生活排水管道上下游跌水水头大于 0.5m、合流管道上下游跌水水头大于 1.0m 时，应设跌水井。

（2）跌水井内不得接入支管。

（3）管道转弯处不得设置跌水井。

（4）跌水井的跌水高度：

1）进水管管径不超过 200mm 时，一次跌水水头高度不得大于 6.0m；

2）管径为 300～600mm 时，一次跌水水头高度不得大于 4.0m；

3）管径超过 600mm 时，一次跌水水头高度及跌水方式按水力计算确定；

4）如跌水水头高度超过上述规定时，可采用多个跌水井分级跌落。

第二十五章

消 防 设 施

第一节 建 筑 消 防 设 施

一、消防给水及灭火设施

站区内设置室内外消火栓系统、自动喷水灭火系统、水喷雾灭火系统时，消防给水系统可合并设置。

（一）消防水源

选择变电站水源时，应结合消防系统对水源的各项要求统筹考虑，消防用水应有可靠保证。

（1）城市自来水。当城市自来水管网能满足消防用水的水量、水压，且由两路不同城市给水干管供水时，可直接采用城市自来水作为消防水源。

（2）井水。当采用井水作为消防水源时，规划设计区域内应有 2 口及以上水井，当其中一口水井不能供水时，另外的水井出水能力在任何时间满足生产、生活和消防用水量时，可不设置消防水池。若无法满足上述情况，需设置消防水池。

（3）消防水池。如变电站地处干旱缺水地区，则可直接采用消防水池作为消防水源。消防水池的容量应满足火灾延续时间内消防用水量的要求。

（二）消防用水量计算

消防用水量计算应符合下列规定：

（1）变电站人员少、占地面积小，根据 GB 50016《建筑设计防火规范》，确定其同一时间内的火灾次数为一次。

（2）建筑全部消防用水量为室内外消防用水量之和。

（3）室外消防用水量为变电站内厂房室外设置的消火栓、主变压器及高压电抗器等含油设备的水喷雾灭火系统需要同时开启的用水量之和。

（4）室内消防用水量为厂房室内设置的消火栓、自动喷水灭火系统等需要同时开启的用水量之和。

（5）车库的消防用水量应按室内外消防用水量之和计算，并需符合 GB 50067《汽车库、修车库、停车场设计防火规范》的相关要求。

（6）在计算消防用水量时，应注意关键词"同时开启"，在扑救火灾时，不同的灭火系统作用不同，如站区中的消火栓、主变压器水喷淋系统，应予以叠加计算。在计算消防用水量时，取用水量较大系统的值即可。

消防用水量计算公式为

$$Q=(q_1h_1+q_2h_2+\cdots+q_nh_n)\times3.6 \qquad (25\text{-}1)$$

式中 Q ——消防用水量，m^3；

$q_1\sim q_n$ ——同时开启的灭火系统的消防用水量，L/s；

$h_1\sim h_n$ ——同时开启的灭火系统的延续时间，h。

（三）室内外消火栓

1. 设置条件

室内外消火栓应满足以下设置条件：

（1）变电站中所有建筑物的耐火等级不低于二级且建筑物体积均不大于 3000m^3 的戊类厂房，可不设消防给水，即不设置室内外消火栓系统。

（2）变电站内建筑物满足下列条件时可不设室内消火栓，但宜设置消防软管卷盘或轻便消防水龙：

1）耐火等级为一、二级且可燃物较少的丁、戊类建筑物。

2）耐火等级为三、四级且建筑体积不超过 3000m^3 的丁类厂房和建筑体积不超过 5000m^3 的戊类厂房。

3）室内没有生产、生活给水管道，室外消防用水取自储水池且建筑体积不超过 5000m^3 的建筑物。

4）远离城镇且无人值班的变电站。

（3）变电站内除（1）、（2）所述情形外，均应根据 GB 50229《火力发电厂与变电站设计防火标准》及 GB 50974《消防给水及消火栓系统技术规范》的规定，合理设置室内外消火栓系统。室外消火栓的设置场所包括厂房、备品备件库、汽车库、变压器等。

（4）变电站设置消火栓系统时，对于容量为 125MVA 及以上的大型变压器，除采用固定式灭火方式外，应考虑不小于 15L/s 的消火栓水量。

（5）超过四层的多层工业建筑应设置消防水泵接

合器。变电站中少见此类建筑，如果出现配电装置楼达到四层及以上的情况，应考虑设置消防水泵接合器。

2. 室内消火栓消防水量

（1）建筑物室内消火栓设计流量不应小于表 25-1 的规定。

表 25-1　　建筑物室内消火栓设计流量

建筑物名称	高度 h（m）、层数、体积 V（m³）、火灾危险性		消火栓设计流量（L/s）	同时使用消防水枪数（支）	每根竖管最小流量（L/s）
厂房	$h \leq 24$	甲、乙、丁、戊	10	2	10
		丙 $V \leq 5000$	10	2	10
		丙 $V > 5000$	20	4	15
	$24 < h \leq 50$	乙、丁、戊	25	5	15
		丙	30	6	15
仓库	$h \leq 24$	甲、乙、丁、戊	10	2	10
		丙 $V \leq 5000$	15	3	15
		丙 $V > 5000$	25	5	15
仓库	$h > 24$	丁、戊	30	6	15
		丙	40	8	15
其他建筑	单层或多层	高度超过 15m 或 $V > 10000$	15	3	10
地下建筑	$V \leq 5000$		10	2	10
	$5000 < V \leq 10000$		20	4	15
	$10000 < V \leq 25000$		30	6	15
	$h > 25000$		40	8	20

（2）室内消火栓设计应符合 GB 50229《火力发电厂与变电站设计防火标准》及 GB 50974《消防给水及消火栓系统技术规范》的规定。

3. 室外消火栓消防水量

（1）建筑物室外消火栓设计流量不应小于表 25-2 的规定。

表 25-2　　建筑物室外消火栓设计流量　　（L/s）

耐火等级	建筑物名称及类别		建筑体积（m³）				
			$V \leq 1500$	$1500 < V \leq 3000$	$3000 < V \leq 5000$	$5000 < V \leq 20000$	$20000 < V \leq 50000$	$V > 50000$
一、二级	厂房	丙	15		20	25	30	40
		丁、戊	15					20
	仓库	丙	15			25	35	45
		丁、戊	15					20

续表

耐火等级	建筑物名称及类别	建筑体积（m³）				
		$V \leq 1500$	$1500 < V \leq 3000$	$3000 < V \leq 5000$	$5000 < V \leq 20000$	$20000 < V \leq 50000$	$V > 50000$
一、二级	其他建筑	15		25	30	40
	地下建筑	15		20	25	30

（2）室外变压器、电抗器采用水喷雾灭火系统时，其室外消火栓给水设计流量不应小于 15L/s。

（3）室外消火栓设计应符合 GB 50229《火力发电厂与变电站设计防火标准》及 GB 50974《消防给水及消火栓系统技术规范》的规定。

4. 消火栓的选用和布置

（1）室外消火栓的选用和布置。

1）室外消火栓应采用湿式消火栓系统。

2）室外消火栓宜采用地上式，室外地上式消火栓应有一个直径为 150mm 或 100mm 和两个直径为 65mm 的栓口，室外地下式消火栓应有直径为 100mm 和 65mm 的栓口各一个。当采用室外地下式消火栓时，应有明显的永久性标志，地下消火栓井的直径不宜小于 1.5m，且当室外地下式消火栓的取水口在冰冻线以上时，应采取保温措施。

3）在道路交叉或转弯处的地上式消火栓附近，宜设置防撞设施。

4）除采用水喷雾的主变压器消火栓之外，户外配电装置区域可不设消火栓。

5）室外消火栓的数量应根据室外消火栓设计流量和保护半径经计算确定，保护半径不应大于 150.0m，每个室外消火栓的出流量宜按 10～15L/s 计算。

6）室外消火栓应配置消防水带和消防水枪，带电设施附近的室外消火栓应配备直流/喷雾水枪。

（2）室内消火栓的选用和布置。

1）室内环境温度不低于 4℃，且不高于 70℃的场所，应采用湿式室内消火栓系统。

2）带电设施附近的室内消火栓应配备喷雾水枪。

3）室内消火栓应设置在楼梯间及其休息平台和前室、走道等明显易于取用、以便于火灾扑救的位置，电气设备房间内不宜设置消防管道和室内消火栓。大房间、大空间需设置消火栓时应首先考虑设置在疏散门的附近，不应设置在死角位置。

4）室内消火栓的保护半径可按式（25-2）计算。

$$R = kL_d + L_S \qquad (25-2)$$

式中　R——消火栓保护半径，m；

　　　k——水带弯曲折减系数，宜根据水带转弯数量取 0.8～0.9；

L_d——水带长度，m；

L_S——水枪充实水柱长度在平面上的投影长度，m。

当水枪倾角为45°时：

$$L_S=0.71S_K \quad\quad (25-3)$$

式中 S_K——水枪充实水柱长度，m。

5）室内消火栓宜按直线距离计算其布置间距。消火栓按两支消防水枪的两股充实水柱布置的建筑物，其消火栓的布置间距不应大于 30.0m；消火栓按一支消防水枪的一股充实水柱布置的建筑物，其消火栓的布置间距不应大于 50.0m。

6）多层建筑室内消火栓设计用水量小于 10L/s 时，宜采用 SN50 的室内消火栓；当设计用水量不小于 10L/s 时，应采用 SN65 的室内消火栓。

7）栓口离地面高度宜为1.10m，其出水方向应便于消防水带的敷设，并宜与设置消火栓的墙面成 90°角或向下。

8）设置室内消火栓的建筑应设置带有压力表的试验消火栓。多层建筑应在其屋顶设置，宜设置在水力最不利处，且应靠近出入口。严寒、寒冷等冬季结冰地区可设置在顶层出口处，应便于操作并采取防冻措施。

9）室内消火栓栓口动压和消防水枪充实水柱，应符合下列规定：

a）消火栓栓口动压不应大于 0.50MPa，当大于 0.50MPa 时，需采取减压措施。

b）变电站内厂房等场所，消火栓栓口动压不应小于0.35MPa，且消防水枪充实水柱应按13m计算；其他场所，消火栓栓口动压不应小于0.25MPa，且消防水枪充实水柱应按10m计算。

10）室内消火栓应采用单栓消火栓。确有困难时可采用双栓消火栓，但必须为双阀双出口型。

（四）消防水池、水箱

1. 消防水池

（1）消防水池的有效容积应是火灾延续时间内，同时使用的各种灭火系统消防用水量之和。需要注意的是，当消防水池有两条独立的补水管时，其有效容积可减去火灾延续时间内补充的水量，补水量按出水量较小的补水管计算。

（2）消防水池的补水时间不宜超过 48h。消防水池进水管管径应经计算确定，且不应小于DN100。

（3）消防水池的出水、排水和水位应符合下列规定：

1）消防水池的出水管应保证消防水池的有效容积能被全部利用。

2）消防水池应设置就地水位显示装置，并应在值班室等地点设置显示消防水位的装置，同时应有最高和最低报警水位。

3）消防水池应设置溢流水管和排水设施，并应采用间接排水。

（4）消防水池应设置通气管；消防水池的通气管、溢流水管等应采用防止鼠虫进入消防水池的技术措施。

（5）消防水池应符合下列规定：

1）应设置取水口（井），且吸水高度不应大于6.0m；

2）取水口（井）与建筑物（水泵房除外）的距离不宜小于15m；

3）取水口与甲、乙、丙类及液化石油气等液体储罐的间距及要求见 GB 50160《石油化工企业设计防火规范》的相关规定。

2. 高位消防水箱

（1）高位消防水箱分两种形式，即常高压消防给水系统的高位消防水箱和临时高压消防给水系统的屋顶消防水箱。变电站内将高位消防水箱作为常高压消防给水系统的一路供水情况很少见，因此不再赘述。作为临时高压消防给水系统的屋顶消防水箱，当室内消防给水设计流量小于或等于 25L/s 时，水箱容积不应小于 12m³；当大于 25L/s 时，水箱容积不应小于18m³。

（2）技术要求如下：

1）高位消防水箱的设置位置应高于其所服务的灭火设施，且最低有效水位应满足灭火设施最不利点处的静水压力，并不应低于 0.10MPa。当不能满足静水压力要求时，需设置稳压泵。

2）当高位消防水箱在屋顶露天设置时，可触及的人员较多，水箱的人孔以及进出水管的阀门等应采取锁具或阀门箱等保护措施。

严寒、寒冷等冬季冰冻地区的消防水箱应设置在消防水箱间内，其他地区宜设置在室内，当必须在屋顶露天设置时，应采取防冻等安全措施，环境温度或水温不应低于5℃。

高位消防水箱与其基础应牢固连接。

3）高位消防水箱的最低有效水位应根据出水管喇叭口和防止旋流器的淹没深度确定，当采用出水管喇叭口时，其淹没深度应根据水流速度和水力条件确定，但不应小于600mm；当采用防止旋流器时应根据产品确定，且不应小于 150mm 的保护高度。

4）高位消防水箱的设置要求尚应满足 GB 50974《消防给水及消火栓系统技术规范》的对于高位消防水箱的有关要求。

（3）不设置高位消防水箱的情况。消防水箱设置的目的，源于考虑火灾初期的一些突发情况使得消防管网无法正常供水。现行的国家规范及行业规范对变电站屋顶消防水箱的设置均未提及。在 GB 50229《火力发电厂与变电站防火规范》中，对火力发电厂不设置高位消防水箱及高位消防水箱的替代措施有详细阐述，变电站应与此统一。

根据 GB 50016《建筑设计防火规范》，为安全起见，有条件的情况下，宜设置消防水箱。而管网能否正常供水，主要取决于消防水泵能否正常运行，变电站动力保障得天独厚，既能提供双回路电源，又可以配备柴油驱动机代替双回路电源。按照国际上的通行做法，设置了电动泵及柴油驱动机驱动泵时，即可视为双电源，再有双格蓄水池的，可视为双水源，即可不设置高位消防水箱。

当设置高位消防水箱确有困难时，可设置符合下列要求的临时高压给水系统：

1）系统由消防水泵、稳压装置、压力监测及控制装置等构成。

2）由稳压装置维持系统压力，着火时，压力控制装置自动启动消防泵。

3）稳压泵应设备用泵。稳压泵的工作压力应高于消防水泵的工作压力，其流量不宜少于 5L/s。

（五）消防水泵及水泵房

1. 消防水泵

（1）消防水泵的技术要求如下：

1）消防水泵的设计应符合 GB 50229《火力发电厂与变电站设计防火标准》及 GB 50974《消防给水及消火栓系统技术规范》的规定。

2）消防水泵应设置备用泵，备用泵的性能应与工作泵的性能一致。

3）消防水泵外壳宜为球墨铸铁，叶轮宜为青铜或不锈钢材质。

4）消防水泵应在水泵房内设置流量和压力测试装置。

（2）消防水泵的选择要求如下：

1）变电站常用的临时高压消防给水系统的消防水泵应采用一用一备，或多用一备，备用消防水泵的工作能力不应小于其中最大一台工作消防水泵。

2）选择消防水泵时，其水泵性能曲线应平滑、无驼峰，消防水泵零流量时的压力不应大于设计工作压力的 140%，且宜大于设计工作压力的 120%。当出口流量为设计流量的 150%时，其出口压力不应低于设计工作压力的 65%。设计消防水泵时，应结合水泵的性能曲线合理选择。

2. 稳压泵及气压水罐、稳压水罐

（1）变电站内建筑物的功能和体量特点，决定了现有变电站中不设置高位消防水箱而设置稳压泵及气压水罐的情况较为普遍。也有变电站所处地域的消防部门要求必须设置消防水箱的情况，但较为少见。

（2）当不设置高位消防水箱而设置稳压泵及气压水罐时，消防系统需满足本节关于高位消防水箱替代的相关规定。

（3）稳压泵及稳压水罐应符合下列规定：

1）稳压泵宜采用单吸单级或单吸多级离心泵，泵外壳和叶轮等主要部件的材质宜采用不锈钢。稳压泵的设计流量不应小于消防给水系统管网的正常泄漏量和系统自动启动流量。消防给水系统管网的正常泄漏量应根据管道材质、接口形式等确定；当没有管网泄漏量数据时，稳压泵的设计流量宜按消防给水设计流量的 1%～3%计，且不宜小于 1L/s。消防给水系统所采用报警阀压力开关等自动启动流量应根据产品确定。

2）稳压泵吸水管应设置明杆闸阀，稳压泵出水管应设置消声止回阀和明杆闸阀。

3）稳压泵的设计压力应满足系统自动启动和管网充满水的要求，并应保持系统自动启泵压力设置点处的压力在准工作状态时大于系统设置自动启泵压力值，且增加值宜为 0.07～0.10MPa。稳压泵的设计压力应保持系统最不利点处灭火设施在准工作状态时的静水压力大于 0.15MPa。

4）当采用稳压水罐时，其调节容积应根据稳压泵启泵次数不大于 15 次/h 计算确定，稳压水罐的有效容积不宜小于 150L。

3. 消防水泵房

（1）消防水泵房多为独立建造，也有附设在建筑物内的消防水泵房，多设置在首层。不宜设在有防振或安静要求房间的上一层、下一层和毗邻位置。当必须与上述房间上下或毗邻布置时，应根据 GB 50974《消防给水及消火栓系统技术规范》的相关规定执行。

（2）消防水泵房管道系统设计要求。

1）消防水泵房应设不少于两条的供水管与环状管网连接，当其中一条出水管检修时，其余的出水管应能供应全部用水量。

2）一组消防水泵的吸水管不应少于两条，当其中一条损坏或检修时，其余吸水管应仍能通过全部水量。

3）消防水泵吸水管和出水管上应设置压力表。出水管压力表的最大量程不应低于其设计工作压力的 2 倍，且不低于 1.6MPa。消防水泵吸水管宜设置真空表、压力表或真空压力表，压力表的最大量程应根据工程具体情况确定，但不应低于 0.7MPa，真空表的最大量程宜为–0.10MPa。压力表的直径不应小于 100mm，应采用直径不小于 6mm 的管道与消防水泵进出口管相接，并应设置关断阀门。

4）在消防水泵出水管上装设报警阀等压力开关时，有些压力开关需要一定的流量才能启动，稳压泵的流量应大于压力开关的启动流量。

5）消防水泵的吸水管上应设置明杆闸阀或带自锁装置的蝶阀，当设置暗杆阀门时应设有开启刻度和标志；当吸水管管径超过 DN300 时，宜设置电动阀门。

6）每台消防水泵出水管上应设置 DN65 的试水管，并应采取排水措施；消防水泵出水管上宜设检查用的放水阀门、安全泄压及压力测量装置。

（3）消防水泵房内应设置起重设施，并应符合下列规定：

1）消防水泵的质量小于 0.5t 时，宜设置固定吊钩或移动吊架；

2）消防水泵的质量为 0.5～3t 时，宜设置手动起重设备；

3）消防水泵的质量大于 3t 时，应设置电动起重设备。

（4）设备布置要求。

1）消防水泵房的主要通道宽度不应小于 1.2m。

2）相邻消防机组及机组至墙壁间的净距要求见表 25-3。

表 25-3 相邻消防机组及机组至墙壁间的净距

序号	电动机容量 P（kW）	净距不宜小于（m）
1	$P < 22kW$	0.6m
2	$55kW \geqslant P \geqslant 22kW$	0.8
3	$255kW > P > 55kW$	1.2

注 当采用柴油机消防水泵时，机组间的净距宜按本表规定值增加 0.2m，但不应小于 1.2m。

3）当消防水泵房内设有集中检修场地时，其面积应根据水泵或电动机外形尺寸确定，并应在周围留有宽度不小于 0.7m 的通道。

（5）消防水泵停泵水锤压力计算及技术措施。

消防水泵出水管应进行停泵水锤压力计算，当计算所得的水锤压力值超过管道试验压力值时，应采取消除停泵水锤的技术措施。停泵水锤消除装置应装设在消防水泵出水总管上，以及消防给水系统管网其他适当的位置。停泵水锤压力计算公式应根据 GB 50974《消防给水及消火栓系统技术规范》的相关规定执行。

（六）消防管道、阀门及其敷设

1. 消防管道设计要求

（1）站区消防给水管网应布置为环状，并采用阀门分成若干独立段，每段内室外消火栓的数量不宜超过 5 个。室内消防给水管网应布置为环状，当室外消火栓设计流量不大于 20L/s，且室内消火栓不超过 10 个，无高位消防水箱和固定水灭火系统时，可布置为枝状。

（2）消防管道的管径应根据流量、流速、压力要求经计算确定，站区消防管道直径及室内消火栓竖管直径不应小于 DN100。

（3）系统管道的连接应埋地，管道敷设应满足荷载和冰冻深度的要求，过道路等处应加套管保护，在寒冷地区，管顶最小敷土应满足在最大冻深下 0.30m。

2. 阀门

（1）消防给水系统阀门根据所设置的场所可采用耐腐蚀的明杆闸阀、蝶阀、带启闭刻度的暗杆闸阀等，阀门宜采用球墨铸铁或不锈钢材质。

（2）寒冷地区的阀门井、室外消火栓井应采取防冻保温措施。

3. 管材及管道敷设

（1）管材。消防给水系统埋地管道可选用球墨铸铁管、钢管、钢丝网骨架塑料复合管等管材，金属管道应采取接地和可靠防腐措施；室内外架空管道应采用热浸镀锌钢管等金属管材。

（2）管道接口。球墨铸铁管、钢管的连接方式有卡箍连接、螺纹连接、法兰连接和焊接连接。钢丝网骨架塑料复合管的连接方式有电热熔连接和法兰连接两种。

二、消防器材

1. 火灾类别及危险等级

灭火器配置场所的火灾类别及危险等级应根据该场所内的物质及其燃烧特性进行分类，划分为五类三级。建（构）筑物、设备火灾类别及危险等级见表 25-4。

表 25-4 建（构）筑物、设备火灾类别及危险等级

配 置 场 所	火灾类别	危险等级
主控制室	E（A）	严重
通信机房	E（A）	中
配电装置楼（室）（有含油电气设备）	A、B、E	中
配电装置楼（室）（无含油电气设备）	E（A）	轻
继电器室	E（A）	中
油浸式变压器（室）	B、E	中
气体或干式变压器（室）	E（A）	轻
油浸式电抗器（室）	B、E	中
干式铁芯电抗器（室）	E（A）	轻
电容器（室）（有可燃介质）	B、E	中
干式电容器（室）	E（A）	轻
蓄电池室	C	中
电缆夹层	E（A）	中
柴油发电机室及油箱	B	中
检修备品仓库（有含油设备）	B、E	中
检修备品仓库（无含油设备）	A	轻

续表

配置场所	火灾类别	危险等级
生活、工业、消防水泵房 （有柴油发动机）	B	中
生活、工业、消防水泵房 （无柴油发动机）	A	轻
污水、雨水泵房	A	轻
警卫传达室	A	轻

2. 灭火器

灭火器的配置场所指变电站内存有可燃气体、可燃液体和固体物质，有可能发生火灾、需要配置灭火器的所有场所。灭火器的配置场所，也可以是一个房间，也可以是一个区域。

灭火器的配置应符合 GB 50140《建筑灭火器配置设计规范》、GB 4351《手提式灭火器》、GB 8109《推车式灭火器》及 DL 5027《电力设备典型消防规程》的有关规定。

（1）灭火器的设置应符合下列要求：

1）灭火器应设置在位置明显和便于取用的地点，且不得影响安全疏散。

2）露天设置的灭火器应有遮阳挡水和保温隔热措施，北方寒冷地区应设置在消防小室内。

3）对有视线障碍的灭火器设置点，应设置指示其位置的发光标志。

4）手提式灭火器宜设置在灭火器箱内或挂钩、托架上，其顶部离地面高度不应大于 1.50m，底部离地面高度不宜小于 0.08m。

5）无人值班变电站应在入口处和主要通道处设置移动式灭火器。

6）各类变电站的灭火器配置规格和数量应按 GB 50140《建筑灭火器配置设计规范》计算确定，实配灭火器的规格和数量不得小于计算值。每个计算单元内配置的灭火器不得少于 2 具，每个设置点的灭火器不宜多于 5 具。

7）手提式灭火器充装量大于 3.0kg 时应配有喷射软管，其长度不小于 0.4m，推车式灭火器应配有喷射软管，其长度不小于 4.0m。

（2）建筑物灭火器的配置原则如下：

1）灭火器配置的设计与计算应按计算单元进行。灭火器最小需配灭火级别和数量的计算值应进位取整。

2）每个灭火器设置点实配灭火器的灭火级别和数量不得小于最小需配灭火级别和数量的计算值。

3）灭火器设置点的位置和数量应根据灭火器的最大保护距离确定，并应保证最不利点至少在 1 具灭火器的保护范围内。

4）灭火器配置设计的计算单元应按下列规定划

分：当一个楼层或一个水平防火分区内各场所的危险等级和火灾种类相同时，可将其作为一个计算单元。当一个楼层或一个水平防火分区内各场所的危险等级和火灾种类不相同时，应将其分别作为不同的计算单元。同一计算单元不得跨越防火分区和楼层。计算单元保护面积的确定应按其建筑面积确定。

（3）建筑物灭火器配置设计计算。

1）计算单元的最小需配灭火级别应按式（25-4）计算：

$$Q = KS/U \qquad (25-4)$$

式中　Q——计算单元的最小需配灭火级别（A 或 B）；

　　　K——修正系数；

　　　S——计算单元的保护面积，m^2；

　　　U——A 类或 B 类火灾场所单位灭火级别最大保护面积，m^2。

2）计算单元中每个灭火器设置点的最小需配灭火级别应按式（25-5）计算：

$$Q_e = Q/N \qquad (25-5)$$

式中　Q_e——计算单元中每个灭火器设置点的最小需配灭火级别（A 或 B）；

　　　N——计算单元中的灭火器设置点数，个。

（4）灭火器配置的设计计算可按下述流程进行：

1）确定各灭火器配置场所的火灾种类和危险等级。

2）划分计算单元，计算各计算单元的保护面积。

3）计算各计算单元的最小需配灭火级别。

4）确定各计算单元中的灭火器设置点的位置和数量。

5）计算每个灭火器设置点的最小需配灭火级别。

6）确定每个设置点灭火器的类型、规格与数量。

7）确定每具灭火器的设置方式和要求。

8）在工程设计图上用灭火器图例和文字标明灭火器的型号数量与设置位置。

（5）室外灭火器和黄砂配置可参考 DL 5027《电力设备典型消防规程》。

第二节　设备消防设施

变压器、高压电抗器等电气设备主要有水喷雾灭火系统、泡沫喷雾灭火系统、排油注氮灭火装置和细水雾灭火系统等消防方式。

GB 50229《火力发电厂与变电站设计防火规范》规定，单台（单相）容量在 125MVA 及以上的油浸式变压器、20Mvar 及以上的油浸式电抗器应设置水喷雾灭火系统、泡沫喷雾灭火系统或其他固定式灭火装置。其他带油设备，宜配置干粉灭火器。作为备用的油浸式变压器、油浸式电抗器，可不设置火灾自动报警系统和固定式灭火系统。

GB 50229《火力发电厂与变电站设计防火规范》中机组容量为 300MW 及以上的燃煤电厂要求柴油发电机室及油箱、柴油机驱动消防泵泵组及油箱设置水喷雾、细水雾或自动喷水等固定式灭火系统，但相关国家标准及行业标准并未提及各种电压等级的变电站内柴油发电机室及油箱、柴油机驱动消防泵泵组及油箱是否需要此类固定式灭火系统。

一、设备消防技术要求

（1）油浸式主变压器、油浸式高压电抗器、柴油发电机室及油箱、柴油机驱动消防泵泵组及油箱设置水喷雾灭火系统等固定式灭火系统时，应按照 GB 50219《水喷雾灭火系统技术规范》执行。

（2）油浸式主变压器、油浸式高压电抗器设置泡沫喷雾灭火系统等固定式灭火系统时，应按照 GB 50151《泡沫灭火系统技术规范》执行。

（3）油浸式主变压器、油浸式高压电抗器设置排油注氮灭火装置等固定式灭火系统时，应按照 CECS187《油浸变压器排油注氮装置技术规程》执行。

（4）油浸式主变压器、油浸式高压电抗器设置固定式灭火系统时，灭火设施与高压电气设备带电（裸露）部分的最小安全净距应符合 DL/T 5352《高压配电装置设计规范》的有关规定。

（5）柴油发电机室及油箱、柴油机驱动消防泵泵组及油箱设置细水雾灭火系统等固定式灭火系统时，设计应按照 GB 50898《细水雾灭火系统技术规范》的规定执行。

（6）在寒冷地区设置室外变压器水喷雾灭火系统时，应设置管路放空设施。

（7）干式变压器可不设置固定自动灭火系统。

（8）封闭空间内的变压器可采用气体灭火系统。

二、水喷雾灭火系统

1. 基本设计参数

（1）系统的供给强度、持续供给时间和相应时间见表 25-5。

表 25-5　系统的供给强度、持续供给时间和相应时间

防护目的	保护对象	供给强度 [L/(min·m²)]	持续供给时间（h）	响应时间（s）
电气火灾	油浸式电力变压器、油断路器	20	0.4	60
	油浸式电力变压器的集油坑	6		
	电缆	13		

（2）水雾喷头的工作压力，当用于灭火时不应小于 0.35MPa。

（3）保护对象的保护面积应按其外表面面积确定，并应符合下列要求：

1）当保护对象外形不规则时，应按包容保护对象的最小规则形体的外表面面积确定。

2）变压器的保护面积除应按扣除底面面积以外的变压器油箱外表面面积确定外，尚应保护散热器的外表面面积和储油柜及集油坑的投影面积。

2. 喷头与管道布置

（1）水雾喷头、管道与电气设备带电（裸露）部分的安全净距应符合 DL/T 5352《高压配电装置设计规范》的规定。

（2）水雾喷头与保护对象之间的距离不得大于水雾喷头的有效射程。

（3）水喷雾灭火系统的保护对象为变压器时，水雾喷头的布置应符合下列要求：

1）变压器绝缘子升高座孔口、储油柜、散热器、集油坑应设水雾喷头保护；

2）水雾喷头之间的水平距离与垂直距离应满足水雾锥相交的要求。

（4）水雾喷头的平面布置方式可为矩形或菱形。当按矩形布置时，水雾喷头之间的距离不应大于 1.4 倍水雾喷头的水雾锥底圆半径；当按菱形布置时，水雾喷头之间的距离不应大于 1.7 倍水雾喷头的水雾锥底圆半径。水雾锥底圆半径应按式（25-6）计算：

$$R = B\tan\frac{\theta}{2} \tag{25-6}$$

式中　R——水雾锥底圆半径，m；

B——水雾喷头的喷口与保护对象之间的距离，m；

θ——水雾喷头的雾化角，（°）。

（5）水雾喷头应选用离心雾化型水雾喷头。

（6）用于变压器的水喷雾灭火装置应设置雨淋报警阀组，雨淋报警阀组的功能及配置应符合下列要求：

1）接收电控信号的雨淋报警阀组应能电动开启，接收传动管信号的雨淋报警阀组应能液动或气动开启。

2）应具有远程手动控制和现场应急机械启动功能。

3）在控制盘上应能显示雨淋报警阀开、闭状态。

4）宜驱动水力警铃报警。

5）雨淋报警阀进出口应设置压力表。

6）电磁阀前应设置可冲洗的过滤器。

（7）系统的供水控制阀采用电动控制阀或气动控制阀时，应符合下列规定：

1）应能显示阀门的开、闭状态；

2）应具备接收控制信号开、闭阀门的功能；

3）阀门的开启时间不宜大于 45s；

4）应能在阀门故障时报警，并显示故障原因；

5）应具备现场应急机械启动功能；

6）当阀门安装在阀门井内时，宜将阀门的阀杆加长，并宜使电动执行器高于井顶；

7）气动阀宜设置储备气罐，气罐的容积可按与气罐连接的所有气动阀启闭 3 次所需气量计算。

（8）雨淋报警阀前的管道应设置可冲洗的过滤器，过滤器滤网应采用耐腐蚀金属材料，其网孔基本尺寸应为 0.600～0.710mm。

（9）给水管道应符合下列规定：

1）过滤器与雨淋报警阀之间及雨淋报警阀后的管道，应采用内外热浸镀锌钢管、不锈钢管或铜管；需要进行弯管加工的管道应采用无缝钢管；

2）管道工作压力不应大于 1.6MPa；

3）系统管道采用镀锌钢管时，公称直径不应小于 25mm；采用不锈钢管或铜管时，公称直径不应小于 20mm；

4）系统管道应采用沟槽式管接件（卡箍）、法兰或丝扣连接，普通钢管可采用焊接；

5）沟槽式管接件（卡箍），其外壳的材料应采用牌号不低于 QT450-12 的球墨铸铁；

6）应在管道的低处设置放水阀或排污口。

（10）为了防止堵塞，要求系统在减压阀入口前设置过滤器。由于水喷雾灭火系统在雨淋报警阀前的入口管道上要求安装过滤器，因此，当减压阀和雨淋报警阀距离较近时，两者可合用一个过滤器。为有利于减压阀稳定正常工作，当垂直安装时，宜按水流方向向下安装。

（11）与报警阀并联连接的减压阀，应设有备用的减压阀。

3. 水力计算

（1）水雾喷头的流量应按式（25-7）计算：

$$q = K\sqrt{10P} \qquad (25-7)$$

式中　q——水雾喷头的流量，L/min；

　　　P——水雾喷头的工作压力，MPa；

　　　K——水雾喷头的流量系数，取值由喷头制造商提供。

（2）保护对象所需水雾喷头的计算数量应按式（25-8）计算：

$$N = \frac{SW}{q} \qquad (25-8)$$

式中　N——保护对象所需水雾喷头的计算数量，只；

　　　S——保护对象的保护面积，m²；

　　　W——保护对象的设计供给强度，L/（min·m²）；

（3）系统的计算流量应按式（25-9）计算：

$$Q_c = \frac{1}{60}\sum_{i=1}^{n} q_i \qquad (25-9)$$

式中　Q_c——系统的计算流量，L/S；

n——系统启动后同时喷雾的水雾喷头的数量，只；

q_i——水雾喷头的实际流量，应按水雾喷头的实际工作压力计算，L/min。

（4）系统的设计流量应按式（25-10）计算：

$$Q_d = kQ_c \qquad (25-10)$$

式中　Q_d——系统的设计流量，L/S；

　　　k——安全系数，不应小于 1.05。

（5）系统管道采用普通钢管或镀锌钢管时，其单位长度水头损失应按式（25-11）计算：

$$i = 0.0000107\frac{U^2}{d_c^{1.3}} \qquad (25-11)$$

式中　i——管道的单位长度水头损失，MPa/m；

　　　U——管道内水的平均流速，m/s；

　　　d_c——管道的计算内径，m。

（6）系统管道采用不锈钢管或铜管时，其单位长度水头损失应按式（25-12）计算：

$$i = 105C_h^{-1.85}d_c^{-4.87}q_g^{1.85} \qquad (25-12)$$

式中　i——管道的单位长度水头损失，kPa/m；

　　　q_g——管道内的水流量，m³/s；

　　　C_h——海澄-威廉系数，铜管、不锈钢管取 130。

（7）雨淋报警阀的局部水头损失应按 0.08MPa 计算，管道的局部水头损失采用当量长度法计算，或按管道沿程水头损失的 20%～30% 计算。

（8）系统管道入口的压力为

$$H = \sum h + h_0 + Z/100 \qquad (25-13)$$

式中　H——系统管道入口的计算压力，MPa；

　　　$\sum h$——系统管道沿程水头损失与局部水头损失之和，MPa；

　　　h_0——最不利点水雾喷头的实际工作压力，MPa；

　　　Z——最不利点水雾喷头与系统管道入口的静压差，m。

三、泡沫喷雾灭火系统

（1）泡沫喷雾灭火系统可采用下列型式：

1）由压缩氮气驱动储液罐内的泡沫预混液经泡沫喷雾喷头喷洒泡沫到防护区；

2）由压力水通过泡沫比例混合器（装置）输送泡沫混合液经泡沫喷雾喷头喷洒泡沫到防护区。

（2）保护油浸式电力变压器时，系统设计应符合下列规定：

1）保护面积应按变压器油箱本体水平投影且四周外延 1m 计算确定；

2）泡沫混合液或泡沫预混液供给强度不应小于 8L/（min·m²）；

3）泡沫混合液或泡沫预混液连续供给时间不应

小于 15min；

4）喷头的设置应使泡沫覆盖变压器油箱顶面，且每个变压器进出线绝缘套管升高座孔口应设置单独的喷头保护；

5）保护绝缘套管升高座孔口喷头的雾化角宜为 60°，其他喷头的雾化角不应大于 90°；

6）所用泡沫灭火剂的灭火性能级别应为 I 级，抗烧水平不应低于 C 级；

（3）喷头应带过滤器，其工作压力不应小于其额定压力，且不宜高于其额定压力 0.1MPa。

（4）系统喷头、管道与电气设备带电（裸露）部分的安全净距应符合国家现行有关标准的规定。

（5）泡沫喷雾灭火系统应同时具备自动、手动和应急机械手动启动方式。在自动控制状态下，灭火系统的响应时间不应大于 60s，与泡沫喷雾灭火系统联动的火灾自动报警系统的设计应符合 GB 50116《火灾自动报警系统设计规范》的有关规定。

（6）系统湿式供液管道应选用不锈钢管；干式供液管道可选用热镀锌钢管。

（7）变电站内泡沫喷雾灭火系统的动力源一般采用压缩氮气，使用时应符合下列规定：

1）系统所需动力源瓶组数量应按式（25-14）计算：

$$N = \frac{P_2 V_2}{(P_1 - P_2)V_1} \cdot k \qquad (25-14)$$

式中 N——所需氮气瓶组数量，取自然数，只；

P_1——氮气瓶组储存压力，MPa；

P_2——系统储液罐出口压力，MPa；

V_1——单个氮气瓶组容积，L；

V_2——系统储液罐容积与氮气管路容积之和，L；

k——裕量系数（不小于 1.5）。

2）系统储液罐、启动装置、氮气驱动装置应安装在温度高于 0℃的专用设备间内。

（8）当系统采用泡沫预混液时，其有效使用期不宜小于 3 年。

四、排油注氮灭火装置

（1）排油注氮灭火装置是专门用于油浸式变压器防护和灭火的一种装置，当变压器内部故障压力升高，将导致变压器箱体爆裂时，该装置能有效地释放压力，防止爆裂，防止火灾发生。

（2）当油浸式变压器采用排油注氮灭火装置时，应根据单台油浸式变压器的容量、油量、构造及其周围环境等条件进行工程设计。

（3）排油注氮灭火装置的氮气应选用纯度不低于 99.99%的工业氮气。氮气瓶配置可参照 CECS 187《油浸变压器排油注氮装置技术规程》执行。

（4）油浸式变压器需预留用于排油注氮灭火装置的排油孔与注氮孔。排油孔应设置在变压器的端面距变压器油箱顶部 200mm 处，并应配备焊接的排油管。注氮孔应均匀对称布置在变压器两侧距变压器油箱底部 100mm 处，并应配备 DN25 的焊接注氮管。注氮孔的数量应根据油浸式变压器的储油量确定。

（5）消防柜宜布置在变压器旁，与排油连接阀的距离不应小于 3m，不宜大于 8m。

（6）消防柜排油管应接至事故油池或储油罐等变压器事故泄油设施，一般的做法是将排油管接至变压器事故排油管，进而排至站区事故油池。

（7）排油注氮灭火装置的设计按照 CECS 187：2005《油浸变压器排油注氮装置技术规程》执行。

五、细水雾灭火系统

细水雾灭火系统适用于扑救相对封闭空间内的可燃固体表面火灾、可燃液体火灾和带电设备的火灾。

（1）油浸式变压器室宜采用局部应用方式的开式系统。

（2）开式系统采用局部应用方式时，保护对象周围的气流速度不宜大于 3m/s。必要时，应采取挡风措施。

（3）局部应用方式的开式系统，其喷头布置应能保证细水雾完全包络或覆盖保护对象或部位，喷头与保护对象的距离不宜小于 0.5m。

（4）用于保护室内油浸式变压器时，喷头的布置尚应符合下列规定：

1）当变压器高度超过 4m 时，喷头宜分层布置；

2）当冷却器距变压器本体超过 0.7m 时，应在其间隙内增设喷头；

3）喷头不应直接对准高压进线套管；

4）当变压器下方设置集油坑时，喷头布置应能使细水雾完全覆盖集油坑。

（5）系统布置及水力计算按照 GB 50898《细水雾灭火系统技术规范》的规定执行。

六、设备灭火器配置

（1）配置原则。油浸式变压器、油浸式电抗器、柴油发电机等处应设置一定数量的手推车式灭火器、消防砂箱和砂桶。消防砂箱容积为 1.0m³，并配置消防铲，每处 3～5 把，消防砂桶应装满干燥细黄砂。灭火器数量可按 DL 5027《电力设备典型消防规程》的有关规定采用。

（2）室外灭火器和黄砂配置可参考 DL 5027《电力设备典型消防规程》有关规定执行。

第二十六章

环境保护与水土保持

第一节　环境保护设计内容及环境影响评价工作流程

变电站环境保护设计应采取可靠、有效措施，避免或降低变电站在建设及运行期间对项目所在地外部环境产生有害影响。

一、环境保护设计内容

环境保护设计一般在可行性研究阶段和初步设计阶段进行，生态脆弱地区重大工程项目宜进行环境保护施工图设计。

（1）变电站可行性研究阶段环境保护设计主要内容：

1）查清站址附近自然保护区、风景名胜区、世界文化和自然遗产地、海洋特别保护区、饮用水水源保护区以及居住、医疗卫生、文化教育、科研、行政办公等为主要功能的区域。

2）调查站址附近的水环境功能特征，合理确定变电站的水源及排水去向，初步确定水污染防治措施。

3）查清站址附近的声环境功能分区，初步确定噪声防治措施，估算噪声治理投资。

4）分析变电站选址、总平面布置和出线的环境合理性，明确变电站是否避开了自然保护区、风景名胜区、世界文化和自然遗产地、海洋特别保护区、饮用水水源保护区等环境敏感区。

5）列出可行性研究阶段采用的环境保护设计依据，包括法律法规、规范、标准等。

6）描述站址所在区域的环境概况，分析主要环境影响。

7）提出各备选站址的环保排序。

8）配合业主征求环境保护管理部门对建设变电站及变电站选址的意见和建议。

（2）变电站初步设计阶段环境保护设计主要内容：

1）说明站区的自然环境概况。

2）说明设计时采用的环境保护标准。

3）说明电磁环境影响及其防治措施。

4）说明主要噪声源及噪声治理措施。

5）说明生活污水处理方案。

6）说明事故油池设置情况、含油污水处理措施。

7）说明 SF_6 危害防治措施，明确 GIS 配电装置室内应配备 SF_6 气体净化回收装置，低位区应有 SF_6 泄漏报警仪及事故排风装置。

8）说明环境保护管理计划和环境监理、监测方案。

（3）变电站主体工程设计单位应履行以下环境保护相关职责：

1）依据该工程环境影响评价批复及环境影响评价文件的要求，同时开展环境保护设施设计工作。全面落实环境影响评价报告和环境影响评价文件批复中的各项环境保护措施，设计深度应满足环境保护工程建设要求。

2）建设期间按业主要求派工地代表，工地代表接受项目设计监理的管理，按照设计监理要求开展环境保护设计补充完善工作。

3）按照环境影响评价文件及其批复和重大环境保护措施变更管理要求，结合现场环境保护监理和监测单位提供的数据，及时核实施工图与环境影响评价文件的差异，核算环境保护措施和敏感点的变化情况。若经核算，出现重大环境保护措施变动的情况时，应立即向建设管理单位和设计监理汇报，并结合实际提出设计意见，及时解决存在的问题。

按照原环境保护部办公厅环办辐射〔2016〕84号文件《关于印发〈输变电建设项目重大变动清单（试行）〉的通知》，与变电站建设相关的重大变动有以下5项：

a）电压等级升高。

b）主变压器、高压电抗器等主要设备总数量增加超过原数量的30%。

c）变电站、开关站、串补站站址位移超过500m。

d）因变电站站址变化，导致新增的电磁和声环境敏感目标超过原数量的30%。

e）变电站由户内布置变为户外布置。

项目开工建设前设计单位应逐条对照，对工程最终设计方案与已批复的环境影响评价文件及其批复的方案进行梳理对比，查清项目有没有发生重大变动，构成重大变动的，设计单位应提醒建设单位对变动内容进行补充环境影响评价并重新报批环境影响评价文件。

4）设计单位应配合或参与现场工程环境保护检查、环境保护监督检查、各阶段各级环境保护验收工作、环境污染事件调查和处理等工作。在现场开展环境保护验收调查时，应结合环境保护措施实施情况，提出工程环境保护措施符合性说明文件，确保工程环境保护设施符合设计要求。

二、环境影响评价工作流程及要求

（一）环境影响评价工作流程

编制环境影响评价文件是《中华人民共和国环境保护法》中规定的项目建设单位应在项目开工建设前完成的环境保护工作。环境影响评价文件编制的工作流程如图 26-1 所示。

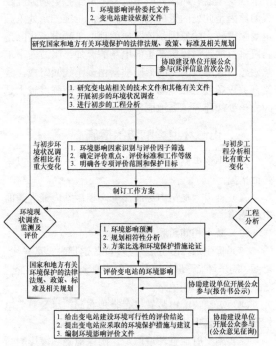

图 26-1　变电站环境影响评价文件编制的工作流程

（二）环境影响评价工作要求

按照《建设项目环境影响评价分类管理名录》，500kV 及以上的变电站、涉及环境敏感区的 330kV 变电站建设项目均需编制环境影响报告书，其他（不含100kV 以下）变电站建设项目需编制环境影响报告表。这里所说的环境敏感区是指自然保护区、风景名胜区、世界文化和自然遗产地、海洋特别保护区、饮用水水源保护区以及以居住、医疗卫生、文化教育、科研、行政办公等为主要功能的区域。

（1）500kV 及以上变电站的环境影响评价工作等级为一级，其评价范围内的敏感目标和站界的电磁环境现状应实测并进行评价，电磁环境影响预测应采用类比监测的方式；110~330kV 变电站的环境影响评价工作等级为二级，其评价范围内的敏感目标和站界的电磁环境现状应实测或利用已有的最近 3 年内的电磁环境现状监测资料，并对电磁环境现状进行评价，电磁环境影响预测应采用类比监测的方式。

（2）变电站的工频电场、工频磁场的评价标准按照 GB 8702《电磁环境控制限值》执行。工频电场强度公众曝露控制限值为 4000V/m，工频磁感应强度公众曝露控制限值为 100μT。

（3）声环境影响评价标准包括声环境质量标准、厂界环境噪声排放标准、建筑施工场界环境噪声标准。其中声环境质量标准用于评价声环境敏感目标的声环境质量，厂界环境噪声排放标准用于评价变电站厂界排放噪声，建筑施工场界环境噪声标准用于评价工程建设期的施工边界噪声。

1）变电站周围声环境质量按 GB 3096《声环境质量标准》执行。对应于不同的声环境功能区有不同的噪声限值，见表 26-1。

表 26-1　　环境噪声限值

声环境功能区类别		昼间 [dB（A）]	夜间 [dB（A）]
0 类		50	40
1 类		55	45
2 类		60	50
3 类		65	55
4 类	4a 类	70	55
	4b 类	70	60

城市区域的声环境功能区类别依据该城市的声环境功能区划分结果确定，乡村的声环境功能区类别依据以下原则确定：

a）位于乡村的康复疗养区执行 0 类声环境功能区要求；

b）村庄原则上执行 1 类声环境功能区要求，工业活动较多的村庄以及有交通干线经过的村庄（执行 4 类声环境功能区要求以外的地区）可局部或全部执行 2 类声环境功能区要求；

c）集镇执行 2 类声环境功能区要求；

d）独立于村庄、集镇之外的工业、仓储集中区执行 3 类声环境功能区要求；

e）位于交通干线两侧 30m 内的噪声敏感建筑物执行 4 类声环境功能区要求。

2）变电站厂界噪声执行 GB 12348《工业企业厂界环境噪声排放标准》，对应于不同的声环境功能区有不同的噪声限值，见表 26-2。

表 26-2　　　　厂界环境噪声限值

厂界外声环境功能区类别	昼间［dB（A）］	夜间［dB（A）］
0 类	50	40
1 类	55	45
2 类	60	50
3 类	65	55
4 类	70	55

夜间频发噪声的最大声级超过限值的幅度不得高于 10dB（A）。

夜间偶发噪声的最大声级超过限值的幅度不得高于 15dB（A）。

当厂界与噪声敏感建筑物距离小于 1m 时，厂界环境噪声应在噪声敏感建筑物的室内测量，并将表 26-2 中相应的限值减 10dB（A）作为评价依据。

3）变电站施工过程中施工厂界环境噪声标准按照 GB 12523《建筑施工场界环境噪声排放标准》执行，昼间限值是 70dB（A），夜间限值是 55dB（A），其中，夜间瞬时噪声最大声级超过限值的幅度不得高于 15dB（A），建筑施工场界指由有关主管部门批准的建筑施工场地边界或建筑施工过程中实际使用的施工场地边界。

（4）变电站工程水环境影响评价标准包括水环境质量标准和废污水排放标准，其中水环境质量标准用于评价工程涉及水体的水质，废污水排放标准用于评价变电站排放的废污水水质。

1）变电站废污水排入的受纳水体执行 GB 3838—2002《地表水环境质量标准》中相应类别限值。变电站废污水排放执行 GB 8978《污水综合排放标准》，主要污染因子的排放标准见表 26-3。

表 26-3　　　污 水 排 放 标 准

项　　　目	一级标准	二级标准	三级标准
pH 值（无量纲）	6～9	6～9	6～9
BOD_5（mg/L）	20	30	300
COD（mg/L）	100	150	500
石油类（mg/L）	5	10	20
NH_3-N（mg/L）	15	25	

其中：排入 GB 3838《地表水环境质量标准》中

Ⅲ类水域（划定的保护区和游泳区除外）和排入 GB 3097《海水水质标准》中二类海域的污水，执行一级标准。

排入 GB 3838《地表水环境质量标准》中Ⅳ、Ⅴ类水域和排入 GB 3097《海水水质标准》中三类海域的污水，执行二级标准。

排入设置两级污水处理厂的城镇排水系统的污水，执行三级标准。

2）变电站废污水如纳入污水下水道系统排入城镇下水道，执行 GB/T 31962《污水排入城镇下水道水质标准》。

废污水排放有地方标准时要满足地方标准的要求。

第二节　电磁环境影响防治

一、电磁影响源

变电站的电磁影响源主要有主变压器、高压并联电抗器、母线、阻波器和线路开关设备等。

主变压器、高压并联电抗器附近工频电场强度较大的原因是此处的管母线高度较低，母线转角处工频电场强度较大的原因是该区域的地面工频电场实际是两段垂直的管母线所产生的电场的叠加；阻波器下工频磁感应强度较大是因为阻波器由多匝线圈组成，线路开关设备处工频电场强度和工频磁感应强度较大是因为该处载流导体离地面较近。

二、电磁环境影响防治措施

为减小变电站对电磁环境的影响，一般采取以下防治措施：

（1）合理增加站内导线高度，控制站内最大地面电场强度。

（2）减小相间距和导线直径。

（3）优先选择多分裂导线，设备定货时提高导线、母线、均压环、管母线终端球和其他金具等加工工艺，防止尖端放电和起电晕。

（4）对站内配电装置进行合理布局，尽量避免电气设备上方露出软导线。

（5）施工时加强环境监理，确保电磁环境影响防治措施与主体工程同时施工，同时建成。试生产中加强电磁环境影响防治措施的检查和调试，确保能达到预期效果。

（6）变电站投运后加强其周围电磁环境监测，及时发现问题并按照相关要求进行处理。

（7）在变电站周围设立警示标识，加强当地群众对高压输电方面的环境宣传工作，帮助群众建立环境保护意识和自我安全防护意识。

第三节　噪 声 防 治

一、主要声源及源强

1. 主要声源

变电站内的主要声源包括以下几方面：

（1）变压器、电抗器等设备运行中铁芯磁致伸缩，线圈电磁作用振动等产生的噪声和冷却装置运转时产生的噪声，特别是大型变压器及其强迫油循环冷却装置中潜油泵和风扇所产生的噪声，并随变压器容量增大而增大。

（2）在高压和超高压变电站内，高压进出线导线、高压母线和部分电气设备电晕放电所产生的噪声。

（3）高压断路器分合闸操作及其各类液压、气压、弹簧操动机构储能电机运转时所产生的噪声。

（4）高压室通风机运转时所产生的噪声。

（5）主控制室、保护室内的主要噪声源有四类：一是空调运转时产生的噪声；二是照明日光灯具整流器振动发出的噪声；三是部分室内设备如站用电屏或直流屏上的接触器等振动所发出的噪声；四是站内多种音响信号或报警装置动作时发出的噪声。

2. 噪声源源强水平

（1）施工噪声源（距设备 5m 处）的源强水平见表 26-4。

表 26-4　不同施工噪声源的源强水平

声源	声压级 [dB（A）]	听觉感受
电锯/冲击钻工作	110	极吵
球磨机工作	120	痛阈
装载机	93	很吵
推土机	86	吵闹
重型运输车	86	吵闹
液压挖掘机	85	吵闹
压路机	85	吵闹
空压机	85	吵闹
混凝土输送泵	92	很吵
静力压桩机	73	较吵
混凝土振捣器	84	吵闹

（2）变电站运行期间主要噪声源（距设备外立面 1m 处）的源强水平见表 26-5。

表 26-5　运行期间主要噪声源的源强水平

声源	声压级 [dB（A）]	听觉感受
110kV 变压器	50～70	较静

续表

声源	声压级 [dB（A）]	听觉感受
220kV 变压器	55～74	较吵
330kV 变压器	64～78	较吵
500kV 变压器	69～80	较吵
750kV 变压器	70～82	吵闹
1000kV 变压器	75～85	吵闹
500kV 并联电抗器	72～80	较吵
750kV 并联电抗器	75～83	吵闹
1000kV 并联电抗器	77～85	吵闹

注　变压器、电抗器声压级随运行负荷的增加而增大。

二、噪声防治措施

（1）变电站选址时，应尽可能避让居民住宅、学校、医院、风景名胜区、自然保护区等噪声敏感区域及对声环境质量要求较低的区域，尤其应避开噪声声压敏感建筑物。

（2）通过站区总平面布置进行噪声控制，尽量利用站内建筑物屏蔽噪声，将噪声声压级高的设备远离噪声敏感区域和噪声敏感建筑布置。

（3）优选低噪声主变压器、电抗器、断路器等电气设备和站内导线及金具，从设备、配电材料选型方面控制声源噪声水平，减小噪声影响。主变压器应采用优质的、经过退火的硅钢片（如选 30ZH120 硅钢片），且硅钢片表面应涂漆，硅钢片在加工、生产过程中防止和减少硅钢片受到的机械撞击，减小硅钢片的磁致伸缩。采用在铁芯端面上涂环氧胶或聚酯胶，增加铁芯表面张力约束，减少磁致伸缩量，降低噪声。铁芯采用多级接缝铁芯，减小接缝，控制铁芯噪声。为防止铁芯油箱的固有频率与噪声频率接近时发生噪声共振现象使噪声增大，变压器铁芯和油箱的固有频率要避开以下频带：75～125Hz，165～235Hz，275～325Hz，375～425Hz。

（4）在合理布置总平面、选择低噪声设备的前提条件下，如厂界噪声、敏感点噪声仍不能达标时，应根据环境敏感情况，确定经济、合理、可行的噪声防治措施。

1）环境敏感点较多时，优先考虑对站内声压级较高的声源采取 box-in 或隔声屏障等降噪措施。

2）在变压器本体和油箱之间或在油箱和基础之间加缓冲器，使声音通过缓冲器衰减。还可在铁芯垫脚处和磁屏蔽与箱壁之间放置防振胶垫，使铁芯和磁屏蔽的振动传到油箱时，由刚性连接变为弹性连接，从而减少振动，防止共振，降低噪声。

3）对于变电站周围不满足声环境质量标准的噪

声敏感建筑予以协商拆迁。

4）若噪声影响范围过大，则考虑综合采取上述措施。

（5）施工噪声应通过使用低噪声的施工方法、工艺和设备加以控制，夜间（22：00 至次日 6：00 之间的时段）禁止行车和使用噪声较大的施工机械（如打桩机等），昼间施工尽量合理安排，缩短高噪声设备的使用时间。

（6）分期建设的变电站，应提前规划、预留远期扩建时的噪声防治措施。

第四节　废污水处理

一、废污水分类

变电站废污水分为施工废污水和运行期间废污水两类。

1. 施工废污水

变电站施工废污水主要有施工产生的废水和人员产生的生活污水。

在变电站场地平整、土石方开挖及其他土建施工阶段，施工机械清洗、场地冲洗、建材清洗、混凝土养护会产生废水。施工机械清洗、场地清洗、建材清洗一般是对清洗对象表面的泥沙等附着物进行水洗，清洗过程中用水量较小，单次清洗用水量一般在 $1 \sim 5m^3$，主要影响因子为泥沙悬浮物；混凝土养护则是对新浇筑混凝土进行表面洒水养护，该过程中大部分洒水附着于混凝土表面而蒸发消耗，小部分形成废水，主要影响因子也是泥沙悬浮物。泥沙悬浮物进入环境水体后对水域产生污染。

变电站施工活动相对集中，大型变电站施工人员高峰数量在 200 人左右，一般设置施工营地，会产生少量的集中生活污水，高峰期生活污水量约为 $30m^3/d$，施工期生活污水的主要影响因子是 pH、COD、BOD_5、NH_3-N、石油类等有机污染因子，进入环境水体后对水域产生有机污染。

2. 运行期间废污水

变电站在运行期间没有工业废水产生，仅有事故油污水和运行管理人员产生的少量生活污水需要处理。变电站运行人员数量与变电站电压等级、远程监控自动化程度有关。远程监控自动化程度高的变电站基本实现无人值守，不会产生生活污水。对于有人值班或值守的变电站，一般会有 2～15 人的值班或值守人员，会产生少量生活污水，约为 $0.3 \sim 2m^3/d$。运行期间生活污水的主要污染因子是 pH、COD、BOD_5、NH_3-N、石油类等，进入环境水体后对水域产生有机污染。

为了绝缘和冷却的需要，变电站内变压器、电抗器等电气设备内装有变压器油。正常运行工况下，变电站不会发生电气设备漏油，当发生事故时，有可能产生含油废水。含油废水进入环境后对土壤和水体质量造成影响。

二、废污水处理

施工期间的废水应处理后回用或者达标后排放；运行期间的生活污水、事故油污水一般采用分流制，不得与雨水混合排放。

1. 施工废水处理

施工废水应遵循重复循环利用的原则，尽量减少新鲜水用量，避免产生过多施工废水。施工期间，可在变电站内设置临时或永久的沉淀池，对施工废水沉淀处理后回用或者达标后排放，避免漫排。

2. 生活污水处理

施工期间的生活污水可设置临时处理设施处理后回用或达标后纳入附近污水下水道系统排入城镇下水道，也可外运送至附近污水处理厂处理。

运行期间的生活污水处理一般采用一体化污水处理设备处理，生活污水处理设备前应设调节池，调节池的有效容积可按最大日生活污水量确定。寒冷地区的生活污水处理设备应有防冻措施。

备餐间的污水经隔油处理后，方能排入生活污水管道。

处理后的变电站生活污水遵循尽量回用的原则。

当生活用水管网与消防用水管网连通时，应有防止生活饮用水水质污染措施。

难以避让生活饮用水水源二级保护区的变电站的生活污水应采取回用，不得在保护区内排放。

三、油污水处理

油污水处理系统主要包括集油坑、排油管和事故油池。发生事故时变压器油、高压电抗器油外泄，经用油设备下方的集油坑中的卵石层过滤、降温，并由集油坑收集后，通过与集油坑底部连接的排油管流入事故油池。集油坑和事故油池应进行防渗处理。为保证良好的过滤和降温效果，集油坑内卵石层厚度不应小于 250mm，卵石直径宜为 50～80mm。

为防止大型变压器事故情况下发生联锁事故，主变压器三相之间应设置防火墙，防火墙的耐火极限不宜小于 4h。防火墙的高度应高于变压器储油柜，防火墙的长度应大于变压器贮油池两侧各 1000mm。

变电站含油污水一般采用事故油池分离方式。事故油池的贮油池容积应按变电站内油量最大的一台变压器或高压电抗器油箱的 100% 油量设计。

事故油污水产生的废变压器油等危险废物应交由

有专业资质的单位妥善处置。

第五节 水土保持设计内容及工作流程

一、水土保持设计内容

水土保持设计一般在可行性研究阶段和初步设计阶段进行。

（1）根据 DL/T 5448《输变电工程可行性研究内容深度规定》，变电站可行性研究阶段的水土保持设计主要包含以下内容：

1）说明当地的水土流失和水土保持现状。

2）简述水土保持措施的设计原则。

（2）根据 DL/T 5452《变电工程初步设计内容深度规定》，变电站初步设计阶段的水土保持设计主要包含以下内容：

1）说明项目建设区水土流失状况。

2）说明水土流失防治标准。

3）说明变电站的水土保持措施。

（3）在工程建设过程中，水土保持工作与主体工程应贯彻"同时设计、同时施工、同时投产"的原则。

1）依据水土保持方案及其批复的要求，开展水土保持设施设计工作。全面落实水土保持方案及其批复中的各项水土保持措施，设计深度应满足水土保持工程建设要求。

2）按照水利部办公厅办水保〔2016〕65 号文件《水利部办公厅关于印发〈水利部生产建设项目水土保持方案变更管理规定（试行）〉的通知》，核实主体设计施工图与水土保持方案的差异，并对差异进行详细说明，及时向业主、相关建设管理单位和前期水土保持方案编制单位反馈信息。

有下列情形之一的，应当提醒生产建设单位补充或者修改水土保持方案，重新报批。

a）涉及国家级和省级水土流失重点预防区或者重点治理区的；

b）水土流失防治责任范围增加 30%以上的；

c）升挖填筑土石方总量增加 30%以上的；

d）施工道路或者伴行道路等长度增加 20%以上的；

e）表土剥离量减少 30%以上的；

f）植物措施总面积减少 30%以上的；

g）水土保持重要单位工程措施体系发生变化，可能导致水土保持功能显著降低或丧失的。

3）按规定派驻工地代表，提供现场设计服务，应参加现场水土保持工作协调会。接受项目设计监理的管理，按照设计监理要求开展水土保持设计工作。及

时解决与水土保持相关的设计问题。

4）结合现场水土保持监理和监测单位提供的数据，及时核算水土保持设计目标的实施情况。若经设计核算，出现重大水土保持变更或无法实现水土保持目标的情况时，设计单位应立即向建设管理单位和设计监理汇报，并结合实际提出设计意见，及时解决存在的问题。

5）在现场开展水土保持竣工自验收时，提出工程水土保持目标实现和工程水土保持要求符合性说明文件，确保工程水土保持设施符合设计要求。设计单位应配合或参与现场工程水土保持检查、水土保持监督检查、各阶段各级水土保持验收工作、水土流失事件调查和处理等工作。

二、水土保持工作流程及要求

1. 水土保持工作流程

水土保持方案编制是《水土保持法》中规定的生产建设项目建设单位应在项目开工建设前完成的水土保持工作。水土保持方案编制的工作程序如图 26-2 所示。

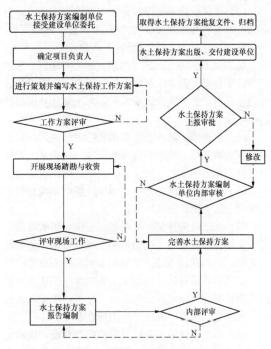

图 26-2　水土保持方案编制的工作程序

2. 水土保持工作要求

变电站水土保持方案报告书应包括以下内容：

（1）综合说明。简要说明变电站建设的必要性，工程的概况，本项目水土保持方案的设计深度及方案设计水平年；变电站所在地的水土流失重点防治区划分情况，水土保持防治标准执行等级；主体工程设计

已有的水土保持措施分析评价结论；变电站水土流失防治责任范围及面积；变电站建设损坏的水土保持设施数量、建设期水土流失总量及新增量、水土流失重点区域及时段等水土流失预测结果；水土保持措施总体布局，主要措施及主要工程量；投资估算及效益分析；水土保持结论与建议；综合说明的最后要附水土保持方案特性表。

（2）水土保持方案编制总则。说明方案编制的目的与意义；方案的编制依据，包括法律、法规、规章、规范性文件、技术规范与标准、相关资料等；明确水土流失防治执行的标准；说明方案编制的指导思想和编制原则。

（3）项目概况。说明项目地理位置、建设内容、总平面布置、施工组织、工程征占地、土石方量、工程投资、进度计划、拆迁与安置情况。若与其他项目有依托关系，应予以说明。

（4）项目区域概况。说明变电站所在区域自然条件、社会经济、土地利用情况、水土流失现状及防治情况、当地生态建设与开发建设项目水土保持可借鉴的经验等。

（5）主体设计水土保持分析与评价。主体设计方案比选及制约性因素分析与评价；主体设计占地类型、面积和占地性质的分析与评价；主体设计土石方平衡、弃土场/取土场的布置、施工组织、施工方法与工艺的评价；主体设计的水土保持分析与评价；分析工程建设与生产对水土流失的影响因素；水土保持分析与评价的结论。

（6）水土流失防治责任范围及防治分区。列表说明工程占地类型、面积和占地性质等；说明水土保持责任范围确定的依据；用文字、表格、附图说明项目建设区、直接影响区的范围、面积；说明本项目的水土保持分区依据和分区结果。

（7）水土流失预测。说明预测范围和预测时段；说明土壤侵蚀背景值、扰动后的土壤侵蚀模数值的取值依据，说明预测方法；说明水土流失预测成果，至少包括项目建设可能产生的水土流失量、损坏水土保持设施的面积；分析评价水土流失危害；根据水土流失预测结果，给出预测结论及指导性意见。

（8）水土流失防治目标及防治措施布设。提出定性与定量的水土保持目标；提出水土流失防治措施布设原则；给出水土流失防治措施体系总体布局，绘制防治措施体系框图；给出挡土墙、护坡等防治工程的典型设计；按分区分别列出防治措施及工程量、分工程措施、植物措施、临时措施列表说明各项防治工程的工程量。

（9）水土保持监测。明确水土保持监测的监测时段；监测区域、监测点位；各监测点的监测内容、监测方法及监测频次；核算监测工作量，说明监测土建设施、消耗性材料、监测设备、监测所需人工等；明确水土保持监测成果要求。

（10）水土保持投资估算及效益分析。明确水土保持投资估算的编制原则、依据、方法；列出工程单价汇总表、材料用量汇总表、分年度投资表、投资估算汇总表；进行防治效果预测，对照制定的目标，验算水土保持6项目标的达到情况；从水土资源、生态与环境等方面进行水土保持损益分析与评价。

（11）水土保持方案实施的保障措施。分析实施水土保持方案的组织领导与管理措施；明确需完成的水土保持后续设计内容；提出水土保持工程招标、投标和建设监理的相关要求；规划下一步的水土保持监测内容和方法；提出水土保持工程施工管理要求；作出水土保持工程检查与验收安排；说明水土保持工程资金来源及使用管理的有关安排。

（12）结论及建议。给出水土保持方案总体结论；提出下阶段水土保持要求。

（13）附件、附图、附表。附件应包括项目立项的有关申报文件、工程可行性研究报告的审查意见；水土保持投资估（概）算附表。

附图应包括项目的地理位置图；项目区地貌及水系图；变电站总平面布置图；变电站所在区域土壤侵蚀强度分布图、土地利用现状图、水土保持防治区划分图；变电站水土流失防治责任范围图；变电站水土流失防治分区及水土保持措施总体布局图；变电站水土保持措施典型设计图；变电站水土保持监测点位布局图。

第六节　主要水土保持措施

一、工程措施

变电站的水土保持工程措施包括减少工程占地和土石方工程量、避免或减少雨水冲刷引起的水土流失。

1. 挡水墙及排水设施

在山丘附近或倾斜平原有坡面雨水冲刷的区域修建变电站，为避免变电站受坡面雨水的冲刷，需在变电站迎水面修建挡水墙。站外挡水墙和排水设施可有效对站区周围汇水进行拦截和疏导，在保障主体工程安全的同时，也具有较好的水土保持功能。

挡水墙、截洪沟等措施的基本水力计算，按式（26-1）～式（26-4）进行：

$$v = C\sqrt{Ri} \tag{26-1}$$
$$C = R^y/n \tag{26-2}$$
$$q_v = SC\sqrt{Ri} \tag{26-3}$$
$$R = S/l \tag{26-4}$$

式中　v——渠道过水断面平均流速，m/s；

C——流速系数；

R——水力半径，m；

i——渠道的水力坡降，根据各断面情况取 4‰～9‰；

y——指数，当 $R<1m$ 时 $y=1.5\sqrt{n}$ ，当 $R=1m$ 时 $y=1.4\sqrt{n}$，当 $R>1m$ 时 $y=1.3\sqrt{n}$ ；

n——粗糙系数，钢筋混凝土护面取 0.013；

q_v——渠道过水流量，m^3/s；

S——渠道过水断面面积，m^2；

l——渠道湿周，m。

变电站外截洪沟按 100 年一遇洪峰流量设计。渠道断面的安全超高取 0.2m。

挡水墙、截洪沟等的建设，保证了工程运行期不会形成大面积的水土流失，也保证了主体工程的安全，如图 26-3 所示。

图 26-3　变电站站外挡水墙、截洪沟

2. 进站道路排水沟

一般进站道路排水沟按 20 年一遇最大汇水量设计，一般为矩形断面的排水沟。为防止排水沟出水对自然沟道的冲刷，破坏自然沟道两侧的稳定性，在排水沟末端部分设置消力池，降低水能，起到消能防冲效果，同时在排水沟与自然沟道的衔接处设浆砌石护坦，保护自然沟道两侧的稳定性。

降水稀少地区进站道路两边可不设排水边沟，必要时在路基两侧布设碎石边坡。

3. 表土剥离回用

工程占地表层有植物时，施工前应先行剥离表层熟土，用于后期护坡等表面绿化，一般剥离厚度为 0.3m。

4. 站内场地精确平整

工程完结后应根据设计要求清理站内场地垃圾，对场地进行精确平整，满足场地排水设计要求。

5. 站内裸露场地压盖碎石

在变电站站内裸露地表上摊铺碎石，碎石压盖厚度一般为 80mm，碎石压盖可增加地表的透水性，提高地表层的蓄水保土能力，还可防治风蚀，有效减少工程运行期间的水土流失，如图 26-4 所示。

图 26-4　裸露场地压盖碎石

6. 护坡

变电站挖填方形成的边坡应进行护面处理。结合材料来源，降水量小于 400mm 的地区一般考虑修筑浆砌石或干砌石护坡，对长度较大的浆砌石护坡，应沿纵向设置伸缩缝，并用沥青木条填塞；降水量大于 400mm 的地区一般采取种草护坡，种草后 1～2 年内，应进行必要的封禁和抚育措施。

二、植物措施

对开挖破损面、堆弃面、占压破损面及工程边坡，在安全稳定的前提下，宜采取植物措施，恢复自然景观。城市以外变电站的植物措施以防护性为主，城市变电站的植物措施兼顾防护性和观赏性。植物措施应因地制宜，乔灌草结合布置。对高陡边坡，可采用攀援植物分台阶实施绿化。

在植物成活率低的地区，可不考虑布设植物措施；在植物成活率高的地区，根据当地自然环境，可选择适地草树种对站前区和进站道路采取植物措施，进站道路行道树采取乔灌、乔草、灌草结合的配置方式，起到绿化美化作用。

进站道路两侧边坡、站内外边坡宜种草护坡，坡面较长时可采用格状框条护坡。

施工结束后，在站外供排水管线区进行原地貌恢复，复耕或播撒草籽恢复地表植被，防止水土流失。

三、临时措施

施工建设中，临时堆土必须设置专门堆放地，集中堆放，并应采取拦挡、覆盖等措施。施工中的裸露地，在遇暴雨、大风时应布设防护措施。裸露时间超过一个生长季节的，应临时种草。可采取土地整治、播撒草籽等措施。

1. 施工临建表土剥离回用

有土壤层的项目建设区应在工程施工前剥离表土便于完工后植被恢复。表土剥离厚度根据现场测得的表土层厚度确定。表土临时堆放应选择在变电站施工空地区域。为防止雨水冲刷而产生水土流失，对临时堆土需采取必要的防治措施。一般建议在临时堆土边缘采用草袋装土、"品"字形堆砌成环状，其余的堆砌于其中，然后在其上覆盖一层防水苫布。通过草袋围挡及覆盖措施，可将因雨水造成临时堆土的水土流失减少到最低程度。表土临时堆放堆高一般不超过2m。对于植被稀少、生长缓慢地区的林草、草皮等，应将地表植被连同其下熟土层一起移植到其他地点，工程竣工前回植到施工场地。

2. 施工场地临时排水沟、沉砂池

主体工程设计应对站区考虑较为完善的排水系统，在施工场地的周边，应修建临时排水设施，临时排水设施可采用排水沟（渠）、暗涵（洞）、临时土（石）方挖沟、抽排水管等。在工程施工期间，尤其是场地平整初期，由于对地表扰动较大，致使地表土壤结构松散，在降雨的冲刷下，表层土容易随水流失，为防止施工期间雨水及施工废水漫流，在站区临时堆土周围及雨水和施工废水汇集区修建临时排水沟，在排水沟内侧铺设一层苫布，防止水流过程中对排水沟内壁冲刷带来新的水土流失，由于施工排水有一定含砂量，为防止区域泥沙流失，应在站区排水沟末端与站外排水系统衔接处设置沉砂池并及时清淤。沉砂池水平流速为0.1m/s，停留时间为30s。必要时可设2个以上的沉砂池，定期清理，交替使用。

3. 设置彩条旗限界划定施工场地

为严格控制施工范围和车辆运行扰动周边场地破坏植被及地表的范围，在施工道路两侧设置彩条旗限界，明确标识施工场地内交通道路的边界，可有效降低施工引起的水土流失。

4. 施工区域洒水降尘

施工扰动区域及时洒水，可有效防治施工车辆引起的扬尘。

5. 施工道路水保措施

各种车辆、运输设备应规定行驶路线，不得任意开辟道路，减少地面的扰动范围。临时道路采用砾石、卵石或碎石铺压路面，防止暴雨、大风造成危害。

6. 基坑土方临时堆土苫盖

变电站基础开挖的土方不能及时回填，需临时堆放在站内空地中，在北方，裸露的堆土易风蚀，因此需苫盖防尘网，防尘网边缘需用编织袋装土进行压实，以防大风将防尘网刮起。在南方多雨地区，为防止雨水冲刷而产生水土流失，在临时堆土边缘采用草袋装土"品"字形堆砌成环状，其余的堆砌于其中，然后在其上覆盖一层土工布、塑料布或防水苫布。

第七节 资料交换要求

为了加强输变电工程环境影响评价、水土保持方案专题评估工作与设计工作的相互配合，进一步提高专题评估工作的质量和效率，确保评估工作主要结论符合工程实际，满足工程上报核准和建设实施的要求，变电站设计时应做好资料交换工作。提出的资料应准确、清晰、完整和统一，满足专题评估工作深度的要求，并与最终的设计方案保持一致。

1. 主体工程设计单位向专题评估单位提资要求

主体工程设计单位向专题评估单位提出资料内容、深度和时间要求，见表26-6。

2. 专题评估单位向主体工程设计单位提资要求

变电站设计中要考虑专题评估单位提出的资料内容、深度和时间要求，见表26-7。

表26-6　　　　　主体工程设计单位提出资料内容、深度和时间要求

序号	资料类别	资料主要内容	资料深度要求	接受方	建议提出资料时间
1	工程地理位置资料和主要工程量资料	变电站地理位置图	应包含变电站（开关站）的选址比选方案	环境影响评价单位、水土保持单位	确定的设计推荐方案形成后一周内
		变电站的总体规划图	变电站总体规划图须涵盖站址周围至少500m范围，且须包含地形（标高）信息	环境影响评价单位、水土保持单位	
2	工程基础资料	本工程地理位置卫片（需可解译的）及卫片相关文字说明资料	需完整、可解译、详细的卫片资料	环境影响评价单位、水土保持单位	设计推荐方案的卫片制作完成后一周内
		变电站占地面积、林木砍伐情况	占地面积包括永久占地、临时占地，明确占地性质（是否为基本农田）。林木砍伐情况包括林木砍伐量及砍伐树种	环境影响评价单位、水土保持单位	工程占地面积统计完成以及线路路径图绘制完成后一周内、专题影响报告编制完成后一周内
		气象资料	常规气象资料（年平均气温、年极端最高气温、年极端最低气温、平均相对湿度、多年平均降雨量、多年平均蒸发量、年平均风速、年主导风向）及五十年一遇的洪水位、内涝水位等	环境影响评价单位	

序号	资料类别	资料主要内容	资料深度要求	接受方	建议提出资料时间
2	工程基础资料	气象资料	常规气象资料(年平均气温、年极端最高气温、年极端最低气温、平均相对湿度、多年平均降雨量、多年平均蒸发量、年平均风速、年主导风向)及五十年一遇的洪水位、内涝水位、≥10℃积温、24h最大降水量、12h最大降水量、6h最大降水量、1h最大降水量、设计频率(50年一遇)的暴雨特征值等	水土保持单位	工程占地面积统计完成以及线路路径图绘制完成后一周内、专题影响报告编制完成后一周内
		水文资料	水系图	环境影响评价单位	
			水系图、洪水位、占压河道情况、水文情况、防洪标准、规划情况	水土保持单位	
3	专题评估计算所需原始参数资料	变电站噪声预测计算结果及治理措施(包括本体降噪、总平面优化布置、站内隔声等)	变电站噪声预测计算内容,包括计算时选用的相关参数和说明(含噪声源源强、噪声源布置方位、噪声源数量、噪声源类型和尺寸、站内建筑物尺寸、防火墙高度、围墙高度等);采取的噪声治理措施说明(如采取的降噪措施方案、设置的具体位置、设置的尺寸、相关技术指标等);计算结果(包括本期规模和远期规模的等声级图、厂界噪声预测结果、邻近民房处噪声计算结果、达标距离等)	环境影响评价单位	可行性研究说明书及附图完成后、可行性研究审查前
		变电站噪声计算所需参数	变电站总平面布置图(含本期规模和远期规模);站内主要建筑物的高度;站内防火墙高度;站界围墙高度;带标高的站外地形图。站内主要噪声源(主变压器、高压电抗器)的声功率级、频谱和面声源模型;其他声源(低压电抗器、串联补偿装置)的声功率级、频谱和尺寸。降噪措施说明(如哪些设备采取了降噪措施,采取了哪种降噪措施等);声屏障位置、高度,安装box-in后设备的声功率级、频谱和面声源模型	环境影响评价单位	
		变电站废污水治理措施	生活污水及事故油污水治理措施包括生活污水、油污水处理系统图、布置图。事故时事故油量、事故油池容积、生活污水量、生活污水池容积。站址平面图中标明排水口位置(雨水排口和废水排口)	环境影响评价单位	
		变电站站外排水措施	排水方式、去向、长度、管径或断面。不排入周边水体时,废污水的处置措施。排水沟、截洪沟等的设计标准(如重现期)	环境影响评价单位、水土保持单位	
		工程拆迁情况	拆迁民房情况(面积、所属行政村落)及拆迁工矿企业等建(构)筑物的情况	环境影响评价单位、水土保持单位	
		水利部门、河道管理部门的要求	主要水利设施的安全距离、水利设施恢复要求	水土保持单位	
		变电站等站址的水土保持防护措施	按照设计形式、断面、工程量等提供如挡土墙、护坡等水土保持措施情况	水土保持单位	
		变电站可行性研究报告说明书	满足设计规范要求的内容深度,相关数据、文字描述内容等前后一致,不互相矛盾	环境影响评价单位、水土保持单位	
		变电站电气总图、土建总图、土石方量	带指北针、站区大小尺寸标注等;本期及远期设备分开标注,本期尤其应更醒目;站内主要环保设施(如污水处理装置、噪声治理)醒目标注。施工布置图	环境影响评价单位	
			带指北针、站区大小尺寸标注等;本期及远期设备分开标注,本期尤其应更醒目;土石方量,说明土石方的来源、去向。施工布置图	水土保持单位	

续表

序号	资料类别	资料主要内容	资料深度要求	接受方	建议提出资料时间
4	设计已采取的环境保护、水土保持措施	设计已采取的环境保护措施	工程可行性研究中原已考虑的变电站环境保护措施（电磁、噪声、废水），施工期环境保护措施	环境影响评价单位	可行性研究说明书及附图完成后、可行性研究审查前
		设计已采取的水土保持措施	工程可行性研究中原已考虑的变电站水土保持措施（工程措施、植物措施、临时防护措施），施工期水土保持措施	水土保持单位	
5	工程技经资料	变电站投资估算报告	满足输变电工程投资估算报告编制规范要求的内容深度，相关数据、文字描述内容等前后一致，不互相矛盾	环境影响评价单位	可行性研究投资估算报告编制完成后、可行性研究审查前
			满足输变电工程投资估算报告编制规范要求的内容深度，相关数据、文字描述内容等前后一致，不互相矛盾	水土保持单位	
		变电站技经资料	站址、道路及其他设施征地、拆迁面积；拆迁建筑物（民房、厂房）、砍伐树木、损坏水利设施等的数量及赔偿费，青苗赔偿费	环境影响评价单位	
			站址、道路及其他设施征地、拆迁面积；建筑砂石料数量；拆迁建筑物（民房、厂房）、砍伐树木、损坏水利设施等的数量及赔偿费，青苗赔偿费	水土保持单位	
6	工程支撑性协议资料	变电站推荐站址的支撑性协议文件	要求协议文件齐备、能有效支撑推荐变电站站址，原则上应为站址所在地县级（或以上）人民政府或县级（或以上）城市规划部门加县级（或以上）国土部门出具的站址同意文件，其他如文物保护、林业、环境保护等部门的协议在必要时提供；并提供支撑性协议的设计落实情况说明。弃土弃渣处置协议	环境影响评价单位、水土保持单位	支撑可行性研究推荐方案的协议取得后一周内
		特殊的支撑性协议	线路穿（跨）越环境敏感区域批复文件（对环境敏感区域由行政管理权限的主管部门出具）；并提供支撑性协议的设计落实情况说明	环境影响评价单位	

注　表中为工程提资中的常规要求，若某些工程因特殊情况需主体工程设计单位另提供特殊设计资料，则以专题评估单位的需资要求为准。

表26-7　　　　　　　　　　专题评估单位提出资料内容、深度和时间要求

序号	资料类别	资料主要内容	资料深度要求	接受方	提出资料时间
1	新发现的环境敏感目标资料	主体工程设计单位未发现的项目涉及的环境敏感目标	评价范围内环境敏感目标（如自然保护区、风景名胜区、饮用水水源保护区、居民集中区等）的名称、范围、性质、分区情况（若已分区）以及避让建议	工程设计单位	环境影响评价单位现场踏勘工作结束后一周内
2	环境保护标准	本工程执行的环境保护标准	（1）本工程执行的环境质量标准；（2）本工程执行的污染物排放标准		环境影响评价单位收到省级环境保护部门的环境保护评价标准批文后一周内
3	环境保护、水土保持措施	环境保护措施	原工程设计方案中未考虑或虽已考虑但环境保护效果不达标，环境影响评价后提出需新增或变更的环境保护措施，包括变电站的电磁、噪声、废水治理措施和生态保护措施等		环境保护治理措施有初步方案后
4		水土保持措施	水土保持方案提出的在主体工程中需要完善和补充的水土保持措施		水土保持措施有初步方案后
5	环境保护、水土保持技经资料	环境保护技经资料	新增的环境保护治理措施（费用由设计单位技经专业计算）、环境影响评价费、监理费及环境保护验收费估算额等		环境保护治理措施有初步方案后

序号	资料类别	资料主要内容	资料深度要求	接受方	提出资料时间
6	环境保护、水土保持技经资料	水土保持技经资料	新增的水土保持措施及水土保持专项费用估算额（如水土保持补偿费、水土保持方案编制及科研勘测设计费、水土保持监理费、水土保持监测费、水土保持设施竣工验收费、水土保持技术咨询服务费等）	工程设计单位	水土保持措施有初步方案后
7	环境保护、水土保持结论	环境保护结论	环境影响报告书的结论章节，包括工程概况、环境质量现状、环境影响预测结果、环境保护措施、公众参与结果等		环境影响评价文件完成后一周内
8		水土保持结论	水土保持方案报告书的综合说明章节，包括工程概况、主体工程水土保持分析、防治责任范围、水土流失预测结果、水土保持措施总体布局及工程量、水土保持投资估算及效益分析等		水土保持方案报告完成后一周内
9	环境保护、水土保持专家评审意见	环境影响评价专家评审意见	环境影响报告书技术评审会专家评审意见		环境影响评价文件技术评审后一周内
10		水土保持方案专家评审意见	水保方案报告书技术评审会专家评审意见		水土保持方案技术评审后一周内
11	环境保护、水土保持报告书	环境影响评价文件	环境影响评价文件（报批稿）		环境影响评价文件（报批稿）出版后一周内
12		水土保持方案报告	水土保持方案报告（报批稿）		水土保持方案报告（报批稿）出版后一周内
13	环境保护、水土保持批文	环境影响评价文件批文	环境影响评价文件的批复文件		批文收到后一周内
14		水土保持方案批文	水土保持方案的批复文件		批文收到后一周内

当提资在提出方和接受方之间发生较大分歧，提资无法进行或提资无法被接受和使用的情况下可由双方讨论确定，不能确定的可提请建设单位协调。

提资应随着工程设计和专题评估的不断深入和完善进行跟踪和滚动管理，并由提资方根据前述提资流程及时进行资料更新。

若专题评估报告审查后发生变化且可行性研究收口尚未完成，专题评估单位应在可行性研究收口前对提供给工程设计单位的资料进行变更。

专题评估单位提供给工程设计单位的资料应具备在设计中落实的可行性。

第二十七章

职业安全与职业卫生

第一节 变电站职业安全与职业卫生的工作内容、工作程序

一、一般原则

在变电站设计的全过程中，包括现场踏勘、收集资料、方案设计等阶段，均应从职业安全和职业卫生的角度充分考虑变电站的职业安全与职业卫生。

应贯彻"安全第一、预防为主、综合治理"的安全生产方针和"预防为主、防治结合"的职业病防治方针，安全设施和职业病防护设施遵循与主体工程同时设计、同时施工、同时投入生产和使用的"三同时"方针，以保证生产安全和生产卫生，提高劳动生产水平，促进企业生产发展。

职业安全与职业卫生要求应贯彻在各专业设计中，做到安全可靠、技术先进、经济合理，最大限度地降低、减少、削弱危险，实现安全生产。

变电站职业安全与职业卫生设计应符合国家现行有关法律法规及相关规范要求。

二、变电站职业安全与职业卫生的工作内容、工作程序

（一）可行性研究阶段

新建、扩建和改建的变电站工程，在可行性研究阶段应有职业安全和职业卫生的论证内容。

可行性研究阶段变电站职业安全与职业卫生设计要求如下：

（1）新建、扩建和改建的变电站工程设计中应根据职业安全和职业卫生的法律、条例、国家标准的有关规定，对危险因素进行分析，并提出应采取的相应防护措施。

（2）作业场所、辅助建筑、附属建筑、生活建筑和易燃、易爆的危险场所以及地下建筑物应设计防火隔断、防火间距、安全疏散和消防通道。

（3）安全疏散设施应有充足的照明和明显的疏散

指示标志。有爆炸危险的设备及有关电气设施、工艺系统和土建设计必须按照不同类型的爆炸源和危险因素采取相应的防爆防护措施。

（4）电气设备的布置应满足带电设备的安全防护距离要求，并应有必要的隔离防护措施和防止误操作措施；应设置防直击雷和安全接地等措施。

（5）应采取设置防护罩、安全距离、警告报警设施、防护栏杆、防护盖板等措施防机械伤害、防坠落。

（6）在站区对人员有危险、危害的地点、设备和设施均应设有醒目的安全标志或涂有安全色。

（二）初步设计阶段

新建、扩建和改建的变电站工程，在初步设计阶段应提出内容符合要求的职业安全和职业卫生篇章。职业安全与职业卫生的设计应落实在各专业设计中。

初步设计阶段变电站职业安全与职业卫生篇章包含以下内容：

（1）概述：

1）说明依据的现行法律法规、规范规程等；

2）站址安全性分析；

3）危险、有害因素分析。

（2）采取的防护措施：

1）选址、总平面布置方案等；

2）防火、防爆；

3）防毒、防化学伤害；

4）防触电；

5）防机械伤害；

6）防高处坠落；

7）防噪声、防振动；

8）防电磁影响；

9）防暑、防寒；

10）采光与照明；

11）职业卫生辅助设施。

（三）施工图设计阶段

各相关专业根据国家现行法规、规程规范和标准，

以及安全、职业病防护设计要求，对各工艺系统及建筑结构等所涉及的职业安全、职业卫生具体防护设施及措施进行设计。

第二节 变电站主要危险、有害因素

一、站址危险、有害因素

（一）地质灾害

依据《地质灾害防治条例》，地质灾害包括自然因素和人为活动引发的危害人民生命和财产安全的山体崩塌、滑坡、泥石流、地面坍塌、地裂缝、地面沉降等与地质作用有关的灾害。

站址选择不当或未采取安全措施时，可能受到上述地质灾害的影响，造成站内建筑倒塌、人员伤亡、区域停电等危害。

站场建设过程中进行的削坡、挖填等人为活动造成的滑坡、地面塌陷、沉降等地质灾害也会影响站址安全。

（二）水文气象灾害

依据《气象灾害防御条例》，气象灾害包括台风、暴雨（雪）、寒潮、大风（沙尘暴）、低温、高温、干旱、雷电、冰雹、霜冻和大雾等。

站址选择不当或未采取安全措施时，可能受到上述水文气象灾害的影响。例如台风、龙卷风等可能造成设备毁坏、建（构）筑物倒塌、工作人员高处坠落或者被砸伤等，并有可能引发二次事故（火灾爆炸、电击伤害等）；暴雨可能产生变电站内涝；冰雪可能造成电气设备导电性污染；极端气温会对作业人员造成中暑、冻伤等伤害；相对湿度大的地区，对变电站安全作业也会带来不利影响；高耸的建筑物、构筑物、设备设施在雷雨季节，有可能遭受雷电的袭击，产生火灾爆炸、设备倒塌、人员电击伤害等事故。

对于海边变电站，海水对混凝土结构、钢筋混凝土结构中的钢筋具有中等至强腐蚀性；地基土对混凝土结构、钢筋混凝土结构中的钢筋具有强腐蚀性，均可能会使地基腐蚀损坏，危及建筑安全。

变电站若处在盐雾区，盐雾对室外线路、绝缘子、金属结构影响大。盐附着于绝缘子，影响绝缘子绝缘，严重时可导致瓷绝缘子爆裂；盐对普通建筑角钢有腐蚀，如果不采取抗腐蚀措施，建筑物将受到腐蚀。

（三）周边环境影响

变电站与站外民用建（构）筑物及各类厂房、库房、堆场、储罐之间距离过近时，存在电火花诱发火灾、火灾蔓延、爆炸波及等安全隐患。

二、总平面布置及建（构）筑物危险、有害因素

（一）总平面布置

厂区内道路的交通安全标志的设置不规范或有缺陷（无标志、标志不清晰、标志不规范、标志选用不当、标志位置缺陷、其他标志缺陷等）时，可能危及运营安全、人身安全。

厂区内功能分区不清，动力设施、储运设施布局不合理，人流、物流未能分开等，生产区危险、有害因素可能对非生产区人员造成触电、机械伤害、车辆伤害等。

总平面布置安全、防火间距不符合要求，平面布置不符合当地风向和建筑物朝向要求等，当发生火险时容易造成对其他建筑的影响及不利于人员及时疏散。

（二）建（构）筑物

下列情况均有可能导致火灾、坍塌等事故发生：

（1）建（构）筑物的耐火等级偏低，不能满足防火要求；

（2）建（构）筑物装修材料耐火性能等级不符合要求；

（3）建（构）筑物选材不当，不能满足抗震等环境要求。

三、物料主要危险因素

变电站具有危险、有害因素的主要物料有变压器油、SF_6 等。

（一）变压器油

变压器油的主要作用是绝缘、散热、消弧。

变压器油一般情况较为稳定，但在受到电弧高温作用时会分解生成闪点比较低的烃或溶解气体，当与空气混合形成爆炸性气体时遇明火可能发生爆炸。气体中的多环芳烃又是致癌物质，会对人体造成一定危害。急性吸入变压器油，可出现乏力、头晕、头痛、恶心，严重者可引起油脂性肺炎。慢性接触者，暴露部位可发生油性痤疮和接触性皮炎，可引起神经衰弱综合症、呼吸道和眼刺激症状及慢性油脂性肺炎。

变压器在检修、保养过程中，工作人员存在接触变压器油的可能。

（二）六氟化硫（SF_6）

六氟化硫的主要作用是作为电气设备的气体绝缘体。

六氟化硫是无色无味的气体，微溶于水，气体密度为空气密度的 5 倍，在空气中下沉且不易扩散，SF_6

气体在电气设备中经电晕、火花及电弧放电作用会产生多种有毒、腐蚀性气体及固体分解产物。该气体由于制造中会有各种杂质，可能混有一些有毒物质，混入有毒物质后可能引起人员中毒。

SF_6是重气体，在室内或有限空间内积聚会发生人员窒息危害。对人体呼吸系统黏膜及皮肤等有一定的危害，一般中毒后会出现不同程度的流泪、打喷嚏、流涕、鼻腔、咽喉有热辣感，发音嘶哑、咳嗽、头晕、恶心、胸闷、颈部不适等症状。

四、特种设备危险、有害因素

变电站涉及的特种设备主要有电梯、起重机械和站内专用机动车辆三类。

（一）电梯事故

使用电梯的过程中会由于设备故障、安全装置失效、牵引绳强度不够等原因造成电梯坠落事故；电梯在故障维修过程中还可能造成物体打击；电梯维修工程中电梯门处未设置警示标志，可能造成人员误入坠落；突发停电事故造成人员受困于电梯等。

（二）起重伤害

变电站在施工、安装、调试、试验、维护时多处使用起重机械。起重作业存在作业方式多样、多人配合的群体作业、作业条件复杂多变等诸多危险因素，起重机的不安全状态、人的不安全行为、环境因素、安全卫生管理缺陷等因素都有可能造成起重伤害事故的发生。

起重机械操作过程中操作人员注意力不集中、安全意识不强、违章操作、管理不善等有可能造成起重伤害事故。起重机械在作业中若发生安全限位装置失控、设备操作失灵、违反安全规程操作，可能造成重物脱钩砸人、钢丝绳断裂抽人、移动吊物撞人、钢丝绳刮人、滑车碰人等伤害事故。

起重伤害事故包括起重作业中发生的重物（包括吊具、吊重或吊臂）坠落、夹挤、物体打击、起重机倾翻、触电等事故。

（三）专用车辆伤害

变电站内各类运输车辆使用不规范，或者操作人员非持证上岗，以及道路状况不符合规范要求等均可能引发对驾乘人员或路面人员造成伤害。

五、生产工艺系统危险、有害因素

（一）火灾爆炸

1. 变压器

变压器发生火灾和爆炸的主要原因有：

（1）绕组绝缘老化或损坏产生短路。可能的原因有：

1）变压器长期过负荷引起绝缘老化；

2）变压器油的酸化腐蚀作用使绝缘老化变质。

（2）线圈接触不良产生高温或电火花。

（3）套管损坏，爆裂起火。

（4）变压器油老化变质引起闪络。

（5）变压器主绝缘击穿。

（6）变压器套管闪络，引起爆炸起火。

（7）磁路、铁芯故障产生涡流、环流发热会引起变压器故障。

（8）其他原因引起火灾和爆炸。如大气过电压和内部过电压使线圈主绝缘损毁，小动物或金属导线、照明线、锡铂、录音录像磁带和其他杂物造成变压器短路也会引起变压器起火和爆炸。还有变压器周围可燃物起火，引起变压器短路爆炸着火等。

2. 电缆

电缆的绝缘材料遇到高温或外界火源很容易被引燃，电缆一旦失火会很快蔓延，波及临近电缆和电气设备。电缆发生火灾的原因主要包括以下几种：

（1）电缆敷设时由于曲率半径过小，致使电缆绝缘机械损坏或电缆受外界机械损伤（如施工挖断等），造成短路、弧光闪络引燃电缆。

（2）电缆受酸、碱、盐、水及其他腐蚀性气体或液体的侵蚀，使电缆绝缘强度降低，绝缘层击穿产生的电弧，引燃绝缘层和填料。

（3）啮齿动物啃咬，破坏电缆绝缘层，造成电缆短路起火。

（二）触电

变电站接地网的接触电压和跨步电压未限制安全数值，接地网的防腐蚀措施不到位等会引发人身或设备事故。

避雷设施接地体腐蚀损坏，或者防雷接地电阻过大，容易发生雷击或过电压伤害事故。

开关柜"五防"功能不全，易引起误操作或无防护措施造成人员误入带电间隔，发生人身触电事故。

（三）有限空间作业场所

变电站有限空间主要有封闭、半封闭设备；地下有限空间；地上有限空间。有限空间在通风条件不良的情况下，可能聚集有害气体，进入有限空间作业时，存在发生缺氧窒息、中毒、触电、机械伤害甚至引起爆炸火灾等事故的可能。

（四）机械伤害

变电站设备有外露机械转动部件的，如泵类及风冷变压器的风机等，在运行、检修过程中有被卷入转动机械的危险，甚至造成人身伤亡。

（五）高处坠落

高处作业的设备、平台、框架等，可能会发生高处坠落导致人身伤亡。

（六）噪声及振动

变电站运行过程中，变压器、电抗器等电气设备中铁芯硅钢片的磁致伸缩以及线圈的电磁作用振动会产生电磁噪声，其他电气设备、导线、金具等带电设备可能产生电晕噪声，此外，运行过程中，变电站还存在冷却风扇、排风机、泵类运转等产生的空气动力噪声和机械噪声。

人体长期接触比较强烈的噪声可引起听力损伤，严重时将导致暂时性听阈位移、永久性听阈位移直至噪声性耳聋，噪声还对神经系统、心血管系统、消化系统等造成不良影响。

（七）工频电磁场

变电站内变压器、高压配电装置等电气设备在运行中会产生较强的工频电磁场，如不采取措施，操作人员可能受到工频电磁场的影响。

（八）高温及低温

变电站内各类电气设备可产生高温和热辐射危害。寒冷地区冬季低温作业则会产生冻伤危害。

（九）其他有害因素

变电站设备维修时如采用电焊，工作人员可能接触电焊尘、锰及其有机化合物、紫外线等；此外，废水处理设施清淤作业时，操作人员可能接触硫化氢等有害气体。

第三节 职业安全及职业卫生措施

一、职业安全措施

（一）变电站规划及选址

1. 变电站规划

（1）变电站规划及选址应符合 GB 50187《工业企业总平面设计规范》和 DL/T 5056《变电站总布置设计技术规程》的要求。

（2）变电站总体规划应与当地城镇规划、工业区规划、自然保护区规划或旅游规划区规划相协调，宜靠近负荷中心或主要用户，且输电线路进出方便的地段。

（3）变电站总体规划应根据工艺布置要求以及施工、安全运行、检修和生态环境保护需要，结合站址自然条件按最终规模统筹规划。

（4）变电站应避开生活居住区、文教区、水源保护区、名胜古迹、风景游览区、温泉、疗养区、自然保护区和其他需要特别保护的区域。

2. 变电站选址

（1）防地质灾害。依据《地质灾害防治条例》，地质灾害防治工作应坚持预防为主、避让与治理相结合

的原则。依据预防为主的原则，结合 GB 50187《工业企业总平面设计规范》的要求，站址选择应避免以下区域：

1）发震断层和抗震设防烈度为 9 度及高于 9 度的地震区。

2）有泥石流、流沙、严重滑坡、溶洞等直接危害的地段。

3）采矿塌落（错动）区地表界限内。

4）爆破危险区界限内。

5）坝或堤决溃后可能淹没的地区。

6）已有滑坡、泥石流、大型溶洞、矿产采空区等地质灾害地段。

对于山区等特殊地形地貌的变电站，其总体规划应考虑地形、山体稳定、边坡开挖、洪水及内涝的影响。

（2）防水文气象灾害。依据 GB 50187《工业企业总平面设计规范》的要求，在有山洪及内涝影响的地区建站，宜充分利用当地现有的防洪、防涝设施。

站址的选择应避开受海啸或湖涌危害的地区。

（3）周边环境安全措施。

1）避开各种不利污染源，站址不宜选择在大气严重污秽地区和严重盐雾地区。

变电站附近有污染源时，总体规划应根据污染源种类和全年盛行风向，避开对站区的不利影响。

2）避开有严重放射性物质污染的影响区。

3）避开对飞机起落、机场通信、电视转播、雷达导航和重要的天文、气象、地震观察，以及军事设施等规定有影响的范围。

4）变电站站区不得受粉尘、水雾、腐蚀性气体等污染源的影响，并应位于散发粉尘、腐蚀性气体污染源全年最小频率风向的下风侧和散发水雾场所冬季盛行风向的上风侧。

5）变电站不得布置在有强烈振动设施的场地附近，以免振动对电气设备产生影响。

6）站址不宜压覆矿产及文物。

7）变电站内的建（构）筑物与变电站外的民用建构筑物及各类厂房、库房、堆场、储罐之间的防火间距应符合 GB 50016《建筑设计防火规范》的有关要求。

（二）总平面布置及建（构）筑物安全措施

1. 总平面布置安全措施

（1）一般原则。

1）变电站总平面布置应符合 GB 50187《工业企业总平面设计规范》、GB 50229《火力发电厂与变电站设计防火规范》、GB 50016《建筑设计防火规范》和 DL/T 5056《变电站总布置设计技术规程》的相关规定。

2）变电站总平面布置应满足总体规划要求，并使

站内工艺布置合理，功能分区明确，交通便利，节约用地，确保安全运行。

3）山区变电站的主要生产建（构）筑物、设备构支架，当靠近边坡布置时，建（构）筑物距坡顶和坡脚的安全距离应满足 DL/T 5056《变电站总布置设计技术规程》的相关规定。

4）城市地下（户内）变电站与站外相邻建筑物之间应留有消防通道。消防车道的净宽度和净高度要满足 GB 50016《建筑设计防火规范》的相关规定。

5）主控通信楼（室）、户内配电装置楼（室）、大型变构架等重要建（构）筑物以及 GIS 组合电器、主变压器、高压电抗器、电容器等大型设备宜布置在土质均匀、地基可靠的地段。

6）位于膨胀土地区的变电站，对变形有严格要求的建（构）筑物，宜布置在膨胀土埋藏较深、胀缩等级较低或地形较平坦的地段；位于湿陷性黄土地区的变电站，主要建（构）筑物宜布置在地基湿陷等级低的地段。

（2）主要建（构）筑物布置。

1）主控通信楼（室）宜布置在便于运行人员巡视检查、观察户外设备、减少电缆长度、避开噪声影响和方便连接进站大门的地段。主控通信楼（室）宜有较好的朝向，并使主控制室方便同时观察到各个配电装置区域。

2）各级电压的配电装置应结合地形和所对应的出线方向进行优化组合，避免或减少线路交叉跨越。

3）配电装置相互间的相对位置应使主变压器、无功补偿装置至各配电装置的连接导线顺直短捷、站内道路和电缆的长度较短。

4）城市变电站的主变压器宜在户外单独布置，或布置在建筑物底层。

5）各级电压的继电器室应根据工艺要求合理布置，并使电缆敷设路径短和方便巡视。

（3）辅助（附属）建筑物布置。

1）变电站辅助（附属）建筑物的布置应根据工艺要求和使用功能统一规划。宜结合工程条件优先采用联合建筑或多层建筑。

2）雨淋阀室或泡沫消防设备间宜布置在主变压器、电抗器等带油设备附近。

3）当设置柴油发电机室时，其布置宜避免对主控通信楼的噪声和振动产生影响，尽量靠近站用交直流配电室布置。

4）变电站给排水设施宜分开布置，其最小净距应满足现行国家标准的相关规定。

5）变电站供水建（构）筑物，如深井泵房、生活消防水泵房、蓄水池等，按工艺流程宜集中布置在站前区。

6）地埋式生活污水处理装置宜就近布置在主控通信楼附近隐蔽的一侧，或布置在站前区边缘地带。

7）当站区采用强排水时，雨水泵房宜布置在站区场地较低的边缘地带。

（4）变电站建（构）筑物的间距。

1）变电站建（构）筑物的布置及其间距的确定，应符合 GB 50229《火力发电厂与变电站设计防火规范》、GB 50016《建筑设计防火规范》和 DL/T 5056《变电站总布置设计技术规程》、DL/T 5352《高压配电装置设计规范》等有关规定。

2）变电站建（构）筑物及设备的防火间距不应小于表 27-1 的规定。

3）油量为 2500kg 及以上的屋外油浸式变压器之间的防火间距及变压器与本回路带油电气设备之间的防火间距应符合表 27-2 的规定。

表 27-1　　　　变电站建（构）筑物及设备的防火间距

建（构）筑物名称			丙、丁、戊类生产建筑物 耐火等级		户外配电装置 每组断路器油量(t)		可燃介质电容器室(棚)	事故油池	站内生活建筑 耐火等级	
			一、二级	三级	<1	≥1			一、二级	三级
丙、丁、戊类生产建筑物	耐火等级	一、二级	10	12	—	10	10	5	10	12
		三级	12	14					12	14
户外配电装置	每组断路器油量(t)	<1	—		—				10	12
		≥1	10							
油浸式变压器及电抗器	单台设备油量(t)	5~10	10		根据 GB 50229 规定执行				15	20
		10~50							20	25
		>50							25	30
可燃介质电容器室（棚）			10				—		15	20
事故油池			5					—	10	12

续表

建（构）筑物名称			丙、丁、戊类生产建筑物		户外配电装置		可燃介质电容器室（棚）	事故油池	站内生活建筑	
			耐火等级		每组断路器油量（t）				耐火等级	
			一、二级	三级	<1	≥1			一、二级	三级
站内生活建筑	耐火等级	一、二级	10	12	10		15	10	6	7
		三级	12	14	12		20	12	7	8

注 1. 建（构）物防火间距应按相邻两建（构）筑物外墙的最近距离计算，如外墙有凸出的燃烧构件时，则应从其凸出部分外缘算起。

2. 相邻两座建筑两面的外墙为非燃烧体且无门窗洞口、无外露的燃烧屋檐，其防火间距可按本表减少25%。

3. 相邻两座建筑两面的外墙如为防火墙时，其防火间距不限，但两座建筑物门窗之间的净距不小于5m。

4. 生产建（构）物侧墙5m以内布置油浸式变压器或可燃介质电容器等电气设备时，该墙在设备总高度加3m的水平线以下及设备外廓两侧各3m的范围内，不应设有门窗、洞口；建筑物外墙距设备外廓5～10m时，在上述范围内的外墙可设甲级防火门，设备高度以上可设防火墙，其耐火极限不应小于0.9h。

5. 当继电器室布置在户外配电装置场内时，其间距由工艺专业确定。

6. 为丙、丁、戊类厂房服务而单独设立的生活用房应按民用建筑确定，与所属厂房之间的防火间距不应小于6m。

表27-2　屋外油浸式变压器之间的最小间距　（m）

序号	电压等级（kV）	最小间距
1	35及以下	5
2	66	6
3	110	8
4	220	10

当油量为2500kg及以上的屋外油浸式变压器之间的防火间距不能满足表27-2的要求时，应设置防火墙。防火墙的高度应高于变压器储油柜，其长度不应小于变压器的贮油池两侧各1m。

油量为2500kg及以上的屋外油浸式变压器或电抗器与本回路油量为600kg以上且2500kg以下的带油电气设备之间的防火间距不应小于5m。

（5）变电站道路及主入口布置。变电站站内道路布置应符合GB 50187《工业企业总平面设计规范》、GBJ 22《厂矿道路设计规范》和DL/T 5056《变电站总布置设计规范》的规定。

1）一般原则。变电站道路设计应根据运行、检修、消防和大件设备运输等要求，结合站区总平面布置、竖向布置、站外道路状况、自然条件和当地发展规划等因素综合确定。

2）进站道路布置。

（a）进站道路宜采用公路型，城市变电站宜采用城市型。道路宽度应根据变电站的电压等级确定：

a）110kV及以下变电站：4.0m；

b）220kV变电站：4.5m；

c）330kV及以上变电站：6m。

（b）当进站道路较长时，330kV及以上变电站进站道路宽度可统一采用4.5m，并设置错车道。

（c）进站道路路径宜顺直短捷，并宜利用已有的道路或路基，尽量减少桥、涵及人工构筑物工程量，避开不良地质地段、地下采空区，不压矿藏资源。

规划区内的进站道路应符合当地道路规划要求。宜做到沿线厂矿企业共同使用，并兼顾地方交通运输的要求。

（d）进站道路宜按GBJ 22《厂矿道路设计规范》规定的四级厂矿道路设计，最小圆曲率半径按平原微丘区100m、山岭重丘区30m设计。当地形或其他条件受限时，可采用极限最小圆曲率半径，平原微丘区60m，山岭重丘区15m。

（e）当路基宽度小于5.5m，且道路两端不能通视时，宜在适当位置设错车道。错车道宜设置在纵坡不大于4%的路段，任意相邻错车道之间应能相互通视。

（f）进站道路宜采用与站内道路相同的路面，当进站道路较长时，宜采用中级路面。

（g）站区大门前的道路宜设直段。

（h）进站道路应有良好的防洪、排水措施，当有农灌渠穿越道路时，应有加固措施。

3）站内道路布置。

（a）变电站站内道路布置除满足运行、检修、消防及设备安装要求外，还应符合带电设备安全间距的规定。220kV及以上变电站的主干道应布置成环形，如成环有困难时应具备回车条件。

（b）站内道路的转弯半径应根据行车要求和行车组织要求确定，一般不应小于7m。主干道的转弯半径应根据通行大型平板车的技术性能确定，330kV及500kV变电站主干道的转弯半径为7～9m；750kV高压电抗器运输道路的转弯半径不宜小于9m，主变压器运输道路的转弯半径不宜小于12m。

（c）站内道路的纵坡不宜大于6%，山区变电站或受条件限制的地段可加大至 8%，但应考虑相应的防滑措施。

（d）站内道路宜采用混凝土路面，当具备施工条件和维护条件时也可采用沥青混凝土路面。

（e）站内巡视道路应根据运行巡视和操作需要设置，并结合地面电缆沟的布置确定。

（f）巡视道路路面宽度宜为 0.6～1.0m，当纵坡大于 8%时，宜有防滑措施。

（g）接入建筑物的人行道宽度一般宜为 1.5～2.0m。

4）主入口布置。

（a）变电站的主入口宜面向当地主要道路，便于引接进站道路。城市变电站的主入口方位及处理要求应与城市规划和街景相协调。

（b）主入口的大门、大门两侧围墙及标志墙、警卫传达室（如有的话）可进行适当的艺术处理，并与站前区建筑相协调。

（6）变电站围墙、围栏。

1）变电站宜采用不低于 2.3m 高的实体围墙，在填方区可适当降低围墙高度。

2）站区围墙应根据节约用地和便于安全保卫的原则力求规整，地形复杂或山区变电站的站区围墙应结合地形布置。

3）根据电气设备的布置和要求，需要时在设备四周设置围栏。

2．竖向布置安全措施

（1）一般原则。

1）220kV 枢纽变电站及 220kV 以上电压等级的变电站，站区场地设计标高应高于频率为 1%（重现期）的洪水位或历史最高内涝水位；其他电压等级的变电站站区场地设计标高应高于频率为 2%（重现期）的洪水位或历史最高内涝水位。

当站区场地设计标高不能满足上述要求时，可区别不同的情况分别采取以下三种不同的措施：

（a）对场地标高采取措施时，场地设计标高不应低于洪水位或历史最高内涝水位。

（b）对站区采取防洪或防涝措施时，防洪或防涝设施标高应高于上述洪水位或历史最高内涝水位标高 0.5m。

（c）采取可靠措施，使主要设备底座和生产建筑物室内地坪标高不低于上述高水位。

沿江、河、湖、海等受风浪影响的变电站，防洪设施标高还应考虑频率为 2%的风浪高和 0.5m 的安全超高。

2）变电站站内场地设计标高宜高于站外自然地面，以满足站区场地排水要求。

3）扩建、改建变电站的竖向布置，应与原有站区竖向布置相协调，并充分利用原有的排水设施。

（2）设计标高的确定。

1）变电站建筑物室内地坪应根据站区竖向布置形式、工艺要求、场地排水和土质条件等因素综合确定。

（a）建筑物室内地坪不应低于室外地坪 0.3m。

（b）在湿陷性黄土地区，多层建筑的室内地坪应高于室外地坪 0.45m。

2）场地设计综合坡度应根据自然地形、工艺布置（主要是户外配电装置型式）、土质条件、排水方式和道路纵坡等因素综合确定，宜为 0.5%～2%，有可靠排水措施时，可小于 0.5%，但应大于 0.3%。局部最大坡度不宜大于 6%，必要时宜有防冲刷措施。

户外配电装置平行于母线方向的场地设计坡度不宜大于 1%。

3）站内外道路连接点标高的确定应便于行车和排水。站区出入口的路面标高宜高于站外路面标高。否则，应有防止雨水流入站内的措施。

3．建（构）筑物安全措施

（1）抗震措施。

1）控制楼、配电装置楼的抗震设计应从选型、布置和构造等方面采取加强整体性措施。

2）控制楼、配电装置楼可根据设防烈度和场地类别选用抗震结构型式。

3）钢筋混凝土构造柱可按 GB 50011《建筑抗震设计规范》的规定，结合具体结构特点设置，并宜采用加强型构造柱。

加强型构造柱的最小截面积为 240mm×240mm，纵向钢筋不宜少于 4 根，直径不得小于 ϕ12mm；箍筋直径不宜小于 ϕ6mm，其间距不宜大于 200mm，各层柱上下端范围内的箍筋间距宜为 100mm。墙体的拉筋应伸入构造柱内。空旷层的构造柱，应按计算确定配筋。

4）纵墙承重的房屋、横墙承重的装配式钢筋混凝土楼盖的房屋应分别在每层设置一道圈梁，圈梁截面宽度与墙厚相同，高度不宜小于 180mm。圈梁宜现浇。

5）圈梁应封闭，不封闭的墙体顶部圈梁应按计算确定截面和配筋。

当基础设置在软弱黏性土、液化土、严重不均匀土层上时，尚应设置基础圈梁。

6）当抗震设防烈度为 8 度或 9 度时，楼梯宜采用现浇钢筋混凝土结构。

7）主控制楼、配电装置楼与相邻建筑物之间宜用防震缝分隔，缝宽宜为 50～100mm。

（2）防火、防爆措施。

1）建（构）筑物火灾危险性及其最低耐火等级。

（a）变电站各建（构）筑物在生产过程中的火灾

危险性及其最低耐火等级应符合 GB 50229《火力发电厂与变电站设计防火规范》的要求，见表 27-3。

表 27-3 变电站建（构）筑物的火灾危险性分类及其耐火等级

序号	建（构）筑物名称		火灾危险性分类	耐火等级
1	主控通信楼		戊	二级
2	继电器室		戊	二级
3	电缆夹层		丙	二级
4	配电装置楼（室）	单台设备油量60kg 以上	丙	二级
		单台设备油量60kg 及以下	丁	二级
		无含油电气设备	戊	二级
5	屋外配电装置	单台设备油量60kg 以上	丙	二级
		单台设备油量60kg 及以下	丁	二级
		无含油电气设备	戊	二级
6	油浸式变压器室		丙	一级
7	气体或干式变压器室		丁	二级
8	电容器室（有可燃介质）		丙	二级
9	干式电容器室		丁	二级
10	油浸式电抗器室		丙	二级
11	干式铁芯电抗器室		丁	二级
12	总事故油池		丙	一级
13	生活、消防水泵房		戊	二级
14	雨淋阀室、泡沫设备室		戊	二级
15	污水、雨水泵房		戊	二级

注 1. 当主控通信楼未采取防止电缆着火后延燃的措施时，火灾危险性应为丙类。
 2. 当地下变电站、城市户内变电站将不同使用用途的变配电部分布置在一幢建筑物或联合建筑物内时，则其建筑物的火灾危险性分类及其耐火等级除另有防火隔离措施外，需按火灾危险性类别高者选用。
 3. 当电缆夹层采用 A 类阻燃电缆时，其火灾危险性可为丁类。

（b）变电站的生产场所、附属建筑和易燃、易爆的危险场所，以及地下建筑物的防火隔断、防火间距、安全疏散和消防通道的设计，应符合 GB 50016《建筑设计防火规范》和 GB 50229《火力发电厂与变电站设计防火规范》的相关规定。

2）防火设计。

（a）变电站内的建（构）筑物与变电站外的民用建（构）筑物及各类厂房、库房、堆场、储罐之间的防火间距应符合 GB 50016《建筑设计防火规范》的有关规定。

（b）变电站内各建（构）筑物及设备的防火间距不应小于 GB 50229《火力发电厂与变电站设计防火规范》、GB 50016《建筑设计防火规范》和 DL/T 5056《变电站总布置设计规范》的相关规定。

（c）屋外油浸式变压器及屋外配电装置与各建（构）筑物的防火间距应符合 GB 50229《火力发电厂与变电站设计防火规范》的规定。

a）油浸式变压器屋内配电装置楼、主控制楼、集中控制楼及网络控制楼的间距不应小于 10m。

b）油量为 2500kg 及以上的屋外油浸式变压器之间的最小间距应符合 GB 50229《火力发电厂与变电站设计防火规范》的规定，当不能满足该要求时，应设置防火墙。防火墙的高度应高于变压器储油柜，其长度不应小于变压器的贮油池两侧各 1m。

c）35kV 及以下屋内配电装置当未采用金属封闭开关设备时，其油断路器、油浸式电流互感器和电压互感器，应设置在两侧有不燃烧实体墙的间隔内；35kV 以上屋内配电装置应安装在有不燃烧实体墙的间隔内，不燃烧实体墙的高度不应低于配电装置中带油设备的高度。

d）总油量超过 100kg 的屋内油浸式变压器，应设置单独的变压器室。

（d）控制室室内装修应采用不燃材料。

（e）设置带油电气设备的建（构）筑物与贴邻或靠近该建（构）筑物的其他建（构）筑物之间应设置防火墙。

3）消防设计。当变电站内建筑的火灾危险性为丙类且建筑的占地面积超过 3000m² 时，变电站内的消防车道宜布置成环形；当为尽头式车道时，应设回车场地或回车道。消防车道宽度及回车场的面积应符合 GB 50016《建筑设计防火规范》的下列规定：

（a）车道的净宽度和净空高度均不应小于 4.0m。

（b）转弯半径应满足消防车转弯的要求。

（c）消防车道与建筑之间不应设置妨碍消防车操作的树木、架空管线等障碍物。

（d）消防车道靠建筑外墙一侧的边缘距离建筑外墙不宜小于 5m。

（e）消防车道的坡度不宜大于 8%。

（f）环形消防车道至少应有两处与其他车道连通。尽头式消防车道应设置回车道或回车场，回车场的面积不应小于 12m×12m；对于高层建筑，不宜小于 15m×15m；供重型消防车使用时，不宜小于 18m×18m。

消防车道的路面、救援操作场地、消防车道和救援操作场地下面的管道和暗沟等，应能承受重型消防车的压力。

4）通道设计。

（a）变电站建（构）筑物内的通道设计应满足 GB 50229《火力发电厂与变电站设计防火规范》、GB 50016《建筑设计防火规范》和 DL/T 5218《220kV～750kV 变电站设计技术规程》的规定。

（b）屋内配电装置室及电容器室等建筑不宜用开启式窗，配电装置室的中间门应采用双向开启门。配电装置室内通道应畅通无阻，不应有与配电装置无关的管道通过。

（c）当主控通信楼单层面积大于 400m² 时应设第二个出口。楼层的第二个出口可设在通向有固定楼梯的室外平台处。

5）安全疏散设计。

（a）变压器室、电容器室、蓄电池室、电缆夹层、配电装置室的门应向疏散方向开启；当门外为公共走道或其他房间时，该门应采用乙级防火门。配电装置室的中间隔墙上的门应采用由不燃材料制作的双向弹簧门。

（b）建筑面积超过 250m² 的主控通信室、配电装置室、电容器室、电缆夹层，其疏散出口不宜少于 2 个，楼层的第二个出口可设在固定楼梯的室外平台处。当配电装置室的长度超过 60m 时，应增设 1 个中间疏散出口。

（c）地下变电站安全出口数量不应少于 2 个。地下室与地上层不应共用楼梯间，当必须共用楼梯间时，应在地上首层采用耐火极限不低于 2h 的不燃烧体隔墙和乙级防火门将地下或半地下部分与地上部分的连通部分完全隔开，并应有明显标志。

（d）地下变电站楼梯间应设乙级防火门，并向疏散方向开启。

6）装修安全设计。

（a）厂房室内外装修的安全设计应满足 GB 50222《建筑内部装修设计防火规范》的要求。

（b）厂房内部各部位装修材料和厂房附设的办公室、休息室等的内部装修材料的燃烧性能等级不应低于表 27-4 的规定。

表 27-4　工业厂房内部各部位装修材料
的燃烧性能等级

工业厂房分类	建筑规模	装修材料燃烧性能等级			
		顶棚	墙面	地面	隔断
丙类厂房	地下厂房	A	A	A	B1
	高层厂房	A	B1	B1	B2
	高度大于 24m 的单层厂房 高度不大于 24m 的单层、多层厂房	B1	B1	B2	B2

续表

工业厂房分类	建筑规模	装修材料燃烧性能等级			
		顶棚	墙面	地面	隔断
无明火的丁、戊类厂房	地下厂房	A	A	B1	B1
	高层厂房	B1	B1	B2	B2
	高度大于 24m 的单层厂房 高度不大于 24m 的单层、多层厂房	B1	B2	B2	B2

（c）当厂房中房间的地面为架空地板时其地面装修材料的燃烧性能等级不应低于 B1 级。

（d）装有贵重机器、仪器的厂房或房间，其顶棚和墙面应采用 A 级装修材料；地面和其他部位应采用不低于 B1 级的装修材料。

（e）在不破坏建筑物结构的安全性的基础上，室内外装修工程应采用防火、防污染、防水和控制有害气体和射线的装修材料和辅料。

（三）特种设备安全措施

1. 电梯

（1）电梯的选型及安全防护设施设计应符合 GB 7588《电梯制造与安装安全规范》的规定。

（2）电梯轿厢应装有能在下行时动作的安全钳，在达到限速器动作速度，甚至在悬挂装置断裂的情况下，安全钳应能夹紧导轨，使装有额定载重量的轿厢制停并保持静止状态。

（3）电梯井道设计应满足以下要求：

1）电梯井道应为电梯专用，井道内不得装设与电梯无关的设备、电缆等。井道内允许装设采暖设备，但不能用蒸气和高压水加热。采暖设备的控制与调节装置应装在井道外面。

2）全封闭的井道建筑物中，要求有助于防止火焰蔓延，该井道应由无孔的墙、底板和顶板完全封闭起来，并需设置气体和烟雾排气孔、通风孔、井道与机房或与滑轮间之间必要的功能性开口。

3）部分封闭的井道，在不要求井道在火灾情况下用于防止火焰蔓延的场合，如瞭望台、竖井，井道不需要全封闭，但要满足以下要求：

有人员可正常接近电梯处，围壁的高度应足以防止人员遭受电梯运动部件危害，防止人员直接或用手持物体触及井道中电梯设备而干扰电梯的安全运行。

4）在井道中工作的人员存在被困危险，而又无法通过轿厢或井道逃脱时，应在存在该危险处设置报警装置。

（4）检修门、井道安全门和检修活板门的设计应满足以下要求：

1）通往井道的检修门、井道安全门和检修活板门，除了因使用人员的安全或检修需要外，一般不应采用。

2）检修门的高度不得小于 1.4m，宽度不得小于 0.60m。井道安全门的高度不得小于 1.8m，宽度不得小于 0.35m。检修活板门的高度不得大于 0.5m，宽度不得大于 0.50m。

（5）在正常运行时，应不能打开层门，除非轿厢在该层门的开锁区域内停止或停站。

（6）电梯应设极限开关。极限开关应设置在尽可能接近端站时起作用而无误动作危险的位置上。极限开关应在轿厢或对重（如有）接触缓冲器之前起作用，并在缓冲器被压缩期间保持其动作状态。

（7）电梯必须设有制动系统，在动力电源失电和控制电路电源失电情况下能自动动作。

2. 起重机械

（1）起重机械及起吊设施选型及安全防护设施设计应符合 GB 6067.1《起重机械安全规程 第 1 部分：总则》的规定。

（2）起吊设施应永久性地标明其自重和起吊最大重量。

（3）起吊高度较大的起吊设施，宜采用不旋转钢丝绳。必要时还应有防止钢丝绳旋转的装置和措施。

（4）室外的起吊装置应装设防倾翻和抗风防滑的安全装置。

（5）起重机械应有标记、标牌和安全标志。

3. 站内专用车辆

站内专用车辆行驶应符合 GB 10827.1《工业车辆 安全要求和验证 第 1 部分：自行式工业车辆（除无人驾驶车辆、伸缩臂式叉车和载运车）》《中华人民共和国道路交通管理条例》《中华人民共和国道路交通安全法实施条例》《特种设备安全监察条例》的要求。

（四）生产工艺系统安全措施

1. 防火防爆安全措施

（1）一般原则。有爆炸危险的设备及有关电气设施、工艺系统和厂房的工艺设计及土建建筑设计应按照不同类型的爆炸源和危险因素采取相应的防爆保护措施。防爆设计应符合 GB 50058《爆炸危险环境电力装置设计规范》和《中华人民共和国爆炸危险场所电气安全规范》的规定。

使用、贮存易燃、易爆物质和可燃物质的设备，应根据其燃点、闪点、爆炸极限等不同性质采取预防措施，包括：密闭；严禁跑、冒、滴、漏；配置监测报警、防爆泄压装置及消防安全设施；避免摩擦撞击；消除接近燃点、闪点的高温因素；消除电火花和静电积聚；设置惰性气体（氮气、二氧化碳、水蒸气等）置换及保护系统；在输送可燃气体管道和放空管道上设置水封、阻火器等安全装置；进行抗震设计等。

爆炸和火灾危险场所使用的电气设备，必须符合相应的防爆等级并按有关标准执行。爆炸和火灾危险场所使用的仪器、仪表，必须具有与之配套使用的电气设备相应的防爆等级。因物料爆聚、分解反应造成超温、超压可能引起火灾、爆炸危险的生产设备，应设置报警信号系统、自动和手动紧急泄压排放装置。对有突然超压或瞬间分解爆炸危险物料的生产设备，应装设爆破板等安全设施。

（2）变压器及其他带油电气设备。

1）带油电气设备的防火、防爆、挡油、排油设计，应符合 GB 50229《火力发电厂与变电站设计防火规范》的有关规定：

（a）35kV 及以下屋内配电装置当未采用金属封闭开关设备时，其油断路器、油浸式电流互感器和电压互感器，应设置在两侧有不燃烧实体墙的间隔内；35kV 以上屋内配电装置应安装在有不燃烧实体墙的间隔内，不燃烧实体墙的高度不应低于配电装置中带油设备的高度。

总油量超过 100kg 的屋内油浸式变压器，应设置单独的变压器室。

（b）屋内单台总油量为 100kg 以上的电气设备，应设置贮油或挡油设施。挡油设施的容积宜按油量的 20% 设计，并应设置能将事故油排至安全处的设施。当不能满足上述要求时，应设置能容纳全部油量的贮油设施。

（c）屋外单台总油量为 1000kg 以上的电气设备，应设置贮油或挡油设施。挡油设施的容积宜按油量的 20% 设计，并应设置能将事故油排至安全处的设施。当不能满足上述要求且变压器未设置水喷雾灭火系统时，应设置能容纳全部油量的贮油设施。

（d）当设置有油水分离措施的总事故油池时，其容量宜按最大一个油箱容量的 60% 确定。

（e）贮油或挡油设施应大于变压器外廓每边各 1m。

（f）贮油设施内应铺设卵石层，其厚度不应小于 250mm，卵石直径宜为 50～80mm。

2）地下变电站的变压器应设置能贮存最大一台变压器油量的事故油池。

（3）电缆及电缆敷设。

1）电缆从室外进入室内的入口处、电缆竖井的出入口处、电缆接头处、主控制室与电缆夹层之间以及长度超过 100m 的电缆沟或电缆隧道，均应采取防止电缆火灾蔓延的阻燃或分隔措施，并应根据变电站的规模及重要性采取下列一种或数种措施：

（a）采用防火隔墙或隔板，并用防火材料封堵电缆通过的孔洞。

（b）电缆局部涂防火涂料或局部采用防火带、防火槽盒。

2）220kV 及以上变电站,当电力电缆与控制电缆或通信电缆敷设在同一电缆沟或电缆隧道内时,宜采用防火槽盒或防火隔板进行分隔。

3）地下变电站电缆夹层宜采用 C 类或 C 类以上的阻燃电缆。

4）采用阻燃电缆。

5）电缆敷设采取分段隔离、封堵等措施,以控制火灾蔓延。在通向集中控制楼的电缆层的墙洞及各种电气盘柜底部开孔处采用电缆防火堵料、填料或防火包等材料封堵,其耐火极限不小于1h。电缆竖井通过每一层楼板处,也设置防火封堵。

6）在电缆夹层中应设置气体灭火系统,并设感烟火灾探测器或吸气感烟型或线型感温火灾探测器,当探测器将火灾报警信号送至消防监控盘后,自动联动或手动启动气体灭火系统。

（4）蓄电池室。

1）酸性蓄电池室。

（a）蓄电池室门上应有"严禁烟火"等标志牌。

（b）蓄电池室采暖宜采用电采暖,严禁采用明火取暖。若确有困难需采用水采暖时,散热器应选用钢质,管道应采用整体焊接。采暖管道不宜穿越蓄电池室楼板。

（c）蓄电池室每组宜布置在单独的室内,如确有困难,应在每组蓄电池之间设置耐火时间大于 2.0h 的防火隔断。蓄电池室门应向外开。

（d）酸性蓄电池室内装修应有防酸措施。

（e）容易产生爆炸性气体的蓄电池室内应安装防爆型探测器。

（f）蓄电池室应装有通风装置,通风道应单独设置,不应通向烟道或总通风系统。离通风管出口处 10m 内有引爆物场所时,通风管的出风口至少应高出该建筑物屋顶 2.0m。

（g）蓄电池室应使用防爆型照明和防爆型排风机,开关、熔断器、插座等应装在蓄电池室的外面。蓄电池室的照明线应采用耐酸导线,并用暗线敷设。检修用行灯应采用 12V 防爆灯,其电缆应用绝缘良好的胶质软线。

（h）凡是进出蓄电池室的电缆、电线,在穿墙处应用耐酸瓷管或聚氯乙烯硬管穿线,并在其进出口端用耐酸材料将口封堵。

2）其他蓄电池室。

（a）蓄电池室应装有通向室外的有效通风装置,阀控式密封铅酸蓄电池室内照明、通风设备可不考虑防爆。

（b）锂电池、钠硫电池应设置在专用房间内,建筑面积小于 200m² 时,应设置干粉灭火器和消防砂箱;

建筑面积不小于 200m² 时,宜设置气体灭火系统和自动报警系统。

（5）变电站消防设施见第二十五章。

2. 防毒、防化学伤害

六氟化硫的安全防护应满足 GBZ 2.1《工作场所有害因素职业接触限值　第 1 部分:化学有害因素》、GB 26860《电力安全工作规程　发电厂和变电站电气部分》、GB/T 8905《六氟化硫电气设备中气体管理和检测导则》的要求。

（1）按照 GBZ 2.1《工作场所有害因素职业接触限值　第 1 部分:化学有害因素》的规定,工作场所空气中六氟化硫时间加权平均容许浓度为 6000mg/m³。

（2）按照 DL/T 5218《220kV～750kV 变电站设计技术规程》、DL/T 5035《发电厂供暖通风与空气调节设计规范》,六氟化硫室应采用机械通风,室内空气不允许再循环。六氟化硫室的正常通风量不少于 4 次/h,吸风口应设置在室内下部。事故时通风量不少于 6 次/h,由设置在下部的正常通风系统和上部事故排风系统共同保证。

（3）SF₆ 户内配电装置地面设置 SF₆ 在线检测报警装置。

3. 防触电及防雷安全措施

防触电、防雷击设计应符合 GB 50057《建筑物防雷设计规范》、GB/T 25295《电气设备安全设计导则》、GB/T 50064《交流电气装置的过电压保护和绝缘配合设计规范》、GB 50065《交流电气装置的接地设计规范》、GB 26860《电力安全工作规程　发电厂和变电站电气部分》的规定,并应满足 DL/T 5352《高压配电装置设计规范》、DL/T 620《交流电气装置的过电压保护和绝缘配合》的要求。

（1）防触电。变电站的各类电气设备和电气装置的设计应满足 GB/T 13869《用电安全导则》、GB/T 25295《电气设备安全设计导则》的相关要求。

1）变电站的电气设备（高压开关柜）应具备五种防误功能:

（a）防止带负荷分、合隔离开关。

（b）防止误分、误合断路器、负荷开关、接触器。

（c）防止带接地线（开关）合断路器（隔离开关）。

（d）防止带电挂（合）接地线（开关）。

（e）防止误入带电间隔。

2）应依据变电站的环境温度、大气条件（清洁度、相对湿度等）、污秽等级、海拔以及特殊使用条件（极端气象条件、电磁条件等）,使用符合环境条件的电气设备。

3）电击危险防护绝缘。

（a）绝缘电阻值按产品的使用环境、使用场所、应用的功能在专业或产品标准上规定相应的数值，设计者应根据所规定的数值选择绝缘材料。

（b）要考虑绝缘体的泄漏电流、接触电流、固体绝缘的耐热等级、耐电痕化、耐非正常的热和火、耐潮湿等因素。

（c）绝缘配合要考虑电气间隙和爬电距离设计要求、过电压类别、固体绝缘的厚度、固体绝缘上的短期应力和长期应力及介电强度等因素。

4）防直接接触保护。

（a）绝缘防护。绝缘防护即是采用绝缘技术将危险的带电部分与外界全部隔开，防止在正常工作条件下与危险的带电部分的任何接触，是一种完全的防护。

用以覆盖带电部分的绝缘层应足够牢固，采用破坏性手段才可被除去。

绝缘材料必须能长期承受在运行中可能受到的机械、化学、电气及热应力的影响（例如摩擦、碰撞、拉压、扭曲、高低温及变化、电蚀、大气污秽、电解液等产生的应力影响）；由于油漆、瓷漆、普通纸、棉织物、金属氧化膜及类似材料极易在使用中改变（降低）其绝缘性能，因此不能单独用作直接接触防护。

用作直接接触防护的绝缘材料应满足绝缘电阻、介质强度、泄漏电流的考核要求。

（b）外壳或遮栏防护。采用外壳或遮栏可将危险的带电部分与外部完全隔开，从而避免从任何方向或经常接近的方向直接触及危险的带电部分，是一种完全的保护。

外壳防护除符合 GB 4208《外壳防护等级（IP 代码）》的规定外，应满足：

a）外壳防护的壳体应是封闭的连续体，且固定在规定的位置上，设计制造应让使用者或第三者不借助于工具就不能拆卸或打开。

b）外壳应有足够的机械强度及稳定性，即材料、结构、尺寸具备足够的稳定性和耐久性，能承受正常使用中可能出现的机械压力、碰撞和不正常操作引起的应力变化。

（c）设置防无意触及带电设施的阻挡物。阻挡物的设计用途是防止身体无意识地接近带电部分，或正常运行中操作带电设备时无意识地触及带电部分。一般应设计成使用钥匙或工具才能移开阻挡物，当不设计成用钥匙或工具移开时，则应适当采用固定阻挡物，以防止其被无意识地移开。

（d）置于伸臂范围之外的防护只用于防止无意识地触及带电部分结构。

（e）剩余电流保护器的附加防护，只用于加强直接接触防护的额外措施。如果提供（a）～（d）规定的安全防护措施失效或使用者疏忽时的附加防护，

则可采用额定剩余电流不超过 30mA 的剩余电流保护器作为额外的防护措施。

使用剩余电流保护器不能认为是唯一的保护手段，并且不能因此取消所采用的是（a）～（d）规定的保护措施之一的要求。

在通过自动切断电源进行防护的地方，对于额定电流不超过 20A 的户外插座和为户外移动式设备供电的插座，应采用额定剩余动作电流不超过 30mA 的剩余电流保护器来保护。

（f）安全特低电压的保护。采用安全特低电压的保护必须满足：

a）呈现出的电压由一个电源产生，且不超过相应使用时视为危险的数值，即使在出现故障时，电流也不允许在其电路中超过该极限值。

b）电源必须与电网进行电气隔离，防止供电网络的危险电压进入。

c）直接接触时，只能有一个频率、作用时间和能量大小限制在无危险的电流流过。

5）防间接接触保护可采用以下方式：

（a）接地保护。变电站的接地保护应满足 GB 50065《交流电气装置的接地设计规范》的要求：

a）变电站内，不同用途和不同额定电压的电气装置或设备，除另有规定外应使用一个总的接地网。接地网的接地电阻应符合其中最小值的要求。

b）设计接地装置时，应计及土壤干燥或降雨和冻结等季节变化的影响，接地电阻、接触电位差和跨步电位差在四季中均应符合 GB 50065《交流电气装置的接地设计规范》的要求。

c）电力系统、装置或设备的下列部分（给定点）应接地：

有效接地系统中部分变压器的中性点和有效接地系统中部分变压器、谐振接地、谐振一低电阻接地、低电阻接地以及高电阻接地系统的中性点所接设备的接地端子；高压并联电抗器中性点接地电抗器的接地端子；变压器和高压电器等的底座和外壳；封闭母线的外壳和变压器、开关柜等（配套）的金属母线槽等；气体绝缘金属封闭开关设备的接地端子；配电、控制和保护用的屏（柜、箱）等的金属框架；箱式变电站和环网柜的金属箱体等；变电站电缆沟和电缆隧道内，以及地上各种电缆金属支架等；屋内外配电装置的金属构架和钢筋混凝土构架，以及靠近带电部分的金属围栏和金属门；电力电缆接线盒、终端盒的外壳，电力电缆的金属护层或屏蔽层，穿线的钢管和电缆桥架等；装有地线的架空线路杆塔；装在配电线路杆塔上的开关设备、电容器等电气装置；高压电气装置传动装置；附属于高压电气装置的互感器的二次绕组和铠装控制电缆的外皮。

d）变电站的接地网应满足 GB 50065《交流电气装置的接地设计规范》的要求。

（b）自动切断保护。当电气设备的基本绝缘损坏，使外露可导电的部分带电时，由附加的自动切断保护在可能对人产生有害的生理病理效应前自动切断供电。

（c）双重绝缘保护。当基本绝缘损坏时，以附加绝缘形式将人体与带电部件实行有效的隔离。双重绝缘一般设置基本绝缘、附加绝缘、加强绝缘等几种形式的绝缘。

6）电气设备的绝缘、间距、屏护等安全措施必须完整高效。

7）变电站的照明应按 DL/T 5390《发电厂和变电站照明设计技术规定》的要求进行设计。

（2）防雷击。变电站防雷击设计应满足 GB 50057《建筑物防雷设计规范》、GB 50065《交流电气装置的接地设计规范》、GB/T 50064《交流电气装置的过电压保护和绝缘配合设计规范》和 DL/T 381《电子设备防雷技术导则》的相关要求。

1）变电站的屋外配电装置，包括组合导线和母线廊道应设直击雷保护装置；直击雷过电压保护可采用避雷针或避雷线，其保护范围可按 GB/T 50064《交流电气装置的过电压保护和绝缘配合设计规范》的相关规定确定。

2）变电站控制室和配电装置室的直击雷过电压保护应符合下列要求：

（a）主控制室和配电装置室可不装设直击雷保护装置。为保护其他设备而装设的避雷针，不宜装在独立的主控制室和 35kV 及以下变电站的屋顶上。采用钢结构或钢筋混凝土结构有屏蔽作用的建筑物的车间变电站可装设直击雷保护装置。

（b）强雷区的变电站控制室和配电装置室宜有直击雷保护。

（c）主控制室、配电装置室和 35kV 及以下变电站的屋顶上装设直击雷保护装置时，应将屋顶金属部分接地；钢筋混凝土结构屋顶，应将其焊接成网接地；非导电结构的屋顶，应采用避雷带保护，该避雷带的网格应为 8～10m，每隔 10～20m 应设接地引下线，该接地引下线应与主接地网连接，并应在连接处加装集中接地装置。

（d）峡谷地区的变电站宜用避雷线保护。

（e）已在相邻建筑物保护范围内的建筑物或设备，可不装设直击雷保护装置。

（f）屋顶上的设备金属外壳、电缆金属外皮和建筑物金属构件均应接地。

3）露天布置的 GIS 的外壳可不装设直击雷保护装置，外壳应接地。

4）变电站有爆炸危险且爆炸后会波及变电站内主设备或严重影响供电的建（构）筑物，应用独立避雷针保护，采取防止雷电感应的措施；独立避雷针的设计应符合 GB/T 50064《交流电气装置的过电压保护和绝缘配合设计规范》的相关规定。

5）变电站的直击雷保护装置包括兼作接闪器的设备金属外壳、电缆金属外皮、建筑物金属构件，其接地可利用变电站的主接地网，应在直击雷保护装置附近装设集中接地装置。

6）独立避雷针的接地装置、构架或房顶上安装的避雷针、变压器门型构架上安装的避雷针或避雷线、线路的避雷线引接到变电站以及装有避雷针和避雷线构架附近的电源线应符合 GB/T 50064《交流电气装置的过电压保护和绝缘配合设计规范》的相关规定。

7）独立避雷针、避雷线与配电装置带电部分间的空气中距离以及独立避雷针、避雷线的接地装置与接地网间的地中距离应符合 GB/T 50064《交流电气装置的过电压保护和绝缘配合设计规范》的相关规定。

8）不同雷击保护范围的变电站高压配电装置的雷电侵入波过电压保护应符合 GB/T 50064《交流电气装置的过电压保护和绝缘配合设计规范》的相关规定。

9）GIS 变电站的雷电侵入波过电压保护应符合 GB/T 50064《交流电气装置的过电压保护和绝缘配合设计规范》的相关规定。

4．防机械伤害安全措施

防机械伤害的设计应符合 GB 5083《生产设备安全卫生设计总则》、GB/T 8196《机械安全 防护装置 固定式和活动式防护装置设计与制造一般要求》、GB 12265.3《机械安全 避免人体各部位挤压的最小间距》等相关规定。

（1）防护装置的选择。防护装置的选择应满足 GB/T 8196《机械安全 防护装置 固定式和活动式防护装置设计与制造一般要求》的相关要求：

1）运动传递部件。对运动传递部件，如皮带轮、皮带、齿轮、导轨、齿杆、传动轴产生的危险的防护，应采用固定式防护装置或活动式联锁防护装置。

2）设备使用期间不要求进入的场合，基于简易性和可靠性，宜采用固定式防护装置。

3）设备使用期间要求进入的场合分别有下列 3 种情况：

（a）仅在机器调整、工艺校正或维修时才要求进入的场合宜采用下列型式的防护装置：

a）如果可预见的进入频次高（例如每班超过一次），或拆卸和更换固定式防护装置很困难，则采用活动式防护装置。活动式防护装置应与联锁装置或带防护锁定的联锁装置组合使用。

b）只有当可预见的进入频次低，且防护装置容易更换，拆卸和更换均可在工作的安全系统下进行时，才能采用固定式防护装置。

（b）在工作周期内要求进入的场合宜采用下列类型的防护装置：

a）带有联锁装置或带有防护锁定的联锁装置的活动式防护装置，如果在很短的工作周期内要求进入，可采用动力操作的活动式防护装置。

b）特殊条件下采用可控防护装置以满足使用要求。

（c）由于操作性质，不能完全禁止进入危险区，则下列防护装置较为合适：

a）自关闭式防护装置。

b）可调式防护装置。

（2）防护装置要求。根据 GB/T 8196《机械安全　防护装置　固定式和活动式防护装置设计与制造一般要求》，防护装置应满足下列要求：

1）危险区的进入。为尽可能减少进入危险区，防护装置和机器的设计应使其能不用打开或拆卸防护装置就可进行例行的调整、润滑和维护。

2）安全距离。用于防止进入危险区的防护装置，其设计、制造和安装应能防止身体的各部位触及危险区。

3）进入危险区的控制。活动式防护装置的设计、安装应尽可能防止在正常运转期间当人员留在危险区内时防护装置关闭。否则应采取其他措施以防止处于危险区的人员不被发现。

4）锐边等危险突出物。防护装置的制造不应使其暴露锐边和尖角或其他的危险突出物。

5）保留紧固件。紧固件应尽可能保留在与之连接的防护装置上，以减少丢失的可能及保证其不被代替。

6）抗振。防护装置的紧固件尽可能采用锁紧螺母、弹簧垫圈等，以保持其与防护装置的可靠连接。

7）警告标志。若操作者进入可暴露于遗留风险的防护区域，例如辐射，则应在进入点设置相应的警告标志。

8）颜色。可使用合适的颜色以引起对危险的注意，例如，防护装置与机器涂刷相同的颜色，而危险部件涂刷鲜明的对比颜色，当防护装置打开或卸下时，会引起对危险的注意。

5. 防高处坠落安全措施

（1）一般要求。根据 DL 5053《火力发电厂职业安全设计规程》，建（构）筑物的防坠落设计应满足以下一般原则：

1）建（构）筑物的阳台、外廊、室内回廊、内天井、上人屋面、室外楼梯、平台及楼面开孔等临空处应设置防护栏杆，具体设计参照 DL/T 5094《火力发电厂建筑设计规程》及其他相关标准、规范执行。

2）对有人员停留或通过的室内外平台、台阶、通道或工作面，当其高度超过 0.70m 并侧面临空时，应设防护栏杆及防滑等防护措施。

3）当设置直通屋面的外墙爬梯时，爬梯应有安全防护措施。

（2）建筑设计的防高空坠落安全措施。根据 DL 5053《火力发电厂职业安全设计规程》和 DL/T 5094《火力发电厂建筑设计规程》，建筑设计的防高空坠落安全措施应满足以下要求：

1）平台及楼梯孔周围应设置护沿和栏杆，吊物孔周围应加设护沿，并可设活动栏杆，以及根据需要设置盖板。各种设备孔洞、穿楼面管道的周围应设护沿，护沿高度不宜小于 150mm。

建筑物内临空处应设置防护栏杆，栏杆应以坚固、耐久的材料制作。当临空高度在 20m 以下时，栏杆高度不应低于 1050mm；当临空高度在 20m 及以上时，栏杆高度不应低于 1200mm。栏杆构造应符合 GB 4053.3《固定式钢梯及平台安全要求　第 3 部分：工业防护栏杆及钢平台》的有关规定。

2）楼梯的设计应符合下列要求：

（a）钢筋混凝土主要楼梯的净宽度不应小于 1100mm，每梯段踏步数目不宜小于 3 级，且不应大于 18 级。

楼梯梯井宽度宜为 150～200mm。

主要楼梯的坡度不宜超过 38°，次要楼梯可放宽至 43°。

楼梯梯段改变方向时，转向平台深度不应小于梯段宽度，并不应小于 1200mm，当有搬运大型物件需要时应适量加宽。不改变行进方向的楼梯平台，其深度不应小于 3 步踏步的宽度。当有门开向楼梯平台或有其他凸出物时，应适当增加平台的深度。

楼梯平台上部及下部过道处的净高不应小于 2m，梯段净高不宜小于 2.20m。

楼梯扶手高度自踏步前缘线量起不宜小于 0.90m。靠楼梯井一侧水平扶手长度超过 0.5m 时，其高度不应小于 1.05m。

（b）作业梯、检修梯等金属斜梯，其梯段宽度不应小于 700mm，坡度不宜大于 60°。室外疏散金属斜梯净宽不应小于 800mm，坡度不应大于 45°。

（c）楼梯应设有防滑措施。钢筋混凝土梯段设防滑条；钢梯踏步板宜采用花纹钢板；露天和易积灰地段宜采用栅格式踏步。

（d）主要疏散楼梯应能天然采光和自然通风，并宜靠外墙设置。

3）屋面构造设计应符合下列要求：

（a）檐口高度大于 6m 的建筑物，应设屋面检修孔或上屋面的钢梯。直钢梯安全防护应符合 GB 4053.1

《固定式钢梯及平台安全要求　第1部分：钢直梯》的有关规定。

（b）建筑物的上人屋面，应设置女儿墙或栏杆。建筑高度小于20m时，女儿墙或栏杆的净高不应低于1050mm；建筑高度超过20m时，女儿墙或栏杆的净高不应低于1200mm。

（3）固定式钢梯及平台防高空坠落安全设计。

1）固定式钢直梯防高空坠落安全设计应符合GB 4053.1《固定式钢梯及平台安全要求　第1部分：钢直梯》的要求。

固定式钢斜梯应符合GB 4053.2《固定式钢梯及平台安全要求　第2部分：钢斜梯》的要求。

固定式工业防护栏杆及钢平台应符合GB 4053.3《固定式钢梯及平台安全要求　第3部分：工业防护栏杆及钢平台》的要求。

2）固定式钢直梯应与其固定的结构表面平行并尽可能垂直水平面设置。当受条件限制不能垂直水平面时，两梯梁中心线所在平面与水平面倾角应在75°～90°范围内。

3）固定式钢直梯梯段高度及保护应满足以下要求：

（a）单段梯高不宜大于10m，攀登高度大于10m时宜采用多段梯，梯段水平交错布置，并设梯间平台，平台的垂直间距宜为6m。单段梯及多段梯的梯高均不应大于15m。

（b）梯段高度大于3m时宜设置安全护笼。单梯段高度大于7m时，应设置安全护笼。当攀登高度小于7m，但梯子顶部在地面、地板或尾顶之上高度大于7m时，也应设置安全护笼。

（c）当护笼用于多段梯时，每个梯段应与相邻的梯段水平交错并有足够的间距，设有适当空间的安全进、出引导平台，以保护使用者的安全。

4）固定式钢斜梯与水平面的倾角应在30°～75°范围内，优选倾角为30°～35°，偶尔性进出的最大倾角宜为42°，经常性双向通行的最大倾角宜为38°。

5）固定式钢斜梯梯高应满足以下要求：

（a）梯高不宜大于5m，大于5m时宜设梯间平台（休息平台），分段设梯。

（b）单梯段的梯高不应大于6m，梯级数不宜大于16。

6）固定式钢斜梯内侧净宽度应满足以下要求：

（a）斜梯内侧单向通行的净宽度宜为600mm，经常性单向通行及偶尔双向通行的净宽度宜为800mm，经常性双向通行的净宽度宜为1000mm。

（b）斜梯内侧净宽度不应小于450mm，不宜大于1100mm。

7）固定式钢斜梯通行空间：

（a）在斜梯使用者上方，由踏板突缘前端到上方障碍物沿梯梁中心线垂直方向测量的距离不应小于1200mm。

（b）在斜梯使用者上方，由踏板突缘前端到上方障碍物的垂直距离不应小于2000mm。

8）在固定式钢平台、通道或工作面上可能使用工具、机器部件或物品的场合，应在所有敞开边缘设置带踢脚板的防护栏杆。

9）在酸洗等危险设备上方或附近的平台、通道或工作面的敞开边缘，均应设置带踢脚板的防护栏杆。

10）固定式钢平台扶手应满足以下要求：

（a）梯宽不大于1100mm两侧封闭的斜梯，应至少一侧有扶手，宜设在下梯方向的右侧。

（b）梯宽不大于1100mm一侧敞开的斜梯，应至少在敞开一侧装有梯子扶手。

（c）梯宽不大于1100mm两侧敞开的斜梯，应在两侧均安装梯子扶手。

（d）梯宽大于1100mm但不大于2200mm的斜梯，无论是否封闭，均应在两侧安装扶手。

（e）梯宽大于2200mm的斜梯，除在两侧安装扶手外，在梯子宽度的中线处应设置中间栏杆。

（f）梯子扶手中心线应与梯子的倾角线平行。梯子封闭边扶手的高度由踏板突缘上表面到扶手的上表面垂直测量不应小于860mm，不应大于960mm。

（g）斜梯敞开边的扶手高度不应低于GB 4053.3《固定式钢梯及平台安全要求　第3部分：工业防护栏杆及钢平台》中规定的栏杆高度。

11）固定式钢平台防护栏杆高度应满足以下要求：

（a）当平台、通道及作业场所距基准面高度小于2m时，防护栏杆高度不应低于900mm。

（b）在距基准面高度大于等于2m并小于20m的平台、通道及作业场所的防护栏杆高度不应低于1050mm。

（c）在距基准面高度不小于20m的平台、通道及作业场所的防护栏杆高度不应低于1200mm。

12）钢平台尺寸应满足以下要求：

（a）工作平台的尺寸应根据预定的使用要求及功能确定，但不应小于通行平台和梯间平台（休息平台）的最小尺寸。

（b）通行平台的无障碍宽度不应小于750mm，单人偶尔通行的平台宽度可适当减小，但不应小于450mm。

（c）梯间平台（休息平台）的宽度不应小于梯子的宽度，且对直梯不应小于700mm，斜梯不应小于760mm，两者取较大值。梯间平台（休息平台）在行进方向的长度不应小于梯子的宽度，且对直梯不应小于 700mm，斜梯不应小于 650mm，两者取较大值。

13）钢平台上方空间应满足以下要求：

（a）平台地面到上方障碍物的垂直距离不应小于 2000mm。

（b）对于仅限单人偶尔使用的平台，上方障碍物的垂直距离可适当减少，但不应小于 1900mm。

14）工作平台和梯间平台（休息平台）的地板应水平设置。通行平台地板与水平面的倾角不应大于 10°，倾斜的地板应采取防滑措施。

6. 安全色和安全标志

在具有危险因素的场所设置醒目的安全标志、安全色、警示标志，其设置应符合 GB 2894《安全标志及其使用导则》、GB 2893《安全色》等有关规定。

（1）一般性安全标志设立要求。站内一般性安全标志设立要求见表 27-5。

表 27-5　站内一般性安全标志设立要求

序号	规定要求	
1	安全标志不宜设在门、窗、架等可移动的物体上	
2	安全标志有变形、破损、褪色等不符合安全色要求时应及时修整或更换	
3	标志牌应设在与安全有关的醒目地方	
4	有触电危险的作业场所的安全标志牌应使用绝缘材料	
5	禁止标志设立位置	标志名称
	危险品仓库	禁止烟火
	大门口	限速、禁止货运机动车进入
6	警告标志设立位置	标志名称
	车辆通道上方	注意安全、当心车辆
	流水线旁边护栏	注意安全
7	指令标志设立位置	标志名称
	停车场	车辆停放
8	提示标志设立位置	标志名称
	车间出入口	非常口

（2）安全色设置要求。禁止、停止、消防和有危险的器件或环境，均以红色作为警示，见表 27-6。

表 27-6　红色警示项目

序号	项目
1	各种禁止标志
2	交通禁令标志
3	消防设备标志
4	机械的停止按钮、刹车和停车装置的操纵把手
5	仪表盘上极限位置的刻度

续表

序号	项目
6	机器转动部件的裸露部分（轮辐、轮毂）
7	各种危险信号旗

警告人们注意的器件、设备及环境，均以黄色作为警示，见表 27-7。

表 27-7　黄色警示项目

序号	项目
1	各种警告标志
2	道路交通标志
3	道路交通路面中线
4	楼梯的第一级和最后一级的踏步前沿
5	防护栏杆
6	警告信号旗

给人们提供允许、安全的信息，均以绿色作为警示，见表 27-8。

表 27-8　绿色警示项目

序号	项目
1	各种提示标志
2	机器启动按钮
3	安全信号旗
4	车间厂房内的安全通道，行人和车辆的通行标志，急救站和救护站等
5	消防疏散通道和其他安全防护设备的标志

禁止人们进入危险的环境，以红白相间条纹作为警示，见表 27-9。

表 27-9　红白相间警示项目

序号	项目
1	固定禁止标志的标志杆下面的色带
2	公路、交通等方面所使用防护栏杆及隔离墩，表示禁止跨越

（3）安全标志设置要求。

1）蓄电池室设置明显标志，张贴易燃、易爆、毒性、腐蚀的标志和防火、严禁进食等注意事项。

2）在建筑物内、易发生火灾爆炸事故的场地设置疏散指示标志。

3）在油箱的事故排油管上钢制阀门旁设置明显的"禁止操作"标志。

4）吊车高空作业坠落危险场所，设置易于辨认的安全标志、醒目的警告标志牌。

5）水处理系统的坑、沟、池、井等处设立醒目的安全标志，并经常检查是否完整。

6）在厂区道路、各种桥架和主要路口，设置明确的限速等警示标志。

7）在带电设施设备区设置防触电高压危险等标志。

8）加强作业场所警示标志的管理及维护，定期检查，发现破损及时修整或更换。

二、职业卫生措施

（一）防噪声

1. 噪声控制设计要求

（1）根据 GB/T 50087《工业企业噪声控制设计规范》，站内各类工作场所噪声限值应符合表 27-10 的要求。

表 27-10　各类工作场所噪声限值

工 作 场 所	噪声限值 [dB（A）]
生产车间	85
车间内值班室、观察室、休息室、办公室、实验室、设计室室内背景噪声级	70
正常工作状态下精密装配线、精密加工车间、计算机房	70
主控制室、集中控制室、通信室、电话总机室、消防值班室、一般办公室、会议室、设计室、实验室室内背景噪声级	60
医务室、教室、值班宿舍室内背景噪声级	55

注　1. 生产车间噪声限值为每周工作 5d，每天工作 8h 等效声级；对于每周工作 5d，每天工作时间不是 8h，需计算 8h 等效声级；对于每周工作日不是 5d，需计算 40h 等效声级。

　　2. 室内背景噪声级指室外传入室内的噪声级。

（2）职业卫生设计要求。根据 GBZ 2.2—2007《工作场所有害因素职业接触限值 第 2 部分：物理因素》的规定，每周工作 5d，每天工作 8h，稳态噪声限值为85dB（A），非稳态噪声等效声级的限值为 85dB（A）；每周工作日不是 5d，需计算 40h 等效声级，限值为 85dB（A），详见表 27-11。

表 27-11　工作场所噪声职业接触限值

接触时间	接触限值 [dB（A）]	备注
5d/w，=8h/d	85	非稳态噪声计算 8h 等效声级
5d/w，≠8h/d	85	计算 8h 等效声级
≠5d/w	85	计算 40h 等效声级

根据 GBZ 1《工业企业设计卫生标准》，非噪声工作地点的噪声声级的设计要求应符合表 27-12 的要求。

表 27-12　非噪声工作地点噪声声级设计要求

地 点 名 称	噪声声级 [dB（A）]	工效限值 [dB（A）]
噪声车间观察（值班）室	≤75	≤55
非噪声间办公室、会议室	≤60	
主控制室、精密加工室	≤70	

2. 噪声控制措施

在变电站设计中，应对主变压器、电抗器、屋外配电装置等电气设备的电磁噪声及冷却风扇产生的空气动力噪声进行控制。对于生产过程和设备运行产生的噪声，应首先从声源上进行控制并采取隔声、消声、吸声、隔振等控制措施。噪声控制的设计应符合 GB/T 50087《工业企业噪声控制设计规范》、GB 3096《声环境质量标准》、GB 12348《工业企业厂界环境噪声排放标准》及其他有关标准、规范的规定。

设计中常采用的降噪措施如下：

（1）从声源进行控制，在设备选型中选择低噪声主变压器和电抗器；优选站内导线及金具，控制电晕噪声；向供货商提出设备运行的噪声限制要求，并将其作为设备性能考核的一项重要指标。

（2）优化总平面布置，将声源设备尽量远离行政办公、生活区布置。

（3）室内噪声控制要求较高的房间，当室外噪声级较高时，其围护结构应有较好的隔声性能，尽量使墙、门、窗、楼板、顶棚等各围护构件的隔声量相接近。隔声构件应满足下列要求：

1）应选用隔声门窗；

2）当需朝向强噪声源设窗时，应采用隔声玻璃窗；

3）围护结构所有孔洞缝隙，均应严密填塞；

4）在条件许可时，宜采用隔声量高的轻质复合结构作为隔声构件；

5）当采用单位面积质量小于 30kg/m² 的轻质双层结构作隔声构件时，应防止由于空气间层的弹性作用而可能产生的共振，可在空气间层中填多孔吸声材料。

（4）室内噪声控制要求较高的房间，除采取隔声措施外，室内壁面、顶棚等可进行吸声处理。

（5）对作业场所的各类噪声应根据设备和工艺特点选择适当的降噪方案，并重点针对变压器冷却风扇和建筑物进出风设施采取降噪措施，如降低风扇转速或将风扇的进出风口转向地面、对室外的进出风口安装消声器等。对强噪声设备还可通过安装设备隔声罩、作业场所的吸声处理以及对设备的基础减振等措施来降低其运行过程中产生的噪声强度。

（二）防振动

防止振动危害，应首先从振动源上进行控制并采取隔振措施。防振动的设计应符合 GBZ 1《工业企业设计卫生标准》、GB 50040《动力机器基础设计规范》的规定。

（三）防电磁影响

1. 电磁防护设计要求

变电站的工频电磁场防护设计，应满足 GB 8702《电磁环境控制限值》、GBZ 2.2《工作场所有害因素职业接触限值 第 2 部分：物理因素》、GBZ 1《工业企业设计卫生标准》的要求；变电站的微波防护设计，应符合 GB 8702《电磁环境控制限值》的要求，并应满足 DL/T 5025《电力系统数字微波通信工程设计技术规程》的要求。

（1）为控制电场、磁场、电磁场所致公众曝露，环境中电场、磁场、电磁场场量参数的方均根值应满足表 27-13 要求。

表 27-13　　　公众曝露控制限值

频率范围	电场强度 E（V/m）	磁场强度 H（A/m）	磁感应强度 B（μT）	等效平面波功率密度 S_{eq}（W/m²）
1～8Hz	8000	$32000/f^2$	$40000/f^2$	—
8～25Hz	8000	$4000/f$	$5000/f$	—
0.025～1.2kHz	$200/f$	$4/f$	$5/f$	—
1.2～2.9kHz	$200/f$	3.3	4.1	—
2.9～57kHz	70	$10/f$	$12/f$	—
57～100kHz	$4000/f$	$10/f$	$12/f$	—
0.1～3MHz	40	0.1	0.12	4
3～30MHz	$67/f^{1/2}$	$0.17/f^{1/2}$	$0.21/f^{1/2}$	$12/f$
30～3000MHz	12	0.032	0.04	0.4
3000～15000MHz	$0.22/f^{1/2}$	$0.00059/f^{1/2}$	$0.00074/f^{1/2}$	$f/7500$
15～300GHz	27	0.073	0.092	2

注　1. 频率 f 的单位为 Hz。

　　2. 0.1MHz～300GHz 频率，场量参数是任意连续 6min 内的方均根值。

　　3. 100kHz 以下频率，需同时限制电场强度和磁感应强度。100kHz 以上频率，在远场区，可以只限制电场强度或磁场强度，或等效平面波功率密度；在近场区，需同时限制电场强度和磁场强度。

　　4. 架空输电线路下的耕地、园地、牧草地、畜禽饲养地、养殖水面、道路等场所，其频率 50Hz 的电场强度控制限值为 10kV/m，且应给出警示和防护指示标志。

对于脉冲电磁波，除满足上述要求外，其功率密度的瞬时峰值不得超过表 27-13 所列限值的 1000 倍，或场强的瞬时峰值不得超过表 27-13 中所列限值的 32 倍。

（2）8h 工作场所工频电磁场职业接触限值见表 27-14。

表 27-14　　工作场所工频电磁场职业接触限值

频率（Hz）	电场强度（V/m）
50	5

2. 设计中常采用的防电磁影响措施

（1）对高压电气设备的带电部分配备全封闭的金属外壳，可有效屏蔽或降低电磁影响的水平。另外，要合理规划设备和线路的位置、布置密度、相互距离和高度，降低不同作业区域间的相互影响。

（2）高压输变电设备，在人通常不去的地方，应用屏蔽网、屏蔽罩等设施遮挡。

（3）对工频电磁场影响强的设备、配电房等作业场所进行危险区域的划分和屏蔽，主变压器等周围用护栏实行区域控制。护栏采取接地方式。

（4）在工频高压电作业场所工作 8h 最高工频电场强度容许值为 5kV/m，因工作需要必须进入超过最高容许值的地点或延长接触时间时，应采取有效防护措施，如穿金属丝制屏蔽服。

（四）防暑、防寒

变电站防暑、防寒设计，应符合 GBZ 1《工业企业设计卫生标准》、GB 50019《工业建筑供暖通风与空气调节设计规范》的规定。

当高温作业时间较长，工作地点的热环境参数达不到卫生要求时，应采取降温措施。设置系统式局部送风时，工作地点的温度和平均风速应符合表 27-15 的要求。

室内通风与空气调节应满足 GB 50059《35kV～110kV 变电站设计规范》、GB 50697《1000kV 变电站设计规范》及 DL/T 5218《220kV～750kV 变电站设计技术规范》的要求，配电装置室事故排风量不应少于 12 次/h 的换气次数，事故风机可兼作通风机。

表 27-15　　工作地点的温度和平均风速

热辐射强度（W/m²）	冬季		夏季	
	温度（℃）	风速（m/s）	温度（℃）	风速（m/s）
350～700	20～25	1～2	26～31	1.5～3
701～1400	20～25	1～3	26～30	2～4
1401～2100	18～22	2～3	25～29	3～5

续表

热辐射强度 (W/m²)	冬季		夏季	
	温度 (℃)	风速 (m/s)	温度 (℃)	风速 (m/s)
2101~2800	18~22	3~4	24~28	4~6

注 1. 轻度强度作业时，温度宜采用表中较高值，风速宜采用较低值；重强度作业时，温度宜采用较低值，风速宜采用较高值；中度强度作业时其数据可按插入法确定。

2. 对于夏热冬冷（或冬暖）地区，表中夏季工作地点的温度，可提高2℃。

3. 当局部送风系统的空气需要冷却或加热处理时，其室外计算参数，夏季应采用通风室外计算温度及相对湿度；冬季应采用采暖室外计算温度。

干式变压器室的通风量应满足排出变压器发热量的要求。变压器室的通风按夏季排风温度不超过45℃、进风与排风温差不超过15℃计算。变压器室的通风应独立设置。

蓄电池室应根据设备形式和当地的气象条件确定设置机械通风或通风降温系统，防酸隔爆蓄电池的通风应采用机械通风，通风量按空气中的最大含氢量（按体积计）不超过1%计算；换气次数不应少于6次/h，室内空气不允许再循环。通风机与电动机应为防腐防爆型。通风机的吸风口应靠近顶棚以排除氢气，吸风口的上缘至顶棚平面或屋顶的距离不大于0.3m。免维护蓄电池的通风设计，采用换气次数不少于3次/h的事故排风装置，事故排风装置可兼作通风用。

柴油机房的通风按夏季排风温度不超过40℃、进风与排风温差不超过15℃计算。柴油机房的通风应设独立的通风系统，风机选用防爆型。

电缆隧道宜采用自然通风，必要时可采用机械通风。

通风机应与火灾探测系统联锁，火灾时应切断通风机的电源。

变电站的空调设计应符合 GB 50019《工业建筑供暖通风与空气调节设计规范》的规定。变电站的主控制室、计算机室、继电器室、通信机房及其他工艺设备要求的房间宜设置空调。空调房间的室内温度、湿度应满足工艺要求，工艺无特殊要求时，夏季设计温度为26~28℃，冬季设计温为18~20℃，相对湿度不宜高于70%。空调设备一般不设置备用。

在工艺流程设计中，应使运行操作人员远离热源并根据具体条件采取隔热、通风和空调等措施，以保证运行和检修生产人员的良好工作环境。

（五）采光与照明

1. 采光

（1）变电站采光设计应符合 GB 50033《建筑采光设计标准》的规定；

（2）各建筑物应首先考虑自然采光，建筑物的室内采光以自然采光为主、人工照明为辅。自然采光与人工照明有机结合。

2. 照明

变电站照明设计应符合 GB 50034《建筑照明设计标准》和 DL/T 5390《发电厂和变电站照明设计技术规定》的要求。

（1）各生产车间、辅助建筑及露天工作场所作业面上的平均照度值，不应低于 DL/T 5390《发电厂和变电站照明设计技术规定》的规定。

（2）室内外照明眩光的最大允许值宜符合 DL/T 5390《发电厂和变电站照明设计技术规定》的规定。

（3）为防止运行、检修人员的触电事故，变电站照明配电箱中供插座使用的回路均应装设漏电保护装置。屋内外照明电器的安装位置应便于维修。

变电站照明设计详见第十二章。

（六）辅助用室设计要求

辅助用室设计按 GBZ 1《工业企业设计卫生标准》的规定，主要包括值班休息室、更衣室、盥洗室、浴室、厕所等生活用室和卫生用室。

设置车间卫生用室如下：

（1）有人值班的生产车间设男女厕所，各辅助车间厕所均配备盥洗设施，卫生辅助用室满足职业卫生要求。

（2）各车间办公室内设盥洗室设备一套。每个水龙头使用人数按20人计算，职工休息室内设清洁饮水设施。生产区应设盥洗室或盥洗设备，并能提供不间断热水。

（3）浴室、盥洗室、厕所的设计人数，一般按最大班工人总数的93%计算。存衣室的设计计算人数应按车间在册工人总数计算。

（4）厕所与工作地点的距离不宜过远，并应有排臭、防蝇设施，蹲位数应按使用人数进行设计，男厕所100人以下的工作场所按25人设一蹲位；女厕所100人以下的工作场所按15人设一蹲位。

（5）职工休息室内应设清洁饮水设施。

（七）职业卫生警示标志

根据安监总厅安健〔2014〕111号《国家安全监管总局办公厅关于印发用人单位职业病危害告知与警示标识管理规范的通知》，建设单位应将工作场所可能产生的职业病危害如实告知劳动者，在醒目位置设置职业病防治公告栏，并在可能产生严重职业病危害的作业岗位以及产生职业病危害的设备、材料、贮存场所等设置警示标志。建设单位应对劳动者进行上岗前的职业卫生培训和在岗期间的定期职业卫生培训，使劳动者知悉工作场所存在的职业病危害，掌握有关职业病防治的规章制度、操作规程、应急救援措施、职业病防护设施和个人防护用品的正确使用维护方法及相关警示标志的含义，并经书面和实际操作考试合格后方可上岗作业。

建设单位应设置公告栏，公布本单位职业病防治的规章制度等内容。设置在办公区域的公告栏，主要公布本单位的职业卫生管理制度和操作规程等；设置在工作场所的公告栏，主要公布存在的职业病危害因素及岗位、健康危害、接触限值、应急救援措施，以及工作场所职业病危害因素检测结果、检测日期、检测机构名称等。

对于产生职业病危害的工作场所，应在工作场所入口处及产生职业病危害的作业岗位或设备附近的醒目位置设置警示标志，主要要求如下：

（1）有毒物品工作场所设置"禁止入内""当心中毒""当心有毒气体""必须洗手""穿防护服""戴防毒面具""戴防护手套""戴防护眼镜""注意通风"等警示标志，并标明"紧急出口""救援电话"等警示标志；

（2）产生噪声的工作场所设置"噪声有害""戴护耳器"等警示标志；

（3）高温工作场所设置"当心中暑""注意高温""注意通风"等警示标志；

（4）能引起电光性眼炎的工作场所设置"当心弧光""戴防护镜"等警示标志；

（5）密闭空间作业场所出入口设置"密闭空间作业危险""进入需许可"等警示标志；

（6）能引起其他职业病危害的工作场所设置"注意××危害"等警示标志。

为了使工作人员对工作场所中的职业病危害因素产生警觉，方便采取必要的个人防护措施，应根据工作场所各工作岗位的生产特点，按照 GBZ 158《工作场所职业病危害警示标识》的要求，在工作场所中可能产生职业病危害因素的设备上或其前方醒目位置设置相应的图形标志、警示线、警示语句和文字等警示标志。在高毒物品作业场所，设置红色警示线；在一般有毒物品作业场所，设置黄色警示线。警示线设在有毒作业场所外缘不少于 30cm 处。在高毒物品作业场所应急撤离通道设置紧急出口提示标志。除警示线外，警示标志设置的高度，尽量与人眼的视线高度相一致，悬挂式和柱式的环境信息警示标志的下缘距地面的高度一般不小于 2m；局部信息警示标志的设置高

度视具体情况确定。

第四节 职业安全与职业卫生专篇编制要点

一、职业安全篇（章）编制要点

（一）概述

1. 设计依据

说明设计依据的现行国家及地方职业安全相关法律法规、规程规范、国家标准及行业标准等。

2. 站址安全性分析

说明站址所在地区可能有的地质灾害和地震安全性。

说明项目区是否存在洪涝灾害。滨海工程应说明潮位、风暴潮、海浪和盐雾状况。

说明站址周边是否存在相互影响安全的企业。

3. 变电站危险、有害因素分析

分析项目生产运行中可能发生的危险有害因素，如火灾、爆炸、触电、中毒和窒息、高处坠落、机械伤害、起重伤害、车辆伤害等。

（二）安全防护措施

说明设计采取的各项安全防护措施，主要如下：

（1）防火、防爆；

（2）防毒、防化学伤害；

（3）防触电；

（4）防机械伤害；

（5）防高处坠落。

（三）安全生产管理

说明变电站安全管理机构和人员配置，提出管理要求。

二、职业卫生专篇（章）编制要点

（一）概述

1. 设计依据

说明设计依据的现行国家及地方职业安全相关法律法规、规程规范、国家标准及行业标准等。

2. 站址职业卫生分析

说明站址周边是否存在有毒有害气体排放源，有无生产和贮存有毒有害物质的企业。

3. 变电站职业病危害因素分析

分析变电站存在的主要职业病危害因素，如噪声及振动、电磁影响、高温低温、中毒等。

（二）职业病防护措施

说明设计采取的各项职业病防护措施，主要如下：

（1）防噪声、防振动；

（2）防电磁影响；

（3）防暑、防寒；

（4）采光与照明；

（5）职业卫生辅助设施。

（三）职业卫生管理

说明变电站职业卫生管理机构和人员配置，提出管理要求。

第二十八章

节 能 与 节 水

第一节 节能设计流程及内容

一、节能设计重要意义及政策法规

目前我国经济的高速增长，越来越受到能源、资源短缺、环境恶化等方面的制约。能源的开发利用必须与经济、社会、环境全面协调，可持续发展。一次能源的结构现状决定了在一定时期内我国仍将以煤基发电为基本原则。近几年随着大量输变电工程的建设完成，我国电网已初步形成了西电东送、南北互供、全国联网的格局，电网发展滞后的矛盾得到较大缓解。在大规模的变电站建设中，实现节能设计是节能减排的重要基础工作，对我国电力行业未来发展的影响巨大。建设高效、节能、节水、环保型变电站，是我国未来10~20年内节能减排、减少碳排放的重要渠道。

随着国家对工程节能设计的重视，相关法律法规也日趋完善。《中华人民共和国节约能源法》《国务院关于加强节能工作的决定》《固定资产投资项目节能评估和审查办法》(国家发展和改革委员会令〔2016〕第44号)等政策条令中也明确规定，工程项目建设需进行项目节能评估工作。在项目核准前需按照《固定资产投资项目节能评估工作指南》《固定资产投资项目节能评估报告书内容深度要求》及其他法律法规、标准规范的要求，编制《工程节能评估报告》。

在相关政策法规中针对变电站建设中的节能设计也做出要求，其中部分政策要求见表28-1。

表28-1 与变电站建设相关的政策要求

序号	政策要求
1	国家发展改革委〔2013〕第21号令《国家发展改革委关于修改〈产业结构调整指导目录（2011年本）有关条款〉的决定》
1.1	鼓励"500kV及以上交、直流输变电"
1.2	鼓励"跨区电网互联工程技术开发与应用"
2	国家发改委第65号公告《国家鼓励发展的资源节约综合利用和环境保护技术》

续表

序号	政策要求
2.1	智能照明调控技术
3	国家发改委发改环资〔2007〕199号《中国节能技术政策大纲（2006年本）》
3.1	推广采用高效保温材料复合的外墙和屋面，特别是外保温外墙和倒置屋面。 发展节能窗技术，控制窗墙面积比，改善窗户的传热系数和遮阳系数
3.2	推广绿色照明技术和产品。推广高光效、长寿命、显色性好的光源、灯具和镇流器，推广稀土节能灯等高效荧光灯类产品。一般建筑内部采用紧凑型荧光灯或T5、T8荧光灯，减少普通白炽灯，提高高效节能荧光灯使用比例
3.3	研发、推广使用高效节能电冰箱、空调器、电视机、洗衣机、电脑等办公及家用电器技术
4	国家发改委发改环资〔2004〕2505号《节能中长期专项规划》
4.1	电力行业：推进跨大区联网，实施电网经济运行技术；采用先进的输、变、配电技术和设备，逐步淘汰能耗高的老旧设备，降低输、变、配电损耗
4.2	家用及办公电器：推广高效节能电冰箱、空调器、电视机、洗衣机、电脑等家用及办公电器，降低待机能耗，实施能效标准和标识，规范节能产品市场。 照明器具：推广稀土节能灯等高效荧光灯类产品、高强度气体放电灯及电子镇流器，减少普通白炽灯使用比例，逐步淘汰高压汞灯，实施照明产品能效标准，提高高效节能荧光灯使用比例
4.3	建筑节能工程：加大建筑节能技术和产品的推广力度等
4.4	绿色照明工程：推广高效节电照明系统、稀土三基色荧光灯
5	国发〔2008〕23号《国务院关于进一步加强节油节水工作的通知》
5.1	加强照明节能管理。优化照明系统运行，改进电路布设和控制方式。白天尽可能采用自然光照明，公共区域照明逐步安装自动控制开关

二、节能设计流程

节能设计的思想应贯穿于变电站设计的整个阶段。在项目决策阶段应优化接入系统方案，接入系统方案决定了变电站在电网中的作用与地位，在地区电力负荷中心附近进行变电站选址，选择合理的接入系统方案有助于优化电网电能输送路径，减少电网能耗，推进跨大区联网，实施电网经济运行技术；优化全电网电能损耗。变电站本体布置应合理，功能分区明确，满足相关规程规范的要求。总平面设计中尽可能实现紧凑布置，减少电缆等管线的长度，压缩站区占地。与工艺专业配合，优化站区的道路、电缆沟及综合管线的布置，做到布局合理，电缆敷设路径最佳。变电站不同设计阶段的节能设计流程如图 28-1 所示。

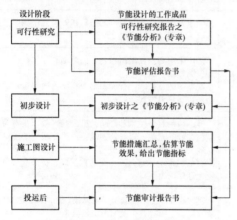

图 28-1　变电站节能设计流程

在变电站不同设计阶段需编制节能设计工作文件及成果，节能设计文件的编制成品、编制单位及编制依据见表 28-2。

表 28-2　　变电站节能设计工作表

设计阶段	节能设计工作（文件、成果）	编制单位，参与专业	编制依据	备注
可行性研究	一、可行性研究报告中《节能分析》章节	设计院，设总、环保	与变电站节能有关的法规、标准	可行性研究评审备审
	二、节能评估报告书	项目业主委托	可行性研究报告、环境保护评价报告、可行性研究报告中《节能分析》章节	需进行专门审查并形成审查意见
初步设计	三、初步设计报告中《节能》章节	设计院，设总、环保、系统	《节能分析》章节、节能评估报告书	初步设计评审备审，落实节能评估报告中的节能措施

续表

设计阶段	节能设计工作（文件、成果）	编制单位，参与专业	编制依据	备注
施工图	四、对节能措施进行汇总，估算节能效果，给出相应的节能指标	设计院，各相关专业、设总	初步设计报告、节能评估报告	备项目单位审查
投运后	五、节能审计报告书	设计院	上述文件、监测数据	备项目单位审查

三、各阶段节能设计内容

（1）可行性研究阶段需编写《节能分析》专章。建设项目可行性研究的节能设计是保证项目各耗能指标先进性的基础，其主要耗能设备选择、工艺系统设计及总平面布置将影响项目的总体能效水平。为保证项目的能效先进性，相关专业需在可行性研究设计时对主设备选择、总平面布置、耗能设备选用等方面进行优化设计，并提出相应的节能措施，供《节能分析》（专章）使用。

（2）可行性研究阶段项目核准前需编制《节能评估报告书》。根据相关政策要求，《节能评估报告书》是项目核准时的必备文件。

1）节能评估的定义。根据国家发展和改革委员会 2010 年 9 月发布的《固定资产投资项目节能评估和审查暂行办法》，本办法所称节能评估，是指根据节能法规、标准，对固定资产投资项目的能源利用是否科学合理进行分析评估，并编制节能评估报告书、节能评估报告表（统称节能评估文件）或填写节能登记表的行为。

节能评估由项目建设单位负责组织，由节能评估机构根据节能法规、标准等，对固定资产投资项目的能源利用是否科学合理进行分析评估，并编制节能评估报告书、节能评估报告表。项目建设单位可自行填写节能登记表。固定资产投资项目建设单位应委托有能力的机构编制节能评估文件。目前，国家层面对于节能评估机构的资质和从业人员未有明确的界定和管理办法，有的地方根据实际情况，对节能评估机构的能力要求作了适当的界定并颁发了相应的管理办法。

2）节能评估的分类。根据《固定资产投资项目节能评估和审查办法》，固定资产投资项目节能评估按照项目建成投产后年能源消费量实行分类管理，年综合能源消费量 3000t 标准煤以上（含 3000t 标准煤，电力折算系数按当量值，下同），或年电力消费量 500 万 kWh 以上，或年石油消费量 1000t 以上，或年天然气消费量 100 万 m³ 以上的固定资产投资项目，应单独编制节能评估报告书。年综合能源消费量 1000～3000t 标准煤（不含 3000t，下同），或年电力消费量 200 万～

500 万 kWh，或年石油消费量 500～1000t，或年天然气消费量 50 万～100 万 m^3 的固定资产投资项目，应单独编制节能评估报告表。上述条款以外的项目，应填写节能登记表。节能评估文件的分类见表 28-3。

表 28-3　　　节能评估文件的分类

文件类型	年能源消费量 E（当量值）			
	实物能源消费量			综合能源消费量（t/标准煤）
	电力（万 kWh）	石油（t）	天然气（万 m^3）	
节能评估报告书	$E \geqslant 500$	$E \geqslant 1000$	$E \geqslant 100$	$E \geqslant 3000$
节能评估报告表	$200 \leqslant E < 500$	$500 \leqslant E < 1000$	$50 \leqslant E < 100$	$1000 \leqslant E < 3000$
节能登记表	$E < 200$	$E < 500$	$E < 50$	$E < 1000$

注　项目年综合能源消费量或实物能源消费量中任何一项达到额度，即应编制相应的评估文件。

目前，有的省份和地（市）根据实际情况，对能源消费量的控制标准做了适当的调整。因此，由地方政府有关部门负责节能审查的项目，依照当地有关规定进行分类。

3）节能审查的概念。根据国家发展和改革委员会 2016 年 9 月发布的《固定资产投资项目节能评估和审查办法》，本办法所称节能审查，是指根据节能法规、标准，对项目节能评估文件进行审查并形成审查意见，或对节能登记表进行登记备案的行为。

4）节能审查的分级。固定资产投资项目节能审查按照项目管理权限实行分级管理。由国家发展和改革委员会核报国务院审批或核准的项目以及由国家发展和改革委员会审批或核准的项目，其节能审查由国家发展和改革委员会负责；由地方人民政府发展改革部门审批、核准、备案或核报本级人民政府审批、核准的项目，其节能审查由地方人民政府发展改革部门负责。

节能审查机关收到项目节能评估文件后，要委托有关机构进行评审，形成评审意见，作为节能审查的重要依据。接受委托的评审机构应在节能审查机关规定的时间内提出评审意见。评审机构在进行评审时，可以要求项目建设单位就有关问题进行说明或补充材料。

5）节能评估报告的内容。根据项目核准的要求，在可行性研究阶段，项目建设单位需委托有资质的单位编制变电站《节能评估报告书》对项目的节能设计进行论述，其主要内容如下：

a）评估依据；

b）项目概况；

c）能源供应情况分析评估；

d）项目建设方案节能评估；

e）项目能源消耗及能效水平评估；

f）节能措施评估；

g）结论；

h）附图、附表。

节能评估报告具体编制要点详见本章第五节。

（3）初步设计阶段需编制《变电站节能分析》专章。初步设计阶段主要是落实项目节能评估报告书中的节能措施。在初步设计时，相关专业需落实节能评估报告中提出的节能措施，并提出相应的节能措施，供编制《变电站节能分析》（专章）使用。

（4）施工图设计阶段主要是按节能评估报告、初步设计中的节能措施进行设计，需要时，汇总项目所采取的节能措施，估算主要耗能指标。

（5）项目投运后，需要时编制节能审计报告，包括主要用能设备运行效率监测分析、能源消耗指标计算分析、重点工艺能耗指标与单位产品能耗指标计算分析、产值能耗指标与能源成本指标计算分析、节能效果与考核指标计算分析（节能量计算）、影响能源消耗变化因素的分析、节能技术改进项目的经济效益评价以及节能审计结论和合理用能的建议。

第二节　电 气 节 能

变电站电气节能设计主要通过对变电站主要耗能设备进行优化选型、合理选择导线及金具、选用低能耗的辅助生产系统等措施实现变电站整体的节能设计，并结合系统及线路等各专业的节能措施从而形成满足资源利用及环境承受能力的电网输电格局。

一、耗能设备的选型

变电站设备在分配和输送电能环节中起着不可或缺的作用，但这些设备在运行时也必然产生能源损耗，耗能设备主要包括变压器、并联电抗器、串联电抗器、并联电容器、静止无功补偿装置、静止无功补偿器等。其中最主要的损耗是变压器损耗和高压并联电抗器损耗，具体可依据工程实际情况选择。

1. 主变压器的选择

主变压器是变电站、甚至电网的主要能耗设备，其电能损耗约占电网总损耗的 25%～30%。市场上，变压器能效指标是变压器的主要参数之一。变电站变压器的容量、台数、相数、绕组数及阻抗等的选择，应根据电力负荷发展及潮流变化，结合系统短路电流、系统稳定、调相调压、设备制造及运输等具体条件进行。

变压器的损耗主要包括电流流过线圈导体发热而

产生的负载损耗以及由于电磁感应效应在铁芯中产生的空载损耗,此外还包括漏磁产生的杂散损耗和风扇、油泵等辅助设施运行时产生的辅助损耗。变压器的损耗与变压器结构和材料关系密切,一般情况下,单相变压器的损耗高于三相变压器;三相三绕组变压器的损耗高于三相自耦变压器;而有载调压变压器的损耗高于无励磁调压变压器。工程实际实施若因大件运输条件等外部条件制约,只能采用单相变压器的,为了达到节能降耗的目的,在确定变压器的结构型式时,一般推荐采用自耦、无励磁调压变压器;在大件运输条件非常恶劣或变电站初期长时间处于用电负荷较低时也可考虑采用组合式变压器,也会有一定的节能效果。

在变压器技术规范中,应把损耗的大小作为订货的重要考虑因素,鼓励厂家优先选用高性能、低损耗的电工产品,从根源上确保节能措施的落实。220kV及以上变电站在上述条件允许时宜优先采用自耦变压器。变压器应选用节能变压器。在满足将各电压侧短路水平限制在规定值的前提下,尽量不使用阻抗较高的变压器,尽可能的降低主变压器的空载损耗(铁损),适当降低主变压器的负载损耗(铜损)。另外,为了降低变压器散热器的损耗,优先选用效能高、功率小、噪声低的风扇组,把辅助损耗降到最小。

110～1000kV 各电压等级主变压器性能参数见表28-4～表28-29。在选择主变压器时要求损耗不应大于各表中规定的数值。

表 28-4   110kV 三相双绕组无励磁调压电力变压器性能参数

额定容量（MVA）	电压组合及分接范围		联结组标号	空载损耗（kW）	负载损耗（kW）	空载电流（%）	短路阻抗（%）
	高压及分接范围（kV）	低压（kV）					
6.3				7.40	35.0	0.62	
8				8.90	42.0	0.62	
10				10.5	50.0	0.58	
12.5				12.4	59.0	0.58	
16		6.3 6.6 10.5		15.0	73.0	0.54	
20				17.6	88.0	0.54	10.5
25				20.8	104	0.50	
31.5	110±2×2.5% 115±2×2.5% 121±2×2.5%		YNd11	24.6	123	0.48	
40				29.4	148	0.45	
50				35.2	175	0.42	
63				41.6	208	0.38	
75				47.2	236	0.33	
90		13.8 15.75 18 21		54.4	272	0.30	
120				67.8	337	0.27	12～14
150				80.1	399	0.24	
180				90.0	457	0.20	

表 28-5   110kV 三相三绕组无励磁调压电力变压器性能参数

额定容量（MVA）	电压组合及分接范围			联结组标号	空载损耗（kW）	负载损耗（kW）	空载电流（%）	短路阻抗（%）	
	高压及分接范围（kV）	中压（kV）	低压（kV）					升压	降压
6.3					8.90	44.0	0.66	高—中 17.5～18.5 高—低 10.5 中—低 6.5	高—中 10.5 高—低 18～19 中—低 6.5
8	110±2×2.5% 115±2×2.5% 121±2×2.5%	36 37 38.5	6.3 6.6 10.5 21	YNyn0d11	10.6	53.0	0.62		
10					12.6	62.0	0.59		
12.5					14.7	74.0	0.56		
16					17.9	90.0	0.53		

额定容量（MVA）	电压组合及分接范围			联结组标号	空载损耗（kW）	负载损耗（kW）	空载电流（%）	短路阻抗（%）	
	高压及分接范围（kV）	中压（kV）	低压（kV）					升压	降压
20	110±2×2.5% 115±2×2.5% 121±2×2.5%	36 37 38.5	6.3 6.6 10.5 21	YNyn0d11	21.1	106	0.52	高—中 17.5~18.5 高—低 10.5 中—低 6.5	高—中 10.5 高—低 18~19 中—低 6.5
25					24.6	126	0.48		
31.5					29.4	149	0.48		
40					34.8	179	0.44		
50					41.6	213	0.44		
63					49.2	256	0.40		

表 28-6   **110kV 三相双绕组有载调压电力变压器性能参数**

额定容量（MVA）	电压组合及分接范围		联结组标号	空载损耗（kW）	负载损耗（kW）	空载电流（%）	短路阻抗（%）
	高压及分接范围（kV）	低压（kV）					
6.3	110±8×1.25%	6.3 6.6 10.5 21	YNd11	8.00	35.0	0.64	10.5
8				9.60	42.0	0.64	
10				11.3	50.0	0.59	
12.5				13.4	59.0	0.59	
16				16.1	73.0	0.55	
20				19.2	88.0	0.55	
25				22.7	104	0.51	
31.5				27.0	123	0.51	
40				32.3	156	0.46	
50				38.2	194	0.46	12~18
63				45.4	232	0.42	

表 28-7   **110kV 三相三绕组有载调压电力变压器性能参数**

额定容量（MVA）	电压组合及分接范围			联结组标号	空载损耗（kW）	负载损耗（kW）	空载电流（%）	短路阻抗（%）
	高压及分接范围（kV）	中压（kV）	低压（kV）					
6.3	110±8×1.25%	36 37 38.5	6.3 6.6 10.5 21	YNyn0d11	9.60	44.0	0.76	高—中 10.5 高—低 18~19 中—低 6.5
8					11.5	53.0	0.76	
10					13.6	62.0	0.71	
12.5					16.1	71.0	0.71	
16					19.3	90.0	0.67	
20					22.8	106	0.67	
25					27.0	126	0.62	
31.5					32.1	149	0.62	
40					38.5	179	0.58	
50					45.5	213	0.58	
63					54.1	256	0.53	

表 28-8　　110kV 三相双绕组低压为 35kV 无励磁调压电力变压器性能参数

额定容量 （MVA）	电压组合及分接范围		联结组标号	空载损耗 （kW）	负载损耗 （kW）	空载电流 （%）	短路阻抗 （%）
	高压及分接范围 （kV）	低压 （kV）					
6.3				8.00	37.0	0.67	
8				9.60	44.0	0.67	
10				11.2	52.0	0.62	
12.5				13.1	62.0	0.62	
16	110±2×2.5% 115±2×2.5% 121±2×2.5%	36 37 38.5	YNd11	15.6	76.0	0.57	10.5
20				18.5	94.0	0.57	
25				21.9	110	0.53	
31.5				25.9	133	0.53	
40				30.8	155	0.49	
50				36.9	193	0.49	
63				43.6	232	0.45	

表 28-9　　220kV 三相双绕组无励磁调压电力变压器性能参数

额定容量 （MVA）	电压组合及分接范围		联结组标号	空载损耗 （kW）	负载损耗 （kW）	空载电流 （%）	短路阻抗 （%）
	高压及分接范围 （kV）	低压 （kV）					
31.5				28.0	128	0.56	
40		6.3 6.6 10.5		32.0	149	0.56	
50				39.0	179	0.52	
63				46.0	209	0.52	
75		10.5 13.8		53.0	237	0.48	
90				61.0	273	0.44	
120				75.0	338	0.44	
150	220±2×2.5% 242±2×2.5%	10.5 13.8 15.75 18 20	YNd11	89.0	400	0.40	12～14
160				93.0	420	0.39	
180				102	459	0.36	
240				128	538	0.33	
300				151	641	0.30	
360		15.75 18 20		173	735	0.30	
370				176	750	0.30	
400				187	795	0.28	
420				193	824	0.28	

表 28-10 　　　　　　　　　**220kV 三相三绕组无励磁调压电力变压器性能参数**

额定容量（MVA）	电压组合及分接范围			联结组标号	空载损耗（kW）	负载损耗（kW）	空载电流（%）	短路阻抗（%）	
	高压及分接范围（kV）	中压（kV）	低压（kV）					升压	降压
31.5			6.3		32.0	153	0.56		
40			6.6 10.5		38.0	183	0.50		
50			21 36		44.0	216	0.44		
63			37 38.5		52.0	257	0.44		
90	220±2×2.5% 230±2×2.5% 242±2×2.5%	69 115 121	10.5 13.8 21	YNyn0d11	68.0	333	0.39	高一中 22～24 高一低 12～14 中一低 7～9	高一中 12～14 高一低 22～24 中一低 7～9
120			36 37 38.5		84.0	410	0.39		
150			10.5 13.8		100	487	0.33		
180			15.75		113	555	0.33		
240			21 36		140	684	0.28		
300			37 38.5		166	807	0.24		

表 28-11 　　　　　　　**220kV 三相双绕组低压为 66kV 无励磁调压电力变压器性能参数**

额定容量（MVA）	电压组合及分接范围		联结组标号	空载损耗（kW）	负载损耗（kW）	空载电流（%）	短路阻抗（%）
	高压及分接范围（kV）	低压（kV）					
31.5				30.0	143	0.71	
40				36.0	167	0.71	
50				42.0	200	0.65	
63				50.0	234	0.65	
90	220±2×2.5% 230±2×2.5%	63 66 69	YNd11	66.0	306	0.60	12～14
120				81.0	367	0.60	
150				97.0	430	0.54	
180				110	487	0.54	
240				136	603	0.48	

表 28-12 　　　　　　　　　**220kV 三相三绕组无励磁调压自耦变压器性能参数**

额定容量（MVA）	电压组合及分接范围			联结组标号	升压组合			降压组合			短路阻抗（%）	
	高压及分接范围（kV）	中压（kV）	低压（kV）		空载损耗（kW）	负载损耗（kW）	空载电流（%）	空载损耗（kW）	负载损耗（kW）	空载电流（%）	升压	降压
31.5			6.6		20.0	111	0.45	17.0	91.0	0.40		
40			10.5 21		23.0	136	0.45	20.0	111	0.40		
50			36		27.0	161	0.40	24.0	136	0.34		
63			37 38.5		32.0	190	0.40	28.0	162	0.34		
90	220±2×2.5% 230±2×2.5% 242±2×2.5%	115 121		YNyn0d11	40.0	262	0.31	36.0	222	0.28	高一中 12～14 高一低 8～12 中一低 14～18	高一中 8～10 高一低 28～31 中一低 18～21
120			10.5 13.8		49.0	323	0.31	44.0	273	0.28		
150			15.75 18		58.0	384	0.28	52.0	324	0.26		
180			21 36		67.0	439	0.28	60.0	367	0.26		
240			37 38.5		79.0	545	0.26	71.0	478	0.20		

表 28-13   **220kV 三相双绕组有载调压电力变压器性能参数**

额定容量 （MVA）	电压组合及分接范围		联结组标号	空载损耗 （kW）	负载损耗 （kW）	空载电流 （%）	短路阻抗 （%）
	高压及分接范围 （kV）	低压 （kV）					
31.5		6.3 6.6 10.5 21 36 37 38.5		30.0	128	0.57	
40				36.0	149	0.57	
50				43.0	179	0.53	
63				50.0	209	0.53	
90				64.0	273	0.45	
120	220±8×2.5% 230±8×2.5%		YNd11	79.0	338	0.45	12～14
150		10.5 21 36 37 38.5 66 69		92.0	400	0.41	
180				108	459	0.38	
120				81.0	337	0.45	
150				96.0	394	0.41	
180				112	454	0.38	
240				140	560	0.30	

表 28-14   **220kV 三相三绕组有载调压电力变压器性能参数**

额定容量 （MVA）	电压组合及分接范围			联结组标号	空载损耗 （kW）	负载损耗 （kW）	空载电流 （%）	容量分配 （MVA）	短路阻抗 （%）
	高压及分接范围 （kV）	中压 （kV）	低压 （kV）						
31.5			6.3 6.6 10.5 21 36 37 38.5		35.0	153	0.63		
40					41.0	183	0.60		
50					48.0	216	0.60		高—中 12～14
63	220±8×2.5% 230±8×2.5%	69 115 121		YNyn0d11	56.0	257	0.55	100/100/100 100/50/100 100/100/50	高—低 22～24
90					73.0	333	0.44		中—低 7～9
120			10.5 21 36 37 38.5		92.0	410	0.44		
150					108	487	0.39		
180					121	598	0.39		
240					154	741	0.35		

表 28-15   **220kV 三相三绕组有载调压自耦变压器性能参数**

额定容量 （MVA）	电压组合及分接范围			联结组标号	空载损耗 （kW）	负载损耗 （kW）	空载电流 （%）	容量分配 （MVA）	短路阻抗 （%）
	高压及分接范围 （kV）	中压 （kV）	低压 （kV）						
31.5			6.3 6.6 10.5 21 36 37 38.5		20.0	102	0.44		
40					21.0	125	0.44		
50					28.0	149	0.39		高—中 8～11
63	220±8×2.5% 230±8×2.5%	115 121		YNyn0d11	33.0	179	0.39	100/100/50	高—低 28～34
90					40.0	234	0.33		中—低 18～21
120			10.5 21 36 37 38.5		51.0	292	0.33		
150					60.0	346	0.28		
180					68.0	398	0.28		
240					83.0	513	0.24		

表 28-16　　　　　　330kV 三相双绕组无励磁调压电力变压器性能参数

额定容量（MVA）	电压组合及分接范围		联结组标号	空载损耗（kW）	负载损耗（kW）	空载电流（%）	短路阻抗（%）
	高压及分接范围（kV）	低压（kV）					
90	345 345±2×2.5% 363 363±2×2.5%	10.5 13.8 15.75 18 20	YNd11	68.0	274	0.44	14～15
120				85.0	340	0.44	
150				101	402	0.41	
180				116	461	0.38	
240				145	572	0.34	
360				198	802	0.34	
370				202	818	0.30	
400				214	867	0.30	
720				332	1347	0.20	

表 28-17　　　　　　330kV 三相三绕组无励磁调压电力变压器性能参数

额定容量（MVA）	电压组合及分接范围			联结组标号	空载损耗（kW）	负载损耗（kW）	空载电流（%）	短路阻抗（%）	容量分配（MVA）
	高压及分接范围（kV）	中压（kV）	低压（kV）						
90	330±2×2.5% 345±2×2.5%	121	10.5 13.8 15.75	YNyn0d11	77.0	335	0.46	高一中 24～26 高一低 14～15 中一低 8～9	100/100/100
120					96.0	415	0.46		
150					114	491	0.43		
180					130	563	0.43		
240					162	699	0.40		

表 28-18　　　　330kV 三相三绕组无励磁调压自耦电力变压器（串联绕组调压）性能参数

额定容量（MVA）	电压组合及分接范围			联结组标号	空载损耗（kW）	负载损耗（kW）	空载电流（%）	短路阻抗（%）	容量分配（MVA）
	高压及分接范围（kV）	中压（kV）	低压（kV）						
90	330±2×2.5%	121	10.5 11 35 38.5	YNa0d11	45.0	263	0.36	高一中 10～11 高一低 24～26 中一低 12～14	100/100/30
120					56.0	321	0.36		
150					68.0	385	0.32		
180					77.0	440	0.32		
240					96.0	547	0.28		
360					130	742	0.28		

表 28-19　　　　330kV 三相三绕组有载调压自耦电力变压器（串联绕组末端调压）性能参数

额定容量（MVA）	电压组合及分接范围			联结组标号	空载损耗（kW）	负载损耗（kW）	空载电流（%）	短路阻抗（%）	容量分配（MVA）
	高压及分接范围（kV）	中压（kV）	低压（kV）						
90	330±8×1.25% 345±8×1.25%	121	10.5 11 35 38.5	YNyn0d11	47.0	261	0.40	高一中 10～11 高一低 24～26 中一低 12～14	100/100/30
120					59.0	324	0.40		
150					69.0	383	0.36		
180					79.0	440	0.36		
240					99.0	547	0.32		
360					134	742	0.32		

表 28-20　330kV 三相三绕组有载调压自耦电力变压器（中压线段调压一）性能参数

额定容量（MVA）	电压组合及分接范围			联结组标号	空载损耗（kW）	负载损耗（kW）	空载电流（%）	短路阻抗（%）	容量分配（MVA）
	高压（kV）	中压及分接范围（kV）	低压（kV）						
90	330 345	121±8×1.25%	10.5 11 35 38.5	YNa0d11	49.0	279	0.40	高—中 10～11 高—低 26～28 中—低 16～17	100/100/30
120					61.0	346	0.40		
150					72.0	410	0.36		
180					83.0	470	0.36		
240					102	581	0.32		
360					139	792	0.32		

表 28-21　330kV 三相三绕组有载调压自耦电力变压器（中压线段调压二）性能参数

额定容量（MVA）	电压组合及分接范围			联结组标号	空载损耗（kW）	负载损耗（kW）	空载电流（%）	短路阻抗（%）	容量分配（MVA）
	高压（kV）	中压及分接范围（kV）	低压（kV）						
90	330 345 363	230±4×1.25% 230±8×1.25% 242±4×1.25% 242±8×1.25%	10.5 11 35 38.5	YNa0d11	25.0	293	0.32	高—中 10～11	100/100/30
120					31.0	363	0.28		
150					37.0	431	0.24		
180					42.0	494	0.24		
240					53.0	613	0.20		
360					72.0	837	0.20		

表 28-22　330kV 三相三绕组无励磁调压自耦电力变压器（中压线段调压）性能参数

额定容量（MVA）	电压组合及分接范围			联结组标号	空载损耗（kW）	负载损耗（kW）	空载电流（%）	短路阻抗（%）	容量分配（MVA）
	高压（kV）	中压及分接范围（kV）	低压（kV）						
90	330 345	230±2×2.5% 230±3×2.5% 242±2×2.5% 242±3×2.5%	10.5 11 35 38.5	YNa0d11	23.0	293	0.32	高—中 10～11	100/100/30
120					29.0	363	0.28		
150					34.0	431	0.24		
180					39.0	494	0.24		
240					49.0	613	0.20		
360					67.0	836	0.20		

表 28-23　500kV 单相双绕组无励磁调压电力变压器性能参数

额定容量（MVA）	电压组合		联结组标号	空载损耗（kW）	负载损耗（kW）	空载电流（%）	短路阻抗（%）
	高压（kV）	低压（kV）					
100	500/$\sqrt{3}$ 525/$\sqrt{3}$ 535/$\sqrt{3}$ 550/$\sqrt{3}$	13.8；15.75	Ii0	61.0	225	0.20	14
120		15.75；18；20		70.0	260	0.20	
200		15.75；18；20；24		114	380	0.15	
223		18		124	412	0.15	
240		18；20；24		131	435	0.15	
260		18；20		140	460	0.15	
380		24；27		186	610	0.15	16 或 18
400				193	633	0.15	
410				197	645	0.15	
484				223	730	0.15	

表 28-24 　　　　　　　　　**500kV 三相双绕组无励磁调压电力变压器性能参数**

额定容量 (MVA)	电压组合		联结组标号	空载损耗 (kW)	负载损耗 (kW)	空载电流 (%)	短路阻抗 (%)
	高压 (kV)	低压 (kV)					
120	500 525 550	13.8；15.75	YNd11	75.0	395	0.25	14
160				90.0	490	0.20	
240				125	665	0.20	
300		13.8；15.75；18		145	785	0.20	
370		15.75；18；20		170	900	0.15	
400		18；20；24		175	950	0.15	
420		15.75；18；20		185	955	0.15	14 或 16
480		15.75；18；20		200	1060	0.15	
600		15.75；18；20；24		260	1335	0.15	
720		18；20；24		305	1535	0.10	
750		20；22		315	1580	0.10	
780		22		320	1630	0.10	16 或 18
860		22		345	1750	0.10	
1140		27		430	2165	0.10	
1170		27		440	2200	0.10	

表 28-25 　　　　**500kV 单相三绕组无励磁调压自耦电力变压器（中压线端调压）性能参数**

额定容量 (MVA)	电压组合及分接范围			联结组标号	空载损耗 (kW)	负载损耗 (kW)	空载电流 (%)	短路阻抗 (%)	容量分配 (MVA)
	高压 (kV)	中压及分接范围 (kV)	低压 (kV)						
120	$500/\sqrt{3}$ $525/\sqrt{3}$ $550/\sqrt{3}$	$230/\sqrt{3}$ $230/\sqrt{3} \pm 2 \times 2.5\%$ $242/\sqrt{3} \pm 2 \times 2.5\%$	35 36 37 38.5 63 66	Ia0i0	50.0	230	0.20	高—中 12 高—低 31～38 中—低 20～22	120/120/40
167					60.0	275	0.20		167/167/40
									167/167/60
250					85.0	370	0.15		250/250/60
									250/250/80
334					105	475	0.10		334/334/100
400					120	545	0.10		400/400/120
120					50.0	245	0.20	高—中 12 高—低 42～46 中—低 28～30	120/120/40
167					60.0	290	0.20		167/167/60
250					85.0	395	0.15		250/250/60
									250/250/80
334					105	510	0.10		334/334/80
									334/334/100
400					120	580	0.10		400/400/120
120					50.0	245	0.20	高—中 14～15 高—低 42～46 中—低 28～30	120/120/40
167					60.0	290	0.20		167/167/60
250					85.0	395	0.15		250/250/80
334					105	510	0.10		334/334/80
									334/334/100
400					120	580	0.10		400/400/120

表 28-26 **500kV 单相三绕组有载调压自耦电力变压器（中压线端调压）性能参数**

额定容量（MVA）	电压组合及分接范围			联结组标号	空载损耗（kW）	负载损耗（kW）	空载电流（%）	短路阻抗（%）	容量分配（MVA）
	高压（kV）	中压及分接范围（kV）	低压（kV）						
120					50.0	230	0.20	高—中 12 高—低 31~38 中—低 20~22	120/120/40
167					60.0	285	0.20		167/167/40
									167/167/60
250					85.0	380	0.15		250/250/40
									250/250/80
334					110	490	0.10		334/334/100
400					150	560	0.10		400/400/120
120	500/√3 525/√3 550/√3	230/√3 ±8×1.25%	35 36 37 38.5 63 66	Ia0i0	50.0	250	0.20	高—中 12 高—低 42~46 中—低 28~30	120/120/40
167					60.0	300	0.20		167/167/60
250					85.0	405	0.15		250/250/60
									250/250/80
334					110	530	0.10		334/334/80
									334/334/100
400					130	610	0.10		400/400/120
120					50.0	250	0.20	高—中 14~15 高—低 42~48 中—低 28~30	120/120/40
167					60.0	300	0.20		167/167/60
250					85.0	405	0.15		250/250/80
334					110	530	0.10		334/334/80
									334/334/100
400					130	610	0.10		400/400/120

表 28-27 **750kV 单相三绕组无励磁调压自耦电力变压器性能参数**

额定容量（MVA）	电压组合及分接范围			联结组标号	空载损耗（kW）	负载损耗（kW）	空载电流（%）	短路阻抗（%）	容量分配（MVA）
	高压（kV）	中压（kV）	低压（kV）						
500	800/√3 750/√3	345/√3	63 66	Ia0i0 （三相组 YNa0d11）	180	920	0.20	高—中：16 高—低：44~50 中—低：25~33	500/500/150
700					132	1090	0.15	高—中：18 高—低：55~57 中—低：35~37	700/700/233
500		242/√3			105	890	0.10	高—中：21 高—低：43 中—低：22	500/500/150

表 28-28 **750kV 单相双绕组无励磁调压电力变压器性能参数**

额定容量（MVA）	电压组合		联结组标号	空载损耗（kW）	负载损耗（kW）	空载电流（%）	短路阻抗（%）
	高压（kV）	低压（kV）					
240	800/√3 750/√3	22.00	Ii0 （三相组 YNd11）	120	525	0.15	0.15
260		18.00，20.00，22.00		120	545	0.15	
380		24.00，27.00		140	810	0.10	

表 28-29　　　　　　　　　　　　1000kV 单相三绕组无励磁调压自耦变压器性能参数

| 额定容量（MVA） | 电压组合及分接范围 | | | 联结组标号 | 空载损耗（kW） | 负载损耗（kW） | 空载电流（%） | 短路阻抗（%） | 容量分配（MVA） |
	高压（kV）	中压（kV）	低压（kV）						
1000	$1050/\sqrt{3}$	$515/\sqrt{3}$ $520/\sqrt{3}$ $525/\sqrt{3}$	110	Ia0i0（三相组 YNa0d11）	185	1580	0.1	高—中：18 高—低：62 中—低：40	1000/1000/334
1500					280	2270	0.1		1500/1500/500

2. 站用变压器的选型

站用变压器是变电站为低压设备或照明等提供动力负荷的降压变压器，是变电站站用电系统中的重要组成部分。一般变压器经常性负荷配置在接近 35%额定容量时，变压器能获得较高的运行效率。合理选择变压器的容量，根据季节与负荷特性及时调整变压器分接头开关，提高变压器的负荷率，充分发挥变压器的潜力。站用变压器在正常运行状态时多处于低负荷运行状态，在站用变压器的选择上，降低空载损耗将获得明显的节能效果。

开发低损耗油浸式站用变压器的主要手段是采用新材料，应用新结构和新工艺，如采用 SZ-11 型节能变压器，该变压器具有优良的电气、机械和绝缘耐热性能，抗短路与过负载能力强，空载损耗、空载电流及噪声大幅降低，有着确实的节能效果。其结构采用代替传统结构的特殊卷铁芯材料，其空载损耗降低 30%，空载电流降低 50%～80%，噪声降低 6～10dB（A），是新型的节能新产品。经计算，其年综合损耗电量比新 S9 型降低 13%～17%，具有良好的节能效果。

干式变压器由于其无油化，降低了建筑物的耐火等级要求等优点而受到广泛欢迎。而且在有些特殊的环境中，只能使用干式变压器，如多层或高层主体建筑内的变电站宜选用不燃或难燃型的干式变压器等。所以在许多不允许使用油浸式变压器的场所，如地下、高层建筑物室内等对防火要求较高的场所都可设计为干式变压器。现在的环氧树脂浇注干式变压器已经克服了绝缘材料耐热等级低、绝缘材料易老化龟裂等问题。随着绝缘材料的不断发展和材料性能的不断提高，其绝缘耐热等级可以达到 H 级，这是油浸式变压器不可能达到的技术指标。其次，干式变压器与传统油浸式变压器相比，有无油、难燃、防尘、耐潮、局部放电量小等优点。

也可采用有发展前景的新材料非晶合金，目前生产采用的 S15 型非晶合金变压器的空载损耗可比用硅钢片铁芯的 S11 型节能变压器下降约 60%～70%，空载电流下降约 80%，节能效果突出。在经济条件允许下，选用空载损耗更低的变压器，能够有效地减少电能损耗。变电站中选用的 10～66kV 站用变压器性能参数见表 28-30～表 28-39，要求损耗不应大于各表中规定的数值。

表 28-30　　　　　　　　　　　　10kV 三相油浸式站用变压器性能参数

变压器容量（kVA）	调压方式	高压（kV）	高压分接范围（%）	低压（kV）	联结组标号	空载损耗（kW）	负载损耗（kW）	短路阻抗（%）
50	无励磁	10 10.5	±5 ±2×2.5	0.4	Dyn11 Yyn0	0.13	0.91/0.87	4.0
100						0.20	1.58/1.50	
160						0.28	2.31/2.2	
200						0.34	2.73/2.6	
315						0.48	3.83/3.65	
400						0.57	4.52/4.30	
630						0.81	6.20	4.5
800						0.98	7.50	
200	有载		±4×2.5	0.4	Dyn11 Yyn0	0.38	2.91	4.0
315						0.54	4.10	
400						0.64	4.96	
630						0.96	7.27	4.5

注　对于额定容量为 500kVA 及以下的变压器，表中斜线上方的负载损耗值适用于 Dyn11 联结组，斜线下方的负载损耗值适用于 Yyn0 联结组。

表 28-31　　　　　　　　　　　　　10kV 三相干式站用变压器性能参数

变压器容量（kVA）	调压方式	高压（kV）	高压分接范围（%）	低压电压（kV）	联结组标号	A 组		B 组		短路阻抗（%）
						空载损耗（kW）	负载损耗（120℃）（kW）	空载损耗（kW）	负载损耗（120℃）（kW）	
50						0.27	1.0	0.34	1.07	
100						0.4	1.57	0.36	1.69	
160						0.54	2.13	0.49	2.32	
200						0.62	2.53	0.58	2.69	4
315						0.88	3.47	0.78	3.69	
500	无励磁	10 10.5	±5 ±2×2.5	0.4	Dyn11 Yyn0	1.16	4.88	1.040	5.16	
630						1.340	5.88	1.200	6.140	
630						1.300	5.960	1.160	6.330	
800						1.52	6.96	1.37	7.38	
1000						1.77	8.13	1.56	8.73	6
1250						2.09	9.69	1.81	10.39	
2000						3.05	15.96	2.70	16.72	
2500						3.60	18.89	3.15	19.84	

变压器容量（kVA）	调压方式	高压（kV）	高压分接范围（%）	低压电压（kV）	联结组标号	空载损耗（kW）	负载损耗（120℃）（kW）	短路阻抗（%）
315						0.99	3.61	
500						1.30	5.23	4.0
630						1.494	6.18	
630						1.44	6.37	
800	有载	10 10.5	±4×2.5	0.4	Dyn11 Yyn0	1.71	7.98	
1000						1.98	8.79	
1250						2.34	10.45	6.0
2000						3.42	14.34	
2500						3.96	18.15	

表 28-32　　　　　　　　　　　　　10kV 三相油浸式非晶合金站用变压器性能参数

变压器容量（kVA）	高压（kV）	高压分接范围（%）	低压（kV）	联结组标号	空载损耗（kW）	负载损耗（kW）	空载电流（%）	短路阻抗（%）
100					0.075	1.58/1.50	0.9	
160					0.100	2.31/2.20	0.6	
200					0.120	2.73/2.60	0.6	
315	10 10.5	±5 ±2×2.5	0.4	Dyn11	0.17	3.83/3.65	0.5	4.0
400					0.20	4.52/4.30	0.5	
630					0.32	6.20	0.3	
800					0.38	7.50	0.3	4.5

注　当铁芯为三相三柱时，根据需要也可采用 Yyn0 联结组。斜线下方的负载损耗为 Yyn0 联结组。

表 28-33　　　　　　　　　　　　　　　10kV 三相干式非晶合金站用变压器性能参数

变压器容量（kVA）	高压（kV）	高压分接范围（%）	低压（kV）	联结组标号	空载损耗（kW）	负载损耗（120℃）（kW）	空载电流（%）	短路阻抗（%）
100					0.13	1.57	1.2	
160					0.17	2.13	1.1	
200					0.20	2.53	1.0	4
315					0.28	3.47	0.9	
500	10	±5	0.4	Dyn11	0.36	4.88	0.8	
630	10.5	±2×2.5			0.42	5.88	0.7	
630					0.41	5.96	0.7	
800					0.48	6.96	0.7	6
1000					0.55	8.13	0.6	
1250					0.65	9.69	0.6	

表 28-34　35kV 三相双绕组无励磁调压
变压器标准参数（不大于下值）

型式、规格	空载损耗（kW）	负载损耗（kW）
S□-50/35	0.16	1.20
S□-100/35	0.23	2.01
S□-200/35	0.34	3.32
S□-400/35	0.58	5.74
S□-630/35	0.83	7.86
S□-800/35	0.98	9.40

表 28-35　35kV 三相双绕组有载调压
变压器标准参数（不大于下值）

型式、规格	空载损耗（kW）	负载损耗（kW）
SZ□-400/35	0.58	5.16
SZ□-630/35	0.82	7.42
SZ□-800/35	0.98	8.88

表 28-36　35kV 三相双绕组无励磁调压
变压器损耗参数（不大于下值）

型式、规格	空载损耗（kW）	负载损耗（kW）
SC□-50/35	0.45	1.35
SC□-100/35	0.63	1.98
SC□-200/35	0.88	3.15
SC□-400/35	1.37	5.13
SC□-630/35	1.86	7.29
SC□-800/35	2.16	8.64

表 28-37　　35kV 三相双绕组有载调压变压器损耗参数

型式、规格	空载损耗（kW）	负载损耗（kW）
SCZ□-400/35	1.38	4.82
SCZ□-630/35	1.86	6.89
SCZ□-800/35	2.16	8.1

表 28-38　66kV 油浸式三相双绕组有载
调压电力变压器损耗参数

规格	空载损耗（kW）	主分接负载损耗（kW）
66kV/0.4/800kVA	1.5	8.4
66kV/0.4/1000kVA	1.7	9.8
66kV/0.4/1250kVA	2	12
66kV/0.4/1600kVA	2.48	14
66kV/0.4/2500kVA	3	19

表 28-39　66kV 油浸式三相双绕组
无励磁调压电力变压器损耗参数

规格	空载损耗（kW）	主分接负载损耗（kW）
66kV/0.4/400kVA	1	6
66kV/0.4/630kVA	1.28	7.13
66kV/0.4/800kVA	1.5	8.4
66kV/0.4/1000kVA	1.7	9.8

3. 高压电抗器的选型

高压电抗器按接入方式分为并联高压电抗器和串联高压电抗器。并联高压电抗器并联在网络输电线路（或母线）上，抑制操作过电压和甩负荷时的工频过电压，抑制稳态方式下因电容效应产生的电压异常升高，平衡输电线路的无功功率，做好电网无功功率的分区分层平衡，提高电网的电压质量、经济运行水平和输送能力。线路加装串联高压电抗器可以很好的对电网短路电流水平进行限制。按照控制方式可分为固定高压电抗器和可控高压电抗器；可控高压电抗器依照控制方案分为阀控式高压电抗器和磁控式高压电抗器。

高压电抗器的铁损和铜损在接入系统后同时存在，电抗器本体损耗是固定损耗，与高压电抗器的电压有关，其运行损耗一般分为以下几类：

（1）铜损。绕组内产生的损耗，包括电阻损耗、绕组内的涡流损耗、边缘磁通产生的涡流损耗；

（2）铁损。铁芯内产生的损耗，包括磁滞损耗、涡流损耗、边缘磁通产生的涡流损耗；

（3）杂散损耗。漏磁场在铁芯夹紧件、油箱等结构件中产生的损耗。

可控高压电抗器控制部分的损耗依照其控制方式的不同可分为晶闸管阀损耗或励磁系统损耗，具体可依据工程实际情况选择。常用 330～1000kV 并联电抗器相关损耗参数见表 28-40～表 28-43，必要时也可参考用户的企业标准进行选择。

表 28-40   **330kV 油浸式并联电抗器损耗参数**

额定容量 （Mvar）	额定电压 （kV）	最高运行电压 （kV）	允许长期 过励磁倍数	连接方式	额定电抗 （Ω）	额定损耗 （kW）
10	$345/\sqrt{3}$				3968	55
	$363/\sqrt{3}$				4392	
20	$345/\sqrt{3}$				1984	65
	$363/\sqrt{3}$				2196	
30	$345/\sqrt{3}$	$363/\sqrt{3}$	1.1	三个单相电抗器连接成星形接线后，经中性点电抗器接地或直接接地	1323	80
	$363/\sqrt{3}$				1464	
40	$345/\sqrt{3}$				992	90
	$363/\sqrt{3}$				1098	
50	$345/\sqrt{3}$				794	110
	$363/\sqrt{3}$				878	

表 28-41   **500kV 油浸式并联电抗器损耗参数**

额定容量 （Mvar）	额定电压 （kV）	最高运行电压 （kV）	允许长期 过励磁倍数	连接方式	额定电抗 （Ω）	额定损耗 （kW）
30	$525/\sqrt{3}$				3063	75
	$550/\sqrt{3}$				3361	
40	$525/\sqrt{3}$				2297	85
	$550/\sqrt{3}$				2521	
50	$525/\sqrt{3}$	$550/\sqrt{3}$	1.1	三个单相电抗器连接成星形接线后，经中性点电抗器接地或直接接地	1838	100
	$550/\sqrt{3}$				2017	
60	$525/\sqrt{3}$				1531	120
	$550/\sqrt{3}$				1681	
70	$525/\sqrt{3}$				1313	140
	$550/\sqrt{3}$				1440	
80	$525/\sqrt{3}$				1148	160
	$550/\sqrt{3}$				1260	

表 28-42   750kV 油浸式并联电抗器损耗参数

额定容量 （Mvar）	额定电压 （kV）	最高运行电压 （kV）	允许长期 过励磁倍数	连接方式	额定电抗 （Ω）	额定损耗 （kW）
60	765/√3				3251	130
	800/√3				3556	
70	765/√3				2787	145
	800/√3				3048	
80	765/√3				2438	160
	800/√3				2667	
90	765/√3				2168	175
	800/√3				2370	
100	765/√3	800/√3	1.05	三个单相电抗器连接成星形接线后，经中性点电抗器接地或直接接地	1951	190
	800/√3				2133	
120	765/√3				1626	220
	800/√3				1778	
140	765/√3				1393	250
	800/√3				1524	
160	765/√3				1219	280
	800/√3				1333	
180	765/√3				1084	310
	800/√3				1185	

表 28-43   1000kV 油浸式并联电抗器损耗参数

型式	额定容量 （Mvar）	额定电压 （kV）	额定电抗 （Ω）	损耗 （kW）	连接方式	冷却方式
户外 单相 心式	200		2016	≤400	三个单相电抗器连成星形接线后，经中性点电抗器接地	ONAN 或 ONAF
	240	1100/√3	1680	≤480		
	320		1260	≤600		

注 1. 损耗为额定电压、额定频率下，折算到 75℃时的总损耗。
    2. 其他容量的损耗按相应水平要求。

4. 低压电抗器的电能损耗

低压电抗器起着补偿无功和限流的作用，有利于降低电力系统损耗和保护系统安全稳定。低压电抗器一般分为干式电抗器与油浸式电抗器。其中干式电抗器又分为干式空心并联电抗器与干式铁芯电抗器，干式铁芯电抗器以闭合铁芯为磁路，对产品工艺要求较高。干式空心并联电抗器运行损耗主要由绕组中电阻损耗、涡流造成的损耗、集肤效应引起的损耗等组成。由于干式空心并联电抗器以空气为导磁介质，其磁场散发，包封的漏磁通过其他包封时会在该包封产生环流损耗。而油浸式铁芯并联电抗器由铁芯作为导磁介质，其磁场集中、漏磁小，但为含油设备，运行维护

较为不便，且有防火要求。表 28-44～表 28-49 中列出了常用的低压并联电抗器的损耗参数。

表 28-44 10kV 干式空心并联电抗器损耗参数

规格	损耗（W/kvar）
10kV/3.33Mvar	5.5（额定电流、额定频率、75℃）

表 28-45 10kV 干式铁芯并联电抗器损耗参数

规格	损耗（W/kvar）
10kV/6Mvar	4.8（额定电流、额定频率、120℃）
10kV/10Mvar	4（额定电流、额定频率、75℃）

表 28-46　35kV 干式空心并联电抗器损耗参数

规格	损耗（W/kvar）
35kV/10Mvar	4（额定电流、额定频率、75℃）
35kV/15Mvar	3.5（额定电流、额定频率、75℃）
35kV/20Mvar	3（额定电流、额定频率、75℃）

表 28-47　66kV 干式空心并联电抗器损耗参数

规格	损耗（W/kvar）
66kV/20Mvar	3（额定电流、额定频率、75℃）
66kV/30Mvar	2.8（额定电流、额定频率、75℃）
66kV/40Mvar	2.2（额定电流、额定频率、75℃）

表 28-48　35kV 油浸式并联电抗器损耗参数

规格	损耗（kW）
35kV/7.2Mvar	30（75℃）
35kV/10Mvar	40（75℃）

规格	损耗（kW）
35kV/20Mvar	80（75℃）
35kV/60Mvar	120（75℃）

表 28-49　66kV 油浸式并联电抗器损耗参数

规格	损耗（kW）
66kV/60Mvar	130（75℃）

5. 低压并联电容器组的电能损耗

低压并联电容器组按结构形式可分为框架式、集合式、箱式等，其损耗主要由串联电抗器的运行损耗及电容器组本身的介质损耗构成。全膜介质的电容器在工频交流额定电压下，20℃时损耗角正切值不应大于 0.03%，电容器的损耗计算公式为

$$P_{cap} = Q_{cap}X \qquad (28-1)$$

式中　P_{cap}——电容器损耗；

Q_{cap}——电容器无功功率，kvar；

X——损耗角正切值。

低压并联电容器组中的串联电抗器损耗与并联电抗器损耗性质类似，常用低压并联电容器组中的串联电抗器损耗参数见表 28-50～表 28-58。

表 28-50　　　　　　　　　　110（66）kV 变电站并联电容器组串联电抗器损耗参数

型式、规格		损耗（kW/kvar）
10kV-2000kvar-1%（框架） 10kV-2000kvar-5%（框架） 10kV-2000kvar-12%（框架） 10kV-3000kvar-1%（框架、集合） 10kV-3000kvar-5%（框架、集合） 10kV-3000kvar-12%（框架） 10kV-3600kvar-1%（框架、集合） 10kV-3600kvar-5%（框架、集合） 10kV-4000kvar-1%（框架）	空心	0.03
10kV-4000kvar-5%（框架） 10kV-4600kvar-1%（框架） 10kV-4600kvar-5%（框架） 10kV-4800kvar-1%（集合） 10kV-4800kvar-5%（集合） 10kV-5000kvar-1%（框架） 10kV-5000kvar-5%（框架） 10kV-6000kvar-1%（框架） 10kV-6000kvar-5%（框架）	铁芯	0.015
10kV-3600kvar-12%（框架、集合） 10kV-4000kvar-12%（框架） 10kV-4600kvar-12%（框架） 10kV-4800kvar-12%（集合）	空心	0.024
10kV-5000kvar-12%（框架） 10kV-6000kvar-12%（框架） 10kV-8000kvar-5%（框架） 10kV-3000kvar-12%（集合）	铁芯	0.012
10kV-8000kvar-12%（框架）	空心	0.02
	铁芯	0.01

表 28-51　220/110kV 变电站并联电容器
组串联电抗器损耗参数

型式、规格	损耗（kW/kvar）	
10kV-10Mvar-5%（框架）	空心	0.024
	铁芯	0.012
10kV-10Mvar-12%（框架）	空心	0.016
	铁芯	0.008

表 28-52　220kV 变电站并联电容器
组串联电抗器损耗参数

型式、规格	损耗（kW/kvar）	
35kV-10Mvar-5%（框架）
35kV-10Mvar-12%（框架）	空心	0.024
	铁芯	0.012

表 28-53　330/（220）kV 变电站并联电容器
组串联电抗器损耗参数

型式、规格	损耗（kW/kvar）	
35kV-20Mvar-5%
（框架、集合）	空心	0.02
	铁芯	0.01
35kV-20Mvar-12%
（框架、集合）	空心	0.016
	铁芯	0.008

表 28-54　330kV 变电站并联电容器
组串联电抗器损耗参数

型式、规格	损耗（kW/kvar）	
35kV-30Mvar-5%（框架）	空心	0.02
35kV-30Mvar-5%（集合）	空心	0.02
	铁芯	0.01
35kV-30Mvar-12%（框架）
35kV-40Mvar-12%（框架）	空心	0.012
35kV-30Mvar-12%（集合）	空心	0.012
	铁芯	0.008
35kV-40Mvar-5%（框架）	空心	0.016

表 28-55　500kV 变电站并联电容器
组串联电抗器损耗参数

型式、规格	损耗（kW/kvar）	
35kV-60Mvar-5%（框架）
35kV-60Mvar-12%（框架）	干式空心	0.016
35kV-60Mvar-5%（集合）	空心	0.016
	铁芯	0.008
35kV-60Mvar-12%（集合）	空心	0.012
	铁芯	0.008

表 28-56　220kV 变电站并联电容器
组串联电抗器损耗参数

型式、规格	损耗（kW/kvar）	
66kV-10Mvar-5%（框架）	空心	0.024
66kV-10Mvar-12%（框架）
66kV-20Mvar-5%（框架）
66kV-25Mvar-5%（框架）	空心	0.02
66kV-20Mvar-12%（框架）
66kV-25Mvar-12%（框架）	空心	0.016

表 28-57　750（500）kV 变电站并联
电容器组串联电器损耗参数

型式、规格	损耗（kW/kvar）	
66kV-60Mvar-5%（框架）	空心	0.012
66kV-60Mvar-12%（框架）	空心	0.009
66kV-60Mvar-5%（集合）	空心	0.016
	铁芯	0.008
66kV-60Mvar-12%（集合）	空心	0.012
	铁芯	0.006

表 28-58　750kV 变电站并联电容器
组串联电器损耗参数

型式、规格	损耗（kW/kvar）	
66kV-90Mvar-5%（框架）
66kV-90Mvar-12%（框架）	空心	0.012
66kV-120Mvar-5%（框架）	空心	0.0624
66kV-120Mvar-12%（框架）	空心	0.024

对于静止无功补偿装置，其损耗包括晶闸管阀体损耗或励磁系统损耗、电抗器损耗、电容器损耗、电阻损耗、辅助系统损耗。根据 GB 20298《静止无功补偿装置（SVC）功能特性》，静止无功补偿装置总损耗为额定容量的 0.8%左右。

二、导体及金具的选型

1. 导体的选择

站内导体的截面和分裂型式应满足电晕、无线电干扰和可听噪声等要求。导体的损耗主要是电阻损耗、电晕损耗和绝缘子的泄漏损耗。其中最主要的是电阻损耗（约占 90%），电晕损耗、泄漏损耗较小。导体电阻损耗主要与电流相关。

导体选择时，也考虑了降低其电能损耗的因素。导体截面越小，导体单位长度的电阻就越大，电流流过导体时的损耗也越大。为此，在选择导体时，不但需考虑按照导体长期允许载流量来选择导体，而且对全年负荷利用小时数大、母线较长、传输容量大的回路中的导体，要按照经济电流密度来选择截面。由于按照经济电流密度选择的导体截面要大于按照导体长期允许载流量选择的导体截面，从而减小了导体电阻，降低了运行时的电能损耗。导体的选择详见第五章。

2. 金具的选择

变电站内金具应具备可靠性、耐用、连接紧密并防止松动。金具表面最大工作场强理论计算峰值宜按 2000V/mm 控制。金具表面工作场强不宜大于其表面起晕场强的 85%。应优先选用低电晕金具，220kV 及以上电压等级应进行均压和防电晕设计。执行 GB/T 2317.2《电力金具试验方法 第 2 部分：电量和无线电干扰试验》的相关规定，金具在 1.1 倍最高相电压下，目测观察时晴天夜晚不应出现可见电晕。

三、辅助生产系统的节能

辅助生产系统的能耗为站内设备正常工作、保证电网安全可靠供电的变电站自身用电负荷，如控制、信号、保护、照明等设备用电。变电站用电水平主要与变电站电压等级、规模及自动化程度有关。辅助生产和附属生产设施节能评估需要从两个大的方面着手，一方面从站用负荷考虑，减少用电负荷，工程中优先采用操作和运行能耗少的电气设备，采用绿色照明、空调系统等；另一方面从站用电系统的设备本身考虑，主要有以下几方面。

1. 照明系统评估

变电站的照明是站内损耗的主要指标，长期以来对变电站长明灯缺乏有效的监督和治理，时常造成灯泡越换越大，损耗越来越多。因此，必须因地制宜，充分有效地采用自然光，正确合理地选用高效节能光源，提高照明利用率，以期获得最大的社会效益和经济效益。变电站的照明用电占用电量的 1/2 以上，变电站内照明是主要损耗，积极推广"绿色照明"，采用智能灯光节电器和电器附件是变电站节电工作的主要内容。根据变电站各工作场所选择合理的照度、良好的显色性、相宜的色温、较小的眩光、舒适的亮度比，合理确定光源、灯具。在变电站更换节能型灯具和定时、声控、光控开关，安装节电器，在后半夜将灯照度降低。对主控制室、值班室的空调加装节电器、电暖气，各种 SF_6 开关加热装置、换气装置必须按规定的日期、结合温度运行进行投、停。对运行中风冷却主变压器应加强监视，及时投停风扇。根据季节情况推迟开灯时间，就可以节省大量电能，将室内、室外照明灯及探照灯都更换为"三基色节能灯、金属卤化物灯"，利用其高光效、高亮度、高显色性、多色调、长寿命的特点，将镇流器更换为节能型的电子镇流器，对灯具的排列与布置进行计算及优化，对室外探照灯

具进行重新安装，使其照射远、覆盖面大、照度均匀、眩光小，能满足抢修安全的实际要求，同时在站内必要的道路、死角安装小功率灯泡，满足安全要求和节能性。

按照常规设计方案，变电站照明一般由三个独立子系统组成，分别为正常交流照明系统、交流应急照明系统、直流应急照明系统。

节能评估要求设计中充分合理利用自然光照明，在无法采用自然光照明或自然光照明无法满足要求的场所，设置人工照明时，应根据国家现行标准、规范要求，满足不同场所的照度、照明功率密度、视觉要求等规定，在满足照明质量的前提下，尽可能选用新型的节能型光源。要求照明灯具达到国家 1 级能效标准。

户外区域采用高压钠灯、金属卤化物灯替换高压汞灯等，根据国家电网公司通用设计及已有变电工程经验，变电站户外高压钠灯的单台额定功率为 400W，根据 GB 19573《高压钠灯能效限定值及能效等级》的规定，相应 1 级能效对应最低平均初始光效值为 120lm/W，目前主流厂商可以达到该标准。高压钠灯采用电子镇流器或节能型电感式镇流器，镇流器可满足 GB 19574《高压钠灯用镇流器能效限定值及节能评价值》中节能评价值的要求。

变电站应分区确定照度标准，在小范围需要高照度时采用混合照明和局部一般照明等方式，避免了浪费，主要区域照明标准值均不超过 GB 50582《室外作业场地照明设计标准》和 GB 50034《建筑照明设计标准》的规定。

变电站主要区域照明标准值见表 28-59。

表 28-59　变电站主要区域照明标准值

区 域	照度限值（lx）	功率密度限值（W/m²）
屋外敞开配电装置	20	—
主要道路	10	—
控制室、继电器室	500	13

注　照明功率密度采用标准规定目标值。

变电站户内外应采用绿色照明和节能灯具，选用的照明光源、镇流器的能效应符合相关能效标准的节能评价值。

在满足照度均匀度的条件下，一般照明选用的光源功率宜选择该类光源单灯功率较大的光源；当采用直管荧光灯时，其功率不宜小于 28W。

使用电感镇流器的气体放电灯应在灯具内设置电容补偿，荧光灯的功率因数不应低于 0.9，高强气体放电灯的功率因数不应低于 0.85。

道路照明和户外照明节能措施应符合下列规定:

(1) 应选用高压钠灯、金属卤化物灯、荧光灯,也可选发光二极管或无极荧光灯。

(2) 宜采用分区、分组集中手动控制,或光控、时控等自动控制,当采用自动控制时,应同时设置有手动控制开关。

(3) 当采用光控时,宜按下列条件整定开关灯时间:

1) 当天然光照度水平达到该场地照度标准值时关灯。

2) 当天然光照度下降到该场地照度标准值的80%~50%时开灯。

在确定照明设计方案的同时,应建立清洁光源、灯具的制度,根据十二章表 12-17 的规定次数,定期进行擦拭,按照光源的光通维持率和点亮时间定期更换光源;更换光源时,应采用与原设计或实际安装相同的光源,不得任意更换光源的主要性能参数。

有天然采光的场所或房间宜根据自然光状况手动或自动调节灯具的开关或光通输出。

主控制室等重要场所在有条件时可采用智能灯控系统。

变电站房间或场所照明功率密度值不应大于表 28-60 的规定。当房间或场所的照度值高于或低于表 28-60 规定的对应照度值时,其照明功率密度值应按比例提高或折减。

表 28-60　　变电站室内照明功率密度值

房间或区域	照明功率密度（W/m²）		对应照度值（lx）	对应室形指数
	现行值	目标值		
主控制室、网络控制室、计算机室	16.0	14.0	500	1.50
电子设备间	9.5	8.0	300	1.50
高、低压配电装置室	7.0	6.0	200	1.00
蓄电池室	4.0	3.0	100	0.80
电缆夹层	3.0	3.0	50	0.80
不停电电源（UPS）、柴油发电机	4.0	3.5	100	0.80
油化室	4.0	3.5	100	0.80
水泵房	5.0	4.5	100	0.80
大件贮存库	2.5	2.0	50	—

变电站辅助建筑照明功率密度值不应大于表 28-61 的规定。当房间或场所的照度值高于或低于表 28-61 规定的对应照度值时,其照明功率密度限值应按比例提高或折减。

表 28-61　　变电站辅助建筑照明功率密度值

房间或区域	照明功率密度（W/m²）		对应照度值（lx）	对应室形指数
	现行值	目标值		
办公室、资料室、会议室、报告室	9.0	8.0	300	1.50
食堂、休息室	7.0	6.0	200	1.50
浴室、更衣室、厕所	5.0	4.5	100	1.00
楼梯间	3.5	3.0	30	—
有屏幕显示的办公室	15.0	13.5	500	1.50

当房间或场所的室形指数与第十二章中表 12-11 给出的对应值不一致时,其照明功率密度值应按表 28-62 的规定进行折算修正。

表 28-62　　照明功率密度室形指数修正系数

标准中对应室形指数设计值	0.8	1	1.5	2
$RI < 0.8$	1.21	1.40	1.71	1.86
$0.8 \leq RI < 1$	1.00	1.16	1.41	1.53
$1 \leq RI < 1.5$	0.87	1.00	1.22	1.33
$1.5 \leq RI < 2$	0.71	0.82	1.00	1.09
$RI > 2$	0.65	0.75	0.92	1.00

2. 附属生产系统用电

附属生产系统如警卫传达室、办公室等用电根据《全国民用建筑工程设计技术措施节能篇　电气》,食堂建筑的用电指标取 80W/m²（考虑了食堂的大型用电设备）,根据《建筑节能设计统一技术措施　电气》,需要系数为 0.8,每天用电 10h。

值班休息室用电根据《全国民用建筑工程设计技术措施节能篇　电气》,公寓建筑的用电指标取 70W/m²,根据《建筑节能设计统一技术措施　电气》,需要系数为 0.8,每天用电 10h。

主控通信楼用电根据《全国民用建筑工程设计技术措施节能篇　电气》,办公楼建筑的用电指标取 45W/m²,根据《建筑节能设计统一技术措施　电气》,需要系数为 0.8,每天用电 10h。

第三节　暖　通　节　能

供暖、通风和空调系统在变电站建筑物的能耗占比较高，有效降低其能耗，对变电站的节能设计具有重要的意义。

暖通空调系统的能耗包括建筑物冷热负荷能耗，新风负荷能耗，风机、水泵等输送设备以及输送管道的能耗。

影响暖通空调系统能耗的主要因素包括室外气象条件、室内设计参数、围护结构、室内人员及照明、室内工艺设备散热、新风负荷等。其他因素包括系统形式、设备选型、控制方式、运行维护等。

供暖、通风和空调系统的设计应符合 GB 50189《公共建筑节能设计标准》的规定。

建筑物或房间冷、热负荷计算应根据其围护结构特性、朝向、楼层、人员和照明、设备的散热和散湿、新风（或通风）量等精确计算，避免大马拉小车的现象。

工艺设备间的运行环境要求，应由工艺专业提出，无明确要求时，参照规程、规范和工程经验取值。

当围护结构的传热系数不满足有关规范的要求时，应反馈给建筑专业，修改围护结构的设计。

一、供暖

1. 系统设计

（1）当站区附近有可利用余热或可再生能源供暖时，应优先采用，热媒及其参数可根据具体情况确定。

（2）当变电站附近有城市供暖热网、区域供暖热网、电厂等外部供暖热源时，宜采用集中供暖方式，热媒宜采用热水，热媒温度宜采用 95/70℃。

（3）不具备上述条件，在供暖建筑物较分散或供暖负荷较小以及无人值守的变电站，宜选用分散式电暖器供暖。在寒冷和极寒地区，当变电站供暖面积较大，在技术经济合理时，可采用电热锅炉、燃气锅炉集中热水供暖。

（4）非寒冷地区，设有空调的房间，冬季可利用热泵型空调设备供暖。

（5）热水管道系统应尽量采用低流速，减少局部构件，并进行水力平衡和避免使用阀门节流的措施减少管道的阻力，降低水泵扬程，达到节电目的。

2. 对设备的要求

变电站供暖主要包括热水供暖设备、电热供暖设备和热泵型空调机。

（1）热水供暖设备。变电站使用较多的热水供暖设备包括电热锅炉、燃气锅炉、热水型散热器、热水型暖风机、热水型风幕机等。应优先选用传热性能好、热效率高的设备。

名义工况和规定条件下燃气锅炉的热效率不应低于表 28-63 的数值。

表 28-63　名义工况和规定条件下燃气锅炉的热效率

锅炉额定蒸发量 D（t/h）/额定热功率 Q（MW）	$D<1$/$Q<0.7$	$1≤D<2$/$0.7≤Q≤1.4$	$2<D<6$/$1.4<Q<4.2$	$6≤D≤8$/$4.2≤Q≤5.6$	$8<D≤20$/$5.6<Q≤14.0$	$D>20$/$Q>14.0$
锅炉热效率（%）	88		90			

电热锅炉应符合以下规定：

1）单台锅炉的设计容量应保证其长时间以较高效率运行，实际运行负荷率不宜低于 50%；

2）配置多台锅炉时，各台锅炉的容量宜相等；

3）当供暖系统的设计回水温度小于或等于 50℃时，宜采用冷凝式锅炉。

（2）电热供暖设备。变电站使用较多的电热供暖设备包括电暖器、电热暖风机、电热风幕机等。应优先选用传热性能好、热效率高的设备。

在条件具备的情况下，电热供暖设备可选用蓄热型，尽可能利用夜间低谷电制热并储存。

（3）热泵型空调机。热泵型空调机应选择能效比高的节能产品。

3. 运行维护节能措施

（1）房间供暖温度值应尽可能取下限值。

（2）供暖设备应设置温度控制装置，自动调节设备容量或出力，达到减少运行时间、降低运行功率的目的。

（3）设备或管道应定期清洗和维护，包括清除设备或管道内的各种杂质、污垢及其他堵塞物，清扫散热设备外表面的灰尘，给轴承或运转部件加注润滑油，校验各类传感器等。

（4）设置通风的工艺房间，在冬季供暖期间应关闭通向室外的风口或百叶窗。

（5）供暖季节应减少门窗开启时间，防止冷风侵入。

二、通风

1. 系统设计

（1）应优先选用自然通风降温。

（2）利用空气直接冷却且不能满足电气设备间降温要求时，高湿地区可设置表冷器降低送风温度，通风系统宜设置可调节的新风口，以便在室外温度降低且焓值低于室内值时，通风系统的进风由循环风切换至新风；在蒸发冷却效率达到 80%以上的中等湿度及干燥的地区，可采用喷水蒸发冷却降温，避免采用空调降温的方式。

（3）设有空调降温的电气设备间，当室外气温较低时，应利用通风系统进行降温。

（4）发热量较大的电气设备如柴油发电机、变压器、电抗器，宜设置局部通风系统直接将设备散热排至室外，达到减少房间通风量的目的。

（5）排热用风机宜设置在热量集聚区。

（6）在空间允许的条件下，风管走向应尽量平直，风管内空气流速尽量取规范要求的下限值并减少弯头和避免使用影响气流顺畅的局部构件，达到减少风管阻力、降低风机风压的目的。

（7）当通风系统使用时间较长且运行风量、风压变化较大时，通风机宜采用双速或变频风机。

2. 对设备的要求

变电站通风设备应选择能效比高的节能产品，通风机应符合 GB 19761《通风机能效限定值及能效等级》中规定的节能评价值。

3. 运行维护节能措施

（1）用于排潮、排热和换气的通风系统，应配置自动控制装置，根据室内温度或时间设定值，控制设备的启、停，达到减少运行时间的目的。

（2）对于排除有害气体的房间，应配置与排风机联锁的气体浓度检测装置，当气体浓度超标时开启排风机，浓度降低到一定值后，停运排风机。

（3）设备或管道应定期清洗和维护，包括清除设备或管道内的各种杂质、污垢及其他堵塞物，定期给轴承或运转部件加注润滑油，定期校验各类传感器等，达到提高设备的使用效率和降低输送环节损耗的目的。

三、空调

1. 系统设计

（1）空调冷源应尽可能利用天然冷源，如地下水、地热埋管、江河湖泊地表水以及太阳能光伏发电制冷等。在技术经济合理的情况下，还可采用水蓄冷和冰蓄冷技术。

（2）继电器室、配电室、通信机房等运行人员不长时间停留的设备间，不宜设置空调新风系统。

（3）设有集中排风的空调系统经技术经济比较合理时，宜设置空气-空气能量回收装置。

（4）全空气集中空调系统，宜采取实现全新风运行或可调新风比的措施，并宜设计相应的排风机。

（5）降低冷热媒输送能耗损失主要通过采用低摩阻管道、降低流速、管网水力平衡的措施，达到减少管道阻力的目的，以及采用保温效果好的管道材料避免冷量或热量的损失。

（6）空调机在具备布置和安装的条件下，宜采用多台设备联合运行，便于灵活调节。

2. 对设备的要求

变电站空调设备应选择能效比高的节能产品，风冷分体式空调机应符合 GB 12021.3《房间空气调节器能效限定值及能效等级》中规定的节能评价值；单元式空调机应符合 GB 19576《单元式空气调节机能效限定值及能源效率等级》中规定的节能评价值；多联空调机组应符合 GB 21454《多联式空调（热泵）机组能效限定值及能源效率等级》中规定的节能评价值；冷水机组应符合 GB 19577《冷水机组能效限定值及能效等级》中规定的节能评价值。

3. 运行维护节能措施

（1）根据建筑物室内冷、热负荷季节性变化情况，制定科学合理的运行计划表，在满足室内环境要求的前提下，减小制冷、制热系统的运行时间。

（2）在不影响工艺设备的正常运行和人员舒适度的情况下，空调区域的温度尽可能取上限值。

（3）空调设备应采用自动控制和变频控制技术，根据冷、热负荷的变化，调整设备的运行台数和设备容量，减少运行时间和降低运行能耗。

（4）对于满足人员舒适性要求的系统，可在有人进入室内前适当的时间开机，使房间在使用前温度达到要求，在人员离开室内前适当的时间停机，利用系统存储的冷量维持环境温度，直到人员的离开，这样就可以减少设备的运行时间，达到节能的目的。

（5）设备或管道应定期清洗和维护，包括清除设备或管道内的各种杂质、污垢及其他堵塞物、换热设备外表面的灰尘，定期给轴承或运转部件加注润滑油，定期校验各类传感器等，达到提高设备的使用效率和降低输送环节损耗的目的。

（6）设置空调的房间，通风百叶及风口在开启空调时应关闭。

第四节　节　　水

节水是在保证安全可靠供水的同时提高节水率和非传统水源利用率。提高节水率的主要技术措施有优化给水系统、提高生产用水复用率等；提高非传统水源利用率的主要技术措施有中水处理与回用、雨水收集与利用等。变电站主要用水量包括运行人员生活用水、生产用水、绿化用水及消防用水等，用水量较小。根据站内运行人员数量，生活用水量一般为 $1\sim5m^3/d$；生产用水根据工艺要求确定。绿化用水一般可采用 $1.0\sim2.0L/(m^2 \cdot d)$；消防用水仅用于校核管网计算，不计入正常用水量。

变电站内生产用水一般用于设备冷却，宜选用空气冷却或闭式循环水冷却等方式。

一、优化给水系统

优化给水系统的具体措施有分质供水、减小管网漏损、优化出流水压、减少热水系统无效冷水出流量、使用节水设备、防止二次污染等。

1. 分质供水

生活用水水质需满足 GB 5749《生活饮用水卫生标准》的要求；室内冲厕、道路广场浇洒、洗车、绿化用水水质满足 GB/T 18920《城市污水再生利用 城市杂用水水质》的要求即可。

2. 减小管网漏损

管网漏损主要集中在室内卫生器具、屋顶水箱和管道接口，重点发生在给水系统的附件、配件、设备等的接口处。为减小管网漏损，可采取以下措施：

（1）给水系统中使用的管材、管件，应符合现行产品行业标准的要求，避免使用镀锌钢管等易受腐蚀的管材。

（2）选用性能高的阀门，如在冲洗排水阀、消火栓、通气阀前增设软密封闭阀或蝶阀。

（3）合理限定给水压力，避免给水压力持续高压或压力骤变。

（4）选用高灵敏度计量水表，计量水表安装率达100%。

3. 优化出流水压

减压限流可取得可观的节水效果。合理配置减压装置是将水压控制在限值要求内，减少超压出流的技术保障。主控楼（室）、综合楼内厨房、卫生间等入户管处给水压力不宜大于 0.2MPa。

4. 减少热水系统无效冷水出流量

减少无效冷水是热水系统节水的主要措施。热水用量较少时加（储）热设备宜布置在用水点附近；热水用量较大，采用太阳能或其他方式时热水管路宜采取保温措施。单管热水系统的温控设备应性能良好；双管热水系统宜采用带恒温装置的冷热水混合龙头。

5. 使用节水设备

卫生器具应按 CJ 164《节水型生活用水器具》《当前国家鼓励发展的节水设备》（产品）目录，选用节水型卫生洁具和五金配件。主控楼（室）、综合楼内卫生间的洗手盆宜采用感应式水嘴或自闭式水嘴等限流节水装置；小便器宜采用感应式或延时自闭式冲洗阀。

主变压器、高压电抗器等大型含油设备消防设施宜优先采用泡沫喷雾、排油充氮等灭火系统。

6. 防止二次污染

水的二次污染除了对正常使用造成不良影响外，还因污染水的排放造成大量浪费。防止二次污染的主要措施有：

（1）采用无负压二次供水设备。

（2）设置独立的生活水池与消防水池。

（3）采用合理的二次消毒设备。

二、中水处理与回用

变电站的中水回用对象一般包括冲洗厕所用水、站区绿化用水、道路喷洒用水、消防用水和洗车用水等。

1. 中水水源

中水水源的选择需考虑排水水量和水质，根据处理工艺、回用水质和用途等经过技术经济比较后最终确定。

中水水源优先采用优质杂排水，其后顺序依次为杂排水和生活排水。

中水水源的选取种类及顺序依次是沐浴排水、盥洗排水、洗衣排水、厨房排水、冲厕排水。

2. 中水处理工艺

中水水质应符合 GB/T 18920《城市污水再生利用 城市杂用水水质》的相关规定。中水处理装置的设计应符合 GB 50336《建筑中水设计标准》的相关规定。中水处理工艺应根据原水水冷、水质和回用水的水量、水质要求，结合工程具体情况，经技术经济比较确定。不同原水/用水类型时中水处理工艺见表28-64。

表 28-64　　不同原水/用水类型时中水处理工艺

原水类型	中水用途	处理工艺
生活污水	道路清扫、消防、洗车、冲厕	生物膜生物反应器
生活污水	道路清扫、消防、洗车、冲厕	膜生物反应器
生活污水、优质杂排水	道路清扫、消防、洗车、冲厕	曝气生物滤池
生活污水、优质杂排水	道路清扫、绿化、消防、洗车	生物接触氧化法

3. 中水处理装置

中水处理装置的位置应根据站区总体规划、环境卫生和管理要求，经技术经济综合比较后确定。

（1）中水处理装置一般布置在站前区，应避开主控楼（室）主立面、主要通道口和重要场所，优先选择建筑边角。

（2）高程布置宜满足原水的自流引入和事故时自流排入污水管道，当不满足重力排放要求时，应设置污水泵，污水泵排水能力不应小于最大小时来水量。

（3）中水处理装置一般采用地埋式，应注意通风安全。

三、雨水收集与利用

雨水利用是对建筑屋顶、硬化地面等区域的雨水进行收集、入渗、储存及利用的技术措施。

1. 系统选用

（1）根据站区条件，变电站工程可采用收集回用系统、雨水渗透系统。

（2）下列场所之一的变电站工程不宜采用收集回用系统：

1）年降水量小于 400mm；

2）雨水收集回用量小于年总用水量的 3%。

（3）下列场所之一的变电站工程不得采用雨水渗透系统：

1）土壤渗透面与地下水位的距离小于 1.0m；

2）土壤渗透系数小于 1×10^{-6}m/s 或大于 1×10^{-3}m/s；

3）需防止陡坡坍塌、滑坡灾害的危险场所；

4）对环境造成危害的场所；

5）自重湿陷性黄土、膨胀土和高含盐土等特殊土壤地质场所。

2. 收集回用系统

收集回用系统将主控楼、综合楼等屋面雨水和站前区广场等雨水进行收集、调蓄、净化处理后作为杂用水或绿化使用。

收集回用系统一般由收集系统、输送系统、储存系统、净化处理系统及配水系统等组成，典型的雨水收集利用系统的工艺流程如图 28-2 所示。

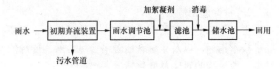

图 28-2　雨水收集利用系统的工艺流程

（1）收集回用系统宜设置雨水初期弃流装置和雨水调蓄设施。

（2）雨水初期弃流装置的弃流量应按照工程所在地实测资料进行确定，无资料时，可将 2～3mm 的径流量作为初期雨水的弃流量。

（3）雨水调蓄设施的设置必须配有溢流排水装置，可以在屋顶或地面，也可以在室外或室内。

（4）站内设有中水处理系统时，收集的雨水宜进入站区中水系统处理，单独处理时处理工艺宜根据所收集的屋面雨水的水量、水质及雨水回用的水质标准确定。

3. 雨水渗透系统

雨水渗透系统将雨水收集后回灌地下，补充、涵养地下水源，是一种间接的雨水利用技术。

（1）雨水渗透系统宜设雨水收集、渗透、溢流外排等设施。

（2）雨水渗透系统的典型工艺流程如图 28-3 所示。

（3）雨水收集设施应符合以下规定：

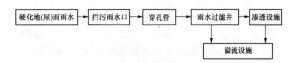

图 28-3　雨水渗透系统的典型工艺流程

1）雨水口宜设在汇水面的低洼处，顶面标高宜低于附近路面 10～20mm；

2）雨水口担负的汇水面积不应超过其集水能力，最大间距不宜超过 40m；

3）宜采用具有拦污截污功能的雨水口。

（4）渗透管沟的设置应符合下列要求：

1）渗透管沟宜采用穿孔塑料管、无砂混凝土管或排疏管等透水材料。塑料管的开孔率不应小于 15%，无砂混凝土管的孔隙率不应小于 20%。渗透管的管径不应小于 150mm。检查井之间的管道敷设坡度宜采用 1%～2%。

2）渗透层宜采用砾石，砾石外层应采用土工布包覆。

3）渗透检查井的间距不应大于渗透管管径的 150 倍。渗透检查井的出水管口标高宜高于入水管口标高，但不应高于上游相邻井的出水管口标高。渗透检查井应设 0.3m 沉砂室。

4）渗透管沟不宜设在行车路面下，设在行车路面下时覆土深度不应小于 0.7m。

5）地面雨水进入渗透管前宜设渗透检查井或集水渗透检查井。

4. 雨水收集与利用工程计算

（1）雨水设计径流总量按式（28-2）计算：

$$W = 10 \Psi_c h_y S \qquad (28-2)$$

式中　W——硬化地面雨水设计径流总量，m^3；

　　　Ψ_c——雨量径流系数；

　　　h_y——设计降雨厚度，mm；

　　　S——硬化地面汇水面积，hm^2。

（2）雨水设计流量按式（28-3）计算：

$$Q = \Psi_m q S \qquad (28-3)$$

式中　Q——雨水设计流量，L/s；

　　　Ψ_m——流量径流系数；

　　　q——设计暴雨强度，$L/(s \cdot hm^2)$。

（3）雨水利用含入渗、收集回用和弃流，三者之间的水量之和为雨水设计径流总量，即

$$W_1 + W_2 + W_3 = W \qquad (28-4)$$

式中　W_1——渗透雨水量，m^3；

　　　W_2——收集回用雨水量，m^3；

　　　W_3——弃流雨水量，含初期雨水和后期超过储存能力的雨水量，m^3。

（4）渗透设施的渗透水量和渗透面积按式（28-5）和式（28-6）配置：

$$W_s = \alpha K J A_s t_s \geq W1 \qquad (28-5)$$
$$A_s \geq W_1 / \alpha (K J t_s) \qquad (28-6)$$

式中　W_s——渗透设施的渗透水量，m^3；

　　　α——综合安全系数，一般可取 0.5～0.8；

　　　K——土壤渗透系数，可参照表 28-65 选取，m/s；

　　　J——水力迫降，一般可取 1.0；

　　　A_s——需配置的有效渗透面积，m^2；

　　　t_s——渗透时间，按 24h 选取，对于渗透池和渗透井，宜取值 3d。

表 28-65　　土壤渗透系数经验值

地层	地层粒径		渗透系数 (m/s)
	粒径 (mm)	所占比重 (%)	
粉质黏土	—	—	5.7×10^{-8}～1.16×10^{-6}
粉土			1.16×10^{-6}～5.79×10^{-6}
粉砂	>0.075	>50	5.79×10^{-6}～1.16×10^{-5}
细砂	>0.075	>85	1.16×10^{-5}～5.79×10^{-5}
中砂	>0.25	>50	5.79×10^{-5}～2.31×10^{-4}
均质中砂	—	—	4.05×10^{-4}～5.79×10^{-4}
粗砂	>0.50	>50	2.31×10^{-4}～5.79×10^{-4}
圆砾	>2.00	>50	5.79×10^{-4}～1.16×10^{-3}
卵石	>20.0	>50	1.16×10^{-3}～5.79×10^{-3}
稍有裂隙的岩石	—	—	2.31×10^{-4}～6.94×10^{-4}
裂隙多的岩石	—	—	$>6.94 \times 10^{-4}$

（5）渗透设施的有效渗透面积按下列要求确定：

1）水平渗透面按实际面积计算；

2）竖直渗透面按有效水位高度的 1/2 对应的面积计算；

3）斜渗透面按有效水位高度的 1/2 对应的斜实际面积计算；

4）埋地渗透设施的顶面积不计。

第五节　节能评估报告编制要点

电网工程节能评估报告的编制涉及系统专业、变电专业及线路专业等多个环节，本编制要点仅从变电站本体节能评估部分出发，简要描述项目《节能评估报告》变电站部分的编写要点要求，与其他专业相关的部分仅简要提及。根据国家发展和改革委员会令第 44 号《固定资产投资项目节能评估和审查办法》《固定资产投资项目节能评估工作指南（2014 年本）》《固定资产投资项目节能评估报告编写指南（总纲·2014 年本）》《固定资产投资项目节能评估报告编写指南（电网·2014 年本）》等相关要求，目前阶段电网项目固定资产投资项目节能评估的编制要点如下。

一、评估概要

简单说明节能评估工作过程，节能评估前后项目用能工艺、设备等的主要变化情况等。一般应包括以下内容。

1. 评估工作简况

简要说明评估委托情况，以及工作过程、现场调研情况等。

2. 指标优化情况

主要包括节能评估前后项目主要能效指标、主要经济技术指标，以及年综合能源消费量，所需能源的种类、数量等的对比及变化情况。

3. 建设方案调整情况

主要包括节能评估前后项目主要用能工艺的对比及变化情况，主要用能设备的能效水平变化情况等。

4. 主要技能措施及节能效果

列表表述项目主要节能措施及效果，包括节能评估前和节能评估阶段节能措施。项目节能评估摘要见表 28-66。

二、评估内容

（1）说明项目建设内容。如项目建设性质，变电站规模和数量，辅助和附属设施、配套工程情况等。根据 GB/T 4754《国民经济行业分类》判断项目所属行业，结合行业特征，确定项目节能评估的范围，明确节能评估对象、内容等。

（2）确定评估范围。评估范围应与可行性研究报告或项目申请报告保持一致，覆盖项目投资建设的全部内容，包括主要生产系统、辅助和附属生产系统等。当项目依托既有设施建设时，既有部分用能分摊到新建项目的部分也应纳入评估范围。

表 28-66 项目节能评估摘要

项目概况	项目名称	×××工程				
	项目建设单位			联系人		
	节能评估单位			联系人电话		
	项目建设地点			所属行业		
	项目性质	□√新建　　□改建　　□扩建		项目总投资		
	投资管理类别		□审批　☑核准　　□备案			
	建设规模和主要内容					

项目年综合能源消费量	主要能源种类	计量单位	年需要实物量	折标系数		折标煤量（万 t 标准煤）
	电	kWh		0.1229kg 标准煤/kWh		
				0.321kg 标准煤/kWh		
	柴油	t		1.4571kg 标准煤/kg（当量值）		
				1.4571kg 标准煤/kg（等价值）		
	水	$10^4 m^3$				
				0.0857kg 标准煤/m^3（等价值）		
	项目年综合能源消费总量（t 标准煤）			当量值		
				等价值		

项目能效指标比较	项目指标名称	项目指标值	新建准入值	国内先进水平	国际先进水平	对比结果
	工序能耗					

对所在地能源消费影响	对所在地能源消费增量的影响					
	对所在地完成节能目标的影响					

可行性研究报告提出的主要节能措施及节能效果：

项目可行性研究报告在节能方面存在的主要问题：

节能评估提出的主要节能措施及节能效果：

三、评估依据

评估依据应全面、真实、准确。对项目可行性研究、技术协议或初步设计等技术文件中提供的资料、数据、图表等，应注意其适用性和时效性，进行分析后引用。

（1）相关法律、法规、规划、行业准入条件、产业政策等。

（2）相关标准及规范（国家标准、地方标准或相关行业标准均适用时，执行其中较严格的标准）。

（3）节能工艺、技术、设备、产品等推荐目录，国家明令淘汰的用能产品、设备、生产工艺等目录。

（4）立项资料，如项目申请报告、环境影响评价有关文件等。

（5）项目有关技术文件和工作文件。

工程技术文件应包括对工程建设方案、工艺、设备等用能情况产生影响的相关资料。例如，政府主管部门关于建设项目的核准文件、最新设计文件及其审查会议纪要、设备技术协议等。工程技术资料应提供资料名称、编制单位、日期。

四、项目基本情况

应赴项目现场进行勘察、调查和测试，全面收集与节能评估工作密切相关的信息，如项目周边情况、所在地有关情况等，并尽可能收集定量数据和图表。

1. 建设单位基本情况

介绍项目建设单位名称、所属行业类型、性质、地址、法人代表、成立时间、现有规模、发展规划、生产经营情况等。

2. 项目简况

说明项目名称、立项情况、建设地点、建设性质、建设内容、投资规模简况，以及进度计划、工程实际进展情况等。改扩建项目应说明改扩建前既有项目的基本情况。列表提供项目主要技术指标和经济指标。

3. 所需能源概况

介绍项目拟使用能源的成分构成、特性及热值分析等，有支持性文件的应在附件中列出。

能源生产类项目应分析输出能源的需求及落实情况，如是否纳入有关规划或已获得有关批复等。

4. 所在地有关情况

主要包括项目建设条件、周边环境，以及项目所在地区域经济、社会状况等。

（1）介绍项目周边情况，如是否有可利用的余热、余能，或热力需求等。分析项目所在区域近期及远期余热、余压、热力需求等能源信息。评估项目能否充分利用周边区域的基础设施及余热、余压等资源。

（2）介绍项目所在地的气候、地域区属及其主要特征，如年平均气温（最冷月和最热月）、制冷度日数、采暖度日数、极端气温与月平均气温、日照率、海拔等。

（3）介绍项目所在地的经济、社会发展和能源、水资源概况，以及环保要求等，如项目所在地经济发展现状、节能目标、能源消费总量控制目标，能源供应、消费现状及运输条件、影响能效指标的主要污染物排放浓度要求，水资源情况等。

五、建设方案节能评估

基本要求：应按以下步骤进行评估，首选介绍节能评估前的方案；其次对原方案进行深入剖析和评估，查找节能方面存在的问题；再次结合节能评估阶段所提意见和建议，提出应采用的节能措施，确定评估推荐的方案；最后计算有关指标或进行评价。

建议参考各章节评估要点，对每一个用能系统按照以下步骤开展评估：首先，说明各系统工艺方案、设备参数等；其次，从节能角度查找问题，形成评估意见；再次，提出具体改进方案，技术方案应具有实操性，明确实现预期节能目标的边界条件、工艺要求等；最后，计算设备能效、系统电耗等有关指标并进行评价。

改扩建项目应在评估中对可公用的系统等进行分析。

1. 工艺方案节能评估

（1）介绍项目推荐选择的工艺方案，采用标准对照法、专家判断法等方法，分析评价该工艺方案是否符合行业规划、准入条件、节能设计规范、环保等相关要求。

（2）从节能角度，分析该工艺方案与项目申请报告推荐的其他建设方案的优劣，并与当前行业内先进的工艺方案进行对比分析，提出完善工艺方案的建议。

对于建筑、交通等难以单纯用能效指标衡量能源利用水平的项目，应重点对项目工艺方案进行节能评估。建筑类项目主要对建筑的本体结构、建材、暖通、空调、给排水、电气、照明等的设计方案是否符合节能相关要求进行把关。铁路、轨道交通等项目主要对其选线设计、车辆选型、供电系统、运输组织、辅助设施等的设计方案进行节能方面的评估；机场、港口、公路等类项目各结合其不同特点，针对能源使用的主要环节、主要耗能设备等方案，开展节能评估工作。

2. 项目总平面布置节能评估

结合节能设计标准等有关标准、规范，分析项目总平面布置对厂区内能源输送、储存、分配、消费等环节的影响，判断平面布置是否有利于过程节能、方便作业、提高生产效率、减少工序和产品单耗等，提出节能建议。

3. 主要用能工艺、设备节能评估（工业类项目为例，建筑类可参考）

建议按照用能工艺（生产工序）分节进行分析和评估，主要包括以下内容：

（1）介绍项目各主要用能工艺（生产工序）及其主要用能设备等。具体分析各用能工序（环节）的工艺方案、用能设备，以及能源品种等的选择是否科学合理，提出节能措施建议。主要包括：各用能工序（环节）选择的能源品种是否科学；工艺方案、工艺参数等是否先进；主要用能设备的选型是否合理。评估应根据项目工艺要求和基本参数等，定量计算设备容量（额定功率）等参数，评估裕度等主要参数的合理性。

（2）分析项目使用热、电等能源是否做到整体统筹、充分利用。如热系统设置方案是否合理，避免反复加热或将高品质热能降质使用；供配电及用电系统配置是否科学；余热、余能是否得到充分利用，能否结合外部条件提高能源利用效率、减少能源浪费等。

（3）计算工序能耗及主要用能设备能效要求等指标，判断项目工序、设备能耗指标是否满足相关能效限额及有关标准、规范的要求，是否达到同行业先进水平等。计算过程复杂的，应附计算书。

（4）列出各用能工序（环节）主要用能设备的选型、参数、数量及能效要求、对比指标及来源等，判断项目是否采用国家明令禁止和淘汰的用能产品和设备，是否采用节能产品推荐目录中的产品和设备，是否满足相关能效限额及有关标准、规范的要求，是否达到同行业先进水平等。

（5）列出风机、水泵、变压器、空气压缩机等通用设备的型号、参数和数量等，计算能效水平（要求），并与国家发布的有关标准进行对比，判断能效水平。高耗能项目的用能设备应达到一级能效水平。

（6）对于改、扩建项目，应分析原项目用能情况及存在的问题，利用旧有设施和设备的可行性，避免重复建设。

4. 辅助生产和附属生产设施节能评估

分别对项目配套的供配电设施、控制系统、建筑、给排水、照明及其他辅助生产和附属生产设施进行分析和评估，并提出节能措施。

列表汇总辅助生产和附属生产设施各系统配置的主要设备清单，注明设备名称、容量、数量、用能类型、能效要求、采取的节能措施等信息。

部分设施的评估要求如下：

（1）建筑：按照有关建筑节能规范，对项目配套的厂房、办公楼、食堂等建筑的设计方案进行评估，计算建筑物（可比）单位面积综合能耗、建筑物（可比）单位面积电耗等综合能耗指标并进行对比分析。

（2）分析辅助生产和附属生产设施中的通用设备，提出能效要求等，列出汇总表。

5. 能源计量器具配备方案节能评估

按照 GB 17167《用能单位能源计量器具配备和管理通则》等，结合行业特点和要求，编制项目能源计量器具配备方案，列出能源计量器具一览表等。能源计量器具一览表应按能源分类列出计量器具的名称、规格、准确度等级、用途、安装使用地点、数量等，主要次级用能单位和主要用能设备建立独立的能源计量器具一览表分表。

年综合能源消费量在 10000t 标准煤（等价值）以上的项目，应考虑在线监测要求，配置能源计量器具。

6. 本章评估小结

结合所列评估依据，与项目建设方案有关内容一一对比，并给出评价结论，建议列表表述。

六、节能措施评估

基本要求：节能措施评估应突出重点，根据建设内容及其特征，具体分析和说明节能评估阶段提出的节能措施建议。节能效果的测算应科学、合理。

1. 节能评估前节能技术措施综述

（1）对节能评估前已采用的节能技术措施进行全面梳理，并提供一览表。

（2）评价节能评估前节能技术措施的合理性和可行性等。

先列出分项节能措施。

2. 节能评估阶段节能措施评估

针对项目在节能方面存在的问题、可以继续提高的环节等，汇总节能评估阶段所提出的节能措施、建设方案调整意见、设备选型建议等。工程设计时应对主变压器、高压电抗器、低压电抗器、低压电容器组、站用变压器的选择及运行方式等进行比选，做到用能合理，所选设备均应达到国内先进水平；工程的主要建筑采用保温节能墙体、屋面保温、室外窗采用真空玻璃节能窗，同时需充分考虑建筑朝向节能措施；照明设备采用节能灯具，同时采用照明智能控制。

3. 系统节能分析

（1）导线及设备选择合理。在设计时要允分考虑电晕噪声限制措施，保证噪声、电晕指标达到优良性能。另外，变电站内设备需采用低能耗产品，保证设备的安全稳定运行且维护便利，同时扩建方便、设备投资小、节约占地。

（2）合理配置无功装置，优化全电网电能损耗。各站应合理配置低压侧无功，使电力无功就地平衡，减少系统无功损耗。

4. 电气节能措施

（1）交流变电站主变压器的选择。变电站变压器的容量、台数及阻抗等主要规范选择的总体要求，主要体现在：

1）能够满足各种运行方式下潮流变化的需要，具有一定的灵活性，并能适应系统发展的要求。

2）贯彻分层分区，优化电网结构。应与下一级电压电网相协调，适应各地区电力负荷发展的需要，并对负荷的变化有一定的适应能力。

3）合理控制系统短路电流。随着高一级电压电网的建设，下级电压电网应逐步实现分区运行，相邻分区之间保持互为备用。

变电站变压器的容量、台数、相数、绕组数及阻抗等主要规范的选择，应根据电力负荷发展及潮流变化，结合系统短路电流、系统稳定、调相调压、设备制造及运输等具体条件进行。

（2）低损耗站用变压器的选择。站用变压器是变电站为低压设备或照明等提供动力负荷的降压变压器，是变电站站用电系统中的重要组成部分。一般变压器经常性负荷配置在接近 35% 额定容量时，变压器能获得较高的运行效率。合理选择变压器的容量，根据季节与负荷特性及时调整变压器分接头开关，提高变压器的负荷率，充分发挥变压器的潜力。站用变压器在正常运行状态时多处于低负荷运行状态，在站用变压器的选择上，降低空载损耗将获得明显的节能效果。

（3）站内用电设备选型及能耗评估。站内用电设备主要分为生产系统、暖通系统、照明系统、给水系统。

照明电源系统主要根据运行的需要及事故处理时

照明的重要性而定。其电源系统分为交流电源和直流电源。交流电源来自站用交流配电屏，主要供正常照明使用；直流电源由 220V 直流蓄电池供电，主要用于主控制室、继电器室等重要场所的应急照明。

在照明灯具的配置上，根据工艺要求，区别照度设计，减少灯具设置；积极采用太阳能灯具，充分利用绿色能源。户外灯具采用智能联动系统，投光灯具有就地控制及远方控制功能，按需要启动户外照明设备，减少能耗，降低运行人员的工作强度。

建筑物内照明以荧光灯为主。屋外配电装置采用高效钠灯投光灯照明，用于设备夜间检修及事故处理时。站内道路采用草坪灯照明，站前区可在适当位置装设高杆路灯。

户外采用高压钠灯、金属卤化物灯替换高压汞灯等，根据 GB 19573《高压钠灯能效限定值及能效等级》的规定，相应 1 级能效对应最低平均初始光效值为 120lm/W，目前主流厂商可以达到该标准。高压钠灯采用电子镇流器或节能型电感式镇流器，镇流器应满足 GB 19574《高压钠灯用镇流器能效限定值及节能评价值》中节能评价值的要求。

户内采用电子节能灯或 LED 灯替换白炽灯，以节约用电，提高光源寿命，降低运行维护成本，实现智能变电站的绿色照明。

分区确定照度标准，在小范围需要高照度时采用混合照明和局部一般照明等方式，避免了浪费，本工程主要区域照明标准值均不超过 GB 50582《室外作业场地照明设计标准》和 GB 50034《建筑照明设计标准》的规定。

（4）站用交直流配电室采用自然进风、机械排风，消除室内热量，同时兼作事故通风，换气次数按不小于 12 次/h 事故通风设计。

蓄电池室内布置的蓄电池为免维护型，设有事故排风换气次数不小于 6 次/h 的机械排风系统，用于排除室内有害气体，风机和电动机采用防爆型，进风口应设在洁净地方，否则应考虑进风过滤。通风机的吸风口应靠近顶棚以排除氢气。

轴流风机与消防系统联锁，当发生火灾时，能自动切断电源。

风机的容量选择严格按照计算选取。

风机能效等级分为 3 级。风机能效等级应达到 1 级。

主控通信楼内的主控制室、设备机房和继电器室空调的容量选择严格按照计算选取。选取制冷制热高效、低能耗的电暖器或环保节能空调。室内机根据房间的装修情况和冷负荷、热负荷选择，夏季房间的设计温度为 26~28℃。为了改善运行人员的工作和休息条件，工作室、办公室、会议室、餐厅等也设置空调。

蓄电池室设夏季置风冷分体防爆型空调器。

根据对分体空调的规定，空调能效等级分为 5 级，空调器，能效等级应达到 1 级。

在需采暖的房间采用对流式电暖器采暖，由温度控制器控制室内温度达到设计要求。蓄电池室为防爆型电暖器。

变电站选用节能型空调机组，空调机能效选用 1 级能效。

（5）水泵。变电站仅设置生活给水系统，生活给水系统主要由变频恒压供水设备、生活水消毒设备及管网等组成。

供水设备间与主控通信楼合建，在主控通信楼一层布置。内设容积为 10m³ 的不锈钢生活水箱，水箱内装有液位控制装置，与生活水泵联锁，保证生活用水。

所选水泵配用电机需满足 GB 18613《中小型三相异步电动机能效限定值及能效等级》中对电动机能效的规定。

设计的水泵设备均为 1 级。

5. 建筑节能措施

（1）节能设计说明。建筑物体型系数控制应符合标准。

（2）围护结构设计。节能设计主要针对围护结构的设计，围护结构包括建筑外墙、暴露的平屋顶、外门窗、阳台及有冷（热）桥部位等。设计时建筑物各部分维护结构的传热系数不超过 JGJ 26《严寒和寒冷地区居住建筑节能设计标准》中所规定的最小传热系数。

窗户面积符合 JGJ 26《严寒和寒冷地区居住建筑节能设计标准》不同朝向的窗墙面积比，外门窗采用气密性高、传热性小的材料，采用双层塑钢推拉式，窗缝设橡胶密封带，气密性不低于 GB/T 7106《建筑外门窗气密、水密、抗风压性能分级及检测方法》规定的Ⅲ级水平。小室门采用防盗、保温、隔声等性能的金属门板。

6. 线路节能措施

（1）导线型号、材质选择。导线的选择主要是对导线表面场强、起晕电压、电晕损耗、地面场强、可听噪声和无线电干扰的控制，应在满足设计标准的前提下，使设计方案最经济、环保。

（2）地线型号选择。一般线路地线型式的选择主要是按满足线路的机械、电气两方面的要求来决定的。为了减少线路正常运行时因两地线环流而使普通地线与大地回路之间产生的电能损失，普通地线宜采用单点接地的绝缘方式。

（3）金具。需根据工程所经地区地形情况及气象条件进行计算，以适应不同地形、不同荷重的需要。

随着电压等级的升高、电气间隙的加大，耐张塔跳线的跨距增加，导致跳线弧垂加大，跳线弧垂风偏后对铁塔构件的间隙决定了耐张塔横担的尺寸，进而决定了耐张塔的指标。减小跳线弧垂及风偏角是缩小耐张塔尺寸的有效方法。而跳线弧垂及风偏角主要取决于采用的跳线型式和固定跳线的方式。

（4）杆塔规划。利用计算机优化排位等先进手段，对杆塔的使用条件进行组合，从而得出最经济档距和直线塔系列。

针对线路荷载、电气要求以及本工程的地形地貌等具体特点，选择适宜的塔形。

（5）铁塔和基础。铁塔优化设计工作主要从以下几方面进行：

1）针对不同类型铁塔的受力特点，在给定荷载条件和电气间隙条件下，采用多方案设计优化的方式，确定铁塔头部控制尺寸和合理的塔身坡度。

2）根据工程的具体情况，确定适宜的铁塔根开，综合考虑铁塔单基指标、基础工程量、占用耕地、植被等情况，力求达到最佳的综合经济效益。

3）根据目前角钢的供货情况，对所使用的角钢规格及材料材质进行优化选用。

4）采用合适的节间划分和布材方式，使铁塔传力路径清晰，铁塔主、斜材刚度协调、强度匹配，全塔结构受力均匀，充分发挥材料性能，达到节省塔材的目的。

5）根据塔身各部分的受力特点，采取不同的统材方案，作到因材制宜，达到降低塔重的目的。

6）改进节点连接方式，优化局部构造，进一步降低塔重。

基础设计是线路工程设计中的重点。各工程基础型式因荷载不同及其沿线的地质地形情况的差异而有所不同，即使在同一线路中，由于地质条件的变化也需采用不同的基础型式。在基础设计时按照安全可靠、技术先进、经济适用、因地制宜的原则选定常用的基础型式。

7. 节能措施效果评估

逐条分析计算节能评估阶段节能措施的节能效果等，列出节能评估阶段节能措施的节能效果汇总表。

8. 节能管理方案评估

提出项目能源管理体系建设方案，能源管理中心建设以及能源统计、监测等节能管理方面的措施、要求等。

根据 GB/T 23331《能源管理体系要求》和 GB/T 15587《工业企业能源管理导则》的要求，项目建设单位结合自身特点，建立一系列管理制度与办法。

9. 本章评估小结

项目应高度重视节能技术和节能管理工作，采用大量的节电及节水措施，同时按国家有关标准规范的要求配置相应的能源计量器具和人员，这些节能措施应经过实践检验技术可行、经济合理、节能效果明显，能够为项目运行带来明显经济效益。

七、能源利用状况核算及能效水平评估

计算方法、计算过程应清晰、准确，计算中所引用的基础数据应有明确来源或核算过程，基础数据、基本参数的选择、核算过程应清晰。数据计算较为复杂，影响报告正文结构时，应另附计算书。

1. 节能评估前项目能源利用情况

根据《电力工程设计手册 电力系统设计》，变电站电能损耗计算公式如下：

（1）变压器电能损耗计算公式为

$$\Delta A_T = \Delta P_{0T} + t_T + \Delta P_C (S_T/S_N)2\tau \tag{28-7}$$

式中 ΔP_{0T} ——变压器空载损耗，kW；

t_T ——变压器运行时间，h；

ΔP_C ——变压器负载损耗，kW；

S_T ——变压器运行容量，MVA；

S_N ——变压器额定容量，MVA；

τ ——最大负荷损耗小时数，h。

（2）电抗器电能损耗计算公式为

$$\Delta A_T = \Delta P_{NL} t_L \tag{28-8}$$

式中 ΔP_{NL} ——电抗器额定电压下的功率损耗，kW；

t_L ——电抗器运行时间，h。

（3）电阻损耗计算。对输电线路来说，电能损耗分为两部分：一是电阻损耗；二是电晕损耗。一般输电线路的电晕损耗不超过电阻损耗的 20%是较为合理的。

电阻损耗的计算公式为

$$\Delta A_R = \Delta P_R t \tag{28-9}$$

式中 ΔA_R ——电阻电能损耗，kWh；

ΔP_R ——电阻的功率损耗；

t ——最大功率损耗时间，h。

（4）有功功率损耗的计算公式为

$$\Delta P = 3I^2 R \times 10^{-3} \tag{28-10}$$

$$I = \frac{P}{\sqrt{3}U_N \cos\varphi} \tag{28-11}$$

式中 ΔP ——有功功率损耗，kW；

I ——流过输电线路一相的电流，A；

R ——输电线路一相的交流电阻，Ω。

（5）电晕损耗计算。年平均电晕功率损失计算方法采用《超高压送电线路的设计》中推荐的方法，即

$$P_{dy} = 3 \times 10^{-10} U^2 \left(\frac{E_m}{E_0}\right)^5 \tag{28-12}$$

式中 P_{dy} ——年平均电晕损耗，kW/（km·三相）；

U ——相电压，V；

E_m——导线表面最大平均场强，kV（峰值）/cm；

E_0——导线表面起晕场强，kV（峰值）/cm。

（6）油料损耗计算。线路建成后需进行日常维护与检修巡线。根据维护方案、车辆信息及道路情况等信息总结，油料损耗计算方法为

$$P = nlP_cK/100 \qquad (28\text{-}13)$$

式中　P——总油耗，L；

　　　n——年平均维护次数；

　　　l——线路总长，km；

　　　P_c——车辆百公里油耗，L/100km；

　　　K——道路系数。

2. 节能评估后项目能源利用情况

（1）论述项目基础数据、基本参数的选择或核算情况，基础数据应有详细的基本参数支撑和明确的计算过程。

（2）计算综合能源消费量。依据采取节能评估阶段节能措施后的项目用能情况，测算项目年综合能源消费量。项目年综合能源消费量应分别测算当量值和等价值两个数值。用能单位外购的能源和耗能工质，其能源折算系数可参照国家统计局有关数据；用能单位自产的能源和耗能工质所消耗的能源，其能源折算系数根据实际投入产出自行计算。

（3）计算主要能效指标。采用综合分析法，依据项目基础数据、基本参数等，按照 GB/T 2589《综合能耗计算通则》等标准，核算（测算）各环节能源消耗量，计算项目主要能效指标。

对项目达产之后的增加值及增加值能耗进行测算。增加值的计算应有详细的计算过程及数据来源说明。

在计算能效指标时，应注意与相关标准、规范等所采用的电力折算标准系数一致，便于对比分析。

（4）分析各环节能量使用情况。使用能量平衡法分析项目各环节能量使用情况，计算能量利用率等指标。

能源消费量较大、生产环节较多的工业项目，推荐使用或参考《企业能量平衡表编制方法》和《企业能量平衡网络图绘制方法》进行分析计算；不适宜编制能量平衡表、网络图的项目，建议依照所属行业规定或惯例计算或核算能量使用分配或平衡情况。

3. 能效水平评估

采用标准对照法、类比分析法等方法对项目主要能效指标的能效水平进行分析评估，评价设计指标是否达到同行业国内领先，或国内先进，或国际先进水平。指标主要包括产品（量）综合能耗、可比能耗、主要工序（艺）单耗、单位增加值能耗等。

对于项目能效指标未达到现有同行业、同类项目领先（先进）水平的，报告应客观、细致地分析原因。

八、能源消费影响评估

基本要求：根据项目所在地的区域特点，经济、社会和能源发展情况，面临的节能形势，以及项目选用能源的特性等，合理分析和判断项目对所在地能源消费的影响。对于预计下一个规划期投产的项目，暂参照当期项目所在地有关情况进行评估。

对于项目能效指标未达到现有同行业、同类项目领先（先进）水平的，报告应客观、细致地分析原因。

1. 对所在地能源消费增量的影响评估

根据项目所在地能源消费总量控制目标，或根据节能目标、能源消费水平、国民经济发展预测（GDP增速预测值）等推算项目所在地能源消费增量控制数。

对于新建项目，其年能源消费增量为项目年综合能源消费量；对于改、扩建项目，其年能源消费增量应为项目年综合能源消费量与其申报年度所处 5 年规划期上一年度的综合能源消费量的差。

将测算得出的项目年能源消费增量与所在地能源消费增量控制数进行对比，分析判断项目新增能源消费对所在地能源消费的影响。

目前，统计部门在统计地区能源消费总量、万元单位 GDP 能耗等数据时采用等价值。因此，除另有要求外，在分析宏观节能指标，如项目对所在地能源消费增量和节能目标的影响时，电力折算标准煤系数应采用等价值计算项目年综合能源消费量、增加值能耗等数据。

涉及煤炭或能耗等量（减量）置换的项目，应对置换方案和落实情况进行详细论证说明。

能源消费增量计算公式为

$$\Delta E = G_n \times E_n - G_{n-5} \times E_{n-5} \qquad (28\text{-}14)$$

式中　ΔE——能源消费量增量预测限额，标准煤；

　　　G_n——第 n 年，当地的国民生产总值，万元；

　　　E_n——第 n 年，当地的单位 GDP 能耗，标准煤/万元。

工程节能评估后综合能源消费量等价值及工程能源消费量占所在地区能源消费增量限额的比重值，与国家节能评估中心网站公布的固定资产投资项目对所在地（省市、地市）完成节能目标影响分析评价指标表（第 1 号）进行对比分析，求得工程能源消费量占所在地能源消费增量的比重 m，$m \leqslant 1$，说明本项目的建设对所在地能源利用增量影响较小。$1 < m \leqslant 3$，说明本项目的建设对所在地能源利用增量有一定的影响。

2. 项目对所在地完成节能目标的影响评估

计算项目单位工业增加值能耗指标。

根据项目所在地节能目标要求，确定项目达产期所处的 5 年规划期末节能目标（万元单位 GDP 能耗）。

分析项目年综合能源消费量、增加值和单位增加值能耗等能耗指标对所在地完成万元单位 GDP 能耗下降目标等节能目标的影响。建成达产后年综合能源消费量（等价值）超过（含）10000t 标准煤的项目，应定量分析项目能源消费对所在地完成节能目标的影响。

（1）工业增加值的计算。

工业产值：节能评估后，通过工程年总输电量及工程平均售电电价可计算出工程每年的售电收入（工业产值）。

工业增加值：根据上网电价可求得年输电成本。

工业增加值=工业产值−购电成本

（2）工业增加值能耗。通过工程工业增加值与节能评估后综合能源消费量的等价值的关系可计算出工业增加值能耗，看此值是否低于所在地当年度单位 GDP 能耗及所在地的上年度的工业增加值能耗。

根据国家节能中心公布的节能评价指标 n 值的计算方法，项目增加值能耗影响自治区的单位 GDP 能耗的比例（$n\%$）计算公式为

$$n=[(a+d)/(b+e)-c]/c \qquad (28-15)$$

式中　n——项目增加值能耗影响所在地单位 GDP 能耗的比例；

　　a——基准年项目所在地能源消费总量，t 标准煤；

　　b——基准年项目所在地生产总值，万元；

　　c——基准年项目所在地单位 GDP 能耗；

　　d——项目年综合能源消费量（等价值），t 标准煤；

　　e——项目年增加值，万元。

由计算结果经与国家节能评估中心网站公布的固定资产投资项目对所在地（省市、地市）完成节能目标影响分析评价指标表（第 1 号）进行对比分析，可得出该项目对所在地区完成节能目标的影响。

九、结论

基本要求：评估结论应客观、全面，从节能角度对项目是否可行作出评估结论。

评估结论一般应包括下列内容：

（1）项目是否符合相关法律法规、政策和标准、规范等的要求。

（2）项目能源消费总量、结构，以及对所在地总量控制及节能目标等的影响。

（3）项目能效指标是否满足限额标准要求，是否达到国内（国际）领先或先进水平。

（4）项目用能设备有无采用国家明令禁止和淘汰的落后工艺及设备，设备能耗指标是否达到先进能效水平。

（5）节能评估阶段提出的节能措施及效果。

十、附录、附件内容

1. 附录

主要包括以下内容：

（1）主要用能设备一览表；

（2）能源计量器具一览表；

（3）项目能源消费、能源平衡及能耗计算相关图、表等；

（4）计算书（包括基础数据核算、设备所需额定功率计算、设备能效指标计算、项目各工序能耗计算、节能效果计算、主要能效指标计算、增加值能耗计算等）。

2. 附件

（1）环评批复（如有）、水资源论证报告（如有）、地区环保要求等支持性文件；

（2）项目拟选用能源的成分、热值等的分析报告；

（3）厂（场）区总平面图、车间工艺平面布置图等；

（4）其他必要的支持性文件；

（5）项目现场情况、工程进展情况照片等。

附 录

附录 A 倾斜悬吊式管形母线力学计算

一、倾斜悬吊式管形母线的挠度

倾斜悬吊式管形母线的挠度计算基本上可以采用支持式管形母线的计算方法。因为垂直悬吊式管形母线的悬吊点一般只受到垂直反力的作用，性质与支持式管形母线基本相同，因此挠度计算公式基本相同。倾斜悬吊式管形母线的悬吊点受到垂直反力、水平反力两种反力的作用，其中水平反力沿管形母线中心线方向向两边作用，它将管形母线拉直，起减小管形母线挠度的作用。但是，管形母线沿中心线方向的刚度很大，这种轴向水平力减小管形母线挠度的作用并不显著，在实际工程中可以忽略这种减小管形母线挠度的影响，使计算结果略偏于保守，这样计算公式可大大简化。因此，当忽略了水平反力的影响时，倾斜悬吊式管形母线也可以采用支持式管形母线的挠度计算方法。

悬吊式管形母线的挠度允许标准没有支持式铝管母线严格。因为它的铝管两端用金具悬吊起来，是固定连接，没有因为管形母线挠度过大造成支持金具滑动失常的问题，挠度是由单柱式隔离开关的要求和适当考虑美观等因素控制的。结合国内外工程实践，悬吊式管形母线的挠度允许标准可按在自重作用下母线的挠度不超过管形母线外径的 0.5~1 倍考虑。

二、倾斜悬吊式管形母线的结构尺寸

倾斜悬吊式管形母线采用 V 形绝缘子串倾斜悬挂的方式，是一个空间立体结构，因此需要在立体的三维空间里确定 X（水平档距）、Y（垂直档距）、Z（横向档距）三个基本尺寸，如图 A-1 所示。

1. 垂直档距（Y）

垂直档距是悬吊式管形母线的最基本尺寸，它是管形母线距母线构架横梁的高度，受电气距离控制。主要根据相-地最小安全净距加上最大水平力作用下产生的母线最大垂直位移，再考虑适当的裕度确定。垂直档距为

$$Y = A_1 + V_{max} + \frac{D}{2} + \Delta Y \qquad (A-1)$$

式中　Y——倾斜 V 形悬吊铝管母线的垂直档距，mm；

A_1——相-地最小安全净距，由绝缘配合确定，mm；

V_{max}——最大水平力作用下的母线垂直位移，mm；

D——管形母线外径，mm；

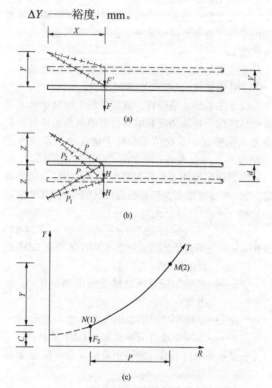

ΔY——裕度，mm。

图 A-1　悬吊式管形母线位移、拉力计算图
(a) 侧视图；(b) 俯视图；(c) 计算图
注　实线为正常状态；虚线为故障状态。

Y 值越大，则母线门型构架高度增加，即增加了母线构架的材料消耗，同时在绝缘子串长度为一个定值的前提下，如果保持母线横向档距 Z 不变，则将减少母线的水平档距 X，使母线的两个悬吊点之间的距离增大，母线的挠度增加。此外，如果保持母线水平档距 X 不变，它将使母线横向档距 Z 减少，母线的水平位移增加。因此，在满足电气距离的前提下，应尽量减少 Y 值。

2. 横向档距（Z）

横向档距表示组成 V 形串的两串绝缘子在横梁上悬挂点的分开程度。不直接受电气距离的控制，Z 值越大，则母线的水平位移越小。所以一般在满足安装要求、不使相邻两相母线的绝缘子串在横梁处相碰撞的前提下，应尽量增加 Z 值。横向档距为

$$Z = \frac{m}{2} - \Delta Z \qquad (A-2)$$

式中　Z——倾斜 V 形悬吊铝管母线的横向档距，mm；

m——相间距离，mm；

ΔZ——考虑相邻两串绝缘子不相碰撞的距离，一般取 150～250，mm。

3. 水平档距（X）

水平档距是绝缘子串沿母线轴线方向向内伸出的水平距离。增大水平档距可以减少母线两个悬吊点之间的距离，从而减少母线的挠度，节省铝材。但是 X 的值不能无限增加，它受绝缘子串拉力以及横向档距的限制，因为 X 值越大，绝缘子串拉力也增加，在绝缘子串长度不变的前提下，横向档距将减小，母线水平位移增加，这些对管形母线都是不利因素。因此应在保证适当的横向档距和满足绝缘子串拉力的前提下，尽量增加 X 值。一般以适当增加金具加长绝缘子串长度的方法来增加水平档距。水平档距为

$$X = \sqrt{L^2 - Y^2 - Z^2} \qquad (A\text{-}3)$$

式中　X——倾斜 V 形悬吊铝管母线的水平档距，mm；

L——绝缘子串的长度，mm。

三、倾斜悬吊式管形母线的位移、拉力计算

悬吊式管形母线的 V 形绝缘子串受到的垂直荷载较小，它在正常和故障情况下都呈悬链线的形状，如图 A-1 所示。因此可以根据悬链线的基本方程式，写出绝缘子串的特性方程式组，当已知结构尺寸时，从这些特性方程式组可以求得绝缘子串的实际长度。当发生故障时，在水平风力和短路电动力的作用下，迎风侧的绝缘子串被拉紧，背风侧的绝缘子串松弛。但是这两串绝缘子仍然呈悬链线分布，从几何图形上说，相当于前者的悬链线曲线变得平直，而后者的悬链线曲线变得更弯曲。同样可以分别写出拉紧、松弛绝缘子串的特性方程式组，从这些方程组中可以求出位移和拉力。

将在推导计算公式时采用的各参数符号的意义和单位表示如下：

1）F 为 V 形绝缘子串所受到的垂直力（kgf），它等于一跨管形母线自重与悬吊金具质量之和的一半；

2）H 为 V 形绝缘子串所受到的水平力（kgf），它等于一跨管形母线所受到水平力的一半与 V 形绝缘子水平风压之合；

3）W 为一串绝缘子单位长度的质量（kg/m）；

4）L 为绝缘子串的曲线实际长度（m）；

5）C 为悬链线常数，它等于悬链线与 Y 轴交点的坐标值；

6）P 为绝缘子串在水平面投影的长度（m）；

7）d 为管形母线与 V 形绝缘子串连接点，即悬吊点的水平位移（m）；

8）V 为悬吊点的垂直位移（m）。

1. 正常状态

V 形绝缘子串在正常无风状态下不受到水平力的作用，它是对称分布，并且是悬链线的一部分。将它放在 R、Y 直角坐标系中（见图 A-1），R 轴是通过绝缘子串水平投影 P 的水平坐标轴，Y 轴是垂直坐标轴，这个直角坐标系中的悬链线长度 L（$\overarc{MN}$）就代表 V 形绝缘子串中的一串绝缘子，可以用悬链线以双曲函数表示，即

$$Y = C \cos h \frac{R}{C} \qquad (A\text{-}4)$$

式中　Y——悬链线的垂直坐标值；

R——悬链线的水平坐标值；

C——悬链线常数。

绝缘子串悬链线的实际长度 L（$\overarc{MN}$）为

$$L = C\left(\sin h \frac{R_2}{C} - \sin h \frac{R_1}{C} \right) = 2C \sin h \frac{R_2 - R_1}{2C} \cos h \frac{R_2 + R_1}{2C}$$

$$= 2C \sin h \frac{P}{2C} \cos h \frac{R_2 + R_1}{2C} \qquad (A\text{-}5)$$

绝缘子串高度为

$$Y = Y_2 - Y_1 = C \cos h \frac{R_2}{C} - C \cos h \frac{R_1}{C}$$

$$= 2C \sin h \frac{R_2 + R_1}{2C} \sin h \frac{P}{2C} \qquad (A\text{-}6)$$

代入下式：

$$L^2 - Y^2 = \left(2C \sin h \frac{P}{2C} \right)^2 \left(\cos h^2 \frac{R_2 + R_1}{2C} - \sinh^2 \frac{R_2 + R_1}{2C} \right)$$

$$= \left(2C \sin h \frac{P}{2C} \right)^2 \qquad (A\text{-}7)$$

从式（A-7）中解出 P（绝缘串水平投影长度）为

$$P = 4.6C \lg \frac{\sqrt{L^2 - Y^2} + \sqrt{L^2 - Y^2 + 4C^2}}{2C} \qquad (A\text{-}8)$$

根据悬链线的基本特性，N 点的张力为

$$T_N = Y_N W = \sqrt{(WC)^2 + \left(\frac{F}{2} \right)^2}$$

M 点的张力为

$$T = T_M = Y_M W = \sqrt{(WC)^2 + \left(\frac{F}{2} + WL \right)^2} \qquad (A\text{-}9)$$

而从 T_N 和 T_M 的表达式中消去 Y_N，解出悬链线常数 C 的表达式为

$$C = \sqrt{\left(\frac{FL}{2WY} + \frac{L^2}{2Y} - \frac{Y}{2} \right)^2 - \left(\frac{F}{2W} \right)^2} \qquad (A\text{-}10)$$

此外，根据图 A-1，绝缘子串水平面投影长度为

$$P = \sqrt{X^2 + Z^2} \qquad (A\text{-}11)$$

式（A-8）~式（A-10）是正常状态的基本方程式，对式（A-8）、式（A-10）、式（A-11）进行合并

化简，得到只包含绝缘子串实际长度 L 的一个未知数的方程式为

$$\sqrt{X^2+Y^2}=4.6\sqrt{\frac{L^4}{4Y^2}+\frac{FL^3}{2WY^2}+L^2\left(\frac{F^2}{4W^2Y^2}-\frac{1}{2}\right)-\frac{FL}{2W}-\frac{F^2}{4W^2}+\frac{Y^2}{4}}$$

$$\cdot \lg \frac{\sqrt{L^2-Y^2}+\sqrt{\frac{L^4}{Y^2}+\frac{2FL^3}{WY^2}-L^2\left(\frac{F^2}{4W^2Y^2}-1\right)-\frac{2FL}{W}-\frac{F^2}{W^2}}}{2\sqrt{\frac{L^4}{4Y^2}+\frac{FL^3}{2WY^2}+L^2\left(\frac{F^2}{4W^2Y^2}-\frac{1}{2}\right)-\frac{FL}{2W}-\frac{F^2}{4W^2}+\frac{Y^2}{4}}} \quad \text{(A-12)}$$

式（A-12）中的 X、Y、Z、W、F 都是已知数，从它可以解出绝缘子的实际长度 L。

2. 故障状态

故障时管形母线受到水平风力和短路电动力的作用，绝缘串受到水平风力的作用。在这些水平力的作用下，管形母线向一侧水平移动，管形母线各点的水平位移不同，它与 V 形绝缘子串的连接点（悬吊点）的水平位移较小，记为 d，管形母线跨中点的水平位移由于管形母线本身发生水平弯曲使它的数值较大，记为 d_m，同时管形母线也被抬起，产生向上的垂直位移 V。在故障时 V 形绝缘子串发生了变化，迎风侧绝缘子 P2 串被拉紧，背风侧绝缘子串 P1 松弛。由于故障作用力是水平力，可以认为：

1）V 形绝缘子串的水平档距 X 在故障前后不变；

2）绝缘子串曲线实际长度 L 在故障前后不变；

3）故障前后拉紧、松弛的绝缘子串仍然是悬链线。

对于倾斜 V 形绝缘子串的结构尺寸在故障后也发生了变化，垂直档距从 Y 变成 $Y-V$，横向档距从 Z 变成 $(Z+d)$ 和 $(Z-d)$，以 1、2 下标分别代表松弛和拉紧绝缘子串的参数。则对松弛和拉紧的绝缘子串按照正常状态的基本方程式（A-8）~式（A-10）可以分别写出故障状态的 8 个方程式，再根据增加了水平力作用的新条件补充如下两个方程式。对拉紧的绝缘子串 2，根据悬链线的基本特性，它沿 R 轴的作用力为 WC_2，在这个 Z 轴上的水平投影为 $WC_2\dfrac{Z+d}{P_2}$。

同理，对松弛的绝缘子串 1，它沿 R 轴的作用力为 WC_1，这个力在 Z 轴上的水平投影为 $WC_1\dfrac{Z-d}{P_1}$。

这两个力的水平投影之差，就是作用在 V 形绝缘子串上的水平力，因此水平力为

$$H=\frac{WC_2(Z+d)}{P_2}-\frac{WC_1(Z-d)}{P_1} \quad \text{(A-13)}$$

故障时，作用在等串绝缘子上的垂直力不再均匀分配，即不再等于作用在 V 形绝缘子串的垂直力的一半，而发生了变化。拉紧绝缘子串的垂直力变成 F_2，松弛绝缘子串的垂直力变成 F_1，两者之和仍等于总垂

直力 F，因此垂直力为

$$F=F_1+F_2 \quad \text{(A-14)}$$

消去 P_1 和 P_2 的因子，进行合并化简，得到式（A-15）~式（A-21）的 7 个方程式，再加上正常状态方程式（A-12），就组成故障时的如下基本方程式：

$$\sqrt{(Z-d)^2+X^2}$$
$$=4.6C_1\lg\frac{\sqrt{L^2-(Y-V)^2}+\sqrt{L^2-(Y-V)^2+4C_1^2}}{2C_1} \quad \text{(A-15)}$$

$$\sqrt{(Z+d)^2+X^2}$$
$$=4.6C_2\lg\frac{\sqrt{L^2-(Y-V)^2}+\sqrt{L^2-(Y-V)^2+4C_2^2}}{2C_2} \quad \text{(A-16)}$$

$$C_1=\sqrt{\left(\frac{F_1L}{W(Y-V)}+\frac{L^2}{2(Y-V)}-\frac{Y-V}{2}\right)^2-\left(\frac{F_1}{W}\right)^2} \quad \text{(A-17)}$$

$$C_2=\sqrt{\left(\frac{(F-F_1)L}{W(Y-V)}+\frac{L^2}{2(Y-V)}-\frac{Y-V}{2}\right)^2-\left(\frac{F-F_1}{W}\right)^2}$$
$$\text{(A-18)}$$

$$T_1=\sqrt{(WC_1)^2+(F_1+WL)^2} \quad \text{(A-19)}$$

$$T_2=\sqrt{(WC_2)^2+(F-F_1+WL)^2} \quad \text{(A-20)}$$

$$H=\frac{WC_2(Z+d)}{\sqrt{(Z+d)^2+X^2}}-\frac{WC_1(Z-d)}{\sqrt{(Z-d)^2+X^2}} \quad \text{(A-21)}$$

从这些故障状态的 8 个独立非线性基本方程式中，可以求解 8 个未知数，其中，X、Y、Z、W、F、H 6 个参数都是已知数。求解如下 8 个未知数：

1）L 为绝缘子串的实际长度（m）；

2）C_1 为松弛绝缘子串的悬链线常数；

3）C_2 为拉紧绝缘子串的悬链线常数；

4）T_1 为松弛绝缘子串的悬挂点拉力（kgf）；

5）T_2 为拉紧绝缘子串的悬挂点拉力（kgf）；

6）F_1 为松弛绝缘子串的垂直力（kgf）；

7）d 是悬吊点的水平位移（m）；

8）V 为悬吊的垂直位移（m）；其中 T_1、T_2、d、V 四个未知数是需要计算的最后结果，其余四个未知数是中间计算结果。

计算绝缘子串正常情况的拉力时，绝缘子串水平

力 H 用一跨母线内绝缘子串和管形母线所受到最大水平风力的一半进行计算。计算绝缘子串故障情况的拉力时，绝缘子串水平力 H 用一跨母线内绝缘子串和管形母线所受到最大风力与管形母线所受到短路电动力之和的一半进行计算。

　　如上所述，在故障时管形母线各点的水平位移并不相同，上面故障状态的 8 个方程式求出的是管形母线管悬吊点的水平位移，我们还需要计算管形母线跨中的水平位移，它是管形母线各点水平位移中的最大值。管形母线的跨中水平位移可以看成由两部分组成，第一部分是将管形母线看成一个刚体，不发生水平弯曲，在作用于悬吊点的两个集中水平力的作用下，管形母线产生了水平位移，这时管形母线各点的水平位移值相等，称为悬吊点水平位移，已由上面故障状态的 8 个方程式中求出；第二部分是管形母线已发生悬吊点水平位移，此时，管形母线本身再在水平力的作用下，在水平面发生弯曲变形，这时可把悬吊点看成固定支座，管形母线受均匀分布的水平力作用，这种水平面内发生弯曲所产生的水平位移称为管形母线水平弯曲位移。管形母线跨中水平位移等于这两部分水平位移之和。

　　管母在均布水平力作用下发生水平弯曲变形的计算图如图 A-2 所示。

　　它是均布荷载作用下两端悬臂简支梁的力学计算问题，根据对悬吊式管形母线挠度计算公式的分析，在这里我们同样忽略了管形母线轴向水平力的影响。

参照对简支梁的经典力学计算公式，管形母线水平弯曲位移为

$$d'_m = (5 - 24\lambda^2)\frac{Hl^4}{384EI} \quad \text{（A-22）}$$

$$\lambda = \frac{m}{l} \quad \text{（A-23）}$$

式中　d'_m——管形母线本身的跨中水平弯曲位移，m；
　　　　E——管形母线弹性模量，kg/m^2；
　　　　I——管形母线截面惯性矩，m^4；
　　　　λ——计算系数；
　　　　l——管形母线两个悬吊点之间的距离，m；
　　　　m——管形母线一边悬臂长度，m。

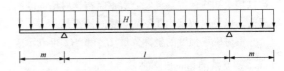

图 A-2　管形母线本身水平弯曲计算简图（俯视图）

　　管形母线跨中水平位移 d_m 等于管形母线悬吊点的水平位移 d 与管形母线跨中水平弯曲位移 d'_m 之和，因此它的计算公式可以写为

$$d_m = d + d'_m \quad \text{（A-24）}$$

　　管形母线跨中水平位移用来校验管形母线的相间距离，当它和单柱式隔离开关配合时，还用来校验是否符合单柱式隔离开关最大水平线夹范围的要求。

附录 B 钢 构 发 热 计 算

一、空气中钢构损耗发热计算

（一）母线周围无钢时的磁场强度

无钢时，三相母线的合成磁场强度只是位置和时间的函数，可以准确地用计算公式求得，计算母线周围无钢时的磁场强度，可以作为有钢时比较的基准，还可以用来初步估算缺乏实验数据时有钢磁场强度的极限值，以及比较钢构在不同布置时的损耗。

无钢时磁场强度的坐标分量 H_{ox} 和 H_{oy} 可表示成以 $\dfrac{1}{2\pi S}$ 为基准的相对值，即

$$h_{ox}=\frac{H_{ox}}{I/2\pi S}, \quad h_{oy}=\frac{H_{oy}}{I/2\pi S} \tag{B-1}$$

式中　S——母线相间距离，cm；

　　　I——母线电流，A。

为了供设计使用，可根据式（B-1）给出三相并排母线附近空间的磁场强度相对有效值的分布 h_{ox} 和 h_{oy} 的网络图（见图 B-1、图 B-2），利用这些网络图可求得大电流母线附近任意点的磁场强度，避免繁琐的计算。

（二）有钢时钢构表面磁场强度

1. 三相并排布置时母线附近的横越钢条

（1）钢条表面磁场强度。为了能简易地计算钢条表面的磁场强度，根据式（B-2）和式（B-3）按工程实用范围绘出 $h_{\max}-$（u、d/S）和 $\dfrac{h_{\min}}{h_{\max}}-d/S$ 的关系曲线（见图 B-3 和图 B-4），利用这些曲线可简便地计算横越钢条磁场强度的最大值 $H_{\max}$ 和最小值 $H_{\min}$。

$$h_{\max}=H_{\max}\Big/\frac{I_m}{2\pi d}$$
$$=(1.073-0.44d/S)\times(0.7+0.3e^{-\frac{u}{20}}) \tag{B-2}$$

$$\left(\frac{H_{\min}}{H_{\max}}\right)^{1.58}=\left(\frac{h_{\min}}{h_{\max}}\right)^{1.58}\approx 0.8d/S \tag{B-3}$$

式中　　　　d——母线轴线到钢条截面形心轴的
　　　　　　　　　距离，cm；

　　　　　　S——母线相间距离，cm；

　　　　$I_m/2\pi d$——单根母线下 d 处的无钢磁场强度，A/cm；

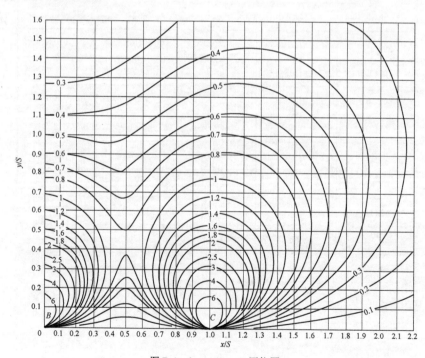

图 B-1　$h_{ox}-x/S$，y/S 网络图

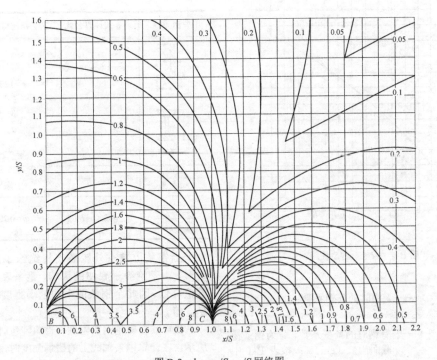

图 B-2　$h_{oy}-x/S$，y/S 网络图

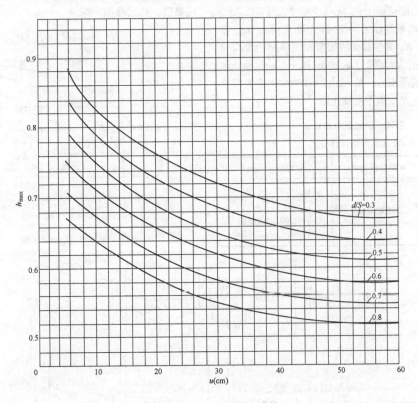

图 B-3　$h_{max}-(u、d/S)$ 曲线

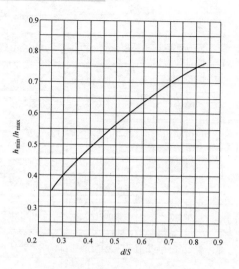

图 B-4 $\dfrac{h_{\min}}{h_{\max}}-d/S$ 曲线

$\left(1.073-0.44\dfrac{d}{S}\right)$——无钢时的互消系数；

$\left(0.7+0.3e^{-\frac{u}{20}}\right)$——有钢时的畸变系数，$u$ 为钢条横
截面周长（cm），u 按表 B-1 中
公式计算。

如果钢条是由几根组合的，则 u 取各钢条截面周长总和。

当钢条有两根及以上并排时，上面求得的 $H_{\max}$ 需
乘以系数 K_p，K_p 值与钢条的根数和钢条间的距离 a
有关。根据对小截面钢条（$u=20$cm 以下）的试验，在
$d/S=0.4\sim0.7$ 的范围内，K_p 可由图 B-5 按钢条的根数
和 a/d 值求得，$H_{\min}$ 值不需修正。

表 B-1　各种型钢截面的周长 u
及几何均距计算公式

型钢截面	u 的计算公式	几何均距 g（cm）
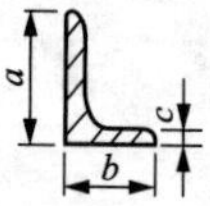	$u=1.95(a+b)$	当 $\dfrac{b}{a}=0.5\sim1.0$，$c\ll a$ $g=0.207a+0.186b$ 当 $a=b$　$g\approx0.393a$

续表

型钢截面	u 的计算公式	几何均距 g（cm）
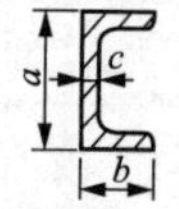	$u\approx2(a+2b)-5c$	当 $\dfrac{b}{a}=0.2\sim0.7$，$c\ll a$ $g\approx0.232a+0.293b$
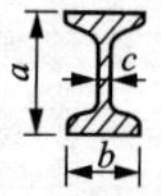	$u\approx2(a+2b-4c)$	当 $\dfrac{b}{a}=0.25\sim0.7$， $c\ll a$ $g=0.238a+0.22b$
	$u=\pi D$	$g=0.7788r$
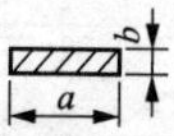	$u=2(a+b)$	$g\approx0.223b(a+b)$

当钢条上装有外胶装支柱绝缘子用以支持母
线时，由于绝缘子底座的影响，钢条表面磁场强度
峰值降低，因此全钢条的平均磁场强度可取上述的
$H_{\min}$ 值。

当母线在横越钢条附近有直角转弯时，如图 B-11
所示，在计算钢条轴线上的磁场强度时，则应分别按
有限长母线求出各段母线在钢条轴线上的无钢磁场强
度峰值，然后叠加。即

$$H_{omax}=\frac{1}{S}(H_{oa}+H_{ob}+H_{oc}) \tag{B-4}$$

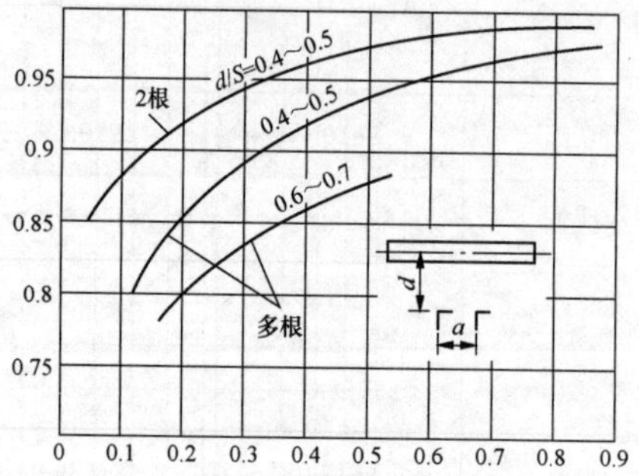

图 B-5 K_p-a/d 曲线

$$H_{oa}=H_{oc}=\frac{I_m}{2\pi d}\times\frac{1}{4}\times\left\{\left[-1.707+\frac{2}{\left(\frac{S}{d}\right)^2+1}\times\left(\frac{1}{\sqrt{2+\left(\frac{S}{d}\right)^2}}+1\right)\right.\right.$$
$$\left.\left.-\frac{1}{\left(\frac{2S}{d}\right)^2+1}\times\left(\frac{1}{\sqrt{2+\left(\frac{2S}{d}\right)^2}}+1\right)\right]^2\left[3\left(1.707-\frac{1}{\left(\frac{2S}{d}\right)^2+1}\left(\frac{1}{\sqrt{2+\left(\frac{2S}{d}\right)^2}}+1\right)\right)\right]^2\right\}^{\frac{1}{2}} \tag{B-5}$$

$$H_{ob}=\frac{I_m}{2\pi d}\times\frac{1}{2}\left[1.707-\frac{1}{\left(\frac{S}{d}\right)^2+1}\times\left(\frac{1}{\sqrt{2+\left(\frac{S}{d}\right)^2}}+1\right)\right] \tag{B-6}$$

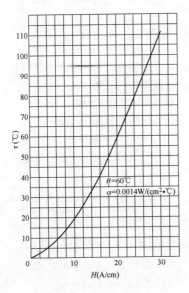

图 B-6　τ-H 曲线

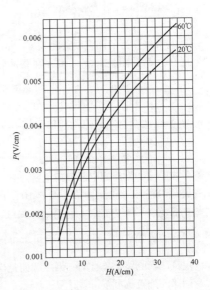

图 B-7　P-H 曲线

（2）钢条温升。在一般工程条件下，由已知的 H_{max} 值，按式（B-7）计算即可得到钢条最热点的温升 τ_{max}。

$$\tau_{max}=0.00072\frac{H^{1.58}}{\alpha_a} \tag{B-7}$$

对于闭合回路：

$$\tau_{max}=\frac{0.00072}{\alpha_a}\left(\frac{I_g}{u}\right)^{1.58} \tag{B-8}$$

式中　H——钢条表面的磁场强度，A/cm；

　　　α_a——钢条表面的散热系数，一般取 0.0014，W/（cm^2·℃）；

　　　I_g——每根钢条中流过的电流（环流），A；

　　　u——钢条横截面的周长，cm。

为了便于设计，图 B-6 示出 τ-H 的关系曲线，由已知的 H_{max} 值，从该图可直接查到 τ_{max} 值。当 α_a 不是 0.0014W/（cm^2·℃）和温度不是 60℃时，可用系数 $\frac{0.0014}{\alpha_a}[1+0.0025(\theta_m-60°)]$ 来修正。

（3）功率损耗。图 B-7 示出适用于一般钢材的磁场强度与单位表面积的有功功率损耗的实用曲线，当计算钢条功率损耗时，只需根据已求得的 H_{max}、H_{min} 值，即可由该图查得钢条单位表面积的最大和最小有功功率损耗 P_{max} 和 P_{min}，然后取钢条长度为 $3S$（小于

$3S$ 取实际长度），按下式计算钢条的有功功率损耗。

$$P=\frac{3}{2}Su\left(P_{max}+P_{min}\right) \tag{B-9}$$

式中　S——母线的相间距离，cm。

2. 三相并排母线附近的闭合钢构回路

（1）闭合回路中的感应电动势：为避免繁琐的计算又能方便地求得三相母线附近任何位置上与母线平行的直线导体中每米的感应电动势。图 B-8、图 B-9 绘出了垂直于三相并排母线的 x-y 平面上任一点感应电动势 E_a/l（实部）和 E_b/l（虚部）与其相对坐标 x/S、y/S 的网络图。但应注意这两个网络图只包括 x-y 平面的第一象限。当 y 为负时，可当作正值查用；当 x 为负时，只须对 E_a/l 取负值。图中感应电动势的单位为 V/（m·A）。利用这些网络图，就可根据与母线平行的直线导体的相对坐标，由网络图查得每米每安的感应电动势。

图 B-11 中母线桥的 A、B 钢条与三相母线平行，并构成闭合回路，其中 A、B 钢条的感应电动势根据 A、B 钢条各自在 x-y 平面上的相对坐标（取并排母线的轴线为 x 轴）x/S、y/S。由图 B-8 和图 B-9 查得 E_{Aa}/l，E_{Ab}/l 和 E_{Ba}/l 和 E_{Bb}/l，则 A、B 钢条中每米每安的感应电动势为

$$\dot{E}_A/l=E_{Aa}/l+jE_{Ab}/l$$

$$\dot{E}_B/l = E_{Ba}/l + jE_{Bb}/l$$

当母线电流为 I_m（A）时，由 A、B 钢条构成的闭合回路中每米感应电动势为

$$\dot{E}_{AB}/l = (\dot{E}_A/l - \dot{E}_B/l)I_m$$

$$= \left[\left(\frac{\dot{E}_{Aa}}{l} - \frac{\dot{E}_{Ba}}{l}\right) + j\left(\frac{\dot{E}_{Ab}}{l} - \frac{\dot{E}_{Bb}}{l}\right)\right]I_M \quad \text{(B-10)}$$

式中 l——与母线平行的闭合回路的长度，m。

（2）闭合回路的阻抗计算。闭合回路的阻抗可写为

$$z = r + jx = r + j(x_N + x_W) \quad \text{(B-11)}$$

式中 r、x_N——闭合回路的电阻和内电抗，Ω，$x_N = 0.6r$；

x_W——闭合回路的外电抗，Ω。

由钢条构成闭合回路的电阻和内电抗，它们与回路电流有关，精确计算是很困难的。图 B-10 给出实用铁磁材料的各项参数平均曲线，利用这些曲线，只需知道钢条表面的磁强 $H = \dfrac{1}{u}$（A/m），就可求得钢条的电阻和内电抗。当回路是长直的、钢条截面是均一的时，闭合回路的外电抗可按下式计算：

$$x_W = \frac{\omega\mu_0}{\pi}l\ln\frac{d}{g} \quad \text{(B-12)}$$

式中 d——两根平行长直钢条间的距离，cm；

g——钢条横截面的几何均距，对扁钢、角钢、槽钢和工字钢按 $g \approx 0.1u$（cm）计算；

l——两平行钢条的长度，cm。

当回路是矩形闭合钢框时

$$x_W = \frac{\omega\mu_0}{\pi}l\ln\left[a\ln\frac{2a}{a+b} + b\ln\frac{2a}{b+c}\right.$$
$$\left. + (a+b)\ln\frac{b}{g} - 2(a+b-c)\right] \quad \text{(B-13)}$$

式中 a——矩形钢框的长，cm；

b——矩形钢框的宽，cm；

c——矩形钢框的对角线，cm；

l——矩形钢框的周长，cm。

（3）闭合钢构回路感应环流 I_g 的计算。感应环流 I_g 可用下式利用计算器凑算，先假设 I_g 值。

长直闭合回路：

$$\dot{E}_{AB}/l = |0.144u^{-0.58}I_g^{0.58} + j0.088u^{-0.58} \times I_g^{0.58} + j\frac{x_W}{l}I_g| \quad \text{(B-14)}$$

矩形闭合回路：

$$\dot{E}_{AB} = |0.072lu^{-0.58}I_g^{0.58} + j0.044lu^{-0.58} \times I_g^{0.58} + jx_WI_g| \quad \text{(B-15)}$$

若用计算器进行试凑计算时，将式（B-15）化为

$$\frac{\dot{E}_{AB}}{l} = |aI_g^{0.58} + jbI_g^{0.58} + jcI_g|$$

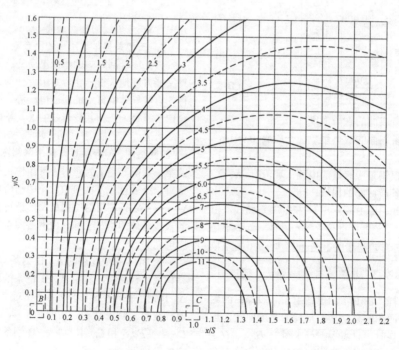

图 B-8 三相并排母线 E_a/l [$\times10^{-5}$V/（m·A）] 网络图

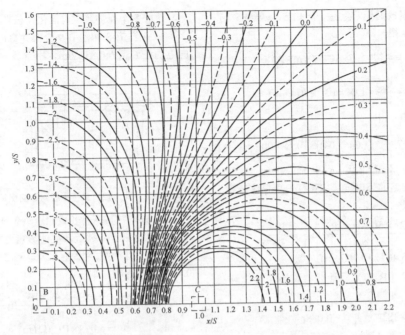

图 B-9　三相并排母线 E_b/l [$\times 10^{-5}$V/ (m·A)] 网络图

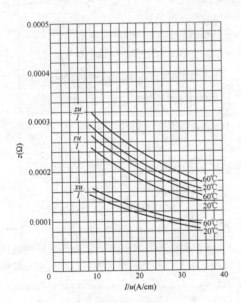

图 B-10　$\dfrac{zu}{l}$、$\dfrac{ru}{l}$、$\dfrac{xu}{l}$ — $\dfrac{1}{u}$ 曲线

（4）计算闭合回路中由 I_g 引起的功率损耗。由 $H=\dfrac{I_g}{u}$，查图 B-7 求得钢条单位表面积的有功功率损耗，就可算出钢条的总功率损耗：

$$P=lup \tag{B-16}$$

式中　l——I_g 流过钢条的长度，cm；

　　　u——钢条截面周长，cm；

　　　p——钢条单位表面积的有功功率损耗，W/cm²。

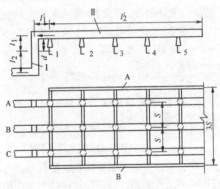

图 B-11　钢构组成的母线桥

（5）构成闭合回路的横越钢条。长直闭合回路的横越钢条只需计算涡流发热损耗，方法与计算三相并排母线附近的横越钢条的方法相同。矩形闭合回路的横越钢条除了 I_g 流过钢条产生的功率损耗外，还需加上涡流发热损耗。

（6）温升。由 $H=\dfrac{I_g}{u}$，查图 B-6 求得闭合回路钢条的温升 τ（℃）。

【例 B-1】如图 B-11 所示，已知母线电流 I_m=7000A，相间距离 S=100cm，母线轴线到横越钢构截面形心轴线的距离 d=50cm，A、B 钢条均为 10 号槽钢。设母线桥长 L_A=50m，试计算母线桥 A、B 钢构构成闭合回路的损耗和温升。

解：（1）已知 $S=100$cm、$d=50$cm，10 号槽钢截面周长 $u=2$ (10+2×5.3)−5×0.5=38.7（cm）。

则 A、B 钢条的相对坐标 $x/S=\pm1.5$、$y/S=0.5$，查图 B-8 和图 B-9 得

$$\frac{E_{Aa}}{l}=-\frac{E_{Ba}}{l}=7\times10^{-5}\,\text{V/(m}\cdot\text{A)}$$

$$\frac{E_{Ab}}{l}=\frac{E_{Bb}}{l}=1.04\times10^{-5}\,\text{V/(m}\cdot\text{A)}$$

由式（B-10）得

$$\frac{\dot{E}_{AB}}{l}=[(7+7)+\text{j}(1.04-1.04)]\times10^{-6}\times7000$$

$$=0.98\angle0°(\text{V/m})$$

（2）闭合回路的外电抗。按平行长直导体计算，由式（B-12）得

$$\frac{x_W}{l}=\frac{2\pi\times50\times4\pi\times10^{-7}}{\pi}\ln\frac{300}{0.1\times38.7}$$

$$=5.467\times10^{-4}(\Omega/\text{m})$$

（3）利用式（B-14）用计算器试凑法计算环流 I_g：

$$0.98=|0.144\times38.7^{-0.58}I_g^{0.58}+\text{j}0.088$$

$$\times38.7^{-0.58}I_g^{0.58}+\text{j}5.467\times10^{-4}I_g|$$

$$=|0.0173I_g^{0.58}+\text{j}0.01056I_g^{0.58}+\text{j}5.467\times10^{-4}I_g|$$

计算时，先不计 x_W 算出 I_g，作为 I_g 的第一次参考值，以后试算 2～3 次即可算出 I_g。经试算得 $I_g=552\text{A}$。

（4）由环流 I_g 引起的功率损耗和温升。由

$$H=\frac{I_g}{u}=\frac{552}{38.7}=14.26(\text{A/cm})，查图 B-7 得 p=0.047$$

W/cm^2，A、B 钢条构成的闭合回路的总功率损耗为

$$P=lup=2\times(5000+300)\times38.7$$

$$\times0.047\times10^{-3}=19.28(\text{kW})$$

（5）闭合回路中横越钢条的功率损耗和温升。因为是长直梯形闭合回路，只需计算横越钢条中的涡流损耗。

设：横越钢条的间距为 2m，共有横越钢条 26 根。根据图 B-1、图 B-2 及图 B-7 可查得每根钢条损耗为 371.5W，温升 32℃。

（6）闭合回路总功率损耗：

$$\Sigma P=19.28+0.7663+0.3715\times26=29.71(\text{kW})$$

【例 B-2】图 B-12 所示三相长直母线附近装设钢保护遮栏，纵向钢框 M 用以固定网框 N，它们都是用 60×60×5（mm）的角钢制成的。已知 $I_W=7000\text{A}$，$S=100\text{cm}$，$d=50\text{cm}$，保护遮栏长 50m，每个网框宽 0.8m，高 2m。试计算：①M 与 N 钢框接触好时，保护遮栏的损耗和温升；②M 与 N 钢框绝缘，M 钢框形成的闭合回路被断开，各 N 钢框有间隙时，保护遮栏的损耗和温升。

解：（1）M 与 N 钢框接触良好时，保护遮栏的损耗和温升。

这时整个保护遮栏可简化为长直梯形回路计算。

1）由图 B-8 和图 B-9 查得并算出 M 钢框中的感应电动势 $E_{MM}/l=0.835\text{V/m}$。

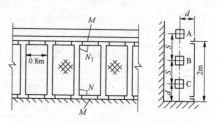

图 B-12　并排母线附近的保护遮栏

2）外电抗按平行长直组合钢条计算，由于 M 与 N 钢框靠得很近，邻近效应的影响使组合钢条的周长只增加 1.5 倍。故 $u=1.95\times(2\times6)\times1.5=35.1$（cm），$g=0.1u=3.51$（cm），则

$$x_W=\frac{2\pi\times50\times4\pi\times10^{-7}}{\pi}\ln\frac{200}{3.51}$$

$$=5.078\times10^{-4}(\Omega/\text{m})$$

3）闭合回路的环流 I_g 用式（B-14）进行试凑计算。

$$0.835=|0.144\times35.1^{-0.58}I_g^{0.58}+\text{j}0.088$$

$$\times35.1^{-0.58}I_g^{0.58}+\text{j}5.078\times10^{-4}I_g|$$

$$=|0.0183I_g^{0.58}+\text{j}0.0112I_g^{0.58}+\text{j}5.078\times10^{-4}I_g|$$

试算结果 $I_g=412\text{A}$。

4）I_g 引起的功率损耗和温升。由 $H=\frac{I_g}{u}=\frac{412}{35.1}=$

11.74（A/cm），由图 B-7 查得 M 钢框的单位表面积的功率损耗 $p=0.035\text{W/cm}^2$，M 钢框的损耗为

$$P_1=lup=2\times(5000+200)\times35.1$$

$$\times0.035\times10^{-3}=12.78(\text{kW})$$

由图 B-6 查得 M 钢框的温升 $\tau=24℃$。

5）保护遮栏网框 N 的损耗和温升。N 网框的纵框环流损耗按长直梯形回路计算。这里只需计算横越钢框的损耗。考虑到网框间的横越钢框靠得很近，按组合钢条计算，即钢框的截面周边长度 u 增加一倍，$u=1.95\times(2\times6)\times2=46.8$（cm），因而磁强 H 减小，由前面介绍的方法求得 $H_{max}=13.8\text{A/cm}$，$H_{min}=7.86\text{A/cm}$；$P_{max}=0.044\text{W/cm}^2$，$P_{min}=0.018\text{W/cm}^2$，按 61 块网框计算，横越钢框的总损耗为

$$P_2=\frac{1}{2}(0.044+0.018)\times200\times46.8$$

$$\times61\times10^{-3}=17.7(\text{kW})$$

钢框最热点的温升 $\tau_{max}=31℃$。

6）保护遮栏的总功率损耗为

$$P=P_1+P_2=12.78+17.7=30.48（\text{kW}）$$

（2）M 与 N 钢框相互绝缘和 M 钢框形成的闭合回路被断开时的损耗和温升。

这时只需计算网框 N 的损耗和温升。

1）N 矩形钢框的感应电动势由上可得 $E_N=0.835\times0.8=0.668$（V）

2）N 矩形钢框的阻抗，钢框中垂直于母线的两根钢框只计算内阻抗，没有外电抗，平行于母线的两根钢框除计算内阻抗外，还需计算外电抗，即

$$x_W=\frac{2\pi\times50\times4\pi\times10^{-7}}{\pi}\times0.8\ln\frac{200}{2.34}$$
$$=4.47\times10^{-4}（\Omega）$$

3）N 钢框中的环流 I_g，取钢框的周长 $l=(2+0.8)\times2=5.6$（m），由式（B-15）可得

$$0.668=|0.072\times5.6\times23.4^{-0.58}I_g^{0.58}+j0.044$$
$$\times5.6\times23.4^{-0.58}I_g^{0.58}+j4.47\times10^{-4}I_g|$$
$$=|0.065I_g^{0.58}+j0.0396I_g^{0.58}+j4.47\times10^{-4}I_g|$$

计算结果 $I_g=41A$。

4）N 钢框中 I_g 引起的功率损耗和总损耗，由 $H=\frac{I_g}{u}=\frac{41}{23.4}=1.75(A/cm)$，可见环流功率损耗很少，按 61 块网框计算只有 1.586kW。钢框中横越钢框的涡流功率损耗前面已求得，保护遮栏的总功率损耗为
$$P=17.7+1.586=19.286（kW）$$
可见采取措施后可使功率损耗减小约 40%。横越钢框的温升略高 2℃。

二、混凝土中钢筋损耗的发热计算

常用的混凝土配筋尺寸是：直径 $2R=0.6\sim2.0$cm，钢筋间距 $b=10\sim20$cm。

（一）混凝土单面散热

图 B-13 所示混凝土中单层钢筋网络，其中纵筋与母线平行，横筋与母线垂直。它们由矩形网格组成复杂闭合网络。

1．纵筋的损耗和温升

设纵横钢筋接触良好，中间的横筋没有电流通过，纵筋电流经过两端若干横筋形成闭合回路。因此，纵筋按长直闭合回路计算。下面介绍并排母线下 $4S$ 范围内（约 27 根）的纵筋网络环流引起的损耗和温升。

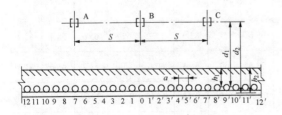

图 B-13　混凝土中的钢筋网络

（1）由图 B-8、图 B-9 查得第 k 根钢筋的感应电动势 E_k/l，算出 $u/l=\frac{1}{n}\sum_{k=1}^{n}E_k/l$（$n$ 为钢筋根数，l 为纵筋长度），$\Delta E_k/l=|E_k/l-u/l|$。

（2）先不计外电抗，由 $\Delta E_k/l$ 并设钢筋温度为 60℃ 查图 B-14 查得 I'_{kg}/u 算出 I'_{kg}（u 是钢筋截面的周长）。

（3）计及外电抗。对已算出的 I'_{kg} 进行修正，即 $I_k=K_gI'_{kg}$，K_g 按以下原则确定。

1）对于 $\phi16$mm 钢筋和 7000A 母线电流，$K_g=0.78$；

2）钢筋直径每增（减）4mm，K_g 减（加）0.045；

3）母线电流小于 7000A 时，每减 1000A，K_g 加 0.022；

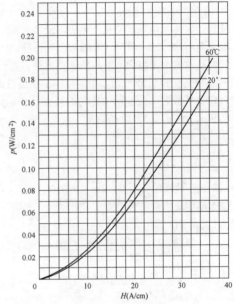

图 B-14　E/l-l/ω 曲线

4）母线电流大于 7000A 时，每加 1000A，K_g 减 0.016。

当钢筋分布范围按 $4S$ 计算时，每根钢筋的外电抗 $x_W=1.2\times10^{-3}\Omega/m$，分布范围按 $3S$ 时 $x_W=0.96\times10^{-3}$（Ω/m）。

（4）由 $H_k=\frac{I_k}{u}$ 查图 B-14 求得 p_k（W/cm²），按下式计算功率损耗：

$$P_k=ulp_k \qquad （B-17）$$

总功率损耗为

$$P=\sum_{k=1}^{n}P_k \qquad （B-18）$$

（5）纵筋的温升。最热的纵筋位于 C 相偏外的地方，计算该根钢筋的温升只需计及附近 $1.5S$ 范围内（即 9～11 根）钢筋的发热，更远的钢筋影响很小，可不予考虑。该第 k 根钢筋最热，温升为 τ_{1max}，有

$$\tau_{1max}=\frac{1}{2\pi\lambda_t}\omega\left\{p_k\ln\frac{2h_1}{R}+\frac{p_{k-1}+p_{k+1}}{2}\times\ln\left[1+\left(\frac{2h_1}{a}\right)^2\right]+\frac{p_{k-2}+p_{k+2}}{2}\times\ln\left[1+\frac{1}{4}\left(\frac{2h_1}{a}\right)^2\right]+\frac{p_{k-3}+p_{k+3}}{2}\right.$$

$$\left.\times\ln\left[1+\frac{1}{9}\left(\frac{2h_1}{a}\right)^2\right]+\frac{p_{k-4}+p_{k+4}}{2}\times\ln\left[1+\frac{1}{16}\left(\frac{2h_1}{a}\right)^2\right]+\frac{p_{k-5}+p_{k+5}}{2}\times\ln\left[1+\frac{1}{25}\left(\frac{2h_1}{a}\right)^2\right]\right\}(℃)$$

(B-19)

式中 p_k——损耗最大的纵筋单位表面积有功损耗，W/cm²；

h_1——计及混凝土表面向大气散热后，钢筋的埋设深度，它等于 $h_{N1}+\frac{\lambda_t}{a_F}$（cm）（$h_{N1}$ 为纵钢筋的实际埋深）。

在一般工程条件下，混凝土的导热率 $\lambda_t=0.012$W/（cm·℃），混凝土表面的散热系数 $a_F=0.0009$W/（cm²·℃），则 $h_t=h_{N1}+13$cm。

2. 横筋的损耗和温升

横筋的发热是由涡流损耗产生的，沿横筋轴向损耗和温升是不均匀的，需要计及轴向的热传导。

（1）按空气中横越钢条发热的计算方法，先计算横筋的磁场强度 H_{max} 和 H_{min}，由于并排的钢筋较多，需乘以修正系数 K_p，K_p 由图 B-5 的曲线查得。再由图 B-7 求得 p_{max} 和 p_{min}。故总损耗是

$$P=m\frac{3uS}{2}(p_{max}+p_{min})\tag{B-20}$$

式中 m——横筋的根数；

S——母线相间距离，cm。

（2）横筋最热点温升仍处于 C 相偏外的地方，设温升为 τ_{2max}，有

$$\tau_{2max}=up_{max}R\frac{3000+2uRr}{3000+3uRr}\tag{B-21}$$

$$R=\frac{1}{2\pi\lambda_t}\ln\left[\frac{a}{\pi r}\text{sh}\left(2\pi\frac{h_2}{a}\right)\right]\tag{B-22}$$

式中 R——沿 1cm 长钢筋的混凝土的散热热阻，℃/W；

p_{max}——横筋最热点的有功损耗，W/cm²；

h_2——同 h_1，$h_2=h_{N2}+B$（h_{N2} 为横钢筋的实际埋深）；

r——横筋的半径，cm。

（3）考虑纵横钢筋间温升的相互影响，这时最热点的温升是

$$\tau_{max}=\tau_{1max}+K\tau_{2max}\tag{B-23}$$

式中 K——影响系数，当横筋 $\frac{2r}{a}\approx\frac{1}{5}$ 时，取 0.3；

$\frac{2r}{a}\approx\frac{1}{10}$ 时，取 0.2，$\frac{2r}{a}\approx\frac{1}{20}$ 时，取 0.1。

【例 B-3】如图 B-13 所示，已知 $I_m=7000$A，$S=100$cm，$d_1=60$cm，$d_2=61.5$cm，$a=15$cm，纵筋直径 $2r_1=1.2$cm，埋深 1.6cm，纵筋长度 $l=50$m，横筋直径 $2r_2=1.6$cm，埋深 3.2cm，试计算钢筋的功率损耗和温升。

解：（1）纵筋的功率损耗和温升，按上述方法计算结果列于表 B-2。

由表 B-2 可知，发热分别集中在 A 和 C 相附近的钢筋中。纵筋总功率损耗为 9.95kW。

8 号纵筋有功损耗最大，按式（B-19）计算 $\tau_{1max}=19.5$℃。

（2）横筋的功率损耗和温升，按前述方法求得 $p_{max}=0.033$W/cm²，$p_{min}=0.022$W/cm²，横筋总数共 $\frac{5000}{15}+1\approx334$ 根，则总功率损耗为

$$P=334\times\frac{3\times5\times100}{2}\times(0.033+0.022)$$
$$\times10^{-3}=13.85（kW）$$

按式（B-22）求得 $R=103.37$cm·℃/W，按式（B-21）求得位于 8 号纵筋附近横筋的温升 $\tau_{2max}=15.5$℃。

表 B-2　　　　　　　　　　　　　　　　纵筋功率损失计算结果

钢筋号	0	1 1'	2 2'	3 3'	4 4'	5 5'	6 6'	7 7'	8 8'	9 9'	10 10'	11 11'	12 12'	13 13'
$\frac{\Delta E}{l}\times10^{-3}$(V/m)	3.45	3.4	3.34	3.4	3.72	4.14	4.54	4.83	5.0	4.88	4.63	4.4	4.13	3.87
I'_g（A）（不计 x_W）	45.2	42.6	43.4	42.6	49	59.6	68.6	77	82.6	77.7	69.8	65.6	58.4	53.2
I_g（A）（计 x_W）	35.3	33.2	33.8	33.2	38.2	46.5	53.5	60	64.4	60.6	54	51.2	45.6	41.5
up（W/cm）	0.09	0.079	0.083	0.079	0.102	0.14	0.177	0.196	0.24	0.215	0.181	0.162	0.13	0.113
$P=upl$（W）	450	396	415	396	509	716.3	886	980	1187.6	1074.5	905	810.6	659.8	565.5

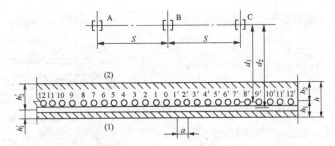

图 B-15　混凝土楼板中的钢筋网

（3）全部纵横钢筋的功率损耗和最热点温升，总功率损耗为

$$\Sigma P = 9.95 + 13.85 = 23.8 \quad (\text{kW})$$

由 $\dfrac{2r_2}{a} = \dfrac{1.6}{15} \approx \dfrac{1}{10}$，取 $K=0.2$，故按式（B-23）得

$$\tau_{\max} = 19.5 + 0.2 \times 15.5 = 22.6 \quad (\text{℃})$$

（二）混凝土双面散热

图 B-15 所示三相并排母线下混凝土楼板，其中有一层钢筋，钢筋的损耗发热量，从地板的两面散出。纵横钢筋中的功率损耗计算与单面散热的计算相同，但钢筋的温升按下式计算。

1. 最热纵筋的温升

同单面散热一样，只计算最热钢筋附近 9～11 根钢筋的发热量，设第 k 根钢筋最热，温升为 $\tau_{1\max}$，有

$$\tau_{1\max} = \frac{1}{2\pi\lambda_t} u \left\{ p_k \ln\frac{2h}{\pi R} \sin\left(\frac{\pi h_1}{h}\right) + (p_{k-1} + p_{k+1}) \times \ln\left[0.77\sqrt{1 + \left(\frac{2h_1}{a}\right)^2} \right] + (p_{k-2} + p_{k+2}) \right.$$

$$\times \ln\left[0.815\sqrt{1 + \frac{1}{4}\left(\frac{2h_1}{a}\right)^2} \right] + (p_{k-3} + p_{k+3}) \times \ln\left[0.86\sqrt{1 + \frac{1}{9}\left(\frac{2h_1}{a}\right)^2} \right] \qquad \text{(B-24)}$$

$$\left. + (p_{k-4} + p_{k+4}) \times \ln\left[0.9\sqrt{1 + \frac{1}{16}\left(\frac{2h_1}{a}\right)^2} \right] \right\}$$

式中　$h_1 = h_{N1} + 13$ [h_{N1} 为钢筋至楼板面（1）的埋深]；

$h_2 = h_{N2} + 13$ [h_{N2} 为钢筋至楼板面（2）的埋深]；

$h = h_1 + h_2$。

2. 横筋最热点的温升

用式（B-21）计算，其中

$$R = \frac{1}{2\pi\lambda_t} \left[\frac{h_2}{h} \ln\left(\frac{a}{\pi r} \text{sh}\frac{2\pi h_1}{a} + \frac{h_1}{h} \right) \right.$$

$$\left. \times \ln\left(\frac{a}{\pi r} \text{sh}\frac{2\pi h_2}{a} - 2\pi\frac{h_1 h_2}{ha} \right) \right] \qquad \text{(B-25)}$$

3. 钢筋最热点的温升

用式（B-23）计算钢筋最热点的温升。

【例 B-4】　如图 B-15 所示，已知混凝土地板厚 10cm，纵横钢筋对楼板面（1）的埋深分别是 3cm 和 1.6cm，其他已知条件与【例B-3】相同，试计算钢筋的功率损耗和温升。

解：钢筋的功率损耗值同［例B-3］。

纵筋最高温升在 8 号钢筋，按式（B-24）计算，由 $h_1 = 3 + 13 = 16$（cm），$h_2 = 7 + 13 = 20$（cm），$h = h_1 + h_2 = 36$（cm），可算得温升 $\tau_{1\max} = 15.3$℃。

横筋最热点也位于 8 号纵筋附近，按式（B-21）和式（B-25）计算，由 $h_1' = 1.6 + 13 = 14.6$（cm），$h_2' = 8.4 +$ 13 = 21.4（cm），$h = h_1' + h_2' = 36$（cm），算得 $R = 63.05$ cm·℃/W，$\tau_{2\max} = 11.39$℃。

钢筋最热点的温升 $\tau_{\max} = 15.3 + 0.2 \times 11.39 = 17.58$（℃）。

三、屏蔽环与屏蔽栅的计算

（一）屏蔽环（短路环）

在横越钢条最热点处，装设屏蔽环可减少功率损耗，降低钢条温升。图 B-16 所示内胶装支柱绝缘子两旁各装设一个屏蔽环，环的截面按下述方法计算。

（1）按母线电流的 10%，取电流密度 0.9A/mm²，为简便把两环当作一环计算，初选屏蔽环的截面。

（2）根据屏蔽环安装的位置，由图 B-1 查得该处钢条轴线上的 h_{ox} 值，按下式计算 H_{ox} 和屏蔽环的电流 I_{ph}：

$$H_{ox} = h_{ox}\frac{I_M}{2\pi S} \qquad \text{(B-26)}$$

$$I_{ph} = H_{ox}(b + \pi r) \qquad \text{(B-27)}$$

式中　b——屏蔽环的宽度，cm；

r——屏蔽环外周长 w 的等效半径，cm，$r = \dfrac{u}{2\pi}$；

（3）按屏蔽环长期工作温度不高于 60℃，并考虑

它的散热面积减少后，屏蔽环长期允许电流应大于 I_{ph}。可由下式校验：

$$I = I_x\sqrt{\frac{60-40}{70-25}\times\frac{2}{3}} \geqslant I_{ph} \qquad (B-28)$$

式中 I_x——所选截面在最高允许温度 70℃、环境温度 25℃时的长期允许电流。

（4）装屏蔽环后，环内磁场强度为无环时的 $\frac{1}{6}\sim\frac{1}{8}$，全钢条的平均损耗约为无环时的 $\frac{1}{2}\sim\frac{1}{4}$（双环约 1/4）。钢条温升近似地按钢条磁场强度谷值 H_{min} 计算。

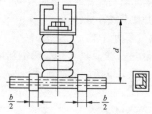

图 B-16　屏蔽环

【例 B-5】在图 B-11 中，钢条 1 位于各相母线下最热点的温升很高，$\tau_{max}=67.5℃$，为降低温升，在内胶装支柱绝缘子的两旁各装一个铝屏蔽环，试选环的尺寸。

解：已知等效母线的电流 $I'_M=10965A$，钢条最热点的无钢磁场强度 $H_{omax}=30.54A/cm$。

初选屏蔽环截面积 $S = \frac{10965\times0.1}{0.9} = 1218mm^2$，选 80mm×6mm 的铝环两个。屏蔽环套在 10 号槽钢上，其外周长 $w=37cm$，则环内电流：

$$I_{ph} = 30.54\times\left(8\times2+\frac{37}{2}\right) = 1054(A)$$

80mm×6mm 的铝屏蔽环在 25℃时的允许电流为 1150A，经温度修正后允许电流：

$$I = 1150\times\sqrt{\frac{60-40}{70-25}\times\frac{2}{3}} = 626 > \frac{1054}{2} = 527(A)$$

所选屏蔽环满足要求。此时钢条 1 的损耗约降低到 $P_1=192W$，屏蔽环本身的损耗约 23W，为不装屏蔽环时的损耗的 1/3。钢条的温升降低到 26.5℃，为不装环时的 2/5。效果较好。

（二）屏蔽栅

图 B-11 所示在三相母线下面装设有三个纵向导体组成的长屏蔽栅，屏蔽栅用矩形铝导体做成，尺寸的选择和屏蔽效果的计算方法如下：

（1）假定三个截面相同，先按图 B-8、图 B-9 查得母线电流在屏蔽栅中引起的感应电动势 $\frac{\dot{E}_{Ma}}{l}$、$\frac{\dot{E}_{Mb}}{l}$、$\frac{\dot{E}_{Mc}}{l}$（V/m）。

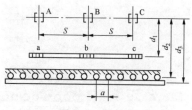

图 B-17　屏蔽栅

（2）按母线电流的 30%和电流密度 0.9A/mm²，初选屏蔽栅导体的截面，则导体截面的几何均距 $g=0.2236(a+b)$，a 为导体的厚度（cm），b 为宽度（cm），然后按下式计算屏蔽栅的电流：

$$\left.\begin{aligned}
\dot{I}_a &= j\frac{2\pi}{\omega\mu_0}\times\left[\frac{(\dot{E}_{Mc}/l-\dot{E}_{Mb}/l)\ln S/2g}{(2\ln S/g)^2-(\ln S/2g)^2}\right.\\
&\quad\left.-\frac{2(E_{Ma}/l-E_{Mb}/l)\ln S/g}{(2\ln S/g)^2-(\ln S/2g)^2}\right]\\
\dot{I}_c &= j\frac{2\pi}{\omega\mu_0}\times\left[\frac{(\dot{E}_{Ma}l/-\dot{E}_{Mb}/l)\ln S/2g}{(2\ln S/g)^2-(\ln S/g)^2}\right.\\
&\quad\left.-\frac{(\dot{E}_{Mc}/l+\dot{E}_{Mb}/l)\ln S/g}{(2\ln S/g)^2-(\ln S/2g)^2}\right]\\
\dot{I}_b &= -(\dot{I}_a+\dot{I}_c)
\end{aligned}\right\} \qquad (B-29)$$

（3）根据 I_a、I_b、I_c 取电流密度 0.9A/mm²，校验所选屏蔽栅的截面。由于 I_a、I_c 大于 I_b，A、C 相下屏蔽栅导体截面大于 B 相下的导体截面，其几何均距增大，使电抗减少和屏蔽栅电流增大，但影响较小，一般可不必修正。

（4）屏蔽效果的计算。先按图 B-1 和式（B-1）计算有栅和无栅时横越钢条最热点轴线上的 H_{0max}。按图 B-8、图 B-9 或式（B-30）计算有栅和无栅时最热点纵向钢条的感应电动势。如屏蔽栅的位置适当，可使钢条的磁场强度或感应电动势削弱到最小，则屏蔽效果最好。

$$\begin{aligned}
\frac{\dot{E}_k}{l} &= -\frac{\omega\mu_0}{2\pi}I_m\left(\frac{\sqrt{3}}{2}\ln\frac{d_A}{d_C}+j\frac{1}{2}\ln\frac{d_Ad_C}{d_B^2}\right)\\
&= I_m\left(5.44\ln\frac{d_C}{d_A}+j3.14\ln\frac{d_B^2}{d_Ad_C}\right)\times10^{-5}
\end{aligned} \qquad (B-30)$$

对于三相母线水平并排布置时，以 B 相母线轴为原点，并使 x 轴沿 AC 取向时，则：

$$d_A = \sqrt{(x+S)^2+y^2}$$
$$d_B = \sqrt{x^2+y^2};$$
$$d_C = \sqrt{(x-S)^2+y^2}$$

【例 B-6】如图 B-17 所示，已知三相母线电流 $I_m=10000A$，$S=100cm$，$d_1=60cm$，$d_2=61.5cm$，$d_3=50cm$，试选择屏蔽栅导体和计算屏蔽栅的屏蔽效果。

解：由式（B-30）或图 B-8、图 B-9 求得 $\frac{\dot{E}_{Ma}}{l} =$

$0.77 + j0.06V/m$、$\dfrac{\dot{E}_{Mb}}{l} = -j0.51V/m$、$\dfrac{\dot{E}_{Mc}}{l} = -0.77 +$ $j0.06V/m$；按母线电流的 30% 和电流密度 $0.9A/mm^2$，初选屏蔽栅矩形铝导体截面积为 125mm×10mm，几何均距 $g = 0.2236 \times (12.5+1) = 3.02$（cm）；按式（B-29）算得 $\dot{I}_a = 3063\angle -72.4°A$、$\dot{I}_b = 1848 \times \angle 180°A$、$\dot{I}_c = 3063\angle +72.4°A$。根据所求得的电流，选择 A、C 相下屏蔽栅的矩形铝导体截面为两片 125mm×10mm，B 相下屏蔽栅为一片 125mm×10mm，与初选截面相符。

屏蔽效果的计算，由图 B-1 和式（B-1）计算横越钢筋无栅时最热点的磁场强度 H_{0max} 为 22.3A/cm，有栅时最热点的磁场强度减小到 13A/cm。由图 B-8、图 B-9 或式（B-30）求得无栅时最热点纵向钢筋中的感应电动势为 0.68V/m，有栅时感应电动势减小到 0.15V/m，即有栅时最热点的磁场强度和感应电动势分别减小了 42% 和 78%，可见屏蔽效果较好。

附录 C 软导线的技术性能和荷重资料

表 C-1　　　　　　　　　　　　铝绞线的弹性系数和线膨胀系数

单线根数	最终弹性系数（实际值）		线膨胀系数
	N/mm^2	kgf/mm^2	℃$^{-1}$
7	59000	6000	23.0×10^{-6}
19	56000	5700	23.0×10^{-6}
37	56000	5700	23.0×10^{-6}
61	54000	5500	23.0×10^{-6}

表 C-2　　　　　　　　　　　　铜芯铝绞线的弹性系数和线膨胀系数

单线根数		铝铜截面比	最终弹性系数（实际值）		线膨胀系数（计算值）
铝	铜		N/mm^2	kgf/mm^2	℃$^{-1}$
5	1	6.00	79000	8100	19.1×10^{-6}
7	7	5.06	76000	7700	18.5×10^{-6}
12	7	1.71	105000	10700	15.3×10^{-6}
18	1	18.00	66000	6700	21.2×10^{-6}
24	7	7.71	73000	7400	19.6×10^{-6}
26	7	6.13	75000	7700	18.9×10^{-6}
30	7	4.29	80000	8200	17.8×10^{-6}
30	19	4.37	78000	8000	18.0×10^{-6}
42	7	19.44	61000	6200	21.4×10^{-6}
45	7	14.46	63000	6400	20.9×10^{-6}
48	7	11.34	65000	6600	20.5×10^{-6}
54	7	7.71	69000	7000	19.3×10^{-6}
54	19	7.90	67000	6800	19.4×10^{-6}

注　1. 弹性系数值的精确度为±3000N/mm^2（±300kgf/mm^2）。

　　2. 弹性系数适用于受力在15%～50%计算拉断力的铜芯铝绞线。

表 C-3　　　　　　　　　　　　LJ 铝绞线规格及长期允许载流量

标称截面积（mm^2）	单线根数及直径		计算截面积（mm^2）	外径（mm）	直流电阻不大于（Ω/km）	计算拉断力（N）	计算质量（kg/km）	交货长度不小于（m）	长期允许载流量（A）	
	根数	直径（mm）							+70℃	+80℃
16	7	1.70	15.89	5.10	1.802	2840	43.5	4000	112	117
25	7	2.15	25.41	6.45	1.127	4355	69.6	3000	151	157
35	7	2.50	34.36	7.50	0.8332	5760	94.1	2000	183	190
50	7	3.00	49.48	9.00	0.5786	7930	135.5	1500	231	239
70	7	3.60	71.25	10.80	0.4018	10950	195.1	1250	291	301
95	7	4.16	95.14	12.48	0.3009	14450	260.5	1000	351	360

标称截面积（mm²）	单线根数及直径		计算截面积（mm²）	外径（mm）	直流电阻不大于（Ω/km）	计算拉断力（N）	计算质量（kg/km）	交货长度不小于（m）	长期允许载流量（A）	
	根数	直径（mm）							+70℃	+80℃
120	19	2.85	121.21	14.25	0.2373	19420	333.5	1500	410	420
150	19	3.15	148.07	15.75	0.1943	23310	407.4	1250	466	476
185	19	3.50	182.80	17.50	0.1574	28440	503.0	1000	534	543
210	19	3.75	209.85	18.75	0.1371	32260	577.4	1000	584	593
240	19	4.00	238.76	20.00	0.1205	36260	656.9	1000	634	643
300	37	3.20	297.57	22.40	0.09689	46850	820.4	1000	731	738
400	37	3.70	397.83	25.90	0.07247	61150	1097	1000	879	883
500	37	4.16	502.90	29.12	0.05733	76370	1387	1000	1023	1023
630	61	3.63	631.30	32.67	0.04577	91940	1744	800	1185	1180
800	61	4.10	805.36	36.90	0.03588	115900	2225	800	1388	1377

表 C-4　　　　　　　　　　　**LGJ 钢芯铝绞线规格及长期允许载流量**

标称截面积铝/钢（mm²）	单线根数及直径				计算截面积（mm²）			外径（mm）	直流电阻不大于（Ω/km）	计算拉断力（N）	计算质量（kg/km）	交货长度不小于（m）	长期允许载流量（A）	
	铝		钢		铝	钢	总计						+70℃	+80℃
	根数	直径（mm）	根数	直径（mm）										
10/2	6	1.50	1	1.50	10.60	1.77	12.37	4.5	2.706	4120	42.9	3000	88	93
16/3	6	1.85	1	1.85	16.13	2.69	18.82	5.55	1.779	6130	65.4	3000	115	121
25/4	6	2.32	1	2.32	25.36	4.23	29.59	6.96	1.131	9290	102.6	3000	154	160
35/6	6	2.72	1	2.72	34.86	5.81	40.67	8.16	0.8230	12630	141.0	3000	189	195
50/8	6	3.20	1	3.20	48.25	8.04	56.29	9.60	0.5946	16870	195.1	2000	234	240
50/30	12	2.32	7	2.32	50.73	29.59	80.32	11.60	0.5692	12620	372.0	3000	250	257
70/10	6	3.80	1	3.80	68.05	11.34	79.39	11.40	0.4217	23390	257.2	2000	289	297
70/40	12	2.72	7	2.72	69.73	40.67	110.40	13.60	0.4141	58300	511.3	2000	307	314
95/15	26	2.15	7	1.67	94.39	15.33	109.72	13.61	0.3058	35000	380.8	2000	357	365
95/20	7	4.16	1	1.85	95.14	18.82	113.96	13.87	0.3019	37200	408.9	2000	361	370
95/55	12	3.20	7	3.20	96.51	56.30	152.81	16.00	0.2992	78110	707.7	2000	378	385
120/7	18	2.90	1	2.90	118.89	6.61	125.50	14.50	0.2422	27570	379.0	2000	408	417
120/20	26	2.38	7	1.85	115.67	18.82	134.49	15.07	0.2496	41000	466.8	2000	407	415
120/25	7	4.72	7	2.10	122.48	24.25	146.73	15.74	0.2345	47880	526.6	2000	425	433
120/70	12	3.60	7	3.60	122.15	71.25	193.40	18.00	0.2364	98370	895.6	2000	440	447
150/8	18	3.20	1	3.20	144.76	8.04	152.80	16.00	0.1989	32860	461.4	2000	463	472
150/20	24	2.78	7	1.85	145.68	18.82	164.50	16.67	0.1980	46630	549.4	2000	469	478
150/25	26	2.70	7	2.10	148.86	24.25	173.11	17.10	0.1939	54110	601.0	2000	478	487
150/35	30	2.50	7	2.50	147.26	34.36	181.62	17.50	0.1962	65020	676.2	2000	478	487
185/10	18	3.60	1	3.60	183.22	10.18	193.40	18.00	0.1572	40880	584.0	2000	539	548
185/25	24	3.15	7	2.10	187.04	24.25	211.29	18.90	0.1542	59420	706.1	2000	552	560

标称截面积铝/钢（mm²）	单线根数及直径				计算截面积（mm²）			外径（mm）	直流电阻不大于（Ω/km）	计算拉断力（N）	计算质量（kg/km）	交货长度不小于（m）	长期允许载流量（A）	
	铝		钢											
	根数	直径（mm）	根数	直径（mm）	铝	钢	总计						+70℃	+80℃
185/30	26	2.98	7	2.32	181.34	29.59	210.93	18.88	0.1592	64320	732.6	2000	543	551
185/45	30	2.80	7	2.80	184.73	43.10	227.83	19.60	0.1564	80190	848.2	2000	553	562
210/10	18	3.80	1	3.80	204.14	11.34	215.48	19.00	0.1411	45140	650.7	2000	577	586
210/25	24	3.33	7	2.22	209.02	27.10	236.12	19.98	0.1380	65990	789.1	2000	587	601
210/35	26	3.22	7	2.50	211.73	34.36	246.09	20.38	0.1363	74250	853.9	2000	599	607
210/50	30	2.98	7	2.98	209.24	48.82	258.06	20.86	0.1381	90830	960.8	2000	604	607
240/30	24	3.60	7	2.40	244.29	31.67	275.96	21.60	0.1181	75620	922.2	2000	655	662
240/40	26	3.42	7	2.66	238.85	38.90	277.75	21.66	0.1209	83370	964.3	2000	648	655
240/55	30	3.20	7	3.20	241.27	56.30	297.57	22.40	0.1198	102100	1108	2000	657	664
300/15	42	3.00	7	1.67	296.88	15.33	312.21	23.01	0.09724	68060	939.8	2000	735	742
300/20	45	2.93	7	1.95	303.42	20.91	324.33	23.43	0.09520	75680	1002	2000	747	753
300/25	48	2.85	7	2.22	306.21	27.10	333.31	23.76	0.09433	83410	1058	2000	754	760
300/40	24	3.99	7	2.66	300.09	38.90	338.99	23.94	0.09614	92220	1133	2000	746	754
300/50	26	3.83	7	2.98	299.54	48.82	348.36	24.26	0.09636	103400	1210	2000	747	756
300/70	30	3.60	7	3.60	305.36	71.25	376.61	25.20	0.09463	128000	1402	2000	766	770
400/20	42	3.51	7	1.95	406.40	20.91	427.31	26.91	0.07104	88850	1286	1500	898	901
400/25	45	3.33	7	2.22	391.91	27.10	419.01	26.64	0.07370	95940	1295	1500	879	882
400/35	48	3.22	7	2.50	390.88	34.36	425.24	26.82	0.07389	103900	1349	1500	879	882
400/50	54	3.07	7	3.07	399.73	51.82	451.55	27.63	0.07232	123400	1511	1500	898	899
400/65	26	4.42	7	3.44	398.94	65.06	464.00	28.00	0.07236	135200	1611	1500	900	902
400/95	30	4.16	19	2.50	407.75	93.27	501.02	29.14	0.07087	171300	1860	1500	920	921
500/35	45	3.75	7	2.50	497.01	34.36	531.37	30.00	0.05812	119500	1642	1500	1025	1024
500/45	48	3.60	7	2.80	488.58	43.10	531.68	30.00	0.05912	128100	1688	1500	1016	1016
500/65	54	3.44	7	3.44	501.88	65.06	566.94	30.96	0.05760	154000	1897	1500	1039	1038
630/45	45	4.20	7	2.80	623.45	43.10	666.65	33.60	0.04633	148700	2060	1200	1187	1182
630/55	48	4.12	7	3.20	639.92	56.30	696.22	34.32	0.04514	164400	2209	1200	1211	1204
630/80	54	3.87	19	2.32	635.19	80.32	715.51	34.82	0.04551	192900	2388	1200	1211	1204
800/55	45	4.80	7	3.20	814.30	56.30	870.60	38.40	0.03547	191500	2690	1000	1413	1399
800/70	48	4.63	7	3.60	808.15	71.25	879.40	38.58	0.03574	207000	2791	1000	1410	1396
800/100	54	4.33	19	2.60	795.17	100.88	896.05	38.98	0.03635	241100	2991	1000	1402	1388

注 1. LGJ型的计算质量，应在本表规定值中增加防腐涂料的质量，其增值为：钢芯线涂防腐涂料者增加2%，内部铝铜各层间涂防腐涂料者增加5%。

2. 本表载流量系按基准环境温度25℃、风速0.5m/s，辐射系数及吸热系数为0.5，海拔为1000m的条件计算的。最高允许温度+70℃未考虑日间影响，最高允许温度+80℃，考虑0.1W/cm²日照的影响。

表 C-5　　　　　　　　　　　　　耐热铝合金导线弹性系数及线膨胀系数

结　　　构		最终弹性系数 （N/mm²）	线膨胀系数 （℃⁻¹）
铝合金	钢		
7	0	59000	2.30×10^{-5}
19	0	56000	2.30×10^{-5}
37	0	56000	2.30×10^{-5}
61	0	54000	2.30×10^{-5}
6	1	79000	1.91×10^{-5}
7	7	76000	1.85×10^{-5}
12	7	105000	1.53×10^{-5}
18	1	66000	2.12×10^{-5}
24	7	73000	1.96×10^{-5}
26	7	76000	1.89×10^{-5}
30	7	80000	1.78×10^{-5}
30	19	78000	1.80×10^{-5}
42	7	61000	2.14×10^{-5}
45	7	63000	2.09×10^{-5}
48	7	65000	2.05×10^{-5}
54	7	69000	1.93×10^{-5}
54	19	67000	1.94×10^{-5}
84	19	67000	2.08×10^{-5}
88	19	69000	2.04×10^{-5}

注　1. 弹性系数值的精确度为 ±3000N/mm²。

　　2. 弹性系数适用于受力在 15%～50% 计算拉断力的钢芯耐热铝合金绞线。

表 C-6　　　　　　　　　　　　　耐热铝合金导线规格及长期允许载流量

标称截面积 铝/钢 （m/m²）	结构根数/直径 （mm）		计算截面积 （mm²）			质量 （kg/km）	外径 （mm）	20℃ 直流 电阻 不大于 （Ω/km）	计算 拉断力 （N）	参考载流量（A）			
	铝	钢	铝	钢	总计					90℃	110℃	130℃	150℃
50/8	6/3.20	1/3.20	48.25	8.04	56.30	195.1	9.60	0.6254	16200	216	256	300	326
70/10	6/3.80	1/3.80	68.05	11.34	79.39	275.2	11.40	0.4435	22850	256	317	372	407
70/40	12/2.72	7/2.72	69.73	40.67	110.40	511.3	13.60	0.4356	57230	249	303	360	401
95/20	7/4.16	7/1.85	95.14	18.82	113.96	408.9	13.87	0.3177	36040	295	355	454	490
95/55	12/3.20	7/3.20	96.51	56.30	152.81	707.6	16.00	0.3147	76760	298	365	438	498
120/7	18/2.90	1/2.90	118.89	6.61	125.50	379.0	14.50	0.2548	26180	337	469	545	594
120/25	7/4.72	7/2.10	122.48	24.25	146.73	526.6	15.74	0.2468	46420	335	467	528	591
120/70	12/3.60	7/3.60	122.15	71.25	193.40	895.6	18.00	0.2487	97150	383	410	496	570
150/8	18/3.20	1/3.20	144.76	8.04	152.81	461.4	16.00	0.2092	30870	438	533	620	676
150/20	24/2.78	7/1.85	145.68	18.82	164.49	549.4	16.67	0.2083	44920	452	550	629	699
185/10	18/3.60	1/3.60	183.22	10.18	193.40	584.0	18.00	0.1653	39070	508	620	723	789
185/25	24/3.15	7/2.10	187.03	24.25	211.28	706.1	18.90	0.1623	56840	510	623	741	792
185/30	26/2.98	7/2.32	181.34	29.59	210.93	732.6	18.88	0.1675	61240	572	625	729	796
210/10	18/3.80	1/3.80	204.14	11.34	215.48	650.7	19.00	0.1484	43530	545	664	776	847
210/25	24/3.33	7/2.22	209.02	27.10	236.12	789.1	19.98	0.1452	63520	555	676	797	863

续表

标称截面积 铝/钢 (m/m²)	结构根数/直径 (mm)		计算截面积 (mm²)			质量 (kg/km)	外径 (mm)	20℃ 直流 电阻 不大于 (Ω/km)	计算 拉断力 (N)	参考载流量（A）			
	铝	钢	铝	钢	总计					90℃	110℃	130℃	150℃
210/35	26/3.22	7/2.50	211.73	34.36	246.09	853.9	20.38	0.1434	71280	565	690	807	882
210/50	30/2.98	7/2.98	209.24	48.82	258.06	960.8	20.86	0.1453	88440	570	695	807	887
240/30	24/3.60	7/2.40	244.29	31.67	275.96	922.2	21.60	0.1242	73170	613	756	882	967
240/40	26/3.42	7/2.66	238.84	38.90	277.74	964.3	21.66	0.1272	80570	610	746	873	956
240/55	30/3.20	7/3.20	241.27	56.30	297.57	1107.9	22.40	0.1260	98770	612	758	885	969
300/15	42/3.00	7/1.67	296.88	15.33	312.21	939.8	23.01	0.1023	64580	695	848	979	1082
300/20	45/2.93	7/1.95	303.42	20.91	324.32	1001.8	23.43	0.1001	72130	697	850	981	1084
300/25	48/2.85	7/2.22	306.21	27.10	333.31	1058.3	23.76	0.0992	79830	698	851	996	1085
300/40	24/3.99	7/2.66	300.09	38.90	338.99	1132.8	23.94	0.1011	89880	700	858	1010	1090
300/50	26/3.83	7/2.98	299.54	48.82	348.37	1209,7	24.26	0.1014	101090	702	861	1012	1105
300/70	30/3.60	7/3.60	305.36	71.25	376.61	1402.1	25.20	0.0995	125000	718	882	1033	1134
400/20	42/3.51	7/1.95	406.40	20.91	427.31	1285.8	26.91	0.0747	86270	816	998	1195	1275
400/25	45/3.33	7/2.22	391.91	27.10	419.01	1294.7	26.64	0.0775	91320	817	999	1165	1276
400/35	48/3.22	7/2.50	390.88	34.36	425.24	1349.1	26.82	0.0777	98510	819	998	1161	1270
400/50	54/3.07	7/3.07	399.72	51.82	451.54	1511.1	27.63	0.0761	117900	821	998	1175	1269
400/65	26/4.42	7/3.44	398.94	65.06	464.00	1611.3	28.00	0.0761	130400	826	1015	1220	1270
400/95	30/4.16	19/2.50	407.75	93.27	501.02	1860.0	29.14	0.0745	166000	863	1065	1256	1374
410/145	38/3.73	19/3.13	415.23	146.19	561.43	2321.9	30.57	0.0748	224360	885	1094	1264	1412
500/35	45/3.75	7/2.50	497.01	34.36	531.37	1641.9	30.00	0.0611	114600	944	1156	1351	1481
500/45	48/3.60	7/2.80	488.58	43.10	531.68	1687.5	30.00	0.0622	123300	948	1157	1332	1480
500/65	54/3.44	7/3.44	501.88	65.06	566.94	1897.3	30.96	0.0606	148000	950	1159	1352	1478
630/45	45/4.20	7/2.80	623.45	43.10	666.55	2059.6	33.60	0.0487	140600	1083	1325	1551	1701
630/55	48/4.12	7/3.20	639.92	56.30	696.22	2209.0	34.32	0.0475	156100	1088	1328	1574	1700
630/80	54/3.87	19/2.32	635.19	80.32	715.51	2387.5	34.82	0.0479	187900	1091	1331	1546	1698
800/55	45/4.80	7/3.20	814.30	56.30	870.60	2690.1	38.4	0.0373	181800	1268	1559	1829	2012
800/70	48/4.63	7/3.60	808.15	71.25	879.40	2791.0	38.58	0.0376	197300	1265	1557	1805	2010
800/100	54/4.33	19/2.60	795.17	100.88	896.05	2991.3	38.98	0.0382	231600	1251	1508	1757	1933
1000/125	54/4.84	19/2.90	993.51	125.50	1119.01	3733.3	43.54	0.0306	288800	1432	1744	1995	2230
1440/120	84/4.67	19/2.80	1438.81	116.99	1555.80	4948.8	51.36	0.0214	344600	1871	2352	2747	3093
1440/135	88/4.56	19/3.00	1437.15	134.30	1571.45	5083.0	51.48	0.0214	364000	1867	2348	2742	3088

注　使用大截面耐热导线时，需装设相应散热金具。

表 C-7　　　　　　　　　　　扩径导线及耐热铝合金导线技术参数

导 体 名 称		扩径钢芯铝绞线				
导体型号及规格		LGJK-300	LGJK-630	LGJK-800	LGJK-1000	LGJK-1250
计算截面积 (mm²)	铝截面积	301	630	800	1000	1250
	钢截面积	72	150	150	150	150
	总截面积	373	780	950	1150	1400

导体名称	扩径钢芯铝绞线				
导体型号及规格	LGJK-300	LGJK-630	LGJK-800	LGJK-1000	LGJK-1250
外径（mm）	27.4	48	49	51	52
拉断力（N）	143000	206000	215000	225000	235000
弹性系数（N/mm²）	86500	71000	67000	63800	60800
线膨胀系数（℃⁻¹）	18.1×10^{-6}	18.1×10^{-6}	18.1×10^{-6}	19.3×10^{-6}	19.9×10^{-6}
20℃直流电阻（Ω/km）	0.100	0.04666	0.03656	0.02948	0.02317
单位质量（kg/km）	1420	2985	3467	3997	4712
导体载流量（A）　70℃	500	760	870	980	1082
导体载流量（A）　80℃	630	1000	1150	1300	1430

导体名称	铝钢扩径空芯导线			特径型铝合金线及耐热铝合金线		
导体型号及规格	LGKK-600	LGKK-900	LGKK-1400	*LGJQT-1400	NAHLGJQ-400	NAHLGJQ-1400
计算截面积（mm²）　铝截面积	587	906.4	1387.8	1399.6	398.86	1438.81
计算截面积（mm²）　钢截面积	49.5	84.83	106	134.3	49.48	116.99
计算截面积（mm²）　总截面积	636	991.23	1493.8	1533.9	448.34	1555.8
外径（mm）	51	49	57	51	27.4	51.36
拉断力（N）	152000	209000	295000	336000	110766	338590
弹性系数（N/mm²）	73000	59900	59200	57300	68600	71256
线膨胀系数（℃⁻¹）	19.9×10^{-6}	20.4×10^{-6}	20.8×10^{-6}	20.4×10^{-6}	24.1×10^{-6}	23×10^{-6}
20℃直流电阻（Ω/km）	0.0506	0.03317	0.02163	0.02138	0.0302	0.0304
单位质量（kg/km）	2690	3620	5129	4962	1491	4928
导体载流量（A）　70℃	786	1036	1316			
导体载流量（A）　80℃	1027	1270	1621		**1246	**2822

注　表中载流量系指环境温度+40℃、风速 0.1m/s、日照 0.1W/cm²、海拔 1000m 及以下计算值。

*　表示特轻型铝合金线。

**　表示环境温度为+40℃，导体工作温度为+150℃时的载流量值。

表 C-8　　　　　　　　　　　　大截面扩径导线技术参数

导线型号	计算截面积（mm²）			计算外径（mm）	自重（kg/km）	弹性系数（×10³MPa）	20℃直流电阻（Ω/km）	计算拉断力（kN）	载流量（A）
	铝	铝管	总计						
JLHN58K-1600	1265.6	317.3	1582.9	70.0	4475.0±2%	50.0±3.0	0.01970	215.0	3250

表 C-9　　　　　　　　　　　　LJ 铝绞线特性及单位荷重

导线型号		LJ-50	LJ-70	LJ-95	LJ-120	LJ-150	LJ-185	LJ-210	LJ-240
技术特性	计算直径（mm）	9.00	10.80	12.48	14.25	15.75	17.50	18.75	20.00
	计算截面积（mm²）	49.48	71.25	95.14	121.21	148.07	182.80	209.85	238.76
	温度线膨胀系数 a_s（℃⁻¹）	23.0×10^{-6}	23.0×10^{-6}	23.0×10^{-6}	23.0×10^{-6}	23.0×10^{-6}	23.0×10^{-6}	23.0×10^{-6}	23.0×10^{-6}
	弹性模量 E（N/mm²）	59000	59000	59000	56000	56000	56000	56000	56000
	$a_s E$（N/mm²·℃）	1.357	1.357	1.357	1.288	1.288	1.288	1.288	1.288
	计算拉断力（N）	7930	10950	14450	19420	23310	28440	32260	36260
	允许拉力（安全系数 k=4）（N）	1982	2737	3612	4855	5827	7110	8065	9065
各种状态时单位荷重（kgf/m）	无冻无风时自重 q_1	0.1355	0.1951	0.2605	0.3335	0.4074	0.503	0.5774	0.6569
	覆冰时冰重 q_2　b=5	0.1981	0.2236	0.2473	0.2724	0.2936	0.3184	0.336	0.3537
	覆冰时冰重 q_2　b=10	0.5377	0.5886	0.6362	0.6863	0.7287	0.7782	0.8136	0.849
	覆冰时冰重 q_2　b=15	1.0188	1.095	1.1665	1.2417	1.3053	1.3796	1.3796	1.4857

导线型号			LJ-50	LJ-70	LJ-95	LJ-120	LJ-150	LJ-185	LJ-210	LJ-240
各种状态时单位荷重（kgf/m）	无风覆冰时总重 q_3	$b=5$	0.3336	0.418	0.5078	0.6059	0.701	0.8214	0.9134	1.0106
		$b=10$	0.673	0.7837	0.8967	1.02	1.136	1.281	1.391	1.5059
		$b=15$	1.1543	1.903	1.427	1.575	1.713	1.8826	1.957	2.1426
	无冰时风荷重 q_4	$v=10$	0.0675	0.081	0.0936	0.1068	0.1181	0.1312	0.1406	0.15
		$v=25$	0.4218	0.5062	0.585	0.6679	0.7382	0.8203	0.8789	0.9375
		$v=30$	0.6075	0.729	0.8424	0.9619	1.063	1.181	1.2656	1.35
		$v=35$	0.8269	0.9922	1.1466	1.3092	1.447	1.6078	1.7226	1.8375
	覆冰时风荷重 q_5	$v=10$ $b=5$	0.1425	0.156	0.1686	0.1818	0.193	0.206	0.2156	0.225
		$v=10$ $b=10$	0.2242	0.231	0.2436	0.2568	0.2681	0.2812	0.2906	0.3
		$v=15$ $b=15$	0.658	0.6885	0.7168	0.7467	0.772	0.8015	0.8226	0.8437
	无冰有风时总重 q_6	$v=10$	0.1966	0.2112	0.2768	0.3502	0.424	0.512	0.5942	0.6738
		$v=25$	0.443	0.5425	0.6404	0.7465	0.843	0.9622	1.0515	1.1447
		$v=30$	0.6224	0.7546	0.8817	1.018	1.1384	1.2836	1.391	1.503
		$v=35$	0.8379	1.0112	1.1758	1.351	1.503	1.6846	1.8168	1.951
	有冰有风时总重 q_7	$v=10$ $b=5$	0.3627	0.446	0.535	0.6325	0.727	0.8468	0.9385	1.035
		$v=10$ $b=10$	0.709	0.817	0.929	1.0518	1.167	1.3115	1.421	1.535
		$v=15$ $b=15$	1.3287	1.4625	1.597	1.743	1.8789	2.046	2.123	2.3027

导线型号			LJ-300	LJ-400	LJ-500	LJ-630	LJ-800
技术特性	计算直径（mm）		22.40	25.90	29.12	32.67	36.90
	计算截面积（mm²）		297.57	397.83	502.90	631.30	805.36
	温度线膨胀系数 a_s（℃$^{-1}$）		23.0×10^{-6}	23.0×10^{-6}	23.0×10^{-6}	23.0×10^{-6}	23.0×10^{-6}
	弹性模量 E（N/mm²）		56000	56000	56000	54000	54000
	a_sE（N/mm²·℃）		1.288	1.288	1.288	1.242	1.242
	计算拉断力（N）		46850	61150	76370	91940	115900
	允许拉力（安全系数 $k=4$）（N）		11712	15287	19092	22985	28975
各种状态时单位荷重（kgf/m）	无冻无风时自重 q_1		0.8204	1.097	1.387	1.744	2.225
	覆冰时冰重 q_2	$b=5$	0.3877	0.4372	0.4812	0.533	0.5929
		$b=10$	0.9169	1.016	1.1071	1.1071	1.3273
		$b=15$	1.5876	1.7362	1.873	2.0236	2.203
	无风覆冰时总重 q_3	$b=5$	1.2081	1.5342	1.8682	2.277	2.8179
		$b=10$	1.7373	2.113	2.494	2.851	3.5523
		$b=15$	2.408	2.8332	3.26	3.7676	4.428
	无冰时风荷重 q_4	$v=10$	0.168	0.1942	0.2184	0.245	0.2767
		$v=25$	1.05	1.214	1.365	1.531	1.7297
		$v=30$	1.512	1.7482	1.9656	2.2052	2.4907
		$v=35$	2.058	2.3795	2.6754	3.0015	3.3902
	覆冰时风荷重 q_5	$v=10$ $b=5$	0.243	0.269	0.2934	0.32	0.3517
		$v=10$ $b=10$	0.318	0.344	0.3684	0.395	0.4267
		$v=15$ $b=15$	0.884	0.943	0.9976	1.057	1.1289
	无冰有风时总重 q_6	$v=10$	0.8374	1.114	1.404	1.761	2.242
		$v=25$	1.3325	1.636	1.946	2.32	2.818
		$v=30$	1.72	2.064	2.405	2.811	3.339
		$v=35$	2.215	2.62	3.013	3.471	4.055
	有冰有风时总重 q_7	$v=10$ $b=5$	1.2322	1.5576	1.8911	2.299	2.84
		$v=10$ $b=10$	1.766	2.14	2.521	3.878	3.578
		$v=15$ $b=15$	2.565	2.986	3.409	3.913	4.569

表 C-10　　　　　　　　　　　　　　　　　　　　　　　　　　　**LGJ 铜芯铝绞线特性**

导　线　型　号		LGJ-50/8	LGJ-50/30	LGJ-70/10	LGJ-70/40	LGJ-95/15	LGJ-95/20
技术特性	计算直径（mm）	9.60	11.60	11.40	13.60	13.61	13.87
	计算截面积（mm²）	56.29	80.32	79.39	110.40	109.72	113.96
	温度线膨胀系数 a_s（℃⁻¹）	19.1×10^{-6}	15.3×10^{-6}	19.1×10^{-6}	16.5×10^{-6}	18.9×10^{-6}	18.5×10^{-6}
	弹性模量 E（N/mm²）	79000	105000	79000	105000	76000	76000
	a_sE（N/mm²·℃）	1.5089	1.6065	1.5089	1.6065	1.4364	1.406
	计算拉断力（N）	16870	42620	23390	58300	35000	37200
	允许拉力（安全系数 k=4）（N）	4213	10655	5847	14575	8750	9300
各种状态时单位荷重（kgf/m）	无冻无风时自重 q_1	0.1951	0.372	0.2752	0.5113	0.3808	0.4089
	覆冰时冰重 q_2　b=5	0.2066	0.2349	0.232	0.2632	0.2633	0.267
	b=10	0.5547	0.611	0.605	0.668	0.668	0.675
	b=15	1.044	1.129	1.1207	1.214	1.214	1.225
	无风覆冰时总重 q_3　b=5	0.4016	0.6069	0.5072	0.7745	0.6441	0.6759
	b=10	0.7497	0.983	0.8802	1.1793	1.0488	1.0839
	b=15	1.239	1.501	1.3959	1.7253	1.5948	1.6339
	无冰时风荷重 q_4　v=10	0.072	0.087	0.0855	0.102	0.102	0.104
	v=25	0.45	0.544	0.534	0.6375	0.6375	0.65
	v=30	0.648	0.783	0.770	0.918	0.918	0.936
	v=35	0.882	1.066	1.047	1.250	1.250	1.274
	覆冰时风荷重 q_5　v=10　b=5	0.147	0.162	0.1605	0.177	0.177	0.179
	v=10　b=10	0.222	0.237	0.236	0.252	0.25	0.254
	v=15　b=15	0.668	0.702	0.699	0.7357	0.7357	0.740
	无冰有风时总重 q_6　v=10	0.2079	0.382	0.288	0.5214	0.3942	0.4219
	v=25	0.4905	0.659	0.7808	0.8172	0.7426	0.7679
	v=30	0.8767	0.8668	0.8177	1.0507	0.9938	1.0214
	v=35	0.9033	1.129	1.082	1.3508	1.3067	1.338
	有冰有风时总重 q_7　v=10　b=5	0.4277	0.6281	0.532	0.7945	0.668	0.699
	v=10　b=10	0.7819	1.0112	0.9113	1.2817	1.0786	1.1133
	v=15　b=15	1.4076	1.657	1.5611	1.8756	1.7563	1.7937

及单位荷重

LGJ-95/55	LGJ-120/7	LGJ-120/20	LGJ-120/25	LGJ-120/70	LGJ-150/8	LGJ-150/20
16.00	14.50	15.07	15.74	18.00	16.00	16.67
152.81	125.50	134.49	146.73	193.40	152.80	164.50
15.3×10^{-6}	21.2×10^{-6}	18.9×10^{-6}	18.5×10^{-6}	15.3×10^{-6}	21.2×10^{-6}	19.6×10^{-6}
105000	66000	76000	76000	105000	66000	73000
1.6045	1.3992	1.4364	1.406	1.6065	1.3992	1.4308
78110	27570	41000	47880	98370	32860	46630
19527	6892	10250	11970	24592	8215	11657
0.7077	0.379	0.4668	0.5266	0.8956	0.4614	0.5494
0.297	0.276	0.284	0.2935	0.325	0.297	0.3066
0.736	0.693	0.709	0.728	0.792	0.675	0.755
1.516	1.252	1.276	1.305	1.4	1.316	1.344
1.0047	0.655	0.7508	0.8201	1.2206	0.7584	0.856
1.4437	1.072	1.1758	1.2546	1.6876	1.1364	1.3044
2.0237	1.631	1.7428	1.8316	2.2956	1.7774	1.8934
0.120	0.1087	0.113	0.118	0.135	0.120	0.125
0.750	0.6797	0.706	0.738	0.844	0.750	0.781
1.080	0.979	1.017	1.062	1.215	1.080	1.125
1.470	1.332	1.3845	1.446	1.654	1.470	1.531
0.195	0.184	0.188	0.193	0.210	0.195	0.20
0.270	0.2587	0.63	0.268	0.285	0.270	0.275
0.770	0.751	0.7605	0.772	0.810	0.776	0.787
0.7178	0.3943	0.4803	0.5396	0.9057	0.4767	0.5634
1.0312	0.7782	0.8464	0.9066	1.2306	0.8805	0.9549
1.2912	1.050	1.119	1.1854	1.5094	1.1744	1.252
1.631	1.3848	1.461	1.5389	1.881	1.5407	1.6266
1.0234	0.6804	0.774	0.8425	1.2385	0.7831	0.8791
1.4637	1.1028	1.2048	1.2829	1.7115	1.168	1.3331
2.1674	1.7956	1.9015	1.9876	2.4343	1.9394	2.0504

导线型号			LGJ-150/25	LGJ-150/35	LGJ-135/10	LGJ-185/20	LGJ-185/30	LGJ-185/45
技术特性	计算直径（mm）		17.10	17.50	18.00	18.90	18.88	19.60
	计算截面积（mm²）		173.11	181.62	193.40	211.29	210.93	227.83
	温度线膨胀系数 a_s（℃$^{-1}$）		$18.9×10^{-6}$	$17.8×10^{-6}$	$21.2×10^{-6}$	$19.6×10^{-6}$	$18.9×10^{-6}$	$17.8×10^{-6}$
	弹性模量 E（N/mm²）		76000	8000	6600	73000	76000	80000
	a_sE（N/mm²·℃）		1.4364	1.424	1.3992	1.4308	1.4364	1.424
	计算拉断力（N）		54110	65020	40880	59420	64320	80190
	允许拉力（安全系数 k=4）（N）		13527	16255	10220	14855	16080	20047
各种状态时单位荷重（kgf/m）	无冻无风时自重 q_1		0.601	0.6762	0.584	0.7061	0.7326	0.8482
	覆冰时冰重 q_2	b=5	0.3127	0.3183	0.325	0.338	0.3379	0.348
		b=10	0.767	0.778	0.7924	0.8179	0.817	0.8377
		b=15	1.3626	1.379	1.4	1.439	1.438	1.469
	无风覆冰时总重 q_3	b=5	0.9137	0.9945	0.909	1.0441	1.0705	1.1962
		b=10	1.368	1.4542	1.3764	1.524	1.5496	1.6859
		b=15	1.9636	2.0552	1.984	2.1451	2.1706	2.3172
	无冰时风荷重 q_4	v=10	0.128	0.131	0.135	0.1417	0.1416	0.147
		v=25	0.801	0.820	0.844	0.886	0.885	0.919
		v=30	1.154	1.181	1.215	1.275	1.274	1.323
		v=35	1.571	1.608	1.654	1.736	1.735	1.800
	覆冰时风荷重 q_5	v=10 b=5	0.203	0.206	0.210	0.217	0.2166	0.222
		v=10 b=10	0.278	0.281	0.285	0.292	0.2916	0.297
		v=15 b=15	0.795	0.802	0.810	0.825	0.825	0.837
	无冰有风时总重 q_6	v=10	0.614	0.688	0.599	0.720	0.746	0.860
		v=25	1.001	1.062	1.026	1.132	1.148	1.250
		v=30	1.301	1.360	1.348	1.457	1.469	1.571
		v=35	1.682	1.744	1.754	1.873	1.883	1.989
	有冰有风时总重 q_7	v=10 b=5	0.936	1.0156	0.9329	1.0664	1.0922	1.2266
		v=10 b=10	1.396	1.4811	1.4056	1.5517	1.5768	1.7119
		v=15 b=15	2.1184	2.2061	2.143	2.2983	2.3221	2.4637

LGJ-210/10	LGJ-210/25	LGJ-210/35	LGJ-210/50	LGJ-240/30	LGJ-240/40	LGJ-240/55
19.00	19.98	20.38	20.86	21.60	21.66	22.40
215.48	236.12	246.09	258.06	275.96	277.75	297.57
21.2×10^{-6}	19.6×10^{-6}	18.9×10^{-6}	17.8×10^{-6}	19.6×10^{-6}	18.9×10^{-6}	17.8×10^{-6}
66000	73000	76000	80000	73000	76000	80000
1.3992	1.4308	1.4364	1.424	1.4308	1.4364	1.424
45140	65990	74250	90830	25620	83370	102100
11285	16497	18562	22707	18905	20842	25525
0.6507	0.7891	0.8539	0.9608	0.9222	0.9643	1.108
0.3396	0.3535	0.359	0.366	0.3764	0.377	0.3877
0.8207	0.848	0.8597	0.873	0.894	0.896	0.917
1.443	1.485	1.502	1.522	1.553	1.556	1.5816
0.9903	1.1426	1.2129	1.3268	1.2986	1.3413	1.4957
1.4714	1.6371	1.7136	1.8338	1.8162	1.8603	2.025
2.0937	2.2741	2.3559	2.4828	2.4752	2.5203	2.6956
0.1425	0.1498	0.1528	0.1564	0.162	0.1624	0.168
0.89	0.936	0.955	0.978	1.0125	1.0153	1.05
1.2825	1.348	1.376	1.408	1.458	1.462	1.512
1.746	1.8356	1.8724	1.9165	1.9845	1.990	2.058
0.2175	0.255	0.2278	0.231	0.237	0.237	0.243
0.2925	0.2998	0.303	0.3064	0.312	0.3124	0.318
0.8269	0.8434	0.850	0.858	0.871	0.812	0.884
0.666	0.803	0.868	0.973	0.936	0.9779	1.120
1.102	1.224	1.281	1.270	1.369	1.1100	1.526
1.438	1.567	1.619	1.704	1.725	1.751	1.874
1.863	1.998	2.058	2.143	2.188	2.211	2.357
1.0139	1.1645	1.2341	1.3467	1.32	1.3621	1.5153
1.5002	1.6643	1.7402	1.8592	1.8428	1.8863	2.0498
2.2511	2.4255	2.5045	2.6269	2.624	2.6479	2.8368

导 线 型 号			LGJ-300/15	LGJ-300/20	LGJ-300/25	LGJ-300/40	LGJ-300/50
技术特性	计算直径（mm）		23.01	23.43	23.76	23.94	24.26
	计算截面积（mm²）		312.21	324.33	333.31	338.99	348.36
	温度线膨胀系数 a_s（℃$^{-1}$）		21.4×10^{-6}	20.9×10^{-6}	20.5×10^{-6}	19.6×10^{-6}	18.9×10^{-6}
	弹性模量 E（N/mm²）		61000	63000	65000	73000	76000
	$a_s E$（N/mm² · ℃）		1.3054	1.3167	1.3325	1.4308	1.4364
	计算拉断力（N）		68060	75680	83410	92220	103400
	允许拉力（安全系数 $k=4$）（N）		17015	18920	20852	23055	25850
各种状态时单位荷重（kgf/m）	无冻无风时自重 q_1		0.9398	1.002	1.058	1.133	1.210
	覆冰时冰重 q_2	$b=5$	0.3963	0.4022	0.407	0.4095	0.414
		$b=10$	0.9342	0.9461	0.9554	0.9605	0.9696
		$b=15$	1.6135	1.6313	1.645	1.653	1.6666
	无风覆冰时总重 q_3	$b=5$	1.3361	1.4042	1.465	1.5425	1.624
		$b=10$	1.874	1.9481	2.0134	2.0935	2.1796
		$b=15$	1.5533	2.6333	2.703	2.786	2.8766
	无冰时风荷重 q_4	$v=10$	0.1726	0.1757	0.1782	0.1795	0.1819
		$v=25$	1.0786	1.0983	1.1137	1.122	1.1372
		$v=30$	1.5532	1.5815	1.6038	1.616	1.6375
		$v=35$	2.114	2.1526	2.1829	2.1995	2.229
	覆冰时风荷重 q_5	$v=10$ $b=5$	0.2476	0.2507	0.2532	0.2545	0.257
		$v=10$ $b=10$	0.3226	0.3257	0.3282	0.3295	0.3319
		$v=15$ $b=15$	0.8945	0.9016	0.9072	0.9102	0.9156
	无冰有风时总重 q_6	$v=10$	0.9555	1.0173	1.0729	1.1471	1.2236
		$v=25$	1.4306	1.4867	1.5361	1.5945	1.6605
		$v=30$	1.8154	1.8722	1.9213	1.9736	2.036
		$v=35$	2.313	2.3744	2.4258	2.4742	2.5362
	有冰有风时总重 q_7	$v=10$ $b=5$	1.3588	1.4064	1.4867	1.5633	1.644
		$v=10$ $b=10$	1.9015	1.9751	2.04	2.119	2.205
		$v=15$ $b=15$	2.7054	2.7833	2.8512	2.9309	3.0188

LGJ-300/70	LGJ-400/20	LGJ-400/25	LGJ-400/35	LGJ-400/50
25.20	26.91	26.64	26.82	27.63
376.61	427.31	419.01	425.24	451.55
17.8×10^{-6}	21.4×10^{-6}	20.9×10^{-6}	20.5×10^{-6}	19.3×10^{-6}
80000	61000	63000	65000	69000
1.424	1.3054	1.3167	1.3325	1.3317
128000	88850	95940	103900	123400
32000	22212	23985	25975	30850
1.402	1.286	1.295	1.349	1.511
0.4273	0.4515	0.4477	0.4502	0.4617
0.9962	1.0445	1.0369	1.042	1.065
1.7065	1.7791	1.7676	1.7752	1.8096
1.8293	1.7375	1.7427	1.7992	1.9727
2.3982	2.3305	2.3319	2.391	2.576
3.1085	3.0651	3.0626	3.1242	3.3206
0.189	0.2018	0.1998	0.2011	0.2072
1.1812	1.2614	1.2487	1.2572	1.295
1.701	1.8164	1.7982	1.810	1.865
2.315	2.4723	2.4475	2.464	2.5385
0.264	0.2768	0.2748	0.2761	0.2822
0.339	0.352	0.3498	0.3511	0.3572
0.9315	0.9603	0.9558	0.9588	0.9725
1.4147	1.3017	1.3103	1.384	1.5251
1.8332	1.8013	1.7989	1.844	1.990
2.2043	2.2255	2.216	2.2674	2.400
2.7064	2.7868	2.769	2.8091	2.954
1.8482	1.7594	1.7642	1.8203	1.9928
2.422	2.3569	2.358	2.4166	2.6
3.255	3.212	3.208	3.268	3.46

导 线 型 号			LGJ-400/65	LGJ-400/95	LGJ-500/35	LGJ-500/45
技术特性	计算直径（mm）		28.00	29.14	30.00	30.00
	计算截面积（mm²）		464.00	501.02	531.37	531.68
	温度线膨胀系数 a_s（℃$^{-1}$）		18.9×10^{-6}	18.0×10^{-6}	20.9×10^{-6}	20.5×10^{-6}
	弹性模量 E（N/mm²）		76000	78000	63000	65000
	a_sE（N/mm²·℃）		1.4364	1.404	1.3167	1.3325
	计算拉断力（N）		135200	171300	119500	128100
	允许拉力（安全系数 $k=4$）（N）		33800	42825	29875	32025
各种状态时单位荷重（kgf/m）	无冻无风时自重 q_1		1.611	1.860	1.642	1.688
	覆冰时冰重 q_2	$b=5$	0.467	0.4831	0.4952	0.4952
		$b=10$	1.0754	1.1077	1.132	1.132
		$b=15$	1.825	1.8737	1.910	1.910
	无风覆冰时总重 q_3	$b=5$	2.078	2.3431	2.1372	2.1832
		$b=10$	2.6864	2.9677	2.774	2.820
		$b=15$	3.436	3.7337	3.552	3.598
	无冰时风荷重 q_4	$v=10$	0.210	0.2185	0.225	0.225
		$v=25$	1.3125	1.366	1.4062	1.4062
		$v=30$	1.89	1.967	2.025	2.025
		$v=35$	2.5725	2.6772	2.7562	2.7562
	覆冰时风荷重 q_5	$v=10$　$b=5$	0.285	0.2935	0.30	0.30
		$v=10$　$b=10$	0.360	0.3685	0.375	0.375
		$v=15$　$b=15$	0.9787	0.998	1.0125	1.0125
	无冰有风时总重 q_6	$v=10$	1.6246	1.8728	1.6573	1.7029
		$v=25$	2.078	2.3077	2.1618	2.197
		$v=30$	2.483	2.7071	2.661	2.6363
		$v=35$	3.0353	3.2599	3.208	3.232
	有冰有风时总重 q_7	$v=10$　$b=5$	2.097	2.3614	2.158	2.2037
		$v=10$　$b=10$	2.7104	2.9905	2.799	2.845
		$v=15$　$b=15$	3.573	3.8648	3.6935	3.7377

LGJ-500/85	LGJ-630/45	LGJ-630/55	LGJ-630/80	LGJ-800/55	LGJ-800/70	LGJ-800/100
30.96	33.60	34.32	34.82	38.40	38.58	38.98
566.94	666.55	696.22	715.51	870.60	879.40	896.05
19.3×10^{-6}	18.9×10^{-6}	20.5×10^{-6}	19.4×10^{-6}	20.9×10^{-6}	20.5×10^{-6}	19.4×10^{-6}
69000	63000	65000	67000	63000	65000	67000
1.3317	1.3167	1.3325	1.2998	1.3167	1.3325	1.2998
154000	148700	164400	192900	191500	207000	241100
38500	37175	41100	48225	47875	51750	60275
1.897	2.060	2.209	2.388	2.690	2.791	2.991
0.5088	0.5462	0.5564	0.5634	0.614	0.6166	0.6223
1.1592	1.2339	1.2542	1.240	1.3697	1.3748	1.3861
1.951	2.063	2.0936	2.1148	2.267	2.2745	2.2914
2.4058	2.6062	2.7654	2.9514	3.304	3.4076	3.6133
3.0562	3.2939	3.4632	3.628	4.0597	4.1658	4.377
3.848	4.123	4.3026	4.5028	4.957	5.0655	5.2824
0.2332	0.252	0.2574	0.2611	0.288	0.2893	0.2923
1.4512	1.575	1.6087	1.632	1.80	1.8084	1.827
2.0898	2.068	2.3166	2.350	2.592	2.6041	2.631
2.8444	3.087	3.153	3.199	3.528	3.5445	3.5813
0.3072	0.327	0.3324	0.3361	0.363	0.3643	0.3673
0.3822	0.402	0.4074	0.4111	0.438	0.4394	0.4423
1.0287	1.0732	1.0854	1.0938	1.154	1.1573	1.164
1.9113	2.075	2.224	2.402	2.7054	2.806	3.005
2.388	2.593	2.7327	2.892	3.2367	3.3256	3.505
2.8224	2.9189	3.201	3.3504	3.7356	3.8172	3.9835
3.419	3.7112	3.8498	3.992	4.4365	4.5114	4.666
2.425	2.6266	2.7853	2.9705	3.324	3.427	3.632
3.08	3.3183	3.487	3.6512	4.083	4.189	4.3993
3.983	4.2604	4.437	4.6337	5.089	5.196	5.409

表 C-11 　　　　　　　　　　 绝 缘 子 串 组 合 情 况

组合示意图

单串 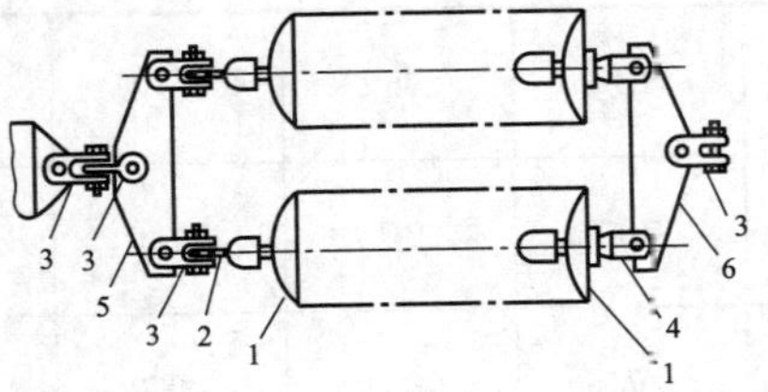　　　　　　　　　双串

组合方式	1 绝缘子串			2 球头挂环			3 挂板			3' U形挂环			4 碗头挂环			5 联板			6 联板		
	型号	长度(mm)	质量(kg)	型号	长度(mm)	质量(kg)	型号	长度(mm)	质量(kg)	型号	长度(mm)	质量(kg)	型号	长度(mm)	质量(kg)	型号	长度(mm)	质量(kg)	型号	长度(mm)	质量(kg)
单串 X-4.5 (XW-4.5)	146 (180)	5.0 (7.0)	QP-7	50	0.27	Z-7	60	0.56				W_s-7	70	0.97						
XP-7	146	4.0	QP-7	50	0.27	Z-10	70	0.87				W_s-7	70	0.97						
XP-10	155	5.2	QP-10	50	0.32	Z-12	80	1.16				W_s-10	85	1.2						
XP-16	155	6.0	QP-16	60	0.5	Z-16	90	2.38				W_s-16	95	2.64						
双串 X-4.5	146	5.0	QP-7	50	0.27	Z-7	60	0.56	U-7	60	0.44	W_s-7	70	0.97	L_s-1225	65	5.54	L-1040	70	4.43
XP-7	146	4.0	QP-7	50	0.27	Z-10	70	0.87	U-10	70	0.54	W_s-7	70	0.97	L_s-1225	65	5.54	L-1040	70	4.43
XP-10	155	5.2	QP-10	50	0.32	Z-12	80	1.16	U-12	80	0.95	W_s-110	85	1.2	L_s-1225	65	5.54	L-1240	100	4.66
XP-16	155	6.0	QP-16	60	0.5	Z-16	90	2.38	U-16	90	1.47	W_s-16	90	2.64	L_s-1225	65	5.54	L-1640	100	5.8

连接元件编号、名称及型号

変 电 站 设 计

表 C-12 单根导线用绝缘子串覆冰重及风荷重

绝缘子型号		X-4.5 XP-7 XP-10 XP-16						XW-4.5				2×14 (X-4.5)
	绝缘子片数	4	8	14	20	32	±1	4	8	14	±1	2×14
覆冰时冰重 Q_2 (kgf)	$b=5$	2.600	4.840	8.200	11.560	18.280	0.560	3.560	6.760	11.560	0.800	17.122
	$b=10$	5.600	10.360	17.500	24.640	38.920	1.190	8.040	15.040	26.040	1.800	36.862
	$b=15$	8.000	14.800	25.000	35.200	55.600	1.700	11.600	22.000	37.600	2.600	52.163
无冰时风荷重 Q_4 (kgf)	$v=10$	0.372	0.686	1.157	1.626	2.567	0.0713	0.488	0.918	1.562	0.0925	2.580
	$v=25$	2.328	4.287	7.233	10.163	16.041	0.445	3.051	5.736	9.782	0.609	16.126
	$v=30$	3.353	6.178	10.415	14.635	23.100	0.641	4.394	8.259	14.058	0.878	23.220
	$v=35$	4.563	8.409	14.176	19.919	31.440	0.873	5.981	11.242	19.134	1.194	31.606
覆冰时风荷重 Q_5 (kgf)	$v=10$ $b=5$	0.425	0.792	1.342	1.890	2.989	0.083	0.555	1.050	1.793	0.113	2.870
	$v=10$ $b=10$	0.482	0.905	1.539	2.171	3.438	0.096	0.620	1.182	2.025	0.128	3.190
	$v=15$ $b=15$	1.210	2.295	3.905	5.515	8.745	0.245	1.544	2.957	5.076	0.321	7.864

注 1. 绝缘子XP-7、XP-10、XP-16的外形尺寸与X-4.5相近，故覆冰时的冰重及风荷重均认为与X-4.5相同。
2. 双串单绝缘子2×14 (X-4.5) 的冰荷重均包括两个联板的冰重及风荷重。

表 C-13　单根导线用绝缘子串的长度及荷重

绝缘子型号	X-1.5				XP-7				XP-10				
绝缘子串片数	4	8	14	±1	4	8	14	±1	8	14	20	32	±1
绝缘子串长度（mm）	764	1348	2224	146	774	1358	2234	146	1455	2585	3315	5175	155
无冰无风时自重 Q_1	21.8	41.8	71.8	5.0	18.11	34.11	58.11	4.0	44.28	75.48	106.68	169.08	5.2
有冰无风时总重 Q_4　b=5	24.4	46.64	80	5.56	20.71	38.95	66.31	4.56	49.12	83.68	118.24	187.36	5.76
b=10	27.4	51.86	89	6.19	23.71	44.47	75.61	5.19	54.64	92.98	131.32	208	6.39
b=15	29.8	56.6	96.8	6.7	26.11	48.91	83.11	5.7	59.08	100.48	141.88	224.68	6.9
无冰有风时总重 Q_6　ν=10	21.803	41.806	71.809	5.001	18.114	34.118	58.124	4.001	44.287	75.49	106.699	169.111	5.201
ν=25	21.924	42.019	72.162	5.0237	18.258	34.378	58.558	4.03	44.486	75.824	107.162	169.838	5.223
ν=30	22.056	42.253	72.55	5.0493	18.417	34.664	59.034	4.061	44.708	75.19	107.672	170.636	5.247
ν=35	22.27	42.635	73.183	5.0913	18.675	35.129	59.81	4.1135	45.069	76.791	108.513	171.957	5.287
有冰有风时总重 Q_7　ν=10 b=5	24.4	46.647	80.011	5.561	20.714	38.96	66.32	4.56	49.127	83.693	118.259	187.391	5.761
ν=10 b=10	27.404	51.868	88.564	6.116	23.715	44.48	75.626	5.191	55.064	94.034	133.004	210.944	6.495
ν=15 b=15	29.824	56.646	96.872	6.705	26.138	48.963	83.2	5.706	59.124	100.553	141.983	224.843	6.905

各种状态时的荷重（kgf）

绝缘子型号	XP-16					XW-4.5				2×14 (X-1.5)
绝缘子串片数	8	14	20	32	±1	4	8	14	±1	2×14
绝缘子串长度（mm）	1485	2415	3345	5205	155	900	1620	2700	180	2419
无冰无风时自重 Q_3	53.52	89.52	125.52	197.52	6.0	29.8	57.8	99.8	7.0	152.91
有冰无风时总重 Q_6　b=5	58.36	97.72	137.08	215.8	6.56	33.36	64.56	111.36	7.8	170.032
b=10	63.88	107.02	150.16	236.44	7.19	37.84	73.04	125.34	8.8	189.772
b=15	68.32	114.52	160.72	253.12	7.7	41.4	79.8	137.4	9.6	205.073
无冰有风时总重 Q_6　ν=10	53.524	89.53	125.536	197.548	6.001	29.8	57.8	99.807	7.001	152.93
ν=25	53.69	89.809	125.928	198.166	6.0198	29.899	57.974	100.09	7.0188	153.758
ν=30	53.87	90.11	126.37	198.83	6.04	30.004	58.161	100.397	7.0393	154.663
ν=35	54.175	90.63	127.086	199.998	6.076	30.178	58.466	100.398	7.072	156.142
有冰有风时总重 Q_7　ν=10 b=5	58.365	97.83	137.093	215.829	6.561	33.365	64.568	111.374	7.801	170.056
ν=10 b=10	63.886	107.03	150.179	236.471	7.191	37.845	73.05	125.856	8.801	189.8
ν=15 b=15	68.36	114.59	160.82	253.28	7.705	41.4	79.854	137.535	9.6135	205.224

各种状态时的荷重（kgf）

注　1. 绝缘子串组合情况见表 C-10, 荷重中不包括线夹重量。
　　2. 双串绝缘子在各状态下的荷重, 已计入联板的风荷重及覆冰荷重。

表 C-14

组 合 导 线 单 位 荷 重

导线组合型式		2根1GJ导线 每根导线截面积（mm²）		2根LGJ-300/15 承重导线			2根LGJ-400/20 20承重导线 LJ-185 导线根数		2根LGJ-500/35 承重导线		2根LGJ-630/45 承重导线		2根LGJ1-630/45 承重导线 LJ-240 导线根数		2根LGJ-800/ 55承重导线
		400/20	500/35	6	8	16	4	6	14	16	12	16	22	24	24
无冰无风时自重 q_1		3.712	4.494	6.8976	8.1536	13.458	6.834	8.302	12.926	15.332	13.656	16.668	23.5718	24.886	27.1456
覆冰时重 q_2	$b=5$	0.903	0.991	2.703	3.34	5.887	2.176	2.901	5.448	6.085	4.913	6.186	8.875	9.582	9.718
	$b=10$	2.089	2.264	6.538	8.094	14.320	5.202	6.934	13.159	14.716	11.807	14.92	21.146	22.844	23.115
	$b=15$	3.558	3.821	11.505	14.264	25.301	9.076	12.098	23.135	25.895	20.682	26.2	36.813	39.784	40.192
无风覆冰时总重 q_3	$b=5$	4.615	5.485	9.601	11.494	19.345	9.01	11.203	18.374	21.416	18.569	22.854	32.447	34.468	36.864
	$b=10$	5.801	6.758	13.436	16.248	27.778	12.036	15.236	26.086	30.048	25.463	31.588	44.718	47.729	50.261
	$b=15$	7.27	8.315	18.402	22.418	38.759	15.910	20.40	36.061	41.227	34.338	42.868	60.384	64.67	67.337
无冰时风荷重 q_4	$v=10$	0.323	0.36	0.906	1.116	1.956	0.743	0.99	1.83	2.04	1.663	2.083	3.043	3.283	3.341
	$v=25$	2.0183	2.25	5.663	6.976	12.226	4.643	6.187	11.438	12.75	10.395	13.02	19.02	20.52	20.88
	$v=30$	2.906	3.24	8.155	10.045	17.605	6.686	8.91	16.47	18.36	14.969	18.749	27.389	29.549	30.067
	$v=35$	3.956	4.41	11.100	13.672	23.963	9.101	12.128	22.418	25	20.374	25.519	37.279	40.219	40.925
覆冰时风荷重 q_5	$v=10$ $b=5$	0.443	0.48	1.386	1.716	3.036	1.103	1.47	2.79	3.12	2.503	3.163	4.483	4.843	4.901
	$v=10$ $b=10$	0.563	0.6	1.866	2.316	4.116	1.463	1.95	3.75	4.2	3.343	4.243	5.923	6.403	6.461
	$v=15$ $b=15$	1.537	1.62	5.279	6.561	11.691	4.102	5.468	10.598	11.88	9.412	11.977	16.567	17.172	18.047
无冰有风时总重 q_6	$v=10$	3.726	4.508	6.957	8.23	13.599	6.874	8.361	13.055	15.467	13.757	16.798	23.767	25.101	27.35
	$v=25$	4.225	5.028	8.925	10.73	18.182	8.262	10.354	17.26	19.941	17.162	21.150	30.288	32.255	34.247
	$v=30$	4.714	5.54	10.681	12.938	22.16	9.561	12.178	20.937	23.92	20.262	25.087	36.136	38.632	40.508
	$v=35$	5.425	6.296	13.068	15.919	27.483	11.381	14.697	25.877	29.327	24.528	30.48	44.106	47.296	49.109
有冰有风时总重 q_7	$v=10$ $b=5$	4.636	5.506	9.7	11.621	19.582	9.077	11.298	18.584	21.642	18.737	23.072	32.755	34.807	37.188
	$v=10$ $b=10$	5.828	6.785	13.564	16.412	28.08	12.124	15.36	26.354	30.34	25.682	31.872	45.108	48.157	50.675
	$v=15$ $b=15$	7.431	8.471	19.144	23.358	40.484	16.43	21.12	37.586	42.904	35.605	44.51	62.616	66.911	69.714

各种状态时单位荷重（kgf/m）

表 C-15 组合导线用绝缘子串组合情况

示意图

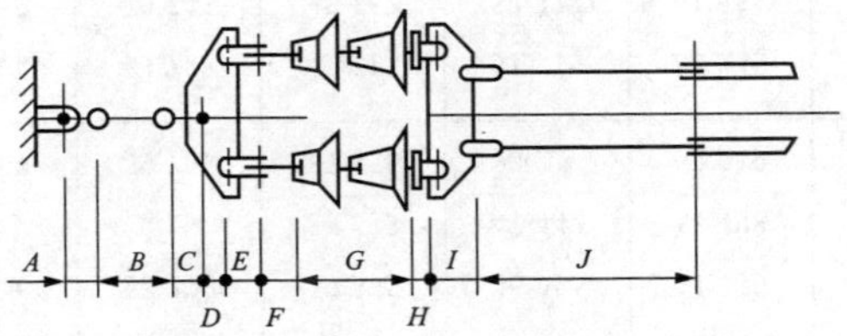

组合元件编号及名称		组合方式											
编号	名称	2 串 2×（X-4.5）				2 串 2×（XP-7）				2 串 2×（XP-10）			
		I	II	III	IV	I	II	III	IV	I	II	III	IV
A	U 形挂环	U-12	U-12	U-12	U-12	U-16	U-16	U-16	U-16	U-20	U-20	U-20	U-20
B	延伸杆	延伸杆		延伸杆		延伸杆		延伸杆		延伸杆		延伸杆	
C	U 形挂环、挂板	U-12	Z-12	U-12	Z-12	U-16	Z-16	U-16	Z-16	U-20	Z-16	U-20	Z-16
D	联　板	L-1240	L-1240	L-1240	L-1240	L-1640	L-1640	L-1640	L-1640	L-2040	L-2040	L-2040	L-2040
E	挂　板	Z-7	Z-7	Z-7	Z-7	Z-10	Z-10	Z-10	Z-10	Z-16	Z-16	Z-16	Z-16
F	球头挂环	Qp-7	Qp-7	Qp-7	Qp-7	Qp-7	Qp-7	Qp-7	Qp-7	Qp-10	Qp-10	Qp-10	Qp-10
G	绝缘子串	X-4.5	X-4.5	X-4.5	X-4.5	XP-7	XP-7	XP-7	XP-7	XP-10	XP-10	XP-10	XP-10
H	碗头挂板	Ws-7	Ws-7	Ws-7	Ws-7	Ws-7	Ws-7	Ws-7	Ws-7	Ws-10	Ws-10	Ws-10	Ws-10
I	联　板	Ls-1225	Ls-1225	Ls-1225	Ls-1225	Ls-1225	Ls-1225	Ls-1225	Ls-1225	Ls-1225	Ls-1225	Ls-1225	Ls-1225
J	花篮螺栓、挂板	花篮螺栓	花篮螺栓	Z-7	Z-7	花篮螺栓	花篮螺栓	Z-10	Z-10	花篮螺栓	花篮螺栓	Z-16	Z-16

注 I——表示有延伸杆，有花篮螺栓，2根承重导线（延伸杆长为2000mm）；II——表示无延伸杆，有花篮螺栓，2根承重导线；
III——表示有延伸杆，无花篮螺栓，2根承重导线（延伸杆长为2600mm）；IV——无延伸杆，有花篮螺栓，2根承重导线。

表 C-16

组合导线用绝缘子串长度及荷重

绝缘子串类型		2 串 (2×X-4.5)				2 串 (2×XP-7)				2 串 (2×XP-10)			
		I	II	III	IV	I	II	III	IV	I	II	III	IV
绝缘子串长度		3427	827	3427	1427	3487	897	3497	1487	3560	980	3590	1550
Q_1		58.95	37.03	47.08	51.38	57.75	37.15	46.5	50.88	69.69	51.38	61.46	62.09
Q_2	$b=5$	5.902	3.885	5.131	4.885	5.973	3.956	5.202	4.956	6.01	3.993	5.239	4.993
	$b=10$	12.971	8.406	11.357	10.562	12.972	8.407	11.358	10.563	13.201	8.636	11.587	10.792
	$b=15$	18.528	12.008	16.224	15.088	18.744	12.224	16.44	15.304	18.857	12.337	16.553	15.417
Q_3	$b=5$	64.852	40.915	52.211	56.265	63.723	41.106	51.702	55.836	75.7	55.373	66.699	67.083
	$b=10$	71.921	45.436	58.437	61.942	70.722	45.557	57.857	61.443	82.891	60.016	73.047	72.882
	$b=15$	77.478	49.038	63.304	66.468	76.494	49.374	62.94	66.184	88.547	63.717	78.013	77.507
Q_4	$v=10$	1.198	0.548	0.989	0.838	1.244	0.594	1.035	0.884	1.3	0.65	1.091	0.94
	$v=25$	7.54	3.42	6.243	5.234	7.833	3.713	6.532	5.523	8.183	4.063	6.882	5.873
	$v=30$	10.856	4.93	8.989	7.54	11.272	5.346	9.405	7.956	11.777	5.851	9.91	8.467
	$v=35$	14.78	6.712	12.236	12.451	15.343	7.277	12.803	13.018	16.031	7.964	13.49	13.705
Q_5	$v=10\ b=5$	1.535	0.601	1.265	0.991	1.581	0.647	1.311	1.037	1.637	0.703	1.367	1.093
	$v=10\ b=10$	1.826	0.657	1.528	1.112	1.872	0.703	1.574	1.158	1.928	0.759	1.631	1.215
	$v=15\ b=15$	4.405	1.604	3.708	2.634	4.509	1.708	3.812	2.738	4.635	1.834	3.938	2.864
Q_6	$v=10$	58.962	37.034	47.09	51.387	57.763	37.155	46.512	50.888	69.702	51.384	61.47	62.097
	$v=25$	59.43	37.188	47.492	51.646	58.279	37.335	46.956	51.179	70.109	51.54	61.844	62.367
	$v=30$	59.941	37.357	47.93	51.93	58.84	37.533	47.442	51.498	70.678	51.712	62.254	62.665
	$v=35$	60.775	37.633	48.644	52.867	59.753	37.856	48.23	52.519	71.51	51.994	62.923	63.584
Q_7	$v=10\ b=5$	64.87	40.919	52.226	56.274	63.743	41.111	51.715	55.846	75.718	55.377	66.713	67.094
	$v=10\ b=10$	71.944	45.44	58.457	61.952	70.747	45.562	57.878	61.454	82.913	60.021	73.065	72.892
	$v=15\ b=15$	77.603	49.064	63.413	67.624	76.627	49.404	63.055	66.24	88.668	63.743	78.112	77.56

各种状态下绝缘子串的荷重（kgf）

表 C-17　　　　　　　　　　　组合导线用横联装置和吊持装置荷重

名称	简　图	质量（kg）	作用于每根承重导线上的荷重（kgf）			适用范围
横联装置		50.1	Q_1		8.350	用于多根导线与圆环单联 如：YH（2+12） YH（2+20）
			Q_6	$v=10$	8.351	
				$v=25$	8.385	
				$v=30$	8.423	
				$v=35$	8.486	
			Q_7	$v=10$ $b=5$	9.200	
				$v=10$ $b=10$	12.109	
				$v=15$ $b=15$	15.02	
		50	Q_1		8.334	用于多根导线与圆环双联 如：YH（2+8） YH（2+16） YH（2+24）
			Q_6	$v=10$	8.335	
				$v=25$	8.370	
				$v=30$	8.408	
				$v=35$	8.470	
			Q_7	$v=10$ $b=5$	9.184	
				$v=10$ $b=10$	12.093	
				$v=15$ $b=15$	15.004	
		83.1	Q_1		13.850	用于二根导线
			Q_6	$v=10$	13.851	
				$v=25$	13.873	
				$v=30$	13.924	
				$v=35$	13.937	
			Q_7	$v=10$ $b=5$	14.771	
				$v=10$ $b=10$	17.775	
				$v=15$ $b=15$	20.685	
吊持装置		6.9				用于承重导线为 LGJ-185～240
		12.5				用于承重导线为 LGJQ-300～500

表 C-18

大截面导线参数及分裂导线荷重

导线技术参数

导线型号	LGKK-600	LGKK-900
计算截面积 (mm²)	636	991.23
计算直径 (mm)	51	49
温度线膨胀系数 (1/℃) ×10⁻⁶	19.9×10^{-6}	20.4×10^{-6}
弹性模数 (N/mm²)	73000	59900
计算质量 (kg/m)	2.69	3.62
允许拉断力 ($k=4$) (N)	38000	52250

分裂导线参数（次档距长度相关）

导线型号及分裂根数	2×LGKK-600				2×LGKK-900						3×LGKK-900		
次档距长度 (m)	0.8	2	4	6	0	0.8	2	4	6	20	1	2	4
间隔棒质量 (kg)	2.47				2.47						2.2		
附加质量 (kg/m)	3.0875	1.235	0.618	0.412	0	3.0875	1.235	0.618	0.412	0.124	2.2	1.1	0.55
无冰无风时导线自重 q_1	8.4675	6.615	5.998	5.792	7.24	10.3275	8.475	7.858	7.652	7.364	13.06	11.96	11.41
无风覆冰时总重 q_3 ($b=5$)	10.0505	8.198	7.581	7.375	8.766	11.8535	10.001	9.384	9.178	8.89	15.349	14.249	13.699
无风覆冰时总重 q_3 ($b=10$)	11.9155	10.063	9.446	9.24	10.518	13.6055	11.753	11.136	10.93	10.642	18.062	16.962	16.412
无风覆冰时总重 q_3 ($b=15$)	14.0625	12.21	11.593	11.387	12.666	15.7535	13.901	13.284	13.078	12.79	21.199	20.099	19.549

各种状态时单位荷重 (kgf/m)（与次档距无关）

项目	2×LGKK-600	2×LGKK-900	3×LGKK-900
覆冰时冰重 q_2 ($b=5$)	1.583	1.526	2.289
覆冰时冰重 q_2 ($b=10$)	3.448	3.278	5.002
覆冰时冰重 q_2 ($b=15$)	5.595	5.426	8.139
无冰时风荷重 q_4 ($v=10$)	0.701	0.674	1.011
无冰时风荷重 q_4 ($v=15$)	1.578	1.516	2.274
无冰时风荷重 q_4 ($v=18$)	2.272	2.183	3.274
无冰时风荷重 q_4 ($v=20$)	2.384	2.291	3.436
无冰时风荷重 q_4 ($v=30$)	4.733	4.548	6.822

续表

各种状态时单位荷重（kgf/m）	覆冰时风荷重 q_5	v=10　b=5	0.915				0.885						1.3275		
		v=10　b=10	1.065				1.035						1.553		
		v=15　b=15	2.734				2.666						3.999		
	无冰有风时总重 q_6	v=10	8.4965	6.652	6.039	5.834	7.271	10.3495	8.502	7.887	7.682	7.395	12.003	11.455	13.099
		v=15	8.6133	6.801	6.202	6.003	7.397	10.4382	8.609	8.003	7.801	7.518	12.174	11.634	13.256
		v=18	8.767	6.994	6.414	6.222	7.562	10.556	8.752	8.156	7.957	7.681	12.4	11.87	13.464
		v=20	8.7967	7.031	6.454	6.263	7.594	10.5786	8.779	8.185	7.988	7.712	12.444	11.916	13.504
		v=30	9.7005	8.134	7.641	7.48	8.55	11.2846	9.618	9.079	8.902	8.555	13.769	13.294	14.734
	有冰有风时总重 q_7	v=10　b=5	8.986	8.25	7.636	7.432	8.811	10.778	10.04	9.426	9.221	8.934	14.311	13.763	15.406
		v=10　b=10	10.856	10.119	9.506	9.301	10.569	12.537	11.798	11.184	10.979	10.692	17.033	16.485	18.129
		v=15　b=15	13.236	12.512	11.911	11.711	12.944	14.883	14.154	13.549	13.347	13.065	20.493	19.954	21.573
导线型号			LGKK-1400				LGJQT-1400								
导线技术参数	计算截面积（mm^2）		1493.8				1533.9								
	计算直径（mm）		57				51								
	温度线膨胀系数（℃$^{-1}$）×10^{-6}		20.8×10^{-6}				20.4×10^{-6}								
	弹性模数（N/mm^2）		59200				54700								
	计算质量（kg/m）		5.129				4.962								
	允许拉断力（K=4）（N）		73750				84000								
分裂导线参数	导线型号及分裂根数		2×LGKK-1400				2×LGJQT-1400						3×LGJQT-1400		
	次档距长度（m）		0.8	2	4	6	0	0.8	2	4	6	20	2	4	1
	间隔棒质量（kg）		2.47				0	2.47					2.2		
	附加质量（kg/m）		3.0875	1.235	0.618	0.412	0	3.0875	1.235	0.618	0.412	0.124	1.1	0.55	2.2

续表

各种状态时单位荷重 (kgf/m)		C1	C2	C3	C4	C5	C6	C7	C8	C9	C10	C11	C12	C13
无冰无风时导线自重 q_1		17.086	15.436	15.986	10.048	10.336	10.542	11.159	13.0115	9.924	10.67	10.876	11.493	13.3455
覆冰时冰重 q_2	b=5		2.734				1.583					1.752		
	b=10		5.172				3.448					3.787		
	b=15		8.398				5.595					6.104		
无风覆冰时总重 q_3	b=5	19.46	17.81	18.36	11.631	11.919	12.125	12.742	14.5945	11.507	12.422	12.628	13.245	15.0975
	b=10	22.258	20.608	21.158	13.496	13.784	13.99	14.607	16.4595	13.372	14.457	14.663	15.28	17.1325
	b=15	25.479	23.829	24.379	15.643	15.931	16.137	16.754	18.6065	15.519	16.774	16.98	17.597	19.4495
无风时风荷重 q_4	v=10		1.052				0.701					0.784		
	v=15		2.367				1.578					1.763		
	v=18		3.408				2.272					2.539		
	v=20		3.576				2.84					2.665		
	v=30		7.1				4.733					5.29		
覆冰时风荷重 q_5	v=10 b=5		1.373				0.915					1.005		
	v=10 b=10		1.598				1.065					1.155		
	v=15 b=15		4.101				2.734					2.936		
无冰有风时总重 q_6	v=10	17.118	15.472	16.021	10.083	10.36	10.565	11.181	13.0304	9.949	10.699	10.904	11.52	13.3685
	v=15	17.249	15.616	16.16	10.171	10.456	10.659	11.27	13.1068	10.049	10.815	11.018	11.627	13.4614
	v=18	17.423	15.808	16.345	10.302	10.583	10.784	11.389	13.2084	10.181	10.968	11.168	11.77	13.585
	v=20	17.456	15.845	16.381	10.327	10.607	10.808	11.159	13.228	10.206	10.998	11.198	11.798	13.609
	v=30	18.502	16.991	17.492	11.107	11.368	11.556	12.121	13.846	10.995	11.909	12.094	12.652	14.356
有冰有风时总重 q_7	v=10 b=5	19.508	17.863	18.411	11.667	11.954	12.159	12.775	13.514	11.543	12.463	12.094	13.283	14.022
	v=10 b=10	22.315	20.67	21.218	13.538	13.825	14.03	14.646	15.385	13.414	14.503	14.708	15.324	16.063
	v=15 b=15	25.807	24.179	24.722	15.88	16.164	16.367	16.976	17.707	15.758	17.029	17.232	17.84	18.572

续表

导线型号：NAHLGJQ-1440

导线技术参数	数值
计算截面积（mm²）	1440
计算直径（mm）	51.36
温度线膨胀系数（℃⁻¹）×10⁻⁶	23×10^{-6}
弹性模数（N/mm²）	71853
计算质量（kg/m）	4.942
允许拉断力（N）	338590

导线型号及分裂根数	2×NAHLGJQ-1440						3×NAHLGJQ-1440		
间隔棒质量（kg）	2.47						2.2		
次档距长度（m）	0	0.8	2	4	6	20	2	4	1
附加质量（kg/m）	0	3.0875	1.235	0.618	0.412	0.124	1.1	0.55	2.2

各种状态时单位荷重（kgf/m）

项目	2× 0	2× 0.8	2× 2	2× 4	2× 6	2× 20	3× 2	3× 4	3× 1
无冰无风时导线自重 q₁	9.884	12.9715	11.119	10.502	10.296	10.008	15.925	15.376	17.026
覆冰时冰重 q₂ b=5	1.5935						2.39		
覆冰时冰重 q₂ b=10	3.4698						5.205		
覆冰时冰重 q₂ b=15	5.63						8.443		
无风覆冰时总重 q₃ b=5	11.4775	14.565	12.7125	12.0955	11.8895	11.6015	18.316	17.766	19.416
无风覆冰时总重 q₃ b=10	13.3538	16.4413	14.5888	13.9718	13.7658	13.4778	21.151	20.581	22.231
无风覆冰时总重 q₃ b=15	15.244	18.3315	16.479	15.862	15.656	15.368	24.369	23.819	25.469
无冰时风荷重 q₄ v=10	0.7062						1.0593		
无冰时风荷重 q₄ v=15	1.589						2.3834		
无冰时风荷重 q₄ v=18	2.288						3.432		
无冰时风荷重 q₄ v=20	2.401						3.6016		
无冰时风荷重 q₄ v=30	4.7668						7.1503		
覆冰时风荷重 q₅ v=10 b=5	0.9204						1.3806		
覆冰时风荷重 q₅ v=10 b=10	1.0704						1.6056		
覆冰时风荷重 q₅ v=15 b=15	2.7459						4.11885		
无冰有风时总重 q₆ v=10	9.9092	12.991	11.1414	10.5257	10.3202	10.0329	15.961	15.412	17.0589
无冰有风时总重 q₆ v=15	10.011	13.069	11.232	10.6215	10.418	10.1334	16.103	16.5596	17.192
无冰有风时总重 q₆ v=18	10.145	13.172	11.352	10.748	10.547	10.2662	16.2916	15.754	17.3685
无冰有风时总重 q₆ v=20	10.171	13.192	11.375	10.773	10.572	10.292	16.328	15.792	17.4028
无冰有风时总重 q₆ v=30	10.973	13.819	12.098	11.533	11.346	11.0852	17.4575	16.957	18.4665
有冰有风时总重 q₇ v=10 b=5	11.514	14.594	12.7458	12.1305	11.925	11.6379	18.368	17.819	19.465
有冰有风时总重 q₇ v=10 b=10	13.3966	16.476	14.628	14.0127	13.8073	13.5202	21.1919	20.643	22.289
有冰有风时总重 q₇ v=15 b=15	15.4893	18.536	16.7062	16.979	15.895	15.6114	24.715	24.1725	25.7999

表 C-19　XWP-16 单串串固定（双分裂导线）耐张绝缘子串组装

		1	2	3	4	5	6	7	8	合 计
示意图										
连接元件编号		1	2	3	4	5	6	7	8	
元件型号		U-16	U-16	QP-16	XWP-16	Ws-16	BL_1-16	Z-16	FJP-500B_2	
长度（mm）		90	90	60	155×32=4960	95	155	90	（820）	5540+164=5704
重量（kgf）		1.47	1.47	0.5	8×32=256	2.64	10	2.38×2=4.76	5.18×2=10.36	287.2
受风面积（m²）	无冰时 b=5mm	0.012	0.012	0.004	0.027×32=0.864	0.007	0.0057	0.012×1.6=0.0192	0.135×2=0.27	1.1939
	无冰时 b=10mm	0.013	0.013	0.005	0.0297×32=0.95	0.008	0.00627	0.013×1.6=0.021	0.163×2=0.326	1.3423
	无冰时 b=15mm	0.015	0.015	0.0057	0.0342×32=1.094	0.00904	0.0071	0.0147×1.6=0.0235	0.184×2=0.368	1.5373
	覆冰时 b=15mm	0.017	0.017	0.00624	0.0387×32=1.238	0.0102	0.00802	0.0166×1.6=0.0266	0.208×2=0.416	1.739
覆冰重（kgf）	b=5mm	0.034	0.034	0.024	0.6×32=19.2	0.082	1.246	0.034×2=0.068	2.052×2=4.104	24.792
	b=10mm	0.0722	0.0722	0.051	1.35×32=43.2	0.174	2.648	0.0722×2=0.145	4.36×2=8.72	55.082
	b=15mm	0.103	0.103	0.0728	1.944×32=62.21	0.248	3.78	0.103×2=0.206	6.22×2=12.44	79.163

表 C-20

XWP-16 单串串可调（双分裂导线）耐张绝缘子串组装

连接元件编号	1	2	3	4	5	6	7	8	9	合计
元件型号	U-16	U-16	QP-16	XWP-16	Ws-16	BL_1-16	Z-16	DT-16	FJF-500B_1	
长度（mm）	90	90	60	155×32=4960	95	155	90	180	（1000）	5720+164=5884
重量（kgf）	1.47	1.47	0.5	8×32=256	2.64	10	2.38×2=4.76	3.96×2=7.92	5.74×2=11.48	296.24
受风面积（m²）无冰时	0.012	0.012	0.004	0.027×32=0.864	0.007	0.0057	0.012×1.6=0.0192	0.008×1.6=0.013	0.153×2=0.306	1.2429
覆冰时 b=5mm	0.013	0.013	0.005	0.0297×32=0.95	0.008	0.00627	0.013×1.6=0.021	0.0125×1.6=0.02	0.185×2=0.37	1.4063
b=10mm	0.015	0.015	0.0057	0.0342×32=1.094	0.00904	0.0071	0.0147×1.6=0.0235	0.014×1.6=0.0226	0.21×2=0.42	1.6119
b=15mm	0.017	0.017	0.00624	0.0387×32=1.238	0.0102	0.00802	0.0166×1.6=0.0266	0.0158×1.6=0.253	0.237×2=0.474	1.8224
覆冰重（kgf）b=5mm	0.034	0.034	0.024	0.6×32=19.2	0.082	1.246	0.034×2=0.068	0.067×2=0.134	2.332×2=4.664	25.486
b=10mm	0.0722	0.0722	0.051	1.35×32=43.2	0.174	2.648	0.0722×2=0.145	0.142×2=0.284	4.955×2=9.91	56.163
b=15mm	0.103	0.103	0.0728	1.944×32=62.21	0.248	3.78	0.103×2=0.206	0.203×2=0.406	7.069×2=14.132	31.267

表 C-21

500kV 双串（固定，双分裂导线）耐张绝缘子串组装

连接元件编号		1	2	3	4	5	6	7	8	9	10	合 计
元件型号		U-30	U-30	L-3040	Ws-16	QP-16	XWP-16	Ws-16	BN_1-30	Z-16	FJP-500B_4	
长度 (mm)		130	130	110	95	60	155×32=4960	95	190	90	(900)	5860+164=6024
重量 (kgf)		3.7	3.7	10	2.64×2=5.28	0.5×2=1.0	2×32×8=512	2.64×2=5.28	21.5	2.38×2=4.76	5.46×2=10.92	578.14
受风面积 (m²)	无冰时	0.0074	0.0074	0.00467	0.007×1.6 =0.0112	0.004×1.6 =0.0064	0.027×32×1.6 =1.3824	0.007×1.6 =0.0112	0.0064	0.012×1.6 =0.0192	0.153×2=0.306	1.7626
	覆冰时 b=5mm	0.0098	0.0098	0.007	0.008×1.6 =0.0128	0.005×1.6 =0.008	0.0297×32×1.6 =1.52	0.008×1.6 =0.0128	0.0099	0.013×1.6 =0.0208	0.185×2=0.37	1.981
	b=10mm	0.01294	0.01294	0.00924	0.00912×1.6 =0.0146	0.00625×1.6 =0.01	0.0342×32×1.6 =1.7504	0.00912×1.6 =0.0146	0.01485	0.0156×1.6 =0.02496	0.222×2=0.444	2.3085
	b=15mm	0.01607	0.01607	0.01109	0.01012×1.6 =0.0162	0.0725×1.6 =0.116	0.0387×32×1.6 =1.981	0.01012×1.6 =0.0162	0.01835	0.0166×1.6 =0.02656	0.254×2=0.508	2.72664
冰重 (kgf)	b=5mm	0.23	0.23	0.207	0.082×2 =0.164	0.024×2 =0.048	0.6×32×2 =38.4	0.082×2 =0.164	0.605	0.034×2 =0.068	2.334×2=4.668	44.784
	b=10mm	0.5382	0.5382	0.4844	0.1919×2 =0.3838	0.05616×2 =0.1123	1.35×32×2 =86.4	0.1919×2 =0.3838	1.4157	0.07956×2 =0.159	5.462×2=10.924	101.3394
	b=15mm	0.7696	0.7696	0.693	0.274×2 =0.548	0.0803×2 =0.1606	1.944×32×2 =124.42	0.274×2 =0.548	2.0245	0.1138×2 =0.2276	7.81×2=15.62	145.7809

表 C-22　500kV 双串（可调、双分裂导线）耐张绝缘子串组装

连接元件编号	1	2	3	4	5	6	7	8	9	10	11	合计
元件型号	U-30	U-30	L-3040	Ws-16	QP-16	XWP-16	Ws-16	BN₁-30	Z-16	DT-16	FJP-500B₂	
长度（mm）	130	130	110	95	60	155×32=4960	95	190	90	180	（1100）	6040+164=6204
重量（kgf）	3.7	3.7	10	2.64×2=5.28	0.5×2=1.0	2×32×8=512	2.64×2=5.28	21.5	2.38×2=4.76	3.96×2=7.92	6.08×2=12.16	587.3
受风面积（m²）无冰时	0.0074	0.0074	0.00467	0.007×1.6=0.0112	0.004×1.6=0.0064	0.027×32×1.6=1.3824	0.007×1.6=0.0112	0.0064	0.012×1.6=0.0192	0.008×1.6=0.013	0.153×2=0.306	1.7756
受风面积（m²）覆冰时 b=5mm	0.0098	0.0098	0.007	0.008×1.6=0.0128	0.005×1.6=0.008	0.0297×32×1.6=1.52	0.008×1.6=0.0128	0.0099	0.013×1.6=0.0208	0.0125×1.6=0.02	0.185×2=0.37	2.001
受风面积（m²）覆冰时 b=10mm	0.01294	0.01294	0.00924	0.0912×1.6=0.0146	0.00625×1.6=0.01	0.0342×32×1.6=1.7504	0.00912×1.6=0.0146	0.01485	0.0156×1.6=0.02496	0.014×1.6=0.0226	0.222×2=0.444	2.3311
受风面积（m²）覆冰时 b=15mm	0.01607	0.01607	0.01109	0.01012×1.6=0.0162	0.0725×1.6=0.116	0.0387×32×1.6=1.981	0.01012×1.6=0.0162	0.01835	0.0166×1.6=0.02656	0.0158×1.6=0.0253	0.254×2=0.508	2.75194
冰重（kgf）b=5mm	0.23	0.23	0.207	0.082×2=0.164	0.024×2=0.048	0.6×32×2=38.4	0.082×2=0.164	0.605	0.034×2=0.068	0.067×2=0.134	2.334×2=4.668	44.918
冰重（kgf）b=10mm	0.5382	0.5382	0.4844	0.1919×2=0.3838	0.05616×2=0.1123	1.35×32×2=86.4	0.1919×2=0.3838	1.4157	0.07956×2=0.159	0.142×2=0.284	5.462×2=10.924	101.6234
冰重（kgf）b=15mm	0.7696	0.7696	0.693	0.274×2=0.548	0.0803×2=0.1606	1.944×32×2=124.42	0.274×2=0.548	2.0245	0.1138×2=0.2276	0.203×2=0.406	7.81×2=15.62	146.1869

主要量的符号及其计量单位

量 的 名 称	符号	计量单位	量 的 名 称	符号	计量单位
电流	I	A（kA）	（统一）爬电比距	λ	mm/kV（cm/kV）
电压	U	V（kV）	电磁干扰		dB（μV/m）
频率	f	Hz	噪声		dB（A）
功率因数	$\cos\varphi$		温度	T或t、θ	℃（K）
效率	η		压力	p	Pa（kPa）
电容	C	μF（F）	海拔	H	m
电感	L	mH	风速	v	m/s
电阻	R	Ω	（空气）比热容	c	kJ/（kg·℃）、 J/（g·℃）
电抗	X	Ω	电场强度	E	kV/cm （V/m、kV/m）
阻抗	Z	Ω	变压器变比	K	
容量	S	VA（kVA、MVA）	弧垂	f	m
有功功率	P	W（kW、MW）	质量	m	kg（t）
无功功率	Q	var（kvar、Mvar）	应力	σ	N/cm^2
体积	V	m^3	弹性模数	E	N/m^2 （N/cm^2、N/mm^2）
短路电流热效应		kA^2·s	挠度	y	cm
惯性矩	I（F）	cm^4（m^4）	光通量	Φ	lm
力		N（kgf）	照度	E	lx
弯矩	M	N·m（N·cm）	钢材屈服强度	f_{ay}	N/mm^2
电阻率	ρ	Ω·m	抗剪强度	τ	N/mm^2
灯具效能		lm/W	设计暴雨强度	q	L/（s·hm^2）
地基承载力特征值	f_{ak}	kPa	水头损失	$\sum h$	MPa
管道的单位长度水头损失	i	MPa/m	风荷载标准值	ω_K	kN/m^2
时间	t	s（ms）	基本风压值	ω_0	kN/m^2
时间常数	T	s（ms）			

参 考 文 献

[1] 水利电力部西北电力设计院. 电力工程电气设计手册：电气一次部分 [M]. 北京：中国电力出版社，1989.

[2] 杨杰，邵建雄. 工程短路电流计算方法简析 [J]. 人民长江，2000，10（31）：66-68.

[3] 朱松林. 变电站计算机监控系统及其应用 [M]. 北京：中国电力出版社，2008.

[4] 丁书文. 变电站综合自动化技术 [M]. 北京：中国电力出版社，2005.

[5] 黄益庄. 智能变电站自动化系统原理与应用技术 [M]. 北京：中国电力出版社，2012.

[6] 能源部西北电力设计院. 电力工程电气设计手册：电气二次部分 [M]. 北京：中国电力出版社，1991.

[7] 国家电力调度通信中心. 国家电网公司继电保护培训教材 [M]. 北京：中国电力出版社，2009.

[8] 漆逢吉. 通信电源 [M]. 北京：北京邮电大学出版社有限公司，2015.

[9] 中兴通讯 NC 教育管理中心. 现代程控交换原理与应用 [M]. 北京：人民邮电出版社，2009.

[10] 何敏丽. 综合布线系统设计与实施 [M]. 北京：北京理工大学出版社，2016.

[11] 孙昕，陈维江，陆家榆，等. 交流输变电工程环境影响评价 [M]. 北京：科学出版社，2015.

[12] 《中国电力百科全书》编辑委员会. 中国电力百科全书　输电与变电卷 [M]. 3 版. 北京：中国电力出版社，2014.

[13] 中国建筑设计研究院. 国家建筑标准设计图集雨水综合利用 [M]. 北京：中国计划出版社，2010.

[14] 中国建筑设计研究院. 建筑给水排水设计手册（上、下册）[M]. 北京：中国建筑工业出版社，2008.

[15] 黄晓家，姜文源. 建筑给水排水工程技术设计手册 [M]. 北京：中国建筑工业出版社，2010.

[16] 蓝增珏，袁达夫. 35～500 千伏铝管母线配电装置 [M]. 北京：电力工业出版社，1982.

[17] 解广润. 电力系统接地技术 [M]. 北京：水利电力出版社，1991.

[18] 曾作薇. 关于采用非开挖斜井技术降低变电站接地电阻的实际应用研究 [J]. 企业科技与发展，2010（24）：34-36.

[19] 黄卫东，刘家国. 采用非开挖技术降低接地电阻 [J]. 电力建设，2009，30（02）：55-57.

[20] 中国核电工程有限公司. 给水排水设计手册：第 2 册　建筑给水排水 [M]. 3 版. 北京：中国建筑工业出版社，2012.

[21] 中国电力工程顾问集团有限公司. 电力工程设计手册：火力发电厂电气一次设计 [M]. 北京：中国电力出版社，2018.

[22] 中国电力工程顾问集团有限公司. 火力发电厂供暖通风与空气调节设计 [M]. 北京：中国电力出版社，2016.